KB165237

A Checklist
of
North Korean
Vascular Plants

북한 관속식물 체크리스트

저자: 장진성, 김휘, 신현탁, 이철호

designpost

북한 관속식물 체크리스트
A Checklist of North Korean Vascular Plants

초판 1쇄 발행: 2020년 4월 15일
초판 1쇄 인쇄: 2020년 4월 10일

저자: 장진성, 김휘, 신현탁, 이철호

펴낸곳: 디자인포스트
펴낸이: 김광규, 김은경
출판등록번호: 406-3012-000028
주소: 경기도 고양시 덕양구 오부자로14
전화: 031-916-9516
E-mail: post0036@naver.com

ISBN: 978-89-968648-7-5
정가: 18,000원

ⓒDESIGNPOST
이 책은 저작권법에 따라 보호받는 저작물입니다.
이 책에 수록된 내용과 사진에 대한 문의는 디자인포스트로 해주세요.

값 18,000원
93480

9 788996 864875
ISBN 978-89-968648-7-5

북한관속식물 체크리스트

A Checklist of North Korean Vascular Plants

Chin-Sung Chang, Hui Kim, Hyun Tak Shin, & Cheol Ho Lee

장진성, 김휘, 신현탁, 이철호

T.B. Lee Herbarium (SNUA)
Department of Forest Sciences and The Arboretum
Seoul National University, Seoul, 08826
Department of Medicinal Plants Resources
Mokpo National University and Institute of Oriental Medicine,
Muan-gun 58554
DMZ Botanic Garden, Yanggu, Korea

(Updated Dec. 2019)

Recommended citation format
Chang, C.S., Kim, H, Shin, H.T., and C, H. Lee 2020. A Checklist of North Korean Vascular Plants, DESIGNPOST, Goyang, Republic of Korea.

Produced by
DMZ Botanic Garden of the Korea National Arboretum.

Published by
East Asia Biodiversity Conservation Network (EABCN)
c/o DMZ Botanic Garden of the Korea National Arboretum and Seoul National University T.B. Lee Herbarium.

ISBN 978-89-968648-7-5

© 2020 All rights reserved. No part of this publication may be reproduced or transmitted in any form or by any means without the permission of the copyright holder.

Editor-in-chief: Chin Sung Chang
Subeditors: H. Kim, H.T. Shin and C.H. Lee
This report is a joint product of Seoul National University T. B. Lee Herbarium and DMZ Botanic Garden with the EABCN was made possible through support provided by the Korea National Arboretum.
The opinions expressed herein are those of the authors and do not necessarily reflect the views of Committee or EABCN Working Groups.

CONTENTS

책 머 리

식물분류학자들은 서로 다른 종개념으로 인하여 한반도에 분포하는 전체 관속식물종의 풍부도에 큰 견해차를 갖고 있다. 종에 대한 관점으로 인하여 전체 자생종 수(종과 변종 포함)와 한반도에만 분포하는 종의 수(고유종, 특산식물), 멸종위기 종 수 등에 많은 차이가 발생한다. 산림청 국립수목원은 국가표준식물목록에 종풍부도는 4,363 분류군을 제시하고 특산식물 종수는 360종으로 규정하였으나 환경부 국립생물자원관은 국가생물종목록집에서 관속식물 종수로 4,576분류군을 주장한다. 최근 사설기관인 동북아생물다양성연구소는 한반도관속식물목록을 발표하고 이보다 많은 5,410분류군이 존재함을 주장하였다. 서울대학교 부속수목원 樹友표본관(T.B.Lee Herbarium)은 2014년 이후 독립적 데이터베이스(KPF database)를 구축하여 한반도내 관속식물 총량을 3,566 분류군을 자생종 및 귀화종으로 제시하였다. 본 정이명 종목록은 북한에 기록된 자생 및 귀화종을 중심으로 관속식물에 대해 정리한 최초의 기록물이다. Provisional checklist of Korea (KPF)의 자료를 근간으로 한 본 목록에 의하면 북한에 자생 혹은 귀화종은 한반도 전체 분포하는 종의 약 67%를 차지한다.

종목록은 분류학자에 의해 서로 다른 시각을 가지고 종에 대한 정이명 정리도 차이가 존재한다. 본 목록은 최근의 분자분류학적 논문과 많은 분류학적 결과를 근간으로 넓은 종의 개념에 근거하여 정리하였다. 특정 식물분류군에 대한 내용의 충돌이 될 경우에는 Kew의 The Plant List와 영문판 Flora of China를 근간으로 분류학적 해석을 따랐다.

북한식물상에 대한 정보는 동북아시아에서도 매우 제한적으로 공개되어 본 목록은 20년 전에 북한에서 출간한 조선식물지를 근간으로 정리하였다. 특히 최근 북한에서 채집된 식물기록은 거의 알려져 있지 않고 일부 러시아와 중국의 일부 표본관에 약 천 점 이하의 표본이 1950년 이후 20 여년간 채집된 기록이 남아 있고 대부분 금강산, 묘향산, 장수산 등 극히 일부 지역에 한정되어 있다. 본 정이명 목록은 80년이 넘은 기록이지만 주로 1945년 이전의 외국인에 의해 채집된 기록을 포함하여 목록을 작성하였다.

본 연구의 결과는 영문으로 국립수목원과 함께 공동으로 출간한 내용을 근간으로 재편집하였다. 세계생물다양성정보기구(GBIF)에서 2018-2020년 지원한 아시아생물다양성정보기금(BIFA) 프로젝트에 의한 연구결과에 해당된다. 본 자료는 GBIF에 북한 자료를 자료 공개할 예정이다. 이 연구는 영국 Kew와 Oxford대학에서 개발한 BRAHMS databae를 활용하여 얻은 결과물이다.

목록에 적지 않은 오류가 존재하지만 지속적으로 이런 오류를 수정하고 조만간 1차 한반도 전체 종목록에 대한 수정본 내용을 공개하고자 한다.

2020년 4월
장 진 성
저자대표

Fig. 1. North Korea: Geographical limits of the Flora

Fig. 2. Map of the checklist area in North Korea

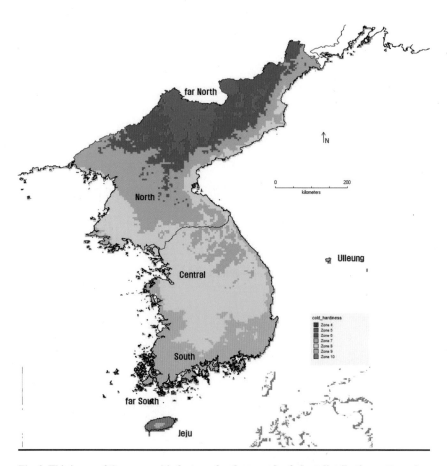

Fig. 3. This is one of the geographic features for the records of plant distribution patterns in the Korean peninsula based on the cold hardiness. Seven geographical divisions were identified here: Far North, North, Central, South, Far South, Ulleung, and Jeju.

책의 내용

목록은 Cronquist 분류체계에 근거하여 과 이름과 배열을 하였다. 3개 주요 식물군으로 양치식물문, 겉씨식물문(구과식물), 속씨식물(쌍자엽식물과 단자엽식물)로 과, 속, 종, 아종 및 품종은 학명의 알파벳순으로 나열하였다. 각 분류 항목에 대한 학명중 국명은 북한에서 사용되는 이름을 먼저 적고 괄호 안의 남한에서 사용하는 이름을 넣었지만 남북한 동일한 경우 1개의 이름만을 제시하였다. 국립수목원에서 정리해서 제시한 북한명 자료를 근거로 하여 실제 북한에서 사용되는 문헌상의 이름과는 다소 차이가 있을 수 있다.

본 종목록은 북한에서 각 종의 수집된 표본을 근거자료로 언급하였다. 일부 종의 경우 북한에자란다는 북한 분류학자들의 출판 문헌을 근간으로 포함시켰다. 표본은 대부분 1945년전에 채집된 자료이다.

	전체 분류군 수	아종	변종	품종
KPF	3335	83	142	6
국립수목원	3555	76	484	248
국립생물자원관	4032	60	433	51
동북아생물다양성 연구소	4091	61	835	423

Table 1. 한반도 전체 분류군 수에 대한 기관별 수

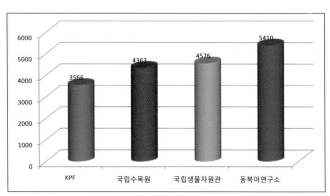

Fig. 4. 한반도내 각 기관별 제시한 종의 수

	Family	Genus	Species	Subspecies	Variety	Form
Pteridophytes	16	37	108		2	
Gymnosperms	3	7	16	1	3	
Dicotyledons	111	518	1368	41	73	4
Monocotyledons	22	176	585	12	10	0
Total	152	738	2077	54	88	4

Table 2. 북한 종목록에 정리된 분류군별 종의 수

TAXONOMIC LIST

I. Pteridophytes (Ferns and Fern Allies)

LYCOPODIACEAE

***Huperzia* Bernh.**
Huperzia miyoshiana (Makino) Ching, Acta Bot. Yunnan. 3(3): 303 (1981)

Common name 다람쥐꼬리

Distribution in Korea: North, Central, Jeju
    Lycopodium miyoshianum Makino, Bot. Mag. (Tokyo) 12: 36 (1898)
    Lycopodium selago L. var. *miyoshianum* (Makino) Makino, Bot. Mag. (Tokyo) 16: 199 (1902)
    Lycopodium tenuifolium Herter, Bot. Jahrb. Syst. 43(1, Beibl. 98): 41 (1909)
    Lycopodium miyoshianum Makino var. *coreanum* Hayata, Icon. Pl. Formosan. 5: 255 (1915)
    Urostachys miyoshiana (Makino) Ching var. *coreanus* (Hayata) Herter ex Nessel,
    Bärlappgewächse 1: 28 (1939)
    Huperzia miyoshiana (Makino) Ching var. *coreana* (Hayata) Ching, Acta Bot. Yunnan. 3: 304 (1981)

Representative specimens; **Kangwon-do** 4 August 1932 金剛山 *Kobayashi, M Kobayashi s.n.* 15 August 1916 Mt. Kumgang (金剛山) Nakai, *T Nakai5040* 31 July 1916 金剛山神仙峯 *Nakai, T Nakai5045* 18 August 1902 Mt. Kumgang (金剛山) *Uchiyama, T Uchiyama s.n.* 20 August 1930 安邊郡衛益面三防 Nakai, *T Nakai14022*

Huperzia selago (L.) Bernh. ex Schrank & Mart., Hort. Reg. Monac. 3 (1829)

Common name 좀다람쥐꼬리

Distribution in Korea: North, Central, Ulleung, Jeju
    Lycopodium selago L., Sp. Pl. 1102 (1753)
    Plananthus selago (L.) P.Beauv., Prodr. Aethéogam. 112 (1805)
    Urostachys selago (L.) Herter, Philipp. J. Sci. 22: 180 (1923)
    Mirmau selago (L.) H.P.Fuchs, Verh. Naturf. Ges. Basel 66: 43 (1955)

Representative specimens; **Chagang-do** 22 July 1916 狼林山 *Mori, T Mori s.n.* 11 July 1914 臥碣峰鷲峯 Nakai,*T Nakai1649* **Ryanggang** 17 August 1935 北水白山 *Nakai, T Nakai15344* 10 August 1914 白頭山 *Nakai, T Nakai s.n.*

Huperzia serrata (Thunb.) Rothm., Repert. Spec. Nov. Regni Veg. 54: 59 (1944)

Common name 뱀톱

Distribution in Korea: North, Central, South
    Lycopodium serratum Thunb., Fl. Jap. (Thunberg) 341 (1784)
    Lycopodium serratum Thunb. var. *longipetiolatum* Spring, Mem. Acad. Roy. Sci. Belgique 2: 18 (1848)
    Lycopus serratum Thunb. var. *thunbergii* Makino, Bot. Mag. (Tokyo) 12: 12 (1898)
    Lycopodium serratum Thunb. var. *javanicum* (Sw.) Makino, Bot. Mag. (Tokyo) 12: 13 (1898)
    Lycopodium serratum Thunb. f. *intermedium* Nakai, Bot. Mag. (Tokyo) 39: 196 (1925)

Representative specimens; **Kangwon-do** 4 August 1932 金剛山 *Kobayashi, M Kobayashi s.n.* 10 June 1932 Mt. Kumgang (金剛山) Ohwi, *J Ohwi s.n.* 16 August 1902 *Uchiyama, T Uchiyama s.n.* **Ryanggang** 23 August 1897 雲洞嶺 *Komarov, VL Komaorv s.n.* 6 August 1914 胞胎山虛項嶺 *Nakai, T Nakai s.n.* 4 August 1914 普天堡- 寶泰洞 Nakai, *T Nakai3969*

***Lycopodium* L.**
Lycopodium alpinum L., Sp. Pl. 2: 1104 (1753)

Common name 산석송

Distribution in Korea: far North (Paekdu, Kwanmo)
    Lepidotis alpina (L.) P.Beauv., Prodr. Aethéogam. 107 (1805)
    Stachygynandrum alpinum (L.) C.Presl, Abh. Königl. Böhm. Ges. Wiss. 3: 583 (1845)
    Diphasium alpinum (L.) Rothm., Feddes Repert. Spec. Nov. Regni Veg. 54: 65 (1944)
    Diphasiastrum alpinum (L.) Holub, Preslia 47(2): 107 (1975)

Representative specimens; **Chagang-do** 12 August 1938 上南面蓮花里*Jeon, SK JeonSK s.n.*
Hamgyong-bukto 20 July 1918 冠帽山 2300m Nakai, *T Nakai s.n.* 25 June 1930 雪嶺 *Ohwi, J Ohwi s.n.* 25 June 1930 Ohwi, *J Ohwi s.n.* **Ryanggang** 30 July 1917 無頭峯 *Furumi, M Furumi s.n.* 13 August 1913 白頭山*Hirai, H Hirai s.n.* August 1913 *Mori, T Mori s.n.* 10 August 1914 Nakai, *T Nakai s.n.* 1 August 1942 *Saito, T T Saito s.n.* 26 July 1942 *Saito, T T Saito s.n.*

Lycopodium annotinum L., Sp. Pl. 2: 1103 (1753)

Common name 개석송

Distribution in Korea: far North (Paekdu, Kwanmo, Rangrim), Central (Kangwon)
  Lepidotis annotina (L.) P.Beauv., Prodr. Aethéogam. 107 (1805)

Representative specimens; **Chagang-do** 26 August 1897 松德水河谷 *Komarov, VL Komaorv s.n.* 22 July 1919 狼林山 *Kajiwara, U Kajiwara181* **Hamgyong-bukto** 12 August 1933 渡正山 *Koidzumi, G Koidzumi s.n.* 1 October 1935 羅南 *Saito, T T Saito s.n.* 26 July 1930 頭流山 *Ohwi, J Ohwi s.n.* 26 July 1930 Ohwi, *J Ohwi s.n.* 25 July 1918 朱南面雪嶺 1800m Nakai,*T Nakai6678* 26 June 1930 雪嶺 *Ohwi, J Ohwi s.n.* 26 June 1930 雪嶺東側 Ohwi, *J Ohwi s.n.* 16 June 1897 西溪水河谷 *Komarov, VL Komaorv s.n.* **Hamgyong-namdo** 16 August 1934 新角面北山 *Nomura, N Nomura s.n.* 25 July 1933 東上面遮日峯 *Koidzumi, G Koidzumi s.n.* 18 August 1935 遮日峯 Nakai,*T Nakai15345* 18 August 1935 Nakai,*T Nakai15346* **Kangwon-do** August 1932 Mt. Kumgang (金剛山) *Koidzumi, G Koidzumi s.n.* 16 August 1916 金剛山 Nakai,*T Nakai5041* 20 August 1916 金剛山彌勒峯 *Nakai, T Nakai5048* 8 August 1940 Mt. Kumgang (金剛山) *Okuyama, S Okuyama s.n.* **Ryanggang** August 1934 豊山郡熊耳面*Kojima, K Kojima s.n.* 22 August 1897 雲洞嶺 *Komarov, VL Komaorv s.n.* 7 August 1897 上巨里水河谷 *Komarov, VL Komaorv s.n.* 20 June 1897 阿武山 *Komarov, VL Komaorv s.n.* 4 August 1914 普天堡- 寶泰洞 Nakai, *T Nakai3968*

Lycopodium clavatum L., Sp. Pl. 2: 1101 (1753)

Common name 석송

Distribution in Korea: far North (Paekdu, Kwanmo, Gaema, Bujeon, Rangrim, Kangwon), Central, South, Ulleung, Jeju
  Lycopodium clavatum L. var. *nipponicum* Nakai, Bot. Mag. (Tokyo) 39: 197 (1925)
  Lycopodium clavatum L. var. *robustius* (Grev. & Hook.) Nakai, Bot. Mag. (Tokyo) 39: 197 (1925)

Representative specimens; **Chagang-do** 22 July 1919 狼林山*Kajiwara, U Kajiwara180* 22 July 1916 *Mori, T Mori s.n.* 11 July 1914 臥碣峰鷺峯 *Nakai, T Nakai1623* **Hamgyong-bukto** 12 August 1933 渡正山 *Koidzumi, G Koidzumi s.n.* September 1935 羅南 *Saito, T T Saito s.n.* 26 July 1930 頭流山 *Ohwi, J Ohwi s.n.* 26 July 1930 Ohwi, *J Ohwi s.n.* 25 June 1930 雪嶺 *Ohwi, J Ohwi s.n.* 25 June 1930 Ohwi, *J Ohwi s.n.* **Hamgyong-namdo** 16 August 1943 赴戰高原漢垈里*Honda, M Honda148* 25 July 1933 東上面遮日峯 *Koidzumi, G Koidzumi s.n.* 18 August 1935 遮日峯 *Nakai, T Nakai s.n.* 30 August 1934 東下面頭雲峯安基里 *Yamamoto, A Yamamoto s.n.* 24 August 1934 豊山郡東上面北水白山 *Yamamoto, A Yamamoto s.n.* **Kangwon-do** 19 August 1916 金剛山隱仙台 Nakai, *T Nakai5038* 22 August 1916 金剛山大長峯 Nakai, *T Nakai5039* 1 August 1916 金剛山神仙峯 Nakai, *T Nakai5046* **Ryanggang** 5 August 1940 高頭山 *Hozawa, S Hozawa s.n.* 12 August 1913 神武城*Hirai, H Hirai108* August 1913 長白山 *Mori, T Mori52* 8 August 1914 神武城-無頭峯 *Nakai, T Nakai s.n.* 6 August 1914 胞胎山虛項嶺 *Nakai, T Nakai s.n.* 26 July 1942 白頭山 *Saito, T T Saito s.n.* 28 July 1942 *Saito, T T Saito s.n.*

Lycopodium complanatum L., Sp. Pl. 1104 (1753)

Common name 비늘석송

Distribution in Korea: North (Ryanggang, Hamgyong, P'yongan, Kangwon), Central
  Lepidotis complanata (L.) P.Beauv., Prodr. Aethéogam. 108 (1805)
  Lycopodium comptonioides Desv., Mem. Soc. Linn. Paris 6: 185 (1827)
  Stachygynandrum complanatum (L.) C.Presl, Abh. Königl. Saint-PétersbourgBöhm. Ges. Wiss. 5: 583 (1844)
  Lycopodium complanatum L. var. *dilatatum* Nakai ex Hara, Bot. Mag. (Tokyo) 48: 705 (1934)

Representative specimens; **Chagang-do** 22 July 1919 狼林山*Kajiwara, U Kajiwara180* 22 July 1916 *Mori, T Mori s.n.* 11 July 1914 臥碣峰鷺峯 *Nakai, T Nakai1623* **Hamgyong-bukto** 12 August 1933 渡正山 *Koidzumi, G Koidzumi s.n.* September 1935 羅南 *Saito, T T Saito s.n.* 26 July 1930 頭流山 *Ohwi, J Ohwi s.n.* 26 July 1930 Ohwi, *J Ohwi s.n.* 25 June 1930 雪嶺 *Ohwi, J Ohwi s.n.* 25 June 1930 Ohwi, *J Ohwi s.n.* **Hamgyong-namdo** 16 August 1943 赴戰高原漢垈里*Honda, M Honda148* 25 July 1933 東上面遮日峯 *Koidzumi, G Koidzumi s.n.* 18 August 1935 遮日峯 *Nakai, T Nakai s.n.* 30 August 1934 東下面頭雲峯安基里 *Yamamoto, A Yamamoto s.n.* 24 August 1934 豊山郡東上面北水白山 *Yamamoto, A Yamamoto s.n.* **Kangwon-do** 19 August 1916 金剛山隱仙台 Nakai, *T Nakai5038* 22 August 1916 金剛山大長峯 Nakai, *T Nakai5039* 1 August 1916 金剛山神仙峯 Nakai, *T Nakai5046* **Ryanggang** 5 August 1940 高頭山 *Hozawa, S Hozawa s.n.* 12 August 1913 神武城*Hirai, H Hirai108* August 1913 長白山 *Mori, T Mori52* 8 August 1914 神武城-無頭峯 *Nakai, T Nakai s.n.* 6 August 1914 胞胎山虛項嶺 *Nakai, T Nakai s.n.* 26 July 1942 白頭山 *Saito, T T Saito s.n.* 28 July 1942 *Saito, T T Saito s.n.*

Lycopodium obscurum L., Sp. Pl. 1102 (1753)

Common name 만년석송

Distribution in Korea: North (Ryanggang, Hamgyong, P'yongan, Kangwon), Central, South, Jeju
  Lycopodium dendroideum Michx. f. *strictum* Milde, Fil. Eur. 254 (1867)
  Lycopodium obscurum L. f. *strictum* (Milde) Nakai ex H.Hara, Bot. Mag. (Tokyo) 48: 706 (1934)

Representative specimens; Hamgyong-bukto 26 July 1930 頭流山 *Ohwi, J Ohwi s.n.* 26 July 1930 Ohwi, *J Ohwi s.n.* 12 June 1897 西溪水河谷 *Komarov, VL Komaorv s.n.* **Kangwon-do** 31 July 1916 金剛山神仙峯 *Nakai, T Nakai5047* 22 August 1916 金剛山大長峯 *Nakai, T Nakai5642* 10 June 1932 Mt. Kumgang (金剛山) Ohwi, *J Ohwi s.n.* 18 August 1902 *Uchiyama, T Uchiyama s.n.* **Ryanggang** 22 August 1917 厚昌郡南社洞 *Ishidoya, T Ishidoya502* 6 August 1914 胞胎山虛項嶺 *Nakai, T Nakai s.n.* 26 July 1942 白頭山 *Saito, T T Saito s.n.* July 1925 *Shoyama, T s.n.*

ISOETACEAE

***Isoetes* L.**
Isoetes japonica A.Braun, Monatsber. Konigl. Preuss. Akad. Wiss. Berlin 1: 459 (1861)
Common name 물부추
Distribution in Korea: Central, South, Jeju

SELAGINELLACEAE

***Selaginella* P.Beauv.**
Selaginella helvetica (L.) Spring, Flora 21 (1): 149 (1838)
Common name 좀구실사리 (왜구실사리)
Distribution in Korea: North, Central, South, Jeju
  Lycopodium helveticum L., Sp. Pl. 2: 1104 (1753)
  Bernhardia helvetica (L.) Gray, Nat. Arr. Brit. Pl. 2: 23 (1821)

Representative specimens; Chagang-do 15 June 1911 Kang-gei (Kokai 江界) *Mills, RG Mills s.n.* 22 July 1916 狼林山 *Mori, T Mori s.n.* **Hamgyong-bukto** 15 June 1909 Sungjin (城津) Nakai,*T Nakai s.n.* 14 June 1930 鏡城 *Ohwi, J Ohwi s.n.* 14 June 1930 Kyonson 鏡城 *Ohwi, J Ohwi s.n.* 12 June 1934 延上面九州帝大北鮮演習林 *Hatsushima, S Hatsushima s.n.*

Selaginella rossii (Baker) Warb., Monsunia 1: 101 (1900)
Common name 구실사리
Distribution in Korea: North, Central, South
  Selaginella mongholica Rupr. var. *rossii* Baker, J. Bot. (Hooker) 21: 45 (1883)

Representative specimens; Chagang-do 4 August 1911 Kang-gei (Kokai 江界) *Mills, RG Mills s.n.* **Hamgyong-bukto** 1 August 1914 清津 *Ikuma, Y Ikuma s.n.* 17 June 1909 Nakai,*T Nakai s.n.* 21 August 1935 羅北 *Saito, T T Saito s.n.* 15 July 1918 朱乙溫面甫上洞-城町 *Nakai, T Nakai s.n.* 6 July 1930 鏡城 *Ohwi, J Ohwi s.n.* 30 May 1930 朱乙溫堡 *Ohwi, J Ohwi s.n.* 30 May 1930 朱乙 *Ohwi, J Ohwi s.n.* 6 July 1930 Kyonson 鏡城 *Ohwi, J Ohwi s.n.* 23 August 1936 朱乙 *Saito, T T Saito s.n.* 22 March 1936 *Saito, T T Saito s.n.* 16 October 1938 明川 *Saito, T T Saito s.n.* 14 August 1936 富寧石幕 - 靑岩 *Saito, T T Saito s.n.* 16 August 1914 下面江口-茂山 *Nakai, T Nakai s.n.* **Hwanghae-namdo** 29 July 1935 長壽山 *Koidzumi, G Koidzumi s.n.* **Kangwon-do** 28 July 1916 高城郡入口 *Nakai, T Nakai s.n.* 12 July 1936 外金剛千佛山 *Nakai, T Nakai s.n.* 30 September 1935 金剛山溫井嶺*Okamoto, S Okamoto s.n.* August 1932 Mt. Kumgang (金剛山) *Koidzumi, G Koidzumi s.n.* 10 June 1932 Ohwi, *J Ohwi s.n.* 7 August 1940 *Okuyama, S Okuyama s.n.* 18 August 1902 *Uchiyama, T Uchiyama s.n.* 16 August 1930 劒拂浪 *Nakai, T Nakai s.n.* **P'yongan-namdo** 15 June 1928 陽德 *Nakai, T Nakai s.n.*

Selaginella shakotanensis (Franch. & Sav.) Miyabe & Kudô, J. Fac. Agric. Hokkaido Imp. Univ. 26 (1): 63 (1930)
Common name 개실사리
Distribution in Korea: North, Central, Ulleung
  Selaginella rupestris (L.) Spring var. *shakotanensis* Franch. ex Takeda, Bot. Mag. (Tokyo) 23: 237 (1909)

Representative specimens; **Hamgyong-bukto** 8 August 1930 吉州郡鶴舞山 (Mt. Hakumusan) Ohwi, *J Ohwi s.n.* 26 July 1933 冠帽峰 *Saito, T T Saito s.n.* 6 July 1933 南下石山 *Saito, T T Saito s.n.*

Selaginella sibirica (Milde) Hieron., Hedwigia 39: 290 (1900)

Common name 실사리

Distribution in Korea: North, Ulleung
  Selaginella rupestris (L.) Spring, Flora 21: 149 (1838)
  Selaginella rupestris (L.) Spring f. *sibirica* Milde, Fil. Eur. 262 (1867)
  Bryodesma sibiricum (Milde) Soják, Preslia 64: 155 (1992)

Representative specimens; **Hamgyong-bukto** 8 August 1930 吉州郡鶴舞山 (Mt. Hakumusan) Ohwi, *J Ohwi s.n.* 19 July 1918 朱乙溫面冠帽峯 2400m Nakai,*T Nakai s.n.* July 1932 冠帽峰 *Ohwi, J Ohwi s.n.* 26 July 1933 *Saito, T T Saito s.n.* 6 July 1933 南下石山 *Saito, T T Saito s.n.*

Selaginella stauntoniana Spring, Mem. Acad. Roy. Sci. Belgique 2: 71 (1848)

Common name 가지부처손 (개부처손)

Distribution in Korea: North, Central
  Selaginella pseudoinvolvens Hayata, Icon. Pl. Formosan. 7: 100 (1918)

Representative specimens; **Hwanghae-namdo** 7 September 1902 安川 - 南川 *Uchiyama, T Uchiyama s.n.* **P'yongan-bukto** 13 August 1910 Pyok-dong (碧潼) *Mills, RG Mills s.n.* **P'yongyang** 27 June 1909 Botandai (牡丹台) 平壤*Imai, H Imai s.n.* 15 May 1912 P'yongyang (平壤) *Imai, H Imai s.n.* 12 September 1902 Botandai (牡丹台) 平壤 *Uchiyama, T Uchiyama s.n.*

Selaginella tamariscina (P.Beauv.) Spring, Bull. Acad. Roy. Sci. Bruxelles 10: 136 (1843)

Common name 부처손

Distribution in Korea: North, Central, South
  Selaginella involvens (Sw.) Spring
  Lycopodium involvens Sw., Syn. Fil. (Swartz) 182 (1806)
  Selaginella involvens (Sw.) Spring, Bull. Acad. Roy. Sci. Bruxelles 10: 136 (1843)

Representative specimens; **Chagang-do** 25 July 1911 Kang-gei (Kokai 江界) *Mills, RG Mills s.n.* 21 July 1914 大興里- 山羊 *Nakai, T Nakai s.n.* **Hamgyong-bukto** 11 August 1933 渡正山門內 *Koidzumi, G Koidzumi s.n.* 15 July 1918 朱乙溫面甫上洞 *Nakai, T Nakai s.n.* 21 July 1933 冠帽峰 *Saito, T T Saito s.n.* 16 August 1914 下面江口-茂山 *Nakai, T Nakai s.n.* **Kangwon-do** 14 July 1936 外金剛千佛山 *Nakai, T Nakai s.n.* 10 June 1932 Mt. Kumgang (金剛山) Ohwi, *J Ohwi s.n.* **Rason** 6 June 1930 西水羅 *Ohwi, J Ohwi s.n.*

EQUISETACEAE

Equisetum L.
Equisetum arvense L., Sp. Pl. 1060 (1753)

Common name 쇠뜨기

Distribution in Korea: North, Central, South, Ulleung
  Equisetum boreale Bong., Mem. Acad. Imp. Sci. St.-Petersbourg, Ser. 6, Sci. Math. 2: 174 (1832)
  Equisetum arvense L. var. *boreale* (Bong.) Rupr., Dist. Crypt. Vasc. Ross. 19 (1845)
  Equisetum saxicola Suksd., Deutsche Bot. Monatsschr. 19: 93 (1901)
  *Equisetum arvense*L. ssp. *boreale* (Bong.) Tolm.
  Equisetum calderi B.Boivin, Amer. Fern J. 50: 107 (1960)

Representative specimens; **Chagang-do** 18 July 1914 大興里 *Nakai, T Nakai3492* **Hamgyong-bukto** 20 June 1909 會寧 (シモスギナ) Nakai,*T Nakai s.n.* 24 August 1914 會寧 -行營 *Nakai, T Nakai3313* 15 June 1930 茂山嶺 *Ohwi, J Ohwi s.n.* June 1930 Kyonson 鏡城 *Ohwi, J Ohwi s.n.* **Hamgyong-namdo** 15 June 1932 下碣隅里 *Ohwi, J Ohwi s.n.* **Kangwon-do** 14 July 1936 金剛山外金剛千佛山 *Nakai, T Nakai s.n.* 8 June 1909 元山 *Nakai, T Nakai s.n.* **P'yongan-bukto** 25 August 1911 Sakju(朔州) *Mills, RG Mills603* 13 September 1915 Gishu(義州) Nakai, *T Nakai2945* **P'yongan-namdo** 15 June 1928 陽德 *Nakai, T Nakai12298* **Ryanggang** 5 August 1914 胞胎山寶泰洞 *Nakai, T Nakai3941*

Equisetum fluviatile L., Sp. Pl. 1062 (1753)

Common name 물속새

Distribution in Korea: North
Equisetum limosum L., Sp. Pl. 1062 (1753)
Equisetum heleocharis Ehrh., Hannover. Mag. 1783: 286 (1783)
Equisetum hyemale L. var. *japonicum* Milde, Ann. Mus. Bot. Lugduno-Batavi 1: 69 (1863)

Representative specimens; Hamgyong-bukto 12 June 1934 延上面九州帝大北鮮演習林 *Hatsushima, S Hatsushima s.n.*
Hamgyong-namdo 15 June 1932 下碣隅里 *Ohwi, J Ohwi s.n.* **Rason** 6 June 1930 西水羅 *Ohwi, J Ohwi s.n.* 6 June 1930 Ohwi, *J Ohwi s.n.* **Ryanggang** August 1913 崔哥嶺 *Mori, T Mori248*

Equisetum hyemale L., Sp. Pl. 2: 1062 (1753)
Common name 속새
Distribution in Korea: North, Central, South
Hippochaete hyemalis (L.) Milde ex Bruhin, Verh. K.K. Zool.-Bot. Ges. Wien 18: 758 (1868)

Representative specimens; Chagang-do 14 August 1912 Chosan(楚山) *Imai, H Imai54* 22 July 1919 狼林山 *Mori, T Mori s.n.* 22 July 1914 山羊 -江口 *Nakai, T Nakai3711* **Hamgyong-bukto** 18 July 1918 朱乙溫面甫上洞 -北河瑞 *Nakai, T Nakai6655* 30 May 1930 朱乙 *Ohwi, J Ohwi s.n.* 23 May 1897 車踰嶺 *Komarov, VL Komaorv s.n.* 10 October 1937 穗城郡甑山 *Saito, T T Saito s.n.* 12 June 1897 西溪水 *Komarov, VL Komaorv s.n.* 16 June 1897 西溪水河谷 *Komarov, VL Komaorv s.n.* **Hamgyong-namdo** 15 June 1932 下碣隅里 *Ohwi, J Ohwi s.n.* 16 August 1935 雲仙嶺 *Nakai, T Nakai15342* 30 August 1934 東下面頭雲峯安基里 *Yamamoto, A Yamamoto s.n.* **Kangwon-do** 13 August 1916 金剛山表訓寺方面森 *Nakai, T Nakai5012* 7 August 1916 金剛山新豊里 -末輝里 *Nakai, T Nakai5013* 7 August 1932 Mt. Kumgang (金剛山) *Nakao, S s.n.* 14 August 1902 *Uchiyama, T Uchiyama s.n.* October 1901 *Yagi, S s.n.* 14 August 1930 劒拂浪 *Nakai, T Nakai14020* 20 August 1930 安邊郡衛益面三防 *Nakai,T Nakai14021* **P'yongan-namdo** 15 June 1928 陽德 *Nakai, T Nakai12289* **Ryanggang** 15 August 1935 北水白山 *Hozawa, S Hozawa s.n.* 29 August 1936 厚昌郡五佳山*Chung, TH Chung s.n.* 5 August 1897白山嶺 *Komarov, VL Komaorv s.n.* 22 August 1897 雲洞嶺 *Komarov, VL Komaorv s.n.* 7 August 1897 上巨里水河谷 *Komarov, VL Komaorv s.n.* 20 June 1897 阿武山 *Komarov, VL Komaorv s.n.* 27 June 1897 栢德嶺 *Komarov, VL Komaorv s.n.* 22 July 1897 佳林里 *Komarov, VL Komaorv s.n.* August 1913 崔哥嶺 *Mori, T Mori225* 26 July 1942 神武城-無頭峯 *Saito, T T Saito s.n.* 1 June 1897 延面水河谷 *Komarov, VL Komaorv s.n.*

Equisetum palustre L., Sp. Pl. 1061 (1753)
Common name 늪쇠뜨기 (개쇠뜨기)
Distribution in Korea: North, Central, South
Equisetum palustre L. var. *japonicum* Nakai, Bot. Mag. (Tokyo) 39: 194 (1925)
Equisetum palustre L. var. *americanum* Vict., Contr. Lab. Bot. Univ. Montreal 9: 51 (1927)
Equisetum palustre L. var. *szechuanense* C.N.Page, Fern Gaz. 11: 34 (1974)

Representative specimens; Kangwon-do 14 August 1930 劒拂浪 *Nakai, T Nakai14019* **Ryanggang** 10 July 1917 甲山- 合水 *Furumi, M Furumi63* 19 June 1897 阿武山 *Komarov, VL Komaorv s.n.* 1 August 1934 小長白山*Kojima, K Kojima s.n.* 13 August 1914 Moho (茂峯)- 農事洞 *Nakai, T Nakai s.n.*

Equisetum pratense Ehrh., Hannover. Mag. 22: 138 (1784)
Common name 물쇠뜨기
Distribution in Korea: North, Central
Equisetum umbrosum J.G.F.Mey. ex Willd., Enum. Pl. (Willdenow) 2: 1065 (1809)

Representative specimens; Chagang-do 1 August 1911 Kang-gei (Kokai 江界) *Mills, RG Mills s.n.* 10 August 1912 Kozanchin (高山鎮) *Imai, H Imai s.n.* **Hamgyong-bukto** 23 June 1909 茂山嶺 *Nakai, T Nakai s.n.* 15 June 1930 Ohwi, *J Ohwi s.n.* **Rason** 5 June 1930 西水羅松眞山 *Ohwi, J Ohwi s.n.* 30 June 1938 松眞山 *Saito, T T Saito s.n.*

Equisetum ramosissimum Desf., Fl. Atlant. 2: 398 (1799)
Common name 모래속새 (개속새)
Distribution in Korea: North (Hamgyong, Kangwon), Central (Hwanghae), South
*Equisetum elongatum*Willd., Sp. Pl. (ed. 5; Willdenow) 5: 8 (1810)
Equisetum sieboldi Milde, Ann. Mus. Bot. Lugduno-Batavi 1: 62 (1863)
Equisetum ramosissimum Desf. var. *glaucum* Nakai, Bot. Mag. (Tokyo) 39: 159 (1925)
Equisetum ramosissimum Desf. var. *taikankoense* Yamam., Trans. Nat. Hist. Soc. Taiwan 20: 97 (1930)

Representative specimens; Hamgyong-bukto 22 June 1937 晚春 *Saito, T T Saito s.n.* 20 June 1909 富寧 *Nakai, T Nakai s.n.* **Kangwon-do** 10 August 1902 墨浦洞 *Uchiyama, T Uchiyama s.n.* 10 July 1918 元山海岸 *Nakai, T Nakai s.n.* 7 June 1909 元山北方海岸 *Nakai, T*

Nakai s.n. **P'yongan-bukto** 25 August 1911 Chang Sung(昌城) *Mills, RG Mills s.n.* **P'yongan-namdo** 16 July 1916 寧遠 *Mori, T Mori s.n.* **Rason** 7 July 1936 新興 *Saito, T T Saito s.n.* **Ryanggang** 20 August 1914 崔哥嶺 *Ikuma, Y Ikuma s.n.*

Equisetum scirpoides Michx., Fl. Bor.-Amer. (Michaux) 2: 281 (1803)
Common name 좀속새
Distribution in Korea: North
    Equisetum tenellum A.A.Eaton, Fern Bull. 12: 43 (1904)

Equisetum sylvaticum L., Sp. Pl. 2: 1061 (1753)
Common name 능수쇠뜨기
Distribution in Korea: North (Gaema, Bujeon)
    Equisetum capillare Hoffm., Deutschl. Fl. (Roehling) 3 (1795)
    Equisetum sylvaticum L. f. *multiramosum* Fernald, Rhodora 20: 131 (1918)
    Equisetum sylvaticum L. var. *multiramosum* (Fernald) Wherry, Amer. Fern J. 27: 58 (1937)

Representative specimens; Hamgyong-bukto 24 July 1918 朱北面金谷 *Nakai, T Nakai6673* 26 July 1935 金谷洞車砲谷 *Saito, T T Saito s.n.* 7 August 1933 雪嶺 *Saito, T T Saito s.n.* 16 June 1897 西溪水河谷 *Komarov, VL Komaorv s.n.* **Hamgyong-namdo** 15 June 1932 下碣隅里 *Ohwi, J Ohwi s.n.* 27 July 1933 東上面元豊 *Koidzumi, G Koidzumi s.n.* 14 August 1935 赴戰高原湖畔 *Nakai, T Nakai15343* **Ryanggang** 20 June 1930 三社面楡坪 - 天水洞 *Ohwi, J Ohwi s.n.* 8 August 1937 大澤 *Saito, T T Saito s.n.* August 1913 崔哥嶺 *Mori, T Mori245* 10 August 1914 茂峯 *Ikuma, Y Ikuma306* 15 July 1935 小長白山 *Irie, Y s.n.* August 1913 長白山 *Mori, T Mori120* 4 August 1914 普天堡 - 寶泰洞 *Nakai, T Nakai2714* 10 August 1913 Nakai,*T Nakai3940* 4 August 1914 Nakai,*T Nakai3952*

OPHIOGLOSSACEAE

Botrychium Sw.
Botrychium boreale J. Milde, Bot. Zeitung (Berlin) 15: 880 (1857)
Common name 메고사리삼
Distribution in Korea: North

Representative specimens; Ryanggang 13 August 1913 白頭山 *Hirai, H Hirai s.n.*

Botrychium japonicum (Prantl) Underw., Bull. Torrey Bot. Club 25: 538 (1898)
Common name 큰산고사리삼 (산꽃고사리삼)
Distribution in Korea: North, Central, South
    Botrychium daucifolium Wall. ex Hook. & Grev. var. *japonicum* Prantl, Jahrb. Konigl. Bot. Gart. Berlin 3: 340 (1884)
    Sceptridium japonicum (Prantl) Lyon, Bot. Gaz. 40: 458 (1905)

Botrychium lunaria (L.) Sw., J. Bot. (Schrader) 1800(2): 110 (1801)
Common name 두메고사리삼 (백두산고사리삼)
Distribution in Korea: far North (Potae, Kwanmo)
    Osmunda lunaria L., Sp. Pl. 2: 1064 (1753)
    Botrypus lunaria (L.) Rich., Cat. Ht. Med. Paris 1: 120 (1801)

Representative specimens; Hamgyong-bukto July 1932 冠帽峰 *Ohwi, J Ohwi s.n.* 25 June 1930 雪嶺西側 *Ohwi, J Ohwi s.n.* 13 June 1897 西溪水 *Komarov, VL Komaorv s.n.* 17 June 1930 四芝嶺 *Ohwi, J Ohwi s.n.* **Ryanggang** 7 August 1897 上巨里水河谷 *Komarov, VL Komaorv s.n.* 6 June 1897 平蒲坪 *Komarov, VL Komaorv s.n.* 24 July 1930 含山嶺 *Ohwi, J Ohwi s.n.* 20 June 1930 天水洞 *Ohwi, J Ohwi s.n.* 26 June 1897 內曲里 *Komarov, VL Komaorv s.n.* 8 August 1914 無頭峯 *Nakai, T Nakai s.n.* 28 July 1942 白頭山 *Saito, T T Saito s.n.*

Botrychium nipponicum Makino, J. Jap. Bot. 1: 5 (1916)
Common name 단풍고사리삼
Distribution in Korea: North, Central, South
    Sceptridium nipponicum (Makino) Holub, Preslia 45(3): 277 (1973)

Botrychium robustum (Rupr.) Underw., Bull. Torrey Bot. Club 30(1): 51 (1903)

Common name 산고사리삼

Distribution in Korea: North, Central
  Sceptridium robustum (Rupr.) Lyon, Bot. Gaz. 40: 458 (1905)
  Sceptridium multifidum Nishida ex Tagawa ssp. *robustum* (Rupr.) R.T.Clausen, Bull. Torrey Bot. Club 64(5): 272 (1937)
  Sceptridium multifidum Nishida ex Tagawa var. *robustum* (Rupr.) M.Nishida, J. Jap. Bot. 33: 201 (1958)

Representative specimens; Hamgyong-bukto 17 October 1935 羅南 *Saito, T T Saito s.n.* **Ryanggang** 1 August 1930 島內 - 合水 *Ohwi, J Ohwi s.n.* 7 August 1914 虛項嶺-神武城 *Nakai, T Nakai s.n.*

Botrychium simplex E.Hitchc., Amer. J. Sci. Arts 6 (1): 103 (1823)

Common name 좀고사리삼

Distribution in Korea: North
  Botrychium tenebrosum A.A.Eaton, Fern Bull. 7: 8 (1899)

Botrychium strictum Underw., Bull. Torrey Bot. Club 30: 52 (1903)

Common name 긴꽃고사리삼

Distribution in Korea: North, Central
  Osmundopteris stricta (Underw.) Nishida, J. Jap. Bot. 27: 276 (1952)
  Japanobotrychium strictum (Underw.) Nishida ex Tagawa, J. Jap. Bot. 33: 202 (1958)
  Botrypus strictus (Underw.) Holub, Preslia 45: 277 (1973)

Representative specimens; P'yongan-namdo 15 June 1928 陽德 *Nakai, T Nakai12284*

Botrychium ternatum (Thunb.) Sw., J. Bot. (Schrader) 1800: 111 (1801)

Common name 고사리삼

Distribution in Korea: North, Central, South, Ulleung
  Osmunda ternata Thunb., Fl. Jap. (Thunberg) 329 (1784)
  Sceptridium ternatum (Thunb.) Lyon, Bot. Gaz. 40: 458 (1905)

Representative specimens; Kangwon-do 14 August 1916 金剛山望軍庵 *Nakai, T Nakai s.n.*

Botrychium virginianum (L.) Sw., J. Bot. (Schrader) 1801: 111 (1801)

Common name 늦고사리삼

Distribution in Korea: North (Kangwon), Central, South, Jeju
  Osmunda virginiana L., Sp. Pl. 1062 (1753)
  Botrypus virginicus (L.) Michx., Fl. Bor.-Amer. (Michaux) 2: 274 (1803)
  Botrychium brachystachys Kunze, Linnaea 18: 305 (1844)
  Botrychium charcoviense Port., Suppl. Tent. Pterid. 47 (1845)
  Botrychium dichronum Underw., Bull. Torrey Bot. Club 30: 45 (1903)

Representative specimens; Kangwon-do 13 August 1916 金剛山表訓寺附近 *Nakai, T Nakai5014* 10 June 1932 Mt. Kumgang (金剛山) Ohwi, *J Ohwi s.n.*

***Ophioglossum* L.**
Ophioglossum vulgatum L., Sp. Pl. 1062 (1753)

Common name 나도고사리삼

Distribution in Korea: North, Central, South
  Ophioglossum polyphyllum A.Braun ex Schub., Fl. Azor. 17 (1844)
  Ophioglossum microstichum Ach., Kongl. Vetensk. Acad. Nya Handl. 59 (1899)
  Ophioglossum pringlei Underw. ex Conz., Fl. Taxon Mex. 1: 141 (1939)
  Ophioglossum mironovii Sumnev., Sist. Zametki Mater. Gerb. Krylova Tomsk. Gosud. Univ. Kujbyseva 17: 1 (1945)

Ophioglossum dudadae Mickel, Brittonia 44(3): 313 (1992)

OSMUNDACEAE

Osmunda L.
Osmunda cinnamomea L., Sp. Pl. 2: 1066 (1753)
Common name 꿩고비
Distribution in Korea: North (Chagang, Hamgyong, P'yongan, Kangwon), Central, South
  Struthiopteris cinnamomea (L.) Bernh., J. Bot. (Schrader) 1801: 126 (1801)
  Anemia bipinnata (L.) Sw., Syn. Fil. (Swartz) 157 (1806)
  Osmundastrum cinnamomeum (L.) C.Presl, Gefassbundel Farrn 18 (1847)
  Osmunda imbricata Kunze, Farrnkrauter 2: 29 (1849)
  Osmunda cinnamomea L. var. *fokienense* Copel., Philipp. J. Sci. 4: 16 (1909)
  Osmunda cinnamomea L. var. *asiatica* Fernald, Rhodora 32: 75 (1930)
  Osmundastrum cinnamomeum (L.) C.Presl var. *forkiense* (Copel.) Tagawa, J. Jap. Bot. 17: 697 (1941)
  Osmundastrum claytonianum (L.) Tagawa, J. Jap. Bot. 17: 697 (1941)

Representative specimens; Chagang-do 26 August 1897 松德水河谷 *Komarov, VL Komaorv s.n.* 狼林山*Unknown s.n.* **Hamgyong-bukto** 26 May 1930 鏡城 *Ohwi, J Ohwi s.n.* 26 May 1930 Kyonson 鏡城 *Ohwi, J Ohwi s.n.* **Hamgyong-namdo** 26 July 1935 Donhamyeon Unsan-ri (東下面雲山里) *Nomura, N Nomura s.n.* 20 June 1932 東上面元豊里 *Ohwi, J Ohwi s.n.* **Hwanghae-bukto** 29 May 1939 白川邑 *Hozawa, S Hozawa s.n.* **Hwanghae-namdo** 27 July 1929 長淵郡長山串 *Nakai, T Nakai s.n.* **Kangwon-do** 12 July 1936 金剛山外金剛千佛山 *Nakai, T Nakai s.n.* 16 August 1930 劒拂浪 *Nakai, T Nakai s.n.* **P'yongan-bukto** 6 August 1935 妙香山 *Koidzumi, G Koidzumi s.n.* **P'yongan-namdo** 15 June 1928 陽德 *Nakai, T Nakai s.n.* **Rason** 30 June 1938 松眞山 *Saito, T T Saito s.n.* **Ryanggang** 23 August 1897 雲洞嶺 *Komarov, VL Komaorv s.n.* 22 July 1897 佳林里 *Komarov, VL Komaorv s.n.* August 1913 長白山 *Mori, T Mori s.n.* 15 August 1913 谿間里*Hirai, H Hirai s.n.* 15 August 1914 *Ikuma, Y Ikuma s.n.*

Osmunda claytoniana L., Sp. Pl. 1066 (1753)
Common name 음양고비, 개고비(음양고비)
Distribution in Korea: North (P'yongan,Kangwon), Central

Representative specimens; Hamgyong-bukto 2 June 1933 羅南西北谷 *Saito, T T Saito s.n.* 8 August 1935 羅南支庫 *Saito, T T Saito s.n.* 26 May 1930 鏡城 *Ohwi, J Ohwi s.n.* 26 May 1930 Kyonson 鏡城 *Ohwi, J Ohwi s.n.* **P'yongan-bukto** 27 July 1912 Neihen (Neiyen 寧邊) *Imai, H Imai194* **P'yongan-namdo** 15 July 1916 葛日嶺 *Mori, T Mori s.n.*

Osmunda japonica Thunb., Nova Acta Regiae Soc. Sci. Upsal. 2: 209 (1780)
Common name 고비
Distribution in Korea: North, Central, South, Ulleung
  Osmunda regalis L. var. *biflormis* Benth., Fl. Hongk. 440 (1861)
  Osmunda regalis L. var. *japonica* (Thunb.) Milde, Fil. Eur. 179 (1867)
  Osmunda regalis L. var. *sublancea* Christ, Repert. Spec. Nov. Regni Veg. 5: 284 (1908)
  Osmunda nipponica Makino, Bot. Mag. (Tokyo) 26: 385 (1912)
  Osmunda biformis (Benth.) Makino, J. Jap. Bot. 4: 4 (1927)
  Osmunda japonica Thunb. var. *sublancea* (Christ) Nakai, Bot. Mag. (Tokyo) 41: 697 (1927)

Representative specimens; Hamgyong-bukto 7 July 1930 Kyonson 鏡城 *Ohwi, J Ohwi s.n.* **Hwanghae-namdo** 15 July 1921 Sorai Beach 九味浦 *Mills, RG Mills4328* 28 July 1929 長山串 *Nakai,T Nakai12500*

HYMENOPHYLLACEAE

Crepidomanes C.Presl
Crepidomanes minutum (Blume) K.Iwats., J. Fac. Sci. Univ. Tokyo, Sect. 3, Bot. 13: 524 (1985)

Common name 부채괴불이끼

Distribution in Korea: North, Central, South, Ulleung
  Trichomanes minutum Blume, Enum. Pl. Javae 2: 223 (1828)
  Trichomanes diffusum Blume, Enum. Pl. Javae 2: 225 (1828)
  Trichomanes proliferum Blume, Enum. Pl. Javae 2: 224 (1828)
  Gonocormus minutus (Blume) Bosch, Hymenophyll. Javan. 7: t. 3 (1861)
  Trichomanes teysmannii Bosch, Ned. Kruidk. Arch. 5: 142 (1861)
  Trichomanes subpinnatifidum Bosch, Ned. Kruidk. Arch. 5: 141 (1861)
  Gonocormus prolifer (Blume) Prantl, Hym. 51 (1875)
  Trichomanes bonincola Nakai, Bot. Mag. (Tokyo) 40: 262 (1926)
  Gonocormus australis Ching, Acta Phytotax. Sin. 8: 163 (1959)

Representative specimens; Kangwon-do 14 August 1902 Mt. Kumgang (金剛山) *Uchiyama, T Uchiyama s.n.* **P'yongan-bukto** 5 August 1937 妙香山 *Hozawa, S Hozawa s.n.*

DENNSTAEDTIACEAE

Dennstaedtia Bernh.
Dennstaedtia hirsuta (Sw.) Mett. ex Miq., Ann. Mus. Bot. Lugduno-Batavi 3: 181 (1867)

Common name 잔고사리

Distribution in Korea: North, Central, South
  Davallia hirsuta Sw., J. Bot. (Schrader) 1800(2): 87 (1801)
  Davallia pilosella Hook., Sec. Cent. Ferns 96, pl. 96 (1861)
  Microlepia pilosella (Hook.) T.Moore, Index Fil. (T. Moore) 298 (1861)

Representative specimens; Chagang-do 27 August 1897 松德水河谷 *Komarov, VL Komaorv s.n.* **Hamgyong-namdo** 22 July 1941 咸興下水里*Osada, T s.n.* 24 August 1941 *Suzuki, T s.n.* 13 June 1909 新浦海峯山 *Nakai, T Nakai s.n.* **Hwanghae-namdo** 29 July 1935 長壽山 *Koidzumi, G Koidzumi s.n.* 12 July 1921 Sorai Beach 九味浦 *Mills, RG Mills4398* **Kangwon-do** 29 July 1916 海金剛 *Nakai, T Nakai5005* 12 July 1936 外金剛千佛山 *Nakai, T Nakai17018* 14 August 1930 劍拂浪 *Nakai, T Nakai13999* **P'yongan-bukto** 5 August 1937 妙香山 *Hozawa, S Hozawa s.n.* **P'yongyang** 12 June 1910 Botandai (牡丹台) 平壤*Imai, H Imai104*

Dennstaedtia wilfordii (T.Moore) Christ, Geogr. Farne 0: 192, 195 (1910)

Common name 황고사리

Distribution in Korea: North, Central (Hwanghae), South
  Microlepia wilfordii T.Moore, Index Fil. (T. Moore) 0: 299 (1861)
  Davallia wilfordi i(T.Moore) Baker, Syn. Fil. (Hooker & Baker) 98 (1867)

Representative specimens; Chagang-do 15 August 1912 Chosan(楚山) *Imai, H Imai74* 27 August 1897 松德水河谷 *Komarov, VL Komaorv s.n.* **Hamgyong-bukto** 3 August 1935 羅南支庫 *Saito, T T Saito s.n.* 18 July 1918 朱乙溫面甫上洞大東水谷 *Nakai, T Nakai6647* **Hamgyong-namdo** 11 August 1940 咸興歸州寺 *Okuyama, S Okuyama s.n.* **Hwanghae-namdo** 1 August 1929 椒島 *Nakai, T Nakai12534* 15 July 1921 Sorai Beach 九味浦 *Mills, RG Mills4394* **Kangwon-do** 14 July 1936 外金剛千佛山 *Nakai, T Nakai s.n.* 31 July 1916 金剛山神溪寺晋光菴 *Nakai, T Nakai5006* 17 August 1930 Sachang-ri (社倉里) *Nakai,T Nakai3997* 20 August 1930 安邊郡衛益面三防 *Nakai, T Nakai13998* **P'yongan-bukto** 5 August 1937 妙香山 *Hozawa, S Hozawa s.n.* **Ryanggang** 2 July 1897 雲寵里三水邑 (虛川江岸懸崖) *Komarov, VL Komaorv28* 16 August 1897 大羅信洞 *Komarov, VL Komaorv s.n.* 24 August 1897 雲洞嶺 *Komarov, VL Komaorv s.n.* 24 June 1897 大鎭坪 *Komarov, VL Komaorv s.n.*

PTERIDACEAE

Pteridium Raf.
Pteridium aquilinum (L.) Kuhn var. *latiusculum* (Desv.) Underw. ex Hell., Cat. N. Amer. Pl. (ed. 3)17 (1909)

Common name 고사리

Distribution in Korea: North, Central, South, Ulleung
    Pteris lanuginosa Spreng., Nov. Actorum Acad. Caes. Leop.-Carol. Nat. Cur. 10: 231 (1821)
    Pteris latiuscula Desv., Mem. Soc. Linn. Paris 6(2): 303 (1827)
    Pteridium aquilinum (L.) Kuhn var. *japonicum* Nakai, Bot. Mag. (Tokyo) 39: 106 (1925)
    Pteridium aquilinum (L.) Kuhn f. *glabrum* Tardieu & C.Chr., Fl. Indo-Chine 7 (2): 81 (1939)
    Pteridium aquilinum (L.) Kuhn ssp. *latiusculum* (Desv.) Underw. ex Hell.

Representative specimens; Hamgyong-bukto 16 September 1908 清津 *Okada, S s.n.* 8 August 1935 羅南支庫 *Saito, T T Saito s.n.* 20 May 1897 茂山嶺 *Komarov, VL Komaorv s.n.* 30 July 1936 延上面九州帝大北鮮演習林 *Saito, T T Saito s.n.* 4 August 1918 Mt. Chilbo at Myongch'on(七寶山) Nakai,*T Nakai s.n.* 14 May 1897 江八嶺 *Komarov, VL Komaorv s.n.* **Hamgyong-namdo** 19 August 1935 道頭里 *Nakai, T Nakai s.n.* 15 August 1935 東上面漢岱里 *Nakai, T Nakai s.n.* **Hwanghae-namdo** 31 July 1929 席島 *Nakai, T Nakai s.n.* 1 August 1929 椒島 *Nakai, T Nakai s.n.* 1 August 1929 Nakai,*T Nakai s.n.* 29 June 1921 Sorai Beach 九味浦 *Mills, RG Mills4207* 24 July 1929 夢金浦 *Nakai, T Nakai s.n.* 28 July 1929 長山串 Nakai,*T Nakai s.n.* **Kangwon-do** 8 June 1909 望賊山 *Nakai, T Nakai s.n.* 16 August 1930 劍拂浪 *Nakai, T Nakai s.n.* 20 August 1930 安邊郡衛益面三防 Nakai,*T Nakai s.n.* 31 August 1932 元山 *Kitamura, S Kitamura s.n.* **P'yongan-namdo** 17 July 1916 加音嶺 *Mori, T Mori s.n.* 15 June 1928 陽德 *Nakai, T Nakai s.n.* **Rason** 7 June 1930 西水羅 *Ohwi, J Ohwi s.n.* 6 June 1930 Ohwi, *J Ohwi s.n.* **Ryanggang** 17 July 1897 Keizanchin(惠山鎮) *Komarov, VL Komaorv s.n.* 1 August 1897 同仁川 *Komarov, VL Komaorv s.n.* 6 July 1897 犁方嶺 *Komarov, VL Komaorv s.n.* 22 August 1897 雲洞嶺 *Komarov, VL Komaorv s.n.* 31 May 1897 古倉坪 *Komarov, VL Komaorv s.n.* 26 June 1897 內曲里 *Komarov, VL Komaorv s.n.* 22 July 1897 佳林里 *Komarov, VL Komaorv s.n.* 26 June 1897 內曲里 *Komarov, VL Komaorv s.n.* 6 August 1914 胞胎山虛項嶺 *Nakai, T Nakai s.n.* 1 June 1897 延面水河谷-古倉坪 *Komarov, VL Komaorv s.n.*

ADIANTACEAE

Adiantum L.
Adiantum capillus-junonis Rupr., Dist. Crypt. Vasc. Ross. 0: 49 (1845)
Common name 암공작고사리
Distribution in Korea: North
    Adiantum cantoniense Hance, Ann. Sci. Nat., Bot. ser. 5, 15: 229 (1861)

Adiantum pedatum L., Sp. Pl. 2: 1095 (1753)
Common name 공작고사리
Distribution in Korea: North, Central, South, Ulleung, Jeju
    Adiantum pedatum L. var. *aleuticum* Rupr., Beitr. Pflanzenk. Russ. Reiches 3: 49 (1845)
    Adiantum pedatum L. var. *kamtschaticum* Rupr., Beitr. Pflanzenk. Russ. Reiches 3: 49 (1845)
    Adiantum pedatum L. var. *glaucinum* Christ, J. Wash. Acad. Sci. 17(19): 498 (1927)

Representative specimens; Chagang-do 26 August 1897 松面水河谷 *Komarov, VL Komaorv s.n.* 21 July 1914 大興里- 山羊 *Nakai, T Nakai2729* **Hamgyong-bukto** 5 August 1939 頭流山 *Hozawa, S Hozawa s.n.* 14 August 1933 朱乙溫面甫上洞大東水谷 *Koidzumi, G Koidzumi s.n.* 30 May 1930 朱乙 *Ohwi, J Ohwi s.n.* 21 July 1933 冠帽峰 *Saito, T T Saito s.n.* 23 May 1897 車踰嶺 *Komarov, VL Komaorv s.n.* 19 August 1914 曷浦嶺 *Nakai, T Nakai3186* 4 August 1918 七寶山 *Nakai, T Nakai s.n.* 12 June 1897 西溪水 *Komarov, VL Komaorv s.n.* 17 July 1938 新德 - 楡坪洞 *Saito, T T Saito s.n.* **Kangwon-do** 12 August 1928 金剛山三聖庵 *Kondo, K Kondo s.n.* 11 August 1916 金剛山內金剛長安寺附近森 *Nakai, T Nakai5018* 14 August 1916 金剛山望軍臺道 *Nakai, T Nakai5019* 10 June 1932 Mt. Kumgang (金剛山) Ohwi, *J Ohwi s.n.* **P'yongan-namdo** 21 July 1916 上南洞 *Mori, T Mori s.n.* **Ryanggang** 23 August 1914 Keizanchin(惠山鎮) Nakai,*T Nakai382* 5 August 1897 白山嶺 *Komarov, VL Komaorv s.n.* 23 August 1897 雲洞嶺 *Komarov, VL Komaorv s.n.* 7 August 1897 上巨里水谷 *Komarov, VL Komaorv s.n.* 3 July 1897 三水邑-上水隅理 *Komarov, VL Komaorv s.n.* 7 August 1917 東溪水 *Furumi, M Furumi396* 3 June 1897 四芝坪 *Komarov, VL Komaorv s.n.* 15 July 1938 新德 *Saito, T T Saito s.n.*

Cheilanthes Sw.
Cheilanthes argentea (S.G.Gmel.) Kunze, Linnaea 23: 242 (1850)
Common name 부싯깃고사리
Distribution in Korea: North, Central, South
    Pteris argentea S.G.Gmel., Novi Comment. Acad. Sci. Imp. Petrop. 12: 519 (1768)
    Allosorus argenteus (S.G.Gmel.) C.Presl, Tent. Pterid. 153 (1836)
    Cheilanthes argentea (S.G.Gmel.) Kunze var. *obscura* Christ, Nuovo Giorn. Bot. Ital. 4: 88 (1844)

Aleuritopteris argentea (S.G.Gmel.) Fée, Mem. Foug., 5. Gen. Filic. 5: 154 (1852)
Aleuritopteris argentea (S.G.Gmel.) Fée var. *obscura* (Christ) Ching, Hong Kong Naturalist 10(3-4): 198 (1941)
Cheilanthes argentea (S.G.Gmel.) Kunze f. *obscura* (Christ) Kitag., J. Jap. Bot. 41: 368 (1966)

Representative specimens; Hamgyong-bukto 1 August 1914 清津 *Ikuma, Y Ikuma s.n.* 1 September 1935 漁遊洞 *Saito, T T Saito s.n.* 16 October 1938 熊店 *Saito, T T Saito s.n.* **P'yongan-namdo** 24 July 1912 Kai-syong (价川) *Imai, H Imai149* 19 September 1915 成川 *Nakai, T Nakai3075* **Ryanggang** 1 July 1897 五是川雲寵江-崔五峰 *Komarov, VL Komaorv41* 11 July 1897 十四道溝 *Komarov, VL Komaorv s.n.* 2 June 1897 延面水河谷-古倉坪 *Komarov, VL Komaorv s.n.*

Cheilanthes kuhnii Milde, Bot. Zeitung (Berlin) 1867: 149 (1867)
Common name 산부싯깃고사리

Distribution in Korea: North, Central, South
    Cheilanthes caesia Christ, Bull. Acad. Int. Geogr. Bot. 16: 133 (1906)
    Cheilanthes lanceolata C.Chr., Bot. Gaz. 56: 334 (1913)
    Cheilanthes kuhnii Milde var. *caesia* (Christ) C.Chr., Acta Horti Gothob. 1: 90 (1924)
    Aleuritopteris kuhnii (Milde) Ching, Hong Kong Naturalist 10: 202 (1941)
    Aleuritopteris caesia (Christ) Ching, Hong Kong Naturalist 10: 202 (1941)
    Leptolepidium caesium (Christ) K.H.Shing & S.K.Wu, Acta Bot. Yunnan. 1: 117 (1979)

Representative specimens; Chagang-do 26 August 1897 松德水河谷 *Komarov, VL Komaorv s.n.* **Hamgyong-bukto** 1 September 1935 漁遊洞 *Saito, T T Saito s.n.* 24 September 1937 *Saito, T T Saito s.n.* 21 June 1909 茂山嶺 *Nakai, T Nakai s.n.* 15 June 1930 Ohwi, *J Ohwi s.n.* 18 June 1918 朱乙溫面大東水谷 *Nakai, T Nakai6652* 17 September 1935 梧上洞 *Saito, T T Saito s.n.* 12 June 1934 延上面九州帝大北鮮演習林 *Hatsushima, S Hatsushima s.n.* August 1913 車踰嶺 *Mori, T Mori301* 16 October 1938 熊店 *Saito, T T Saito s.n.* 16 June 1897 西溪水河谷 *Komarov, VL Komaorv s.n.* 16 August 1914 下面江口-茂山 *Nakai, T Nakai3137* **Ryanggang** 10 August 1897 長津江下流域 *Komarov, VL Komaorv s.n.* 25 July 1914 遮川里三水 *Nakai, T Nakai2724* 7 August 1930 合水 *Ohwi, J Ohwi s.n.* 7 August 1930 合水 (列結水) Ohwi, *J Ohwi s.n.* 26 June 1897 內曲里 *Komarov, VL Komaorv s.n.* 22 June 1897 大鎭坪 *Komarov, VL Komaorv s.n.* 27 July 1897 五山里川河谷 *Komarov, VL Komaorv s.n.*

Coniogramme Fée
Coniogramme intermedia Hieron., Hedwigia 57: 301 (1916)
Common name 고비고사리

Distribution in Korea: North, Central, South
    Coniogramme fraxinea (D.Don) Fée ex Diels var. *intermedia* (Hieron.) Christ, Acta Horti Gothob. 1: 83 (1924)
    Coniogramme intermedia Hieron. var. *villosa* Ching, Icon. Filic. Sin. 3: t. 143 (1935)
    Coniogramme intermedia Hieron. var. *glabra* Ching, Icon. Filic. Sin. 3: t. 143 (1935)
    Coniogramme intermedia Hieron. f. *villosa* (Ching) Sa.Kurata, Hokuriko J. Bot. 4: 115 (1955)
    Coniogramme guangdongensis Ching, Acta Bot. Yunnan. 3: 235 (1981)
    Coniogramme latibasis Ching, Acta Bot. Yunnan. 3: 234 (1981)
    Coniogramme maxima Ching & K.H.Shing, Acta Bot. Yunnan. 3: 232 (1981)
    Coniogramme intermedia Hieron. f. *striata* H.G.Zhou, Guihaia 13: 131 (1993)

Representative specimens; Chagang-do 22 July 1916 狼林山 *Mori, T Mori s.n.* **Kangwon-do** 13 August 1916 長淵里表訓寺 *Nakai, T Nakai s.n.* 15 August 1902 Mt. Kumgang (金剛山) *Uchiyama, T Uchiyama s.n.* 20 August 1930 安邊郡衛益面三防 *Nakai,T Nakai s.n.* 16 August 1930 劒拂浪 *Nakai, T Nakai s.n.* **P'yongan-namdo** 15 June 1928 陽德 *Nakai, T Nakai s.n.* **Ryanggang** 23 August 1897 雲洞嶺 *Komarov, VL Komaorv s.n.* 7 August 1897 上巨里水河谷 *Komarov, VL Komaorv s.n.*

Cryptogramma R.Br.
Cryptogramma crispa (L.) R.Br. ex Rich., Narr. Journey Polar Sea 0: 767 (1823)
Common name 북바위고사리

Distribution in Korea: North, Central
    Osmunda crispa L., Sp. Pl. 107 (1753)
    Phorolobus crispus (L.) Desv., Mem. Soc. Linn. Paris 6: 291 (1827)

ASPLENIACEAE

Asplenium L.
Asplenium incisum Thunb., Trans. Linn. Soc. London 2: 342 (1794)
Common name 꼬리고사리
Distribution in Korea: North, Central, South, Ulleung
    Asplenium incisum Thunb. f. *ombragee*
    Asplenium elegantulum Hook., Sp. Fil. [W. J. Hooker] 3: 190 (1860)

Representative specimens; Hamgyong-bukto 26 May 1930 鏡城 *Ohwi, J Ohwi s.n.* 5 August 1918 七寶山 *Nakai, T Nakai6676* **Hamgyong-namdo** 13 June 1909 新浦 *Nakai, T Nakai s.n.* **Hwanghae-namdo** 31 July 1929 席島 *Nakai, T Nakai12503* 29 June 1921 Sorai Beach 九味浦 *Mills, RG Mills4216* **Kangwon-do** 29 July 1916 海金剛 *Nakai, T Nakai5011* 20 August 1902 Mt. Kumgang (金剛山) *Uchiyama, T Uchiyama s.n.* 18 August 1930 Sachang-ri (社倉里) Nakai,*T Nakai13981* **P'yongan-namdo** 24 July 1912 Kaisyong (价川) *Imai, H Imai155*

Asplenium ruprechtii Sa. Kurata, Enum. Jap. Pterid. 325 (1961)
Common name 거미고사리
Distribution in Korea: North, Central, South
    Camptosorus sibiricus Rupr., Beitr. Pflanzenk. Russ. Reiches 3: 45 (1845)
    Antigramma sibirica J.Sm., Hist. Fil. 331 (1875)
    Phyllitis sibirica (J.Sm.) Kuntze, Revis. Gen. Pl. 2: 818 (1891)

Representative specimens; Chagang-do 21 July 1914 大興里- 山羊 *Nakai, T Nakai2727* **Hamgyong-bukto** 16 May 1934 羅南西側 *Saito, T T Saito s.n.* 16 June 1938 行營 *Saito, T T Saito s.n.* 23 August 1935 鏡城 *Saito, T T Saito s.n.* 5 August 1918 Mt. Chilbo at Myonch'on(七寶山) Nakai,*T Nakai6677* 12 July 1936 龍溪 *Saito, T T Saito s.n.* **Hwanghae-namdo** 29 July 1929 長淵郡長山串 *Nakai, T Nakai12516* 31 July 1929 席島 *Nakai, T Nakai12515* **Kangwon-do** 12 July 1936 金剛山外金剛千佛山 *Nakai, T Nakai s.n.* 11 August 1916 金剛山長安寺附近 *Nakai, T Nakai5001* 12 August 1902 墨浦洞 *Uchiyama, T Uchiyama s.n.* 14 August 1930 劒拂浪 *Nakai, T Nakai s.n.* **P'yongyang** 18 August 1935 平壤牡丹臺 *Koidzumi, G Koidzumi s.n.* **Ryanggang** 6 June 1897 平蒲坪 *Komarov, VL Komaorv s.n.* 9 June 1897 倉坪 *Komarov, VL Komaorv36* 26 June 1897 内曲里 *Komarov, VL Komaorv s.n.* 8 August 1914 無頭峯 *Ikuma, Y Ikuma s.n.* 26 May 1938 農事洞 *Saito, T T Saito s.n.*

Asplenium varians Wall. ex Hook. & Grev., Icon. Filic. 2(9): pl. 172 (1830)
Common name 애기꼬리고사리
Distribution in Korea: North, South, Jeju
    Asplenium lankongense Ching, Bull. Fan Mem. Inst. Biol. Bot. n.s. 1: 276 (1949)

Representative specimens; Hwanghae-namdo 28 July 1929 長山串 Nakai, *T Nakai s.n.* **P'yongan-namdo** 24 July 1912 Kaisyong (价川) *Imai, H Imai113*

THELYPTERIDACEAE

Phegopteris Fée
Phegopteris connectilis (Michx.) D.Watt, Canad. Naturalist & Quart. J. Sci. n.s. 3: 29 (1866)
Common name 가래고사리
Distribution in Korea: North, Central, South
    Polypodium phegopteris L., Sp. Pl. 1089 (1753)
    Nephrodium phegopteris (L.) Prantl, Exkurs.-Fl. Bayern : 24 (1884)
    Thelypteris phegopteris (L.) Sloss. ex Rydb., Fl. Rocky Mts. 1043 (1917)

Representative specimens; Chagang-do 22 July 1916 狼林山 *Mori, T Mori s.n.* 11 July 1914 蔥田嶺 *Nakai, T Nakai1624* 21 July 1914 大興里- 山羊 *Nakai, T Nakai2735* **Hamgyong-bukto** 12 August 1933 渡正山 *Koidzumi, G Koidzumi s.n.* 30 June 1935 ラクダ峰羅南 *Saito, T T Saito s.n.* 18 July 1918 朱乙温面甫上洞 -態谷嶺 1100m Nakai,*T Nakai6648* **Hamgyong-namdo** 14 August 1943 赴戰高原漢岱里*Honda, M Honda220* 15 August 1935東上面漢岱里 *Nakai, T Nakai5335* 15 August 1940 遮日峯 *Okuyama, S Okuyama s.n.* 18 August 1934 東上面達阿里新洞上方 *Yamamoto, A Yamamoto s.n.* **Kangwon-do** 31 July 1916 金剛山群仙峯 *Nakai, T Nakai5060* 10 June 1932 Mt. Kumgang (金剛山) Ohwi, *J Ohwi s.n.* 18 August 1902 *Uchiyama, T Uchiyama s.n.* 18 August 1902 *Uchiyama, T Uchiyama s.n.* **P'yongan-bukto** 5 August 1937 妙香山 *Hozawa, S Hozawa s.n.* **Rason** 30 June 1938 松眞山 *Saito, T T*

Saito s.n. **Ryanggang** 28 June 1897 栢德嶺 *Komarov, VL Komaorv s.n.* 19 June 1897 阿武山 *Komarov, VL Komaorv s.n.* 21 August 1934 新興郡/豊山郡境北水白山 *Yamamoto, A Yamamoto s.n.*

Thelypteris Schott
Thelypteris decursive-pinnata (H.C.Hall) Ching, Bull. Fan Mem. Inst. Biol. Bot. 6: 275 (1936)

Common name 설설고사리

Distribution in Korea: North, Central, South, Ulleung, Jeju
  Polypodium decursive-pinnatum H.C.Hall, Nieuwe Verh. Eerste Kl. Kon. Ned. Inst. Wetensch. Amsterdam 5: 204 (1836)
  Aspidium decursive-pinnatum (H.C.Hall) Kuntze, Bot. Zeitung (Berlin) 6: 555 (1848)
  Phegopteris decursive-pinnata (H.C.Hall) Fée, Mem. Foug., 5. Gen. Filic. 5: 242, pl. 20A, f. 1 242 (1852)
  Nephrodium decursive-pinnatum (H.C.Hall) Hook., Five Months Yang-Tsze : 53 (1862)
  Lastrea decursive-pinnata (H.C.Hall) J.Sm., Ferns Brit. For. (ed. 1) : 154 (1866)
  Dryopteris decursive-pinnata (H.C.Hall) Kuntze, Revis. Gen. Pl. 2: 812 (1891)
  Phegopteris koreana B.Y.Sun & C.H.Kim, Novon 14: 440 (2004)

Thelypteris glanduligera (Kunze) Ching, Bull. Fan Mem. Inst. Biol. Bot. 6: 320 (1936)

Common name 사다리고사리

Distribution in Korea: North, Central, South, Jeju
  Aspidium glanduligerum Kunze, Analecta Pteridogr. 44 (1837)
  Lastrea glanduligera (Kunze) T.Moore, Index Fil. (T. Moore) 93 (1858)
  Dryopteris thelypteris (L.) A.Gray var. *koreana* Nakai, Bot. Mag. (Tokyo) 45: 97 (1931)
  Dryopteris thelypteris (L.) A.Gray var. *koreana* Nakai, Bot. Mag. (Tokyo) 45: 97 (1931)
  Thelypteris glanduligera (Kunze) Ching var. *koreana* (Nakai) H.Itô, Nov. Fl. Jap. 4: 130 (1939)
  Lastrea glanduligera (Kunze) T.Moore var. *koreana* (Nakai) Nakai,Bull. Natl. Sci. Mus., Tokyo 31: 17 (1952)
  Parathelypteris glanduligera (Kunze) Ching, Acta Phytotax. Sin. 8: 303 (1963)

Thelypteris japonica (Baker) Ching, Bull. Fan Mem. Inst. Biol. 6: 312 (1936)

Common name 지네고사리

Distribution in Korea: North, Central, South, Jeju
  Nephrodium japonicum Baker, Ann. Bot. (Oxford) 5: 318 (1891)
  Dryopteris formosa Nakai, Bot. Mag. (Tokyo) 45: 97 (1931)
  Thelypteris japonica (Baker) Ching var. *glabrata* Ching, Bull. Fan Mem. Inst. Biol. Bot. 6: 313 (1936)
  Lastrea japonica (Baker) Copel., Gen. Fil. (Copeland) 139 (1947)
  Lastrea japonica (Baker) Copel. var. *glabrata* (Ching) Ohwi, Fl. Jap. Pterid. 98 (1957)
  Parathelypteris japonica (Baker) Ching, Acta Phytotax. Sin. 8: 304 (1963)
  Wagneriopteris japonica (Baker) A.Löve & D.Löve, Taxon 26(2-3): 325 (1977)
  Parathelypteris formosa Nakaike, J. Nippon Fernist Club suppl. 2, 3: 137 (2004)

Representative specimens; Kangwon-do 29 July 1938 Mt. Kumgang (金剛山) *Hozawa, S Hozawa s.n.*

Thelypteris nipponica (Franch. & Sav.) Copel., Bull. Fan Mem. Inst. Biol. 6: 309 (1936)

Common name 키다리처녀고사리

Distribution in Korea: North, Central
  Aspidium nipponicum Franch. & Sav., Enum. Pl. Jap. 2: 242 (1876)
  Dryopteris nipponica (Franch. & Sav.) C.Chr., Index Filic. 5: 279 (1905)
  Thelypteris nipponica (Franch. & Sav.) Copel. var. *borealis* (H.Hara) H.Hara, Bot. Mag. (Tokyo) 52: 621 (1938)
  Lastrea nipponica (Franch. & Sav.) Copel., Gen. Fil. (Copeland) 139 (1947)
  Lastrea nipponica (Franch. & Sav.) Copel. var. *borealis* (H.Hara) Tagawa, Col. Ill. Jap. Pterid. : 222 (1959)
  Parathelypteris nipponica (Franch. & Sav.) Ching, Acta Phytotax. Sin. 8: 302 (1963)

Parathelypteris nipponica (Franch. & Sav.) Ching var. *borealis* (H.Hara) K.H.Shing, Fl. Reipubl. Popularis Sin. 4: 37 (1999)

Representative specimens; Kangwon-do 8 August 1940 Mt. Kumgang (金剛山) *Okuyama, S Okuyama s.n.* 31 July 1938 *Park, MK Park s.n.* **Ryanggang** 15 August 1913 谿間里*Hirai, H Hirai33*

Thelypteris oligophlebia (Baker) Ching, Bull. Fan Mem. Inst. Biol. Bot. 6: 339 (1936)

Common name 각시고사리

Distribution in Korea: North, Central, South, Jeju
  Nephrodium setigerum C.Presl var. *calvatum* Baker, J. Bot. 13: 201 (1875)
  Dryopteris elegans Koidz., Bot. Mag. (Tokyo) 38: 108 (1924)
  Lastrea oligophlebia (Baker) Copel. var. *elegans* (Koidz.) Nakai,Bull. Natl. Sci. Mus., Tokyo 31: 17 (1952)
  Lastrea uliginosa Newman var. *elegans* (Koidz.) K.Iwats., Acta Phytotax. Geobot. 18: 158 (1960)
  Thelypteris uliginosa (Kunze) Ching var. *elegans* (Koidz.) K.Iwats., Acta Phytotax. Geobot. 18: 158 (1960)
  Macrothelypteris oligophlebia (Baker) Ching, Acta Phytotax. Sin. 8: 309 (1963)
  Macrothelypteris torresiana (Gaudich.) Ching var. *calvata* (Baker) Holttum, Mem. Coll. Sci. Kyoto Imp. Univ., Ser. B, Biol. 31: 154 (1965)
  Thelypteris torresiana (Gaudich.) Alston var. *calvata* (Baker) K.Iwats., Mem. Coll. Sci. Kyoto Imp. Univ., Ser. B, Biol. 31: 154 (1965)

Representative specimens; Hamgyong-bukto 1 August 1914 清津 *Ikuma, Y Ikuma s.n.* **Hwanghae-namdo** 1 August 1929 椵島 *Nakai, T Nakai s.n.*

Thelypteris palustris Schott, Gen. Fil. (Schott) ad t.10 (1834)

Common name 처녀고사리

Distribution in Korea: North, Central, South
  Nephrodium thelypteris (L.) Strempel
  Acrostichum thelypteris L., Sp. Pl. 2: 1071 (1753)
  Polypodium palustre Salisb., Prodr. Stirp. Chap. Allerton 403 (1796)
  Nephrodium thelypteris (L.) Strempel
  Lastrea thelypteris (L.) Bory, Dict. Class. Hist. Nat. 9: 233 (1826)

Representative specimens; Chagang-do 25 July 1911 Kang-gei(Kokai 江界) *Mills, RG Mills39* **Hamgyong-bukto** September 1935 羅南 *Saito, T T Saito s.n.* 7 August 1935 羅南支庫 *Saito, T T Saito s.n.* 31 August 1935 羅南 *Saito, T T Saito s.n.* 23 June 1935 梧上洞 *Saito, T T Saito s.n.* **Hamgyong-namdo** 24 August 1941 咸興下水里*Suzuki, T s.n.* **Hwanghae-namdo** 1 August 1929 椵島 *Nakai, T Nakai12531* **Kangwon-do** 22 August 1916 金剛山大長峯 *Nakai, T Nakai5058* 31 July 1916 金剛山 *Nakai, T Nakai5061* 14 August 1930 劍拂浪 *Nakai, T Nakai13995* 7 June 1909 元山 *Nakai, T Nakai s.n.* **P'yongan-bukto** 26 July 1912 Nei-hen (Neiyen 寧邊) *Imai, H Imai146* **Ryanggang** 19 July 1897 Keizanchin(惠山鎭) *Komarov, VL Komaorv s.n.* 10 August 1897 長津江下流域 *Komarov, VL Komaorv s.n.* 22 July 1897 佳林里 *Komarov, VL Komaorv s.n.*

Thelypteris quelpaertensis (Christ) Ching, Bull. Fan Mem. Inst. Biol. Bot. 6: 328 (1936)

Common name 큰처녀고사리

Distribution in Korea: North, Jeju
  Dryopteris quelpartensis Christ, Bull. Acad. Int. Geogr. Bot. 20: 7 (1910)
  Dryopteris kamtschatica Kom., Repert. Spec. Nov. Regni Veg. 13: 84 (1914)
  Lastrea quelpaertensis (Christ) Copel., Gen. Fil. (Copeland) 139 (1947)
  Oreopteris quelpaertensis (Christ) Holub, Folia Geobot. Phytotax. 4: 48 (1969)

Representative specimens; Chagang-do 25 July 1911 Kang-gei (Kokai 江界) *Mills, RG Mills45*

WOODSIACEAE

Athyrium Roth
Athyrium alpestre (Hoppe) Clairv., Man. Herbor. Suisse 301 (1811)

Common name 산고사리

Distribution in Korea: North
Athyrium distentifolium Tausch ex Opiz, Kratos 2 (1): 14 (1820)
Pseudoathyrium alpestre (Hoppe) Newman, Phytologist 4: 370 (1851)

Athyrium brevifrons Nakai ex Kitag., Rep. Exped. Manchoukuo Sect. IV, Pt. 2, Contr. Cogn. Fl. Manshuricae 75 (1935)

Common name 참새발고사리

Distribution in Korea: North, Central, South
Athyrium brevifrons Nakai ex Kitag. var. *angustifrons* (Kodama) Mori, Enum. Pl. Corea 4 (1922)
Athyrium filix-femina (L.) Roth var. *longipes* H.Hara, Bot. Mag. (Tokyo) 48: 691 (1934)
Athyrium acutidentatum Ching, Acta Bot. Boreal.-Occid. Sin. 6: 150 (1986)

Representative specimens; Chagang-do 1 September 1897 慈城嶺 *Komarov, VL Komaorv s.n.* **Hamgyong-bukto** 10 August 1933 渡正山門內 *Koidzumi, G Koidzumi s.n.* 12 August 1933 *Koidzumi, G Koidzumi s.n.* 8 August 1935 羅南支庫 *Saito, T T Saito s.n.* 11 September 1935 羅南 *Saito, T T Saito s.n.* 9 August 1935 *Saito, T T Saito s.n.* 24 September 1937 漁遊洞 *Saito, T T Saito s.n.* 19 May 1897 茂山嶺 *Komarov, VL Komaorv s.n.* 10 July 1936 鏡城行營 - 龍山洞 *Saito, T T Saito s.n.* 27 May 1930 Kyonson 鏡城 *Ohwi, J Ohwi s.n.* July 1932 冠帽峰 *Ohwi, J Ohwi s.n.* 12 June 1934 延上面九州帝大北鮮演習林 *Hatsushima, S Hatsushima s.n.* 16 October 1938 熊店 *Saito, T T Saito s.n.* 18 June 1897 西溪水河谷 *Komarov, VL Komaorv s.n.* 13 August 1936 富寧上峴 - 石幕 *Saito, T T Saito s.n.* 17 June 1938 慶源郡龍德面 *Saito, T T Saito s.n.* **Hamgyong-namdo** 23 August 1932 蓋馬高原 *Kitamura, S Kitamura s.n.* 24 July 1933 東上面大漢垈里 *Koidzumi, G Koidzumi s.n.* **Kangwon-do** 5 August 1942 金剛山長安寺-毘盧峯 *Nakajima, K Nakajima s.n.* 2 August 1942 金剛山長安寺附近 *Nakajima, K Nakajima s.n.* 6 August 1945 金剛山毘盧峯- 內霧在嶺 - 四仙橋 *Nakajima, K Nakajima s.n.* 10 June 1932 Mt. Kumgang (金剛山) *Ohwi, J Ohwi s.n.* 15 June 1938 安邊郡衛益面三防 *Park, MK Park s.n.* **P'yongan-namdo** 15 June 1928 陽德 *Nakai, T Nakai s.n.* **Rason** 7 June 1930 西水羅 *Ohwi, J Ohwi s.n.* 30 June 1938 松眞山 *Saito, T T Saito s.n.* **Ryanggang** 1 August 1897 虛川江 (同仁山) *Komarov, VL Komaorv s.n.* 10 July 1897 十四道溝 *Komarov, VL Komaorv s.n.* 21 August 1897 河山嶺 *Komarov, VL Komaorv s.n.* 23 August 1897 雲洞嶺 *Komarov, VL Komaorv s.n.* 5 August 1897 白山嶺 *Komarov, VL Komaorv s.n.* 25 August 1942 大澤 *Nakajima, K Nakajima s.n.* 25 August 1944 infokl府白岩 *Nakajima, K Nakajima s.n.* July 1930 醬池 *Ohwi, J Ohwi s.n.* 22 June 1930 倉坪嶺 *Ohwi, J Ohwi s.n.* 11 August 1937 大澤 *Saito, T T Saito s.n.* 22 August 1914 普天堡 *Ikuma, Y Ikuma s.n.* 19 June 1897 阿武山 *Komarov, VL Komaorv s.n.* 26 June 1897 內曲里 *Komarov, VL Komaorv s.n.* 22 July 1897 佳林里 *Komarov, VL Komaorv s.n.* July 1931 白頭山 *Ichikawa, S s.n.* 3 June 1897 四芝坪 *Komarov, VL Komaorv s.n.* 16 July 1938 新德 *Saito, T T Saito s.n.*

Athyrium fallaciosum Milde, Fil. Eur. 54 (1867)

Common name 물뱀고사리

Distribution in Korea: North
Asplenium mongolicum Franch., Nouv. Arch. Mus. Hist. Nat. II. 7: 161 (1883)
Nephrodium mongolicum (Franch.) Baker, Ann. Bot. (Oxford) 5: 317 (1891)
Athyrium mongolicum (Franch.) Diels var. *purdomii* C.Chr., Bot. Gaz. 56: 333 (1913)
Athyrium subimbricatum Nakai, Bot. Mag. (Tokyo) 35: 131 (1921)

Representative specimens; Hamgyong-bukto 18 July 1918 朱乙溫面大東水谷 *Nakai, T Nakai s.n.* Type of *Athyrium subimbricatum* Nakai (Holotype TI)18 July 1918 朱乙溫面新人谷 *Nakai, T Nakai6643* July 1932 冠帽峰 *Ohwi, J Ohwi s.n.* **Ryanggang** 7 August 1930 合水 (列結水) *Ohwi, J Ohwi s.n.*

Athyrium niponicum (Mett.) Hance, J. Linn. Soc., Bot. 13: 92 (1873)

Common name 좀고사리(개고사리)

Distribution in Korea: North, Central, South, Ulleung
Asplenium niponicum Mett., Ann. Mus. Bot. Lugduno-Batavi 2: 240 (1866)
Asplenium uropteron Miq., Ann. Mus. Bot. Lugduno-Batavi 3: 174 (1867)
Athyrium uropteron (Miq.) C.Chr., Index Filic. 3: 147 (1905)
Athyrium yunnanense Christ, Bull. Acad. Int. Geogr. Bot. 17: 134 (1907)
Athyrium matsumurae Christ ex Matsum., Bot. Mag. (Tokyo) 24: 241 (1910)
Athyrium pachyphlebium C.Chr., Dansk Bot. Ark. 9: 55 (1937)
Anisocampium niponicum (Mett.) Yea C.Liu & W.L.Chiou & M.Kato, Taxon 60: 828 (2011)

Representative specimens; Chagang-do 26 August 1897 松德水河谷 *Komarov, VL Komaorv s.n.* 30 August 1911 Sensen (前川) *Mills, RG Mills759* **Hamgyong-namdo** 11 August 1940 咸興歸州寺 *Okuyama, S Okuyama s.n.* **Hwanghae-namdo** 1 August 1929 椒島 *Nakai, T Nakai12506* **P'yongyang** 2 August 1910 P'yongyang (平壤) *Imai, H Imai8* **Ryanggang** 23 August 1897 雲洞嶺

Komarov, VL Komaorv s.n. 7 August 1897 上巨里水河谷 *Komarov, VL Komaorv s.n.*

Athyrium reflexipinnum Hayata, Icon. Pl. Formosan. 4: 234 (1914)
Common name 거꾸리개고사리
Distribution in Korea: North, Central

Athyrium sinense Rupr., Beitr. Pflanzenk. Russ. Reiches 3: 41 (1845)
Common name 북새발고사리
Distribution in Korea: North, Central, South
   Asplenium melanolepis Franch. & Sav., Enum. Pl. Jap. 2: 226 (1876)
   Athyrium melanolepis (Franch. & Sav.) Christ, Bull. Herb. Boissier 4: 668 (1896)
   Athyrium triangulare Nakai, Bot. Mag. (Tokyo) 45: 91 (1931)
   Athyrium nakaii Tagawa, Acta Phytotax. Geobot. 2: 195 (1933)

Representative specimens; Hamgyong-bukto 19 June 1909 清津 *Nakai, T Nakai s.n.* July 1930 漁遊洞 *Ohwi, J Ohwi s.n.* August 1913 鏡城 *Mori, T Mori280* August 1913 *Mori, T Mori281* 18 July 1918 朱乙溫面甫上洞新人谷 *Nakai, T Nakai s.n.* 17 July 1918 朱乙溫面甫上洞 *Nakai, T Nakai s.n.* 18 July 1918 朱乙溫面甫上洞天坪 *Nakai, T Nakai6644* 27 May 1930 鏡城 *Ohwi, J Ohwi s.n.* **Hamgyong-namdo** 1 August 1941 Hamhung (咸興) *Suzuki, T s.n.* 16 August 1943 赴戰高原漢垈里 *Honda, M Honda269* 15 August 1935 東上面漢垈里 *Nakai, T Nakai15325* 14 August 1940 赴戰高原 Fusenkogen *Okuyama, S Okuyama s.n.* 東上面上洞 *Unknown s.n.* 17 August 1934 東上面內岩洞谷 *Yamamoto, A Yamamoto s.n.* 17 August 1934 東上面達阿里上洞 *Yamamoto, A Yamamoto s.n.* 30 August 1934 東下面安基里谷 *Yamamoto, A Yamamoto s.n.* 18 August 1934 東上面達阿里新洞上方 *Yamamoto, A Yamamoto s.n.* 19 August 1943 千佛山 *Honda, M Honda266* **Kangwon-do** 31 July 1916 金剛山神溪寺 -三聖庵 *Nakai, T Nakai s.n.* 5 August 1916 金剛山溫井嶺 *Nakai, T Nakai5068* 31 July 1916 金剛山神溪寺 -三聖庵 *Nakai, T Nakai5071* 31 July 1916 Mt. Kumgang (金剛山) *Nakai, T Nakai s.n.* 14 July 1936 金剛山外金剛千佛山 *Nakai, T Nakai s.n.* June 1932 Mt. Kumgang (金剛山) *Ohwi, J Ohwi s.n.* 14 August 1930 劍拂浪 *Nakai, T Nakai13984* 16 August 1930 劍拂浪長止門山 *Nakai, T Nakai13985* **P'yongan-bukto** 5 August 1937 妙香山 *Hozawa, S Hozawa s.n.* 5 August 1937 *Hozawa, S Hozawa s.n.* **Rason** 7 June 1930 西水羅 *Ohwi, J Ohwi s.n.* **Ryanggang** 24 August 1934 北水白山北水谷 *Yamamoto, A Yamamoto s.n.* 5 August 1940 高頭山 *Hozawa, S Hozawa s.n.* August 1913 崔哥嶺 *Mori, T Mori272* 6 August 1914 胞胎山 *Nakai, T Nakai s.n.*

Athyrium spinulosum (Maxim.) Milde, Bot. Zeitung (Berlin) 6: 376 (1866)
Common name 두메개고사리
Distribution in Korea: North, Central
   Cystopteris spinulosa Maxim., Mem. Acad. Imp. Sci. St.-Petersbourg, Ser. 6, Sci. Math.,
   Seconde Pt. Sci. Nat. 9: 340 (1858)
   Pseudocystopteris spinulosa (Maxim.) Ching, Acta Phytotax. Sin. 9: 78 (1964)

Representative specimens; Chagang-do 22 July 1916 狼林山 *Mori, T Mori s.n.* **Hamgyong-bukto** 18 July 1918 朱乙溫面態谷嶺 1100m *Nakai, T Nakai s.n.* 19 September 1935 南下石山 *Saito, T T Saito s.n.* 6 July 1933 *Saito, T T Saito s.n.* 12 June 1934 延上面九州帝大北鮮演習林 *Hatsushima, S Hatsushima s.n.* 23 May 1897 車踰嶺 *Komarov, VL Komaorv s.n.* 21 June 1909 Musan-ryeong (戊山嶺) *Nakai, T Nakai s.n.* 30 July 1936 延上面九州帝大北鮮演習林 *Saito, T T Saito s.n.* 3 August 1936 茂山 *Saito, T T Saito s.n.* 4 August 1933 黃雪嶺 *Saito, T T Saito s.n.* 17 July 1938 新德 - 楡坪洞 *Saito, T T Saito s.n.* **Hamgyong-namdo** 24 August 1933 東上面漢垈里 *Koidzumi, G Koidzumi s.n.* 24 July 1933 東上面大漢垈里 *Koidzumi, G Koidzumi s.n.* 16 August 1935 遮日峯 *Nakai, T Nakai s.n.* 15 August 1935 東上面漢垈岱 *Nakai, T Nakai s.n.* 20 June 1932 東上面元豊垈 *Ohwi, J Ohwi s.n.* 15 August 1940 赴戰高原雲水嶺 *Okuyama, S Okuyama s.n.* 18 August 1934 東上面達阿里新洞上方庫根 *Yamamoto, A Yamamoto s.n.* 18 August 1934 東上面達阿里新洞上方 *Yamamoto, A Yamamoto s.n.* **Kangwon-do** 22 August 1916 金剛山大長峯 *Nakai, T Nakai s.n.* **Rason** 30 June 1938 松眞山 *Saito, T T Saito s.n.* **Ryanggang** 27 August 1934 豊山郡熊耳面金本峯大岩山 *Yamamoto, A Yamamoto s.n.* 7 July 1897 犁方嶺 *Komarov, VL Komaorv s.n.* 6 August 1897 白山嶺 *Komarov, VL Komaorv s.n.* 23 August 1897 雲洞嶺 *Komarov, VL Komaorv s.n.* 29 August 1943 大澤 *Chang, HD ChangHD s.n.* 4 August 1939 大澤濕地 *Hozawa, S Hozawa s.n.* 25 August 1942 大澤 *Nakajima, K Nakajima s.n.* 31 July 1930 醬池 *Ohwi, J Ohwi s.n.* 31 July 1930 Ohwi, *J Ohwi s.n.* 8 August 1937 大澤 *Saito, T T Saito s.n.* 7 August 1937 合水 *Saito, T T Saito s.n.* 24 June 1897 大鎮坪 *Komarov, VL Komaorv s.n.* 19 June 1897 阿武山 *Komarov, VL Komaorv s.n.* 22 July 1897 佳林里 *Komarov, VL Komaorv s.n.* 25 July 1897 栢德嶺 *Komarov, VL Komaorv s.n.* August 1913 長白山 *Mori, T Mori s.n.* 6 August 1914 胞胎山虛項嶺 *Nakai, T Nakai s.n.* 5 August 1914 普天堡 -寶泰洞 *Nakai, T Nakai s.n.* 21 August 1934 新興郡/豊山郡境北水白山 *Yamamoto, A Yamamoto s.n.* 21 August 1934 *Yamamoto, A Yamamoto s.n.*

Athyrium yokoscense (Franch. & Sav.) Christ, Bull. Herb. Boissier 4: 668 (1896)
Common name 뱀고사리
Distribution in Korea: North, Central, South, Ulleung
   Asplenium yokoscense Franch. & Sav., Enum. Pl. Jap. 2: 225 (1879)

Aspidium subspinulosum Christ, Bull. Herb. Boissier ser. 2, 2: 829 (1902)
Athyrium demissum Christ, Repert. Spec. Nov. Regni Veg. 5: 284 (1908)
Athyrium flaccidum Christ, Repert. Spec. Nov. Regni Veg. 5: 11 (1908)
Athyrium caespitosum Nakai, Bull. Natl. Sci. Mus., Tokyo 33: 3 (1953)

Representative specimens; Hamgyong-bukto 2 August 1918 鏡城郡 *Nakai, T Nakai6669* **Hwanghae-namdo** 4 July 1922 Sorai Beach 九味浦 *Mills, RG Mills4546* 28 July 1929 長山串 Nakai,*T Nakai2511* 28 July 1929 Nakai,*T Nakai2514* **Kangwon-do** 31 July 1916 金剛山神溪寺 -三聖庵 *Nakai, T Nakai5070* 12 July 1936 金剛山外金剛千佛山 *Nakai, T Nakai s.n.* 14 August 1916 金剛山望軍臺 *Nakai, T Nakai5074* 20 August 1916 金剛山彌勒峯 *Nakai, T Nakai5075* 7 August 1940 Mt. Kumgang (金剛山) *Okuyama, S Okuyama s.n.* 14 August 1930 劒拂浪 *Nakai, T Nakai13982* 9 June 1909 元山西南方山中 *Nakai, T Nakai s.n.* **P'yongan-bukto** 5 August 1937 妙香山 *Hozawa, S Hozawa s.n.* **P'yongan-namdo** 29 August 1930 鍾峯山 *Uyeki, H Uyeki5343* **P'yongyang** 19 August 1933 P'yongyang (平壤) *Yamaguchi, K s.n.* **Rason** 4 June 1930 西水羅 *Ohwi, J Ohwi s.n.* **Ryanggang** 9 August 1914 下面江口 *Ikuma, Y Ikuma s.n.* 7 August 1914 *Ikuma, Y Ikuma328*

Cornopteris Nakai
Cornopteris crenulato-serrulata (Makino) Nakai, Bot. Mag. (Tokyo) 45: 95 (1931)
Common name 응달고사리
Distribution in Korea: North, Central, South
  Athyrium crenulato-serrulatum Makino, Bot. Mag. (Tokyo) 13: 26 (1899)
  Phegopteris crenulato-serrulata (Makino) Makino, Bot. Mag. (Tokyo) 17: 78 (1903)
  Dryopteris crenulato-serrulata (Makino) C.Chr., Index Filic. 5: 259 (1905)
  Dryopteris austro-ussuriensis Kom., Izv. Imp. Bot. Sada Petra Velikago 16: 147 (1916)
  Athyrium austro-ussuriense (Kom.) Fomin, Fl. Sibir. Orient. Extremi 5: 122 (1930)
  Pseudathyrium crenulato-serrulatum (Makino) Nakai, Rep. Veg. Daisetsu Mts. 44 (1930)
  Cornopteris coreana Nakai, Bot. Mag. (Tokyo) 45: 96 (1931)
  Athyrium koryoense Tagawa, J. Jap. Bot. 22: 160 (1948)

Representative specimens; Hwanghae-namdo 28 July 1929 長山串 Nakai,*T Nakai s.n.* **Kangwon-do** 24 August 1916 金剛山鶴巢嶺 *Nakai, T Nakai s.n.* 3 August 1942 金剛山長安寺明鏡台 *Nakajima, K Nakajima s.n.* 10 June 1932 Mt. Kumgang (金剛山) *Ohwi, J Ohwi s.n.*

Deparia Hook. & Grev.
Deparia conilii (Franch. & Sav.) M.Kato, Bot. Mag. (Tokyo) 90: 37 (1977)
Common name 좀진고사리
Distribution in Korea: North, Central, Ulleung
  Asplenium conilii Franch. & Sav., Enum. Pl. Jap. 2: 227 (1876)
  Diplazium oldhamii (Baker) Christ, Bull. Herb. Boissier 7: 819 (1899)
  Athyrium conilii (Franch. & Sav.) Tagawa, J. Jap. Bot. 14(2): 104 (1938)
  Diplazium thunbergii Nakai ex Momose var. *angustatum* Nakai, Bull. Natl. Sci. Mus., Tokyo 27: 14 (1949)
  Lunathyrium conilii (Franch. & Sav.) Sa.Kurata, Enum. Jap. Pterid. 341 (1961)
  Athyriopsis conilii (Franch. & Sav.) Ching, Acta Phytotax. Sin. 9(1): 65 (1964)
  Lunathyrium angustatum (Nakai) H.Ohba, Sci. Rep. Yokosuka City Mus. 11: 53, f. 3 (1965)
  Deparia conilii (Franch. & Sav.) M.Kato var. *angustata* (Nakai) M.Kato, Bot. Mag. (Tokyo) 90: 37 (1977)
  Deparia × angustatum (Nakai) Nakaike, J. Nippon Fernist Club 3(Suppl. 2): 59 (2004)

Representative specimens; Hwanghae-namdo 1 August 1929 椒島 *Nakai, T Nakai12518* 1 May 1929 長山串 *Nakai, T Nakai12519* **Kangwon-do** 8 June 1909 元山 *Nakai, T Nakai s.n.*

Deparia henryi (Baker) M.Kato, Bot. Mag. (Tokyo) 90: 37 (1977)
Common name 곱새고사리
Distribution in Korea: North, Central, South
  Aspidium henryi Baker, Ann. Bot. (Oxford) 5 (19): 306 (1891)
  Athyrium henryi (Baker) Diels, Nat. Pflanzenfam. 1(4): 224 (1899)
  Athyrium coreanum Christ, Bull. Herb. Boissier ser. 2, 8: 827 (1902)

Athyrium decursivum Y.Yabe, Bot. Mag. (Tokyo) 17(194): 66 (1903)
Athyrium heterocarpum Nakai, Bot. Mag. (Tokyo) 35: 131 (1921)
Athyrium heterophyllum Nakai, Bot. Mag. (Tokyo) 45: 92 (1931)
Lunathyrium coreanum (Christ) Ching, Acta Phytotax. Sin. 10: 301 (1965)
Deparia coreana (Christ) M.Kato, J. Fac. Sci. Univ. Tokyo, Sect. 3, Bot. 13: 392 (1984)

Representative specimens;Hamgyong-bukto 1 September 1935 漁遊洞 *Saito, T T Saito s.n.* 5 October 1935 羅南 *Saito, T T Saito s.n.* 13 October 1936 鏡城 *Saito, T T Saito s.n.* 16 October 1938 熊店 *Saito, T T Saito s.n.* **Hamgyong-namdo** 11 August 1940 咸興歸州寺 *Okuyama, S Okuyama s.n.* 1 August 1941 *Suzuki, T s.n.* **Hwanghae-namdo** 26 August 1943 長壽山 *Furusawa, I Furusawa s.n.* 26 August 1941 *Hurusawa, I Hurusawa s.n.* 24 June 1943 首陽山 *Chang, HD ChangHD s.n.* 31 July 1929 席島 *Nakai, T Nakai s.n.* 28 July 1929 長山串 *Nakai, T Nakai12508* **Kangwon-do** 1 October 1935 海金剛-溫井里 *Okamoto, S Okamoto s.n.* August 1932 Mt. Kumgang (金剛山) *Koidzumi, G Koidzumi s.n.* 13 August 1916 金剛山表訓寺附近 *Nakai, T Nakai5067* 12 August 1916 金剛山長安寺 *Nakai, T Nakai5069* Type of *Athyrium heterocarpum* Nakai (Holotype TI)14 July 1936 金剛山外金剛千佛山 *Nakai, T Nakai17007* 5 August 1942 Mt. Kumgang (金剛山) *Nakajima, K Nakajima s.n.* 10 June 1932 Ohwi, *J Ohwi s.n.* 10 June 1932 Ohwi, *J Ohwi s.n.* 29 July 1938 金剛山 *Park, MK Park s.n.* 14 August 1930 劍拂浪 *Nakai, T Nakai s.n.* 10 August 1932 元山 *Kitamura, S Kitamura s.n.* **P'yongan-bukto** 5 August 1935 妙香山 *Koidzumi, G Koidzumi s.n.* **Rason** 4 June 1930 西水羅 *Ohwi, J Ohwi s n*

Deparia pterorachis (Christ) M.Kato, Bot. Mag. (Tokyo) 90: 35 (1977)
Common name 큰고사리(왕고사리)
Distribution in Korea: North, Central, Ulleung
Athyrium pterorachis Christ, Bull. Herb. Boissier 4: 668 (1896)
Dryoathyrium pterorachis (Christ) Ching, Bull. Fan Mem. Inst. Biol. Bot. 11: 81 (1941)
Cornopteris pterorachis (Christ) Tardieu, Amer. Fern J. 48(1): 32 (1958)
Lunathyrium pterorachis (Christ) Sa.Kurata, Enum. Jap. Pterid. 309 (1961)

Representative specimens; Hamgyong-bukto 5 August 1939 頭流山 *Hozawa, S Hozawa s.n.* 9 August 1918 寶村 *Nakai, T Nakai7631* **Kangwon-do** 13 August 1916 金剛山表訓寺附近 *Nakai, T Nakai5050* 12 August 1916 金剛山長安寺附近 *Nakai, T Nakai5052* 24 August 1916 金剛山鶴巢嶺 *Nakai, T Nakai5072* 24 August 1916 Nakai,*T Nakai6009* 14 July 1936 金剛山外金剛千佛山 *Nakai, T Nakai17008* 16 August 1930 平康郡長止門山 *Nakai, T Nakai13993* **P'yongan-namdo** August 1930 百雪山[白楊山?] *Uyeki, H Uyeki5340* 15 June 1928 陽德 *Nakai, T Nakai12289* **Ryanggang** 21 August 1897 subdist. Chu-czan, flumen Amnok-gan *Komarov, VL Komaorv s.n.* 31 July 1930 醬池 Ohwi, *J Ohwi s.n.*

Deparia pycnosora (Christ) M.Kato, Bot. Mag. (Tokyo) 90: 36 (1977)
Common name 흰털고사리 (털고사리)
Distribution in Korea: North, Central, South
Athyrium pycnosorum Christ, Bull. Herb. Boissier ser. 2, 2: 827 (1902)
Lunathyrium pycnosorum (Christ) Koidz., Acta Phytotax. Geobot. 1: 31 (1932)
Lunathyrium pycnosorum (Christ) Koidz. f. *glabrum* Otsuka, J. Geobot. 23: 94, f. 1 (1976)

Representative specimens; Chagang-do 26 August 1897 松德水河谷 *Komarov, VL Komaorv s.n.* **Hamgyong-bukto** 14 August 1933 朱乙溫泉朱乙山 *Koidzumi, G Koidzumi s.n.* **P'yongan-bukto** 5 August 1937 妙香山 *Hozawa, S Hozawa s.n.* **Ryanggang** 23 August 1897 雲洞嶺 *Komarov, VL Komaorv s.n.* 7 August 1897 上巨里水河谷 *Komarov, VL Komaorv s.n.* 7 August 1930 合水 *Ohwi, J Ohwi s.n.*

Diplazium Sw.
Diplazium sibiricum (Turcz. ex Kunze) Sa.Kurata, Enum. Jap. Pterid. 340 (1961)
Common name 두메고사리
Distribution in Korea: North, Central
Aspidium crenatum Sommerf., Kongl. Vetensk. Acad. Handl. 1834: 102 (1835)
Asplenium sibiricum Turcz. ex Kunze, Analecta Pteridogr. 25, pl.15 (1837)
Athyrium crenatum (Summerf.) Rupr., Spic. Pl. Fenn. 2: 14 (1844)
Athyrium mite Christ, Bull. Acad. Int. Geogr. Bot. 20: 36 (1909)
Athyrium idoneum Kom., Izv. Imp. Bot. Sada Petra Velikago 16: 148 (1916)
Athyrium crenatum (Summerf.) Rupr. var. *glabrum* Tagawa, Acta Phytotax. Geobot. 11: 238 (1942)
Diplazium sibiricum (Turcz. ex Kunze) Sa.Kurata var. *glabrum* (Tagawa) Sa.Kurata, Enum. Jap. Pterid. 340 (1961)
Diplazium sommerfeldii A.Löve & D.Löve, Taxon 26: 326 (1977)

Representative specimens; **Hamgyong-bukto** 15 June 1930 茂山峯 *Ohwi, J Ohwi s.n.* 15 June 1930 Ohwi, *J Ohwi s.n.* 12 June 1934 延上面九州帝大北鮮演習林 *Hatsushima, S Hatsushima s.n.* 24 May 1897 車踰嶺 *Komarov, VL Komaorv s.n.* **Hamgyong-namdo** 24 July 1933 東上面大漢垈里 *Koidzumi, G Koidzumi s.n.* 15 August 1936 赴戰高原 Fusenkogen Nakai,*T Nakai s.n.* 15 August 1935 東上面漢岱里 *Nakai, T Nakai15326* 20 June 1932 東上面元豊里 *Ohwi, J Ohwi s.n.* 30 August 1934 東下面頭雲峯安基里 *Yamamoto, A Yamamoto s.n.* 30 August 1934 東下面安東下面安基里谷 *Yamamoto, A Yamamoto s.n.* **Kangwon-do** 15 August 1916 金剛山內圓通庵 - 般庵 *Nakai, T Nakai50666* August 1942 金剛山毘盧峯- 內霧在嶺 - 四仙橋 *Nakajima, K Nakajima s.n.* 10 June 1932 Mt. Kumgang (金剛山) Ohwi, *J Ohwi s.n.* **Ryanggang** 27 August 1934 豊山郡熊耳面金本奉大岩山- 頭雲峰 *Yamamoto, A Yamamoto s.n.* 7 July 1897 犁方嶺 *Komarov, VL Komaorv s.n.* 24 July 1914 魚面堡遮川里 *Nakai, T Nakai2722* 7 August 1917 東溪水 *Furumi, M Furumi393* 6 August 1917 延岩 *Furumi, M Furumi397* 6 June 1897 平蒲坪 *Komarov, VL Komaorv s.n.* 21 June 1930 天水洞 - 倉坪 *Ohwi, J Ohwi s.n.* 30 July 1930 醬池 *Ohwi, J Ohwi s.n.* 21 June 1930 天水洞 - 倉坪 *Ohwi, J Ohwi s.n.* 22 August 1914 普天堡 *Ikuma, Y Ikuma s.n.* 27 June 1897 栢德嶺 *Komarov, VL Komaorv s.n.* 24 July 1897 佳林里 *Komarov, VL Komaorv s.n.* 19 June 1897 阿武山 *Komarov, VL Komaorv s.n.* 5 August 1914 普天堡- 寶泰洞 *Nakai, T Nakai2716* 6 August 1914 胞胎山 *Nakai, T Nakai2719*

Gymnocarpium Newman
Gymnocarpium dryopteris (L.) Newman, Phytologist 4: app. 24 (1851)

Common name 토끼고사리

Distribution in Korea: North (Chagang, Ryanggang, Hamgyong, P'yongan, Kangwon), Central
    Nephrodium dryopteris (L.) Michx.
    Polypodium dryopteris L., Sp. Pl. 2: 1093 (1753)
    Nephrodium dryopteris (L.) Michx.
    Aspidium dryopteris (L.) Baumg., Enum. Stirp. Transsilv. 4: 29 (1846)
    Dryopteris linnaeana (L.) C.Chr., Index Filic. 275 (1905)
    Thelypteris dryopteris (L.) Sloss., Fl. Rocky Mts. 1044 (1917)

Representative specimens; **Chagang-do** 11 July 1914 蔥田嶺 *Nakai, T Nakai1625* **Hamgyong-bukto** 15 June 1930 茂山嶺 *Hozawa, S Hozawa s.n.* 15 June 1930 Ohwi, *J Ohwi s.n.* 18 July 1918 朱乙溫面態谷嶺 *Nakai, T Nakai6649* 23 June 1935 梧上洞 *Saito, T T Saito s.n.* 17 June 1930 四芝嶺 *Ohwi, J Ohwi s.n.* **Hamgyong-namdo** 14 August 1943 赴戰高原漢垈里*Honda, M Honda261* 15 August 1936 赴戰高原 Fusenkogen Nakai,*T Nakai s.n.* 15 August 1935 赴戰高原漢垈里 *Nakai, T Nakai15334* 18 August 1934 東上面達阿里新洞上方庫根 *Yamamoto, A Yamamoto s.n.* **Kangwon-do** 16 August 1916 金剛山毘盧峯 *Nakai, T Nakai6011* 6 August 1942 金剛山 (毘盧峯內霧在嶺 - 四仙橋) *Nakajima, K Nakajima s.n.* **Rason** 30 June 1938 松眞山 *Saito, T T Saito s.n.* **Ryanggang** 5 August 1940 高頭山 *Hozawa, S Hozawa s.n.* 24 June 1930 延岩洞-上村 *Ohwi, J Ohwi s.n.* 2 August 1942 神武城 *Saito, T T Saito s.n.*

Gymnocarpium jessoense (Koidz.) Koidz., Acta Phytotax. Geobot. 5: 40 (1936)

Common name 산토끼고사리

Distribution in Korea: North, Central
    Nephrodium robertianum Prantl
    Polypodium robertianum Hoffm., Deutschl. Fl. (Roehling) 10 (1795)
    Gymnocarpium robertianum (Hoffm.) Newman, Phytologist 4: 371, app. 24 (1851)
    Nephrodium robertianum Prantl
    Aspidium dryopteris Baumg. var. *longulum* Christ, Bull. Herb. Boissier ser. 2, 2: 830 (1902)
    Dryopteris jessoensis Koidz., Bot. Mag. (Tokyo) 38: 104 (1924)
    Lastrea robertiana (Hoffm.) Newman var. *longula* (Christ) Ohwi, Fl. Jap. Pterid. 101 (1957)

Representative specimens; **Hamgyong-bukto** 3 August 1936 茂山 *Saito, T T Saito s.n.* 13 June 1897 西溪水 *Komarov, VL Komaorv s.n.* 12 June 1897 西溪水河谷 *Komarov, VL Komaorv s.n.* **Kangwon-do** 3 August 1942 Mt. Kumgang (金剛山) *Nakajima, K Nakajima s.n.* **P'yongyang** 4 September 1901 in montibus mediae *Faurie, UJ Faurie726* Type of *Aspidium dryopteris* Baumg. var. *longulum* Christ (Holotype P, Isotype B, Isotype KYO, Isotype P) **Ryanggang** 20 July 1897 Keizanchin(惠山鎭) *Komarov, VL Komaorv s.n.* 23 August 1897 雲洞嶺 *Komarov, VL Komaorv s.n.* 4 July 1897 上水隅理 *Komarov, VL Komaorv s.n.* 9 June 1897 倉坪 *Komarov, VL Komaorv s.n.* 24 June 1930 延岩洞-上村 *Ohwi, J Ohwi s.n.* 5 August 1940 高頭山 *Park, MK Park s.n.* 23 June 1897 大鎮坪 *Komarov, VL Komaorv s.n.* 23 June 1897 *Komarov, VL Komaorv s.n.* August 1913 長白山 *Mori, T Mori179* 3 June 1897 四芝坪 *Komarov, VL Komaorv s.n.*

Matteuccia Tod.
Matteuccia struthiopteris (L.) Tod., Giorn. Sci. Nat. Econ. Palermo 1(3-4): 235 (1866)

Common name 청나래고사리

Distribution in Korea: North, Central, Jeju
    Osmunda struthiopteris L., Sp. Pl. 106 (1753)
    Struthiopteris germanica Willd., Enum. Pl. (Willdenow) 2: 1071 (1809)
    Pterinodes struthiopteris (L.) Kuntze, Revis. Gen. Pl. 2: 820 (1891)

Matteuccia pensylvanica (Willd.) Raymond, Naturaliste Canad. 77: 55 (1950)

Representative specimens; Chagang-do 14 August 1912 Chosan(楚山) *Imai, H Imai228* 23 May 1911 Kang-gei(Kokai 江界) *Mills, RG Mills711* **Hamgyong-bukto** 1 September 1935 漁遊洞 *Saito, T T Saito s.n.* 1 September 1935 羅南 *Saito, T T Saito s.n.* 16 July 1918 朱乙溫面甫上洞 *Nakai, T Nakai6641* 18 July 1918 朱乙溫面大東水谷 *Nakai, T Nakai6642* 19 September 1935 南下石山 *Saito, T T Saito s.n.* **Kangwon-do** 7 August 1916 金剛山新豊里 -未輝里 *Nakai, T Nakai s.n.*3 August 1942 金剛山長安寺明鏡台 *Nakajima, K Nakajima s.n.* **P'yongan-namdo** 15 June 1928 陽德 *Nakai. T Nakai12291* **Ryanggang** 14 August 1914 農事洞- 三下 *Nakai, T Nakai3262*

Onoclea L.
Onoclea orientalis (Hook.) Hook., Sp. Fil. 4: 161 (1862)
Common name 개면마

Distribution in Korea: North, Central, South, Ulleung
 Struthiopteris orientalis Hook., Sec. Cent. Ferns 4, pl. 4 (1861)
 Matteuccia orientalis (Hook.) Trevis., Atti Reale Ist. Veneto Sci. Lett. Arti 14: 586 (1869)
 Pterinodes orientalis (Hook.) Kuntze, Revis. Gen. Pl. 2: 820 (1891)
 Struthiopteris cavaleriana Christ, Bull. Acad. Int. Geogr. Bot. 13: 118 (1904)
 Matteuccia cavaleriana (Christ) C.Chr., Index Filic. 420 (1906)
 Pentarhizidium orientale (Hook.) Hayata, Bot. Mag. (Tokyo) 42: 345 (1928)
 Pentarhizidium japonicum Hayata, Bot. Mag. (Tokyo) 42: 345 (1928)
 Matteuccia japonica (Hayata) C.Chr., Index Filic., Suppl. Tertium pro Annis 1917-1933 127 (1934)

Representative specimens; Hamgyong-bukto 26 May 1930 Kyonson 鏡城 *Ohwi, J Ohwi s.n.* 6 August 1918 Mt. Chilbo at Myongch'on(七寶山) *Nakai,T Nakai7630* 9 August 1918 月天郡雲滿臺 *Nakai, T Nakai7632* **Hwanghae-namdo** 5 August 1929 長山串 *Nakai, T Nakai12532* **Kangwon-do** 2 August 1916 金剛山神溪寺- 溫井里 *Nakai, T Nakai5026* 14 August 1916 金剛山望軍臺 *Nakai, T Nakai5028* 20 August 1930 安邊郡衛益面三防 *Nakai, T Nakai s.n.* 16 August 1930 平康郡長止門山 *Nakai, T Nakai13996* 14 August 1933 安邊郡衛益面三防 *Nomura, N Nomura s.n.*

Onoclea sensibilis L. var. *interrupta* Maxim., Mem. Acad. Imp. Sci. St.-Petersbourg Divers Savans 9: 337 (1859)
Common name 야산고비

Distribution in Korea: North (P'yongan), Central (Hwanghae), South
 Onoclea interrupta (Maxim.) Ching & P.C.Chiu, Fl. Tsinling. 2: 36 (1974)

Representative specimens; Chagang-do 10 July 1914 梅田坪 *Nakai, T Nakai1622* **Hamgyong-bukto** 19 October 1935 羅南 *Saito, T T Saito s.n.* 19 May 1897 茂山嶺 *Komarov, VL Komaorv s.n.* 1 June 1930 鏡城 *Ohwi, J Ohwi s.n.* **Hwanghae-namdo** 6 August 1929 長山串 Nakai,*T Nakai12538* **Kangwon-do** 28 July 1916 長箭高城 *Nakai, T Nakai5004* 22 June 1934 金剛山未輝里 *Miyazaki,, M s.n.* 13 August 1916 金剛山長安寺山 *Nakai, T Nakai5002* 7 August 1916 金剛山新豊里 -未輝里(田畔?) Nakai,*T Nakai5003* 10 June 1932 Mt. Kumgang (金剛山) *Ohwi, J Ohwi s.n.* 14 August 1930 劒拂浪 *Nakai, T Nakai14001* 7 June 1909 元山 *T Nakai s.n.* **P'yongan-bukto** 27 July 1912 Nei-hen (Neiyen 寧邊) *Imai, H Imai160* **P'yongan-namdo** 15 July 1916 葛日嶺 *Mori, T Mori s.n.* 15 June 1928 陽德 *Nakai, T Nakai12293*

Woodsia R.Br.
Woodsia glabella R.Br., Narr. Journey Polar Sea754 (1823)
Common name 애기가물고사리

Distribution in Korea: North
 Woodsia alpina (Bolton) Gray var. *glabella* (R.Br.) D.C.Eaton, Canad. Naturalist & Quart. J. Sci. 2: 90 (1865)
 Woodsia hyperborea Makino var. *glabella* (R.Br.) D.Watt, Canad. Naturalist & Quart. J. Sci. 3: 160 (1866)

Representative specimens; Hamgyong-bukto茂山嶺*Unknown s.n.* July 1932 冠帽峰 *Ohwi, J Ohwi s.n.* **Ryanggang** 25 July 1930 合水 (列結水) Ohwi, *J Ohwi s.n.*

Woodsia ilvensis (L.) R.Br., Prodr. Fl. Nov. Holland.158 (1810)
Common name 두메우두풀

Distribution in Korea: North
 Acrostichum ilvense L., Sp. Pl. 1071 (1753)

A Checklist of North Korean Vascular Plants   T.B. Lee Herbarium (SNUA) – 2019 (C.S. Chang, H. Kim, H.T. Shin & C.H. Lee)

- 27 -

Notholaena setigera Desv., J. Bot. Agric. 1: 93 (1813)
Woodsia subcordata Turcz., Bull. Soc. Imp. Naturalistes Moscou 5: 206 (1832)
Woodsia raiana Newman, Hist. Brit. Ferns, ed. 2 140 (1844)
Woodsia pilosella Rupr., Beitr. Pflanzenk. Russ. Reiches 3: 54 (1845)
Woodsia eriosora Christ, Repert. Spec. Nov. Regni Veg. 5: 12 (1908)
Woodsia longifolia Tagawa, Acta Phytotax. Geobot. 5: 252 (1936)

Representative specimens; Hamgyong-bukto 28 May 1897 富潤洞 *Komarov, VL Komaorv s.n.* 28 June 1937 漁遊洞 *Saito, T T Saito s.n.* 24 September 1937 *Saito, T T Saito s.n.* 10 July 1936 鏡城行營 - 龍山洞 *Saito, T T Saito s.n.* 26 July 1930 頭流山 *Ohwi, J Ohwi s.n.* 2 August 1918 鏡城郡 *Nakai, T Nakai s.n.* 17 July 1918 朱乙溫面甫上洞 *Nakai, T Nakai6662* 20 July 1918 朱乙溫面冠帽峯 2000m *Nakai,T Nakai6663* July 1932 冠帽峰 *Ohwi, J Ohwi s.n.* 30 May 1930 朱乙 *Ohwi, J Ohwi s.n.* 28 May 1930 鏡城 *Ohwi, J Ohwi s.n.* 14 June 1930 Kyonson 鏡城 *Ohwi, J Ohwi s.n.* July 1932 冠帽峰 *Ohwi, J Ohwi s.n.* 27 August 1935 鏡城 *Saito, T T Saito s.n.* 23 August 1935 *Saito, T T Saito s.n.* 12 August 1936 鏡城郡 *Saito, T T Saito s.n.* 24 July 1935 甫上洞 *Saito, T T Saito1383* Type of *Woodsia longifolia* Tagawa (Holotype KYO)12 June 1934 延上面九州帝大北鮮演習林 *Hatsushima, S Hatsushima s.n.* 3 August 1936 茂山 *Saito, T T Saito s.n.* 4 August 1933 黃雪嶺 *Saito, T T Saito s.n.* 17 October 1938 梨坪 *Saito, T T Saito s.n.* 16 October 1938 熊店 *Saito, T T Saito s.n.* 16 June 1897 西溪水河谷 *Komarov, VL Komaorv s.n.* **Kangwon-do** June 1940 熊灘面海浪里*Jeon, SK JeonSK45* 3 August 1932 金剛山內金剛 *Kobayashi, M Kobayashi s.n.* August 1932 Mt. Kumgang (金剛山) *Koidzumi, G Koidzumi s.n.* 28 July 1916 金剛山高城入口 *Nakai, T Nakai5035* 10 June 1932 Mt. Kumgang (金剛山) Ohwi, *J Ohwi s.n.* 3 August 1938 金剛山*Park, MK Park s.n.* 14 August 1930 劒拂浪 *Nakai, T Nakai s.n.* **P'yongan-namdo** 22 September 1915 咸從 *Nakai, T Nakai s.n.* **P'yongyang** 16 September 1934 P'yongyang (平壤) *Chang, HD ChangHD s.n.* **Rason** 4 June 1930 西水羅 *Ohwi, J Ohwi s.n.* 30 June 1938 松眞山 *Saito, T T Saito s.n.* **Ryanggang** 30 July 1897 甲山 *Komarov, VL Komaorv s.n.* 10 July 1897 十四道溝 *Komarov, VL Komaorv s.n.* 14 July 1897 *Komarov, VL Komaorv s.n.* 23 June 1930 倉坪延岩洞間 *Ohwi, J Ohwi s.n.* 20 June 1897 象背嶺 *Komarov, VL Komaorv s.n.* 28 June 1897 栢德嶺 *Komarov, VL Komaorv s.n.* 24 July 1897 佳林里 *Komarov, VL Komaorv s.n.* August 1913 崔哥嶺 *Mori, T Mori231* 3 August 1914 惠山鎭- 普天堡 *Nakai, T Nakai3944* August 1913 長白山 *Mori, T Mori182* 7 August 1914 下面江口 *Ikuma, Y Ikuma314* 2 June 1897 四芝坪 *Komarov, VL Komaorv s.n.*

Woodsia manchuriensis Hook., Sec. Cent. Ferns 98 (1861)
Common name 만주우드풀
Distribution in Korea: North, Central, South
    Woodsia insularis Hance, Ann. Sci. Nat., Bot. ser. 5, 15: 228 (1861)
    Diacalpe manchuriensis (Hook.) Trevis., Nuovo Giorn. Bot. Ital. 7: 160 (1875)
    Protowoodsia manchuriensis (Hook.) Ching, Lingnan Sci. J. 21(1-4): 37 37 (1945)

Representative specimens; Chagang-do 27 August 1897 松德水河谷 *Komarov, VL Komaorv s.n.* **Hamgyong-bukto** 1 September 1935 漁遊洞 *Saito, T T Saito s.n.* 5 October 1935 羅南 *Saito, T T Saito s.n.* 30 June 1935 ラクダ峰羅南 *Saito, T T Saito s.n.* 8 August 1930 吉州郡鶴舞山 (Mt. Hakumusan) Ohwi, *J Ohwi s.n.* 13 August 1936 富寧上峴 - 石幕 *Saito, T T Saito s.n.* **Hamgyong-namdo** 16 August 1935 雲仙嶺 *Nakai, T Nakai5336* 15 August 1935 東上面漢岱里 *Nakai, T Nakai5337* 19 August 1943 千佛山*Honda, M Honda270* **Hwanghae-namdo** 12 July 1921 Sorai Beach 九味浦 *Mills, RG Mills s.n.* **Kangwon-do** August 1932 Mt. Kumgang (金剛山) *Koidzumi, G Koidzumi s.n.* 4 August 1916 金剛山萬物相 *Nakai, T Nakai5029* 14 July 1936 金剛山外金剛千佛山 *Nakai, T Nakai17019* 14 August 1930 劒拂浪 *Nakai, T Nakai14002* 16 August 1930 平康郡長止門山 *Nakai, T Nakai14003* 9 June 1909 元山 *Nakai, T Nakai s.n.* **Rason** 18 August 1935 獨津 *Saito, T T Saito s.n.* **Ryanggang** 23 August 1897 雲洞嶺 *Komarov, VL Komaorv s.n.* 11 August 1897 長進江河口 (鴨綠江) *Komarov, VL Komaorv s.n.* 22 June 1897 大鎭洞 *Komarov, VL Komaorv s.n.*

Woodsia microsora Kodama, Icon. Pl. Koisikav 3: 101, t. 196 (1927)
Common name 금강가물고사리
Distribution in Korea: North, Central, South

Representative specimens; Kangwon-do 2 August 1916 金剛山九龍淵 *Nakai, T Nakai5033*

Woodsia polystichoides D.C.Eaton, Proc. Amer. Acad. Arts 4: 110 (1858)
Common name 우두풀, 바위면모고사리(우드풀)
Distribution in Korea: North (Hamgyong, P'yongan), Central (Hwanghae, Kangwon), South, Ulleung
    Woodsia polystichoides D.C.Eaton var. *veitchii* Hance, Ann. Sci. Nat., Bot. ser. 5, 15: 229 (1861)
    Woodsia polystichoides D.C.Eaton var. *sinuata* Hook., Gard. Ferns 32 (1862)
    Physematium polystichoides (D.C.Eaton) Trevis., Nuovo Giorn. Bot. Ital. 7: 161 (1875)
    Woodsia brandtii Franch. & Sav., Enum. Pl. Jap. 2: 205 (1877)
    Woodsia polystichoides D.C.Eaton f. *pinnis-sinuatis* Franch., Pl. David. 1: 347 (1884)
    Woodsia polystichoides D.C.Eaton f. *sinuata* (Hook.) Kitag., Neolin. Fl. Manshur. 41 (1979)

Representative specimens; Chagang-do 21 July 1914 大興里- 山羊 *Nakai, T Nakai2730* 18 July 1914 大興里 *Nakai, T Nakai3488*
Hamgyong-bukto 21 August 1935 羅北 *Saito, T T Saito s.n.* 23 September 1937 漁遊洞 *Saito, T T Saito s.n.* 28 June 1937 *Saito, T T Saito s.n.* September 1934 *Yoshimizu, K s.n.* 21 June 1909 茂山嶺 *Nakai, T Nakai s.n.* 23 June 1935 梧上洞 *Saito, T T Saito s.n.*
Hamgyong-namdo 11 June 1909 鎮江- 鎮岩峯 *Nakai, T Nakai s.n.* **Hwanghae-namdo** 12 July 1921 Sorai Beach 九味浦 *Mills, RG Mills4399* 27 July 1929 長山串 *Nakai, T Nakai12549* 5 August 1929 Nakai,*T Nakai12550* **Kangwon-do** 7 August 1916 金剛山末輝里 *Nakai,T Nakai5030* 12 August 1916 金剛山長安寺附近 *Nakai,T Nakai5031* 7 August 1916 金剛山新豐里 -末輝里 *Nakai,T Nakai5034* 7 August 1916 *Nakai,T Nakai5036* 14 July 1936 金剛山外金剛千佛山 *Nakai,T Nakai17022* 7 August 1940 Mt. Kumgang (金剛山) *Okuyama, S Okuyama s.n.* 20 August 1902 *Uchiyama, T Uchiyama s.n.* 14 August 1930 劍拂山 *Nakai,T Nakai14015*
P'yongan-bukto 17 August 1912 Chang-syong (昌城) *Imai, H Imai225* 5 August 1937 妙香山 *Hozawa, S Hozawa s.n.* 11 August 1935 義州金剛山 *Koidzumi, G Koidzumi s.n.* **P'yongan-namdo** 22 September 1915 咸從 *Nakai,T Nakai3071* 20 July 1916 黃玉峯 (黃處嶺?) *Mori, T Mori s.n.* 15 June 1928 陽德 *Nakai,T Nakai12294* **P'yongyang** 18 June 1911 P'yongyang (平壤) *Imai, H Imai83* **Rason** 18 August 1935 獨津 *Saito, T T Saito s.n.* **Ryanggang** August 1934 豊山郡熊耳面*Kojima, K Kojima s.n.* 4 August 1897 白山嶺 *Komarov, VL Komarov s.n.* 7 August 1897 上巨里水河谷 *Komarov, VL Komarov s.n.* 24 June 1897 大鎮坪 *Komarov, VL Komaorv s.n.* 20 July 1897 佳林里 *Komarov, VL Komaorv s.n.*

Woodsia pseudoilvensis Tagawa, Acta Phytotax. Geobot. 5: 251 (1936)
Common name 메가물고사리
Distribution in Korea: North

Representative specimens; Hamgyong-bukto 1 September 1935 漁遊洞 *Saito, T T Saito1413* Type of *Woodsia pseudoilvensis* Tagawa (Holotype KYO)

Woodsia saitoana Tagawa, Acta Phytotax. Geobot. 5: 250 (1936)
Common name 좁쌀우드풀
Distribution in Korea: North

Representative specimens; Hamgyong-bukto 21 August 1935 羅北 *Saito, T T Saito s.n.* Type of *Woodsia saitoana* Tagawa (Holotype KYO)July 1932 冠帽峰 Ohwi, *J Ohwi s.n.* 17 September 1935 梧上洞 *Saito, T T Saito s.n.*

DAVALLIACEAE

Davallia Sm.
Davallia trichomanoides Blume, Enum. Pl. Javae 2: 238 (1828)
Common name 넉줄고사리
Distribution in Korea: North, Central, South, Jeju
    Davallia bullata Wall. Sp. Fil. [W. J. Hooker] 1: 169 (1845)
    Davallia stenolepis Hayata, Icon. Pl. Formosan. 4: 204, f. 138 (1914)
    Davallia mariesii T.Moore ex Baker, Ann. Bot. (Oxford) 5: 201 (1891)

Representative specimens; Hwanghae-namdo 29 July 1935 長壽山 *Koidzumi, G Koidzumi s.n.*

DRYOPTERIDACEAE

Cyrtomium C.Presl
Cyrtomium falcatum (L.f.) C.Presl, Tent. Pterid. 86 (1836)
Common name 도깨비쇠고비
Distribution in Korea: North, Central, South, Jeju, Ulleung
    Polypodium falcatum L.f., Suppl. Pl. 446 (1781)
    Aspidium falcatum (L.f.) Sw., J. Bot. (Schrader) 1800(2): 31 (1801)
    Dryopteris falcata (L.f.) Kuntze, Revis. Gen. Pl. 2: 812 (1891)

Representative specimens; Kangwon-do 31 August 1916 通川 *Nakai,T Nakai4025*

Cystopteris Bernh.
Cystopteris sudetica A.Braun & Milde, Jahresber. Schles. Ges. Vaterl. Cult. 1855: 92 (1855)

Common name 바람고사리

Distribution in Korea: North
    Cystopteris leucosoria Schur, Oesterr. Bot. Z. 8: 328 (1858)
    Cystopteris studetica A.Braun & Milde var. *leptophylla* Milde, Hoh. Sporenpfl. Deutschl. 71 (1865)
    Cystopteris studetica A.Braun & Milde var. *vulgaris* Milde, Hoh. Sporenpfl. Deutschl. 71 (1865)

Representative specimens; Ryanggang 7 August 1897 上巨里水河谷 *Komarov, VL Komaorv s.n.* 19 June 1897 阿武山 *Komarov, VL Komaorv s.n.* 28 June 1897 栢德嶺 *Komarov, VL Komaorv8*

Dryopteris Adans.
Dryopteris amurensis (Milde) Christ, Bull. Acad. Int. Geogr. Bot. 19: 35 (1909)

Common name 아물고사리

Distribution in Korea: North, Central
    Aspidium spinulosum (Retz.) Sw. var. *amurense* Milde, Fil. Eur. 133 (1867)

Dryopteris bissetiana (Baker) C.Chr., Index Filic. 245 (1905)

Common name 산족제비고사리

Distribution in Korea: North, Central, South, Jeju, Ulleung
    Polypodium setosum Thunb., Fl. Jap. (Thunberg) 337 (1784)
    Nephrodium bissetianum Baker, J. Bot. 366 (1877)
    Dryopteris thunbergii Koidz., Bot. Mag. (Tokyo) 38: 106 (1924)
    Polystichum bissetianum (Baker) Nakai, Bot. Mag. (Tokyo) 45: 102 (1931)
    Dryopteris varia (L.) Kuntze var. *setosa* (Thunb.) Ohwi, Fl. Jap. Pterid. 88 (1957)
    Dryopteris setosa (Thunb.) Akasawa, Bull. Kochi Women's Univ., Ser. Nat. Sci. 7: 27 (1959)
    Dryopteris shanghaiensis Ching & P.C.Chiu, Bot. Res. Academia Sinica 2: 24 (1987)
    Dryopteris paravaria Ching & P.C.Chiu, Bot. Res. Academia Sinica 2: 22 (1987)
    Dryopteris pseudobissetiana Ching ex K.H.Shing & J.F.Cheng, Jiangxi Sci. 8 (3): 49 (1990)

Dryopteris chinensis (Baker) Koidz., Fl. Symb. Orient.-Asiat. 39 (1930)

Common name 가는잎족제비고사리

Distribution in Korea: North, Central, South
    Nephrodium chinense Baker, Syn. Fil. (Hooker & Baker) 278 (1867)
    Nephrodium subtripinnatum Baker, Syn. Fil. (Hooker & Baker) : 455 (1868)
    Aspidium forbesii Hance, J. Bot. 13(151): 198 (1875)

Representative specimens; Hamgyong-namdo 11 August 1940 咸興歸州寺 *Okuyama, S Okuyama s.n.* 17 June 1941 Kanko Kasuiri *Osada, T s.n.* **Hwanghae-namdo** 12 July 1921 Sorai Beach 九味浦 *Mills, RG Mills4359* **Kangwon-do** 11 July 1936 金剛山外金剛千佛山 *Nakai, T Nakai s.n.* 14 August 1902 Mt. Kumgang (金剛山) *Uchiyama, T Uchiyama s.n.* 16 August 1930 平康郡長止門山 *Nakai, T Nakai3990* **P'yongan-bukto** 5 August 1937 妙香山 *Hozawa, S Hozawa s.n.* **P'yongyang** 12 June 1910 Botandai (牡丹台) 平壤*Imai, H Imai103*

Dryopteris coreano-montana Nakai, Bot. Mag. (Tokyo) 35: 132 (1921)

Common name 북관중

Distribution in Korea: North
    Dryopteris filix-mas (L.) Schott var. *setosa* Christ, Bull. Acad. Int. Geogr. Bot. 20: 164 (1909)
    Dryopteris crassirhizoma Nakai var. *setosa* (Christ) Miyabe & Kudô, J. Fac. Agric. Hokkaido Imp. Univ. 26 (1): 15 (1930)

Representative specimens; Chagang-do 22 July 1916 狼林山 *Mori, T Mori s.n.* **Hamgyong-bukto** 31 July 1930 頭流山 *Ohwi, J Ohwi s.n.* 19 September 1935 南下石山 *Saito, T T Saito s.n.* **Hamgyong-namdo** 25 July 1933 東上面遮日峯 *Koidzumi, G Koidzumi s.n.* **Ryanggang** 31 July 1930 醬池 *Ohwi, J Ohwi s.n.* 7 August 1914 寶泰洞 *Nakai, T Nakai2173* Type of *Dryopteris coreano-montana* Nakai (Holotype TI)

Dryopteris crassirhizoma Nakai, Cat. Sem. Spor. [1919 & 1920 Lect.] 1: 32 (1920)

Common name 관중

Distribution in Korea: North, Central, South, Ulleung
  Dryopteris buschiana Fomin, Fl. Sibir. Orient. Extremi 5: 52 (1930)

Representative specimens; Chagang-do 22 July 1916 狼林山 *Mori, T Mori s.n.* **Hamgyong-bukto** 10 August 1933 渡正山門內 *Koidzumi, G Koidzumi s.n.* 19 July 1918 朱乙溫面冠帽峯 *Nakai, T Nakai6650* 4 June 1930 Kyonson 鏡城 *Ohwi, J Ohwi s.n.* 19 August 1914 曷浦嶺 *Nakai, T Nakai3185* **Hamgyong-namdo** 16 August 1935 遮日峯 *Nakai, T Nakai15331* 15 August 1940 赴戰高原遮日峯 *Okuyama, S Okuyama s.n.* 19 August 1943 千佛山 *Honda, M Honda267* **Hwanghae-namdo** 28 July 1929 長山串 Nakai,*T Nakai12522* **Kangwon-do** August 1932 Mt. Kumgang (金剛山) *Koidzumi, G Koidzumi s.n.* 13 August 1916 金剛山內金剛 *Nakai, T Nakai s.n.* 7 August 1916 金剛山新豊里 -末輝里 *Nakai, T Nakai5053* 16 July 1936 金剛山外金剛千佛山 *Nakai, T Nakai17014* 5 August 1942 Mt. Kumgang (金剛山) *Nakajima, K Nakajima s.n.* 10 June 1932 Ohwi, *J Ohwi s.n.* 30 July 1938 金剛山*Park, MK Park s.n.* 16 August 1902 Mt. Kumgang (金剛山) *Uchiyama, T Uchiyama s.n.* 14 August 1930 劒拂浪 *Nakai, T Nakai13989* 29 May 1938 安邊郡衛益面三防*Park, MK Park s.n.* **P'yongan-namdo** 15 June 1928 陽德 *Nakai, T Nakai11287* **Ryanggang** 22 August 1914 普天堡 *Ikuma, Y Ikuma s.n.* 21 August 1934 新興郡/豊山郡境地北水白山 *Yamamoto, A Yamamoto s.n.* 15 July 1938 新德 *Saito, T T Saito s.n.*

Dryopteris expansa (C.Presl) Fraser-Jenk. & Jermy, Fern Gaz. 11: 338 (1977)

Common name 퍼진고사리

Distribution in Korea: North, Central, South
  Nephrodium expansum C.Presl, Reliq. Haenk. 1: 38 (1825)
  Dryopteris minimisora Nakai, Bull. Natl. Sci. Mus., Tokyo 27: 19 (1949)
  Dryopteris siranensis Nakai, Bull. Natl. Sci. Mus., Tokyo 33: 3 (1953)
  Dryopteris manshurica Ching, Fl. Pl. Herb. Chin. Bor.-Or. 1: 69 (1958)
  Dryopteris assimilis S.Walker, Amer. J. Bot. 48: 607 (1961)
  Dryopteris spinulosa (O.F. Müll.) D.Watt ssp. *assimilis* (S.Walker) Schidlay, Fl. Slovenska 2: 217 (1966)

Representative specimens; Chagang-do 22 July 1916 狼林山 *Mori, T Mori s.n.* **Hamgyong-bukto** 18 July 1918 朱乙溫面態谷嶺新人谷 *Nakai, T Nakai6651* 19 September 1935 南下石山 *Saito, T T Saito s.n.* **Hamgyong-namdo** 18 August 1935 遮日峯南側森林 *Nakai, T Nakai15333* 15 August 1940 遮日峯 *Okuyama, S Okuyama s.n.* **Kangwon-do** 31 July 1916 金剛山三聖庵 *Nakai, T Nakai5057* August 1932 Mt. Kumgang (金剛山) *Koidzumi, G Koidzumi s.n.* 15 August 1916 金剛山內圓通庵 - 般庵 *Nakai, T Nakai s.n.* 16 August 1916 金剛山摩迦衍庵 - 毘盧峯 *Nakai, T Nakai s.n.* 20 August 1916 金剛山彌勒峯 *Nakai, T Nakai s.n.* 14 July 1936 金剛山外金剛千佛山 *Nakai, T Nakai17011* 6 August 1942 金剛山 (毘盧峯內霧在嶺 - 四仙橋) *Nakajima, K Nakajima s.n.* 10 June 1932 Mt. Kumgang (金剛山) Ohwi, *J Ohwi s.n.* 30 July 1938 金剛山*Park, MK Park s.n.* 29 May 1938 安邊郡衛益面三防*Park, MK Park s.n.* **P'yongan-bukto** 5 August 1937 妙香山 *Hozawa, S Hozawa s.n.* **Rason** 30 June 1938 松眞山 *Saito, T T Saito s.n.* **Ryanggang** 7 August 1917 東溪水 *Furumi, M Furumi s.n.* 21 August 1934 新興郡/豊山郡境地北水白山 *Yamamoto, A Yamamoto s.n.*

Dryopteris fragrans (L.) Schott, Gen. Fil. (Schott)pl. 9 (1834)

Common name 주저리고사리

Distribution in Korea: North, Central, South, Jeju
  Polypodium fragrans L., Sp. Pl. 2: 1089 (1753)
  Nephrodium fragrans (L.) Desv., Mem. Soc. Linn. Paris 6: 260 (1827)
  Nephrodium fragrans (L.) Desv. var. *remotiusculum* Kom., Repert. Spec. Nov. Regni Veg. 9: 94 (1911)
  Woodsia xanthosporangia Ching, Bull. Fan Mem. Inst. Biol. 1(6): 101 (1929)
  Dryopteris fragrans (L.) Schott var. *remotiuscula* (Kom.) Kom., Fl. URSS 1: 38 (1934)

Representative specimens; Chagang-do 21 July 1914 大興里 - 山羊 *Nakai, T Nakai2728* **Hamgyong-bukto** August 1925 吉州*Numajiri, K s.n.* 26 July 1930 頭流山 *Ohwi, J Ohwi s.n.* 26 July 1930 Ohwi, *J Ohwi s.n.* 9 August 1932 吉州*Takahashi, M s.n.* 4 August 1918 Mt. Chilbo at Myongch'on(七寶山) Nakai,*T Nakai6668* **Hamgyong-namdo** 26 September 1940 鳳頭山*Unknown s.n.* **Kangwon-do** 18 August 1930 Sachang-ri 社倉里 *Nakai, T Nakai13994* **Rason** 30 June 1938 松眞山 *Saito, T T Saito s.n.* **Ryanggang** 1 July 1897 五是川雲寵江-崔五峰 *Komarov, VL Komaorv15* 10 October 1935 大坪里*Okamoto, S Okamoto s.n.* 5 August 1897 白山嶺 *Komarov, VL Komarv s.n.* 23 August 1897 雲洞嶺 *Komarov, VL Komarv s.n.* 24 June 1930 延岩洞-上村 *Ohwi, J Ohwi s.n.* 25 July 1930 合水桃花洞 *Ohwi, J Ohwi s.n.* 24 June 1930 延岩洞-上村 *Ohwi, J Ohwi s.n.* 10 August 1937 合水 *Saito, T T Saito s.n.*

Dryopteris goeringiana (Kunze) Koidz., Bot. Mag. (Tokyo) 43: 386 (1929)

Common name 바위틈고사리

Distribution in Korea: North, Central
  Aspidium goeringianum Kunze, Bot. Zeitung (Berlin) 6: 557 (1848)

Nephrodium laetum Kom., Trudy Imp. S.-Peterburgsk. Bot. Sada 20: 124 (1901)
Dryopteris laeta (Kom.) C.Chr., Index Filic. 273 (1905)
Dryopteris subramosa Christ, Notul. Syst. (Paris) 1: 42 (1909)
Dryopteris giraldii (Christ) C.Chr., J. Wash. Acad. Sci. 17: 500 (1927)

Dryopteris gymnophylla (Baker) C.Chr., Index Filic. 269 (1905)
Common name 금족제비고사리
Distribution in Korea: North, Central, South
   Nephrodium gymnophyllum Baker, J. Bot. 25: 170 (1887)
   Dryopteris subtripinnata (Miq.) Kuntze var. *sakuraii* Rosenst., Repert. Spec. Nov. Regni Veg.
   13: 132 (1914)
   Dryopteris sakuraii (Rosenst.) Tagawa, J. Jap. Bot. 13: 185 (1937)

Representative specimens; Hwanghae-namdo 27 June 1943 華藏山 *Chang, HD ChangHD s.n.*

Dryopteris lacera (Thunb.) Kuntze, Revis. Gen. Pl. 2: 813 (1891)
Common name 비늘고사리
Distribution in Korea: North, Central, South, Ulleung
   Polypodium lacerum Thunb., Fl. Jap. (Thunberg) 337 (1784)
   Aspidium lacerum (Thunb.) Sw., J. Bot. (Schrader) 1800(2): 39 (1801)
   Lastrea lacera (Thunb.) D.C.Eaton, Proc. Amer. Acad. Arts 4: 110 (1858)
   Nephrodium lacerum (Thunb.) Baker, Syn. Fil. (Hooker & Baker) 273 (1867)
   Aspidium filix-mas (L.) Sw. var. *lacerum* (Thunb.) Christ, Farnkr. Erde 257 (1897)

Representative specimens; Hwanghae-namdo 12 July 1921 Sorai Beach 九味浦 *Mills, RG Mills4397* 28 July 1929 長山串
Nakai, *T Nakai12523* 28 July 1929 Nakai, *T Nakai12524* 27 July 1929 Nakai, *T Nakai12525*

Dryopteris monticola (Makino) C.Chr., Index Filic. 278 (1905)
Common name 큰지네고사리(왕지네고사리)
Distribution in Korea: North, Central, South
   Nephrodium monticola Makino, Bot. Mag. (Tokyo) 13: 80 (1899)
   Nephrodium erythrosorum (D.C.Eaton) Hook. var. *manshuricum* Kom., Trudy Imp. S.-
   Peterburgsk. Bot. Sada 20: 120 (1901)
   Aspidium monticola (Makino) Christ, Bull. Soc. Bot. France 52(Mem. 1): 39 (1905)
   Dryopteris submonticola Nakai, Bot. Mag. (Tokyo) 45: 98 (1931)

Dryopteris sacrosancta Koidz., Bot. Mag. (Tokyo) 38: 108 (1924)
Common name 각시족제비고사리 (애기족제비고사리)
Distribution in Korea: North, Central, South
   Polystichum sacrosanctum (Koidz.) Koidz., Bot. Mag. (Tokyo) 43: 388 (1929)
   Dryopteris bissetiana (Baker) C.Chr. var. *sacrosancta* (Koidz.) H.Itô, Bot. Mag. (Tokyo) 50: 36 (1936)
   Dryopteris varia (L.) Kuntze var. *sacrosanta* (Koidz.) Ohwi, Fl. Jap. Pterid. 88 (1957)
   Dryopteris tianzuensis Ching & P.C.Chiu, Bull. Bot. Res., Harbin 2: 24, pl. 9, f. 2 (1987)

Dryopteris saxifraga H.Itô, Bot. Mag. (Tokyo) 50: 125 (1936)
Common name 바위족제비고사리
Distribution in Korea: North, Central, South
   Dryopteris saxifraga H.Itô var. *deltoidea* H.Itô, Bot. Mag. (Tokyo) 50: 126 (1936)
   Dryopteris koraiensis Tagawa, Acta Phytotax. Geobot. 5: 254 (1936)
   Dryopteris saxifragivaria Nakai, J. Jap. Bot. 18: 286 (1942)
   Dryopteris varia (L.) Kuntze var. *saxifraga* (H.Itô) H.Ohba, Sci. Rep. Tohoku Univ., Ser. 4,
   Biol. 36: 111 (1971)

Representative specimens; Hwanghae-namdo 27 July 1929 長山串 Nakai, *T Nakai12543* **Kangwon-do** 2 August 1932 Mt.
Kumgang (金剛山) *Kobayashi, M Kobayashi s.n.* 2 August 1932 *Kobayashi, M Kobayashi s.n.* 14 July 1936

金剛山外金剛千佛山 *Nakai, T Nakai s.n.* 14 August 1930 劍拂浪 *Nakai, T Nakai s.n.* 20 August 1930 安邊郡衛益面三防 Nakai,*T Nakai14008*

Dryopteris tenuicula C.G.Matthew & Christ, Notul. Syst. (Paris) 1: 56 (1909)

Common name 자주지네고사리

Distribution in Korea: Central (Hwanhae)
Nephrodium tenuiculum (C.G.Matthew & Christ) Tutcher, Fl. Kwangtung & Hongkong 348 (1912)
Dryopteris purpurella Tagawa, Acta Phytotax. Geobot. 1: 307 (1932)
Dryopteris jiulungshanensis P.C.Chiu & G.Yao, Bull. Bot. Res., Harbin 2: 62 (1982)
Dryopteris yaoi Ching, Bull. Bot. Res., Harbin 2: 64 (1982)
Dryopteris rubristipes Ching & Z.Y.Liu, Bull. Bot. Res., Harbin 3: 19 (1983)
Dryopteris neglecta Ching & Z.Y.Liu, Bull. Bot. Res., Harbin 4: 4 (1984)
Dryopteris subchampionii Ching, Bot. Res. Academia Sinica 2: 14 (1987)
Dryopteris subtenuicula Ching & P.C.Chiu, Bot. Res. Academia Sinica 2: 29 (1987)

Leptorumohra (H.Itô) H.Itô
Leptorumohra miqueliana (Maxim. ex Franch. & Sav.) H.Itô, Nov. Fl. Jap. 4: 119 (1938)

Common name 왁살고사리

Distribution in Korea: North, Central, South, Ulleung
Nephrodium miquelianum (Maxim. ex Franch. & Sav.) Kom.
Aspidium miquelianum Maxim. ex Franch. & Sav., Enum. Pl. Jap. 2: 240 (1876)
Nephrodium miquelianum (Maxim. ex Franch. & Sav.) Kom.
Dryopteris miqueliana (Maxim. ex Franch. & Sav.) C.Chr., Index Filic. 5: 278 (1905)
Rumohra miqueliana (Maxim. ex Franch. & Sav.) Ching, Sinensia 5(1-2): 67 (1934)
Arachniodes borealis Seriz., J. Jap. Bot. 61(2): 48 (1986)

Polystichum Roth
Polystichum braunii (Spenn.) Fée, Mem. Foug., 5. Gen. Filic. 5: 278 (1852)

Common name 좀나도히초미

Distribution in Korea: North, Central, South, Ulleung
Aspidium braunii Spenn., Fl. Friburg. 1: 9 (1825)
Polystichum braunii (Spenn.) Fée var. *purshii* Fernald, Rhodora 30: 30 (1928)
Polystichum braunii (Spenn.) Fée ssp. *purshii* (Fernald) Calder & Roy L.Taylor, Calcutta J. Nat. Hist. 43: 1388 (1965)
Polystichum shennongense Ching & Boufford & Shingh, J. Arnold Arbor. 64: 34, f. 11 (1983)

Representative specimens; Chagang-do 22 July 1916 狼林山 *Mori, T Mori s.n.* **Hamgyong-bukto** 12 June 1934 延上面九州帝大北鮮演習林 *Hatsushima, S Hatsushima s.n.* 21 May 1897 蕨坪河谷 *Komarov, VL Komaorv s.n.* **Kangwon-do** August 1932 Mt. Kumgang (金剛山) *Koidzumi, G Koidzumi s.n.* 14 July 1936 金剛山外金剛千佛山 *Nakai, T Nakai s.n.* 7 August 1916 金剛山新豊里-末輝里 *Nakai, T Nakai5007* 5 August 1942 金剛山長安寺-毘盧峯 *Nakajima, K Nakajima s.n.* 18 August 1930 Sachang-ri (社倉里) Nakai,*T Nakai14012* 20 August 1930 安邊郡衛益面三防 Nakai,*T Nakai14011* 15 June 1938 *Park, MK Park s.n.*

Polystichum craspedosorum (Maxim.) Diels, Nat. Pflanzenfam. 1(4): 189 (1899)

Common name 낚시고사리

Distribution in Korea: North, Central, South
Aspidium craspedosorum Maxim., Bull. Acad. Imp. Sci. Saint-Pétersbourg 15: 231 (1871)
Aspidium craspedosorum Maxim. var. *japonicum* Maxim., Bull. Acad. Imp. Sci. Saint-Pétersbourg 15: 232 (1871)
Aspidium craspedosorum Maxim. var. *mandshuricum* Maxim., Bull. Acad. Imp. Sci. Saint-Pétersbourg 15: 232 (1871)
Polystichum leucochlamys Christ, Bot. Gaz. 51: 351 (1911)
Ptilopteris craspedosora (Maxim.) Hayata, Bot. Mag. (Tokyo) 41: 708 (1927)

Representative specimens; Chagang-do 22 July 1914 山羊 -江口 *Nakai, T Nakai2726* **Hamgyong-bukto** 28 June 1937 漁遊洞 *Saito, T T Saito s.n.* 25 July 1930 桃花洞 *Ohwi, J Ohwi s.n.* 21 May 1897 蕨坪河谷 *Komarov, VL Komaorv s.n.* 21 June 1938 穩城郡甑山

Saito, T T Saito s.n. **Kangwon-do** 17 August 1930 劍拂浪 *Nakai, T Nakai14010* **Ryanggang** 23 August 1897 雲洞嶺 *Komarov, VL Komaorv s.n.* 7 August 1897 上巨里水河谷 *Komarov, VL Komaorv s.n.* August 1913 羅暖堡 *Mori, T Mori358* 6 June 1897 平蒲坪 *Komarov, VL Komaorv s.n.* 25 July 1930 桃花洞 *Ohwi, J Ohwi s.n.* 16 August 1914 三下面下面江口 *Nakai, T Nakai3135*

Polystichum tripteron (Kunze) C.Presl, Epimel. Bot. 55 (1851)

Common name 십자고사리

Distribution in Korea: North, Central, South, Ulleung
  Aspidium tripteron Kunze, Bot. Zeitung (Berlin) 6: 569 (1848)
  Polystichum subpinnatum Kodama ex Mori, Enum. Pl. Corea 17 (1922)
  Polystichum tripteron (Kunze) C.Presl f. *subpinnatum* H. Itô, J. Jap. Bot. 11: 423 (1935)
  Ptilopteris triptera (Kunze) Hayata var. *subpinnata* (Kodama) Nakai, Bull. Natl. Sci. Mus., Tokyo 31: 18 (1952)
  Polystichum tripteron (Kunze) C.Presl var. *subpinnata* (Kodama) Honda, Nom. Pl. Japonic. [Emend.] 15 (1957)

Representative specimens; Chagang-do 26 August 1897 小德川 (松德水河谷) *Komarov, VL Komaorv s.n.* **Hwanghae-namdo** 24 June 1943 首陽山 *Chang, HD ChangHD s.n.* 28 July 1929 長山串 *Nakai,T Nakai12541* 28 July 1929 *Nakai,T Nakai12542* **Kangwon-do** 31 July 1916 金剛山神溪寺 -三聖庵 *Nakai, T Nakai5008* 10 June 1932 Mt. Kumgang (金剛山) *Ohwi, J Ohwi s.n.* 16 August 1902 *Uchiyama, T Uchiyama s.n.* **P'yongan-bukto** 5 August 1937 妙香山 *Hozawa, S Hozawa s.n.* **P'yongan-namdo** 27 July 1912 Kai-syong (价川) *Imai, H Imai105* 17 July 1916 加音嶺 *Mori, T Mori s.n.* **Ryanggang** 23 August 1897 雲洞嶺 *Komarov, VL Komaorv s.n.* 7 August 1897 上巨里水 *Komarov, VL Komaorv25*

POLYPODIACEAE

Lepisorus (J.Sm.) Ching
Lepisorus ussuriensis (Regel & Maack) Ching, Bull. Fan Mem. Inst. Biol. 4: 91 (1933)

Common name 산일엽초

Distribution in Korea: North, Central, South, Ulleung
  Pleopeltis ussuriensis Regel & Maack, Mem. Acad. Imp. Sci. St.-Petersbourg, Ser. 7 4(4): 175 (1861)
  Polypodium ussuriense (Regel & Maack) Regel, Trudy Imp. S.-Peterburgsk. Bot. Sada 7: 663 (1881)
  Polypodium lineare Burm.f. var. *ussuriense* (Regel & Maack) Christ, Index Filic. 9: 540 (1906)

Representative specimens; Chagang-do 21 July 1914 大興里- 山羊 *Nakai, T Nakai2732* **Hamgyong-bukto** 1 August 1914 淸津 *Ikuma, Y Ikuma s.n.* 11 August 1933 渡正山門內 *Koidzumi, G Koidzumi s.n.* 15 June 1930 茂山嶺 *Ohwi, J Ohwi s.n.* 14 August 1933 朱乙溫泉朱乙山 *Koidzumi, G Koidzumi s.n.* July 1932 冠帽峰 *Ohwi, J Ohwi s.n.* 30 May 1930 朱乙 *Ohwi, J Ohwi s.n.* 25 September 1933 冠帽峰 *Saito, T T Saito s.n.* 21 June 1938 穩城郡甑山 *Saito, T T Saito s.n.* **Hamgyong-namdo** 15 June 1932 下碣隅里 *Ohwi, J Ohwi s.n.* **Hwanghae-namdo** 28 July 1929 長山串 *Nakai,T Nakai12539* **Kangwon-do** 31 July 1916 金剛山三聖庵道 *Nakai, T Nakai5022* 17 August 1916 金剛山內霧在嶺 *Nakai,T Nakai5024* 12 July 1936 金剛山外金剛千佛山 *Nakai, T Nakai17319* 10 June 1932 Mt. Kumgang (金剛山) *Ohwi, J Ohwi s.n.* 14 August 1902 *Uchiyama, T Uchiyama s.n.* 18 August 1930 Sachang-ri (社倉里) *Nakai,T Nakai14005* July 1901 Nai Piang *Faurie, UJ Faurie s.n.* 16 August 1930 劍拂浪 *Nakai, T Nakai14006* **P'yongan-bukto** 5 August 1937 妙香山 *Hozawa, S Hozawa s.n.* 2 August 1935 *Koidzumi, G Koidzumi s.n.* 27 July 1912 Nei-hen (Neiyen 寧邊) *Imai, H Imai121.* **P'yongan-namdo** 20 July 1916 黃玉峯 (黃處嶺?) *Mori, T Mori s.n.* 29 September 1930 錘峯山 *Uyeki, H Uyeki5342* 15 June 1928 陽德 *Nakai, T Nakai12290* **Rason** 5 June 1930 西水羅 *Ohwi, J Ohwi s.n.* **Ryanggang** August 1913 崔哥嶺 *Mori, T Mori229*

Pleurosoriopsis Fomin
Pleurosoriopsis makinoi (Maxim. ex Makino) Fomin, Izv. Kievsk. Bot. Sada 11: 8 (1930)

Common name 좀고사리

Distribution in Korea: North, Central, South
  Gymnogramma makinoi Maxim. ex Makino, Bot. Mag. (Tokyo) 8: 48, t. 9 (1894)

Representative specimens; Kangwon-do 16 August 1930 劍拂浪長止門山 *Nakai, T Nakai s.n.*

Polypodium L.
Polypodium virginianum L., Sp. Pl. 2: 1085 (1753)

Common name 좀미역고사리

Distribution in Korea: North, Central

Polypodium sibiricum Sipliv., Novosti Sist. Vyssh. Rast. 11: 329 (1974)

Pyrrosia Mirb.
Pyrrosia linearifolia (Hook.) Ching, Bull. Chin. Bot. Soc. 1 (1): 48 (1935)
Common name 우단일엽
Distribution in Korea: North, Central, South
   Niphobolus linearifolius Hook., Sec. Cent. Ferns ad t. 58 (1861)
   Polypodium linearifolium (Hook.) Hook., Sp. Fil. 5: 53 (1864)
   Cyclophorus linearifolius (Hook.) C.Chr., Index Filic. 4: 199 (1905)
   Pyrrosia linearifolia (Hook.) Ching var. *heterolepis* Tagawa, J. Jap. Bot. 24: 116 (1949)

Representative specimens; Hamgyong-namdo 10 August 1932 咸興盤龍山*Nomura, N Nomura s.n.* 13 June 1909 新浦海峯山 *Nakai, T Nakai s.n.* **Hwanghae-namdo** 29 July 1935 長壽山 *Koidzumi, G Koidzumi s.n.* July 1921 Sorai Beach 九味浦 *Mills, RG Mills s.n.* 29 July 1929 長山串 Nakai,*T Nakai s.n.* 5 August 1929 Nakai,*T Nakai s.n.* **Kangwon-do** 12 August 1916 金剛山長安寺 *Nakai, T Nakai s.n.* 14 August 1902 Mt. Kumgang (金剛山) *Uchiyama, T Uchiyama s.n.* 18 August 1930 Sachang-ri (社倉里) Nakai,*T Nakai s.n.* **P'yongan-bukto** 16 August 1912 Pyok-dong (碧潼) *Imai, H Imai s.n.* 5 August 1937 妙香山 *Hozawa, S Hozawa s.n.* 11 August 1935 義州金剛山 *Koidzumi, G Koidzumi s.n.* **P'yongan-namdo** 17 July 1916 加音嶺 *Mori, T Mori s.n.* **P'yongyang** 4 September 1901 in montibus mediae *Faurie, UJ Faurie s.n.*

Pyrrosia petiolosa (Christ) Ching, Bull. Chin. Bot. Soc. 1 (1): 59 (1935)
Common name 애기석위
Distribution in Korea: North, Central, South
   Polypodium petiolosum Christ, Nuovo Giorn. Bot. Ital. n.s. 4(1): 96 (1897)
   Niphobolus petiolosa (Christ) Diels, Bot. Jahrb. Syst. 29: 207 (1900)
   Cyclophorus petiolosus(Christ) C.Chr., Index Filic. 4: 200 (1905)

Representative specimens; Hamgyong-bukto 18 June 1909 清津 Nakai,*T Nakai s.n.* 15 June 1930 茂山嶺 Ohwi, *J Ohwi s.n.* 15 June 1930 Ohwi, *J Ohwi s.n.* 14 June 1936 鏡城 *Saito, T T Saito s.n.* 2 August 1914 車踰嶺 *Ikuma, Y Ikuma s.n.* 6 July 1936 鏡城郡南山面 *Saito, T T Saito s.n.* 7 August 1914 茂山下面江口 *Ikuma, Y Ikuma s.n.* **P'yongyang** August 1930 三登面 *Uyeki, H Uyeki s.n.* **Rason** 6 June 1930 西水羅 *Ohwi, J Ohwi s.n.* **Ryanggang** 25 July 1914 遮川里三水 *Nakai, T Nakai s.n.*

Selliguea Bory
Selliguea hastata (Thunb.) Fraser-Jenk., Taxon. Revis. Indian Subcontinental Pteridophytes 44 (2008)
Common name 고란초
Distribution in Korea: North, Central, South, Ulleung
   Polypodium hastatum Thunb., Fl. Jap. (Thunberg) 335 (1784)
   Drynaria hastata (Thunb.) Fée, Mem. Foug., 5. Gen. Filic. 5: 371 (1852)
   Polypodium dolichopodum Diels, Bot. Jahrb. Syst. 29: 205 (1900)
   Crypsinus hastatus (Thunb.) Copel., Gen. Fil. (Copeland) 206 (1947)
   Phymatopteris hastata (Thunb.) Pic.Serm., Webbia 28(2): 462 (1973)

II. Coniferophyta (Gymnosperm, Conifers)

PINACEAE

Abies Mill.
Abies holophylla Maxim., Bull. Acad. Imp. Sci. Saint-Pétersbourg 10: 487 (1866)
Common name 즛나무, 저수리 [젓나무(전나무)]
Distribution in Korea: North, Central, South
   Pinus holophylla (Maxim.) Parl., Prodr. (DC.) 16: 424 (1868)
   Picea holophylla (Maxim.) Gordon, Pinetum, ed. 2 2: 206 (1875)
   Abies holophylla Maxim. var. *aspericorticea* Y.Y.Sun, Bull. Bot. Res., Harbin 25: 264 (2005)

Representative specimens; **Chagang-do** 26 August 1897 慈城邑(松德水河谷) *Komarov, VL Komaorv s.n.* 26 August 1897 *Komarov, VL Komaorv s.n.* 4 August 1910 Kang-gei (Kokai 江界) *Mills, RG Mills413* 5 July 1914 牙得嶺 (江界) Nakai,*T Nakai s.n.* **Hamgyong-bukto** 10 August 1933 渡正山 *Koidzumi, G Koidzumi s.n.* 16 July 1918 朱乙溫面城町 *Nakai, T Nakai s.n.* 23 May 1897 車踰嶺 *Komarov, VL Komaorv s.n.* 29 May 1897 釜所哥谷 *Komarov, VL Komaorv s.n.* 23 May 1897 車踰嶺 *Komarov, VL Komaorv s.n.* 29 May 1897 釜所哥谷 *Komarov, VL Komaorv s.n.* **Kangwon-do** 31 July 1916 金剛山群仙峽 (群仙坮) Nakai,*T Nakai s.n.* July 1932 金剛山 *Smith, RK Smith s.n.* 7 June 1909 元山 *Nakai, T Nakai s.n.* 8 June 1909 Nakai,*T Nakai s.n.* **P'yongan-bukto** 5 August 1937 妙香山 *Hozawa, S Hozawa s.n.* **P'yongan-namdo** 15 June 1928 陽德 *Nakai, T Nakai s.n.* **Ryanggang** 8 July 1897 十四道溝 *Komarov, VL Komaorv s.n.* 16 August 1897 大羅信洞 *Komarov, VL Komaorv s.n.* 21 August 1897 subdist. Chu-czan, flumen Amnok-gan *Komarov, VL Komaorv s.n.* 22 August 1897 雲洞嶺 *Komarov, VL Komaorv s.n.* 8 July 1897 十四道溝 *Komarov, VL Komaorv s.n.* 16 August 1897 大羅信洞 *Komarov, VL Komaorv s.n.* 21 August 1897 subdist. Chu-czan, flumen Amnok-gan *Komarov, VL Komaorv s.n.* 22 August 1897 雲洞嶺 *Komarov, VL Komaorv s.n.* 12 August 1897 長進江河口 (鴨綠江) *Komarov, VL Komaorv s.n.* 12 August 1897 *Komarov, VL Komaorv s.n.* 28 June 1897 栢德嶺 *Komarov, VL Komaorv s.n.* 28 June 1897 *Komarov, VL Komaorv s.n.* 16 July 1897 半載子溝 *Komarov, VL Komaorv s.n.* 16 July 1897 *Komarov, VL Komaorv s.n.*

Abies nephrolepis (Trautv. ex Maxim.) Maxim., Bull. Acad. Imp. Sci. Saint-Pétersbourg 10: 486 (1866)
Common name 분비나무
Distribution in Korea: North, Central, South
   Abies sibirica Korsh. var. *nephrolepis* Trautv. ex Maxim., Mem. Acad. Imp. Sci. St.-Petersbourg Divers Savans 9: 260 (1859)
   Abies veitchii Lindl. var. *nephrolepis* (Trautv. ex Maxim.) Mast., Gard. Chron. 12: 589 (1880)
   Abies sibirica Korsh., Trudy Imp. S.-Peterburgsk. Bot. Sada 12: 424 (1893)
   Pinus nephrolepis (Trautv. ex Maxim.) Voss, Mitt. Deutsch. Dendrol. Ges. 16: 94 (1907)
   Abies nephrolepis (Trautv. ex Maxim.) Maxim. f. *chlorocarpa* E.H.Wilson, J. Arnold Arbor. 1: 189 (1920)

Representative specimens; **Chagang-do** 26 August 1897 松德水河谷 *Komarov, VL Komaorv s.n.* 1 July 1914 公西面從西山 *Nakai, T Nakai s.n.* 9 June 1924 避難德山 *Fukubara, S Fukubara s.n.* 崇積山 *Furusawa, I Furusawa s.n.* **Hamgyong-bukto** 12 August 1933 渡正山 *Koidzumi, G Koidzumi s.n.* 24 May 1897 車踰嶺- 照日洞 *Komarov, VL Komaorv s.n.* 30 May 1930 朱乙溫堡 *Ohwi, J Ohwi s.n.* 30 May 1930 Ohwi,*J Ohwi s.n.* 19 August 1914 曷浦嶺 *Nakai, T Nakai s.n.* 16 August 1917 茂山 *Wilson, EH Wilson s.n.* 16 June 1897 西溪水河谷 *Komarov, VL Komaorv s.n.* **Hamgyong-namdo** 25 September 1925 泗水山 *Chung, TH Chung s.n.* 17 June 1930 東白山 *Ohwi, J Ohwi s.n.* 15 June 1932 下碣隅里 *Ohwi, J Ohwi s.n.* 17 June 1930 東白山 *Ohwi, J Ohwi s.n.* 4 September 1917 長津中庄洞 *Wilson, EH Wilson s.n.* 23 July 1933 東上面漢垈里 *Koidzumi, G Koidzumi s.n.* 23 July 1933 *Koidzumi, G Koidzumi s.n.* 16 August 1935 遮日峯 *Nakai, T Nakai s.n.* 18 August 1935 遮日峯南斜面 *Nakai, T Nakai s.n.* 30 August 1934 東下面頭雲峯安基里 *Yamamoto, A Yamamoto s.n.* **Kangwon-do** 31 July 1916 金剛山三聖庵 *Nakai, T Nakai s.n.* 1 October 1935 海金剛溫井里 - 九龍淵 *Okamoto, S Okamoto s.n.* 金剛山 *Hayashi, S s.n.* 12 August 1932 *Koidzumi, G Koidzumi s.n.* 10 June 1932 Ohwi,*J Ohwi s.n.* 29 September 1935 *Okamoto, S Okamoto s.n.* 30 September 1935 *Okamoto, S Okamoto s.n.* 8 August 1940 Mt. Kumgang (金剛山) *Okuyama, S Okuyama s.n.* **P'yongan-bukto** 5 August 1937 妙香山 *Hozawa, S Hozawa s.n.* 6 August 1935 *Koidzumi, G Koidzumi s.n.* 1924 *Kondo, C Kondo s.n.* **P'yongan-namdo** 21 July 1916 上南理 *Mori, T Mori s.n.* **Ryanggang** 29 July 1897 安間嶺 *Komarov, VL Komaorv s.n.* 9 October 1935 大坪里 *Okamoto, S Okamoto s.n.* 15 August 1935 北水白山 *Hozawa, S Hozawa s.n.* 17 May 1923 厚峙嶺 *Ishidoya, T Ishidoya s.n.* 6 July 1897 犂方嶺 *Komarov, VL Komaorv s.n.* 20 August 1897 內洞 *Komarov, VL Komaorv s.n.* 3 July 1897 上水隅理 *Komarov, VL Komaorv s.n.* 7 August 1897 上巨里水 *Komarov, VL Komaorv s.n.* 13 August 1897 長進江河口(鴨綠江) *Komarov, VL Komaorv s.n.* 6 June 1897 平蒲坪 *Komarov, VL Komaorv s.n.* 9 June 1897 倉坪 *Komarov, VL Komaorv s.n.* 15 June 1897 延岩 *Komarov, VL Komaorv s.n.* July 1943 *Uchida, H Uchida s.n.* 20 June 1897 阿武山 *Komarov, VL Komaorv s.n.* 21 June 1897 象背嶺 *Komarov, VL Komaorv s.n.* 22 June 1897 大鎭洞 *Komarov, VL Komaorv s.n.* 24 June 1897 大鎭坪 *Komarov, VL Komaorv s.n.* 28 June 1897 栢德嶺 *Komarov, VL Komaorv s.n.* August 1913 白頭山 *Mori, T Mori s.n.* 2 June 1897 四芝坪(延面水河谷) 柄安洞 *Komarov, VL Komaorv s.n.*

***Larix* Mill.**
Larix gmelinii (Rupr.) Kuzen., Trudy Bot. Muz. Rossiisk. Akad. Nauk 18: 41 (1920)
Common name 창성이깔나무 (잎갈나무, 이깔나무)
Distribution in Korea: North
  Abies gmelinii Rupr., Beitr. Pflanzenk. Russ. Reiches 2: 56 (1845)
  Abies kamtschatica Rupr., Beitr. Pflanzenk. Russ. Reiches 2: 57 (1845)
  Larix dahurica Turcz. ex Trautv., Pl. Imag. Descr. Fl. Russ. 3: 48 (1846)
  Larix lubarskii Sukaczev, Trudy Issl. Lesn. Khoz. Lesn. Promysl. 10: 9 (1931)
  Larix komarovii Kolesn., Mater. Istorii Fl. Rastitel'n. SSSR 2: 356 (1946)
  Larix komarovii Kolesn., Mater. Istorii Fl. Rastitel'n. SSSR 2: 358 (1946)
  Larix olgensis A.Henry var. *komarovii* (Kolesn.) Dylis, Larix Sib. Or. & Extrem. Or. 202 (1961)

Representative specimens; Hamgyong-bukto 18 June 1909 清津 *Nakai, T Nakai s.n.* 19 June 1909 Nakai,*T Nakai s.n.* 19 May 1897 茂山嶺 *Komarov, VL Komaorv s.n.* 19 May 1897 *Komarov, VL Komaorv s.n.* 6 July 1933 南下石山 *Saito, T T Saito673* 18 June 1939 茂山九大 練習林內 *Kobayashi, Y s.n.* 18 June 1939 *Kobayashi, Y s.n.* 22 May 1897 蕨坪(城川水河谷)-車踰嶺 *Komarov, VL Komaorv s.n.* 23 May 1897 車踰嶺 *Komarov, VL Komaorv s.n.* 29 May 1897 釜所哥谷 *Komarov, VL Komaorv s.n.* 22 May 1897 蕨坪(城川水河谷)-車踰嶺 *Komarov, VL Komaorv s.n.* 23 May 1897 車踰嶺 *Komarov, VL Komaorv s.n.* 29 May 1897 釜所哥谷 *Komarov, VL Komaorv s.n.* 29 July 1936 茂山新站 *Saito, T T Saito2680* 3 August 1936 漁下面 *Saito, T T Saito2727* 25 June 1930 雪嶺山頂 *Ohwi, J Ohwi s.n.* 26 June 1930 雪嶺東側 *Ohwi, J Ohwi1827* 25 June 1930 雪嶺 *Ohwi, J Ohwi1908* 4 June 1897 四芝嶺 *Komarov, VL Komaorv s.n.* 4 June 1897 *Komarov, VL Komaorv s.n.* **Hamgyong-namdo** 16 August 1934 新角面北山 *Nomura, N Nomura s.n.* 15 June 1932 下碣隅里 *Ohwi, J Ohwi18* 23 July 1933 東上面漢岱里 *Koidzumi, G Koidzumi s.n.* 3 October 1935 赴戰高原 Fusenkogen *Okamoto, S Okamoto s.n.* 27 May 1936 利原郡南城 *Sato, TN Sato2332* **P'yongan-bukto** 5 August 1937 妙香山 *Hozawa, S Hozawa s.n.* **P'yongan-namdo** 27 July 1916 黃草嶺 *Mori, T Mori s.n.* **Ryanggang** 1 July 1897 崔五峰 *Komarov, VL Komaorv s.n.* 3 August 1897 五海江 *Komarov, VL Komaorv s.n.* 1 July 1897 崔五峰 *Komarov, VL Komaorv s.n.* 3 August 1897 五海江 *Komarov, VL Komaorv s.n.* 30 July 1897 甲山 *Komarov, VL Komaorv s.n.* 1 August 1897 同仁川 *Komarov, VL Komaorv s.n.* 30 July 1897 甲山 *Komarov, VL Komaorv s.n.* 1 August 1897 同仁川 *Komarov, VL Komaorv s.n.* 9 October 1935 大坪里 *Okamoto, S Okamoto s.n.* 22 August 1934 北水白山附近 *Kojima, K Kojima s.n.* 26 July 1914 三水-馬上嶺 *Nakai, T Nakai s.n.* 4 August 1939 大澤濕地 *Hozawa, S Hozawa s.n.* 7 June 1897 平蒲坪 *Komarov, VL Komaorv s.n.* 8 June 1897 平蒲坪-倉坪 *Komarov, VL Komaorv s.n.* 12 June 1897 *Komarov, VL Komaorv s.n.* 15 June 1897 延岩 *Komarov, VL Komaorv s.n.* 7 June 1897 平蒲坪 *Komarov, VL Komaorv s.n.* 8 June 1897 平蒲坪-倉坪 *Komarov, VL Komaorv s.n.* 12 June 1897 *Komarov, VL Komaorv s.n.* 15 June 1897 延岩 *Komarov, VL Komaorv s.n.* 22 June 1930 倉坪嶺 *Ohwi, J Ohwi s.n.* 20 June 1930 楡坪-天水洞 (長沙) Ohwi, *J Ohwi s.n.* 20 June 1930 楡坪 *Ohwi, J Ohwi s.n.* July 1943 延岩 *Uchida, H Uchida s.n.* 21 June 1897 象背嶺 *Komarov, VL Komaorv s.n.* 23 June 1897 大鎮洞 *Komarov, VL Komaorv s.n.* 24 June 1897 內曲里 *Komarov, VL Komaorv s.n.* 27 June 1897 柏德嶺 *Komarov, VL Komaorv s.n.* 22 July 1897 佳林里 *Komarov, VL Komaorv s.n.* 26 July 1897 五山里川河谷 *Komarov, VL Komaorv s.n.* 21 June 1897 象背嶺 *Komarov, VL Komaorv s.n.* 23 June 1897 大鎮洞 *Komarov, VL Komaorv s.n.* 24 June 1897 *Komarov, VL Komaorv s.n.* 26 June 1897 內曲里 *Komarov, VL Komaorv s.n.* 27 June 1897 柏德嶺 *Komarov, VL Komaorv s.n.* 22 July 1897 佳林里 *Komarov, VL Komaorv s.n.* 26 July 1897 五山里川河谷 *Komarov, VL Komaorv s.n.* 3 August 1914 惠山鎮- 普天堡 *Nakai, T Nakai s.n.* 20 July 1897 惠山鎮(鴨綠江上流長白脈中高原) *Komarov, VL Komaorv s.n.* 20 July 1897 *Komarov, VL Komaorv s.n.* 6 August 1914 虛項嶺 *Nakai, T Nakai s.n.* 5 August 1914 寶泰洞-胞胎山 *Nakai, T Nakai s.n.* 7 August 1914 神武城 *Nakai, T Nakai s.n.* 5 August 1914 普天堡- 寶泰洞 *Nakai, T Nakai s.n.* 28 July 1933 白頭山森林限界 *Saito, T T Saito10174* 1 August 1933 白頭山森林限界最上部 *Saito, T T Saito10175* 1 June 1897 古倉坪-四芝坪 (延面水河谷) *Komarov, VL Komaorv s.n.* 1 June 1897 *Komarov, VL Komaorv s.n.* 13 August 1914 Moho (茂峯)- 農事洞 *Nakai, T Nakai s.n.* 19 June 1930 四芝坪-楡坪 *Ohwi, J Ohwi s.n.*

Larix gmelinii (Rupr.) Kuzen. var. ***olgensis*** (A.Henry) Ostenf. & Syrach, Pflanzenareale 2: 62 (1930)
Common name 만주이깔나무 (만주잎갈나무)
Distribution in Korea: North, Central
  Larix olgensis A.Henry, Gard. Chron. ser. 3, 57: 109, t. 32 (1915)
  Larix dahurica Turcz. ex Trautv. f. *viridis* E.H.Wilson, J. Arnold Arbor. 1: 189 (1920)
  Larix gmelinii (Rupr.) Kuzen. var. *principis-ruprechtii* (Mayr) Pilg., Nat. Pflanzenfam., ed. 2 13: 327 (1926)
  Larix koreana Nakai, Bull. Forest. Soc. Korea (Chosen Sanrin Kwaiho) 158: 6 (1938)
  Larix olgensis A.Henry var. *koreana* (Nakai) Nakai, Bull. Forest. Soc. Korea (Chosen Sanrin Kwaiho) 165: 32 (1938)
  Larix olgensis A.Henry f. *viridis* (E.H.Wilson) Nakai, Bull. Forest. Soc. Korea (Chosen Sanrin Kwaiho) 165: 31 (1938)
  Larix gmelinii (Rupr.) Kuzen. var. *koreana* (Nakai) Uyeki, Woody Pl. Distr. Chosen 4 (1940)
  Larix amurensis Kolesn. ex Dylis, Larix Sib. Or. & Extrem. Or. 198 (1961)
  Larix olgensis A.Henry var. *changpaiensis* I.S.Yang & Y.L.Chou, Acta Phytotax. Sin. 9: 169 (1964)
  Larix gmelinii (Rupr.) Kuzen. var. *principis-ruprechtii* (Mayr) Pilg. f. *virides* (E.H.Wilson)

T.B.Lee, Ill. Woody Pl. Korea 233 (1966)

Larix olgensis A.Henry var. *amurensis* (Kolesn.) Kitag., Neolin. Fl. Manshur. 47 (1979)

Representative specimens; Hamgyong-bukto 18 July 1918 朱乙溫面甫上洞民幕洞 *Nakai, T Nakai s.n.* 16 July 1918 朱乙溫面城町 *Nakai, T Nakai s.n.* 18 July 1918 朱乙溫面甫上洞民幕洞 *Nakai, T Nakai s.n.* 21 July 1918 朱乙溫面民幕洞-冠帽山 *Nakai, T Nakai s.n.* **Kangwon-do** 12 July 1936 外金剛千佛山 *Nakai, T Nakai s.n.* **Ryanggang** 22 June 1917 厚峙嶺 *Furumi, M Furumi s.n.* 5 August 1914 寶泰洞-胞胎山 *Nakai, T Nakai s.n.* 7 August 1914 虛項嶺-神武城 *Nakai, T Nakai s.n.* 8 August 1914 無頭峯 *Nakai, T Nakai s.n.* 11 August 1914 Nakai,*T Nakai s.n.*

Picea D.Don ex Loudon

Picea jezoensis (Siebold & Zucc.) Carrière, Traité Gén. Conif. 255 (1855)

Common name 가문비나무

Distribution in Korea: North, Central, South (Jiri, Deokyou)

Abies jezoensis Siebold & Zucc., Fl. Jap. (Siebold) 2: 19 (1842)

Picea ajanensis Fisch. ex Carrière, Traité Gén. Conif. 259 (1855)

Abies ajanensis (Fisch. ex Carrière) Rupr. & Maxim., Bull. Cl. Phys.-Math. Acad. Imp. Sci. Saint-Pétersbourg15: 382 (1857)

Abies microsperma Lindl., Gard. Chron. 22 (1861)

Veitchia japonica Lindl., Gard. Chron. 265 (1861)

Picea jezoensis (Siebold & Zucc.) Carrière var. *hondoensis* (Mayr) Rehder, Mitt. Deutsch. Dendrol. Ges. 24: 314 (1915)

Picea jezoensis (Siebold & Zucc.) Carrière f. *rubrilepis* Uyeki, Bull. Agric. Forest. Coll. Suigen (Suwon) 1: 4 (1925)

Picea kamtchatkensis Lacass., Bull. Soc. Hist. Nat. Toulouse 58: 637 (1929)

Picea jezoensis (Siebold & Zucc.) Carrière var. *koreana* Uyeki, Bull. Forest. Soc. Korea (Chosen Sanrin Kwaiho) 206: 12 (1942)

Picea komarovii V.N.Vassil., Bot. Zhurn. (Moscow & Leningrad) 35: 504 (1950)

Representative specimens; Chagang-do 11 July 1914 鷺峯 2200m *Chung, TH Chung s.n.* 9 June 1924 避難德山 *Fukubara, S Fukubara s.n.* **Hamgyong-bukto** 12 August 1933 渡正山 *Koidzumi, G Koidzumi s.n.* 12 August 1933 *Koidzumi, G Koidzumi s.n.* 31 August 1936 朱乙溫面城町 *Saito, T T Saito s.n.* 24 May 1897 車踰嶺 *Komarov, VL Komaorv s.n.* 15 August 1914 茂山 *Nakai, T Nakai s.n.* 12 June 1897 西溪水 *Komarov, VL Komaorv s.n.* 16 June 1897 西溪水河谷 *Komarov, VL Komaorv s.n.* 12 June 1897 西溪水 *Komarov, VL Komaorv s.n.* 16 June 1897 西溪水河谷 *Komarov, VL Komaorv s.n.* **Hamgyong-namdo** 25 September 1925 泗水山 *Chung, TH Chung s.n.* 15 June 1932 下碣隅里 *Ohwi, J Ohwi s.n.* 4 September 1917 長津中庄洞 *Wilson, EH Wilson s.n.* 23 July 1933 東上面漢岱里 *Koidzumi, G Koidzumi s.n.* 25 July 1933 東上面遮日峯 *Koidzumi, G Koidzumi s.n.* 16 August 1935 東上面遮日峰 *Nakai, T Nakai s.n.* 15 August 1940 東上面遮日峰 *Okuyama, S Okuyama s.n.* **Kangwon-do** 4 July 1918 海金剛 *Wilson, EH Wilson s.n.* 22 August 1916 金剛山大長峯 *Nakai, T Nakai s.n.* 17 August 1916 金剛山內霧在嶺 *Nakai, T Nakai s.n.* 1 August 1916 金剛山 *Nakai, T Nakai s.n.* 10 June 1932 Ohwi, *J Ohwi161* **P'yongan-bukto** 4 June 1924 飛來峯 *Sawada, T Sawada s.n.* 3 August 1935 妙香山 *Koidzumi, G Koidzumi s.n.* **Ryanggang** 29 August 1936 厚昌郡五佳山 *Chung, TH Chung s.n.* 6 July 1897 犁方嶺 *Komarov, VL Komaorv s.n.* 4 August 1897 白山嶺 *Komarov, VL Komaorv s.n.* 6 July 1897 犁方嶺 *Komarov, VL Komaorv s.n.* 21 July 1897 鴨綠江上流 *Komarov, VL Komaorv s.n.* 21 July 1897 *Komarov, VL Komaorv s.n.* 15 June 1897 延岩 *Komarov, VL Komaorv s.n.* 15 June 1897 *Komarov, VL Komaorv s.n.* July 1934 *Uchida, H Uchida s.n.* 21 June 1897 象背嶺 *Komarov, VL Komaorv s.n.* 23 June 1897 大鎭坪 *Komarov, VL Komaorv s.n.* 28 June 1897 柏德嶺 *Komarov, VL Komaorv s.n.* 21 June 1897 象背嶺 *Komarov, VL Komaorv s.n.* 22 June 1897 大鎭坪 *Komarov, VL Komaorv s.n.* 28 June 1897 柏德嶺 *Komarov, VL Komaorv s.n.* 11 July 1917 胞胎山 *Furumi, M Furumi s.n.* 31 July 1914 白頭山 *Ikuma, Y Ikuma s.n.* 1 June 1897 柄安洞 *Komarov, VL Komaorv s.n.*

Picea koraiensis Nakai, Bot. Mag. (Tokyo) 33: 195 (1919)

Common name 삼송 (종비나무)

Distribution in Korea: far North, North

Picea pungsanensis Uyeki, Corean Timber Trees 99 (1926)

Picea tonaiensis Nakai, J. Jap. Bot. 17: 1 (1941)

Picea intercedens Nakai, J. Jap. Bot. 17: 4 (1941)

Picea intercedens Nakai var. *glabra* Uyeki, Bull. Forest. Soc. Korea (Chosen Sanrin Kwaiho) 206: 6 (1942)

Picea koyamae Shiras. var. *koraiensis* (Nakai) Liou & Q.L.Wang, Ill. Fl. Ligneous Pl. N. E. China 88 (1955)

Picea koraiensis Nakai var. *tonaiensis* (Nakai) T.B.Lee, Ill. Woody Pl. Korea 234 (1966)

Picea pungsanensis Uyeki var. *intercedens* (Nakai) T.B.Lee, Ill. Woody Pl. Korea 234 (1966)

Representative specimens; **Chagang-do** 5 July 1914 牙得嶺 (江界) Nakai,*T Nakai1887* Type of *Picea koraiensis* Nakai (Syntype TI) **Hamgyong-bukto** July 1932 冠帽峰 *Ohwi, J Ohwi s.n.* 16 June 1897 西溪水河谷-阿武山 *Komarov, VL Komaorv s.n.* 17 June 1930 四芝嶺 *Ohwi, J Ohwi1208* 17 June 1930 Ohwi, *J Ohwi1245* **Hamgyong-namdo** 16 August 1934 新角面北山 *Nomura, N Nomura s.n.* 15 June 1932 下碣隅里 *Ohwi, J Ohwi s.n.* **Ryanggang** 30 July 1897 甲山 *Komarov, VL Komaorv s.n.* 10 July 1933 豊山郡里仁面直里 *Buk-cheong-nong-gyo school s.n.* 7 July 1897 梨方嶺 (鴨綠江羅暖堡) *Komarov, VL Komaorv s.n.* 4 August 1897 白山嶺 *Komarov, VL Komaorv s.n.* 3 July 1897 三水邑-上水隅理 *Komarov, VL Komaorv s.n.* 6 June 1897 平蒲坪 *Komarov, VL Komaorv s.n.* 15 June 1897 延岩 *Komarov, VL Komaorv s.n.* 22 June 1930 倉坪嶺 *Ohwi, J Ohwi s.n.* 21 June 1930 三社面天水洞 *Ohwi, J Ohwi1558* 24 July 1930 吉州郡含山嶺 *Ohwi, J Ohwi2513* 5 August 1930 合水 (列結水) Ohwi, *J Ohwi2969* 23 June 1897 大鎮坪 *Komarov, VL Komaorv s.n.* 27 June 1897 栢德嶺 *Komarov, VL Komaorv s.n.* 24 July 1897 佳林里 *Komarov, VL Komaorv s.n.* 2 June 1897 四芝坪(延面水河谷) *Komarov, VL Komaorv s.n.*

Pinus L.
Pinus densiflora Siebold & Zucc., Fl. Jap. (Siebold) 2: 22 (1842)
Common name 소나무
Distribution in Korea: North, Central, South, Jeju
> *Pinus scopifera* Miq., Syst. Verz. (Zollinger) 82 (1855)
> *Pinus densiflora* Siebold & Zucc. f. *pendula* Mayr, Monogr. Abietin. Japan Reich. 91 (1890)
> *Pinus funebris* Kom., Trudy Imp. S.-Peterburgsk. Bot. Sada 20: 117 (1901)
> *Pinus densiflora* Siebold & Zucc. f. *aggregata* Nakai, Fl. Kor. 2: 380 (1911)
> *Pinus densiflora* Siebold & Zucc. f. *vittata* Uyeki, Bull. Agric. Forest. Coll. Suigen (Suwon) 1: 1 (1925)
> *Pinus densiflora* Siebold & Zucc. f. *multicaulis* Uyeki, Bull. Agric. Forest. Coll. Suigen (Suwon) 1: 4 (1925)
> *Pinus densiflora* Siebold & Zucc. f. *aurescens* Uyeki, Bull. Agric. Forest. Coll. Suigen (Suwon) 1: 4 (1925)
> *Pinus densiflora* Siebold & Zucc. f. *erecta* Uyeki, Bull. Soc. Dendrol. France 66: 49 (1928)
> *Pinus densiflora* Siebold & Zucc. f. *congesta* Uyeki, Acta Phytotax. Geobot. 7: 17 (1938)
> *Pinus densiflora*Siebold & Zucc. f. *sylvestriformis* Taken., J. Jap. Forest. Soc. 24: 120 (1942)
> *Pinus densiflora* Siebold & Zucc. var. *brevifolia* Liou & Q.L.Wang, Ill. Fl. Ligneous Pl. N. E. China 98 (1955)
> *Pinus densiflora* Siebold & Zucc. var. *funebris* (Kom.) Liou & Q.L.Wang, Ill. Fl. Ligneous Pl. N. E. China 98 (1955)
> *Pinus densiflora* Siebold & Zucc. var. *liaotungensis* Liou & Wang, Ill. Fl. Ligneous Pl. N. E. China 548 (1955)
> *Pinus densiflora* Siebold & Zucc. f. *brevifolia* (Liou & Q.L.Wang) Kitag., Neolin. Fl. Manshur. 97 (1979)

Representative specimens; **Chagang-do** 31 August 1897 慈城江 *Komarov, VL Komaorv s.n.* Type of *Pinus funebris* Kom. (Syntype LE)6 August 1933 茂山嶺-會寧郡古豊山 *Koidzumi, G Koidzumi s.n.* 18 May 1897 會寧川 *Komarov, VL Komaorv s.n.* 19 May 1897 茂山嶺 *Komarov, VL Komaorv s.n.* Type of *Pinus funebris* Kom. (Syntype LE)14 June 1909 Sungjin (城津) Nakai,*T Nakai s.n.* 15 July 1918 朱乙溫面甫上洞-城町 *Nakai, T Nakai s.n.* 27 May 1930 鏡城 *Ohwi, J Ohwi s.n.* 6 June 1936 甫上洞大棟 *Saito, T T Saito s.n.* 26 May 1897 茂山嶺 *Komarov, VL Komaorv s.n.* 11 August 1924 鐘山洞 *Chung, TH Chung s.n.* 4 August 1933 南陽 *Koidzumi, G Koidzumi s.n.* **Hwanghae-namdo** 31 July 1929 席島 *Nakai, T Nakai s.n.* 1 August 1929 椒島 *Nakai, T Nakai s.n.* 29 June 1921 龍淵郡九味浦 Sorai Beach *Mills, RG Mills s.n.* 5 August 1929 長山串 *Nakai, T Nakai s.n.* **Kangwon-do** 2 August 1916 金剛山玉流-九龍淵-晋光峯(玉流洞) Nakai,*T Nakai s.n.* 6 June 1909 元山 *Nakai, T Nakai s.n.* 7 June 1909 元山北方海岸 *Nakai, T Nakai s.n.* **P'yongan-namdo** 15 June 1928 陽德 *Nakai, T Nakai s.n.* **Rason** 6 June 1930 西水羅 *Ohwi, J Ohwi722* 11 May 1897 豆滿江三角洲-五宗洞 *Komarov, VL Komaorv s.n.* Type of *Pinus funebris* Kom. (Syntype TI)29 July 1897 安間嶺 *Komarov, VL Komaorv s.n.* 1 August 1897 虛川江 (同仁川) *Komarov, VL Komaorv s.n.* 2 July 1897 雲寵里三水邑 (虛川江岸懸崖) *Komarov, VL Komaorv s.n.* Type of *Pinus funebris* Kom. (Syntype LE)16 August 1897 大羅信洞 *Komarov, VL Komaorv s.n.* 14 July 1897 鴨綠江 (上水隅理-羅暖堡) *Komarov, VL Komaorv s.n.* 7 August 1897 上巨里水 *Komarov, VL Komaorv s.n.* 10 August 1897 長津江下流域 *Komarov, VL Komaorv s.n.* 7 July 1897 羅暖堡 *Komarov, VL Komaorv s.n.* Type of *Pinus funebris* Kom. (Syntype LE)

Pinus koraiensis Siebold & Zucc., Fl. Jap. (Siebold) 2: 28 (1842)
Common name 잣나무
Distribution in Korea: North, Central, South
> *Pinus mandschurica* Rupr., Bull. Cl. Phys.-Math. Acad. Imp. Sci. Saint-Pétersbourg 15: 382 (1857)
> *Pinus cembra* Thunb. var. *excelsa* Maxim. ex Rupr., Mem. Acad. Imp. Sci. St.-Petersbourg, Ser. 6, Sci. Math., Seconde Pt. Sci. Nat. 15: 141 (1857)

Pinus cembra Thunb. var. *mandschurica* (Rupr.) Carrière, Traité Gén. Conif., ed. 2 390 (1867)
Pinus koraiensis Siebold & Zucc. var. *compacta* Uyeki, J. Chosen Nat. Hist. Soc. 17: 54 (1934)
Strobus koraiensis Moldenke, Revista Sudamer. Bot. 6: 30 (1939)
Apinus koraienisis (Siebold & Zucc.) Moldenke, Phytologia 4: 125 (1952)
Pinus prokoraiensis Y.T.Zhao, J.M.Lu & A.G.Gu, Bull. Bot. Res., Harbin 10: 69 (1990)

Representative specimens; Chagang-do 26 August 1897 小德川 (松德水河谷) *Komarov, VL Komaorv s.n.* 26 August 1897 *Komarov, VL Komaorv s.n.* 1 July 1914 公西面從西山 *Nakai, T Nakai s.n.* **Hamgyong-bukto** 10 August 1933 渡正山 *Koidzumi, G Koidzumi s.n.* 18 July 1918 朱乙溫面態谷嶺 *Nakai, T Nakai s.n.* 24 May 1897 車踰嶺 *Komarov, VL Komaorv s.n.* 24 May 1897 *Komarov, VL Komaorv s.n.* 12 June 1897 西溪水 *Komarov, VL Komaorv s.n.* 12 June 1897 *Komarov, VL Komaorv s.n.* 17 June 1930 四芝嶺 *Ohwi, J Ohwi1209* **Hamgyong-namdo** 16 August 1934 新角面北山 *Nomura, N Nomura s.n.* 15 August 1935 東上面漢岱里 *Nakai, T Nakai s.n.* 30 August 1934 長津豊山郡頭雲峯 *Yamamoto, A Yamamoto s.n.* **Kangwon-do** 14 July 1936 外金剛千佛山 *Nakai, T Nakai s.n.* 31 July 1916 金剛山三聖庵 (가는골) Nakai,*T Nakai s.n.* 8 August 1940 金剛山外金剛 *Okuyama, S Okuyama s.n.* 10 June 1932 金剛山 *Ohwi, J Ohwi s.n.* 14 August 1902 *Uchiyama, T Uchiyama s.n.* 14 August 1902 *Uchiyama, T Uchiyama s.n.* 20 August 1930 安邊郡衞益面三防 *Nakai, T Nakai s.n.* **P'yongan-bukto** 5 August 1937 妙香山 *Hozawa, S Hozawa s.n.* 2 August 1935 *Koidzumi, G Koidzumi s.n.* **Ryanggang** 18 July 1897 Keizanchin(惠山鎭) *Komarov, VL Komaorv s.n.* 18 July 1897 *Komarov, VL Komaorv s.n.* 6 July 1897 犁方嶺 *Komarov, VL Komaorv s.n.* 10 July 1897 十四道溝 *Komarov, VL Komaorv s.n.* 4 August 1897 白山嶺 *Komarov, VL Komaorv s.n.* 12 August 1897 鴨綠江-長津江 *Komarov, VL Komaorv s.n.* 16 August 1897 厚州川 *Komarov, VL Komaorv s.n.* 20 August 1897 內洞-河山嶺 *Komarov, VL Komaorv s.n.* 21 August 1897 雲洞嶺 *Komarov, VL Komaorv s.n.* 6 July 1897 犁方嶺 *Komarov, VL Komaorv s.n.* 10 July 1897 十四道溝 *Komarov, VL Komaorv s.n.* 4 August 1897 白山嶺 *Komarov, VL Komaorv s.n.* 12 August 1897 鴨綠江-長津江 *Komarov, VL Komaorv s.n.* 16 August 1897 厚州川 *Komarov, VL Komaorv s.n.* 20 August 1897 內洞-河山嶺 *Komarov, VL Komaorv s.n.* 21 August 1897 雲洞嶺 *Komarov, VL Komaorv s.n.* 3 July 1897 三水邑-上水隅理 *Komarov, VL Komaorv s.n.* 3 July 1897 *Komarov, VL Komaorv s.n.* 9 June 1897 屈松川 (西頭水河谷) 倉坪 *Komarov, VL Komaorv s.n.* 16 June 1897 延岩(西溪水河谷-阿武山) *Komarov, VL Komaorv s.n.* 9 June 1897 屈松川 (西頭水河谷) 倉坪 *Komarov, VL Komaorv s.n.* 16 June 1897 延岩(西溪水河谷-阿武山) *Komarov, VL Komaorv s.n.* 21 June 1897 象背嶺 *Komarov, VL Komaorv s.n.* 25 June 1897 大鎭坪 *Komarov, VL Komaorv s.n.* 27 June 1897 栢德嶺 *Komarov, VL Komaorv s.n.* 21 June 1897 象背嶺 *Komarov, VL Komaorv s.n.* 25 June 1897 大鎭坪 *Komarov, VL Komaorv s.n.* 27 June 1897 栢德嶺 *Komarov, VL Komaorv s.n.* 16 July 1897 半載子溝 *Komarov, VL Komaorv s.n.* 16 July 1897 *Komarov, VL Komaorv s.n.* 2 June 1897 四芝坪(延面水河谷) *Komarov, VL Komaorv s.n.* 2 June 1897 *Komarov, VL Komaorv s.n.*

Pinus pumila (Pall.) Regel, Index Seminum [St.Petersburg (Petropolitanus)] 23 (1859)
Common name 누운잣나무(눈잣나무)
Distribution in Korea: North, Central
 Pinus cembra Thunb. var. *pumila* Pall., Fl. Ross. (Pallas) 1: 4 (1784)
 Pinus cembra Thunb. var. *pygmaea* Loudon, Arbor. Frutic. Brit. 4: 2276 (1838)
 Pinus cembra Thunb. ssp. *pumila* (Pall.) Endl., Syn. Conif. 142 (1847)
 Pinus pumila (Pall.) Regel f. *auriamentata* Y.N.Lee, Bull. Korea Pl. Res. 7: 14 (2007)

Representative specimens; Chagang-do 22 July 1916 狼林山 *Mori, T Mori s.n.* 11 July 1914 臥碣峰鷺峯 *Nakai, T Nakai s.n.* **Hamgyong-bukto** 26 July 1930 頭流山 *Ohwi, J Ohwi2794* 19 July 1918 朱乙溫面冠帽峯 *Nakai, T Nakai s.n.* 21 July 1918 冠帽山 *Nakai, T Nakai s.n.* 25 July 1918 朱南面雪嶺 *Nakai, T Nakai s.n.* 25 June 1930 雪嶺山頂 *Ohwi, J Ohwi1891* **Hamgyong-namdo** 17 June 1932 東白山 *Ohwi, J Ohwi s.n.* 17 August 1935 遮日峯 *Nakai, T Nakai s.n.* 15 August 1940 東上面遮日峰 *Okuyama, S Okuyama s.n.* **Kangwon-do** 31 July 1916 金剛山群仙峽 *Nakai, T Nakai s.n.* 12 August 1932 金剛山 *Koidzumi, G Koidzumi s.n.* 16 August 1916 金剛山毘盧峯 *Nakai, T Nakai s.n.* 20 August 1916 金剛山彌勒峯 *Nakai, T Nakai s.n.* 22 August 1916 金剛山新金剛大長峯 *Nakai, T Nakai s.n.* **P'yongan-bukto** 9 June 1914 飛來峯 *Nakai, T Nakai s.n.* **Ryanggang** 27 August 1917 南社水源地周峯頂 *Furumi, M Furumi s.n.* 18 August 1934 新興郡北水白山東南尾根 *Yamamoto, A Yamamoto s.n.* 11 July 1917 胞胎山 *Furumi, M Furumi s.n.*

Pinus sylvestris L., Sp. Pl.1000 (1753)
Common name 보천소나무, 숲소나무, 구라파소나무, 구라 (구주소나무)
Distribution in Korea: far North
 Pinus sylvestris L. var. *mongholica* Litv., Sched. Herb. Fl. Ross. 5: 160 (1905)
 Pinus yamazutae Uyeki, J. Chosen Nat. Hist. Soc. 9: 20 (1929)
 Pinus takahasii Nakai, Bull. Forest. Soc. Korea (Chosen Sanrin Kwaiho) 167: 32 (1939)
 Pinus densiflora Siebold & Zucc. var. *ussuriensis* Liou & Q.L.Wang, Ill. Fl. Ligneous Pl. N. E. China 98 (1958)

Pinus tabuliformis Carrière, Traité Gén. Conif., ed. 2 510 (1867)

Common name 만주곰솔

Distribution in Korea: North

    Pinus densiflora Siebold & Zucc. var. *tabuliformis* (Carrière) Mast., J. Linn. Soc., Bot. 26: 549 (1902)
    Pinus mukdensis Uyeki ex Nakai, Bot. Mag. (Tokyo) 33: 195 (1919)
    Pinus tabuliformis Carrière var. *mukdensis* (Uyeki ex Nakai) Uyeki, J. Chosen Nat. Hist. Soc. 3: 45 (1925)
    Pinus tabuliformis Carrière var. *rubescens* Uyeki, J. Chosen Nat. Hist. Soc. 3: 45 (1925)
    Pinus tokunagae Nakai, Rep. Exped. Manchoukuo Sect. IV, Pt. 2, Contr. Cogn. Fl. Manshuricae 164 (1935)

Representative specimens; Hamgyong-bukto 13 July 1930 鏡城 *Ohwi, J Ohwi2350* **P'yongan-namdo** 7 June 1925 Maengsan (孟山) *Chung, TH Chung s.n.*

Pinus thunbergii Parl., Prodr. (DC.) 16: 388 (1868)

Common name 곰솔, 흑송, 해송(곰솔)

Distribution in Korea: Central, South, Ulleung

    Pinus nana Lemee & H. Lév., Repert. Spec. Nov. Regni Veg. 8: 60 (1910)
    Pinus thunbergii Parl. f. *multicaulis* Uyeki, Acta Phytotax. Geobot. 7: 17 (1938)

Representative specimens; Hamgyong-bukto 13 July 1930 鏡城 *Ohwi, J Ohwi s.n.*

CUPRESSACEAE

Juniperus L.
Juniperus chinensis L., Mant. Pl. 1: 127 (1767)

Common name 향나무

Distribution in Korea: North, Central, South, Ulleung

    Juniperus cernua Roxb., Fl. Ind. ed. 1832 (Roxburgh) 3: 839 (1832)
    Juniperus thunbergii Hook. & Arn., Bot. Beechey Voy. 271 (1838)
    Juniperus fortunei Carrière, Traité Gén. Conif. 11 (1855)
    Sabina chinensis (L.) Antoine, Cupress. Gatt. 54 (1857)
    Juniperus chinensis L. var. *horizontalis* Nakai, Corean Timber Trees 136 (1926)
    Sabina chinensis (L.) Antoine var. *horizontalis* (Nakai) Nakai, Bull. Forest. Soc. Korea (Chosen Sanrin Kwaiho) 158: 27 (1938)

Representative specimens; Hamgyong-namdo 16 August 1934 新角面北山 *Nomura, N Nomura s.n.* **Kangwon-do** 10 June 1932 Mt. Kumgang (金剛山) *Ohwi, J Ohwi s.n.*

Juniperus chinensis L. var. *sargentii* A.Henry, Trees Great Britain 6: 1432 (1912)

Common name 누운향나무, 참향나무 (눈향나무)

Distribution in Korea: North, Central, South

    Juniperus sargentii (Henry) Takeda ex Koidz., Bot. Mag. (Tokyo) 44: 511 (1930)
    Juniperus tsukushinensis Masam., Bot. Mag. (Tokyo) 44: 55 (1930)
    Sabina sargentii (Henry) Nakai, Bull. Forest. Soc. Korea (Chosen Sanrin Kwaiho) 158: 32 (1938)
    Sabina chinensis (L.) Antoine var. *sargentill* (Henry) W.C.Cheng & L.K.Fu, Fl. Reipubl. Popularis Sin. 7: 363 (1978)
    Juniperus chinensis L. ssp. *sargentii* (A.Henry) Silba, J. Int. Conifer Preserv. Soc. 13: 6 (2006)

Representative specimens; Chagang-do 22 July 1919 狼林山 *Kajiwara, U Kajiwara174* 22 July 1916 *Mori, T Mori s.n.* **Kangwon-do** 29 July 1938 金剛山 *Hozawa, S Hozawa s.n.* 12 August 1932 *Koidzumi, G Koidzumi s.n.* 30 July 1928 金剛山內金剛毘盧峯 *Kondo, K Kondo s.n.* 31 July 1916 金剛山神仙峯 *Nakai, T Nakai5077* 30 August 1916 金剛山彌勒峯 *Nakai, T Nakai5079* 22 August 1916 金剛山大長峯 *Nakai, T Nakai5080* **P'yongan-bukto** 4 August 1935 妙香山 *Koidzumi, G Koidzumi s.n.* **Ryanggang** September 1929 豊山郡天南面劍德山國有林 *Tsuda, S s.n.*

Juniperus communis L. ssp. *alpina* (Suter) Celak., Prodr. Fl. Bohmen17 (1867)
Common name 곱향나무
Distribution in Korea: North
  Juniperus communis L. var. *montana* Aiton, Hort. Kew. (Hill) 3: 414 (1789)
  Juniperus communis L. var. *nana* (Willd.) Baumg., Enum. Stirp. Transsilv. 2: 308 (1816)
  Juniperus pygmaea C.Koch, Linnaea 22: 302 (1849)
  Juniperus nipponica Maxim., Bull. Acad. Imp. Sci. Saint-Pétersbourg 12: 230 (1867)
  Juniperus communis L. var. *sibirica* Rydb., Contr. U. S. Natl. Herb. 3: 533 (1896)
  Juniperus communis L. var. *nipponica* (Maxim.) E.H.Wilson, Conif. Taxads Japan 81 (1916)
  Juniperus niemannii E.L.Wolf, Bot. Mater. Gerb. Glavn. Bot. Sada RSFSR 3: 37 (1922)
  Juniperus rebunensis Kudô & Sasaki, Medic. Pl. Hokk. 1: 6 (1922)
  Juniperus communis L. ssp. *nipponica* (Maxim.) Silba, J. Int. Conifer Preserv. Soc. 13: 7 (2006)

Representative specimens; Hamgyong-bukto 12 August 1933 渡正山 *Koidzumi, G Koidzumi s.n.* 5 August 1939 頭流山 *Hozawa, S Hozawa s.n.* 26 July 1930 Ohwi, *J Ohwi s.n.* 26 July 1930 Ohwi, *J Ohwi2782* 19 July 1918 冠帽山 *Nakai, T Nakai6683* 9 June 1936 朱乙溫面冠帽峯 2400m *Saito, T T Saito2387* 8 September 1924 車踰山 *Chung, TH Chung s.n.* 11 July 1917 雪嶺 *Furumi, M Furumi513* 25 June 1930 Ohwi, *J Ohwi1911* 7 August 1933 *Saito, T T Saito1062* **Hamgyong-namdo** 30 August 1941 赴戰高原 Fusenkogen *Inumaru, M s.n.* 25 July 1933 東上面遮日峯 *Koidzumi, G Koidzumi s.n.* 16 August 1935 遮日峯 *Nakai, T Nakai18348* 23 June 1932 元豊里-遮日峯 *Ohwi, J Ohwi s.n.* 15 August 1940 東上面遮日峰 *Okuyama, S Okuyama s.n.* **Ryanggang** 5 August 1940 高頭山 *Hozawa, S Hozawa s.n.* 30 July 1917 無頭峯 *Furumi, M Furumi368* 13 August 1913 白頭山 *Hirai, H Hirai123* 12 August 1914 無頭峯 *Ikuma, Y Ikuma s.n.* 6 August 1914 胞胎山虛項嶺 *Nakai, T Nakai1864* 7 August 1914 虛項嶺-神武城 *Nakai, T Nakai1871* 8 August 1914 神武城-無頭峯 *Nakai, T Nakai1872* 26 July 1942 *Saito, T T Saito10177*

Juniperus rigida Siebold & Zucc., Abh. Math.-Phys. Cl. Konigl. Bayer. Akad. Wiss. 4: 233 (1846)
Common name 노가지나무, 노간주나무
Distribution in Korea: North, Central, South, Jeju
  Juniperus nana Willd., Berlin. Baumz. 159 (1796)
  Juniperus conferta Parl., Conif. Nov. 1 (1863)
  Juniperus litoralis Maxim., Bull. Acad. Imp. Sci. Saint-Pétersbourg 12: 230 (1867)
  Juniperus rigida Siebold & Zucc. var. *conferta* (Parl.) Patschke, Bot. Jahrb. Syst. 48: 678 (1913)
  Juniperus rigida Siebold & Zucc. f. *longicarpa* Uyeki, Corean Timber Trees 143 (1926)
  Juniperus coreana Nakai, Bot. Mag. (Tokyo) 40: 161 (1926)
  Juniperus utilis Koidz., Bot. Mag. (Tokyo) 44: 99 (1930)
  Juniperus rigida Siebold & Zucc. var. *modesta* Nakai, Bull. Forest. Soc. Korea (Chosen Sanrin Kwaiho) 19: 26 (1935)
  Juniperus coreana Nakai var. *rigida* (Siebold & Zucc.) Nakai, Bull. Forest. Soc. Korea (Chosen Sanrin Kwaiho) 158: 22 (1938)
  Juniperus rigida Siebold & Zucc. var. *coreana* (Nakai) T.B.Lee, Ill. Woody Pl. Korea 238 (1966)
  Juniperus rigida Siebold & Zucc. f. *modesta* (Nakai) Y.C.Chu, Pl. Medic. Chinae Bor.-orient. 59 (1989)

Representative specimens; Chagang-do 10 June 1911 Kang-gei (Kokai 江界) *Mills, RG Mills307* **Hamgyong-bukto** 28 May 1897 富潤洞 *Komarov, VL Komaorv s.n.* 28 May 1897 *Komarov, VL Komaorv s.n.* 15 October 1907 茂山 *Tokyo Jenshokusha s.n.* **Hwanghae-namdo** 31 July 1929 席島 *Nakai, T Nakai s.n.* 31 July 1929 Nakai,*T Nakai12563* 1 August 1929 椴島 *Nakai, T Nakai12562* **Kangwon-do** 12 July 1936 外金剛千佛山 *Nakai, T Nakai s.n.* 28 July 1916 高城郡溫井里-高城 (高城郡新北面?) Nakai,*T Nakai5081* 28 July 1916 長箭 -高城 *Nakai, T Nakai5082* 12 August 1932 金剛山 *Koidzumi, G Koidzumi s.n.* **Nampo** 21 September 1915 Chinnampo (鎮南浦) Nakai,*T Nakai2360* **Ryanggang** 26 July 1914 三水- 惠山鎭 *Nakai, T Nakai2287* 30 July 1897 甲山 *Komarov, VL Komaorv s.n.* 30 July 1897 *Komarov, VL Komaorv s.n.* 10 July 1897 十四道溝 *Komarov, VL Komaorv s.n.* 30 May 1897 古倉坪 *Komarov, VL Komaorv s.n.* 30 May 1897 *Komarov, VL Komaorv s.n.* 14 August 1914 無頭峯 *Ikuma, Y Ikuma s.n.* 5 July 1897 三水川河谷 *Komarov, VL Komaorv s.n.* 5 July 1897 *Komarov, VL Komaorv s.n.* 1 June 1897 柄安洞 *Komarov, VL Komaorv s.n.*

Platycladus Spach
Platycladus orientalis (L.) Franco, Portugaliae Acta Biol., Ser. B, Sist. Vol. "Julio Henriques". 0: 33 (1949)
Common name 측백나무
Distribution in Korea: North, Central
  Thuja orientalis L., Sp. Pl. 1002 (1753)
  Thuja pendula (Thunb.) D.Don, Descr. Pinus, ed. 2 2: 115 (1828)
  Biota orientalis (L.) Endl., Syn. Conif. 47 (1847)

Biota japonica Siebold ex Gordon, Pinetum 33 (1858)
Thuja stricta Gordon, Pinetum Suppl. 17 (1862)
*Biota coraeana*Siebold ex Gordon, Pinetum Suppl. 17 (1862)
Thuja orientalis L. f. *sieboldii* (Endl.) Rehder, Bibliogr. Cult. Trees 48 (1949)

Representative specimens; Hamgyong-bukto 3 October 1935 羅南 *Saito, T T Saito s.n.* **Kangwon-do** 10 July 1919 元山 *Ishidoya, T Ishidoya s.n.*

Thuja L.
Thuja koraiensis Nakai, Bot. Mag. (Tokyo) 33: 196 (1919)
Common name 누운측백나무 (눈측백)
Distribution in Korea: North, Central
  Thuja kongoensis Doi ex Nakai, Rep. Veg. Diamond Mountains 63 (1918)

Representative specimens; Chagang-do 26 June 1914 公西面從西山 *Nakai, T Nakai1884* Type of *Thuja koraiensis* Nakai (Syntype TI)19 September 1917 狼林山 *Wilson, EH Wilson s.n.*長山 [Jang-san] *Unknown s.n.* 9 June 1924 避難德山 *Fukubara, S Fukubara s.n.*崇積山 *Furusawa, I Furusawa s.n.* **Hamgyong-namdo** 25 September 1925 泗水山 *Chung, TH Chung s.n.* 16 August 1934 新角面北山 *Nomura, N Nomura s.n.* 17 June 1932 東白山 *Ohwi, J Ohwi s.n.* 4 September 1917 長津中庄洞 *Wilson, EH Wilson s.n.* 4 September 1917 *Wilson, EH Wilson s.n.* 27 August 1917 頭雲峯 *Furumi, M Furumi s.n.* Type of *Thuja koraiensis* Nakai (Syntype TI)30 August 1934 *Kojima, K Kojima s.n.* 30 August 1934 長豊山郡頭頭雲峯 *Yamamoto, A Yamamoto s.n.* **Hwanghae-bukto** 26 May 1924 霞嵐山 *Takaichi, Y Takaichi s.n.* **Kangwon-do** 31 July 1916 金剛山群仙峽 *Nakai, T Nakai5083* Type of *Thuja koraiensis* Nakai (Syntype TI)31 July 1916 Nakai,*T Nakai5084* Type of *Thuja koraiensis* Nakai (Syntype TI)11 August 1943 Mt. Kumgang (金剛山) *Honda, M Honda195* Type of *Thuja koraiensis* Nakai (Syntype TI)29 July 1938 金剛山 *Hozawa, S Hozawa s.n.* 12 August 1932 金剛山頂上 *Koidzumi, G Koidzumi s.n.* 31 July 1916 Mt. Kumgang (金剛山) Nakai,*T Nakai5080* Type of *Thuja koraiensis* Nakai (Syntype TI)31 July 1916 Nakai,*T Nakai5081* Type of *Thuja koraiensis* Nakai (SyntypeTI)31 July 1916 Nakai,*T Nakai5082* Type of *Thuja koraiensis* Nakai (Syntype TI)June 1932 金剛山 *Ohwi, J Ohwi s.n.* 10 June 1932 Ohwi, *J Ohwi246* 29 September 1935 *Okamoto, S Okamoto s.n.* 7 August 1940 Mt. Kumgang (金剛山) *Okuyama, S Okuyama s.n.* 14 August 1902 *Uchiyama, T Uchiyama s.n.* Type of *Thuja koraiensis* Nakai (Syntype TI)4 October 1923 安邊郡枴옃山 *Fukubara, S Fukubara s.n.* **P'yongan-bukto** 5 August 1935 妙香山 *Koidzumi, G Koidzumi s.n.* **Ryanggang** 15 August 1935 北水白山 *Hozawa, S Hozawa s.n.*

TAXACEAE

Taxus L.
Taxus cuspidata Siebold & Zucc., Abh. Math.-Phys. Cl. Konigl. Bayer. Akad. Wiss. 4: 232 (1846)
Common name 주목
Distribution in Korea: North, Central, Jeju, Ulleung
  Taxus baccata L. var. *microcarpa* Trautv., Mem. Acad. Imp. Sci. St.-Petersbourg Divers Savans 9: 259 (1859)
  Taxus baccata L. var. *latifolia* Pilg., Pflanzenr. (Engler) IV, 5: 122 (1903)
  Taxus baccata L. ssp. *cuspidata* (Siebold & Zucc.) Pilg., Pflanzenr. (Engler) 18 helf, 4: 112 (1903)
  Taxus baccata L. ssp. *cuspidata* var. *latifolia* Pilg., Pflanzenr. (Engler) 18 helf, 4: 112 (1903)
  Taxus cuspidata Siebold & Zucc. var. *microcarpa* (Trautv.) Kolesn., Vestn. Dal'nevost. Fil. Akad. Nauk SSSR 7: 43 (1935)
  Taxus cuspidata Siebold & Zucc. var. *latifolia* (Pilg.) Nakai,Bull. Forest. Soc. Korea (Chosen Sanrin Kwaiho) 158: 39 (1938)
  Taxus biternata Spjut, J. Bot. Res. Inst. Texas 1: 266 (2007)

Representative specimens; Chagang-do 1 July 1914 公西面江界 *Nakai, T Nakai s.n.*狼林山 *Unknown s.n.* **Hamgyong-bukto** 6 May 1935 梧上洞 *Saito, T T Saito s.n.* **Kangwon-do** 29 July 1938 金剛山 *Hozawa, S Hozawa s.n.* 12 August 1932 *Koidzumi, G Koidzumi s.n.* 13 August 1916 金剛山表訓寺附近 *Nakai, T Nakai s.n.* 10 June 1932 金剛山 *Ohwi, J Ohwi s.n.* **P'yongan-bukto** 飛來峯 *Unknown s.n.* 5 August 1937 妙香山 *Hozawa, S Hozawa s.n.Unknown s.n.* **P'yongan-namdo** 15 June 1928 陽德 *Nakai, T Nakai s.n.* **Ryanggang** 6 July 1897 犁方嶺 *Komarov, VL Komaorv s.n.* 10 July 1897 十四道溝 *Komarov, VL Komaorv s.n.* 4 August 1897 白山嶺 *Komarov, VL Komaorv s.n.* 21 August 1897 河山嶺 *Komarov, VL Komaorv s.n.* 23 August 1897 雲洞嶺 *Komarov, VL Komaorv s.n.* 6 July 1897 犁方嶺 *Komarov, VL Komaorv s.n.* 10 July 1897 十四道溝 *Komarov, VL Komaorv s.n.* 4 August 1897 白山嶺 *Komarov, VL Komaorv s.n.* 21 August 1897 河山嶺 *Komarov, VL Komaorv s.n.* 23 August 1897 雲洞嶺 *Komarov, VL Komaorv s.n.* 4 August 1897 十四道溝-白山嶺 *Komarov, VL Komaorv s.n.* 21 August 1897 河山嶺 *Komarov, VL Komaorv s.n.* 23 August 1897 雲洞嶺 *Komarov,*

*VL Komaorv s.n.*五佳山 *Unknown s.n.* 27 June 1897 栢德嶺 *Komarov, VL Komaorv s.n.* 27 June 1897 *Komarov, VL Komaorv s.n.* 27 June 1897 *Komarov, VL Komaorv s.n.*三池淵 *Unknown s.n.*

Taxus cuspidata Siebold & Zucc. var. **nana** Rehder, Cycl. Amer. Hort. et.4, 6: 1779 (1902)

Common name 눈주목

Distribution in Korea: North, Central, Ulleung

> *Taxus cuspidata* Siebold & Zucc. var. *compacta* Bean, Trees & Shrubs Brit. Isles 2: 582 (1914)
> *Taxus cuspidata* Siebold & Zucc. f. *nana* (Rehder) E.H.Wilson, Publ. Arnold Arbor. 8: 13 (1916)
> *Taxus caespitosa* Nakai, Bull. Forest. Soc. Korea (Chosen Sanrin Kwaiho) 158: 20 (1938)
> *Taxus cuspidata* Siebold & Zucc. var. *caespitosa* (Nakai) Q.L.Wang, Clavis Pl. Chinae Bor.-Or. ed. 2 73 (1995)
> *Taxus umbraculifera* var. *nana* (Rehder) Spjut, J. Bot. Res. Inst. Texas 1: 281 (2007)

III-1. Magnoliophyta (Angiosperm, flowering Plants) - Dicots

MAGNOLIACEAE

Magnolia L.
Magnolia sieboldii K.Koch, Hort. Dendrol. 4: 11 (1853)

Common Name 함박꽃나무

Distribution in Korea: North, Central

Magnolia parviflora Siebold & Zucc., Abh. Math.-Phys. Cl. Konigl. Bayer. Akad. Wiss. 4,2: 187 (1845)
Magnolia verecunda Koidz., Bot. Mag. (Tokyo) 40: 339 (1926)
Magnolia parviflora Siebold & Zucc. f. *variegata* Nakai, Fl. Sylv. Kor. 20: 120 (1933)
Magnolia sieboldii K.Koch f. *variegata* (Nakai) T.B.Lee, Ill. Woody Pl. Korea 263 (1996)
Oyama sieboldii (K.Koch) N.H.Xia & C.Y.Wu, Fl. China 7: 67 (2008)

Representative specimens; **Chagang-do** 1 July 1914 公西面江界 *Nakai, T Nakai2022* **Hamgyong-namdo** 8 August 1939 咸興新中里 *Kim, SK s.n.* 20 June 1932 東上面元豊里 *Ohwi, J Ohwi s.n.* **Hwanghae-namdo** 29 July 1935 長壽山 *Koidzumi, G Koidzumi s.n.* 12 June 1931 *Smith, RK Smith s.n.* 29 July 1929 長淵郡長山串 *Nakai, T Nakai12807* **Kangwon-do** 31 July 1916 金剛山群仙峽 *Nakai, T Nakai s.n.* 12 July 1936 外金剛千佛山 *Nakai, T Nakai5448* 12 August 1932 內金剛長安寺- 摩迦衍庵 *Kitamura, S Kitamura s.n.* 12 August 1932 Mt. Kumgang (金剛山) *Koidzumi, G Koidzumi s.n.* 10 June 1932 Ohwi, *J Ohwi s.n.* 7 August 1940 *Okuyama, S Okuyama s.n.* 16 August 1902 *Uchiyama, T Uchiyama s.n.* 16 August 1902 *Uchiyama, T Uchiyama s.n.* 4 October 1923 安邊郡楸愛山 *Fukubara, S Fukubara s.n.* 16 August 1930 劍拂浪長止門山 *Nakai, T Nakai s.n.* **P'yongan-bukto** 5 August 1937 妙香山 *Hozawa, S Hozawa s.n.* 4 August 1935 *Koidzumi, G Koidzumi s.n.* 5 June 1914 朔州- 昌州 *Nakai, T Nakai2021* 4 August 1912 Unsan (雲山) *Imai, H Imai163* 9 June 1912 白壁山 *Ishidoya, T Ishidoya1522* **P'yongan-namdo** 17 July 1916 加音嶺 *Mori, T Mori s.n.* **Ryanggang** 23 August 1897 雲洞嶺 *Komarov, VL Komaorv s.n.*

LAURACEAE

Lindera Thunb.
Lindera angustifolia W.C.Cheng, Contr. Biol. Lab. Chin. Assoc. Advancem. Sci., Sect. Bot. 8: 294 (1933)

Common name 뇌성목

Distribution in Korea: Central (West)

Lindera nakaiana Kamik., Trans. Nat. Hist. Soc. Kagoshima Imp. Coll. Agric. 3 (15): 129 (1935)
Benzoin angustifolium (W.C.Cheng) Nakai var. *glabrum* Nakai, Fl. Sylv. Kor. 22: 79 (1939)
Lindera angustifolia W.C.Cheng var. *glabra* (Nakai) JMH Shaw, Hanburyana 7: 34 (2013)

Representative specimens; **Hwanghae-namdo** 6 August 1929 長淵郡長山串 *Nakai, T Nakai12808* Type of *Benzoin salicifolium* Nakai (Holotype TI)29 July 1929 *Nakai, T Nakai12809* 6 August 1929 長山串 *Nakai, T Nakai s.n.* Type of *Benzoin salicifolium* Nakai (Holotype TI)24 July 1929 夢金浦 *Nakai, T Nakai12810* **P'yongan-bukto** 宣川 *Unknown s.n.*

Lindera erythrocarpa Makino, Bot. Mag. (Tokyo) 11: 219 (1897)

Common name 비목나무

Distribution in Korea: Central, South, Jeju

Benzoin erythrocarpum (Makino) Rehder, J. Arnold Arbor. 1: 144 (1919)
Lindera henanensis H.P.Tsui, Acta Phytotax. Sin. 25: 412 (1987)
Lindera erythrocarpa Makino var. *longipes* S.B.Liang, Bull. Bot. Res., Harbin 8: 90 (1988)

Representative specimens; **Hwanghae-namdo** 27 July 1929 長淵郡長山串 *Nakai, T Nakai12821* 4 August 1929 Nakai,*T Nakai12822* 海州港海岸 *Unknown s.n.* 28 July 1929 長山串 Nakai,*T Nakai s.n.*

Lindera obtusiloba Blume, Mus. Bot. 1: 325 (1851)

Common name 생강나무

Distribution in Korea: North, Central, South, far South, Jeju
    Lindera obtusiloba Blume var. *villosa* Blume, Mus. Bot. 1: 325 (1851)
    Lindera mollis Oliv., J. Linn. Soc., Bot. 9: 168 (1867)
    Benzoin obtusilobum (Blume) Kuntze, Revis. Gen. Pl. 2: 569 (1891)
    Lindera cercidifolia Hemsl., J. Linn. Soc., Bot. 26: 387 (1891)
    Benzoin cercidifolium (Hemsl.) Rehder, J. Arnold Arbor. 1: 144 (1919)
    Benzoin obtusilobum (Blume) Kuntze f. *quinquelobum* Uyeki, J. Chosen Nat. Hist. Soc. 20: 18 (1935)
    Benzoin obtusilobum (Blume) Kuntze f. *ovatum* Nakai, Fl. Sylv. Kor. 22: 71 (1939)
    Benzoin obtusilobum (Blume) Kuntze f. *villosum* (Blume) Nakai, Fl. Sylv. Kor. 22: 72 (1939)
    Lindera obtusiloba Blume f. *ovata* (Nakai) T.B.Lee, Ill. Woody Pl. Korea 264 (1966)
    Lindera obtusiloba Blume f. *quinqueloba* (Uyeki) T.B.Lee, Ill. Woody Pl. Korea 264 (1966)
    Lindera obtusiloba Blume f. *villosa* (Blume) T.B.Lee, Ill. Woody Pl. Korea 264 (1966)
    Lindera obtusiloba Blume var. *praetermissa* (Grierson & D.G.Long) H.P.Tsui, Acta Phytotax. Sin. 16: 66 (1978)
    Lindera praetermissa Grierson & D.G.Long, Notes Roy. Bot. Gard. Edinburgh 36: 149 (1978)

Representative specimens;Hamgyong-namdo 25 September 1925 泗水山 *Chung, TH Chung s.n.* 20 August 1931 大陳島 (咸興) *Nomura, N Nomura s.n.* **Hwanghae-bukto** 19 October 1923 平山郡滅惡山 *Muramatsu, T s.n.* May 1924 霞嵐山 *Takaichi, K s.n.* **Hwanghae-namdo** 25 August 1925 長壽山 *Chung, TH Chung s.n.* 26 August 1943 *Furusawa, I Furusawa s.n.* 28 July 1929 長淵郡長山串 *Nakai, T Nakai12815* 4 August 1929 *Nakai, T Nakai12816* 31 July 1929 席島 *Nakai, T Nakai12818* 1 August 1929 椒島 *Nakai, T Nakai12817* 15 July 1921 Sorai Beach 九味浦 *Mills, RG Mills s.n.* 24 July 1922 Mukimpo *Mills, RG Mills s.n.* 12 · July 1921 Sorai Beach 九味浦 *Mills, RG Mills4386* **Kangwon-do** 27 July 1916 金剛山温井里 *Nakai, T Nakai s.n.* 30 July 1916 金剛山外金剛倉岱 *Nakai, T Nakai5449* Type of *Benzoin obtusilobum* (Blume) Kuntze f. *ovatum* Nakai (Holotype TI)7 August 1932 Mt. Kumgang (金剛山) *Fukushima; Nakao, F s.n.* 12 August 1932 *Koidzumi, G Koidzumi s.n.* 10 June 1932 *Ohwi, J Ohwi s.n.* 7 August 1940 *Okuyama, S Okuyama s.n.* 4 October 1923 安邊郡楸愛山 *Fukubara, S Fukubara s.n.* 16 August 1930 劍拂浪 *Nakai, T Nakai14120* 5 January 1933 元山德原 *Kim, GR s.n.* **P'yongan-bukto** 12 June 1912 白壁山 *Ishidoya, T Ishidoya116* **P'yongyang** 9 October 1911 P'yongyang (平壤) *Imai, H Imai s.n.* 26 May 1912 大聖山 *Imai, H Imai15* 9 June 1912 Jun-an (順安) *Imai, H Imai s.n.* **Ryanggang** 29 May 1917 江口 *Nakai, T Nakai4698* 29 May 1917 *Nakai, T Nakai4699*

CHLORANTHACEAE

Chloranthus Sw.
Chloranthus japonicus Siebold, Nova Acta Phys.-Med. Acad. Caes. Leop.-Carol. Nat. Cur. 14: 681 (1829)

Common name 홀아비꽃대

Distribution in Korea: North, Central, South
    Tricercandra quadrifolia A.Gray, Narr. Exped. China Japan 2: 318 (1857)
    Chloranthus mandshuricus Rupr., Mem. Acad. Imp. Sci. St.-Petersbourg Divers Savans 9: 2 (1859)
    Tricercandra japonica (Siebold) Nakai, Fl. Sylv. Kor. 18: 14 (1930)

Representative specimens; Chagang-do 26 August 1897 小德川 (松德水河谷) *Komarov, VL Komaorv s.n.* 27 June 1914 從西面 *Nakai, T Nakai s.n.* **Hamgyong-bukto** 21 May 1897 茂山嶺-蕨坪(照日洞)*Komarov, VL Komaorv s.n.* 30 May 1930 朱乙 *Ohwi, J Ohwi s.n.* 26 May 1897 茂山 *Komarov, VL Komaorv s.n.* **Hwanghae-namdo** 1 August 1929 椒島 *Nakai, T Nakai s.n.* **Kangwon-do** 13 July 1936 金剛山外金剛千佛山 *Nakai, T Nakai s.n.* 12 August 1916 金剛山長安寺附近 *Nakai, T Nakai s.n.* 14 August 1916 金剛山望軍臺 *Nakai, T Nakai.* 10 June 1932 Mt. Kumgang (金剛山) *Ohwi, J Ohwi s.n.* 8 June 1909 望賊山 *Nakai, T Nakai s.n.* **P'yongan-bukto** 3 June 1914 義州 - 王江鎭 *Nakai, T Nakai s.n.* 28 May 1912 白壁山 *Ishidoya, T Ishidoya s.n.* **P'yongan-namdo** 17 July 1916 加音嶺 *Mori, T Mori s.n.* 16 July 1916 寧遠 *Mori, T Mori s.n.* **Ryanggang** 26 July 1914 三水- 惠山鎭 *Nakai, T Nakai s.n.* 16 August 1897 大羅信洞 *Komarov, VL Komaorv s.n.* 9 August 1897 長津江下流域 *Komarov, VL Komaorv s.n.* 13 August 1897 長進江河口(鴨綠江) *Komarov, VL Komaorv s.n.* 20 July 1897 惠山鎭(鴨綠江上流長白山脈中高原) *Komarov, VL Komaorv s.n.*

ARISTOLOCHIACEAE

Aristolochia **L.**
Aristolochia contorta Bunge, Enum. Pl. Chin. Bor. 58 (1833)
Common name 쥐방울덩굴
Distribution in Korea: North, Central, South
  Aristolochia nipponica Makino, Bot. Mag. (Tokyo) 24: 124 (1910)

Representative specimens; Hamgyong-namdo 11 August 1940 咸興歸州寺 *Okuyama, S Okuyama s.n.* **Hwanghae-namdo** 31
July 1929 席島 *Nakai, T Nakai12685* **Kangwon-do** 30 July 1916 金剛山外金剛倉岱 *Nakai, T Nakai5372* **P'yongan-bukto** 27
September 1912 雲山郡南面諸仁里 *Ishidoya, T Ishidoya s.n.* **P'yongan-namdo** 15 July 1916 葛日嶺 *Mori, T Mori s.n.*
Ryanggang 29 July 1897 安間嶺-同仁川 (同仁浦里?) *Komarov, VL Komaorv s.n.*

Aristolochia manshuriensis Kom., Trudy Imp. S.-Peterburgsk. Bot. Sada 22: 112 (1904)
Common name 등칡
Distribution in Korea: North, Central
  Hocquratia manshuriensis (Kom.) Nakai, Fl. Sylv. Kor. 21: 27 (1936)
  Isotrema manshuriensis (Kom.) H.Huber, Mitt. Bot. Staatssamml. München 3: 550 (1960)

Representative specimens; Hamgyong-bukto 1 August 1936 延上面九州帝大北鮮演習林 *Saito, T T Saito s.n.* 16 August 1914
下面江口-茂山 *Nakai, T Nakai1971* **Kangwon-do** 31 July 1916 金剛山群仙峽 *Nakai, T Nakai5370* 15 August 1916 金剛山万瀑洞-
內圓通庵 *Nakai, T Nakai5371* 15 August 1902 Mt. Kumgang (金剛山) *Uchiyama, T Uchiyama s.n.* **P'yongan-namdo** 15 June 1928
陽德 *Nakai, T Nakai12404* **Ryanggang** 23 July 1914 三水郡李僧嶺 *Nakai, T Nakai969* 26 July 1897 佳林里/五山里河谷
Komarov, VL Komaorv s.n. Type of *Aristolochia manshuriensis* Kom. (Syntype LE)24 July 1897 佳林里 *Komarov, VL Komaorv527*
Type of *Aristolochia manshuriensis* Kom. (Syntype LE, Isosyntype LE)2 June 1918 三下面 *Ishidoya, T Ishidoya2932*

Asarum **L.**
Asarum heterotropoides F.Schmidt, Reis. Amur-Land., Bot.171 (1868)
Common name 털족도리풀
Distribution in Korea: North, Central
  Asarum sieboldii Miq. var. *mandshuricum* Maxim., Méanges Biol. Bull. Phys.-Math. Acad.
  Imp. Sci. Saint-Pétersbourg 8: 399 (1872)
  Asarum heterotropoides F.Schmidt var. *mandshuricum* (Maxim.) Kitag., Rep. Inst. Sci. Res.
  Manchoukuo 3: 174 (1939)
  Asiasarum heterotropoides (F.Schmidt) F.Maek. f. *mandshuricum* (Maxim.) F.Maek., Lin. Fl.
  Manshur. 174 (1939)
  Asiasarum patens Yamaki, J. Jap. Bot. 71: 3 (1996)
  Asarum misandrum B.U.Oh & J.G.Kim, Korean J. Pl. Taxon. 27: 491 (1997)
  Asarum sieboldii Miq. var. *mandshuricum* Maxim. f. *misandrum* (Y.N.Lee), Bull. Korea Pl.
  Res. 1: 16 (2000)
  Asarum sieboldii Miq. var. *mandshuricum* Maxim. f. *viride* Y.N.Lee, Bull. Korea Pl. Res. 1: 16 (2000)
  Asarum patens (Yamaki) Yamaki ex Y.N.Lee, Bull. Korea Pl. Res. 1: 21 (2000)
  Asarum glabratum (C.S.Yook & J.G.Kim) B.U.Oh, Endemic Vascular Plants in the Korean
  Peninsula 24 (2005)
  Asarum mandshuricum (Maxim.) M.Kim & S.So, Korean J. Pl. Taxon. 38: 141 (2008)
  Asarum yeonbyeonense M.Kim & S.So, Korean J. Pl. Taxon. 40 (4): 257 (2010)
  Asarum yeonbyeonense M.Kim & S.So var. *viridiluteolum* (Y.N.Lee) M.Kim & S.So, Korean J.
  Pl. Taxon. 40 (4): 259 (2010)
  Asarum mandshuricum (Maxim.) M.Kim & S.So var. *seoulense* (Nakai) M.Kim & S.So,
  Korean Endemic Pl. : 57 (2017)

Asarum sieboldii Miq., Ann. Mus. Bot. Lugduno-Batavi 2: 134 (1865)
Common name 족두리풀
Distribution in Korea: North, Central, South, Jeju
  Asarum sieboldii Miq. var. *seoulensis* Nakai, Repert. Spec. Nov. Regni Veg. 13: 267 (1914)

Asarum maculatum Nakai, Repert. Spec. Nov. Regni Veg. 13: 267 (1914)

Asiasarum sieboldii Miq., Fl. Sylv. Kor. 21: 22 (1936)

Asiasarum heterotropoides (F.Schmidt) F.Maek. var. *seoulense* (Nakai) F.Maek., Fl. Sylv. Kor. 21: 20 (1936)

Asiasarum maculatum (Nakai) F.Maek., Fl. Sylv. Kor. 21: 20 (1936)

Asarum heterotropoides F.Schmidt var. *seoulense* (Nakai) Kitag., Neolin. Fl. Manshur. 227 (1979)

Asarum sieboldii Miq. f. *seoulensis* (Nakai) C.Y.Cheng & C.S.Yang, J. Arnold Arbor. 64: 577 (1983)

Asiasarum sieboldii Miq. var. *versicolor* Yamaki, J. Jap. Bot. 71: 1 (1996)

Asarum sieboldii Miq. var. *versicolor* Yamaki, J. Jap. Bot. 71: 1 (1996)

Asarum maculatum Nakai var. *nonmaculatum* Y.N.Lee, Bull. Korea Pl. Res. 1: 16 (2000)

Asarum versicolor (Yamaki) Y.N.Lee, Bull. Korea Pl. Res. 1: 16 (2000)

Asarum sieboldii Miq. f. *maculatum* (Nakai) Yamaji, Acta Phytotax. Geobot. 55: 205 (2004)

Asarum koreanum (J.G.Kim & C.S.Yook) B.U.Oh, Korean J. Pl. Taxon. 38: 259 (2008)

Asarum sieboldii Miq. f. *sorunsanense* (Y.N.Lee) M.Kim & S.So, Korean J. Pl. Taxon. 38: 135 (2008)

Asarum versicolar (Yamaki) M.Kim & S.So, Korean Endemic Pl. : 59 (2017)

Representative specimens; Chagang-do 26 August 1897 小德川 (松德水河谷) *Komarov, VL Komaorv s.n.* 22 July 1916 狼林山 *Mori, T Mori s.n.* **Hamgyong-bukto** 1933 羅南 *Yoshimizu, K s.n.* 19 May 1897 茂山嶺 *Komarov, VL Komaorv s.n.* 24 May 1897 車踰嶺- 照日洞 *Komarov, VL Komaorv s.n.* 17 July 1918 朱乙溫面甫上洞 *Nakai, T Nakai s.n.* 27 May 1930 鏡城 *Ohwi, J Ohwi s.n.* 23 May 1897 車踰嶺 *Komarov, VL Komaorv s.n.* **Hamgyong-namdo** 16 August 1935 雲仙嶺 *Nakai, T Nakai s.n.* **Hwanghae-namdo** 26 July 1929 長淵郡長山串 *Nakai, T Nakai13181* **Kangwon-do** 31 July 1916 金剛山神溪寺群仙峽 *Nakai, T Nakai5373* 2 August 1932 金剛山內金剛 *Kobayashi, M Kobayashi28* 14 July 1936 金剛山外金剛千佛山 *Nakai, T Nakai s.n.* 20 August 1902 Mt. Kumgang (金剛山) *Uchiyama, T Uchiyama s.n.* 18 August 1930 Sachang-ri (社倉里) *Nakai,T Nakai14076* May 1936 安邊郡衛盆面三防 *Park, MK Park s.n.* **P'yongan-bukto** 5 August 1935 妙香山 *Koidzumi, G Koidzumi s.n.* 17 May 1912 白壁山 *Ishidoya, T Ishidoya79* **P'yongan-namdo** 9 June 1935 黃草嶺 *Nomura, N Nomura s.n.* **Rason** 5 June 1930 西水羅 *Ohwi, J Ohwi s.n.* **Ryanggang** 5 August 1897 白山嶺 *Komarov, VL Komaorv s.n.* 20 August 1897 內洞-河山嶺 *Komarov, VL Komaorv s.n.* 7 August 1897 上巨里水 *Komarov, VL Komaorv s.n.* 15 June 1897 延岩 *Komarov, VL Komaorv s.n.* 8 June 1897 平蒲坪-倉坪 *Komarov, VL Komaorv s.n.* 15 June 1897 延岩 *Komarov, VL Komaorv s.n.* 20 August 1914 崔哥嶺 *Ikuma, Y Ikuma s.n.*

SCHISANDRACEAE

***Schisandra* Michx.**

Schisandra chinensis (Turcz.) Baill., Hist. Pl. (Baillon) 1: 148 (1868)

Common name 오미자

Distribution in Korea: North, Central, South, Jeju

Kadsura chinensis Turcz., Bull. Soc. Imp. Naturalistes Moscou 10: 149 (1837)

Maximowiczia amurensis Rupr., Bull. Cl. Phys.-Math. Acad. Imp. Sci. Saint-Pétersbourg15: 124 (1856)

Sphaerostema japonicum A.Gray, Mem. Amer. Acad. Arts ser. 2, 6: 380 (1858)

Maximowiczia chinensis (Turcz.) Rupr., Mem. Acad. Imp. Sci. St.-Petersbourg Divers Savans 9: 31 (1859)

Maximowiczia japonica (A.Gray) K.Koch, Dendrologie 1: 386 (1869)

Maximowiczia sinensis Rob., Garden (London 1871-1927) 6: 583 (1874)

Schisandra chinensis (Turcz.) Baill. var. *glabrata* Nakai ex T. Mori, Fl. Sylv. Kor. 20: 106 (1933)

Schisandra chinensis (Turcz.) Baill. var. *leucocarpa* P.H.Huang & L.H.Zhuo, Bull. Bot. Res., Harbin 14: 35 (1994)

Representative specimens; Chagang-do 26 August 1897 小德川 (松德水河谷) *Komarov, VL Komaorv s.n.* 21 June 1914 江界 *Nakai, T Nakai s.n.* 22 July 1914 山羊 -江口 *Nakai, T Nakai2019* **Hamgyong-bukto** 28 May 1897 富潤洞 *Komarov, VL Komaorv s.n.* 20 May 1897 茂山嶺 *Komarov, VL Komaorv s.n.* 14 August 1933 朱乙溫泉朱乙山 *Koidzumi, G Koidzumi s.n.* 18 July 1918 朱乙溫面北河瑞 *Nakai, T Nakai s.n.* 18 July 1918 朱乙溫面大東水谷 *Nakai, T Nakai7056* 27 June 1930 甫上洞-南下洞 *Ohwi, J Ohwi s.n.* 25 May 1930 鏡城 *Ohwi, J Ohwi s.n.* July 1932 冠帽峰 *Ohwi, J Ohwi s.n.* 25 May 1930 鏡城 *Ohwi, J Ohwi s.n.* 3 June 1933 檜鄕洞 *Saito, T T Saito s.n.* 5 July 1933 南下石山 *Saito, T T Saito s.n.* 25 May 1897 城川江-茂山 *Komarov, VL Komaorv s.n.* 12 May 1897 五宗洞 *Komarov, VL Komaorv s.n.* **Hamgyong-namdo** 2 June 1930 端川郡北斗日面 *Kinosaki, Y s.n.* 9 May 1935 咸興歸州寺 *Nomura, N Nomura s.n.* 11 August 1940 *Okayama, S Okayama s.n.* 26 May 1924 九月山 *Chung, TH Chung s.n.* **Hwanghae-namdo** 26 May 1924 九月山 *Chung, TH Chung s.n.* **Kangwon-do** 12 July 1936 外金剛千佛山 *Nakai, T Nakai s.n.* 7 August 1916 金剛山末輝里方面 *Nakai, T Nakai5447* 10 June 1932 Mt. Kumgang (金剛山) *Ohwi, J Ohwi s.n.* 18 August 1902 *Uchiyama, T Uchiyama s.n.* 16 August 1902 *Uchiyama, T Uchiyama s.n.* 14 August 1930 劍拂浪 *Nakai, T Nakai s.n.* 8 June 1909 元山 *Nakai, T Nakai s.n.* **P'yongan-bukto** 27 July 1912 Nei-hen (Neiyen 寧邊) *Imai, H*

Imai206 10 June 1912 白壁山 *Ishidoya, T Ishidoya s.n.* Type of *Schisandra chinensis* (Turcz.) Baill. var. *glabrata* Nakai ex T.Mori (Holotype TI) **P'yongan-namdo** 21 July 1916 上南洞 *Mori, T Mori s.n.* 15 June 1928 陽德 *Nakai, T Nakai1341* **Rason** 7 June 1930 西水羅 *Ohwi, J Ohwi s.n.* 7 June 1930 *Ohwi, J Ohwi s.n.* **Ryanggang** 29 July 1897 安間嶺-同仁川 (同仁浦里?) *Komarov, VL Komaorv s.n.* 4 August 1897 十四道溝-白山嶺 *Komarov, VL Komaorv s.n.* 15 August 1897 蓮坪-厚州川-厚州古邑 *Komarov, VL Komaorv s.n.* 18 August 1897 葡坪 *Komarov, VL Komaorv s.n.* 21 August 1897 subdist. Chu-czan, flumen Amnok-gan *Komarov, VL Komaorv s.n.* 22 August 1897 雲洞嶺 *Komarov, VL Komaorv s.n.* 4 July 1897 上水隅理 *Komarov, VL Komaorv s.n.* 7 August 1897 上巨里水 *Komarov, VL Komaorv s.n.* 26 June 1897 內曲里 *Komarov, VL Komaorv s.n.* 24 July 1897 佳林里 *Komarov, VL Komaorv s.n.* 20 July 1897 惠山鎭 (鴨綠江上流長白山脈中高原) *Komarov, VL Komaorv s.n.* 20 August 1933 三長 *Koidzumi, G Koidzumi s.n.* 3 June 1897 四芝坪 *Komarov, VL Komaorv s.n.* 1 June 1897 古倉坪-四芝坪 (延面水河谷)*Komarov, VL Komaorv s.n.*

NELUMBONACEAE

Nelumbo **Adans.**
Nelumbo nucifera Gaertn., Fruct. Sem. Pl. 1: 73 (1788)
Common name 연꽃
Distribution in Korea: North, Central, South
    Nymphaea nelumbo L., Sp. Pl. 730 (1753)
    Nelumbium javanicum Poir., Encycl. (Lamarck) 2: 454 (1788)
    Nelumbium indicum Poir., Encycl. (Lamarck) 4: 453 (1798)
    Nelumbium speciousum Willd., Sp. Pl. (ed. 4) 2: 1258 (1799)
    Nelumbo indica Pers., Syn. Pl. (Persoon) 2: 92 (1806)
    Nelumbium asiaticum Rich., Ann. Mus. Natl. Hist. Nat. 17: 249 (1811)
    Nelumbium caspicum Fisch. ex DC., Syst. Nat. (Candolle) 2: 45 (1821)
    *Nelumbium album*Bercht. & J.Presl, Prir. Rostlin 1(Nelumb.): 2 (1823)
    Nelumbium tamara Sweet, Hort. Brit. (Sweet) 14 (1826)
    Nelumbium transversum C.Presl, Reliq. Haenk. 2: 83 (1835)
    Nelumbium venosum C.Presl, Reliq. Haenk. 2: 83 (1835)
    Nelumbium discolor Steud., Nomencl. Bot., ed. 2 (Steudel) 2: 188 (1841)
    Nelumbium marginatum Steud., Nomencl. Bot., ed. 2 (Steudel) 2: 188 (1841)
    Tamara rubra Roxb. ex Steud., Nomencl. Bot., ed. 2 (Steudel) 2: 661 (1841)
    Tamara alba Roxb. ex Steud., Nomencl. Bot., ed. 2 (Steudel) 2: 661 (1841)
    Tamara hemisphaerica Buch.-Ham. ex Pritz., Icon. Bot. Index 1087 (1855)
    Nelumbo komarovii Grossh., Bot. Mater. Gerb. Bot. Inst. Komarova Akad. Nauk S.S.S.R. 8: 135 (1940)

NYMPHAEACEAE

Nuphar **Sm.**
Nuphar japonica DC., Syst. Nat. (Candolle) 2: 62 (1821)
Common name 개련꽃 (개연꽃)
Distribution in Korea: Central, South
    Nuphar japonica DC. subvar. *lutea* Casp., Ann. Mus. Bot. Lugduno-Batavi 2: 254, t. 8. (1866)
    Nuphar japonica DC. subvar. *rubrotincta* Casp., Ann. Mus. Bot. Lugduno-Batavi 2: 254, t. 8. (1866)
    Nymphaea japonica G.Lawson, Proc. & Trans. Roy. Soc. Canada 6: 120 (1888)
    Nymphozanthus japonicus (DC.) Fernald, Rhodora 21: 187 (1919)
    Nuphar japonica DC. var. *stenophylla* Miki, Stud. Hist. Nat. Monuments Kyohotu 18 (1937)

Representative specimens; Kangwon-do 2 August 1916 金剛山晋光菴 *Nakai, T Nakai5403* 15 August 1932 金剛山外金剛 *Koidzumi, G Koidzumi s.n.*

Nuphar pumila (Timm) DC., Syst. Nat. (Candolle) 2: 59 (1821)
Common name 왜개연꽃
Distribution in Korea: Central, south

Nymphaea lutea L. var. *minima* Willd., Sp. Pl. (ed. 5; Willdenow) 2: 1151 (1799)
Nymphaea pumila (Timm) Hoffm., Deutschl. Fl., Jahrgang 3 (Hoffm.) 1: 241 (1800)
Nuphar minima (Willd.) Sm., Engl. Bot. 32: pl. 2292 (1811)
Nuphar lutea (L.) Sm. var. *pumila* (Timm) A.Gray, Manual (Gray), ed. 5 57 (1867)
Nuphar pumila (Timm) DC. var. *timmii* Harz, Bot. California 53: 228 (1893)
Nuphar pumila (Timm) DC. var. *hookerii* Harz, Bot. California 53: 228 (1893)
Nuphar subintegerrima Makino, Bot. Mag. (Tokyo) 24: 141 (1910)
Nuphar shimadae Hayata, Icon. Pl. Formosan. 6: 2, pl. 1 (1916)
Nymphozanthus pumilus (Timm) Fernald, Rhodora 21: 186 (1919)
Nymphozanthus subintegerrimus Fernald, Rhodora 21: 187 (1919)
Nuphar subpumila Miki, Stud. Hist. Nat. Monuments Kyohotu 18 (1937)
Nuphar ozeensis Miki, Stud. Hist. Nat. Monuments Kyohotu 18 (1937)
Nuphar pumila (Timm) DC. var. *ozeensis* (Miki) H.Hara, Bot. Mag. (Tokyo) 64: 78 (1951)
Nymphaea lutea L. ssp. *pumila* (Timm) Beal, J. Elisha Mitchell Sci. Soc. 72: 325 (1956)

Representative specimens; Hwanghae-namdo 29 July 1929 石橋洞 *Nakai, T Nakai s.n.* 29 July 1929 *Nakai, T Nakai12757* 14 July 1922 Sorai Beach 九味浦 *Mills, RG Mills s.n.*

Nymphaea L.
Nymphaea tetragona Georgi, Reise Russ. Reich. 1: 220 (1775)

Common name 수련

Distribution in Korea: Central (Hwanghae), South
Castalia pygmaea Salisb., Parad. Lond. 1: t. 14 (1806)
Nymphaea pygmaea (Salisb.) W.T.Aiton, Hortus Kew. (ed. 2) 3: 293 (1811)
Nymphaea minima Nakai, Enum. Pl. (Willdenow) 0: 38 (1813)
Nymphaea acutilboa DC., Prodr. (DC.) 1: 116 (1824)
Castalia tetragona (Georgi) G.Lawson, Proc. & Trans. Roy. Soc. Canada 6 (4): 112 (1888)
Nymphaea alba L. ssp. *tetragon* (Georgi) Korsh., Fl. Eur. Ross. 133 (1892)
Nymphaea fennica Mela, Acta Soc. Fauna Fl. Fenn. 14 (1897)
Nymphaea tetragona Georgi var. *angusta* Casp. ex Nakai, Chosen Shokubutsu 93 (1914)
Castalia crassifolia Hand.-Mazz., Symb. Sin. 7: 333 (1931)
Nymphaea japono-koreana Nakai, J. Jap. Bot. 14: 749 (1938)
Nymphaea pygmaea (Salisb.) W.T.Aiton var. *mimima* Nakai, J. Jap. Bot. 14: 746 (1938)
Nymphaea crassifolia (Hand.-Mazz.) Nakai, J. Jap. Bot. 14: 751 (1938)
Nymphaea minima (Nakai) Nakai, Bull. Natl. Sci. Mus., Tokyo 31: 25 (1952)
Nymphaea tetragona Georgi var. *minima* (Nakai) W.T.Lee, Lineamenta Florae Koreae 360 (1996)

Representative specimens; Hamgyong-bukto 5 July 1934 農圃洞 *Saito, T T Saito s.n.* **Hwanghae-namdo** 29 July 1929 長山串 *Nakai, T Nakai12758* Type of *Nymphaea pygmaea* (Salisb.) W.T.Aiton var. *mimima* Nakai (Holotype TI)

CABOMBACEAE

Brasenia Schreb.
Brasenia schreberi J.F.Gmel., Syst. Nat. ed. 13[bis] 1: 853 (1791)

Common name 순채

Distribution in Korea: North, Central, South, Jeju
Hydropeltis purpurea Michx., Fl. Bor.-Amer. (Michaux) 1: 324 (1803)
Brasenia peltata Pursh, Fl. Amer. Sept. (Pursh) 389 (1814)
Brasenia purpurea (Michx.) Casp., Jorn. Sci. Math. Phys. Nat. 4(16): 312 (1873)

Representative specimens; Kangwon-do 29 July 1916 金剛山長箭- 溫井里 *Nakai, T Nakai s.n.*

CERATOPHYLLACEAE

***Ceratophyllum* L.**
Ceratophyllum demersum L., Sp. Pl.992 (1753)
Common name 붕어마름
Distribution in Korea: North, Central, South, Jeju
    Dichotophyllum demersum (L.) Moench, Methodus (Moench) 345 (1794)
    Ceratophyllum cornutum Rich. ex Gray, Nat. Arr. Brit. Pl. 2: 555 (1821)

Representative specimens; Hamgyong-bukto 16 July 1930 鏡城 *Ohwi, J Ohwi s.n.* 11 July 1930 Kyonson 鏡城 *Ohwi, J Ohwi s.n.*

RANUNCULACEAE

***Aconitum* L.**
Aconitum alboviolaceum Kom., Trudy Imp. S.-Peterburgsk. Bot. Sada 18: 439 (1901)
Common name 줄바꽃
Distribution in Korea: North, Central, South
    Aconitum alboviolaceum Kom. var. *purpurascens* Nakai, J. Jap. Bot. 13: 399 (1937)
    Lycoctonum alboviolaceum (Kom.) Nakai, J. Jap. Bot. 13: 405 (1937)
    Lycoctonum alboviolaceum (Kom.) Nakai var. *purpurascens* (Nakai) Nakai, J. Jap. Bot. 13: 405 (1937)
    Lycoctonum alboviolaceum (Kom.) Nakai var. *fuscescens* Nakai, Bull. Natl. Sci. Mus., Tokyo 42: 2 (1953)
    Aconitum alboviolaceum Kom. f. *purpurascens* (Nakai) Kitag., J. Jap. Bot. 34: 6 (1959)

Representative specimens; Chagang-do 26 August 1897 小德川 (松德水河谷) *Komarov, VL Komaorv s.n.* 25 August 1897 *Komarov, VL Komaorv s.n.* 29 August 1897 慈城江 *Komarov, VL Komaorv s.n.* 11 July 1914 薫田嶺 *Nakai, T Nakai1570* **Hamgyong-bukto** 31 August 1935 阿948洞 *Saito, T T Saito1588* 20 May 1897 茂山嶺 *Komarov, VL Komaorv s.n.* 18 July 1918 朱乙溫面熊谷嶺 *Nakai, T Nakai s.n.* 19 July 1918 冠帽山麓 *Nakai, T Nakai7012* 3 August 1914 車踰嶺 *Ikuma, Y Ikuma s.n.* 29 May 1897 釜所哥谷 *VL Komaorv s.n.* 19 August 1914 曷浦嶺 *Nakai, T Nakai3200* 19 August 1914 *Nakai, T Nakai3266* 12 June 1897 西溪水 *Komarov, VL Komaorv s.n.* 27 August 1914 黃句基 *Nakai, T Nakai2741* **Hamgyong-namdo** 16 August 1934 新角面北山 *Nomura, N Nomura s.n.* 16 August 1943 赴戰高原漢垈里 *Honda, M Honda s.n.* 25 July 1933 東上面遮日峯 *Koidzumi, G Koidzumi s.n.* 25 July 1933 東上面遮日峯 *Koidzumi, G Koidzumi s.n.* 16 August 1935 遮日峯仙人嶺 *Nakai, T Nakai15448* 15 August 1935 赴戰高原 Fusenkogen *Nakai, T Nakai15449* 14 August 1940 Okuyama, *S Okuyama s.n.* 17 August 1934 東上面內岩洞谷 *Yamamoto, A Yamamoto s.n.* 17 September 1932 興慶里兄弟山 *Nomura, N Nomura s.n.* 19 August 1943 千佛山 *Honda, M Honda s.n.* 15 August 1925 新興郡白岩山 *Nakai, T Nakai s.n.* 14 August 1935 *Nakai, T Nakai15450* **P'yongan-bukto** 3 August 1935 妙香山 *Koidzumi, G Koidzumi s.n.* 11 August 1935 義州金剛山 *Koidzumi, G Koidzumi s.n.* 14 August 1935 義州金剛山 *Koidzumi, G Koidzumi s.n.* **P'yongan-namdo** 23 July 1916 上南洞 *Mori, T Mori s.n.* **Ryanggang** 1 August 1897 虛川江(同仁川) *Komarov, VL Komaorv s.n.* 16 August 1897 大羅信洞 *Komarov, VL Komaorv s.n.* 19 August 1897 葡坪 *Komarov, VL Komaorv s.n.* 21 August 1897 subdist. Chu-czan, flumen Amnok-gan *Komarov, VL Komaorv s.n.* 4 August 1897 十四道溝-白山嶺 *Komarov, VL Komaorv s.n.* 7 August 1897 上巨里水 *Komarov, VL Komaorv s.n.* 7 August 1897 *Komarov, VL Komaorv s.n.* 24 July 1914 魚面堡遮川里 *Nakai, T Nakai2746* Type of *Aconitum alboviolaceum* Kom. var. *purpurascens* Nakai (Holotype TI)5 September 1917 新登坡鎭 *Wilson, EH Wilson9116* 25 July 1930 桃花洞 *Ohwi, J Ohwi s.n.* 7 August 1930 合水 (列結水) *Ohwi, J Ohwi s.n.* 11 August 1937 大澤 *Saito, T T Saito7023* July 1943 延岩 *Uchida, H Uchida s.n.* 22 August 1914 普天堡 *Ikuma, Y Ikuma s.n.* 28 June 1897 栢德嶺 *Komarov, VL Komaorv s.n.* 25 July 1897 佳林里 *Komarov, VL Komaorv674* Type of *Aconitum alboviolaceum* Kom. (Syntype LE, Isosyntype NY)1 August 1934 小長白山 *Kojima, K Kojima s.n.* 20 July 1897 惠山鎭(鴨綠江上流長白山脈中高原) *Komarov, VL Komaorv s.n.* August 1913 白頭山地方 *Mori, T Mori s.n.* 4 August 1914 普天堡-寶泰洞 *Nakai, T Nakai3924*

Aconitum barbatum Patrin ex Pers., Syn. Pl. (Persoon) 2: 83 (1806)
Common name 노랑투구꽃
Distribution in Korea: North
    Aconitum sibiricum Poir., Encycl. (Lamarck) Suppl. 1 113 (1810)
    Aconitum sqarrosum L. ex DC., Syst. Nat. (Candolle) 1: 368 (1817)
    Aconitum hispidum DC., Syst. Nat. (Candolle) 1: 367 (1817)
    Aconitum gmelini Rchb., Uebers. Aconitum 63 (1819)
    Aconitum barbatum Patrin ex Pers. var. *hispidum* (DC.) Ser., Prodr. (DC.) 1: 58 (1824)
    Aconitum leptanthum Rchb., Ill. Sp. Acon. Gen. t. 64 (1827)

Aconitum nitidum Fisch. ex Steud., Nomencl. Bot., ed. 2 (Steudel) 1: 19 (1840)
Aconitum lycoctonum L. var. *barbatum* (Patrin ex Pers.) Regel, Index Seminum [St.Petersburg (Petropolitanus)] 42 (1861)
Aconitum borzaeanum Prodan, Bul. Inform. Grad. Bot. Univ. Cluj 5: 44 (1925)
Aconitum kirinense Nakai, Rep. Exped. Manchoukuo Sect. IV, Pt. 4, Index Fl. Jeholensis 147 (1935)
Lycoctonum sibiricum (Poir.) Nakai, J. Jap. Bot. 13: 406 (1937)

Representative specimens; Chagang-do 7 August 1912 Chosan(楚山) *Imai, H Imai s.n.* **Hamgyong-bukto** 1 August 1914 清津 *Ikuma, Y Ikuma s.n.* 14 August 1936 富寧不幕 - 靑岩 *Saito, T T Saito2765* 6 August 1933 茂山嶺 *Koidzumi, G Koidzumi s.n.* August 1925 會寧 *Numajiri, K s.n.* 25 July 1930 桃花洞 *Ohwi, J Ohwi s.n.* 18 July 1918 朱乙溫面熊谷嶺 *Nakai, T Nakai s.n.* 12 September 1932 南下石山 *Saito, T T Saito s.n.* 5 August 1914 茂山 *Ikuma, Y Ikuma s.n.* 19 August 1933 *Koidzumi, G Koidzumi s.n.* 29 May 1897 釜所哥谷 *Komarov, VL Komaorv s.n.* 12 June 1897 西溪水 *Komarov, VL Komaorv s.n.* **Kangwon-do** 30 July 1916 安邊郡安?面福?山 *Matsugawa, H s.n.* **Ryanggang** July 1943 龍眼 *Uchida, H Uchida s.n.* 1 July 1897 五是川雲龍江-崔五峰 *Komarov, VL Komaorv s.n.* 29 July 1897 安間嶺-同仁川 (同仁浦里?) *Komarov, VL Komaorv s.n.* 20 April 1926 豊山郡豊山 *Nomura, N Nomura s.n.* 25 July 1914 三水 *Nakai, T Nakai s.n.* 7 June 1897 平蒲坪 *Komarov, VL Komaorv s.n.* 25 July 1930 桃花洞 *Ohwi, J Ohwi s.n.* 29 June 1897 栢德嶺 *Komarov, VL Komaorv s.n.* 26 July 1897 佳林里/五山里川河谷 *Komarov, VL Komaorv s.n.* 3 August 1914 惠山鎭-普天堡 *Nakai, T Nakai s.n.* August 1913 長白山 *Mori, T Mori s.n.* 13 August 1914 Moho (茂峯)- 農事洞 *Nakai, T Nakai s.n.*

Aconitum coreanum (H.Lév.) Rapaics, Növényt. Közlem. 6: 154 (1907)

Common name 백부자

Distribution in Korea: North, Central, South
Aconitum delavayi Franch. var. *coreanum* H.Lév., Bull. Acad. Int. Geogr. Bot. 11: 300 (1902)
Aconitum komarovii Steinb., Fl. URSS 7: 191 (1937)

Representative specimens; Hamgyong-bukto 5 October 1942 清津高抹山西側 *Saito, T T Saito10350* 6 October 1942 清津高抹山東側 *Saito, T T Saito10506* 5 August 1914 茂山 *Ikuma, Y Ikuma s.n.* 19 August 1933 *Koidzumi, G Koidzumi s.n.* 16 August 1914 下面江口-茂山 *Nakai, T Nakai s.n.* **Hamgyong-namdo** 10 September 1932 咸興郡州寺 *Nomura, N Nomura s.n.* 8 August 1939 咸興新中里 *Kim, SK s.n.* **Hwanghae-bukto** 10 September 1915 瑞興 *Nakai, T Nakai s.n.* 8 September 1902 瑞興- 風壽阮 *Uchiyama, T Uchiyama s.n.* 8 September 1902 安城 - 瑞興 *Uchiyama, T Uchiyama s.n.* 8 September 1902 *Uchiyama, T Uchiyama s.n.* **Kangwon-do** 1 August 1939 文川 *Nakai, T Nakai s.n.* **Nampo** 1 October 1911 Chinnampo (鎭南浦) *Imai, H Imai s.n.* **P'yongan-bukto** 30 September 1910 Seu Tang(瑞東) 兩嘉面 *Mills, RG Mills391* **P'yongan-namdo** 20 September 1915 Ryuko(龍岡) *Nakai, T Nakai s.n.* August 1930 百雪山[白楊山?] *Uyeki, H Uyeki s.n.* 15 June 1928 陽德 *Nakai, T Nakai s.n.* **P'yongyang** 4 September 1901 in montibus mediae *Faurie, UJ Faurie28* Type of *Aconitum delavayi* Franch. var. *coreanum* H.Lév. (Holotype P, Isotype E, Isotype TI)

Aconitum desoulavyi Kom., Izv. Glavn. Bot. Sada RSFSR 16: 81 (1916)

Common name 흰대바꽃

Distribution in Korea: North

Aconitum jaluense Kom., Trudy Imp. S.-Peterburgsk. Bot. Sada 18: 439 (1901)

Common name 투구꽃

Distribution in Korea: North, Central, South
Aconitum uchiyamae Nakai, J. Coll. Sci. Imp. Univ. Tokyo 26: 31 (1909)
Aconitum seoulense Nakai, Bot. Mag. (Tokyo) 25: 52 (1911)
Aconitum triphyllum Nakai, Bot. Mag. (Tokyo) 28: 57 (1914)
Aconitum stenanthum Nakai, Bot.) 34: 41 (1920)
Aconitum jaluense Kom. var. *glabrescens* Nakai, Bot. Mag. (Tokyo) 43: 440 (1929)
Aconitum manshuricum Nakai, Bot. Mag. (Tokyo) 43: 440 (1929)
Aconitum sichotense Kom., Izv. Bot. Sada Aka Mag. (Tokyo) 28: 61 (1914)
Aconitum paniculigerum Nakai, Bot. Mag. (Tokyo d. Nauk S.S.S.R 30: 201 (1932)
Aconitum chiisanense Nakai, J. Jap. Bot. 11: 147 (1935)
Aconitum kitagawae Nakai, Rep. Exped. Manchoukuo Sect. IV, Pt. 2, Contr. Cogn. Fl. Manshuricae 156 (1935)
Aconitum liaotungense Nakai, Rep. Exped. Manchoukuo Sect. IV, Pt. 2, Contr. Cogn. Fl. Manshuricae 158 (1935)
Aconitum proliferum Nakai, Rep. Exped. Manchoukuo Sect. IV, Pt. 2, Contr. Cogn. Fl. Manshuricae 150 (1935)
Aconitum triphyllum Nakai var. *manshuricum* Nakai, Rep. Exped. Manchoukuo Sect. IV, Pt. 2,

Contr. Cogn. Fl. Manshuricae 158 (1935)

Aconitum paniculigerum Nakai var. *lasiogynum* Nakai, J. Jap. Bot. 13: 397 (1937)

Aconitum paniculigerum Nakai var. *leiogynum* Nakai f. *ochroleucum* Nakai, J. Jap. Bot. 13: 397 (1937)

Aconitum pseudoproliferum Nakai, J. Jap. Bot. 13: 398 (1937)

Aconitum paniculigerum Nakai var. *leiogynum* Nakai, J. Jap. Bot. 13: 397 (1937)

Aconitum kaimaense Uyeki & Sakata, Acta Phytotax. Geobot. 7: 14 (1938)

Aconitum saitoanum Ohwi, Acta Phytotax. Geobot. 7: 48 (1938)

Aconitum subalpium A.I.Baranov, Acta Soc. Harb. Invest. Nat. & Ethnog. 12: 30 (1954)

Aconitum saxatile Vorosch. & Vorob., Byull. Glavn. Bot. Sada 45: 53 (1962)

Aconitum jaluense Kom. var. *truncatum* S.H.Li & Y.Huei Huang, Fl. Pl. Herb. Chin. Bor.-Or. 3: 147 (1975)

Aconitum paniculigerum Nakai var. *ochroleucum* (Nakai) U.C.La, Fl. Coreana (Im, R.J.) 2: 282 (1996)

Aconitum jaluense Kom. var. *triphyllum* (Nakai) U.C.La, Fl. Coreana (Im, R.J.) 2: 283 (1996)

Representative specimens; Chagang-do 29 August 1897 慈城江 *Komarov, VL Komaorv s.n.* Type of *Aconitum jaluense* Kom. (Syntype LE)21 September 1917 龍林面厚地洞 *Furumi, M Furumi s.n.* 13 August 1912 Kosho (渭原) *Imai, H Imai s.n.* **Hamgyong-bukto** 10 August 1933 渡正山門內 *Koidzumi, G Koidzumi s.n.* 21 July 1933 冠帽峰 *Saito, T T Saito s.n.* 17 September 1935 梧上洞 *Saito, T T Saito1808* 19 September 1935 南下石山 *Saito, T T Saito1809* Type of *Aconitum saitoanum* Ohwi (Holotype KYO)19 August 1914 葛浦嶺 *Nakai, T Nakai3168* Type of *Aconitum paniculigerum* Nakai var. *lasiogynum* Nakai (Holotype TI)4 August 1918 Mt. Chilbo at Myongch'on(七寶山) *Nakai, T Nakai s.n.* **Hamgyong-namdo** 5 October 1935 咸興盤龍山 *Nomura, N Nomura s.n.* 3 September 1934 蓮花山 *Kojima, K Kojima s.n.* 26 August 1897 小德川 *Komarov, VL Komaorv s.n.* 15 August 1935 咸地院 *Nakai, T Nakai s.n.* 14 August 1935 新興郡南面白岩山 *Nakai, T Nakai15438* Type of *Aconitum paniculigerum* Nakai var. *leiogynum* Nakai f. *ochroleucum* Nakai (Holotype TI)1 August 1932 *Nomura, N Nomura s.n.* 14 September 1917 white roadside rare near Shinkori *Wilson, EH Wilson s.n.* **Hwanghae-namdo** 25 September 1935 長淵郡原産地 (栽培地山城國) *Ishii s.n.* 6 October 1935 長淵郡原産地 (栽培地 -山城) *Ishii 2307-A* 1 August 1929 椒島 *Nakai, T Nakai s.n.* **Kangwon-do** 31 July 1916 金剛山群仙峽上 *Nakai, T Nakai s.n.* 12 August 1932 Mt. Kumgang (金剛山) *Koidzumi, G Koidzumi s.n.* 17 August 1916 金剛山內霧在嶺 *Nakai, T Nakai s.n.* 29 September 1935 Mt. Kumgang (金剛山) *Okamoto, S Okamoto s.n.* 18 August 1902 *Uchiyama, T Uchiyama s.n.* Type of *Aconitum uchiyamae* Nakai (Holotype TI) **P'yongan-bukto** 6 August 1935 妙香山 *Koidzumi, G Koidzumi s.n.* 27 September 1912 雲山郡南面諸仁里 *Ishidoya, T Ishidoya s.n.* 27 September 1912 *Ishidoya, T Ishidoya s.n.* **P'yongan-namdo** 25 August 1911 三和 *Lee, SC s.n.* 15 June 1928 陽德 *Nakai, T Nakai s.n.* **Ryanggang** 23 August 1914 Keizanchin(惠山鎮) *Ikuma, Y Ikuma s.n.* 29 July 1897 安間嶺-同仁川 (同仁浦里?) *Komarov, VL Komaorv s.n.* 15 August 1935 北水白山 *Nakai, T Nakai s.n.* 21 July 1914 長蛇洞 *Nakai, T Nakai s.n.* 4 August 1939 大澤濕地 *Hozawa, S Hozawa s.n.* August 1930 島內 - 合水 *Ohwi, J Ohwi s.n.* August 1913 崔哥嶺 *Mori, T Mori s.n.* August 1913 *Mori, T Mori224* Type of *Aconitum paniculigerum* Nakai (Holotype TI)

Aconitum japonicum Thunb. ssp. ***napiforme*** (H.Lév. & Vaniot) Kadota, Ann. Tsukuba Bot. Gard. 2: 100 (1983)

Common name 한라돌쩌귀

Distribution in Korea: North

Aconitum napiforme H.Lév. & Vaniot, Repert. Spec. Nov. Regni Veg. 5: 9 (1908)

Aconitum napellus L. var. *alimbum* H.Lév., Repert. Spec. Nov. Regni Veg. 7: 102 (1909)

Aconitum napiforme H.Lév. & Vaniot var. *latifolium* Nakai, Bot. Mag. (Tokyo) 63: 57 (1950)

Aconitum nikaii Nakai f. *pilicarpum* Nakai, Bull. Natl. Sci. Mus., Tokyo 32: 33 (1953)

Aconitum napiforme H.Lév. & Vaniot var. *callianthum* (Koidz.) Tamura & Namba, Sci. Rep. Coll. Gen. Educ. Osaka Univ. 9: 115 (1960)

Aconitum napiforme H.Lév. & Vaniot var. *laciniatum* Nakai, Neolin. Fl. Manshur. 585 (1979)

Representative specimens; Hamgyong-bukto 25 May 1897 城川江-茂山 *Komarov, VL Komaorv s.n.*

Aconitum kusnezoffii Rchb., Ill. Sp. Acon. Gen. t. 21 (1823)

Common name 이삭바꽃

Distribution in Korea: North, Central

Aconitum gibbiferum Rchb., Ill. Sp. Acon. Gen. tab. 19 (1828)

Aconitum kusnezoffii Rchb. var. *gibbiferum* (Rchb.) Regel, Index Seminum [St.Petersburg (Petropolitanus)] 1861: 44 (1861)

Aconitum pulcherrimum Nakai, Rep. Exped. Manchoukuo Sect. IV, Pt. 2, Contr. Cogn. Fl. Manshuricae 161 (1935)

Aconitum birobidshanicum Vorosch., Ind. Sem. Inst. Exper. Pl. Offic. URSS 31 (1941)

Aconitum triphylloides Nakai, Bot. Mag. (Tokyo) 63: 56 (1950)

Aconitum ningwuense W.T.Wang, Fl. Reipubl. Popularis Sin. 27: 608 (1979)
Aconitum volubile Pall. ex Koelle var. *pulcherrimum* (Nakai) U.C.La, Fl. Coreana (Im, R.J.) 2: 271 (1996)

Representative specimens; Chagang-do 26 August 1897 小德川 (松德水河谷) *Komarov, VL Komaorv s.n.* 15 August 1909 Sensen (前川) *Mills, RG Mills398* **Hamgyong-bukto** 5 October 1942 清津高抹山西側 *Saito, T T Saito10351* 21 May 1897 茂山嶺-蕨坪 (照日洞) *Komarov, VL Komaorv s.n.* 19 July 1918 冠帽山 *Nakai, T Nakai s.n.* 22 August 1933 車踰嶺 *Koidzumi, G Koidzumi s.n.* 25 July 1918 雪嶺 *Nakai, T Nakai s.n.* 27 August 1914 黃句基 *Nakai, T Nakai s.n.* **Hamgyong-namdo** 7 August 1938 西閑面新興洞 *Jeon, SK JeonSK s.n.* 27 August 1897 小德川 *Komarov, VL Komaorv s.n.* **Hwanghae-bukto** 26 September 1915 瑞興 *Nakai, T Nakai s.n.* **P'yongan-bukto** 27 September 1912 雲山郡南面諸仁里 *Ishidoya, T Ishidoya s.n.* **P'yongan-namdo** 19 September 1915 成川 *Nakai, T Nakai s.n.* **Ryanggang** 18 July 1897 Keizanchin(惠山鎭) *Komarov, VL Komaorv s.n.* 29 July 1897 安間嶺-同仁川 (同仁浦里?) *Komarov, VL Komaorv s.n.* 1 August 1897 虛川江 (同仁川) *Komarov, VL Komaorv s.n.* 15 August 1897 蓮坪-厚州川-厚州古邑 *Komarov, VL Komaorv s.n.* 15 August 1897 *Komarov, VL Komaorv s.n.* 27 July 1897 佳林里 *Komarov, VL Komaorv s.n.*

Aconitum longecassidatum Nakai, J. Coll. Sci. Imp. Univ. Tokyo 26: 27 (1909)

Common name 흰진교 (흰진범)

Distribution in Korea: North, Central, South
  Lycoctonum longicassidatum (Nakai) Nakai, J. Jap. Bot. 13: 406 (1937)

Representative specimens; Ryanggang 23 August 1914 Keizanchin(惠山鎭) *Ikuma, Y Ikuma s.n.*

Aconitum macrorhynchum Turcz., Bull. Soc. Imp. Naturalistes Moscou 15: 83 (1842)

Common name 가는돌쩌귀

Distribution in Korea: North
  Aconitum tenuifolium Turcz., Bull. Soc. Imp. Naturalistes Moscou 15: 83 (1842)
  Aconitum tenuissimum Nakai, J. Jap. Bot. 13: 397 (1937)
  Aconitum villosum Rchb. var. *psilocarpum* Kitag., Lin. Fl. Manshur. 212 (1939)
  Aconitum macrorhynchum Turcz. var. *octocarpum* P.K.Chang & B.Y.Wang, Bull. Herb. Chin. N.-E. Forest. Acad., Harbin 2: 12 (1960)
  Aconitum possieticum Vorosch., Byull. Glavn. Bot. Sada 40: 50 (1961)
  Aconitum villosum Rchb. f. *psilocarpum* (Kitag.) Kitag., J. Jap. Bot. 36: 21 (1961)

Representative specimens; Hamgyong-bukto 18 September 1932 羅南 *Saito, T T Saito s.n.* 11 September 1935 *Saito, T T Saito s.n.* 8 September 1934 清津燈臺 *Uozomi, H Uozumi s.n.* **Hamgyong-namdo** 15 August 1935 赴戰高原咸典院 *Nakai, T Nakai s.n.* **Ryanggang** 15 August 1897 蓮坪川-厚州川-厚州古邑 *Komarov, VL Komaorv s.n.* 20 August 1933 三長 *Koidzumi, G Koidzumi s.n.*

Aconitum monanthum Nakai, Bot. Mag. (Tokyo) 28: 58 (1914)

Common name 각씨투구꽃

Distribution in Korea: North
  Aconitum napiforme H.Lév. & Vaniot var. *albiflorum* Y.N.Lee, Korean J. Bot. 25: 177 (1982)

Representative specimens; Hamgyong-bukto 12 August 1933 渡正山 *Koidzumi, G Koidzumi s.n.* 26 July 1930 頭流山 *Ohwi, J Ohwi s.n.* August 1934 冠帽峰 *Kojima, K Kojima s.n.* 21 July 1933 *Saito, T T Saito722* 21 July 1933 *Saito, T T Saito723* **Ryanggang** 30 July 1917 無頭峯 *Furumi, M Furumi s.n.* August 1913 長白山 *Mori, T Mori71.* Type of *Aconitum monanthum* Nakai (Holotype TI)8 August 1914 無頭峯下溪畔 *Nakai, T Nakai s.n.*白頭山 *Unknown s.n.*

Aconitum pseudolaeve Nakai, Rep. Exped. Manchoukuo Sect. IV, Pt. 2, Contr. Cogn. Fl. Manshuricae 139 (1935)

Common name 진교

Distribution in Korea: North, Central, South
  Aconitum quelpaertense Nakai, Rep. Exped. Manchoukuo Sect. IV, Pt. 2, Contr. Cogn. Fl. Manshuricae 145 (1935)
  Lycoctonum pseudolaeve (Nakai) Nakai, J. Jap. Bot. 13: 406 (1937)
  Lycoctonum quelpaertense (Nakai) Nakai, J. Jap. Bot. 13: 406 (1937)
  Aconitum pteropus Nakai, J. Jap. Bot. 13: 400 (1937)
  Lycoctonum pteropus (Nakai) Nakai, J. Jap. Bot. 13: 406 (1937)
  Lycoctonum pseudolaeve (Nakai) Nakai var. *flexuosum* Nakai, Bull. Natl. Sci. Mus., Tokyo 42: 8 (1953)
  Aconitum pseudolaeve Nakai var. *quelpaertense* (Nakai) M.Kim, Korean Endemic Pl. : 65 (2017)

仙峽 *Nakai, T Nakai s.n.* 7 August 1932 Mt. Kumgang (金剛山) *Fukushima s.n.* 12 August 1932 Kitamura, *S Kitamura s.n.* 17 August 1916
金剛山內霧在嶺 *Nakai, T Nakai s.n.* 13 August 1916 金剛山表訓寺附近森 *Nakai, T Nakai s.n.* 22 August 1916 金剛山新金剛奧 *Nakai,*
T Nakai s.n. 12 July 1936 金剛山外金剛千佛山 *Nakai, T Nakai s.n.* 14 August 1902 Mt. Kumgang (金剛山) *Uchiyama, T Uchiyama s.n.*
Type of *Aconitum pseudolaeve* Nakai (Holotype TI)16 August 1902 *Uchiyama, T Uchiyama s.n.* 18 August 1902 *Uchiyama, T Uchiyama s.n.*
16 August 1902 *Uchiyama, T Uchiyama s.n.* **P'yongan-namdo** 15 June 1928 陽德 *Nakai, T Nakai s.n.*

Aconitum ranunculoides Turcz., Bull. Soc. Imp. Naturalistes Moscou 15: 78 (1842)

Common name 선투구꽃

Distribution in Korea: North

Aconitum sczukinii Turcz., Bull. Soc. Imp. Naturalistes Moscou 13: 61 (1840)

Common name 넓은잎오독도기 (넓은잎초오)

Distribution in Korea: North

Aconitum arcuatum Maxim., Mem. Acad. Imp. Sci. St.-Petersbourg Divers Savans 9: 27 (1859)
Aconitum volubile Pall. ex Koelle var. *latisectum* Regel, Index Seminum [St.Petersburg
(Petropolitanus)] 43 (1861)
Aconitum fischeri Rchb. var. *arcuatum* (Maxim.) Regel, Index Seminum [St.Petersburg
(Petropolitanus)] 44 (1861)
Aconitum fischeri Rchb. var. *leiogynum* Nakai f. *leucanthum* Nakai, J. Jap. Bot. 13: 396 (1937)
Aconitum fischeri Rchb. var. *leiogynum* Nakai, J. Jap. Bot. 13: 396 (1937)
Aconitum arcuatum Maxim. var. *angustilobum* Kitag., J. Jap. Bot. 22: 177 (1949)
Aconitum arcuatum Maxim. f. *angustilobum* (Kitag.) Kitag., J. Jap. Bot. 34: 5 (1959)

Representative specimens; Chagang-do 26 August 1897 小德川 (松德水河谷) *Komarov, VL Komaorv s.n.* 21 July 1914 大興里-
山羊 *Nakai, T Nakai s.n.* **Hamgyong-bukto** 10 August 1933 渡正山門內 *Koidzumi, G Koidzumi s.n.* 5 August 1939 頭流山 *Hozawa, S
Hozawa s.n.* 8 August 1930 載德 *Ohwi, J Ohwi s.n.* 29 May 1897 釜所哥谷 *Komarov, VL Komaorv s.n.* 19 August 1914 曷浦嶺 *Nakai,
T Nakai s.n.* 23 July 1918 朱南面黃雪嶺 *Nakai, T Nakai s.n.* 19 August 1933 *Saito, T T Saito1057* 27 August 1914 黃句基 *Nakai, T
Nakai s.n.* 4 June 1897 四芝嶺 *Komarov, VL Komaorv s.n.* **Hamgyong-namdo** 29 July 1916 端川郡水下面黃谷里 *Fukuda, N s.n.* 24
August 1932 Kaima, Hakugansan (白岩山) *Kitamura, S Kitamura s.n.* 16 August 1934 新角面北山 *Nomura, N Nomura s.n.* 16 August
1943 赴戰高原漢垈里 *Honda, M Honda s.n.* 25 July 1933 東上面遮日峯 *Koidzumi, G Koidzumi s.n.* 25 July 1933 *Koidzumi, G
Koidzumi s.n.* 24 July 1933 東上面大漢垈里 *Koidzumi, G Koidzumi s.n.* 15 August 1935 咸地院 *Nakai, T Nakai s.n.* 16 August 1935
遮日峯仙人嶺 *Nakai, T Nakai s.n.* 15 August 1935 咸地院 *Nakai, T Nakai s.n.* 16 August 1935 赴戰高原 Fusenkogen *Nakai, T Nakai
s.n.* 16 August 1935 遮日峯仙人嶺 *Nakai, T Nakai s.n.* 16 August 1935 赴戰高原仙人嶺 (雲仙嶺?) *Nakai, T Nakai s.n.* Type of
Aconitum fischeri Rchb. var. *leiogynum* Nakai f. *leucanthum* Nakai (Holotype TI)16 August 1935 赴戰高原遮日峯 *Nakai, T
Nakai15431* Type of *Aconitum fischeri* Rchb. var. *leiogynum* Nakai f. *leucanthum* Nakai (Syntype TI)16 August 1935 *Nakai, T
Nakai15432* Type of *Aconitum fischeri* Rchb. var. *leiogynum* Nakai f. *leucanthum* Nakai (Syntype TI)25 July 1935 東下面把田洞
Nomura, N Nomura s.n. 14 August 1940 赴戰高原雲水嶺 *Okuyama, S Okuyama s.n.* 14 August 1940 赴戰高原漢垈里 *Okuyama, S
Okuyama s.n.* 15 August 1940 遮日峯 *Okuyama, S Okuyama s.n.* 17 August 1934 東上面內岩洞谷 *Yamamoto, A Yamamoto s.n.* 18
August 1934 東上面達阿里新洞 *Yamamoto, A Yamamoto s.n.* 17 August 1934 東上面內岩洞谷 *Yamamoto, A Yamamoto s.n.*
Kangwon-do 21 August 1932 元山 *Kitamura, S Kitamura s.n.* **Ryanggang** 1 August 1897 虛川江 (同仁川) *Komarov, VL Komaorv s.n.*
15 August 1935 北水白山 *Hozawa, S Hozawa s.n.* 5 August 1897 白山嶺 *Komarov, VL Komaorv s.n.* 21 August 1897 subdist. Chu-
czan, flumen Amnok-gan *Komarov, VL Komaorv s.n.* 21 August 1897 *Komarov, VL Komaorv s.n.* 21 August 1897 雲洞嶺 *Komarov, VL
Komaorv s.n.* 6 August 1897 上巨里水 *Komarov, VL Komaorv s.n.* 25 July 1914 遮川里三水 *Nakai, T Nakai s.n.* 1 August 1930 島內 -
合水 *Ohwi, J Ohwi s.n.* 22 July 1897 佳林里 *Komarov, VL Komaorv s.n.* 25 July 1897 *Komarov, VL Komaorv s.n.* August 1913 長白山
崔哥嶺 *Mori, T Mori s.n.* August 1913 長白山 *Mori, T Mori s.n.*

Aconitum umbrosum (Korsh.) Kom., Trudy Imp. S.-Peterburgsk. Bot. Sada 22: 250 (1904)

Common name 선투구꽃

Distribution in Korea: North

Aconitum lycoctonum L. ssp. *genuina* f. *umbrosum* Korsh., Trudy Imp. S.-Peterburgsk. Bot.
Sada 12: 300 (1893)
Aconitum paishanense Kitag., Rep. Inst. Sci. Res. Manchoukuo 5: 152 (1941)
Lycoctonum umbrosum (Korsh.) Nakai, J. Jap. Bot. 19: 312 (1943)

Representative specimens; Chagang-do 28 August 1897 慈城邑(松德水河谷) *Komarov, VL Komaorv s.n.* **P'yongan-bukto** 4
August 1935 妙香山 *Koidzumi, G Koidzumi s.n.* **Ryanggang** 29 July 1897 安間嶺-同香川 (同仁浦里?) *Komarov, VL Komaorv
s.n.* 1 August 1897 虛川江 (同仁川) *Komarov, VL Komaorv s.n.* 22 July 1897 佳林里 *Komarov, VL Komaorv s.n.* 28 July 1897
Komarov, VL Komaorv s.n. 28 June 1897 栢德嶺 *Komarov, VL Komaorv s.n.*

Aconitum villosum Rchb., Uebers. Aconitum 39 (1819)

Common name 가는돌쩌귀 (참줄바꽃)

Distribution in Korea: North
> *Aconitum ochotense* Rchb., Ill. Sp. Acon. Gen. 18 (1823)
> *Aconitum volubile* Pall. ex Koelle var. *villosum* (Rchb.) Regel, Index Seminum [St.Petersburg
> (Petropolitanus)] 43 (1861)
> *Aconitum neotortuosum* Nakai, Rep. Exped. Manchoukuo Sect. IV, Pt. 2, Contr. Cogn. Fl.
> Manshuricae 154 (1935)
> *Aconitum amurense* Nakai, J. Jap. Bot. 18: 603 (1942)
> *Aconitum subvillosum* Vorosch., Byull. Glavn. Bot. Sada 38: 50 (1960)
> *Aconitum selemdshense* Vorosch., Byull. Glavn. Bot. Sada 60: 38 (1965)

Aconitum villosum Rchb. var. *amurense* (Nakai) S.H.Li & Y.Hui Huang, Fl. Pl. Herb. Chin. Bor.-
Or. 3: 1(1975)
> *Aconitum tschanbaishanense* S.H.Li & Y.Huei Huang, Fl. Pl. Herb. Chin. Bor.-Or. 3: 229 (1980)
> *Aconitum villosum* Rchb. ssp. *tschangbaischanense* (S.X.Li & Y.Huei Huang) S.X.Li, Clavis
> Pl. Chinae Bor.-Or. ed. 2 2: 182 (1995)

Representative specimens; Hamgyong-bukto 18 July 1918 朱乙溫面熊谷嶺 *Nakai, T Nakai s.n.* July 1932 冠帽峰 *Ohwi, J Ohwi s.n.* **Hamgyong-namdo** 18 August 1935 赴戰高原 Fusenkogen *Nakai, T Nakai s.n.* 24 July 1935 東上面大漢垈里 *Nomura, N Nomura s.n.* **Kangwon-do** 11 August 1916 金剛山長安寺附近森 *Nakai, T Nakai s.n.* **P'yongan-bukto** 2 August 1935 妙香山 *Koidzumi, G Koidzumi s.n.* **P'yongan-namdo** 15 June 1928 陽德 *Nakai, T Nakai s.n.* **Ryanggang** 5 August 1897 白山嶺 *Komarov, VL Komaorv s.n.* 1 August 1930 島內 - 合水 *Ohwi, J Ohwi2945* 10 August 1937 大澤 *Saito, T T Saito7027* 22 August 1914 普天堡 *Ikuma, Y Ikuma s.n.* August 1913 崔哥嶺 *Mori, T Mori274* Type of *Aconitum neotortuosum* Nakai (Holotype TI)30 July 1917 無頭峯 *Furumi, M Furumi s.n.* 14 August 1914 神武城 *Ikuma, Y Ikuma s.n.* 1 August 1934 小長白山 *Kojima, K Kojima s.n.* August 1913 長白山 *Mori, T Mori s.n.* 8 August 1914 神武城-無頭峯 *Nakai, T Nakai s.n.* 5 August 1914 普天堡 - 寶泰洞 *Nakai, T Nakai27365* August 1914 *Nakai, T Nakai2737* 13 August 1914 Moho (茂峯)- 農事洞 *Nakai, T Nakai s.n.*

Aconitum volubile Pall. ex Koelle, Spic. Observ. Aconit. 21 (1787)

Common name 가는줄돌쩌귀

Distribution in Korea: North
> *Aconitum tortunosum* Willd., Enum. Pl. (Willdenow) 1: 576 (1809)

Representative specimens; Chagang-do 24 August 1897 大會洞 *Komarov, VL Komaorv s.n.* 26 August 1897 小德川 (松德水河谷) *Komarov, VL Komaorv s.n.* **Hamgyong-namdo** 16 August 1935 赴戰高原仙人嶺 (=雲仙嶺?) *Nakai, T Nakai s.n.* **Ryanggang** 16 August 1897 大羅信洞 *Komarov, VL Komaorv s.n.* 19 August 1897 葡坪 *Komarov, VL Komaorv s.n.* 4 August 1897 十四道溝- 白山嶺 *Komarov, VL Komaorv s.n.* 21 August 1897 subdist. Chu-czan, flumen Amnok-gan *Komarov, VL Komaorv s.n.* 6 August 1897 上巨里水 *Komarov, VL Komaorv s.n.* 9 June 1897 屈松川 (西頭水河谷) 倉坪 *Komarov, VL Komaorv s.n.* 22 August 1914 普天堡 *Ikuma, Y Ikuma s.n.* 22 July 1897 佳林里 *Komarov, VL Komaorv s.n.* 4 August 1914 普天堡- 寶泰洞 *Nakai, T Nakai s.n.*

Aconitum volubile Pall. ex Koelle var. *pubescens* Regel, Bull. Soc. Imp. Naturalistes Moscou 34:
91 (1861)

Common name 놋젓가락나물

Distribution in Korea: North, Central
> *Aconitum ciliare* DC., Syst. Nat. (Candolle) 1: 378 (1817)
> *Aconitum ciliare* DC. var. *oligotrichum* DC., Syst. Nat. (Candolle) 1: 378 (1818)
> *Aconitum amurense* Nakai, J. Jap. Bot. 18: 605 (1942)
> *Aconitum japonovolubile* Tamura, Sci. Rep. Coll. Gen. Educ. Osaka Univ. 9: 110 (1960)
> *Aconitum volubile* Pall. ex Koelle var. *oligotrichum* (DC.) Kitag., Neolin. Fl. Manshur. 288 (1979)

Representative specimens; Chagang-do 10 July 1914 蕙田嶺 *Nakai, T Nakai s.n.* **Hamgyong-namdo** 30 August 1941 赴戰高原 Fusenkogen *Inumaru, M s.n.* **Kangwon-do** 21 August 1902 干發告嶺 *Uchiyama, T Uchiyama s.n.*

Actaea L.
Actaea asiatica H.Hara, J. Jap. Bot. 15: 313 (1939)

Common name 노루삼

Distribution in Korea: North, Central, South

Actaea spicata L. var. *nigra* L. f. *acunata* Huth, Bot. Jahrb. Syst. 16: 309 (1892)

Actaea spicata L. var. *asiatica* (Hara) S.H.Li & Y.Huei Huang, Fl. Pl. Herb. Chin. Bor.-Or. 3: 105 (1975)

Actaea acuminata Wall. ex Royle ssp. *asiatica* (H.Hara) Luferov, Komarovia 1: 61 (1999)

Representative specimens; **Chagang-do** 26 August 1897 小德川 (松德水河谷) *Komarov, VL Komaorv s.n.* **Hamgyong-bukto** 20 May 1897 茂山嶺 *Komarov, VL Komaorv s.n.* 24 May 1897 車踰嶺- 照日洞 *Komarov, VL Komaorv s.n.* 18 July 1918 朱乙溫面熊谷嶺 *Nakai, T Nakai s.n.* 19 August 1914 曷浦嶺 *Nakai, T Nakai s.n.* 12 June 1897 西溪水 *Komarov, VL Komaorv s.n.* **Hamgyong-namdo** 20 June 1932 東上面元豊里 *Ohwi, J Ohwi s.n.* **Hwanghae-namdo** 1 August 1929 椒島 *Nakai, T Nakai s.n.* **Kangwon-do** 13 August 1932 金剛山 *Kitamura, S Kitamura s.n.* 14 July 1936 金剛山外金剛千佛山 *Nakai, T Nakai s.n.* 20 August 1916 金剛山彌勒峯 *Nakai, T Nakai s.n.* 16 August 1902 Mt. Kumgang (金剛山) *Uchiyama, T Uchiyama s.n.* **Ryanggang** 7 July 1897 犁方嶺 (鴨綠江羅暖堡) *Komarov, VL Komaorv s.n.* 5 August 1897 白山嶺 *Komarov, VL Komaorv s.n.* 23 August 1897 雲洞嶺 *Komarov, VL Komaorv s.n.* 22 June 1930 倉坪嶺 *Ohwi, J Ohwi 1645* 3 June 1897 四芝坪 *Komarov, VL Komaorv s.n.*

Actaea bifida (Nakai) J.Compton, Taxon 47: 624 (1998)

Common name 세잎승마

Distribution in Korea: North, Central

Cimicifuga heracleifolia Kom. var. *bifida* Nakai, J. Coll. Sci. Imp. Univ. Tokyo 26: 35 (1909)

Cimicifuga bifida (Nakai) Luferov, Byull. Moskovsk. Obshch. Isp. Prir. Otd. Biol. n.s, 105: 57 (2000)

Actaea cimicifuga L., Sp. Pl. 504 (1753)

Common name 황새승마

Distribution in Korea: North, Central

Cimicifuga foetida L., Syst. Nat. ed. 12 2: 659 (1767)

Actaea podocarpa Schltdl., Linnaea 6: 583 (1831)

Actaea macropoda Turcz. ex Fisch. & C.A.Mey., Fl. Ross. (Ledeb.) 1: 73 (1841)

Cimicifuga mairei H.Lév., Bull. Acad. Int. Geogr. Bot. 25: 43 (1915)

Representative specimens; **Hamgyong-bukto** 21 June 1909 茂山嶺 *Nakai, T Nakai s.n.* **Hwanghae-bukto** 7 September 1902 南川 - 安城 *Uchiyama, T Uchiyama s.n.* 8 September 1902 安城 - 瑞興 *Uchiyama, T Uchiyama s.n.* **P'yongan-bukto** 25 September 1912 雲山郡南面松峴里 *Ishidoya, T Ishidoya s.n.* **Ryanggang** 15 August 1914 三下面下面江口 *Nakai, T Nakai s.n.*

Actaea dahurica (Turcz. ex Fisch. & C.A.Mey.) Franch., Pl. David. 1: 23 (1883)

Common name 눈빛승마

Distribution in Korea: North, Central, South

Actaea ptersperma Turcz. ex Fisch. & C.A.Mey., Index Seminum [St.Petersburg (Petropolitanus)] 1: 21 (1835)

Actinospora dahurica Turcz. ex Fisch. & C.A.Mey., Index Seminum [St.Petersburg (Petropolitanus)] 1: 21 (1835)

Cimicifuga dahurica (Turcz. ex Fisch. & C.A.Mey.) Maxim., Mem. Acad. Imp. Sci. St.-Petersbourg Divers Savans 9: 28 (1859)

Cimicifuga dahurica (Turcz. ex Fisch. & C.A.Mey.) Franch. var. *fertilis* Regel, Bull. Soc. Imp. Naturalistes Moscou 34: 120 (1861)

Cimicifuga dahurica (Turcz. ex Fisch. & C.A.Mey.) Franch. var. *mascula* Regel, Bull. Soc. Imp. Naturalistes Moscou 34: 121 (1861)

Thalictrodes dahuricum (Turcz.) Kuntze ex Fisch. & C.A.Mey., Revis. Gen. Pl. 1: 4 (1891)

Cimicifuga dahurica (Turcz. ex Fisch. & C.A.Mey.) Franch. f. *mascula* (Regel) Huth, Bot. Jahrb. Syst. 16: 317 (1892)

Representative specimens; **Chagang-do** 22 July 1916 狼林山 *Mori, T Mori s.n.* 21 July 1914 大興里- 山羊 *Nakai, T Nakai s.n.* **Hamgyong-bukto** 31 July 1914 清津 *Ikuma, Y Ikuma s.n.* 10 August 1933 渡正山門內 *Koidzumi, G Koidzumi s.n.* 8 August 1935 羅南支庫 *Saito, T T Saito 1298* 28 August 1934 鈴蘭山 *Uozumi, H Uozumi s.n.* 6 August 1933 茂山嶺 *Koidzumi, G Koidzumi s.n.* 20 May 1897 *Komarov, VL Komaorv s.n.* 23 May 1897 車踰嶺 *Komarov, VL Komaorv s.n.* 29 May 1897 釜所哥谷 *Komarov, VL Komaorv s.n.* 13 June 1897 西溪水 *Komarov, VL Komaorv s.n.* **Hamgyong-namdo** 25 August 1931 Hamhung (咸興) *Nomura, N Nomura s.n.* 4 September 1936 下岐川面三巨 *Chung, TH Chung s.n.* 17 August 1934 富盛里 *Nomura, N Nomura s.n.* 20 June 1932 東上面元豊里 *Ohwi, J Ohwi s.n.* 19 August 1943 千佛山 *Honda, M Honda s.n.* **Hwanghae-namdo** 28 July 1929 長淵郡長山串 *Nakai, T Nakai s.n.* **Kangwon-do** 30 July 1916 金剛山群仙峽 *Nakai, T Nakai s.n.* 12 August 1932 Mt. Kumgang (金剛山) *Koidzumi, G Koidzumi s.n.* 15 August 1932 金剛山外金剛 *Koidzumi, G Koidzumi s.n.* 8 August 1916 長淵里末輝里 *Nakai, T Nakai s.n.* 14 July 1936 金剛山外金剛千佛山 *Nakai, T Nakai s.n.* 12 August 1902 墨浦洞 *Uchiyama, T Uchiyama s.n.* **P'yongan-**

bukto 5 August 1935 妙香山 *Koidzumi, G Koidzumi s.n.* 26 July 1912 Nei-hen (Neiyen 寧邊) *Imai, H Imai s.n.* **Ryanggang** 18 July 1897 Keizanchin(惠山鎭) *Komarov, VL Komaorv s.n.* 1 July 1897 五是川雲寵江-崔五峰 *Komarov, VL Komaorv s.n.* 18 September 1935 坂幕 *Saito, T T Saito s.n.* 9 August 1897 長津江下流域 *Komarov, VL Komaorv s.n.* 22 June 1930 倉坪嶺 *Ohwi, J Ohwi s.n.* 1 August 1930 島內 - 合水 *Ohwi, J Ohwi s.n.* 1 August 1930 *Ohwi, J Ohwi s.n.* 26 June 1897 內曲里 *Komarov, VL Komaorv s.n.* 20 July 1897 惠山鎭(鴨綠江上流長白山脈中高原) *Komarov, VL Komaorv s.n.* 1 June 1897 古倉坪-四芝坪 (延面水河谷) *Komarov, VL Komaorv s.n.*

Actaea erythrocarpa (Fisch.) Kom., Trudy Imp. S.-Peterburgsk. Bot. Sada 22: 237 (1904)
Common name 붉은노루삼
Distribution in Korea: North, Central
Actaea spicata L. var. *erythrocarpa*(Fisch.) Ledeb., Fl. Ross. (Ledeb.) 1: 71 (1842)

Representative specimens; Ryanggang 22 August 1914 普天堡 *Ikuma, Y Ikuma s.n.* 22 July 1897 佳林里 *Komarov, VL Komaorv s.n.* 20 July 1897 惠山鎭(鴨綠江上流長白山脈中高原) *Komarov, VL Komaorv s.n.* 26 July 1942 神武城-無頭峯 *Saito, T T Saito s.n.*

Actaea heracleifolia (Kom.) J.Compton, Taxon 47: 624 (1998)
Common name 승마
Distribution in Korea: North, Central
Cimicifuga heracleifolia Kom., Trudy Imp. S.-Peterburgsk. Bot. Sada 18: 438 (1901)

Representative specimens; Hamgyong-bukto 1 August 1914 清津 *Ikuma, Y Ikuma s.n.* 17 June 1909 *Nakai, T Nakai s.n.* 15 May 1934 漁遊洞 *Uozumi, H Uozumi s.n.* **Kangwon-do** 13 August 1902 長淵里附近 *Uchiyama, T Uchiyama s.n.* **Ryanggang** 27 July 1897 佳林里 *Komarov, VL Komaorv s.n.* 4 August 1914 惠山鎭- 普天堡 *Nakai, T Nakai s.n.*

Actaea simplex (DC.) Wormsk. & Prantl, Bot. Jahrb. Syst. 9: 246 (1888)
Common name 촛대승마
Distribution in Korea: North, Central, South
Cimicifuga simplex (DC.) Wormsk. & Prantl, Prodr. (DC.) 1: 64 (1824)
Actaea cimicifuga L. var. *simplex* DC., Prodr. (DC.) 1: 64 (1824)
Cimicifuga foetida L. var. *simplex* (DC.) G.Don, Gen. Hist. 1: 64 (1831)
Cimicifuga foetida L. var. *intermedia* Regel, Reis. Ostsib. 1: 121 (1861)
Cimicifuga dahurica (Turcz. ex Fisch. & C.A.Mey.) Franch. var. *tschonoskii* Huth, Bot. Jahrb. Syst. 16: 317 (1892)
Cimicifuga dahurica (Turcz. ex Fisch. & C.A.Mey.) Franch. var. *candollei* Huth, Bull. Herb. Boissier 5: 1094 (1897)
Cimicifuga ussuriensis Oett., Trudy Bot. Sada Imp. Yur'evsk. Univ. 6: 138 & tab. 1 (1905)
Cimicifuga foetida L. var. *matsumurae* Nakai, Bot. Mag. (Tokyo) 22: 151 (1908)
Cimicifuga taquetii H.Lév., Repert. Spec. Nov. Regni Veg. 9: 448 (1911)
Cimicifuga simplex (DC.) Wormsk. & Prantl var. *matsumurae* (Nakai) Nakai, Bot. Mag. (Tokyo) 30: 146 (1916)
Cimicifuga simplex (DC.) Wormsk. & Prantl var. *yezoensis* Nakai, Bot. Mag. (Tokyo) 30: 146 (1916)
Cimicifuga yesoensis (Nakai) Kudô, J. Coll. Agric. Hokkaido Imp. Univ. 12: 36 (1923)
Cimicifuga austrokoreana H.-W. Lee & C.W.Park, Novon 14: 180 (2004)

Representative specimens; Chagang-do 22 July 1916 狼林山 *Mori, T Mori s.n.* **Hamgyong-bukto** 12 August 1933 渡正山 *Koidzumi, G Koidzumi s.n.* 26 July 1930 頭流山 *Ohwi, J Ohwi s.n.* 26 July 1930 *Ohwi, J Ohwi s.n.* 19 July 1918 冠帽山 *Nakai, T Nakai7020* 6 July 1933 南下石山 *Saito, T T Saito s.n.* 4 June 1897 四芝嶺 *Komarov, VL Komaorv s.n.* **Hamgyong-namdo** 16 August 1934 新角面北山 *Nomura, N Nomura s.n.* 22 August 1932 蓋馬高原 *Kitamura, S Kitamura s.n.* 25 July 1933 東上面遮日峯 *Koidzumi, G Koidzumi s.n.* 15 August 1935 赴戰高原 Fusenkogen *Nakai, T Nakai15459* 15 August 1940 *Okuyama, S Okuyama s.n.* 18 August 1934 東上面新洞上方 2100m *Yamamoto, A Yamamoto s.n.* 16 August 1934 東上面赴戰嶺 *Yamamoto, A Yamamoto s.n.* 16 August 1934 永古面松興里 *Yamamoto, A Yamamoto s.n.* **Kangwon-do** 21 August 1902 干發告嶺 *Uchiyama, T Uchiyama s.n.* 21 August 1902 *Uchiyama, T Uchiyama s.n.* 12 August 1932 Mt. Kumgang (金剛山) *Koidzumi, G Koidzumi s.n.* 11 August 1916 金剛山長安寺附近 *Nakai, T Nakai5414* 17 August 1916 金剛山內霧在嶺 *Nakai, T Nakai5415* 4 September 1916 洗浦-蘭谷 *Nakai, T Nakai s.n.* **Ryanggang** 23 August 1914 Keizanchin(惠山鎭) *Ikuma, Y Ikuma s.n.* 1 August 1897 虛川江 (同仁川) *Komarov, VL Komaorv s.n.* 7 July 1897 梨方嶺 (鴨綠江羅暖堡) *Komarov, VL Komaorv s.n.* 23 August 1897 雲洞嶺 *Komarov, VL Komaorv s.n.* 16 August 1897 大羅信洞 *Komarov, VL Komaorv s.n.* 21 July 1914 長蛇洞 *Nakai, T Nakai3512* 23 July 1914 江口 *Nakai, T Nakai3434* 7 August 1917 東溪水 *Furumi, M Furumi427* 9 June 1897 屈松川 (西頭水河谷) 倉坪 *Komarov, VL Komaorv s.n.* 14 June 1897 西溪水-延岩 *Komarov, VL Komaorv s.n.* 5 August 1930 合水 (列結水) *Ohwi, J Ohwi s.n.* 5 August 1930 *Ohwi, J Ohwi s.n.* July 1943 延岩 *Uchida, H Uchida s.n.* 22 August 1914 普天堡 *Ikuma, Y Ikuma s.n.* 22 July 1897 佳林里 *Komarov, VL Komaorv s.n.* August 1913 崔哥嶺 *Mori, T Mori264* 15 July 1935

小長白山 *Irie, Y s.n.* 1 August 1934 *Kojima, K Kojima s.n.* 20 July 1897 惠山鎮(鴨綠江上流長白山脈中高原) *Komarov, VL Komaorv s.n.* 5 August 1914 寶泰洞胞胎山 *Nakai, T Nakai2740* 5 August 1914 普天堡-寶泰洞 *Nakai, T Nakai3933*

Adonis L.
Adonis amurensis Regel & Radde, Bull. Soc. Imp. Naturalistes Moscou 34: 35 (1861)

Common name 복수초

Distribution in Korea: North, Central, South

> *Adonis amurensis* Regel & Radde var. *uniflora* Makino, Bot. Mag. (Tokyo) 8: 97 (1894)
> *Adonis vernalis* L. var. *amurensis* (Regel & Radde) Regel & Radde, Bull. Soc. Bot. France 51: 132 (1904)
> *Adonis amurensis* Regel & Radde var. *puberula* Honda, Bot. Mag. (Tokyo) 52: 49 (1939)
> *Adonis amurensis* Regel & Radde var. *angustiloba* A.I.Baranov & Skvortsov, Acta Soc. Harb. Invest. Nat. & Ethnog. 12: 35 (1954)
> *Chrysocyathus amurensis* (Regel & Radde) Holub, Preslia 70: 102 (1998)
> *Adonis amurensis* Regel & Radde var. *dissectipetalis* Y.N.Lee, Bull. Korea Pl. Res. 5: 4 (2005)
> *Adonis amurensis* Regel & Radde var. *pilosissima* D.C.Son & J.Lee, J. Asia-Pacific Biodivers. 11: 51 (2018)

Representative specimens; Hamgyong-bukto 28 May 1897 富潤洞 *Komarov, VL Komaorv s.n.* 25 March 1935 羅南 *Saito, T T Saito s.n.* 7 June 1936 茂山面 *Minamoto, M s.n.* **Hwanghae-bukto** 17 May 1937 白川 *Park, MK Park s.n.* **Ryanggang** 2 June 1897 四芝坪(延面水河谷) 柄安洞 *Komarov, VL Komaorv s.n.*

Adonis ramosa Franch., Bull. Soc. Philom. Paris 8 (6): 91 (1894)

Common name 가지복수초

Distribution in Korea: North, Central, South

> *Adonis amurensis* Regel & Radde var. *ramosa* (Franch.) Makino
> *Adonis pseudoamurensis* W.T.Wang, Fl. Reipubl. Popularis Sin. 28: 352 (1980)
> *Chrysocyathus ramosus* (Franch.) Holub, Preslia 70: 102 (1998)

Anemone L.
Anemone altaica Fisch. ex C.A.Mey., Fl. Altaic. 2: 362 (1830)

Common name 구와바람꽃

Distribution in Korea: North

> *Anemone salesovii* Fisch. ex Pritz., Linnaea 15: 655 (1841)
> *Anemone nemorosa* L. ssp. *altaica* (Fisch. ex C.A.Mey.) Korsh., Fl. Vostoch. Evropy Ross. 1: 2 (1892)
> *Anemonoides altaica* (C.A.Mey.) Holub, Folia Geobot. Phytotax. 8: 165 (1973)

Anemone amurensis (Korsh.) Kom., Trudy Imp. S.-Peterburgsk. Bot. Sada 22: 262 (1904)

Common name 들바람꽃

Distribution in Korea: North, Central

> *Anemone nemorosa* L. ssp. *amurensis* Korsh., Trudy Imp. S.-Peterburgsk. Bot. Sada 12: 292 (1893)
> *Anemone nemorosa* L. var. *kamtschatica* Kom., Fl. Kamtschatka 2: 219 (1929)
> *Anemonoides amurensis* ssp. *kamtchatica*(Kom.) Starod., Vetrenitsy: sist. evol. 166 (1991)

Representative specimens; Chagang-do 11 July 1914 蔥田嶺 *Nakai, T Nakai s.n.* **Hamgyong-bukto** 7 May 1933 羅南ヤキバ谷 *Saito, T T Saito s.n.* 20 May 1897 茂山嶺 *Komarov, VL Komaorv s.n.* 24 May 1897 車踰嶺-照日洞 *Komarov, VL Komaorv s.n.* 12 June 1897 西溪水 *Komarov, VL Komaorv s.n.* **Hamgyong-namdo** 15 June 1932 下碣隅里 *Ohwi, J Ohwi s.n.* **Kangwon-do** 10 June 1932 Mt. Kumgang (金剛山) *Ohwi, J Ohwi s.n.* 21 April 1918 洗浦原 *Ishidoya, T Ishidoya s.n.* **Rason** 5 June 1930 西水羅オガリ岩 *Ohwi, J Ohwi s.n.* **Ryanggang** 16 August 1897 大羅信洞 *Komarov, VL Komaorv s.n.* 9 June 1897 屈松川 (西頭水河谷) 倉坪 *Komarov, VL Komaorv s.n.* 27 May 1918 普惠面保興里 *Ishidoya, T Ishidoya s.n.*

Anemone baicalensis Kom., Trudy Imp. S.-Peterburgsk. Bot. Sada 22: 265 (1904)

Common name 쌍동바람꽃

Distribution in Korea: North

Representative specimens; **Chagang-do** 13 May 1911 Kang-gei(Kokai 江界) *Mills, RG Mills330* **Hamgyong-bukto** 4 June 1937 輸城 *Saito, T T Saito s.n.* 15 June 1930 茂山嶺 *Ohwi, J Ohwi s.n.* 12 May 1938 鶴西面上德仁 *Saito, T T Saito s.n.*

Anemone baicalensis Kom. var. *glabrata* Maxim., Mem. Acad. Imp. Sci. St.-Petersbourg Divers Savans 9: 18 (1859)

Common name 바이칼바람꽃

Distribution in Korea: North
    Anemone litoralis (Litv.) Juz., Fl. URSS 7: 254 (1937)
    Anemone glabrata (Maxim.) Juz., Fl. URSS 7: 254 (1937)
    Anemone baicalensis Kom. ssp. *glabrata* (Maxim.) Kitag., Rep. Inst. Sci. Res. Manchoukuo 4: 81 (1940)

Anemone cathayensis Kitag., Rep. Inst. Sci. Res. Manchoukuo 3 ((app.1)): 3 (1939)

Common name 북바람꽃

Distribution in Korea: North
    Anemone demissa Hook.f. & Thomson var. *glabrescens* Ulbr., Bot. Jahrb. Syst. 37: 267 (1906)
    Anemone narcissiflora L. var. *pekinensis* Schipcz., Trudy Bot. Sada Imp. Yur'evsk. Univ. 13: 85 (1912)
    Anemone narcissiflora L. var. *chinensis* Kitag., Rep. Exped. Manchoukuo Sect. IV, Pt. 4, Index Fl. Jeholensis : 17 (1935)

Anemone dichotoma L., Sp. Pl. 540 (1753)

Common name 갈래바람꽃 (가래바람꽃)

Distribution in Korea: North
    Anemone pennsylvanica L., Mant. Pl. 2: 247 (1771)
    Anemone irregularislam. Lam., Encycl. (Lamarck) 1: 167 (1783)
    Anemone aconitifolia Michx., Fl. Bor.-Amer. (Michaux) 1: 320 (1803)
    Anemone pennsylvanica L. var. *laxmannii* DC., Prodr. (DC.) 1: 1921 (1824)

Representative specimens; **Rason** 6 June 1930 西水羅 *Ohwi, J Ohwi s.n.* 6 June 1930 Ohwi, *J Ohwi s.n.* 6 June 1930 Ohwi, *J Ohwi s.n.* 11 May 1897 豆滿江三角洲-五宗洞 *Komarov, VL Komaorv s.n.*

Anemone hepatica L. var. *japonica* (Nakai) Ohwi, Fl. Jap. (Ohwi) 518 (1953)

Common name 노루귀

Distribution in Korea: North, Central, South, Jeju, Ulleung
    Hepatica asiatica Nakai, J. Jap. Bot. 13: 309 (1937)
    Hepatica asiatica Nakai f. *acutiloba* Nakai, J. Jap. Bot. 13: 310 (1937)
    Hepatica asiatica Nakai f. *obtusisloba* Nakai, J. Jap. Bot. 13: 310 (1937)
    Hepatica nobilis Mill. var. *japonica* Nakai, J. Jap. Bot. 13: 307 (1937)
    Hepatica insularis Nakai, J. Jap. Bot. 13: 308 (1937)
    Hepatica nobilis Mill. var. *nipponica* Nakai, J. Jap. Bot. 13: 306 (1937)
    Hepatica asiatica Nakai f. *variegata* Nakai, J. Jap. Bot. 13: 310 (1937)
    Hepatica nobilis Mill. var. *asiatica* (Nakai) H.Hara, J. Fac. Sci. Univ. Tokyo, Sect. 3, Bot. 6: 51 (1952)
    Anemone hepatica L. var. *asiatica* (Nakai) H.Hara, J. Jap. Bot. 33: 273 (1958)
    Hepatica asiatica Nakai var. *yuseongii* Y.N.Lee, Bull. Korea Pl. Res. 7: 8 (2007)

Representative specimens; **Hamgyong-bukto** 30 May 1940 Seishin *Higuchigka, S s.n.* May 1934 羅南 *Yoshimizu, K s.n.* 14 August 1933 朱乙溫泉朱乙山 *Koidzumi, G Koidzumi s.n.* 27 May 1930 鏡城 *Ohwi, J Ohwi s.n.* 26 May 1930 Kyonson 鏡城 *Ohwi, J Ohwi s.n.* **Hamgyong-namdo** 15 April 1941 咸興盤龍山 *Suzuki, T s.n.* 15 April 1941 *Suzuki, T s.n.* 28 April 1935 保庄 - 三巨 *Nomura, N Nomura s.n.* 26 August 1897 小德川 *Komarov, VL Komaorv692* **Hwanghae-namdo** 27 July 1929 長淵郡長山串 *Nakai, T Nakai12775* Type of *Hepatica asiatica* Nakai f. *obtusisloba* Nakai (Syntype TI) **Kangwon-do** 31 July 1916 金剛山群仙峽 *Nakai, T Nakai5411* Type of *Hepatica asiatica* Nakai f. *obtusisloba* Nakai (Syntype TI)5 August 1932 金剛山內金剛 *Kobayashi, M Kobayashi66* Type of *Hepatica asiatica* Nakai f. *obtusisloba* Nakai (Syntype TI)15 August 1916 金剛山通庵へ越ス峠 *Nakai, T Nakai s.n.* 7 August 1940 Mt. Kumgang (金剛山) *Okuyama, S Okuyama s.n.* 14 August 1902 *Uchiyama, T Uchiyama s.n.* 9 July 1909 元山 *Nakai, T Nakai s.n.* Type of *Hepatica asiatica* Nakai f. *obtusisloba* Nakai (Syntype TI) **P'yongan-bukto** 6 August 1935 妙香山 *Koidzumi, G Koidzumi s.n.*

Anemone koraiensis Nakai, Bot. Mag. (Tokyo) 33: 7 (1919)
Common name 홀아비바람꽃

Distribution in Korea: North, Central, Endemic

Representative specimens; **Hamgyong-bukto** 27 May 1930 鏡城 *Ohwi, J Ohwi s.n.* **Kangwon-do** 25 April 1919 平康郡洗浦 *Ishidoya, T Ishidoya s.n.* 20 April 1919 洗浦 *Ishidoya, T Ishidoya3089* Type of *Anemone koraiensis* Nakai (Holotype TI)

Anemone narcissiflora L., Sp. Pl. 542 (1753)

Common name 바람꽃

Distribution in Korea: North, Central

    Anemone umbellata Lam., Fl. Franc. (Lamarck) 3: 322 (1778)
    Anemone narcissiflora L. var. *monantha* DC., Prodr. (DC.) 1: 22 (1824)
    Anemone narcissiflora L. var. *shikokiana* Makino, Bot. Mag. (Tokyo) 16: 58 (1902)
    Anemone narcissiflora L. var. *umbellifera* Nakai, Bot. Mag. (Tokyo) 27: 128 (1913)
    Anemone laxa (Ulbr.) Juz., Fl. URSS 7: 269 (1937)

Representative specimens; **Chagang-do** 22 July 1919 狼林山上 *Kajiwara, U Kajiwara s.n.* 22 July 1916 狼林山 *Mori, T Mori s.n.* 11 August 1914 臥碣峰鷺峯 *Nakai, T Nakai s.n.* **Hamgyong-bukto** 12 August 1933 渡正山 *Koidzumi, G Koidzumi s.n.* 26 July 1930 頭流山 *Ohwi, J Ohwi s.n.* 19 July 1918 冠帽山 2200m *Nakai, T Nakai s.n.* 20 July 1918 冠帽山 2400m *Nakai, T Nakai s.n.* July 1932 冠帽峰 *Ohwi, J Ohwi s.n.* 1 June 1934 Saito, T T Saito s.n. 25 July 1918 雪嶺 *Nakai, T Nakai s.n.* 25 June 1930 *Ohwi, J Ohwi s.n.* 25 June 1930 *Ohwi, J Ohwi s.n.* 25 June 1930 *Ohwi, J Ohwi s.n.* **Hamgyong-namdo** 25 July 1933 東上面遮日峯 *Koidzumi, G Koidzumi s.n.* 16 August 1936 赴戰高原 Fusenkogen *Nakai, T Nakai s.n.* 15 August 1935 遮日峯 *Nakai, T Nakai s.n.* 20 June 1932 東上面元豊里 *Ohwi, J Ohwi s.n.* 23 June 1932 東上面遮日峰 *Ohwi, J Ohwi s.n.* 15 August 1940 遮日峯 *Okuyama, S Okuyama s.n.* 13 August 1942 赴戰高原白岩嶺 *Terazaki, T s.n.* 28 July 1933 永古面松興里 *Koidzumi, G Koidzumi s.n.* **Kangwon-do** 22 August 1916 金剛山大長峯 *Nakai, T Nakai s.n.* 16 August 1916 金剛山毘盧峯 *Nakai, T Nakai s.n.* 10 June 1932 Mt. Kumgang (金剛山) *Ohwi, J Ohwi s.n.* 1938 山林課元山出張所 *Tsuya, S s.n.* **P'yongan-bukto** 3 August 1935 妙香山 *Koidzumi, G Koidzumi s.n.* **Ryanggang** 15 August 1935 北水白山 *Hozawa, S Hozawa s.n.* 18 August 1934 新興郡北水白山東南尾根 2200m *Yamamoto, A Yamamoto s.n.* 11 July 1917 胞胎山中腹 *Furumi, M Furumi s.n.* 11 July 1917 胞胎山頂近 *Furumi, M Furumi s.n.* 15 July 1935 小長白山 *Irie, Y s.n.* 1 August 1916 *Kojima, K Kojima s.n.*

Anemone pseudoaltaica H.Hara, J. Jap. Bot. 15: 767 (1939)

Common name 국화바람꽃

Distribution in Korea: North, Central

    Anemone pseudoaltaica H.Hara var. *gracilis* (H.Hara) H.Ohba, J. Jap. Bot. 69: 116 (1994)
    Anemone pseudoaltaica H.Hara var. *katonis* H.Ohba, J. Jap. Bot. 69: 116 (1994)
    Anemone pseudoaltaica H.Hara f. *prolifera* Kadota, J. Jap. Bot. 73: 289 (1998)

Anemone raddeana Regel, Bull. Soc. Imp. Naturalistes Moscou 34: 16 (1861)

Common name 꿩의바람꽃

Distribution in Korea: North, Central, South

    Anemone raddeana Regel ssp. *villosa* Ulbr., Bot. Jahrb. Syst. 37: 221 (1906)
    Anemone raddeana Regel var. *glabrata* Nakai, Bot. Mag. (Tokyo) 27: 32 (1913)

Representative specimens; **Chagang-do** 9 May 1911 Kang-gei(Kokai 江界) *Mills, RG Mills43* **P'yongan-namdo** 16 April 1910 Kai Aw Gai Pass(筐地, 광지바위) 延?里 *Mills, RG Mills355*

Anemone reflexa Steph. & Willd., Sp. Pl. (ed. 5; Willdenow) 2: 1282 (1799)

Common name 회리바람꽃

Distribution in Korea: North (Chagang, Ryanggang, Hamgyong, P'yongan, Kangwon)

    Anemone trifoliata Georgi, Beschr. Nation. Russ. Reich 3: 1058 (1779)
    Anemonoides reflexa (Willd.) Holub, Folia Geobot. Phytotax. 8: 166 (1973)
    Anemone reflexa Steph. & Willd. var. *lineiloba* Y.N.Lee, Bull. Korea Pl. Res. 6: 2 (2006)
    Anemone pedulisepala Y.N.Lee ex M.Kim, Korean Endemic Pl. : 69 (2017)

Representative specimens; **Hamgyong-bukto** 17 May 1897 會寧川 *Komarov, VL Komaorv s.n.* 19 May 1897 茂山嶺 *Komarov, VL Komaorv s.n.* 24 May 1897 車踰嶺- 照日洞 *Komarov, VL Komaorv s.n.* 26 May 1930 鏡城 *Ohwi, J Ohwi s.n.* 30 May 1930 朱乙 *Ohwi, J Ohwi s.n.* 30 May 1930 Ohwi, *J Ohwi s.n.* **Rason** 5 June 1930 西水羅オガリ岩 *Ohwi, J Ohwi s.n.* **Ryanggang** 20 May 1918 惠山鎮八悌山 *Ishidoya, T Ishidoya s.n.* 2 June 1897 四芝坪(延面水河谷) 柄安洞 *Komarov, VL Komaorv s.n.*

Anemone scabiosa H.Lév. & Vaniot, Bull. Acad. Int. Geogr. Bot. 11: 47 (1902)

Common name 대상화

Distribution in Korea: North (Gaema, Bujeon, Rangrim)

　Atragene japonica Thunb., Syst. Veg., ed. 14 (J. A. Murray) 511 (1784)
　Anemone japonica (Thunb.) Siebold & Zucc., Fl. Jap. (Siebold) 1: 15 (1835)
　Anemone rossii S.Moore, J. Linn. Soc., Bot. 17: 376 (1879)
　Anemone vitifolia Buch.-Ham. ex DC. var. *japonica* (Thunb.) Finet & Gagnep., Bull. Soc. Bot. France 51: 68 (1904)
　Anemone × *hybrida* Paxton var. *japonica* (Thunb.) Ohwi, Acta Phytotax. Geobot. 7: 46 (1938)
　Anemone nipponica Merr., J. Arnold Arbor. 19: 339 (1938)
　Anemone baicalensis Kom. ssp. *glabrata* var. *rossii* (S.Moore) Kitag., Rep. Inst. Sci. Res. Manchoukuo 4: 81 (1940)
　Eriocapitella japonica (Thunb.) Nakai, J. Jap. Bot. 17: 268 (1941)
　Anemone hupehensis L. var. *japonica* (Thunb.) Bowles & Stearn, J. Roy. Hort. Soc. 72: 265 (1947)

Representative specimens; Chagang-do 9 May 1911 Kang-gei(Kokai 江界) *Mills, RG Mills326* **Kangwon-do** 15 May 1940 熊灘面烽燧嶺 *Jeon, SK JeonSK s.n.* **Ryanggang** 2 June 1918 三下面 *Ishidoya, T Ishidoya s.n.*

Anemone stolonifera Maxim., Mélanges Biol. Bull. Phys.-Math. Acad. Imp. Sci. Saint-Pétersbourg 9: 605 (1876)

Common name 세송이바람꽃 (세바람꽃)

Distribution in Korea: North, Jeju

　Anemone siuzevi Kom., Trudy Imp. S.-Peterburgsk. Bot. Sada 25: 814 (1907)
　Anemone stolonifera Maxim. var. *quelpaertensis* Nakai & Kitag., Bot. Mag. (Tokyo) 50: 78 (1936)
　Anemone takasagomontana Masam., Notul. Syst. (Paris) 6: 37 (1937)
　Anemonoides stolonifera (Maxim.) Holub, Folia Geobot. Phytotax. 8: 166 (1973)

Representative specimens; Hamgyong-bukto 17 May 1932 羅南附近 *Saito, T T Saito s.n.* 17 May 1932 *Saito, T T Saito s.n.* 15 May 1934 漁遊洞 *Uozumi, H Uozumi s.n.* 27 May 1930 Kyonson 鏡城 *Ohwi, J Ohwi s.n.* **Hamgyong-namdo** 15 June 1932 下碣隅里 *Ohwi, J Ohwi s.n.* **P'yongan-namdo** 9 June 1935 黃草嶺 *Nomura, N Nomura s.n.*

Anemone umbrosa C.A.Mey., Fl. Altaic. 2: 361 (1830)

Common name 그늘바람꽃 (숲바람꽃)

Distribution in Korea: North

　Anemonoides umbrosa (C.A.Mey.) Holub, Folia Geobot. Phytotax. 8: 166 (1973)
　Anemone extremiorientalis (Starod.) Starod., Bot. Zhurn. (Moscow & Leningrad) 67: 353 (1982)
　Anemonoides extremiorientalis (Starod.) Starod., Vetrenitsy: sist. evol. 123 (1991)

Representative specimens; Chagang-do 25 August 1897 小德川 (松德水河谷) *Komarov, VL Komarov s.n.* **Hamgyong-bukto** 17 June 1909 清津 *Nakai, T Nakai s.n.* 20 May 1913 清津府玉蓮洞 *Ono, I s.n.* 19 May 1897 茂山嶺 *Komarov, VL Komarov s.n.* 22 May 1897 蔽坪(城川水河谷)-車踰嶺 *Komarov, VL Komarov s.n.* 7 June 1936 茂山 *Minamoto, M s.n.* 12 May 1897 五宗洞 *Komarov, VL Komaorv s.n.* **Ryanggang** 5 August 1897 白山嶺 *Komarov, VL Komarov s.n.* 7 June 1897 平蒲坪 *Komarov, VL Komaorv s.n.*

Aquilegia L.

Aquilegia flabellata Siebold & Zucc., Abh. Math.-Phys. Cl. Konigl. Bayer. Akad. Wiss. 4: 183 (1843)

Common name 하늘매발톱

Distribution in Korea: far North (Paekdu, Potae, Kwanmo, Chail, Rangrim)

　Aquilegia amurensis Kom., Bot. Mater. Gerb. Glavn. Bot. Sada SSSR 6: 8 (1826)
　Aquilegia spectabilis Lem., Ill. Hort. 11: t. 403 (1864)
　Aquilegia buergeriana Siebold & Zucc. var. *pumila* Huth, Bull. Herb. Boissier 5: 1090 (1897)
　Aquilegia fauriei H.Lév., Bull. Acad. Int. Geogr. Bot. 11: 300 (1902)
　Aquilegia sibirica Lam. var. *flabellata* (Siebold & Zucc.) Finet & Gagnep., Bull. Soc. Bot. France 51: 412 (1904)
　Aquilegia sibirica Lam. var. *japonica* Rapaics, Bot. Közlem. 8: 134 (1909)
　Aquilegia akitensis Huth var. *flavida* Nakai, Bot. Mag. (Tokyo) 44: 39 (1930)
　Aquilegia flabellata Siebold & Zucc. var. *pumila* (Huth) Kudô, Exp. Forest. Kyushu Imp. Univ. 1: 65

(1931)

Aquilegia japonica Nakai & H.Hara, Bot. Mag. (Tokyo) 49: 7 (1935)

Representative specimens; Chagang-do 22 July 1919 狼林山上 *Kajiwara, U Kajiwara124* 22 July 1916 狼林山 *Mori, T Mori s.n.* 11 July 1914 臥碣峰鷺峯 1950m *Nakai, T Nakai1582* 11 July 1914 鷺峯 1900m *Nakai, T Nakai1583* **Hamgyong-bukto** 19 July 1918 冠帽山 *Nakai, T Nakai7035* July 1932 冠帽峰 *Ohwi, J Ohwi s.n.* 21 July 1933 *Saito, T T Saito734* 25 June 1930 雪嶺山上 *Ohwi, J Ohwi2007* **Hamgyong-namdo** 25 July 1933 東上面遮日峯 *Koidzumi, G Koidzumi s.n.* 26 July 1934 東上面遮日峰 *Nomura, N Nomura s.n.* 23 June 1932 遮日峯 *Ohwi, J Ohwi s.n.* **Kangwon-do** 1938 山林課元山出張所 *Tsuya, S s.n.* **Ryanggang** 11 July 1917 南胞胎山中腹以上 *Furumi, M Furumi s.n.* 11 July 1917 胞胎山中腹以上 *Furumi, M Furumi238* 13 August 1913 白頭山 *Hirai, H Hirai83* 12 August 1913 神武城 *Hirai, H Hirai145* 18 July 1935 小長白山 *Irie, Y s.n.* 1 August 1934 *Kojima, K Kojima s.n.* 10 August 1914 白頭山 *Nakai, T Nakai s.n.* Type of *Aquilegia akitensis* Huth var. *flavida* Nakai (Syntype TI)7 August 1914 虛項嶺-神武城 *Nakai, T Nakai3982* July 1929 白頭山 *Tsuya, U s.n.* Type of *Aquilegia akitensis* Huth var. *flavida* Nakai (Syntype TI)

Aquilegia oxysepala Trautv. & C.A.Mey., Fl. Ochot. Phaenog. 10 (1856)

Common name 매발톱

Distribution in Korea: North. Central, South, Jeju

Aquilegia vulgaris L. var. *oxysepala* (Trautv. & C.A.Mey.) Regel, Tent. Fl.-Ussur. 9 (1861)
Aquilegia vulgaris L. var. *mandshurica* Brühl, J. Asiat. Soc. Bengal, Pt. 2, Nat. Hist. 61: 285 (1893)
Aquilegia oxyscpala Trautv. & C.A.Mey. var. *pallidiflora* Nakai, Chosen Shokubutsu : 63 (1914)
Aquilegia buergeriana Siebold & Zucc. var. *oxysepala* (Trautv. & C.A.Mey.) Kitam., Acta Phytotax. Geobot. 15: 4 (1953)

Representative specimens; Chagang-do 28 April 1911 Kang-gei(Kokai 江界) *Mills, RG Mills s.n.* 22 July 1916 狼林山 *Mori, T Mori s.n.* 18 July 1914 大興里 *Nakai, T Nakai3462* Type of *Aquilegia oxysepala* Trautv. & C.A.Mey. var. *pallidiflora* Nakai (Syntype TI) **Hamgyong-bukto** 12 August 1933 渡正山 *Koidzumi, G Koidzumi s.n.* 21 May 1897 茂山嶺-蕨坪(照日洞) *Komarov, VL Komaorv s.n.* 20 May 1897 茂山嶺 *Komarov, VL Komaorv s.n.* 21 June 1909 *Nakai, T Nakai s.n.* Type of *Aquilegia oxysepala* Trautv.& C.A.Mey. var. *pallidiflora* Nakai (Syntype TI)19 July 1918 冠帽山 *Nakai, T Nakai s.n.* 18 July 1918 朱乙溫面大東水谷 *Nakai, T Nakai s.n.* 12 June 1930 鏡城 *Ohwi, J Ohwi s.n.* 30 May 1930 朱乙 *Ohwi, J Ohwi s.n.* 23 June 1935 梧上洞 *Saito, T T Saito s.n.* 3 August 1914 車踰嶺 *Ikuma, Y Ikuma s.n.* 29 May 1897 釜所哥谷 *Komarov, VL Komaorv s.n.* 25 May 1897 城川江-茂山 *Komarov, VL Komaorv s.n.* 25 July 1918 雪嶺 *Nakai, T Nakai7032* Type of *Aquilegia oxysepala* Trautv. & C.A.Mey. var. *pallidiflora* Nakai (Syntype TI, Syntype TI)25 June 1930 雪嶺山上 *Ohwi, J Ohwi s.n.* 8 July 1909 鍾城鳳儀島三洞附近 *Tong-im-gan-pa (Kenzo Maeda) s.n.* 12 June 1897 西溪水 *Komarov, VL Komaorv s.n.* 10 June 1897 *Komarov, VL Komaorv s.n.* 20 June 1909 富寧 *Nakai, T Nakai s.n.* 4 June 1897 四芝嶺 *Komarov, VL Komaorv s.n.* **Hamgyong-namdo** 30 May 1930 端川郡北斗日面 *Kinosaki, Y s.n.* 16 August 1935 赴戰高原 Fusenkogen *Nakai, T Nakai s.n.* 20 June 1932 東上面元豊里 *Ohwi, J Ohwi s.n.* 17 August 1934 東上面內岩洞谷 *Yamamoto, A Yamamoto s.n.* **Kangwon-do** July 1932 Mt. Kumgang (金剛山) *Smith, RK Smith s.n.* **P'yongan-bukto** 17 August 1912 Chang-syong (昌城) *Imai, H Imai s.n.* 4 August 1935 妙香山 *Koidzumi, G Koidzumi s.n.* 17 May 1912 白壁山 *Ishidoya, T Ishidoya s.n.* **P'yongan-namdo** 16 July 1916 寧遠 *Mori, T Mori s.n.* 21 July 1916 上南洞 *Mori, T Mori s.n.* 15 June 1928 陽德 *Nakai, T Nakai s.n.* **Ryanggang** July 1943 龍眼 *Uchida, H Uchida s.n.* 1 August 1897 虛川江 (同仁川) *Komarov, VL Komaorv s.n.* 2 July 1897 雲寵里三水邑 (虛川江岸懸崖) *Komarov, VL Komaorv s.n.* 15 August 1935 北水白山 *Hozawa, S Hozawa s.n.* 7 July 1897 犁方嶺 (鴨綠江羅暖堡) *Komarov, VL Komaorv s.n.* 15 August 1897 蓮坪-厚州川-厚州古邑 *Komarov, VL Komaorv s.n.* 17 August 1897 上水隅理 *Komarov, VL Komaorv s.n.* 9 June 1897 屈松川 (西頭水河谷) *倉坪 Komarov, VL Komaorv s.n.* July 1943 延岩 *Uchida, H Uchida s.n.* 22 August 1914 普天堡 *Ikuma, Y Ikuma s.n.* 27 June 1897 栢德嶺 *Komarov, VL Komaorv s.n.* 22 July 1897 佳林里 *Komarov, VL Komaorv s.n.* 29 June 1897 栢德嶺 *Komarov, VL Komaorv s.n.* August 1913 崔哥嶺 *Mori, T Mori s.n.* 11 July 1917 胞胎山中腹以下 *Furumi, M Furumi s.n.* 13 August 1914 白頭山 *Ikuma, Y Ikuma s.n.* 10 August 1914 茂峯 *Ikuma, Y Ikuma s.n.* 20 July 1897 惠山鎮 (鴨綠江上流長白山脈中高原) *Komarov, VL Komaorv s.n.* 1 June 1897 古倉坪-四芝坪 (延面水河谷) *Komarov, VL Komaorv s.n.*

Callianthemum C.A.Mey. & Ledeb.
Callianthemum insigne (Nakai) Nakai, Sci. Knowl. 8: 41 (1928)

Common name 매화바람꽃

Distribution in Korea: North

Isopyrum insigne Nakai, Bot. Mag. (Tokyo) 33: 49 (1919)
Anemone insignis (Nakai) Nakai, Icon. Pl. Koisikav 4-5: 85, t. 255 (1921)

Representative specimens; Hamgyong-bukto 19 July 1918 冠帽山 2400m *Nakai, T Nakai s.n.* July 1932 冠帽峰 *Ohwi, J Ohwi s.n.* July 1932 冠帽山 2400m *Ohwi, J Ohwi s.n.* 2 June 1934 冠帽峰 *Saito, T T Saito s.n.* **Ryanggang** 1 August 1916 白頭山頂上 *Ichikawa, J s.n.*

Caltha Mill.
Caltha natans Pall., Reise Russ. Reich. 3: 248 (1776)

Common name 꼬마동의나물 (애기동의나물)
Distribution in Korea: far North
Caltha pusilla Pursh, Fl. Amer. Sept. (Pursh) 2: 390 (1813)
Thacla ficarioides Spach, Hist. Nat. Veg. (Spach) 7: 295 (1838)
Thacla natans (Pall.) Deyl & Soják, Sborn. Nar. Muz. v Praze, Rada B, Prir. Vedy 26: 31 (1970)

Representative specimens; Hamgyong-bukto 12 June 1934 延上面九州帝大北鮮演習林 *Hatsushima, S Hatsushima s.n.*

Caltha palustris L., Sp. Pl. 558 (1753)
Common name 동의나물
Distribution in Korea: North, Central, South
Caltha minor Mill., Gard. Dict., ed. 8 2 (1768)
Caltha glabra Gilib., Fl. Lit. Inch. 2: 279 (1782)
Caltha palustris L. var. *membranacea* Turcz., Bull. Soc. Imp. Naturalistes Moscou 15: 62 (1842)
Caltha palustris L. var. *sibirica* Regel, Bull. Soc. Imp. Naturalistes Moscou 34: 53 (1861)
Caltha palustris L. var. *sibirica* Regel f. *erecta* Makino, Bot. Mag. (Tokyo) 22: 176 (1908)
Caltha fistulosa Schipcz., Bot. Mater. Gerb. Glavn. Bot. Sada RSFSR 2: 166 (1921)
Caltha membranacea (Turcz.) Schipcz., Bot. Mater. Gerb. Glavn. Bot. Sada RSFSR 2: 168 (1921)
Caltha membranacea (Turcz.) Schipcz. f. *erecta* (Makino) Koidz., Fl. Symb. Orient.-Asiat. 78 (1930)
Caltha palustris L. var. *nipponica* Hara, J. Fac. Sci. Univ. Tokyo, Sect. 3, Bot. 3: 6-2: 50(in adnota) (1952)
Caltha sibirica (Regel) Tolm., Bot. Mater. Otd. Sporov. Rast. Bot. Inst. Komarova Akad. Nauk SSSR 17: 153 (1955)
Caltha arctica R.Br. ssp. *sibirica* (Regel) Tolm., Fl. Arct. URSS Fasc. 6: 129 (1971)
Caltha palustris L. ssp. *sibirica* (Regel) Hultén, Kongl. Svenska Vetensk. Acad. Handl. 4, 13: 337 (1971)
Caltha palustris L. var. *membranacea* Turcz. f *minor* (Kom.) U.C.La, Fl. Coreana (Im, R.J.) 2: 154 (1996)

Representative specimens; Chagang-do 24 August 1897 大會洞 *Komarov, VL Komaorv s.n.* 26 August 1897 小德川 (松德水河谷) *Komarov, VL Komaorv s.n.* 22 July 1916 狼林山 *Mori, T Mori s.n.* 11 July 1914 臥碣峰鷲峯 *Nakai, T Nakai s.n.* **Hamgyong-bukto** 13 May 1933 羅南西北谷 *Saito, T T Saito437* 15 May 1934 漁遊洞 *Uozumi, H Uozumi s.n.* 19 May 1897 茂山嶺 *Komarov, VL Komaorv s.n.* 21 June 1909 *Nakai, T Nakai s.n.* 19 July 1918 冠帽山 *Nakai, T Nakai s.n.* July 1932 冠帽峰 *Ohwi, J Ohwi s.n.* 1 June 1934 *Saito, T T Saito s.n.* 25 May 1897 城川江-茂山 *Komarov, VL Komaorv s.n.* 25 July 1918 雪嶺 2200m *Nakai, T Nakai s.n.* 13 June 1897 西溪水 *Komarov, VL Komaorv s.n.* **Hamgyong-namdo** 28 April 1935 保庄 - 三巨 *Nomura, N Nomura s.n.* August 1934 蓮花山 *Kojima, K Kojima s.n.* 18 August 1935 遮日峯 *Nakai, T Nakai s.n.* **Kangwon-do** 17 August 1916 金剛山內霧在嶺 *Nakai, T Nakai s.n.* 10 June 1932 Mt. Kumgang (金剛山) *Ohwi, J Ohwi501* 18 August 1902 *Uchiyama, T Uchiyama s.n.* 19 May 1897 妙香山 *Koidzumi, G Koidzumi s.n.* 24 May 1912 白壁山 *Ishidoya, T Ishidoya s.n.* **P'yongan-namdo** 15 June 1928 陽德 *Nakai, T Nakai s.n.* **Rason** 4 June 1930 西水羅オガリ岩 *Ohwi, J Ohwi s.n.* 11 May 1897 豆滿江三角洲-五亲洞 *Komarov, VL Komaorv s.n.* **Ryanggang** 23 August 1897 雲洞嶺 *Komarov, VL Komaorv s.n.* July 1931 熊耳面遮日峯高山帶 *Kishinami, Y s.n.* 6 June 1897 平蒲坪 *Komarov, VL Komaorv s.n.* 7 June 1897 *Komarov, VL Komaorv s.n.* 4 August 1914 普惠面明花洞 *Nakai, T Nakai s.n.* 3 June 1897 四芝坪 *Komarov, VL Komaorv s.n.* 25 May 1938 農事洞 *Saito, T T Saito8536*

Clematis L.
Clematis alpina (L.) Mill. var. *ochotensis* (Pall.) S.Watson, Botany [Fortieth Parallel] 4 (1871)
Common name 자주종덩굴
Distribution in Korea: North
Atragene ochotensis Pall., Fl. Ross. (Pallas) 1: 69 (1789)
Clematis ochotensis (Pall.) Poir., Encycl. (Lamarck) Suppl. 2 298 (1811)
Atragene platysepala Trautv. & C.A.Mey., Fl. Ochot. Phaenog. 5 (1856)
Atragene alpina L. var. *ochotensis* (Pall.) Regel & Tiling, Fl. Ajan. 20 (1859)
Atragene alpina L. var. *platysepala* (Trautv. & C.A.Mey.) Maxim., Bull. Acad. Imp. Sci. Saint-Pétersbourg 27: 535 (1882)
Clematis nobilis Nakai, Bot. Mag. (Tokyo) 28: 303 (1914)
Atragene nobilis (Nakai) Nakai, Icon. Pl. Koisikav 3: 21 (1916)
Clematis subtriternata Nakai, Bot. Mag. (Tokyo) 33: 48 (1919)
Clematis subtriternata Nakai var. *tenuifolia* Nakai, Bot. Mag. (Tokyo) 33: 49 (1919)
Atragene ochotensis Pall. ssp. *coerulescens* Kom., Bot. Mater. Gerb. Glavn. Bot. Sada SSSR 2(33): 132 (1921)

Clematis ochotensis (Pall.) Poir. ssp. *coerulescens* (Kom.) Kom., Fl. Kamtschatka 2: 151 (1929)
Clematis crassisepala Ohwi, Acta Phytotax. Geobot. 7: 46 (1938)
Clematis nobilis Nakai f. *plena* Uyeki & Sakata, Acta Phytotax. Geobot. 7: 16 (1938)
Clematis ochotensis (Pall.) Poir. var. *subtriternata* (Nakai) U.C.La, Biol. Coreana 2: 21 (1993)
Clematis ochotensis (Pall.) Poir. var. *tenuifolia* (Nakai) U.C.La, Biol. Coreana 2: 21 (1993)

Representative specimens; Chagang-do 22 July 1916 狼林山 *Mori, T Mori s.n.* 10 July 1914 葱田嶺 *Nakai, T Nakai1528* Type of *Clematis subtriternata* Nakai var. *tenuifolia* Nakai (Syntype TI)12 July 1914 鷺峯 2000m *Nakai, T Nakai1689* Type of *Clematis nobilis* Nakai (Holotype TI) **Hamgyong-bukto** 12 August 1933 渡正山 *Koidzumi, G Koidzumi s.n.* 24 May 1897 車踰嶺- 照日洞 *Komarov, VL Komaorv s.n.* 26 July 1930 頭流山 *Ohwi, J Ohwi s.n.* July 1932 冠帽峰 *Ohwi, J Ohwi s.n.* 9 September 1924 朱乙溫面甫上洞 *Sawada, T Sawada s.n.* 25 June 1930 雪嶺 *Ohwi, J Ohwi s.n.* 18 June 1930 四芝洞 *Ohwi, J Ohwi s.n.* 19 June 1930 四芝洞 -楡坪 *Ohwi, J Ohwi s.n.* **Hamgyong-namdo** 25 July 1933 東上面遮日峯 *Koidzumi, G Koidzumi s.n.* 16 August 1935 遮日峯 *Nakai, T Nakai s.n.* 16 August 1935 *Nakai, T Nakai s.n.* 23 June 1932 東上面遮日峰 *Ohwi, J Ohwi s.n.* 20 June 1932 東上面元豊里 *Ohwi, J Ohwi s.n.* 15 August 1940 遮日峯 *Okuyama, S Okuyama s.n.* **Kangwon-do** 1938 山林課元山出張所 *Tsuya, S s.n.* **P'yongan-bukto** 3 August 1935 妙香山 *Koidzumi, G Koidzumi s.n.* Type of *Clematis crassisepala* Ohwi (Holotype KYO) **Ryanggang** 8 June 1897 平蒲坪-倉坪 *Komarov, VL Komaorv s.n.*20 June 1930 三社面楡坪- 天水洞 *Ohwi, J Ohwi s.n.* 11 July 1917 胞胎山頂近 *Furumi, M Furumi s.n.* 1 August 1934 小長白山 *Kojima, K Kojima s.n.*

Clematis apiifolia DC., Syst. Nat. (Candolle) 1: 149 (1817)
Common name 사위질빵
Distribution in Korea: North, Central, South, Ulleung
Clematis apiifolia DC. ssp. *franchetii* Kuntze, Verh. Bot. Vereins Prov. Brandenburg 25: 151 (1885)
Clematis apiifolia DC. ssp. *niponensis* Kuntze, Verh. Bot. Vereins Prov. Brandenburg 25: 151 (1885)
Clematis apiifolia DC. var. *biternata* Makino, Bot. Mag. (Tokyo) 20: 8 (1906)

Representative specimens; Kangwon-do 8 August 1902 下仙里村 *Uchiyama, T Uchiyama s.n.* 8 August 1902 下仙里 *Uchiyama, T Uchiyama s.n.* 12 July 1936 金剛山外金剛千佛心 *Nakai, T Nakai s.n.* 14 July 1936 *Nakai, T Nakai s.n.* September 1901 interiori [三防里- 大谷里(楸哥嶺)] *Faurie, UJ Faurie7*

Clematis brachyura Maxim., Bull. Acad. Imp. Sci. Saint-Pétersbourg 22: 221 (1877)
Common name 외대으아리
Distribution in Korea: North, Central, South, Endemic
Clematis spectabilis Palib., Trudy Imp. S.-Peterburgsk. Bot. Sada 17: 12 (1899)
Clematis oligantha Nakai, Icon. Pl. Koisikav 1: 95 (1912)
Clematis brachyura Maxim. var. *hexasepala* Y.N.Lee, Korean J. Bot. 25: 177 (1982)

Representative specimens; Hamgyong-namdo 1933 Hamhung (咸興) *Nomura, N Nomura s.n.* **Hwanghae-namdo** April 1931 載寧 *Smith, RK Smith s.n.* 12 July 1921 Sorai Beach 九味浦 *Mills, RG Mills s.n.* **Kangwon-do** July 1932 Mt. Kumgang (金剛山) *Smith, RK Smith s.n.* 8 June 1909 望賊山 *Nakai, T Nakai s.n.* 6 June 1909 元山 *Nakai, T Nakai s.n.* **P'yongyang** 18 June 1911 P'yongyang (平壤) *Imai, H Imai s.n.*

Clematis brevicaudata DC., Syst. Nat. (Candolle) 1: 138 (1817)
Common name 좀사위질빵
Distribution in Korea: North, Central, South
Clematis vitalba L. var. *brevicaudata* (DC.) Kuntze, Verh. Bot. Vereins Prov. Brandenburg 26: 100 (1885)

Representative specimens; Chagang-do 13 August 1912 Kosho (渭原) *Imai, H Imai s.n.* **Hamgyong-bukto** 5 August 1914 茂山 *Ikuma, Y Ikuma s.n.* 25 May 1897 城川江-茂山 *Komarov, VL Komaorv s.n.* 1 August 1936 延上面九州帝大北鮮演習林 *Saito, T T Saito s.n.* 12 July 1936 龍溪 *Saito, T T Saito s.n.* **Ryanggang** 15 August 1897 蒲坪-厚州川-厚州古邑 *Komarov, VL Komaorv s.n.* 17 July 1897 半載子溝 (鴨綠江上流) *Komarov, VL Komaorv s.n.* 20 August 1933 江口- 三長 *Koidzumi, G Koidzumi s.n.* 15 August 1914 三下面下面江口 *Nakai, T Nakai s.n.*

Clematis fusca Turcz., Bull. Soc. Imp. Naturalistes Moscou 14: 60 (1840)
Common name 무궁화종덩굴 (검종덩굴)
Distribution in Korea: North, Central
Clematis kamtschatica Bong., Verz. Saisang-nor Pfl. 1: 10 (1841)
Clematis fusca Turcz. var. *kamtschatica* (Bong.) Regel & Tiling, Fl. Ajan. 19 (1858)
Clematis fusca Turcz. var. *violacea* Maxim., Bull. Cl. Phys.-Math. Acad. Imp. Sci. Saint-Pétersbourg 9: 11 (1859)

Clematis fusca Turcz. var. *mandshurica* Regel, Tent. Fl.-Ussur. 2 (1861)
Clematis ajanensis Kuntze, Verh. Bot. Vereins Prov. Brandenburg 26: 176 (1885)
Clematis fusca Turcz. f. *obtusifolioa* Kuntze, Verh. Bot. Vereins Prov. Brandenburg 26: 132 (1885)
Clematis viorna L. var. *violacea* (Maxim.) Kuntze, Verh. Bot. Vereins Prov. Brandenburg 26: 133 (1885)
Clematis fusca Turcz. var. *amurensis* Kuntze, Verh. Bot. Vereins Prov. Brandenburg 26: 132 (1885)
Clematis ianthina Koehne var. *amurensis* (Kuntze) Nakai, J. Jap. Bot. 12: 847 (1936)
Clematis ianthina Koehne var. *mandsurica* (Regel) Nakai, J. Jap. Bot. 12: 846 (1936)
Clematis ianthina Koehne, Deut. Dendrol. 158 (1893)
Clematis fuscoviolacea Nakai, Koryo Shikenrin Ippan 34 (1932)
Clematis ianthina Koehne var. *violacea* (Maxim.) Nakai, J. Jap. Bot. 12: 846 (1936)
Clematis flabellata Nakai, J. Jap. Bot. 12: 842 (1936)
Clematis fusca Turcz. ssp. *violacea* (Maxim.) Kitag., Lin. Fl. Manshur. 216 (1939)
Clematis fusca Turcz. var. *coreana* (H.Lév.) Nakai, J. Jap. Bot. 18: 217 (1942)
Clematis fusca Turcz. var. *flabellata* (Nakai) M.Kim, Korean Endemic Pl. : 77 (2017)

Representative specimens; Chagang-do 27 June 1914 從西山 *Nakai, T Nakai s.n.* 18 July 1914 大興里 *Nakai, T Nakai s.n.* **Hamgyong-bukto** 17 June 1909 清津 *Nakai, T Nakai s.n.* 11 August 1935 羅南 *Saito, T T Saito s.n.* 9 August 1934 東村 *Uozumi, H Uozumi s.n.* 21 June 1909 茂山嶺 *Nakai, T Nakai s.n.* 19 June 1937 Sungjin (城津) *Saito, T T Saito s.n.* 14 August 1933 朱乙溫泉朱乙山 *Koidzumi, G Koidzumi s.n.* 6 July 1930 鏡城 *Ohwi, J Ohwi s.n.* 30 May 1930 朱乙 *Ohwi, J Ohwi s.n.* 6 July 1930 鏡城 *Ohwi, J Ohwi s.n.* 12 June 1930 *Ohwi, J Ohwi s.n.* 14 June 1930 Kyonson 鏡城 *Ohwi, J Ohwi s.n.* 30 May 1930 朱乙 *Ohwi, J Ohwi s.n.* 23 June 1935 梧上洞 *Saito, T T Saito s.n.* 27 May 1935 朱乙 *Saito, T T Saito s.n.* 6 July 1936 南山面 *Saito, T T Saito s.n.* 13 June 1897 西溪水 *Komarov, VL Komaorv s.n.* 12 May 1897 五宗洞 *Komarov, VL Komaorv s.n.* **Hamgyong-namdo** 11 August 1940 咸興歸州寺 *Okuyama, S Okuyama s.n.* 20 June 1932 東上面元豐里 *Ohwi, J Ohwi s.n.* 30 August 1934 東下面頭雲峯安基里 *Yamamoto, A Yamamoto s.n.* **Hwanghae-namdo** 21 May 1932 長壽山 *Smith, RK Smith s.n.* 28 July 1929 長淵郡長山串 *Nakai, T Nakai s.n.* 15 July 1921 Sorai Beach 九味浦 *Mills, RG Mills s.n.* 12 July 1921 *Mills, RG Mills s.n.* 26 May 1924 九月山 *Chung, TH Chung s.n.* **Kangwon-do** 28 July 1916 長箭 -高城 *Nakai, T Nakai s.n.* 31 July 1916 金剛山群仙峽 *Nakai, T Nakai s.n.* 22 August 1916 金剛山大長峯 *Nakai, T Nakai s.n.* 10 June 1932 Mt. Kumgang (金剛山) *Ohwi, J Ohwi s.n.* 7 August 1940 *Okuyama, S Okuyama s.n.* July 1932 *Smith, RK Smith s.n.* 15 June 1938 安邊郡衛益面三防 *Park, MK Park s.n.* 9 June 1909 元山 *Nakai, T Nakai s.n.* **P'yongan-bukto** 12 June 1914 Pyok-dong (碧潼) *Nakai, T Nakai s.n.* 6 June 1914 昌城昌州 *Nakai, T Nakai s.n.* 3 June 1914 義州 - 王江鎭 *Nakai, T Nakai s.n.* **P'yongyang** 18 June 1911 P'yongyang (平壤) *Imai, H Imai s.n.* **Rason** 7 June 1930 西水羅 *Ohwi, J Ohwi s.n.* 6 June 1930 *Ohwi, J Ohwi s.n.* **Ryanggang** 19 July 1897 Keizanchin(惠山鎭) *Komarov, VL Komaorv s.n.* 26 July 1914 三水- 惠山鎭 *Nakai, T Nakai s.n.* 1 August 1897 虛川江 (同仁川) *Komarov, VL Komaorv s.n.* 16 August 1897 大羅信洞 *Komarov, VL Komaorv s.n.* 9 August 1897 長津江下流域 *Komarov, VL Komaorv s.n.* 4 July 1897 上水隅理 *Komarov, VL Komaorv s.n.* 7 June 1897 平蒲坪 *Komarov, VL Komaorv s.n.* August 1913 崔哥嶺 *Mori, T Mori s.n.* 8 August 1914 農事洞 *Ikuma, Y Ikuma s.n.* 1 June 1897 古倉坪-四芝坪 (延面水河谷) *Komarov, VL Komaorv s.n.* 3 June 1897 四芝坪 *Komarov, VL Komaorv s.n.* 14 August 1914 農事洞- 三下 *Nakai, T Nakai s.n.*

Clematis heracleifolia DC., Syst. Nat. (Candolle) 1: 138 (1817)
Common name 병조이풀 (병조희풀)
Distribution in Korea: North, Central, South

Representative specimens; Hamgyong-bukto 8 August 1935 羅南支庫 *Saito, T T Saito1298* 28 August 1934 鈴蘭山 *Uozumi, H Uozumi s.n.* 6 August 1933 茂山嶺 *Koidzumi, G Koidzumi s.n.* **Hwanghae-namdo** 26 August 1943 長壽山 *Furusawa, I Furusawa s.n.* 29 July 1935 *Koidzumi, G Koidzumi s.n.* 29 July 1929 長淵郡長山串 *Nakai, T Nakai s.n.* 25 August 1943 首陽山 *Furusawa, I Furusawa s.n.* 1 August 1929 椒島 *Nakai, T Nakai s.n.* 12 July 1921 Sorai Beach 九味浦 *Mills, RG Mills s.n.* 25 July 1921 *Mills, RG Mills s.n.* 12 August 1932 *Smith, RK Smith s.n.* **Kangwon-do** 31 July 1916 金剛山群仙峽 *Nakai, T Nakai s.n.* 1 October 1935 海金剛-溫井里 *Okamoto, S Okamoto s.n.* 7 August 1932 Mt. Kumgang (金剛山) *Fukushima s.n.* 12 August 1932 Kitamura, *S Kitamura s.n.* 11 August 1932 Kitamura, *S Kitamura s.n.* 12 August 1932 金剛山 *Koidzumi, G Koidzumi s.n.* 7 August 1940 Mt. Kumgang (金剛山) *Okuyama, S Okuyama s.n.* 7 August 1940 *Okuyama, S Okuyama s.n.* 14 August 1902 *Uchiyama, T Uchiyama s.n.* 13 August 1902 長淵里近傍 *Uchiyama, T Uchiyama s.n.* 18 August 1932 安邊郡衛益面三防 *Koidzumi, G Koidzumi s.n.* **P'yongan-namdo** 15 July 1916 葛日嶺 *Mori, T Mori s.n.* **Ryanggang** 15 August 1935 北水白山 *Hozawa, S Hozawa s.n.*

Clematis heracleifolia DC. var. **tubulosa** (Turcz.) Kuntze, Verh. Bot. Vereins Prov. Brandenburg 26: 183 (1885)
Common name 자주조희풀
Distribution in Korea: North, Central, South
Clematis tubulosa Turcz., Bull. Soc. Imp. Naturalistes Moscou 10, 7: 148 (1837)
Clematis davidiana Decne. ex Verl., Rev. Hort. 39: 90 (1867)
Clematis tubulosa Turcz. var. *davidiana* (Decne. ex Verl.) Franch., Nouv. Arch. Mus. Hist. Nat. ser. 2, 5: 165 (1882)
Clematis heracleifolia DC. var. *davidiana* (Decne. ex Verl.) Forbes & Hemsl., J. Linn. Soc.,

A Checklist of North Korean Vascular Plants · · · · · · · · · · · · · T.B. Lee Herbarium (SNUA) – 2019 (C.S. Chang, H. Kim, H.T. Shin & C.H. Lee)

- 66 -

Bot. 23: 4 (1886)

Clematis tubulosa Turcz. var. *rosea* Nakai, Bot. Mag. (Tokyo) 31: 4 (1917)

Clematis urticifolia Nakai ex Kitag. var. *carnea* Nakai,Bull. Forest. Soc. Korea (Chosen Sanrin Kwaiho) 122: 23 (1935)

Clematis urticifolia Nakai ex Kitag., J. Jap. Bot. 13: 346 (1937)

Clematis urticifolia Nakai ex Kitag. var. *rosea* (Nakai) Nakai ex Kitag., J. Jap. Bot. 17: 350 (1937)

Clematis heracleifolia DC. f. *rosea* (Nakai) W.T.Lee, Lineamenta Florae Koreae 321 (1996)

Clematis heracleifolia DC. var. *urticifolia* (Nakai ex Kitag.) U.C.La, Fl. Coreana (Im, R.J.) 2: 225 (1996)

Clematis hexapetala Pall., Reise Russ. Reich. 3: 735 (1776)

Common name 가는잎목단풀 (좁은잎사위질빵)

Distribution in Korea: North, Central

*Clematis angustifolia*Jacq., Enum. Stirp. Vindob. 310 (1762)

Clematis lasiantha Nutt., Fl. N. Amer. (Barton) 1: 9 (1838)

Clematis angustifolia Jacq. var. *longiloba* Freyn, Oesterr. Bot. Z. 45: 59 (1895)

Clematis angustifolia Jacq. f. *breviloba* Freyn, Oesterr. Bot. Z. 45: 59 (1895)

Clematis angustifolia Jacq. var. *dissecta* Y.Yabe, Enum. Pl. East. Mong. 14 (1917)

Clematis angustifolia Jacq. f. *dissecta* (Y.Yabe) Kitag., Rep. Exped. Manchoukuo Sect. IV, Pt. 4, Index Fl. Jeholensis 17 (1936)

Clematis hexapetala Pall. f. *dissecta* (Y.Yabe) Kitag., Lin. Fl. Manshur. 217 (1939)

Clematis hexapetala Pall. f. *breviloba* (Freyn) Nakai, J. Jap. Bot. 20: 191 (1944)

Clematis hexapetala Pall. var. *longiloba* (Freyn) Hu, J. Arnold Arbor. 35: 59 (1954)

Clematis hexapetala Pall. f. *longiloba* (Freyn) Kitag., Neolin. Fl. Manshur. 297 (1979)

Representative specimens; Hamgyong-bukto 1 August 1914 清津 *Ikuma, Y Ikuma s.n.* 10 August 1933 羅南セン山 *Ito, A s.n.* 3 August 1933 會寧 *Koidzumi, G Koidzumi s.n.* 22 June 1909 *Nakai, T Nakai s.n.* 18 August 1914 茂山東下面 *Nakai, T Nakai s.n.* 16 June 1938 行營 *Saito, T T Saito s.n.* August 1925 吉州 *Numajiri, K s.n.* August 1925 *Numajiri, K s.n.* 8 August 1930 載德 *Ohwi, J Ohwi s.n.* 8 August 1930 *Ohwi, J Ohwi s.n.* 19 June 1937 Sungjin (城津) *Saito, T T Saito s.n.* 6 July 1936 南山面 *Saito, T T Saito s.n.* Hamgyong-namdo August 端川郡波邊面社洞里 *Choi, DY s.n.* July 1902 端川龍德里摩天嶺 *Mishima, A s.n.* Hwanghae-bukto 10 September 1902 黃州 - 平壤 *Uchiyama, T Uchiyama s.n.* 10 September 1915 瑞興 *Nakai, T Nakai s.n.* 8 September 1902 瑞興-風壽阮 *Uchiyama, T Uchiyama s.n.* Nampo 3 August 1912 Chinnampo (鎭南浦) *Hase s.n.* P'yongyang 12 September 1902 P'yongyang (平壤) *Uchiyama, T Uchiyama s.n.* 22 June 1909 平壤市街附近 *Imai, H Imai s.n.* Rason 11 May 1897 豆滿江三角洲-五宗洞 *Komarov, VL Komaorv s.n.* Ryanggang September 甲山 *Unknown s.n.*

Clematis koreana Kom., Trudy Imp. S.-Peterburgsk. Bot. Sada 18: 438 (1901)

Common name 종덩굴 (세잎종덩굴)

Distribution in Korea: North, Central, South, Jeju

Atragene koreana (Kom.) Kom., Trudy Imp. S.-Peterburgsk. Bot. Sada 22: 278 (1904)

Clematis alpina (L.) Mill. var. *koreana* (Kom.) Nakai, J. Coll. Sci. Imp. Univ. Tokyo 26: 7 (1909)

Clematis chiisanensis Nakai, Repert. Spec. Nov. Regni Veg. 13: 270 (1914)

Clematis alpina (L.) Mill. var. *carunculosa* Gagnep., Rev. Hort. 87: 534 (1915)

Clematis koreana Kom. var. *umbrosa* (Kom.) Nakai, Icon. Pl. Koisikav 4: 107 (1921)

Clematis chiisanensis Nakai var. *carunculosa* (Gagnep.) Rehder, J. Arnold Arbor. 7: 24 (1926)

Clematis ochotensis (Pall.) Poir. var. *triphylla* Ohwi, Acta Phytotax. Geobot. 4: 65 (1935)

Clematis komaroviana Koidz., Acta Phytotax. Geobot. 6: 213 (1937)

Clematis komarovii Koidz., Acta Phytotax. Geobot. 6: 63 (1937)

Clematis koreana Kom. var. *biternata* Nakai, J. Jap. Bot. 15: 528 (1939)

Clematis umbrosa (Kom.) Nakai, Bull. Natl. Sci. Mus., Tokyo 31: 27 (1952)

Clematis koreana Kom. var. *carunculosa* (Gagnep.) Tamura, Acta Phytotax. Geobot. 15: 118 (1954)

Clematis triphylla Ohwi, Neolin. Fl. Manshur. 585 (1979)

Clematis calcicola J.S.Kim, Korean J. Pl. Taxon. 39: 2 (2009)

Representative specimens; Chagang-do 6 July 1914 牙得嶺 (江界) *Nakai, T Nakai s.n.* 22 July 1916 狼林山 *Mori, T Mori s.n.* Hamgyong-bukto 19 July 1918 冠帽山 1200m *Nakai, T Nakai s.n.* 19 July 1918 冠帽山 1600m *Nakai, T Nakai s.n.* July 1932 冠帽峰 *Ohwi, J Ohwi s.n.* July 1932 冠帽峯 *Ohwi, J Ohwi1002* Type of *Clematis ochotensis* (Pall.) Poir. var. *triphylla* Ohwi (Holotype KYO)31 May 1934 冠帽峰 *Saito, T T Saito s.n.* 12 June 1934 延上面九州帝大北鮮演習林 *Hatsushima, S Hatsushima s.n.* 23 May 1897 茂山 *Komarov, VL Komaorv s.n.* 23 July 1918 朱南面黃雪嶺 *Nakai, T Nakai7006* Type of *Clematis koreana* Kom. var. *biternata*

Nakai (Syntype TI)12 June 1897 西溪水 *Komarov, VL Komaorv s.n.* 12 June 1897 *Komarov, VL Komaorv s.n.* 16 June 1897 *Komarov, VL Komaorv s.n.* 2 June 1897 四芝嶺 *Komarov, VL Komaorv703* 19 June 1930 四芝洞 -楡坪 *Ohwi, J Ohwi s.n.* 18 June 1930 四芝洞 *Ohwi, J Ohwi s.n.* **Hamgyong-namdo** 15 June 1932 下碣隅里 *Ohwi, J Ohwi s.n.* 25 July 1933 東上面遮日峯 *Koidzumi, G Koidzumi s.n.* 15 August 1935 遮日峯 *Nakai, T Nakai s.n.* 16 August 1935 *Nakai, T Nakai s.n.* 20 June 1932 東上面元豊里 *Ohwi, J Ohwi s.n.* **Kangwon-do** 31 July 1916 金剛山群仙峽 *Nakai, T Nakai s.n.* 29 July 1938 Mt. Kumgang (金剛山) *Hozawa, S Hozawa s.n.* 12 August 1932 *Koidzumi, G Koidzumi s.n.*12 July 1936 金剛山外金剛千佛山 *Nakai, T Nakai s.n.* 16 August 1916 金剛山毘盧峯 *Nakai, T Nakai s.n.* 10 June 1932 Mt. Kumgang (金剛山) *Ohwi, J Ohwi s.n.* **P'yongan-bukto** 9 June 1914 飛來峯 *Nakai, T Nakai s.n.* 2 August 1935 妙香山 *Koidzumi, G Koidzumi s.n.* **P'yongan-namdo** 27 July 1916 黃草嶺 *Mori, T Mori s.n.* **Ryanggang** 3 August 1897 五海江 *Komarov, VL Komaorv s.n.* 1 July 1897 虛川江 (同仁川) *Komarov, VL Komaorv s.n.* 1 August 1897 *Komarov, VL Komaorv s.n.* 8 June 1897 平蒲坪-倉坪 *Komarov, VL Komaorv s.n.* 6 June 1897 平蒲坪 *Komarov, VL Komaorv s.n.* 8 June 1897 倉坪 *Komarov, VL Komaorv s.n.* 22 June 1930 倉坪洞 *Ohwi, J Ohwi s.n.* 20 June 1930 三社面楡坪- 天水洞 *Ohwi, J Ohwi s.n.* 22 July 1897 佳林里 *Komarov, VL Komaorv s.n.* 23 June 1897 大鎮洞-大鎮坪 *Komarov, VL Komaorv s.n.* 26 June 1897 內曲里 *Komarov, VL Komaorv s.n.* 22 July 1897 佳林里 *Komarov, VL Komaorv s.n.* August 1913 長白山 *Mori, T Mori s.n.* 2 June 1918 三下面 *Ishidoya, T Ishidoya s.n.* 2 June 1897 古倉坪-四芝坪 (延面水河谷) *Komarov, VL Komaorv s.n.*

Clematis patens C.Morren & Decne., Bull. Acad. Roy. Sci. Bruxelles 3: 173 (1836)

Common name 큰꽃으아리

Distribution in Korea: North, Central, South

Clematis coerulea Lindl., Edward's Bot. Reg. 23: t. 1955 (1837)
Clematis coerulea Lindl. var. *grandiflora* Hook., Bot. Mag. 69: t. 3983 (1843)
Clematis azurea Turcz., Bull. Soc. Imp. Naturalistes Moscou 27: 272 (1854)
Clematis standishii Van Houtte, Fl. Serres Jard. Paris 16: 39 (1865)
Clematis luloni K.Koch, Dendrologie 1: 435 (1869)
Clematis monstrosa K.Koch, Dendrologie 1: 436 (1869)

Representative specimens; Hwanghae-namdo 21 May 1932 長壽山 *Smith, RK Smith s.n.* **P'yongan-bukto** 28 September 1912 白壁山 *Ishidoya, T Ishidoya s.n.* 17 May 1912 *Ishidoya, T Ishidoya s.n.*

Clematis serratifolia Rehder, Mitt. Deutsch. Dendrol. Ges. 1910: 248 (1910)

Common name 개버무리

Distribution in Korea: North, Central

Clematis orientalis L. var. *serrata* Maxim., Mélanges Biol. Bull. Phys.-Math. Acad. Imp. Sci. Saint-Pétersbourg 9: 853 (1876)
Clematis orientalis L. var. *wilfordii* Maxim., Mélanges Biol. Bull. Phys.-Math. Acad. Imp. Sci. Saint- Pétersbourg 9: 583 (1876)
Clematis intricata Bunge var. *serrata* (Maxim.) Kom., Trudy Imp. S.-Peterburgsk. Bot. Sada 22: 28 (1904)
Clematis intricata Bunge var. *wilfordii* (Maxim.) Kom., Trudy Imp. S.-Peterburgsk. Bot. Sada 22: 28 (1904)
Clematis serrata (Maxim.) Kom., Opred. Rast. Dal'nevost. Kraia 1: 549 (1931)
Clematis wilfordii (Maxim.) Kom., Opred. Rast. Dal'nevost. Kraia 1: 549 (1931)
Clematis sibiricoides Nakai, J. Jap. Bot. 23: 13 (1949)
Clematis serratifolia Rehder f. *wilfordii* (Maxim.) Kitag., Neolin. Fl. Manshur. 299 (1979)
Clematis taeguensis Y.N.Lee, Korean J. Bot. 25: 175 (1982)

Representative specimens; Chagang-do 7 August 1912 Chosan(楚山) *Imai, H Imai s.n.* 2 September 1897 湖芮(鴨綠江) *Komarov, VL Komaorv s.n.* 22 July 1914 山羊 -江口 *Nakai, T Nakai s.n.* **Hamgyong-bukto** 10 August 1933 渡正山門內 *Koidzumi, G Koidzumi s.n.* 11 August 1933 *Koidzumi, G Koidzumi s.n.* 19 June 1909 淸津 *Nakai, T Nakai s.n.* 30 July 1913 羅南 *Ono, I s.n.* 11 September 1935 Saito, T T Saito s.n. 17 July 1918 朱乙溫面甫上洞 *Nakai, T Nakai s.n.* 11 August 1918 *Saito, T T Saito s.n.* 26 July 1935 南阿洞梅岡山 *Saito, T T Saito s.n.* 27 July 1935 鏡城朱北 *Saito, T T Saito2750* 30 July 1936 延上面九州帝大北鮮演習林 *Saito, T T Saito s.n.* 10 October 1937 穩城郡甑山 *Saito, T T Saito s.n.* 1 August 1914 富寧 *Ikuma, Y Ikuma s.n.* 4 September 1934 *Yoshimizu, K s.n.* **Hamgyong-namdo** 1933 Hamhung (咸興) *Nomura, N Nomura s.n.* 8 August 1939 咸興新中里 *Kim, SK s.n.* 27 August 1897 小德川 *Komarov, VL Komaorv s.n.* 17 August 1934 富盛里 *Nomura, N Nomura s.n.* 15 August 1935 赴戰高原 *Fusenkogen Nakai, T Nakai s.n.* 15 August 1935 *Nakai, T Nakai s.n.* 30 August 1934 東下面頭雲峰安基里 *Yamamoto, A Yamamoto s.n.* **Kangwon-do** 10 August 1902 干發告嶺村 *Uchiyama, T Uchiyama s.n.* 7 August 1916 金剛山末輝里方面 *Nakai, T Nakai s.n.* 12 August 1902 墨浦洞 *Uchiyama, T Uchiyama s.n.* 13 August 1902 長淵里 *Uchiyama, T Uchiyama s.n.* 12 August 1902 墨浦洞 *Uchiyama, T Uchiyama s.n.* August 1930 社倉里山谷溪畔 *Nakai, T Nakai s.n.* **P'yongan-bukto** 30 September 1910 Seu Tang(瑞東) 兩嘉ом面 *Mills, RG Mills389* 13 September 1911 東倉面藥水洞 *Ishidoya, T Ishidoya s.n.* **P'yongan-namdo** 20 July 1916 黃玉峯 (黃處嶺?) *Mori, T Mori s.n.* 19 September 1915 成川 *Nakai, T Nakai s.n.* **P'yongyang** 17 September 1912 P'yongyang (平壤) *Imai, H Imai s.n.* **Ryanggang** 23 August 1914 Keizanchin(惠山鎭) *Ikuma, Y Ikuma s.n.* 26 July 1914 三水- 惠山鎭 *Nakai, T Nakai s.n.* 1 July 1897

五是川雲寵江-崔五峰 *Komarov, VL Komaorv s.n.* 29 July 1897 安間嶺-同仁川 (同仁浦里?) *Komarov, VL Komaorv s.n.* 1 August 1897 虛川江 (同仁川) *Komarov, VL Komaorv s.n.* 19 August 1897 葡坪 *Komarov, VL Komaorv s.n.* 4 August 1897 十四道溝-白山嶺 *Komarov, VL Komaorv s.n.* 20 August 1897 內洞-河山嶺 *Komarov, VL Komaorv s.n.* 7 August 1930 合水 *Ohwi, J Ohwi s.n.* 7 August 1930 *Ohwi, J Ohwi s.n.* 7 August 1930 合水 (列結水) *Ohwi, J Ohwi s.n.* 26 July 1897 佳林里/五山里川河谷 *Komarov, VL Komaorv s.n.* 3 August 1914 惠山鎭- 普天堡 *Nakai, T Nakai s.n.* 4 August 1914 普惠面明花洞 *Nakai, T Nakai s.n.* 6 August 1914 胞胎山虛項嶺 *Nakai, T Nakai s.n.* 20 August 1933 三長 *Koidzumi, G Koidzumi s.n.* 16 August 1914 下面江口 *Nakai, T Nakai s.n.*

Clematis terniflora DC., Syst. Nat. (Candolle) 1: 137 (1817)

Common name 참으아리

Distribution in Korea: North, Central, South

Clematis flammula L. var. *robusta* Carrière, Rev. Hort. 46: 465 (1874)
Clematis maximowicziana Franch. & Sav., Enum. Pl. Jap. 2: 261 (1878)
Clematis parviloba Gardner & Champ. var. *maximowicziana* (Franch. & Sav.) Kuntze, Verh. Bot. Vereins Prov. Brandenburg 26: 148 (1885)
Clematis recta L. ssp. *paniculata* (Thunb.) Kuntze, Verh. Bot. Vereins Prov. Brandenburg 26: 115 (1885)
Clematis recta L. ssp. *terniflora* (DC.) Kuntze, Verh. Bot. Vereins Prov. Brandenburg 26: 114 (1885)
Clematis dioscoreifolia H.Lév. & Vaniot, Repert. Spec. Nov. Regni Veg. 7: 339 (1909)
Clematis garanbiensis Hayata, Icon. Pl. Formosan. 9: 1 (1920)
Clematis paniculata var. *dioscoreifolia* (H.Lév. & Vaniot) Rehder, J. Arnold Arbor. 1: 195 (1920)
Clematis paniculata f. *maximowicziana* (Franch.& Sav.) Honda, Bot. Mag. (Tokyo) 51: 644 (1937)
Clematis terniflora DC. f. *maximowicziana* (Franch. & Sav.) Honda, Nom. Pl. Japonic. 505 (1939)
Clematis dioscoreifolia H.Lév. & Vaniot var. *robusta* (Carrière) Rehder, J. Arnold Arbor. 26: 70 (1945)
Clematis terniflora DC. var. *robusta* (Carruth.) Tamura, Acta Phytotax. Geobot. 15: 18 (1953)
Clematis terniflora DC. var. *lancifolia* (Nakai) U.C.La, Fl. Coreana (Im, R.J.) 2: 234 (1996)

Representative specimens; Hwanghae-namdo 5 August 1929 長淵郡長山串 *Nakai, T Nakai s.n.* 25 August 1943 首陽山 *Furusawa, I Furusawa s.n.* 31 July 1929 席島 *Nakai, T Nakai s.n.* **P'yongyang** 23 August 1943 大同郡大寶山 *Furusawa, I Furusawa s.n.*

Clematis terniflora DC. var. *mandshurica* (Rupr.) Ohwi, Acta Phytotax. Geobot. 7: 43 (1938)

Common name 으아리

Distribution in Korea: North, Central

Clematis mandshurica Rupr. var. *angusta* Nakai
Clematis mandshurica Rupr. var. *koreana* (Nakai) Nakai ex Mori
Clematis mandshurica Rupr., Bull. Cl. Phys.-Math. Acad. Imp. Sci. Saint-Pétersbourg 15: 258 (1857)
Clematis recta L. var. *mandshurica* (Rupr.) Maxim., Bull. Acad. Imp. Sci. Saint-Pétersbourg 22: 218 (1876)
Clematis mandshurica Rupr. f. *lancifolia* Nakai, J. Coll. Sci. Imp. Univ. Tokyo 26: 10 (1909)
Clematis recta L. var. *koreana* Nakai, J. Coll. Sci. Imp. Univ. Tokyo 26: 9 (1909)
Clematis recta L. var. *koreana* Nakai f. *lancifolia* Nakai, J. Coll. Sci. Imp. Univ. Tokyo 31: 10 (1909)
Clematis mandshurica Rupr. var. *lancifolia* (Nakai) Nakai, Chosen Shokubutsu 38 (1914)
Clematis liaotungensis Kitag., Rep. Inst. Sci. Res. Manchoukuo 2-7: 291 (1938)
Clematis papuligera Ohwi, Acta Phytotax. Geobot. 7: 44 (1938)
Clematis terniflora DC. var. *koreana* (Nakai) Tamura, Acta Phytotax. Geobot. 15: 18 (1953)

Representative specimens; Chagang-do 16 June 1914 楚山郡雪傷 *Nakai, T Nakai s.n.* 26 August 1897 小德川 (松德水河谷) *Komarov, VL Komaorv s.n.* 28 August 1897 慈城邑(松德水河谷) *Komarov, VL Komaorv s.n.* **Hamgyong-bukto** 24 September 1937 漁游洞 *Saito, T T Saito s.n.* July 1933 羅南 *Yoshimizu, K s.n.* 6 August 1933 會寧古豊山 *Koidzumi, G Koidzumi s.n.* 21 June 1937 龍台 *Saito, T T Saito s.n.* 25 June 1937 *Saito, T T Saito s.n.* 13 July 1918 朱乙溫面生氣嶺 *Nakai, T Nakai s.n.* 21 July 1918 朱乙溫面甫上洞 *Nakai, T Nakai s.n.* 13 July 1918 朱乙溫面生氣嶺 *Nakai, T Nakai s.n.* 6 July 1930 鏡城 *Ohwi, J Ohwi s.n.* 6 July 1930 Kyonson 鏡城 *Ohwi, J Ohwi s.n.* 13 July 1934 朱乙溫面 *Saito, T T Saito s.n.* 25 May 1897 城川江-茂山 *Komarov, VL Komaorv s.n.* 4 August 1933 南陽 *Koidzumi, G Koidzumi s.n.* 12 May 1897 五宗洞 *Komarov, VL Komaorv s.n.* **Hamgyong-namdo** July 1902 端川龍德里摩天嶺 *Mishima, A s.n.* 11 August 1940 咸興歸州寺 *Okuyama, S Okuyama s.n.* **Hwanghae-namdo** 11 June 1931 Anak Kumsan *Smith, RK Smith s.n.* 29 July 1935 長壽山 *Koidzumi, G Koidzumi s.n.* Type of *Clematis papuligera* Ohwi (Holotype KYO)April 1931 載寧 *Smith, RK Smith s.n.* 31 July 1929 席島 *Nakai, T Nakai s.n.* 15 July 1921 Sorai Beach 九味浦 *Mills, RG Mills s.n.* **Kangwon-do** 28 July 1916 金剛山外金剛千佛山 *Mori, T Mori s.n.* 7 August 1916 金剛山末輝里方面 *Nakai, T Nakai s.n.* 7 August 1932 Mt. Kumgang (金剛山) *Nakao, S s.n.* July 1932 *Smith, RK Smith s.n.* 20 August 1902 *Uchiyama, T Uchiyama s.n.* 18 August 1902 金剛山 *Uchiyama, T Uchiyama s.n.* Type of *Clematis recta* L. var. *koreana* Nakai f. *lancifolia* Nakai (Holotype TI)17 August 1902

Uchiyama, T Uchiyama s.n. Type of *Clematis recta* L. var. *koreana* Nakai (Syntype TI) **P'yongan-bukto** 7 June 1914 昌城- 碧潼 *Nakai, T Nakai s.n.* **P'yongan-namdo** 15 July 1916 葛日嶺 *Mori, T Mori s.n.* August 1930 化倉 *Uyeki, H Uyeki s.n.* **P'yongyang** 23 August 1943 大同郡大寶山 *Furusawa, I Furusawa s.n.* 23 August 1943 *Furusawa, I Furusawa s.n.* 28 May 1911 P'yongyang (平壤) *Imai, H Imai s.n.* 18 June 1911 *Imai, H Imai s.n.* 18 June 1911 *Imai, H Imai65* Type of *Clematis mandshurica* Rupr. f. *lancifolia* Nakai (Holotype TI)30 May 1914 *Nakai, T Nakai s.n.* **Ryanggang** 26 July 1914 三水- 惠山鎭 *Nakai, T Nakai s.n.* 1 July 1897 五是川雲寵江-崔五峰 *Komarov, VL Komaorv s.n.* 2 July 1897 雲寵里三水邑 (虛川江岸懸崖) *Komarov, VL Komaorv s.n.* 1 August 1897 虛川江 (同仁川) *Komarov, VL Komaorv s.n.* 7 July 1897 犁方嶺 (鴨綠江羅暖堡) *Komarov, VL Komaorv s.n.* 4 August 1897 十四道溝-白山嶺 *Komarov, VL Komaorv s.n.* 15 August 1897 蓮坪-厚州川-厚州古邑 *Komarov, VL Komaorv s.n.* 19 August 1897 葡坪 *Komarov, VL Komaorv s.n.* 4 July 1897 上水隅理 *Komarov, VL Komaorv s.n.* 6 August 1897 上巨里水 *Komarov, VL Komaorv s.n.* 9 August 1897 長津江下流域 *Komarov, VL Komaorv s.n.* 23 July 1914 李僧嶺 *Nakai, T Nakai s.n.* 26 June 1897 內曲里 *Komarov, VL Komaorv s.n.* 22 July 1897 佳林里 *Komarov, VL Komaorv s.n.* August 1913 長白山 *Mori, T Mori s.n.* 20 August 1933 江口 - 三長 *Koidzumi, G Koidzumi s.n.* 30 May 1897 延面水河谷-古倉坪 *Komarov, VL Komaorv s.n.*

Clematis trichotoma Nakai, Bot. Mag. (Tokyo) 26: 323 (1912)
Common name 할미질빵 (할미밀망)
Distribution in Korea: North, Central, South, Endemic

Representative specimens; Hamgyong-bukto 2 August 1914 車踰嶺 *Ikuma, Y Ikuma s.n.* **Kangwon-do** 28 July 1916 長箭 -高城 *Nakai, T Nakai s.n.* 7 August 1916 金剛山末輝里方面 *Nakai, T Nakai s.n.* 10 June 1932 Mt. Kumgang (金剛山) Ohwi, *J Ohwi s.n.* 7 August 1940 *Okuyama, S Okuyama s.n.*

Clematis turyusanensis U.C.La & Chae G.Chen, Bull. Acad. Sci. Korea 6: 42 (1992)
Common name 바위종덩굴
Distribution in Korea: North (P'yongan)
Clematis pseudokoreana R.J.Im & U.C.La, Bull. Acad. Sci. Korea 6: 43 (1992)

Delphinium Raf.
Delphinium grandiflorum L., Sp. Pl. 531 (1753)
Common name 제비고깔
Distribution in Korea: North
  Delphinium sinense Fisch. ex Link, Enum. Hort. Berol. Alt. 2: 80 (1822)
  Delphinium bonatii H.Lév., Repert. Spec. Nov. Regni Veg. 7: 99 (1909)
  Delphinium grandiflorum L. var. *chinense* Fisch. ex DC., Syst. Nat. (Candolle) 1: 351 (1918)
  Delphinium grandiflorum L. var. *tigridium* Kitag., Rep. Exped. Manchoukuo Sect. IV, Pt. 4, Index Fl. Jeholensis 17 (1936)
  Chienia honanensis W.T.Wang, Acta Phytotax. Sin. 9: 104 (1964)

Representative specimens; Hamgyong-bukto 12 June 1897 西溪水 *Komarov, VL Komaorv s.n.*

Delphinium maackianum Regel, Tent. Fl.-Ussur. 9 (1861)
Common name 큰제비고깔
Distribution in Korea: North, Central
  Delphinium lycoctonifolium H.Lév. & Vaniot, Repert. Spec. Nov. Regni Veg. 7: 100 (1909)
  Delphinium maackianum Regel var. *album* Nakai, Bot. Mag. (Tokyo) 28: 303 (1914)
  Delphinium maackianum Regel var. *lasiophyllum* Nakai, J. Jap. Bot. 13: 471 (1937)
  Delphinium maackianum Regel f. *lasiocarpum* (Regel) Kitag., J. Jap. Bot. 36: 21 (1961)
  Delphinium maackianum Regel f. *albiflorum* S.H.Li & Z.F.Fang, Fl. Pl. Herb. Chin. Bor.-Or. 3: 229 (1975)
  Delphinium maackianum Regel var. *lasiocarpum* Regel, Neolin. Fl. Manshur. 585 (1979)
  Delphinium maackianum Regel var. *ussuriense* Regel, Neolin. Fl. Manshur. 585 (1979)
  Delphinium maackianum Regel f. *album* (Nakai) W.T.Lee, Lineamenta Florae Koreae 329 (1996)

Representative specimens; Chagang-do 7 August 1912 Chosan(楚山) *Imai, H Imai s.n.* 22 July 1914 山羊 -江口 *Nakai, T Nakai s.n.* **Hamgyong-bukto** 11 August 1935 羅南 *Saito, T T Saito s.n.* 11 August 1935 *Saito, T T Saito s.n.* 6 August 1933 茂山嶺 *Koidzumi, G Koidzumi s.n.* 11 August 1907 Tokyo *Jenshokusha s.n.* 2 September 1914 車踰嶺 *Ikuma, Y Ikuma s.n.* August 1913 *Mori, T Mori s.n.* **Hamgyong-namdo** 23 July 1933 東上面漢岱里 *Koidzumi, G Koidzumi s.n.* 15 August 1935 赴戰高原 Fusenkogen *Nakai, T Nakai s.n.* 15 August 1935 *Nakai, T Nakai15457* Type of *Delphinium maackianum* Regel var. *lasiophyllum* Nakai (Holotype TI)14 August 1940 *Okuyama, S Okuyama s.n.* **Kangwon-do** 8 August 1902 下仙里村 *Uchiyama, T Uchiyama s.n.* 8 August 1916 長淵里 *Nakai, T Nakai s.n.* **Ryanggang** 19 July 1897 Keizanchin(惠山鎭) *Komarov, VL Komaorv s.n.* 18 July 1897 *Komarov, VL Komaorv s.n.* 15 August 1935 北水白山 *Hozawa,*

S Hozawa s.n. 25 July 1914 遮川里三水 *Nakai, T Nakai s.n.* 28 July 1930 合水 (列結水) *Ohwi, J Ohwi s.n.* 1 August 1930 島內 - 合水 *Ohwi, J Ohwi s.n.* 28 July 1930 合水 *Ohwi, J Ohwi s.n.* 22 July 1897 佳林里 *Komarov, VL Komaorv s.n.* 15 August 1914 白頭山 *Ikuma, Y Ikuma s.n.* August 1913 長白山 *Mori, T Mori95* Type of *Delphinium maackianum* Regel var. *album* Nakai (Holotype TI)

Delphinium naviculare W.T.Wang, Acta Bot. Sin. 10: 82 (1962)

Common name 배제비고깔

Distribution in Korea: North

Enemion Raf.
Enemion raddeanum Regel, Bull. Soc. Imp. Naturalistes Moscou 34: 61 (1861)

Common name 나도바람꽃

Distribution in Korea: North, Jeju

  Enemion raddeanum Regel var. *japonicum* Franch. & Sav., Enum. Pl. Jap. 2 (1878)
  Isopyrum raddeanum (Regel) Maxim., Mélanges Biol. Bull. Phys.-Math. Acad. Imp. Sci.
  Saint- Pétersbourg 11: 639 (1883)
  Enemion leveilleanum Nakai, Enum. Pl. Corea : 158 (1922)
  Enemion leveilleanum (Nakai) Nakai, Bull. Natl. Sci. Mus., Tokyo 31: 30 (1952)

Representative specimens; Hamgyong-bukto July 1932 冠帽峰 *Ohwi, J Ohwi s.n.Saito, T T Saito s.n.* 31 May 1934 *Saito, T T Saito857* 12 June 1914 延上面九州帝大北鮮演習林 *Hatsushima, S Hatsushima7849* 23 May 1897 車踰嶺 *Komarov, VL Komaorv s.n.* 23 May 1897 *Komarov, VL Komaorv s.n.* 10 June 1897 西溪水 *Komarov, VL Komaorv s.n.* 17 June 1930 四踰嶺 *Ohwi, J Ohwi1255* **Kangwon-do** 10 June 1932 Mt. Kumgang (金剛山) *Ohwi, J Ohwi s.n.* **Ryanggang** 5 August 1897 白山嶺 *Komarov, VL Komaorv s.n.* 7 August 1897 上巨里水 *Komarov, VL Komaorv s.n.* 22 June 1930 倉坪領 *Ohwi, J Ohwi s,n.* 21 August 1914 崔哥嶺 *Ikuma, Y Ikuma s.n.* August 1913 *Mori, T Mori s.n.* 3 June 1897 四芝坪 *Komarov, VL Komaorv s.n.*

Eranthis Salisb.
Eranthis stellata Maxim., Mem. Acad. Imp. Sci. St.-Petersbourg Divers Savans 9: 22 (1859)

Common name 너도바람꽃

Distribution in Korea: North, Central, South

  Eranthis uncinata Turcz. var. *puberula* Regel & Maack, Tent. Fl.-Ussur. 8, 25 (1861)
  Eranthis vaniotiana H.Lév., Bull. Acad. Int. Geogr. Bot. 11: 299 (1902)
  Shibateranthis stellata (Maxim.) Nakai, Bot. Mag. (Tokyo) 51: 364 (1937)

Representative specimens; Chagang-do 13 May 1911 Kang-gei(Kokai 江界) *Mills, RG Mills331* **Hamgyong-bukto** 23 May 1897 車踰嶺 *Komarov, VL Komaorv s.n.* 12 June 1897 西溪水 *Komarov, VL Komaorv s.n.* **Rason** 5 June 1930 西水羅 オ ガ リ 岩 *Ohwi, J Ohwi s.n.*

Halerpestes
Halerpestes sarmentosa (Adams) Kom., Opred. Rast. Dal'nevost. Kraia 1: 550 (1931)

Common name 나도마름아재비

Distribution in Korea: North

Isopyrum Adans.
Isopyrum manshuricum Kom., Bot. Mater. Gerb. Glavn. Bot. Sada SSSR 6: 5 (1926)

Common name 만주바람꽃

Distribution in Korea: North, Central, South

  Semiaquilegia manshurica Kom., Bot. Mater. Gerb. Glavn. Bot. Sada SSSR 6: 5 (1926)
  Isopyrum yamatsutanum Ohwi, Acta Phytotax. Geobot. 1: 80 (1932)

Leptopyrum Rchb.
Leptopyrum fumarioides (L.) Rchb., Consp. Regn. Veg. 0: 192 (1828)

Common name 바디풀

Distribution in Korea: North

  Isopyrum fumarioides L., Sp. Pl. 557 (1753)

Helleborus fumarioides (L.) Lam., Encycl. (Lamarck) 3: 99 (1789)

Representative specimens; Hamgyong-bukto 15 June 1933 鏡城 *Na-nam-go-nyeo school s.n.* 4 July 1936 *Saito, T T Saito2490* 26 May 1897 茂山 *Komarov, VL Komaorv s.n.*

Megaleranthis Ohwi
Megaleranthis saniculifolia Ohwi, Acta Phytotax. Geobot. 4: 131 (1935)

Common name 운봉금매화 (모데미풀)

Distribution in Korea: North (Chagang, Kwangwon, Gangwon), Central, South, Endemic
　　Trollius chosenensis Ohwi, Acta Phytotax. Geobot. 6: 151 (1937)

Representative specimens; Kangwon-do 15 June 1938 安邊郡衛益面三防 *Park, MK Park s.n.*

Pulsatilla Mill.
Pulsatilla cernua (Thunb.) Bercht. & J.Presl, Reliq. Haenk. 1: 22 (1825)

Common name 할미꽃

Distribution in Korea: North, Central, South, Jeju
　　Anemone cernua Thunb., Syst. Veg., ed. 14 (J. A. Murray) 510 (1784)
　　Anemone cernua Thunb. var. *koreana* Y.Yabe ex Nakai, J. Coll. Sci. Imp. Univ. Tokyo 26: 19 (1909)
　　Pulsatilla nivalis Nakai, Bot. Mag. (Tokyo) 33: 50 (1919)
　　Pulsatilla koreana (Y.Yabe ex Nakai) Nakai ex T. Mori, Enum. Pl. Corea 159 (1922)
　　Pulsatilla cernua (Thunb.) Bercht. & J.Presl var. *koreana* (Y.Yabe ex Nakai) U.C.La f. *flava* Y.N.Lee, Res. Inst. Culture Kor. 10: 3 (1967)
　　Pulsatilla cernua (Thunb.) Bercht. & J.Presl var. *koreana* (Y.Yabe ex Nakai) U.C.La, Fl. Coreana (Im, R.J.) 2: 212 (1996)
　　Pulsatilla koreana (Y.Yabe ex Nakai) Nakai ex T.Mori f. *flava* (Y.N.Lee) W.T.Lee, Lineamenta Florae Koreae 333 (1996)

Representative specimens; Hamgyong-bukto 4 May 1933 羅南西北谷 *Saito, T T Saito s.n.* 22 April 1935 羅南西北側 *Saito, T T Saito s.n.* 20 May 1897 茂山嶺 *Komarov, VL Komaorv s.n.* 15 June 1930 *Ohwi, J Ohwi s.n.* 15 May 1909 新豊山 *Tong-im-gan-pa (Kenzo Maeda) s.n.* 19 July 1918 冠帽山 *Nakai, T Nakai7025* Type of *Pulsatilla nivalis* Nakai (Syntype TI)19 July 1918 冠帽山 2200m *Nakai, T Nakai7026* Type of *Pulsatilla nivalis* Nakai (Syntype TI)25 May 1930 鏡城 *Ohwi, J Ohwi s.n.* 27 May 1930 Kyonson 鏡城 *Ohwi, J Ohwi s.n.* July 1932 冠帽峰 *Ohwi, J Ohwi s.n.* 1 June 1934 *Saito, T T Saito s.n.* 21 July 1933 *Saito, T T Saito s.n.* 4 August 1932 *Saito, T T Saito s.n.* 23 May 1897 車踰嶺 *Komarov, VL Komaorv s.n.* 10 June 1897 西溪水 *Komarov, VL Komaorv s.n.* **Hamgyong-namdo** 1928 Hamhung (咸興) *Seok, JM s.n.* 28 April 1935 保庄 - 三巨 *Nomura, N Nomura s.n.* **Hwanghae-namdo** 31 July 1929 席島 *Nakai, T Nakai s.n.* 1 August 1929 椒島 *Nakai, T Nakai s.n.* 24 July 1929 夢金浦 *Nakai, T Nakai s.n.* **Kangwon-do** 7 June 1909 元山 *Nakai, T Nakai s.n.* **Rason** 11 May 1897 豆滿江三角洲-五宗洞 *Komarov, VL Komaorv s.n.* **Ryanggang** 1 August 1897 虛川江 (同仁川) *Komarov, VL Komaorv s.n.* 15 August 1897 蓮坪-厚州川-厚州古邑 *Komarov, VL Komaorv s.n.* 7 June 1897 平蒲坪 *Komarov, VL Komaorv s.n.* 26 May 1938 農事洞 *Saito, T T Saito s.n.*

Pulsatilla chinensis (Bunge) Regel, Tent. Fl.-Ussur. 5 5 (1861)

Common name 중국할미꽃

Distribution in Korea: North
　　Anemone chinensis Bunge, Enum. Pl. Chin. Bor. 2 (1833)

Representative specimens; P'yongan-namdo Maengsan (孟山) *Unknown s.n.*

Pulsatilla dahurica (Fisch. ex DC.) Spreng., Syst. Veg. (ed. 16) [Sprengel] 2: 663 (1825)

Common name 분홍할미꽃

Distribution in Korea: North, Central, South
　　Anemone dahurica Fisch. ex DC., Prodr. (DC.) 1: 17 (1824)

Representative specimens; Chagang-do 28 August 1897 慈城邑(松德水河谷) *Komarov, VL Komaorv s.n.* 23 May 1911 Kang-gei(Kokai 江界) *Mills, RG Mills s.n.* **Hamgyong-bukto** 28 May 1937 輸城 *Saito, T T Saito s.n.* 19 May 1897 茂山嶺 *Komarov, VL Komaorv s.n.* 19 May 1897 *Komarov, VL Komaorv s.n.* 9 May 1938 鶴西面德仁 *Saito, T T Saito s.n.* 30 May 1934 甫上洞南河瑞 *Saito, T T Saito s.n.* 23 May 1897 車踰嶺 *Komarov, VL Komaorv s.n.* 6 July 1936 南山面 *Saito, T T Saito s.n.* **Ryanggang** 1 July 1897 五是川雲龍江-崔五峰 *Komarov, VL Komaorv s.n.* 19 August 1897 葡坪 *Komarov, VL Komaorv s.n.* August 1913 長白山 *Mori, T Mori s.n.* 1 June 1897 古倉坪-四芝坪(延面水河谷) *Komarov, VL Komaorv s.n.* **Sinuiju** 29 April 1920 新義州中島 *Ishidoya, T Ishidoya s.n.*

***Ranunculus* L.**

Ranunculus amurensis Kom., Trudy Imp. S.-Peterburgsk. Bot. Sada 22 (1): 294 (1904)

Common name 긴잎바구지

Distribution in Korea: North

Representative specimens; Rason 11 May 1897 豆滿江三角洲-五宗洞 *Komarov, VL Komaorv s.n.*

Ranunculus borealis Trautv., Bull. Soc. Imp. Naturalistes Moscou 33: 72 (1860)

Common name 구름바구지

Distribution in Korea: North

Ranunculus chinensis Bunge, Enum. Pl. Chin. Bor. 3 (1831)

Common name 애기젓가락풀 (젓가락나물)

Distribution in Korea: North, Central, South, Jeju
    Ranunculus pensylvanicus L.f. var. *chinensis* Maxim., Enum. Pl. Mongolia 1: 23 (1889)
    Ranunculus sceleratiformis Raikova, Bot. Mater. Gerb. Glavn. Bot. Sada RSFSR 4: 171 (1923)

Representative specimens; Hamgyong-bukto 12 June 1930 Kyonson 鏡城 *Ohwi, J Ohwi s.n.* 5 July 1933 鏡城 *Saito, T T Saito s.n.* 20 June 1909 富寧 *Nakai, T Nakai s.n.* **Hamgyong-namdo** 11 August 1940 咸興錦州寺 *Okuyama, S Okuyama s.n.* **Hwanghae-bukto** 29 May 1939 白川邑 *Hozawa, S Hozawa s.n.* **Hwanghae-namdo** April 1931 載寧 *Smith, RK Smith s.n.* 29 July 1921 Sorai Beach 九味浦 *Mills, RG Mills s.n.* **Kangwon-do** 7 June 1909 元山 *Nakai, T Nakai s.n.* **P'yongan-bukto** 5 August 1937 妙香山 *Hozawa, S Hozawa s.n.* **P'yongan-namdo** 15 July 1916 葛日嶺 *Mori, T Mori s.n.* **P'yongyang** 3 July 1910 P'yongyang (平壤) *Imai, H Imai s.n.* 26 May 1912 *Imai, H Imai s.n.* 24 June 1909 平壤大同江岸 *Imai, H Imai s.n.* **Rason** 11 May 1897 豆滿江三角洲-五宗洞 *Komarov, VL Komaorv s.n.* **Ryanggang** 1 August 1897 虛川江 (同仁川) *Komarov, VL Komaorv s.n.* 8 July 1897 羅暖堡 *Komarov, VL Komaorv s.n.* 15 July 1935 小長白山 *Irie, Y s.n.* 1 August 1934 *Kojima, K Kojima s.n.* 8 August 1914 農事洞 *Ikuma, Y Ikuma s.n.* 31 May 1897 延面水河谷-古倉坪 *Komarov, VL Komaorv s.n.*

Ranunculus franchetii H.Boissieu, Bull. Herb. Boissier 7: 591 (1899)

Common name 왜미나리아재비

Distribution in Korea: North, Central
    Ranunculus polyrhizos var. *major* Maxim., Mem. Acad. Imp. Sci. St.-Petersbourg Divers
    Savans 9: 201 (1859)
    Ranunculus ussuriensis Kom., Bot. Mater. Gerb. Glavn. Bot. Sada SSSR 6: 7 (1926)

Representative specimens; Kangwon-do 18 April 1919 淮陽郡蘭谷 *Ishidoya, T Ishidoya 2954* 15 May 1940 熊灘面烽燧嶺 *Jeon, SK Jeon SK s.n.* 25 April 1919 平康郡洗浦 *Ishidoya, T Ishidoya s.n.* **Rason** 5 June 1930 西水羅オガリ岩 *Ohwi, J Ohwi s.n.* **Ryanggang** 14 August 1914 無頭峯 *Ikuma, Y Ikuma s.n.*

Ranunculus gmelinii DC., Syst. Nat. (Candolle) 1: 303 (1817)

Common name 물미나리아재비

Distribution in Korea: North (Samjiyeon)
    Ranunculus pusillus Ledeb., Mem. Acad. Imp. Sci. St.-Petersbourg Hist. Acad. 5: 546 (1815)
    Ranunculus langsdorffii DC., Prodr. (DC.) 1: 34 (1824)
    Ranunculus fauriei H.Lév., Repert. Spec. Nov. Regni Veg. 7: 101 (1909)

Representative specimens; Ryanggang 6 June 1897 平蒲坪 *Komarov, VL Komaorv s.n.* 8 June 1897 平蒲坪-倉坪 *Komarov, VL Komaorv s.n.* 23 June 1930 倉坪延岩洞間 *Ohwi, J Ohwi s.n.* 20 June 1930 天水洞 (長沙) *Ohwi, J Ohwi s.n.* 23 June 1930 倉坪延岩洞間 *Ohwi, J Ohwi s.n.* 24 June 1930 延岩洞-上村 *Ohwi, J Ohwi s.n.* 23 June 1930 倉坪延岩洞間 *Ohwi, J Ohwi s.n.* 20 June 1930 長沙(天水洞附近) 濕地 *Ohwi, J Ohwi s.n.*

Ranunculus japonicus Thunb., Trans. Linn. Soc. London 2: 337 (1794)

Common name 미나리아재비, 바구지 (미나리아재비)

Distribution in Korea: North, Central, South, Jeju, Ulleung
    Ranunculus acris Regel, Tent. Fl.-Ussur. 18 (1861)
    Ranunculus acris Regel var. *japonicus* (Thunb.) Maxim., Enum. Pl. Mongolia 1: 21 (1889)
    Ranunculus acris Regel ssp. *stevenii* (Andrz.) Korsh., Trudy Imp. S.-Peterburgsk. Bot. Sada 12: 297 (1893)

Ranunculus labordei H.Lév. & Vaniot, Bull. Acad. Int. Geogr. Bot. 11: 50 (1902)
Ranunculus petiolatus H.Lév. & Vaniot, Bull. Soc. Bot. France 53: 389 (1906)
Ranunculus novus H.Lév. & Vaniot, Bull. Soc. Bot. France 53: 389 (1906)
Ranunculus coreanus H.Lév., Repert. Spec. Nov. Regni Veg. 7: 101 (1909)
Ranunculus crucilobus H.Lév., Repert. Spec. Nov. Regni Veg. 11: 32 (1912)
Ranunculus crucilobus H.Lév. var. *glabratus* H.Lév., Repert. Spec. Nov. Regni Veg. 11: 32 (1912)
Ranunculus acris Regel var. *schizophyllus* Nakai,Repert. Spec. Nov. Regni Veg. 13: 270 (1914)
Ranunculus acris Regel ssp. *japonicus* (Thunb.) Hultén, Kongl. Svenska Vetensk. Acad. Handl. ser. 3, 5: 120 (1928)
Ranunculus grandis Honda, Bot. Mag. (Tokyo) 43: 657 (1929)
Ranunculus acris Regel var. *elatus* Nakai, J. Jap. Bot. 13: 472 (1937)
Ranunculus acris Regel var. *nipponicus* H.Hara, J. Jap. Bot. 13: 777 (1937)
Ranunculus transochotensis H.Hara, J. Jap. Bot. 13: 775 (1937)
Ranunculus acris Regel var. *austrokurilensis* Tatew., Rep. Veg. Is. Shikotan 34 (1940)
Ranunculus japonicus Thunb. var. *monticola* Kitag., Rep. Inst. Sci. Res. Manchoukuo 5: 153 (1941)
Ranunculus crucilobus H.Lév. var. *chrysotrichus* Nakai, J. Jap. Bot. 18: 607 (1942)
Ranunculus paishanensis Kitag. var. *oreodoxa* Kitag., J. Jap. Bot. 19: 69 (1943)
Ranunculus japonicus Thunb. var. *latissimus* Kitag., J. Jap. Bot. 19: 68 (1943)
Ranunculus grandis Honda var. *austrokurilensis* (Tatew.) H.Hara, J. Jap. Bot. 19: 359 (1943)
Ranunculus grandis Honda var. *ozensis* H.Hara, J. Jap. Bot. 19: 360 (1943)
Ranunculus grandis Honda var. *transochotensis* (H.Hara) H.Hara, J. Jap. Bot. 19: 360 (1943)
Ranunculus acris Regel f. *oreodoxa* (Kitag.) Tamura, Acta Phytotax. Geobot. 16: 111 (1956)
Ranunculus acris Regel var. *monticola* (Kitag.) Tamura, Acta Phytotax. Geobot. 16: 111 (1956)
Ranunculus japonicus Thunb. var. *chrysotricus* (Nakai) Tamura, Acta Phytotax. Geobot. 24: 164 (1970)
Ranunculus subcorymbosus Kom. var. *austrokurilensis* (Tatew.) Tamura, Acta Phytotax. Geobot. 24: 165 (1970)
Ranunculus subcorymbosus Kom. var. *ozensis* (H.Hara) Tamura, Acta Phytotax. Geobot. 24: 166 (1970)
Ranunculus paishanensis Kitag. f. *oreodoxa* (Kitag.) Kitag., Neolin. Fl. Manshur. 308 (1979)
Ranunculus paishanensis Kitag., Neolin. Fl. Manshur. 585 (1979)
Ranunculus japonicus Thunb. f. *latissimus* (Kitag.) Kitag., Neolin. Fl. Manshur. 307 (1979)
Ranunculus japonicus Thunb. var. *cruvilobus* (H.Lév.) M.Kim, Korean Endemic Pl. : 55 (2004)

Representative specimens; Chagang-do 26 August 1897 小德川 (松德水河谷) *Komarov, VL Komaorv s.n.* 28 April 1910 Kang-gei(Kokai 江界) *Mills, RG Mills s.n.* 6 July 1911 *Mills, RG Mills s.n.*15 July 1942 大紅山 1800m 以上草地 *Jeon, SK JeonSK s.n.* 22 July 1916 狼林山 *Mori, T Mori s.n.* 10 July 1914 蔥田嶺 *Nakai, T Nakai s.n.* 11 July 1914 *Nakai, T Nakai s.n.* **Hamgyong-bukto** 21 May 1897 茂山嶺-蕨坪 (照日洞) *Komarov, VL Komaorv s.n.* 15 June 1909 Sungjin (城津) *Nakai, T Nakai s.n.* 19 July 1918 冠帽山 *Nakai, T Nakai s.n.* 25 May 1930 鏡城 *Ohwi, J Ohwi s.n.* 25 May 1930 *Ohwi, J Ohwi s.n.* 25 May 1930 Kyonson 鏡城 *Ohwi, J Ohwi s.n.* July 1932 冠帽峰 *Ohwi, J Ohwi s.n.* 17 May 1936 冠帽峰(京大栽培) *Ohwi, J Ohwi s.n.* 13 May 1935 城川江-茂山 *Komarov, VL Komaorv s.n.* 25 May 1897 城川江-茂山 *Komarov, VL Komaorv s.n.* 7 June 1936 茂山面 *Minamoto, M s.n.* 25 July 1918 雪嶺 *Nakai, T Nakai s.n.* 25 July 1918 *Nakai, T Nakai s.n.* 25 June 1930 *Ohwi, J Ohwi s.n.* 7 August 1933 *Saito, T T Saito s.n.* 1 August 1914 富寧 *Ikuma, Y Ikuma s.n.* 10 June 1897 西溪水 *Komarov, VL Komaorv s.n.* Type of *Ranunculus acris* Regel var. *schizophyllus* Nakai (Holotype TI)10 June 1897 *Komarov, VL Komaorv s.n.* 4 June 1897 四芝嶺 *Komarov, VL Komaorv s.n.* **Hamgyong-namdo** 11 August 1940 咸興歸州寺 *Okuyama, S Okuyama s.n.* 17 June 1932 東白山 *Ohwi, J Ohwi s.n.* 2 September 1934 蓮花山斗安分子谷 *Yamamoto, A Yamamoto s.n.* 18 August 1943 赴戰高原咸地院 *Honda, M Honda s.n.* 27 July 1933 東上面元豊 *Koidzumi, G Koidzumi s.n.* 25 July 1933 東上面遮日峯 *Koidzumi, G Koidzumi s.n.* 15 August 1936 赴戰高原 Fusenkogen *Nakai, T Nakai s.n.* 16 August 1935 *Nakai, T Nakai15460* Type of *Ranunculus acris* Regel var. *elatus* Nakai (Holotype TI)20 June 1932 東上面元豊里 *Ohwi, J Ohwi s.n.* 15 August 1940 遮日峯 *Okuyama, S Okuyama s.n.* **Hwanghae-bukto** 29 May 1939 白川邑 *Hozawa, S Hozawa s.n.* **Hwanghae-namdo** 29 June 1922 Sorai Beach 九味浦 *Mills, RG Mills s.n.* 24 July 1929 夢金浦 *Nakai, T Nakai s.n.* **Kangwon-do** 20 August 1902 Mt. Kumgang (金剛山) *Uchiyama, T Uchiyama s.n.* 9 June 1909 元山 *Nakai, T Nakai s.n.* 7 June 1939 *Nakai, T Nakai s.n.* 1938 山林課元山出張所 *Tsuya, S s.n.* 25 May 1935 元山 *Yamagishi, S s.n.* 27 April 1935 *Yamagishi, S s.n.* **P'yongan-bukto** 3 June 1912 白壁山 *Ishidoya, T Ishidoya s.n.* **P'yongan-namdo** 15 July 1916 葛日嶺 *Mori, T Mori s.n.* 15 June 1928 陽德 *Nakai, T Nakai s.n.* **P'yongyang** 28 May 1911 P'yongyang (平壤) *Imai, H Imai s.n.* 13 September 1902 萬景臺 *Uchiyama, T Uchiyama s.n.* **Rason** 5 June 1930 西水羅 オガリ岩 *Ohwi, J Ohwi s.n.* 5 June 1930 西水羅 *Ohwi, J Ohwi s.n.* 5 June 1930 *Ohwi, J Ohwi s.n.* **Ryanggang** 1 July 1897 五是川雲寵江-崔五峰 *Komarov, VL Komaorv s.n.* 1 August 1897 虛川江 (同仁川) *Komarov, VL Komaorv s.n.* 7 July 1897 犁方嶺 (鴨綠江羅暖堡) *Komarov, VL Komaorv s.n.* 3 July 1897 三水邑-上水隅理 *Komarov, VL Komaorv s.n.* 7 June 1897 平蒲坪 *Komarov, VL Komaorv s.n.* 22 June 1930 倉坪嶺 *Ohwi, J Ohwi s.n.* 19 June 1930 楡坪 *Ohwi, J Ohwi s.n.* 19 June 1930 *Ohwi, J Ohwi s.n.* 22 June 1930 倉坪嶺 *Ohwi, J Ohwi s.n.* 19 June 1930 崔哥嶺 *Ikuma, Y Ikuma s.n.* 20 July 1897 佳林里 *Nakai, T Nakai s.n.* 29 June 1897 栢德嶺 *Komarov, VL Komaorv s.n.* 25 July 1897 佳林里 *Komarov, VL Komaorv s.n.* August 1913 崔哥嶺 *Mori, T Mori s.n.* 11 July 1917 胞胎山麓 *Furumi, M Furumi s.n.* 13 August 1913 白頭山 *Hirai, H Hirai s.n.* August 1913 長白山 *Mori, T Mori s.n.* 10 August 1914 白頭山 *Nakai, T Nakai s.n.* 2 August 1942 *Saito, T T Saito s.n.* 1 June 1897 古倉坪-四芝坪 (延面水河谷) *Komarov, VL Komaorv s.n.*

Ranunculus japonicus Thunb. var. *propinquus* (C.A.Mey.) W.T.Wang, Bull. Bot. Res., Harbin 15 (3): 305 (1995)

Common name 산미나리아재비

Distribution in Korea: North
  Ranunculus steveni Andrz. ex Besser, Enum. Pl. (Besser) : 22 (1822)
  Ranunculus acris Regel var. *stevenii* (Andrz. ex Besser) Lange, Haandb. Danske Fl. : 380 (1850)
  Ranunculus propinquus Maxim., Mem. Acad. Imp. Sci. St.-Petersbourg Divers Savans 9: 20 (1859)
  Ranunculus japonicus Thunb. var. *stevenii* (Andrz. ex Besser) U.C.La, Fl. Coreana (Im, R.J.) 2: 246 (1996)

Representative specimens; **Hamgyong-bukto** 25 June 1930 雪嶺 *Ohwi, J Ohwi s.n.* **Ryanggang** 19 June 1930 楡坪 *Ohwi, J Ohwi s.n.* 22 June 1930 倉坪嶺 *Ohwi, J Ohwi s.n.* 21 June 1930 天水洞 *Ohwi, J Ohwi s.n.*

Ranunculus natans C.A.Mey., Fl. Altaic. 2: 315 (1830)

Common name 북미나리아재비

Distribution in Korea: North
  Ranunculus radicans C.A.Mey., Fl. Altaic. 2: 316 (1830)

Ranunculus repens L., Sp. Pl. 554 (1753)

Common name 큰벋는미나리아재비 (기는미나리아재비)

Distribution in Korea: North
  Ranunculus intermedius Eaton, Man. Bot. (A. Eaton), ed. 3 424 (1822)
  Ranunculus lagascanus DC., Prodr. (DC.) 1: 43 (1824)
  Ranunculus clintonii Beck, Bot. North. Middle States [Beck] 9 (1833)
  Ranunculus repens L. var. *brevistylus* Maxim., Trudy Imp. S.-Peterburgsk. Bot. Sada 11: 25 (1890)
  Ranunculus repens L. var. *major* Nakai, Bot. Mag. (Tokyo) 42: 23 (1928)
  Ranunculus repens L. f. *polypetalum* S.H.Li & Y.Huei Huang, Fl. Pl. Herb. Chin. Bor.-Or. 3: 200-230 (1975)

Representative specimens; **Hamgyong-bukto** 15 June 1909 Sungjin (城津) Nakai,*T Nakai s.n.* 25 May 1930 Kyonson 鏡城 *Ohwi, J Ohwi s.n.* 12 June 1930 Ohwi, *J Ohwi s.n.* 29 May 1897 釜所哥谷 *Komarov, VL Komaorv s.n.* 27 June 1938 慶源郡龍德面 *Saito, T T Saito s.n.* **Hamgyong-namdo** July 1902 端川龍德里摩天嶺 *Mishima, A s.n.* **Rason** 6 June 1930 西水羅 *Ohwi, J Ohwi s.n.*

Ranunculus sarmentosus Adams, Mem. Soc. Imp. Naturalistes Moscou 9: 244 (1834)

Common name 나도마름아재비

Distribution in Korea: North
  Ranunculus salsuginosus Pall., Reise Russ. Reich. 3: 213 (1776)
  Halerpestes salsuginosa (Pall.) Greene, Pittonia 4: 207 (1900)
  Ranunculus subsimilis Printz, Veg. Siber.-Mongol. Front. 239 (1921)
  Ranunculus cymbalaria Pursh ssp. *sarmentosus* (Adams) Kitag., Rep. Exped. Manchoukuo Sect. IV, Pt. 4, Index Fl. Jeholensis 18 (1936)
  Ranunculus cymbalaria Pursh ssp. *subsimilis* (Printz) Kitag., Rep. Exped. Manchoukuo Sect. IV, Pt. 4, Index Fl. Jeholensis 18 (1936)

Representative specimens; **Rason** 4 June 1930 西水羅 *Ohwi, J Ohwi s.n.* 4 June 1930 Ohwi, *J Ohwi s.n.*

Ranunculus sceleratus L., Sp. Pl. 551 (1753)

Common name 개구리자리

Distribution in Korea: North, Central, South, Ulleung
  Hecatonia palustris Lour., Fl. Cochinch. 303 (1790)
  Ranunculus oryzetorum Bunge, Enum. Pl. Chin. Bor. 2 (1833)
  Ranunculus sceleratus L. var. *sinensis* H.Lév. & Vaniot, Bull. Herb. Boissier ser.2, 6: 505 (1906)
  Ranunculus tachiroei Franch. & Sav. f. *glabrescens* (Sakata) W.T.Lee, Lineamenta Florae Koreae 341 (1996)

Representative specimens; **Hamgyong-bukto** 28 May 1930 Kyonson 鏡城 *Ohwi, J Ohwi s.n.* **Hamgyong-namdo** 29 June 1940 定平郡宣德面 *Suzuki, T s.n.* **Hwanghae-bukto** 29 May 1939 白川邑 *Hozawa, S Hozawa s.n.*

Ranunculus smirnovii Ovcz., Fl. URSS 8: 745 (1937)

Common name 털바구지

Distribution in Korea: North

Ranunculus japonicus Thunb. var. *smirnovii* (Ovcz.) L.Liou, Fl. Reipubl. Popularis Sin. 28: 314 (1980)

Ranunculus tachiroei Franch. & Sav., Enum. Pl. Jap. 2: 267 (1878)

Common name 개구리미나리

Distribution in Korea: North, Central, South, Jeju

Ranunculus cantoniensis DC. ssp. *tachiroei* (Franch. & Sav.) Kitam., Acta Phytotax. Geobot. 20: 204 (1962)

Representative specimens; **Chagang-do** 20 June 1910 Kang-gei(Kokai 江界) *Mills, RG Mills474* **Hwanghae-namdo** 5 August 1929 長淵郡長山串 *Nakai, T Nakai s.n.* 29 July 1921 Sorai Beach 九味浦 *Mills, RG Mills s.n.* **Kangwon-do** 28 July 1916 長箭 - 高城 *Nakai, T Nakai s.n.* 11 July 1936 金剛山外金剛千佛山 *Nakai, T Nakai s.n.* 4 September 1916 洗浦-蘭谷 *Nakai, T Nakai s.n.* 7 August 1932 元山 *Kitamura, S Kitamura s.n.*

Ranunculus ternatus Thunb., Fl. Jap. (Thunberg) 241 (1784)

Common name 개구리갓

Distribution in Korea: North, Central, South, Jeju

Ranunculus extorris Hance, Ann. Sci. Nat., Bot. 5,5: 204 (1866)
Ranunculus zuccarinii Miq., Ann. Mus. Bot. Lugduno-Batavi 3: 5 (1867)
Ranunculus taquetii H.Lév., Repert. Spec. Nov. Regni Veg. 9: 449 (1911)
Ranunculus leiocladus Hayata, Icon. Pl. Formosan. 3: 7 (1913)
Ranunculus zuccarinii Miq. var. *dissectissimus* Migo, J. Shanghai Sci. Inst. 3: 4 (1934)

Representative specimens; **Hamgyong-bukto** 25 May 1930 鏡城 *Ohwi, J Ohwi s.n.* 25 June 1930 雪嶺 *Ohwi, J Ohwi s.n.* **Rason** 5 June 1930 西水羅オガリ岩 *Ohwi, J Ohwi s.n.* **Ryanggang** 21 June 1930 天水洞 *Ohwi, J Ohwi s.n.*

Ranunculus trichophyllus Chaix, Hist. Pl. Dauphine (Villars) 1: 335 (1786)

Common name 물바구지 (물미나리아재비)

Distribution in Korea: North, Central, South, Jeju

Batrachium trichophyllum (Chaix) Bosch, Prodr. Fl. Bat. : 7 (1850)
Ranunculus kadzusensis Makino, J. Jap. Bot. 6: 8 (1929)
Ranunculus pantothrix Nakai, Bot. Mag. (Tokyo) 44: 521 (1930)
Batrachium pantothrix (Brot.) Nakai, Bull. Natl. Sci. Mus., Tokyo 31: 26 (1952)
Batrachium kazusense (Makino) Kitam., Acta Phytotax. Geobot. 20: 204 (1962)
Ranunculus trichophyllus Chaix var. *kadzusensis* (Makino) Wiegleb, Acta Phytotax. Geobot. 39: 128 (1988)

Representative specimens; **Hamgyong-bukto** 10 July 1936 鏡城行營 - 龍山洞 *Saito, T T Saito s.n.* **Ryanggang** 4 August 1897 十四道溝-白山嶺 *Komarov, VL Komaorv s.n.* 8 June 1897 平蒲坪-倉坪 *Komarov, VL Komaorv s.n.*

Ranunculus trichophyllus (Chaix) Bosch ssp. *eradicatus* (Laest.) C.D.K.Cook, Mitt. Bot. Staatssamml. München 6: 22 (1967)

Common name 좀물바구지 (좀물미나리아재비)

Distribution in Korea: Central

Batrachium eradicatum (Laest.) Fr., Bot. Not. 1843: 114 (1843)
Ranunculus confervoides Fr., Summa Veg. Scand. (Fries) : 139 (1845)
Ranunculus trichophyllus (Chaix) Bosch var. *eradicatus* (Laest.) W.B.Drew, Rhodora 38: 33 (1936)

Ranunculus yezoensis Nakai, Bot. Mag. (Tokyo) 44: 523 (1930)

Common name 민매화마름

Distribution in Korea: North

Batrachium yezoense (Nakai) Kitam., Acta Phytotax. Geobot. 20: 204 (1962)

Representative specimens; Hamgyong-bukto 11 October 1935 羅南 *Saito, T T Saito s.n.* 12 June 1930 Kyonson 鏡城 *Ohwi, J Ohwi s.n.*

Thalictrum L.
Thalictrum actaeifolium Siebold & Zucc., Abh. Math.-Phys. Cl. Konigl. Bayer. Akad. Wiss. 4: 178 (1845)

Common name 은꿩의다리

Distribution in Korea: North, Central, South
  Thalictrum punctatum H.Lév., Repert. Spec. Nov. Regni Veg. 10: 376 (1912)
  Thalictrum raphanorbizon Nakai, Icon. Pl. Koisikav 3: 23 (1919)
  Thalictrum acteifolium Siebold & Zucc. var. *brevistylum* Nakai, J. Jap. Bot. 13: 472 (1937)

Thalictrum aquilegifolium L. var. *sibiricum* Regel & Tiling, Fl. Ajan. 23 (1858)

Common name 꿩의다리

Distribution in Korea: North, Central, South, Jeju
  Thalictrum contortum L., Sp. Pl. 547 (1753)
  Thalictrum atropurpureum Jacq., Hort. Bot. Vindob. 3: 34 (1777)
  Tripterium aquilegifolium Bercht. & J.Presl, Prir. Rostlin 1(Ranunc.): 14 (1823)
  Tripterium contortum Bercht. & J.Presl, Prir. Rostlin 1(Ranunc.): 14 (1823)
  Ruprechtia aquilegifolia Opiz, Seznam 86 (1852)
  Tripterium pauciflorum Schur, Enum. Pl. Transsilv. 7 (1866)
  Thalictrum taquetii H.Lév., Repert. Spec. Nov. Regni Veg. 7: 100 (1909)
  Thalictrum dunnianum H.Lév., Repert. Spec. Nov. Regni Veg. 8: 549 (1910)
  Thalictrum daisenense Nakai, Bot. Mag. (Tokyo) 42: 1 (1928)
  Thalictrum aquilegifolium L. var. *asiaticum* Nakai, J. Jap. Bot. 13: 473 (1937)
  Thalictrum aquilegifolium L. ssp. *asiaticum* (Nakai) Kitag., Lin. Fl. Manshur. 226 (1939)

Representative specimens; Chagang-do 22 July 1916 狼林山 *Mori, T Mori s.n.* **Hamgyong-bukto** 19 May 1897 茂山嶺 *Komarov, VL Komaorv s.n.* 21 May 1897 茂山嶺-蕨坪(照日洞) *Komarov, VL Komaorv s.n.* 21 June 1909 茂山嶺 *Nakai, T Nakai s.n.* Type of *Thalictrum aquilegifolium* L. var. *asiaticum* Nakai (Holotype TI)6 July 1933 南下石山 *Saito, T T Saito593* 10 June 1897 西溪水 *Komarov, VL Komaorv s.n.* 4 June 1897 四芝嶺 *Komarov, VL Komaorv s.n.* 17 June 1930 *Ohwi, J Ohwi s.n.* **Hamgyong-namdo** 16 August 1934 新角面北山 *Nomura, N Nomura s.n.* 25 July 1933 東上面遮日峯 *Koidzumi, G Koidzumi s.n.* 24 July 1933 東上面大漢垈里 *Koidzumi, G Koidzumi s.n.* 27 July 1933 東上面元豊 *Koidzumi, G Koidzumi s.n.* 15 August 1935 赴戰高原城地里 *Nakai, T Nakai s.n.* 15 August 1935 *Nakai, T Nakai5442* 14 August 1940 赴戰高原漢垈里 *Okuyama, S Okuyama s.n.* 15 August 1940 赴戰高原雲水嶺 *Okuyama, S Okuyama s.n.* **Hwanghae-namdo** 4 July 1922 Sorai Beach 九味浦 *Mills, RG Mills4357* 15 July 1921 *Mills, RG Mills4361* **Kangwon-do** 9 August 1902 Uchiyama, *Uchiyama, U Uchiyama s.n.* 12 August 1932 Mt. Kumgang (金剛山) *Koidzumi, G Koidzumi s.n.* 8 August 1916 金剛山長安寺附近 *Nakai, T Nakai5433* 22 August 1916 金剛山大長峯 *Nakai, T Nakai5440* 10 June 1932 Mt. Kumgang (金剛山) *Ohwi, J Ohwi s.n.* 7 August 1940 *Okuyama, S Okuyama s.n.* July 1932 *Smith, RK Smith49* **P'yongan-bukto** 5 August 1935 妙香山 *Koidzumi, G Koidzumi s.n.* 4 June 1912 白壁山 *Ishidoya, T Ishidoya88* **P'yongan-namdo** 20 July 1916 黃玉峯 (黃處嶺?) *Mori, T Mori s.n.* 16 July 1916 寧遠 *Mori, T Mori s.n.* **Ryanggang** 18 July 1897 Keizanchin(惠山鎭) *Komarov, VL Komaorv s.n.* 1 August 1897 虛川江 (同仁川) *Komarov, VL Komaorv s.n.* 20 August 1934 豊山新興郡境北水白山附近 *Yamamoto, A Yamamoto s.n.* 7 July 1897 犁方嶺 (鴨綠江羅暖堡) *Komarov, VL Komaorv s.n.* 5 August 1897 白山嶺 *Komarov, VL Komaorv s.n.* 16 August 1897 大羅信洞 *Komarov, VL Komaorv s.n.* 8 June 1897 平蒲坪-倉坪 *Komarov, VL Komaorv s.n.* 9 June 1897 屈松川 (西興水河谷) 倉坪 *Komarov, VL Komaorv s.n.* 24 July 1930 大澤 *Ohwi, J Ohwi s.n.* 26 June 1897 內曲里 *Komarov, VL Komaorv s.n.* 22 July 1897 佳林里 *Komarov, VL Komaorv s.n.* 11 July 1917 胞胎山麓 *Furumi, M Furumi236* 14 August 1913 神武城 *Hirai, H Hirai46* August 1913 長白山 *Mori, T Mori s.n.* 3 June 1897 四芝坪 *Komarov, VL Komaorv s.n.*

Thalictrum baicalense Turcz., Bull. Soc. Imp. Naturalistes Moscou 11: 85 (1838)

Common name 바이칼꿩의다리

Distribution in Korea: North
  Thalictrum francheti Huth, Bull. Herb. Boissier 5: 1069 (1897)
  Thalictrum baicalense Turcz. var. *japonicum* Boissieu, Bull. Herb. Boissier 7: 585 (1899)
  Thalictrum giraldii Ulbr., Notizbl. Bot. Gart. Berlin-Dahlem 9(84): 224 (1925)

Representative specimens; Hamgyong-bukto 21 May 1897 茂山嶺-蕨坪(照日洞) *Komarov, VL Komaorv s.n.* 21 May 1897 *Komarov, VL Komaorv s.n.* 12 June 1934 延上面九州帝大北鮮演習林 *Hatsushima, S Hatsushima7854* 29 May 1897 釜所哥谷 *Komarov, VL*

A Checklist of North Korean Vascular Plants · · · · · · T.B. Lee Herbarium (SNUA) – 2019 (C.S. Chang, H. Kim, H.T. Shin & C.H. Lee)

- 77 -

Komaorv s.n. 12 June 1897 西溪水 *Komarov, VL Komaorv s.n.* 4 June 1897 四芝嶺 *Komarov, VL Komaorv s.n.* 17 June 1930 *Ohwi, J Ohwi1224* **Hamgyong-namdo** 17 May 1932 東白山 *Ohwi, J Ohwi s.n.* 15 August 1935 赴戰高原咸地畢 *Nakai, T Nakai s.n.* 20 June 1932 東上面元豊里 *Ohwi, J Ohwi s.n.* **P'yongan-namdo** 21 July 1916 上南洞 *Mori, T Mori s.n.* **Ryanggang** 2 July 1897 雲寵里三水邑 (虛川江岸懸崖) *Komarov, VL Komaorv s.n.* 9 June 1897 屈松川 (西頭水河谷) 倉坪 *Komarov, VL Komaorv s.n.* 19 June 1930 楡坪 *Ohwi, J Ohwi s.n.*

Thalictrum ichangense Lecoy. ex Oliv., Hooker's Icon. Pl. ser. 3, 8: t. 1765 (1888)

Common name 꼭지연잎꿩의다리

Distribution in Korea: North (Chagang, Hamgyong, P'yongan), Central (Hwanghae)
> *Thalictrum tripeltatum* Maxim., Trudy Imp. S.-Peterburgsk. Bot. Sada 11: 13 (1890)
> *Thalictrum coreanum* H.Lév., Bull. Acad. Int. Geogr. Bot. 11: 297 (1902)
> *Thalictrum ichangense* Lecoy. ex Oliv. race *coreanum* (H.Lév.) H.Lév., Repert. Spec. Nov. Regni Veg. 7: 100 (1909)
> *Isopyrum multipeltatum* Pamp., Nuovo Giorn. Bot. Ital. 18: 115 (1911)
> *Thalictrum multipeltatum* (Pamp.) Pamp., Nuovo Giorn. Bot. Ital. n.s. 18: 167 (1911)
> *Thalictrum coreanum* H.Lév. var. *minor* Nakai, Bot. Mag. (Tokyo) 26: 323 (1912)

Representative specimens; Hwanghae-namdo 29 July 1935 長壽山 *Koidzumi, G Koidzumi s.n.* 27 July 1929 長淵郡長山串 *Nakai, T Nakai s.n.* 1 August 1929 椒島 *Nakai, T Nakai s.n.* 12 July 1921 Sorai Beach 九味浦 *Mills, RG Mills s.n.* 15 July 1921 *Mills, RG Mills s.n.* **Kangwon-do** 9 August 1902 昌道 *Uchiyama, T Uchiyama s.n.* 2 August 1916 金剛山九龍淵 *Nakai, T Nakai s.n.* 22 August 1916 金剛山大長峯 *Nakai, T Nakai s.n.* 7 August 1940 Mt. Kumgang (金剛山) *Okuyama, S Okuyama s.n.* 6 June 1909 元山南西南山嶺 *Nakai, T Nakai s.n.* **P'yongyang** September 1901 in mediae *Faurie, UJ Faurie23*

Thalictrum minus (Pamp.) Pamp. var. *hypoleucum* (Siebold & Zucc.) Miq., Ann. Mus. Bot. Lugduno-Batavi 3: 3 (1867)

Common name 좀가락풀, 좀꿩의다리 (큰꿩의다리)

Distribution in Korea: North, Central, South, Ulleung
> *Thalictrum minus* L. var. *elatum* (Jacq.) Lecoy.
> *Thalictrum thunbergii* DC., Syst. Nat. (Candolle) 1: 183 (1818)
> *Thalictrum hypoleucum* Siebold & Zucc., Abh. Math.-Phys. Cl. Konigl. Bayer. Akad. Wiss. 4: 178 (1846)
> *Thalictrum coraiense* Matsum., Bot. Mag. (Tokyo) 9: 276 (1895)
> *Thalictrum chinense* Freyn, Oesterr. Bot. Z. 1901: 376 (1901)
> *Thalictrum amplissimum* H.Lév. & Vaniot, Bull. Acad. Int. Geogr. Bot. 11: 51 (1902)
> *Thalictrum purdomii* Clark, Bull. Misc. Inform. Kew 1913: 39 (1913)
> *Thalictrum minus* (Pamp.) Pamp. var. *amplissimum* (H.Lév. & Vaniot) H.Lév., Fl. Kouy-Tcheou 339 (1915)
> *Thalictrum thunbergii* DC. var. *hypoleucum* (Siebold & Zucc.) Nakai, Bot. Mag. (Tokyo) 42: 3 (1928)
> *Thalictrum thunbergii* DC. var. *majus* (Miq.) Nakai, Bot. Mag. (Tokyo) 42: 4 (1928)
> *Thalictrum thunbergii* DC. var. *condensatum* Nakai, Bot. Mag. (Tokyo) 42: 6 (1928)
> *Thalictrum thunbergii* DC. var. *majus* (Miq.) Nakai f. *leucanthum* Nakai, Bot. Mag. (Tokyo) 42: 4 (1928)
> *Thalictrum thunbergii* DC. var. *majus* (Miq.) Nakai f. *variegatum* Nakai, Bot. Mag. (Tokyo) 42: 4 (1928)
> *Thalictrum yamamottoe* Honda, Bot. Mag. (Tokyo) 55: 170 (1943)
> *Thalictrum minus* L. var. *stipellatum* (C.A.Mey.) Tamura, Acta Phytotax. Geobot. 15: 87 (1953)
> *Thalictrum kemense* Fr. var. *hypoleucum* (Siebold & Zucc.) Kitag., Sci. Rep. Yokoh. Nat. Univ. sect. 2 19: 59 (1972)

Representative specimens; Chagang-do 28 August 1897 慈城邑(松德水河谷) *Komarov, VL Komaorv s.n.* 21 July 1914 大興里-山羊 *Nakai, T Nakai s.n.* 21 July 1914 Nakai,*T Nakai2752* 22 July 1914 山羊-江口 *Nakai, T Nakai2753* 22 July 1914 Nakai,*T Nakai2754* 21 July 1914 大興里- 山羊 *Nakai, T Nakai2756* 21 July 1914 Nakai,*T Nakai2757* 18 July 1914 大興里 *Nakai, T Nakai3496* **Hamgyong-bukto** 17 July 1918 朱乙溫面甫上洞 *Nakai, T Nakai s.n.* 17 July 1918 Nakai,*T Nakai7042* 29 May 1897 釜所哥谷 *Komarov, VL Komaorv s.n.* 4 August 1933 南陽 *Koidzumi, G Koidzumi s.n.* 10 June 1897 西溪水 *Komarov, VL Komaorv s.n.* 10 June 1897 *Komarov, VL Komaorv s.n.* 12 May 1897 五宗洞 *Komarov, VL Komaorv s.n.* **Hamgyong-namdo** 11 August 1940 咸興歸州寺 *Okuyama, S Okuyama s.n.* 15 August 1935 赴戰高原咸地畢 *Nakai, T Nakai s.n.* 15 August 1935 Nakai,*T Nakai s.n.* 16 August 1940 赴戰高原漢垈畢 *Okuyama, S Okuyama s.n.* **Hwanghae-bukto** 7 September 1902 可將去里南川 *Uchiyama, T Uchiyama s.n.* 7 September 1902 *Uchiyama, T Uchiyama s.n.* 10 September 1915 瑞島 *Nakai, T Nakai s.n.* **Hwanghae-namdo** 31 July 1929 席島 *Nakai, T Nakai s.n.* 24 July 1922 Mukimpo *Mills, RG Mills s.n.* **Kangwon-do** 28 July 1916 長箭 *Nakai, T Nakai5437* 12 August 1902 墨浦洞 *Uchiyama, T Uchiyama s.n.* **Ryanggang** 24 July 1917 Keizanchin(惠山鎭) *Furumi, M Furumi s.n.* 19 July 1897 *Komarov, VL Komaorv s.n.* 1 July 1897 五是川雲寵江-崔五峰 *Komarov, VL Komaorv s.n.* 1 August 1897 虛川江 (同仁川) *Komarov, VL Komaorv*

---

s.n. 1 July 1897 五是川雲龍江-崔五峰 *Komarov, VL Komaorv s.n.* 15 August 1935 北水白山 *Hozawa, S Hozawa s.n.* 19 August 1897 葡坪 *Komarov, VL Komaorv s.n.* 3 July 1897 三水邑-上水隅理 *Komarov, VL Komaorv s.n.* 4 July 1897 上水隅理 *Komarov, VL Komaorv s.n.* 14 June 1897 西溪水-延岩 *Komarov, VL Komaorv s.n.* 14 June 1897 *Komarov, VL Komaorv s.n.* 31 July 1930 島內 *Ohwi, J Ohwi s.n.* 31 July 1930 Ohwi, *J Ohwi s.n.* 21 June 1930 天水洞 *Ohwi, J Ohwi s.n.* 30 July 1930 島內 - 合水 *Ohwi, J Ohwi s.n.* 31 July 1930 島內 *Ohwi, J Ohwi s.n.* 26 June 1897 內曲里 *Komarov, VL Komaorv s.n.* 22 July 1897 佳林里 *Komarov, VL Komaorv s.n.* 28 July 1897 *Komarov, VL Komaorv s.n.* August 1913 崔哥嶺 *Mori, T Mori s.n.* August 1913 *Mori, T Mori s.n.* August 1913 長白山 *Mori, T Mori s.n.* August 1913 *Mori, T Mori s.n.* 15 August 1914 谿間里 *Ikuma, Y Ikuma s.n.* 1 June 1897 古倉坪-四芝坪 (延面水河谷) *Komarov, VL Komaorv s.n.*

Thalictrum osmorhizoides Nakai, Bot. Mag. (Tokyo) 33: 50 (1919)
Common name 음지꿩의다리 (그늘꿩의다리)
Distribution in Korea: far North (Kanmo-bong, Wagal-bong, Seolryong)

Representative specimens; Hamgyong-bukto August 1934 冠帽山 *Kojima, K Kojima s.n.* 20 July 1918 冠帽山 1700m Nakai,*T Nakai7040* Type of *Thalictrum osmorhizoides* Nakai (Syntype TI)19 July 1918 冠帽山 1200m Nakai,*T Nakai7041* Type of *Thalictrum osmorhizoides* Nakai (Syntype TI)July 1932 冠帽峰 *Ohwi, J Ohwi s n.*

Thalictrum rochebrunnianum Franch. & Sav., Enum. Pl. Jap. 2: 264 (1876)
Common name 금꿩의다리
Distribution in Korea: North, Central
    Thalictrum grandisepalum H.Lév., Bull. Acad. Int. Geogr. Bot. 11: 297 (1902)
    Thalictrum rochebrunnianum Franch. & Sav. var. *grandisepalum* (H.Lév.) Nakai, Chosen Shokubutsu 42 (1914)

Representative specimens; Kangwon-do 9 August 1902 昌道 *Uchiyama, T Uchiyama s.n.* 9 August 1902 昌道附近 *Uchiyama, T Uchiyama s.n.* 8 August 1902 下仙里 *Uchiyama, T Uchiyama s.n.* 8 August 1902 下仙里村附近 *Uchiyama, T Uchiyama s.n.* 28 July 1916 長箭 -高城 *Nakai, T Nakai s.n.* 7 August 1916 金剛山末輝里方面 *Nakai, T Nakai s.n.*

Thalictrum sachalinense Lecoy., Bull. Soc. Roy. Bot. Belgique 24: 152 (1885)
Common name 묏꿩의다리
Distribution in Korea: North
    Thalictrum akanense Huth, Bull. Herb. Boissier 5: 1069 (1897)
    Thalictrum neosachalinense H.Lév., Repert. Spec. Nov. Regni Veg. 7: 101 (1909)
    Thalictrum spirostigmum Nakai, Bot. Mag. (Tokyo) 33: 51 (1919)

Representative specimens; Hamgyong-bukto 7 June 1936 甫上洞南河瑞 *Saito, T T Saito s.n.* 30 May 1934 冠帽峰 *Saito, T T Saito s.n.* **Ryanggang** 31 July 1930 醬池 *Ohwi, J Ohwi s.n.* 31 July 1930 Ohwi, *J Ohwi s.n.*

Thalictrum simplex L., Mant. Pl. 78(1767)
Common name 긴잎가락풀
Distribution in Korea: North, Central, South, Jeju
    Thalictrum simplex L. var. *affine* (Ledeb.) Regel, Bull. Soc. Imp. Naturalistes Moscou 34: 44 (1861)

Thalictrum simplex L. var. *brevipes* H.Hara, J. Fac. Sci. Univ. Tokyo, Sect. 3, Bot. 6: 56 (1952)
Common name 긴잎꿩의다리
Distribution in Korea: North

Representative specimens; Chagang-do 28 August 1897 慈城邑(松德水河谷) *Komarov, VL Komaorv s.n.* 28 July 1910 Kang-gei(Kokai 江界)*Mills, RG Mills356* **Hamgyong-bukto** 7 September 1908 清津 *Okada, S s.n.* 29 August 1908 *Okada, S s.n.* 30 July 1933 羅南 *Ozeki, M s.n.* 8 September 1934 清津燈臺 *Uozumi, H Uozumi s.n.* 10 August 1933 鏡城 *Higashikawa, S s.n.* 18 August 1935 農圃洞 *Saito, T T Saito s.n.* 1 August 1914 富寧 *Ikuma, Y Ikuma s.n.* 20 June 1909 *Nakai, T Nakai s.n.* 16 August 1914 下面江口-茂山 *Nakai, T Nakai s.n.* **Hwanghae-namdo** 6 August 1929 長淵郡長山串 *Nakai, T Nakai s.n.* **Kangwon-do** 30 July 1916 金剛山溫井里 *Nakai, T Nakai s.n.* 12 September 1932 元山 *Kawasakinoyen(川崎農園) Kitamura, S Kitamura s.n.* 20 August 1932 元山德原 *Kitamura, S Kitamura s.n.* 6 June 1909 元山 *Nakai, T Nakai s.n.* **P'yongan-namdo** 15 September 1915 Sin An Ju(新安州) *Nakai, T Nakai s.n.* **P'yongyang** 24 June 1909 平壤大同江岸 *Imai, H Imai s.n.* **Rason** 7 June 1930 西水羅 *Ohwi, J Ohwi s.n.* **Ryanggang** 19 July 1897 Keizanchin(惠山鎭) *Komarov, VL Komaorv s.n.* 2 July 1897 雲寵里三水邑 (虛川江岸懸崖) *Komarov, VL Komaorv s.n.* 2 July 1897 *Komarov, VL Komaorv s.n.* 15 August 1897 蓮坪-厚州川-厚州古邑 *Komarov, VL Komaorv s.n.* 18 August 1897 葡坪

Komarov, *VL Komaorv s.n.* 25 July 1914 遮川里三水 *Nakai, T Nakai s.n.* 31 July 1930 島內 *Ohwi, J Ohwi s.n.* 3 July 1930 *Ohwi, J Ohwi s.n.*

Thalictrum sparsiflorum Turcz. ex Fisch. & C.A.Mey., Index Seminum [St.Petersburg (Petropolitanus)] 1: 40 (1835)

Common name 발톱꿩의다리

Distribution in Korea: North, Central

Thalictrum richardsonii A.Gray, Amer. J. Sci. Arts 42: 17 (1842)

Thalictrum sparsiflorum Turcz. ex Fisch. & C.A.Mey. var. *nevadense* B.Boivin, Rhodora 46(550): 373 (1944)

Thalictrum sparsiflorum Turcz. ex Fisch. & C.A.Mey. var. *richardsonii* (A.Gray) B.Boivin, Rhodora 46(550): 369 (1944)

Representative specimens; Chagang-do 22 July 1916 狼林山 *Mori, T Mori s.n.* 10 July 1914 蔥田嶺 *Nakai, T Nakai s.n.* **Hamgyong-bukto** 19 July 1918 冠帽山麓 *Nakai, T Nakai s.n.* 25 July 1918 雪嶺 *Nakai, T Nakai s.n.* 25 June 1930 雪嶺西側 *Ohwi, J Ohwi s.n.* 25 June 1930 雪嶺西側 *Ohwi, J Ohwi s.n.* 12 June 1897 西溪水 *Komarov, VL Komaorv s.n.* 12 June 1897 *Komarov, VL Komaorv s.n.* **Hamgyong-namdo** 16 August 1934 新角面北山 *Nomura, N Nomura s.n.* 17 June 1932 東白山 *Ohwi, J Ohwi329* 25 July 1933 東上面遮日峯 *Koidzumi, G Koidzumi s.n.* 15 August 1935 赴戰高原咸地里 *Nakai, T Nakai s.n.* 15 August 1940 遮日峯 *Okuyama, S Okuyama s.n.* **Ryanggang** 21 June 1930 天水洞 *Ohwi, J Ohwi s.n.* 22 June 1930 倉坪嶺 *Ohwi, J Ohwi s.n.* 22 June 1930 *Ohwi, J Ohwi s.n.* 21 June 1930 天水洞 *Ohwi, J Ohwi s.n.* 30 July 1930 島內 - 合水 *Ohwi, J Ohwi s.n.* 11 July 1917 胞胎山中腹 *Furumi, M Furumi s.n.* 5 August 1914 胞胎山寶泰洞 *Nakai, T Nakai s.n.*

Thalictrum tuberiferum Maxim., Bull. Acad. Imp. Sci. Saint-Pétersbourg 22: 227 (1876)

Common name 산꿩의다리

Distribution in Korea: North, Central, South, Jeju

Thalictrum tenerum Huth, Bull. Herb. Boissier 5: 1068 (1897)

Thalictrum tuberiferum Maxim. var. *tenerum* (Huth) H.Boissieu, Bull. Herb. Boissier 7: 584 (1899)

Thalictrum filamentosum Maxim. var. *tenerum* (Huth) Ohwi, Fl. Jap. (Ohwi) 531 (1953)

Representative specimens; Chagang-do 28 August 1897 慈城邑(松德水河谷) *Komarov, VL Komaorv s.n.* 18 July 1914 大興里 *Nakai, T Nakai s.n.* 21 July 1914 大興里- 山羊 *Nakai, T Nakai s.n.* **Hamgyong-bukto** 12 August 1933 渡正山 *Koidzumi, G Koidzumi s.n.* July 1933 羅南 *Yoshimizu, K s.n.* 20 May 1897 茂山嶺 *Komarov, VL Komaorv s.n.* 21 May 1897 茂山嶺-蕨坪(照日洞) *Komarov, VL Komaorv s.n.* 21 June 1909 茂山嶺 *Nakai, T Nakai s.n.* 23 June 1909 *Nakai, T Nakai s.n.* 15 July 1918 朱乙溫面湯地洞溫泉 *Nakai, T Nakai s.n.* 12 June 1930 Kyonson 鏡城 *Ohwi, J Ohwi s.n.* 30 May 1930 朱乙 *Ohwi, J Ohwi350* 7 July 1930 鏡城 *Ohwi, J Ohwi2168* 23 May 1897 車踰嶺 *Komarov, VL Komaorv s.n.* 29 May 1897 釜所哥谷 *Komarov, VL Komaorv s.n.* 30 July 1936 延上面九州帝大北鮮演習林 *Saito, T T Saito2700* 25 July 1918 雪嶺 *Nakai, T Nakai s.n.* 21 June 1938 穩城郡甑山 *Saito, T T Saito8083* 12 June 1897 西溪水 *Komarov, VL Komaorv s.n.* 10 June 1897 *Komarov, VL Komaorv s.n.* 4 June 1897 四芝嶺 *Komarov, VL Komaorv s.n.* **Hamgyong-namdo** 24 June 1934 松興里盤龍山 *Nomura, N Nomura s.n.* 16 August 1934 新角面北山 *Nomura, N Nomura s.n.* 20 June 1932 東上面元豊里 *Ohwi, J Ohwi s.n.* **Kangwon-do** 11 August 1902 草木洞近傍 *Uchiyama, T Uchiyama s.n.* 31 July 1916 金剛山群仙峽 *Nakai, T Nakai s.n.* 4 August 1932 金剛山內金剛 *Kobayashi, M Kobayashi s.n.* 11 July 1936 金剛山外金剛千佛山 *Nakai, T Nakai s.n.* 10 June 1932 Mt. Kumgang (金剛山) *Ohwi, J Ohwi s.n.* 7 August 1940 *Okuyama, S Okuyama s.n.* 14 August 1902 *Uchiyama, T Uchiyama s.n.* **P'yongan-bukto** 5 August 1937 妙香山 *Hozawa, S Hozawa s.n.* **P'yongan-namdo** 21 July 1916 上南洞 *Mori, T Mori s.n.* 15 June 1928 陽德 *Nakai, T Nakai s.n.* **Ryanggang** 23 August 1914 Keizanchin(惠山鎭) *Ikuma, Y Ikuma s.n.* 5 August 1897 白山嶺 *Komarov, VL Komaorv s.n.* 19 August 1897 葡坪 *Komarov, VL Komaorv s.n.* 7 July 1897 犁方嶺 (鴨綠江羅暖堡) *Komarov, VL Komaorv s.n.* 7 August 1897 上巨里水 *Komarov, VL Komaorv s.n.* 22 June 1930 倉坪嶺 *Ohwi, J Ohwi1640* August 1913 崔哥嶺 *Mori, T Mori s.n.* 11 July 1917 胞胎山中腹 *Furumi, M Furumi s.n.* 20 July 1897 惠山鎭(鴨綠江上流長白山脈中高原) *Komarov, VL Komaorv s.n.* 17 July 1897 半載子溝 (鴨綠江上流) *Komarov, VL Komaorv s.n.* 2 June 1897 四芝坪(延面水河谷) 柄安洞 *Komarov, VL Komaorv s.n.*

Thalictrum uchiyamae Nakai, J. Coll. Sci. Imp. Univ. Tokyo 26: 15 (1909)

Common name 자주꿩의다리

Distribution in Korea: North, Central, Jeju

Trollius L.
Trollius chinensis Bunge, Enum. Pl. Chin. Bor. 3 (1833)

Common name 큰금매화

Distribution in Korea: far North

Trollius ledebourii Rchb. var. *macropetalus* Regel, Tent. Fl.-Ussur. 8 (1861)
Trollius macropetalus (Regel) F.Schmidt, Mem. Acad. Imp. Sci. St.-Petersbourg, Ser. 7 12: 88 (1868)
Trollius chinensis Bunge ssp. *macropetalus* (Regel) Luferov, Bull. Soc. Nat. Mosc., Biol. 96 (5): 74 (1991)

Trollius japonicus Miq., Ann. Mus. Bot. Lugduno-Batavi 3: 6 (1876)
Common name 애기금매화
Distribution in Korea: far North

Representative specimens; Chagang-do 22 July 1919 狼林山中腹 *Kajiwara, U Kajiwara134* 22 July 1916 狼林山 *Mori, T Mori s.n.* 11 July 1914 臥碣峰鷲峯 *Nakai, T Nakai1581* **Hamgyong-bukto** 15 July 1935 冠帽峰 *Irie, Y s.n.* 19 July 1918 冠帽山 2000m Nakai,*T Nakai7227* 20 July 1918 冠帽山 2400m Nakai,*T Nakai7228* July 1932 冠帽峰 *Ohwi, J Ohwi s.n.* 21 July 1933 *Saito, T T Saito s.n.* 25 July 1918 雪嶺 *Nakai, T Nakai7029* 25 June 1930 Ohwi, *J Ohwi s.n.* 19 June 1930 四芝洞 -楡坪 *Ohwi, J Ohwi s.n.* **Hamgyong-namdo** 17 June 1932 東白山 *Ohwi, J Ohwi s.n.* 25 July 1933 東上面遮日峯 *Koidzumi, G Koidzumi s.n.* 15 August 1935 赴戰高原 Fusenkogen Nakai,*T Nakai s.n.* 23 June 1932 遮日峯 *Ohwi, J Ohwi s.n.* **Kangwon-do** 1938 山林課元山出張所 *Tsuya, S s.n.* **Ryanggang** 14 June 1897 西溪水-延岩 *Komarov, VL Komaorv s.n.* 9 June 1897 屈岨川 (西頭水河谷) 倉坪 *Komarov, VL Komaorv s.n.* 24 July 1930 大澤 *Ohwi, J Ohwi s.n.* 11 July 1917 胞胎山中腹以上 *Furumi, M Furumi242* 14 August 1914 無頭峯 *Ikuma, Y Ikuma s.n.*

Trollius ledebourii Rchb., Iconogr. Bot. Pl. Crit. 3: 63 (1825)
Common name 금매화
Distribution in Korea: far North, Central
Trollius asiaticus L. var. *ledebourii* Maxim., Nippon Shokubutsumeii, ed. 2 300 (1895)
Trollius hondoensis Nakai, Bot. Mag. (Tokyo) 42: 8 (1928)
Trollius akiyamae Toyok., Hokuriko J. Bot. 6: 104 (1957)

Representative specimens; Hamgyong-bukto 10 June 1897 西溪水 *Komarov, VL Komaorv s.n.* 4 June 1897 四芝嶺 *Komarov, VL Komaorv s.n.* **Hamgyong-namdo** 16 August 1934 永古面松興里 *Yamamoto, A Yamamoto s.n.* **Ryanggang** 18 July 1897 Keizanchin(惠山鎭) *Komarov, VL Komaorv s.n.* 1 August 1897 虛川江 (同仁川) *Komarov, VL Komaorv s.n.* 27 August 1934 豊山郡熊耳面鉢峯大岩山 - 頭里松谷 *Yamamoto, A Yamamoto s.n.* 15 August 1897 蓮坪-厚州川-厚州古邑 *Komarov, VL Komaorv s.n.* 3 July 1897 三水邑-上水隅理 *Komarov, VL Komaorv s.n.* 24 July 1930 大澤 *Ohwi, J Ohwi s.n.* 26 June 1897 內曲里 *Komarov, VL Komaorv s.n.* 20 July 1897 惠山鎭(鴨綠江上流長白山脈中高原) *Komarov, VL Komaorv s.n.* 21 August 1934 新興郡/豊山郡境北水白山 *Yamamoto, A Yamamoto s.n.*

BERBERIDACEAE

Achlys DC.
Achlys japonica Maxim., Bull. Acad. Imp. Sci. Saint-Pétersbourg 12: 61 (1868)
Common name 세잎풀
Distribution in Korea: North (Chibo-san, Jeoncheon)
Achlys triphylla DC. var. *japonica* (Maxim.) T.Itô, J. Linn. Soc., Bot. 22: 435 (1887)
Achlys triphylla DC. ssp. *japonica* (Maxim.) Kitam., Acta Phytotax. Geobot. 20: 202 (1962)

Berberis L.
Berberis amurensis Rupr., Bull. Cl. Phys.-Math. Acad. Imp. Sci. Saint-Pétersbourg15: 260 (1857)
Common name 매발톱나무
Distribution in Korea: North, Central, South, Jeju, Ulleung
Berberis amurensis Rupr. var. *japonica* (Regel) Rehder, Cycl. Amer. Hort. 154 (1900)
Berberis quelpaertensis Nakai, Bot. Mag. (Tokyo) 27: 31 (1913)
Berberis amurensis Rupr. var. *latifolia* Nakai, Repert. Spec. Nov. Regni Veg. 13: 270 (1914)
Berberis amurensis Rupr. var. *brevifolia* Nakai, Bot. Mag. (Tokyo) 43: 441 (1929)
Berberis amurensis Rupr. var. *quelpaertensis* (Nakai) Nakai, Fl. Sylv. Kor. 21: 71 (1936)
Berberis amurensis Rupr. f. *brevifolia* (Nakai) Ohwi, Bull. Natl. Sci. Mus., Tokyo 33: 72 (1953)
Berberis amurensis Rupr. f. *latifolia* (Nakai) W.T.Lee, Lineamenta Florae Koreae 350 (1996)

Representative specimens; Chagang-do 1 July 1914 公西面從西山 *Nakai, T Nakai2015* 11 July 1914 蓋田嶺 *Nakai, T Nakai1504* 21 September 1917 龍林面厚地洞 *Furumi, M Furumi482* **Hamgyong-bukto** 10 August 1933 渡正山 *Koidzumi, G Koidzumi s.n.* 3 September 1914 清津 *Nakai, T Nakai2012* 2 June 1933 羅南 *Saito, T T Saito s.n.* August 1933 *Yoshimizu, K s.n.* 20 May 1897 茂山嶺 *Komarov, VL Komaorv s.n.* 25 May 1930 鏡城 *Ohwi, J Ohwi s.n.* 23 May 1897 車踰嶺 *Komarov, VL Komaorv s.n.* **Hamgyong-namdo** 13 June 1909 興南西湖津薪島 *Nakai, T Nakai s.n.* July 1902 端川龍德里摩天嶺 *Mishima, A s.n.* 11 August 1940 咸興歸州寺 *Okuyama, S Okuyama s.n.* 30 April 1939 咸興新中里 *Suzuki, T s.n.* 15 June 1932 下碣隅里 *Ohwi, J Ohwi s.n.* 8 August 1935 赴戰高原湖畔 *Nakai, T Nakai5464* 14 June 1909 新浦 *Nakai, T Nakai s.n.* **Kangwon-do** 12 July 1936 外金剛千佛山 *Nakai, T Nakai7074* 12 August 1932 Mt. Kumgang (金剛山) *Koidzumi, G Koidzumi s.n.*8 August 1916 金剛山長安寺 *Nakai, T Nakai5443* 29 September 1935 Mt. Kumgang (金剛山) *Okamoto, S Okamoto s.n.* 13 August 1902 長淵里 *Uchiyama, T Uchiyama s.n.* 13 August 1902 *Uchiyama, T Uchiyama s.n.* 4 October 1923 安邊郡楸愛山 *Fukubara, S Fukubara s.n.* **P'yongan-bukto** 9 June 1914 飛來峯 *Nakai, T Nakai2013* 4 August 1935 妙香山 *Koidzumi, G Koidzumi s.n.* 4 August 1912 Unsan (雲山) *Imai, H Imai142* **P'yongan-namdo** 21 July 1916 上南洞 *Mori, T Mori s.n.* **Rason** 11 May 1897 豆滿江三角洲-五宗洞 *Komarov, VL Komaorv s.n.* **Ryanggang** 15 August 1935 北水白山 *Hozawa, S Hozawa s.n.* 3 July 1897 三水邑-上水隅理 *Komarov, VL Komaorv s.n.* 6 August 1897 上巨里水 *Komarov, VL Komaorv s.n.* 6 August 1914 合水村-胞胎山-虛項嶺 *Nakai, T Nakai2017*

Berberis chinensis Poir., Encycl. (Lamarck) 8: 617 (1808)
Common name 당매자나무

Distribution in Korea: North, Central
Berberis sinensis Desf., Syst. Nat. 2: 6 (1821) (1821)
Berberis sinensis DC. var. *angustifolia* Regel, Trudy Imp. S.-Peterburgsk. Bot. Sada 2: 416 (1873)
Berberis poiretii C.K.Schneid., Mitt. Deutsch. Dendrol. Ges. 15: 180 (1906)
Berberis poiretii C.K.Schneid. var. *angustifolia* (Regel) Nakai, Fl. Sylv. Kor. 21: 66 (1936)

Representative specimens; Chagang-do 17 June 1914 楚山郡道洞 *Nakai, T Nakai2014* 13 August 1912 Kosho (渭原) *Imai, H Imai250* **P'yongan-bukto** 15 June 1924 昌城昌州 *Sawada, T Sawada s.n.* 26 May 1924 外南面 *Sawada, T Sawada s.n.* 28 September 1912 白壁山 *Ishidoya, T Ishidoya48*

Berberis koreana Palib., Trudy Imp. S.-Peterburgsk. Bot. Sada 17: 22, t.1 (1899)
Common name 매자나무

Distribution in Korea: North, Central, Endemic
Berberis koreana Palib. var. *angustifolia* Nakai, Fl. Sylv. Kor. 21: 73 (1936)
Berberis koreana Palib. var. *ellipsoides* Nakai, Fl. Sylv. Kor. 21: 72 (1936)
Berberis koreana Palib. f. *angustifolia* (Nakai) W.T.Lee, Lineamenta Florae Koreae 351 (1996)

Representative specimens; Kangwon-do 21 August 1902 干發告嶺 *Uchiyama, T Uchiyama s.n.* 22 August 1902 北屯址 *Uchiyama, T Uchiyama s.n.* 4 October 1923 安邊郡楸愛山 *Fukubara, S Fukubara s.n.* 4 September 1916 洗浦-蘭谷 *Nakai, T Nakai s.n.* 14 August 1930 劒拂浪 *Nakai, T Nakai14114*Type of *Berberis koreana* Palib. var. *angustifolia* Nakai (Holotype TI)14 August 1930 劒拂浪長止門山 *Nakai, T Nakai14116* Type of *Berberis koreana* Palib. var. *ellipsoides* Nakai (Holotype TI) **P'yongan-bukto** Chang Sung(昌城) *Unknown s.n.*

Caulophyllum Michx.
Caulophyllum robustum Maxim., Mem. Acad. Imp. Sci. St.-Petersbourg Divers Savans 9: 33 (1859)
Common name 꿩의다리아재비

Distribution in Korea: North, Central
Phtheirotheca cyanosperma Maxim. ex Regel, Bull. Cl. Phys.-Math. Acad. Imp. Sci. Saint-Pétersbourg 15: 223 (1857)
Leontice robusta (Maxim.) Diels, Bot. Jahrb. Syst. 29(3-4): 337 (1900)
Caulophyllum thalictroides (L.) Michx. ssp. *robustum* (Maxim.) Kitag., Acta Phytotax. Geobot. 20: 202 (1962)

Representative specimens; Chagang-do 18 May 1911 Kang-gei(Kokai 江界) *Mills, RG Mills334* 27 June 1914 公西面從西山 *Nakai, T Nakai s.n.* **Hamgyong-bukto** 21 August 1935 羅南 *Saito, T T Saito s.n.* 4 June 1937 輸城 *Saito, T T Saito s.n.* 21 May 1897 茂山嶺-蕨坪(照日洞) *Komarov, VL Komaorv s.n.* **Hamgyong-namdo** 27 August 1897 小德川 *Komarov, VL Komaorv s.n.* **Kangwon-do** 14 July 1936 外金剛千佛山 *Nakai, T Nakai s.n.* 12 August 1916 金剛山長安寺 *Nakai, T Nakai s.n.* 10 June 1932 Mt. Kumgang (金剛山) Ohwi, *J Ohwi s.n.* 14 August 1902 金剛山 *Uchiyama, T Uchiyama s.n.* 14 August 1902 *Uchiyama, T Uchiyama s.n.* 18 August 1930 劒拂浪 *Nakai, T Nakai s.n.* **P'yongan-bukto** 8 June 1914 飛來峯 *Nakai, T Nakai s.n.* 3 August 1935 妙香山 *Koidzumi, G Koidzumi s.n.* **P'yongan-namdo** 20 July 1916 黃玉峯 (黃處嶺?) *Mori, T Mori s.n.* **Ryanggang** 21 August 1897 subdist. Chu-czan, flumen Amnok-gan *Komarov, VL Komaorv s.n.* 23 August 1897 雲洞嶺 *Komarov, VL Komaorv* *s.n.* 9 August 1897 長津江下流域 *Komarov, VL Komaorv s.n.* 28 June 1897 栢德嶺 *Komarov, VL Komaorv s.n.* 2 June 1897 四芝坪(延面水河谷) 柄安洞 *Komarov, VL Komaorv s.n.*

Epimedium L.
Epimedium koreanum Nakai, Fl. Sylv. Kor. 21: 63 (1936)
Common name 삼지구엽초, 음양팍

Distribution in Korea: North, Central
> *Epimedium multifoliolatum* (Koidz.) Koidz., Acta Phytotax. Geobot. 7: 121 (1938)
> *Epimedium coelestre* Nakai, J. Jap. Bot. 20: 73 (1944)
> *Epimedium sulphurellum* Nakai, J. Jap. Bot. 30: 75 (1944)
> *Epimedium grandiflorum* C.Morren ssp. *koreanum* (Nakai) Kitam., Acta Phytotax. Geobot. 20: 202 (1962)

Representative specimens; Chagang-do 29 August 1897 慈城江 *Komarov, VL Komaorv s.n.* **Hamgyong-bukto** 30 May 1940 清津 *Higuchigka, S s.n.* 31 July 1914 *Ikuma, Y Ikuma s.n.* 19 June 1909 *Nakai, T Nakai s.n.* 11 May 1938 鶴西面德仁 *Saito, T T Saito s.n.* 15 July 1918 朱乙溫面城町 *Nakai, T Nakai s.n.* 25 June 1933 在德山 *Myeong-cheon-ah-gan-gong-bo-gyo school s.n.* **Hamgyong-namdo** July 1902 端川龍德里摩天嶺 *Mishima, A s.n.* 10 April 1939 咸興歸州寺 *Kim, SK s.n.Nomura, N Nomura s.n.* 26 May 1940 *Suzuki, T s.n.* 3 August 1935 咸州郡朱北面興祥 *Nomura, N Nomura s.n.* August 1933 北靑 *Buk-cheong-nong-gyo school s.n.* **Kangwon-do** 17 August 1930 Sachang-ri (社倉里) *Nakai, T Nakai s.n.* 9 June 1909 元山-鎭江 *Nakai, T Nakai s.n.* **P'yongan-bukto** 25 July 1935 妙香山 *Hozawa, S Hozawa s.n.* 3 August 1935 *Koidzumi, G Koidzumi s.n.* 1 October 1911 朔州郡朔州 *Ishidoya, T Ishidoya s.n.* 4 June 1914 玉江鎭朔州 *Nakai, T Nakai s.n.* 8 June 1912 白壁山 *Ishidoya, T Ishidoya s.n.* Type of *Epimedium koreanum* Nakai (Holotype TI) **P'yongan-namdo** 21 July 1916 寧遠 *Mori, T Mori s.n.* **P'yongyang** 26 May 1912 大聖山 *Imai, H Imai s.n.* **Ryanggang** 23 August 1914 Keizanchin(惠山鎭) *Ikuma, Y Ikuma s.n.* 15 August 1897 蓮坪-厚州川-厚州古邑 *Komarov, VL Komaorv s.n.* 16 August 1897 大羅信洞 *Komarov, VL Komaorv s.n.* 18 August 1897 葡坪 *Komarov, VL Komaorv s.n.* 19 August 1897 *Komarov, VL Komaorv s.n.* 21 August 1897 subdist. Chu-czan, flumen Amnok-gan *Komarov, VL Komaorv s.n.* 22 August 1897 雲洞嶺 *Komarov, VL Komaorv s.n.* 29 June 1897 栢德嶺 *Komarov, VL Komaorv s.n.* 24 July 1897 佳林里 *Komarov, VL Komaorv s.n.* 3 August 1914 惠山鎭- 普天堡 *Nakai, T Nakai s.n.* 20 July 1897 惠山鎭(鴨綠江上流長白山脈中高原) *Komarov, VL Komaorv s.n.*

Gymnospermium
Gymnospermium microrrhynchum (S.Moore) Takht., Bot. Zhurn. (Moscow &Leningrad) 55: 1192 (1970)
Common name 한계령풀

Distribution in Korea: North (Chagang, Ryanggang, Hamgyong, P'yongan, Kangwon), Central
> *Leontice microrrhyncha* S.Moore, J. Linn. Soc., Bot. 17: 377 (1879)

Representative specimens; Kangwon-do 4 June 1940 伊川郡熊難面海浪里 *Jeon, SK JeonSK39*

Plagiorhegma Maxim.
Plagiorhegma dubium Maxim., Mem. Acad. Imp. Sci. St.-Petersbourg Divers Savans 9: 34 (1859)
Common name 깽깽이풀

Distribution in Korea: North, Central
> *Jeffersonia dubia* (Maxim.) Benth. & Hook.f. ex Baker & Moore, J. Linn. Soc., Bot. 17: 377 (1879)
> *Jeffersonia manchuriensis* Hance, J. Bot. 18: 258 (1880)

Representative specimens; Chagang-do 26 August 1897 小德川 (松德水河谷) *Komarov, VL Komaorv s.n.* 1 July 1914 公西面從西山 *Nakai, T Nakai s.n.* **Hamgyong-bukto** 28 May 1897 富潤洞 *Komarov, VL Komaorv s.n.* 19 June 1909 清津 *Nakai, T Nakai s.n.* 30 April 1913 羅南 *Ono, I s.n.* 26 May 1930 鏡城 *Ohwi, J Ohwi s.n.* 26 May 1930 *Ohwi, J Ohwi s.n.* 26 May 1930 *Ohwi, J Ohwi s.n.* 31 July 1914 茂山 *Ikuma, Y Ikuma s.n.* **P'yongan-namdo** 7 August 1931 遠(龍?)馬山 *Suzuki, T s.n.* **Ryanggang** 1 August 1897 虛川江 (同仁川) *Komarov, VL Komaorv s.n.* 4 August 1897 十四道溝-白山嶺 *Komarov, VL Komaorv s.n.* 16 August 1897 大羅信 *Komarov, VL Komaorv s.n.* 19 August 1897 葡坪 *Komarov, VL Komaorv s.n.* 21 August 1897 subdist. Chu-czan, flumen Amnok-gan *Komarov, VL Komaorv s.n.* 22 August 1897 雲洞嶺 *Komarov, VL Komaorv s.n.* 9 August 1897 長津江下流域 *Komarov, VL Komaorv s.n.*

LARDIZABALACEAE

Akebia Decne.
Akebia quinata (Houtt.) Decne., Arch. Mus. Hist. Nat. 1: 195 (1839)
Common name 으름덩굴
Distribution in Korea: North, Central, South, Ulleung
  Rajania quinata Thunb. ex Houtt., Nat. Hist. (Houttuyn) 11: 366 (1779)
  Akebia quinata (Houtt.) Decne. f. *viridiflora* Makino, Bot. Mag. (Tokyo) 16: 182 (1902)
  Akebia quinata (Houtt.) Decne. var. *diplochlamys* Makino, J. Jap. Bot. 8: 6 (1932)
  Akebia micrantha Nakai, Fl. Sylv. Kor. 21: 44 (1936)
  Akebia quinata (Houtt.) Decne. var. *polyphylla* Nakai, Fl. Sylv. Kor. 21: 44 (1936)
  Akebia quinata (Houtt.) Decne. f. *polyphylla* (Nakai) Hiyama, J. Jap. Bot. 36: 246 (1961)
  Akebia quinata (Houtt.) Decne. f. *albiflora* Y.N.Lee, Bull. Korea Pl. Res. 6: 6 (2006)

Representative specimens; Hwanghae-namdo 5 August 1929 長淵郡長山串 *Nakai, T Nakai12794* 5 August 1929 Nakai,*T Nakai12795* 1 August 1929 椒島 *Nakai, T Nakai12798* 4 July 1922 Sorai Beach 九味浦 *Mills, RG Mills s.n.*

MENISPERMACEAE

Cocculus DC.
Cocculus orbiculatus (L.) DC., Syst. Nat. (Candolle) 1: 523 (1817)
Common name 댕댕이덩굴
Distribution in Korea: North, Central, South, Jeju, Ulleung
  Menispermum trilobum Thunb., Fl. Jap. (Thunberg) 194 (1784)
  Cocculus trilobus (Thunb.) DC., Syst. Nat. (Candolle) 1: 522 (1818)
  Cocculus thungergii DC., Syst. Nat. (Candolle) 1: 524 (1818)

Representative specimens; Hwanghae-namdo 31 July 1929 席島 *Nakai, T Nakai s.n.* 1 August 1929 椒島 *Nakai, T Nakai s.n.* 25 July 1914 Sorai Beach 九味浦 *Mills, RG Mills s.n.* 4 July 1921 *Mills, RG Mills s.n.* 24 July 1922 Mukimpo *Mills, RG Mills s.n.* 24 July 1929 夢金浦 *Nakai, T Nakai s.n.* **Kangwon-do** 29 July 1916 海金剛 *Nakai, T Nakai s.n.* 30 August 1916 通川街道 *Nakai, T Nakai s.n.*

Menispermum L.
Menispermum dauricum DC., Syst. Nat. (Candolle) 1: 540 (1817)
Common name 새모래덩굴
Distribution in Korea: North, Central, South
  Trilophus ampelisagria Fisch., Cat. Jard. Pl. Gorenki 56 (1812)
  Menispermum dauricum DC. var. *pilosum* C.K.Schneid., Ill. Handb. Laubholzk. 1: 326 (1906)
  Menispermum dauricum DC. f. *pilosum* (C.K.Schneid.) Kitag., J. Jap. Bot. 34: 6 (1959)
  Menispermum miersii Kundu & S.Guha, Adansonia 20: 212 (1980)
  Menispermum chinense Kundu & S.Guha, Adansonia n.s. 20: 225 (1998)

Representative specimens; Chagang-do 25 August 1897 小德川 (松德水河谷) *Komarov, VL Komaorv s.n.* 28 August 1897 慈城邑 (松德水河谷) *Komarov, VL Komaorv s.n.* 2 September 1897 湖芮(鴨綠江) *Komarov, VL Komaorv s.n.* 22 July 1914 山羊 -江口 *Nakai, T Nakai s.n.* 9 June 1924 避難德山 *Fukubara, S Fukubara s.n.*崇積山 *Furusawa, I Furusawa s.n.* **Hamgyong-bukto** 31 July 1914 清津 *Ikuma, Y Ikuma s.n.* 28 May 1897 富潤洞 *Komarov, VL Komaorv s.n.* 1938 羅南 *Yoshimizu, K s.n.* 19 May 1897 茂山嶺 *Komarov, VL Komaorv s.n.* 21 June 1909 *Nakai, T Nakai s.n.* 23 July 1918 朱乙溫面態谷嶺 *Nakai, T Nakai s.n.* 14 May 1930 鏡城 *Ohwi, J Ohwi s.n.* 30 May 1930 朱乙 *Ohwi, J Ohwi s.n.* 30 May 1930 *Ohwi, J Ohwi s.n.* 23 June 1935 梧上洞 *Saito, T T Saito s.n.* 17 September 1935 *Saito, T T Saito s.n.* 8 August 1924 車踰山 *Chung, TH Chung s.n.* 25 May 1897 城川江-茂山 *Komarov, VL Komaorv s.n.* 19 August 1924 七寶山 *Kondo, C Kondo s.n.* 10 June 1897 西溪水 *Komarov, VL Komaorv s.n.* 12 May 1897 五宗洞 *Komarov, VL Komaorv s.n.* **Hamgyong-namdo** 8 June 1909 咸興 ? *Nakai, T Nakai s.n.* **Hwanghae-bukto** 19 October 1923 平山郡滅惡山 *Muramatsu, T s.n.* May 1924 霞嵐山 *Takaichi, K s.n.* **Hwanghae-namdo** 26 August 1941 長壽山 *Hurusawa, I Hurusawa s.n.*12 June 1931 Changsusan *Smith, RK Smith s.n.* 31 July 1929 席島 *Nakai, T Nakai s.n.* **Kangwon-do** 29 July 1916 海金剛 *Nakai, T Nakai s.n.* 11 July 1936 外金剛千佛山 *Nakai, T Nakai s.n.* 10 June 1932 Mt. Kumgang (金剛山) *Ohwi, J Ohwi s.n.* **P'yongan-bukto** 4 June 1924 飛來峯 *Sawada, T Sawada s.n.* 5 August 1935 妙香山 *Koidzumi, G Koidzumi s.n.* 1924 Kondo, *C Kondo s.n.* 23 May 1912 白壁山 *Ishidoya, T Ishidoya s.n.* **P'yongan-namdo** 15 June 1928 陽德 *Nakai, T Nakai s.n.* **P'yongyang** 28 May 1911 平壤 *Imai, H Imai s.n.* 8 May 1910 平壤大同江岸 *Imai, H Imai*

SABIACEAE

Meliosma Blume
Meliosma myriantha Siebold & Zucc., Abh. Math.-Phys. Cl. Konigl. Bayer. Akad. Wiss. 4: 153 (1845)
Common name 나도밤나무
Distribution in Korea: Central, South, Jeju
  Meliosma myriantha Siebold & Zucc. var. *discolor* Dunn, J. Linn. Soc., Bot. 38(267): 358 (1908)
  Meliosma stewardii Merr., Philipp. J. Sci. 27: 164 (1925)
  Meliosma myriantha Siebold & Zucc. var. *stewardii* (Merr.) Beusekom, Blumea 19: 439 (1971)
  Meliosma myriantha Siebold & Zucc. ssp. *pilosa* (Lecomte) Beusekom, Blumea 19: 438 (1971)
  Meliosma myriantha Siebold & Zucc. var. *pilosa* (Lecomte) Y.W.Law, Acta Phytotax. Sin. 20: 430 (1982)

Meliosma pinnata (Roxb.) Maxim. var. *oldhamii* (Miq. ex Maxim.) Beusekom, Blumea 19: 499 (1971)
Common name 합다리나무
Distribution in Korea: Central, South
  Meliosma oldhamii Maxim. var. *glandulifera* Cufod., Oesterr. Bot. Z. 88: 253 (1839)
  Meliosma oldhamii Maxim., Bull. Acad. Imp. Sci. Saint-Pétersbourg 12: 64 (1867)
  Meliosma rhoifolia Maxim., Bull. Acad. Imp. Sci. Saint-Pétersbourg 12: 63 (1867)
  Fraxinus fauriei H.Lév., Repert. Spec. Nov. Regni Veg. 8: 285 (1910)
  Meliosma fauriei (L.f.) Nakai, Saishu-to Kuan-to Shokubutsu Hokoku-sho [Fl. Quelpaert Isl.] 62 (1914)
  Rhus bofillii H.Lév., Mem. Real Acad. Ci. Barcelona 12: 562 (1916)
  Meliosma sinensis Nakai, J. Arnold Arbor. 5: 80 (1924)
  Meliosma oldhamii Maxim. var. *sinensis* Cufod., Oesterr. Bot. Z. 88: 253 (1939)
  Meliosma rhoifolia Maxim. ssp. *barbulata* Cufod., Oesterr. Bot. Z. 88: 254 (1939)
  Meliosma arnottiana var. *oldhamii* (Miq. ex Maxim.) H.Ohba, Fl. Jap. (Iwatsuki et al., eds.) 2c: 78 (1999)

Representative specimens; Hwanghae-namdo 11 June 1924 長山串 *Chung, TH Chung s.n.* 28 July 1932 *Nakai, T Nakai s.n.* 27 July 1932 *Nakai, T Nakai s.n.*

PAPAVERACEAE

Adlumia Raf.
Adlumia asiatica Ohwi, Bot. Mag. (Tokyo) 45: 387 (1931)
Common name 줄꽃주머니
Distribution in Korea: North

Representative specimens; Hamgyong-bukto 13 June 1897 西溪水 *Komarov, VL Komaorv s.n.* **Hamgyong-namdo** 5 August 1938 長津湖 *Jeon, SK JeonSK s.n.* 24 July 1933 東上面大漢垈里 *Koidzumi, G Koidzumi s.n.* 15 August 1935 東上面漢垈里 *Nakai, T Nakai s.n.* **Ryanggang** 9 October 1935 大坪里 *Okamoto, S Okamoto s.n.* 23 July 1914 江口 *Nakai, T Nakai s.n.* 24 July 1930 合水-大澤 *Ohwi, J Ohwi2532* Type of *Adlumia asiatica* Ohwi (Holotype KYO, Isotype TNS) 7 August 1937 合水 *Saito, T T Saito s.n.* 28 June 1897 栢德嶺 *Komarov, VL Komaorv s.n.* 28 June 1897 *Komarov, VL Komaorv s.n.* 3 August 1914 惠山鎮-普天堡 *Nakai, T Nakai s.n.* July 1925 白頭山 *Shoyama, T s.n.*

Chelidonium L.
Chelidonium asiaticum (H.Hara) Krahulc., Folia Geobot. Phytotax. 17: 266 (1982)
Common name 애기똥풀
Distribution in Korea: far North, North, Central, South, far South, Ulleung

A Checklist of North Korean Vascular Plants · · · T.B. Lee Herbarium (SNUA) – 2019 (C.S. Chang, H. Kim, H.T. Shin & C.H. Lee)

- 85 -

Chelidonium majus L. var. *hirsutum* Trautv. &C.A.Mey., Fl. Ochot. Phaenog. 13 (1856)
Chelidonium majus L. ssp. *asiaticum* Hara, J. Jap. Bot. 23: 50 (1949)
Chelidonium majus L. var. *asiaticum* (H.Hara) Ohwi, Fl. Jap. (Ohwi) 561 (1953)

Representative specimens; Hamgyong-bukto 19 May 1897 茂山嶺 *Komarov, VL Komaorv s.n.* 21 May 1897 茂山嶺-蕨坪(照日洞) *Komarov, VL Komaorv s.n.* 23 June 1909 茂山嶺 *Nakai, T Nakai s.n.* 25 May 1930 Kyonson 鏡城 *Ohwi, J Ohwi s.n.* 25 May 1897 城川江-茂山 *Komarov, VL Komaorv s.n.* 12 June 1897 西溪水 *Komarov, VL Komaorv s.n.* **Hamgyong-namdo** July 1902 端川龍德里摩天嶺 *Mishima, A s.n.* **Kangwon-do** 31 July 1916 金剛山神溪寺附近 *Nakai, T Nakai s.n.* 12 July 1936 金剛山外金剛千佛山 *Nakai, T Nakai s.n.* 20 August 1902 Mt. Kumgang (金剛山) *Uchiyama, T Uchiyama s.n.* 7 June 1909 元山 *Nakai, T Nakai s.n.* **P'yongan-namdo** 29 May 1966 龍岡 *Lee, TB; Cho, MY s.n.* **Rason** 11 May 1897 豆滿江三角洲-五宗洞 *Komarov, VL Komaorv s.n.* **Ryanggang** 23 August 1914 Keizanchin(惠山鎭) *Ikuma, Y Ikuma s.n.* 19 August 1897 葡坪 *Komarov, VL Komaorv s.n.* 9 June 1897 屈松川 (西頭水河谷) 倉坪 *Komarov, VL Komaorv s.n.* July 1943 延岩 *Uchida, H Uchida s.n.*

Corydalis DC.
Corydalis ambigua Cham. & Schltdl., Linnaea 1: 558 (1826)
Common name 왜현호색
Distribution in Korea: North, Central, South

Representative specimens; Hamgyong-namdo 12 June 1933 咸興盤龍山 *Nomura, N Nomura s.n.*

Corydalis bungeana Turcz., Bull. Soc. Imp. Naturalistes Moscou 19: 62 (1846)
Common name 줄현호색
Distribution in Korea: North
    Corydalis bungeana Turcz. var. *odontopetala* Hemsl., J. Linn. Soc., Bot. 23(152): 36 (1886)
    Capnoides bungeana (Turcz.) Kuntze, Revis. Gen. Pl. 1: 14 (1891)

Representative specimens; Hamgyong-bukto 1 June 1933 羅南 *Saito, T T Saito s.n.* 17 May 1897 會寧川 *Komarov, VL Komaorv s.n.*

Corydalis buschii Nakai, Bot. Mag. (Tokyo) 28: 328 (1914)
Common name 진펄현호색
Distribution in Korea: North (Bujeon, Jangjin, Hicheon, Jeoncheon)
    Corydalis chosenensis Ohwi, Repert. Spec. Nov. Regni Veg. 36: 49 (1934)
    Pistolochia buschii (Nakai) Soják, Cas. Nar. Mus., Odd. Prir. 140 (3-4): 128 (1972)

Representative specimens; Hamgyong-namdo 15 June 1932 下碣隅里 *Ohwi, J Ohwi s.n.* 15 June 1932 *Ohwi, J Ohwi s.n.* 15 June 1932 *Ohwi, J Ohwi46* Type of *Corydalis chosenensis* Ohwi (Holotype KYO)

Corydalis heterocarpa Siebold & Zucc. var. *japonica* (Franch. & Sav.) Ohwi, Acta Phytotax. Geobot. 13: 181 (1943)
Common name 갯괴불주머니
Distribution in Korea: North, Central, South, Jeju, Ulleung
    Corydalis wilfordii Regel var. *japonica* Franch. & Sav., Enum. Pl. Jap. 2: 275 (1878)
    Corydalis pallida (Thunb.) Pers. var. *japonica* (Franch. & Sav.) H.Boissieu, Bull. Soc. Bot. France 47: 315 (1900)
    Corydalis platycarpa (Maxim. ex Palib.) Makino, Bot. Mag. (Tokyo) 23: 16 (1909)

Corydalis lineariloba Siebold & Zucc., Abh. Math.-Phys. Cl. Konigl. Bayer. Akad. Wiss. 4: 174 (1843)
Common name 선현호색
Distribution in Korea: North, Central
    Corydalis ambigua Cham. & Schltdl. var. *amurensis* Maxim. f. *lineariloba* Maxim., Mem. Acad. Imp. Sci. St.-Petersbourg Divers Savans 9: 37 (1859)
    Corydalis remota Fisch. ex Maxim., Mem. Acad. Imp. Sci. St.-Petersbourg Divers Savans 9: 37 (1859)
    Corydalis bulbosa (L.) DC. f. *genuina* Maxim., Mem. Acad. Imp. Sci. St.-Petersbourg Divers Savans 9: 38 (1859)
    Corydalis bulbosa (L.) DC. f. *lineariloba* Maxim., Mem. Acad. Imp. Sci. St.-Petersbourg Divers Savans 9: 38 (1859)

Corydalis bulbosa (L.) DC. f. *rotundiloba* Maxim., Mem. Acad. Imp. Sci. St.-Petersbourg Divers Savans 9: 38 (1859)
Corydalis bulbosa (L.) DC. var. *genuina* Maxim., Mem. Acad. Imp. Sci. St.-Petersbourg Divers Savans 9: 38 (1859)
Corydalis bulbosa (L.) DC. var. *lineariloba* Maxim., Mem. Acad. Imp. Sci. St.-Petersbourg Divers Savans 9: 38 (1859)
Corydalis remota Fisch. ex Maxim. var. *genuina* Maxim., Mem. Acad. Imp. Sci. St.-Petersbourg Divers Savans 9: 38 (1859)
Corydalis remota Fisch. ex Maxim. var. *lineariloba* Maxim., Mem. Acad. Imp. Sci. St.-Petersbourg Divers Savans 9: 38 (1859)
Corydalis remota Fisch. ex Maxim. var. *rotundiloba* Maxim., Mem. Acad. Imp. Sci. St.-Petersbourg Divers Savans 9: 38 (1859)
Corydalis fumariifolia Maxim., Mem. Acad. Imp. Sci. St.-Petersbourg Divers Savans 9: 39 (1859)
Corydalis bulbosa (L.) DC. var. *rotundiloba* (Maxim.) Kom., Mem. Acad. Imp. Sci. St.-Petersbourg Divers Savans 9: 351 (1903)
Corydalis remota Fisch. ex Maxim. var. *fumariifolia* (Maxim.) Kom., Trudy Imp. S.-Peterburgsk. Bot. Sada 22: 351 (1904)
Corydalis remota Fisch. ex Maxim. var. *pectinata* Kom., Trudy Imp. S.-Peterburgsk. Bot. Sada 22: 351 (1904)
Corydalis hallaisanensis H.Lév., Repert. Spec. Nov. Regni Veg. 10: 349 (1912)
Corydalis bulbosa (L.) DC. var. *remota* Nakai f. *ternata* Nakai, Bot. Mag. (Tokyo) 26: 61 (1912)
Corydalis bulbosa (L.) DC. var. *remota* Nakai f. *genuina* (Maxim.) Nakai, Chosen Shokubutsu 100 (1914)
Corydalis bulbosa (L.) DC. var. *remota* Nakai f. *lineariloba* (Maxim.) Nakai, Chosen Shokubutsu 100 (1914)
Corydalis ambigua Cham. & Schltdl. f. *lineariloba* (Siebold & Zucc.) Kitag., Lin. Fl. Manshur. 232 (1939)
Corydalis turtschaninovii Besser f. *lineariloba* (Maxim.) Kitag., Lin. Fl. Manshur. 234 (1939)
Corydalis turtschaninovii Besser var. *genuina* (Maxim.) Nakai, Bull. Natl. Sci. Mus., Tokyo 31: 52 (1952)
Corydalis lineariloba Siebold & Zucc. f. *pectinata* (Kom.) Kitag., Neolin. Fl. Manshur. 321 (1979)
Corydalis lineariloba Siebold & Zucc. var. *fumariifolia* (Maxim.) Kitag., Neolin. Fl. Manshur. 321 (1979)
Corydalis turtschaninovii Besser f. *linearis* (Regel) Nakai, Neolin. Fl. Manshur. 585 (1979)
Corydalis turtschaninovii Besser var. *pectinata* (Maxim.) Nakai, Neolin. Fl. Manshur. 585 (1979)
Corydalis turtschaninovii Besser var. *rotundiloba* (Maxim.) Nakai, Neolin. Fl. Manshur. 585 (1979)
Corydalis turtschaninovii Besser f. *fumariifolia* (Maxim.) Y.H.Chou, Fl. Pl. Herb. Chin. Bor.-Or. 4: 19 (1980)

Representative specimens; Hamgyong-bukto 13 May 1933 羅南西北谷 *Saito, T T Saito s.n.* 22 May 1897 蕨坪(城川水河谷)-車踰嶺 *Komarov, VL Komaorv s.n.* 26 May 1897 茂山 *Komarov, VL Komaorv s.n.* 25 April 1936 鏡城觀海寺 *Saito, T T Saito s.n.* **Hamgyong-namdo** 13 June 1909 西湖津 *Nakai, T Nakai s.n.* 23 May 1937 赴戰高原 Fusenkogen *Toh, BS s.n.* **P'yongyang** 15 May 1910 平壤普通江岸 *Imai, H Imai s.n.* **Rason** 5 June 1930 西水羅 *Ohwi, J Ohwi s.n.*

Corydalis raddeana Regel, Bull. Soc. Imp. Naturalistes Moscou 34: 143 (1861)

Common name 가는괴불주머니

Distribution in Korea: North, Central, South
Corydalis ochotensis Turcz. f. *raddeana* (Regel) Nakai, Bot. Mag. (Tokyo) 25: 235 (1911)
Corydalis ochotensis Turcz. var. *raddeana* (Regel) Nakai, Chosen Shokubutsu 101 (1914)

Representative specimens; Chagang-do 14 August 1912 Chosan(楚山) *Imai, H Imai s.n.* 26 August 1897 小德川 (松德水河谷) *Komarov, VL Komaorv s.n.* 30 August 1897 慈城江 *Komarov, VL Komaorv s.n.* **Hamgyong-bukto** 3 August 1933 會寧 *Koidzumi, G Koidzumi s.n.* 19 May 1897 茂山嶺 *Komarov, VL Komaorv s.n.* 21 July 1918 甫上洞 *Nakai, T Nakai s.n.* 21 July 1918 冠帽山 *Nakai, T Nakai s.n.* 13 July 1918 朱乙溫面鏡城 *Nakai, T Nakai s.n.* 25 May 1930 鏡城 *Ohwi, J Ohwi s.n.* 7 July 1930 *Ohwi, J Ohwi s.n.* 19 September 1935 南下石山 *Saito, T T Saito s.n.* 24 August 1936 鏡城駱駝峰 *Saito, T T Saito s.n.* 3 August 1914 車踰嶺 *Ikuma, Y Ikuma s.n.* 17 June 1930 四芝嶺 *Ohwi, J Ohwi s.n.* **Hamgyong-namdo** 8 August 1939 咸興新中里 *Kim, SK s.n.* 10 July 1914 中庄洞 *Nakai, T Nakai s.n.* 17 August 1934 富盛里 *Nomura, N Nomura s.n.* 16 August 1943 赴戰高原漢垈里 *Honda, M Honda s.n.* 22 August 1932 蓋馬高原 *Kitamura, S Kitamura s.n.* 17 August 1934 東上面達阿里 *Kojima, K Kojima s.n.* 16 August 1935 雲仙嶺 *Nakai, T Nakai s.n.* 15 August 1935 東上面漢垈里 *Nakai, T Nakai s.n.* 16 August 1934 永古面松興里 *Yamamoto, A Yamamoto s.n.* **Kangwon-do** 11 August 1902 草木洞近傍 *Uchiyama, T Uchiyama s.n.* 12 August 1932 Mt. Kumgang (金剛山) *Kitamura, S Kitamura s.n.* 2 August 1932 Kobutsu, *K s.n.* 15 July 1936 金剛山外金剛千佛山 *Nakai, T Nakai s.n.* 12 August 1902 Mt. Kumgang (金剛山) *Uchiyama, T Uchiyama s.n.* 4 September 1916 洗浦-蘭谷 *Nakai, T Nakai s.n.* 9 June 1909 元山 *Nakai, T Nakai s.n.*

P'yongan-bukto 28 September 1912 Seu Tang(瑞東) 兩嘉面 *Ishidoya, T Ishidoya s.n.* 2 October 1910 *Mills, RG Mills399* 28 September 1912 白壁山 *Ishidoya, T Ishidoya s.n.* **P'yongan-namdo** 27 July 1916 黃草嶺 *Mori, T Mori s.n.* **Ryanggang** 23 August 1914 Keizanchin(惠山鎭) *Ikuma, Y Ikuma s.n.* 16 August 1897 大羅信洞 *Komarov, VL Komaorv s.n.* 5 August 1897 白山嶺 *Komarov, VL Komaorv s.n.* 16 August 1897 大羅信洞 *Komarov, VL Komaorv s.n.* 24 June 1930 延岩洞 *Ohwi, J Ohwi s.n.*

Corydalis turtschaninovii Besser, Flora 17 (1 Beibl.): 6 (1834)

Common name 조선현호색

Distribution in Korea: North, Central, South

Corydalis remota Fisch. ex Maxim. var. *ternata* Makino, Iinuma, Somoku-Dzusetsu, ed. 3 932 (1912)
Corydalis bulbosa (L.) DC. f. *ternata* (Nakai) H. Nakai, Bot. Mag. (Tokyo) 26: 91 (1912)
Corydalis ternata (Nakai) Nakai, Bot. Mag. (Tokyo) 28: 29 (1914)
Corydalis trutschaninovii Besser var. *ternata* Ohwi, Acta Phytotax. Geobot. 11: 262 (1942)
Corydalis turtschaninovii Besser var. *nonapiculata* Ohwi f. *subternata* Ohwi, Acta Phytotax. Geobot. 11: 262 (1942)
Pistolochia turtschaninovii (Besser) Holub, Folia Geobot. Phytotax. 8: 172 (1973)
*Corydalis wandoensis*Y.N.Lee, Korean J. Pl. Taxon. 26: 26 (1998)

Representative specimens; Hamgyong-bukto 21 April 1935 羅南 *Saito, T T Saito s.n.* 15 May 1934 漁遊洞 *Uozumi, H Uozumi s.n.* May 1934 羅南 *Yoshimizu, K s.n.* 26 May 1930 鏡城 *Ohwi, J Ohwi s.n.* 26 May 1930 *Ohwi, J Ohwi s.n.* 13 May 1936 鏡城觀海寺 *Saito, T T Saito s.n.* Hamgyong-namdo 14 April 1935 Hamhung (咸興) *Nomura, N Nomura s.n.* 20 May 1933 赴戰高原 *Toh, BS; Shim, HC* 6 Type of *Corydalis turtschaninovii* Besser var. *nonapiculata* Ohwi f. *subternata* Ohwi (Holotype TNS) Hwanghae-bukto 14 May 1932 正方山 *Smith, RK Smith s.n.* 14 May 1932 *Smith, RK Smith s.n.* P'yongan-bukto 20 May 1912 白壁山 *Ishidoya, T Ishidoya s.n.* P'yongyang 7 May 1911 P'yongyang (平壤) *Imai, H Imai s.n.* 20 April 1931 *Smith, RK Smith s.n.* 7 May 1911 平壤附近 *Imai, H Imai s.n.* 5 May 1912 平壤晋道江岸 *Imai, H Imai s.n.* Ryanggang 26 May 1918 普惠面興里 *Ishidoya, T Ishidoya s.n.*Sinuiju 20 April 1942 新義州 *Tatsuzawa, S s.n.*

Corydalis × *gigantea* Trautv. & C.A.Mey., Fl. Ochot. Phaenog. 13 (1856)

Common name 큰괴불주머니

Distribution in Korea: North

Corydalis gigantea Trautv. & C.A.Mey. var. *macrantha* Regel, Bull. Soc. Imp. Naturalistes Moscou 14: 150 (1841)
Corydalis gigantea Trautv. & C.A.Mey. var. *amurensis* Regel, Bull. Soc. Imp. Naturalistes Moscou 34: 150 (1861)

Representative specimens; Chagang-do 10 July 1914 蔥田嶺 *Nakai, T Nakai s.n.* 10 July 1914 Nakai,*T Nakai s.n.* Hamgyong-bukto 25 June 1930 雪嶺西側 *Ohwi, J Ohwi s.n.* 4 June 1897 四芝嶺 *Komarov, VL Komaorv s.n.* Hamgyong-namdo 17 June 1932 東白山 *Ohwi, J Ohwi s.n.* 24 July 1933 東上面大漢垈里 *Koidzumi, G Koidzumi s.n.* 15 August 1935 東上面漢垈里 *Nakai, T Nakai s.n.* 15 August 1936 赴戰高原 Fusenkogen Nakai,*T Nakai s.n.* 25 July 1935 東下面把田洞 *Nomura, N Nomura s.n.* 20 June 1932 東上面元豊里 *Ohwi, J Ohwi s.n.* Ryanggang 2 July 1897 雲寵里三水邑 (虛川江岸懸崖) *Komarov, VL Komaorv s.n.* 3 June 1897 四芝坪 *Komarov, VL Komaorv s.n.* 3 June 1897 *Komarov, VL Komaorv s.n.*

Hylomecon Maxim.
Hylomecon vernalis Maxim., Mem. Acad. Imp. Sci. St.-Petersbourg Divers Savans 9: 36 (1859)

Common name 피나물

Distribution in Korea: North, Central

Chelidonium vernale(Maxim.) Ohwi, Bull. Natl. Sci. Mus., Tokyo 33: 73 (1953)

Representative specimens; Hamgyong-bukto 19 May 1897 茂山嶺 *Komarov, VL Komaorv s.n.* 23 May 1897 車踰嶺 *Komarov, VL Komaorv s.n.* 10 June 1897 西溪水 *Komarov, VL Komaorv s.n.* Ryanggang 3 June 1897 四芝坪 *Komarov, VL Komaorv s.n.*

Lamprocapnos Endl.
Lamprocapnos spectabilis (L.) T.Fukuhara, Pl. Syst. Evol. 206: 415 (1997)

Common name 금낭화

Distribution in Korea: North, Central

Fumaria spectabilis L., Sp. Pl. 699 (1753)
Corydalis spectabilis (L.) Pers., Syn. Pl. (Persoon) 2: 269 (1806)
Dielytra spectabilis (L.) G.Don, Gen. Hist. 1: 140 (1831)
Eucapnos spectabilis (L.) Siebold & Zucc., Abh. Math.-Phys. Cl. Konigl. Bayer. Akad. Wiss. 3: 721 (1843)

A Checklist of North Korean Vascular Plants — T.B. Lee Herbarium (SNUA) – 2019 (C.S. Chang, H. Kim, H.T. Shin & C.H. Lee)

- 88 -

Dicentra spectabilis (L.) Lem., Fl. Serres Jard. Eur. 3: t. 258 (1847)

Hedycapnos spectabilis (L.) Planch., Fl. Serres Jard. Eur. 8: 193 (1853)

Representative specimens; Hamgyong-bukto 17 June 1930 四芝嶺 *Ohwi, J Ohwi s.n.* **Ryanggang** 21 June 1930 天水洞 *Ohwi, J Ohwi s.n.*

Papaver L.

Papaver nudicaule L., Sp. Pl. : 507 (1753)

Common name 흰양귀비

Distribution in Korea: North (Duman River)

Papaver nudicaule L. ssp. *amurense* N.Busch, Fl. Sibir. Orient. Extremi 1: 21 (1913)

Papaver amurense (N.Busch) N.Busch ex Tolm., Fl. Zabaical. 4: 410 (1941)

Papaver nudicaule L. f. *amurense* (N.Busch) H.Chung, Fl. Reipubl. Popularis Sin. 32: 58 (1999)

Representative specimens; Hamgyong-bukto 4 August 1933 南陽 *Koidzumi, G Koidzumi s.n.* **Hamgyong-namdo** 4 June 1930 端川郡北斗日面 *Kinosaki, Y s.n.*

Papaver radicatum Rottb., Skr. Kiøbenhavnske Selsk. Laerd. Elsk. 10: 455 (1770)

Common name 두메양귀비

Distribution in Korea: far North

Papaver pseudoradicatum Kitag., Rep. Inst. Sci. Res. Manchoukuo 6: 122 (1942)

Papaver radicatum Rottb. var. *pseudoradicatum* (Kitag.) Kitag., Neolin. Fl. Manshur. 325 (1979)

Representative specimens; Ryanggang 13 August 1913 白頭山 *Hirai, H Hirai s.n.* 12 August 1914 無頭峯 *Ikuma, Y Ikuma s.n.* 10 August 1914 白頭山 *Nakai, T Nakai s.n.*

ULMACEAE

Celtis L.

Celtis biondii Pamp., Nuovo Giorn. Bot. Ital. 17: 252 (1910)

Common name 폭나무

Distribution in Korea: Central, South

Celtis bungeana Blume var. *heterophylla* H.Lév., Repert. Spec. Nov. Regni Veg. 10: 476 (1912)

Celtis leveillei Nakai, Bot. Mag. (Tokyo) 28: 264 (1914)

Celtis biondii Pamp. var. *heterophylla* (H.Lév.) C.K.Schneid., Pl. Wilson. 3: 282 (1916)

Celtis biondii Pamp. var. *cavalieriei* C.K.Schneid., Pl. Wilson. 3: 273 (1916)

Celtis leveillei Nakai var. *holophylla* Nakai, J. Arnold Arbor. 5: 74 (1924)

Celtis biondii Pamp. var. *insularis* Hatus., Fl. Ryukyus 224 (1971)

Celtis leveillei Nakai var. *heterophylla* (H.Lév.) Nakai, Neolin. Fl. Manshur. 585 (1979)

Representative specimens; Hwanghae-namdo 31 July 1929 席島 *Nakai, T Nakai12642*

Celtis bungeana Blume, Mus. Bot. 2: 71 (1856)

Common name 졸팽나무 (좀풍게나무)

Distribution in Korea: Central, Ulleung

Celtis davidiana Carrière, Rev. Hort. 40: 300 (1868)

Representative specimens; Hamgyong-namdo 14 June 1909 新浦 *Nakai, T Nakai s.n.* **Hwanghae-bukto** 26 September 1915 瑞興 *Nakai, T Nakai2601* Type of *Syringa dilatata* Nakai (Syntype TI) **Hwanghae-namdo** 1 August 1929 椒島 *Nakai, T Nakai12655* **Kangwon-do** 29 July 1916 金剛山海金剛 *Nakai, T Nakai5356* **P'yongyang** 18 September 1915 江東 *Nakai, T Nakai2627*

Celtis jessoensis Koidz., Bot. Mag. (Tokyo) 27: 183 (1913)

Common name 풍게나무

Distribution in Korea: North (Hamgyong), Central, South, Ulleung

Celtis aphanonthoides Koidz., Bot. Mag. (Tokyo) 27: 563 (1913)
Celtis bungeana Blume var. *jessoensis* (Koidz.) Kudô, Syst. Bot. Useful Pl. Jap. 166 (1922)
Celtis koraiensis Nakai var. *holophylla* Nakai, Bot. Mag. (Tokyo) 40: 167 (1926)
Celtis cordifolia Nakai, Bot. Mag. (Tokyo) 40: 168 (1926)
Celtis choseniana Nakai, Bull. Forest. Soc. Korea (Chosen Sanrin Kwaiho) 59: 21 (1930)
Celtis edulis Nakai, Bull. Forest. Soc. Korea (Chosen Sanrin Kwaiho) 59: 23 (1930)
Celtis jessoensis Koidz. var. *angustifolia* Nakai, Bull. Forest. Soc. Korea (Chosen Sanrin
Kwaiho) 59: 21 (1930)
    Celtis hashimotoi Koidz., Acta Phytotax. Geobot. 1: 19 (1932)

Representative specimens; Hamgyong-bukto 19 August 1924 七寶山 *Kondo, C Kondo s.n.* **Hamgyong-namdo** 11 May 1918
北靑 *Ishidoya, T Ishidoya s.n.* **Hwanghae-bukto** May 1924 霞嵐山 *Takaichi, K s.n.* **Hwanghae-namdo** 29 July 1935 長壽山 *Koidzumi,*
G Koidzumi s.n. 24 August 1925 *Uyeki, H Uyeki s.n.* Type of *Celtis cordifolia* Nakai (Holotype TI)2 September 1923 首陽山
Muramatsu, C Kondo s.n. Type of *Celtis choseniana* Nakai (Syntype TI)2 November 1923 *Uyeki, H Uyeki s.n.* 1 August 1929 椒島
Nakai, T Nakai2643 27 July 1929 長山串 *Nakai, T Nakai12653* 30 September 1925 九月山 *Chung, TH Chung s.n.* Type of *Celtis*
choseniana Nakai (Syntype TI) **P'yongan-bukto** 1924 妙香山 *Kondo, C Kondo s.n.* 8 June 1919 義州金剛山 *Ishidoya, T Ishidoya s.n.*
P'yongyang October 1930 P'yongyang (平壤) *Tonoyama, S s.n.*

Celtis koraiensis Nakai, Bot. Mag. (Tokyo) 23: 191 (1909)
Common name 왕팽나무
Distribution in Korea: Central (Hwanghae), South
    Celtis koraiensis Nakai var. *arguta* Nakai, Bull. Forest. Soc. Korea (Chosen Sanrin Kwaiho) 59: 21 (1930)
    Celtis aurantiaca Nakai, Bull. Forest. Soc. Korea (Chosen Sanrin Kwaiho) 59: 23 (1930)
    Celtis koraiensis Nakai var. *aurantiaca* (Nakai) Kitag., Lin. Fl. Manshur. 168 (1939)

Representative specimens; Hamgyong-bukto 21 June 1937 晩春 *Saito, T T Saito6888* 24 August 1924 上古面上鷹峯 *Kondo, T*
Kondo s.n. **Hamgyong-namdo** 11 August 1940 咸興歸州寺 *Okuyama, S Okuyama s.n.* **Hwanghae-bukto** 14 May 1932 正方山 *Smith,*
RK Smith s.n. 19 October 1923 平山郡滅惡山 *Muramatsu, T s.n.* **Hwanghae-namdo** 25 August 1925 長壽山 *Chung, TH Chung s.n.*
Type of *Celtis koraiensis* Nakai var. *arguta* Nakai (Holotype TI)1 August 1929 椒島 *Nakai, T Nakai12651* **Kangwon-do** 8 June 1909
元山北三里 *Nakai, T Nakai s.n.* Type of *Celtis koraiensis* Nakai (Syntype TI)8 June 1909 *Nakai, T Nakai s.n.* Type of *Celtis koraiensis*
Nakai (Syntype TI) **P'yongan-bukto** 5 August 1935 妙香山 *Koidzumi, G Koidzumi s.n.* **P'yongyang** 18 September 1915 江東 *Nakai, T*
Nakai2353 Type of *Celtis aurantiaca* Nakai (Holotype TI)October 1930 P'yongyang (平壤) *Tonoyama, S s.n.* **Ryanggang** 17 May 1923
北靑郡厚峙嶺 *Ishidoya, T Ishidoya s.n.* 29 May 1917 江口 *Nakai, T Nakai4704*

Celtis sinensis Pers., Syn. Pl. (Persoon) 1: 292 (1805)
Common name 달주나무, 평나무 (팽나무)
Distribution in Korea: Central, South, Ulleung
    Celtis sinensis Pers. var. *rotundifolia* Nakai ex B.Li
    Celtis japonica Planch., Prodr. (DC.) 17: 172 (1873)
    Celtis sinensis Pers. var. *japonica* (Planch.) Nakai, Bot. Mag. (Tokyo) 23: 264 (1914)
    Celtis japonica Planch. f. *magnifica* Nakai, Bull. Forest. Soc. Korea (Chosen Sanrin Kwaiho) 59: 23 (1930)
    Celtis japonica Planch. f. *purpurascens* Nakai, Bull. Forest. Soc. Korea (Chosen Sanrin
Kwaiho) 59: 23 (1930)
    Celtis japonica Planch. f. *rotundata* Nakai, Bull. Forest. Soc. Korea (Chosen Sanrin Kwaiho) 59: 23 (1930)
    Celtis sinensis Pers. var. *japonica* (Planch.) Nakai f. *magnifica* Nakai, Fl. Sylv. Kor. 19: 67 (1932)
    Celtis sinensis Pers. var. *japonica* (Planch.) Nakai f. *purpurascens* Nakai, Fl. Sylv. Kor. 19: 66 (1932)
    *Celtis sinensis*Pers. var. *japonica* (Planch.) Nakai f. *rotundifolia* Nakai, Fl. Sylv. Kor. 19: 67 (1932)

Representative specimens; Hamgyong-bukto 19 August 1924 七寶山 *Kondo, C Kondo s.n.***Hamgyong-namdo** Kanko Kasuiri
Cho, PK s.n. 11 June 1909 鎭江- 鎭岩峯 *Nakai, T Nakai s.n.* 11 May 1918 北靑 *Ishidoya, T Ishidoya s.n.***Hwanghae-bukto** 19
October 1923 平山郡滅惡山 *Muramatsu, T s.n.* **Hwanghae-namdo** 25 August 1925 長壽山 *Chung, TH Chung s.n.* 31 July 1929
席島 *Nakai, T Nakai12641* 1 August 1929 椒島 *Nakai, T Nakai12644* 26 May 1924 九月山 *Chung, TH Chung s.n.* **Ryanggang** 27 April 1917 厚昌郡東興面南社洞 *Goto, S s.n.*
25 May 1917 江口 *Nakai, T Nakai4224* Type of *Celtis japonica* Planch. f. *magnifica* Nakai (Syntype TI) 29 May 1917 *Nakai, T*
Nakai4224 Type of *Celtis japonica* Planch. f. *magnifica* Nakai (Syntype TI)29 May 1917 *Nakai, T Nakai4228* Type of *Celtis*
japonica Planch. f. *magnifica* Nakai (Syntype TI)29 May 1917 *Nakai, T Nakai4229* Type of *Celtis japonica* Planch. f. *magnifica*
Nakai (Syntype TI)

Hemiptelea **Planch.**
Hemiptelea davidii (Hance) Planch., Compt. Rend. Hebd. Seances Acad. Sci. 0: 74 (1872)

Common name 스무나무 (시무나무)

Distribution in Korea: North, Central, South, Jeju
Planera davidii Hance, J. Bot. 6: 333 (1868)
Abelicea davidii (Hance) H.Buek, Prodr. (DC.) 17: 1 (1873)
Zelkova davidii (Hance) Hemsl., J. Linn. Soc., Bot. 26: 449 (1894)

Representative specimens; **Hamgyong-namdo** 11 August 1940 咸興歸州寺 *Okuyama, S Okuyama s.n.* **Hwanghae-namdo** 8 June 1924 長山串 *Chung, TH Chung s.n.* 26 May 1924 九月山 *Chung, TH Chung s.n.* **Kangwon-do** 14 June 1909 元山北三里望賊山 *Nakai, T Nakai s.n.* **P'yongan-bukto** 8 June 1919 義州金剛山 *Ishidoya, T Ishidoya s.n.* **P'yongyang** 5 May 1912 P'yongyang (平壤) *Imai, H Imai s.n.*

Ulmus **L.**
Ulmus davidiana Planch. ex DC., Prodr. (DC.) 17: 158 (1873)

Common name 당느릅나무

Distribution in Korea: North, Central, South
Ulmus davidiana Planch. ex DC. var. *mandshurica* Skvortsov, Mansh. Monit. 52 (1929)
Ulmus davidiana Planch. ex DC. var. *pubescens* Skvortsov, Mansh. Monit. 52 (1929)
Ulmus davidiana Planch. ex DC. var. *japonica* (Rehder) Nakai f. *suberosa* Nakai, Fl. Sylv. Kor. 19: 29 (1932)
Ulmus davidiana Planch. ex DC. var. *suberosa* (Turcz.) Miyabe, J. Fac. Agric. Hokkaido Imp. Univ. 26 (4) (1934)

Representative specimens; **Hamgyong-bukto** 16 July 1918 朱乙溫面甫上洞 *Nakai, T Nakai6935* 30 May 1930 朱乙溫堡 *Ohwi, J Ohwi s.n.* 2 August 1914 車踰嶺 *Ikuma, Y Ikuma s.n.* 14 June 1930 鐘城觀海寺 *Ohwi, J Ohwi s.n.* **Kangwon-do** 14 July 1936 外金剛千佛山 *Nakai, T Nakai s.n.* 12 August 1932 Mt. Kumgang (金剛山) *Koidzumi, G Koidzumi s.n.* 10 June 1932 *Ohwi, J Ohwi s.n.* **P'yongan-bukto** 3 August 1935 妙香山 *Koidzumi, G Koidzumi s.n.* 11 August 1935 義州金剛山 *Koidzumi, G Koidzumi s.n.* **P'yongyang** 18 August 1935 平壤牡丹臺 *Koidzumi, G Koidzumi s.n.* **Ryanggang** 20 August 1933 江口 - 三長 *Koidzumi, G Koidzumi s.n.*

Ulmus davidiana Planch. ex DC. var. *japonica* (Rehder) Nakai, Fl. Sylv. Kor. 19: 26 (1932)

Common name 느릅나무

Distribution in Korea: North, Central, South
Ulmus campestris L. var. *japonica* Rehder, Cycl. Amer. Hort. 4: 1882 (1902)
Ulmus japonica (Rehder) Sander, Trees & Shrubs 2: 1, t. 101 (1907)
Ulmus wilsoniana C.K.Schneid., Ill. Handb. Laubholzk. 2: 904 (1912)
Ulmus wilsoniana C.K.Schneid. var. *psilophylla* C.K.Schneid., Pl. Wilson. 3: 239 (1916)
Ulmus japonica (Rehder) Sander var. *levigiata* C.K.Schneid., Pl. Wilson. 3: 260 (1917)
Ulmus propinqua Koidz., Bot. Mag. (Tokyo) 44: 95 (1930)
Ulmus davidiana Planch. ex DC. var. *levigata* (C.K.Schneid.) Nakai, Fl. Sylv. Kor. 19: 30 (1932)
Ulmus davidiana Planch. ex DC. var. *japonica* (Rehder) Nakai f. *levigiata* (C.K.Schneid.) W.T.Lee, Lineamenta Florae Koreae 187 (1996)

Representative specimens; **Chagang-do** 5 June 1911 Kang-gei(Kokai 江界) *Mills, RG Mills497* 4 August 1911 *Mills, RG Mills1008* 25 June 1914 從浦鎮 *Nakai, T Nakai s.n.* 18 July 1914 大興里 *Nakai, T Nakai1959* **Hamgyong-bukto** 16 July 1918 朱乙溫面甫上洞 *Nakai, T Nakai6936* 30 May 1930 朱乙 *Ohwi, J Ohwi318A* 30 May 1930 Ohwi, *J Ohwi318B* 14 June 1930 鏡城 *Ohwi, J Ohwi917* 21 June 1909 Musan-ryeong (戊山嶺) Nakai,*T Nakai s.n.* 20 June 1909 富寧 *Nakai, T Nakai s.n.* **Hamgyong-namdo** 13 June 1909 定平郡興南西湖津薪島 *Nakai,T Nakai s.n.* 13 June 1909 Nakai,*T Nakai s.n.* **Hwanghae-namdo** 1 September 1925 長壽山 *Chung, TH Chung s.n.* 4 August 1929 長山串 Nakai,*T Nakai12657* 27 July 1929 Nakai,*T Nakai12659* **Kangwon-do** 12 July 1936 外金剛千佛山 *Nakai, T Nakai s.n.* 7 August 1916 金剛山末輝里 *Nakai, T Nakai5352* 13 August 1916 金剛山表訓寺 -長淵里 *Nakai, T Nakai5355* 8 June 1909 元山北三里望賊山 *Nakai, T Nakai s.n.* 14 August 1930 劒拂浪 *Nakai, T Nakai14067* 30 August 1916 通川街道 *Nakai, T Nakai5354* **P'yongan-namdo** 15 June 1928 陽德 *Nakai, T Nakai12322* **P'yongyang** 26 May 1912 P'yongyang (平壤) *Imai, H Imai s.n.* 12 September 1902 *Uchiyama, T Uchiyama s.n.* **Ryanggang** 7 May 1918 豊山郡直洞-黃水院里 *Ishidoya, T Ishidoya2821* 29 May 1917 江口 *Nakai, T Nakai4722* 3 June 1914 三下面 *Ishidoya, T Ishidoya s.n.* 15 August 1914 三下面 - 江口間 *Nakai, T Nakai1964*

Ulmus laciniata (Trautv.) Mayr, 523 (1906)
Common name 난티느릅나무 (난티나무)
Distribution in Korea: North, Central, South (Jiri-san), Ulleung

Ulmus major Sm. var. *heterophylla* Maxim. & Rupr., Bull. Cl. Phys.-Math. Acad. Imp. Sci. Saint-Pétersbourg 15: 376 (1857)
Ulmus montana Stokes var. *laciniata* Trautv., Mem. Acad. Imp. Sci. St.-Petersbourg Divers Savans 9: 246 (1859)
Ulmus laciniata (Trautv.) Mayr f. *holophylla* Nakai, Fl. Sylv. Kor. 19: 18 (1932)

Representative specimens; Chagang-do 25 August 1897 小德川 (松德水河谷) *Komarov, VL Komaorv s.n.* 26 August 1897 *Komarov, VL Komaorv s.n.* 30 August 1897 慈城江 *Komarov, VL Komaorv s.n.* 26 June 1914 公西面從西山 *Nakai, T Nakai1957* 22 July 1914 山羊-江口 (風穴附近) *Nakai, T Nakai s.n.* 4 July 1914 臥碣峰 *Nakai, T Nakai s.n.* **Hamgyong-bukto** 10 August 1933 渡正山 *Koidzumi, G Koidzumi s.n.* 28 May 1897 富潤洞 *Komarov, VL Komaorv s.n.* 21 May 1897 茂山嶺-蕨坪(照日洞) *Komarov, VL Komaorv s.n.* 20 May 1897 茂山嶺 *Komarov, VL Komaorv s.n.* 24 May 1897 車踰嶺- 照日洞 *Komarov, VL Komaorv s.n.* 18 July 1918 朱乙溫面甫上洞大東水谷民幕洞 *Nakai, T Nakai6932* 18 July 1918 朱乙溫面甫上洞民幕洞 *Nakai, T Nakai6933* Type of(Syntype TI)7 June 1936 甫上洞南河瑞 *Saito, T T Saito s.n.* 3 August 1914 車踰嶺 *Ikuma, Y Ikuma s.n.* 25 May 1897 城川江-茂山 *Komarov, VL Komaorv s.n.* 22 May 1897 蕨坪(城川水河谷)-車踰嶺 *Komarov, VL Komaorv s.n.* 15 May 1897 江八嶺 *Komarov, VL Komaorv s.n.* **Hamgyong-namdo** 27 August 1897 小德川 *Komarov, VL Komaorv s.n.* **Kangwon-do** 14 August 1916 金剛山下望軍庵 (望軍臺) *Nakai, T Nakai5359* 4 October 1923 安邊郡楸愛山 *Fukubara, S Fukubara s.n.* 20 August 1930 安邊郡衛益面三防 *Nakai, T Nakai14066* **Ryanggang** 18 July 1897 Keizanchin (惠山鎭) *Komarov, VL Komaorv s.n.* 1 July 1897 五是川雲寵江-崔五峰 *Komarov, VL Komaorv s.n.* 29 July 1897 安間嶺-同仁川 (同仁浦里?) *Komarov, VL Komaorv s.n.* 16 August 1897 大羅信洞 *Komarov, VL Komaorv s.n.* 21 August 1897 subdist. Chu-czan, flumen Amnok-gan *Komarov, VL Komaorv s.n.* 22 August 1897 雲洞嶺 *Komarov, VL Komaorv s.n.* 9 July 1897 十四道溝(鴨綠江) *Komarov, VL Komaorv s.n.* 4 August 1897 十四道溝-白山嶺 *Komarov, VL Komaorv s.n.* 22 August 1897 雲洞嶺 *Komarov, VL Komaorv s.n.* 13 August 1897 長進江河口 (鴨綠江) *Komarov, VL Komaorv s.n.* 4 July 1897 上水隅理 *Komarov, VL Komaorv s.n.* 14 July 1897 鴨綠江 (上水隅理-羅暖堡) *Komarov, VL Komaorv s.n.* 5 August 1897 上巨里水 *Komarov, VL Komaorv s.n.* 8 August 1897 上巨里水-院巨里水 *Komarov, VL Komaorv s.n.* 9 August 1897 長津江下流域 *Komarov, VL Komaorv s.n.* 4 July 1897 上水隅理 *Komarov, VL Komaorv s.n.* 7 August 1897 上巨里水 *Komarov, VL Komaorv s.n.* 24 July 1914 三水郡李僧嶺(奧面堡) *Nakai, T Nakai1961* Type of(Syntype TI)7 June 1897 平蒲坪 *Komarov, VL Komaorv s.n.* 14 June 1897 西溪水-延岩 *Komarov, VL Komaorv s.n.* 14 June 1897 *Komarov, VL Komaorv s.n.* 26 June 1897 內曲里 *Komarov, VL Komaorv s.n.* 28 June 1897 栢德嶺 *Komarov, VL Komaorv s.n.* 24 July 1897 佳林里 *Komarov, VL Komaorv s.n.* 20 July 1897 惠山鎭(鴨綠江上流長白山脈中高原) *Komarov, VL Komaorv s.n.* 2 June 1897 四芝坪(延面水河谷) 柄安洞 *Komarov, VL Komaorv s.n.* 2 June 1897 *Komarov, VL Komaorv s.n.* 30 May 1897 延面水河谷-古倉坪 *Komarov, VL Komaorv s.n.*

Ulmus macrocarpa Hance, J. Bot. 6: 332 (1868)

Common name 느릅나무 (왕느릅나무)

Distribution in Korea: North, Central
   Ulmus macrocarpa Hance var. *mandshurica* Skvortsov, Mansh. Monit. 52 (1929)
   Ulmus macrocarpa Hance f. *major* Skvortsov, Mansh. Monit. 52 (1929)
   Ulmus macrocarpa Hance var. *suberosa* Skvortsov, Mansh. Monit. 52 (1929)
   Ulmus macrophylla Nakai, Fl. Sylv. Kor. 19: 15 (1932)
   Ulmus × *mesocarpa* M.Kim & S.T.Lee, Korean J. Pl. Taxon. 19: 44 (1989)
   Ulmus macrocarpa Hance var. *macrophylla* (Nakai) T.B.Lee ex W.T.Lee, Lineamenta Florae Koreae 187 (1996)

Representative specimens; Chagang-do 21 June 1914 漁雷坊(嶺) *Nakai, T Nakai s.n.* **Hamgyong-bukto** 18 May 1897 會寧川 *Komarov, VL Komaorv s.n.* 25 May 1897 城川江-茂山 *Komarov, VL Komaorv s.n.* 29 May 1897 釜坪哥谷 *Komarov, VL Komaorv s.n.* 27 August 1914 鍾城郡南川洞 *Nakai, T Nakai1954* **Hwanghae-namdo** 21 July 1921 Sorai Beach 九味浦 *Mills, RG Mills s.n.* **Kangwon-do** 17 August 1916 金剛山末輝里 *Nakai, T Nakai s.n.* 17 August 1930 Sachang-ri (社倉里) *Nakai, T Nakai14068* Type of *Ulmus macrophylla* Nakai (Holotype TI) **Ryanggang** 14 July 1897 鴨綠江 (上水隅理 -羅暖堡) *Komarov, VL Komaorv s.n.* 9 August 1897 長津江下流域 *Komarov, VL Komaorv s.n.* 6 June 1897 平蒲坪 *Komarov, VL Komaorv s.n.* 20 July 1897 惠山鎭 (鴨綠江上流長白山脈中高原) *Komarov, VL Komaorv s.n.* 1 June 1897 古倉坪-四芝坪 (延面水河谷) *Komarov, VL Komaorv s.n.* 31 May 1897 延面水河谷-古倉坪 *Komarov, VL Komaorv s.n.*

Ulmus pumila L., Sp. Pl. 326 (1753)

Common name 비술나무

Distribution in Korea: North, Central
   Ulmus pumila L. var. *microphylla* Pers., Syn. Pl. (Persoon) 1: 291 (1805)
   Ulmus campestris L. var. *pumila* Maxim., Bull. Acad. Imp. Sci. Saint-Pétersbourg 18: 290 (1873)
   Ulmus turkestanica Regel, Gartenflora 28 (1884)
   Ulmus manshurica Nakai, Fl. Sylv. Kor. 19: 22 (1932)

Representative specimens; Chagang-do 2 September 1897 湖芮(鴨綠江) *Komarov, VL Komaorv s.n.* **Hamgyong-bukto** 6 August 1933 會寧 *Koidzumi, G Koidzumi s.n.* 18 May 1897 會寧川 *Komarov, VL Komaorv s.n.* 25 May 1930 鏡城 *Ohwi, J Ohwi s.n.* 25 May 1930 Ohwi, *J Ohwi s.n.* 25 May 1897 城川江-茂山 *Komarov, VL Komaorv s.n.* 2 August 1918 漁大津 *Nakai, T Nakai6904* 4 August

1933 南陽 *Koidzumi, G Koidzumi s.n.* 12 May 1897 五宗洞 *Komarov, VL Komaorv s.n.* 15 May 1897 江八嶺 *Komarov, VL Komaorv s.n.* 15 May 1897 *Komarov, VL Komaorv s.n.* **Hamgyong-namdo** 27 August 1897 小德川 *Komarov, VL Komaorv s.n.* **Kangwon-do** 17 August 1932 京元線釋王寺驛 (栽) *Koidzumi, G Koidzumi s.n.* **P'yongan-bukto** 8 June 1914 飛來峯 *Nakai, T Nakai1953* **P'yongan-namdo** 16 July 1916 寧遠 *Mori, T Mori s.n.* **P'yongyang** 23 August 1943 大同郡大寶山 *Furusawa, I Furusawa s.n.* **Ryanggang** September 1911 Keizanchin(惠山鎭) *Forestry Station s.n.* 29 July 1897 安間嶺-同仁川 (同仁浦里?) *Komarov, VL Komaorv s.n.* 15 August 1897 蓮坪-厚州川-厚州古邑 *Komarov, VL Komaorv s.n.* 18 August 1897 葡坪 *Komarov, VL Komaorv s.n.* 4 July 1897 上水隅理 *Komarov, VL Komaorv s.n.* 28 June 1897 栢德嶺 *Komarov, VL Komaorv s.n.* 28 July 1897 佳林里 *Komarov, VL Komaorv s.n.* 30 June 1897 雲寵堡 *Komarov, VL Komaorv s.n.*

Zelkova Spach
Zelkova serrata (Thunb.) Makino, Bot. Mag. (Tokyo) 17: 13 (1903)

Common name 정자나무, 귀목(느티나무)

Distribution in Korea: Central, South, Ulleung
  Zelkova serrata (Thunb.) Nakai var. *montana* Nakai
  Corchorus hirtus Thunb., Fl. Jap. (Thunberg) 228 (1784)
  Corchorus serratus Thunb., Trans. Linn. Soc. London 2: 335 (1794)
  Ulmus keaki Siebold, Verh. Batav. Genootsch. Kunsten 12: 28 28 (1830)
  Planera acuminata Lindl., Gard. Chron. 428 (1862)
  Zelkova acuminata (Lindl.) Planch., Compt. Rend. Hebd. Seances Acad. Sci. 74: 1496 (1872)
  Planera keaki (Siebold) K.Koch, Dendrologie 2: 427 (1872)
  Planera keaki (Siebold) Maxim., Bull. Acad. Imp. Sci. Saint-Pétersbourg 18: 288 (1873)
  Zelkova stipulacea Franch. & Sav., Enum. Pl. Jap. 2: 489 (1878)
  Planera japonica Miq., Ann. Mus. Bot. Lugduno-Batavi 3: 66 (1887)
  Abelicea acuminata (Planch.) Kuntze, Revis. Gen. Pl. 2: 621 (1891)
  Abelicea keaki C.K.Schneid., Dendr. Winterstud. 238 (1903)
  Abelicea herta C.K.Schneid., III. Handb. Laubholzk. 1: 226 (1904)
  Zelkova hirta C.K.Schneid., Ill. Handb. Laubholzk. 1: 806 (1906)
  Abelicea serrata (Thunb.) Makino, Bot. Mag. (Tokyo) 28: 175 (1914)
  Zelkova formosana Hayata, Icon. Pl. Formosan. 9: 104 (1920)
  Zelkova serrata(Thunb.) Makino var. *longifolia* Nakai, Fl. Sylv. Kor. 19: 39 (1932)

Representative specimens; Hwanghae-namdo 2 August 1911 海州港海岸 *Imai, H Imai s.n.* 29 July 1929 長山串 *Nakai, T Nakai12661* **Kangwon-do** 1 September 1916 通川邑內 *Nakai, T Nakai s.n.* September 1916 庫底 *Nakai, T Nakai s.n.* 31 August 1916 通川邑內 *Nakai, T Nakai5358* Type of *Zelkova serrata* (Thunb.) Makino var. *longifolia* Nakai (Syntype TI)

CANNABACEAE

Humulus L.
Humulus scandens (Lour.) Merr., Trans. Amer. Philos. Soc. 24 (2): 138 (1935)

Common name 환삼덩굴

Distribution in Korea: North, Central, South, Ulleung
  Antidesma sandens Lour., Fl. Cochinch. 2: 617 (1790)
  Humulus japonicus Siebold & Zucc., Fl. Jap. (Siebold) 2: 89 (1846)
  Humulus japonicus Siebold & Zucc. var. *minor* Nakai, Saishu-to Kuan-to Shokubutsu Hokoku-sho [Fl. Quelpaert Isl.] 38 (1914)
  Humulus scandens (Lour.) Merr. var. *variegatus* (Siebold & Zucc.) Moldenke, Phytologia 1: 169 (1935)

Representative specimens; Hamgyong-namdo 7 June 1909 鎭江-鎭岩峯 *Nakai, T Nakai s.n.* **Kangwon-do** 4 August 1916 溫井里 *Nakai, T Nakai s.n.* **Ryanggang** 1 July 1897 五是川雲寵江-崔五峰 *Komarov, VL Komaorv s.n.* 21 August 1897 subdist. Chu-czan, flumen Amnok-gan *Komarov, VL Komaorv s.n.*

MORACEAE

***Broussonetia* L'Hér. ex Vent.**
Broussonetia papyrifera (L.) L'Hér. ex Vent., Tabl. Regn. Veg. 3: 547 (1799)
Common name 꾸지나무
Distribution in Korea: Central, South
    Morus papyrifera L., Sp. Pl. 986 (1753)
    Streblus cordatus Lour., Fl. Cochinch. 615 (1790)
    Papyrius japonica Lam., Encycl. (Lamarck) 5: 3 (1804)
    Broussonetia papyrifera (L.) L'Hér. ex Vent. var. *normalis* Ser., Descr. 236; Atl. 14, t. 26 (1855)
    Broussonetia cordata Blume, Mus. Bot. 2: 87 (1856)
    Broussonetia papyrifera (L.) L'Hér. ex Vent. var. *japonica* Blume, Mus. Bot. 2: 86 (1856)
    Broussonetia papyrifera (L.) L'Hér. ex Vent. f. *oppositifolia* Nakai, Fl. Sylv. Kor. 19: 109 (1932)
    Broussonetia papyrifera (L.) L'Hér. ex Vent. var. *lucida* Hatus., Exp. Forest. Kyushu Imp. Univ. 5: 19, 54 (1934)
    Broussonetia papyrifera (L.) L'Hér. ex Vent. f. *lucida* (Hatus.) T.B.Lee, Ill. Woody Pl. Korea 256 (1966)

Represententive specimens; Hwanghae-bukto Metsuakusan (滅惡山) 19 October 1923 Muramatsu, T. s.n. **Hwanghae-namdo** Chojusan (長壽山) 25 August 1925 Chung, T.H. Chungs.n. Shuyozan (首陽山) 2 September 1923 Muramatsu, C. s.n. Shoka (松禾) June 1924 Chung, T.H. Chung118 Shoto (椒島) 1 August 1929 Chung, T.H. Chung s.n.

***Morus* L.**
Morus australis Poir., Encycl. (Lamarck) 4: 380 (1797)
Common name 산뽕나무
Distribution in Korea: North, Central, South, Ulleung
    Morus bombycis Koidz., Bot. Mag. (Tokyo) 29: 313 (1915)
    Morus kagayamae Koidz., Icon. Pl. Koisikav 3: 11 (1915)
    Morus caudatifolia Koidz., Icon. Pl. Koisikav 3: 79 (1916)
    Morus bombycis Koidz. var. *caudatifolia* (Koidz.) Koidz., Kuwazoku Shokubutsu 1: 33 (1919)
    Morus bombycis Koidz. var. *maritima* Koidz., Bull. Imp. Sericult. Exp. Sta. 2: 13 (1923)
    Morus bombycis Koidz. f. *dissecta* Nakai, Fl. Sylv. Kor. 19: 101 (1932)
    Morus australis Poir. var. *maritima* (Koidz.) Kitam., Acta Phytotax. Geobot. 31: 51 (1980)

Representative specimens; Chagang-do 27 June 1914 公西面從西山 *Nakai, T Nakai1966* 25 June 1914 從浦鎭 *Nakai, T Nakai1967* **Hamgyong-bukto** 27 August 1914 南川洞 *Nakai, T Nakai1965* **Hwanghae-namdo** 31 July 1929 席島 *Nakai, T Nakai12667* 2 August 1921 Sorai Beach 九味浦 *Mills, RG Mills4502* 5 June 1924 豊海面 *Chung, TH Chung s.n.* 27 May 1924 九月山 *Chung, TH Chung s.n.* **Kangwon-do** 29 July 1916 海金剛 *Nakai, T Nakai5361* 13 August 1916 金剛山表訓寺附近-- 長淵里 *Nakai, T Nakai5360* 10 June 1932 Mt. Kumgang (金剛山) *Ohwi, J Ohwi s.n.* 8 June 1909 望賊山 *Nakai, T Nakai s.n.* 4 October 1923 安邊郡楸愛山 *Fukubara, S Fukubara s.n.* 14 August 1930 劍拂浪 *Nakai, T Nakai14069* **P'yongan-bukto** 4 June 1914 玉江鎭朔州郡 *Nakai, T Nakai s.n.* **P'yongan-namdo** 18 September 1915 江東郡 *Nakai, T Nakai2352* 15 June 1928 陽德 *Nakai, T Nakai12323* **Sinuiju** 30 April 1917 新義州 *Furumi, M Furumi s.n.*

***Morus cathayana* Hemsl.**, J. Linn. Soc., Bot. 26: 456 (1894)
Common name 돌뽕나무
Distribution in Korea: North (Hamgyong), Central (Hwanghae), South
    Morus tiliifolia Makino, Bot. Mag. (Tokyo) 23: 88 (1909)

***Morus mongolica* (Bureau) C.K.Schneid.**, Pl. Wilson. 3: 296 (1916)
Common name 몽골뽕나무
Distribution in Korea: North (Hamgyong, P'yongan), Central (Hwanghae)
    Morus alba L. var. *mongolica* Bureau, Prodr. (DC.) 17: 241 (1873)
    Morus mongolica (Bureau) C.K.Schneid. var. *diabolica* Koidz., Bot. Mag. (Tokyo) 31: 36 (1917)

Representative specimens; Hamgyong-namdo 11 June 1909 永興 *Nakai, T Nakai s.n.* **Hwanghae-namdo** 31 July 1929 席島 *Nakai, T Nakai12663* 4 June 1924 松禾郡椒島 *Ishidoya, T Ishidoya s.n.* 1 August 1929 椒島 *Nakai, T Nakai12664* **Nampo** 1 October 1911 Chinnampo (鎭南浦) *Imai, H Imai s.n.* 21 September 1915 *Nakai, T Nakai s.n.* 21 September 1915 *Nakai, T Nakai2359*

URTICACEAE

Boehmeria Jacq.
Boehmeria japonica (L.f.) Miq., Ann. Mus. Bot. Lugduno-Batavi 3: 131 (1867)
Common name 왜모시풀
Distribution in Korea: Central, South, Jeju
  Boehmeria longispica Steud., Flora 33: 260 (1850)
  Boehmeria grandifolia (Thunb.) Wedd., Ann. Sci. Nat., Bot. ser. 4, 1: 199 (1854)
  Boehmeria platyphylla D.Don var. *japonica* (L.f.) Wedd., Arch. Mus. Hist. Nat. 365 (1856)
  Boehmeria longispica Steud. var. *appendiculata* Blume, Mus. Bot. 2: 221 (1857)
  Boehmeria miqueliana Tanaka, Bult. Sci. Fak. Terk. Kjusu. Imp. Univ. 1: 198 (1925)
  Duretia longispica (Steud.) Nakai, Bull. Natl. Sci. Mus., Tokyo 31: 42 (1952)
  Boehmeria macrophylla Hornem. var. *tomentosa* (Wedd.) D.G.Long, Notes Roy. Bot. Gard.
  Edinburgh 40: 130 (1982)

Representative specimens; **Chagang-do** 2 September 1897 湖芮(鴨綠江) *Komarov, VL Komaorv s.n.* **Hamgyong-namdo** 27 August 1897 小德川 *Komarov, VL Komaorv s.n.* **Hwanghae-namdo** 29 July 1935 長壽山 *Koidzumi, G Koidzumi s.n.*

Boehmeria spicata (Thunb.) Thunb., Trans. Linn. Soc. London 2: 330 (1794)
Common name 좀깨잎나무
Distribution in Korea: North, Central, South, Ulleung
  Boehmeria japonica (L.f.) Miq. var. *tenera* (Blume) Friis & W-D
  Urtica spicata Thunb., Syst. Veg., ed. 14 (J. A. Murray) 850 (1784)
  Boehmeria spicata (Thunb.) Thunb. var. *microphylla* Nakai & Satake, J. Fac. Sci. Univ. Tokyo,
  Sect. 3, Bot. 4: 483 (1936)
  Duretia spicata (Thunb.) Nakai, Bull. Natl. Sci. Mus., Tokyo 31: 42 (1952)

Representative specimens; **Hwanghae-namdo** 26 August 1943 長壽山 *Furusawa, I Furusawa s.n.* 26 August 1943 *Furusawa, I Furusawa s.n.* 25 August 1943 首陽山 *Furusawa, I Furusawa s.n.* 29 July 1921 Sorai Beach 九味浦 *Mills, RG Mills4461* 27 July 1929 長山串 *Nakai, T Nakai12674* 27 July 1929 *Nakai, T Nakai12675* **Kangwon-do** 14 July 1936 金剛山外金剛千佛山 *Nakai, T Nakai s.n.* **P'yongan-namdo** 22 September 1915 咸從 *Nakai, T Nakai2979*

Boehmeria tricuspis (Hance) Makino, Bot. Mag. (Tokyo) 25: 387 (1912)
Common name 거북꼬리
Distribution in Korea: North, Central, South, Ulleung
  Boehmeria platyphylla D.Don var. *tricuspis* Hance, J. Bot. 11: 261 (1874)
  Boehmeria japonica (L.f.) Miq. var. *tricuspis* (Hance) Maxim., Bull. Acad. Imp. Sci. Saint-
  Pétersbourg 22: 252 (1877)
  Boehmeria longispica Steud. var. *tricuspis* (Hance) Franch. & Sav., Enum. Pl. Jap. 2: 497 (1878)
  Boehmeria platanifolia (Franch. & Sav.) C.H.Wright var. *tricuspis* (Hance) Matsum., Index Pl.
  Jap. 2 (2): 42 (1912)
  Duretia tricuspis (Hance) Nakai, Bull. Natl. Sci. Mus., Tokyo 31: 42 (1952)
  Boehmeria tricuspis (Hance) Makino var. *unicuspis* Makino ex Ohwi, Fl. Jap. (Ohwi) 441 (1956)

Representative specimens; **Hamgyong-namdo** 11 August 1940 咸興郡州寺 *Okuyama, S Okuyama s.n.* **Kangwon-do** 14 August 1916 金剛山下望軍庵 (望軍臺) *Nakai, T Nakai s.n.* 15 July 1936 金剛山外金剛千佛山 *Nakai, T Nakai s.n.* 14 August 1902 Mt. Kumgang (金剛山) *Uchiyama, T Uchiyama s.n.* 14 August 1902 *Uchiyama, T Uchiyama s.n.* 16 August 1930 劍拂浪 *Nakai, T Nakai s.n.* 20 August 1930 安邊郡衛益面三防 *Nakai, T Nakai14072* 9 June 1909 元山 *Nakai, T Nakai s.n.* **P'yongan-bukto** 5 August 1937 妙香山 *Hozawa, S Hozawa s.n.* **P'yongan-namdo** 15 July 1916 葛日嶺 *Mori, T Mori s.n.*

Elatostema J.R.Forst. & G.Forst.
Elatostema umbellata (Siebold & Zucc.) Blume, Mus. Bot. 2: t. 19 (1856)
Common name 자루몽울풀 (우산물통이)
Distribution in Korea: North (P'yongan), Central (Hwanghae), Jeju
  Procris umbellata Siebold & Zucc., Abh. Math.-Phys. Cl. Konigl. Bayer. Akad. Wiss. 4: 217 (1846)
  Elatostema japonicum Wedd., Ann. Sci. Nat., Bot. ser. 4, 1: 189 (1854)
  Pellionia umbellata (Blume) Wedd., Prodr. (DC.) 16: 167 (1869)

Representative specimens; **P'yongan-namdo** 29 August 1930 鍾峯山 *Uyeki, H Uyeki s.n.*

Girardinia **Gaudich. & Freyc.**
Girardinia diversifolia (Link) Friis ssp. ***suborbiculata*** (C.J.Chen) C.J.Chen &Friis, Fl. China 5: 91 (2003)

Common name 산쐐기풀

Distribution in Korea: North, Central
  Girardinia suborbiculata C.J.Chen, Acta Phytotax. Sin. 30: 476 (1992)

Laportea **Gaudich.**
Laportea bulbifera (Siebold & Zucc.) Wedd., Arch. Mus. Hist. Nat. 9: 139 (1857)

Common name 혹쐐기풀

Distribution in Korea: North, Central, South, Jeju
  Urtica bulbifera Siebold & Zucc., Abh. Math.-Phys. Cl. Konigl. Bayer. Akad. Wiss. 4 (3): 214 (1846)
  Laportea terminalis Wight, Icon. Pl. Ind. Orient. (Wight) 6: 9 (1853)
  Laportea oleracea Wedd., Arch. Mus. Hist. Nat. 141 (1856)
  Fleurya bulbifera (Siebold & Zucc.) Blume ex Miq., Ann. Mus. Bot. Lugduno-Batavi 1: 132 (1867)
  Laportea sinensis C.H.Wright, J. Linn. Soc., Bot. 26(178): 474 (1899)
  Boehmeria bodinieri H.Lév., Repert. Spec. Nov. Regni Veg. 11: 550 (1913)
  Laportea bulbifera (Siebold & Zucc.) Wedd. var. *sinensis* S.S.Chien, Bull. Chin. Bot. Soc. 1 (1): 1 (1935)

Representative specimens; Chagang-do 26 August 1897 小德川 (松德水河谷) *Komarov, VL Komaorv s.n.* **Kangwon-do** 13 August 1916 金剛山表訓寺附近 *Nakai, T Nakai s.n.* 7 August 1940 Mt. Kumgang (金剛山) *Okuyama, S Okuyama s.n.* 14 August 1902 *Uchiyama, T Uchiyama s.n.* 17 August 1930 Sachang-ri (社倉里) *Nakai, T Nakai s.n.* **P'yongan-namdo** 17 July 1916 加音嶺 *Mori, T Mori s.n.* **Ryanggang** 19 August 1897 葡坪 *Komarov, VL Komaorv s.n.* 21 August 1897 subdist. Chu-czan, flumen Amnok-gan *Komarov, VL Komaorv s.n.* 23 August 1897 雲洞嶺 *Komarov, VL Komaorv s.n.* 16 August 1897 大羅信洞 *Komarov, VL Komaorv s.n.* 13 August 1897 長進江河口(鴨綠江) *Komarov, VL Komaorv s.n.* 8 August 1897 上巨里水-院巨里水 *Komarov, VL Komaorv s.n.*

Laportea cuspidata (Wedd.) Friis, Kew Bull. 36: 156 (1981)

Common name 큰쐐기풀

Distribution in Korea: North (Chagang, Ryanggang, Hamgyong), Central, South
  Girardinia cuspidata Wedd., Prodr. (DC.) 16: 103 (1869)
  Sceptrocnide macrostachya Maxim., Méanges Biol. Bull. Phys.-Math. Acad. Imp. Sci. Saint-Pétersbourg 9: 626 (1876)
  Laportea grossedentata C.H.Wright, J. Linn. Soc., Bot. 26: 474 (1899)
  Laportea macrostachya (Maxim.) Ohwi, J. Jap. Bot. 12: 331 (1936)

Representative specimens; Chagang-do 28 August 1897 慈城邑(松德水河谷) *Komarov, VL Komaorv s.n.* **Hamgyong-bukto** 23 July 1918 朱南面黃雪嶺 *Nakai, T Nakai s.n.* **Hamgyong-namdo** 27 August 1897 小德川 *Komarov, VL Komaorv s.n.* **Kangwon-do** 20 August 1930 安邊郡衛益面三防 *Nakai, T Nakai s.n .* **Ryanggang** 10 August 1897 三水郡鴨綠江(長津江下流域) 小德川 *Komarov, VL Komaorv s.n.* 9 August 1897 長津江下流域 *Komarov, VL Komaorv s.n.*

Parietaria **L.**
Parietaria debilis G.Forst., Fl. Ins. Austr. 73 (1786)

Common name 개물통이

  Distribution in Korea: North (Chagang, Ryanggang, Hamgyong, Kangwon), Central
  Parietaria micrantha Ledeb., Icon. Pl. (Ledebour) 1: 7 (1829)
  Parietaria debilis G.Forst. var. *micrantha* (Ledeb.) Wedd., Prodr. (DC.) 16: 235 (1869)
  Parietaria coreana Nakai, Bot. Mag. (Tokyo) 33: 46 (1919)
  Parietaria micrantha Ledeb. var. *coreana* (Nakai) H.Hara, J. Jap. Bot. 35: 211 (1960)
  Parietaria lusitanica L. ssp. *chersonensis* var. *micrantha* (Ledeb.) Chrtek, Folia Geobot. Phytotax. 8: 426 (1973)

Representative specimens; Chagang-do 2 September 1897 湖芮(鴨綠江) *Komarov, VL Komaorv s.n.* **Hamgyong-bukto** 28 September 1937 淸津 *Saito, T T Saito s.n.* 23 August 1936 朱乙 *Saito, T T Saito s.n.* 5 August 1918 Mt. Chilbo at Myongch'on(七寶山) *Nakai, T Nakai s.n.* 5 August 1918 *Nakai, T Nakai6939* Type of *Parietaria coreana* Nakai (Holotype TI)17 October 1938 梨坪 *Saito, T T Saito s.n.* **Hamgyong-namdo** 15 August 1935 東上面漢岱里 *Nakai, T Nakai s.n.* **P'yongan-namdo** 29 August 1930 錘峯山 *Uyeki, H Uyeki s.n.* **Ryanggang** 1 July 1897 五是川雲寵江-崔五峰 *Komarov, VL Komaorv s.n.* 1 July 1897 *Komarov, VL Komaorv s.n.* 15 August 1935 北水白山 *Hozawa, S Hozawa s.n.* 26 June 1897 內曲里 *Komarov, VL Komaorv s.n.*

A Checklist of North Korean Vascular Plants T.B. Lee Herbarium (SNUA) – 2019 (C.S. Chang, H. Kim, H.T. Shin & C.H. Lee)

- 96 -

Pilea Lindl.
Pilea peploides(Gaudich.) Hook. & Arn., Bot. Beechey Voy. 96 (1831)

Common name 물통이

Distribution in Korea: North, Central, South
  Dubrueilia peploides Gaudich., Voy. Uranie, Bot. 495 (1830)
  Urtica peploides (Gaudich.) Steud., Nomencl. Bot., ed. 2 (Steudel) 2: 735 (1841)
  Pilea peploides (Gaudich.) Hook. & Arn. var. *major* Wedd., Prodr. (DC.) 16: 109 (1869)
  Adicea peplodes (Gaudich.) Kuntze, Revis. Gen. Pl. 2: 623 (1891)
  Pilea taquetii Nakai, Bot. Mag. (Tokyo) 35: 141 (1921)

Representative specimens; Hamgyong-bukto 6 October 1942 清津高抹山東側 *Saito, T T Saito s.n.* **Hwanghae-namdo** 29 July 1935 長壽山 *Koidzumi, G Koidzumi s.n.* 1 August 1929 椒島 *Nakai, T Nakai s.n.* **Kangwon-do** 14 August 1916 金剛山望軍臺 *Nakai, T Nakai s.n.* 7 August 1940 Mt. Kumgang (金剛山) *Okuyama, S Okuyama s.n.* 16 August 1930 翻拂浪長止門山 *Nakai, T Nakai s.n.* **P'yongan-bukto** 5 August 1937 妙香山 *Hozawa, S Hozawa s.n.*

Pilea pumila (L.) A.Gray, Manual (Gray) 437 (1848)

Common name 큰물통이

Distribution in Korea: North
  Urtica pumila L., Sp. Pl. 2: 984 (1753)
  Pilea mongolica Wedd., Prodr. (DC.) 16: 135 (1869)
  Pilea viridissima Makino, Bot. Mag. (Tokyo) 23: 87 (1909)

Representative specimens; Chagang-do 26 August 1897 小德川 (松德水河谷) *Komarov, VL Komarov s.n.* 30 August 1897 慈城江 *Komarov, VL Komarov s.n.* 6 July 1911 Kang-gei(Kokai 江界) *Mills, RG Mills s.n.* **Hamgyong-bukto** 10 August 1933 渡正山門內 *Koidzumi, G Koidzumi s.n.* 12 August 1935 羅南 *Saito, T T Saito s.n.* 12 June 1897 西溪水 *Komarov, VL Komarov s.n.* **Kangwon-do** 13 August 1916 金剛山表訓寺附近 *Nakai, T Nakai s.n.* 20 August 1902 Mt. Kumgang (金剛山) *Uchiyama, T Uchiyama s.n.* 14 August 1902 *Uchiyama, T Uchiyama s.n.* 20 August 1930 安邊郡衛益面三防 *Nakai, T Nakai s.n.* **P'yongan-namdo** 17 July 1916 加音嶺 *Mori, T Mori s.n.* **Ryanggang** 20 August 1897 內洞-河山嶺 *Komarov, VL Komarov s.n.* 20 August 1897 *Komarov, VL Komarov s.n.* 7 August 1897 上巨里水 *Komarov, VL Komarov s.n.* 8 August 1897 上巨里水-院巨里水 *Komarov, VL Komarov s.n.* 7 August 1897 上巨里水 *Komarov, VL Komarov s.n.* 13 August 1897 長進江河口(鴨綠江) *Komarov, VL Komarov s.n.* 22 July 1897 佳林里 *Komarov, VL Komarov s.n.*

Urtica L.
Urtica angustifolia Fisch. ex Hornem., Suppl. Hort. Bot. Hafn. 107 (1819)

Common name 가는잎쐐기풀

Distribution in Korea: North, Central, South
  Urtica dioica L. var. *angustifolia* (Fisch. ex Hornem.) Ledeb., Fl. Altaic. 4: 241 (1833)
  Urtica foliosa Blume, Mus. Bot. 2: 142 (1856)
  Urtica dioica L. var. *sikokiana* Makino, Bot. Mag. (Tokyo) 23: 84 (1909)
  Urtica sikokiana (Makino) Makino, Bot. Mag. (Tokyo) 24: 55 (1910)
  Urtica angustifolia Fisch. ex Hornem. var. *sikokiana* (Makino) Ohwi, Fl. Jap. (Ohwi) 435 (1953)

Representative specimens; Chagang-do 29 August 1897 慈城江 *Komarov, VL Komarov s.n.* 28 July 1911 Kang-gei(Kokai 江界) *Mills, RG Mills s.n.* 15 August 1911 *Mills, RG Mills s.n.* 22 July 1919 狼林山 *Kajiwara, U Kajiwara s.n.* **Hamgyong-bukto** 1 August 1914 *Ikuma, Y Ikuma s.n.* 11 August 1934 東村 *Uozumi, H Uozumi s.n.* 19 May 1897 茂山嶺 *Komarov, VL Komarov s.n.* 16 July 1918 朱乙溫面甫上洞 *Nakai, T Nakai s.n.* 9 July 1930 鏡城 *Ohwi, J Ohwi s.n.* 5 July 1933 *Saito, T T Saito s.n.* 29 May 1897 釜所哥谷 *Komarov, VL Komarov s.n.* 13 June 1897 西溪水 *Komarov, VL Komarov s.n.* 17 June 1930 四芝嶺 *Ohwi, J Ohwi s.n.* **Hamgyong-namdo** 31 July 1939 新興面上下里 *Choi, GB s.n.* 2 September 1934 東下面蓮花山 *Kojima, K Kojima s.n.* 24 July 1933 東上面大漢岱里 *Koidzumi, G Koidzumi s.n.* 15 August 1935 東上面蓮花岱里 *Nakai, T Nakai s.n.* 25 July 1935 西於水里 *Nomura, N Nomura s.n.* **Hwanghae-bukto** 7 September 1902 可將去里南川 *Uchiyama, T Uchiyama s.n.* **Kangwon-do** 7 August 1916 金剛山末輝里方面 *Nakai, T Nakai s.n.* 16 August 1930 翻拂浪 *Nakai, T Nakai s.n.* 20 August 1932 元山德源 *Kitamura, S Kitamura s.n.* 20 August 1932 Kitamura, *S Kitamura s.n.* **Rason** 11 May 1897 豆滿江三角洲-五宗洞 *Komarov, VL Komarov s.n.* **Ryanggang** 1 August 1897 虛川江 (同仁川) *Komarov, VL Komarov s.n.* 5 August 1897 白山嶺 *Komarov, VL Komarov s.n.* 16 August 1897 大羅信洞 *Komarov, VL Komarov s.n.* 21 August 1897 subdist. Chu-czan, flumen Amnok-gan *Komarov, VL Komarov s.n.* 7 July 1897 犁方嶺 (鴨綠江羅暖堡) *Komarov, VL Komarov s.n.* 4 July 1897 上水隅理 *Komarov, VL Komarov s.n.* 8 August 1897 上巨里水 *Komarov, VL Komarov s.n.* 9 June 1897 屈松川 (西頭水河谷) 倉坪 *Komarov, VL Komarov s.n.* 3 June 1897 四芝坪 *Komarov, VL Komarov s.n.*

Urtica laetevirens Maxim., Bull. Acad. Imp. Sci. Saint-Pétersbourg 22: 236 (1877)

Common name 쐐기풀 (애기쐐기풀)

Distribution in Korea: North, Central, Ulleung
  Urtica dentata Hand.-Mazz., Symb. Sin. 7: 112 (1929)
  Urtica pachyrrhachis Hand.-Mazz., Symb. Sin. 7: 113 (1929)
  Urtica silvatica Hand.-Mazz., Symb. Sin. 7: 113 (1929)
  Urtica laetevirens Maxim. var. *robusta*F. Maek., Fl. Sylv. Kor. 21: 123 (1936)

Representative specimens; Chagang-do 29 August 1897 慈城江 *Komarov, VL Komaorv s.n.* **Hamgyong-namdo** 27 August 1897 小德川 *Komarov, VL Komaorv s.n.* 27 August 1897 *Komarov, VL Komaorv s.n.* **Hwanghae-namdo** 29 July 1935 長壽山 *Koidzumi, G Koidzumi s.n.* 28 July 1929 長山串 *Nakai, T Nakai s.n.* **Kangwon-do** 13 August 1916 金剛山表訓寺附近森 *Nakai, T Nakai s.n.* 7 August 1916 金剛山末輝里方面 *Nakai, T Nakai3232* 7 August 1940 Mt. Kumgang (金剛山) *Okuyama, S Okuyama s.n.* 20 August 1902 *Uchiyama, T Uchiyama s.n.* 20 August 1902 *Uchiyama, T Uchiyama s.n.* 20 August 1930 安邊郡衞盆面三防 *Nakai, T Nakai s.n.* **Ryanggang** 19 August 1897 葡坪 *Komarov, VL Komaorv s.n.* 21 August 1897 subdist. Chu-czan, flumen Amnok-gan *Komarov, VL Komaorv s.n.* 23 August 1897 雲洞嶺 *Komarov, VL Komaorv s.n.* 8 August 1897 上巨里水-院巨里水 *Komarov, VL Komaorv s.n.* 21 July 1897 佳林里(鴨綠江上流) *Komarov, VL Komaorv s.n.*

JUGLANDACEAE

Juglans L.
Juglans mandshurica Maxim., Bull. Cl. Phys.-Math. Acad. Imp. Sci. Saint-Pétersbourgser. 2, 15: 127 (1856)

Common name 가래추나무 (가래나무)

Distribution in Korea: North, Central, South
  Juglans stenocarpa Maxim., Mem. Acad. Imp. Sci. St.-Petersbourg Divers Savans 9: 78 (1859)
  Juglans ailanthoides var. *cordiformis* (Maxim.) Rehder, Bull. Acad. Imp. Sci. Saint-Pétersbourg 18: 62 (1872)
  Juglans sieboldiana Maxim., Bull. Acad. Imp. Sci. Saint-Pétersbourg 18: 60 (1873)
  Juglans cathayensis Dode, Bull. Soc. Dendrol. France 11: 47 (1909)
  Juglans collapsa Dode, Bull. Soc. Dendrol. France 11: 49 (1909)
  Juglans draconis Dode, Bull. Soc. Dendrol. France 11: 49 (1909)
  Juglans formosana Hayata, J. Coll. Sci. Imp. Univ. Tokyo 30: 283 (1911)
  Juglans mandshurica Maxim. var. *sieboldiana* Makino, Fl. Japan (Makino & Nemoto) 81 (1925)
  Juglans mandshurica Maxim. var. *mandshurica* f. *stenocarpa* Uyeki, Woody Pl. Distr. Chosen 1: 12 (1940)
  Juglans mandshurica Maxim. var. *stenocarpa* (Maxim.) Nakai, Bull. Natl. Sci. Mus., Tokyo 31: 38 (1952)
  Juglans cathayensis Dode var. *formosana* (Hayata) A.M.Lu & R.H. Chang, Fl. Reipubl. Popularis Sin. 21: 35 (1979)

Representative specimens; Chagang-do 26 August 1897 小德川 (松德水河谷) *Komarov, VL Komaorv s.n.* 29 August 1897 慈城江 *Komarov, VL Komaorv s.n.* 30 August 1897 *Komarov, VL Komaorv s.n.* 1 July 1911 Kang-gei(Kokai 江界) *Mills, RG Mills423* **Hamgyong-bukto** 3 August 1933 會寧 *Koidzumi, G Koidzumi s.n.* 19 May 1897 茂山嶺 *Komarov, VL Komaorv s.n.* 21 May 1897 茂山嶺-蕨坪(照日洞) *Komarov, VL Komaorv s.n.* 14 August 1933 朱乙溫泉朱乙山 *Koidzumi, G Koidzumi s.n.* 17 July 1918 朱乙溫面甫上洞 *Nakai, T Nakai6928* 23 June 1909 Musan-ryeong (戊山嶺) *Nakai,T Nakai s.n.* 28 August 1914 黃句基- 雄基 *Nakai, T Nakai1859* **Hwanghae-bukto** 10 September 1915 瑞興 *Nakai, T Nakai2452* **Kangwon-do** 11 July 1936 外金剛千佛山 *Nakai, T Nakai s.n.* 26 August 1916 金剛山普賢洞 *Nakai, T Nakai s.n.* 4 October 1923 安邊郡楸愛山 *Fukubara, S Fukubara s.n.* **P'yongan-bukto** 12 June 1914 Pyok-dong (碧潼) *Nakai,T Nakai s.n.* 12 June 1914 *Nakai,T Nakai1860* 10 June 1914 Piraibon 飛來峯 900m *Nakai,T Nakai1861* August 1935 妙香山 *Koidzumi, G Koidzumi s.n.* **Ryanggang** 18 August 1897 葡坪 *Komarov, VL Komaorv s.n.* 16 August 1897 大羅信洞 *Komarov, VL Komaorv s.n.* 21 August 1897 subdist. Chu-czan, flumen Amnok-gan *Komarov, VL Komaorv s.n.* 22 August 1897 雲洞嶺 *Komarov, VL Komaorv s.n.* 6 August 1897 上巨里水 *Komarov, VL Komaorv s.n.* 8 August 1897 上巨里水-院巨里水 *Komarov, VL Komaorv s.n.* 9 August 1897 長津江下流域 *Komarov, VL Komaorv s.n.* 3 June 1897 四芝坪 *Komarov, VL Komaorv s.n.*

Platycarya Siebold & Zucc.
Platycarya strobilacea Siebold & Zucc., Abh. Math.-Phys. Cl. Konigl. Bayer. Akad. Wiss. 3: 742 (1843)

Common name 굴피나무
Distribution in Korea: North, Central, South
  Fortunaea chinensis Lindl., J. Hort. Soc. London 1: 150 (1846)
  Platycarya strobilacea Siebold & Zucc. var. *coreana* Miq., Ann. Mus. Bot. Lugduno-Batavi 3: 103 (1867)
  Platycarya strobilacea Siebold & Zucc. var. *kawakamii* Hayata, J. Coll. Sci. Imp. Univ. Tokyo 30: 284 (1911)
  Platycarya sinensis Mottet, Arbres Arbust. Ornem. Pleine Terre 1: 409 (1925)
  Petrophiloides strobilacea (Siebold & Zucc.) E.Reid & M.Chandler, London Clay Fl. 138 (1933)
  Petrophiloides strobilacea (Siebold & Zucc.) E.Reid & M.Chandler var. *kawakamii* (Hayata) Kaneh., Formosan Trees, ed. rev. 82 (1936)
  Platycarya longipes Y.C.Wu, Bot. Jahrb. Syst. 71: 171 (1941)
  Platycarya simplicifolia G.R.Long, Acta Phytotax. Sin. 28: 328 (1990)
  Platycarya simplicifolia G.R.Long var. *ternata* G.R.Long, Acta Phytotax. Sin. 28: 329 (1990)
  Platycarya strobilacea Siebold & Zucc. f. *coreana* (Miq.) W.T.Lee, Lineamenta Florae Koreae 134 (1996)

Representative specimens; P'yougan-bukto 宣川 *Unknown s.n.* **Ryanggang** June 1917 江口 *Nakai, T Nakai s.n.* 29 May 1917 *Nakai,T Nakai4695*

FAGACEAE

Castanea **Mill.**
Castanea crenata Siebold & Zucc., Abh. Math.-Phys. Cl. Konigl. Bayer. Akad. Wiss. 4: 224 (1846)
Common name 밤나무
Distribution in Korea: cultivated (North, Central, South, Ulleung)
  Castanea stricta Siebold & Zucc., Abh. Math.-Phys. Cl. Konigl. Bayer. Akad. Wiss. 4: 225 (1845)
  Castanea japonica Blume, Mus. Bot. 1: 284 (1850)
  Castanea japonica Blume var. *kusakuri* Blume, Mus. Bot. 1: 285 (1851)
  Castanea vulgaris Lam. var. *elongata* A.DC.A.DC., Prodr. (DC.) 16: 115 (1864)
  Castanea vulgaris Lam. var. *japonica* A.DC.A.DC., Prodr. (DC.) 16: 115 (1864)
  Castanea vulgaris Lam. var. *subdentata* A.DC.A.DC., Prodr. (DC.) 16: 115 (1864)
  Castanea vulgaris Lam. var. *kusakuri* A.DC.A.DC., Prodr. (DC.) 16: 115 (1864)
  Castanea pubinervis C.K.Schneid., Ill. Handb. Laubholzk. 1: 158 (1904)
  Castanea sativa Siebold & Zucc. var. *pubinervis* (C.K.Schneid.) Makino, Bot. Mag. (Tokyo) 23: 12 (1909)
  Castanea kusakuri (Blume) Koidz., Bot. Mag. (Tokyo) 40: 337 (1926)
  Castanea crenata Siebold & Zucc. var. *kusakuri* (Blume) A.Camus, Chataigniers 0: 191 (1929)
  Castanea crenata Siebold & Zucc. var. *dulcis* Nakai, Index Sem. (TI) 11 (1934)

Representative specimens; Hamgyong-namdo May 1928 Hamhung (咸興) *Ishidoya, T Ishidoya s.n.* **Kangwon-do** 15 August 1932 金剛山外金剛 *Koidzumi, G Koidzumi s.n.* **P'yongan-bukto** 16 September 1915 定州 *Nakai, T Nakai s.n.* 5 August 1937 妙香山 *Hozawa, S Hozawa s.n.* 14 September 1915 宣川 *Nakai, T Nakai s.n.* 11 August 1935 義州金剛山 *Koidzumi, G Koidzumi s.n.* 13 September 1915 Gishu(義州) *Nakai,T Nakai s.n.* 2 June 1912 白璧山 *Ishidoya, T Ishidoya s.n.* **P'yongan-namdo** 15 September 1915 Anjyu (安州) Nakai,*T Nakai s.n.* 16 September 1915 中和 *Nakai, T Nakai s.n.* 18 September 1915 江東郡 *Nakai, T Nakai s.n.* 5 September 1915 龍岡 *Nakai, T Nakai s.n.* 20 September 1915 Nakai,*T Nakai s.n.* **P'yongyang** November 1914 P'yongyang (平壤) Nakai,*T Nakai s.n.* 25 September 1915 Jun-an (順安) Nakai,*T Nakai s.n.*

Quercus **L.**
Quercus acutissima Carruth., J. Linn. Soc., Bot. 6: 33 (1862)
Common name 참나무, 도토리나무 (상수리나무)
Distribution in Korea: North, Central, South
  Quercus serrata Siebold & Zucc. var. *nana* Blume, Mus. Bot. 1: 297 (1851)
  Quercus bombyx K.Koch, Dendrologie 2: 72 (1873)
  Quercus uchiyamana Nakai, Repert. Spec. Nov. Regni Veg. 13: 250 (1914)

Quercus lunglingensis Hu, Acta Phytotax. Sin. 1: 141 (1951)

Representative specimens; **Hamgyong-bukto** 2 August 1918 明川 *Nakai, T Nakai s.n.* **Hwanghae-namdo** 8 May 1932 Chairyung 載寧 *Smith, RK Smith s.n.* **Kangwon-do** 30 July 1916 溫井里 *Nakai, T Nakai s.n.* **P'yongan-bukto** 12 June 1912 白璧山 *Ishidoya, T Ishidoya s.n.* **P'yongan-namdo** 15 September 1915 Anjyu (安州) *Nakai, T Nakai s.n.* 15 June 1928 陽德 *Nakai, T Nakai s.n.* **P'yongyang** 24 September 1910 P'yongyang (平壤) *Mills, RG Mills s.n.* 4 September 1901 in montibus mediae *Faurie, UJ Faurie620*

Quercus aliena Blume, Mus. Bot. 1: 298 (1851)

Common name 재질나무 (갈참나무)

Distribution in Korea: North, Central, South

> *Quercus aliena* Blume var. *longifolia* Nakai
> *Quercus aliena* Blume var. *pellucida* Blume, Mus. Bot. 1: 299 (1850)
> *Quercus aliena* Blume var. *acuteserrata* Maxim. ex Wenz., Jahrb. Konigl. Bot. Gart. Berlin 4: 219 (1886)
> *Quercus aliena* Blume var. *acuteserrata* Maxim. ex Wenz. f. *calvescens* Rehder & Wilson, Pl. Wilson. 3: 215 (1916)
> *Quercus aliena* Blume var. *rubripes* Nakai, Bot. Mag. (Tokyo) 31: 4 (1917)
> *Quercus aliena* Blume var.*acuticarpa* Uyeki, Acta Phytotax. Geobot. 1: 255 (1932)
> *Quercus aliena* Blume f. *heterophylla* Uyeki, Acta Phytotax. Geobot. 1: 255 (1932)
> *Quercus aliena* Blume f. *monstrosa* Uyeki, Acta Phytotax. Geobot. 1: 255 (1932)

Representative specimens; **Chagang-do** 25 August 1897 小德川 (松德水河谷) *Komarov, VL Komaorv s.n.* 4 October 1910 熙川郡北面 (明文洞) *Mills, RG Mills416* 1 September 1897 慈城慈城嶺(鴨綠江) *Komarov, VL Komaorv s.n.* **Hamgyong-bukto** 14 August 1933 朱乙溫泉朱乙山 *Koidzumi, G Koidzumi s.n.* **Hamgyong-namdo** 11 August 1940 咸興歸州寺 *Okuyama, S Okuyama s.n.* 11 June 1909 鎭江- 鎭岩峯 *Nakai, T Nakai s.n.* **Hwanghae-bukto** 26 September 1915 瑞興 *Nakai, T Nakai2605* Type of *Quercus aliena* Blume var. *rubripes* Nakai (Syntype TI)26 September 1915 *Nakai, T Nakai2609*Type of *Quercus aliena* Blume var. *rubripes* Nakai (Syntype TI) **Hwanghae-namdo** 26 August 1943 長壽山 *Furusawa, I Furusawa s.n.* 25 August 1943 首陽山 *Furusawa, I Furusawa s.n.* 7 September 1902 安 - 南川 *Uchiyama, T Uchiyama s.n.* 6 August 1929 長山串 *Nakai, T Nakai s.n.* **Kangwon-do** 26 August 1916 金剛山普賢洞 *Nakai, T Nakai s.n.* 11 July 1936 外金剛千佛山 *Nakai, T Nakai s.n.* 28 July 1916 金剛山外金剛千佛山 *Mori, T Mori s.n.* 18 August 1930 Sachang-ri (社倉里) *Nakai, T Nakai s.n.* 16 August 1930 劍拂浪 *Nakai, T Nakai s.n.* **Nampo** 21 September 1915 鎭南浦飛潑島 *Nakai, T Nakai s.n.* **P'yongan-bukto** 3 August 1935 妙香山 *Koidzumi, G Koidzumi s.n.* 2 October 1910 妙香山普賢寺 *Mills, RG Mills463* 9 June 1912 白璧山 *Ishidoya, T Ishidoya s.n.* **P'yongan-namdo** 18 September 1915 江東郡 *Nakai, T Nakai s.n.* 15 June 1928 陽德 *Nakai, T Nakai s.n.*

Quercus dentata Thunb., Syst. Veg., ed. 14 (J. A. Murray)858 (1784)

Common name 가랑잎나무, 가둑나무, 가나무, 찰풀나무 (떡갈나무)

Distribution in Korea: North, Central, South

> *Quercus obovata* Bunge, Enum. Pl. Chin. Bor. 62 (1833)
> *Quercus dentata* Thunb. var. *wrightii* A.DC.A.DC., Prodr. (DC.) 16: 13 (1864)
> *Quercus daimio* Hoerold ex K.Koch, Dendrologie 2, 2: 45 (1873)
> *Quercus dentata* Thunb. var. *pinnatifida* Matsum., Bot. Mag. (Tokyo) 5: 9 (1891)
> *Quercus dentata* Thunb. var. *grandifolia* Koidz., Bot. Mag. (Tokyo) 26: 161 (1912)
> *Quercus dentata* Thunb. var. *fallax* Nakai, Bot. Mag. (Tokyo) 31: 3 (1917)
> *Quercus dentata* Thunb. var. *fallax* Nakai f. *brevisquamosa* Uyeki, Bull. Forest. Soc. Korea (Chosen Sanrin Kwaiho) 208: 9 (1942)

Representative specimens; **Chagang-do** 25 September 1917 凞川郡西洞 *Furumi, M Furumi s.n.* **Hamgyong-bukto** 8 August 1924 輸城 *Chung, TH Chung s.n.* 15 July 1918 城町山 *Nakai, T Nakai s.n.* 27 May 1930 鏡城 *Ohwi, J Ohwi206* 2 August 1918 漁大津 *Nakai, T Nakai s.n.* 27 August 1914 鍾城郡南川洞 *Nakai, T Nakai s.n.* **Hwanghae-namdo** 26 August 1943 長壽山 *Furusawa, I Furusawa s.n.* 25 August 1943 首陽山 *Furusawa, I Furusawa s.n.* 31 July 1929 席島 *Nakai, T Nakai s.n.* 1 August 1929 椒島 *Nakai, T Nakai s.n.* 29 June 1921 Sorai Beach 九味浦 *Mills, RG Mills s.n.* 24 July 1929 夢金浦 *Nakai, T Nakai s.n.* 2 August 1929 長山串 Nakai,*T Nakai s.n.* 29 July 1929 Nakai,*T Nakai s.n.* **Kangwon-do** 25 August 1916 金剛山新金剛 *Nakai, T Nakai s.n.* 8 June 1909 望賊山 *Nakai, T Nakai s.n.* 14 August 1930 劍拂浪 *Nakai, T Nakai s.n.* 1 September 1916 庫底魚水山 *Nakai, T Nakai s.n.* 30 August 1916 通川街道 *Nakai, T Nakai s.n.* 4 September 1932 元山 *Kitamura, S Kitamura s.n.* 13 September 1932 Kitamura, *S Kitamura s.n.* **P'yongan-bukto** 14 September 1915 宣川 *Nakai, T Nakai s.n.* 13 September 1915 Gishu(義州) Nakai,*T Nakai s.n.* 19 May 1912 白璧山 *Ishidoya, T Ishidoya s.n.* 27 September 1911 雲山郡古城里甑峯里 *Ishidoya, T Ishidoya s.n.* 27 September 1912 雲山郡古城面甑峯里 *Ishidoya, T Ishidoya s.n.* **P'yongyang** 26 May 1912 大聖山 *Imai, H Imai s.n.* 14 May 1910 平壤西北二里 *Imai, H Imai s.n.* **Rason** 6 June 1930 西水羅 *Ohwi, J Ohwi s.n.* 6 June 1930 Ohwi, *J Ohwi s.n.*

Quercus mongolica Fisch. ex Ledeb., Fl. Ross. (Ledeb.) 3: 589 (1850)

Common name 돌참나무, 불가리나무, 재라리나무 (신갈나무)

Distribution in Korea: North, Central, South

Quercus mongolica Fisch. var. *acutidentata* Nakai
Quercus mongolica Fisch. var. *undulatifolia* H.Lév.
Quercus sessiliflora Salisb. var. *mongolica* Franch., Nouv. Arch. Mus. Hist. Nat. 7: 83 (1884)
Quercus crispula Blume var. *mandshurica* Koidz., Bot. Mag. (Tokyo) 26: 164 (1912)
Quercus mongolica Fisch. ex Ledeb. var. *mandshurica* (Koidz.) Nakai, Bot. Mag. (Tokyo) 29: 58 (1915)
Quercus mongolica Fisch. ex Ledeb. var. *liaotungensis*(Koidz.) Nakai f. *funebris* Nakai, Fl. Sylv. Kor. 3: 24 (1917)
Quercus mongolica Fisch. ex Ledeb. var. *laciniata* Nakai, Bot. Mag. (Tokyo) 45: 113 (1931)

Representative specimens; **Chagang-do** 25 August 1897 小德川 (松德水河谷) *Komarov, VL Komaorv s.n.* 3 October 1910 Whee Chun(熙川) *Mills, RG Mills460* 30 August 1897 慈城江 *Komarov, VL Komaorv s.n.* 16 August 1911 Kang-gei(Kokai 江界) *Mills, RG Mills s.n.* 20 June 1911 *Mills, RG Mills455* 1 July 1914 從西山 *Nakai, T Nakai s.n.* 18 July 1914 大興里 *Nakai, T Nakai s.n.* 20 September 1917 龍林面厚地洞 *Furumi, M Furumi s.n.* **Hamgyong-bukto** 1 August 1914 清津 *Ikuma, Y Ikuma s.n.* 18 May 1897 會寧川 *Komarov, VL Komaorv s.n.* 20 May 1897 茂山嶺 *Komarov, VL Komaorv s.n.* 19 August 1914 鳳儀面 *Nakai, T Nakai s.n.* 14 August 1933 朱乙溫泉朱乙山 *Koidzumi, G Koidzumi s.n.* 15 July 1918 朱乙溫面城町 *Nakai, T Nakai s.n.* July 1932 冠帽峰 *Ohwi, J Ohwi s.n.* 27 May 1930 鏡城, *J Ohwi206* 7 June 1936 甫上洞 *Nakai, T T Saito2373* 28 August 1924 車踰山 *Chung, TH Chung s.n.* 19 August 1933 茂山 *Koidzumi, G Koidzumi s.n.* 22 May 1897 蕨坪(城川水河谷)-車踰嶺 *Komarov, VL Komaorv s.n.* 25 May 1897 城川江-茂山 *Komarov, VL Komaorv s.n.* 29 May 1897 釜所哥谷 *Komarov, VL Komaorv s.n.* 29 July 1936 茂山新站 *Saito, T T Saito2673* 5 August 1918 Mt. Chilbo at Myongch'on(七寶山) Nakai,*T Nakai s.n.* 6 July 1936 南山面 *Saito, T T Saito2521* 28 August 1914 黃句基- 雄基 *Nakai, T Nakai s.n.* 27 August 1914 Nakai,*T Nakai s.n.* 12 May 1897 五宗洞 *Komarov, VL Komaorv s.n.* 4 June 1897 四芝嶺 *Komarov, VL Komaorv s.n.* 18 June 1930 四芝洞 *Ohwi, J Ohwi1318* **Hamgyong-namdo** 11 August 1940 咸興歸州寺 *Okuyama, S Okuyama s.n.* 27 August 1897 小德川 *Komarov, VL Komaorv s.n.* 26 July 1916 下碣隅里 *Mori, T Mori s.n.* 15 June 1932 Ohwi, *J Ohwi21* 11 June 1909 鎭江- 鎭岩峯 *Nakai, T Nakai s.n.* 20 June 1932 東上面元豐里 *Ohwi, J Ohwi s.n.* **Hwanghae-bukto** 24 October 1923 平山郡滅惡山 *Muramatsu, T s.n.* **Hwanghae-namdo** 1 August 1929 椒島 *Nakai, T Nakai s.n.* 28 June 1922 Sorai Beach 九味浦 *Mills, RG Mills s.n.* 3 August 1929 長壽山 Nakai,*T Nakai s.n.* 29 July 1929 Nakai,*T Nakai s.n.* 28 July 1916 長箒高城郡 *Nakai, T Nakai s.n.* 31 July 1916 金剛山群仙峽 *Nakai, T Nakai s.n.* 30 September 1935 金剛山溫井嶺 *Okamoto, S Okamoto s.n.* 7 July 1932 Mt. Kumgang (金剛山) *Fukushima s.n.* 12 August 1932 *Koidzumi, G Koidzumi s.n.* 14 August 1916 金剛山望軍臺 *Nakai, T Nakai s.n.* 8 August 1940 Mt. Kumgang (金剛山) *Okuyama, S Okuyama s.n.* 4 September 1916 洗浦-蘭谷 *Nakai, T Nakai s.n.* 16 August 1930 劍拂浪 *Nakai, T Nakai s.n.* 10 August 1932 元山 *Kitamura, S Kitamura s.n.* 8 June 1909 Nakai,*T Nakai s.n.* **Nampo** 17 August 1910 鎭南浦飛澄島 *Imai, H Imai s.n.* 21 September 1915 Chinnampo (鎭南浦) Nakai,*T Nakai s.n.* **P'yongan-bukto** 15 June 1914 碧潼雲傷 *Nakai, T Nakai s.n.* 10 June 1914 飛來峯 *Nakai, T Nakai s.n.* 5 August 1937 妙香山 *Hozawa, S Hozawa s.n.* 14 September 1915 宣川 *Nakai, T Nakai s.n.* 28 September 1911 青山面梨石洞山 *Ishidoya, T Ishidoya s.n.* 19 May 1912 白壁山 *Ishidoya, T Ishidoya s.n.* **P'yongan-namdo** 15 July 1916 葛山嶺 *Mori, T Mori s.n.* 15 June 1928 陽德 *Nakai, T Nakai s.n.* **P'yongyang** 18 June 1911 P'yongyang (平壤) *Imai, H Imai s.n.* **Ryanggang** 23 August 1914 Keizanchin(惠山鎭) *Ikuma, Y Ikuma s.n.* 2 August 1897 虛川江-五海江 *Komarov, VL Komaorv s.n.* 1 July 1897 五是川雲寵江-崔五峰 *Komarov, VL Komaorv s.n.* 29 July 1897 安間嶺-同仁川 (同仁浦里?) *Komarov, VL Komaorv s.n.* 22 June 1917 厚峙嶺 *Furumi, M Furumi s.n.* 18 August 1897 葡坪 *Komarov, VL Komaorv s.n.* 7 July 1897 犁方嶺 (鴨綠江羅暖堡) *Komarov, VL Komaorv s.n.* 15 August 1897 蓮坪-厚州川-厚州古邑 *Komarov, VL Komaorv s.n.* 19 August 1897 葡坪 *Komarov, VL Komaorv s.n.* 21 August 1897 subdist. Chu-czan, flumen Amnok-gan *Komarov, VL Komaorv s.n.* 23 August 1897 雲寵嶺 *Komarov, VL Komaorv s.n.* 13 August 1897 長進江河口(鴨綠江) *Komarov, VL Komaorv s.n.* 3 July 1897 三水邑-上水隅理 *Komarov, VL Komaorv s.n.* 14 July 1897 鴨綠江 (上水隅理 -羅暖堡) *Komarov, VL Komaorv s.n.* 6 August 1897 上巨里水 *Komarov, VL Komaorv s.n.* 8 August 1897 上巨里水-院巨里水 *Komarov, VL Komaorv s.n.* 9 August 1897 長津江下流域 *Komarov, VL Komaorv s.n.* August 1913 通溝 *Mori, T Mori s.n.* 29 May 1917 江口 *Nakai, T Nakai s.n.* 6 June 1897 平蒲坪 *Komarov, VL Komaorv s.n.* 8 June 1897 平蒲坪-倉坪 *Komarov, VL Komaorv s.n.* 26 June 1897 內曲里 *Komarov, VL Komaorv s.n.* 27 June 1897 栢德嶺 *Komarov, VL Komaorv s.n.* 22 July 1897 佳林里 *Komarov, VL Komaorv s.n.* 15 August 1914 白頭山 *Ikuma, Y Ikuma s.n.* 20 July 1897 惠山鎭(鴨綠江上流長白山脈中高原) *Komarov, VL Komaorv s.n.* 14 August 1914 農事洞-三下 *Nakai, T Nakai s.n.* 31 May 1897 延面水河谷-古倉坪 *Komarov, VL Komaorv s.n.*

Quercus mongolica Fisch. ex Ledeb. var. ***crispula*** (Blume) H.Ohashi, J. Jap. Bot. 63: 13 (1988)

Common name 물참나무

Distribution in Korea: North, Central, South

Quercus crispula Blume var. *undulatifolia* Nakai
Quercus crispula Blume, Mus. Bot. 1: 298 (1850)
Quercus grosseserrata Blume, Mus. Bot. 1: 306 (1850)
Quercus crispula Blume var. *grosseserrata* (Blume) Miq., Ann. Mus. Bot. Lugduno-Batavi 1: 104 (1864)
Quercus crispula Blume var. *sachalinensis* Koidz., Bot. Mag. (Tokyo) 26: 164 (1912)
Quercus neostuxbergii Koidz., Bot. Mag. (Tokyo) 26: 166 (1912)

Quercus liaotungensis Koidz., Bot. Mag. (Tokyo) 26: 166 (1912)
Quercus mongolica Fisch. ex Ledeb. var. *liaotungensis* (Koidz.) Nakai, Bot. Mag. (Tokyo) 29: 58 (1915)
Quercus mongolica Fisch. ex Ledeb. var. *liaotungensis* f. *glabra* Nakai, Bot. Mag. (Tokyo) 29: 58 (1915)
Quercus mongolica Fisch. ex Ledeb. var. *grosseserrata* (Blume) Rehder & E.H.Wilson, Pl. Wilson. 3: 231 (1916)
Quercus × *serratoides* Uyeki, Acta Phytotax. Geobot. 1: 253 (1932)
Quercus × *serratoides* Uyeki var. *ovata* Uyeki, Acta Phytotax. Geobot. 1: 253 (1932)
Quercus crispuloides Uyeki, J. Chosen Nat. Hist. Soc. 17: 51 (1934)
Quercus mongolica Fisch. ex Ledeb. ssp. *crispula* (Blume) Menitsky, Novosti Sist. Vyssh. Rast. 10: 114 (1973)

Quercus serrata Murray, Syst. Veg., ed. 14, 858 (1784)
Common name 재리알, 재잘나무 (졸참나무)
Distribution in Korea: North, Central, South
    Quercus serrata Thunb. f. *heteromorpha* Nakai
    Quercus canescens Blume, Mus. Bot. 1: 296 (1850)
    Quercus glandulifera Blume, Mus. Bot. 1: 295 (1850)
    Quercus urticifolia Blume var. *brevipetiola* A.DC.A.DC., Prodr. (DC.) 16: 16 (1864)
    Quercus griffithii Hook.f. & Thomson & Miq. var. *glandulifera* Franch., J. Bot. (Desvaux) 13: 149 (1899)
    Quercus glandulifera Blume var. *brevipetiolata* Nakai, J. Arnold Arbor. 5: 76 (1924)
    Quercus canescens Blume var. *urticifolia* (Blume) Miq., Ann. Mus. Bot. Lugduno-Batavi 1: 105 (1964)

Representative specimens; Hamgyong-bukto 16 July 1918 朱乙溫面城町 *Nakai, T Nakai s.n.* **Hwanghae-namdo** 25 August 1943 首陽山 *Furusawa, I Furusawa s.n.* 8 June 1924 長山串 *Chung, TH Chung s.n.* 12 July 1921 Sorai Beach 九味浦 *Mills, RG Mills s.n.* 28 July 1929 長山串 *Nakai, T Nakai s.n.* 27 July 1929 *Nakai, T Nakai s.n.* 4 August 1929 *Nakai, T Nakai s.n.* **Kangwon-do** 14 August 1932 金剛山外金剛 *Koidzumi, G Koidzumi s.n.* 28 July 1916 長箭高城郡 *Nakai, T Nakai s.n.* 30 July 1916 金剛山外金剛 (高城郡倉岱里) *Nakai, T Nakai s.n.* 30 July 1916 *Nakai, T Nakai s.n.* 7 August 1932 Mt. Kumgang (金剛山) *Fukushima s.n.* 20 August 1930 安邊郡衛益面三防 *Nakai, T Nakai s.n.* **P'yongan-namdo** 15 June 1928 陽德 *Nakai, T Nakai s.n.*

Quercus variabilis Blume, Mus. Bot. 1: 297 (1851)
Common name 물갈참나무, 구도토리나무 (굴참나무)
Distribution in Korea: North, Central, South
    Quercus chinensis Bunge, Enum. Pl. Chin. Bor. 61 (1833)
    Pasania variabilis (Blume) Regel, Cat. Pl. Hort. Aksakov. 1: 102 (1860)
    Quercus moulei Hance, J. Bot. 13: 363 (1875)
    Quercus bungeana F.B.Forbes, J. Bot. 22: 83 (1884)

Representative specimens; Hwanghae-namdo 31 July 1929 席島 *Nakai, T Nakai s.n.* 1 August 1929 椴島 *Nakai, T Nakai s.n.* 9 September 1902 風壽阮-鳳山 *Uchiyama, T Uchiyama s.n.* **Kangwon-do** 28 July 1916 長箭 *Nakai, T Nakai s.n.* 9 August 1940 Mt. Kumgang (金剛山) *Okuyama, S Okuyama s.n.* 9 June 1909 元山 *Nakai, T Nakai s.n.* **Ryanggang** 29 May 1917 江口 *Nakai, T Nakai s.n.*

Quercus × dentatomongolica Nakai, Bot. Mag. (Tokyo) 40: 164 (1926)
Common name 떡신갈나무
Distribution in Korea: North, Central, South
    Quercus × *mongolicodentata* Nakai, Bot. Mag. (Tokyo) 40: 164 (1926)
    Quercus pseudodentata Uyeki, Acta Phytotax. Geobot. 1: 254 (1932)
    Quercus × *mongolicodentata* Nakai var. *longifolia* Uyeki, J. Chosen Nat. Hist. Soc. 17: 51 (1934)

Representative specimens; Hwanghae-namdo 24 August 1925 長壽山 *Chung, TH Chung s.n.* Type of *Quercus* × *dentatomongolica* Nakai (Holotype TI)

Quercus × fabri Hance, J. Linn. Soc., Bot. 10: 201 (1869)
Common name 떡속소리나무
Distribution in Korea: Central, South
    Quercus tarokoensis Makino, Icon. Pl. Formosan. 7: 38 (1918)

Quercus × *mccormickii* Carruth., J. Linn. Soc., Bot. 6: 322 (1862)

Common name 떡갈참나무

Distribution in Korea: Central, South
    Quercus dentata Thunb. var. *mccormickii* (Carruth.) Skan, J. Linn. Soc., Bot. 26: 511 (1899)
    Quercus nipponica Koidz., Bot. Mag. (Tokyo) 26: 161 (1912)
    Quercus × *koreana* Nakai, Repert. Spec. Nov. Regni Veg. 13: 250 (1914)
    Quercus × *mccormickii* Carruth. var. *koreana* Nakai, Bot. Mag. (Tokyo) 31: 3 (1917)
    Quercus × *angustelepidota* Nakai, Bot. Mag. (Tokyo) 31: 3 (1917)
    Quercus × *alienoides* Uyeki, Acta Phytotax. Geobot. 1: 253 (1932)
    Quercus × *alienoides* Uyeki var. *longissima* Uyeki, J. Chosen Nat. Hist. Soc. 17: 51 (1934)
    Quercus × *angustelepipoda* Nakai f. *brevisquamosa* Uyeki, J. Chosen Nat. Hist. Soc. 17: 52 (1934)
    Quercus nipponica Koidz. var. *koreana* (Nakai) Kitam., Mem. Coll. Sci. Kyoto Imp. Univ., Ser. B, Biol. 20: 25 (1951)

Representative specimens; **Chagang-do** 25 September 1917 漂川郡西洞 *Furumi, M Furumi s.n.* **Kangwon-do** 30 July 1916 金剛山外金剛 (高城郡倉岱里) *Nakai, T Nakai s.n.* **P'yongan-bukto** 14 September 1915 宣川 *Nakai, T Nakai s.n.* 14 September 1915 *Nakai, T Nakai2331* Type of *Quercus* × *mccormickii* Carruth. var. *koreana* Nakai (Holotype TI) **P'yongan-namdo** 18 September 1915 江東郡 *Nakai, T Nakai s.n.*

Quercus × *urticifolia* Blume, Mus. Bot. 1: 296 (1850)

Common name 갈졸참나무

Distribution in Korea: Central, South
    Quercus donarium Nakai, Bot. Mag. (Tokyo) 29: 60 (1915)
    Quercus major Nakai, Fl. Sylv. Kor. 3: 28 (1917)
    Quercus neoglandulifera Nakai, Bot. Mag. (Tokyo) 36: 62 (1922)
    Quercus serrata Murray var. *pseudovariabilis* Nakai, Bot. Mag. (Tokyo) 43: 450 (1929)
    Quercus serrata Murray var. *longicarpa* Uyeki, Acta Phytotax. Geobot. 1: 253 (1932)
    Quercus major Nakai var. *latifolia* Uyeki, J. Chosen Nat. Hist. Soc. 17: 52 (1934)
    Quercus neogladulosa Nakai var. *ovata* Uyeki, J. Chosen Nat. Hist. Soc. 17: 52 (1934)
    Quercus neoglandulosa Nakai ex Uyeki, J. Chosen Nat. Hist. Soc. 17: 52 (1934)
    Quercus serrata Murray var. *latifolia* Koidz., Acta Phytotax. Geobot. 9: 74 (1940)
    Quercus serrata Murray var. *donarium* (Nakai) Kitam., Mem. Coll. Sci. Kyoto Imp. Univ., Ser. B, Biol. 20: 24 (1951)
    Quercus serrata Murray f. *longicarpa* (Uyeki) Kitam., Mem. Coll. Sci. Kyoto Imp. Univ., Ser. B, Biol. 20: 23 (1951)

Representative specimens; **Chagang-do** 19 June 1914 渭原鳳山面 *Nakai, T Nakai s.n.* **Hamgyong-namdo** July 1933 永古面松興里 *Koidzumi, G Koidzumi s.n.* **Hwanghae-namdo** 3 August 1929 長山串 *Nakai, T Nakai s.n.* **Kangwon-do** 25 August 1916 Mt. Kumgang (金剛山) *Nakai, T Nakai s.n.* **P'yongan-bukto** 4 June 1914 玉江鎭朔州郡 *Nakai, T Nakai s.n.*

BETULACEAE

Alnus alnobetula (Ehrh.) K.Koch ssp. *fruticosa* (Rupr.) Raus, Willdenowia 41 (1): 29 (2011)

Common name 덤불오리나무

Distribution in Korea: North, Central, Ulleung
    Alnus × *borealis* Koidz. var. *paniculata* (Nakai) Nakai
    Alnus fruticosa Rupr., Beitr. Pflanzenk. Russ. Reiches 2: 53 (1845)
    Alnaster fruticosus (Rupr.) Ledeb., Fl. Ross. (Ledeb.) 3: 655 (1850)
    Alnus viridis (Chaix) DC. ssp. *fruticosa* (Rupr.) Nyman, Consp. Fl. Eur. 3: 672 (1881)
    Alnus maximowiczii Callier, Ill. Handb. Laubholzk. 1: 122 (1904)
    Alnus alnobetula (Ehrh.) K.Koch var. *fruticosa* H.J.P.Winkl., Pflanzenr. (Engler) IV, 4: 106 (1904)
    Alnus fruticosa Rupr. var. *mandshurica* Callier, Ill. Handb. Laubholzk. 1: 121 (1912)
    Alnus sinuata (Regel) Rydb. var. *kamtschatica* Callier, Ill. Handb. Laubholzk. 2: 888 (1912)
    Alnus paniculata Nakai, Bot. Mag. (Tokyo) 29: 45 (1915)

Alnus vermicularis Nakai, Bot. Mag. (Tokyo) 33: 46 (1919)

Alnus mandshurica (Callier) Hand.-Mazz., Oesterr. Bot. Z. 81: 306 (1932)

Alnus fruticosa Rupr. var. *pubescens* Nakai, J. Jap. Bot. 16: 66 (1940)

Alnus fruticosa Rupr. var. *rufinervis* Nakai, J. Jap. Bot. 16: 66 (1940)

Alnus fruticosa Rupr. var. *mandshurica* Callier f. *barbinervis* Nakai, J. Jap. Bot. 16: 67 (1940)

Alnus mandshurica (Callier) Hand.-Mazz. var. *pubescens* A.I.Baranov, Ill. Fl. Ligneous Pl. N. E. China 206, 561 t. 76 (1955)

Alnus fruticosa Rupr. var. *mandshurica* Callier f. *pubescens* (Nakai) T.B.Lee, Ill. Woody Pl. Korea 244 (1966)

Alnus fruticosa Rupr. f. *rufinervis* (Nakai) T.B.Lee, Ill. Woody Pl. Korea 244 (1966)

Alnus fruticosa Rupr. f. *pubescens* (Nakai) T.B.Lee, Ill. Woody Pl. Korea 244 (1966)

Alnaster maximowiczii (Callier) Czerep., Fl. Arct. URSS Fasc. 5: 133 (1966)

Alnus mandshurica (Callier) Hand.-Mazz. f. *pubescens* (Nakai) Kitag., Neolin. Fl. Manshur. 212 (1979)

Alnus mandshurica (Callier) Hand.-Mazz. f. *barbinervis* (Nakai) W.T.Lee, Lineamenta Florae Koreae 156 (1996)

Representative specimens; Chagado-do September 1920 狼林山 *Ishidoya, T Ishidoya s.n.* 30 September 1942 小白山 1700m 附近溪谷 *Jeon, SK JeonSK s.n.* 21 July 1914 大興里- 山羊 *Nakai, T Nakai1669* Type of *Alnus fruticosa* Rupr. var. *pubescens* Nakai (Holotype TI) **Hamgyong-bukto** 10 August 1933 渡正山門內 *Koidzumi, G Koidzumi s.n.* 5 August 1939 頭流山 *Hozawa, S Hozawa s.n.* 吉州 *Unknown s.n.* 17 July 1918 朱乙溫面甫上洞 *Nakai, T Nakai s.n.* 17 July 1918 *Nakai, T Nakai6906* Type of *Alnus fruticosa* Rupr. var. *mandshurica* Callier f. *barbinervis* Nakai (Syntype TI)19 July 1918 冠帽山 2200m *Nakai, T Nakai6909* 30 May 1930 朱乙 *Ohwi, J Ohwi316* July 1932 冠帽峰 *Ohwi, J Ohwi1023* 25 September 1933 *Saito, T T Saito793* 20 August 1924 *Sawada, T Sawada s.n.* Kyonson 鏡城 *Unknown s.n.* 5 June 1918 車踰嶺 *Chung, TH Chung s.n.* 22 May 1897 蕨坪 *Komarov, VL Komaorv s.n.* 22 May 1897 蕨坪(城川水河谷)-車踰嶺 *Komarov, VL Komaorv492* 25 July 1918 Setsurei 2250m 雪嶺 *Nakai, T Nakai s.n.* 23 July 1918 朱乙溫面黃雪嶺 *Nakai, T Nakai6907* Type of *Alnus fruticosa* Rupr. var. *mandshurica* Callier f. *barbinervis* Nakai (Syntype TI)23 July 1918 *Nakai, T Nakai6908* Type of *Alnus fruticosa* Rupr. var. *mandshurica* Callier f. *barbinervis* Nakai (Syntype TI)25 June 1930 雪嶺 *Ohwi, J Ohwi s.n.* 26 June 1930 雪嶺東麓 *Ohwi, J Ohwi1832* 28 August 1914 黃句基 *Nakai, T Nakai1655* Type of *Alnus paniculata* Nakai (Holotype TI) **Hamgyong-namdo** 25 September 1925 泗水山 *Chung, TH Chung s.n.* 21 July 1914 長津中庄洞 *Nakai, T Nakai s.n.* 20 June 1932 東上面元豊里 *Ohwi, J Ohwi s.n.* **Kangwon-do** 7 August 1932 Mt. Kumgang (金剛山) *Fukushima s.n.* 8 December 1943 金剛山 *Honda, M; Shim, HC s.n.* 29 July 1938 *Hozawa, S Hozawa s.n.* 12 August 1932 *Koidzumi, G Koidzumi s.n.* 1 August 1916 金剛山神仙峯 *Nakai, T Nakai s.n.* 17 August 1916 金剛山內霧在嶺 *Nakai, T Nakai s.n.* 31 July 1916 金剛山神仙峯 *Nakai, T Nakai s.n.* 22 August 1916 金剛山大長峯 *Nakai, T Nakai s.n.* 10 June 1932 金剛山 *Ohwi, J Ohwi s.n.* 8 August 1940 Mt. Kumgang (金剛山) *Okuyama, S Okuyama s.n.* **P'yongan-bukto** 3 August 1935 妙香山 *Koidzumi, G Koidzumi s.n.*1924 *Kondo, C Kondo s.n.* 30 July 1937 *Park, MK Park s.n.* **Ryanggang** 9 August 1897 長津江下流域 *Komarov, VL Komaorv s.n.*

Alnus incana (L.) Medik. ssp. **_hirsuta_** (Spach) Á.Löve & D.Löve, Bot. Not. 128: 505 (1975)

Common name 물오리나무

Distribution in Korea: North, Central, South, Ulleung

Alnus incana (L.) Medik. var. *hirsuta* Turcz. ex Spach, Ann. Sci. Nat., Bot. ser. 2, 15: 207 (1841)

Alnus incana (L.) Medik. var. *sibirica* Fisch. ex Spach, Ann. Sci. Nat., Bot. ser. 2, 15: 207 (1841)

Alnus hirsuta (Spach) Rupr., Bull. Cl. Phys.-Math. Acad. Imp. Sci. Saint-Pétersbourg 15: 376 (1857)

Alnus incana (L.) Medik. var. *glauca* Regel, Nouv. Mem. Soc. Imp. Naturalistes Moscou 13: 154 (1861)

Alnus viridis (Chaix) DC. var. *sibirica* Regel, Bull. Soc. Imp. Naturalistes Moscou 38: 422 (1865)

Alnus tinctoria Sarg., Gard. & Forest 10: 472 (1897)

Alnus sibirica (Spach) Turcz. ex Kom., Trudy Imp. S.-Peterburgsk. Bot. Sada 22: 57 (1904)

Alnus incana (L.) Medik. var. *tinctoria* (Sarg.) H.J.P.Winkl., Pflanzenr. (Engler) 4, 61: 123 (1904)

Alnus tinctoria Sarg. var. *glabra* Callier, Repert. Spec. Nov. Regni Veg. 10: 227 (1911)

Alnus hirsuta (Spach) Rupr. var. *vulgaris* Callier, Ill. Handb. Laubholzk. 1: 133 (1912)

Alnus sibirica (Spach) Turcz. ex Kom. var. *oxyloba* C.K.Schneid., Ill. Handb. Laubholzk. 2: 891 (1912)

Alnus sibirica (Spach) Turcz. ex Kom. var. *paucinervis* C.K.Schneid., Ill. Handb. Laubholzk. 2: 891 (1912)

Alnus sibirica (Spach) Turcz. ex Kom. var. *hirsuta* (Turcz.) Koidz., Bot. Mag. (Tokyo) 27: 144 (1913)

Alnus sibirica (Spach) Turcz. ex Kom. var. *tinctoria* (Sarg.) Koidz., Bot. Mag. (Tokyo) 27: 145 (1913)

Alnus hirsuta (Spach) Rupr. var. *sibirica* (Spach) C.K.Schneid., Pl. Wilson. 2: 498 (1916)

Alnus tinctoria Sarg. var. *velutina* Hara, Bot. Mag. (Tokyo) 48: 805 (1934)

Alnus hirsuta (Spach) Rupr. f. *heterophylla* Uyeki, J. Chosen Nat. Hist. Soc. 20: 17 (1935)

Representative specimens; Hamgyong-bukto 6 August 1933 茂山嶺 *Koidzumi, G Koidzumi s.n.* 21 May 1897 茂山嶺-蕨坪(照日洞) *Komarov, VL Komaorv s.n.* 18 August 1914 雲暴洞 *Nakai, T Nakai s.n.* 22 August 1933 車踰嶺 *Koidzumi, G Koidzumi s.n.* 29 May 1897 釜所哥谷 *Komarov, VL Komaorv s.n.* 15 June 1930 Musan-ryeong (戊山嶺) *Ohwi, J Ohwi1068* 2 August 1913 武陵台 *Hirai, H*

Hirai s.n. 27 August 1914 鍾城郡南川洞 *Nakai, T Nakai s.n.* 18 June 1930 四芝洞 *Ohwi, J Ohwi1304* **Hamgyong-namdo** 1928 Hamhung (咸興) *Seok, JM s.n.* **Hwanghae-namdo** 30 August 1931 Sinchun *Smith, RK Smith s.n.* **Nampo** 9 May 1928 鎭南浦水源池 *Nakai, T Nakai s.n.* **Rason** 28 August 1914 松眞山 *Nakai, T Nakai s.n.* **Ryanggang** 21 August 1933 戊山郡普天 *Koidzumi, G Koidzumi s.n.* 1 June 1897 古倉坪-四芝坪 (延面水河谷) *Komarov, VL Komaorv s.n.*

Alnus incana (L.) Medik. ssp. *tchangbokii* Chin S.Chang & H.Kim, Forest Science and Technology 7: 44 (2011)

Common name 수우물오리

Distribution in Korea: North, Central, South

Representative specimens; P'yongyang 18 August 1935 平壤牡丹臺 *Koidzumi, G Koidzumi s.n.*

Alnus japonica (Thunb.) Steud., Nomencl. Bot., ed. 2 (Steudel) 1: 55 (1840)

Common name 오리나무

Distribution in Korea: North, Central, South
    Alnus martima Kunth var. *arguta* Regel, Bull. Soc. Imp. Naturalistes Moscou 38: 428 (1865)
    Alnus martima Kunth var. *japonica* Regel, Bull. Soc. Imp. Naturalistes Moscou 38: 428 (1865)
    Alnus japonica (Thunb.) Steud. var. *arguta* (Regel) Callier, Repert. Spec. Nov. Regni Veg. 10: 299 (1911)
    Alnus japonica (Thunb.) Steud. var. *genuina* Callier, Repert. Spec. Nov. Regni Veg. 10: 299 (1911)
    Alnus japonica (Thunb.) Steud. var. *latifolia* Callier, Repert. Spec. Nov. Regni Veg. 10: 299 (1911)
    Alnus japonica (Thunb.) Steud. var. *koreana* Callier, Repert. Spec. Nov. Regni Veg. 10: 299 (1911)
    Alnus japonica (Thunb.) Steud. var. *reginosa* Nakai, Bot. Mag. (Tokyo) 29: 46 (1915)
    Alnus × *borealis* Koidz. var. *koreana* (Callier) Nakai, Bot. Mag. (Tokyo) 33: 44 (1919)
    Alnus japonica (Thunb.) Steud. var. *rufa* Nakai, Bot. Mag. (Tokyo) 33: 45 (1919)

Representative specimens; Hamgyong-bukto 20 August 1924 冠帽峯 *Sawada, T Sawada s.n.* **Hamgyong-namdo** 25 September 1925 泗水山 *Chung, TH Chung s.n.* 5 September 1916 九龍里 *Nakai, T Nakai s.n.* **Hwanghae-bukto** May 1924 霞嵐山 *Takaichi, K s.n.* **Hwanghae-namdo** 29 July 1935 長壽山 *Koidzumi, G Koidzumi s.n.*29 July 1929 長淵郡長山串 *Nakai, T Nakai s.n.* 1 August 1929 椒島 *Nakai, T Nakai s.n.* 5 August 1929 長山串 *Nakai, T Nakai s.n.* 29 July 1929 *Nakai, T Nakai s.n.* 26 May 1924 九月山 *Chung, TH Chung s.n.* **Kangwon-do** 5 September 1916 蘭谷 *Nakai, T Nakai s.n.* 28 July 1916 金剛山長箭- 溫井里 *Nakai, T Nakai5330* Type of *Alnus japonica* (Thunb.) Steud. var. *rufa* Nakai (Syntype TI)14 August 1930 劍拂浪 *Nakai, T Nakai s.n.* 9 June 1909 元山 *Nakai, T Nakai s.n.* 9 June 1909 *Nakai, T Nakai s.n.* Type of *Alnus japonica* (Thunb.) Steud. var. *rufa* Nakai (Syntype TI) **Nampo** 17 August 1910 鎭南浦飛澱島 *Imai, H Imai s.n.* 9 May 1928 鎭南浦水源池 *Nakai, T Nakai s.n.* 9 May 1928 *Nakai, T Nakai s.n.* **P'yongan-bukto** 1924 妙香山 *Kondo, C Kondo s.n.* **P'yongan-namdo** 20 September 1915 龍岡 *Nakai, T Nakai s.n.* **P'yongyang** 12 June 1910 平壤牡丹台 *Imai, H Imai s.n.* **Rason** 13 July 1924 松眞山 *Chung, TH Chung s.n.* 28 August 1914 雄基 *Nakai, T Nakai1654* Type of *Alnus japonica* (Thunb.) Steud. var. *reginosa* Nakai (Holotype TI)6 June 1930 西水羅 *Ohwi, J Ohwi726* 11 May 1897 豆滿江三角洲-五宗洞 *Komarov, VL Komaorv s.n.*

Alnus × *mayrii* Callier, Ill. Handb. Laubholzk. 1: 126 (1904)

Common name 잔털오리나무

Distribution in Korea: North, Central, South
    Alnus × *borealis* Koidz., Bot. Mag. (Tokyo) 26: 145 (1913)
    Alnus × *borealis* Koidz. var. *latifolia* Nakai, Bot. Mag. (Tokyo) 33: 45 (1919)
    Alnus × *nikolskensis* Mandl, Oesterr. Bot. Z. 71: 175 (1922)
    Alnus × *mayrii* Callier var. *glabrescens* Nakai,Veg. Apoi 45 (1930)
    Alnus × *mayrii* Callier var. *intermedia* H.Hara, Bot. Mag. (Tokyo) 48: 803 (1934)

Representative specimens; Hamgyong-bukto 15 July 1918 朱乙溫面城町 *Nakai, T Nakai s.n.* 17 July 1918 朱乙溫面鳳波洞 *Nakai, T Nakai s.n.* **Nampo** 9 May 1928 鎭南浦水源池 *Nakai, T Nakai s.n.*

Betula L.
Betula chinensis Maxim., Bull. Soc. Imp. Naturalistes Moscou 54(1): 47 (1879)

Common name 개박달나무

Distribution in Korea: North, Central, South
    Betula exalata S.Moore, J. Linn. Soc., Bot. 17(102): 386 (1879)
    Betula chinensis Maxim. var. *angusticarpa* H.J.P.Winkl., Pflanzenr. (Engler) IV, 61: 67 (1904)
    Betula collina Nakai, Bot. Mag. (Tokyo) 29: 44 (1915)
    Betula chinensis Maxim. f. *linearisquama* Hatus., Exp. Forest. Kyushu Imp. Univ. 5: 45 (1934)

Betula chinensis Maxim. var. *collina* (Nakai) Uyeki, Woody Pl. Distr. Chosen 13 (1940)
Betula liaotungensis A.I.Baranov, Ill. Fl. Ligneous Pl. N. E. China 559 (1958)

Representative specimens; Hamgyong-bukto 10 August 1933 渡正山門內 *Koidzumi, G Koidzumi s.n.* 18 May 1897 會寧川 *Komarov, VL Komarov s.n.* 20 May 1897 茂山嶺 *Komarov, VL Komarov s.n.* 17 July 1918 朱乙溫面甫上洞 *Nakai, T Nakai s.n.* 21 July 1918 甫上洞 *Nakai, T Nakai s.n.* 6 July 1933 南下石山 *Saito, T T Saito633* 23 May 1897 車踰嶺 *Komarov, VL Komarov s.n.* 23 May 1897 *Komarov, VL Komarov s.n.* 21 June 1909 Musan-ryeong (戊山嶺) *Nakai, T Nakai s.n.* 27 August 1914 黃句基 *Nakai, T Nakai s.n.* **Hamgyong-namdo** 25 September 1925 泗水山 *Chung, TH Chung s.n.* 25 July 1933 東上面遮日峯 *Koidzumi, G Koidzumi s.n.* 20 June 1932 東上面元豊里 *Ohwi, J Ohwi139* **Hwanghae-namdo** 2 September 1923 首陽山 *Muramatsu, C s.n.* **Kangwon-do** 2 September 1932 金剛山萬物相 *Kitamura, S Kitamura1562* 31 July 1916 金剛山群仙峽 *Nakai, T Nakai s.n.* 5 August 1916 金剛山溫井嶺 *Nakai, T Nakai s.n.* 14 July 1936 外金剛千佛山 *Nakai, T Nakai s.n.* 1 August 1916 金剛山群仙峽 *Nakai, T Nakai s.n.* 12 August 1932 Mt. Kumgang (金剛山) *Koidzumi, G Koidzumi s.n.* 28 July 1916 金剛山外金剛千佛山 *Mori, T Mori s.n.* 31 July 1916 金剛山神仙峯 *Nakai, T Nakai s.n.* 1 August 1916 *Nakai, T Nakai s.n.* 18 August 1902 金剛山 *Uchiyama, T Uchiyama s.n.* 18 August 1902 Mt. Kumgang (金剛山) *Uchiyama, T Uchiyama s.n.* 17 August 1930 Sachang-ri (社倉里) *Nakai, T Nakai s.n.* 16 August 1930 劒拂浪 *Nakai, T Nakai s.n.* 8 June 1909 元山 *Nakai, T Nakai s.n.* **P'yongan-bukto** 13 June 1914 碧潼豊年山 *Nakai, T Nakai s.n.* 13 June 1914 *Nakai, T Nakai s.n.* 13 June 1914 Pyok-dong (碧潼) *Nakai, T Nakai s.n.* 6 August 1935 妙香山 *Koidzumi, G Koidzumi s.n.* 2 August 1935 *Koidzumi, G Koidzumi s.n.* 29 July 1937 *Park, MK Park636* 27 July 1912 Nei-hen (Neiyen 寧邊) *Imai, H Imai s.n.* **Rason** 28 August 1914 雄基 *Nakai, T Nakai s.n.* 28 August 1914 *Nakai, T Nakai1656* Type of *Betula collina* Nakai (Holotype TI) **Ryanggang** 18 September 1935 坂幕 *Saito, T T Saito1705* 8 August 1914 農事洞 *Ikuma, Y Ikuma s.n.*

Betula costata Trautv., Mem. Acad. Imp. Sci. St.-Petersbourg Divers Savans 9: 253 (1859)
Common name 거제수나무
Distribution in Korea: North, Central, South
  Betula ermanii Cham. var. *costata* (Trautv.) Regel, Nouv. Mem. Soc. Imp. Naturalistes Moscou 13: 123 (1861)
  Betula ulmifolia Siebold & Zucc. var. *costata* (Trautv.) Regel, Nouv. Mem. Soc. Imp. Naturalistes Moscou 38: 414 (1865)
  Betula costata Trautv. var. *pubescens* S.L.Liou, Bull. Bot. Res., Harbin 1(1-2): 129 (1981)

Representative specimens; Chagang-do 26 August 1897 小德川 (松德水河谷) *Komarov, VL Komaorv s.n.* 29 August 1897 慈城江 *Komarov, VL Komarov s.n.* 30 August 1897 *Komarov, VL Komarov s.n.* 5 July 1914 牙得嶺 (江界) *Nakai, T Nakai s.n.* 22 July 1916 狼林山 *Mori, T Mori s.n.* 10 July 1914 蔥田嶺 *Nakai, T Nakai s.n.* **Hamgyong-bukto** 10 August 1933 渡正山門內 *Koidzumi, G Koidzumi s.n.* 18 July 1918 朱乙溫面漢地洞 *Nakai, T Nakai s.n.* 25 July 1918 雪嶺 *Nakai, T Nakai s.n.* **Hamgyong-namdo** 25 September 1925 泗水山 *Chung, TH Chung s.n.* 15 August 1935 東上面漢岱里 *Nakai, T Nakai s.n.* 20 June 1932 東上面元豊里 *Ohwi, J Ohwi s.n.* **Kangwon-do** 5 August 1916 金剛山溫井嶺 *Nakai, T Nakai s.n.* 15 August 1916 金剛山望軍臺 *Nakai, T Nakai s.n.* 7 August 1930 金剛山毘盧峯 *Ouchi, J s.n.* 29 July 1938 金剛山 *Park, MK Park s.n.* 20 August 1930 安邊郡衛益面三防 *Nakai, T Nakai s.n.* **P'yongan-bukto** 4 August 1935 妙香山 *Koidzumi, G Koidzumi s.n.* 30 July 1937 *Park, MK Park s.n.* **P'yongan-namdo** 15 June 1928 陽德 *Nakai, T Nakai s.n.* **Rason** 7 June 1930 西水羅 *Ohwi, J Ohwi772* **Ryanggang** 15 August 1935 北水白山 *Hozawa, S Hozawa s.n.* 5 August 1897 白山嶺 *Komarov, VL Komarov s.n.* 5 August 1897 *Komarov, VL Komarov s.n.* 7 August 1897 上巨里水 *Komarov, VL Komarov s.n.* 9 June 1897 屈松川 (西頭水河谷) 倉坪 *Komarov, VL Komarov s.n.* 14 June 1897 西溪水-延岩 *Komarov, VL Komarov s.n.*

Betula davurica Pall., Reise Russ. Reich. 3: 422 (1776)
Common name 물박달나무
Distribution in Korea: North, Central, South
  Betula dioica Pall., Reise Russ. Reich. 3: 321 (1776)
  Betula maximowiczii Rupr., Bull. Cl. Phys.-Math. Acad. Imp. Sci. Saint-Pétersbourg 15: 139 (1856)
  Betula maackii Rupr., Bull. Acad. Imp. Sci. Saint-Pétersbourg 15: 137 (1857)
  Betula dahurica Pall. var. *maximowicziana* Trautv., Mem. Acad. Imp. Sci. St.-Petersbourg Divers Savans 9: 250 (1859)
  Betula rosae H.J.P.Winkl., Pflanzenr. (Engler) IV, 61: 135 (1904)
  Betula wutaica Mayr, Fremdländ. Wald-Parkbäume 450 (1906)
  Betula davurica Pall. var. *subsinuata* Nakai, J. Jap. Bot. 19: 367 (1943)

Representative specimens; Chagang-do 14 August 1912 Chosan(楚山) *Imai, H Imai s.n.* 29 August 1897 慈城江 *Komarov, VL Komaorv s.n.* 20 June 1909 Kang-gei(Kokai 江界) *Mills, RG Mills s.n.* 27 June 1914 從西面從西山 *Nakai, T Nakai s.n.* **Hamgyong-bukto** 20 May 1897 茂山嶺 *Komarov, VL Komarov s.n.* 29 July 1918 朱乙溫面 *Nakai, T Nakai s.n.* 31 July 1918 朱乙溫面 *Nakai, T Nakai s.n.* 16 July 1918 朱乙溫面漢地洞 *Nakai, T Nakai s.n.* 15 July 1918 *Nakai, T Nakai s.n.* 27 May 1930 Kyonson 鏡城 *Ohwi, J Ohwi217* 5 June 1918 車踰嶺 *Ishidoya, T Ishidoya s.n.* 19 August 1933 茂山 *Koidzumi, G Koidzumi s.n.* 22 August 1933 車踰嶺 *Koidzumi, G Koidzumi s.n.* 22 May 1897 蕨坪(川水河谷)-車踰嶺 *Komarov, VL Komarov s.n.* 25 May 1897 城川江-茂山 *Komarov, VL Komaorv s.n.* 26 May 1897 茂山 *Komarov, VL Komarov s.n.* 19 August 1914 易浦洞 *Nakai, T Nakai s.n.* 19 August 1914 *Nakai, T Nakai s.n.* 2 August 1918 漁大津 *Nakai,*

T Nakai s.n. 4 June 1897 四芝嶺 *Komarov, VL Komaorv s.n.* **Hwanghae-bukto** 10 September 1915 瑞興 *Nakai, T Nakai s.n.* **Kangwon-do** 12 July 1936 外金剛千佛山 *Nakai, T Nakai s.n.* 30 July 1916 金剛山外金剛倉岱 *Nakai, T Nakai s.n.* 18 August 1902 金剛山 *Uchiyama, T Uchiyama s.n.* 14 August 1930 劍拂浪 *Nakai, T Nakai s.n.* 4 September 1916 洗浦-蘭谷 *Nakai, T Nakai s.n.* 8 June 1909 元山 *Nakai, T Nakai s.n.* **P'yongan-bukto** 13 June 1914 碧潼豊年山 *Nakai, T Nakai s.n.* 4 June 1914 義州板幕嶺 *Nakai, T Nakai s.n.* **P'yongan-namdo** 27 July 1916 黃草嶺 *Mori, T Mori s.n.* 18 July 1916 溫倉 *Mori, T Mori s.n.* 15 June 1928 陽德 *Nakai, T Nakai s.n.* **P'yongyang** 26 May 1912 大聖山 *Imai, H Imai s.n.* 16 August 1931 平壤加岩里南 *Suzuki, S 20* **Rason** 27 August 1914 松眞山 *T Nakai s.n.* 27 August 1914 *Nakai, T Nakai s.n.* 7 June 1930 西水羅 *Ohwi, J Ohwi s.n.* **Ryanggang** 2 August 1897 虛川山-五海江 *Komarov, VL Komaorv s.n.* 1 July 1897 五是川雲寵江-崔五峰 *Komarov, VL Komaorv s.n.* 29 July 1897 安間嶺-同仁川 (同仁浦里?) *Komarov, VL Komaorv s.n.* 12 May 1918 北靑郡直洞-黃水院 *Ishidoya, T Ishidoya s.n.* 7 July 1897 犁方嶺 (鴨綠江羅暖堡) *Komarov, VL Komaorv s.n.* 4 August 1897 十四道溝-白山嶺 *Komarov, VL Komaorv s.n.* 16 August 1897 大羅信洞 *Komarov, VL Komaorv s.n.* 19 August 1897 葡坪 *Komarov, VL Komaorv s.n.* 24 July 1914 長蛇洞 *Nakai, T Nakai s.n.* 13 August 1897 長進江河口(鴨綠江) *Komarov, VL Komaorv s.n.* 4 July 1897 上水隅理 *Komarov, VL Komaorv s.n.* 8 August 1897 上巨里水-百里巨里水 *Komarov, VL Komaorv s.n.* 9 August 1897 長津江下流域 *Komarov, VL Komaorv s.n.* 8 August 1897 平蒲坪 *Komarov, VL Komaorv s.n.* 8 June 1897 平蒲坪-倉坪 *Komarov, VL Komaorv s.n.* 19 June 1930 楡坪 *Ohwi, J Ohwi1422* 26 June 1897 內曲里 *Komarov, VL Komaorv s.n.* 26 June 1897 *Komarov, VL Komaorv s.n.* 28 June 1897 栢德嶺 *Komarov, VL Komaorv s.n.* 22 July 1897 佳林里 *Komarov, VL Komaorv s.n.* 20 July 1897 惠山鎭(鴨綠江上流長白山脈中高原) *Komarov, VL Komaorv s.n.* July 1925 白頭山 *Shoyama, T 1031* 17 July 1897 半戴子溝 (鴨綠江上流) *Komarov, VL Komaorv s.n.* 7 August 1914 三下面江口 *Ikuma, Y Ikuma s.n.* 2 June 1897 四芝坪(延面水河谷) 柄安洞 *Komarov, VL Komaorv s.n.* 13 August 1914 農事洞 *Nakai, T Nakai s.n.* 30 May 1914 延面水河谷-古倉坪 *Komarov, VL Komaorv s.n.*

Betula ermanii Cham., Linnaea 6: 537 (1831)

Common name 사스래나무

Distribution in Korea: North, Central, South

> *Betula ermanii* Cham. var. *genuina* Regel, Nouv. Mem. Soc. Imp. Naturalistes Moscou 13: 122 (1861)
> *Betula ermanii* Cham. var. *lanata* Regel, Nouv. Mem. Soc. Imp. Naturalistes Moscou 13: 122 (1861)
> *Betula ermanii* Cham. var. *nipponica* Maxim., Bull. Acad. Imp. Sci. Saint-Pétersbourg 32: 622 (1888)
> *Betula ermanii* Cham. var. *acutifolia* H.J.P.Winkl., Pflanzenr. (Engler) IV, 61: 66 (1904)
> *Betula ulmifolia* Siebold & Zucc. var. *glandulosa* H.J.P.Winkl., Pflanzenr. (Engler) IV, 61: 64 (1904)
> *Betula bhojpattra* var. *japonica* Shirai, Bot. Mag. (Tokyo) 19: 165 (1905)
> *Betula vulcani* H.Lév., Bull. Soc. Bot. France 51: 423 (1907)
> *Betula ermanii* Cham. var. *communis* Koidz., Bot. Mag. (Tokyo) 27: 149 (1913)
> *Betula ermanii* Cham. var. *incisa* Koidz., Bot. Mag. (Tokyo) 27: 148 (1913)
> *Betula ermanii* Cham. var. *japonica* Koidz., Bot. Mag. (Tokyo) 27: 149 (1913)
> *Betula ermanii* Cham. var. *parvifolia* Koidz., Bot. Mag. (Tokyo) 27: 148 (1913)
> *Betula ermanii* Cham. var. *subcordata* Koidz., Bot. Mag. (Tokyo) 27: 148 (1913)
> *Betula saitoana* Nakai, Repert. Spec. Nov. Regni Veg. 13: 249 (1914)
> *Betula ermanii* Cham. var. *ganjuensis* (Koidz.) Nakai, Bot. Mag. (Tokyo) 40: 163 (1926)
> *Betula ermanii* Cham. var. *saitoana* (Nakai) Hatus., Exp. Forest. Kyushu Imp. Univ. 5: 46 (1934)

Representative specimens; Chagang-do 22 July 1916 狼林山 *Mori, T Mori s.n.* 11 July 1914 臥碣峰鷲峯 1900m *Nakai, T Nakai s.n.* 9 June 1924 避難德山 *Fukubara, S Fukubara s.n.* 崇積山 *Furusawa, I Furusawa s.n.* **Hamgyong-bukto** 15 June 1930 茂山嶺 *Ohwi, J Ohwi s.n.* 5 August 1939 頭流山 *Hozawa, S Hozawa s.n.* 5 August 1930 *Hozawa, S Hozawa s.n.* 26 July 1930 *Ohwi, J Ohwi2732* 19 July 1918 冠帽山 2200m *Nakai, T Nakai s.n.* 19 July 1918 冠帽山 *Nakai, T Nakai s.n.* July 1932 冠帽峰 *Ohwi, J Ohwi s.n.* 19 August 1924 七寶山 *Kondo, C Kondo s.n.* 25 July 1918 雪嶺 2000-2300m *Nakai, T Nakai s.n.* **Hamgyong-namdo** 25 September 1925 泗水山 *Chung, TH Chung s.n.* 16 August 1934 新角面北山 *Nomura, N Nomura s.n.* 蓮花山 *Unknown s.n.* 25 July 1933 東上面遮日峯 *Koidzumi, G Koidzumi s.n.* 16 August 1935 遮日峯 *Nakai, T Nakai s.n.* 8 June 1940 *Okuyama, S Okuyama s.n.* **Hwanghae-bukto** May 1924 霞嵐山 *Takaichi, K s.n.* **Kangwon-do** 31 July 1916 金剛山群仙峽 *Nakai, T Nakai s.n.* 29 July 1938 金剛山 *Hozawa, S Hozawa s.n.* 12 August 1932 *Koidzumi, G Koidzumi s.n.* 20 August 1916 金剛山彌勒峯 *Nakai, T Nakai s.n.* 16 August 1916 金剛山毘盧峯 *Nakai, T Nakai s.n.* 7 August 1932 金剛山 *Nakao, S s.n.* 10 June 1932 *Ohwi, J Ohwi s.n.* 10 June 1932 *Ohwi, J Ohwi s.n.* 29 September 1935 *Okamoto, S Okamoto s.n.* 7 August 1940 Mt. Kumgang (金剛山) *Okuyama, S Okuyama s.n.* 7 August 1940 *Okuyama, S Okuyama s.n.* 7 August 1930 金剛山 *Park, MK Park s.n.* 8 August 1925 Mt. Kumgang (金剛山) *Uyeki, H Uyeki s.n.* **P'yongan-bukto** 9 June 1914 飛來峯 *Nakai, T Nakai s.n.* 27 July 1937 妙香山 *Park, MK Park635* **Rason** 6 June 1930 西水羅 *Ohwi, J Ohwi s.n.* **Ryanggang** 15 August 1935 北水白山 *Hozawa, S Hozawa s.n.* 15 August 1935 *Hozawa, S Hozawa s.n.* 17 May 1923 厚峙嶺 *Ishidoya, T Ishidoya s.n.* 4 August 1897 十四道溝-白山嶺 *Komarov, VL Komaorv s.n.* 23 August 1897 雲洞嶺 *Komarov, VL Komaorv s.n.* 4 August 1930 大澤濕地 *Hozawa, S Hozawa s.n.* 4 August 1940 高頭山 *Hozawa, S Hozawa s.n.* 18 June 1897 延岩(西溪水河谷)-阿武山 *Komarov, VL Komaorv s.n.* 22 July 1930 含山嶺 *Ohwi, J Ohwi2413* July 1943 延岩 *Uchida, H Uchida s.n.* 21 June 1897 阿武山-象背嶺 *Komarov, VL Komaorv s.n.* 11 July 1917 胞胎山中腹以下 *Furumi, M Furumi s.n.* 11 July 1917 *Furumi, M Furumi s.n.* 14 August 1914 無頭峯 *Ikuma, Y Ikuma s.n.* 8 August 1914 神武城-無頭峯 *Nakai, T Nakai s.n.* 30 July 1933 白頭山天池 *Saito, T T Saito10176*

Betula fruticosa Pall., Reise Russ. Reich. 3: 758 (1776)

Common name 좀자작나무

Distribution in Korea: North

    Betula ovalifolia Rupr., Bull. Cl. Phys.-Math. Acad. Imp. Sci. Saint-Pétersbourg 15: 378 (1857)

    Betula reticulata Rupr., Bull. Cl. Phys.-Math. Acad. Imp. Sci. Saint-Pétersbourg 15: 378 (1857)

    Betula fruticosa Pall. var. *ruprechtiana* Trautv., Mem. Acad. Imp. Sci. St.-Petersbourg Divers Savans 9: 254 (1859)

    Betula humilis (C.A.Mey.) O.E.Schulz var. *ovalifolia* (Rupr.) Regel, Nouv. Mem. Soc. Imp. Naturalistes Moscou 13: 110 (1861)

    Betula humilis (C.A.Mey.) O.E.Schulz var. *reticulata* (Rupr.) Regel, Nouv. Mem. Soc. Imp. Naturalistes Moscou 13: 109 (1861)

    Betula paishanensis Nakai, Bot. Mag. (Tokyo) 33: 5 (1919)

    Betula microphylla Bunge var. *coreana* Nakai, Bot. Mag. (Tokyo) 33: 5 (1919)

    Betula fusenensis Nakai, J. Jap. Bot. 14: 743 (1938)

    Betula cyclophylla Nakai, J. Jap. Bot. 17: 4 (1941)

    Betula fruticosa Pall. var. *paishanensis* (Nakai) S.L.Tung, Bull. Bot. Res., Harbin 1(1-2): 132 (1981)

Representative specimens; Hamgyong-bukto 24 July 1918 朱北面金谷 *Nakai, T Nakai s.n.* 24 July 1918 *Nakai, T Nakai s.n.* 25 June 1930 雪嶺 *Ohwi, J Ohwi s.n.* 25 July 1935 俛舞德 *Saito, T T Saito1250* 4 June 1897 四芝嶺 *Komarov, VL Komaorv s.n.* **Hamgyong-namdo** 27 July 1933 東上面元豊 *Koidzumi, G Koidzumi s.n.* 14 August 1935 赴戰湖畔 *Nakai, T Nakai15365* Type of *Betula fusenensis* Nakai (Holotype TI)26 July 1935 Donha-myeon Unsan-ri (東下面雲山里) *Nomura, N Nomura s.n.* 18 August 1943 赴戰高原咸地院 *Toh, BS s.n.* **Ryanggang** 22 June 1917 厚峙嶺 *Furumi, M Furumi s.n.* 5 August 1940 高頭山 *Hozawa, S Hozawa s.n.* 4 August 1931 大澤濕地 *Hozawa, S Hozawa s.n.* 8 June 1897 平蒲坪-倉坪 *Komarov, VL Komaorv s.n.* 6 June 1897 平蒲坪 *Komarov, VL Komaorv s.n.* 8 June 1897 平蒲坪-倉坪 *Komarov, VL Komaorv s.n.* 18 September 1940 大澤 *Nakai, T Nakai18778* Type of *Betula cyclophylla* Nakai (Holotype TI)24 July 1930 合水 (列結水) *Ohwi, J Ohwi s.n.* 20 June 1930 天水洞 (長沙) *Ohwi, J Ohwi218* 24 July 1930 合水-大澤 *Ohwi, J Ohwi2624* 普天 *Unknown s.n.* August 1913 長白山 *Mori, T Mori s.n.* 7 August 1919 虛項嶺-神武城 *Nakai, T Nakai s.n.* 7 August 1914 三池淵附近 *Nakai, T Nakai s.n.* 6 August 1914 虛項嶺 *Nakai, T Nakai s.n.*三池淵 *Unknown s.n.* 2 August 1917 Moho (茂峯)- 農事洞 *Furumi, M Furumi s.n.* 8 August 1914 農事洞 *Ikuma, Y Ikuma s.n.* 2 June 1918 *Ishidoya, T Ishidoya2959-1* Type of *Betula microphylla* Bunge var. *coreana* Nakai (Holotype TI)13 August 1914 Moho (茂峯)- 農事洞 *Nakai, T Nakai s.n.*

Betula pendula Roth, Tent. Fl. Germ. 1: 405 (1788)

Common name 자작나무

Distribution in Korea: North, Central

    Betula alba L. ssp. *latifolia* (Tausch) Regel, Bull. Soc. Imp. Naturalistes Moscou 38: 399 (1865)

    Betula alba L. ssp. *mandshurica.* Regel, Bull. Soc. Imp. Naturalistes Moscou 38: 339 (1865)

    Betula alba L. ssp. *tauschii* Regel, Bull. Soc. Imp. Naturalistes Moscou 38: 399 (1865)

    Betula alba L. ssp. *latifolia* var. *tauschii* Regel, Bull. Soc. Imp. Naturalistes Moscou 38: 399 (1865)

    Betula alba L. var. *japonica* Miq., Prolus. Fl. Jap. 68 (1866)

    Betula pendula Roth var. *japonica* Rehder, Cycl. Amer. Hort. 1: 159 (1900)

    Betula japonica Siebold ex H.J.P.Winkl., Pflanzenr. (Engler) IV, 61: 78 (1904)

    Betula japonica Siebold ex H.J.P.Winkl. var. *mandshurica* (Regel) H.J.P.Winkl., Pflanzenr. (Engler) IV, 61: 78 (1904)

    Betula japonica Siebold ex H.J.P.Winkl. var. *tauschii* H.J.P.Winkl., Pflanzenr. (Engler) IV, 61: 78 (1904)

    Betula latifolia Kom., Trudy Imp. S.-Peterburgsk. Bot. Sada 22: 38 (1904)

    Betula japonica Siebold ex H.J.P.Winkl. var. *pluricostata* H.J.P.Winkl., Pflanzenr. (Engler) IV, 61: 79 (1904)

    Betula pendula Roth var. *mandhshurica* (Regel) H.J.P.Winkl., Pflanzenr. (Engler) 4, 61(heft, 19): 78 (1904)

    Betula verrucosa Ehrh. var. *japonica* A.Henry, Trees Great Britain 4: 967 (1909)

    Betula platyphylla Sukaczev, Trudy Bot. Muz. Imp. Akad. Nauk 8: 220 (1911)

    Betula pendula Roth var. *tauschii* (Regel) Rehder, Stand. Cycl. Hort. 1: 498 (1914)

    Betula mandshurica (Regel) Nakai, Bot. Mag. (Tokyo) 29: 42 (1915)

    Betula japonica Siebold ex H.J.P.Winkl. var. *rockii* Rehder, J. Arnold Arbor. 9: 25 (1928)

    Betula tauschii (Regel) Koidz., Fl. Symb. Orient.-Asiat. 35 (1930)

    Betula platyphylla Sukaczev var. *mandshurica* (Regel) H.Hara, J. Bot. 13: 385 (1937)

    Betula platyphylla Sukaczev var. *japonica* (Miq.) H.Hara, J. Jap. Bot. 13: 384 (1937)

    Betula mandshurica (Regel) Nakai var. *japonica* (Miq.) Rehder, J. Arnold Arbor. 19: 72 (1938)

Betula platyphylla Sukaczev ssp. *mandshurica* (Regel) Kitag., Lin. Fl. Manshur. 165 (1939)
Betula verrucosa Ehrh. var. *platyphyulla* (Sukaczev) Lindq., Acta Horti Gothob. 25: 124 (1962)

Representative specimens; Chagang-do 4 July 1914 牙得嶺 (江界) *Nakai, T Nakai s.n.* 25 June 1914 從西山 *Nakai, T Nakai s.n.* 21 July 1914 大興里- 山羊 *Nakai, T Nakai s.n.* 11 July 1914 蔥田嶺 *Nakai, T Nakai s.n.* 18 July 1914 大興里 *Nakai, T Nakai s.n.* 6 July 1914 牙得嶺 (江界) /牙得嶺 (長津) *Nakai, T Nakai s.n.* **Hamgyong-bukto** 20 May 1897 茂山嶺 *Komarov, VL Komaorv s.n.* 5 August 1939 頭流山 *Hozawa, S Hozawa s.n.* 14 August 1933 朱乙溫泉朱乙山 *Koidzumi, G Koidzumi s.n.* 23 July 1918 朱乙溫面黃細谷 *Nakai, T Nakai s.n.* 24 July 1918 朱北面金谷 *Nakai, T Nakai s.n.* 18 July 1918 朱乙溫面甫上洞 *Nakai, T Nakai s.n.* July 1932 冠帽峰 *Ohwi, J Ohwi s.n.* 22 May 1897 蕨坪(城川水河谷)-車踰嶺 *Komarov, VL Komaorv s.n.* 29 May 1897 釜所哥谷 *Komarov, VL Komaorv s.n.* 15 June 1930 Musan-ryeong (戊山嶺) *Ohwi, J Ohwi s.n.* 12 June 1897 西溪水 *Komarov, VL Komaorv s.n.* 28 August 1914 黃句基 *Nakai, T Nakai s.n.* 4 June 1897 四芝嶺 *Komarov, VL Komaorv s.n.* 18 June 1930 四芝洞 *Ohwi, J Ohwi s.n.* **Hamgyong-namdo** 19 August 1935 道頭里 *Nakai, T Nakai s.n.* 24 July 1933 東上面大漢垈里 *Koidzumi, G Koidzumi s.n.* 15 August 1935 東上面漢垈里 *Nakai, T Nakai s.n.* 20 June 1932 東上面元豊里 *Ohwi, J Ohwi300* 3 October 1935 赴戰高原 Fusenkogen *Okamoto, S Okamoto s.n.* 15 August 1940 遮日峯 *Okuyama, S Okuyama s.n.* **P'yongan-bukto** 8 June 1914 飛來峯 *Nakai, T Nakai s.n.* 8 June 1914 *Nakai, T Nakai s.n.* **Rason** 6 June 1930 西水羅 *Ohwi, J Ohwi595* **Ryanggang** 2 August 1897 虛川江-五海江 *Komarov, VL Komaorv s.n.* 26 July 1914 三水- 惠山鎮 *Nakai, T Nakai s.n.* 1 August 1897 虛川江 (同仁川) *Komarov, VL Komaorv s.n.* 15 August 1935 北水白山 *Hozawa, S Hozawa s.n.* 18 August 1897 葡坪 *Komarov, VL Komaorv s.n.* 16 August 1897 大羅信洞 *Komarov, VL Komaorv s.n.* 19 August 1897 葡坪 *Komarov, VL Komaorv s.n.* 13 August 1897 長進江河口 (鴨綠江) *Komarov, VL Komaorv s.n.* 7 August 1897 上巨里水 *Komarov, VL Komaorv s.n.* 8 August 1897 上巨里水-院巨里水 *Komarov, VL Komaorv s.n.* 9 August 1897 長津江下流域 *Komarov, VL Komaorv s.n.* 6 June 1897 平蒲坪 *Komarov, VL Komaorv s.n.* 7 June 1897 *Komarov, VL Komaorv s.n.* July 1943 延岩 *Uchida, H Uchida s.n.* 26 June 1897 內曲里 *Komarov, VL Komaorv s.n.* 21 June 1897 阿武山-象背嶺 *Komarov, VL Komaorv s.n.* 26 June 1897 內曲里 *Komarov, VL Komaorv s.n.* 22 July 1897 佳林里 *Komarov, VL Komaorv s.n.* 24 July 1897 *Komarov, VL Komaorv s.n.* 11 July 1917 胞胎山 *Furumi, M Furumi s.n.* 6 August 1914 胞胎山虛項嶺 *Nakai, T Nakai s.n.* 6 August 1914 *Nakai, T Nakai s.n.* 30 May 1897 延面水河谷-古倉坪 *Komarov, VL Komaorv s.n.*

Betula schmidtii Regel, Bull. Soc. Imp. Naturalistes Moscou 38: 412 (1865)
Common name 박달나무
Distribution in Korea: North, Central, South
Betula punctata H.Lév. ex Nakai, Fl. Sylv. Kor. 2: 34 (1915)
Betula schmidtii Regel var.*lancea* Nakai, Bot. Mag. (Tokyo) 33: 46 (1919)
Betula schmidtii Regel var. *angustifolia* Makino & Nemoto, Fl. Japan., ed. 2 (Makino & Nemoto) 185 (1931)

Representative specimens; Chagang-do 4 July 1914 枝幕洞 *Nakai, T Nakai s.n.* 27 June 1914 從西山 *Nakai, T Nakai s.n.* **Hamgyong-bukto** 18 May 1897 會寧川 *Komarov, VL Komaorv s.n.* 14 August 1933 朱乙溫泉朱乙山 *Koidzumi, G Koidzumi s.n.* 17 July 1918 朱乙溫面甫上洞 *Nakai, T Nakai s.n.* 15 July 1918 朱乙溫面漁池洞 *Nakai, T Nakai s.n.* 2 September 1914 朱乙 *Nakai, T Nakai s.n.* 17 July 1918 甫上洞 *Nakai, T Nakai6898* Type of *Betula schmidtii* Regel var. *lancea* Nakai (Holotype TI)27 May 1930 鏡城 *Ohwi, J Ohwi s.n.* 22 May 1897 蕨坪(城川水河谷)-車踰嶺 *Komarov, VL Komaorv s.n.* **Hamgyong-namdo** 19 August 1943 千佛山 *Honda, M Honda s.n.* **Kangwon-do** 31 July 1916 金剛山群仙峽 *Nakai, T Nakai s.n.* 29 July 1938 金剛山 *Hozawa, S Hozawa s.n.* 12 August 1932 *Koidzumi, G Koidzumi s.n.* 10 June 1932 *Ohwi, J Ohwi150* 10 June 1932 *Ohwi, J Ohwi255* 8 August 1940 Mt. Kumgang (金剛山) *Okuyama, S Okuyama s.n.* 18 August 1902 金剛山 *Uchiyama, T Uchiyama s.n.* 18 August 1902 Mt. Kumgang (金剛山) *Uchiyama, T Uchiyama s.n.* 18 August 1930 Sachang-ri (社倉里) *Nakai, T Nakai s.n.* 14 August 1930 劍拂浪 *Nakai, T Nakai s.n.* **P'yongan-bukto** 17 August 1912 Chang-syong (昌城) *Imai, H Imai s.n.* 5 August 1937 妙香山 *Hozawa, S Hozawa s.n.* 4 June 1914 義州板幕嶺 *Nakai, T Nakai s.n.* 28 September 1912 白壁山 *Ishidoya, T Ishidoya s.n.* 24 May 1912 *Ishidoya, T Ishidoya s.n.* **Ryanggang** 14 July 1897 鴨綠江 (上水隅理 -羅暖堡) *Komarov, VL Komaorv s.n.* 14 July 1897 *Komarov, VL Komaorv s.n.* 7 August 1897 上巨里水 *Komarov, VL Komaorv s.n.*

Carpinus L.
Carpinus cordata Blume, Mus. Bot. 1: 309 (1851)
Common name 물박달나무 (까치박달)
Distribution in Korea: North, Central, South
Carpinus erosa Blume, Mus. Bot. 1: 308 (1851)
Distegocarpus cordata (Blume) A.DC., Prodr. (DC.) 16: 128 (1864)
Distegocarpus erosa (Blume) A.DC., Prodr. (DC.) 16: 128 (1864)
Ostrya mandshurica Budischtschew ex Trautv., Trudy Imp. S.-Peterburgsk. Bot. Sada 9: 166 (1884)

Representative specimens; Chagang-do 30 August 1897 慈城江 *Komarov, VL Komaorv s.n.* 26 June 1914 從西山 *Nakai, T Nakai s.n.* 21 June 1914 漁雷嶺 *Nakai, T Nakai s.n.* 14 July 1934 朱乙溫面甫上洞 *Asano, I 908* 19 July 1918 朱乙溫面南下瑞 *Nakai, T Nakai s.n.* 19 July 1918 南下瑞 *Nakai, T Nakai s.n.* **Hamgyong-namdo** 26 July 1916 下碣里 *Mori, T Mori s.n.* 20 June 1932 東上面元豊里 *Ohwi, J Ohwi139* **Hwanghae-namdo** 4 August 1929 長山串 *Nakai, T Nakai s.n.* **Kangwon-do**

A Checklist of North Korean Vascular Plants — T.B. Lee Herbarium (SNUA) – 2019 (C.S. Chang, H. Kim, H.T. Shin & C.H. Lee)

- 109 -

31 July 1916 金剛山群仙峽 *Nakai, T Nakai s.n.* 12 July 1936 外金剛千佛山 *Nakai, T Nakai s.n.* 29 July 1938 金剛山 *Hozawa, S Hozawa s.n.* 14 August 1902 *Uchiyama, T Uchiyama s.n.* August 1930 安邊郡衛益面三防 *Nakai, T Nakai s.n.* 16 August 1930 劍拂浪 *Nakai, T Nakai s.n.* **P'yongan-bukto** 12 June 1914 Pyok-dong (碧潼) *Nakai, T Nakai s.n.* 5 August 1937 妙香山 *Hozawa, S Hozawa s.n.* 5 August 1935 *Koidzumi, G Koidzumi s.n.* 11 August 1935 義州金剛山 *Koidzumi, G Koidzumi s.n.* **P'yongan-namdo** 15 July 1916 葛日嶺 *Mori, T Mori s.n.* **Ryanggang** 16 August 1897 大羅信洞 *Komarov, VL Komarov s.n.* 21 August 1897 subdist. Chu-czan, flumen Amnok-gan *Komarov, VL Komarov s.n.* 9 July 1897 十四道溝(鴨綠江) *Komarov, VL Komarov s.n.* 23 August 1897 雲洞嶺 *Komarov, VL Komarov s.n.* 7 August 1897 上巨里水 *Komarov, VL Komarov s.n.*

Carpinus laxiflora (Siebold & Zucc.) Blume, Mus. Bot. 1: 309 (1851)

Common name 서어나무

Distribution in Korea: North, Central, South

Distegocarpus laxiflora Siebold & Zucc., Abh. Math.-Phys. Cl. Konigl. Bayer. Akad. Wiss. 4,3: 228 (1846)

Carpinus laxiflora (Siebold & Zucc.) Blume var. *chartacea* H.Lév., Bull. Soc. Bot. France 51: 424 (1904)

Carpinus laxiflora (Siebold & Zucc.) Blume var. *macrophylla* Nakai, Bot. Mag. (Tokyo) 45: 112 (1931)

Carpinus laxiflora (Siebold & Zucc.) Blume var. *macrothyrsa* Koidz., Acta Phytotax. Geobot. 9: 73 (1940)

Carpinus laxiflora (Siebold & Zucc.) Blume var. *obtusisquama* Koidz., Acta Phytotax. Geobot. 9: 73 (1940)

Carpinus laxiflora (Siebold & Zucc.) Blume f. *macrophylla* (Nakai) W.T.Lee, Lineamenta Florae Koreae 165 (1996)

Representative specimens; Hwanghae-namdo 10 September 1941 首陽山 *Kaneura, T s.n.* 10 September 1941 *Kaneura, T s.n.* 27 July 1929 長山串 *Nakai, T Nakai s.n.* **Kangwon-do** 30 July 1916 金剛山倉垈 *Nakai, T Nakai s.n.* 31 July 1916 金剛山群仙峽 *Nakai, T Nakai s.n.* 8 August 1925 Mt. Kumgang (金剛山) *Chung, TH Chung s.n.* 29 July 1938 金剛山 *Hozawa, S Hozawa s.n.* 8 August 1940 Mt. Kumgang (金剛山) *Okuyama, S Okuyama s.n.* 20 August 1930 安邊郡衛益面三防 *Nakai, T Nakai s.n.*

Carpinus turczaninowii Hance, J. Linn. Soc., Bot. 10: 203 (1869)

Common name 소사나무

Distribution in Korea: North, Central, South

Carpinus paxii H.J.P.Winkl., Pflanzenr. (Engler) IV, 61: 35 (1904)

Carpinus stipulata H.J.P.Winkl., Pflanzenr. (Engler) IV. 61: 35 (1904)

Carpinus tanakaena Makino, Bot. Mag. (Tokyo) 28: 32 (1914)

Carpinus turczaninowii Hance var. *stipulata* H.J.P.Winkl., Bot. Jahrb. Syst. 50(Suppl.): 505 (1914)

Carpinus coreana Nakai, Bot. Mag. (Tokyo) 40: 162 (1926)

Carpinus coreana Nakai var. *major* Nakai, Bot. Mag. (Tokyo) 40: 163 (1926)

Carpinus chowii Hu, J. Arnold Arbor. 13: 334 (1932)

Carpinus turczaninowii Hance var. *chungnanensis* P.C.Kuo, Fl. Tsinling. 1: 66 (1974)

Carpinus turczaninowii Hance var. *coreana* (Nakai) W.T.Lee, Lineamenta Florae Koreae 166 (1996)

Representative specimens; Hamgyong-namdo 1 September 1925 永興郡長串 *Chung, TH Chung s.n.* **Hwanghae-namdo** 3 August 1929 長淵郡長山串 *Nakai, T Nakai s.n.* 31 July 1929 席島 *Nakai, T Nakai s.n.* 1 August 1929 椒島 *Nakai, T Nakai s.n.* 27 July 1929 長山串 *Nakai, T Nakai s.n.* **Nampo** 19 May 1928 鎭南浦水源池 *Nakai, T Nakai s.n.*

Corylus L.
Corylus heterophylla Fisch. ex Trautv., Pl. Imag. Descr. Fl. Russ. 1: 10 (1844)

Common name 개암나무

Distribution in Korea: North, Central, South

Corylus tetraphylla Ledeb., Denkschr. Bayer. Bot. Ges. Regensburg 3, 2: 58 (1841)

Corylus hasibani Siebold, Kruidk. Naamlijst 0: 27 (1844)

Corylus avellana L. var. *davurica* Ledeb., Fl. Ross. (Ledeb.) 3: 588 (1850)

Corylus heterophylla Fisch. ex Trautv. var. *thunbergii* Blume, Mus. Bot. 1: 310 (1850)

Corylus mongolica K.Koch, Dendrologie 2: 13 (1873)

Corylus heterophylla Fisch. ex Trautv. var. *japonica* Koidz., Bot. Mag. (Tokyo) 27: 143 (1913)

Corylus heterophylla Fisch. ex Trautv. var. *yezoensis* Koidz., Bot. Mag. (Tokyo) 27: 143 (1913)

Corylus yezoensis (Koidz.) Nakai, Fl. Sylv. Kor. 2: 9 (1915)

Representative specimens; Chagang-do 25 August 1897 小德川 (松德水河谷) *Komarov, VL Komaorv s.n.* 28 August 1897 慈城邑 (松德水河谷) *Komarov, VL Komaorv s.n.* 25 July 1911 Kang-gei(Kokai 江界) *Mills, RG Mills s.n.* September 1920 狼林山 *Ishidoya, T Ishidoya s.n.* 22 July 1914 山羊- 江口 (風穴附近) *Nakai, T Nakai s.n.* 崇積山 *Furusawa, I Furusawa s.n.* **Hamgyong-bukto** 27 May 1897 富潤洞 *Komarov, VL Komaorv s.n.* 6 August 1933 全巨里 *Koidzumi, G Koidzumi s.n.* 20 May 1897 茂山嶺 *Komarov, VL Komaorv s.n.* 17 July 1918 朱乙溫面鳳波洞 *Nakai, T Nakai s.n.* 15 July 1918 朱乙溫面城町 *Nakai, T Nakai s.n.* 30 May 1930 朱乙 *Ohwi, J Ohwi s.n.* 26 May 1930 Kyonson 鏡城 *Ohwi, J Ohwi s.n.* 30 May 1930 朱乙 *Ohwi, J Ohwi296* 7 June 1930 鏡城 *Ohwi, J Ohwi2154* 25 May 1897 城川江-茂山 *Komarov, VL Komaorv s.n.* 29 May 1897 釜所哥谷 *Komarov, VL Komaorv s.n.* 23 July 1918 朱南面黃雪嶺 *Nakai, T Nakai s.n.* 12 May 1897 五宗洞 *Komarov, VL Komaorv s.n.* 18 June 1930 四芝洞 *Ohwi, J Ohwi s.n.* 18 June 1930 *Ohwi, J Ohwi1320* **Hamgyong-namdo** 25 September 1925 泗水山 *Chung, TH Chung s.n.* 19 August 1943 千佛山 *Honda, M Honda s.n.* **Hwanghae-bukto** 10 September 1915 瑞興 *Nakai, T Nakai s.n.* **Hwanghae-namdo** 26 August 1943 長壽山 *Furusawa, I Furusawa s.n.* 2 September 1923 首陽山 *Muramatsu, C s.n.* 31 July 1929 席島 *Nakai, T Nakai s.n.* 12 July 1921 Sorai Beach 九味浦 *Mills, RG Mills s.n.* **Kangwon-do** 30 July 1916 金剛山外金剛倉岱 *Nakai, T Nakai s.n.* 28 July 1916 高城溫井里 *Nakai, T Nakai s.n.* 12 July 1936 外金剛千佛山 *Nakai, T Nakai s.n.* 7 August 1916 金剛山末輝里方面 *Nakai, T Nakai s.n.* 7 August 1940 Mt. Kumgang (金剛山) *Okuyama, S Okuyama s.n.* 12 August 1902 墨浦洞 *Uchiyama, T Uchiyama s.n.* 18 August 1930 Sachang-ri (社倉里) *Nakai, T Nakai s.n.* **P'yongan-bukto** 5 August 1937 妙香山 *Hozawa, S Hozawa s.n.* 1924 *Kondo, C Kondo s.n.* 5 June 1914 朔州- 昌城 *Nakai, T Nakai s.n.* **P'yongan-namdo** 20 July 1916 黃玉峯 (黃處翠?) *Mori, T Mori s.n.* 15 June 1928 陽德 *Nakai, T Nakai s.n.* **P'yongyang** 14 May 1911 P'yongyang (平壤) *Imai, H Imai s.n.* **Rason** 6 June 1930 西水羅 *Ohwi, J Ohwi s.n.* 6 June 1930 *Ohwi, J Ohwi734* **Ryanggang** 19 July 1897 Keizanchin(惠山鎭) *Komarov, VL Komaorv s.n.* 30 July 1897 甲山 *Komarov, VL Komaorv s.n.* 1 August 1897 虛川江 (同仁川) *Komarov, VL Komaorv s.n.* 17 May 1923 厚峙嶺 *Ishidoya, T Ishidoya s.n.* 16 August 1897 大羅信洞 *Komarov, VL Komaorv s.n.* 19 August 1897 葡坪 *Komarov, VL Komaorv s.n.* 13 August 1897 長進江河口 (鴨綠江) *Komarov, VL Komaorv s.n.* 3 July 1897 三水邑-上水隅理 *Komarov, VL Komaorv s.n.* 8 July 1897 羅暖堡 *Komarov, VL Komaorv s.n.* 14 July 1897 鴨綠江 (上水隅理 -羅暖堡) *Komarov, VL Komaorv s.n.* 7 August 1897 上巨里水 *Komarov, VL Komaorv s.n.* 9 August 1897 長津江下流域 *Komarov, VL Komaorv s.n.* 22 July 1914 江口 *Nakai, T Nakai s.n.* 3 August 1917 楡坪 *Furumi, M Furumi s.n.* 26 June 1897 內曲里 *Komarov, VL Komaorv s.n.* 28 June 1897 栢德嶺 *Komarov, VL Komaorv s.n.* 22 July 1897 佳林里 *Komarov, VL Komaorv s.n.* 30 June 1897 雲寵堡 *Komarov, VL Komaorv s.n.* 20 August 1933 戊山郡三長 *Koidzumi, G Koidzumi s.n.* 1 June 1897 古倉坪-四芝坪 (延面水河谷) *Komarov, VL Komaorv s.n.*

Corylus sieboldiana Blume var. *mandshurica* (Maxim.) C.K.Schneid., Pl. Wilson. 2: 454 (1916)
Common name 물개암나무

Distribution in Korea: North, Central, South

Corylus mandshurica Maxim. & Rupr., Bull. Acad. Imp. Sci. Saint-Pétersbourg 15: 137 (1857)
Corylus rostrata var. *mandshurica* (Maxim.) Regel, Bull. Acad. Imp. Sci. Saint-Pétersbourg 15: 221 (1857)

Representative specimens; Chagang-do 7 August 1912 Chosan(楚山) *Imai, H Imai s.n.* 28 August 1897 慈城邑(松德水河谷) *Komarov, VL Komaorv s.n.* 25 June 1914 從西山 *Nakai, T Nakai s.n.* 1 July 1914 *Nakai, T Nakai s.n.* 22 July 1916 狼林山 *Mori, T Mori s.n.* **Hamgyong-bukto** 20 May 1897 茂山嶺 *Komarov, VL Komaorv s.n.* 5 August 1939 頭流山 *Hozawa, S Hozawa s.n.* 14 August 1933 朱乙溫泉朱乙山 *Koidzumi, G Koidzumi s.n.* 19 July 1918 朱乙溫面南下瑞 *Nakai, T Nakai s.n.* 21 July 1918 朱乙溫面甫上洞 *Nakai, T Nakai s.n.* 18 July 1918 朱乙溫面民幕洞 *Nakai, T Nakai s.n.* 19 July 1918 冠帽峰 *Nakai, T Nakai6917* July 1932 *Ohwi, J Ohwi1021* 13 September 1935 鏡城 *Saito, T T Saito1599* 19 September 1935 南下石山 *Saito, T T Saito1706* 23 May 1897 車踰嶺 *Komarov, VL Komaorv s.n.* 29 May 1897 釜所哥谷 *Komarov, VL Komaorv s.n.* 19 August 1914 曷浦嶺 *Nakai, T Nakai s.n.* 23 July 1918 朱南面黃雪嶺 *Nakai, T Nakai s.n.* 23 July 1918 *Nakai, T Nakai s.n.* 25 July 1918 朱南面雪嶺 *Nakai, T Nakai6907* 23 July 1918 朱南面黃雪嶺 *Nakai, T Nakai6922* 12 June 1897 西溪水 *Komarov, VL Komaorv s.n.* 4 June 1897 四芝嶺 *Komarov, VL Komaorv s.n.* **Hamgyong-namdo** 16 August 1943 赴戰高原漢垈里 *Honda, M Honda s.n.* 24 July 1933 東上面大漢垈里 *Koidzumi, G Koidzumi s.n.* 15 August 1935 東上面漢垈里 *Nakai, T Nakai s.n.* **Hwanghae-namdo** 26 July 1929 長山郡長山串 *Nakai, T Nakai s.n.* 26 July 1929 *Nakai, T Nakai s.n.* **Kangwon-do** 31 July 1916 金剛山群仙峽 *Nakai, T Nakai s.n.* 12 August 1932 金剛山 *Koidzumi, G Koidzumi s.n.* 12 July 1936 金剛山外金剛千佛山 *Nakai, T Nakai s.n.* 7 August 1940 Mt. Kumgang (金剛山) *Okuyama, S Okuyama s.n.* 13 August 1902 長淵里 *Uchiyama, T Uchiyama s.n.* 16 August 1930 劒拂浪 *Nakai, T Nakai s.n.* 14 August 1930 *Nakai, T Nakai s.n.* **P'yongan-bukto** 30 July 1937 妙香山 *Park, MK Park s.n.* 4 June 1914 義州板幕嶺 *Nakai, T Nakai s.n.* **P'yongan-namdo** 21 July 1916 上南191里 *Mori, T Mori s.n.* 15 June 1928 陽德 *Nakai, T Nakai s.n.* **Ryanggang** 5 August 1897 虛川江 *Komarov, VL Komaorv s.n.* 30 July 1897 甲山 *Komarov, VL Komaorv s.n.* 30 July 1897 大羅信洞 *Komarov, VL Komaorv s.n.* 18 August 1897 葡坪 *Komarov, VL Komaorv s.n.* 21 August 1897 subdist. Chu-czan, flumen Amnok-gan *Komarov, VL Komaorv s.n.* 22 August 1897 雲洞嶺 *Komarov, VL Komaorv s.n.* 24 July 1914 長蛇洞 *Nakai, T Nakai s.n.* 7 August 1897 上巨里水 *Komarov, VL Komaorv s.n.* 13 August 1897 長進江河口(鴨綠江) *Komarov, VL Komaorv s.n.* 22 July 1914 長津江岸 *Nakai, T Nakai s.n.* 8 June 1897 平蒲坪-倉坪 *Komarov, VL Komaorv s.n.* 27 June 1897 栢德嶺 *Komarov, VL Komaorv s.n.* 22 July 1914 佳林里 *Komarov, VL Komaorv s.n.* 27 June 1897 栢德嶺 *Komarov, VL Komaorv s.n.* 20 July 1897 惠山鎭 (鴨綠江上流長白山脈中高原) *Komarov, VL Komaorv s.n.* 2 June 1897 四芝坪(延面水河谷) *Komarov, VL Komaorv s.n.* 柄安洞 *Komarov, VL Komaorv s.n.* 2 June 1897 *Komarov, VL Komaorv s.n.*

PHYTOLACCACEAE

***Phytolacca* L.**
***Phytolacca americana* L., Sp. Pl.441 (1753)**
Common name 미국자리공
Distribution in Korea: Introduced (Central, South, Jeju; N. America)
   Phytolacca decandra L., Sp. Pl. (ed. 2) 631 (1762)

***Phytolacca esculenta* Van Houtte, Fl. Serres Jard. Eur. 4: t. 398b (1848)**
Common name 자리공
Distribution in Korea: North (Hamgyong, P'yongan), Ulleung
   Phytolacca kaempferi A.Gray, Mem. Amer. Acad. Arts n.s. 6: 404 (1859)
   Phytolacca acinosa Roxb. var. *esculenta* (Van Houtte) Maxim., Index Seminum [St.Petersburg (Petropolitanus)] 23 (1869)
   Phytolacca acinosa Roxb. var. *kaempferi* (A.Gray) Makino, Bot. Mag. (Tokyo) 15: 142 (1901)
   Phytolacca insularis Nakai, Bot. Mag. (Tokyo) 32: 217 (1918)
   Phytolacca acinosa Roxb. f. *insularis* (Nakai) M.Kim, Korean J. Pl. Taxon. 37: 441 (2007)

Representative specimens; **Hwanghae-namdo** 28 July 1929 長淵郡長山串 *Nakai, T Nakai s.n.* **P'yongan-namdo** 15 June 1928 陽德 *Nakai, T Nakai s.n.*

CHENOPODIACEAE

***Atriplex* L.**
***Atriplex gmelinii* C.A.Mey. ex Bong., Mem. Acad. Imp. Sci. St.-Petersbourg, Ser. 6, Sci. Math., Seconde Pt. Sci. Nat. 2: 160 (1833)**
Common name 좁은잎갯능쟁이 (가는갯는쟁이)
Distribution in Korea: North, Central, South, Ulleung
   Atriplex angustifolia Sm. var. *obtusa* Cham., Linnaea 6: 569 (1831)
   Atriplex gmelinii C.A.Mey. ex Bong. var. *zosterifolia* (Hook.) Moq., Prodr. (DC.) 13: 97 (1849)
   Atriplex zosterifolia (Hook.) S.Watson, Proc. Amer. Acad. Arts 9: 109 (1874)
   Atriplex patula L. var. *obtusa* (Cham.) M.Peck, Man. Pl. Oregon 266 (1941)

Representative specimens; **Hamgyong-bukto** 24 September 1937 漁遊洞 *Saito, T T Saito s.n.* 17 September 1935 梧上洞 *Saito, T T Saito s.n.* **Hamgyong-namdo** 15 August 1935 東上面漢岱里 *Nakai, T Nakai s.n.* 3 October 1935 赴戰高原 Fusenkogen Okamoto, *S Okamoto s.n.* 3 October 1935 *Okamoto, S Okamoto s.n.* 14 August 1940 赴戰高原漢岱里 *Okuyama, S Okuyama s.n.* **Ryanggang** 3 August 1914 惠山鎭- 普天堡 *Nakai, T Nakai s.n.*

***Axyris* L.**
***Axyris amaranthoides* L., Sp. Pl. 2: 979 (1753)**
Common name 나도대싸리
Distribution in Korea: North, Central, South
   Atriplex amaranthoides (L.) J.F.Gmel. ex Moq., Prodr. (DC.) 13: 116 (1849)

Representative specimens; **Hamgyong-bukto** 24 September 1937 漁遊洞 *Saito, T T Saito s.n.* 17 September 1935 梧上洞 *Saito, T T Saito s.n.* **Hamgyong-namdo** 15 August 1935 東上面漢岱里 *Nakai, T Nakai s.n.* 3 October 1935 赴戰高原 Fusenkogen Okamoto, *S Okamoto s.n.* 3 October 1935 *Okamoto, S Okamoto s.n.* 14 August 1940 赴戰高原漢岱里 *Okuyama, S Okuyama s.n.* **Ryanggang** 3 August 1914 惠山鎭- 普天堡 *Nakai, T Nakai s.n.*

***Axyris koreana* Nakai, J. Jap. Bot. 15: 525 (1939)**
Common name 참명아주, 참능쟁이 (털나도댑싸리)
Distribution in Korea: North

Representative specimens; **Chagang-do** 15 May 1942 龍林面南興洞 *Jeon, SK JeonSK s.n.* **Hamgyong-namdo** 7 August 1938 長津 *Jeon, SK JeonSK5* Type of *Axyris koreana* Nakai (Holotype TI)

Chenopodium L.
Chenopodium acuminatum Willd., Neue Schriften Ges. Naturf. Freunde Berlin 2: 124 (1799)
Common name 버들능쟁이, 버들명아주 (둥근잎명아주)

Distribution in Korea: North, Central, South
 Chenopodium vachellii Hook. & Arn., Bot. Beechey Voy. 269 (1838)
 Chenopodium acuminatum Willd. var. *vachelii* (Hook. & Arn.) Moq., Prodr. (DC.) 13: 63 (1849)
 Chenopodium acuminatum Willd. var. *virgatum* (Thunb.) Moq., Prodr. (DC.) 13: 63 (1849)
 Chenopodium acuminatum Willd. var. *ovatum* Fenzl, Fl. Ross. (Ledeb.) 3: 695 (1851)
 Chenopodium acuminatum Willd. var. *japonicum* Franch. & Sav., Enum. Pl. Jap. 1: 386 (1875)
 Chenopodium acuminatum Willd. f. *ovatum* (Fenzl) Aellen, Fl. URSS 6: 56 (1936)

Representative specimens; **Hamgyong-bukto** 13 August 1933 朱乙溫堡 *Koidzumi, G Koidzumi s.n.* 23 June 1935 梧上洞 *Saito, T T Saito s.n.* 28 July 1936 茂山 *Saito, T T Saito s.n.* **Hwanghae-namdo** 22 July 1922 Sorai Beach 九味浦 *Mills, RG Mills s.n.* **P'yongyang** 6 September 1901 in asenos secus aguas media *Faurie, UJ Faurie540* **Ryanggang** 1 July 1897 五是川雲寵江-崔五峰 *Komarov, VL Komaorv s.n.* 18 August 1935 農事洞 *Saito, T T Saito s.n.*

Chenopodium album L., Sp. Pl.219 (1753)
Common name 흰명아주

Distribution in Korea: Introduced (North, Central, South, Ulleung, Jeju; Europe)
 Chenopodium viride L., Sp. Pl. 219 (1753)
 Chenopodium opulaceum Neck., Delic. Gallo-Belg. 1: 130 (1768)
 Chenopodium paganum Rchb., Fl. Germ. Excurs. 579 (1832)
 Chenopodium neglectum Dumort., Bull. Soc. Roy. Bot. Belgique 4: 339 (1865)
 Chenopodium agreste E.H.L.Krause, Deutschl. Fl. (Sturm), ed. 2 5: 152 (1901)
 Chenopodium album L. f. *heterophyllum* W.Wang & P.Y.Fu, Fl. Pl. Herb. Chin. Bor.-Or. 2: 98 (1959)

Representative specimens; **Hamgyong-bukto** 15 July 1918 甫上洞 *Nakai, T Nakai s.n.* **Ryanggang** 30 July 1897 甲山 *Komarov, VL Komaorv s.n.* 16 August 1897 大羅信洞 *Komarov, VL Komaorv s.n.* 3 July 1897 三水邑-上水隅理 *Komarov, VL Komaorv s.n.*

Chenopodium bryoniifolium Bunge, Index Seminum [St.Petersburg (Petropolitanus)] 10 (1876)
Common name 푸른능쟁이, 푸른명아주 (청명아주)

Distribution in Korea: North, Central, South, Jeju
 Chenopodium koraiense Nakai, Bot. Mag. (Tokyo) 35: 141 (1921)

Representative specimens; **Chagang-do** 22 July 1914 山羊 -江口 *Nakai, T Nakai3923* Type of *Chenopodium koraiense* Nakai (Syntype TI) **Hamgyong-bukto** 15 July 1918 朱乙溫面甫上洞 *Nakai, T Nakai6964* Type of *Chenopodium koraiense* Nakai (Syntype TI)29 July 1936 茂山新站 *Saito, T T Saito s.n.* 4 August 1918 Mt. Chilbo at Myongch'on(七寶山) *Nakai, T Nakai6965* Type of *Chenopodium koraiense* Nakai (Syntype TI)17 July 1938 新德 - 楡坪洞 *Saito, T T Saito s.n.* **Hamgyong-namdo** 24 July 1933 東上面大漢垈里 *Koidzumi, G Koidzumi s.n.* 19 August 1943 千佛山 *Honda, M Honda s.n.* **Ryanggang** 1 August 1897 虛川江 (同仁川) *Komarov, VL Komaorv s.n.* 24 July 1897 佳林里 *Komarov, VL Komaorv s.n.* August 1913 崔哥嶺 *Mori, T Mori234* Type of *Chenopodium koraiense* Nakai (Syntype TI)

Chenopodium ficifolium Sm., Fl. Brit. 1: 276 (1800)
Common name 좀명아주

Distribution in Korea: Introduced (North, Central, South, Ulleung, Jeju; Eurasia)
 Chenopodium filifolium Krock., Fl. Siles. Suppl. 1: 302 (1823)
 Chenopodium trilobum Schult. ex Moq., Prodr. (DC.) 13: 66 (1849)
 Chenopodium blomianum Aellen, Bot. Not. 1928: 203 (1928)

Representative specimens; **Hamgyong-namdo** 1 July 1939 北靑郡北靑邑 *Hiraba, N s.n.* **P'yongyang** 28 May 1911 P'yongyang (平壤) *Imai, H Imai s.n.*

A Checklist of North Korean Vascular Plants   T.B. Lee Herbarium (SNUA) – 2019 (C.S. Chang, H. Kim, H.T. Shin & C.H. Lee)

- 113 -

Chenopodium giganteum D.Don, Prodr. Fl. Nepal. 75 (1825)

Common name 명아주

Distribution in Korea: North, Central, South
    Chenopodium album L. var. *centrorubrum* Makino, Bot. Mag. (Tokyo) 24: 16 (1910)
    Chenopodium centrorubrum (Makino) Nakai, Rep. Exped. Manchoukuo Sect. IV, Pt. 4, Index
    Fl. Jeholensis 78 (1936)

Representative specimens; Chagang-do 23 June 1914 從西山 *Nakai, T Nakai s.n.* **Hamgyong-bukto** 17 June 1909 清津 *Nakai, T Nakai s.n.* 12 August 1932 羅南 *Saito, T T Saito s.n.* 21 August 1935 *Saito, T T Saito s.n.* 12 October 1935 *Saito, T T Saito s.n.* 28 August 1934 鈴蘭山 *Uozumi, H Uozumi s.n.* **Hamgyong-namdo** 1928 Hamhung (咸興) *Seok, JM s.n.* 24 July 1933 東上面大漢垈里 *Koidzumi, G Koidzumi s.n.* 15 August 1935 東上面漢垈里 *Nakai, T Nakai s.n.* **Hwanghae-namdo** 24 July 1929 夢金浦 *Nakai, T Nakai s.n.* **Kangwon-do** 5 August 1932 Ouensan(元山) *Kitamura, S Kitamura s.n.* 5 August 1932 元山 *Kitamura, S Kitamura s.n.* 7 June 1909 *Nakai, T Nakai s.n.* **Ryanggang** 23 August 1914 Keizanchin(惠山鎭) *Ikuma, Y Ikuma s.n.*

Chenopodium glaucum L., Sp. Pl. 220 (1753)

Common name 쥐명아주

Distribution in Korea: Introduced (North, Central, South, Jeju; Eurasia)
    Chenopodium ambiguum R.Br., Prodr. Fl. Nov. Holland. 407 (1810)
    Blitum glaucum (L.) W.D.J.Koch, Syn. Fl. Germ. Helv. 608 (1837)
    Chenopodium pallidum Moq., Chenop. Monogr. Enum. 30 (1840)
    Chenopodium glaucum L. var. *ambiguum* (R.Br.) Hook.f., Bot. Antarct. Voy., Vol. 3, Fl.
    Tasman. 1: 313 (1857)
    Chenopodium wolffii Simonk., Termesz. Fuzetek. 3: 164 (1879)
    Chenopodium glaucum L. var. *littorale* Rodway, Tasman. Fl. 155 (1903)
    Chenopodium nudiflorum F.Muell. ex Murr, Allg. Bot. Z. Syst. 16: 57 (1910)
    Orthosporum glaucum (L.) Peterm., Fl. Bienitz 94 (1941)

Representative specimens; Hamgyong-bukto 15 June 1909 Sungjin (城津) *Nakai, T Nakai s.n.* 25 May 1930 鏡城 *Ohwi, J Ohwi s.n.* 25 May 1930 Ohwi, *J Ohwi s.n.* 25 May 1930 Kyonson 鏡城 *Ohwi, J Ohwi s.n.* 25 September 1933 朱乙溫 *Saito, T T Saito s.n.* **Kangwon-do** 20 August 1932 元山 *Kitamura, S Kitamura s.n.* 20 August 1932 Kitamura, *S Kitamura s.n.* 20 August 1932 Kitamura, *S Kitamura s.n.* 6 June 1909 *Nakai, T Nakai s.n.* **Nampo** 21 September 1914 Chinnampo (鎭南浦) *Nakai, T Nakai s.n.* 21 September 1915 *Nakai, T Nakai s.n.* **P'yongyang** 22 June 1909 平壤市街附近 *Imai, H Imai s.n.* **Ryanggang** 26 July 1914 三水- 惠山鎭 *Nakai, T Nakai s.n.* 30 July 1897 甲山 *Komarov, VL Komaorv s.n.* 1 July 1897 五是川雲寵江-崔五峰 *Komarov, VL Komaorv s.n.* 3 July 1897 三水邑-上水隅理 *Komarov, VL Komaorv s.n.*

Chenopodium hybridum L., Sp. Pl. 219 (1753)

Common name 얇은잎능쟁이, 얇은잎명아주 (얇은명아주)

Distribution in Korea: North
    Atriplex hybrida Crantz, Inst. Rei Herb. 1: 207 (1766)
    Chenopodium angulatum Curtis ex Steud., Nomencl. Bot. (Steudel) 187 (1821)
    Anserina stramonifolia (Chev.) Montandon, Syn. Fl. Jura 263 (1856)

Representative specimens; Chagang-do 22 July 1914 山羊 -江口 *Nakai, T Nakai s.n.* **Hamgyong-bukto** 3 August 1933 會寧 *Koidzumi, G Koidzumi s.n.* 8 August 1930 吉州 *Ohwi, J Ohwi s.n.* **Hamgyong-namdo** 27 August 1897 小德川 *Komarov, VL Komaorv s.n.* 15 August 1935 東上面漢垈里 *Nakai, T Nakai s.n.* **P'yongyang** 27 June 1909 平壤牡丹台 *Imai, H Imai s.n.* **Ryanggang** 2 August 1897 虛川江-五海江 *Komarov, VL Komaorv s.n.* 30 July 1897 甲山 *Komarov, VL Komaorv s.n.* 24 July 1914 長蛇洞 *Nakai, T Nakai s.n.*

Chenopodium stenophyllum (Makino) Koidz., Bot. Mag. (Tokyo) 39: 305 (1925)

Common name 가는명아주

Distribution in Korea: North
    Chenopodium virgatum Thunb., Nova Acta Regiae Soc. Sci. Upsal. 7: 143 (1815)
    Chenopodium album L. var. *stenophyllum* Makino, Bot. Mag. (Tokyo) 27: 28 (1913)
    Chenopodium acuminatum Willd. ssp. *virgatum* (Thunb.) C.H.Blom, Acta Horti Gothob. 12: 13 (1938)

Representative specimens; Chagang-do 17 August 1911 Kang-gei(Kokai 江界) *Mills, RG Mills s.n.* 17 August 1911 *Mills, RG Mills s.n.* 18 July 1914 大興里 *Nakai, T Nakai s.n.* **Hamgyong-bukto** 11 September 1935 羅南 *Saito, T T Saito s.n.* 13 July 1918 朱乙溫面 *Nakai, T Nakai s.n.* 20 June 1909 富寧 *Nakai, T Nakai s.n.* **Hamgyong-namdo** 1929 Hamhung (咸興) *Seok, JM s.n.* 18 August 1935

道頭里 *Nakai, T Nakai s.n.* **Hwanghae-bukto** 10 September 1915 瑞興 *Nakai, T Nakai s.n.* **Hwanghae-namdo** 24 July 1929 夢金浦 *Nakai, T Nakai s.n.* **Kangwon-do** 30 August 1916 通川 *Nakai, T Nakai s.n.***Nampo** 21 September 1916 Chinnampo (鎮南浦) *Nakai, T Nakai s.n.*21 September 1915 *Nakai, T Nakai s.n.* **P'yongan-bukto** 25 August 1911 Chang Sung(昌城) *Mills, RG Mills s.n.* **Ryanggang** 26 July 1914 三水- 惠山鎭 *Nakai, T Nakai s.n.* 15 August 1914 三下面 - 江口間 *Nakai, T Nakai s.n.*

Corispermum L.
Corispermum elongatum Bunge ex Maxim., Mem. Acad. Imp. Sci. St.-Petersbourg Divers Savans 9: 224 (1859)
Common name 긴잎장다리풀

Distribution in Korea: North
> *Corispermum elongatum* Bunge ex Maxim. var. *tenuifolium* Bunge, Mem. Acad. Imp. Sci. St.-Petersbourg Divers Savans 9: 224 (1859)
> *Corispermum sibiricum* Iljin ssp. *amurense* Iljin, Izv. Glavn. Bot. Sada SSSR 28: 650 (1929)

Representative specimens; Ryanggang 4 July 1897 上水隅理 *Komarov, VL Komaorv s.n.* 8 July 1897 羅暖堡 *Komarov, VL Komaorv s.n.* 26 July 1897 佳林里/五山里川河谷 *Komarov, VL Komaorv s.n.*

Corispermum platypterum Kitag., Rep. Exped. Manchoukuo Sect. IV, Pt. 2, Contr. Cogn. Fl. Manshuricae 100 (1935)
Common name 꼬리호모초

Distribution in Korea: North,Central
> *Corispermum puberulum* Iljin var. *lissocarpum* Kitag., Rep. Exped. Manchoukuo Sect. IV, Pt. 2, Contr. Cogn. Fl. Manshuricae 101 (1935)
> *Corispermum puberulum* Iljin f. *lissocarpum* (Kitag.) Kitag., J. Jap. Bot. 34 (1959)

Corispermum sibiricum Iljin, Izv. Glavn. Bot. Sada SSSR 28: 649 (1929)
Common name 씨비리모새대싸리

Distribution in Korea: North

Representative specimens; Hamgyong-bukto 23 August 1935 鏡城 *Saito, T T Saito s.n.* 28 July 1932 鏡城郡 *Saito, T T Saito s.n.* 19 August 1933 茂山 *Koidzumi, G Koidzumi s.n.* **Hamgyong-namdo** 12 August 1934 九龍里 *Nomura, N Nomura s.n.* **Ryanggang** 18 September 1937 白頭山 *Unknown s.n.*

Corispermum stauntonii Moq., Chenop. Monogr. Enum. 104 (1840)
Common name 호모초

Distribution in Korea: North, Central

Representative specimens; Hamgyong-bukto 16 October 1938 熊店 *Saito, T T Saito s.n.* **Hamgyong-namdo** 12 October 1913 Hamhung (咸興) *Kim, BJ s.n.* 11 August 1940 咸興歸州寺 *Okuyama, S Okuyama s.n.*

Dysphania R.Br.
Dysphania aristata (L.) Mosyakin & Clemants, Ukrayins'k. Bot. Zhurn. 59: 382 (2002)
Common name 바늘명아주

Distribution in Korea: North, Central
> *Chenopodium aristatum* L., Sp. Pl. 221 (1753)
> *Teloxys aristata* (L.) Moq., Ann. Sci. Nat., Bot. ser. 2, 1: 290 (1814)
> *Lecanocarpus aristatus* (L.) Zucc., Hort. Reg. Monac. 56 (1829)
> *Chenopodium sinense* Moq., Prodr. (DC.) 13: 60 (1849)

Salicornia L.
Salicornia europaea L., Sp. Pl.3 (1753)
Common name 퉁퉁마디

Distribution in Korea: North, Central
> *Salicornia europaea* L. var. *herbacea* L., Sp. Pl. 3 (1753)
> *Salicornia herbacea* (L.) L., Sp. Pl. (ed. 2) 5 (1762)

Salicornia annua Sm., Engl. Bot. 6: t. 415 (1797)
Salicornia biennis Afzel. ex Sm., Fl. Brit. 1: 2 (1800)
Salicornia acetaria Pall., Ill. Pl. t. 1 (1803)
Salicornia patula Duval-Jouve, Bull. Soc. Bot. France 15: 175 (1868)
Salicornia stricta Dumort., Bull. Soc. Roy. Bot. Belgique 7: 334 (1868)
Salicornia brachystachya (G.Mey.) D.Koenig, Mitt. Florist.-Soziol. Arbeitsgem. 8: 11 (1960)

Salsola L.
Salsola collina Pall., Ill. Pl. 34 (1803)

Common name 솔장다리

Distribution in Korea: North, Central
  Salsola erubescens Schrad., Index Sem. (Gottingen) 5 (1834)
  Salsola chinensis Gand., Bull. Soc. Bot. France 60: 421 (1913)

Representative specimens; Hamgyong-bukto 24 September 1937 漁遊洞 *Saito, T T Saito s.n.* 24 August 1914 會寧 -行營 *Nakai, T Nakai s.n.* 24 August 1914 Nakai,*T Nakai s.n.* 8 August 1930 載德 *Ohwi, J Ohwi s.n.* 1 August 1936 延上面九州帝大北鮮演習林 *Saito, T T Saito s.n.* 3 August 1918 明川 *Nakai, T Nakai s.n.* **Hamgyong-namdo** 14 June 1909 新浦 *Nakai, T Nakai s.n.* **Hwanghae-bukto** 10 September 1915 瑞興 *Nakai, T Nakai s.n.* 10 September 1915 Nakai,*T Nakai s.n.* **Hwanghae-namdo** 1 August 1929 椒島 *Nakai, T Nakai s.n.* 24 July 1929 夢金浦 *Nakai, T Nakai s.n.* **Kangwon-do** 7 June 1909 元山 *Nakai, T Nakai s.n.* **P'yongan-bukto** 25 August 1911 Chang Sung(昌城) *Mills, RG Mills s.n.* **P'yongyang** 12 September 1902 P'yongyang (平壤) *Uchiyama, T Uchiyama s.n.* **Ryanggang** 8 July 1897 羅暖堡 *Komorov, VL Komaorv s.n.* 15 August 1914 三下面下面江口 *Nakai, T Nakai s.n.*

Salsola komarovii Iljin, Bot. Zhurn. S.S.S.R. 18: 276 (1933)

Common name 수송나물

Distribution in Korea: North, Central, Jeju

Representative specimens; Hamgyong-bukto 28 September 1937 清津 *Saito, T T Saito s.n.* 11 June 1930 鏡城 *Ohwi, J Ohwi s.n.* 11 June 1930 Ohwi, *J Ohwi s.n.* 11 June 1930 Kyonson 鏡城 *Ohwi, J Ohwi s.n.* 18 August 1934 東村海岸 (鏡城街道) *Saito, T T Saito s.n.* 2 August 1918 漁大津 *Nakai, T Nakai s.n.* **Kangwon-do** 28 July 1916 長箭 *Nakai, T Nakai s.n.* August 1901 Nai Piang *Faurie, UJ Faurie s.n.* 5 August 1932 Ouensan sea sea shoce Kitamura, *S Kitamura s.n.* 5 August 1932 元山 *Kitamura, S Kitamura s.n.* 7 June 1909 Nakai,*T Nakai s.n.* **Nampo** 1 October 1911 Chinnampo (鎭南浦) *Imai, H Imai s.n.*

Suaeda Forssk. ex Scop.
Suaeda glauca (Bunge) Bunge, Bull. Acad. Imp. Sci. Saint-Pétersbourg 25: 362 (1879)

Common name 나문재

Distribution in Korea: North, Central, South
  Schoberia glauca Bunge, Enum. Pl. Chin. Bor. 56 (1833)
  Suaeda stauntonii Moq., Chenop. Monogr. Enum. 131 (1840)
  Salsola asparagoides Miq., Ann. Mus. Bot. Lugduno-Batavi 2: 294 (1865)
  Schoberia maritima (L.) C.A.Mey. var. *asparagoides* Franch. & Sav., Enum. Pl. Jap. 2: 470 (1878)
  Suaeda asparagoides (Miq.) Makino, Bot. Mag. (Tokyo) 8: 382 (1894)

Representative specimens; Hwanghae-namdo 24 July 1929 夢金浦 *Nakai, T Nakai s.n.* **Nampo** 1 October 1911 Chinnampo (鎭南浦) *Imai, H Imai s.n.* **Rason** 6 June 1930 西水羅 *Ohwi, J Ohwi s.n.*

Suaeda maritima (L.) Dumort., Fl. Belg. (Dumortier) 22 (1827)

Common name 해홍나물

Distribution in Korea: North, Central, South
  Chenopodium maritimum L., Sp. Pl. 221 (1753)
  Chenopodina filiformis Moq., Prodr. (DC.) 13: 164 (1849)
  Suaeda nudiflora Moq., Prodr. (DC.) 13: 155 (1849)
  Suaeda maritima (L.) Dumort. ssp. *asiatica* H.Hara, J. Jap. Bot. 38: 116 (1963)

Representative specimens; Hamgyong-namdo 11 June 1909 鎭江 *Nakai, T Nakai s.n.* **Nampo** 1 October 1911 Chinnampo (鎭南浦) *Imai, H Imai s.n.* 21 September 1915 Nakai,*T Nakai s.n.*

AMARANTHACEAE

Achyranthes **L.**
Achyranthes bidentata Blume var. *japonica* Miq., Ann. Mus. Bot. Lugduno-Batavi 2: 132 (1866)
Common name 쇠무릅 (쇠무릎)
Distribution in Korea: North, Central, South, Ulleung
  Achyranthes japonica (Miq.) Nakai, Bot. Mag. (Tokyo) 34: 39 (1920)
  Achyranthes fauriei H.Lév. & Vaniot var. *japonica* (Miq.) Hiyama, J. Jap. Bot. 36: 126 (1961)

Representative specimens; Hwanghae-namdo 24 July 1929 夢金浦 *Nakai, T Nakai s.n.* Kangwon-do 28 July 1916 長箭 -高城 *Nakai, T Nakai6001* 26 August 1916 金剛山普賢洞 *Nakai, T Nakai6002* P'yongyang 22 August 1943 平壤牡丹臺 *Furusawa, I Furusawa s.n.*

Amaranthus **Adans.**
Amaranthus blitum L. ssp. *oleraceus* (L.) Costea, Sida 19: 984 (2001)
Common name 개비름
Distribution in Korea: North, Central, South
  Amaranthus lividus L., Sp. Pl. 990 (1753)
  Amaranthus oleraceus L., Sp. Pl. 1403 (1753)
  Blitum lividum (L.) Moench, Methodus (Moench) 359 (1794)
  Amaranthus ascendens Loisel., Not. Fl. France 141 (1810)
  Albersia livida (L.) Kunth, Fl. Berol. (Kunth) 2: 144 (1839)
  Amaranthus officinalis Gromov ex Trautv., Trudy Imp. S.-Peterburgsk. Bot. Sada 9: 139 (1884)
  Albersia blitum Kunth var. *oleraceus* (L.) Hook.f., Fl. Brit. Ind. 4: 721 (1885)
  Amaranthus lividus L. ssp. *oleraceus* (L.) Soják, Acta Bot. Acad. Sci. Hung. 10: 376 (1964)

Representative specimens; Chagang-do 28 August 1897 慈城邑(松德水河谷) *Komarov, VL Komaorv s.n.* 20 July 1911 Kang-gei (Kokai 江界) *Mills, RG Mills174* 24 August 1911 Wee Won(渭原) Koo Ube *Mills, RG Mills609* Hamgyong-namdo 1929 Hamhung (咸興) *Seok, JM s.n.* Hwanghae-namdo 24 July 1929 夢金浦 *Nakai, T Nakai s.n.* Kangwon-do 20 August 1902 Mt. Kumgang (金剛山) *Uchiyama, T Uchiyama s.n.* 6 August 1932 元山 *Kitamura, S Kitamura s.n.* 6 August 1932 元山 Kawasakinoyen(川崎農園) *Kitamura, S Kitamura s.n.* Ryanggang 19 July 1897 Keizanchin(惠山鎭) *Komarov, VL Komaorv s.n.* 21 July 1897 佳林里(鴨綠江上流) *Komarov, VL Komaorv s.n.*

Amaranthus viridis L., Sp. Pl. (ed. 2)1405 (1763)
Common name 푸른비름 (청비름)
Distribution in Korea: Introduced (North, Central, South, Jeju; S. America)
  Amaranthus gracilis Desf., Tabl. Ecole Bot. 1: 43 (1804)
  Amaranthus littoralis Hornem., Hort. Bot. Hafn. 2: 893 (1815)
  Amaranthus fasciatus Roxb., Fl. Ind. ed. 1832 (Roxburgh) 3: 609 (1832)
  Euxolus caudatus (Jacq.) Moq., Prodr. (DC.) 13: 274 (1849)
  Euxolus viridis (L.) Moq., Prodr. (DC.) 13: 273 (1849)

PORTULACACEAE

Portulaca **L.**
Portulaca oleracea L., Sp. Pl. 445 (1753)
Common name 쇠비름
Distribution in Korea: North, Central, South, Ulleung
  Portulaca olitoria Pall., Reise Russ. Reich. 3: 594 (1776)
  Portulaca parvifolia Haw., Syn. Pl. Succ. 122 (1812)
  Portulaca marginata Kunth, Nov. Gen. Sp. [Kunth] 6: 72 (1823)
  Portulaca retusa Engelm., Boston J. Nat. Hist. 6: 154 (1850)
  Portulaca consanguinea Schltdl., Linnaea 24: 693 (1851)

Portulaca sylvestris Montandon, Syn. Fl. Jura, ed. 2 109 (1868)
Portulaca fosbergii Poelln., Occas. Pap. Bernice Pauahi Bishop Mus. 12: 3 (1936)

Representative specimens; Hamgyong-namdo 1929 Hamhung (咸興) *Seok, JM s.n.* **Hwanghae-namdo** 24 July 1929 夢金浦 *Nakai, T Nakai s.n.*

MOLLUGINACEAE

Mollugo L.
Mollugo pentaphylla L., Sp. Pl. 89 (1753)
Common name 석류풀
Distribution in Korea: North, Central, South

Representative specimens; Hwanghae-namdo 6 August 1929 長山串 Nakai,*T Nakai s.n.*

CARYOPHYLLACEAE

Agrostemma L.
Agrostemma githago L., Sp. Pl. 435 (1753)
Common name 선옹초
Distribution in Korea: North
  Agrostemma nicaeensis Pers., Syn. Pl. (Persoon) 1: 519 (1805)
  Agrostemma hirsuta Stokes, Bot. Mat. Med. 2: 559 (1812)
  Agrostemma linicola Terechov, Trudy Prikl. Bot. 25: 283 (1931)
  Agrostemma macrospermum Levina, Del. Sem. Hort. Bot. Univ. Voroneg. 2: 30 (1939)

Representative specimens; Hamgyong-bukto 30 June 1933 羅南 *Saito, T T Saito s.n.* 5 August 1939 頭流山 *Hozawa, S Hozawa s.n.* 15 July 1934 冠帽峰 *Kojima, K Kojima s.n.* 24 July 1918 朱北面金谷 *Nakai, T Nakai s.n.* 23 July 1918 Nakai, *T Nakai s.n.* **Ryanggang** 1 August 1930 島內 - 合水 *Ohwi, J Ohwi s.n.*

Arenaria Adans.
Arenaria serpyllifolia L., Sp. Pl. 423 (1753)
Common name 벼룩이자리
Distribution in Korea: North, Central, South, Ulleung
  Arenaria viscida Loisel., Not. Fl. France 68 (1810)
  Arenaria wallichiana Ser., Prodr. (DC.) 1: 411 (1824)
  Arenaria alpicola Beck, Ann. K. K. Naturhist. Hofmus. 6: 326 (1891)
  Arenaria crassifolia Freyn ex Hallier, Syn. Deut. Schweiz. Fl., ed. 3 3: 292 (1892)
  Arenaria martrinii Tzvelev, Novosti Sist. Vyssh. Rast. 32: 34 (2000)

Representative specimens; Hamgyong-namdo July 1902 端川龍德里摩天嶺 *Mishima, A s.n.* **Hwanghae-namdo** 4 July 1921 Sorai Beach 九味浦 *Mills, RG Mills s.n.* **Kangwon-do** 10 June 1932 Mt. Kumgang (金剛山) Ohwi, *J Ohwi s.n.* 7 June 1909 元山北方海岸 *Nakai, T Nakai s.n.* **P'yongan-namdo** 17 July 1916 加音嶺 *Mori, T Mori s.n.* 15 June 1928 陽德 *Nakai, T Nakai s.n.* **P'yongyang** 9 May 1912 P'yongyang (平壤) *Imai, H Imai s.n.*

Cerastium L.
Cerastium fischerianum Ser., Prodr. (DC.) 1: 419 (1824)
Common name 큰꽃점나도나물
Distribution in Korea: North, South, Jeju
  Cerastium alpinum L. var. *fischerianum* (Ser.) Torr. & A.Gray, Fl. N. Amer. (Torr. & A. Gray) 1: 188 (1838)
  Cerastium vulgatum L. var. *macrocarpum* Fenzl, Fl. Ross. (Ledeb.) 1: 409 (1842)

Cerastium robustum Williams, Bull. Herb. Boissier 7: 130 (1899)
Cerastium schmidtianum Takeda, Bull. Misc. Inform. Kew 1911: 106 (1911)
Cerastium rishirense Miyabe & Tatew., Trans. Sapporo Nat. Hist. Soc. 14: 1 (1935)
Cerastium fischerianum Ser. var. *macrocarpum* (Fenzl) Ohwi, Acta Phytotax. Geobot. 11: 253 (1942)
Cerastium fischerianum Ser. var. *molle* Ohwi, Acta Phytotax. Geobot. 11: 253 (1942)

Representative specimens; Hamgyong-bukto 12 June 1930 鏡城 *Ohwi, J Ohwi s.n.* **Hamgyong-namdo** 22 July 1916
赴戰高原寒泰嶺 *Mori, T Mori s.n.* 15 June 1932 下碣隅里 *Ohwi, J Ohwi s.n.* **Rason** 5 June 1930 西水羅 *Ohwi, J Ohwi s.n.*

Cerastium fontanum Baumg. ssp. **vulgare** (Hartm.) Greuter & Burdet, Willdenowia 12: 37 (1982)
Common name 점나도나물
Distribution in Korea: North, Central, Ulleung
Cerastium caespitosum Gilib., Fl. Lit. Inch. 2: 159 (1782)
Cerastium holosteoides Fr., Novit. Fl. Suec. 4: 52 (1817)
Cerastium triviale Link, Enum. Hort. Berol. Alt. 1: 433 (1821)
Cerastium vulgatum L. var. *glandulosum* Regel, Bull. Soc. Imp. Naturalistes Moscou 34: 432 (1861)
Cerastium vulgare Hartm. ssp. *triviale* (Link) Murb., Bot. Not. 1898: 252 (1898)
Cerastium ianthes Williams, Bull. Herb. Boissier 7: 131 (1899)
Cerastium triviale Link var. *glandulosum* K.Koch ex Kuroiwa, Bot. Mag. (Tokyo) 14: 110 (1900)
Cerastium vulgatum L. var. *hallaisanense* Nakai, Repert. Spec. Nov. Regni Veg. 13: 268 (1914)
Cerastium casepitosum Gilib. var. *ianthes* (Williams) H.Hara, J. Jap. Bot. 17: 19 (1941)
Cerastium holosteoides Fr. ssp. *triviale* (Link) Möschl, Bot. Not. 1948: 375 (1948)
Cerastium holosteoides Fr. var. *hallaisanense* (Nakai) Mizush., J. Jap. Bot. 39: 149 (1963)
Cerastium fontanum Baumg. ssp. *triviale* (E.H.L.Krause) Jalas var. *angustifolium* (M.Mizush.)
H.Hara, J. Jap. Bot. 52: 258 (1977)

Representative specimens; Hamgyong-bukto 19 May 1897 茂山嶺 *Komarov, VL Komaorv s.n.* 5 August 1939 頭流山 *Hozawa, S Hozawa s.n.* 8 August 1930 吉州 *Ohwi, J Ohwi s.n.* 12 June 1930 鏡城 *Ohwi, J Ohwi s.n.* 25 May 1930 *Ohwi, J Ohwi s.n.* 26 May 1930 *Ohwi, J Ohwi s.n.* 12 June 1930 *Ohwi, J Ohwi s.n.* 12 May 1897 五宗洞 *Komarov, VL Komaorv s.n.* **Hamgyong-namdo** July 1902 端川龍德里摩天嶺 *Mishima, A s.n.* 15 June 1941 咸興盤龍山 *Suzuki, T s.n.* 14 June 1909 新浦 *Nakai, T Nakai s.n.* **Hwanghae-namdo** 29 June 1921 Sorai Beach 九味浦 *Mills, RG Mills s.n.* **Kangwon-do** 13 July 1936 金剛山外金剛千佛山 *Nakai, T Nakai s.n.* 7 June 1909 元山 *Nakai, T Nakai s.n.* **P'yongan-namdo** 15 June 1928 陽德 *Nakai, T Nakai s.n.* **P'yongyang** 1 May 1910 平壤普通江岸 *Imai, H Imai s.n.* 28 May 1911 P'yongyang (平壤) *Imai, H Imai s.n.* **Rason** 7 June 1930 西水羅 *Ohwi, J Ohwi s.n.* 7 June 1930 *Ohwi, J Ohwi s.n.* 5 June 1930 *Ohwi, J Ohwi s.n.* **Ryanggang** 23 August 1914 Keizanchin (惠山鎭) *Ikuma, Y Ikuma s.n.* 26 July 1914 三水- 惠山鎭 *Nakai, T Nakai s.n.* 15 August 1935 北水白山 *Hozawa, S Hozawa s.n.* 26 June 1897 內曲里 *Komarov, VL Komaorv s.n.* **Sinuiju** 25 April 1917 新義州 *Furumi, M Furumi s.n.*

Cerastium furcatum Cham. & Schltdl., Linnaea 1: 61 (1826)
Common name 북선점나도나물
Distribution in Korea: North
Cerastium rubescens Mattf., Notizbl. Bot. Gart. Berlin-Dahlem 11: 333 (1932)
Cerastium takedae H.Hara, J. Jap. Bot. 12: 337 (1936)
Cerastium koreanum Nakai, J. Jap. Bot. 14: 744 (1938)
Cerastium mitsumorense Miyabe & Tatew., Trans. Sapporo Nat. Hist. Soc. 15: 131 (1938)
Cerastium mitsumorense Miyabe & Tatew. var. *ovatum* Miyabe, Trans. Sapporo Nat. Hist. Soc. 16: 1 (1939)
Cerastium furcatum Cham. & Schltdl. var. *chiisanense* Ohwi, Acta Phytotax. Geobot. 11: 252 (1942)
Cerastium furcatum Cham. & Schltdl. var. *koreanum* (Nakai) Ohwi, Acta Phytotax. Geobot. 11: 252 (1942)
Cerastium furcatum Cham.& Schltdl. var. *tetraschistum* Ohwi f. *takedae* (H.Hara) Ohwi, Acta Phytotax. Geobot. 11: 252 (1942)
Cerastium rubescens Mattf. var. *koreanum* (Nakai) Miki, Sci. Rep. Tohoku Imp. Univ., Ser. 4, Biol. 29: 288 (1963)

Representative specimens; Hamgyong-namdo 15 June 1932 下碣隅里 *Ohwi, J Ohwi s.n.* 25 July 1933 東上面遮日峯 *Koizumi, G Koizumi s.n.* 15 August 1935 赴戰高原成地里 *Nakai, T Nakai s.n.* 16 August 1935 雲仙嶺 *Nakai, T Nakai15409* Type of *Cerastium koreanum* Nakai (Holotype TI, Holotype TI)20 June 1932 東上面元豊里 *Ohwi, J Ohwi s.n.* 15 August 1940 赴戰高原雲水嶺 *Okuyama, S Okuyama s.n.* **Kangwon-do** 10 June 1932 Mt. Kumgang (金剛山) *Ohwi, J Ohwi s.n.*

Cerastium glomeratum Thuill., Fl. Env. Paris, ed. 2 226 (1824)

Common name 끈끈이점나도나물 (유럽점나도나물)

Distribution in Korea: Introduced (North, Central, South, Jeju; Europe)
    Cerastium viscosum L., Sp. Pl. 437 (1753)

Cerastium pauciflorum Stev. ex Ser., Prodr. (DC.) 1: 414 (1824)

Common name 털점나도나물

Distribution in Korea: North
    Cerastium pilosum Ledeb.
    Cerastium ledebourianum Ser., Prodr. (DC.) 1: 420 (1824)
    Cerastium pilosum Ledeb. var. *amurense* Regel, Bull. Soc. Imp. Naturalistes Moscou 35: 428 (1862)
    Cerastium pilosum Ledeb. f. *amurense* (Regel) Kom., Trudy Imp. S.-Peterburgsk. Bot. Sada 22: 181 (1904)
    Cerastium oxalidiflorum Makino, Bot. Mag. (Tokyo) 19: 102 (1905)
    Cerastium pauciflorum Stev. ex Ser. var. *oxalidiflorum* (Makino) Ohwi, Acta Phytotax. Geobot. 11: 254 (1942)
    Cerastium pauciflorum Stev. ex Ser. var. *amurense* (Regel) Mizush., Sci. Rep. Tohoku Imp. Univ., Ser. 4, Biol. 29: 292 (1963)

Representative specimens; Chagang-do 11 July 1914 蒽田嶺 *Nakai, T Nakai s.n.* **Hamgyong-bukto** 22 June 1909 慶興附近 *Shou, K s.n.*

Dianthus L.
Dianthus barbatus L. var. *asiaticus* Nakai, Chosen Shokubutsu 143 (1914)

Common name 수염패랭이꽃

Distribution in Korea: North

Representative specimens; Hamgyong-bukto 21 May 1897 茂山嶺-蕨坪(照日洞) *Komarov, VL Komaorv s.n.* 23 June 1909 會寧古豐山 *Nakai, T Nakai s.n.* Type of *Dianthus barbatus* L. var. *asiaticus* Nakai (Syntype TI)15 June 1930 茂山嶺 *Ohwi, J Ohwi s.n.* 18 July 1918 朱乙溫面大東水谷 *Nakai, T Nakai s.n.* 13 July 1918 朱乙溫面生氣嶺 *Nakai, T Nakai s.n.* 6 June 1930 鏡城 *Ohwi, J Ohwi s.n.* July 1932 冠帽峰 *Ohwi, J Ohwi s.n.* 6 July 1930 鏡城 *Ohwi, J Ohwi s.n.* 2 August 1914 車踰嶺 *Ikuma, Y Ikuma s.n.* 10 June 1897 西溪水 *Komarov, VL Komaorv s.n.* 13 June 1897 *Komarov, VL Komaorv s.n.* 18 June 1930 四芝嶺 *Ohwi, J Ohwi s.n.* **Hamgyong-namdo** July 1943 龍眼里 *Uchida, H Uchida s.n.* 23 July 1916 赴戰高原寒泰嶺 *Mori, T Mori s.n.* 22 August 1932 蓋馬高原 *Kitamura, S Kitamura s.n.* 24 July 1933 東上面大漢垈里 *Koidzumi, G Koidzumi s.n.* 15 August 1935 赴戰高原咸地里 *Nakai, T Nakai s.n.* 16 August 1935 雲仙嶺 *Nakai, T Nakai s.n.* 14 August 1940 赴戰高原 Fusenkogen *Okuyama, S Okuyama s.n.* **Kangwon-do** 1938 山林課元山出張所 *Tsuya, S s.n.* **Ryanggang** 1 July 1897 五是川雲寵江-崔五峰 *Komarov, VL Komaorv s.n.* 9 July 1897 十四道溝(鴨綠江) *Komarov, VL Komaorv s.n.* 23 July 1914 子僧嶺 *Nakai, T Nakai3436* Type of *Dianthus barbatus* L. var. *asiaticus* Nakai (Syntype TI, Syntype TI)24 July 1930 含山嶺 *Ohwi, J Ohwi s.n.* 24 August 1930 Ohwi, *J Ohwi s.n.*

Dianthus chinensis L., Sp. Pl. 411 (1753)

Common name 꽃패랭 (패랭이꽃)

Distribution in Korea: North, Central, South
    Dianthus sinensis L. f. *flagellaris* Nakai
    Dianthus tataricus Fisch., Cat. Jard. Pl. Gorenki 2: 59 (1812)
    Dianthus versicolor Fisch. ex Link, Enum. Hort. Berol. Alt. 1: 420 (1821)
    Dianthus amurensis Jacques, J. Soc. Imp. Centr. Hort. 7: 625 (1861)
    Dianthus morii Nakai, Bot. Mag. (Tokyo) 28: 302 (1914)
    Dianthus pineticola Kleopow, Izv. Kievsk. Bot. Sada 12-13: 161 (1931)
    Dianthus subulifolius Kitag., Rep. Exped. Manchoukuo Sect. IV, Pt. 2, Contr. Cogn. Fl. Manshuricae 16 (1935)
    Dianthus chinensis L. var. *morii* (Nakai) Y.C.Chu, Fl. Pl. Herb. Chin. Bor.-Or. 3: 49 (1975)
    Dianthus chinensis L. var. *amurensis* (Jacq.) Kitag., Neolin. Fl. Manshur. 266 (1979)
    Dianthus chinensis L. var. *serpens* Y.N.Lee, Bull. Korea Pl. Res. 4: 29 (2004)

Representative specimens; Chagang-do 28 August 1897 慈城邑(松德水河谷) *Komarov, VL Komaorv s.n.* 21 July 1914 大興里-山羊 *Nakai, T Nakai s.n.* 18 July 1915 大興里 *Nakai, T Nakai s.n.* **Hamgyong-bukto** 1 August 1914 清津 *Ikuma, Y Ikuma s.n.* 17 June 1909 *Nakai, T Nakai s.n.* 3 October 1932 羅南南側 *Saito, T T Saito s.n.* 16 October 1933 羅南 *Saito, T T Saito s.n.* 3 August 1933

會寧 *Koidzumi, G Koidzumi s.n.* 20 August 1914 會寧 -行營 *Nakai, T Nakai s.n.* 13 July 1918 鏡城外 *Nakai, T Nakai s.n.* 19 August 1934 鏡城 *Saito, T T Saito s.n.* 19 August 1934 鏡城街道 *Saito, T T Saito s.n.* 2 August 1918 漁大津 *Nakai, T Nakai s.n.* **Hamgyong-namdo** 17 August 1940 西湖津 *Okuyama, S Okuyama s.n.* 1928 Hamhung (咸興) *Seok, JM s.n.* 23 July 1933 東上面漢岱里 *Koidzumi, G Koidzumi s.n.* 26 July 1935 Donha-myeon Unsan-ri (東下面雲山里) *Nomura, N Nomura s.n.* 30 August 1934 長津豊山郡頭雲峯 *Yamamoto, A Yamamoto s.n.* 20 August 1934 新興郡豊山郡境遮日峰頂上 *Yamamoto, A Yamamoto s.n.* 14 June 1909 新浦 *Nakai, T Nakai s.n.* **Hwanghae-namdo** 29 July 1935 長壽山 *Koidzumi, G Koidzumi s.n.* 31 July 1929 席島 *Nakai, T Nakai s.n.* 1 August 1929 椒島 *Nakai, T Nakai s.n.* 4 July 1921 Sorai Beach 九味浦 *Mills, RG Mills s.n.* 24 July 1929 夢金浦 *Nakai, T Nakai s.n.* **Kangwon-do** 7 August 1932 元山葛麻 *Kitamura, S Kitamura s.n.* 7 August 1932 元山 *Kitamura, S Kitamura s.n.* 7 August 1932 元山葛麻 *Kitamura, S Kitamura s.n.* 10 July 1918 元山海岸 *Nakai, T Nakai s.n.* 1938 山林課元山出張所 *Tsuya, S s.n.* **P'yongan-namdo** 15 July 1916 葛日嶺 *Mori, T Mori s.n.* **P'yongyang** 22 June 1909 平壤市街附近 *Imai, H Imai s.n.* **Rason** 18 August 1935 獨津 *Saito, T T Saito s.n.* **Ryanggang** 24 July 1917 Keizanchin(惠山鎭) *Furumi, M Furumi s.n.* 18 July 1897 虛川江 *Komarov, VL Komaorv s.n.* 1 July 1897 五是川雲寵江-崔五峰 *Komarov, VL Komaorv s.n.* 1 August 1897 虛川江 (同仁川) *Komarov, VL Komaorv s.n.* 2 July 1897 雲寵里三水邑 (虛川江岸懸崖) *Komarov, VL Komaorv s.n.* 18 August 1935 北水白山 *Hozawa, S Hozawa s.n.* 19 August 1897 葡坪 *Komarov, VL Komaorv s.n.* 3 July 1897 三水邑-上水隅理 *Komarov, VL Komaorv s.n.* 6 August 1897 上巨里水 *Komarov, VL Komaorv s.n.* 9 August 1897 長津江下流域 *Komarov, VL Komaorv s.n.* 8 July 1897 羅暖堡 *Komarov, VL Komaorv s.n.* 23 July 1914 李僧嶺 *Nakai, T Nakai s.n.* 22 July 1897 佳林里 *Komarov, VL Komaorv s.n.* 28 July 1897 *Komarov, VL Komaorv s.n.* 31 July 1917 白岩嶺 *Furumi, M Furumi s.n.* 13 July 1913 *Hirai, H Hirai s.n.* 15 July 1935 小長白山 *Irie, Y s.n.* 1 August 1934 *Kojima, K Kojima s.n.* 1 August 1934 *Kojima, K Kojima s.n.* August 1913 長白山 *Mori, T Mori s.n.* August 1913 *Mori, T Mori s.n.* August 1913 *Mori, T Mori38* Type of *Dianthus morii* Nakai (Syntype TI)8 August 1914 無頭峯 *Nakai, T Nakai s.n.* 7 August 1914 虛項嶺-神武城 *Nakai, T Nakai s.n.* 12 August 1914 神武城- 茂峯 *Nakai, T Nakai s.n.* 4 August 1914 普天堡- 寶泰洞 *Nakai, T Nakai s.n.* 13 August 1914 惠山郡白頭山 *Nakai, T Nakai s.n.* 8 August 1914 無頭峯 *Nakai, T Nakai s.n.* Type of *Dianthus morii* Nakai (Syntype TI)26 July 1942 白頭山無頭峰草木帶 *Saito, T T Saito s.n.* 13 August 1914 Moho (茂峯)- 農事洞 *Nakai, T Nakai s.n.*

Dianthus repens Willd., Sp. Pl. (ed. 4) 2: 681 (1799)

Common name 장백패랭이꽃

Distribution in Korea: North

Dianthus chinensis L. ssp. *repens* (Willd.) Vorosch., Florist. issl. v razn. SSSR 167 (1985)
Dianthus repens Willd. var. *scabripilosus* Y.Z.Zhao, Acta Sci. Nat. Univ. Intramongol. 20: 110 (1989)

Representative specimens; Hamgyong-bukto August 1930 冠帽峰 *Kishinami, Y s.n.* August 1934 *Kojima, K Kojima s.n.* July 1932 Ohwi, *J Ohwi s.n.* 21 July 1933 *Saito, T T Saito s.n.* 2 August 1932 *Saito, T T Saito s.n.* **Hamgyong-namdo** 17 August 1935 遮日峯東側 *Kitagawa, M s.n.* **P'yongan-bukto** 3 August 1935 妙香山 *Koidzumi, G Koidzumi s.n.*

Dianthus superbus L., Fl. Suec. (ed. 2)146 (1755)

Common name 참술패랭이꽃 (꽃술패랭이꽃)

Distribution in Korea: North, Central, South, Jeju

Dianthus fimbriatus Lam., Fl. Franc. (Lamarck) 2: 538 (1779)
Dianthus contortus Sm., Cycl. (Rees) 11 (1808)
Dianthus revolutus Tausch, Flora 13: 245 (1830)
Dianthus superbus L. var. *alpestris* Prodr. Fl. Bohmen 3: 508 (1875)
Dianthus szechuensis F.N.Williams, J. Linn. Soc., Bot. 34: 428 (1899)
Dianthus superbus L. var. *monticola* Makino, Bot. Mag. (Tokyo) 17: 59 (1903)
Dianthus superbus L. var. *speciosus* Rchb., Sched. Fl. Stiriac. Exsicc. 11-12: 9 (1907)

Representative specimens; Chagang-do 28 August 1897 慈城邑(松德水河谷) *Komarov, VL Komaorv s.n.* 18 August 1909 Sensen (前川) *Mills, RG Mills357* **Hamgyong-bukto** 6 July 1930 鏡城 *Ohwi, J Ohwi s.n.* 2 August 1918 漁大津 *Nakai, T Nakai s.n.* **Hamgyong-namdo** 11 August 1940 咸興歸州寺 *Okuyama, S Okuyama s.n.* 25 July 1933 東上面遮日峯 *Koidzumi, G Koidzumi s.n.* 16 August 1935 雲仙嶺 *Nakai, T Nakai s.n.* 15 August 1935 赴戰高原高地里 *Nakai, T Nakai s.n.* 18 August 1935 遮日峯 *Nakai, T Nakai s.n.* 16 August 1935 雲仙嶺 *Nakai, T Nakai s.n.* 15 August 1940 遮日峯 *Okuyama, S Okuyama s.n.* 15 August 1940 赴戰高原 Fusenkogen *Okuyama, S Okuyama s.n.* 15 August 1940 *Okuyama, S Okuyama s.n.* 18 August 1934 東上面達阿里新洞上方北水白山面 *Yamamoto, A Yamamoto s.n.* 18 August 1934 東上面達阿里東上面北水白山 *Yamamoto, A Yamamoto s.n.* **Hwanghae-namdo** 3 August 1929 長淵郡長山串 *Nakai, T Nakai s.n.* 2 August 1921 Sorai Beach 九味浦 *Mills, RG Mills s.n.* **Kangwon-do** 29 July 1916 海金剛 *Nakai, T Nakai s.n.* 19 August 1930 洗浦 *Nakai, T Nakai s.n.* 7 August 1932 元山 *Kitamura, S Kitamura s.n.* 7 August 1932 元山葛麻 *Kitamura, S Kitamura s.n.* 7 August 1932 *Kitamura, S Kitamura s.n.* **P'yongyang** 5 September 1909 平壤普通江岸 *Imai, H Imai s.n.* **Ryanggang** 18 July 1897 Keizanchin(惠山鎭) *Komarov, VL Komaorv s.n.* 2 August 1897 虛川江-五海江 *Komarov, VL Komaorv s.n.* 1 August 1897 虛川江 (同仁川) *Komarov, VL Komaorv s.n.* 15 August 1935 北水白山 *Hozawa, S Hozawa s.n.* 20 August 1934 北水白山附近 *Kojima, K Kojima s.n.* 15 August 1897 蓮坪-厚州川-厚州古邑 *Komarov, VL Komaorv s.n.* 14 July 1897 鴨綠江 (上水隅理 - 羅暖堡) *Komarov, VL Komaorv s.n.* 5 August 1940 高頭山 *Hozawa, S Hozawa s.n.* 6 August 1916 白岩平 *Nakai, T Nakai s.n.* 6 August 1914 合水村-胞胎山-虛項嶺 *Nakai, T Nakai s.n.* August 1930 島内 - 合水 *Ohwi, J Ohwi s.n.* 24 July 1930 大澤 *Ohwi, J Ohwi s.n.* 24 July 1930 *Ohwi, J Ohwi s.n.* 28 July 1897 佳林里 *Komarov, VL Komaorv s.n.* 30 July 1917 無頭峯 *Furumi, M Furumi s.n.* 12 August 1913 *Hirai, H Hirai s.n.* 11

August 1913 茂峯 *Hirai, H Hirai s.n.* 10 August 1914 *Ikuma, Y Ikuma s.n.* 1 August 1934 小長白山脈 *Kojima, K Kojima s.n.* August 1913 長白山 *Mori, T Mori s.n.* 6 August 1914 胞胎山虛項嶺 *Nakai, T Nakai s.n.* 8 August 1914 無頭峯附近 *Nakai, T Nakai s.n.* 8 August 1914 白頭山 *Nakai, T Nakai s.n.* **Sinuiju** August 1942 新義州 *Tatsuzawa, S s.n.*

Eremogone Fenzl
Eremogone capillaris (Poir.) Fenzl, Vers. Darstell. Alsin. 37 (1833)
Common name 관모개미자리

Distribution in Korea: far North (Kanmo-bong)
  Arenaria capillaris Poir., Encycl. (Lamarck) 6: 380 (1804)
  Arenaria sibirica Pers., Syn. Pl. (Persoon) 1: 504 (1805)
  Arenaria subulata Ser. var. *glabrata* Ser., Prodr. (DC.) 1: 403 (1824)
  Eremogone subulata (Ser.) Fenzl, Vers. Darstell. Alsin. 37 (1833)
  Arenaria capillaris Poir. var. *glabrata* (Ser.) Schischk., Fl. URSS 6: 531 (1936)

Representative specimens; Hamgyong-bukto 4 August 1932 冠帽峰高山 2400m *Kishinami, Y s.n.* July 1932 冠帽峰 *Ohwi, J Ohwi s.n.* 21 July 1933 *Saito, T T Saito s.n.* 22 August 1931 *Saito, T T Saito s.n.* **Ryanggang** 1 August 1934 小長白山 *Kojima, K Kojima s.n.*

Eremogone juncea (M.Bieb.) Fenzl, Vers. Darstell. Alsin. 37 (1833)
Common name 벼룩이울타리

Distribution in Korea: North
  Arenaria juncea M.Bieb., Fl. Taur.-Caucas. 3: 309 (1819)
  Arenaria dahurica Fisch. ex Ser., Prodr. (DC.) 1: 402 (1824)

Representative specimens; Hamgyong-bukto 8 July 1936 鐘城郡鶴浦- 行營 *Saito, T T Saito s.n.* 8 August 1930 載德 *Ohwi, J Ohwi s.n.* 10 August 1932 朱乙 *Ito, H s.n.* 17 July 1918 朱乙溫面 *Nakai, T Nakai s.n.* 17 September 1935 梧上洞 *Saito, T T Saito s.n.* 21 June 1938 穩城郡甑山 *Saito, T T Saito s.n.* 14 August 1936 富寧石幕 - 靑岩 *Saito, T T Saito s.n.* **Ryanggang** 2 August 1897 虛川江-五海江 *Komarov, VL Komaorv s.n.* 26 July 1914 三水- 惠山鎭 *Nakai, T Nakai s.n.* 20 April 1926 豊山郡豊山 *Nomura, N Nomura s.n.* 8 July 1897 羅暖堡 *Komarov, VL Komaorv s.n.* 8 August 1897 上巨里水-院巨里水 *Komarov, VL Komaorv s.n.* 27 June 1897 栢德嶺 *Komarov, VL Komaorv s.n.*

Gypsophila L.
Gypsophila oldhamiana Miq., Ann. Mus. Bot. Lugduno-Batavi 3: 187 (1867)
Common name 대나물

Distribution in Korea: North, Central, South

Representative specimens; Hwanghae-namdo 29 July 1929 長淵郡長山串 *Nakai, T Nakai s.n.* 1 August 1929 椒島 *Nakai, T Nakai s.n.* 24 July 1929 夢金浦 *Nakai, T Nakai s.n.* **Kangwon-do** 20 August 1902 Mt. Kumgang (金剛山) *Uchiyama, T Uchiyama s.n.* **P'yongan-namdo** 22 September 1915 咸從 *Nakai, T Nakai s.n.* **P'yongyang** 24 September 1910 P'yongyang (平壤) *Mills, RG Mills s.n.* 12 September 1902 *Uchiyama, T Uchiyama s.n.* 25 August 1909 平壤大同江岸 *Imai, H Imai s.n.*

Gypsophila pacifica Kom., Izv. Imp. Bot. Sada Petra Velikago 16: 167 (1916)
Common name 두메마디나물 (가는대나물)

Distribution in Korea: far North (Paekdu, Kwanmo, Chibo, Kapsan, Musan)
  Gypsophila perfoliata var. *latifolia* Maxim., Mem. Acad. Imp. Sci. St.-Petersbourg Divers Savans 9: 52 (1859)

Representative specimens; Chagang-do 26 August 1897 小德川 (松德水河谷) *Komarov, VL Komaorv s.n.* **Hamgyong-bukto** 1 August 1914 淸津 *Ikuma, Y Ikuma s.n.* August 1933 羅南 *Yoshimizu, K s.n.* 3 August 1933 會寧 *Koidzumi, G Koidzumi s.n.* 20 May 1897 茂山嶺 *Komarov, VL Komaorv s.n.* 8 August 1930 吉州郡暘社面載德 *Ohwi, J Ohwi s.n.* 8 August 1930 載德 *Ohwi, J Ohwi s.n.* 4 August 1918 Mt. Chilbo at Myongch'on(七寶山) *Nakai, T Nakai s.n.* **Ryanggang** 2 August 1897 虛川江-五海江 *Komarov, VL Komaorv s.n.* 26 July 1914 三水- 惠山鎭 *Nakai, T Nakai s.n.* 15 August 1897 蓮坪-厚州江口-厚州古邑 *Komarov, VL Komaorv s.n.* 30 July 1917 無頭峯 *Furumi, M Furumi s.n.* 10 August 1914 白頭山 *Nakai, T Nakai s.n.* 8 August 1914 無頭峯 *Nakai, T Nakai s.n.* 8 August 1914 神武城-無頭峯 *Nakai, T Nakai s.n.* 16 August 1914 三下面下面江口 *Nakai, T Nakai s.n.*

Honckenya Ehrh.
Honckenya peploides (L.) Ehrh. ssp. *major* (Hook.) Hultén, Fl. Aleutian Isl.171 (1937)

Common name 갯별꽃

Distribution in Korea: North (along the seashore)

Arenaria peploides L. var. *major* Hook., Fl. Bor.-Amer. (Hooker) 1: 102 (1831)

Honckenya oblongifolia Torr. & A.Gray, Fl. N. Amer. (Torr. & A. Gray) 1: 176 (1838)

Honckenya peploides var. *oblongifolia* (Torr. & A.Gray) Fenzl, Fl. Ross. (Ledeb.) 1: 358 (1842)

Ammodenia oblongifolia (Torr. & A.Gray) A.Heller, Muhlenbergia 6: 84 (1910)

Representative specimens; Hamgyong-bukto 8 August 1918 實村 *Nakai, T Nakai s.n.* **Rason** 4 June 1930 西水羅 *Ohwi, J Ohwi s.n.* 21 June 1909 雄基 *Shou, K s.n.*

Lychnis **L.**

Lychnis cognata Maxim., Acad. Imp. Sci. St. Divers Savans 9: 55 (1859)

Common name 동자꽃

Distribution in Korea: North, Central, South

Lychnis fulgens Fisch. var. *cognata* (Maxim.) Regel, Bull. Soc. Imp. Naturalistes Moscou 34: 576 (1861)

Lychnis cognata Maxim. f. *albiflora* W.T.Lee, Lineamenta Florae Koreae 256 (1996)

Silene cognata (Maxim.) H.Ohashi & H. Nakai, J. Jap. Bot. 71: 269 (1996)

Representative specimens; Chagang-do 30 August 1897 慈城江 *Komarov, VL Komaorv s.n.* 22 July 1916 狼林山 *Mori, T Mori s.n.* 18 July 1914 大興里 *Nakai, T Nakai s.n.* 22 July 1914 大興里- 山羊 *Nakai, T Nakai s.n.* **Hamgyong-bukto** 5 August 1939 頭流山 *Hozawa, S Hozawa s.n.* 1 August 1914 車踰嶺 *Ikuma, Y Ikuma s.n.* **Hamgyong-namdo** 25 August 1931 咸興歸州寺 *Nomura, N Nomura s.n.* Hamhung (咸興) *Nomura, N Nomura s.n.* 11 August 1940 咸興歸州寺 *Okuyama, S Okuyama s.n.* 三巨里 *Nakazawa, M s.n.* July 1943 龍眼里 *Uchida, H Uchida s.n.* 16 August 1934 新角面北山 *Nomura, N Nomura s.n.* 22 August 1932 蓋馬高原 *Kitamura, S Kitamura s.n.* 24 July 1933 東上面大漢垈里 *Koidzumi, G Koidzumi s.n.* **Kangwon-do** 11 August 1943 Mt. Kumgang (金剛山) *Honda, M Honda s.n.* 4 August 1932 金剛山內金剛 *Kobayashi, M Kobayashi s.n.* 12 August 1932 Mt. Kumgang (金剛山) *Koidzumi, G Koidzumi s.n.* 20 September 1936 金剛山內金剛 *Miyauchi, M s.n.* 31 July 1916 金剛山神溪寺 *Nakai, T Nakai s.n.* 7 August 1940 Mt. Kumgang (金剛山) *Okuyama, S Okuyama s.n.* 7 August 1930 *Ouchi, J s.n.* 13 August 1902 長淵里 *Uchiyama, T Uchiyama s.n.* 14 August 1930 劒拂浪 *Nakai, T Nakai s.n.* 14 August 1933 安邊郡衛益面三防 *Nomura, N Nomura s.n.* **P'yongan-bukto** 5 August 1937 妙香山 *Hozawa, S Hozawa s.n.* 4 August 1935 *Koidzumi, G Koidzumi s.n.* 11 August 1935 義州金剛山 *Koidzumi, G Koidzumi s.n.* **Ryanggang** 1 August 1897 虛川江 (同仁川) *Komarov, VL Komaorv s.n.* 27 August 1934 豊山郡熊耳面鉢峯西洞川上流 *Yamamoto, A Yamamoto s.n.* 25 August 1934 豊山郡熊耳面北水白山南尾根 *Yamamoto, A Yamamoto s.n.* 16 August 1897 大羅信洞 *Komarov, VL Komaorv s.n.* 19 August 1897 葡坪 *Komarov, VL Komaorv s.n.* 22 August 1897 雲洞嶺 *Komarov, VL Komaorv s.n.* 21 August 1897 subdist. Chu-czan, flumen Amnok-gan *Komarov, VL Komaorv s.n.* 6 August 1897 上巨里水 *Komarov, VL Komaorv s.n.* 7 August 1897 *Komarov, VL Komaorv s.n.* 30 July 1930 島內 - 合水 *Ohwi, J Ohwi s.n.* 28 July 1930 合水 *Ohwi, J Ohwi s.n.* 22 July 1897 佳林里 *Komarov, VL Komaorv s.n.*

Lychnis fulgens Fisch., Novi Provent. 26 (1818)

Common name 털동자꽃

Distribution in Korea: North (Gaema, Bujeon, Rangrim)

Lychnis fulgens Fisch. var. *glabra* Nakai, Bot. Mag. (Tokyo) 35: 143 (1921)

Lychnis fulgens Fisch. f. *glabra* (Nakai) W.T.Lee, Lineamenta Florae Koreae 257 (1996)

Representative specimens; Chagang-do 22 July 1914 山羊 -江口 *Nakai, T Nakai s.n.* **Hamgyong-bukto** 19 June 1909 清津 *Nakai, T Nakai s.n.* 5 July 1913 羅南 *Ono, I s.n.* 8 July 1934 *Saito, T T Saito s.n.* 15 June 1930 茂山嶺 *Ohwi, J Ohwi s.n.* 8 July 1936 鐘城郡鶴浦-行營 *Saito, T T Saito s.n.* 11 August 1907 茂山嶺 *Tokyo Jenshokusha s.n.* August 1912 吉州 *Suwon-nong-rim-hak-gyo college s.n.* 13 July 1918 朱乙溫面生氣嶺 *Nakai, T Nakai s.n.* 6 July 1930 鏡城 *Ohwi, J Ohwi s.n.* 6 July 1930 *Ohwi, J Ohwi s.n.* 19 August 1933 茂山 *Koidzumi, G Koidzumi s.n.* **Hamgyong-namdo** 15 August 1935 赴戰高原咸地里 *Nakai, T Nakai s.n.* 19 August 1943 千佛山 *Honda, M Honda s.n.* 8 August 1929 長津高原長山串 *Nakai, T Nakai s.n.* **Hwanghae-namdo** 3 August 1929 長淵郡長山串 *Nakai, T Nakai s.n.* **P'yongan-bukto** 13 September 1911 東倉面藥水洞 *Ishidoya, T Ishidoya s.n.* 6 August 1912 Unsan (雲山) *Imai, H Imai s.n.* **Ryanggang** 19 July 1897 Keizanchin(惠山鎮) *Komarov, VL Komaorv s.n.* 26 June 1897 內曲里 *Komarov, VL Komaorv s.n.* 4 August 1914 普天堡- 寶泰洞 *Nakai, T Nakai s.n.* 30 June 1897 雲寵堡 *Komarov, VL Komaorv s.n.* 14 August 1914 農事洞- 三下 *Nakai, T Nakai s.n.*

Lychnis kiusiana Makino, Bot. Mag. (Tokyo) 17: 57 (1903)

Common name 가는동자꽃

Distribution in Korea: North

Representative specimens; Ryanggang 18 July 1897 Keizanchin(惠山鎮) *Komarov, VL Komaorv s.n.* 16 August 1897 大羅信洞 *Komarov, VL Komaorv s.n.* 28 July 1897 佳林里 *Komarov, VL Komaorv s.n.* 23 July 1897 *Komarov, VL Komaorv s.n.*

Lychnis wilfordii (Regel) Maxim., Bull. Acad. Imp. Sci. Saint-Pétersbourg 17: 178 (1872)

Common name 제비동자꽃

Distribution in Korea: far North (Paekdu, Gaema, Bujeon)

    Lychnis fulgens Fisch. var. *wilfordii* Regel, Bull. Soc. Imp. Naturalistes Moscou 34: 576 (1861)
    Silene wilfordii (Regel) H.Ohashi & H. Nakai, J. Jap. Bot. 71: 271 (1996)

Representative specimens; Chagang-do 6 June 1942 狼林山 *Suzuki, T s.n.* **Hamgyong-bukto** 18 August 1936 富寧水坪 - 西里洞 (淸津) *Saito, T T Saito s.n.* **Hamgyong-namdo** 14 August 1943 赴戰高原元豊-道安 *Honda, M Honda s.n.* 22 August 1932 蓋馬高原 *Kitamura, S Kitamura s.n.* 23 July 1933 東上面漢岱里 *Koidzumi, G Koidzumi s.n.* 22 July 1933 東上面元豊 *Koidzumi, G Koidzumi s.n.* 24 July 1935 東上面漢岱里 *Nomura, N Nomura s.n.* 26 July 1935 西於水里 *Nomura, N Nomura s.n.* 31 July 1932 東上面 *Nomura, N Nomura s.n.* 30 August 1934 東下面頭雲峯安基里 *Yamamoto, A Yamamoto s.n.* 16 August 1934 新興郡永古郡松興里 *Yamamoto, A Yamamoto s.n.* 16 August 1934 *Yamamoto, A Yamamoto s.n.* **Ryanggang** 1933 豊山郡北水白山 *Buk-cheong-nong-gyo school s.n.* 6 August 1914 胞胎山虛項嶺 *Nakai, T Nakai s.n.*

***Minuartia* L.**
Minuartia arctica (Steven ex Ser.) Graebn., Syn. Mitteleur. Fl. 5: 772 (1918)

Common name 두메개미자리 (나도개미자리)

Distribution in Korea: far North (Baekdu-san)

    Arenaria grandiflora Pall., Reise Russ. Reich. 3: 34 (1776)
    Arenaria laricifolia Pursh, Fl. Amer. Sept. (Pursh) 1: 319 (1813)
    Arenaria pumilio R.Br., Chlor. Melvill. 391 (1824)
    Arenaria arctica Steven ex Ser., Prodr. (DC.) 1: 404 (1824)
    Arenaria serpens Fisch. ex Ser., Prodr. (DC.) 1: 404 (1824)
    Arenaria arctica Steven ex Ser. var. *minor* Hook., Fl. Bor.-Amer. (Hooker) 1: 100 (1830)
    Alsine arctica (Steven ex Ser.) Fenzl, Vers. Darstell. Alsin. 18 (1833)
    Arenaria stenopetala Turcz., Bull. Soc. Imp. Naturalistes Moscou 11: 89 (1838)
    Alsinopsis arctica (Steven ex Ser.) A.Heller, Muhlenbergia 8: 20 (1912)
    Arenaria sedifolia Nasarow, Byull. Moskovsk. Obshch. Isp. Prir. Otd. Biol. n.s, 32: 338 (1924)

Representative specimens; Chagang-do 22 July 1919 狼林山上 *Kajiwara, U Kajiwara s.n.* 22 July 1916 狼林山 *Mori, T Mori s.n.* 11 July 1914 臥碣峰鷺峯 2200m Nakai, *T Nakai1564* **Hamgyong-bukto** 19 July 1918 冠帽山 2400m Nakai, *T Nakai6979* July 1932 冠帽峰 Ohwi, *J Ohwi s.n.* 21 July 1933 *Saito, T T Saito s.n.* 26 July 1918 雪嶺 *Nakai, T Nakai s.n. 6981* 25 June 1930 雪嶺山上 *Ohwi, J Ohwi s.n.* **Hamgyong-namdo** 25 July 1933 東上面遮日峯 *Koidzumi, G Koidzumi s.n.* 15 August 1940 遮日峯 *Okuyama, S Okuyama s.n.* **Kangwon-do** 1938 山林課元山出張所 *Tsuya, S s.n.* **Ryanggang** 15 August 1935 北水白山 *Hozawa, S Hozawa s.n.* 20 August 1934 豊山新興郡境北水白山 *Yamamoto, A Yamamoto s.n.* 20 August 1934 北水白山附近 *Yamamoto, A Yamamoto s.n.* 15 July 1935 小長白山脈 *Irie, Y s.n.* 1 August 1934 *Kojima, K Kojima s.n.* August 1913 長白山 *Mori, T Mori43* 11 July 1917 南胞胎山附近 *Omi, M s.n.*

Minuartia laricina (L.) Mattf., Bot. Jahrb. Syst. 57(2. Biebl. 126): 33 (1921)

Common name 큰개미자리 (너도개미자리)

Distribution in Korea: far North (Baekdu-san)

    Spergula laricina L., Sp. Pl. 441 (1753)
    Alsine laricina (L.) Cranz, Inst. Rei Herb. 2: 408 (1766)
    Arenaria laricina (L.) Cham. & Schltdl., Linnaea 1: 57 (1826)
    Alsine pilifera Turcz., Bull. Soc. Imp. Naturalistes Moscou 15: 588 (1842)

Representative specimens; Ryanggang 6 June 1897 平蒲坪 *Komarov, VL Komaorv s.n.* 30 July 1917 無頭峯 *Furumi, M Furumi354* August 1913 長白山 *Mori, T Mori122* 7 August 1914 虛項嶺 *Nakai, T Nakai s.n.* 6 August 1914 虛項嶺-神武城 *Nakai, T Nakai s.n.* 6 August 1914 虛項嶺 *Nakai, T Nakai4187*

Minuartia macrocarpa (Pursh) Ostenf. var. ***koreana*** (Nakai) H.Hara, J. Fac. Sci. Univ. Tokyo, Sect. 3, Bot. 5: 43 (1952)

Common name 참개미자리 (차일봉개미자리)

Distribution in Korea: far North (Baekdu-san)

    Tryphane verna Rchb. var. *leptophylla* Rchb., Icon. Fl. Germ. Helv. 5: 29 (1841)
    Alsine macrocarpa (Pursh) Fenzl var. *koreana* Nakai, Bot. Mag. (Tokyo) 32: 36 (1918)
    Minuartia imbricata var. *koreana* (Nakai) Nakai, Bot. Mag. (Tokyo) 43: 453 (1929)

Minuartia verna (L.) Hiern var. *leptophylla* (Rchb.) Nakai, Bot. Mag. (Tokyo) 37: 452 (1929)
Arenaria macrocarpa Pursh var. *koreana* (Nakai) H.Hara, J. Jap. Bot. 57: 178 (1982)

Representative specimens; Hamgyong-bukto 25 June 1930 雪嶺山上 *Ohwi, J Ohwi s.n.* **Hamgyong-namdo** 17 August 1935 遮日峯 *Nakai, T Nakai s.n.* 23 June 1932 *Ohwi, J Ohwi s.n.* 15 August 1940 *Okuyama, S Okuyama s.n.* **Ryanggang** 26 July 1914 三水- 惠山鎭 *Nakai, T Nakai6435* 26 July 1914 三水惠山郡 *Nakai, T Nakai s.n.* 26 July 1914 *Nakai, T Nakai s.n.* 10 August 1914 白頭山 *Nakai, T Nakai4188* Type of *Alsine macrocarpa* (Pursh) Fenzl var. *koreana* Nakai (Holotype TI)

Moehringia L.
Moehringia lateriflora (L.) Fenzl, Vers. Darstell. Alsin. 18 (1833)
Common name 홀별꽃 (개벼룩)
Distribution in Korea: North (Gaema, Bujeon, Rangrim, Kumkang), Central, South
  Arenaria lateriflora L., Sp. Pl. 423 (1753)
  Arenaria buxifolia Poir., Encycl. (Lamarck) 6: 362 (1804)
  Alsinanthus lateriflorus (L.) Desv., J. Bot. Agric. 5: 221 (1816)
  Arenaria haenkeana Bartl., Reliq. Haenk. 2: 15 (1831)

Representative specimens; Chagang-do 11 July 1914 蘆田嶺 *Nakai, T Nakai s.n.* **Hamgyong-bukto** 21 May 1897 茂山嶺-蕨坪 (照日洞) *Komarov, VL Komaorv s.n.* 19 May 1897 茂山嶺 *Komarov, VL Komaorv s.n.* 21 June 1909 *Nakai, T Nakai s.n.* 13 July 1918 鏡城 *Nakai, T Nakai s.n.* 25 May 1930 *Ohwi, J Ohwi s.n.* 25 July 1918 雪嶺 *Nakai, T Nakai s.n.* 12 May 1897 五宗洞 *Komarov, VL Komaorv s.n.* 4 June 1897 四芝嶺 *Komarov, VL Komaorv s.n.* **Hamgyong-namdo** 13 June 1909 西湖津 *Nakai, T Nakai s.n.* 16 August 1943 赴戰高原漢垈里 *Honda, M Honda s.n.* 15 August 1935 赴戰高原咸地里 *Nakai, T Nakai s.n.* 23 July 1935 弁天島 *Nomura, N Nomura s.n.* **Kangwon-do** 3 June 1934 長淵里內金剛 *Miyazaki, M s.n.* **P'yongan-namdo** 16 July 1916 寧遠 *Mori, T Mori s.n.* **Ryanggang** 18 July 1897 Keizanchin(惠山鎭) *Komarov, VL Komaorv s.n.* 16 August 1897 大羅信洞 *Komarov, VL Komaorv s.n.* 8 June 1897 平蒲坪-倉坪 *Komarov, VL Komaorv s.n.* August 1913 崔哥嶺 *Mori, T Mori s.n.* 11 July 1917 胞胎山 *Furumi, M Furumi s.n.* 12 August 1913 無頭峯 *Hirai, H Hirai s.n.* August 1913 長白山 *Mori, T Mori s.n.* 1 June 1897 古倉坪-四芝坪 (延面水河谷) *Komarov, VL Komaorv s.n.*

Pseudostellaria Pax
Pseudostellaria davidii (Franch.) Pax ex Pax &Hoffm., Nat. Pflanzenfam., ed. 2 16c: 318 (1934)
Common name 덩굴들별꽃 (덩굴개별꽃)
Distribution in Korea: North
  Krascheninnikovia davidii Franch., Pl. David. 1: 51 (1884)
  Stellaria davidii (Franch.) Hemsl., J. Linn. Soc., Bot. 23: 67 (1886)
  Krascheninnikovia maximowicziana Franch. & Sav. var. *davidii* (Franch.) Maxim., Trudy Imp. S.-Peterburgsk. Bot. Sada 11: 70 (1890)
  Stellaria trimorpha Nakai, Bot. Mag. (Tokyo) 26: 327 (1912)

Representative specimens; Hamgyong-bukto 19 May 1897 茂山嶺 *Komarov, VL Komaorv s.n.* 19 May 1897 *Komarov, VL Komaorv s.n.* 18 July 1918 朱乙溫面熊谷嶺 *Nakai, T Nakai s.n.* 19 July 1918 朱乙溫面冠帽峯 *Nakai, T Nakai s.n.* 30 May 1930 朱乙 *Ohwi, J Ohwi s.n.* 27 May 1930 鏡城 *Ohwi, J Ohwi s.n.* 30 May 1930 朱乙 *Ohwi, J Ohwi s.n.* 6 July 1933 鏡城邑 *Saito, T T Saito s.n.* 8 August 1936 茂山 *Chang, HD ChangHD s.n.* 22 May 1897 蕨坪(城川水河谷)-車踰嶺 *Komarov, VL Komaorv s.n.* 12 June 1897 西溪水 *Komarov, VL Komaorv s.n.* 12 June 1897 *Komarov, VL Komaorv s.n.* 18 June 1930 四芝洞 *Ohwi, J Ohwi s.n.* **Hamgyong-namdo** 28 April 1935 咸州 *Nomura, N Nomura s.n.* 18 August 1935 遮日峯 *Nakai, T Nakai s.n.* **Kangwon-do** 12 July 1936 金剛山外金剛千佛山 *Nakai, T Nakai s.n.* 15 August 1916 金剛山通庵 - 表訓寺森 *Nakai, T Nakai s.n.* 10 June 1932 Mt. Kumgang (金剛山) *Ohwi, J Ohwi s.n.* 7 August 1930 *Ouchi, J s.n.* **P'yongan-bukto** 4 August 1935 妙香山 *Koidzumi, G Koidzumi s.n.* **P'yongan-namdo** 15 June 1928 陽德 *Nakai, T Nakai s.n.* **Rason** 5 June 1930 西水羅 *Ohwi, J Ohwi s.n.* **Ryanggang** 21 July 1914 長蛇洞 *Nakai, T Nakai s.n.* 3 July 1897 三水邑-上水隅理 *Komarov, VL Komaorv s.n.* 2 June 1897 四芝坪(延面水河谷) 柄安洞 *Komarov, VL Komaorv s.n.* 2 June 1897 *Komarov, VL Komaorv s.n.*

Pseudostellaria heterophylla (Miq.) Pax, Nat. Pflanzenfam., ed. 2 16c: 318 (1934)
Common name 들별꽃 (개별꽃)
Distribution in Korea: North, Central, South
  Krascheninnikovia heterophylla Miq., Ann. Mus. Bot. Lugduno-Batavi 3: 187 (1867)
  Stellaria heterophylla (Miq.) Hemsl., J. Linn. Soc., Bot. 23: 68 (1886)
  Stellaria rhaphanorrhiza Hemsl., J. Linn. Soc., Bot. 23: 69 (1886)
  Krascheninnikovia rhaphanorrhiza (Hemsl.) Korsh., Bull. Acad. Imp. Sci. Saint-Pétersbourg 9: 391 (1898)
  Krascheninnikovia coreana Nakai, Repert. Spec. Nov. Regni Veg. 13: 268 (1914)

Krascheninnikovia bulbosa Nakai, Bot. Mag. (Tokyo) 35: 133 (1921)
Krascheninnikovia koidzumiana Ohwi, Acta Phytotax. Geobot. 3: 82 (1934)
Pseudostellaria rhaphanorrhiza (Hemsl.) Pax, Nat. Pflanzenfam., ed. 2 0: 318 (1934)
Pseudostellaria coreana (Nakai) Ohwi, Acta Phytotax. Geobot. 4: 34 (1935)
Pseudostellaria bulbosa (Nakai) Ohwi, Acta Phytotax. Geobot. 4: 34 (1935)
Pseudostellaria heterophylla (Miq.) Pax var. *puberula* Ohwi, J. Jap. Bot. 9: 100 (1937)
Pseudostellaria davidii x P. palibiniana K. Choi & Pak, Pl. Spec. Biol. 16: 46 (2001)

Representative specimens; Hamgyong-namdo 28 April 1935 下岐川面保庄 - 三巨 *Nomura, N Nomura s.n.*
Hwanghae-namdo April 1931 載寧 *Smith, RK Smith s.n.* 5 August 1929 長淵郡長山串 *Nakai, T Nakai s.n.*
P'yongan-bukto 5 August 1937 妙香山 *Hozawa, S Hozawa s.n.*

Pseudostellaria japonica (Korsh.) Pax, Nat. Pflanzenfam., ed. 2 16c: 318 (1934)

Common name 긴개별꽃

Distribution in Korea: North, Central
    Krascheninnikovia japonica Korsh., Bull. Acad. Imp. Sci. Saint-Pétersbourg n.s, 9: 40 (1898)
    Pseudostellaria baekdusanensis M.Kim, Korean J. Pl. Taxon. 44: 172 (2014)

Pseudostellaria palibiniana (Takeda) Ohwi, Acta Phytotax. Geobot. 4: 32 (1935)

Common name 큰들별꽃 (큰개별꽃)

Distribution in Korea: North, Central, South (Jiri-san), Jeju
    Krascheninnikovia palibiniana Takeda, Bull. Misc. Inform. Kew 1913: 89 (1913)
    Krascheninnikovia palibiniana Takeda var. *polymera* Nakai, Bot. Mag. (Tokyo) 35: 133 (1921)
    Pseudostellaria okamotoi Ohwi, J. Jap. Bot. 12: 387 (1936)
    Pseudostellaria monantha Ohwi, J. Jap. Bot. 12: 386 (1936)
    Pseudostellaria setulosa Ohwi, J. Jap. Bot. 12: 388 (1936)

Representative specimens; Chagang-do 22 July 1916 狼林山 *Mori, T Mori s.n.* **Hamgyong-bukto** 12 May 1938 鶴西面上德仁 *Saito, T T Saito s.n.* **Hamgyong-namdo** 28 April 1935 保庄 - 三巨 *Nomura, N Nomura s.n.* **Kangwon-do** 5 August 1916 金剛山温井嶺 *Nakai, T Nakai s.n.* 12 July 1936 金剛山外金剛千佛山 *Nakai, T Nakai s.n.* 10 June 1932 Mt. Kumgang (金剛山) *Ohwi, J Ohwi60* Type of *Pseudostellaria setulosa* Ohwi (Holotype KYO)16 August 1930 劒拂浪 *Nakai, T Nakai s.n.* 9 June 1909 元山 *Nakai, T Nakai s.n.* **P'yongan-bukto** 14 May 1912 寧邊藥山 *Ishidoya, T Ishidoya s.n.* 6 August 1912 雲山郡豐場 *Imai, H Imai s.n.* **P'yongan-namdo** 15 July 1916 葛日嶺 *Mori, T Mori s.n.* 9 June 1935 黃草嶺 *Nomura, N Nomura s.n.*

Pseudostellaria sylvatica (Maxim.) Pax, Nat. Pflanzenfam., ed. 2 16c: 318 (1934)

Common name 가는잎들별꽃 (가는잎개별꽃)

Distribution in Korea: far North (Gaema, Bujeon, Rangrim, Kwanmo, Seolryong)
    Krascheninnikovia sylvatica Maxim., Mem. Acad. Imp. Sci. St.-Petersbourg Divers Savans 9: 57 (1859)
    Stellaria sylvatica (Maxim.) Maxim. ex Regel, Bull. Soc. Imp. Naturalistes Moscou 35: 302 (1862)

Representative specimens; Chagang-do 26 August 1897 小德川 (松德水河谷) *Komarov, VL Komaorv s.n.* 12 August 1938 上南面蓮坮里 *Jeon, SK JeonSK s.n.* 10 July 1914 蔥田嶺 *Nakai, T Nakai s.n.* **Hamgyong-bukto** 24 May 1897 車踰嶺-照日洞 *Komarov, VL Komaorv s.n.* 24 May 1897 *Komarov, VL Komaorv s.n.* 19 July 1918 朱乙温面冠帽峯 *Nakai, T Nakai s.n.* July 1932 冠帽峰 *Ohwi, J Ohwi s.n.* 3 June 1934 *Saito, T T Saito s.n.* 25 July 1918 雪嶺 *Nakai, T Nakai s.n.* 25 June 1930 *Ohwi, J Ohwi s.n.* 25 June 1930 *Ohwi, J Ohwi s.n.* 17 June 1930 四芝嶺 *Ohwi, J Ohwi s.n.* 17 June 1930 *Ohwi, J Ohwi s.n.* **Hamgyong-namdo** 30 May 1930 端川郡北斗日面 *Kinosaki, Y s.n.* 15 August 1935 赴戰高原咸地里 *Nakai, T Nakai s.n.* 23 June 1932 東上面遮日峰 *Ohwi, J Ohwi s.n.* **Kangwon-do** 10 June 1932 Mt. Kumgang (金剛山) *Ohwi, J Ohwi s.n.* **Ryanggang** 5 August 1897 白山嶺 *Komarov, VL Komaorv s.n.* 5 August 1940 高頭山 *Hozawa, S Hozawa s.n.* 14 June 1897 西溪水-延岩 *Komarov, VL Komaorv s.n.* 22 June 1930 倉坪嶺 *Ohwi, J Ohwi s.n.* August 1913 崔哥嶺 *Mori, T Mori s.n.* 1 June 1897 古倉坪-四芝坪 (延面水河谷) *Komarov, VL Komaorv s.n.*

Sagina L.
Sagina japonica (Sw.) Ohwi, J. Jap. Bot. 13: 438 (1937)

Common name 개미나물 (개미자리)

Distribution in Korea: North, Central, South, Jeju, Ulleung
    Spergula japonica Sw., Ges. Naturf. Freunde Berlin Neue Schriften 3: 164 (1801)
    Sagina sinensis Hance, J. Bot. 6: 46 (1868)

Sagina echinosperma Hayata, Icon. Pl. Formosan. 3: 39 (1913)
Sagina japonica (Sw.) Ohwi f. *crassiuscula* Ohwi, Acta Phytotax. Geobot. 11: 252 (1942)

Representative specimens; Hamgyong-bukto 18 June 1909 清津 *Nakai, T Nakai s.n.* 11 July 1935 羅南生馬町 *Saito, T T Saito s.n.* 11 July 1935 羅南 *Saito, T T Saito s.n.* July 1932 冠帽峰 *Ohwi, J Ohwi s.n.* 28 July 1936 茂山 *Saito, T T Saito s.n.* **Hamgyong-namdo** 16 August 1935 雲仙嶺 *Nakai, T Nakai s.n.* **Kangwon-do** 15 July 1936 金剛山外金剛千佛山 *Nakai, T Nakai s.n.* 8 June 1909 元山 *Nakai, T Nakai s.n.* **Rason** 28 May 1930 獨津海岸 *Ohwi, J Ohwi s.n.* **Ryanggang** 26 July 1914 三水- 惠山鎮 *Nakai, T Nakai s.n.* 8 July 1897 三水羅暖堡 *Komarov, VL Komaorv s.n.*

Sagina maxima A.Gray, Mem. Amer. Acad. Arts n.s. 6: 382 (1858)

Common name 큰개미자리

Distribution in Korea: North, Central, South, Jeju, Ulleung
Sagina linnaei C.Presl var. *maxima* (A.Gray) Maxim., Bull. Acad. Imp. Sci. Saint-Pétersbourg 18: 372 (1873)
Sagina crassicaulis S.Watson, Proc. Amer. Acad. Arts 18: 191 (1883)
Sagina linnaei C.Presl var. *maxima* (A.Gray) Maxim. f. *maritima* Makino, Iinuma, Somoku-Dzusetsu, ed. 2 614 (1910)
Sagina maxima A.Gray f. *littorea* Makino, Bot. Mag. (Tokyo) 25: 156 (1911)
Sagina taquetii H.Lév., Repert. Spec. Nov. Regni Veg. 10: 350 (1912)
Sagina litoralis Hultén, Fl. Kamtchatka 2: 18 (1928)
Sagina crassicaulis S.Watson var. *littorea* (Makino) H.Hara, J. Jap. Bot. 13: 556 (1937)
Sagina maxima A.Gray var. *crassicaulis* (S.Watson) H.Hara, Rhodora 41(489): 392 (1939)
Sagina maxima A.Gray var. *littorea* (Makino) H.Hara, Bot. Mag. (Tokyo) 33: 149 (1958)
Sagina maxima A.Gray f. *crassicaulis* (S.Watson) Mizush., J. Jap. Bot. 35: 337 (1960)

Representative specimens; Hamgyong-bukto 22 June 1937 晩春 *Saito, T T Saito s.n.* **Hamgyong-namdo** 13 June 1909 西湖津薪島 *Nakai, T Nakai s.n.* 14 June 1909 新浦 *Nakai, T Nakai s.n.* **Kangwon-do** 29 July 1916 海金剛 *Nakai, T Nakai s.n.* 31 August 1916 通川邑內-庫底 (叢石亭) Nakai, T *Nakai s.n.* **Rason** 28 May 1930 獨津海岸 *Ohwi, J Ohwi s.n.* 18 August 1935 獨津 *Saito, T T Saito s.n.*

Silene L.
Silene aprica Turcz., Index Seminum [St.Petersburg (Petropolitanus)] 1: 38 (1835)

Common name 애기장구채

Distribution in Korea: North, Central, South, Ulleung (along the seashore)
Silene melandriiformis Maxim., Mem. Acad. Imp. Sci. St.-Pétersbourg Divers Savans 9: 54 (1859)
Silene oldhamiana Miq., Ann. Mus. Bot. Lugduno-Batavi 3: 187 (1867)
Melandrium apricum (Turcz.) Rohrb., Monogr. Silene 231 (1868)
Melandrium oldhamianum (Miq.) Rohrb., Linnaea 36: 241 (1869)
Silene taquetii H.Lév., Repert. Spec. Nov. Regni Veg. 10: 350 (1911)
Melandrium apricum (Turcz.) Rohrb. f. *tubiformis* Sakata, Acta Phytotax. Geobot. 7: 16 (1938)
Melandrium apricum (Turcz.) Rohrb. ssp. *oldhamianum* (Miq.) Kitag., Lin. Fl. Manshur. 199 (1939)
Silene aprica Turcz. ssp. *oldhamiana* (Miq.) C.Y.Wu, Acta Bot. Yunnan. 16: 119 (1994)
Silene aprica Turcz. var. *oldhamiana* (Miq.) C.Y.Wu, Fl. Reipubl. Popularis Sin. 26: 343 (1996)

Representative specimens; Hamgyong-bukto 15 June 1930 茂山嶺 *Ohwi, J Ohwi s.n.* 25 September 1933 朱乙温 *Saito, T T Saito s.n.* 25 May 1897 城川江-茂山 *Komarov, VL Komaorv s.n.* 20 June 1909 富寧 *Nakai, T Nakai s.n.* 18 June 1930 四芝嶺 *Ohwi, J Ohwi s.n.* **Hamgyong-namdo** 11 August 1940 咸興歸州寺 *Okuyama, S Okuyama s.n.* 1929 Hamhung (咸興) *Seok, JM s.n.* 1928 *Seok, JM s.n.* 22 August 1932 蓋馬高原 *Kitamura, S Kitamura s.n.* **Hwanghae-namdo** 29 July 1935 長壽山 *Koidzumi, G Koidzumi s.n.* 28 July 1929 長淵郡長山串 *Nakai, T Nakai s.n.* 31 July 1929 席島 *Nakai, T Nakai s.n.* 4 July 1921 Sorai Beach 九味浦 *Mills, RG Mills s.n.* 4 July 1921 *Mills, RG Mills s.n.* 24 July 1929 夢金浦 *Nakai, T Nakai s.n.* **Kangwon-do** 7 June 1909 元山 *Nakai, T Nakai s.n.* **P'yongan-bukto** 11 August 1935 義州金剛山 *Koidzumi, G Koidzumi s.n.* **P'yongyang** 20 May 1910 P'yongyang (平壤) *Imai, H Imai s.n.* 22 June 1909 平壤附近 *Imai, H Imai s.n.* **Rason** 6 June 1930 西水羅 *Ohwi, J Ohwi s.n.* 6 June 1930 *Ohwi, J Ohwi s.n.* **Ryanggang** 1 July 1897 五是川雲寵江-崔五峰 *Komarov, VL Komaorv s.n.* 1 August 1897 虛川江 (同仁川) *Komarov, VL Komaorv s.n.* **Sinuiju** 25 April 1917 新義州 *Furumi, M Furumi s.n.*

Silene armeria L., Sp. Pl.420 (1753)

Common name 끈끈이대나물

Distribution in Korea: Introduced (North, Central, South, Ulleung, Jeju; Europe)

Lychnis armoraria Scop., Fl. Carniol., ed. 2 1: 310 (1771)
Silene umbellata Gilib., Fl. Lit. Inch. 2: 170 (1782)
Atocion armeroides Raf., Autik. Bot. 29 (1840)

Representative specimens; Hamgyong-bukto 漁遊洞 *Unknown s.n.*

Silene baccifera (L.) Roth, Tent. Fl. Germ. 1: 192 (1788)
Common name 덩굴별꽃
Distribution in Korea: North, Central, South
*Cucubalus baccifer*L., Sp. Pl. 414 (1753)
Cucubalus baccifer L. var. *japonicus* Miq., Ann. Mus. Bot. Lugduno-Batavi 2: 210 (1866)
Cucubalus baccifer L. var. *japonicus* Miq. f. *atropurpurea* Nakai, Chosen Shokubutsu : 136 (1914)
Cucubalus japonicus (Miq.) Vorosch., Byull. Glavn. Bot. Sada 39: 45 (1960)

Representative specimens; Hamgyong-bukto 25 August 1936 梧上洞 *Saito, T T Saito s.n.* 4 August 1918 Mt. Chilbo at Myongch'on (七寶山) *Nakai, T Nakai s.n.* **Hwanghae-namdo** 31 July 1929 席島 *Nakai, T Nakai s.n.* 24 July 1929 夢金浦 *Nakai, T Nakai s.n .* **Kangwon-do** 20 August 1930 安邊郡衛益面三防 *Nakai, T Nakai s.n.* 16 August 1930 劍拂浪 *Nakai, T Nakai s.n.* **P'yongan-bukto** 27 September 1912 雲山郡面面諸仁里 *Ishidoya, T Ishidoya s.n.* 27 September 1912 *Ishidoya, T Ishidoya16* Type of *Cucubalus baccifer* L. var. *japonicus* Miq. f. atropurpurea Nakai (Holotype TI) **Ryanggang** 16 August 1897 大羅信洞 *Komarov, VL Komaorv s.n.* 20 August 1897 内洞-河山嶺 *Komarov, VL Komaorv s.n.* 16 August 1914 三下面下面江口 *Nakai, T Nakai s.n.*

Silene capitata Kom., Trudy Imp. S.-Peterburgsk. Bot. Sada 18: 440 (1901)
Common name 분홍장구채
Distribution in Korea: North, Central
Melandrium capitatum (Kom.) Nakai ex T. Mori, Enum. Pl. Corea 145 (1922)

Representative specimens; Chagang-do 16 July 1911 Kang-gei(Kokai 江界) *Mills, RG Mills349* 10 July 1914 梅田坪 *Nakai, T Nakai s.n.* **Hamgyong-bukto** 15 July 1918 朱乙溫面甫上洞 *Nakai, T Nakai s.n.* 29 July 1918 朱乙溫面生氣嶺 *Nakai, T Nakai s.n.* 21 July 1933 朱乙溫 *Saito, T T Saito s.n.* **Hamgyong-namdo** 19 August 1935 道頭里 *Nakai, T Nakai s.n.* 30 August 1941 赴戰高原 Fusenkogen *Inumaru, M s.n.* 22 August 1932 蓋馬高原 *Kitamura, S Kitamura s.n.* 24 July 1933 東上面大漢垈里 *Koidzumi, G Koidzumi s.n.* 15 August 1935 赴戰高原咸地里 *Nakai, T Nakai s.n.* 15 August 1935 *Nakai, T Nakai s.n.* 26 July 1935 西於水里 *Nomura, N Nomura s.n.* **Kangwon-do** 23 August 1902 生昌附近 *Uchiyama, T Uchiyama s.n.* 28 July 1916 金剛山外金剛千佛山 *Mori, T Mori s.n.* 14 August 1930 劍拂浪 *Nakai, T Nakai s.n.* **Ryanggang** 15 August 1935 北水白山 *Hozawa, S Hozawa s.n.* 20 August 1934 北水白山附近 *Kojima, K Kojima s.n.* 10 August 1897 三水郡鴨綠江(長津江下流域) 小德川 *Komarov, VL Komaorv s.n.* 28 July 1930 合水 *Ohwi, J Ohwi s.n.* 28 July 1930 合水 (列結水) *Ohwi, J Ohwi s.n.*

Silene firma Siebold & Zucc., Abh. Math.-Phys. Cl. Konigl. Bayer. Akad. Wiss. 4: 166 (1843)
Common name 장구채
Distribution in Korea: North, Central, South
Melandrium firmum (Siebold & Zucc.) Rohrb. f. *pubescens* (Makino) Makino, Nippon-Shokubutsu-Dzudan 530 530 1925.
Silene melandriformis Maxim., Mem. Acad. Imp. Sci. St.-Petersbourg Divers Savans 9: 54 (1859)
Melandrium firmum (Siebold & Zucc.) Rohrb., Monogr. Silene 232 (1868)
Melandrium apricum (Turcz.) Rohrb. var. *firmum* (Siebold & Zucc.) Rohrb., Linnaea 36: 240 (1869)
Silene aprica Turcz. var. *firmum* (Siebold & Zucc.) F.N.Williams, J. Linn. Soc., Bot. 32: 168 (1896)
Melandrium apricum (Turcz.) Rohrb. var. *firmum* (Siebold & Zucc.) Rohrb. f. *pubescens* Makino, Fl. Japan (Makino & Nemoto) 1002 (1925)
Silene firma Siebold & Zucc. f. *pubescens* (Makino) Ohwi & H.Ohashi, J. Jap. Bot. 47(11): 344 (1974)

Representative specimens; Chagang-do 18 August 1909 Sensen (前川) *Mills, RG Mills s.n.* 30 August 1911 *Mills, RG Mills s.n.* 19 August 1911 Kang-gei(Kokai 江界) *Mills, RG Mills s.n.*21 July 1914 大興里- 山羊 *Nakai, T Nakai s.n.* **Hamgyong-bukto** 12 August 1933 渡正山 *Koidzumi, G Koidzumi s.n.* 15 June 1930 茂山嶺 *Ohwi, J Ohwi s.n.* 25 July 1930 桃花洞 *Ohwi, J Ohwi s.n.* 25 May 1897 城川江-茂山 *Komarov, VL Komaorv s.n.* 7 June 1936 茂山 *Minamoto, M s.n.* 23 July 1918 朱南面黃雪嶺 *Nakai, T Nakai s.n.* 10 June 1897 西溪水 *Komarov, VL Komaorv s.n.***Hamgyong-namdo** 27 August 1897 小德川 *Komarov, VL Komaorv s.n.* 15 August 1935 赴戰高原咸地里 *Nakai, T Nakai s.n.* 23 July 1935 弁天島 *Nomura, N Nomura s.n.* 15 August 1940 赴戰高原 Fusenkogen *Okuyama, S Okuyama s.n.* 15 August 1940 蓋馬高原 *Okuyama, S Okuyama s.n.* 30 August 1934 東下面安基里谷 *Yamamoto, A Yamamoto s.n.* **Hwanghae-bukto** 10 September 1915 瑞興 *Nakai, T Nakai s.n.* **Hwanghae-namdo** 3 August 1929 長淵郡長山串 *Nakai, T Nakai s.n.* 24 July 1929 夢金浦 *Nakai, T Nakai s.n.* **Kangwon-do** 22 August 1936 金剛山新豊里 *Chang, OK s.n.* 7 August 1940 Mt. Kumgang (金剛山) *Okuyama, S Okuyama s.n.* 15 August 1902 *Uchiyama, T Uchiyama s.n.* 14 August 1930 劍拂浪 *Nakai, T Nakai s.n.* 30 August

1916 通川 *Nakai, T Nakai s.n.***P'yongan-bukto** 5 August 1937 妙香山 *Hozawa, S Hozawa s.n.* 25 September 1912
雲山郡南面松峴里 *Ishidoya, T Ishidoya s.n.***P'yongan-namdo** 29 August 1930 錘峯山 *Uyeki, H Uyeki s.n.* **Ryanggang** 1 July 1897
五是川雲寵江-崔五峰 *Komarov, VL Komaorv s.n.* 1 August 1897 虛川江 (同仁川) *Komarov, VL Komaorv s.n.* 15 August 1935
北水白山 *Hozawa, S Hozawa s.n.* 15 August 1897 蓮坪-厚州川-厚州古邑 *Komarov, VL Komaorv s.n.* 19 August 1897 葡坪 *Komarov,*
VL Komaorv s.n. 22 August 1897 雲洞嶺 *Komarov, VL Komaorv s.n.* 19 August 1897 葡坪 *Komarov, VL Komaorv s.n.* 7 August 1897
上巨里水 *Komarov, VL Komaorv s.n.* 9 August 1897 長津江下流域 *Komarov, VL Komaorv s.n.* 8 July 1897 羅暖堡 *Komarov, VL*
Komaorv s.n. 24 July 1914 魚面遮川里 *Nakai, T Nakai s.n.* 23 July 1914 李僧嶺 *Nakai, T Nakai s.n.* 24 July 1930 大澤 *Ohwi, J Ohwi*
s.n. 26 June 1897 內曲里 *Komarov, VL Komaorv s.n.* 22 July 1897 佳林里 *Komarov, VL Komaorv s.n.* 22 July 1897 *Komarov, VL*
Komaorv s.n. 27 July 1897 *Komarov, VL Komaorv s.n.* 15 July 1935 小長白山 *Irie, Y s.n.* 7 August 1914 虛項嶺-神武城 *Nakai, T*
Nakai s.n. 14 August 1914 農事洞- 三下 *Nakai, T Nakai s.n.*

Silene foliosa Maxim., Mem. Acad. Imp. Sci. St.-Petersbourg Divers Savans 9: 53 (1859)
Common name 잎대나물 (호산장구채)
Distribution in Korea: North
   Silene tatarica (L.) Pers. var. *foliosa* (Maxim.) Regel, Tent. Fl.-Ussur. 27 (1861)
   Silene foliosa Maxim. var. *mongolica* Maxim., Enum. Pl. Mongolia 1: 91 (1889)
   Silene maximowicziana Kozhevn., Rast. Tsentral. Azii 11: 78 (1995)

Representative specimens; Hamgyong-bukto 1 August 1914 清津 *Ikuma, Y Ikuma s.n.* 9 August 1934 東村 *Uozumi, H Uozumi*
s.n. **Rason** 28 May 1930 獨津海岸 *Ohwi, J Ohwi s.n.* 18 August 1935 獨津 *Saito, T T Saito s.n.* **Ryanggang** 27 August 1934
豊山郡熊耳面鉢峯大岩山 - 頭里松谷 *Yamamoto, A Yamamoto s.n.*

Silene jenisseensis Willd., Enum. Pl. (Willdenow) 1: 473 (1809)
Common name 짤룩대나물 (가는다리장구채)
Distribution in Korea: North, Central
   Silene tenuis Willd. var. *pauciflora* F.N.Williams
   Silene jenissea Poir., Encycl. (Lamarck) Suppl. 5 154 (1817)
   Silene graminifolia var. *parviflora* Fenzl, Fl. Ross. (Ledeb.) 1: 308 (1842)
   Silene tenuis Willd. var. *jenissea* Rohrb., Monogr. Silene 187 (1868)
   Silene fasciculata Nakai, Repert. Spec. Nov. Regni Veg. 13: 269 (1914)
   Silene pauciflora (F.N.Williams) Nakai, Bot. Mag. (Tokyo) 32: 32 (1918)
   Silene oliganthella Nakai, J. Jap. Bot. 16: 526 (1939)
   Silene tuvinica Sobolevsk., Sist. Zametki Mater. Gerb. Krylova Tomsk. Gosud. Univ.
   Kujbyseva 1953(1-2): 3 (1953)
   Silene jeniseensis Willd. var. *dasyphylla* (Turcz.) Kitag., Neolin. Fl. Manshur. 273 (1979)

Representative specimens; Chagang-do 22 July 1919 狼林山上 *Kajiwara, U Kajiwara140* 22 July 1916 狼林山 *Mori, T Mori s.n.* 11
July 1914 臥碣峰鷺峯 2200m *Nakai, T Nakai1512* **Hamgyong-bukto** 12 August 1933 渡正山 *Koidzumi, G Koidzumi s.n.* 31 August
1935 阿陽洞 *Saito, T T Saito s.n.* 10 June 1933 羅南 *Saito, T T Saito s.n.* September 1934 會寧 *Yoshimizu, K s.n.* 5 August 1939
頭流山 *Hozawa, S Hozawa s.n.* 5 August 1939 *Hozawa, S Hozawa s.n.* 26 July 1930 *Ohwi, J Ohwi s.n.* 26 July 1930 *Ohwi, J Ohwi s.n.*
15 July 1934 冠帽峰 *Kojima, K Kojima s.n.* 25 July 1918 雪嶺 *Nakai, T Nakai6897* 25 June 1930 雪嶺山上 *Ohwi, J Ohwi s.n.* 1 August
1914 富寧 *Ikuma, Y Ikuma s.n.* **Hamgyong-namdo** 16 August 1934 新角面北山 *Nomura, N Nomura s.n.* 25 July 1933 東上面遮日峯
Koidzumi, G Koidzumi s.n. 15 August 1936 赴戰高原 Fusenkogen *Nakai, T Nakai s.n.* 15 August 1935 赴戰高原咸地里 *Nakai, T*
Nakai15421 15 August 1935 赴戰高原 Fusenkogen *Nakai, T Nakai15422* 16 August 1935 赴戰高原 *Nakai, T Nakai15423* Type of
Silene oliganthella Nakai (Syntype TI)18 August 1935 東上面遮日峯 *Nakai, T Nakai15424* Type of *Silene oliganthella* Nakai (Syntype
TI)23 June 1932 東上面遮日峯 *Ohwi, J Ohwi s.n.* 15 August 1940 遮日峯 *Okuyama, S Okuyama s.n.* August 1936 *Soto, Y s.n.* 30 July
1939 Unknown *s.n.* 18 August 1934 東上面新洞上方 2100m *Yamamoto, A Yamamoto s.n.* **Kangwon-do** 1938 山林課元山出張所
Tsuya, S s.n. **P'yongan-bukto** 6 August 1935 妙香山 *Koidzumi, G Koidzumi s.n.* **Ryanggang** 15 August 1935 北水白山 *Hozawa, S*
Hozawa s.n. 20 August 1934 北水白山附近 *Kojima, K Kojima s.n.* 25 July 1930 桃花洞 *Ohwi, J Ohwi s.n.* 11 July 1917 胞胎山
Furumi, M Furumi 254 6 August 1916 白頭山 *Ichikawa, J s.n.* 13 August 1914 *Ikuma, Y Ikuma s.n.* 15 July 1935 小長白山 *Irie, Y s.n.*
August 1913 長白山 *Mori, T Mori360* 8 August 1914 白頭山 *Nakai, T Nakai4186* 26 July 1942 *Saito, T T Saito s.n.*

Silene koreana Kom., Trudy Imp. S.-Peterburgsk. Bot. Sada 18: 440 (1901)
Common name 끈끈이장구채
Distribution in Korea: North, Central

Representative specimens; Hamgyong-bukto 10 August 1933 渡正山門內 *Koidzumi, G Koidzumi s.n.* 21 August 1935 羅北 *Saito, T*
T Saito s.n. 5 August 1939 頭流山 *Hozawa, S Hozawa s.n.* 29 July 1935 甫上溫泉陽 *Saito, T T Saito s.n.* 23 July 1918 朱南面黃雪嶺
Nakai, T Nakai s.n. 25 July 1918 雪嶺 *Nakai, T Nakai s.n.* 13 August 1936 富寧上峴 - 石幕 *Saito, T T Saito s.n.* 3 August 1917 鷹洞

Furumi, M Furumi s.n. **Hamgyong-namdo** 17 August 1940 西湖津 *Okuyama, S Okuyama s.n.* Hamhung (咸興) *Nomura, N Nomura s.n.* 17 August 1934 富盛里 *Nomura, N Nomura s.n.* 15 August 1935 赴戰高原咸地里 *Nakai, T Nakai s.n.* 30 August 1934 東下面頭雲峯安基里 *Yamamoto, A Yamamoto s.n.* **Kangwon-do** 28 July 1916 長箭 *Nakai, T Nakai s.n.* 9 August 1916 金剛山長安寺附近森 *Nakai, T Nakai s.n.* 10 August 1902 墨浦洞 *Uchiyama, T Uchiyama s.n.* **P'yongan-namdo** 20 July 1916 黃玉峯 (黃處嶺?) *Mori, T Mori s.n.* **Rason** 12 August 1933 雄基 *Suzuki, T s.n.* **Ryanggang** 23 August 1914 Keizanchin (惠山鎭) *Ikuma, Y Ikuma s.n.* 25 August 1934 豐山郡熊耳面北水白山 *Yamamoto, A Yamamoto s.n.* 23 July 1914 李僧嶺 *Nakai, T Nakai s.n.* 25 June 1930 合水桃花洞 *Ohwi, J Ohwi s.n.* 3 August 1914 惠山鎭- 普天堡 *Nakai, T Nakai s.n.*

Silene macrostyla Maxim., Mem. Acad. Imp. Sci. St.-Petersbourg Divers Savans 9: 54 (1859)

Common name 층층대나물 (층층장구채)

Distribution in Korea: far North (Paekdu, Potae, Kwanmo, Gaema, Bujeon)
 Silene tatarica (L.) Pers. var. *macrostyla* (Maxim.) Regel, Bull. Soc. Imp. Naturalistes Moscou 29: 559 (1861)
 Silene foliosa Maxim. var. *macrostyla* (Maxim.) Rohrb., Linnaea 36: 683 (1870)

Representative specimens; Chagang-do 25 August 1897 小德川 (松德水河谷) *Komorov, VL Komaorv s.n.* **Hamgyong-bukto** 8 August 1935 羅南支庫 *Saito, T T Saito s.n.* 3 August 1917 鷹洞 *Furumi, M Furumi s.n.* **Hamgyong-namdo** 14 August 1943 赴戰高原元豊-道安 *Honda, M Honda s.n.* 27 July 1939 赴戰高原咸地里 *Kitamura, S Kitamura s.n.* 22 August 1932 蓋馬高原 *Kitamura, S Kitamura s.n.* 24 July 1933 東上面大漢垈里 *Koidzumi, G Koidzumi s.n.* 15 August 1935 赴戰高原咸地里 *Nakai, T Nakai s.n.* 16 August 1940 東上面漢垈里 *Okuyama, S Okuyama s.n.* **Rason** 11 May 1897 豆滿江三角洲-五宗洞 *Komorov, VL Komaorv s.n.* **Ryanggang** 2 August 1897 虛川江-五海江 *Komorov, VL Komaorv s.n.* 29 July 1897 安間嶺-同仁川 (同仁浦里?) *Komorov, VL Komaorv s.n.* 1 August 1897 虛川江 (同仁川) *Komorov, VL Komaorv s.n.* 29 July 1897 安間嶺-同仁川 (同仁浦里?) *Komorov, VL Komaorv s.n.* 9 August 1897 長津江下流域 *Komorov, VL Komaorv s.n.* 26 June 1897 内曲里 *Komorov, VL Komaorv s.n.* 28 July 1897 佳林里 *Komorov, VL Komaorv s.n.* 22 July 1897 *Komorov, VL Komaorv s.n.* 3 August 1914 惠山鎭- 普天堡 *Nakai, T Nakai s.n.* August 1913 長白山 *Mori, T Mori s.n.* 13 August 1914 Moho (茂峯)- 農事洞 *Nakai, T Nakai s.n.* 13 August 1914 *Nakai, T Nakai s.n.*

Silene myongcheonensis S.P.Hong & H.K.Moon, Novon 15: 145 (2005)

Common name 명천장구채

Distribution in Korea: North
 Melandrium umbellatum Nakai, Bot. Mag. (Tokyo) 33: 48 (1919)

Representative specimens; Hamgyong-bukto 4 August 1918 Mt. Chilbo at Myongch'on(七寶山) *Nakai, T Nakai6985* Type of *Melandrium umbellatum* Nakai (Holotype TI)

Silene noctiflora L., Sp. Pl. 419 (1753)

Common name 보리장구채 (말냉이장구채)

Distribution in Korea: North, Central
 Cucubalus noctiflorus (L.) Mill., Gard. Dict., ed. 8, Cucub. no. 8 (1768)
 Lychnis noctiflora (L.) Schreb., Spic. Fl. Lips. 31 (1771)
 Melandrium noctiflorum (L.) Fr., Bot. Not. 1843: 143 (1843)
 Elisanthe noctiflora (L.) Rupr., Fl. Ingr. [Ruprecht] 161 (1860)

Representative specimens; Hamgyong-namdo 5 August 1938 西閑面赤水里 *Jeon, SK JeonSK s.n.* 19 August 1935 道頭里 *Nakai, T Nakai15402* **Ryanggang** 15 August 1935 北水白山 *Hozawa, S Hozawa s.n.*

Silene repens Patrin, Syn. Pl. (Persoon) 1: 500 (1805)

Common name 오랑캐대나물 (오랑캐장구채)

Distribution in Korea: North
 Silene repens Patrin var. *angustifolia* Turcz. ex Regel, Bull. Soc. Imp. Naturalistes Moscou 11: 208 (1838)
 Silene purpurata Greene, Pittonia 2(11B): 229 (1892)
 Silene scouleri Hook. var. *costata* F.N.Williams, J. Linn. Soc., Bot. 32: 169 (1896)
 Silene fauriei H.Lév. & Vaniot, Repert. Spec. Nov. Regni Veg. 7: 200 (1909)
 Silene repens Patrin var. *australis* (C.L.Hitchc. & Maguire) C.L.Hitchc., Vasc. Pl. Pacific NorthW. 2: 292 (1964)
 Silene repens Patrin var. *glandulosa* Y.W.Cui & L.H.Zhou, Bull. Bot. Lab. N.E. Forest. Inst., Harbin 9: 58 (1980)
 Silene repens Patrin var. *sinensis* (F.N.Williams) C.L.Tang, Fl. Reipubl. Popularis Sin. 26: 292 (1996)

Representative specimens; **Chagang-do** 18 July 1914 大興里 *Nakai, T Nakai s.n.* **Hamgyong-bukto** 10 June 1933 羅南東南側山地 *Saito, T T Saito s.n.* 13 June 1933 羅南 *Saito, T T Saito s.n.* 8 July 1934 *Saito, T T Saito s.n.* 15 June 1909 Sungjin (城津) *Nakai, T Nakai s.n.* 13 July 1918 朱乙溫面鏡城外 *Nakai, T Nakai s.n.* 1 June 1930 鏡城 *Ohwi, J Ohwi s.n.* 6 July 1930 *Ohwi, J Ohwi s.n.* 30 May 1930 朱乙 *Ohwi, J Ohwi s.n.* July 1932 冠帽峰 *Ohwi, J Ohwi s.n.* 1 June 1930 鏡城 *Ohwi, J Ohwi s.n.* 30 May 1930 朱乙 *Ohwi, J Ohwi s.n.* 12 June 1930 鏡城 *Ohwi, J Ohwi s.n.* 5 July 1916 *Yamada, Y s.n.* 16 October 1938 熊店 *Saito, T T Saito s.n.* 17 June 1938 慶源郡龍德面 *Saito, T T Saito s.n.* **Hamgyong-namdo** 23 July 1916 赴戰高原寒泰嶺 *Mori, T Mori s.n.* **Kangwon-do** 8 June 1909 元山北方海岸 *Nakai, T Nakai s.n.* **P'yongan-bukto** 1 October 1911 朔州郡朔州 *Ishidoya, T Ishidoya s.n.* 6 August 1912 雲山郡豊場 *Imai, H Imai s.n.* **Rason** 28 May 1930 獨津海岸 *Ohwi, J Ohwi s.n.* 7 July 1936 新興 *Saito, T T Saito s.n.* **Ryanggang** 26 July 1914 三水- 惠山鎮 *Nakai, T Nakai s.n.* 1 August 1897 虛川江 (同仁川) *Komarov, VL Komaorv s.n.* 8 July 1897 羅暖堡 *Komarov, VL Komaorv s.n.* 31 July 1917 白頭山 *Furumi, M Furumi s.n.* 13 August 1913 *Hirai, H Hirai s.n.* 13 August 1914 *Ikuma, Y Ikuma s.n.* August 1913 長白山 *Mori, T Mori s.n.* August 1913 *Mori, T Mori s.n.* 10 August 1914 白頭山 *Nakai, T Nakai s.n.* 30 July 1933 *Saito, T T Saito s.n.*

Silene seoulensis Nakai, J. Coll. Sci. Imp. Univ. Tokyo 26: 77 (1909)

Common name 가는장구채

Distribution in Korea: Central, South

Silene yanoei Makino, Ill. Fl. Japan 2: 9 (1891)
Melandrium seoulense (Nakai) Nakai ex Mori, Enum. Pl. Corea 145 (1922)
Melandrium seoulense (Nakai) Nakai var. *ramosum* Nakai, J. Jap. Bot. 13: 872 (1937)

Representative specimens; **Hwanghae-namdo** 26 August 1943 長壽山 *Furusawa, I Furusawa s.n.* 29 July 1935 *Koidzumi, G Koidzumi s.n.* April 1931 載寧 *Smith, RK Smith s.n.*

Spergula L.
Spergula arvensis L., Sp. Pl. 440 (1753)

Common name 들개미자리

Distribution in Korea: Introduced (North, Central, Jeju; Eurasia)

Spergula vulgaris Boenn., Prodr. Fl. Monast. Westphal. 135 (1824)
Spergula maxima Weihe ex Boenn., Prodr. Fl. Monast. Westphal. 136 (1824)
Spergula linicola Boreau, Mem. Soc. Acad. Maine Loire 20: 14 (1865)
Spergularia maxima (Weihe ex Boenn.) G.Don, Hort. Brit. (Sweet) (ed. 3) 69 (1939)

Spergularia (Pers.) J.Presl & C.Presl
Spergularia marina (L.) Besser, Enum. Pl. (Besser) 97 (1822)

Common name 갯개미자리

Distribution in Korea: North, Central, South, Jeju

Arenaria rubra L. var. *marina* L., Sp. Pl. 423 (1753)
Arenaria marina (L.) All., Fl. Pedem. 2: 114 (1785)
Spergularia salina J.Presl & C.Presl, Fl. Cech. 95 (1819)
Arenaria salina (J.Presl & C.Presl) Ser., Prodr. (DC.) 1: 401 (1824)
Spergula marina (L.) Bartl. & H.L.Wendl., Beitr. Bot. 2: 64 (1825)
Spergula salina (J.Presl & C.Presl) D.Dietr., Sp. Pl. (ed. 6) 2: 1598 (1831)
Tissa salina Britton, Bull. Torrey Bot. Club 16: 127 (1889)
Spergula coreana H.Lév., Repert. Spec. Nov. Regni Veg. 11: 495 (1913)
Tissa coreana (H.Lév.) Nakai, Bot. Mag. (Tokyo) 48: 775 (1934)
Spergularia salina J.Presl & C.Presl var. *asiatica* H.Hara, J. Jap. Bot. 13: 171 (1937)
Spergularia marina (L.) Besser var. *asiatica* (H.Hara) H.Hara, J. Jap. Bot. 17: 24 (1941)

Representative specimens; **Hamgyong-bukto** 21 June 1909 輸城 *Nakai, T Nakai s.n.* Type of *Tissa fauriei* Nakai (Syntype TI)11 July 1930 鏡城海岸 *Ohwi, J Ohwi s.n.* 11 July 1930 Kyonson 鏡城 *Ohwi, J Ohwi s.n.* **Hamgyong-namdo** 10 June 1909 鎭江 *Nakai, T Nakai s.n.* Type of *Tissa fauriei* Nakai (Syntype TI) **Hwanghae-namdo** 24 July 1929 夢金浦 *Nakai, T Nakai s.n.*

Stellaria L.
Stellaria alsine Grimm, Nova Acta Phys.-Med. Acad. Caes. Leop.-Carol. Nat. Cur. 3: 313 (1767)

Common name 벼룩나물

Distribution in Korea: North, Central, South, Jeju, Ulleung

Stellaria uliginosa Murray, Prodr. Stirp. Gott. 55 (1770)
Stellaria undulata Thunb., Fl. Jap. (Thunberg) 185 (1784)
Stellaria uliginosa Murray var. *undulata* (Thunb.) Fenzl, Fl. Ross. (Ledeb.) 1: 393 (1842)
Stellaria japonica Miq., Ann. Mus. Bot. Lugduno-Batavi 2: 79 (1865)
Stellaria fauriei Gand., Bull. Soc. Bot. France 60: 456 (1913)
Stellaria alsine Grimm var. *phaenopetala* Hand.-Mazz., Symb. Sin. 7: 192 (1929)
Stellaria alsine Grimm var. *undulata* (Thunb.) Ohwi, Acta Phytotax. Geobot. 10: 136 (1941)

Representative specimens; Hamgyong-bukto 20 June 1909 輸城 *Nakai, T Nakai s.n.* 25 May 1930 鏡城 *Ohwi, J Ohwi s.n.* 25 May 1930 *Ohwi, J Ohwi s.n.* 29 May 1934 朱乙溫 *Saito, T T Saito s.n.* 28 July 1936 茂山 *Saito, T T Saito s.n.* 11 June 1897 西溪水 *Komarov, VL Komarov s.n.* **Hamgyong-namdo** 10 August 1933 北靑郡德城 *Kim, KB s.n.* 18 August 1935 赴戰高原 Fusenkogen *Nakai, T Nakai s.n.* **Kangwon-do** 29 July 1916 海金剛 *Nakai, T Nakai s.n.* **P'yongyang** 5 May 1912 P'yongyang (平壤) *Imai, H Imai s.n.* **Rason** 4 June 1930 西水羅 *Ohwi, J Ohwi s.n.* 4 June 1930 *Ohwi, J Ohwi s.n.* **Ryanggang** 8 July 1897 羅暖堡 *Komarov, VL Komarov s.n.* 30 May 1897 延面水河谷-古倉坪 *Komarov, VL Komarov s.n.* **Sinuiju** 25 April 1917 新義州 *Furumi, M Furumi s.n.*

Stellaria aquatica (L.) Scop., Fl. Carniol., ed. 2 319 (1771)

Common name 쇠별꽃

Distribution in Korea: North, Central, South, Ulleung
Cerastium aquaticum L., Sp. Pl. 439 (1753)
Stellaria aquatica (L.) Scop., Fl. Carniol., ed. 2 319 (1771)
Myosoton aquaticum (L.) Moench, Methodus (Moench) 225 (1794)
Malachium aquaticum (L.) Fr., Fl. Hall. 78 (1817)

Representative specimens; Chagang-do 15 August 1911 Kang-gei(Kokai 江界) *Mills, RG Mills s.n.* **Hamgyong-bukto** 10 October 1935 羅南 *Saito, T T Saito s.n.* 16 August 1936 富寧靑岩 - 水坪 *Saito, T T Saito s.n.* 15 June 1930 茂山嶺 *Ohwi, J Ohwi s.n.* 14 August 1933 朱乙溫泉朱乙山 *Koidzumi, G Koidzumi s.n.* 12 June 1930 鏡城 *Ohwi, J Ohwi s.n.* 12 June 1930 Ohwi, *J Ohwi s.n.* **Hwanghae-bukto** 29 May 1939 白川邑 *Hozawa, S Hozawa s.n.* **Hwanghae-namdo** 28 July 1929 長淵郡長山串 *Nakai, T Nakai s.n.* 14 July 1922 Sorai Beach 九味浦 *Mills, RG Mills s.n.* **Kangwon-do** 21 October 1931 Mt. Kumgang (金剛山) *Takeuchi, T s.n.* 20 August 1902 Uchiyama, *T Uchiyama s.n.* 6 August 1932 元山葛麻 *Kitamura, S Kitamura s.n.* 6 August 1932 元山 *Kitamura, S Kitamura s.n.* **P'yongan-namdo** 17 July 1916 加音嶺 *Mori, T Mori s.n.* 15 June 1928 陽德 *Nakai, T Nakai s.n.* **P'yongyang** 28 May 1911 P'yongyang (平壤) *Imai, H Imai s.n.* **Ryanggang** 23 August 1914 Keizanchin(惠山鎭) *Ikuma, Y Ikuma s.n.* 1 July 1897 五是川雲寵江 -崔五峰 *Komarov, VL Komarov s.n.* 8 July 1897 羅暖堡 *Komarov, VL Komarov s.n.* July 1943 延岩 *Uchida, H Uchida s.n.* 21 July 1897 佳林里(鴨綠江上流) *Komarov, VL Komarov s.n.*

Stellaria bungeana Fenzl, Fl. Ross. (Ledeb.) 1(2): 376 (1842)

Common name 큰별꽃 (벼룩나물)

Distribution in Korea: North (Gaema, Bujeon, Rangrim)
Stellaria nemorum L. var. *stubendorfii* Regel, Bull. Soc. Imp. Naturalistes Moscou 35: 270 (1862)

Representative specimens; Chagang-do 22 July 1914 山羊 -江口 *Nakai, T Nakai s.n.* **Hamgyong-bukto** 4 June 1937 輸城 *Saito, T T Saito s.n.* 21 May 1897 茂山嶺-蕨坪(照日洞) *Komarov, VL Komarov s.n.* 23 June 1909 茂山嶺 *Nakai, T Nakai s.n.* 15 June 1930 Ohwi, *J Ohwi s.n.* 18 July 1918 朱乙溫面甫上洞新人谷 *Nakai, T Nakai s.n.* 23 June 1935 梧上洞 *Saito, T T Saito s.n.* 3 August 1914 車踰嶺 *Ikuma, Y Ikuma s.n.* 29 May 1897 釜所哥谷 *Komarov, VL Komarov s.n.* 12 June 1897 西溪水 *Komarov, VL Komarov s.n.* 17 June 1930 四芝嶺 *Ohwi, J Ohwi s.n.* **Rason** 30 June 1938 松眞山 *Saito, T T Saito s.n.* **Ryanggang** 19 July 1897 Keizanchin(惠山鎭) *Komarov, VL Komarov s.n.* 7 July 1897 梨方洞(鴨綠江羅暖堡) *Komarov, VL Komarov s.n.* 5 August 1897 白山嶺 *Komarov, VL Komarov s.n.* 15 August 1897 蓮坪-厚州川-厚州古邑 *Komarov, VL Komarov s.n.* 16 August 1897 大羅信洞 *Komarov, VL Komarov s.n.* 20 August 1897 內洞-河山嶺 *Komarov, VL Komarov s.n.* 21 July 1915 長蛇洞 *Nakai, T Nakai s.n.* 7 August 1897 上巨里水 *Komarov, VL Komarov s.n.* 18 June 1897 三社面延岩(西溪水河谷-阿武山) *Komarov, VL Komarov s.n.* 28 June 1897 栢德嶺 *Komarov, VL Komarov s.n.* August 1913 崔哥嶺 *Mori, T Mori s.n.* 1 June 1897 古倉坪-四芝坪 (延面水河谷) *Komarov, VL Komarov s.n.*

Stellaria ebracteata Kom., Trudy Imp. S.-Peterburgsk. Bot. Sada 18: 441 (1901)

Common name 그늘별꽃

Distribution in Korea: North

Representative specimens; Hamgyong-bukto 12 June 1897 西溪水 *Komarov, VL Komarov s.n.* Type of *Stellaria ebracteata* Kom. (Syntype LE) **Hamgyong-namdo** 20 June 1932 東上面元豊里 *Ohwi, J Ohwi s.n.* **P'yongan-namdo** 9 June 1935 黃草嶺 *Nomura, N Nomura s.n.*

Stellaria filicaulis Makino, Bot. Mag. (Tokyo) 15: 113 (1901)

Common name 실별꽃

Distribution in Korea: North, Central
  Stellaria jaluana Nakai, Repert. Spec. Nov. Regni Veg. 13: 269 (1914)
  Stellaria neopalustris Kitag., J. Jap. Bot. 24: 88 (1949)
  Stellaria filipes Popov, Bot. Mater. Gerb. Bot. Inst. Komarova Akad. Nauk S.S.S.R. 18: 4 (1957)
  Stellaria filicaulis Makino f. *jaluana* (Nakai) Kitag., Neolin. Fl. Manshur. 277 (1979)

Representative specimens; **Hamgyong-bukto** 26 May 1930 鏡城 *Ohwi, J Ohwi s.n.* 12 June 1930 Ohwi, *J Ohwi s.n.* 12 June 1930 Ohwi, *J Ohwi s.n.* **Hamgyong-namdo** 29 June 1940 定平郡宣德面 *Kim, SK s.n.* **Kangwon-do** 8 June 1909 元山德原 *Nakai, T Nakai s.n.* **Rason** 6 June 1930 西水羅 *Ohwi, J Ohwi s.n.* 6 June 1930 Ohwi, *J Ohwi s.n.* **Ryanggang** 15 August 1935 北水白山 *Hozawa, S Hozawa s.n.* 4 August 1939 大澤濕地 *Hozawa, S Hozawa s.n.* August 1913 長白山 *Mori, T Mori s.n.* **Sinuiju** July 1941 新義州 *Tatsuzawa, S s.n.*

Stellaria longifolia Muhl. ex Willd., Enum. Pl. (Willdenow) 0: 479 (1809)

Common name 긴잎별꽃

Distribution in Korea: North (Gaema, Bujeon)
  Stellaria diffusa Pall. ex Schltdl., Ges. Naturf. Freunde Berlin Mag. Neuesten Entdeck. Gesammten Naturk. 7: 195 (1815)
  Stellaria mosquensis M.Bieb. ex Schltdl., Ges. Naturf. Freunde Berlin Mag. Neuesten Entdeck. Gesammten Naturk. 7: 195 (1816)
  Stellaria friesiana Ser., Prodr. (DC.) 1: 397 (1824)
  Stellaria longifolia Muhl. ex Willd. var. *legitima* Regel, Bull. Soc. Imp. Naturalistes Moscou 35: 407 (1862)
  Stellaria diversiflora Maxim., Bull. Acad. Imp. Sci. Saint-Pétersbourg 18: 379 (1873)
  Stellaria diandra Maxim., Bull. Acad. Imp. Sci. Saint-Pétersbourg 18: 379 (1873)
  Stellaria diversiflora Maxim. var. *diandra* (Maxim.) Makino, Bot. Mag. (Tokyo) 10: 108 (1896)
  Stellaria atrata (J.W.Moore) B.Boivin, Svensk Bot. Tidskr. 47: 44 (1953)
  Stellaria diffusa Pall. ex Schltdl. var. *ciliolata* Kitag., J. Jap. Bot. 29: 167 (1954)

Representative specimens; **Chagang-do** 15 June 1911 Kang-gei(Kokai 江界) *Mills, RG Mills305* **Hamgyong-bukto** 7 July 1935 羅南 *Saito, T T Saito s.n.* 2 June 1933 羅南西北側 *Saito, T T Saito s.n.* 28 May 1937 輸城 *Saito, T T Saito s.n.* 18 August 1936 富寧水坪 - 西里洞 *Saito, T T Saito s.n.* 26 May 1930 鏡城 *Ohwi, J Ohwi s.n.* July 1932 冠帽峰 *Ohwi, J Ohwi s.n.* 12 June 1930 鏡城 *Ohwi, J Ohwi s.n.* 26 May 1930 *Ohwi, J Ohwi s.n.* 14 June 1930 *Ohwi, J Ohwi s.n.* 25 May 1930 城川江-茂山 *Komarov, VL Komaorv s.n.* 7 June 1936 茂山 *Minamoto, M s.n.* 20 June 1909 富寧 *Nakai, T Nakai s.n.* 20 June 1909 *Nakai, T Nakai s.n.* **Hamgyong-namdo** 23 July 1916 赴戰高原寒泰嶺 *Mori, T Mori s.n.* 15 June 1932 下碣隅里 *Ohwi, J Ohwi s.n.* 25 July 1933 東上面遮日峯 *Koidzumi, G Koidzumi s.n.* 16 August 1935 赴戰高原 Fusenkogen *Nakai, T Nakai s.n.* 25 July 1935 西於水里 *Nomura, N Nomura s.n.* 20 June 1932 東上面元豐里 *Ohwi, J Ohwi s.n.* 14 August 1940 赴戰高原雲水嶺 *Okuyama, S Okuyama s.n.* **Ryanggang** 18 July 1897 Keizanchin(惠山鎭) *Komarov, VL Komaorv s.n.* 14 June 1897 西溪水-延岩 *Komarov, VL Komaorv s.n.* 22 June 1930 金坪嶺 *Ohwi, J Ohwi s.n.* 22 June 1930 *Ohwi, J Ohwi s.n.* 31 July 1930 醬池 *Ohwi, J Ohwi s.n.* 19 August 1914 崔哥嶺 *Ikuma, Y Ikuma s.n.* 26 June 1897 內曲里 *Komaorv s.n.* August 1913 長白山 *Mori, T Mori s.n.* August 1913 *Mori, T Mori s.n.* 5 August 1914 胞胎山寶泰洞 *Nakai, T Nakai s.n.* 30 May 1897 延面水河谷-古倉坪 *Komarov, VL Komaorv s.n.*

Stellaria media (L.) Vill., Hist. Pl. Dauphine 3: 615 (1789)

Common name 별꽃

Distribution in Korea: North, Central, South, Jeju, Ulleung
  Alsine media L., Sp. Pl. 272 (1753)
  Stellaria modesta Fenzl, Natuurk. Tijdschr. Ned.-Indië 14: 165 (1857)
  Stellaria sessiliflora Y.Yabe, Bot. Mag. (Tokyo) 17: 194 (1903)
  Stellaria media (L.) Vill. var. *minor* Makino, J. Jap. Bot. 3: 2 (1926)
  Stellaria xanthanthera Pobed., Izv. Glavn. Bot. Sada SSSR 28: 583 (1929)
  Stellaria minor (Makino) Honda, Bot. Mag. (Tokyo) 56: 14 (1942)

Representative specimens; **Ryanggang** 3 August 1914 Keizanchin(惠山鎭) Nakai, *T Nakai s.n.* 3 July 1897 三水邑-上水隅理 *Komarov, VL Komaorv s.n.*

Stellaria radians L., Sp. Pl. 422 (1753)

Common name 왕별꽃

Distribution in Korea: North (Chagang, Ryanggang, Hamgyong)
  Cerastium fimbriatum Ledeb., Mem. Acad. Imp. Sci. St. Petersbourg Hist. Acad. 5: 540 (1815)
  Stellaria radians L. var. *ovato-oblonga* Koidz., J. Coll. Sci. Imp. Univ. Tokyo 27: 57 (1910)
  Stellaria radians L. f. *fimbriata (ledeb.) kitag*, Neolin. Fl. Manshur. 278 (1979)

Representative specimens; Chagang-do 15 August 1912 Chosan(楚山) *Imai, H Imai s.n.* 11 August 1911 Kang-gei(Kokai 江界) *Mills, RG Mills402* **Hamgyong-bukto** 17 June 1909 清津 *Nakai, T Nakai s.n.* 9 September 1933 羅南西側 *Saito, T T Saito s.n.* 4 June 1902 羅南 *Unknown s.n.* 9 August 1934 東村 *Uozumi, H Uozumi s.n.* 6 August 1933 會寧 *Koidzumi, G Koidzumi s.n.* 17 July 1918 朱乙溫面 *Nakai, T Nakai s.n.* 14 June 1930 鏡城 *Ohwi, J Ohwi s.n.* 5 July 1933 南下石山 *Saito, T T Saito s.n.* 19 June 1938 穩城郡甑山 *Saito, T T Saito s.n.* **Hamgyong-namdo** 27 August 1897 小德川 *Komarov, VL Komaorv s.n.* **Rason** 6 June 1930 西水羅 *Ohwi, J Ohwi s.n.* 11 May 1897 豆滿江三角洲-五宗洞 *Komarov, VL Komaorv s.n.* **Ryanggang** 23 August 1914 Keizanchin(惠山鎭) *Ikuma, Y Ikuma s.n.* 18 July 1897 *Komarov, VL Komaorv s.n.* 15 August 1897 蓮坪-厚州川-厚州古邑 *Komarov, VL Komaorv s.n.* 19 August 1897 葡坪 *Komarov, VL Komaorv s.n.* 4 July 1897 上水隅理 *Komarov, VL Komaorv s.n.* 3 August 1914 普天堡 *Nakai, T Nakai s.n.* 13 August 1914 Moho (茂峯)- 農事洞 *Nakai, T Nakai s.n.*

Vaccaria **Wolf**
Vaccaria hispanica (Mill.) Rauschert, Wiss. Z. Martin-Luther-Univ. Halle-Wittenberg, Math.-Naturwiss. Reihe 14: 496 (1965)

Common name 말뱅이나물

Distribution in Korea: North, Central, South
  Saponaria vaccaria L., Sp. Pl. 409 (1753)
  Saponaria hispanica Mill., Gard. Dict., ed. 8 Errat. (1768)
  Saponaria segetalis Neck., Delic. Gallo-Belg. 1: 194 (1768)
  Vaccaria pyramidata Medik., Philos. Bot. (Medikus) 1: 96 (1789)
  Vaccaria vulgaris Host, Fl. Austriac. 1: 518 (1827)
  Vaccaria segetalis Garcke ex Asch., Fl. Brandenburg 1: 84 (1860)

Representative specimens; P'yongyang 7 June 1912 P'yongyang (平壤) *Imai, H Imai s.n.*

POLYGONACEAE

Aconogonon **(Meisn.) & Rchb.**
Aconogonon ajanense (Regel & Tiling) H.Hara, Fl. E. Himalaya 631 (1966)

Common name 긴개싱아

Distribution in Korea: North
  Polygonum polymorphum Ledeb. var. *ajanense* Regel & Tiling, Fl. Ajan. 116 (1858)
  Pleuropteropyrum ajanense (Regel & Tiling) Nakai, Rep. Veg. Daisetsu Mts. 46 (1930)
  Polygonum ajanense (Regel & Tiling) Grig., Fl. URSS 5: 666, pl. 46, f. 2 (1936)

Representative specimens; Hamgyong-namdo 25 July 1933 東上面遮日峯 *Koidzumi, G Koidzumi s.n.* 17 August 1935 遮日峯 *Nakai, T Nakai s.n.* 15 August 1940 *Okuyama, S Okuyama s.n.* 15 August 1940 *Okuyama, S Okuyama s.n.* 21 August 1934 遮日峯附近 *Yamamoto, A Yamamoto s.n.* **Hwanghae-namdo** 26 August 1943 長壽山 *Furusawa, I Furusawa s.n.* **Kangwon-do** 1938 山林課元山出張所 *Tsuya, S s.n.* **Ryanggang** 15 August 1935 北水白山 *Hozawa, S Hozawa s.n.* 31 July 1917 白頭山 *Furumi, M Furumi s.n.* 13 August 1913 *Hirai, H Hirai s.n.* 13 August 1914 *Ikuma, Y Ikuma s.n.* 1 August 1934 小長白山 *Kojima, K Kojima s.n.* August 1913 長白山 *Mori, T Mori s.n.* 10 August 1914 白頭山 *Nakai, T Nakai s.n.* 7 August 1914 虛項嶺-神武城 *Nakai, T Nakai s.n.* 26 July 1942 白頭山- 無頭峯 *Saito, T T Saito s.n.* 29 July 1942 白頭山大將峰 *Saito, T T Saito s.n.*

Aconogonon alpinum (All.) Schur, Sert. Fl. Transsilv. 64 (1853)

Common name 싱아

Distribution in Korea: North, Central, South
  Polygonum polymorphum Ledeb.Ledeb. var. *alpinum* Ledeb.
  Polygonum alpinum All., Auct. Syn. Meth. Stirp. Hort. Regii Taur. 42 (1773)

Polygonum undulatum Murray, Novi Comment. Soc. Regiae Sci. Gott. 5: 34 (1774)
Polygonum diffusum Pall. ex Spreng., Syst. Veg. (ed. 16) [Sprengel] 2: 255 (1825)
Gononcus undulatus Raf., Fl. Tellur. 3: 16 (1837)
Polygonum polymorphum Ledeb., Fl. Ross. (Ledeb.) 3(2, 10): 524 (1850)
Polygonum weyrichii F.Schmidt var. *alpinum* (All.) Maxim. ex Franch. & Sav., Enum. Pl. Jap.
1: 402 (1875)
Persicaria alpina (All.) H.Gross, Bull. Acad. Int. Geogr. Bot. 23: 31 (1913)
Persicaria undulata (Raf.) H.Gross, Beih. Bot. Centralbl. 37: 114 (1919)
Aconogonon polymorphum (Ledeb.) Nakai, Enum. Pl. Corea 129 (1922)
Pleuropteropyrum jeholense Kitag., Rep. Exped. Manchoukuo Sect. IV, Pt. 4, Index Fl.
Jeholensis 12 (1936)

Representative specimens; Hamgyong-bukto 11 August 1907 茂山嶺 *Maeda, K s.n.* 18 August 1914 茂山東下面 *Nakai, T Nakai s.n.* 26 July 1930 頭流山 *Ohwi, J Ohwi s.n.* 21 July 1918 朱乙溫面甫上洞 *Nakai, T Nakai s.n.* August 1913 茂山 *Mori, T Mori s.n.* 25 June 1930 雪嶺 *Ohwi, J Ohwi s.n.* 2 August 1914 富寧 *Ikuma, Y Ikuma s.n.* 27 August 1914 黃句基 *Nakai, T Nakai s.n.* **Hamgyong-namdo** 15 August 1940 遮日峯 *Okuyama, S Okuyama s.n.* 19 August 1943 千佛山 *Honda, M Honda s.n.* **Hwanghae-namdo** 29 July 1921 Sorai Beach 九味浦 *Mills, RG Mills s.n.* 24 July 1929 夢金浦 *Nakai, T Nakai s.n.* **Kangwon-do** 5 August 1932 元山 *Kitamura, S Kitamura s.n.* **P'yongyang** 26 May 1912 大聖山 *Imai, H Imai s.n.* **Rason** 6 June 1930 西水羅 *Ohwi, J Ohwi s.n.* **Ryanggang** 15 August 1935 北水白山 *Hozawa, S Hozawa s.n.* 23 June 1930 倉坪延岩洞間 *Ohwi, J Ohwi s.n.* 24 July 1930 含山嶺 *Ohwi, J Ohwi s.n.* 25 July 1930 桃花洞 *Ohwi, J Ohwi s.n.*

Aconogonon brachytrichum (Ohwi) Soják, Preslia 46: 151 (1974)
Common name 털싱아
Distribution in Korea: North
Polygonum brachytrichum Ohwi, Acta Phytotax. Geobot. 7: 129 (1935)

Representative specimens; Hamgyong-bukto 6 August 1933 茂山嶺 *Koidzumi, G Koidzumi s.n.* 12 June 1930 Kyonson 鏡城 *Ohwi, J Ohwi s.n.* 19 August 1934 鏡城街道 *Saito, T T Saito935* 30 July 1936 延上面九州帝大北鮮演習林 *Saito, T T Saito s.n.* 22 August 1933 富寧古茂山 *Koidzumi, G Koidzumi s.n.* 22 August 1933 *Koidzumi, G Koidzumi s.n.* Type of *Polygonum brachytrichum* Ohwi (Holotype KYO)

Aconogonon divaricatum (L.) Nakai ex T. Mori, Enum. Pl. Corea 129 (1922)
Common name 왜개싱아
Distribution in Korea: North, Central
Polygonum divaricatum L., Sp. Pl. 363 (1753)
Persicaria divaricata (L.) H.Gross, Bull. Acad. Int. Geogr. Bot. 23: 29 (1913)
Pleuropteropyrum divaricatum (L.) Nakai, Rigakkwai 24: 8 (1926)

Representative specimens; Chagang-do 30 August 1897 慈城江 *Komarov, VL Komaorv s.n.* **Hamgyong-bukto** 10 June 1897 西溪水 *Komarov, VL Komaorv s.n.* 12 June 1897 *Komarov, VL Komaorv s.n.* **Hamgyong-namdo** 27 August 1897 小德川 *Komarov, VL Komaorv s.n.* 16 August 1934 新角面北山 *Nomura, N Nomura s.n.* **Kangwon-do** 18 August 1932 安邊郡衛益面三防 *Koidzumi, G Koidzumi s.n.* 10 August 1932 元山 *Kitamura, S Kitamura s.n.* **Nampo** 1 October 1911 Chinnampo 鎮南浦 *Imai, H Imai s.n.* **P'yongan-bukto** 11 August 1935 義州金剛山 *Koidzumi, G Koidzumi s.n.* 28 September 1912 白礬山 *Ishidoya, T Ishidoya s.n.* **Ryanggang** 1 August 1897 虛川江 (同仁川) *Komarov, VL Komaorv s.n.* 21 August 1897 subdist. Chu-czan, flumen Amnok-gan *Komarov, VL Komaorv s.n.* 19 August 1897 葡坪 *Komarov, VL Komaorv s.n.* 8 August 1897 上巨里水-院巨里水 *Komarov, VL Komaorv s.n.* 23 June 1930 倉坪延岩洞間 *Ohwi, J Ohwi s.n.* 30 June 1897 雲寵堡 *Komarov, VL Komaorv s.n.*

Aconogonon limosum (Kom.) H.Hara, Fl. E. Himalaya 632 (1966)
Common name 산바위싱아
Distribution in Korea: North
Polygonum divaricatum L. var. *limosum* Kom., Trudy Imp. S.-Peterburgsk. Bot. Sada 22: 135 (1904)
Polygonum limosum (Kom.) Kom., Izv. Imp. Bot. Sada Petra Velikago 16: 165 (1916)
Pleuropteropyrum limosum (Kom.) Kitag., Lin. Fl. Manshur. 182 (1939)

Representative specimens; Hamgyong-bukto 26 July 1930 頭流山 *Ohwi, J Ohwi s.n.* July 1932 冠帽峰 *Ohwi, J Ohwi s.n.* 21 July 1933 *Saito, T T Saito s.n.* 25 June 1930 雪嶺 *Ohwi, J Ohwi s.n.* **Hamgyong-namdo** 17 June 1932 東白山 *Ohwi, J Ohwi s.n.* 25 July 1933 東上面遮日峯 *Koidzumi, G Koidzumi s.n.* 24 July 1933 東上面大漢垈里 *Koidzumi, G Koidzumi s.n.* 26 July 1935 Donha-myeon Unsan-ri (東下面雲山里) *Nomura, N Nomura s.n.* 20 June 1932 東上面元豊里 *Ohwi, J Ohwi s.n.* **Kangwon-do** August 1901 Nai Piang *Faurie, UJ Faurie s.n.* **Rason** 6 June 1930 西水羅 *Ohwi, J Ohwi s.n.* **Ryanggang** 24 July 1930 含山嶺 *Ohwi, J Ohwi s.n.*

Aconogonon microcarpum (Kitag.) H.Hara, Fl. E. Himalaya 632 (1966)

Common name 참개승아 (참개싱아)

Distribution in Korea: North, Central, Endemic

 Pleuropteropyrum microcarpum Kitag., Bot. Mag. (Tokyo) 50: 73 (1936)

Representative specimens; Hamgyong-bukto 1 August 1914 清津 *Ikuma, Y Ikuma s.n.* **Hamgyong-namdo** 19 August 1935 道頭里 *Nakai, T Nakai s.n.* 15 August 1935 東上面漢岱里 *Nakai, T Nakai s.n.* 18 August 1935 遮日峯南斜面 *Nakai, T Nakai s.n.* 15 August 1936 赴戰高原 Fusenkogen *Nakai, T Nakai s.n.* **Kangwon-do** 13 August 1916 金剛山表訓寺附近--長淵里 *Nakai, T Nakai s.n.* 8 August 1916 長淵里 *Nakai, T Nakai s.n.* 13 August 1902 長淵里近傍 *Uchiyama, T Uchiyama s.n.* 18 August 1930 Sachang-ri (社倉里) *Nakai, T Nakai s.n.* **Ryanggang** 8 August 1897 上巨里水-院巨里水 *Komarov, VL Komaorv s.n.* Type of *Pleuropteropyrum microcarpum* Kitag. (Isotype LE)

Aconogonon mollifolium (Kitag.) H.Hara, Fl. E. Himalaya 632 (1966)

Common name 얇은잎개싱아 (얇은개싱아)

Distribution in Korea: North (Bujeon, Gaema)

 Pleuropteropyrum mollifolium Kitag., Bot. Mag. (Tokyo) 50: 75 (1936)

Representative specimens; Chagang-do 22 July 1919 狼林山上 *Kajiwara, U Kajiwara194* 22 July 1916 狼林山 *Mori, T Mori s.n.* 22 July 1916 *Mori, T Mori s.n.* 22 July 1916 *Mori, T Mori14* Type of *Pleuropteropyrum mollifolium* Kitag. (Syntype TI)22 July 1916 *Mori, T Mori15* Type of *Pleuropteropyrum mollifolium* Kitag. (Syntype TI) **Hamgyong-bukto** 19 July 1918 冠帽山 1500m *Nakai, T Nakai s.n.* **Hamgyong-namdo** 5 August 1938 西閑面赤水里 *Jeon, SK JeonSK s.n.* 17 August 1935 遮日峯 *Nakai, T Nakai s.n.* 15 August 1935 東上面漢岱里 *Nakai, T Nakai s.n.* **Ryanggang** 11 July 1917 胞胎山中腹以下 *Furumi, M Furumi*

Bistorta Scop.

Bistorta alopecuroides (Turcz. ex Besser) Kom., Bot. Mater. Gerb. Glavn. Bot. Sada SSSR 6: 3 (1926)

Common name 둑새풀범꼬리 (가는범꼬리)

Distribution in Korea: North, Central, South, Jeju

 Polygonum alopecuroides Turcz. ex Besser, Flora 17(1 Beibl.): 23 (1834)

 Polygonum bistorta L. var. *longifolium* Fisch. & C.A.Mey., Index Seminum [St.Petersburg (Petropolitanus)] 40 (1838)

 Polygonum bistorta L. var. *graminifolium*Turcz., Fl. Baical.-dahur. 2: 59 (1856)

 Bistorta vulgaris Hill var. *angustifolia* H.Gross, Bull. Acad. Int. Geogr. Bot. 23: 17 (1913)

Bistorta incana (Nakai) Nakai ex T. Mori, Enum. Pl. Corea 130 (1922)

Common name 흰범꼬리

Distribution in Korea: North, Central, South

 Polygonum bistorta L. var. *incana* Nakai, Fl. Kor. 2: 168 (1911)

Representative specimens; Hamgyong-bukto 23 July 1918 朱南面黃雪嶺 *Nakai, T Nakai6957* 25 July 1918 雪嶺 *Nakai, T Nakai7151* **Hamgyong-namdo** 15 August 1935 東上面漢岱里 *Nakai, T Nakai15376* **Kangwon-do** July 1932 Mt. Kumgang (金剛山) *Smith, RK Smith63*

Bistorta manshuriensis (Petrov ex Kom.) Kom., Bot. Mater. Gerb. Glavn. Bot. Sada RSFSR 6: 3 (1926)

Common name 만주범꼬리 (범꼬리)

Distribution in Korea: North, Central

 Polygonum manshuriense Petrov ex Kom., Trudy Imp. S.-Peterburgsk. Bot. Sada 1.625: 55 (1923)

Representative specimens; Chagang-do 22 July 1916 狼林山 *Mori, T Mori s.n.* 1 July 1914 北上面 *Nakai, T Nakai9070* **Hamgyong-bukto** 12 August 1933 渡正山 *Koidzumi, G Koidzumi s.n.* 8 July 1936 鐘城郡鶴浦- 行營 *Saito, T T Saito2558* 26 July 1930 頭流山 *Ohwi, J Ohwi s.n.* July 1932 冠帽峰 *Ohwi, J Ohwi s.n.* 21 July 1933 *Saito, T T Saito742* 1 July 1936 九德洞 *Saito, T T Saito2840* 21 June 1938 穂城郡甑山 *Saito, T T Saito8085* **Hamgyong-namdo** 25 July 1933 東上面遮日峯 *Koidzumi, G Koidzumi s.n.* 26 July 1935 Donha-myeon Unsan-ri (東下面雲山里) *Nomura, N Nomura s.n.* 15 August 1940 遮日峯 *Okuyama, S Okuyama s.n.* 15 August 1940 赴戰高原雲仙嶺 *Okuyama, S Okuyama s.n.* 18 August 1934 東上面新洞上方 2100m *Yamamoto, A Yamamoto s.n.* **Hwanghae-namdo** 4 August 1929 長淵郡長山串 *Nakai, T Nakai12687* 28 July 1929 *Nakai, T Nakai12688* 3 August 1929 *Nakai, T Nakai12688* July 1932 長淵郡金水里 *Yamamoto, H s.n.*4 July 1922 Sorai Beach 九味浦 *Mills, RG Mills s.n.* 12 July 1921 *Mills, RG Mills4352* **P'yongan-namdo** 15 July 1916 葛日嶺 *Mori, T Mori s.n.* **Rason** 5 June 1930 西水羅 *Ohwi, J Ohwi49* 5 **Ryanggang** 24 July 1930 大澤 *Ohwi, J Ohwi s.n.* 19 June 1930 榆坪 *Ohwi, J Ohwi1464* July 1943 延岩 *Uchida, H Uchida s.n.* 22 August 1914 普天堡 *Ikuma, Y Ikuma s.n.* 11 July 1917 胞胎山 *Furumi, M Furumi245* 13 August 1914 白頭山 *Ikuma, Y Ikuma s.n.*

A Checklist of North Korean Vascular Plants T.B. Lee Herbarium (SNUA) – 2019 (C.S. Chang, H. Kim, H.T. Shin & C.H. Lee)

- 136 -

Bistorta ochotensis (Petrov ex Kom.) Kom., Fl. URSS 5: 687 (1936)

Common name 되범꼬리 (호범꼬리)

Distribution in Korea: North

Polygonum ochotense Petrov ex Kom., Bot. Mater. Gerb. Glavn. Bot. Sada SSSR 6: 3 (1926)
Bistorta globispica Nakai, J. Jap. Bot. 14: 736 (1938)
Polygonum globispica (Nakai) C.W.Park, Gen. Vasc. Pl. Korea 347 (2007)
Polygonatum globispicum (Nakai) C.W.Park, Gen. Vasc. Pl. Korea : 347 (2007)

Representative specimens; **Chagang-do** 11 July 1914 臥碣峰鷺峯*Nakai, T Nakai s.n.* **Hamgyong-bukto** 20 July 1918 冠帽山*Nakai, T Nakai s.n.* 19 July 1918 *Nakai, T Nakai6956* Type of *Bistorta globispica* Nakai (Syntype TI, Syntype TI)19 July 1918 *Nakai, T Nakai6957* Type of *Bistorta globispica* Nakai (Syntype TI, Syntype TI)19 July 1918 *Nakai, T Nakai6958* Type of *Bistorta globispica* Nakai (Syntype TI, Syntype TI) **Hamgyong-namdo** 17 August 1935 遮日峯頂*Nakai, T Nakai s.n.* 16 August 1935 遮日峯*Nakai, T Nakai s.n.* **Ryanggang** 11 July 1917 胞胎山頂*Furumi, M Furumi s.n.* 31 July 1917 白頭山*Furumi, M Furumi s.n.* 15 July 1935 小長白山*Irie, Y s.n.* 1 August 1934 *Kojima, K Kojima s.n.* August 1913 長白山*Mori, T Mori s.n.* 10 August 1914 白頭山*Nakai, T Nakai s.n.*

Bistorta pacifica (Petrov ex Kom.) Kom., Fl. URSS 5: 682 (1936)

Common name 참범꼬리

Distribution in Korea: North, Central

Polygonum bistorta L., Sp. Pl. : 360 (1753)
Persicaria bistorta (L.) Samp., Herb. Port. 41 (1913)
Bistorta vulgaris Hill var. *pacifica* (Petrov ex Kom.) Miyabe, J. Fac. Agric. Hokkaido Imp. Univ. 26: 508 (1934)
Polygonum pacificum Petrov ex Kom., Fl. URSS 5: 726 (1936)
Bistorta major Gray var. *pacifica* (Petrov ex Kom.) H.Hara, J. Jap. Bot. 13: 382 (1937)
Bistorta lapidosa Kitag., Rep. Inst. Sci. Res. Manchoukuo 2: 290 (1938)
Bistorta pacifica (Petrov ex Kom.) Kom. ex Kitag. f. *velutina* Kitag., J. Jap. Bot. 47: 354 (1972)
Polygonum pacificum Petrov ex Kom. f. *velutinum* (Kitag.) Kitag., Neolin. Fl. Manshur. 229 (1979)

Representative specimens; **Chagang-do** 6 July 1914 牙得嶺 (江界) /牙得嶺 (長津) *Nakai, T Nakai9161* **Hamgyong-bukto** 10 June 1897 西溪水*Komarov, VL Komaorv s.n.* **Hamgyong-namdo** 16 August 1935 雲仙嶺*Nakai, T Nakai15877* 16 August 1934 永古面松興里 *Yamamoto, A Yamamoto s.n.* **Rason** 5 June 1930 西水羅*Ohwi, J Ohwi s.n.* **Ryanggang** 23 August 1934 北水白山頂上附近 *Yamamoto, A Yamamoto s.n.* 9 July 1897 十四道溝(鴨綠江) *Komarov, VL Komaorv s.n.* 19 June 1930 楡坪 *Ohwi, J Ohwi s.n.* 24 July 1897 佳林里*Komarov, VL Komaorv s.n.*

Bistorta vivipara (L.) Delarbre, Fl. Auvergne (Delarbre) ed. 2, 2: 516 (1800)

Common name 씨범꼬리

Distribution in Korea: North

Polygonum viviparum L., Sp. Pl. 1: 360 (1753)
Polygonum bulbiferum Royle ex Bab., Trans. Linn. Soc. London 18: 94 (1838)
Bistorta bulbifera (Royle) Greene ex Bab., Leafl. Bot. Observ. Crit. 1: 21 (1904)
Polygonum viviparum L. f. *roessleri* Beck, Icon. Fl. Germ. Helv. 24: 84 (1906)
Bistorta vivipara (L.) Delarbre var. *roessleri* (Beck) F.Maek., J. Jap. Bot. 11: 672 (1935)
Bistorta vivipara (L.) Delarbre var. *angustifolia* Nakai, J. Jap. Bot. 14: 740 (1938)
Bistorta vivipara (L.) Delarbre f. *roessleri* (Beck) Kitag., Lin. Fl. Manshur. 176 (1939)
Persicaria vivipara (L.) Ronse Decr., Bot. J. Linn. Soc. 98: 368 (1988)

Representative specimens; **Chagang-do** 22 July 1919 狼林山上*Kajiwara, U Kajiwara s.n.* 11 July 1914 臥碣峰鷺峯 2200m *Nakai, T Nakai s.n.* **Hamgyong-bukto** 5 August 1939 頭流山*Hozawa, S Hozawa s.n.* 25 July 1918 雪嶺 2200m *Nakai, T Nakai6957* 4 June 1897 四芝嶺*Komarov, VL Komaorv s.n.* **Hamgyong-namdo** 16 August 1935 遮日峯 2200m *Nakai, T Nakai s.n.* 17 August 1935 遮日峯 2500m *Nakai, T Nakai s.n.* 17 August 1935 遮日峯*Nakai, T Nakai15374* 26 July 1935 Donha-myeon Unsan-ri (東下面雲山里) *Nomura, N Nomura s.n.* 15 August 1940 遮日峯*Okuyama, S Okuyama s.n.* **Kangwon-do** 1938 山林課元山出張所*Tsuya, S s.n.* **Ryanggang** 23 August 1934 北水白山*Yamamoto, A Yamamoto s.n.*18 August 1934 東上面北水白山東南尾根*Yamamoto, A Yamamoto s.n.* 19 June 1930 楡坪*Ohwi, J Ohwi1454* 21 June 1897 阿武山-象背嶺*Komarov, VL Komaorv s.n.* 12 August 1913 無頭峯 *Hirai, H Hirai s.n.* 13 August 1913 白頭山*Hirai, H Hirai71* 13 August 1914 *Ikuma, Y Ikuma s.n.* 15 July 1935 小長白山*Irie, Y s.n.* 1 August 1934 *Kojima, K Kojima s.n.* August 1913 長白山*Mori, T Mori46* 8 August 1914 神武城-無頭峯*Nakai, T Nakai s.n.*

***Fagopyrum* Mill.**
Fagopyrum esculentum Moench, Methodus (Moench) 290 (1794)

Common name 메밀
Distribution in Korea: cultivated (North, Central, South)
  Polygonum fagopyrum L., Sp. Pl. 364 (1753)
  Polygonum emaginatum Roth, Catal. Bot. 1: 48 (1797)
  Fagopyrum emarginatum Moench, Suppl. Meth. (Moench) 100 (1802)
  Fagopyrum vulgare T.Nees, Gen. Fl. Germ. 53 (1834)
  Fagopyrum dryandrii Fenzl, Linnaea 24: 232 (1851)

Representative specimens; **Hamgyong-namdo** 19 August 1943 千佛山*Honda, M; Toh, BS; Shim, HC Honda s.n.* **Hwanghae-namdo** 4 July 1921 Sorai Beach 九味浦 *Mills, RG Mills s.n.* **P'yongyang** 23 August 1943 大同郡大寶山*Furusawa, I Furusawa s.n.* **Ryanggang** 25 August 1934 豊山郡北水白山 *Yamamoto, A Yamamoto s.n.*

Fagopyrum tataricum (L.) Gaertn., Fruct. Sem. Pl. 2: 182 (1790)
Common name
Distribution in Korea: North
  Fagopyrum rotundatum Bab., Trans. Linn. Soc. London 18(1): 117 (1838)
  Polygonum tataricum L. Sp. Pl. 364 (1753)
  Fagopyrum dentatum Moench, Methodus 290 (1794)

Fallopia Bubani
Fallopia convolvulus (L.) Á. Löve, Taxon 19: 300 (1970)
Common name 나도닭의덩굴
Distribution in Korea: Introduced (North, Central, South, Jeju; Eurasia)
  Polygonum convolvulus L., Sp. Pl. 364 (1753)
  Bilderdykia convolvulus (L.) Dumort., Fl. Belg. (Dumortier) 18 (1827)
  Helxine convolvulus (L.) Raf., Fl. Tellur. 3: 10 (1837)
  Tiniaria convolvulus (L.) Webb & Moq., Hist. Nat. Iles Canaries 3: 221 (1846)
  Fagopyrum convolvulus (L.) Gross, Bull. Acad. Int. Geogr. Bot. 32: 21 (1913)
  Reynoutria convolvulus (L.) Shinners, Sida 3: 117 (1967)

Representative specimens; **Hamgyong-bukto** 21 July 1918 甫上洞 *Nakai, T Nakai s.n.* **Hamgyong-namdo** 15 August 1935 東上面漢垈里 *Nakai, T Nakai s.n. Rason* 7 July 1936 新興 *Saito, T T Saito s.n.* **Ryanggang** 26 July 1914 三水- 惠山鎭 *Nakai, T Nakai s.n.* 20 August 1934 北水白山附近 *Kojima, K Kojima s.n.* 24 July 1914 長蛇洞 *Nakai, T Nakai s.n.*

Fallopia dentatoalata (F.Schmidt) Holub, Folia Geobot. Phytotax. 6: 176 (1970)
Common name 큰덩굴메밀
Distribution in Korea: North, Central, South, Jeju, Ulleung
  Polygonum dentatoalatum F.Schmidt, Mem. Acad. Imp. Sci. St.-Petersbourg Divers Savans 9: 232 (1859)
  Polygonum scandens L. var. *dentatoalatum* (F.Schmidt) Maxim. ex Franch. & Sav., Enum. Pl. Jap. 2: 472 (1879)
  Fagopyrum scandens (L.) Gross var. *dentatoalatum* (F.Schmidt) H.Gross, Bull. Acad. Int. Geogr. Bot. 23: 23 (1913)
  Tiniaria scandens Small var. *dentatoalata* (F.Schmidt) Nakai ex T. Mori, Enum. Pl. Corea 137 (1922)
  Bilderdykia scandens (L.) Greene var. *dentatoalata* (F.Schmidt) Nakai, Rigakkwai 24: 295 (1926)
  Bilderdykia dentatoalata (F.Schmidt) Kitag., Lin. Fl. Manshur. 3(App. 1): 175 (1939)

Representative specimens; **P'yongan-bukto** 28 September 1912 白壁山 *Ishidoya, T Ishidoya s.n.* **Ryanggang** 23 August 1914 Keizanchin(惠山鎭) *Ikuma, Y Ikuma s.n.*

Fallopia dumetorum (L.) Holub, Folia Geobot. Phytotax. 6: 176 (1970)
Common name 닭의덩굴
Distribution in Korea: North, Central, South, Ulleung
  Polygonum dumetorum L., Sp. Pl. (ed. 2) 1: 522 (1762)
  Fagopyrum dumetorum (L.) Schreb., Spic. Fl. Lips. 42 (1771)
  Bilderdykia dumetorum (L.) Dumort., Fl. Belg. (Dumortier) 18 (1827)
  Helxine dumetorum (L.) Raf., Fl. Tellur. 3: 10 (1837)

Tiniaria dumetorum (L.) Opiz, Seznam 98 (1852)
Fagopyrum pauciflorum (Maxim.) Gross, Bull. Acad. Int. Geogr. Bot. 23: 25 (1913)
Tiniaria pauciflora(Maxim.) Nakai ex T. Mori, Enum. Pl. Corea 135 (1922)
Bilderdykia pauciflora (Maxim.) Nakai, Rigakkwai 24: 295 (1926)
Polygonum scandens L. var. *dumetorum* (L.) Gleason, Phytologia 4: 23 (1952)
Reynoutria scandens L. var. *dumetorum* (L.) Shinners, Sida 3: 118 (1967)
Fallopia pauciflora (Maxim.) Kitag., Neolin. Fl. Manshur. 231 (1979)

Representative specimens; Hamgyong-bukto21 August 1935 羅南 *Saito, T T Saito1546* 23 June 1909 茂山嶺 *Nakai, T Nakai s.n.* 16 July 1918 朱乙溫面甫上洞 *Nakai, T Nakai s.n.* 17 September 1935 梧上洞 *Saito, T T Saito1703* 19 August 1914 曷浦嶺 *Nakai, T Nakai s.n.* 2 August 1918 漁大津 *Nakai, T Nakai s.n.* **Hamgyong-namdo** 30 August 1934 東下面頭雲峯安基里 *Yamamoto, A Yamamoto s.n.* 19 August 1943 千佛山 *Honda, M Honda s.n.* **Hwanghae-namdo** 3 August 1929 長淵郡長山串 *Nakai, T Nakai s.n.* **Kangwon-do** 29 July 1916 海金剛 *Nakai, T Nakai s.n.* 30 August 1916 通川街道 *Nakai, T Nakai s.n.* **P'yongan-bukto** 25 August 1911 Sakju(朔州) *Mills, RG Mills s.n.* **P'yongan-namdo** 22 September 1915 咸從 *Nakai, T Nakai s.n.* **Ryanggang** 30 July 1897 甲山 *Komarov, VL Komarov s.n.* 1 July 1897 五是川雲寵江-崔五峰 *Komarov, VL Komarov s.n.* 7 July 1897 犁方嶺 (鴨綠江羅暖堡) *Komarov, VL Komarov s.n.* 15 August 1897 蓮坪-厚州川-厚州古邑 *Komarov, VL Komarov s.n.* 4 July 1897 上水隅理 *Komarov, VL Komaorv s.n.*

Fallopia japonica (Houtt.) Ronse Decr., Bot. J. Linn. Soc. 98: 369 (1988)

Common name 범승아 (호장근)

Distribution in Korea: North, Central, South
Reynoutria japonica Houtt., Handl. Pl.-Kruidk. 8: 639 (1777)
Polygonum cuspidatum Siebold & Zucc., Abh. Math.-Phys. Cl. Konigl. Bayer. Akad. Wiss. 4: 208 (1846)
Polygonum compactum Hook.f., Bot. Mag. 106: t. 6476 (1880)
Polygonum zuccarinii Small, Mem. Dept. Bot. Columbia Coll. 1: 158 (1895)
Polygonum reynoutria (Houtt.) Makino, Bot. Mag. (Tokyo) 15: 84 (1901)
Polygonum reynoutria (Houtt.) Makino f. *colorans* Makino, Iinuma, Somoku-Dzusetsu, ed. 2 587 (1910)
Polygonum cuspidatum Siebold & Zucc. f. *compactum* (Hook.f.) Nakai, J. Coll. Sci. Imp. Univ. Tokyo 31: 173 (1911)
Polygonum reynoutria (Houtt.) Makino var. *compactum* (Hook.f.) Nakai, J. Coll. Sci. Imp. Univ. Tokyo 31: 173 (1911)
Pleuropterus zuccarinii (Small) Small, Ill. Fl. N. U.S. (ed. 2) 1: 676 (1913)
Polygonum sieboldii de Vriese var. *compactum* (Hook.f.) L.H.Bailey, Stand. Cycl. Hort. 5: 2743 (1916)
Pleuropterus cuspidatus (Siebold & Zucc.) Gross, Beih. Bot. Centralbl. 37: 114 (1919)
Polygonum reynoutria (Houtt.) Makino var. *humilis* Nakai, Rigakkwai 24: 293 (1926)
Reynoutria compacta (Hook.f.) Nakai, Rigakkwai 24: 293 (1926)
Reynoutria japonica Houtt. var. *humilis* (Nakai) Nakai, Rigakkwai 24: 293 (1926)
Reynoutria japonica Houtt. var. *uzenensis* Honda, Bot. Mag. (Tokyo) 46: 675 (1932)
Reynoutria uzenensis (Honda) Honda, Bot. Mag. (Tokyo) 49: 791 (1935)
Reynoutria japonica Houtt. var. *compacta* (Hook.f.) Moldenke, Bull. Torrey Bot. Club 68: 675 (1941)
Tiniaria japonica (Houtt.) Hedberg, Svensk Bot. Tidskr. 11: 399 (1946)
Polygonum cuspidatum Siebold & Zucc. var. *compactum* (Hook.f.) L.H.Bailey, Man. Cult. Pl., ed. 2. 348 (1949)
Fallopia japonica (Houtt.) Ronse Decr. var. *compacta* (Hook.f.) J.P.Bailey, Watsonia 17: 443 (1989)
Fallopia japonica (Houtt.) Ronse Decr. var. *uzenensis* (Honda) Yonek. & H.Ohashi, J. Jap. Bot. 72: 158 (1997)

Fallopia multiflora (Thunb.) Haraldson var. ***ciliinervis*** (Nakai) Yonek. & H.Ohashi, J. Jap. Bot. 72: 158 (1997)

Common name 나도하수오

Distribution in Korea: North, Central, South
Pleuropterus ciliinervis Nakai, Repert. Spec. Nov. Regni Veg. 13: 267 (1914)
Polygonum multiflorum Thunb. var. *ciliinerve* (Nakai) Steward, Contr. Gray Herb. 5(88): 97 (1930)
Polygonum ciliinerve (Nakai) Ohwi, Acta Phytotax. Geobot. 6: 146 (1937)
Reynoutria ciliinervis (Nakai) Moldenke, Bull. Torrey Bot. Club 68: 675 (1941)
Fallopia ciliinervis (Nakai) K.Hammer, Kulturpflanze 34: 99 (1986)

Fallopia sachalinensis (F.Schmidt) Ronse Decr., Bot. J. Linn. Soc. 98: 369 (1988)

Common name 왕감제풀 (왕호장근)

Distribution in Korea: North, Ulleung
   Polygonum sachalinense F.Schmidt, Mem. Acad. Imp. Sci. St.-Petersbourg Divers Savans 9: 233 (1859)
   Reynoutria sachalinensis (F.Schmidt) Nakai, Enum. Pl. Corea 135 (1922)
   Pleuropterus sachalinensis (F.Schmidt) Moldenke, Bull. Torrey Bot. Club 60: 57 (1933)
   Tiniaria sachalinensis (F.Schmidt) Janch., Phyton (Horn) 2: 75 (1950)

Oxyria Hill
Oxyria digyna (L.) Hill, Hort. Kew. (Hill) 0: 158 (1768)

Common name 나도싱아 (나도수영)

Distribution in Korea: far North (Paekdu, Potae)
   Rumex digynus L., Sp. Pl. 337 (1753)
   Lapathum digynum (L.) Lam., Fl. Franc. (Lamarck) 3: 6 (1779)
   Oxyria reniformis Hook., Fl. Scot. 3: 111 (1821)
   Oxyria elatior R.Br. ex Meisn., Pl. Asiat. Rar. 3: 64 (1832)
   Rumex reniformis Radde, Reis. Ostsib. 131 (1862)

Representative specimens; **Ryanggang** 31 July 1917 白頭山 *Furumi, M Furumi s.n.* 13 August 1913 *Hirai, H Hirai s.n.* August 1913 長白山 *Mori, T Mori s.n.* 10 August 1914 白頭山 *Nakai, T Nakai s.n.*

Persicaria (L.) Mill.
Persicaria amphibia (L.) Delarbre, Fl. Auvergne ed. 2: 519 (1800)

Common name 물여뀌

Distribution in Korea: North, Central
   Polygonum amphibium L., Sp. Pl. 361 (1753)
   Polygonum pusporium Gilib., Excerc. Phyt. 2: 433 (1792)
   Polygonum amphibium L. var. *terestre* Leers ex Willd., Sp. Pl. (ed. 2) 443 (1799)
   Polygonum coccineum Muhl., Enum. Pl. (Willdenow) 1: 428 (1809)
   Polygonum natans (Michx.) Eaton, Manual (Gray), ed. 3 40 (1822)
   Chulusium fluitans Raf., Fl. Tellur. 3: 14 (1837)
   Polygonum muhlenbergii (Meisn.) S.Watson, Proc. Amer. Acad. Arts 14: 295 (1879)
   Polygonum amphibium L. var. *vestitum* Hemsl., J. Linn. Soc., Bot. 26: 333 (1891)
   Polygonum amphibium L. var. *amurense* Korsh., Trudy Imp. S.-Peterburgsk. Bot. Sada 12: 382 (1893)
   Polygonum rigidulum E.Sheld., Bull. Geol. Nat. Hist. Surv. 9: 14, pl. 1 14 (1894)
   Polygonum amphibium L. f. *terrestris* (Leers) Kitag., J. Fac. Sci. Univ. Tokyo, Sect. 3, Bot. 4: 10 (1936)
   Persicaria amphibia (L.) Delarbre var. *amurensis* (Korsh.) H.Hara, J. Fac. Sci. Univ. Tokyo, Sect. 3, Bot. 6: 36 (1952)
   Polygonum amurense (Korsh.) Vorosch., Fl. Sovetsk. Dal'n. Vost. 167 (1966)

Representative specimens; **Hamgyong-bukto** 24 August 1914 會寧 -行營 *Nakai, T Nakai s.n.* 3 August 1918 明川 *Nakai, T Nakai s.n.* **Rason** 4 June 1930 西水羅 *Ohwi, J Ohwi473* 7 June 1930 Ohwi, *J Ohwi796* **Sinuiju** 14 September 1915 新義州 *Nakai, T Nakai s.n.*

Persicaria breviochreata (Makino) Ohki, Bot. Mag. (Tokyo) 40: 53 (1926)

Common name 긴화살여뀌

Distribution in Korea: North, Central
   Polygonum breviochreatum Makino, Bot. Mag. (Tokyo) 17: 117 (1903)
   Persicaria ramosa Nakai, Bot. Mag. (Tokyo) 44: 518 (1930)
   Truellum breviochreatum (Makino) Soják, Preslia 46: 145 (1974)

Persicaria bungeana (Turcz.) Nakai ex T. Mori, Enum. Pl. Corea 131 (1922)

Common name 바늘여뀌

Distribution in Korea: North, Central, South

Polygonum pensylvanicum Bunge, Enum. Pl. Chin. Bor. 57 (1833)
Polygonum bungeanum Turcz., Bull. Soc. Imp. Naturalistes Moscou 13: 77 (1840)
Polygonum chanetii H.Lév., Bull. Soc. Bot. France 54: 370 (1907)

Representative specimens; Hamgyong-bukto 24 August 1914 會寧 -行營 *Nakai, T Nakai s.n.* **Ryanggang** 26 July 1914 三水-惠山鎮 *Nakai, T Nakai s.n.*

Persicaria capitata (Buch.-Ham. ex D.Don) H.Gross, Bot. Jahrb. Syst. 49 (2): 277 (1913)
Common name 메밀여뀌
Distribution in Korea: Introduced (Central, South, Jeju; Asia)
Polygonum capitatum Buch.-Ham. ex D.Don, Prodr. Fl. Nepal. (1825)

Persicaria dissitiflora (Hemsl.) H.Gross ex T. Mori, Enum. Pl. Corea 131 (1922)
Common name 가시여뀌
Distribution in Korea: North, Central
Polygonum dissitiflorum Hemsl., J. Linn. Soc., Bot. 26: 338 (1891)
Polygonum fauriei H.Lév. & Vaniot, Bull. Soc. Bot. France 51: 423 (1904)
Polygonum glanduliferum Nakai, J. Coll. Sci. Imp. Univ. Tokyo 23: 20 (1908)
Persicaria fauriei (H.Lév. & Vaniot) Nakai ex T. Mori, Enum. Pl. Corea 131 (1922)
Persicaria dissitiflora (Hemsl.) H.Gross ex T.Mori var. *fauriei* (H.Lév. & Vaniot) Migo, J. Shanghai Sci. Inst. 14: 127 (1944)

Representative specimens; Kangwon-do 12 August 1916 金剛山長安寺附近 *Nakai, T Nakai s.n.* 7 August 1940 Mt. Kumgang (金剛山) *Okuyama, S Okuyama s.n.* 21 October 1931 *Takeuchi, T s.n.* **P'yongan-bukto** 4 August 1935 妙香山 *Koidzumi, G Koidzumi s.n.* **P'yongan-namdo** 15 July 1916 葛日嶺 *Mori, T Mori s.n.* 17 July 1916 加音峯 *Mori, T Mori s.n.*

Persicaria filiformis (Thunb.) Nakai ex T. Mori, Saishu-to Kuan-to Shokubutsu Hokoku-sho [Fl. Quelpaert Isl.] 41 (1914)
Common name 이삭여뀌
Distribution in Korea: North, Central, South, Ulleung
Polygonum filiforme Thunb., Fl. Jap. (Thunberg) 163 (1784)
Sunania filiformis (Thunb.) Raf., Fl. Tellur. 3: 95 (1837)
Polygonum virginianum L. var. *filiforme* (Thunb.) Nakai, Bot. Mag. (Tokyo) 23: 830 (1909)
Polygonum virginianum L. f. *glabratum* Matsuda, Bot. Mag. (Tokyo) 27: 11 (1913)
Tovara filiformis (Thunb.) Nakai, Rigakkwai 24: 8 (1926)
Tovara virginiana (L.) Raf. var. *filiformis* (Thunb.) Steward, Contr. Gray Herb. 5: 14 (1930)
Tovara smaragdina Nakai ex F.Maek., Bot. Mag. (Tokyo) 46: 585 (1932)
Tovara ryukyuensis Masam., Trans. Nat. Hist. Soc. Taiwan 29: 60 (1939)
Tovara filiformis (Thunb.) Nakai f. *albiflora* Makino ex Hiyama, J. Jap. Bot. 17: 319 (1941)
Polygonum filiforme Thunb. var. *smaragdinum* (Nakai) Ohwi ex F.Maek., Bull. Natl. Sci. Mus., Tokyo 33: 70 (1953)
Tovara filiformis (Thunb.) Nakai f. *trichorachis* Hiyama, J. Jap. Bot. 36: 125 (1961)
Sunania filiformis (Thunb.) Raf. f. *albiflora* (Makino) H.Hara ex Hiyama, J. Jap. Bot. 37: 329 (1962)
Sunania filiformis (Thunb.) Raf. f. *smaragdina* (Nakai) H.Hara ex F.Maek., J. Jap. Bot. 37: 329 (1962)
Sunania filiformis (Thunb.) Raf. f. *trichorachis* (Hiyama) H.Hara, J. Jap. Bot. 37: 329 (1962)
Tovara filiformis (Thunb.) Nakai f. *amabilis* Hiyama, J. Jap. Bot. 37: 329 (1962)
Antenoron filiforme (Thunb.) Roberty & Vautier, Boissiera 10: 35 (1964)
Antenoron filiforme (Thunb.) Roberty & Vautier f. *albiflorum* (Makino) H.Hara ex Hiyama, J. Jap. Bot. 40: 192 (1965)
Antenoron filiforme (Thunb.) Roberty & Vautier f. *amabile* (Hiyama) H.Hara, J. Jap. Bot. 40: 192 (1965)
Antenoron filiforme (Thunb.) Roberty & Vautier f. *smaragdinum* (Nakai) H.Hara ex F.Maek., J. Jap. Bot. 40: 192 (1965)
Antenoron filiforme (Thunb.) Roberty & Vautier f. *trichorachis* (Hiyama) H.Hara, J. Jap. Bot. 40: 192 (1965)

Representative specimens; Hamgyong-bukto 23 June 1909 茂山嶺 *Nakai, T Nakai s.n.* **Hwanghae-namdo** 28 July 1929 長淵郡長山串 *Nakai, T Nakai s.n.* 4 August 1929 Nakai, T *Nakai s.n.* **Kangwon-do** 24 August 1916 金剛山鶴巢嶺 *Nakai, T Nakai s.n.* 20 August 1930 安邊郡衛益面三防 *Nakai, T Nakai s.n.*

Persicaria foliosa (H.Lindb.) Kitag., Rep. Inst. Sci. Res. Manchoukuo 1: 321 (1937)

Common name 만주여뀌 (만주겨이삭여뀌)

Distribution in Korea: North, Central, South

    Polygonum foliosum H.Lindb., Meddel. Soc. Fauna Fl. Fenn. 27: 3 (1900)

Persicaria foliosa (H.Lindb.) Kitag. var. *paludicola* (Makino) H.Hara, J. Jap. Bot. 31: 176 (1956)

Common name 버들겨이삭여뀌

Distribution in Korea: North, Central

    Polygonum paludicolum Makino, Bot. Mag. (Tokyo) 28: 113 (1914)

    Persicaria paludicola (Makino) Nakai, Rigakkwai 24: 300 (1926)

    Polygonum foliosum H.Lindb. var. *paludicolum*(Makino) Kitam., Acta Phytotax. Geobot. 20: 207 (1962)

Representative specimens; Hamgyong-namdo 19 August 1935 道頭里 *Nakai, T Nakai s.n.*

Persicaria hastatosagittata (Makino) Nakai ex T. Mori, Enum. Pl. Corea 132 (1922)

Common name 긴미꾸리 (긴미꾸리낚시)

Distribution in Korea: North, Central, South, Jeju

    Polygonum sagittatum L. var. *ussuriense* Regel, Mem. Acad. Imp. Sci. St.-Petersbourg, Ser. 7 4: 126 (1861)

    Polygonum hastatosagittatum Makino, Bot. Mag. (Tokyo) 17: 119 (1903)

    Polygonum cavaleriei H.Lév., Repert. Spec. Nov. Regni Veg. 8: 172 (1910)

    Polygonum korshinskianum Nakai, J. Coll. Sci. Imp. Univ. Tokyo 31: 169 (1911)

    Polygonum strigosum R.Br. var. *hastatosagittatum* (Makino) Steward, Contr. Gray Herb. 5: 90 (1930)

    Truellum hastatosagittatum (Makino) Soják, Preslia 46: 146 (1974)

Representative specimens; Hwanghae-namdo 29 July 1929 長淵郡長山串 *Nakai, T Nakai s.n.*

Persicaria hydropiper (L.) Delarbre, Fl. Auvergne ed. 2: 518 (1800)

Common name 매운여뀌 (여뀌)

Distribution in Korea: North, Central, South

    Polygonum hydropiper L., Sp. Pl. 361 (1753)

    Polygonum hydropiper L. var. *vulgare* Meisn., Prodr. (DC.) 14: 109 (1857)

    Polygonum koreense Nakai, Bot. Mag. (Tokyo) 33: 6 (1919)

    Persicaria koreensis (Nakai) Nakai, Rigakkwai 24: 300 (1926)

    Polygonum hydropiper L. ssp. *megalocarpum* Danser, Bull. Jard. Bot. Buitenzorg 8: 188 (1927)

    Persicaria vernaris Nakai, Bot. Mag. (Tokyo) 43: 455 (1929)

    Persicaria hydropiper (L.) Delarbre var. *fastigiata* (Makino) Araki, Amatores Herb. 8: 31 (1939)

    Persicaria erecto-minus (Makino) Nakai var. *koreensis* (Nakai) I.Ito, J. Jap. Bot. 31: 178 (1956)

Representative specimens; Chagang-do 2 September 1897 湖芮(鴨綠江) *Komarov, VL Komaorv s.n.* 4 July 1914 牙得嶺 (江界) *Nakai, T Nakai s.n.* **Hamgyong-bukto**11 September 1935 羅南 *Saito, T T Saito1596* 10 October 1935 Saito, T T Saito1822 24 August 1914 會寧 -行營 *Nakai, T Nakai s.n.* 28 July 1936 茂山 *Saito, T T Saito2636* **Hamgyong-namdo** 16 August 1943 赴戰高原漢垈里 *Honda, M Honda s.n.* 22 August 1932 蓋馬高原 *Kitamura, S Kitamura s.n.* 15 August 1935 東上面漢岱里 *Nakai, T Nakai s.n.* **Hwanghae-namdo** 3 August 1929 長淵郡長山串 *Nakai, T Nakai s.n.* **Kangwon-do** 31 August 1916 通川 *Nakai, T Nakai6036* Type of *Polygonum koreense* Nakai (Syntype TI) **P'yongyang** 25 August 1909 平壤大同江岸 *Imai, H Imai s.n.* 25 August 1909 Imai, H Imai s.n. **Ryanggang** 4 August 1897 十四道溝-白山嶺 *Komarov, VL Komaorv s.n.* 16 August 1897 大羅信洞 *Komarov, VL Komaorv s.n.* 20 August 1897 內洞-河山嶺 *Komarov, VL Komaorv s.n.* 23 August 1897 雲洞嶺 *Komarov, VL Komaorv s.n.* 4 August 1897 十四道溝-白山嶺 *Komarov, VL Komaorv s.n.* 5 August 1930 合水(列結水) *Ohwi, J Ohwi s.n.* 22 August 1914 普天堡 *Ikuma, Y Ikuma s.n.* 21 August 1914 崔哥嶺 *Ikuma, Y Ikuma s.n.* 3 August 1914 普天堡 *Nakai, T Nakai s.n.* 寶泰洞 *Nakai, T Nakai s.n.* **Sinuiju** 14 September 1915 新義州 *Nakai, T Nakai s.n.*

Persicaria japonica (Meisn.) Nakai, Bot. Mag. (Tokyo) 40: 51 (1926)

Common name 흰꽃여뀌

Distribution in Korea: Central, South, Jeju
  Polygonum japonicum Meisn., Prodr. (DC.) 14: 112 (1856)
  Polygonum japonicum Meisn. var. *densiflorum* Nakai, Bot. Mag. (Tokyo) 22: 63 (1908)
  Polygonum japonicum Meisn. var. *salicifolium* Nakai, Bot. Mag. (Tokyo) 22: 64 (1908)
  Polygonum pseudojaponicum Ohwi, Bot. Mag. (Tokyo) 39: 263 (1925)
  Persicaria pseudojaponicum (Ohki) Sasaki, List Pl. Formosa (Sasaki) 170 (1928)

Representative specimens; **Hwanghae-namdo** 24 July 1929 夢金浦 *Nakai, T Nakai s.n.* **Kangwon-do** 1 September 1916 庫底 *Nakai, T Nakai s.n.*

Persicaria lapathifolia (L.) Delarbre, Fl. Auvergne ed. 2: 519 (1800)

Common name 흰여뀌

Distribution in Korea: North, Central, South, Ulleung
  Polygonum lapathifolium L., Sp. Pl. 360 (1753)
  Polygonum tomentosum Schrank, Baier. Fl. 1: 669 (1789)
  Polygonum persicaria L. var. *incanum* Roth, Tent. Fl. Germ. 2: 53 (1789)
  Polygonum scabrum Moench, Methodus (Moench) 629 (1794)
  Polygonum nodosum Pers., Syn. Pl. (Pers.) 1: 440 (1805)
  Polygonum tenuifolium C.Presl, Delic. Prag. 67 (1832)
  Polygonum lanatum Roxb., Fl. Ind. (Roxburgh) 2: 285 (1832)
  Persicaria nodosa (Pers.) Opiz, Seznam 72 (1852)
  Polygonum glandulosum Kit., Linnaea 34: 363 (1863)
  Persicaria vaniotiana H.Lév., Repert. Spec. Nov. Regni Veg. 11: 496 (1913)
  Polygonum bioritsuense Ohki, Bot. Mag. (Tokyo) 39: 259 (1925)
  Persicaria glandulosa (R.Br.) Nakai, Rigakkwai 24: 300 (1926)
  Persicaria pseudonodosa(Ohki) Sasaki, List Pl. Formosa (Sasaki) 170 (1928)
  Persicaria tenuifolia (C.Presl) H.Hara, Bot. Mag. (Tokyo) 48: 893 (1934)
  Persicaria lapathifolia (L.) Delarbre var. *salicifolia* Miyabe, J. Fac. Agric. Hokkaido Imp. Univ. 26 (4): 522 (1934)
  Polygonum lapathifolium L. ssp. *nodosum* (Pers.) Fr., Novit. Fl. Suec. Mant. 2: 25 (1939)
  Persicaria lapathifolia (L.) Delarbre var. *incana* (Roth) S.Ekman & T.Knutsson, Nord. J. Bot. 14: 24 (1994)
  Persicaria lapathifolia (L.) Delarbre f. *alba* Y.N.Lee, Fl. Korea (Lee) 1156 (1996)

Representative specimens; **Chagang-do** 2 September 1897 湖芮(鴨綠江) *Komarov, VL Komarov s.n.* 15 August 1911 Kang-gei (Kokai 江界) *Mills, RG Mills s.n.* 6 July 1911 *Mills, RG Mills s.n.* **Hamgyong-bukto** 24 August 1914 會寧 -行營 *Nakai, T Nakai s.n.* 5 August 1939 頭流山 *Hozawa, S Hozawa s.n.* 14 August 1933 朱乙溫泉朱乙山 *Koidzumi, G Koidzumi s.n.* **Hamgyong-namdo** 1929 Hamhung (咸興) *Seok, JM s.n.* 27 August 1897 小德川 *Komarov, VL Komarov s.n.* 27 August 1897 *Komarov, VL Komarov s.n.* 17 August 1934 富湯里 *Nomura, N Nomura s.n.* 2 September 1934 蓮花山斗安垈谷 *Yamamoto, A Yamamoto s.n.* 18 August 1935 道頭里遮日峯下 *Nakai, T Nakai s.n.* 15 August 1935 東上面漢岱里 *Nakai, T Nakai15384* 25 July 1935 西於水里 *Nomura, N Nomura s.n.* 16 August 1934 永古面松興里 *Yamamoto, A Yamamoto s.n.* **Hwanghae-bukto** 10 September 1915 瑞興 *Nakai, T Nakai s.n.* **Hwanghae-namdo** 27 July 1929 長淵郡長山串 *Nakai, T Nakai s.n.* 3 August 1929 *Nakai, T Nakai12704* 28 August 1943 海州港海岸 *Furusawa, I Furusawa s.n.* 22 July 1922 Sorai Beach 九味浦 *Mills, RG Mills s.n.* **P'yongyang** 23 August 1943 大同郡大寶山 *Furusawa, I Furusawa s.n.* **Ryanggang** 18 July 1897 Keizanchin(惠山鎭) *Komarov, VL Komarov s.n.* 26 July 1914 三水- 惠山鎭 *Nakai, T Nakai s.n.* 25 August 1934 豊山郡北水白山 *Yamamoto, A Yamamoto s.n.* 16 August 1897 大羅信洞 *Komarov, VL Komarov s.n.* 20 August 1897 內洞-河山嶺 *Komarov, VL Komarov s.n.* 21 August 1897 subdist. Chu-czan, flumen Amnok-gan *Komarov, VL Komarov s.n.* 23 August 1897 雲洞嶺 *Komarov, VL Komarov s.n.* 13 August 1914 白頭山 *Ikuma, Y Ikuma s.n.* **Sinuiju** 14 September 1915 新義州 *Nakai, T Nakai2989* 14 September 1915 *Nakai, T Nakai9075*

Persicaria longiseta (Bruijn) Kitag., Rep. Inst. Sci. Res. Manchoukuo 1: 322 (1937)

Common name 개여뀌

Distribution in Korea: North, Central, South, Ulleung
  Polygonum longisetum Bruijn, Pl. Jungh. 307 (1854)
  Polygonum blumei Meisn., Ann. Mus. Bot. Lugduno-Batavi 2: 57 (1865)
  Polygonum blumei Meisn. ex Miq. var. *breviseta* Meisn., Ann. Mus. Bot. Lugduno-Batavi 2: 58 (1865)

Persicaria blumei (Meisn.) H.Gross, Beih. Bot. Centralbl. 37: 111 (1919)
Persicaria longiseta (Bruijn) Kitag. f. *breviseta* (Meisn.) W.T.Lee, Lineamenta Florae Koreae 225 (1996)

Representative specimens; Chagang-do15 August 1909 Sensen (前川) *Mills, RG Mills s.n.* **Hamgyong-bukto** 13 July 1918 朱乙 *Nakai, T Nakai6951* 15 June 1936 甫上洞 *Saito, T T Saito2396* **Hamgyong-namdo** 1929 Hamhung (咸興) *Seok, JM s.n.* 18 August 1943 赴戰高原咸地院 *Honda, M Honda s.n.* **Kangwon-do** 2 September 1932 金剛山外金剛 *Kitamura, S Kitamura s.n.* 20 August 1902 Mt. Kumgang (金剛山) *Uchiyama, T Uchiyama s.n.* **Nampo** 1 October 1911 Chinnampo (鎭南浦) *Imai, H Imai s.n* . **P'yongan-namdo** August 1930 百雪山[白楊山?] *Uyeki, H Uyeki s.n.* **P'yongyang** 9 October 1911 P'yongyang (平壤) *Imai, H Imai s.n.* **Ryanggang** 24 July 1914 長蛇洞 *Nakai, T Nakai s.n.* 3 August 1914 惠山鎭- 普天堡 *Nakai, T Nakai3365*

Persicaria maackiana(Regel) Nakai ex T. Mori, Enum. Pl. Corea 132 (1922)
Common name 나도미꾸리 (나도미꾸리낚시)
Distribution in Korea: North, Central
Polygonum maackianum Regel, Mem. Acad. Imp. Sci. St.-Petersbourg, Ser. 7 4: 127 (1861)
Polygonum thunbergii Siebold & Zucc. var. *maackianum* (Regel) Maxim. ex Franch. & Sav., Enum. Pl. Jap. 2: 475 (1878)
Tracaulon maackianum (Regel) Greene, Leafl. Bot. Observ. Crit. 1: 22 (1904)
Truellum maackianum (Regel) Soják, Preslia 46: 146 (1974)

Representative specimens; Hamgyong-bukto 2 August 1918 漁大津 *Nakai, T Nakai s.n.* **Hwanghae-namdo** 24 July 1929 夢金浦 *Nakai, T Nakai s.n.*

Persicaria muricata (Meisn.) Nemoto, Fl. Jap. Suppl. 173 (1936)
Common name 넓은잎미꾸리낚시
Distribution in Korea: North, Central, South
Polygonum muricatum Meisn., Monogr. Polyg. 74 (1826)
Polygonum asperulum Wall., Numer. List Wallich's Cat. 1724 (1829)
Polygonum hastatosagittatum Makino var. *latifolium* Makino, Bot. Mag. (Tokyo) 17: 120 (1903)
Polygonum thunbergii Siebold & Zucc. var. *spicatum* H.Lév., Bull. Soc. Bot. France 51: 42 (1904)
Polygonum nipponense Makino, Bot. Mag. (Tokyo) 23: 89 (1909)
Polygonum oliganthum Diels, Notes Roy. Bot. Gard. Edinburgh 5: 260 (1912)
Persicaria nipponensis (Makino) H.Gross ex Nakai, Saishu-to Kuan-to Shokubutsu Hokoku-sho [Fl. Quelpaert Isl.] 41 (1914)
Polygonum benguetense Merr., Philipp. J. Sci. 10: 301 (1915)
Persicaria nipponica (Makino) Nakai, Rigakkwai 24: 299 (1926)
Polygonum strigosum R.Br. var. *benguetense* (Merr.) Steward, Contr. Gray Herb. 5: 90 (1930)
Polygonum kirinense S.X.Li & Y.L. Chang, Fl. Pl. Herb. Chin. Bor.-Or. 2: 60 (1959)
Truellum benguetense (Merr.) Soják, Preslia 46: 145 (1974)
Truellum nipponense (Makino) Soják, Preslia 46: 148 (1974)

Persicaria nepalensis (Meisn.) H.Gross, Bot. Jahrb. Syst. 49: 277 (1913)
Common name 산여뀌
Distribution in Korea: North, Central, South, Ulleung
Polygonum alatum Buch.-Ham. ex D.Don, Prodr. Fl. Nepal. 72 (1825)
Polygonum nepalense Meisn., Monogr. Polyg. 84 (1826)
Polygonum guttuliferum Miq. ex Meisn., Prodr. (DC.) 14: 129 (1856)
Polygonum alatum Buch.-Ham. ex D.Don var. *nepalense* (Meisn.) Hook.f., Fl. Brit. Ind. 5: 42 (1886)
Polygonum nepalense Meisn. var. *adenothrix* Nakai, Bot. Mag. (Tokyo) 23: 416 (1909)
Polygonum quadrifidum Hayata, J. Coll. Sci. Imp. Univ. Tokyo 30: 233 (1911)
Persicaria alata (Buch.-Ham. ex D.Don) Nakai, Saishu-to Kuan-to Shokubutsu Hokoku-sho [Fl. Quelpaert Isl.] 40 (1914)
Polygonum lyratum Nakai, Bot. Mag. (Tokyo) 33: 47 (1919)
Persicaria lyrata (Nakai) Nakai ex T. Mori, Enum. Pl. Corea 131 (1922)

Representative specimens; Hamgyong-bukto 1 September 1935 羅南 *Saito, T T Saito s.n.* 7 August 1930 載德 *Ohwi, J Ohwi s.n.* 7 August 1930 Ohwi, *J Ohwi s.n.*16 July 1918 朱乙溫面甫上洞 *Nakai, T Nakai s.n.* 19 July 1918 冠帽山森林下 1200m Nakai, T *Nakai s.n* .**Hamgyong-namdo** 15 August 1935 道頭里 *Nakai, T Nakai s.n.* 24 July 1933 東上面大漢垈里 *Koidzumi, G Koidzumi s.n.* 15 August

1935 東上面漢岱里 *Nakai, T Nakai s.n.* 14 August 1940 赴戰高原 Fusenkogen *Okuyama, S Okuyama s.n.* **Kangwon-do** 20 August 1902 Mt. Kumgang (金剛山) *Uchiyama, T Uchiyama s.n.* 18 August 1930 Sachang-ri (社倉里) Nakai, T *Nakai s.n.* 13 September 1932 元山 *Kitamura, S Kitamura s.n.* 13 September 1932 元山 Kawasakinoyen (川崎農園) Kitamura, *S Kitamura s.n.* **Ryanggang** 23 August 1914 Keizanchin(惠山鎭) *Ikuma, Y Ikuma s.n.* 24 August 1934 態耳面北水白山北水谷 *Yamamoto, A Yamamoto s.n.* 3 August 1930 大澤 *Ohwi, J Ohwi s.n.* 3 August 1930 Ohwi, *J Ohwi s.n.* 14 August 1914 農事洞- 三下 *Nakai, T Nakai s.n.*

Persicaria orientalis (L.) Spach, Hist. Nat. Veg. (Spach) 10: 537 (1841)

Common name 털여뀌

Distribution in Korea: Introduced (Central, South, Jeju; India)
  Polygonum orientale L., Sp. Pl. 362 (1753)
  Lagunea cochinchinensis Lour., Fl. Cochinch. 220 (1790)
  Polygonum pilosum Roxb. ex Meisn., Fl. Ind. (Roxburgh) 2: 286 (1820)
  Polygonum orientale L. var. *pilosum* (Roxb. ex Meisn.) Meisn., Prodr. (DC.) 14: 123 (1857)
  Amblygonum orientale (L.) Nakai ex T. Mori, Enum. Pl. Chin. Bor. 129 (1922)
  Amblygonum pilosum (Roxb. ex Meisn.) Nakai, Rigakkwai 24: 297 (1926)
  Persicaria cochinchinensis (Lour.) Kitag., Lin. Fl. Manshur. 177 (1939)
  Lagunea orientalis (L.) Nakai, J. Jap. Bot. 18: 112 (1942)
  Amblygonum orientale (L.) Nakai ex T.Mori var. *pilosum* (Meisn.) Nakai, Neolin. Fl. Manshur. 585 (1979)
  Lagunea orientalis (L.) Nakai var. *pilosa* (Roxb. ex Meisn.) Nakai, Neolin. Fl. Manshur. 585 (1979)
  Persicaria pilosa (Roxb. ex Meisn.) Kitag., Neolin. Fl. Manshur. 237 (1979)

Persicaria perfoliata (L.) H.Gross, Beih. Bot. Centralbl. 37: 113 (1919)

Common name 사광이풀 (며느리배꼽)

Distribution in Korea: North, Central, South, Ulleung
  Polygonum perfoliatum L., Syst. Nat. ed. 10 2: 1006 (1759)
  Fagopyrum perfoliatum (L.) Raf., Fl. Tellur. 3: 10 (1837)
  Echinocaulon perfoliatum (L.) Meisn. ex Hassk., Flora 25: 20 (1842)
  Chylocalyx perfoliatus (L.) Hassk. ex Miq., Fl. Ned. Ind. 1: 1012 (1858)
  Tracaulon perfoliatum (L.) Greene, Leafl. Bot. Observ. Crit. 1: 22 (1904)
  Ampelygonum perfoliatum (L.) Roberty & Vautier, Boissiera 10: 31 (1964)
  Truellum perfoliatum (L.) Soják, Preslia 46: 148 (1974)

Representative specimens; Chagang-do 25 May 1911 Kang-gei(Kokai 江界) *Mills, RG Mills s.n.* 28 April 1911 *Mills, RG Mills s.n.* 18 July 1914 大興里 *Nakai, T Nakai s.n.* **Hamgyong-bukto** 31 August 1935 羅南 *Saito, T T Saito s.n.* **Hwanghae-namdo** April 1930 載寧 *Smith, RK Smith s.n.* **Ryanggang** 23 August 1914 Keizanchin(惠山鎭) *Ikuma, Y Ikuma s.n.*

Persicaria posumbu (Buch.-Ham. ex D.Don) H.Gross, Bot. Jahrb. Syst. 49: 313 (1913)

Common name 장대여뀌

Distribution in Korea: North, Central, South, Ulleung
  Polygonum posumbu Buch.-Ham. ex D.Don, Prodr. Fl. Nepal. : 71 (1825)
  Polygonum caespitosum Blume var. *laxiflorum* Meisn., Ann. Mus. Bot. Lugduno-Batavi 2: 57 (1865)
  Polygonum posumbu Buch.-Ham. ex D.Don var. *pseudobarbatum* H.Lév., Repert. Spec. Nov. Regni Veg. 8: 258 (1910)
  Persicaria yokusaianum Makino, Bot. Mag. (Tokyo) 28: 116 (1914)
  Persicaria yokusaiana (Makino) Nakai, Rigakkwai 24: 301 (1926)
  Polygonum caespitosum Blume ssp. *yokusaianum* (Makino) Danser, Bull. Jard. Bot. Buitenzorg ser.3, 8: 153 (1927)
  Persicaria yokusaiana (Makino) Nakai var. *laxiflora* (Meisn.) H.Hara, J. Jap. Bot. 17: 339 (1941)
  Persicaria posumbu (Buch.-Ham. ex D.Don) H.Gross var. *laxiflora* (Meisn.) H.Hara, Fl. E. Himalaya 634 (1966)

Persicaria pubescens (Blume) H.Hara, J. Jap. Bot. 17: 335 (1941)

Common name 바보여뀌

Distribution in Korea: North (Hamgyong), Central (Hwanghae), South

Polygonum pubescens Blume, Bijdr. Fl. Ned. Ind. 2: 532 (1825)
Polygonum flaccidum Meisn., Prodr. (DC.) 14: 107 (1856)
Polygonum hydropiper L. var. *acuminatum* Franch. & Sav., Enum. Pl. Jap. 2: 474 (1878)

Representative specimens; Kangwon-do 26 August 1916 金剛山普賢洞 *Nakai, T Nakai s.n.*

Persicaria sagittata (L.) H.Gross, Beih. Bot. Centralbl. 37: 113 (1919)
Common name 미꾸리낚시
Distribution in Korea: North, Central, South
    Polygonum sagittatum L. var. *sibiricum* Meisn. f. *sericeum* (Nakai) Murata
    Polygonum sagittatum L., Sp. Pl. 363 (1753)
    Polygonum sagittatum L. var. *boreale* Meisn., Monogr. Polyg. 65 (1826)
    Helxine sagittatum (L.) Raf., Fl. Tellur. 3: 10 (1837)
    Polygonum sagittatum L. var. *americanum* Meisn., Prodr. (DC.) 14: 132 (1856)
    Polygonum sagittatum L. var. *sibiricum* Meisn., Prodr. (DC.) 14: 132 (1856)
    Polygonum sagittatum L. var. *aestivum* Makino, Bot. Mag. (Tokyo) 6: 49 (1892)
    Polygonum sieboldii de Vriese, Cycl. Amer. Hort. 3: 1393 (1901)
    Tracaulon sagittatum (L.) Small, Fl. S.E. U.S. [Small]. 381 (1903)
    Polygonum sagittatum L. var. *sieboldii* (Meisn.) Maxim. ex Kom., Trudy Imp. S.-Peterburgsk. Bot. Sada 22: 132 (1904)
    Tracaulon sibiricum (Meisn.) Greene, Leafl. Bot. Observ. Crit. 1: 22 (1904)
    Tracaulon sieboldii (Meisn.) Greene, Leafl. Bot. Observ. Crit. 1: 22 (1904)
    Polygonum sagittatum L. var. *paludosum* Kom., Trudy Imp. S.-Peterburgsk. Bot. Sada 22: 133 (1904)
    Polygonum sagittatum L. var. *sericeum* Nakai, J. Coll. Sci. Imp. Univ. Tokyo 11: 16 (1908)
    Polygonum sagittatum L. var. *hallaisanense* H.Lév., Repert. Spec. Nov. Regni Veg. 8: 171 (1910)
    Persicaria sericea H.Gross, Bull. Acad. Int. Geogr. Bot. 23: 31 (1913)
    Persicaria sagittata (L.) H.Gross var. *sieboldii* (Meisn.) Nakai,Saishu-to Kuan-to Shokubutsu Hokoku-sho [Fl. Quelpaert Isl.] 41 (1914)
    Polygonum sagittatum L. var. *ovalifolium* Farw., Pap. Michigan Acad. Sci. 3: 95 (1924)
    Persicaria aestiva Ohki, Bot. Mag. (Tokyo) 40: 55 (1926)
    Persicaria sieboldii (Meisn.) Ohki, Bot. Mag. (Tokyo) 40: 54 (1926)
    Polygonum awstiva Ohki, Bot. Mag. (Tokyo) 40: 55 (1926)
    Polygonum belophyllum Litv., Spisok Rast. Gerb. Fl. SSSR Bot. Inst. Vsesojuzn. Akad. Nauk 9: 25 (1932)
    Persicaria sagittata (L.) H.Gross var. *sibirica* (Meisn.) Miyabe f. *sericea* (Nakai) H.Hara, J. Fac. Agric. Hokkaido Imp. Univ. 2 (4): 520 (1934)
    Polygonum paludosum (Kom.) Kom., Fl. URSS 5: 689, 726 t. 48, f. 4 (1936)
    Persicaria anguillana (Koidz.) Honda, Bot. Mag. (Tokyo) 53: 383 (1939)
    Polygonum anguillanum Koidz., Acta Phytotax. Geobot. 8: 51 (1939)
    Persicaria sieboldii (Meisn.) Ohki var. *paludosa* (Kom.) Nakai ex Kitag., Lin. Fl. Manshur. 180 (1939)
    Polygonum sagittatum L. var. *gracilentum* Fernald, Rhodora 44: 393 (1942)
    Polygonum sieboldii Meisn. var. *aestivum* (Ohki) Ohwi, Fl. Jap. (Ohwi) 465 (1953)
    Truellum sagittatum (L.) Soják, Preslia 46: 149 (1974)
    Truellum sibiricum (Meisn.) Soják, Preslia 46: 149 (1974)
    Truellum sieboldii (Meisn.) Soják, Preslia 46: 149 (1974)
    Persicaria sieboldii (Meisn.) Ohki var. *sericea* Nakai ex T.B.Lee, Neolin. Fl. Manshur. 585 (1979)
    Persicaria sagittata (L.) H.Gross var. *sericea* Nakai ex T. Mori, Enum. Pl. Corea 133 (1980)
    Persicaria sagittata (L.) H.Gross var. *sibirica* (Meisn.) Miyabe f. *aestiva* (Ohki) H.Hara, J. Jap. Bot. 55: 212 (1980)
    Polygonum sagittatum L. var. *sibiricum* Meisn. f. *aestivum* (Ohki) Murata, Acta Phytotax. Geobot. 42: 48 (1981)
    Polygonum sagittatum L. var. *sibiricum* Meisn. f. *aestivum* (Ohki) Murata, Acta Phytotax. Geobot. 32: 48 (1981)

Persicaria senticosa (Meisn.) H.Gross ex Nakai, Saishu-to Kuan-to Shokubutsu Hokoku-sho [Fl. Quelpaert Isl.] 41 (1914)

Common name 여뀌사광이아재비 (며느리밑씻개)

Distribution in Korea: North, Central, South
  Chylocalyx senticosus Meisn., Ann. Mus. Bot. Lugduno-Batavi 2: 65 (1865)
  Polygonum babingtonii Hance, Ann. Sci. Nat., Bot. ser. 5, 5: 239 (1866)
  Polygonum typhoniifolium Hance, Ann. Sci. Nat., Bot. ser. 7, 5: 239 (1866)
  Polygonum senticosum (Meisn.) Franch. & Sav., Enum. Pl. Jap. 1: 401 (1875)
  Polygonum truellum Koidz., Bot. Mag. (Tokyo) 40: 334 (1926)
  Truellum senticosum (Meisn.) Danser, Bull. Jard. Bot. Buitenzorg ser.3, 8: 31 (1926)
  Persicaria truellum (Koidz.) Honda, J. Fac. Agric. Hokkaido Imp. Univ. 26 (4): 515 (1934)

Representative specimens; Chagang-do 4 July 1914 牙得嶺 (江界) Nakai, T *Nakai s.n.* 6 July 1914 牙得嶺 (江界) /牙得嶺 (長津) Nakai, T *Nakai s.n.* **Hamgyong-bukto** 7 August 1914 茂山下面江口 Ikuma, Y *Ikuma s.n.* **Hamgyong-namdo** 25 July 1935 西於水里 Nomura, N *Nomura s.n.* **Kangwon-do** 28 July 1916 長箭 Nakai, T *Nakai s.n.* 29 July 1916 海金剛 Nakai, T *Nakai s.n.* 14 July 1936 金剛山外金剛千佛山 Nakai, T *Nakai s.n.* 7 August 1940 Mt. Kumgang (金剛山) Okuyama, S *Okuyama s.n.* 20 August 1902 Uchiyama, T *Uchiyama s.n.* 14 August 1930 劒拂浪 Nakai, T *Nakai s.n.* 14 September 1932 元山 Kitamura, S *Kitamura s.n.* **P'yongan-namdo** 15 July 1916 葛日嶺 Mori, T *Mori s.n.* **Rason** 6 June 1930 西水羅 Ohwi, J *Ohwi s.n.* **Ryanggang** August 1913 長白山 Mori, T *Mori s.n.*

Persicaria thunbergii (Siebold & Zucc.) H.Gross, Bot. Jahrb. Syst. 49: 275 (1913)

Common name 고마리

Distribution in Korea: North, Central, South, Ulleung
  Helxine arifolia Raf., Fl. Tellur. 3: 94 (1837)
  Polygonum thunbergii Siebold & Zucc., Abh. Math.-Phys. Cl. Konigl. Bayer. Akad. Wiss. 4: 208 (1846)
  Polygonum debile Meisn. var. *hastatum* Meisn., Ann. Mus. Bot. Lugduno-Batavi 2: 63 (1865)
  Polygonum hastatotrilobum Meisn., Ann. Mus. Bot. Lugduno-Batavi 2: 62 (1865)
  Polygonum stoloniferum F.Schmidt, Mem. Acad. Imp. Sci. St.-Petersbourg, Ser. 7 12: 168 (1868)
  Polygonum pteropus Hance, J. Bot. 7: 167 (1869)
  Polygonum thunbergii Siebold & Zucc. var. *hastatotrilobum* (Meisn.) Maxim. ex Franch. & Sav., Enum. Pl. Jap. 2: 475 (1878)
  Tracaulon hastatotrilobum (Meisn.) Greene, Leafl. Bot. Observ. Crit. 1: 22 (1904)
  Tracaulon thunbergii (Siebold & Zucc.) Greene, Leafl. Bot. Observ. Crit. 1: 22 (1904)
  Polygonum thunbergii Siebold & Zucc. var. *stoloniferum* (F.Schmidt) Makino, Bot. Mag. (Tokyo) 24: 74 (1910)
  Polygonum thunbergii Siebold & Zucc. var. *oreophilum* Makino, Bot. Mag. (Tokyo) 27: 251 (1913)
  Persicaria thunbergii (Siebold & Zucc.) H.Gross var. *stolonifera* (F.Schmidt) H.Gross ex Nakai, Saishu-to Kuan-to Shokubutsu Hokoku-sho [Fl. Quelpaert Isl.] 41 (1914)
  Persicaria stellato-tomentosa Nakai, Bot. Mag. (Tokyo) 45: 115 (1931)
  Persicaria thunbergii (Siebold & Zucc.) H.Gross var. *oreophila* (Makino) Nemoto, Fl. Jap. Suppl. 176 (1936)
  Polygonum oreophilum (Makino) Ohwi, Fl. Jap., revised ed., [Ohwi] 409 (1965)
  Truellum oreophilum (Makino) Soják, Preslia 46: 148 (1974)
  Truellum thunbergii (Siebold & Zucc.) Soják, Preslia 46: 149 (1974)

Representative specimens; Chagang-do 16 July 1911 Kang-gei(Kokai 江界) Mills, RG *Mills s.n.* **Hamgyong-namdo** 1929 Hamhung (咸興) Seok, JM *s.n.* **Kangwon-do** 21 August 1902 干發告嶺 Uchiyama, T *Uchiyama s.n.* 7 August 1916 金剛山末輝里 Nakai, T *Nakai s.n.* 13 September 1932 元山 Kitamura, S *Kitamura s.n.* 6 June 1909 Nakai, T *Nakai s.n.* **Nampo** 1 October 1911 Chinnampo (鎮南浦) Imai, H *Imai s.n.* **P'yongan-bukto** 13 August 1910 Pyok-dong (碧潼) Mills, RG *Mills404* **P'yongan-namdo** 30 September 1910 Sin An Ju(新安州) Mills, RG *Mills s.n.* **P'yongyang** 12 September 1902 P'yongyang (平壤) Uchiyama, T *Uchiyama s.n.* **Ryanggang** 14 August 1914 農事洞- 三下 Nakai, T *Nakai s.n.* 14 August 1914 Nakai, T *Nakai s.n.* **Sinuiju** 15 September 1915 新義州 Nakai, T *Nakai s.n.*

Persicaria tinctoria (Aiton) H.Gross, Beih. Bot. Centralbl. 37: 114 (1919)

Common name 쪽

Distribution in Korea: Cultivated North, Central, South
  Polygonum tinctorium Aiton, Hort. Kew. (Hill) 2: 31 (1789)
  Pogalis tinctoria (Aiton) Raf., Fl. Tellur. 3: 15 (1837)
  Ampelygonum tinctorium (Aiton) Steud., Nomencl. Bot., ed. 2 (Steudel) 1: 79 (1840)

Representative specimens; P'yongyang September 1901 in mediae *Faurie, UJ Faurie s.n.*

Persicaria trigonocarpa (Makino) Nakai, Rigakkwai 24: 12 (1926)

Common name 가는개여뀌

Distribution in Korea: North, Central, South

Polygonum minus Huds. f. *trigonocarpa* Makino, Bot. Mag. (Tokyo) 23: 111 (1914)
Polygonum trigonocarpum (Makino) Kudô & Masam., Rep. (Annual) Taihoku Bot. Gard. 2: 53 (1932)
Persicaria erecto-minus (Makino) Nakai var. *trigonocarpa* (Makino) H.Hara ex I.Ito, J. Jap. Bot. 31: 177 (1956)
Polygonum erecto-minus Makino var. *trigonocarpum* (Makino) Kitam., Acta Phytotax. Geobot. 20: 207 (1962)

Persicaria viscofera (Makino) H.Gross, Beih. Bot. Centralbl. 37: 114 (1919)

Common name 끈끈이여뀌

Distribution in Korea: North, Central, South

Polygonum viscoferum Makino, Bot. Mag. (Tokyo) 17: 115 (1903)
Polygonum viscoferum Makino var. *robustum* Makino, Bot. Mag. (Tokyo) 17: 116 (1904)
Persicaria makinoi (Nakai) Nakai, Saishu-to Kuan-to Shokubutsu Hokoku-sho [Fl. Quelpaert Isl.] 41 (1914)
Polygonum makinoi Nakai, Cat. Sem. Spor. [1919 & 1920 Lect.] 1: 34 (1920)
Persicaria viscofera (Makino) H.Gross var. *robusta* (Makino) Hiyama, J. Jap. Bot. 36: 67 (1961)
Polygonum viscoferum Makino ssp. *robustum* (Makino) Kitam., Acta Phytotax. Geobot. 20: 206 (1962)

Representative specimens; **Hamgyong-namdo** 11 August 1940 咸興歸州寺 *Okuyama, S Okuyama s.n.* **Kangwon-do** 28 July 1916 長箭 -高城 *Nakai, T Nakai5384* 7 August 1940 Mt. Kumgang (金剛山) *Okuyama, S Okuyama s.n.* 30 August 1916 通川街道 *Nakai, T Nakai5387* **P'yongan-bukto** 5 August 1937 妙香山 *Hozawa, S Hozawa s.n.*

Persicaria viscosa (Buch.-Ham. ex D.Don) H.Gross ex T. Mori, Enum. Pl. Corea 134 (1922)

Common name 기생여뀌

Distribution in Korea: North, Central, South, Jeju

Polygonum viscosum Buch.-Ham. ex D.Don, Prodr. Fl. Nepal. 71 (1825)

Representative specimens; **Chagang-do** 30 June 1914 公西面江界 *Nakai, T Nakai s.n.* **Hamgyong-bukto** 21 August 1935 羅北 *Saito, T T Saito s.n.* 24 August 1935 鏡城 *Saito, T T Saito s.n.* **Hamgyong-namdo** 17 August 1940 Hamhung (咸興) *Okuyama, S Okuyama s.n.* **Hwanghae-namdo** 29 July 1929 長淵郡長山串 *Nakai, T Nakai s.n.*

Persicaria vulgaris Webb & Moq., Hist. Nat. Iles Canaries 3: 219 (1846)

Common name 봄여뀌

Distribution in Korea: North, Central, South

Polygonum persicaria L., Sp. Pl. 361 (1753)
Polygonum dichopodum Ohki, Bot. Mag. (Tokyo) 39: 360 (1925)
Persicaria dichopodum (Ohki) Ohki ex Nakai, Rigakkwai 24: 300 (1926)

Representative specimens; **Chagang-do** 15 August 1909 Sensen (前川) *Mills, RG Mills s.n.* 10 August 1911 Kang-gei(Kokai 江界) *Mills, RG Mills s.n.* 18 July 1914 大興里 *Nakai, T Nakai s.n.* **Hamgyong-bukto** 29 August 1908 清津 *Okada, S s.n.* **Hamgyong-namdo** 1929 Hamhung (咸興) *Seok, JM s.n.* 15 August 1935 東上面漢岱里 *Nakai, T Nakai s.n.* 15 August 1935 Nakai, *T Nakai s.n.* **Kangwon-do** 30 August 1916 通川街道 *Nakai, T Nakai s.n.* 10 August 1932 元山 *Kitamura, S Kitamura s.n.* 10 August 1932 Kitamura, *S Kitamura s.n.* **P'yongan-bukto** 27 September 1911 雲山郡古城里甑峯里 *Ishidoya, T Ishidoya s.n.* **P'yongyang** 9 October 1911 P'yongyang (平壤) *Imai, H Imai s.n.* **Ryanggang** 23 July 1914 李僧嶺 *Nakai, T Nakai s.n.* 4 August 1914 普天堡- 寶泰洞 *Nakai, T Nakai s.n.*

***Polygonum* L.**
Polygonum aviculare L., Sp. Pl. 362 (1753)

Common name 마디풀

Distribution in Korea: North, Central, South, Ulleung

Polygonum monspeliense Thiéb.-Bern. ex Pers., Syn. Pl. (Persoon) 1: 439 (1805)
Polygonum aviculare L. var. *vegetum* Ledeb., Fl. Ross. (Ledeb.) 3: 532 (1849)

Polygonum heterophyllum Lindm., Svensk Bot. Tidskr. 6: 960 (1912)
Polygonum planum Skvortsov, Diagn. Pl. Nov. Mandshur. [Baranov & Skvortsov] 0: 5 (1943)

Representative specimens; **Chagang-do** 16 July 1911 Kang-gei(Kokai 江界) *Mills, RG Mills s.n.* 4 August 1910 *Mills, RG Mills411* **Hamgyong-bukto** 24 August 1914 會寧 -行營 *Nakai, T Nakai3302* Type of *Polygonum koreense* Nakai (Syntype TI, Syntype TI) **Hamgyong-namdo** 1929 Hamhung (咸興) *Seok, JM s.n.* 11 June 1909 鎭江- 鎭岩峯 *Nakai, T Nakai s.n.* 3 October 1935 赴戰高原 Fusenkogen *Okamoto, S Okamoto s.n.* **Hwanghae-namdo** April 1931 載寧 *Smith, RK Smith s.n.* **Kangwon-do** 10 June 1932 Mt. Kumgang (金剛山) Ohwi, *J Ohwi s.n.* 22 August 1902 *Uchiyama, T Uchiyama s.n.* 5 July 1932 Ouensan (元山) Kitamura, *S Kitamura s.n.* **P'yongan-bukto** 25 August 1911 Sakju(朔州) *Mills, RG Mills s.n.* **P'yongyang** 11 September 1902 平壤大同江岸 *Uchiyama, T Uchiyama s.n.* **Ryanggang** 23 August 1914 Keizanchin(惠山鎭) *Ikuma, Y Ikuma s.n.* 30 July 1897 甲山 *Komarov, VL Komaorv s.n.* 16 August 1897 大羅信洞 *Komarov, VL Komaorv s.n.* 31 May 1897 延面水河谷-古倉坪 *Komarov, VL Komaorv s.n.*

Polygonum aviculare L. var. ***fusco-ochreatum*** (Kom.) A.J.Li, Fl. Reipubl. Popularis Sin. 25: 9 (1998)
Common name 제주큰옥매듭풀
Distribution in Korea: North, Central, Jeju
    Polygonum humifusum C.Merck ex K.Koch, Linnaea 22: 205 (1849)
    Polygonum fusco-ochreatum Kom., Fl. URSS 5: 613, 719, t. 40, f. 4. a-e (1936)
    Polygonum stans Kitag., Bot. Mag. (Tokyo) 50: 76 (1936)
    Polygonum liaotungense Kitag., Rep. Inst. Sci. Res. Manchoukuo 8: 183 (1939)
    Polygonum argenteum Skvortsov, Diagn. Pl. Nov. Mandshur. [Baranov & Skvortsov] 0: 4 (1943)
    Polygonum mandshuricum Skvortsov, Diagn. Pl. Nov. Mandshur. [Baranov & Skvortsov] 0: 4 (1943)
    Polygonum yamatutae Kitag., J. Jap. Bot. 39: 358 (1964)

Polygonum polyneuron Franch. & Sav., Enum. Pl. Jap. 2: 471 (1878)
Common name 가을마디풀 (이삭마디풀)
Distribution in Korea: North, Central, South

Representative specimens; **Hamgyong-namdo** 8 June 1909 天山松原 *Nakai, T Nakai s.n.* **Hwanghae-namdo** 24 July 1929 夢金浦 *Nakai, T Nakai s.n.* **Kangwon-do** 7 June 1909 元山德原 *Nakai, T Nakai s.n.*

Rheum L.
Rheum coreanum Nakai, Bot. Mag. (Tokyo) 33: 47 (1919)
Common name 조선대황 (장군풀)
Distribution in Korea: far North (Paekdu, Potae, Kwanmo, Chail, Wagal)

Representative specimens; **Hamgyong-bukto** August 1933 (cult) *Koidzumi, G Koidzumi s.n.* 26 July 1930 頭流山 *Ohwi, J Ohwi s.n.* 20 July 1918 冠帽山 2300m *Nakai, T Nakai6954* Type of *Rheum coreanum* Nakai (Holotype TI) 茂山西三上 *Koidzumi, G Koidzumi s.n.* **Hamgyong-namdo** 18 August 1935 遮日峯 *Nakai, T Nakai s.n.* 18 August 1935 *Nakai, T Nakai s.n.* **Ryanggang** 20 August 1933 三長 *Koidzumi, G Koidzumi s.n.*

Rumex L.
Rumex acetosa L., Sp. Pl. 337 (1753)
Common name 수영
Distribution in Korea: North, Central, South, Ulleung
    Acetosa pratensis Mill., Gard. Dict., ed. 8 no. 1 (1768)
    Lapathum acetosa (L.) Scop., Fl. Carniol., ed. 2 1: 260 (1771)
    Lapathum pratense (Mill.) Lam., Fl. Franc. (Lamarck) 3: 8 (1779)
    Rumex acidus Salisb., Prodr. Stirp. Chap. Allerton 258 (1796)
    Rumex acetosa L. var. *vulgaris* Hartm., Handb. Skand. Fl. 148 (1820)
    Rumex acetosa L. var. *pratensis* (Mill.) Wallr., Sched. Crit. 1: 182 (1822)
    Rumex micranthus Campd. ex Meisn., Prodr. (DC.) 14: 65 (1856)
    Rumex pratensis (Mill.) Dulac, Fl. Hautes-Pyrénées 165 (1867)
    Rumex acetosa L. ssp. *pratensis* (Mill.) Blytt & O.C.Dahl, Haandb. Norges Fl. 285 (1903)

Representative specimens; **Chagang-do** 6 May 1911 Kang-gei(Kokai 江界) *Mills, RG Mills s.n.* 22 July 1916 狼林山 *Mori, T Mori s.n.* **Hamgyong-bukto** 18 May 1897 會寧川 *Komarov, VL Komaorv s.n.* 1 June 1930 鏡城 *Ohwi, J Ohwi s.n.* 6 June 1930 Kyonson 鏡城 *Ohwi, J Ohwi s.n.* 29 May 1933 檜鄉洞 *Saito, T T Saito s.n.* **Hwanghae-bukto** 29 May 1939 白川邑 *Hozawa, S Hozawa s.n.* **Kangwon-do** 6 June

1909 元山 *Nakai, T Nakai s.n.* 25 May 1935 *Yamagishi, S s.n.* **Ryanggang** 7 July 1897 犁方嶺 (鴨綠江羅暖堡) *Komarov, VL Komaorv s.n.* 26 June 1897 內曲里 *Komarov, VL Komaorv s.n.* August 1913 長白山 *Mori, T Mori s.n.* **Sinuiju** 30 April 1917 新義州 *Furumi, M Furumi s.n.*

Rumex acetosella L., Sp. Pl. 338 (1753)

Common name 애기수영

Distribution in Korea: Introduced (North, Central, South, Ulleung, Jeju; Eurassia)
  Acetosa acetosella (L.) Mill., Gard. Dict., ed. 8 no. 2 (1768)
  Lapathum acetosella (L.) Scop., Fl. Carniol., ed. 2 1: 261 (1771)
  Acetosa parva Gilib., Excerc. Phyt. 2: 446 (1792)
  Rumex acetosella L. var. *vulgaris* W.D.J.Koch, Syn. Fl. Germ. Helv. 1: 616 (1837)
  Acetosella vulgaris (W.D.J.Koch) Fourr., Ann. Soc. Linn. Lyon 17: 145 (1869)

Representative specimens; Hamgyong-bukto 27 May 1930 Kyonson 鏡城 *Ohwi, J Ohwi170* 7 July 1930 鏡城 *Ohwi, J Ohwi2193* **Hwanghae-namdo** April 1931 載寧 *Smith, RK Smith s.n.* **Ryanggang** 3 June 1897 四芝坪 *Komarov, VL Komaorv s.n.*

Rumex alpestris Jacq., Enum. Stirp. Vindob.62 (1762)

Common name 멧수영

Distribution in Korea: Introduced (North; Europe)
  Lapathum alpestre (Jacq.) Scop., Fl. Carniol., ed. 2 1: 261 (1771)
  Rumex arifolius All., Fl. Pedem. 2: 204 (1785)
  Rumex montanus Desf., Tabl. Ecole Bot. (ed. 2) 48 (1815)
  Rumex acetosa L. ssp. *auriculatus* (Wallr.) Blytt & O.C.Dahl, Haandb. Norges Fl. 285 (1903)
  Rumex acetosa L. ssp. *alpestris* (Scop.) Á.Löve, Bot. Not. 81: 243 (1944)

Rumex aquaticus L., Sp. Pl. 335 (1753)

Common name 토대황

Distribution in Korea: North (Gaema, Bujeon)
  Lapathum aquaticum Scop., Fl. Carniol., ed. 2 1: 263 (1771)
  Rumex hippolapathum Fr. var. *palustris* Fr., Novit. Fl. Suec. Alt. ed. 2: 106 (1828)
  Rumex latifolius G.Mey., Chloris Han. 478 (1836)
  Rumex aquaticus L. var. *kolaensis* Hultén, Fl. Kamtchatka 1: 44 (1928)
  Rumex protractus Rech.f., Repert. Spec. Nov. Regni Veg. 33: 356 (1934)

Representative specimens; Hamgyong-namdo 22 July 1916 赴戰高原寒泰嶺 *Mori, T Mori s.n.* **Ryanggang** August 1913 長白山 *Mori, T Mori s.n.* 6 August 1914 胞胎山虛項嶺 *Nakai, T Nakai s.n.* 6 August 1913 農事洞 *Mori, T Mori s.n.*

Rumex crispus L., Sp. Pl. 335 (1753)

Common name 소루장이 (소리쟁이)

Distribution in Korea: Introduced (North, Central, South, Ulleung, Jeju; Eurasia)
  Lapathum crispum (L.) Scop., Fl. Carniol., ed. 2 1: 261 (1771)
  Rumex elongatus Guss., Pl. Rar. Neapol. 150: 128 (1826)
  Rumex patientia L. var. *crispus* Kuntze, Revis. Gen. Pl. 1: 560 (1891)
  Rumex coreanus Nakai, Repert. Spec. Nov. Regni Veg. 13: 268 (1914)
  Rumex fauriei Rech.f., Repert. Spec. Nov. Regni Veg. 33: 358 (1934)

Representative specimens; Chagang-do 15 June 1911 Kang-gei(Kokai 江界) *Mills, RG Mills304* **Hamgyong-bukto** 15 June 1909 Sungjin (城津) *Nakai, T Nakai s.n.* 28 July 1936 茂山 *Saito, T T Saito s.n.* **Hamgyong-namdo** July 1902 端川龍德里摩天嶺 *Mishima, A s.n.24* July 1935 東下面把田洞 *Nomura, N Nomura s.n.* **Hwanghae-namdo** 29 July 1929 長淵郡長山串 *Nakai, T Nakai s.n.* **Kangwon-do** 29 July 1916 海金剛 *Nakai, T Nakai s.n.* 8 June 1909 フメイ元山 *Nakai, T Nakai s.n.* **P'yongan-bukto** 6 August 1935 妙香山普賢寺 *Koidzumi, G Koidzumi s.n.* 3 June 1914 義州 - 王江鎭 *Nakai, T Nakai s.n.* **P'yongyang** 2 July 1910 Otsumitsudai (乙密台) 平壤 *Imai, H Imai s.n.*

Rumex gmelinii Turcz. ex Ledeb., Fl. Ross. (Ledeb.) 3: 508 (1851)

Common name 호대황

Distribution in Korea: North (Ryanggang, Hamgyong)

Representative specimens; **Hamgyong-bukto** 25 July 1918 雪嶺 1900m Nakai, T *Nakai s.n.* **Hamgyong-namdo** 3 September 1936 赤水里 *Chung, TH Chung s.n.* 15 June 1932 下碣隅里 *Ohwi, J Ohwi s.n.* 20 June 1932 東上面元豊里 *Ohwi, J Ohwi s.n.* **Ryanggang** 21 June 1930 天水洞 *Ohwi, J Ohwi1531*

Rumex japonicus Houtt., Nat. Hist. (Houttuyn) 8: 394, pl. 47, f. 2 (1777)

Common name 참송구지 (참소리쟁이)

Distribution in Korea: North, Central, South, Ulleung

Rumex regelii F.Schmidt, Mem. Acad. Imp. Sci. St.-Petersbourg, Ser. 7 12: 167 (1868)
Rumex crispus L. var. *japonicus* (Houtt.) Makino, Bot. Mag. (Tokyo) 8: 174 (1894)
Rumex nikkoensis Makino, J. Jap. Bot. 4: 29 (1929)
Rumex odontocarpus Sandor ex Borbás var. *japonicus* (Houtt.) Nakai, Veg. Apoi 8 (1930)
Rumex yezoensis H.Hara, Bot. Mag. (Tokyo) 48: 896 (1934)
Rumex hadrocarpus Rech.f., Candollea 12: 92 (1949)
Rumex japonicus Houtt. var. *yezoensis* (Hara) Ohwi, Bull. Natl. Sci. Mus., Tokyo 33: 70 (1953)
Rumex crispus L. ssp. *japonicus* (Houtt.) Kitam., Acta Phytotax. Geobot. 20: 206 (1962)

Representative specimens; **Hamgyong-bukto** 14 June 1933 羅南東南側山地 *Saito, T T Saito s.n.* **Hamgyong-namdo** 11 August 1940 咸興歸州寺 *Okuyama, S Okuyama s.n.* **P'yongan-bukto** 2 August 1935 妙香山 *Koidzumi, G Koidzumi s.n.* **Rason** 7 June 1930 西水羅 *Ohwi, J Ohwi s.n.* **Ryanggang** 24 July 1930 大澤 *Ohwi, J Ohwi s.n.* 21 June 1930 天水洞 *Ohwi, J Ohwi s.n.*

Rumex longifolius DC., Fl. Franc. (DC. & Lamarck), ed. 3 5: 368 (1815)

Common name 개대황

Distribution in Korea: North, Central

Rumex domesticus Hartm., Handb. Skand. Fl. 148 (1820)
Rumex hippolapathum Fr., Novit. Fl. Suec. Alt. 106 (1828)
Rumex hippolapathum Fr. var. *domesticus* Fr., Novit. Fl. Suec. Alt. ed. 2: 106 (1828)
Rumex suzukianus Rech.f., Oesterr. Bot. Z. 100: 670 (1953)

Representative specimens; **Chagang-do** 27 June 1914 從西面 Nakai, T *Nakai s.n.* **Hamgyong-bukto** 13 July 1918 朱乙溫面 Nakai, T *Nakai s.n.* 24 July 1918 朱南面蓮花台 1200m Nakai, T *Nakai s.n.* **Hamgyong-namdo** 19 August 1935 道頭里 Nakai, T *Nakai s.n.* 27 July 1933 東上面廣大里 *Koidzumi, G Koidzumi s.n.* **Hwanghae-namdo** 4 July 1921 Sorai Beach 九味浦 *Mills, RG Mills s.n.* **P'yongan-namdo** 15 June 1928 陽德 Nakai, T *Nakai s.n.* **Ryanggang** 4 July 1897 上水隅理 Komarov, VL *Komaorv s.n.* 25 July 1914 遮川里三水 Nakai, T *Nakai s.n.*

Rumex maritimus L., Sp. Pl. 335 (1753)

Common name 금소루장이

Distribution in Korea: North, Central

Rumex aureus Mill., Gard. Dict., ed. 8 no. 7 (1768)
Lapathum minus Lam., Fl. Franc. (Lamarck) 3: 4 (1778)
Lapathum maritimum (L.) Moench, Methodus (Moench) 355 (1794)
Rumex palustris Sm., Fl. Brit. 1: 394 (1800)
Lapathum aureum (Mill.) Gray, Nat. Arr. Brit. Pl. 2: 275 (1821)
Rumex amurensis F.Schmidt ex Maxim., Mem. Acad. Imp. Sci. St.-Petersbourg Divers Savans 9: 228 (1859)
Rumex maritimus L. var. *fueginus* (Phil.) Dusén, Svenska Exped. Magellanslanderner, Wiss. Ergebn. Schwed. Exped. Magellandslandern 3: 194 (1900)
Rumex ochotikius Rech.f., Repert. Spec. Nov. Regni Veg. 33: 131 (1934)

Representative specimens; **Ryanggang** 14 August 1914 農事洞- 三下 Nakai, T *Nakai s.n.* 14 August 1914 農事洞 Nakai, T *Nakai s.n.*

Rumex obtusifolius L., Sp. Pl. 335 (1753)

Common name 세포송구지, 오랑캐소루장이 (돌소리쟁이)

Distribution in Korea: Introduced (North, Central, Ulleung, Jeju; Eurasia)

Lapathum sylvestre Lam., Fl. Franc. (Lamarck) 3: 4 (1779)
Lapathum obtusifolium (L.) Moench, Methodus (Moench) 356 (1794)
Rumex crispatulus Michx., Fl. Bor.-Amer. (Michaux) 1: 217 (1803)
Rumex obtusifolius L. var. *agrestis* Fr., Novit. Fl. Suec. Alt. ed. 2: 99 (1828)

Rumex friesii Gren. & Godr., Fl. France (Grenier) 3: 36 (1855)
Rumex rugelii Meisn., Prodr. (DC.) 14: 54 (1856)
Rumex obtusifolius L. ssp. *agrestis* (Fr.) Danser, Ned. Kruidk. Arch. 424 (1926)

Rumex patientia L., Sp. Pl. 333 (1753)
Common name 부령소루장이 (부령소리쟁이)
Distribution in Korea: Introduced (North, Central, South; N. America)
　Lapathum hortense Lam., Fl. Franc. (Lamarck) 3: 3 (1778)
　Rumex tibeticus Rech.f., Repert. Spec. Nov. Regni Veg. 31: 262 (1933)
　Rumex lonaczevskii Klokov, Fl. Ukr. RSR 4: 653 (1952)

Representative specimens; **Chagang-do** 27 June 1914 從西面 *Nakai, T Nakai s.n.* **Hamgyong-bukto** 20 June 1909 輸城 *Nakai, T Nakai s.n.* **Hwanghae-namdo** 4 July 1921 Sorai Beach 九味浦 *Mills, RG Mills s.n.* **Kangwon-do** 12 July 1936 金剛山外金剛千佛山 *Nakai, T Nakai s.n.*

Rumex stenophyllus Ledeb., Fl. Altaic. 2: 58 (1830)
Common name 가는잎송구지 (가는잎소리쟁이)
Distribution in Korea: North, Central, South
　Rumex obtusifolius L. var. *cristatus* Neilr., Fl. Nied.-Oesterr 290 (1859)
　Rumex crispus L. var. *dentatus* Schur, Enum. Pl. Transsilv. 580 (1866)
　Rumex biformis Lange, Index Seminum Hort. Univ. Haun. 3: 130 (1884)
　Rumex odontocarpus (Sándor ex Borbás) Borbás, Oesterr. Bot. Z. 37 (9): 334 (1887)
　Rumex ussuriensis Losinsk., Fl. URSS 5: 717 (1936)
　Rumex stenophyllus Ledeb. var. *ussuriensis* (Losinsk.) Kitag., Neolin. Fl. Manshur. 247 (1979)

Representative specimens; **Chagang-do** 22 July 1914 山羊 -江口 *Nakai, T Nakai s.n.* 11 July 1914 梅田坪 *Nakai, T Nakai s.n.* **Ryanggang** 3 August 1914 惠山鎭- 普天堡 *Nakai, T Nakai s.n.* 30 June 1897 雲寵堡 *Komarov, VL Komaorv s.n.*

PAEONIACEAE

Paeonia L.
Paeonia lactiflora Pall., Reise Russ. Reich. 3: 286 (1776)
Common name 작약
Distribution in Korea: North, Central
　Paeonia lactiflora Pall. var. *hortensis* Makino
　Paeonia albiflora Pall., Fl. Ross. (Pallas) 1: 92, t. 84 (1788)
　Paeonia albiflora Pall. var. *trichocarpa* Bunge, Enum. Pl. Chin. Bor. 3 (1833)
　Paeonia albiflora Pall. var. *pubescens* Nakai, Bot. Mag. (Tokyo) 46: 605 (1932)
　Paeonia albiflora Pall. f. *nuda* Nakai, J. Jap. Bot. 13: 393 (1937)
　Paeonia albiflora Pall. f. *pilosella* Nakai, J. Jap. Bot. 13: 393 (1937)
　Paeonia lactiflora Pall. var. *trichocarpa*(Bunge) Stern, J. Roy. Hort. Soc. 68: 129 (1943)
　Paeonia yui W.P.Fang, Acta Phytotax. Sin. 7: 321 (1958)
　Paeonia lactiflora Pall. var. *hirta* (Regel) Y.C.Chu, Fl. Pl. Herb. Chin. Bor.-Or. 2: 77 (1959)
　Paeonia lactiflora Pall. f. *nuda* (Nakai) Kitag., Neolin. Fl. Manshur. 302 (1979)
　Paeonia lactiflora Pall. f. *pilosella* (Nakai) Kitag., Neolin. Fl. Manshur. 585 (1979)

Representative specimens; **Hamgyong-bukto** 28 May 1897 富潤洞 *Komarov, VL Komaorv s.n.* 19 June 1909 淸津 *Nakai, T Nakai s.n.* Type of *Paeonia albiflora* Pall. var. pubescens Nakai (Holotype TI)18 May 1897 會寧川 *Komarov, VL Komaorv s.n.* 21 June 1909 茂山嶺 *Nakai, T Nakai s.n.* Type of *Paeonia albiflora* Pall. f. nuda Nakai (Holotype TI)15 June 1930 *Ohwi, J Ohwi s.n.* 12 June 1930 Kyonson 鏡城 *Ohwi, J Ohwi s.n.* 5 June 1933 黃谷洞 Myeong-cheon-ah-gan-gong-bo-gyo school *s.n.* **Hwanghae-namdo** 5 June 1936 長淵郡 (栽培地山城國) *Chung, TH Chung s.n.* 27 July 1929 長淵郡長山串 *Nakai, T Nakai s.n.* 29 July 1921 Sorai Beach 九味浦 *Mills, RG Mills s.n.* **Kangwon-do** 8 June 1909 望賊山 *Nakai, T Nakai s.n.* 9 June 1909 元山 *Nakai, T Nakai s.n.* **P'yongan-bukto** 5 June 1912 白璧山 *Ishidoya, T Ishidoya s.n.* **P'yongan-namdo** 22 September 1915 咸從 *Nakai, T Nakai s.n.* **Rason** 6 June 1930 西水羅 *Ohwi, J Ohwi s.n.* 6 June 1930 *Ohwi, J Ohwi s.n.* **Ryanggang** 18 August 1897 葡坪 *Komarov, VL Komaorv s.n.* 26 June 1897 內曲里 *Komarov, VL Komaorv s.n.* 28 June 1897 柏德嶺 *Komarov, VL Komaorv s.n.* 28 July 1897 佳林里 *Komarov, VL Komaorv s.n.*

Paeonia obovata Maxim., Mem. Acad. Imp. Sci. St.-Petersbourg Divers Savans 9: 29 (1864)

Common name 산작약

Distribution in Korea: North, Central, South
    Paeonia oreogeton S.Moore, J. Linn. Soc., Bot. 17: 376 (1879)
    Paeonia obovata Maxim. var. *japonica* Makino, Bot. Mag. (Tokyo) 16: 59 (1902)
    Paeonia japonica (Makino) Miyabe & Takeda var. *glabra* Makino, Bot. Mag. (Tokyo) 16: 59 (1902)
    Paeonia japonica (Makino) Miyabe & Takeda, Gard. Chron. 3 ser. 48: 366, f. 153 (1910)
    Paeonia obovata Maxim. var. *glabra* Makino, J. Jap. Bot. 5: 33 (1928)
    Paeonia japonica (Makino) Miyabe & Takeda var. *pillosa* Nakai, J. Jap. Bot. 13: 395 (1937)
    Paeonia obovata Maxim. f. *oreogton* (S.Moore) Kitag., Lin. Fl. Manshur. 221 (1939)

Representative specimens; Chagang-do 26 August 1897 小德川 (松德水河谷) *Komarov, VL Komaorv s.n.* 14 June 1936 熙川郡狼林山 *Chung, TH Chung s.n.* Type of *Paeonia japonica* (Makino) Miyabe & Takeda var. pillosa Nakai (Holotype TI)10 July 1914 蕙田嶺 *Nakai, T Nakai1557* **Hamgyong-bukto** 12 August 1933 渡正山 *Koidzumi, G Koidzumi s.n.* 21 May 1897 茂山嶺- 蘇坪(照日洞) *Komarov, VL Komaorv s.n.* 21 June 1909 茂山嶺 *Nakai, T Nakai s.n.* 15 June 1930 *Ohwi, J Ohwi s.n.* 15 June 1930 *Ohwi, J Ohwi s.n.* 26 July 1930 頭流山 *Ohwi, J Ohwi s.n.* 19 July 1918 冠帽山 *Nakai, T Nakai7018* 23 May 1897 車踰嶺 *Komarov, VL Komaorv s.n.* 29 May 1897 釜所哥谷 *Komarov, VL Komaorv s.n.* 12 June 1897 西溪水 *Komarov, VL Komaorv s.n.* 17 June 1930 四芝嶺 *Ohwi, J Ohwi s.n.* **Hamgyong-namdo** 16 August 1934 新角面北山 *Nomura, N Nomura s.n.* 15 June 1932 下碣隅里 *Ohwi, J Ohwi s.n.* 30 August 1934 東下面頭雲峯安基里 *Yamamoto, A Yamamoto s.n.* **Hwanghae-namdo** 28 July 1929 長淵郡長山串 *Nakai, T Nakai s.n.* **Kangwon-do** 14 July 1936 金剛山外金剛千佛山 *Nakai, T Nakai s.n.* 17 August 1902 Mt. Kumgang (金剛山) *Uchiyama, T Uchiyama s.n.* **P'yongan-bukto** 17 May 1912 白壁山 *Ishidoya, T Ishidoya s.n.* **Ryanggang** 5 August 1897 白山嶺 *Komarov, VL Komaorv s.n.* 23 August 1897 雲洞嶺 *Komarov, VL Komaorv s.n.* 7 August 1897 上巨里水 *Komarov, VL Komaorv s.n.* 7 June 1897 平蒲坪 *Komarov, VL Komaorv s.n.* 27 June 1897 柏德嶺 *Komarov, VL Komaorv s.n.* 27 June 1897 *Komarov, VL Komaorv s.n.* 22 July 1897 佳林里 *Komarov, VL Komaorv s.n.* 4 August 1914 普天堡- 寶泰洞 *Nakai, T Nakai3973*

THEACEAE

Camellia L.
Camellia japonica L., Sp. Pl. 698 (1753)

Common name 동백나무

Distribution in Korea: Central, South, Jeju
    Camellia tsubakki Crantz, Inst. Rei Herb. 2: 172 (1766)
    Camellia florida Salisb., Prodr. Stirp. Chap. Allerton 370 (1796)
    Thea camellia Hoffm., Verz. Pfl.-Kult. 177 (1824)
    Camellia mutabilis Paxton, Paxton's Mag. Bot. 2: t. 122 (1836)
    Thea japonica (L.) Baill., Hist. Pl. (Baillon) 4: 229 (1873)
    Thea japonica (L.) Baill. var. *hortensis* Makino, Bot. Mag. (Tokyo) 25: 160 (1908)
    Thea japonica (L.) Baill. var. *spontanea* Makino, Bot. Mag. (Tokyo) 25: 160 (1908)
    Camellia japonica L. var. *spontanea* (Makino) Makino, J. Jap. Bot. 1: 40 (1918)
    Camellia japonica L. f. *albipetala* H.T. Chang, Seikyu 32: 80 (1938)
    Camellia japonica L. ssp. *hortensis* (Makino) Masam. & Yanagita, Trans. Nat. Hist. Soc. Taiwan 31: 319 (1941)

Stewartia L.
Stewartia pseudocamellia Maxim., Bull. Acad. Imp. Sci. Saint-Pétersbourg 11: 429 (1867)

Common name 노각나무

Distribution in Korea: North, Central, South, Jeju
    Stewartia grandiflora Carrière, Rev. Hort. 1874: 399 (1874)
    Stewartia japonica G.Nicholson var. *grandiflora* C.K.Schneid., Ill. Handb. Laubholzk. 2: 331 (1909)
    Stewartia koreana Rehder, J. Arnold Arbor. 7: 242 (1926)
    Stewartia pseudocamellia Maxim. var. *koreana* (Nakai ex Rehder) Sealy, Bot. Mag. 165: t. 20 (1948)

Representative specimens; P'yongan-namdo 10 July 1928 陽德 *Ikubo, S s.n.* 15 June 1928 Nakai, T *Nakai s.n.*

ACTINIDIACEAE

Actinidia Lindl.

Actinidia arguta (Siebold & Zucc.) Planch. ex Miq., Ann. Mus. Bot. Lugduno-Batavi 3: 15 (1867)

Common name 다래나무 (다래)

Distribution in Korea: North, Central, South, Ulleung

> *Trochostigma arguta* Siebold & Zucc., Abh. Math.-Phys. Cl. Konigl. Bayer. Akad. Wiss. 3: 727 (1843)
> *Actinidia platyphylla* A.Gray ex Miq., Ann. Mus. Bot. Lugduno-Batavi 3: 15 (1867)
> *Actinidia callosa* Lindl. var. *arguta* (Siebold & Zucc.) Makino, Bot. Mag. (Tokyo) 15: 148 (1901)
> *Actinidia rufa* (Siebold & Zucc.) Planch. ex Miq. var. *arguta* (Siebold & Zucc.) Dunn, J. Linn. Soc., Bot. 39: 402 (1911)
> *Actinidia japonica* Nakai, Bot. Mag. (Tokyo) 28: 311 (1914)
> *Actinidia arguta* (Siebold & Zucc.) Planch. ex Miq. var. *cordifolia* (Miq.) Bean, Trees & Shrubs Brit. Isles 1: 162 (1914)
> *Actinidia arguta* (Siebold & Zucc.) Planch. ex Miq. var. *platyphylla* (A.Gray ex Miq.) Nakai, Bot. Mag. (Tokyo) 47: 317 (1933)
> *Actinidia megalocarpa* Nakai ex Nakai & Kitag., Rep. Exped. Manchoukuo Sect. IV, Pt. 1, Pl. Nov. Jehol. 9 (1934)
> *Actinidia arguta* (Siebold & Zucc.) Planch. ex Miq. var. *rufinervis* Nakai, J. Jap. Bot. 15: 684 (1939)
> *Actinidia arguta* (Siebold & Zucc.) Planch. ex Miq. f. *platyphylla* (A.Gray ex Miq.) H.Ohba, Fl. Jap. (Iwatsuki et al., eds.) 2a: 392 (2006)

Representative specimens; Chagang-do 26 August 1897 小德川 (松德水河谷) *Komarov, VL Komaorv s.n.* 2 September 1897 湖芮(鴨綠江) *Komarov, VL Komaorv s.n.* 29 August 1897 慈城江 *Komarov, VL Komaorv s.n.* 20 June 1909 Kang-gei(Kokai 江界) *Mills, RG Mills372* 25 June 1914 從浦鎭 *Nakai, T Nakai2124* **Hamgyong-bukto** 14 August 1933 朱乙溫泉朱乙山 *Koidzumi, G Koidzumi s.n.* 5 July 1933 南下石山 *Saito, T T Saito s.n.* 7 July 1933 *Saito, T T Saito s.n.* **Hamgyong-namdo** 20 June 1932 東上面元豐里 *Ohwi, J Ohwi s.n.* **Hwanghae-namdo** 29 July 1932 長淵郡長山串 *Nakai, T Nakai s.n.* 29 July 1932 *Nakai, T Nakai s.n.* 1 August 1932 椒島 *Nakai, T Nakai s.n.* 12 July 1921 Sorai Beach 九味浦 *Mills, RG Mills s.n.* **Kangwon-do** 31 July 1916 金剛山群仙峽 *Nakai, T Nakai s.n.* 12 August 1932 Mt. Kumgang (金剛山) *Koidzumi, G Koidzumi s.n.* 7 August 1940 *Okuyama, S Okuyama s.n.* **P'yongan-bukto** 4 June 1914 玉江鎭朔州郡 *Nakai, T Nakai s.n.* 11 August 1935 義州金剛山 *Koidzumi, G Koidzumi s.n.* 3 June 1914 義州 - 王江鎭 *Nakai, T Nakai s.n.* 4 August 1912 Unsan (雲山) *Imai, H Imai s.n.* 10 June 1912 白璧山 *Ishidoya, T Ishidoya s.n.* **P'yongan-namdo** 16 July 1916 寧邊 *Mori, T Mori s.n.* 15 June 1928 陽德 *Nakai, T Nakai s.n.* **Rason** 5 June 1930 西水羅 *Ohwi, J Ohwi s.n.* 30 June 1938 松眞山 *Saito, T T Saito s.n.* **Ryanggang** 16 August 1897 大羅信洞 *Komarov, VL Komaorv s.n.* 21 August 1897 subdist. Chu-czan, flumen Amnok-gan *Komarov, VL Komaorv s.n.* 22 August 1897 雲洞嶺 *Komarov, VL Komaorv s.n.*

Actinidia kolomikta (Maxim. & Rupr.) Maxim., Mem. Acad. Imp. Sci. St.-Petersbourg Divers Savans 9: 63 (1859)

Common name 쥐다래나무 (쥐다래)

Distribution in Korea: North, Central, South, Ulleung

> *Prunus kolomikta* Maxim. ex Rupr., Bull. Cl. Phys.-Math. Acad. Imp. Sci. Saint-Pétersbourg 15: 129 (1856)
> *Kolomikta mandshurica* Regel, Bull. Cl. Phys.-Math. Acad. Imp. Sci. Saint-Pétersbourg 15: 219 (1857)
> *Trochostigma kolomikta* (Maxim. & Rupr.) Rupr., Bull. Cl. Phys.-Math. Acad. Imp. Sci. Saint-Pétersbourg 15: 261 (1857)
> *Actinidia gagnepainii* Nakai, Bot. Mag. (Tokyo) 47: 258 (1933)
> *Actinidia longicauda* F.Chun, Sunyatsenia 7: 14 (1948)
> *Actinidia kolomikta* (Maxim. & Rupr.) Maxim. var. *gagnepainii* (Nakai) H.L.Li, J. Arnold Arbor. 33: 19 (1952)

Representative specimens; Chagang-do 26 August 1897 小德川 (松德水河谷) *Komarov, VL Komaorv s.n.* 2 September 1897 湖芮(鴨綠江) *Komarov, VL Komaorv s.n.* 30 August 1897 慈城江 *Komarov, VL Komaorv s.n.* 25 June 1914 從西山 *Nakai, T Nakai s.n.* 22 July 1914 山羊 -江口 *Nakai, T Nakai s.n.* **Hamgyong-bukto** 10 August 1933 渡正山門內 *Koidzumi, G Koidzumi s.n.* 21 May 1897 茂山嶺-鯩坪(照日洞) *Komarov, VL Komaorv s.n.* 18 July 1918 朱乙溫面大東水谷 *Nakai, T Nakai s.n.* July 1932 冠帽峰 *Ohwi, J Ohwi s.n.* 21 July 1933 朱乙溫面冠帽峯 *Saito, T T Saito s.n.* 19 September 1935 南下石山 *Saito, T T Saito s.n.* 3 August 1914 車嶺嶺 *Ikuma, Y Ikuma s.n.* 22 May 1897 蕨坪(城川水河谷)-車嶺嶺 *Komarov, VL Komaorv s.n.* 29 May 1897 釜所哥谷 *Komarov, VL Komaorv s.n.* 19 June 1938 穩城郡甑山 *Saito, T T Saito s.n.* 12 June 1897 西溪水 *Komarov, VL Komaorv s.n.* 17 June 1930 四芝嶺 *Ohwi, J Ohwi s.n.* 17 June 1930 *Ohwi, J Ohwi s.n.* **Kangwon-do** 14 July 1936 外金剛千佛山 *Nakai, T Nakai s.n.* 31 July 1916 金剛山群仙峽 *Nakai, T Nakai s.n.* 7 August 1932 Mt. Kumgang (金剛山) *Kimura, K s.n.* 10 June 1932 *Ohwi, J Ohwi s.n.* 7 August 1940 *Okuyama, S Okuyama s.n.* 16 August 1902 *Uchiyama, T Uchiyama s.n.* **P'yongan-bukto** 9 June 1912 白璧山 *Ishidoya, T Ishidoya* *s.n.* **P'yongan-namdo** 15 June 1928 陽德 *Nakai, T Nakai s.n. Rason* 30 June 1938 松眞山 *Saito, T T Saito s.n.* 11 May 1897 豆滿江三角洲-五宗洞 *Komarov, VL Komaorv s.n.* **Ryanggang** 4 August 1897 十四道溝-白山嶺 *Komarov, VL Komaorv s.n.* 5 August 1897 白山嶺 *Komarov, VL Komaorv s.n.* 21 August 1897 subdist. Chu-czan, flumen Amnok-gan *Komarov, VL Komaorv s.n.* 23 August 1897 雲洞嶺 *Komarov, VL Komaorv s.n.* 3 July 1897 三水邑-上水隅理 *Komarov, VL Komaorv s.n.* 8 August 1897 上巨里水-院巨里水 *Komarov, VL Komaorv s.n.* 8 July 1897 羅暖堡 *Komarov, VL Komaorv s.n.* 6 June 1897 平蒲坪 *Komarov, VL Komaorv s.n.* 9 June 1897 屈松川 (西頭水河谷) 倉坪 *Komarov, VL Komaorv s.n.* 22 June 1930 倉坪嶺 *Ohwi, J Ohwi s.n.* 24 July 1897 佳林里 *Komarov, VL Komaorv s.n.* August 1913 崔哥嶺 *Mori, T Mori s.n.* 5 August 1914 胞胎山寶泰洞 *Nakai, T Nakai s.n.* 30 June 1897 雲寵堡 *Komarov, VL Komaorv s.n.* 2 June 1897 四芝坪(延面水河谷) 柄安洞 *Komarov, VL Komaorv s.n.*

Actinidia polygama (Siebold & Zucc.) Planch. ex Maxim., Mem. Acad. Imp. Sci. St.-Petersbourg Divers Savans 9: 64 (1859)

Common name 말다래나무,개다리나무 (개다래)

Distribution in Korea: North, Central, South, Ulleung

> *Trochostigma polygama* Siebold & Zucc., Abh. Math.-Phys. Cl. Konigl. Bayer. Akad. Wiss. 3: 728 (1843)
> *Trochostigma volubilie* Siebold & Zucc., Abh. Math.-Phys. Cl. Konigl. Bayer. Akad. Wiss. 3: 728 (1843)
> *Actinidia polygama* (Siebold & Zucc.) Planch. ex Maxim. var. *latifolia* Miq., Ann. Mus. Bot. Lugduno-Batavi 3: 15 (1867)
> *Actinidia volubilis* (Siebold & Zucc.) Planch. ex Miq., Ann. Mus. Bot. Lugduno-Batavi 3: 15 (1876)
> *Actinidia lecomtei* Nakai, Bot. Mag. (Tokyo) 47: 253 (1933)
> *Actinidia repanda* Honda, Acta Phytotax. Geobot. 9: 97 (1940)
> *Actinidia polygama* (Siebold & Zucc.) Planch. ex Maxim. var. *lecomtei* (Nakai) H.L.Li, J. Arnold Arbor. 33: 22 (1952)

Representative specimens; Chagang-do 30 June 1914 江界 *Nakai, T Nakai s.n.* **Hamgyong-namdo** 27 August 1897 小德川 *Komarov, VL Komaorv s.n.* **Hwanghae-namdo** 28 July 1932 長淵郡長山串 *Nakai, T Nakai s.n.* 12 July 1921 Sorai Beach 九味浦 *Mills, RG Mills s.n.* **Kangwon-do** 11 July 1936 外金剛千彿山 *Nakai, T Nakai s.n.* **P'yongan-bukto** 12 June 1914 Pyok-dong (碧潼) *Nakai, T Nakai s.n.* 4 August 1912 Unsan (雲山) *Imai, H Imai s.n.* **Ryanggang** 23 August 1897 雲洞嶺 *Komarov, VL Komaorv s.n.* 23 August 1897 *Komarov, VL Komaorv s.n.*

ELATINACEAE

Elatine L.
Elatine triandra Schkuhr, Bot. Handb. 1: 345 (1791)

Common name 물별 (물벼룩이자리)

Distribution in Korea: North, Central, South

> *Alsinastrum triandrum* (Schkuhr) Rupr., Fl. Ingr. [Ruprecht] 197 (1860)
> *Potamopitys triandra* (Schkuhr) Kuntze, Revis. Gen. Pl. 1: 58 (1891)
> *Elatine orientalis* Makino, Bot. Mag. (Tokyo) 12: 196 (1898)
> *Elatine triandra* Schkuhr var. *orientalis* (Makino) Makino, J. Jap. Bot. 5: 17 (1928)
> *Elatine oryzetorum* Kom., Izv. Bot. Sada Akad. Nauk S.S.S.R 30: 206 (1931)

CLUSIACEAE

Hypericum L.
Hypericum ascyron L., Sp. Pl. 783 (1753)

Common name 물레나물

Distribution in Korea: North, Central, South, Jeju

> *Hypericum gebleri* Ledeb., Fl. Altaic. 3: 364 (1831)
> *Roscyna japonica* Blume, Mus. Bot. 2: 21 (1856)
> *Hypericum ascyron* L. var. *brevistylum* Maxim., Mem. Acad. Imp. Sci. St.-Petersbourg Divers Savans 9: 65 (1859)
> *Hypericum ascyron* L. var. *longistylum* Maxim., Mem. Acad. Imp. Sci. St.-Petersbourg Divers

Savans 9: 65 (1859)

Hypericum ascyron L. var. *micropetalum* R.Keller, Bull. Herb. Boissier 5: 638 (1897)

Hypericum ascyron L. var. *giraldii* R.Keller, Bot. Jahrb. Syst. 33(4-5): 550 (1904)

Hypericum ascyron L. var. *punctatostriatum* R.Keller, Bot. Jahrb. Syst. 33(4-5): 550 (1904)

Hypericum ascyron L. var. *umbellatum* R.Keller, Bot. Jahrb. Syst. 33: 550 (1904)

Hypericum longifolium H.Lév., Bull. Soc. Agric. Sarthe 39: 322 (1904)

Hypericum scallanii R.Keller, Bot. Jahrb. Syst. 33: 549 (1904)

Hypericum hemsleyanum H.Lév. & Vaniot, Bull. Soc. Bot. France 54: 292 (1907)

Hypericum ascyron L. var. *vilmorinii* Rehder, Stand. Cycl. Hort. 3: 1630 (1915)

Hypericum ascyron L. var. *angustifolium* Y.Kimura, Stand. Cycl. Hort. 3: 1630 (1915)

Hypericum macrosepalum (Ledeb.) Rehder, Pl. Wilson. 3-3: 451 (1917)

Hypericum sagittifolium Koidz., Fl. Symb. Orient.-Asiat. 91 (1930)

Hypericum ascyron L. var. *macrosepalum* Ledeb., Nov. Fl. Jap. 10: 125 (1951)

Roscyna ascyron (L.) Y.Kimura, Nov. Fl. Jap. 10: 121 (1951)

Hypericum ascyron L. var. *genuinum* Maxim., Mem. Acad. Imp. Sci. St.-Petersbourg Divers Savans 9: 65 (1959)

Representative specimens; Chagang-do 12 June 1911 Kang-gei(Kokai 江界) *Mills, RG Mills s.n.* 18 July 1914 大興里 *Nakai, T Nakai s.n.* **Hamgyong-bukto** 18 July 1918 朱乙溫面新人谷 *Nakai, T Nakai s.n.* 18 July 1918 朱乙溫面甫上洞新人谷 *Nakai, T Nakai s.n.* 9 July 1930 Kyonson 鏡城 *Ohwi, J Ohwi s.n.* 9 July 1930 鏡城 *Ohwi, J Ohwi s.n.* 6 July 1933 南下石山 *Saito, T T Saito s.n.* 5 July 1933 *Saito, T T Saito s.n.* 5 August 1914 茂山 *Ikuma, Y Ikuma s.n.* 3 August 1918 明川 *Nakai, T Nakai s.n.* **Hamgyong-namdo** 17 August 1940 西湖津 *Okuyama, S Okuyama s.n.* 2 September 1934 蓮花山 *Koidzumi, K Koidzumi s.n.* 24 July 1933 東上面大漢垈里 *Koidzumi, G Koidzumi s.n.* 23 July 1933 東上面漢垈里 *Koidzumi, G Koidzumi s.n.* 15 August 1935 *Nakai, T Nakai s.n.* 20 June 1932 東上面元豊里 *Ohwi, J Ohwi s.n.* 17 August 1934 東上面內岩洞谷 *Yamamoto, A Yamamoto s.n.* **Hwanghae-namdo** 29 July 1935 長壽山 *Koidzumi, G Koidzumi s.n.* 28 July 1932 長淵郡長山串 *Nakai, T Nakai s.n.* 2 August 1911 海州 *Imai, H Imai s.n.* 1 August 1932 椒島 *Nakai, T Nakai s.n.* 15 July 1921 Sorai Beach 九味浦 *Mills, RG Mills s.n.* **Kangwon-do** 14 July 1936 外金剛千佛山 *Nakai, T Nakai s.n.* 29 July 1916 金剛山海金剛 *Nakai, T Nakai s.n.* 7 July 1932 Mt. Kumgang (金剛山) *Fukushima s.n.* 1932 *Koidzumi, G Koidzumi s.n.* August 1932 *Koidzumi, G Koidzumi s.n.* 8 August 1940 *Okuyama, S Okuyama s.n.* 8 June 1909 元山 *Nakai, T Nakai s.n.* 7 June 1909 *Nakai, T Nakai s.n.* **P'yongan-bukto** 11 August 1935 義州金剛山 *Koidzumi, G Koidzumi s.n.* 5 June 1912 白璧山 *Ishidoya, T Ishidoya s.n.* **P'yongan-namdo** 15 July 1916 葛日嶺 *Mori, T Mori s.n.* **Ryanggang** July 1943 龍眼 *Uchida, H Uchida s.n.* 23 August 1914 Keizanchin (惠山鎭) *Ikuma, Y Ikuma s.n.* 18 July 1897 *Komarov, VL Komaorv s.n.* 15 August 1935 北水白山 *Hozawa, S Hozawa s.n.* 20 August 1934 態耳面北水白山附近 *Kojima, K Kojima s.n.* 25 August 1934 豊山郡態耳面北水白山 *Yamamoto, A Yamamoto s.n.* 7 July 1897 犁方嶺 (鴨綠江羅暖堡) *Komarov, VL Komaorv s.n.* 4 August 1897 十四道溝-白山嶺 *Komarov, VL Komaorv s.n.* 4 July 1897 上水隅理 *Komarov, VL Komaorv s.n.* 26 June 1897 內曲里 *Komarov, VL Komaorv s.n.* 22 July 1897 佳林里 *Komarov, VL Komaorv s.n.* 28 July 1897 *Komarov, VL Komaorv s.n.* 24 July 1897 *Komarov, VL Komaorv s.n.* 15 July 1935 小長白山 *Irie, Y s.n.* 1 August 1934 *Kojima, K Kojima s.n.* August 1913 長白山 *Mori, T Mori s.n.* 1 June 1897 古倉坪-四芝坪 (延面水河谷) *Komarov, VL Komaorv s.n.* 14 August 1914 農事洞- 三下 *Nakai, T Nakai s.n.*

Hypericum attenuatum Fisch. ex Choisy, Prodr. Monogr. Hyperic. 47 (1821)

Common name 채고추나물

Distribution in Korea: North, Central, South, Jeju

Representative specimens; Chagang-do 6 July 1911 Kang-gei(Kokai 江界) *Mills, RG Mills426* **Hamgyong-bukto** 4 July 1936 羅南 *Saito, T T Saito s.n.* 13 July 1918 朱乙溫面生氣嶺 *Nakai, T Nakai s.n.* 13 July 1930 Kyonson 鏡城 *Ohwi, J Ohwi s.n.* 4 July 1936 豊谷 *Saito, T T Saito s.n.* August 1913 茂山 *Mori, T Mori s.n.* 16 August 1914 下面江口-茂山 *Nakai, T Nakai s.n.* **Hamgyong-namdo** July 1902 端川龍德里摩天嶺 *Mishima, A s.n.* 9 August 1932 咸興盤龍山 *Kim, SY s.n.* 8 July 1934 *Nomura, N Nomura s.n.* **Hwanghae-namdo** 31 July 1932 席島 *Nakai, T Nakai s.n.* 25 July 1921 Sorai Beach 九味浦 *Mills, RG Mills s.n.* **Kangwon-do** 20 August 1902 Mt. Kumgang (金剛山) *Uchiyama, T Uchiyama s.n.* **P'yongyang** 23 August 1943 大同郡大寶山 *Furusawa, I Furusawa s.n.* 23 August 1943 *Furusawa, I Furusawa s.n.* **Ryanggang** July 1943 龍眼 *Uchida, H Uchida s.n.* 2 August 1897 虛川江-五海江 *Komarov, VL Komaorv s.n.* 26 July 1914 三水- 惠山鎭 *Nakai, T Nakai s.n.* 1 July 1897 五是川雲寵江-崔五峰 *Komarov, VL Komaorv s.n.* 28 June 1897 栢德嶺 *Komarov, VL Komaorv s.n.* 20 August 1933 三長 *Koidzumi, G Koidzumi s.n.* 13 August 1914 農事洞- 三下 *Nakai, T Nakai s.n.*

Hypericum erectum Thunb., Syst. Veg., ed. 14 (J. A. Murray)702 (1784)

Common name 고추나물

Distribution in Korea: North, Central, South, Ulleung

Hypericum erectum Thunb. var. *lucidum* Y.Kimura

Hypericum erectum Thunb. var. *obtusifolium* Blume, Mus. Bot. 2: 25 (1856)

Hypericum perforatum L. var. *confertiflorum* Debeaux, Actes Soc. Linn. Bordeaux 31: 130 (1876)

Hypericum erectum Thunb. f. *debile* R.Keller, Bull. Herb. Boissier 5: 640 (1897)

Hypericum otaruense R.Keller, Bull. Herb. Boissier 5: 641 (1897)

Hypericum obtusifolioum (Blume) Makino, Bot. Mag. (Tokyo) 17: 80 (1903)

Hypericum erectum Thunb. var. *caespitosum* Makino, Bot. Mag. (Tokyo) 18: 104 (1904)

Hypericum dielsii H.Lév. & Vaniot ex H.Lév., Bull. Soc. Bot. France 53: 499 (1906)

Hypericum erectum Thunb. var. *wichurae* R.Keller, Bull. Soc. Bot. France 53: 500 (1906)

Hypericum matsumurae H.Lév., Bull. Soc. Bot. France 53: 501 (1906)

Hypericum vaniotii H.Lév., Bull. Soc. Bot. France 53: 497 (1906)

Hypericum nakaianum H.Lév., Repert. Spec. Nov. Regni Veg. 8: 452 (1910)

Hypericum fujisanense Makino, Bot. Mag. (Tokyo) 26: 246 (1912)

Hypericum confertissium Nakai, Chosen Shokubutsu 160 (1914)

Hypericum erectum Thunb. f. *montanum* Nakai, Chosen Shokubutsu 1: 160 (1914)

Hypericum erectum Thunb. var. *vaniotii* (H.Lindb.) Y.Kimura, Bot. Mag. (Tokyo) 51: 735 (1937)

Hypericum erectum Thunb. var. *angustifolium* Y.Kimura, Bot. Mag. (Tokyo) 52(616): 194 (1938)

Hypericum erectum Thunb. f. *angustifolium* (Y.Kimura) Y.Kimura, Nov. Fl. Jap. 10: 150, f. 52 (1951)

Hypericum erectum Thunb. var. *confertissimum* (Nakai) H.S.Kim, Fl. Coreana (Im, R.J.) 4: 334 (1976)

Hypericum chejuense S.J.Park & K..J.Kim, Novon 15: 458 (2005)

Representative specimens; Hamgyong-bukto 7 August 1935 羅南支庫 *Saito, T T Saito s.n.* 11 July 1930 Kyonson 鏡城 *Ohwi, J Ohwi s.n.* 9 July 1930 鏡城 *Ohwi, J Ohwi s.n.* 9 July 1930 Kyonson 鏡城 *Ohwi, J Ohwi s.n.* **Hamgyong-namdo** 9 August 1931 松興里盤龍山 *Nomura, N Nomura s.n.* **Kangwon-do** 29 July 1916 金剛山海金剛 *Nakai, T Nakai s.n.* 7 August 1932 Mt. Kumgang (金剛山) *Fukushima s.n.* 29 July 1938 *Hozawa, S Hozawa s.n.* 4 August 1932 金剛山內金剛 *Kobayashi, M Kobayashi s.n.* August 1932 Mt. Kumgang (金剛山) *Koidzumi, G Koidzumi s.n.* 10 August 1932 元山 *Kitamura, S Kitamura s.n.* **P'yongan-namdo** 17 July 1916 加音嶺 *Mori, T Mori s.n.* **P'yongyang** 28 July 1910 P'yongyang (平壤) *Imai, H Imai s.n.*

Hypericum japonicum Thunb., Syst. Veg., ed. 14 (J. A. Murray)702 (1784)

Common name 애기고추나물

Distribution in Korea: North, Central, South, Jeju

Ascyrum humifusum Labill., Nov. Holl. Pl. 2: 33 (1806)

Hypericum pusillum Choisy, Prodr. Monogr. Hyperic. 50 (1821)

Brathys japonica (Thunb.) Wight, Icon. Pl. Ind. Orient. (Wight) 1: 113 (1839)

Brathys laxa Blume, Mus. Bot. 2: 19 (1856)

Hypericum thunbergii Franch. & Sav., Enum. Pl. Jap. 2: 300 (1878)

Hypericum dominii H.Lév., Bull. Soc. Bot. France 54: 593 (1907)

Hypericum cavaleriei H.Lév., Bull. Soc. Bot. France 54: 593 (1908)

Hypericum taquetii H.Lév. & Vaniot, Repert. Spec. Nov. Regni Veg. 5: 279 (1908)

Hypericum japonicum Thunb. var. *thunbergii* (Franch. & Sav.) R.Keller, Bull. Herb. Boissier ser.2, 8: 185 (1908)

Hypericum japonicum Thunb. var. *maximowiczii* R.Keller, Bull. Herb. Boissier ser.2, 8: 185 (1908)

Hypericum yabei H.Lév. & Vaniot, Repert. Spec. Nov. Regni Veg. 5: 279 (1908)

Hypericum laxum (Blume) Koidz., Bot. Mag. (Tokyo) 40: 344 (1926)

Sarothra japonica (Thunb.) Y.Kimura, Nov. Fl. Jap. 10: 235 (1951)

Sarothra laxa (Blume) Y.Kimura f. *ramosa* Y.Kimura, Nov. Fl. Jap. 10: 244 (1951)

Sarothra laxa (Blume) Y.Kimura, Nov. Fl. Jap. 10: 241 (1951)

Hypericum jeongjocksanense S.J.Park & K.J.Kim, Novon 15: 460 (2005)

Representative specimens; Hamgyong-bukto 9 October 1935 羅南 *Saito, T T Saito s.n.* **Hwanghae-namdo** 6 August 1932 長淵郡長山串 *Nakai, T Nakai s.n.* **Kangwon-do** 29 August 1916 長箭 *Nakai, T Nakai s.n.* **P'yongan-namdo** 25 July 1912 Kai-syong (价川) *Imai, H Imai s.n.*

Triadenum Raf.

Triadenum japonicum (Blume) Makino, Fl. Japan (Makino & Nemoto) 326 (1925)

Common name 물고추나물

Distribution in Korea: North, Central, South, Jeju

Elodea japonica Blume, Mus. Bot. 2: 15 (1856)

Elodea crassifolia Blume, Mus. Bot. 2: 15 (1856)

Hypericum virginicum L. var. *asiaticum* (Maxim.) Yatabe, Bot. Mag. (Tokyo) 6: 25 (1892)

Hypericum fauriei R.Keller, Bull. Herb. Boissier 5: 637 (1897)

Hypericum similans R.Keller, Bot. Jahrb. Syst. 33: 547 (1904)
Triadenum asiaticum (Maxim.) Kom., Trudy Imp. S.-Peterburgsk. Bot. Sada 25: 45 (1907)
Hypericum virginicum L. var. *japonicum* (Blume) Matsum., Index Pl. Jap. 2 (1912)
Triadenum crassifolium (Blume) Nakai, Chosen Shokubutsu 161 (1914)
Triadenum japonicum (Blume) Makino var. *augustifolium* Y.Kimura, J. Jap. Bot. 11: 857 (1935)
Triadenum japonicum (Blume) Makino f. *augustifolium* (Y.Kimura) Y.Kimura, Nov. Fl. Jap. 10: 77 (1951)
Triadenum crassifolium (Blume) Nakai f. *augustifolium* (Y.Kimura) Nakai, Bull. Natl. Sci. Mus., Tokyo 31: 77 (1952)

Representative specimens; Kangwon-do 26 August 1916 金剛山普賢洞 *Nakai, T Nakai s.n.* 28 July 1916 長箭 -高城 *Nakai, T Nakai s.n.* 30 July 1916 金剛山溫井里 *Nakai, T Nakai s.n.* **P'yongan-namdo** 3 September 1938 黃草嶺 *Jeon, SK JeonSK s.n.* **Ryanggang** 18 July 1897 Keizanchin(惠山鎭) *Komarov, VL Komaorv s.n.*

TILIACEAE

Grewia L.
Grewia biloba G.Don, Gen. Hist. 1: 549 (1831)
Common name 장구밤나무
Distribution in Korea: North (P'yongan), Central, South
  Grewia parviflora Bunge, Enum. Pl. Chin. Bor. 9 (1833)
  Grewia glabrescens Benth., Fl. Hongk. 42 (1861)
  Rubus umbellifer H.Lév., Repert. Spec. Nov. Regni Veg. 6: 111 (1908)
  Grewia chanetii H.Lév., Repert. Spec. Nov. Regni Veg. 10: 147 (1911)
  Grewia parviflora Bunge var. *velutina* Pamp., Nuovo Giorn. Bot. Ital. n.s. 18: 128 (1911)
  Grewia parviflora Bunge var. *glabrescens* (Benth.) Rehder & E.H.Wilson, Pl. Wilson. 2: 371 (1916)
  Grewia parviflora Bunge var. *angusta* Nakai, Bot. Mag. (Tokyo) 35: 17 (1921)
  Grewia biloba G.Don var. *parviflora* (Bunge) Hand.-Mazz., Symb. Sin. 7: 612 (1933)
  Grewia biloba G.Don var. *parviflora* (Bunge) Hand.-Mazz. f. *angusta* (Nakai) T.B.Lee, Ill. Woody Pl. Korea 313 (1966)
  Grewia parviflora Bunge f. *angusta* (Nakai) W.T.Lee, Lineamenta Florae Koreae 700 (1996)

Representative specimens; Hwanghae-namdo 31 July 1932 席島 *Nakai, T Nakai s.n.* 4 July 1921 Sorai Beach 九味浦 *Mills, RG Mills s.n.* 25 July 1914 *Mills, RG Mills s.n.* 24 July 1922 Mukimpo *Mills, RG Mills895* 24 July 1932 夢金浦 *Nakai, T Nakai s.n.* 27 July 1932 長山串 *Nakai, T Nakai s.n.* **Nampo** 22 July 1912 Chinnampo (鎭南浦) *Imai, H Imai23*

Tilia L.
Tilia amurensis Rupr., Fl. Caucasi 253 (1869)
Common name 피나무
Distribution in Korea: North, Central, South, Ulleung
  Tilia cordata (Mill.) Maxim., Mem. Acad. Imp. Sci. St.-Petersbourg Divers Savans 9: 62 (1859)
  Tilia cordata (Mill.) Maxim. var. *manshurica* Maxim., Bull. Acad. Imp. Sci. Saint-Pétersbourg 26: 434 (1880)
  Tilia distans Nath., Vega-Exped. Vetensk. Iakttag. 2: 195 (1882)
  Tilia amurensis Rupr. var. *acuminatissima* f. *polyantha* V.Engl., Monogr. Tilia 84 (1909)
  Tilia amurensis Rupr. var. *oligantha* V.Engl., Monogr. Tilia 84 (1909)
  Tilia taquetii C.K.Schneid., Repert. Spec. Nov. Regni Veg. 7: 200 (1909)
  Tilia amurensis Kom. var. *glabrata* Nakai, Chosen Shokubutsu 1: 174 (1914)
  Tilia glabrata Nakai, Chosen Shokubutsu 174 (1914)
  Tilia koreana Nakai, Chosen Shokubutsu 174 (1914)
  Tilia insularis Nakai, Bot. Mag. (Tokyo) 31: 27 (1917)
  Tilia amurensis Rupr. var. *koreana* (Nakai) Nakai, Bot. Mag. (Tokyo) 33: 61 (1919)
  Tilia amurensis Rupr. var. *glabrata* Nakai f. *taquetii* (C.K.Schneid.) Nakai, Bot. Mag. (Tokyo) 33: 60 (1919)
  Tilia amurensis Rupr. var. *rufa* Nakai, Bot. Mag. (Tokyo) 33: 61 (1919)

Tilia amurensis Rupr. var. *oligantha* V.Engl. f. *polyantha* (Engl.) Nakai, Bot. Mag. (Tokyo) 35: 12 (1921)

Tilia amurensis Rupr. var. *grosseserrata* Nakai, Fl. Sylv. Kor. 12: 39 (1922)

Tilia rufa (Nakai) Nakai, Bot. Mag. (Tokyo) 12: 40 (1922)

Tilia amurensis Rupr. var. *kryloviana* Kom., Bot. Mater. Gerb. Glavn. Bot. Sada SSSR 4: 13 (1926)

Tilia amurensis Rupr. f. *polyantha* (Engl.) Nakai, Bull. Natl. Sci. Mus., Tokyo 31: 76 (1952)

Tilia amurensis Rupr. f. *grosseserata* (Nakai) Nakai, Bull. Natl. Sci. Mus., Tokyo 31: 76 (1952)

Tilia amurensis Rupr. var. *tricuspidata* Liou & S.X.Li, Ill. Man. Woody Pl. N.-E. Prov. 565 (1955)

Tilia amurensis Rupr. var. *taquetii* (C.K.Schneid.) Liou & S.X.Li, Ill. Man. Woody Pl. N.-E. Prov. 420 (1955)

Representative specimens; Chagang-do 26 August 1897 小德川 (松德水河谷) *Komarov, VL Komaorv s.n.* 29 August 1897 慈城江 *Komarov, VL Komaorv s.n.* 30 August 1897 *Komarov, VL Komaorv s.n.* 21 June 1914 漁雷坊江界 *Nakai, T Nakai2114* Type of *Tilia amurensis* Kom. var. *glabrata* Nakai (Syntype TI)27 June 1914 從西山 *Nakai, T Nakai2118* Type of *Tilia amurensis* Kom. var. *glabrata* Nakai (Syntype TI)5 July 1914 牙得嶺 (江界) *Nakai, T Nakai2120* Type of *Tilia amurensis* Kom. var. *glabrata* Nakai (Syntype TI)18 July 1914 大興里 *Nakai, T Nakai2102* Type of *Tilia amurensis* Kom. var. *glabrata* Nakai (Syntype TI)21 July 1914 山羊 -江口 *Nakai, T Nakai2103* Type of *Tilia amurensis* Kom. var. *glabrata* Nakai (Syntype TI)21 July 1914 大興里- 山羊 *Nakai, T Nakai2104* Type of *Tilia amurensis* Kom. var. *glabrata* Nakai (Syntype TI) **Hamgyong-bukto** 1 August 1914 淸津 *Ikuma, Y Ikuma s.n.* 12 August 1933 渡正山 *Koidzumi, G Koidzumi s.n.* 10 August 1933 渡正山門內 *Koidzumi, G Koidzumi s.n.* 18 May 1897 會寧川 *Komarov, VL Komaorv s.n.* 30 May 1897 茂山嶺 *Komarov, VL Komaorv s.n.* 8 August 1897 茂山嶺-蔽坪(照日洞) *Komarov, VL Komaorv s.n.* 10 July 1936 鏡城行營 - 龍山洞 *Saito, T T Saito2606* 22 August 1924 鏡城郡 *Chung, TH Chung s.n.* 16 July 1918 朱乙溫面湯地洞 *Nakai, T Nakai7255* Type of *Tilia amurensis* Kom. var. *glabrata* Nakai (Syntype TI)July 1932 冠帽峰 *Ohwi, J Ohwi1022* 30 May 1934 朱乙溫面 *Saito, T T Saito834* 29 May 1897 釜所哥谷 *Komarov, VL Komaorv s.n.* 23 July 1918 朱乙溫面黃雪嶺 *Nakai, T Nakai7253* Type of *Tilia amurensis* Kom. var. *glabrata* Nakai (Syntype TI)31 July 1914 富寧 *Ikuma, Y Ikuma s.n.* 12 June 1897 西溪水 *Komarov, VL Komaorv s.n.* 4 June 1897 四芝嶺 *Komarov, VL Komaorv s.n.* **Hamgyong-namdo** 24 July 1933 東上面漢岱里 *Koidzumi, G Koidzumi s.n.* 20 June 1932 東上面元豐里 *Ohwi, J Ohwi217* 19 August 1943 千佛山 *Honda, M Honda s.n.* **Hwanghae-namdo** 28 July 1932 長山串 *Nakai, T Nakai s.n.* 3 August 1932 *Nakai, T Nakai s.n.* 26 May 1924 九月山 *Chung, TH Chung s.n.* **Kangwon-do** 31 July 1916 金剛山群仙峽 *Nakai, T Nakai s.n.* 14 July 1936 外金剛千佛山 *Nakai, T Nakai s.n.* 12 July 1936 *Nakai, T Nakai s.n.* 31 July 1916 金剛山群仙峽 *Nakai, T Nakai5642* Type of *Tilia amurensis* Rupr. var. *rufa* Nakai (Syntype TI)12 August 1932 Mt. Kumgang (金剛山) *Koidzumi, G Koidzumi s.n.* 12 August 1932 *Koidzumi, G Koidzumi s.n.* 10 June 1932 *Ohwi, J Ohwi s.n.* 7 August 1940 *Okuyama, S Okuyama s.n.* 18 August 1902 *Uchiyama, T Uchiyama s.n.* 16 August 1902 *Uchiyama, T Uchiyama s.n.* Type of *Tilia koreana* Nakai (Syntype TI)July 1911 金剛山 *Uyeki, H Uyeki617* Type of *Tilia amurensis* Kom. var. *glabrata* Nakai (Syntype TI)4 September 1916 洗浦-蘭谷 *Nakai, T Nakai s.n.* 15 June 1938 安邊郡衛益面三防 *Park, MK Park s.n.* 29 May 1938 *Park, MK Park s.n.* **Nampo** 21 September 1915 Chinnampo (鎭南浦) *Nakai, T Nakai2365* Type of *Tilia amurensis* Rupr. var. *grosseserrata* Nakai (Syntype TI) **P'yongan-bukto** 14 June 1914 碧潼豊年山 *Nakai, T Nakai2113* Type of *Tilia amurensis* Kom. var. *glabrata* Nakai (Syntype TI)6 June 1914 昌城昌州 *Nakai, T Nakai2106* Type of *Tilia amurensis* Kom. var. *glabrata* Nakai (Syntype TI)5 August 1937 妙香山 *Hozawa, S Hozawa s.n.* 5 August 1935 *Koidzumi, G Koidzumi s.n.* 13 June 1912 白壁山 *Ishidoya, T Ishidoya s.n.* Type of *Tilia amurensis* Kom. var. *glabrata* Nakai (Syntype TI)13 June 1912 *Ishidoya, T; Chung, TH Ishidoya s.n.* Type of *Tilia amurensis* Kom. var. *glabrata* Nakai (Syntype TI) **P'yongan-namdo** 17 July 1916 加音峯 *Mori, T Mori s.n.* 21 July 1916 上南洞 *Mori, T Mori s.n.* **P'yongyang** 26 May 1912 Taiseizan(大聖山) 平壤 *Imai, H Imai44*Type of *Tilia amurensis* Kom. var. *glabrata* Nakai (Syntype TI) **Rason** 6 June 1930 西水羅 *Ohwi, J Ohwi448* **Ryanggang** 23 August 1914 Keizanchin(惠山鎭) *Ikuma, Y Ikuma s.n.* 23 August 1914 *Ikuma, Y Ikuma s.n.* 1 August 1897 虛川江 (同仁川) *Komarov, VL Komaorv s.n.* 1 July 1897 五是川雲龍江-崔五峰 *Komarov, VL Komaorv s.n.* 17 May 1923 北靑郡厚峙嶺 *Ishidoya, T; Chung, TH Ishidoya s.n.* 7 July 1897 犁方嶺 (鴨綠江羅暖堡) *Komarov, VL Komaorv s.n.* 9 July 1897 十四道溝(鴨綠江) *Komarov, VL Komaorv s.n.* 16 August 1897 大羅信洞 *Komarov, VL Komaorv s.n.* 19 August 1897 葡坪 *Komarov, VL Komaorv s.n.* 22 August 1897 雲洞嶺 *Komarov, VL Komaorv s.n.* 18 September 1935 坂幕 *Saito, T T Saito1720* 4 July 1897 上水隅理 *Komarov, VL Komaorv s.n.* 7 June 1897 平蒲坪 *Komarov, VL Komaorv s.n.* 9 June 1897 屈松川 (西頭水河谷) 倉坪 *Komarov, VL Komaorv s.n.* 29 June 1897 栢德嶺 *Komarov, VL Komaorv s.n.* 22 July 1897 佳林里 *Komarov, VL Komaorv s.n.* August 1913 崔哥嶺 *Mori, T Mori218* Type of *Tilia amurensis* Kom. var. *glabrata* Nakai (Syntype TI)20 July 1897 惠山鎭(鴨綠江上流長白山脈中高原) *Komarov, VL Komaorv s.n.* 3 June 1897 四芝坪 *Komarov, VL Komaorv s.n.*

Tilia mandshurica Rupr. & Maxim., Bull. Cl. Phys.-Math. Acad. Imp. Sci. Saint-Pétersbourg 15: 124 (1856)

Common name 찰피나무

Distribution in Korea: North, Central, South

Tilia peckinensis Rupr. & Maxim., Mem. Acad. Imp. Sci. St.-Petersbourg Divers Savans 9: 469 (1859)

Tilia argentea DC. var. *manshurica* Regel, Tent. Fl.-Ussur. 30 (1861)

Tilia megaphylla Nakai, Chosen Shokubutsu 173 (1914)

Tilia semicostata Nakai, Chosen Shokubutsu 173 (1914)

Tilia megaphylla Nakai f. *subintegra* Nakai, Bot. Mag. (Tokyo) 35: 14 (1921)

Tilia ovalis Nakai, Bot. Mag. (Tokyo) 35: 15 (1921)

Tilia mandshurica Rupr. & Maxim. var. *depressa* Nakai, J. Jap. Bot. 19: 367 (1943)

Tilia mandshurica Rupr. & Maxim. var. *villicarpa* Nakai, J. Jap. Bot. 19: 367 (1943)

A Checklist of North Korean Vascular Plants — T.B. Lee Herbarium (SNUA) – 2019 (C.S. Chang, H. Kim, H.T. Shin & C.H. Lee)

- 159 -

Tilia mandshurica Rupr. & Maxim. var. *ovalis* (Nakai) Liou & S.X.Li, Ill. Fl. Ligneous Pl. N. E. China 418 (1955)

Tilia mandshurica Rupr. & Maxim. var. *fusiformis* (Nakai) H.S.Kim, Fl. Coreana (Im, R.J.) 4: 315 (1975)

Tilia mandshurica Rupr. & Maxim. f. *depressa* (Nakai) W.T.Lee, Lineamenta Florae Koreae 702 (1996)

Tilia mandshurica Rupr. & Maxim. f. *villicarpa* (Nakai) W.T.Lee, Lineamenta Florae Koreae 702 (1996)

Representative specimens; Chagang-do 26 August 1897 小德川 (松德水河谷) *Komarov, VL Komaorv s.n.* 2 September 1897 湖芮(鴨綠江) *Komarov, VL Komaorv s.n.* 29 August 1897 慈城江 *Komarov, VL Komaorv s.n.* 30 August 1897 *Komarov, VL Komaorv s.n.* 10 June 1909 Kang-gei(Kokai 江界) *Mills, RG Mills490* 23 June 1914 從西山 *Nakai, T Nakai s.n.* 4 July 1914 江界牙得浦 *Nakai, T Nakai s.n.* 23 June 1914 從西山 *Nakai, T Nakai s.n.* 25 June 1914 從浦鎮 *Nakai, T Nakai2110* 23 June 1914 從西山 *Nakai, T Nakai2112* **Hamgyong-bukto** 13 September 1935 羅南 *Saito, T T Saito1601* 21 May 1897 茂山嶺-蕨坪(照日洞) *Komarov, VL Komaorv s.n.* 14 August 1933 朱乙溫泉朱乙山 *Koidzumi, G Koidzumi s.n.* 18 July 1918 朱乙溫面大東水谷 *Nakai, T Nakai s.n.* 26 May 1930 鏡城 *Ohwi, J Ohwi s.n.* 26 May 1930 *Ohwi, J Ohwi81* 21 July 1933 朱乙溫面冠帽峯 *Saito, T T Saito709* 29 May 1897 釜所哥谷 *Komarov, VL Komaorv s.n.* 19 August 1924 Mt. Chilbo at Myongch'on(七寶山) *Kondo, T Kondo s.n.* 13 August 1936 富寧上峴 - 石幕 *Saito, T T Saito2774* 28 August 1914 黃句基 *Nakai, T Nakai2107* Type of *Tilia ovalis* Nakai (Holotype TI)28 August 1914 *Nakai, T Nakai2108* **Hamgyong-namdo** August 1912 北青 *Uyeki, H Uyeki641* Type of *Tilia megaphylla* Nakai f. *subintegra* Nakai (Holotype TI) **Hwanghae-namdo** 27 July 1932 長山串 *Nakai, T Nakai s.n.* 3 August 1932 *Nakai, T Nakai s.n.* **Kangwon-do** 15 July 1936 外金剛千佛山 *Nakai, T Nakai s.n.* 12 July 1936 *Nakai, T Nakai s.n.* 17 July 1916 金剛山群仙峽 *Nakai, T Nakai s.n.* 12 August 1925 Mt. Kumgang (金剛山) *Chung, TH Chung s.n.* 12 August 1932 *Koidzumi, G Koidzumi s.n.* 28 July 1916 金剛山外金剛千佛山 *Mori, T Mori s.n.* 13 August 1916 金剛山長淵里表訓寺 *Nakai, T Nakai s.n.* 14 August 1902 Mt. Kumgang (金剛山) *Uchiyama, T Uchiyama s.n.* Type of *Tilia megaphylla* Nakai (Holotype TI)15 June 1938 安邊郡衛盆面三防 *Park, MK Park s.n.* **Nampo** 17 August 1910 鎭南浦飛潑島 *Imai, H Imai24* Type of *Tilia semicostata* Nakai (Syntype TI)21 September 1915 Chinnampo (鎭南浦) *Nakai, T Nakai2358* Type of *Tilia semicostata* Nakai (Syntype TI) **P'yongan-bukto** 6 June 1914 昌城昌州 *Nakai, T Nakai s.n.* 6 June 1914*Nakai, T Nakai2115* 5 August 1937 妙香山 *Hozawa, S Hozawa s.n.* 6 August 1935 *Koidzumi, G Koidzumi s.n.* 4 June 1914 玉江鎭 - 朔州郡清城鎭 *Nakai, T Nakai2109* **P'yongan-namdo** 17 July 1916 加音峯 *Mori, T Mori s.n.* 15 June 1928 陽德 *Nakai, T Nakai s.n.* 15 June 1928 *Nakai, T Nakai s.n.* **P'yongyang** 26 May 1912 Taiseizan(大聖山) 平壤 *Imai, H Imai31* **Rason** 11 May 1897 豆滿江三角洲-五宗洞 *Komarov, VL Komaorv s.n.* **Ryanggang** 1 July 1897 五是川雲龍江-崔五峰 *Komarov, VL Komaorv s.n.* 9 July 1897 十四道溝(鴨綠江) *Komarov, VL Komaorv s.n.* 5 August 1897 蓮坪-厚州川-厚州古邑 *Komarov, VL Komaorv s.n.* 16 August 1897 大羅信洞 *Komarov, VL Komaorv s.n.* 20 August 1897 內洞-河山嶺 *Komarov, VL Komaorv s.n.* 4 July 1897 上水隅理 *Komarov, VL Komaorv s.n.* 14 July 1897 鴨綠江 (上水隅理 -羅暖堡) *Komarov, VL Komaorv s.n.* 9 August 1897 長津江下流域 *Komarov, VL Komaorv s.n.* 26 June 1897 內曲里 *Komarov, VL Komaorv s.n.*

Triumfetta **L.**
Triumfetta japonica Makino, Bot. Mag. (Tokyo) 27: 245 (1913)

Common name 고슴도치풀

Distribution in Korea: North, Central, South, Jeju
Triumfetta trichoclada Franch. & Sav., Enum. Pl. Jap. 1: 66 (1873)

Corchoropsis **Siebold & Zucc.**
Corchoropsis tomentosa (Thunb.) Makino var. ***psilocarpa*** (Harms & Loes.) C.Y.Wu & Y.Tang, Acta Phytotax. Sin. 32: 256 (1994)

Common name 까치깨

Distribution in Korea: North, Central, South, Jeju
Corchoropsis psilocarpa Harms & Loes. ex Gilg & Loes., Bot. Jahrb. Syst. 34 (1): 51 (1904)

Representative specimens; Chagang-do 30 August 1911 Sensen (前川) *Mills, RG Mills s.n.* **Hwanghae-bukto** 10 September 1915 瑞興 *Nakai, T Nakai s.n.* **Hwanghae-namdo** 31 July 1932 席島 *Nakai, T Nakai s.n.* **Kangwon-do** 10 August 1943 金剛山外金剛千佛山 *Honda, M Honda s.n.* August 1901 Nai Piang *Faurie, UJ Faurie s.n.* **P'yongan-namdo** 19 September 1915 成川 *Nakai, T Nakai s.n.* **P'yongyang** 21 September 1915 江東 *Nakai, T Nakai s.n.* 9 October 1911 P'yongyang (平壤) *Imai, H Imai s.n.*

MALVACEAE

Hibiscus **L.**
Hibiscus trionum L., Sp. Pl. 697 (1753)

Common name 수박풀

Distribution in Korea: Introduce (North, Central, South; Mediterranean, C. Africa)
    Trionum annuum Medik., Malvenfam. 47 (1787)
    Hibiscus trionum L. var. *cordifolius* DC., Prodr. (DC.) 1: 453 (1824)

Representative specimens; Chagang-do 28 June 1911 Kang-gei(Kokai 江界) *Mills, RG Mills s.n.* **Hamgyong-bukto** 25 August 1908 清津 *Unknown s.n.* 2 September 1936 朱南面 *Saito, T T Saito2749* **Hamgyong-namdo** 1929 Hamhung (咸興) *Seok, JM s.n.* **Hwanghae-bukto** 7 September 1902 可將去里南川 *Uchiyama, T Uchiyama s.n.* 10 September 1915 瑞興 *Nakai, T Nakai s.n.* **Hwanghae-namdo** 29 July 1932 長淵郡長山串 *Nakai, T Nakai s.n.* **Kangwon-do** August 1901 Nai Piang *Faurie, UJ Faurie s.n.* **P'yongan-bukto** 27 September 1912 雲山郡古城面甑峯里 *Ishidoya, T Ishidoya s.n.* **P'yongyang** 26 September 1909 平壤市街附近 *Imai, H Imai s.n.* **Ryanggang** 14 July 1897 鴨綠江 (上水隅理 -羅暖堡) *Komarov, VL Komaorv s.n.* August 1933 三長 *Iyatomi, Y s.n.* 20 August 1933 *Koidzumi, G Koidzumi s.n.*

DROSERACEAE

Aldrovanda L.
**Aldrovanda vesiculosa* L., Sp. Pl. 281 (1753)*

Common name 벌레먹이말

Distribution in Korea: North
    Aldrovanda verticillata Roxb., Fl. Ind. (Roxburgh) 2: 113 (1824)
    Aldrovanda vesiculosa L. var. *duriaei* Casp., Bot. Zeitung (Berlin) 17: 142 (1859)
    Aldrovanda vesiculosa L. var. *australis* Darwin, Insectiv. Pl. 328 (1876)
    Aldrovanda vesiculosa L. var. *verticillata* (Roxb.) Darwin, Insectiv. Pl. 329 (1876)
    Aldrovanda generalis E.H.L.Krause, Deutschl. Fl. (Sturm), ed. 2 4: 176 (1902)

Drosera L.
**Drosera anglica* Huds., Fl. Angl. (Hudson) (ed. 2) 135 (1778)*

Common name 긴잎끈끈이주걱

Distribution in Korea: North (**Ryanggang**) ·
    Drosera longifolia L., Sp. Pl. 282 (1753)
    Rorella longifolia (L.) All., Fl. Pedem. 2: 88 (1785)
    Drosera anglica Huds. var. *subuniflora* DC., Prodr. (DC.) 1: 318 (1824)
    Adenopa anglica (Huds.) Raf., Fl. Tellur. 3: 37 (1837)

Representative specimens; Ryanggang 4 August 1939 大澤濕地 *Hozawa, S Hozawa s.n.* August 1933 三松面 *Unknown s.n.*

**Drosera rotundifolia* L., Sp. Pl. 281 (1753)*

Common name 끈끈이주걱

Distribution in Korea: North (Gaema, Bujeon, Kangwon), Central
    Rorella rotundifolia (L.) All., Fl. Pedem. 2: 88 (1785)
    Rossolis rotundifolia (L.) Moench, Methodus (Moench) 57 (1794)

Representative specimens; Kangwon-do 30 July 1916 溫井里 *Nakai, T Nakai s.n.* **Ryanggang** 4 August 1939 大澤濕地 *Hozawa, S Hozawa s.n.* 24 July 1930 大澤 *Ohwi, J Ohwi s.n.* 7 August 1914 三池淵 *Nakai, T Nakai s.n.*

VIOLACEAE

Viola L.
**Viola acuminata* Ledeb., Fl. Ross. (Ledeb.) 1: 252 (1842)*

Common name 졸방제비꽃

Distribution in Korea: North, Central, South

Viola micrantha Turcz., Bull. Soc. Imp. Naturalistes Moscou 5: 183 (1832)

Viola laciniosa A.Gray, Narr. Exped. China Japan 2: 308 (1857)

Viola canina L. var. *acuminata* Regel, Bull. Soc. Imp. Naturalistes Moscou 34: 247 (1861)

Viola acuminata Ledeb. ssp. *austroussuriensis* W.Becker, Fl. Aziat. Ross. 8: 49 (1915)

Viola acuminata Ledeb. var. *dentata* W.Becker, Fl. Aziat. Ross. 8: 49 (1915)

Viola acuminata Ledeb. var. *intermedia* Nakai, Bot. Mag. (Tokyo) 30: 280 (1916)

Viola takesimana Nakai, Bot. Mag. (Tokyo) 36: 34 (1922)

Viola kishidae Nakai, Bot. Mag. (Tokyo) 31: 69 (1922)

Viola austroussuriensis (W.Becker) Kom., Opred. Rast. Dal'nevost. Kraia 2: 767 (1932)

Viola brevistipulata W.Becker var. *minor* Nakai, Bot. Mag. (Tokyo) 47: 260 (1933)

Viola brevistipulata W.Becker ssp. *brevistipulata* var. *minor* Nakai, Bot. Mag. (Tokyo) 47: 260 (1933)

Viola acuminata Ledeb. var. *glaberrima* H.Hara, J. Jap. Bot. 12: 220 (1936)

Viola flaviflora Nakai, J. Jap. Bot. 15: 401 (1939)

Viola turczaninowii Juz., Fl. URSS 15: 935 (1949)

Viola acuminata Ledeb. f. *shikokuensis* Maek. ex H.Hara, Enum. Spermatophytarum Japon. 3: 195 (1954)

Viola acuminata Ledeb. f. *glaberrima* (H.Hara) Kitam., Acta Phytotax. Geobot. 20: 196 (1962)

Viola brevistipulata W.Becker ssp. *brevistipulata* var. *kishidai* (Nakai) F.Maek. & Hashim., J. Jap. Bot. 43: 161 (1968)

Viola brevistipulata W.Becker ssp. *minor* (Nakai) F.Maek. & Hashim., J. Jap. Bot. 43: 161 (1968)

Viola acuminata Ledeb. var. *austroussuriensis* (W.Becker) Kitag., Neolin. Fl. Manshur. 451 (1979)

Viola acuminata Ledeb. var. *brevistipulata* (W.Becker) Kitag., Neolin. Fl. Manshur. 451 (1979)

Representative specimens; Chagang-do 20 June 1909 Kang-gei(Kokai 江界) *Mills, RG Mills382* 5 July 1914 牙得嶺 (江界) *Nakai, T Nakai s.n.* 25 June 1914 從西面 *Nakai, T Nakai s.n.* 21 June 1914 漁雷坊江界 *Nakai, T Nakai s.n.* 18 July 1914 大興里 *Nakai, T Nakai s.n.* 9 July 1914 長津山 (蕙田嶺) *Nakai, T Nakai s.n.* **Hamgyong-bukto** 1 June 1932 羅南 *Fuchino, M s.n.* 17 June 1909 清津 *Nakai, T Nakai s.n.* Type of *Viola acuminata* Ledeb. var. intermedia Nakai (Syntype TI)13 May 1933 羅南 *Saito, T T Saito413* 19 May 1897 茂山嶺 *Komarov, VL Komaorv s.n.* 21 June 1909 *Nakai, T Nakai s.n.* 16 July 1918 朱乙溫面湯地洞 *Nakai, T Nakai s.n.* 25 May 1930 鏡城 *Ohwi, J Ohwi s.n.* 26 May 1930 Kyonson 鏡城 *Ohwi, J Ohwi2056* 23 May 1897 車踰嶺 *Komarov, VL Komaorv s.n.* 21 June 1909 Musan-ryeong (戊山嶺) *Nakai, T Nakai s.n.* Type of *Viola acuminata* Ledeb. var. intermedia Nakai (Syntype TI)12 May 1897 五宗洞 *Komarov, VL Komaorv s.n.* **Hamgyong-namdo** 9 April 1935 咸興歸州寺 *Nomura, N Nomura7* 5 May 1934 咸興盤龍山 *Nomura, N Nomura8* 11 August 1940 咸興歸州寺 *Okuyama, S Okuyama s.n.* 15 June 1941 咸興盤龍山 *Suzuki, T 32* 15 June 1932 下碣隅里 *Ohwi, J Ohwi s.n.* 19 August 1943 千佛山 *Honda, M Honda s.n.* **Hwanghae-bukto** 14 May 1932 正方山 *Smith, RK Smith s.n.* **Hwanghae-namdo** 13 August 1929 長淵郡長山串 *Nakai, T Nakai s.n.* 29 July 1929 *Nakai, T Nakai s.n.* **Kangwon-do** 7 August 1916 金剛山末輝里方面 *Nakai, T Nakai s.n.* 15 July 1936 金剛山外金剛千佛山 *Nakai, T Nakai s.n.* 10 June 1932 Mt. Kumgang (金剛山) *Ohwi, J Ohwi s.n.* 9 August 1940 *Okuyama, S Okuyama s.n.* **P'yongan-bukto** 14 May 1912 寧邊藥山 *Ishidoya, T Ishidoya43* Type of *Viola acuminata* Ledeb. var. intermedia Nakai (Syntype TI) **P'yongan-namdo** 15 July 1916 葛日嶺 *Mori, T Mori s.n.* 15 June 1928 陽德 *Nakai, T Nakai s.n.* **P'yongyang** 26 May 1912 Taiseizan(大聖山) 平壤 *Imai, H Imai s.n.* 26 May 1912 *Imai, H Imai49* Type of *Viola acuminata* Ledeb. var. intermedia Nakai (Syntype TI) **Rason** 5 June 1930 西水羅 *Ohwi, J Ohwi512* 5 June 1930 *Ohwi, J Ohwi538* 6 June 1930 *Ohwi, J Ohwi729* 11 May 1897 豆滿江三角洲-五宗洞 *Komarov, VL Komaorv s.n.* **Ryanggang** 1 June 1897 古倉坪-四芝坪 (延面水河谷)*Komarov, VL Komaorv s.n.* 31 May 1897 延面水河谷-古倉坪 *Komarov, VL Komaorv s.n.*

Viola albida Palib., Trudy Imp. S.-Peterburgsk. Bot. Sada 17: 30 (1899)

Common name 태백제비꽃

Distribution in Korea: Central, South, Jeju, Ulleung

Viola dissecta Ledeb. var. *albida* (Palib.) Nakai, Icon. Pl. Koisikav 1: 93, pl. 47 (1912)

Representative specimens; Kangwon-do 31 July 1916 金剛山群仙峽 *Nakai, T Nakai s.n.* 14 August 1916 金剛山望軍臺 *Nakai, T Nakai s.n.* 7 August 1940 Mt. Kumgang (金剛山) *Okuyama, S Okuyama s.n.* **P'yongan-namdo** August 1930 百雪山[白楊山?] *Uyeki, H Uyeki s.n.*

Viola albida Palib. var. *chaerophylloides* (Regel) F.Maek. ex Hara, Enum. Spermatophytarum Japon. 3: 195 (1954)

Common name 남산제비꽃

Distribution in Korea: North, Central, South

Viola pinnata L. var. *chaerophylloides* Regel, Bull. Soc. Imp. Naturalistes Moscou 34: 222 (1861)

Viola chaerophylloides (Regel) W.Becker, Bull. Herb. Boissier ser.2, 2: 856 (1902)

Viola dessecta Ledeb. var. *takahasii* (Makino) Nakai, Icon. Pl. Koisikav 1: 94 (1912)

Viola dissecta Ledeb. var. *chaerophylloides* (Regel) Makino subvar. *takahashii* Makino, Bot. Mag. (Tokyo) 26: 154 (1912)
Viola dissecta Ledeb. var. *chaerophylloides* (Regel) Makino subvar. *albida* (Palib.) Makino, Bot. Mag. (Tokyo) 26: 155 (1912)
Viola dissecta Ledeb. var. *chaerophylloides* (Regel) Makino subvar. *simplicifolia* Makino, Bot. Mag. (Tokyo) 26: 155 (1912)
Viola dissecta Ledeb. var. *chaerophylloides* (Regel) Makino, Bot. Mag. (Tokyo) 26: 153 (1912)
Viola albida Palib. var. *takahashii* (Makino) Nakai, Bot. Mag. (Tokyo) 30: 286 (1916)
Viola sieboldiana (Maxim.) Makino var. *chaerophylloides* (Regel) Nakai, Bot. Mag. (Tokyo) 32: 226 (1918)
Viola napellifolia Nakai, Bot. Mag. (Tokyo) 36: 86 (1922)
Viola albida Palib. var. *suavis* Nakai, Bot. Mag. (Tokyo) 49: 419 (1935)
Viola chaerophylloides (Regel) W.Becker var. *pubescens* Sakata, Kouyuu Kaihou 91: 32 (1935)
Viola albida Palib. var. *chaerophylloides* (Regel) F.Maek. ex H.Hara f. *variegata*F.Maek., Enum. Spermatophytarum Japon. 3: 105 (1954)
Viola × *takahashii* (Nakai) Taken., Claves Pl. Chin. Bor.-Or. 228 (1959)
Viola albida Palib. f. *takahashii* (Makino) Kitag., Neolin. Fl. Manshur. 452 (1979)
Viola woosanensis Y.N.Lee & J.G.Kim, Korean J. Pl. Taxon. 28: 30 (1998)

Representative specimens; Chagang-do 10 May 1910 Kang-gei(Kokai 江界) *Mills, RG Mills376* 25 June 1914 從西面 *Nakai, T Nakai s.n.* Hamgyong-bukto 21 April 1935 羅南南側 *Saito, T T Saito s.n.* 27 May 1930 鏡城 *Ohwi, J Ohwi191* June 1936 茂山 *Minamoto, M s.n.* Hamgyong-namdo 13 June 1909 西湖津 *Nakai, T Nakai s.n.* 5 April 1935 Hamhung (咸興) *Nomura, N Nomura 296* May 1934 松興里盤龍山 *Nomura, N Nomura31* Hwanghae-namdo 5 August 1929 長淵郡長山串 *Nakai, T Nakai s.n.* 28 July 1929 *Nakai, T Nakai s.n.* Kangwon-do 31 July 1916 金剛山群仙峽 *Nakai, T Nakai 5663* 14 July 1936 金剛山外金剛千佛山 *Nakai, T Nakai s.n.* 9 August 1940 Mt. Kumgang (金剛山) *Okuyama, S Okuyama s.n.* P'yongan-bukto 8 August 1912 鐵山 *Imai, H Imai s.n.* P'yongan-namdo 15 July 1916 葛日嶺 *Mori, T Mori s.n.*

Viola arcuata Blume, Bijdr. Fl. Ned. Ind. 2: 58 (1825)

Common name 콩제비꽃

Distribution in Korea: North, Central, South, Ulleung
Viola verecunda A.Gray, Mem. Amer. Acad. Arts n.s. 6: 382 (1858)
Viola excisa Hance, J. Bot. 6(70): 296 (1868)
Viola verecunda A.Gray var. *semilunaris* Maxim., Bull. Acad. Imp. Sci. Saint-Pétersbourg 23: 335 (1877)
Viola japonica (A.Gray) A.Gray var. *decumbens* Franch. & Sav., Enum. Pl. Jap. 2 (2): 287 (1878)
Viola japonica Langsd. ex DC. var. *pusilla* Franch. & Sav., Enum. Pl. Jap. 2 (2): 287 (1878)
Viola japonica Langsd. ex DC. var. *subaefuiloba* Franch. & Sav., Enum. Pl. Jap. 2 (2): 287 (1878)
Viola verecunda A.Gray var. *excisa* (Hance) Maxim., Mélanges Biol. Bull. Phys.-Math. Acad. Imp. Sci. Saint-Pétersbourg 9: 750 (1886)
Viola verecunda A.Gray f. *radicans* Makino, Bot. Mag. (Tokyo) 27: 153 (1913)
Viola alata Burgersd. ssp. *verecunda* (A.Gray) W.Becker, Beih. Bot. Centralbl. 34: 227 (1916)
Viola arcuata Blume ssp. *verecunda* (A.Gray) W.Becker, Beih. Bot. Centralbl. 34: 227 (1916)
Viola semilunaris (Maxim.) W.Becker, Beih. Bot. Centralbl. Abt. 2, 34: 231 (1916)
Viola arcuata Blume var. *excisa* (Hance) Nakai, Bot. Mag. (Tokyo) 36: 88 (1922)
Viola arcuata Blume var. *verecunda* (A.Gray) Nakai f. *radicans* Nakai, Bot. Mag. (Tokyo) 36: 88 (1922)
Viola excisa Hance var. *subaequiloba* (Franch. & Sav.) Nakai, Bot. Mag. (Tokyo) 36: 85 (1922)
Viola subaequiloba Nakai, Bot. Mag. (Tokyo) 36: 88 (1922)
Viola verecunda A.Gray var. *subaequiloba* (Franch. & Sav.) F.Maek. ex H.Hara, Enum. Spermatophytarum Japon. 3: 221 (1954)

Representative specimens; Chagang-do 6 April 1909 Kang-gei(Kokai 江界) *Mills, RG Mills386* 30 June 1914 江界 *Nakai, T Nakai s.n.* Hamgyong-namdo 18 August 1943 赴戰高原咸地院 *Honda, M Honda s.n.* Kangwon-do 29 July 1916 海金剛 *Nakai, T Nakai 5657* 20 August 1902 Mt. Kumgang (金剛山) *Uchiyama, T Uchiyama s.n.* 6 June 1909 元山 *Nakai, T Nakai s.n.* P'yongyang 15 May 1910 P'yongyang (平壤) *Imai, H Imai s.n.* Sinuiju 25 April 1917 新義州 *Furumi, M Furumi42*

Viola biflora L., Sp. Pl. 2: 936 (1753)

Common name 장백제비꽃

Distribution in Korea: North

Viola biflora L. var. *crassifolia* Makino, Bot. Mag. (Tokyo) 16: 139 (1902)
Viola crassa Makino, Bot. Mag. (Tokyo) 19: 87 (1905)
Viola schulzeana W.Becker, Beih. Bot. Centralbl. 34: 261 (1916)
Viola tayemonii Hayata, Icon. Pl. Formosan. 5: 3 (1916)
Viola biflora L. var. *hirsuta* W.Becker, Beih. Bot. Centralbl. 36: 42 (1918)
Viola biflora L. var. *nudicaulis* W.Becker, Beih. Bot. Centralbl. 36: 42 (1918)
Viola chingiana W.Becker, Proc. Biol. Soc. Wash. 38: 117 (1925)
Viola crassa Makino var. *vegeta* Nakai, Bot. Mag. (Tokyo) 42: 565 (1928)
Viola crassa Makino var. *shikkensis* Miyabe & Tatew., Trans. Sapporo Nat. Hist. Soc. 15: 133 (1938)

Representative specimens; Chagang-do 22 July 1919 狼林山上 *Kajiwara, U Kajiwara s.n.* 22 July 1916 狼林山 *Mori, T Mori s.n.* 22 July 1916 *Mori, T Mori s.n.* 10 July 1914 蔥田嶺 *Nakai, T Nakai1517* 11 July 1914 臥碣峰鷺峯 *Nakai, T Nakai1584* **Hamgyong-bukto** July 1932 冠帽峰 *Ohwi, J Ohwi s.n.* 25 July 1918 雪嶺 *Nakai, T Nakai s.n.* **Hamgyong-namdo** 15 June 1932 下碣隅里 *Ohwi, J Ohwi s.n.* 25 July 1933 東上面遮日峯 *Koidzumi, G Koidzumi s.n.* 17 August 1935 遮日峯 *Nakai, T Nakai s.n.* 16 August 1935 雲仙嶺 *Nakai, T Nakai s.n.* 15 August 1940 遮日峯 *Okuyama, S Okuyama s.n.* **Kangwon-do** 1938 山林課元山出張所 *Tsuya, S s.n.* **Ryanggang** 15 August 1935 北水白山 *Hozawa, S Hozawa s.n.* 8 June 1897 平蒲坪-倉坪 *Komarov, VL Komaorv s.n.* 22 June 1930 倉坪嶺 *Ohwi, J Ohwi s.n.* 22 June 1930 *Ohwi, J Ohwi s.n.* 21 June 1897 阿武山-象背嶺 *Komarov, VL Komaorv s.n.* 11 July 1917 胞胎山中腹以上 *Furumi, M Furumi s.n.*

Viola collina Besser, Enum. Pl. (Besser) 10 (1822)

Common name 둥근털제비꽃

Distribution in Korea: North, Central, South, Ulleung
    Viola hirta L. var. *alpina* Ging., Prodr. (DC.) 2: 295 (1824)
    Viola hirta L. var. *collina* (Besser) Regel, Bull. Soc. Imp. Naturalistes Moscou 34: 481 (1861)

Representative specimens; Chagang-do 22 July 1914 山羊 -江口 *Nakai, T Nakai s.n.* **Hamgyong-bukto** 14 August 1933 朱乙溫泉朱乙山 *Koidzumi, G Koidzumi s.n.* 18 July 1918 朱乙溫面大東水谷 *Nakai, T Nakai s.n.* 25 May 1930 鏡城 *Ohwi, J Ohwi s.n.* **Hamgyong-namdo** 7 April 1935 松興里盤龍山 *Nomura, N Nomura s.n.* 12 June 1933 咸興盤龍山 *Nomura, N Nomura s.n.* **Hwanghae-namdo** 4 August 1929 長淵郡長山串 *Nakai, T Nakai s.n.* **Kangwon-do** 14 August 1916 金剛山望軍臺 *Nakai, T Nakai s.n.* 14 July 1936 金剛山外金剛千佛山 *Nakai, T Nakai s.n.* 7 August 1940 Mt. Kumgang (金剛山) *Okuyama, S Okuyama s.n.* 15 August 1902 *Uchiyama, T Uchiyama s.n.* 9 June 1909 元山 *Nakai, T Nakai s.n.* **P'yongan-bukto** 15 August 1912 Pyok-dong (碧潼) *Imai, H Imai s.n.* 5 August 1935 妙香山 *Koidzumi, G Koidzumi s.n.* 6 August 1912 雲山郡豐場 *Imai, H Imai s.n.* **P'yongan-namdo** 15 July 1916 葛日嶺 *Mori, T Mori s.n.* 15 June 1928 陽德 *Nakai, T Nakai s.n.* **Ryanggang** 16 August 1897 大羅信洞 *Komarov, VL Komaorv s.n.* 21 August 1897 subdist. Chu-czan, flumen Amnok-gan *Komarov, VL Komaorv s.n.* 7 July 1897 犁方嶺 (鴨綠江羅暖堡) *Komarov, VL Komaorv s.n.* 20 August 1897 内洞-河山嶺 *Komarov, VL Komaorv s.n.* 7 August 1897 上巨里水 *Komarov, VL Komaorv s.n.* 6 August 1897 *Komarov, VL Komaorv s.n.* 8 August 1897 上巨里水-院巨里水 *Komarov, VL Komaorv s.n.* 26 June 1897 内曲里 *Komarov, VL Komaorv s.n.* 29 June 1897 柘德嶺 *Komarov, VL Komaorv s.n.* 24 July 1897 佳林里 *Komarov, VL Komaorv s.n.* 24 June 1897 大鎮坪 *Komarov, VL Komaorv1108*

Viola diamantiaca Nakai, Bot. Mag. (Tokyo) 33: 205 (1919)

Common name 금강제비꽃

Distribution in Korea: North, Central, South
    Viola diamantiaca Nakai var. *glabrior* Kitag., Rep. Exped. Manchoukuo Sect. IV, Pt. 1, Pl. Nov. Jehol. 123 (1934)
    Viola diamantiaca Nakai f. *glabrior* (Kitag.) Kitag., Neolin. Fl. Manshur. 453 (1979)

Representative specimens; Chagang-do 26 June 1914 從西面 *Nakai, T Nakai s.n.* **Hamgyong-bukto** 30 May 1930 朱乙溫堡 *Ohwi, J Ohwi s.n.* **Hamgyong-namdo** 19 August 1943 千佛山 *Honda, M Honda s.n.* **Kangwon-do** 12 July 1936 金剛山外金剛千佛山 *Nakai, T Nakai s.n.* 14 August 1902 Mt. Kumgang (金剛山) *Uchiyama, T Uchiyama s.n.* Type of *Viola diamantiaca* Nakai (Syntype TI)

Viola dissecta Ledeb., Fl. Altaic. 1: 255 (1829)

Common name 갈래잎제비꽃

Distribution in Korea: North, Central
    Viola pinnata L. var. *dissecta* (Ledeb.) Regel, Bull. Soc. Imp. Naturalistes Moscou 34: 222 (1861)
    Viola pinnata L. ssp. *multifida* W.Becker, Repert. Spec. Nov. Regni Veg. Beih. 12: 439 (1922)
    Viola dissecta Ledeb. var. *pubescens* (Regel) Kitag., Rep. Exped. Manchoukuo Sect. IV, Pt. 2, Contr. Cogn. Fl. Manshuricae 296 (1935)
    Viola × lii Kitag., J. Jap. Bot. 19: 110 (1943)

Viola dissecta Ledeb. f. *pubescens* (Regel) Kitag., J. Jap. Bot. 34: 7 (1959)

Viola epipsiloides Á.Löve & D.Löve, Bot. Not. 128: 516 (1975)
Common name 누운제비꽃
Distribution in Korea: North
  Viola repens Turcz. ex Trautv. & C.A.Mey., Fl. Ochot. Phaenog. 18 (1856)
  Viola epipsila Ledeb. ssp. *repens* (Turcz.) W.Becker, Beih. Bot. Centralbl. 34: 406 (1916)
  Viola blandiformis Nakai, Bull. Soc. Bot. France 72: 192 (1925)

Representative specimens; Chagang-do 11 July 1914 蔥田嶺 *Nakai, T Nakai s.n.* Hamgyong-bukto 25 June 1930 雪嶺 *Ohwi, J Ohwi1919* 10 June 1897 西溪水 *Komarov, VL Komaorv s.n.* Ryanggang 22 June 1930 倉坪嶺 *Ohwi, J Ohwi1615*

Viola hirtipes S.Moore, J. Linn. Soc., Bot. 17: 379, t. 16, f (1879)
Common name 흰털제비꽃
Distribution in Korea: North, Central, South, Jeju
  Viola miyabei Makino, Bot. Mag. (Tokyo) 16: 124 (1902)
  Viola phalacrocarpa Maxim. var. *pallida* Yatabe, Bot. Mag. (Tokyo) 16: 102 (1902)
  Viola hirtipes S.Moore var. *lanata* Nakai, Chosen Shokubutsu 125 (1914)
  Viola hirtipes S.Moore var. *grisea* Nakai, Bot. Mag. (Tokyo) 30: 284 (1916)
  Viola kamibayashii Nakai, Bot. Mag. (Tokyo) 30: 287 (1916)
  Viola hirtipedoides W.Becker, Repert. Spec. Nov. Regni Veg. 17: 73 (1921)
  Viola hirtipes S.Moore var. *miyabei* (Makino) Nakai, Bot. Mag. (Tokyo) 36: 85 (1922)
  Viola hirtipes S.Moore f. *grisea* (Nakai) Hiyama, J. Jap. Bot. 28: 94 (1953)

Representative specimens; Hamgyong-bukto 28 April 1935 羅南東南側山地 *Saito, T T Saito1087* 12 May 1897 五宗洞 *Komarov, VL Komaorv s.n.* Hamgyong-namdo 5 April 1935 Hamhung (咸興) *Nomura, N Nomura23* 8 May 1939 咸興歸州寺 *Osada, T s.n.* P'yongan-namdo 16 April 1910 Kai Aw Gai Pass(筐地, 광지바위) 延?里 *Mills, RG Mills385*

Viola hondoensis W.Becker & H.Boissieu, Bull. Herb. Boissier ser 2, 8: 739 (1908)
Common name 아욱제비꽃
Distribution in Korea: North, Ulleung
  Viola hirta L. var. *japonica* Maxim., Bull. Acad. Imp. Sci. Saint-Pétersbourg 23: 327 (1877)
  Viola yatabei Makino, Bot. Mag. (Tokyo) 16: 122 (1902)
  Viola teshioensis Miyabe & Tatew., Trans. Sapporo Nat. Hist. Soc. 14: 187 (1936)

Representative specimens; Ryanggang 23 August 1897 雲洞嶺 *Komarov, VL Komaorv s.n.*

Viola japonica Langsd. ex DC., Prodr. (DC.) 1: 295 (1824)
Common name 왜제비꽃
Distribution in Korea: North, Central, South, Jeju
  Viola philippica Cav. ssp. *malesica* W.Becker, Bot. Jahrb. Syst. 54: 178 (1917)
  Viola kapsanensis Nakai var. *albiflora* (Nakai) Nakai, Bot. Mag. (Tokyo) 36: 36 (1922)
  Viola kapsanensis Nakai, Bot. Mag. (Tokyo) 36: 35 (1922)
  Viola metajaponica Nakai, Bull. Soc. Bot. France 72: 192 (1925)
  Viola japonica Langsd. ex DC. var. *variegata* Hatus., Exp. Forest. Kyushu Imp. Univ. 5: 132 (1934)
  Viola japonica Langsd. ex DC. f. *variegata* (Hatus.) F.Maek. ex H.Hara, Enum. Spermatophytarum Japon. 3: 205 (1954)

Representative specimens; Hamgyong-bukto 30 May 1930 朱乙溫堡 *Ohwi, J Ohwi s.n.* Hamgyong-namdo 10 May 1918 北青-直洞 *Ishidoya, T Ishidoya2764* Type of *Viola kapsanensis* Nakai (Holotype TI) P'yongan-bukto 5 August 1935 妙香山 *Koidzumi, G Koidzumi s.n.* Ryanggang 23 May 1918 大中里 *Ishidoya, T Ishidoya s.n.* 24 May 1918 保興里 *Ishidoya, T Ishidoya s.n.*

Viola kusanoana Makino, Bot. Mag. (Tokyo) 26: 173 (1912)
Common name 큰졸방제비꽃
Distribution in Korea: North, Ulleung

Viola silvestriformis W.Becker, Beih. Bot. Centralbl. 34: 242 (1916)
Viola kusanoana Makino var. *glabra* Nakai, Bot. Mag. (Tokyo) 36: 57 (1922)
Viola dageletiana Nakai, Bull. Soc. Bot. France 72: 195 (1925)

Representative specimens; Hamgyong-bukto 19 May 1897 茂山嶺 *Komarov, VL Komaorv s.n.* 24 May 1897 車踰嶺- 照日洞 *Komarov, VL Komaorv s.n.* 12 June 1897 西溪水 *Komarov, VL Komaorv s.n.* 4 June 1897 四芝嶺 *Komarov, VL Komaorv s.n.* **Ryanggang** 1 July 1897 五是川雲寵江-崔五峰 *Komarov, VL Komaorv s.n.* 5 August 1897 白山嶺 *Komarov, VL Komaorv s.n.* 16 August 1897 大羅信洞 *Komarov, VL Komaorv s.n.* 19 August 1897 葡坪 *Komarov, VL Komaorv s.n.* 8 June 1897 平蒲坪-倉坪 *Komarov, VL Komaorv s.n.* 26 June 1897 內曲里 *Komarov, VL Komaorv s.n.*

***Viola lactiflora* Nakai, Bot. Mag. (Tokyo) 28: 329 (1914)**
Common name 흰젖제비꽃
Distribution in Korea: North, Central, South, Ulleung
Viola limprichtiana W.Becker, Bot. Jahrb. Syst. 54: 184 (1917)

Representative specimens; Hamgyong-bukto 19 June 1909 清津 *Nakai, T Nakai s.n.*

***Viola mandshurica* W.Becker, Bot. Jahrb. Syst. 54(5, Beibl. 120): 179 (1917)**
Common name 제비꽃
Distribution in Korea: North, Central, South, Ulleung
Viola patrinii DC. ex Ging. var. *macrantha* Maxim., Mem. Acad. Imp. Sci. St.-Petersbourg Divers Savans 9: 48 (1859)
Viola chinensis (G.Don) Nakai, J. Coll. Sci. Imp. Univ. Tokyo 31: 446 (1911)
Viola chinensis (G.Don) Nakai var. *media* Nakai, Bot. Mag. (Tokyo) 30: 284 (1916)
Viola chinensis (G.Don) Nakai var. *transitica* Nakai, Bot. Mag. (Tokyo) 30: 283 (1916)
Viola chinensis(G.Don) Nakai var. *cillata* Nakai, Bot. Mag. (Tokyo) 30: 284 (1916)
Viola mandshurica W.Becker var. *ciliata* Nakai, Bot. Mag. (Tokyo) 36: 60 (1922)
Viola mandshurica W.Becker var. *glabra* Nakai, Bot. Mag. (Tokyo) 36: 60 (1922)
Viola albida Palib. ssp. *marginata* W.Becker, Beih. Bot. Centralbl. 40: 141 (1924)
Viola oldhamiana Nakai, Bot. Mag. (Tokyo) 42: 559 (1928)
Viola oblongosagittata Nakai f. *ishizakii* Yamam., J. Soc. Trop. Agric. 5: 352 (1933)
Viola mandshurica W.Becker f. *macrantha* (Maxim.) Nakai ex Kitag., Lin. Fl. Manshur. 321 (1939)
Viola mandshurica W.Becker var. *media* (Nakai) Hiyama, J. Jap. Bot. 28: 93 (1953)
Viola mandshurica W.Becker var. *glabripetala* Hiyama, J. Jap. Bot. 28: 93 (1953)
Viola mandshurica W.Becker f. *ciliata* (Nakai) F.Maek. ex H.Hara, Enum. Spermatophytarum Japon. 3: 207 (1954)
Viola mandshurica W.Becker f. *glabra* (Nakai) F.Maek. ex H.Hara, Enum. Spermatophytarum Japon. 3: 208 (1954)
Viola hsinganensis Taken., Sci. Contr. Northeast Norm. Univ. 1: 81 (1955)
Viola patrinii DC. ex Ging. var. *gmeliniana* Miq., Ann. Mus. Bot. Lugduno-Batavi 2: 152 (1965)

Representative specimens; Hamgyong-bukto 7 June 1931 羅南 *Saito, T T Saito1007* 26 May 1930 鏡城 *Ohwi, J Ohwi s.n.* 28 May 1930 Kyonson 鏡城 *Ohwi, J Ohwi s.n.* September 1913 鏡城 *Okamoto, K s.n.* 29 May 1897 釜所哥谷 *Komarov, VL Komaorv s.n.* **Hamgyong-namdo** 17 August 1940 西湖津海岸 *Okuyama, S Okuyama s.n.* 5 May 1935 Hamhung (咸興) *Nomura, N Nomura18* 5 May 1935 *Nomura, N Nomura19* 28 April 1935 下岐川面保庄 - 三巨 *Nomura, N Nomura3* 19 August 1943 千佛山 *Honda, M Honda s.n.* **Hwanghae-bukto** 14 May 1932 正方山 *Smith, RK Smith s.n.* **Hwanghae-namdo** 8 May 1932 載寧 *Smith, RK Smith s.n.* 28 April 1932 Chairyung 載寧 *Smith, RK Smith s.n.* 8 May 1932 載寧 *Smith, RK Smith s.n.* 26 April 1932 *Smith, RK Smith s.n.* 9 May 1932 Chairyung 載寧 *Smith, RK Smith s.n.* 1 August 1929 椒島 *Nakai, T Nakai s.n.* **Kangwon-do** 29 July 1916 海金剛 *Nakai, T Nakai s.n.* 7 August 1940 Mt. Kumgang (金剛山) *Okuyama, S Okuyama s.n.* 30 August 1916 通川 *Nakai, T Nakai s.n.* 5 August 1932 元山 *Kitamura, S Kitamura s.n.* 7 June 1909 *Nakai, T Nakai s.n.* 7 June 1909 *Nakai, T Nakai s.n.* Type of *Viola chinensis* (G.Don) Nakai var. *media* Nakai (Syntype TI)21 April 1935 元山 Kawasakinoyen(川崎農園) *Yamagishi, S s.n.* **P'yongan-bukto** 5 August 1935 妙香山 *Koidzumi, G Koidzumi s.n.* **P'yongan-namdo** 24 April 1910 Anjyu (安州) *Mills, RG Mills s.n.* 24 April 1910 *Mills, RG Mills373* Type of *Viola chinensis* (G.Don) Nakai var. *transitica* Nakai (Syntype TI) **P'yongyang** 22 August 1943 平壤牡丹臺 *Furusawa, I Furusawa s.n.* 22 August 1943 *Furusawa, I Furusawa s.n.* **Rason** 5 June 1930 西水羅 *Ohwi, J Ohwi s.n.* **Ryanggang** 9 July 1897 十四道溝 (鴨綠江) *Komarov, VL Komaorv s.n.* 15 August 1897 蓮坪-厚州川-厚州古邑 *Komarov, VL Komaorv s.n.*

***Viola mirabilis* L., Sp. Pl. 2: 936 (1753)**
Common name 넓은잎제비꽃

Distribution in Korea: North, Central
Viola apetala Gilib., Fl. Lit. Inch. 2: 124 (1782)
Viola mirabilis L. var. *subglabra* Ledeb., Fl. Ross. (Ledeb.) 1: 251 (1842)
Viola mirabilis L. var. *vulgaris* Ledeb., Fl. Ross. (Ledeb.) 1: 251 (1842)
Viola brachysepala Maxim., Mem. Acad. Imp. Sci. St.-Petersbourg Divers Savans 9: 50 (1859)
Viola mirabilis L. var. *brachysepala* (Maxim.) Regel, Bull. Soc. Imp. Naturalistes Moscou 4: 450 (1861)
Viola mirabilis L. var. *kusnetzoffii* Regel, Bull. Soc. Imp. Naturalistes Moscou 4: 450 (1861)
Viola mirabilis L. var. *subglabra* Ledeb. f. *strigosa* W.Becker, Fl. Aziat. Ross. 8: 29 (1915)
Viola mirabilis L. var. *glaberrima* W.Becker, Beih. Bot. Centralbl. 24: 237 (1916)
Viola mirabilis L. var. *brevicalcarata* Nakai, Bot. Mag. (Tokyo) 33: 9 (1919)
Viola mirabilis L. var. *platysepala* Kitag., Bot. Mag. (Tokyo) 48: 103 (1934)

Representative specimens; Hamgyong-bukto 27 May 1897 富潤洞 *Komarov, VL Komaorv s.n.* 16 August 1914 下面江口-茂山 *Nakai, T Nakai s.n.* **Kangwon-do** 31 July 1916 金剛山群仙峽 *Nakai, T Nakai s.n.* **Ryanggang** 15 May 1918 甲山-上里 *Ishidoya, T Ishidoya2782* Type of *Viola mirabilis* L. var. *brevicalcarata* Nakai (Holotype TI)29 July 1897 安間嶺-同仁川 (同仁浦里?) *Komarov, VL Komaorv s.n.* 7 August 1914 三下面江口 *Ikuma, Y Ikuma s.n.*

Viola mongolica Franch., Pl. David. 1: 42 (1884)
Common name 경성제비꽃
Distribution in Korea: North

Viola muehldorfii Kiss, Bot. Közlem. 19: 92 (1921)
Common name 털대제비꽃
Distribution in Korea: North, Central
Viola lasiostipes Nakai, Bot. Mag. (Tokyo) 36: 32 (1922)

Viola orientalis (Maxim.) W.Becker, Fl. Aziat. Ross. 8: 95 (1915)
Common name 노랑제비꽃
Distribution in Korea: North, Central, South
Viola uniflora L., Sp. Pl. 936 (1753)
Viola uniflora L. var. *capsulaglabra* Maxim., Bull. Acad. Imp. Sci. Saint-Pétersbourg 9: 752 (1876)
Viola uniflora L. var. *orientalis* Maxim., Enum. Pl. Mongolia 1: 81 (1889)
Viola uniflora L. f. *glabricapsula* Makino, Bot. Mag. (Tokyo) 26: 172 (1912)
Viola uniflora L. var. *glabricapsula* Nakai, Bot. Mag. (Tokyo) 26: 172 (1912)
Viola orientalis (Maxim.) W.Becker var. *conferta* W.Becker, Beih. Bot. Centralbl. 36: 50 (1918)
Viola conferta (W.Becker) Nakai, Bot. Mag. (Tokyo) 36: 31 (1922)
Viola xanthopetala Nakai, Bot. Mag. (Tokyo) 36: 29 (1922)

Representative specimens; Chagang-do 28 April 1910 Kang-gei(Kokai 江界) *Mills, RG Mills378* Type of *Viola xanthopetala* Nakai (Syntype TI) **Hamgyong-bukto** 30 May 1940 Seishin *Higuchigka, S s.n.* 13 May 1933 羅南 *Saito, T T Saito412* May 1934 *Yoshimizu, K s.n.* 20 May 1897 茂山嶺 *Komarov, VL Komaorv s.n.* 24 May 1897 車踰嶺-照日洞 *Komarov, VL Komaorv s.n.* 19 July 1918 冠帽峰 *Nakai, T Nakai s.n.* 18 July 1918 朱乙溫面熊谷嶺 *Nakai, T Nakai s.n.* 26 May 1930 鏡城 *Ohwi, J Ohwi s.n.* 26 May 1930 Kyonson 鏡城 *Ohwi, J Ohwi137* July 1932 冠帽峰 *Ohwi, J Ohwi1007* 23 April 1939 鏡城 *Saito, T T Saito s.n.* 29 May 1897 釜所哥谷 *Komarov, VL Komaorv s.n.* May 1909 茂山 *Maeda, K 75* Type of *Viola xanthopetala* Nakai (Syntype TI) *Tong-im-gan-pa (Kenzo Maeda) s.n.* 5 August 1918 Mt. Chilbo at Myongch'on(七寶山) *Nakai, T Nakai s.n.* 26 June 1930 雪嶺 *Ohwi, J Ohwi1868* **Hamgyong-namdo** 30 May 1930 端川郡北斗日面 *Kinosaki, Y s.n.* July 1902 端川龍德里摩天嶺 *Mishima, A s.n.* 14 April 1935 Hamhung (咸興) *Nomura, N Nomura22* 26 July 1916 下碣隅里 *Mori, T Mori s.n.* **Hwanghae-namdo** 黃海道 *Smith, RK Smith s.n.* **Kangwon-do** 2 August 1916 金剛山九龍淵 *Nakai, T Nakai s.n.* 2 August 1916 金剛山 *Nakai, T Nakai5674* Type of *Viola xanthopetala* Nakai (Syntype TI)10 June 1932 Mt. Kumgang (金剛山) *Ohwi, J Ohwi s.n.* 8 August 1940 Okuyama, S Okuyama s.n. 6 June 1909 元山 *Nakai, T Nakai s.n.* 6 June 1909 *Nakai, T Nakai s.n.* Type of *Viola xanthopetala* Nakai (Syntype TI)21 April 1935 *Yamagishi, S s.n.* **P'yongan-bukto** 9 June 1914 飛來峯 *Nakai, T Nakai s.n.* 19 May 1912 白壁山 *Ishidoya, T Ishidoya s.n.* Type of *Viola xanthopetala* Nakai (Syntype TI) Rason 5 June 1930 西水羅 *Ohwi, J Ohwi s.n.* **Ryanggang** 3 June 1897 四芝坪 *Komarov, VL Komaorv s.n.*

Viola patrinii DC. ex Ging., Prodr. (DC.) 1: 293 (1824)
Common name 흰제비꽃
Distribution in Korea: North, Central, South

Viola primulifolia L., Sp. Pl. 2: 934 (1753)
Viola patrinii DC. ex Ging. var. *subsagittata* Maxim., Mem. Acad. Imp. Sci. St.-Petersbourg
Divers Savans 9: 48 (1859)
Viola nipponica Makino, Bot. Mag. (Tokyo) 21: 56 (1907)
Viola phalacrocarpoides Makino, Bot. Mag. (Tokyo) 23: 136 (1909)
Viola patrinii DC. ex Ging. f. *hispida* W.Becker, Beih. Bot. Centralbl. Abt. 34: 245 (1916)
Viola phalacrocarpa Maxim. var. *glaberrima* W.Becker, Beih. Bot. Centralbl. Abt. 2, 34: 246 (1916)
Viola reinii W.Becker, Beih. Bot. Centralbl. 34(11): 422 (1917)
Viola primulifolia L. var. *prunellifolia* Nakai, Bull. Soc. Bot. France 72: 189 (1925)
Viola primulifolia L. var. *glabra* Nakai, Bull. Soc. Bot. France 72: 190 (1925)
Viola patrinii DC. ex Ging. f. *prunellifolia* (Nakai) F.Maek. ex H.Hara, Enum.
Spermatophytarum Japon. 3: 212 (1954)
Viola patrinii DC. ex Ging. var. *glabra* (Nakai) F.Maek. ex H.Hara, Enum. Spermatophytarum
Japon. 3: 212 (1954)
Viola phalacrocarpa Maxim. f. *glaberrima* (W.Becker) F.Maek. ex H.Hara, Enum.
Spermatophytarum Japon. 3: 213 (1954)

Representative specimens; Hamgyong-bukto 23 May 1933 羅南東南 *Saito, T T Saito s.n.* 15 May 1933 羅南 *Saito, T T Saito s.n.* 15 May 1934 漁遊洞 *Uozumi, H Uozumi s.n.* 3 May 1932 鶴中面臨濱 *Im-myeong-gong-bo-gyo school s.n.* 26 May 1930 Kyonson 鏡城 *Ohwi, J Ohwi s.n.* 30 May 1933 黃谷洞 *Myeong-cheon-ah-gan-gong-bo-gyo school s.n.* 12 May 1897 五宗洞 *Komarov, VL Komaorv s.n.* **Ryanggang** 31 May 1897 延面水河谷-古倉坪 *Komarov, VL Komaorv s.n.*

Viola phalacrocarpa Maxim., Bull. Acad. Imp. Sci. Saint-Pétersbourg 23: 318 (1877)

Common name 털제비꽃

Distribution in Korea: North, Central, South, Jeju, Ulleung
Viola hirta L. var. *glabella* Regel, Mem. Acad. Imp. Sci. St. Petersbourg Hist. Acad. 4: 77 (1861)
Viola prionantha Bunge var. *latifolia* Miq., Ann. Mus. Bot. Lugduno-Batavi 2: 153 (1865)
Viola conilii Franch. & Sav., Enum. Pl. Jap. 2: 285 (1878)
Viola ishidoyana Nakai, Bot. Mag. (Tokyo) 30: 288 (1916)
Viola oudemansii W.Becker, Beih. Bot. Centralbl. Abt. 2, 34: 422 (1916)
Viola pseudoprionantha W.Becker, Beih. Bot. Centralbl. 34: 423 (1917)
Viola seoulensis Nakai, Bot. Mag. (Tokyo) 32: 218 (1918)
Viola phalacrocarpa Maxim. var. *ishidoyana* (Nakai) Nakai, Bot. Mag. (Tokyo) 36: 85 (1922)

Representative specimens; Chagang-do 29 August 1897 慈城江 *Komarov, VL Komaorv s.n.* 12 July 1910 Kang-gei(Kokai 江界) *Mills, RG Mills s.n.* 15 April 1911 *Mills, RG Mills384* **Hamgyong-bukto** 20 April 1935 羅南西北側 *Saito, T T Saito s.n.* 7 June 1931 羅南 *Saito, T T Saito1004* 15 April 1935 羅南新社 *Saito, T T Saito1080* 11 May 1938 鶴西面德仁 *Saito, T T Saito8425* 26 May 1930 鏡城 *Ohwi, J Ohwi s.n.* July 1932 冠帽峰 *Ohwi, J Ohwi s.n.* 4 June 1930 Kyonson 鏡城 *Ohwi, J Ohwi924* 29 May 1897 釜所哥谷 *Komarov, VL Komaorv s.n.* 27 August 1914 黃句基 *Nakai, T Nakai s.n.* **Hamgyong-namdo** 10 May 1935 松興里盤龍山 *Nomura, N Nomura s.n.* 5 May 1935 Hamhung (咸興) *Nomura, N Nomura9* 5 May 1935 *Nomura, N Nomura12* 13 May 1934 咸興盤龍山 *Nomura, N Nomura14* 28 April 1935 下岐川面保店 - 三巨 *Nomura, N Nomura2* 19 August 1935 道頭里 *Nakai, T Nakai s.n.* **Hwanghae-namdo** 28 April 1932 Chairyung 載寧 *Smith, RK Smith s.n.* **Kangwon-do** 8 August 1902 下仙里 *Uchiyama, T Uchiyama s.n.* Type of *Viola ishidoyana* Nakai (Syntype TI)7 June 1909 元山 *Nakai, T Nakai s.n.* **P'yongan-bukto** 16 August 1912 Pyok-dong (碧潼) *Imai, H Imai s.n.* 16 August 1912 *Imai, H Imai246* Type of *Viola ishidoyana* Nakai (Syntype TI)28 September 1912 白壁山 *Ishidoya, T Ishidoya12* Type of *Viola ishidoyana* Nakai (Lectotype TI) **P'yongan-namdo** 24 April 1910 Anjyu (安州) *Mills, RG Mills374* 20 September 1915 龍岡 *Nakai, T Nakai s.n.* August 1930 百雪山[白楊山?] *Uyeki, H Uyeki s.n.* **P'yongyang** 22 August 1943 平壤牡丹臺 *Furusawa, I Furusawa s.n.* **Rason** 21 May 1940 羅津大草島 *Uyeki, H Uyeki s.n.* 11 May 1897 豆滿江三角洲-五宗洞 *Komarov, VL Komaorv s.n.* **Ryanggang** 15 August 1935 北水白山 *Hozawa, S Hozawa s.n.* 8 August 1897 上巨里水-院巨里水 *Komarov, VL Komaorv s.n.* 23 May 1918 大中里 *Ishidoya, T Ishidoya s.n.* **Sinuiju** 30 April 1917 新義州 *Furumi, M Furumi s.n.*

Viola philippica Cav., Icon. (Cavanilles) 6: 19 (1801)

Common name 호제비꽃

Distribution in Korea: North, Central, South
Viola microphylla Phil., Linnaea 28: 611 (1857)
Viola yedoensis Makino, Bot. Mag. (Tokyo) 26: 148 (1912)
Viola patrinii Ging. var. *chinensis* Hayata, Icon. Pl. Formosan. 6 (1916)
Viola philippica Cav. ssp. *munda* W.Becker, Bot. Jahrb. Syst. 54: 175 (1917)
Viola alisoviana Kiss, Bot. Közlem. 19: 93 (1921)

Representative specimens; **Hamgyong-bukto** 19 April 1934 羅南東側 *Saito, T T Saito898* 19 April 1934 *Saito, T T Saito899*
Hamgyong-namdo 29 April 1935 Hamhung (咸興) *Nomura, N Nomura16* 29 April 1935 *Nomura, N Nomura26* 28 April 1935
下岐川面保庄 - 三巨 *Nomura, N Nomura1* **Hwanghae-namdo** 10 May 1932 Chairyung 載寧 *Smith, RK Smith s.n.* 8 May 1932
載寧 *Smith, RK Smith s.n.* 28 April 1932 Chairyung 載寧 *Smith, RK Smith s.n.*

Viola raddeana Regel, Bull. Soc. Imp. Naturalistes Moscou 34: 463 (1861)
Common name 선제비꽃
Distribution in Korea: North, Central
   Viola deltoidea Yatabe, Bot. Mag. (Tokyo) 5: 318 (1891)
   Viola raddeana Regel var. *japonica* Makino, Bot. Mag. (Tokyo) 6: 50 (1892)

Representative specimens; **Hamgyong-namdo** 29 June 1940 定平郡宣德面 *Kim, SK s.n.* 30 June 1940 安平郡富坪 *Suzuki, T s.n.*
14 June 1935 咸興西上面提防 *Nomura, N Nomura21* **Hwanghae-bukto** 14 June 1930 白川 *Park, MK Park s.n.* **Kangwon-do** 7
June 1909 元山 *Nakai, T Nakai s.n.* **P'yongan-bukto** 10 June 1912 白壁山 *Ishidoya, T Ishidoya44*

Viola rossii Hemsl., J. Linn. Soc., Bot. 23: 54 (1886)
Common name 고깔제비꽃
Distribution in Korea: North, Central, South
   Viola pachyrhiza Franch., Bull. Soc. Bot. France 26: 84 (1879)
   Viola franchetii H.Boissieu, Bull. Soc. Bot. France 47: 321 (1900)
   Viola matsumurae Makino, Bot. Mag. (Tokyo) 16: 134 (1902)

Representative specimens; **Hamgyong-namdo** 5 April 1935 Hamhung (咸興) *Nomura, N Nomura27* **Hwanghae-namdo** 4 August
1929 長淵郡長山串 *Nakai, T Nakai s.n.* 27 July 1929 *Nakai, T Nakai s.n.* **Kangwon-do** 31 July 1916 金剛山群仙峽 *Nakai, T Nakai s.n.*
1 September 1941 Mt. Kumgang (金剛山) *Inumaru, M s.n.* 13 July 1936 金剛山外金剛千佛山 *Nakai, T Nakai s.n.* 7 August 1940 Mt.
Kumgang (金剛山) *Okuyama, S Okuyama s.n.* **P'yongan-bukto** 15 August 1912 Pyok-dong (碧潼) *Imai, H Imai s.n.* 4 August 1935
妙香山 *Koidzumi, G Koidzumi s.n.* **P'yongan-namdo** 15 June 1928 陽德 *Nakai, T Nakai s.n.* **Ryanggang** 23 August 1897 雲洞嶺
Komarov, VL Komaorv s.n.

Viola sacchalinensis H.Boissieu, Bull. Soc. Bot. France 57: 188 (1910)
Common name 참졸방제비꽃 (왜졸방제비꽃)
Distribution in Korea: North
   Viola canina L. var. *kamtschatica* Ging., Linnaea 1: 407 (1826)
   Viola komarovii W.Becker, Beih. Bot. Centralbl. 34: 237 (1916)
   Viola koraiensis Nakai, Bot. Mag. (Tokyo) 30: 281 (1916)
   Viola mutsuensis W.Becker, Beih. Bot. Centralbl. 34: 241 (1916)
   Viola sacchalinensis H.Boissieu var. *alpicola* P.Y.Fu & Y.C.Teng, Fl. Pl. Herb. Chin. Bor.-Or.
   6: 291 (1977)

Representative specimens; **Chagang-do** 11 July 1914 蒲田嶺 *Nakai, T Nakai s.n.* 11 July 1914 *Nakai, T Nakai1502* Type of *Viola
koraiensis* Nakai (Syntype TI) **Ryanggang** 16 May 1918 上里 *Nakai, T Nakai s.n.* 15 August 1935 北水白山 *Hozawa, S Hozawa
s.n.* 20 August 1934 *Kojima, K Kojima s.n.* 5 August 1940 高頭山 *Hozawa, S Hozawa s.n.* 22 August 1914 普天堡 *Ikuma, Y Ikuma s.n.*
13 August 1913 白頭山 *Hirai, H Hirai s.n.* August 1913 長白山 *Mori, T Mori s.n.* August 1913 *Mori, T Mori75* Type of *Viola
koraiensis* Nakai (Syntype TI)10 August 1914 白頭山 *Nakai, T Nakai s.n.* 8 August 1914 神武城-無頭峯 *Nakai, T Nakai s.n.* 10 August
1914 白頭山 *Nakai, T Nakai s.n.* Type of *Viola koraiensis* Nakai (Syntype TI)31 July 1942 白頭山天池 *Saito, T T Saito s.n.*

Viola selkirkii Pursh ex Goldie, Edinburgh Philos. J. 6: 324 (1822)
Common name 뫼제비꽃
Distribution in Korea: North, Central, South, Ulleung
   Viola hirta L. var. *umbrosa* Wahlenb., Fl. Suec. [Wahlenberg] 1: 543 (1826)
   Viola kamtschatica Ging., Linnaea 1: 406 (1826)
   Viola imberbis Ledeb., Fl. Altaic. 1: 257 (1828)
   Viola umbrosa Fr., Novit. Fl. Suec. Alt. ed. 2: 271 (1828)
   Viola borealis Weinm., Linnaea 10: 66 (1835)
   Viola kamtschatica Ging. var. *umbrosa* Regel, Bull. Soc. Imp. Naturalistes Moscou 34: 227 (1861)
   Viola selkirkii Pursh ex Goldie var. *subglabra* W.Becker, Fl. Aziat. Ross. 8: 73 (1915)
   Viola selkirkii Pursh ex Goldie var. *angustistipulata* W.Becker, Beih. Bot. Centralbl. 34: 245 (1917)

Viola selkirkii Pursh ex Goldie var. *brevicalcarata* W.Becker, Beih. Bot. Centralbl. 34: 414 (1917)
Viola selkirkii Pursh ex Goldie var. *albiflora* Nakai, Bot. Mag. (Tokyo) 33: 9 (1919)
Viola selkirkii Pursh ex Goldie var. *variegata* Nakai, Bot. Mag. (Tokyo) 36: 37 (1922)
Viola selkirkii Pursh ex Goldie var. *glabrescens* W.Becker & Hultén, Ark. Bot. 22: A-3 (1928)
Viola selkirkii Pursh ex Goldie f. *albiflora* (Nakai) F.Maek. ex H.Hara, Enum.
Spermatophytarum Japon. 3: 217 (1954)
Viola selkirkii Pursh ex Goldie f. *subglabra* (W.Becker) F.Maek. ex H.Hara, Enum.
Spermatophytarum Japon. 3: 217 (1954)
Viola selkirkii Pursh ex Goldie f. *variegata* (Nakai) F.Maek. ex H.Hara, Enum.
Spermatophytarum Japon. 3: 217 (1954)
Viola ulleungdoensis M.Kim & J.S.Lee, Korean J. Pl. Taxon. 42: 203 (2012)
Viola ulleungdoensis M.Kim & J.S.Lee f. *albiflora* M.Kim, Korean J. Pl. Taxon. 42: 204 (2012)

Representative specimens; Chagang-do 26 August 1897 小德川 (松德水河谷) *Komarov, VL Komaorv s.n.* 22 July 1914 山羊 - 江口 *Nakai, T Nakai s.n.* **Hamgyong-bukto** 20 May 1897 茂山嶺 *Komarov, VL Komaorv s.n.* 14 August 1933 朱乙溫泉朱乙山 *Koidzumi, G Koidzumi s.n.* 8 June 1936 冠帽峰 *Saito, T T Saito2428* 23 May 1897 車踰嶺 *Komarov, VL Komaorv s.n.* 23 July 1918 朱南面黃雪嶺 *Nakai, T Nakai s.n.* 13 June 1897 西溪水 *Komarov, VL Komaorv s.n.* **Hamgyong-namdo** 18 August 1935 遮日峯南斜面 *Nakai, T Nakai s.n.* **Hwanghae-namdo** 29 July 1929 長淵郡長山串 *Nakai, T Nakai s.n.* 4 August 1929 *Nakai, T Nakai s.n.* **Kangwon-do** 12 August 1932 Mt. Kumgang (金剛山) *Koidzumi, G Koidzumi s.n.* 14 August 1916 金剛山望軍臺 *Nakai, T Nakai s.n.* 10 June 1932 Mt. Kumgang (金剛山) *Ohwi, J Ohwi s.n.* **P'yongan-bukto** 3 August 1935 妙香山 *Koidzumi, G Koidzumi s.n.* 11 August 1935 義州金剛山 *Koidzumi, G Koidzumi s.n.* **Ryanggang** 21 August 1897 subdist. Chu-czan, flumen Amnok-gan *Komarov, VL Komaorv s.n.* 23 August 1897 雲洞嶺 *Komarov, VL Komaorv s.n.* 4 August 1897 十四道溝-白山嶺 *Komarov, VL Komaorv s.n.* 7 August 1897 上巨里水 *Komarov, VL Komaorv s.n.* 24 July 1897 佳林里 *Komarov, VL Komaorv s.n.* 26 July 1897 佳林里/五山里川河谷 *Komarov, VL Komaorv s.n.* 6 August 1914 胞胎山虛項嶺 *Nakai, T Nakai s.n.*

Viola tokubuchiana Makino var. **takedana** (Makino) F.Maek., Enum. Spermatophytarum Japon. 3: 28 (1954)

Common name 민둥뫼제비꽃

Distribution in Korea: North, Central, South
Viola tokubuchiana Makino var. *takedana* (Makino) F.Maek. f. *variegata* F.Maek.
Viola takedana Makino, Bot. Mag. (Tokyo) 21: 57 (1907)
Viola scabrida Nakai, Bot. Mag. (Tokyo) 28: 312 (1914)
Viola takedana Makino var. *tenuicornis* Nakai, Bot. Mag. (Tokyo) 36: 60 (1922)
Viola tokubuchiana Makino var. *tenuicornis* (Nakai) F.Maek. ex Hashim., J. Jap. Bot. 43: 162 (1968)
Viola tokubuchiana Makino var. *tenuicornis* (Nakai) F.Maek. ex Hashim. f. *takedana*(Makino)
F.Maek. ex Hashim., J. Jap. Bot. 43: 162 (1968)

Viola variegata Fisch. ex Link, Enum. Hort. Berol. Alt. 1: 240 (1821)

Common name 알록제비꽃

Distribution in Korea: North, Central, South
Viola ircutiana Turcz., Bull. Soc. Imp. Naturalistes Moscou 15: 298 (1842)
Viola variegata Fisch. ex Link var. *ircutiana* (Turcz.) Regel, Bull. Soc. Imp. Naturalistes
Moscou 34: 226 (1861)
Viola umemurae Makino, Bot. Mag. (Tokyo) 16: 131 (1902)
Viola variegata Fisch. ex Link f. *glaberrima* W.Becker, Beih. Bot. Centralbl. Abt. 2, 34: 247 (1916)
Viola baicalensis W.Becker, Beih. Bot. Centralbl. 34: 250 (1917)
Viola tenuicornis W.Becker ssp. *baicalensis* (W.Becker), Beih. Bot. Centralbl. 34: 251 (1917)
Viola tenuicornis W.Becker ssp. *primorskajensis* W.Becker, Beih. Bot. Centralbl. 34: 250 (1917)
Viola variegata Fisch. ex Link var. *viridis* Kitag., Rep. Inst. Sci. Res. Manchoukuo 1: 264 (1937)
Viola variegata Fisch. ex Link f. *ircutiana* (Turcz.) F.Maek. ex H.Hara, Enum.
Spermatophytarum Japon. 3: 220 (1954)
Viola variegata Fisch. ex Link f. *viridis* (Kitag.) P.Y.Fu & Y.C.Teng, Fl. Pl. Herb. Chin. Bor.-
Or. 6: 105 (1977)

Representative specimens; Chagang-do 7 August 1912 Chosan(楚山) *Imai, H Imai s.n.* 26 June 1914 從西面 *Nakai, T Nakai s.n.* 22 July 1914 山羊 -江口 *Nakai, T Nakai s.n.* 9 July 1914 長津山 (蒽田嶺) *Nakai, T Nakai s.n.* **Hamgyong-bukto** 13 May 1933 羅南 *Saito, T T Saito s.n.* 19 May 1897 茂山嶺 *Komarov, VL Komaorv s.n.* 20 June 1909 *Nakai, T Nakai s.n.* 15 June 1930 *Ohwi, J Ohwi1002* 22 May 1897

蕨坪(城川水河谷)-車踰嶺 *Komarov, VL Komaorv s.n.* June 1936 茂山 *Minamoto, M 2368* 7 May 1933 *Na-nam-go-gyo s.n.* 12 June 1897 西溪水 *Komarov, VL Komaorv s.n.* **Hamgyong-namdo** July 1902 端川龍德里摩天嶺 *Mishima, A s.n.* 5 June 1939 咸興歸州寺 *Kim, SK s.n.* 28 April 1935 下岐川面保庄 - 三巨 *Nomura, N Nomura5* 28 April 1935 *Nomura, N Nomura6* 19 August 1935 道頭里 *Nakai, T Nakai s.n.* **Hwanghae-namdo** 1 August 1929 椒島 *Nakai, T Nakai s.n.* **Kangwon-do** 12 July 1936 金剛山外金剛千佛山 *Nakai, T Nakai s.n.* **P'yongan-bukto** 11 August 1935 義州金剛山 *Koidzumi, G Koidzumi s.n.* **Ryanggang** 9 July 1897 十四道溝(鴨綠江) *Komarov, VL Komaorv s.n.* 6 August 1897 上巨里水 *Komarov, VL Komaorv s.n.* 26 June 1897 內曲里 *Komarov, VL Komaorv s.n.* 2 June 1897 四芝坪 (延面水河谷) 柄安洞 *Komarov, VL Komaorv s.n.* 31 May 1897 延面水河谷-古倉坪 *Komarov, VL Komaorv s.n.*

Viola websteri Hemsl., J. Linn. Soc., Bot. 23: 56 (1886)
Common name 왕제비꽃
Distribution in Korea: North, Central

CUCURBITACEAE

Schizopepon Maxim.
Schizopepon bryoniifolius Maxim., Mem. Acad. Imp. Sci. St.-Petersbourg Divers Savans 9: 111 (1859)
Common name 산외
Distribution in Korea: North (P'yongan, Kangwon), Central, Jeju
    Schizopepon bryoniifolius Maxim. var. *japonicus* Cogn., Monogr. Phan. 3: 917 (1881)
    Schizopepon bryoniifolius Maxim. var. *paniculatus* Kom., Trudy Imp. S.-Peterburgsk. Bot. Sada 25: 550 (1907)

Representative specimens; Hamgyong-bukto 19 May 1897 茂山嶺 *Komarov, VL Komaorv s.n.* 21 May 1897 茂山嶺-蕨坪(照日洞) *Komarov, VL Komaorv s.n.* 29 May 1897 釜所哥谷 *Komarov, VL Komaorv s.n.* **Kangwon-do** 13 August 1916 金剛山表訓寺方面森 *Nakai, T Nakai6007* 14 August 1902 Mt. Kumgang (金剛山) *Uchiyama, T Uchiyama s.n.* **P'yongan-bukto** 3 August 1935 妙香山 *Koidzumi, G Koidzumi s.n.* **Ryanggang** 16 August 1897 大羅信洞 *Komarov, VL Komaorv s.n.* 20 August 1897 內洞-河山嶺 *Komarov, VL Komaorv s.n.* 22 August 1897 雲洞嶺 *Komarov, VL Komaorv s.n.* 4 August 1897 十四道溝-白山嶺 *Komarov, VL Komaorv s.n.* 8 August 1897 上巨里水-院巨里水 *Komarov, VL Komaorv s.n.* 13 August 1897 長進江河口 (鴨綠江) *Komarov, VL Komaorv s.n.* 1 June 1897 古倉坪-四芝坪 (延面水河谷) *Komarov, VL Komaorv s.n.*

Thladiantha Bunge
Thladiantha dubia Bunge, Enum. Pl. Chin. Bor. 29 (1833)
Common name 왕과
Distribution in Korea: North, Central, South

Representative specimens; Hamgyong-namdo 1933 咸興歸州寺 *Nomura, N Nomura s.n.* 29 July 1941 雲南面宮西里 *Yuyuich, M s.n.* **Kangwon-do** 14 August 1902 Mt. Kumgang (金剛山) *Uchiyama, T Uchiyama s.n.* **Ryanggang** 20 August 1933 三長 *Koidzumi, G Koidzumi s.n.*

Trichosanthes L.
Trichosanthes kirilowii Maxim., Mem. Acad. Imp. Sci. St.-Petersbourg Divers Savans 9: 482 (1859)
Common name 하늘타리, 하늘수박 (하늘타리)
Distribution in Korea: North, Central, South
    Gymnopetalum japonicum Miq., Ann. Mus. Bot. Lugduno-Batavi 2: 82 (1865)
    Trichosanthes japonica Regel, Index Seminum [St.Petersburg (Petropolitanus)] 90 (1869)
    Trichosanthes kirilowii Maxim. var. *japonica* Kitam., J. Jap. Bot. 19: 29 (1943)

Representative specimens; Hwanghae-namdo 29 July 1921 Sorai Beach 九味浦 *Mills, RG Mills4441* **Kangwon-do** September 1916 庫底 *Nakai, T Nakai s.n.* 1 September 1916 庫底魚水山 *Nakai, T Nakai6117*

SALICACEAE

Populus L.

Populus simonii Carrière, Rev. Hort. 1867: 360 (1867)

Common name 당버들

Distribution in Korea: North, Central

  Populus simonii Carrière var. *brevifolia* Carrière
  Populus laurifolia Ledeb. var. *simonii* (Carrière) Regel, Rusk. Dendrol. ed. 2, 152 (1883)

Representative specimens; Chagang-do 15 August 1912 Chosan(楚山) *Imai, H Imai69* **Hamgyong-bukto** 26 May 1930 Kyonson 鏡城 *Ohwi, J Ohwi118* **Hamgyong-namdo** 11 May 1918 北靑- 直洞里 *Ishidoya, T Ishidoya2766* Hamhung (咸興) *Jo, K s.n.* 1928 Seok, *JM s.n.* 11 June 1909 咸興附近 *Shou, K s.n.*8 June 1909 鎭江- 鎭岩峯 *Nakai, T Nakai s.n.* 10 May 1918 北靑郡 *Ishidoya, T Ishidoya s.n.* **Hwanghae-namdo** April 1931 載寧 *Smith, RK Smith s.n.* **Kangwon-do** 12 July 1936 金剛山外金剛千佛山 *Nakai, T Nakai17033* 9 June 1909 元山 *Nakai, T Nakai s.n.* **P'yongan-bukto** 5 June 1914 Sak-jyu(Sakushu 朔州) *Nakai, T Nakai1943* 13 September 1911 東倉面藥水洞 *Ishidoya, T Ishidoya s.n.* 3 June 1914 義州 - 王江鎭 *Nakai, T Nakai s.n.*

Populus suaveolens Fisch. ex Loudon, Arbor. Frutic. Brit. 3: 1674 (1838)

Common name 황철나무

Distribution in Korea: North, Central

  Populus balsamifera L. var. *suaveolens* (Fisch. ex Loudon) Kuntze, Revis. Gen. Pl. 2: 642 (1891)
  Populus maximowiczii A.Henry, Gard. Chron. ser. 3, 53: 198 (1913)
  Populus koreana Rehder, J. Arnold Arbor. 3: 226 (1922)
  Populus maximowiczii A.Henry var. *barbinervis* Nakai, Fl. Sylv. Kor. 18: 201 (1930)
  Populus ussuriensis Kom., Bot. Zhurn. S.S.S.R. 19: 510 (1934)
  Populus suaveolens Fisch. ex Loudon ssp. *maximowiczii* (A.Henry) Tatew., Trans. Sapporo Nat. Hist. Soc. 16: 78 (1940)

Representative specimens; Chagang-do 26 August 1897 小德川 (松德水河谷) *Komarov, VL Komarov s.n.* 15 August 1911 Kang-gei (Kokai 江界) *Mills, RG Mills s.n.* 15 June 1911 *Mills, RG Mills493* 26 June 1914 従西山 *Nakai, T Nakai1946* August 1919 狼林山 *Okamoto, K s.n.* 9 June 1924 避難德山 *Fukubara, S Fukubara s.n.* **Hamgyong-bukto** 6 August 1933 茂山 *Koidzumi, G Koidzumi s.n.* 18 May 1897 會寧川 *Komarov, VL Komarov s.n.* 21 May 1897 茂山嶺-蕨坪(照日洞) *Komarov, VL Komarov s.n.* 15 June 1930 茂山嶺 *Ohwi, J Ohwi s.n.* 13 July 1918 朱乙溫面生氣嶺 *Nakai, T Nakai s.n.* 17 July 1918 朱乙溫面甫上洞 *Nakai, T Nakai6873* 19 July 1918 朱乙溫面甫上洞南 河瑞 *Nakai, T Nakai6875* 13 July 1918 朱乙溫面生氣嶺 *Nakai, T Nakai6878* 18 July 1918 朱乙溫面北河瑞 *Nakai, T Nakai6879* 26 May 1930 鏡城 *Ohwi, J Ohwi119* 3 June 1933 檜鄕洞 *Saito, T T Saito511* 20 August 1924 朱乙 *Sawada, T Sawada s.n.* 20 August 1924 朱乙溫 面民事洞 *Sawada, T Sawada s.n.* Type of *Populus maximowiczii* A.Henry var. barbinervis Nakai (Syntype ?)August 1924 車踰山 *Chung, TH Chung s.n.* 5 June 1918 車踰嶺 *Chung, TH Chung933* 4 June 1918 茂山 *Ishidoya, T Ishidoya s.n.* 5 June 1918 車踰嶺 *Ishidoya, T Ishidoya27237* June 1918 *Ishidoya, T Ishidoya2976* 22 August 1933 *Koidzumi, G Koidzumi s.n.* 23 May 1897 *Komarov, VL Komarov s.n.* 26 May 1897 茂山 *Komarov, VL Komarov s.n.* 29 May 1897 釜所哥谷 *Komarov, VL Komarov s.n.* August 1913 茂山 *Mori, T Mori s.n.* 18 August 1914 *Nakai, T Nakai1944* 2 August 1913 武陵山 *Hirai, H Hirai s.n.* 20 June 1909 富寧 *Nakai, T Nakai s.n.* 20 June 1909 *Nakai, T Nakai s.n.* 10 July 1909 *Shou, K s.n.* 12 May 1897 五宗洞 *Komarov, VL Komarov s.n.* September 1925 泗水山 *Chung, TH Chung s.n.* 24 July 1933 東上面大漢岱里 *Koidzumi, G Koidzumi s.n.* 22 June 1917 北靑 *Furumi, M Furumi s.n.* 19 May 1923 新興郡禁牌嶺 *Ishidoya, T Ishidoya s.n.* **Kangwon-do** 8 November 1943 Mt. Kumgang (金剛山) *Honda, M; Shim, HC s.n.* 12 August 1932 *Koidzumi, G Koidzumi s.n.* 22 August 1916 新金剛 *Nakai, T Nakai s.n.* July 1916 Mt. Kumgang (金剛山) *Nakai, T Nakai5300* 12 July 1936 金剛山外金剛千佛山 *Nakai, T Nakai17035* 30 August 1916 通川街道 *Nakai, T Nakai s.n.* **P'yongan-bukto** 5 August 1937 妙香山 *Hozawa, S Hozawa s.n.* 6 August 1935 *Koidzumi, G Koidzumi s.n.* 25 August 1911 Sakju(朔州) *Mills, RG Mills578* **P'yongan-namdo** 20 July 1916 黃玉峯 (黃處嶺?) *Mori, T Mori s.n.* **Ryanggang** 23 August 1914 Keizanchin (惠山鎭) *Ikuma, Y Ikuma s.n.* 26 July 1914 三水- 惠山鎭 *Nakai, T Nakai1942* May 1918 甲山一上里 *Chung, TH Chung2766* 25 June 1917 甲山鷹德峯 *Furumi, M Furumi s.n.* 15 May 1918 上里 *Ishidoya, T Ishidoya2722* 20 May 1918 *Ishidoya, T Ishidoya2729* 20 May 1918 *Ishidoya, T Ishidoya2803* Type of *Populus maximowiczii* A.Henry var. barbinervis Nakai (Syntype ?)20 May 1918 *Ishidoya, T Ishidoya2806* Type of *Populus maximowiczii* A.Henry var. barbinervis Nakai (Syntype ?)19 May 1918 豊山郡豊山 *Ishidoya, T Ishidoya s.n.* Type of *Populus maximowiczii* A.Henry var. barbinervis Nakai (Syntype ?)19 May 1923 豊山郡黃水院 *Ishidoya, T Ishidoya5241* 6 August 1933 豊山 *Koidzumi, G Koidzumi s.n.* 30 August 1917 厚昌郡東興面南社洞 *Furumi, M Furumi s.n.* 25 May 1917 *Furumi, M Furumi s.n.* 25 May 1917 *Furumi, M Furumi s.n.* 4 May 1917 *Furumi, M Furumi s.n.* 27 April 1917 Goto, *M s.n.* 27 April 1917 Goto, *S s.n.* 27 April 1917 Goto, *S s.n.* Type of *Populus maximowiczii* A.Henry var. barbinervis Nakai (Syntype ?)7 July 1897 犁方領 (鴨綠江羅暖堡) *Komarov, VL Komarov s.n.* 5 August 1897 白山嶺 *Komarov, VL Komarov s.n.* 16 August 1897 大羅信洞 *Komarov, VL Komarov s.n.* 7 August 1897 上巨里水 *Komarov, VL Komarov s.n.* 9 August 1897 長津江下流域 *Komarov, VL Komarov s.n.* 6 July 1914 新院洞 *Nakai, T Nakai1945* 22 May 1918 大中里 *Ishidoya, T Ishidoya2719* 23 July 1897 佳林里 *Komarov, VL Komarov s.n.*胞胎山 *Unknown s.n.* 25 July 1914 白水嶺 *Nakai, T Nakai s.n.* 25 July 1914 *Nakai, T Nakai1940* 25 July 1914 *Nakai, T Nakai1941* 1 June 1897 古倉坪-四芝坪 (延面水河谷) *Komarov, VL Komarov s.n.*

Populus tremula L. var. ***davidiana*** (Dode) C.K.Schneid., Pl. Wilson. 3: 24 (1916)

Common name 사시나무

Distribution in Korea: North, Central

Populus davidiana Dode, Bull. Soc. Hist. Nat. Autun 18: 31 (1905)
Populus wutaica Mayr, 494 (1906)
Populus tremula L. f. *tomentella* C.K.Schneid., Pl. Wilson. 3: 25 (1916)
Populus jezoensis Nakai, Bot. Mag. (Tokyo) 33: 197 (1919)
Populus davidiana Dode var. *tomentella* (C.K.Schneid.) Nakai, Fl. Sylv. Kor. 18: 191 (1930)
Populus davidiana Dode f. *laticuneata* Nakai, Fl. Sylv. Kor. 18: 191 (1930)
Populus davidiana Dode var. *pilosa* Nakai, J. Jap. Bot. 15: 528 (1939)
Populus davidiana Dode f. *tomentella* (C.K.Schneid.) W.T.Lee, Lineamenta Florae Koreae 136 (1996)

Representative specimens; Chagang-do Chosan(楚山) *Chung, TH Chung667* 16 June 1924 熙川郡南面 *Kondo, C Kondo s.n.* Type of *Populus davidiana* Dode f. laticuneata Nakai (Syntype ?)11 June 1911 Kang-gei(Kokai 江界) *Mills, RG Mills311* 25 June 1914 從西山 *Nakai, T Nakai1949* 26 June 1914 公西面從西山 *Nakai, T Nakai1950* 25 June 1914 從浦鎮 *Nakai, T Nakai2295* **Hamgyong-bukto** 22 April 1933 羅南天理教會 *Saito, T T Saito s.n.* 16 July 1918 朱乙溫面甫上洞湯地洞 *Nakai, T Nakai6872* 26 May 1930 鏡城 *Ohwi, J Ohwi s.n.* August 1924 車踰山 *Chung, TH Chung s.n.* 19 August 1933 茂山 *Koidzumi, G Koidzumi s.n.* **Hamgyong-namdo** Hamhung (咸興) *Kim, HR s.n.* 11 August 1940 咸興歸州寺 *Okuyama, S Okuyama s.n.* 15 June 1932 下碣隅里 *Ohwi, J Ohwi s.n.* **Hwanghae-bukto** 14 May 1932 正方山 *Smith, RK Smith29* **Hwanghae-namdo** 8 June 1924 長壽山 *Chung, TH Chung15* Type of *Populus davidiana* Dode f. laticuneata Nakai (Lectotype TI)6 May 1932 載寧 *Smith, RK Smith29* 29 March 1931 *Smith, RK Smith651* 31 July 1929 席島 *Nakai, T Nakai12569* 31 July 1929 *Nakai, T Nakai12570* 1 August 1929 椒島 *Nakai, T Nakai12571* **Kangwon-do** 14 August 1932 金剛山外金剛 *Koidzumi, G Koidzumi s.n.* 30 July 1928 金剛山內金剛毘盧峯 *Kondo, K Kondo8797* 12 July 1936 金剛山外金剛千佛山 *Nakai, T Nakai s.n.* 10 June 1932 Mt. Kumgang (金剛山) *Ohwi, J Ohwi s.n.* 8 August 1940 *Okuyama, S Okuyama s.n.* 7 August 1930 金剛山毘盧峯 *Ouchi, J s.n.* 12 August 1902 墨浦洞 *Uchiyama, T Uchiyama s.n.* 4 October 1923 安邊郡楸愛山 *Fukubara, S Fukubara s.n.* **P'yongan-bukto** 8 June 1914 飛來峯 *Nakai, T Nakai s.n.* 5 August 1937 妙香山 *Hozawa, S Hozawa s.n.* 5 August 1935 *Koidzumi, G Koidzumi s.n.* **P'yongan-namdo** 20 April 1928 陽德 *Ikubo, S s.n.* 15 June 1928 *Nakai, T Nakai12302* 15 June 1928 *Nakai, T Nakai12305* **P'yongyang** 18 June 1911 P'yongyang (平壤) *Imai, H Imai s.n.* 1909 *Imai, H Imai s.n.* **Ryanggang** 6 May 1918 甲山 *Ishidoya, T Ishidoya2731* 12 May 1918 豊山郡黃水院 *Ishidoya, T Ishidoya2732* 18 August 1897 葡坪 *Komarov, VL Komaorv s.n.* July 1943 延岩 *Uchida, H Uchida s.n.* 20 July 1897 崑山鎮(鴨綠江上流長白山脈中高原) *Komarov, VL Komaorv s.n.*

Salix L.
Salix arbutifolia Pall., Fl. Ross. (Pallas) 1(2): 79 (1788)
Common name 채양버들
Distribution in Korea: North, Central
Salix macrolepis Turcz., Bull. Soc. Imp. Naturalistes Moscou 27: 371 (1854)
Salix bracteosa Turcz. ex Trautv. & C.A.Mey., Fl. Ochot. Phaenog. 77 (1856)
Salix eucalyptoides F.N.Meijer ex C.K.Schneid., Pl. Wilson. 3: 99 (1856)
Salix splendida Nakai, Bot. Mag. (Tokyo) 32: 215 (1918)
Chosenia splendida (Nakai) Nakai, Bot. Mag. (Tokyo) 34: 97 (1920)
Chosenia eucalyptoides (F.N.Meijer) Nakai, J. Arnold Arbor. 5: 72 (1924)
Chosenia macrolepis (Turcz.) Kom., Mem. Bot. Borod. Jub. 281 (1927)
Chosenia bracteosa (Turcz.) Nakai, Fl. Sylv. Kor. 18: 59 (1930)
Chosenia macrolepis (Turcz.) Kom. f. *adenatha* Kimura, Sci. Rep. Tohoku Univ., Ser. 4, Biol. 13: 389 (1938)
Chosenia bracteosa (Turcz.) Nakai f. *adenantha* (Kimura) Kimura, Shokubutsugaku senshu 114 (1950)
Chosenia arbutifolia (Pall.) A.K.Skvortsov, Bot. Mater. Gerb. Bot. Inst. Komarova Akad. Nauk S.S.S.R. 18: 43 (1957)
Chosenia arbutifolia (Pall.) A.K.Skvortsov f. *adenantha* (Kimura) Kimura, Sci. Rep. Tohoku Univ., Ser. 4, Biol. 27-2: 146 (1961)

Representative specimens; Chagang-do 19 June 1914 渭原鳳山面 *Nakai, T Nakai1908* Type of *Salix splendida* Nakai (Syntype TI, Syntype TI) **Hamgyong-bukto** 18 July 1918 朱乙溫面民幕洞 *Nakai, T Nakai6854* 5 June 1934 冠帽峰 *Saito, T T Saito s.n.* 6 July 1933 南下石山 *Saito, T T Saito s.n.* 4 August 1932 冠帽峰 *Saito, T T Saito s.n.* 12 June 1934 延上面九州帝大北鮮演習林 *Hatsushima, S Hatsushima s.n.* 3 August 1914 車踰嶺 *Ikuma, Y Ikuma s.n.* 5 June 1918*Ishidoya, T Ishidoya2717* 5 June 1918 *Ishidoya, T Ishidoya2816* 18 August 1914 茂山 *Nakai, T Nakai1006[1906]* Type of *Salix splendida* Nakai (Syntype TI)18 August 1914 *Nakai, T Nakai1006* Type of *Salix splendida* Nakai (Syntype TI)18 August 1914 *Nakai, T Nakai1909* Type of *Salix splendida* Nakai (Syntype TI)20 June 1909 富寧 *Nakai, T Nakai4809* Type of *Salix splendida* Nakai (Syntype TI, Syntype TI)22 June 1909 *Nakai, T Nakai4810* Type of *Salix splendida* Nakai (Syntype TI, Syntype TI) **Hamgyong-namdo** 10 July 1914 中庄洞 *Nakai, T Nakai1524* Type of *Salix splendida* Nakai (Syntype TI)10 July 1914 *Nakai, T Nakai1527* Type of *Salix splendida* Nakai (Syntype TI, Syntype TI)6 July 1914 長津 *Nakai, T Nakai1927* Type of *Salix splendida* Nakai (Syntype TI, Syntype TI)25 July 1933 東上面元豊遮日峰 *Koidzumi, G Koidzumi s.n.* 15 August 1935 東上面漢垈里 *Nakai, T Nakai15353* 20 June 1932 東上面元豊里 *Ohwi, J Ohwi202* 30 May 1927

禁牌嶺 Chung, TH Chung s.n. 19 May 1923 新興郡元川面 Ishidoya, T Ishidoya5152 24 May 1923 Ishidoya, T Ishidoya5164 24 May 1923 Ishidoya, T Ishidoya5168 23 May 1923 新興郡大明大洞 Ishidoya, T Ishidoya5169 **Kangwon-do** 7 August 1916 金剛山 Nakai, T Nakai5296 Type of Salix splendida Nakai (Syntype TI, Syntype TI) **Ryanggang** 20 May 1918 甲山一上里 Ishidoya, T Ishidoya2814 15 August 1935 北水白山 Hozawa, S Hozawa s.n. 19 May 1923 豊山 Ishidoya, T Ishidoya5143 19 May 1923 Ishidoya, T Ishidoya5154 19 May 1923 Ishidoya, T Ishidoya5155 19 May 1923 豊山郡黄水院 Ishidoya, T Ishidoya5162 16 June 1917 厚昌郡東興面南社洞 Furumi, M Furumi s.n. 30 August 1917 Furumi, M Furumi s.n. 5 September 1917 Furumi, M Furumi s.n. 25 July 1914 遮川里三水 Nakai, T Nakai1407 21 August 1933 普天 Koidzumi, G Koidzumi s.n. 24 July 1930 合水 Ohwi, J Ohwi2529 22 May 1918 大中里 Ishidoya, T Ishidoya s.n.

Salix bebbiana Sarg., Gard. & Forest 8: 463 (1895)
Common name 여우버들
Distribution in Korea: North, Central, South
  Salix livida Wahlenb. var. *cinerascens* Wahlenb., Fl. Lapp. (Wahlenberg) 273 (1812)
  Salix vagans Andersson, Oefvers. Forh. Finska Vetensk.-Soc. 15: 121 (1858)
  Salix vagans Andersson f. *manshurica* Siuzew, Trudy Bot. Muz. Imp. Akad. Nauk 9: 88 (1912)
  Salix starkeana Willd. var. *cinerascens* (Wahlenb.) C.K.Schneid., Pl. Wilson. 3: 151 (1916)
  Salix cinerascens(Wahlenb.) Flod., Ark. Bot. 20 (6): 48 (1926)
  Salix floderusii Nakai f. *manshurica* (Siuzew) Nakai, Fl. Sylv. Kor. 18: 132 (1930)
  Salix xerophila Flod., Bot. Not. 1930: 334 (1930)
  Salix floderusii Nakai, Fl. Sylv. Kor. 18: 129 (1930)
  Salix floderusii Nakai var. *fuscescens* Nakai, Fl. Sylv. Kor. 18: 127 (1930)
  Salix orotchonorum Kimura, J. Fac. Agric. Hokkaido Imp. Univ. 26 (4): 444 (1934)
  Salix xerophila Flod. f. *manshurica* (Siuzew) Kitag., Neolin. Fl. Manshur. 211 (1979)
  Salix xerophila Flod. var. *fuscescens* (Nakai) W.T.Lee, Lineamenta Florae Koreae 153 (1996)

Representative specimens; Chagang-do 5 June 1911 Kang-gei(Kokai 江界) Mills, RG Mills313 Type of Salix floderusii Nakai (Syntype TI)27 June 1914 從西山 Nakai, T Nakai1897 Type of Salix floderusii Nakai (Syntype TI)22 July 1916 狼林山 Mori, T Mori s.n. Type of Salix floderusii Nakai (Syntype TI)August 1919 Okamoto, K s.n. Type of Salix floderusii Nakai (Syntype TI)9 June 1924 避難德山 Fukubara, S Fukubara1259 Type of Salix floderusii Nakai (Syntype TI)9 June 1924 Fukubara, S Fukubara1264 Type of Salix floderusii Nakai (Syntype TI) **Hamgyong-bukto** 12 August 1933 渡正山 Koidzumi, G Koidzumi s.n. 20 May 1897 茂山嶺 Komarov, VL Komaorv s.n. 19 June 1937 Sungjin (城津) Saito, T T Saito6861 12 May 1938 鶴西面上德仁 Saito, T T Saito 8416 3 June 1933 檜鄕洞 Saito, T T Saito531 19 September 1935 南下石山 Saito, T T Saito1754 7 August 1933 雪嶺 Saito, T T Saito 1067 16 October 1938 熊店 Saito, T T Saito8930 8 July 1937 西浦項 Saito, T T Saito6436 18 June 1930 四芝洞 Ohwi, J Ohwi1360 **Hamgyong-namdo** 15 June 1932 下碣隅里 Ohwi, J Ohwi s.n. 24 July 1933 東上面漢岱里 Koidzumi, G Koidzumi s.n. 20 June 1932 東上面元豊里 Ohwi, J Ohwi s.n. 3 October 1935 赴戰高原 Fusenkogen Okamoto, S Okamoto s.n. **Hwanghae-bukto** 26 May 1924 霞嵐山 Takaichi, Y Takaichi s.n. Type of Salix floderusii Nakai (Syntype TI) **Kangwon-do** 23 April 1919 淮陽郡鬥谷 Ishidoya, T Ishidoya1948 Type of Salix floderusii Nakai (Syntype TI)23 April 1919 Ishidoya, T Ishidoya1949 Type of Salix floderusii Nakai (Syntype TI)23 April 1919 Ishidoya, T Ishidoya1950 Type of Salix floderusii Nakai (Syntype TI) Mt. Kumgang (金剛山) Chung, TH Chung s.n. Type of Salix floderusii Nakai (Syntype TI)12 August 1932 Koidzumi, G Koidzumi s.n. 14 August 1932 金剛山外金剛 Koidzumi, G Koidzumi s.n. 14 July 1936 金剛山外金剛千佛山 Nakai, T Nakai17036 10 June 1932 Mt. Kumgang (金剛山) Ohwi, J Ohwi272 7 August 1940 Okuyama, S Okuyama s.n. 20 April 1918 洗浦 Ishidoya, T Ishidoya s.n. Type of Salix floderusii Nakai (Syntype TI)9 June 1909 元山 Nakai, T Nakai s.n. Type of Salix floderusii Nakai (Syntype TI) **P'yongan-bukto** 9 June 1914 飛來峯 Nakai, T Nakai1916 Type of Salix floderusii Nakai (Syntype TI)29 May 1924 朔州郡鴉山 Nakai, T Nakai s.n. Type of Salix floderusii Nakai (Syntype TI)5 August 1937 妙香山 Hozawa, S Hozawa s.n. 5 June 1914 朔州- 昌州 Nakai, T Nakai1928 Type of Salix floderusii Nakai (Syntype TI) **P'yongan-namdo** 15 June 1928 陽德 Nakai, T Nakai s.n. 15 June 1928 Nakai, T Nakai4350 **Rason** 6 June 1930 西水羅 Ohwi, J Ohwi569 **Ryanggang** 25 June 1917 甲山鷹德峯 Furumi, M Furumi17 15 August 1935 北水白山 Hozawa, S Hozawa s.n. 17 May 1923 南面厚峙嶺 Ishidoya, T Ishidoya s.n. Type of Salix floderusii Nakai (Lectotype TI)27 April 1917 厚昌郡東興面南社洞 Goto, K s.n. Type of Salix floderusii Nakai (Syntype TI)6 June 1897 平蒲坪 Komarov, VL Komaorv s.n. 20 June 1930 天水洞 Ohwi, J Ohwi109 10 August 1937 大澤 Saito, T T Saito7013 22 May 1918 大中里 Ishidoya, T Ishidoya2741 Type of Salix floderusii Nakai var. glabra Nakai (Syntype TI, Syntype TI)22 May 1918 Ishidoya, T Ishidoya2742 Type of Salix floderusii Nakai (Syntype TI)11 July 1917 胞胎山麓 Furumi, M Furumi281 Type of Salix floderusii Nakai (Syntype TI)11 July 1917 Furumi, M Furumi282 Type of Salix floderusii Nakai (Syntype TI)11 July 1917 Furumi, M Furumi283 Type of Salix floderusii Nakai (Syntype TI)10 August 1913 白頭山 Mori, T Mori s.n. Type of Salix floderusii Nakai (Syntype TI)24 July 1942 神武城-無頭峯 Saito, T T Saito10179 24 July 1942 Saito, T T Saito10180 30 May 1897 延面水河谷-古倉坪 Komarov, VL Komaorv s.n.

Salix berberifolia Pall., Reise Russ. Reich. 3: 321, 759 (1776)
Common name 매자잎버들 (매자잎버드나무)
Distribution in Korea: far North (Paekdu, Potae, Chail)

Salix brayi Ledeb., Fl. Altaic. 4: 289 (1833)

Salix brayi Ledeb. var. *berberifolia* (Pall.) Andersson, Prodr. (DC.) 16: 293 (1868)

Salix berberifolia Pall. var. *genuina* Glehn, Trudy Imp. S.-Peterburgsk. Bot. Sada 4: 81 (1876)

Salix berberifolia Pall. var. *leiocarpa* Trautv., Trudy Imp. S.-Peterburgsk. Bot. Sada 6: 35 (1879)

Salix berberifolia Pall. var. *brayi* (Ledeb.) Trautv. ex Herder, Trudy Imp. S.-Peterburgsk. Bot. Sada 11: 445 (1892)

Salix matsudana Koidz., Bot. Mag. (Tokyo) 29: 312 (1915)

Salix kimurana Miyabe & Tatew., Trans. Sapporo Nat. Hist. Soc. 14: 255 (1936)

Representative specimens; Chagang-do 26 September 1917 熙川郡西西洞 *Furumi, M Furumi s.n.* **Hamgyong-bukto** 冠帽山 *Ishidoya, T Ishidoya s.n.* August 1934 冠帽峰 *Kojima, K Kojima s.n.* July 1932 *Ohwi, J Ohwi s.n.* 20 August 1924 *Sawada, T Sawada1622* 25 July 1918 雪嶺 2250m *Nakai, T Nakai6858* 25 July 1918 雪嶺 *Nakai, T Nakai6859* 25 July 1918 雪嶺 2250m *Nakai, T Nakai6860* 25 June 1930 雪嶺 *Ohwi, J Ohwi s.n.* 25 June 1930 *Ohwi, J Ohwi s.n.* 25 July 1930 *Ohwi, J Ohwi s.n.* 7 August 1933 *Saito, T T Saito s.n.* **Hamgyong-namdo** 25 July 1933 東上面遮日峯 *Koidzumi, G Koidzumi s.n.* 17 August 1935 遮日峯次 *Nakai, T Nakai s.n.* 23 June 1932 遮日峯 *Ohwi, J Ohwi s.n.* 15 August 1940 *Okuyama, S Okuyama s.n.* 30 July 1939 遮日峯次上 *Unknown s.n.* **Hwanghae-namdo** 28 April 1932 Chairyung 載寧 *Smith, RK Smith s.n.* **Kangwon-do** 1938 山林課元山出張所 *Tsuya, S s.n.* **Ryanggang** 15 August 1935 北水白山 *Hozawa, S Hozawa s.n.* 23 August 1934 *Yamamoto, A Yamamoto s.n.* 23 August 1934 *Yamamoto, A Yamamoto s.n.* 11 July 1917 南胞胎山 *Furumi, M Furumi s.n.* 25 August 1917 南雪嶺 *Goto, M s.n.*

Salix brachypoda (Trautv. & C.A.Mey.) Kom., Trudy Glavn. Bot. Sada 39: 49 (1923)

Common name 닥장버들

Distribution in Korea: North

Salix repens L. var. *brachypoda* Trautv. & C.A.Mey., Fl. Ochot. Phaenog. 79 (1856)

Salix repens L. ssp. *rosmarinifolia* var. *flavicans* Andersson, Monogr. Salicum 116 (1867)

Salix rosmarinifolia L. var. *flavicans* Andersson, Monogr. Salicum 116 (1867)

Salix repens L. var. *flavicans* (Andersson) Andersson, Prodr. (DC.) 16: 238 (1868)

Salix sibirica Pall. var. *brachypoda* (Trautv. & C.A.Mey.) Nakai, Fl. Sylv. Kor. 18: 156 (1930)

Representative specimens; Hamgyong-bukto 21 August 1921 鏡城山倉 *Chung, TH Chung1259* 21 June 1938 穩城郡甑山 *Saito, T T Saito s.n.* **Hamgyong-namdo** 20 June 1932 東上面元豊里 *Ohwi, J Ohwi s.n.* **Ryanggang** 2 August 1897 虛川江-五海江 *Komarov, VL Komaorv s.n.* 17 May 1923 厚峙嶺 *Ishidoya, T Ishidoya5194* 18 September 1935 坂幕 *Saito, T T Saito s.n.* 3 July 1897 三水邑-上水隅理 *Komarov, VL Komaorv s.n.* 10 August 1914 茂峰 *Ikuma, Y Ikuma s.n.* 1 June 1918 神武城 *Ishidoya, T Ishidoya2748* August 1913 長白山 *Mori, T Mori s.n.* 15 August 1914 谿間里 *Ikuma, Y Ikuma s.n.* 2 June 1918 農事洞 *Ishidoya, T Ishidoya2746* 13 August 1914 茂峯-農事洞沼地 *Nakai, T Nakai1939* 28 May 1918 普惠面大中里 *Ishidoya, T Ishidoya s.n.*

Salix caprea L., Sp. Pl. 2: 1020 (1753)

Common name 호랑버들

Distribution in Korea: North, Central, South, Jeju

Salix caprea L. var. *orbicularis* Andersson, Monogr. Salicum 77 (1867)

Salix hallaisanensis H.Lév., Repert. Spec. Nov. Regni Veg. 10: 435 (1911)

Salix hallaisanensis H.Lév. var. *nervosa* H.Lév., Repert. Spec. Nov. Regni Veg. 10: 435 (1911)

Salix ishidoyana Nakai, Bot. Mag. (Tokyo) 31: 25 (1917)

Salix hallaisanensis H.Lév. var. *longifolia* Nakai, Bot. Mag. (Tokyo) 32: 31 (1918)

Salix aurigerana Lapeyr. f. *angustibolia* Nakai, Bot. Mag. (Tokyo) 33: 41 (1919)

Salix hultenii Flod., Ark. Bot. 20A, 6: 51 (1926)

Salix hallaisanensis H.Lév. var. *orbicularis* Nakai, Fl. Sylv. Kor. 18: 131 (1930)

Salix hallaisanensis H.Lév. var. *orbicularis* Nakai f. *elongata* Nakai, Fl. Sylv. Kor. 18: 133 (1930)

Salix hultenii Flod. var. *angustifolia* Kimura, J. Fac. Agric. Hokkaido Imp. Univ. 26 (4): 415 (1934)

Salix hultenii Flod. var. *elongata* (Nakai) Nakai, Bull. Natl. Sci. Mus., Tokyo 31: 78 (1952)

Salix caprea L. f. *elongata* (Nakai) Kitag., Neolin. Fl. Manshur. 204 (1979)

Representative specimens; Chagang-do 30 August 1897 慈城江 *Komarov, VL Komaorv s.n.* 27 June 1914 從西山 *Nakai, T Nakai1921* **Hamgyong-bukto** 21 June 1933 羅南 *Saito, T T Saito s.n.* 4 August 1935 羅南支庫 *Saito, T T Saito1317* 1 September 1935 羅南 *Saito, T T Saito1647* 4 June 1937 輪城 *Saito, T T Saito6093* 18 May 1897 會寧川 *Komarov, VL Komaorv s.n.* 20 May 1897 茂山嶺 *Komarov, VL Komaorv s.n.* 20 May 1897 *Komarov, VL Komaorv s.n.* 24 August 1914 會寧 -行營 *Nakai, T Nakai s.n.* 21 June 1909 茂山嶺 *Nakai, T Nakai4185* 12 May 1938 鶴西面上德仁 *Saito, T T Saito8415* 16 July 1918 朱乙溫面湯地洞 *Nakai, T Nakai s.n.* 21 July 1918 朱乙溫面甫上洞民幕洞 *Nakai, T Nakai6840* 27 May 1930 鏡城 *Ohwi, J Ohwi221* 22 August 1933 車踰嶺 *Koidzumi, G Koidzumi s.n.* 23 May 1897 *Komarov, VL Komaorv s.n.* 29 May 1897 釜所哥谷 *Komarov, VL Komaorv s.n.* 19 August 1914 曷浦嶺

Nakai, T Nakai189325 June 1930 雪嶺 *Ohwi, J Ohwi s.n.* 15 October 1938 明川 *Saito, T T Saito8910* 6 October 1937 穩城上和洞 *Saito, T T Saito7926* 21 June 1938 穩城郡甑山 *Saito, T T Saito8023* 8 July 1937 西浦項 *Saito, T T Saito6439* 12 May 1897 五宗洞 *Komarov, VL Komaorv s.n.* 27 August 1914 南川洞 *Nakai, T Nakai1922* 4 June 1897 四芝嶺 *Komarov, VL Komaorv s.n.* **Hamgyong-namdo** 18 July 1934 譚興谷 *Nomura, N Nomura s.n.* 3 July 1932 咸興雲南面 *Nomura, N Nomura s.n.* 2 September 1934 蓮花山 *Kojima, K Kojima s.n.* 24 July 1933 東上面大漢岱里 *Koidzumi, G Koidzumi s.n.* 15 August 1935 東上面漢岱里 *Nakai, T Nakai s.n.* **Hwanghae-namdo** 31 July 1929 席島 *Nakai, T Nakai s.n.* 4 April 1931 Sinchun *Smith, RK Smith s.n.* **Kangwon-do** 31 July 1916 金剛山三聖庵附近 *Nakai, T Nakai s.n.* 31 July 1916 *Nakai, T Nakai s.n.* 5 August 1916 *Nakai, T Nakai5298* Type of *Salix hallaisanensis* H.Lév. var. *longifolia* Nakai (Syntype TI)12 August 1932 Mt. Kumgang (金剛山) *Koidzumi, G Koidzumi s.n.* 22 August 1916 金剛山大長峯 *Nakai, T Nakai s.n.* 16 August 1916 金剛山毘盧峯 *Nakai, T Nakai s.n.* 17 August 1916 金剛山內霧在嶺 *Nakai, T Nakai s.n.* 22 August 1916 金剛山大長峯 *Nakai, T Nakai s.n.* 22 August 1916 *Nakai, T Nakai5304* Type of *Salix hallaisanensis* H.Lév. var. *longifolia* Nakai (Syntype TI)16 August 1916 金剛山毘盧峯 *Nakai, T Nakai5305* Type of *Salix hallaisanensis* H.Lév. var. *longifolia* Nakai (Lectotype TI)10 June 1932 Mt. Kumgang (金剛山) *Ohwi, J Ohwi s.n.* 10 June 1932 *Ohwi, J Ohwi s.n.* 7 August 1930 金剛山毘盧峯 *Ouchi, J s.n.* **P'yongan-bukto** 9 June 1914 飛來峯 *Nakai, T Nakai1923* 8 June 1924 Sawada, T Sawada s.n. 5 August 1937 妙香山 *Hozawa, S Hozawa s.n.* 4 August 1935 *Koidzumi, G Koidzumi s.n.* **Rason** 6 June 1930 西水羅 *Ohwi, J Ohwi s.n.* 6 June 1930 *Ohwi, J Ohwi697* 7 July 1937 *Saito, T T Saito6272* 30 June 1938 松眞山 *Saito, T T Saito8285* **Ryanggang** 25 June 1917 甲山鷹德峯 *Furumi, M Furumi s.n.* 1 August 1897 虛川江 (同仁川) *Komarov, VL Komaorv s.n.* 30 August 1917 厚昌郡東興面南社洞 *Furumi, M Furumi s.n.* 6 May 1917 *Furumi, M Furumi s.n.* 16 June 1917 *Furumi, M Furumi s.n.* 23 August 1897 雲洞嶺 *Komarov, VL Komaorv s.n.* 18 September 1935 坂幕 *Saito, T T Saito1755* 7 August 1897 上巨里水 *Komarov, VL Komaorv s.n.* 9 June 1897 屈松川 (西頭水河谷) *倉坪 Komarov, VL Komaorv s.n.* 20 June 1930 天水洞 *Ohwi, J Ohwi1543* 10 August 1937 大澤 *Saito, T T Saito7011* 23 May 1918 大中里 *Ishidoya, T Ishidoya s.n.* 22 July 1897 佳林里 *Komarov, VL Komaorv s.n.* 26 July 1897 佳林里/五山里川河谷 *Komarov, VL Komaorv s.n.* 27 June 1897 栢德嶺 *Komarov, VL Komaorv s.n.* 11 July 1917 胞胎山麓 *Furumi, M Furumi s.n.* 10 August 1914 茂山茂峯 *Ikuma, Y Ikuma s.n.* 5 August 1914 胞胎山寶泰洞 *Nakai, T Nakai1892* Type of *Salix hallaisanensis* H.Lév. var. *longifolia* Nakai (Syntype TI)24 July 1942 神武城-無頭峯 *Saito, T T Saito10178* July 1925 白頭山 *Shoyama, T 1032* 15 August 1914 谿間里 *Ikuma, Y Ikuma s.n.* 13 August 1914 Moho (茂峯)- 農事洞 *Nakai, T Nakai1940* 15 July 1938 新德 *Saito, T T Saito s.n.* 25 May 1938 農事洞 *Saito, T T Saito8520* 25 May 1938 *Saito, T T Saito8521* 8 September 1917 雲興面中山里 *Ishidoya, T Ishidoya s.n.* 25 April 1917 Unknown s.n.

Salix cardiophylla Trautv. & C.A.Mey., Fl. Ochot. Phaenog. 77 (1856)

Common name 쪽버들

Distribution in Korea: North, Central

    Salix maximowiczii Kom., Trudy Imp. S.-Peterburgsk. Bot. Sada 18: 442 (1901)

    Toisusu cardiophylla var. *maximowiczii* (Kom.) Kimura, Bot. Mag. (Tokyo) 42: 289 (1928)

Representative specimens; Chagang-do 4 July 1914 牙得嶺 (江界) *Nakai, T Nakai1926* 11 July 1914 梅田坪 *Nakai, T Nakai 1521* **Hamgyong-bukto** 10 August 1933 渡正山門內 *Koidzumi, G Koidzumi s.n.* 5 August 1939 頭流山 *Hozawa, S Hozawa s.n.* 24 July 1918 朱南面金谷溪畔 *Nakai, T Nakai s.n.* 19 July 1918 朱乙溫面冠帽峯山麓溪畔 *Nakai, T Nakai6844* 19 July 1918 朱乙溫面甫上洞南河瑞 *Nakai, T Nakai6845* 9 October 1937 穩城郡甑山 *Saito, T T Saito7929* **Hamgyong-namdo** 2 September 1934 蓮花山 *Kojima, K Kojima s.n.* 26 July 1916 下碣隅里 *Mori, T Mori s.n.* 15 June 1932 *Ohwi, J Ohwi99* 24 July 1933 東上面大漢岱里 *Koidzumi, G Koidzumi s.n.* 20 June 1932 馬上洞 *Ohwi, J Ohwi295* 23 May 1928 新興郡大明大洞 *Ishidoya, T Ishidoya s.n.*22 May 1923 新興郡禁牌嶺 *Ishidoya, T Ishidoya5214* 22 May 1923 *Ishidoya, T Ishidoya5215* 22 May 1923 新興郡大明大洞 *Ishidoya, T Ishidoya5216* **Kangwon-do** 11 August 1943 金剛山 *Honda, M Honda s.n.* 12 August 1932 Mt. Kumgang (金剛山) *Koidzumi, G Koidzumi6847* 20 August 1916 金剛山彌勒峯 *Nakai, T Nakai5309* 10 June 1932 Mt. Kumgang (金剛山) *Ohwi, J Ohwi313* 7 August 1940 *Okuyama, S Okuyama s.n.* **P'yongan-bukto** 29 May 1924 朔州郡兩山面 *Sawada, T Sawada s.n.* 5 August 1935 妙香山 *Koidzumi, G Koidzumi s.n.* 2 August 1935 *Koidzumi, G Koidzumi s.n.* 6 August 1935 *Koidzumi, G Koidzumi s.n.* **Ryanggang** 25 June 1917 甲山鷹德峯 *Furumi, M Furumi s.n.* 16 June 1917 厚昌郡東興面南社洞 *Furumi, M Furumi s.n.* 30 August 1917 *Furumi, M Furumi s.n.* 27 April 1917 *Goto, S s.n.*

Salix divaricata Pall., Fl. Ross. (Pallas) 1: 80 (1784)

Common name 쌍실버들

Distribution in Korea: far North (Potae, Kwanmo, Seolryong)

    Salix taquetii H.Lév., Repert. Spec. Nov. Regni Veg. 10: 436 (1911)

    Salix metaformosa Nakai, Bot. Mag. (Tokyo) 33: 42 (1914)

    Salix orthostemma Nakai, Bot. Mag. (Tokyo) 33: 43 (1914)

    Salix bicarpa Nakai, Bot. Mag. (Tokyo) 31: 111 (1917)

    Salix divaricata Pall. var. *metaformosa* (Nakai) Kitag., Neolin. Fl. Manshur. 205 (1979)

    Salix divaricata Pall. var. *orthostemma* (Nakai) Kitag., Neolin. Fl. Manshur. 205 (1979)

Representative specimens; Chagang-do 22 July 1916 狼林山 *Mori, T Mori s.n.* Type of *Salix bicarpa* Nakai (Holotype TI) **Hamgyong-bukto** 13 June 1929 會寧面會寧川楊林中 *Goto, K s.n.* August 1934 冠帽峰 *Kojima, K Kojima s.n.* 20 July 1918 冠帽峯 2500m *Nakai, T Nakai6862* Type of *Salix divaricata* Pall. var. *orthostemma* (Nakai) Kitag. (Syntype TI)20 July 1918 *Nakai, T Nakai6863* Type of *Salix divaricata* Pall. var. *orthostemma* (Nakai) Kitag. (Lectotype TI)July 1932 冠帽峯 *Ohwi, J Ohwi s.n.* 4 August

1932 *Saito, T T Saito498* August 1917 雪嶺 *Goto, K 505* Type of *Salix orthostemma* Nakai (Syntype TI)25 August 1917 *Goto, M s.n.* 25 August 1917 *Goto, S 505* Type of *Salix orthostemma* Nakai (Syntype TI)25 July 1918 雪嶺 2250m *Nakai, T Nakai s.n.* 25 July 1918 *Nakai, T Nakai6861* Type of *Salix orthostemma* Nakai (Syntype TI)25 June 1930 雪嶺 *Ohwi, J Ohwi s.n.* **Hamgyong-namdo** 17 June 1932 東白山下碣隅里 *Ohwi, J Ohwi s.n.* August 1935 遮日峯 *Nakai, T Nakai s.n.* 16 August 1935 *Nakai, T Nakai s.n.* 26 July 1935 Donha-myeon Unsan-ri (東下面雲山里) *Nomura, N Nomura s.n.* 20 June 1932 東上面元豊里 *Ohwi, J Ohwi s.n.* 15 August 1940 遮日峯 *Okuyama, S Okuyama s.n.* **Kangwon-do** July 1940 平康郡秋愛山 *Jeon, SK JeonSK s.n.* July 1940 *Jeon, SK JeonSK s.n.* 1938 山林課元山出張所 *Tsuya, S s.n.* **Ryanggang** 15 August 1935 北水白山 *Hozawa, S Hozawa s.n.* 26 August 1917 南社上流周峯頂 *Furumi, M Furumi s.n.* 11 July 1917 南胞胎山 2300m *Furumi, M Furumi s.n.* 11 July 1917 南胞胎山頂 *Furumi, M Furumi s.n.* Type of *Salix metaformosa* Nakai (Lectotype TI)30 July 1917 無頭峯 *M Furumi369* Type of *Salix metaformosa* Nakai (Syntype TI)August 1934 白頭山 *Kojima, K Kojima s.n.* August 1913 *Mori, T Mori s.n.* Type of *Salix metaformosa* Nakai (Syntype TI)August 1913 長白山 *Mori, T Mori39* Type of *Salix metaformosa* Nakai (Syntype TI)8 August 1914 神武城-無頭峯 *Nakai, T Nakai s.n.* 10 August 1914 白頭山 *Nakai, T Nakai1936* Type of *Salix metaformosa* Nakai (Syntype TI)

Salix gilgiana Seem., Salic. Jap. 59, t. 13 (1903)
Common name 내버들
Distribution in Korea: North, Central
> *Salix purpurea* L. var. *sericea* Koidz., Bot. Mag. (Tokyo) 27: 92 (1913)
> *Salix purpurea* L. ssp. *gymnolepis* Koidz., Bot. Mag. (Tokyo) 27: 269 (1913)

Representative specimens; Hamgyong-bukto 3 August 1933 會寧 *Koidzumi, G Koidzumi s.n.* August 1913 茂山 *Mori, T Mori316* 4 August 1913 南陽 *Koidzumi, G Koidzumi s.n.* 6 October 1937 穩城上和洞 *Saito, T T Saito s.n.* **Hamgyong-namdo** 6 July 1914 長津中庄洞 *Nakai, T Nakai1901* 10 June 1909 鎭江 *Nakai, T Nakai s.n.* 14 August 1940 赴戰高原漢垈里 *Okuyama, S Okuyama s.n.* **P'yongan-bukto** 11 August 1935 義州金剛山 *Koidzumi, G Koidzumi s.n.* 3 June 1914 義州 - 王江鎭 *Nakai, T Nakai 1902* **P'yongyang** 2 May 1920 平壤府水源地 *Ishidoya, T Ishidoya3892* **Sinuiju** April 1917 新義州 *Furumi, M Furumi s.n.* 8 July 1915 新義州中島 *Ishidoya, T Ishidoya s.n.* 27 April 1920 新義州 *Ishidoya, T Ishidoya3890*

Salix glauca L., Sp. Pl. 2: 1019 (1753)
Common name 큰산버들
Distribution in Korea: North
> *Salix seemannii* Rydb., Bull. New York Bot. Gard. 2: 164 (1901)
> *Salix sericeo-cinerea* Nakai var. *lanata* Nakai, Bot. Mag. (Tokyo) 33: 44 (1919)
> *Salix sericeo-cinerea* Nakai, Bot. Mag. (Tokyo) 33: 43 (1919)
> *Salix stipulifera* Flod. ex Häyrén, Memoranda Soc. Fauna Fl. Fennica 5: 133 (1929)
> *Salix sericeo-cinerea* Nakai f. *lanata* (Nakai) W.T.Lee, Lineamenta Florae Koreae 150 (1996)

Representative specimens; Chagang-do 22 July 1916 狼林山 *Mori, T Mori17* Type of *Salix sericeo-cinerea* Nakai (Syntype TI)11 July 1914 臥碣峰鷺峯 *Nakai, T Nakai1562* Type of *Salix sericeo-cinerea* Nakai (Syntype TI) **Hamgyong-bukto** 20 July 1918 冠帽山 2400m *Nakai, T Nakai6865* Type of *Salix sericeo-cinerea* Nakai (Syntype TI)21 July 1933 冠帽峰 *Saito, T T Saito s.n.* 25 August 1917 雪嶺 *Goto, S 515* Type of *Salix sericeo-cinerea* Nakai (Syntype TI)25 July 1918 雪嶺 2200m *Nakai, T Nakai6853* Type of *Salix sericeo-cinerea* Nakai var. *lanata* Nakai (Holotype TI)25 July 1918 雪嶺 1900m *Nakai, T Nakai6866* Type of *Salix sericeo-cinerea* Nakai (Lectotype TI)25 July 1918 雪嶺 2000m-1900m *Nakai, T Nakai6867* Type of *Salix sericeo-cinerea* Nakai (Syntype TI) **Hamgyong-namdo** 15 August 1934 新角面北山 *Nomura, N Nomura s.n.* 30 August 1941 赴戰高原 Fusenkogen *Inumaru, M s.n.* 25 July 1933 東上面遮日峯 *Koidzumi, G Koidzumi s.n.* 23 June 1932 遮日峯 *Ohwi, J Ohwi s.n.* 20 June 1932 東上面元豊里 *Ohwi, J Ohwi s.n.* 15 August 1940 遮日峯 *Okuyama, S Okuyama s.n.* 15 August 1940 赴戰高原雲水嶺 *Okuyama, S Okuyama s.n.* **Ryanggang** 30 July 1933 白頭山天池 *Saito, T T Saito s.n.* 26 July 1942 無頭峯 *Saito, T T Saito s.n.*

Salix gracilistyla Miq., Ann. Mus. Bot. Lugduno-Batavi 3: 26 (1867)
Common name 갯버들
Distribution in Korea: North, Central, South, Jeju, Ulleung
> *Salix thunbergiana* Blume ex Andersson, Prodr. (DC.) 16: 271 (1868)
> *Salix blinii* H.Lév., Repert. Spec. Nov. Regni Veg. 10: 435 (1911)
> *Salix graciliglans* Nakai, Bot. Mag. (Tokyo) 30: 274 (1916)
> *Salix nakaii* Kimura, Bot. Mag. (Tokyo) 40: 637 (1926)
> *Salix gracilistyloides* Kimura, Bot. Mag. (Tokyo) 40: 8 (1926)

Representative specimens; Chagang-do 9 July 1911 Kang-gei(Kokai 江界) *Mills, RG Mills s.n.* 28 June 1911 *Mills, RG Mills183* 15 June 1911 *Mills, RG Mills302* 25 April 1911 *Mills, RG Mills312* Type of *Salix graciliglans* Nakai (Syntype TI)28 April 1911 *Mills, RG Mills5127* July 1911 *Mills, RG Mills734* 25 June 1914 從浦鎭 *Nakai, T Nakai s.n.* 25 June 1914 *Nakai, T Nakai s.n.* **Hamgyong-bukto** 4 June 1937 輸城 *Saito, T T Saito s.n.* 4 May 1933 羅南西北谷 *Saito, T T Saito s.n.* 21 July 1918 朱乙溫面冠帽山張命谷 *Nakai, T*

Nakai6856 July 1932 冠帽峰 *Ohwi, J Ohwi s.n.* 30 May 1934 甫上- 南河瑞 *Saito, T T Saito s.n.* 22 August 1933 車踰嶺 *Koidzumi, G Koidzumi s.n.* 4 August 1933 南陽 *Koidzumi, G Koidzumi s.n.* **Hamgyong-namdo** 1928 Hamhung (咸興) *Seok, JM s.n.* 27 July 1933 東上面廣大里 *Koidzumi, G Koidzumi s.n.* **Hwanghae-namdo** 27 July 1929 長淵郡長山串 *Nakai, T Nakai s.n.* 3 May 1913 海州 *Hae-joo-gong-rip-nong-gyo school 72* Type of *Salix graciliglans* Nakai (Syntype TI) **Kangwon-do** 12 August 1932 Mt. Kumgang (金剛山) *Koidzumi, G Koidzumi s.n.* 12 July 1936 金剛山外金剛千佛山 *Nakai, T Nakai s.n.* 7 August 1940 Mt. Kumgang (金剛山) *Okuyama, S Okuyama s.n.* 4 October 1923 安邊郡楸愛山 *Fukubara, S Fukubara s.n.* 30 August 1916 通川 *Nakai, T Nakai5294* 6 June 1909 元山 *Nakai, T Nakai s.n.* **Nampo** 8 May 1928 Chinnampo (鎮南浦) *Nakai, T Nakai s.n.* 21 September 1915 *Nakai, T Nakai1090* 2 **P'yongan-bukto** 25 August 1911 Chang Sung(昌城) *Mills, RG Mills s.n.* 28 September 1912 白壁山 *Ishidoya, T Ishidoya198* **P'yongan-namdo** 15 July 1916 葛日嶺 *Mori, T Mori s.n.* 15 July 1916 *Mori, T Mori s.n.* 21 July 1916 上南洞 *Mori, T Mori s.n.* **P'yongyang** 18 June 1911 P'yongyang (平壤) *Imai, H Imai55* Type of *Salix graciliglans* Nakai (Syntype TI)5 May 1912 *Imai, H Imai55* 18 June 1911 *Imai, H Imai89* Type of *Salix graciliglans* Nakai (Syntype TI) **Ryanggang** 31 August 1917 厚昌郡東興面南社洞 *Furumi, M Furumi s.n.* 4 May 1917 *Furumi, M Furumi s.n.* 18 June 1917 *Furumi, M Furumi s.n.* 27 April 1917 *Goto, M s.n.* 8 September 1917 雲興面中山里 *Ishidoya, T Ishidoya s.n.* April 1917 *Unknown s.n.*

Salix integra Thunb., Syst. Veg., ed. 14 (J. A. Murray)880 (1784)
Common name 개키버들
Distribution in Korea: North
  Salix multinervis C.K.Schneid., Enum. Pl. Jap. 2: 504 (1879)
  Salix purpurea L. var. *multinervis* (Franch. & Sav.) Matsum., Nippon Shokubutsumeii, ed. 2 0: 261 (1895)
  Salix savatieri Camus, Classif. Saules Europe 0: 326 (1904)

Representative specimens; Hamgyong-bukto 25 May 1897 城川江-茂山 *Komarov, VL Komaorv s.n.* 11 June 1897 西溪水 *Komarov, VL Komaorv s.n.* **Ryanggang** 26 June 1897 内曲里 *Komarov, VL Komaorv s.n.*

Salix kangensis Nakai, Bot. Mag. (Tokyo) 30: 275 (1916)
Common name 강계버들
Distribution in Korea: North (Chagang, Ryanggang, Hamgyong)
  Salix roridiformis Nakai, Bot. Mag. (Tokyo) 33: 5 (1919)
  Salix lackschewitziana Toepff. var. *roridiformis* (Nakai) Kimura, Sci. Rep. Tohoku Imp. Univ., Ser. 4, Biol. 6: 187 (1930)
  Salix rorida Laksch. var. *roridiformis* (Nakai) Ohwi, Fl. Jap. (Ohwi) 405 (1956)

Representative specimens; Chagang-do 28 April 1911 Kang-gei(Kokai 江界) *Mills, RG Mills301* Type of *Salix kangensis* Nakai (Holotype TI) **Hamgyong-bukto** 22 April 1933 羅南天理教會 *Saito, T T Saito 455* 17 July 1918 朱乙溫面甫上洞梅香洞 *Nakai, T Nakai6849* Type of *Salix roridiformis* Nakai (Syntype TI)17 July 1918 朱乙溫面 *Nakai, T Nakai 6852* Type of *Salix roridiformis* Nakai (Syntype TI)July 1932 冠帽峰 *Ohwi, J Ohwi s.n.* 27 May 1930 Kyonson 鏡城 *Ohwi, J Ohwi s.n.* 19 August 1933 茂山 *Koidzumi, G Koidzumi s.n.* 4 August 1933 南陽 *Koidzumi, G Koidzumi s.n.* 18 June 1930 四芝洞 (bor-orient) *Ohwi, J Ohwi1309* **P'yongan-bukto** 11 August 1935 義州金剛山 *Koidzumi, G Koidzumi s.n.* **Ryanggang** 2 May 1918 黃水院 *Ishidoya, T Ishidoya 2737* Type of *Salix roridiformis* Nakai (Syntype TI)7 May 1918 普惠面大中里 *Ishidoya, T Ishidoya2738* Type of *Salix roridiformis* Nakai (Syntype TI)

Salix koriyanagi Kimura ex Goerz, Salic. Asiat. Sched. Fasc. 1 17 (1931)
Common name 키버들
Distribution in Korea: North, Central, South, Endemic
  Salix purpurea L. ssp. *amplexicaulis* var. *petiolata subvar.angustib*, Bot. Mag. (Tokyo) 27: 92 (1913)
  Salix purpurea L. f. *rubra* Nakai, Bot. Mag. (Tokyo) 33: 44 (1919)
  Salix purpurea L. var. *japonica* Nakai, Bull. Soc. Dendrol. France 66: 50 (1928)
  Salix purpurea L. var. *japonica* Nakai f. *rubra* Nakai, Fl. Sylv. Kor. 18: 124 (1930)
  Salix koriyanagi Kimura ex Goerz f. *rubra* (Nakai) W.T.Lee, Lineamenta Florae Koreae 146 (1996)

Representative specimens; Chagang-do 25 July 1911 Kang-gei(Kokai 江界) *Mills, RG Mills s.n.* 18 May 1911*Mills, RG Mills429* 1 July 1914 公西面江界 *Nakai, T Nakai s.n.* **Hamgyong-bukto** 會寧面會寧川楊林中 *Unknown s.n.* 13 July 1918 朱乙溫面生氣嶺 *Nakai, T Nakai6855* Type of *Salix purpurea* L. var. *japonica* Nakai f. *rubra* Nakai (Holotype TI)August 1913 茂山 *Mori, T Mori s.n.* **Hwanghae-namdo** 15 April 1931 載寧 *Smith, RK Smith s.n.* 29 July 1929 長淵郡長山串 *Nakai, T Nakai s.n.* **Kangwon-do** 23 April 1919 淮陽郡蘭谷 *Ishidoya, T Ishidoya s.n.* **P'yongan-bukto** 2 May 1920 定州 *Ishidoya, T Ishidoya3838* Type of *Salix purpurea* L. var. *japonica* Nakai (Syntype TI) **Ryanggang** 10 July 1914 十里坪 *Nakai, T Nakai s.n.* 22 August 1914 普天堡 *Ikuma, Y Ikuma s.n.* 22 May 1918 大中里 *Ishidoya, T Ishidoya 2753* Type of *Salix purpurea* L. var. *japonica* Nakai (Lectotype TI)

Salix miyabeana Seemen, Bot. Jahrb. Syst. 21, beibl. 53: 50 (1896)

Common name 당키버들

Distribution in Korea: North, Central, South

Salix monandra Ard., Mem. Osserv. Var. Piante 1: 67 (1766)

Salix purpurea L. var. *smithiana* Trautv., Linnaea 10: 579 (1836)

Salix purpurea L. var. *gracilis* Gren. & Godr., Fl. France (Grenier) 3, 1: 129 (1855)

Representative specimens; Hamgyong-bukto 4 May 1933 羅南西北谷 *Saito, T T Saito407* 7 May 1933 羅南支庫谷 *Saito, T T Saito463* 4 May 1933 羅南西北谷 *Saito, T T Saito472* 6 October 1935 羅南 *Saito, T T Saito1666* 3 October 1935 *Saito, T T Saito1667* 6 August 1933 全巨里 *Koidzumi, G Koidzumi s.n.* 17 July 1918 朱乙溫面甫上洞 *Nakai, T Nakai6837* 25 May 1930 Kyonson 鏡城 *Ohwi, J Ohwi25* 26 May 1930 *Ohwi, J Ohwi84* 4 June 1918 茂山 *Ishidoya, T Ishidoya s.n.* 19 August 1914 曷浦嶺 *Nakai, T Nakai1896* 15 October 1938 明川 *Saito, T T Saito s.n.* 1 August 1914 富寧 *Ikuma, Y Ikuma s.n.***Hamgyong-namdo** 26 July 1935 Donha-myeon Unsan-ri(東下面雲山里) *Nomura, N Nomura s.n.* 30 August 1916 通川街道 *Nakai, T Nakai5301* 6 June 1909 元山 *Nakai, T Nakai s.n.* **Ryanggang** 3 August 1914 惠山鎭- 普天堡 *Nakai, T Nakai1930* 12 August 1914 神武城- 茂峯 *Nakai, T Nakai s.n.* 20 August 1933 戊山郡三長 *Koidzumi, G Koidzumi s.n.* 25 May 1938 農事洞 *Saito, T T Saito s.n.* 15 July 1938 新德 *Saito, T T Saito s.n.* **Sinuiju** 14 September 1915 新義州 *Nakai, T Nakai2372*

Salix myrtilloides L., Sp. Pl. 2: 1019 (1753)

Common name 진퍼리버들

Distribution in Korea: North (Hamkyong)

Salix elegans Besser, Enum. Pl. (Besser) 77 (1822)

Salix myrtilloides L. var. *manshurica* Nakai, Fl. Sylv. Kor. 18: 154 (1930)

Representative specimens; Hamgyong-bukto 24 July 1918 朱南面金谷洞高台濕地 *Nakai, T Nakai6841* Type of *Salix myrtilloides* L. var. *manshurica* Nakai (Lectotype TI)24 July 1918 朱南面金谷洞高台沼地 *Nakai, T Nakai6842* Type of *Salix myrtilloides* L. var. *manshurica* Nakai (Syntype TI)25 July 1935 傯舞德 *Saito, T T Saito s.n.* **Hamgyong-namdo** 20 June 1932 東上面元豊里 *Ohwi, J Ohwi s.n.* **Ryanggang** 4 August 1939 大澤濕地 *Hozawa, S Hozawa s.n.* 6 June 1897 平蒲坪 *Komarov, VL Komaorv s.n.* 8 June 1897 平蒲坪-倉坪 *Komarov, VL Komaorv s.n.* 9 August 1937 大澤 *Saito, T T Saito s.n.* August 1913 長白山 *Mori, T Mori88* Type of *Salix myrtilloides* L. var. *manshurica* Nakai (Syntype TI)11 August 1917 Moho (茂峯)- 農事洞 *Furumi, M Furumi438* Type of *Salix myrtilloides* L. var. *manshurica* Nakai (Syntype TI)15 July 1938 新德 *Saito, T T Saito s.n.*

Salix nummularia Andersson, Prodr. (DC.) 16: 298 (1868)

Common name 콩버들

Distribution in Korea: far North

Salix serpyllifolia Scop., Fl. Carniol., ed. 2 2: 555 (1772)

Salix retusa L. var. *rotundifolia* Trevir. ex Trautv., Nouv. Mem. Soc. Imp. Naturalistes Moscou 8: 304 (1832)

Salix herbacea L. var. *flabellaris* Andersson, Prodr. (DC.) 16, 2: 298 (1868)

Salix vulcani Nakai, Bot. Mag. (Tokyo) 30: 140 (1916)

Salix pauciflora Koidz., Bot. Mag. (Tokyo) 32: 61 (1918)

Salix polyadenia Hand.-Mazz., Oesterr. Bot. Z. 81: 306 (1932)

Salix tschanbaischanica Y.L.Chou & Y.L. Chang, Ill. Fl. Ligneous Pl. N. E. China 146 (1955)

Representative specimens; Ryanggang 13 August 1914 白頭山 *Ikuma, Y Ikuma s.n.* 14 August 1914 無頭峯 *Ikuma, Y Ikuma s.n.* August 1934 白頭山 *Kojima, K Kojima s.n.* 10 August 1914 *Nakai, T Nakai1890-1* Type of *Salix vulcani* Nakai (Holotype TI)31 July 1942 白頭山頂上附近天池 *Saito, T T Saito s.n.* 28 July 1942 白頭山大將峰 *Saito, T T Saito s.n.*

Salix pierotii Miq., Ann. Mus. Bot. Lugduno-Batavi 3: 37 (1867)

Common name 버드나무

Distribution in Korea: North, Central, South

Salix koreensis Andersson, Prodr. (DC.) 16: 271 (1868)

Salix pseudojessoensis H.Lév., Repert. Spec. Nov. Regni Veg. 10: 436 (1911)

Salix pseudogilgiana H.Lév., Repert. Spec. Nov. Regni Veg. 10: 436 (1911)

Salix pogonandra H.Lév., Repert. Spec. Nov. Regni Veg. 10: 436 (1911)

Salix feddei L.f., Repert. Spec. Nov. Regni Veg. 10: 436 (1911)

Representative specimens; Chagang-do 28 April 1911 Kang-gei(Kokai 江界) *Mills, RG Mills316* 29 April 1911 *Mills, RG Mills324* 25 June 1914 從浦鎮 *Nakai, T Nakai1929* **Hamgyong-bukto** 4 June 1933 羅南 *Saito, T T Saito527* 1 October 1935 *Saito, T T Saito1668*

29 May 1937 輸城 *Saito, T T Saito6019* 3 June 1937 *Saito, T T Saito6091* 3 August 1933 會寧 *Koidzumi, G Koidzumi s.n.* 6 August 1933 會寧古豊山 *Koidzumi, G Koidzumi s.n.* 10 May 1938 鶴西面德仁 *Saito, T T Saito8417* 15 July 1918 城町 *Nakai, T Nakai s.n.* 25 May 1930 鏡城 *Ohwi, J Ohwi s.n.* 4 August 1933 南陽 *Koidzumi, G Koidzumi s.n.* **Hamgyong-namdo** 11 May 1918 北青-直洞 *Ishidoya, T Ishidoya2744* 11 June 1909 鎮江- 鎮岩峯 *Nakai, T Nakai s.n.* 24 July 1933 東上面大漢岱里 *Koidzumi, G Koidzumi s.n.* 30 August 1934 東下面頭雲峯安基里 *Yamamoto, A Yamamoto s.n.* **Hwanghae-namdo** 29 July 1935 長壽山 *Koidzumi, G Koidzumi s.n.* 28 April 1932 Chairyung *Smith, RK Smith s.n.* 23 April 1931 Chairyung 載寧 *Smith, RK Smith661* 28 April 1931 *Smith, RK Smith669* **Kangwon-do** 12 August 1932 Mt. Kumgang (金剛山) *Koidzumi, G Koidzumi s.n.* 15 August 1932 金剛山外金剛 *Koidzumi, G Koidzumi s.n.* 7 August 1916 金剛山内金剛 *Nakai, T Nakai5295* 6 August 1930 金剛山内霧在嶺 *Ouchi, J s.n.* 7 June 1909 元山 *Nakai, T Nakai s.n.* **P'yongan-bukto** 8 June 1914 飛來峯 *Nakai, T Nakai1935* 5 August 1937 妙香山 *Hozawa, S Hozawa s.n.* **P'yongan-namdo** 16 July 1916 寧遠 *Mori, T Mori s.n.* 15 June 1928 陽德 *Nakai, T Nakai s.n.* **P'yongyang** 18 June 1911 P'yongyang (平壤) *Imai, H Imai s.n.* 26 May 1912 大聖山 *Imai, H Imai45* 2 May 1920 平壤大同江畔 *Ishidoya, T Ishidoya s.n.* 2 May 1920 平壤大同江畔 *Ishidoya, T Ishidoya3813* 2 May 1920 *Ishidoya, T Ishidoya 3830* **Ryanggang** 25 June 1917 甲山鷹德峯 *Furumi, M Furumi s.n.* 24 July 1930 合水-大澤 *Ohwi, J Ohwi s.n.* 26 July 1942 神武城-無頭峯 *Saito, T T Saito10183* 12 July 1938 新德 *Saito, T T Saito s.n.* **Sinuiju** 30 April 1917 新義州 *Furumi, M Furumi s.n.* April 1917 *Furumi, M Furumi3817* 29 April 1920 新義州中島 *Ishidoya, T Ishidoya3817* 29 April 1920 *Ishidoya, T Ishidoya3831* 13 August 1935 新義州 *Koidzumi, G Koidzumi s.n.*

Salix pseudopentandra (Flod.) Flod., Ark. Bot. (Stockholm) 25: 10 (1933)

Common name 반짝버들

Distribution in Korea: North, Central

Salix pentandra L. ssp. *pseudopentandra* Flod., Ark. Bot. 20A, 6: 57 (1926)

Salix pentandra L. var. *intermedia* Nakai, Fl. Sylv. Kor. 18: 84 (1930)

Representative specimens; Hamgyong-bukto 25 June 1930 雪嶺 *Ohwi, J Ohwi s.n.* **Ryanggang** 10 August 1917 延岩 *Furumi, M Furumi440* Type of *Salix pentandra* L. var. *intermedia* Nakai (Syntype TI)10 August 1917 *Furumi, M Furumi442* Type of *Salix pentandra* L. var. *intermedia* Nakai (Syntype TI)3 August 1917 楡坪 *Furumi, M Furumi468* Type of *Salix pentandra* L. var. *intermedia* Nakai (Syntype TI)21 June 1930 天水洞 *Ohwi, J Ohwi s.n.* 2 August 1928 白頭山 *Kim, BJ s.n.* 6 August 1914 胞胎山虛項嶺 *Nakai, T Nakai 1934* Type of *Salix pentandra* L. var. *intermedia* Nakai (Lectotype TI)15 August 1914 谿間里 *Ikuma, Y Ikuma s.n.*

Salix rorida Laksch., Sched. Herb. Fl. Ross. 7: 131 (1911)

Common name 분버들

Distribution in Korea: North, Central

Salix acutifolia Turcz., Fl. Baical.-dahur. 1: 1021 (1854)

Salix coerulescens Turcz., Bull. Soc. Imp. Naturalistes Moscou 27: 374 (1854)

Salix lackschewitziana Toepff., Oesterr. Bot. Z. 66: 402 (1917)

Salix rorida Laksch. var. *eglandulosa* Kimura, Salic. Asiat. Sched. Fasc. 1 15 (1931)

Representative specimens; Chagang-do 28 April 1911 Kang-gei(Kokai 江界) *Mills, RG Mills323* 15 May 1942 龍林面 *Jeon, SK JeonSK s.n.* **Hamgyong-bukto** 1917 Hosando *Unknown s.n.* 20 May 1897 茂山嶺 *Komarov, VL Komaorv s.n.* 18 May 1897 會寧川 *Komarov, VL Komaorv s.n.* 13 September 1935 鏡城 *Saito, T T Saito s.n.* 3 August 1914 車踰嶺 *Ikuma, Y Ikuma s.n.* 2 August 1914 *Ikuma, Y Ikuma s.n.* 23 May 1897 *Komarov, VL Komaorv s.n.* 29 May 1897 釜所哥谷 *Komarov, VL Komaorv s.n.* 25 May 1897 城川江-茂山 *Komarov, VL Komaorv s.n.* 10 June 1897 西溪水 *Komarov, VL Komaorv s.n.* **Hamgyong-namdo** 23 July 1916 赴戰高原寒泰嶺 *Mori, T Mori s.n.* 15 August 1935 東上面漢岱里 *Nakai, T Nakai s.n.* **Kangwon-do** 23 April 1919 淮陽郡蘭谷 *Ishidoya, T Ishidoya3106* August 1932 Mt. Kumgang (金剛山) *Koidzumi, G Koidzumi s.n.* 16 August 1916 金剛山毘盧峯 *Nakai, T Nakai5307* 10 June 1932 Mt. Kumgang (金剛山) *Ohwi, J Ohwi s.n.* Sanbo (三防) *Chung, TH Chung s.n.* 4 October 1923 安邊郡楸愛山 *Fukubara, S Fukubara s.n.* 20 April 1918 洗浦 *Fukubara, S Fukubara s.n.* 24 April 1919 平康郡洗浦 *Ishidoya, T Ishidoya3105* 22 April 1919 *Nakai, T Nakai s.n.* **P'yongan-bukto** 3 August 1935 妙香山 *Koidzumi, G Koidzumi s.n.* 25 August 1911 Sak-jyu(Sakushu 朔州) *Mills, RG Mills s.n.* 28 September 1912 白璧山 *Ishidoya, T Ishidoya50* **P'yongan-namdo** 15 September 1915 Anjyu (安州) *Nakai, T Nakai2382* 17 July 1916 加音峯 *Mori, T Mori s.n.* 15 June 1928 陽德 *Nakai, T Nakai s.n.* **Ryanggang** 1 August 1897 虛川江 (同仁川) *Komarov, VL Komaorv s.n.* 9 October 1935 大坪里 *Okamoto, S Okamoto s.n.* 19 May 1918 豊山郡黃水院 -豊山 *Ishidoya, T Ishidoya s.n.* 16 June 1917 厚昌郡東興面南社洞 *Furumi, M Furumi s.n.* 1 September 1917 *Furumi, M Furumi s.n.* 31 August 1917 *Furumi, M Furumi s.n.* 4 May 1917 *Furumi, M Furumi s.n.* 4 May 1917 *Furumi, M Furumi s.n.* 18 June 1917 *Furumi, M Furumi s.n.* 19 August 1897 葡坪 *Komarov, VL Komaorv s.n.* 4 July 1897 上水隅theit *Komarov, VL Komaorv s.n.* 7 June 1897 平蒲坪 *Komarov, VL Komaorv s.n.* 26 June 1897 内曲里 *Komarov, VL Komaorv s.n.* 3 June 1897 四芝坪 *Komarov, VL Komaorv s.n.* 28 April 1917 雲興面中山里 *Unknown s.n.* 3 June 1917 *Unknown s.n.* **Sinuiju** 8 July 1915 新義州中島 *Ishidoya, T Ishidoya s.n.*

Salix schwerinii E.L.Wolf, Mitt. Deutsch. Dendrol. Ges. 0: 407 (1929)

Common name 륙지꽃버들 (육지꽃버들)

Distribution in Korea: North

A Checklist of North Korean Vascular Plants · T.B. Lee Herbarium (SNUA) – 2019 (C.S. Chang, H. Kim, H.T. Shin & C.H. Lee)

- 180 -

Salix longifolia Lam., Fl. Franc. (Lamarck) 2: 232 (1778)

Salix viminalis L. var. *linnaeana* Trautv., Linnaea 10: 580 (1836)

Salix viminalis L. var. *angustifolia* Turcz., Bull. Soc. Imp. Naturalistes Moscou 27: 379 (1854)

Salix linearis Turcz., Bull. Soc. Imp. Naturalistes Moscou 27: 379 (1854)

Salix viminalis L. var. *abbreviata* Doell., Fl. Bad. 2: 495 (1859)

Salix viminalis L. var. *yesoensis* C.K.Schneid., Pl. Wilson. 3, 1: 158 (1916)

Salix yesoensis (C.K.Schneid.) Kimura, Bot. Mag. (Tokyo) 45: 28 (1931)

Salix veriviminalis Nasarow, Fl. URSS 5: 134 (1936)

Salix pseudolinearis Nasarow, Fl. URSS 5: 137 (1936)

Representative specimens; Chagang-do 18 June 1914 楚山道洞- 渭原(西間島) *Nakai, T Nakai s.n.* **Hamgyong-bukto** 13 June 1929 borealis Kainei 會寧 *Goto, K s.n.* 3 August 1933 會寧 *Koidzumi, G Koidzumi s.n.* 18 July 1918 朱乙溫面新人谷 *Nakai, T Nakai6836* 27 May 1930 Kyonson 鏡城 *Ohwi, J Ohwi s.n.* 21 July 1933 冠帽峰 *Saito, T T Saito s.n.* August 1934 巨務德 *Saito, T T Saito s.n.* 25 May 1897 城川江-茂山 *Komarov, VL Komaorv s.n.* 4 August 1933 南陽 *Koidzumi, G Koidzumi s.n.* 12 May 1897 五宗洞 *Komarov, VL Komaorv s.n.* **Hamgyong-namdo** 23 July 1916 赴戰高原寒泰嶺 *Mori, T Mori s.n.* 19 August 1935 道頭里 *Nakai, T Nakai s.n.* 27 July 1933 東上面元豊 *Koidzumi, G Koidzumi s.n.* 23 July 1933 東上面漢岱里 *Koidzumi, G Koidzumi s.n.* 20 June 1932 東上面元豊里 *Ohwi, J Ohwi202* **P'yongan-bukto** 25 August 1911 Sakju(朔州) *Mills, RG Mills577* 4 June 1914 玉江鎭 - 朔州郡淸城鎭鴨綠江岸 *Nakai, T Nakai1910* **Rason** 6 June 1930 西水羅 *Ohwi, J Ohwi s.n.* 6 June 1930 *Ohwi, J Ohwi s.n.* 11 May 1897 豆滿江三角洲-五宗洞 *Komarov, VL Komaorv s.n.* **Ryanggang** 18 July 1897 Keizanchin(惠山鎭) *Komarov, VL Komaorv s.n.* 1 August 1897 虛川江 (同仁川) *Komarov, VL Komaorv s.n.* 9 October 1935 大坪里 *Okamoto, S Okamoto s.n.* 9 July 1897 十四道溝(鴨綠江) *Komarov, VL Komaorv s.n.* 19 August 1897 葡坪 *Komarov, VL Komaorv s.n.* 7 August 1897 上巨里水 *Komarov, VL Komaorv s.n.* 8 August 1897 上巨里水-院巨里水 *Komarov, VL Komaorv s.n.* 9 August 1897 長津江下流域 *Komarov, VL Komaorv s.n.* 9 June 1897 屈松川 (西頭水河谷) 倉坪 *Komarov, VL Komaorv s.n.* 14 June 1897 西溪水-延岩 *Komarov, VL Komaorv s.n.* 21 August 1914 崔哥嶺 *Ikuma, Y Ikuma s.n.* 22 May 1918 大中里 *Ishidoya, T Ishidoya2799* 26 June 1897 内曲里 *Komarov, VL Komaorv s.n.* 3 August 1914 惠山鎭- 普天堡 *Nakai, T Nakai1912* 24 July 1942 神武城-無頭峰 *Saito, T T Saito s.n.* 30 June 1897 雲寵堡 *Komarov, VL Komaorv s.n.* 25 May 1918 普惠面大中里 *Ishidoya, T Ishidoya s.n.* 8 September 1917 *Ishidoya, T Ishidoya s.n.* 30 May 1897 延面水河谷-古倉坪 *Komarov, VL Komaorv s.n.* **Sinuiju** 8 July 1915 新義州中島 *Ishidoya, T Ishidoya s.n.* 13 August 1935 新義州 *Koidzumi, G Koidzumi s.n.* 1 June 1914 *Nakai, T Nakai1913*

Salix subopposita Miq., Ann. Mus. Bot. Lugduno-Batavi 3: 28 (1867)

Common name 들버들

Distribution in Korea: North

Salix repens L. var. *subopposita* Seem., Salic. Jap. 35 (1903)

Salix sibirica Pall. var. *suboppossita* C.K.Schneid., Pl. Wilson. 3: 154 (1916)

Representative specimens; Hamgyong-bukto 25 July 1935 儉舞德 *Saito, T T Saito s.n.* **Hamgyong-namdo** 27 July 1933 東上面元豊 *Koidzumi, G Koidzumi s.n.* **Ryanggang** 21 June 1930 天水洞 *Ohwi, J Ohwi s.n.* 25 May 1938 農事洞 *Saito, T T Saito s.n.*

Salix taraikensis Kimura, J. Fac. Agric. Hokkaido Imp. Univ. 26 (4): 419 (1934)

Common name 산버들

Distribution in Korea: North

Salix floderusii Nakai var. *glabra* Nakai, Fl. Sylv. Kor. 18: 132 (1930)

Salix xerophila Flod. f. *glabra* (Nakai) Kitag., Neolin. Fl. Manshur. 211 (1979)

Representative specimens; Chagang-do 21 June 1914 漁雷坊江界 *Nakai, T Nakai1917* Type of *Salix floderusii* Nakai var. *glabra* Nakai (Syntype TI) **Hamgyong-bukto** 18 July 1918 朱乙溫面民幕洞 *Nakai, T Nakai6857* Type of *Salix floderusii* Nakai var. *glabra* Nakai (Syntype TI) 20 August 1924 朱乙 *Sawada, T Sawada s.n.* Type of *Salix floderusii* Nakai var. *glabra* Nakai (Syntype TI) August 1924 車踰山 *Chung, TH Chung14* August 1913 茂山 *Mori, T Mori331* Type of *Salix floderusii* Nakai var. *glabra* Nakai (Syntype TI, Syntype TI) August 1913 *Mori, T Mori332* Type of *Salix floderusii* Nakai var. *glabra* Nakai (Syntype TI) August 1913 *Mori, T Mori333* Type of *Salix floderusii* Nakai var. *glabra* Nakai (Syntype TI) 19 August 1924 七寶山 *Kondo, C Kondo s.n.* Type of *Salix floderusii* Nakai var. *glabra* Nakai (Syntype TI) August 1924 雪嶺 *Sawada, T Sawada s.n.* Type of *Salix floderusii* Nakai var. *glabra* Nakai (Syntype TI) 17 June 1930 四芝洞 *Ohwi, J Ohwi s.n.* **Hamgyong-namdo** 6 July 1914 長津 *Nakai, T Nakai1931* Type of *Salix glandulosa* Seem. var. *glabra* Nakai (Syntype TI) 15 August 1935 東上面漢岱里 *Nakai, T Nakai s.n.* **P'yongan-bukto** 8 June 1914 飛來峯 *Nakai, T Nakai s.n.* **P'yongan-namdo** 15 June 1928 陽德 *Nakai, T Nakai s.n.* **Rason** 13 July 1924 松眞山 *Chung, TH Chung389* Type of *Salix floderusii* Nakai var. *glabra* Nakai (Syntype TI) **Ryanggang** May 1918 Keizanchin(惠山鎭) *Ishidoya, T Ishidoya s.n.* Type of *Salix floderusii* Nakai var. *glabra* Nakai (Syntype TI) 17 May 1923 厚峙嶺 *Ishidoya, T Ishidoya5198* Type of *Salix floderusii* Nakai var. *glabra* Nakai (Syntype TI) 17 May 1923 *Ishidoya, T Ishidoya5208* Type of *Salix floderusii* Nakai var. *glabra* Nakai (Syntype TI) 17 May 1923 *Ishidoya, T Ishidoya5209* Type of *Salix floderusii* Nakai var. *glabra* Nakai (Syntype TI) 17 May 1923 *Ishidoya, T Ishidoya5210* Type of *Salix floderusii* Nakai var. *glabra* Nakai (Syntype TI)

Salix triandra L. ssp. *nipponica* (Franch. & Sav.) A.K.Skvortsov, Willows USSR 100 (1968)

Common name 선버들

Distribution in Korea: North

    Salix subfragilis Andersson, Mem. Amer. Acad. Arts 6: 450 (1859)

    Salix nipponica Franch. & Sav., Enum. Pl. Jap. 1: 495 (1875)

    Salix triandra L. ssp. *discolor* (Wimm. & Grab.) Arcang., Comp. Fl. Ital. (Arcangeli) 626 (1882)

    Salix triandra L. var. *nipponica* (Franch. & Sav.) Seem., Salic. Jap. 27 (1903)

    Salix hamatidens L.f., Bull. Soc. Bot. France 56: 301 (1909)

    Salix amygdalina L. var. *nipponica* (Franch. & Sav.) C.K.Schneid., Pl. Wilson. 1: 106 (1916)

    Salix triandra L. var. *discolor* (Wimm. & Grab.) Nakai, Fl. Sylv. Kor. 18: 87 (1930)

Representative specimens; Chagang-do 18 June 1914 楚山道洞- 渭原(西間島) *Nakai, T Nakai s.n.* **Hamgyong-bukto** 1929 Kainei 會寧 *Goto, K s.n.* 18 May 1897 會寧川 *Komarov, VL Komarov s.n.* 4 August 1933 南陽 *Koidzumi, G Koidzumi s.n.* 4 June 1897 四芝嶺 *Komarov, VL Komarov s.n.* Rason 6 June 1930 西水羅 *Ohwi, J Ohwi s.n.* 11 May 1897 豆滿江三角洲-五宗洞 *Komarov, VL Komarov s.n.* 11 May 1897 *Komarov, VL Komarov s.n.* . **Ryanggang** 16 August 1897 大羅信洞 *Komarov, VL Komarov s.n.* 19 August 1897 葡坪 *Komarov, VL Komarov s.n.* 7 August 1897 上巨里水 *Komarov, VL Komarov s.n.* 9 August 1897 長津江下流域 *Komarov, VL Komarov s.n.* 6 June 1897 平蒲坪 *Komarov, VL Komarov s.n.* 26 June 1897 內曲里 *Komarov, VL Komarov s.n.* 3 August 1914 普天堡 *Nakai, T Nakai s.n.* **Sinuiju** April 1917 新義州 *Furumi, M Furumi s.n.* 29 April 1920 新義州中島 *Ishidoya, T Ishidoya s.n.* 29 April 1920 *Ishidoya, T Ishidoya s.n.* 29 April 1920 *Ishidoya, T Ishidoya s.n.* 27 April 1920 新義州 *Ishidoya, T Ishidoya s.n.* 29 April 1920 新義州中島 *Ishidoya, T Ishidoya s.n.* July 1915 *Nakai, T Nakai s.n.*

Salix udensis Trautv. & C.A.Mey., Fl. Ochot. Phaenog. 81 (1856)

Common name 꽃버들

Distribution in Korea: North, Central

    Salix stipularis Sm., Fl. Brit. 3: 1069 (1804)

    Salix oblongifolia Trautv. & C.A.Mey., Reise Sibir. 2: 81 (1856)

    Salix glauca L. var. *sericea* Regel & Tiling, Fl. Ajan. 118 (1858)

    Salix opaca Andersson, Trudy Imp. S.-Peterburgsk. Bot. Sada 11: 428 Herder (1890)

    Salix siuzevii Seem., Repert. Spec. Nov. Regni Veg. 5(78-80): 17 (1908)

    Salix dasyclados Wimm. ssp. *stipularis* Seem., Syn. Mitteleur. Fl. 4: 180 (1909)

Representative specimens; Chagang-do 3 August 1911 Kang-gei(Kokai 江界) *Mills, RG Mills s.n.* 6 July 1914 牙得嶺 (江界) *Nakai, T Nakai1933* 21 July 1914 大興里- 山羊 *Nakai, T Nakai1914* **Hamgyong-bukto** 11 August 1933 渡正山門內 *Koidzumi, G Koidzumi s.n.* 6 August 1933 全巨里 *Koidzumi, G Koidzumi s.n.* 18 July 1918 朱乙溫面大東水谷 *Nakai, T Nakai6846* 25 July 1918 朱北面蓮花洞雪嶺麓溪畔 *Nakai, T Nakai6870* Type of *Salix sericeo-cinerea* Nakai (Syntype TI)30 May 1930 朱乙 *Ohwi, J Ohwi s.n.* 6 July 1933 南下石山 *Saito, T T Saito s.n.* 23 July 1918 朱南面黃雪嶺 *Nakai, T Nakai6848* 25 June 1930 雪嶺 *Ohwi, J Ohwi s.n.* **Hamgyong-namdo** 27 July 1916 赴戰高原寒泰嶺 *Mori, T Mori s.n.* 6 July 1914 長津中庄洞 *Nakai, T Nakai1524* 15 June 1932 下碣隅里 *Ohwi, J Ohwi s.n.* 10 June 1909 鎮江 *Nakai, T Nakai s.n.* 23 July 1933 東上面漢岱里 *Koidzumi, G Koidzumi s.n.* 27 July 1933 東上面元豊 *Koidzumi, G Koidzumi s.n.* 15 August 1935 東上面漢岱里 *Nakai, T Nakai s.n.* 26 July 1935 東下面把田洞 *Nomura, N Nomura s.n.* 26 July 1935 Donha-myeon Unsan-ri (東下面雲山里) *Nomura, N Nomura s.n.* 20 June 1932 東上面元豊里 *Ohwi, J Ohwi s.n.* 3 October 1935 赴戰高原 Fusenkogen *Okamoto, S Okamoto s.n.* **Kangwon-do** 23 April 1919 淮陽郡蘭谷 *Ishidoya, T Ishidoya3094* August 1932 Mt. Kumgang (金剛山) *Koidzumi, G Koidzumi s.n.* 4 October 1923 安邊郡楸愛山 *Fukubara, S Fukubara s.n.* 18 August 1932 安邊郡衛益面三防 *Koidzumi, G Koidzumi s.n.* **P'yongan-bukto** 28 September 1912 白壁山 *Ishidoya, T Ishidoya s.n.* 28 September 1912 *Ishidoya, T Ishidoya s.n.* **P'yongan-namdo** 21 July 1916 黃玉峯 (黃處嶺?) *Mori, T Mori s.n.* 15 June 1928 陽德 *Nakai, T Nakai s.n.* **P'yongyang** 30 May 1914 P'yongyang (平壤) *Nakai, T Nakai189* 9 **Ryanggang** July 1943 龍眼 *Uchida, H Uchida s.n.* 17 May 1923 厚峙嶺 *Ishidoya, T Ishidoya5179* 10 August 1917 延岩 *Furumi, M Furumi441* 10 August 1937 大澤 *Saito, T T Saito s.n.* 22 August 1914 普天堡 *Ikuma, Y Ikuma s.n.* 22 May 1918 大中里 *Ishidoya, T Ishidoya2791* 7 August 1914 虛項嶺-神武城 *Nakai, T Nakai1941* 24 July 1942 神武城-無頭峯 *Saito, T T Saito s.n.* **Sinuiju** April 1917 新義州營林署 *Furumi, M Furumi s.n.* 8 July 1915 新義州中島 *Ishidoya, T Ishidoya s.n.*

BRASSICACEAE

Arabidopsis Heynh.

Arabidopsis halleri (L.) O'Kane& Al-Shehbaz ssp. *gemmifera* (Matsum.) O'Kane & Al-Shehbaz, Novon 7: 325 (1997)

Common name 자주장대나물

Distribution in Korea: far North (Paekdu, Potae, Kwanmo, Rangrim), North (Kangwon), Central, South, Jeju

Arabis halleri L., Sp. Pl. (ed. 2) 2: 929 (1763)
Arabis halleri L. var. *senanensis* Franch. & Sav., Enum. Pl. Jap. 2: 279 (1879)
Cardamine gemmifera Matsum., Bot. Mag. (Tokyo) 13: 54 (1899)
Arabis gemmifera (Matsum.) Makino, Bot. Mag. (Tokyo) 24: 224 (1910)
Arabis senanensis (Franch. & Sav.) Makino, Bot. Mag. (Tokyo) 24: 224 (1910)
Arabis coronata Nakai, Bot. Mag. (Tokyo) 28: 302 (1914)
Cardamine greatrexii Miyabe & Kudô, Trans. Sapporo Nat. Hist. Soc. 6: 169 (1917)
Arabis maximowiczii N.Busch, Bot. Mater. Gerb. Glavn. Bot. Sada RSFSR 3: 13 (1922)
Arabis senanensis (Franch. & Sav.) Nakai ex T. Mori, Enum. Pl. Corea 171 (1922)
Cardaminopsis maximowiczii (N.Busch) O.E.Schulz, Nat. Pflanzenfam., ed. 2 17b: 541 (1936)

Representative specimens; Hamgyong-bukto 25 July 1918 雪嶺 *Nakai, T Nakai s.n.* 25 July 1918 *Nakai, T Nakai s.n.* 25 June 1930 *Ohwi, J Ohwi s.n.* 25 June 1930 *Ohwi, J Ohwi s.n.* **Hamgyong-namdo** 25 July 1933 東上面遮日峰 *Koidzumi, G Koidzumi s.n.* 18 August 1935 遮日峯南側 *Nakai, T Nakai s.n.* 20 June 1932 東上面元豊里 *Ohwi, J Ohwi s.n.* **Kangwon-do** 10 June 1932 Mt. Kumgang (金剛山) *Ohwi, J Ohwi s.n.* **Ryanggang** 15 August 1935 北水白山 *Hozawa, S Hozawa s.n.* 19 June 1897 阿武山 *Komarov, VL Komaorv s.n.* 11 July 1917 胞胎山中腹以上 *Furumi, M Furumi s.n.* August 1913 白頭山 *Mori, T Mori69* Type of *Arabis coronata* Nakai (Holotype TI)

Arabidopsis lyrata (L.) O'Kane & Al-Shehbaz ssp. ***kamchatica*** (Fisch. ex DC.) O'Kane & Al-Shehbaz, Novon 7: 326 (1997)

Common name 묏장대

Distribution in Korea: North

Arabis lyrata L., Sp. Pl. 2: 665 (1753)
Arabis lyrata L. var. *kamtschatica* Fisch. ex DC., Syst. Nat. (Candolle) 2: 231 (1821)
Arabis kamtschatica Pall. ex Ledeb., Fl. Ross. (Ledeb.) 1: 121 (1841)
Arabis petraea (L.) Lam. var. *kamtschatica* (Fisch.) Regel, Bull. Soc. Imp. Naturalistes Moscou 34: 167 (1861)
Arabis lyrata L. var. *occidentalis* Watson, Syn. Fl. N. Amer. 1 (1): 159 (1895)
Arabis morrisonensis Hayata, J. Coll. Sci. Imp. Univ. Tokyo 30: 29 (1911)
Cardaminopsis kamtschatica (Fisch.) O.E.Schulz, Nat. Pflanzenfam., ed. 2 17b: 541 (1936)
Arabis lyrata L. ssp. *kamtschatica* (Fisch. ex DC.) Hultén, Fl. Aleutian Isl. 202 (1937)

Arabis Adans.
Arabis hirsuta (L.) Scop., Fl. Carniol., ed. 2 2: 30 (1772)

Common name 털장대

Distribution in Korea: North

Turritis hirsuta L., Sp. Pl. 666 (1753)
Arabis sagittata (Bertol.) DC., Fl. Franc. (DC. & Lamarck), ed. 3 6: 592 (1815)
Arabis sagittata (Bertol.) DC. var. *nipponica* Franch. & Sav., Enum. Pl. Jap. 1: 34 (1875)
Arabis nipponica (Franch. & Sav.) H.Boissieu, Bull. Herb. Boissier 7: 785 (1899)
Arabis longifolia Nakai, Bot. Mag. (Tokyo) 32: 244 (1918)
Arabis ligulifolia Nakai, Bot. Mag. (Tokyo) 33: 51 (1919)
Arabis hirsuta (L.) Scop. ssp. *nipponica* Kitam., Acta Phytotax. Geobot. 20: 201 (1962)
Arabis hirsuta (L.) Scop. var. *nipponica* (Franch. & Sav.) C.C.Yuan & T.Y.Cheo, Fl. Reipubl. Popularis Sin. 33: 277 (1987)

Representative specimens; Chagang-do 5 June 1911 Kang-gei(Kokai 江界) *Mills, RG Mills321* **Hamgyong-bukto** 8 August 1935 羅南支庫 *Saito, T T Saito s.n.* 21 May 1897 茂山嶺-蔘坪(照日洞) *Komarov, VL Komaorv s.n.* 21 May 1897 *Komarov, VL Komaorv s.n.* 18 July 1918 朱乙溫面新人谷 *Nakai, T Nakai s.n.* 18 July 1918 *Nakai, T Nakai7061* Type of *Arabis ligulifolia* Nakai (Holotype TI)12 June 1930 鏡城 *Ohwi, J Ohwi s.n.* 29 May 1897 釜所哥谷 *Komarov, VL Komaorv s.n.* **Hamgyong-namdo** 13 June 1909 興南西湖津薪島 *Nakai, T Nakai s.n.* 20 June 1932 東上面元豊里 *Ohwi, J Ohwi s.n.* **Hwanghae-bukto** 14 May 1932 正方山 *Smith, RK Smith s.n.* **Hwanghae-namdo** 4 July 1921 Sorai Beach 九味浦 *Mills, RG Mills s.n.* **Kangwon-do** 29 July 1916 金剛山海金剛 *Nakai, T Nakai s.n.* 12 July 1936 金剛山外金剛千佛山 *Nakai, T Nakai s.n.* 12 August 1916 金剛山長安寺附近 *Nakai, T Nakai s.n.* 8 June 1909 元山 *Nakai, T Nakai s.n.* **P'yongan-namdo** 15 June 1928 陽德 *Nakai, T Nakai s.n.* **Ryanggang** 1 July 1897 五是川雲寵江-

崔五峰 *Komarov, VL Komaorv s.n.* 14 June 1897 西溪水-延岩 *Komarov, VL Komaorv s.n.* 8 June 1897 平蒲坪-倉坪 *Komarov, VL Komaorv s.n.* 31 May 1897 延面水河谷-古倉坪 *Komarov, VL Komaorv s.n.*

Barbarea W.T.Aiton
Barbarea orthoceras Ledeb., Index Sem. (Dorpat) 0 (1824)
Common name 나도냉이

Distribution in Korea: North, Central, South
  Barbarea vulgaris R.Br. var. *orthoceras* (Ledeb.) Regel, Reis. Ostsib. 1: 154 (1861)
  Barbarea cochlearifolia H.Boissieu, Bull. Herb. Boissier 7: 783 (1899)
  Sisymbrium japonicum H.Boissieu, Bull. Herb. Boissier 7: 794 (1899)
  Barbarea pinnatifida H.Boissieu, Bull. Herb. Boissier 7: 782 (1899)
  Barbarea americana Rydb., Mem. New York Bot. Gard. 1: 174 (1900)
  Barbarea vulgaris R.Br. var. *sibirica* (Regel) Kom., Trudy Imp. S.-Peterburgsk. Bot. Sada 22: 358 (1904)
  Barbarea hondoensis Nakai, Bot. Mag. (Tokyo) 33: 53 (1919)
  Barbarea patens H.Boissieu, Bull. Herb. Boissier 7: 783 (1919)
  Barbarea sibirica (Regel) Nakai, Bot. Mag. (Tokyo) 33: 53 (1919)
  Campe orthoceras (Ledeb.) A.Heller var. *dolichocarpa* (Fernald) Gilkey, Handb. Northwest Fl. Pl. 119 (1936)

Representative specimens; Hamgyong-bukto 13 July 1918 鏡城 *Nakai, T Nakai s.n.* 25 May 1930 Ohwi, *J Ohwi s.n.* **Hwanghae-namdo** April 1931 載寧 *Smith, RK Smith s.n.* **Kangwon-do** 7 June 1909 元山 *Nakai, T Nakai s.n.* **P'yongan-bukto** 2 June 1912 白壁山 *Ishidoya, T Ishidoya s.n.* **Ryanggang** August 1913 長白山 *Mori, T Mori s.n.*

Barbarea vulgaris R.Br., Hort. Kew. (Hill) ed. 2, 4: 109 (1812)
Common name 유럽나도냉이

Distribution in Korea: Introduced (North, Central, South; Eurasia, N. Africa)
  Erysimum barbarea L., Sp. Pl. 660 (1753)
  Barbarea taurica DC., Syst. Nat. (Candolle) 2: 207 (1821)
  Barbarea iberica (Willd.) DC., Syst. Nat. (Candolle) 2: 208 (1821)
  Barbarea arcuata (Opiz ex J.Presl & C.Presl) Rchb., Flora 5: 296 (1822)
  Barbarea hirsuta Weihe, Flora 13: 257 (1830)
  Barbarea altaica Andrz. ex Steud., Nomencl. Bot., ed. 2 (Steudel) 1: 185 (1840)
  Barbarea rupestris Steud., Nomencl. Bot., ed. 2 (Steudel) 1: 185 (1840)
  Barbarea sicula Gren. & Godr., Fl. France (Grenier) 1: 92 (1847)
  Barbarea kayseri Schur, Verh. Mitth. Siebenbürg. Vereins Naturwiss. Hermannstadt 4: 57 (1853)
  Barbarea sylvestris Jord., Ann. Soc. Linn. Lyon 7: 468 (1861)
  Barbarea abortiva Hausskn., Mitt. Geogr. Ges.Jena 3: 274 (1886)
  Barbarea barbarea (L.) MacMill., Metasp. Minnesota Valley 259 (1892)

Representative specimens; Hamgyong-bukto 13 June 1897 西溪水 *Komarov, VL Komaorv s.n.*

Berteroella O.E.Schulz
Berteroella maximowiczii (Palib.) O.E.Schulz, Beih. Bot. Centralbl. 37: 128 (1919)
Common name 장대냉이

Distribution in Korea: North, Central, South
  Sisymbrium maximowiczii Palib., Trudy Imp. S.-Peterburgsk. Bot. Sada 17: 28 (1899)
  Arabis axillaris Kom., Trudy Imp. S.-Peterburgsk. Bot. Sada 18: 437 (1901)

Representative specimens; Hamgyong-bukto 18 June 1930 四芝洞 *Ohwi, J Ohwi s.n.* **Hwanghae-namdo** 26 August 1943 長壽山 *Furusawa, I Furusawa s.n.* 29 July 1921 Sorai Beach 九味浦 *Mills, RG Mills s.n.* 24 July 1922 Mukimpo *Mills, RG Mills s.n.* 27 July 1929 長山串 *Nakai, T Nakai s.n.* **Kangwon-do** 28 July 1916 金剛山外金剛千佛山 *Mori, T Mori s.n.* 8 August 1916 金剛山長安寺附近 *Nakai, T Nakai s.n.* **P'yongan-namdo** 28 June 1912 Ryuko(龍岡) *Imai, H Imai s.n.* **Ryanggang** 24 July 1930 大澤 *Ohwi, J Ohwi s.n.*

Brassica L.
Brassica juncea (L.) Czern., Conspect. Pl. Charc. 8 (1859)

Common name 갓

Distribution in Korea: North, Central, South, Ulleung

Sinapis juncea L., Sp. Pl. 668 (1753)

Brassica cernua Forbes & Hemsl., J. Linn. Soc., Bot. 23: 47 (1886)

Brassica juncea (L.) Czern. var. *crispifolia* L.H.Bailey, Gentes Herb. 1: 91 (1891)

Brassica taquetii (H.Lév. & Vaniot) H.Lév. & Vaniot, Repert. Spec. Nov. Regni Veg. 10: 349 (1911)

Representative specimens; Hamgyong-bukto 24 May 1897 車踰嶺- 照日洞 *Komarov, VL Komaorv s.n.* **Ryanggang** 27 June 1897 栢德嶺 *Komarov, VL Komaorv s.n.*

Brassica napus L., Sp. Pl. 666 (1753)

Common name 유채

Distribution in Korea: North, Ulleung

Brassica campestris L. var. *akana* Makino, Iinuma, Somoku-Dzusetsu, ed. 3 902 (1912)

Brassica napus L. var. *chinensis* (L.) O.E.Schulz, Pflanzenr. (Engler) IV, 105(70): 45 (1919)

Brassica campestris L. var. *nippo-oleifera* Makino, J. Jap. Bot. 8: 10 (1932)

Representative specimens; Chagang-do 30 July 1911 Kang-gei(Kokai 江界) *Mills, RG Mills s.n.* **Hamgyong-namdo** 15 August 1935 東上面漢岱里 *Nakai, T Nakai s.n.* **Hwanghae-namdo** 2 August 1921 Sorai Beach 九味浦 *Mills, RG Mills s.n.*

Brassica oleracea L., Sp. Pl. 667 (1753)

Common name 양배추)

Distribution in Korea: North, Central, South

Brassica oleracea L. var. *botrytis* L., Sp. Pl. 667 (1753)

Brassica oleracea L. var. *gongylodes* L., Sp. Pl. 667 (1753)

Brassica oleracea L. var. *capitata* L., Sp. Pl. 667 (1753)

Sinapis pekinensis Lour., Fl. Cochinch. 400 (1790)

Brassica oleracea L. var. *italica* Plenck, Icon. Pl. Med. 6: 29 (1794)

Brassica oleracea L. var. *bullata* subvar. *gemmifera* DC., Syst. Nat. (Candolle) 2: 583 (1821)

Brassica oleracea L. var. *caulorapa* DC., Prodr. (DC.) 1: 214 (1824)

Brassica oleracea L. var. *gemmifera* (DC.) Zenker, Fl. Thüringen 15: 2 (1836)

Brassica pekinensis Rupr., Fl. Ingr. [Ruprecht] 96 (1860)

Brassica caulorapa Pasq., Cat. Ort. Bot. Napoli 1: 17 (1867)

Brassica campestris L. ssp. *rapa* Hook.f. & Anderson, Fl. Brit. Ind. 1: 156 (1872)

Brassica pe-tsai (Lour.) L.H.Bailey, Cornell Univ. Agric. Exp. Sta. Bull. 67: 178 (1894)

Brassica oleracea L. var. *taquetii* H.Lév. & Vaniot, Repert. Spec. Nov. Regni Veg. 8: 259 (1910)

Brassica capitala H.Lév., Monde Pl. 12: 24 (1910)

Brassica gemmifera H.Lév., Monde Pl. 12: 24 (1910)

Brassica oleacea L. var. *hongnoensis* H.Lév., Repert. Spec. Nov. Regni Veg. 10: 350 (1911)

Brassica rapa L., Handb. Skand. Fl., ed. 1 110 (1854)

Common name 순무

Distribution in Korea: Central, South

Brassica rapa L. var. *glabra* Regel, J. Jap. Bot. 8: 10 (1932)

Braya Sternb. & Hoppe

Braya humilis (C.A.Mey.) B.L.Rob., Syn. Fl. N. Amer. 1 (1): 141 (1895)

Common name 염주냉이

Distribution in Korea: North, Central, South

Sisymbrium humile C.A.Mey., Icon. Pl. (Ledebour) 2: 16 (1830)

Arabis piasezkii Maxim., Bull. Acad. Imp. Sci. Saint-Pétersbourg 3, 26: 420 (1880)

Torularia humilis (C.A.Mey.) O.E.Schulz, Pflanzenr. (Engler) IV, 86(105): 223 (1924)

Stevenia axillaris (Kom.) N.Busch, Fl. URSS 8: 199 (1939)

Torularia maximowiczii Botsch., Bot. Zhurn. (Moscow & Leningrad) 44(10): 1488 (1959)

Torularia piasezkii (Maxim.) Botsch., Bot. Zhurn. (Moscow & Leningrad) 44: 1488 (1959)

Camelina sativa (L.) Crantz, Stirp. Austr. Fasc. 1: 17 (1762)

Common name 양구슬냉이

Distribution in Korea: North (Bujeon highland, Bocheon, Samjiyeon)
  Myagrum sativum L., Sp. Pl. 641 (1753)
  Thlaspi camelina Crantz, Cl. Crucif. Emend. 78 (1769)
  Camelina sagittata Moench, Methodus (Moench) 265 (1794)
  Camelina hirsuta Bernh., Syst. Verz. (Bernhardi) 190 (1800)
  Camelina sativa (L.) Crantz var. *glabrata* DC., Prodr. (DC.) 1: 201 (1824)
  Chamaelinum sativum (L.) Host, Fl. Austriac. 2: 225 (1831)
  Camelina ambigua Besser ex Steud., Nomencl. Bot., ed. 2 (Steudel) 1: 264 (1840)
  Camelina glabrata (DC.) Fritsch ex N.W.Zinger, Trudy Bot. Muz. Imp. Akad. Nauk 6: 22 (1909)
  Camelina pilosa (DC.) N.W.Zinger, Trudy Bot. Muz. Imp. Akad. Nauk 6: 22 (1909)
  Camelina caucasica (Sinskaya) Vassilcz., Fl. URSS 8: 652 (1939)

Representative specimens; **Hamgyong-namdo** 5 August 1938 長津湖畔 *Jeon, SK JeonSK s.n.* **Ryanggang** 5 August 1930 列結水 *Ohwi, J Ohwi s.n.* 2 July 1917 保興里 *Furumi, M Furumi173*

Capsella **Medik.**
Capsella bursa-pastoris (L.) Medik., Pfl.-Gatt. 1: 85 (1792)

Common name 냉이

Distribution in Korea: North, Central, South, Ulleung
  Thlaspi bursa-pastoris L., Sp. Pl. 647 (1753)
  Capsella polymorpha Cav., Descr. Pl. (Cavanilles) 411 (1802)
  Capsella bursa Raf., New Fl. (Rafinesque) 2: 28 (1837)
  Capsella furcata Raf., New Fl. (Rafinesque) 2: 28 (1837)
  Capsella pastoralis Dulac, Fl. Hautes-Pyrénées 189 (1867)
  Capsella bursa-pastoris (L.) Medik. var. *coreana* H.Lév., Repert. Spec. Nov. Regni Veg. 7: 384 (1909)
  Capsella bursa-pastoris (L.) Medik. var. *auriculata* Makino, J. Jap. Bot. 5: 17 (1921)
  Capsella bursa-pastoris (L.) Medik. var. *pinnata* Makino, J. Jap. Bot. 5: 17 (1921)
  Capsella longiracemosa Sennen, Monde Pl. 31(185): 29 (1930)
  Capsella bursa-pastoris (L.) Medik. var. *triangulagis* Gruner, Bull. Natl. Sci. Mus., Tokyo 31: 40 (1952)

Representative specimens; **Hamgyong-bukto** 15 May 1934 漁遊洞 *Uozumi, H Uozumi s.n.* 25 May 1930 鏡城 *Ohwi, J Ohwi s.n.* 25 May 1930 *Ohwi, J Ohwi s.n.* **Hwanghae-namdo** 12 July 1921 Sorai Beach 九味浦 *Mills, RG Mills s.n.* **Kangwon-do** 21 October 1937 Mt. Kumgang (金剛山) *Takeuchi, T s.n.* 21 April 1935 元山 *Yamagishi, S s.n.* **Sinuiju** 30 April 1917 新義州 *Furumi, M Furumi s.n.*

Cardamine **L.**
Cardamine bellidifolia L., Sp. Pl. 654 (1753)

Common name 구슬황새냉이, 구슬냉이(애기냉이)

Distribution in Korea: far North (Rangrim-san, Wagal-bong, Chail-bong, Kanmo-bong)
  Cardamine lenensis Andrz., Fl. Altaic. 3: 33 (1831)
  Cardamine bellidifolia L. var. *laxa* Lange, Consp. Fl. Groenland. 2: 251 (1887)
  Cardamine bellidifolia L. var. *pinnatifida* Hultén, Ark. Bot. a.s., 7: 62 (1968)

Representative specimens; **Chagang-do** 22 July 1919 狼林山上 *Kajiwara, U Kajiwara s.n.* **Hamgyong-bukto** 26 July 1933 冠帽峰 *Saito, T T Saito s.n.* **Hamgyong-namdo** 17 June 1932 東白山 *Ohwi, J Ohwi s.n.*

Cardamine changbaiana Al-Shehbaz, Novon 10: 323 (2000)

Common name 두메냉이

Distribution in Korea: far North (Baekdu-san)
  Cardamine resedifolia L. var. *morii* Nakai, Bot. Mag. (Tokyo) 28: 303 (1914)

Representative specimens; **Ryanggang** 13 August 1913 白頭山 *Hirai, H Hirai s.n.* August 1913 長白山 *Mori, T Mori s.n.* Type of *Cardamine resedifolia* L. var. *morii* Nakai (Syntype TI)August 1913 *Mori, T Mori s.n.* Type of *Cardamine resedifolia* L. var. *morii* Nakai (Syntype TI)10 August 1914 白頭山 *Nakai, T Nakai s.n.* Type of *Cardamine resedifolia* L. var. *morii* Nakai (Syntype TI)

Cardamine flexuosa With., Arr. Brit. Pl., ed. 3 3: 578 (1796)

Common name 황새냉이

Distribution in Korea: North, Central, South, Ulleung

Cardamine hirsuta L. ssp. *flexuosa* With. ex Forbes & Hemsl., J. Linn. Soc., Bot. 23: 43 (1866)

Cardamine hirsuta L. var. *flexuosa* With. ex Forbes & Hemsl., J. Linn. Soc., Bot. 23: 43 (1866)

Cardamine hirsuta L. var. *sylvatica* (Link) Hook.f. & T.Anderson, Fl. Brit. India [J. D. Hooker] 1: 138 (1872)

Cardamine parviflora L. var. *manshurica* Kom., Trudy Imp. S.-Peterburgsk. Bot. Sada 22: 370 (1904)

Cardamine flexuosa With. var. *petiolulata*O.E.Schulz, Bot. Jahrb. Syst. 42: 473 (1912)

Cardamine manshurica (Kom.) Nakai, Chosen Shokubutsu 113 (1914)

Cardamine scutata Thunb. ssp. *flexuosa* (With.) H.Hara, J. Fac. Sci. Univ. Tokyo, Sect. 3, Bot. 6: 59 (1952)

Representative specimens; **Chagang-do** 9 May 1911 Kang-gei(Kokai 江界) *Mills, RG Mills325* 20 May 1909 *Mills, RG Mills369* **Hamgyong-bukto** 21 May 1933 羅南東南側山地 *Saito, T T Saito s.n.* 9 May 1938 鶴西面德仁 *Saito, T T Saito s.n.* 25 May 1930 鏡城 *Ohwi, J Ohwi s.n.* **Kangwon-do** 22 June 1934 金剛山末輝里 *Miyazaki, M s.n.* **P'yongyang** 1 May 1910 平壤普通江岸 *Imai, H Imai s.n.* **Ryanggang** 15 August 1935 北水白山 *Hozawa, S Hozawa s.n.*

Cardamine impatiens L., Sp. Pl. 655 (1753)

Common name 싸리냉이

Distribution in Korea: North, Central, South

Cardamine apetala Moench, Methodus (Moench) 259 (1794)

Cardamine saxatilis Salisb., Prodr. Stirp. Chap. Allerton 269 (1796)

Cardamine dasycarpa M.Bieb., Fl. Taur.-Caucas. 3: 437 (1819)

Cardamine impatiens L. var. *eriocarpa* DC., Prodr. (DC.) 1: 152 (1824)

Cardamine impatiens L. var. *obutusifolia* Knaf, Flora 29: 294 (1846)

Cardamine senanensis Franch. & Sav., Enum. Pl. Jap. 2: 280 (1878)

Cardamine nakaiana H.Lév. & Vaniot, Repert. Spec. Nov. Regni Veg. 10: 350 (1911)

Cardamine miyabei Matsum., Index Pl. Jap. 2 (2): 153 (1912)

Cardamine impatiens L. var. *fumaria* H.Lév., Repert. Spec. Nov. Regni Veg. 12: 100 (1913)

Representative specimens; **Hamgyong-namdo** 14 June 1909 新浦 *Nakai, T Nakai s.n.* **Kangwon-do** 12 July 1936 金剛山外金剛千佛山 *Nakai, T Nakai s.n.*

Cardamine komarovii Nakai, Repert. Spec. Nov. Regni Veg. 13: 271 (1914)

Common name 숟가락황새냉이 (는쟁이냉이)

Distribution in Korea: far North (Gaema, Bujeon, Kwanmo, Rangrim) North (Kangwon), Central, South

Alliaria auriculata Kom., Trudy Imp. S.-Peterburgsk. Bot. Sada 18: 437 (1901)

Arabis cebennensis DC. var. *coreana* H.Lév., Bull. Acad. Int. Geogr. Bot. 19: 260 (1909)

Representative specimens; **Hamgyong-namdo** 27 August 1897 小德川 *Komarov, VL Komarov s.n.* 15 June 1932 下碣隅里 *Ohwi, J Ohwi s.n.* **Kangwon-do** 12 August 1932 Mt. Kumgang (金剛山) *Koidzumi, G Koidzumi s.n.* 12 July 1936 金剛山外金剛千佛山 *Nakai, T Nakai s.n.* 14 July 1936 *Nakai, T Nakai s.n.* 20 August 1916 金剛山彌勒峰 *Nakai, T Nakai s.n.* 17 August 1916 金剛山內霧在嶺 *Nakai, T Nakai s.n.* 10 June 1932 Mt. Kumgang (金剛山) *Ohwi, J Ohwi s.n.* 7 August 1940 *Okuyama, S Okuyama s.n.* **P'yongan-namdo** 9 June 1935 黃草嶺 *Nomura, N Nomura s.n.* **Ryanggang** 5 August 1897 白山嶺 *Komarov, VL Komarov s.n.* 7 August 1897 上巨里水 *Komarov, VL Komarov s.n.* 7 August 1897 *Komarov, VL Komarov s.n.*

Cardamine leucantha (Tausch) O.E.Schulz, Bot. Jahrb. Syst. 42: 403 (1903)

Common name 미나리냉이

Distribution in Korea: North, Central, South

Cardamine macrophylla Willd., Sp. Pl. (ed. 5; Willdenow) 3: 484 (1800)

Dentaria leucantha Tausch, Flora 19-2: 404 (1836)

Dentaria dasyloba Turcz., Bull. Soc. Imp. Naturalistes Moscou 27-2: 296 (1854)
Cardamine macrophylla Willd. var. *parviflora* Trautv. & C.A.Mey., Fl. Ochot. Phaenog. 15 (1856)
Dentaria macrophylla (Willd.) Maxim., Mem. Acad. Imp. Sci. St.-Petersbourg Divers Savans 9: 45 (1859)
Cardamine dasyloba (Turcz.) Miq., Ann. Mus. Bot. Lugduno-Batavi 2: 73 (1865)
Dentaria macrophylla (Willd.) Maxim. var. *dasyloba* (Turcz.) Makino, Bot. Mag. (Tokyo) 11: 157 (1897)
Cardamine leucantha (Tausch) O.E.Schulz var. *koreana* Nakai, Repert. Spec. Nov. Regni Veg. 13: 272 (1914)
Cardamine cathayensis Migo, J. Shanghai Sci. Inst. sect. 3, 3: 223 (1937)
Cardamine koreana (Nakai) Nakai, Bull. Natl. Sci. Mus., Tokyo 31: 49 (1952)
Cardamine tomentella (Vorosch.) Shlotg., Byull. Glavn. Bot. Sada 136: 42 (1985)

Representative specimens; Chagang-do 26 August 1897 小德川 (松德水河谷) *Komarov, VL Komaorv s.n.* **Hamgyong-bukto** 17 June 1909 清津 *Nakai, T Nakai s.n.* 19 May 1897 茂山嶺 *Komarov, VL Komaorv s.n.* 15 June 1930 *Ohwi, J Ohwi s.n.* 15 June 1930 *Ohwi, J Ohwi s.n.* 18 July 1918 朱乙溫面大東水谷 *Nakai, T Nakai s.n.* 27 May 1930 鏡城 *Ohwi, J Ohwi s.n.* 21 June 1909 Musan-ryeong (戊山嶺) *Nakai, T Nakai s.n.* 12 June 1897 西溪水 *Komarov, VL Komaorv s.n.* **Hamgyong-namdo** 22 July 1916 赴戰高原寒泰嶺 *Mori, T Mori s.n.* **Hwanghae-bukto** 29 May 1939 白川邑 *Hozawa, S Hozawa s.n.* **Hwanghae-namdo** 21 May 1932 長壽山 *Smith, RK Smith s.n.* 27 July 1929 長山串 *Nakai, T Nakai s.n.* **Kangwon-do** 14 July 1936 金剛山外金剛千佛山 *Nakai, T Nakai s.n.* 10 June 1932 Mt. Kumgang (金剛山) *Ohwi, J Ohwi s.n.* 20 August 1902 *Uchiyama, T Uchiyama s.n.* **P'yongan-bukto** 5 August 1937 妙香山 *Hozawa, S Hozawa s.n.* **P'yongan-namdo** 17 July 1916 加音嶺 *Mori, T Mori s.n.* 9 June 1935 黃草嶺 *Nomura, N Nomura s.n.* 15 June 1928 陽德 *Nakai, T Nakai s.n.* 15 June 1928 *Nakai, T Nakai s.n.* **P'yongyang** 28 May 1911 P'yongyang (平壤) *Imai, H Imai s.n.* Type of *Cardamine leucantha* (Tausch) O.E.Schulz var. *koreana* Nakai (Holotype TI) Rason 5 June 1930 西水羅 *Ohwi, J Ohwi s.n.* **Ryanggang** 23 August 1914 Keizanchin(惠山鎮) *Ikuma, Y Ikuma s.n.* 26 July 1914 三水- 惠山鎮 *Nakai, T Nakai s.n.* 7 July 1897 犁方嶺 (鴨綠江羅暖堡) *Komarov, VL Komaorv s.n.* 16 August 1897 白山嶺 *Komarov, VL Komaorv s.n.* 16 August 1897 大羅信洞 *Komarov, VL Komaorv s.n.* 21 August 1897 subdist. Chu-czan, flumen Amnok-gan *Komarov, VL Komaorv s.n.* 23 August 1897 雲洞嶺 *Komarov, VL Komaorv s.n.* 3 July 1897 三水邑-上水隅理 *Komarov, VL Komaorv s.n.* 26 June 1897 內曲里 *Komarov, VL Komaorv s.n.* 21 June 1897 阿武山-象背嶺 *Komarov, VL Komaorv s.n.*

Cardamine lyrata Bunge, Enum. Pl. Chin. Bor. 5 (1833)

Common name 논냉이

Distribution in Korea: North (Hamkyon), Central (Hwanghae), South
Cardamine argyi H.Lév., Mem. Real Acad. Ci. Barcelona 12(22): 7 (1916)

Representative specimens; Hamgyong-bukto 26 May 1930 鏡城 *Ohwi, J Ohwi s.n.* 25 June 1930 雪嶺西側 *Ohwi, J Ohwi s.n.* 25 June 1930 *Ohwi, J Ohwi s.n.* Rason 6 June 1930 西水羅 *Ohwi, J Ohwi s.n.* 6 June 1930 *Ohwi, J Ohwi s.n.* **Ryanggang** 15 August 1935 北水白山 *Hozawa, S Hozawa s.n.* 5 August 1940 高頭山 *Hozawa, S Hozawa s.n.* 31 July 1930 島內 *Ohwi, J Ohwi s.n.* 24 July 1930 大澤 *Ohwi, J Ohwi s.n.* 19 June 1930 四芝坪-楡坪 *Ohwi, J Ohwi s.n.*

Cardamine parviflora L., Syst. Nat. ed. 10 0: 131 (1758)

Common name 좀냉이

Distribution in Korea: North, Central, South, Ulleung
Cardamine brachycarpa Franch., Bull. Soc. Bot. France 26: 83 (1879)
Cardamine flexuosa With. ssp. *fallax* O.E.Schulz, Bot. Jahrb. Syst. 42: 478 (1903)
Cardamine fallax (O.E.Schulz) Nakai, Rep. Veg. Ooryongto 167 (1919)
Cardamine koshiensis Koidz., Fl. Symb. Orient.-Asiat. 43 (1930)
Cardamine scutata Thunb. ssp. *fallax* (O.E.Schulz) H.Hara, J. Fac. Sci. Univ. Tokyo, Sect. 3, Bot. 6: 59 (1952)
Cardamine flexuosa With. var. *fallax* (O.E.Schulz) T.Y.Cheo & R.C.Fang, Bull. Bot. Lab. N.E. Forest. Inst., Harbin 6: 23 (1980)

Cardamine pratensis L., Sp. Pl. 656 (1753)

Common name 꽃냉이

Distribution in Korea: far North (Kanmo-bong), Central (Kumkang-san), South (Jiri-san)
Cardamine sylvatica Link, Phytogr. Bl. 1: 50 (1803)
Cardamine pentaphylla R.Br., Hortus Kew. (ed. 2) 4: 101 (1812)
Cardamine buchtormensis Willd. ex DC., Syst. Nat. (Candolle) 2: 258 (1821)

T.B. Lee Herbarium (SNUA) − 2019 (C.S. Chang, H. Kim, H.T. Shin & C.H. Lee)

Cardamine stolonifera Tausch, Cat. Fl. Böhm. 1: 5 (1851)
Cardamine fragilis Degl., Fl. Ouest France 36 (1854)
Cardamine acaulis Berg, Bot. Zeitung (Berlin) 14: 874 (1856)
Cardamine praticola Jord., Diagn. Esp. Var. Mous. 128 (1864)
Cardamine grandiflora Hallier, Bot. Zeitung (Berlin) 24: 209 (1866)
Cardamine fontinalis Schur, Enum. Pl. Transsilv. 48 (1866)

Cardamine prorepens Fisch. ex DC., Syst. Nat. (Candolle) 2: 256 (1821)
Common name 산냉이
Distribution in Korea: North
  Cardamine borealis Andrz. ex DC., Syst. Nat. (Candolle) 2: 256 (1821)
  Cardamine pilosa Willd. ex DC., Syst. Nat. (Candolle) 2: 256 (1821)
  Cardamine pubescens Steven ex DC., Syst. Nat. (Candolle) 2: 256 (1821)
  Cardamine pratensis L. var. *prorepens* (Fisch.) Maxim., Bull. Acad. Imp. Sci. Saint-Pétersbourg 18 (3): 278 (1873)
  Cardamine millsiana Nakai, Repert. Spec. Nov. Regni Veg. 13: 272 (1914)
  Cardamine prorepens Fisch. ex DC. var. *hebecarpa* N.Busch, Fl. Sibir. Orient. Extremi 2: 256 (1915)
  Cardamine yezoensis Maxim. var. *roseiflora* Vorosch., Byull. Glavn. Bot. Sada 83: 35 (1972)

Representative specimens; **Chagang-do** 13 May 1911 Kang-gei(Kokai 江界) *Mills, RG Mills332* Type of *Cardamine millsiana* Nakai (Holotype TI)11 July 1914 蔥田嶺 *Nakai, T Nakai s.n.* **Hamgyong-bukto** 10 June 1897 西溪水 *Komarov, VL Komaorv s.n.* **Hamgyong-namdo** 20 June 1932 東上面元豐里 *Ohwi, J Ohwi s.n.* **Ryanggang** 26 May 1938 農事洞 *Saito, T T Saito s.n.*

Cardamine scutata Thunb., Trans. Linn. Soc. London 2: 339 (1794)
Common name 큰황새냉이
Distribution in Korea: North, Central, South, Ulleung
  Cardamine angulata Hook. var. *kamtschatica* Regel, Bull. Soc. Imp. Naturalistes Moscou 34: 172 (1861)
  Cardamine regeliana Miq., Ann. Mus. Bot. Lugduno-Batavi 2: 73 (1865)
  Cardamine hirsuta L. var. *regeliana* (Miq.) Maxim., Bull. Acad. Imp. Sci. Saint-Pétersbourg 18 (3): 279 (1873)
  Cardamine flexuosa With. var. *regeliana* (Miq.) O.E.Schulz, Bot. Jahrb. Syst. 42: 476 (1903)
  Cardamine flexuosa With. var. *manshurica* Kom., Trudy Imp. S.-Peterburgsk. Bot. Sada 22: 369 (1904)
  Cardamine taquetii H.Lév. & Vaniot, Repert. Spec. Nov. Regni Veg. 8: 259 (1910)
  Cardamine flexuosa With. var. *latifolia* Makino, Fl. Japan (Makino & Nemoto) 447 (1925)
  Cardamine autumnalis Koidz., Bot. Mag. (Tokyo) 43: 404 (1929)
  Cardamine regeliana Miq. var. *manshurica* (Kom.) Kitag., Lin. Fl. Manshur. 238 (1939)
  Cardamine scutata Thunb. ssp. *regeliana* (Miq.) H.Hara, J. Fac. Sci. Univ. Tokyo, Sect. 3, Bot. 6: 59 (1952)

Cardamine tenuifolia (Ledeb.) Turcz., Bull. Soc. Imp. Naturalistes Moscou 10-1: 57 (1837)
Common name 좁은잎미나리냉이
Distribution in Korea: North (Baekdu-san, Rangrim-san)
  Dentaria tenuifolia Ledeb., Mem. Acad. Imp. Sci. St. Petersbourg Hist. Acad. 5: 547 (1815)
  Cardamine tenuifolia (Ledeb.) Turcz. f. *communis* N.Busch, Fl. Sibir. Orient. Extremi 2: 233 (1915)

Cardamine yezoensis Maxim., Bull. Acad. Imp. Sci. Saint-Pétersbourg III 18: 277 (1873)
Common name 왜갓냉이
Distribution in Korea: North (Hamkyong), South
  Cardamine fauriei H.Lév. & Vaniot, Repert. Spec. Nov. Regni Veg. 10: 350 (1911)
  Cardamine prorepens Fisch. ex DC. f. *valida* Takeda, Bot. Mag. (Tokyo) 25: 25 (1911)
  Cardamine amariformis Nakai, Bot. Mag. (Tokyo) 26: 324 (1912)
  Cardamine geifolia Koidz., Icon. Pl. Koisikav 2: 97 (1914)
  Cardamine prorepens Fisch. ex DC. var. *yezoensis* (Maxim.) Kudô, Rep. Veg. N. Saghal. 146 (1924)

Cardamine valida (Takeda) Nakai, Bot. Mag. (Tokyo) 42: 26 (1928)
Wasabia koreana Nakai, J. Jap. Bot. 11: 150 (1935)
Cardamine pseudowasabi H.Shin & Y.D.Kim, Novon 18: 384 (2008)

Representative specimens; Hamgyong-bukto 19 July 1918 冠帽山 *Nakai, T Nakai s.n.* 25 September 1933 冠帽峰 *Saito, T T Saito s.n.* 25 September 1933 *Saito, T T Saito s.n.* 25 July 1918 雪嶺 *Nakai, T Nakai s.n.* **Hamgyong-namdo** 15 June 1932 下碣隅里 *Ohwi, J Ohwi s.n.* 15 June 1932 *Ohwi, J Ohwi s.n.* 16 August 1935 雲仙嶺 *Nakai, T Nakai s.n.* 17 August 1935 遮日峯 2400m *Nakai, T Nakai s.n.* 20 June 1932 東上面元豊里 *Ohwi, J Ohwi s.n.* 20 June 1932 *Ohwi, J Ohwi s.n.* **Kangwon-do** 4 August 1932 金剛山內金剛 *Kobayashi, M Kobayashi s.n.* 4 August 1932 *Kobayashi, M Kobayashi s.n.* 12 August 1932 Mt. Kumgang (金剛山) *Koidzumi, G Koidzumi s.n.* 12 August 1932 *Koidzumi, G Koidzumi s.n.* 12 July 1936 金剛山外金剛千佛山 *Nakai, T Nakai s.n.* 10 June 1932 Mt. Kumgang (金剛山) *Ohwi, J Ohwi s.n.* 18 August 1902 *Uchiyama, T Uchiyama s.n.* Type of *Cardamine amariformis* Nakai (Syntype TI) **Ryanggang** 27 May 1918 大中里 *Ishidoya, T Ishidoya s.n.* 1 August 1934 小長白山脈 *Kojima, K Kojima s.n.*

Catolobus (C.A.Mey.) Al-Shehbaz
Catolobus pendulus (L.) Al-Shehbaz, Novon 15: 521 (2005)
Common name 느러진장대
Distribution in Korea: North, Central, South
    Arabis pendula L., Sp. Pl. 666 (1753)
    Arabis patrianiana DC., Syst. Nat. (Candolle) 2: 236 (1821)
    Arabis oxyota DC., Syst. Nat. (Candolle) 2: 236 (1821)
    Arabis pendula L. var. *hypoglauca* Franch., Pl. David. 1: 33 (1884)
    Arabis subpendula Ohwi, J. Jap. Bot. 26: 229 (1951)

Representative specimens; Chagang-do 14 August 1912 Chosan(楚山) *Imai, H Imai s.n.* 4 July 1911 Kang-gei(Kokai 江界) *Mills, RG Mills468* 18 July 1914 大興里 *Nakai, T Nakai s.n.* **Hamgyong-bukto** 10 August 1933 渡正山門內 *Koidzumi, G Koidzumi s.n.* 3 August 1933 會寧 *Koidzumi, G Koidzumi s.n.* 17 July 1918 朱乙溫面甫上洞 *Nakai, T Nakai s.n.* 2 August 1914 車踰嶺 *Ikuma, Y Ikuma s.n.* **Hamgyong-namdo** 14 August 1943 赴戰高原元豊-道安 *Honda, M; Toh, BS; Shim, HC Honda s.n.* 16 August 1943 赴戰高原漢垈里 *Honda, M; Toh, BS; Shim, HC Honda s.n.* 15 August 1935 東上面漢垈里 *Nakai, T Nakai s.n.* 25 July 1935 西於水里 *Nomura, N Nomura s.n.* 14 August 1940 赴戰高原 Fusenkogen *Okuyama, S Okuyama s.n.* **Hwanghae-bukto** 8 September 1902 瑞興- 風壽阮 *Uchiyama, T Uchiyama s.n.* **Hwanghae-namdo** 26 August 1943 長壽山 *Furusawa, I Furusawa s.n.* **Kangwon-do** 12 August 1932 Mt. Kumgang (金剛山) *Koidzumi, G Koidzumi s.n.* 9 August 1916 金剛山長安寺附近 *Nakai, T Nakai s.n.* 29 September 1935 Mt. Kumgang (金剛山) *Okamoto, S Okamoto s.n.* **P'yongan-namdo** 27 July 1916 黃草嶺 *Mori, T Mori s.n.* **P'yongyang** 9 October 1934 P'yongyang (平壤) *Chang, HD ChangHD s.n.* 25 August 1910 平壤牡丹台 *Imai, H Imai s.n.* **Ryanggang** 23 August 1914 Keizanchin(惠山鎭) *Ikuma, Y Ikuma s.n.* 1 July 1897 五是川雲寵江-崔五峰 *Komarov, VL Komaorv s.n.* 9 October 1935 大坪里 *Okamoto, S Okamoto s.n.* 22 August 1897 雲洞嶺 *Komarov, VL Komaorv s.n.* August 1913 崔哥嶺 *Mori, T Mori s.n.* 20 August 1933 戊山郡三長 *Koidzumi, G Koidzumi s.n.*

Clausia Korn.-Trotzky ex Hayek
Clausia trichosepala (Turcz.) Dvořák, Phyton (Horn) 11: 200 (1966)
Common name 큰장대
Distribution in Korea: North
    Hesperis trichosepala Turcz., Bull. Soc. Imp. Naturalistes Moscou 5: 180 (1832)
    Clausia aprica var. *trichosepala* (Turcz.) Korn.-Trotzky, Index Sem. (Casan.) 0 (1834)
    Cheiranthus apricus var. *trichosepalus* (Turcz.) Franch., Pl. David. 1: 32 (1884)
    Hesperis limprichtii O.E.Schulz, Repert. Spec. Nov. Regni Veg. Beih. 12: 360 (1922)
    Hesperis limprichtii O.E.Schulz var. *violacea* O.E.Schulz, Acta Horti Gothob. 1: 162 (1924)

Representative specimens; Hamgyong-bukto 21 May 1933 羅南 *Saito, T T Saito s.n.* 16 August 1914 下面江口-茂山 *Nakai, T Nakai s.n.* **Ryanggang** 15 August 1914 三下面下面江口 *Nakai, T Nakai s.n.*

Dontostemon Andrz. ex C.A.Mey.
Dontostemon dentatus (Bunge) C.A.Mey. ex Ledeb., Fl. Ross. (Ledeb.) 1: 175 (1841)
Common name 가는장대
Distribution in Korea: North, Central, South
    Andreoskia dentata Bunge, Enum. Pl. Chin. Bor. 6 (1833)
    Dontostemon oblongifolius Ledeb., Fl. Ross. (Ledeb.) 1: 175 (1841)
    Dontostemon eglandulosus C.A.Mey., Fl. Baical.-dahur. 1: 162 (1842)

Dontostemon dentatus (Bunge) C.A.Mey. ex Ledeb. var. *glandulosus* Maxim. ex Franch. & Sav., Enum. Pl. Jap. 1: 37 (1875)
Dontostemon dentatus (Bunge) C.A.Mey. ex Ledeb. var. *pilosus* Kitag., J. Jap. Bot. 19: 103 (1943)

Representative specimens; Chagang-do 26 August 1897 小德川 (松德水河谷) *Komarov, VL Komaorv s.n.* 22 July 1914 山羊 - 江口 *Nakai, T Nakai s.n.* **Hamgyong-bukto** 28 May 1897 富潤洞 *Komarov, VL Komaorv s.n.* 17 June 1909 清津 *Nakai, T Nakai s.n.* 13 June 1933 羅南 *Saito, T T Saito s.n.* 12 June 1935 *Saito, T T Saito s.n.* 7 August 1935 羅南支庫 *Saito, T T Saito s.n.* June 1932 鏡城 *Ito, H s.n.* 13 July 1918 朱乙溫面生氣嶺 *Nakai, T Nakai s.n.* 21 July 1918 朱乙溫面新人谷 *Nakai, T Nakai s.n.* 4 July 1936 豊谷 *Saito, T T Saito s.n.* 5 July 1916 鏡城 *Yamada, Y s.n.* 3 August 1914 車踰嶺 *Ikuma, Y Ikuma s.n.* 1 August 1932 茂山 *Komatsu, H s.n.* 31 July 1917 *Unknown s.n.* 2 August 1918 漁大津 *Nakai, T Nakai s.n.* 6 July 1936 南山面 *Saito, T T Saito s.n.* 12 June 1897 西溪水 *Komarov, VL Komaorv s.n.* 20 June 1909 富寧 *Nakai, T Nakai s.n.* 15 May 1897 江ノ嶺 *Komarov, VL Komaorv s.n.* 4 June 1897 四芝嶺 *Komarov, VL Komaorv s.n.* **Hamgyong-namdo** 15 June 1909 鎭岩峯 *Nakai, T Nakai s.n.* 20 June 1932 東上面元豊里 *Ohwi, J Ohwi s.n.* **Hwanghae-bukto** 26 September 1915 瑞興 *Nakai, T Nakai s.n.* **Hwanghae-namdo** 29 July 1935 長壽山 *Koidzumi, G Koidzumi s.n.* 28 August 1943 海州港海岸 *Furusawa, I Furusawa s.n.* 31 July 1929 席島 *Nakai, T Nakai s.n.* 1 August 1929 椒島 *Nakai, T Nakai s.n.* 29 June 1921 Sorai Beach 九味浦 *Mills, RG Mills s.n.* 24 July 1929 夢金浦 *Nakai, T Nakai s.n.* **Kangwon-do** July 1932 Mt. Kumgang (金剛山) *Smith, RK Smith s.n.* **P'yongan-bukto** 5 August 1937 妙香山 *Hozawa, S Hozawa s.n.* 4 June 1912 白壁山 *Ishidoya, T Ishidoya s.n.* **P'yongan-namdo** 14 July 1916 Kai-syong (价川) *Mori, T Mori s.n.* 15 June 1928 陽德 *Nakai, T Nakai s.n.* **P'yongyang** 9 June 1912 P'yongyang (平壤) *Imai, H Imai s.n.* 22 August 1943 平壤牡丹臺 *Furusawa, I Furusawa s.n.* 27 June 1909 平壤牡丹台 *Imai, H Imai s.n.* **Ryanggang** 26 July 1914 三水- 惠山鎭 *Nakai, T Nakai s.n.* 1 July 1897 五는川雲寵江-崔五峰 *Komarov, VL Komaorv s.n.* 2 July 1897 雲寵里三水邑 (虛川江岸懸崖) *Komarov, VL Komaorv s.n.* 1 August 1897 虛川江 (同仁川) *Komarov, VL Komaorv s.n.* 7 June 1897 平蒲坪 *Komarov, VL Komaorv s.n.* 26 June 1897 內曲里 *Komarov, VL Komaorv s.n.* 28 June 1897 柏德嶺 *Komarov, VL Komaorv s.n.*

Dontostemon hispidus Maxim., Mélanges Biol. Bull. Phys.-Math. Acad. Imp. Sci. Saint-Pétersbourg 9: 11 (1873)
Common name 큰꽃장대
Distribution in Korea: North (Rangrim, Musan)
   Clausia ussuriensis N.Busch, Bot. Mater. Gerb. Glavn. Bot. Sada RSFSR 4: 185 (1923)

Representative specimens; Hamgyong-bukto 3 August 1934 清津 *Joo, GY s.n.* 8 August 1934 雙燕山 *Uozumi, H Uozumi s.n.* 28 July 1936 茂山 *Saito, T T Saito s.n.*

Draba L.
Draba daurica DC., Syst. Nat. (Candolle) 2: 350 (1821)
Common name 산꽃다지
Distribution in Korea: far North (Kanmo-bong)

Representative specimens; Hamgyong-bukto July 1932 冠帽峰 *Ohwi, J Ohwi s.n.* 30 May 1934 北河瑞冠帽峰 *Saito, T T Saito s.n.* 21 July 1933 冠帽峰 *Saito, T T Saito s.n.* **Ryanggang** August 1931 豊山郡熊耳面北水白山 *Kishinami, Y s.n.*

Draba glabella Pursh, Fl. Sibir. Orient. Extremi 25: 356 (1919)
Common name 산꽃다지
Distribution in Korea: North, Central
   Draba daurica DC. var. *ramosa* Pohl & Bush, Fl. Sibir. Orient. Extremi 25: 356 (1919)

Representative specimens; Hamgyong-bukto 20 July 1918 冠帽山 2400m *Nakai, T Nakai7071*

Draba mongolica Turcz., Bull. Soc. Imp. Naturalistes Moscou 15: 256 (1842)
Common name 구름꽃다지
Distribution in Korea: North

Draba nemorosa L., Sp. Pl. 643 (1753)
Common name 꽃다지
Distribution in Korea: North, Central, South, Ulleung
   Draba lutea Gilib., Fl. Lit. Inch. 2: 46 (1782)
   Draba nemorosa L. var. *hebecarpa* Lindblom, Linnaea 13: 33 (1839)
   Draba nemorosa L. var. *leiocarpa* Lindb., Sp. Pl. 333 (1839)

Draba nemoralis Ehrh. var. *hebecarpa*(Lindblom) Lehm., Fl. Poln.-Livl. 1: 315 (1895)
Draba nemorosa L. f. *leiocarpa* (Lindb.) Kitag., J. Jap. Bot. 40: 139 (1965)

Representative specimens; Chagang-do 10 July 1914 梅田坪 *Nakai, T Nakai s.n.* **Hamgyong-bukto** 29 August 1908 清津 *Okada, S s.n.* 23 June 1909 茂山嶺 *Nakai, T Nakai s.n.* 25 May 1930 鏡城 *Ohwi, J Ohwi s.n.* 29 May 1897 釜所哥谷 *Komarov, VL Komaorv s.n.* 25 July 1918 雪嶺 2200m *Nakai, T Nakai s.n.* 10 June 1897 西溪水 *Komarov, VL Komaorv s.n.* **Kangwon-do** 27 April 1935 Ouen san (元山) *Yamagishi, S s.n.* **P'yongyang** 17 April 1910 P'yongyang (平壤) *Imai, H Imai s.n.* 17 April 1910 *Imai, H Imai s.n.* **Ryanggang** 7 June 1897 平蒲坪 *Komarov, VL Komaorv s.n.* **Sinuiju** 30 April 1917 新義州 *Furumi, M Furumi s.n.*

Draba ussuriensis Pohle, Izv. Imp. Bot. Sada Petra Velikago 14: 470 (1914)
Common name 우수리꽃다지
Distribution in Korea: North

Erysimum L.
Erysimum cheiranthoides L., Sp. Pl. 2: 661 (1753)
Common name 쑥부지깽이
Distribution in Korea: North, Central, South
　　Cheiranthus erysimoides Huds., Fl. Angl. (Hudson) (ed. 2) 287 (1778)
　　Erysimum parviflorum Pers., Syn. Pl. (Persoon) 2: 199 (1806)
　　Erysimum cheiranthoides L. var. *japonicum* H.Boissieu, Bull. Herb. Boissier 7: 795 (1899)
　　Crucifera erysimum E.H.L.Krause, Deutschl. Fl. (Sturm), ed. 2 6: 75 (1902)
　　Erysimum japonicum (H.Boissieu) Makino, Ill. Fl. Jap. Suppl. 508 (1948)

Erysimum perofskianum Fisch. & C.A.Mey., Index Seminum [St.Petersburg (Petropolitanus)] 4: 36 (1838)
Common name 부지깽이나물
Distribution in Korea: North
　　Cheiranthus aurantiacus Bunge, Enum. Pl. Chin. Bor. 5 (1833)
　　Erysimum aurantiacum (Bunge) Maxim., Enum. Pl. Mongolia 1: 65 (1889)
　　Erysimum amurense Kitag., Bot. Mag. (Tokyo) 51: 155 (1937)
　　Erysimum amurense Kitag. ssp. *bungei* Kitag., J. Jap. Bot. 25: 43 (1950)
　　Erysimum bungei (Kitag.) Kitag., J. Jap. Bot. 25: 43 (1950)
　　Erysimum amurense Kitag. var. *bungei* (Kitag.) Kitag., Neolin. Fl. Manshur. 334 (1979)

Isatis L.
Isatis tinctoria L., Sp. Pl. 2: 670 (1753)
Common name 대청
Distribution in Korea: North, Central (along the coast)
　　Isatis alpina Vill., Prosp. Hist. Pl. Dauphine 38 (1779)
　　Isatis taurica M.Bieb., Fl. Taur.-Caucas. 3: 422 (1819)
　　Isatis campestris Stev. ex DC., Syst. Nat. (Candolle) 2: 571 (1821)
　　Isatis bannatica Link, Enum. Hort. Berol. Alt. 2: 149 (1822)
　　Isatis villarsii Gaudin, Syn. Fl. Helv. 526 (1836)
　　Isatis sibirica Trautv., Mem. Acad. Imp. Sci. St.-Petersbourg Divers Savans 34: 305 (1845)
　　Isatis indigotica Fortune, J. Hort. Soc. London 1: 269 (1846)
　　Isatis reticulata C.A.Mey., Beitr. Pflanzenk. Russ. Reiches 6: 52 (1849)
　　Isatis japonica Miq., Ann. Mus. Bot. Lugduno-Batavi 2: 75 (1865)
　　Isatis maritima Rupr., Mem. Acad. Imp. Sci. St.-Petersbourg, Ser. 7 15: 133 (1869)
　　Isatis transsilvanica Simonk., Termesz. Fuzet. 10: 180 (1886)
　　*Isatis tinctoria*L. ssp. *japonica* (Miq.) N.Busch, Fl. Sibir. Orient. Extremi 1: 159 (1913)
　　Isatis ciesielskii Zapal., Bull. Int. Acad. Sci. Cracovie, Cl. Sci.Math., Ser. B, Sci. Nat. 1913: 447 (1913)
　　Isatis kamienskii Zapal., Bull. Int. Acad. Sci. Cracovie, Cl. Sci.Math., Ser. B, Sci. Nat. 1913: 447 (1913)
　　Isatis yezoensis Ohwi, Acta Phytotax. Geobot. 4: 66 (1935)
　　Isatis koelzii Rech.f., Phyton (Horn) 3: 46 (1951)

Isatis tinctoria L. var. *yezoensis* (Ohwi) Ohwi, Fl. Jap. (Ohwi) 568 (1953)
Isatis macrocarpa B. Fedtsch. ex Nikitina, Fl. Kirgizsk. SSR 6: 189 (1955)
Isatis tinctoria L. var. *indigotica* (Fortune) T.Y.Cheo & K.C.Kuan, Acta Phytotax. Sin. 16: 100 (1978)
Isatis oblongata DC. var. *yezoensis* (Ohwi) Y.L. Chang, Fl. Pl. Herb. Chin. Bor.-Or. 4: 78 (1980)
Isatis vermia Papan., Nord. J. Bot. 2: 555 (1983)

Representative specimens; Hamgyong-bukto 19 June 1937 Sungjin (城津) *Saito, T T Saito s.n.* **Kangwon-do** 7 June 1909 元山 *Nakai, T Nakai s.n.*

Lepidium L.
Lepidium apetalum Willd., Sp. Pl. (ed. 4) 3: 439 (1800)
Common name 다닥냉이
Distribution in Korea: North, Central, South, Jeju
    Thlaspi apetalum (Willd.) Poir., Encycl. (Lamarck) 7: 547 (1806)
    Lepidium incisum Roth ex M.Bieb., Fl. Taur.-Caucas. 2: 98 (1808)
    Lepidium micranthum Ledeb., Icon. Pl. (Ledebour) 1: 22, t. 92 (1829)
    Crucifera apetala (Willd.) E.H.L.Krause, Deutschl. Fl. (Sturm), ed. 2 6: 157 (1902)

Lepidium cordatum Willd. ex DC., Syst. Nat. (Candolle) 2: 554 (1821)
Common name 앉은잎다닥냉이
Distribution in Korea: North (Pyongyang)
    Nasturtium cordatum (Willd. ex Stev.) Kuntze, Revis. Gen. Pl. 2: 937 (1891)

Lepidium perfoliatum L., Sp. Pl. 643 (1753)
Common name 흰꽃다닥냉이 (대부도냉이)
Distribution in Korea: Introduced (North, Central, Jeju; Eurasia, N. Africa)
    Alyssum heterophyllum Ruiz & Pav. ex DC., Syst. Nat. (Candolle) 2: 542 (1821)
    Nasturtium perfoliatum (L.) Besser, Enum. Pl. (Besser) 26 (1821)
    Crucifera diversifolia E.H.L.Krause, Deutschl. Fl. (Sturm), ed. 2 6: 156 (1902)

Lepidium sativum L., Sp. Pl. 644 (1753)
Common name 큰다닥냉이
Distribution in Korea: North (Kangae)
    Thlaspi sativum (L.) Crantz, Stirp. Austr. Fasc. 1: 21 (1762)
    Lepidium spinescens DC., Syst. Nat. (Candolle) 2: 534 (1821)

Representative specimens; Hamgyong-bukto 18 June 1930 四芝洞 *Ohwi, J Ohwi s.n.* **P'yongan-namdo** 17 July 1916 温倉 *Mori, T Mori s.n.*

Lepidium virginicum L., Sp. Pl. 645 (1753)
Common name 콩다닥냉이
Distribution in Korea: North, Introduced (Central, South, Ulleung, Jeju; N. America)
    *Lepidium diandrum*Medik., Ann. Bot. (Usteri) 8: 45 (1794)
    Lepidium arcuatum DC., Mem. Soc. Hist. Nat. Paris 1799: 145 (1799)
    Lepidium exiguiflorum Clairv., Man. Herbor. Suisse 214 (1811)
    Lepidium micropterum Miq., Stirp. Surinam. Select. 106 (1850)
    Lepidium majus Darracq, Bull. Soc. Bot. France 15: 13 (1868)

Representative specimens; Hamgyong-bukto 12 July 1932 羅南 *Saito, T T Saito s.n.* 13 July 1934 *Saito, T T Saito s.n.*

Orychophragmus Bunge
Orychophragmus violaceus (L.) O.E.Schulz, Bot. Jahrb. Syst. 54 Beibl. 119: 56 (1916)
Common name 소래풀
Distribution in Korea: North

Orychophragmus sonchifolius Bunge, Enum. Pl. Chin. Bor. 7 (1833)
Brassica violacea L., Sp. Pl. 667 (1853)
Moricandra sonchifolia (Bunge) Hook.f., Bot. Mag. 102: t. 6243 (1876)
Raphanus chanetii H.Lév., Monde Pl. 18: Artann. 2 ser. n. 103, 31 (1916)
Raphanus courtoisii H.Lév., Mem. Real Acad. Ci. Barcelona 12: 548 (1916)

Representative specimens; Hwanghae-namdo 2 August 1921 Sorai Beach 九味浦 *Mills, RG Mills s.n.*

Raphanus L.
Raphanus sativus L., Sp. Pl. 669 (1753)
Common name 무
Distribution in Korea: cultivated (North, Central, South, Ulleung, Jeju)
  Raphanus sativus L. var. *hortensis* Backer, Fl. Batavia 51 (1907)
  Raphanus sativus L. f. *raphanistroides* Makino, Bot. Mag. (Tokyo) 23: 70 (1909)
  Raphanus sativus L. var. *macropodus* (H.Lév.) Makino f. *raphanistroides* (Makino) Makino,
  Bot. Mag. (Tokyo) 23: 70 (1909)
  Raphanus raphanistrum L. ssp. *sativus* (L.) Domin, Beih. Bot. Centralbl. 26: 255 (1910)
  Raphanus macropodus H.Lév., Repert. Spec. Nov. Regni Veg. 10: 349 (1911)
  Raphanus taquetii H.Lév., Repert. Spec. Nov. Regni Veg. 10: 349 (1911)
  Raphanus sativus L. var. *raphanistroides* Makino, J. Jap. Bot. 1: 114 (1917)
  Raphanus macropodus H.Lév. var. *spontaceus* Nakai, Cat. Sem. Spor. [1919 & 1920 Lect.] 1: 37 (1920)
  Raphanus raphanistroides Nakai, Cat. Sem. Spor. [1919 & 1920 Lect.] 1: 36 (1920)
  Raphanus acanthiformis J.M.Morel ex Sasaki, List Pl. Formosa (Sasaki) 202 (1928)
  Raphanus acanthiformis J.M.Morel ex Sasaki f. *raphanistroides* Hara, Bot. Mag. (Tokyo) 49: 73 (1935)

Representative specimens; Chagang-do 6 July 1911 Kang-gei(Kokai 江界) *Mills, RG Mills354*

Rorippa Scop.
Rorippa cantoniensis (Lour.) Ohwi, Acta Phytotax. Geobot. 6: 55 (1937)
Common name 좀구슬갓냉이 (좀개갓냉이)
Distribution in Korea: North (Hamgyong, P'yongan), Central, South
  Ricotia cantoniensis Lour., Fl. Cochinch. 397 (1790)
  Nasturtium microspermum DC., Syst. Nat. (Candolle) 2: 199 (1821)
  Nasturtium microspermum DC. var. *vegetius* Maxim., Mem. Acad. Imp. Sci. St.-Petersbourg
  Divers Savans 42: 462 (1859)
  Nasturtium sikokianum Franch. & Sav., Enum. Pl. Jap. 2: 277 (1878)
  Nasturtium sikokianum Franch. & Sav. var. *axillare* Hayata, Icon. Pl. Formosan. 3: 17 (1913)
  Rorippa microsperma (DC.) Hand.-Mazz., Symb. Sin. 7: 358 (1931)
  Rorippa microsperma var. *vegetior* (Maxim.) Nakai, Bull. Natl. Sci. Mus., Tokyo 31: 50 (1952)

Representative specimens; Hamgyong-namdo 8 May 1939 Hamhung (咸興) *Osada, T s.n.* **Hwanghae-bukto** 29 May 1939
白川邑 *Hozawa, S Hozawa s.n.* **P'yongyang** 15 May 1910 平壤普通江岸 *Imai, H Imai s.n.*

Rorippa globosa (Turcz. ex Fisch. & C.A.Mey.) Hayek, Beih. Bot. Centralbl. 27: 195 (1911)
Common name 구슬갓냉이
Distribution in Korea: North (Kangwon), Central (Hwanghae)
  Nasturtium globosum Turcz. ex Fisch. & C.A.Mey., Index Seminum [St.Petersburg
  (Petropolitanus)] 1: 35 (1835)
  Cochlearia globosa Ledeb., Fl. Ross. (Ledeb.) 1: 159 (1842)
  Nasturtium cantonniense Hance, J. Bot. 3: 378 (1865)
  Nasturtium globosum Turcz. ex Fisch. & C.A.Mey. var. *brachypetalum* Nakai, J. Coll. Sci.
  Imp. Univ. Tokyo 26: 51 (1909)
  Nasturtium globosum Turcz. ex Fisch. & C.A.Mey. f. *bivalvis* N.Busch, Fl. Sibir. Orient.
  Extremi 2: 210 (1915)
  Rorippa apetala Y.Y. Kim & B.U.Oh, Korean J. Pl. Taxon. 40: 84 (2010)

Representative specimens; **Hamgyong-bukto** 8 July 1936 鶴浦-行營 *Saito, T T Saito s.n.* **Hamgyong-namdo** 11 August 1940 咸興歸州寺 *Okuyama, S Okuyama s.n.* **Hwanghae-namdo** 31 July 1929 席島 *Nakai, T Nakai s.n.* 14 July 1922 Sorai Beach 九味浦 *Mills, RG Mills s.n.* **Kangwon-do** 9 August 1902 昌道 *Uchiyama, T Uchiyama s.n.* 9 August 1902 *Uchiyama, T Uchiyama s.n.* Type of *Nasturtium globosum* Turcz. ex Fisch. & C.A.Mey. var. *brachypetarum* Nakai (Holotype TI) **P'yongan-bukto** 13 September 1911 東倉面藥水洞 *Ishidoya, T Ishidoya s.n.* 13 September 1915 Gishu(義州) *Nakai, T Nakai s.n.* **Ryanggang** 5 August 1930 列結水 *Ohwi, J Ohwi s.n.*

Rorippa indica (L.) Hiern, Cat. Afr. Pl. 1: 26 (1896)
Common name 개갓냉이

Distribution in Korea: North, Central, South, Ulleung, Jeju
    Sisymbrium indicum L., Sp. Pl. (ed. 2) 2: 917 (1763)
    Sisymbrium sinapis Burm., Fl. Ind. (N. L. Burman) 140 (1768)
    Sisymbrium dubium Pers., Syn. Pl. (Persoon) 2: 199 (1806)
    Nasturtium atrovirens (Hornem.) DC., Syst. Nat. (Candolle) 2: 201 (1821)
    Nasturtium indicum DC., Syst. Nat. (Candolle) 2: 199 (1821)
    Nasturtium heterophyllum Blume, Bijdr. Fl. Ned. Ind. 2: 50 (1825)
    Cardamine glandulosa Blanco, Fl. Filip. 521 (1837)
    Nasturtium montanum Wall. ex Hook.f. & Thomson, J. Linn. Soc., Bot. 5: 139 (1861)
    Cardamine sublyrata Miq., Ann. Mus. Bot. Lugduno-Batavi 2: 73 (1865)
    Nasturtium montanum Wall. ex Hook.f. & Thomson var. *obtusulum* Miq., Ann. Mus. Bot. Lugduno-Batavi 2: 71 (1866)
    Nasturtium montanum Wall. ex Hook.f. & Thomson var. *nipponicum* Franch. & Sav., Enum. Pl. Jap. 1: 32 (1873)
    Rorippa montata (Wall. ex Hook.f. & Thomson) Small, Fl. S.E. U.S., ed. 2. [Small]. 1339 (1913)
    Radicula indica (L.) Standl., Smithsonian Misc. Collect. 68: 2 (1917)
    Sisymbrium atrovirens Hornem., Suppl. Hort. Bot. Hafn. 72 (1918)
    Radicula montana (Wall. ex Hook.f. & Thomson) Hu ex C.P'ei, Contr. Biol. Lab. Chin. Assoc. Advancem. Sci., Sect. Bot. 9: 45 (1933)
    Nasturtium obtusulum (Miq.) Koidz., Acta Phytotax. Geobot. 3: 149 (1934)
    Nasturtium sinapis (Burm.f.) O.E.Schulz, Repert. Spec. Nov. Regni Veg. 33: 278 (1934)
    Rorippa sublyrata (Miq.) H.Hara, J. Jap. Bot. 11: 623 (1935)
    Rorippa atrovirens Ohwi & Hara, J. Jap. Bot. 12: 900 (1936)
    Rorippa sinapis Ohwi & Hara, J. Jap. Bot. 12: 899 (1936)

Rorippa palustris (L.) Besser, Enum. Pl. (Besser) 27 (1821)
Common name 속속이풀

Distribution in Korea: North, Central, South, Ulleung
    Sisymbrium amphibium L. var. *palustre* L., Sp. Pl. 657 (1753)
    Sisymbrium palustre (L.) Leyss., Fl. Halens. 166 (1761)
    Nasturtium islandicum (Oeder ex Murray) Oeder, Fl. Dan. ed. 3: 409 (1768)
    Nasturtium palustre (L.) Crantz, Cl. Crucif. Emend. 81 (1769)
    Sisymbrium islandicum Oeder ex Murray, Novi Comment. Soc. Regiae Sci. Gott. 3: 81 (1773)
    Radicula palustris Moench, Methodus (Moench) 262 (1794)
    Nasturtium semipinnatifidum Hook., J. Bot. (Hooker) 1: 246 (1834)
    Rorippa palustris (L.) Besser var. *hispida* (Desv.) Rydb., Bot. Surv. Nebraska 3: 26 (1894)
    Rorippa islandica (Oeder ex Murray) Borbás, Balaton Tavanak Partmellekenek Novenyfoldr. 2: 392 (1900)
    Radicula hispida (Desv.) Britton, Torreya 6: 30 (1906)
    Rorippa islandica (Oeder ex Murray) Borbás var. *glabrata* (Lunell) Butters & Abbe, Rhodora 42(494): 28 (1940)

Representative specimens; **Hamgyong-bukto** 9 August 1935 羅南 *Saito, T T Saito s.n.* 19 May 1897 茂山嶺 *Komarov, VL Komaorv s.n.* 6 June 1930 鏡城 *Ohwi, J Ohwi s.n.* 28 July 1936 茂山 *Saito, T T Saito s.n.* **Hamgyong-namdo** 1928 Hamhung (咸興) *Seok, JM s.n.* 16 August 1943 赴戰高原漢垈里 *Honda, M; Toh, BS; Shim, HC Honda s.n.* 18 August 1943 赴戰高原咸地院 *Honda, M; Toh, BS; Shim, HC Honda s.n.* 3 October 1935 赴戰高原 Fusenkogen *Okamoto, S Okamoto s.n.* **Kangwon-do** 7 June 1909 元山 *Nakai, T Nakai s.n.* 27 April 1935 Ouen san (元山) *Yamagishi, S s.n.* 25 May 1935 元山 *Yamagishi, S s.n.* **P'yongyang** 15 May 1910 平壤普通江岸 *Imai, H Imai s.n.* 22 June 1909 平壤市街附近 *Imai, H Imai s.n.* **Ryanggang** 23 August 1914 Keizanchin(惠山鎭) *Ikuma, Y Ikuma s.n.*

1 July 1897 五是川雲寵江-崔五峰 *Komarov, VL Komaorv s.n.* 15 August 1935 北水白山 *Hozawa, S Hozawa s.n.* 3 July 1897 三水邑-上水隅理 *Komarov, VL Komaorv s.n.* 9 August 1897 長津江下流域 *Komarov, VL Komaorv s.n.* 7 June 1897 平蒲坪 *Komarov, VL Komaorv s.n.*

Sisymbrium L.
Sisymbrium heteromallum C.A.Mey., Fl. Altaic. 3: 132 (1831)

Common name 굽은노란장대

Distribution in Korea: North (Seohojin, Shinpo)
  Sisymbrium dahuricum Turcz. ex E.Fourn., Rech. Anat. Taxon. Fam. Crucifer. 97 (1865)
  Sisymbrium heteromallum C.A.Mey. f. *dahuricum* (Turcz.) Glehn & Maxim., Fl. Tangut. 97 (1889)
  Sisymbrium heteromallum C.A.Mey. var. *dahuricum* (Turcz.) Glehn & Maxim., Trudy Imp. S.-Peterburgsk. Bot. Sada 11: 53 (1890)
  Hesperis dahurica (Turcz. ex E.Fourn.) Kuntze, Rev. Gen. Bot. 0: 934 (1891)
  Sisymbrium heteromallum C.A.Mey. f. *glabrum* Korsh., Bull. Acad. Imp. Sci. Saint-Pétersbourg 9(5): 412 (1898)

Representative specimens; Hamgyong-bukto 26 May 1897 茂山 *Komarov, VL Komaorv s.n.* **Hamgyong-namdo** 8 June 1909 Hamhung (咸興) *Shou, K s.n.*

Sisymbrium luteum (Maxim.) O.E.Schulz, Beih. Bot. Centralbl. 37: 126(Abt. 2, Heft 1) (1918)

Common name 노란장대

Distribution in Korea: North (Rangrim), Central, South, Jeju
  Hesperis lutea Maxim., Bull. Acad. Imp. Sci. Saint-Pétersbourg 18: 282 (1873)
  Sisymbrium brassicoides Nakai, Bot. Mag. (Tokyo) 27: 129 (1913)

Representative specimens; Hamgyong-bukto 30 June 1935 ラクダ峰羅南 *Saito, T T Saito s.n.* 15 June 1909 Sungjin (城津) *Shou, K s.n.* 7 July 1930 鏡城 *Ohwi, J Ohwi s.n.* 23 June 1935 梧上洞 *Saito, T T Saito s.n.* **Hamgyong-namdo** 13 June 1909 西湖津 *Nakai, T Nakai s.n.* 14 June 1909 新浦 *Nakai, T Nakai s.n.* **Rason** 6 June 1930 西水羅 *Ohwi, J Ohwi s.n.* 6 June 1930 Ohwi, *J Ohwi s.n.*

Sisymbrium orientale L., Cent. Pl. II 2: 24 (1756)

Common name 긴갓냉이

Distribution in Korea: Introduced (North, Central, South; Eurasia, N. Africa)
  Sisymbrium columnae Jacq., Fl. Austriac. 4: 12 (1776)
  Sisymbrium subhastatum Hornem., Enum. Pl. Hort. Hafn. (Revised ed.) 37 (1807)
  Sisymbrium costei Foucaud & Rouy, Fl. France (Rouy) 1: 325 (1895)
  Sisymbrium fujianense L.K.Ling, Fl. Fujienica 2: 393 (1985)

Representative specimens; Hamgyong-bukto 31 August 1935 羅南 *Saito, T T Saito s.n.*

Thlaspi L.
Thlaspi arvense L., Sp. Pl. 646 (1753)

Common name 말냉이

Distribution in Korea: North, Central, South
  Thlaspi collinum M.Bieb., Fl. Taur.-Caucas. 2: 99 (1808)
  Thlaspi baicalense DC., Syst. Nat. (Candolle) 2: 376 (1821)
  Lepidium thlaspi Roxb., Fl. Ind. ed. 1832 (Roxburgh) 3: 116 (1832)
  Thlaspidea arvensis (L.) Opiz, Seznam 96 (1852)
  Thlaspidium arvense (L.) Bubani, Fl. Pyren. 3: 214 (1901)
  Thlaspi strictum Dalla Torre & Sarnth., Fl. Tirol 6: 327 (1909)
  Thlaspi arvense L. var. *sinuatum* H.Lév., Mem. Real Acad. Ci. Barcelona 12: 548 (1916)

Representative specimens; Hamgyong-bukto 臨濱 *Unknown s.n.* 29 August 1908 清津 *Okada, S s.n.* 29 April 1933 羅南支庫前 *Saito, T T Saito s.n.*羅南 *Saito, T T Saito s.n.* 15 June 1909 Sungjin (城津) *Nakai, T Nakai s.n.* 25 May 1930 鏡城 *Ohwi, J Ohwi s.n.* 6 July 1933 *Saito, T T Saito s.n.* **Hamgyong-namdo** 11 June 1909 鎭江- 鎭岩峯 *Nakai, T Nakai s.n.* **Hwanghae-namdo** 31 July 1929 席島 *Nakai, T Nakai s.n.* **Kangwon-do** 6 June 1909 元山 *Nakai, T Nakai s.n.*

Turritis **L.**
Turritis glabra L., Sp. Pl. 666 (1753)

Common name 장대나물

Distribution in Korea: North, Central, South
    Erysimum glastifolium Crantz, Cl. Crucif. Emend. 117 (1769)
    Arabis perfoliata Lam., Encycl. (Lamarck) 1: 219 (1783)
    Arabis glabra (L.) Bernh., Syst. Verz. (Bernhardi) 195 (1800)
    Arabis turritis Vest, Man. Bot. [Vest] 595 (1805)
    Turritis macrocarpa Nutt., Fl. N. Amer. (Torr. & A. Gray) 1: 78 (1838)
    Turritis dregeana Sond., Linnaea 23: 2 (1850)

Representative specimens; Hamgyong-bukto 15 June 1909 Sungjin (城津) *Nakai, T Nakai s.n.* 13 July 1918 朱乙溫面 *Nakai, T Nakai s.n.* 12 June 1930 鏡城 *Ohwi, J Ohwi s.n.* **Hwanghae-namdo** 4 July 1921 Sorai Beach 九味浦 *Mills, RG Mills s.n.* **Kangwon-do** 10 June 1932 Mt. Kumgang (金剛山) *Ohwi, J Ohwi s.n.* 7 August 1940 Okuyama, *S Okuyama s.n.* **P'yongyang** 26 May 1912 P'yongyang (平壤) *Imai, H Imai s.n.* 14 May 1910 *Imai, H Imai s.n.* **Ryanggang** 3 July 1897 三水邑-上水隅理 *Komarov, VL Komaorv s.n.*

ERICACEAE

Andromeda **L.**
Andromeda polifolia L., Sp. Pl. 393 (1753)

Common name 각씨석남 (장지석남)

Distribution in Korea: North (Ryanggang, Hamgyong)
    Andromeda polifolia L. var. *latifolia* Pall., Fl. Ross. (Pallas) 1 (1789)
    Andromeda polifolia L. var. *angustifolia* Aiton, Hortus Kew. 2: 68 (1789)
    Andromeda polifolia L. var. *media* Aiton, Hortus Kew. 2: 68 (1789)
    Andromeda rosmarinifolia Pursh, Fl. Amer. Sept. (Pursh) 1: 291 (1813)
    Andromeda glaucifolia Wender., Index Sem. (Marburg) 1: 2 (1827)
    Andromeda polifolia L. var. *grandiflora* G.Lodd., Bot. Cab. 18: t. 1714 (1831)
    Andromeda polifolia L. var. *minima* G.Don, Gen. Hist. 3: 829 (1834)
    Andromeda polifolia L. var. *subulata* G.Don, Gen. Hist. 3: 829 (1834)
    Andromeda grandiflora Steud., Nomencl. Bot., ed. 2 (Steudel) 1: 88 (1840)
    Andromeda polifolia L. f. *acerosa* C.Hartm., Handb. Skand. Fl., ed. 11 : 319 (1879)
    Andromeda polifolia L. f. *humilisgracilis* Kurz, Bot. Jahrb. Syst. 19: 396 (1894)
    Andromeda polifolia L. var. *pusilla* Pall. ex E.A.Busch, Fl. Sibir. Orient. Extremi 2: 74 (1915)
    Polifolia montana (Oeder) Nakai var. *latifolia* (Aiton) Nakai, Trees Shrubs Japan 1: 155 (1922)
    Andromeda myrifica A.Pabrez ex Hryn., Arch. Nauk Biol. Towarz. Nauk. Warszawsk. 4: 53 (1933)

Representative specimens; Hamgyong-namdo 18 August 1943 赴戰高原咸地院 *Honda, M Honda122* 20 June 1932 東上面元豊里 *Ohwi, J Ohwi s.n.* **Ryanggang** 4 August 1939 大澤濕地 *Hozawa, S Hozawa s.n.* 18 September 1940 大澤 *Nakai, T Nakai18933* 24 July 1930 Ohwi, *J Ohwi s.n.*

Arctous **Nied.**
Arctous ruber (Rehder & E.H.Wilson) Nakai, Trees Shrubs Japan 1: 156 (1922)

Common name 홍월귤

Distribution in Korea: North
    Arctous alpinus (L.) Nied. var. *ruber* Rehder & E.H.Wilson, Pl. Wilson. 1: 556 (1913)
    Arctostaphylos rubra (Rehder & E.H.Wilson) Fernald, Rhodora 16: 32 (1914)
    Arctostaphylos alpina (L.) Spreng. ssp. *rubra* (Rehder & E.H.Wilson) Hultén, Fl. Alaska Yukon 8: 1245 (1948)

Representative specimens; Chagang-do 22 July 1919 狼林山 *Kajiwara, U Kajiwara48* 22 July 1916 *Mori, T Mori s.n.* 11 July 1914 臥碣峰 2100m Nakai, *T Nakai s.n.* 18 July 1914 大興里 *Nakai, T Nakai s.n.* **Hamgyong-bukto** 5 August 1939 頭流山 *Hozawa, S Hozawa s.n.* 5 August 1939 *Hozawa, S Hozawa s.n.* 26 July 1930 Ohwi, *J Ohwi s.n.* 20 July 1918 冠帽山 *Nakai, T Nakai7337* July 1932 冠帽峰 *Ohwi, J Ohwi s.n.* 26 May 1930 鏡城 *Ohwi, J Ohwi s.n.* 1 June 1934 冠帽峰 *Saito, T T Saito s.n.* 21 July 1933 *Saito, T T Saito s.n.* 25 July 1918 雪嶺 *Nakai, T Nakai7336* 26 June 1930 Ohwi, *J Ohwi s.n.* 6 October 1937 穩城上和洞 *Saito, T T Saito s.n.*

Hamgyong-namdo 15 June 1932 下碣隅里/ 東白山 *Ohwi, J Ohwi s.n.* 25 July 1933 東上面遮日峯 *Koidzumi, G Koidzumi s.n.* 16 August 1935 遮日峯 *Nakai, T Nakai s.n.* 16 August 1936 赴戰高原 Fusenkogen Nakai, T *Nakai s.n.* 15 August 1940 赴戰高原遮日峯 *Okuyama, S Okuyama s.n.* 18 August 1934 東上面達阿里新洞 *Yamamoto, A Yamamoto s.n.* **Hwanghae-namdo** 九里堡 *Unknown s.n.* **P'yongan-bukto** 9 June 1914 飛來峯 1450m Nakai, T *Nakai s.n.* **Ryanggang** 15 August 1935 北水白山 *Hozawa, S Hozawa s.n.* 18 May 1923 豊山郡黃水院 *Ishidoya, T Ishidoya s.n.* 5 August 1940 高頭山 *Hozawa, S Hozawa s.n.* 20 June 1930 倉坪 - 天水洞 *Ohwi, J Ohwi s.n.* 22 August 1914 普天堡 *Ikuma, Y Ikuma s.n.* 11 July 1917 胞胎山中腹 *Furumi, M Furumi s.n.* 15 August 1914 白頭山 *Ikuma, Y Ikuma s.n.* 10 August 1914 茂峯 *Ikuma, Y Ikuma s.n.* 8 August 1914 神武城 *Nakai, T Nakai s.n.* 2 August 1917 Moho (茂峯)- 農事洞 *Furumi, M Furumi s.n.* 26 May 1938 農事洞 *Saito, T T Saito s.n.*

Chamaedaphne Moench
Chamaedaphne calyculata (L.) Moench, Methodus (Moench) 457 (1794)
Common name 진퍼리꽃나무

Distribution in Korea: North
 Andromeda calyculata L., Sp. Pl. 394 (1753)
 Andromeda calyculata L. var. *ventricosa* Aiton, Hortus Kew. 2: 70 (1789)
 Lyonia calyculata (L.) Rchb., Fl. Germ. Excurs. 414 (1831)
 Cassandra calyculata (L.) D.Don, Edinburgh New Philos. J. 17: 158 (1834)

Representative specimens; Ryanggang 4 August 1939 大澤濕地 *Hozawa, S Hozawa s.n.* 19 September 1940 大澤 *Nakai, T Nakai 18935* 24 July 1930 Ohwi, *J Ohwi s.n.*

Chimaphila Pursh
Chimaphila japonica Miq., Ann. Mus. Bot. Lugduno-Batavi 2: 165 (1866)
Common name 매화노루발

Distribution in Korea: North, Central, South, Ulleung
 Chimaphila astyla Maxim., Bull. Acad. Imp. Sci. Saint-Pétersbourg III 11: 434 (1867)
 Chimaphila fukuyamai Masam., Trans. Nat. Hist. Soc. Taiwan 23: 206 (1933)

Representative specimens; Chagang-do 29 August 1897 慈城江 *Komarov, VL Komaorv s.n.* **Hwanghae-namdo** 5 August 1932 長山串 *Nakai, T Nakai s.n.* **P'yongan-namdo** 15 June 1928 陽德 *Nakai, T Nakai s.n.*

Empetrum L.
Empetrum nigrum L., Sp. Pl. 1022 (1753)
Common name 시로미

Distribution in Korea: North, Jeju
 Empetrum procumbens Gilib., Excerc. Phyt. 2: 393 (1792)
 Empetrum nigrum L. var. *japonicum* Siebold & Zucc. ex K.Koch, Hort. Dendrol. 89 (1853)
 Empetrum nigrum L. f. *japonicum* Good, J. Linn. Soc., Bot. 47: 515 & 518 (1927)

 Empetrum nigrum L. var. *asiaticum* Nakai ex H.Ito, Bot. Mag. (Tokyo) 47: 895 (1933)
 Empetrum asiaticum Nakai, Fl. Sylv. Kor. 21: 110 (1936)
 Empetrum albicarpha Sugaw., Pl. Saghal. 1: 226 (1937)
 Empetrum nigrum L. var. *japonnicum* f. *albicarphum* (Sugaw.) Honda, Nom. Pl. Japonic. 194 (1939)
 Empetrum sibiricum V.N.Vassil., Ref. Naucno-Issl. Rabot, Otd. Biol. Nauk 1945: 3 (1946)
 Empetrum pubescens V.N.Vassil., Ref. Naucno-Issl. Rabot, Otd. Biol. Nauk 1945: 3 (1947)
 Empetrum stenopetalum V.N.Vassil., Ref. Naucno-Issl. Rabot, Otd. Biol. Nauk 1945: 4 (1947)
 Empetrum nigrum L. ssp. *asiaticum* (Nakai) Kuvaev, Bot. Zhurn. (Moscow & Leningrad) 81(10): 113 (1996)

Representitive specimens; Hamgyong-bukto Setsu-rei Snow Mt. 26 August 1917 *Wilson, E.H. Wilson9031*

Moneses Salisb. ex Gray
Moneses uniflora (L.) A.Gray, Manual (Gray) 273 (1848)
Common name 홀꽃노루발풀 (홀꽃노루발)
Distribution in Korea: North

A Checklist of North Korean Vascular Plants   T.B. Lee Herbarium (SNUA) – 2019 (C.S. Chang, H. Kim, H.T. Shin & C.H. Lee)

- 198 -

Pyrola uniflora L., Sp. Pl. 397 (1753)
Moneses reticulata Nutt., Trans. Amer. Philos. Soc. n.s. 8: 271 (1843)
Chimaphila rhombifolia Hayata, Icon. Pl. Formosan. 2: 119 (1912)
Monanthium reticulatum (Nutt.) House, Amer. Midl. Naturalist 6: 206 (1920)
Monanthium uniflorum (L.) House, Amer. Midl. Naturalist 6: 206 (1920)
Pyrola uniflora L. var. *reticulata* (Nutt.) H.St.John, Madroño 3: 221 (1936)

Representative specimens; Chagang-do 11 July 1914 蔥田嶺 *Nakai, T Nakai s.n.* **Hamgyong-bukto** 19 July 1918 冠帽山 *Nakai, T Nakai s.n.* 2 August 1932 冠帽峰 *Saito, T T Saito s.n.* **Ryanggang** 14 August 1913 神武城 *Hirai, H Hirai s.n.* 12 August 1913 *Hirai, H Hirai s.n.* 14 August 1914 無頭峯 *Ikuma, Y Ikuma s.n.* August 1913 長白山 *Mori, T Mori s.n.* 8 August 1914 神武城-無頭峯 *Nakai, T Nakai s.n.* 12 August 1914 神武城- 茂峯 *Nakai, T Nakai s.n.* 26 July 1933 白頭山 *Saito, T T Saito s.n.* July 1941 北胞胎山 *Takenaka, Y s.n.*

Monotropa L.
Monotropa hypopithys L., Sp. Pl. 357 (1753)
Common name 석장풀, 석장초 (구상난풀)
Distribution in Korea: North, Central, South, Jeju
    Hypopitys lanuginosa (Michx.) Raf., Med. Repos. ser. 3, 1: 297 (1810)
    Hypopitys glabra DC., Prodr. (DC.) 7: 780 (1839)
    Monotropa squamiformis Dulac, Fl. Hautes-Pyrénées 421 (1867)
    Monotropa fimbriata A.Gray, Proc. Amer. Acad. Arts 8: 629 (1873)
    Monotropa hypopithys L. var. *japonica* Franch. & Sav., Enum. Pl. Jap. 2: 428 (1876)
    Monotropa chinensis Koidz., Fl. Symb. Orient.-Asiat. 28 (1930)
    Monotropa hypopithys L. var. *glaberrima* H.Hara, J. Jap. Bot. 14: 427 (1938)
    Monotropa hypopithys L. ssp. *lanuginosa* (Michx.) H.Hara, J. Fac. Sci. Univ. Tokyo, Sect. 3, Bot. 6: 348 (1956)
    Monotropa taiwaniana S.S.Ying, Quart. J. Chin. Forest. 9: 126 (1976)
    Monotropa hypopithys L. f. *atricha* (Domin) Kitag., Neolin. Fl. Manshur. 494 (1979)

Representative specimens; Ryanggang 20 July 1897 惠山鎭(鴨綠江上流長白山脈中高原) *Komarov, VL Komaorv s.n.*

Monotropa uniflora L., Sp. Pl. 387 (1753)
Common name 수정란 (수정난풀)
Distribution in Korea: North, Central, South, Jeju
    Monotropa morisoni Pers., Syn. Pl. (Persoon) 1: 469 (1805)
    Monotropa coccinea Zucc., Flora 15 (2 Beibl.): 100 (1832)
    Monotropa uniflora L. ssp. *coccinea* (Zucc.) Andres, Verh. Bot. Vereins Prov. Brandenburg 52: 94 (1910)
    Monotropa uniflora L. var. *australis* (Andres) Domin, Sitzungsber. Königl. Böhm. Ges. Wiss. Prag, Math.-Naturwiss. Cl. 1915: 6 (1915)
    Monotropa brittonii Small, J. New York Bot. Gard. 28(325): 7 (1927)

Monotropastrum Andres
Monotropastrum humile (D.Don) H.Hara, J. Jap. Bot. 36: 78 (1961)
Common name 나도수정초
Distribution in Korea: North, Central, South, Jeju, Ulleung
    Monotropa humile D.Don, Prodr. Fl. Nepal. 151 (1825)
    Monotropa uniflora L. var. *pentapetala* Makino, J. Jap. Bot. 3: 28 (1926)
    Monotropa uniflora L. var. *pentadactyla* Makino, J. Jap. Bot. 3: 28 (1926)
    Monotropastrum macrocarpum Andres, Notizbl. Bot. Gart. Berlin-Dahlem 12: 698 (1935)
    Monotropastrum globosum Andres ex H.Hara, J. Jap. Bot. 14: 426 (1938)
    Monotropastrum clarkei Andres, Bot. Jahrb. Syst. 76: 105 (1955)
    Monotropastrum globosum Andres ex H.Hara var. *pentapetalum* (Makino) Honda, Nom. Pl. Japonic. [Emend.] 185 (1957)
    Monotropastrum humile(D.Don) H.Hara var. *glaberrimum* H.Hara, J. Jap. Bot. 40: 101 (1965)
    Cheilotheca humilis (D.Don) H.Keng var. *pubescens* (K.F.Wu) C.Ling, Fl. Zhejiang 5: 5 (1989)

Orthilia Raf.
Orthilia secunda (L.) House, Amer. Midl. Naturalist 7(4-5) : 134 (1921)

Common name 새끼노루발

Distribution in Korea: North
    Pyrola secunda L., Sp. Pl. 396 (1753)
    Orthilia parvifolia Raf., Autik. Bot. 104 (1840)
    Pyrola secunda L. var. *vulgaris* Turcz., Fl. Baical.-dahur. 2: 213 (1846)
    Ramischia secundiflora Opiz, Seznam 82 (1852)
    Actinocyclus secundus (L.) Klotzsch, Monatsber. Konigl. Preuss. Akad. Wiss. Berlin 1857: 14 (1857)
    Ramischia secunda (L.) Garcke, Fl. N. Mitt.-Deutschland, ed. 4 2: 222 (1858)
    Orthilia elatior (Lange) House, Amer. Midl. Naturalist 7(4-5) : 134 (1921)

Representative specimens; Hamgyong-bukto 3 October 1932 羅南南側 *Saito, T T Saito s.n.* 24 May 1897 車踰嶺- 照日洞 *Komarov, VL Komaorv s.n.* 18 July 1918 朱乙溫面北河瑞 *Nakai, T Nakai7333* 6 July 1933 南下石山 *Saito, T T Saito s.n.* 19 August 1914 曷浦嶺 *Nakai, T Nakai3255* 12 June 1897 西溪水 *Komarov, VL Komaorv s.n.* 4 June 1897 四芝嶺 *Komarov, VL Komaorv s.n.* 17 July 1938 新德 - 楡坪洞 *Saito, T T Saito s.n.* **Ryanggang** 23 July 1914 李僧嶺 *Nakai, T Nakai3531* 22 June 1930 倉坪嶺 *Ohwi, J Ohwi s.n.* 28 June 1897 栢德嶺 *Komarov, VL Komaorv s.n.* 21 June 1897 阿武山-象背嶺 *Komarov, VL Komaorv s.n.* August 1913 崔哥嶺 *Mori, T Mori213* 6 August 1914 胞胎山虛項嶺 *Nakai, T Nakai9375* 2 June 1897 四芝坪(延面水河谷) 柄安洞 *Komarov, VL Komaorv s.n.*

Phyllodoce Salisb.
Phyllodoce caerulea (L.) Bab., Man. Brit. Bot. 194 (1843)

Common name 가솔송

Distribution in Korea: North
    Andromeda caerulea L., Sp. Pl. 393 (1753)
    Erica caerulea (L.) Willd., Sp. Pl. (ed. 5; Willdenow) 2: 393 (1799)
    Erica arctica Waitz, Beschr. Gatt. Art. Heid. 1: 189 (1805)
    Phyllodoce taxifolia Salisb., Parad. Lond. t. 36 (1806)
    Menziesia caerulea (L.) Sw., Trans. Linn. Soc. London 10: 377 (1811)
    Menziesia taxifolia (Salisb.) Robbins ex Wood, Class-book Bot. (ed. 10) 373 (1849)
    Bryanthus taxifolius (Wood) Gray, Proc. Amer. Acad. Arts 7: 368 (1868)
    Phyllodoce taxifolia Salisb. var. *genuina* Herder, Trudy Imp. S.-Peterburgsk. Bot. Sada 1: 336 (1872)
    Bryanthus caeruleus (L.) Dippel, Handb. Laubholzk. 1: 385 (1889)

Representative specimens; Hamgyong-bukto 12 August 1933 渡正山 *Koidzumi, G Koidzumi s.n.* 20 July 1918 冠帽山 *Nakai, T Nakai s.n.* 19 July 1918 Nakai, T *Nakai s.n.* July 1932 冠帽峰 *Ohwi, J Ohwi s.n.* 21 September 1933 *Saito, T T Saito s.n.* **Hamgyong-namdo** 1938 鎭江- 鎭峯 *Tsuya, S s.n.* 25 July 1933 東上面遮日峯 *Koidzumi, G Koidzumi s.n.* 17 August 1935 遮日峯頂南側 *Nakai, T Nakai s.n.* 23 June 1932 東上面遮日峰 *Ohwi, J Ohwi s.n.* 15 August 1940 遮日峯 *Okuyama, S Okuyama s.n.* **Ryanggang** 15 August 1935 北水白山 *Hozawa, S Hozawa s.n.* 18 August 1934 東上面北水白山東南尾根 *Yamamoto, A Yamamoto s.n.* 11 July 1917 胞胎山中腹以下 *Furumi, M Furumi s.n.* 12 August 1913 無頭峯 *Hirai, H Hirai s.n.* 13 August 1913 白頭山 *Hirai, H Hirai s.n.* 13 August 1914 *Ikuma, Y Ikuma s.n.* August 1913 長白山 *Mori, T Mori s.n.* 8 August 1914 無頭峯 *Nakai, T Nakai s.n.* 10 August 1914 白頭山 *Nakai, T Nakai s.n.* 8 August 1914 神武城-無頭峯 *Nakai, T Nakai2165*

Pyrola L.
Pyrola asarifolia Michx. ssp. ***incarnata*** (DC.) Haber & Hir.Takah., Bot. Mag. (Tokyo) 101: 492 (1988)

Common name 분홍노루발

Distribution in Korea: North, Central
    Pyrola rotundifolia L. var. *incarnata* DC., Prodr. (DC.) 7: 773 (1839)
    Pyrola asarifolia Michx. var. *incarnata* (DC.) Fernald, Rhodora 6: 178 (1904)
    Pyrola incarnata (DC.) Fisch. ex Kom., Trudy Glavn. Bot. Sada 5: 195 (1907)
    Pyrola rotundifolia L. ssp. *incarnata* (DC.) Krylov, Fl. Zapadnoi Sibiri 9: 2097 (1937)

Representative specimens; Hamgyong-bukto 19 July 1918 冠帽山 *Nakai, T Nakai7332* July 1932 冠帽峯 *Ohwi, J Ohwi s.n.* 6 July 1933 南下石山 *Saito, T T Saito s.n.* 29 May 1897 釜所哥谷 *Komarov, VL Komaorv s.n.* 30 July 1936 延上面九州帝大北鮮演習林 *Saito, T T Saito s.n.* 26 June 1930 雪嶺東側 *Ohwi, J Ohwi s.n.* 13 June 1897 西溪水 *Komarov, VL Komaorv s.n.* 4 June 1897 四芝嶺 *Komarov, VL Komaorv s.n.* 17 June 1930 *Ohwi, J Ohwi s.n.* 17 July 1938 新德 - 楡坪洞 *Saito, T T Saito s.n.* **Hamgyong-namdo** 20 June 1932 東上面元豊里 *Ohwi, J Ohwi s.n.* **P'yongan-namdo** 15 June 1928 陽德 *Nakai, T Nakai s.n.* **Ryanggang** 29 July 1897

安間嶺-同仁川 (同仁浦里?) *Komarov, VL Komaorv s.n.* 15 August 1935 北水白山 *Hozawa, S Hozawa s.n.* 6 June 1897 平蒲坪 *Komarov, VL Komaorv s.n.* 8 June 1897 平蒲坪-倉坪 *Komarov, VL Komaorv s.n.* 24 July 1930 含山嶺 *Ohwi, J Ohwi s.n.* 22 July 1897 佳林里 *Komarov, VL Komaorv s.n.* 28 June 1897 栢德嶺 *Komarov, VL Komaorv s.n.* 24 July 1897 佳林里 *Komarov, VL Komaorv s.n.* 24 June 1897 大鎮坪 *Komarov, VL Komaorv s.n.* August 1913 長白山 *Mori, T Mori s.n.* 8 August 1914 農事洞 *Ikuma, Y Ikuma s.n.* 2 June 1897 四芝坪(延面水河谷) 柄安洞 *Komarov, VL Komaorv s.n.* August 1913 白頭山谿間里 - 農事洞 *Mori, T Mori s.n.*

Pyrola dahurica (Andres) Kom., Trudy Glavn. Bot. Sada 39: 36 (1923)

Common name 호노루발풀 (호노루발)

Distribution in Korea: North

Pyrola americana Sweet var. *dahurica* Andres, Deutsche Bot. Monatsschr. 22: 50 (1911)
Pyrola rotundifolia L. ssp. *dahurica* (Andres) Andres, Oesterr. Bot. Z. 64: 233 (1914)
Pyrola incarnata (DC.) Fisch. ex Kom. ssp. *dahurica* (Andres) Křísa, Novit. Bot. Univ. Carol. 31 (1967)

Representative specimens; Chagang-do 13 July 1914 長津郡北上面 *Nakai, T Nakai s.n.* 11 July 1914 蔥田嶺 *Nakai, T Nakai1601* **Hamgyong-bukto** July 1932 羅南東南側山地 *Saito, T T Saito s.n.* 6 July 1933 南下石山 *Saito, T T Saito s.n.* 18 June 1930 四芝洞 *Ohwi, J Ohwi s.n.* **Hamgyong-namdo** 16 August 1943 赴戰高原漢垈里 *Honda, M; Toh, BS; Shim, HC Honda s.n.* 25 July 1933 遮日峯 *Koidzumi, G Koidzumi s.n.* 16 August 1935 *Nakai, T Nakai s.n.* 16 August 1935 *Nakai, T Nakai15621* 24 July 1935 東上面漢岱里 *Nomura, N Nomura s.n.* 23 July 1935 *Nomura, N Nomura s.n.* 14 August 1940 赴戰高原 *Okuyama, S Okuyama s.n.* 15 August 1940 遮日峯 *Okuyama, S Okuyama s.n.* **Ryanggang** 23 August 1914 Keizanchin(惠山鎮) *Ikuma, Y Ikuma s.n.* 5 August 1940 高頭山 *Hozawa, S Hozawa s.n.* 21 June 1897 阿武山-象背嶺 *Komarov, VL Komaorv s.n.* 4 August 1914 普天堡 *Nakai, T Nakai3391* 11 July 1917 胞胎山中腹 *Furumi, M Furumi s.n.* 12 August 1913 神武城 *Hirai, H Hirai143* 6 August 1914 胞胎山虛項嶺 *Nakai, T Nakai s.n.*

Pyrola japonica Klenze ex Alef., Linnaea 28: 57 (1856)

Common name 노루발풀 (노루발)

Distribution in Korea: North, Central, South, Ulleung

Pyrola subaphylla Maxim., Bull. Acad. Imp. Sci. Saint-Pétersbourg 11: 433 (1867)
Pyrola rotundifolia L. var. *albiflora* Maxim., Bull. Acad. Imp. Sci. Saint-Pétersbourg 18: 52 (1872)
Pyrola rotundifolia L. var. *incarnata* f. *subaphylla* (Maxim.) Makino, Bot. Mag. (Tokyo) 27: 24 (1913)
Pyrola japonica Klenze ex Alef. var. *subaphylla* (Maxim.) Andres, Oesterr. Bot. Z. 64: 245 (1914)
Pyrola incarnata (DC.) Fisch. ex Kom. var. *japonica* (Klenze ex Alef.) Koidz., Fl. Symb. Orient.-Asiat. 74 (1930)
Pyrola japonica Klenze ex Alef. f. *subaphylla* (Maxim.) Ohwi, Fl. Jap. (Ohwi) 875 (1953)

Representative specimens; Chagang-do 27 June 1914 從西面 *Nakai, T Nakai s.n.* **Hamgyong-bukto** 19 August 1914 曷浦嶺 *Nakai, T Nakai s.n.* 26 June 1930 雪嶺 *Ohwi, J Ohwi s.n.* 6 July 1933 四芝嶺 *Ohwi, J Ohwi s.n.* **Hwanghae-namdo** 5 August 1932 長山串 *Nakai, T Nakai s.n.* **Kangwon-do** 31 July 1916 金剛山群仙峽 *Nakai, T Nakai s.n.* 22 August 1916 金剛山大長峯 *Nakai, T Nakai s.n.* **Ryanggang** 15 August 1935 北水白山 *Hozawa, S Hozawa s.n.* 24 July 1930 含山嶺 *Ohwi, J Ohwi s.n.* 24 July 1930 延岩洞-上村 *Ohwi, J Ohwi s.n.* 21 June 1930 天水洞 *Ohwi, J Ohwi s.n.* 26 July 1933 白頭山 *Saito, T T Saito s.n.*

Pyrola minor L., Sp. Pl. 396 (1753)

Common name 주걱노루발

Distribution in Korea: North

Pyrola minor L. var. *conferta* Cham. & Schltdl., Linnaea 1: 514 (1826)
Pyrola conferta Fisch. ex Ledeb., Fl. Ross. (Ledeb.) 2(2, 7): 930 (1846)

Pyrola renifolia Maxim., Mem. Acad. Imp. Sci. St.-Petersbourg Divers Savans 9: 190 (1859)

Common name 콩팥노루발풀 (콩팥노루발)

Distribution in Korea: North, Central, Ulleung

Pyrola soldanellifolia Andres, Deutsche Bot. Monatsschr. 22: 18 (1910)

Representative specimens; Chagang-do 26 August 1897 小德川 (松德水河谷) *Komarov, VL Komaorv s.n.* **Hamgyong-bukto** 24 May 1897 車踰嶺 - 照日洞 *Komarov, VL Komaorv s.n.* 6 July 1933 南下石山 *Saito, T T Saito s.n.* 16 July 1923 冠帽峰 *Saito, T T Saito s.n.* 13 June 1897 西溪水 *Komarov, VL Komaorv s.n.* **Ryanggang** 23 August 1897 雲寵嶺 *Komarov, VL Komaorv s.n.* 9 June 1897 屈松川 (西頭水河谷) 倉坪 *Komarov, VL Komaorv s.n.* 22 June 1930 倉坪洞 *Ohwi, J Ohwi s.n.* 28 June 1897 栢德嶺 *Komarov, VL Komaorv s.n.* 21 June 1897 阿武山-象背嶺 *Komarov, VL Komaorv s.n.* 2 August 1942 白頭山 *Saito, T T Saito s.n.*

Rhododendron L.

Rhododendron aureum Georgi, Reise Russ. Reich. 1: 214 (1775)

Common name 노란뚜깔나무 (노랑만병초)

Distribution in Korea: North, Central

Rhododendron chrysanthum Pall., Reise Russ. Reich. 3: 729 (1776)
Rhododendron officinale Salisb., Parad. Lond. 80 (1807)
Azalea chrysanthum (Pall.) Kuntze, Revis. Gen. Pl. 2: 387 (1891)

Representative specimens; Chagang-do 22 July 1919 狼林山 Kajiwara, U Kajiwara s.n. 22 July 1916 Mori, T Mori s.n. **Hamgyong-bukto** 12 August 1933 渡正山 Koidzumi, G Koidzumi s.n. 5 August 1939 頭流山 Hozawa, S Hozawa s.n. 26 July 1930 Ohwi, J Ohwi s.n. 19 July 1918 冠帽山 Nakai, T Nakai s.n. 25 July 1918 雪嶺 Nakai, T Nakai s.n. 25 June 1930 雪嶺山上 Ohwi, J Ohwi s.n. **Hamgyong-namdo** 2 September 1934 蓮花山 Kojima, K Kojima s.n. 25 July 1933 東上面遮日峯 Koidzumi, G Koidzumi s.n. 16 August 1935 遮日峯 Nakai, T Nakai s.n. 23 June 1932 Ohwi, J Ohwi s.n. 15 August 1940 Okuyama, S Okuyama s.n. August 1912 Unknown s.n. 18 August 1934 東上面新洞上方 Yamamoto, A Yamamoto s.n. **Kangwon-do** May 1940 伊川郡莫黃德山 1600m Jeon, SK JeonSK s.n. **P'yongan-bukto** 9 June 1914 飛來峯 1490m Nakai, T Nakai s.n. **Ryanggang** 15 August 1935 北水白山 Hozawa, S Hozawa s.n. 20 August 1934 北水白山附近 Kojima, K Kojima s.n. 24 July 1930 含山嶺 Ohwi, J Ohwi s.n. 11 July 1917 胞胎山 Furumi, M Furumi s.n. 12 August 1913 神武城 Hirai, H Hirai s.n. 13 August 1913 白頭山 Hirai, H Hirai s.n. 11 August 1913 茂峯 Hirai, H Hirai s.n. 14 August 1914 無頭峯 Ikuma, Y Ikuma s.n. August 1913 長白山 Mori, T Mori s.n. 8 August 1914 神武城-無頭峯 Nakai, T Nakai s.n. 30 July 1942 白頭山 Saito, T T Saito s.n.

Rhododendron brachycarpum D.Don ex G.Don, Gen. Hist. 3: 843 (1834)

Common name 홍뚜깔나무 (만병초)

Distribution in Korea: North, Central, South, Ulleung

Rhododendron brachycarpum D.Don ex G.Don var. roseum Koidz., Bot. Mag. (Tokyo) 30: 77 (1916)
Rhododendron brachycarpum D.Don ex G.Don ssp. tigerstedtii Nitz., Deutsche Baumschule 7: 207 (1970)
Rhododendron brachycarpum D.Don ex G.Don var. tigerstedtii (Nitz.) Davidian, Rhododendron Sp. vol. 3. 157 (1992)

Representative specimens; Chagang-do 狼林山 Unknown s.n.臥碣峰 Unknown s.n. **Hamgyong-bukto** 5 August 1939 頭流山 Hozawa, S Hozawa s.n.七寶山 Unknown s.n. **Hamgyong-namdo** 16 August 1934 新角面北山 Nomura, N Nomura s.n. 20 June 1932 東上面元豊里 Ohwi, J Ohwi s.n.東上面遮日峯 Unknown s.n. **Kangwon-do** 12 July 1936 外金剛千佛山 Nakai, T Nakai s.n. 19 October 1936 Mt. Kumgang (金剛山) Chung, TH Chung s.n. 29 July 1938 Hozawa, S Hozawa s.n. 12 August 1932 Koidzumi, G Koidzumi s.n. 10 June 1932 Ohwi, J Ohwi s.n. 7 August 1940 Okuyama, S Okuyama s.n.**P'yongan-bukto** 妙香山 Unknown s.n. **P'yongan-namdo** Maengsan (孟山) Unknown s.n. **Ryanggang** 24 July 1930 含山嶺 Ohwi, J Ohwi s.n. 21 June 1897 阿武山-象背嶺 Komarov, VL Komaorv s.n. **Sinuiju** 新義州 Unknown s.n.

Rhododendron dauricum L., Sp. Pl. 392 (1753)

Common name 산진달래

Distribution in Korea: North, Central, Jeju

Rhododendron dauricum L. var. roseum DC., Prodr. (DC.) 7: 757 (1839)
Azalea dahurica (L.) K.Koch, Dendrologie 3 (1872)

Representative specimens; Chagang-do 26 August 1897 小德川 (松德水河谷) Komarov, VL Komaorv s.n. 10 July 1914 蔥田嶺 Nakai, T Nakai s.n. **Hamgyong-bukto** 18 May 1897 會寧川 Komarov, VL Komaorv s.n. 20 May 1897 茂山嶺 Komarov, VL Komaorv s.n. 24 May 1897 車踰嶺- 照日洞 Komarov, VL Komaorv s.n. 29 May 1897 釜所哥谷 Komarov, VL Komaorv s.n. 13 June 1897 西溪水 Komarov, VL Komaorv s.n. 12 May 1897 五宗洞 Komarov, VL Komaorv s.n. 4 June 1897 四芝嶺 Komarov, VL Komaorv s.n. **Hamgyong-namdo** 27 August 1897 小德川 Komarov, VL Komaorv s.n. **P'yongan-bukto** 12 June 1914 Pyok-dong (碧潼) Nakai, T Nakai s.n. **Ryanggang** 15 May 1918 上里 Ishidoya, T Ishidoya s.n. 1 July 1897 五是川雲龍江-崔五峰 Komarov, VL Komaorv s.n. 1 August 1897 虛川江 (同仁川) Komarov, VL Komaorv s.n. 9 July 1897 十四道溝(鴨綠江) Komarov, VL Komaorv s.n. 21 August 1897 subdist. Chu-czan, flumen Amnok-gan Komarov, VL Komaorv s.n. 23 August 1897 雲洞嶺 Komarov, VL Komaorv s.n. 3 July 1897 三水邑-上水隅理 Komarov, VL Komaorv s.n. 4 July 1897 上水隅理 Komarov, VL Komaorv s.n. 7 August 1897 上巨里水 Komarov, VL Komaorv s.n. 9 August 1897 長津江下流域 Komarov, VL Komaorv s.n. 6 June 1897 平蒲坪 Komarov, VL Komaorv s.n. 8 June 1897 平蒲坪-倉坪 Komarov, VL Komaorv s.n. 21 June 1897 阿武山-象背嶺 Komarov, VL Komaorv s.n. 21 July 1897 佳林里 (鴨綠江上流) Komarov, VL Komaorv s.n. 26 July 1897 佳林里 /五山里川河谷 Komarov, VL Komaorv s.n. 10 August 1914 茂峯 Ikuma, Y Ikuma s.n. 20 July 1897 惠山鎮(鴨綠江上流長白山脈中高原) Komarov, VL Komaorv s.n. 31 May 1897 延面水河谷-古倉坪 Komarov, VL Komaorv s.n.

Rhododendron lapponicum (L.) Wahlenb., Fl. Lapp. (Wahlenberg) 0: 104 (1812)
Common name 황산차
Distribution in Korea: North
Rhododendron parvifolium Adams, Nouv. Mem. Soc. Imp. Naturalistes Moscou 9: 237 (1834)
Rhododendron palustre Turcz. ex DC., Prodr. (DC.) 7: 724 (1839)
Rhododendron parvifolium Adams f. *albiflorum* Herder ex Maxim., Mem. Acad. Imp. Sci. St.-Petersbourg, Ser. 7 16(9): 17 (1870)
Rhododendron parvifolium Adams f. *alpinum* Glehn, Trudy Imp. S.-Peterburgsk. Bot. Sada 4: 66 (1876)
Azalea parvifolia (Adams) Kuntze, Revis. Gen. Pl. 2: 387 (1891)
Rhododendron parvifolium Adams var. *alpinum* (Glehn) N.Busch, Fl. Sibir. Orient. Extremi 2: 22 (1915)
Rhododendron confertissimum Nakai, Bot. Mag. (Tokyo) 31: 239 (1917)
Rhododendron lapponicum (L.) Wahlenb. ssp. *albiflorum* (Herder ex Maxim.) T.Yamaz., Revis. Gen. Rhododendron Japan, Taiwan, Korea & Sakhalin 1: 17 (1996)
Rhododendron lapponicum (L.) Wahlenb. var. *alpinum* (Glehn) T.Yamaz., Revis. Gen. Rhododendron Japan, Taiwan, Korea & Sakhalin 1: 17 (1996)
Rhododendron lapponicum (L.) Wahlenb. var. *parvifolium* (Adams) T.Yamaz., Revis. Gen. Rhododendron Japan, Taiwan, Korea & Sakhalin 1: 17 (1996)
Rhododendron lapponicum (L.) Wahlenb. ssp. *parvifolium* f. *albiflorum* (Herder ex Maxim.) T.Yamaz., Revis. Gen. Rhododendron Japan, Taiwan, Korea & Sakhalin 1: 17 (1996)
Rhododendron lapponicum (L.) Wahlenb. ssp. *parvifolium* var. *alpinu* (Glehn) T.Yamaz., Revis. Gen. Rhododendron Japan, Taiwan, Korea & Sakhalin 1: 17 (1996)
Rhododendron lapponicum (L.) Wahlenb. ssp. *parvifolium* var. *parvifolium*(Adams) T.Yamaz., Revis. Gen. Rhododendron Japan, Taiwan, Korea & Sakhalin 1: 17 (1996)

Representative specimens; Chagang-do 11 July 1914 臥碣峰鷥峯 *Nakai, T Nakai1603* Type of *Rhododendron confertissimum* Nakai (Isosyntype A, Syntype TI) **Hamgyong-bukto** 12 August 1933 渡正山 *Koidzumi, G Koidzumi s.n.* 20 July 1918 冠帽山 *Nakai, T Nakai s.n.* 1932 冠帽峰 *Ohwi, J Ohwi s.n.* 25 September 1933 *Saito, T T Saito s.n.* 25 August 1917 雪嶺 *Goto, M s.n.* 11 August 1914 茂峯-雪嶺山頂 *Ikuma, Y Ikuma s.n.* 25 July 1918 雪嶺 *Nakai, T Nakai s.n.* 25 July 1930 雪嶺西側 *Ohwi, J Ohwi s.n.* 25 July 1930 雪嶺 *Ohwi, J Ohwi s.n.* **Hamgyong-namdo** 25 August 1938 上南面蓮花山 *Jeon, SK JeonSK s.n.* 1938 鎮江- 鎮岩峯 *Tsuya, S s.n.* 25 July 1933 東上面遮日峯 *Koidzumi, G Koidzumi s.n.* 16 August 1935 遮日峯 *Nakai, T Nakai s.n.* 20 June 1932 東上面元豊里 *Ohwi, J Ohwi s.n.* 23 June 1932 遮日峯 *Ohwi, J Ohwi s.n.* 15 August 1940 *Okuyama, S Okuyama s.n.* **Ryanggang** 15 August 1935 北水白山 *Hozawa, S Hozawa s.n.* June 1915 豊山高原 *Uyeki, H Uyeki s.n.* 8 June 1897 平蒲坪-倉坪 *Komarov, VL Komaorv s.n.* 24 July 1930 大澤 *Ohwi, J Ohwi s.n.* 31 July 1930 醬池 *Ohwi, J Ohwi s.n.* 24 July 1930 大澤 *Ohwi, J Ohwi s.n.* 31 July 1930 醬池 *Ohwi, J Ohwi s.n.* 10 August 1914 茂峯 *Ikuma, Y Ikuma s.n.* 2 May 1918 白頭山 -神武城 *Ishidoya, T Ishidoya s.n.* 12 August 1914 神武城- 茂峯 *Nakai, T Nakai2166* 23 August 1934 新興郡/豊山郡境北水白山 *Yamamoto, A Kojima s.n.* 2 August 1917 農事洞 *Furumi, M Furumi s.n.* 13 August 1914 Moho (茂峯)- 農事洞 *Nakai, T Nakai2167*

Rhododendron micranthum Turcz., Bull. Soc. Imp. Naturalistes Moscou 10: 155 (1837)
Common name 꼬리진달래
Distribution in Korea: North, Cental, South

Representative specimens; P'yongan-bukto 8 June 1919 義州金剛山 *Ishidoya, T Ishidoya s.n.*

Rhododendron mucronulatum Turcz., Bull. Soc. Imp. Naturalistes Moscou 10: 155 (1837)
Common name 진달래나무 (진달래)
Distribution in Korea: North, Central, South
Rhododendron dauricum L. var. *mucronulatum* (Turcz.) Maxim., Mem. Acad. Imp. Sci. St.-Petersbourg, Ser. 7 16(9): 44 (1870)
Rhododendron mucronulatum Turcz. var. *albiflorum* Nakai, J. Coll. Sci. Imp. Univ. Tokyo 31: 76 (1911)
Rhododendron taquetii H.Lév., Repert. Spec. Nov. Regni Veg. 12: 101 (1913)
Rhododendron mucronulatum Turcz. var. *taquetii* Nakai, Saishu-to Kuan-to Shokubutsu Hokoku-sho [Fl. Quelpaert Isl.] 71 (1914)
Rhododendron mucronulatum Turcz. var. *ciliatum* Nakai, Bot. Mag. (Tokyo) 31: 241 (1917)
Rhododendron mucronulatum Turcz. var. *latifolium* Nakai, Bot. Mag. (Tokyo) 36: 70 (1922)
Rhododendron mucronulatum Turcz. var. *acuminatum* Hutchison, Sp. Rhodod. 227 (1930)
Rhododendron mucronulatum Turcz. var. *lucidum* Nakai, J. Jap. Bot. 19: 375 (1942)

Rhododendron mucronulatum Turcz. f. *pallidum* Uyeki, Bull. Forest. Soc. Korea (Chosen Sanrin Kwaiho) 213: 7 (1942)

Rhododendron mucronulatum Turcz. f. *discolor* Uyeki, Bull. Forest. Soc. Korea (Chosen Sanrin Kwaiho) 213: 7 (1942)

Rhododendron mucronulatum Turcz. f. *purpures-violaceum* Uyeki, Bull. Forest. Soc. Korea (Chosen Sanrin Kwaiho) 213: 7 (1942)

Rhododendron mucronulatum Turcz. f. *apunctatua* Uyeki, Bull. Forest. Soc. Korea (Chosen Sanrin Kwaiho) 213: 7 (1942)

Rhododendron mucronulatum Turcz. f. *albiflorum* (Nakai) Okuy., J. Jap. Bot. 30: 43 (1955)

Rhododendron mucronulatum Turcz. f. *ciliatum* (Nakai) Kitag., Neolin. Fl. Manshur. 500 (1979)

Representative specimens; Chagang-do 江界 *Unknown s.n.* **Hamgyong-bukto** 2 May 1933 輸城 *Saito, T T Saito s.n.* 30 September 1932 龍城面 *Saito, T T Saito s.n.* 4 May 1933 羅南西北谷 *Saito, T T Saito s.n.* 15 June 1909 Sungjin (城津) *Nakai, T Nakai s.n.* 15 July 1918 朱乙溫面城町 *Nakai, T Nakai s.n.* 18 July 1918 朱乙溫面態谷嶺 *Nakai, T Nakai s.n.* 20 July 1918 冠帽山 *Nakai, T Nakai s.n.* 26 May 1930 鏡城 *Ohwi, J Ohwi s.n.* 21 June 1938 穩城郡甌山 *Saito, T T Saito s.n.* **Hwanghae-bukto** 10 September 1915 瑞興 *Nakai, T Nakai s.n.* **Hwanghae-namdo** 25 August 1943 首陽山 *Furusawa, I Furusawa s.n.* 25 August 1943 *Furusawa, I Furusawa s.n.* 10 September 1941 *Kaneura, T s.n.* 31 July 1932 席島 *Nakai, T Nakai s.n.* 1 August 1932 椒島 *Nakai, T Nakai s.n.* 25 July 1921 Sorai Beach 九味浦 *Mills, RG Mills s.n.* **Kangwon-do** 12 July 1936 外金剛千佛山 *Nakai, T Nakai s.n.* 29 July 1938 Mt. Kumgang (金剛山) *Hozawa, S Hozawa s.n.* 12 August 1932 *Koidzumi, G Koidzumi s.n.* 10 June 1932 *Ohwi, J Ohwi s.n.* 7 August 1940 *Okuyama, S Okuyama s.n.* **P'yongan-bukto** 17 May 1912 白壁山 *Ishidoya, T Ishidoya s.n.* **P'yongan-namdo** 15 July 1916 葛日嶺 *Mori, T Mori s.n.* **P'yongyang** 25 April 1911 P'yongyang (平壤) *Imai, H Imai s.n.* 22 May 1911 *Imai, H Imai s.n.* **Rason** 30 June 1938 松眞山 *Saito, T T Saito s.n.* **Ryanggang** 13 August 1914 農事洞 *Nakai, T Nakai s.n.* **Sinuiju** 20 April 1917 新義州 *Furumi, M Furumi s.n.*

Rhododendron redowskianum Maxim., Mem. Acad. Imp. Sci. St.-Petersbourg Divers Savans 9: 189 (1859)

Common name 좀참꽃

Distribution in Korea: North

Azalea redowskiana (Makino) Kuntze, Revis. Gen. Pl. 2: 387 (1891)

Therorhodion redowskianum (Maxim.) Hutch., Bull. Misc. Inform. Kew 1921: 204 (1921)

Rhododendron saisiuense Nakai, Bot. Mag. (Tokyo) 49: 587 (1935)

Representative specimens; Hamgyong-bukto 19 July 1918 冠帽山 *Nakai, T Nakai s.n.* **Ryanggang** 13 August 1913 白頭山 *Hirai, H Hirai s.n.* 13 August 1914 *Ikuma, Y Ikuma s.n.* August 1913 *Mori, T Mori s.n.* 10 August 1914 Nakai, *T Nakai s.n.*

Rhododendron schlippenbachii Maxim., Bull. Acad. Imp. Sci. Saint-Pétersbourg 15: 226 (1871)

Common name 철쭉나무 (철쭉꽃)

Distribution in Korea: North, Central, South

Azalea schlippenbachii (Maxim.) Kuntze, Revis. Gen. Pl. 2: 387 (1891)

Rhododendron schlippenbachii Maxim. var. *ciliatum* Nakai, Bull. Natl. Sci. Mus., Tokyo 33: 19 (1953)

Representative specimens; Chagang-do 20 May 1942 狼林山 *Suzuki, T s.n.* **Hamgyong-bukto** 20 May 1897 茂山嶺 *Komarov, VL Komaorv s.n.* 24 May 1897 車踰嶺-照日洞 *Komarov, VL Komaorv s.n.* 25 August 1914 鏡城行營-龍山洞 *Nakai, T Nakai s.n.* 15 July 1918 朱乙溫面甫上洞 *Nakai, T Nakai s.n.* 27 July 1918 朱南面雪嶺 *Nakai, T Nakai s.n.* 26 May 1930 鏡城 *Ohwi, J Ohwi s.n.* 12 May 1897 五宗洞 *Komarov, VL Komaorv s.n.* **Hamgyong-namdo** 11 August 1940 咸興歸州寺 *Okuyama, S Okuyama s.n.* 1928 Hamhung (咸興) *Seok, JM s.n.* **Hwanghae-namdo** 15 July 1921 Sorai Beach 九味浦 *Mills, RG Mills s.n.* 28 July 1932 長山串 *Nakai, T Nakai s.n.* **Kangwon-do** 28 July 1916 長箭高城 *Nakai, T Nakai s.n.* 7 August 1932 Mt. Kumgang (金剛山) *Fukushima s.n.* 12 August 1932 *Koidzumi, G Koidzumi s.n.* 7 August 1940 *Okuyama, S Okuyama s.n.* 6 June 1909 元山 *Nakai, T Nakai s.n.* **P'yongan-bukto** 9 June 1914 飛來峯 *Nakai, T Nakai s.n.* 26 July 1912 Nei-hen (Neiyen 寧邊) *Imai, H Imai159* 1 June 1912 白壁山 *Ishidoya, T Ishidoya s.n.* **P'yongan-namdo** 17 July 1916 加音嶺 *Mori, T Mori s.n.*

Rhododendron tomentosum Harmaja, Ann. Bot. Fenn. 27: 204 (1990)

Common name 백산차

Distribution in Korea: North (Ryanggang, Hamgyong), Central

Ledum palustre L., Sp. Pl. : 391 (1753)

Ledum groenlandicum Oeder, Fl. Dan. 4(10): 5 (1771)

Ledum palustre L. var. *decumbens* Aiton, Hortus Kew. 2: 65 (1789)

Ledum latifolium Jacq., Collectanea [Jacquin] 2: 308 (1789)

Ledum palustre L. var. *latifolium* Michx., Fl. Bor.-Amer. (Michaux) 1: 259 (1803)

Ledum canadense Lodd., Bot. Cab. 11: 1049 (1825)
Ledum palustre L. var. *angustifolium* Hook., Fl. Bor.-Amer. (Hooker) 2: 44 (1834)
Ledum decumbens (Aiton) Lodd. ex Steud., Nomencl. Bot., ed. 2 (Steudel) 2: 20 (1841)
Ledum palustre L. f. *pavifolia* Maack, Vilyuisk. Okruge Fakutsk. Obl. 2: 283 (1886)
Ledum palustre L. var. *groenlandicum* (Oeder) Rosenv., Meddel. Gronland 40971: 692 (1892)
Ledum pacificum Small, N. Amer. Fl. 29: 37 (1914)
Ledum palustre L. var. *angustum* E.A.Busch, Fl. Sibir. Orient. Extremi 2: 8 (1915)
Ledum hypoleucum Kom., Izv. Imp. S.-Peterburgsk. Bot. Sada 16: 175 (1916)
Ledum palustre L. var. *diversipilosum* Nakai, Bot. Mag. (Tokyo) 31: 102 (1917)
Ledum palustre L. var. *maximum* Nakai, Bot. Mag. (Tokyo) 31: 102 (1917)
Ledum palustre L. var. *subulatum* Nakai, Bot. Mag. (Tokyo) 31: 103 (1917)
Ledum palustre L. var. *nipponicum* Nakai, Trees Shrubs Japan ed. 1: 12 (1922)
Ledum palustre L. var. *yesoense* Nakai, Trees Shrubs Japan ed. 1: 13 (1922)
Ledum palustre L. var. *dilatatum* Wahlenb., Trees Shrubs Japan 1: 14 (1922)
Ledum palustre L. f. *diversiplosum* (Nakai) Makino & Tanaka, Man. Fl. Nippon 421 (1927)
Ledum palustre L. f. *yesoense* (Nakai) Makino & Tanaka, Man. Fl. Nippon 421 (1927)
Ledum palustre L. var. *minus* Nakai, Trees Shrubs Japan, Revis. Ed. 1: 19 (1927)
Ledum palustre L. ssp. *decumbens* (Aiton) Hultén, Fl. Kamtchatka 4: 8 (1930)
Ledum palustre L. ssp. *groenlandicum* (Oeder) Hultén, Fl. Alaska Yukon 8: 1219 (1948)
Ledum macrophyllum Tolm., Bot. Mater. Gerb. Bot. Inst. Komarova Akad. Nauk S.S.S.R. 15: 203 (1953)
Ledum palustre L. ssp. *diversipilosum* (Nakai) H.Hara, J. Fac. Sci. Univ. Tokyo, Sect. 3, Bot. 6: 351 (1956)
Ledum palustre L. ssp. *diversipilosum* var. *macrophyllum* (Tolm.) Kitag., Neolin. Fl. Manshur. 498 (1979)
Ledum palustre L. f. *decumbens* (Aiton) Y.L.Chou & S.L.Tung, Ligneous Fl. Heilongjiang 486 (1986)

Representative specimens; Chagang-do 11 July 1914 臥碣峰鷲峯 1800m *Nakai, T Nakai1544* 22 July 1914 山羊 -江口 *Nakai, T Nakai2173* **Hamgyong-bukto** 12 August 1933 渡正山 *Koidzumi, G Koidzumi s.n.* 5 August 1939 頭流山 *Hozawa, S Hozawa s.n.* 19 July 1918 冠帽山 *Nakai, T Nakai7347* 24 July 1918 朱南面金谷洞 *Nakai, T Nakai7353* 6 July 1933 南下石山 *Saito, T T Saito s.n.* 13 August 1924 冠帽峰 *Sawada, T Sawada s.n.* 11 July 1917 雪嶺 *Furumi, M Furumi516* 25 July 1918 *Nakai, T Nakai7350* 25 July 1918 *Nakai, T Nakai7351* 18 October 1938 甘吐峯 *Saito, T T Saito s.n.* 13 June 1897 西溪水 *Komarov, VL Komaorv s.n.* 19 July 1918 慶源郡龍德面 *Nakai, T Nakai s.n.* **Hamgyong-namdo** 12 August 1938 上南面蓮花山 *Jeon, SK JeonSK17* 16 August 1934 新角面北山 *Nomura, N Nomura s.n.* 18 August 1943 赴戰高原咸地院 *Honda, M Honda124* 23 August 1932 蓋馬高原 *Kitamura, S Kitamura s.n.* 25 July 1933 東上面遮日峯 *Koidzumi, G Koidzumi s.n.* 16 August 1935 遮日峯 *Nakai, T Nakai15631* 16 August 1935 *Nakai, T Nakai 15632* 20 June 1932 東上面元豊里 *Ohwi, J Ohwi s.n.* 14 August 1940 赴戰高原雲水嶺 *Okuyama, S Okuyama s.n.* **Ryanggang** 25 June 1917 甲山 *Furumi, M Furumi s.n.* 15 August 1935 北水白山 *Hozawa, S Hozawa s.n.* 18 August 1934 東上面北水白山東南尾根 *Yamamoto, A Yamamoto s.n.* 3 August 1917 楡坪 *Furumi, M Furumi s.n.* 4 August 1939 大澤濕地 *Hozawa, S Hozawa s.n.* 5 August 1940 高頭山 *Hozawa, S Hozawa s.n.* 4 August 1939 大澤濕地 *Hozawa, S Hozawa s.n.* 6 June 1897 平蒲坪 *Komarov, VL Komaorv s.n.* 8 June 1897 平蒲坪-倉坪 *Komarov, VL Komaorv s.n.* 24 July 1930 大澤 *Ohwi, J Ohwi s.n.* 21 June 1930 天水洞 - 倉坪 *Ohwi, J Ohwi s.n.* 24 July 1930 含山嶺 *Ohwi, J Ohwi s.n.* 21 June 1930 三社面楡坪- 天水洞 *Ohwi, J Ohwi s.n.*24 June 1930 延岩洞-上村 *Ohwi, J Ohwi s.n.* 21 June 1930 天水洞 - 倉坪 *Ohwi, J Ohwi s.n.* 21 June 1930 三社面楡坪- 天水洞 *Ohwi, J Ohwi s.n.* 24 July 1897 佳林里 *Komarov, VL Komaorv s.n.* 30 July 1917 無頭峯 *Furumi, M Furumi388* 1 August 1934 小長白山脈 *Kojima, K Kojima s.n.* August 1913 長白山 *Mori, T Mori s.n.* 7 August 1914 虚項嶺 *Nakai, T Nakai s.n.* 6 August 1914 胞胎山虚項嶺 *Nakai, T Nakai2151* Type of *Ledum palustre* L. var. *subulatum* Nakai (Holotype TI)5 August 1914 普天堡- 寶泰洞 *Nakai, T Nakai2152* 12 August 1914 神武城- 茂峯 *Nakai, T Nakai2171* Type of *Ledum palustre* L. var. *maximum* Nakai (Syntype TI)8 August 1914 虚項嶺-神武城 *Nakai, T Nakai 2172* 1 July 1943 神武城 *Yoshimizu, K s.n.*

Rhododendron yedoense Maxim. f. ***poukhanense*** (H.Lév.) Sugim. ex T.Yamaz., Revis. Gen. Rhododendron Japan, Taiwan, Korea & Sakhalin 1: 44 (1996)

Common name 산철쭉

Distribution in Korea: North, Central, South

Rhododendron poukhanense H.Lév., Repert. Spec. Nov. Regni Veg. 5: 100 (1908)
Rhododendron coreanum Rehder, Mitt. Deutsch. Dendrol. Ges. 22: 259 (1913)
Rhododendron hallaisanense H.Lév., Repert. Spec. Nov. Regni Veg. 12: 101 (1913)
Rhododendron poukhanense H.Lév. var. *plenum* Nakai, Bot. Mag. (Tokyo) 31: 245 (1917)
Rhododendron matsumurae Komatsu, Bot. Mag. (Tokyo) 32: 13 (1918)
Rhododendron yedoense Maxim. var. *poukhanense* (H.Lév.) Nakai, Bot. Mag. (Tokyo) 34: 274 (1920)
Rhododendron yedoense Maxim. f. *albflora* H.D. Chang, Seikyu 32: 80 (1938)
Rhododendron yedoense Maxim. var. *poukhanense* f. *leucanthum* Nakai, J. Jap. Bot. 15: 535 (1939)
Rhododendron yedoense Maxim. var. *hallaisanense* (H.Lév.) T.Yamaz., J. Jap. Bot. 62: 260 (1987)

Rhododendron yedoense Maxim. f. *plenum* (Nakai) T.Yamaz., Revis. Gen. Rhododendron Japan, Taiwan, Korea & Sakhalin 0 (1996)

Representative specimens; P'yongan-bukto 4 August 1935 妙香山 *Koidzumi, G Koidzumi s.n.*

Vaccinium L.
Vaccinium hirtum Thunb. var. *koreanum* (Nakai) Kitam., Acta Phytotax. Geobot. 25: 36 (1972)
Common name 물앵두나무 (산앵도나무)

Distribution in Korea: North, Central, South, Endemic
Vaccinium koreanum Nakai,Trees Shrubs Japan 1: 191 (1922)
Vaccinium hirtum Thunb. var. *variegatum* Nakai ex T. Mori, Enum. Pl. Corea 280 (1922)
Vaccinium usunoki Nakai,Trees Shrubs Japan, Revis. Ed. 2: 250 (1927)

Representative specimens; Hamgyong-bukto 8 August 1918 松湖嶺 *Nakai, T Nakai s.n.* Kangwon-do 2 September 1932 金剛山外金剛 *Kitamura, S Kitamura s.n.* 12 July 1936 外金剛千佛山 *Nakai, T Nakai s.n.* 31 July 1916 金剛山群仙峽 *Nakai, T Nakai5735* 7 August 1932 Mt. Kumgang (金剛山) *Fukushima s.n.* 11 August 1932 *Kitamura, S Kitamura s.n.* 12 August 1932 *Koidzumi, G Koidzumi s.n.* 15 August 1932 金剛山外金剛 *Koidzumi, G Koidzumi s.n.* 12 July 1936 金剛山外金剛千佛山 *Nakai, T Nakai s.n.* 10 June 1932 Mt. Kumgang (金剛山) *Ohwi, J Ohwi s.n.* 8 August 1940 Okuyama, *S Okuyama s.n.* 15 August 1902 *Uchiyama, T Uchiyama s.n.* P'yongan-bukto 5 August 1937 妙香山 *Hozawa, S Hozawa s.n.* 6 August 1935 *Koidzumi, G Koidzumi s.n.* 9 June 1912 白壁山 *Ishidoya, T Ishidoya s.n.* P'yongan-namdo 15 June 1928 陽德 *Nakai, T Nakai s.n.* P'yongyang 7 June 1912 P'yongyang (平壤) *Imai, H Imai s.n.*

Vaccinium oxycoccos L., Sp. Pl. 351 (1753)
Common name 덩굴월귤 (애기월귤)

Distribution in Korea: North (Baekam, Musan)
Oxycoccus quadripetalus Gilib., Fl. Lit. Inch. 1: 5 (1782)
Schollera oxycoccos (L.) Roth, Tent. Fl. Germ. 1: 170 (1788)
Oxycoccus palustris Pers., Syn. Pl. (Persoon) 1: 419 (1805)
Oxycoccus vulgaris Pursh, Fl. Amer. Sept. (Pursh) 1: 263 (1814)
Schollera paludosa Baumg., Enum. Stirp. Transsilv. 1: 331 (1816)
Oxycoccus europaeus Nutt., Gen. N. Amer. Pl. [Nuttall] 1: 251 (1818)
Schollera europaea Steud., Nomencl. Bot. (Steudel) 746 (1821)
Oxycoca vulgaris Raf., Med. Fl. 2: 49 (1830)
Oxycoccus palustris Pers. var. *pusillus* Dunal, Prodr. (DC.) 7: 577 (1839)
Oxycoccus microcarpus Turcz. ex Rupr., Beitr. Pflanzenk. Russ. Reiches 4: 56 (1845)
Vaccinium microcarpum (Turcz.) Schmalh., Trudy S.-Peterburgsk. Obshch. Estestvoisp. 2: 149 (1871)
Oxycoccus palustris Pers. var. *vulgaris* Blytt, Norges Fl. 2: 837 (1874)
Vaccinium oxycoccus L. var. *intermedium* A.Gray, Syn. Fl. N. Amer. (ed. 2) 396 (1886)
Oxycoccus oxycoccus MacMill., Bull. Torrey Bot. Club 19: 15 (1892)
Vaccinium oxycoccus L. ssp. *vulgare* Blytt, Haandb. Norges Fl. 561 (1906)
Vaccinium oxycoccus L. var. *microcarpum* (Turcz.) B.Fedtsch. & Flerow, Fl. Eur. Ross. 728 (1911)
Oxycoccus pusillus (Dunal) Nakai, Bot. Mag. (Tokyo) 31: 246 (1917)
Oxycoccus quadripetalus Gilib. ssp. *vulgaris* (Blytt) Braun-Blanq., Ill. Fl. Mitt.-Eur. 5, 3: 1687 (1926)
Oxycoccus quadripetalus Gilib. ssp. *microcarpus* (Turcz.) Braun-Blanq., Ill. Fl. Mitt.-Eur. 5, 3: 1687 (1926)
Vaccinium uliginosum L. f. *depressum* Nakai ex Uyeki, Woody Pl. Distr. Chosen 85 (1940)
Vaccinium uliginosum L. f. *ellipticum* Nakai ex Uyeki, Woody Pl. Distr. Chosen 85 (1940)
Vaccinium oxycoccus L. ssp. *microcarpus* (Turcz.) Kitam., Acta Phytotax. Geobot. 25: 35 (1972)

Representative specimens; Hamgyong-namdo 18 August 1943 赴戰高原咸地院 *Honda, M Honda s.n.* 20 June 1932 東上面元豊里 *Ohwi, J Ohwi s.n.* Ryanggang 4 August 1939 大澤濕地 *Hozawa, S Hozawa s.n.* 3 August 1939 白岩 *Nakai, T Nakai s.n.* 18 September 1940 陽社面大澤 *Nakai, T Nakai18937* 24 July 1930 大澤 *Ohwi, J Ohwi s.n.* 24 July 1930 *Ohwi, J Ohwi s.n.* 24 July 1930 *Ohwi, J Ohwi s.n.* 24 July 1930 *Ohwi, J Ohwi s.n.* 31 July 1930 醬池 *Ohwi, J Ohwi s.n.*

Vaccinium uliginosum L., Sp. Pl. 350 (1753)
Common name 들쭉나무

Distribution in Korea: North (Ryanggang, Hamgyong)
Vaccinium gaultherioides Bigelow, New England J. Med. Surg. 5: 535 (1816)
Vaccinium pubescens Wormsk. ex Hornem., Fl. Dan. 9 (26): 4 (1818)

Vaccinium uliginosum L. var. *alpinum* Bigelow, Fl. Boston., ed. 2 153 (1824)
Myrtillus uliginosus Drejer, Fl. Excurs. Hafn. 147 (1838)
Vaccinium uliginosum L. var. *genuinum* Herder, Trudy Imp. S.-Peterburgsk. Bot. Sada 1: 319 (1872)
Vaccinium uliginosum L. var. *kruhsianum* Herder, Trudy Imp. S.-Peterburgsk. Bot. Sada 1: 320 (1872)
Vaccinium uliginosum L. ssp. *microphyllum* Herder, Trudy Imp. S.-Peterburgsk. Bot. Sada 1: 320 (1872)
Vaccinium uliginosum L. var. *microphyllum* Lange, Consp. Fl. Groenland. 91 (1880)
Myrtillus grandis Bubani, Fl. Pyren. 2: 17 (1900)
Vaccinium fauriei H.Lév., Repert. Spec. Nov. Regni Veg. 12: 182 (1913)
Vaccinium uliginosum L. f. *alpinum* Nakai, Fl. Sylv. Kor. 8: 62 (1919)
Vaccinium uliginosum L. var. *frigidum* Schur, Kozan-Shok.-Zui 24 (1933)

Representative specimens; Chagang-do 22 July 1919 狼林山上 *Kajiwara, U Kajiwara s.n.* 22 July 1916 狼林山 *Mori, T Mori s.n.* 11 July 1914 臥碣峰 *Nakai, T Nakai1594* **Hamgyong-bukto** 12 August 1933 渡正山 *Koidzumi, G Koidzumi s.n.* 5 August 1939 頭流山 *Hozawa, S Hozawa s.n.* 24 July 1918 朱北面金谷 *Nakai, T Nakai s.n.* 20 July 1918 冠帽山 *Nakai, T Nakai s.n.* 19 July 1918 *Nakai, T Nakai s.n.* 25 June 1930 雪嶺 *Ohwi, J Ohwi s.n.* 4 June 1897 四芝嶺 *Komarov, VL Komaorv s.n.* **Hamgyong-namdo** 14 August 1943 赴戰高原咸地院 *Honda, M Honda s.n.* 22 August 1932 蓋馬高原 *Kitamura, S Kitamura s.n.* 25 July 1933 東上面遮日峯 *Koidzumi, G Koidzumi s.n.* 16 August 1935 遮日峯 *Nakai, T Nakai s.n.* 26 July 1935 Donha-myeon Unsan-ri (東下面雲山里) *Nomura, N Nomura s.n.* 20 June 1932 東上面元豊里 *Ohwi, J Ohwi s.n.* 15 August 1940 遮日峯 *Okuyama, S Okuyama s.n.* **Kangwon-do** 12 August 1932 Mt. Kumgang (金剛山) *Koidzumi, G Koidzumi s.n.* 16 August 1916 金剛山毘盧峯 *Nakai, T Nakai5740* 10 June 1932 Mt. Kumgang (金剛山) *Ohwi, J Ohwi s.n.* **Ryanggang** August 1913 Keizanchin(惠山鎭) *Mori, T Mori347* 15 August 1916 北水白山 *Hozawa, S Hozawa s.n.* 4 August 1939 大澤濕地 *Hozawa, S Hozawa s.n.* 6 June 1897 平蒲坪 *Komarov, VL Komaorv s.n.* 8 June 1897 平蒲坪-倉坪 *Komarov, VL Komaorv s.n.* 20 June 1930 天水洞(長沙) *Ohwi, J Ohwi s.n.* 20 June 1930 *Ohwi, J Ohwi s.n.* 24 July 1930 大澤 *Ohwi, J Ohwi s.n.* 11 July 1917 胞胎山 *Furumi, M Furumi s.n.* 14 August 1913 神武城 *Hirai, H Hirai s.n.* 13 August 1913 白頭山 *Hirai, H Hirai s.n.* 15 July 1935 小長白山脈 *Irie, Y s.n.* 10 August 1914 白頭山 *Nakai, T Nakai2163* 6 August 1914 胞胎山虛項嶺 *Nakai, T Nakai2175* 18 August 1934 新興郡北水白山 *Yamamoto, A Yamamoto s.n.* 8 August 1914 農事洞 *Ikuma, Y Ikuma s.n.* 13 August 1914 Moho (茂峯)- 農事洞 *Nakai, T Nakai s.n.*

Vaccinium vitis-idaea L., Sp. Pl. 351 (1753)

Common name 월귤나무 (월귤)

Distribution in Korea: North, Central

Vaccinium punctatum Lam., Fl. Franc. (Lamarck) 3: 396 (1779)
Vaccinium rubrum Gilib., Fl. Lit. Inch. 1: 4 (1782)
Vaccinium vitis-idaea L. var. *minus* Lodd. & G.Lodd. & W.Lodd., Bot. Cab. 11: pl. 1023 (1825)
Vaccinium vitis-idaea L. var. *pumilum* Hornem., Fors. Oecon. Plantel., ed. 3 2: 177 (1835)
Vaccinium jesoense Miq., Ann. Mus. Bot. Lugduno-Batavi 1: 28 (1863)
Vaccinium vitis-idaea L. var. *genuinum* Herder, Trudy Imp. S.-Peterburgsk. Bot. Sada 1: 312 (1872)
Vaccinium vitis-idaea L. var. *microphyllum* Herder, Trudy Imp. S.-Peterburgsk. Bot. Sada 1: 313 (1872)
Myrtillus exigua Bubani, Fl. Pyren. 2: 16 (1899)
Vaccinium vitis-idaea L. ssp. *minus* (Lodd.) Hultén, Fl. Aleutian Isl. 268 (1937)
Vaccinium vitis-idaea L. f. *minus* (Lodd.) Nakai, J. Jap. Bot. 17: 11 (1941)

Representative specimens; Chagang-do 22 July 1916 狼林山 *Mori, T Mori s.n.* 11 July 1914 臥碣峰 *Nakai, T Nakai1617* 22 July 1914 山羊- 江口 (風穴附近) *Nakai, T Nakai2180* **Hamgyong-bukto** 12 August 1933 渡正山 *Koidzumi, G Koidzumi s.n.* 5 August 1939 頭流山 *Hozawa, S Hozawa s.n.* 19 July 1918 冠帽山 *Nakai, T Nakai7341* 25 July 1918 雪嶺 *Nakai, T Nakai7344* 13 June 1897 西溪水 *Komarov, VL Komaorv s.n.* 4 June 1897 四芝嶺 *Komarov, VL Komaorv s.n.* 4 June 1897 *Komarov, VL Komaorv s.n.* **Hamgyong-namdo** 16 August 1934 新角面北山 *Nomura, N Nomura s.n.* 23 August 1932 蓋馬高原 *Kitamura, S Kitamura s.n.* 25 July 1933 東上面遮日峯 *Koidzumi, G Koidzumi s.n.* 15 August 1935 雲仙嶺 *Nakai, T Nakai15638* 16 August 1935 遮日峯 *Nakai, T Nakai15639* 20 June 1932 東上面元豊里 *Ohwi, J Ohwi s.n.* 18 August 1934 東上面龍岩洞 *Yamamoto, A Yamamoto s.n.* 18 August 1934 東上面龍岩洞上方 1900m *Yamamoto, A Yamamoto s.n.* 18 August 1934 新興郡東上洞達阿里龍岩洞上流 *Yamamoto, A Yamamoto s.n.* **Kangwon-do** 16 August 1916 金剛山毘盧峯 *Nakai, T Nakai5739* **Ryanggang** 25 June 1917 甲山鷹德峯 *Furumi, M Furumi s.n.* 15 August 1914 李僧嶺 *Nakai, T Nakai2181* 6 June 1897 平蒲坪 *Komarov, VL Komaorv s.n.* 8 June 1897 平蒲坪-倉坪 *Komarov, VL Komaorv s.n.* 18 September 1940 大澤 *Nakai, T Nakai18945* 18 September 1940 *Nakai, T Nakai18946* 19 September 1940 醬洞 *Nakai, T Nakai18947* 20 June 1930 倉坪 - 天水洞 *Ohwi, J Ohwi s.n.* 20 June 1930 三社面楡坪- 天水洞 *Ohwi, J Ohwi s.n.* 28 June 1897 栢德嶺 *Komarov, VL Komaorv s.n.* 24 July 1897 佳林里 *Komarov, VL Komaorv s.n.* 11 July 1917 胞胎山中腹以下 *Furumi, M Furumi199* 14 August 1913 神武城 *Hirai, H Hirai18* 10 August 1914 茂峯 *Ikuma, Y Ikuma s.n.* 20 July 1897 惠山鎭(鴨綠江上流長白山脈中高原) *Komarov, VL Komaorv s.n.* 6 August 1914 胞胎山虛項嶺 *Nakai, T Nakai s.n.*

DIAPENSIACEAE

Diapensia **Hill**
Diapensia lapponica L., Sp. Pl. 1: 141 (1753)
Common name 돌매화나무
Distribution in Korea: North, Jeju

EBENACEAE

Diospyros **L.**
Diospyros lotus L., Sp. Pl. 2: 1057 (1753)
Common name 고욤나무
Distribution in Korea: Central, South, Jeju
    Dactylus trapezuntinus Forssk., Fl. Aegypt.-Arab. 36 (1775)
    Diospyros kaki L.f. var. *glabra* A.DC.A.DC., Prodr. (DC.) 8: 229 (1844)
    Diospyros kaki L.f. f. *ellipsoidea* Makino, Bot. Mag. (Tokyo) 26: 397 (1912)
    Diospyros kaki L.f. f. *ovoidea* Makino, Bot. Mag. (Tokyo) 26: 397 (1912)
    Diospyros kaki L.f. f. *globosa* Makino, Bot. Mag. (Tokyo) 26: 396 (1912)
    Diospyros lotus L. var. *glabra* (A.DC.) Makino, Bot. Mag. (Tokyo) 26: 396 (1912)
    Diospyros lotus L. f. *mixta* Uyeki, Suigen Gakuho 18(11): 4 (1925)
    Diospyros lotus L. f. *angulato-orbiculata* Uyeki, Suigen Gakuho 18(11): 4 (1925)

Representative specimens; Hwanghae-namdo 28 July 1932 長山串 Nakai, T *Nakai13342* **Ryanggang** 29 May 1917 江口 *Nakai, T Nakai4700*

STYRACACEAE

Styrax **L.**
Styrax japonicus Siebold & Zucc., Fl. Jap. (Siebold) 1: 53 (1837)
Common name 때죽나무
Distribution in Korea: Central, South, Jeju, Ulleung
    Styrax bodinieri H.Lév., Repert. Spec. Nov. Regni Veg. 4: 332 (1907)

Representative specimens; Hwanghae-namdo 1 August 1932 椒島 *Nakai, T Nakai13347* 24 July 1922 Mukimpo *Mills, RG Mills4589* 4 August 1932 長山串 Nakai, T *Nakai13349* August 1932 Sorai Beach 九味浦 *Smith, RK Smith90* **Kangwon-do** 29 August 1916 長箭 *Nakai, T Nakai5748* 28 July 1916 長箭 - 高城 *Nakai, T Nakai6073*

Styrax obassis Siebold & Zucc., Fl. Jap. (Siebold) 1: 93, t. 46 (1839)
Common name 쪽동백나무
Distribution in Korea: North, Central, South, Ulleung

Representative specimens; Chagang-do 9 June 1924 避難德山 *Fukubara, S Fukubara s.n.* **Hamgyong-bukto** 19 August 1924 七寶山 *Kondo, C Kondo s.n.* **Hamgyong-namdo** 25 September 1925 泗水山 *Chung, TH Chung s.n.* **Hwanghae-bukto** 19 October 1923 平山郡滅惡山 *Muramatsu, T s.n.* **Hwanghae-namdo** 25 August 1925 長壽山 *Chung, TH Chung s.n.* 27 July 1932 長山串 Nakai, T *Nakai13352* 5 August 1932 Nakai, T *Nakai13354* 26 May 1924 九月山 *Chung, TH Chung s.n.* **Kangwon-do** 8 August 1928 金剛山群仙峽上 *Kondo, K Kondo9314* 29 July 1938 Mt. Kumgang (金剛山) *Hozawa, S Hozawa s.n.* 14 July 1936 金剛山外金剛千佛山 *Nakai, T Nakai s.n.* 8 August 1940 Mt. Kumgang (金剛山) *Okuyama, S Okuyama s.n.* 4 October 1923 安邊郡楸愛山 *Fukubara, S Fukubara s.n.* **P'yongan-bukto** 4 June 1924 飛來峯 *Sawada, T Sawada s.n.* 1924 妙香山 *Kondo, T Kondo s.n.* 9 June 1912 白壁山 *Ishidoya, T Ishidoya s.n.* **P'yongan-namdo** 15 July 1916 葛日嶺 *Mori, T Mori s.n.*

SYMPLOCACEAE

***Symplocos* Jacq.**
Symplocos sawafutagi Nagam., Contr. Biol. Lab. Kyoto Univ. 28: 199 (1993)
Common name 노린재나무
Distribution in Korea: North, Central, South

Symplocos paniculata (Thunb.) Miq. var. *leucocarpa* Nakai, Bot. Mag. (Tokyo) 32: 227 (1918)
Palura paniculata (Thunb.) Nakai var. *leucocarpa* (Nakai) Nakai, Fl. Sylv. Kor. 13: 33 (1923)
Palura paniculata (Thunb.) Nakai var. *pilosa* Nakai,Trees Shrubs Japan, Revis. Ed. 2: 309 (1927)
Symplocos crataegoides Buch.-Ham. ex D.Don var. *leucocarpa* (Nakai) Makino & Nemoto, Fl. Japan., ed. 2 (Makino & Nemoto) 918 (1931)
Palura chinensis (Lour.) Koidz. var. *pilosa* (Nakai) Nakai, Bot. Mag. (Tokyo) 48: 774 (1934)
Palura chliata Nakai ex H.Hara, J. Jap. Bot. 10: 322 (1934)
Palura chinensis (Lour.) Koidz. var. *pilosa* (Nakai) Nakai f. *leucocarpa* (Nakai) Nakai, Bot. Mag. (Tokyo) 48: 774 (1934)
Palura pilosa f. *leucocarpa* (Nakai) Honda, Nom. Pl. Japonic. 274 (1939)
Palura chinensis (Lour.) Koidz. var. *leucocarpa* (Nakai) H.Hara, Enum. Spermatophytarum Japon. 1: 108 (1948)
Symplocos chinensis (Lour.) Druce f. *pilosa* (Nakai) Ohwi, Fl. Jap. (Ohwi) 931 (1953)
Symplocos chinensis (Lour.) Druce var. *leucocarpa* (Nakai) Ohwi, Fl. Jap. (Ohwi) 931 (1953)
Symplocos chinensis (Lour.) Druce ssp. *pilosa* (Nakai) Kitag., Neolin. Fl. Manshur. 509 (1979)

Representative specimens; Chagang-do 6 May 1910 Kang-gei(Kokai 江界) *Mills, RG Mills314* 6 June 1910 *Mills, RG Mills371* 20 June 1914 鳳山面漁雷坊 *Nakai, T Nakai2214* **Hamgyong-bukto** 8 August 1918 寶村 *Nakai, T Nakai7676* **Hamgyong-namdo** Hamhung (咸興) *Nomura, N Nomura s.n.* 28 July 1933 永古面松興里 *Koidzumi, G Koidzumi s.n.* **Hwanghae-bukto** 29 May 1939 白川邑 *Hozawa, S Hozawa s.n.* **Hwanghae-namdo** 29 July 1935 長壽山 *Koidzumi, G Koidzumi s.n.* 21 May 1932 *Smith, RK Smith38* 3 August 1932 長山串 *Nakai, T Nakai13344* **Kangwon-do** 2 September 1932 金剛山 Soto Kongo 外金剛 *Kitamura, S Kitamura s.n.* 8 August 1928 金剛山群仙峽上 *Kondo, K Kondo8957* 8 August 1928 *Kondo, K Kondo9315* 12 July 1936 外金剛千佛山 *Nakai, T Nakai s.n.* 30 July 1916 金剛山溫井里 *Nakai, T Nakai5749* 28 July 1916 金剛山長箭- 溫井里 *Nakai, T Nakai5750* 29 August 1916 長箭 *Nakai, T Nakai6074* Mt. Kumgang (金剛山) *Fukushima s.n.* 7 August 1932 *Fukushima s.n.* 13 August 1932 *Kitamura, S Kitamura s.n.* 2 September 1932 金剛山 *Kitamura, S Kitamura s.n.* 4 August 1932 金剛山內金剛 *Kobayashi, M Kobayashi28* August 1932 Mt. Kumgang (金剛山) *Koidzumi, G Koidzumi s.n.* August 1932 *Koidzumi, G Koidzumi s.n.* 30 July 1928 金剛山內金剛毘盧峯 *Kondo, K Kondo s.n.* 23 July 1928 內金剛長安寺- 摩迦衍庵 *Kondo, K Kondo8811* 10 June 1932 Mt. Kumgang (金剛山) *Ohwi, J Ohwi s.n.* 7 August 1940 *Okuyama, S Okuyama s.n.* 15 August 1902 *Uchiyama, T Uchiyama s.n.* **P'yongan-bukto** 16 August 1912 Pyok-dong (碧潼) *Imai, H Imai124* 6 August 1935 妙香山 *Koidzumi, G Koidzumi s.n.* 22 May 1912 白壁山 *Ishidoya, T Ishidoya s.n* **P'yongan-namdo** 4 July 1912 价川 *Imai, H Imai122* 15 June 1928 陽德 *Nakai, T Nakai2432* **P'yongyang** 26 May 1912 大聖山 *Imai, H Imai48*

PRIMULACEAE

***Androsace* L.**
Androsace cortusifolia Nakai, Bot. Mag. (Tokyo) 31: 104 (1917)
Common name 금강봄맞이
Distribution in Korea: North (Kumgang, Seorak), Endemic

Representative specimens; Kangwon-do 31 July 1916 金剛山群仙峽 *Nakai, T Nakai5745* Type of *Androsace cortusifolia* Nakai (Syntype TI)2 August 1916 金剛山九龍淵 *Nakai, T Nakai5746* Type of *Androsace cortusifolia* Nakai (Syntype TI)12 August 1943 Mt. Kumgang (金剛山) *Honda, M Honda s.n.* 12 August 1943 *Honda, M Honda s.n.* 29 July 1938 金剛山 *Hozawa, S Hozawa s.n.* 29 July 1938 *Hozawa, S Hozawa s.n.* 2 September 1932 金剛山萬物相 *Kitamura, S Kitamura s.n.* 2 September 1932 Mt. Kumgang (金剛山) *Kitamura, S Kitamura s.n.* 2 September 1932 金剛山萬物相 *Kitamura, S Kitamura s.n.* 15 August 1932 金剛山外金剛 *Koidzumi, G Koidzumi s.n.* 15 August 1932 *Koidzumi, G Koidzumi s.n.* 22 August 1916 金剛山大長峯 *Nakai, T Nakai5743* Type of *Androsace cortusifolia* Nakai (Syntype TI)July 1933 Mt. Kumgang (金剛山) *Ohwi, J Ohwi s.n.* July 1932 金剛山 *Ohwi, J Ohwi s.n.* 10 June 1932 Mt. Kumgang (金剛山) *Ohwi, J Ohwi s.n.* July 1933 *Ohwi, J Ohwi s.n.* July 1932 金剛山 *Ohwi, J Ohwi s.n.* 10 June 1932 Mt. Kumgang (金剛山) *Ohwi, J Ohwi s.n.* 7 August 1940 *Okuyama, S Okuyama s.n.* 7 August 1940 *Okuyama, S Okuyama s.n.*

Androsace filiformis Retz., Observ. Bot. (Retzius) 2: 10 (1781)

Common name 애기봄맞이

Distribution in Korea: North, Central, South

Androsace fasciculata Willd. ex Roem. & Schult., Syst. Veg. (ed. 16) [Roemer & Schultes] 4: 786 (1819)
Androsace neglecta Clerc, Bull. Soc. Imp. Naturalistes Moscou 45: 430 (1872)
Primula filiformis (Retz.) Kuntze, Revis. Gen. Pl. 2: 400 (1891)
Androsace asprella Greene, Pittonia 4: 150 (1900)
Androsace gormanii Greene, Pittonia 4: 149 (1900)
Androsace filiformis Retz. var. *glandulosa* Krylov, Fl. Altaic. 3: 819 (1904)
Androsace filiformis Retz. f. *glandulosa* (Krylov) Kitag., J. Jap. Bot. 34: 7 (1959)

Representative specimens; **Chagang-do** 26 August 1897 小德川 (松德水河谷) *Komarov, VL Komaorv s.n.* **Hamgyong-bukto** June 1939 延長面 *Chang, HD ChangHD s.n.* 2 June 1926 羅南中央公園 *Kumagai, T s.n.* 2 June 1926 *Kumagai, T s.n.* 18 June 1909 清津 *Nakai, T Nakai s.n.* 18 June 1909 *Nakai, T Nakai s.n.* 15 June 1930 茂山嶺 *Ohwi, J Ohwi s.n.* 15 June 1930 *Ohwi, J Ohwi s.n.* 5 August 1939 頭流山 *Hozawa, S Hozawa s.n.* 5 August 1939 *Hozawa, S Hozawa s.n.* 15 June 1909 Sungjin (城津) *Nakai, T Nakai s.n.* 15 June 1909 *Nakai, T Nakai s.n.* 24 July 1918 朱北面金谷 *Nakai, T Nakai s.n.* 24 July 1918 *Nakai, T Nakai s.n.* 27 May 1930 鏡城 *Ohwi, J Ohwi s.n.* 27 May 1930 Kyonson 鏡城 *Ohwi, J Ohwi s.n.* 27 May 1930 鏡城 *Ohwi, J Ohwi s.n.* 27 May 1930 Kyonson 鏡城 *Ohwi, J Ohwi s.n.* 7 June 1936 茂山面 *Minamoto, M s.n.* 7 June 1936 *Minamoto, M s.n.* 21 June 1909 Musan-ryeong (戊山嶺) *Nakai, T Nakai s.n.* 21 June 1909 *Nakai, T Nakai s.n.* 12 June 1897 西溪水 *Komarov, VL Komaorv s.n.* 17 June 1930 四芝嶺 *Ohwi, J Ohwi s.n.* 17 June 1930 *Ohwi, J Ohwi s.n.* 17 June 1930 *Ohwi, J Ohwi s.n.* 17 June 1930 *Ohwi, J Ohwi s.n.* **Hamgyong-namdo** 15 June 1932 下碣隅里 *Ohwi, J Ohwi s.n.* 15 June 1932 *Ohwi, J Ohwi s.n.* 17 August 1934 東上面漢岱里 *Kojima, K Kojima s.n.* 17 August 1934 *Kojima, K Kojima s.n.* 16 August 1935 雲仙嶺 *Nakai, T Nakai s.n.* 16 August 1935 *Nakai, T Nakai s.n.* 24 July 1935 東下面把田洞 *Nomura, N Nomura s.n.* 26 July 1935 Donha-myeon Unsan-ri (東下面雲山里) *Nomura, N Nomura s.n.* 24 July 1935 東下面把田洞 *Nomura, N Nomura s.n.* 26 July 1935 Donha-myeon Unsan-ri (東下面雲山里) *Nomura, N Nomura s.n.* 14 August 1940 赴戰高原 Fusenkogen *Okuyama, S Okuyama s.n.* 14 August 1940 *Okuyama, S Okuyama s.n.* August 1933 北青 *Buk-cheong-nong-gyo school s.n.* August 1933 *Buk-cheong-nong-gyo school s.n.* 22 June 1917 *Furumi, M Furumi s.n.* 22 June 1917 *Furumi, M Furumi s.n.* 14 June 1909 新浦 *Nakai, T Nakai s.n.* 14 June 1909 *Nakai, T Nakai s.n.* **P'yongyang** 7 May 1911 P'yongyang (平壤) *Imai, H Imai s.n.* 7 May 1911 *Imai, H Imai s.n.* **Rason** 11 May 1897 豆滿江三角洲-五宗洞 *Komarov, VL Komaorv s.n.* **Ryanggang** 1 July 1897 五是川雲寵江-崔五峰 *Komarov, VL Komaorv s.n.* 29 July 1897 安間嶺-同仁川 (同仁浦里?) *Komarov, VL Komaorv s.n.* 9 October 1935 大坪里 *Okamoto, S Okamoto s.n.* 9 October 1935 *Okamoto, S Okamoto s.n.* 20 April 1926 豊山郡豊山 *Nomura, N Nomura s.n.* 20 April 1926 *Nomura, N Nomura s.n.* 5 August 1897 白山嶺 *Komarov, VL Komaorv s.n.* 19 August 1897 葡坪 *Komarov, VL Komaorv s.n.* 15 August 1897 蓮坪-厚州川-厚州古邑 *Komarov, VL Komaorv s.n.* 3 July 1897 三水邑-上水隅理 *Komarov, VL Komaorv s.n.* 8 August 1897 上巨里水-院巨里水 *Komarov, VL Komaorv s.n.* 5 June 1940 大澤 *Maisaka, G s.n.* 5 June 1940 *Maisaka, G s.n.* 20 June 1930 三社面楡坪 - 天水洞 *Ohwi, J Ohwi s.n.* 23 June 1930 倉坪延岩洞間 *Ohwi, J Ohwi s.n.* 24 July 1930 大澤 *Ohwi, J Ohwi s.n.* 23 June 1930 倉坪 - 延岩 *Ohwi, J Ohwi s.n.* 24 July 1930 大澤 *Ohwi, J Ohwi s.n.* 20 June 1930 三社面楡坪 - 天水洞 *Ohwi, J Ohwi s.n.* 23 June 1930 倉坪延岩洞間 *Ohwi, J Ohwi s.n.* 24 July 1930 大澤 *Ohwi, J Ohwi s.n.* 23 June 1930 倉坪 - 延岩 *Ohwi, J Ohwi s.n.* 24 July 1930 大澤 *Ohwi, J Ohwi s.n.* 26 June 1897 內曲里 *Komarov, VL Komaorv s.n.* 1 June 1918 白頭山 -神武城 *Ishidoya, T Ishidoya s.n.* 1 June 1918 *Ishidoya, T Ishidoya s.n.* 5 August 1914 胞胎山寶泰洞 *Nakai, T Nakai s.n.* 5 August 1914 *Nakai, T Nakai s.n.*

Androsace lehmanniana Spreng., Isis (Oken) 1: 1289 (1817)

Common name 고산봄맞이

Distribution in Korea: North

Androsace triflora Adans., Mem. Soc. Imp. Naturalistes Moscou 5: 89 (1817)
Androsace capitata Willd. ex Roem. & Schult., Syst. Veg. (ed. 16) [Roemer & Schultes] 4: 786 (1819)
Androsace friesii Trautv., Trudy Imp. S.-Peterburgsk. Bot. Sada 9: 7 (1884)
Androsace arguta Greene, Pittonia 4: 148 (1900)
Androsace hirsuta R.Knuth, Pflanzenr. (Engler) IV, 237: 190 (1905)
Androsace bungeana Schischk. & Bobrov, Fl. URSS 18: 231 (1952)

Representative specimens; **Hamgyong-bukto** July 1932 冠帽峰 *Ohwi, J Ohwi s.n.* July 1932 *Ohwi, J Ohwi s.n.* 3 June 1934 *Saito, T T Saito s.n.* 25 June 1930 雪嶺山頂 *Ohwi, J Ohwi s.n.* 25 June 1930 雪嶺山上 *Ohwi, J Ohwi s.n.* **Hamgyong-namdo** 30 May 1930 瑞川郡北斗日面 *Kinosaki, Y s.n.* 30 May 1930 *Kinosaki, Y s.n.* **Ryanggang** 2 July 1897 雲寵里三水邑 (虛川江岸懸崖) *Komarov, VL Komaorv s.n.* 1 August 1934 小長白山 *Kojima, K Kojima s.n.* 20 July 1942 白頭山森林限界-白頭山大將峰-天池 *Saito, T T Saito s.n.*

Androsace septentrionalis L., Sp. Pl. 142 (1753)

Common name 명천봄맞이

Distribution in Korea: North

Androsace multiflora Lam., Fl. Franc. (Lamarck) 2: 252 (1778)
Androsace linearis Graham, Edinburgh New Philos. J. Apr.-June 179 (1829)
Androsace lactiflora Kar. & Kir., Bull. Soc. Imp. Naturalistes Moscou 14: 728 (1841)
Androsace acaulis Duby, Prodr. (DC.) 8: 52 (1844)
Androsace subumbellata Small, Bull. Torrey Bot. Club 25: 319 (1898)
Androsace pinetorum Greene, Pittonia 4: 149 (1900)

Representative specimens; Chagang-do 13 July 1914 長津郡北上面 *Nakai, T Nakai3620* **Hamgyong-bukto** 4 August 1918 七寶山 *Nakai, T Nakai7380* **Ryanggang** 14 August 1914 無頭峯 *Ikuma, Y Ikuma s.n.*

Androsace umbellata (Lour.) Merr., Philipp. J. Sci. 15: 239 (1919)
Common name 봄맞이
Distribution in Korea: North, Central, South
Drosera umbellata Lour., Fl. Cochinch. 186 (1790)
Androsace rotundifolia Sm., Exot. Botany 2: 107 (1807)
Androsace orbicularis Roem. & Schult., Syst. Veg. (ed. 16) [Roemer & Schultes] 4: 816 (1819)
Androsace saxifragifolia Bunge, Enum. Pl. Chin. Bor. 53 (1833)
Androsace carnosula Duby, Prodr. (DC.) 8: 54 (1844)
Androsace patens C.Wright ex A.Gray, Mem. Amer. Acad. Arts n.s. 6: 401 (1859)
Androsace minutiflora Forrest, Notes Roy. Bot. Gard. Edinburgh 4(19): 219, pl. 29B (1908)
Primula umbellata (Lour.) Bentv., Fl. Malesiana, Ser. 1, Spermatoph. 6: 19 (1963)

Representative specimens; Hamgyong-bukto 17 June 1909 清津 *Nakai, T Nakai s.n.* 17 June 1909 Nakai, T *Nakai s.n.* **Hamgyong-namdo** 8 May 1939 咸興師範校庭 *Osada, T s.n.* 8 May 1939 *Osada, T s.n.* 10 June 1909 鎮江 *Nakai, T Nakai s.n.* 10 June 1909 Nakai, T *Nakai s.n.* **Kangwon-do** 8 June 1909 望賊山 *Nakai, T Nakai s.n.* 8 June 1909 Nakai, T *Nakai s.n.* **P'yongan-bukto** 11 May 1912 寧邊郡 *Ishidoya, T Ishidoya s.n.* 11 May 1912 *Ishidoya, T Ishidoya s.n.* **P'yongyang** 14 July 1910 P'yongyang (平壤) *Imai, H Imai s.n.* 14 July 1910 *Imai, H Imai s.n.* **Ryanggang** 21 August 1914 崔哥嶺 *Ikuma, Y Ikuma s.n.* **Sinuiju** 30 April 1917 新義州 *Furumi, M Furumi s.n.* 30 April 1917 *Furumi, M Furumi s.n.*

Androsace villosa L. var. **incana** (Lam.) Duby, Prodr. (A. P. de Candolle) 8: 50 (1844)
Common name 증산봄맞이
Distribution in Korea: North
Androsace incana Lam., Tabl. Encycl. 1: 432 (1792)

Representative specimens; Hamgyong-bukto 21 June 1938 穩城郡甑山 *Saito, T T Saito s.n.* 9 October 1937 *Saito, T T Saito s.n.* **Ryanggang** July 1931 北水白山 *Kishinami, Y s.n.*

Lysimachia L.
Lysimachia barystachys Bunge, Enum. Pl. Chin. Bor. 53 (1833)
Common name 까치수염
Distribution in Korea: North, Central, South
Lysimachia quelpaertensis K.H.Tae & J.S.Lee, Korean J. Pl. Taxon. 40: 109 (2010)

Representative specimens; Chagang-do 28 August 1897 慈城邑(松德水河谷) *Komarov, VL Komaorv s.n.* 30 August 1897 慈城江 *Komarov, VL Komaorv s.n.* **Hamgyong-bukto** 8 August 1934 雙燕山 *Uozumi, H Uozumi s.n.* 3 August 1933 會寧 *Koidzumi, G Koidzumi s.n.* September 1934 *Yoshimizu, K s.n.* 13 July 1930 鏡城 *Ohwi, J Ohwi s.n.* 31 July 1939 茂山 *Nakai, T Nakai s.n.* 2 August 1913 武陵台 *Hirai, H Hirai170* 2 July 1933 慶源郡檜洞 *Miura, Y s.n.* **Hamgyong-namdo** July 1902 端川龍德里摩天嶺 *Mishima, A s.n.* 1928 Hamhung (咸興) *Seok, JM 81* 1928 *Seok, JM 82* 1928 *Seok, JM 105* **Hwanghae-namdo** 29 July 1935 長壽山 *Koidzumi, G Koidzumi s.n.* April 1930 載寧 *Smith, RK Smith440* 29 June 1921 長淵郡九味浦 Sorai Beach *Mills, RG Mills4203* 31 July 1932 席島 *Nakai, T Nakai13332* 1 August 1932 椒島 *Nakai, T Nakai13333* 27 July 1932 長山串 *Nakai, T Nakai13334* 25 July 1932 夢金浦 *Nakai, T Nakai1333* **Kangwon-do** 11 July 1936 金剛山外金剛千佛山 *Nakai, T Nakai17196* 6 June 1909 元山 *Nakai, T Nakai s.n.* 7 June 1909 *Nakai, T Nakai s.n.* 8 June 1909 *Nakai, T Nakai s.n.* **P'yongan-bukto** 5 August 1937 妙香山 *Hozawa, S Hozawa s.n.* **P'yongan-namdo** 29 July 1912 江西 *Imai, H Imai59* **P'yongyang** 12 September 1902 Botandai (牡丹台) 平壤 *Uchiyama, T Uchiyama s.n.* 22 June 1909 平壤附近 *Imai, H Imai s.n.* **Ryanggang** 19 July 1897 Keizanchin(惠山鎭) *Komarov, VL Komaorv s.n.* 1 July 1897 五是川雲寵江-崔五峰 *Komarov, VL Komaorv s.n.* 15 August 1897 蓮坪-厚州川-厚州古邑 *Komarov, VL Komaorv s.n.* 19 August 1897 葡坪 *Komarov, VL Komaorv s.n.* 28 July 1897 佳林里 *Komarov, VL Komaorv s.n.* 30 June 1897 雲寵堡 *Komarov, VL Komaorv s.n.*

Lysimachia clethroides Duby, Prodr. (DC.) 8: 61 (1844)

Common name 큰까치수염

Distribution in Korea: North, Central, South

Lysimachia sororia Miq., Ann. Mus. Bot. Lugduno-Batavi 3: 120 (1867)
Lysimachia clethroides Duby var. *sororia* (Miq.) Kunth, Pflanzenr. (Engler) 4 (237): 291 (1905)

Representative specimens; Hamgyong-bukto 7 July 1930 鏡城 *Ohwi, J Ohwi s.n.* 7 July 1930 Ohwi, *J Ohwi s.n.* **Hwanghae-namdo** 1 August 1932 椒島 *Nakai, T Nakai s.n.* 1 August 1932 Nakai, T *Nakai s.n.* 27 July 1932 長山串 Nakai, T *Nakai s.n.* 27 July 1932 Nakai, T *Nakai s.n.* **Kangwon-do** 18 August 1902 Mt. Kumgang (金剛山) *Uchiyama, T Uchiyama s.n.* 18 August 1902 *Uchiyama, T Uchiyama s.n.* 18 August 1902 *Uchiyama, T Uchiyama s.n.* 18 August 1902 *Uchiyama, T Uchiyama s.n.*

Lysimachia davurica Ledeb., Mem. Acad. Imp. Sci. St. Petersbourg Hist. Acad. 5: 523 (1814)

Common name 좁쌀풀

Distribution in Korea: North, Central, South

Lysimachia dauriensis Baudo, Ann. Sci. Nat., Bot. ser. 2, 20: 348 (1843)
Lysimachia vulgaris L. var. *davurica* (Ledeb.) R.Knuth, Pflanzenr. (Engler) IV, 237(Heft 22): 304 (1905)
Lysimachia coreana Nakai, Bot. Mag. (Tokyo) 23: 106 (1909)
Lysimachia vulgaris L. ssp. *davurica* (Ledeb.) Tatew., Trans. Sapporo Nat. Hist. Soc. 16: 160 (1940)
Lysimachia vulgaris L. var. *davurica* (Ledeb.) R.Knuth f. *koreana* W.T.Lee ex W.T.Lee, Korean J. Pl. Taxon. 18: 197 (1988)

Representative specimens; Chagang-do 6 July 1911 Kang-gei(Kokai 江界) *Mills, RG Mills s.n.* 6 August 1910 Mills, *RG Mills s.n.* 6 July 1911 *Mills, RG Mills s.n.* 6 August 1910 *Mills, RG Mills401* 18 July 1914 大興里 *Nakai, T Nakai s.n.* 18 July 1914 *Nakai, T Nakai s.n.* **Hamgyong-bukto** 1 August 1914 清津 *Ikuma, Y Ikuma s.n.* 8 August 1930 載德 *Ohwi, J Ohwi s.n.* 8 August 1930 吉州郡載德 *Ohwi, J Ohwi s.n.* 8 August 1930 載德 *Ohwi, J Ohwi s.n.* 8 August 1930 吉州郡載德 *Ohwi, J Ohwi s.n.* 17 July 1918 朱乙溫面甫上洞 *Nakai, T Nakai s.n.* 17 July 1918 *Nakai, T Nakai s.n.* 13 July 1930 鏡城 *Ohwi, J Ohwi s.n.* 13 July 1930 *Ohwi, J Ohwi s.n.* 27 May 1930 *Ohwi, J Ohwi s.n.* 13 July 1930 Ohwi, *J Ohwi s.n.* 13 July 1930 *Ohwi, J Ohwi s.n.* 13 July 1930 *Ohwi, J Ohwi s.n.* 27 May 1930 *Ohwi, J Ohwi s.n.* 31 July 1914 茂山 *Ikuma, Y Ikuma s.n.* 31 July 1914 *Ikuma, Y Ikuma s.n.* **Hamgyong-namdo** 2 September 1934 東下面蓮花山安坐谷 *Yamamoto, A Yamamoto s.n.* 2 September 1934 *Yamamoto, A Yamamoto s.n.* 23 July 1933 東上面漢岱里 *Koidzumi, G Koidzumi s.n.* 23 July 1933 *Koidzumi, G Koidzumi s.n.* 15 August 1935 Nakai, *T Nakai s.n.* 15 August 1935 *Nakai, T Nakai s.n.* 30 July 1933 北靑東川 *Ahn, BK s.n.* 30 July 1933 *Ahn, BK s.n.* 10 August 1933 內谷面中里 *Buk-cheong-nong-gyo school s.n.* 10 August 1933 *Buk-cheong-nong-gyo school s.n.* 16 August 1934 永古面松興里 *Yamamoto, A Yamamoto s.n.* 16 August 1934 *Yamamoto, A Yamamoto s.n.* **Kangwon-do** 9 August 1902 昌道 *Uchiyama, T Uchiyama s.n.* 9 August 1902 *Uchiyama, T Uchiyama s.n.* 9 August 1902 *Uchiyama, T Uchiyama s.n.* Type of *Lysimachia coreana* Nakai (Holotype TI)July 1940 伊川郡雄灘面檜田里 *Jeon, SK JeonSK s.n.* 28 July 1916 金剛山長箭 - 溫井里 *Nakai, T Nakai s.n.* 28 July 1916 *Nakai, T Nakai s.n.* 7 August 1930 金剛山 *Nakai, T Nakai s.n.* 7 August 1930 *Nakai, T Nakai s.n.* July 1901 Nai Piang *Faurie, UJ Faurie s.n.* 14 August 1933 安邊郡衛益面三防 *Nomura, N Nomura s.n.* 14 August 1933 *Nomura, N Nomura s.n.* 13 September 1932 元山 *Kitamura, S Kitamura s.n.* 13 September 1932 元山 *Kitamura, S Kitamura s.n.* 13 September 1932 元山 Kawasakinoyen(川崎農園) *Kitamura, S Kitamura s.n.* 13 September 1932 元山 *Kitamura, S Kitamura s.n.* 10 August 1932 *Kitamura, S Kitamura s.n.* 13 September 1932 元山 Kawasakinoyen(川崎農園) *Kitamura, S Kitamura s.n.* 7 June 1909 元山 *Nakai, T Nakai s.n.* **P'yongan-bukto** 5 August 1937 妙香山 *Hozawa, S Hozawa s.n.* 5 August 1937 *Hozawa, S Hozawa s.n.* 5 June 1912 白壁山 *s.n.* 5 June 1912 *Ishidoya, T Ishidoya s.n.* **P'yongyang** 24 June 1909 平壤大同江岸 *Imai, H Imai s.n.* 24 June 1909 Imai, *H Imai s.n.* **Ryanggang** 18 July 1897 Keizanchin(惠山鎭) *Komarov, VL Komaorv s.n.* 1 July 1897 五是川雲寵江-崔五峰 *Komarov, VL Komaorv s.n.* 1 August 1897 虛川江 (同仁川) *Komarov, VL Komaorv s.n.* 15 August 1935 北水白山 *Hozawa, S Hozawa s.n.* 15 August 1935 *Hozawa, S Hozawa s.n.* 15 August 1897 蓮坪-厚州川-厚州古邑 *Komarov, VL Komaorv s.n.* 16 August 1897 大羅信洞 *Komarov, VL Komaorv s.n.* 8 July 1897 羅暖堡 *Komarov, VL Komaorv s.n.* 26 June 1897 內曲里 *Komarov, VL Komaorv s.n.* 22 July 1897 佳林里 *Komarov, VL Komaorv s.n.* 20 July 1897 惠山鎭(鴨綠江上流長白山脈中高原) *Komarov, VL Komaorv s.n.*

Lysimachia maritima (L.) Galasso & Banfi & Soldano, Atti Soc. Ital. Sci. Nat. Mus. Civico Storia Nat. Milano 146: 229 (2005)

Common name 갯봄맞이

Distribution in Korea: North, Central

Glaux maritima L., Sp. Pl. 207 (1753)
Glaux maritima L. var. *obtusifolia* Fernald, Rhodora 4: 215 (1902)
Glaucoides maritima L. var. *obtusifolia* Lunell, Amer. Midl. Naturalist 5: 97 (1917)

Representative specimens; Hamgyong-bukto 15 August 1936 富寧靑岩 - 連川 *Saito, T T Saito s.n.* 15 August 1936 *Saito, T T Saito s.n.* 21 June 1937 龍台 *Saito, T T Saito s.n.* 21 June 1937 *Saito, T T Saito s.n.*

Lysimachia pentapetala Bunge, Enum. Pl. Chin. Bor. 53 (1833)
Common name 홍도까치수염
Distribution in Korea: North
  Apochoris pentapetala (Bunge) Duby, Prodr. (DC.) 8: 67 (1844)
  Lysimachia unguiculata Diels, Bot. Jahrb. Syst. 29: 524 (1901)

Lysimachia thyrsiflora L., Sp. Pl. 147 (1753)
Common name 버들까치수염
Distribution in Korea: North
  Naumburgia guttata Moench, Suppl. Meth. (Moench) 23 (1802)
  Naumburgia thyrsiflora (L.) Rchb., Fl. Germ. Excurs. 1: 410 (1830)
  Nummularia thyrsiflora (L.) Kuntze, Revis. Gen. Pl. 2: 398 (1891)
  Lysimachia kamtschatica Gand., Bull. Soc. Bot. France 65: 58 (1918)

Representative specimens; **Hamgyong-bukto** 7 June 1918 羅南 *Ishidoya, T Ishidoya s.n.* 7 June 1918 *Ishidoya, T Ishidoya s.n.* 7 June 1918 *Ishidoya, T Ishidoya s.n.* 7 June 1918 *Ishidoya, T Ishidoya3061* 21 June 1935 元師臺 *Saito, T T Saito s.n.* 21 June 1935 *Saito, T T Saito s.n.* **Rason** 6 June 1930 西水羅 *Ohwi, J Ohwi s.n.* 6 June 1930 Ohwi, *J Ohwi s.n.* 6 June 1930 Ohwi, *J Ohwi s.n.* 6 June 1930 Ohwi, *J Ohwi s.n.* **Ryanggang** 24 July 1930 大澤 *Ohwi, J Ohwi s.n.* 24 July 1930 Ohwi, *J Ohwi s.n.*

Primula L.
Primula farinosa L. ssp. ***modesta*** (Bisset & S.Moore) Pax, Pflanzenr. (Engler) IV, 237: 190 (1905)
Common name 설앵초
Distribution in Korea: far North (Paekdu, Potae, Kwanmo, Seolryong, Chail, Rangrim), Central, Jeju
  Primula fauriae Franch., Bull. Soc. Philom. Paris ser.7, 10: 146 (1886)
  Primula modesta Bisset & S.Moore var. *fauriae* (Franch.) Takeda, Notes Roy. Bot. Gard. Edinburgh 37: 88 (1913)
  Primula fauriae Franch. var. *samanimontana* Tatew., Res. Bull. Coll. Exp. Forests Hokkaido Univ. 5: 105 (1928)
  Primula modesta Bisset & S.Moore ssp. *fauriae* (Franch.) Sm. & Forrest, Notes Roy. Bot. Gard. Edinburgh 16: 25 (1928)
  Primula modesta Bisset & S.Moore var. *samanimontana* (Tatew.) Nakai,Veg. Apoi 11 (1930)
  Saussurea higomontana Honda, Bot. Mag. (Tokyo) 44: 408 (1930)
  Primula sachalinensis Nakai, Bot. Mag. (Tokyo) 46: 61 (1932)
  Primula farinosa L. ssp. *fauriae* (Franch.) Kitam. & Murata, Acta Phytotax. Geobot. 17: 13 (1957)
  Aleuritia sachalinensis (Nakai) Soják, Cas. Nar. Mus., Odd. Prir. 148: 206 (1979)
  Saussurea nipponica Miq. ssp. *higomontana* (Honda) Im, J. Fac. Sci. Univ. Tokyo, Sect. 3, Bot. 14: 261 (1989)
  Primula modesta Bisset & S.Moore var. *hannasanensis* T.Yamaz., Fl. Jap. (Iwatsuki et al., eds.) 3a: 92 (1993)

Representative specimens; **Chagang-do** 22 July 1919 狼林山 *Kajiwara, U Kajiwara47* 22 July 1916 *Mori, T Mori s.n.* **Hamgyong-bukto** 12 August 1933 渡正山 *Koidzumi, G Koidzumi s.n.* 5 August 1939 頭流山 *Hozawa, S Hozawa s.n.* 26 July 1930 *Ohwi, J Ohwi s.n.* 19 July 1918 冠帽山 *Nakai, T Nakai7369* 19 July 1918 *Nakai, T Nakai7371* 20 July 1918 冠帽山 2400m *Nakai, T Nakai7372* 19 July 1918 冠帽山 2000m *Nakai, T Nakai7373* July 1932 冠帽峰 *Ohwi, J Ohwi s.n.* 1 June 1934 *Saito, T T Saito s.n.* 21 July 1933 *Saito, T T Saito s.n.* 25 July 1918 雪嶺 2200m *Nakai, T Nakai7370* 25 June 1930 雪嶺山上 *Ohwi, J Ohwi s.n.* 25 June 1930 雪嶺 *Ohwi, J Ohwi s.n.* **Hamgyong-namdo** 15 June 1932 下碣隅里 *Ohwi, J Ohwi s.n.* 25 July 1933 東上面遮日峯 *Koidzumi, G Koidzumi s.n.* 15 August 1935 東上面漢岱里 *Nakai, T Nakai15628* 18 August 1935 遮日峯 1500m *Nakai, T Nakai15629* 16 August 1935 遮日峯 2300m *Nakai, T Nakai15630* 23 June 1932 遮日峯 *Ohwi, J Ohwi s.n.* 23 June 1932 遮日峯 *Hozawa, S Hozawa s.n.* 23 August 1934 北水白山頂上附近 *Yamamoto, A Yamamoto s.n.* 18 August 1934 東上面北水白山東南尾根 *Yamamoto, A Yamamoto s.n.* 24 July 1930 吉州郡延岩洞 *Ohwi, J Ohwi s.n.* 24 July 1930 含山嶺 *Ohwi, J Ohwi s.n.* 24 July 1930 *Ohwi, J Ohwi s.n.* 11 July 1917 胞胎山中腹 *Furumi, M Furumi205* 11 July 1917 *Furumi, M Furumi218* 13 August 1913 白頭山 *Hirai, H Hirai72* 10 August 1914 茂峯 *Ikuma, Y Ikuma s.n.* 15 July 1935 小長白山 *Irie, Y s.n.* 1 August 1934 *Kojima, K Kojima s.n.* August 1913 長白山 *Mori, T Mori80* 6 August 1914 虛項嶺 *Nakai, T Nakai s.n.*

Primula jesoana Miq., Ann. Mus. Bot. Lugduno-Batavi 3: 119 (1867)

Common name 큰앵초

Distribution in Korea: North (Hamgyong), Central, South, Jeju

Primula jesoana Miq. f. *glabra* Takeda, Notes Roy. Bot. Gard. Edinburgh 37: 84 (1913)
Primula jesoana Miq. f. *pubescens* Takeda, Notes Roy. Bot. Gard. Edinburgh 37: 86 (1913)
Primula hondoensis Nakai & Kitag. ex Kitag., Bot. Mag. (Tokyo) 50: 139 (1936)
Primula jesoana Miq. var. *glabra* (Takeda) Takeda & H.Hara, Bot. Mag. (Tokyo) 50: 569 (1936)
Primula jesoana Miq. var. *pubescens* (Takeda) Takeda & Hara, Bot. Mag. (Tokyo) 50: 569 (1936)
Primula hallaisanensis Nakai ex Kitag., Bot. Mag. (Tokyo) 50: 194 (1936)
Primula jesoana Miq. var. *pubescens* (Takeda) Takeda & Hara f. *mudiuscula* (Nakai & Kitag.) H.Hara, Bot. Mag. (Tokyo) 50: 596 (1936)
Primula yesomontana Nakai & Kitag. var. *nudiuscula* Nakai & Kitag., Bot. Mag. (Tokyo) 50: 141 (1936)
Primula yesomontana Nakai & Kitag., Bot. Mag. (Tokyo) 50: 140 (1936)
Primula loeseneri Kitag., Bot. Mag. (Tokyo) 50(591): 137 (1936)
Primula tyoseniana Nakai & Kitag. ex Kitag., Bot. Mag. (Tokyo) 50: 137 (1936)
Primula jesoana Miq. ssp. *pubescens*(Takeda) Kitam., Acta Phytotax. Geobot. 17: 13 (1957)
Auganthus jesoanus (Miq.) Soják, Cas. Nar. Mus., Odd. Prir. 148: 208 (1979)

Representative specimens;Hamgyong-namdo 20 June 1932 東上面元豊里 *Ohwi, J Ohwi s.n.* **Kangwon-do** 31 July 1916 金剛山群仙峽 *Nakai, T Nakai3742* 12 August 1943 Mt. Kumgang (金剛山) *Honda, M Honda175* 29 July 1938*Hozawa, S Hozawa s.n.* 14 July 1936 金剛山外金剛千佛山 *Nakai, T Nakai17195* 10 June 1932 Mt. Kumgang (金剛山) *Ohwi, J Ohwi s.n.* 8 August 1940 *Okuyama, S Okuyama s.n.* 18 August 1902 *Uchiyama, T Uchiyama s.n.* 18 August 1902 Diamonts 金剛山 *Uchiyama, T Uchiyama s.n.* **P'yongan-bukto** 5 August 1937 妙香山 *Hozawa, S Hozawa s.n.* 6 August 1935 *Koidzumi, G Koidzumi s.n.* 10 June 1912 白壁山 *Ishidoya, T Ishidoya s.n.* Type of *Primula tyoseniana* Nakai & Kitag. ex Kitag. (Holotype TI)

Primula matthioli (L.) V.A.Richt. Természetrajzi Füz. 17: 134 (1894)

Common name 종다리꽃

Distribution in Korea: North

Cortusa matthioli L., Sp. Pl. : 144 (1753)
Coronopus didymus (L.) Sm., Fl. Brit. 2: 691 (1804)
Cortusa matthioli L. f. *pekinensis* V.A.Richt., Természetrajzi Füz. 17: 190 (1894)
Cortusa matthioli L. var. *chinensis* (A.G.Richt.) Pax & Kunth, Pflanzenr. (Engler) 237 (22): 221 (1905)
Primula coreana Nakai, Bot. Mag. (Tokyo) 28: 330 (1914)
Cortusa coreana (Nakai) Nakai, Rep. Inst. Sci. Res. Manchoukuo sect. 4, 4: 90 (1936)
Cortusa pekinensis (V.A.Richt.) Losinsk., Trudy Bot. Inst. Akad. Nauk S.S.S.R., Ser. 1, Fl. Sist. Vyssh. Rast. 3: 250 (1937)
Cortusa matthioli L. ssp. *pekinensis* (A.G.Richt.) Kitag., Lin. Fl. Manshur. 351 (1939)

Representative specimens; Hamgyong-bukto 16 July 1913 羅南 *Ono, I s.n.* Type of *Primula coreana* Nakai (Holotype TI)19 July 1918 冠帽山 1300m *Nakai, T Nakai s.n.* 20 July 1918 冠帽山 *Nakai, T Nakai s.n.* 19 July 1918 冠帽山 1300m *Nakai, T Nakai s.n.* 20 July 1918 冠帽山 *Nakai, T Nakai s.n.* **Ryanggang** 11 July 1917 胞胎山 *Furumi, M Furumi s.n.* 11 July 1917 *Furumi, M Furumi s.n.*

Primula saxatilis Kom., Trudy Imp. S.-Peterburgsk. Bot. Sada 18: 429 (1901)

Common name 돌앵초

Distribution in Korea: North (Baekdu, Gaema)

Representative specimens; Hamgyong-bukto 25 July 1930 桃花洞 *Ohwi, J Ohwi s.n.* 25 July 1930 *Ohwi, J Ohwi s.n.* **Hamgyong-namdo** 30 May 1930 瑞川郡北斗日面 *Kinosaki, Y s.n.* **Ryanggang** 25 July 1930 合水桃花洞 *Ohwi, J Ohwi s.n.* 25 July 1930 *Ohwi, J Ohwi s.n.* 22 May 1918 大中里 *Ishidoya, T Ishidoya s.n.*

Primula sieboldii E.Morren, Belgique Hort. 23: 971 (1873)

Common name 앵초

Distribution in Korea: North, Central, South, Jeju

Primula patens Turcz., Bull. Soc. Imp. Naturalistes Moscou 11: 99 (1838)
Primula cortusoides L. var. *patens* Turcz., Bull. Soc. Imp. Naturalistes Moscou 22: 291 (1849)
Primula cortusoides var. *sieboldii* (E.Morren) G.Nicholson, Ill. Dict. Gard. 3: 219 (1886)

Primula sieboldii E.Morren f. *spontanea* Takeda, Notes Roy. Bot. Gard. Edinburgh 37: 84 (1913)
Primula sieboldii E.Morren f. *patens* (Turcz.) Kitag., Lin. Fl. Manshur. 353 (1939)
Primula sieboldii E.Morren var. *patens* (Turcz.) Kitag., Neolin. Fl. Manshur. 507 (1979)

Representative specimens; Hamgyong-namdo 1 June 1939 咸興新中里 *Kim, JS s.n.* **P'yongan-bukto** 15 May 1912 Unsan (雲山) *Ishidoya, T Ishidoya s.n.* **Rason** 4 June 1930 西水羅 *Ohwi, J Ohwi s.n.* **Ryanggang** 7 June 1916 三松面楡坪 *Ahn, GS s.n.*

Trientalis L.
Trientalis europaea L., Sp. Pl. 344 (1753)
Common name 참기생꽃
Distribution in Korea: far North (Paekdu, Kwanmo), North (Bujeon, Gaema, Rangrim, Kumgang), Central
Trientalis arctica Fisch. ex Hook., Fl. Bor.-Amer. (Hooker) 2: 121 (1840)
Trientalis europaea L. var. *arctica* (Fisch. ex Hook.) Ledeb., Fl. Ross. (Ledeb.) 3: 25 (1847)
Lysimachia trientalis Klatt, Linnaea 37: 499 (1872)
Trientalis europaea L. ssp. *arctica* (Fisch. ex Hook.) Hultén, Fl. Kamtchatka 4: 56 (1930)
Trientalis europaea L. var. *aleutica* Tatew. & S.Kobay., J. Fac. Agric. Hokkaido Imp. Univ. 36: 74 (1934)

Representative specimens; Chagang-do 22 July 1916 狼林山 *Mori, T Mori s.n.* 22 July 1916 *Mori, T Mori s.n.* 11 July 1914 臥碣峰 2000m *Nakai, T Nakai s.n.* 10 July 1914 蔥田嶺 *Nakai, T Nakai s.n.* 11 July 1914 臥碣峰 2000m *Nakai, T Nakai s.n.* 10 July 1914 蔥田嶺 *Nakai, T Nakai s.n.* 11 July 1914 臥碣峰 2000m *Nakai, T Nakai s.n.* 10 July 1914 蔥田嶺 *Nakai, T Nakai s.n.* **Hamgyong-bukto** 24 May 1897 車踰嶺-照日洞 *Komarov, VL Komaorv s.n.* 5 August 1939 頭流山 *Hozawa, S Hozawa s.n.* 5 August 1939 *Hozawa, S Hozawa s.n.* 19 July 1918 冠帽峰 *Nakai, T Nakai s.n.* 19 July 1918 *Nakai, T Nakai s.n.* July 1932 *Ohwi, J Ohwi s.n.* July 1932 *Ohwi, J Ohwi s.n.* 6 July 1933 南下石山 *Saito, T T Saito s.n.* 6 July 1933 *Saito, T T Saito s.n.* 25 July 1918 雪嶺 *Nakai, T Nakai s.n.* 25 July 1918 *Nakai, T Nakai s.n.* 12 June 1897 西溪水 *Komarov, VL Komaorv s.n.* 4 June 1897 四芝嶺 *Komarov, VL Komaorv s.n.* **Hamgyong-namdo** 18 August 1935 遮日峯 *Nakai, T Nakai s.n.* 16 August 1935 *Nakai, T Nakai s.n.* 18 August 1935 *Nakai, T Nakai s.n.* 16 August 1935 *Nakai, T Nakai s.n.* 20 June 1932 東上面元豊里 *Ohwi, J Ohwi s.n.* 20 June 1932 *Ohwi, J Ohwi s.n.* 18 August 1934 東上面新洞上方 1900m *Yamamoto, A Yamamoto s.n.* 18 August 1934 *Yamamoto, A Yamamoto s.n.* **Kangwon-do** 12 August 1932 Mt. Kumgang (金剛山) *Koidzumi, G Koidzumi s.n.* 12 August 1932 *Koidzumi, G Koidzumi s.n.* 16 August 1916 金剛山毘盧峯 *Nakai, T Nakai s.n.* 16 August 1916 *Nakai, T Nakai s.n.* 10 June 1932 Mt. Kumgang (金剛山) *Ohwi, J Ohwi s.n.* 10 June 1932 *Ohwi, J Ohwi s.n.* **P'yongan-namdo** 9 June 1935 黃草嶺 *Nomura, N Nomura s.n.* 9 June 1935 *Nomura, N Nomura s.n.* 5 August 1940 高頭山 *Hozawa, S Hozawa s.n.* 5 August 1940 *Hozawa, S Hozawa s.n.* 9 June 1897 屈松川 (西頭水河谷) 倉坪 *Komarov, VL Komaorv s.n.* **Ryanggang** 21 June 1930 天水洞 *Ohwi, J Ohwi s.n.* 21 June 1930 *Ohwi, J Ohwi s.n.* 12 August 1913 無頭峯 *Hirai, H Hirai s.n.* 12 August 1913 *Hirai, H Hirai s.n.* 7 August 1914 虛項嶺-神武城 *Nakai, T Nakai s.n.* 6 August 1914 胞胎山虛項嶺 *Nakai, T Nakai s.n.* 7 August 1914 虛項嶺-神武城 *Nakai, T Nakai s.n.* 6 August 1914 胞胎山虛項嶺 *Nakai, T Nakai s.n.*

HYDRANGEACEAE

Deutzia Thunb.
Deutzia glabrata Kom., Trudy Imp. S.-Peterburgsk. Bot. Sada 22: 433 (1904)
Common name 물참대
Distribution in Korea: North, Central, South
Deutzia glaberrima Koehne, Bot. Jahrb. Syst. 34 (1): 38 (1904)
Deutzia fauriei H.Lév., Repert. Spec. Nov. Regni Veg. 8: 283 (1910)
Crataegus pomasae H.Lév. & Vaniot, Repert. Spec. Nov. Regni Veg. 12: 189 (1913)

Representative specimens; Chagang-do 26 August 1897 小德川 (松德水河谷) *Komarov, VL Komaorv s.n.* 1 July 1914 公西面江界 *Nakai, T Nakai s.n.* September 1920 狼林山 *Ishidoya, T Ishidoya s.n.* **Hamgyong-bukto** 11 August 1933 渡正山門內 *Koidzumi, G Koidzumi s.n.* 15 June 1930 茂山嶺 *Ohwi, J Ohwi s.n.* 18 July 1918 朱乙溫面甫上洞小東水谷入口 *Nakai, T Nakai s.n.* 30 May 1930 朱乙溫堡 *Ohwi, J Ohwi s.n.* 30 May 1934 朱乙溫 (甫上 - 南阿端) *Saito, T T Saito s.n.* 29 May 1934 朱乙溫 (甫上 - 朱乙) *Saito, T T Saito s.n.* **Hamgyong-namdo** 25 September 1925 泗水山 *Chung, TH Chung s.n.* 21 June 1932 東上面元豊里 *Ohwi, J Ohwi s.n.* **Hwanghae-bukto** 19 October 1923 平山郡滅惡山 *Muramatsu, T s.n.* May 1924 霞嵐山 *Takaichi, K s.n.* **Hwanghae-namdo** 2 September 1923 首陽山 *Muramatsu, C s.n.* 4 July 1922 Sorai Beach 九味浦 *Mills, RG Mills s.n.* 12 July 1921 *Mills, RG Mills s.n.* 28 July 1929 長山串 *Nakai, T Nakai s.n.* 26 May 1924 九月山 *Chung, TH Chung s.n.* **Kangwon-do** 31 July 1916 金剛山群仙峽 *Nakai, T Nakai s.n.* 29 July 1938 Mt. Kumgang (金剛山) *Hozawa, S Hozawa s.n.* 4 August 1932 金剛山內金剛 *Kobayashi, M Kobayashi s.n.*

August 1932 Mt. Kumgang (金剛山) *Koidzumi, G Koidzumi s.n.* 30 July 1928 金剛山內金剛毘盧峯 *Kondo, T Kondo752* 12 July 1936 金剛山外金剛千佛山 *Nakai, T Nakai s.n.* 10 June 1932 Mt. Kumgang (金剛山) Ohwi, *J Ohwi s.n.* 7 August 1940 *Okuyama, S Okuyama s.n.* 18 August 1902 *Uchiyama, T Uchiyama s.n.* 14 August 1902 *Uchiyama, T Uchiyama s.n.* 16 August 1930 劒拂浪長止 門山 *Nakai, T Nakai6127* **P'yongan-bukto** 9 June 1914 飛來峯 *Nakai, T Nakai s.n.* 9 June 1914 Nakai, T *Nakai2040* 5 August 1937 妙香山 *Hozawa, S Hozawa s.n.* 11 August 1935 義州金剛山 *Koidzumi, G Koidzumi s.n.* 25 May 1912 白壁山 *Ishidoya, T Ishidoya s.n.* **Ryanggang** 24 June 1930 延岩洞-上村 *Ohwi, J Ohwi s.n.*

Deutzia grandiflora Bunge, Enum. Pl. Chin. Bor. 30 (1833)
Common name 바위말발도리
Distribution in Korea: North, Central, South
  Deutzia hamata Koehne, Bot. Jahrb. Syst. 34: 37 (1904)
  Deutzia grandiflora Bunge var. *baroniana* (Diels) Rehder, Pl. Wilson. 1: 21 (1911)
  Deutzia prunifolia Rehder, Pl. Wilson. 1: 22 (1911)
  Deutzia prunifolia Rehder var. *latifolia* Nakai, Bot. Mag. (Tokyo) 35: 94 (1921)

Deutzia paniculata Nakai, Bot. Mag. (Tokyo) 27: 31 (1913)
Common name 꼬리말발도리
Distribution in Korea: North, South, Endemic

Deutzia parviflora Bunge, Enum. Pl. Chin. Bor. 31 (1833)
Common name 말발도리
Distribution in Korea: North, Central, South
  Deutzia parviflora Bunge var. *amurensis* Regel, Mem. Acad. Imp. Sci. St.-Petersbourg, Ser. 7 4: 63 (1861)
  Deutzia parviflora Bunge var. *bungei* Franch., J. Bot. (Morot) 10(17): 283 (1896)
  Deutzia parviflora Bunge var. *monogolica* Franch., J. Bot. (Morot) 10(17): 283 (1896)
  Deutzia parviflora Bunge var. *musaei* Lemoine, J. Soc. Natl. Hort. France 3: 303 (1902)
  Deutzia corymbosa var. *parviflora* (Bunge) C.K.Schneid., Mitt. Deutsch. Dendrol. Ges. 13: 184 (1904)
  Deutzia parviflora Bunge var. *ovatifolia* Rehder, J. Arnold Arbor. 1: 210 (1920)
  Deutzia kongoa Airy Shaw, Kew Bull. 1934: 179 (1934)
  Deutzia amurensis (Regel) Airy Shaw, Bull. Misc. Inform. Kew 1934: 179 (1934)
  Deutzia obsucula Nakai, J. Jap. Bot. 15: 674 (1939)
  Deutzia parviflora Bunge var. *barbinervis* Kawamoto ex Nakai, J. Jap. Bot. 19: 371 (1943)
  Deutzia parviflora Bunge var. *obscula* (Nakai) T.B.Lee, Ill. Woody Pl. Korea 26 (1966)

Representative specimens; Chagang-do 26 August 1897 小德川 (松德水河谷) *Komarov, VL Komaorv s.n.* 20 June 1909 Kang-gei(Kokai 江界) *Mills, RG Mills368* **Hamgyong-bukto** 21 May 1897 茂山嶺 *Komarov, VL Komaorv s.n.* 21 May 1897 茂山嶺-蕨坪 (照日洞) *Komarov, VL Komaorv836* 23 June 1909 茂山嶺 *Nakai, T Nakai s.n.* 15 June 1930 Ohwi, *J Ohwi s.n.* 15 June 1930 Ohwi, *J Ohwi s.n.* 16 July 1918 朱乙溫面湯地洞 *Nakai, T Nakai7105* 30 May 1930 朱乙 *Ohwi, J Ohwi s.n.* 23 June 1935 梧上洞 *Saito, T T Saito s.n.* 22 May 1897 蕨坪(城山水河谷)-車踰嶺 *Komarov, VL Komaorv s.n.* 21 June 1909 Musan-ryeong (戊山嶺) Nakai, T *Nakai s.n.* 23 July 1918 朱南面黃雪嶺 *Nakai, T Nakai7106* 19 June 1938 穩城郡甑山 *Saito, T T Saito s.n.* 12 June 1897 西溪水 *Komarov, VL Komaorv s.n.* 28 August 1914 黃句基- 雄基 *Nakai, T Nakai2027* **Kangwon-do** 14 July 1936 金剛山外金剛千佛山 *Nakai, T Nakai s.n.* 14 July 1936 Nakai, T *Nakai s.n.* 7 August 1916 金剛山末輝里方面 *Nakai, T Nakai5481* 7 August 1940 Mt. Kumgang (金剛山) *Okuyama, S Okuyama s.n.* 12 August 1902 墨浦洞 *Uchiyama, T Uchiyama s.n.* 4 October 1923 安邊郡楸愛山 *Fukubara, S Fukubara s.n.* **P'yongan-bukto** 16 June 1924 昌城面 *Sawada, T Sawada s.n.* 5 August 1935 妙香山 *Koidzumi, G Koidzumi s.n.* 30 May 1924 *Kondo, T Kondo s.n.* 4 June 1914 玉江鎮朔州郡 *Nakai, T Nakai2030* 10 June 1912 白壁山 *Ishidoya, T Ishidoya s.n.* 8 June 1912 *Ishidoya, T Ishidoya s.n.* **P'yongan-namdo** 16 July 1916 寧遠 *Mori, T Mori s.n.* 20 July 1916 黃玉峯 (黃處嶺?) *Mori, T Mori s.n.* 15 June 1928 陽德 *Nakai, T Nakai12354* **P'yongyang** 26 May 1912 Taiseizan(大聖山) 平壤 *Imai, H Imai s.n.* **Rason** 7 June 1930 西水羅 *Ohwi, J Ohwi s.n.* 7 June 1930 Ohwi, *J Ohwi s.n.* 30 June 1938 松眞山 *Saito, T T Saito s.n.* **Ryanggang** 1 July 1897 五是川雲寵江-崔五峰 *Komarov, VL Komaorv s.n.* 9 July 1897 十四道溝(鴨綠江) *Komarov, VL Komaorv s.n.* 5 August 1897 白山嶺 *Komarov, VL Komaorv s.n.* 21 August 1897 subdist. Chu-czan, flumen Amnok-gan *Komarov, VL Komaorv s.n.* 23 August 1897 雲洞嶺 *Komarov, VL Komaorv s.n.* 7 August 1897 上巨里水 *Komarov, VL Komaorv s.n.* 8 August 1897 上巨里水-巨里水 *Komarov, VL Komaorv s.n.* 9 June 1897 屈松川 (西頭水河谷) 倉坪 *Komarov, VL Komaorv s.n.* 9 June 1897 *Komarov, VL Komaorv s.n.* 24 June 1930 延岩洞-上村 *Ohwi, J Ohwi s.n.* 26 June 1897 內曲里 *Komarov, VL Komaorv s.n.* 24 July 1897 佳林里 *Komarov, VL Komaorv s.n.* August 1913 崔哥嶺 *Mori, T Mori210* 20 July 1897 惠山鎮(鴨綠江上流長白山脈中高原) *Komarov, VL Komaorv s.n.* 2 June 1897 四芝坪(延面水河谷) 柄安洞 *Komarov, VL Komaorv s.n.* 1 June 1897 古倉坪-四芝坪 (延面水河谷) *Komarov, VL Komaorv s.n.*

Deutzia uniflora Shirai, Bot. Mag. (Tokyo) 12: 110, t.5 (1898)

Common name 매화말발도리

Distribution in Korea: Central, South

Deutzia coreana H.Lév., Repert. Spec. Nov. Regni Veg. 8: 283 (1910)

Deutzia tozawae Nakai, Fl. Sylv. Kor. 15: 62 (1926)

Deutzia triradiata Nakai, Fl. Sylv. Kor. 15: 61 (1926)

Deutzia coreana H.Lév. var. *tozawae* (Nakai) Hatus., Exp. Forest. Kyushu Imp. Univ. 5: 88 (1934)

Deutzia coreana H.Lév. var. *triradiata* (Nakai) Hatus., Exp. Forest. Kyushu Imp. Univ. 5: 88 (1934)

Representative specimens; Hwanghae-namdo 25 August 1943 首陽山 *Furusawa, I Furusawa s.n.* **Kangwon-do** June 1932 Mt. Kumgang (金剛山) Ohwi, *J Ohwi s.n.*

***Philadelphus* L.**

Philadelphus tenuifolius Rupr. & Maxim., Bull. Cl. Phys.-Math. Acad. Imp. Sci. Saint-Pétersbourg 15: 133 (1856)

Common name 얇은잎고광나무(얇은잎고광)

Distribution in Korea: North, Central, South

Philadelphus coronarius L. var. *tenuifolius* (Rupr. & Maxim.) Maxim., Mem. Acad. Imp. Sci. St.-Petersbourg, Ser. 7 7, 10(16): 38 (1867)

Philadelphus koreanus Nakai, J. Jap. Bot. 19: 372 (1943)

Philadelphus robustus Nakai, J. Jap. Bot. 19: 372 (1943)

Philadelphus koreanus Nakai var. *robustus* (Nakai) W.T.Lee, Lineamenta Florae Koreae 452 (1996)

Representative specimens; Chagang-do 26 June 1914 從西山 *Nakai, T Nakai s.n.* 5 July 1914 牙得嶺 (江界) Nakai, T *Nakai s.n.* 6 July 1914 Nakai, T *Nakai s.n.* **Hamgyong-bukto** 10 August 1933 渡正山門內 *Koidzumi, G Koidzumi s.n.* 21 June 1909 茂山嶺 *Nakai, T Nakai s.n.* 15 June 1930 Ohwi, *J Ohwi s.n.* 18 July 1918 朱乙溫面甫上洞大東水谷 *Nakai, T Nakai s.n.* 6 July 1933 南下石山 *Saito, T T Saito s.n.* 25 September 1933 冠帽峰 *Saito, T T Saito s.n.* 23 May 1897 車踰嶺 *Komarov, VL Komaorv s.n.* 20 June 1938 穩城郡甑山 *Saito, T T Saito s.n.* 20 June 1938 *Saito, T T Saito s.n.* **Hamgyong-namdo** 23 July 1933 東上面漢岱里 *Koidzumi, G Koidzumi s.n.* 20 June 1932 東上面元豊里 *Ohwi, J Ohwi s.n.* **Hwanghae-namdo** 12 June 1931 長壽山 *Smith, RK Smith s.n.* **Kangwon-do** 5 August 1916 金剛山溫井嶺 *Nakai, T Nakai s.n.* 29 July 1938 Mt. Kumgang (金剛山) *Hozawa, S Hozawa s.n.* 24 August 1916 金剛山鶴巢嶺 *Nakai, T Nakai s.n.* 10 June 1932 Mt. Kumgang (金剛山) Ohwi, *J Ohwi s.n.* **P'yongan-bukto** 2 August 1935 妙香山 *Koidzumi, G Koidzumi s.n.* 5 June 1914 朔州- 昌州 *Nakai, T Nakai s.n.* 11 August 1935 義州金剛山 *Koidzumi, G Koidzumi s.n.* 9 June 1912 白壁山 *Ishidoya, T Ishidoya s.n.* **P'yongyang** 26 May 1912 Taiseizan (大聖山) 平壤 *Imai, H Imai s.n.* Rason 6 June 1930 西水羅 *Ohwi, J Ohwi s.n.* **Ryanggang** 5 August 1897 白山嶺 *Komarov, VL Komaorv s.n.* 22 August 1897 雲洞嶺 *Komarov, VL Komaorv s.n.* 6 June 1897 平蒲坪 *Komarov, VL Komaorv s.n.* 9 June 1897 屈林川 (西頭水河谷) 倉坪 *Komarov, VL Komaorv s.n.* 22 July 1897 佳林里 *Komarov, VL Komaorv s.n.* 11 July 1917 胞胎山麓 *Furumi, M Furumi s.n.* 20 July 1897 惠山鎮 (鴨綠江上流長白山脈中高原) *Komarov, VL Komaorv s.n.* 3 June 1897 四芝坪 *Komarov, VL Komaorv s.n.* 2 June 1897 四芝坪 (延面水河谷) 柄安洞 *Komarov, VL Komaorv s.n.*

Philadelphus tenuifolius Rupr. & Maxim. var. ***schrenkii*** (Rupr.) J.J.Vassil., Bot. Mater. Gerb. Bot. Inst. Komarova Akad. Nauk S.S.S.R. 8, 12: 210 (1940)

Common name 고광나무

Distribution in Korea: North, Central, South

Philadelphus schrenkii Rupr., Bull. Cl. Phys.-Math. Acad. Imp. Sci. Saint-Pétersbourg 15: 365 (1857)

Philadelphus coronarius L. var. *mandshuricus* Maxim., Mem. Acad. Imp. Sci. St.-Petersbourg, Ser. 7 7, 10(16): 41 (1867)

Philadelphus schrenkii Rupr. var. *jackii* Koehne, Repert. Spec. Nov. Regni Veg. 10: 127 (1911)

Philadelphus lasiogynus Nakai, Bot. Mag. (Tokyo) 29: 67 (1915)

Philadelphus mandshuricus (Maxim.) Nakai, Bot. Mag. (Tokyo) 29: 66 (1915)

Philadelphus schrenkii Rupr. var. *mandshuricus* (Maxim.) Kitag., Lin. Fl. Manshur. 253 (1939)

Philadelphus schrenkii Rupr. f. *longipedicedicellatus* Nakai, J. Jap. Bot. 19: 374 (1943)

Philadelphus seoulensis Y.H.Chung & H.Shin, Korean J. Pl. Taxon. 21: 212 (1991)

Philadelphus schrenkii Rupr. var. *lasiogynus* (Nakai) W.T.Lee, Lineamenta Florae Koreae 453 (1996)

Representative specimens; Chagang-do 26 August 1897 小德川 (松德水河谷) *Komarov, VL Komaorv s.n.* 10 July 1914 葱田嶺 *Nakai, T Nakai s.n.* **Hamgyong-bukto** 28 May 1897 富潤洞 *Komarov, VL Komaorv s.n.* 17 June 1909 清津 *Nakai, T Nakai s.n.* July 1933 羅南 *Yoshimizu, K s.n.* 20 May 1897 茂山嶺 *Komarov, VL Komaorv s.n.* 24 May 1897 車踰嶺- 照日洞 *Komarov, VL*

Komaorv s.n. 15 June 1930 茂山峯 *Ohwi, J Ohwi s.n.* 19 July 1918 冠帽山麓 *Nakai, T Nakai s.n.* 29 May 1897 釜所哥谷 *Komarov, VL Komaorv s.n.* 24 August 1924 上古面上鷹峯 *Kondo, T Kondo24* Type of *Philadelphus schrenkii* Rupr. f. *longipedicedicellatus* Nakai (Holotype TI) **Hamgyong-namdo** July 1930 端川郡北斗日面 *Kinosaki, Y s.n.* 26 May 1940 咸興歸州寺 *Suzuki, T s.n.* **Hwanghae-bukto** 11 June 1924 谷山郡下圖面 Rocho Hyo *Chung, TH Chung s.n.* **Kangwon-do** 12 July 1936 金剛山外金剛千佛山 *Nakai, T Nakai s.n.* June 1932 Mt. Kumgang (金剛山) *Ohwi, J Ohwi s.n.* June 1932 *Ohwi, J Ohwi s.n.* July 1932 *Smith, RK Smith s.n.* 14 August 1902 *Uchiyama, T Uchiyama s.n.* 12 August 1902 墨浦洞 *Uchiyama, T Uchiyama s.n.* 13 August 1933 安邊郡衛益面三防 *Nomura, N Nomura s.n.* **P'yongan-bukto** 6 June 1914 昌城昌州 *Nakai, T Nakai s.n.* **P'yongan-namdo** 17 July 1916 加音嶺 *Mori, T Mori s.n.* 20 July 1916 黃玉峯 (黃處嶺?) *Mori, T Mori s.n. Rason* 6 June 1930 西水羅 *Ohwi, J Ohwi s.n.* **Ryanggang** 1 August 1897 虛川江 (同仁川) *Komarov, VL Komaorv s.n.* 7 July 1897 犁方嶺 (鴨綠江羅暖堡) *Komarov, VL Komaorv s.n.* 4 August 1897 十四道溝-白山嶺 *Komarov, VL Komaorv s.n.* 16 August 1897 大羅信洞 *Komarov, VL Komaorv s.n.* 19 August 1897 葡坪 *Komarov, VL Komaorv s.n.* 21 August 1897 subdist. Chu-czan, flumen Amnok-gan *Komarov, VL Komaorv s.n.* 22 July 1897 佳林里 *Komarov, VL Komaorv s.n.* 11 July 1917 胞胎山麓 *Furumi, M Furumi s.n.* 30 May 1897 延面水河谷-古倉坪 *Komarov, VL Komaorv s.n.*

GROSSULARIACEAE

Ribes L.
Ribes burejense F.Schmidt, Mem. Acad. Imp. Sci. St.-Petersbourg, Ser. 7 12: 42 (1868)
Common name 바늘까치밥나무
Distribution in Korea: far North (Baekam, Samjiyeon)
> *Ribes macrocalyx* Hance, J. Bot. 13(146): 35 (1875)
> *Ribes grossularioides* Hemsl., J. Linn. Soc., Bot. 23(155): 279 (1887)
> *Grossularia burejensis* (F.Schmidt) A.Berger, New York Agric. Exp. Sta. Techn. Bull. 109: 112 (1924)

Representative specimens; Chagang-do 11 July 1914 葱田嶺 *Nakai, T Nakai s.n.* **Hamgyong-bukto** 13 June 1897 西溪水 *Komarov, VL Komaorv s.n.* 12 June 1897 *Komarov, VL Komaorv s.n.* 19 June 1930 四芝洞 -坪 *Ohwi, J Ohwi s.n.* **Hamgyong-namdo** 16 August 1934 新角面北山 *Nomura, N Nomura s.n.* 24 July 1933 東上面大漢垈里 *Koidzumi, G Koidzumi s.n.* 15 August 1935 東上面漢垈里 *Nakai, T Nakai s.n.* 20 June 1932 東上面元豐里 *Ohwi, J Ohwi s.n.* **Ryanggang** 9 October 1935 大坪里 *Okamoto, S Okamoto s.n.* 9 June 1897 屈松川 (西頭水河谷) 倉坪 *Komarov, VL Komaorv s.n.* 6 June 1897 平蒲坪 *Komarov, VL Komaorv s.n.* 22 June 1930 倉坪嶺 *Ohwi, J Ohwi s.n.* 27 May 1918 普惠面保興里 *Ishidoya, T Ishidoya s.n.* 28 June 1897 栢德嶺 *Komarov, VL Komaorv s.n.* 1 June 1897 古倉坪-四芝坪 (延面水河谷) *Komarov, VL Komaorv s.n.* 2 June 1897 四芝坪(延面水河谷) 柄安洞 *Komarov, VL Komaorv s.n.*

Ribes diacanthum Pall., Reise Russ. Reich. 3: 722 (1776)
Common name 가시까치밥나무
Distribution in Korea: North (Baekmu highland)

Representative specimens; Ryanggang 22 June 1897 大鎮洞 *Komarov, VL Komaorv s.n.* 2 August 1917 Moho (茂峯)- 農事洞 *Furumi, M Furumi s.n.*

Ribes fasciculatum Siebold & Zucc., Abh. Math.-Phys. Cl. Konigl. Bayer. Akad. Wiss. 4: 189 (1845)
Common name 까마귀밥여름나무 (까마귀밥나무)
Distribution in Korea: North, Central, South
> *Ribes billiardii* Carrière, Rev. Hort. 1867: 140 (1867)
> *Ribes fasciculatum* Siebold & Zucc. var. *chinense* Maxim., Bull. Acad. Imp. Sci. Saint-Pétersbourg 19: 264 (1874)
> *Ribes chifuense* Hance, J. Bot. 13(146): 36 (1875)
> *Ribes japonicum* Carrière, Rev. Hort. 435 (1877)
> *Ribes fasciculatum* Siebold & Zucc. var. *japonicum* Jancz., Mem. Soc. Phys. Geneve 35: 396 (1907)

Representative specimens; Chagang-do 22 July 1914 山羊 -江口 *Nakai, T Nakai2025* **Hamgyong-bukto** 18 July 1918 朱乙溫面大東水谷 *Nakai, T Nakai s.n.* 17 July 1918 朱乙溫面甫上洞 *Nakai, T Nakai s.n.* 5 August 1914 茂山 *Ikuma, YIkuma s.n.* 17 June 1930 四芝洞 *Ohwi, J Ohwi s.n.* **Hwanghae-bukto** 7 September 1902 可將去里南川 *Uchiyama, T Uchiyama s.n.* 10 September 1915 瑞興 *Nakai, T Nakai s.n.* **Hwanghae-namdo** 12 June 1931 長壽山 *Smith, RK Smith s.n.* 31 July 1929 席島 *Nakai, T Nakai s.n.* 1 August 1929 椒島 *Nakai, T Nakai s.n.* 2 August 1921 Sorai Beach 九味浦 *Mills, RG Mills s.n.* 2 August 1921 *Mills, RG Mills s.n.* 29 July 1929 長山串 *Nakai, T Nakai s.n.* **Nampo** 1 October 1911 Chinnampo (鎮南浦) *Imai, H Imai s.n.* 13 June 1914 Pyok-dong (碧潼) *Nakai, T Nakai2039* 6 June 1914 昌城昌州 *Nakai, T Nakai2034* **Ryanggang** 2 August 1914 Keizanchin(惠山鎮) *Ikuma, Y Ikuma s.n.* 24 May 1918 大中里 *Ishidoya, T Ishidoya s.n.* August 1913 崔哥嶺 *Mori, T Mori344* 14 August 1914 農事洞-三下 *Nakai, T Nakai2037*

Ribes horridum Rupr. ex Maxim., Mem. Acad. Imp. Sci. St.-Petersbourg Divers Savans 9: 117 (1859)

Common name 가막바늘까치밥나무 (까막바늘까치밥나무)

Distribution in Korea: North

    Ribes lacustre var. *horridum* (Rupr. ex Maxim.) Jancz., Bull. Int. Acad. Sci. Cracovie, Cl. Sci. Math. 0: 238 (1903)

Representative specimens; **Hamgyong-bukto** August 1934 冠帽峰 *Kojima, K Kojima s.n.* 25 July 1918 雪嶺 1400m *Nakai, T Nakai s.n.* 25 June 1930 雪嶺山上 *Ohwi, J Ohwi s.n.* 25 June 1930 雪嶺山次 *Ohwi, J Ohwi s.n.* **Hamgyong-namdo** 25 July 1933 東上面遮日峯 *Koidzumi, G Koidzumi s.n.* 15 August 1935 東上面漢岱里 *Nakai, T Nakai s.n.* 20 June 1932 東上面元豊里 *Ohwi, J Ohwi s.n.* 15 August 1940 遮日峯 *Okuyama, S Okuyama s.n.* **Ryanggang** 22 June 1930 倉坪嶺 *Ohwi, J Ohwi s.n.* August 1913 崔哥嶺 *Mori, T Mori343* 12 August 1913 無頭峯 *Hirai, H Hirai s.n.* 14 August 1914 *Ikuma, Y Ikuma s.n.* 8 August 1914 神武城-無頭峯 *Nakai, T Nakai2190* 26 July 1942 *Saito, T T Saito s.n.*

Ribes komarovii Pojark., Trudy Bot. Inst. Akad. Nauk S.S.S.R., Ser. 1, Fl. Sist. Vyssh. Rast. 2: 209 (1936)

Common name 꼬리까치밥나무

Distribution in Korea: North

    Ribes maximowiczianum Kom. var. *saxatile* Kom., Trudy Imp. S.-Peterburgsk. Bot. Sada 22: 443 (1904)
    Ribes distans Turcz. ex T.Mori var. *breviracemum* Nakai, Fl. Sylv. Kor. 15: 36 (1926)
    Ribes komarovii Pojark. var. *breviracemum* (Nakai) T.B.Lee, Ill. Woody Pl. Korea 268 (1966)

Representative specimens; **P'yongan-namdo** 6 October 1909 黑水洞 *Imai, H Imai s.n.* Type of *Ribes distans* Turcz. ex T.Mori var. *breviracemum* Nakai (Holotype TI)

Ribes latifolium Jancz., Bull. Int. Acad. Sci. Cracovie, Cl. Sci. Math. 0: 4 (1906)

Common name 넓은잎까치밥나무

Distribution in Korea: North

Representative specimens; **Hamgyong-namdo** 14 August 1940 赴戰高原 Fusenkogen *Okuyama, S Okuyama s.n.* **Ryanggang** 19 September 1940 三社面島內 -醬池 *Nakai, T Nakai s.n.* 22 August 1914 普天堡 *Ikuma, Y Ikuma s.n.*

Ribes mandshuricum (Maxim.) Kom., Trudy Imp. S.-Peterburgsk. Bot. Sada 22: 437 (1904)

Common name 까치밥나무

Distribution in Korea: North, Central, South (Jiri-san)

    Ribes multiflorum Kit. ex Schult. var. *mandshuricum* Maxim., Mélanges Biol. Bull. Phys.-Math. Acad. Imp. Sci. Saint-Pétersbourg 9: 228 (1873)
    Ribes petraeum Wulfen var. *mongolicum* Franch., Nouv. Arch. Mus. Hist. Nat. ser. 2, 6: 7 7 (1883)
    Ribes mandshuricum (Maxim.) Kom. var. *villosum* Kom., Trudy Imp. S.-Peterburgsk. Bot. Sada 22: 483 (1904)
    Ribes mandshuricum (Maxim.) Kom. var. *subglabrum* Kom., Trudy Imp. S.-Peterburgsk. Bot. Sada 22: 438 (1904)
    Ribes mandshuricum (Maxim.) Kom. f. *subglabrum* (Kom.) Kitag., J. Jap. Bot. 34 (1959)

Representative specimens; **Chagang-do** 26 August 1897 小德川 (松德水河谷) *Komarov, VL Komaorv s.n.* 27 June 1914 從西山 *Nakai, T Nakai2042* **Hamgyong-bukto** 31 July 1930 漁遊洞 *Ohwi, J Ohwi s.n.* 20 May 1897 茂山嶺 *Komarov, VL Komaorv s.n.* 18 July 1918 南下瑞 *Nakai, T Nakai s.n.* 18 July 1918 朱乙溫面民幕洞 *Nakai, T Nakai s.n.* 18 July 1918 南下瑞 *Nakai, T Nakai s.n.* 19 July 1918 冠帽山麓 *Nakai, T Nakai s.n.* 12 June 1930 鏡城 *Ohwi, J Ohwi s.n.* 30 May 1934 甫上-南河瑞 *Saito, T T Saito s.n.* 6 July 1933 南下石山 *Saito, T T Saito s.n.* 22 May 1897 蕨坪 *Komarov, VL Komaorv s.n.* 23 May 1897 車踰嶺 *Komarov, VL Komaorv s.n.* 19 June 1930 四芝洞 -楡坪 *Ohwi, J Ohwi s.n.* **Hamgyong-namdo** 16 August 1943 赴戰高原遮日峯 *Honda, M Honda s.n.* 15 August 1935 東上面漢岱里 *Nakai, T Nakai s.n.* **Kangwon-do** 14 July 1936 金剛山外金剛千佛山 *Nakai, T Nakai s.n.* 10 June 1932 Mt. Kumgang (金剛山) *Ohwi, J Ohwi s.n.* 18 August 1902 *Uchiyama, T Uchiyama s.n.* **P'yongan-bukto** 9 June 1914 飛來峯 *Nakai, T Nakai2029* 5 August 1937 妙香山 *Hozawa, S Hozawa s.n.* **Rason** 7 June 1930 西水羅 *Ohwi, J Ohwi s.n.* 7 June 1930 *Ohwi, J Ohwi s.n.* **Ryanggang** July 1943 龍眼 *Uchida, H Uchida s.n.* 15 August 1935 北水白山 *Hozawa, S Hozawa s.n.* 12 May 1918 北靑郡直洞-黃水院 *Ishidoya, T Ishidoya s.n.* 24 August 1934 熊耳面北水白山北水谷 *Yamamoto, A Yamamoto s.n.* 5 August 1897 白山嶺 *Komarov, VL Komaorv s.n.* 21 August 1897 subdist. Chu-czan, flumen Amnok-gan *Komarov, VL Komaorv s.n.* 23 August 1897 雲洞嶺 *Komarov, VL Komaorv s.n.* 6 June 1897 平蒲坪 *Komarov, VL Komaorv s.n.* 9 June 1897 屈松川 (西霜水河谷) *Komarov, VL Komaorv s.n.* 21 June 1930 天水洞 - 倉坪 *Ohwi, J Ohwi s.n.* 24 July 1930 大澤 *Ohwi, J Ohwi s.n.* 21 June 1930 天水洞 *Ohwi, J Ohwi* *s.n.* 24 July 1930 大澤 *Ohwi, J Ohwi s.n.* 21 August 1914 崔哥嶺 *Ikuma, Y Ikuma s.n.* August 1913 長白山 *Mori, T Mori180* 7 August 1914 下面江口 *Ikuma, Y Ikuma s.n.* 3 June 1897 四芝坪 *Komarov, VL Komaorv s.n.* 25 May 1938 三長附近 *Saito, T T Saito s.n.*

Ribes maximowiczianum Kom., Trudy Imp. S.-Peterburgsk. Bot. Sada 22: 443 (1904)

Common name 참까치밥나무 (명자순)

Distribution in Korea: North, Central, South

Ribes alpinum L. var. *mandshuricum* Maxim., Mélanges Biol. Bull. Phys.-Math. Acad. Imp. Sci. Saint-Pétersbourg 9: 239 (1874)

Ribes maximowiczianum Kom. var. *umbrosum* Kom., Trudy Imp. S.-Peterburgsk. Bot. Sada 22: 443 (1904)

Ribes distans Turcz. ex T.Mori var. *mandshuricum* (Maxim.) Jancz., Bull. Int. Acad. Sci. Cracovie, Cl. Sci. Math. 1906: 286 (1906)

Ribes tricuspe Nakai, Chosen Shokubutsu 1: 342 (1914)

Representative specimens; Chagang-do 25 August 1897 小德川 (松德水河谷) *Komarov, VL Komaorv s.n.* 21 July 1914 大興里-山羊 *Nakai, T Nakai2024* Type of *Ribes tricuspe* Nakai (Syntype TI) **Hamgyong-bukto** 21 May 1897 茂山嶺-蕨坪(照日洞) *Komarov, VL Komaorv s.n.* 24 May 1897 車踰嶺-照日洞 *Komarov, VL Komaorv s.n.* 14 August 1933 朱乙溫泉朱乙山 *Koidzumi, G Koidzumi s.n.* 18 July 1918 朱乙溫面 態谷嶺 1100m *Nakai, T Nakai s.n.* July 1932 冠帽峰 *Ohwi, J Ohwi s.n.* 19 September 1935 南下石山 *Saito, T T Saito s.n.* 29 May 1897 釜所哥谷 *Komarov, VL Komaorv s.n.* 21 June 1938 穩城郡甑山 *Saito, T T Saito s.n.* 12 June 1897 西溪水 *Komarov, VL Komaorv s.n.* **Hamgyong-namdo** 17 August 1934 富盛里 *Nomura, N Nomura s.n.* 15 June 1932 下碣隅里 *Ohwi, J Ohwi s.n.* 27 July 1914 鎮江- 鎮岩峯 *Mori, T Mori s.n.* 16 August 1943 赴戰高原漢垈里 *Honda, M Honda s.n.* 24 July 1933 東上面大漢垈里 *Koidzumi, G Koidzumi s.n.* 15 August 1935 東上面漢岱里 *Nakai, T Nakai s.n.* 15 August 1936 赴戰高原 Fusenkogen *Nakai, T Nakai s.n.* 20 June 1932 東上面元豐里 *Ohwi, J Ohwi s.n.* **Kangwon-do** 18 August 1902 金剛山 *Uchiyama, T Uchiyama s.n.* Type of *Ribes tricuspe* Nakai (Lectotype TI) **P'yongan-bukto** 9 June 1914 飛來峯 *Nakai, T Nakai2028* Type of Ribes tricuspe Nakai (Syntype TI)4 August 1935 妙香山 *Koidzumi, G Koidzumi s.n.* **Ryanggang** 23 August 1914 Keizanchin(惠山鎮) *Ikuma, Y Ikuma s.n.* August 1913 *Mori, T Mori353* Type of *Ribes tricuspe* Nakai (Syntype TI)25 July 1914 三水- 惠山鎮 *Nakai, T Nakai s.n.* 21 August 1897 subdist. Chu-czan, flumen Amnok-gan *Komarov, VL Komaorv s.n.* 23 August 1897 雲洞嶺 *Komarov, VL Komaorv s.n.* 7 August 1897 上巨里水 *Komarov, VL Komaorv s.n.* 9 August 1897 長津江下流域 *Komarov, VL Komaorv s.n.* 4 July 1897 上水隅理 *Komarov, VL Komaorv s.n.* 6 June 1897 平蒲坪 *Komarov, VL Komaorv s.n.* 8 June 1897 平蒲坪-倉坪 *Komarov, VL Komaorv s.n.* 22 August 1914 普天堡 *Ikuma, Y Ikuma s.n.* 21 June 1897 阿武山-象背嶺 *Komarov, VL Komaorv s.n.* 27 June 1897 栢德嶺 *Komarov, VL Komaorv s.n.* 25 July 1897 佳林里 *Komarov, VL Komaorv s.n.* August 1913 崔哥嶺 *Mori, T Mori345* Type of *Ribes tricuspe* Nakai (Syntype TI)5 August 1914 普天堡- 寶泰洞 *Nakai, T Nakai2044* Type of *Ribes tricuspe* Nakai (Syntype TI)20 August 1933 三長 *Koidzumi, G Koidzumi s.n.* 3 June 1897 四芝坪 *Komarov, VL Komaorv s.n.* 17 June 1930 四芝峯 *Ohwi, J Ohwi s.n.*

Ribes nigrum L., Sp. Pl. 201 (1753)

Common name 서양까막까치밥나무

Distribution in Korea: North

Ribes olidum Moench, Methodus (Moench) 683 (1794)

Botrycarpum nigrum (L.) A.Rich., Bot. Med. 2: 490 (1823)

Ribes pauciflorum Turcz. ex Ledeb., Fl. Ross. (Ledeb.) 2: 200 (1844)

Grossularia nigra (L.) Rupr., Fl. Ingr. [Ruprecht] 418 (1860)

Ribes nigrum L. var. *pauciflorum* (Turcz. ex Ledeb.) Jancz., Mem. Soc. Phys. Geneve 35: 348 (1907)

Ribes cyathiforme Pojark., Trudy Prikl. Bot. 3: 349 (1929)

Representative specimens; Hamgyong-bukto 13 June 1897 西溪水 *Komarov, VL Komaorv s.n.* 12 June 1897 *Komarov, VL Komaorv s.n.* 13 June 1897 *Komarov, VL Komaorv s.n.* **Ryanggang** 19 September 1940 三社面島內 -醬池 *Nakai, T Nakai s.n.* 21 June 1930 天水洞 - 倉坪 *Ohwi, J Ohwi s.n.*

Ribes procumbens Pall., Fl. Ross. (Pallas) 1: 35 (1788)

Common name 까막까치밥나무

Distribution in Korea: North

Ribes ussuriense Jancz., Bull. Int. Acad. Sci. Cracovie, Cl. Sci. Math. 6: 12 (1906)

Representative specimens; Hamgyong-bukto 1930 漁遊洞 *Ohwi, J Ohwi s.n.* 13 June 1897 西溪水 *Komarov, VL Komaorv s.n.* **Ryanggang** 8 June 1897 平蒲坪-倉坪 *Komarov, VL Komaorv s.n.* 9 June 1897 屈松川 (西頭水河谷) 倉坪 *Komarov, VL Komaorv s.n.* 6 June 1897 平蒲坪 *Komarov, VL Komaorv s.n.* 24 August 1930 含山嶺 *Ohwi, J Ohwi s.n.* 21 June 1897 阿武山-象背嶺 *Komarov, VL Komaorv s.n.* 27 June 1897 栢德嶺 *Komarov, VL Komaorv s.n.* 胞胎山 *Unknown s.n.*

Ribes triste Pall., Nova Acta Acad. Sci. Imp. Petrop. Hist. Acad. 10: 378 (1797)
Common name 누운까치밥나무 (눈까치밥나무)
Distribution in Korea: far North (alt. 1100-2300m)
    Ribes melancholicum Siev. ex Pall., Nova Acta Acad. Sci. Imp. Petrop. Hist. Acad. 1(Hist.): 238 (1797)
    Ribes albinervium Michx., Fl. Bor.-Amer. (Michaux) 1: 110 (1803)
    Ribes rubrum Torr. & A.Gray, Fl. N. Amer. (Torr. & A. Gray) 1: 550 (1840)
    Ribes propinquum Turcz., Bull. Soc. Imp. Naturalistes Moscou 13: 70 (1840)
    Ribes rubrum Torr. & A.Gray var. *glabella* Trautv. & C.A.Mey., Fl. Ochot. Phaenog. 40 (1856)
    Ribes rubrum Torr. & A.Gray var. *propinquum* (Turcz.) Trautv. & C.A.Mey., Fl. Ochot. Phaenog. 40 (1856)
    Ribes ciliosum Howell, Fl. N.W. Amer. 2: 208 (1898)

Representative specimens; Hamgyong-namdo 15 August 1935 東上面漢岱里 *Nakai, T Nakai s.n.* 20 June 1932 東上面元豊里 *Ohwi, J Ohwi s.n.* **Ryanggang** 6 June 1897 平蒲坪 *Komarov, VL Komarov s.n.* 19 September 1940 三社面島內 -醬池 *Nakai, T Nakai s.n.* 24 July 1930 含山嶺 *Ohwi, J Ohwi s.n.* 24 July 1930 *Ohwi, J Ohwi s.n.* 8 August 1914 神武城-無頭峯 *Nakai, T Nakai 1189* 4 August 1914 普天堡- 寶泰洞 *Nakai, T Nakai2031*

CRASSULACEAE

Crassula L.
Crassula aquatica (L.) Schönland, Nat. Pflanzenfam. 3: 37 (1891)
Common name 대구돌나물
Distribution in Korea: North (Hamgyong,), Central
    Tillaea aquatica L., Sp. Pl. 128 (1753)
    Tillaea prostrata Schkuhr, Ann. Bot. (Usteri) 12: 6 (1794)
    Bulliarda aquatica (L.) DC., Bull. Sci. Soc. Philom. Paris 2: 49 (1801)
    Bulliarda prostrata (Schkuhr) DC., Bull. Sci. Soc. Philom. Paris 2: 49 (1801)
    Tillaea simplex Nutt., J. Acad. Nat. Sci. Philadelphia 1: 114 (1817)
    Bulliarda schkuhrii Spreng., Syst. Veg. (ed. 16) [Sprengel] 1: 498 (1824)
    Crassula schkuhrii (Spreng.) Roth, Enum. Pl. Phaen. Germ. 1: 993 (1827)
    Elatine tetrandra Maxim., Bull. Acad. Imp. Sci. Saint-Pétersbourg 32: 484 (1888)
    Tillaeastrum aquaticum (L.) Britton, Bull. New York Bot. Gard. 3: 1 (1903)
    Hydrophila aquatica (L.) House, Amer. Midl. Naturalist 6: 203 (1920)

Representative specimens; Hamgyong-bukto 22 August 1936 朱乙 *Saito, T T Saito s.n.*

Hylotelephium H.Ohba
Hylotelephium erythrostictum (Miq.) H.Ohba, Bot. Mag. (Tokyo) 90: 50 (1977)
Common name 꿩의비름
Distribution in Korea: North
    Sedum erythrostictum Miq., Ann. Mus. Bot. Lugduno-Batavi 2: 155 (1855)
    Sedum alboroseum Baker, Refug. Bot. 1: 33 (1868)
    Sedum telephium L. ssp. *alboroseum* (Baker) Fröd., Acta Horti Gothob. 5: 61 (1930)
    Sedum okuyamae Ohwi, Bull. Natl. Sci. Mus., Tokyo 26: 9 (1949)

Representative specimens; Hamgyong-bukto 17 September 1935 梧上洞 *Saito, T T Saito s.n.* **Hamgyong-namdo** 16 August 1934 新角面北山 *Nomura, N Nomura s.n.* 22 August 1932 蓋馬高原 *Kitamura, S Kitamura s.n.* 20 August 1932 *Kitamura, S Kitamura s.n.*

Hylotelephium pallescens (Freyn) H.Ohba, Bot. Mag. (Tokyo) 90: 51 (1977)
Common name 자주꿩의비름
Distribution in Korea: North, Central, South
    Sedum telephium L. var. *albiforum* (Maxim.) Maxim., Bull. Acad. Imp. Sci. Saint-Pétersbourg 29: 142 (1883)
    Sedum pallescens Freyn, Oesterr. Bot. Z. 45: 317 (1895)

Sedum telephium L. var. *eupatorioides* Kom., Trudy Imp. S.-Peterburgsk. Bot. Sada 22: 393 (1904)
Sedum telephium L. var. *pallescens* (Freyn) Kom., Trudy Imp. S.-Peterburgsk. Bot. Sada 22: 393 (1904)
Sedum albiflorum (Maxim.) Maxim. ex Kom. & Kljuykov, Opred. Rast. Dal'nevost. Kraia 1: 596 (1931)
Sedum eupatorioides (Kom.) Kom., Opred. Rast. Dal'nevost. Kraia 1: 601 (1931)
Hylotelephium eupatrorioides (Kom.) H.Ohba, Bot. Mag. (Tokyo) 90: 50 (1977)

Representative specimens; Chagang-do 31 August 1897 慈城江 *Komarov, VL Komaorv s.n.* Type of *Sedum telephium* L. var. *eupatorioides* Kom. (Syntype LE) **Hamgyong-namdo** 27 August 1897 小德川 *Komarov, VL Komaorv s.n.* **Ryanggang** 29 July 1897 安間嶺-同仁川 (同仁浦里?) *Komarov, VL Komaorv s.n.* 1 August 1897 虛川江 (同仁川) *Komarov, VL Komaorv s.n.* 15 August 1897 蓮坪-厚州川-厚州古邑 *Komarov, VL Komaorv s.n.* 26 June 1897 內曲里 *Komarov, VL Komaorv s.n.* 22 July 1897 佳林里 *Komarov, VL Komaorv s.n.*

Hylotelephium spectabile(Boreau) H.Ohba, Bot. Mag. (Tokyo) 90: 52 (1977)

Common name 큰꿩의비름

Distribution in Korea: North (Hamgyong, P'yongan, Kangwon, Hwanghae), Central
Sedum spectabile Boreau, Mem. Soc. Acad. Maine Loire 20: 116 (1866)
Anacampseros spectabilis (Boreau) Jord. & Fourr., Icon. Fl. Eur. 1: 37, t. 100 (1867)
Sedum telephium L. var. *kirinense* Kom., Trudy Imp. S.-Peterburgsk. Bot. Sada 22: 393 (1904)

Representative specimens; Hamgyong-bukto 25 September 1935 羅南 *Saito, T T Saito s.n.* 25 September 1933 冠帽峰 *Saito, T T Saito s.n.* 17 September 1935 梧上洞 *Saito, T T Saito s.n.* 5 August 1914 茂山 *Ikuma, Y Ikuma s.n.* 19 August 1933 *Koidzumi, G Koidzumi s.n.* **Hamgyong-namdo** 14 August 1943 赴戰高原元豊-道安 *Honda, M Honda s.n.* **P'yongyang** 12 September 1902 P'yongyang (平壤) *Uchiyama, T Uchiyama s.n.* 10 September 1902 黃州 - 平壤 *Uchiyama, T Uchiyama s.n.* **Ryanggang** 26 July 1914 三水- 惠山鎭 *Nakai, T Nakai s.n.* 13 August 1914 Moho (茂峯)- 農事洞 *Nakai, T Nakai s.n.*

Hylotelephium verticillatum (L.) H.Ohba, Bot. Mag. (Tokyo) 90: 54 (1977)

Common name 세잎꿩의비름

Distribution in Korea: North, Central, South
Sedum verticillatum L., Sp. Pl. 430 (1753)
Sedum viridescens Nakai, Repert. Spec. Nov. Regni Veg. 13: 273 (1914)
Sedum taquetii Praeger, J. Bot. 56: 151 (1918)
Sedum telephium L. ssp. *verticillatum* (L.) Fröd., Acta Horti Gothob. 1: 30 (1930)
Sedum alboroseum Baker var. *viridescens* (Nakai) H.S.Kim, Fl. Coreana (Im, R.J.) 3: 58 (1974)
Hylotelephium viridescens (Nakai) H.Ohba, Bot. Mag. 90: 55 (1977)

Representative specimens; Hamgyong-namdo 16 August 1934 新角面北山 *Nomura, N Nomura s.n.* 16 August 1935 雲仙嶺 *Nakai, T Nakai s.n.* **Hwanghae-namdo** 26 August 1943 長壽山 *Furusawa, I Furusawa s.n.* 12 July 1921 Sorai Beach 九味浦 *Mills, RG Mills s.n.* 24 July 1929 夢金浦 *Nakai, T Nakai s.n.* **Kangwon-do** 20 August 1902 Mt. Kumgang (金剛山) *Uchiyama, T Uchiyama s.n.* **P'yongan-namdo** 26 July 1919 山蒼嶺 *Kajiwara, U Kajiwara s.n.* **P'yongyang** 9 October 1911 P'yongyang (平壤) *Imai, H Imai s.n.*

Hylotelephium viviparum (Maxim.) H.Ohba, Bot. Mag. (Tokyo) 90: 55 (1977)

Common name 새끼꿩의비름

Distribution in Korea: North (Hamgyong, P'yongan, Kangwon, Hwanghae), Central
Sedum viviparum Maxim., Bull. Acad. Imp. Sci. Saint-Pétersbourg 29: 137 (1883)
Sedum telephium L. ssp. *viriparum* (Maxim.) Fröd., Acta Horti Gothob. 1: 30 (1930)

Representative specimens; Chagang-do 29 August 1897 慈城江 *Komarov, VL Komaorv s.n.* 18 July 1914 大興里 *Nakai, T Nakai s.n.* **Hamgyong-bukto** 12 August 1933 渡正山 *Koidzumi, G Koidzumi s.n.* 16 July 1918 朱乙溫面甫上洞 *Nakai, T Nakai s.n.* 12 June 1897 西溪水 *Komarov, VL Komaorv s.n.* **Hamgyong-namdo** 27 August 1897 小德川 *Komarov, VL Komaorv s.n.* 30 August 1941 赴戰高原 Fusenkogen *Immaru, M s.n.* 19 August 1943 千佛山 *Honda, M Honda s.n.* **Kangwon-do** 15 July 1936 外金剛千佛山 *Nakai, T Nakai s.n.* 11 August 1943 Mt. Kumgang (金剛山) *Honda, M Honda s.n.* 15 August 1932 金剛山外金剛 *Koidzumi, G Koidzumi s.n.* 20 August 1916 金剛山彌勒峯 *Nakai, T Nakai s.n.* **P'yongan-bukto** 2 October 1910 Han San monastery (香山普賢寺) *Mills, RG Mills 393* 13 September 1911 東倉面藥水洞 *Ishidoya, T Ishidoya s.n.* **P'yongan-namdo** 15 July 1916 葛日嶺 *Mori, T Mori s.n.* **Ryanggang** July 1943 龍眼 *Uchida, H Uchida s.n.* 23 August 1897 雲洞嶺 *Komarov, VL Komaorv s.n.* 7 August 1897 上巨里水 *Komarov, VL Komaorv s.n.* 6 August 1897 *Komarov, VL Komaorv s.n.* 8 August 1897 上巨里水-院巨里水 *Komarov, VL Komaorv s.n.* 21 July 1897 佳林里(鴨綠江上流) *Komarov, VL Komaorv s.n.* 20 July 1897 惠山鎭(鴨綠江上流長白山脈中高原) *Komarov, VL Komaorv s.n.*

Orostachys Fisch.
Orostachys cartilaginea Boriss., Fl. URSS 9: 4820 (1930)

Common name 민바위솔
Distribution in Korea: North

Orostachys fimbriata (Turcz.) A.Berger, Nat. Pflanzenfam., ed. 2 18a: 464 (1930)
Common name 가시바위솔
Distribution in Korea: North (Chagang, P'yongan)
    Cotyledon fimbriata Turcz., Bull. Soc. Imp. Naturalistes Moscou 17: 241 (1844)
    Umbilicus fimbriatus (Turcz.) Turcz., Bull. Soc. Imp. Naturalistes Moscou 17: 241 (1844)
    Sedum ramosissimum (Maxim.) Franch., Pl. David. 1: 128 (1884)
    Sedum fimbriatum (Turcz.) Franch., Pl. David. 1: 128 (1884)
    Cotyledon saxatillis Nakai, Bot. Mag. (Tokyo) 25: 152 (1911)
    Orostachys saxatilis (Nakai) Nakai, J. Jap. Bot. 18: 215 (1942)

Representative specimens;P'yongyang 12 June 1910 平壤牡丹台 *Imai, H Imai s.n.*

Orostachys japonica (Maxim.) A.Berger, Nat. Pflanzenfam., ed. 2 18a: 464 (1930)
Common name 넓은잎바위솔, 바위솔, 집웅지기 (바위솔)
Distribution in Korea: North, Central
    Cotyledon japonica Maxim., Bull. Acad. Imp. Sci. Saint-Pétersbourg 3, 30: 122 (1883)
    Sedum japonicola Makino, J. Jap. Bot. 4: 8 (1927)
    Orostachys kanboensis Ohwi, Acta Phytotax. Geobot. 11: 249 (1942)
    Orostachys erubescens (Maxim.) Ohwi var. *japonicus* (Maxim.) Ohwi, Bull. Natl. Sci. Mus., Tokyo 33: 73 (1953)
    Sedum erubescens Sennen var. *japonucum* (Maxim.) Ohwi, Fl. Jap., revised ed., [Ohwi] 693 (1965)
    Orostachys japonica (Maxim.) A.Berger f. *polycephala* (Makino) H.Ohba, J. Jap. Bot. 56: 185 (1981)

Representative specimens; Chagang-do 28 August 1897 慈城邑(松德水河谷) *Komarov, VL Komaorv s.n.* 4 October 1910 Whee Chun(熙川) *Mills, RG Mills442* **Hamgyong-bukto** 18 June 1909 清津 *Nakai, T Nakai s.n.* 5 October 1942 清津高抹山西側 *Saito, T T Saito s.n.* 15 October 1907 會寧東門外(Kainei) *Maeda, K s.n.* 2 October 1937 冠帽峰(京大栽培) *Ohwi, J Ohwi s.n.* 2 October 1932 *Ohwi, J Ohwi s.n.* 1 October 1937 *Ohwi, J Ohwi s.n.* Type of *Orostachys kanboensis* Ohwi (Holotype KYO)17 September 1935 梧上洞 *Saito, T T Saito s.n.* **Hamgyong-namdo**11 June 1909 鎭岩峯 *Nakai, T Nakai s.n.* **Hwanghae-namdo** 26 June 1922 Sorai Beach 九味浦 *Mills, RG Mills s.n.* 24 July 1929 夢金浦 *Nakai, T Nakai s.n.* **Kangwon-do** 11 July 1936 外金剛千佛山 *Nakai, T Nakai s.n.* **P'yongan-namdo** 22 September 1915 咸從 *Nakai, T Nakai s.n.* **P'yongyang** 3 October 1911 P'yongyang (平壤) *Imai, H Imai s.n.* **Ryanggang** 26 July 1914 三水- 惠山鎭 *Nakai, T Nakai s.n.*

Orostachys malacophylla (Pall.) Fisch., Mem. Soc. Imp. Naturalistes Moscou 2: 274 (1809)
Common name 둥근바위솔
Distribution in Korea: North (Hamgyong, Kangwon), Ulleung
    Cotyledon malacophylla Pall., Reise Russ. Reich. 3: 729 (1776)
    Sedum malacophyllum (Pall.) Steud., Nomencl. Bot. (Steudel) 759 (1821)
    Umbilicus malacohyllus (Pall.) DC., Prodr. (DC.) 3: 400 (1828)
    Cotyledon filifera Nakai, Bot. Mag. (Tokyo) 33: 54 (1919)
    Orostachys filirera (Nakai) Nakai, J. Jap. Bot. 18: 215 (1942)
    Orostachys chongsunensis Y.N.Lee, Bull. Korea Pl. Res. 1: 36 (2000)
    Orostachys ramosa Y.N.Lee, Bull. Korea Pl. Res. 1: 35 (2000)
    Orostachys latielliptica Y.N.Lee, Bull. Korea Pl. Res. 1: 35 (2000)
    Orostachys margaritifolia Y.N.Lee, Bull. Korea Pl. Res. 1: 36 (2000)

Representative specimens; Chagang-do 28 August 1897 慈城邑(松德水河谷) *Komarov, VL Komaorv s.n.* 30 August 1897 慈城江 *Komarov, VL Komaorv s.n.* 21 July 1914 大興里- 山羊 *Nakai, T Nakai s.n.* **Hamgyong-bukto** 20 July 1918 冠帽山 1600m *Nakai, T Nakai7087* Type of *Cotyledon filifera* Nakai (Holotype TI)2 August 1918 漁大津 *Nakai, T Nakai s.n.* 20 June 1909 富寧 *Nakai, T Nakai s.n.* **Hamgyong-namdo** 16 October 1933 西湖津燈臺 *Nomura, N Nomura s.n.* **Kangwon-do** 29 July 1916 金剛山海金剛 *Nakai, T Nakai s.n.* 28 July 1916 金剛山長箭- 溫井里 *Nakai, T Nakai s.n.* 29 August 1916 長箭 *Nakai, T Nakai s.n.* **Ryanggang** 26 July 1914 三水- 惠山鎭 *Nakai, T Nakai s.n.* 1 August 1897 虛川江 (同仁川) *Komarov, VL Komaorv s.n.* 16 August 1897 大羅信洞 *Komarov, VL Komaorv s.n.* 13 August 1913 白頭山 *Hirai, H Hirai s.n.* August 1913 長白山 *Mori, T Mori s.n.* 10 August 1914 白頭山 *Nakai, T Nakai s.n.* Type of *Rhodiola angusta* Nakai (Syntype TI)15 August 1914 三下面下面江口 *Nakai, T Nakai s.n.* 14 August 1914 農事洞- 三下 *Nakai, T Nakai s.n.*

Orostachys minuta (Kom.) A.Berger, Nat. Pflanzenfam., ed. 2 18a: 464 (1930)

Common name 애기바위솔 (좀바위솔)

Distribution in Korea: far North (Paekdu, Kwanmo, Rangrim)
   Cotyledon minuta Kom., Trudy Imp. S.-Peterburgsk. Bot. Sada 18: 436 (1901)

Representative specimens; Chagang-do 30 August 1897 慈城江 *Komarov, VL Komaorv s.n.* 30 August 1897 *Komarov, VL Komaorv s.n.* Type of *Cotyledon minuta* Kom. (Syntype LE) **Hamgyong-bukto** 19 June 1909 清津 *Nakai, T Nakai s.n.* 17 July 1918 朱乙溫面甫上洞 *Nakai, T Nakai s.n.* **Hwanghae-bukto** 26 September 1915 瑞興 *Nakai, T Nakai s.n.* **Ryanggang** 15 August 1914 三下面下面江口 *Nakai, T Nakai s.n.*

Orostachys sikokiana (Makino) Ohwi, Fl. Jap. (Ohwi) 585 (1953)

Common name 난쟁이바위솔

Distribution in Korea: North, Central, South, Jeju
   Sedum leveilleanum Raym.-Hamet, Bull. Soc. Bot. France 55: 712 (1908)
   Cotyledon sikokiana Makino, Iinuma, Somoku-Dzusetsu, ed. 3 658 (1912)
   Sedum oriento-asiaticum Makino, J. Jap. Bot. 4: 8 (1927)
   Meterostachys sikokianus (Makino) Nakai, Bot. Mag. (Tokyo) 49: 74 (1935)

Representative specimens; Kangwon-do 4 September 1941 Mt. Kumgang (金剛山) *Inumaru, M s.n.* 1931 *Masumitsu, K s.n.* 10 August 1934 金剛山毘盧峯 *Miyazaki,, M s.n.* 18 August 1902 Mt. Kumgang (金剛山) *Uchiyama, T Uchiyama s.n.* 10 August 1936 *Yamada, Y s.n.*

Orostachys spinosa (L.) Sweet, Hort. Brit. (Loudon) (ed.2) : 2250 (1830)

Common name 누른꽃바위솔 (노랑꽃바위솔)

Distribution in Korea: North, Cental, South
   Cotyledon spinosa L., Sp. Pl. : 429 (1753)
   Orostachys erubescens (Maxim.) Ohwi, Acta Phytotax. Geobot. 11 (4): 2490 (1942)

Representative specimens; Hamgyong-namdo 27 August 1897 小德川 *Komarov, VL Komaorv s.n.* **Ryanggang** 14 July 1897 鴨綠江 (上水隅理 -羅暖堡) *Komarov, VL Komaorv s.n.*

Phedimus Raf.
Phedimus middendorffianus (Maxim.) 't Hart, Evol. Syst. Crassulaceae169 (1995)

Common name 각씨기린초, 애기꿩의비름 (애기기린초)

Distribution in Korea: North (Hamgyong, P'yongan, Kangwon), Central, South, Ulleung
   Sedum middendorffianum Maxim., Mem. Acad. Imp. Sci. St.-Petersbourg Divers Savans 9: 116 (1859)
   Sedum middendorffianum Maxim. var. *diffusum* Praeger, J. Roy. Hort. Soc. 46: 117, f. 596 (1921)
   Sedum aizoon L. var. *middendorffianum* (Maxim.) Fröd., Acta Horti Gothob. 6: 80, pl. 47 (1931)
   Sedum zokuriense Nakai, J. Jap. Bot. 15: 674 (1939)
   Sedum lepidopodum Nakai, J. Jap. Bot. 16: 7 (1940)
   Sedum yabeanum Makino var. *lepidopodum* (Nakai) H.S.Kim, Fl. Coreana (Im, R.J.) 2: 60 (1974)

Representative specimens; Chagang-do 28 August 1897 慈城邑(松德水河谷) *Komarov, VL Komaorv s.n.* **Hamgyong-bukto** 12 August 1933 渡正山 *Koidzumi, G Koidzumi s.n.* 9 August 1934 東村 *Uozumi, H Uozumi s.n.* 14 August 1933 朱乙溫泉朱乙山 *Koidzumi, G Koidzumi s.n.* 18 June 1935 梧上洞 *Saito, T T Saito s.n.* 22 May 1897 蕨坪(城川水河谷)-車踰嶺 *Komarov, VL Komaorv s.n.* 23 July 1918 朱南面黃雪嶺 *Nakai, T Nakai s.n.* 12 June 1897 西溪水 *Komarov, VL Komaorv s.n.* **Hamgyong-namdo** 29 May 1930 端川郡北斗日面 *Kinosaki, Y s.n.* 11 June 1909 鎭岩峯 *Nakai, T Nakai s.n.* 16 August 1935 雲仙嶺 *Nakai, T Nakai s.n.* **Kangwon-do** 12 July 1936 外金剛千佛山 *Nakai, T Nakai s.n.* 7 August 1916 金剛山末輝里方面岩 *Nakai, T Nakai s.n.* 25 April 1919 平康郡洗浦 *Ishidoya, T Ishidoya s.n.* **P'yongan-namdo** 29 August 1930 錘峯山 *Uyeki, H Uyeki s.n.* 15 June 1928 陽德 *Nakai, T Nakai s.n.* **Ryanggang** 1 August 1897 虛川江 (同仁川) *Komarov, VL Komaorv s.n.* 1 July 1897 五是川雲寵江-崔五峰 *Komarov, VL Komaorv s.n.* 9 July 1897 十四道溝(鴨綠江) *Komarov, VL Komaorv s.n.* 18 August 1897 葡坪 *Komarov, VL Komaorv s.n.* 4 July 1897 上水隅理 *Komarov, VL Komaorv s.n.* 8 July 1897 羅暖堡 *Komarov, VL Komaorv s.n.* 29 May 1917 江口 *Nakai, T Nakai s.n.* 5 August 1940 高頭山 *Hozawa, S Hozawa s.n.* July 1943 延岩 *Uchida, H Uchida s.n.* 22 June 1897 大鎭洞-大鎭坪 *Komarov, VL Komaorv s.n.* 28 June 1897 栢德嶺 *Komarov, VL Komaorv s.n.*

Phedimus selskianus (Regel & Maack) 't Hart, Evol. Syst. Crassulaceae 169 (1995)

Common name 털기린초

Distribution in Korea: North

Sedum selskianum Regel & Maack, Mem. Acad. Imp. Sci. St.-Petersbourg, Ser. 7 4: 66 (1861)

Sedum aizoon L. var. *selskianum* (Regel & Maack) Fröd., Acta Horti Gothob. 6: 80 (1930)

Representative specimens; Hamgyong-bukto 14 August 1933 朱乙溫泉朱乙山 *Koidzumi, G Koidzumi s.n.* 6 July 1930 鏡城 *Ohwi, J Ohwi s.n.* 12 June 1934 延上面九州帝大北鮮演習林 *Hatsushima, S Hatsushima s.n.* **Kangwon-do** 8 June 1909 元山德源 *Nakai, T Nakai s.n.* **P'yongyang** 27 June 1909 平壤牡丹臺 *Imai, H Imai s.n.*

Rhodiola L.

Rhodiola angusta Nakai, Bot. Mag. (Tokyo) 28: 304 (1914)

Common name 각시바위돌꽃, 각씨바위돌꽃, 바위돌꽃 (좁은잎돌꽃)

Distribution in Korea: far North (Paekdu, Kwanmo, Chail, Duryun, Hyeonhwa)

Rhodiola ramosa Nakai, Bot. Mag. (Tokyo) 28: 304 (1914)

Sedum angustum (Nakai) Nemoto, Fl. Jap. Suppl. 378 (1936)

Sedum fenzelii Fröd., Acta Horti Gothob. 10: 156 (1936)

Rhodiola komarovii Boriss., Fl. URSS 9: 38 (1939)

Sedum komarovii (Boriss.) Y.C.Chu, Claves Pl. Chin. Bor.-Or. 124 (1959)

Sedum roseum (L.) Scop. var. *tschangbaischanicum* (A.I.Baranov) Skvortsov & Y.C.Chu, Key to the Vascular Plants of Northeastern China 0: 124 (1959)

Sedum ohbae Kozhevn., Bot. Zhurn. (Moscow & Leningrad) 74: 543 (1989)

Representative specimens; Chagang-do 22 July 1919 狼林山上 *Kajiwara, U Kajiwara114* 22 July 1916 狼林山 *Mori, T Mori s.n.* **Hamgyong-bukto** 頭流山 *Unknown s.n.* 20 July 1918 冠帽峯 *Nakai, T Nakai s.n.* 20 July 1918 冠帽山 2500m *Nakai, T Nakai 7086* 25 July 1918 雪嶺 *Nakai, T Nakai s.n.* **Ryanggang** 17 August 1935 北水白山 *Nakai, T Nakai15484* 31 July 1917 白頭山 *Furumi, M Furumi s.n.* 11 July 1917 胞胎山中腹以上 *Furumi, M Furumi213* 13 August 1913 白頭山 *Hirai, H Hirai s.n.* August 1913 長白山 ♂ *Mori, T Mori s.n.* 13 August 1913 長白山 *Mori, T Mori44* Type of *Rhodiola angusta* Nakai (Lectotype TI) 10 August 1914 *Nakai, T Nakai s.n.* Type of *Rhodiola angusta* Nakai (Syntype TI)

Sedum Adans.

Sedum aizoon L., Sp. Pl. 430 (1753)

Common name 가는기린초)

Distribution in Korea: far North (Paekdu, Potae, Kwanmo, Robong, Rangrim), Central, South, Ulleung

Sedum aizoon L. var. *latifolium* Maxim., Mem. Acad. Imp. Sci. St.-Petersbourg Divers Savans 9: 115 (1859)

Sedum maximowiczii Regel, Gartenflora 15: 355 (1866)

Sedum aizoon L. var. *latiflium* Nakai, J. Coll. Sci. Imp. Univ. Tokyo 31: 487 (1911)

Sedum aizoon L. var. *saxatilis* Nakai, J. Coll. Sci. Imp. Univ. Tokyo 31: 487 (1911)

Sedum austromanshuricum Nakai & Kitag., Rep. Exped. Manchoukuo Sect. IV, Pt. 1, Pl. Nov. Jehol. 26 (1934)

Sedum aizoon L. var. *ramosum* Uyeki & Sakata, Acta Phytotax. Geobot. 7: 16 (1938)

Sedum aizoon L. var. *austromanshuricum* (Nakai & Kitag.) Kitag., Lin. Fl. Manshur. 247 (1939)

Phedimus aizoon var. *latifolius* (Maxim.) H.Ohba & K.T.Fu & B.M.Barthol., Novon 10: 401 (2000)

Representative specimens; Hamgyong-bukto 20 May 1897 茂山嶺 *Komarov, VL Komaorv s.n.* 13 July 1918 朱乙溫面生氣嶺 *Nakai, T Nakai s.n.* 7 July 1930 Kyonson 鏡城 *Ohwi, J Ohwi s.n.* 22 May 1897 蔴坪(城川水河谷)-車踰嶺 *Komarov, VL Komaorv s.n.* 23 June 1909 Musan-ryeong (戊山嶺) *Nakai, T Nakai s.n.* 20 June 1938 穩城郡甑山 *Saito, T T Saito s.n.* 10 June 1897 西溪水 *Komarov, VL Komaorv s.n.* **Hamgyong-namdo** July 1902 端川龍德里摩天嶺 *Mishima, A s.n.* Type of *Sedum aizoon* L. var. *saxatilis* Nakai (Syntype TI) 27 August 1897 小德川 *Komarov, VL Komaorv s.n.* 11 June 1909 鎭岩峯 *Nakai, T Nakai s.n.* Type of *Sedum aizoon* L. var. *saxatilis* Nakai (Syntype TI) 22 August 1932 蓋馬高原 *Kitamura, S Kitamura s.n.* 25 July 1933 東上面遮日峯 *Koidzumi, G Koidzumi s.n.* 24 July 1933 東上面大漢垈里 *Koidzumi, G Koidzumi s.n.* 16 August 1935 雲仙嶺 *Nakai, T Nakai s.n.* 16 August 1935 *Nakai, T Nakai s.n.* 25 July 1935 西於水里 *Nomura, N Nomura s.n.* 14 August 1940 赴戰高原 Fusenkogen *Okuyama, S Okuyama s.n.* 24 July 1936 東上面漢垈里 *Uyeki, H; Sakata, T Uyeki s.n.* Type of *Sedum aizoon* L. var. *ramosum* Uyeki & Sakata (Holotype ?) **Hwanghae-namdo** 31 July 1929 席島 *Nakai, T Nakai s.n.* 29 June 1921 Sorai Beach 九味浦 *Mills, RG Mills s.n.* 3 August 1929 長山串 *Nakai, T Nakai s.n.* 28 July 1929 *Nakai, T Nakai s.n.* **Kangwon-do** 28 July 1916 長箭 -高城 *Nakai, T Nakai s.n.* 29 July 1916 金剛山海金剛 *Nakai, T Nakai s.n.* 12 July 1936 外金剛千佛山 *Nakai, T Nakai s.n.* July 1901 Nai Piang *Faurie, UJ Faurie s.n.* 30 August 1916 通川 *Nakai, T Nakai s.n.* 5 August 1932 元山 *Kitamura, S Kitamura s.n.* 9 June 1909 *Nakai, T Nakai s.n.* **P'yongan-bukto** 29 May 1912 白璧山

Ishidoya, T Ishidoya s.n. **P'yongan-namdo** 15 July 1916 葛日嶺 *Mori, T Mori s.n.* 15 June 1928 陽德 *Nakai, T Nakai s.n.* **Ryanggang** July 1943 龍眼 *Uchida, H Uchida s.n.* 1 July 1897 五是川雲龍江-崔五峰 *Komarov, VL Komarov s.n.* 1 August 1897 虚川江 (同仁川) *Komarov, VL Komarov s.n.* 16 August 1897 大羅信洞 *Komarov, VL Komarov s.n.* 4 July 1897 上水隅理 *Komarov, VL Komarov s.n.* 6 August 1897 上巨里水 *Komarov, VL Komarov s.n.* 9 August 1897 長津江下流域 *Komarov, VL Komarov s.n.* 5 August 1940 高頭山 *Hozawa, S Hozawa s.n.* 8 June 1897 平蒲坪-倉坪 *Komarov, VL Komarov s.n.* 26 June 1897 內曲里 *Komarov, VL Komarov s.n.* 28 June 1897 栢德嶺 *Komarov, VL Komarov s.n.* 22 July 1897 佳林里 *Komarov, VL Komarov s.n.* 30 July 1917 無頭峯 *Furumi, M Furumi s.n.*

Sedum bulbiferum Makino, Bot. Mag. (Tokyo) 17: 145 (1903)

Common name 말통비름 (말똥비름)

Distribution in Korea: North, Central, South, Jeju, Ulleung
> *Sedum lineare* Thunb. var. *floribundum* Miq., Prolus. Fl. Jap. 89 (1863)
> *Sedum subtile* Miq. var. *obovatum* Franch. & Sav., Enum. Pl. Jap. 1: 161 (1873)
> *Sedum alfredii* Hance var. *bulbiferum* (Makino) Fröd., Acta Horti Gothob. 6 App. 96 pl. 61: 3 (1931)
> *Sedum rosulato-bulbosum* Koidz., Acta Phytotax. Geobot. 7: 192 (1938)
> *Sedum bulbiferum* Makino var. *rosulatobulbosum* H.S.Kim, Fl. Coreana (Im, R.J.) 3: 61 (1974)

Sedum kamtschaticum Fisch. & C.A.Mey., Index Seminum [St.Petersburg (Petropolitanus)] 7: 54 (1840)

Common name 기린초

Distribution in Korea: North (Kangwon, Gangwon, Ulleung), Central
> *Sedum sikokianum* Maxim., Diagn. Pl. Nov. Asiat. 8: 1 (1893)
> *Sedum aizoon* L. var. *floribundum* Nakai, J. Coll. Sci. Imp. Univ. Tokyo 31: 487 (1911)
> *Sedum ellacombeanum* Praeger, J. Bot. 55: 41 (1917)
> *Sedum takesimense* Nakai, Rep. Veg. Ooryongto 36 (1919)
> *Sedum eooacombianum* Praeger, J. Roy. Hort. Soc. 46: 32 (1921)
> *Sedum aizoon* L. ssp. *kamtschaticum* (Fisch.) Fröd., Acta Horti Gothob. 6: 80 (1931)
> *Sedum aizoon* L. var. *takesimense* (Nakai) H.S.Kim, Fl. Coreana (Im, R.J.) 3: 52 (1974)

Representative specimens; Hamgyong-bukto 31 July 1914 清津 *Ikuma, Y Ikuma s.n.* 漁遊洞 *Unknown s.n.* 15 June 1930 茂山嶺 *Ohwi, J Ohwi s.n.* 26 July 1930 頭流山 *Ohwi, J Ohwi s.n.* July 1932 鏡成勝岩山 *Ito, H s.n.* 6 July 1936 南山面 *Saito, T T Saito s.n.* **Hamgyong-namdo** 11 August 1940 咸興歸州寺 *Okuyama, S Okuyama s.n.* 26 July 1935 Donha-myeon Unsan-ri (東下面雲山里) *Nomura, N Nomura s.n.* **P'yongan-bukto** 5 August 1935 妙香山 *Koidzumi, G Koidzumi s.n.* **P'yongyang** 12 September 1902 平壤牧丹峯 *Uchiyama, T Uchiyama s.n.* Type of *Sedum aizoon* L. var. *floribundum* Nakai (Syntype TI) **Ryanggang** 15 August 1914 農事洞 *Ikuma, Y Ikuma s.n.*

Sedum polytrichoides Hemsl., J. Linn. Soc., Bot. 23: 286 (1887)

Common name 바위채송화

Distribution in Korea: North, Central, South
> *Sedum yabeanum* Makino, Bot. Mag. (Tokyo) 17: 10 (1903)
> *Sedum coreense* Nakai, Repert. Spec. Nov. Regni Veg. 13: 272 (1914)
> *Sedum yabeanum* Makino var. *coreanum* (Nakai) H.S.Kim, Fl. Coreana (Im, R.J.) 3: 60 (1974)

Representative specimens; Hamgyong-namdo 19 August 1943 千佛山 *Honda, M Honda s.n.* **Hwanghae-namdo** 12 July 1921 Sorai Beach 九味浦 *Mills, RG Mills s.n.* **Kangwon-do** 30 July 1916 溫井里 *Nakai, T Nakai s.n.* 28 July 1916 長箭 -高城越山 *Nakai, T Nakai s.n.* 4 August 1932 金剛山內金剛 *Kobayashi, M Kobayashi s.n.* 3 August 1932 *Kobayashi, M Kobayashi s.n.* 12 August 1932 Mt. Kumgang (金剛山) *Koidzumi, G Koidzumi s.n.* 7 August 1940 *Okuyama, S Okuyama s.n.* July 1901 Nai Piang *Faurie, UJ Faurie s.n.* **P'yongan-bukto** 6 August 1935 妙香山 *Koidzumi, G Koidzumi s.n.*

Sedum roseum (L.) Scop., Fl. Carniol., ed. 2 1: 326 (1772)

Common name 바위돌꽃

Distribution in Korea: far North (Paekdu, Potae, Kwanmo, Rangrim)
> *Sedum roseum* (L.) Scop. var. *tachiroei* (Franch. & Sav.) Takeda, Kozan-shokubutsu-shashindzushii 2:10, pl. 220-222, 1932
> *Rhodiola rosea* L., Sp. Pl. 1035 (1753)
> *Sedum rhodiola* DC., Fl. Franc. (DC. & Lamarck), ed. 3 4: 386 (1805)
> *Sedum elongatum* Ledeb., Fl. Altaic. 2: 193 (1830)
> *Rhodiola elongata* (Ledeb.) Fisch. & C.A.Mey., Enum. Pl. Nov. 1: 68 (1841)

Sedum rhodiola DC. var. *oblongum* Regel & Tiling, Fl. Ajan. 89 (1858)
Sedum rhodiola DC. var. *vulgare* Regel & Tiling, Fl. Ajan. 89 (1858)
Sedum rhodiola DC. var. *elongatum* (Ledeb.) Maxim., Mélanges Biol. Bull. Phys.-Math. Acad.
Imp. Sci. Saint-Pétersbourg 11: 736 (1883)
Sedum roseum (L.) Scop. var. *elongatum* (Ledeb.) Praeger, J. Roy. Hort. Soc. 46: 32 (1921)
Rhodiola rosea L. var. *vulgare* (Regel) H.Hara, J. Jap. Bot. 13: 929 (1937)
Rhodiola tachiroei (Franch. & Sav.) Nakai, J. Jap. Bot. 14: 500 (1938)
Rhodiola hideoi Nakai, J. Jap. Bot. 14: 503 (1938)
Rhodiola maxima Nakai, J. Jap. Bot. 14: 496 (1938)
Rhodiola sachalinensis Boriss., Fl. URSS 9: 473 (1939)
Sedum sachalinense (Boriss.) Vorosch., Fl. Sovetsk. Dal'n. Vost. 236 (1966)

Representative specimens; Hamgyong-bukto 26 July 1930 頭流山 *Ohwi, J Ohwi s.n.* 25 June 1930 雪嶺 *Ohwi, J Ohwi s.n.*
Hamgyong-namdo 25 July 1933 東上面遮日峯 *Koidzumi, G Koidzumi s.n.* 23 June 1932 遮日峯 *Ohwi, J Ohwi s.n.* **Ryanggang**
1 August 1934 小長白山脈 *Kojima, K Kojima s.n.*

Sedum sarmentosum Bunge, Enum. Pl. Chin. Bor. 30 (1833)
Common name 돌나물
Distribution in Korea: North, Central, South, Ulleung
Sedum lineare Thunb. var. *contractum* Miq., Ann. Mus. Bot. Lugduno-Batavi 2: 156 (1865)
Sedum sheareri S.Moore, J. Bot. 13: 227 (1875)
Sedum kouyangense H.Lév. & Vaniot, Fl. Kouy-Tcheou 118 (1914)

Representative specimens; Chagang-do 30 August 1911 Sensen (前川) *Mills, RG Mills s.n.*
Hamgyong-namdo 8 August 1939 咸興新中里 *Kim, SK s.n.* **Hwanghae-bukto** 10 September 1915 瑞興 *Nakai, T Nakai s.n.*
Kangwon-do 25 August 1916 金剛山松林寺附近 *Nakai, T Nakai s.n.* 9 June 1909 元山 *Nakai, T Nakai s.n.*
P'yongyang 27 June 1909 Botandai (牡丹台) 平壤 *Imai, H Imai s.n.*

Sedum telephium L., Sp. Pl. : 430 (1753)
Common name 꿩의비름
Distribution in Korea: North, Central, South
Sedum telephium L. var. *purpureum* L., Sp. Pl. 1: 430 (1753)
Sedum purpureum (L.) Schult., Oestr. Fl. (ed. 2) 1: 686 (1814)
Hylotelephium telephium (L.) H.Ohba, Bot. Mag. (Tokyo) 90: 53 (1977)

Representative specimens; Ryanggang 26 July 1897 佳林里/五山里川河谷 *Komarov, VL Komaorv s.n.*

SAXIFRAGACEAE

Astilbe Buch.-Ham. ex D.Don
Astilbe rubra Hook.f. & Thomson, Bot. Mag. 83: 4959 (1857)
Common name 노루오줌
Distribution in Korea: North, Central, South
Astilbe rubra Hook.f. & Thomson f. *albliflora* Y.N.Lee
Hoteia chinensis Maxim., Mem. Acad. Imp. Sci. St.-Petersbourg Divers Savans 9: 120 (1859)
Astilbe odontophylla Miq., Ann. Mus. Bot. Lugduno-Batavi 3: 96 (1867)
Astilbe chinensis (Maxim.) Franch. & Sav., Enum. Pl. Jap. 1: 144 (1873)
Astilbe chinensis (Maxim.) Franch. & Sav. var. *davidii* Franch., Pl. David. 1: 121&122 (1884)
Astilbe davidii (Franch.) Henry, Gard. Chron. ser. 3, 32: 95 (1902)
Astilbe chinensis (Maxim.) Franch. & Sav. var. *koreana* Kom., Trudy Imp. S.-Peterburgsk. Bot.
Sada 22: 408 (1903)
Astilbe leucantha Knoll, Bull. Herb. Boissier 2, 7: 132 (1907)
Astilbe chinensis (Maxim.) Franch. & Sav. var. *seoulensis* Nakai, J. Coll. Sci. Imp. Univ.
Tokyo 26: 215 (1909)

Astilbe thunbergii (Siebold & Zucc.) Miq. var. *taquetii* H.Lév., Repert. Spec. Nov. Regni Veg. 8: 282 (1910)

Astilbe koreana (Kom.) Nakai, Rep. Veg. Diamond Mountains 174 (1918)

Astilbe chinensis (Maxim.) Franch. & Sav. var. *paniculata* Nakai, Bot. Mag. (Tokyo) 33: 55 (1919)

Astilbe chinensis (Maxim.) Franch. & Sav. var. *divaricata* Nakai, Bot. Mag. (Tokyo) 40: 246 (1926)

Astilbe taquetii (H.Lév.) Koidz., Acta Phytotax. Geobot. 5: 124 (1936)

Astilbe divaricata (Nakai) Nakai, J. Jap. Bot. 13: 395 (1937)

Astilbe chinensis (Maxim.) Franch. & Sav. var. *taquetii* (L.f.) H.Hara, Nov. Fl. Jap. 3: 13 (1939)

Astilbe thunbergii (Siebold & Zucc.) Miq. var. *divaricata* (Nakai) U.C.La, Fl. Coreana (Im, R.J.) 3: 77 (1974)

Astilbe thunbergii (Siebold & Zucc.) Miq. var. *koreana* (Nakai) U.C.La, Fl. Coreana (Im, R.J.) 3: 78 (1974)

Astilbe rubra Hook.f. & Thomson var. *taquetii* (L.f.) H.Hara, J. Jap. Bot. 51: 73 (1976)

Astilbe rubra Hook.f. & Thomson var. *divaricata* (Nakai) W.T.Lee, Lineamenta Florae Koreae 437 (1996)

Representative specimens; Chagang-do 24 August 1897 大會洞 *Komarov, VL Komaorv s.n.* 26 August 1897 小德川 (松德水河谷) *Komarov, VL Komaorv s.n.* 3 August 1911 Kang-gei(Kokai 江界) *Mills, RG Mills478* 22 July 1914 山羊 -江口 *Nakai, T Nakai s.n.* **Hamgyong-bukto** 12 August 1933 渡正山 *Koidzumi, G Koidzumi s.n.* 19 May 1897 茂山嶺 *Komarov, VL Komaorv s.n.* 14 August 1933 朱乙溫泉朱乙山 *Koidzumi, G Koidzumi s.n.* 18 July 1918 朱乙溫面新人谷 *Nakai, T Nakai7107* Type of *Astilbe chinensis* (Maxim.) Franch. & Sav. var. *paniculata* Nakai (Holotype TI)19 July 1918 朱乙溫面甫上洞南河瑞 *Nakai, T Nakai7108* Type of *Astilbe chinensis* (Maxim.) Franch. & Sav. var. *divaricata* Nakai (Holotype TI)2 August 1914 車踰嶺 *Ikuma, Y Ikuma s.n.* 22 May 1897 蕨坪(城山水河谷)-車踰嶺 *Komarov, VL Komaorv s.n.* 13 June 1897 西溪水 *Komarov, VL Komaorv s.n.* **Hamgyong-namdo** 23 July 1933 東上面漢岱里 *Koidzumi, G Koidzumi s.n.* 15 August 1936 赴戰高原 Fusenkogen *Nakai, T Nakai s.n.* 15 August 1935 東上面漢岱里 *Nakai, T Nakai s.n.* 16 August 1935 雲仙嶺 *Nakai, T Nakai s.n.* 14 August 1935 新興郡白岩山 *Nakai, T Nakai s.n.* **Hwanghae-namdo** 27 July 1929 長淵郡長山串 *Nakai, T Nakai s.n.* 27 July 1929 *Nakai, T Nakai s.n.* 12 July 1921 Sorai Beach 九味浦 *Mills, RG Mills s.n.* **Kangwon-do** 28 July 1916 長箭-溫井里 *Nakai, T Nakai s.n.* 30 July 1916 金剛山溫井里 *Nakai, T Nakai s.n.* 29 July 1938 Mt. Kumgang (金剛山) *Hozawa, S Hozawa s.n.* 12 July 1936 金剛山外金剛千佛山 *Nakai, T Nakai s.n.* 12 July 1936 *Nakai, T Nakai s.n.* 7 August 1940 Mt. Kumgang (金剛山) *Okuyama, S Okuyama s.n.* July 1932 *Smith, RK Smith s.n.* July 1901 Nai Piang *Faurie, UJ Faurie s.n.* 8 June 1909 元山 *Nakai, T Nakai s.n.* 6 June 1909 *Nakai, T Nakai s.n.* **P'yongan-bukto** 5 August 1937 妙香山 *Hozawa, S Hozawa s.n.* 3 August 1935 *Koidzumi, G Koidzumi s.n.* 15 June 1912 白壁山 *Ishidoya, T Ishidoya s.n.* **P'yongan-namdo** 16 July 1916 寧遠 *Mori, T Mori s.n.* 21 July 1916 上南洞 *Mori, T Mori s.n.* **P'yongyang** 26 May 1912 Taiseizan(大聖山) 平壤 *Imai, H Imai s.n.* **Ryanggang** 18 July 1897 Keizanchin(惠山鎭) *Komarov, VL Komaorv s.n.* 19 July 1897 *Komarov, VL Komaorv s.n.* 1 August 1897 虛川江 (同仁川) *Komarov, VL Komaorv s.n.* 15 August 1935 北水白山 *Hozawa, S Hozawa s.n.* 16 August 1897 大羅信洞 *Komarov, VL Komaorv s.n.* 21 August 1897 subdist. Chu-czan, flumen Amnok-gan *Komarov, VL Komaorv s.n.* 3 July 1897 三水邑-上水隅理 *Komarov, VL Komaorv s.n.* 6 August 1897 上巨里水 *Komarov, VL Komaorv s.n.* 9 August 1897 長津江下流域 *Komarov, VL Komaorv s.n.* 8 June 1897 平蒲坪-倉坪 *Komarov, VL Komaorv s.n.* 26 June 1897 內曲里 *Komarov, VL Komaorv s.n.* 22 July 1897 佳林里 *Komarov, VL Komaorv s.n.* 20 July 1897 惠山鎭(鴨綠江上流長白山脈中高原) *Komarov, VL Komaorv s.n.* 4 August 1914 普天堡 - 寶泰洞 *Nakai, T Nakai s.n.* 17 July 1897 半載子溝 (鴨綠江上流) *Komarov, VL Komaorv s.n.* 1 June 1897 古倉坪-四芝坪 (延面水河谷) *Komarov, VL Komaorv s.n.*

Astilbe simplicifolia Makino, Bot. Mag. (Tokyo) 7: 103 (1893)

Common name 외잎승마

Distribution in Korea: far North

Astilboides Engl.

Astilboides tabularis (Hemsl.) Engl., Pflanzenr. (Engler) 4, 117(69): 675 (1919)

Common name 개병풍

Distribution in Korea: North, Central

Saxifraga tabularis Hemsl., J. Linn. Soc., Bot. 23: 269 (1887)

Rodgersia tabularis (Hemsl.) Kom., Trudy Imp. S.-Peterburgsk. Bot. Sada 22: 410 (1904)

Representative specimens; Chagang-do 26 August 1897 小德川 (松德水河谷) *Komarov, VL Komaorv s.n.* 21 August 1911 Seechun dong(時中洞) *Mills, RG Mills s.n.* **Hamgyong-bukto** 19 May 1897 茂山嶺 *Komarov, VL Komaorv s.n.* 15 June 1930 *Ohwi, J Ohwi s.n.* 21 June 1909 Musan-ryeong (戊山嶺) *Nakai, T Nakai s.n.* 12 June 1897 西溪水 *Komarov, VL Komaorv s.n.* 4 June 1897 四芝嶺 *Komarov, VL Komaorv s.n.* **Ryanggang** 23 August 1914 Keizanchin(惠山鎭) *Ikuma, Y Ikuma s.n.* 20 August 1897 內洞-河山嶺 *Komarov, VL Komaorv s.n.* 21 August 1897 subdist. Chu-czan, flumen Amnok-gan *Komarov, VL Komaorv s.n.* 7 August 1897 上巨里水 *Komarov, VL Komaorv s.n.* 6 June 1897 平蒲坪 *Komarov, VL Komaorv s.n.* 25 July 1930 桃花洞 *Ohwi, J Ohwi s.n.* 25 July 1930 合水桃花洞 *Ohwi, J Ohwi s.n.* 23 June 1897 大鎭坪 *Komarov, VL Komaorv s.n.* 26 June 1897 內曲里 *Komarov, VL Komaorv s.n.* 28 June 1897 栢德嶺

Komarov, VL Komaorv s.n. 22 July 1897 佳林里 Komarov, VL Komaorv s.n. August 1913 崔哥嶺 Mori, T Mori s.n. 4 August 1914 寶奉洞 -普天堡 Nakai, T Nakai s.n. 20 July 1897 惠山鎮 (鴨綠江上流長白山脈中高原) Komarov, VL Komaorv s.n.

Bergenia Moench
Bergenia crassifolia (L.) Fritsch, Verh. K.K. Zool.-Bot. Ges. Wien 39: 587 (1889)
Common name 돌부채
Distribution in Korea: North (Chagang, P'yongan)
  Bergenia cordifolia (Haw.) Sternb., Revis. Saxifrag. Suppl. 2: 2 (1831)
  Bergenia pacifica Kom., Repert. Spec. Nov. Regni Veg. 9: 393 (1911)
  Bergenia coreana Nakai, Bot. Mag. (Tokyo) 28: 304 (1914)
  Bergenia crassifolia (L.) Fritsch var. *pacifica* (Kom.) Kom. ex Nekr., Fl. Aziat. Ross. 2: 15 (1917)

Representative specimens; Chagang-do 12 July 1914 鷲峯 2200m *Nakai, T Nakai s.n.* Type of *Bergenia coreana* Nakai (Holotype TI)12 July 1914 *Nakai, T Nakai s.n.*狼林山 *Unknown s.n.* June 1940 別河里 *Jeon, SK JeonSK s.n.* **Hamgyong-bukto** 頭流山 *Unknown s.n.* **P'yongan-bukto** 妙香山 *Unknown s.n.*

Chrysosplenium L.
Chrysosplenium flagelliferum F.Schmidt, Mem. Acad. Imp. Sci. St.-Petersbourg, Ser. 7 12: 134 (1868)
Common name 애기괭이눈
Distribution in Korea: North, Central, South, Ulleung
  Chrysosplenium komarovii Losinsk., Fl. URSS 9: 488 (1939)

Representative specimens; Chagang-do 9 May 1911 Kang-gei(Kokai 江界) *Mills, RG Mills328* **Hamgyong-bukto** 19 May 1897 茂山嶺 *Komarov, VL Komaorv s.n.* 21 May 1897 茂山嶺-蕨洞(照日洞) *Komarov, VL Komaorv s.n.* 24 May 1897 車踰嶺- 照日洞 *Komarov, VL Komaorv s.n.* 23 June 1909 茂山嶺 *Nakai, T Nakai s.n.* 30 May 1930 朱乙 *Ohwi, J Ohwi s.n.* 30 May 1930 *Ohwi, J Ohwi s.n.* July 1932 冠帽峰 *Ohwi, J Ohwi s.n.* 30 May 1930 朱乙溫堡 *Ohwi, J Ohwi s.n.* 12 June 1934 延上面九州帝大北鮮演習林 *Hatsushima, S Hatsushima s.n.* 29 May 1897 釜所哥谷 *Komarov, VL Komaorv s.n.* 19 June 1930 四芝洞 -楡坪 *Ohwi, J Ohwi s.n.* 17 June 1930 四芝洞 *Ohwi, J Ohwi s.n.* 19 June 1930 四芝洞 -楡坪 *Ohwi, J Ohwi s.n.* 17 June 1930 四芝洞 *Ohwi, J Ohwi s.n.* **Hamgyong-namdo** 15 June 1932 下碣隅里 *Ohwi, J Ohwi s.n.* 15 August 1935 東上面漢岱里 *Nakai, T Nakai s.n.* **Kangwon-do** 14 July 1936 金剛山外金剛千佛山 *Nakai, T Nakai s.n.* 1939 文川 *Maisaka, G s.n.* July 1901 Nai Piang *Faurie, UJ Faurie s.n.* **P'yongan-namdo** 17 July 1916 加音嶺 *Mori, T Mori s.n.* 21 July 1916 上南洞 *Mori, T Mori s.n.* 15 June 1928 陽德 *Nakai, T Nakai s.n.* **Ryanggang** 16 August 1897 大羅信洞 *Komarov, VL Komaorv s.n.* 23 August 1897 雲寵嶺 *Komarov, VL Komaorv s.n.* 7 August 1897 上巨里水 *Komarov, VL Komaorv s.n.* 22 June 1930 倉坪嶺 *Ohwi, J Ohwi s.n.* August 1913 崔哥嶺 *Mori, T Mori s.n.* 2 June 1897 四芝坪(延面水河谷) 柄安洞 *Komarov, VL Komaorv s.n.*

Chrysosplenium japonicum (Maxim.) Makino, Bot. Mag. (Tokyo) 23: 71 (1909)
Common name 산괭이눈
Distribution in Korea: North, Central, Ulleung
  Chrysosplenium alternifolium L. var. *japonicum* Maxim., Bull. Acad. Imp. Sci. Saint-Pétersbourg 23: 343 (1877)
  Chrysosplenium alternifolium L. var. *papillosum* Franch. & Sav., Enum. Pl. Jap. 2: 355 (1878)

Representative specimens; Chagang-do 30 June 1911 Kang-gei(Kokai 江界) *Mills, RG Mills s.n.*

Chrysosplenium macrostemon Maxim. ex Franch. & Sav., Enum. Pl. Jap. 2: 358 (1878)
Common name 바위괭이눈
Distribution in Korea: North (Hamgyong, Kangwon), Central

Representative specimens; Hamgyong-bukto 朱乙溫 *Unknown s.n.***P'yongan-namdo** 陽德 *Unknown s.n.* **Ryanggang** 原昌郡 *Unknown s.n.*

Chrysosplenium pilosum Maxim., Mem. Acad. Imp. Sci. St.-Petersbourg Divers Savans 9: 122 (1859)
Common name 털괭이눈
Distribution in Korea: far North (Kwanmo, Rangrim)
  Chrysosplenium fulvum A.Terracc., Bull. Soc. Bot. Genève ser.2, 7: 156 (1915)
  Chrysosplenium flaviflorum Ohwi, Repert. Spec. Nov. Regni Veg. 36: 51 (1934)
  Chrysosplenium pilosum Maxim. var. *flaviflorum* (Ohwi) Ohwi, Acta Phytotax. Geobot. 6: 152 (1937)
  Chrysosplenium pilosum Maxim. var. *fulvum* (A.Terracc.) H.Hara, J. Fac. Sci. Univ. Tokyo,

Sect. 3, Bot. 7: 49 (1957)

Chrysosplenium umbellatum Kitag., J. Jap. Bot. 44: 280 (1969)

Chrysosplenium epigealum J.W. Han & S.H.Kang, Korean J. Plant Res. 25: 346 (2012)

Representative specimens; Hamgyong-bukto 15 June 1930 茂山嶺 *Ohwi, J Ohwi s.n.* 18 July 1918 朱乙溫面態谷嶺 *Nakai, T Nakai s.n.* July 1932 冠帽峰 *Ohwi, J Ohwi s.n.* Type of *Chrysosplenium flaviflorum* Ohwi (Holotype KYO)1 June 1934 *Saito, T T Saito s.n.* 21 July 1933 *Saito, T T Saito s.n.* 12 June 1934 延上面九州帝大北鮮演習林 *Hatsushima, S Hatsushima s.n.* 21 June 1909 Musan-ryeong (戊山嶺) *Nakai, T Nakai s.n.* **Kangwon-do** 10 June 1932 Mt. Kumgang (金剛山) *Ohwi, J Ohwi s.n.* 1939 文川 *Maisaka, G s.n.* July 1901 Nai Piang *Faurie, UJ Faurie s.n.* **P'yongan-namdo** 9 June 1935 黃草嶺 *Nomura, N Nomura s.n.* **Rason** 5 June 1930 西水羅 オガリ岩 *Ohwi, J Ohwi s.n.* 5 June 1930 西水羅 *Ohwi, J Ohwi s.n.* **Ryanggang** 21 June 1897 阿武山-象背嶺 *Komarov, VL Komaorv s.n.* 10 August 1914 白頭山 *Nakai, T Nakai s.n.*

Chrysosplenium pilosum Maxim. var. *vidalii* (Franch. & Sav.) H.Hara, Nov. Fl. Jap. 3: 115 (1939)

Common name 금괭이눈

Distribution in Korea: North (Hamgyong), Central, South

Chrysosplenium sphaerospermum Maxim., Bull. Acad. Imp. Sci. Saint-Pétersbourg 23: 349 (1877)

Chrysosplenium vidalii Franch. & Sav., Enum. Pl. Jap. 2: 360 (1878)

Chrysosplenium vidalii Franch. & Sav., Enum. Pl. Jap. 2: 360 (1878)

Chrysosplenium barbatum Nakai, Repert. Spec. Nov. Regni Veg. 13: 273 (1914)

Chrysosplenium hallaisanense Nakai, Repert. Spec. Nov. Regni Veg. 13: 273 (1914)

Chrysosplenium pilosum Maxim. var. *valdepilosum* Ohwi, Repert. Spec. Nov. Regni Veg. 36: 52 (1934)

Chrysosplenium pilosum Maxim. var. *sphaerospermum* (Maxim.) H.Hara, J. Fac. Sci. Univ. Tokyo, Sect. 3, Bot. 7: 50 (1957)

Chrysosplenium sphaerospermum Maxim. var. *barbatum* (Nakai) U.C.La, Fl. Coreana (Im, R.J.) 3: 74 (1974)

Chrysosplenium valdepilosum (Ohwi) & S.H.Kang & J.W. Han, Korean J. Plant Res. 24 (4): 366 (2011)

Representative specimens; Hamgyong-bukto 30 May 1930 朱乙 *Ohwi, J Ohwi s.n.* 17 June 1930 四芝嶺 *Ohwi, J Ohwi s.n.* **Hamgyong-namdo** 26 June 1932 東上面元豊里 *Ohwi, J Ohwi s.n.* Type of *Chrysosplenium pilosum* Maxim. var. *valdepilosum* Ohwi (Holotype KYO)20 June 1932 *Ohwi, J Ohwi s.n.* **Kangwon-do** 12 July 1936 金剛山外金剛千佛山 *Nakai, T Nakai s.n.* June 1932 Mt. Kumgang (金剛山) *Ohwi, J Ohwi s.n.* **Rason** 5 June 1930 西水羅オガリ岩 *Ohwi, J Ohwi s.n.*

Chrysosplenium ramosum Maxim., Mem. Acad. Imp. Sci. St.-Petersbourg Divers Savans 9: 121 (1859)

Common name 가지괭이눈

Distribution in Korea: North, Central

Chrysosplenium yezoense Franch. & Sav., Enum. Pl. Jap. 2: 355 (1878)

Chrysosplenium crenulatum Franch., Bull. Soc. Philom. Paris 10: 102 (1886)

Chrysosplenium microphyllum Tatew. & Sutô, J. Jap. Bot. 10: 253 (1934)

Chrysosplenium crenulatum Franch. var. *atrodiscum* Sutô, J. Jap. Bot. 11: 401 (1935)

Chrysosplenium crenulatum Franch. var. *microphyllum* (Tatew. & Sutô) Sutô, J. Jap. Bot. 11: 400 (1935)

Chrysosplenium ramosum Maxim. var. *atrodiscum* (Sutô) H.Hara, Nov. Fl. Jap. 3: 94 (1939)

Chrysosplenium ramosum Maxim. var. *atrodiscum* (Sutô) H.Hara f. *microphyllum* (Tatew. & Sutô) H.Hara, Nov. Fl. Jap. 3: 97 (1939)

Chrysosplenium ramosum Maxim. var. *atrodiscum* (Sutô) H.Hara f. *viridiflorum* Hara, Nov. Fl. Jap. 3: 94 (1939)

Representative specimens; Hamgyong-bukto 19 July 1918 冠帽山中森林下 *Nakai, T Nakai s.n.* 17 June 1930 四芝嶺 *Ohwi, J Ohwi s.n.* **Kangwon-do** 13 August 1916 金剛山表訓寺方面森 *Nakai, T Nakai s.n.* **P'yongan-namdo** August 1930 百雪山[白楊山?] *Uyeki, H Uyeki s.n.* 15 June 1928 陽德 *Nakai, T Nakai s.n.* **Ryanggang** 24 July 1914 長蛇洞 *Nakai, T Nakai s.n.* 22 August 1914 普天堡 *Ikuma, Y Ikuma s.n.* 28 June 1897 栢德嶺 *Komarov, VL Komaorv s.n.* August 1913 崔哥嶺 *Mori, T Mori s.n.*

Chrysosplenium serreanum Hand.-Mazz., Oesterr. Bot. Z. 80: 341 (1931)

Common name 육지괭이눈 (시베리아괭이눈)

Distribution in Korea: North, Central

Chrysosplenium alternifolium L. var. *sibiricum* Ser. ex DC., Prodr. (DC.) 4: 48 (1830)

Chrysosplenium alternifolium L. f. *iowense* (Rydb.) Rosend., Bot. Jahrb. Syst. 37(83): 86 (1905)

Chrysosplenium alternifolium L. ssp. *sibiricum* (Ser.) Hultén, Kongl. Svenska Vetensk. Acad. Handl. 4, 13: 92 (1971)

Chrysosplenium sibiricum (Ser.) A.P.Khokhr., Analiz Fl. Kolȳmskogo Nagor'ya 43 (1989)

Representative specimens; **Chagang-do** 26 August 1897 小德川 (松德水河谷) *Komarov, VL Komaorv s.n.* **Hamgyong-bukto** 19 May 1897 茂山嶺 *Komarov, VL Komaorv s.n.* 24 May 1897 車踰嶺- 照日洞 *Komarov, VL Komaorv s.n.* 12 June 1934 延上面九州帝大北鮮演習林 *Hatsushima, S Hatsushima s.n.* **Ryanggang** August 1931 豊山郡熊耳面白山南斜面 *Kishinami, Y s.n.* 7 August 1897 上巨里水 *Komarov, VL Komaorv s.n.* 16 June 1897 延岩(西溪水河谷-阿武山) *Komarov, VL Komaorv s.n.* 14 June 1897 西溪水-延岩 *Komarov, VL Komaorv s.n.*5 June 1897 平蒲坪 *Komarov, VL Komaorv s.n.* 7 June 1897 *Komarov, VL Komaorv s.n.* 14 June 1897 西溪水-延岩 *Komarov, VL Komaorv s.n.* 22 June 1930 倉坪洞 *Ohwi, J Ohwi s.n.* 24 July 1897 佳林里 *Komarov, VL Komaorv s.n.* 2 June 1897 四芝坪(延面水河谷) 柄安洞 *Komarov, VL Komaorv s.n.*

Chrysosplenium sinicum Maxim., Bull. Acad. Imp. Sci. Saint-Pétersbourg 3, 23: 348 (1877)

Common name 선괭이눈

Distribution in Korea: North (Rangrim, Musan, Kumkang), Central

Chrysosplenium trachyspermum Maxim., Bull. Acad. Imp. Sci. Saint-Pétersbourg 27: 474 (1881)

Chrysosplenium pseudofauriei H.Lév., Repert. Spec. Nov. Regni Veg. 8: 282 (1910)

Representative specimens; **Chagang-do** 26 August 1897 小德川 (松德水河谷) *Komarov, VL Komaorv s.n.* **Hamgyong-bukto** 12 August 1933 渡正山 *Koidzumi, G Koidzumi s.n.* 19 May 1897 茂山嶺 *Komarov, VL Komaorv s.n.* 18 July 1918 朱乙溫面大東水谷 *Nakai, T Nakai s.n.* 18 July 1918 朱乙溫面態谷嶺 *Nakai, T Nakai7101* 30 May 1930 朱乙 *Ohwi, J Ohwi s.n.* 30 May 1930 *Ohwi, J Ohwi s.n.* 21 July 1933 冠帽峰 *Saito, T T Saito s.n.* 7 June 1936 甫上洞南河瑞 *Saito, T T Saito s.n.* 12 June 1934 延上面九州帝大北鮮演習林 *Hatsushima, S Hatsushima s.n.* 22 May 1897 蕨坪(城川水河谷)-車踰嶺 *Komarov, VL Komaorv s.n.* 29 May 1897 釜所哥谷 *Komarov, VL Komaorv s.n.* 23 May 1897 車踰嶺 *Komarov, VL Komaorv s.n.* **Kangwon-do** 13 August 1916 金剛山表訓寺方面森 *Nakai, T Nakai s.n.* 10 June 1932 Mt. Kumgang (金剛山) *Ohwi, J Ohwi s.n.***P'yongan-namdo** 20 July 1916 黃玉峯 (黃處嶺?) *Mori, T Mori s.n.* 29 August 1930 錘峯山 *Uyeki, H Uyeki s.n.* 15 June 1928 陽德 *Nakai, T Nakai s.n.* **Ryanggang** 23 August 1914 Keizanchin(惠山鎭) *Ikuma, Y Ikuma s.n.* 5 August 1897 白山嶺 *Komarov, VL Komaorv s.n.* 16 August 1897 大羅信洞 *Komarov, VL Komaorv s.n.* 21 August 1897 subdist. Chu-czan, flumen Amnok-gan *Komarov, VL Komaorv s.n.* 23 August 1897 雲洞嶺 *Komarov, VL Komaorv s.n.* 7 August 1897 上巨里水 *Komarov, VL Komaorv s.n.* 4 August 1914 普天堡- 寶泰洞 *Nakai, T Nakai s.n.* 2 June 1897 四芝坪(延面水河谷) 柄安洞 *Komarov, VL Komaorv s.n.* 1940 鳳頭里 *Maisaka, G s.n.* 17 June 1930 四芝峯 *Ohwi, J Ohwi s.n.*

Mitella L.

Mitella nuda L., Sp. Pl. 406 (1753)

Common name 새납풀 (나도범의귀)

Distribution in Korea: North (Bujeon, Gaema)

Tiarella unifolia Retz., Observ. Bot. (Retzius) 3: 30 (1783)

Mitella cordifolia Lam., Encycl. (Lamarck) 4: 196 (1797)

Mitella reniformis Lam., Encycl. (Lamarck) 4: 196 (1797)

Representative specimens; **Hamgyong-bukto** 6 July 1933 南下石山 *Saito, T T Saito s.n.* 23 May 1897 車踰嶺 *Komarov, VL Komaorv s.n.* 19 August 1914 曷浦嶺 *Nakai, T Nakai s.n.* 17 June 1930 四芝嶺 *Ohwi, J Ohwi s.n.* 17 June 1930 *Ohwi, J Ohwi s.n.***Hamgyong-namdo** 20 June 1932 東上面元豊里 *Ohwi, J Ohwi s.n.* **Kangwon-do** 1938 山林課元山出張所 *Tsuya, S s.n.* **Ryanggang** 5 August 1897 白山嶺 *Komarov, VL Komaorv s.n.* 21 August 1897 subdist. Chu-czan, flumen Amnok-gan *Komarov, VL Komaorv s.n.* 24 July 1914 長蛇洞 *Nakai, T Nakai s.n.* 7 August 1897 上巨里水 *Komarov, VL Komaorv s.n.* 8 June 1897 平蒲坪-倉坪 *Komarov, VL Komaorv s.n.* 9 June 1897 屈松川 (西頭水河谷) 倉坪 *Komarov, VL Komaorv s.n.* 22 June 1930 倉坪嶺 *Ohwi, J Ohwi s.n.* 22 June 1930 *Ohwi, J Ohwi s.n.* 22 August 1914 普天堡 *Ikuma, Y Ikuma s.n.* 21 August 1914 崔哥嶺 *Ikuma, Y Ikuma s.n.* 24 June 1897 大鎭坪 *Komarov, VL Komaorv s.n.* 27 June 1897 栢德嶺 *Komarov, VL Komaorv s.n.* 24 July 1897 佳林里 *Komarov, VL Komaorv s.n.* 21 June 1897 阿武山-象背嶺 *Komarov, VL Komaorv s.n.* August 1913 崔哥嶺 *Mori, T Mori s.n.* 1 June 1897 古倉坪-四芝坪 (延面水河谷) *Komarov, VL Komaorv s.n.*

Mukdenia Koidz.

Mukdenia rossii (Oliv.) Koidz., Acta Phytotax. Geobot. 4: 120 (1935)

Common name 돌단풍

Distribution in Korea: North, Central

Saxifraga rossii Oliv., Hooker's Icon. Pl. ser. 2, 13: 46 (1878)

Mukdenia acanthifolia Nakai, J. Jap. Bot. 17: 684 (1941)

Mukdenia rossii (Oliv.) Koidz. var. *multiloba* (Nakai) Nakai, Bull. Natl. Sci. Mus., Tokyo 31: 55 (1952)

Mukdenia rossii (Oliv.) Koidz. var. *simplicifolia* Nakai, Bull. Natl. Sci. Mus., Tokyo 31: 55 (1952)

Mukdenia rossii (Oliv.) Koidz. var. *acanthifolia* (Nakai) U.C.La, Fl. Coreana (Im, R.J.) 3: 83 (1974)
Mukdenia rossii (Oliv.) Koidz. f. *multiloba* (Nakai) W.T.Lee, Lineamenta Florae Koreae 450 (1996)

Representative specimens; Chagang-do 26 August 1897 小德川 (松德水河谷) *Komarov, VL Komaorv s.n.* 18 July 1914 大興里 *Nakai, T Nakai s.n.* **Kangwon-do** 10 June 1932 Mt. Kumgang (金剛山) *Ohwi, J Ohwi s.n.* 7 August 1940 *Okuyama, S Okuyama s.n.* 15 August 1902 *Uchiyama, T Uchiyama s.n.* 15 August 1902 *Uchiyama, T Uchiyama s.n.* Type of *Aceriphyllum rossii* Engl. f. *multilobum* Nakai (Holotype TI) **P'yongan-bukto** 5 August 1937 妙香山 *Hozawa, S Hozawa s.n.* 6 August 1935 *Koidzumi, G Koidzumi s.n.* 28 September 1911 青山面梨石洞山 *Ishidoya, T Ishidoya s.n.* 3 June 1912 白壁山 *Ishidoya, T Ishidoya s.n.* **P'yongan-namdo** 平南山洞 *Unknown s.n.* 7 June 1925 Maengsan (孟山) *Chung, TH Chung s.n.* Type of *Mukdenia acanthifolia* Nakai (Holotype TI)17 July 1916 加音嶺 *T Mori s.n.* 15 June 1928 陽德 *Nakai, T Nakai s.n.* 15 June 1928 *Nakai, T Nakai s.n.* **Ryanggang** 1 July 1897 五是川雲寵江-崔五峰 *Komarov, VL Komaorv s.n.* 9 July 1897 十四道溝 (鴨綠江) *Komarov, VL Komaorv s.n.* 19 August 1897 葡坪 *Komarov, VL Komaorv s.n.* 7 July 1897 梨方嶺 (鴨綠江羅暖堡) *Komarov, VL Komaorv s.n.* 9 August 1897 長津江下流域 *Komarov, VL Komaorv s.n.* 4 July 1897 上水隅理 *Komarov, VL Komaorv s.n.* 27 June 1897 栢德嶺 *Komarov, VL Komaorv*

Rodgersia A.Gray
Rodgersia podophylla A.Gray, Mem. Amer. Acad. Arts n.s. 6: 389 (1859)
Common name 도깨비부채
Distribution in Korea: North, Central
   Rodgersia japonica Regel, Gartenflora 20: 708 (1871)
   Astilbe podophylla (A.Gray) Franch., Pl. Delavay. 231 (1889)

Representative specimens; Chagang-do 18 July 1914 大興里 *Nakai, T Nakai s.n.* **Kangwon-do** 10 June 1932 Mt. Kumgang (金剛山) *Ohwi, J Ohwi s.n.* 14 August 1902 *Uchiyama, T Uchiyama s.n.* 9 June 1909 元山 *Nakai, T Nakai s.n.* **P'yongan-namdo** 18 July 1916 溫倉 *Mori, T Mori s.n.* **Ryanggang** 15 August 1897 蓮坪-厚州川-厚州古邑 *Komarov, VL Komaorv s.n.* 9 August 1897 長津江下流域 *Komarov, VL Komaorv s.n.*

Saxifraga L.
Saxifraga cernua L., Sp. Pl. 403 (1753)
Common name 씨눈바위
Distribution in Korea: North
   Lobaria cernua (L.) Haw., Saxifrag. Enum. 1: 20 (1821)
   Miscopetalum cernuum (L.) Gray, Nat. Arr. Brit. Pl. 2: 530 (1821)
   Saxifraga cernua L. var. *linnaeana* Ser., Prodr. (DC.) 4: 36 (1830)
   Saxifraga cernua L. var. *simplicissima* Ledeb., Fl. Altaic. 2: 122 (1830)
   Saxifraga simulata Small, N. Amer. Fl. 22: 128 (1905)
   Saxifraga cernua L. f. *bulbillosa* Engl. & Irmsch., Pflanzenr. (Engler) 67(IV) (117): 274 (1916)

Saxifraga fortunei Hook., Bot. Mag. 89: pl. 5377 (1863)
Common name 바위떡풀
Distribution in Korea: North, Central, South, Ulleung
   Saxifraga cortusifolia (Siebold & Zucc.) Nakai var. *incisolobata* Engl. & Irmsch., Pflanzenr. (Engler) IV, 117(Heft 2): 649 (1919)
   Saxifraga cortusifolia (Siebold & Zucc.) Nakai, Rep. Veg. Ooryongto 20 (1919)
   Saxifraga mutabilis Koidz., Fl. Symb. Orient.-Asiat. 6 (1930)
   Saxifraga mutabilis Koidz. var. *incisolobata* (Engl. & Irmsch.) Hara, Bot. Mag. (Tokyo) 49: 81 (1935)
   Saxifraga fortunei Hook. var. *incisolobata* (Engl. & Irmsch.) Nakai, J. Jap. Bot. 14: 228 (1938)
   Saxifraga fortunei Hook. var. *koraiensis* Nakai, J. Jap. Bot. 14: 227 (1938)
   Saxifraga fortunei Hook. var. *pilosissima* Nakai, J. Jap. Bot. 14: 228 (1938)
   Saxifraga fortunei Hook. var. *koraiensis* Nakai f. *glabrascens* Nakai, J. Jap. Bot. 14: 228 (1938)
   Saxifraga fortunei Hook. var. *glabrascens* (Nakai) Nakai, Bull. Natl. Sci. Mus., Tokyo 31: 55 (1952)
   Saxifraga fortunei Hook. var. *mutabilis* (Koidz.) Nakai ex H.Ohashi, J. Jap. Bot. 71: 78 (1996)

Representative specimens; Chagang-do 2 September 1897 湖芮(鴨綠江) *Komarov, VL Komaorv s.n.* **Hamgyong-bukto** 10 August 1933 渡正山門內 *Koidzumi, G Koidzumi s.n.* 17 July 1918 朱乙溫面甫上洞岩面 *Nakai, T Nakai7109* 19 July 1918 冠帽山 *Nakai, T Nakai7124* 30 May 1930 朱乙溫堡 *Ohwi, J Ohwi s.n.* 25 September 1933 冠帽峰 *Saito, T T Saito s.n.* **Hamgyong-namdo** 27 August 1897 小德川 *Komarov, VL Komaorv s.n.* **Hwanghae-namdo** 28 July 1929 長山串 *Nakai, T Nakai12859* **Kangwon-do** 31 July 1916 金剛山群峰峽 *Nakai, T Nakai s.n.* 14 July 1936 金剛山外金剛千佛山 *Nakai, T Nakai s.n.* 14 August 1916 金剛山望軍臺 *Nakai, T Nakai s.n.* 18 August 1902 Mt. Kumgang (金剛山) *Uchiyama, T Uchiyama s.n.* 1938 山林課元山出張所 *Tsuya, S s.n.* **P'yongan-bukto**

4 August 1935 妙香山 *Koidzumi, G Koidzumi s.n.* 2 October 1910 Han San monastery (香山普賢寺) *Mills, RG Mills392* 29 September 1911 靑山面古龍里梨石洞山 *Ishidoya, T Ishidoya s.n.* **P'yongan-namdo** 15 June 1928 陽德 *Nakai, T Nakai12358*

Saxifraga laciniata Nakai & Takeda, Bot. Mag. (Tokyo) 28: 305 (1914)

Common name 구름범의귀

Distribution in Korea: North

Saxifraga laciniata Nakai & Takeda f. *takedana* (Nakai) Toyok., J. Asahikawa Univ.
Saxifraga takedana Nakai, Bot. Mag. (Tokyo) 28: 305 (1914)
Saxifraga furumii Nakai, Bot. Mag. (Tokyo) 32: 33 (1918)
Micranthes laciniata (Nakai & Takeda) H.Hara, Nov. Fl. Jap. 3: 74 (1939)
Saxifraga laciniata Nakai & Takeda var. *takedana* (Nakai) H.Hara, Nov. Fl. Jap. 3: 75 (1939)
Micranthes laciniata (Nakai & Takeda) H.Hara f. *takedana* (Nakai) Akiyama & H.Ohba, J. Jap. Bot. 87 (4): 238 (2012)

Representative specimens; Chagang-do 22 July 1919 狼林山上 *Kajiwara, U Kajiwara s.n.* **Hamgyong-bukto** 20 July 1918 冠帽山頂大三下 2570m *Nakai, T Nakai s.n.* 20 July 1918 冠帽山 2500m *Nakai, T Nakai s.n.* 19 July 1918 冠帽山 2300m *Nakai, T Nakai s.n.* July 1932 冠帽峰頂上 *Ohwi, J Ohwi s.n.* July 1932 冠帽峰 *Ohwi, J Ohwi s.n.* 2 August 1932 冠帽頂上 *Saito, T T Saito s.n.* 25 July 1918 雪嶺 2200m *Nakai, T Nakai s.n.* Type of *Saxifraga laciniata* Nakai & Takeda (Holotype TI)July 1930 雪嶺 *Ohwi, J Ohwi s.n.* 26 June 1930 *J Ohwi s.n.* July 1930 雪嶺山上城 *Ohwi, J Ohwi s.n.* **Hamgyong-namdo** 25 July 1933 東上面遮日峯 *Koidzumi, G Koidzumi s.n.* 16 August 1935 遮日峯 *Nakai, T Nakai s.n.* 16 August 1935 *Nakai, T Nakai s.n.* 23 June 1932 東上面遮日峰 *Ohwi, J Ohwi s.n.* 15 August 1940 *Okuyama, S Okuyama s.n.* 30 July 1939 遮日峯 *Unknown s.n.* **Kangwon-do** 1938 山林課丁山出張所 *Tsuya, S s.n.* **Ryanggang** 15 August 1935 北水白山 *Hozawa, S Hozawa s.n.* 18 August 1934 新興郡北水白山東南尾根 *Yamamoto, A Yamamoto s.n.* 11 July 1917 胞胎山 *Furumi, M Furumi s.n.* 30 July 1917 無頭峯 *Furumi, M Furumi s.n.* 31 July 1917 白頭山 *Furumi, M Furumi s.n.* 11 July 1917 胞胎山中腹 *Furumi, M Furumi209* Type of *Saxifraga furumii* Nakai (Holotype TI)13 August 1913 白頭山 *Hirai, H Hirai s.n.*August 1914 *Ikuma, Y Ikuma s.n.* 15 July 1935 小長白山 *Irie, Y s.n.* 1 August 1934 *Kojima, K Kojima s.n.* August 1913 長白山 *Mori, T Mori s.n.* August 1913 白頭山 *Mori, T Mori50* Type of *Saxifraga takedana* Nakai (Holotype TI)10 August 1914 *Nakai, T Nakai s.n.* 8 August 1914 神武城-無頭峯 *Nakai, T Nakai s.n.* 7 August 1914 虛項嶺-神武城 *Nakai, T Nakai s.n.* 20 July 1942 白頭山無頭峰-大將峰-天池 *Saito, T T Saito s.n.*

Saxifraga manshuriensis (Engl.) Kom., Trudy Imp. S.-Peterburgsk. Bot. Sada 22: 415 (1904)

Common name 흰바위취

Distribution in Korea: North (Chagang, Ryanggang, Hamgyong, P'yongan)

Saxifraga punctata L. var. *manshuriensis* Engl., Monogr. Saxifraga 139 (1872)
Saxifraga octopetala Nakai, Bot. Mag. (Tokyo) 32: 230 (1918)

Representative specimens; Chagang-do 21 July 1914 大興里- 山羊 *Nakai, T Nakai6439* Type of *Saxifraga octopetala* Nakai (Lectotype TI) **Hamgyong-bukto** 10 August 1933 渡正山門內 *Koidzumi, G Koidzumi s.n.* 1913 羅南 *Ono, I s.n.* Type of *Saxifraga octopetala* Nakai (Syntype TI)11 August 1935 *Saito, T T Saito s.n.* 1933 *Yoshimizu, K s.n.* 19 May 1897 茂山嶺 *Komarov, VL Komaorv s.n.* 17 July 1918 朱乙溫面甫上洞小東水谷 *Nakai, T Nakai s.n.* 18 July 1918 冠帽山麓 *Nakai, T Nakai s.n.* 19 July 1918 冠帽山 *Nakai, T Nakai s.n.* July 1932 冠帽峰 *Ohwi, J Ohwi s.n.* 5 July 1933 梧村堡 *Saito, T T Saito s.n.* 2 August 1914 車踰嶺 *Ikuma, Y Ikuma s.n.* 2 August 1914 *Ikuma, Y Ikuma s.n.* 22 May 1897 蕨坪(城川水河谷)-車踰嶺 *Komarov, VL Komaorv s.n.* 21 June 1909 Musan-ryeong (戊山嶺) *Nakai, T Nakai s.n.* 23 July 1918 朱南面黃雪嶺 *Nakai, T Nakai s.n.* 27 August 1914 黃句基 *Nakai, T Nakai s.n.* **Hamgyong-namdo** 三巨里溪谷 *Nakazawa, N s.n.* 26 July 1916 下碣隅里 *Mori, T Mori s.n.* 20 June 1932 東上面元豊里 *Ohwi, J Ohwi s.n.* **Kangwon-do** 14 July 1936 金剛山外金剛千佛山 *Nakai, T Nakai s.n.* July 1901 Nai Piang *Faurie, UJ Faurie s.n.* **Rason** 28 August 1914 松眞山 *Nakai, T Nakai6450* Type of *Saxifraga octopetala* Nakai (Syntype TI) **Ryanggang** 1 August 1897 虛川江 (同仁川) *Komarov, VL Komaorv s.n.* 26 June 1897 內曲里 *Komarov, VL Komaorv s.n.* 2 June 1897 四芝坪(延面水河谷) 柄安洞 *Komarov, VL Komaorv s.n.* 14 August 1914 農事洞- 三下 *Nakai, T Nakai s.n.*

Saxifraga nelsoniana D.Don, Trans. Linn. Soc. London 13: 355 (1822)

Common name 톱바위취

Distribution in Korea: North, Central

Saxifraga punctata L. var. *nelsoniana* (D.Don) Macoun, Cat. Canad. Pl., Polypetalae 1: 153 (1883)
Micranthes nelsoniana (D.Don) Small, N. Amer. Fl. 22: 147 (1905)
Saxifraga punctata L. ssp. *nelsoniana* (D.Don) Hultén, Fl. Alaska Yukon 5: 929 (1945)

Representative specimens; Chagang-do 11 July 1914 蓬田嶺 *Nakai, T Nakai s.n.* 22 July 1914 山羊 -江口 *Nakai, T Nakai s.n.* **Hamgyong-bukto** 19 July 1918 冠帽山 *Nakai, T Nakai s.n.* 19 July 1918 *Nakai, T Nakai s.n.* July 1932 冠帽峰 *Ohwi, J Ohwi s.n.* 21 July 1933 *Saito, T T Saito s.n.* 13 June 1897 西溪水 *Komarov, VL Komaorv s.n.* 13 June 1897 *Komarov, VL Komaorv s.n.* 12 June 1897 *Komarov, VL Komaorv s.n.* **Hamgyong-namdo** 15 June 1932 下碣隅里 *Ohwi, J Ohwi s.n.* 25 July 1933 東上面遮日峯 *Koidzumi, G*

Koidzumi s.n. 15 August 1935 東上面漢垈里溪流 *Nakai, T Nakai s.n.* 15 August 1935 東上面漢岱里 *Nakai, T Nakai s.n.* 21 June 1932 東上面元豊里 *Ohwi, J Ohwi s.n.* 14 August 1940 赴戰高原 Fusenkogen *Okuyama, S Okuyama s.n.* **P'yongan-bukto** 5 August 1937 妙香山 *Hozawa, S Hozawa s.n.* **P'yongan-namdo** 21 July 1916 上南洞 *Mori, T Mori s.n.* **Ryanggang** 24 August 1934 態耳面北水白山北水谷 *Yamamoto, A Yamamoto s.n.* 4 July 1897 上水隅理 *Komarov, VL Komarov s.n.* 23 June 1930 倉坪延岩洞間 *Ohwi, J Ohwi s.n.* 22 June 1930 倉坪嶺 *Ohwi, J Ohwi s.n.* 31 July 1930 島內 *Ohwi, J Ohwi s.n.* 27 June 1897 栢德嶺 *Komarov, VL Komarov s.n.* 13 August 1914 白頭山 *Ikuma, Y Ikuma s.n.* August 1913 長白山 *Mori, T Mori s.n.* 10 August 1914 白頭山 *Nakai, T Nakai s.n.* 28 July 1942 白頭山大將峰下 *Saito, T T Saito s.n.* July 1925 白頭山 *Shoyama, T s.n.*

Saxifraga oblongifolia Nakai, J. Coll. Sci. Imp. Univ. Tokyo 26: 218 (1909)
Common name 참바위취
Distribution in Korea: North, Central

Representative specimens; Chagang-do 22 July 1916 狼林山 *Mori, T Mori s.n.* **Hamgyong-namdo**18 August 1934 東上面新洞 *Yamamoto, A Yamamoto s.n.* **Kangwon-do** 12 August 1943 Mt. Kumgang (金剛山) *Honda, M Honda s.n.* 29 July 1938 *Hozawa, S Hozawa s.n.* 12 August 1932 金剛山 *Kitamura, S Kitamura s.n.* 2 August 1932 金剛山內金剛 *Kobayashi, M Kobayashi s.n.* August 1932 Mt. Kumgang (金剛山) *Koidzumi, G Koidzumi s.n.* 14 August 1916 金剛山望軍臺 *Nakai, T Nakai s.n.* 22 August 1916 新金剛 *Nakai, T Nakai s.n.* 20 August 1916 金剛山彌勒峯 *Nakai, T Nakai s.n.* 17 August 1916 金剛山內霧在嶺 *Nakai, T Nakai s.n.* 7 August 1940 Mt. Kumgang (金剛山) *Okuyama, S Okuyama s.n.*18 August 1902 金剛山 *Uchiyama, T Uchiyama s.n.* Type of *Saxifraga oblongifolia* Nakai (Holotype TI)7 August 1932 Unknown *s.n.* July 1901 Nai Piang *Faurie, UJ Faurie s.n.* **P'yongan-bukto** 5 August 1937 妙香山 *Hozawa, S Hozawa s.n.* 3 August 1935 *Koidzumi, G Koidzumi s.n.*5 August 1938 *Sato, TN s.n.*

Saxifraga stolonifera Curtis, Philos. Trans. 64: 308 (1774)
Common name 바위취
Distribution in Korea: North, Central, South
    Saxifraga sarmentosa L.f., Suppl. Pl. 240 (1782)
    Saxifraga chinensis Lour., Fl. Cochinch. 1: 281 (1790)
    Diptera sarmentosa (L.f.) Borkh., Neues Mag. Bot. 1: 29 (1794)
    Sekika sarmentosa (L.f.) Moench, Suppl. Meth. (Moench) 77 (1802)
    Ligularia sarmentosa (L.f.) Duval, Pl. Succ. Horto Alencon. 11 (1809)
    Saxifraga cuscutiformis Lodd., Bot. Cab. 2: t. 186 (1818)
    Adenogyna sarmentosa (L.f.) Raf., New Fl. (Rafinesque) 1: 63 (1836)
    Aphomonix hederacea Raf., Fl. Tellur. 2: 65 (1837)
    Diptera cuscutiformis (Lodd.) Heynh., Alph. Aufz. Gew. 1: 206 (1846)
    Saxifraga sarmentosa L.f. var. *immaculata* Diels, Bot. Jahrb. Syst. 29(3-4): 364 (1901)
    Saxifraga chaffanjonii H.Lév., Repert. Spec. Nov. Regni Veg. 9: 452 (1911)
    Saxifraga iochanensis H.Lév., Sert. Yunnan. 2: 2 (1916)
    Saxifraga ligulata Murray, Sert. Yunnan. 0: 2 (1916)
    Saxifraga dumetorum Balf.f., Trans. Bot. Soc. Edinburgh 27: 71 (1918)
    Saxifraga veitchiana Balf.f., Trans. Bot. Soc. Edinburgh 27: 75 (1918)
    Saxifraga stolonifera Curtis var. *immaculata* (Diels) Hand.-Mazz., Symb. Sin. 7: 427 (1931)

PARNASSIACEAE

Parnassia L.
Parnassia alpicola Makino, Bot. Mag. (Tokyo) 18: 140 (1904)
Common name 애기물매화
Distribution in Korea: North
    Parnassia simplex Hayata, Bull. Soc. Bot. France ser.4, 12: 314 (1912)
    Parnassia alpicola Makino var. *simplex* Hayata & Takeda, Bot. Mag. (Tokyo) 22: 199 (1918)
    Parnassia alpicola Makino f. *simplex* (Hayata) Hiyama, J. Jap. Bot. 28: 152 (1953)

Parnassia palustris L., Sp. Pl. 262 (1753)
Common name 물매화
Distribution in Korea: North, Central, South

Parnassia palustris L. var. *multiseta* Ledeb., Fl. Ross. (Ledeb.) 1: 263 (1842)
Parnassia mucronata Siebold & Zucc., Abh. Math.-Phys. Cl. Konigl. Bayer. Akad. Wiss. 4: 169 (1843)
Parnassia palustris L. var. *vulgaris* Drude, Linnaea 2: 308 (1875)
Parnassia palustris L. f. *ussuriensis* Kom. ex Nekr., Fl. Aziat. Ross. 11: 28 (1917)
Parnassia multiseta (Ledeb.) Fernald, Rhodora 28: 211 (1926)
Parnassia palustris L. var. *syukorankeiensis* Yamam., J. Soc. Trop. Agric. 4: 306 (1932)

Representative specimens; Chagang-do 25 August 1897 小德川 (松德水河谷) *Komarov, VL Komaorv s.n.* 26 August 1897 *Komarov, VL Komaorv s.n.* 22 July 1916 狼林山 *Mori, T Mori s.n.* **Hamgyong-bukto** 12 August 1933 渡正山 *Koidzumi, G Koidzumi s.n.* 31 July 1930 漁遊洞 *Ohwi, J Ohwi s.n.* 7 September 1941 清津 *Unknown s.n.* August 1933 羅南 *Yoshimizu, K s.n.* 17 July 1918 朱乙溫面甫上洞 *Nakai, T Nakai s.n.* 25 July 1918 雪嶺 *Nakai, T Nakai s.n.* **Hamgyong-namdo** 18 September 1936 Hamhung (咸興) *Yamatsuta, T s.n.* 18 August 1943 赴戰高原咸地院 *Honda, M Honda s.n.* 22 August 1932 蓋馬高原 *Kitamura, S Kitamura s.n.* 25 July 1933 東上面遮日峯 *Koidzumi, G Koidzumi s.n.* 18 August 1935 遮日峯南側面 1900m Nakai, T *Nakai s.n.* 15 August 1935 東上面漢岱里 *Nakai, T Nakai s.n.* 15 August 1940 遮日峯 *Okuyama, S Okuyama s.n.* 30 August 1934 頭雲峰安基里谷 *Yamamoto, A Yamamoto s.n.* 18 August 1934 東上面安北水白山東南尾根 *Yamamoto, A Yamamoto s.n.* 16 August 1934 永古面松興里 *Yamamoto, A Yamamoto s.n.* **Kangwon-do** 1938 山林課元山出張所 *Tsuya, S s.n.* **P'yongan-bukto** 5 August 1935 妙香山 *Koidzumi, G Koidzumi s.n.* 2 October 1910 Han San monastery (香山普賢寺) *Mills, RG Mills397* 28 September 1911 靑山面梨石洞山 *Ishidoya, T Ishidoya s.n.* 25 September 1912 雲山郡南面松峴里 *Ishidoya, T Ishidoya s.n.* **P'yongan-namdo** 22 September 1915 咸從 *Nakai, T Nakai s.n.* **Ryanggang** 23 August 1914 Keizanchin(惠山鎭) *Ikuma, Y Ikuma s.n.* 15 August 1935 北水白山 *Hozawa, S Hozawa s.n.* 20 August 1934 北水白山附近 *Kojima, K Kojima s.n.* 5 August 1940 高頭山 *Hozawa, S Hozawa s.n.* 31 July 1930 醬池 *Ohwi, J Ohwi s.n.* 4 August 1914 普天堡 *Nakai, T Nakai s.n.* 14 August 1914 無頭峯 *Ikuma, Y Ikuma s.n.* 15 July 1935 小長白山 *Irie, Y s.n.* August 1934 白頭山 *Kojima, K Kojima s.n.* 8 August 1914 無頭峯 *Nakai, T Nakai s.n.* 8 August 1914 神武城-無頭峯 *Nakai, T Nakai s.n.*

PENTHORACEAE

Penthorum L.
Penthorum chinense Pursh, Fl. Amer. Sept. (Pursh) 1: 323 (1814)

Common name 낙지다리

Distribution in Korea: North, Central, South
Penthorum intermedium Turcz., Bull. Soc. Imp. Naturalistes Moscou 7: 152 (1837)
Penthorum humile Regel & Maack, Tent. Fl.-Ussur. 65 (1861)
Penthorum sedoides L. f. *angustifolium* Miq., Ann. Mus. Bot. Lugduno-Batavi 2: 76 (1865)
Penthorum sedoides L. var. *chinense* (Pursh) Maxim., Mélanges Biol. Bull. Phys.-Math. Acad. Imp. Sci. Saint-Pétersbourg 11: 774 (1883)
Penthorum sedoides L. ssp. *chinense* (Pursh) S.Y.Li & Adair, Sida 16: 190 (1994)

Representative specimens; Chagang-do 28 August 1897 慈城邑(松德水河谷) *Komarov, VL Komaorv s.n.* 10 August 1911 Kangei(Kokai 江界) *Mills, RG Mills s.n.* **Hamgyong-bukto** 9 August 1935 羅南 *Saito, T T Saito s.n.* 24 August 1914 會寧 -行營 *Nakai, T Nakai s.n.* **Hwanghae-namdo** 1 August 1929 椒島 *Nakai, T Nakai s.n.* 5 August 1929 長山串 *Nakai, T Nakai s.n.* **Kangwon-do** 28 July 1916 金剛山長箭-溫井里 *Nakai, T Nakai s.n.* 7 August 1916 金剛山末輝里方面 *Nakai, T Nakai s.n.* 20 August 1932 元山德原 *Kitamura, S Kitamura s.n.* **P'yongyang** 24 September 1911 P'yongyang (平壤) *Imai, H Imai s.n.* **Ryanggang** 15 August 1897 蓮坪-厚州川-厚州古邑 *Komarov, VL Komaorv s.n.* 15 August 1897 *Komarov, VL Komaorv s.n.* 8 July 1897 羅暖堡 *Komarov, VL Komaorv s.n.* **Sinuiju** 13 August 1935 新義州 *Koidzumi, G Koidzumi s.n.*

ROSACEAE

Agrimonia L.
Agrimonia coreana Nakai, Rep. Veg. Diamond Mountains 72 (1918)

Common name 산짚신나물

Distribution in Korea: North, Central
Agrimonia velutina Juz., Fl. URSS 10: 420, 636, t. 25: 5 (1941)
Agrimonia coreana Nakai f. *pilosella* Sakata, Bull. Natl. Sci. Mus., Tokyo 31: 60 (1952)

Agrimonia pilosa Ledeb. var. *coreana* (Nakai) Liou & M.Cheng, Fl. Pl. Herb. Chin. Bor.-Or. 2: 94 (1959)

Agrimonia tokatiensis Koji Ito, J. Geobot. 9: 69 (1961)

Representative specimens; Hwanghae-namdo 26 August 1943 長壽山 *Furusawa, I Furusawa s.n.* 27 July 1929 長淵郡長山串 *Nakai, T Nakai s.n.* 1 August 1929 椒島 *Nakai, T Nakai s.n.* **Kangwon-do** 13 August 1916 金剛山正陽寺 *Nakai, T Nakai5526* Type of *Agrimonia coreana* Nakai (Lectotype TI)

Agrimonia pilosa Ledeb., Index Seminum [Tartu] 1823: 1 (1823)

Common name 집신나물

Distribution in Korea: North, Central, South

Agrimonia davurica (Link) Willd., Prodr. (DC.) 2: 587 (1825)

Agrimonia viscidula Bunge, Mem. Acad. Imp. Sci. St.-Petersbourg Divers Savans 2: 100 (1833)

Agrimonia viscidula Bunge var. *japonica* Miq., Ann. Mus. Bot. Lugduno-Batavi 3: 38 (1867)

Agrimonia japonica (Miq.) Koidz., Bot. Mag. (Tokyo) 44: 104 (1930)

Agrimonia pilosa Ledeb. f. *bracteata* Nakai, Bot. Mag. (Tokyo) 47: 245 (1933)

Agrimonia pilosa Ledeb. f. *davurica* (Link) Nakai, Bot. Mag. (Tokyo) 47: 245 (1933)

Agrimonia pilosa Ledeb. var. *japonica* (Miq.) Nakai, Bot. Mag. (Tokyo) 47: 245 (1933)

Agrimonia pilosa Ledeb. var. *nepalensis* (D.Don) Nakai, Bot. Mag. (Tokyo) 47(556): 247 (1933)

Agrimonia pilosa Ledeb. ssp. *japonica* (Miq.) H.Hara, J. Jap. Bot. 43: 398 (1968)

Representative specimens; Chagang-do 26 August 1897 小德川 (松德水河谷) *Komarov, VL Komaorv s.n.* **Hamgyong-bukto** 1 August 1914 清津 *Ikuma, Y Ikuma s.n.* 12 August 1933 渡正山 *Koidzumi, G Koidzumi s.n.* 漁遊洞 *Nakazawa, M s.n.* 11 September 1931 羅南 *Saito, T T Saito s.n.* 5 August 1939 頭流山 *Hozawa, S Hozawa s.n.* 9 July 1930 鏡城 *Ohwi, J Ohwi s.n.* 9 July 1930 Kyonson 鏡城 *Ohwi, J Ohwi s.n.* 10 June 1897 西溪水 *Komarov, VL Komaorv s.n.* **Hamgyong-namdo** 11 August 1940 咸興歸州寺 *Okuyama, S Okuyama s.n.* 1928 Hamhung (咸興) *Seok, JM s.n.* 17 August 1934 富盛里 *Nomura, N Nomura s.n.* 23 July 1933 東上面漢岱里 *Koidzumi, G Koidzumi s.n.* 15 August 1935 赴戰高原咸地里 *Nakai, T Nakai s.n.* 23 July 1935 弁天島 *Nomura, N Nomura s.n.* 26 July 1935 Donha-myeon Unsan-ri (東下面雲山里) *Nomura, N Nomura s.n.* 16 August 1934 永古面松興里 *Yamamoto, A Yamamoto s.n.* **Hwanghae-namdo** 4 July 1921 Sorai Beach 九味浦 *Mills, RG Mills s.n.* 24 July 1929 夢金浦 *Nakai, T Nakai s.n.* **Kangwon-do** 15 August 1932 金剛山外金剛 *Koidzumi, G Koidzumi s.n.* 12 August 1932 Mt. Kumgang (金剛山) *Koidzumi, G Koidzumi s.n.* 10 June 1932 *Ohwi, J Ohwi s.n.* 8 June 1909 望賊山 *Nakai, T Nakai s.n.* 30 August 1916 通川 *Nakai, T Nakai s.n.* 10 August 1932 元山 *Kitamura, S Kitamura s.n.* 10 August 1932 *Kitamura, S Kitamura s.n.* **P'yongan-bukto** 8 August 1935 妙香山 *Koidzumi, G Koidzumi s.n.* **P'yongyang** 22 August 1943 平壤牡丹臺 *Furusawa, I Furusawa s.n.* **Rason** 11 May 1897 豆滿江三角洲-五宗洞 *Komarov, VL Komaorv s.n.* **Ryanggang** July 1943 龍眼 *Uchida, H Uchida s.n.* 23 August 1914 Keizanchin(惠山鎭) *Ikuma, Y Ikuma s.n.* 18 July 1897 *Komarov, VL Komaorv s.n.* 1 August 1897 虛川江 (同仁川) *Komarov, VL Komaorv s.n.* 16 August 1897 大羅信洞 *Komarov, VL Komaorv s.n.* 21 August 1897 subdist. Chu-czan, flumen Amnok-gan *Komarov, VL Komaorv s.n.* 22 August 1897 雲洞嶺 *Komarov, VL Komaorv s.n.* 7 August 1897 上巨里水 *Komarov, VL Komaorv s.n.* 1 August 1930 島內 - 合水 *Ohwi, J Ohwi s.n.* 1 August 1930 *Ohwi, J Ohwi s.n.*

Aruncus L.
Aruncus dioicus (Walter) Fernald, Rhodora 41: 423 (1939)

Common name 눈개승마

Distribution in Korea: North, Central, South, Ulleung

Aruncus coreanus

Aruncus americanus Raf., Sylva Tellur. : 152 (1838)

Aruncus sylvester Kostel. ex Maxim. var. *kamtschaticus* Maxim., Trudy Imp. S.-Peterburgsk. Bot. Sada 6: 170 (1879)

Aruncus sylvester Kostel. ex Maxim., Trudy Imp. S.-Peterburgsk. Bot. Sada 6: 169 (1879)

Aruncus kamtschaticus (Maxim.) Rydb., N. Amer. Fl. 22: 256 (1908)

Aruncus sylvester Kostel. ex Maxim. var. *tomentosus* Koidz., Bot. Mag. (Tokyo) 23: 167 (1909)

Astilbe thunbergii (Siebold & Zucc.) Miq. var. *aethusifolia* H.Lév., Repert. Spec. Nov. Regni Veg. 8: 283 (1910)

Aruncus aethusifolius (H.Lév.) Nakai, Bot. Mag. (Tokyo) 26: 324 (1912)

Aruncus kamtschaticus (Maxim.) Rydb. var. *tomentosus* (Koidz.) Miyabe & Tatew., Trans. Sapporo Nat. Hist. Soc. 14 (1935)

Aruncus vulgaris Raf. var. *americanus* (Pers.) H.Hara, Bot. Mag. (Tokyo) 59: 115 (1935)

Aruncus kyusianus Koidz., Acta Phytotax. Geobot. 5: 41 (1936)

Aruncus tomentosus Koidz., Acta Phytotax. Geobot. 5: 41 (1936)

Aruncus vulgaris Raf. var. *tomentosus* (Koidz.) Nemoto, Fl. Jap. Suppl. 305 (1936)

Aruncus sylvester Kostel. ex Maxim. var. *tenuifolius* Nakai ex H.Hara, J. Jap. Bot. 13: 387 (1937)
Aruncus dioicus (Walter) Fernald var. *kamtschaticus* (Maxim.) H.Hara, J. Jap. Bot. 30: 68 (1955)
Aruncus dioicus (Walter) Fernald var. *tenuifolius* (Nakai) H.Hara, J. Jap. Bot. 30: 68 (1955)
Aruncus dioicus (Walter) Fernald var. *aethusifolius* (H.Lév.) H.Hara, J. Jap. Bot. 30: 69 (1955)
Aruncus dioicus (Walter) Fernald var. *asiaticus* (Pojark.) Kitag., Neolin. Fl. Manshur. 361 (1979)

Representative specimens; Chagang-do 26 August 1897 小德川 (松德水河谷) *Komarov, VL Komaorv s.n.* 8 June 1910 Kang-gei (Kokai 江界) *Mills, RG Mills307* **Hamgyong-bukto** 19 May 1897 茂山嶺 *Komarov, VL Komaorv s.n.* 21 May 1897 茂山嶺-蕨坪 (照日洞) *Komarov, VL Komaorv s.n.* 15 June 1909 Sungjin (城津) *Nakai, T Nakai s.n.* 19 July 1918 冠帽山 *Nakai, T Nakai s.n.* 30 May 1930 朱乙 *Ohwi, J Ohwi s.n.* 6 July 1930 鏡城 *Ohwi, J Ohwi s.n.* 6 July 1930 *Ohwi, J Ohwi s.n.* 7 July 1930 Kyonson 鏡城 *Ohwi, J Ohwi s.n.* 30 May 1930 朱乙 *Ohwi, J Ohwi s.n.* 18 June 1935 羅南敎外九德洞 *Saito, T T Saito s.n.* 29 May 1897 釜所哥谷 *Komarov, VL Komaorv s.n.* 7 June 1936 茂山 *Minamoto, M s.n.* 12 June 1897 西溪水 *Komarov, VL Komaorv s.n.* **Hamgyong-namdo** 22 August 1932 蓋馬高原 *Kitamura, S Kitamura s.n.* 25 July 1933 東上面遮日峯 *Koidzumi, G Koidzumi s.n.* 16 August 1935 雲仙嶺 *Nakai, T Nakai s.n.* 15 August 1935 *Nakai, T Nakai s.n.* **Kangwon-do** 31 July 1916 金剛山群仙峽 *Nakai, T Nakai s.n.* 22 August 1916 金剛山大長峯 *Nakai, T Nakai s.n.* 14 July 1936 金剛山外金剛千佛山 *Nakai, T Nakai s.n.* 10 June 1932 Mt. Kumgang (金剛山) *Ohwi, J Ohwi s.n.* 12 August 1902 墨浦洞 *Uchiyama, T Uchiyama s.n.* 18 August 1902 Mt. Kumgang (金剛山) *Uchiyama, T Uchiyama s.n.* July 1901 Nai Piang *Faurie, UJ Faurie s.n.* 8 June 1909 元山 *Nakai, T Nakai s.n.* 1938 山林課元山出張所 *Tsuya, S s.n.* **P'yongan-namdo** 15 July 1916 葛日嶺 *Mori, T Mori s.n.* **P'yongyang** 12 June 1910 Botandai (牡丹台) 平壤 *Imai, H Imai s.n.* **Ryanggang** 19 July 1897 Keizanchin(惠山鎭) *Komarov, VL Komaorv s.n.* 1 August 1897 虛川江 (同仁川) *Komarov, VL Komaorv s.n.* 20 August 1934 態耳面北水白山頭雲峰 *Kojima, K Kojima s.n.* 15 August 1897 蓮坪-厚州川-厚州古邑 *Komarov, VL Komaorv s.n.* 19 August 1897 葡坪 *Komarov, VL Komaorv s.n.* 21 August 1897 subdist. Chu-czan, flumen Amnok-gan *Komarov, VL Komaorv s.n.* 23 August 1897 雲흵嶺 *Komarov, VL Komaorv s.n.* 6 August 1897 上巨里水 *Komarov, VL Komaorv s.n.* 7 August 1897 *Komarov, VL Komaorv s.n.* 9 August 1897 長津江下流域 *Komarov, VL Komaorv s.n.* 9 August 1897 *Komarov, VL Komaorv s.n.* 9 June 1897 屈松川 (西頭水河谷) 倉坪 *Komarov, VL Komaorv s.n.* 5 August 1930 合水(列結水) *Ohwi, J Ohwi s.n.* 5 August 1930 列結水 *Ohwi, J Ohwi s.n.* 5 August 1930 *Ohwi, J Ohwi s.n.* 26 June 1897 內曲里 *Komarov, VL Komaorv s.n.* 22 July 1897 佳林里 *Komarov, VL Komaorv s.n.* 11 July 1917 胞胎山 *Furumi, M Furumi s.n.* August 1913 長白山 *Mori, T Mori s.n.* 3 June 1897 四芝坪 *Komarov, VL Komaorv s.n.*

Chamaerhodos Bunge & Ledeb.
Chamaerhodos erecta (L.) Bunge, Fl. Altaic. 1: 430 (1829)
Common name 좀낭아초
Distribution in Korea: North (Hamgyong, Tumen river)
Sibbaldia erecta L., Sp. Pl. 284 (1753)
Sibbaldia polygyna Willd. ex Schult., Syst. Veg. (ed. 16) [Roemer & Schultes] 6: 770 (1820)
Chamaerhodos erecta (L.) Bunge var. *adscensens* Ledeb., Fl. Ross. (Ledeb.) 2: 34 (1844)
Chamaerhodos erecta (L.) Bunge var. *stricta* Ledeb., Fl. Ross. (Ledeb.) 2: 34 (1844)
Chamaerhodos micrantha J.Krause, Repert. Spec. Nov. Regni Veg. Beih. 12: 411 (1922)
Chamaerhodos songarica Juz., Fl. URSS 10: 239, 615 (1941)

Representative specimens; Hamgyong-bukto August 1913 車蹴嶺 *Mori, T Mori s.n.* 2 August 1914 富寧 *Ikuma, Y Ikuma s.n.* **Ryanggang** 30 July 1897 甲山 *Komarov, VL Komaorv s.n.* 9 July 1897 十四道溝 *Komarov, VL Komaorv s.n.* 7 July 1897 犁方嶺 (鴨綠江羅暖堡) *Komarov, VL Komaorv s.n.* 3 July 1897 三水邑-上水隅理 *Komarov, VL Komaorv s.n.*

Comarum L.
Comarum palustre L., Sp. Pl. 502 (1753)
Common name 검은꽃낭아초
Distribution in Korea: North
Fragaria palustris (L.) Crantz, Stirp. Austr. Fasc. 2: 11 (1763)
Potentilla palustris (L.) Scop., Fl. Carniol., ed. 2 1: 359 (1771)
Comarum palustre L. var. *villosum* Pers., Syn. Pl. (Persoon) 2: 58 (1806)
Potentilla comarum Nestl., Monogr. Potentilla (Nestler) 36 (1816)

Representative specimens; P'yongan-namdo 27 July 1916 黃草嶺 *Mori, T Mori s.n.* **Ryanggang** 18 July 1897 Keizanchin (惠山鎭) *Komarov, VL Komaorv s.n.* 4 August 1939 大澤濕地 *Hozawa, S Hozawa s.n.* 31 July 1930 醬池 *Ohwi, J Ohwi s.n.* 24 July 1930 大澤 *Ohwi, J Ohwi s.n.* 31 July 1930 醬池 *Ohwi, J Ohwi s.n.* 24 July 1930 大澤 *Ohwi, J Ohwi s.n.* 8 August 1937 *Saito, T T Saito s.n.*

Cotoneaster Medik.
Cotoneaster integerrimus Medik., Gesch. Bot. 85 (1793)

Common name 조선개야광나무 (둥근잎야광나무)

Distribution in Korea: North

Mespilus cotoneaster L., Sp. Pl. 479 (1753)

Ostinia cotoneaster (L.) Clairv., Man. Herbor. Suisse 162 (1811)

Cotoneaster vulgaris Lindl., Trans. Linn. Soc. London 13: 101 (1822)

Cotoneaster vulgaris Lindl. var. *erythrocarpa* Ledeb., Fl. Altaic. 2: 219 (1830)

Cotoneaster vulgaris Lindl. var. *haematocarpa* Rupr., Fl. Ingr. [Ruprecht] 350 (1860)

Gymnopyrenium vulgare Dulac, Fl. Hautes-Pyrénées 316 (1867)

Cotoneaster integerrimus Medik. var. *erythrocarpa* (Ledeb.) Krylov, Fl. Zapadnoi Sibiri 7: 1461 (1933)

Representative specimens; Hamgyong-bukto 19 August 1933 茂山 *Koidzumi, G Koidzumi s.n.* May 1936 *Koidzumi, G Koidzumi s.n.* 26 May 1897 *Komarov, VL Komaorv s.n.*

Crataegus L.

Crataegus maximowiczii C.K.Schneid., Ill. Handb. Laubholzk. 1: 771 (1906)

Common name 뫼찔광나무 (아광나무)

Distribution in Korea: North

Crataegus sanguinea Pall. var. *villosa* Rupr., Bull. Cl. Phys.-Math. Acad. Imp. Sci. Saint-Pétersbourg 15: 131 (1857)

Crataegus altaica var. *villosa* (Rupr.) Lange, Revis. Cratag. 42 (1897)

Crataegus sanguinea Pall., J. Coll. Sci. Imp. Univ. Tokyo 26: 179 (1909)

Mespolus sanguinea var. *villosa* (Rupr.) Asch. & Graebn., Syn. Mitteleur. Fl. 6: 43 (1909)

Representative specimens; Chagang-do 27 June 1914 江界 *Nakai, T Nakai s.n.* 5 July 1914 牙得嶺 (江界) *Nakai, T Nakai s.n.* 18 July 1914 大興里 *Nakai, T Nakai s.n.* **Hamgyong-bukto** 1930 漁遊洞 *Ohwi, J Ohwi s.n.* 24 May 1897 車踰嶺- 照日洞 *Komarov, VL Komaorv s.n.* 3 August 1914 車踰嶺 *Ikuma, Y Ikuma s.n.* 25 May 1897 城川江-茂山 *Komarov, VL Komaorv s.n.* 4 August 1918 Mt. Chilbo at Myongch'on(七寶山) *Nakai, T Nakai s.n.* 12 June 1897 西溪水 *Komarov, VL Komaorv s.n.* 2 June 1918 鷹洞 *Ishidoya, T Ishidoya s.n.* 4 June 1897 四芝嶺 *Komarov, VL Komaorv s.n.* 18 June 1930 四芝洞 *Ohwi, J Ohwi s.n.* 18 June 1930 *Ohwi, J Ohwi s.n.* 17 June 1930 四芝嶺 *Ohwi, J Ohwi s.n.* 17 July 1938 新德 - 楡坪洞 *Saito, T T Saito s.n.* **Hamgyong-namdo** 6 July 1914 長津中庄洞 *Nakai, T Nakai s.n.* 17 August 1934 *Nomura, N Nomura s.n.* 15 June 1932 下碣隅里 *Ohwi, J Ohwi s.n.* 14 August 1943 赴戰高原元豊- 道安 *Honda, M Honda s.n.* 24 July 1933 東上面大漢岱里 *Koidzumi, G Koidzumi s.n.* 21 June 1932 東上面元豊里 *Ohwi, J Ohwi s.n.* 15 August 1940 東上面遮日峰 *Okuyama, S Okuyama s.n.* **Ryanggang** 8 July 1897 Keizanchin (惠山鎭) *Komarov, VL Komaorv s.n.* 2 August 1897 虛川江-五海江 *Komarov, VL Komaorv s.n.* 1 July 1897 五是川雲寵江-崔五峰 *Komarov, VL Komaorv s.n.* 30 July 1897 甲山 *Komarov, VL Komaorv s.n.* 1 August 1897 虛川江 (同仁川) *Komarov, VL Komaorv s.n.* 9 October 1935 大坪里 *Okamoto, S Okamoto s.n.* 15 August 1935 北水白山 *Hozawa, S Hozawa s.n.* 4 August 1935 十四道溝-白山嶺 *Komarov, VL Komaorv s.n.* 16 August 1897 大羅信洞 *Komarov, VL Komaorv s.n.* 3 July 1897 三水邑-上水隅理 *Komarov, VL Komaorv s.n.* 4 July 1897 上水隅理 *Komarov, VL Komaorv s.n.* 9 August 1897 長津江下流域 *Komarov, VL Komaorv s.n.* 4 August 1939 大澤濕地 *Hozawa, S Hozawa s.n.* 7 June 1897 平蒲坪 *Komarov, VL Komaorv s.n.* 9 June 1897 屈松川 (西頭水河谷) 倉坪 *Komarov, VL Komaorv s.n.* 5 June 1897 平蒲坪 *Komarov, VL Komaorv s.n.* 19 June 1930 楡坪 *Ohwi, J Ohwi s.n.* 23 June 1930 倉坪延岩洞間 *Ohwi, J Ohwi s.n.* 24 July 1897 佳林里 *Komarov, VL Komaorv s.n.* 28 July 1897 *Komarov, VL Komaorv s.n.* 14 August 1913 神武城 *Hirai, H Hirai s.n.* August 1913 長白山 *Mori, T Mori s.n.* 11 August 1917 Moho (茂峯)- 農事洞 *Furumi, M Furumi s.n.* 8 August 1914 農事洞 *Ikuma, Y Ikuma s.n.* 20 August 1933 三長 *Koidzumi, G Koidzumi s.n.* 14 August 1914 農事洞- 三下 *Nakai, T Nakai s.n.*

Crataegus pinnatifida Bunge, Enum. Pl. Chin. Bor. 26 (1833)

Common name 찔광나무 (산사나무)

Distribution in Korea: North, Central, Jeju

Mespilus pinnatifida K.Koch, Dendrologie 1: 152 (1869)

Crataegus oxyacantha L. var. *pinnatifida* (Bunge) Regel, Trudy Imp. S.-Peterburgsk. Bot. Sada 1: 118 (1871)

Mespilus pentagyna var. *pinnatifida* (Bunge) Wenz., Linnaea 39: 151 (1874)

Crataegus pinnatifida Bunge var. *major* N.E.Br., Gard. Chron. n. ser. 26: 621 (1886)

Crataegus pinnatifida Bunge var. *songarica* Dippel, Handb. Laubholzk. 3: 447 (1893)

Mespilus pinnatifida K.Koch var. *songarica* Asch. & Graebn., Syn. Mitteleur. Fl. 6: 43 (1906)

Crataegus pinnatifida Bunge var. *psilosa* C.K.Schneid., Ill. Handb. Laubholzk. 1: 769 (1906)

Crataegus korolkowii Regel ex C.K.Schneid., Ill. Handb. Laubholzk. 1: 770 (1906)

Crataegus tatarica C.K.Schneid., Ill. Handb. Laubholzk. 1: 770 (1906)

Crataegus coreana H.Lév., Repert. Spec. Nov. Regni Veg. 7: 197 (1909)

Mespilus korolkowi Asch. & Graebn., Syn. Mitteleur. Fl. 6: 43 (1909)
Crataegus pinnatifida Bunge var. *korolkowi* Y.Yabe, Enum. Pl. S. Manch. 63 (1912)
Crataegus pinnatifida Bunge f. *bracteata* Nakai, J. Jap. Bot. 13: 872 (1937)
Crataegus pinnatifida Bunge f. *psilosa* (C.K.Schneid.) Kitag., Neolin. Fl. Manshur. 364 (1979)

Representative specimens; Chagang-do 25 August 1897 小德川 (松德水河谷) *Komarov, VL Komaorv s.n.* 28 August 1897 慈城邑 (松德水河谷) *Komarov, VL Komaorv s.n.* 3 October 1909 Kang-gei(Kokai 江界) *Mills, RG Mills417* 27 June 1914 公西面從西山 *Nakai, T Nakai s.n.* 1 July 1914 公西面車台洞 *Nakai, T Nakai s.n.* 25 June 1914 從西山 *Nakai, T Nakai s.n.* 5 July 1914 牙得嶺 (江界) *Nakai, T Nakai s.n.* **Hamgyong-bukto** 1 August 1914 清津 *Ikuma, Y Ikuma s.n.* 28 May 1897 富潤洞 *Komarov, VL Komaorv s.n.* 28 May 1897 *Komarov, VL Komaorv s.n.* 19 June 1909 清津 *Nakai, T Nakai s.n.* 漁遊洞 *Unknown s.n.* 6 August 1933 會寧古豊山 *Koidzumi, G Koidzumi s.n.* 3 August 1933 會寧 *Koidzumi, G Koidzumi s.n.* 6 August 1933 會寧古豊山 *Koidzumi, G Koidzumi s.n.* 18 May 1897 會寧川 *Komarov, VL Komaorv s.n.* Type of *Crataegus pinnatifida* Bunge var. *psilosa* C.K.Schneid. (Holotype LE)14 August 1933 朱乙溫泉朱乙山 *Koidzumi, G Koidzumi s.n.* 14 June 1930 鏡城 *Ohwi, J Ohwi s.n.* 12 June 1930 *Ohwi, J Ohwi s.n.* 12 June 1930 Kyonson 鏡城 *Ohwi, J Ohwi s.n.* 14 June 1930 *Ohwi, J Ohwi s.n.* 29 May 1934 朱乙溫面甫上洞 *Saito, T T Saito s.n.* 2 August 1914 車踰嶺 *Ikuma, Y Ikuma s.n.* 25 May 1897 城川江-茂山 *Komarov, VL Komaorv s.n.* 29 May 1897 釜所哥谷 *Komarov, VL Komaorv s.n.* 23 July 1918 朱南面黃雪嶺 *Nakai, T Nakai s.n.* 4 August 1933 南陽 *Koidzumi, G Koidzumi s.n.* 27 June 1938 慶源郡龍德面 *Saito, T T Saito s.n.* 12 May 1897 五宗洞 *Komarov, VL Komaorv s.n.* **Hamgyong-namdo** 13 June 1909 西湖津 *Nakai, T Nakai s.n.* 23 May 1930 咸興盤龍山 *Nomura, N Nomura s.n.* 11 August 1940 咸興歸州寺 *Okuyama, S Okuyama s.n.* 30 August 1941 赴戰高原 Fusenkogen *Inumaru, M s.n.* **Hwanghae-namdo** 26 August 1943 長壽山 *Furusawa, I Furusawa s.n.* 29 July 1935 *Koidzumi, G Koidzumi s.n.* 12 June 1931 *Smith, RK Smith s.n.* 21 May 1932 *Smith, RK Smith s.n.* 31 July 1929 席島 *Nakai, T Nakai s.n.* 28 June 1922 Sorai Beach 九味浦 *Mills, RG Mills s.n.* **Kangwon-do** 15 July 1936 外金剛千佛山 *Nakai, T Nakai s.n.* 7 August 1916 金剛山末輝里 *Nakai, T Nakai s.n.* 20 August 1902 Mt. Kumgang (金剛山) *Uchiyama, T Uchiyama s.n.* 7 June 1909 元山 *Nakai, T Nakai s.n.* **P'yongan-bukto** 10 June 1914 飛來峯 *Nakai, T Nakai s.n.* 5 August 1937 妙香山 *Hozawa, S Hozawa s.n.* 3 August 1935 *Koidzumi, G Koidzumi s.n.* 4 June 1914 玉江鎭朔州郡 *Nakai, T Nakai s.n.* 11 August 1935 義州金剛山 *Koidzumi, G Koidzumi s.n.* 17 May 1912 白壁山 *Ishidoya, T Ishidoya s.n.* **P'yongan-namdo** 15 July 1916 葛月嶺 *Mori, T Mori s.n.* 15 June 1928 陽德 *Nakai, T Nakai s.n.* 15 June 1928 *Nakai, T Nakai s.n.* **P'yongyang** 29 June 1935 P'yongyang (平壤) *Ikuma, Y Ikuma s.n.* 26 May 1912 *Imai, H Imai s.n.* 8 May 1910 Otsumitsudai (乙密台) 平壤 *Imai, H Imai s.n.* **Rason** 11 May 1897 豆滿江三角洲-五宗洞 *Komarov, VL Komaorv s.n.* **Ryanggang** 2 August 1897 虛川江-五海江 *Komarov, VL Komaorv s.n.* 1 July 1897 五是川雲寵江-崔五峰 *Komarov, VL Komaorv s.n.* 1 August 1897 虛川江 (同仁川) *Komarov, VL Komaorv s.n.* 9 July 1897 十四道溝(鴨綠江) *Komarov, VL Komaorv s.n.* 2 August 1942 白頭山 *Saito, T T Saito s.n.* 20 August 1933 江口 - 三長 *Koidzumi, G Koidzumi s.n.*

Dryas L.
Dryas octopetala L. var. *asiatica* (Nakai) Nakai, Fl. Sylv. Kor. 7: 47, t. 17 (1918)
Common name 담자리꽃 (담자리꽃나무)
Distribution in Korea: far North (Paekdu, Potae, Kwanmo, Rangrim)
Dryas ajanensis Juz., Izv. Glavn. Bot. Sada SSSR 28(3-4): 318 (1929)
Dryas nervosa Juz., Izv. Glavn. Bot. Sada SSSR 28: 320 (1929)
Dryas tschonoskii Juz., Izv. Glavn. Bot. Sada SSSR 28: 319 (1929)
Dryas octopetala L. f. *asiatica* Nakai, Bot. Mag. (Tokyo) 46: 606 (1932)
Dryas octopetala L. ssp. *ajanensis* (Juz.) Hultén, Fl. Alaska Yukon 6 (1946)
Dryas octopetala L. ssp. *nervosa* (Juz.) Hultén, Fl. Alaska Yukon 6 (1946)
Dryas octopetala L. ssp. *tschonoskii* (Juz.) Hultén, Fl. Alaska Yukon 6: 1046 (1946)

Representative specimens; Chagang-do 22 July 1919 狼林山上 *Kajiwara, U Kajiwara85* 22 July 1916 狼林山 *Mori, T Mori s.n.* 11 July 1914 臥碣峰鷺峯 *Nakai, T Nakai1586* Type of *Dryas octopetala* L. f. *asiatica* Nakai (Syntype TI) **Hamgyong-bukto** 12 August 1933 渡正山 *Koidzumi, G Koidzumi s.n.* 20 July 1918 冠帽山 2400m *T Nakai7152* July 1932 冠帽峰 *Ohwi, J Ohwi s.n.* 21 July 1933 *Saito, T T Saito s.n.* **Hamgyong-namdo** 25 July 1933 東上面遮日峯 *Koidzumi, G Koidzumi s.n.* 17 August 1935 遮日峯頂南側 2500m *Nakai, T Nakai s.n.* 16 August 1935 遮日峯 2400m *Nakai, T Nakai s.n.* 23 June 1932 遮日峯 *Ohwi, J Ohwi s.n.* 15 August 1940 Okuyama, *S Okuyama s.n.* August 1936 *Soto, Y s.n.* 18 August 1934 東上面新洞上方 2100m *Yamamoto, A Yamamoto s.n.* **Ryanggang** 15 August 1935 北水白山 *Hozawa, S Hozawa s.n.* 11 July 1917 胞胎山 *Furumi, M Furumi227* 13 August 1913 白頭山 *Hirai, H Hirai 72* 13 August 1914 *Ikuma, Y Ikuma s.n.* August 1913 *Mori, T Mori7* Type of *Dryas octopetala* L. f. *asiatica* Nakai (Syntype TI) 10 August 1914 *Nakai, T Nakai1762* Type of *Dryas octopetala* L. f. *asiatica* Nakai (Syntype TI)8 August 1914 神武城-無頭峯 *Nakai, T Nakai1763* Type of *Dryas octopetala* L. f. *asiatica* Nakai (Syntype TI) MT. Paektu 白頭山 *Unknown s.n.*

Duchesnea Sm.
Duchesnea indica (Andrews) Focke, Nat. Pflanzenfam. 24[III,3]: 33 (1888)
Common name 뱀딸기 (민뱀딸기)
Distribution in Korea: North, Central, South, Ulleung

Fragaria indica Andrews, Bot. Repos. 7: t. 479 (1807)
Potentilla indica (Andrews) Th.Wolf, Syn. Mitteleur. Fl. 6: 661 (1904)
Duchesnea indica (Andrews) Focke var. *major* Makino, Bot. Mag. (Tokyo) 28: 184 (1914)

Representative specimens; Chagang-do 25 August 1897 小德川 (松德水河谷) *Komarov, VL Komaorv s.n.* 30 August 1897 慈城江 *Komarov, VL Komaorv s.n.*

Exochorda Lindl.
Exochorda serratifolia S.Moore, Hooker's Icon. Pl. 13: t. 1255 (1878)
Common name 가침박달

Distribution in Korea: North (Chagang, Hamgyong, P'yongan, Hwanghae), Central
Exochorda serratifolia S.Moore var. *oligantha* Nakai, Bot. Mag. (Tokyo) 42: 469 (1928)
Exochorda serratifolia S.Moore var. *pubens* Nakai ex T.B.Lee, The Korean National Council for Conservation of Nature Report 1: 103 (1982)

Representative specimens; Chagang-do 21 May 1909 Kang-gei(Kokai 江界) *Mills, RG Mills s.n.* 20 June 1909 *Mills, RG Mills415*
Hamgyong-bukto 19 June 1909 清津 *Nakai, T Nakai s.n.* 19 June 1909 *Nakai, T Nakai s.n.* 15 May 1933 羅南一里峯 *Saito, T T Saito s.n.* 22 May 1933 梧山面檜鄉洞 *Saito, T T Saito s.n.* **Hwanghae-bukto** 10 September 1915 瑞興 *Nakai, T Nakai 2439* Type of *Exochorda serratifolia* S.Moore var. *oligantha* Nakai (Holotype TI) **P'yongan-bukto** 16 August 1912 Pyok-dong (碧潼) *Imai, H Imai s.n.* 12 June 1914 *Nakai, T Nakai s.n.*

Filipendula Mill.
Filipendula camtschatica (Pall.) Maxim., Trudy Imp. S.-Peterburgsk. Bot. Sada 6: 248 (1879)
Common name 큰터리풀

Distribution in Korea: North, Central
Spiraea camtschatica Pall., Fl. Ross. (Pallas) 1: 41 (1784)

Filipendula glaberrima Nakai, Repert. Spec. Nov. Regni Veg. 13: 274 (1914)
Common name 터리풀

Distribution in Korea: North, Central, South
Spiraea digitata Willd. var. *glabra* Maxim., Mem. Acad. Imp. Sci. St.-Petersbourg Divers Savans 9: 92 (1859)
Filipendula purpuraea Maxim., Trudy Imp. S.-Peterburgsk. Bot. Sada 6: 248 (1879)
Ulmaria purpuraea (Maxim.) Nakai, J. Coll. Sci. Imp. Univ. Tokyo 26: 201 (1909)
Filipendula formosa Nakai, Repert. Spec. Nov. Regni Veg. 13: 274 (1914)
Filipendula multijuga Maxim. var. *koreana* Nakai, Bot. Mag. (Tokyo) 13: 274 (1914)
Filipendula multijuga Maxim. var. *alba* Nakai, Repert. Spec. Nov. Regni Veg. 13: 274 (1914)
Filipendula koreana (Nakai) Nakai, Rep. Veg. Mt. Waigalbon 35 (1916)
Filipendula palmata (Pall.) Maxim. var. *glabra* Ledeb. ex Kom. & Aliss., Opred. Rast. Dal'nevost. Kraia 2: 650 (1932)
Filipendula glabra Nakai ex Kom. & Aliss., Opred. Rast. Dal'nevost. Kraia 2: 653 (1932)
Filipendula yezoensis Shimizu, J. Fac. Liberal Arts Shinshu Univ., Part 2, Nat. Sci. Ueda 26(A) 10: 8 (1961)
Filipendula koreana (Nakai) Nakai f. *alba* (Nakai) Kitag., J. Jap. Bot. 36: 23 (1961)
Filipendula yezoensis Shimizu f. *alba* (Nakai) Shimizu, J. Fac. Liberal Arts Shinshu Univ., Part 2, Nat. Sci. Ueda 26(A) 10: 9 (1961)
Filipendula camtschatica (Pall.) Maxim. ssp. *glaberrima* (Nakai) Vorosch., Byull. Moskovsk. Obshch. Isp. Prir. Otd. Biol. 96: 126 (1991)

Representative specimens; Chagang-do 22 July 1916 狼林山 *Mori, T Mori s.n.* **Hamgyong-bukto** 19 May 1897 茂山嶺 *Komarov, VL Komaorv s.n.* 21 May 1897 茂山嶺-蕨坪(照日洞) *Komarov, VL Komaorv s.n.* 15 June 1930 茂山峯 *Ohwi, J Ohwi s.n.* 18 July 1918 熊谷嶺新人谷側 *Nakai, T Nakai s.n.* 19 September 1935 南下石山 *Saito, T T Saito s.n.* 23 June 1935 梧上洞 *Saito, T T Saito s.n.* 29 May 1897 釜所哥谷 *Komarov, VL Komaorv s.n.* 25 July 1918 雪嶺 *Nakai, T Nakai s.n.* 12 June 1897 西溪水 *Komarov, VL Komaorv s.n.* **Hamgyong-namdo** July 1943 龍眼里 *Uchida, H Uchida s.n.* 22 July 1916 赴戰高原寒泰嶺 *Mori, T Mori s.n.* 25 July 1933 東上面遮日峯 *Koidzumi, G Koidzumi s.n.* 18 August 1935 遮日峯南側 *Nakai, T Nakai s.n.* 16 August 1935 雲仙嶺 *Nakai, T Nakai s.n.* 25 July 1935 東下面把田洞 *Nomura, N Nomura s.n.* **Hwanghae-namdo** 6 August 1929 長淵郡長山串 *Nakai, T Nakai s.n.* 12 July 1921 Sorai Beach 九味浦 *Mills, RG Mills s.n.* **Kangwon-do** 31 July 1916 金剛山群仙峽 *Nakai, T Nakai s.n.* 7 August 1932 Mt. Kumgang (金剛山) *Fukushima s.n.* 12 August 1932 *Kitamura, S Kitamura s.n.* 3 August 1932 金剛山內金剛 *Kobayashi, M Kobayashi s.n.* 12 August 1932 Mt. Kumgang (金剛山) *Koidzumi, G Koidzumi s.n.* 11 July 1936 金剛山外金剛千佛山 *Nakai, T Nakai s.n.* 16 August 1916 金剛山毘盧峯

Nakai, *T Nakai s.n.* 14 August 1933 安邊郡衛益面三防 *Nomura, N Nomura s.n.* 9 June 1909 元山 *Nakai, T Nakai s.n.* Type of *Filipendula glaberrima* Nakai (Syntype TI) **P'yongan-namdo** 20 July 1916 黃玉峯 (黃處嶺?) *Mori, T Mori s.n.* 15 June 1928 陽德 *Nakai, T Nakai s.n.* **Rason** 22 June 1909 雄基嶺 *Jo, K 445* Type of *Filipendula multijuga* Maxim. var. *alba* Nakai (Holotype TI) **Ryanggang** 20 August 1934 北水白山-頭雲峰 *Kojima, K Kojima s.n.* 16 August 1897 大羅信洞 *Komarov, VL Komaorv s.n.* 22 August 1897 雲洞嶺 *Komarov, VL Komaorv s.n.* 7 August 1897 上巨里水 *Komarov, VL Komaorv s.n.* 9 June 1897 屈松川 (西頭水河谷) 倉坪 *Komarov, VL Komaorv s.n.* 31 July 1930 島內 *Ohwi, J Ohwi s.n.* 31 July 1930 儷池 *Ohwi, J Ohwi s.n.* 31 July 1930 島內 *Ohwi, J Ohwi s.n.* 28 June 1897 柏德嶺 *Komarov, VL Komaorv s.n.* August 1913 崔哥嶺 *Mori, T Mori s.n.* 3 June 1897 四芝嶺 *Komarov, VL Komaorv s.n.*

Filipendula palmata (Pall.) Maxim., Trudy Imp. S.-Peterburgsk. Bot. Sada 6: 250 (1879)

Common name 단풍터리풀

Distribution in Korea: North, Central, South
    Spiraea palmata Thunb., Fl. Jap. (Thunberg) 212 (1784)
    Spiraea digitata Willd., Sp. Pl. (ed. 4) 2: 1061 (1799)
    Filipendula multijuga Maxim., Trudy Imp. S.-Peterburgsk. Bot. Sada 6: 247 (1879)
    Ulmaria palmata Nakai, J. Coll. Sci. Imp. Univ. Tokyo 26: 201 (1909)
    Filipendula rufinervis Nakai, Bot. Mag. (Tokyo) 26: 35 (1912)
    Filipendula nuda Grubov, Bot. Mater. Gerb. Bot. Inst. Komarova Akad. Nauk S.S.S.R. 12: 112 (1950)
    Filipendula palmata (Pall.) Maxim. f. *nuda* (Grubov) Shimizu, J. Fac. Liberal Arts Shinshu Univ., Part 2, Nat. Sci. Ueda 26(A) 10: 14 (1961)

Representative specimens; **Chagang-do** 29 April 1911 Kang-gei(Kokai 江界) *Mills, RG Mills s.n.* 6 July 1911 *Mills, RG Mills424* Type of *Filipendula rufinervis* Nakai (Holotype TI)18 July 1914 大興里 *Nakai, T Nakai s.n.* **Hamgyong-bukto** 17 June 1909 清津北方山 *Nakai, T Nakai s.n.* 11 August 1935 羅南 *Saito, T T Saito s.n.* 7 July 1930 鏡城 *Ohwi, J Ohwi s.n.* 7 July 1930 Kyonson 鏡城 *Ohwi, J Ohwi s.n.* 10 June 1897 西溪水 *Komarov, VL Komaorv s.n.* **Hamgyong-namdo** 1943 龍眼里 *Uchida, H Uchida s.n.* 23 July 1933 東上面漢垈里 *Koidzumi, G Koidzumi s.n.* 24 July 1933 東上面大漢垈里 *Koidzumi, G Koidzumi s.n.* 15 August 1935 赴戰高原咸地里 *Nakai, T Nakai s.n.* 15 August 1935 *Nakai, T Nakai s.n.* 26 July 1934 東上面漢垈里 *Nomura, N Nomura s.n.* 24 July 1935 *Nomura, N Nomura s.n.* 14 August 1940 赴戰高原 Fusenkogen *Okuyama, S Okuyama s.n.* **Kangwon-do** 18 August 1916 長淵里 *Nakai, T Nakai s.n.* 8 August 1916 金剛山長淵里 *Nakai, T Nakai s.n.* **P'yongan-bukto** 26 July 1912 Nei-hen (Neiyen 寧邊) *Imai, H Imai s.n.* **P'yongan-namdo** 20 July 1916 黃玉峯 (黃處嶺?) *Mori, T Mori s.n.* **Ryanggang** 18 July 1897 Keizanchin(惠山鎭) *Komarov, VL Komaorv s.n.* 19 July 1897 *Komarov, VL Komaorv s.n.* 1 August 1897 虛川江 (同仁川) *Komarov, VL Komaorv s.n.* 15 August 1897 蓮坪-厚州川-厚州古邑 *Komarov, VL Komaorv s.n.* 23 August 1897 雲洞嶺 *Komarov, VL Komaorv s.n.* 14 June 1897 西溪水-延岩 *Komarov, VL Komaorv s.n.* 1 August 1930 島內 - 合水 *Ohwi, J Ohwi s.n.* 5 August 1930 列結水 *Ohwi, J Ohwi s.n.* 29 June 1897 栢德嶺 *Komarov, VL Komaorv s.n.* 22 July 1897 佳林里 *Komarov, VL Komaorv s.n.*

Fragaria L.
Fragaria orientalis Losinsk., Izv. Glavn. Bot. Sada S.S.S.R. 25: 70, f. 5 (1926)
Common name
Distribution in Korea: North (Gaema, Bujeon, Rangrim)
    Fragaria corymbosa Losinsk., Izv. Glavn. Bot. Sada SSSR 25: 74 (1926)
    Fragaria uniflora Losinsk., Izv. Glavn. Bot. Sada SSSR 25: 68 (1926)

Representative specimens; **Hamgyong-bukto** 20 May 1897 茂山嶺 *Komarov, VL Komaorv s.n.* 23 June 1909 *Nakai, T Nakai s.n.* 15 June 1930 茂山嶺 *Ohwi, J Ohwi s.n.* 12 May 1938 鶴西面上德仁 *Saito, T T Saito s.n.* 富寧 *Unknown s.n.* **Hamgyong-namdo** 5 June 1934 下碣隅里 *Ohwi, J Ohwi s.n.* 23 July 1933 東上面漢垈里 *Koidzumi, G Koidzumi s.n.* 15 August 1935 赴戰高原咸地里 *Nakai, T Nakai s.n.* 26 July 1935 Donha-myeon Unsan-ri (東下面雲山里) *Nomura, N Nomura s.n.* 30 August 1934 東下面安基里谷 *Yamamoto, A Yamamoto s.n.* **Kangwon-do** 31 July 1916 金剛山群仙峽 *Nakai, T Nakai s.n.* **P'yongan-namdo** 9 June 1939 黃草嶺 *Nomura, N Nomura s.n.* 23 July 1916 上南洞 *Mori, T Mori s.n.* **Ryanggang** 5 August 1940 高頭山 *Hozawa, S Hozawa s.n.* 12 August 1937 大澤 *Saito, T T Saito s.n.* 10 August 1914 茂峰 *Ikuma, Y Ikuma s.n.* 15 August 1914 白頭山 *Ikuma, Y Ikuma s.n.* 7 August 1914 虛項嶺-神武城 *Nakai, T Nakai s.n.* 2 August 1897 四芝坪(延面水河谷) *Komarov, VL Komaorv s.n.* 2 June 1897 四芝坪(延面水河谷) 柄安洞 *Komarov, VL Komaorv s.n.* 17 June 1930 四芝峯 *Ohwi, J Ohwi s.n.*

Geum L.
Geum aleppicum Jacq., Icon. Pl. Rar. (Jacquin) 1: 10, pl. 93 (1786)
Common name 큰뱀무
Distribution in Korea: North, Central, South, Ulleung
    Geum strictum Aiton, Hort. Kew. (Hill) 2: 217 (1789)
    Geum vidalii Franch. & Sav., Enum. Pl. Jap. 2: 335 (1877)
    Geum sachalinense H.Lév., Repert. Spec. Nov. Regni Veg. 8: 281 (1910)

Geum aleppicum Jacq. var. *bipinnatum* (Batalin) F.Bolle ex Hand.-Mazz., Symb. Sin. 7: 523 (1933)
Geum potaninii Juz., Fl. URSS 10: 255 (1941)

Representative specimens; Chagang-do 2 September 1897 湖芮(鴨綠江) *Komarov, VL Komaorv s.n.* **Hamgyong-bukto** 1 August 1914 清津 *Ikuma, Y Ikuma s.n.* 6 July 1930 鏡城 *Ohwi, J Ohwi s.n.* July 1932 冠帽峰 *Ohwi, J Ohwi s.n.* 6 July 1930 Kyonson 鏡城 *Ohwi, J Ohwi s.n.* 10 June 1897 西溪水 *Komarov, VL Komaorv s.n.* 27 June 1938 慶源郡龍德面 *Saito, T T Saito s.n.* **Hamgyong-namdo** 23 July 1933 東上面漢岱里 *Koidzumi, G Koidzumi s.n.* 15 August 1935 赴戰高原咸地里 *Nakai, T Nakai s.n.* 15 August 1940 赴戰高原 Fusenkogen *Okuyama, S Okuyama s.n.* 17 August 1934 東上面達阿里上洞 - 龍岩洞 *Yamamoto, A Yamamoto s.n.* 16 August 1934 東上面元豊理 - 達阿里上洞 *Yamamoto, A Yamamoto s.n.* **Hwanghae-namdo** 29 July 1935 長壽山 *Koidzumi, G Koidzumi s.n.* 29 June 1922 Sorai Beach 九味浦 *Mills, RG Mills s.n.* 12 July 1921 *Mills, RG Mills s.n.* **Kangwon-do** 10 June 1932 Mt. Kumgang (金剛山) *Ohwi, J Ohwi s.n.* 10 August 1932 元山 *Kitamura, S Kitamura s.n.* Rason 9 July 1937 赤島 *Saito, T T Saito s.n.* **Ryanggang** July 1943 龍眼 *Uchida, H Uchida s.n.* 1 August 1897 虛川江 (同仁川) *Komarov, VL Komaorv s.n.* 16 August 1897 大羅信洞 *Komarov, VL Komaorv s.n.* 22 August 1897 雲洞嶺 *Komarov, VL Komaorv s.n.* 7 June 1897 平蒲坪 *Komarov, VL Komaorv s.n.* 24 July 1930 大澤 *Ohwi, J Ohwi s.n.* 24 July 1930 *Ohwi, J Ohwi s.n.*

Kerria DC.
Kerria japonica (L.) DC., Trans. Linn. Soc. London, Bot. 12: 157 (1818)
Common name 황매화
Distribution in Korea: Central, South
    Corchorus japonicus (L.) Thunb., Fl. Jap. (Thunberg) 227 (1784)
    Kerria japonica (L.) DC. var. *floribus-plenis* Siebold & Zucc., Fl. Jap. (Siebold) 1: 183 (1841)
    Kerria japonica (L.) DC. var. *pleniflora* Witte, Flora 261 (1868)
    Kerria japonica (L.) DC. f. *plena* C.K.Schneid., Ill. Handb. Laubholzk. 1: 502 (1906)
    Kerria japonica (L.) DC. f. *pleniflora* (Witte) Rehder, Bibliogr. Cult. Trees 284 (1949)

Representative specimens; Hwanghae-namdo 29 July 1921 Sorai Beach 九味浦 *Mills, RG Mills s.n.*

Malus Mill.
Malus baccata (L.) Borkh., Theor. Prakt. Handb. Forstbot. 2: 1280 (1803)
Common name 야광나무
Distribution in Korea: North, Central, South
    Malus baccata (L.) Borkh. var. *mandshurica* (Maxim.) C.K.Schneid. f. *alpina* Nakai
    Pyrus baccata L., Mant. Pl. 1: 75 (1767)
    Malus rossica Medik., Gesch. Bot. 78 (1793)
    Malus sibirica Borkh., Arch. Bot. (Leipzig) 1: 89 (1798)
    Malus cerasifera Spach, Hist. Nat. Veg. (Spach) 2: 152 (1834)
    Malus baccata (L.) Borkh. var. *leiostyla* Rupr. & Maxim., Bull. Cl. Phys.-Math. Acad. Imp. Sci. Saint-Pétersbourg 15: 132 (1857)
    Pyrus prunifolia Maxim., Mem. Acad. Imp. Sci. St.-Petersbourg, Ser. 6, Sci. Math., Seconde Pt. Sci. Nat. 9: 471 (1859)
    Pyrus baccata L. var. *genuina* Regel, Gartenflora 11: 202 (1862)
    Pyrus microcarpa H.Wendl. ex K.Koch, Dendrologie 1: 211 (1869)
    Pyrus baccata L. var. *mandshurica* Maxim., Bull. Acad. Imp. Sci. Saint-Pétersbourg 19: 170 (1873)
    Malus microcarpa var. *baccata* (L.) Carrière, Étud. Gén. Pommier. 68 (1883)
    Malus baccata (L.) Borkh. var. *sibirica* (Maxim.) C.K.Schneid., Ill. Handb. Laubholzk. 1: 720 (1906)
    Malus baccata (L.) Borkh. var. *mandshurica*(Maxim.) C.K.Schneid., Ill. Handb. Laubholzk. 1: 721 (1906)
    Malus baccata (L.) Borkh. var. *mandshurica* (Maxim.) C.K.Schneid. f. *latifolia* Matsum., Index Pl. Jap. 2 (2): 202 (1912)
    Malus baccata (L.) Borkh. f. *jackii* Rehder, Pl. Wilson. 2: 291 (1915)
    Malus mandshurica (Maxim.) Kom. ex Skvortsov, Izv. Glavn. Bot. Sada RSFSR 1: 146 (1925)
    Malus mandshurica (Maxim.) Kom. ex Skvortsov var. *genuina* (Regel) Skvortsov, Izv. Glavn. Bot. Sada RSFSR 1: 146 (1925)
    Malus pallasiana Juz., Fl. URSS 9: 370 (1939)
    Malus baccata (L.) Borkh. var. *mandshurica* (Maxim.) C.K.Schneid. f. *jackii* (Rehder) Uyeki, Woody Pl. Distr. Chosen 1: 44 (1940)
    Malus baccata (L.) Borkh. f. *minor* (Nakai) T.B.Lee, Ill. Woody Pl. Korea 274 (1966)

Pyrus baccata L. var. *sibirica* Maxim., Bull. Acad. Imp. Sci. Saint-Pétersbourg 19: 170 (1973)
Pyrus baccata L. var. *sibirica* Maxim., Bull. Acad. Imp. Sci. Saint-Pétersbourg 19: 170 (1973)

Representative specimens; Chagang-do 28 August 1897 慈城邑(松德水河谷) *Komarov, VL Komaorv s.n.* 15 June 1911 Kang-gei(Kokai 江界) *Mills, RG Mills s.n.* 25 June 1914 從西山 *Nakai, T Nakai s.n.* **Hamgyong-bukto** 13 September 1935 羅南 *Saito, T T Saito1600* 14 August 1933 朱乙溫泉朱乙山 *Koidzumi, G Koidzumi s.n.* 17 July 1918 朱乙溫面甫上洞 *Nakai, T Nakai s.n.* 10 July 1934 朱北面 *Yoshimizu, K s.n.* 23 May 1897 車踰嶺 *Komarov, VL Komaorv s.n.* August 1913 茂山 *Mori, T Mori s.n.* 17 June 1930 四芝洞 *Ohwi, J Ohwi s.n.* **Hamgyong-namdo** 27 July 1933 東上面元豊 *Koidzumi, G Koidzumi s.n.* **Hwanghae-bukto** 14 May 1932 正方山 *Smith, RK Smith s.n.* 7 September 1902 南川 - 安城 *Uchiyama, T Uchiyama s.n.* 26 September 1915 瑞興 *Nakai, T Nakai s.n.* **Hwanghae-namdo** 26 August 1943 長壽山 *Furusawa, I Furusawa s.n.* 29 July 1935 *Koidzumi, G Koidzumi s.n.* 27 July 1929 長淵郡長山串 *Nakai, T Nakai s.n.* 31 July 1929 席島 *Nakai, T Nakai s.n.* 31 July 1929 *Nakai, T Nakai s.n.* 1 August 1929 椒島 *Nakai, T Nakai s.n.* 4 July 1921 Sorai Beach 九味浦 *Mills, RG Mills s.n.* **Kangwon-do** 12 August 1932 Mt. Kumgang (金剛山) *Koidzumi, G Koidzumi s.n.* 10 June 1932 *Ohwi, J Ohwi s.n.* 7 August 1940 *Okuyama, S Okuyama s.n.* 7 August 1940 金剛山內金剛 *Okuyama, S Okuyama s.n.* 12 August 1902 墨浦洞 *Uchiyama, T Uchiyama s.n.* 5 August 1933 德源郡赤間面 *Kim, GR s.n.* **P'yongan-bukto** 15 June 1914 碧潼雪傷里 *Nakai, T Nakai s.n.* 9 June 1914 飛來峯 *Nakai, T Nakai s.n.* 2 October 1910 Cheel San 香山普賢寺 *Mills, RG Mills436* 3 June 1914 義州 - 王江鎭 *Nakai, T Nakai s.n.* 17 June 1912 白璧山 *Ishidoya, T Ishidoya s.n.* **P'yongan-namdo** 16 July 1916 寧遠 *Mori, T Mori s.n.* 15 June 1928 陽德 *Nakai, T Nakai s.n.* 15 June 1928 *Nakai, T Nakai s.n.* **P'yongyang** 18 September 1915 江東 *Nakai, T Nakai s.n.* 9 May 1912 P'yongyang (平壤) *Imai, H Imai s.n.* **Rason** 7 June 1930 西水羅 *Ohwi, J Ohwi s.n.* 11 May 1897 豆滿江三角洞-五宗洞 *Komarov, VL Komaorv s.n .* **Ryanggang** 23 August 1914 Keizanchin(惠山鎭) *Ikuma, Y Ikuma s.n.* 7 June 1897 平蒲坪 *Komarov, VL Komaorv s.n.* 24 July 1930 大澤 *Ohwi, J Ohwi s.n.* 19 June 1930 楡坪 *Ohwi, J Ohwi1428* 6 August 1914 胞胎山虛項嶺 *Nakai, T Nakai s.n.* 15 August 1914 谿間里 *Ikuma, Y Ikuma s.n.*

Malus komarovii (Sarg.) Rehder, J. Arnold Arbor. 2: 51 (1920)

Common name 이노리나무

Distribution in Korea: North
  Crataegus komarovii Sarg., Pl. Wilson. 1(2): 183 (1912)
  Sinomalus komarovii (Sarg.) Honda, Bot. Mag. (Tokyo) 47: 287 (1933)
  Sinomalus komarovii (Sarg.) Honda var. *major* Nakai, Bull. Natl. Sci. Mus., Tokyo 33: 12 (1953)
  Sinomalus komarovii (Sarg.) Honda var. *pilosa* Nakai, Bull. Natl. Sci. Mus., Tokyo 33: 12 (1953)
  Sinomalus komarovii (Sarg.) Nakai var. *glabra* Nakai, Bull. Natl. Sci. Mus., Tokyo 33: 12 (1953)

Representative specimens; Chagang-do 22 July 1916 狼林山 *Mori, T Mori s.n.* Type of *Sinomalus komarovii* (Sarg.) Honda var. *pilosa* Nakai (Syntype TI) 11 July 1914 蔥田嶺 *Nakai, T Nakai s.n.* **Hamgyong-bukto** 5 August 1939 頭流山 *Hozawa, S Hozawa s.n.* Type of *Sinomalus komarovii* (Sarg.) Nakai var. *glabra* Nakai (Syntype TNS) **Hamgyong-namdo** 3 September 1934 蓮花 *Kojima, K Kojima s.n.* 23 July 1916 赴戰高原寒泰嶺 *Mori, T Mori s.n.* 19 August 1935 道頭里 *Nakai, T Nakai s.n.* Type of *Sinomalus komarovii* (Sarg.) Honda var. *pilosa* Nakai (Syntype TI) 16 August 1934 新角面北山 *Nomura, N Nomura s.n.* 15 June 1932 下碣隅里 *Ohwi, J Ohwi s.n.* 24 July 1933 東上面大漢垈里 *Koidzumi, G Koidzumi s.n.* 25 July 1933 東上面遮日峯 *Koidzumi, G Koidzumi s.n.* 20 June 1932 東上面元豊里 *Ohwi, J Ohwi s.n.* 7 August 1940 東上面 *Koidzumi, G Koidzumi s.n.* **Ryanggang** 15 August 1935 北水白山 *Hozawa, S Hozawa s.n.* 26 August 1917 南社水源地周峯頂 *Furumi, M Furumi s.n.* 16 June 1897 延岩(西溪水河谷-阿武山) *Komarov, VL Komaorv s.n.* Type of *Crataegus tenuifolia* Kom. (Isosyntype TI) 24 July 1930 大澤 *Ohwi, J Ohwi s.n.* 24 July 1930 *Ohwi, J Ohwi s.n.* 9 August 1937 *Saito, T T Saito s.n.* 16 July 1897 半載子溝 *Komarov, VL Komaorv s.n.*

Malus toringo (Siebold) de Vriese, Tuinb.-Fl. 3: 368, t. 17 excl. fig. fl. (1856)

Common name 야그배나무

Distribution in Korea: North, Central, South
  Malus sieboldii (Regel) Rehder f. *rosea* Nakai
  Sorbus toringo Siebold, Jaarb. Kon. Ned. Maatsch. Tuinb. 1848: 47 (1848)
  Pyrus rivularis Gray, Mem. Amer. Acad. Arts 6: 388 (1857)
  Pyrus sieboldii Regel, Index Seminum [St.Petersburg (Petropolitanus)] 1858: 51 (1859)
  Pyrus toringo (Siebold) Miq., Ann. Mus. Bot. Lugduno-Batavi 3: 41 (1867)
  Pyrus mengo Siebold ex K.Koch, Dendrologie 1: 213 (1869)
  Pyrus rivularis Gray var. *toringo* (Siebold) Wenz., Linnaea 38: 39 (1874)
  Malus sargentii Rehder, Trees & Shrubs 1: 71 (1905)
  Malus toringo (Siebold) de Vriese var. *sargentii* C.K.Schneid., Ill. Handb. Laubholzk. 1: 723 (1906)
  Crataegus cavaleriei H.Lév. & Vaniot, Bull. Soc. Bot. France 55: 58 (1908)
  Pyrus subcrataegifolia H.Lév., Repert. Spec. Nov. Regni Veg. 7: 199 (1909)
  Crataegus taquetii H.Lév. & Vaniot, Repert. Spec. Nov. Regni Veg. 10: 377 (1911)
  Malus baccata (L.) Borkh. ssp. *toringo* (Siebold) Koidz., Bot. Mag. (Tokyo) 25: 74 (1911)
  Photinia rubrolutea H.Lév., Repert. Spec. Nov. Regni Veg. 9: 460 (1911)

Pyrus esquirolii H.Lév., Repert. Spec. Nov. Regni Veg. 12: 189 (1913)
Malus toringo (Siebold) de Vriese var. *rosea* Nakai, Chosen Shokubutsu 297 (1914)
Malus sieboldii (Regel) Rehder, Pl. Wilson. 2: 293 (1915)
Malus toringo (Siebold) de Vriese var. *toringo* subvar. *sargentii* (Rehder) Koidz., Bot. Mag. (Tokyo) 30: 331 (1916)

Representative specimens; Hamgyong-bukto 6 June 1933 羅南 *Saito, T T Saito512* **Hwanghae-namdo** 10 June 1924 長淵郡長山串 *Chung, TH Chung s.n.* 27 July 1929 *Nakai, T Nakai s.n.*

Neillia D.Don
Neillia uekii Nakai, Bot. Mag. (Tokyo) 26: 3 (1912)
Common name 나도국수나무
Distribution in Korea: North (P'yongan), Central (Hwanghae), Endemic
   Neillia millsii Dunn, Bull. Misc. Inform. Kew 1912: 108 (1912)

Representative specimens; Chagang-do 17 June 1914 楚山郡道洞 *Nakai, T Nakai s.n.* 19 June 1914 渭原鳳山面 *Nakai, T Nakai s.n.* **Kangwon-do** 1911 金剛山 *Song, TH s.n.* **P'yongan-bukto**12 June 1914 Pyok-dong (碧潼) *Nakai, T Nakai s.n.* 6 June 1914 昌城昌州 *Nakai, T Nakai s.n.* 4 August 1935 妙香山 *Koidzumi, G Koidzumi s.n.* 14 May 1912 寧邊藥山 *Ishidoya, T Ishidoya s.n.* 4 June 1914 玉江鎭 *Nakai, T Nakai s.n.* 6 August 1912 Unsan (雲山) *Imai, H Imai s.n.* **P'yongan-namdo** 21 July 1916 寧遠 *Mori, T Mori s.n.* **P'yongyang** 6 June 1912 P'yongyang (平壤) *Imai, H Imai s.n.* July 1906 in mediae *Faurie, UJ Faurie s.n.*

Pentactina Nakai
Pentactina rupicola Nakai, Bot. Mag. (Tokyo) 31: 17 (1917)
Common name 금강인가목
Distribution in Korea: North (Keumkang-san)

Representative specimens; Kangwon-do 1 August 1916 金剛山群仙峽 *Nakai, T Nakai s.n.* 31 August 1916 *Nakai, T Nakai s.n.* 2 August 1932 金剛山內金剛 *Kobayashi, M Kobayashi s.n.* 12 August 1932 Mt. Kumgang (金剛山) *Koidzumi, G Koidzumi s.n.* 31 July 1916 金剛山神仙峯 *Nakai, T Nakai s.n.* 22 August 1916 金剛山新金剛 *Nakai, T Nakai s.n.* 1 August 1916 金剛山神仙峯 *Nakai, T Nakai s.n.* 12 August 1916 金剛山內金剛明鏡潭附近岩 *Nakai, T Nakai5486* Type of *Pentactina rupicola* Nakai (Syntype TI)17 August 1916 金剛山普德崖 *Nakai, T Nakai5487* Type of *Pentactina rupicola* Nakai (Syntype TI)7 August 1940 Mt. Kumgang (金剛山) *Okuyama, S Okuyama s.n.* 7 August 1940 金剛山內金剛 *Okuyama, S Okuyama s.n.*

Photinia Lindl.
Photinia villosa (Thunb.) DC., Prodr. (DC.) 2: 631 (1825)
Common name 윤노리나무
Distribution in Korea: Central, South, Jeju
   Myrtus laevis Thunb., Fl. Jap. (Thunberg) 198 (1784)
   Mespilus laevis Lam., Encycl. (Lamarck) 4: 445 (1798)
   Photinia laevis (Thunb.) DC., Prodr. (DC.) 2: 631 (1825)
   Photinia arguta Wall. ex Lindl., Edward's Bot. Reg. 23: sub. pl. 1956 (1837)
   Stranvaesia digyna Siebold & Zucc., Abh. Math.-Phys. Cl. Konigl. Bayer. Akad. Wiss. 4,2: 129 (1845)
   Pourthiaea cotoneaster Decne., Nouv. Arch. Mus. Hist. Nat. 10: 147 (1874)
   Pourthiaea villosa (Thunb.) Decne., Nouv. Arch. Mus. Hist. Nat. 10: 147 (1874)
   Photinia arguta Wall. ex Lindl. var. *laevis* Wenz., Linnaea 38: 92 (1874)
   Pourthiaea coreana Decne., Nouv. Arch. Mus. Hist. Nat. 10: 148 (1874)
   Pourthiaea oldhamii Decne., Nouv. Arch. Mus. Hist. Nat. 10: 149 (1874)
   Pourthiaea thunburgii Decne., Nouv. Arch. Mus. Hist. Nat. 10: 149 (1874)
   Pourthiaea zollingeri Decne., Nouv. Arch. Mus. Hist. Nat. 10: 149 (1874)
   Photinia variabilis Hemsl., J. Linn. Soc., Bot. 23: 263 (1887)
   Photinia villosa (Thunb.) DC. var. *laevis* (Thunb.) Dippel, Handb. Laubholzk. 3: 380 (1893)
   Pourthiaea variabilis Palib., Trudy Imp. S.-Peterburgsk. Bot. Sada 17: 76 (1899)
   Pourthiaea villosa (Thunb.) Decne. var. *zollingeri* (Decne.) C.K.Schneid., Ill. Handb. Laubholzk. 1: 710 (1906)
   Pyrus mokpoensis H.Lév., Repert. Spec. Nov. Regni Veg. 7: 200 (1909)
   Pyrus brunnea H.Lév., Repert. Spec. Nov. Regni Veg. 10: 377 (1911)

Pyrus sinensis (Dum.Cours.) Poir. var. *maximowicziana* H.Lév., Repert. Spec. Nov. Regni Veg. 10: 377 (1911)

Pyrus spectabilis Aiton var. *albescens* H.Lév., Repert. Spec. Nov. Regni Veg. 10: 377 (1912)

Pourthiaea villosa (Thunb.) Decne. var. *longipes* Nakai, Bot. Mag. (Tokyo) 30: 25 (1916)

Pourthiaea villosa (Thunb.) Decne. var. *brunnea* (H.Lév.) Nakai, Bot. Mag. (Tokyo) 30: 25 (1916)

Pourthiaea villosa (Thunb.) Decne. var. *coreana* Nakai, Bot. Mag. (Tokyo) 30: 25 (1916)

Pourthiaea laevis (Thunb.) Koidz. var. *villosa* (Thunb.) Koidz., Fl. Symb. Orient.-Asiat. 52 (1930)

Pourthiaea laevis (Thunb.) Koidz., Fl. Symb. Orient.-Asiat. 52 (1930)

Pourthiaea laevis (Thunb.) Koidz. var. *zollingeri* (Decne.) Koidz., Fl. Symb. Orient.-Asiat. 52 (1930)

Pourthiaea villosa (Thunb.) Decne. var. *laevis* (Thunb.) Stapf, Bot. Mag. 155: t. 9275 (1932)

Pourthiaea longipes Nakai, Bot. Mag. (Tokyo) 48: 781 (1934)

Pourthiaea brunnea (H.Lév.) H.D. Chang, Bull. Forest. Soc. Korea (Chosen Sanrin Kwaiho) 186: 24 (1940)

Pourthiaea villosa (Thunb.) Decne. var. *yokohamensis* Nakai, J. Jap. Bot. 18: 618 (1942)

Crataegus villosa Thunb., Fl. Jap., revised ed., [Ohwi] 204 (1965)

Crataegus laevis Thunb., Fl. Jap., revised ed., [Ohwi] 204 (1965)

Representative specimens; Hwanghae-namdo 26 August 1943 長壽山 *Furusawa, I Furusawa s.n.* 28 July 1929 長淵郡長山串 *Nakai, T Nakai s.n.* **Kangwon-do** 31 July 1916 金剛山神溪寺附近 *Nakai, T Nakai s.n.* 5 June 1934 Mt. Kumgang (金剛山) *Miyazaki, M s.n.* 25 August 1916 金剛山新金剛 *Nakai, T Nakai s.n.*

Physocarpus (Cambess.) Raf.
Physocarpus amurensis (Maxim.) Maxim., Trudy Imp. S.-Peterburgsk. Bot. Sada 6: 221 (1879)

Common name 산국수나무

Distribution in Korea: North

Spiraea amurensis Maxim., Mem. Acad. Imp. Sci. St.-Petersbourg Divers Savans 9: 90 (1859)

Opulaster amurensis (Maxim.) Kuntze, Revis. Gen. Pl. 2: 949 (1891)

Physocarpus ribesifolia Kom., Izv. Bot. Sada Akad. Nauk S.S.S.R 30: 202 (1932)

Representative specimens; Hamgyong-bukto 18 August 1914 茂山 *Nakai, T Nakai s.n.* **Ryanggang** 4 July 1897 上水隅理 *Komarov, VL Komaorv s.n.*

Potentilla Adans.
Potentilla ancistrifolia Bunge, Mem. Acad. Imp. Sci. St.-Petersbourg, Ser. 6, Sci. Math., Seconde Pt. Sci. Nat. 2: 99 (1833)

Common name 바위뱀딸기 (당양지꽃)

Distribution in Korea: North (Chagang, Ryanggang, Hamgyong, P'yongan, Kangwon), Central (Hwanghae)

Potentilla rugulosa Kitag., Rep. Inst. Sci. Res. Manchoukuo 1: 260 (1937)

Potentilla aemulans Juz., Fl. URSS 10: 214, 614 (1941)

Potentilla ancistrifolia Bunge var. *rugulosa* (Kitag.) Liou & C.Y.Li, Fl. Pl. Herb. Chin. Bor.-Or. 5: 21 (1976)

Representative specimens; P'yongan-namdo 16 July 1916 寧遠 *Mori, T Mori s.n.* 15 June 1928 陽德 *Nakai, T Nakai s.n.*

Potentilla ancistrifolia Bunge var. *dickinsii* (Franch. & Sav.) Koidz., Bot. Mag. (Tokyo) 23: 177 (1909)

Common name 돌양지꽃

Distribution in Korea: North (Hamkyon, P'yongan), Central, South, Ulleung, Jeju

Potentilla dickinsii Franch. & Sav., Enum. Pl. Jap. 2: 337 (1878)

Potentilla dickinsii Franch. & Sav. var. *breviseta* Nakai, Repert. Spec. Nov. Regni Veg. 13: 275 (1914)

Potentilla dickinsii Franch. & Sav. var. *glabrata* Nakai, Bot. Mag. (Tokyo) 32: 106 (1918)

Representative specimens; Hwanghae-namdo 26 August 1943 長壽山 *Furusawa, I Furusawa s.n.* 29 July 1935 *Koidzumi, G Koidzumi s.n.* 27 July 1929 長淵郡長山串 *Nakai, T Nakai s.n.* 12 July 1921 Sorai Beach 九味浦 *Mills, RG Mills s.n.* **Kangwon-do** 28 July 1916 高城郡高城 (高城郡新北面?)- 溫井里 *Nakai, T Nakai s.n.* 11 August 1943 Mt. Kumgang (金剛山) *Honda, M Honda s.n.* 29 July 1938 *Hozawa, S Hozawa s.n.* 12 August 1932 金剛山望軍臺- 附近 *Kitamura, S Kitamura s.n.* 12 August 1932 Mt. Kumgang (金剛山) *Koidzumi, G Koidzumi s.n.* 14 July 1936 金剛山外金剛千佛山 *Nakai, T Nakai s.n.* 1 August 1916 金剛山神仙峯 *Nakai, T*

Nakai5518 10 June 1932 Mt. Kumgang (金剛山) *Ohwi, J Ohwi s.n.* 7 August 1940 *Okuyama, S Okuyama s.n.* **P'yongan-bukto** 5 August 1937 妙香山 *Hozawa, S Hozawa s.n.*

Potentilla bifurca L., Sp. Pl. 497 (1753)
Common name 물싸리풀
Distribution in Korea: North
  Schistophyllidium bifurcum (L.) Ikonn., Opred. Vyssh. Rast. Badakhshana 210 (1979)

Representative specimens; Hamgyong-bukto 17 June 1909 清津 *Nakai, T Nakai s.n.* June 1933 羅南 *Saito, T T Saito s.n.* 15 June 1930 東側全巨里 *Ohwi, J Ohwi s.n.* 13 July 1930 Kyonson 鏡城 *Ohwi, J Ohwi s.n.* 27 May 1935 朱乙 *Saito, T T Saito s.n.* 26 May 1897 茂山 *Komarov, VL Komaorv s.n.* August 1913 *Mori, T Mori s.n.* 20 June 1909 富寧 *Nakai, T Nakai s.n.* 15 May 1897 江八嶺 *Komarov, VL Komaorv s.n.* **Rason** 28 May 1940 Rajin *Higuchigka, S s.n.* **Ryanggang** 5 August 1933 長平面尋常小學校庭 *Kim, HB s.n.* 25 July 1914 遮川里三水 *Nakai, T Nakai s.n.*

Potentilla centigrana Maxim., Bull. Acad. Imp. Sci. Saint-Pétersbourg 19: 163 (1873)
Common name 좀딸기
Distribution in Korea: North
  Potentilla reptans L. var. *trifoliata* A.Gray, Mem. Amer. Acad. Arts n.s. 6: 387 (1859)
  Potentilla centigrana Maxim. var. *mandshurica* Maxim., Mélanges Biol. Bull. Phys.-Math.
  Acad. Imp. Sci. Saint-Pétersbourg 9: 154 (1873)
  Potentilla centigrana Maxim. var. *japonica* Maxim., Mélanges Biol. Bull. Phys.-Math. Acad.
  Imp. Sci. Saint-Pétersbourg 9: 157 (1873)
  Potentilla bodinieri H.Lév., Bull. Soc. Bot. France 55: 56 (1908)
  Potentilla longepetiolata H.Lév., Repert. Spec. Nov. Regni Veg. 7: 199 (1909)

Representative specimens; Chagang-do 30 August 1897 慈城江 *Komarov, VL Komaorv s.n.* **Hamgyong-bukto** 27 May 1897 富潤洞 *Komarov, VL Komaorv s.n.* 19 May 1897 茂山嶺 *Komarov, VL Komaorv s.n.* 10 May 1938 鶴西面德仁 *Saito, T T Saito s.n.* 12 June 1930 鏡城 *Ohwi, J Ohwi s.n.* 9 July 1930 *Ohwi, J Ohwi s.n.* 12 June 1930 Kyonson 鏡城 *Ohwi, J Ohwi s.n.* 9 July 1930 *Ohwi, J Ohwi s.n.* 13 June 1935 鏡城 *Saito, T T Saito s.n.* 25 May 1897 城川江-茂山 *Komarov, VL Komaorv s.n.* 17 June 1930 四芝嶺 *Ohwi, J Ohwi s.n.* 17 June 1930 *Ohwi, J Ohwi s.n.* **Hamgyong-namdo** 15 June 1932 下碣隅里 *Ohwi, J Ohwi s.n.* **Kangwon-do** 10 June 1932 Mt. Kumgang (金剛山) *Ohwi, J Ohwi s.n.* **P'yongan-bukto** 29 July 1937 妙香山 *Park, MK Park s.n.* **Rason** 5 June 1930 西水羅 *Ohwi, J Ohwi s.n.* **Ryanggang** 23 August 1914 Keizanchin(惠山鎭) *Ikuma, Y Ikuma s.n.* 22 August 1897 雲洞嶺 *Komarov, VL Komaorv s.n.* 5 August 1940 高頭山 *Hozawa, S Hozawa s.n.* 30 May 1897 延面水河谷-古倉坪 *Komarov, VL Komaorv s.n.*

Potentilla chinensis Ser., Prodr. (DC.) 2: 581 (1825)
Common name 딱지꽃
Distribution in Korea: North (Chagang, Hamgyong, P'yongan, Kangwon), Central, South
  Potentilla exaltata Bunge, Enum. Pl. Chin. Bor. 24 (1833)
  Potentilla chinensis Ser. var. *concolor* Franch. & Sav., Enum. Pl. Jap. 2: 338 (1879)
  Potentilla chinensis Ser. var. *micrantha* Franch. & Sav., Enum. Pl. Jap. 2: 338 (1879)
  Potentilla chinensis Ser. var. *isomera* Franch. & Sav., Enum. Pl. Jap. 2: 338 (1879)
  Potentilla niponica Th.Wolf, Biblioth. Bot. 71: 182 (1908)
  Potentilla chinensis Ser. var. *latifida* Koidz., J. Coll. Sci. Imp. Univ. Tokyo 34: 179 (1913)
  Potentilla chinensis Ser. var. *littoralis* Nakai, Rep. Veg. Diamond Mountains 202 (1918)
  Potentilla chinensis Ser. var. *pseudochinensis* (Nakai) Nakai, Bot. Mag. (Tokyo) 33: 57 (1919)
  Potentilla isomera (Franch. & Sav.) Koidz., Fl. Symb. Orient.-Asiat. 24 (1930)
  Potentilla chinensis Ser. ssp. *trigonodonta* Hand.-Mazz., Symb. Sin. 7: 512 (1933)
  Potentilla chinensis Ser. var. *xerogens* Hand.-Mazz., Symb. Sin. 7: 512 (1933)

Representative specimens; Chagang-do 28 August 1897 慈城邑(松德水河谷) *Komarov, VL Komaorv s.n.* **Hamgyong-bukto** 1 August 1914 清津 *Ikuma, Y Ikuma s.n.* 12 July 1932 羅南 *Saito, T T Saito s.n.* 24 September 1937 漁遊洞 *Saito, T T Saito s.n.* 3 August 1933 會寧 *Koidzumi, G Koidzumi s.n.* 6 July 1930 鏡城 *Ohwi, J Ohwi s.n.* 13 July 1930 Kyonson 鏡城 *Ohwi, J Ohwi s.n.* 6 July 1930 *Ohwi, J Ohwi s.n.* 5 July 1933 南下石山 *Saito, T T Saito s.n.* 2 August 1918 漁大津 *Nakai, T Nakai s.n.* **Hamgyong-namdo** 17 August 1940 西湖津 *Okuyama, S Okuyama s.n.* 11 August 1940 咸興歸州寺 *Okuyama, S Okuyama s.n.* 1928 Hamhung (咸興) *Seok, JM s.n.* 23 July 1933 東上面漢岱里 *Koidzumi, G Koidzumi s.n.* 15 August 1935 赴戰高原咸地里 *Nakai, T Nakai s.n.* 23 July 1935 弁天島 *Nomura, N Nomura s.n.* **Hwanghae-namdo** 29 July 1935 長壽山 *Koidzumi, G Koidzumi s.n.* 28 August 1943 海州港海岸 *Furusawa, I Furusawa s.n.* 31 July 1929 席島 *Nakai, T Nakai s.n.* 1 August 1929 椒島 *Nakai, T Nakai s.n.* 9 July 1921 Sorai Beach 九味浦 *Mills, RG Mills s.n.* 9 July 1921 *Mills, RG Mills s.n.* 24 July 1929 夢金浦 *Nakai, T Nakai s.n.* **Kangwon-do** 28 July 1916 長箭 *Nakai, T Nakai*

5516 28 July 1916 *Nakai, T Nakai*5517 Type of *Potentilla chinensis* Ser. var. *littoralis* Nakai (Holotype TI)26 July 1916 *Nakai, T Nakai* 5524 Type of *Potentilla chinensis* Ser. var. *pseudochinensis* (Nakai) Nakai (Holotype TI)2 August 1932 金剛山內金剛 *Kobayashi, M Kobayashi s.n.* 7 August 1940 Mt. Kumgang (金剛山) *Okuyama, S Okuyama s.n.Sakaniwa, S s.n.* 13 August 1902 長淵里 *Uchiyama, T Uchiyama s.n.* 30 August 1916 通川 *Nakai, T Nakai s.n.* 20 August 1932 元山德原 *Kitamura, S Kitamura s.n.*5 August 1932 Gensan *Kitamura, S Kitamura s.n.* 5 August 1932 元山 *Kitamura, S Kitamura s.n.* 10 July 1918 元山海 *Nakai, T Nakai*7169 **P'yongyang** 23 August 1943 大同郡大寶山 *Furusawa, I Furusawa s.n.* 22 June 1909 平壤市街附近 *Imai, H Imai s.n.* **Rason** 6 June 1930 西水羅 *Ohwi, J Ohwi s.n.* **Ryanggang** 19 July 1897 Keizanchin(惠山鎭) *Komorov, VL Komaorv s.n.* 1 August 1897 虛川江 (同仁川) *Komorov, VL Komaorv s.n.* 7 July 1897 犁方嶺 (鴨綠江寶暖堡) *Komorov, VL Komaorv s.n.* 19 August 1897 葡坪 *Komorov, VL Komaorv s.n.* 4 August 1897 十四道溝-白山嶺 *Komorov, VL Komaorv s.n.*28 July 1897 佳林里 *Komorov, VL Komaorv s.n.* 28 June 1897 栢德嶺 *Komorov, VL Komaorv s.n.* 26 July 1897 佳林里/五山里川河谷 *Komorov, VL Komaorv s.n.*

Potentilla cryptotaeniae Maxim., Bull. Acad. Imp. Sci. Saint-Pétersbourg 19: 162 (1874)

Common name 물양지꽃

Distribution in Korea: North, Central

Potentilla cryptotaeniae Maxim. var. *obovata* Th.Wolf, Biblioth. Bot. 71: 406 (1908)
Potentilla aegopodiifolia H.Lév., Repert. Spec. Nov. Regni Veg. 7: 198 (1909)
Potentilla cryptotaeniae Maxim. var. *obtusata* Th.Wolf, Trudy Bot. Muz. Imp. Akad. Nauk 9: 109 (1912)
Potentilla cryptotaeniae Maxim. var. *genuina* Kitag., Rep. Inst. Sci. Res. Manchoukuo 1: 256 (1937)

Representative specimens; Chagang-do 2 September 1897 湖芮(鴨綠江) *Komorov, VL Komaorv s.n.* 30 August 1897 慈城江 *Komorov, VL Komaorv s.n.* **Hamgyong-bukto** 20 June 1932 清津 *Ito, H s.n.* 8 August 1935 羅南支庫 *Saito, T T Saito s.n.* 15 July 1918 朱乙溫面甫上洞 *Nakai, T Nakai s.n.* 7 July 1930 鏡城 *Ohwi, J Ohwi s.n.* 7 July 1930 *Ohwi, J Ohwi s.n.* 7 July 1930 Kyonson 鏡城 *Ohwi, J Ohwi s.n.* 23 June 1909 Musan-ryeong (戊山嶺) *Nakai, T Nakai s.n.* 4 August 1918 Mt. Chilbo at Myongch'on(七寶山) *Nakai, T Nakai s.n.***Hamgyong-namdo** 16 August 1943 赴戰高原漢垈里 *Honda, M Honda s.n.* 23 July 1933 東上面漢岱里 *Koidzumi, G Koidzumi s.n.* 15 August 1935 赴戰高原咸地里 *Nakai, T Nakai s.n.* 15 August 1940 赴戰高原 Fusenkogen *Okuyama, S Okuyama s.n.* **Kangwon-do** 31 July 1916 金剛山神溪寺附近 *Nakai, T Nakai s.n.* 4 August 1932 Mt. Kumgang (金剛山) *Koidzumi, G Koidzumi s.n.* 12 July 1936 金剛山外金剛千佛山 *Nakai, T Nakai s.n.* 7 August 1940 Mt. Kumgang (金剛山) *Okuyama, S Okuyama s.n.*20 August 1902 *Uchiyama, T Uchiyama s.n.* 14 August 1933 安邊郡衛益面三防 *Nomura, N Nomura s.n.* **P'yongan-bukto** 26 July 1937 妙香山 *Park, MK Park s.n.* 27 July 1912 Nei-hen (Neiyen 寧邊) *Imai, H Imai s.n.* **P'yongan-namdo** 15 July 1916 葛日嶺 *Mori, T Mori s.n.* **Rason** 7 June 1930 西水羅 *Ohwi, J Ohwi s.n.* 7 June 1930 *Ohwi, J Ohwi s.n.* **Ryanggang** 23 August 1914 Keizanchin(惠山鎭) *Ikuma, Y Ikuma s.n.* 19 July 1897 *Komorov, VL Komaorv s.n.* 1 August 1897 虛川江 (同仁川) *Komorov, VL Komaorv s.n.* 4 August 1897 十四道溝-白山嶺 *Komorov, VL Komaorv s.n.* 5 August 1897 白山嶺 *Komorov, VL Komaorv s.n.* 21 August 1897 subdist. Chu-czan, flumen Amnok-gan *Komorov, VL Komaorv s.n.* 4 July 1897 上水隅理 *Komorov, VL Komaorv s.n.* 7 August 1897 上巨里水 *Komorov, VL Komaorv s.n.* 8 August 1897 上巨里水-院巨里水 *Komorov, VL Komaorv s.n.* 9 August 1917 延岩 *Furumi, M Furumi s.n.* 25 July 1897 佳林里 *Komorov, VL Komaorv s.n.* 4 August 1914 普天堡-寶泰洞 *Nakai, T Nakai s.n.* 4 August 1914 *Nakai, T Nakai s.n.* 20 August 1933 三長 *Koidzumi, G Koidzumi s.n.*

Potentilla discolor Bunge, Mem. Acad. Imp. Sci. St.-Petersbourg, Ser. 6, Sci. Math. 2: 99 (1833)

Common name 솜양지꽃

Distribution in Korea: North, Central, South

Potentilla formosana Hance, Ann. Sci. Nat., Bot. 5: 212 (1866)
Potentilla discolor Bunge var. *formosana* Franch., Pl. Delavay. 212 (1890)

Representative specimens; Hamgyong-bukto 15 June 1909 Sungjin (城津) *Nakai, T Nakai s.n.* 19 June 1937 *Saito, T T Saito s.n.* **Hamgyong-namdo** July 1902 端川龍德里摩天嶺 *Mishima, A s.n.* 1928 Hamhung (咸興) *Seok, JM s.n.* **Hwanghae-bukto** 29 May 1939 白川邑 *Hozawa, S Hozawa s.n.* **Hwanghae-namdo** 27 July 1929 長淵郡長山串 *Nakai, T Nakai s.n.* 31 July 1929 席島 *Nakai, T Nakai s.n.* 1 August 1929 椒島 *Nakai, T Nakai s.n.* 26 June 1922 Sorai Beach 九味浦 *Mills, RG Mills s.n.* **P'yongyang** June 1934 P'yongyang (平壤) *Chang, HD ChangHD s.n.* 10 June 1912 *Imai, H Imai s.n.* **Sinuiju** 30 April 1917 新義州 *Furumi, M Furumi s.n.*

Potentilla egedii Wormsk., Fl. Dan. 9(27): 5 (1818)

Common name 눈양지꽃

Distribution in Korea: North

Potentilla anserina L. var. *groenlandica* Tratt., Rosac. Monogr. 4: 13 13 (1824)
Potentilla anserina L. var. *egedii* (Wormsk.) Torr. & A.Gray, Fl. N. Amer. (Torr. & A. Gray) 1: 444 (1840)
Potentilla egedii Wormsk. var. *groenlandica* (Tratt.) Polunin, Rhodora 41: 40 (1939)

Representative specimens; Hamgyong-bukto 21 June 1937 龍台 *Saito, T T Saito s.n.* 18 August 1935 農圃洞 *Saito, T T Saito s.n.*8 August 1918 寶村 *Nakai, T Nakai s.n.* **Kangwon-do** 8 June 1909 元山 *Nakai, T Nakai s.n.* **Rason** 28 May 1930 獨津 *Ohwi, J Ohwi s.n.* 28 May 1930 *Ohwi, J Ohwi s.n.* 28 May 1930 獨津 - 鏡城 *Ohwi, J Ohwi s.n.*

Potentilla flagellaris Willd. ex Schltdl., Ges. Naturf. Freunde Berlin Mag. Neuesten Entdeck. Gesammten Naturk. 7: 291 (1816)

Common name 줄뱀양지꽃 (덩굴뱀딸기)

Distribution in Korea: North

Potentilla reptans L. var. *angustiloba* Ser., Prodr. (DC.) 2: 574 (1825)
Potentilla nemoralis Bunge, Fl. Altaic. 2: 256 (1830)

Representative specimens; Hamgyong-bukto 15 May 1897 江八嶺 *Komarov, VL Komaorv s.n.* **Ryanggang** 14 July 1897 鴨綠江 (上水隅理 -羅暖堡) *Komarov, VL Komaorv s.n.*

Potentilla fragarioides L., Sp. Pl. 496 (1753)

Common name 좀양지꽃 (양지꽃)

Distribution in Korea: North (Kangwon), Central, South

Potentilla sprengeliana Lehm., Monogr. Potentill. (Lehmann) 49 (1820)
Potentilla japonica Blume, Bijdr. Fl. Ned. Ind. 17: 1105 (1827)
Potentilla fragarioides L. var. *major* Maxim., Mem. Acad. Imp. Sci. St.-Petersbourg Divers Savans 9: 95 (1859)
Potentilla fragarioides L. var. *sprengeliana* (Lehm.) Maxim., Mélanges Biol. Bull. Phys.-Math. Acad. Imp. Sci. Saint-Pétersbourg 9: 159 (1873)
Potentilla palczewskii Juz., Bot. Mater. Gerb. Glavn. Bot. Sada SSSR 17: 235 (1955)
Potentilla sahalinensis Juz., Bot. Mater. Otd. Sporov. Rast. Bot. Inst. Komarova Akad. Nauk SSSR 17: 234 (1955)
Potentilla gageodoensis M.Kim, Korean J. Pl. Taxon. 44: 175 (2014)

Representative specimens; Chagang-do 30 August 1897 慈城江 *Komarov, VL Komaorv s.n.* 28 April 1911 Kang-gei(Kokai 江界) *Mills, RG Mills s.n.* **Hamgyong-bukto** 21 April 1933 羅南 *Saito, T T Saito s.n.* 4 May 1933 羅南西北谷 *Saito, T T Saito s.n.* July 1933 羅南 *Yoshimizu, K s.n.* 24 August 1914 會寧 -行營 *Nakai, T Nakai s.n.* 25 May 1930 鏡城 *Ohwi, J Ohwi s.n.* 25 May 1930 *Ohwi, J Ohwi s.n.* 23 May 1897 車踰嶺 *Komarov, VL Komaorv s.n.* 12 June 1897 西溪水 *Komarov, VL Komaorv s.n.* 4 June 1897 四芝嶺 *Komarov, VL Komaorv s.n.* **Hamgyong-namdo** July 1902 端川龍德里摩天嶺 *Mishima, A s.n.* **Hwanghae-namdo** 31 July 1929 席島 *Nakai, T Nakai s.n.* 1 August 1929 椒島 *Nakai, T Nakai s.n.* **Kangwon-do** 10 June 1932 Mt. Kumgang (金剛山) *Ohwi, J Ohwi s.n.* 10 August 1932 元山 *Kitamura, S Kitamura s.n.* 7 June 1909 *Nakai, T Nakai s.n.* 21 April 1935 *Yamagishi, S s.n.* **P'yongan-bukto** 5 June 1912 白璧山 *Ishidoya, T Ishidoya s.n.* **P'yongyang** 8 May 1910 P'yongyang (平壤) *Imai, H Imai s.n.* **Rason** 5 June 1930 西水羅 *Ohwi, J Ohwi s.n.* **Ryanggang** 18 July 1897 Keizanchin(惠山鎭) *Komarov, VL Komaorv s.n.* 1 July 1897 五是川雲寵江-崔五峰 *Komarov, VL Komaorv s.n.* 29 July 1897 安間嶺-同仁川 (同仁浦里?) *Komarov, VL Komaorv s.n.* 1 August 1897 虛川江 (同仁川) *Komarov, VL Komaorv s.n.* 15 August 1897 蓮坪-厚州川-厚州古邑 *Komarov, VL Komaorv s.n.* 16 August 1897 大羅信洞 *Komarov, VL Komaorv s.n.* 19 August 1897 葡坪 *Komarov, VL Komaorv s.n.* 7 June 1897 平蒲坪 *Komarov, VL Komaorv s.n.* 9 June 1897 屈松川 (西頭水河谷) 倉坪 *Komarov, VL Komaorv s.n.* 14 June 1897 西溪水-延岩 *Komarov, VL Komaorv s.n.* 26 June 1897 内曲里 *Komarov, VL Komaorv s.n.* 11 July 1917 南胞胎山中腹 *Furumi, M Furumi s.n.* 20 July 1897 惠山鎭(鴨綠江上流長白山脈中高原) *Komarov, VL Komaorv s.n.* **Sinuiju** 30 April 1917 新義州 *Furumi, M Furumi s.n.*

Potentilla freyniana Bornm., Mitth. Thüring. Bot. Vereins 20: 12 (1904)

Common name 세잎양지꽃

Distribution in Korea: Central (Kangwon), South, Jeju, Ulleung

Potentilla fragarioides L. var. *ternata* Maxim., Mélanges Biol. Bull. Phys.-Math. Acad. Imp. Sci. Saint-Pétersbourg 9: 159 (1873)
Potentilla longipetiolata H.Lév., Repert. Spec. Nov. Regni Veg. 7: 199 (1909)
Potentilla freyniana Bornm. var. *nitens* Pamp., Nuovo Giorn. Bot. Ital. n.s. 17: 293 (1910)
Potentilla sutchuenica Cardot, Notul. Syst. (Paris) 3: 239 (1914)
Potentilla freyniana Bornm. var. *villosa* (Nakai) Nakai, Bull. Natl. Sci. Mus., Tokyo 31: 58 (1952)

Representative specimens; Hamgyong-bukto 18 June 1930 四芝洞 *Ohwi, J Ohwi s.n.* **Hamgyong-namdo** 1928 Hamhung (咸興) *Seok, JM s.n.* **Ryanggang** 25 May 1938 農事洞 *Saito, T T Saito s.n.*

Potentilla fruticosa L., Sp. Pl. 495 (1753)

Common name 물싸리

Distribution in Korea: North

Potentilla arbuscula D.Don, Prodr. Fl. Nepal. 256 (1825)
Potentilla rigida Wall., Numer. List n. 1009 (1829)
*Dasiphora riparia*Raf., Autik. Bot. 167 (1840)
Potentilla fruticosa L. var. *arbuscula* (D.Don) Maxim., Mélanges Biol. Bull. Phys.-Math. Acad.
Imp. Sci. Saint-Pétersbourg 9: 159 (1873)
Potentilla fruticosa L. var. *rigida* (Wall. ex Lehm.) Th.Wolf, Biblioth. Bot. 71: 57 (1908)
Potentilla fruticosa L. var. *leucantha* Makino, Bot. Mag. (Tokyo) 24: 32 (1910)

Representative specimens; Chagang-do 22 July 1919 狼林山上 *Kajiwara, U Kajiwara s.n.* 22 July 1916 狼林山 *Mori, T Mori s.n.* **Hamgyong-bukto** 15 June 1930 茂山嶺全巨里驛 *Ohwi, J Ohwi s.n.* 15 June 1930 茂山峯 *Ohwi, J Ohwi s.n.* 5 August 1939 頭流山 *Hozawa, S Hozawa s.n.* 19 July 1918 冠帽山 *Nakai, T Nakai s.n.* 13 July 1930 鏡城 *Ohwi, J Ohwi s.n.* 5 August 1914 茂山 *Ikuma, Y Ikuma s.n.* 25 July 1918 雪嶺 *Nakai, T Nakai s.n.* 4 June 1897 四芝嶺 *Komarov, VL Komarov s.n.* 19 June 1930 四芝洞 *Ohwi, J Ohwi s.n.* 19 June 1930 四芝嶺 *Ohwi, J Ohwi s.n.* **Hamgyong-namdo** July 1943 龍眼里 *Uchida, H Uchida s.n.* July 1943 *Uchida, H Uchida s.n.* 18 August 1935 道頭里南側 *Nakai, T Nakai s.n.* 15 June 1932 下碣隅里 *Ohwi, J Ohwi s.n.* 18 August 1943 赴戰高原咸地里 *Honda, M Honda s.n.* 14 August 1943 赴戰高原元豊-道安 *Honda, M Honda s.n.* 22 August 1932 蓋馬高原 *Kitamura, S Kitamura s.n.* 27 July 1933 東上面元豊 *Koidzumi, G Koidzumi s.n.* 17 August 1934 東上面逢阿里 *Kojima, K Kojima s.n.* 15 August 1935 赴戰高原咸地里 *Nakai, T Nakai s.n.* 20 June 1932 東上面元豊里 *Ohwi, J Ohwi s.n.* 3 October 1935 赴戰高原 Fusenkogen *Okamoto, S Okamoto s.n.* 3 October 1935 *Okamoto, S Okamoto s.n.* 16 August 1934 新興郡永古郡松興里 *Yamamoto, A Yamamoto s.n.* 4 July 1897 三水邑-上水隅理 *Komarov, VL Komarov s.n.* **Ryanggang** 1913 晋忠面 *Unknown s.n.* 25 August 1934 豊山郡熊耳面北水白山 *Yamamoto, A Yamamoto s.n.* 4 July 1897 三水邑-上水隅理 *Komarov, VL Komarov s.n.* 4 August 1939 大澤濕地 *Hozawa, S Hozawa s.n.* 5 August 1940 頭頭山 *Hozawa, S Hozawa s.n.* 6 June 1897 平蒲坪 *Komarov, VL Komarov s.n.* 8 June 1897 平蒲坪-倉坪 *Komarov, VL Komarov s.n.* 15 June 1897 延岩 *Komarov, VL Komarov s.n.* 24 June 1930 延岩洞-上村 *Ohwi, J Ohwi s.n.* 31 July 1930 醬池 *Ohwi, J Ohwi s.n.* 24 July 1930 吉州郡含山嶺 *Ohwi, J Ohwi s.n.* 24 July 1930 *Ohwi, J Ohwi s.n.* 24 June 1930 延岩洞-上村 *Ohwi, J Ohwi s.n.* 31 July 1930 醬池 *Ohwi, J Ohwi s.n.* 21 June 1897 阿武山-象背嶺 *Komarov, VL Komarov s.n.* 28 July 1917 虛項嶺 *Furumi, M Furumi s.n.* 15 July 1935 小長白山 *Irie, Y s.n.* 1 August 1934 *Kojima, K Kojima s.n.* 7 August 1914 虛項嶺-神武城 *Nakai, T Nakai s.n.* 6 August 1914 胞胎山 *Nakai, T Nakai s.n.* 8 August 1914 農事洞 *Ikuma, Y Ikuma s.n.* 20 August 1933 三長 *Koidzumi, G Koidzumi s.n.* 13 August 1914 Moho (茂峯)- 農事洞 *Nakai, T Nakai s.n.*

Potentilla glabra Lodd. var. **mandshurica** (Maxim.) Hand.-Mazz., Acta Horti Gothob. 13: 297 (1939)
Common name 흰물싸리
Distribution in Korea: North (Chagang, Hamgyong, P'yongan)
Potentilla fruticosa L. var. *mandshurica* Maxim., Mélanges Biol. Bull. Phys.-Math. Acad. Imp. Sci. Saint-Pétersbourg 9: 158 (1875)
Potentilla davurica Nestl. var. *mandshurica* (Maxim.) Th.Wolf, Biblioth. Bot. 71: 61 (1908)
Dasiphora fruticosa (L.) Rydb. var. *coreana* Nakai, J. Jap. Bot. 15: 600 (1939)
Dasiphora fruticosa (L.) Rydb. var. *leucantha* (Makino) Nakai, J. Jap. Bot. 15: 600 (1939)
Potentilla fruticosa L. f. *mandshurica* (Maxim.) Rehder, Man. Cult. Trees, ed. 2 422 (1940)
Potentilla fruticosa L. var. *dahurica* Ser. ex Uyeki, Woody Pl. Distr. Chosen 48 (1940)
Dasiphora mandshurica (Maxim.) Juz., Fl. URSS 10: 73 (1941)

Representative specimens; Hamgyong-bukto Kyonson 鏡城 *Unknown s.n.* **Ryanggang** August 1939 甲山郡 (李王職植物園＝栽培) *Unknown s.n.* 3 August 1939 白岩 *Nakai, T Nakai s.n.* 三池淵 *Unknown s.n.*

Potentilla kleiniana Wight & Arn., Prodr. Fl. Ind. Orient. 1: 300 (1834)
Common name 가락지나물
Distribution in Korea: North, Central, South, Jeju
Potentilla kleiniana Wight & Arn. var. *minor* Nakai
Potentilla anemonifolia Lehm., Index Sem. (Hamburg) 9 (1853)
Potentilla kleiniana Wight & Arn. var. *anemonefolia* (Lehm.) Nakai, Bull. Natl. Sci. Mus., Tokyo 31: 58 (1952)
Potentilla kleiniana Wight & Arn. ssp. *anemonefolia* (Lehm.) Murata, Acta Phytotax. Geobot. 21: 89 (1965)
Potentilla kleiniana Wight & Arn. var. *robusta* (Franch. & Sav.) Kitag., Neolin. Fl. Manshur. 373 (1979)
Potentilla sundaica Kuntze var. *robusta* (Franch. & Sav.) Kitag., J. Jap. Bot. 55: 267 (1980)

Representative specimens; Chagang-do 15 June 1911 Kang-gei(Kokai 江界) *Mills, RG Mills 306* **Hamgyong-bukto** 1930 漁遊洞 *Ohwi, J Ohwi s.n.* 13 July 1930 鏡城 *Ohwi, J Ohwi s.n.* **Hwanghae-namdo** 9 July 1921 Sorai Beach 九味浦 *Mills, RG Mills s.n.* 24 July 1929 夢金浦 *Nakai, T Nakai s.n.* **Kangwon-do** 7 June 1909 元山 *Nakai, T Nakai s.n.* **P'yongan-bukto** 1 June 1912 白壁山 *Ishidoya, T;*

Chung, TH Ishidoya s.n. **P'yongyang** 7 June 1912 P'yongyang (平壤) *Imai, H Imai s.n. Rason* 5 June 1930 西水羅 *Ohwi, J Ohwi s.n.* 5 June 1930 *Ohwi, J Ohwi s.n.* 6 July 1937 港風里 *Saito, T T Saito s.n.*

Potentilla longifolia Willd. ex Schltdl., Ges. Naturf. Freunde Berlin Mag. Neuesten Entdeck. Gesammten Naturk. 7: 287 (1816)

Common name 끈끈이딱지꽃 (끈끈이딱지)

Distribution in Korea: North (Gaema, Bujeon, Hamkyong)
    Potentilla hispida Nestl., Monogr. Potentilla (Nestler) 6 (1816)
    Potentilla viscosa (Rydb.) Fedde, Revis. Potentill. 57 (1856)
    Potentilla viscosa (Rydb.) Fedde var. *macrophylla* Kom., Trudy Imp. S.-Peterburgsk. Bot. Sada 22: 501 (1904)
    Drymocallis viscosa Rydb., N. Amer. Fl. 22: 372 (1908)

Representative specimens; Chagang-do 18 July 1914 大興里 *Nakai, T Nakai s.n.* **Hamgyong-bukto** 28 May 1897 富潤洞 *Komarov, VL Komaorv s.n.* 23 July 1918 朱北面金谷 *Nakai, T Nakai s.n.* 16 July 1918 朱乙溫面城町 *Nakai, T Nakai s.n.* 6 July 1930 Kyonson 鏡城 *Ohwi, J Ohwi s.n.* 6 July 1930 鏡城 *Ohwi, J Ohwi s.n.* 19 September 1935 南下石山 *Saito, T T Saito s.n.* 22 August 1933 車踰嶺 *Koidzumi, G Koidzumi s.n.* August 1914 富寧 *Ikuma, Y Ikuma s.n.* **Hamgyong-namdo** 19 August 1935 道頭里 *Nakai, T Nakai s.n.* 14 August 1943 赴戰高原元豊-道安 *Honda, M Honda s.n.* 23 August 1932 蓋馬高原 *Kitamura, S Kitamura s.n.* 23 August 1932 *Kitamura, S Kitamura s.n.* 23 August 1932 *Kitamura, S Kitamura s.n.* 23 July 1933 東上面漢岱里 *Koidzumi, G Koidzumi s.n.* 15 August 1935 赴戰高原咸地里 *Nakai, T Nakai s.n.* 14 August 1940 赴戰高原 Fusenkogen *Okuyama, S Okuyama s.n.* **Ryanggang** 15 August 1897 蓮州川-厚州川-厚州古邑 *Komarov, VL Komaorv s.n.* 16 August 1897 大羅信洞 *Komarov, VL Komaorv s.n.* 8 August 1897 上巨里水-院巨里水 *Komarov, VL Komaorv s.n.* 7 June 1897 平蒲坪 *Komarov, VL Komaorv s.n.* 26 July 1897 佳林里/五山里川河谷 *Komarov, VL Komaorv s.n.* 22 July 1897 佳林里 *Komarov, VL Komaorv s.n.*

Potentilla multifida L., Sp. Pl. 496 (1753)

Common name 만주딱지꽃

Distribution in Korea: North
    Potentilla multifida L. var. *angustifolia* Lehm., Monogr. Potentill. (Lehmann) 64 (1820)
    Potentilla tenella Turcz., Bull. Soc. Imp. Naturalistes Moscou 16: 620 (1843)
    Potentilla hypoleuca Turcz., Bull. Soc. Imp. Naturalistes Moscou 16: 619 (1843)
    Potentilla multifida L. var. *minor* Ledeb., Fl. Ross. (Ledeb.) 2: 43 (1844)
    Potentilla multifida L. var. *hypoleuca* (Turcz.) Th.Wolf, Biblioth. Bot. 71: 155 (1908)
    Potentilla plurijuga Hand.-Mazz., Acta Horti Gothob. 13: 315 (1939)
    Potentilla multifida L. var. *sericea* A.I.Baranov & Skvortsov ex Liou, Claves Pl. Chin. Bor.-Or. 150 (1959)
    Potentilla multifida L. f. *angustifolia* (Lehm.) Kitag., Neolin. Fl. Manshur. 374 (1979)

Representative specimens; Ryanggang 26 July 1897 佳林里/五山里川河谷 *Komarov, VL Komaorv s.n.*

Potentilla nivea L., Sp. Pl. 499 (1753)

Common name 은양지꽃

Distribution in Korea: far North (Paekdu, Potae, Kwanmo, Seolryong, Rangrim, Kangwon)
    Potentilla macrantha Ledeb., Mem. Acad. Imp. Sci. St. Petersbourg Hist. Acad. 5: 542 (1815)
    Potentilla nivea L. var. *camtschatica* Cham. & D.F.K.Schltdl., Linnaea 2: 21 (1827)
    Potentilla nivea L. var. *vulgaris* Cham. & D.F.K.Schltdl., Linnaea 2: 21 (1827)
    Potentilla nivea L. var. *macrantha* Ledeb., Fl. Ross. (Ledeb.) 2: 57 (1844)
    Potentilla matsuokana Makino, Bot. Mag. (Tokyo) 16: 161 (1902)
    Potentilla matsumurae Th.Wolf, Biblioth. Bot. 71 (3): 508 (1908)

Representative specimens; Hamgyong-bukto 19 July 1918 冠帽山 *Nakai, T Nakai s.n.* July 1932 冠帽峰 *Ohwi, J Ohwi s.n.* 21 July 1933 *Saito, T T Saito s.n.* **Ryanggang** 13 August 1913 白頭山 *Hirai, H Hirai s.n.* 7 August 1914 虛項嶺-神武城 *Nakai, T Nakai s.n.* 10 August 1914 白頭山 *Nakai, T Nakai s.n.* 8 August 1914 神武城 *Nakai, T Nakai s.n.* 26 July 1942 白頭山 *Saito, T T Saito s.n.*

Potentilla reptans L., Sp. Pl. : 499 (1753)

Common name 좀딸기

Distribution in Korea: North, Central

Potentilla rosulifera H.Lév., Repert. Spec. Nov. Regni Veg. 7: 198 (1909)

Common name 민눈양지꽃

Distribution in Korea: North (Kangwon), Central, South, Jeju
  Potentilla freyniana Bornm. var. *grandiflora* Th.Wolf, Biblioth. Bot. 71: 640 (1908)
  Potentilla yokusaiana Makino, Bot. Mag. (Tokyo) 24: 142 (1910)
  Potentilla quelpaertensis Cardot, Notul. Syst. (Paris) 3: 231 (1914)

Representative specimens; Kangwon-do 12 July 1936 金剛山外金剛千佛山 *Nakai, T Nakai s.n.*

Potentilla stolonifera Lehm. ex Ledeb., Fl. Ross. (Ledeb.) 2: 38 (1843)

Common name 덩굴양지꽃

Distribution in Korea: North, Sotuh, Jeju
  Potentilla stolonifera Lehm. ex Ledeb. var. *quelpaertensis* Nakai, Repert. Spec. Nov. Regni Veg. 13: 276 (1914)
  Potentilla japonica Blume var. *quelpaertensis* (Nakai) Nakai, Bull. Natl. Sci. Mus., Tokyo 31: 58 (1952)

Potentilla supina L., Sp. Pl. 497 (1753)

Common name 개쇠스랑개비 (개소시랑개비)

Distribution in Korea: Introduced (North, Central, South, Jeju; Northern hemisphere)
  Comarum flavum Roxb., Hort. Bengal. 39 (1814)
  Potentilla paradoxa Nutt., Fl. N. Amer. (Torr. & A. Gray) 1: 437 (1840)
  Potentilla nicolletii E.Sheld., Bull. Geol. Nat. Hist. Surv. 7: 16 (1884)
  Tridophyllum paradoxum (Nutt.) Greene, Leafl. Bot. Observ. Crit. 1(14): 189 (1906)
  Potentilla supina L. var. *egibbosa* Th.Wolf, Biblioth. Bot. 71 (3): 392 (1908)
  Potentilla supina L. var. *paradoxa* (Nutt.) Th.Wolf, Biblioth. Bot. 71 (3): 393 (1908)
  Potentilla fauriei H.Lév., Repert. Spec. Nov. Regni Veg. 7: 198 (1909)
  Potentilla supina L. ssp. *paradoxa* (Nutt.) Soják, Folia Geobot. Phytotax. 4: 207 (1969)

Representative specimens; Hamgyong-bukto 28 May 1897 富潤洞 *Komarov, VL Komaorv s.n.* 13 July 1932 羅南 *Saito, T T Saito s.n.* 26 May 1930 鏡城 *Ohwi, J Ohwi s.n.* 6 July 1930 *Ohwi, J Ohwi s.n.* 25 May 1897 城川江-茂山 *Komarov, VL Komaorv s.n.* 20 June 1909 富寧 *Nakai, T Nakai s.n.* Kangwon-do 14 September 1932 元山 (Gensan) *Kitamura, S Kitamura s.n.* 7 June 1909 元山 *Nakai, T Nakai s.n.* P'yongyang 22 June 1909 平壤市街附近 *Imai, H Imai s.n.* Ryanggang 1 August 1897 虛川江 (同仁川) *Komarov, VL Komaorv s.n.* 8 July 1897 羅暖堡 *Komarov, VL Komaorv s.n.* 8 August 1914 無頭峯 *Ikuma, Y Ikuma s.n.* 5 August 1914 胞胎山寶泰洞 *Nakai, T Nakai s.n.*

Potentilla supina L. var. *ternata* Peterm., Anal. Pfl.-Schlüss.125 (1846)

Common name 좀개소시랑개비

Distribution in Korea: North
  Potentilla amurensis Maxim., Mem. Acad. Imp. Sci. St.-Petersbourg Divers Savans 9: 98 (1859)
  Potentilla supina L. f. *ternata* Th.Wolf, Biblioth. Bot. 71: 392 (1908)
  Potentilla supina L. var. *campestris* Cardot, Notul. Syst. (Paris) 3: 237 (1914)

Representative specimens; Hamgyong-namdo 11 August 1940 咸興歸州寺 *Okuyama, S Okuyama s.n.* P'yongyang 15 May 1910 平壤普通江岸 *Imai, H Imai s.n.* Sinuiju 25 April 1917 新義州 *Furumi, M Furumi s.n.*

Potentilla tanacetifolia Willd. ex Schltdl., Ges. Naturf. Freunde Berlin Mag. Neuesten Entdeck. Gesammten Naturk. 7: 286 (1816)

Common name 가는잎푸른딱지꽃

Distribution in Korea: North
  Potentilla filipendula Willd. ex Schltdl., Ges. Naturf. Freunde Berlin Mag. Neuesten Entdeck. Gesammten Naturk. 7: 296 (1816)
  Potentilla nudicaulis Willd. ex Schltdl., Ges. Naturf. Freunde Berlin Mag. Neuesten Entdeck. Gesammten Naturk. 7: 286 (1816)

Representative specimens; Chagang-do 28 April 1911 Kang-gei(Kokai 江界) *Mills, RG Mills s.n.* Hamgyong-bukto 19 June 1937 Sungjin (城津) *Saito, T T Saito s.n.* 6 July 1930 鏡城 *Ohwi, J Ohwi s.n.* 26 May 1930 *Ohwi, J Ohwi s.n.* Hamgyong-namdo 16 August

1934 新興郡永古郡松興里 Yamamoto, A Yamamoto s.n. **Ryanggang** 9 August 1917 延岩 Furumi, M Furumi s.n. 11 August 1917 農事洞 Furumi, M Furumi s.n. 13 August 1914 Moho (茂峯)- 農事洞 Nakai, T Nakai s.n. 13 August 1914 農事洞 Nakai, T Nakai s.n.

Prinsepia Royle
Prinsepia sinensis (Oliv.) Oliv. ex Bean, Bull. Misc. Inform. Kew 1909: 354 (1909)
Common name 빈추나무
Distribution in Korea: North (Hamgyong, P'yongan)
  Plagiospermum sinense Oliv., Hooker's Icon. Pl. 16: t. 1526 (1886)
  Prinsepia chinensis Oliv. ex Kom., Opred. Rast. Dal'nevost. Kraia 2: 658 (1932)

Representative specimens; Hamgyong-bukto 漁遊洞 *Unknown s.n.* **P'yongan-namdo** 7 June 1925 Maengsan (孟山) *Chung, TH Chung s.n.Unknown s.n.*

Prunus L.
Prunus choreiana Nakai ex Im, Korean J. Pl. Taxon. 36: 259 (2006)
Common name 복사앵두나무 (복사앵도)
Distribution in Korea: North, Central

Representative specimens; Hamgyong-namdo 1 September 1925 永興郡長嶺 *Chung, TH Chung s.n.* **P'yongan-namdo** 7 June 1925 Maengsan (孟山) *Chung, TH Chung s.n.Unknown s.n.* September 1930 百雪山[白楊山?] Uyeki, *H Uyeki s.n.* 29 August 1930 Uyeki, *H Uyeki s.n.*

Prunus japonica Thunb., Syst. Veg., ed. 14 (J. A. Murray) 463 (1784)
Common name 산이스라치나무 (산이스라지)
Distribution in Korea: North
  Prunus ishidoyana Nakai, Bot. Mag. (Tokyo) 33: 8 (1919)
  Prunus nakaii H.Lév. var. *rufinervis* Nakai, J. Jap. Bot. 15: 678 (1939)
  Prunus japonica Thunb. f. *rufinervis* (Nakai) T.B.Lee, Ill. Woody Pl. Korea 284 (1966)
  Prunus nakaii H.Lév. var. *ishidoyana* (Nakai) H.S.Kim, Fl. Coreana (Im, R.J.) 3: 247 (1974)

Representative specimens; Chagang-do 28 August 1897 慈城邑(松德水河谷) *Komarov, VL Komaorv s.n.* 29 August 1897 慈城江 *Komarov, VL Komaorv s.n.* **Hamgyong-bukto** 27 May 1897 富潤洞 *Komarov, VL Komaorv s.n.* 20 May 1897 茂山嶺 *Komarov, VL Komaorv s.n.* 2 September 1924 車踰山 *Chung, TH Chung s.n.* **Hamgyong-namdo** 鎮江- 鎮岩峯 *Unknown s.n.* **Ryanggang** 12 May 1918 Keizanchin(惠山鎮) *Ishidoya, T Ishidoya2913* Type of *Prunus ishidoyana* Nakai (Holotype TI) 2 August 1897 虛川江-五海江 *Komarov, VL Komaorv s.n.* 29 July 1897 安間嶺-同仁川 (同仁浦里?) *Komarov, VL Komaorv s.n.* 1 July 1897 五是川雲寵江-崔五峰 *Komarov, VL Komaorv s.n.* 7 August 1914 三下面江口 *Ikuma, Y Ikuma s.n.* 30 July 1933 農事洞 *Unknown s.n.*

Prunus japonica Thunb. var. *nakaii* (H.Lév.) Rehder, J. Arnold Arbor. 3: 29 (1921)
Common name 이스라지
Distribution in Korea: North, Central, South
  Prunus nakaii H.Lév., Repert. Spec. Nov. Regni Veg. 7: 198 (1909)
  Prunus pseudonakaii Uyeki var. *cordata* Uyeki, Bull. Forest. Soc. Korea (Chosen Sanrin Kwaiho) 219: 6 (1942)
  Prunus nakaii H.Lév. var. *cordata* Uyeki, Bull. Forest. Soc. Korea (Chosen Sanrin Kwaiho) 219: 6 (1944)
  Prunus pseudonakaii Uyeki, Bull. Forest. Soc. Korea (Chosen Sanrin Kwaiho) 219: 6 (1944)
  Cerasus nakaii (H.Lév.) A.I.Baranov & Liou, Ill. Fl. Ligneous Pl. N. E. China 328 (1955)
  Cerasus japonica (Thunb.) Loisel. var. *nakaii* (H.Lév.) T.T.Yu & C.L.Li, Fl. Reipubl. Popularis Sin. 38: 86 (1986)

Representative specimens; Chagang-do 30 June 1914 江界 *Nakai, T Nakai1781* 崇積山 *Furusawa, I Furusawa s.n.* **Hamgyong-bukto** 20 August 1924 冠帽峯 *Sawada, T Sawada s.n.* 5 June 1918 車踰嶺 *Chung, TH Chung s.n.* **Hamgyong-namdo** 25 September 1925 泗水山 *Chung, TH Chung s.n.* 25 September 1925 *Chung, TH Chung s.n.* **Hwanghae-bukto** 19 October 1923 平山郡滅惡山 *Muramatsu, T s.n.* **Hwanghae-namdo** 29 July 1935 長壽山 *Koidzumi, G Koidzumi s.n.* 6 May 1932 Chairyung 載寧 *Smith, RK Smith 672* 1 June 1912 長淵郡雲山峯 *Chang, SG s.n.* 27 July 1929 長淵郡長山串 *Nakai, T Nakai s.n.* 27 July 1929 *Nakai, T Nakai 12883* 2 September 1923 首陽山 *Muramatsu, C s.n.* 31 July 1929 席島 *Nakai, T Nakai12882* 1 August 1929 椴島 *Nakai, T Nakai12884* 29 July 1921 Sorai Beach 九味浦 *Mills, RG Mills4452* **P'yongan-bukto** 4 June 1924 飛來峯 *Sawada, T Sawada s.n.* 4 June 1924 *Sawada, T Sawada s.n.* 11 August 1935 義州金剛山 *Koidzumi, G Koidzumi s.n.* 17 May 1912 白壁山 *Ishidoya, T Ishidoya s.n.* **P'yongan-namdo**

3 May 1911 中和 *Imai, H Imai s.n.* 22 September 1915 咸從 *Nakai, T Nakai2336* 25 July 1912 Kai-syong (价川) *Imai, H Imai s.n.* 18 September 1915 江東郡 *Nakai, T Nakai2345* 27 July 1916 黃草嶺 *Mori, T Mori s.n.* Rason 13 July 1924 松眞山 *Chung, TH Chung s.n.* 13 July 1924 *Chung, TH Chung s.n.* **Ryanggang** 29 May 1917 江口 *Nakai, T Nakai4729*

Prunus maackii Rupr., Bull. Cl. Phys.-Math. Acad. Imp. Sci. Saint-Pétersbourg 15: 361 (1857)

Common name 개벗지나무 (개벗지나무)

Distribution in Korea: North, Central

Prunus glandulifolia Rupr (1856)
Laurocerasus maackii (Rupr.) C.K.Schneid., Ill. Handb. Laubholzk. 1: 645 (1906)
Prunus diamantina H.Lév., Repert. Spec. Nov. Regni Veg. 7: 198 (1909)
Prunus maackii Rupr. var. *diamantina* (H.Lév.) Koehne, Repert. Spec. Nov. Regni Veg. 11: 134 (1913)
Padus maackii (Rupr.) Kom., Opred. Rast. Dal'nevost. Kraia 2: 657 (1932)
Cerasus glandulifolia (Rupr.) Kom., Opred. Rast. Dal'nevost. Kraia 2: 657 (1932)

Representative specimens; Chagang-do 26 August 1897 小德川 (松德水河谷) *Komarov, VL Komarov s.n.* 21 June 1914 江界 *Nakai, T Nakai s.n.* 1 July 1914 公西面江界 *Nakai, T Nakai s.n.* 26 June 1914 從西面 *Nakai, T Nakai s.n.* 9 June 1924 避難德山 *Fukubara, S Fukubara s.n.*崇積山 *Furusawa, I Furusawa s.n.* **Hamgyong-bukto** 20 June 1930 漁遊洞 *Ohwi, J Ohwi s.n.* 5 June 1918 茂山峯 *Ishidoya, T; Chung, TH Ishidoya s.n.* 18 July 1918 朱乙溫面甫上洞大東水谷 *Nakai, T Nakai s.n.* 2 June 1934 冠帽峰 *Saito, T T Saito s.n.* 7 July 1933 南下石山 *Saito, T T Saito s.n.* 23 May 1897 車踰嶺 *Komarov, VL Komarov s.n.* 19 June 1938 穗城郡甑山 *Saito, T T Saito s.n.*17 June 1930 四芝嶺 *Ohwi, J Ohwi s.n.* **Hamgyong-namdo** 25 September 1925 泗水山 *Chung, TH Chung s.n.* 9 April 1935 咸興歸州寺 *Nomura, N Nomura s.n.* 15 June 1932 下碣隅里 *Ohwi, J Ohwi s.n.* 25 July 1933 東上面遮日峯 *Koidzumi, G Koidzumi s.n.* 24 July 1933 東上面大漢岱里 *Koidzumi, G Koidzumi s.n.* 15 August 1935 赴戰高原咸地里 *Nakai, T Nakai s.n.* 24 July 1935 東上面漢岱里 *Nomura, N Nomura s.n.* 3 October 1935 赴戰高原 Fusenkogen *Okamoto, S Okamoto s.n.* **Kangwon-do** 12 August 1932 Mt. Kumgang (金剛山) *Koidzumi, G Koidzumi s.n.* 12 August 1916 金剛山長安寺附近 *Nakai, T Nakai s.n.* 10 June 1932 Mt. Kumgang (金剛山) *Ohwi, J Ohwi s.n.* **P'yongan-bukto** 8 June 1914 飛來峯 *Nakai, T Nakai s.n.* 10 June 1914 *Nakai, T Nakai s.n.* 4 August 1910 妙香山 *Koidzumi, G Koidzumi s.n.* 1924 *Kondo, C Kondo s.n.* 8 June 1919 義州金剛山 *Ishidoya, T Ishidoya s.n.* **Ryanggang** 23 August 1914 Keizanchin(惠山鎭) *Ikuma, Y Ikuma s.n.* 9 October 1935 大坪里 *Okamoto, S Okamoto s.n.* 21 August 1897 subdist. Chu-czan, flumen Amnok-gan *Komarov, VL Komarov s.n.*五佳山 *Unknown s.n.* 6 August 1897 上巨里水 *Komarov, VL Komarov s.n.* 3 July 1897 三水邑 -上水隅理 *Komarov, VL Komarov s.n.* 6 July 1914 新院洞 *Nakai, T Nakai s.n.* 1 June 1897 古倉坪 *Komarov, VL Komarov s.n.* 9 June 1897 屈松川 (西頭水河谷) 倉坪 *Komarov, VL Komarov s.n.* 6 June 1897 平蒲坪 *Komarov, VL Komarov s.n.* 23 June 1930 倉坪延岩洞間 *Ohwi, J Ohwi s.n.* 20 June 1930 楡坪 *Ohwi, J Ohwi s.n.* 22 May 1918 大中里 *Ishidoya, T; Chung, TH Ishidoya s.n.* 21 June 1897 阿武山-象背嶺 *Komarov, VL Komarov s.n.* 20 August 1933 三長 *Koidzumi, G Koidzumi s.n.*

Prunus mandshurica (Maxim.) Koehne, Deut. Dendrol. 318 (1893)

Common name 산살구나무 (개살구나무)

Distribution in Korea: North, Central

Prunus armeniaca L. var. *mandshurica* Maxim., Bull. Acad. Imp. Sci. Saint-Pétersbourg 29: 94 (1883)
Armeniaca mandshurica (Maxim.) Skvortsov, Trudy Prikl. Bot. Selekc. 22, 3: 223 (1929)
Prunus mandshurica (Maxim.) Koehne var. *glabra* Nakai, J. Jap. Bot. 15: 679 (1939)
Prunus mandshurica(Maxim.) Koehne var. *barbinervis* Nakai, J. Jap. Bot. 15: 679 (1939)
Prunus mandshurica (Maxim.) Koehne f. *pulchra* Uyeki, Bull. Forest. Soc. Korea (Chosen Sanrin Kwaiho) 206: 13 (1942)
Armeniaca mandshurica (Maxim.) Skvortsov var. *glabra* (Nakai) T.T.Yu & L.T.Lu, Fl. Reipubl. Popularis Sin. 38: 31 (1986)
Prunus mandshurica (Maxim.) Koehne f. *barbinervis* (Nakai) W.T.Lee, Lineamenta Florae Koreae 503 (1996)

Representative specimens; Chagang-do 2 September 1897 湖芮(鴨綠江) *Komarov, VL Komarov s.n.* 9 June 1924 避難德山 *Fukubara, S Fukubara s.n.*崇積山 *Furusawa, I Furusawa s.n.* **Hamgyong-bukto** 3 August 1933 羅南 *Koidzumi, G Koidzumi s.n.* 28 May 1897 富潤洞 *Komarov, VL Komarov s.n.* 16 May 1933 羅南 *Saito, T T Saito s.n.* 18 May 1897 會寧川 *Komarov, VL Komarov s.n.* 21 June 1909 茂山嶺 *Nakai, T Nakai s.n.* 15 June 1930 茂山峯 *Ohwi, J Ohwi s.n.* 13 July 1918 朱乙 *Nakai, T Nakai s.n.* 17 July 1918 朱乙溫面甫上洞 *Nakai, T Nakai s.n.* 14 June 1909 Musan-ryeong (戊山嶺) *Nakai, T Nakai s.n.* 13 May 1897 西溪水 *Komarov, VL Komarov s.n.* **Hamgyong-namdo** 25 September 1925 泗水山 *Chung, TH Chung s.n.* 20 June 1932 東上面元豊里 *Ohwi, J Ohwi s.n.* **Hwanghae-bukto** 正方山 *Unknown s.n.* 19 October 1923 平山郡滅惡山 *Muramatsu, T s.n.* May 1924 霞嵐山 *Takaichi, K s.n.* **Hwanghae-namdo** 25 August 1925 長壽山 *Chung, TH Chung s.n.* 29 July 1935 *Koidzumi, G Koidzumi s.n.* 2 September 1923 首陽山 *Muramatsu, C s.n.* 26 May 1924 九月山 *Chung, TH Chung s.n.* **P'yongan-bukto** 10 June 1914 飛來峯 *Nakai, T Nakai s.n.* 1924 妙香山 *Kondo, C Kondo s.n.* 4 June 1914 清城鎭 *Nakai, T Nakai s.n.* 14 June 1914 玉江鎭 *Nakai, T Nakai1806* 11 August 1910 義州金剛山 *Koidzumi, G Koidzumi s.n.* 3 June 1914 義州 - 王江鎭 *Nakai, T Nakai s.n.* **P'yongan-namdo** 27 July 1916 黃草嶺 *Mori, T Mori s.n.* 15 June 1928 陽德 *Nakai, T Nakai12376* **Ryanggang** 2 August 1897 虛川江-五海江 *Komarov, VL Komarov s.n.* 15 May

1918 甲山 *Ishidoya, T; Chung, TH Ishidoya2911* 1 July 1897 五是川雲寵江-崔五峰 *Komarov, VL Komaorv s.n.* 29 July 1897 安間嶺-同仁川 (同仁浦里?) *Komarov, VL Komaorv s.n.* 1 August 1897 虛川江 (同仁川) *Komarov, VL Komaorv s.n.* 9 July 1897 十四道溝 (鴨綠江) *Komarov, VL Komaorv s.n.* 9 August 1897 長津江下流域 *Komarov, VL Komaorv s.n.*

Prunus maximowiczii Rupr., Bull. Cl. Phys.-Math. Acad. Imp. Sci. Saint-Pétersbourg 15: 131 (1857)

Common name 산개벗지나무 (산개벚지나무)

Distribution in Korea: North, Central, Jeju

 Prunus bracteata Franch. & Sav., Enum. Pl. Jap. 2: 329 (1877)
 Prunus meyeri Rehder, J. Arnold Arbor. 2: 122 (1920)
 Cerasus maximowiczii (Rupr.) Kom., Opred. Rast. Dal'nevost. Kraia 2: 657 (1932)
 Padus maximowiczii (Rupr.) Sokoloff, Trees & Shrubs USSR 3: 760 (1954)

Representative specimens; Chagang-do 26 August 1897 小德川 (松德水河谷) *Komarov, VL Komaorv s.n.* 23 June 1914 從西山 *Nakai, T Nakai s.n.* 26 June 1914 Nakai, *T Nakai s.n.* 21 September 1917 龍林面厚地洞 *Furumi, M Furumi s.n.* 9 June 1924 避難德山 *Fukubara, S Fukubara s.n.* **Hamgyong-bukto** 17 July 1918 朱乙溫面甫上洞 *Nakai, T Nakai s.n.* 5 June 1918 車踰嶺 *Chung, TH Chung s.n.* 2 June 1918 茂山郡 *Ishidoya, T; Chung, TH Ishidoya s.n.* 七寶山 *Unknown* 10 June 1897 西溪水 *Komarov, VL Komaorv s.n.* 12 June 1897 *Komarov, VL Komaorv s.n.* **Hamgyong-namdo** 25 September 1925 泗水山 *Chung, TH Chung s.n.* 27 July 1919 赴戰高原寒泰嶺 *Mori, T Mori s.n.* **Hwanghae-bukto** May 1924 霞嵐山 *Takaichi, K s.n.* **Kangwon-do** 12 August 1916 金剛山長安寺附近 *Nakai, T Nakai s.n.* 10 June 1932 Mt. Kumgang (金剛山) *Ohwi, J Ohwi s.n.* **P'yongan-bukto** 9 June 1914 飛來峯 *Nakai, T Nakai s.n.* 7 June 1914 碧潼三洞 *Nakai, T Nakai s.n.* 9 June 1914 飛來峯 *Nakai, T Nakai s.n.* 4 June 1924 *Sawada, T Sawada s.n.* 5 August 1937 妙香山 *Hozawa, S Hozawa s.n.* 29 July 1937 *Park, MK Park s.n.* 8 June 1919 義州金剛山 *Ishidoya, T Ishidoya s.n.* 4 August 1912 Unsan (雲山) *Imai, H Imai s.n.* **P'yongan-namdo** 15 June 1928 陽德 *Nakai, T Nakai s.n.* **Rason** 13 July 1924 松眞山 *Chung, TH Chung s.n.* 7 June 1930 西水羅 *Ohwi, J Ohwi s.n.* **Ryanggang** 2 July 1897 雲寵里三水邑 (虛川江岸懸崖) *Komarov, VL Komaorv s.n.* 7 July 1897 犁方嶺 (鴨綠江羅暖堡) *Komarov, VL Komaorv s.n.* 4 August 1897 十四道溝-白山嶺 *Komarov, VL Komaorv s.n.* 19 August 1897 葡坪 *Komarov, VL Komaorv s.n.* 5 August 1897 白山嶺 *Komarov, VL Komaorv s.n.* 7 August 1897 上巨里水 *Komarov, VL Komaorv s.n.* 23 July 1914 李僧嶺 *Nakai, T Nakai s.n.* 21 June 1897 阿武山-象背嶺 *Komarov, VL Komaorv s.n.* 6 August 1914 胞胎山虛項嶺 *Nakai, T Nakai s.n.*

Prunus mume (Siebold) Siebold & Zucc., Fl. Jap. (Siebold) 1: 29, t. 11 (1836)

Common name 매실나무

Distribution in Korea: cultivated (North, Central, South)

 Armeniaca mume Siebold, Verh. Batav. Genootsch. Kunsten 12, 1: 69, no. 367 (1830)
 Prunus mume (Siebold) Siebold & Zucc. var. *lanciniata* Maxim., Mélanges Biol. Bull. Phys.-Math. Acad. Imp. Sci. Saint-Pétersbourg 11: 673 (1883)
 Armeniaca mume Siebold var. *alba* Carrière, Rev. Hort. 1885: 566 (1885)
 Armeniaca mume Siebold var. *alphandii* Carr, Rev. Hort. 1885: 564 (1885)
 Prunus mume (Siebold) Siebold & Zucc. var. *alboplena* L.H.Bailey, Stand. Cycl. Hort. 5: 2824 (1916)
 Prunus mume (Siebold) Siebold & Zucc. f. *alba* (Carrière) Rehder, J. Arnold Arbor. 3: 21 (1921)
 Prunus mume (Siebold) Siebold & Zucc. f. *alphandii* (Carrière) Rehder, J. Arnold Arbor. 3: 21 (1921)
 Prunus mume (Siebold) Siebold & Zucc. var. *tonsa* Rehder, J. Arnold Arbor. 3: 19 (1921)
 Prunus mume (Siebold) Siebold & Zucc. var. *rosea* Ingram, Gard. Chron. ser. 3, 119: 107 (1946)
 Prunus mume (Siebold) Siebold & Zucc. f. *alboplena* (L.H.Bailey) Rehder, Bibliogr. Cult. Trees 324 (1949)

Representative specimens; Hamgyong-bukto 6 May 1935 羅南 *Saito, T T Saito s.n.*

Prunus padus L., Sp. Pl. 473 (1753)

Common name 구름나무 (귀룽나무)

Distribution in Korea: North, Central

 Padus avium Mill., Gard. Dict., ed. 8, P. no., 0 (1768)
 Prunus racemosa Lam., Fl. Franc. (Lamarck) 3: 107 (1778)
 Padus racemosa (Lam.) Gilib., Fl. Lit. Inch. 2: 231 (1782)
 Padus germanica Borkh., Arch. Bot. (Leipzig) 1,2 : 38 (1797)
 Padus vulgaris Borkh., Theor. Prakt. Handb. Forstbot. 2: 1426 (1803)
 Cerasus padus (L.) DC., Fl. Franc. (DC. & Lamarck), ed. 3 4: 580 (1805)
 Druparia padus (L.) Clairv., Man. Herbor. Suisse 159 (1811)
 Cerasus padus (L.) DC. var. *vulgaris* Ser., Prodr. (DC.) 2: 539 (1825)

Prunus padus L. var. *pubescens* Regel & Tiling, Nouv. Mem. Soc. Imp. Naturalistes Moscou 11: 79 (1858)
Prunus padus L. var. *genuina* Asch. & Graebn., Syn. Mitteleur. Fl. 6, 2: 160 (1906)
Padus racemosa (Lam.) Gilib. var. *pubescens* (Regel & Tiling) C.K.Schneid., Ill. Handb. Laubholzk. 1: 640 (1906)
Prunus diversifolia Koehne, Repert. Spec. Nov. Regni Veg. 7: 198 (1909)
Prunus seoulensis H.Lév., Repert. Spec. Nov. Regni Veg. 7: 198 (1909)
Prunus padus L. var. *pubescens* Regel & Tiling f. *purdomii* Koehne, Pl. Wilson. 1: 196 (1912)
Prunus padus L. var. *seoulensis* (H.Lév.) Nakai, Chosen Shokubutsu 324 (1914)
Prunus padus L. var. *glauca* Nakai, Bot. Mag. (Tokyo) 31: 98 (1917)
Padus asiatica Kom., Fl. URSS 10: 578 (1941)
Prunus padus L. f. *glauca* (Nakai) Kitag., Neolin. Fl. Manshur. 378 (1979)
Prunus padus L. f. *pubescens* (Regel & Tiling) Kitag., Neolin. Fl. Manshur. 379 (1979)
Prunus padus L. f. *seoulensis* (H.Lév.) W.T.Lee, Lineamenta Florae Koreae 505 (1996)

Representative specimens; Chagang-do 7 August 1912 Chosan(楚山) *Imai, H Imai s.n.* 2 September 1897 湖芮(鴨綠江) *Komarov, VL Komaorv s.n.* 20 July 1911 Kang-gei(Kokai 江界) *Mills, RG Mills s.n.* 15 June 1911 *Mills, RG Mills s.n.* 6 July 1914 牙得嶺 (江界) *Nakai, T Nakai s.n.* 25 June 1914 從浦鎭 *Nakai, T Nakai s.n.* 22 July 1916 狼林山 *Mori, T Mori s.n.* **Hamgyong-bukto** 19 May 1897 茂山嶺 *Komarov, VL Komaorv s.n.* 15 June 1930 茂山峯 *Ohwi, J Ohwi s.n.* 15 June 1930 *Ohwi, J Ohwi s.n.* 25 May 1897 城川江-茂山 *Komarov, VL Komaorv s.n.* 29 May 1897 釜所哥谷 *Komarov, VL Komaorv s.n.* 21 June 1909 Musan-ryeong (戊山嶺) *Nakai, T Nakai s.n.* 23 July 1918 朱南面黃雪嶺 *Nakai, T Nakai s.n.* 25 June 1930 雪嶺西 *Ohwi, J Ohwi s.n.* 1 August 1914 富寧 *Ikuma, Y Ikuma s.n.* 12 June 1897 西溪水 *Komarov, VL Komaorv s.n.* 17 June 1938 慶源郡龍德面 *Saito, T T Saito s.n.* 4 June 1897 四芝嶺 *Komarov, VL Komaorv s.n.* 18 June 1930 *Ohwi, J Ohwi s.n.* 17 June 1930 *Ohwi, J Ohwi s.n.* 18 June 1930 *Ohwi, J Ohwi s.n.* **Hamgyong-namdo** 11 August 1940 咸興歸州寺 *Okuyama, S Okuyama s.n.* July 1943 龍眼里 *Uchida, H Uchida s.n.* July 1943 *Uchida, H Uchida s.n.* 15 June 1932 下碣隅里 *Ohwi, J Ohwi s.n.* 15 August 1935 東上面漢岱里 *Nakai, T Nakai s.n.* 15 July 1935 赴戰高原咸地里 *Nakai, T Nakai s.n.* 14 August 1940 赴戰高原雲水嶺 *Okuyama, S Okuyama s.n.* **Hwanghae-namdo** 10 June 1924 長淵郡長山串 *Chung, TH Chung s.n.* 27 July 1929 *Nakai, T Nakai s.n.* **Kangwon-do** 5 August 1916 金剛山溫井嶺 *Nakai, T Nakai s.n.* 31 July 1916 金剛山群仙峽 *Nakai, T Nakai s.n.* June 1932 Mt. Kumgang (金剛山) *Ohwi, J Ohwi s.n.* 10 June 1932 *Ohwi, J Ohwi s.n.* 8 June 1932 *Ohwi, J Ohwi s.n.* 10 June 1932 *Ohwi, J Ohwi s.n.* 15 August 1902 *Uchiyama, T Uchiyama s.n.* 7 June 1909 元山 *Nakai, T Nakai s.n.* **P'yongan-bukto**4 June 1914 玉江鎭 - 朔州郡淸城鎭 *Nakai, T Nakai s.n.* **P'yongan-namdo** 21 July 1919 倉里 *Kajiwara, U Kajiwara s.n.* 15 June 1928 陽德 *Nakai, T Nakai s.n.* **P'yongyang** 26 May 1912 大聖山 *Imai, H Imai s.n.* 22 August 1943 平壤牡丹臺 *Furusawa, I Furusawa s.n.* *Rason* 6 June 1930 西水羅 *Ohwi, J Ohwi s.n.* 6 June 1930 *Ohwi, J Ohwi s.n.* 11 May 1897 豆滿江三角洲-五宗洞 *Komarov, VL Komaorv s.n.* **Ryanggang** 18 July 1897 Keizanchin (惠山鎭) *Komarov, VL Komaorv s.n.* 27 May 1918 甲山郡 *Ishidoya, T; Chung, TH Ishidoya s.n.* 1 August 1897 虛川江 (同仁川) *Komarov, VL Komaorv s.n.* 12 May 1918 豊山郡直洞 *Ishidoya, T Ishidoya s.n.* 5 August 1897 白山嶺 *Komarov, VL Komaorv s.n.* 16 August 1897 大羅信洞 *Komarov, VL Komaorv s.n.* 21 August 1897 subdist. Chu-czan, flumen Amnok-gan *Komarov, VL Komaorv s.n.* 22 August 1897 雲洞嶺 *Komarov, VL Komaorv s.n.* 4 July 1897 上水隅理 *Komarov, VL Komaorv s.n.* 7 August 1897 上巨里水 *Komarov, VL Komaorv s.n.* 9 August 1897 長津江下流域 *Komarov, VL Komaorv s.n.* 6 June 1897 平蒲坪 *Komarov, VL Komaorv s.n.* 9 June 1897 屈松川 (西頭水河谷) 倉坪 *Komarov, VL Komaorv s.n.* 23 June 1930 倉坪延岩洞間 *Ohwi, J Ohwi s.n.* 24 July 1930 大澤 *Ohwi, J Ohwi s.n.* 24 July 1930 *Ohwi, J Ohwi s.n.* 24 July 1930 *Ohwi, J Ohwi s.n.* 14 August 1917 普惠面普天堡(營林書構內) *Furumi, M Furumi s.n.* 2 June 1918 鷹洞 - 三下面 *Ishidoya, T Ishidoya s.n.* 2 June 1918 農事洞 *Ishidoya, T Ishidoya s.n.* 2 June 1918 *Ishidoya, T Ishidoya s.n.* 1 June 1897 古倉坪-四芝坪 (延面水河谷) *Komarov, VL Komaorv s.n.* 15 August 1914 三下面下面江口 *Nakai, T Nakai s.n.* 13 August 1914 Moho (茂峯)- 農事洞 *Nakai, T Nakai s.n.*

Prunus persica (L.) Stokes, Bot. Mat. Med. 3: 100 (1812)

Common name 복사나무

Distribution in Korea: cultivated (North, Central)

Amygdalus persica L., Sp. Pl. 472 (1753)
Persica vulgaris Mill., Gard. Dict., ed. 8 no. 1 (1768)
Persica nucipersica Borkh., Vers. Forstbot. Beschr. 205 (1790)
Persica laevis DC., Fl. Franc. (DC. & Lamarck), ed. 3 4: 487 (1805)
Amygdalus persica L. var. *nectarina* W.T.Aiton, Hortus Kew. (ed. 2) 3: 194 (1811)
Persica domestica Risso, Hist. Nat. Orangers 2: 104 (1826)
Persica vulgaris Mill. var. *aganopersica* Dierb., Mag. Pharm. 20: 20 (1827)
Persica vulgaris Mill. var. *haematocarpa* Dierb., Mag. Pharm. 20: 20 (1827)
Persica vulgaris Mill. var. *leucocarpa* Dierb., Mag. Pharm. 20: 20 (1827)
Persica vulgaris Mill. var. *xanthocarpa* Dierb., Mag. Pharm. 20: 20 (1827)
Amygdalus persica L. var. *aganopersica* Rchb., Fl. Germ. Excurs. 0: 647 (1832)
Persica vulgaris Mill. var. *laevis* K.Koch, Syn. Fl. Germ. Helv. 205 (1837)
Persica vulgaris Mill. var. *compressa* Loudon, Arbor. Frutic. Brit. 2: 680 (1838)

Persica vulgaris Mill. var. *tomentosa* Moris, Fl. Sardoa 2 (1840)
Amygdalus laevis D.Dietr., Syn. Pl. (D. Dietrich) 3: 42 (1852)
Amygdalus persica L. var.*sinensis* Lem., Jard. Fleur. 4 (1854)
Persica vulgaris Mill. var. *isolata* Kuntze, Taschen-Fl. Leipzig 273 (1867)
Persica platycarpa Decne., Jard. Fleur. 7: 42 (1872)
Prunus persica (L.) Stokes var. *vulgaris* Maxim., Bull. Acad. Imp. Sci. Saint-Pétersbourg 29: 82 (1883)
Prunus persica (L.) Stokes var. *nectarina* (W.T.Aiton) Maxim., Bull. Acad. Imp. Sci. Saint-Pétersbourg 29: 83 (1883)
Prunus persica (L.) Stokes ssp. *nucipersica* Dippel, Handb. Laubholzk. 3: 606 (1893)
Prunus persica (L.) Stokes var. *platycarpa* (Decne.) L.H.Bailey, Cycl. Amer. Hort. 4: 1457 (1902)
Prunus persica (L.) Stokes f. *alba* (Lindl.) C.K.Schneid., Ill. Handb. Laubholzk. 1: 594 (1906)
Prunus persica (L.) Stokes f. *alboplena* C.K.Schneid., Ill. Handb. Laubholzk. 1: 594 (1906)
Prunus persica(L.) Stokes f. *rubroplena* C.K.Schneid., Ill. Handb. Laubholzk. 1: 594 (1906)
Prunus persica (L.) Stokes var. *compressa* (Loudon) Bean, Trees & Shrubs Brit. Isles 2: 248 (1914)
Amygdalus persica L. var. *alboplena* (C.K.Schneid.) Nash, J. New York Bot. Gard. 20: 11 (1919)
Prunus persica (L.) Stokes f. *aganopersica* (Schübl. & G.Martens) Rehder, J. Arnold Arbor. 3: 25 (1921)
Prunus persica (L.) Stokes var. *uninensis* Uyeki, Bull. Agric. Forest. Coll. Suigen (Suwon) 1: 18 (1925)
Prunus persica (L.) Stokes var. *aganopersica* f. *uninensis* (Uyeki) Uyeki, Woody Pl. Distr. Chosen 1: 52 (1940)
Prunus persica (L.) Stokes f. *albescens* Uyeki, Woody Pl. Distr. Chosen 52 (1940)
Prunus persica (L.) Stokes f. *compressa* (Loudon) Rehder, Bibliogr. Cult. Trees 329 (1949)

Representative specimens; Hwanghae-namdo 8 May 1932 載寧 *Smith, RK Smith s.n.* 29 June 1922 Sorai Beach 九味浦 *Mills, RG Mills s.n.* **P'yongan-bukto** 3 August 1935 妙香山 *Koidzumi, G Koidzumi s.n.* 4 June 1914 朔州郡淸城鎭 *Nakai, T Nakai s.n.*

Prunus salicina Lindl., Trans. Hort. Soc. London 7: 239 (1828)
Common name 자두나무
Distribution in Korea: cultivated (North)
Prunus triflora Roxb., Fl. Ind. ed. 1832 (Roxburgh) 2: 501 (1832)
Prunus botan André, Rev. Hort. 1895: 160 (1895)
Prunus ichangana C.K.Schneid., Repert. Spec. Nov. Regni Veg. 1: 50 (1905)
Prunus masu Koehne, Pl. Wilson. 1: 276 (1912)
Prunus triflora Roxb. var. *columnaris* Uyeki, Bull. Agric. Forest. Coll. Suigen (Suwon) 1: 19 (1925)
Prunus salicina Lindl. var. *columnaris* (Uyeki) Uyeki, J. Chosen Nat. Hist. Soc. 17: 54 (1934)

Representative specimens; Chagang-do 25 June 1914 從西山 *Nakai, T Nakai s.n.* 21 June 1914 漁雷嶺 *Nakai, T Nakai s.n.* **Hamgyong-bukto** 8 July 1937 西浦項 *Saito, T T Saito s.n.* **Kangwon-do** 5 August 1916 金剛山溫井嶺 *Nakai, T Nakai s.n.* 28 July 1916 長箭 -高城森 *Nakai, T Nakai s.n.* 7 August 1916 金剛山末輝里 *Nakai, T Nakai s.n.* 10 June 1932 Mt. Kumgang (金剛山) *Ohwi, J Ohwi s.n.* 12 August 1902 墨浦洞 *Uchiyama, T Uchiyama s.n.* **P'yongan-bukto** 2 August 1935 妙香山 *Koidzumi, G Koidzumi s.n.* 3 June 1914 義州 - 王江鎭 *Nakai, T Nakai s.n.* **Rason** 12 July 1937 赤島 *Saito, T T Saito s.n.*

Prunus sargentii Rehder, Mitt. Deutsch. Dendrol. Ges. 17: 159 (1908)
Common name 큰산벗나무 (산벗나무)
Distribution in Korea: North, Central, South
Prunus pseudocerasus Lindl. var. *sachalinensis* F.Schmidt, Mem. Acad. Imp. Sci. St.-Petersbourg, Ser. 7 12 (2): 124 (1868)
Prunus serrulata Lindl. var. *boreis* (Makino) Makino, Bot. Mag. (Tokyo) 23: 75 (1909)
Prunus jamasakura Siebold ex Koidz. var. *borealis* (Makino) Koidz., Bot. Mag. (Tokyo) 25: 187 (1911)
Prunus floribunda Koehne, Repert. Spec. Nov. Regni Veg. 11: 269 (1912)
Prunus sachalinensis (F.Schmidt) Koidz., Bot. Mag. (Tokyo) 26: 32 (1912)
Prunus sieboldii (Carrière) Wittm. var. *sachalinensis* (F.Schmidt) Makino, J. Jap. Bot. 7: 32 (1931)
Cerasus sargentii (Rehder) H.Ohba, J. Jap. Bot. 67: 279 (1992)
Prunus jamasakura Siebold ex Koidz. f. *densiflora* (Koehne) W.T.Lee, Lineamenta Florae Koreae 501 (1996)

Representative specimens; Hamgyong-bukto 23 August 1933 羅南女?校 *Koidzumi, G Koidzumi s.n.* 21 August 1933 羅南陸軍 *Saito, T T Saito s.n.* 23 August 1933 羅南 *Saito, T T Saito s.n.* **Kangwon-do** 9 August 1940 Mt. Kumgang (金剛山) *Okuyama, S Okuyama s.n.* **Rason** 7 June 1930 西水羅 *Ohwi, J Ohwi s.n.*

Prunus sargentii Rehder var. *verecunda* (Koidz.) Chin S. Chang, Korean J. Pl. Taxon. 34: 238 (2004)

Common name 분홍벚나무

Distribution in Korea: North, Central

Prunus jamasakura Siebold ex Koidz. var. *elegnas* subvar. *compta* Koidz., Bot. Mag. (Tokyo) 25: 186 (1911)

Prunus jamasakura Siebold ex Koidz. var. *verecunda* Koidz., Bot. Mag. (Tokyo) 25: 188 (1911)

Prunus verecunda (Koidz.) Koehne, Pl. Wilson. 1: 250 (1912)

Prunus donarium Siebold ssp. *verecunda* (Koidz.) Koidz., J. Coll. Sci. Imp. Univ. Tokyo 34: 277 (1913)

Prunus serrulata Lindl. var. *compta* (Koidz.) Nakai, Saishu-to Kuan-to Shokubutsu Hokoku-sho [Fl. Quelpaert Isl.] 53 (1914)

Prunus serrulata Lindl. var. *intermedia* Nakai, Bot. Mag. (Tokyo) 29: 141 (1915)

Prunus serrulata Lindl. var. *verecunda* (Koidz.) Nakai, Bot. Mag. (Tokyo) 29: 141 (1915)

Prunus verecunda (Koidz.) Koehne var. *compta* (Koidz.) Nakai, Bot. Mag. (Tokyo) 44: 12 (1930)

Prunus sargentii Rehder f. *compta* (Koidz.) Ohwi, Fl. Jap. (Ohwi) 658 (1953)

Prunus verecunda (Koidz.) Koehne f. *tomentella* (Nakai) Kubota & Morita, J. Geobot. 15: 39 (1966)

Prunus verecunda (Koidz.) Koehne var. *pendula* (Nakai) W.T.Lee, Lineamenta Florae Koreae 511 (1996)

Representative specimens; Hamgyong-bukto 18 July 1918 朱乙溫面甫上洞大東水谷 *Nakai, T Nakai s.n.* **Hwanghae-namdo** 27 June 1943 華藏山 *Chang, HD ChangHD s.n.* 28 July 1929 長淵郡長山串 *Nakai, T Nakai s.n.* 31 July 1929 席島 *Nakai, T Nakai s.n.* **P'yongan-bukto** 4 June 1914 玉江鎮朔州郡 *Nakai, T Nakai s.n.*

Prunus serrulata Lindl. f. *spontanea* (E.H.Wilson) Chin S. Chang, Bot. J. Linn. Soc. 154: 48 (2007)

Common name 벚나무 (벗나무)

Distribution in Korea: North, Central, South

Prunus cerasus L. var. *floresimplici* Thunb., Fl. Jap. (Thunberg) 201 (1784)

Prunus donarium Siebold, Verh. Batav. Genootsch. Kunsten 12: 68 (1830)

Prunus pseudocerasus Gray, Narr. Exped. China Japan 2: 310 (1856)

Cerasus montana Siebold ex Miq., Ann. Mus. Bot. Lugduno-Batavi 2: 90 (1865)

Prunus puddum Miq., Ann. Mus. Bot. Lugduno-Batavi 2: 90 (1865)

Prunus pseudocerasus Gray var. *spontanea* Maxim., Bull. Acad. Imp. Sci. Saint-Pétersbourg 29: 102 (1883)

Prunus serrulata Lindl. var. *ungerii* Spreng., Gartenwelt 10: 89 (1905)

Prunus serratifolia Marshall var. *nageri* Spreng., Bull. Soc. Tosc. Ortic. 11: 178 (1906)

Prunus pseudocerasus Gray var. *jamasakura* Makino subvar. *glabra* Makino, Bot. Mag. (Tokyo) 22: 93 (1908)

Prunus jamasakura (Makino) Nakai, J. Coll. Sci. Imp. Univ. Tokyo 31: 482 (1911)

Prunus jamasakura (Makino) Nakai var. *elegans* f. *glabra* (Makino) Koidz., Bot. Mag. (Tokyo) 25: 185 (1911)

Prunus mume (Siebold) Siebold & Zucc. var. *crasseglandulosa* Miq., Pl. Wilson. 1: 249 (1912)

Prunus donarium Siebold ssp. *elegans* var. *glabra* (Makino) Koidz., J. Coll. Sci. Imp. Univ. Tokyo 34: 266 (1913)

Prunus densiflora Koehne, Repert. Spec. Nov. Regni Veg. 12: 15 (1913)

Prunus serrulata Lindl. var. *glabra* (Makino) Nakai, Bot. Mag. (Tokyo) 29: 139 (1915)

Prunus serrulata Lindl. var. *tomentella* Nakai, Bot. Mag. (Tokyo) 29: 140 (1915)

Prunus angustissima Nakai, Bot. Mag. (Tokyo) 29: 13 (1915)

Prunus serrulata Lindl. var. *spontanea* (Maxim.) E.H.Wilson, Cherries Japan 28 (1916)

Prunus mutabilis Miyoshi, J. Coll. Sci. Imp. Univ. Tokyo 34, 1: 35 (1916)

Prunus superflua Koidz., Acta Phytotax. Geobot. 1 (2): 175 (1932)

Prunus donarium Siebold var. *spontanea* (Maxim.) Makino, Ill. Fl. Nippon (Makino) 438 (1940)

Prunus serrulata Lindl. var. *densiflora* (Koehne) Uyeki, Woody Pl. Distr. Chosen 54 (1940)

Prunus mutabilis Miyoshi f. *glabra* (Makino) Nakai, Iconogr. Pl. Asiae Orient. 4-4: 434 (1941)

Prunus leveilleana Koehne var. *tomentella* (Nakai) Nakai, Bull. Natl. Sci. Mus., Tokyo 31: 60 (1952)

Prunus leveilleana Koehne var. *spontanea* (Maxim.) H.S.Kim, Fl. Coreana (Im, R.J.) 3: 245 (1974)
Prunus leveilleana Koehne var. *densiflora* (Koehne) H.S.Kim, Fl. Coreana (Im, R.J.) 3: 246 (1974)
Prunus leveilleana Koehne var. *koraiensis* (Koehne) H.S.Kim, Fl. Coreana (Im, R.J.) 3: 246 (1974)

Representative specimens; Chagang-do 29 August 1897 慈城江 *Komarov, VL Komaorv s.n.* **Hwanghae-namdo** 4 August 1929 長淵郡長山串 *Nakai, T Nakai s.n.* 1 August 1929 椒島 *Nakai, T Nakai s.n.* **Kangwon-do** 31 July 1916 金剛山群仙峽 *Nakai, T Nakai s.n.* **P'yongan-bukto** August 1912 青川 *Suwon-nong-rim-hak-gyo college s.n.* **Ryanggang** 17 May 1937 島內 *Saito, T T Saito s.n.*

Prunus serrulata Lindl. var. *pubescens* (Makino) Nakai, Bot. Mag. (Tokyo) 29: 140 (1915)
Common name 흰털벗나무 (잔털벗나무)
Distribution in Korea: North, Central, South
Prunus leveilleana Koehne f. *sontagiae* (Koehne) Nakai
Prunus jamasakura Siebold f. *pubescens* (Makino) Ohwi
Prunus pseudocerasus Gray var. *jamasakura* Makino subvar. *pubescens* Makino, Bot. Mag. (Tokyo) 22: 98 (1908)
Prunus jamasakura Siebold ex Koidz. var. *pubescens* (Makino) Nakai, J. Coll. Sci. Imp. Univ. Tokyo 31: 482 (1911)
Prunus leveilleana Koehne, Pl. Wilson. 1: 250 (1912)
Prunus jamasakura Siebold ex Koidz. var. *elegans* subvar. *pubescens* Koidz., Bot. Mag. (Tokyo) 24: 147 (1912)
Prunus pseudocerasus Gray var. *sieboldii* Matsum., Index Pl. Jap. 2 (1912)
Prunus tenuiflora Koehne, Pl. Wilson. 1: 209 (1912)
Prunus tenuiflora Koehne var. *pubescens* (Makino) Koehne, Repert. Spec. Nov. Regni Veg. 11: 268 (1912)
Prunus veitchii Koehne, Pl. Wilson. 1: 257 (1912)
Prunus sontagiae Koehne, Pl. Wilson. 2: 250 (1912)
Prunus donarium Siebold ssp. *elegans* var. *pubescens* Koidz., J. Coll. Sci. Imp. Univ. Tokyo 34: 269 (1913)
Prunus quelpaertensis Nakai, Repert. Spec. Nov. Regni Veg. 13: 276 (1914)
Prunus serrulata Lindl. var. *spontanea* (Maxim.) E.H.Wilson subvar. *pubescens* Makino, Cat. Jap. Pl. 1: 222 (1914)
Prunus serrulata Lindl. var. *sontagiae* (Koehne) Nakai, Fl. Sylv. Kor. 5: 29 (1916)
Prunus pudibunda Koidz., Fl. Symb. Orient.-Asiat. 72 (1930)
Prunus mudiflora (Koehne) Koidz., Acta Phytotax. Geobot. 1: 178 (1932)
Prunus nudiflora (Koehne) Koidz., Acta Phytotax. Geobot. 1 (2): 178 (1932)
Prunus serrulata Lindl. var. *quelpaertensis* (Nakai) Uyeki, Woody Pl. Distr. Chosen 54 (1940)
Prunus mutabilis Miyoshi var. *pubescens* (Makino) Nakai, Iconogr. Pl. Asiae Orient. 4-4: 435 (1941)
Prunus leveilleana Koehne var. *denudata* Nakai, J. Jap. Bot. 20: 190 (1944)
Prunus leveilleana Koehne var. *sontagiae* (Koehne) Nakai, Bull. Natl. Sci. Mus., Tokyo 31: 60 (1952)
Prunus jamasakura Siebold f. *pubescens* (Makino) Ohwi, Bull. Natl. Sci. Mus., Tokyo 33: 76 (1953)

Representative specimens; Hamgyong-bukto 28 May 1940 Seishin *Higuchigka, S s.n.* 15 May 1934 漁遊洞 *Uozumi, H Uozumi s.n.* **Kangwon-do** 15 August 1932 金剛山外金剛 *Koidzumi, G Koidzumi s.n.* 8 June 1909 元山 *Nakai, T Nakai s.n.* **P'yongan-bukto** 5 August 1935 妙香山 *Koidzumi, G Koidzumi s.n.* 1 October 1910 Han San monastery (香山普賢寺) *Mills, RG Mills439* **P'yongan-namdo** 18 September 1915 江東郡 *Nakai, T Nakai s.n.* **Rason** 7 June 1930 西水羅 *Ohwi, J Ohwi s.n.* 7 June 1930 *Ohwi, J Ohwi s.n.* 9 July 1937 赤島 *Saito, T T Saito s.n.* 7 July 1937 西水羅 *Saito, T T Saito s.n.* **Ryanggang** 4 July 1937 島內 *Saito, T T Saito s.n.* 17 May 1937 *Saito, T T Saito s.n.*

Prunus sibirica L., Sp. Pl. 474 (1753)
Common name 북산살구나무 (시베리아살구나무)
Distribution in Korea: North
Armeniaca sibirica (L.) Lam., Encycl. (Lamarck) 1: 3 (1783)
Prunus armeniaca L. var. *sibirica* (L.) K.Koch, Dendrologie 1: 88 (1869)
Armeniaca sibirica (L.) Lam. var. *pubescens* Kostina, Trudy Prikl. Bot., Ser. 8, Polodovye Jagodnye Kul't. 4: 28 (1941)
Prunus sibirica L. var. *tomentella* Uyeki, Bull. Forest. Soc. Korea (Chosen Sanrin Kwaiho) 206: 13 (1942)
Prunus sibirica L. var. *pubescens* (Kostina) Kitag., Neolin. Fl. Manshur. 379 (1979)

Prunus tomentosa Thunb., Fl. Jap. (Thunberg) 203 (1784)

Common name 앵도나무

Distribution in Korea: North, Central, South

    Cerasus tomentosa (Thunb.) Wall., Numer. List n. 715 (1829)

    Prunus trichocarpa Bunge, Enum. Pl. Chin. Bor. 22 (1833)

    Amygdalus tomentosa K.Koch, Dendrologie 1: 81 (1869)

    Prunus cinerascens Franch., Nouv. Arch. Mus. Hist. Nat. Paris. ser. 2, 8: 216 (1885)

    Prunus tomentosa Thunb. var. *batalinii* C.K.Schneid., Repert. Spec. Nov. Regni Veg. 1: 52 (1905)

    Prunus batalinii (C.K.Schneid.) Koehne, Pl. Wilson. 1: 270 (1912)

    Prunus tomentosa Thunb. var. *brevifolia* Koehne, Pl. Wilson. 1: 270 (1912)

    Prunus tomentosa Thunb. var. *endotricha* Koehne, Pl. Wilson. 1: 225 (1912)

    Prunus tomentosa Thunb. var. *insularis* Koehne, Pl. Wilson. 1: 268 (1912)

    Prunus tomentosa Thunb. var. *kashkarovii* Koehne, Pl. Wilson. 1: 269 (1912)

    Prunus tomentosa Thunb. var. *souliei* Koehne, Pl. Wilson. 1: 269 (1912)

    Prunus tomentosa Thunb. var. *trichocarpa* (Bunge) Koehne, Pl. Wilson. 1: 270 (1912)

Pyrus L.

Pyrus ussuriensis Maxim., Bull. Acad. Imp. Sci. Saint-Pétersbourg ser.2, 15: 132 (1856)

Common name 산돌배

Distribution in Korea: North, Central, South, Ulleung

    Pyrus sinensis (Dum.Cours.) Poir., Encycl. (Lamarck) Suppl. 4 452 (1816)

    Pyrus chinensis Spreng., Syst. Veg. (ed. 16) [Sprengel] 2: 510 (1825)

    Pyrus roxburghii K.Koch, Hort. Dendrol. 183 (1853)

    Pyrus simonii Carr, Rev. Hort. 1872: 28 (1872)

    Pyrus sinensis (Dum.Cours.) Poir. var. *ussuriensis* (Maxim.) Makino, Bot. Mag. (Tokyo) 22: 69 (1908)

    Pyrus ferruginea Koidz., Bot. Mag. (Tokyo) 29: 158 (1915)

    Pyrus rufoferruginea Koidz., Bot. Mag. (Tokyo) 29: 311 (1915)

    Pyrus ovoidea Rehder, Proc. Amer. Acad. Arts 50: 228 (1915)

    Pyrus acidula Nakai, Bot. Mag. (Tokyo) 30: 27 (1916)

    Pyrus macrostipes Nakai, Bot. Mag. (Tokyo) 30: 28 (1916)

    Pyrus aromatica Kikuchi & Nakai, Bot. Mag. (Tokyo) 33: 33 (1918)

    Pyrus crassipes Kikuchi & Nakai, Bot. Mag. (Tokyo) 32: 35 (1918)

    Pyrus hondoensis Kikuchi & Nakai, Bot. Mag. (Tokyo) 32: 34 (1918)

    Pyrus amoena Koidz., Bot. Mag. (Tokyo) 33: 124 (1919)

    Pyrus insueta Koidz., Bot. Mag. (Tokyo) 33: 123 (1919)

    Pyrus insula Koidz., Bot. Mag. (Tokyo) 33: 127 (1919)

    Pyrus iwatensis Koidz., Bot. Mag. (Tokyo) 33: 127 (1919)

    Pyrus jucunda Koidz., Bot. Mag. (Tokyo) 33: 128 (1919)

    Pyrus longepedunculata Koidz., Bot. Mag. (Tokyo) 33: 126 (1919)

    Pyrus nambuana Koidz., Bot. Mag. (Tokyo) 33: 128 (1919)

    Pyrus obovoidea Koidz., Bot. Mag. (Tokyo) 33: 123 (1919)

    Pyrus tremulans Koidz., Bot. Mag. (Tokyo) 33: 126 (1919)

    Pyrus wayamana Koidz., Bot. Mag. (Tokyo) 33: 127 (1919)

    Pyrus ussuriensis Maxim. var. *ovoidea* Rehder, J. Arnold Arbor. 2: 60 (1920)

    Pyrus mikado Koidz., Bot. Mag. (Tokyo) 38: 89 (1924)

    Pyrus sguarrosa Koidz., Bot. Mag. (Tokyo) 38: 89 (1924)

    Pyrus zenskeana Koidz., Bot. Mag. (Tokyo) 38: 88 (1924)

    Pyrus inutilis Koidz., Bot. Mag. (Tokyo) 39: 16 (1925)

    Pyrus ussuriensis Maxim. var. *diamantica* Uyeki, Bull. Agric. Forest. Coll. Suigen (Suwon) 1: 14 (1925)

Pyrus insularis Koidz., Bot. Mag. (Tokyo) 43: 385 (1929)

Pyrus leiostachya Koidz., Fl. Bitchuensis 28 (1929)

Pyrus mayebarana Koidz., Acta Phytotax. Geobot. 1: 13 (1932)

Pyrus kunoriana Koidz., Acta Phytotax. Geobot. 3: 39 (1934)

Pyrus yukinourana Koidz., Acta Phytotax. Geobot. 4: 158 (1935)

Pyrus hakunensis Nakai, Bot. Mag. (Tokyo) 49: 346 (1935)

Pyrus nankaiensis Nakai, Bot. Mag. (Tokyo) 49: 346 (1935)

Pyrus seoulensis Nakai, Bot. Mag. (Tokyo) 49: 348 (1935)

Pyrus invicibilis Koidz., Acta Phytotax. Geobot. 5: 50 (1936)

Pyrus oncocarpa Koidz., Acta Phytotax. Geobot. 5: 49 (1936)

Pyrus koshiensis Koidz., Acta Phytotax. Geobot. 8: 190 (1939)

Pyrus ugoensis Koidz., Acta Phytotax. Geobot. 8: 190 (1939)

Pyrus kumaensis Koidz., Acta Phytotax. Geobot. 10: 59 (1941)

Pyrus oblongolanceolata Koidz., Acta Phytotax. Geobot. 10: 59 (1941)

Pyrus ussuriensis Maxim. var. *acidula* (Nakai) T.B.Lee, Ill. Woody Pl. Korea 275 (1966)

Pyrus ussuriensis Maxim. var. *macrostipes* (Nakai) T.B.Lee, Ill. Woody Pl. Korea 275 (1966)

Representative specimens; Chagang-do 26 August 1897 小德川 (松德水河谷) *Komarov, VL Komaorv s.n.* 20 June 1910 Kang-gei Kokai 江界) Mills, *RG Mills467* 13 July 1914 長津山 (蔥田嶺) *Nakai, T Nakai s.n.* **Hamgyong-bukto** 3 June 1933 會寧 *Koidzumi, G Koidzumi s.n.* 20 May 1897 茂山嶺 *Komarov, VL Komaorv s.n.* 17 July 1918 朱乙溫面 *Nakai, T Nakai s.n.* 17 July 1918 朱乙溫面甫上洞 *Nakai, T Nakai s.n.* 26 May 1930 Kyonson 鏡城 *Ohwi, J Ohwi s.n.* 29 May 1897 釜所哥谷 *Komarov, VL Komaorv s.n.* 19 August 1924 上古面 *Kondo, T Kondo s.n.* **Hamgyong-namdo** 15 August 1935 赴戰高原咸地里 *Nakai, T Nakai s.n.* 30 August 1934 東下面安基里谷 *Yamamoto, A Yamamoto s.n.* 10 May 1918 北青郡 *Ishidoya, T; Chung, TH Ishidoya s.n.* **Hwanghae-bukto** 26 August 1943 長壽山 *Furusawa, I Furusawa s.n.* 29 July 1935 *Koidzumi, G Koidzumi s.n.* 24 August 1925 *Uyeki, H Uyeki s.n.* Type of *Pyrus ussuriensis* Maxim. var. *diamantica* Uyeki (Syntype ?)27 July 1929 長淵郡長山串 *Nakai, T Nakai s.n.* **Kangwon-do** 5 August 1916 金剛山溫井嶺 *Nakai, T Nakai s.n.* 28 July 1916 杆城郡新北面 *Nakai, T Nakai s.n.* 29 July 1916 高城郡高城 (高城郡新北面?) 栽培 *Nakai, T Nakai s.n.* 16 August 1932 金剛山外金剛 *Koidzumi, G Koidzumi s.n.* 16 August 1932 *Koidzumi, G Koidzumi s.n.* 10 June 1932 Mt. Kumgang (金剛山) *Ohwi, J Ohwi s.n.* 7 September 1924 金剛山萬物相 *Uyeki, H Uyeki s.n.* Type of *Pyrus ussuriensis* Maxim. var. *diamantica* Uyeki (Syntype ?)July 1911 金剛山萬物相 *Uyeki, H Uyeki s.n.* Type of *Pyrus ussuriensis* Maxim. var. *diamantica* Uyeki (Syntype ?)9 June 1909 元山 *Nakai, T Nakai s.n.* 8 June 1909 元山碧 *Nakai, T Nakai s.n.* **P'yongan-bukto** 6 June 1914 昌城昌州 *Nakai, T Nakai s.n.* 2 June 1924 *Sawada, T Sawada s.n.* 5 August 1937 妙香山 *Hozawa, S Hozawa s.n.* 2 August 1935 *Koidzumi, G Koidzumi s.n.* 11 August 1935 義州金剛山 *Koidzumi, G Koidzumi s.n.* **P'yongan-namdo** 15 September 1915 Anjyu (安州) *Nakai, T Nakai s.n.* 15 September 1915 *Nakai, T Nakai s.n.* 15 September 1915 江東 (栽培品) *Nakai, T Nakai s.n.* 18 September 1915 江東 (栽培品) *Nakai, T Nakai s.n.* 15 June 1928 陽德 *Nakai, T Nakai s.n.* Rason 7 June 1930 西水羅 *Ohwi, J Ohwi s.n.* 11 May 1897 豆滿江三角洲-五宗洞 *Komarov, VL Komaorv s.n.* **Ryanggang** July 1897 五是川雲寵江-崔五峰 *Komarov, VL Komaorv s.n.* 29 July 1897 安間嶺-同仁川(同仁浦里?) *Komarov, VL Komaorv s.n.* 1 August 1897 虛川江 (同仁川) *Komarov, VL Komaorv s.n.* 2 July 1897 雲寵里三水邑 (虛川江岸懸崖) *Komarov, VL Komaorv s.n.* 9 July 1914 長津山 *Nakai, T Nakai s.n.* 16 August 1897 大羅信洞 *Komarov, VL Komaorv s.n.* 20 August 1897 內洞-河山嶺 *Komarov, VL Komaorv s.n.* 22 August 1897 雲洞嶺 *Komarov, VL Komaorv s.n.* 4 July 1897 水隅理 *Komarov, VL Komaorv s.n.* 7 June 1897 平蒲坪 *Komarov, VL Komaorv s.n.* 26 June 1897 內曲里 *Komarov, VL Komaorv s.n.* 27 June 1897 栢德嶺 *Komarov, VL Komaorv s.n.*

Rhodotypos Siebold & Zucc.
Rhodotypos scandens (Thunb.) Makino, Bot. Mag. (Tokyo) 27: 126 (1913)

Common name 병아리꽃나무

Distribution in Korea: North, Central, South

Corchorus scandens Thunb., Trans. Linn. Soc. London 2: 335 (1794)

Kerria tetrapetala Siebold, Verh. Batav. Genootsch. Kunsten 12, 1: 69 (1830)

Rhodotypos kerrioides Siebold & Zucc., Fl. Jap. (Siebold) 1: 187 (1841)

Rhodotypos tetrapetala (Siebold) Makino, Bot. Mag. (Tokyo) 17: 13 (1903)

Representative specimens; Chagang-do Kangkai 江界 *Unknown s.n.* **Hwanghae-namdo** 載寧 *Unknown s.n.* September 長淵郡長淵 *Hae-joo-gong-rip-nong-gyo school s.n.* 31 July 1929 席島 *Nakai, T Nakai s.n.* 1 August 1929 椒島 *Nakai, T Nakai s.n.* 15 July 1921 Sorai Beach 九味浦 *Mills, RG Mills s.n.* 4 July 1922 *Mills, RG Mills s.n.* **P'yongan-bukto** 宣川 *Unknown s.n.*

Rosa L.
Rosa acicularis Lindl., Ros. Monogr. 44 (1820)

Common name 민둥인가목

Distribution in Korea: North, Central

Rosa sayi Schwein., Narrat. Exped. St. Peter's River [Keating] 2: 388 (1824)

Rosa gmelini Bunge, Fl. Altaic. 2: 228 (1829)

Rosa carelica Fr., Summa Veg. Scand. (Fries) 1: 171 (1846)

Rosa acicularis Lindl. var. *gmelini* C.A.Mey., Mem. Acad. Imp. Sci. St.-Petersbourg, Ser. 6, Sci. Math., Seconde Pt. Sci. Nat. 6: 17 (1849)

Rosa stricta Macoun & Gibson, Trans. Bot. Soc. Edinburgh 12: 324 (1875)

Rosa acicularis Lindl. var. *carelica* Matsson, Sver. Fl. 372 (1901)

Rosa fauriei H.Lév., Repert. Spec. Nov. Regni Veg. 7: 199 (1909)

Rosa taquetii H.Lév., Repert. Spec. Nov. Regni Veg. 7: 199 (1909)

Rosa korsakoviensis H.Lév., Repert. Spec. Nov. Regni Veg. 10: 378 (1912)

Rosa acicularis Lindl. var. *taquetii* (H.Lév.) Nakai, Bot. Mag. (Tokyo) 30: 241 (1916)

Rosa acicularis Lindl. var. *gmelini* C.A.Mey. f. *alba* Nakai, Bot. Mag. (Tokyo) 30: 241 (1916)

Rosa acicularis Lindl. var. *gmelini* C.A.Mey. f. *lilacina* Nakai, Bot. Mag. (Tokyo) 30: 241 (1916)

Rosa acicularis Lindl. var. *gmelini* C.A.Mey. f. *pilosa* Nakai, Bot. Mag. (Tokyo) 30: 241 (1916)

Rosa acicularis Lindl. var. *gmelini* C.A.Mey. f. *rosea* Nakai, Bot. Mag. (Tokyo) 30: 241 (1916)

Rosa suavis Willd. var. *taquetii* (Nakai) Uyeki, Woody Pl. Distr. Chosen 51 (1940)

Representative specimens; Chagang-do 6 July 1914 牙得嶺 (江界) *Nakai, T Nakai s.n.* 1 July 1914 公西面江界 *Nakai, T Nakai1814* Type of *Rosa acicularis* Lindl. var. *gmelini* C.A.Mey. f. *rosea* Nakai (Syntype TI)6 July 1914 牙得嶺 (江界) *Nakai, T Nakai1821* Type of *Rosa acicularis* Lindl. var. *gmelini* C.A.Mey. f. *rosea* Nakai (Syntype TI)6 July 1914 *Nakai, T Nakai1822* Type of *Rosa acicularis* Lindl. var. *gmelini* C.A.Mey. f. *lilacina* Nakai (Holotype TI)10 July 1914 蔥田嶺 *Nakai, T Nakai s.n.* 11 July 1914 *Nakai, T Nakai1515* Type of *Rosa acicularis* Lindl. var. *gmelini* C.A.Mey. f. *rosea* Nakai (Lectotype TI, Syntype TI)10 July 1914 *Nakai, T Nakai1569* Type of *Rosa acicularis* Lindl. var. *gmelini* C.A.Mey. f. *alba* Nakai (Lectotype TI) 崇積山 *Furusawa, I Furusawa s.n.* **Hamgyong-bukto** 咸北 *Unknown s.n.* 12 August 1933 渡正山 *Koidzumi, G Koidzumi s.n.* 20 May 1897 茂山嶺 *Komarov, VL Komaorv s.n.* 23 June 1909 *Nakai, T Nakai s.n.* Type of *Rosa acicularis* Lindl. var. *gmelini* C.A.Mey. f. *rosea* Nakai (Syntype TI)15 June 1930 *Ohwi, J Ohwi s.n.* 15 June 1930 *Ohwi, J Ohwi s.n.* 18 June 1918 朱乙溫面態谷嶺 *Nakai, T Nakai s.n.* July 1932 冠帽峰 *Ohwi, J Ohwi s.n.* 8 May 1934 冠帽峰(京大栽培) *Ohwi, J Ohwi s.n.* 25 September 1933 冠帽峰 *Saito, T T Saito s.n.* 29 May 1897 釜所哥谷 *Komarov, VL Komaorv s.n.* August 1913 車踰嶺 *Mori, T Mori295* Type of *Rosa acicularis* Lindl. var. *gmelini* C.A.Mey. f. *rosea* Nakai (Syntype TI)19 August 1924 七寶山 *Kondo, C Kondo s.n.* 23 July 1918 朱南面黃雪嶺 *Nakai, T Nakai s.n.* 12 June 1930 西溪水 *Komarov, VL Komaorv s.n.* 4 June 1930 四芝嶺 *Komarov, VL Komaorv s.n.* 4 June 1930 *Komarov, VL Komaorv s.n.* **Hamgyong-namdo** 25 September 1925 泗水山 *Chung, TH Chung s.n.* 25 September 1925 *Chung, TH Chung s.n.* 15 June 1932 下碣隅里 *Ohwi, J Ohwi s.n.* 22 August 1932 蓋馬高原 *Kitamura, S Kitamura s.n.* 5 July 1933 東上面通日峯 *Koidzumi, G Koidzumi s.n.* 16 August 1935 雲仙嶺 *Nakai, T Nakai s.n.* 26 July 1935 Donha-myeon Unsan-ri (東下面雲山里) *Nomura, N Nomura s.n.* 20 June 1932 東上面元豐里 *Ohwi, J Ohwi s.n.* 15 August 1940 遮日峰 *Okuyama, S Okuyama s.n.* **Hwanghae-bukto** May 1924 霞嵐山 *Takaichi, K s.n.* May 1924 *Takaichi, K s.n.* **Kangwon-do** 20 July 1936 Mt. Kumgang (金剛山) *Nakai, T Nakai s.n.* 17 August 1916 金剛山內霧在嶺 *Nakai, T Nakai s.n.* 10 June 1932 Mt.Kumgang (金剛山) *Ohwi, J Ohwi s.n.* **P'yongan-bukto** 9 June 1914 飛來峯 *Nakai, T Nakai1817* Type of *Rosa acicularis* Lindl. var. *gmelini* C.A.Mey. f. *rosea* Nakai (Syntype TI)5 August 1937 妙香山 *Hozawa, S Hozawa s.n.* 3 August 1935 *Koidzumi, G Koidzumi s.n.* **P'yongan-namdo** 21 July 1916 上南洞 *Mori, T Mori s.n.* **Ryanggang** 9 October 1935 大坪里 *Okamoto, S Okamoto s.n.* 9 July 1914 長津山 *Nakai, T Nakai1823* Type of *Rosa acicularis* Lindl. var. *gmelini* C.A.Mey. f. *rosea* Nakai (Syntype TI)24 August 1934 態耳面北水白山附近 *Yamamoto, A Yamamoto s.n.* 5 August 1897 白山嶺 *Komarov, VL Komaorv s.n.* 4 July 1897 上水隅理 *Komarov, VL Komaorv s.n.* 23 July 1914 李僧嶺 *Nakai, T Nakai2276* Type of *Rosa acicularis* Lindl. var. *gmelini* C.A.Mey. f. *rosea* Nakai (Syntype TI)7 June 1897 平蒲坪 *Komarov, VL Komaorv s.n.* 24 July 1930 大澤 *Ohwi, J Ohwi s.n.* 24 July 1930 *Ohwi, J Ohwi s.n.* 20 June 1930 三社面楡坪- 天水洞 *Ohwi, J Ohwi s.n.* 12 August 1937 大澤 *Saito, T T Saito s.n.* 14 August 1917 普惠面普天堡 *Furumi, M Furumi s.n.* 24 July 1897 佳林里 *Komarov, VL Komaorv s.n.* 21 June 1897 阿武山-象背嶺 *Komarov, VL Komaorv s.n.* 11 July 1917 胞胎山 *Furumi, M Furumi s.n.* 13 August 1914 白頭山 *Ikuma, Y Ikuma s.n.* 8 August 1914 農事洞 *Ikuma, Y Ikuma s.n.* 2 June 1897 四芝坪(延面水河谷) 柄安洞 *Komarov, VL Komaorv s.n.*

Rosa davurica Pall., Fl. Ross. (Pallas) 1: 61 (1789)

Common name 생열귀나무

Distribution in Korea: North, Central

Rosa gmelinii Ledeb., Fl. Ross. (Ledeb.) 2: 75 (1843)

Rosa amblyotis C.A.Mey., Mem. Acad. Imp. Sci. St.-Petersbourg, Ser. 6, Sci. Math., Seconde Pt. Sci. Nat. 6: 30 (1847)

Rosa cinnamomea Ledeb. var. *daurica* C.A.Mey., Mem. Acad. Imp. Sci. St.-Petersbourg, Ser. 6, Sci. Math., Seconde Pt. Sci. Nat. 6: 27 (1849)

Rosa cinnamomea Ledeb. var. *davurica* (Pall.) Rupr., Mélanges Biol. Bull. Phys.-Math. Acad. Imp. Sci. Saint-Pétersbourg 2: 239 (1858)

Rosa davurica Pall. var. *alba* Nakai, Bot. Mag. (Tokyo) 30: 240 (1916)

Rosa jacutica Juz., Fl. URSS 10: 460 (1941)

Rosa davurica Pall. var. *glabra* Liou, Ill. Fl. Ligneous Pl. N. E. China 314 (1955)

Rosa davurica Pall. var. *setaea* Liou, Ill. Fl. Ligneous Pl. N. E. China 314 (1955)

Rosa davurica Pall. f. *alba* (Nakai) T.B.Lee, Ill. Woody Pl. Korea 279 (1966)

Representative specimens; Chagang-do 26 August 1897 小德川 (松德水河谷) *Komarov, VL Komaorv s.n.* 28 August 1897 慈城邑 松德水河谷) *Komarov, VL Komaorv s.n.* 12 August 1911 Kang-gei(Kokai 江界) *Mills, RG Mills s.n.* 6 July 1911 *Mills, RG Mills s.n.* 15 June 1911 *Mills, RG Mills308* 25 June 1914 從浦鎮 *Nakai, T Nakai s.n.* 20 June 1914 鳳山面漁雷坊 *Nakai, T Nakai s.n.* 24 August 1911 Wee Won(渭原) Koo Ube *Mills, RG Mills s.n .* **Hamgyong-bukto** 1 August 1914 清津 *Ikuma, Y Ikuma s.n.* 6 August 1933 茂山嶺 *Koidzumi, G Koidzumi s.n.* 18 July 1918 朱乙溫面甫上洞新人谷 *Nakai, T Nakai s.n.* 13 July 1918 朱乙溫面城町 *Nakai, T Nakai s.n.* July 1932 冠帽峰 *Ohwi, J Ohwi s.n.* 6 July 1933 南下石山 *Saito, T T Saito s.n.* 23 May 1897 車踰嶺 *Komarov, VL Komaorv s.n.* 29 May 1897 釜所哥谷 *Komarov, VL Komaorv s.n.* August 1913 茂山 *Mori, T Mori s.n.* 19 August 1924 七寶山 *Kondo, C Kondo s.n.* 10 October 1937 穩城郡甌山 *Saito, T T Saito s.n.* 2 August 1913 武陵 *Hirai, H Hirai s.n.* 10 June 1897 西溪水 *Komarov, VL Komaorv s.n.* 12 June 1897 *Komarov, VL Komaorv s.n.* August 1913 富寧 *Mori, T Mori s.n.* 20 June 1909 *Nakai, T Nakai s.n.* 4 June 1897 四芝嶺 *Komarov, VL Komaorv s.n.* 18 June 1930 四芝洞 *Ohwi, J Ohwi s.n.* **Hamgyong-namdo** July 1902 端川龍德里摩天嶺 *Mishima, A s.n.* 11 August 1940 咸興歸州寺 *Okuyama, S Okuyama s.n.* 10 May 1940 咸興定和陵 *Suzuki, D s.n.* 22 August 1932 蓋馬高原 *Kitamura, S Kitamura s.n.* 25 July 1933 東上面遮日峯 *Koidzumi, G Koidzumi s.n.* **P'yongan-bukto** 4 June 1924 飛來峯 *Sawada, T Sawada s.n.* 8 June 1919 義州金剛山 *Ishidoya, T Ishidoya s.n.* 4 August 1912 Unsan (雲山) *Imai, H Imai s.n.* **P'yongan-namdo** 24 September 1920 寧遠 *Ishidoya, T Ishidoya s.n.* 15 June 1928 陽德 *Nakai, T Nakai s.n.* **Rason** 11 May 1897 豆滿江三角洲-五宗洞 *Komarov, VL Komaorv s.n.* **Ryanggang** 8 July 1897 Keizanchin(惠山鎮) *Komarov, VL Komaorv s.n.* 18 July 1897 *Komarov, VL Komaorv s.n.* 1 July 1897 五है川雲龍江-崔五峰 omarov, *VL Komaorv s.n.*1 July 1897 *Komarov, VL Komaorv s.n.* 1 July 1897 *Komarov, VL Komaorv s.n.* 16 August 1897 大羅信洞 *Komarov, VL Komaorv s.n.* 19 August 1897 葡坪 *Komarov, VL Komaorv s.n.* 7 August 1897 上巨里水 *Komarov, VL Komaorv s.n.* 9 August 1897 長津江下流域 *Komarov, VL Komaorv s.n.* 6 June 1897 平蒲坪 *Komarov, VL Komaorv s.n.* 8 June 1897 平蒲坪-倉坪 *Komarov, VL Komaorv s.n.* 5 August 1930 列結水 *Ohwi, J Ohwi s.n.* 24 June 1930 延岩洞 *Ohwi, J Ohwi s.n.* 10 August 1937 大澤 *Saito, T T Saito s.n.* 26 June 1897 內曲里 *Komarov, VL Komaorv s.n.* 17 July 1897 半截子溝 (鴨綠江上流) *Komarov, VL Komaorv s.n.* 1 June 1897 古倉坪-四芝坪 (延面水河谷) *Komarov, VL Komaorv s.n.*

Rosa davurica Pall. var. *alpestris* (Nakai) Kitag., Neolin. Fl. Manshur. 382 (1979)

Common name 붉은인가목

Distribution in Korea: North

Rosa willdenowii Spreng., Syst. Veg. (ed. 16) [Sprengel] 0: 547 (1825)

Rosa marretii H.Lév., Repert. Spec. Nov. Regni Veg. 8: 281 (1910)

Rosa rubro-stipullata Nakai, Bot. Mag. (Tokyo) 30: 242 (1916)

Rosa rubro-stipullata Nakai var. *alpestris* Nakai, Bot. Mag. (Tokyo) 30: 242 (1916)

Rosa marretii H.Lév. var. *alpestris* (Nakai) Uyeki, Woody Pl. Distr. Chosen 51 (1940)

Representative specimens; Chagang-do 6 July 1914 牙得嶺 (江界) *Nakai, T Nakai s.n.* 13 July 1914 長津山 (蔥田嶺) *Nakai, T Nakai s.n.* Type of *Rosa davurica* Pall. var. *alba* Nakai (Holotype TI) **Hamgyong-bukto** 24 July 1918 朱北面巨茂德嶺 *Nakai, T Nakai s.n.* 3 August 1917 鷹洞 *Furumi, M Furumi s.n.* **Hamgyong-namdo** 1928 Hamhung (咸興) *Seok, JM s.n.* 23 July 1916 赴戰高原寒泰嶺 *Mori, T Mori s.n.* 14 August 1943 赴戰高原元豊-道安 *Honda, M Honda s.n.* 15 August 1935 赴戰高原咸地里 *Nakai, T Nakai s.n.* **Kangwon-do** 11 July 1936 外金剛千佛山 *Nakai, T Nakai s.n.* **Ryanggang** 17 May 1923 厚峙嶺 *Ishidoya, T Ishidoya s.n.* 5 August 1940 高頭山 *Hozawa, S Hozawa s.n.* 14 August 1917 普惠面栢檜嶺 *Furumi, M Furumi s.n.* August 1913 崔哥嶺 *Mori, T Mori206* Type of *Rosa rubro-stipullata* Nakai var. *alpestris* Nakai (Syntype TI)August 1913 無頭峯 *Hirai, H Hirai s.n.* 赴戰白山 *Mori, T Mori s.n.* 6 July 1914 *Mori, T Mori77* Type of *Rosa rubro-stipullata* Nakai var. *alpestris* Nakai (Syntype TI)August 1913 *Mori, T Mori114* Type of *Rosa rubro-stipullata* Nakai var. *alpestris* Nakai (Lectotype TI)8 August 1914 神武城-無頭峯 *Nakai, T Nakai 816* Type of *Rosa rubro-stipullata* Nakai var. *alpestris* Nakai (Syntype TI, Syntype TI)

Rosa koreana Kom., Trudy Imp. S.-Peterburgsk. Bot. Sada 18: 434 (1901)

Common name 흰인가목

Distribution in Korea: North, Central

Representative specimens; Chagang-do 22 July 1916 狼林山 *Mori, T Mori s.n.* 11 July 1914 蔥田嶺 *Nakai, T Nakai s.n.* 22 July 1914 山羊 -江口 *Nakai, T Nakai s.n.* **Hamgyong-bukto** 15 June 1930 茂山嶺 *Ohwi, J Ohwi s.n.* 19 July 1918 冠帽山 *Nakai, T Nakai s.n.* 12 June 1930 鏡城 *Ohwi, J Ohwi s.n.* 20 August 1924 冠帽峯 *Sawada, T Sawada s.n.* 11 July 1917 雪嶺 *Furumi, M Furumi s.n.* 19 August 1924 七寶山 *Kondo, C Kondo s.n.* 25 July 1918 雪嶺 *Nakai, T Nakai s.n.* **Hamgyong-namdo** 25 September 1925 泗水山 *Chung, TH Chung s.n.* 15 August 1940 赴戰高原雲水嶺 *Okuyama, S Okuyama s.n.* **P'yongan-bukto** 8 June 1919 義州金剛山 *Ishidoya, T Ishidoya s.n.* **Ryanggang** 5 August 1935 北水白山 *Hozawa, S Hozawa s.n.* 22 August 1934 北水白山 *Kojima, K Kojima s.n.* 24 August 1934 北水白山北水谷 *Yamamoto, A Yamamoto s.n.* 18 June 1897 延岩(西溪水河谷-阿武山) *Komarov, VL Komaorv s.n.* Type of *Rosa koreana* Kom. (Syntype TI)14 June 1897 西溪水-延岩 *Komarov, VL Komaorv s.n.* 22 June 1930 倉坪嶺 *Ohwi, J Ohwi s.n.*

Rosa lucieae Franch. & Rochebr. ex Crép., Bull. Soc. Roy. Bot. Belgique 10: 323 (1871)
Common name 제주찔레
Distribution in Korea: North, Central, South
    Rosa wichurana Crép., Bull. Soc. Roy. Bot. Belgique 25: 189 (1886)
    Rosa mokanensis H.Lév., Repert. Spec. Nov. Regni Veg. 7: 340 (1909)
    Rosa taquetii H.Lév., Repert. Spec. Nov. Regni Veg. 7: 199 (1909)
    Rosa lucieae Franch. & Rochebr. ex Crép. var. *wichuraiana* Koidz., J. Coll. Sci. Imp. Univ. Tokyo 34: 234 (1913)
    Rosa kokusanensis Nakai, Bot. Mag. (Tokyo) 36: 64 (1922)
    Rosa tsusimensis Nakai, Bot. Mag. (Tokyo) 36: 64 (1922)
    Rosa ampullicarpa Koidz., Bot. Mag. (Tokyo) 39: 25 (1925)
    Rosa wichurana Crép. var. *rosiflora* Nakai, Bot. Mag. (Tokyo) 40: 573 (1926)
    Rosa wichurana Crép. f. *ellipsoidea* Nakai, Bot. Mag. (Tokyo) 40: 573 (1926)
    Rosa yokoscensis (Franch. & Sav.) Koidz., Fl. Symb. Orient.-Asiat. 26 (1930)
    Rosa lucieae Franch. & Rochebr. ex Crép. var. *taquetiana* Boulenger, Bull. Jard. Bot. Etat 9: 267 (1933)
    Rosa wichurana Crép. var. *ampullicarpa* (Koidz.) Honda, Bot. Mag. (Tokyo) 52: 139 (1938)

Representative specimens; Ryanggang 29 May 1917 江口 *Nakai, T Nakai4726*

Rosa maximowicziana Regel, Trudy Imp. S.-Peterburgsk. Bot. Sada 5: 378 (1878)
Common name 용가시나무
Distribution in Korea: North, Central
    Rosa lucieae Franch. & Rochebr. ex Crép. var. *aculeatissima* Crép. ex Regel, Trudy Imp. S.-Peterburgsk. Bot. Sada 5: 378 (1878)
    Rosa jaluana Kom., Trudy Imp. S.-Peterburgsk. Bot. Sada 2: 537 (1904)
    Rosa granulosa R.Keller, Bot. Jahrb. Syst. 44: 47 (1909)
    Rosa coreana R.Keller, Bot. Jahrb. Syst. 44: 47 (1909)
    Rosa kelleri Baker, Rosa [E. A. Willmott] 75 (1910)
    Rosa jackii Rehder, Mitt. Deutsch. Dendrol. Ges. 19: 251 (1910)
    Rosa nakaiana H.Lév., Repert. Spec. Nov. Regni Veg. 10: 432 (1912)
    Rosa spinosissima L. var. *mandshurica* Y.Yabe, Enum. Pl. S. Manch. 70 (1912)
    Rosa granulosa R.Keller var. *coreana* (R.Keller) Nakai, Saishu-to Kuan-to Shokubutsu Hokoku-sho [Fl. Quelpaert Isl.] 53 (1914)
    Rosa maximowicziana Regel f. *adenocalyx* Nakai, Bot. Mag. (Tokyo) 30: 235 (1916)
    Rosa diversistyla Cardot, Notul. Syst. (Paris) 3: 266 (1916)
    Rosa jackii Rehder var. *pilosa* Nakai, Bot. Mag. (Tokyo) 30: 236 (1916)
    Rosa maximowicziana Regel f. *leiocalyx* Nakai, Bot. Mag. (Tokyo) 30: 235 (1916)
    Rosa maximowicziana Regel var. *pilosa* (Nakai) Nakai, Fl. Sylv. Kor. 7: 27 (1918)
    Rosa maximowicziana Regel var. *jackii* (Rehder) Rehder, J. Arnold Arbor. 3: 209 (1922)
    Rosa maximowicziana Regel var. *adenocalyx* (Nakai) Nakai, Bull. Natl. Sci. Mus., Tokyo 31: 58 (1952)
    Rosa maximowicziana Regel var. *coreana* (R.Keller) Kitag., Neolin. Fl. Manshur. 383 (1979)

Representative specimens; Chagang-do 30 August 1911 Sensen (前川) *Mills, RG Mills645* Type of *Rosa maximowicziana* Regel f. *adenocalyx* Nakai (Holotype TI)16 July 1909 Kang-gei(Kokai 江界) *Mills, RG Mills345* 9 June 1924 避難德山 *Fukubara, S Fukubara s.n.* 9 June 1924 *Fukubara, S Fukubara s.n.*崇積山 *Furusawa, I Furusawa s.n.* **Hamgyong-bukto** 20 June 1930 漁遊洞 *Ohwi, J Ohwi s.n.* 5 October 1942 清津高抹山西側 *Saito, T T Saito s.n.* June 1933 羅南 *Saito, T T Saito s.n.* 16 October 1935 *Saito, T T Saito s.n.* 15 June 1930 茂山嶺 *Ohwi, J Ohwi s.n.* May 1932 鶴中面蕗溝 *Im-myeong-gong-bo-gyo school s.n.* 13 July 1918 朱乙溫面 *Nakai, T Nakai s.n.* 6 July 1930 Kyonson 鏡城 *Ohwi, J Ohwi s.n.* 6 July 1930 鏡城 *Ohwi, J Ohwi s.n.* 31 July 1914 茂山 *Ikuma, Y Ikuma s.n.* 3 August 1914 車踰嶺 *Ikuma, Y Ikuma s.n.* 12 May 1924 七寶山 *Kondo, C Kondo s.n.* 12 May 1897 五宗洞 *Komarov, VL Komaorv s.n.* 17 June 1930 四芝嶺 *Ohwi, J Ohwi s.n.* **Hamgyong-namdo** 25 September 1925 泗水山 *Chung, TH Chung s.n.* 25 September 1925 *Chung, TH Chung s.n.* July 1902 端川龍德里摩天嶺 *Mishima, A 33* 26 June 1932 Hamhung (咸興) *Nomura, N Nomura s.n.*20 June 1932 東上面元豊里 *Ohwi, J Ohwi s.n.* **Hwanghae-bukto** 10 September 1902 黄州 - 平壤 *Uchiyama, T Uchiyama s.n.* 19 October 1923 平山郡滅惡山 *Muramatsu, T s.n.* 19 October 1923 *Muramatsu, T s.n.* 19 October 1923 *Muramatsu, T s.n.* May 1924 霞嵐山 *Takaichi, K s.n.* **Hwanghae-namdo** 6 June 1924 長淵郡 *Chung, TH Chung s.n.* 24 July 1929 夢金浦 *Nakai, T Nakai s.n.* **Kangwon-do** 12 July 1936 金剛山外金剛千佛山 *Nakai, T Nakai s.n.* 10 June 1932 Mt. Kumgang (金剛山) *Ohwi, J Ohwi s.n.* **P'yongan-bukto** 4 June 1924 飛來峯 *Sawada, T Sawada s.n.* 1924 妙香山 *Kondo, C Kondo s.n.* 1924 *Kondo, C Kondo s.n.* 11 August 1935 義州金剛山

Koidzumi, G Koidzumi s.n. 4 June 1914 義州 - 王江鎭 *Nakai, T Nakai s.n.* 3 June 1914 Gishu(義州) *Nakai, T Nakai1818* Type of *Rosa maximowicziana* Regel f. *adenocalyx* Nakai (Lectotype TI)16 June 1912 白壁山 *Ishidoya, T Ishidoya s.n.* **P'yongan-namdo** 15 July 1916 葛日嶺 *Mori, T Mori s.n.* 21 July 1916 上南洞 *Mori, T Mori s.n.* 15 June 1928 陽德 *Nakai, T Nakai s.n.* **P'yongyang** 23 August 1943 大同郡大寶山 *Furusawa, I Furusawa s.n.* 11 June 1911 Ryugakusan (龍岳山) 平壤 *Imai, H Imai s.n.* 12 June 1910 P'yongyang (平壤) *Imai, H Imai s.n.* 3 July 1910 *Imai, H Imai33* Type of *Rosa maximowicziana* Regel f. *adenocalyx* Nakai (Syntype TI)July 1906 in mediae *Faurie, UJ Faurie330* Type of *Rosa nakaiana* H.Lév. (Holotype E, Isotype A, Isotype KYO, Isotype TI) **Ryanggang** 15 August 1935 北水白山 *Hozawa, S Hozawa s.n.* 24 June 1930 延岩洞 *Ohwi, J Ohwi s.n.* 28 June 1897 栢德嶺 *Komarov, VL Komaorv s.n.*

Rosa multiflora Thunb., Syst. Veg., ed. 14 (J. A. Murray) 474 (1784)

Common name 들장미 (찔레꽃)

Distribution in Korea: North, Central, South, Ulleung

Rosa multiflora Thunb. var. *platyphylla* Thory, Roses 2: 69, t. 69 (1821)
Rosa thunbergii. Tratt., Rosac. Monogr. 1: 86 (1823)
Rosa polyantha Siebold & Zucc., Abh. Math.-Phys. Cl. Konigl. Bayer. Akad. Wiss. 4 (3): 128 (1846)
Rosa intermedia Carr, Rev. Hort. 1868: 269 (1868)
Rosa thyrsiflora Leroy ex Déségl. Bull. Soc. Roy. Bot. Belgique 15: 204 (1876)
Rosa multiflora Thunb. var. *adenophora* Franch. & Sav., Enum. Pl. Jap. 2: 344 (1877)
Rosa dawsoniana Ellw. & Barry ex Rehder, Cycl. Amer. Hort. 1549 (1902)
Rosa quelpaertensis H.Lév., Repert. Spec. Nov. Regni Veg. 10: 378 (1911)
Rosa multiflora Thunb. var. *quelpaertensis* (H.Lév.) Nakai, Saishu-to Kuan-to Shokubutsu Hokoku-sho [Fl. Quelpaert Isl.] 53 (1914)
Rosa multiflora Thunb. var. *cathayensis* Rehder & E.H.Wilson, Pl. Wilson. 2(2): 304 (1915)
Rosa franchetii Koidz. var. *paniculigera* (Makino) Koidz., Bot. Mag. (Tokyo) 31: 131 (1917)
Rosa adenochaeta Koidz., Bot. Mag. (Tokyo) 32: 60 (1918)
Rosa multiflora Thunb. var. *adenophora* Franch. & Sav. f. *globosa* Uyeki, Suigen Gakuho 18(11): 3 (1925)
Rosa multiflora Thunb. var. *adenophora* Franch. & Sav. f. *eilliptica* Uyeki, Suigen Gakuho 18(11): 3 (1925)
Rosa polyantha Siebold & Zucc. var. *genuina* Nakai, Bot. Mag. (Tokyo) 40: 568 (1926)
Rosa polyantha Siebold & Zucc. var. *adenochaeta* (Koidz.) Nakai, Bot. Mag. (Tokyo) 40: 569 (1926)
Rosa polyantha Siebold & Zucc. var. *quelpaertensis* (H.Lév.) Nakai, Bot. Mag. (Tokyo) 40: 569 (1926)
Rosa multiflora Thunb. var. *mokanensis* (H.Lév.) Rehder, J. Arnold Arbor. 17: 336 (1936)
Rosa multiflora Thunb. var. *adenochaeta* (Koidz.) Ohwi, Fl. Jap. (Ohwi) 651 (1953)

Representative specimens; Chagang-do 小白山 1700m 附近溪谷 Unknown **Hamgyong-namdo** 25 September 1925 泗水山 *Chung, TH Chung s.n.* 25 September 1925 *Chung, TH Chung s.n.* **Hwanghae-bukto** 29 May 1939 白川邑 *Hozawa, S Hozawa s.n.* 19 October 1923 平山郡滅惡山 *Muramatsu, T s.n.* May 1924 霞嵐山 *Takaichi, K s.n.* May 1924 *Takaichi, K s.n.* **Hwanghae-namdo** 25 August 1925 長壽山 *Chung, TH Chung s.n.* 8 June 1924 長淵郡長山串 *Chung, TH Chung s.n.* 28 July 1929 *Nakai, T Nakai s.n.* 2 September 1923 首陽山 *Muramatsu, C s.n.* 31 July 1929 席島 *Nakai, T Nakai s.n.* 1 August 1929 椴島 *Nakai, T Nakai s.n.* 12 July 1921 Sorai Beach 九味浦 *Mills, RG Mills s.n.* 4 July 1921 *Mills, RG Mills s.n.* 25 July 1914 *Mills, RG Mills900* 29 June 1921 *Mills, RG Mills4224* 30 June 1921 *Mills, RG Mills4254* 4 July 1921 *Mills, RG Mills4378* 26 May 1924 九月山 *Chung, TH Chung s.n.* **Kangwon-do** 7 June 1909 元山 *Nakai, T Nakai s.n.* **P'yongan-bukto** 4 June 1924 飛來峯 *Sawada, T Sawada s.n.* 4 June 1924 *Sawada, T Sawada s.n.* 1924 妙香山 *Kondo, C Kondo s.n.* 1924 *Kondo, C Kondo s.n.* 8 June 1919 義州金剛山 *Ishidoya, T Ishidoya s.n.* **Ryanggang** 29 May 1917 江口 *Nakai, T Nakai4353*

Rosa rugosa Thunb., Syst. Veg., ed. 14 (J. A. Murray) 473 (1784)

Common name 해당화

Distribution in Korea: North, Central, South

Rosa rugosa Thunb. var. *ferox* C.A.Mey.
Rosa ferox Lawrance, Collect. roses nat. 42 (1799)
Rosa kamtchatica Vent., Descr. Pl. Nouv. 67 (1800)
Rosa coruscans Waitz ex Link, Enum. Hort. Berol. Alt. 2: 57 (1822)
Rosa kamtchatica Vent. var. *nitens* Lindl., Bot. Reg. 10: t. 824 (1828)
Rosa kamtchatica Vent. var. *ferox* Van Geel, Sert. Bot. 0: 4(cl. 13) (1832)
Rosa cinnamomea Ledeb., Fl. Ross. (Ledeb.) 2: 76 (1843)
Rosa rugosa Thunb. var. *thunbergiana* C.A.Mey., Mem. Acad. Imp. Sci. St.-Petersbourg, Ser. 6, Sci. Math., Seconde Pt. Sci. Nat. 6: 32 (1849)

Rosa rugosa Thunb. var. *chamissoniana* C.A.Mey., Mem. Acad. Imp. Sci. St.-Petersbourg, Ser. 6, Sci. Math., Seconde Pt. Sci. Nat. 6: 34 (1849)

Rosa rugosa Thunb. var. *subinermis* C.A.Mey., Mem. Acad. Imp. Sci. St.-Petersbourg, Ser. 6, Sci. Math., Seconde Pt. Sci. Nat. 6: 36 (1849)

Rosa rugosa Thunb. var. *lindlana* C.A.Mey., Mem. Acad. Imp. Sci. St.-Petersbourg, Ser. 6, Sci. Math., Seconde Pt. Sci. Nat. 6: 34 (1849)

*Rosa rugosa*Thunb. var. *ventenatiana* C.A.Mey., Mem. Acad. Imp. Sci. St.-Petersbourg, Ser. 6, Sci. Math., Seconde Pt. Sci. Nat. 6: 34 (1849)

Rosa regeliana Linden & André, Ill. Hort. 18: 11 (1871)

Rosa rugosa Thunb. var. *amurensis*Debeaux, Bull. Soc. Linn. Bordeaux 31: 152 (1876)

Rosa rugosa Thunb. var. *plena* Regel, Trudy Imp. S.-Peterburgsk. Bot. Sada 5: 310 (1878)

Rosa rugosa Thunb. var. *kamtschatica* (Vent.) Regel, Trudy Imp. S.-Peterburgsk. Bot. Sada 5: 310 (1878)

Rosa rugosa Thunb. var. *regeliana* Wittm., Gartenflora 42: 539 (1893)

Rosa rugosa Thunb. var. *coruscans* (Waitz) Koehne, Deut. Dendrol. 298 (1893)

Rosa rugosa Thunb. var. *rubra* Rehder, Cycl. Amer. Hort. 4: 1556 (1902)

Rosa pubescens Baker, Rosa [E. A. Willmott] 2: 499 (1914)

Rosa rugosa Thunb. var. *rubroplena* Rehder, Stand. Cycl. Hort. 5: 2992 (1916)

Rosa rugosa Thunb. f. *plena* (Regel) Bijh., J. Arnold Arbor. 10: 98 (1929)

Rosa davurica Pall. x *rugosa* Hultén, Kongl. Svenska Vetensk. Acad. Handl. ser. 3, 8: 91 (1929)

Rosa taisensis Nakai, J. Jap. Bot. 19: 375 (1943)

Rosa silenidiflora Nakai, Bull. Natl. Sci. Mus., Tokyo 29: 94 (1950)

Representative specimens; **Hamgyong-bukto** 23 July 1918 朱乙溫面黃細谷 *Nakai, T Nakai s.n.* 1 June 1930 鏡城 *Ohwi, J Ohwi s.n.* 1 June 1930 Kyonson 鏡城 *Ohwi, J Ohwi s.n.* 14 August 1935 九德洞 *Saito, T T Saito s.n.* 3 July 1934 農圃洞 *Saito, T T Saito s.n.* 20 August 1924 冠帽峯 *Sawada, T Sawada s.n.* 19 August 1924 七寶山 *Kondo, C Kondo s.n.* 2 August 1918 漁大津 *Nakai, T Nakai s.n.* 27 August 1914 南川洞 *Nakai, T Nakai s.n.* **Hamgyong-namdo** 17 August 1940 西湖津 *Okuyama, S Okuyama s.n.* **Hwanghae-bukto** 29 May 1939 白川邑 *Hozawa, S Hozawa s.n.* **Hwanghae-namdo** 31 July 1929 席島 *Nakai, T Nakai s.n.* 1 August 1929 椒島 *Nakai, T Nakai s.n.* 8 June 1924 長山串 *Chung, TH Chung s.n.* 1 July 1921 Sorai Beach 九味浦 *Mills, RG Mills s.n.* 29 June 1921 *Mills, RG Mills s.n.* 24 July 1929 夢金浦 *Nakai, T Nakai s.n.* **Kangwon-do** 28 July 1916 長箭海岸 *Nakai, T Nakai s.n.* 13 August 1902 長淵里近傍 *Uchiyama, T Uchiyama s.n.* 12 August 1902 墨浦洞 *Uchiyama, T Uchiyama s.n.* 7 August 1932 元山 *Kitamura, S Kitamura s.n.* 7 June 1909 *Nakai, T Nakai s.n.* **Nampo** 1 October 1911 Chinnampo (鎮南浦) *Imai, H Imai s.n.* **P'yongyang** 31 May 1911 P'yongyang (平壤) *Imai, H Imai s.n.* 9 June 1912 順安(栽培品) *Imai, H Imai s.n.* **Rason** 4 June 1930 西水羅 *Ohwi, J Ohwi s.n.* 4 June 1930 *Ohwi, J Ohwi s.n.* 11 May 1897 豆滿江三角洲-五宗洞 *Komarov, VL Komaorv s.n.* **Ryanggang** 17 May 1923 厚峙嶺 *Ishidoya, T Ishidoya s.n.*

Rubus L.
Rubus arcticus L., Sp. Pl. 494 (1753)
Common name 두메딸기 (함경딸기)

Distribution in Korea: North

Rubus arcticus L. f. *dentipetala* Uyeki & Sakata, Acta Phytotax. Geobot. 7: 16 (1938)

Representative specimens; **Hamgyong-bukto** August 1934 冠帽峰 *Kojima, K Kojima s.n.* 25 July 1918 雪嶺 2100m *Nakai, T Nakai s.n.* 25 June 1930 雪嶺面斜面 *Ohwi, J Ohwi s.n.* 25 June 1930 雪嶺西側 *Ohwi, J Ohwi s.n.* 19 June 1897 西溪水河谷 *Komarov, VL Komaorv s.n.* **Hamgyong-namdo** 18 August 1943 赴戰高原咸地院 *Honda, M Honda s.n.* 16 August 1935 遮日峯 2300m *Nakai, T Nakai s.n.* 28 July 1935 東上面漢垈里湖畔 *Nomura, N Nomura s.n.* 21 June 1932 東上面元豊里 *Ohwi, J Ohwi s.n.* 15 August 1940 東上面遮日峰 *Okuyama, S Okuyama s.n.* 23 July 1936 遮日峯 *Sakata, T Sakata s.n.* Type of *Rubus arcticus* L. f. *dentipetala* Uyeki & Sakata (Holotype ?) **Kangwon-do** 1938 山林課元山出張所 *Tsuya, S s.n.* **Ryanggang** 15 August 1935 北水白山 *Hozawa, S Hozawa s.n.* 4 August 1939 大澤濕地 *Hozawa, S Hozawa s.n.* 21 June 1930 天水洞 *Ohwi, J Ohwi s.n.* 1 August 1930 島內 - 合水 *Ohwi, J Ohwi s.n.* 1 August 1930 *Ohwi, J Ohwi s.n.* 21 June 1930 天水洞 *Ohwi, J Ohwi s.n.* 9 August 1937 大澤 *Saito, T T Saito s.n.* 15 July 1935 小長白山脈 *Irie, Y s.n.*

Rubus chamaemorus L., Sp. Pl. 494 (1753)
Common name 진들딸기

Distribution in Korea: North

Chamaemorus morwegica Greene, Leafl. Bot. Observ. Crit. 1: 245 (1905)

*Rubus pseudochamaemorus*Tolm., Bot. Mater. Otd. Sporov. Rast. Bot. Inst. Komarova Akad. Nauk SSSR 16: 105 (1954)

Representative specimens; **Ryanggang** 31 July 1930 醬池 *Ohwi, J Ohwi s.n.* 24 July 1930 大澤 *Ohwi, J Ohwi s.n.* 31 July 1930 醬池 *Ohwi, J Ohwi s.n.* 24 July 1930 大澤 *Ohwi, J Ohwi s.n.*

Rubus coreanus Miq., Ann. Mus. Bot. Lugduno-Batavi 3: 34 (1867)

Common name 복분자딸기

Distribution in Korea: Central, South, Jeju

    Rubus tokkura Siebold, Verh. Batav. Genootsch. Kunsten 12: 65 (1830)

    Rubus hiraseanus Makino, Bot. Mag. (Tokyo) 16: 444 (1902)

    Rubus pseudosaxatilis H.Lév., Repert. Spec. Nov. Regni Veg. 5: 280 (1908)

    Rubus quelpaertensis H.Lév., Repert. Spec. Nov. Regni Veg. 5: 280 (1908)

    Rubus schizostylus H.Lév., Repert. Spec. Nov. Regni Veg. 5: 280 (1908)

    Rubus coreanus Miq. var. *nakaianus* H.Lév., Repert. Spec. Nov. Regni Veg. 8: 358 (1910)

    Rubus hoatiensis H.Lév., Repert. Spec. Nov. Regni Veg. 11: 32 (1913)

    Rubus coreanus Miq. var. *concolor* Nakai ex J.Y.Yang, Novon 25: 117 (2016)

Representative specimens; **Hwanghae-namdo** 29 August 1929 長山串 Nakai, T *Nakai s.n.* 28 July 1929 Nakai, T *Nakai s.n.*

Rubus crataegifolius Bunge, Enum. Pl. Chin. Bor. 24 (1833)

Common name 산딸기나무 (산딸기)

Distribution in Korea: North, Central, South, Jeju

    Rubus wrightii A.Gray, Mem. Amer. Acad. Arts ser. 2 6 (2): 387 (1858)

    Rubus ouensanensis H.Lév. & Vaniot, Bull. Soc. Agric. Sarthe 60: 62 (1905)

    Rubus ampelophyllus H.Lév., Repert. Spec. Nov. Regni Veg. 5: 279 (1908)

    Rubus itoensis H.Lév. & Vaniot, Repert. Spec. Nov. Regni Veg. 8: 358 (1910)

    Rubus crataegifolius Bunge f. *itoensis* (H.Lév. & Vaniot) Koidz., Bot. Mag. (Tokyo) 27: 127 (1913)

    Rubus savatieri L.H.Bailey, Stand. Cycl. Hort. 5: 3026 (1916)

    Rubus takesimensis Nakai, Bot. Mag. (Tokyo) 32: 105 (1918)

    Rubus crataegifolius Bunge var. *wrightii* (A.Gray) Nakai, Bull. Natl. Sci. Mus., Tokyo 31: 59 (1952)

Representative specimens; **Chagang-do** 5 July 1914 牙得嶺 (江界) Nakai, T *Nakai s.n.* 1 July 1914 公西面江界 *Nakai, T Nakai s.n.* 25 June 1914 從浦鎮 *Nakai, T Nakai s.n.* **Hamgyong-bukto** 5 August 1937 南大溪 *Saito, T T Saito s.n.* 8 August 1935 羅南支庫 *Saito, T T Saito s.n.* 14 August 1933 朱乙溫泉朱乙山 *Koidzumi, G Koidzumi s.n.* 17 July 1918 朱乙溫面甫上洞 *Nakai, T Nakai s.n.* 14 June 1930 鏡城 *Ohwi, J Ohwi s.n.* 14 June 1930 Kyonson 鏡城 *Ohwi, J Ohwi s.n.* 14 June 1930 Ohwi, *J Ohwi s.n.* 12 July 1930 Ohwi, *J Ohwi s.n.* 23 June 1935 梧上洞 *Saito, T T Saito s.n.* 5 July 1933 南下石山 *Saito, T T Saito s.n.* 21 June 1909 Musan-ryeong (戊山嶺) Nakai, T *Nakai s.n.* 18 June 1930 四芝洞 *Ohwi, J Ohwi s.n.* **Hamgyong-namdo** 1928 Hamhung (咸興) *Seok, JM s.n.* 15 June 1941 咸興盤龍山 *Suzuki, T s.n.* 2 September 1934 蓮花山 *Kojima, K Kojima s.n.* 15 August 1935 赴戰高原咸地里 *Nakai, T Nakai s.n.* 20 June 1932 東上面元豊里 *Ohwi, J Ohwi s.n.* **Hwanghae-namdo** 1 August 1929 椒島 *Nakai, T Nakai s.n.* **Kangwon-do** 31 July 1916 金剛山群仙峽 *Nakai, T Nakai s.n.* 12 August 1932 Mt. Kumgang (金剛山) *Koidzumi, G Koidzumi s.n.* 12 July 1936 金剛山外金剛千佛山 *Nakai, T Nakai s.n.* 7 August 1916 金剛山末輝里 *Nakai, T Nakai s.n.* 10 June 1932 Mt. Kumgang (金剛山) Ohwi, *J Ohwi s.n.* 7 August 1940 *Okuyama, S Okuyama s.n.* 14 August 1902 *Uchiyama, T Uchiyama s.n.* 18 August 1932 安邊郡衛益面三防 *Koidzumi, G Koidzumi s.n.* 14 August 1930 劍拂浪 *Nakai, T Nakai s.n.* 30 August 1916 通川 *Nakai, T Nakai s.n.* **P'yongan-bukto** 6 August 1935 妙香山 *Koidzumi, G Koidzumi s.n.* 1 June 1912 白壁山 *Ishidoya, T; Chung, TH Ishidoya s.n.* **P'yongan-namdo** 17 July 1916 加音峯 *Mori, T Mori s.n.* 15 June 1928 陽德 *Nakai, T Nakai s.n.* **P'yongyang** 29 May 1935 P'yongyang (平壤) *Ikuma, Y Ikuma s.n.* 15 May 1910 *Imai, H Imai s.n.* Rason 6 June 1930 西水羅 *Ohwi, J Ohwi s.n.* 6 June 1930 Ohwi, *J Ohwi s.n.* 7 July 1937 *Saito, T T Saito s.n.* **Ryanggang** 1 July 1897 五是川雲寵江-崔五峰 *Komarov, VL Komaorv s.n.* 29 July 1897 安間嶺-同仁川 (同仁浦里?) *Komarov, VL Komaorv s.n.* 1 August 1897 虛川江 (同仁川) *Komarov, VL Komaorv s.n.* 5 August 1897 白山嶺 *Komarov, VL Komaorv s.n.* 16 August 1897 大羅信洞 *Komarov, VL Komaorv s.n.* 21 August 1897 subdist. Chu-czan, flumen Amnok-gan *Komarov, VL Komaorv s.n.* 22 August 1897 雲洞嶺 *Komarov, VL Komaorv s.n.* 4 July 1897 上水隅理 *Komarov, VL Komaorv s.n.* 7 August 1897 上巨里水 *Komarov, VL Komaorv s.n.* 9 August 1897 長津江下流域 *Komarov, VL Komaorv s.n.* 23 June 1930 倉坪延岩洞間 *Ohwi, J Ohwi s.n.* 26 June 1897 內曲里 *Komarov, VL Komaorv s.n.* 27 June 1897 栢德嶺 *Komarov, VL Komaorv s.n.* 22 July 1897 佳林里 *Komarov, VL Komaorv s.n.* 26 June 1897 內曲里 *Komarov, VL Komaorv s.n.* 20 July 1897 惠山鎮 (鴨綠江上流長白山脈中高原) *Komarov, VL Komaorv s.n.* 17 July 1897 半載子溝 (鴨綠江上流) *Komarov, VL Komaorv s.n.* 1 June 1897 古倉坪-四芝坪 (延面水河谷) *Komarov, VL Komaorv s.n.*

Rubus idaeus L., Sp. Pl. 492 (1753)

Common name 멍덕딸기

Distribution in Korea: North, Central

    Rubus japonicus L., Mant. Pl. 2: 245 (1771)

    Rubus idaeus L. var. *microphyllus* Turcz., Fl. Baical.-dahur. 1: 370 (1842)

Rubus idaeus L. var. *aculeatissimus* C.A.Mey., Index Seminum [St.Petersburg (Petropolitanus)] 11: 61 (1846)

Rubus idaeus L. ssp. *melanolasius* Focke, Abh. Naturwiss. Vereine Bremen 13: 472,473 (1896)

Rubus melanolasius Focke, Trudy Imp. S.-Peterburgsk. Bot. Sada 22: 484 (1904)

Rubus melanolasius Focke var. *concolor* Kom., Trudy Imp. S.-Peterburgsk. Bot. Sada 22: 486 (1904)

Rubus matsumuranus H.Lév. & Vaniot, Bull. Soc. Agric. Sarthe 60: 66 (1905)

Rubus ikenoensis H.Lév. & Vaniot, Bull. Soc. Bot. France 53: 549 (1906)

Rubus kanayamensis H.Lév. & Vaniot, Bull. Soc. Natl. Acclim. France 53: 549 (1906)

Rubus diamantianus H.Lév., Repert. Spec. Nov. Regni Veg. 5: 279 (1908)

Rubus sachalinensis H.Lév., Repert. Spec. Nov. Regni Veg. 6: 332 (1909)

Rubus defensus Focke, Biblioth. Bot. 72 (1): 26 (1910)

Rubus idaeus L. ssp. *sachlinensis* (H.Lév.) Focke, Biblioth. Bot. 72 (2): 210 (1911)

Rubus idaeus L. ssp. *inermis* Koidz., J. Coll. Sci. Imp. Univ. Tokyo 34: 136 (1913)

Rubus idaeus L. ssp. *melanolasius* var. *hondoensis* Koidz., J. Coll. Sci. Imp. Univ. Tokyo 34: 136 (1913)

Rubus idaeus L. ssp. *melanolasius* var. *matsumuranus* (H.Lév. & Vaniot) Koidz., J. Coll. Sci. Imp. Univ. Tokyo 34: 135 (1913)

Rubus komarovii Nakai, Chosen Shokubutsu 304 (1914)

Rubus idaeus L. var. *coreanus* Nakai, Bot. Mag. (Tokyo) 30: 229 (1916)

Rubus idaeus L. var. *matsumurae* Nakai, Bot. Mag. (Tokyo) 30: 229 (1916)

Rubus idaeus L. var. *concolor* (Kom.) Nakai, Bot. Mag. (Tokyo) 30: 229 (1916)

Rubus sachalinensis H.Lév. var. *macrophyllus* Cardot, Bull. Mus. Hist. Nat. (Paris) 33: 310 (1917)

Rubus tschonoskii Proch., Bot. Mater. Gerb. Glavn. Bot. Sada RSFSR 5: 55 (1924)

Rubus strigosus Michx. var. *kanayamensis* (H.Lév. & Vaniot) Koidz., Fl. Symb. Orient.-Asiat. 56 (1930)

Rubus idaeus L. var. *aculeatissimus* C.A.Mey. f. *concolor* (Kom.) Ohwi, Fl. Jap. (Ohwi) 644 (1953)

Rubus sachalinensis H.Lév. var. *coreanus* (Nakai) H.S.Kim, Fl. Coreana (Im, R.J.) 3: 162 (1974)

Rubus matsumuranus H.Lév. & Vaniot var. *concolor* (Kom.) Kitag., Neolin. Fl. Manshur. 384 (1979)

Representative specimens; **Chagang-do** 2 September 1897 湖芮(鴨綠江) *Komarov, VL Komaorv s.n.* 21 June 1914 鳳山面漁雷坊 *Nakai, T Nakai s.n.* 5 July 1914 牙得嶺 (江界) *Nakai, T Nakai1832* Type of *Rubus idaeus* L. var. *coreanus* Nakai (Holotype TI)22 July 1916 狼林山 *Mori, T Mori s.n.* **Hamgyong-bukto** 12 August 1933 渡正山 *Koidzumi, G Koidzumi s.n.* August 1934 冠帽峰 *Kojima, K Kojima s.n.* 18 July 1918 朱乙温面新人谷 *Nakai, T Nakai s.n.* 6 July 1933 南下石山 *Saito, T T Saito s.n.* 21 July 1933 冠帽峰 *Saito, T T Saito s.n.* 23 July 1918 朱南面黃雪嶺 *Nakai, T Nakai s.n.* 12 June 1897 西溪水 *Komarov, VL Komaorv s.n.* 12 June 1897 *VL Komaorv s.n.* **Hamgyong-namdo** 10 August 1938 西閑面赤水里 *Jeon, SK JeonSK s.n.* 30 August 1941 赴戰高原 Fusenkogen *Inumaru, M s.n.* 24 August 1932 蓋馬高原 *Kitamura, S Kitamura s.n.* 23 July 1933 東上面漢岱里 *Koidzumi, G Koidzumi s.n.* 15 August 1935 赴戰高原咸地里 *Nakai, T Nakai s.n.*15 August 1935 *Nakai, T Nakai s.n.* 20 June 1932 東上面元豊里 *Ohwi, J Ohwi s.n.* 3 October 1935 赴戰高原 Fusenkogen *Okamoto, S Okamoto s.n.* 14 August 1940 *Okuyama, S Okuyama s.n.* **Kangwon-do** 31 July 1916 金剛山群仙峽 *Nakai, T Nakai s.n.* 14 July 1936 金剛山外金剛千佛山 *Nakai, T Nakai s.n.* 14 August 1916 金剛山望軍臺 *Nakai, T Nakai s.n.* **P'yongan-bukto** 16 August 1912 Pyok-dong (碧潼) *Imai, H Imai s.n.* **Rason** 30 June 1938 松眞山 *Saito, T T Saito s.n.* **Ryanggang** 23 August 1914 Keizanchin(惠山鎮) *Ikuma, Y Ikuma s.n.* 15 August 1935 北水白山 *Hozawa, S Hozawa s.n.* 15 August 1935 *Hozawa, S Hozawa s.n.* 9 July 1897 十四道溝(鴨綠江) *Komarov, VL Komaorv s.n.* 5 August 1897 白山嶺 *Komarov, VL Komaorv s.n.* 9 August 1897 長津江下流域 *Komarov, VL Komaorv s.n.* 4 July 1897 上水隅理 *Komarov, VL Komaorv s.n.* 5 August 1940 高頭山 *Hozawa, S Hozawa s.n.* 9 June 1897 屈松川 (西頭水河谷) *倉坪 Komarov, VL Komaorv s.n.* 23 June 1930 倉坪延岩洞間 *Ohwi, J Ohwi s.n.* 12 August 1937 大澤 *Saito, T T Saito s.n.* 27 June 1897 栢德嶺 *Komarov, VL Komaorv s.n.* 24 July 1897 佳林里 *Komarov, VL Komaorv s.n.* 21 June 1897 阿武山-象背嶺 *Komarov, VL Komaorv s.n.* 11 July 1917 胞胎山 *Furumi, M Furumi s.n.* 14 August 1914 無頭峯 *Ikuma, Y Ikuma s.n.* 20 July 1897 惠山鎮(鴨綠江上流長白山脈中高原) *Komarov, VL Komaorv s.n.* 8 August 1914 農事洞 *Ikuma, Y Ikuma s.n.* 3 June 1897 四芝坪 *Komarov, VL Komaorv s.n.* 3 June 1897 *Komarov, VL Komaorv s.n.*

Rubus parvifolius L., Sp. Pl. (ed. 2) 1197 (1753)

Common name 멍석딸기

Distribution in Korea: North, Central, South, Ulleung

Rubus triphyllus Thunb., Fl. Jap. (Thunberg) 215 (1784)

Rubus triphyllus Thunb. var. *concolor* Koidz., Bot. Mag. (Tokyo) 23: 178 (1909)

Rubus taquetii H.Lév., Repert. Spec. Nov. Regni Veg. 7: 340 (1909)

Rubus triphyllus Thunb. var. *subconcolor* Cardot, Notul. Syst. (Paris) 3: 311 (1914)

Rubus triphyllus Thunb. var. *taquetii* (H.Lév.) Nakai, Bot. Mag. (Tokyo) 30: 227 (1916)

Rubus parvifolius L. var. *subpinnata* Nakai,Veg. Apoi 11 (1930)

Rubus parvifolius L. var. *triphyllus* (Thunb.) Nakai,Veg. Apoi 11 (1930)

Rubus parvifolius L. var. *concolor* (Koidz.) Makino & Nemoto, Fl. Jap. Suppl. 352 (1936)

Rubus parvifolius L. var. *taquetii* (H.Lév.) Nemoto, Fl. Jap. Suppl. 352 (1936)
Rubus parvifolius L. f. *subpinnatus* (Nakai) Nakai, Bull. Natl. Sci. Mus., Tokyo 31: 59 (1952)

Representative specimens; Chagang-do 30 August 1911 Sensen (前川) *Mills, RG Mills s.n.* **Hamgyong-bukto** 28 August 1969 羅南馬山 *Migo, H s.n.* August 1933 羅南 *Yoshimizu, K s.n.* 11 July 1930 Kyonson 鏡城 *Ohwi, J Ohwi s.n.* 6 July 1930 Ohwi, *J Ohwi s.n.* 12 June 1930 Ohwi, *J Ohwi s.n.* 5 July 1933 梧上洞 *Saito, T T Saito s.n.* **Hamgyong-namdo** July 1902 端川龍德里摩天嶺 *Mishima, A s.n.* 1928 Hamhung (咸興) *Seok, JM s.n.* **Hwanghae-bukto** 10 September 1915 瑞興 *Nakai, T Nakai s.n.* 8 September 1902 安城 *Uchiyama, T Uchiyama s.n.* **Hwanghae-namdo** 1 August 1929 椒島 *Nakai, T Nakai s.n.* 29 June 1921 Sorai Beach 九味浦 *Mills, RG Mills s.n.* 24 July 1929 夢金浦 *Nakai, T Nakai s.n.* **Kangwon-do** 28 July 1916 長箭高城 *Nakai, T Nakai s.n.* 30 August 1916 通川 *Nakai, T Nakai s.n.* 10 August 1932 元山 *Kitamura, S Kitamura s.n.* **P'yongyang** 22 June 1909 平壤市街附近 *Imai, H Imai s.n.*

Rubus phoenicolasius Maxim., Bull. Acad. Imp. Sci. Saint-Pétersbourg ser. 3, 17: 160 (1872)
Common name 붉은가시딸기 (곰딸기)
Distribution in Korea: North, Central, South, Ulleung
Rubus trifidus Thunb. var. *tomemtosus* Makino, Bot. Mag. (Tokyo) 15: 49 (1901)
Rubus gensanicus Nakai, Bot. Mag. (Tokyo) 23: 191 (1909)
Rubus phoenicolasius Maxim. var. *albiflorus* Nakai ex J.Y.Yang, Novon 25: 119 (2016)

Representative specimens; Hamgyong-bukto 19 August 1924 七寶山 *Kondo, C Kondo s.n.* **Hamgyong-namdo** 25 September 1925 泗水山 *Chung, TH Chung s.n.* 11 May 1918 北青 *Ishidoya, T Ishidoya s.n.* **Hwanghae-bukto** 19 October 1923 平山郡滅惡山 *Muramatsu, T s.n.* **Hwanghae-namdo** 25 August 1925 長壽山 *Chung, TH Chung s.n.* 4 August 1929 長淵郡長山串 *Nakai, T Nakai s.n.* 27 July 1929 *Nakai, T Nakai s.n.* 8 June 1924 長山串 *Chung, TH Chung s.n.* **Kangwon-do** 12 August 1932 Mt. Kumgang (金剛山) *Koidzumi, G Koidzumi s.n.* 14 August 1902 *Uchiyama, T Uchiyama s.n.* 7 June 1909 元山山 *Nakai, T Nakai s.n.* 6 June 1909 *Nakai, T Nakai s.n.* Type of *Rubus gensanicus* Nakai (Holotype TI) **P'yongan-bukto** 1924 妙香山 *Kondo, C Kondo s.n.* 8 June 1919 義州金剛山 *Ishidoya, T Ishidoya s.n.*

Rubus pungens Cambess. var. *oldhamii* (Miq.) Maxim., Mélanges Biol. Bull. Phys.-Math. Acad. Imp. Sci. Saint-Pétersbourg 8: 386 (1872)
Common name 줄딸기
Distribution in Korea: North, Central, South
Rubus oldhamii Miq., Ann. Mus. Bot. Lugduno-Batavi 3: 34 (1867)
Rubus pungens Cambess. var. *oldhamii* (Miq.) Maxim. f. *roseus* Nakai, Bot. Mag. (Tokyo) 30: 224 (1916)
Rubus oldhamii Miq. var. *roseus* (Nakai) H.Hara, J. Jap. Bot. 19: 127 (1933)

Representative specimens; Hamgyong-bukto 21 June 1937 晩春 *Saito, T T Saito s.n.* **Hamgyong-namdo** 9 April 1935 咸興歸州寺 *Nomura, N Nomura s.n.* **Hwanghae-namdo** 6 August 1929 長淵郡長山串 *Nakai, T Nakai s.n.* **Kangwon-do** 29 July 1916 海金剛 *Nakai, T Nakai s.n.* 4 August 1932 金剛山內金剛 *Kobayashi, M Kobayashi s.n.* 12 August 1932 Mt. Kumgang (金剛山) *Koidzumi, G Koidzumi s.n.* 10 June 1932 Ohwi, *J Ohwi s.n.* 8 June 1909 元山 *Nakai, T Nakai s.n.* Type of *Rubus pungens* Cambess. var. *oldhamii* (Miq.) Maxim. f. *roseus* Nakai (Syntype TI)

Sanguisorba L.
Sanguisorba hakusanensis Makino, Bot. Mag. (Tokyo) 21: 140 (1907)
Common name 산오이풀
Distribution in Korea: North (Hamgyong, Kangwon), Central, South
Sanguisorba hakusanensis Makino var. *coreana* H.Hara, J. Jap. Bot. 10: 235 (1934)

Representative specimens; Hamgyong-bukto 11 August 1933 渡正山門內 *Koidzumi, G Koidzumi s.n.* August 1934 冠帽峰 *Kojima, K Kojima s.n.* 12 September 1932 南下石山 *Saito, T T Saito s.n.* 6 August 1932 冠帽峰甫老川 *Saito, T T Saito s.n.* **Hamgyong-namdo** 18 August 1943 赴戰高原咸地院 *Honda, M Honda s n.* 14 August 1943 赴戰高原元豐-道安 *Honda, M Honda s.n.* 19 August 1943 千佛山 *Honda, M Honda s.n.* **Kangwon-do** 31 July 1916 金剛山群仙峽 *Nakai, T Nakai s.n.* 7 August 1932 Mt. Kumgang (金剛山) *Fukushima s.n.* 11 August 1943 *Honda, M Honda s.n.* 12 August 1932 金剛山望軍臺 *Kitamura, S Kitamura s.n.* 5 August 1932 金剛山內金剛 *Kobayashi, M Kobayashi s.n.* 12 August 1932 Mt. Kumgang (金剛山) *Koidzumi, G Koidzumi s.n.* 28 July 1916 金剛山外金剛千佛山 *Mori, T Mori s.n.* 16 August 1916 金剛山毘盧峯 *Nakai, T Nakai s.n.* 22 August 1916 金剛山大長峯 *Nakai, T Nakai s.n.* 14 July 1936 金剛山外金剛千佛山 *Nakai, T Nakai s.n.* 7 August 1940 Mt. Kumgang (金剛山) *Okuyama, S Okuyama s.n.* 16 August 1902 *Uchiyama, T Uchiyama s.n.* Type of *Sanguisorba hakusanensis* Makino var. *coreana* H.Hara (Holotype TI) **P'yongan-namdo** 3 September 1938 黃草嶺 *Jeon, SK JeonSK s.n.* **Ryanggang** 15 August 1914 白頭山 *Ikuma, Y Ikuma s.n.*

Sanguisorba longifolia Bertol., Mem. Reale Accad. Sci. Ist. Bologna 12: 234 (1861)

Common name 긴잎오이풀

Distribution in Korea: North, Central, South

Sanguisorba rectispica Kitag., Bot. Mag. (Tokyo) 50: 135 (1936)

Sanguisorba officinalis L. var. *longifolia* (Bertol.) T.T.Yu & C.L.Li, Acta Phytotax. Sin. 17: 9 (1979)

Representative specimens; Ryanggang 13 August 1914 白頭山 *Ikuma, Y Ikuma s.n.*

Sanguisorba obtusa Maxim., Bull. Acad. Imp. Sci. Saint-Pétersbourg 14: 160 (1874)

Common name 두메오이풀

Distribution in Korea: far North (Paekdu, Potae, Chail, Rngrim)

Sanguisorba argutidens Nakai, Bot. Mag. (Tokyo) 47: 249 (1933)

Representative specimens; Chagang-do 22 July 1916 狼林山 *Mori, T Mori s.n.* **Hamgyong-bukto** 31 July 1932 渡正山 2100m *Kishinami, Y s.n.* Type of *Sanguisorba argutidens* Nakai (Holotype TI)11 July 1917 朱南面雪嶺 *Furumi, M Furumi s.n.* 25 July 1918 雪嶺 *Nakai, T Nakai s.n.* **Hamgyong-namdo** 16 August 1935 雲仙嶺 *Nakai, T Nakai s.n.* 16 August 1935 遮日峯 2400m *Nakai, T Nakai s.n.* 10 September 1942 赴戰高原 Fusenkogen *Numajiri, K s.n.* 15 August 1940 遮日峯 *Okuyama, S Okuyama s.n.* 15 August 1935 新興郡白岩山 *Nakai, T Nakai s.n.* **Kangwon-do** 1938 山林課元山出張所 *Tsuya, S s.n.* **Ryanggang** 15 August 1935 北水白山 *Hozawa, S Hozawa s.n.* August 1913 長白山 *Mori, T Mori s.n.*

Sanguisorba officinalis L., Sp. Pl. 116 (1753)

Common name 오이풀

Distribution in Korea: North, Central, South, Ulleung

Sanguisorba carnea Fisch., Enum. Hort. Berol. Alt. 1: 144 (1822)

Sanguisorba officinalis L. var. *carnea* (Fisch. ex Link) Regel ex Maxim., Mélanges Biol. Bull. Phys.-Math. Acad. Imp. Sci. Saint-Pétersbourg 9: 154 (1877)

Sanguisorba unsanensis Nakai, Repert. Spec. Nov. Regni Veg. 13: 278 (1914)

Sanguisorba stipulata Raf. f. *alba* (Trautv. & C.A.Mey.) Kitam., Acta Phytotax. Geobot. 20: 199 (1962)

Sanguisorba officinalis L. var. *globularis* (Nakai) W.T.Lee, Lineamenta Florae Koreae 536 (1996)

Representative specimens; Chagang-do 28 August 1897 慈城邑(松德水河谷) *Komarov, VL Komaorv s.n.* 30 August 1897 慈城江 *Komarov, VL Komaorv s.n.* 7 July 1911 Kang-gei(Kokai 江界) *Mills, RG Mills102* 6 August 1910 *Mills, RG Mills447* 22 July 1916 狼林山 *Mori, T Mori s.n.* 21 July 1914 大興里- 山羊 *Nakai, T Nakai3641* **Hamgyong-bukto** 10 September 1941 清津 *Unknown s.n.* 14 August 1933 朱乙溫泉朱乙山 *Koidzumi, G Koidzumi s.n.* 18 August 1914 茂山 *Nakai, T Nakai s.n.* **Hamgyong-namdo** August 1938 長津中庄洞 *Jeon, SK JeonSK s.n.* 23 July 1916 赴戰高原寒泰嶺 *Mori, T Mori s.n.* 17 August 1934 長津中庄洞 *Nomura, N Nomura s.n.* 18 August 1943 赴戰高原咸地院 *Honda, M Honda s.n.* 23 July 1933 東上面漢岱里 *Koidzumi, G Koidzumi s.n.* 15 August 1935 *Nakai, T Nakai s.n.* 16 August 1940 *Okuyama, S Okuyama s.n.* **Hwanghae-bukto** 10 September 1915 瑞興 *Nakai, T Nakai2822* **Hwanghae-namdo** 25 August 1943 首陽山 *Furusawa, I Furusawa s.n.* 25 August 1943 *Furusawa, I Furusawa s.n.* **Kangwon-do** 12 August 1932 Mt. Kumgang (金剛山) *Kitamura, S Kitamura s.n.* 20 August 1902 *Uchiyama, T Uchiyama s.n.* 20 August 1902 *Uchiyama, T Uchiyama s.n.* 7 August 1932 元山 *Kitamura, S Kitamura s.n.* **P'yongan-bukto** Pyok-dong (碧潼) *Unknown s.n.* 4 August 1912 Unsan (雲山) *Imai, H Imai s.n.* 4 August 1912 *Imai, H Imai136* Type of *Sanguisorba unsanensis* Nakai (Holotype TI) *Unknown s.n.* **P'yongyang** 23 August 1943 大同郡大寶山 *Furusawa, I Furusawa s.n.* 23 August 1943 *Furusawa, I Furusawa s.n.* 12 September 1902 Botandai (牡丹台) 坪壤 *Uchiyama, T Uchiyama s.n.* 12 September 1902 *Uchiyama, T Uchiyama s.n.* **Ryanggang** 19 July 1897 Keizanchin(惠山鎭) *Komarov, VL Komaorv s.n.* 1 July 1897 五是川雲寵江-崔五峰 *Komarov, VL Komaorv s.n.* 1 August 1897 虛川江 (同仁川) *Komarov, VL Komaorv s.n.* 1 July 1897 五是川雲寵江-崔五峰 *Komarov, VL Komaorv s.n.* 7 July 1897 犁方嶺 (鴨綠江羅暖堡) *Komarov, VL Komaorv s.n.* 7 June 1897 平蒲坪 *Komarov, VL Komaorv s.n.* 24 July 1930 含山嶺 *Ohwi, J Ohwi s.n.* 24 July 1930 *Ohwi, J Ohwi s.n.* 26 June 1897 內曲里 *Komarov, VL Komaorv s.n.* 28 July 1897 佳林里 *Komarov, VL Komaorv s.n.* 6 August 1916 白頭山 *Takeuchi, T s.n.* 15 August 1913 谿間里 *Hirai, H Hirai s.n.*

Sanguisorba stipulata Raf., Herb. Raf. 47 (1833)

Common name 큰오이풀

Distribution in Korea: North

Sanguisorba canadensis L. var. *latifolia* Hook., Fl. Bor.-Amer. (Hooker) 1: 198 (1832)

Sanguisorba sitchensis C.A.Mey., Fl. Ochot. Phaenog. 34 (1856)

Sanguisorba latifolia (Hook.) Coville, Contr. U. S. Natl. Herb. 3: 339 (1896)

Sanguisorba stipulata Raf. var. *latifolia* (Hook.) H.Hara, J. Jap. Bot. 23: 31 (1949)

Sanguisorba canadensis L. ssp. *latifolia* (Hook.) Calder & Roy L.Taylor, Canad. J. Bot. 43: 1395 (1965)

Representative specimens; **Hamgyong-bukto** 17 September 1935 梧上洞 *Saito, T T Saito s.n.* **Hamgyong-namdo** 16 October 1933 西湖津 *Nomura, N Nomura s.n.* 17 August 1940 Okuyama, *S Okuyama s.n.* 25 July 1935 東下面把田洞 *Nomura, N Nomura s.n.* **Kangwon-do** 30 August 1916 通川 *Nakai, T Nakai s.n.* **Ryanggang** 30 July 1917 無頭峯 *Furumi, M Furumi s.n.* 12 August 1913 神武城 *Hirai, H Hirai s.n.* August 1934 白頭山 *Kojima, K Kojima s.n.* August 1913 長白山 *Mori, T Mori s.n.* 8 August 1914 無頭峯下 ?流 *Nakai, T Nakai s.n.*

Sanguisorba × *tenuifolia* Fisch. ex Link, Enum. Hort. Berol. Alt. 1: 144 (1821)
Common name 가는오이풀
Distribution in Korea: far North (Kwanmo, Seolryong), Central, South
    Sanguisorba × *tenuifolia* Fisch. ex Link var. *rubra* Fisch. ex Link, Enum. Pl. (Willdenow) 144 (1821)
    Sanguisorba × *tenuifolia* Fisch. ex Link var. *alba* Trautv. & C.A.Mey., Fl. Ochot. Phaenog. 35 (1856)
    Sanguisorba × *tenuifolia* Fisch. ex Link var. *purpurea* Trautv. & C.A.Mey., Fl. Ochot. Phaenog. 35 (1856)
    Sanguisorba parviflora (Maxim.) Takeda, J. Linn. Soc., Bot. 42: 462 (1914)
    Sanguisorba × *tenuifolia* Fisch. ex Link f. *purpurea* (Trautv. & C.A.Mey.) W.T.Lee, Lineamenta Florae Koreae 538 (1996)

Representative specimens; **Hamgyong-bukto** 12 August 1933 渡正山 *Koidzumi, G Koidzumi s.n.* 26 July 1930 頭流山 *Ohwi, J Ohwi s.n.* 26 July 1930 *Ohwi, J Ohwi s.n.* 18 August 1935 農圃 *Saito, T T Saito s.n.* 17 September 1935 梧上洞 *Saito, T T Saito s.n.*雪嶺 *Unknown s.n.* **Hamgyong-namdo** 10 October 1936 咸興盤龍山 *Nomura, N Nomura s.n.* October 1939 Hamhung (咸興) *Suzuki, T s.n.* 18 October 1936 Yamatsuta, *T s.n.* 17 September 1933 豐西里 - 豐陽里 *Nomura, N Nomura s.n.* July 1943 龍眼里 *Uchida, H Uchida s.n.* 2 September 1934 蓮花山 *Kojima, K Kojima s.n.* 23 August 1932 蓋馬高原 *Kitamura, S Kitamura s.n.* 22 August 1932 *Kitamura, S Kitamura s.n.* 23 August 1932 *Kitamura, S Kitamura s.n.* 22 August 1932 *Kitamura, S Kitamura s.n.* 25 July 1933 東上面遮日峯 *Koidzumi, G Koidzumi s.n.* 23 July 1933 東上面漢岱里 *Koidzumi, G Koidzumi s.n.* 15 August 1935 *Nakai, T Nakai s.n.* 18 August 1934 東上面新洞上方 2100m *Yamamoto, A Yamamoto s.n.* 16 August 1934 永古面松興里 *Yamamoto, A Yamamoto s.n.* **Hwanghae-namdo** 1 August 1929 椴島 *Nakai, T Nakai s.n.* **Kangwon-do** 12 September 1932 元山 Kawasakinoyen(川崎農園) *Kitamura, S Kitamura s.n.*7 August 1932 *Kitamura, S Kitamura s.n.* **P'yongan-bukto** 4 August 1935 妙香山 *Koidzumi, G Koidzumi s.n.* **Ryanggang** 18 July 1897 Keizanchin(惠山鎮) *Komarov, VL Komarov s.n.* 1 August 1897 虛川江 (同仁川) *Komarov, VL Komarov s.n.* 19 August 1934 惠山新興郡北水白山 *Kojima, K Kojima s.n.*15 August 1897 蓮坪-厚州川-厚州古邑 *Komarov, VL Komarov s.n.* 16 August 1897 大羅信洞 *Komarov, VL Komarov s.n.* 4 August 1939 大澤濕地 *Hozawa, S Hozawa s.n.* 5 August 1940 高頭山 *Hozawa, S Hozawa s.n.* 7 June 1897 平蒲坪 *Komarov, VL Komarov s.n.* 8 June 1897 平蒲坪-倉坪 *Komarov, VL Komarov s.n.* 24 July 1930 含山嶺 *Ohwi, J Ohwi s.n.* 3 August 1930 大澤 *Ohwi, J Ohwi s.n.* 24 July 1930 *Ohwi, J Ohwi s.n.* 1 August 1930 島內 - 合水 *Ohwi, J Ohwi s.n.* 24 June 1930 延岩洞 *Ohwi, J Ohwi s.n.* 24 July 1930 含山嶺 *Ohwi, J Ohwi s.n.* 24 July 1930 大澤 *Ohwi, J Ohwi s.n.* 22 July 1897 佳林里 *Komarov, VL Komarov s.n.* 28 July 1897 *Komarov, VL Komarov s.n.* 15 July 1935 小長白山 *Irie, Y s.n.* 7 August 1914 虛項嶺-神武城 *Nakai, T Nakai s.n.* 7 August 1914 *Nakai, T Nakai s.n.* 5 August 1914 胞胎山寶泰洞 *Nakai, T Nakai s.n.* 4 August 1914 普天堡- 寶泰洞 *Nakai, T Nakai s.n.*7 August 1914 三下面江口 *Ikuma, Y Ikuma s.n.* 15 August 1914 谿間里 *Ikuma, Y Ikuma s.n.* 20 August 1933 三長 *Koidzumi, G Koidzumi s.n.* 13 August 1914 Moho (茂峯)- 農事洞 *Nakai, T Nakai s.n.*

Sibbaldia L.
Sibbaldia procumbens L., Sp. Pl. 284 (1753)
Common name 백두금매화 (너도양지꽃)
Distribution in Korea: far North (Paekdu, Potae)
    Sibbaldia octopetala Mill., Gard. Dict., ed. 8 n. 2 (1768)
    Potentilla procumbens (L.) Clairv., Man. Herbor. Suisse 166 (1811)
    Potentilla sieboldii Haller f., Mus. Helv. Bot. 1: 51 (1818)
    Dactylophyllum sibbaldia Spenn., Fl. Friburg. 3: 1034 (1829)
    Potentilla sibbaldia (L.) Griess., Kl. Bot. Schrift. 1: 239 (1836)
    Sibbaldia coreana Nakai, Sci. Knowl. 8: 41 (1928)
    Sibbaldia macrophylla Turcz. ex Juz., Fl. URSS 10: 614 (1941)
    Sibbaldia procumbens L. var. *coreana* (Nakai) Nakai, Bull. Natl. Sci. Mus., Tokyo 33: 11 (1953)

Representative specimens; **Ryanggang** August 1913 白頭山 *Mori, T Mori s.n.* 10 August 1914 *Nakai, T Nakai2712* Type of *Sibbaldia procumbens* L. var. *coreana* (Nakai) Nakai (Holotype TI)

Sorbaria (Ser.) A.Braun
Sorbaria kirilowii (Regel & Tiling) Maxim., Trudy Imp. S.-Peterburgsk. Bot. Sada 6: 225 (1879)

Common name 좀쉬땅나무무

Distribution in Korea: Central

Spiraea kirilowii Regel & Tiling, Nouv. Mem. Soc. Imp. Naturalistes Moscou 11: 81 (1859)
Sorbaria arborea C.K.Schneid., Ill. Handb. Laubholzk. 1: 490 (1904)
Sorbaria assurgens Vilm. & Bois ex Rehder, Mitt. Deutsch. Dendrol. Ges. 1908: 158 (1908)

Representative specimens; Hwanghae-namdo 20 June 1930 載寧 *Smith, RK Smith s.n.*

Sorbaria sorbifolia (L.) A.Braun, Fl. Brandenburg 1: 177 (1860)

Common name 쉬땅나무

Distribution in Korea: North, Central, Ulleung

Sorbaria sorbifolia (L.) A.Braun var. *stellipila* Maxim., Trudy Imp. S.-Peterburgsk. Bot. Sada 6: 223 (1879)
Sorbaria sorbifolia (L.) A.Braun var. *glabra* Maxim., Trudy Imp. S.-Peterburgsk. Bot. Sada 6: 223 (1879)
Sorbaria stellipila (Maxim.) C.K.Schneid., Ill. Handb. Laubholzk. 1: 489 (1905)
Sorbaria stellipila (Maxim.) C.K.Schneid. var. *incerta* C.K.Schneid., Ill. Handb. Laubholzk. 1: 489 (1905)
Sorbaria sorbifolia (L.) A.Braun f. *incerta* (C.K.Schneid.) Kitag., Lin. Fl. Manshur. 275 (1939)
Sorbaria sorbifolia (L.) A.Braun f. *glabra* (Maxim.) H.S.Kim, Fl. Coreana (Im, R.J.) 3: 103 (1974)
Sorbaria sorbifolia (L.) A.Braun var. *glandulifolia* J.H.Song & S.P.Hong, Phytotaxa 409 (1): 40 (2019)

Representative specimens; Chagang-do 24 August 1897 大會洞 *Komarov, VL Komaorv s.n.* 26 August 1897 小德川 (松德水河谷) *Komarov, VL Komaorv s.n.* 28 August 1897 慈城邑(松德水河谷) *Komarov, VL Komaorv s.n.* 29 August 1897 慈城江 *Komarov, VL Komaorv s.n.* 30 August 1897 *Komarov, VL Komaorv s.n.* 6 August 1910 Kang-gei(Kokai 江界) *Mills, RG Mills64* 9 July 1911 *Mills, RG Mills414* 25 June 1914 江界 *Nakai, T Nakai1833* 21 June 1914 鳳山面漁雷坊 *Nakai, T Nakai1834* 26 June 1914 公西面從西山 *Nakai, T Nakai1835* 1 July 1914 公西面江界 *Nakai, T Nakai1836* 18 July 1914 大興里 *Nakai, T Nakai2275* **Hamgyong-bukto** 28 May 1897 富潤洞 *Komarov, VL Komaorv s.n.* 20 May 1897 茂山嶺 *Komarov, VL Komaorv s.n.* 13 July 1918 朱乙溫面生氣嶺 *Nakai, T Nakai7136* 23 May 1897 車踰嶺 *Komarov, VL Komaorv s.n.* 26 May 1897 茂山 *Komarov, VL Komaorv s.n.* 29 May 1897 釜所哥谷 *Komarov, VL Komaorv s.n.* 12 June 1897 西溪水 *Komarov, VL Komaorv s.n.* 4 June 1897 四芝嶺 *Komarov, VL Komaorv s.n.* **Hamgyong-namdo** 11 August 1940 咸興歸州寺 *Okuyama, S Okuyama s.n.* July 1943 龍眼里 *Uchida, H Uchida s.n.* 22 August 1932 蓋馬高原 *Kitamura, S Kitamura s.n.* 1 September 1934 東下面安基里 *Yamamoto, A Yamamoto s.n.* **Kangwon-do** 10 August 1902 干發告嶺 *Uchiyama, T Uchiyama s.n.* 21 August 1902 *Uchiyama, T Uchiyama s.n.* 30 July 1916 金剛山溫井里 *Nakai, T Nakai5493* 8 August 1932 Mt. Kumgang (金剛山) *Fukushima s.n.* 11 August 1932 金剛山明鏡臺 *Kitamura, S Kitamura s.n.* 12 August 1932 Mt. Kumgang (金剛山) *Koidzumi, G Koidzumi s.n.* 12 July 1936 金剛山外金剛千佛山 *Nakai, T Nakai s.n.* 29 September 1935 Mt. Kumgang (金剛山) *Okamoto, S Okamoto s.n.* 7 August 1940 *Okuyama, S Okuyama s.n.* 4 October 1923 安邊郡楸愛山 *Fukubara, S Fukubara s.n.* **P'yongan-bukto** 5 August 1935 妙香山 *Koidzumi, G Koidzumi s.n.* 28 September 1912 白壁山 *Ishidoya, T Ishidoya s.n.* **P'yongan-namdo** 15 July 1916 葛日嶺 *Mori, T Mori s.n.* **Ryanggang** 23 August 1914 Keizanchin(惠山鎮) *Ikuma, Y Ikuma s.n.* 1 August 1897 虛川江 (同仁川) *Komarov, VL Komaorv s.n.* 10 October 1935 大坪里 *Okamoto, S Okamoto s.n.* 7 July 1897 犁方嶺 (鴨綠江羅暖堡) *Komarov, VL Komaorv s.n.* 5 August 1897 白山嶺 *Komarov, VL Komaorv s.n.* 16 August 1897 大羅信洞 *Komarov, VL Komaorv s.n.* 20 August 1897 內洞-河山嶺 *Komarov, VL Komaorv s.n.* 22 August 1897 雲洞嶺 *Komarov, VL Komaorv s.n.* 4 August 1897 十四道溝-白山嶺 *Komarov, VL Komaorv s.n.* 4 July 1897 上水隅理 *Komarov, VL Komaorv s.n.* 7 August 1897 上巨里水 *Komarov, VL Komaorv s.n.* 22 August 1897 長津江下流域 *Komarov, VL Komaorv s.n.* 7 June 1897 平蒲坪 *Komarov, VL Komaorv s.n.* 9 June 1897 屈松川 (西頭水河谷) 倉坪 *Komarov, VL Komaorv s.n.* 7 August 1930 合水 (列結水) *Ohwi, J Ohwi s.n.* 26 June 1897 內曲里 *Komarov, VL Komaorv s.n.* 28 June 1897 栢德嶺 *Komarov, VL Komaorv s.n.* 20 July 1897 惠山鎮 (鴨綠江上流長白山脈中高原) *Komarov, VL Komaorv s.n.* August 1913 長白山 *Mori, T Mori s.n.* 1 June 1897 古倉坪-四芝坪 (延面水河谷) *Komarov, VL Komaorv s.n.*

Sorbus L.
Sorbus alnifolia (Siebold & Zucc.) K.Koch, Ann. Mus. Bot. Lugduno-Batavi 1: 249 (1864)

Common name 팥배나무

Distribution in Korea: North, Central, South, Jeju

Crataegus alnifolia Siebold & Zucc., Abh. Math.-Phys. Cl. Konigl. Bayer. Akad. Wiss. 4: 130 (1845)
Aria alnifolia (Siebold & Zucc.) Decne., Nouv. Arch. Mus. Hist. Nat. Paris. 10: 166 (1874)
Aria tiliifolia Decne., Nouv. Arch. Mus. Hist. Nat. Paris. 10: 167 (1874)
Micromeles alnifolia (Siebold & Zucc.) Koehne, Gatt. Pomac. 21 (1890)
Micromeles tiliifolia (Decne.) Koehne, Gatt. Pomac. 21, t. 2, f. 14e (1890)
Pyrus miyabei Sarg., Gard. Forum 6: 214 (1893)
Micromeles alnifolia (Siebold & Zucc.) Koehne var. *tiliifolia* (Decne.) C.K.Schneid., Ill. Handb. Laubholzk. 1: 703, f. 386 e, 387 (1906)

Micromeles alnifolia (Siebold & Zucc.) Koehne var. *lobulata* Koidz., J. Coll. Sci. Imp. Univ. Tokyo 34: 69 (1913)

Sorbus alnifolia (Siebold & Zucc.) K.Koch var. *lobulata* (Koidz.) Rehder, Pl. Wilson. 2: 275 (1915)

Micromeles alnifolia (Siebold & Zucc.) Koehne var. *macrophylla* Nakai, Bot. Mag. (Tokyo) 30: 21 (1916)

Micromeles alnifolia (Siebold & Zucc.) Koehne var. *hirtella* Nakai, Bot. Mag. (Tokyo) 30: 21 (1916)

Micromeles alnifolia (Siebold & Zucc.) Koehne var. *lyciocarpa* Uyeki, J. Chosen Nat. Hist. Soc. 20: 17 (1935)

Sorbus alnifolia (Siebold & Zucc.) K.Koch var. *tiliifolia* (Decne.) Hisauti, J. Jap. Bot. 13: 47 (1937)

Sorbus alnifolia (Siebold & Zucc.) K.Koch var. *laciniata* Nakai, J. Jap. Bot. 13: 48 (1937)

Sorbus alnifolia (Siebold & Zucc.) K.Koch var. *macrophylla* (Nakai) Nakai, Bull. Natl. Sci. Mus., Tokyo 31: 62 (1952)

Sorbus alnifolia (Siebold & Zucc.) K.Koch var. *hirtella* (Nakai) Nakai, Bull. Natl. Sci. Mus., Tokyo 31: 62 (1952)

Sorbus alnifolia (Siebold & Zucc.) K.Koch f. *hirtella* (Nakai) W.T.Lee, Lineamenta Florae Koreae 541 (1996)

Representative specimens; Chagang-do 3 October 1910 Whee Chun(熙川) *Mills, RG Mills489* **Hamgyong-bukto** 24 May 1897 車踰嶺- 照日洞 *Komarov, VL Komaorv s.n.* 27 May 1930 鏡城 *Ohwi, J Ohwi201* 8 July 1937 西浦項 *Saito, T T Saito6438* **Hwanghae-namdo** 4 August 1929 長淵郡長山串 *Nakai, T Nakai s.n.* 31 July 1929 席島 *Nakai, T Nakai s.n.* 1 August 1929 椒島 *Nakai, T Nakai s.n.* **Kangwon-do** 9 August 1940 Mt. Kumgang (金剛山) *Okuyama, S Okuyama s.n.* 6 June 1909 元山 *Nakai, T Nakai s.n.* **Nampo** 17 August 1910 鎮南浦飛潑島 *Imai, H Imai s.n.* 21 September 1915 *Nakai, T Nakai s.n.* 19 September 1915 *Nakai, T Nakai s.n.* 21 September 1915 *Nakai, T Nakai s.n.* **P'yongan-bukto** 6 June 1914 昌城昌州鴨綠江岸 *Nakai, T Nakai s.n.* Type of *Micromeles alnifolia* (Siebold & Zucc.) Koehne var. *macrophylla* Nakai (Holotype TI)5 August 1937 妙香山 *Hozawa, S Hozawa s.n.* 25 May 1912 白壁山 *Ishidoya, T Ishidoya s.n.* **P'yongan-namdo** 12 August 1911 安州東面上川里 *Kim, GJ s.n.* 15 June 1928 陽德 *Nakai, T Nakai s.n.* **P'yongyang** 26 May 1912 大聖山 *Imai, H Imai s.n.* **Rason** 7 June 1930 西水羅 *Ohwi, J Ohwi753* **Ryanggang** 9 July 1897 十四道溝 (鴨綠江) *Komarov, VL Komaorv s.n.* 16 August 1897 大羅信洞 *Komarov, VL Komaorv s.n.* 21 August 1897 subdist. Chu-czan, flumen Amnok-gan *Komarov, VL Komaorv s.n.* 7 July 1897 犁方嶺 (鴨綠江羅暖堡) *Komarov, VL Komaorv s.n.* 23 August 1897 雲洞嶺 *Komarov, VL Komaorv s.n.* 7 August 1897 上巨里水 *Komarov, VL Komaorv s.n.* 20 June 1930 三社面楡坪- 天水洞 *Ohwi, J Ohwi s.n.* 23 June 1930 倉坪延岩洞圓 *Ohwi, J Ohwi s.n.* 28 June 1897 栢德嶺 *Komarov, VL Komaorv s.n.*

Sorbus commixta Hedl., Kongl. Svenska Vetensk. Acad. Handl. 35: 38 (1901)

Common name 마가목

Distribution in Korea: North, Central, South

Sorbus aucuparia L. var. *japonica* Maxim., Méanges Biol. Bull. Phys.-Math. Acad. Imp. Sci. Saint-Pétersbourg 9: 170 (1874)

Sorbus japonica (Maxim.) Koehne, Gartenflora 408 (1901)

Sorbus reflexipetala Koehne, Mitt. Deutsch. Dendrol. Ges. 58 (1906)

Sorbus commixta Hedl. var. *rufoferruginea* C.K.Schneid., Ill. Handb. Laubholzk. 1: 678 (1906)

Sorbus heterodonta Koehne, Repert. Spec. Nov. Regni Veg. 10: 506 (1912)

Sorbus pruinosa Koehne, Repert. Spec. Nov. Regni Veg. 10: 506 (1912)

Sorbus amurensis Koehne var. *lanata* Nakai, Bot. Mag. (Tokyo) 30: 17 (1916)

Sorbus commixta Hedl. var. *pilosa* Nakai, Fl. Sylv. Kor. 6: 23 (1916)

Sorbus commixta Hedl. var. *sachalinensis* Koidz., Bot. Mag. (Tokyo) 31: 137 (1917)

Pyrus micrantha Franch. & Sav. var. *macrophylla* Cardot, Notul. Syst. (Paris) 3: 355 (1918)

Sorbus amurensis Koehne var. *rufa* Nakai, Bot. Mag. (Tokyo) 33: 57 (1919)

Sorbus macrophylla (Cardot) Koidz., Fl. Symb. Orient.-Asiat. 55 (1930)

Sorbus yesoensis Nakai,Veg. Apoi 21 (1930)

Sorbus chionophylla Nakai, J. Jap. Bot. 15: 677 (1939)

Sorbus amurensis Koehne var. *latifoliolata* Nakai, J. Jap. Bot. 17: 192 (1941)

Sorbus amurensis Koehne f. *latifoliolata* (Nakai) W.T.Lee, Lineamenta Florae Koreae 541 (1996)

Sorbus commixta Hedl. var. *ulleungensis* (Chin S.Chang) M.Kim, Korean Endemic Pl. : 208 (2017)

Representative specimens; Chagang-do 26 August 1897 小德川 (松德水河谷) *Komarov, VL Komaorv s.n.* 2 September 1897 湖芮(鴨綠江) *Komarov, VL Komaorv s.n.* 22 July 1914 山羊 -江口 *Nakai, T Nakai s.n.* 1 July 1914 公西面江界 *Nakai, T Nakai s.n.* 22 July 1916 狼林山 *Mori, T Mori s.n.* 11 July 1914 蔥田嶺 *Nakai, T Nakai s.n.* 11 July 1914 臥碣峰襲峯 *Nakai, T Nakai s.n.* **Hamgyong-bukto** 20 May 1897 茂山嶺 *Komarov, VL Komaorv s.n.* 18 July 1918 朱乙溫面態谷嶺 *Nakai, T Nakai7143* Type of *Sorbus amurensis* Koehne var. *rufa* Nakai (Holotype TI)23 May 1897 車踰嶺 *Komarov, VL Komaorv s.n.* 29 May 1897 釜所哥谷 *Komarov, VL Komaorv s.n.* 12 June 1897 西溪水 *Komarov, VL Komaorv s.n.* 4 June 1897 四芝嶺 *Komarov, VL Komaorv s.n.* 12

August 1933 渡正山 *Koidzumi, G Koidzumi s.n.* 5 August 1939 頭流山 *Hozawa, S Hozawa s.n.* July 1932 冠帽峰 *Ohwi, J Ohwi s.n.* 30 May 1934 朱乙溫 *Saito, T T Saito s.n.* 25 September 1933 冠帽峰 *Saito, T T Saito796* 30 August 1924 車踰山 *Chung, TH Chung s.n.* 26 June 1930 雪嶺東面 *Ohwi, J Ohwi s.n.* 17 June 1930 四芝嶺 *Ohwi, J Ohwi1184* **Hamgyong-namdo** 16 August 1934 新角面北山 *Nomura, N Nomura s.n.* 17 August 1935 遮日峯南斜面 *Nakai, T Nakai s.n.* 23 July 1916 赴戰高原寒泰嶺 *Mori, T Mori s.n.* 15 June 1932 下碣隅里 *Ohwi, J Ohwi s.n.* 24 July 1933 東上面大漢坌里 *Koidzumi, G Koidzumi s.n.* 25 July 1933 東上面遮日峯 *Koidzumi, G Koidzumi s.n.* 20 June 1932 東上面元豊里 *Ohwi, J Ohwi s.n.* **Hwanghae-namdo** 26 August 1925 長壽山 *Chung, TH Chung s.n.* 2 November 1923 首陽山 *Uyeki, H; Maruyama, J; Chung, TH Uyeki s.n.* 26 May 1924 九月山 *Chung, TH Chung s.n.* **Kangwon-do** 20 August 1916 Mt. Kumgang (金剛山) *Nakai, T Nakai s.n.* 1 August 1916 金剛山神仙峯 *Nakai, T Nakai s.n.* 31 July 1916 *Nakai, T Nakai s.n.* 22 August 1916 金剛山大長峯 *Nakai, T Nakai s.n.* 25 August 1916 金剛山新金剛十二瀑下溪流 *Nakai, T Nakai s.n.* 12 August 1932 Mt. Kumgang (金剛山) *Koidzumi, G Koidzumi s.n.* 12 July 1936 金剛山外金剛千佛山 *Nakai, T Nakai s.n.* 10 June 1932 Mt. Kumgang (金剛山) *Ohwi, J Ohwi164* 7 August 1940 *Okuyama, S Okuyama s.n.* **P'yongan-bukto** 8 June 1914 飛來峯 *Nakai, T Nakai s.n.* 5 August 1937 妙香山 *Hozawa, S Hozawa s.n.* 2 August 1935 *Koidzumi, G Koidzumi s.n.* 27 July 1912 Nei-hen (Neiyen 寧邊) *Imai, H Imai s.n.* **Ryanggang** 31 July 1933 江鎮面晚頂里 *Meng, YH s.n.* 2 August 1897 虛川江-五海江 *Komarov, VL Komaorv s.n.* 1 July 1897 五是川雲寵江-崔五峯 *Komarov, VL Komaorv s.n.* 1 August 1897 虛川江 (同仁川) *Komarov, VL Komaorv s.n.* 30 July 1933 豊山郡熊耳面 *Park, HY s.n.* 5 August 1897 白山嶺 *Komarov, VL Komaorv s.n.* 21 August 1897 subdist. Chu-czan, flumen Amnok-gan *Komarov, VL Komaorv s.n.* 23 August 1897 雲洞嶺 *Komarov, VL Komaorv s.n.* 7 August 1897 上巨里水 *Komarov, VL Komaorv s.n.* 6 June 1897 平蒲坪 *Komarov, VL Komaorv s.n.* 8 June 1897 平蒲坪-倉坪 *Komarov, VL Komaorv s.n.* 9 August 1937 大澤 *Saito, T T Saito7044* 28 June 1897 栢德嶺 *Komarov, VL Komaorv s.n.* 3 June 1897 佳林里 *Komarov, VL Komaorv s.n.* 3 June 1897 四芝坪 *Komarov, VL Komaorv s.n.* 14 August 1914 農事洞- 三下 *Nakai, T Nakai* 5 August 1940 Keizanchin(惠山鎮) *Chang, HD ChangHD s.n.* 23 August 1914 *Ikuma, Y Ikuma s.n.* 15 August 1935 北水白山 *Hozawa, S Hozawa s.n.* 29 August 1936 原昌郡五佳山 *Chung, TH Chung s.n.* 22 June 1930 倉坪嶺 *Ohwi, J Ohwi s.n.* 22 June 1930 *Ohwi, J Ohwi s.n.* 22 June 1930 *Ohwi, J Ohwi s.n.* 20 June 1930 三社面楡坪- 天水洞 *Ohwi, J Ohwi s.n.* 5 August 1930 列結水 *Ohwi, J Ohwi2968* 8 August 1914 農事洞 *Ikuma, Y Ikuma s.n.* 7 August 1914 下面江口 *Ikuma, Y Ikuma s.n.* 20 August 1933 江口 - 三長 *Koidzumi, G Koidzumi s.n.*

Sorbus pohuashanensis (Hance) Hedl., Kongl. Svenska Vetensk. Acad. Handl. 35: 33 (1901)
Common name 당마가목
Distribution in Korea: far North (Paekdu)
    Pyrus pohuashanensis Hance, J. Bot. 13: 132 (1875)
    Sorbus amurensis Koehne, Repert. Spec. Nov. Regni Veg. 10: 513 (1912)
    Sorbus manshuriensis Kitag., J. Jap. Bot. 22: 175 (1948)
    Sorbus pohuashanensis (Hance) Hedl. var. *amurensis* (Koehne) Y.L.Chou & S.L.Tung, Ligneous Fl. Heilongjiang 335 (1986)
    Sorbus pohuashanensis (Hance) Hedl. var. *manshuriensis* (Kitag.) Y.C.Chu, Pl. Medic. Chinae Bor.-orient. 558 (1989)

Representative specimens; Ryanggang July 1931 Mt. Hakutozan 白頭山 Ishidoya, *T. S.n.*

Sorbus sambucifolia (Cham. & Schltdl.) M.Roem., Fam. Nat. Syn. Monogr. 3: 139 (1847)
Common name 산마가목
Distribution in Korea: North
    Pyrus sambucifolia Cham. & Schltdl., Linnaea 2: 36 (1827)
    Sorbus sambucifolia (Cham. & Schltdl.) M.Roem. var. *pseudogracilis* C.K.Schneid., Bull. Herb. Boissier 2, 6: 11 (1906)
    Sorbus pseudogracilis (C.K.Schneid.) Koehne, Repert. Spec. Nov. Regni Veg. 10: 504 (1912)

Representative specimens; Hamgyong-bukto 鏡城 *Unknown s.n.* 25 July 1918 雪嶺 2100m Nakai, *T Nakai7145* **Hwanghae-bukto** 霞嵐山 *Unknown s.n.* **Kangwon-do** 洗浦 *Unknown s.n.* **Ryanggang** 3 August 1939 白岩 Nakai, *T Nakai s.n.* 10 August 1937 大澤 *Saito, T T Saito s.n.* 普天 *Unknown s.n.* 三池淵 *Unknown s.n.*

Spiraea L.
Spiraea blumei G.Don, Gen. Hist. 2: 518 (1832)
Common name 산조팝나무
Distribution in Korea: North, Central, South, Ulleung
    Spiraea obtusa Nakai, Bot. Mag. (Tokyo) 31: 97 (1917)
    Spiraea kinashii Koidz., Bot. Mag. (Tokyo) 37: 45 (1923)
    Spiraea ribisoidea Koidz., Bot. Mag. (Tokyo) 37: 45 (1923)
    Spiraea tsusimensis Nakai, Bot. Mag. (Tokyo) 42: 466 (1928)
    Spiraea amabilis Koidz., Fl. Satsum. 2: 102 (1931)

Spiraea hypoglauca Koidz., Fl. Satsum. 2: 100 (1931)
Spiraea sikokualpina Koidz. x *glabra* Koidz., Acta Phytotax. Geobot. 3: 151 (1934)
Spiraea blumei G.Don var. *amabilis* (Koidz.) Kitam., Acta Phytotax. Geobot. 14: 153 (1952)
Spiraea blumei G.Don f. *amabilis* (Koidz.) Kitam., Acta Phytotax. Geobot. 26: 5 (1974)
Spiraea blumei G.Don var. *obtusa* (Nakai) Kitam., Acta Phytotax. Geobot. 26: 4 (1974)

Representative specimens; Kangwon-do 1 September 1932 金剛山外金剛 *Kitamura, S Kitamura s.n.* 31 July 1916 金剛山群仙峽 *Nakai, T Nakai s.n.* 28 July 1916 溫井里 *Nakai, T Nakai s.n.* 31 July 1916 金剛山群仙峽 *Nakai, T Nakai s.n.*5495Type of *Spiraea obtusa* Nakai (Syntype TI)29 July 1938 Mt. Kumgang (金剛山) *Hozawa, S Hozawa s.n.* 15 August 1932 金剛山外金剛 *Koidzumi, G Koidzumi s.n.* 10 June 1932 Mt. Kumgang (金剛山) *Ohwi, J Ohwi s.n.* 8 August 1940 *Okuyama, S Okuyama s.n.*

Spiraea chamaedryfolia L., Sp. Pl. 489 (1753)

Common name 인가목조팝나무

Distribution in Korea: North, Central, South

Spiraea ussuriensis Pojark. var. *pilosa* (Nakai) H.S.Kim
Spiraea ulmifolia Scop., Fl. Carniol., ed. 2 1: 349, 1 22 (1772)
Spiraea flexuosa Fisch. ex Cambess., Monogr. Silene 265 (1824)
Spiraea chamaedryfolia L. var. *flexuosa* (Fisch. ex Cambess.) Maxim., Trudy Imp. S.-Peterburgsk. Bot. Sada 6: 186 (1879)
Spiraea chamaedryfolia L. var. *ulmifolia* (Scop.) Maxim., Trudy Imp. S.-Peterburgsk. Bot. Sada 6: 186 (1879)
Opulaster insularis Nakai, Bot. Mag. (Tokyo) 32: 104 (1918)
Spiraea ulmifolia Scop. var. *pilosa* Nakai, Bot. Mag. (Tokyo) 42: 467 (1928)
Spiraea ussuriensis Pojark., Fl. URSS 9: 292, 489 1 17, 1 10 (1939)
Spiraea pubescens Turcz. var. *glabrescens* Kitag., Lin. Fl. Manshur. : 278 (1939)
Spiraea chamaedryfolia L. var.*pubescens* H.Hara, J. Fac. Sci. Univ. Tokyo, Sect. 3, Bot. 3-6: 78 (1952)
Spiraea chamaedryfolia L. var. *pilosa* (Nakai) H.Hara, J. Fac. Sci. Univ. Tokyo, Sect. 3, Bot. 3-6: 78 (1952)
Physocarpus insularis (Nakai) Nakai, Bull. Natl. Sci. Mus., Tokyo 31: 56 (1952)
Spiraea insularis (Nakai) H.C.ShinY.D.Kim & S.H.Oh, Novon 21: 374 (2011)

Representative specimens; Chagang-do 18 May 1911 Kang-gei(Kokai 江界) *Mills, RG Mills329* 25 July 1911 *Mills, RG Mills498* 1 July 1914 公西面江界 *Nakai, T Nakai s.n.* 11 July 1914 蔥田嶺 *Nakai, T Nakai s.n.* **Hamgyong-bukto** 12 August 1933 渡正山 *Koidzumi, G Koidzumi s.n.* 20 May 1897 茂山嶺 *Komarov, VL Komaorv s.n.* 18 May 1897 會寧川 *Komarov, VL Komaorv s.n.* 10 May 1938 鶴西面上德仁 *Saito, T T Saito s.n.* 17 July 1918 朱乙溫面甫上洞 *Nakai, T Nakai s.n.* July 1932 冠帽峰 *Ohwi, J Ohwi s.n.* 20 September 1935 南下石山 *Saito, T T Saito s.n.* 30 May 1934 甫上- 南河瑞 *Saito, T T Saito s.n.* 29 May 1897 釜所哥谷 *Komarov, VL Komaorv s.n.* 23 May 1897 車踰嶺 *Komarov, VL Komaorv s.n.* 22 May 1897 蕨坪(城川水河谷)-車踰嶺 *Komarov, VL Komaorv s.n.* 23 July 1918 朱乙溫面甫上洞- 黃雪嶺 *Nakai, T Nakai s.n.* 25 June 1930 雪嶺 *Ohwi, J Ohwi s.n.* 12 June 1897 西溪水 *Komarov, VL Komaorv s.n.* 4 June 1897 四芝嶺 *Komarov, VL Komaorv s.n.* 17 June 1930 *Ohwi, J Ohwi s.n.* 17 June 1930 *Ohwi, J Ohwi s.n.* **Hamgyong-namdo** 19 August 1935 道頭里 *Nakai, T Nakai s.n.* 17 August 1934 富盛里 *Nomura, N Nomura s.n.* 15 June 1932 下碣隅里 *Ohwi, J Ohwi s.n.* 23 July 1933 東上面大漢岱里 *Koidzumi, G Koidzumi s.n.* 15 August 1935 赴戰高原咸地里 *Nakai, T Nakai s.n.* 18 August 1935 遮日峯南麓樹林 *Nakai, T Nakai s.n.* 20 June 1932 東上面元豐里 *Ohwi, J Ohwi s.n.* **Kangwon-do** 12 July 1936 金剛山外金剛千佛山 *Nakai, T Nakai s.n.* **P'yongan-bukto** 3 August 1935 妙香山 *Koidzumi, G Koidzumi s.n.* 30 July 1937 球場 *Park, MK Park s.n.* **P'yongan-namdo** 21 July 1916 上南洞 *Mori, T Mori s.n.* **Rason** 7 June 1930 西水羅 *Ohwi, J Ohwi s.n.* 7 June 1930 *Ohwi, J Ohwi s.n.* **Ryanggang** 23 August 1914 Keizanchin (惠山鎭) *Ikuma, Y Ikuma s.n.* 15 August 1935 北水白山 *Hozawa, S Hozawa s.n.* 4 August 1897 十四道溝-白山嶺 *Komarov, VL Komaorv s.n.* 4 July 1897 上水隅理 *Komarov, VL Komaorv s.n.* 9 June 1897 屈松川 (西頭水河谷) 倉坪 *Komarov, VL Komaorv s.n.* 12 August 1937 大澤 *Saito, T T Saito s.n.* 21 June 1897 阿武山-象背嶺 *Komarov, VL Komaorv s.n.* 26 June 1897 內曲里 *Komarov, VL Komaorv s.n.* 24 July 1897 佳林里 *Komarov, VL Komaorv s.n.* August 1913 崔哥嶺 *Mori, T Mori s.n.* 28 July 1917 虛項嶺 *Furumi, M Furumi s.n.* 11 July 1917 胞胎山麓 *Furumi, M Furumi s.n.* 6 August 1914 胞胎山虛項嶺 *Nakai, T Nakai s.n.* 31 May 1897 延面水河谷-古倉坪 *Komarov, VL Komaorv s.n.*

Spiraea chinensis Maxim., Trudy Imp. S.-Peterburgsk. Bot. Sada 6: 193 (1879)

Common name 당조팝나무

Distribution in Korea: North, Central, South

Spiraea nervosa Franch. & Sav., Enum. Pl. Jap. 2: 331 (1878)
Spiraea dasyantha Bunge var. *angustifolia* Yatabe, Bot. Mag. (Tokyo) 6: 348 (1892)
Spiraea chinensis Maxim. var. *angustifolia* Koidz., Bot. Mag. (Tokyo) 29: 310 (1915)
Spiraea kiusianna Nakai, Bot. Mag. (Tokyo) 29: 228 (1915)

Spiraea yatabei Nakai, Bot. Mag. (Tokyo) 29: 227 (1915)
Spiraea yatabei Nakai var. *latifolia* Nakai, Bot. Mag. (Tokyo) 29: 228 (1915)
Spiraea pseudocrenata Nakai, Bot. Mag. (Tokyo) 33: 56 (1919)
Spiraea yatabei Nakai subf. *latifolia* (Nakai) Nakai ex T. Mori, Enum. Pl. Corea 36: 63 (1922)
Spiraea chartacea Nakai, Bot. Mag. (Tokyo) 42: 467 (1928)
Spiraea hayatae Koidz. var. *pubescens* Koidz., Bot. Mag. (Tokyo) 43: 404 (1929)
Spiraea nervosa Franch. & Sav. var. *chinensis* (Maxim.) Koidz., Bot. Mag. (Tokyo) 43: 403 (1929)
Spiraea nervosa Franch. & Sav. var. *chinensis* (Maxim.) Koidz. subvar. *angustifolia* (Yatabe) Koidz., Bot. Mag. (Tokyo) 43: 404 (1929)
Spiraea nervosa Franch. & Sav. var. *kiusiana*(Nakai) Koidz., Bot. Mag. (Tokyo) 43: 404 (1929)
Spiraea nervosa Franch. & Sav. var. *angustifolia* (Yatabe) Ohwi, Fl. Jap. (Ohwi) 625 (1953)
Spiraea blumei G.Don var. *pseudocrenata* (Nakai) H.S.Kim, Fl. Coreana (Im, R.J.) 3: 110 (1974)

Representative specimens; Hamgyong-bukto 4 August 1918 Mt. Chilbo at Myongch'on(七寶山) *Nakai, T Nakai7135* Type of *Spiraea pseudocrenata* Nakai (Holotype TI) **Kangwon-do** 17 August 1930 Sachang-ri (社倉里) *Nakai, T Nakai s.n.* 17 August 1930 *Nakai, T Nakai s.n.* **P'yongan-bukto** 4 June 1924 飛來峯 *Sawada, T Sawada s.n.*

Spiraea fritschiana C.K.Schneid., Bull. Herb. Boissier ser. 2, 5: 347 (1905)

Common name 참조팝나무

Distribution in Korea: North, Central
Spiraea angulata C.K.Schneid., Ill. Handb. Laubholzk. 1: 477 (1905)
Spiraea koreana Nakai, J. Coll. Sci. Imp. Univ. Tokyo 26: 173 (1909)
Spiraea fritschiana C.K.Schneid. var. *angulata* (C.K.Schneid.) Rehder, Pl. Wilson. 1: 453 (1913)
Spiraea koreana Nakai var. *macrogyna* Nakai, Repert. Spec. Nov. Regni Veg. 13: 278 (1914)
Spiraea microgyna Nakai, Bot. Mag. (Tokyo) 29: 79 (1915)
Spiraea japonica L.f. var. *ovatifolia* Koidz. subvar. *angulata* (C.K.Schneid.) Koidz., Bot. Mag. (Tokyo) 43: 401 (1929)
Spiraea microgyna Nakai var. *velutina* Nakai, Bot. Mag. (Tokyo) 45: 119 (1931)
Spiraea japonica L.f. var. *angulata* (C.K.Schneid.) Kitam., Acta Phytotax. Geobot. 14: 158 (1952)
Spiraea fritschiana C.K.Schneid. var. *latifolia* Liou, Ill. Fl. Ligneous Pl. N. E. China 278, 563 t. 98(185) (1955)
Spiraea fritschiana C.K.Schneid. var. *parvifolia* Liou, Ill. Fl. Ligneous Pl. N. E. China 279, 563 (1955)
Spiraea fritschiana C.K.Schneid. var. *koreana* (Nakai) N.K.Kim, Fl. Coreana (Im, R.J.) 3: 222 (1997)
Spiraea fritschiana C.K.Schneid. var. *macrogyna* (Nakai) N.K.Kim, Fl. Coreana (Im, R.J.) 3: 203 (1997)

Representative specimens; Kangwon-do 10 August 1902 草木洞 *Uchiyama, T Uchiyama s.n.* 30 July 1916 金剛山外金剛 (高城郡倉岱里) *Nakai, T Nakai s.n.* 30 July 1916 金剛山温井里 *Nakai, T Nakai s.n.* 29 July 1938 Mt. Kumgang (金剛山) *Hozawa, S Hozawa s.n.* 2 September 1932 Kitamura, *S Kitamura s.n.*12 August 1932 *Koidzumi, G Koidzumi s.n.* 10 June 1932 *Ohwi, J Ohwi s.n.* 7 August 1940 *Okuyama, S Okuyama s.n.* July 1932 *Smith, RK Smith s.n.* July 1932 *Smith, RK Smith s.n.* 16 August 1930 *Nakai, T Nakai s.n.* 16 August 1930 *Nakai, T Nakai s.n.* 16 August 1930 *Nakai, T Nakai13957* Type of *Spiraea microgyna* Nakai var. *velutina* Nakai (Holotype TI) **P'yongan-bukto** 17 August 1912 Chang-syong (昌城) *Imai, H Imai s.n.* 6 June 1914 昌城昌州 *Nakai, T Nakai s.n.* 10 June 1912 白璧山 *Ishidoya, T Ishidoya s.n.* 24 May 1912 *Ishidoya, T Ishidoya s.n.* 10 June 1912 *Ishidoya, T Ishidoya s.n.* Type of *Spiraea koreana* Nakai var. *macrogyna* Nakai (Syntype TI)

Spiraea media F.Schmidt, Österr. Allg. Baumz. Allg. Baumz. 1: 53 (1792)

Common name 긴잎조팝나무

Distribution in Korea: far North
Spiraea oblongifolia Waldst. & Kit., Descr. Icon. Pl. Hung. 3: 261, t. 235 (1812)
Spiraea sericea Turcz., Bull. Soc. Imp. Naturalistes Moscou 16: 591 (1842)
Spiraea confusa Regel & Körn., Index Seminum [St.Petersburg (Petropolitanus)] 57 (1857)
Spiraea confusa Regel & Körn. var. *sericea* (Turcz.) Regel, Tent. Fl.-Ussur. 53 (1861)
Spiraea media Schmidt var. *sericea* (Turcz.) Maxim., Trudy Imp. St.-Peterburgsk. Bot. Sada 6: 189 (1879)
Spiraea monbetsusensis Franch., Bull. Soc. Philom. Paris ser.7, 12: 85 (1888)
Spiraea media Schmidt f. *oblongifolia* Beck, Icon. Fl. Germ. Helv. 5: 10, t. 149 (1904)
Spiraea media Schmidt var. *monbetsuensis* (Franch.) Cardot, Notul. Syst. (Paris) 3 (1918)

Representative specimens; Hamgyong-bukto 18 May 1897 會寧川 *Komarov, VL Komarov s.n.* 29 May 1897 釜所哥谷 *Komarov, VL Komaorv s.n.* 25 June 1930 雪嶺 *Ohwi, J Ohwi s.n.* **Hamgyong-namdo** 19 August 1935 道頭里河畔 *Nakai, T Nakai s.n.* 22 August

1932 蓋馬高原 *Kitamura, S Kitamura s.n.* 20 June 1932 東上面元豊里 *Ohwi, J Ohwi s.n.* **Kangwon-do** 10 June 1932 Mt. Kumgang (金剛山) *Ohwi, J Ohwi s.n.* **Rason** 11 May 1897 豆滿江三角洲-五宗洞 *Komarov, VL Komaorv s.n.* **Ryanggang** 18 July 1897 Keizanchin(惠山鎮) *Komarov, VL Komaorv s.n.* 1 July 1897 五是川雲寵江-崔五峰 *Komarov, VL Komaorv s.n.* 15 August 1935 北水白山 *Hozawa, S Hozawa s.n.* 6 July 1914 新院洞 *Nakai, T Nakai s.n.* 25 July 1897 佳林里 *Komarov, VL Komaorv s.n.* 10 August 1914 茂山茂峯 *Ikuma, Y Ikuma s.n.* 5 August 1914 普天堡-寶泰洞 *Nakai, T Nakai s.n.* 8 August 1914 農事洞- 三下 *Ikuma, Y Ikuma s.n.* 2 June 1897 四芝坪(延面水河谷) 柄安洞 *Komarov, VL Komaorv s.n.* 13 August 1914 Moho (茂峯)- 農事洞 *Nakai, T Nakai s.n.* 26 May 1938 農事洞 *Saito, T T Saito s.n.*

Spiraea miyabei Koidz., Bot. Mag. (Tokyo) 23: 166 (1906)
Common name 덤불조팝나무
Distribution in Korea: North, Central
  Spiraea sylvestris Nakai, Bot. Mag. (Tokyo) 29: 79 (1915)
  Spiraea nankaiensis Nakai, J. Jap. Bot. 19: 362 (1943)

Representative specimens; Chagang-do 22 July 1916 狼林山 *Mori, T Mori s.n.* 11 July 1914 蔥田嶺 *Nakai, T Nakai s.n.* **Ryanggang** 27 August 1917 厚昌郡東興面南社洞 *Furumi, M Furumi s.n.*

Spiraea prunifolia Siebold & Zucc. f. *simpliciflora* Nakai, J. Coll. Sci. Imp. Univ. Tokyo 26: 172 (1909)
Common name 조팝나무
Distribution in Korea: North
  Spiraea prunifolia Siebold & Zucc. var. *simpliciflora* (Nakai) Nakai, Bot. Mag. (Tokyo) 29: 74 (1915)
  Spiraea simpliciflora (Nakai) Nakai, J. Jap. Bot. 12: 878 (1936)

Representative specimens; Hwanghae-bukto 10 September 1915 瑞興 *Nakai, T Nakai s.n.* **Hwanghae-namdo** 31 July 1929 席島 *Nakai, T Nakai s.n.* **Kangwon-do** 10 June 1932 Mt. Kumgang (金剛山) *Ohwi, J Ohwi s.n.* June 1901 ulique peguens (Kanouen To ?) *Faurie, UJ Faurie88* 7 June 1909 元山 *Nakai, T Nakai s.n.* **P'yongan-namdo** 15 June 1928 陽德 *Nakai, T Nakai s.n.* **P'yongyang** 1 May 1910 平壤普通江岸 *Imai, H Imai s.n.*

Spiraea pubescens Turcz., Bull. Soc. Imp. Naturalistes Moscou 5: 190 (1832)
Common name 아구장나무
Distribution in Korea: North, Central
  Spiraea laucheana Koehne, Mitt. Deutsch. Dendrol. Ges. 1899: 56 (1899)
  Spiraea pubescens Turcz. var. *lasiocarpa* Nakai, Bot. Mag. (Tokyo) 42: 465 (1928)
  Spiraea pubescens Turcz. var. *leiocarpa* Nakai, Bot. Mag. (Tokyo) 42: 466 (1928)
  Spiraea pubescens Turcz. f. *leiocarpa* (Nakai) Kitag., J. Jap. Bot. 41: 370 (1966)

Representative specimens; Chagang-do 26 August 1897 小德川 (松德水河谷) *Komarov, VL Komaorv s.n.* 19 May 1909 Kanggei(Kokai 江界) *Mills, RG Mills370* 21 July 1914 大興里- 山羊 *Nakai, T Nakai s.n.* 22 July 1914 山羊 -江口 *Nakai, T Nakai s.n.* **Hamgyong-bukto** 臨溟 Unknown *s.n.* 19 June 1909 清津 *Nakai, T Nakai s.n.* 9 August 1935 羅南 *Saito, T T Saito s.n.* 4 June 1937 輸城 *Saito, T T Saito s.n.* 18 May 1897 會寧川 *Komarov, VL Komaorv s.n.* 24 May 1897 車踰嶺- 照日洞 *Komarov, VL Komaorv s.n.* 18 May 1897 會寧川 *Komarov, VL Komaorv s.n.* 19 May 1897 茂山嶺 *Nakai, T Nakai s.n.* 21 June 1909 *Nakai, T Nakai s.n.* 15 June 1930 *Ohwi, J Ohwi s.n.* 15 June 1930 *Ohwi, J Ohwi s.n.* 15 June 1909 Sungjin (城津) *Nakai, T Nakai s.n.* 17 July 1918 朱乙溫面甫上洞 *Nakai, T Nakai s.n.* 17 July 1918 *Nakai, T Nakai s.n.* 30 May 1930 朱乙 *Ohwi, J Ohwi s.n.* 30 May 1930 朱乙溫面堡 *Ohwi, J Ohwi s.n.* 30 May 1934 朱乙溫面 *Saito, T T Saito s.n.* 3 June 1933 梧柱面檜鄉洞 *Saito, T T Saito s.n.* 2 August 1914 車踰嶺 *Ikuma, Y Ikuma s.n.* 2 August 1918 漁大津 *Nakai, T Nakai s.n.* 17 June 1938 慶源郡龍德面 *Saito, T T Saito s.n.* **Hamgyong-namdo** 10 May 1918 北靑-直洞 *Ishidoya, T Ishidoya s.n.* 20 June 1932 東上面元豊里 *Ohwi, J Ohwi s.n.* 23 May 1923 新興郡大明大洞 *Chung, TH Chung s.n.* **Hwanghae-bukto** 26 September 1915 瑞興 *Nakai, T Nakai s.n.* **Kangwon-do** 14 July 1936 金剛山外金剛千佛山 *Nakai, T Nakai s.n.* 10 June 1932 Mt. Kumgang (金剛山) *Ohwi, J Ohwi s.n.* **P'yongan-bukto** 7 June 1914 昌城- 碧潼 *Nakai, T Nakai s.n.* 12 June 1914 Pyok-dong (碧潼) *Nakai, T Nakai s.n.* 5 August 1937 妙香山 *Hozawa, S Hozawa s.n.* 30 July 1937 球場 *Park, MK Park s.n.* 6 August 1912 雲山郡豊場 *Imai, H Imai s.n.* **Rason** 30 June 1938 雄基面松眞山 *Saito, T T Saito s.n.* **Ryanggang** 29 July 1897 安間嶺-同仁川 (同仁浦里?) *Komarov, VL Komaorv s.n.* 1 August 1897 虛川江 (同仁川) *Komarov, VL Komaorv s.n.* 4 August 1897 十四道溝-白山嶺 *Komarov, VL Komaorv s.n.* 23 August 1897 雲龍嶺 *Komarov, VL Komaorv s.n.* 7 June 1897 平蒲坪 *Komarov, VL Komaorv s.n.* 20 August 1933 江口 - 三長 *Koidzumi, G Koidzumi s.n.* 16 August 1914 三下面下面江口 *Nakai, T Nakai s.n.* 30 May 1897 延面水河谷-古倉坪 *Komarov, VL Komaorv s.n.*

Spiraea salicifolia L., Sp. Pl. 489 (1753)
Common name 꼬리조팝나무
Distribution in Korea: North, Central

Spiraea salicifolia L. var. *lanceolata* Torr. & A.Gray, Fl. N. Amer. (Torr. & A. Gray) 1: 415 (1840)
Spiraea ouensanensis H.Lév., Repert. Spec. Nov. Regni Veg. 7: 197 (1909)

Representative specimens; Chagang-do 18 June 1914 楚山郡道洞- 渭原(西間島) Nakai, T *Nakai s.n.* 26 August 1897 小德川 (松德水河谷) Komorov, VL *Komaorv s.n.* 28 August 1897 慈城邑(松德水河谷) Komorov, VL *Komaorv s.n.* 25 July 1911 Kang-gei (Kokai 江界) Mills, RG *Mills s.n.* 1 June 1911 *Mills, RG Mills s.n.* 15 August 1911 *Mills, RG Mills s.n.* 4 July 1914 牙得浦 Nakai, T *Nakai s.n.* 18 July 1914 大興里 Nakai, T *Nakai s.n.* **Hamgyong-bukto** August 1933 羅南 Yoshimizu, K *s.n.* 20 May 1897 茂山嶺 Komorov, VL *Komaorv s.n.* 23 June 1909 會寧古豊山間 Nakai, T *Nakai s.n.* 2 August 1914 車踰嶺 Ikuma, Y *Ikuma s.n.* 1 August 1914 富寧 Ikuma, Y *Ikuma s.n.* 12 June 1897 西溪水 Komarov, VL *Komaorv s.n.* 4 June 1897 四芝嶺 Komarov, VL *Komaorv s.n.* 18 June 1930 四芝洞 Ohwi, J *Ohwi s.n.* 18 June 1930 Ohwi, J *Ohwi s.n.* **Hamgyong-namdo** July 1943 龍眼里 Uchida, H *Uchida s.n.* 18 August 1935 道頭里 Nakai, T *Nakai s.n.* 17 August 1934 富盛里 Nomura, N *Nomura s.n.* 14 August 1943 赴戰高原元豊-道安 Honda, M *Honda s.n.* 27 July 1933 東上面廣大里 Koidzumi, G *Koidzumi s.n.* 25 July 1935 東下面把田洞 Nomura, N *Nomura s.n.* 16 August 1934 永古面松興里 Yamamoto, A *Yamamoto s.n.* 4 June 1916 Mt. Kumgang (金剛山) Nakai, T *Nakai s.n.* 7 August 1916 金剛山末輝里方面 Nakai, T *Nakai s.n.* July 1901 Nai Piang Faurie, UJ *Faurie90* **P'yongan-bukto** 12 June 1914 Pyok-dong (碧潼) Nakai, T *Nakai s.n.* 6 June 1914 昌城昌州 Nakai, T *Nakai s.n.* **P'yongan-namdo** 27 July 1916 黃草嶺 Mori, T *Mori s.n.* **Ryanggang** 23 August 1914 Keizanchin(惠山鎭) Ikuma, Y *Ikuma s.n.* 1 July 1897 五是川雲寵江-崔五峰 Komarov, VL *Komaorv s.n.* 1 August 1897 虛川江 (同仁川) Komarov, VL *Komaorv s.n.* 9 October 1935 大坪里 Okamoto, S *Okamoto s.n.* 9 October 1935 Okamoto, S *Okamoto s.n.* 15 August 1935 北水白山 Hozawa, S *Hozawa s.n.* 16 August 1897 大羅信洞 Komarov, VL *Komaorv s.n.* 6 July 1914 新院洞 Nakai, T *Nakai s.n.* 4 August 1939 大澤濕地 Hozawa, S *Hozawa s.n.* 7 June 1897 平蒲坪 Komarov, VL *Komaorv s.n.* 9 June 1897 屈松川 (西頭水河谷) 倉坪 Komarov, VL *Komaorv s.n.* 24 July 1930 大澤 Ohwi, J *Ohwi s.n.* 15 July 1935 小長白山 Irie, Y *s.n.* 20 August 1933 江口 - 三長 Koidzumi, G *Koidzumi s.n.* 2 June 1897 四芝坪(延面水河谷) 柄安洞 Komarov, VL *Komaorv s.n.* 14 August 1914 農事洞- 三下 Nakai, T *Nakai s.n.*

Spiraea trichocarpa Nakai, J. Coll. Sci. Imp. Univ. Tokyo 26: 173 (1909)
Common name 갈키조팝나무
Distribution in Korea: North, Central

Representative specimens; Hamgyong-namdo 11 June 1909 鎭江- 鎭岩峯 Nakai, T *Nakai s.n.* **Hwanghae-bukto** 10 September 1915 瑞興 Nakai, T *Nakai s.n.* **Kangwon-do** 12 August 1932 Mt. Kumgang (金剛山) Koidzumi, G *Koidzumi s.n.* 11 August 1916 金剛山長安寺附近森 Nakai, T *Nakai s.n.* 20 August 1902 Mt. Kumgang (金剛山) Uchiyama, T *Uchiyama s.n.* 8 June 1909 望賊山 Nakai, T *Nakai s.n.* 8 June 1909 Nakai, T *Nakai s.n.* **P'yongbukto** 31 July 1937 球場 Park, MK *Park s.n.* 11 August 1935 義州金剛山 Koidzumi, G *Koidzumi s.n.* 3 June 1914 義州 - 王江鎭 Nakai, T *Nakai s.n.* **P'yongan-namdo** 14 July 1916 Kai-syong (价川) Mori, T *Mori s.n.* 16 July 1916 寧遠 Mori, T *Mori s.n.* 19 September 1915 成川 Nakai, T *Nakai s.n.* 15 June 1928 陽德 Nakai, T *Nakai s.n.* **P'yongyang** 26 May 1912 大聖山下 Imai, H *Imai s.n.*

Stephanandra Siebold & Zucc.
Stephanandra incisa (Thunb.) Zabel, Gart.-Zeitung (Berlin) 4: 510 (1885)
Common name 국수나무
Distribution in Korea: North, Central, South
Spiraea incisa Thunb., Fl. Jap. (Thunberg) 213 (1784)
Stephanandra flexuosa Siebold & Zucc., Abh. Math.-Phys. Cl. Konigl. Bayer. Akad. Wiss. 3: 740 (1843)
Stephanandra quadrifissa Nakai, Bot. Mag. (Tokyo) 40: 170 (1926)
Stephanandra incisa (Thunb.) Zabel var. *quadrifissa* (Nakai) T.B.Lee, Ill. Woody Pl. Korea 272 (1966)

Representative specimens; Chagang-do 26 July 1910 Kang-gei(Kokai 江界) Mills, RG *Mills367* 27 June 1914 從西山 Nakai, T *Nakai s.n.* **Hamgyong-namdo** 19 August 1943 千佛山 Honda, M *Honda s.n.* **Hwanghae-namdo** 12 June 1931 長壽山 Smith, RK *Smith s.n.* 12 June 1931 Smith, RK *Smith s.n.* 28 July 1929 長淵郡長山串 Nakai, T *Nakai s.n.* 31 July 1929 席島 Nakai, T *Nakai s.n.* 1 August 1929 椒島 Nakai, T *Nakai s.n.* 15 July 1921 Sorai Beach 九味浦 Mills, RG *Mills s.n.* 12 July 1921 Mills, RG *Mills s.n.* **Kangwon-do** 12 July 1936 外金剛千佛山 Nakai, T *Nakai s.n.* 3 July 1916 金剛山溫井里 Nakai, T *Nakai s.n.* 7 August 1932 Mt. Kumgang (金剛山) Fukushima *s.n.* 14 August 1916 金剛山望軍臺 Nakai, T *Nakai s.n.* 8 August 1940 Mt. Kumgang (金剛山) Okuyama, S *Okuyama s.n.* 5 August 1933 德源郡赤間面 Kim, GR *s.n.* 7 June 1909 元山 Nakai, T *Nakai s.n.* 9 June 1909 Nakai, T *Nakai s.n.* **P'yongan-bukto** 9 June 1914 飛來峯 Nakai, T *Nakai s.n.* 5 August 1935 妙香山 Koidzumi, G *Koidzumi s.n.* 1 June 1912 白壁山 Ishidoya, T; Chung, TH *Ishidoya s.n.* **P'yongan-namdo** 15 June 1928 陽德 Nakai, T *Nakai s.n.* 15 June 1928 Nakai, T *Nakai s.n.*

Waldsteinia Willd.
Waldsteinia ternata (Stephan) Fritsch, Oesterr. Bot. Z. 39: 277 (1889)
Common name 금강금매화 (나도양지꽃)
Distribution in Korea: North, Central

Dalibarda ternata Stephan, Mem. Soc. Imp. Naturalistes Moscou 1: 129, t. 10 (1806)
Waldsteinia sibirica Tratt., Ros. Monogr. 3: 108 (1823)
Comaropsis sibirica (Tratt.) Ser., Prodr. (DC.) 2: 55 (1825)

Representative specimens; Chagang-do 26 August 1897 小德川 (松德水河谷) *Komarov, VL Komaorv s.n.* 22 July 1916 狼林山 *Mori, T Mori s.n.* **Hamgyong-bukto** 14 August 1933 朱乙溫泉朱乙山 *Koidzumi, G Koidzumi s.n.* 4 August 1918 Mt. Chilbo at Myongch'on (七寶山) *Nakai, T Nakai s.n.* **Hamgyong-namdo** 15 August 1935 赴戰高原咸地里 *Nakai, T Nakai s.n.* 20 June 1932 東上面元豊里 *Ohwi, J Ohwi s.n.* **Kangwon-do** 11 August 1916 金剛山長安寺附近森 *Nakai, T Nakai s.n.* 15 August 1916 金剛山表訓寺-內圓通庵 - 般庵 *Nakai, T Nakai s.n.* 10 June 1932 Mt. Kumgang (金剛山) *Ohwi, J Ohwi s.n.* **P'yongan-namdo** 21 July 1916 上南洞 *Mori, T Mori s.n.* 15 June 1928 陽德 *Nakai, T Nakai s.n.* **Ryanggang** 15 August 1935 北水白山 *Hozawa, S Hozawa s.n.* 21 August 1897 subdist. Chu-czan, flumen Amnok-gan *Komarov, VL Komaorv s.n.* 23 August 1897 雲洞嶺 *Komarov, VL Komaorv s.n.* 26 July 1914 三水- 馬上嶺 *Nakai, T Nakai s.n.* 9 August 1897 長津江下流域 *Komarov, VL Komaorv s.n.*

FABACEAE

Aeschynomene **L.**
Aeschynomene indica L., Sp. Pl. 713 (1753)

Common name 자귀풀

Distribution in Korea: North, Central, South
  Aeschynomene pumila L., Sp. Pl. 2: 1061 (1763)
  Aeschynomene diffusa Willd., Sp. Pl. (ed. 4) 3: 1164 (1802)
  Aeschynomene viscidula Willd., Enum. Pl. (Willdenow) 2: 776 (1809)
  Smithia aspera Roxb., Hort. Bengal. 56 (1814)
  Aeschynomene glaberrima Poir., Encycl. (Lamarck) Suppl. 4 76 (1816)
  Aeschynomene punctata Steud., Nomencl. Bot. (Steudel) 17 (1821)
  Aeschynomene macropoda DC., Prodr. (DC.) 2: 320 (1825)
  Aeschynomene subviscosa DC., Prodr. (DC.) 2: 321 (1825)
  Aeschynomene roxburghii Spreng., Syst. Veg. (ed. 16) [Sprengel] 3: 322 (1826)
  Aeschynomene quadrata Schumach., Beskr. Guin. Pl. 356 (1827)
  Aeschynomene montana Span., Linnaea 15: 192 (1841)
  Aeschynomene cachemiriana Cambess., Voy. Inde 4: 40 (1844)

Representative specimens; Chagang-do 15 August 1911 Kang-gei(Kokai 江界) *Mills, RG Mills s.n.* **Hamgyong-namdo** 11 August 1940 咸興歸州寺 *Okuyama, S Okuyama s.n.* **Hwanghae-namdo** 29 July 1929 長淵郡長山串 *Nakai, T Nakai s.n.* 1 August 1929 椒島 *Nakai, T Nakai s.n.* 24 July 1929 夢金浦 *Nakai, T Nakai s.n.* **Kangwon-do** 30 July 1916 溫井里 *Nakai, T Nakai s.n.* **P'yongyang** 18 June 1911 P'yongyang (平壤) *Imai, H Imai s.n.* **Sinuiju** 14 September 1915 新義州 *Nakai, T Nakai s.n.*

Albizia **Durazz.**
Albizia julibrissin Durazz., Mag. Tosc. 3: 11 (1772)

Common name 자귀나무

Distribution in Korea: Central (Hwanghae), South, Ulleung
  Mimosa speciosa Thunb., Trans. Linn. Soc. London 2: 336 (1794)
  Acacia julibrissin (Durazz.) Willd., Sp. Pl. (ed. 4) 4: 1065 (1806)
  Albizia nemu (Willd.) Benth., London J. Bot. 1: 527 (1842)

Amorpha **L.**
Amorpha fruticosa L., Sp. Pl. 713 (1753)

Common name 왜싸리 (족제비싸리)

Distribution in Korea: Introduced and widespread (North, Central, South, Ulleung, Jeju; N. America)
  Amorpha croceolanata P.Watson, Dendrol. Brit. pl. 139 (1825)
  Amorpha caroliniana Croom, Amer. J. Sci. Arts 25: 74 (1834)
  Amorpha humilis Tausch, Flora 21: 750 (1838)
  Amorpha virgata Small, Bull. Torrey Bot. Club 21: 17, pl.171 (1864)

Amorpha fruticosa L. var. *humilis* (Tausch) C.K.Schneid., Ill. Handb. Laubholzk. 2: 73 (1907)
Amorpha occidentalis Abrams, Bull. New York Bot. Gard. 6: 394 (1910)
Amorpha arizonica Rydb., N. Amer. Fl. 24: 33 (1919)
Amorpha curtissii Rydb., N. Amer. Fl. 24: 30 (1919)
Amorpha fruticosa L. f. *humilis* (Tausch) E.J.Palmer, J. Arnold Arbor. 12: 189 (1931)
Amorpha fruticosa L. var. *tennesseensis* (Kunze) E.J.Palmer, J. Arnold Arbor. 12: 192 (1931)

Amphicarpaea Elliott ex Nutt.
Amphicarpaea bracteata (L.) Fernald ssp. **edgeworthii** (Benth.) H.Ohashi, Fl. E. Himalaya 139 (1966)

Common name (새콩)

Distribution in Korea: North, Central, South, Ulleung
Amphicarpaea edgeworthii Benth., Pl. Jungh. 231 (1851)
Amphicarpaea edgeworthii Benth. var. *japonica* Oliv., J. Linn. Soc., Bot. 9: 164 (1867)
Shuteria trisperma Miq., Ann. Mus. Bot. Lugduno-Batavi 3: 51 (1867)
Amphicarpaea trisperma Baker, Fl. Brit. Ind. 2: 181 (1876)
Falcata japonica (Oliv.) Kom., Trudy Imp. S.-Peterburgsk. Bot. Sada 22: 630 (1904)
Shuteria anomala Pamp., Nuovo Giorn. Bot. Ital. ser 2. 17: 29 (1910)
Amphicarpaea edgeworthii Benth. f. *alba* M.H.Lee, Korean J. Pl. Taxon. 13: 109 (1983)

Representative specimens; Chagang-do 26 August 1897 小德川 (松德水河谷) *Komarov, VL Komaorv s.n.* **Hamgyong-bukto** 31 August 1935 羅南 *Saito, T T Saito s.n.* 26 May 1897 茂山 *Komarov, VL Komaorv s.n.* **Ryanggang** 1 August 1897 虛川江 (同仁川) *Komarov, VL Komaorv s.n.* 7 July 1897 梨方嶺 (鴨綠江羅暖堡) *Komarov, VL Komaorv s.n.* 4 August 1897 十四道溝-白山嶺 *Komarov, VL Komaorv s.n.* 16 August 1897 大羅信洞 *Komarov, VL Komaorv s.n.* 19 August 1897 葡坪 *Komarov, VL Komaorv s.n.* 21 August 1897 subdist. Chu-czan, flumen Amnok-gan *Komarov, VL Komaorv s.n.* 20 August 1897 內洞-河山嶺 *Komarov, VL Komaorv s.n.* 6 August 1897 上巨里水 *Komarov, VL Komaorv s.n.* 9 August 1897 長津江下流域 *Komarov, VL Komaorv s.n.*

Astragalus L.
Astragalus dahuricus (Pall.) DC., Prodr. (DC.) 2: 285 (1825)

Common name 자주황기

Distribution in Korea: North (Gaema, Bujeon)

Representative specimens; Chagang-do 13 August 1912 Kosho (渭原) *Imai, H Imai s.n.* **Hamgyong-bukto** 6 August 1933 富寧郡豊山 *Koidzumi, G Koidzumi s.n.* 13 August 1933 朱乙溫堡 *Koidzumi, G Koidzumi s.n.* 29 July 1918 朱乙溫面生氣嶺 *Nakai, T Nakai s.n.* 24 July 1918 朱北面金谷 *Nakai, T Nakai s.n.* 7 July 1930 城城 *Ohwi, J Ohwi2115* 19 August 1934 *Saito, T T Saito934* 28 July 1936 茂山 *Saito, T T Saito2648* 1 August 1914 富寧 *Ikuma, Y Ikuma s.n.* **Kangwon-do** 10 August 1902 干發告嶺 *Uchiyama, T Uchiyama s.n.* 22 August 1902 北屯址近傍 *Uchiyama, T Uchiyama s.n.* **P'yongan-bukto** 2 October 1910 Cheel San 香山普賢寺 *Mills, RG Mills s.n.* **Ryanggang** 2 July 1897 雲寵里三水邑 (虛川江岸懸崖) *Komarov, VL Komaorv s.n.* 30 July 1897 甲山 *Komarov, VL Komaorv s.n.* 3 July 1897 三水邑-上水隅理 *Komarov, VL Komaorv s.n.* 9 August 1897 長津江下流域 *Komarov, VL Komaorv s.n.* 8 July 1897 羅暖堡 *Komarov, VL Komaorv s.n.* 6 June 1897 平蒲坪 *Komarov, VL Komaorv s.n.* 24 June 1930 延岩洞-上村 *Ohwi, J Ohwi s.n.* 7 August 1930 合水 (列結水) Ohwi, *J Ohwi3112* **Sinuiju** July 1935 新義州 *Ohnishi s.n.*

Astragalus laxmannii Jacq., Hort. Bot. Vindob. 3: 22 (1776)

Common name 자주땅비수리 (자주개황기)

Distribution in Korea: North, Central, South
Astragalus adsurgens Pall., Sp. Astragal. 0: 40 (1800)
Astragalus longispicatus Ulbr., Bot. Jahrb. Syst. 36(5, Beibl. 82): 61 (1905)
Astragalus austro-sibiricus Schischk., Fl. Zapadnoi Sibiri 7: 1678 (1933)
Astragalus oostachys E.Peter, Acta Horti Gothob. 12: 64 (1937)
Astragalus fujisanensis Miyabe& Tatew., Trans. Sapporo Nat. Hist. Soc. 16: 2 (1939)
Astragalus fujisanensis Miyabe & Tatew., Trans. Sapporo Nat. Hist. Soc. 16: 2 (1939)
Astragalus laxmannii Jacq. var. *adsurgens* (Pall.) Kitag., J. Jap. Bot. 19: 106 (1943)

Representative specimens; Hamgyong-bukto 26 July 1930 頭流山(桃花洞) Ohwi, *J Ohwi s.n.* 26 July 1930 頭流山 Ohwi, *J Ohwi s.n.* **Ryanggang** 19 June 1930 楡坪 Ohwi, *J Ohwi s.n.*

Astragalus mongholicus Bunge var. ***dahuricus*** (DC.) Podlech, Sendtnera 6: 172 (1999)

Common name 황기

Distribution in Korea: North (Gaema, Bujeon, Rangrim), Central, Jeju, Ulleung

    Galega dahurica Pall., Reise Russ. Reich. 3: 742 (1776)

    Astragalus propinquus Schischk., Fl. Sibir. 7: 1657 (1933)

Representative specimens; Hamgyong-bukto 3 August 1935 羅南支庫 *Saito, T T Saito1355* 5 August 1939 頭流山 *Hozawa, S Hozawa s.n.* July 1932 冠帽峰 *Ohwi, J Ohwi1016* 14 June 1936 甫上洞南河瑞 *Saito, T T Saito s.n.* 21 July 1933 南河瑞 *Saito, T T Saito711* 2 August 1914 車踰嶺 *Ikuma, Y Ikuma s.n.* 4 June 1897 四芝嶺 *Komarov, VL Komaorv s.n.* **Hamgyong-namdo** 15 August 1936 赴戰高原 Fusenkogen Nakai, T *Nakai s.n.* 15 August 1935 東上面漢岱里 *Nakai, T Nakai s.n.* **Kangwon-do** 8 June 1909 望賊山 *Nakai, T Nakai s.n.* **Ryanggang** 23 August 1914 Keizanchin(惠山鎭) *Ikuma, Y Ikuma s.n.* 18 July 1897 *Komarov, VL Komaorv s.n.* 2 August 1897 虛川江-五海江 *Komarov, VL Komaorv s.n.* 18 July 1897 Keizanchin(惠山鎭) *Komarov, VL Komaorv s.n.* 2 July 1897 雲寵里三水邑 (虛川江岸懸崖) *Komarov, VL Komaorv s.n.* 7 July 1897 梨方嶺 (鴨綠江羅暖堡) *Komarov, VL Komaorv s.n.* 4 July 1897 上水隅理 *Komarov, VL Komaorv s.n.* 25 July 1914 三水- 遮川里 *Nakai, T Nakai s.n.* 7 June 1897 平蒲坪 *Komarov, VL Komaorv s.n.* 7 August 1930 合水 (列結水) Ohwi, *J Ohwi3124* 26 June 1897 內曲里 *Komarov, VL Komaorv s.n.* 22 July 1897 佳林里 *Komarov, VL Komaorv s.n.* 28 July 1897 *Komarov, VL Komaorv s.n.* 12 August 1914 神武城- 茂峯 *Nakai, T Nakai s.n.* 12 August 1914 茂峯附近 *Nakai, T Nakai s.n.* 20 August 1933 江口 - 三長 *Koidzumi, G Koidzumi s.n.*

Astragalus schelichowii Turcz., Bull. Soc. Imp. Naturalistes Moscou 13: 68 (1840)

Common name 긴꽃대황기

Distribution in Korea: North

    Astragalus paraglycyphyllos Boissieu, Notul. Syst. (Paris) 1: 225 (1910)

    Astragalus kamtschaticus (Kom.) Gontsch., Fl. URSS 12: 437 (1946)

Representative specimens; Hamgyong-bukto July 1932 冠帽峰 *Ohwi, J Ohwi s.n.* 21 July 1933 朱乙溫 *Saito, T T Saito702* 29 May 1934 朱乙溫面甫上洞 *Saito, T T Saito866* 19 June 1930 四芝洞 -楡坪 *Ohwi, J Ohwi1417* **Ryanggang** 23 June 1930 倉坪延岩洞間 *Ohwi, J Ohwi1733* 24 June 1930 延岩洞-上村 *Ohwi, J Ohwi1787* 26 July 1930 桃花洞 *Ohwi, J Ohwi2774*

Astragalus setsureianus Nakai, Bot. Mag. (Tokyo) 33: 58 (1919)

Common name 설령황기

Distribution in Korea: far North (Paekdu, Potae, Kwanmo, Seolryong, Chsil, Rangrim)

Representative specimens; Chagang-do 22 July 1919 狼林山上 *Kajiwara, U Kajiwara s.n.* 22 July 1916 狼林山 *Mori, T Mori s.n.* **Hamgyong-bukto** 26 July 1930 頭流山 *Ohwi, J Ohwi s.n.* July 1932 冠帽峰 *Ohwi, J Ohwi s.n.* 2 August 1932 冠帽峯頂上 *Saito, T T Saito s.n.* 25 July 1918 雪嶺 *Nakai, T Nakai7188* Type of *Astragalus setsureianus* Nakai (Holotype TI)26 July 1930 Ohwi, *J Ohwi1869* 7 August 1933 *Saito, T T Saito s.n.* **Hamgyong-namdo** 2 September 1934 蓮花山 *Kojima, K Kojima s.n.* 25 July 1933 東上面遮日峯 *Koidzumi, G Koidzumi s.n.* 16 August 1935 遮日峯 *Nakai, T Nakai1555* 7 23 June 1932 Ohwi, *J Ohwi s.n.* 15 August 1940 *Okuyama, S Okuyama s.n.* August 1936 *Soto, Y s.n.* **Kangwon-do** 1938 山林課元山出張所 *Tsuya, S s.n.* **Ryanggang** 15 August 1935 北水白山 *Hozawa, S Hozawa s.n.* 20 August 1934 *Kojima, K Kojima s.n.* 15 July 1935 小長白山 *Irie, Y s.n.* 1 August 1934 *Kojima, K Kojima s.n.* 北胞胎山 *Unknown s.n.*

Astragalus uliginosus L., Sp. Pl. 757 (1753)

Common name 개황기

Distribution in Korea: far North (Paekdu, Kwanmo, Gaema, Bujeon)

    Astragalus nertschinskensis Freyn, Oesterr. Bot. Z. 52: 21 (1902)

Representative specimens; Hamgyong-bukto 17 July 1918 朱乙溫面甫上洞 *Nakai, T Nakai s.n.* 10 June 1897 西溪水 *Komarov, VL Komaorv s.n.* 18 June 1930 四芝洞 *Ohwi, J Ohwi1336* **Hamgyong-namdo** 18 August 1943 赴戰高原咸地院 *Honda, M Honda s.n.* 23 July 1933 東上面漢岱里 *Koidzumi, G Koidzumi s.n.* 15 August 1935 Nakai, *T Nakai s.n.* 24 July 1935 *Nomura, N Nomura s.n.* 20 June 1932 東上面元豐里 *Ohwi, J Ohwi146* 20 June 1932 Ohwi, *J Ohwi214* 3 October 1935 赴戰高原 Fusenkogen *Okamoto, S Okamoto s.n.* **Ryanggang** 18 July 1897 Keizanchin(惠山鎭) *Komarov, VL Komaorv s.n.* 24 June 1917 豐山 *Furumi, M Furumi s.n.* 24 June 1930 延岩洞 *Ohwi, J Ohwi s.n.* 22 July 1897 佳林里 *Komarov, VL Komaorv s.n.* 3 August 1914 惠山鎭-普天堡 *Nakai, T Nakai s.n.*

Caragana Fabr.
Caragana fruticosa (Pall.) Besser, Cat. Hort. Cremeneci116 (1816)

Common name 참골담초

Distribution in Korea: North

Robinia altagana Poir. var. *fruticosa* Pall., Fl. Ross. (Pallas) 1: 690 (1784)

Representative specimens; Hamgyong-bukto 18 June 1909 淸津港背面 *Nakai, T Nakai s.n.* **P'yongan-namdo** 6 June 1924 陽德郡陽德面 *Takaichi, Y Takaichi s.n.* **Ryanggang** August 1913 長白山 *Mori, T Mori s.n.* 3 June 1897 四芝坪 *Komarov, VL Komaorv s.n.* 14 August 1914 農事洞- 三下 *Nakai, T Nakai s.n.*

Caragana microphylla Lam., Encycl. (Lamarck) 1: 615 (1785)
Common name 좀골담초
Distribution in Korea: North (Ryanggang, Hamgyong), Central, South
  Caragana altagana Poir., Encycl. (Lamarck) Suppl. 2 89 (1811)

Representative specimens; Hamgyong-bukto 淸津 *Unknown s.n.* 18 May 1897 會寧川 *Komarov, VL Komaorv s.n.* **Kangwon-do** 通川 *Unknown s.n.* 元山 *Unknown s.n.* **Ryanggang** 14 July 1897 鴨綠江 (上水隅理 -羅暖堡) *Komarov, VL Komaorv s.n.* 22 July 1897 佳林里 *Komarov, VL Komaorv s.n.* 3 June 1897 四芝坪 *Komarov, VL Komaorv s.n.*

Caragana sinica (Buc'hoz) Rehder, J. Arnold Arbor. 22: 576 (1941)
Common name 골담초
Distribution in Korea: Central
  Robinia sinica Buc'hoz, Pl. Nouv. Decouv. 24 (1784)
  Caragana chamlagu Lam., Encycl. (Lamarck) 1: 616 (1785)
  Caragana sinica (Buc'hoz) Rehder var. *megalantha* C.K.Schneid., Ill. Handb. Laubholzk. 2: 97 (1907)

Representative specimens; Hamgyong-bukto 29 May 1937 輸城 *Saito, T T Saito6046* 4 June 1937 *Saito, T T Saito6120*

Chamaecrista Moench
Chamaecrista nomame (Makino) H.Ohashi, J. Jap. Bot. 64: 215 (1989)
Common name 차풀
Distribution in Korea: North, Central, South
  Cassia mimosoides L. var. *nomame* Makino, J. Jap. Bot. 1: 17 (1917)
  Cassia nomame (Makino) Kitag., Rep. Inst. Sci. Res. Manchoukuo 3: 283 (1939)

Representative specimens; Hamgyong-bukto 3 August 1918 明川 *Nakai, T Nakai s.n.* **Hamgyong-namdo** 1928 Hamhung (咸興) *Seok, JM s.n.* **Hwanghae-namdo** 28 August 1943 海州港海岸 *Furusawa, I Furusawa s.n.* 1 August 1929 椒島 *Nakai, T Nakai s.n.* **Kangwon-do** 26 August 1916 金剛山普賢洞 *Nakai, T Nakai s.n.* 30 August 1916 通川街道 *Nakai, T Nakai s.n.*

Crotalaria L.
Crotalaria sessiliflora L., Sp. Pl. 1004 (1753)
Common name 활나물
Distribution in Korea: North, Central, South
  Crotalaria anthylloides Lam., Encycl. (Lamarck) 2: 2 (1786)
  Crotalaria eriantha Siebold & Zucc., Abh. Math.-Phys. Cl. Konigl. Bayer. Akad. Wiss. 4: 121 (1845)
  Crotalaria brevipes Champ. ex Benth., Hooker's J. Bot. Kew Gard. Misc. 4: 44 (1852)
  Crotalaria oldhamii Miq., Ann. Mus. Bot. Lugduno-Batavi 3: 42 (1867)

Representative specimens; Kangwon-do 29 August 1916 長箭 *Nakai, T Nakai s.n.* 22 August 1902 北屯地近傍 *Uchiyama, T Uchiyama s.n.* 7 August 1932 元山 *Kitamura, S Kitamura s.n.* **P'yongan-bukto** 29 September 1911 靑山面古龍里梨石洞山 *Ishidoya, T Ishidoya s.n.* **P'yongyang** 5 September 1909 平壤普通江岸 *Imai, H Imai s.n.* 24 September 1910 P'yongyang (平壤) *Mills, RG Mills430*

Gleditsia L.
Gleditsia japonica Miq., Ann. Mus. Bot. Lugduno-Batavi 3: 53 (1867)
Common name 주염나무 (주엽나무)
Distribution in Korea: North, Central, South
  Gleditsia coccinea Koehne, Deut. Dendrol. 320 (1893)
  Gleditsia japonica Miq. f. *inermis* Mayr, 474 (1906)
  Euchresta trifoliolata Merr., Philipp. J. Sci. 21: 496 (1922)

Gleditsia coccinea Koehne var. *inermis* (Mayr) Nakai, J. Jap. Bot. 13: 873 (1937)
Gleditsia japonica Miq. f. *inarmata* Nakai, J. Jap. Bot. 27: 130 (1952)
Gleditsia japonica Miq. var. *koraiensis* Nakai, J. Jap. Bot. 27: 130 (1952)

Representative specimens; Hamgyong-namdo 11 June 1909 鎭岩峯 *Nakai, T Nakai s.n.* **Hwanghae-namdo** 26 August 1943 長壽山 *Furusawa, I Furusawa s.n.* 27 July 1929 長淵郡長山串 *Nakai, T Nakai12769* **P'yongan-bukto** 宣川 *Unknown s.n.* **P'yongan-namdo** 16 September 1915 中和 *Nakai, T Nakai2394* **P'yongyang** 15 August 1910 P'yongyang (平壤) *Imai, H Imai s.n.*

Glycine Willd.
Glycine max (L.) Merr. ssp. *soja* (Siebold & Zucc.) H.Ohashi, J. Jap. Bot. 57: 30 (1982)
Common name 돌콩
Distribution in Korea: North (Hamgyong, P'yongan), Central, South
   Glycine soja Siebold & Zucc., Abh. Math.-Phys. Cl. Konigl. Bayer. Akad. Wiss. 4: 119 (1843)
   Glycine ussuriensis Regel & Maack, Tent. Fl.-Ussur. 50 (1861)
   Rhynchosia argyi H.Lév., Mem. Real Acad. Ci. Barcelona 12, No. 22, 15 (1916)
   Glycine formosana Hosok., J. Soc. Trop. Agric. 4: 308 (1932)

Representative specimens; Chagang-do 30 August 1897 慈城江 *Komarov, VL Komaorv s.n.* 28 April 1911 Kang-gei(Kokai 江界) Mills, *RG Mills s.n.* **Hamgyong-bukto** 3 August 1933 會寧 *Koidzumi, G Koidzumi s.n.* **Hwanghae-namdo** 26 August 1943 長壽山 *Furusawa, I Furusawa s.n.* 24 July 1929 夢金浦 *Nakai, T Nakai s.n.* **Ryanggang** 18 July 1897 Keizanchin(惠山鎭) *Komarov, VL Komaorv s.n.* 1 August 1897 虛川江 (同仁川) *Komarov, VL Komaorv s.n.* 19 August 1897 葡坪 *Komarov, VL Komaorv s.n.* 21 August 1897 subdist. Chu-czan, flumen Amnok-gan *Komarov, VL Komaorv s.n.*9 August 1897 長津江下流域 *Komarov, VL Komaorv s.n.* August 1913 羅暖堡 *Mori, T Mori s.n.*

Gueldenstaedtia Fisch.
Gueldenstaedtia verna (Georgi) Boriss., Spisok Rast. Gerb. Fl. SSSR Bot. Inst. Vsesojuzn. Akad. Nauk 12: 122 (1953)
Common name 애기자운
Distribution in Korea: North, Central
   Astragalus vernus Georgi, Reise Russ. Reich. 1: 226 (1775)
   Astragalus pauciflorus Pall., Sp. Astragal. 81 (1800)
   Astragalus brevicarinatus DC., Astragalogia 241 (ed. quarto), no. 138: t. 49 (1802)
   Gueldenstaedtia pauciflora Fisch. ex DC., Prodr. (DC.) 2: 307 (1825)
   Gueldenstaedtia mirpourensis Benth. ex Baker, Fl. Brit. Ind. 2: 118 (1876)
   Gueldenstaedtia mirpouren, Fl. Brit. Ind. 2: 118 (1876)
   Gueldenstaedtia longiscapa (Franch.) H.Lév., Cat. Pl. Yun-Nan 155 (1916)
   Amblytropis pauciflora (Pall.) Kitag., Rep. Exped. Manchoukuo Sect. IV, Pt. 4, Index Fl. Jeholensis 87 (1936)
   Amblytropis verna (Georgi) Kitag., J. Jap. Bot. 41: 367 (1966)

Representative specimens; Hamgyong-bukto 30 May 1930 會寧郡高嶺鎭 *Goto, K s.n.* 15 June 1930 茂山嶺 *Ohwi, J Ohwi s.n.* 15 June 1930 茂山嶺西南麓 *Ohwi, J Ohwi s.n.* 8 May 1932 鶴中面臨濱 *Im-myeong-gong-bo-gyo school s.n.* **Rason** 11 May 1897 豆滿江三角洲-五宗洞 *Komarov, VL Komaorv s.n.*

Hedysarum L.
Hedysarum alpinum L., Sp. Pl. 2: 750 (1753)
Common name 자주나도황기 (뮟황기)
Distribution in Korea: North
   Hedysarum elongatum Fisch. ex Basiner, Bull. Cl. Phys.-Math. Acad. Imp. Sci. Saint-Pétersbourg 4: 311 (1845)
   Hedysarum alpinum L. var. *chinense* B.Fedtsch., Trudy Imp. S.-Peterburgsk. Bot. Sada 19: 255 (1902)
   Hedysarum alpinum L. var. *sibiricum* (Ledeb.) B.Fedtsch., Trudy Imp. S.-Peterburgsk. Bot. Sada 19: 257 (1902)

Representative specimens; Hamgyong-bukto 26 July 1930 頭流山 *Ohwi, J Ohwi s.n.* 26 July 1930 Ohwi, *J Ohwi s.n.* July 1932 冠帽峰 *Ohwi, J Ohwi s.n.* 3 August 1932 *Saito, T T Saito s.n.* 2 August 1914 車踰嶺 *Ikuma, Y Ikuma s.n.* **Ryanggang** 15 August

1914 白頭山 *Ikuma, Y Ikuma s.n.* August 1913 長白山 *Mori, T Mori s.n.* 2 August 1917 Moho (茂峯)- 農事洞 *Furumi, M Furumi s.n.* 13 August 1914 Nakai, T *Nakai s.n.* 15 July 1938 新德 *Saito, T T Saito s.n.*

Hedysarum hedysaroides (L.) Schinz & Thell., Vierteljahrsschr. Naturf. Ges. Zürich 58: 70 (1913)

Common name 넓은뫼황기

Distribution in Korea: North
Astragalus hedysaroides L., Sp. Pl. (ed. 4) 3: 1264 (1802)
Hedysarum sibiricum Poir., Encycl. (Lamarck) Suppl. 5 17 (1817)

Hedysarum vicioides Turcz. ssp. *japonicum* (B.Fedtsch.) B.H.Choi & H.Ohashi, J. Jap. Bot. 63: 60 (1988)

Common name 나도황기

Distribution in Korea: far North (Paekdu, Potae, Kwanmo, Seolryong, Chail, Rangrim)
Hedysarum alpinum L. var. *japonicum* B.Fedtsch., Trudy Imp. S.-Peterburgsk. Bot. Sada 19: 259 (1902)
Hedysarum ussuriense Schischk. & Kom., Bot. Mater. Gerb. Glavn. Bot. Sada SSSR 6: 11 (1926)
Hedysarum vicioides Turcz. f. *pilosum* (Ohwi) Kitag., J. Jap. Bot. 33: 163 (1958)

Representative specimens; Ryanggang 25 July 1930 合水桃花洞 *Ohwi, J Ohwi s.n.* 12 August 1914 無頭峯 *Ikuma, Y Ikuma s.n.*

Hylodesmum H.Ohashi & R.R.Mill
Hylodesmum oldhamii (Oliv.) H.Ohashi & R.R.Mill, Edinburgh J. Bot. 57: 180 (2000)

Common name 큰갈구리풀 (큰도둑놈의갈고리)

Distribution in Korea: North, Central, South
Desmodium oldhamii Oliv., J. Linn. Soc., Bot. 9: 165 (1865)
Meibomia oldhamii Kuntze, Revis. Gen. Pl. 1: 198 (1891)
Podocarpium oldhamii (Oliv.) Y.C.Yang & P.H.Huang, Bull. Bot. Lab. N.E. Forest. Inst., Harbin 4: 6 (1979)

Representative specimens; Chagang-do 30 August 1897 慈城江 *Komarov, VL Komaorv s.n.* 13 August 1912 Kosho (渭原) *Imai, H Imai s.n.* **Hwanghae-namdo** 26 August 1943 長壽山 *Furusawa, I Furusawa s.n.* **Kangwon-do** 11 August 1916 金剛山長安寺附近森 *Nakai, T Nakai s.n.* 14 August 1902 Mt. Kumgang (金剛山) *Uchiyama, T Uchiyama s.n.*

Hylodesmum podocarpum (DC.) H.Ohashi & R.R.Mill, Edinburgh J. Bot. 57: 181 (2000)

Common name 개도둑놈의갈고리

Distribution in Korea: North, Central, South, Jeju
Desmodium podocarpum DC., Ann. Sci. Nat. (Paris) 4: 102 (1825)
Hedysarum podocarpum (DC.) Spreng., Syst. Veg. (ed. 16) [Sprengel] 3: 317 (1826)
Meibomia podocarpa (DC.) Kuntze, Revis. Gen. Pl. 1: 198 (1891)
Desmodium oxyphyllum DC. var. *villosum* Matsum., Bot. Mag. (Tokyo) 16: 77 (1902)
Desmodium maximowiczii Makino, Bot. Mag. (Tokyo) 26: 144 (1912)
Desmodium caudatum (Thunb.) DC. var. *latifolium* Nakai,Saishu-to Kuan-to Shokubutsu Hokoku-sho [Fl. Quelpaert Isl.] 55 (1914)

Representative specimens; Chagang-do 30 August 1897 慈城江 *Komarov, VL Komaorv s.n.* **Hwanghae-namdo** 1 August 1929 椒島 *Nakai, T Nakai s.n.* **P'yongyang** 25 August 1909 P'yongyang (平壤) *Mills, RG Mills s.n.* 12 September 1902 Botandai (牡丹台) 平壤 *Uchiyama, T Uchiyama s.n.* 12 September 1902 平壤牧丹峯 *Uchiyama, T Uchiyama s.n.* 18 August 1935 平壤牡丹臺 *Koidzumi, G Koidzumi s.n.* **Ryanggang** 23 August 1897 雲洞嶺 *Komarov, VL Komaorv s.n.*

Hylodesmum podocarpum (DC.) H.Ohashi & R.R.Mill ssp. *fallax* (Schindl.) H.Ohashi & R.R.Mill, Edinburgh J. Bot. 57: 182 (2000)

Common name 긴도둑놈의갈고리

Distribution in Korea: Central, South, Jeju
Desmodium fallax Schindl., Bot. Jahrb. Syst. 54 (1): 55 (1916)
Desmodium racemosum (Thunb.) DC. var. *dilatatum* (Nakai) Ohwi, Fl. Jap. (Ohwi) 683 (1953)

A Checklist of North Korean Vascular Plants — T.B. Lee Herbarium (SNUA) – 2019 (C.S. Chang, H. Kim, H.T. Shin & C.H. Lee)

- 283 -

Desmodium podocarpum DC. ssp. *fallax* (Schindl.) H.Ohashi, Fl. E. Himalaya 2: 65 (1971)

Representative specimens; Hwanghae-namdo 4 August 1929 長淵郡長山串 *Nakai, T Nakai s.n.* 28 July 1929 Nakai, T *Nakai s.n.*

Hylodesmum podocarpum (DC.) H.Ohashi & R.R.Mill ssp. *oxyphyllum* (DC.) H.Ohashi & R.R.Mill, Edinburgh J. Bot. 57: 183 (2000)

Common name 도둑놈의갈고리

Distribution in Korea: North, Central, South, Jeju, Ulleung

    Hedysarum racemosum Thunb., Fl. Jap. (Thunberg) 285 (1784)

    Desmodium oxyphyllum DC., Ann. Sci. Nat. (Paris) 4: 102 (1825)

    Desmodium viticinum Wall., Numer. List 5709 (1831)

    Desmodium japonicum Miq., Ann. Mus. Bot. Lugduno-Batavi 3: 46 (1867)

    Desmodium japonicum Miq. var. *angustifolium* Miq., Cat. Mus. Bot. Lugd.-Bat. 25 (1870)

    Desmodium podocarpum DC. var. *mandshuricum* Maxim., Mélanges Biol. Bull. Phys.-Math. Acad. Imp. Sci. Saint-Pétersbourg 12: 440 (1880)

    Desmodium podocarpum DC. var. *japonicum* (Miq.) Maxim., Mélanges Biol. Bull. Phys.-Math. Acad. Imp. Sci. Saint-Pétersbourg 12: 441 (1886)

    Meibomia racemosa (DC.) Kuntze, Revis. Gen. Pl. 1: 198 (1891)

    Desmodium podocarpum DC. var. *membranaceum* Matsum., Bot. Mag. (Tokyo) 16: 76 (1902)

    Desmodium mandshuricum (Maxim.) Schindl., Repert. Spec. Nov. Regni Veg. 21: 3 (1925)

    Desmodium racemosum (Thunb.) DC. var. *ramosum* Nakai, Bot. Mag. (Tokyo) 44: 31 (1930)

    Desmodium fallax Schindl. var. *mandshuricum* (Maxim.) Nakai, Bot. Mag. (Tokyo) 44 (1930)

    Desmodium racemosum (Thunb.) DC. var. *pubescens* F.P.Metcalf, Lingnan Sci. J. 19: 605 (1940)

    Desmodium racemosum (Thunb.) DC. var. *mandshuricum* (Maxim.) Ohwi, Bull. Natl. Sci. Mus., Tokyo 33: 77 (1953)

    Desmodium oxyphyllum DC. var. *mandshuricum* (Maxim.) H.Ohashi, J. Jap. Bot. 41: 155 (1966)

    Desmodium podocarpum DC. var. *oxyphyllum* (DC.) H.Ohashi, Fl. E. Himalaya 2: 65 (1971)

    Desmodium podocarpum DC. ssp. *oxyphyllum* (DC.) H.Ohashi, Fl. E. Himalaya 2nd Rep.: 65 (1971)

    Hylodesmum podocarpum (DC.) H.Ohashi & R.R.Mill var. *mandshuricum* (Maxim.) H.Ohashi & R.R.Mill, Edinburgh J. Bot. 57: 183 (2000)

Representative specimens; Hamgyong-bukto 8 August 1935 羅南支庫 *Saito, T T Saito1360* **Hwanghae-namdo** 29 July 1935 長壽山 *Koidzumi, G Koidzumi s.n.* 27 July 1929 長淵郡長山串 *Nakai, T Nakai s.n.* 28 July 1929 Nakai, T *Nakai s.n.* 5 August 1929 Nakai, T *Nakai s.n.* 1 August 1929 椒島 *Nakai, T Nakai s.n.* **Kangwon-do** 12 August 1932 Mt. Kumgang (金剛山) *Koidzumi, G Koidzumi s.n.* **P'yongyang** 22 August 1943 平壤牡丹臺 *Furusawa, I Furusawa s.n.* **Ryanggang** 10 July 1897 十四道溝 *Komarov, VL Komaorv s.n.*

Indigofera L.

Indigofera kirilowii Maxim. ex Palib., Trudy Imp. S.-Peterburgsk. Bot. Sada 17: 62, t. 4 (1898)

Common name 땅비싸리

Distribution in Korea: North, Central, South

    Indigofera macrostachya Bunge, Mem. Acad. Imp. Sci. St.-Petersbourg Divers Savans 9: 470 (1859)

    Indigofera kirilowii Maxim. ex Palib. var. *coreana* Craib, Notes Roy. Bot. Gard. Edinburgh 8: 56 (1913)

Representative specimens; Chagang-do 3 October 1910 Whee Chun(熙川) *Mills, RG Mills461* 9 June 1924 避難德山 *Fukubara, S Fukubara s.n.* 崇積山 *Furusawa, I Furusawa s.n.* **Hamgyong-bukto** 24 August 1914 會寧 -行營 *Nakai, T Nakai s.n.* 22 June 1909 會寧 *Nakai, T Nakai s.n.* 8 July 1936 鶴浦-行營 *Saito, T T Saito s.n.* September 1934 會寧 *Yoshimizu, K s.n.* **Hamgyong-namdo** 25 September 1925 泗水山 *Chung, TH Chung s.n.* 25 September 1925 *Chung, TH Chung s.n.* Hamhung (咸興) *Nomura, N Nomura s.n.* 1928 Seok, *JM s.n.* **Hwanghae-bukto** 19 October 1923 平山郡滅惡山 *Muramatsu, T s.n.* 19 October 1923 *Muramatsu, T s.n.* May 1924 霞嵐山 *Takaichi, K s.n.* May 1924 *Takaichi, K s.n.* **Hwanghae-namdo** 25 August 1925 長壽山 *Chung, TH Chung s.n.* 26 August 1943 *Furusawa, I Furusawa s.n.* 28 July 1929 長淵郡長山串 *Nakai, T Nakai s.n.* 2 September 1923 首陽山 *Muramatsu, C s.n.* 2 September 1923 *Muramatsu, C s.n.* 31 July 1929 席島 *Nakai, T Nakai s.n.* 1 August 1929 椒島 *Nakai, T Nakai s.n.* 26 May 1924 九月山 *Chung, TH Chung s.n.* 26 May 1924 *Chung, TH Chung s.n.* **Kangwon-do** 6 June 1909 元山 *Nakai, T Nakai s.n.* 7 June 1909 *Nakai, T Nakai s.n.* **P'yongan-bukto** 25 August 1911 Chang Sung(昌城) *Mills, RG Mills s.n.* 1924 妙香山 *Kondo, C Kondo s.n.* 1924 *Kondo, C Kondo s.n.* 11 August 1935 義州金剛山 *Koidzumi, G Koidzumi s.n.* 15 May 1912 Unsan (雲山) *Ishidoya, T Ishidoya s.n.* **P'yongan-namdo** 15 September 1915 Anjyu (安州) *Nakai, T Nakai s.n.* 15 July 1916 葛月嶺 *Mori, T Mori s.n.* 19 September 1915 成川 *Nakai, T Nakai s.n.* **P'yongyang** 23 August 1943 大同郡大寶山 *Furusawa, I Furusawa s.n.* 27 June 1909 平壤牡丹臺 *Imai, H Imai s.n.* 2 June 1910 平壤西北二里 *Imai, H Imai s.n.* Rason 7 July 1936 新興 *Saito, T T Saito s.n.*

Kummerowia Schindl.
Kummerowia stipulacea (Maxim.) Makino, Bot. Mag. (Tokyo) 28: 107 (1914)

Common name 둥근잎매듭풀 (둥근매듭풀)

Distribution in Korea: North (Hamgyong, P'yongan), Central (Hwanghae), South
 Lespedeza stipulacea Maxim., Mem. Acad. Imp. Sci. St.-Petersbourg Divers Savans 9: 85 (1859)
 Lespedeza striata Hook. & Arn. var. *stipulacea* Debeaux, Fl. Tche-fou 144 (1875)
 Microlespedeza stipulacea Makino, Bot. Mag. (Tokyo) 28: 183 (1914)

Representative specimens; Chagang-do 29 April 1911 Kang-gei(Kokai 江界) *Mills, RG Mills s.n.* **Hamgyong-bukto** 24 August 1914 會寧 -行營 *Nakai, T Nakai s.n.* **Hamgyong-namdo** 1929 Hamhung (咸興) *Seok, JM s.n.* **Hwanghae-namdo** 26 August 1943 長壽山 *Furusawa, I Furusawa s.n.* 28 August 1943 海州港海岸 *Furusawa, I Furusawa s.n.*

Kummerowia striata (Thunb.) Schindl., Repert. Spec. Nov. Regni Veg. 10: 403 (1912)

Common name 매듭풀

Distribution in Korea: North, Central, South, Ulleung
 Hedysarum striatum Thunb., Syst. Veg., ed. 14 (J. A. Murray) 675 (1784)
 Lespedeza striata Hook. & Arn., Bot. Beechey Voy. 262 (1838)
 Microlespedeza striata (Thunb.) Makino, Bot. Mag. (Tokyo) 28: 182 (1914)

Representative specimens; Hamgyong-bukto 15 June 1909 Sungjin (城津) Nakai, T *Nakai s.n.* **Hwanghae-namdo** 24 July 1929 夢金浦 *Nakai, T Nakai s.n.* **P'yongyang** 23 August 1943 大同郡大寶山 *Furusawa, I Furusawa s.n.* 19 August 1933 平壤昌慶園 *Yamaguchi, K s.n.* **Ryanggang** 29 July 1897 安間嶺-同仁川 (同仁浦里?) *Komarov, VL Komarov s.n.* 19 August 1897 葡坪 *Komarov, VL Komarov s.n.* 4 July 1897 上水隅理 *Komarov, VL Komarov s.n.* 23 July 1897 佳林里 *Komarov, VL Komarov s.n.*

Lathyrus L.
Lathyrus davidii Hance, J. Bot. 9: 130 (1871)

Common name 활량나물

Distribution in Korea: North, Central, South
 Orobus davidii (Hance) Stank. & Roskov, Kew Bull. 53: 732 (1998)

Representative specimens; Hamgyong-bukto 4 August 1934 羅南 *Saito, T T Saito s.n.* 14 August 1933 朱乙溫泉朱乙山 *Koidzumi, G Koidzumi s.n.* **Hwanghae-namdo** 3 August 1929 長淵郡長山串 *Nakai, T Nakai s.n.* August 1932 Sorai Beach 九味浦 *Smith, RK Smith s.n.* **Kangwon-do** 7 August 1932 Mt. Kumgang (金剛山) *Fukushima s.n.* 7 August 1916 金剛山末輝里方面 *Nakai, T Nakai s.n.* **P'yongan-bukto** 17 August 1912 Chang-syong (昌城) *Imai, H Imai s.n.* **P'yongan-namdo** 16 July 1916 寧遠 *Mori, T Mori s.n.* **Ryanggang** 23 August 1914 Keizanchin(惠山鎭) *Ikuma, Y Ikuma s.n.* 1 August 1897 虛川江 (同仁川) *Komarov, VL Komarov s.n.* 7 July 1897 梨方嶺 (鴨綠江雲暖堡) *Komarov, VL Komarov s.n.* 19 August 1897 葡坪 *Komarov, VL Komarov s.n.* 23 August 1897 雲洞嶺 *Komarov, VL Komarov s.n.* 3 July 1897 三水邑-上水隅理 *Komarov, VL Komarov s.n.* 26 June 1897 內曲里 *Komarov, VL Komarov s.n.*

Lathyrus humilis (Ser.) Spreng., Syst. Veg. (ed. 16) [Sprengel] 3: 263 (1826)

Common name 애기완두

Distribution in Korea: North (Hamgyong, P'yongan), Central
 Orobus humilis Ser., Prodr. (DC.) 2: 378 (1825)
 Lathyrus altaicus Ledeb., Fl. Altaic. 3: 355 (1831)
 Lathyrus koreanus Ohwi, J. Jap. Bot. 12: 329 (1936)

Representative specimens; Chagang-do 29 August 1897 慈城江 *Komarov, VL Komarov s.n.* **Hamgyong-bukto** 28 May 1897 富潤洞 *Komarov, VL Komarov s.n.* 20 May 1897 茂山嶺 *Komarov, VL Komarov s.n.* 9 May 1938 鶴西面德仁 *Saito, T T Saito s.n.* 29 May 1897 釜所哥谷 *Komarov, VL Komarov s.n.* 29 May 1897 *Komarov, VL Komarov s.n.* 12 June 1897 西溪水 *Komarov, VL Komarov s.n.* 17 June 1930 四芝嶺 *Ohwi, J Ohwi s.n.* **Ryanggang** 2 August 1897 虛川江-五海江 *Komarov, VL Komarov s.n.* 7 June 1897 平蒲坪 *Komarov, VL Komarov s.n.* 8 June 1897 平蒲坪-倉坪 *Komarov, VL Komarov s.n.* 20 June 1930 三社面楡坪-天水洞 *Ohwi, J Ohwi s.n.* 20 June 1930 Ohwi, J *Ohwi s.n.* 27 May 1918 普惠面保興里 *Ishidoya, T Ishidoya s.n.* 22 July 1897 佳林里 *Komarov, VL Komarov s.n.* 20 July 1897 惠山鎭(鴨綠江上流長白山脈中高原) *Komarov, VL Komarov s.n.* 2 June 1897 四芝坪(延面水河谷) *Komarov, VL Komarov s.n.*

Lathyrus japonicus Willd., Sp. Pl. (ed. 5; Willdenow) 3: 1092 (1802)

Common name 갯완두

Distribution in Korea: North (Hamkyong), Central (Hwanghae), South, Ulleung

Lathyrus maritimus Bigelow
Lathyrus japonicus Willd. ssp. *maritimus* (L.) P.W.Ball
Pisum pubescens Hartm., Handb. Skand. Fl., ed. 2 198 (1832)
Lathyrus maritimus (L.) Fr., Fl. Scan. : 106 (1835)
Lathyrus japonicus Willd. var. *aleuticus* (T.G.White) Fernald, Rhodora 34: 178 (1932)
Lathyrus japonicus Willd. var. *pellitus* Fernald, Rhodora 34: 183 (1932)
Lathyrus japonicus Willd. var. *maritimus* (L.) Kartesz & Gandhi, Phytologia 71: 277 (1991)
Lathyrus japonicus Willd. var. *pubescens* (Hartm.) Karlsson, Svensk Bot. Tidskr. 91: 249 (1998)

Representative specimens; Hamgyong-bukto 28 May 1930 鏡城 *Ohwi, J Ohwi s.n.* 9 June 1931 農圃洞 *Saito, T T Saito s.n.* 2 August 1918 漁大津 *Nakai, T Nakai s.n.* **Hamgyong-namdo** 13 June 1909 西湖津 *Nakai, T Nakai s.n.* **Hwanghae-namdo** 24 July 1929 夢金浦 *Nakai, T Nakai s.n.* **Kangwon-do** 29 July 1916 海金剛 *Nakai, T Nakai s.n.* 28 July 1916 長箭海岸 *Nakai, T Nakai s.n.* 7 June 1909 元山 *Nakai, T Nakai s.n.* **Rason** 28 May 1930 獨津海岸 *Ohwi, J Ohwi s.n.* 5 June 1930 西水羅 *Ohwi, J Ohwi s.n.* 28 May 1930 獨津海岸 *Ohwi, J Ohwi s.n.* 6 July 1935 獨津 *Saito, T T Saito s.n.*

Lathyrus komarovii Ohwi, J. Jap. Bot. 12: 329 (1936)
Common name 선연리초
Distribution in Korea: North (Chagang, Ryanggang, Hamgyong, P'yongan), Central
Lathyrus alatus (Maxim.) Kom., Trudy Imp. S.-Peterburgsk. Bot. Sada 22: 628 (904)
Orobus alatus Maxim., Mem. Acad. Imp. Sci. St.-Petersbourg Divers Savans 9: 83 (1859)
Orobus vernus L. var. *alatus* (Maxim.) Regel, Tent. Fl.-Ussur. 48 (1861)
Orobus komarovii (Ohwi) Stank. & Roskov, Kew Bull. 53: 732 (1998)

Representative specimens; Hamgyong-bukto 21 May 1933 羅南 *Saito, T T Saito s.n.* 1933 *Yoshimizu, K s.n.* **Ryanggang** 8 June 1897 平蒲坪-倉坪 *Komarov, VL Komaorv s.n.* 21 June 1930 天水洞 *Ohwi, J Ohwi s.n.* 22 August 1914 普天堡 *Ikuma, Y Ikuma s.n.* August 1913 崔哥嶺 *Mori, T Mori s.n.*

***Lathyrus palustris* L. ssp. *pilosus* (Cham.) Hultén, Fl. Aleutian Isl. 236 (1937)**
Common name 털연리초
Distribution in Korea: North, Central, South
Lathyrus pilosus Cham., Linnaea 6: 548 (1831)
Lathyrus palustris L. var. *pilosus* (Cham.) Ledeb., Fl. Ross. (Ledeb.) 1: 686 (1843)

Representative specimens; Chagang-do 18 July 1914 大興里 *Nakai, T Nakai s.n.* 21 July 1914 大興里- 山羊 *Nakai, T Nakai s.n.* **Hamgyong-namdo** 23 July 1916 赴戰高原寒泰嶺 *Mori, T Mori s.n.* 22 August 1932 蓋馬高原 *Kitamura, S Kitamura s.n.* 27 July 1933 東上面元豊 *Koidzumi, G Koidzumi s.n.* 25 July 1933 東上面漢垈里 *Koidzumi, G Koidzumi s.n.* 15 August 1935 *Nakai, T Nakai s.n.* 20 June 1932 東上面元豊里 *Ohwi, J Ohwi214* **Kangwon-do** 8 June 1909 元山 *Nakai, T Nakai s.n.* 8 June 1909 元山德原 *Nakai, T Nakai s.n.* **Ryanggang** 18 July 1897 Keizanchin(惠山鎭) *Komarov, VL Komaorv s.n.* 8 June 1897 平蒲坪-倉坪 *Komarov, VL Komaorv s.n.* 9 June 1897 屈松川 (西頭水河谷) 倉坪 *Komarov, VL Komaorv s.n.* 19 June 1930 榆坪 *Ohwi, J Ohwi1441* 4 August 1914 普天堡-寶泰洞 *Nakai, T Nakai s.n.* 1 June 1897 古倉坪-四芝坪 (延面水河谷) *Komarov, VL Komaorv s.n.*

Lathyrus quinquenervius (Miq.) Litv., Opred. Rast. Dal'nevost. Kraia 2: 683 (1932)
Common name 연리초
Distribution in Korea: North, Central
Lathyrus palustris L. var. *sericeus* Franch.
Vicia quinquenervius Miq., Ann. Mus. Bot. Lugduno-Batavi 3: 50 (1867)

Representative specimens; Hamgyong-bukto 31 July 1914 清津 *Ikuma, Y Ikuma s.n.* 22 June 1909 會寧 *Nakai, T Nakai s.n.* 15 June 1930 茂山嶺 *Ohwi, J Ohwi s.n.* 16 June 1930 *Ohwi, J Ohwi s.n.* 15 June 1909 Sungjin (城津) *Nakai, T Nakai s.n.* 19 June 1937 *Saito, T T Saito s.n.* 21 June 1938 穩城郡甑山 *Saito, T T Saito s.n.* **P'yongyang** 26 May 1912 大聖山近傍 *Imai, H Imai s.n.* **Ryanggang** 29 May 1917 江口 *Nakai, T Nakai s.n.* 21 June 1930 天水洞 *Ohwi, J Ohwi s.n.* 19 June 1930 榆坪 *Ohwi, J Ohwi s.n.* 23 June 1930 倉坪延岩洞間 *Ohwi, J Ohwi s.n.*

Lathyrus vaniotii H.Lév., Repert. Spec. Nov. Regni Veg. 7: 230 (1909)
Common name 산새콩
Distribution in Korea: North, Central

Representative specimens;**Hamgyong-namdo** 27 June 1935 松興里盤龍山 *Nomura, N Nomura s.n.* 9 May 1935 咸興歸州寺 *Nomura, N Nomura s.n.* 5 May 1935 Hamhung (咸興) *Nomura, N Nomura s.n.* 17 June 1941 咸興歸州寺 *Suzuki, T s.n.* 14 June 1909 新浦 *Nakai, T Nakai s.n.* **Kangwon-do** 10 June 1932 Mt. Kumgang (金剛山) *Ohwi, J Ohwi s.n.*

Lespedeza Michx.
Lespedeza bicolor Turcz., Bull. Soc. Imp. Naturalistes Moscou 13: 69 (1840)
Common name 싸리

Distribution in Korea: North, Central, South, Ulleung

    Lespedeza bicolor Turcz. var. *intermedia* Maxim., Trudy Imp. S.-Peterburgsk. Bot. Sada 2: 356 (1873)
    Lespedeza bicolor Turcz. var. *japonica* Nakai, Bot. Mag. (Tokyo) 37: 73 (1923)
    Lespedeza bicolor Turcz. var. *sericea* Nakai, Lespedeza Japan & Korea 66 (1927)
    Lespedeza setiloba Nakai, Lespedeza Japan & Korea 68 (1927)
    Lespedeza robusta Nakai, Lespedeza Japan & Korea 72 (1927)
    Lespedeza tobae H.Koidz., J. Pl. Iwateken 2: 75 (1937)
    Lespedeza ionocalyx Nakai, J. Jap. Bot. 15: 532 (1939)
    Lespedeza bicolor Turcz. var. *microphylla* Nakai, Chosen Shinrin Jumoku

    Kanyo[朝鮮森林樹木鑑要] : 383 (1943)

    Lespedeza bicolor Turcz. f. *alba* (Bean) Ohwi, Bull. Natl. Sci. Mus., Tokyo 33: 77 (1953)

Representative specimens; **Chagang-do** 14 August 1912 Chosan(楚山) *Imai, H Imai236* 26 August 1897 小德川(松浦水河谷) *Komarov, VL Komaorv s.n.* 28 August 1897 慈城邑(松德水河谷) *Komarov, VL Komaorv s.n.* 2 September 1897 湖芮(鴨綠江) *Komarov, VL Komaorv s.n.* 25 June 1914 從津鎭 *Nakai, T Nakai1976* 4 July 1914 江界牙得浦 *Nakai, T Nakai1980* 22 July 1914 山羊-江口 *Nakai, T Nakai1980* 18 July 1914 大興里 *Nakai, T Nakai1982* 18 July 1914 *Nakai, T Nakai1983* **Hamgyong-bukto** 11 August 1933 渡正山門內 *Koidzumi, G Koidzumi s.n.* 28 May 1897 富潤洞 *Komarov, VL Komaorv s.n.* 4 August 1935 羅南支庫 *Saito, T T Saito s.n.* 1 September 1935 羅南 *Saito, T T Saito s.n.* 3 August 1933 會寧 *Koidzumi, G Koidzumi s.n.* 6 August 1933 茂山嶺 *Koidzumi, G Koidzumi s.n.* 20 May 1897 *Komarov, VL Komaorv s.n.* 14 August 1933 朱乙溫泉朱乙山 *Koidzumi, G Koidzumi s.n.* 21 July 1918 朱乙溫面上洞 *Nakai, T Nakai7200* 18 July 1918 朱乙溫面態谷嶺 *Nakai, T Nakai720217* September 1935 梧上洞 *Saito, T T Saito s.n.* 22 May 1897 蕨坪(城川水河谷)-車踰嶺 *Komarov, VL Komaorv s.n.* 26 May 1897 茂山 *Komarov, VL Komaorv s.n.* 釜所哥谷 *Komarov, VL Komaorv s.n.* 29 July 1936 茂山新站 *Saito, T T Saito s.n.* 4 August 1933 南陽 *Koidzumi, G Koidzumi s.n.* 4 June 1897 四芝嶺 *Komarov, VL Komaorv s.n.* **Hamgyong-namdo** 11 August 1940 咸興歸州寺 *Okuyama, S Okuyama s.n.* 1 August 1941 咸興雪峰山 *Osada, T s.n.* 23 July 1933 東上面漢岱里 *Koidzumi, G Koidzumi s.n.* 15 August 1935 *Nakai, T Nakai s.n.* 15 August 1935 *Nakai, T Nakai s.n.* 28 July 1933 永古面松興里 *Koidzumi, G Koidzumi s.n.* **Hwanghae-bukto** 10 September 1915 瑞興 *Nakai, T Nakai2440* **Hwanghae-namdo** 26 August 1943 長壽山 *Furusawa, I Furusawa s.n.* 29 July 1935 *Koidzumi, G Koidzumi s.n.* 3 August 1929 長淵郡長山串 *Nakai, T Nakai s.n.* 29 July 1929 *Nakai, T Nakai s.n.* 4 August 1929 *Nakai, T Nakai s.n.* 31 July 1929 席島 *Nakai, T Nakai s.n.* 1 August 1929 椒島 *Nakai, T Nakai s.n.* 12 July 1921 Sorai Beach 九味浦 *Mills, RG Mills s.n.* 15 July 1921 *Mills, RG Mills s.n.* 24 July 1922 Mukimpo *Mills, RG Mills s.n .* **Kangwon-do** 2 September 1932 金剛山外金剛 *Kitamura, S Kitamura s.n.* 26 August 1916 金剛山普賢洞 *Nakai, T Nakai5580* 28 July 1916 長箭-高城 *Nakai, T Nakai5586* 3 August 1942 金剛山長安寺明鏡台 *Nakajima, K Nakajima s.n.* 9 August 1940 Mt. Kumgang (金剛山) *Okuyama, S Okuyama s.n.* 18 August 1932 安邊郡衛益面三防 *Koidzumi, G Koidzumi s.n.* 13 August 1933 *Nomura, N Nomura s.n.* 30 August 1916 通川街道 *Nakai, T Nakai577* 13 September 1932 元山 *Kitamura, S Kitamura s.n.* **P'yongan-bukto** 5 August 1937 妙香山 *Hozawa, S Hozawa s.n.* 2 August 1935 *Koidzumi, G Koidzumi s.n.* 27 July 1912 Nei-hen (Neiyen 寧邊) *Imai, H Imai240* 23 August 1912 Gishu(義州) *Imai, H Imai s.n.* 23 August 1912 *Imai, H Imai s.n.* **P'yongan-namdo** 12 September 1915 江東郡 *Nakai, T Nakai2350* 17 July 1916 加音峯 *Mori, T Mori s.n.* 28 June 1912 Ryuko(龍岡) *Imai, H Imai19* 15 June 1928 陽德 *Nakai, T Nakai s.n.* **Rason** 7 July 1936 新興 *Saito, T T Saito s.n.* 28 June 1897 **Ryanggang** 24 July 1917 Keizanchin(惠山鎭) *Furumi, M Furumi s.n.* 19 July 1897 *Komarov, VL Komaorv s.n.* 1 July 1897 五是川雲寵江-崔五峰 *Komarov, VL Komaorv s.n.* 2 July 1897 雲寵里三水邑 (虛川江岸懸崖) *Komarov, VL Komaorv s.n.* 29 July 1897 安間嶺-同仁川 (同仁浦里?) *Komarov, VL Komaorv s.n.* 18 July 1897 虛川江 (同仁川) *Komarov, VL Komaorv s.n.* 29 July 1897 安間嶺-同仁川 (同仁浦里?) *Komarov, VL Komaorv s.n.* 7 July 1897 犁方領 (鴨綠江羅暖堡) *Komarov, VL Komaorv s.n.* 9 July 1897 十四道溝(鴨綠江) *Komarov, VL Komaorv s.n.* 16 August 1897 大羅信洞 *Komarov, VL Komaorv s.n.* 19 August 1897 葡坪 *Komarov, VL Komaorv s.n.* 16 August 1897 大羅信洞 *Komarov, VL Komaorv s.n.* 4 July 1897 上水隅理 *Komarov, VL Komaorv s.n.* 6 August 1897 上巨里水 *Komarov, VL Komaorv s.n.* 9 August 1897 長津江下流域 *Komarov, VL Komaorv s.n.* 6 June 1897 平蒲坪 *Komarov, VL Komaorv s.n.* 28 June 1897 栢德嶺 *Komarov, VL Komaorv s.n.* 22 July 1897 佳林里 *Komarov, VL Komaorv s.n.* 2 June 1897 四芝坪(延面水河谷) *柄安洞 Komarov, VL Komaorv s.n.* 14 August 1914 農事洞-三下 *Nakai, T Nakai1975* 30 August 1916 谿間里 *Nakai, T Nakai5584* 15 July 1938 新德 *Saito, T T Saito s.n.* 31 May 1897 延面水河谷-古倉坪 *Komarov, VL Komaorv s.n.*

Lespedeza cuneata (Dum.Cours.) G.Don, Gen. Hist. 2: 307 (1832)
Common name 비수리
Distribution in Korea: North, Central, South, Ulleung

Hedysarum sericeum Thunb., Fl. Jap. (Thunberg) 287 (1784)
Anthyllis cuneata Dum.Cours., Bot. Cult. (ed. 2) 6: 100 (1811)
Lespedeza sericea (Thunb.) Miq., Ann. Acad. (The Hague & Leiden) 3 (1867)

Representative specimens; Chagang-do 25 July 1911 Kang-gei(Kokai 江界) *Mills, RG Mills89* 3 August 1911 *Mills, RG Mills 160* **Hamgyong-bukto** 3 August 1933 會寧 *Koidzumi, G Koidzumi s.n.* **Hamgyong-namdo** 17 August 1940 西湖津 *Okuyama, S Okuyama s.n.* July 1902 端川龍德里摩天嶺 *Mishima, A s.n.* 1928 Hamhung (咸興) *Seok, JM s.n.* **Hwanghae-namdo** 27 July 1929 長淵郡長山串 *Nakai, T Nakai s.n.* 31 July 1929 席島 *Nakai, T Nakai s.n.* 24 July 1929 夢金浦 *Nakai, T Nakai s.n.* **Kangwon-do** 30 August 1916 通川 *Nakai, T Nakai5574*

Lespedeza cyrtobotrya Miq., Ann. Mus. Bot. Lugduno-Batavi 3: 48 (1867)

Common name 참싸리

Distribution in Korea: North, Central, South, Ulleung
Lespedeza kawachiana Nakai, Lespedeza Japan & Korea 47 (1927)
Lespedeza cyrtobotrya Miq. var. *pedunculata* Nakai, Lespedeza Japan & Korea 46 (1927)
Lespedeza anthobotrya Ricker, Amer. J. Bot. 33: 257 (1946)
Lespedeza cyrtobotrya Miq. f. *alba* (Bean) Ohwi, Bull. Natl. Sci. Mus., Tokyo 33: 77 (1953)
Lespedeza cyrtobotrya Miq. f. *semialba* T.B.Lee, Bull. Seoul Natl. Univ. Forests 2: 11 (1965)

Representative specimens; Chagang-do 14 August 1912 Chosan(楚山) *Imai, H Imai s.n.* 4 July 1914 江界牙得浦 *Nakai, T Nakai s.n.* 9 June 1924 避難德山 *Fukubara, S Fukubara s.n.* 崇積山 *Furusawa, I Furusawa s.n.* **Hamgyong-bukto** 11 August 1933 渡正山門內 *Koidzumi, G Koidzumi s.n.* 5 October 1942 清津高抹山西側 *Saito, T T Saito s.n.* 6 August 1933 茂山嶺 *Koidzumi, G Koidzumi s.n.* 25 August 1914 鏡城行營 - 龍山洞 *Nakai, T Nakai s.n.* 13 July 1930 Kyonson 鏡城 *Ohwi, J Ohwi s.n.* 19 September 1935 南下石山 *Saito, T T Saito s.n.* 22 August 1933 車踰嶺 *Koidzumi, G Koidzumi s.n.* 22 August 1936 鏡城觀海寺 *Saito, T T Saito s.n.* **Hamgyong-namdo** 25 September 1925 泗水山 *Chung, TH Chung s.n.* 1928 Hamhung (咸興) *Seok, JM s.n.* **Hwanghae-bukto** 19 October 1923 平山郡滅惡山 *Muramatsu, T s.n.* May 1924 霞嵐山 *Takaichi, K s.n.* **Hwanghae-namdo** 2 September 1923 首陽山 *Muramatsu, C s.n.* 8 June 1924 長山串 *Chung, TH Chung s.n.* 九月山 *Unknown s.n.* **Kangwon-do** 31 July 1916 金剛山群仙峽 *Nakai, T Nakai s.n.* 28 July 1916 長箭 - 高城 *Nakai, T Nakai s.n.* 29 July 1938 Mt. Kumgang (金剛山) *Hozawa, S Hozawa s.n.* 12 August 1932 Uchikongo (內金剛) *Kitamura, S Kitamura s.n.* 4 August 1932 金剛山內金剛 *Kobayashi, M Kobayashi s.n.* 12 August 1932 Mt. Kumgang (金剛山) *Koidzumi, G Koidzumi s.n.* 3 August 1942 金剛山長安寺明鏡台 *Nakajima, K Nakajima s.n.* 7 August 1940 Mt. Kumgang (金剛山) *Okuyama, S Okuyama s.n.* 22 August 1934 金剛山萬物相 *Wizatauka, N s.n.* 30 August 1916 通川街道 *Nakai, T Nakai s.n.* **P'yongan-bukto** 4 June 1924 飛來峯 *Sawada, T Sawada s.n.* 1924 妙香山 *Kondo, C Kondo s.n.* 11 August 1935 義州金剛山 *Koidzumi, G Koidzumi s.n.* **Ryanggang** 17 May 1923 厚峙嶺 *Ishidoya, T Ishidoya s.n.* 30 August 1916 谿間里 *Nakai, T Nakai5583* Type of *Lespedeza cyrtobotrya* Miq. var. *pedunculata* Nakai (Syntype TI)

Lespedeza davurica (Laxm.) Schindl., Repert. Spec. Nov. Regni Veg. 22: 274 (1926)

Common name 호비수리

Distribution in Korea: North (Hamkyong), Central
Trifolium dauricum Laxm., Novi Comment. Acad. Sci. Imp. Petrop. 15: 560 (1771)
Lespedeza medicaginoides Bunge, Enum. Pl. Chin. Bor. 19 (1833)
Lespedeza fauriei H.Lév., Repert. Spec. Nov. Regni Veg. 7: 230 (1909)
Lespedeza feddeana Schindl., Repert. Spec. Nov. Regni Veg. 10: 405 (1912)

Representative specimens; Hamgyong-bukto 7 August 1933 會寧 *Shimanoe, S s.n.* 5 August 1914 茂山 *Ikuma, Y Ikuma s.n.* 19 August 1933 *Koidzumi, G Koidzumi s.n.* 7 August 1914 茂山下面江口 *Ikuma, Y Ikuma s.n.* **Hwanghae-namdo** 31 July 1929 席島 *Nakai, T Nakai s.n.* 1 August 1929 椴島 *Nakai, T Nakai s.n.* **Kangwon-do** June 1935 Mt. Kumgang (金剛山) *Sakaguchi, S s.n.* **P'yongan-namdo** 22 September 1915 咸從 *Nakai, T Nakai s.n.* **P'yongyang** 16 October 1934 P'yongyang (平壤) *Chang, HD ChangHD s.n.* 13 September 1902 Uchiyama, *T Uchiyama s.n.* 22 August 1943 平壤牡丹臺 *Furusawa, I Furusawa s.n.* 20 August 1909 平壤大同江岸 *Imai, H Imai s.n.* 4 September 1901 in montibus mediae *Faurie, UJ Faurie s.n.* **Ryanggang** 26 July 1914 三水- 惠山鎮 *Nakai, T Nakai s.n.* 16 August 1914 下面江口 *Nakai, T Nakai s.n.*

Lespedeza juncea (L.f.) Pers., Syn. Pl. (Persoon) 2: 318 (1807)

Common name 당비수리 (땅비수리)

Distribution in Korea: North, Central, South
Lespedeza hedysaroides (Pall.) Kitag. var. *divaricata* Nakai
Lespedeza hedysaroides (Pall.) Kitag. var. *umbrosa* (Kom.) Kitag.
Hedysarum junceum L.f., Dec. Pl. Hort. Upsal. 1: 7 (1762)
Lespedeza juncea (L.f.) Pers. var. *sericea* (Miq.) Forbes & Hemsl., J. Linn. Soc., Bot. 23: 181 (1887)
Lespedeza juncea (L.f.) Pers. var. *subsericea* Kom., Trudy Imp. S.-Peterburgsk. Bot. Sada 22: 605 (1904)

Lespedeza juncea (L.f.) Pers. f. *umbrosa* Kom., Trudy Imp. S.-Peterburgsk. Bot. Sada 22: 605 (1904)
Lespedeza cystoides Nakai, Lespedeza Japan & Korea 94 (1927)
Lespedeza cystoides Nakai var. *divaricata* Nakai, Lespedeza Japan & Korea 95 (1927)
Lespedeza hedysaroides (Pall.) Kitag., Rep. Inst. Sci. Res. Manchoukuo 3(App. 1): 288 (1939)
Lespedeza hedysaroides (Pall.) Kitag. var. *subsericea* (Kom.) Kitag., Lin. Fl. Manshur. : 289 (1939)
Lespedeza aitchisonii Ricker, Lingnan Sci. J. 20: 199 (1942)
Lespedeza juncea (L.f.) Pers. var. *umbrosa* (Kom.) T.B.Lee, Bull. Seoul Natl. Univ. Arbor. 2: 18 (1965)
Lespedeza juncea (L.f.) Pers. var. *divaricata* (Nakai) Y.J.Li, Fl. Coreana (Im, R.J.) 4: 154 (1998)

Representative specimens; Chagang-do 28 August 1897 慈城邑(松德水河谷) *Komarov, VL Komarov s.n.* 6 July 1911 Kang-gei (Kokai 江界) *Mills, RG Mills s.n.* 28 April 1911 *Mills, RG Mills s.n.* **Hamgyong-bukto** 11 September 1935 羅南 *Saito, T T Saito s.n.* 15 September 1941 淸津 *Unknown s.n.* 15 July 1918 朱乙溫面湯地洞 *Nakai, T Nakai s.n.* 22 August 1933 車踰嶺 *Koidzumi, G Koidzumi s.n.* **Hwanghae-bukto** 10 September 1915 瑞興 *Nakai, T Nakai s.n.* **Hwanghae-namdo** 1 August 1929 椒島 *Nakai, T Nakai s.n.* **Kangwon-do** 28 July 1916 長箭 -高城 *Nakai, T Nakai s.n.* 30 August 1916 通川街道 *Nakai, T Nakai s.n.* **P'yongan-bukto** 25 August 1911 Chang Sung(昌城) *Mills, RG Mills s.n.* **P'yongyang** 18 September 1934 P'yongyang (平壤) *Chang, HD ChangHD s.n.* 18 August 1935 平壤牡丹臺 *Koidzumi, G Koidzumi s.n.* 12 September 1902 *Uchiyama, T Uchiyama s.n.* **Ryanggang** 1 July 1897 五是川雲寵江-崔五峰 *Komarov, VL Komarov s.n.* 29 July 1897 安間嶺-同仁川 (同仁浦里?) *Komarov, VL Komarov s.n.* 1 August 1897 虛川江 (同仁川) *Komarov, VL Komarov s.n.* 19 August 1897 葡坪 *Komarov, VL Komarov s.n.* 9 July 1897 十四道溝(鴨綠江) *Komarov, VL Komarov s.n.* 15 August 1897 蓮坪-厚州古邑 *Komarov, VL Komarov s.n.* 8 August 1897 葡坪 *Komarov, VL Komarov s.n.* 7 July 1897 犁方嶺 (鴨綠江羅暖堡) *Komarov, VL Komarov s.n.* 9 August 1897 長津江下流域 *Komarov, VL Komarov s.n.* 14 July 1897 鴨綠江 (上水隅理 -羅暖堡) *Komarov, VL Komarov s.n.* 7 June 1897 平蒲坪 *Komarov, VL Komarov s.n.* 20 August 1933 戊山郡江口-三長 *Koidzumi, G Koidzumi s.n.* 14 August 1914 農事洞- 三下 *Nakai, T Nakai s.n.*

Lespedeza maximowiczii C.K.Schneid., Ill. Handb. Laubholzk. 2: 113 (1907)

Common name 조록싸리

Distribution in Korea: North (P'yongan, Kangwon), Central (Hwanghae), South
Lespedeza friebeana Schindl., Repert. Spec. Nov. Regni Veg. 9: 514 (1911)
Lespedeza buergeri Miq. var. *praecox* Nakai, Bot. Mag. (Tokyo) 25: 55 (1911)
Lespedeza tomentella Nakai, Saishu-to Kuan-to Shokubutsu Hokoku-sho [Fl. Quelpaert Isl.] 16 (1914)
Lespedeza oldhamii Miq. var. *tomentella* Nakai, Bot. Mag. (Tokyo) 33: 203 (1919)
Lespedeza maximowiczii C.K.Schneid. var. *elongata* Nakai, Lespedeza Japan & Korea : 40 (1927)
Lespedeza maximowiczii C.K.Schneid. var. *tomentella* (Nakai) Nakai, Lespedeza Japan & Korea : 39 (1927)
Lespedeza maximowiczii C.K.Schneid. f. *albiflora* Uyeki, Bull. Forest. Soc. Korea (Chosen Sanrin Kwaiho) 194 (1942)
Lespedeza buergeri Miq. ssp. *praecox* (Nakai) Hatus. f *tomentella* (Nakai) Hatus., Mem. Fac. Agric. Kagoshima Univ. 6: 16 (1967)
Lespedeza maximowiczii C.K.Schneid. f. *friebeana* (Schindl.) , D.P. Jin, J.W. Park & B.H.Choi, Korean J. Pl. Taxon. 49 (4): 313 (2019)

Representative specimens; Hamgyong-namdo 25 September 1925 泗水山 *Chung, TH Chung s.n.* 25 September 1925 *Chung, TH Chung s.n.* 26 July 1916 下碣隅里 *Mori, T Mori s.n.* 20 June 1932 東上面元豐里 *Ohwi, J Ohwi s.n.* **Hwanghae-bukto** 19 October 1923 平山郡滅惡山 *Muramatsu, T s.n.* 19 October 1923 *Muramatsu, T s.n.* May 1924 霞嵐山 *Takaichi, K s.n.* May 1924 *Takaichi, K s.n.* **Kangwon-do** 11 September 1924 金剛山溫井嶺 *Chung, TH Chung s.n.* 2 September 1932 金剛山 Soto Kongo *Kitamura, S Kitamura s.n.* 29 July 1916 金剛山海金剛 *Nakai, T Nakai5569* Type of *Lespedeza oldhamii* Miq. var. *tomentella* Nakai (Syntype TI)31 July 1916 金剛山仙峪) *Nakai, T Nakai5571* Type of *Lespedeza oldhamii* Miq. var. *tomentella* Nakai (Syntype TI)16 August 1932 金剛山外金剛 *Koidzumi, G Koidzumi s.n.* 12 July 1936 金剛山外金剛千佛山 *Nakai, T Nakai s.n.* 8 August 1940 Mt. Kumgang (金剛山) *Okuyama, S Okuyama s.n.* July 1932 *Smith, RK Smith s.n.* 22 August 1934 金剛山萬物相 *Wizatauka, N s.n.* 1939 文川 *Maisaka, G s.n.* 8 June 1909 望賊山 *Nakai, T Nakai s.n.* Type of *Lespedeza buergeri* Miq. var. *praecox* Nakai (Syntype TI) **P'yongan-bukto** 12 June 1914 Pyok-dong (碧潼) *Nakai, T Nakai1981* 6 July 1914 昌城昌州 *Nakai, T Nakai1980* 5 August 1937 妙香山 *Hozawa, S Hozawa s.n.* 27 July 1912 Nei-hen (Neiyen 寧邊) *Imai, H Imai120* 12 June 1912 白璧山 *Ishidoya, T Ishidoya s.n.*

Lespedeza thunbergii Nakai ssp. *formosa* (Vogel) H.Ohashi, Fl. Jap. (Iwatsuki et al., eds.) 2b: 262 (2001)

Common name 풀싸리

Distribution in Korea: North, Central, South

Lespedeza buergeri Miq. var. *oldhamii* Maxim.
Lespedeza bicolor Turcz. var. *sieboldii* (Miq.) Maxim., Trudy Imp. S.-Peterburgsk. Bot. Sada 2: 356 (1873)
Meibomia formosa (Vogel) Kuntze, Revis. Gen. Pl. 1: 198 (1891)
Lespedeza formosa (Vogel) Koehne, Deut. Dendrol. : 343 (1893)
Lespedeza japonica L.H.Bailey var. *intermedia* (Nakai) Nakai, Lespedeza Japan & Korea 23 (1927)
Lespedeza japonica L.H.Bailey var. *retusa* Nakai, Lespedeza Japan & Korea : 26 (1927)
Lespedeza tetraloba Nakai, J. Jap. Bot. 15: 680 (1939)
Lespedeza thunbergii (DC.) Nakai f. *angustifolia* (Nakai) Ohwi, Fl. Jap., revised ed., [Ohwi] : 790 (1965)
Lespedeza hayatae Hatus., Mem. Fac. Agric. Kagoshima Univ. 6: 14 (1967)

Representative specimens; Hwanghae-namdo 29 July 1929 長淵郡長山串 *Nakai, T Nakai s.n.* 21 August 1936 長淵郡 *Unknown s.n.* **Kangwon-do** 1 September 1916 庫底 *Nakai, T Nakai s.n.*

Lespedeza tomentosa (Thunb.) Siebold ex Maxim., Trudy Imp. S.-Peterburgsk. Bot. Sada 2: 376 (1873)
Common name 개싸리
Distribution in Korea: North, Central, South
　　Hedysarum tomentosum Thunb., Fl. Jap. (Thunberg) 286 (1784)
　　Lespedeza villosa (Willd.) Pers., Syn. Pl. (Persoon) 2 (2): 318 (1807)
　　Desmodium tomentosum DC., Prodr. (DC.) 2: 337 (1825)
　　Meibomia tomentosa Kuntze, Revis. Gen. Pl. 1: 198 (1891)

Representative specimens; Chagang-do 18 August 1909 Sensen (前川) *Mills, RG Mills s.n.* **Hamgyong-bukto** 25 August 1908 清津 *Shou, K s.n.* 2 August 1914 車踰嶺 *Ikuma, Y Ikuma s.n.* 19 August 1914 曷浦嶺 *Nakai, T Nakai s.n.* **Hamgyong-namdo** 17 August 1940 西湖津 *Okuyama, S Okuyama s.n.* **Hwanghae-namdo** 26 August 1943 長壽山 *Furusawa, I Furusawa s.n.* 31 July 1929 席島 *Nakai, T Nakai s.n.* 24 July 1929 夢金浦 *Nakai, T Nakai s.n.* **P'yongyang** 22 August 1943 平壤牡丹臺 *Furusawa, I Furusawa s.n.* **Ryanggang** 30 August 1916 谿間里 *Nakai, T Nakai s.n.*

Lespedeza virgata (Thunb.) DC., Prodr. (DC.) 2: 350 (1825)
Common name 좀싸리
Distribution in Korea: North, Central, South, Jeju
　　Lespedeza macrovirgata Kitag., Bot. Mag. (Tokyo) 48: 100 (1934)
　　Lespedeza virgata (Murray) DC. var. *macrovirgata* (Kitag.) Kitag., Rep. Inst. Sci. Res. Manchoukuo 3: 289 (1939)
　　Lespedeza × *chiisanensis* T.B.Lee, Bull. Seoul Natl. Univ. Arbor. 2: 8 (1965)
　　Lespedeza × *nakaii* T.B.Lee, Bull. Seoul Natl. Univ. Arbor. 2: 24 (1965)
　　Lespedeza × *patentibicolor* T.B.Lee, Bull. Seoul Natl. Univ. Arbor. 2: 25 (1965)
　　Lespedeza × *patentihirta* T.B.Lee, Bull. Seoul Natl. Univ. Arbor. 2: 26 (1965)

Representative specimens; Hamgyong-namdo August 1931 Hamhung (咸興) *Nomura, N Nomura s.n.* 1928 *Seok, JM s.n.* 28 August 1933 北青 *Koidzumi, G Koidzumi s.n.* **Hwanghae-namdo** 29 July 1929 長淵郡長山串 *Nakai, T Nakai s.n.* 28 August 1943 海州港海岸 *Furusawa, I Furusawa s.n.* 31 July 1929 席島 *Nakai, T Nakai s.n.* 1 August 1929 椒島 *Nakai, T Nakai s.n.* **P'yongyang** 25 August 1909 P'yongyang (平壤) *Mills, RG Mills s.n.* 19 August 1933 Botandai (牡丹台) 平壤 *Unknown s.n.*

Lespedeza* × *robusta Nakai, Lespedeza Japan & Korea 72 (1927)
Common name 고양싸리
Distribution in Korea: North (Kangwon), Central South

Lotus L.
Lotus corniculatus L., Sp. Pl. 2: 775 (1753)
Common name 벌노랑이 (서양벌노랑이)
Distribution in Korea: Introduced (North, Central, South, Ulleung; Eurasia, N. America)

Representative specimens; Hwanghae-namdo 28 August 1943 海州港海岸 *Furusawa, I Furusawa s.n.* **Kangwon-do** 29 July 1916 海金剛 *Nakai, T Nakai5562*

Maackia Rupr.
Maackia amurensis Rupr., Bull. Cl. Phys.-Math. Acad. Imp. Sci. Saint-Pétersbourg 15: 128&143 (1856)

Common name 다릅나무

Distribution in Korea: North, Central, South
Maackia amurensis Rupr. & Maxim. f. *pilosella* Nakai
Cladrastis amurensis (Rupr.) Benth. ex Maxim., Bull. Acad. Imp. Sci. Saint-Pétersbourg 18: 400 (1878)
Maackia amurensis Rupr. var. *stenocarpa* Nakai, J. Jap. Bot. 15: 681 (1939)

Representative specimens; **Chagang-do** 26 August 1897 小德川 (松德水河谷) *Komarov, VL Komaorv s.n.* 28 August 1897 慈城邑(松德水河谷) *Komarov, VL Komaorv s.n.* 4 July 1914 江界牙得浦 *Nakai, T Nakai s.n.* 21 July 1914 大興里- 山羊 *Nakai, T Nakai s.n.* 9 June 1924 避難德山 *Fukubara, S Fukubara s.n.* **Hamgyong-bukto** 19 June 1909 清津 *Nakai, T Nakai s.n.* 26 June 1939 羅南 *Yoshimizu, K s.n.* 6 August 1933 全巨里 *Koidzumi, G Koidzumi s.n.* 19 May 1897 茂山嶺 *Komarov, VL Komaorv s.n.* 21 May 1897 茂山嶺-蕨洞(照日洞) *Komarov, VL Komaorv s.n.* 8 August 1930 吉州郡載德 *Ohwi, J Ohwi s.n.* 8 August 1930 載德 *Ohwi, J Ohwi3099* 15 July 1918 朱乙溫面湯地洞 *Nakai, T Nakai s.n.* 5 July 1933 南下石山 *Saito, T T Saito s.n.* 29 May 1897 釜所哥谷 *Komarov, VL Komaorv s.n.* 19 July 1914 曷浦嶺 *Nakai, T Nakai s.n.* 5 August 1918 Mt. Chilbo at Myongch'on(七寶山) Nakai, T *Nakai s.n.* 23 July 1918 朱南面黃雪嶺 *Nakai, T Nakai7198* 12 May 1897 五宗洞 *Komarov, VL Komaorv s.n.* **Hamgyong-namdo** 25 September 1925 泗水山 *Chung, TH Chung s.n.* 20 June 1932 東上面元豐里 *Ohwi, J Ohwi s.n.* **Hwanghae-bukto** May 1924 霞嵐山 *Takaichi, K s.n.* **Hwanghae-namdo** 25 August 1925 長壽山 *Chung, TH Chung s.n.* 29 July 1929 長淵郡長山串 *Nakai, T Nakai s.n.* 4 August 1929 Nakai, T *Nakai13011* 2 September 1923 首陽山 *Muramatsu, C s.n.* 31 July 1929 席島 *Nakai, T Nakai s.n.* 1 August 1929 椒島 *Nakai, T Nakai s.n.* 28 June 1922 Sorai Beach 九味浦 *Mills, RG Mills s.n.* 24 July 1922 Mukimpo *Mills, RG Mills s.n.* **Kangwon-do** 31 July 1916 金剛山群仙峡 *Nakai, T Nakai s.n.* 31 July 1916 Nakai, T *Nakai5553* 12 August 1943 Mt. Kumgang (金剛山) *Honda, M Honda s.n.* 14 July 1936 金剛山外金剛千佛山 *Nakai, T Nakai s.n.* 15 July 1936 Nakai, T *Nakai s.n.* **P'yongan-bukto** 4 June 1924 飛來峯 *Sawada, T Sawada s.n.* 25 August 1911 Sakju(朔州) *Mills, RG Mills s.n.* 8 June 1919 義州金剛山 *Ishidoya, T Ishidoya s.n.* 5 August 1912 Unsan (雲山) *Imai, H Imai s.n.* **P'yongan-namdo** 15 July 1916 葛日嶺 *Mori, T Mori s.n.* 20 July 1916 黃玉峯 (黃處嶺?) *Mori, T Mori s.n.* **Ryanggang** 19 July 1897 Keizanchin(惠山鎭) *Komarov, VL Komaorv s.n.* 26 July 1914 三水- 惠山鎭 *Nakai, T Nakai s.n.* 1 July 1897 五是川雲寵江-崔五峯 *Komarov, VL Komaorv s.n.* 29 July 1897 安間嶺-同仁川 (同仁浦里?) *Komarov, VL Komaorv s.n.* 1 July 1897 五是川雲寵江-崔五峯 *Komarov, VL Komaorv s.n.* 16 August 1897 大羅信洞 *Komarov, VL Komaorv s.n.* 21 August 1897 subdist. Chu-czan, flumen Amnok-gan *Komarov, VL Komaorv s.n.* 22 August 1897 雲洞嶺 *Komarov, VL Komaorv s.n.* 3 July 1897 三水邑-上水隅理 *Komarov, VL Komaorv s.n.* 4 July 1897 上水隅理 *Komarov, VL Komaorv s.n.* 14 July 1897 鴨綠江 (上水隅理 -羅暖堡) *Komarov, VL Komaorv s.n.* 6 August 1897 上巨里水 *Komarov, VL Komaorv s.n.* 7 August 1897 *Komarov, VL Komaorv s.n.* 9 August 1897 長津嶺下流域 *Komarov, VL Komaorv s.n.* 24 July 1914 李僧嶺 *Nakai, T Nakai s.n.* 6 June 1897 平蒲坪 *Komarov, VL Komaorv s.n.* 26 June 1897 內曲里 *Komarov, VL Komaorv s.n.* 22 July 1897 佳林里 *Komarov, VL Komaorv s.n.* 1 June 1897 古倉坪-四芝坪 (延面水河谷) *Komarov, VL Komaorv s.n.*

Maackia amurensis Rupr. var. *stenocarpa* Nakai, J. Jap. Bot. 15: 681 (1939)

Common name 좁은열매다릅나무 (잔털다릅나무)
Distribution in Korea: Central, South

Medicago L.
Medicago lupulina L., Sp. Pl. 779 (1753)

Common name 잔개자리
Distribution in Korea: Introduced (North, Central, South, Ulleung, Jeju; Eurasia)

Representative specimens; **Hamgyong-bukto** 3 August 1933 會寧 *Koidzumi, G Koidzumi s.n.* 18 August 1914 茂山東下面 *Nakai, T Nakai s.n.* 3 August 1936 漁下面 *Saito, T T Saito s.n.* 2 August 1914 富寧 *Ikuma, Y Ikuma s.n.* **Ryanggang** 26 July 1914 三水- 惠山鎭 *Nakai, T Nakai s.n.*

Medicago ruthenica (L.) Ledeb., Fl. Ross. (Ledeb.) 1: 523 (1842)

Common name 노랑개자리
Distribution in Korea: North
Trigonella ruthenica L., Sp. Pl. 776 (1753)
Trigonella korshinskyi Grossh., Fl. URSS 11: 127, t. 9 fig. 17 (1945)
Melilotoides ruthenica (L.) Soják, Sborn. Nar. Muz. v Praze, Rada B, Prir. Vedy 1982: 104 (1982)
Medicago korshinskyi (Grossh.) Kamelin& Gubanov, Byull. Moskovsk. Obshch. Isp. Prir. Otd. Biol. 97: 63 (1992)

Representative specimens; **Chagang-do** 28 August 1897 慈城邑(松德水河谷) *Komarov, VL Komaorv s.n.* 22 July 1914 山羊 -江口 *Nakai, T Nakai s.n.*

Medicago sativa L., Sp. Pl. 778 (1753)

Common name 자주개자리

Distribution in Korea: Introduced (North, Central, South, Ulleung; Mediterranean)
    Medicago ladak Vassilcz., Bot. Zhurn. S.S.S.R. 31: 27 (1946)
    Medicago mesopotamica Vassilcz., Bot. Zhurn. S.S.S.R. 31: 27 (1946)
    Medicago alaschanica Vassilcz., Bot. Mater. Gerb. Bot. Inst. Komarova Akad. Nauk S.S.S.R.
    12: 113 (1950)
    Medicago beipinensis Vassilcz., Bot. Mater. Gerb. Bot. Inst. Komarova Akad. Nauk S.S.S.R.
    13: 141 (1950)
    Medicago tibetana (Alef.) Vassilcz., Bot. Mater. Gerb. Bot. Inst. Komarova Akad. Nauk
    S.S.S.R. 13: 141 (1950)
    Medicago roborovskii Vassilcz., Bot. Mater. Gerb. Bot. Inst. Komarova Akad. Nauk S.S.S.R.
    13: 113 (1950)

Representative specimens; Hamgyong-bukto 7 August 1935 羅南支庫 *Saito, T T Saito s.n.* 3 August 1933 會寧 *Koidzumi, G Koidzumi s.n.* 17 July 1936 會寧 *Saito, T T Saito s.n.* 16 June 1938 行營 *Saito, T T Saito s.n.* 23 August 1908 Sungjin (城津) *Shou, K s.n.* 13 July 1930 鏡城 *Ohwi, J Ohwi s.n.* **Hamgyong-namdo** July 1902 端川龍德里摩天嶺 *Mishima, A s.n.* 14 June 1909 新浦 *Nakai, T Nakai s.n.* **Hwanghae-namdo** 31 July 1929 席島 *Nakai, T Nakai s.n.* 4 July 1921 Sorai Beach 九味浦 *Mills, RG Mills s.n.* 25 July 1914 *Mills, RG Mills s.n.* 24 July 1929 蔘金浦 *Nakai, T Nakai s.n.* **Ryanggang** 24 July 1917 Keizanchin(惠山鎭) *Furumi, M Furumi s.n.* 26 July 1914 三水- 惠山鎭 *Nakai, T Nakai s.n.* 19 August 1897 葡坪 *Komarov, VL Komaorv s.n.* 27 July 1897 佳林里 *Komarov, VL Komaorv s.n.*

Melilotus (L.) Mill.
Melilotus officinalis (L.) Pall. ssp. ***albus*** (Medik.) H.Ohashi & Tateishi, Sci. Rep. Tohoku Univ.,
Ser. 4, Biol. 38: 319 (1984)

Common name 흰전동싸리

Distribution in Korea: cultivated or wide spread (Central, South, Ulleung; Eurasia)
    Melilotus albus Medik., Vorles. Churpfälz. Phys.-Öcon. Ges. 2: 382 (1787)

Representative specimens; Hamgyong-bukto 4 August 1935 羅南支庫 *Saito, T T Saito s.n.* 28 August 1908 清津 *Shou, K s.n.* **Hwanghae-namdo** 28 August 1943 海州港海岸 *Furusawa, I Furusawa s.n.* 31 July 1929 席島海邊 *Nakai, T Nakai s.n.* **Kangwon-do** 7 August 1916 金剛山末輝里 *Nakai, T Nakai s.n.* **P'yongyang** 20 August 1909 平壤牡丹玄武內外 *Imai, H Imai s.n.* **Ryanggang** 23 August 1914 Keizanchin(惠山鎭) *Ikuma, Y Ikuma s.n.* 25 July 1914 三水- 遮川里 *Nakai, T Nakai s.n.* 7 August 1930 合水 *Ohwi, J Ohwi s.n.*

Melilotus suaveolens Ledeb., Index Sem. (Dorpat) 5 (1824)

Common name 전동싸리

Distribution in Korea: Introduced (North, Central, South, Ulleung; Eurasia)

Representative specimens; Chagang-do 25 August 1897 小德川 (松德水河谷) *Komarov, VL Komaorv s.n.* 28 August 1897 慈城邑(松德水河谷) *Komarov, VL Komaorv s.n.* **Hamgyong-bukto** 3 August 1935 羅南支庫 *Saito, T T Saito s.n.* 3 August 1933 會寧 *Koidzumi, G Koidzumi s.n.* 6 August 1933 會寧古豊山 *Koidzumi, G Koidzumi s.n.* 24 August 1935 鏡城 *Saito, T T Saito s.n.* 2 August 1914 車踰嶺 *Ikuma, Y Ikuma s.n.* Rason 7 July 1936 新興 *Saito, T T Saito s.n.* **Ryanggang** 19 July 1897 Keizanchin (惠山鎭) *Komarov, VL Komaorv s.n.* 4 July 1897 上水隅理 *Komarov, VL Komaorv s.n.*

Oxytropis DC.
Oxytropis anertii Nakai ex Kitag., Rep. Exped. Manchoukuo Sect. IV, Pt. 2, Contr. Cogn. Fl.
Manshuricae 125 (1935)

Common name 두메자운

Distribution in Korea: far North (Paekdu, Seolryong, Chail, Rangrim)
    Oxytropis anertii Nakai ex Kitag. f. *albiflora* (Z.J.Zong & X.R.He) X.Y.Zhu & H.Ohashi,
    Cathaya 11: 123 (2000)

Representative specimens; Chagang-do 18 July 1942 鷥峰 2200m *Jeon, SK JeonSK s.n.* 22 July 1919 狼林山上 *Kajiwara, U Kajiwara s.n.* 22 July 1916 狼林山 *Mori, T Mori s.n.* 11 July 1914 臥碣峰鷥峯 *Nakai, T Nakai s.n.* **Hamgyong-bukto** 20 July 1918 冠帽山 2500m *Nakai, T Nakai s.n.* 19 July 1918 冠帽山 *Nakai, T Nakai s.n.* July 1932 冠帽峰 *Ohwi, J Ohwi s.n.* 25 July 1918 雪嶺 *Nakai, T Nakai s.n.* 25 June 1930 *Ohwi, J Ohwi s.n.* 25 June 1930 *Ohwi, J Ohwi1876 s.n.* 25 June 1930 雪嶺山上 *Ohwi, J Ohwi1890* **Hamgyong-namdo** 25 July 1933 東上面遮日峯 *Koidzumi, G Koidzumi s.n.* 17 August 1935 遮日峯 2500m *Nakai, T Nakai s.n.* 17

August 1935 *Nakai, T Nakai s.n.* 23 June 1932 遮日峯 *Ohwi, J Ohwi s.n.* 15 August 1940 *Okuyama, S Okuyama s.n.* August 1936 *Soto, Y s.n.* **Kangwon-do** 1938 山林課元山出張所 *Tsuya, S s.n .* **Ryanggang** 15 August 1935 北水白山 *Hozawa, S Hozawa s.n.* 20 August 1934 北水白山附近 *Kojima, K Kojima s.n.* 21 August 1934 豊山郡北水白山 *Yamamoto, A Yamamoto2973* 20 August 1934 *Yamamoto, A 2974* 31 July 1917 白頭山 *Furumi, M Furumi s.n.* 11 July 1917 胞胎山中腹以上 *Furumi, M Furumi s.n.* 13 August 1913 白頭山 *Hirai, H Hirai s.n.* 12 August 1913 無頭峯 *Hirai, H Hirai s.n.* 13 August 1914 白頭山 *Ikuma, Y Ikuma s.n.* 15 July 1935 小長白山 *Irie, Y s.n.* 1 August 1934 *Kojima, K Kojima s.n.* August 1913 白頭山 *Mori, T Mori s.n.* 8 August 1914 神武城-無頭峯 *Nakai, T Nakai s.n.* 10 August 1914 白頭山 *Nakai, T Nakai s.n.* Type of *Oxytropis anertii* Nakai ex Kitag. (Holotype TI)29 July 1942 白頭山大將峰 *Saito, T T Saito10148* 26 July 1942 無頭峯 *Saito, T T Saito10149*

Oxytropis caerulea (Pall.) DC., Astragalogia 68 (ed. quarto), no.2 (1802)

Common name 관모두메자운

Distribution in Korea: North

Astragalus caeruleus Pall., Reise Russ. Reich. 3: 293 (1776)
Oxytropis curviflora Turcz. ex Besser, Flora 17 (1 Beibl.): 10 (1834)
Oxytropis chinensis Bunge, Mem. Acad. Imp. Sci. St.-Petersbourg, Ser. 7 22: 35 (1874)
Oxytropis caerulea (Pall.) DC. f. *albiflora* (H.C.Fu) ex X.Y.Zhu & H.Ohashi, Cathaya 11-12: 137 (2000)

Oxytropis racemosa Turcz., Bull. Soc. Imp. Naturalistes Moscou 5: 187 (1832)

Common name 털두메자운

Distribution in Korea: North

Oxytropis gracillima Bunge, Linnaea 17: 5 (1843)
Oxytropis psammocharis Hance, J. Linn. Soc., Bot. 13: 78 (1873)
Oxytropis acutirostrata Ulbr., Bot. Jahrb. Syst. 36(5, Beibl. 82): 68 (1905)
Oxytropis koreana Nakai, Rep. Exped. Manchoukuo Sect. IV, Pt. 2, Contr. Cogn. Fl. Manshuricae, (1933)
Oxytropis tunliaoensis P.F.Fu & C.Y.Li, Fl. Pl. Herb. Chin. Bor.-Or. 2: 188 (1959)

Oxytropis strobilacea Bunge, Mem. Acad. Imp. Sci. St.-Petersbourg, Ser. 7 22: 103 (1874)

Common name 시루산두메자운 (시루산동부)

Distribution in Korea: North

Representative specimens; Hamgyong-bukto 21 June 1938 穩城郡甑山 *Saito, T T Saito8074*

Phaseolus L.
Phaseolus coccineus L., Encycl. (Lamarck) 3: 70 (1789)

Common name 붉은강낭콩

Distribution in Korea: cultivated (North, Central, South)
Phaseolus multiflorus Willd., Sp. Pl. (ed. 4) 3: 1030 (1802)

Pueraria DC.
Pueraria montana (Lour.) Merr. var. *lobata* (Willd.) Maesen & S.M.Almeida ex Sanjappa & Predeep, Legumes Ind. 0: 288 (1992)

Common name 칡

Distribution in Korea: North, Central, South, Ulleung
Phaseolus trilobus (L.) Aiton, Hortus Kew. 3: 30 (1789)
Dolichos lobatus Willd., Sp. Pl. (ed. 4) 3: 1047 (1802)
Neustanthus chinensis Benth., Fl. Hongk. 86 (1861)
Pueraria thunbergiana (Siebold & Zucc.) Benth., J. Linn. Soc., Bot. 9: 122 (1865)
Pueraria hirsuta Kurz, J. Asiat. Soc. Bengal, Pt. 2, Nat. Hist. 42 (4): 254 (1874)
Pueraria argyi H.Lév. & Vaniot, Bull. Soc. Bot. France 55: 426 (1908)
Pueraria bodinieri H.Lév. & Vaniot, Bull. Soc. Bot. France 55: 425 (1908)
Pueraria caerulea H.Lév. & Vaniot, Bull. Soc. Bot. France 55: 427 (1908)
Pueraria koten H.Lév. & Vaniot, Bull. Soc. Bot. France 55: 426 (1908)

Pueraria volkensii Hosok., Trans. Nat. Hist. Soc. Taiwan 28: 62 (1938)
Pueraria lobata (Willd.) Ohwi, Bull. Natl. Sci. Mus., Tokyo 18: 16 (1947)

Representative specimens; Chagang-do 28 August 1897 慈城邑(松德水河谷) *Komarov, VL Komaorv s.n.* 28 August 1897 *Komarov, VL Komaorv s.n.* 28 August 1897 *Komarov, VL Komaorv s.n.* 4 July 1914 江界牙得浦 *Nakai, T Nakai s.n.* **Hwanghae-bukto** 10 September 1915 瑞興 *Nakai, T Nakai s.n.* **Hwanghae-namdo** 28 July 1929 長淵郡長山串 *Nakai, T Nakai s.n.* 1 August 1929 椒島 *Nakai, T Nakai s.n.* 24 July 1929 夢金浦 *Nakai, T Nakai s.n.* **Kangwon-do** 31 July 1916 金剛山群仙峽 *Nakai, T Nakai s.n.* 8 August 1940 Mt. Kumgang (金剛山) *Okuyama, S Okuyama s.n.* 12 August 1902 墨浦洞 *Uchiyama, T Uchiyama s.n.* 30 August 1916 通川街道 *Nakai, T Nakai s.n.* 6 June 1909 元山 *Nakai, T Nakai s.n.* **P'yongan-bukto** 25 August 1911 Sakju (朔州) *Mills, RG Mills s.n.*

Robinia L.
Robinia pseudoacacia L., Sp. Pl. 722 (1753)
Common name 아까시아나무 (아카시나무)

Distribution in Korea: cultivated and widespread (North, Central, South, Jeju; N. America)
  Robinia pseudoacacia L. var. *umbraculifera* DC.
  Spathium chinense Lour., Fl. Cochinch. 217 (1790)
  Robinia pseudoacacia L. var. *inermis*DC., Cat. Pl. Horti Monsp. 136 (1813)
  Robinia pringlei Rose, Contr. U. S. Natl. Herb. 12: 274 (1909)
  Robinia pseudoacacia L. var. *rectissima* Raber, Circ. U.S.D.A. 379: 7 (1936)

Representative specimens; Hamgyong-namdo 11 August 1940 咸興歸州寺 *Okuyama, S Okuyama s.n.*

Sophora L.
Sophora flavescens Aiton, Hortus Kew. 2: 43 (1789)
Common name 뇽암, 넓은잎능암 (고삼)

Distribution in Korea: North, Central, South
  Sophora macrosperma DC., Prodr. (DC.) 2: 96 (1825)
  Sophora angustifolia Siebold & Zucc., Abh. Math.-Phys. Cl. Konigl. Bayer. Akad. Wiss. 4 (2): 118 (1845)
  Sophora tetragonocarpa Hayata, Icon. Pl. Formosan. 3: 83 (1913)
  Sophora flavescens Aiton var. *angustifolia* Kitag., Lin. Fl. Manshur. 293 (1939)

Representative specimens; Hamgyong-bukto 1 August 1914 清津 *Ikuma, Y Ikuma s.n.* 8 July 1934 羅南 *Saito, T T Saito924* 13 July 1916 清津 *Yamada, H s.n.* 26 July 1916 *Yamada, Y s.n.* 3 August 1933 會寧 *Koidzumi, G Koidzumi s.n.* 6 July 1930 Kyonson 鏡城 *Ohwi, J Ohwi2107* 2 August 1918 漁大津 *Nakai, T Nakai s.n.* 15 May 1897 江八嶺 *Komarov, VL Komaorv s.n.* **Hamgyong-namdo** 1 August 1932 安平郡金津江畔 *Lee, H.W. s.n.* **Hwanghae-namdo** 25 August 1943 首陽山 *Furusawa, I Furusawa s.n.* **Kangwon-do** 30 August 1916 通川街道 *Nakai, T Nakai s.n.* **P'yongyang** 27 June 1909 平壤大同江岸 *Imai, H Imai s.n.* **Ryanggang** 26 July 1914 三水- 惠山鎮 *Nakai, T Nakai s.n.* 2 July 1897 雲龍里三水邑 (虛川江岸懸崖) *Komarov, VL Komaorv s.n.* 15 August 1897 蓮坪-厚州川-厚州古邑 *Komarov, VL Komaorv s.n.* 3 July 1897 三水邑-上水隅理 *Komarov, VL Komaorv s.n.* 8 July 1897 羅暖堡 *Komarov, VL Komaorv s.n.*

Sophora koreensis Nakai, Bot. Mag. (Tokyo) 33: 8 (1919)
Common name 느삼나무 (개느삼)

Distribution in Korea: North (Hamgyong, P'yongan, Kangwon), Central (Hwaghae), Endemic
  Echinosophora koreensis (Nakai) Nakai, Bot. Mag. (Tokyo) 37: 34 (1923)

Representative specimens; Hamgyong-namdo 10 May 1918 北青- 直洞里 *Ishidoya, T Ishidoya2902* Type of *Sophora koreensis* Nakai (Holotype TI) Hamhung (咸興) *Unknown s.n.* 12 June 1909 南葛嶺 *Shou, K s.n.* 4 August 1933 北青 *Ahn, BK s.n.* October 1919 北青郡 *Asakawa, T Chung s.n.* August 1933 北青靈德山 *Buk-cheong-nong-gyo school s.n.* 3 July 1933 北青 *Kim, PK s.n.* 28 July 1933 北青郡佳會面中里 *Kim, SY s.n.* 28 August 1933 北青 *Koidzumi, G Koidzumi s.n.* *Unknown s.n.*

Thermopsis R.Br.
Thermopsis lupinoides (L.) Link, Enum. Hort. Berol. Alt. 1: 401 (1821)
Common name 잠두싸리 (갯활량나물)

Distribution in Korea: North (Hamgyong, Kangwon)

Sophora lupinoides L., Sp. Pl. 374 (1753)
Sophora fabacea Pall., Astragalogia 0: 122 (1800)
Thermopsis fabacea (Pall.) DC., Prodr. (DC.) 2: 99 (1825)

Representative specimens; Hamgyong-bukto 15 June 1909 Sungjin (城津) Nakai, T *Nakai s.n.* 11 July 1930 鏡城元師臺 *Ohwi, J Ohwi2274* 9 June 1931 農圃洞 Saito, T T *Saito1005* **Kangwon-do** 8 June 1919 元山 Nakai, T *Nakai s.n.* Rason   5 June 1930 西水羅オガリ岩 *Ohwi, J Ohwi530* **Ryanggang** 23 August 1914 Keizanchin(惠山鎭) *Ikuma, Y Ikuma s.n.*

Trifolium L.
Trifolium lupinaster L., Sp. Pl. 2: 766 (1753)

Common name 달구지풀

Distribution in Korea: North (Kangwon), Central (Hwanghae)
 Trifolium albens Fisch. ex Loudon, Hort. Brit. (Loudon) 300 (1830)
 Trifolium pacificum Bobrov, Yubil. Sbornik V. L. Komarouv 140 (1939)
 Trifolium baicalense Belyaeva & Sipliv., Bot. Zhurn. (Moscow & Leningrad) 60: 819 (1975)
 Trifolium popovii (Roskov) Gubanov & Kamelin, Byull. Moskovsk. Obshch. Isp. Prir. Otd. Biol. 97: 64 (1992)

Representative specimens; Chagang-do 21 July 1914 大興里- 山羊 Nakai, T *Nakai s.n.* 18 July 1914 大興里 Nakai, T *Nakai s.n.* **Hamgyong-bukto** 3 August 1933 會寧 Koidzumi, G *Koidzumi s.n.* 5 August 1939 頭流山 Hozawa, S *Hozawa s.n.* August 1925 吉州 Numajiri, K *259* 26 July 1930 頭流山 Ohwi, J *Ohwi s.n.* August 1934 冠帽峰 Kojima, K *Kojima s.n.* 26 July 1935 南河洞梅崗山 Saito, T T *Saito1247* 25 July 1918 朱南面雪嶺 Nakai, T *Nakai s.n.* 1 August 1914 富寧 Ikuma, Y *Ikuma s.n.* 10 June 1897 西溪水 Komarov, VL *Komaorv s.n.* 4 June 1897 四芝嶺 Komarov, VL *Komaorv s.n.* 18 June 1930 四芝洞 Ohwi, J *Ohwi1344* **Hamgyong-namdo** July 1943 龍眼里 Uchida, H *Uchida s.n.* 22 July 1916 赴戰高原寒泰嶺 Mori, T *Mori s.n.* 17 August 1934 富盛里 Nomura, N *Nomura s.n.* 14 August 1943 赴戰高原元豊-道安 Honda, M *Honda s.n.* 23 July 1933 東上面漢岱里 Koidzumi, G *Koidzumi s.n.* 15 August 1935 Nakai, T *Nakai s.n.* 20 June 1932 東上面元豊里 Ohwi, J *Ohwi s.n.* 16 August 1940 東上面漢岱里 Okuyama, S *Okuyama s.n.* 16 August 1934 永古面松興里 Yamamoto, A *Yamamoto2416* **Hwanghae-namdo** 28 July 1929 長淵郡長山串 Nakai, T *Nakai s.n.* 29 July 1929 Nakai, T *Nakai s.n.* 31 July 1929 席島 Nakai, T *Nakai s.n.* August 1932 Sorai Beach 九味浦 Smith, RK *Smith s.n.* **P'yongyang** 9 October 1911 P'yongyang (平壤) Imai, H *Imai s.n.* 12 September 1902 平壤牧丹峯 Uchiyama, T *Uchiyama s.n.* 10 September 1902 Uchiyama, T *Uchiyama s.n.* **Rason**   4 June 1930 西水羅 Ohwi, J *Ohwi426* **Ryanggang** 23 August 1914 Keizanchin(惠山鎭) Ikuma, Y *Ikuma s.n.* 19 July 1897 Komarov, VL *Komaorv s.n.* 19 August 1897 葡坪 Komarov, VL *Komaorv s.n.*7 June 1897 平蒲坪 Komarov, VL *Komaorv s.n.* 8 August 1914 無頭峯 Nakai, T *Nakai s.n.* 1 June 1897 古倉坪-四芝坪 (延面水河谷) Komarov, VL *Komaorv s.n.* 13 August 1914 Moho (茂峯)- 農事洞 Nakai, T *Nakai s.n.*

Trifolium pratense L., Sp. Pl. 2: 768 (1753)

Common name 붉은토끼풀

Distribution in Korea: Introduced (North, Central, South; Eurasia, N. Africa)
 Trifolium lenkoranicum (Grossh.) Roskov, Bot. Zhurn. (Moscow & Leningrad) 75: 719 (1990)

Trifolium repens L., Sp. Pl. 2: 767 (1753)

Common name 토끼풀

Distribution in Korea: Introduced (North, Central, South, Ulleung; Eurasia, N. Africa)
 Trifolium stipitatum Clos, Fl. Chil. [Gay] 2: 71 (1847)
 Trifolium limonium Phil., Linnaea 28: 679 (1856)

Representative specimens; Hamgyong-bukto 28 May 1930 Kyonson 鏡城 Ohwi, J *Ohwi s.n.* **Kangwon-do** 8 June 1909 元山市街附近原野 Nakai, T *Nakai s.n.*

Trigonella L.
Trigonella schischkinii Vassilcz., Bot. Mater. Gerb. Bot. Inst. Bot. Acad. Nauk Kazakhsk. S.S.R. 14: 233 (1951)

Common name
Distribution in Korea: North
 Medicago vassilczenkoi Vorosch., Fl. Sovetsk. Dal'n. Vost. : 271 (1966)
 Melilotoides schischkinii (Vassilcz.) Soják, Sborn. Nar. Muz. v Praze, Rada B, Prir. Vedy 1982 ((1-2)): 104 (1982)
 Turukhania schischkinii (Vassilcz.) N.S.Pavlova, Sosud. Rast. Sovet. Dal'nego Vostoka 4: 319 (1989)

Vicia L.

Vicia amoena Fisch. ex Ser., Prodr. (DC.) 2: 355 (1825)

Common name 말굴레풀 (갈퀴나물)

Distribution in Korea: North, Central, South

    Vicia amoena Fisch. ex Ser. var. *oblongifolia* Regel, Mem. Acad. Imp. Sci. St.-Petersbourg Divers Savans 4: 46 (1861)

    Vicia rapunculus Debeaux, Actes Soc. Linn. Bordeaux 31: 144 (1877)

Representative specimens; Chagang-do 26 August 1897 小德川 (松德大河谷) *Komarov, VL Komaorv s.n.* 18 July 1914 大興里 *Nakai, T Nakai s.n.* **Hamgyong-bukto** 3 August 1933 會寧 *Koidzumi, G Koidzumi s.n.* August 1925 吉州 *Numajiri, K 256* 17 July 1918 朱乙溫面 甫上洞 *Nakai, T Nakai s.n.* 13 June 1897 西溪水 *Komarov, VL Komaorv s.n.* 20 June 1909 富寧 *Nakai, T Nakai s.n.* 4 June 1897 四芝嶺 *Komarov, VL Komaorv s.n.* **Hamgyong-namdo** 11 August 1940 咸興歸州寺 *Okuyama, S Okuyama s.n.* 1928 Hamhung (咸興) *Seok, JM s.n.* 15 August 1935 東上面漢垈里 *Nakai, T Nakai s.n.* 23 July 1935 弁天島 *Nomura, N Nomura82* 23 July 1935 *Nomura, N Nomura83* **Hwanghae-namdo** 4 August 1929 長淵郡長山串 *Nakai, T Nakai s.n.* 27 July 1929 *Nakai, T Nakai s.n.* 31 July 1929 席島 *Nakai, T Nakai s.n.* 22 July 1922 Sorai Beach 九味浦 *Mills, RG Mills s.n.* 九連城 *Unknown s.n.* **Kangwon-do** 1 September 1916 庫底 *Nakai, T Nakai s.n.* **P'yongan-namdo** 15 July 1916 葛日嶺 *Mori, T Mori s.n.* **P'yongyang** 23 August 1943 大同郡大寶山 *Furusawa, I Furusawa s.n. Rason* 11 May 1897 豆滿江三角洲-五宗洞 *Komarov, VL Komaorv s.n.* **Ryanggang** 24 July 1917 Keizanchin(惠山鎮) *Furumi, M Furumi s.n.* 19 July 1897 *Komarov, VL Komaorv s.n.* 18 July 1897 *Komarov, VL Komaorv s.n.* 1 August 1897 虛川江 (同仁川) *Komarov, VL Komaorv s.n.* 21 August 1897 subdist. Chu-czan, flumen Amnok-gan *Komarov, VL Komaorv s.n.* 4 July 1897 上水隅理 *Komarov, VL Komaorv s.n.* 7 June 1897 平蒲坪 *Komarov, VL Komaorv s.n.* 31 July 1930 島內 *Ohwi, J Ohwi2914* 26 June 1897 內曲里 *Komarov, VL Komaorv s.n.* 1 June 1897 古倉坪-四芝坪 (延面水河谷) *Komarov, VL Komaorv s.n.* **Sinuiju** 13 August 1935 新義州 *Koidzumi, G Koidzumi s.n.*

Vicia amurensis Oett., Trudy Bot. Sada Imp. Yur'evsk. Univ. 6: 143 (1906)

Common name 들말굴레 (벌완두)

Distribution in Korea: North, Central, South

    Vicia vaniotii H.Lév., Repert. Spec. Nov. Regni Veg. 7: 232 (1909)

Representative specimens; Chagang-do 21 July 1914 大興里- 山羊 *Nakai, T Nakai s.n.* 22 July 1914 山羊 -江口 *Nakai, T Nakai s.n.* **Hamgyong-bukto** 1 August 1914 清津 *Ikuma, Y Ikuma s.n.* 3 October 1932 羅南南側 *Saito, T T Saito560* 17 July 1918 朱乙溫面甫上洞 *Nakai, T Nakai s.n.* July 1932 冠帽峰 *Ohwi, J Ohwi s.n.* 14 June 1930 Kyonson 鏡城 *Ohwi, J Ohwi941* 11 July 1930 Ohwi, *J Ohwi2290* 17 September 1935 梧上洞 *Saito, T T Saito s.n.* 2 August 1914 車踰嶺 *Ikuma, Y Ikuma s.n.* 20 June 1909 富寧 *Nakai, T Nakai s.n.* **Hamgyong-namdo** 11 August 1940 咸興歸州寺 *Okuyama, S Okuyama s.n.* July 1943 龍眼里 *Uchida, H Uchida s.n.* 22 August 1932 蓋馬高原 *Kitamura, S Kitamura1016* 23 July 1933 東上面漢垈里 *Koidzumi, G Koidzumi s.n.* 15 August 1935 Nakai, T Nakai *s.n.* 16 August 1940 *Okuyama, S Okuyama s.n.* **Hwanghae-namdo** 1 July 1921 Sorai Beach 九味浦 *Mills, RG Mills s.n.* 29 June 1921 *Mills, RG Mills s.n.* **Kangwon-do** 10 August 1902 干發告嶺 *Uchiyama, T Uchiyama s.n.* 7 August 1932 Mt. Kumgang (金剛山) *Fukushima, S s.n.* 12 August 1932 金剛山 *Kitamura, S Kitamura s.n.* 7 August 1916 金剛山末輝里方面 *Nakai, T Nakai s.n.* 15 July 1936 金剛山外金剛千佛山 *Nakai, T Nakai s.n.* 7 August 1940 Mt. Kumgang (金剛山) *Okuyama, S Okuyama s.n.* 30 August 1916 通川街道 *Nakai, T Nakai s.n.* **P'yongan-bukto** 30 July 1937 妙香山 *Park, MK Park572* **P'yongyang** 23 August 1943 大同郡大寶山 *Furusawa, I Furusawa s.n.* 25 August 1909 P'yongyang (平壤) *Mills, RG Mills s.n.* 22 June 1909 平壤市街附近 *Imai, H Imai s.n.* **Ryanggang** 15 August 1935 北水白山 *Hozawa, S Hozawa s.n.* 20 August 1933 三長 *Koidzumi, G Koidzumi s.n.* 13 August 1914 Moho (茂峯)- 農事洞 *Nakai, T Nakai s.n.*

Vicia bungei Ohwi, J. Jap. Bot. 12: 330 (1936)

Common name 들완두

Distribution in Korea: North, Central

    Vicia tridentata Bunge, Enum. Pl. Chin. Bor. 19 (1833)

Representative specimens; Hamgyong-bukto 15 June 1909 Sungjin (城津) *Nakai, T Nakai s.n.* **Hamgyong-namdo** July 1902 端川龍德里摩天嶺 *Mishima, A s.n.* 16 May 1934 Hamhung (咸興) *Nomura, N Nomura s.n.* 9 May 1935 瑚連洞堤坊 *Nomura, N Nomura s.n.* 11 June 1909 鎭岩峯 *Nakai, T Nakai s.n.* 14 June 1909 新浦 *Nakai, T Nakai s.n.* **P'yongyang** 20 May 1910 P'yongyang (平壤) *Imai, H Imai s.n.*

Vicia cracca L., Sp. Pl. 2: 735 (1753)

Common name 등갈퀴나물

Distribution in Korea: North, Central, South

    Vicia cracca L. var. *japonica* Miq.

    Vicia cracca L. var. *pallidiflora* Maxim., Mem. Acad. Imp. Sci. St.-Petersbourg Divers Savans 9: 82 (1859)

    Vicia cracca L. f. *leucantha* Nakai, Bot. Mag. (Tokyo) 25: 55 (1911)

Representative specimens; **Chagang-do** 14 August 1912 Chosan(楚山) *Imai, H Imai s.n.* 26 August 1897 小德川 (松德水河谷) *Komarov, VL Komaorv s.n.* 28 August 1897 慈城邑(松德水河谷) *Komarov, VL Komaorv s.n.* 18 July 1914 大興里 *Nakai, T Nakai s.n.* 21 July 1914 大興里- 山羊 *Nakai, T Nakai s.n.* **Hamgyong-bukto** 17 June 1909 清津 *Nakai, T Nakai s.n.* 11 September 1935 羅南 *Saito, T T Saito1595* 15 June 1909 Sungjin (城津) *Nakai, T Nakai s.n.* 29 July 1918 朱乙溫堡 *Nakai, T Nakai s.n.* 14 June 1930 Kyonson 鏡城 *Ohwi, J Ohwi s.n.* 23 June 1935 梧上洞 *Saito, T T Saito1147* 22 June 1936 鏡城 *Saito, T T Saito2833* 2 August 1914 車踰嶺 *Ikuma, Y Ikuma s.n.* 28 July 1936 茂山 *Saito, T T Saito2643* 6 July 1936 南山面 *Saito, T T Saito2519* 6 July 1936 *Saito, T T Saito2529* **Hamgyong-namdo** 23 July 1916 赴戰高原寒泰嶺 *Mori, T Mori s.n.* 17 August 1934 富盛里 *Nomura, N Nomura s.n.* 15 August 1935 東上面漢岱里 *Nomura, N Nomura s.n.* 26 July 1935 Donha-myeon Unsan-ri (東下面雲山里) *Nomura, N Nomura s.n.* 3 October 1935 赴戰高原 Fusenkogen *Okamoto, S Okamoto s.n.* **Ryanggang** 24 July 1917 Keizanchin(惠山鎭) *Furumi, M Furumi s.n.* 23 August 1914 *Ikuma, Y Ikuma s.n.* 18 July 1897 *Komarov, VL Komaorv s.n.* 9 October 1935 大坪里 *Okamoto, S Okamoto s.n.* 15 August 1897 蓮坪-厚州川-厚州古邑 *Komarov, VL Komaorv s.n.* 4 July 1897 上水隅理 *Komarov, VL Komaorv s.n.* 8 July 1897 羅暖堡 *Komarov, VL Komaorv s.n.* 7 June 1897 平蒲坪 *Komarov, VL Komaorv s.n.* 14 June 1897 西溪水-延岩 *Komarov, VL Komaorv s.n.* 19 June 1930 楡坪 *Ohwi, J Ohwi s.n.* 22 July 1897 佳林里 *Komarov, VL Komaorv s.n.* 5 Agust 1914 普天堡-實泰洞 *Nakai, T Nakai s.n.*

Vicia japonica A.Gray, Mem. Amer. Acad. Arts 4: 385 (1859)
Common name 넓은잎말굴레 (넓은잎갈퀴)
Distribution in Korea: North, Central, South, Ulleung
  *Vicia pallida*Turcz., Bull. Soc. Imp. Naturalistes Moscou 15: 789 (1842)
  Vicia japonica A.Gray var. *laxiracemis* Ohwi, Acta Phytotax. Geobot. 12: 110 (1943)
  Vicia amurensis Oett. var. *pallida* (Turcz.) Kitag., Neolin. Fl. Manshur. 414 (1979)

Representative specimens; **Hamgyong-bukto** 6 August 1933 茂山嶺 *Koidzumi, G Koidzumi s.n.* 6 August 1933 *Koidzumi, G Koidzumi s.n.*Type of *Vicia japonica* A.Gray var. *laxiracemis* Ohwi (Holotype KYO) **Hamgyong-namdo** 26 July 1935 Donha-myeon Unsan-ri (東下面雲山里) *Nomura, N Nomura s.n.* **Hwanghae-namdo** 25 August 1943 首陽山 *Furusawa, I Furusawa s.n.* **P'yongan-namdo** 10 July 1912 江西 *Imai, H Imai s.n.* **Ryanggang** 19 July 1897 Keizanchin(惠山鎭) *Komarov, VL Komaorv s.n.* 10 August 1914 茂山茂峯 *Ikuma, Y Ikuma s.n.* 4 August 1914 普天堡- 實泰洞 *Nakai, T Nakai s.n.*

Vicia nipponica Matsum., Bot. Mag. (Tokyo) 16: 81 (1902)
Common name 네잎말굴레 (네잎갈퀴나물)
Distribution in Korea: North, Central, South
  Orobus nipponicus (Matsum.) Stank. & Roskov, Kew Bull. 53: 732 (1998)

Vicia pseudo-orobus Fisch. & C.A.Mey., Index Seminum [St.Petersburg (Petropolitanus)] 1: 41 (1835)
Common name 큰등갈퀴
Distribution in Korea: North, Central, South
  Vicia pseudo-orobus Fisch. & C.A.Mey. f. *albiflora* (Nakai) P.Y.Fu & Y.A.Chen, Fl. Pl. Herb. Chin. Bor.-Or. 5: 136 (1976)

Representative specimens; **Chagang-do** 13 August 1912 Kosho (渭原) *Imai, H Imai s.n.* **Hamgyong-bukto** 6 August 1933 茂山嶺 *Koidzumi, G Koidzumi s.n.* 6 August 1933 會寧古豊山 *Koidzumi, G Koidzumi s.n.* 14 August 1933 朱乙溫泉朱乙山 *Koidzumi, G Koidzumi s.n.* 17 September 1935 梧上洞 *Saito, T T Saito1773* 19 August 1933 茂山 *Koidzumi, G Koidzumi s.n.* 7 August 1914 茂山下面江口 *Ikuma, Y Ikuma s.n.* **Hamgyong-namdo** 27 September 1936 Hamhung (咸興) *Yamatsuta, T.s.n.* **Hwanghae-bukto** 10 September 1915 瑞興 *Nakai, T Nakai s.n.* **Ryanggang** 1 July 1897 五是川雲寵江-崔五峰 *Komarov, VL Komaorv s.n.* 29 July 1897 安間嶺-同仁川 (同仁浦里?) *Komarov, VL Komaorv s.n.* 6 August 1933 豊山 *Koidzumi, G Koidzumi s.n.* 16 August 1897 大羅信洞 *Komarov, VL Komaorv s.n.* 18 August 1897 葡坪 *Komarov, VL Komaorv s.n.* 19 August 1897 *Komarov, VL Komaorv s.n.* 24 July 1897 佳林里 *Komarov, VL Komaorv s.n.* 23 July 1897 *Komarov, VL Komaorv s.n.* 3 August 1914 惠山鎭- 普天堡 *Nakai, T Nakai s.n.* 12 August 1914 白頭山 *Ikuma, Y Ikuma s.n.* 20 July 1897 惠山鎭(鴨綠江上流長白山脈中高原) *Komarov, VL Komaorv s.n.* 2 August 1917 Moho (茂峯)- 農事洞 *Furumi, M Furumi s.n.* 8 August 1914 谿間里 *Ikuma, Y Ikuma s.n.* 13 August 1914 Moho (茂峯)- 農事洞 *Nakai, T Nakai s.n.*

Vicia ramuliflora (Maxim.) Ohwi, J. Jap. Bot. 12: 331 (1936)
Common name 큰네잎갈퀴
Distribution in Korea: North, Central, South
  Orobus venosus Willd. ex Link var. *albiflorus* Turcz., Bull. Soc. Imp. Naturalistes Moscou 15: 796 (1842)
  Orobus venosus Willd. ex Link var. *baicalensis* Turcz. ex Maxim., Byull. Moskovsk. Obshch. Isp. Prir. Otd. Biol. 15: 796 (1842)
  Vicia venosa (Link) Maxim. var. *albiflora*(Turcz.) Maxim., Trudy Imp. S.-Peterburgsk. Bot. Sada 2: 395 (1873)

Vicia venosa (Link) Maxim. var. *baicalensis* Turcz. ex Maxim., Trudy Imp. S.-Peterburgsk. Bot. Sada 2: 395 (1873)

Vicia capitata (Franch. & Sav.) Koidz. f. *minor* Nakai, Chosen Shokubutsu 1: 265 (1914)

Vicia pseudovenosa Nakai f. *minor* Nakai,Enum. Pl. Corea : 223 (1922)

Vicia pseudovenosa Nakai, Bot. Mag. (Tokyo) 37: 11 (1923)

Vicia pseudovenosa Nakai f. *multijuga* Nakai, Bot. Mag. (Tokyo) 37: 11 (1923)

Vicia venosa (Link) Maxim. var. *macrophylla* Nakai, Bot. Mag. (Tokyo) 45: 121 (1931)

Vicia baicalensis (Turcz.) B.Fedtsch., Fl. URSS 13: 424, t. 24, f. 3 (1948)

Vicia ramuliflora (Maxim.) Ohwi f. *mutijga* (Nakai) Nakai

Vicia ramuliflora (Maxim.) Ohwi f. *minor* (Nakai) Nakai, Bull. Natl. Sci. Mus., Tokyo 31: 66 (1952)

Representative specimens; Hamgyong-bukto 25 June 1930 雪嶺 *Ohwi, J Ohwi1977* **Hwanghae-namdo** 29 July 1935 長壽山 *Koidzumi, G Koidzumi s.n.* **Kangwon-do** 16 August 1902 Mt. Kumgang (金剛山) *Uchiyama, T Uchiyama s.n.* Type of *Vicia pseudovenosa* Nakai f. *multijuga* Nakai (Syntype TI)20 August 1930 安邊郡衛益面三防 *Nakai, T Nakai s.n.* 20 August 1930 Nakai, T *Nakai13964* Type of *Vicia venosa* (Link) Maxim. var. *macrophylla* Nakai (Holotype TI)14 August 1933 *Nomura, N Nomura s.n.* **P'yongan-bukto** 3 August 1935 妙香山 *Koidzumi, G Koidzumi s.n.* **P'yongan-namdo** 15 June 1928 陽德 *Nakai, T Nakai s.n.* 15 June 1928 Nakai, *T Nakai s.n.* **P'yongyang** 4 September 1901 in montibus mediae *Faurie, UJ Faurie70* **Ryanggang** 20 June 1930 長沙 *Ohwi, J Ohwi115* 26 July 1942 神武城-無頭峯 *Saito, T T Saito10150*

Vicia unijuga A.Braun, Index Seminum Hort. Bot. Berol. 1853 12 (1853)

Common name 나비나물

Distribution in Korea: North, Central, South

Vicia unijuga A.Braun var. *ouensanensis* H.Lév., Repert. Spec. Nov. Regni Veg. 11: 548 (1913)

Vicia unijuga A.Braun var. *integristipula* H.Lév., Repert. Spec. Nov. Regni Veg. 11: 548 (1913)

Vicia unijuga A.Braun var. *kaussanensis* H.Lév., Repert. Spec. Nov. Regni Veg. 11: 548 (1913)

Vicia unijuga A.Braun var. *alba* Nakai ex T. Mori, Enum. Pl. Corea 224 (1922)

Vicia unijuga A.Braun f. *minor* Nakai, Bot. Mag. (Tokyo) 37: 16 (1923)

Vicia unijuga A.Braun var. *angustifolia* Nakai, Bot. Mag. (Tokyo) 37: 17 (1923)

Vicia unijuga A.Braun var. *apoda* Maxim. f. *minor* Nakai, Bot. Mag. (Tokyo) 37: 17 (1923)

Vicia unijuga A.Braun f. *minor* Nakai f. *minor* Nakai, Bot. Mag. (Tokyo) 37: 16 (1923)

Vicia ohwiana Hosok., J. Soc. Trop. Agric. 5: 288 (1933)

Vicia unijuga A.Braun var. *ohwiana* (Hosok.) Nakai, Bot. Mag. (Tokyo) 49: 349 (1935)

Vicia unijuga A.Braun var. *venusta* Nakai f. *latifolia* Nakai, Bot. Mag. (Tokyo) 49: 350 (1935)·

Vicia unijuga A.Braun var. *vesnusta* Nakai, Bot. Mag. (Tokyo) 49: 349 (1935)

Vicia unijuga A.Braun var. *apoda* Maxim. f. *albiflora*Kitag., Lin. Fl. Manshur. 295 (1939)

Vicia unijuga A.Braun f. *angustifolia* Makino ex Ohwi, Fl. Jap., revised ed., [Ohwi] 688 (1965)

Vicia unijuga A.Braun ssp. *minor* (Nakai) Y.N.Lee, Fl. Korea (Lee) 390 (1996)

Vicia unijuga A.Braun var. *ouensanensis* H.Lév. f. *albiflora* Y.N.Lee, Fl. Korea (Lee) 391 (1996)

Orobus ohwianus (Hosok.) Stank. & Roskov, Kew Bull. 53: 732 (1998)

Vicia unijuga A.Braun f. *venusta* (Nakai) Ohashi, Fl. Jap. (Iwatsuki et al., eds.) 2b: 229 (2001)

Vicia unijuga A.Braun var. *ulsaniana* M.Kim & H.Jo, Korean Endemic Pl. : 221 (2017)

Representative specimens; Chagang-do 10 August 1910 Kang-gei(Kokai 江界) *Mills, RG Mills361* 11 August 1910 Seechun dong (時中洞) *Mills, RG Mills459* **Hamgyong-bukto** 27 May 1897 富潤洞 *Komarov, VL Komaorv s.n.* June 1933 羅南 *Saito, T T Saito580* 21 May 1897 茂山嶺-蕨坪(照日洞) *Komarov, VL Komaorv s.n.* 24 August 1914 會寧 -行營 *Nakai, T Nakai3281* 18 July 1918 朱乙溫面民幕洞 *Nakai, T Nakai7194* 30 May 1930 朱乙溫堡 *Ohwi, J Ohwi s.n.* 5 July 1933 南下石山 *Saito, T T Saito620* 19 August 1934 鏡城街道 *Saito, T T Saito938* 2 August 1914 車踰嶺 *Ikuma, Y Ikuma s.n.* 29 May 1897 釜所哥谷 *Komarov, VL Komaorv s.n.* 30 July 1936 延上面九州帝大北鮮演習林 *Saito, T T Saito2689* 18 August 1936 富寧水坪 -西里洞 (清津) *Saito, T T Saito2807* **Hamgyong-namdo** 28 July 1933 南大川 *Kim, MS s.n.* 17 August 1934 富盛里 *Nomura, N Nomura s.n.* 14 August 1943 赴戰高原元豐 -道安 *Honda, M Honda s.n.* 15 August 1935 東上面漢岱里 *Nakai, T Nakai s.n.* 23 July 1935 弁天島 *Nomura, N Nomura s.n.* 20 June 1932 東上面元豐里 *Ohwi, J Ohwi s.n.* **Hwanghae-namdo** 27 July 1929 長淵郡長山串 *Nakai, T Nakai s.n.* 31 July 1929 席島 *Nakai, T Nakai s.n.* 15 July 1921 Sorai Beach 九味浦 *Mills, RG Mills s.n.* 12 July 1921 *Mills, RG Mills s.n.* 24 July 1922 Mukimpo *Mills, RG Mills s.n.* **Kangwon-do** 28 July 1916 金剛山外金剛千佛山 *Mori, T Mori s.n.* 15 August 1916 金剛山万瀑洞-內圓通庵 *Nakai, T Nakai s.n.* 11 August 1916 金剛山長安寺附近 *Nakai, T Nakai s.n.* 11 June 1916 *Nakai, T Nakai5566* Type of *Vicia unijuga* A.Braun var. *breviramea* Nakai f. *albiflora* Nakai (Syntype TI)7 August 1940 Mt. Kumgang (金剛山) *Okuyama, S Okuyama s.n.* 7 August 1940 金剛山內金剛 *Okuyama, S Okuyama s.n.* 20 August 1902 Mt. Kumgang (金剛山) *Uchiyama, T Uchiyama s.n.* 13 September 1932 元山 *Kitamura, S Kitamura s.n.***P'yongyang** 23 August 1943 大同郡大寶山 *Furusawa, I Furusawa s.n.* 9 October 1911 P'yongyang (平壤) *Imai, H Imai s.n.* 12 September 1902 Botandai (牡丹台) 平壤 *Uchiyama, T Uchiyama s.n.* **Rason** 6 June 1930 西水羅 *Ohwi, J Ohwi701* 30 June 1938 松眞山 *Saito, T T Saito8238* **Ryanggang** 1 July 1897 五是川雲寵江-崔五峰 *Komarov, VL Komaorv s.n.* 1

August 1897 虛川江 (同仁川) *Komarov, VL Komaorv s.n.* 15 August 1935 北水白山 *Hozawa, S Hozawa s.n.* 16 August 1897 大羅信洞 *Komarov, VL Komaorv s.n.* 22 August 1897 雲洞嶺 *Komarov, VL Komaorv s.n.* 3 July 1897 三水邑-上水隅理 *Komarov, VL Komaorv s.n.* 9 August 1897 長津江下流域 *Komarov, VL Komaorv s.n.* 9 June 1897 屈松川 (西頭水河谷) 倉坪 *Komarov, VL Komaorv s.n.* 24 July 1930 含山嶺 *Ohwi, J Ohwi s.n.* 24 July 1930 *Ohwi, J Ohwi2479* 26 June 1897 內曲里 *Komarov, VL Komaorv s.n.* 25 July 1897 佳林里 *Komarov, VL Komaorv s.n.* 21 July 1897 佳林里(鴨綠江上流) *Komarov, VL Komaorv s.n.* 20 July 1897 惠山鎮 (鴨綠江上流長白山脈中高原) *Komarov, VL Komaorv s.n.* 2 August 1917 Moho (茂峯)- 農事洞 *Furumi, M Furumi433* 3 June 1897 四芝坪 *Komarov, VL Komaorv s.n.* 13 August 1914 Moho (茂峯)- 農事洞 *Nakai, T Nakai3208*

Vicia venosa (Link) Maxim., Trudy Imp. S.-Peterburgsk. Bot. Sada 2: 395 (1873)

Common name 좁은네잎말굴레 (연리갈퀴)

Distribution in Korea: North

  Orobus venosus Willd. ex Link, Enum. Hort. Berol. Alt. 2: 236 (1822)
  Orobus venosus Willd. ex Link var. *willdenowianus* Turcz., Fl. Baical.-dahur. 1: 352 (1845)
  Vicia venosa (Link) Maxim. var. *willdenowiana* (Turcz.) Maxim., Trudy Imp. S.-Peterburgsk. Bot. Sada 2: 395 (1873)

Representative specimens; Chagang-do 26 August 1897 小德川 (松德水河谷) *Komarov, VL Komaorv s.n.* **Hamgyong-bukto** August 1934 冠帽峰 *Kojima, K Kojima s.n.* July 1932 *Ohwi, J Ohwi1031* 21 July 1933 *Saito, T T Saito729* 10 June 1897 西溪水 *Komarov, VL Komaorv s.n.* 4 June 1897 四芝坪 *Komarov, VL Komaorv s.n.* **Ryanggang** 7 July 1897 犁方嶺 (鴨綠江羅暖堡) *Komarov, VL Komaorv s.n.* 16 August 1897 大羅信洞 *Komarov, VL Komaorv s.n.* 18 August 1897 葡坪 *Komarov, VL Komaorv s.n.* 21 August 1897 subdist. Chu-czan, flumen Amnok-gan *Komarov, VL Komaorv s.n.* 6 June 1897 平蒲坪 *Komarov, VL Komaorv s.n.* 22 July 1897 佳林里 *Komarov, VL Komaorv s.n.* 26 June 1897 內曲里 *Komarov, VL Komaorv s.n.* 20 July 1897 惠山鎮(鴨綠江上流長白山脈中高原) *Komarov, VL Komaorv s.n.*

Vicia venosa (Link) Maxim. var. *cuspidate* Maxim., Méanges Biol. Bull. Phys.-Math. Acad. Imp. Sci. Saint-Pétersbourg12: 445 (1886)

Common name 광릉갈퀴

Distribution in Korea: North, Central, South

  Vicia venosa (Link) Maxim. var. *subcuspidata* Nakai, Chosen Shokubutsu : 266 (1914)
  Vicia sexajuga Nakai, Bot. Mag. (Tokyo) 31: 98 (1917)
  Vicia subcuspidata (Nakai) Nakai, Bot. Mag. (Tokyo) 37: 14 (1923)

Representative specimens; Hamgyong-bukto 17 June 1909 清津 *Nakai, T Nakai s.n.* August 1912 吉州 Suwon-nong-rim-hak-gyo college *s.n.* **Hwanghae-namdo** 26 August 1943 長壽山 *Furusawa, I Furusawa s.n.* **Kangwon-do** 30 July 1916 金剛山溫井里倉岱- 赴人山 *Nakai, T Nakai s.n.* 31 July 1916 金剛山群仙峽 *Nakai, T Nakai s.n.* 24 August 1916 金剛山鶴巢嶺 *Nakai, T Nakai s.n.* 24 August 1916 金剛山鶴巢嶺 *Nakai, T Nakai5564* Type of *Vicia sexajuga* Nakai (Holotype TI) **P'yongan-bukto** 14 June 1912 白壁山 *Ishidoya, T Ishidoya s.n.* **P'yongan-namdo** 15 June 1928 陽德 *Nakai, T Nakai s.n.*

Vicia villosa Roth, Tent. Fl. Germ. 2: 182 (1793)

Common name 털말굴레, 헤아리비치 (벳지)

Distribution in Korea: cultivated and naturalized (North, Central, South, Ulleung, Jeju; Eurasia, N. Africa)

  Vicia elegans Guss., Fl. Sic. Prodr. 2: 438 (1828)
  Vicia dasycarpa Ten., Viagg. Abruzz. 81 (1829)
  Vicia villosa Roth var. *glabrescens* W.D.J.Koch, Syn. Fl. Germ. Helv. 194 (1835)

Representative specimens; Hamgyong-bukto 6 July 1930 Kyonson 鏡城 *Ohwi, J Ohwi s.n.*

Vigna Savi

Vigna angularis (Willd.) Ohwi & H.Ohashi var. *nipponensis* (Ohwi) Ohwi & H.Ohashi, J. Jap. Bot. 44: 30 (1969)

Common name 새팥

Distribution in Korea: North, Central, South

  Phaseolus nipponensis Ohwi, J. Jap. Bot. 13: 435 (1937)
  Azukia angularis (Willd.) Ohwi var. *nipponensis* (Ohwi) Ohwi, Fl. Jap. (Ohwi) 691 (1953)

Vigna minima (Roxb.) Ohwi & H.Ohashi, J. Jap. Bot. 44: 30 (1969)
Common name 좀돌팥
Distribution in Korea: North, Central, South
    Phaseolus minimus Roxb., Hort. Bengal. : 54 (1814)
    Azukia minima (Roxb.) Ohwi, Bull. Natl. Sci. Mus., Tokyo 33: 77 (1953)

Vigna nakashimae (Ohwi) Ohwi & H.Ohashi, J. Jap. Bot. 44: 30 (1969)
Common name 돌팥 (좀돌팥)
Distribution in Korea: North, Central, South
    Phaseolus minimus Roxb., Hort. Bengal. 54 (1814)
    Phaseolus nakashimae Ohwi, J. Jap. Bot. 13: 436 (1937)
    Azukia nakashimae (Ohwi) Ohwi, Fl. Jap. (Ohwi) 691 (1953)

Vigna unguiculata (L.) Walp., Repert. Bot. Syst. (Walpers) 1: 779 (1842)
Common name 동부
Distribution in Korea: cultivated (Central, South)
    Dolichos unguiculatus L., Sp. Pl. 2: 725 (1753)
    Dolichos sinensis L., Cent. Pl. II 2: 28 (1756)
    Dolichos catjang L., Mant. Pl. 1: 269 (1767)
    Vigna sinensis (L.) Savi ex Hassk., Pl. Jav. Rar. 386 (1848)

Representative specimens; Ryanggang 17 July 1897 半載子溝 (鴨綠江上流) *Komarov, VL Komaorv s.n.*

ELAEAGNACEAE

Elaeagnus L.
Elaeagnus umbellata Thunb., Syst. Veg., ed. 14 (J. A. Murray) 164 (1784)
Common name 보리수나무
Distribution in Korea: North, Central, South, Jeju
    Elaeagnus crispa Thunb., Fl. Jap. (Thunberg) 66 (1784)
    Elaeagnus parvifolia Wall. ex Royle, Ill. Bot. Himal. Mts. 323 (1836)
    Elaeagnus salicifolia Don ex Loudon, Arbor. Frutic. Brit. 3: 1324 (1838)
    Elaeagnus umbellata Thunb. ssp. *umbellata* Servett., Bull. Herb. Boissier ser.2, 8: 383 (1908)
    Elaeagnus umbellata Thunb. ssp. *parvifolia* Servett., Bull. Herb. Boissier ser.2, 8: 383 (1908)
    Elaeagnus umbellata Thunb. ssp. *umbellata* var. *crassifolia* Servett., Beih. Bot. Centralbl. 2: 53 (1909)
    Elaeagnus umbellata Thunb. ssp. *umbellata* var. *cylindrica* Servett., Beih. Bot. Centralbl. 2: 53 (1909)
    Elaeagnus umbellata Thunb. ssp. *umbellata* var. *globosa* Servett., Beih. Bot. Centralbl. 2: 53 (1909)
    Elaeagnus umbellata Thunb. var. *parvifolia* (Royle) C.K.Schneid., Ill. Handb. Laubholzk. 2: 411 (1909)
    Elaeagnus umbellata Thunb. ssp. *parvifolia* var. *genuina* Servett., Beih. Bot. Centralbl. 2: 56 (1909)
    Elaeagnus argyi H.Lév., Repert. Spec. Nov. Regni Veg. 12: 101 (1913)
    Elaeagnus coreana H.Lév., Repert. Spec. Nov. Regni Veg. 12: 101 (1913)
    Elaeagnus umbellata Thunb. var. *coreana* (H.Lév.) H.Lév., Cat. Pl. Yun-Nan 83 (1915)
    Elaeagnus crispa Thunb. var. *coreana* (H.Lév.) Nakai, Fl. Sylv. Kor. 17: 12 (1928)
    Elaeagnus crispa Thunb. var. *parvifolia* (Servett.) Nakai, Fl. Sylv. Kor. 17: 11 (1928)
    Elaeagnus crispa Thunb. var. *subcoriacea* Nakai & Masam., Bot. Mag. (Tokyo) 43: 443 (1929)
    Elaeagnus crispa Thunb. var. *longicarpa* Uyeki, J. Chosen Nat. Hist. Soc. 17: 53 (1934)
    Elaeagnus crispa Thunb. var. *praematura* Koidz., Acta Phytotax. Geobot. 8: 191 (1939)
    Elaeagnus umbellata Thunb. var. *borealis* Ohwi, Fl. Jap. (Ohwi) 806 (1953)
    Elaeagnus umbellata Thunb. var. *longicarpa* (Uyeki) T.B.Lee, Ill. Woody Pl. Korea 319 (1966)
    Elaeagnus umbellata Thunb. var. *prematura* (Koidz.) T.B.Lee, Ill. Woody Pl. Korea 319 (1966)

Representative specimens; **Hwanghae-namdo** 24 May 1932 Chairyung 載寧 *Smith, RK Smith s.n.* 31 July 1929 席島 *Nakai, T Nakai s.n.* 1 August 1929 椒島 *Nakai, T Nakai s.n.* 27 July 1929 長山串 *Nakai, T Nakai s.n.* 24 July 1929 夢金浦 *Nakai, T Nakai s.n.* **Nampo** 21 September 1915 Chinnampo (鎭南浦) Nakai, T *Nakai s.n.* 21 September 1915 Nakai, T *Nakai s.n.* **P'yongyang** 28 May 1911 P'yongyang (平壤) *Imai, H Imai s.n.* 18 August 1935 平壤牡丹臺 *Koidzumi, G Koidzumi s.n.* **Ryanggang** 29 May 1917 江口 *Nakai, T Nakai s.n.* 29 May 1917 Nakai, T *Nakai s.n.* 29 May 1917 Nakai, T *Nakai s.n.*

HALORAGACEAE

Gonocarpus **Thunb.**
Gonocarpus micranthus Thunb., Nov. Gen. Pl. [Thunberg] 3: 55 (1783)
Common name 개미탑
Distribution in Korea: North, Central, South
    Gonatocarpus micranthus (Thunb.) Willd., Sp. Pl. 690 (1797)
    Goniocarpus micranthus (Thunb.) K.D.Koenig, Ann. Bot. (Konig & Sims) 1: 546 (1805)
    Haloragis tenella Brongn., Voy. Monde, Phan. 68 (1831)
    Goniocarpus citriodorus A.Cunn., Ann. Nat. Hist. 3: 30 (1839)
    Haloragis micrantha (Thunb.) R.Br. ex Siebold & Zucc., Abh. Math.-Phys. Cl. Konigl. Bayer. Akad. Wiss. 4 (2): 133 (1845)
    Goniocarpus rubricaulis Griff., Not. Pl. Asiat. 4: 688 (1854)

Representative specimens; **Kangwon-do** 20 August 1902 Mt. Kumgang (金剛山) *Uchiyama, T Uchiyama s.n.*

Myriophyllum **L.**
Myriophyllum spicatum L., Sp. Pl. 992 (1753)
Common name 이삭물수세미
Distribution in Korea: North, Central, South

Representative specimens; **Chagang-do** 16 July 1911 Kang-gei(Kokai 江界) *Mills, RG Mills348* **Hwanghae-bukto** 27 September 1915 瑞興 *Nakai, T Nakai s.n.* **Nampo** 1 October 1911 Chinnampo (鎭南浦) *Imai, H Imai s.n.* **P'yongyang** 11 September 1902 平壤大同江岸 *Uchiyama, T Uchiyama s.n.*

Myriophyllum ussuriense (Regel) Maxim., Mélanges Biol. Bull. Phys.-Math. Acad. Imp. Sci. Saint-Pétersbourg 9: 18 (1873)
Common name 선물수세미
Distribution in Korea: North, Central, South
    Myriophyllum verticillatum L. var. *ussuriense* Regel, Mem. Acad. Imp. Sci. St.-Petersbourg, Ser. 7 4: 60, pl. 4, f. 2-5 (1861)
    Myriophyllum isoetophilum Kom., Repert. Spec. Nov. Regni Veg. 13: 168 (1914)

Myriophyllum verticillatum L., Sp. Pl. 2: 992 (1753)
Common name 물수세미
Distribution in Korea: North, Central, South
    Myriophyllum pectinatum DC., Fl. Franc. (DC. & Lamarck), ed. 3 6: 529 (1815)
    Myriophyllum limosum Hectot ex DC., Fl. Franc. (DC. & Lamarck), ed. 3 6: 530 (1815)
    Myriophyllum siculum Guss., Fl. Sicul. Syn. 2: 599 (1844)

Representative specimens; **Chagang-do** 16 July 1911 Kang-gei(Kokai 江界) *Mills, RG Mills350* **Kangwon-do** 23 August 1902 生昌附近 *Uchiyama, T Uchiyama s.n.*

LYTHRACEAE

Lythrum L.
Lythrum salicaria L., Sp. Pl. 446 (1753)
Common name 털부처꽃 (부처꽃)
Distribution in Korea: North, Central, South, Ulleung
    Salicaria spicata Lam., Fl. Franc. (Lamarck) 3: 103 (1779)
    Salicaria vulgaris Moench, Methodus (Moench) 665 (1794)
    Lythrum salicaria L. var. *tomentosum* DC., Cat. Pl. Horti Monsp. 1: 123 (1813)
    Lythrum tomentosum DC., Cat. Pl. Horti Monsp. 1: 123 (1813)
    Lythrum quadrifolium Mart., Prodr. fl. Mosq. 83 (1817)
    Lythrum salicaria L. var. *vulgare* DC., Prodr. (DC.) 3: 82 (1828)
    Lythrum intermedium Ledeb. ex Colla, Herb. Pedem. 2: 399 (1834)
    Lythrum salicaria L. var. *glabrum* Ledeb., Fl. Ross. (Ledeb.) 2: 127 (1844)
    Lythrum propinquum Weinm., Bull. Soc. Imp. Naturalistes Moscou 23: 544 (1850)
    Lythrum virgatum L., Prolus. Fl. Jap. 149 (1866)
    Lythrum salicaria L. var. *intermedium* (Ledeb. ex Colla) Koehne subvar. *gracilius f. angustius su*, Bot. Jahrb. Syst. 1: 327 (1881)
    Lythrum salicaria L. var. *intermedium* (Ledeb. ex Colla) Koehne, Bot. Jahrb. Syst. 1: 327 (1881)
    Lythrum salicaria L. var. *vulgare* DC. subvar. *glabricaule* Koehne, Bot. Jahrb. Syst. 1: 328 (1881)
    Lythrum salicaria L. var. *anceps* Koehne, Pflanzenr. (Engler) IV, 216: 76 (1903)
    Lythrum argyi H.Lév., Repert. Spec. Nov. Regni Veg. 4: 330 (1907)
    Lythrum anceps (Koehne) Makino, Bot. Mag. (Tokyo) 22: 169 (1908)
    Lythrum salicaria L. var. *mairei* H.Lév., Cat. Pl. Yun-Nan 172 (1916)
    Lythrum salicaria L. ssp. *anceps* (Koehne) H.Hara, J. Fac. Sci. Univ. Tokyo, Sect. 3, Bot. 6: 86 (1952)
    Lythrum salicaria L. ssp. *intermedium* (Ledeb. ex Colla) H.Hara, J. Fac. Sci. Univ. Tokyo, Sect. 3, Bot. 6-7: 390 (1956)
    Lythrum salicaria L. var. *glabricaule* (Koehne) Kitag., Neolin. Fl. Manshur. 463 (1979)

Representative specimens; Chagang-do 28 August 1897 慈城邑(松德水河谷) *Komarov, VL Komaorv s.n.* 19 June 1914 渭原鳳山面 *Nakai, T Nakai s.n.* **Hamgyong-bukto** 28 August 1934 鈴蘭山 *Uozumi, H Uozumi s.n.* 3 August 1933 會寧 *Koidzumi, G Koidzumi s.n.* 13 July 1918 朱乙溫面生氣嶺 *Nakai, T Nakai s.n.* 6 July 1930 鏡城 *Ohwi, J Ohwi s.n.* 6 June 1930 Kyonson 鏡城 *Ohwi, J Ohwi s.n.* 23 July 1918 朱南面黃雪嶺 *Nakai, T Nakai s.n.* 22 June 1909 富寧 *Nakai, T Nakai s.n.* **Hamgyong-namdo** 17 August 1940 西湖津 *Okuyama, S Okuyama s.n.* **Hwanghae-namdo** 29 July 1921 Sorai Beach 九味浦 *Mills, RG Mills s.n.* 24 July 1922 Mukimpo *Mills, RG Mills s.n.* 24 July 1929 夢金浦 *Nakai, T Nakai s.n.* 29 July 1929 長山串 Nakai, *T Nakai s.n.* August 1932 Sorai Beach 九味浦 *Smith, RK Smith s.n.* **Kangwon-do** 29 July 1916 海金剛 *Nakai, T Nakai s.n.* 30 August 1916 通川街道 *Nakai, T Nakai s.n.* 7 August 1932 元山 *Kitamura, S Kitamura s.n.* 14 September 1932 Kitamura, *S Kitamura s.n.* **Ryanggang** 24 July 1917 Keizanchin(惠山鎭) *Furumi, M Furumi s.n.* 23 August 1914 *Ikuma, Y Ikuma s.n.* 18 July 1897 *Komarov, VL Komaorv s.n.* 7 July 1897 犁方嶺 (鴨綠江羅暖堡) *Komarov, VL Komaorv s.n.* 15 August 1897 蓮坪-厚州川-厚州古邑 *Komarov, VL Komaorv s.n.* 30 June 1897 雲寵堡 *Komarov, VL Komaorv s.n.*

Rotala L.
Rotala indica (Willd.) Koehne, Bot. Jahrb. Syst. 1: 172 (1880)
Common name 마디꽃
Distribution in Korea: North, Central, South
    Peplis indica Willd., Sp. Pl. (ed. 5; Willdenow) 2: 244 (1799)
    Ammannia peploides Spreng., Syst. Veg. (ed. 16) [Sprengel] 1: 444 (1824)
    Ameletia uliginosa Miq., Ann. Mus. Bot. Lugduno-Batavi 2: 261 (1866)
    Rotala indica (Willd.) Koehne var. *uliginosa* (Miq.) Koehne, Bot. Jahrb. Syst. 1: 173 (1880)
    Rotala densiflora var. *formosana* Hayata, J. Coll. Sci. Imp. Univ. Tokyo 22: 149 (1906)
    Rotala indica (Willd.) Koehne var. *koreana* Nakai, J. Coll. Sci. Imp. Univ. Tokyo 26: 236 (1909)
    Rotala elatinomorpha Makino, Bot. Mag. (Tokyo) 24: 100 (1910)
    Rotala koreana (Nakai) T. Mori, Enum. Pl. Corea 261 (1922)
    Rotala uliginosa (Miq.) Nakai, Bull. Natl. Sci. Mus., Tokyo 31: 80 (1952)

Representative specimens; Chagang-do 28 August 1897 慈城邑(松德水河谷) *Komarov, VL Komaorv s.n.* 28 August 1897 *Komarov, VL Komaorv s.n.* **Hamgyong-namdo** 14 May 1934 咸興興西面 *Nomura, N Nomura s.n.* **Ryanggang** 15 August 1897 蓮坪-厚州川-厚州古邑 *Komarov, VL Komaorv s.n.* 20 August 1897 內洞-河山嶺 *Komarov, VL Komaorv s.n.*

Rotala mexicana Cham. & Schltdl., Linnaea 5: 67 (1830)

Common name 가는마디꽃

Distribution in Korea: North, Central, South

Rotala pusilla Tul., Ann. Sci. Nat., Bot. ser. 4, 6: 128 (1856)
Ammannia littorea Miq., Ann. Mus. Bot. Lugduno-Batavi 1: 261 (1864)
Ammannia pygmaea Kurz, J. Bot. 5: 376 (1867)
Rotala leptopetala var. *littorea* (Miq.) Koehne, Bot. Jahrb. Syst. 1: 162 (1880)
Rotala mexicana Cham. & Schltdl. var. *spruceana* (Benth.) Koehne, Bot. Jahrb. Syst. 1: 151 (1880)
Rotala mexicana Cham. & Schltdl. ssp. *pusilla* (Tul.) Koehne, Pflanzenr. (Engler) 4 (17): 30 (1903)
Rotala littorea (Miq.) Nakai, Chosen Shokubutsu 359 (1914)

Representative specimens; **Chagang-do** 28 August 1897 慈城邑(松德水河谷) *Komarov, VL Komaorv s.n.* **Hamgyong-namdo** 18 May 1934 咸興興西面 *Nomura, N Nomura s.n.* **Kangwon-do** 21 August 1902 干發告嶺 *Uchiyama, T Uchiyama s.n.* 21 August 1902 *Uchiyama, T Uchiyama s.n.*

THYMELAEACEAE

Daphne Sm. & Rees
Daphne genkwa Siebold & Zucc., Fl. Jap. (Siebold) 1: 137 (1835)

Common name 팥꽃나무

Distribution in Korea: North, Central, South

Daphne fortunei Lindl., J. Hort. Soc. London 1: 147 (1846)
Daphne genkwa Siebold & Zucc. var. *fortunei* (Lindl.) Franch., Pl. David. 1: 259 (1884)
Wikstroemia genkwa (Siebold & Zucc.) Domke, Notizbl. Bot. Gart. Berlin-Dahlem 11: 363 (1932)
Daphne genkwa Siebold & Zucc. f. *taitoensis* Hamaya, J. Jap. Bot. 30: 11 (1955)

Representative specimens; **Hwanghae-namdo** 1 August 1929 椒島 *Nakai, T Nakai s.n.* 31 July 1929 *Nakai, T Nakai s.n.*

Daphne kamtschatica Maxim., Mem. Acad. Imp. Sci. St.-Petersbourg Divers Savans 9: 237 (1859)

Common name 두메닥나무

Distribution in Korea: North, Central, South

Daphne koreana Nakai, J. Jap. Bot. 13: 880 (1937)
Daphne pseudomezereum A.Gray var. *koreana* (Nakai) Hamaya, Bull. Tokyo Univ. Forest 55: 72 (1959)

Representative specimens; **Hamgyong-namdo** 15 June 1932 下碣隅里 *Ohwi, J Ohwi s.n.* **Ryanggang** 9 June 1897 倉坪 *Komarov, VL Komaorv s.n.* 9 June 1897 屈松川 (西頭水河谷) 倉坪 *Komarov, VL Komaorv1118* 12 September 1937 白岩 *Saito, T T Saito7515* 21 June 1897 阿武山-象背嶺 *Komarov, VL Komaorv s.n.* 6 August 1914 胞胎山虛項嶺 *Nakai, T Nakai2193*

Diarthron Turcz.
Diarthron linifolium Turcz., Bull. Soc. Imp. Naturalistes Moscou 5: 204 (1832)

Common name 아마풀

Distribution in Korea: North

Representative specimens; **Ryanggang** 7 July 1897 犁方嶺 (鴨綠江羅暖堡) *Komarov, VL Komaorv s.n.* 4 July 1897 上水隅理 *Komarov, VL Komaorv s.n.*

Stellera L.
Stellera chamaejasme L., Sp. Pl. 559 (1753)

Common name 처녀꽃 (피뿌리풀)

Distribution in Korea: North, Central

Passerina stelleri Wikstr., Kongl. Vetensk. Acad. Handl. 321 (1818)
Stellera rosea Nakai, Bot. Mag. (Tokyo) 33: 147 (1920)
Wikstroemia chamaejasme (L.) Domke, Notizbl. Bot. Gart. Berlin-Dahlem 11: 362 (1932)

Representative specimens; Hamgyong-bukto 20 June 1938 穗城郡甌山 *Saito, T T Saito s.n.* **Hwanghae-bukto** 24 May 1940 瑞興郡瑞興 *Kutani, S s.n.* **Ryanggang** 13 August 1914 Moho (茂峯)- 農事洞 *Nakai, T Nakai s.n.* Type of *Stellera rosea* Nakai (Syntype TI)

TRAPACEAE

***Trapa* L.**
Trapa incisa Siebold & Zucc., Abh. Math.-Phys. Cl. Konigl. Bayer. Akad. Wiss. 4: 134 (1846)
Common name 애기마름
Distribution in Korea: North
    Trapa bispinosa Roxb. var. *incisa* (Siebold & Zucc.) Franch. & Sav., Enum. Pl. Jap. 1: 171 (1875)
    Trapa maximowiczii Korsh., Trudy Imp. S.-Peterburgsk. Bot. Sada 12: 336 (1892)
    Trapa natans L. var. *incisa* (Siebold & Zucc.) Makino, Bot. Mag. (Tokyo) 22: 172 (1908)

Trapa japonica Flerow, Izv. Glavn. Bot. Sada RSFSR 24: 39 (1925)
Common name 마름
Distribution in Korea: North, Central, South

Representative specimens; Hamgyong-bukto 24 August 1935 鏡城 *Saito, T T Saito s.n.*

Trapa natans L., Sp. Pl. 120 (1753)
Common name 네마름
Distribution in Korea: North, Central, South
    Trapa bicornis Osbeck, Dagb. Ostind. Resa 191 (1757)
    Trapa quadrispinosa Roxb., Hort. Bengal. 11 (1814)
    Trapa bispinosa Roxb., Pl. Coromandel 3: 29 (1815)
    Trapa antennifera H.Lév., Bull. Acad. Int. Geogr. Bot. 8: 229 (1899)
    Trapa natans L. f. *quadrispionsa* Makino, Bot. Mag. (Tokyo) 22: 172 (1908)
    Trapa natans L. var. *rubeola* Makino, Bot. Mag. (Tokyo) 27: 251 (1913)
    Trapa bispinosa Roxb. var. *jinumae* Nakano, Bot. Jaarb. 50: 455 (1913)
    Trapa amurensis Flerow, Izv. Glavn. Bot. Sada RSFSR 24: 34 (1925)
    Trapa manshurica Flerow, Izv. Glavn. Bot. Sada SSSR 24: 39 (1925)
    Trapa chinensis Lour. var. *flerovi* Skvortsov, Izv. Glavn. Bot. Sada SSSR 26: 628 (1927)
    Trapa natans L. var. *bispinosa* (Roxb.) Makino, Fl. Japan., ed. 2 (Makino & Nemoto) 814 (1931)
    Trapa natans L. var. *amurensis* (Flerow) Kom., Opred. Rast. Dal'nevost. Kraia 2: 779 (1932)
    Trapa natans L. var. *japonica* Nakai, J. Jap. Bot. 18: 429 (1942)
    Trapa pseudoincisa Nakai, J. Jap. Bot. 18: 436 (1942)
    Trapa komarovii V.N.Vassil., Fl. URSS 15: 647, 693 t. 32 fig. 4 (1949)
    Trapa bicornis Osbeck var. *iwasakii* (Nakano) Nakano, Bot. Mag. (Tokyo) 77: 165 (1964)
    Trapa natans L. var. *pumila* Nakano, Bot. Mag. (Tokyo) 77: 166 (1964)
    Trapa bicornis Osbeck var. *jinumae* (Nakano) Nakano, Bot. Mag. (Tokyo) 77: 165 (1964)

ONAGRACEAE

***Circaea* L.**
Circaea alpina L., Sp. Pl. 9 (1753)
Common name 쥐털이슬

Distribution in Korea: North, Central, South, Ulleung

   Circaea minima L., Mant. Pl. 2: 316 (1771)

   Circaea lutetiana L. var. *alpestris* Schur, Enum. Pl. Transsilv. 214 (1866)

   Circaea lutetiana L. ssp. *alpina* (L.) H.Lév., Monde Pl. 7: 71 (1898)

   Carlostephania minor Bubani, Fl. Pyren. 2: 660 (1899)

   Circaea alpina L. var. *rosulata* H.Hara, J. Jap. Bot. 10: 591 (1934)

   Circaea caulescens (Kom.) Nakai ex H.Hara var. *glabra* H.Hara, J. Jap. Bot. 10: 590 (1934)

Representative specimens; Chagang-do 26 August 1897 小德川 (松德水河谷) *Komarov, VL Komaorv s.n.* 12 August 1910 Chosan(楚山) *Mills, RG Mills387* 21 July 1914 大興里- 山羊 *Nakai, T Nakai s.n.* **Hamgyong-bukto** 10 August 1933 渡正山門內 *Koidzumi, G Koidzumi s.n.* 25 July 1930 漁遊洞 *Ohwi, J Ohwi s.n.* 20 May 1897 茂山嶺 *Komarov, VL Komaorv s.n.* 21 May 1897 茂山嶺-蕨坪(照日洞) *Komarov, VL Komaorv s.n.* 18 July 1918 朱乙溫面態谷嶺 *Nakai, T Nakai s.n.* 19 July 1918 冠帽峰 *Nakai, T Nakai s.n.* 6 July 1933 南下石山 *Saito, T T Saito s.n.* 2 August 1914 車踰嶺 *Ikuma, Y Ikuma s.n.* 29 May 1897 釜所哥谷 *Komarov, VL Komaorv s.n.* 4 August 1933 南陽 *Koidzumi, G Koidzumi s.n.* 12 June 1897 西溪水 *Komarov, VL Komaorv s.n.* 4 June 1897 四芝嶺 *Komarov, VL Komaorv s.n.* **Hamgyong-namdo** 16 August 1934 新角面北山 *Nomura, N Nomura s.n.* 22 August 1932 蓋馬高原 *Kitamura, S Kitamura s.n.* August 1935 遮日峯 *Nakai, T Nakai s.n.* 25 July 1935 西於水里 *Nomura, N Nomura s.n.* 30 August 1934 東下面頭雲峯安基里 *Yamamoto, A Yamamoto s.n.* 19 August 1943 千佛山 *Honda, M Honda s.n.* **Hwanghae-namdo** 1 August 1929 椒島 *Nakai, T Nakai s.n.* **Kangwon-do** 14 July 1936 外金剛千佛山 *Nakai, T Nakai s.n.* 4 August 1932 金剛山內金剛 *Kobayashi, M Kobayashi s.n.* August 1932 Mt. Kumgang (金剛山) *Koidzumi, G Koidzumi s.n.* 7 August 1940 *Okuyama, S Okuyama s.n.* 14 August 1902 *Uchiyama, T Uchiyama s.n.* 18 August 1902 金剛山長安寺 *Uchiyama, T Uchiyama s.n.* **P'yongan-bukto** 2 August 1935 妙香山 *Koidzumi, G Koidzumi s.n.* 28 September 1912 白壁山 *Ishidoya, T Ishidoya s.n.* **Ryanggang** 23 August 1914 Keizanchin(惠山鎭) *Ikuma, Y Ikuma s.n.* 23 August 1914 *Ikuma, Y Ikuma s.n.* 15 August 1935 北水白山 *Hozawa, S Hozawa s.n.* 15 August 1935 *Hozawa, S Hozawa s.n.* 21 August 1897 subdist. Chu-czan, flumen Amnok-gan *Komarov, VL Komaorv s.n.* 22 August 1897 雲洞嶺 *Komarov, VL Komaorv s.n.* 21 July 1914 長蛇洞 *Nakai, T Nakai s.n.* 7 August 1897 上巨里水 *Komarov, VL Komaorv s.n.* 7 August 1917 東溪水 *Furumi, M Furumi s.n.* 7 June 1897 平蒲坪 *Komarov, VL Komaorv s.n.* 9 June 1897 屈松川 (西頭水河谷) 倉坪 *Komarov, VL Komaorv s.n.* 5 August 1930 列結水 *Ohwi, J Ohwi s.n.* 25 July 1930 合水 *Ohwi, J Ohwi s.n.* July 1943 延岩 *Uchida, H Uchida s.n.* 22 August 1914 崔哥嶺 *Ikuma, Y Ikuma s.n.* 24 July 1897 佳林里 *Komarov, VL Komaorv s.n.* 14 August 1914 農事洞- 三下 *Nakai, T Nakai s.n.*

Circaea alpina L. ssp. **caulescens** (Kom.) Tatew., Rep. Veg. Is. Shikotan 44 (1940)

Common name 개털이슬

Distribution in Korea: North, Central

   Circaea alpina L. var. *caulescens*Kom., Trudy Imp. S.-Peterburgsk. Bot. Sada 25: 99 (1907)

   Circaea caulescens (Kom.) Nakai ex H.Hara var. *pilosula* Hara, J. Jap. Bot. 10: 589 (1934)

   Circaea caulescens (Kom.) Nakai ex H.Hara, J. Jap. Bot. 10: 388 (1934)

   Circaea caulescens (Kom.) Nakai ex H.Hara var. *robusta* Nakai ex H.Hara, J. Jap. Bot. 10: 589 (1934)

   Circaea alpina L. var. *pilosula* (H.Hara) H.Hara, J. Jap. Bot. 20: 326 (1944)

   Circaea alpina L. f. *pilosula* (H.Hara) Kitag., Neolin. Fl. Manshur. 467 (1979)

Circaea canadensis (L.) Hill var. **quadrisulcata** (Maxim.) Boufford, Harvard Pap. Bot. 9: 256 (2005)

Common name 털이슬

Distribution in Korea: North, Central, South, Ulleung

   Circaea lutetiana L. f. *quadrisulcata* Maxim., Mem. Acad. Imp. Sci. St.-Petersbourg Divers Savans 9: 106 (1859)

   Circaea lutetiana L. ssp. *quadrisulcata* (Maxim.) Asch. & Magnus, Bot. Zeitung (Berlin) 28: 287 (1870)

   Circaea quadrisulcata (Maxim.) Franch. & Sav., Enum. Pl. Jap. 1: 169 (1873)

   Circaea mollis Siebold & Zucc. var. *maximowiczii* H.Lév., Bull. Acad. Int. Geogr. Bot. 22: 223 (1912)

   Circaea maximowiczii (H.Lév.) H.Hara, J. Bot. 10: 596 (1934)

   Circaea maximowiczii (H.Lév.) H.Hara var. *viridicalyx* H.Hara, J. Jap. Bot. 10: 600 (1934)

   Circaea quadrisulcata (Maxim.) Franch. & Sav. f. *viridicalyx* (H.Hara) Kitag., Lin. Fl. Manshur. 328 (1939)

Representative specimens; Chagang-do 25 August 1897 小德川 (松德水河谷) *Komarov, VL Komaorv s.n.* 22 July 1914 山羊 -江口 *Nakai, T Nakai s.n.* **Hamgyong-bukto** 11 September 1935 羅南 *Saito, T T Saito s.n.* 2 August 1914 車踰嶺 *Ikuma, Y Ikuma s.n.* 25 May 1897 城川江-茂山 *Komarov, VL Komaorv s.n.* 1 August 1936 延上面九州帝大北鮮演習林 *Saito, T T Saito s.n.* 4 August 1933 南陽 *Koidzumi, G Koidzumi s.n.* September 1934 富寧 *Yoshimizu, K s.n.* **Hamgyong-namdo** 19 August 1943 千佛山 *Honda, M Honda s.n.* **Kangwon-do** 11 August 1902 草木洞近傍 *Uchiyama, T Uchiyama s.n.* 7 August 1940 Mt.

Kumgang (金剛山) *Okuyama, S Okuyama s.n.* 20 August 1902 *Uchiyama, T Uchiyama s.n.* **Ryanggang** 16 August 1897 大羅信洞 *Komarov, VL Komaorv s.n.* 7 August 1897 上巨里水 *Komarov, VL Komaorv s.n.* 25 July 1914 遮川里三水 *Nakai, T Nakai s.n.*

Circaea cordata Royle, Ill. Bot. Himal. Mts. 211 (1834)

Common name 쇠털이슬

Distribution in Korea: North, Central, South
　　Circaea cardiophylla Makino, Bot. Mag. (Tokyo) 20: 42 (1906)
　　Circaea bondinieri H.Lév., Bull. Acad. Int. Geogr. Bot. 22: 224 (1912)
　　Circaea hybrica Hand.-Mazz., Symb. Sin. 7: 605 (1933)
　　Circaea kitagawawe H.Hara, J. Jap. Bot. 10: 595 (1935)

Representative specimens; Hamgyong-bukto 4 August 1918 Mt. Chilbo at Myongch'on(七寶山) Nakai, T *Nakai s.n.* **Kangwon-do** 31 July 1916 金剛山神仙峯 *Nakai, T Nakai s.n.* 15 August 1902 金剛山 *Uchiyama, T Uchiyama s.n.* **P'yongan-bukto** 2 August 1935 妙香山 *Koidzumi, G Koidzumi s.n.* **P'yongan-namdo** 17 July 1916 加音峯 *Mori, T Mori s.n.* **Rason** 6 June 1930 西水羅 *Ohwi, J Ohwi s.n.* **Ryanggang** 16 August 1897 大羅信洞 *Komarov, VL Komaorv s.n.* 7 August 1897 上巨里水 *Komarov, VL Komaorv s.n.* 13 August 1897 長進江河口(鴨緑江) *Komarov, VL Komaorv s.n.*

Circaea erubescens Franch. & Sav., Enum. Pl. Jap. 2: 370 (1878)

Common name 붉은털이슬

Distribution in Korea: North, South
　　Circaea delavayi H.Lév.., Repert. Spec. Nov. Regni Veg. 8: 138 (1910)
　　Circaea kawakamii Hayata, Icon. Pl. Formosan. 5: 71 (1915)

Circaea mollis Siebold & Zucc., Abh. Math.-Phys. Cl. Konigl. Bayer. Akad. Wiss. 4: 134 (1847)

Common name 말털이슬 (털이슬)

Distribution in Korea: North, Central, South, Ulleung
　　Circaea coreana H.Lév., Repert. Spec. Nov. Regni Veg. 4: 226 (1907)
　　Circaea coreana H.Lév. var. *sinensis* H.Lév., Repert. Spec. Nov. Regni Veg. 7: 340 (1909)
　　Circaea lutetiana L. var. *taguetii* H.Lév., Repert. Spec. Nov. Regni Veg. 7: 340 (1909)

Representative specimens; Chagang-do 16 August 1911 Kang-gei(Kokai 江界) *Mills, RG Mills s.n.* **Hwanghae-namdo** 27 July 1929 長山串 Nakai, T *Nakai s.n.* 6 August 1929 Nakai, T *Nakai s.n.* August 1932 Sorai Beach 九味浦 *Smith, RK Smith s.n.* August 1932 *Smith, RK Smith s.n.* **Kangwon-do** 28 July 1916 高城 Nakai, T *Nakai s.n.* 20 August 1932 元山德原 *Kitamura, S Kitamura s.n.*

Epilobium L.
Epilobium amurense Hausskn., Oesterr. Bot. Z. 29: 55 (1879)

Common name 둥근잎바늘꽃 (호바늘꽃)

Distribution in Korea: North, Central
　　Epilobium organifolium var. *pubescens* Maxim., Mem. Acad. Imp. Sci. St.-Petersbourg Divers Savans 9: 105 (1859)
　　Epilobium nepalense Hausskn., Oesterr. Bot. Z. 29: 53 (1879)
　　Epilobium laetum Wall. ex Hausskn., Monogr. Epilobium 218 (1884)
　　Epilobium foucaudianum H.Lév., Bull. Acad. Int. Geogr. Bot. 9: 211 (1900)
　　Epilobium angulatum Kom., Trudy Imp. S.-Peterburgsk. Bot. Sada 18: 432 (1901)
　　Epilobium yabei H.Lév., Bull. Soc. Agric. Sarthe 40: 72 (1905)
　　Epilobium gansuense H.Lév., Bull. Herb. Boissier ser 2, 7: 590 (1907)
　　Epilobium tenue Kom., Trudy Imp. S.-Peterburgsk. Bot. Sada 25: 95 (1907)
　　Epilobium miyabei H.Lév., Repert. Spec. Nov. Regni Veg. 5: 8 (1908)
　　Epilobium ovale Takeda, J. Linn. Soc., Bot. 42: 466 (1914)
　　Epilobium amurense Hausskn. ssp. *laetum* (Wall. ex Hausskn.) P.H.Raven, Bull. Brit. Mus. (Nat. Hist.), Bot. 2: 367 (1962)

Representative specimens; Chagang-do 22 July 1914 山羊 -江口 Nakai, T *Nakai s.n.* 22 July 1914 Nakai, T *Nakai s.n.* **Hamgyong-bukto** 11 August 1933 渡正山門內 *Koidzumi, G Koidzumi s.n.* 11 August 1933 *Koidzumi, G Koidzumi s.n.* 19 July 1918 冠帽山 Nakai, T *Nakai s.n.* 19 July 1918 冠帽峰 Nakai, T *Nakai s.n.* 19 August 1914 曷浦嶺 Nakai, T *Nakai s.n.* **Hamgyong-namdo** 16 August 1935 雲仙嶺 Nakai, T *Nakai s.n.* 14 August 1935 新興郡白岩山 Nakai, T *Nakai s.n.* **Kangwon-do**

20 August 1916 金剛山彌勒峯 *Nakai, T Nakai s.n.* **P'yongan-namdo** 21 July 1916 上南洞 *Mori, T Mori s.n.* **Ryanggang** 23 July 1914 李僧嶺 *Nakai, T Nakai s.n.*

Epilobium amurense Hausskn. ssp. *cephalostigma* (Hausskn.) C.J.Chen & Hoch & P.H.Raven, Syst. Bot. Monogr. 34: 127 (1992)

Common name 돌바늘꽃

Distribution in Korea: North, Central, South, Jeju

    Epilobium cephalostigma Hausskn., Oesterr. Bot. Z. 29: 57 (1879)
    Epilobium calycinum Hausskn., Monogr. Epilobium 196 (1884)
    Epilobium nudicarpum Kom., Trudy Imp. S.-Peterburgsk. Bot. Sada 18: 432 (1901)
    Epilobium coreanum H.Lév., Bull. Herb. Boissier ser 2, 7: 590 (1907)
    Epilobium cylindrostigma Kom., Trudy Imp. S.-Peterburgsk. Bot. Sada 25: 95 (1907)
    Epilobium consimile Hausskn. var. *japonicum* Nakai, Bot. Mag. (Tokyo) 25: 148 (1911)
    Epilobium sugaharae Koidz., Acta Phytotax. Geobot. 5: 121 (1936)
    Epilobium cephalostigma Hausskn. f. *leucanthum* Honda, Bot. Mag. (Tokyo) 54: 2 (1940)
    Epilobium cephalostigma Hausskn. var. *nudicarpum* (Kom.) H.Hara, J. Jap. Bot. 18: 234 (1942)

Representative specimens; Chagang-do 18 July 1914 大興里 *Nakai, T Nakai s.n.* 25 July 1935 東下面 *Unknown s.n.* **Hamgyong-bukto** 6 August 1933 會寧古豊山 *Koidzumi, G Koidzumi s.n.* 14 August 1933 朱乙温泉朱乙山 *Koidzumi, G Koidzumi s.n.* 6 July 1933 南下石山 *Saito, T T Saito s.n.*明川 (漁面堡) *Unknown s.n.* **Hamgyong-namdo** 11 August 1940 咸興歸州寺 *Okuyama, S Okuyama s.n.* 15 August 1935 東上面漢岱里 *Nakai, T Nakai s.n.* 14 August 1935 新興郡白岩山 *Nakai, T Nakai s.n.* **Kangwon-do** 31 July 1916 金剛山三聖庵附近 *Nakai, T Nakai s.n.* 29 July 1916 海金剛 *Nakai, T Nakai s.n.* August 1932 Mt. Kumgang (金剛山) *Koidzumi, G Koidzumi s.n.* 7 August 1940 *Okuyama, S Okuyama s.n.* 20 August 1902 *Uchiyama, T Uchiyama s.n.* 24 August 1901 Nai Piang *Faurie, UJ Faurie s.n.* 6 June 1909 元山 *Nakai, T Nakai s.n.* **P'yongyang** September 1901 in mediae *Faurie, UJ Faurie s.n.* **Ryanggang** 21 July 1914 長蛇洞 *Nakai, T Nakai s.n.* 24 July 1930 含山嶺 *Ohwi, J Ohwi s.n.*

Epilobium angustifolium L., Sp. Pl. 347 (1753)

Common name 분홍바늘꽃

Distribution in Korea: North, Central, South

    Epilobium spicatum Lam., Fl. Franc. (Lamarck) 3: 482 (1779)
    Epilobium gesneri Vill., Prosp. Hist. Pl. Dauphine 45 (1779)
    Epilobium persicifolium Vill., Hist. Pl. Dauphine 1: 328 (1786)
    Epilobium antonianum Pers., Syn. Pl. (Persoon) 1: 409 (1805)
    Epilobium salicifolium Stokes, Bot. Mat. Med. 2: 351 (1812)
    Epilobium variabile Lucé, Topogr. Nachr. Oesel 187 (1823)
    Chamaenerion angustifolium (L.) Schur, Enum. Pl. Transsilv. 213 (1866)
    Epilobium angustifolium L. var. *pleniflorum* Nakai, Bot. Mag. (Tokyo) 22: 75 (1908)

Representative specimens; Hamgyong-bukto 20 May 1897 茂山嶺 *Komarov, VL Komaorv s.n.* 23 June 1909 *Nakai, T Nakai s.n.* 13 July 1918 朱乙温面生氣嶺 *Nakai, T Nakai s.n.* 18 July 1918 朱乙温面態谷嶺 *Nakai, T Nakai s.n.* 9 July 1930 鏡城 *Ohwi, J Ohwi s.n.* 9 July 1930 Kyonson 鏡城 *Ohwi, J Ohwi s.n.* July 1934 朱乙 *Yoshimizu, K s.n.* 26 June 1930 雪嶺東側 *Ohwi, J Ohwi s.n.* 13 June 1897 西溪水 *Komarov, VL Komaorv s.n.* 4 June 1897 四芝嶺 *Komarov, VL Komaorv s.n.* **Hamgyong-namdo** 2 September 1934 東下面蓮花山 *Yamamoto, A Yamamoto s.n.* 22 August 1932 蓋馬高原 *Kitamura, S Kitamura s.n.*16 August 1935 雲仙嶺 *Nakai, T Nakai s.n.* 16 August 1935 *Nakai, T Nakai s.n.* 15 August 1940 赴戰高原雲水嶺 *Okuyama, S Okuyama s.n.* **Kangwon-do** 12 July 1936 外金剛千佛山 *Nakai, T Nakai s.n.* 5 August 1916 金剛山新豊里 *Nakai, T Nakai s.n.* **P'yongan-namdo** 20 July 1916 黄玉峯 (黄處嶺?) *Mori, T Mori s.n.* **Ryanggang** 5 August 1897 白山嶺 *Komarov, VL Komaorv s.n.* 16 August 1897 大羅信洞 *Komarov, VL Komaorv s.n.* 7 August 1897 上巨里水 *Komarov, VL Komaorv s.n.* 7 June 1897 平蒲坪 *Komarov, VL Komaorv s.n.* 9 June 1897 屈松川 (西頭水河谷) 倉坪 *Komarov, VL Komaorv s.n.* 26 June 1897 內曲里 *Komarov, VL Komaorv s.n.* 24 July 1897 佳林里 *Komarov, VL Komaorv s.n.* 15 July 1935 小長白山脈 *Irie, Y s.n.* 20 July 1897 惠山鎮(鴨綠江上流長白山脈中高原) *Komarov, VL Komaorv s.n.*

Epilobium ciliatum Raf., Med. Repos. 2: 361 (1808)

Common name 줄바늘꽃

Distribution in Korea: North, Central, South

    Epilobium affine Maxim., Index Seminum [St.Petersburg (Petropolitanus)] 16 (1869)
    Epilobium brevistylum Barb.Rodr., Bot. California 1: 220 (1876)
    Epilobium adenocaulon Hausskn., Oesterr. Bot. Z. 29: 119 (1879)
    Epilobium chilense Hausskn., Oesterr. Bot. Z. 29: 118 (1879)
    Epilobium maximowiczii Hausskn., Oesterr. Bot. Z. 29: 57 (1879)

Epilobium valdiviense Haussitn., Oesterr. Bot. Z. 29: 118 (1879)
Epilobium glandulosum Lehm. f. *brveifolia* Haussitn., Monogr. Epilobium 273 (1884)
Epilobium albiflorum Phil., Anales Univ. Chile 84: 745 (1893)
Epilobium punctatum H.Lév., Bull. Acad. Int. Geogr. Bot. 11: 316 (1902)
Epilobium glandulosum Lehm. var. *asiaticum* H.Hara, J. Jap. Bot. 18: 241 (1942)
Epilobium glandulosum Lehm. var. *brevifolium* (Haussitn.) Nakai, Bull. Natl. Sci. Mus., Tokyo 31: 81 (1952)

Representative specimens; Hamgyong-bukto 1 August 1914 清津 *Ikuma, Y Ikuma s.n.* 15 August 1936 富寧青岩 - 連川 *Saito, T T Saito s.n.* 15 July 1918 朱乙溫面湯地洞 *Nakai, T Nakai s.n.* 13 July 1930 Kyonson 鏡城 *Ohwi, J Ohwi s.n.* August 1913 茂山 *Mori, T Mori s.n.* 30 July 1936 延上面九州帝大北鮮演習林 *Saito, T T Saito s.n.* 4 August 1918 Mt. Chilbo at Myongch'on(七寶山) *Nakai, T Nakai s.n.* **Hamgyong-namdo** 24 July 1933 東上面大漢垈里 *Koidzumi, G Koidzumi s.n.* 16 August 1935 雲仙嶺 *Nakai, T Nakai s.n.* **Kangwon-do**August 1932 Mt. Kumgang (金剛山) *Koidzumi, G Koidzumi s.n.* **Ryanggang** 23 July 1914 李僧嶺 *Nakai, T Nakai s.n.* 24 July 1930 合水 (列結水) *Ohwi, J Ohwi s.n.* 4 August 1914 普天堡- 寶泰洞 *Nakai, T Nakai s.n.*

Epilobium fastigiato-ramosum Nakai, Bot. Mag. (Tokyo) 33: 9 (1919)
Common name 가지바늘꽃, 버들바늘꽃 (회령바늘꽃)
Distribution in Korea: North
Epilobium baicalense Popov, Bot. Mater. Gerb. Bot. Inst. Komarova Akad. Nauk S.S.S.R. 18: 6 (1957)

Representative specimens; Hamgyong-bukto 24 August 1914 會寧 -行營 *Nakai, T Nakai3280* Type of *Epilobium fastigiato-ramosum* Nakai (Holotype TI)

Epilobium hirsutum L., Sp. Pl. 347 (1753)
Common name 큰바늘꽃
Distribution in Korea: North, Central, South, Ulleung
Chamaenerion hirsutum (L.) Scop., Fl. Carniol., ed. 2 270 (1772)
Chamaenerion grandiflorum (Weber) Moench, Methodus (Moench) 677 (1794)
Epilobium villosum Thunb., Prodr. Pl. Cap. 75 (1794)
Epilobium tomentosum Vent., Descr. Pl. Nouv. 90 (1802)
Epilobium hirsutum L. var. *tomentosum* (Vent.) Boiss., Fl. Orient. 2: 746 (1872)
Epilobium hirsutum L. var. *laetum* Wall. ex C.B.Clarke, Fl. Brit. Ind. 2: 584 (1879)
Epilobium hirsutum L. var. *villosum* Haussitn., Monogr. Epilobium 53 (1884)
Epilobium velutinum Nevski, Trudy Bot. Inst. Akad. Nauk S.S.S.R., Ser. 1, Fl. Sist. Vyssh. Rast. 1: 312 (1937)

Epilobium palustre L., Sp. Pl. 348 (1753)
Common name 버들바늘꽃
Distribution in Korea: North, Ulleung
Epilobium rhynchocarpum Boissieu, Diagn. Pl. Orient. II, 2: 53 (1856)
Epilobium palustre L. var. *majus* C.B.Clarke, Fl. Brit. Ind. 2: 585 (1879)
Epilobium palustre L. var.*minimum* C.B.Clarke, Fl. Brit. Ind. 2: 585 (1879)
Epilobium palustre L. var. *lavandulifolium* Lecoq & Lamotte ex Haussitn., Monogr. Epilobium 133 (1884)
Epilobium palustre L. var. *fischerianum* Haussitn., Monogr. Epilobium 132 (1884)
Epilobium fischerianum Pavlov, Bull. Soc. Imp. Naturalistes Moscou n.s. 38: 105 (1929)

Representative specimens; Chagang-do 18 July 1914 大興里 *Nakai, T Nakai s.n.* 10 July 1914 蔥田嶺 *Nakai, T Nakai s.n.* **Hamgyong-bukto** 17 July 1918 朱乙溫面甫上洞 *Nakai, T Nakai s.n.* 24 July 1918 朱北面金谷 *Nakai, T Nakai s.n.* 7 August 1932 朱乙 *Unknown s.n.* 23 June 1909 Musan-ryeong (戊山嶺) *Nakai, T Nakai s.n.* **Hamgyong-namdo** 10 August 1933 鎮江-鎮岩峯 *Yang, JY s.n.* 14 August 1943 赴戰高原元豊-道安 *Honda, M Honda s.n.* 18 August 1943 赴戰高原咸地院 *Honda, M Honda s.n.*27 July 1933 東上面元豊 *Koidzumi, G Koidzumi s.n.* 25 July 1933 東上面遮日峯 *Koidzumi, G Koidzumi s.n.* 15 August 1935 東上面漢垈里 *Nakai, T Nakai s.n.* 15 August 1935 東上面漢垈里 *Nakai, T Nakai s.n.* 15 August 1935 Kantairi 漢垈里 *Nakai, T Nakai s.n.* 31 July 1932 東上面 *Nomura, N Nomura s.n.* 14 August 1940 赴戰高原雲水嶺 *Okuyama, S Okuyama s.n.* 26 July 1935 把田洞 *Unknown s.n.* 16 August 1934 東上面赴戰嶺 *Yamamoto, A Yamamoto s.n.* 17 August 1934 東上面內岩洞谷 *Yamamoto, A Yamamoto s.n.* 14 August 1935 新興郡白岩山 *Nakai, T Nakai s.n.* **Hwanghae-bukto** 7 September 1902 可將去里南川 *Uchiyama, T Uchiyama s.n.***P'yongyang** 4 September 1901 in montibus mediae *Faurie, UJ Faurie s.n.* **Ryanggang** 26 July 1914 三水- 惠山鎮 *Nakai, T Nakai s.n.* 15 August 1935 北水白山 *Hozawa, S Hozawa s.n.* 21 July 1914 長蛇洞 *Nakai, T Nakai s.n.* 23 July 1914 李僧嶺 *Nakai, T Nakai s.n.* 24 July 1930 大澤 *Ohwi, J Ohwi s.n.* 31 July 1930 島内 *Ohwi, J Ohwi s.n.* 24 July 1930

大澤 *Ohwi, J Ohwi s.n.* 31 July 1930 島內 *Ohwi, J Ohwi s.n.* 24 July 1930 大澤 *Ohwi, J Ohwi s.n.* 21 July 1897 佳林里 (鴨綠江上流) *Komarov, VL Komaorv s.n.* 27 July 1897 佳林里 *Komarov, VL Komaorv s.n.* August 1914 白頭山 *Ikuma, Y Ikuma s.n.* August 1913 長白山 *Mori, T Mori s.n.* August 1913 *Mori, T Mori s.n.* 4 August 1914 普天堡- 寶泰洞 *Nakai, T Nakai s.n.* 10 August 1914 白頭山 *Nakai, T Nakai s.n.*

Epilobium pyrricholophum Franch. & Sav., Enum. Pl. Jap. 2: 370 (1878)

Common name 바늘꽃

Distribution in Korea: North, Central, South, Ulleung

Epilobium tetragonum var. *japonica* Miq., Ann. Mus. Bot. Lugduno-Batavi 3: 94 (1867)
Epilobium japonicum (Miq.) Hausskn., Oesterr. Bot. Z. 29: 56 (1879)
Epilobium japonicum (Miq.) Hausskn. var. *glandulosopubescens* Hausskn., Oesterr. Bot. Z. 29: 56 (1879)
Epilobium oligodontum Hausskn., Oesterr. Bot. Z. 29: 58 (1879)
Epilobium rouyeanum H.Lév., Bull. Acad. Int. Geogr. Bot. 9: 210 (1900)
Epilobium rouyanum H.Lév., Bull. Acad. Int. Geogr. Bot. 9: 210 (1900)
Epilobium hakkodense H.Lév., Bull. Acad. Int. Geogr. Bot. 10: 34 (1901)
Epilobium quadrangulum H.Lév., Bull. Soc. Agric. Sarthe 40: 72 (1905)
Epilobium makinoense H.Lév., Bull. Acad. Int. Geogr. Bot. 40: 73 (1905)
Epilobium arcuatum H.Lév., Bull. Herb. Boissier ser 2, 7: 589 (1907)
Epilobium chrysocoma H.Lév., Bull. Herb. Boissier ser 2, 7: 589 (1907)
Epilobium prostratum H.Lév., Bull. Soc. Bot. France 54: 522 (1907)
Epilobium kiusianum Nakai, Bot. Mag. (Tokyo) 22: 84 (1908)
Epilobium pyrricholophum Franch. & Sav. var. *anoleucolophum* H.Lév., Repert. Spec. Nov. Regni Veg. 6: 330 (1909)
Epilobium nakaianum H.Lév., Iconogr. Epilobium 166 (1910)
Epilobium pyrricholophum Franch. & Sav. f. *japonicum* (Miq.) Nakai, Bot. Mag. (Tokyo) 25: 150 (1911)
Epilobium pyrricholophum Franch. & Sav. f. *macrocarpum* Nakai, Bot. Mag. (Tokyo) 25: 150 (1911)
Epilobium pyrricholophum Franch. & Sav. f. *kiusianum* Nakai, Bot. Mag. (Tokyo) 25: 150 (1911)
Epilobium axillare Franch. ex Koidz., Fl. Symb. Orient.-Asiat. 85 (1930)
Epilobium myokoense Koidz., Fl. Symb. Orient.-Asiat. 86 (1930)
Epilobium pyrricholophum Franch. & Sav. var. *curvatopilosum* H.Hara, J. Jap. Bot. 18: 237 (1942)
Epilobium pyrricholophum Franch. & Sav. var. *japonicum* (Miq.) H.Hara, J. Jap. Bot. 18: 236 (1942)

Representative specimens; Hamgyong-bukto 24 September 1937 漁遊洞 *Saito, T T Saito s.n.* **Hamgyong-namdo** 25 August 1931 Hamhung (咸興) *Nomura, N Nomura s.n.* 2 September 1934 東下面蓮花山 *Yamamoto, A Yamamoto s.n.* 20 August 1932 鎮江- 鎮岩峯 *Kitamura, S Kitamura s.n.* 9 August 1932 *Unknown s.n.* 3 October 1935 赴戰高原 Fusenkogen *Okamoto, S Okamoto s.n.* 17 August 1934 東上面達阿里 *Unknown s.n .* **Kangwon-do** 26 August 1916 金剛山普賢洞 *Nakai, T Nakai s.n.* 6 June 1909 元山 *Nakai, T Nakai s.n.* **P'yongan-namdo** 20 September 1915 龍岡 *Nakai, T Nakai s.n.* **P'yongyang** 4 September 1901 in montibus mediae *Faurie, UJ Faurie s.n .* **Ryanggang** 24 July 1930 含山嶺 *Ohwi, J Ohwi s.n.* August 1913 長白山 *Mori, T Mori s.n.*

Ludwigia L.
Ludwigia prostrata Roxb., Hort. Bengal. 11 (1814)

Common name 여뀌바늘꽃 (여뀌바늘)

Distribution in Korea: North, Central, South

Ludwigia diffusa Buch.-Ham., Trans. Linn. Soc. London 14: 301 (1824)
Ludwigia fruticulosa Blume, Bijdr. Fl. Ned. Ind. 17: 1133 (1826)
Nematopyxis fruticulosa (Blume) Miq., Fl. Ned. Ind. 1: 630 (1855)
Nematopyxis prostrata (Roxb.) Miq., Fl. Ned. Ind. 1: 630 (1855)
Nematopyxis pusilla Miq., Fl. Ned. Ind. 1: 636 (1855)
Ludwigia epilobioides Maxim., Mem. Acad. Imp. Sci. St.-Petersbourg Divers Savans 9: 104 (1859)
Nematopyxis japonica Miq., Ann. Mus. Bot. Lugduno-Batavi 3: 95 (1867)
Isnardia prostrata (Roxb.) Kuntze, Revis. Gen. Pl. 1: 250 (1891)
Jussiaea fauriei H.Lév., Monde Pl. 6: 51 (1897)
Jussiaea japonica H.Lév., Monde Pl. 6: 51 (1897)
Jussiaea pamentieri H.Lév., Monde Pl. 6: 51 (1897)
Jussiaea philippiana H.Lév., Monde Pl. 6: 51 (1897)
Jussiaea prostrata (Roxb.) H.Lév., Repert. Spec. Nov. Regni Veg. 8: 138 (1910)

Representative specimens; Hamgyong-bukto 1 August 1914 清津 *Ikuma, Y Ikuma s.n.* 24 August 1933 羅南 *Koidzumi, G Koidzumi s.n.* 19 June 1909 清津 *Nakai, T Nakai s.n.* 15 August 1936 富寧青岩 - 連川 *Saito, T T Saito s.n.* **Kangwon-do** 10 August 1902 干發告嶺 *Uchiyama, T Uchiyama s.n.* 8 August 1916 金剛山長安寺 *Nakai, T Nakai s.n.* 13 August 1902 長淵里 *Uchiyama, T Uchiyama s.n.* 22 August 1902 北屯址 *Uchiyama, T Uchiyama s.n.*

Oenothera L.
Oenothera biennis L., Sp. Pl. 346 (1753)

Common name 올달맞이꽃 (달맞이꽃)

Distribution in Korea: Introduced (North, Central, South, Ulleung; N. America)
  Oenothera muricata L., Syst. Nat. ed. 12 2: 263 (1767)
  Onagra biennis (L.) Scop., Fl. Carniol., ed. 2 1: 269 (1772)
  Onagra muricata (L.) Moench, Methodus (Moench) 675 (1794)
  Oenothera suaveolens Desf., Tabl. Ecole Bot. 169 (1804)
  Onagra europaea Spach, Hist. Nat. Veg. (Spach) 4: 359 (1835)

Oenothera glazioviana Micheli, Fl. Bras. (Martius) 13: 178 (1875)

Common name 큰달맞이꽃

Distribution in Korea: Introduced (North, Central, South, Jeju; Europe)
  Oenothera lamarckiana Ser., Prodr. (DC.) 3: 47 (1828)
  Oenothera erythrosepala Borbás, Magyar Bot. Lapok 245 (1903)
  Oenothera fusiformis Munz & I.M.Johnst., Contr. Gray Herb. 75: 21 (1925)

ALANGIACEAE

Alangium Lam.
Alangium platanifolium (Siebold & Zucc.) Harms, Nat. Pflanzenfam. Ill. 8: 261 (1898)

Common name 단풍나무 (박쥐나무)

Distribution in Korea: North, Central, South, Ulleung
  Alangium platanifolium (Siebold & Zucc.) Harms var. *genuinum* Wangerin, Pflanzenr. (Engler) 4 (41): 22 (1810)
  Marlea platanifolia Siebold & Zucc., Abh. Math.-Phys. Cl. Konigl. Bayer. Akad. Wiss. 4: 134 (1843)
  Marlea macrophylla Siebold & Zucc., Abh. Math.-Phys. Cl. Konigl. Bayer. Akad. Wiss. 4: 135 (1843)
  Marlea platanifolia Siebold & Zucc. var. *triloba* Miq., Ann. Mus. Bot. Lugduno-Batavi 2: 159 (1865)
  Karangolum platanifolium (Siebold & Zucc.) Kuntze, Revis. Gen. Pl. 1: 272 (1891)
  Marlea platanoides Micheli, Rev. Hort. 501 (1898)
  Marlea platanifolia Siebold & Zucc. var. *macrophylla* (Siebold & Zucc.) Makino, Bot. Mag. (Tokyo) 20: 86 (1905)
  Alangium platanifolium (Siebold & Zucc.) Harms var. *macrophyllum* (Siebold & Zucc.) Wangerin, Pflanzenr. (Engler) 4 (41): 22 (1910)
  Marlea sinica Nakai, Fl. Sylv. Kor. 17: 29 (1928)
  Marlea macrophylla Siebold & Zucc. var. *triloba* (Miq.) Nakai, Fl. Sylv. Kor. 17: 26 (1928)
  Marlea macrophylla Siebold & Zucc. var. *velutina* Nakai, Fl. Sylv. Kor. 17: 28 (1928)
  Alangium platanifolium (Siebold & Zucc.) Harms var. *ogurae* Yanagita, J. Jap. Bot. 12: 424 (1936)
  Marlea platanifolia Siebold &Zucc. f. *velutina* (Nakai) H.Hara, Enum. Spermatophytarum Japon. 3: 253 (1954)
  Alangium platanifolium (Siebold & Zucc.) Harms var. *trilobum* (Miq.) Ohwi, Fl. Jap., revised ed., [Ohwi] 1437 (1965)
  Alangium platanifolium (Siebold & Zucc.) Harms var. *macrophyllum* (Siebold & Zucc.) Wangerin f. *velutina* (Nakai) T.B.Lee, Ill. Woody Pl. Korea 319 (1966)

Representative specimens; Chagang-do 27 June 1914 公西面從西山 *Nakai, T Nakai s.n.* **Hamgyong-namdo** 11 June 1909 鎮江- 鎭岩峯 *Nakai, T Nakai s.n.* **Hwanghae-bukto** 26 May 1924 霞嵐山 *Takaichi, Y Takaichi s.n.* **Hwanghae-namdo** 28 July

1929 長山串 *Nakai, T Nakai s.n.* 27 July 1929 *Nakai, T Nakai s.n.* **Kangwon-do** 4 October 1923 安邊郡楸愛山 *Fukubara, S Fukubara s.n.* 8 June 1909 元山 *Nakai, T Nakai s.n.* **P'yongan-bukto** 4 June 1924 飛來峯 *Sawada, T Sawada s.n.* 5 June 1914 朔州- 昌州 *Nakai, T Nakai s.n.* 8 June 1919 義州金剛山 *Ishidoya, T Ishidoya s.n.* 11 August 1935 *Koidzumi, G Koidzumi s.n.* 12 June 1912 白壁山 *Ishidoya, T Ishidoya s.n.* **Ryanggang** 17 May 1923 北靑郡厚峙嶺 *Ishidoya, T Ishidoya s.n.* 22 August 1897 雲洞嶺 *Komarov, VL Komaorv s.n.* 23 August 1897 *Komarov, VL Komaorv s.n.*

CORNACEAE

Cornus L.
Cornus alba L., Mant. Pl. 1: 40 (1767)
Common name 흰말채나무
Distribution in Korea: North, Central
 Cornus tatarica Mill., Gard. Dict., ed. 8, n. 7, 0 (1768)
 Cornus alba L. var. *sibirica* Lodd. ex Loudon, Arbor. Frutic. Brit. 2: 1012 (1838)
 Cornus purpurea Tausch, Flora 21: 781 (1838)
 Cornus tatarica Mill. var. *sibirica* Koehne, Deut. Dendrol. 436 (1893)
 Cornus hessei Koehne, Gartenflora 1899: 340 (1899)
 Cornus pumila Koehne, Mitt. Deutsch. Dendrol. Ges. 1903: 46 (1903)
 Cornus alba L. ssp. *tatarica* (Mill.) Wangerin, Pflanzenr. (Engler) 4, 229(Heft 41): 55 (1910)
 Cornus subumbellata Komatsu, Icon. Pl. Koisikav 2: 57 (1914)
 Cornus alba L. var. *rutokensis* Miyabe & Miyake, Fl. Saghalin 205 (1915)
 Thelycrania alba (L.) Pojark., Bot. Mater. Otd. Sporov. Rast. Bot. Inst. Komarova Akad. Nauk SSSR 12: 272 (1950)

Representative specimens; Chagang-do 21 July 1914 大興里- 山羊 *Nakai, T Nakai s.n.* 10 July 1914 蔥田嶺 *Nakai, T Nakai s.n.* 18 July 1914 大興里 *Nakai, T Nakai s.n.* 6 July 1914 牙得嶺 (江界) /牙得嶺 (長津) *Nakai, T Nakai s.n.* **Hamgyong-bukto** 5 August 1939 頭流山 *Hozawa, S Hozawa s.n.* 29 May 1897 釜所哥谷 *Komarov, VL Komaorv s.n.* 23 July 1918 朱南面黃雪嶺 *Nakai, T Nakai s.n.* 4 August 1933 *Saito, T T Saito s.n.* 17 June 1930 四芝洞 *Ohwi, J Ohwi s.n.* **Hamgyong-namdo** July 1943 龍眼里 *Uchida, H Uchida s.n.* 26 July 1916 下碣隅里 *Mori, T Mori s.n.* 15 June 1932 *Ohwi, J Ohwi s.n.* 15 August 1935 東上面漢垈里 *Nakai, T Nakai s.n.* 15 August 1935 *Nakai, T Nakai s.n.* 20 June 1932 東上面元豊里 *Ohwi, J Ohwi s.n.* 14 August 1940 赴戰高原漢垈里 *Okuyama, S Okuyama s.n.* **P'yongan-bukto** 12 June 1914 Pyok-dong (碧潼) *Nakai, T Nakai s.n.* 7 June 1914 昌城- 碧潼 *Nakai, T Nakai s.n.* **Ryanggang** 15 August 1935 北水白山 *Hozawa, S Hozawa s.n.* 19 June 1930 楡坪 *Ohwi, J Ohwi s.n.* 24 July 1930 大澤 *Ohwi, J Ohwi s.n.* 22 August 1914 普天堡 *Ikuma, Y Ikuma s.n.*

Cornus canadensis L., Sp. Pl. 118 (1753)
Common name 풀산딸나무
Distribution in Korea: North
 Cornus herbacea L. var. *canadensis* (L.) Pall., Fl. Ross. (Pallas) 1: 52 (1784)
 Cornus × *unalaschkensis* Ledeb., Fl. Ross. (Ledeb.) 2: 378 (1844)
 Chamaepericlymenum canadense (L.) Asch. & Graebn., Fl. Nordostdeut. Flachl. 539 (1898)
 Cornella canadensis (L.) Rydb., Bull. Torrey Bot. Club 33: 147 (1906)
 Arctocrenia canadensis (L.) Nakai, Bot. Mag. (Tokyo) 23: 40 (1909)
 Cornus fauriei H.Lév., Repert. Spec. Nov. Regni Veg. 8: 281 (1910)
 Mesomora canadensis (L.) Nieuwl. ex Lunell, Amer. Midl. Naturalist 4: 487 (1916)

Cornus controversa Hemsl., Bot. Mag. 135: t. 8261 (1909)
Common name 층층나무
Distribution in Korea: North, Central, South, Ulleung
 Cornus sanguinea Thunb., Fl. Jap. (Thunberg) 63 (1784)
 Cornus obovata Thunb., Mus. Nat. Acad. Upsal. 17: 3 (1809)
 Cornus controversa Hemsl. var. *alpina* Wangerin, Pflanzenr. (Engler) 4, 229: Ht. 41&50 (1810)
 Bothrocaryum controversum (Hemsl.) Pojark., Bot. Mater. Gerb. Bot. Inst. Komarova Akad. Nauk S.S.S.R. 12: 170 (1950)

A Checklist of North Korean Vascular Plants   T.B. Lee Herbarium (SNUA) – 2019 (C.S. Chang, H. Kim, H.T. Shin & C.H. Lee)

- 311 -

Swida controversa (Hemsl.) Soják, Novit. Bot. Delect. Seminum Horti Bot. Univ. Carol. Prag.
0: 10 (1960)

Representative specimens; Chagang-do 1 July 1914 公西面江界 *Nakai, T Nakai s.n.* **Hamgyong-bukto** 17 June 1930 四芝嶺 *Ohwi, J Ohwi s.n.* **Kangwon-do** 31 July 1916 金剛山群仙峽 *Nakai, T Nakai s.n.* 31 July 1916 *Nakai, T Nakai s.n.* 12 August 1932 Mt. Kumgang (金剛山) *Koidzumi, G Koidzumi s.n.* 14 July 1936 金剛山外金剛千佛山 *Nakai, T Nakai s.n.* **P'yongan-bukto** 5 August 1937 妙香山 *Hozawa, S Hozawa s.n.* 5 August 1935 *Koidzumi, G Koidzumi s.n.* 11 August 1935 義州金剛山 *Koidzumi, G Koidzumi s.n.* **P'yongan-namdo** 15 June 1928 陽德 *Nakai, T Nakai s.n.* **Ryanggang** 23 August 1897 雲洞嶺 *Komarov, VL Komaorv s.n.* 24 July 1930 大澤 *Ohwi, J Ohwi s.n.* 20 August 1933 江口 - 三長 *Koidzumi, G Koidzumi s.n.*

Cornus kousa F. Buerger ex Hance, J. Linn. Soc., Bot. 13: 105 (1873)

Common name 산딸나무

Distribution in Korea: Central, South
    Benthamia japonica Siebold & Zucc., Fl. Jap. (Siebold) 1: 38 (1836)
    Cornus japonica (Siebold & Zucc.) Koehne, Dendrologie 0: 438 (1893)
    Benthamia kuosa (F.Buerger ex Hance) Nakai, Bot. Mag. (Tokyo) 23: 41 (1909)
    Benthamia japonica Siebold & Zucc. var. *exsucca* Nakai, Bot. Mag. (Tokyo) 28: 315 (1914)
    Benthamia viridis Nakai, Bot. Mag. (Tokyo) 28: 314 (1914)
    Benthamia japonica Siebold & Zucc. var. *minor* Nakai, Bot. Mag. (Tokyo) 28: 315 (1914)
    Cynoxylon japonica (Siebold & Zucc.) Nakai, Bot. Mag. (Tokyo) 31: 148 (1917)
    Cynoxylon kuosa (F.Buerger) Nakai ex T. Mori, Enum. Pl. Corea 275 (1922)
    Dendrobenthamia japonica (Siebold & Zucc.) Hutch., Ann. Bot. (Oxford) n.s. 6: 93 (1942)

Representative specimens; Hwanghae-namdo 28 July 1932 長淵郡長山串 *Nakai, T Nakai s.n.* 27 July 1932 Nakai, T *Nakai s.n.*

Cornus walteri Wangerin, Repert. Spec. Nov. Regni Veg. 6: 99 (1908)

Common name 말채나무

Distribution in Korea: Central, South
    Cornus coreana Wangerin, Repert. Spec. Nov. Regni Veg. 6: 99 (1908)
    Cornus henryi Hemsl. ex Wangerin, Pflanzenr. (Engler) IV, 229(Hf. 41): 90 (1910)
    Cornus yunnanensis H.L.Li, J. Arnold Arbor. 25: 312-1 (1944)
    Swida coreana (Wangerin) Soják, Novit. Bot. Delect. Seminum Horti Bot. Univ. Carol. Prag. 1960: 10 (1960)

Representative specimens; Hamgyong-namdo 11 June 1909 鎭岩峯 *Nakai, T Nakai s.n.* **Hwanghae-bukto** 10 September 1915 瑞興 *Nakai, T Nakai s.n.* 10 September 1915 *Nakai, T Nakai s.n.* 8 September 1902 瑞興- 風壽阮 *Uchiyama, T Uchiyama s.n.* 8 September 1902 *Uchiyama, T Uchiyama s.n.* **Hwanghae-namdo** 29 July 1935 長壽山 *Koidzumi, G Koidzumi s.n.* 27 July 1932 長淵郡長山串 *Nakai, T Nakai s.n.* 27 July 1932 *Nakai, T Nakai s.n.* 1 August 1932 椒島 *Nakai, T Nakai s.n.* **Kangwon-do** 8 June 1909 望賊山 *Nakai, T Nakai s.n.* **P'yongan-namdo** 16 September 1915 中和 *Nakai, T Nakai s.n.* 18 September 1915 江東郡 *Nakai, T Nakai s.n.* 18 September 1915 *Nakai, T Nakai s.n.* 15 June 1928 陽德 *Nakai, T Nakai s.n.* **Ryanggang** 29 May 1917 江口 *Nakai, T Nakai s.n.*

SANTALACEAE

Thesium L.
Thesium chinense Turcz., Bull. Soc. Imp. Naturalistes Moscou 10-7: 157 (1837)

Common name 제비꿀

Distribution in Korea: North, Central, South
    Thesium decurrens Blume ex DC., Prodr. (DC.) 14: 652 (1857)
    Thesium rugulosum Bunge ex A.DC., Prodr. (DC.) 14: 649 (1857)

Representative specimens; Hamgyong-bukto 19 May 1897 茂山嶺 *Komarov, VL Komaorv s.n.* 15 June 1909 Sungjin (城津) *Nakai, T Nakai s.n.* 26 May 1930 Kyonson 鏡城 *Ohwi, J Ohwi s.n.* 12 May 1897 五宗洞 *Komarov, VL Komaorv s.n.* **Hamgyong-namdo** May 1928 Hamhung (咸興) *Seok, JM s.n.* **Hwanghae-namdo** 1 August 1929 椒島 *Nakai, T Nakai s.n.* 29 June 1921 Sorai Beach 九味浦 *Mills, RG Mills s.n.* 4 July 1921 *Mills, RG Mills s.n.* **Kangwon-do** 22 June 1934 金剛山末輝里 *Miyazaki, M s.n.* 20 August 1902 Mt. Kumgang (金剛山) *Uchiyama, T Uchiyama s.n.* 7 June 1909 元山 *Nakai, T Nakai s.n.* **P'yongyang** 7 May 1911 P'yongyang (平壤) *Imai, H Imai s.n.* **Ryanggang** 1 July 1897 五是川雲寵江-崔五峰 *Komarov, VL Komaorv s.n.* 1 August 1897

虛川江 (同仁川) *Komarov, VL Komaorv s.n.* 20 August 1897 內洞-河山嶺 *Komarov, VL Komaorv s.n.* 8 July 1897 羅暖堡 *Komarov, VL Komaorv s.n.* 10 August 1914 茂山茂峯 *Ikuma, Y Ikuma s.n.* August 1914 白頭山 *Ikuma, Y Ikuma s.n.* August 1913 長白山 *Mori, T Mori s.n.* 15 August 1913 谿間里 *Hirai, H Hirai s.n.*

Thesium longifolium Turcz., Bull. Soc. Imp. Naturalistes Moscou 11: 100 (1838)

Common name 긴잎제비꿀

Distribution in Korea: North

Representative specimens; **Hamgyong-bukto** 28 May 1897 富潤洞 *Komarov, VL Komaorv s.n.*

Thesium refractum C.A.Mey., Verz. Saisang-nor Pfl. 55 (1841)

Common name 백두산제비꿀 (긴제비꿀)

Distribution in Korea: North
   Linosyris refracta Kuntze, Revis. Gen. Pl. 2: 588 (1891)

LORANTHACEAE

***Loranthus* Jacq.**
Loranthus tanakae Franch. & Sav., Enum. Pl. Jap. 2: 482 (1876)

Common name 꼬리겨우살이

Distribution in Korea: North, Central, South
   Hyphear tanakae (Franch. & Sav.) Hosok., J. Jap. Bot. 12: 418 (1936)

Representative specimens; **Kangwon-do** 15 December 1938 雲林面金德里 *Maisaka, G s.n.*

VISCACEAE

***Viscum* L.**
Viscum coloratum (Kom.) Nakai, Rep. Veg. Ooryongto 17 (1919)

Common name 겨우살이

Distribution in Korea: North, Central, South, Ulleung
   Viscum album L. var. *rubroaurantiacum* Makino, Bot. Mag. (Tokyo) 18: 67 (1904)
   Viscum album L. ssp. *coloratum* Kom., Trudy Imp. S.-Peterburgsk. Bot. Sada 22: 107 (1904)
   Viscum album L. var. *lutescens* Makino, Bot. Mag. (Tokyo) 25: 17 (1911)
   Viscum coloratum (Kom.) Nakai var. *rubroaurantiacum* (Makino) Miyabe, J. Fac. Agric. Hokkaido Imp. Univ. 26 (4): 492 (1934)
   Viscum coloratum (Kom.) Nakai var. *lutescens* (Makino) Miyabe, J. Fac. Agric. Hokkaido Imp. Univ. 26 (4): 492 (1934)
   Viscum coloratum (Kom.) Nakai f. *rubroaurantiacum* (Makino) Kitag., Lin. Fl. Manshur. 173 (1939)
   Viscum coloratum (Kom.) Nakai f. *lutescens* Kitag., Lin. Fl. Manshur. 173 (1939)
   Viscum album L. var. *coloratum* (Kom.) Ohwi, Fl. Jap. (Ohwi) 449 (1953)
   Viscum album L. f. *rubroauranticum* (Makino) Ohwi, Neolin. Fl. Manshur. 226 (1979)
   Viscum album L. ssp. *coloratum* f. *lutescens* (Makino) Kitag., Neolin. Fl. Manshur. 226 (1979)

Representative specimens; **Chagang-do** 30 August 1897 慈城江 *Komarov, VL Komaorv s.n.* 15 October 1910 Kang-gei(Kokai 江界) *Mills, RG Mills s.n.* **Ryanggang** 23 August 1897 雲洞嶺 *Komarov, VL Komaorv s.n.* 18 August 1897 葡坪 *Komarov, VL Komaorv s.n.* 4 July 1897 上水隅理 *Komarov, VL Komaorv s.n.* 14 July 1897 鴨綠江 (上水隅理 -羅暖堡) *Komarov, VL Komaorv s.n.* 27 July 1897 佳林里 *Komarov, VL Komaorv s.n.*

CELASTRACEAE

Celastrus L.
Celastrus flagellaris Rupr., Bull. Cl. Phys.-Math. Acad. Imp. Sci. Saint-Pétersbourg 15: 425 (1857)

Common name 푼지나무

Distribution in Korea: North, Central, South
    Celastrus ciliidens Miq., Ann. Mus. Bot. Lugduno-Batavi 2: 85 (1865)
    Celastrus clemacanthus H.Lév.. &Vaniot, Repert. Spec. Nov. Regni Veg. 8: 284 (1910)

Representative specimens; Chagang-do 28 August 1897 慈城邑(松德水河谷) *Komarov, VL Komaorv s.n.* 2 September 1897 湖芮(鴨綠江) *Komarov, VL Komaorv s.n.* 29 August 1897 慈城江 *Komarov, VL Komaorv s.n.* **Hwanghae-bukto** 14 May 1932 正方山 *Smith, RK Smith s.n.* **Kangwon-do** 11 July 1936 外金剛千佛寺 *Nakai, T Nakai s.n.* 31 July 1916 金剛山群仙峽 *Nakai, T Nakai s.n.* 10 June 1932 Mt. Kumgang (金剛山) *Ohwi, J Ohwi67* **P'yongyang** 26 May 1912 Taiseizan(大聖山) 平壤 *Imai, H Imai s.n.* 10 September 1909 平壤大同江岸 *Imai, H Imai s.n.* **Ryanggang** 30 July 1897 甲山 *Komarov, VL Komaorv s.n.* 16 August 1897 大羅信洞 *Komarov, VL Komaorv s.n.* 19 August 1897 葡坪 *Komarov, VL Komaorv s.n.*

Celastrus orbiculatus Thunb., Fl. Jap. (Thunberg) 42 (1784)

Common name 노박덩굴

Distribution in Korea: North, Central, South
    Celastrus articulatus Thunb., Fl. Jap. (Thunberg) 97 (1784)
    Celastrus tatarinowii Rupr., Bull. Acad. Imp. Sci. Saint-Pétersbourg ser.2, 15: 357 (1857)
    Celastrus crispulus Regel, Gartenflora 9: 407, t. 312 (1860)
    Celastrus lancifolius Nakai, Bot. Mag. (Tokyo) 37: 3 (1923)
    Celastrus insularis Koidz., Bot. Mag. (Tokyo) 39: 22 (1925)
    Celastrus orbiculatus Thunb. var. *strigillosus* (Nakai) Makino, Genshoku yagai shokubutsu zufu 4: 305 (1933)
    Celastrus articulatus Thunb. var. *papillosus* Nakai ex H.Hara, J. Jap. Bot. 10: 84 (1934)
    Celastrus articulatus Thunb. var. *orbiculata* (Thunb.) Wang, Chin. J. Bot. 1: 62 (1936)
    Celastrus orbiculatus Thunb. var. *papillosus* (Nakai) Ohwi, Bull. Natl. Sci. Mus., Tokyo 33: 79 (1953)
    Celastrus versicolor Nakai, Bull. Natl. Sci. Mus., Tokyo 33: 16 (1953)
    Celastrus orbiculatus Thunb. var. *pilosus* Nakai, Bull. Natl. Sci. Mus., Tokyo 33: 16 (1953)
    Celastrus orbiculatus Thunb. f. *papillosus* (Nakai) H.Hara, Enum. Spermatophytarum Japon. 3: 80 (1954)

Representative specimens; Chagang-do 5 June 1911 Kang-gei(Kokai 江界) *Mills, RG Mills315* 8 August 1910 *Mills, RG Mills454* September 1920 狼林山 *Ishidoya, T Ishidoya s.n.* 9 June 1924 避難山 *Fukubara, S Fukubara s.n.* 崇積山 *Furusawa, I Furusawa s.n.* **Hamgyong-bukto** 19 June 1909 清津 *Nakai, T Nakai s.n.* 23 June 1932 羅南西北側 *Saito, T T Saito893* October 1932 *Saito, T T Saito565* 25 August 1914 行營 *Nakai, T Nakai s.n.* 5 June 1918 車踰嶺 *Chung, TH Chung s.n.* 19 August 1924 七寶山 *Kondo, C Kondo s.n.* 4 August 1933 南陽 *Koidzumi, G Koidzumi s.n.* **Hamgyong-namdo** 25 September 1925 泗水山 *Chung, TH Chung s.n.* 20 June 1932 東上面元豊里 *Ohwi, J Ohwi s.n.* **Hwanghae-bukto** 19 October 1923 平山郡滅惡山 *Muramatsu, T s.n.* May 1924 霞嵐山 *Takaichi, K s.n.* 10 September 1915 瑞興 *Nakai, T Nakai s.n.* **Hwanghae-namdo** 11 June 1931 Anak Kumsan *Smith, RK Smith s.n.* 2 September 1923 首陽山 *Muramatsu, C s.n.* 8 June 1924 長山串 *Chung, TH Chung s.n.* 15 July 1921 Sorai Beach 九味浦 *Mills, RG Mills s.n.* 9 July 1921 *Mills, RG Mills s.n.* 26 May 1924 九月山 *Chung, TH Chung s.n.* **Kangwon-do** 12 July 1936 外金剛千佛山 *Nakai, T Nakai s.n.* 12 August 1932 Mt. Kumgang (金剛山) *Koidzumi, G Koidzumi s.n.* 10 June 1932 *Ohwi, J Ohwi284* 30 August 1916 通川街道 *Nakai, T Nakai s.n.* 7 June 1909 元山 *Nakai, T Nakai s.n.* 6 June 1909 *Nakai, T Nakai s.n.* **P'yongan-bukto** 4 June 1924 飛來峯 *Sawada, T Sawada s.n.* 1924 妙香山 *Kondo, C Kondo s.n.* 30 September 1910 Seu Tang(瑞東) 兩嘉面 *Mills, RG Mills390* 8 June 1919 義州金剛山 *Ishidoya, T Ishidoya s.n.* **P'yongan-namdo** 16 July 1916 寧遠 *Mori, T Mori s.n.* 15 June 1928 陽德 *Nakai, T Nakai s.n.* **P'yongyang** 28 May 1911 P'yongyang (平壤) *Imai, H Imai s.n.* **Rason** 13 July 1924 松眞山 *Chung, TH Chung s.n.* 5 June 1930 西水羅 *Ohwi, J Ohwi528* 11 May 1897 豆滿江三角洲-五宗洞 *Komarov, VL Komaorv s.n.*

Euonymus L.
Euonymus alatus (Thunb.) Siebold, Verh. Batav. Genootsch. Kunsten 12: 49 (1830)

Common name 화살나무

Distribution in Korea: North, Central, South
    Euonymus alatus (Thunb.) Siebold var. *latifolius* Nakai
    Euonymus alatus (Thunb.) Siebold f. *macrophyllus* Nakai

Euonymus alatus (Thunb.) Siebold f. *uncinatus* (Nakai) H.S.Kim
Celastrus alatus Thunb., Nova Acta Regiae Soc. Sci. Upsal. 4: 38 (1780)
*Euonymus subtriflorus*Blume, Bijdr. Fl. Ned. Ind. 17: 1147 (1826)
Euonymus thunbergianus Blume, Bijdr. Fl. Ned. Ind. 1147 (1827)
Euonymus alatus (Thunb.) Siebold var. *subtriflorus* Blume, Bijdr. Fl. Ned. Ind. 1147 (1827)
Melanocarya alata (Thunb.) Turcz., Bull. Soc. Imp. Naturalistes Moscou 31: 453 (1858)
Euonymus alatus (Thunb.) Siebold var. *apterus* Regel, Tent. Fl.-Ussur. 41, t.7, f.2-3 (1861)
Euonymus alatus (Thunb.) Siebold var. *ciliato-dentatus* Franch. & Sav., Enum. Pl. Jap. 2: 311 (1878)
Euonymus alatus (Thunb.) Siebold var. *pubescens* Maxim., Bull. Acad. Imp. Sci. Saint-Pétersbourg 27: 453 (1881)
Euonymus striatus (Thunb.) Loes. ex Gilg & Loes., Bot. Jahrb. Syst. 34 (1): 49 (1904)
Euonymus alatus (Thunb.) Siebold var. *striatus* Makino, Bot. Mag. (Tokyo) 21: 138 (1907)
Euonymus striatus (Thunb.) Loes. ex Gilg & Loes. f. *ciliatodentatus* (Franch. & Sav.) Makino, Bot. Mag. (Tokyo) 21: 138 (1907)
Euonymus striatus (Thunb.) Loes. ex Gilg & Loes. var. *alatus* (Thunb.) Makino, Bot. Mag. (Tokyo) 25: 230 (1911)
Euonymus striatus (Thunb.) Loes. ex Gilg & Loes. var. *pubescens* Makino, Bot. Mag. (Tokyo) 25: 230 (1911)
Euonymus loeseneri Makino, Bot. Mag. (Tokyo) 25: 229 (1911)
Euonymus striatus (Thunb.) Loes. ex Gilg & Loes. var. *rotundatus* Makino, Bot. Mag. (Tokyo) 25: 229 (1911)
Euonymus alatus (Thunb.) Siebold var. *rotundatus* (Makino) Hara, Bot. Mag. (Tokyo) 25: 229 (1911)
Euonymus alatus (Thunb.) Siebold var. *apertus* O.Loes., Pl. Wilson. 1: 494 (1913)
Euonymus alatus (Thunb.) Siebold var. *pilosus* O.Loes. & Rehder, Pl. Wilson. 1: 494 (1913)
Euonymus striatus (Thunb.) Loes. ex Gilg & Loes. var. *microphylla* Nakai, Bot. Mag. (Tokyo) 31: 27 (1917)
Euonymus alatus (Thunb.) Siebold var. *latifolius* Nakai, Bot. Mag. (Tokyo) 37: 81 (1923)
Euonymus striatus (Thunb.) Loes. ex Gilg & Loes. ssp. *alata* (Thunb.) Koidz., Bot. Mag. (Tokyo) 39: 11 (1925)
Euonymus striatus (Thunb.) Loes. ex Gilg & Loes. var. *hirta* Koidz., Bot. Mag. (Tokyo) 39: 11 (1925)
Euonymus striatus (Thunb.) Loes. ex Gilg & Loes. var. *pilosus* Koidz., Bot. Mag. (Tokyo) 39: 11 (1925)
Euonymus striatus (Thunb.) Loes. ex Gilg & Loes. ssp. *alatus* var. *pilosus* Koidz., Bot. Mag. (Tokyo) 39: 11 (1925)
Euonymus alatus (Thunb.) Siebold var. *uncinatus* Nakai, Bot. Mag. (Tokyo) 45: 123 (1931)
Euonymus alatus (Thunb.) Siebold var. *microphyllus* Nakai, Koryo Shikenrin Ippan 44 (1932)
Euonymus alatus (Thunb.) Siebold var. *verus* Kitag., Lin. Fl. Manshur. 307 (1939)
Euonymus alatus (Thunb.) Siebold var. *verus* Kitag. subvar. *subtriflorus* Kitag., Lin. Fl. Manshur. 307 (1939)
Euonymus alatus (Thunb.) Siebold var.*apterus* Regel subvar. *pilosus* Kitag., Lin. Fl. Manshur. 307 (1939)
Euonymus alatus (Thunb.) Siebold var. *ciliato-dentatus* Franch. & Sav. f. *compactus* Rehder, J. Arnold Arbor. 20: 418 (1939)
Euonymus striatus (Thunb.) Loes. ex Gilg & Loes. var. *cornucarpus* Koidz., Acta Phytotax. Geobot. 10: 56 (1941)
Euonymus alatus (Thunb.) Siebold var. *macrophyllus* Nakai, J. Jap. Bot. 19: 365 (1943)
Euonymus alatus (Thunb.) Siebold f. *apterus* (Regel) Rehder, Bibliogr. Cult. Trees 405 (1949)
Euonymus alatus (Thunb.) Siebold f. *striatus* Makino, Ill. Fl. Jap. Suppl. 362 (1949)
Euonymus alatus (Thunb.) Siebold f. *subtriflorus* Ohwi, Fl. Jap. (Ohwi) 738 (1953)
Euonymus alatus (Thunb.) Siebold f. *pilosus* (O.Loes. & Rehder) Ohwi, Fl. Jap. (Ohwi) 738 (1953)
Euonymus alatus (Thunb.) Siebold f. *microphyllus* (Nakai) H.Hara, Enum. Spermatophytarum Japon. 3: 82 (1954)

Representative specimens; Chagang-do 2 September 1897 湖芮(鴨綠江) *Komarov, VL Komaorv s.n.* 29 August 1897 慈城江 *Komarov, VL Komaorv s.n.* 15 October 1910 Kang-gei(Kokai 江界) *Mills, RG Mills438* 9 June 1924 避難德山 *Fukubara, S Fukubara s.n.*崇積山 *Furusawa, I Furusawa s.n.* **Hamgyong-bukto** 1 August 1914 清津 *Ikuma, Y Ikuma s.n.* 1 September 1935 羅南 *Saito, T T Saito1627* 18 May 1897 會寧川 *Komarov, VL Komaorv s.n.* 19 May 1897 茂山嶺 *Komarov, VL Komaorv s.n.* 30

May 1930 朱乙溫面甫上洞 *Ohwi, J Ohwi s.n.* 26 May 1929 Kyonson 鏡城 *Ohwi, J Ohwi91* 26 May 1930 鏡城 *Ohwi, J Ohwi132* 27 May 1930 Ohwi, *J Ohwi208* 30 May 1930 朱乙溫面 *Ohwi, J Ohwi293* 23 May 1897 車踰嶺 *Komarov, VL Komaorv s.n.* 25 May 1897 城川江-茂山 *Komarov, VL Komaorv s.n.* 26 May 1932 鍾城 *Ohwi, J Ohwi s.n.* **Hamgyong-namdo** 25 September 1925 泗水山 *Chung, TH Chung s.n.* 13 June 1909 西湖津 *Nakai, T Nakai s.n.* 15 August 1935 東上面漢岱里 *Nakai, T Nakai s.n.* **Hwanghae-bukto** 14 May 1932 正方山 *Smith, RK Smith s.n.* 29 May 1939 白川邑 *Hozawa, S Hozawa s.n.* **Hwanghae-namdo** 26 August 1943 長壽山 *Furusawa, I Furusawa s.n.* 9 July 1921 Sorai Beach 九味浦 *Mills, RG Mills s.n.* 26 May 1924 九月山 *Chung, TH Chung s.n.* **Kangwon-do** 14 August 1902 Mt. Kumgang (金剛山) *Uchiyama, T Uchiyama s.n.* 9 June 1909 元山 *Nakai, T Nakai s.n.* **P'yongan-bukto** 4 June 1924 飛來峯 *Sawada, T Sawada s.n.* 1924 妙香山 *Kondo, C Kondo s.n.* 11 August 1935 義州金剛山 *Koidzumi, G Koidzumi s.n.* **P'yongyang** 18 September 1915 江東 *Nakai, T Nakai s.n.* 28 May 1911 P'yongyang (平壤) *Imai, H Imai s.n.* **Rason** 7 July 1930 西水羅 *Ohwi, J Ohwi758* **Ryanggang** 1 August 1897 虛川江 (同仁川) *Komarov, VL Komaorv s.n.* 9 October 1935 大坪里 *Okamoto, S Okamoto s.n.* May 1923 黃水院 *Ishidoya, T Ishidoya s.n.* 4 August 1897 十四道溝-白山嶺 *Komarov, VL Komaorv s.n.* 16 August 1897 大羅信洞 *Komarov, VL Komaorv s.n.* 21 August 1897 subdist. Chu-czan, flumen Amnok-gan *Komarov, VL Komaorv s.n.* 23 August 1897 雲洞嶺 *Komarov, VL Komaorv s.n.* 5 August 1897 白山嶺 *Komarov, VL Komaorv s.n.* 24 July 1914 長蛇洞 *Nakai, T Nakai s.n.* 6 August 1897 上巨里水 *Komarov, VL Komaorv s.n.* 7 August 1897 *Komarov, VL Komaorv s.n.* 28 June 1897 柏德嶺 *Komarov, VL Komaorv s.n.* 1 June 1897 古倉坪-四芝坪 (延面水河谷) *Komarov, VL Komaorv s.n.* 14 August 1914 農事洞- 三下 *Nakai, T Nakai s.n.* 30 May 1897 延面水河谷 -古倉坪 *Komarov, VL Komaorv s.n.*

Euonymus alatus (Thunb.) Siebold f. ***ciliatodentatus*** (Franch. & Sav.) Hiyama, J. Jap. Bot. 31: 14 (1956)
Common name 회잎나무
Distribution in Korea: North, Central, South

Euonymus hamiltonianus Wall., Fl. Ind. (Roxburgh) 2: 403 (1824)
Common name 참빗살나무
Distribution in Korea: North, Central, South
    Euonymus sieboldianus Blume, Bijdr. Fl. Ned. Ind. 1147 (1827)
    Euonymus majumi Siebold, Verh. Batav. Genootsch. Kunsten 12: 49 (1830)
    Euonymus vidallii Franch. & Sav., Enum. Pl. Jap. 2: 312 (1878)
    Euonymus lanceifolius Loes., Bot. Jahrb. Syst. 30: 462 (1902)
    Euonymus hamiltonianus Wall. var. *sieboldianus* (Blume) Kom., Trudy Imp. S.-Peterburgsk. Bot. Sada 22: 710 (1904)
    Euonymus hians Koehne, Gartenflora 53: 33 (1904)
    Euonymus yedoensis Koehne, Gartenflora 53: 31 (1904)
    Euonymus semiexsertus Koehne, Repert. Spec. Nov. Regni Veg. 8: 54 (1910)
    Euonymus sieboldianus Blume var. *sanguineus* Nakai, Bot. Mag. (Tokyo) 40: 493 (1926)
    Euonymus nikoensis Nakai, Bot. Mag. (Tokyo) 40: 492 (1926)
    Euonymus sieboldianus Blume var. *megaphyllus* Hara, Bot. Mag. (Tokyo) 50: 191 (1936)
    Euonymus sieboldianus Blume var. *yedoensis* Hara, Bot. Mag. (Tokyo) 50: 191 (1936)
    Euonymus sieboldianus Blume var. *sphaerocarpus* Nakai, J. Jap. Bot. 17: 635 (1941)
    Euonymus hamiltonianus Wall. var. *hians* (Koehne) Blakelock, Kew Bull. 1951: 246 (1951)
    Euonymus hamiltonianus Wall. var. *semiexsertus* (Koehne) Blakelock, Kew Bull. 1951: 246 (1951)
    Euonymus hamiltonianus Wall. var. *yedoensis* (Hara) Blakelock, Kew Bull. 1951: 247 (1951)
    Euonymus hamiltonianus Wall. ssp. *sieboldianus* (Blume) H.Hara, Fl. E. Himalaya 639 (1966)

Representative specimens; Kangwon-do 12 August 1916 金剛山長安寺附近 *Nakai, T Nakai s.n.* **P'yongan-bukto** 5 June 1914 朔州- 昌州 *Nakai, T Nakai s.n.P'yongan-namdo* 15 July 1916 葛日嶺 *Mori, T Mori s.n.* **P'yongyang** 12 September 1902 P'yongyang (平壤) *Uchiyama, T Uchiyama s.n.* **Rason** 11 May 1897 豆滿江三角洲-五宗洞 *Komarov, VL Komaorv s.n.* **Ryanggang** 1 July 1897 五是川雲寵江-崔三峰 *Komarov, VL Komaorv s.n.* 28 July 1897 佳林里 *Komarov, VL Komaorv s.n.*

Euonymus hamiltonianus Wall. var. ***maackii*** (Rupr.) Kom., Trudy Glavn. Bot. Sada 22: 710 (1904)
Common name 좀참빗살나무
Distribution in Korea: North, Central, South, Jeju
    Euonymus micranthus Bunge, Enum. Pl. Chin. Bor. 14 (1833)
    Euonymus maackii Rupr., Bull. Cl. Phys.-Math. Acad. Imp. Sci. Saint-Pétersbourg 15: 358 (1857)
    Euonymus bungeanus Maxim., Mem. Acad. Imp. Sci. St.-Petersbourg Divers Savans 9: 470 (1859)
    Euonymus forbesii Hance, J. Bot. 259 (1880)
    Euonymus coreanus H.Lév., Repert. Spec. Nov. Regni Veg. 8: 284 (1910)

Euonymus bodinieri H.Lév., Repert. Spec. Nov. Regni Veg. 13: 261 (1914)
Euonymus rugosus H.Lév., Repert. Spec. Nov. Regni Veg. 13: 261 (1914)
Euonymus trapococcus Nakai, Bot. Mag. (Tokyo) 28: 307 (1914)
Euonymus quelpaertensis Nakai, Bot. Mag. (Tokyo) 28: 307 (1914)
Euonymus maackii Rupr. f. *lanceolata* Rehder, J. Arnold Arbor. 22: 578 (1941)

Representative specimens; Chagang-do 5 October 1910 Kang-gei(Kokai 江界) *Mills, RG Mills439* **Hamgyong-bukto** 1 September 1935 羅南 *Saito, T T Saito s.n.* 25 August 1914 鏡城行營 - 龍山洞 *Nakai, T Nakai s.n.* 5 July 1933 梧村堡 *Saito, T T Saito s.n.* 4 August 1933 南陽 *Koidzumi, G Koidzumi s.n.* **P'yongan-bukto** 17 August 1912 Chang-syong (昌城) *Imai, H Imai s.n .* **Ryanggang** 15 August 1914 三下面下面江口 *Nakai, T Nakai s.n.*

Euonymus japonicus Thunb., Nova Acta Regiae Soc. Sci. Upsal. 3: 208 (1780)

Common name 사철나무

Distribution in Korea: Central, South, Ulleung

Euonymus japonicus Thunb. var. *macrophylla* Regel, Gartenflora 1: 264 (1866)
Euonymus japonicus Thunb. var. *latifolia* Andre, Rev. Hort. 1883: 234 (1883)
Euonymus sinensis Carrière, Rev. Hort. 1883: 37 (1883)
Pragmotessara japonica Pierre, Fl. Forest. Cochinch. 4: t. 309, pt. 2 (1894)
Euonymus japonicus Thunb. f. *macrophylla* (Regel) Beissn., Handb. Laubholzben. 293 (1903)
Euonymus radicans Siebold ex Miq. var. *vegetus* Rehder, Trees & Shrubs [Sargent] 1: 129 (1903)
Euonymus yoshinagae Makino, J. Jap. Bot. 3: 3 (1913)
Euonymus japonicus Thunb. var. *acutus* Rehder, Pl. Wilson. 1: 485 (1913)
Euonymus boninensis Koidz., Bot. Mag. (Tokyo) 33: 250 (1918)
Euonymus japonicus Thunb. var. *longifolius* Nakai, Bot. Mag. (Tokyo) 42: 451 (1928)
Euonymus japonicus Thunb. var. *rugosus* Nakai, Bot. Mag. (Tokyo) 46: 165 (1932)
Masakia japonica(Thunb.) Nakai, J. Jap. Bot. 24: 11 (1949)
Masakia japonica (Thunb.) Nakai var. *latifolia* Nakai, J. Jap. Bot. 24: 11 (1949)
Masakia yoshinagae (Makino) Nakai, J. Jap. Bot. 24: 12 (1949)

Representative specimens; Hwanghae-namdo 2 August 1921 Sorai Beach 九味浦 *Mills, RG Mills s.n.*

Euonymus macropterus Rupr., Bull. Cl. Phys.-Math. Acad. Imp. Sci. Saint-Pétersbourg 15: 359 (1857)

Common name 나래회나무

Distribution in Korea: North, Central, South

Euonymus ussuriensis Maxim., Bull. Acad. Imp. Sci. Saint-Pétersbourg III 27: 449 (1881)
Kalonymus macropterus (Rupr.) Prokh., Fl. URSS 14: 573 (1949)
Turibana macroptera (Rupr.) Nakai, Acta Phytotax. Geobot. 24: 13 (1949)

Representative specimens; Chagang-do 2 September 1897 湖芮(鴨綠江) *Komarov, VL Komaorv s.n.* 26 August 1897 小德川 (松德水河谷) *Komarov, VL Komaorv s.n.* 2 September 1897 湖芮(鴨綠江) *Komarov, VL Komaorv s.n.* 18 May 1911 Kang-gei(Kokai 江界) *Mills, RG Mills336* 21 July 1914 大興里- 山羊 *Nakai, T Nakai s.n.* 11 July 1914 蔥田嶺 *Nakai, T Nakai s.n.* **Hamgyong-bukto** 10 August 1933 渡正山門內 *Koidzumi, G Koidzumi s.n.* 5 August 1939 頭流山 *Hozawa, S Hozawa s.n.* 20 July 1918 冠帽山山麓 *Nakai, T Nakai s.n.* July 1932 冠帽峰 *Ohwi, J Ohwi s.n.* 6 July 1933 南下石山 *Saito, T T Saito691* 25 September 1933 冠帽峰 *Saito, T T Saito801* 5 June 1918 車踰嶺 *Chung, TH Chung s.n.* 22 May 1897 蔴坪(城川水河谷)-車踰嶺 *Komarov, VL Komaorv s.n.* **Hamgyong-namdo** 20 June 1932 東上面元豊里 *Ohwi, J Ohwi s.n.* **Hwanghae-namdo** 25 August 1925 長壽山 *Chung, TH Chung s.n.* **Kangwon-do** 14 July 1936 外金剛千佛山 *Nakai, T Nakai s.n.* 12 August 1943 Mt. Kumgang (金剛山) *Honda, M Honda s.n.* 5 August 1932 金剛山內金剛 *Kobayashi, M Kobayashi s.n.* 12 August 1932 Mt. Kumgang (金剛山) *Koidzumi, G Koidzumi s.n.* 20 August 1916 金剛山彌勒峯 *Nakai, T Nakai s.n.* 10 June 1932 Mt. Kumgang (金剛山) *Ohwi, J Ohwi88* 7 August 1940 *Okuyama, S Okuyama s.n.* **P'yongan-bukto** 9 June 1914 飛來峯 *Nakai, T Nakai s.n.* **Rason** 7 June 1930 西水羅 *Ohwi, J Ohwi s.n.* **Ryanggang** 23 August 1914 Keizanchin(惠山鎭) *Ikuma, Y Ikuma s.n.* 5 August 1897 白山嶺 *Komarov, VL Komaorv s.n.* 21 August 1897 subdist. Chu-czan, flumen Amnok-gan *Komarov, VL Komaorv s.n.* 3 August 1897 雲洞嶺 *Komarov, VL Komaorv s.n.* 7 August 1897 上巨里水 *Komarov, VL Komaorv s.n.* 6 June 1897 平蒲坪 *Komarov, VL Komaorv s.n.* 14 June 1897 西溪水-延岩 *Komarov, VL Komaorv s.n.* 21 June 1897 阿武山-象背嶺 *Komarov, VL Komaorv s.n.* 20 July 1897 惠山鎭(鴨綠江上流長白山脈中高原) *Komarov, VL Komaorv s.n.* 5 August 1914 普天堡 - 寶泰洞 *Nakai, T Nakai s.n.*

Euonymus oxyphyllus Miq., Ann. Mus. Bot. Lugduno-Batavi 2: 86 (1865)

Common name 참회나무

Distribution in Korea: North, Central, South, Ulleung

Euonymus latifolius (Scop.) A.Gray, Mem. Amer. Acad. Arts n.s. 6: 384 (1857)
Euonymus nipponicus Maxim., Bull. Acad. Imp. Sci. Saint-Pétersbourg 27: 447 (1881)
Euonymus yesoensis Koidz., Fl. Symb. Orient.-Asiat. 13 (1930)
Euonymus oxyphyllus Miq. var. *magna* Honda, Bot. Mag. (Tokyo) 49: 789 (1935)
Kalonymus oxyphyllus (Miq.) Prokh., Fl. URSS 14: 568 (1949)
Kalonymus yesoensis (Koidz.) Prokh., Fl. URSS 14: 568 (1949)
Turibana nipponica (Maxim.) Nakai, J. Jap. Bot. 24: 12 (1949)
Turibana oxyphylla (Miq.) Nakai, J. Jap. Bot. 24: 13 (1949)
Turibana yesoensis (Koidz.) Nakai, J. Jap. Bot. 24: 12 (1949)
Euonymus oxyphyllus Miq. var. *nipponicus* Blakelock, Kew Bull. 1951: 279 (1951)
Euonymus oxyphyllus Miq. var. *yesoensis* Blakelock, Kew Bull. 1951: 279 (1951)
Euonymus yesoensis Koidz. f. *magnus* Hara, Enum. Spermatophytarum Japon. 3: 89 (1954)

Representative specimens; Chagang-do 9 June 1924 避難德山 *Fukubara, S Fukubara s.n.* 崇積山 *Furusawa, I Furusawa s.n.*
Hwanghae-bukto 19 October 1923 平山郡滅惡山 *Muramatsu, T s.n.* **Hwanghae-namdo** 8 June 1924 長山串 *Chung, TH Chung s.n.*
26 May 1924 九月山 *Chung, TH Chung s.n.* **Kangwon-do** 2 September 1932 Mt. Kumgang (金剛山) Kitamura, *S Kitamura s.n.* 10
June 1932 Ohwi, *J Ohwi130* 14 August 1902 *Uchiyama, T Uchiyama s.n.***Nampo** 21 September 1915 Chinnampo (鎮南浦) Nakai, T
Nakai s.n. **P'yongan-bukto** 5 August 1937 妙香山 *Hozawa, S Hozawa s.n.* **Rason** 13 July 1924 松眞山 *Chung, TH Chung s.n.*

Euonymus planipes (Koehne) Koehne, Mitt. Deutsch. Dendrol. Ges. 15: 62 (1906)

Common name 회나무

Distribution in Korea: North, Central, South

Euonymus latifolius (Scop.) A.Gray var. *sachalinensis*F.Schmidt, Mem. Acad. Imp. Sci. St.-Petersbourg, Ser. 7 12: 121 (1868)
Euonymus latifolius (Scop.) A.Gray var. *planipes* Koehne, Gartenflora 53: 29 (1904)
Euonymus robusta Nakai, Bot. Mag. (Tokyo) 28: 307 (1914)
Euonymus oxyphyllus Miq. var. *kuenburgii* Honda, Bot. Mag. (Tokyo) 47: 297 (1933)
Kalonymus maximowicziana Prokh., Fl. URSS 14: 570 (1949)
Turibana planipes (Koehne) Nakai, J. Jap. Bot. 24: 13 (1949)

Representative specimens; Chagang-do 26 June 1914 從西山 *Nakai, T Nakai s.n.* **Hamgyong-bukto** 13 September 1935 羅南 *Saito,*
T T Saito1603 August 1912 吉州 *Suwon-nong-rim-hak-gyo college s.n.* **Hamgyong-namdo** 16 August 1935 雲仙嶺 *Nakai, T Nakai s.n.*
Kangwon-do 31 July 1916 金剛山群仙峽 *Nakai, T Nakai s.n.* 11 August 1943 Mt. Kumgang (金剛山) Honda, *M Honda s.n.* 24 July
1916 金剛山外金剛 *Nakai, T Nakai s.n.* 7 August 1940 Mt. Kumgang (金剛山) Okuyama, *S Okuyama s.n.* 14 August 1902 *Uchiyama,*
T Uchiyama s.n. 14 August 1902 *Uchiyama, T Uchiyama s.n.* **P'yongan-bukto** 5 August 1937 妙香山 *Hozawa, S Hozawa s.n.* 4 August
1935 *Koidzumi, G Koidzumi s.n.* 25 May 1912 白壁山 *Ishidoya, T Ishidoya s.n.* **Rason** 7 June 1930 西水羅 *Ohwi, J Ohwi s.n.*
Ryanggang 22 August 1914 普天堡 *Ikuma, Y Ikuma s.n.*

Euonymus verrucosus Scop. var. ***pauciflorus*** (Maxim.) Regel, Tent. Fl.-Ussur. 41 (1861)

Common name 회목나무

Distribution in Korea: North, Central, South, Jeju

Euonymus pauciflorus Maxim., Mem. Acad. Imp. Sci. St.-Petersbourg Divers Savans 9: 74 (1859)
Euonymus oligospermus Ohwi, Acta Phytotax. Geobot. 5: 185 (1936)
Euonymus baekdusanensis M.Kim, Korean J. Pl. Taxon. 44: 168 (2013)

Representative specimens; Chagang-do 26 August 1897 小德川 (松德水河谷) *Komarov, VL Komaorv s.n.* 29 August 1897 慈城江
Komarov, VL Komaorv s.n. 4 July 1914 江界 *Nakai, T Nakai s.n.* 23 June 1914 從西山 *Nakai, T Nakai s.n.* 4 July 1914 江界牙得浦
Nakai, T Nakai s.n. **Hamgyong-bukto** 10 August 1933 渡正山門內 *Koidzumi, G Koidzumi s.n.* 5 August 1939 頭流山 *Hozawa, S*
Hozawa s.n. 26 July 1930 Ohwi, *J Ohwi2759* 18 July 1918 朱乙溫面態谷嶺 *Nakai, T Nakai s.n.* 5 June 1918 車踰嶺 *Chung, TH Chung*
s.n. 3 August 1914 *Ikuma, Y Ikuma s.n.* 22 May 1897 蕨坪(城川水河谷)-車踰嶺 *Komarov, VL Komaorv s.n.* 29 May 1897 釜所哥谷
Komarov, VL Komaorv s.n. 4 June 1897 四芝嶺 *Komarov, VL Komaorv s.n.* 17 June 1930 Ohwi, *J Ohwi s.n.* 17 June 1930 Ohwi, *J*
Ohwi1269 **Hamgyong-namdo** 15 June 1932 下碣隅里 *Ohwi, J Ohwi31* 16 August 1943 赴戰高原漢垈里 *Honda, M Honda s.n.* 25
July 1933 東上面遮日峯 *Koidzumi, G Koidzumi s.n.* 16 August 1935 雲仙嶺 *Nakai, T Nakai s.n.* 15 August 1935 赴戰高原湖畔 *Nakai,*
T Nakai s.n. 15 August 1935 東上面漢垈里 *Nakai, T Nakai s.n.* 14 August 1940 赴戰高原雲水嶺 *Okuyama, S Okuyama s.n.*
Hwanghae-bukto May 1924 霞嵐山 *Takaichi, K s.n.* **Kangwon-do** 31 July 1916 金剛山群仙峽 *Nakai, T Nakai s.n.* 29 July 1938 Mt.
Kumgang (金剛山) *Hozawa, S Hozawa s.n.* 20 August 1916 金剛山彌勒峯 *Nakai, T Nakai s.n.* 10 June 1932 Mt. Kumgang (金剛山)
Ohwi, *J Ohwi200* 7 August 1940 *Okuyama, S Okuyama s.n.* **P'yongan-bukto** 12 June 1914 Pyok-dong (碧潼) Nakai, T *Nakai s.n.* 9
June 1914 飛來峯 *Nakai, T Nakai s.n.* 3 August 1935 妙香山 *Koidzumi, G Koidzumi s.n.* 27 July 1937 *Park, MK Park s.n.*P'yongan-
namdo 20 July 1916 黃玉峯 (黃處嶺?) *Mori, T Mori s.n.* 15 June 1928 陽德 *Nakai, T Nakai s.n.* **Ryanggang** 23 August 1914

Keizanchin(惠山鎭) *Ikuma, Y Ikuma s.n.* August 1914 *Ikuma, Y Ikuma s.n.* 23 August 1914 *Ikuma, Y Ikuma s.n.* 1 July 1897 五是川雲寵江-崔五峰 *Komarov, VL Komaorv s.n.* 1 August 1897 虛川江 (同仁川) *Komarov, VL Komaorv s.n.* 15 August 1935 北水白山 *Hozawa, S Hozawa s.n.* 15 August 1935 *Hozawa, S Hozawa s.n.* 7 July 1897 犁方嶺 (鴨綠江羅暖堡) *Komarov, VL Komaorv s.n.* 9 July 1897 十四道溝(鴨綠江) *Komarov, VL Komaorv s.n.* 4 August 1897 十四道溝-白山嶺 *Komarov, VL Komaorv s.n.* 19 August 1897 葡坪 *Komarov, VL Komaorv s.n.* 21 August 1897 subdist. Chu-czan, flumen Amnok-gan *Komarov, VL Komaorv s.n.* 23 August 1897 雲洞嶺 *Komarov, VL Komaorv s.n.* 4 July 1897 上水隅理 *Komarov, VL Komaorv s.n.* 6 August 1897 上巨里水 *Komarov, VL Komaorv s.n.* 7 August 1897 *Komarov, VL Komaorv s.n.* 7 June 1897 平蒲坪 *Komarov, VL Komaorv s.n.* 9 June 1897 屈松川 (西頭水河谷) 倉坪 *Komarov, VL Komaorv s.n.* 26 June 1897 內曲里 *Komarov, VL Komaorv s.n.* 22 July 1897 佳林里 *Komarov, VL Komaorv s.n.* 6 August 1914 胞胎山虛項嶺 *Nakai, T Nakai s.n.* 3 June 1897 四芝坪 *Komarov, VL Komaorv s.n.*

Tripterygium Hook.f.
Tripterygium regelii Sprague & Takeda, Bull. Misc. Inform. Kew 1912: 223 (1912)
Common name 메역순나무 (미역줄나무)

Distribution in Korea: North (Chagang, Ryanggang, Hamgyong, Kangwon), Central, South
  Tripterygium wilfordii Hook. f. var. *regelii* (Sprague & Takeda) Makino, Ill. Fl. Nippon (Makino) 360 (1940)

Representative specimens; Chagang-do 26 August 1897 小德川 (松德水河谷) *Komarov, VL Komaorv s.n.* 28 July 1911 Kang-gei (Kokai 江界) *Mills, RG Mills s.n.* 21 June 1914 漁雷坊江界 *Nakai, T Nakai s.n.* 1 July 1914 公西面江界 *Nakai, T Nakai s.n.* 25 June 1914 從浦鎭 *Nakai, T Nakai s.n.* 18 July 1914 大興里 *Nakai, T Nakai s.n.* **Hamgyong-bukto** 20 May 1897 茂山嶺 *Komarov, VL Komaorv s.n.* 15 July 1918 朱乙溫面湯本洞 *Nakai, T Nakai s.n.* 7 July 1930 鏡城 *Ohwi, J Ohwi s.n.* 30 May 1930 朱乙溫堡 *Ohwi, J Ohwi286* 22 May 1897 蕨坪(城川水河谷) *車踰嶺 Komarov, VL Komaorv s.n.* 17 July 1938 新德 - 楡坪洞 *Saito, T T Saito8710* **Hamgyong-namdo** 25 September 1925 泗水山 *Chung, TH Chung s.n.* 2 September 1934 東下面蓮花山 *Kojima, K Kojima s.n.* 16 August 1934 新角面北山 *Nomura, N Nomura s.n.* 23 July 1933 東上面漢岱里 *Koidzumi, G Koidzumi s.n.* 15 August 1935 *Nakai, T Nakai s.n.* 20 June 1932 東上面元豊里 *Ohwi, J Ohwi307* **Kangwon-do** 12 July 1936 外金剛千佛山 *Nakai, T Nakai s.n.* 28 July 1916 長箭高城郡 *Nakai, T Nakai s.n.* 31 August 1916 金剛山群仙峽 *Nakai, T Nakai s.n.* 7 August 1932 Mt. Kumgang (金剛山) *Fukushima s.n.* 11 August 1932 金剛山 *Kitamura, S Kitamura s.n.* 4 August 1932 金剛山內金剛 *Kobayashi, M Kobayashi s.n.* 4 August 1932 *Kobayashi, M Kobayashi s.n.* 12 August 1932 金剛山 *Koidzumi, G Koidzumi s.n.* 16 July 1916 金剛山毘盧峯 *Nakai, T Nakai s.n.* 7 August 1940 Mt. Kumgang (金剛山) *Okuyama, S Okuyama s.n.* July 1932 *Smith, RK Smith s.n.* 7 June 1909 元山 *Nakai, T Nakai s.n.* **P'yongan-bukto** 10 June 1914 飛來峯 *Nakai, T Nakai s.n.* 2 August 1935 妙香山 *Koidzumi, G Koidzumi s.n.* 4 April 1914 玉江鎭朔州郡 *Nakai, T Nakai s.n.* 4 August 1912 Unsan (雲山) *Imai, H Imai s.n.***P'yongan-namdo** 17 July 1916 加音嶺 *Mori, T Mori s.n.* 15 June 1928 陽德 *Nakai, T Nakai s.n.* **Rason** 13 July 1924 松眞山 *Chung, TH Chung s.n.* **Ryanggang** 15 August 1935 北水白山 *Hozawa, S Hozawa s.n.* 7 July 1897 犁方嶺 (鴨綠江羅暖堡) *Komarov, VL Komaorv s.n.* 5 August 1897 白山嶺 *Komarov, VL Komaorv s.n.* 16 August 1897 大羅信洞 *Komarov, VL Komaorv s.n.* 21 August 1897 subdist. Chu-czan, flumen Amnok-gan *Komarov, VL Komaorv s.n.* 23 August 1897 雲洞嶺 *Komarov, VL Komaorv s.n.* 3 July 1897 三水邑-上水隅理 *Komarov, VL Komaorv s.n.* 7 August 1897 上巨里水 *Komarov, VL Komaorv s.n.* 6 June 1897 平蒲坪 *Komarov, VL Komaorv s.n.* 9 August 1897 長津江下流域 *Komarov, VL Komaorv s.n.* 4 July 1897 上水隅理 *Komarov, VL Komaorv s.n.* 22 August 1914 普天堡 *Ikuma, Y Ikuma s.n.* 28 June 1897 栢德嶺 *Komarov, VL Komaorv s.n.* 28 June 1897 *Komarov, VL Komaorv s.n.* 20 July 1897 惠山鎭(鴨綠江上流長白山脈中高原) *Komarov, VL Komaorv s.n.*

BUXACEAE

Buxus L.
Buxus microphylla Siebold & Zucc., Abh. Math.-Phys. Cl. Konigl. Bayer. Akad. Wiss. 4: 142 (1845)
Common name 좀고양나무 (회양목)

Distribution in Korea: North, Central, South
  Buxus japonica Müll.Arg. var. *microphylla* (Siebold & Zucc.) Müll.Arg. ex Miq., Ann. Mus. Bot. Lugduno-Batavi 3: 128 (1867)
  Buxus japonica Müll.Arg., Prodr. (DC.) 16: 20 (1869)
  Buxus microphylla Siebold & Zucc. var. *japonica* (Müll.Arg.) Rehder & E.H.Wilson, Pl. Wilson. 2 (1914)
  Buxus microphylla Siebold & Zucc. var. *sinica* Rehder & E.H.Wilson, Pl. Wilson. 2: 165 (1914)
  Buxus microphylla Siebold & Zucc. var. *insularis* Nakai, Bot. Mag. (Tokyo) 36: 63 (1922)
  Buxus microphylla Siebold & Zucc. var. *koreana* Nakai ex Rehder, J. Arnold Arbor. 7: 240 (1926)
  Buxus koreana (Nakai ex Rehder) T.H.Chung & B.S.Toh & D.B.Lee& F.J.Lee, Common Names Korean Plants [Chosen Sikmul Hyangmyoung-jip] 107 (1937)

Buxus sinica (Rehder & E.H.Wilson) M.Cheng var. *koreana* (Nakai ex Rehder) Q.L.Wang, Fl. Liaoningica 1: 1113 (1988)

Representative specimens; P'yongan-namdo 6 June 1924 陽德郡陽德面 *Takaichi, Y Takaichi s.n.*

EUPHORBIACEAE

Acalypha L.
Acalypha australis L., Sp. Pl. 1004 (1753)
Common name 깨풀
Distribution in Korea: North, Central, South, Ulleung

Representative specimens; Chagang-do 24 August 1897 大會洞 *Komarov, VL Komaorv s.n.* 28 August 1897 慈城邑(松德水河谷) *Komarov, VL Komaorv s.n.* 15 August 1911 Kang-gei(Kokai 江界) *Mills, RG Mills s.n.* 18 July 1914 大興里 *Nakai, T Nakai s.n.* **Hamgyong-bukto** 24 August 1935 羅南 *Saito, T T Saito1572* **Hamgyong-namdo** 1929 Hamhung (咸興) *Seok, JM s.n.* **Kangwon-do** 6 August 1932 元山 *Kitamura, S Kitamura s.n.* **P'yongyang** 22 August 1943 平壤牡丹臺 *Furusawa, I Furusawa s.n.* **Ryanggang** 1 July 1897 五是川雲寵江-崔五峰 *Komarov, VL Komaorv s.n.* 1 August 1897 虛川江 (同仁川) *Komarov, VL Komaorv s.n.* 20 August 1897 內洞-河山嶺 *Komarov, VL Komaorv s.n.* 8 July 1897 羅暖堡 *Komarov, VL Komaorv s.n.*

Euphorbia L.
Euphorbia esula L., Sp. Pl. 461 (1753)
Common name 흰버들옷 (흰대극)
Distribution in Korea: North, Central, South, Ulleung
    Tithymalus esula (L.) Hill, Hort. Kew. (Hill) ed. 1: 172 (1768)
    Euphorbia lunulata Bunge, Enum. Pl. Chin. Bor. 59 (1833)
    Keraselma esula (L.) Raf., Fl. Tellur. 4: 116 (1838)
    Euphorbia maackii Meinsh., Beitr. Kenntn. Russ. Reiches 26: 204 (1871)
    Euphorbia takouensis H.Lév. & Vaniot, Repert. Spec. Nov. Regni Veg. 5: 281 (1908)
    Euphorbia octoradiata H.Lév. & Vaniot ex H.Lév., Repert. Spec. Nov. Regni Veg. 5: 281 (1908)
    Euphorbia nakaiana H.Lév., Repert. Spec. Nov. Regni Veg. 12: 183 (1913)
    Galarhoeus esula (L.) Rydb., Brittonia 1: 93 (1931)
    Galarhoeus lunulatus (Bunge) Kitag., Rep. Exped. Manchoukuo Sect. IV, Pt. 4, Index Fl. Jeholensis 30 (1936)
    Euphorbia lunulata Bunge var. *obtusifolia* Hurus., J. Jap. Bot. 16: 397 (1940)
    Euphorbia nakaii Hurus., J. Jap. Bot. 16: 457 (1940)
    Euphorbia nakaii Hurus. f. *caespitosa* Hurus., J. Jap. Bot. 16: 459 (1940)
    Galarhoeus octoradiatus (H.Lév. &Vaniot) Nakai ex H.Lév., Bull. Natl. Sci. Mus., Tokyo 31: 70 (1952)
    Galarhoeus lunulatus (Bunge) Kitag. var. *lbtusifolius* (Hurus.) Hurus., J. Fac. Sci. Univ. Tokyo, Sect. 3, Bot. 6-6: 239 (1954)

Representative specimens; Chagang-do 28 August 1897 慈城邑(松德水河谷) *Komarov, VL Komaorv s.n.* **Hamgyong-bukto** 21 May 1897 茂山嶺-蕨坪(照日洞) *Komarov, VL Komaorv s.n.* **Hamgyong-namdo** 29 June 1940 定平郡宣德面 *Kim, SK s.n.* 17 August 1940 西湖津 *Okuyama, S Okuyama s.n.* 28 July 1932 連浦面 *Kim, GR s.n.* **Hwanghae-namdo** 29 June 1921 Sorai Beach 九味浦 *Mills, RG Mills s.n.* 4 July 1921 *Mills, RG Mills s.n.* **P'yongan-namdo** 22 September 1915 咸從 *Nakai, T Nakai s.n.* **P'yongyang** 18 June 1911 P'yongyang (平壤) *Imai, H Imai s.n.* **Ryanggang** 26 June 1897 內曲里 *Komarov, VL Komaorv s.n.*

Euphorbia fauriei H.Lév. & Vaniot ex H.Lév., Repert. Spec. Nov. Regni Veg. 5: 281 (1908)
Common name 두메대극
Distribution in Korea: far North, Jeju
    Euphorbia fauriei H.Lév. & Vaniot var. *filiformis* H.Lév., Repert. Spec. Nov. Regni Veg. 5: 281 (1908)
    Euphorbia pekinensis Rupr. var. *fauriei* (H.Lév. & Vaniot) Hurus., J. Jap. Bot. 16: 638 (1940)
    Euphorbia hakutosanensis Hurus., J. Jap. Bot. 16: 582 (1940)

Galarhoeus fauriei (H.Lév. & Vaniot) Nakai ex H.Lév., Bull. Natl. Sci. Mus., Tokyo 31: 69 (1952)
Galarhoeus hakutosanensis (Hurus.) Hurus., J. Fac. Sci. Univ. Tokyo, Sect. 3, Bot. 6: 261 (1954)

Representative specimens; Ryanggang August 1913 長白山 *Mori, T Mori188* Type of *Euphorbia hakutosanensis* Hurus. (Holotype TI)

Euphorbia fischeriana Steud., Nomencl. Bot., ed. 2 (Steudel) 1: 611 (1840)

Common name 랑독 (낭독)
Distribution in Korea: North, Central
   Euphorbia verticillata Fisch., Mem. Soc. Imp. Naturalistes Moscou 3: 81 (1812)
   Euphorbia pallasii Turcz. ex Ledeb., Fl. Ross. (Ledeb.) 3: 565 (1850)
   Tithymalus pallasii (Turcz.) Klotzsch & Garcke ex Klotzsch, Abh. Konigl. Akad. Wiss. Berlin 75 (1860)
   Euphorbia pallasii Turcz. ex Ledeb. var. *pilosa* Regel, Mem. Acad. Imp. Sci. St.-Petersbourg, Ser. 7 4: 128 (1861)
   Galarhoeus ftscherianus (Steud.) Kitag., Rep. Inst. Sci. Res. Manchoukuo 1: 296 (1937)
   Euphorbia fischeriana Steud. var. *pilosa* (Regel) Kitag., Lin. Fl. Manshur. 303 (1939)
   Euphorbia pallasii Turcz. ex Ledeb. f. *pilosa* (Regel) Kitag., Lin. Fl. Manshur. 303 (1939)
   Galarhoeus fischerianus (Steud.) Kitag. var. *pilosus* (Regel) H.Hara, Enum. Spermatophytarum Japon. 0 (1948)
   Galarhoeus pallasii (Turcz.) Hatus. ex Hurus., J. Fac. Sci. Univ. Tokyo, Sect. 3, Bot. 6: 238 (1954)

Representative specimens; Hamgyong-bukto 28 May 1897 富潤洞 *Komarov, VL Komaorv s.n.* 18 May 1897 會寧川 *Komarov, VL Komaorv s.n.* Ryanggang 1 July 1897 五是川雲寵江-崔五峰 *Komarov, VL Komaorv s.n.*

Euphorbia humifusa Willd. ex Schltdl., Enum. Pl. (Willdenow)suppl. 27 (1814)

Common name 땅빈대
Distribution in Korea: North, Central, South, Ulleung
   Euphorbia pseudochamaesyce Fisch. & C.A.Mey., Index Seminum [St.Petersburg (Petropolitanus)] 9: 73 (1842)
   Anisophyllum humifusum (Willd.) Klotzsch & Garcke, Abh. Konigl. Akad. Wiss. Berlin 21 (1860)
   Tithymalus humifusus (Willd.) Bubani, Fl. Pyren. 1: 116 (1897)
   Chamaesyce humifusa (Willd.) Prokh., Izv. Akad. Nauk SSSR, Ser. 6 195 (1927)

Representative specimens; Ryanggang 30 July 1897 甲山 *Komarov, VL Komaorv s.n.* 15 August 1897 蓮坪-厚州川-厚州古邑 *Komarov, VL Komaorv s.n.* 8 July 1897 羅暖堡 *Komarov, VL Komaorv s.n.*

Euphorbia lucorum Rupr., Mem. Acad. Imp. Sci. St.-Petersbourg Divers Savans 9: 239 (1859)

Common name 참대극
Distribution in Korea: North (Hamkyong, Kangwon)
   Euphorbia lucorum Rupr. var. *glabrata* Maxim., Mélanges Biol. Bull. Phys.-Math. Acad. Imp. Sci. Saint-Pétersbourg 11: 834 (1883)
   Galarhoeus lucorum (Rupr.) Kitag., Bull. Inst. Sci. Res. Manchoukuo 1 (3): 3 (1936)
   Euphorbia lucorum Rupr. f. *glabrata* (Maxim.) Hurus., J. Jap. Bot. 16: 513 (1940)
   Galarhoeus lucorum (Rupr.) Hatus. f. *glabratus* (Maxim.) Hurus., J. Fac. Sci. Univ. Tokyo, Sect. 3, Bot. 3: 6-6: 255 (1954)
   Galarhoeus lucorum (Rupr.) Hatus. var. *glabrata* (Maxim.) Nakai, Neolin. Fl. Manshur. 585 (1979)

Representative specimens; Hamgyong-bukto 17 June 1909 淸津 *Nakai, T Nakai s.n.* 29 May 1937 輸城 *Saito, T T Saito6079* 21 May 1897 茂山嶺-蕨坪(照日洞) *Komarov, VL Komaorv s.n.* 15 June 1909 Sungjin (城津) Nakai, *T Nakai s.n.* 7 August 1914 茂山下面 江口 *Ikuma, Y Ikuma s.n.* P'yongan-namdo August 1930 陵中面南陽里 *Uyeki, H Uyeki s.n.* Ryanggang 14 June 1897 西溪水-延岩 *Komarov, VL Komaorv s.n.* 6 June 1897 平蒲坪 *Komarov, VL Komaorv s.n.* 26 June 1897 內曲里 *Komarov, VL Komaorv s.n.*

Euphorbia maculata L., Sp. Pl. 455 (1753)

Common name 큰땅빈대
Distribution in Korea: Introduced (North, Central, South, Ulleung, Jeju; N. America)

Tithymalus maculates (L.) Moench, Methodus (Moench) 666 (1794)
Anisophyllum maculatum (L.) Haw., Syn. Pl. Succ. 162 (1812)
Euphorbia supina Raf., Amer. Monthly Mag. & Crit. Rev. 2: 119 (1817)
Xamesike maculata (L.) Raf., Autik. Bot. 97 (1840)
Euphorbia jovetii Huguet, Botaniste 54: 153 (1971)

Representative specimens; Ryanggang 23 August 1914 Keizanchin(惠山鎮) *Ikuma, Y Ikuma s.n.*

Euphorbia pekinensis Rupr., Mem. Acad. Imp. Sci. St.-Petersbourg Divers Savans 9: 239 (1859)
Common name 버들옻 (대극)
Distribution in Korea: North
　　Poinsettia pulcherrima Graham, Edinburgh New Philos. J. 20: 412 (1836)
　　Galarhoeus pekinensis (Rupr.) H.Hara, J. Jap. Bot. 11: 386 (1935)
　　Euphorbia barbellata Engelm. var. *imaii* (Hurus.) Kitag., J. Jap. Bot. 16: 571 (1940)
　　Euphorbia imaii Hurus., J. Jap. Bot. 16: 576 (1940)
　　Euphorbia subulatifolia Hurus., J. Jap. Bot. 16: 573 (1940)
　　Euphorbia pekinensis Rupr. f. *obtusata* Hurus., J. Jap. Bot. 16: 637 (1940)
　　Galarhoeus pekinensis (Rupr.) H.Hara ssp. *barbellata* var. *imaii* (Hurus.) Hurus., J. Fac. Sci.
　　Univ. Tokyo, Sect. 3, Bot. 6: 259 (1954)
　　Tithymalus pekinensis (Rupr.) H.Hara, Enum. Spermatophytarum Japon. 3: 55 (1954)
　　Euphorbia pekinensis Rupr. var. *subulatifolius* (Hurus.) T.B.Lee, J. Nation. Acad. Sci. Korea
　　21: 196 (1982)

Representative specimens; Chagang-do 9 July 1914 長津山 (蔥田嶺) Nakai, T *Nakai s.n.* **Hamgyong-bukto** 15 May 1934 漁遊洞 *Uozumi, H Uozumi s.n.* July 1932 鏡城 *Ito, H s.n.* 26 May 1930 Ohwi, *J Ohwi s.n.* 26 May 1930 Kyonson 鏡城 *Ohwi, J Ohwi s.n.* 30 May 1930 朱乙溫堡 *Ohwi, J Ohwi s.n.* **Hamgyong-namdo** 27 July 1933 東上面元豊 *Koidzumi, G Koidzumi s.n.* 20 June 1932 東上面元豊里 *Ohwi, J Ohwi s.n.* **Hwanghae-namdo** 27 July 1929 長淵郡長山串 *Nakai, T Nakai s.n.* 28 August 1943 海州港海岸 *Furusawa, I Furusawa s.n.* 25 August 1943 首陽山 *Furusawa, I Furusawa s.n.* **P'yongan-bukto** 13 June 1914 碧潼豊年山 *Nakai, T Nakai s.n.* 12 June 1914 Pyok-dong (碧潼) Nakai, T *Nakai s.n.* 3 June 1914 義州 - 王江鎭 *Nakai, T Nakai s.n.* **Rason** 5 June 1930 西水羅 *Ohwi, J Ohwi560*

Euphorbia sieboldiana Morren & Decne., Bull. Acad. Roy. Sci. Bruxelles 3: 174 (1836)
Common name 감수 (개감수)
Distribution in Korea: North
　　Xamesike supine (Raf.) Raf., Autik. Bot. 87 (1840)
　　Chamaesyce maculata (L.) Small, Fl. S.E. U.S. [Small]. 713 (1903)
　　Euphorbia togakusensis Hayata, J. Coll. Sci. Imp. Univ. Tokyo 20: 69 (1904)
　　Euphorbia taquetii H.Lév. & Vaniot, Repert. Spec. Nov. Regni Veg. 5: 281 (1908)
　　Euphorbia savaryi Kiss, Bot. Közlem. 19: 91 (1921)
　　Galarhoeus sieboldiana (Morren & Decne.) H.Hara, J. Jap. Bot. 11: 388 (1935)
　　Galarhoeus togakusensis (Hayata) H.Hara, J. Jap. Bot. 11: 389 (1935)
　　Chamaesyce supina (Raf.) Moldenke, Annot. Classified List Moldenke Collect. Numbers 135 (1939)
　　Euphorbia sieboldiana C.Morren & Decne. var. *montana* Tatew. f. *peninsularis* Hurus., J. Jap.
　　Bot. 16: 450 (1940)
　　Tithymalus siebodianus (Morren & Decne.) H.Hara, Enum. Spermatophytarum Japon. 3: 56 (1954)

Representative specimens; Chagang-do 4 July 1914 牙得嶺 (江界) Nakai, T *Nakai s.n.* 30 June 1914 江界 *Nakai, T Nakai s.n.* 13 July 1914 長津郡北上面 *Nakai, T Nakai s.n.* **Hamgyong-bukto** 20 May 1897 茂山嶺 *Komarov, VL Komaorv s.n.* 14 August 1933 朱乙溫堡朱乙山 *Koidzumi, G Koidzumi s.n.* **Hwanghae-namdo** 26 August 1943 長壽山 *Furusawa, I Furusawa s.n.* **Kangwon-do** 12 July 1936 金剛山外 金剛千佛山 *Nakai, T Nakai s.n.* 10 June 1932 Mt. Kumgang (金剛山) Ohwi, *J Ohwi s.n.* **Rason** 30 June 1938 松眞山 *Saito, T T Saito8300*

Flueggea Willd.
Flueggea suffruticosa (Pall.) Baill., Etude Euphorb. 592 (1858)
Common name 광대싸리
Distribution in Korea: North, Central, South
　　Pharnaceum suffruticosum Pall., Reise Russ. Reich. 3: 716 (1776)
　　Xylophylla ramiflora Aiton, Hort. Kew. (Hill) 1: 376 (1789)
　　Geblera suffruticosa (Pall.) Fisch. & C.A.Mey., Index Seminum [St.Petersburg

(Petropolitanus)] 1: 28 (1835)
Xylophylla parviflora Bellardi ex Colla, Herb. Pedem. 5: 106 (1836)
Securinega ramiflora (Aiton) Müll.Arg., Prodr. (DC.) 15(2.2): 449 (1866)
Securinega fluggeoides (Müll.Arg.) & Müll.Arg., Prodr. (A. P. de Candolle) 15 (2.2): 450 (1866)
Securinega japonica Miq., Ann. Mus. Bot. Lugduno-Batavi 3: 128 (1867)
Acidoton flueggeoides (Müll.Arg.) Kuntze, Revis. Gen. Pl. 2: 592 (1891)
Acidoton ramiflorus (Aiton) Kuntze, Revis. Gen. Pl. 2: 592 (1891)
Securinega suffruticosa (Pall.) Rehder, J. Arnold Arbor. 13: 338 (1932)
Flueggea ussuriensis Pojark., Fl. URSS 14: 734 (1949)

Representative specimens; **Chagang-do** 26 August 1897 小德川 (松德水河谷) *Komarov, VL Komaorv s.n.* 2 September 1897 湖芮(鴨綠江) *Komarov, VL Komaorv s.n.* 29 August 1897 慈城江 *Komarov, VL Komaorv s.n.* 9 June 1924 避難嶺山 *Fukubara, S Fukubara s.n.*崇積山 *Furusawa, I Furusawa s.n.* **Hamgyong-bukto** 31 July 1914 淸津 *Ikuma, Y Ikuma s.n.* 13 August 1935 羅南 *Saito, T T Saito s.n.* 3 August 1933 會寧 *Koidzumi, G Koidzumi s.n.* 15 June 1930 茂山嶺 *Ohwi, J Ohwi s.n.* 15 June 1930 *Ohwi, J Ohwi s.n.* 16 July 1918 朱乙溫面甫上洞 *Nakai, T Nakai s.n.* 6 July 1930 鏡城 *Ohwi, J Ohwi s.n.* 6 July 1930 *Ohwi, J Ohwi s.n.* 19 August 1924 七寶山 *Kondo, C Kondo s.n.* **Hamgyong-namdo** 25 September 1925 泗水山 *Chung, TH Chung s.n.* 20 August 1931 Hamhung (咸興) *Nomura, N Nomura s.n.* 11 May 1918 北靑 *Ishidoya, T Ishidoya s.n.* **Hwanghae-bukto** May 1924 霞嵐山 *Takaichi, K s.n.* 26 May 1924 *Takaichi, Y Takaichi s.n.* **Hwanghae-namdo** 26 August 1943 長壽山 *Furusawa, I Furusawa s.n.* 3 August 1929 長淵郡長山串 *Nakai, T Nakai s.n.* 25 August 1943 首陽山 *Furusawa, I Furusawa s.n.* 25 August 1943 *Furusawa, I Furusawa s.n.* 1 July 1921 Sorai Beach 九味浦 *Mills, RG Mills s.n.* **Kangwon-do** 7 August 1932 Mt. Kumgang (金剛山) *Fukushima s.n.* 12 August 1932 *Koidzumi, G Koidzumi s.n.*12 July 1936 金剛山外金剛千佛山 *Nakai, T Nakai s.n.* 7 August 1940 Mt. Kumgang (金剛山) *Okuyama, S Okuyama s.n.* 7 August 1940 *Okuyama, S Okuyama s.n.* June 1935 *Sakaguchi, S s.n.* 30 August 1916 通川街道 *Nakai, T Nakai s.n.* 10 August 1932 元山 *Kitamura, S Kitamura s.n.* 7 June 1909 *Nakai, T Nakai s.n.* **P'yongan-bukto** 12 June 1914 Pyok-dong (碧潼) *Nakai, T Nakai s.n.* 8 June 1919 義州金剛山 *Ishidoya, T Ishidoya s.n.* 11 August 1935 *Koidzumi, G Koidzumi s.n.* **P'yongan-namdo** 21 July 1916 寧遠 *Mori, T Mori s.n.* **P'yongyang** 22 August 1943 平壤牡丹臺 *Furusawa, I Furusawa s.n.* **Rason** 13 July 1924 松眞山 *Chung, TH Chung s.n.* **Ryanggang** 2 August 1897 虛川江-五海江 *Komarov, VL Komaorv s.n.* 26 July 1914 三水- 惠山鎭 *Nakai, T Nakai s.n.* 16 August 1897 大羅信洞 *Komarov, VL Komaorv s.n.* 19 August 1897 葡坪 *Komarov, VL Komaorv s.n.* 9 August 1897 長津江下流域 *Komarov, VL Komaorv s.n.* 4 July 1897 上水隅理 *Komarov, VL Komaorv s.n.* 27 July 1914 魚面堡遮川里 *Nakai, T Nakai s.n.*

Neoshirakia Esser
Neoshirakia japonica (Siebold & Zucc.) Esser, Blumea 43: 129 (1998)

Common name 사람주나무

Distribution in Korea: Central (Hwanghae), South
Stillingia japonica Siebold & Zucc., Abh. Math.-Phys. Cl. Konigl. Bayer. Akad. Wiss. 4-2: 145 (1845)
Excoecaria japonica (Siebold & Zucc.) Müll.Arg., Linnaea 32: 123 (1863)
Sapium japonicum (Siebold & Zucc.) Pax & Hoffm., Pflanzenr. (Engler) IV, Euphorb. Hippom. 0: 252 (1912)
Sapium atrobadiomaculatum F.P.Metcalf, Lingnan Sci. J. 10: 490 (1931)

Representative specimens; **Hwanghae-namdo** 29 July 1929 長淵郡長山串 *Nakai, T Nakai s.n.* 24 July 1922 Mukimpo *Mills, RG Mills s.n.*

PHYLLANTHACEAE

Phyllanthus L.
Phyllanthus ussuriensis Rupr. & Maxim., Bull. Cl. Phys.-Math. Acad. Imp. Sci. Saint-Pétersbourg 15: 222 (1857)

Common name 여우주머니

Distribution in Korea: North, Central, South, Ulleung
Phyllanthus simplex Retz. var. *chinensis* Müll.Arg., Linnaea 32: 33 (1863)
Phyllanthus matsumurae Hayata ex Y.Yabe, Bot. Mag. (Tokyo) 18: 12 (1904)
Phyllanthus wilfordii Croizat & Metcalf, Lingnan Sci. J. 20: 194 (1942)
Phyllanthus virgatus G.Forst. var. *chinensis* (Müll.Arg.) G.L.Webster, J. Jap. Bot. 46: 68 (1971)

Representative specimens; **Hamgyong-namdo** July 1933 Hamhung (咸興) *Nomura, N Nomura s.n.* **P'yongyang** 22 August 1943 平壤牡丹臺 *Furusawa, I Furusawa s.n.* **Ryanggang** 8 July 1897 羅暖堡 *Komarov, VL Komaorv s.n.*

RHAMNACEAE

Hovenia Thunb.
Hovenia dulcis Thunb., Nov. Gen. Pl. [Thunberg] 1: 8 (1781)
Common name 헛개나무
Distribution in Korea: Central, South, Ulleung
 Hovenia acerba Lindl., Bot. Reg. 6: t. 501 (1820)
 Hovenia pubescens Sweet, Hort. Brit. (Sweet) 91 (1826)
 Hovenia dulcis Thunb. var. *glabra* Makino, Bot. Mag. (Tokyo) 28: 155 (1914)
 Hovenia dulcis Thunb. var. *tometnella* Makino, Bot. Mag. (Tokyo) 28: 156 (1914)
 Hovenia dulcis Thunb. var. *koreana* Nakai ex Y.Kimura, Bot. Mag. (Tokyo) 53: 476 (1939)
 Hovenia dulcis Thunb. var. *latifolia* Nakai ex Y.Kimura, Bot. Mag. (Tokyo) 53: 476 (1939)

Representative specimens; Hwanghae-bukto 平山郡滅惡山 *Unknown s.n.* 8 September 1902 瑞興 *Uchiyama, T Uchiyama s.n.* **Hwanghae-namdo** 26 August 1925 長壽山 *Chung, TH Chung s.n.* 28 July 1932 長淵郡長山串 *Nakai, T Nakai s.n.* **P'yongan-namdo** 成川 *Unknown s.n.*

Rhamnus L.
Rhamnus davurica Pall., Reise Russ. Reich. 3: 721 (1776)
Common name 갈매나무
Distribution in Korea: North, Central, South
 Rhamnus cathartica L. var. *davurica* (Pall.) Maxim., Mem. Acad. Imp. Sci. St.-Petersbourg, Ser. 7 10(11): 9 (1866)
 Rhamnus davurica Pall. var. *japonica* Makino ex Nakai, Chosen Shokubutsu 212 (1914)

Representative specimens; Chagang-do 27 June 1914 從西山 *Nakai, T Nakai s.n.* 17 July 1914 大興里 *Nakai, T Nakai s.n.* August 1919 狼林山 *Okamoto, K s.n.* **Hamgyong-bukto** 12 August 1933 渡正山 *Koidzumi, G Koidzumi s.n.* 15 June 1930 茂山嶺 *Ohwi, J Ohwi1096* July 1932 冠帽峰 *Ohwi, J Ohwi s.n.* 25 September 1933 朱乙溫 *Saito, T T Saito788* 5 August 1914 茂山 *Ikuma, Y Ikuma s.n.* 21 June 1909 Musan-ryeong (戊山嶺) *Nakai, T Nakai s.n.* 23 June 1909 Nakai, T *Nakai s.n.* 6 July 1936 南山面 *Saito, T T Saito s.n.* 1 August 1914 富寧 *Ikuma, Y Ikuma s.n.* **Hamgyong-namdo** 15 June 1932 下碣隅里 *Ohwi, J Ohwi2026* July 1935 Donha-myeon Unsan-ri (東下面雲山里) *Nomura, N Nomura s.n.* **Hwanghae-bukto** 10 September 1915 瑞興 *Nakai, T Nakai s.n.* **Hwanghae-namdo** 29 July 1935 長壽山 *Koidzumi, G Koidzumi s.n.* 29 July 1932 長淵郡長山串 *Nakai, T Nakai s.n.* 25 August 1943 首陽山 *Furusawa, I Furusawa s.n.* **Kangwon-do** 13 August 1916 金剛山表訓寺附近 *Nakai, T Nakai s.n.* 10 June 1932 Mt. Kumgang (金剛山) Ohwi, *J Ohwi s.n.* 7 August 1940 *Okuyama, S Okuyama s.n.* 15 August 1902 *Uchiyama, T Uchiyama s.n.* 15 August 1902 *Uchiyama, T Uchiyama s.n.* 8 June 1909 望賊山 *Nakai, T Nakai s.n.* **P'yongan-bukto** 9 June 1914 飛來峯 *Nakai, T Nakai s.n.* 2 October 1910 Han San monastery (香山普賢寺) *Mills, RG Mills419* 11 August 1935 義州金剛山 *Koidzumi, G Koidzumi s.n.* **P'yongan-namdo** 25 July 1912 Kai-syong (价川) *Imai, H Imai150*

Rhamnus parvifolia Bunge, Mem. Acad. Imp. Sci. St.-Petersbourg Divers Savans 2: 88 (1835)
Common name 돌갈매나무
Distribution in Korea: North, Central
 Rhamnus polymorphus Turcz., Bull. Soc. Imp. Naturalistes Moscou 15: 713 (1842)
 Rhamnus diamantiaca Nakai, Bot. Mag. (Tokyo) 31: 98 (1917)
 Rhamnus tumetica Grubov, Bot. Mater. Gerb. Bot. Inst. Komarova Akad. Nauk S.S.S.R. 12: 129 (1950)
 Rhamnus parvifolia Bunge var. *tumetica* (Grubov) E.W.Ma, Fl. Intramongol. 4: 74 (1979)

Representative specimens; Hamgyong-bukto 18 June 1930 四芝洞 *Ohwi, J Ohwi s.n.* **Hwanghae-bukto** 10 September 1915 瑞興 *Nakai, T Nakai s.n.* 10 September 1915 Nakai, T *Nakai s.n.* **Hwanghae-namdo** 1 August 1932 椒島 *Nakai, T Nakai s.n.* 24 July 1932 夢金浦 *Nakai, T Nakai s.n.* **Kangwon-do** August 1932 Mt. Kumgang (金剛山) *Koidzumi, G Koidzumi s.n.* **P'yongan-bukto** 5 June 1914 朔州- 昌州 *Nakai, T Nakai s.n.* 28 May 1912 白壁山 *Ishidoya, T Ishidoya s.n.* 28 May 1912 *Ishidoya, T Ishidoya s.n.* **P'yongyang** 14 May 1911 P'yongyang (平壤) *Imai, H Imai s.n.* 30 May 1914 Nakai, T *Nakai s.n.*

Rhamnus rugulosa Hemsl., J. Linn. Soc., Bot. 23: 129 (1886)
Common name 털갈매나무
Distribution in Korea: North, Central, South
 Rhamnus koraiensis C.K.Schneid., Notizbl. Königl. Bot. Gart. Berlin 5: 77 (1908)

Representative specimens; **Hamgyong-bukto** 6 August 1933 會寧古豊山 *Koidzumi, G Koidzumi s.n.* **P'yongan-bukto** 28 September 1912 白壁山 *Ishidoya, T Ishidoya s.n.*

Rhamnus utilis Decne., Compt. Rend. Hebd. Seances Acad. Sci. 44: 1141 (1857)

Common name 참갈매나무

Distribution in Korea: North, South

Rhamnus cathartica L. var. *intermdeia* Maxim., Mem. Acad. Imp. Sci. St.-Petersbourg, Ser. 7 10: 9 (1866)

Rhamnus davurica Pall. var. *nipponica* Makino, Bot. Mag. (Tokyo) 18: 98 (1904)

Rhamnus ussuriensis J.J.Vassil., Bot. Mater. Otd. Sporov. Rast. Bot. Inst. Komarova Akad. Nauk SSSR 8: 115 (1940)

Rhamnus nipponica (Makino) Grubov, Trudy Bot. Inst. Akad. Nauk S.S.S.R., Ser. 1, Fl. Sist. Vyssh. Rast. 8: 316 (1949)

Representative specimens; **Chagang-do** 27 June 1914 從西山 *Nakai, T Nakai s.n.* **Hamgyong-bukto** 15 July 1918 朱乙溫面湯地洞 *Nakai, T Nakai s.n.* 16 July 1918 朱乙溫面城町 *Nakai, T Nakai s.n.* 20 June 1909 富寧 *Nakai, T Nakai s.n.* 27 August 1914 南川洞 *Nakai, T Nakai s.n.* **Hwanghae-namdo** 31 July 1932 席島 *Nakai, T Nakai s.n.* 1 August 1932 椒島 *Nakai, T Nakai s.n.* **Kangwon-do** 5 September 1916 淮陽郡蘭谷 *Nakai, T Nakai s.n.* **P'yongan-bukto** Pyok-dong (碧潼) *Unknown s.n.* 17 August 1912 Chang-syong (昌城) *Imai, H Imai226* 4 June 1914 玉江鎭朔州郡 *Nakai, T Nakai s.n.* **P'yongan-namdo** 15 June 1928 陽德 *Nakai, T Nakai s.n.* 15 June 1928 Nakai, T *Nakai s.n.*

Rhamnus yoshinoi Makino, Bot. Mag. (Tokyo) 18: 97 (1904)

Common name 짝자래갈매나무 (짝자래나무)

Distribution in Korea: North, Central, South

Rhamnus schneideri H.Lév. & Vaniot, Repert. Spec. Nov. Regni Veg. 6: 265 (1909)

Rhamnus globosa Bunge var. *glabra* Nakai, Bot. Mag. (Tokyo) 28: 309 (1914)

Rhamnus glabra (Nakai) Nakai, Bot. Mag. (Tokyo) 31: 99 (1917)

Rhamnus glabra (Nakai) Nakai var. *manshrurica* Nakai, Bot. Mag. (Tokyo) 31: 99 (1917)

Rhamnus schneideri H.Lév. & Vaniot var. *manshrurica* (Nakai) Nakai, Bot. Mag. (Tokyo) 31: 274 (1917)

Rhamnus yoshinoi Makino var. *manshurica* (Nakai) T.B.Lee, Ill. Woody Pl. Korea 310 (1966)

Representative specimens; **Chagang-do** 15 October 1910 Kang-gei(Kokai 江界) *Mills, RG Mills439* 27 June 1914 從西山 *Nakai, T Nakai s.n.* 25 June 1914 從浦鎭 *Nakai, T Nakai s.n.* 27 June 1914 從西山 *Nakai, T Nakai s.n.* 23 June 1914 Nakai, T *Nakai2093* 3 August 1913 滿浦鎭 *Mori, T Mori s.n.* 17 July 1914 大興里 *Nakai, T Nakai2080* 25 September 1917 凞川郡西洞 *Furumi, M Furumi s.n.* **Hamgyong-bukto** 15 July 1918 朱乙溫面湯地洞 *Nakai, T Nakai s.n.* 30 May 1930 朱乙 *Ohwi, J Ohwi s.n.* 21 June 1909 Musan-ryeong (戊乙嶺) Nakai, T *Nakai s.n.* 23 July 1918 朱乙溫面黃雪嶺 *Nakai, T Nakai s.n.* 4 August 1939 延社面四芝洞 - 楡坪洞 *Kim, NH s.n.* **Hamgyong-namdo** 14 June 1909 西湖津 *Nakai, T Nakai s.n.* 11 August 1940 咸興歸州寺 *Okuyama, S Okuyama s.n.* 15 June 1932 下碣隅里 *Ohwi, J Ohwi35* 15 August 1935 東上面漢岱里 *Nakai, T Nakai s.n.* **Hwanghae-namdo** 28 July 1932 長淵郡長山串 *Nakai, T Nakai s.n.* 31 July 1932 席島 *Nakai, T Nakai s.n.* **Kangwon-do** 12 July 1936 外金剛千佛山 *Nakai, T Nakai s.n.* 7 August 1916 金剛山末輝里方面 *Nakai, T Nakai s.n.* July 1901 Nai Piang *Faurie, UJ Faurie234* Rhamnus schneideri H.Lév. & Vaniot (Holotype E) **P'yongan-bukto** 5 August 1937 妙香山 *Hozawa, S Hozawa s.n.* 3 August 1935 *Koidzumi, G Koidzumi s.n.* **P'yongyang** 22 August 1943 平壤牡丹臺 *Furusawa, I Furusawa s.n.* **Ryanggang** 24 July 1917 Keizanchin(惠山鎭) *Furumi, M Furumi s.n.* 24 July 1914 魚面堡遮川里 *Nakai, T Nakai s.n.*

Ziziphus Mill.

Ziziphus jujuba Mill., Gard. Dict., ed. 8 Z,1 (1768)

Common name 대추나무

Distribution in Korea: North, Central, Jeju

Rhamnus zizyphus L., Sp. Pl. 194 (1753)

Ziziphus sativa Gaertn., Fruct. Sem. Pl. 1: 202 (1788)

Ziziphus sinensis Lam., Encycl. (Lamarck) 3: 316 (1789)

Ziziphus vulgaris Lam., Encycl. (Lamarck) 3: 316 (1789)

Ziziphus lucidus Salisb., Prodr. Stirp. Chap. Allerton 139 (1796)

Ziziphus chinensis Lam. ex Prenger, Syst. Veg. (ed. 16) [Sprengel] 1: 770 (1824)

Ziziphus vulgaris Lam. var. *inermis* Bunge, Mem. Acad. Imp. Sci. St.-Petersbourg, Ser. 6, Sci. Math. 2: 88 (1833)

Ziziphus zizyphus (L.) H.Karst., Deut. Fl. (Karsten) 870 (1882)

Ziziphus sativa Gaertn. var. *inermis* (Bunge) C.K.Schneid., Ill. Handb. Laubholzk. 2: 261 (1909)
Ziziphus jujuba Mill. var. *inermis* (Bunge) Rehder, J. Arnold Arbor. 3: 220 (1922)

Representative specimens; Hamgyong-namdo 11 June 1909 鎭岩峯 *Nakai, T Nakai s.n.* **Hwanghae-namdo** 1 August 1932 椒島 *Nakai, T Nakai s.n.* **P'yongan-namdo** 16 September 1915 中和 *Nakai, T Nakai s.n.* 16 September 1915 Nakai, T *Nakai s.n.* **P'yongyang** 24 September 1910 P'yongyang (平壤) *Mills, RG Mills s.n.*

VITACEAE

Ampelopsis Michx.
Ampelopsis glandulosa (Wall.) Momiy. var. **heterophylla** (Thunb.) Momiy., J. Jap. Bot. 52: 30 (1977)
Common name 개머루
Distribution in Korea: North, Central, South, Ulleung
Vitis heterophylla Thunb., Syst. Veg., ed. 14 (J. A. Murray) 244 (1784)
Ampelopsis humulifolia Bunge, Mem. Acad. Imp. Sci. St.-Petersbourg, Ser. 6, Sci. Math., Seconde Pt. Sci. Nat. 2: 84 (1833)
Allosampela heterophylla (Thunb.) Raf., Sylva Tellur. 88 (1838)
Ampelopsis heterophylla (Thunb.) Siebold & Zucc., Abh. Math.-Phys. Cl. Konigl. Bayer. Akad. Wiss. 4: 197 (1845)
Ampelopsis humulifolia Bunge var. *heterophylla* (Thunb.) K.Koch, Hort. Dendrol. 48 (1853)
Vitis elegans K.Koch, Index Seminum Hort. Bot. Berol. 1855 16 (1855)
Cissus brevipedunculata Maxim., Bull. Cl. Phys.-Math. Acad. Imp. Sci. Saint-Pétersbourg 9: 68 (1859)
Cissus bryonifolia Regel, Tent. Fl.-Ussur. 3 (1861)
Cissus humulifolia Regel var. *brevipedunculata* Regel, Mem. Acad. Imp. Sci. St.-Petersbourg, Ser. 7 4: 35 (1861)
Vitis sinica Miq., J. Bot. Néerl. 1: 125 (1861)
Vitis heterophylla Thunb. var. *humulifolia* (Bunge) Hook., Bot. Mag. 93: pl. 5682 (1867)
Cissus elegans (K.Koch) K.Koch, Dendrologie 1: 555 (1869)
Vitis heterophylla Thunb. var. *cordata* Regel, Trudy Imp. S.-Peterburgsk. Bot. Sada 2: 392 (1873)
Vitis heterophylla Thunb. var. *maximowiczi* Regel, Trudy Imp. S.-Peterburgsk. Bot. Sada 2: 392 (1873)
Vitis heterophylla Thunb. var. *elegans* (K.Koch) Regel, Gartenflora 22: 197 (1873)
Vitis humulifolia f. *glabra* Debeaux, Actes Soc. Linn. Bordeaux 31: 132 (1876)
Ampelopsis brevipedunculata (Maxim.) Trautv., Trudy Imp. S.-Peterburgsk. Bot. Sada 8: 176 (1883)
Ampelopsis heterophylla (Thunb.) Siebold & Zucc. var. *amurensis* Planch., Monogr. Phan. 5: 456 (1887)
Ampelopsis heterophylla (Thunb.) Siebold & Zucc. var. *bungei* Palib. subvar. *sieboldii* Planch., Monogr. Phan. 5: 456 (1887)
Ampelopsis heterophylla (Thunb.) Siebold & Zucc. var. *lavallei* Planch., Monogr. Phan. 5: 456 (1887)
Vitis citrulloides Dippel, Handb. Laubholzk. 2: 565 (1891)
Ampelopsis regeliana Dippel, Handb. Laubholzk. 2: 565 (1892)
Vitis brevipedunculata (Maxim.) Dippel, Handb. Laubholzk. 2: 564 (1892)
Ampelopsis heterophylla (Thunb.) Siebold & Zucc. f. *elegans* Voss, Vilm. Blumengaertn., ed. 3 1: 183 (1894)
Vitis heterophylla Thunb. var. *variegata* G.Nicholson, Hand-list Trees & Shrubs Arb. 1: 77 (1894)
Ampelopsis heterophylla (Thunb.) Siebold & Zucc. var. *bungei* Palib., Trudy Imp. S.-Peterburgsk. Bot. Sada 17: 57 (1898)
Vitis heterophylla Thunb. var. *tricolor* G.Nicholson, Hand-list Trees & Shrubs Arb. 2: 117 (1902)
Ampelopsis brevipedunculata (Maxim.) Trautv. var. *citrulloides* (Lebas) Rehder, Stand. Cycl. Hort. 1: 278 (1914)
Ampelopsis brevipedunculata (Maxim.) Trautv. var. *maximowiczi* (Regel) Rehder, Gentes Herb. 1: 36 (1920)
Ampelopsis heterophylla (Thunb.) Siebold & Zucc. var. *ciliata* Nakai, Bot. Mag. (Tokyo) 35: 5 (1921)
Ampelopsis brevipedunculata (Maxim.) Trautv. f. *citrulloides* (Lebas) Rehder, J. Arnold Arbor. 2: 176 (1921)
Ampelopsis brevipedunculata (Maxim.) Trautv. f. *elegans* (K.Koch) Rehder, J. Arnold Arbor.

2: 176 (1921)
Ampelopsis brevipedunculata (Maxim.) Trautv. var. *elegans* (K.Koch) L.H.Bailey, Gentes
Herb. 4: 135 (1923)
Melampyrum ovalifolium Nakai f. *albiflorum* (Nakai) Tuyama, J. Jap. Bot. 17: 84 (1941)
Ampelopsis brevipedunculata (Maxim.) Trautv. var. *heterophylla* (Thunb.) H.Hara, Enum.
Spermatophytarum Japon. 3: 133 (1954)
Ampelopsis brevipedunculata (Maxim.) Trautv. f. *ciliata* (Nakai) T.B.Lee, Ill. Woody Pl.
Korea 311 (1966)
Ampelopsis glandulosa (Wall.) Momiy. var. *brevipedunculata* (Maxim.) Momiy., J. Jap. Bot.
52: 30 (1977)
Ampelopsis glandulosa (Wall.) Momiy. var. *heterophylla* (Thunb.) Momiy. f. *citrulloides*
(Lebas) Momiy., J. Jap. Bot. 52: 31 (1977)

Representative specimens; Chagang-do 8 August 1910 Kang-gei (Kokai 江界) *Mills, RG Mills341* 6 July 1911 *Mills, RG Mills 425*
Hamgyong-bukto 15 June 1930 茂山嶺 *Ohwi, J Ohwi s.n.* 25 August 1936 朱乙 *Saito, T T Sait os.n .* **Hwanghae-namdo** 31 July 1932
席島 *Nakai, T Nakai i s.n.* 1 August 1932 椵島 *Nakai, T Nakai s.n.* 15 July 1921 Sorai Beach 九味浦 *Mills, RG Mills s.n.* 12 July 1921
Mills, RG Mills s.n. 29 July 1932 長山串 *Nakai, T Naka i s.n.* **Kangwon-do** 29 July 1916 海金剛 *Nakai, T Nakai5639* 20 August 1902
Mt. Kumgang (金剛山) *Uchiyama, T Uchiyama s.n.* **P'yongan-namdo** 25 July 1912 Kai-syong (价川) *Imai, H Imai195* **Rason** 7 June
1930 西水羅 *Ohwi, J Ohw i s.n.*

Ampelopsis japonica (Thunb.) Makino, Bot. Mag. (Tokyo) 17: 113 (1903)
Common name 가위톱
Distribution in Korea: North, Central
Paullinia japonica Thunb., Syst. Veg., ed. 14 (J. A. Murray) 380 (1784)
Ampelopsis serianiifolia Bunge, Mem. Acad. Imp. Sci. St.-Petersbourg, Ser. 6, Sci. Math.,
Seconde Pt. Sci. Nat. 2: 86 (1833)
Cissus serianiifolia (Bunge) Walp., Repert. Bot. Syst. (Walpers) 1: 441 (1842)
Cissus viticifolia Siebold & Zucc. var. *pinnatifida* Siebold & Zucc. ex Regel, Gartenflora 16: 4 (1867)
Ampelopsis lucida Carrière, Rev. Hort. 40: 39 (1868)
Ampelopsis napiformis Carrière, Rev. Hort. 42: 16 (1870)
Ampelopsis tuberosa Carrière, Rev. Hort. 42: 16 (1870)
Vitis serianiifolia (Bunge) Maxim., Mélanges Biol. Bull. Phys.-Math. Acad. Imp. Sci. Saint-
Pétersbourg 9: 149 (1886)
Ampelopsis dissecta Koehne, Deut. Dendrol. 400 (1893)
Ampelopsis mirabilis Diels & Gilg, Bot. Jahrb. Syst. 29: 465 (1900)
Vitis dunniana H.Lév., Repert. Spec. Nov. Regni Veg. 11: 297 (1912)

Representative specimens; Hwanghae-namdo April 1931 載寧 *Smith, RK Smith s.n.* April 1931 *Smith, RK Smith s.n.* 31 July
1932 席島 *Nakai, T Nakai s.n.* 29 June 1921 Sorai Beach 九味浦 *Mills, RG Mills s.n.* **P'yongyang** 18 June 1911 P'yongyang (平壤)
Imai, H Imai s.n. 28 May 1911 *Imai, H Imai s.n.*

Parthenocissus Planch.
Parthenocissus tricuspidata (Siebold & Zucc.) Planch., Monogr. Phan. 5: 452 (1887)
Common name 담장이덩굴
Distribution in Korea: North, Central, South
Vitis thunbergii Siebold & Zucc., Abh. Math.-Phys. Cl. Konigl. Bayer. Akad. Wiss. 4: 198 (1845)
Ampelopsis tricuspidata Siebold & Zucc., Abh. Math.-Phys. Cl. Konigl. Bayer. Akad. Wiss. 4-
2: 196 (1845)
Cissus thunbergii Siebold & Zucc., Abh. Math.-Phys. Cl. Konigl. Bayer. Akad. Wiss. 4-2: 195 (1845)
Vitis inconstans Miq., Ann. Mus. Bot. Lugduno-Batavi 1: 91 (1863)
Acer nikoense (Miq.) Maxim., Bull. Acad. Imp. Sci. Saint-Pétersbourg III 12: 227 (1868)
Psedera tricuspidata (Siebold & Zucc.) Rehder, Rhodora 10: 29 (1908)
Vitis taquetii H.Lév., Bull. Acad. Int. Geogr. Bot. 20: 11 (1910)
Psedera thunbergii (Siebold & Zucc.) Nakai, Bot. Mag. (Tokyo) 35: 2 (1921)
Parthenocissus thunbergii (Siebold & Zucc.) Nakai, J. Jap. Bot. 6: 254 (1930)

A Checklist of North Korean Vascular Plants T.B. Lee Herbarium (SNUA) – 2019 (C.S. Chang, H. Kim, H.T. Shin & C.H. Lee)

- 327 -

Representative specimens; **Chagang-do** September 1920 狼林山 *Ishidoya, T Ishidoya s.n.*崇積山 *Furusawa, I Furusawa s.n.*
Hamgyong-namdo 25 September 1925 泗水山 *Chung, TH Chung s.n.* 14 June 1909 西湖津 *Nakai, T Nakai s.n.* **Hwanghae-**
namdo 31 July 1932 席島 *Nakai, T Nakai s.n.* 12 July 1921 Sorai Beach 九味浦 *Mills, RG Mills s.n.* 15 July 1921 *Mills, RG Mills*
s.n. 24 July 1932 夢金浦 *Nakai, T Nakai s.n.* **Kangwon-do** 29 July 1916 海金剛 *Nakai, T Nakai5638* **P'yongan-bukto**4 June 1924
飛來峯 *Sawada, T Sawada s.n.* 1924 妙香山 *Kondo, C Kondo s.n.* **P'yongyang** 24 September 1910 P'yongyang (平壤) *Mills, RG*
Mills342 **Rason** 6 June 1930 西水羅 *Ohwi, J Ohwi719*

Vitis L.
Vitis amurensis Rupr., Bull. Cl. Phys.-Math. Acad. Imp. Sci. Saint-Pétersbourg 15: 266 (1857)
Common name 머루 (왕머루)
Distribution in Korea: North, Central, South
  Vitis vinifera L. var. *amurensis* (Rupr.) Regel, Gartenflora 10: 312, pl. 339 (1861)
  Vitis vulpina L. var. *amurensis* (Rupr.) Regel, Trudy Imp. S.-Peterburgsk. Bot. Sada 2: 394 (1873)
  Vitis shiragae Makino, J. Jap. Bot. 1: 105 (1917)
  Vitis amurensis Rupr. var. *genuina* Skvortsov, Chin. Journ. Sci. Arts. 15: 200 (1931)
  Vitis choii Hatus., J. Jap. Bot. 16: 530 (1940)
  Vitis amurensis Rupr. var. *shiragai* (Makino) Ohwi, Fl. Jap.,·revised ed., [Ohwi] 1440 (1965)
  Vitis flexuosa Thunb. var. *choii* (Hatus.) T.B.Lee, Ill. Woody Pl. Korea 313 (1966)

Representative specimens; **Chagang-do**5 June 1911 Kang-gei(Kokai 江界) *Mills, RG Mills310* 5 July 1914 牙得嶺 (江界) *Nakai, T*
Nakai2100 22 July 1914 山羊 -江口 *Nakai, T Nakai2098* **Hamgyong-bukto** 6 August 1933 茂山嶺 *Koidzumi, G Koidzumi s.n.* 21 June 1909
Nakai, T Nakai s.n. 15 June 1930 *Ohwi, J Ohwi1066* 14 August 1933 朱乙溫泉朱乙山 *Koidzumi, G Koidzumi s.n.* 16 July 1918
朱乙溫面湯地洞 *Nakai, T Nakai s.n.* 7 July 1930 鏡城 *Ohwi, J Ohwi2147* 23 July 1918 朱乙溫面黃雪嶺 *Nakai, T Nakai s.n.* **Hwanghae-**
namdo 29 July 1935 長壽山 *Koidzumi, G Koidzumi s.n.* 31 July 1932 席島 *Nakai, T Nakai s.n.* 1 August 1932 椴島 *Nakai, T Nakai s.n.* 4
July 1921 Sorai Beach 九味浦 *Mills, RG Mills s.n.* 24 July 1932 夢金浦 *Nakai, T Nakai s.n.* **Kangwon-do** 31 July 1916 金剛山群仙峽
Nakai, T Nakai5637 12 August 1932 Mt. Kumgang (金剛山) *Koidzumi, G Koidzumi s.n.* August 1932 *Koidzumi, G Koidzumi s.n.* 12 July
1936 金剛山外金剛千佛山 *Nakai, T Nakai s.n.* 10 June 1932 Mt. Kumgang (金剛山) *Ohwi, J Ohwi295* 12 August 1902 墨浦洞 *Uchiyama,*
T Uchiyama s.n. 30 August 1916 通川 *Nakai, T Nakai s.n.* 7 June 1909 元山 *Nakai, T Nakai s.n.* **P'yongan-namdo** 20 September 1915 龍岡
Nakai, T Nakai2652 15 June 1928 陽德 *Nakai, T Nakai s.n.* 15 June 1928 *Nakai, T Nakai s.n.* **P'yongyang** 18 June 1911 P'yongyang (平壤)
Imai, H Imai s.n. 12 June 1910 *Imai, H Imai52* **Rason** 6 June 1930 西水羅 *Ohwi, J Ohwi664*

Vitis flexuosa Thunb., Trans. Linn. Soc. London 2: 332 (1793)
Common name 새머루
Distribution in Korea: Central, South, Jeju
  Vitis flexuosa Thunb. var. *sinuatifolia* Nakai
  Vitis parvifolia Roxb., Hort. Bengal. 18 (1814)
  Vitis wallichii DC., Prodr. (DC.) 1: 634 (1824)
  Vitis purani Buch.-Ham. ex D.Don, Prodr. Fl. Nepal. 188 (1825)
  Vitis vulpina L. var. *parvifolia* (Roxb.) Regel, Trudy Imp. S.-Peterburgsk. Bot. Sada 2: 394 (1873)
  Vitis flexuosa Thunb. f. *parvifolia* (Roxb.) Planch., Monogr. Phan. 5: 348 (1887)
  Vitis flexuosa Thunb. var. *chinensis* H.J.Veitch, J. Hort. Soc. London 28: 393 (1904)
  Vitis cavaleriei H.Lév., Bull. Soc. Agric. Sarthe 40: 36 (1905)
  Vitis flexuosa Thunb. var. *parvifolia* (Roxb.) Gagnep., Pl. Wilson. 1: 103 (1911)

Representative specimens; **Hwanghae-namdo** 1 August 1932 椴島 *Nakai, T Nakai s.n.* 4 July 1921 Sorai Beach 九味浦 *Mills,*
RG Mills s.n. 27 July 1932 長山串 Nakai, T *Nakai s.n.*

LINACEAE

Linum L.
Linum stelleroides Planch., London J. Bot. 7: 178 (1848)
Common name 들아마 (개아마)
Distribution in Korea: North, Central, South
  Obolaria borealis (L.) Kuntze, Revis. Gen. Pl. 1: 275 (1891)
  Linum karoi Freyn, Oesterr. Bot. Z. 52: 15 (1902)

Representative specimens; **Chagang-do** 28 August 1897 慈城邑(松德水河谷) *Komarov, VL Komaorv s.n.* 8 August 1910 Kang-gei (Kokai 江界) *Mills, RG Mills433* 22 July 1914 山羊 -江口 *Nakai, T Nakai s.n.* **Hamgyong-bukto** 7 September 1908 清津 *Okada, S s.n.* 7 September 1941 *Unknown s.n.* 15 May 1934 漁遊洞 *Uozumi, H Uozumi s.n.* 11 August 1907 茂山嶺 *Tokyo Jenshokusha s.n.* 8 August 1930 載德 *Ohwi, J Ohwi3051* 14 August 1933 朱乙溫泉朱乙山 *Koidzumi, G Koidzumi s.n.* 13 September 1936 朱乙 *Saito, T T Saito2858* 22 August 1933 車踰嶺 *Koidzumi, G Koidzumi s.n.* 29 July 1936 茂山新站 *Saito, T T Saito2681* 13 August 1936 富寧上峴 - 石幕 *Saito, T T Saito2770* **Hwanghae-bukto** 10 September 1915 瑞興 *Nakai, T Nakai s.n.* **Hwanghae-namdo** 25 August 1943 首陽山 *Furusawa, I Furusawa s.n.* 31 July 1929 席島 *Nakai, T Nakai s.n.* **Kangwon-do** 8 August 1916 長淵里 *Nakai, T Nakai s.n.* 12 August 1902 墨浦洞 *Uchiyama, T Uchiyama s.n.* 14 September 1932 元山 *Kitamura, S Kitamura s.n.* **P'yongyang** 23 August 1943 大同郡大寶山 *Furusawa, I Furusawa s.n.* **Ryanggang** 1 August 1897 虛川江 (同仁川) *Komarov, VL Komaorv s.n.* 19 August 1897 葡坪 *Komarov, VL Komaorv s.n.* 9 August 1897 長津江下流域 *Komarov, VL Komaorv s.n.* 27 July 1897 佳林里 *Komarov, VL Komaorv s.n.* 3 August 1914 惠山鎭 - 普天堡 *Nakai, T Nakai s.n.* 17 July 1897 半載子溝 (鴨綠江上流) *Komarov, VL Komaorv s.n.*

Linum usitatissimum L., Sp. Pl. 277 (1753)

Common name 아마

Distribution in Korea: North
 Linum humile Mill., Gard. Dict., ed. 8 2 (1768)
 Linum usitatissimum L. var. *humile* (Mill.) Pers., Syn. Pl. (Persoon) 1: 334 (1805)
 Linum usitatissimum L. var. *crepitans* Boenn., Prodr. Fl. Monast. Westphal. 94 (1824)
 Linum crepitans (Boenn.) Dumort., Fl. Belg. (Dumortier) 111 (1827)
 Linum usitatissimum L. var. *indehiscens* Neilr., Fl. Nied.-Oesterr 864 (1859)
 Linum indehiscens (Neilr.) Vavilov & Elladi, Kul't. Fl. SSSR 5: 117 (1940)
 Linum usitatissimum L. ssp. *humile* (Mill.) Chernom., Sborn. Nauchn. Trudov Prikl. Bot. Genet. Selekts. 113: 56 (1987)

POLYGALACEAE

Polygala L.
Polygala japonica Houtt., Handl. Pl. -Kruidk. 10: 89 (1779)

Common name 애기풀

Distribution in Korea: North
 Polygala lourerii Gardner & Champ., Hooker's J. Bot. Kew Gard. Misc. 1: 242 (1849)
 Polygala sibirica L. var. *japonica* (Houtt.) Ito, J. Coll. Sci. Imp. Univ. Tokyo 12: 311 (1899)
 Polygala taquetii H.Lév., Repert. Spec. Nov. Regni Veg. 12: 181 (1913)
 Polygala hondoensis Nakai, Bot. Mag. (Tokyo) 36: 21 (1922)
 Polygala japonica Houtt. var. *angustifolia* Koidz., Fl. Symb. Orient.-Asiat. 8 (1930)
 Polygala japonica Houtt. f. *virescens* Nakai, J. Jap. Bot. 5: 133 (1950)

Representative specimens; **Hamgyong-bukto** 19 June 1909 清津 *Nakai, T Nakai s.n.* 18 May 1933 羅南 *Saito, T T Saito s.n.* 2 June 1933 羅南西北側 *Saito, T T Saito545* 16 June 1938 行營 *Saito, T T Saito8054* 26 May 1930 鏡城 *Ohwi, J Ohwi s.n.* **Hamgyong-namdo** July 1902 端川龍德里摩天嶺 *Mishima, A s.n.* 23 July 1935 弁天島 *Nomura, N Nomura s.n.* **Hwanghae-namdo** 1 August 1929 椒島 *Nakai, T Nakai s.n.* **Kangwon-do** 28 July 1916 高城郡高城 (高城郡州北面?)- 溫井里 *Nakai, T Nakai s.n.* 6 June 1909 元山 *Nakai, T Nakai s.n.* **P'yongyang** 9 June 1912 Jun-an (順安) *Imai, H Imai s.n.* **Rason** 5 June 1930 西水羅オガリ岩 *Ohwi, J Ohwi527* **Ryanggang** 27 July 1897 佳林里 *Komarov, VL Komaorv s.n.*

Polygala sibirica L., Sp. Pl. 702 (1753)

Common name 두메애기풀

Distribution in Korea: North (Hamkyong)
 Polygala sibirica L. var. *latifolia* Ledeb., Fl. Ross. (Ledeb.) 1: 269 (1842)
 Polygala sibirica L. var. *stricta* Debeaux, Actes Soc. Linn. Bordeaux 31: 123 (1876)
 Polygala japonica Houtt. var. *cinerascens* Franch., Bull. Soc. Bot. France p. 33 (1899)

Representative specimens; **Hamgyong-namdo** 19 August 1935 道頭里 *Nakai, T Nakai s.n.* **Rason** 30 June 1938 雄基面松眞山 *Saito, T T Saito s.n.* **Ryanggang** 1 July 1897 五是川雲寵江-崔上峰 *Komarov, VL Komaorv s.n.* 2 July 1897 雲寵面三水谷 (虛川江岸懸崖) *Komarov, VL Komaorv s.n.* 3 July 1897 三水邑-上水隅理 *Komarov, VL Komaorv s.n.* 22 July 1897 佳林里 *Komarov, VL Komaorv s.n.* 28 July 1897 *Komarov, VL Komaorv s.n.* 30 May 1897 延面水河谷-古倉坪 *Komarov, VL Komaorv s.n.*

Polygala tatarinowii Regel, Bull. Soc. Imp. Naturalistes Moscou 34: 523 (1861)

Common name 병아리풀

Distribution in Korea: North (Hamgyong, P'yongan, Kangwon), Central (Hwanghae)
    Polygala triphylla Buch.-Ham. ex D.Don, Prodr. Fl. Nepal. 1: 200 (1825)
    Semeiocardium hamiltonii Hassk., Ann. Mus. Bot. Lugduno-Batavi 1: 151 (1863)
    Polygala siboldiana Miq., Ann. Mus. Bot. Lugduno-Batavi 2: 260 (1866)
    Salomonia martinii H.Lév., Bull. Soc. Bot. France 51: 290 (1904)

Representative specimens; Chagang-do 7 August 1912 Chosan(楚山) *Imai, H Imai s.n.* 30 August 1897 慈城江 *Komarov, VL Komaorv s.n.* 29 August 1897 *Komarov, VL Komaorv s.n .*P'yongan-bukto 29 September 1911 青山面古龍里梨石洞山 *Ishidoya, T Ishidoya s.n.* **Ryanggang** 19 August 1897 葡坪 *Komarov, VL Komaorv s.n.* 16 August 1897 大羅信洞 *Komarov, VL Komaorv s.n.* 9 August 1897 長津江下流域 *Komarov, VL Komaorv s.n.* 9 August 1897 *Komarov, VL Komaorv s.n.*

Polygala tenuifolia Willd., Sp. Pl. 879 (1753)

Common name 원지

Distribution in Korea: North, Central
    Polygala sibirica L. var. *angustiflia* Ledeb., Fl. Ross. (Ledeb.) 1: 269 (1842)
    Polygala sibirica L. var. *tenuifolia* (Willd.) Chodat, Mem. Soc. Phys. Geneve 31-2: 348 (1893)

Representative specimens; Hamgyong-bukto 22 June 1909 會寧 *Nakai, T Nakai s.n.* 15 July 1936 會寧鳳儀 *Saito, T T Saito2626* 16 June 1938 行營 *Saito, T T Saito8053* 8 August 1930 載德 *Ohwi, J Ohwi3048* 4 July 1936 豊谷 *Saito, T T Saito2469* 2 August 1914 車踰嶺 *Ikuma, Y Ikuma s.n.* 31 July 1914 富寧 *Ikuma, Y Ikuma s.n.* 16 August 1914 江口- 茂山 *Nakai, T Nakai s.n.* **Hamgyong-namdo** 29 June 1940 定平郡宣德面 *Suzuki, T s.n.* July 1902 端川龍德里摩天嶺 *Mishima, A s.n.*25 July 1930 咸興盤龍山 *Nomura, N Nomura s.n.* **Hwanghae-namdo** 9 May 1932 Chairyung 載寧 *Smith, RK Smith s.n.* **Kangwon-do** 8 June 1909 望賊山 *Nakai, T Nakai s.n.* **P'yongan-namdo** 14 July 1916 Kai-syong (价川) *Mori, T Mori s.n.* **P'yongyang** 26 May 1912 Taiseizan(大聖山) 平壤 *Imai, H Imai s.n.* **Ryanggang** 26 July 1914 三水- 惠山鎮 *Nakai, T Nakai s.n.* 2 July 1897 雲寵里三水邑 (虛川江岸懸崖) *Komarov, VL Komaorv s.n.* 1 August 1897 虛川江 (同仁川) *Komarov, VL Komaorv s.n.* 8 July 1897 羅暖堡 *Komarov, VL Komaorv s.n.*

STAPHYLEACEAE

Staphylea L.
Staphylea bumalda DC., Prodr. (DC.) 2: 2 (1825)

Common name 고추나무

Distribution in Korea: North, Central, South, Jeju
    Staphylea bumalda DC. var. *latifolia* Nakai, J. Coll. Sci. Imp. Univ. Tokyo 26: 163 (1909)
    Staphylea bumalda DC. var. *glabra* Nakai, J. Jap. Bot. 15: 683 (1939)
    Staphylea bumalda DC. var. *latifolia* Nakai f. *rotundifolia* Nakai, J. Jap. Bot. 15: 683 (1939)

Representative specimens; Chagang-do 9 June 1924 避難德山 *Fukubara, S Fukubara s.n.*崇積山 *Furusawa, I Furusawa s.n.* **Hamgyong-bukto** 21 June 1937 晚春 *Saito, T T Saito6892* 19 August 1924 七寶山 *Kondo, C Kondo s.n.* **Hamgyong-namdo** 25 September 1925 泗水山 *Chung, TH Chung s.n.* **Hwanghae-bukto** 19 October 1923 平山郡滅惡山 *Muramatsu, T s.n.* May 1924 霞嵐山 *Takaichi, K s.n.* **Hwanghae-namdo** 8 June 1924 長山串 *Chung, TH Chung s.n.* 26 May 1924 九月山 *Chung, TH Chung s.n.* **Kangwon-do** 28 July 1916 長箭高城 *Nakai, T Nakai s.n.* 12 July 1936 外金剛千佛山 *Nakai, T Nakai s.n.* 2 September 1932 Mt. Kumgang (金剛山) Kitamura, *S Kitamura s.n.* 13 August 1916 金剛山表訓寺附近 *Nakai, T Nakai5617* 10 June 1932 Mt. Kumgang (金剛山) Ohwi, *J Ohwi7.* 7 August 1940 *Okuyama, S Okuyama s.n.* 13 August 1902 長淵里近傍 *Uchiyama, T Uchiyama s.n.* 13 August 1902 *Uchiyama, T Uchiyama s.n.* **P'yongan-bukto** 4 June 1924 飛來峯 *Sawada, T Sawada s.n.* 6 August 1935 妙香山 *Koidzumi, G Koidzumi s.n.* 1924 *Kondo, C Kondo s.n.* 18 August 1912 Sak-jyu(Sakushu 朔州) *Imai, H Imai s.n.* 5 June 1914 朔州- 昌州 *Nakai, T Nakai s.n.* 23 May 1912 白壁山 *Ishidoya, T Ishidoya s.n.* **P'yongan-namdo** 15 July 1916 葛日嶺 *Mori, T Mori s.n.* 15 June 1928 陽德 *Nakai, T Nakai s.n.*

SAPINDACEAE

Koelreuteria Laxm.

Koelreuteria paniculata Laxm., Novi Comment. Acad. Sci. Imp. Petrop. 16: 561 (1772)

Common name 모감주나무

Distribution in Korea: North, Central, South
 Sapindus chinensis L., Syst. Veg. ed. 13 315 (1774)
 Sapindus paniculata (Laxm.) Dum.Cours., Bot. Cult. 2: 769 (1801)
 Koelreuteria chinensis (Murray) Hoffmanns., Verz. Pfl.-Kult. 70 (1824)
 Koelreuteria apiculata Rehder & E.H.Wilson, Pl. Wilson. 2(1): 191 (1914)
 Koelreuteria paniculata Laxm. var. *apiculata* (Rehder & E.H.Wilson) Rehder, J. Arnold Arbor.
 20: 418 (1939)

Representative specimens; **Hwanghae-namdo** 4 July 1921 Sorai Beach 九味浦 *Mills, RG Mills s.n.* 27 July 1932 長山串 *Nakai, T Nakai s.n.* **Ryanggang** May 1917 江口 *Nakai, T Nakai s.n.*

ACERACEAE

Acer L.

Acer barbinerve Maxim., Bull. Acad. Imp. Sci. Saint-Pétersbourg 12: 227 (1867)

Common name 청시닥나무

Distribution in Korea: North, Central (Jiri-san, Sobaek-san)
 Acer diabolicum Blume ex K.Koch ssp. *barbinerve* (Maxim.) Wesm., Bull. Soc. Roy. Bot.
 Belgique 29: 68 (1890)
 Acer barbinerve Maxim. var. *glabrescens* Nakai, Bot. Mag. (Tokyo) 28: 308 (1914)
 Acer barbinerve Maxim. f. *glabrescens* (Nakai) W.T.Lee, Lineamenta Florae Koreae 654 (1996)

Representative specimens; **Chagang-do** 26 August 1897 松德水河谷 *Komarov, VL Komaorv s.n.* 30 August 1897 慈城江 *Komarov, VL Komaorv s.n.* 1 July 1914 公西面江界 *Nakai, T Nakai s.n.* 27 June 1914 從西山 *Nakai, T Nakai s.n.* 22 July 1916 狼林山 *Mori, T Mori s.n.* 9 June 1924 避難德山 *Fukubara, S Fukubara s.n.* 崇積山 *Furusawa, I Furusawa s.n.* **Hamgyong-bukto** 19 September 1935 南下石山 *Saito, T T Saito1763* 7 June 1936 甫上洞 *Saito, T T Saito2368* 23 May 1897 車踰嶺 *Komarov, VL Komaorv s.n.* 29 May 1897 釜所哥山 *Komarov, VL Komaorv s.n.* 19 August 1924 七寶山 *Kondo, C Kondo s.n.* 16 June 1897 西溪水河谷 *Komarov, VL Komaorv s.n.* 4 June 1897 四芝嶺 *Komarov, VL Komaorv s.n.* **Hamgyong-namdo** 17 August 1934 富盛里 *Nomura, N Nomura s.n.* 24 July 1933 東上面大漢岱里 *Koidzumi, G Koidzumi s.n.* 15 August 1935 東上面漢岱里 *Nakai, T Nakai s.n.* 22 May 1923 新興郡禁牌嶺 *Ishidoya, T Ishidoya s.n.* **Kangwon-do** 5 August 1916 金剛山溫井嶺 *Nakai, T Nakai s.n.* 29 July 1938 Mt. Kumgang (金剛山) *Hozawa, S Hozawa s.n.* 12 July 1936 金剛山外金剛千佛山 *Nakai, T Nakai s.n.* 19 August 1916 金剛山隱仙台 *Nakai, T Nakai s.n.* 10 June 1932 Mt. Kumgang (金剛山) *Ohwi, J Ohwi311* 4 October 1923 安邊郡楸愛山 *Fukubara, S Fukubara s.n.* **P'yongan-bukto** 8 June 1914 飛來峯 *Nakai, T Nakai s.n.* 4 June 1924 *Sawada, T Sawada s.n.* 4 August 1935 妙香山 *Koidzumi, G Koidzumi s.n.* 20 July 1916 黃玉峯 (黃處嶺?) *Mori, T Mori s.n.* 15 June 1928 陽德 *Nakai, T Nakai s.n.* **Rason** 13 July 1924 松眞山 *Chung, TH Chung s.n.* **Ryanggang** 21 August 1897 subdist. Chu-czan, flumen Amnok-gan *Komarov, VL Komaorv s.n.* 23 August 1897 雲洞嶺 *Komarov, VL Komaorv s.n.* 7 August 1897 上巨里水 *Komarov, VL Komaorv s.n.* 9 June 1897 倉坪 *Komarov, VL Komaorv s.n.* 6 June 1897 平蒲坪 *Komarov, VL Komaorv s.n.* 21 August 1914 崔哥嶺 *Ikuma, Y Ikuma s.n.* 22 May 1918 大中里 *Ishidoya, T Ishidoya s.n.* 27 June 1897 栢德嶺 *Komarov, VL Komaorv s.n.* 2 June 1897 四芝坪(延面水河谷) *Komarov, VL Komaorv s.n.* 17 June 1930 四芝峯 *Ohwi, J Ohwi1204*

Acer caudatum Wall. var. *ukurunduense* (Trautv. & C.A.Mey.) Rehder, Trees & Shrubs 1: 164 (1905)

Common name 부게꽃나무

Distribution in Korea: North, Central (Jiri-san)
 Acer ukurunduense Trautv. & C.A.Mey., Fl. Ochot. Phaenog. 42 (1856)
 Acer dedyle Maxim., Bull. Cl. Phys.-Math. Acad. Imp. Sci. Saint-Pétersbourg 15: 125 (1856)
 Acer spicatum Lam. var. *ukurunduense* (Trautv. & C.A.Mey.) Maxim., Mem. Acad. Imp. Sci.
 St.-Petersbourg Divers Savans 9: 65 (1859)
 Acer spicatum Lam. ssp. *ukurunduense* (Trautv. & C.A.Mey.) Pax, Bot. Jahrb. Syst. 7: 189 (1886)
 Acer lasiocarpum H.Lév. & Vaniot, Bull. Soc. Bot. France 53: 591 (1906)
 Acer ukurunduense Trautv. & C.A.Mey. var. *pilosum* Nakai, Bot. Mag. (Tokyo) 28: 308 (1914)
 Acer ukurunduense Trautv. & C.A.Mey. var. *sachalinense* Nakai, Fl. Sylv. Kor. 1: 7 (1915)
 Acer ukurunduense Trautv. & C.A.Mey. f. *pilosum* (Nakai) H.Hara, Enum. Spermatophytarum
 Japon. 3: 117 (1954)

Acer caudatum Wall. ssp. *ukurunduense* (Trautv. & C.A.Mey.) E.Murray, Arbor. Bull., Washington 17: 51 (1966)

Representative specimens; Chagang-do 26 August 1897 松德水河谷 *Komarov, VL Komaorv s.n.* 5 July 1914 牙得嶺 (江界) Nakai, T *Nakai s.n.* 1 July 1914 公西面江界 *Nakai, T Nakai s.n.* **Hamgyong-bukto** 10 August 1933 渡正山門內 *Koidzumi, G Koidzumi s.n.* 19 July 1918 冠帽山 *Nakai, T Nakai s.n.* 2 June 1934 冠帽峰 *Saito, T T Saito s.n.* 21 July 1933 *Saito, T T Saito s.n.* 29 May 1897 釜所哥谷 *Komarov, VL Komaorv s.n.* 24 May 1897 車踰嶺 *Komarov, VL Komaorv s.n.* 19 August 1924 七寶山 *Kondo, C Kondo s.n.* 23 July 1918 朱乙溫面黃雪嶺 *Nakai, T Nakai s.n.* 21 June 1938 穩城郡甑山 *Saito, T T Saito s.n.* 12 June 1897 西溪水 *Komarov, VL Komaorv s.n.* 16 June 1897 西溪水河谷 *Komarov, VL Komaorv s.n.* **Hamgyong-namdo** 25 September 1925 泗乙水山 *Chung, TH Chung s.n.* 16 August 1934 新角面北山 *Nomura, N Nomura s.n.* **Hwanghae-bukto** May 1924 霞嵐山 *Takaichi, K s.n.* **Kangwon-do** 12 August 1943 Mt. Kumgang (金剛山) *Honda, M Honda s.n.* 4 August 1932 金剛山內金剛 *Kobayashi, M Kobayashi s.n.* August 1932 Mt. Kumgang (金剛山) *Koidzumi, G Koidzumi s.n.* 12 August 1916 金剛山望軍臺 *Mori, T Mori s.n.* 14 July 1936 金剛山外金剛千佛山 *Nakai, T Nakai s.n.* June 1932 Mt. Kumgang (金剛山) Ohwi, *J Ohwi s.n.* 10 June 1932 Ohwi, *J Ohwi s.n.* 7 August 1940 金剛山內金剛 *Okuyama, S Okuyama s.n.* 30 July 1938 Mt. Kumgang (金剛山) *Park, MK Park s.n.* 18 August 1902 *Uchiyama, T Uchiyama s.n.* **P'yongan-bukto** 4 June 1924 飛來峯 *Sawada, T Sawada s.n.* 5 August 1937 妙香山 *Hozawa, S Hozawa s.n.* **Rason** 13 July 1924 松眞山 *Chung, TH Chung s.n.* **Ryanggang** 15 August 1897 蓮坪-厚州川-厚州古邑 *Komarov, VL Komaorv s.n.* 23 August 1897 雲洞嶺 *Komarov, VL Komaorv s.n.* 3 July 1897 三水邑-上水隅理 *Komarov, VL Komaorv s.n.* 9 June 1897 倉坪 *Komarov, VL Komaorv s.n.* 3 June 1897 *Komarov, VL Komaorv s.n.* 6 June 1897 平蒲坪 *Komarov, VL Komaorv s.n.* July 1943 延岩 *Uchida, H Uchida s.n.* 27 June 1897 柏德嶺 *Komarov, VL Komaorv s.n.* 24 July 1897 佳林里 *Komarov, VL Komaorv s.n.* 22 June 1897 大鎭坪 *Komarov, VL Komaorv s.n.* 虛項嶺 *Unknown* 胞胎山 *Unknown s.n.* 25 July 1914 白水嶺 *Nakai, T Nakai s.n.* 2 June 1897 四芝坪(延面水河谷) *Komarov, VL Komaorv s.n.*

Acer komarovii Pojark., Fl. URSS 14: 746 (1949)
Common name 단풍자래 (시닥나무)
Distribution in Korea: North, Central
 Acer tschonoskii Maxim. var. *rubripes* Kom., Trudy Imp. S.-Peterburgsk. Bot. Sada 22: 736 (1904)
 Acer tschonoskii Maxim. ssp. *koreanum* A.E.Murray, Kalmia 8: 11 (1977)

Representative specimens; Chagang-do 26 August 1897 小德川 (松德水河谷) *Komarov, VL Komaorv s.n.* 1 July 1914 公西面江界 *Nakai, T Nakai s.n.* 26 June 1914 從西山 *Nakai, T Nakai s.n.* 9 July 1914 牙得嶺 (江界) Nakai, T *Nakai s.n.* 9 June 1924 避難德山 *Fukubara, S Fukubara s.n.* 崇積山 *Furusawa, I Furusawa s.n.* **Hamgyong-bukto** 10 August 1933 渡正山門內 *Koidzumi, G Koidzumi s.n.* 19 July 1918 冠帽山 *Nakai, T Nakai s.n.* 8 June 1936 冠帽峯 *Saito, T T Saito s.n.* 20 August 1924 冠帽峯 *Sawada, T Sawada s.n.* 17 June 1930 四芝嶺 Ohwi, *J Ohwi s.n.* **Hamgyong-namdo** 25 September 1925 泗乙水山 *Chung, TH Chung s.n.* 23 July 1933 東上面漢岱里 *Koidzumi, G Koidzumi s.n.* 20 June 1932 東上面元豊里 Ohwi, *J Ohwi s.n.* **Hwanghae-bukto** May 1924 霞嵐山 *Takaichi, K s.n.* **Kangwon-do** 2 September 1932 金剛山外金剛 *Kitamura, S Kitamura s.n.* 31 July 1916 金剛山群仙峽 *Nakai, T Nakai s.n.* 5 August 1916 金剛山溫井嶺 *Nakai, T Nakai s.n.* 7 August 1932 Mt. Kumgang (金剛山) *Fukushima s.n.* 29 July 1938 *Hozawa, S Hozawa s.n.* 2 September 1932 Kitamura, *S Kitamura s.n.* 6 August 1932 *Koidzumi, G Koidzumi s.n.* 11 July 1936 金剛山外金剛千佛山 *Nakai, T Nakai s.n.* 1 August 1916 金剛山神仙峯 *Nakai, T Nakai s.n.* June 1932 Mt. Kumgang (金剛山) Ohwi, *J Ohwi s.n.* 10 June 1932 Ohwi, *J Ohwi s.n.* 7 August 1940 金剛山內金剛 *Okuyama, S Okuyama s.n.* **P'yongan-bukto** 10 June 1914 飛來峯 *Nakai, T Nakai s.n.* 5 August 1937 妙香山 *Hozawa, S Hozawa s.n.* 5 August 1935 *Koidzumi, G Koidzumi s.n.* **Ryanggang** 21 August 1897 subdist. Chu-czan, flumen Amnok-gan *Komarov, VL Komaorv s.n.* 22 August 1897 雲洞嶺 *Komarov, VL Komaorv s.n.* 22 August 1897 subdist. Chu-czan, flumen Amnok-gan *Komarov, VL Komaorv s.n.* Type of *Acer tschonoskii* Maxim. var. *rubripes* Kom. (Isosyntype A) 7 August 1897 上巨里水 *Komarov, VL Komaorv s.n.* 7 August 1917 東溪水 *Furumi, M Furumi s.n.* 18 June 1897 延岩(西溪水河谷-阿武山) *Komarov, VL Komaorv1054* Type of *Acer tschonoskii* Maxim. var. *rubripes* Kom. (Syntype LE, Isosyntype TI) 胞胎山 *Unknown s.n.*

Acer mandshuricum Maxim., Bull. Acad. Imp. Sci. Saint-Pétersbourg 12: 228 (1867)
Common name 복작나무 (복장나무)
Distribution in Korea: North, Cental (Jiri-san, Deokyou-san)
 Negundo mandshuricum (Maxim.) Budischtschew ex Trautv., Trudy Imp. S.-Peterburgsk. Bot. Sada 8: 171 (1883)
 Crula mandshurica (Maxim.) Nieuwl., Amer. Midl. Naturalist 2: 141 (1911)

Representative specimens; Chagang-do 26 August 1897 小德川 (松德水河谷) *Komarov, VL Komaorv s.n.* 30 August 1897 慈城江 *Komarov, VL Komaorv s.n.* 5 July 1914 牙得嶺 (江界) Nakai, T *Nakai s.n.* 1 July 1914 公西面江界 *Nakai, T Nakai s.n.* **Hamgyong-bukto** 19 July 1918 冠帽山麓 *Nakai, T Nakai s.n.* 20 August 1924 冠帽峯 *Sawada, T Sawada s.n.* **Hamgyong-namdo** 25 September 1925 泗乙水山 *Chung, TH Chung s.n.* **Kangwon-do** 12 July 1936 外金剛千佛山 *Nakai, T Nakai s.n.* June 1932 Mt. Kumgang (金剛山) Ohwi, *J Ohwi s.n.* 10 June 1932 Ohwi, *J Ohwi256* **P'yongan-bukto** 4 June 1924 飛來峯 *Sawada, T Sawada s.n.* 1924 妙香山 *Kondo, C Kondo s.n.* 4 August 1912 Unsan (雲山) *Imai, H Imai s.n.* **Ryanggang** 5 August 1897 白山嶺 *Komarov, VL Komaorv s.n.* 21 August 1897 subdist. Chu-czan, flumen Amnok-gan *Komarov, VL Komaorv s.n.* 7 July 1897 犁方嶺 (鴨綠江羅暖堡) *Komarov, VL Komaorv s.n.* 23 August 1897 雲洞嶺 *Komarov, VL Komaorv s.n.* 7 August 1897 上巨里水 *Komarov, VL Komaorv s.n.*

A Checklist of North Korean Vascular Plants   T.B. Lee Herbarium (SNUA) – 2019 (C.S. Chang, H. Kim, H.T. Shin & C.H. Lee)

- 332 -

Acer pictum Thunb., Syst. Veg., ed. 14 (J. A. Murray) 912 (1784)

Common name 털고로쇠나무

Distribution in Korea: North, Central, South

Acer mono Maxim. var. *quelapertense* W.P.Fang

Acer laetum C.A.Mey. var. *truncatum* (Bunge) Regel, Bull. Acad. Imp. Sci. Saint-Pétersbourg 15: 217 (1857)

Acer pictum Thunb. var. *marmoratum* G.Nicholson, Gard. Chron. ser.2, 16: 375 (1881)

Acer pictum Thunb. var. *savatieri* Pax, Bot. Jahrb. Syst. 7: 236 (1886)

Acer lobelii Ten. ssp. *truncatum* (Bunge) Wesm., Bull. Soc. Roy. Bot. Belgique 29: 56 (1890)

Acer ambiguum Dippel, Ill. Handb. Laubholzk. 2: 457 (1892)

Acer pictum Thunb. f. *albomaculatum* Dippel, Handb. Laubholzk. 2: 455 (1892)

Acer pictum Thunb. var. *ambiguum* (Dippel) Pax, Bot. Jahrb. Syst. 16: 401 (1892)

Acer pictum Thunb. var. *paxii* Schwer., Gartenflora 42: 458 (1893)

Acer lobelii Ten. var. *platanoides* Miyabe, Bot. Mag. (Tokyo) 9: 349 (1895)

Acer pictum Thunb. var. *rubripes* Nakai, Fl. M't. Paik-Tu-San 50 (1918)

Acer pictum Thunb. var. *horizontale* Nakai, Bot. Mag. (Tokyo) 33: 59 (1919)

Acer platanoides L. ssp. *pictum* Gams, Ill. Fl. Mitt.-Eur. 5, 1: 282 (1924)

Acer platanoides L. ssp. *truncatum* Gams, Ill. Fl. Mitt.-Eur. 5, 1: 282 (1924)

Acer mono Maxim. var. *savatieri* (Pax) Nakai, Koryo Shikenrin Ippan 45 (1932)

Acer mono Maxim. f. *connivens* Rehder, J. Arnold Arbor. 19: 81 (1938)

Acer mono Maxim. f. *marmoratum* (Nichols) Rehder, J. Arnold Arbor. 19: 81 (1938)

Acer mono Maxim. f. *albomaculatum* (Dippel) Rehder, J. Arnold Arbor. 20: 417 (1939)

Acer mono Maxim. var. *ambiguum* (Pax) Rehder, Man. Cult. Trees, ed. 2 0: 570 (1940)

Acer mono Maxim. var. *trichobasis* Nakai, J. Jap. Bot. 18: 611 (1942)

Acer mono Maxim. var. *horizontale* (Nakai) Nakai, J. Jap. Bot. 18: 613 (1942)

Acer lobulatum Nakai var. *rubripes* Nakai, J. Jap. Bot. 18: 609 (1942)

Acer mono Maxim. var. *vestitum* Nakai, J. Jap. Bot. 19: 364 (1943)

Acer mono Maxim. f. *dissectum* Rehder, Bibliogr. Cult. Trees 414 (1949)

Acer truncatum Bunge var. *paxii* (Schwer.) A.E.Murray, Kalmia 1: 17 (1969)

Acer mono Maxim. ssp. *savatieri* (Pax) Kitam., Acta Phytotax. Geobot. 25: 41 (1972)

Acer mono Maxim. ssp. *ambiguum* (Pax) Kitam. ex Kitam. & Murata, Acta Phytotax. Geobot. 25: 41 (1972)

Acer cappadocicum Gled. ssp. *truncatum* (Bunge) A.E.Murray, Kalmia 8: 5 (1977)

Representative specimens; Chagang-do 26 August 1897 小德川 (松德水河谷) *Komarov, VL Komaorv s.n.* Hamgyong-bukto 28 May 1897 富潤洞 *Komarov, VL Komaorv s.n.* 9 June 1933 羅南 *Saito, T T Saito s.n.* 20 May 1897 茂山嶺 *Komarov, VL Komaorv s.n.* 21 July 1918 朱乙溫面甫上洞天坪 *Nakai, T Nakai s.n.* 16 July 1918 朱乙溫面甫上洞天坪 *Nakai, T Nakai s.n.* 21 July 1918 朱乙溫面甫上洞天坪 *Nakai, T Nakai7241* Type of *Acer pictum* Thunb. var. *horizontale* Nakai (Holotype TI)27 May 1930 鏡城 *Ohwi, J Ohwi s.n.* 23 May 1897 車踰嶺 *Komarov, VL Komaorv s.n.* 29 May 1897 釜所哥谷 *Komarov, VL Komaorv s.n.* 12 June 1897 西溪水 *Komarov, VL Komaorv s.n.* Hamgyong-namdo 17 August 1934 富盛里 *Nomura, N Nomura s.n.* 11 June 1909 鎭岩峯 *Nakai, T Nakai s.n.* Kangwon-do 9 June 1909 元山 *Nakai, T Nakai s.n.* P'yongan-bukto 6 August 1935 妙香山 *Koidzumi, G Koidzumi s.n.* P'yongyang 26 May 1912 Taiseizan(大聖山) 平壤 *Imai, H Imai s.n.* Rason 6 June 1930 西水羅 *Ohwi, J Ohwi s.n.* 6 June 1930 *Ohwi, J Ohwi s.n.* Ryanggang 7 July 1897 犁方嶺 (鴨綠江羅暖堡) *Komarov, VL Komaorv s.n.* 16 August 1897 大羅信洞 *Komarov, VL Komaorv s.n.* 21 August 1897 subdist. Chu-czan, flumen Amnok-gan *Komarov, VL Komaorv s.n.* 23 August 1897 雲洞嶺 *Komarov, VL Komaorv s.n.* 3 July 1897 三水邑-上水隅谷 *Komarov, VL Komaorv s.n.* 4 July 1897 上水隅洞 *Komarov, VL Komaorv s.n.* 6 August 1897 上巨里水 *Komarov, VL Komaorv s.n.* 7 August 1897 上巨里水 *Komarov, VL Komaorv s.n.* 8 August 1897 上巨里水-院巨里水 *Komarov, VL Komaorv s.n.* 9 August 1897 長津江下流域 *Komarov, VL Komaorv s.n.* 6 June 1897 平蒲坪 *Komarov, VL Komaorv s.n.* 9 June 1897 倉坪 *Komarov, VL Komaorv s.n.* 24 July 1897 佳林里 *Komarov, VL Komaorv s.n.* 21 July 1897 佳林里(鴨綠江上流) *Komarov, VL Komaorv s.n.*20 July 1897 惠山鎭(鴨綠江上流長白山脈中高原) *Komarov, VL Komaorv s.n.* 4 July 1897 三水邑 *Komarov, VL Komaorv s.n.* 1 June 1897 古倉坪-四芝坪 (延面水河谷) *Komarov, VL Komaorv s.n.* 13 August 1914 Moho (茂峯)- 農事洞 *Nakai, T Nakai2192* Type of *Acer pictum* Thunb. var. *rubripes* Nakai (Holotype TI)

Acer pictum Thunb. var. *mono* (Maxim.) Maxim. ex Franch., Nouv. Arch. Mus. Hist. Nat. ser. 2, 5: 229 (1883)

Common name 고로쇠나무

Distribution in Korea: North, Central, South

Acer laetum C.A.Mey. var. *parviflorum* Regel, Bull. Cl. Phys.-Math. Acad. Imp. Sci. Saint-Pétersbourg 15: 219 (1857)
Acer mono Maxim., Bull. Cl. Phys.-Math. Acad. Imp. Sci. Saint-Pétersbourg 15: 126 (1857)
Acer hayatae H.Lév. & Vaniot var. *glabra* H.Lév. & Vaniot, Bull. Soc. Bot. France 53: 590 (1906)
Acer pictum Thunb. var. *parviflorum* (Regel) C.K.Schneid., Ill. Handb. Laubholzk. 2: 225 (1907)
Acer okamotoanum Nakai, Bot. Mag. (Tokyo) 31: 28 (1917)
Acer mono Maxim. var. *acutissimum* Nakai, Veg. Apoi 22 (1930)
Acer mono Maxim. var. *glabrum* (H.Lév. & Vaniot) H.Hara, Enum. Spermatophytarum Japon. 3: 105 (1954)
Acer mono Maxim. var. *glabrum* (H.Lév. & Vaniot) H.Hara f. *acutissimum* (Nakai) H.Hara, Enum. Spermatophytarum Japon. 3: 105 (1954)
Acer truncatum Bunge ssp. *mono* (Maxim.) A.E.Murray, Kalmia 1: 17 (1969)
Acer cappadocicum Gled. ssp. *mono* (Maxim.) A.E.Murray, Kalmia 12: 17 (1982)
Acer mono Maxim. ssp. *glabrum* (H.Lév. & Vaniot) T.Z.Hsu, Guihaia 12: 231 (1992)
Acer pictum Thunb. ssp. *mono* (Maxim.) H.Ohashi, J. Jap. Bot. 68: 321 (1993)

Representative specimens; Chagang-do 20 June 1914 鳳山面漁雷坊 *Nakai, T Nakai s.n.* 25 June 1914 從西山 *Nakai, T Nakai s.n.* **Hamgyong-bukto** 1 August 1914 清津 *Ikuma, Y Ikuma s.n.* 11 August 1933 渡正山門內 *Koidzumi, G Koidzumi s.n.* 18 July 1918 朱乙溫面民幕洞 *Nakai, T Nakai s.n.* July 1932 冠帽峰 *Ohwi, J Ohwi s.n.* 28 August 1914 黃句基 *Nakai, T Nakai s.n.* 18 June 1930 四芝洞 *Ohwi, J Ohwi s.n.* 18 June 1930 *Ohwi, J Ohwi s.n.***Hamgyong-namdo** 24 July 1935 東上面漢岱里 *Nomura, N Nomura s.n.* **Hwanghae-namdo** 27 June 1943 華藏山 *Chang, HD ChangHD s.n.* 26 August 1943 長壽山 *Furusawa, I Furusawa s.n.* 28 July 1932 長淵郡長山串 *Nakai, T Nakai s.n.* 3 August 1932 *Nakai, T Nakai s.n.* 31 July 1929 席島 *Nakai, T Nakai s.n.* 31 July 1932 *Nakai, T Nakai s.n.* 7 August 1921 Sorai Beach 九味浦 *Mills, RG Mills s.n.* **Kangwon-do** 12 July 1936 外金剛千佛山 *Nakai, T Nakai s.n.* August 1932 Mt. Kumgang (金剛山) *Koidzumi, G Koidzumi s.n.* 9 August 1940 *Okuyama, S Okuyama s.n.* 14 August 1902 *Uchiyama, T Uchiyama s.n.* **P'yongan-bukto** 10 June 1914 飛來峯 *Nakai, T Nakai s.n.* 28 September 1912 白壁山 *Ishidoya, T Ishidoya s.n.* **P'yongan-namdo** 20 July 1916 黃玉峯 (黃處嶺?) *Mori, T Mori s.n.* **Rason** 9 July 1937 赤島 *Saito, T T Saito s.n.* **Ryanggang** 18 September 1935 坂幕 *Saito, T T Saito s.n.* 20 August 1933 江口 – 三長 *Koidzumi, G Koidzumi s.n.*

Acer pictum Thunb. var. **truncatum** (Bunge) Chin S. Chang, Korean J. Pl. Taxon. 31: 302 (2001)
Common name 만주고로쇠
Distribution in Korea: North, Central, South
Acer truncatum Bunge, Enum. Pl. Chin. Bor. 10 (1833)
Acer truncatum Bunge var. *nudum* Schwer., Mitt. Deutsch. Dendrol. Ges. 5: 81 (1896)
Acer lobulatum Nakai, J. Jap. Bot. 18: 608 (1942)
Acer truncatum Bunge var. *platanoides* (Miyabe) Nakai, J. Jap. Bot. 18: 613 (1942)
Acer lobulatum Nakai var. *barbinerve* Nakai, J. Jap. Bot. 18: 610 (1942)
Acer truncatum Bunge var. *barbinerve* (Nakai) T.B.Lee, Ill. Woody Pl. Korea 308 (1966)

Representative specimens; Chagang-do 20 July 1911 Kang-gei(Kokai 江界) *Mills, RG Mills723* **Hamgyong-bukto** 31 July 1914 清津 *Ikuma, Y Ikuma s.n.* 13 August 1935 羅南 *Saito, T T Saito s.n.* 24 September 1940 朱乙溫泉 *Nakai, T Nakai s.n.* 23 July 1918 朱南面黃嘗嶺 *Nakai, T Nakai s.n.***Hamgyong-namdo** 22 July 1916 赴戰高原寒泰嶺 *Mori, T Mori s.n.* 15 August 1935 東上面漢岱里 *Nakai, T Nakai15581* **Hwanghae-namdo** 2 August 1921 Sorai Beach 九味浦 *Mills, RG Mills4500* **Kangwon-do** 31 July 1916 金剛山群仙峽 *Nakai, T Nakai5630* **P'yongan-bukto** 5 August 1937 妙香山 *Hozawa, S Hozawa s.n.* 4 June 1914 義州板幕嶺 *Nakai, T Nakai s.n.* **P'yongan-namdo** 19 September 1915 成川 *Nakai, T Nakai2658*

Acer pseudosieboldianum (Pax) Kom., Trudy Imp. S.-Peterburgsk. Bot. Sada 22: 725 (1904)
Common name 당단풍나무
Distribution in Korea: North, Central, South, Jeju, Ulleung
Acer circumlobatum Maxim. var. *pseudosieboldianum* Pax, Bot. Jahrb. Syst. 7: 200 (1886)
Acer sieboldianum Miq. var. *mandshurium* Maxim., Bull. Acad. Imp. Sci. Saint-Pétersbourg 31: 25 (1886)
Acer circumlobatum Maxim. f. *pseudosieboldianum* (Pax) Schwer., Gartenflora 42: 710 (1893)
Acer japonicum Thunb. var. *nudicarpum* Nakai, J. Coll. Sci. Imp. Univ. Tokyo 26: 135 (1909)
Acer pseudosieboldianum (Pax) Kom. var. *koreanum* Nakai, J. Coll. Sci. Imp. Univ. Tokyo 29: 136 (1909)
Acer ishidoyanum Nakai, Bot. Mag. (Tokyo) 29: 28 (1913)
Acer pseudosieboldianum (Pax) Kom. var. *ambiguum* Nakai, Chosen Shokubutsu 27: 223 (1914)
Acer nudicarpum (Nakai) Nakai, Bot. Mag. (Tokyo) 29: 28 (1915)

Acer takesimense Nakai, Bot. Mag. (Tokyo) 32: 107 (1918)

Acer palmatum Thunb. var. *pilosum* Nakai, Bot. Mag. (Tokyo) 33: 59 (1919)

Acer microsieboldianum Nakai, Bot. Mag. (Tokyo) 45: 124 (1931)

Acer pseudosieboldianum (Pax) Kom. var. *languinosum* Nakai, Bot. Mag. (Tokyo) 45: 127 (1931)

Acer pseudosieboldianum (Pax) Kom. var. *ishidoyanum* (Nakai) Uyeki, Woody Pl. Distr. Chosen 69 (1940)

Acer pseudosieboldianum (Pax) Kom. var. *nudicarpum* (Nakai) Nakai,Handb. Kor. Manch. For. 164, 1939 (1943)

Acer pseudosieboldianum (Pax) Kom. var. *takesimense* (Nakai) H.S.Kim, Fl. Coreana (Im, R.J.) 4: 241 (1976)

Acer pseudosieboldianum (Pax) Kom. f. *macrocarpum* (Nakai) S.L.Tung, Bull. Bot. Res., Harbin 5: 103 (1985)

Acer pseudosieboldianum (Pax) Kom. var. *microsieboldianum* (Nakai) S.L.Tung, Bull. Bot. Res., Harbin 5: 103 (1985)

Acer pseudosieboldianum (Pax) Kom. ssp. *takesimense* (Nakai) P.C.de Jong, Maples of the World 121 (1994)

Representative specimens; Chagang-do 26 August 1897 松德水河谷 *Komarov, VL Komaorv s.n.* 29 August 1897 慈城江 *Komarov, VL Komaorv s.n.* 25 June 1914 從西山 *Nakai, T Nakai s.n.* 14 July 1914 大興里 *Nakai, T Nakai s.n.* **Hamgyong-bukto** 10 August 1933 渡正山門内 *Koidzumi, G Koidzumi s.n.* 21 July 1935 羅南 *Saito, T T Saito1232* 7 August 1935 羅南支庫 *Saito, T T Saito1321* 3 August 1933 會寧 *Koidzumi, G Koidzumi s.n.* 20 May 1897 茂山嶺 *Komarov, VL Komaorv s.n.* 17 July 1918 朱乙溫面甫上洞 *Nakai, T Nakai s.n.* 19 July 1918 朱乙溫面南下瑞 *Nakai, T Nakai7235* Type of *Acer palmatum* Thunb. var. *pilosum* Nakai (Syntype TI)July 1932 冠帽峰 *Ohwi, J Ohwi s.n.* 27 May 1930 鏡城 *Ohwi, J Ohwi212* 27 May 1930 Kyonson 鏡城 *Ohwi, J Ohwi212* 31 August 1936 城町 *Saito, T T Saito s.n.* 23 May 1897 車踰嶺 *Komarov, VL Komaorv s.n.* 5 August 1918 Mt. Chilbo at Myongch'on(七寶山) *Nakai, T Nakai7236* Type of *Acer palmatum* Thunb. var. *pilosum* Nakai (Syntype TI) **Hamgyong-namdo** 23 July 1933 東上面漢岱里 *Koidzumi, G Koidzumi s.n.* 20 June 1932 東上面元豊里 *Ohwi, J Ohwi314* **Hwanghae-namdo** 29 July 1935 長壽山 *Koidzumi, G Koidzumi s.n.* **Kangwon-do** 12 July 1936 外金剛千佛山 *Nakai, T Nakai s.n.* 2 August 1916 金剛山九龍淵 *Nakai, T Nakai s.n.* 29 July 1938 Mt. Kumgang (金剛山) *Hozawa, S Hozawa s.n.* August 1932 *Koidzumi, G Koidzumi s.n.* 30 July 1928 金剛山內金剛毘盧峯 *Kondo, T Kondo8801* 28 July 1916 金剛山外金剛千佛山 *Mori, T Mori s.n.* 2 August 1916 Mt. Kumgang (金剛山) *Nakai, T Nakai s.n.* 10 June 1932 *Ohwi, J Ohwi239* 7 August 1940 *Okuyama, S Okuyama s.n.* 14 August 1930 劒拂浪 *Nakai, T Nakai13974* Type of *Acer microsieboldianum* Nakai (Holotype TI)7 June 1909 元山 *Nakai, T Nakai s.n.* **P'yongan-bukto** 12 June 1914 Pyok-dong (碧潼) *Nakai, T Nakai s.n.* 9 June 1914 飛來峯 *Nakai, T Nakai s.n.* 6 June 1914 昌城朔州 *Nakai, T Nakai s.n.* 5 August 1937 妙香山 *Hozawa, S Hozawa s.n.* 5 August 1937 *Hozawa, S Hozawa s.n.* 3 August 1935 *Koidzumi, G Koidzumi s.n.* 9 June 1912 白壁山 *Ishidoya, T Ishidoya s.n.* Type of *Acer pseudosieboldianum* (Pax) Kom. var. *ambiguum* Nakai (Lectotype TI)17 May 1912 *Ishidoya, T Ishidoya s.n.* 1 June 1912 *Ishidoya, T Ishidoya s.n.* 10 June 1912 *Ishidoya, T Ishidoya s.n.* 28 September 1912 *Ishidoya, T Ishidoya s.n.* Type of *Acer pseudosieboldianum* (Pax) Kom. var. *macrocarpum* Nakai (Syntype TI)12 June 1912 *Ishidoya, T Ishidoya s.n.* Type of *Acer pseudosieboldianum* (Pax) Kom. var. *macrocarpum* Nakai (Syntype TI)28 September 1912 *Ishidoya, T Ishidoya s.n.* Type of *Acer ishidoyanum* Nakai (Holotype TI) **P'yongan-namdo** 27 July 1916 黃草嶺 *Mori, T Mori s.n.* 15 June 1928 陽德 *Nakai, T Nakai s.n.* **Rason** 30 June 1938 松眞山 *Saito, T T Saito s.n.* **Ryanggang** 23 August 1914 Keizanchin(惠山鎭) *Ikuma, Y Ikuma s.n.* 7 July 1897 犁方嶺 (鴨綠江羅暖堡) *Komarov, VL Komaorv s.n.* 4 August 1897 十四道溝-白山嶺 *Komarov, VL Komaorv s.n.* 16 August 1897 大羅信洞 *Komarov, VL Komaorv s.n.* 21 August 1897 subdist. Chu-czan, flumen Amnok-gan *Komarov, VL Komaorv s.n.* 23 August 1897 雲洞嶺 *Komarov, VL Komaorv s.n.* 4 July 1897 上水隅理 *Komarov, VL Komaorv s.n.* 6 June 1897 平蒲坪 *Komarov, VL Komaorv s.n.* 9 June 1897 倉坪 *Komarov, VL Komaorv s.n.* 4 May 1936 島內 *Saito, T T Saito s.n.* 22 July 1897 佳林里 *Komarov, VL Komaorv s.n.* 22 June 1897 大鎭洞 *Komarov, VL Komaorv s.n.*

Acer tataricum L. ssp. *ginnala* (Maxim.) Wesm., Bull. Soc. Roy. Bot. Belgique 29: 31 (1890)

Common name 신나무

Distribution in Korea: North, Central, South

Acer ginnala Maxim., Bull. Cl. Phys.-Math. Acad. Imp. Sci. Saint-Pétersbourg 15: 126 (1857)

Acer tataticum L. var. *laciniatum* Regel, Bull. Acad. Imp. Sci. Saint-Pétersbourg 15: 217 (1857)

Acer tataricum L. var. *ginnala* (Maxim.) Maxim., Bull. Acad. Imp. Sci. Saint-Pétersbourg 9: 67 (1859)

Acer ginnala Maxim. var. *euginnala* (Pax) Pax, Pflanzenr. (Engler) 163(Heft 8): 12 (1902)

Acer ginnala Maxim. f. *coccineum* Nakai, J. Coll. Sci. Imp. Univ. Tokyo 26: 134 (1909)

Representative specimens; Chagang-do 25 August 1897 小德川 (松德水河谷) *Komarov, VL Komaorv s.n.* 28 August 1897 慈城邑 (松德水河谷) *Komarov, VL Komaorv s.n.* 7 July 1911 Kang-gei(Kokai 江界) *Mills, RG Mills420* 4 July 1911 *Mills, RG Mills421* 3 August 1911 *Mills, RG Mills495* 30 June 1914 公西面從西山 *Nakai, T Nakai s.n.* 19 June 1914 渭原鳳山面 *Nakai, T Nakai s.n.* **Hamgyong-bukto** 8 June 1933 羅南 *Saito, T T Saito516* 9 August 1935 *Saito, T T Saito1690* 6 August 1933 全巨里 *Koidzumi, G*

Koidzumi s.n. 6 August 1933 茂山嶺 *Koidzumi, G Koidzumi s.n.* 15 June 1930 *Ohwi, J Ohwi1072* 8 July 1936 鶴浦-行營 *Saito, T T Saito2541* 6 July 1933 南下石山 *Saito, T T Saito651* 10 July 1934 朱北面 *Yoshimizu, K s.n.* 25 May 1897 城川江-茂山 *Komarov, VL Komaorv s.n.* 12 August 1939 延上面九州帝大北鮮演習林 *Sato, MM s.n.* 2 August 1918 明川 *Nakai, T Nakai s.n.* 12 May 1897 五宗洞 *Komarov, VL Komaorv s.n.* 18 June 1930 四芝洞 *Ohwi, J Ohwi1307* **Hwanghae-namdo** 21 May 1932 長壽山 *Smith, RK Smith s.n.* 29 July 1932 長淵郡長山串 *Nakai, T Nakai s.n.* **Kangwon-do** 9 August 1902 昌道 *Uchiyama, T Uchiyama s.n.* 9 August 1902 *Uchiyama, T Uchiyama s.n.* Type of *Acer ginnala* Maxim. f. *coccineum* Nakai (Holotype TI)7 August 1932 Mt. Kumgang (金剛山) *Fukushima s.n.*7 August 1916 金剛山末輝里 *Nakai, T Nakai s.n.* 7 August 1916 *Nakai, T Nakai s.n.* 10 June 1932 Mt. Kumgang (金剛山) *Ohwi, J Ohwi s.n.* 10 June 1932 *Ohwi, J Ohwi293* 7 August 1940 *Okuyama, S Okuyama s.n.Sakaniwa, S s.n.* 8 June 1909 望賊山 *Nakai, T Nakai s.n.* **P'yongan-bukto** 10 June 1914 飛來峯 *Nakai, T Nakai s.n.* 2 August 1935 妙香山 *Koidzumi, G Koidzumi s.n.* 3 June 1914 義州 - 王江鎭 *Nakai, T Nakai s.n.* 17 May 1912 白壁山 *Ishidoya, T Ishidoya s.n.* **P'yongan-namdo** 19 September 1915 成川 *Nakai, T Nakai s.n.* 15 June 1928 陽德 *Nakai, T Nakai s.n.* **P'yongyang** 10 June 1912 P'yongyang (平壤) *Imai, H Imai s.n.* **Ryanggang** 24 July 1917 Keizanchin(惠山鎭) *Furumi, M Furumi s.n.* 23 August 1914 Ikuma, *Y Ikuma s.n.* 18 July 1897 *Komarov, VL Komaorv s.n.* 1 July 1897 五是川雲龍江-崔五峰 *Komarov, VL Komaorv s.n.* 1 August 1897 虛川江 (同仁川) *Komarov, VL Komaorv s.n.* 16 August 1897 大羅信洞 *Komarov, VL Komaorv s.n.* 19 August 1897 葡坪 *Komarov, VL Komaorv s.n.* 21 August 1897 subdist. Chu-czan, flumen Amnok-gan *Komarov, VL Komaorv s.n.* 22 August 1897 雲洞嶺 *Komarov, VL Komaorv s.n.* 31 May 1897 古倉坪 *Komarov, VL Komaorv s.n.* 3 August 1914 惠山鎭- 普天堡 *Nakai, T Nakai s.n.* 1 June 1897 古倉坪-四芝坪 (延面水河谷) *Komarov, VL Komaorv s.n.* 25 May 1938 三長附近 *Saito, T T Saito8524*

Acer tegmentosum Maxim., Bull. Cl. Phys.-Math. Acad. Imp. Sci. Saint-Pétersbourg 15: 125 (1856)

Common name 산겨릅나무

Distribution in Korea: North, Central (Jiri-san)

> *Acer tegmentosum* Maxim. f. *subcoriacea* Kom., Bull. Cl. Phys.-Math. Acad. Imp. Sci. Saint-Pétersbourg 15: 730 (1856)
> *Acer pensylvanicum* L. var. *tegmentosum* (Maxim.) Wesm., Bull. Soc. Roy. Bot. Belgique 29: 62 (1890)

Representative specimens; Chagang-do 26 June 1914 從西山 *Nakai, T Nakai s.n.* 1 July 1914 公西面從西山 *Nakai, T Nakai 1718* 22 July 1916 狼林山 *Mori, T Mori s.n.* 9 June 1924 避難德山 *Fukubara, S Fukubara s.n.* **Hamgyong-bukto** 10 August 1933 渡正山門內 *Koidzumi, G Koidzumi s.n.* 20 May 1897 茂山嶺 *Komarov, VL Komaorv s.n.* 18 July 1918 朱乙溫面民幕洞 *Nakai, T Nakai s.n.* 19 July 1918 朱乙溫面南下瑞 *Nakai, T Nakai s.n.* 27 June 1930 甫上洞 - 南下洞 *Ohwi, J Ohwi s.n.* July 1932 冠帽峰 *Ohwi, J Ohwi s.n.* 3 August 1914 車踰嶺 *Ikuma, Y Ikuma s.n.* 29 May 1897 釜所哥谷 *Komarov, VL Komaorv s.n.* 24 May 1897 車踰嶺 *Komarov, VL Komaorv s.n.* 19 August 1924 七寶山 *Kondo, C Kondo s.n.* 25 June 1930 雪嶺 *Ohwi, J Ohwi s.n.* 12 June 1897 西溪水 *Komarov, VL Komaorv s.n.* 12 June 1897 *Komarov, VL Komaorv s.n.* 17 June 1930 四芝嶺 *Ohwi, J Ohwi s.n.* **Hamgyong-namdo** 15 June 1932 下碣隅里 *Ohwi, J Ohwi s.n.* **Hwanghae-bukto** May 1924 霞嵐山 *Takaichi, K s.n.* **Hwanghae-namdo** 2 September 1923 首陽山 *Muramatsu, C s.n.* **Kangwon-do** August 1932 Mt. Kumgang (金剛山) *Koidzumi, G Koidzumi s.n.* 7 August 1916 金剛山新豊里 *Nakai, T Nakai s.n.* 14 July 1936 金剛山外金剛千佛山 *Nakai, T Nakai s.n.* 10 June 1932 Mt. Kumgang (金剛山) *Ohwi, J Ohwi s.n.* 15 June 1938 安邊郡衛益面三防 *Park, MK Park s.n.* **P'yongan-bukto** 9 June 1914 飛來峯 *Nakai, T Nakai s.n.* 6 August 1935 妙香山 *Koidzumi, G Koidzumi s.n.* 30 July 1937 *Park, MK Park s.n.* **P'yongan-namdo** 15 June 1928 陽德 *Nakai, T Nakai s.n.* **Rason** 7 June 1930 西水羅 *Ohwi, J Ohwi s.n.* 7 June 1930 *Ohwi, J Ohwi s.n.* **Ryanggang** 23 August 1914 Keizanchin(惠山鎭) *Ikuma, Y Ikuma s.n.* 25 June 1917 甲山鷹德峯 *Furumi, M Furumi s.n.* 17 May 1923 厚峙嶺 *Ishidoya, T Ishidoya s.n.* 7 July 1897 犁方嶺 (鴨綠江ор暖堡) *Komarov, VL Komaorv s.n.* 4 August 1897 十四道溝-白山嶺 *Komarov, VL Komaorv s.n.* 15 August 1897 蓮坪-厚州川-厚州古邑 *Komarov, VL Komaorv s.n.* 21 August 1897 subdist. Chu-czan, flumen Amnok-gan *Komarov, VL Komaorv s.n.* 23 August 1897 雲洞嶺 *Komarov, VL Komaorv s.n.* 7 August 1897 上巨里水 *Komarov, VL Komaorv s.n.* 9 June 1897 倉坪 *Komarov, VL Komaorv s.n.* 16 June 1897 延岩 *Komarov, VL Komaorv s.n.* 27 June 1897 栢德嶺 *Komarov, VL Komaorv s.n.* 24 July 1897 佳林里 *Komarov, VL Komaorv s.n.* 20 July 1897 惠山鎭(鴨綠江上流長白山脈中高原) *Komarov, VL Komaorv s.n.* 2 June 1897 四芝坪(延面水河谷) 柄安洞 *Komarov, VL Komaorv s.n.* 17 June 1930 四芝峯 *Ohwi, J Ohwi s.n.*

Acer triflorum Kom., Trudy Imp. S.-Peterburgsk. Bot. Sada 18: 430 (1901)

Common name 복자기나무

Distribution in Korea: North, Central (Jiri-san, Deokyou-san)

> *Crula triflorum* (Kom.) Nieuwl., Amer. Midl. Naturalist 2: 141 (1911)
> *Acer triflorum* Kom. f. *subcoriacea* (Kom.) S.L.Tung, Bull. Bot. Res., Harbin 5(1): 104 (1985)

Representative specimens; Chagang-do 17 June 1914 楚山郡道洞 *Nakai, T Nakai s.n.* 25 August 1897 小德川 (松德水河谷) *Komarov, VL Komaorv s.n.* 26 August 1897 *Komarov, VL Komaorv s.n.* 30 August 1897 慈城江 *Komarov, VL Komaorv s.n.* 26 June 1914 從西山 *Nakai, T Nakai s.n.* 26 June 1914 公西面從西山 *Nakai, T Nakai s.n.* September 1920 狼林山 *Ishidoya, T Ishidoya s.n.* 9 June 1924 避難德山 *Fukubara, S Fukubara s.n.* **Hamgyong-bukto** 20 August 1924 冠帽峰 *Sawada, T Sawada s.n.* **Hamgyong-namdo** 25 September 1925 泗水山 *Chung, TH Chung s.n.* **Hwanghae-bukto** May 1924 霞嵐山 *Takaichi, K s.n.* **Hwanghae-namdo** 1 September 1925 長壽山 *Chung, TH Chung s.n.* 26 May 1924 九月山 *Chung, TH Chung s.n.* **Kangwon-do**

12 July 1936 外金剛千佛山 *Nakai, T Nakai s.n.* 11 August 1943 Mt. Kumgang (金剛山) *Honda, M Honda s.n.* August 1932 *Koidzumi, G Koidzumi s.n.* June 1932 *Ohwi, J Ohwi s.n.* 10 June 1932 *Ohwi, J Ohwi s.n.* 15 August 1902 *Uchiyama, T Uchiyama s.n.* **P'yongan-bukto** 5 August 1937 妙香山 *Hozawa, S Hozawa s.n.* 2 August 1935 *Koidzumi, G Koidzumi s.n.* 1924 *Kondo, C Kondo s.n.* **P'yongan-namdo** 15 July 1916 葛日嶺 *Mori, T Mori s.n.* **Ryanggang** 16 August 1897 大羅信洞 *Komarov, VL Komaorv s.n.* 21 August 1897 subdist. Chu-czan, flumen Amnok-gan *Komarov, VL Komaorv s.n.* 22 August 1897 雲洞嶺 *Komarov, VL Komaorv s.n.* 7 July 1897 梨方嶺 (鴨綠江羅暖堡) *Komarov, VL Komaorv s.n.*

ANACARDIACEAE

Rhus L.
Rhus chinensis Mill., Gard. Dict., ed. 8 no. 7 (1768)
Common name 붉나무
Distribution in Korea: North, Central, South, Ulleung
    Schinus indicus Burm.f., Fl. Ind. (N. L. Burman) 215 (1768)
    Rhus semialata Murray, Commentat. Soc. Regiae Sci. Gott. 6: 27 (1784)
    Rhus semialata Murray var. *osbeckii* DC., Prodr. (DC.) 2: 67 (1825)
    Rhus osbeckii Decne. ex Steud., Nomencl. Bot., ed. 2 (Steudel) 2: 452 (1841)
    Toxicodendron semialatum (Murray) Kuntze, Revis. Gen. Pl. 1: 154 (1891)
    Rhus semialata Murray var. *intermedia* Nakai, Saishu-to Kuan-to Shokubutsu Hokoku-sho [Fl. Quelpaert Isl.] (9,25) (1914)
    Rhus javanica L. var. *chinensis* (Mill.) T.Yamaz., J. Jap. Bot. 68: 240 (1993)

Representative specimens; Chagang-do 28 August 1897 慈城邑(松德水河谷) *Komarov, VL Komaorv s.n.* 9 June 1924 避難德山 *Fukubara, S Fukubara s.n.* 崇積山 *Furusawa, I Furusawa s.n.* **Hamgyong-namdo** 25 September 1925 泗水山 *Chung, TH Chung s.n.* **Hwanghae-bukto** May 1924 霞嵐山 *Takaichi, K s.n.* 10 September 1915 瑞島 *Nakai, T Nakai s.n.* **Hwanghae-namdo** 2 September 1923 首陽山 *Muramatsu, C s.n.* 1 August 1929 椒島 *Nakai, T Nakai s.n.* 15 July 1921 Sorai Beach 九味浦 *Mills, RG Mills s.n.* 26 May 1924 九月山 *Chung, TH Chung s.n.* **Kangwon-do** 30 August 1916 通川街道 *Nakai, T Nakai s.n.* **P'yongan-bukto** 4 June 1924 飛來峯 *Sawada, T Sawada s.n.* 8 June 1919 義州金剛山 *Ishidoya, T Ishidoya s.n.* **P'yongan-namdo** 15 July 1916 葛日嶺 *Mori, T Mori s.n.* 15 June 1928 陽德 *Nakai, T Nakai s.n.*

Toxicodendron Mill.
Toxicodendron sylvestre (Siebold &Zucc.) Kuntze, Revis. Gen. Pl. 1: 154 (1891)
Common name 산검양옻나무
Distribution in Korea: North, Central, South, Jeju
    Rhus sylvestris Siebold & Zucc., Abh. Math.-Phys. Cl. Konigl. Bayer. Akad. Wiss. 4: 140 (1845)

Toxicodendron trichocarpum (Miq.) Kuntze, Revis. Gen. Pl. 1: 154 (1891)
Common name 개옻나무
Distribution in Korea: North, Central, South, Ulleung
    Rhus trichocarpa Miq., Ann. Mus. Bot. Lugduno-Batavi 2: 84 (1865)
    Rhus echinocarpa H.Lév., Repert. Spec. Nov. Regni Veg. 10: 475 (1912)

Representative specimens; Hamgyong-namdo 25 September 1925 泗水山 *Chung, TH Chung s.n.* 咸州 *Unknown* **Hwanghae-bukto** 19 October 1923 平山郡滅惡山 *Muramatsu, T s.n.* **Hwanghae-namdo** 2 September 1923 首陽山 *Muramatsu, C s.n.* **Kangwon-do** 28 July 1916 長箭高城 *Nakai, T Nakai s.n.* 12 July 1936 外金剛千佛寺 *Nakai, T Nakai s.n.* July 1932 Mt. Kumgang (金剛山) *Smith, RK Smith s.n.* 7 June 1909 元山 *Nakai, T Nakai s.n.* **P'yongan-bukto** 1924 妙香山 *Kondo, C Kondo s.n.*

Toxicodendron vernicifluum (Stokes) F.A.Barkley, Amer. Midl. Naturalist 24: 680 (1940)
Common name 옻나무
Distribution in Korea: cultivated (North, Central, South)
    Rhus verniciflua Stokes, Bot. Mat. Med. 2: 164 (1812)
    Rhus vernicifera DC., Prodr. (DC.) 2: 68 (1825)
    Rhus kaempferi Sweet, Hort. Brit. (Sweet) 97 (1827)

Rhus succedanea L. var. *himalaica* Hook.f., Fl. Brit. Ind. 2: 12 (1876)
Rhus vernicifera DC. var. *silvestrii* Pamp., Nuovo Giorn. Bot. Ital. n.s. 17: 416 (1910)

Representative specimens; Hwanghae-bukto 10 September 1915 瑞興 *Nakai, T Nakai s.n.* **Hwanghae-namdo** 1 August 1929 椒島 *Nakai, T Nakai s.n.* 28 July 1929 長山串 *Nakai, T Nakai s.n.* 5 August 1929 Nakai, T *Nakai s.n.* **Kangwon-do** 31 July 1916 金剛山群仙峽 *Nakai, T Nakai s.n.* **P'yongyang** 13 August 1910 P'yongyang (平壤) *Imai, H Imai s.n.*

SIMAROUBACEAE

***Picrasma* Blume**
Picrasma quassioides (D.Don) Benn., Pl. Jav. Rar. 198 (1844)
Common name 소태나무
Distribution in Korea: North, Central, South, Ulleung
  Simaba quassioides D.Don, Prodr. Fl. Nepal. 248 (1825)
  Rhus ailanthoides Bunge, Enum. Pl. Chin. Bor. 15 (1833)
  Picrasma ailanthoides (Bunge) Planch., London J. Bot. 5: 578 (1846)
  Picrasma japonica A.Gray, Mem. Amer. Acad. Arts ser. 2 6 (2): 383 (1858)
  Picrasma quassioides (D.Don) Benn. var. *glabrescens* Pamp., Nuovo Giorn. Bot. Ital. 18: 171 (1911)
  Picrasma quassioides (D.Don) Benn. f. *glabrescens* (Pamp.) Kitag., Neolin. Fl. Manshur. 424 (1979)

Representative specimens; Hamgyong-namdo 25 September 1925 泗水山 *Chung, TH Chung s.n.* 11 June 1909 鎭江- 鎭岩峯 *Nakai, T Nakai s.n.* **Hwanghae-bukto** 26 May 1924 霞嵐山 *Takaichi, Y Takaichi s.n.* **Hwanghae-namdo** 31 July 1929 席島 *Nakai, T Nakai s.n.* 1 August 1929 椒島 *Nakai, T Nakai s.n.* 28 July 1929 長山串 Nakai, T *Nakai s.n.* 26 May 1924 九月山 *Chung, TH Chung s.n.* **Kangwon-do** 25 August 1916 新金剛松林寺下 *Nakai, T Nakai s.n.* 1 July 1916 庫底 *Nakai, T Nakai s.n.* **P'yongan-bukto** 4 June 1924 飛來峯 *Sawada, T Sawada s.n.* 2 August 1935 妙香山 *Koidzumi, G Koidzumi s.n.* 1 June 1912 白壁山 *Ishidoya, T Ishidoya s.n.* **Rason** 25 June 1935 獨津海岸 *Saito, T T Saito s.n.* **Ryanggang** 29 May 1917 江口 *Nakai, T Nakai s.n.* **Sinuiju** 27 April 1920 新義州 *Ishidoya, T Ishidoya s.n.*

RUTACEAE

***Dictamnus* L.**
Dictamnus albus L., Sp. Pl. 383 (1753)
Common name 백선
Distribution in Korea: North, Central, South
  Fraxinella dictamnus Moench, Methodus (Moench) 68 (1794)
  Dictamnus odorus Salisb., Prodr. Stirp. Chap. Allerton 320 (1796)
  Dictamnus sessilis Wallr., Linnaea 14: 569 (1840)
  Dictamnus dasycarpus Turcz., Bull. Soc. Imp. Naturalistes Moscou 15: 637 (1842)
  Dictamnus albus L. ssp. *dasycarpus* (Turcz.) N.A.Winter, Bot. Mater. Gerb. Glavn. Bot. Sada RSFSR 5: 159 (1924)
  Dictamnus dasycarpus Turcz. var. *velutinus* Nakai, J. Jap. Bot. 13: 480 (1937)
  Dictamnus albus L. var. *dasycarpus* (Turcz.) Liou & Y.H. Chang, Fl. Pl. Herb. Chin. Bor.-Or. 6: 24 (1977)
  Dictamnus dasycarpus Turcz. f. *velutinus* (Nakai) W.T.Lee, Lineamenta Florae Koreae 640 (1996)

Representative specimens; Hamgyong-bukto 28 May 1897 富潤洞 *Komarov, VL Komarov s.n.* 17 June 1909 清津 *Nakai, T Nakai2225* Type of *Dictamnus dasycarpus* Turcz. var. *velutinus* Nakai (Holotype TI) 18 May 1897 會寧川 *Komarov, VL Komaorv s.n.* 12 June 1930 鏡城 *Ohwi, J Ohwi s.n.* 27 May 1930 *Ohwi, J Ohwi s.n.* 12 June 1930 Kyonson 鏡城 *Ohwi, J Ohwi s.n.* 27 May 1930 *Ohwi, J Ohwi s.n.* 25 June 1933 黃谷洞 *Myeong-cheon-ah-gan-gong-bo-gyo school s.n.* 15 May 1897 江八嶺 *Komarov, VL Komaorv s.n.* **Hamgyong-namdo** 11 August 1940 咸興歸州寺 *Okuyama, S Okuyama s.n.* 1 May 1939 新中里 *Kim, SK s.n.* 27 August 1897 小德川 *Komarov, VL Komaorv s.n.* 11 June 1909 鎭岩峯 *Nakai, T Nakai s.n.* 11 June 1909 *Nakai, T Nakai s.n.* **Hwanghae-bukto** 14 May 1932 正方山 *Smith, RK Smith s.n.* **Hwanghae-namdo** 27 July 1929 長淵郡長山串 *Nakai, T Nakai3094* 31 July 1929 席島 *Nakai, T Nakai3095* 12 July 1921 Sorai Beach 九味浦 *Mills, RG Mills4358* **Kangwon-do** 22 August 1902 北屯址 *Uchiyama, T Uchiyama s.n.* **P'yongan-bukto** 11 August 1935 義州金剛山 *Koidzumi, G Koidzumi s.n.* 19 May 1912 白壁山 *Ishidoya, T Ishidoya s.n.* **P'yongan-**

namdo 16 July 1916 寧遠 *Mori, T Mori s.n.* **Ryanggang** 1 July 1897 五是川雲龍江-崔五峰 *Komarov, VL Komaorv s.n.* 1 August 1897 虛川江 (同仁川) *Komarov, VL Komaorv s.n.* 26 June 1897 內曲里 *Komarov, VL Komaorv s.n.* 28 July 1897 佳林里 *Komarov, VL Komaorv s.n.* 15 August 1914 白頭山 *Ikuma, Y Ikuma s.n.* 2 June 1897 四芝坪(延面水河谷) 柄安洞 *Komarov, VL Komaorv s.n.*

Phellodendron Rupr.
Phellodendron amurense Rupr., Bull. Cl. Phys.-Math. Acad. Imp. Sci. Saint-Pétersbourg 15: 353 (1857)
Common name 황경피나무, 황벽, 황병피나무 (황벽나무)
Distribution in Korea: North, Central, South, Ulleung
> *Phellodendron amurense* Rupr. var. *sachalinense* F.Schmidt, Mem. Acad. Imp. Sci. St.-Petersbourg, Ser. 7 12: 120 (1868)
> *Phellodendron sachalinense* (F.Schmidt) Sarg., Trees & Shrubs 1: 199, t. 94 (1905)
> *Phellodendron insulare* Nakai, Bot. Mag. (Tokyo) 32: 107 (1918)
> *Phellodendron molle* Nakai, Bot. Mag. (Tokyo) 33: 58 (1919)
> *Phellodendron kodamanum* Makino, J. Jap. Bot. 6: 5 (1929)
> *Phellodendron sachalinense* (F.Schmidt) Sarg. var. *suberosum* Hara, Bot. Mag. (Tokyo) 49: 863 (1935)
> *Phellodendron amurense* Rupr. var. *suberosum* (H.Hara) H.Hara, Sci. Res. Ozegahara Moor 446 (1954)
> *Phellodendron amurense* Rupr. f. *insulare* (Nakai) H.S.Kim, Fl. Coreana (Im, R.J.) 4: 174 (1976)
> *Phellodendron amurense* Rupr. f. *molle* (Nakai) W.T.Lee, Lineamenta Florae Koreae 642 (1996)

Representative specimens; **Chagang-do** 17 June 1914 楚山郡道洞 *Nakai, T Nakai s.n.* 26 August 1897 小德川 (松德水河谷) *Komarov, VL Komaorv s.n.* 30 August 1897 慈城江 *Komarov, VL Komaorv s.n.* September 1920 狼林山 *Ishidoya, T Ishidoya s.n.* 18 July 1914 大興里 *Nakai, T Nakai s.n.* 9 June 1924 避難德山 *Fukubara, S Fukubara s.n.* **Hamgyong-bukto** 10 August 1933 渡正山門內 *Koidzumi, G Koidzumi s.n.* 15 June 1930 茂山嶺 *Ohwi, J Ohwi s.n.* 15 June 1930 Ohwi, *J Ohwi s.n.* 10 July 1936 鏡城行營 - 龍山洞 *Saito, T T Saito s.n.* July 1932 冠帽峰 *Ohwi, J Ohwi s.n.* 1 August 1939 茂山 *Furusawa, I Furusawa s.n.* 3 August 1914 車踰嶺 *Ikuma, Y Ikuma s.n.* 23 May 1897 *Komarov, VL Komaorv s.n.* 七寶山 *Komarov, VL Komaorv s.n.* **Hamgyong-namdo** 25 September 1925 泗水山 *Chung, TH Chung s.n.* **Hwanghae-bukto** 19 October 1923 平山郡滅惡山 *Muramatsu, T s.n.* **Hwanghae-namdo** 25 August 1925 長壽山 *Chung, TH Chung s.n.* 6 August 1929 長淵郡長山串 *Nakai, T Nakai s.n.* 28 July 1929 Nakai, *T Nakai s.n.* 4 August 1929 Nakai, T *Nakai s.n.* **Kangwon-do** 12 July 1936 外金剛千佛山 *Nakai, T Nakai s.n.* 12 August 1932 Mt. Kumgang (金剛山) *Koidzumi, G Koidzumi s.n.* 5 August 1916 金剛山新豐里 *Nakai, T Nakai s.n.* 4 September 1916 洗浦-蘭谷 *Nakai, T Nakai s.n.* **P'yongan-bukto** 4 June 1924 飛來峯 *Sawada, T Sawada s.n.* 5 August 1937 妙香山 *Hozawa, S Hozawa s.n.* 4 June 1914 玉江鎭朔州郡 *Nakai, T Nakai s.n.* 11 August 1935 義州金剛山 *Koidzumi, G Koidzumi s.n.* 3 August 1912 Unsan (雲山) *Imai, H Imai s.n.* **P'yongan-namdo** 15 July 1916 葛日嶺 *Mori, T Mori s.n.* **Rason** 6 June 1930 西水羅 *Ohwi, J Ohwi s.n.* **Ryanggang** 29 August 1936 原昌郡五佳山 *Chung, TH Chung s.n.* 5 August 1897 白山嶺 *Komarov, VL Komaorv s.n.* 19 August 1897 葡坪 *Komarov, VL Komaorv s.n.* 21 August 1897 subdist. Chu-czan, flumen Amnok-gan *Komarov, VL Komaorv s.n.* 23 August 1897 雲洞嶺 *Komarov, VL Komaorv s.n.* 7 August 1897 上巨里水 *Komarov, VL Komaorv s.n.* 8 August 1897 上巨里水-院巨里水 *Komarov, VL Komaorv s.n.*

Tetradium Lour.
Tetradium daniellii (Benn.) T.G.Hartley, Gard. Bull. Singapore 34: 105 (1981)
Common name 쉬나무
Distribution in Korea: Central
> *Zanthoxylum daniellii* Benn., Ann. Mag. Nat. Hist. ser. 3, 10: 201 (1862)
> *Zanthoxylum bretschneideri* Maxim., Bull. Acad. Imp. Sci. Saint-Pétersbourg 29: 73 (1884)
> *Euodia daniellii* (Benn.) Hemsl., J. Linn. Soc., Bot. 23: 104 (1886)
> *Euodia henryi* Dode, Bull. Soc. Bot. France 55: 706 (1908)
> *Euodia delavayi* Dode, Bull. Soc. Bot. France 55: 707 (1909)
> *Euodia velutina* Rehder & E.H.Wilson, Pl. Wilson. 2: 134 (1914)
> *Euodia baberi* Rehder & E.H.Wilson, Pl. Wilson. 2: 131 (1914)

Representative specimens; **Hwanghae-namdo** 25 August 1925 長壽山 *Chung, TH Chung s.n.* 1 August 1929 椴島 *Nakai, T Nakai s.n.* 1 August 1929 Nakai, T *Nakai s.n.* June 1921 Sorai Beach 九味浦 *Mills, RG Mills s.n.* 26 May 1924 九月山 *Chung, TH Chung s.n.*

Zanthoxylum L.
Zanthoxylum piperitum (L.) DC., Prodr. (DC.) 1: 725 (1824)

Common name 초피나무

Distribution in Korea: Central (Hwanghae), South, Ulleung
    Fagara piperita L., Syst. Nat. ed. 10 597 (1759)
    Zanthoxylum piperitum (L.) DC. var. *pubescns* Nakai, Chosen Shokubutsu 27: 197 (1914)
    Zanthoxylum piperitum (L.) DC. f. *pubescens* (Nakai) W.T.Lee, Lineamenta Florae Koreae
    645 (1996)

Representative specimens; Hwanghae-namdo 27 July 1929 長淵郡長山串 *Nakai, T Nakai s.n.* 28 July 1929 長山串 Nakai, T
Nakai s.n. **Kangwon-do** 29 August 1916 金剛山松林寺森 *Nakai, T Nakai s.n.*

Zanthoxylum schinifolium Siebold & Zucc., Abh. Math.-Phys. Cl. Konigl. Bayer. Akad. Wiss. 4:
137 (1845)

Common name 분지나무, 분디나무 (산초나무)

Distribution in Korea: North, Cental, South
    Zanthoxylum mantschuricum Benn., Ann. Nat. Hist. 3: 200 (1862)
    Fagara schinifolia (Siebold & Zucc.) Engl., Nat. Pflanzenfam. 3: 118 (1897)
    Fagara mantschurica (Benn.) Honda, Bot. Mag. (Tokyo) 46: 634 (1932)
    Fagara mantschurica (Benn.) Honda var. *inermis* (Nakai) Honda, Bot. Mag. (Tokyo) 46: 634 (1932)
    Fagara schinifolia (Siebold & Zucc.) Engl. var. *subinermis* Uyeki, J. Chosen Nat. Hist. Soc.
    20: 16 (1935)
    Fagara mantschurica (Benn.) Honda var. *subinermis* (Uyeki) Uyeki, Woody Pl. Distr. Chosen
    60 (1940)
    Zanthoxylum schinifolium Siebold & Zucc. var. *inermis* (Nakai) T.B.Lee, Ill. Woody Pl. Korea
    298 (1966)
    Zanthoxylum schinifolium Siebold & Zucc. var. *subinermis* (Uyeki) T.B.Lee, Ill. Woody Pl.
    Korea 298 (1966)

Representative specimens; Chagang-do 18 August 1909 Sensen (前川) *Mills, RG Mills s.n.* **Hamgyong-namdo** 11 August 1940
咸興歸州寺 *Okuyama, S Okuyama s.n.* 26 July 1916 下碣隅里 *Mori, T Mori s.n.* **Hwanghae-namdo** 31 July 1929 席島 *Nakai, T
Nakai s.n.* 1 August 1929 椒島 *Nakai, T Nakai s.n.* 12 July 1921 Sorai Beach 九味浦 *Mills, RG Mills s.n.* 6 August 1929 長山串
Nakai, T Nakai s.n. 6 August 1929 *Nakai, T Nakai s.n.* 24 July 1929 夢金浦 *Nakai, T Nakai s.n.* **Kangwon-do** 12 July 1936
外金剛千彿山 *Nakai, T Nakai s.n.* 20 August 1932 元山 *Kitamura, S Kitamura s.n.* 7 June 1909 *Nakai, T Nakai s.n.* **P'yongan-
bukto** 5 August 1937 妙香山 *Hozawa, S Hozawa s.n.* **P'yongan-namdo** 15 July 1916 葛日嶺 *Mori, T Mori s.n.* **P'yongyang** 24
September 1910 P'yongyang (平壤) *Mills, RG Mills s.n.*

ZYGOPHYLLACEAE

***Tribulus* L.**
Tribulus terrestris L., Sp. Pl. 387 (1753)

Common name 백질려 (남가새)

Distribution in Korea: North (Hamgyong), Central (Hwanghae)
    Tribulus lanuginosus L., Sp. Pl. 387 (1753)
    Tribulus maximus L. var. *roseus* Kuntze, Revis. Gen. Pl. 3: 30 (1898)
    Tribulus terrestris L. var. *sericeus* Andersson ex Svenson, Amer. J. Bot. 33: 457 (1946)

OXALIDACEAE

***Oxalis* L.**
Oxalis acetosella L., Sp. Pl. 433 (1753)

Common name 애기괭이밥

Distribution in Korea: North, Central, South

Oxys acetosella (L.) Scop., Fl. Carniol., ed. 2 1: 326 (1772)
Oxalis montana Raf., Amer. Monthly Mag. & Crit. Rev. 0: 266 (1818)
Oxalis taquetii R.Knuth, Notizbl. Bot. Gart. Berlin-Dahlem 7: 308 (1919)
Oxalis acetosella L. var. *purpurascens* Mart., Fl. URSS 14: 80 (1949)
Oxalis acetosella L. var. *rosea* Peterm., Fl. URSS 14: 80 (1949)

Representative specimens; Chagang-do 1 July 1914 公西面山 *Nakai, T Nakai s.n.* 26 June 1914 公西面江界 *Nakai, T Nakai s.n.* 22 July 1916 狼林山 *Mori, T Mori s.n.* 22 July 1914 山羊 -江口 *Nakai, T Nakai s.n.* 10 July 1914 蔥田嶺 *Nakai, T Nakai s.n.* **Hamgyong-bukto** 18 July 1918 朱乙溫面態谷嶺 *Nakai, T Nakai s.n.* **Hamgyong-namdo** 15 June 1932 下碣隅里 *Ohwi, J Ohwi s.n.* 15 August 1935 東上面漢岱里 *Nakai, T Nakai s.n.* **Kangwon-do** 4 August 1932 金剛山內金剛 *Kobayashi, M Kobayashi s.n.* 16 August 1916 毘盧峯上 *Nakai, T Nakai s.n.* 15 August 1916 金剛山內圓通庵 - 般庵 *Nakai, T Nakai s.n.* 18 August 1902 Mt. Kumgang (金剛山) *Uchiyama, T Uchiyama s.n.* **Ryanggang** 20 August 1934 北水白山 *Kojima, K Kojima s.n.* 5 August 1940 高頭山 *Hozawa, S Hozawa s.n.* 22 June 1930 倉坪嶺 *Ohwi, J Ohwi686*

Oxalis corniculata L., Sp. Pl. 435 (1753)

Common name 괭이밥

Distribution in Korea: North, Central, South, Ulleung
Oxys corniculata (L.) Scop., Fl. Carniol., ed. 2 89 (1772)
Oxalis repens Thunb., Oxalis [Thunberg] 16 (1781)
Oxalis corniculata L. var. *repens* (Thunb.) Zucc., Abh. Math.-Phys. Cl. Konigl. Bayer. Akad. Wiss. 1: 230 (1829)
Oxalis corniculata L. var. *purpurea* Parl., Fl. Ital. 5: 271 (1872)
Acetosella corniculata (L.) Kuntze, Revis. Gen. Pl. 1: 78 (1891)
Xanthoxalis corniculata (L.) Small, Fl. S.E. U.S. [Small]. 667 (1903)
Oxalis corniculata L. var. *trichocaulon* H.Lév., Repert. Spec. Nov. Regni Veg. 8: 284 (1910)
Oxalis corniculata L. f. *erecta* Makino, Bot. Mag. (Tokyo) 26: 177 (1912)
Oxalis repens Thunb. f. *speciosa* Masam., J. Soc. Trop. Agric. 2: 32 (1930)
Oxalis repens Thunb. var. *erecta* (Makino) Masam., J. Soc. Trop. Agric. 2: 32 (1930)
Oxalis taimoni Yamam., J. Soc. Trop. Agric. 2: 32 (1930)
Oxalis corniculata L. var. *repens* (Thunb.) Zucc. f. *speciosa* Masam., Trans. Nat. Hist. Soc. Taiwan 28: 431 (1938)
Oxalis corniculata L. ssp. *repens* (Thunb.) Masam., Trans. Nat. Hist. Soc. Taiwan 31: 326 (1941)
Xanthoxalis repens (Thunb.) Moldenke, Castanea 9: 42 (1944)
Xanthoxalis corniculata (L.) Small f. *erecta* (Makino) Nakai, Bull. Natl. Sci. Mus., Tokyo 31: 68 (1952)
Xanthoxalis corniculata (L.) Small var. *repens* (Thunb.) Nakai, Bull. Natl. Sci. Mus., Tokyo 31: 68 (1952)
Xanthoxalis corniculata (L.) Small var. *repens* (Thunb.) Nakai f. *atropurpurea* (Planch.) Nakai, Bull. Natl. Sci. Mus., Tokyo 31: 68 (1952)
Xanthoxalis corniculata (L.) Small var. *repens* (Thunb.) Nakai f. *purpurea* (Parl.) Nakai, Bull. Natl. Sci. Mus., Tokyo 31: 68 (1952)

Representative specimens; Hamgyong-bukto 10 August 1936 羅南 *Saito, T T Saito s.n.* 26 August 1935 *Saito, T T Saito1582* **Hwanghae-namdo** 1 August 1929 椒島 *Nakai, T Nakai s.n.*

Oxalis obtriangulata Maxim., Méanges Biol. Bull. Phys.-Math. Acad. Imp. Sci. Saint-Pétersbourg 6: 260 (1867)

Common name 큰괭이밥

Distribution in Korea: North, Central, South
Acetosella obtriangulata (Maxim.) Kuntze, Revis. Gen. Pl. 1: 91 (1891)
Oxalis japonica Franch. & Sav. var. *obtriangulata* (Maxim.) Makino, Ill. Fl. Nippon (Makino) 400 (1940)

Representative specimens; Chagang-do 5 July 1914 牙得嶺 (江界) *Nakai, T Nakai s.n.* 27 June 1914 從西面 *Nakai, T Nakai s.n.* 22 July 1916 狼林山 *Mori, T Mori s.n.* **Hamgyong-bukto** 23 June 1935 梧上洞 *Saito, T T Saito1146* 2 August 1914 車踰嶺 *Ikuma, Y Ikuma s.n.* **Kangwon-do** 13 July 1936 金剛山外金剛千佛山 *Nakai, T Nakai s.n.* 10 June 1932 Mt. Kumgang (金剛山) *Ohwi, J Ohwi s.n.* **P'yongan-bukto** 10 June 1912 白壁山 *Ishidoya, T Ishidoya s.n.*

Oxalis stricta L., Sp. Pl. 435 (1753)

Common name 왜선괭이밥 (선괭이밥)

Distribution in Korea: North, Central, South, Ulleung
    Oxalis chinensis Haw. ex G.Don, Hort. Brit. (Loudon) (ed. 2) 1: 595 (1832)
    Oxalis fontana Bunge, Enum. Pl. Chin. Bor. 13 (1833)
    Oxalis europaea Jord., Arch. Fl. France Allemagne 309 (1854)
    Xanthoxalis stricta (L.) Small, Fl. S.E. U.S. [Small]. 667 (1903)
    Oxalis shinanoensis T.Itô, Encycl. Jap. 2: 818 (1909)
    Oxalis repens Thunb. var. *stricta* Hatus., Exp. Forest. Kyushu Imp. Univ. 4: 95 (1933)

Representative specimens; Chagang-do 24 August 1897 大會洞 *Komarov, VL Komaorv s.n.* 27 June 1914 從西面 *Nakai, T Nakai s.n.* **Hamgyong-bukto** 6 July 1930 鏡城 *Ohwi, J Ohwi2070* **Hamgyong-namdo** 1 August 1941 咸興歸州寺 *Osada, T s.n.* 11 June 1909 鎭岩峯 *Nakai, T Nakai s.n.* **Hwanghae-namdo** 27 July 1929 長淵郡長山串 *Nakai, T Nakai s.n.* 31 July 1929 席島 *Nakai, T Nakai s.n.* 4 July 1921 Sorai Beach 九味浦 *Mills, RG Mills s.n.* 4 July 1921 *Mills, RG Mills s.n.* **Kangwon-do** 2 August 1932 金剛山內金剛 *Kobayashi, M Kobayashi s.n.* 4 August 1916 金剛山萬物相 *Nakai, T Nakai s.n.* 8 June 1909 元山 *Nakai, T Nakai s.n.* **P'yongan-bukto** 6 June 1914 昌州 *Nakai, T Nakai s.n.* 25 July 1912 鐵山 *Imai, H Imai s.n.* **P'yongan-namdo** 17 July 1916 加音峯 *Mori, T Mori s.n.* **P'yongyang** 9 June 1912 Jun-an (順安) *Imai, H Imai s.n.*

GERANIACEAE

Erodium L'Hér.
Erodium stephanianum Willd., Sp. Pl. (ed. 5; Willdenow) 3: 625 (1800)
Common name 구와쥐손이풀, 구아쥐손이, 쥐손이아재비 (국화쥐손이)
Distribution in Korea: North
    Geranium stephanianum (Willd.) Poir., Encycl. (Lamarck) Suppl. 2 741 (1812)
    Geranium stevenii (M.Bieb.) Poir., Encycl. (Lamarck) Suppl. 2 742 (1812)

Representative specimens; Hamgyong-bukto 8 August 1930 載德 *Ohwi, J Ohwi s.n.* 5 August 1914 茂山 *Ikuma, Y Ikuma s.n.* 19 August 1933 *Koidzumi, G Koidzumi s.n.* August 1913 *Mori, T Mori s.n.* 18 August 1914 Nakai, T *Nakai s.n.* **Kangwon-do** 28 July 1916 金剛山外金剛千佛山 *Mori, T Mori s.n.* **Ryanggang** 26 July 1914 三水- 惠山鎭 *Nakai, T Nakai s.n.*

Geranium L.
Geranium dahuricum DC., Prodr. (DC.) 1: 642 (1824)
Common name 산쥐손이풀, 다후리아쥐손이 (산쥐손이)
    Distribution in Korea: far North (Paekdu, Potae, Kwanmo, Rangrim), North (Kangwon), Central, South, Jeju
    Geranium pseudosibiricum Maxim., Mem. Acad. Imp. Sci. St.-Petersbourg Divers Savans 9: 71 (1859)
    Geranium bifolium Maxim., Mem. Acad. Imp. Sci. St.-Petersbourg Divers Savans 9: 467 (1859)

Representative specimens; Chagang-do 22 July 1919 狼林山上 *Kajiwara, U Kajiwara s.n.* 22 July 1916 狼林山 *Mori, T Mori s.n.* 22 July 1914 山羊 -江口 *Nakai, T Nakai s.n.* 18 July 1914 大興嶺 *Nakai, T Nakai s.n.* 11 July 1914 蔥田嶺 1600m Nakai, T *Nakai s.n.* **Hamgyong-bukto** 12 August 1933 渡正山 *Koidzumi, G Koidzumi s.n.* 5 August 1939 頭流山 *Hozawa, S Hozawa s.n.* 26 July 1930 Ohwi, *J Ohwi618* 24 May 1934 冠帽峰 (京大栽培) Ohwi, *J Ohwi s.n.* 6 May 1937 Ohwi, *J Ohwi s.n.* July 1932 冠帽峰 *Ohwi, J Ohwi s.n.* 26 June 1930 雪嶺 *Ohwi, J Ohwi1843* 10 June 1897 西溪水 *Komarov, VL Komaorv s.n.* **Hamgyong-namdo** 30 May 1930 端川郡北斗日面 *Kinosaki, Y s.n.* 6 May 1937 下碣隅里 (京大栽培) Ohwi, *J Ohwi s.n.* 5 July 1935 Ohwi, *J Ohwi s.n.* 25 July 1933 東上面遮日峯 *Koidzumi, G Koidzumi s.n.* 16 August 1935 遮日峯 *Nakai, T Nakai s.n.* 18 August 1935 遮日峯南斜面 *Nakai, T Nakai s.n.* 15 August 1935 東上面漢岱里 *Nakai, T Nakai s.n.* 15 August 1940 赴戰高原 Fusenkogen *Okuyama, S Okuyama s.n.* 18 August 1934 東上面新洞 200m 附近 *Yamamoto, A Yamamoto3054* **Kangwon-do** 11 August 1943 金剛山 *Honda, M Honda s.n.* 12 August 1932 Mt. Kumgang (金剛山) *Koidzumi, G Koidzumi s.n.* 22 August 1916 大長峯上 *Nakai, T Nakai s.n.* 16 August 1916 金剛山毘盧峯 *Nakai, T Nakai s.n.* 7 August 1940 Mt. Kumgang (金剛山) *Okuyama, S Okuyama s.n.* 29 July 1938 *Park, MK Park s.n.* 1938 山林課元山出張所 *Tsuya, S s.n.* **P'yongan-bukto** 6 August 1935 妙香山 *Koidzumi, G Koidzumi s.n.* **Ryanggang** 24 July 1917 Keizanchin(惠山鎭) *Furumi, M Furumi s.n.* 1 July 1897 五是白雲龍江-崔五峯 *Komarov, VL Komaorv s.n.* 1 August 1897 虛川江 (同仁川) *Komarov, VL Komaorv s.n.* 15 August 1935 北水白山 *Hozawa, S Hozawa s.n.* 9 July 1914 長津山 *Nakai, T Nakai s.n.* 3 July 1897 三水邑-上水隅理 *Komarov, VL Komaorv s.n.* 26 June 1897 內曲里 *Komarov, VL Komaorv s.n.* 21 July 1897 佳林里 (鴨綠江上流) *Komarov, VL Komaorv s.n.* 14 August 1914 無頭峯 *Ikuma, Y Ikuma s.n.* August 1913 長白山 *Mori, T Mori s.n.* 12

August 1914 神武城- 茂峯 *Nakai, T Nakai s.n.* 6 August 1914 胞胎山虛項嶺 *Nakai, T Nakai s.n.* 6 August 1914 虛項嶺 *Nakai, T Nakai s.n.* 4 August 1914 普天堡- 寶泰洞 *Nakai, T Nakai s.n.* 8 August 1914 農事洞 *Ikuma, Y Ikuma s.n.* 7 August 1914 下面江口 *Ikuma, Y Ikuma s.n.* 14 August 1914 農事洞- 三下 *Nakai, T Nakai s.n.*

Geranium knuthii Nakai, Bot. Mag. (Tokyo) 26: 263 (1912)

Common name 큰세잎쥐손이풀 (큰세잎쥐손이)

Distribution in Korea: North, Central

Representative specimens; Hamgyong-bukto 2 August 1914 車踰嶺 *Ikuma, Y Ikuma s.n.* **Kangwon-do** 20 August 1930 安邊郡衛益面三防 *Nakai, T Nakai s.n.* **P'yongan-bukto** 5 August 1937 妙香山 *Hozawa, S Hozawa s.n.* **P'yongyang** 4 September 1901 in montibus mediae *Faurie, UJ Faurie230* Type of *Geranium knuthii* Nakai (Syntype KYO, Isosyntypes P, Iso P)

Geranium koreanum Kom., Trudy Imp. S.-Peterburgsk. Bot. Sada 18: 433 (1901)

Common name 둥근쥐손이풀 (둥근이질풀)

Distribution in Korea: North, Central, South
  Geranium koreanum Kom. f. *albidum* Kom., Trudy Imp. S.-Peterburgsk. Bot. Sada 18: 433 (1901)
  Geranium koreanum Kom. var. *hirsutum* Nakai, J. Coll. Sci. Imp. Univ. Tokyo 26: 113 (1909)

Representative specimens; Chagang-do 24 August 1897 大會洞 *Komarov, VL Komaorv s.n.* 26 August 1897 小德川 (松德水河谷) *Komarov, VL Komaorv s.n.* 29 August 1897 慈城江 *Komarov, VL Komaorv s.n.* **Hamgyong-bukto** 18 August 1936 富寧水坪 - 西里洞 *Saito, T T Saito2811* 8 July 1936 鶴浦-行營 *Saito, T T Saito2574* 29 July 1936 茂山新站 *Saito, T T Saito2672* 3 August 1936 茂山漁下面 *Saito, T T Saito2721* **Hamgyong-namdo** 22 July 1916 赴戰高原寒泰嶺 *Mori, T Mori s.n.* 16 August 1934 新角面北山 *Nomura, N Nomura s.n.* 23 July 1935 弁天島 *Nomura, N Nomura s.n.* **Hwanghae-namdo** 15 July 1921 Sorai Beach 九味浦 *Mills, RG Mills s.n.* 12 July 1921 *Mills, RG Mills s.n.* 5 August 1929 長山串 *Nakai, T Nakai s.n.* **P'yongan-bukto** 29 July 1911 鐵山郡車輦館仰校前講 *Lee, HJ s.n.* 5 August 1935 妙香山 *Koidzumi, G Koidzumi s.n.* 27 July 1912 Nei-hen (Neiyen 寧邊) *Imai, H Imai s.n.* **P'yongan-namdo** 26 July 1919 山蒼嶺 *Kajiwara, U Kajiwara s.n.* 15 June 1928 陽德 *Nakai, T Nakai s.n.* **Ryanggang** 21 August 1897 subdist. Chu-czan, flumen Amnok-gan *Komarov, VL Komaorv s.n.* 20 August 1933 戊山郡三長 *Koidzumi, G Koidzumi s.n.*

Geranium krameri Franch. & Sav., Enum. Pl. Jap. 2: 306 (1878)

Common name 선쥐손이풀 (선이질풀)

Distribution in Korea: North, Central, South
  Geranium sieboldii Maxim., Bull. Acad. Imp. Sci. Saint-Pétersbourg 26: 458 (1880)
  Geranium koraiense Nakai, Bot. Mag. (Tokyo) 25: 54 (1911)
  Geranium lasiocaulon Nakai, Bot. Mag. (Tokyo) 49: 350 (1935)
  Geranium japonicum Franch. & Sav. var. *adpressipilosum* H.Hara, J. Jap. Bot. 22: 171 (1949)
  Geranium krameri Franch. & Sav. f. *adpressipilosum* (H.Hara) H.Hara, J. Jap. Bot. 30: 21 (1954)
  Geranium koraiense Nakai var. *chejuense* S.J.Park & K.J.Kim, Korean J. Pl. Taxon. 32: 3 (2002)
  Geranium koraiense Nakai var. *hallasanense* B.J.Woo & S.J.Park, Integr. Biosci. 9: 123 (2005)
  Geranium krameri Franch.& Sav. var. *chejuense* (S.J.Park & K.J.Kim) H.Kim, Korean Endemic Pl. : 239 (2017)

Representative specimens; Chagang-do 27 June 1914 從西山 *Nakai, T Nakai s.n.* 10 August 1912 Kozanchin (高山鎭) *Imai, H Imai s.n.* 22 July 1914 山羊 -江口 *Nakai, T Nakai s.n.* **Hamgyong-bukto** 1 August 1914 清津 *Ikuma, Y Ikuma s.n.* 12 August 1933 渡正山 *Koidzumi, G Koidzumi s.n.* 29 August 1908 清津 *Okada, S s.n.* 26 July 1930 頭流山 *Ohwi, J Ohwi s.n.* 19 July 1918 冠帽山 *Nakai, T Nakai7214* Type of *Geranium lasiocaulon* Nakai (Holotype TI)8 May 1934 冠帽峰(京大栽培) *Ohwi, J Ohwi s.n.* 31 July 1932 冠帽峰 *Ohwi, J Ohwi s.n.* 5 August 1914 茂山 *Ikuma, Y Ikuma s.n.* August 1913 *Mori, T Mori s.n.* 25 July 1918 雪嶺 *Nakai, T Nakai7215* 26 June 1930 *Ohwi, J Ohwi s.n.* 28 August 1914 黃句基- 雄基 *Nakai, T Nakai s.n.* 16 August 1914 下面江口-茂山 *Nakai, T Nakai s.n.* **Hamgyong-namdo** 17 August 1940 西湖津 *Okuyama, S Okuyama s.n.* July 1928 Hamhung (咸興) *Seok, JM s.n.* 6 May 1937 下碣隅里 (京大栽培) *Ohwi, J Ohwi s.n.* 5 July 1935 *Ohwi, J Ohwi s.n.* 25 July 1933 東上面遮日峯 *Koidzumi, G Koidzumi s.n.* 18 August 1934 東上面新洞200m 附近 *Yamamoto, A Yamamoto s.n.* **Hwanghae-bukto** 26 September 1915 瑞興 *Nakai, T Nakai s.n.* 10 September 1915 *Nakai, T Nakai s.n.* 8 September 1902 瑞興·風壽阮 *Uchiyama, T Uchiyama s.n.* **Hwanghae-namdo** 31 July 1929 席島 *Nakai, T Nakai s.n.* **Kangwon-do** 11 July 1936 外金剛千佛山 *Nakai, T Nakai s.n.* 16 August 1916 金剛山 *Koidzumi, G Koidzumi s.n.* 28 July 1916 金剛山外金剛千佛山 *Mori, T Mori s.n.* 8 August 1916 長淵里 *Nakai, T Nakai s.n.* 29 July 1938 金剛山 *Park, MK Park s.n.* 13 August 1902 長淵里 *Uchiyama, T Uchiyama s.n.* 13 August 1902 *Uchiyama, T Uchiyama s.n.* **P'yongan-bukto** 6 August 1935 妙香山 *Koidzumi, G Koidzumi s.n.* **Ryanggang** 9 July 1914 長津山 *Nakai, T Nakai s.n.* 26 July 1914 三水-馬上嶺 *Nakai, T Nakai s.n.* 22 July 1897 佳林里 *Komarov, VL Komaorv s.n.* 6 August 1914 胞胎山虛項嶺 *Nakai, T Nakai s.n.* 6 August 1914 *Nakai, T Nakai s.n.*

A Checklist of North Korean Vascular Plants   T.B. Lee Herbarium (SNUA) – 2019 (C.S. Chang, H. Kim, H.T. Shin & C.H. Lee)

- 343 -

Geranium maximowiczii Regel & Maack, Tent. Fl.-Ussur. 39 (1861)

Common name 분홍쥐손이풀

Distribution in Korea: North

> *Geranium hattae* Nakai, Bot. Mag. (Tokyo) 26: 263 (1912)
> *Geranium wlassovianum* Fisher ex Link var. *hattae* (Nakai) Z.H.Lu, Bull. Bot. Res., Harbin 14: 360 (1994)
> *Geranium wlassovianum* Fisher ex Link var. *maximowiczii* (Regel & Maack) S.J.Park, Korean J. Pl. Taxon. 27: 213 (1997)

Representative specimens; Chagang-do 22 July 1914 山羊 -江口 *Nakai, T Nakai s.n.* **Hamgyong-bukto** 5 August 1937 南大溪 *Saito, T T Saito7373* 24 July 1918 朱北面金谷 *Nakai, T Nakai s.n.* August 1913 茂山 *Mori, T Mori s.n.* 21 June 1909 Musan-ryeong (戊山嶺) Nakai, T *Nakai s.n.* 18 June 1930 四芝洞 *Ohwi, J Ohwi1321* **Hamgyong-namdo** 18 August 1943 赴戰高原咸地院 *Honda, M Honda s.n.* 16 August 1943 赴戰高原漢垈里 *Honda, M Honda s.n.* 22 August 1932 蓋馬高原 *Kitamura, S Kitamura s.n.* 23 July 1933 東上面漢岱里 *Koidzumi, G Koidzumi s.n.* 16 August 1935 雲仙嶺 *Nakai, T Nakai s.n.* 15 August 1935 東上面漢岱里 *Nakai, T Nakai s.n.* 26 July 1935 Donha-myeon Unsan-ri (東下面雲山里) *Nomura, N Nomura s.n.* 16 August 1940 赴戰高原漢垈里 *Okuyama, S Okuyama s.n.* **Kangwon-do** 29 July 1938 Mt. Kumgang (金剛山) *Hozawa, S Hozawa s.n.* 28 July 1916 金剛山外金剛千佛山 *Mori, T Mori s.n.* **Ryanggang** 15 August 1935 北水白山 *Hozawa, S Hozawa s.n.* 9 July 1914 長津山 *Nakai, T Nakai s.n.* 23 July 1914 江口魚面 *Nakai, T Nakai s.n.* 21 June 1930 天水洞 *Ohwi, J Ohwi s.n.* 24 June 1930 延岩洞-上村 *Ohwi, J Ohwi1786* 31 July 1930 島內 *Ohwi, J Ohwi2903* 25 July 1897 佳林里 *Komarov, VL Komaorv s.n.* 8 August 1914 農事洞 *Ikuma, Y Ikuma s.n.* 13 August 1914 Moho (茂峯)- 農事洞 *Nakai, T Nakai s.n.* 15 July 1938 新德 *Saito, T T Saito8714* 15 July 1938 *Saito, T T Saito8715*

Geranium platyanthum Duthie, Gard. Chron. 3, 39: 52 (1906)

Common name 털쥐손이

Distribution in Korea: North (Chagang, Ryanggang, Hamgyong, P'yongan, Kangwon)

> *Geranium eriostemon* Fisher ex DC., Prodr. (DC.) 1: 641 (1824)
> *Geranium eriostemon* Fisher ex DC. var. *reinii* Maxim., Bull. Acad. Imp. Sci. Saint-Pétersbourg III 26: 304 (1879)
> *Geranium orientale* (Maxim.) Freyn, Oesterr. Bot. Z. 52: 18 (1902)
> *Geranium eriostemon* Fisher ex DC. var. *hypoleucum* Nakai, Bot. Mag. (Tokyo) 26: 256 (1912)
> *Geranium eriostemon* Fisher ex DC. var. *megalanthum* Nakai, Bot. Mag. (Tokyo) 26: 257 (1912)
> *Geranium eriostemon* Fisher ex DC. var. *glabrescens* Nakai ex H.Hara, J. Jap. Bot. 22(10-12): 171 (1948)

Representative specimens; Chagang-do 1 July 1914 公西面山 *Nakai, T Nakai s.n.* 22 July 1919 狼林山麓 *Kajiwara, U Kajiwara s.n.* 10 July 1914 臥碣峰鷲峯 1900m Nakai, T *Nakai s.n.* **Hamgyong-bukto** 12 August 1933 渡正山 *Koidzumi, G Koidzumi s.n.* 28 May 1897 富潤洞 *Komarov, VL Komaorv s.n.* 18 May 1933 羅南 *Saito, T T Saito421* 15 May 1934 漁遊洞 *Uozumi, H Uozumi s.n.* 20 May 1897 茂山嶺 *Komarov, VL Komaorv s.n.* 6 June 1909 Sungjin (城津) Nakai, T *Nakai s.n.* Type of *Geranium eriostemon* Fisher ex DC. var. *megalanthum* Nakai (Holotype TI)16 July 1918 朱乙溫面湯地坪 *Nakai, T Nakai s.n.* 19 July 1918 冠帽山 *Nakai, T Nakai s.n.* 18 July 1918 朱乙溫面甫上洞大東水谷 *Nakai, T Nakai s.n.* 24 May 1934 鏡城(栽) Ohwi, *J Ohwi s.n.* 24 May 1934 鏡城 (京大植物教室栽培) Ohwi, *J Ohwi s.n.* 26 May 1930 鏡城 Ohwi, *J Ohwi114* 12 June 1930 Ohwi, *J Ohwi2745* 23 June 1935 梧上洞 *Saito, T T Saito s.n.* 21 July 1933 冠帽峰 *Saito, T T Saito s.n.* 31 July 1914 茂山 *Ikuma, Y Ikuma s.n.* 5 June 1918 車踰嶺 *Ishidoya, T Ishidoya s.n.* 23 May 1897 *Komarov, VL Komaorv s.n.* 15 June 1930 Musan-ryeong (戊山嶺) Ohwi, *J Ohwi s.n.* 25 July 1918 雪嶺 *Nakai, T Nakai s.n.* 8 July 1909 鐘城間島三洞 *Hatta, K s.n.* 12 June 1897 西溪水 *Komarov, VL Komaorv s.n.* 17 June 1938 慶源郡龍德面 *Saito, T T Saito8009* 4 June 1897 四芝嶺 *Komarov, VL Komaorv s.n.* **Hamgyong-namdo** 15 June 1932 下碣隅里 *Ohwi, J Ohwi s.n.* 23 July 1933 東上面漢岱里 *Koidzumi, G Koidzumi s.n.* 16 August 1935 雲仙嶺 *Nakai, T Nakai s.n.* 15 August 1935 東上面漢岱里 *Nakai, T Nakai s.n.* 18 August 1935 遮日峯南側 *Nakai, T Nakai15545* Type of *Geranium eriostemon* Fisher ex DC. var. *glabrescens* Nakai ex H.Hara (Holotype TI)20 June 1932 東上面元豊里 *Ohwi, J Ohwi s.n.* 15 August 1940 赴戰高原 Fusenkogen *Okuyama, S Okuyama s.n.* 15 August 1940 東上面遮日峰 *Okuyama, S Okuyama s.n.* **Kangwon-do** 14 August 1933 安邊郡衛益面三防 *Nomura, N Nomura s.n.* **P'yongan-namdo** 9 June 1935 黃草嶺 *Nomura, N Nomura s.n.* **Rason** 5 June 1930 西水羅 *Ohwi, J Ohwi497* **Ryanggang** 25 June 1917 甲山鷹德峯 *Furumi, M Furumi s.n.* 1 August 1897 虛川江 (同仁川) *Komarov, VL Komaorv s.n.* 15 August 1935 北水白山 *Hozawa, S Hozawa s.n.* 6 June 1897 平蒲坪 *Komarov, VL Komaorv s.n.* 9 June 1897 屈松川 (頭敷水河谷) 倉坪 *Komarov, VL Komaorv s.n.* 19 June 1930 楡坪 *Ohwi, J Ohwi1430* 24 July 1930 含山嶺 *Ohwi, J Ohwi2484* 26 June 1897 內曲里 *Komarov, VL Komaorv s.n.* 11 July 1917 胞胎山麓 *Furumi, M Furumi s.n.* 15 July 1935 小長白山 *Irie, Y s.n.* 1 August 1934 *Kojima, K Kojima3053* 20 July 1897 惠山鎭(鴨綠江上流長白山脈中高原) *Komarov, VL Komaorv s.n.* 18 June 1930 四芝坪 *Ohwi, J Ohwi s.n.*

Geranium sibiricum L., Sp. Pl. 683 (1753)

Common name 쥐손이풀

Distribution in Korea: North, Central, South, Ulleung

A Checklist of North Korean Vascular Plants | T.B. Lee Herbarium (SNUA) – 2019 (C.S. Chang, H. Kim, H.T. Shin & C.H. Lee)

- 344 -

Geranium acrocarphum Ledeb., Fl. Ross. (Ledeb.) 1: 471 (1842)
Geranium sibiricum L. f. *glabrius* H.Hara, J. Jap. Bot. 22: 171 (1948)
Geranium europaeum Popov, Fl. URSS 15: 46 (1949)
Geranium sibiricum L. var. *glabrius* (H.Hara) Ohwi, Fl. Jap. (Ohwi) 704 (1953)

Representative specimens; Chagang-do 29 April 1911 Kang-gei(Kokai 江界) *Mills, RG Mills s.n.* 1 July 1914 公西面山 *Nakai, T Nakai s.n.* 21 July 1914 大興里- 山羊 *Nakai, T Nakai s.n.* **Hamgyong-bukto** 17 June 1909 清津丘阜山 *Nakai, T Nakai s.n.* 11 August 1907 茂山嶺 *Maeda, K s.n.* 15 October 1938 明川 *Saito, T T Saito8905* **Hamgyong-namdo** 18 August 1943 赴戰高原咸地院 *Honda, M Honda s.n.* 16 August 1943 赴戰高原漢垈里 *Honda, M Honda s.n.* 14 August 1943 赴戰高原元豊-道安 *Honda, M Honda s.n.* 15 August 1935 東上面漢垈里 *Nakai, T Nakai s.n.* 26 July 1935 Donha-myeon Unsan-ri (東下面雲山里) *Nomura, N Nomura s.n.* 17 August 1934 東上面內岩洞谷 *Yamamoto, A Yamamoto s.n.* 19 August 1943 千佛山 *Honda, M Honda s.n.* **Hwanghae-namdo** 1 August 1929 椒島 *Nakai, T Nakai s.n.* **Kangwon-do** 11 August 1943 Mt. Kumgang (金剛山) *Honda, M Honda s.n.* 7 August 1940 *Okuyama, S Okuyama s.n.* 15 August 1902 *Uchiyama, T Uchiyama s.n.* 8 June 1909 金剛山 *Nakai, T Nakai s.n.* **P'yongan-namdo** 15 July 1916 葛日嶺 *Mori, T Mori s.n.* **P'yongyang** 9 October 1911 P'yongyang (平壤) *Imai, H Imai s.n.* 19 June 1912 *Imai, H Imai s.n.* **Ryanggang** 19 July 1897 Keizanchin(惠山鎭) *Komarov, VL Komarov s.n.* 1 August 1897 虛川江 (同仁川) *Komarov, VL Komarov s.n.* 22 August 1897 雲洞嶺 *Komarov, VL Komarov s.n.* 4 July 1897 上水隅理 *Komarov, VL Komarov s.n.* 13 August 1897 長進江河口 (鴨綠江) *Komarov, VL Komarov s.n.* 4 August 1939 大澤濕地 *Hozawa, S Hozawa s.n.* 6 August 1914 胞胎山虛項嶺 *Nakai, T Nakai s.n.*

Geranium soboliferum Kom., Trudy Imp. S.-Peterburgsk. Bot. Sada 18: 433 (1901)

Common name 가는잎쥐손이풀 (삼쥐손이)

Distribution in Korea: North (Chagang, Ryanggang, Hamgyong, P'yongan, Kangwon)
Geranium hakusanense Matsum., Bot. Mag. (Tokyo) 15: 123 (1901)
Geranium hidaense Makino, J. Jap. Bot. 16: 729 (1940)
Geranium yezoense Franch. & Sav. var. *hakusanense* (Matsum.) Makino, Ill. Fl. Nippon (Makino) 398 (1940)
Geranium soboliferum Kom. var. *hakusanense* (Matsum.) Kitag., Neolin. Fl. Manshur. 419 (1979)

Representative specimens; Hamgyong-bukto 19 August 1933 茂山 *Koidzumi, G Koidzumi s.n.* **Hamgyong-namdo** 26 July 1916 下碣隅里 *Mori, T Mori s.n.* 6 May 1935 下碣隅里 (京大栽培) *Ohwi, J Ohwi s.n.* 5 July 1935 Ohwi, *J Ohwi s.n.* 23 July 1933 東上面漢垈里 *Koidzumi, G Koidzumi s.n.* 23 July 1935 弁天島 *Nomura, N Nomura s.n.* 17 September 1933 興慶里兄弟山 *Nomura, N Nomura s.n.* **Rason** 6 June 1930 西水羅 *Ohwi, J Ohwi629* **Ryanggang** August 1913 長白山 *Mori, T Mori s.n.*

Geranium wilfordii Maxim., Bull. Acad. Imp. Sci. Saint-Pétersbourg 26: 453 (1880)

Common name 세잎쥐손이풀 (세잎쥐손이)

Distribution in Korea: North, Central, South, Ulleung
Geranium hastatum Nakai, Bot. Mag. (Tokyo) 23: 100 (1909)
Geranium iinumai Nakai, Bot. Mag. (Tokyo) 23: 100 (1909)
Geranium krameri Franch. & Sav. var. *iinumai* (Nakai) Nakai, Bot. Mag. (Tokyo) 26: 261 (1912)
Geranium iinumai Nakai var. *asiatica* Koidz., Fl. Symb. Orient.-Asiat. 83 (1930)
Geranium tripartitum R.Knuth var. *hastatum* T.Yamaz., J. Jap. Bot. 68: 239 (1993)
Geranium wilfordii Maxim. var. *pilicalyx* T.Yamaz., J. Jap. Bot. 68: 239 (1993)

Representative specimens; Chagang-do 30 August 1897 慈城江 *Komarov, VL Komarov s.n.* 16 July 1911 Kang-gei(Kokai 江界) *Mills, RG Mills s.n.* 4 July 1914 牙得嶺 *Nakai, T Nakai s.n.* 21 July 1914 大興里- 山羊 *Nakai, T Nakai s.n.* **Hamgyong-bukto** 21 August 1935 羅北 *Saito, T T Saito1551* **Hamgyong-namdo** 22 August 1932 蓋馬高原 *Kitamura, S Kitamura s.n.* **Kangwon-do** 7 August 1916 金剛山末輝里方面 *Nakai, T Nakai s.n.* 11 August 1916 金剛山長安寺附近 *Nakai, T Nakai s.n.* 7 August 1940 Mt. Kumgang (金剛山) *Okuyama, S Okuyama s.n.* 8 June 1909 北三里望賊山 *Nakai, T Nakai s.n.* 30 August 1916 通川 *Nakai, T Nakai s.n.* **P'yongan-bukto** 5 June 1914 朔州- 昌城 *Nakai, T Nakai s.n.* **P'yongan-namdo** August 1930 成川郡溫倉 *Uyeki, H Uyeki s.n.* **Ryanggang** 19 August 1897 葡坪 *Komarov, VL Komarov s.n.* 8 August 1897 上巨里水-院巨里水 *Komarov, VL Komarov s.n.* 13 August 1897 長進江河口(鴨綠江) *Komarov, VL Komarov s.n.*

Geranium wlassovianum Fisher ex Link, Enum. Hort. Berol. Alt. 2: 197 (1822)

Common name 쥐털쥐손이풀 (우단쥐손이)

Distribution in Korea: North
Geranium wlassovianum Fisch. ex Link, Enum. Hort. Berol. Alt. 2: 197 (1822)

Representative specimens; Ryanggang 1 July 1897 五是川雲寵江-崔五峰 *Komarov, VL Komarov s.n.* 3 July 1897 三水邑-上水隅理 *Komarov, VL Komarov s.n.* 22 July 1897 佳林里 *Komarov, VL Komarov s.n.* 20 July 1897 惠山鎭(鴨綠江上流長白山脈中高原) *Komarov, VL Komarov s.n.*

BALSAMINACEAE

Impatiens L.
Impatiens furcillata Hemsl., J. Linn. Soc., Bot. 23(153): 101 (1886)
Common name 산물봉숭아 (산물봉선)
Distribution in Korea: North, Central, South

Representative specimens; Chagang-do 25 June 1914 從西面 *Nakai, T Nakai s.n.* **Hamgyong-bukto** 28 August 1914 黃句基-雄基 *Nakai, T Nakai s.n.* **Kangwon-do** 3 August 1932 金剛山內金剛 *Kobayashi, M Kobayashi s.n.* **P'yongan-namdo** 27 September 1910 Anjyu (安州) *Mills, RG Mills448* **Ryanggang** 23 August 1914 Keizanchin(惠山鎭) *Ikuma, Y Ikuma s.n.* August 1913 長白山 *Mori, T Mori s.n.*

Impatiens noli-tangere L., Sp. Pl. 938 (1753)
Common name 노랑물봉숭아 (노랑물봉선)
Distribution in Korea: North, Central, South, Ulleung
   Impatiens occidentalis Rydb., N. Amer. Fl. 25: 94 (1910)
   Impatiens noli-tangere L. f. *pallescens* Herman, Ill. Fl. Mitt.-Eur. 5: 316 (1925)
   Impatiens noli-tangere L. var. *pallescens* (Herman) Nakai,Tennen Kinenbutsu Chosahokoku 12: 51 (1930)
   Impatiens komarovii Pobed., Bot. Zhurn. (Moscow & Leningrad) 34: 68 (1949)

Representative specimens; Chagang-do 4 July 1914 牙得嶺 (江界) Nakai, *T Nakai s.n.* **Hamgyong-bukto** 1 August 1914 淸津 *Ikuma, Y Ikuma s.n.* **Hamgyong-namdo** 30 August 1941 赴戰高原 Fusenkogen *Inumaru, M s.n.* 24 July 1933 東上面大漢垈里 *Koidzumi, G Koidzumi s.n.* 15 August 1935 東上面漢岱里 *Nakai, T Nakai s.n.* 15 August 1940 赴戰高原雲水嶺 *Okuyama, S Okuyama s.n.* 19 August 1943 千佛山 *Honda, M Honda s.n.* **Hwanghae-bukto** 26 September 1915 瑞興 *Nakai, T Nakai s.n.* **Kangwon-do** 2 August 1932 Mt. Kumgang (金剛山) *Kobayashi, M Kobayashi s.n.* 7 August 1916 金剛山新豊里 *Nakai, T Nakai s.n.* 19 August 1902 Mt. Kumgang (金剛山) *Uchiyama, T Uchiyama s.n.* 13 August 1902 長淵里近傍 *Uchiyama, T Uchiyama s.n.* **P'yongan-bukto** 6 August 1912 Unsan (雲山) *Imai, H Imai s.n.* **P'yongan-namdo** 23 July 1916 上南洞 *Mori, T Mori s.n.* **Ryanggang** 13 August 1914 Keizanchin(惠山鎭) *Ikuma, Y Ikuma s.n.* 23 August 1914 *Ikuma, Y Ikuma s.n.* August 1913 *Mori, T Mori s.n.* 15 August 1935 北水白山 *Hozawa, S Hozawa s.n.* 24 July 1930 大澤 *Ohwi, J Ohwi2604* August 1913 長白山 *Mori, T Mori s.n.* 4 August 1914 普天堡- 寶泰洞 *Nakai, T Nakai s.n.*

Impatiens textori Miq., Ann. Mus. Bot. Lugduno-Batavi 2: 76 (1865)
Common name 물봉선
Distribution in Korea: North, Central, South, Jeju
   Impatiens koreana Nakai, J. Coll. Sci. Imp. Univ. Tokyo 26: 110 (1909)
   Impatiens hypophylla Makino, Bot. Mag. (Tokyo) 25: 153 (1911)
   Impatiens textori Miq. var. *koreana* (Nakai) Nakai, Rep. Veg. Diamond Mountains 195 (1917)
   Impatiens hypophylla Makino var. *koreana* (Nakai) Nakai, J. Jap. Bot. 15: 534 (1939)
   Impatiens textori Miq. var. *atrosanguinea* Nakai, J. Jap. Bot. 17: 192 (1941)
   Impatiens textori Miq. f. *pallescens* H.Hara, Enum. Spermatophytarum Japon. 3: 123 (1954)
   Impatiens atrosanguinea (Nakai) B.U.Oh & Y.P.Hong, J. Korean Pl. Taxon. 23: 243 (1993)
   Impatiens kojeensis Y.N.Lee, J. Korean Pl. Taxon. 28: 25 (1998)
   Impatiens violascens B.U.Oh & Y.Y. Kim, Korean J. Pl. Taxon. 40: 59 (2010)

Representative specimens; Chagang-do 14 August 1912 Chosan(楚山) *Imai, H Imai s.n.* 1 July 1914 從西面從西山 *Nakai, T Nakai s.n.* **Hamgyong-bukto** 11 August 1935 羅南 *Saito, T T Saito1461* 15 May 1934 漁遊洞 *Uozumi, H Uozumi s.n.* 9 August 1934 東村 *Uozumi, H Uozumi s.n.* **Hamgyong-namdo** August 1939 咸興新中里 *Suzuki, T s.n.* **Hwanghae-namdo** 5 August 1932 長淵郡長山串 *Nakai, T Nakai s.n.* 25 August 1943 首陽山 *Furusawa, I Furusawa s.n.* **Kangwon-do** 12 July 1936 外金剛千佛山 *Nakai, T Nakai s.n.* 7 August 1932 Mt. Kumgang (金剛山) *Fukushima s.n.* 29 July 1938 *Hozawa, S Hozawa s.n.* 5 August 1932 金剛山內金剛 *Kobayashi, M Kobayashi s.n.* 12 August 1932 Mt. Kumgang (金剛山) *Koidzumi, G Koidzumi s.n.* 25 August 1916 金剛山新金剛 *Nakai, T Nakai s.n.* 25 August 1916 新金剛 *Nakai, T Nakai s.n.* 7 August 1940 Mt. Kumgang (金剛山) *Okuyama, S Okuyama s.n.* 13 August 1933 安邊郡衛益面三防 *Nomura, N Nomura s.n.* 14 September 1932 元山 *Kitamura, S Kitamura s.n.* **P'yongan-bukto** 24 August 1912 Gishu(義州) *Imai, H Imai s.n.*

ARALIACEAE

Aralia L.
Aralia cordata Thunb., Fl. Jap. (Thunberg) 127 (1784)
Common name 땅두릅나무 (땅두릅)
Distribution in Korea: North, Central, South, Ulleuing, Jeju
    Aralia edulis Siebold & Zucc., Fl. Jap. (Siebold) 1: 57 (1837)
    Dimorphanthus edulis (Siebold & Zucc.) Miq., Comm. Phytogr. 96 (1840)
    Aralia nutans Franch. & Sav., Enum. Pl. Jap. 2: 376 (1877)
    Aralia taiwaniana Y.C.Liu & F.Y.Lu, Quart. J. Chin. Forest. 9: 136 (1976)

Representative specimens; Chagang-do 26 June 1914 從西面 *Nakai, T Nakai s.n.* 20 June 1914 漁雷坊江界 *Nakai, T Nakai s.n.*
Hamgyong-bukto 21 August 1935 羅北 *Saito, T T Saito s.n.* 14 August 1933 朱乙溫泉朱乙山 *Koidzumi, G Koidzumi s.n.* 11 July 1918
朱乙溫面甫上洞 *Nakai, T Nakai s.n.* July 1932 冠帽峰 *Ohwi, J Ohwi s.n.* **Kangwon-do** 12 July 1936 金剛山外金剛千佛山 *Nakai, T
Nakai s.n.* **P'yongan-bukto** 13 June 1914 碧潼豊年山 *Nakai, T Nakai s.n.* **Ryanggang** 7 July 1897 犁方嶺 (鴨綠江羅暖堡) *Komarov,
VL Komaorv s.n.* 4 August 1897 十四道溝-白山嶺 *Komarov, VL Komaorv s.n.* 18 August 1897 葡坪 *Komarov, VL Komaorv s.n.* 13
August 1897 長進江河口 (鴨綠江) *Komarov, VL Komaorv s.n.* 24 July 1897 佳林里 *Komarov, VL Komaorv s.n.* 2 June 1897 四芝坪
(延潼水河谷) 柄安洞 *Komarov, VL Komaorv s.n.*

Aralia cordata Thunb. var. *continentalis* (Kitag.) Y.C.Chu, Pl. Medic. Chinae Bor.-orient. 787 (1989)
Common name 독활
Distribution in Korea: North, Central, South, Ulleung
    Aralia continentalis Kitag., Bot. Mag. (Tokyo) 49: 228 (1935)

Representative specimens; Chagang-do 18 July 1914 大興里 *Nakai, T Nakai 3463* Type of *Aralia continentalis* Kitag. (Holotype
TI) **Hamgyong-namdo** 22 July 1916 赴戰高原寒泰嶺 *Mori, T Mori s.n.* **Ryanggang** 29 August 1936 厚昌郡五佳山 *Chung, TH
Chung s.n.* 24 July 1914 長蛇洞 *Nakai, T Nakai s.n.*

Aralia elata (Miq.) Seem., J. Bot. 6: 134 (1868)
Common name 두릅나무
Distribution in Korea: North, Central, South, Ulleung
    Dimorphanthus elatus Miq., Comm. Phytogr. 95 (1840)
    Aralia canescens Siebold & Zucc., Abh. Math.-Phys. Cl. Konigl. Bayer. Akad. Wiss. 4 (2): 94 (1845)
    Aralia mandshurica Rupr. & Maxim., Bull. Cl. Phys.-Math. Acad. Imp. Sci. Saint-Pétersbourg
    15: 134 (1857)
    Dimorphanthus mandshuricus (Rupr. & Maxim.) Rupr. & Maxim., Mem. Acad. Imp. Sci. St.-
    Petersbourg Divers Savans vol. 9: 133 (1859)
    Aralia spinosa L. var. *glabrescens* Franch. & Sav., Enum. Pl. Jap. 1: 191 (1873)
    Aralia spinosa L. var. *canescens* (Siebold & Zucc.) Franch. & Sav., Enum. Pl. Jap. 1: 102 (1875)
    Aralia chinensis L. var. *canescens* (Siebold & Zucc.) Lavallée, Énum. Arbres 125 (1877)
    Aralia chinensis L. var. *glabrescens* (Franch. & Sav.) C.K.Schneid., Ill. Handb. Laubholzk. 2:
    431 (1911)
    Aralia elata (Miq.) Seem. var. *canescens* (Siebold & Zucc.) Nakai, J. Arnold Arbor. 5: 31 (1924)
    Aralia elata (Miq.) Seem. var. *subinermis* Ohwi, Bull. Natl. Sci. Mus., Tokyo 33: 80 (1953)
    Aralia elata (Miq.) Seem. f. *subinermis* (Ohwi) Jôtani, J. Jap. Bot. 67: 365 (1992)

Representative specimens; Chagang-do 26 August 1897 小德川 (松德水河谷) *Komarov, VL Komaorv s.n.* **Hamgyong-bukto** 12 August
1933 渡正山 *Koidzumi, G Koidzumi s.n.* 17 July 1918 朱乙溫面甫上洞 *Nakai, T Nakai s.n.* 22 May 1897 蕨坪(城川水河谷)-車踰嶺
Komarov, VL Komaorv s.n. 29 May 1897 釜所哥谷 *Komarov, VL Komaorv s.n.* 12 June 1897 西溪水 *Komarov, VL Komaorv s.n.*
Hwanghae-namdo 1 August 1932 椒島 *Nakai, T Nakai s.n.* 1 August 1932 *Nakai, T Nakai s.n.* 4 July 1922 Sorai Beach 九味浦 *Mills, RG
Mills s.n.* **Kangwon-do** 2 September 1932 金剛山海金剛 *Kitamura, S Kitamura s.n.* 31 July 1916 金剛山群仙峽 *Nakai, T Nakai s.n.* 7
August 1932 Mt. Kumgang (金剛山) *Fukushima s.n.* **P'yongan-bukto** 9 June 1914 飛來峯 *Nakai, T Nakai s.n.* 5 August 1937 妙香山
Hozawa, S Hozawa s.n. 2 October 1910 Han San monastery (香山普賢寺) *Mills, RG Mills418* **P'yongan-namdo** 15 July 1916 葛日嶺 *Mori,
T Mori s.n.* 15 June 1928 陽德 *Nakai, T Nakai s.n.* **Rason** 7 June 1930 西水羅 *Ohwi, J Ohwi s.n.* **Ryanggang** 14 July 1897 五是川雲龍江-
崔五峰 *Komarov, VL Komaorv s.n.* 5 August 1897 白山嶺 *Komarov, VL Komaorv s.n.* 16 August 1897 大羅信洞 *Komarov, VL Komaorv
s.n.* 19 August 1897 葡坪 *Komarov, VL Komaorv s.n.* 21 August 1897 subdist. Chu-czan, flumen Amnok-gan *Komarov, VL Komaorv s.n.* 23
August 1897 雲坪嶺 *Komarov, VL Komaorv s.n.* 4 July 1897 上水隅理 *Komarov, VL Komaorv s.n.* 7 August 1897 上巨里水 *Komarov, VL
Komaorv s.n.* 9 August 1897 長津江下流域 *Komarov, VL Komaorv s.n.* 23 July 1897 佳林里 *Komarov, VL Komaorv s.n.* 30 June 1897
雲寵堡 *Komarov, VL Komaorv s.n.* 2 June 1897 四芝坪(延潼水河谷) 柄安洞 *Komarov, VL Komaorv s.n.*

Eleutherococcus Maxim.
Eleutherococcus divaricatus (Siebold & Zucc.) S.Y.Hu, J. Arnold Arbor. 61: 109 (1980)
Common name 털오갈피나무
Distribution in Korea: North, Central, South
 Panax divaricatus Siebold & Zucc., Abh. Math.-Phys. Cl. Konigl. Bayer. Akad. Wiss. 4: 200 (1845)
 Kalopanax divaricatus (Siebold & Zucc.) Miq., Ann. Mus. Bot. Lugduno-Batavi 1: 17 (1863)
 Acanthopanax divaricatus (Siebold & Zucc.) Seem., J. Bot. 5: 239 (1867)
 Acanthopanax spinosum (Miq.) Nakai, Chosen Shokubutsu 415 (1914)
 Acanthopanax divaricatus Siebold & Zucc. var. *inermis* Nakai, J. Arnold Arbor. 5: 6 (1924)
 Acanthopanax chiisanensis Nakai, J. Arnold Arbor. 5: 5 (1924)
 Acanthopanax rufinervis Nakai, Fl. Sylv. Kor. 16: 27 (1927)
 Eleutherococcus koreanus (Nakai) Nakai, Fl. Sylv. Kor. 16: 32 (1927)
 Acanthopanax divaricatus Siebold & Zucc. f. *inermis* (Nakai) H.Hara, Enum.
 Spermatophytarum Japon. 3: 277 (1954)
 Eleutherococcus rufinervis (Nakai) S.Y.Hu, J. Arnold Arbor. 61: 109 (1980)
 Eleutherococcus divaricatus (Siebold & Zucc.) S.Y.Hu f. *inermis* (Nakai) H.Ohashi, J. Jap.
 Bot. 62: 356 (1987)
 Eleutherococcus divaricatus (Siebold & Zucc.) S.Y.Hu var. *chiisanensis* (Nakai) C.H.Kim &
 B.Y.Sun, Novon 10: 209 (2000)

Representative specimens; Hamgyong-bukto 19 August 1924 七寶山 *Kondo, T Kondo s.n.*

Eleutherococcus senticosus (Rupr. & Maxim.) Maxim., Mem. Acad. Imp. Sci. St.-Pétersbourg
Divers Savans 9: 132 (1859)
Common name 가시오갈피나무
Distribution in Korea: North, Central
 Hedera senticosa Rupr. & Maxim., Bull. Cl. Phys.-Math. Acad. Imp. Sci. Saint- Pétersbourg
 15: 134 (1856)
 Eleutherococcus senticosus (Rupr. & Maxim.) Maxim. f. *subinermis* Regel, Mem. Acad. Imp.
 Sci. St. Petersbourg Hist. Acad. 4: 73 (1861)
 Acanthopanax asperatus Franch. & Sav., Enum. Pl. Jap. 2: 378 (1878)
 Acanthopanax asperulatus Franch., Nouv. Arch. Mus. Hist. Nat. 2: 146 (1884)
 Eleutherococcus asperulatus Franch., Nouv. Arch. Mus. Hist. Nat. 2: 146 (1884)
 Acanthopanax senticosus (Rupr. & Maxim.) Harms, Nat. Pflanzenfam. 3: 50 (1897)
 Acanthopanax eleutherococcus (Maxim.) Makino, Bot. Mag. (Tokyo) 12: 19 (1898)
 Acanthopanax senticosus(Rupr. & Maxim.) Harms f. *inermis* (Kom.) Harms, Mitt. Deutsch.
 Dendrol. Ges. 27: 8 (1918)
 Acanthopanax senticosus (Rupr. & Maxim.) Harms var. *subinermis* (Regel) Kitag., Neolin. Fl.
 Manshur. 471 (1979)

Representative specimens; Chagang-do 26 August 1897 小德川 (松德水河谷) *Komarov, VL Komaorv s.n.* 25 June 1914 從浦 *Nakai, T Nakai s.n.* 26 June 1914 從西山 *Nakai, T Nakai s.n.* **Hamgyong-bukto** 20 May 1897 茂山嶺 *Komarov, VL Komaorv s.n.* 5 August 1939 頭流山 *Hozawa, S Hozawa s.n.* 14 August 1933 朱乙溫泉朱乙山 *Koidzumi, G Koidzumi s.n.* 18 July 1918 朱乙溫面大東水谷 *Nakai, T Nakai s.n.* 22 August 1933 車踰嶺 *Koidzumi, G Koidzumi s.n.* 22 May 1897 蕨坪(城川水河谷)-車踰嶺 *Komarov, VL Komaorv s.n.* 29 May 1897 釜所哥谷 *Komarov, VL Komaorv s.n.* 12 June 1897 西溪水 *Komarov, VL Komaorv s.n.* 17 June 1930 四芝嶺 *Ohwi, J Ohwi s.n.* **Hamgyong-namdo** 9 May 1935 咸興歸州寺 *Nomura, N Nomura s.n.* 17 August 1934 富盛里 *Nomura, N Nomura s.n.* 15 June 1932 下碣隅里 *Ohwi, J Ohwi s.n.* 23 July 1933 東上面漢垈里 *Koidzumi, G Koidzumi s.n.* 15 August 1935 *Nakai, T Nakai s.n.* **Kangwon-do** 14 July 1936 金剛山外金剛千佛山 *Nakai, T Nakai s.n.* 10 June 1932 Mt. Kumgang (金剛山) *Ohwi, J Ohwi s.n.* P'yongan-bukto 10 June 1914 飛來峯 *Nakai, T Nakai s.n.* 5 August 1935 妙香山 *Koidzumi, G Koidzumi s.n.* 30 July 1937 Park, MK Park s.n.* **P'yongan-namdo** 15 June 1928 陽德 *Nakai, T Nakai s.n.* **Ryanggang** 1 July 1897 五是川雲寵江-崔五峰 *Komarov, VL Komaorv s.n.* 9 October 1935 大坪里 *Okamoto, S Okamoto s.n.* 15 August 1935 北水白山 *Hozawa, S Hozawa s.n.* 4 August 1897 十四道溝-白山嶺 *Komarov, VL Komaorv s.n.* 19 August 1897 葡坪 *Komarov, VL Komaorv s.n.* 23 August 1897 雲洞嶺 *Komarov, VL Komaorv s.n.* 18 September 1935 坂251 *Saito, T T Saito s.n.* 10 August 1897 三水郡鴨綠江(長津江下流域) 小德川 *Komarov, VL Komaorv s.n.* 4 July 1897 上水隅理 *Komarov, VL Komaorv s.n.* 7 August 1897 上巨里水 *Komarov, VL Komaorv s.n.* 13 August 1897 長浦江河口(鴨綠江) *Komarov, VL Komaorv s.n.* 6 June 1897 平蒲坪 *Komarov, VL Komaorv s.n.* 9 June 1897 屈松川 (西頭水河谷) 倉坪 *Komarov, VL Komaorv s.n.* 7 August 1930 合水 *Ohwi, J Ohwi s.n.* 7 August 1930 合水 (列結水) *Ohwi, J Ohwi s.n.* 12 August 1937 大澤 *Saito, T T Saito s.n.* 21 June 1897 阿武山-象背嶺 *Komarov, VL Komaorv s.n.* 26 June 1897 內曲里 *Komarov, VL Komaorv* s.n. 30 June 1897 栢德嶺 *Komarov, VL Komaorv s.n.* 24 July 1897 佳林里 *Komarov, VL Komaorv s.n.* 8 August 1914 農事洞 *Ikuma, Y Ikuma s.n.* 2 June 1897 四芝坪(延面水河谷) 柄安洞 *Komarov, VL Komaorv s.n.*

Eleutherococcus sessiliflorus (Rupr. & Maxim.) S.Y.Hu, J. Arnold Arbor. 61: 109 (1980)

Common name 오갈피나무

Distribution in Korea: North, Central

   Panax sessiliflorus Rupr. & Maxim., Bull. Cl. Phys.-Math. Acad. Imp. Sci. Saint-Pétersbourg 15: 133 (1856)

   Acanthopanax sessiliflorus (Rupr. & Maxim.) Seem., J. Bot. 5: 239 (1867)

   Cephalopanax sessiliflorus (Rupr. & Maxim.) Baill., Adansonia 12: 149 (1879)

   Acanthopanax sessiliflorus (Rupr. & Maxim.) Seem. var. *parviceps* Rehder, Mitt. Deutsch. Dendrol. Ges. 21: 192 (1912)

   Acanthopanax seoulense Nakai, Fl. Sylv. Kor. 16: 24 (1927)

   Eleutherococcus seoulensis (Nakai) S.Y.Hu, J. Arnold Arbor. 61: 109 (1980)

   Eleutherococcus sessiliflorus (Rupr. & Maxim.) S.Y.Hu var. *parviceps* (Rehder) S.Y.Hu, J. Arnold Arbor. 61: 110 (1980)

Representative specimens; Chagang-do 28 August 1897 慈城邑(栢德水河谷) *Komarov, VL Komaorv s.n.* 16 August 1911 Kang-gei(Kokai 江界) *Mills, RG Mills s.n.* 20 September 1917 龍林面厚地洞 *Furumi, M Furumi s.n.* **Hamgyong-bukto** 6 August 1933 茂山嶺 *Koidzumi, G Koidzumi s.n.* 18 May 1897 會寧川 *Komarov, VL Komaorv s.n.* 16 July 1918 朱乙溫面湯地洞 *Nakai, T Nakai s.n.* 17 September 1935 梧上洞 *Saito, T T Saito s.n.* 2 August 1914 車踰嶺 *Ikuma, Y Ikuma s.n.* 29 May 1897 釜所哥谷 *Komarov, VL Komaorv s.n.* 1 August 1914 富寧 *Ikuma, Y Ikuma s.n.* 14 August 1936 富寧石幕 - 靑岩 *Saito, T T Saito s.n.* 28 August 1914 黃句基 *Nakai, T Nakai s.n.* 16 August 1914 下面江口-茂山 *Nakai, T Nakai s.n.* 15 May 1897 江八嶺 *Komarov, VL Komaorv s.n.* **Hamgyong-namdo** 11 August 1940 咸興歸州寺 *Okuyama, S Okuyama s.n.* **Hwanghae-namdo** 29 July 1935 長壽山 *Koidzumi, G Koidzumi s.n.* 8 June 1924 長淵郡長山串 *Chung, TH Chung s.n.* 22 July 1932 *Nakai, T Nakai s.n.* **Kangwon-do** 7 August 1940 Mt. Kumgang (金剛山) *Okuyama, S Okuyama s.n.* 18 August 1902 *Uchiyama, T Uchiyama s.n.* 16 August 1902 *Uchiyama, T Uchiyama s.n.* 18 August 1932 安邊郡衛益面三防 *Koidzumi, G Koidzumi s.n.* 9 June 1909 元山 *Nakai, T Nakai s.n.* 8 August 1916 *Nakai, T Nakai s.n.* **Ryanggang** 5 August 1937 妙香山 *Hozawa, S Hozawa s.n.* 11 August 1935 義州金剛山 *Koidzumi, G Koidzumi s.n.* **P'yongan-namdo** 17 July 1916 加音峯 *Mori, T Mori s.n.* 15 June 1928 陽德 *Nakai, T Nakai s.n.* **Ryanggang** 19 July 1897 Keizanchin(惠山鎭) *Komarov, VL Komaorv s.n.* 1 August 1897 虛川江 (同仁川) *Komarov, VL Komaorv s.n.* 22 August 1897 雲洞嶺 *Komarov, VL Komaorv s.n.* 4 July 1897 上水隅理 *Komarov, VL Komaorv s.n.* 8 August 1897 上巨里水-院巨里里水 *Komarov, VL Komaorv s.n.* 13 August 1897 長進江河口(鴨綠江) *Komarov, VL Komaorv s.n.* 24 July 1914 魚面堡遮川里 *Nakai, T Nakai s.n.* 14 August 1914 農事洞-三下 *Nakai, T Nakai s.n.* **Sinuiju** 13 August 1935 新義州營林署 *Koidzumi, G Koidzumi s.n.*

Kalopanax Miq.

Kalopanax septemlobus (Thunb.) Koidz., Bot. Mag. (Tokyo) 39: 306 (1925)

Common name 엄나무 (음나무)

Distribution in Korea: North, Central, South

   Panax ricinifolius Siebold & Zucc., Abh. Math.-Phys. Cl. Konigl. Bayer. Akad. Wiss. 4: 199 (1845)

   Tetrapanax ricinifolius (Siebold & Zucc.) K.Koch, Wochenschr. Gartnerei Pflanzenk. 2: 371 (1859)

   Kalopanax ricinifolius (Siebold & Zucc.) Miq., Ann. Mus. Bot. Lugduno-Batavi 1: 16 (1863)

   Acanthopanax ricinifolius (Siebold & Zucc.) Seem., J. Bot. 6: 140 (1868)

   Aralia maximowiczii Van Houtte, Fl. Serres Jard. Paris II, 20: 39 (1874)

   Kalopanax ricinifolius (Siebold & Zucc.) Miq. var. *magnifica* Zabel, Gartenwelt 11: 535 (1907)

   Acanthopanax ricinifolius (Siebold & Zucc.) Seem. var. *maximowiczi* (Van Houtte) C.K.Schneid., Handb. Laubholzk. 2: 429 (1909)

   Kalopanax ricinifolius (Siebold & Zucc.) Miq. var. *chinense* Nakai, J. Arnold Arbor. 5: 13 (1924)

   Kalopanax ricinifolius (Siebold & Zucc.) Miq. var. *maximowiczi* (Van Houtte) Nakai, J. Arnold Arbor. 5: 13 (1924)

   Acanthopanax septemlobus (Thunb.) Koidz. ex Rehder, Man. Cult. Trees 859 (1927)

   Kalopanax pictus (Thunb.) Nakai, Fl. Sylv. Kor. 16: 34 (1927)

   Kalopanax pictus (Thunb.) Nakai var. *magnificus* (Zabel) Nakai, Fl. Sylv. Kor. 16: 36 (1927)

   Kalopanax septemlobus (Thunb.) Koidz. var. *magnificus* (Zabel) Hand.-Mazz., Symb. Sin. 7: 699 (1933)

   Kalopanax septemlobus (Thunb.) Koidz. var. *maximowiczi* (Van Houtte) Hand.-Mazz., Symb. Sin. 7: 699 (1933)

   Acanthopanax septemlobus (Thunb.) Koidz. ex Rehder var. *magnificus* (Zabel) W.C.Cheng,

Contr. Biol. Lab. Chin. Assoc. Advancem. Sci., Sect. Bot. 9: 204 (1934)
Acanthopanax septemlobus (Thunb.) Koidz. ex Rehder var. *maximowiczi* (Van Houtte)
W.C.Cheng, Contr. Biol. Lab. Chin. Assoc. Advancem. Sci., Sect. Bot. 9: 204 (1934)
Kalopanax pictus (Thunb.) Nakai f. *maximoiczi* (Van Houtte) H.Hara, Bot. Mag. (Tokyo) 50:
365 (1936)
Kalopanax pictus (Thunb.) Nakai var. *maximowiczi* (Van Houtte) H.Hara ex S.X.Li, Sargentia
2: 92 (1942)

Representative specimens; Chagang-do 26 August 1897 小德川 (松德水河谷) *Komarov, VL Komaorv s.n.* 27 June 1914 從西山 *Nakai, T Nakai s.n.* **Hamgyong-bukto** July 1932 冠帽峰 *Ohwi, J Ohwi s.n.* **Hwanghae-namdo** 4 August 1932 長淵郡長山串 *Nakai, T Nakai s.n.* 4 August 1932 Nakai, T *Nakai s.n.* 27 July 1932 Nakai, T *Nakai s.n.* 4 August 1932 Nakai, T *Nakai s.n.* 1 August 1932 椒島 *Nakai, T Nakai s.n.* 15 July 1921 Sorai Beach 九味浦 *Mills, RG Mills s.n.* **Kangwon-do** 31 July 1916 金剛山群仙峽 *Nakai, T Nakai s.n.* 12 August 1932 Mt. Kumgang (金剛山) *Koidzumi, G Koidzumi s.n.* 9 August 1940 *Okuyama, S Okuyama s.n.* July 1932 *Smith, RK Smith s.n.* 22 August 1902 北屯地近傍 *Uchiyama, T Uchiyama s.n.* 22 August 1902 *Uchiyama, T Uchiyama s.n.* 9 June 1909 元山 *Nakai, T Nakai s.n.* **Nampo** 1 October 1911 Chinnampo (鎮南浦) *Imai, H Imai s.n.* **P'yongan-bukto** 2 August 1935 妙香山 *Koidzumi, G Koidzumi s.n.* 1 October 1910 Han San monastery (香山普賢寺) *Mills, RG Mills340* **Rason** 7 June 1930 西水羅 *Ohwi, J Ohwi s.n.* 7 June 1930 Ohwi, *J Ohwi s.n.* **Ryanggang** 20 August 1897 內洞-河山嶺 *Komarov, VL Komaorv s.n.* 22 August 1897 雲洞嶺 *Komarov, VL Komaorv s.n.* 26 August 1897 三水郡鴨綠江(長津江下流域) 小德川 *Komarov, VL Komaorv s.n.*

Oplopanax Miq.
Oplopanax elatus (Nakai) Nakai, Fl. Sylv. Kor. 16: 38 (1927)
Common name 묏두릅, 땃두릅 (땃두릅나무)
Distribution in Korea: North, Central
   Echinopanax elatus Nakai, J. Coll. Sci. Imp. Univ. Tokyo 26: 276 (1909)
   Oplopanax horridus ssp. *elatus* (Nakai) H.Hara, J. Jap. Bot. 30: 71 (1955)

Representative specimens; Chagang-do 5 July 1914 牙得嶺 (江界) *Nakai, T Nakai s.n.* 5 July 1914 *Nakai, T Nakai s.n.* 22 July 1916 狼林山 *Mori, T Mori s.n.* **Hamgyong-bukto** 12 August 1933 渡正山 *Koidzumi, G Koidzumi s.n.* 19 July 1918 朱乙溫面冠帽峯 *Nakai, T Nakai s.n.* July 1932 冠帽峰 *Ohwi, J Ohwi s.n.* **Hamgyong-namdo** 16 August 1934 新角面北山 *Nomura, N Nomura s.n.* 15 June 1932 下碣隅里 *Nakai, T Nakai s.n.*30 August 1941 赴戰高原 Fusenkogen *Inumaru, M s.n.* 25 July 1933 東上面遮日峯 *Koidzumi, G Koidzumi s.n.* 16 August 1935 雲仙嶺 *Nakai, T Nakai s.n.* 18 August 1934 東上面新洞上方 2000m *Yamamoto, A Yamamoto s.n.* **Kangwon-do** 12 August 1932 Mt. Kumgang (金剛山) *Koidzumi, G Koidzumi s.n.*16 August 1916 金剛山毘盧峯 *Nakai, T Nakai s.n.* 8 August 1940 Mt. Kumgang (金剛山) *Okuyama, S Okuyama s.n.* 18 August 1902 *Uchiyama, T Uchiyama s.n.* 18 August 1902 *Uchiyama, T Uchiyama s.n.* **P'yongan-bukto** 6 August 1935 妙香山 *Koidzumi, G Koidzumi s.n.* **P'yongan-namdo** 23 July 1916 上南洞 *Mori, T Mori s.n.* **Ryanggang** 20 August 1934 北水白山附近 *Kojima, K Kojima s.n.* 22 June 1930 倉坪嶺 *Ohwi, J Ohwi s.n.* 11 July 1917 胞胎山中腹 *Furumi, M Furumi s.n.*

Panax L.
Panax ginseng C.A.Mey., Repert. Pharm. Prakt. Chem. Russ. 7: 524 (1842)
Common name 인삼
Distribution in Korea: North, Central, South
   Panax chin-seng Nees, Icon. Pl. Med. suppl. 5: t. 16A-A 3, d-f (1833)
   Aralia quinquefolia (L.) Decne. & Planch. var. *ginseng* (C.A.Mey.) Regel & Maack ex Makino,
   Bot. Mag. (Tokyo) 8: 225 (1859)
   Panax quinquefolius L. var. *ginseng* (C.A.Mey.) Regel & Maack, Tent. Fl.-Ussur. 72 (1861)
   Aralia ginseng (C.A.Mey.) Baill., Hist. Pl. (Baillon) 7: 152 (1880)

APIACEAE

Aegopodium L.
Aegopodium alpestre Ledeb., Fl. Altaic. 1: 354 (1829)
Common name 왜방풍
Distribution in Korea: North

Carum alpestre (Ledeb.) Koso-Pol., Bull. Soc. Imp. Naturalistes Moscou 29: 199 (1915)
Aegopodium alpestre Ledeb. f. *tenuisectum* Kitag., Lin. Fl. Manshur. : 332 (1939)

Representative specimens; Chagang-do 26 August 1897 小德川 (松德水河谷) *Komarov, VL Komaorv s.n.* 4 July 1910 Kang-gei(Kokai 江界) *Mills, RG Mills s.n.* 22 July 1916 狼林山 *Mori, T Mori s.n.* **Hamgyong-bukto** 20 May 1897 茂山嶺 *Komarov, VL Komaorv.s.n.* 21 June 1909 Nakai, *T Nakai s.n.* 26 July 1930 頭流山 *Ohwi, J Ohwi s.n.* 7 July 1930 鏡城 *Ohwi, J Ohwi s.n.* 24 May 1934 冠帽峰(京大栽培) *Ohwi, J Ohwi s.n.* 7 July 1930 鏡城 *Ohwi, J Ohwi s.n.* 6 July 1933 南下石山 *Saito, T T Saito s.n.* 22 May 1897 蕨坪(城川水河谷)-車踰嶺 *Komarov, VL Komaorv s.n.* 12 June 1897 西溪水 *Komarov, VL Komaorv.s.n.* 4 June 1897 四芝嶺 *Komarov, VL Komaorv s.n.* 18 June 1930 四芝洞 *Ohwi, J Ohwi s.n.* 18 June 1930 Ohwi, *J Ohwi s.n.* **Hamgyong-namdo** 25 July 1933 東上面遮日峯 *Koidzumi, G Koidzumi s.n.* 20 June 1932 東上面元豊里 *Ohwi, J Ohwi s.n.* 15 August 1940 遮日峯 *Okuyama, S Okuyama s.n.* **P'yongan-namdo** 15 June 1928 陽德 *Nakai, T Nakai s.n.* **Ryanggang** 15 August 1935 北水白山 *Hozawa, S Hozawa s.n.* 7 July 1937 型方嶺 (鴨綠江羅暖堡) *Komarov, VL Komaorv s.n.* 4 August 1897 十四道溝-白山嶺 *Komarov, VL Komaorv s.n.* 7 July 1897 *Komarov, VL Komaorv s.n.* subdist. Chu-czan, flumen Amnok-gan *Komarov, VL Komaorv s.n.* 23 August 1897 雲洞嶺 *Komarov, VL Komaorv s.n.* 7 August 1897 上巨里水 *Komarov, VL Komaorv s.n.* 13 August 1897 長進江河口 (鴨綠江) *Komarov, VL Komaorv s.n.* 5 August 1940 高頭山 *Hozawa, S Hozawa s.n.* 9 June 1897 屈松川 (西頭水河谷) 倉坪 *Komarov, VL Komaorv s.n.* July 1943 延岩 *Uchida, H Uchida s.n.* 24 June 1897 大鎮坪 *Komarov, VL Komaorv s.n.* 21 June 1897 阿武山-象背嶺 *Komarov, VL Komaorv s.n.* 23 July 1897 佳林里 *Komarov, VL Komaorv s.n.* 27 June 1897 柏德嶺 *Komarov, VL Komaorv s.n.* August 1913 崔哥嶺 *Mori, T Mori s.n.* 11 July 1917 胞胎山中腹以下 *Furumi, M Furumi s.n.* 20 July 1897 惠山鎮 (鴨綠江上流長白山脈中高原) *Komarov, VL Komaorv s.n.* 3 June 1897 四芝坪 *Komarov, VL Komaorv s.n.*

Angelica L.
Angelica anomala Avé-Lall., Index Seminum [St.Petersburg (Petropolitanus)] 9: 57 (1843)
Common name 개구릿대
Distribution in Korea: North, Central

Angelica sylvestris L. var. *angustigolia* Turcz., Bull. Soc. Imp. Naturalistes Moscou 17: 738 (1844)
Angelica montana Brot. var. *angustifolia* Ledeb., Fl. Ross. (Ledeb.) 2: 295 (1846)
Angelica sachalinensis Maxim., Mem. Acad. Imp. Sci. St.-Petersbourg Divers Savans 9: 127 (1859)
Angelica jaluana Nakai, Bot. Mag. (Tokyo) 28: 314 (1914)
Angelica rupestris Koidz., Bot. Mag. (Tokyo) 30: 79 (1916)
Angelica refracta F.Schmidt var. *glaucophylla* Koidz., Bot. Mag. (Tokyo) 31: 32 (1917)
Angelica kawakamii Koidz., Fl. Symb. Orient.-Asiat. 45 (1930)
Angelica anomala Avé-Lall. var. *sachalinensis* (Maxim.) H.Ohba, Fl. Jap. (Iwatsuki et al., eds.) 2c: 299 (1999)

Representative specimens; Hamgyong-bukto 12 August 1933 渡正山 *Koidzumi, G Koidzumi s.n.* 21 May 1897 茂山嶺-蕨坪(照日洞) *Komarov, VL Komaorv s.n.* 14 August 1933 朱乙溫泉朱乙山 *Koidzumi, G Koidzumi s.n.* 1 August 1914 富寧 *Ikuma, Y Ikuma s.n.* 12 June 1897 西溪水 *Komarov, VL Komaorv.s.n.* 4 June 1897 四芝嶺 *Komarov, VL Komaorv.s.n.* **Hamgyong-namdo** 22 August 1932 蓋馬高原 *Kitamura, S Kitamura s.n.* 15 August 1935 東上面漢岱里 *Nakai, T Nakai s.n.* 24 July 1935 *Nomura, N Nomura s.n.* 15 August 1940 赴戰高原遮水嶺 *Okuyama, S Okuyama s.n.* 15 August 1940 赴戰高原 Fusenkogen *Okuyama, S Okuyama s.n.* **Kangwon-do** 12 August 1932 Mt. Kumgang (金剛山) *Koidzumi, G Koidzumi s.n.* 16 August 1902 *Uchiyama, T Uchiyama s.n.* **P'yongan-bukto** 3 August 1935 妙香山 *Koidzumi, G Koidzumi s.n.* **P'yongyang** 18 August 1935 平壤牡丹臺 *Koidzumi, G Koidzumi s.n.* **Ryanggang** 25 July 1914 三水-惠山鎮 *Nakai, T Nakai3268* Type of *Angelica jaluana* Nakai (Syntype TI)1 August 1897 虛川江 (同仁川) *Komarov, VL Komaorv s.n.* 2 July 1897 雲龍里三水邑 (虛川江岸懸崖) *Komarov, VL Komaorv s.n.* 8 July 1897 羅暖堡 *Komarov, VL Komaorv s.n.* 25 July 1914 遮川里三水 *Nakai, T Nakai s.n.* 9 June 1897 屈松川 (西頭水河谷) 倉坪 *Komarov, VL Komaorv s.n.* 23 July 1897 佳林里 *Komarov, VL Komaorv s.n.* 22 July 1897 *Komarov, VL Komaorv1180* Type of *Angelica jaluana* Nakai (Syntype LE, Syntype TI)3 August 1914 惠山鎮-普天堡 *Nakai, T Nakai s.n.* 20 July 1897 惠山鎮(鴨綠江上流長白山脈中高原) *Komarov, VL Komaorv s.n.* 20 July 1897 *Komarov, VL Komaorv s.n.*

Angelica cartilaginomarginata (Makino) Nakai, J. Coll. Sci. Imp. Univ. Tokyo 26: 269 (1909)
Common name 처녀바디
Distribution in Korea: North, Central, South

Peucedanum cartilaginoserratum Makino ex Nakagawa, Bot. Mag. (Tokyo) 13: 54 (1899)
Peucedanum cartilaginomarginatum Makino ex Y.Yabe, J. Coll. Sci. Imp. Univ. Tokyo 16: 100 (1902)
Sium matsumurae H.Boissieu, Bull. Herb. Boissier ser. 2, 3: 95 (1903)
Angelica crucifolia Kom., Trudy Imp. S.-Peterburgsk. Bot. Sada 25: 170 (1907)
Peucedanum crucifolium H.Boissieu, Bull. Herb. Boissier ser 2, 8: 643 (1908)
Angelica boissieuana Nakai, Bot. Mag. (Tokyo) 27: 32 (1913)
Angelica confusa Nakai, Icon. Pl. Koisikav 1: 133 (1913)
Peucedanum makinoi Nakai, Icon. Pl. Koisikav 1: 131 (1913)

Angelica callososerrata Nakai, Chosen Shokubutsu 406 (1914)

Angelica distans Nakai, Bot. Mag. (Tokyo) 28: 313 (1914)

Peucedanum quelpaertiensis H.Wolff, Repert. Spec. Nov. Regni Veg. 21: 247 (1925)

Pimpinella cartilaginomarginata (Makino) H.Wolff, Pflanzenr. (Engler) 90, 4(228): 287 (1927)

Angelica cartilaginomarginata (Makino) Nakai var. *makinoi* (Nakai) Kitag., J. Jap. Bot. 12: 243 (1935)

Angelica cartilaginomarginata (Makino) Nakai var. *distans* (Nakai) Kitag., J. Jap. Bot. 12: 245 (1936)

Angelica cartilaginomarginata (Makino) Nakai var. *matsumurae* (H.Boissieu) Kitag., J. Jap. Bot. 12: 244 (1936)

Angelica cartilaginomarginata (Makino) Nakai var. *matsumurae* (H.Boissieu) Kitag. f. *latipinna* Kitag., J. Jap. Bot. 12: 245 (1936)

Angelica cartilaginomarginata (Makino) Nakai var. *latipinna* (Kitag.) H.S.Kim, Fl. Coreana (Im, R.J.) 4: 515 (1976)

Representative specimens; Chagang-do 25 July 1911 Kang-gei(Kokai 江界) *Mills, RG Mills s.n.* 2 August 1910 *Mills, RG Mills471* **Hamgyong-bukto** 19 August 1933 茂山 *Koidzumi, G Koidzumi s.n.* **Hamgyong-namdo** 27 August 1897 小德川 *Komarov, VL Komaorv s.n.* Type of *Angelica crucifolia* Kom. (Holotype LE) **Hwanghae-bukto** 10 September 1915 瑞興 *Nakai, T Nakai s.n.* **Kangwon-do** 11 August 1902 草木洞 *Uchiyama, T Uchiyama s.n.* 10 August 1902 *Uchiyama, T Uchiyama s.n.* 7 August 1916 金剛山末輝里 *Nakai, T Nakai s.n.* 18 August 1932 安邊郡衛益面三防 *Koidzumi, G Koidzumi s.n.* **P'yongan-bukto** 11 August 1935 義州金剛山 *Koidzumi, G Koidzumi s.n.* **Ryanggang** 22 July 1897 佳林里 *Komarov, VL Komaorv s.n.*

Angelica czernaevia (Fisch. & C.A.Mey.) Kitag., J. Jap. Bot. 12: 241 (1936)

Common name 선바디나물 (잔잎바디)

Distribution in Korea: North

Conioselinum czernaevia Fisch. & C.A.Mey., Index Seminum [St.Petersburg (Petropolitanus)] 2: 33 (1836)

Czernaevia laevigata Turcz., Bull. Soc. Imp. Naturalistes Moscou 17: 740 (1844)

Angelica laevigata (Fisch.) Franch., Pl. David. 1: 143 (1884)

Angelica gracilis Franch., Mem. Soc. Sci. Nat. Cherbourg 24: 222 (1884)

Angelica flaccida Kom., Trudy Imp. S.-Peterburgsk. Bot. Sada 18: 431 (1901)

Representative specimens; Chagang-do 24 August 1897 大會洞 *Komarov, VL Komaorv s.n.* 26 August 1897 小德川 (松德水河谷) *Komarov, VL Komaorv s.n.* **Hamgyong-namdo** 15 August 1935 東上面漢岱里 *Nakai, T Nakai s.n.* 15 August 1940 遮日峯 *Okuyama, S Okuyama s.n.* **P'yongyang** 12 September 1902 平壤牧丹峯 *Uchiyama, T Uchiyama s.n.* **Ryanggang** 18 July 1897 Keizanchin(惠山鎭) *Komarov, VL Komaorv s.n.* 1 August 1897 虛川江 (同仁川) *Komarov, VL Komaorv s.n.* 18 August 1897 葡坪 *Komarov, VL Komaorv s.n.* 9 July 1897 十四道溝(鴨綠江) *Komarov, VL Komaorv s.n.* 5 August 1897 白山嶺 *Komarov, VL Komaorv s.n.* 24 July 1897 佳林里 *Komarov, VL Komaorv s.n.* 26 June 1897 內曲里 *Komarov, VL Komaorv s.n.* 22 July 1897 佳林里 *Komarov, VL Komaorv s.n.* 28 July 1897 *Komarov, VL Komaorv s.n.* 20 July 1897 惠山鎭(鴨綠江上流長白山脈中高原) *Komarov, VL Komaorv s.n.* 13 August 1914 Moho (茂峯)- 農事洞 *Nakai, T Nakai s.n.* 14 August 1914 農事洞- 三下 *Nakai, T Nakai s.n.*

Angelica dahurica (Fisch. ex Hoffm.) Benth. & Hook.f. ex Franch. & Sav., Enum. Pl. Jap. 1: 187 (1873)

Common name 구릿대

Distribution in Korea: North, Central, South

Callisace dahurica Fisch. ex Hoffm., Gen. Pl. Umbell., ed. 2 0: 170 (1816)

Angelica glabra (Y.Yabe) Makino, Somoku Dzusetsu, ed. 3 43 (1907)

Angelica tschiliensis H.Wolff, Acta Horti Gothob. 2: 319 (1926)

Angelica macrocarpa H.Wolff, Repert. Spec. Nov. Regni Veg. 28: 111 (1930)

Angelica porphyrocaulis Nakai & Kitag., Rep. Exped. Manchoukuo Sect. IV, Pt. 1, Pl. Nov. Jehol. 33 (1934)

Representative specimens; Chagang-do 16 August 1911 Kang-gei(Kokai 江界) *Mills, RG Mills s.n.* 29 April 1911 *Mills, RG Mills s.n.* 20 July 1911 *Mills, RG Mills s.n.* 22 July 1914 山羊 -江口 *Nakai, T Nakai s.n.* **Hamgyong-bukto** 1 September 1935 羅南 *Saito, T T Saito1622* 6 August 1933 茂山嶺 *Koidzumi, G Koidzumi s.n.* 18 July 1918 朱乙溫面熊谷嶺 *Nakai, T Nakai s.n.* 4 August 1933 南陽 *Koidzumi, G Koidzumi s.n.* **Hamgyong-namdo** 19 August 1935 道頭里 *Nakai, T Nakai s.n.* 23 July 1933 東上面漢岱里 *Koidzumi, G Koidzumi s.n.* 15 August 1935 *Nakai, T Nakai s.n.* **Hwanghae-namdo** August 1932 Sorai Beach 九味浦 *Smith, RK Smith s.n.* **Kangwon-do** 12 August 1932 Mt. Kumgang (金剛山) *Koidzumi, G Koidzumi s.n.* 12 July 1936 金剛山外金剛千佛山 *Nakai, T Nakai s.n.* 15 August 1902 Mt. Kumgang (金剛山) *Uchiyama, T Uchiyama s.n.* 20 September 1936 *Unknown s.n.* **Rason** 11 May 1897 豆滿江三角-五宗洞 *Komarov, VL Komaorv s.n.* **Ryanggang** 2 August 1897 虛川江-五海江 *Komarov, VL Komaorv s.n.* 1 August 1897 虛川江 (同仁川) *Komarov, VL Komaorv s.n.* 5

August 1897 白山嶺 *Komarov, VL Komaorv s.n.* 4 July 1897 上水隅理 *Komarov, VL Komaorv s.n.* 28 July 1897 佳林里 *Komarov, VL Komaorv s.n.* 20 July 1897 惠山鎭(鴨綠江上流長白山脈中高原) *Komarov, VL Komaorv s.n.* 20 July 1897 *Komarov, VL Komaorv s.n.* 20 August 1933 江口 - 三長 *Koidzumi, G Koidzumi s.n.* 20 August 1933 三長 *Koidzumi, G Koidzumi s.n.*

Angelica decursiva (Miq.) Franch. & Sav., Enum. Pl. Jap. 1: 187 (1873)

Common name 바디나물

Distribution in Korea: North, Central, South

Porphyroscias decursiva Miq., Ann. Mus. Bot. Lugduno-Batavi 3: 62 (1867)

Peucedanum decursivum Maxim., Mélanges Biol. Bull. Phys.-Math. Acad. Imp. Sci. Saint-Pétersbourg 12: 472 (1886)

Peucedanum decursivum Maxim. var. *albiflorum* Maxim., Mélanges Biol. Bull. Phys.-Math. Acad. Imp. Sci. Saint-Pétersbourg 12: 473 (1886)

Peucedanum decursivum Maxim. f. *albiflorum* (Maxim.) Y.Yabe, Rev. Umbell. Jap. 97 (1902)

Peucedanum porphyroscias Makino, Bot. Mag. (Tokyo) 18: 65 (1904)

Peucedanum porphyroscias Makino var. *albiflorum* Makino, Bot. Mag. (Tokyo) 18: 66 (1904)

Angelica decursiva (Miq.) Franch. & Sav. f. *albiflora* (Maxim.) Nakai, J. Coll. Sci. Imp. Univ. Tokyo 26: 268 (1909)

Peucedanum porphyroscias Makino f. *albiflorum* (Maxim.) Matsum., Index Pl. Jap. 2 (2): 440 (1912)

Angelica decursiva (Miq.) Franch. & Sav. var. *albiflora* Nakai, Chosen Shokubutsu 407 (1914)

Pimpinella decursiva H.Wolff, Repert. Spec. Nov. Regni Veg. 16(456-461): 237 (1919)

Peucedanum astrantiifolium H.Wolff, Repert. Spec. Nov. Regni Veg. 19: 311 (1924)

Representative specimens; Chagang-do 25 August 1897 小德川 (松德水河谷) *Komarov, VL Komaorv s.n.* **Hamgyong-bukto** 5 October 1942 清津高抹山西側 *Saito, T T Saito s.n.* **Hamgyong-namdo** 27 August 1897 小德川 *Komarov, VL Komaorv s.n.* 23 July 1933 東上面漢岱里 *Koidzumi, G Koidzumi s.n.* **Hwanghae-namdo** 26 August 1943 長壽山 *Furusawa, I Furusawa s.n.* **Kangwon-do** 21 August 1902 干發告嶺 *Uchiyama, T Uchiyama s.n.* 29 August 1916 長箭 *Nakai, T Nakai s.n.* 12 September 1932 元山 Kawasakinoyen(川崎農園) *Kitamura, S Kitamura s.n.* **Ryanggang** 1 August 1897 虛川江 (同仁川) *Komarov, VL Komaorv s.n.* 20 August 1934 北水白山附近 *Kojima, K Kojima s.n.* 19 August 1897 葡坪 *Komarov, VL Komaorv s.n.* 22 July 1897 佳林里 *Komarov, VL Komaorv s.n.* 27 July 1897 *Komarov, VL Komaorv s.n.*

Angelica genuflexa Nutt. ex Torr. & A.Gray, Fl. N. Amer. (Torr. & A. Gray) 1: 620 (1840)

Common name 왜천궁

Distribution in Korea: North

Angelica refracta F.Schmidt, Mem. Acad. Imp. Sci. St.-Petersbourg, Ser. 7 12: 138 (1868)

Angelica yabeana Makino, Somoku Dzusetsu, ed. 3 347 (1907)

Angelica caudata Franch. ex H.Boissieu, Bull. Soc. Bot. France 56: 355 (1909)

Angelica refracta F.Schmidt var. *yabeana* (Makino) Koidz., Bot. Mag. (Tokyo) 31: 32 (1917)

Angelica genuflexa Nutt. ex Torr. & A.Gray ssp. *refracta* (F.Schmidt) M.Hiroe, Acta Phytotax. Geobot. 12: 176 (1950)

Angelica reflexa B.Y.Lee, J. Spec. Reser. 2: 245 (2013)

Representative specimens; Hamgyong-bukto 1 August 1914 清津 *Ikuma, Y Ikuma s.n.* **Kangwon-do** 31 July 1916 金剛山三聖庵 *Nakai, T Nakai s.n.*

Angelica gigas Nakai, Bot. Mag. (Tokyo) 31: 100 (1917)

Common name 참당귀

Distribution in Korea: North, Central

Representative specimens; Chagang-do 1 July 1914 北上面 *Nakai, T Nakai s.n.* 19 August 1936 狼林山 *Unknown s.n.* **Hamgyong-bukto** 12 August 1933 渡正山 *Koidzumi, G Koidzumi s.n.* **Hamgyong-namdo** 16 August 1934 新角面北山 *Nomura, N Nomura s.n.* 16 August 1935 雲仙嶺 *Nakai, T Nakai s.n.* **Kangwon-do** 12 August 1932 Mt. Kumgang (金剛山) *Koidzumi, G Koidzumi s.n.* 20 August 1916 金剛山彌勒峯 *Nakai, T Nakai4033* Type of *Angelica gigas* Nakai (Syntype TI)18 August 1902 Mt. Kumgang (金剛山) *Uchiyama, T Uchiyama s.n.* Type of *Angelica gigas* Nakai (Syntype TI) **P'yongan-bukto** 5 August 1935 妙香山 *Koidzumi, G Koidzumi s.n.* **Ryanggang** 26 July 1914 三水- 惠山鎭 *Nakai, T Nakai s.n.* 24 July 1914 長蛇洞 *Nakai, T Nakai3236* Type of *Angelica gigas* Nakai (Syntype TI)6 August 1914 胞胎山虛項嶺 *Nakai, T Nakai s.n.* 26 September 1914 惠山鎭 - 三水 *Nakai, T Nakai s.n.*

Angelica nakaiana (Kitag.) Pimenov, Feddes Repert. 110: 482 (1999)

Common name 부전바디

Distribution in Korea: far North (Paekdu, Potae, Kwanmo, Chail, Rangrim)

    Homopteryx nakaiana Kitag., Bot. Mag. (Tokyo) 51: 808 (1937)

    Coelopleurum nakaianum (Kitag.) Kitag., J. Jap. Bot. 43: 427 (1968)

Representative specimens; Hamgyong-bukto 19 July 1918 冠帽山 *Nakai, T Nakai s.n.* July 1932 冠帽峰 *Ohwi, J Ohwi s.n.* Saito, *T T Saito s.n.* **Hamgyong-namdo** 12 August 1938 上南面蓮花山 *Jeon, SK JeonSK s.n.* 25 July 1933 東上面遮日峯 *Koidzumi, G Koidzumi s.n.* 10 August 1935 遮日峯 *Nakai, T Nakai s.n.* 10 August 1935 Nakai, *T Nakai15610* Type of *Homopteryx nakaiana* Kitag. (Holotype TI)15 August 1940 *Okuyama, S Okuyama s.n.* **Ryanggang** 23 August 1934 北水白山頂上附近 *Kojima, K Kojima s.n.*

Angelica polymorpha Maxim., Bull. Acad. Imp. Sci. Saint-Pétersbourg 19: 185 (1873)

Common name 궁궁이

Distribution in Korea: North, Central, South

    Selinum coreanum H.Boissieu, Bull. Herb. Boissier ser 2, 3: 956 (1903)

    Angelica uchiyamae Y.Yabe, Bot. Mag. (Tokyo) 17: 107 (1903)

    Angelica fallax H.Boissieu, Bull. Soc. Bot. France 59: 199 (1912)

    Rompelia polymorpha (Maxim.) Koso-Pol., Bull. Soc. Imp. Naturalistes Moscou 2, 29: 125 (1916)

    Peucedanum taquetii H.Wolff, Repert. Spec. Nov. Regni Veg. 21: 245 (1925)

    *Angelica wolffiana*Fedde ex H.Wolff, Repert. Spec. Nov. Regni Veg. 28: 110 (1930)

    Conioselinum wolffianum (Fedde ex H.Wolff) Nakai, Bull. Natl. Sci. Mus., Tokyo 31: 87 (1952)

    Angelica polymorpha Maxim. var. *fallax* (Boiss.) Kitag., Neolin. Fl. Manshur. 476 (1979)

Representative specimens; Chagang-do 26 August 1897 小德川 (松德水河谷) *Komarov, VL Komaorv s.n.* **Hamgyong-bukto** 21 May 1897 茂山嶺-蕨坪(照日洞) *Komarov, VL Komaorv s.n.* **Hwanghae-namdo** September 長山串 *Na, HK s.n.* **Kangwon-do** 5 September 1936 洗浦 *Chung, TH Chung s.n.* **P'yongan-namdo** 15 June 1928 陽德 *Nakai, T Nakai s.n.* **Ryanggang** 16 August 1897 大羅信洞 *Komarov, VL Komaorv s.n.* 21 August 1897 subdist. Chu-czan, flumen Amnok-gan *Komarov, VL Komaorv s.n.* 23 August 1897 雲洞嶺 *Komarov, VL Komaorv s.n.* 4 August 1897 十四道溝-白山嶺 *Komarov, VL Komaorv s.n.* 7 August 1897 上巨里水 *Komarov, VL Komaorv s.n.* 13 August 1897 長進江河口(鴨綠江) *Komarov, VL Komaorv s.n.*

Angelica saxatilis Turcz. ex Ledeb., Fl. Ross. (Ledeb.) 2: 296 (1844)

Common name 고산바디

Distribution in Korea: North

    Physolophium saxatile (Turcz. ex Ledeb.) Turcz., Bull. Soc. Imp. Naturalistes Moscou 17: 729 (1844)

    Coelopleurum saxatile (Turcz. ex Ledeb.) Drude, Nat. Pflanzenfam. 3: 213 (1898)

    Peucedanum filicinum H.Wolff, Repert. Spec. Nov. Regni Veg. 21: 246 (1925)

    Coelopleurum alpinum Kitag., Rep. Inst. Sci. Res. Manchoukuo 5: 156 (1941)

    Angelica gmelinii (DC.) Pimenov ssp. *saxatilis* (Turcz. ex Ledeb.) Vorosch., Florist. Issl. Razn. Raionakh SSSR 184 (1985)

Angelica tenuissima Nakai, Bot. Mag. (Tokyo) 33: 10 (1919)

Common name 고본

Distribution in Korea: North, Central

    Ligusticum tenuissimum (Nakai) Kitag., J. Jap. Bot. 17(10): 562 (1941)

Representative specimens; Chagang-do 13 July 1942 龍林面厚地洞川岸 *Jeon, SK JeonSK s.n.* **Hamgyong-bukto** 25 July 1918 雪嶺 *Nakai, T Nakai s.n.* **Kangwon-do** 11 August 1902 草木洞 *Uchiyama, T Uchiyama s.n.* 31 July 1916 金剛山三聖庵附近 *Nakai, T Nakai5729* Type of *Angelica tenuissima* Nakai (Syntype TI)4 August 1916 金剛山萬物相 *Nakai, T Nakai s.n.* 17 August 1916 金剛山內霧在嶺 *Nakai, T Nakai5728* Type of *Angelica tenuissima* Nakai (Syntype TI)18 August 1902 Mt. Kumgang (金剛山) *Uchiyama, T Uchiyama s.n.* Type of *Angelica tenuissima* Nakai (Syntype TI)

Anthriscus Pers.
Anthriscus sylvestris (L.) Hoffm., Gen. Pl. Umbell. 40 (1814)

Common name 전호

Distribution in Korea: North, Central, South, Ulleung

Chaerophyllum sylvestre L., Sp. Pl. 258 (1753)

Myrrhis alpina Steud., Nomencl. Bot. (Steudel) 545 (1821)

Anthriscus torquata Duby, Bot. Gall. 1: 239 (1828)

Cerefolium sylvestre (L.) Bubani, Fl. Pyren. 2: 410 (1899)

Anthriscus yunnanensis W.W.Sm., Notes Roy. Bot. Gard. Edinburgh 8: 331 (1915)

Anthriscus sylvestris (L.) Hoffm. var. *glabricaulis* Maire, Bull. Soc. Hist. Nat. Afrique N. 31: 105 (1940)

Representative specimens; **Chagang-do** 30 August 1897 慈城江 *Komarov, VL Komaorv s.n.* 22 July 1916 狼林山 *Mori, T Mori s.n.* 10 July 1914 蔥田嶺 *Nakai, T Nakai s.n.* **Hamgyong-bukto** 21 May 1897 茂山嶺-蕨坪(照日洞) *Komarov, VL Komaorv s.n.* 15 June 1909 Sungjin (城津) Nakai, *T Nakai s.n.* 16 July 1918 朱乙溫面甫上洞 *Nakai, T Nakai s.n.* 25 July 1918 雪嶺 *Nakai, T Nakai s.n.* 10 June 1897 西溪水 *Komarov, VL Komaorv s.n.* 12 June 1897 *Komarov, VL Komaorv s.n.* **Hamgyong-namdo** 5 August 1938 西閑面赤水里 *Jeon, SK JeonSK s.n.* **Hwanghae-namdo** August 1932 Sorai Beach 九味浦 *Smith, RK Smith s.n.* **Kangwon-do** 10 June 1932 Mt. Kumgang (金剛山) Ohwi, *J Ohwi1 s.n.* **Rason** 6 June 1930 西水羅 Ohwi, *J Ohwi604* 9 July 1937 赤島 *Saito, T T Saito6509* **Ryanggang** 22 June 1930 倉坪嶺 *Ohwi, J Ohwi s.n.*

Apium L.

Apium graveolens L., Sp. Pl. 264 (1753)

Common name 밭미나리

Distribution in Korea: cultivated (North)

Representative specimens; **Ryanggang** 26 July 1897 佳林里/五山里川河谷 *Komarov, VL Komaorv s.n.*

Bupleurum L.

Bupleurum bicaule Helm, Mem. Soc. Imp. Naturalistes Moscou 2: 108 (1809)

Common Name 참시호

Distribution in Korea: North

Bupleurum chinense DC., Prodr. (DC.) 4: 128 (1830)

Common name 두메시호

Distribution in Korea: North
    Bupleurum octoradiatum Bunge, Enum. Pl. Chin. Bor. 32 (1833)

Bupleurum euphorbioides Nakai, Bot. Mag. (Tokyo) 28: 313 (1914)

Common name 등대시호

Distribution in Korea: North, Central
    Bupleurum euphorbioides Nakai var. *alpestre* Sakata, J. Jap. Bot. 33: 30 (1958)
    Bupleurum tatudintze V.I.Baranov, Claves Pl. Chin. Bor.-Or. 254 (1959)

Representative specimens; **Chagang-do** 22 July 1919 狼林山上 *Kajiwara, U Kajiwara s.n.* 22 July 1916 狼林山 *Mori, T Mori s.n.* **Hamgyong-bukto** 12 August 1933 渡正山 *Koidzumi, G Koidzumi s.n.* 5 August 1939 頭流山 *Hozawa, S Hozawa s.n.* 26 July 1930 Ohwi, *J Ohwi s.n.* 26 July 1930 Ohwi, *J Ohwi s.n.* 19 July 1918 冠帽峰 *Nakai, T Nakai s.n.* July 1932 Ohwi, *J Ohwi s.n.* 21 July 1933 *Saito, T T Saito s.n.* 25 July 1918 雪嶺 2200m Nakai, *T Nakai s.n.* 26 June 1930 雪嶺 *Ohwi, J Ohwi s.n.* **Hamgyong-namdo** 25 July 1933 東上面遮日峯 *Koidzumi, G Koidzumi s.n.* 17 August 1935 遮日峯 *Nakai, T Nakai s.n.* 15 August 1940 赴戰高原遮日峯 *Okuyama, S Okuyama s.n.* 30 July 1939 遮日峯 *Unknown s.n.* **Kangwon-do** 14 August 1932 金剛山外金剛千佛山 *Koidzumi, G Koidzumi s.n.* August 1914 Mt. Kumgang (金剛山) *Mori, T Mori s.n.* Type of *Bupleurum euphorbioides* Nakai (Syntype TI)16 August 1916 金剛山毘盧峯 *Nakai, T Nakai s.n.* 1 August 1916 金剛山神仙峯 *Nakai, T Nakai s.n.* 31 July 1916 Nakai, *T Nakai s.n.* 22 August 1916 金剛山大長峯 *Nakai, T Nakai s.n.* 8 August 1940 Mt. Kumgang (金剛山) *Okuyama, S Okuyama s.n.* **P'yongan-bukto** 2 August 1935 妙香山 *Koidzumi, G Koidzumi s.n.* 5 August 1938 *Sato, TN s.n.* **Ryanggang** 15 August 1935 北水白山 *Hozawa, S Hozawa s.n.* 31 July 1917 白頭山 *Furumi, M Furumi s.n.* 11 July 1917 胞胎山中腹以上 *Furumi, M Furumi s.n.* 13 August 1913 神武城 *Hirai, H Hirai s.n.* 13 August 1913 白頭山 *Hirai, H Hirai s.n.* 13 August 1914 *Ikuma, Y Ikuma s.n.* 12 August 1914 無頭峯 *Ikuma, Y Ikuma s.n.* 15 July 1935 小長白山 *Irie, Y s.n.* 1 August 1934 *Kojima, K Kojima s.n.* August 1913 長白山 *Mori, T Mori s.n.* Type of *Bupleurum euphorbioides* Nakai (Syntype TI)8 August 1914 虛項嶺-神武城 *Nakai, T Nakai s.n.* 8 August 1914 神武城-無頭峯 *Nakai, T Nakai s.n.* 8 August 1914 白頭山 *Nakai, T Nakai s.n.* Type of *Bupleurum euphorbioides* Nakai (Syntype TI)26 July 1942 無頭峯 *Saito, T T Saito s.n.*

Bupleurum falcatum L., Fl. Altaic. 1: 349 (1829)

Common name 시호

Distribution in Korea: North

  Bupleurum falcatum L. var. *scorzonerifolium* (Willd.) Ledeb., Fl. Ross. (Ledeb.) 2: 267 (1844)

  Bupleurum falcatum L. var. *scorzonerifolium* (Willd.) Ledeb. subf. *latum* H.Wolff, Pflanzenr. (Engler) 43: 133 (1909)

  Bupleurum falcatum L. ssp. *eufalcatum* var. *scorzonerifolium* (Willd.) H.Wolff, Pflanzenr. (Engler) 4 (43): 132 (1910)

  Bupleurum scorzonerifolium Willd. f. *ensifolium* H.Wolff, Pflanzenr. (Engler) IV, 228: 133 (1910)

  Bupleurum falcatum L. var. *bicaule* H.Wolff, Pflanzenr. (Engler) 4 (43): 140 (1910)

  Bupleurum falcatum L. ssp. *scorzonerifolium* (Willd.) Koso-Pol., Trudy Imp. S.-Peterburgsk. Bot. Sada 30: 219 (1913)

  Bupleurum falcatum L. var. *komarovii* Koso-Pol., Bull. Soc. Imp. Naturalistes Moscou 29: 59 (1916)

  Bupleurum scorzonerifolium Willd. f. *latum* (H.Wolff) Nakai, J. Jap. Bot. 13: 486 (1937)

  Bupleurum scorzonerifolium Willd. var. *stenophyllum* Nakai, J. Jap. Bot. 13: 487 (1937)

  Bupleurum scorzonerifolium Willd. ssp. *angustissimum* (Franch.) Kitag., Rep. Inst. Sci. Res. Manchoukuo 4: 105 (1940)

  Bupleurum angustissimum (Franch.) Kitag., J. Jap. Bot. 21: 97 (1947)

  Bupleurum stenophyllum (Nakai) Kitag., J. Jap. Bot. 21: 99 (1948)

  Bupleurum togasii Kitag., J. Jap. Bot. 26: 15 (1951)

Representative specimens; Chagang-do 21 July 1914 大興里- 山羊 *Nakai, T Nakai3597* **Hamgyong-bukto** 29 August 1908 淸津 *Okada, S s.n.* 4 August 1934 羅南 *Saito, T T Saito923* 21 July 1933 冠帽峰 *Saito, T T Saito s.n.* 14 August 1936 富寧石幕 - 靑岩 *Saito, T T Saito 2768* 16 August 1914 下面江口-茂山 *Nakai, T Nakai3120* **Hamgyong-namdo** 17 August 1940 西湖津 *Okuyama, S Okuyama s.n.* 1928 Hamhung (咸興) *Seok, JM s.n.* 2 September 1934 東下面蓮花山 *Yamamoto, A Yamamoto2396* 14 August 1943 赴戰高原元豊-道安 *Honda, M Honda s.n.* **Hwanghae-bukto** 10 September 1915 瑞興 *Nakai, T Nakai2838* 8 September 1902 瑞興-風壽院 *Uchiyama, T Uchiyama s.n.* **Kangwon-do** June 1935 Mt. Kumgang (金剛山) *Sakaguchi, S s.n.* 12 August 1902 墨浦洞 *Uchiyama, T Uchiyama s.n.* 7 June 1909 元山 *Nakai, T Nakai s.n.* **Nampo** 17 August 1910 鎭南浦飛潑島 *Imai, H Imai s.n.* 21 September 1915 Chinnampo (鎭南浦) *Nakai, T Nakai2963* **P'yongan-namdo** 22 September 1915 咸從 *Nakai, T Nakai3072* **Ryanggang** 26 July 1914 三水- 惠山鎭 *Nakai, T Nakai3677* 15 August 1935 北水白山 *Hozawa, S Hozawa s.n.* 9 July 1914 長津山 *Nakai, T Nakai 9202* 25 July 1914 遮川里三水 *Nakai, T Nakai3573* 7 August 1914 下面江口 *Ikuma, Y Ikuma s.n.* 13 August 1914 Moho (茂峯)- 農事洞 *Nakai, T Nakai s.n.*

Bupleurum longiradiatum Turcz., Bull. Soc. Imp. Naturalistes Moscou 17: 719 (1844)

Common name 갯시호 (개시호)

Distribution in Korea: North, Central

  Bupleurum longiradiatum Turcz. var. *breviradiatum* F.Schmidt ex Maxim., Mem. Acad. Imp. Sci. St.-Petersbourg Divers Savans 9: 125 (1859)

  Bupleurum sachalinense F.Schmidt, Mem. Acad. Imp. Sci. St.-Petersbourg, Ser. 7 12: 135 (1868)

  Bupleurum leveillei H.Boissieu, Bull. Soc. Bot. France 57: 413 (1910)

  Bupleurum longiradiatum Turcz. var. *leveillei* (H.Boissieu) Kitag., Bull. Natl. Sci. Mus., Tokyo 5: 11 (1960)

  Bupleurum longiradiatum Turcz. f. *leveillei* (H.Boissieu) Kitag., J. Jap. Bot. 36: 241 (1961)

Representative specimens; Chagang-do 26 August 1897 小德川 (松德水河谷) *Komarov, VL Komaorv s.n.* 1 July 1914 公西面從西山 *Nakai, T Nakai s.n.* 25 June 1914 從西面 *Nakai, T Nakai s.n.* 22 July 1916 狼林山 *Mori, T Mori s.n.* **Hamgyong-bukto** 1 August 1914 淸津 *Ikuma, Y Ikuma s.n.* 11 August 1933 渡正山門內 *Koidzumi, G Koidzumi s.n.* 20 May 1897 茂山嶺 *Komarov, VL Komaorv s.n.* 5 August 1939 頭流山 *Hozawa, S Hozawa s.n.* 26 July 1930 Ohwi, *J Ohwi2715* 18 July 1918 朱乙溫面態谷嶺 *Nakai, T Nakai s.n.* July 1932 冠帽峰 *Ohwi, J Ohwi s.n.* 3 August 1914 車踰嶺 *Ikuma, Y Ikuma s.n.* 25 June 1930 雪嶺 *Ohwi, J Ohwi2000* 13 June 1897 西溪水 *Komarov, VL Komaorv s.n.* 4 June 1897 四芝嶺 *Komarov, VL Komaorv s.n.* **Hamgyong-namdo** 22 August 1932 蓋馬高原 *Kitamura, S Kitamura s.n.* 24 July 1933 東上面大漢垈里 *Koidzumi, G Koidzumi s.n.* 15 August 1935 東上面漢岱里 *Nakai, T Nakai s.n.* 15 August 1936 赴戰高原 Fusenkogen *Nakai, T Nakai s.n.* **Hwanghae-namdo** 26 August 1943 長壽山 *Furusawa, I Furusawa s.n.* 29 July 1921 Sorai Beach 九味浦 *Mills, RG Mills s.n.* 24 July 1922 Mukimpo *Mills, RG Mills s.n.* **Kangwon-do** 11 August 1916 金剛山長安寺附近森 *Nakai, T Nakai s.n.* 7 August 1940 Mt. Kumgang (金剛山) *Okuyama, S Okuyama s.n.* 14 August 1902 *Uchiyama, T Uchiyama s.n.* **P'yongan-bukto** 4 August 1935 妙香山 *Koidzumi, G Koidzumi s.n.* **P'yongan-namdo** 20 July 1916 黃玉峯 (黃處嶺?) *Mori, T Mori s.n.* **Ryanggang** 18 July 1897 Keizanchin(惠山鎭) *Komarov, VL Komaorv s.n.* 20 August 1934 北水白山附近 *Kojima, K Kojima2970* 23 August 1897 雲洞嶺 *Komarov, VL Komaorv s.n.* 15 July 1897 犁方嶺 (鴨綠江羅暖堡) *Komarov, VL Komaorv s.n.* 19 July 1897 上巨里水 *Komarov, VL Komaorv s.n.* 23 July 1914 李僧嶺 *Nakai, T Nakai s.n.* 4 August 1939 大澤濕地 *Hozawa, S Hozawa s.n.* 8 June 1897 平蒲坪-倉坪 *Komarov, VL Komaorv s.n.* 7 August 1937 合水 *Saito, T T Saito708602* 2 July 1897 佳林里 *Komarov, VL Komaorv s.n.*

28 July 1897 *Komarov, VL Komaorv s.n.* 24 July 1897 *Komarov, VL Komaorv s.n.* 3 August 1914 惠山鎭- 普天堡 *Nakai, T Nakai s.n.* 7 August 1914 虛項嶺-神武城 *Nakai, T Nakai s.n.*

Bupleurum scorzonerifolium Willd., Enum. Pl. Suppl. (Willdenow) 0: 30 (1814)
Common name 참시호
Distribution in Korea: North,Central

Representative specimens; Ryanggang 1 July 1897 五是川雲寵江-崔五峰 *Komarov, VL Komaorv s.n.* 9 July 1897 十四道溝(鴨綠江) *Komarov, VL Komaorv s.n.*

Carlesia Dunn
Carlesia sinensis Dunn, Hooker's Icon. Pl. 28: t. 2739 (1902)
Common name 복숭미나리 (돌방풍)
Distribution in Korea: Central
  Cuminum sinensis (Dunn) M.Hiroe, Umbelliferae World : 672 (1979)

Representative specimens; Hwanghae-namdo August 1932 Sorai Beach 九味浦 *Smith, RK Smith s.n.*

Cicuta Mill.
Cicuta virosa L., Sp. Pl. 255 (1753)
Common name 독미나리
Distribution in Korea: North, Central
  Cicutaria aquatica Lam., Fl. Franc. (Lamarck) 3: 445 (1779)
  Sium cicuta F.H.Wigg., Prim. Fl. Holsat. 24 (1780)
  Cicuta angustifolia Kit., Oestr. Fl. (ed. 2) 1: 515 (1814)
  Cicuta tenuifolia Schrank, Denkschr. Königl. Akad. Wiss. München 7: 56 (1818)
  Cicuta virosa L. var. *stricta* K.F.Schultz, Prodr. Fl. Starg. Suppl. 17 (1819)
  Cicuta virosa L. var. *tenuifolia* (A.Fröhl.) K.Koch, Syn. Fl. Germ. Helv. 282 (1836)
  Cicuta virosa L. var. *angustisecta* Celak., Prodr. Fl. Bohmen 563 (1875)
  Cicuta niponica Franch., Bull. Soc. Bot. France 26: 84 (1879)
  Cicuta pumila Behm, Bot. Not. 1887: 180 (1887)
  Cicuta orientalis Degen, Termeszettud. Kozl. 36: 38 (1896)
  Cicuta virosa L. f. *angustifolia* (Kit.) Schube, Verbreit. Gefässpfl. Schles. 233 (1903)

Representative specimens; Chagang-do 22 July 1916 狼林山 *Mori, T Mori s.n.* **Hamgyong-bukto** 1 August 1914 清津 *Ikuma, Y Ikuma s.n.* August 1913 茂山 *Mori, T Mori s.n.* 3 August 1918 明川 *Nakai, T Nakai s.n.* **Hamgyong-namdo** 29 June 1940 定平郡宣德面 *Kim, SK s.n.* 20 August 1938 長津湖畔 *Jeon, SK JeonSK s.n.* 27 July 1933 東上面廣大里 *Koidzumi, G Koidzumi s.n.* 23 July 1933 東上面漢垈里 *Koidzumi, G Koidzumi s.n.* **Ryanggang** 8 July 1897 羅暖堡 *Komarov, VL Komaorv s.n.* 4 August 1939 大澤濕地 *Hozawa, S Hozawa s.n.* 8 August 1937 大澤 *Saito, T T Saito s.n.* 3 August 1914 惠山鎭- 普天堡 *Nakai, T Nakai s.n.*

Cnidium Cusson & Juss.
Cnidium dauricum (Jacq.) Fisch. & C.A.Mey., Index Seminum [St.Petersburg (Petropolitanus)] 2: 33 (1836)
Common name 북사상자, 다후리아사상자 (사동미나리)
Distribution in Korea: North
  Laserpitium dahuricum Jacq., Hort. Bot. Vindob. 3: 22 (1776)
  Aulacospermum cuneatum Ledeb., Fl. Altaic. 4: 225 (1833)

Representative specimens; Ryanggang 28 July 1897 佳林里 *Komarov, VL Komaorv s.n.* 20 August 1933 三長 *Koidzumi, G Koidzumi s.n.* 13 August 1914 農事洞- 三下 *Nakai, T Nakai s.n.*

Cnidium monnieri (L.) Cusson, Mem. Soc. Linn. Paris 1782-83: 280 (1787)
Common name 벌사상자
Distribution in Korea: North, Central, South
  Selinum monnieri L., Cent. Pl. I 0: 9 (1755)
  Cnidium confertum Moench, Methodus (Moench) 98 (1794)

Cnidium microcarpum Turcz. ex Steud., Nomencl. Bot., ed. 2 (Steudel) 1: 389 (1840)
Seseli daucifolium C.B.Clarke, Fl. Brit. Ind. 2: 693 (1879)
Cnidium mongolicum H.Wolff, Repert. Spec. Nov. Regni Veg. 27: 324 (1930)

Representative specimens; Chagang-do 12 July 1910 Kang-gei(Kokai 江界) *Mills, RG Mills s.n.* 15 August 1911 *Mills, RG Mills s.n.* 18 July 1911 *Mills, RG Mills s.n.* **Kangwon-do** 12 August 1932 Mt. Kumgang (金剛山) *Koidzumi, G Koidzumi s.n.* **P'yongyang** 22 July 1932 P'yongyang (平壤) *Kuwashima, S s.n.* **Ryanggang** 22 August 1897 雲洞嶺 *Komarov, VL Komaorv s.n.* 22 August 1897 *Komarov, VL Komaorv s.n.*

Conioselinum Hoffm.
Conioselinum kamtschaticum Rupr., Beitr. Pflanzenk. Russ. Reiches 11: 22 (1859)
Common name 산천궁
Distribution in Korea: North

Cryptotaenia DC.
Cryptotaenia japonica Hassk., Retzia 1: 113 (1855)
Common name 파드득나물
Distribution in Korea: North, Central, Ulleung
  Cryptotaenia canadensis (L.) DC. var. *japonica* (Hassk.) Makino, Somoku Dzusetsu, ed. 3 379 (1907)
  Deringa japonica (Hassk.) Koso-Pol., Vestn. Tiflissk. Bot. Sada 11: 139 (1916)
  Cryptotaenia canadensis (L.) DC. ssp. *japonica* (Hassk.) Hand.-Mazz., Symb. Sin. 7: 713 (1933)

Representative specimens; Chagang-do 16 July 1911 Kang-gei(Kokai 江界) *Mills, RG Mills s.n.* 4 July 1914 牙得嶺 (江界)*Nakai, T Nakai s.n.* **Kangwon-do** 7 August 1916 金剛山末輝里 *Nakai, T Nakai s.n.* 18 August 1902 Mt. Kumgang (金剛山) *Uchiyama, T Uchiyama s.n.* **P'yongan-namdo** 17 July 1916 加音峯 *Mori, T Mori s.n.*

Glehnia Schmidt ex Miq.
Glehnia littoralis F.Schmidt ex Miq., Ann. Mus. Bot. Lugduno-Batavi 3: 61 (1867)
Common name 갯방풍, 방풍나물 (갯방풍)
Distribution in Korea: North, Central, South
  Cymopterus glaber (A.Gray) Black, Hodgson's Res. Hakodate 335 (1861)
  Phellopterus littoralis (F.Schmidt ex Miq.) Benth., Gen. Pl. (Bentham & Hooker) 1: 905 (1867)

Representative specimens; Hamgyong-bukto 11 July 1930 Kyonson 鏡城 *Ohwi, J Ohwi s.n.* 19 August 1935 農圃洞 *Saito, T T Saito s.n.* 2 August 1918 漁大津 *Nakai, T Nakai s.n.* **Hamgyong-namdo** 17 August 1940 西湖津海岸 *Okuyama, S Okuyama s.n.* **Hwanghae-namdo** 9 July 1921 Sorai Beach 九味浦 *Mills, RG Mills s.n.* **Kangwon-do** 7 June 1909 元山 *Nakai, T Nakai s.n.* **Rason** 6 July 1935 獨津 *Saito, T T Saito s.n.*

Halosciastrum
Halosciastrum melanotilingia (H.Boissieu) Pimenov & V.N.Tikhom., Naucn. Dokl. Vysshei Shkoly Biol. Nauki 5 (1968)
Common name 큰참나물
Distribution in Korea: North, Central
  Selinum melanotilingia H.Boissieu, Bull. Herb. Boissier ser. 2, 3: 956 (1903)
  Peucedanum melanotilingia H.Boissieu, Bull. Herb. Boissier ser 2, 8: 642 (1908)
  Pimpinella crassa Nakai, Bot. Mag. (Tokyo) 31: 102 (1917)
  Ligusticum purpureopetalum Kom., Not given 30: 206 (1932)
  Halosciastrum crassum Koidz., Acta Phytotax. Geobot. 10: 54 (1941)
  Ostericum melanotilingia (H.Boissieu) Kitag., J. Jap. Bot. 17: 561 (1941)
  Cymopterus crassus (Koidz.) M.Hiroe, Umbelliferae Asia 143 (1958)
  Ostericum crassum (Nakai) Kitag., J. Jap. Bot. 34: 361 (1959)
  Cymopterus melanotilingia (H.Boissieu) C.Y.Yoon, Korean J. Pl. Taxon. 31: 258 (2001)

Representative specimens; Kangwon-do 27 August 1901 Nai Piang *Faurie, UJ Faurie260* Type of *Selinum melanotilingia* H.Boissieu (Isosyntype KYO)

Heracleum L.
Heracleum moellendorffii Hance, J. Bot. 1: 12 (1878)

Common name 어수리

Distribution in Korea: North, Central

Heracleum microcarpum Franch., Nouv. Arch. Mus. Hist. Nat. ser. 2, 6: 24 (1883)
Heracleum microcarpum Franch. var. *subbipinnatum* Franch., Pl. David. 1: 144 (1884)
Sphondylium lanatum (Michx.) Nakai, Chosen Shokubutsu 413 (1914)
Sphondylium lanatum (Michx.) Nakai var. *angustum* Nakai, Rep. Veg. Mt. Waigalbon 36 (1916)
Heracleum morifolium H.Wolff, Acta Horti Gothob. 2: 326 (1926)
Heracleum moellendorffii Hance f. *subbipinnatum* (Franch.) Kitag., Rep. Exped. Manchoukuo Sect. IV, Pt. 2, Contr. Cogn. Fl. Manshuricae 276 (1935)
Heracleum morifolium H.Wolff var. *angustum* Kitag., Rep. Exped. Manchoukuo Sect. IV, Pt. 4, Index Fl. Jeholensis 36 (1936)
Heracleum niponicum Kitag., Rep. Inst. Sci. Res. Manchoukuo 2: 274 (1938)
Heracleum moellendorffii Hance var. *subbipinnatum* (Franch.) Kitag., Rep. Inst. Sci. Res. Manchoukuo 5: 157 (1941)
Heracleum lanatum Michx. ssp. *moellendorffii* (Hance) H.Hara, Enum. Spermatophytarum Japon. 3: 310 (1954)
Heracleum moellendorffii Hance f. *angustum* (Kitag.) Kitag., J. Jap. Bot. 55: 268 (1980)
Heracleum dissectum Ledeb. ssp. *moellendorffii* (Hance) Vorosch., Byull. Moskovsk. Obshch. Isp. Prir. Otd. Biol. n.s, 95: 92 (1990)

Representative specimens; Chagang-do 26 August 1897 小德川 (松德水河谷) *Komarov, VL Komaorv s.n.* 25 June 1914 從西面 *Nakai, T Nakai s.n.* 18 July 1914 大興里 *Nakai, T Nakai s.n.* 11 July 1914 蔥田嶺 *Nakai, T Nakai s.n.* **Hamgyong-bukto** 10 August 1933 渡正山 門內 *Koidzumi, G Koidzumi s.n.* 17 June 1909 清津 *Nakai, T Nakai s.n.* 30 June 1935 ラクダ峰羅南 *Saito, T T Saito1175* 17 July 1918 朱乙溫面甫上洞 *Nakai, T Nakai s.n.* 7 July 1930 鏡城 *Ohwi, J Ohwi2148* 11 July 1930 鏡城元師台 *Ohwi, J Ohwi2275* 2 August 1914 車踰嶺 *Ikuma, Y Ikuma s.n.* 29 May 1897 釜所哥谷 *Komarov, VL Komaorv s.n.* 2 August 1913 武陵台 *Hirai, H Hirai s.n.* 10 June 1897 西溪水 *Komarov, VL Komaorv s.n.* **Hamgyong-namdo** 24 July 1933 東上面大漢垈里 *Koidzumi, G Koidzumi s.n.* 15 August 1935 東上面漢岱里 *Nakai, T Nakai s.n.* **Hwanghae-namdo** August 1932 Sorai Beach 九味浦 *Smith, RK Smith s.n.* **Kangwon-do** June 1940 熊灘面海浪里 *Jeon, SK JeonSK s.n.* 4 August 1932 金剛山內金剛 *Kobayashi, M Kobayashi s.n.* 17 August 1916 金剛山內霧在嶺 *Nakai, T Nakai s.n.* 16 August 1902 Mt. Kumgang (金剛山) *Uchiyama, T Uchiyama s.n.* **P'yongan-namdo** 20 July 1916 黃玉峯 (黃處嶺?) *Mori, T Mori s.n.* 15 June 1928 陽德 *Nakai, T Nakai s.n.* **P'yongyang** 3 September 1901 in montibus mediae *Faurie, UJ Faurie267* **Ryanggang** 19 July 1897 Keizanchin(惠山鎭) *Komarov, VL Komaorv s.n.* 1 August 1897 虛川江 (同仁川) *Komarov, VL Komaorv s.n.* 22 August 1897 雲洞嶺 *Komarov, VL Komaorv s.n.* 7 July 1897 犁方嶺 (鴨綠江羅暖堡) *Komarov, VL Komaorv s.n.* 4 July 1897 上水隅理 *Komarov, VL Komaorv s.n.* 24 July 1930 吉州郡含山嶺 *Ohwi, J Ohwi s.n.* 28 July 1897 佳林里 *Komarov, VL Komaorv s.n.*

Libanotis Haller ex Zinn
Libanotis seseloides (Fisch. & C.A.Mey. ex Turcz.) Turcz., Bull. Soc. Imp. Naturalistes Moscou 17: 725 (1844)

Common name 털기름나물 (가는잎방풍)

Distribution in Korea: North

Ligusticum seseloides Fisch. & C.A.Mey. ex Turcz., Bull. Soc. Imp. Naturalistes Moscou 17: 725 (1844)
Libanotis amurensis Schischk., Bot. Mater. Gerb. Bot. Inst. Komarova Akad. Nauk S.S.S.R. 13: 160 (1950)
Seseli seseloides (Fisch. & C.A.Mey. ex Turcz.) M.Hiroe, Umbelliferae Asia 1: 135 (1958)
Seseli rivinianum (Ledeb.) M.Hiroe, Umbelliferae World 1126 (1979)

Representative specimens; Hamgyong-bukto 3 August 1935 羅南支庫 *Saito, T T Saito s.n.* 21 June 1909 茂山嶺 *Nakai, T Nakai s.n.* 4 August 1918 Mt. Chilbo at Myongch'on(七寶山) Nakai, *T Nakai s.n.* 27 August 1914 黃句基 *Nakai, T Nakai s.n.* **Ryanggang** 18 July 1897 Keizanchin(惠山鎭) *Komarov, VL Komaorv s.n.* 27 July 1897 佳林里 *Komarov, VL Komaorv s.n.*

Ligusticum L.
Ligusticum hultenii Fernald, Rhodora 32: 7 (1930)

Common name 갯당귀 (기름당귀)

Distribution in Korea: North, Central

Angelica hultenii (Fernald) M.Hiroe, Acta Phytotax. Geobot. 14: 29 (1949)

Ligusticum scoticum L. ssp. *hultenii* (Fernald) Calder & Roy L.Taylor, Canad. J. Bot. 43: 1396 (1965)

Representative specimens; Hamgyong-bukto August 1913 Sungjin (城津) *Mori, T Mori s.n.* 11 July 1930 鏡城元師台 *Ohwi, J Ohwi s.n.* **Kangwon-do** 29 July 1916 海金剛 *Nakai, T Nakai s.n.* **Rason** 18 August 1935 獨津 *Saito, T T Saito s.n.* 12 June 1909 雄基 *Shou, K s.n.*

Ligusticum jeholense (Nakai & Kitag.) Nakai & Kitag., Rep. Exped. Manchoukuo Sect. IV, Pt. 4, Index Fl. Jeholensis : 90 (1936)

Common name 산궁궁이

Distribution in Korea: North, Central

Cnidium jeholense Nakai & Kitag., Rep. Exped. Manchoukuo Sect. IV, Pt. 4, Index Fl. Jeholensis 1: 38 (1934)

Ligusticum tachiroei (Franch. & Sav.) M.Hiroe & Constance, Univ. Calif. Publ. Bot. 30: 74 (1958)

Common name 개회향

Distribution in Korea: North

Seseli tachiroei Franch. & Sav., Enum. Pl. Jap. 2: 373 (1878)

Cnidium tachiroei (Franch. & Sav.) Makino, Bot. Mag. (Tokyo) 20: 94 (1906)

Ligusticum koreanum H.Wolff, Repert. Spec. Nov. Regni Veg. 17: 154 (1921)

Cnidium filisectum Nakai & Kitag., Rep. Exped. Manchoukuo Sect. IV, Pt. 1, Pl. Nov. Jehol. 35 (1934)

Tilingia filisecta (Nakai & Kitag.) Nakai & Kitag., Bot. Mag. (Tokyo) 51(607): 657 (1937)

Tilingia tachiroei (Franch. & Sav.) Kitag., Bot. Mag. (Tokyo) 51: 656 (1937)

Ligusticum filisectum(Nakai & Kitag.) M.Hiroe, Umbelliferae Asia 1: 105 (1958)

Rupiphila tachiroei (Franch. & Sav.) Pimenov & Lavrova, Byull. Moskovsk. Obshch. Isp. Prir. Otd. Biol. 91: 97 (1986)

Representative specimens; Chagang-do 22 July 1916 狼林山 *Mori, T Mori s.n.* **Hamgyong-bukto** 12 August 1933 渡正山 *Koidzumi, G Koidzumi s.n.* 5 August 1939 頭流山 *Hozawa, S Hozawa s.n.* 26 July 1930 *Ohwi, J Ohwi s.n.* 20 July 1918 冠帽峰 *Nakai, T Nakai s.n.* 21 July 1933 *Saito, T T Saito s.n.* **Hamgyong-namdo** 25 July 1933 東上面遮日峯 *Koidzumi, G Koidzumi s.n.* 16 August 1935 遮日峯 *Nakai, T Nakai s.n.* 15 August 1940 赴戰高原雲水嶺 *Okuyama, S Okuyama s.n.* 15 August 1940 遮日峯 *Okuyama, S Okuyama s.n.* 18 August 1934 東上面達阿里新洞上方尾根 2000m *Yamamoto, A Yamamoto s.n.* **Kangwon-do**1938 山林課元山出張所 *Tsuya, S s.n.* **P'yongan-bukto** 3 August 1935 妙香山 *Koidzumi, G Koidzumi s.n.* **Ryanggang** 15 August 1935 北水白山 *Hozawa, S Hozawa s.n.* 21 August 1934 北水白山附近 *Kojima, K Kojima s.n.* 30 July 1917 無頭峯 *Furumi, M Furumi s.n.* 13 August 1913 白頭山 *Hirai, H Hirai s.n.* 12 August 1913 神武城 *Hirai, H Hirai s.n.* 13 August 1914 白頭山 *Ikuma, Y Ikuma s.n.* 1 August 1934 小長白山 *Kojima, K Kojima s.n.* August 1913 長白山 *Mori, T Mori s.n.* 8 August 1914 神武城-無頭峯 *Nakai, T Nakai s.n.* 26 July 1942 白頭山 *Saito, T T Saito s.n.*

Oenanthe **L.**

Oenanthe javanica (Blume) DC., Prodr. (DC.) 4: 138 (1830)

Common name 미나리

Distribution in Korea: North, Ulleung

Phellandrium stoloniferum Roxb., Hort. Bengal. 21 (1814)

Sium javanicum Blume, Bijdr. Fl. Ned. Ind. 15: 881 (1826)

Sium laciniatum Blume, Bijdr. Fl. Ned. Ind. 15: 881 (1826)

Falcaria laciniata (Blume) DC., Prodr. (DC.) 4: 110 (1830)

Oenanthe stolonifera Wall. ex DC., Prodr. (A. P. de Candolle) 4: 138 (1830)

Oenanthe laciniata Zoll., Syst. Verz. (Zollinger) 2: 139 (1854)

Dasyloma javanicum (Blume) Miq., Fl. Ned. Ind. 1: 741 (1856)

Dasyloma laciniatum (Blume) Miq., Fl. Ned. Ind. 1: 741 (1856)

Dasyloma japonicum Miq., Ann. Mus. Bot. Lugduno-Batavi 3: 59 (1867)

Oenanthe stolonifera Wall. ex DC. var. *laciniata* (Zoll.) Kanitz, Anthophyta Jap. Legit Emanuel Weiss 27 (1878)

Oenanthe decumbens Koso-Pol., Bull. Soc. Imp. Naturalistes Moscou 29: 130 (1916)
Oenanthe decumbens Koso-Pol. var. *laciniata* (Zoll.) Koso-Pol., Trudy Imp. S.-Peterburgsk.
Bot. Sada 36: 9 (1920)
Oenanthe japonica (Miq.) Nakai ex T. Mori, Enum. Pl. Corea 272 (1922)
Oenanthe javanica (Blume) DC. var. *japonica* (Miq.) Honda, Nom. Pl. Japonic. 250 (1939)

Representative specimens; Chagang-do 16 July 1911 Kang-gei(Kokai 江界) *Mills, RG Mills s.n.* 15 August 1911 *Mills, RG Mills s.n.* **Hamgyong-bukto** 9 August 1935 羅南 *Saito, T T Saito s.n.* 15 August 1936 富寧靑岩 - 連川 *Saito, T T Saito s.n.* 2 August 1918 漁大津 *Nakai, T Nakai s.n.* 20 June 1909 富寧 *Nakai, T Nakai s.n.* **Hamgyong-namdo** 17 August 1940 西湖津 *Okuyama, S Okuyama s.n.* **Kangwon-do** 7 August 1916 金剛山末輝里 *Nakai, T Nakai s.n.* 20 August 1902 Mt. Kumgang (金剛山) *Uchiyama, T Uchiyama s.n.* **Ryanggang** 1 July 1897 五是川雲寵江-崔五峰 *Komarov, VL Komaorv s.n.*

Osmorhiza Raf.
Osmorhiza aristata (Thunb.) Rydb., Bot. Surv. Nebraska 3: 37 (1894)
Common name 긴사상자
Distribution in Korea: North, Central, South, Ulleung
　　Chaerophyllum aristatum Thunb., Syst. Veg., ed. 14 (J. A. Murray) 288 (1784)
　　Myrrhis claytonii Michx., Fl. Bor.-Amer. (Michaux) 1: 170 (1803)
　　Myrrhis aristata (Thunb.) Spreng., Sp. Umbell. 133 (1818)
　　Osmorhiza japonica Siebold & Zucc., Abh. Math.-Phys. Cl. Konigl. Bayer. Akad. Wiss. 4: 203 (1845)
　　Osmorhiza amurensis F.Schmidt ex Maxim., Mem. Acad. Imp. Sci. St.-Petersbourg Divers
　　Savans 9: 129 (1859)
　　Uraspermum aristatum (Thunb.) Kuntze, Revis. Gen. Pl. 1: 270 (1891)
　　Scandix aristata (Thunb.) Koso-Pol., Bull. Soc. Imp. Naturalistes Moscou 29: 143 (1916)
　　Osmorhiza aristata (Thunb.) Rydb. var. *montana* Makino, J. Jap. Bot. 2: 7 (1918)
　　Osmorhiza montana (Makino) Makino, J. Jap. Bot. 5: 28 (1928)

Representative specimens; Chagang-do 26 August 1897 小德川 (松德水河谷) *Komarov, VL Komaorv s.n.* **Kangwon-do** 12 July 1936 金剛山外金剛千佛山 *Nakai, T Nakai s.n.* 10 June 1932 Mt. Kumgang (金剛山) *Ohwi, J Ohwi s.n.* **Ryanggang** 23 August 1897 雲洞嶺 *Komarov, VL Komaorv s.n.* 28 June 1897 栢德嶺 *Komarov, VL Komaorv s.n.* 20 July 1897 惠山鎭(鴨綠江上流長白山脈中高原) *Komarov, VL Komaorv s.n.*

Ostericum Hoffm.
Ostericum grosseserratum (Maxim.) Kitag., J. Jap. Bot. 12: 233 (1935)
Common name 신감채
Distribution in Korea: North, Central, South
　　Angelica grosseserrata Maxim., Bull. Acad. Imp. Sci. Saint-Pétersbourg 3, 19: 275 (1873)
　　Angelica koreana Maxim., Bull. Acad. Imp. Sci. Saint-Pétersbourg 3, 31: 51 (1887)
　　Ostericum koreanum (Maxim.) Kitag., J. Jap. Bot. 12: 235 (1936)

Representative specimens; Chagang-do 30 August 1897 慈城江 *Komarov, VL Komaorv s.n.* **Hamgyong-bukto** 18 August 1935 羅南 *Saito, T T Saito1536* 6 August 1933 茂山嶺 *Koidzumi, G Koidzumi s.n.* 18 July 1918 朱乙溫面熊谷嶺 *Nakai, T Nakai s.n.* 4 August 1918 Mt. Chilbo at Myongch'on(七寶山) *Nakai, T Nakai s.n.* 2 August 1914 黃句基 *Nakai, T Nakai s.n.* **Hamgyong-namdo** 19 August 1943 千佛山 *Honda, M Honda s.n.* 19 August 1943 *Honda, M Honda s.n.* **Hwanghae-bukto** 10 September 1915 瑞興 *Nakai, T Nakai s.n.* **Hwanghae-namdo** 26 August 1943 長壽山 *Furusawa, I Furusawa s.n.* August 1932 Sorai Beach 九味浦 *Smith, RK Smith s.n.* **Kangwon-do** 12 August 1932 Mt. Kumgang (金剛山) *Koidzumi, G Koidzumi s.n.* 4 August 1916 金剛山萬物相 *Nakai, T Nakai s.n.* 11 August 1916 金剛山長安寺附近森 *Nakai, T Nakai s.n.* 20 August 1902 Mt. Kumgang (金剛山) *Uchiyama, T Uchiyama s.n.* 18 August 1932 金剛山 *Koidzumi, G Koidzumi s.n.* 20 August 1932 元山德源 *Kitamura, S Kitamura s.n.* **P'yongyang** 12 September 1902 平壤牧丹峯 *Uchiyama, T Uchiyama s.n.* **Ryanggang** 4 August 1897 十四道溝-白山嶺 *Komarov, VL Komaorv s.n.* 25 July 1914 三水- 遮川里 *Nakai, T Nakai s.n.* 26 July 1897 佳林里/五山里川河谷 *Komarov, VL Komaorv s.n.* 28 July 1897 佳林里 *Komarov, VL Komaorv s.n.*

Ostericum maximowiczii (F.Schmidt) Kitag., J. Jap. Bot. 12: 232 (1936)
Common name 가는바디
Distribution in Korea: North, Central
　　Gomphopetalum maximowiczii F.Schmidt ex Maxim., Mem. Acad. Imp. Sci. St.-Petersbourg
　　Divers Savans 9: 126 (1859)

Angelica maximowiczii (F.Schmidt) Benth. ex Maxim., Bull. Acad. Imp. Sci. Saint-Pétersbourg 3, 19: 274 (1874)

    Ostericum praeteritum Kitag., J. Jap. Bot. 46: 369 (1971)

    Ostericum praeteritum Kitag. f. *piliferum* Kitag., J. Jap. Bot. 46: 370 (1971)

    Ostericum sieboldii (Miq.) Nakai var. *praeteritum* (Kitag.) Y.Huei Huang, Fl. Pl. Herb. Chin. Bor.-Or. 6: 252 (1977)

    Angelica praeterita (Kitag.) Kitag., Neolin. Fl. Manshur. 585 (1979)

Representative specimens; Chagang-do 24 August 1897 大會洞 *Komarov, VL Komaorv s.n.* 28 August 1897 慈城邑(松德水河谷) *Komarov, VL Komaorv s.n.* 4 July 1914 牙得嶺 (江界) *Nakai, T Nakai s.n.* 21 June 1914 從西面 *Nakai, T Nakai s.n.* 22 July 1914 江界 *Nakai, T Nakai s.n.* 22 July 1914 山羊 -江口 *Nakai, T Nakai s.n.* **Hamgyong-bukto** 18 July 1918 朱乙溫面態谷嶺 *Nakai, T Nakai s.n.* 13 June 1897 西溪水 *Komarov, VL Komaorv s.n.* 27 August 1914 南川洞 *Nakai, T Nakai s.n.* **Hamgyong-namdo** 5 August 1938 西閑面赤水里 *Jeon, SK JeonSK s.n.* 27 August 1897 小德川 *Komarov, VL Komaorv s.n.* 27 August 1897 *Komarov, VL Komaorv s.n.* 16 August 1934 新角面北山 *Nomura, N Nomura s.n.* 16 August 1935 雲仙嶺 *Nakai, T Nakai s.n.* 15 August 1935 東上面漢岱里 *Nakai, T Nakai s.n.* **Kangwon-do** 12 August 1932 Mt. Kumgang (金剛山) *Koidzumi, G Koidzumi s.n.* **P'yongan-bukto** 2 August 1935 妙香山 *Koidzumi, G Koidzumi s.n.* **Ryanggang** 1 August 1897 虛川江 (同仁川) *Komarov, VL Komaorv s.n.* 16 August 1897 大羅信洞 *Komarov, VL Komaorv s.n.* 7 August 1897 上巨里水 *Komarov, VL Komaorv s.n.* 25 July 1914 三水- 遮川里 *Nakai, T Nakai s.n.* 4 August 1939 大澤濕地 *Hozawa, S Hozawa s.n.* 28 July 1897 佳林里 *Komarov, VL Komaorv s.n.* 21 July 1897 佳林里(鴨綠江上流) *Komarov, VL Komaorv s.n.* 24 July 1897 佳林里 *Komarov, VL Komaorv s.n.* 27 July 1897 *Komarov, VL Komaorv s.n.* 4 August 1914 惠山鎭- 普天堡 *Nakai, T Nakai s.n.* 14 August 1913 神武城 *Hirai, H Hirai s.n.* August 1913 長白山 *Mori, T Mori s.n.* 5 August 1914 普天堡- 寶泰洞 *Nakai, T Nakai s.n.*

Ostericum sieboldii (Miq.) Nakai, J. Jap. Bot. 18: 219 (1942)

Common name 묏미나리 (묏미나리)

Distribution in Korea: North, Central, South

    Peucedanum sieboldii Miq., Ann. Mus. Bot. Lugduno-Batavi 3: 63 (1867)

    Angelica miqueliana Maxim., Bull. Acad. Imp. Sci. Saint-Pétersbourg 3, 19: 276 (1873)

    Peucedanum miquelianum H.Wolff, Repert. Spec. Nov. Regni Veg. 21(588-600): 248 (1925)

    Ostericum miquelianum (Maxim.) Kitag., J. Jap. Bot. 12: 236 (1936)

Representative specimens; Hwanghae-bukto 27 September 1915 瑞興 *Nakai, T Nakai s.n.* 8 September 1902 安城 - 瑞興 *Uchiyama, T Uchiyama s.n.*

Peucedanum L.

Peucedanum elegans Kom., Trudy Imp. S.-Peterburgsk. Bot. Sada 18: 430 (1901)

Common name 가는기름나물

Distribution in Korea: North (Kangwon, Gangwon), Central

    Peucedanum coreanum Nakai, Bot. Mag. (Tokyo) 31: 100 (1917)

    Peucedanum hakuunense Nakai, J. Jap. Bot. 15: 740 (1939)

    Ligusticum coreanum (Nakai) M.Hiroe, Umbelliferae Asia 1: 103 (1958)

    Kitagawia komarovii Pimenov, Bot. Zhurn. (Moscow & Leningrad) 71: 948 (1986)

Representative specimens; Chagang-do 22 July 1914 山羊 -江口 *Nakai, T Nakai s.n.* **Hwanghae-namdo** 29 July 1935 長壽山 *Koidzumi, G Koidzumi s.n.* **Kangwon-do** 11 August 1943 Mt. Kumgang (金剛山) *Honda, M Honda s.n.* 22 August 1916 金剛山大長峯 *Nakai, T Nakai5719* Type of *Peucedanum coreanum* Nakai (Syntype TI)22 August 1916 金剛山 *Nakai, T Nakai5720* Type of *Peucedanum coreanum* Nakai (Syntype TI) **Ryanggang** 4 July 1897 上水隅理 *Komarov, VL Komaorv s.n.* 13 August 1897 長進江河口(鴨綠江) *Komarov, VL Komaorv s.n.* Type of *Peucedanum elegans* Kom. (Syntype LE)27 July 1897 佳林里 *Komarov, VL Komaorv s.n.* 21 July 1897 佳林里(鴨綠江上流) *Komarov, VL Komaorv s.n.* 24 July 1897 佳林里 *Komarov, VL Komaorv s.n.* Type of *Peucedanum elegans* Kom. (Lectotype LE)10 August 1914 茂山茂峯 *Ikuma, Y Ikuma s.n.*

Peucedanum terebinthaceum (Fisch. ex Trevir.) Fisch. ex Turcz., Bull. Soc. Imp. Naturalistes Moscou 17: 743 (1844)

Common name 기름나물

Distribution in Korea: North, Central, South

    Selinum terebinthaceum Fisch. ex Trevir., Index Sem. (Breslau) 3: 3 (1821)

    Peucedanum deltoideum Makino ex Y.Yabe, J. Coll. Sci. Imp. Univ. Tokyo 16(14): 99 (1902)

    Peucedanum terebinthaceum (Fisch. ex Trevir.) Fisch. ex Turcz. var. *deltoideum* (Makino ex K.Yabe) Makino, Bot. Mag. (Tokyo) 22: 173 (1908)

Peucedanum paishanense Nakai, Bot. Mag. (Tokyo) 31: 101 (1917)

Peucedanum terebinthaceum (Fisch. ex Trevir.) Fisch. ex Turcz. var. *flagellare* Nakai, Bot. Mag. (Tokyo) 31: 101 (1917)

Peucedanum fauriei H.Wolff, Repert. Spec. Nov. Regni Veg. 33: 250 (1934)

Representative specimens; **Chagang-do** 26 August 1897 小德川 (松德水河谷) *Komarov, VL Komaorv s.n.* 16 July 1910 Kang-gei(Kokai 江界) *Mills, RG Mills359* 18 July 1914 大興里 *Nakai, T Nakai s.n.* **Hamgyong-bukto** 1 August 1914 清津 *Ikuma, Y Ikuma s.n.* 11 August 1933 渡正山門内 *Koidzumi, G Koidzumi s.n.* 漁遊洞 *Unknown s.n.* August 1933 羅南 *Yoshimizu, K s.n.* 3 August 1933 會寧 *Koidzumi, G Koidzumi s.n.* 26 July 1930 頭流山 *Ohwi, J Ohwi s.n.* 26 July 1930 *Ohwi, J Ohwi s.n.* 18 July 1918 朱乙溫面態谷嶺 *Nakai, T Nakai s.n.* 12 September 1932 南下石山 *Saito, T T Saito s.n.* 5 August 1914 茂山 *Ikuma, Y Ikuma s.n.* 3 August 1914 車踰嶺 *Ikuma, Y Ikuma s.n.* 2 August 1914 *Ikuma, Y Ikuma s.n.* August 1913 茂山 *Mori, T Mori319* Type of *Peucedanum terebinthaceum* (Fisch. ex Trevir.) Fisch. ex Turcz. var. *flagellare* Nakai (Syntype TI, Syntype TI)17 October 1938 梨浦 *Saito, T T Saito s.n.* **Hamgyong-namdo** 17 August 1940 西湖津 *Okuyama, S Okuyama s.n.* August 1934 咸興盤龍山 *Yamamoto, A Yamamoto s.n.* 25 September 1936 Hamhung (咸興) *Yamatsuta, T s.n.* 23 July 1933 東上面漢岱里 *Koidzumi, G Koidzumi s.n.* 15 August 1935 *Nakai, T Nakai s.n.* 15 August 1940 赴戰高原 Fusenkogen *Okuyama, S Okuyama s.n.* **Hwanghae-namdo** 25 August 1943 首陽山 *Furusawa, I Furusawa s.n.* **Kangwon-do** 2 September 1932 金剛山外金剛 *Kitamura, S Kitamura s.n.* 7 August 1932 Mt. Kumgang (金剛山) *Fukushima s.n.* 12 August 1932 *Kitamura, S Kitamura s.n.* 12 August 1932 *Koidzumi, G Koidzumi s.n.* 14 August 1932 金剛山外 金剛千佛山 *Koidzumi, G Koidzumi s.n.* 14 August 1916 金剛山望軍臺 *Nakai, T Nakai5721* Type of *Peucedanum paishanense* Nakai (Syntype TI)29 September 1935 Mt. Kumgang (金剛山) *Okamoto, S Okamoto s.n.* 7 August 1940 *Okuyama, S Okuyama s.n.* 12 August 1902 墨流洞 *Uchiyama, T Uchiyama s.n.* 7 June 1909 元山 *Nakai, T Nakai s.n.* Type of *Peucedanum terebinthaceum* (Fisch. ex Trevir.) Fisch. ex Turcz. var. *flagellare* Nakai (Syntype TI)23 October 1932 *Yamagishi, S s.n.* **P'yongan-bukto** 5 August 1937 妙香山 *Hozawa, S Hozawa s.n.* 5 August 1935 *Koidzumi, G Koidzumi s.n.* 28 September 1911 青山面梨石洞山 *Ishidoya, T Ishidoya s.n.* 25 September 1912 雲山郡南面松峴里 *Ishidoya, T Ishidoya s.n.* **P'yongyang** 25 September 1939 P'yongyang (平壤) *Kitamura, S Kitamura s.n.* 29 May 1935 *Sakaguchi, S s.n.* 12 September 1902 *Uchiyama, T Uchiyama s.n.* **Ryanggang** 19 August 1897 葡坪 *Komarov, VL Komaorv s.n.* 18 September 1935 坂幕 *Saito, T T Saito s.n.* 23 July 1914 江口 *Nakai, T Nakai s.n.* 21 July 1914 魚面堡遮川里 *Nakai, T Nakai s.n.* 25 July 1914 三水- 遮川里 *Nakai, T Nakai s.n.* July 1943 延岩 *Uchida, H Uchida s.n.* 21 July 1897 佳林里(鴨綠江上流) *Komarov, VL Komaorv s.n.* 21 July 1897 *Komarov, VL Komaorv s.n.* 26 July 1897 佳林里/五山里川河谷 *Komarov, VL Komaorv s.n.* August 1913 長白山 *Mori, T Mori119* Type of *Peucedanum paishanense* Nakai (Syntype TI)August 1913 *Mori, T Mori162* Type of *Peucedanum paishanense* Nakai (Syntype TI)7 August 1914 虛項嶺-神武城 *Nakai, T Nakai4013* Type of *Peucedanum paishanense* Nakai (Syntype TI)13 August 1914 Moho (茂峯)- 農事洞 *Nakai, T Nakai4042* Type of *Peucedanum paishanense* Nakai (Syntype TI)August 1917 南雪嶺 *Goto, M s.n.*

Pimpinella **L.**

Pimpinella komarovii (Kitag.) R.H.Shan & F.T.Pu, Fl. Reipubl. Popularis Sin. 55: 111 (1985)

Common name 노루참나물

Distribution in Korea: North (Chagang, Kangwon), Central

Spuriopimpinella komarovii Kitag., J. Jap. Bot. 17(10): 560 (1941)

Representative specimens; **Chagang-do** 22 July 1916 狼林山 *Mori, T Mori s.n.* 11 July 1914 蔥田嶺 *Nakai, T Nakai s.n.* **Hamgyong-bukto** 19 July 1918 冠帽峰 *Nakai, T Nakai s.n.* **Hamgyong-namdo** 22 July 1916 赴戰高原黃泰嶺 *Mori, T Mori s.n.* 16 August 1935 雲仙嶺 *Nakai, T Nakai s.n.* 15 August 1940 遮日峯 *Okuyama, S Okuyama s.n.* **Ryanggang** 6 August 1917 延岩 *Furumi, M Furumi s.n.* 24 July 1897 佳林里 *Komarov, VL Komaorv s.n.* August 1913 崔哥嶺 *Mori, T Mori s.n.*

Pleurospermum **Hoffm.**

Pleurospermum uralense Hoffm., Gen. Pl. Umbell. 9 (1814)

Common name 왜우산풀

Distribution in Korea: North, Central, South

Pleurospermum camtschaticum Hoffm., Gen. Pl. Umbell. 10 (1814)

Representative specimens; **Chagang-do** 1 July 1914 從西面從西山 *Nakai, T Nakai s.n.* 25 June 1914 從西面 *Nakai, T Nakai s.n.* **Hamgyong-bukto** 20 May 1897 茂山嶺 *Komarov, VL Komaorv s.n.* 18 July 1918 朱乙溫面熊谷嶺 *Nakai, T Nakai s.n.* 12 June 1897 西溪水 *Komarov, VL Komaorv s.n.* 4 June 1897 四芝嶺 *Komarov, VL Komaorv s.n.* **Hamgyong-namdo** 24 July 1933 東上面大漢垈里 *Koidzumi, G Koidzumi s.n.* 15 August 1935 東上面漢岱里 *Nakai, T Nakai s.n.* 15 August 1935 *Nakai, T Nakai s.n.* 15 August 1940 赴戰高原雲水嶺 *Okuyama, S Okuyama s.n.* **Hwanghae-namdo** 12 June 1931 長壽山 *Smith, RK Smith s.n.* **Kangwon-do** 22 August 1916 金剛山大長峯 *Nakai, T Nakai s.n.* 12 July 1936 金剛山外金剛千佛山 *Nakai, T Nakai s.n.* July 1932 Mt. Kumgang (金剛山) *Smith, RK Smith s.n.* **P'yongan-bukto** 5 August 1935 妙香山 *Koidzumi, G Koidzumi s.n.* **P'yongan-namdo** 15 June 1928 陽德 *Nakai, T Nakai s.n.* **Ryanggang** 23 August 1914 Keizanchin(惠山鎭) *Ikuma, Y Ikuma s.n.* 1 July 1897 五是川雲寵江-崔五峰 *Komarov, VL Komaorv s.n.* 15 August 1935 北水白山 *Hozawa, S Hozawa s.n.* 22 August 1897 subdist. Chu-czan, flumen Amnok-gan *Komarov, VL Komaorv s.n.* 22 August 1897 雲洞嶺 *Komarov, VL Komaorv s.n.* 7 July 1897 犁方嶺 (鴨綠江羅暖堡) *Komarov, VL Komaorv s.n.* 9 June 1897 屈松川 (西頭水河谷) *Komarov, VL Komaorv s.n.* 倉坪 *Komarov, VL Komaorv s.n.* 24 July 1930 含山嶺 *Ohwi, J Ohwi s.n.* 22 July 1897 佳林里 *Komarov, VL Komaorv s.n.* August 1913 崔哥嶺 *Mori, T Mori s.n.* 3 June 1897 四芝嶺 *Komarov, VL Komaorv s.n.*

***Sanicula* L.**
Sanicula chinensis Bunge, Enum. Pl. Chin. Bor. 32 (1833)

Common name 참반디

Distribution in Korea: North, Central, South, Ulleung
>   *Sanicula europaea* L. var. *chinensis* (Bunge) Diels, Bot. Jahrb. Syst. 29: 491 (1900)
>   *Sanicula elata* Buch.-Ham. ex D.Don var. *chinensis* (Bunge) Koidz., Bot. Mag. (Tokyo) 44: 95 (1910)
>   *Sanicula chinensis* Bunge var. *involucrata* Nakai, Bull. Natl. Sci. Mus., Tokyo 33: 18 (1953)
>   *Sanicula chinensis* Bunge var. *paupera* Nakai, Bull. Natl. Sci. Mus., Tokyo 33: 18 (1953)
>   *Sanicula kurilensis* Pobed., Bot. Zhurn. (Moscow & Leningrad) 46: 1343 (1961)
>   *Sanicula europaea* L. ssp. *chinensis* (Bunge) Hultén, Kungl. Svenska Vetenskapsakad. Handl. 13: 363 (1971)

Representative specimens; Chagang-do 6 July 1911 Kang-gei(Kokai 江界) *Mills, RG Mills346* 4 July 1914 牙得嶺 (江界) Nakai, T *Nakai s.n.* 23 June 1914 從西面 *Nakai, T Nakai s.n.* **Hamgyong-bukto** 1 August 1914 清津 *Ikuma, Y Ikuma s.n.* 6 October 1942 清津高抹山東側 *Saito, T T Saito s.n.* 11 August 1935 羅南 *Saito, T T Saito s.n.* **Hwanghae-namdo** 12 July 1921 Sorai Beach 九味浦 *Mills, RG Mills s.n.* August 1932 *Smith, RK Smith s.n.* **P'yongan-bukto** 5 August 1937 妙香山 *Hozawa, S Hozawa s.n.* **P'yongan-namdo** 15 July 1916 葛日嶺 *Mori, T Mori s.n.* **Ryanggang** 23 August 1914 Keizanchin(惠山鎭) *Ikuma, Y Ikuma s.n.* 15 August 1897 蓮坪-厚州川-厚州古邑 *Komarov, VL Komaorv s.n.* 16 August 1897 大羅信洞 *Komarov, VL Komaorv s.n.* 18 August 1897 葡坪 *Komarov, VL Komaorv s.n.* 20 August 1897 內洞-河山嶺 *Komarov, VL Komaorv s.n.* 15 August 1897 蓮坪-厚州川-厚州古邑 *Komarov, VL Komaorv s.n.*

Sanicula rubriflora F.Schmidt ex Maxim., Mem. Acad. Imp. Sci. St.-Petersbourg Divers Savans 9: 123 (1859)

Common name 붉은참반디

Distribution in Korea: North

Representative specimens; Chagang-do 26 August 1897 小德川 (松德水河谷) *Komarov, VL Komaorv s.n.* 30 August 1897 慈城江 *Komarov, VL Komaorv s.n.* **Hamgyong-bukto** 10 May 1934 羅南 *Saito, T T Saito s.n.* 15 May 1934 漁遊洞 *Uozumi, H Uozumi s.n.* 20 May 1897 茂山嶺 *Komarov, VL Komaorv s.n.* 15 June 1930 Ohwi, J *Ohwi s.n.* 15 June 1930 Ohwi, J *Ohwi s.n.* 23 May 1897 車踰嶺 *Komarov, VL Komaorv s.n.* 7 June 1936 茂山面 *Minamoto, M s.n.* **Hamgyong-namdo** 20 June 1932 東上面元豊里 *Ohwi, J Ohwi s.n.* **Kangwon-do** 10 June 1932 Mt. Kumgang (金剛山) Ohwi, J *Ohwi s.n.* **P'yongan-namdo** 15 June 1928 陽德 *Nakai, T Nakai s.n.* **Ryanggang** 1 August 1897 虛川江 (同仁川) *Komarov, VL Komaorv s.n.* 16 August 1897 大羅信洞 *Komarov, VL Komaorv s.n.* 19 August 1897 葡坪 *Komarov, VL Komaorv s.n.* 21 August 1897 subdist. Chu-czan, flumen Amnok-gan *Komarov, VL Komaorv s.n.* 26 June 1897 內曲里 *Komarov, VL Komaorv s.n.* 22 July 1897 佳林里 *Komarov, VL Komaorv s.n.* 20 July 1897 惠山鎭 (鴨綠江上流長白山脈中高原) *Komarov, VL Komaorv s.n.* 3 June 1897 四芝坪 *Komarov, VL Komaorv s.n.*

Sanicula tuberculata Maxim., Bull. Acad. Imp. Sci. Saint-Pétersbourg 11: 431 (1867)
Common name 애기참반디
Distribution in Korea: North, Central, South

***Saposhnikovia* Schischk.**
Saposhnikovia divaricata (Turcz.) Schischk., Fl. URSS 17: 54 (1951)

Common name 방풍

Distribution in Korea: North, Central
>   *Trinia dahurica* Turcz. ex Besser, Flora 17 (1 Beibl.): 14 (1834)
>   *Stenocoelium divaricatum* Turcz., Bull. Soc. Imp. Naturalistes Moscou 17: 734 (1844)
>   *Siler divaricatum* (Turcz.) Benth. & Hook.f., Gen. Pl. (Bentham & Hooker) 1: 909 (1867)
>   *Ledebouriella divaricata* (Turcz.) Hirose, Umbelliferae Asia 1: 92 (1958)
>   *Saposhnikovia seseloides* (Hoffm.) Kitag., Neolin. Fl. Manshur. 488 (1979)

Representative specimens; Hamgyong-bukto 10 June 1937 穩城上和洞 *Saito, T T Saito s.n.* 6 October 1937 *Saito, T T Saito s.n.* 16 August 1914 下面江口-茂山 *Nakai, T Nakai s.n.* **P'yongan-bukto** 25 August 1911 Sakju(朔州) *Mills, RG Mills s.n.* 13 September 1915 Gishu(義州) Nakai, T *Nakai s.n.* **P'yongyang** 13 September 1902 萬景臺 *Uchiyama, T Uchiyama s.n.* **Rason** 11 May 1897 豆滿江三角洲-五宗洞 *Komarov, VL Komaorv s.n.*

***Sium* L.**
Sium suave Walter, Fl. Carol. 115 (1788)

Common name 개발나물

Distribution in Korea: North, Central, South

Sium cicutifolium Schrank, Baier. Fl. 1: 558 (1789)

Sium lineare Michx., Fl. Bor.-Amer. (Michaux) 1: 167 (1803)

Cicuta dahurica Fisch. ex Schultz, Cat. Jard. Pl. Gorenki ed. 2: 45 (1812)

Sium nipponicum Maxim., Bull. Acad. Imp. Sci. Saint-Pétersbourg 18: 268 (1873)

Sium cicutifolium Schrenk f. *tenue* Kom., Trudy Imp. S.-Peterburgsk. Bot. Sada 25 (1): 150 (1905)

Sium tenue (Kom.) Kom., Izv. Imp. Bot. Sada Petra Velikago 16: 174 (1916)

Sium suave Walter var. *nipponicum* (Maxim.) H.Hara, J. Fac. Sci. Univ. Tokyo, Sect. 3, Bot. 6: 95 (1952)

Sium suave Walter f. *angustifolim* (Kom.) Kitag., Neolin. Fl. Manshur. : 489 (1979)

Representative specimens; Chagang-do 15 August 1911 Kang-gei(Kokai 江界) *Mills, RG Mills s.n.* 25 July 1911 *Mills, RG Mills s.n.* **Hamgyong-bukto** 28 August 1934 鈴蘭山 *Uozumi, H Uozumi s.n.* 24 August 1914 會寧 -行營 *Nakai, T Nakai s.n.* 4 August 1933 南陽 *Koidzumi, G Koidzumi s.n.* **Kangwon-do** 15 August 1932 金剛山外金剛千佛山 *Koidzumi, G Koidzumi s.n.* 7 August 1932 元山 *Kitamura, S Kitamura s.n.* 7 June 1909 Nakai, *T Nakai s.n.* **P'yongyang** 29 July 1910 平壤普通江岸 *Imai, H Imai s.n.* **Ryanggang** 18 July 1897 Keizanchin(惠山鎭) *Komarov, VL Komaorv s.n.* 3 August 1914 Nakai, T *Nakai s.n.* 15 August 1897 蓮坪-厚州川-厚州古邑 *Komarov, VL Komaorv s.n.* 19 August 1897 葡坪 *Komarov, VL Komaorv s.n.* 16 August 1897 大羅信洞 *Komarov, VL Komaorv s.n.* 22 July 1897 佳林里 *Komarov, VL Komaorv s.n.* 3 August 1914 惠山鎭- 普天堡 *Nakai, T Nakai s.n.* August 1913 長白山 *Mori, T Mori s.n.*

Sphallerocarpus Besser ex DC.

Sphallerocarpus gracilis (Besser ex Trevir.) Koso-Pol., Bull. Soc. Imp. Naturalistes Moscou 29: 202 (1916)

Common name 무산상자

Distribution in Korea: North

Chaerophyllum gracile Besser ex Trevir., Nova Acta Phys.-Med. Acad. Caes. Leop.-Carol. Nat. Cur. 13: 172 (1826)

Sphallerocarpus cyminum Besser ex DC., Coll. Mem. 60 (1829)

Conopodium cyminum Benth. & Hook., Gen. Pl. (Bentham & Hooker) 1: 896 (1867)

Representative specimens; Hamgyong-bukto 18 August 1914 茂山東下面 *Nakai, T Nakai s.n.* 3 August 1914 車踰嶺 *Ikuma, Y Ikuma s.n.* 4 August 1933 南陽 *Koidzumi, G Koidzumi s.n.* 6 October 1937 穩城上和洞 *Saito, T T Saito s.n.*

Torilis Adans.

Torilis japonica (Houtt.) DC., Prodr. (DC.) 4: 219 (1830)

Common name 뱀도랏 (사상자)

Distribution in Korea: North, Central, South, Ulleung

Tordylium anthriscus L., Sp. Pl. 240 (1753)

Caucalis japonica Houtt., Handl. Pl.-Kruidk. 8: 42 (1779)

Torilis anthriscus (L.) Gaertn., Fruct. Sem. Pl. 1: 83 (1788)

Torilis praetermissa Hance, Ann. Sci. Nat., Bot. ser. 5, 5: 214 (1866)

Torilis anthriscus (L.) Gaertn. var. *japonica* (Houtt.) H.Boissieu, Bull. Herb. Boissier ser.2, 3: 856 (1903)

Representative specimens; Chagang-do 29 August 1897 慈城江 *Komarov, VL Komaorv s.n.* 14 July 1910 Kang-gei(Kokai 江界) *Mills, RG Mills s.n.* **Hamgyong-bukto** 17 September 1935 梧上洞 *Saito, T T Saito s.n.* **Hwanghae-namdo** 19 July 1921 Sorai Beach 九味浦 *Mills, RG Mills s.n.* 19 July 1921 *Mills, RG Mills s.n.* **Kangwon-do** 7 August 1940 Mt. Kumgang (金剛山) *Okuyama, S Okuyama s.n.* 20 August 1902 *Uchiyama, T Uchiyama s.n.* **P'yongan-bukto** 3 August 1935 妙香山 *Koidzumi, G Koidzumi s.n.* **P'yongyang** 22 August 1943 平壤牡丹臺 *Furusawa, I Furusawa s.n.* **Ryanggang** 29 September 1936 原昌郡五佳山 *Chung, TH Chung s.n.* 16 August 1897 大羅信洞 *Komarov, VL Komaorv s.n.* 8 August 1897 上巨里水-院巨里水 *Komarov, VL Komaorv s.n.* 28 June 1897 栢德嶺 *Komarov, VL Komaorv s.n.*

A Checklist of North Korean Vascular Plants · · · · · T.B. Lee Herbarium (SNUA) – 2019 (C.S. Chang, H. Kim, H.T. Shin & C.H. Lee)

- 365 -

GENTIANACEAE

***Gentiana* L.**

Gentiana algida Pall., Fl. Ross. (Pallas) 1: 107 (1789)

Common name 산룡담 (산용담)

Distribution in Korea: far North (Baekdu, Potae, Kwanmo, Chail, Wagal, Rangrim)
  Gentiana frigida Haenke var. *algida* (Pall.) Froel., Gentiana 39 (1796)
  Pneumonanthe algida (Pall.) F.W.Schmidt, Arch. Bot. (Leipzig) 1: 10 (1796)
  Gentiana algida Pall. var. *sibirica* Kusn., Trudy Imp. S.-Peterburgsk. Obshch. Estestvoisp.,
  Vyp. 2., Otd. Bot. 24: 114 (1894)
  Gentianodes algida (Pall.) Á.Löve & D.Löve, Bot. Not. 125: 256 (1972)

Representative specimens; **Chagang-do** 11 July 1914 臥碣峰鷺峯 *Nakai, T Nakai s.n.* **Hamgyong-bukto** 12 August 1933 渡正山 *Koidzumi, G Koidzumi s.n.* August 1934 冠帽峰 *Kojima, K Kojima s.n.* 19 July 1918 *Nakai, T Nakai s.n.* 11 July 1917 雪嶺 *Furumi, M Furumi s.n.* 25 June 1930 Mt. Kosampon 雪嶺 *Ohwi, J Ohwi s.n.* **Hamgyong-namdo** 25 July 1933 赴戰高原遮日峯 *Koidzumi, G Koidzumi s.n.* 16 August 1935 遮日峯 *Nakai, T Nakai s.n.* 16 August 1935 *Nakai, T Nakai s.n.* 23 June 1932 *Ohwi, J Ohwi s.n.* 15 August 1940 赴戰高原遮日峯 *Okuyama, S Okuyama s.n.* **Ryanggang** 15 August 1935 北水白山 *Hozawa, S Hozawa s.n.* 20 August 1934 北水白山附近 *Kojima, K Kojima s.n.* 18 August 1934 東上面北水白山東南尾根 *Yamamoto, A Yamamoto s.n.* 13 August 1913 白頭山 *Hirai, H Hirai s.n.* 13 August 1914 *Ikuma, Y Ikuma s.n.* 10 August 1914 *Nakai, T Nakai s.n.* 8 August 1914 *Nakai, T Nakai s.n.* 10 August 1914 *Nakai, T Nakai s.n.* 8 August 1914 神武城-無頭峯 *Nakai, T Nakai s.n.* 29 September 1943 長白山大王峰 *Takeuchi, R s.n.*

Gentiana aquatica L. var. ***pseudoaquatica*** (Kusn.) S.Agrawal, J. Econ. Taxon. Bot. 5: 437 (1984)

Common name 흰그늘용담

Distribution in Korea: North, Central
  Gentiana pseudoaquatica Kusn., Trudy Imp. S.-Peterburgsk. Bot. Sada 13: 63 (1893)

Representative specimens; **Chagang-do** 18 July 1942 鷺峰 2200m *Jeon, SK JeonSK s.n.* **Kangwon-do** May 1940 伊川郡葉黄德山 1600m *Jeon, SK JeonSK35* **P'yongan-bukto** 9 June 1914 飛來峯 *Nakai, T Nakai s.n.*

Gentiana jamesii Hemsl., J. Linn. Soc., Bot. 26: 128 (1890)

Common name 비로룡담 (비로용담)

Distribution in Korea: far North (Baekdu, Potae, Kwanmo, Chail, Seolryong, Rangrim, Central
(Kangwon))
  Gentiana nipponica Maxim. var. *kawakamii* Makino, Bot. Mag. (Tokyo) 17: 212 (1903)
  Gentiana kawakamii (Makino) Makino, Bot. Mag. (Tokyo) 18: 67 (1904)
  Gentiana jamesii Hemsl. var. *albiflora* Nakai, Icon. Pl. Koisikav 3: 25 (1916)
  Gentiana jamesii Hemsl. var. *kawakamii* (Makino) Nakai, Bull. Natl. Sci. Mus., Tokyo 31: 93 (1952)
  Gentiana kurilensis Grossh., Fl. URSS 18: 576 & 750 (1952)
  Gentiana jamesii Hemsl. f. *albiflora* (Nakai) Toyok., Acta Phytotax. Geobot. 16: 116 (1956)

Representative specimens; **Chagang-do** 22 July 1919 狼林山 *Kajiwara, U Kajiwara s.n.* 22 July 1916 *Mori, T Mori s.n.* 11 July 1914 臥碣峰鷺峯 *Nakai, T Nakai s.n.* **Hamgyong-bukto** 12 August 1933 渡正山 *Koidzumi, G Koidzumi s.n.* August 1934 冠帽峰 *Kojima, K Kojima s.n.* 21 July 1933 *Saito, T T Saito s.n.* 25 July 1918 朱南面雪嶺 *Nakai, T Nakai s.n.* 25 July 1918 雪嶺 *Nakai, T Nakai s.n.* 25 June 1930 *Ohwi, J Ohwi s.n.* 25 June 1930 雪嶺山上 *Ohwi, J Ohwi s.n.* **Hamgyong-namdo** 1938 咸南 *Tsuya, S s.n.* 15 June 1932 下碣隅里 *Ohwi, J Ohwi s.n.* 25 July 1933 東上面遮日峯 *Koidzumi, G Koidzumi s.n.* 16 August 1935 遮日峯 *Nakai, T Nakai s.n.* 16 August 1935 Nakai, T *Nakai s.n.* 20 June 1932 東上面元豊里 *Ohwi, J Ohwi s.n.* 15 August 1940 遮日峯 *Okuyama, S Okuyama s.n.* August 1936 *Soto, Y s.n.* August 1912 *Unknown s.n.* 18 August 1934 東上面北水白山南東崖根 2200m *Yamamoto, A Yamamoto s.n.* **Kangwon-do** 16 August 1916 金剛山毘盧峯上 *Nakai, T Nakai s.n.* 16 August 1916 Nakai, T *Nakai s.n.* **Ryanggang** 15 August 1935 北水白山 *Hozawa, S Hozawa s.n.* 17 August 1935 Kitamura, *M s.n.* 21 August 1934 *Yamamoto, A Yamamoto s.n.* 30 July 1917 無頭峯 *Furumi, M Furumi s.n.* 12 August 1913 神武城 *Hirai, H Hirai s.n.* 10 August 1914 茂峯 *Ikuma, Y Ikuma s.n.* August 1913 長白山 *Mori, T Mori s.n.* 8 August 1914 神武城-無頭峯 *Nakai, T Nakai s.n.* 8 August 1914 無頭峯 *Nakai, T Nakai s.n.* 30 July 1933 白頭山 *Saito, T T Saito s.n.* 29 September 1943 長白山 2500m *Takeuchi, R s.n.* 白頭山 *Unknown s.n.* *Unknown s.n.*

Gentiana scabra Bunge, Mem. Acad. Imp. Sci. St.-Petersbourg, Ser. 6, Sci. Math., Seconde Pt. Sci. Nat. 2: 543 (1835)

Common name 초룡담 (용담)

Distribution in Korea: North, Central, South, Jeju

Gentiana fortunei Hook., Bot. Mag. 1854: 48 (1854)

Gentiana buergeri Miq., Ann. Mus. Bot. Lugduno-Batavi 3: 124 (1867)

Gentiana scabra Bunge var. *buergeri* (Miq.) Maxim. ex Franch. & Sav., Enum. Pl. Jap. 2: 449 (1878)

Gentiana scabra Bunge var. *intermedia* Kusn., Trudy Imp. S.-Peterburgsk. Obshch. Estestvoisp., Vyp. 2., Otd. Bot. 24: 77 (1894)

Gentiana scabra Bunge var. *buergeri* f. *angustifolia* Kusn., Trudy Imp. S.-Peterburgsk. Obshch. Estestvoisp., Vyp. 2., Otd. Bot. 24: 78 (1894)

Gentiana scabra Bunge var. *buergeri* subvar. *angustifolia* Makino, Bot. Mag. (Tokyo) 10: 313 (1896)

Gentiana scabra Bunge var. *stenophylla* H.Hara, Enum. Spermatophytarum Japon. 1: 134 (1948)

Gentiana scabra Bunge var. *buergeri* f. *stenophylla* (Hara) Ohwi, Bull. Natl. Sci. Mus., Tokyo 33: 83 (1953)

Dasystephana scabra (Bunge) Soják, Cas. Nar. Mus., Odd. Prir. 148: 200 (1979)

Gentiana scabra Bunge f. *stenophylla* (H.Hara) W.K.Paik & W.T.Lee, Korean J. Pl. Taxon. 25: 161 (1995)

Representative specimens; Chagang-do 18 August 1909 Sensen (前川) *Mills, RG Mills388* **Hamgyong-bukto** 25 September 1933 朱乙溫 *Saito, T T Saito s.n .* **Hamgyong-namdo** 1933 Hamhung (咸興) *Nomura, N Nomura s.n.* 15 October 1936 *Yamatsuta, T s.n.* 16 August 1934 永古面松興里 *Yamamoto, A Yamamoto s.n.* **Hwanghae-bukto** 26 September 1915 瑞興 *Nakai, T Nakai s.n.* **Kangwon-do** 29 September 1935 Mt. Kumgang (金剛山) *Okamoto, S Okamoto s.n.* 21 October 1931 *Takeuchi, T s.n.* 4 September 1916 洗浦-蘭谷 *Nakai, T Nakai s.n.* 6 June 1909 元山 *Nakai, T Nakai s.n.* **P'yongan-bukto** 28 September 1911 青山面梨下洞里 *Ishidoya, T Ishidoya s.n.* 28 September 1912 白壁山 *Ishidoya, T Ishidoya s.n.* **P'yongyang** 18 June 1911 P'yongyang (平壤) *Imai, H Imai s.n.* 29 September 1912 平壤寺洞 *Imai, H Imai s.n.*

Gentiana squarrosa Ledeb., Mem. Acad. Imp. Sci. St. Petersbourg Hist. Acad. 5: 527 (1812)

Common name 구슬봉이(구슬붕이)

Distribution in Korea: North, Central, South

Gentiana aquatica L., Fl. Jap. (Thunberg) 115 (1784)

Ericala squarrosa G.Don, Gen. Hist. 4: 191 (1837)

Gentiana squarrosa Ledeb. var. *microphylla* Nakai, Bot. Mag. (Tokyo) 28: 330 (1914)

Gentiana squarrosa Ledeb. var. *glabra* Nakai, Bot. Mag. (Tokyo) 28: 330 (1914)

Gentiana takahashii T. Mori, J. Chosen Nat. Hist. Soc. 4: 24 (1927)

Varasia squarrosa (Ledeb.) Soják, Cas. Nar. Mus., Odd. Prir. 148: 202 (1979)

Gentiana wootchuliana W.K.Paik, Korean J. Pl. Taxon. 25: 2 (1995)

Representative specimens; Hamgyong-bukto 21 June 1909 漁遊洞 *Nakai, T Nakai s.n.* 20 May 1897 茂山嶺 *Komarov, VL Komaorv s.n.* 29 May 1897 釜所哥谷 *Komarov, VL Komaorv s.n.* 26 May 1897 茂山 *Komarov, VL Komaorv s.n.* 13 June 1897 西溪水 *Komarov, VL Komaorv s.n.* 4 June 1897 四芝嶺 *Komarov, VL Komaorv s.n.* **Hamgyong-namdo** 11 June 1909 鎭岩峯 *Nakai, T Nakai s.n.* **Kangwon-do** 10 June 1932 Mt. Kumgang (金剛山) *Ohwi, J Ohwi s.n.* 7 June 1909 元山 *Nakai, T Nakai s.n.* 20 May 1935 *Yamagishi, S s.n.* **P'yongan-bukto** 22 May 1912 白壁山 *Ishidoya, T Ishidoya s.n.* **P'yongyang** 27 June 1909 Botandai (牡丹台) 平壤 *Imai, H Imai s.n.* **Rason** 6 June 1930 西水羅 *Ohwi, J Ohwi s.n.* 11 May 1897 豆滿江三角洲-五宗洞 *Komarov, VL Komaorv s.n.* **Ryanggang** 3 July 1897 三水邑-上水隅理 *Komarov, VL Komaorv s.n.* 28 June 1897 栢德嶺 *Komarov, VL Komaorv s.n.* 31 May 1897 延面水河谷-古倉坪 *Komarov, VL Komaorv s.n* **Sinuiju** 30 April 1917 新義州 *Furumi, M Furumi s.n.*

Gentiana triflora Pall., Fl. Ross. (Pallas) 1: 105 (1789)

Common name 과남풀

Distribution in Korea: North (Gaema, Beakmu, Bujeon, Rahnrim, Kangwon), Central, South

Pneumonanthe triflora (Pall.) F.W.Schmidt, Arch. Bot. (Leipzig) 1: 10 (1796)

Gentiana axillariflora H.Lév. & Vaniot, Bull. Soc. Bot. France 53: 648 (1906)

Gentiana uchiyamae Nakai, Bot. Mag. (Tokyo) 23: 107 (1909)

Gentiana jesoana Nakai var. *coreana* Nakai, Bot. Mag. (Tokyo) 13: 106 (1909)

Gentiana axillariflora H.Lév. & Vaniot var. *coreana* (Nakai) Kudô, Medic. Pl. Hokk. 1: 69 (1922)

Gentiana triflora Pall. var. *japonica* (Kusn.) H.Hara, Enum. Spermatophytarum Japon. 1: 136 (1948)

Gentiana triflora Pall. f. *alvoviolacea* W.K.Paik & W.T.Lee, Korean J. Pl. Taxon. 25 (3): 19 (1995)

Representative specimens; Chagang-do 25 August 1897 小德川 (松德水河谷) *Komarov, VL Komaorv s.n.* 26 August 1897 *Komarov, VL Komaorv s.n.* **Hamgyong-bukto** 12 August 1933 渡正山 *Koidzumi, G Koidzumi s.n.* 25 September 1933 朱乙溫 *Saito, T T Saito s.n.* 12 September 1932 南下石山 *Saito, T T Saito s.n.* 23 July 1918 朱南面黃雪嶺 *Nakai, T Nakai s.n.* **Hamgyong-namdo** 19 August 1935

道頭里 *Nakai, T Nakai s.n.* August 1934 長津中庄洞 *Yamamoto, A Yamamoto s.n.* 18 August 1943 赴戰高原咸地院 *Honda, M Honda s.n.* 22 August 1932 蓋馬高原 *Kitamura, S Kitamura s.n.* 22 August 1932 *Kitamura, S Kitamura s.n.* 27 July 1933 東上面元豊 *Koidzumi, G Koidzumi s.n.* 15 August 1935 赴戰高原咸地里 *Nakai, T Nakai s.n.* 16 August 1935 雲仙嶺 *Nakai, T Nakai s.n.* **Kangwon-do** 2 September 1932 Mt. Kumgang (金剛山) *Kitamura, S Kitamura s.n.* 12 August 1932 *Koidzumi, G Koidzumi s.n.* 22 August 1916 金剛山大長峯下 *Nakai, T Nakai s.n.* 11 August 1916 金剛山長安寺附近 *Nakai, T Nakai s.n.* 11 August 1916 *Nakai, T Nakai s.n.* 22 August 1916 新金剛 *Nakai, T Nakai s.n.* 16 August 1916 金剛山毘盧峯麓 *Nakai, T Nakai s.n.* 11 August 1916 金剛山長安寺附近 *Nakai, T Nakai s.n.* 29 September 1935 Mt. Kumgang (金剛山) *Okamoto, S Okamoto s.n.* 16 August 1902 *Uchiyama, T Uchiyama s.n.* 16 August 1902 金剛山 *Uchiyama, T Uchiyama s.n.* Type of *Gentiana jesoana* Nakai var. *coreana* Nakai (Holotype TI)15 August 1902 Mt. Kumgang (金剛山) *Uchiyama, T Uchiyama s.n.* Type of *Gentiana uchiyamae* Nakai (Holotype TI) **Ryanggang** 23 August 1914 Keizanchin(惠山鎭) *Ikuma, Y Ikuma s.n.* 1 August 1897 虛川江 (同仁川) *Komarov, VL Komaorv s.n.* 20 August 1934 北水白山附近 *Kojima, K Kojima s.n.* August 1934 *Kojima, K Kojima s.n.*豊山郡熊耳面 *Unknown s.n.Unknown s.n.* 25 August 1934 北水白山南 *Nakai, T Nakai s.n.* 24 August 1934 北水白山 *Yamamoto, A Yamamoto s.n.* 24 August 1934 豊山郡熊耳面水白山北水谷 *Yamamoto, A Yamamoto s.n.* 16 August 1897 大輝信洞 *Komarov, VL Komaorv s.n.* 21 August 1897 subdist. Chu-czan, flumen Amnok-gan *Komarov, VL Komaorv s.n.* 20 August 1897 內洞-河山嶺 *Komarov, VL Komaorv s.n.* 18 September 1935 坂幕 *Saito, T T Saito s.n.* 9 August 1897 長津江下流域 *Komarov, VL Komaorv s.n.* 19 August 1914 崔哥嶺 *Ikuma, Y Ikuma s.n.* 30 July 1917 無頭峯 *Furumi, M Furumi s.n.* 15 August 1914 白頭山 *Ikuma, Y Ikuma s.n.* August 1913 長白山 *Mori, T Mori s.n.* 7 August 1914 虛項嶺-神武城 *Nakai, T Nakai s.n.* 10 August 1914 白頭山 *Nakai, T Nakai s.n.* 8 August 1914 神武城-無頭峯 *Nakai, T Nakai s.n.* 4 August 1914 普天堡-寶泰洞 *Nakai, T Nakai s.n.* 5 August 1914 *Nakai, T Nakai s.n.* 20 August 1933 三長 *Koidzumi, G Koidzumi s.n.*

Gentiana zollingeri Fawc., J. Bot. 21: 183 (1883)
Common name 큰구슬봉이 (큰구슬붕이)
Distribution in Korea: North, Central, South, Ulleung
 Gentiana aomorensis H.Lév., Bull. Soc. Bot. France 53: 648 (1906)
 Gentiana taquetii H.Lév., Repert. Spec. Nov. Regni Veg. 12: 182 (1913)
 Gentiana zollingeri Fawc. f. *albiflora* Tuyama, J. Jap. Bot. 16: 502 (1940)

Representative specimens; Hamgyong-bukto 27 May 1897 富潤洞 *Komarov, VL Komaorv s.n.* 4 May 1933 羅南西北谷 *Saito, T T Saito s.n.* 15 May 1934 漁遊洞 *Uozumi, H Uozumi s.n.* 19 May 1897 茂山嶺 *Komarov, VL Komaorv s.n.* 26 May 1930 Kyonson 鏡城 *Ohwi, J Ohwi s.n.* 12 May 1897 五宗洞 *Komarov, VL Komaorv s.n.* **Hamgyong-namdo** 5 May 1935 Hamhung (咸興) *Nomura, N Nomura s.n.* **Kangwon-do** 1938 山林課元山出張所 *Tsuya, S s.n.* **P'yongan-bukto** 22 April 1967 4km from Munsan to east north *Lee, YN s.n.* **Sinuiju** June 1942 新義州 *Tatsuzawa, S s.n.*

Gentianopsis Ma
Gentianopsis barbata (Froel.) Ma, Acta Phytotax. Sin. 1: 8 (1951)
Common name 수염룡담 (수염용담)
Distribution in Korea: North
 Gentiana detonsa Rottb., Skr. Kiøbenhavnske Selsk. Laerd. Elsk. 10: 435 (1770)
 Gentiana barbata Froel., Gentiana 114 (1796)
 Gentiana detonsa Rottb. var. *barbata* (Froel.) Griseb., Gen. Sp. Gent. 257 (1839)

Representative specimens; Hamgyong-bukto 24 September 1937 漁遊洞 *Saito, T T Saito s.n.* **Kangwon-do** 10 August 1932 Ouensan (元山) Kitamura, *S Kitamura s.n.* **Ryanggang** 甲山郡 *Unknown s.n.* 8 July 1913 長平面 *Unknown s.n.*甲山郡 *Unknown s.n.* 20 August 1934 北水白山 *Kojima, K Kojima s.n.*24 August 1934 北水白山北水谷 *Yamamoto, A Yamamoto s.n.* 13 August 1897 長進江河口(鴨綠江) *Komarov, VL Komaorv s.n.* 26 May 1938 農事洞 *Saito, T T Saito s.n.*

Halenia Borkh.
Halenia corniculata (L.) Cornaz, Bull. Soc. Neuchateloise Sci. Nat. 25: 171 (1897)
Common name 닻꽃풀 (닻꽃)
Distribution in Korea: North, Central
 Swertia corniculata L., Sp. Pl. 227 (1753)
 Halenia sibirica Borkh., Arch. Bot. (Leipzig) 1: 25 (1796)
 Halenia fischeri Graham, Edinburgh New Philos. J. 0: 174 (1830)
 Halenia deltoidea Gand., Bull. Soc. Bot. France 65: 61 (1918)
 Halenia japonica Gand., Bull. Soc. Bot. France 65: 61 (1918)

Representative specimens; Chagang-do 22 July 1916 狼林山 *Mori, T Mori s.n.* 11 July 1914 蔥田嶺 *Nakai, T Nakai s.n.* **Hamgyong-bukto** 12 August 1933 渡正山 *Koidzumi, G Koidzumi s.n.* 1 August 1932 *Saito, T T Saito s.n.* August 1933 羅南 *Yoshimizu, K s.n.* 5 August 1939 頭流山 *Hozawa, S Hozawa s.n.* 5 August 1939 *Hozawa, S Hozawa s.n.* 24 July 1918 朱南面金谷 *Nakai, T Nakai s.n.* 3

A Checklist of North Korean Vascular Plants   T.B. Lee Herbarium (SNUA) – 2019 (C.S. Chang, H. Kim, H.T. Shin & C.H. Lee)

- 368 -

August 1914 車踰嶺 *Ikuma, Y Ikuma s.n.* 18 August 1936 富寧水坪 - 西里洞 (清津) *Saito, T T Saito s.n.* **Hamg yong-namdo** 18 August 1943 赴戰高原 Fusenkogen *Honda, M Honda s.n.* 22 August 1932 蓋馬高原 *Kitamura, S Kitamura s.n.* 22 August 1932 Kitamura, *S Kitamura s.n.* 25 July 1933 東上面遮日峯 *Koidzumi, G Koidzumi s.n.* 15 August 1935 赴戰高原咸地里 *Nakai, T Nakai s.n.* 14 August 1940 赴戰高原 Okuyama, *S Okuyama s.n.* **Kangwon-do** 24 August 1916 金剛山鶴巢嶺 *Nakai, T Nakai s.n.* **P'yongan-bukto** 4 August 1935 妙香山 *Koidzumi, G Koidzumi s.n.* **P'yongan-namdo** August 1930 成川 *Uyeki, H Uyeki s.n.* **Ryanggang** 23 August 1914 Keizanchin(惠山鎭) *Ikuma, Y Ikuma s.n.* 1 August 1897 虛川江 (同仁川) *Komarov, VL Komaorv s.n.* 29 July 1897 安間嶺-同仁川 (同仁浦里?) *Komarov, VL Komaorv s.n.* 4 August 1897 十四道溝-白山嶺 *Komarov, VL Komaorv s.n.* 7 July 1897 犁方嶺 (鴨綠江羅暖堡) *Komarov, VL Komaorv s.n.* 21 July 1914 長蛇洞 *Nakai, T Nakai s.n.* 24 July 1914 Nakai, *T Nakai s.n.* 6 August 1897 上巨里水 *Komarov, VL Komaorv s.n.* 27 July 1917 合水 *Furumi, M Furumi s.n.* 24 July 1930 含山嶺 *Ohwi, J Ohwi s.n.* 24 July 1930 Ohwi, *J Ohwi s.n.* July 1943 延岩 *Uchida, H Uchida s.n.* 24 July 1897 佳林里 *Komarov, VL Komaorv s.n.* 27 July 1897 *Komarov, VL Komaorv s.n.* 15 July 1935 小長白山 *Irie, Y s.n.* 1 August 1934 *Kojima, K Kojima s.n.*

Pterygocalyx Maxim.
Pterygocalyx volubilis Maxim., Mem. Acad. Imp. Sci. St.-Petersbourg Divers Savans 9: 198 (1859)
Common name 가는잎덩굴룡담 (좁은잎덩굴용담)
Distribution in Korea: North
    Crawfurdia pterygocalyx Hemsl., J. Linn. Soc., Bot. 26: 123 (1890)
    Crawfurdia volubilis (Maxim.) Makino, Bot. Mag. (Tokyo) 4: 86 (1890)

Representative specimens; Chagang-do 2 September 1897 湖芮(鴨綠江) *Komarov, VL Komaorv s.n.* **Ryanggang** 23 August 1897 雲洞嶺 *Komarov, VL Komaorv s.n.*

Swertia L.
Swertia diluta (Turcz.) Benth. & Hook.f. var. *tosaensis* (Makino) H.Hara, J. Jap. Bot. 25: 89 (1950)
Common name 개쓴풀
Distribution in Korea: Central (Hwanghae), South
    Swertia chinensis Franch. var. *tosaensis* Makino, Bot. Mag. (Tokyo) 6: 53 (1892)
    Swertia tosaenesis Makino, Bot. Mag. (Tokyo) 17: 54 (1903)
    Frasera diluta var. *tosaensis* (Makino) Toyok., Symb. Asahikaw. 1: 155 (1965)

Representative specimens; Hwanghae-bukto 10 September 1915 瑞興 *Nakai, T Nakai s.n.* 26 September 1915 Nakai, T *Nakai s.n.* 26 September 1915 Nakai, T *Nakai s.n.* **P'yongan-namdo** August 1930 成川 *Uyeki, H Uyeki s.n.*

Swertia erythrosticta Maxim., Bull. Acad. Imp. Sci. Saint-Pétersbourg 27: 503 (1881)
Common name 점백이별꽃풀 (점박이별꽃풀)
Distribution in Korea: North

Representative specimens; Hamgyong-bukto 5 August 1939 頭流山 *Hozawa, S Hozawa s.n.* 5 August 1939 *Hozawa, S Hozawa s.n.* **Ryanggang** 25 July 1930 合水桃花洞 *Ohwi, J Ohwi s.n.* 11 August 1937 白岩 *Saito, T T Saito s.n.*

Swertia pseudochinensis H.Hara, J. Jap. Bot. 25: 89 (1950)
Common name 자주쓴풀
Distribution in Korea: North (Hamgyong, P'yongan), Central, South, Jeju
    Narketia japonica Raf., Fl. Tellur. 3: 26 (1837)
    Swertia chinensis Franch., Bull. Soc. Bot. France 32: 26 (1885)
    Swertia chinensis Franch. f. *violacea* Makino, Bot. Mag. (Tokyo) 17: 55 (1903)
    Frasera pseudochinensis (H.Hara) Toyok., Symb. Asahikaw. 1: 156 (1965)

Representative specimens; Hamgyong-bukto 3 October 1932 羅南 *Saito, T T Saito s.n.* **Hamgyong-namdo** 30 August 1934 長津豊山郡頭雲峯 *Yamamoto, A Yamamoto s.n.* 30 August 1934 Yamamoto, *A Yamamoto s.n.* **Hwanghae-bukto** 26 September 1915 瑞興 *Nakai, T Nakai s.n.* **Hwanghae-namdo** April 1931 載寧 *Smith, RK Smith s.n.* **P'yongan-bukto** 25 September 1912 雲山郡南面松峴里 *Ishidoya, T Ishidoya s.n.* **P'yongan-namdo** 30 September 1910 Kai Aw Gai Pass(筐地, 광지바위) 延?里 *Mills, RG Mills s.n.* 30 September 1910 *Mills, RG Mills431* 20 September 1915 龍岡 *Nakai, T Nakai s.n.* 20 September 1915 Nakai, T *Nakai s.n.* **P'yongyang** 20 September 1909 平壤松羅山 *Imai, H Imai s.n.*

Swertia tetrapetala Pall., Fl. Ross. (Pallas) 1: 99 (1789)

Common name 네귀쓴풀

Distribution in Korea: North, Central, South, Jeju
 Anagallidium tetrapetalum (Pall.) Griseb., Gen. Sp. Gent. 312 (1838)
 Swertia pallasii G.Don, Gen. Hist. 4: 176 (1838)
 Stellera cyanea Turcz., Bull. Soc. Imp. Naturalistes Moscou 13: 168 (1840)
 Rellesta cyanea (Turcz.) Turcz., Bull. Soc. Imp. Naturalistes Moscou 22: 337 (1849)
 Ophelia wilfordii A.Kern., Ber. Naturwiss.-Med. Vereins Innsbruck 1: 102 (1870)
 Ophelia papillosa Franch. & Sav., Enum. Pl. Jap. 2: 450 (1878)
 Ophelia yesoensis Franch. & Sav., Enum. Pl. Jap. 2: 451 (1878)
 Swertia yesoensis (Franch. & Sav.) Matsum., Nippon Shokubutsumeii, ed. 2 287 (1895)
 Swertia bisseti Moore & Burkill, J. Asiat. Soc. Bengal, Pt. 2, Nat. Hist. 2: 329 (1906)
 Swertia wilfordii (A.Kern.) Kom., Trudy Imp. S.-Peterburgsk. Bot. Sada 25: 274 (1907)
 Swertia anomala Nakai, Bot. Mag. (Tokyo) 28: 331 (1914)
 Swertia tetrapetala Pall. f. *albiflora* Tatew., J. Fac. Agric. Hokkaido Imp. Univ. 29: 234 (1933)
 Swertia tetrapetala Pall. f. *variegata* Tatew., J. Fac. Agric. Hokkaido Imp. Univ. 29: 234 (1933)
 Swertia tetrapetala Pall. f. *papillosa* (Franch. & Sav.) H.Hara, Bot. Mag. (Tokyo) 51: 19 (1937)
 Ophelia tetrapetala (Pall.) Grossh., Fl. URSS 18: 627 (1952)
 Frasera tetrapetala (Pall.) Toyok., Symb. Asahikaw. 1: 155 (1965)
 Swertia tetrapetala Pall. var. *yezoalpina* (H.Hara) Toyok. & T.Yamaz., Fl. Jap. (Iwatsuki et al., eds.) 3a: 143 (1993)

Representative specimens; Hamgyong-bukto 12 August 1933 渡正山 *Koidzumi, G Koidzumi s.n.* 5 August 1939 頭流山 *Hozawa, S Hozawa s.n.* 26 July 1930 *Ohwi, J Ohwi s.n.* 19 July 1918 冠帽峰 *Nakai, T Nakai s.n.* 21 July 1933 *Saito, T T Saito s.n.* August 1913 茂山 *Mori, T Mori s.n.* August 1913 *Mori, T Mori320* Type of *Swertia anomala* Nakai (Holotype TI)25 July 1918 雪嶺 *Nakai, T Nakai s.n.* **Hamgyong-namdo** 23 July 1939 咸地里 Hamjiwon *Kitamura, S Kitamura s.n.* 25 July 1933 東上面遮日峯 *Koidzumi, G Koidzumi s.n.* 18 August 1935 遮日峯 *Nakai, T Nakai s.n.* 23 June 1932 *Ohwi, J Ohwi s.n.* 14 August 1940 赴戰高原雲水嶺 *Okuyama, S Okuyama s.n.* 18 August 1934 東上面新洞上方 *Yamamoto, A Yamamoto s.n.* **Kangwon-do** 5 August 1916 金剛山溫井嶺 *Nakai, T Nakai s.n.* 2 September 1932 Mt. Kumgang (金剛山) *Kitamura, S Kitamura s.n.* 2 September 1932 *Kitamura, S Kitamura s.n.* 14 August 1932 *Koidzumi, G Koidzumi s.n.* 22 August 1916 金剛山大長峯 *Nakai, T Nakai s.n.* 20 August 1916 金剛山彌勒峯 *Nakai, T Nakai s.n.* **P'yongan-bukto** 3 August 1935 妙香山 *Koidzumi, G Koidzumi s.n.* **Rason** 26 August 1942 北鮮豆滿江岸咸林山 *Suzuki, T s.n.* **Ryanggang** 15 August 1935 北水白山 *Hozawa, S Hozawa s.n.* 17 August 1935 *Nakai, T Nakai s.n.* 17 August 1935 *Nakai, T Nakai s.n.* 5 August 1940 高頭山 *Hozawa, S Hozawa s.n.* 24 July 1930 合水-大澤 *Ohwi, J Ohwi s.n.* 24 July 1930 大澤 *Ohwi, J Ohwi s.n.* 11 July 1917 胞胎山 *Furumi, M Furumi s.n.* 11 July 1917 *Furumi, M Furumi s.n.*

Swertia veratroides Maxim. ex Kom., Trudy Imp. S.-Peterburgsk. Bot. Sada 25: 276 (1907)

Common name 별꽃풀

Distribution in Korea: far North (Paekdu), North (Hamgyong, P'yongan)

Representative specimens; P'yongan-bukto 6 August 1935 妙香山 *Koidzumi, G Koidzumi s.n.* **Ryanggang** August 1913 長白山 *Mori, T Mori s.n.*

APOCYNACEAE

Apocynum L.
Apocynum lancifolium Russanov, Trudy Bot. Inst. Akad. Nauk S.S.S.R., Ser. 1, Fl. Sist. Vyssh. Rast. 1: 167 (1933)

Common name 갯정향풀

Distribution in Korea: North (P'yongan), Central (Hwanghae)
 Apocynum basikurumon H.Hara, J. Jap. Bot. 17: 634 (1941)
 Trachomitum lancifolium (Russanov) Pobed., Fl. URSS 18: 658 (1952)

Cynanchum L.
Cynanchum amplexicaule (Siebold & Zucc.) Hemsl., J. Linn. Soc., Bot. 26: 104 (1889)

Common name 솜아마존
Distribution in Korea: North (P'yongan), Central, South, Jeju
  Vincetoxicum amplexicaule Siebold & Zucc., Abh. Math.-Phys. Cl. Konigl. Bayer. Akad. Wiss.
  4: 162 (1846)
  Vincetoxicum brandtii Franch. & Sav., Enum. Pl. Jap. 2: 440 (1877)
  Cynanchum brandtii (Franch. & Sav.) Matsum., Index Pl. Jap. 2 (2): 509 (1912)
  Antitoxicum amplexicaule (Siebold & Zucc.) Pobed., Fl. URSS 18: 705 (1952)
  Alexitoxicon amplexicaule (Siebold & Zucc.) Pobed., Taxon 11: 174 (1962)
  Cynanchum amplexicaule (Siebold & Zucc.) Hemsl. f. *castaneum* (Makino) C.Y.Li, Clavis Pl.
  Chinae Bor.-Or. ed. 2 0: 529 (1995)

Representative specimens; P'yongan-namdo 20 July 1912 江西 *Imai, H Imai s.n.*

Cynanchum atratum Bunge, Enum. Pl. Chin. Bor. 45 (1833)
Common name 털백미 (백미꽃)
Distribution in Korea: North, Central, South, Jeju
  Vincetoxicum atratum (Bunge) Morren & Decne., Bull. Acad. Roy. Sci. Bruxelles 3: 17 (1836)
  Vincetoxicum multinerve Franch. & Sav., Enum. Pl. Jap. 1: 319 (1875)
  Cynanchum glabrum Nakai, Bot. Mag. (Tokyo) 28: 331 (1914)
  Cynanchum versicolor Bunge var. *glabrum* H.Lév. ex Nakai, Bot. Mag. (Tokyo) 28: 331 (1914)
  Cynanchum nipponicum Matsum. var. *glabrum* (Nakai) H.Hara, Enum. Spermatophytarum
  Japon. 1: 150 (1948)
  Antitoxicum atratum (Bunge) Pobed., Fl. URSS 18: 704 (1952)
  Cynanchum glabrum Nakai f. *viridescens* Murata, Acta Phytotax. Geobot. 17: 12 (1957)
  Vincetoxicum nipponicum (Matsum.) Kitag., J. Jap. Bot. 34: 365 (1959)
  Vincetoxicum glabrum (Nakai) Kitag., J. Jap. Bot. 34: 363 (1959)
  Alexitoxicon atratum Pobed., Taxon 11: 174 (1962)

Representative specimens; Chagang-do 26 August 1897 小德川 (松德水河谷) *Komarov, VL Komaorv s.n.* **Hamgyong-bukto** 臨濱
Unknown s.n. 28 May 1897 富潤洞 *Komarov, VL Komaorv s.n.* 17 June 1909 淸津 *Nakai, T Nakai s.n.* 2 June 1933 羅南西北側 *Saito,*
T T Saito s.n. June 羅南篤所寺下 *Unknown s.n.* 15 June 1930 茂山嶺 *Ohwi, J Ohwi s.n.* August 1925 吉州 *Numajiri, K s.n.* 26 May
1897 茂山 *Komarov, VL Komaorv s.n.* **Hwanghae-namdo** 29 July 1935 長壽山 *Koidzumi, G Koidzumi s.n.* 31 July 1929 席島 *Nakai, T*
Nakai s.n. **Kangwon-do** 8 June 1909 元山 *Nakai, T Nakai s.n.* **P'yongan-bukto** June 1912 白壁山 *Ishidoya, T Ishidoya s.n.*
P'yongyang 26 May 1912 大聖山 *Imai, H Imai s.n.* **Ryanggang** 9 August 1897 長津江下流域 *Komarov, VL Komaorv s.n.* 28 June
1897 栢德嶺 *Komarov, VL Komaorv s.n.*

Cynanchum chinense R.Br., Mem. Wern. Nat. Hist. Soc. 1: 44 (1809)
Common name 가는털백미
Distribution in Korea: North, Central
  Cynanchum pubescens Bunge, Enum. Pl. Chin. Bor. 44 (1833)
  Cynanchum deltoideum Hance, Ann. Sci. Nat., Bot. V, 5: 228 (1866)
  Vincetoxicum pubescens (Bunge) Kuntze, Revis. Gen. Pl. 2: 423 (1891)

Cynanchum inamoenum (Maxim.) Loes. ex Gilg & Loes., Bot. Jahrb. Syst. 34: Beibl. 75: 60 (1904)
Common name 선백미 (선백미꽃)
Distribution in Korea: North, Central, South
  Vincetoxicum inamoenum Maxim., Mélanges Biol. Bull. Phys.-Math. Acad. Imp. Sci. Saint-
  Pétersbourg 9: 787 (1876)
  Vincetoxicum macrophyllum Siebold & Zucc. var. *nikoensis* Maxim., Mélanges Biol. Bull.
  Phys.-Math. Acad. Imp. Sci. Saint-Pétersbourg 9: 792 (1876)
  Antitoxicum inamoenum (Maxim.) Pobed., Fl. URSS 18: 707 (1952)
  Vincetoxicum kitagawae Hiyama, J. Jap. Bot. 35: 11 (1960)
  Alexitoxicon inamoenum (Maxim.) Pobed., Taxon 11: 174 (1962)

Cynanchum nipponicum Matsum., Bot. Mag. (Tokyo) 12: 39 (1898)

Common name 덩굴박주가리

Distribution in Korea: North (Kangwon), Central, Jeju

Cynanchum purpureum (Pall.) K.Schum., Nat. Pflanzenfam. 4: 253 (1895)

Common name 자주박주가리

Distribution in Korea: North

    Asclepias purpurea Pall., Reise Russ. Reich. 3: 260 (1776)

    Asclepias davurica Willd., Sp. Pl. 1272 (1797)

    Cynanchum roseum R.Br., Mem. Wern. Nat. Hist. Soc. 1: 47 (1809)

    Cynoctonum roseum (R.Br.) Decne., Prodr. (DC.) 8: 532 (1844)

    Vincetoxicum purpureum (Pall.) Kuntze, Revis. Gen. Pl. 2: 424 (1891)

    Cynoctonum purpureum (Pall.) Pobed., Fl. URSS 18: 709 (1952)

Cynanchum thesioides (Freyn) K.Schum., Nat. Pflanzenfam. 4: 252 (1895)

Common name 량반풀 (양반풀)

Distribution in Korea: North (P'yongan), Central (Hwanghae)

    Asclepias sibirica L., Sp. Pl. 217 (1753)

    Cynanchum sibiricum (L.) R.Br., Ges. Naturf. Freunde Berlin Neue Schriften 2: 124 (1799)

    Cynanchum longifolium Decne., Prodr. (DC.) 8: 547 (1844)

    Vincetoxicum sibiricum (L.) Decne., Prodr. (DC.) 8: 535 (1844)

    Cynanchum acutum L. var. *longifolium* Ledeb., Fl. Ross. (Ledeb.) 3: 48 (1849)

    Vincetoxicum sibiricum (L.) Decne. var. *boreale* Maxim., Mélanges Biol. Bull. Phys.-Math. Acad. Imp. Sci. Saint-Pétersbourg 9: 779 (1877)

    Vincetoxicum thesioides Freyn, Oesterr. Bot. Z. 40: 124 (1890)

    Antitoxicum sibiricum (L.) Pobed., Fl. URSS 18: 702 (1952)

Cynanchum volubile (Maxim.) Hemsl., J. Linn. Soc., Bot. 26: 109 (1889)

Common name 큰은조롱 (세포큰조롱)

Distribution in Korea: North, South, Jeju

    Vincetoxicum volubile Maxim., Mem. Acad. Imp. Sci. St.-Petersbourg Divers Savans 9: 195 (1859)

    Antitoxicum volubile (Maxim.) Pobed., Fl. URSS 18: 703 (1952)

Cynanchum wilfordii (Maxim.) Hemsl., J. Linn. Soc., Bot. 26: 109 (1889)

Common name 큰조롱

Distribution in Korea: North, Central, South, Jeju

    Cynoctonum wilfordii Maxim., Bull. Acad. Imp. Sci. Saint-Pétersbourg 3, 23: 369 (1877)

    Vincetoxicum wilfordii (Maxim.) Franch. & Sav., Enum. Pl. Jap. 2: 445 (1877)

    Seutera wilfordii (Maxim.) Pobed., Fl. URSS 18: 713 (1952)

Mt. Kumgang (金剛山) *Sakaniwa, S s.n.* 30 August 1916 通川 *Nakai, T Nakai s.n.* **P'yongan-bukto** 2 August 1935 妙香山 *Koidzumi, G Koidzumi s.n.* **Ryanggang** 26 July 1897 佳林里/五山里川河谷 *Komarov, VL Komaorv s.n.* 26 July 1897 *Komarov, VL Komaorv s.n.*

Metaplexis R.Br.
Metaplexis japonica (Thunb.) Makino, Bot. Mag. (Tokyo) 17: 27 (1903)
Common name 박주가리
Distribution in Korea: North, Central, South, Ulleung
  Pergularis japonica Thunb., Fl. Jap. (Thunberg) 11 (1784)
  Metaplexis stauntonii Roem. & Schult., Syst. Veg. (ed. 16) [Roemer & Schultes] 6: 111 (1820)
  Urostelma chinense Bunge, Enum. Pl. Chin. Bor. 44 (1833)
  Metaplexis chinensis (Bunge) Decne., Prodr. (DC.) 8: 511 (1844)
  Metaplexis rostellata Turcz., Bull. Soc. Imp. Naturalistes Moscou 21: 253 (1848)

Representative specimens; Chagang-do 25 August 1897 小德川 (松德水河谷) *Komarov, VL Komaorv s.n.* 28 August 1897 慈城邑 (松德水河谷) *Komarov, VL Komaorv s.n.* 2 September 1897 湖芮(鴨綠江) *Komarov, VL Komaorv s.n.* 4 August 1910 Kang-gei(Kokai 江界) *Mills, RG Mills412* **Hamgyong-bukto** 8 August 1930 載德 *Ohwi, J Ohwi s.n.* 8 August 1930 吉州郡載德 *Ohwi, J Ohwi s.n.* 15 May 1897 江八嶺 *Komarov, VL Komaorv s.n.* **Hamgyong-namdo** 11 August 1940 咸興歸州寺 *Okuyama, S Okuyama s.n.* 11 June 1909 鎭岩峯 *Nakai, T Nakai s.n.* **Hwanghae-namdo** 19 July 1921 Sorai Beach 九味浦 *Mills, RG Mills4423* 24 July 1929 夢金浦 *Nakai, T Nakai13379* August 1932 Sorai Beach 九味浦 *Smith, RK Smith112* **Kangwon-do** 28 July 1916 長箭 *Nakai, T Nakai5775* 19 August 1943 金剛山外金剛千佛山 *Honda, M Honda38* 13 August 1902 長淵里 *Uchiyama, T Uchiyama s.n.* **P'yongan-namdo** 17 July 1916 加音嶺 *Mori, T Mori s.n.* **Rason** 7 July 1936 新興 *Saito, T T Saito s.n.* **Ryanggang** 22 August 1897 雲洞嶺 *Komarov, VL Komaorv s.n.* 7 July 1897 犁方嶺 (鴨綠江羅暖堡) *Komarov, VL Komaorv s.n.* 26 June 1897 內曲里 *Komarov, VL Komaorv s.n.*

Periploca L.
Periploca sepium Bunge, Enum. Pl. Chin. Bor. : 43 (1833)
Common name 천마박주가리나무
Distribution in Korea: North (P'yongan), Central (Hwanghae)

Tylophora R.Br.
Tylophora floribunda Miq., Ann. Mus. Bot. Lugduno-Batavi 2: 128 (1865)
Common name 왜박주가리
Distribution in Korea: Central, South, Jeju
  Vincetoxicum floribundum (Miq.) Franch. & Sav., Enum. Pl. Jap. 2: 444 (1877)
  Tylophora shikokiana Matsum. ex Nakai, J. Coll. Sci. Imp. Univ. Tokyo 31: 91 (1911)
  Tylophora nikoensis (Franch. & Sav.) Matsum., Index Pl. Jap. 2 (2): 515 (1912)
  Tylophora argyi Schltr. ex H.Lév., Mem. Real Acad. Ci. Barcelona 12(22): 4 (1916)
  Vincetoxicum nikoense (Maxim.) Kitag., J. Jap. Bot. 34: 364 (1959)

Representative specimens; Hwanghae-bukto 29 May 1939 白川 *Park, MK Park s.n.*

Vincetoxicum Wolf
Vincetoxicum acuminatum Decne., Prodr. (DC.) 8: 524 (1844)
Common name 민백미꽃
Distribution in Korea: North, Central, South, Jeju
  Vincetoxicum ascyrifolium Franch. & Sav., Enum. Pl. Jap. 2: 441 (1877)
  Cynanchum acuminatifolium (Decne.) Hemsl., J. Linn. Soc., Bot. 26: 104 (1889)
  Cynanchum ascyrifolium (Franch. & Sav.) Matsum., Index Pl. Jap. 2 (2): 509 (1912)

Representative specimens; Chagang-do 24 August 1897 大會洞 *Komarov, VL Komaorv s.n.* 22 July 1916 狼林山 *Mori, T Mori s.n.* **Hamgyong-bukto** 28 May 1897 富潤洞 *Komarov, VL Komaorv s.n.* 19 June 1909 清津 *Nakai, T Nakai s.n.* 17 June 1909 Nakai, *T Nakai s.n.* 20 May 1897 茂山嶺 *Komarov, VL Komaorv s.n.* 14 June 1930 鏡城 *Ohwi, J Ohwi s.n.* 12 June 1930 Ohwi, *J Ohwi s.n.* 27 May 1930 Ohwi, *J Ohwi s.n.* 20 June 1909 茂寧 *Nakai, T Nakai s.n.* **Kangwon-do** 31 July 1916 金剛山群仙峽 *Nakai, T Nakai s.n.* 28 July 1916 長箭 *Nakai, T Nakai s.n.* 22 June 1934 金剛山末輝里 *Miyazaki,, M s.n.* 14 July 1936 金剛山外金剛千佛山 *Nakai, T Nakai s.n.* 10 June 1932 Mt. Kumgang (金剛山) Ohwi, *J Ohwi s.n.* July 1932 *Saito, T T Saito s.n.* **P'yongan-bukto** 9 June 1912 白璧山 *Ishidoya, T Ishidoya s.n.* **P'yongan-namdo** 15 June 1928 陽德 *Nakai, T Nakai s.n.* **P'yongyang** 26 May 1912 大聖山 *Imai, H Imai s.n.*

Ryanggang 13 August 1897 長進江河口(鴨綠江) *Komarov, VL Komaorv s.n.* 26 June 1897 內曲里 *Komarov, VL Komaorv s.n.* 2 June 1897 四芝坪(延面水河谷) 柄安洞 *Komarov, VL Komaorv s.n.*

Vincetoxicum pycnostelma Kitag., J. Jap. Bot. 16: 19 (1940)

Common name 산해박

Distribution in Korea: North, Central, South, Jeju

    Asclepias paniculata Bunge, Enum. Pl. Chin. Bor. 43 (1833)
    Pycnostelma chinense Bunge ex Decne., Prodr. (DC.) 8: 512 (1844)
    Pycnostelma paniculata (Bunge) K.Schum., Nat. Pflanzenfam. 4: 243 (1895)
    Cynanchum dubium Kitag., Rep. Inst. Sci. Res. Manchoukuo 3(App. 1): 363 (1939)
    Cynanchum paniculatum (Bunge) Kitag. ex H.Hara, Enum. Spermatophytarum Japon. 1: 153 (1948)

Representative specimens; Chagang-do 16 July 1911 Kang-gei(Kokai 江界) *Mills, RG Mills s.n.* 25 June 1914 從西山 *Nakai, T Nakai s.n.* **Hamgyong-namdo** 29 June 1940 定平郡宣德面 *Kim, SK s.n.* 17 August 1940 西湖津海岸 *Okuyama, S Okuyama s.n.* **Hwanghae-namdo** 31 July 1929 席島 *Nakai, T Nakai s.n.* 1 August 1929 椒島 *Nakai, T Nakai s.n.* 9 July 1921 Sorai Beach 九味浦 *Mills, RG Mills s.n.* 29 July 1929 長山串 *Nakai, T Nakai s.n.* 24 July 1929 夢金浦 *Nakai, T Nakai s.n.* **Kangwon-do** 28 July 1916 溫井里 *Nakai, T Nakai s.n.* 5 August 1932 元山 *Kitamura, S Kitamura s.n.* 8 June 1909 *Nakai, T Nakai s.n.* **P'yongan-bukto** 13 June 1914 碧潼豊年山 *Nakai, T Nakai s.n.* **P'yongyang** 23 August 1943 大同郡大寶山 *Furusawa, I Furusawa s.n.* 22 August 1943 平壤牡丹臺 *Furusawa, I Furusawa s.n.* 9 June 1912 Jun-an (順安) *Imai, H Imai s.n.* **Ryanggang** 1 August 1897 虛川江 (同仁川) *Komarov, VL Komaorv s.n.* 1 July 1897 五是川雲寵江-崔五峰 *Komarov, VL Komaorv s.n.*

SOLANACEAE

Datura **L.**
Datura metel L., Sp. Pl. 179 (1753)

Common name 양독말풀, 독말풀 (흰독말풀)

Distribution in Korea: cultivated and naturalized (North, Central, South)

    Datura fastuosa L., Syst. Nat. ed. 10 2: 932 (1759)
    Datura dubia Rich., Syn. Pl. (Persoon) 1: 216 (1805)
    Datura muricata Link, Enum. Hort. Berol. Alt. 1: 177 (1821)
    Datura humilis Desf., Tabl. Ecole Bot. (ed. 3) 396 (1829)
    Datura alba Rumph. ex Nees, Trans. Linn. Soc. London 17: 73 (1834)
    Datura bojeri Delile, Index Sem. (Montpellier) 23 (1836)
    Datura timoriensis Zipp. ex Span., Linnaea 15: 337 (1841)
    Datura nigra Hassk., Cat. Hort. Bot. Bogor. (Hassk.) 1: 142 (1844)
    Datura chlorantha Hook., Bot. Mag. t. 85: 5128 (1859)

Datura stramonium **L.**, Sp. Pl. 179 (1753)

Common name 독말풀

Distribution in Korea: cultivated and naturalized (North, Central, South; N. America)

    Datura tatula L., Sp. Pl. (ed. 2) 256 (1762)
    Datura laevis Schkuhr, Bot. Handb. 1: t. 140 (1791)
    Datura stramonium L. var. *chalybaea* W.D.J.Koch, Syn. Deut. Schweiz. Fl. 1: 510 (1837)
    Datura wallichii Dunal, Prodr. (DC.) 13: 539 (1852)
    Datura praecox Godr., Mem. Acad. Stanislas IV, 5: 199 (1872)
    Datura bernhardii Lundstr., Acta Horti Berg. 5: 89 (1914)

Representative specimens; Hamgyong-namdo 1929 Hamhung (咸興) *Seok, JM s.n.* 1929 *Seok, JM s.n.* **Hwanghae-namdo** 1 August 1929 椒島 *Nakai, T Nakai s.n.* 1 August 1929 Nakai, *T Nakai s.n.*

Hyoscyamus **L.**
Hyoscyamus niger **L.**, Sp. Pl. 179 (1753)

Common name 사리풀

Distribution in Korea: cultivated and naturalized (North, Central, South)
  Hyoscyamus bohemicus F.W.Schmidt, Fl. Boem. Cent. 3 3: 31 (1794)
  Hyoscyamus agrestis Kit. ex Schult., Oestr. Fl. (ed. 2) 1: 383 (1814)

Representative specimens; Hamgyong-bukto 22 June 1909 會寧 *Nakai, T Nakai s.n.* 5 August 1914 茂山 *Ikuma, Y Ikuma s.n.* 3 August 1914 車踰嶺 *Ikuma, Y Ikuma s.n.* 15 June 1933 茂山 *Unknown s.n.* **P'yongan-namdo** 25 July 1912 Kai-syong (价川) *Imai, H Imai s.n.* **Ryanggang** 26 July 1914 三水- 惠山鎭 *Nakai, T Nakai s.n.* 24 June 1930 延岩洞 *Ohwi, J Ohwi s.n.*

Lycium **L.**
Lycium barbarum L., Sp. Pl. 192 (1753)
Common name 영하구기자

Distribution in Korea: North, Central, South
  Lycium halimifolium Mill., Gard. Dict., ed. 8 6 (1768)
  Lycium turbinatum Veill., Traité Arbr. Arbust. 1: 119 (1802)
  Lycium lanceolatum Veill., Traité Arbr. Arbust. 1: 123 (1802)
  Lycium vulgare Dunal, Prodr. (DC.) 13: 509 (1852)

Lycium chinense Mill., Gard. Dict., ed. 8 no. 5 (1768)
Common name 구기자나무

Distribution in Korea: North, Central, South
  Lycium barbarum L. var. *chinense* (Mill.) Aiton, Hort. Kew. (Hill) 1: 257 (1789)
  Lycium sinense Gren., Ann. Mag. Nat. Hist. ser. 2, 14: 194 (1854)
  Lycium rhombifolium Dippel, Excurs.-Fl. Hessen 218 (1888)

Representative specimens; Hamgyong-bukto 2 August 1936 鏡城 *Saito, T T Saito s.n.* **Hwanghae-namdo** 2 August 1921 Sorai Beach 九味浦 *Mills, RG Mills s.n.*

Physaliastrum **Makino**
Physaliastrum japonicum (Franch. & Sav.) Honda, Bot. Mag. (Tokyo) 45: 139 (1931)
Common name 가시꽈리

Distribution in Korea: North (P'yongan), Central (Hwanghae), South, Jeju
  Chamaesaracha japonica Franch. & Sav., Enum. Pl. Jap. 2: 454 (1878)
  Chamaesaracha watanabaei Yatabe, Bot. Mag. (Tokyo) 5: 315 (1891)
  Leucophysalis japonica (Franch. & Sav.) Averett, Ann. Missouri Bot. Gard. 64: 141 (1977)

Physalis **L.**
Physalis alkekengi L. var. *franchetii* (Mast.) Makino, Bot. Mag. (Tokyo) 22: 34 (1908)
Common name 꽈리

Distribution in Korea: North, Central, South
  Physalis franchetii Mast., Gard. Chron. ser. 3, 16: 434 (1894)
  Physalis bunyardii Makino, J. Jap. Bot. 3: 27 (1926)
  Physalis glabripes Pojark., Bot. Mater. Gerb. Bot. Inst. Komarova Akad. Nauk S.S.S.R. 16: 325 (1954)
  Physalis praetermissa Pojark., Bot. Mater. Gerb. Bot. Inst. Komarova Akad. Nauk S.S.S.R. 16: 322 (1954)

Representative specimens; Hamgyong-bukto 26 September 1935 羅南 *Saito, T T Saito s.n.* 26 September 1935 *Saito, T T Saito s.n.* 9 July 1930 鏡城 *Ohwi, J Ohwi s.n.* 9 July 1930 Ohwi, *J Ohwi s.n.* 5 July 1936 *Saito, T T Saito s.n.* 5 July 1936 *Saito, T T Saito s.n.*

Physalis angulata L., Sp. Pl. 183 (1753)
Common name 땅꽈리
Distribution in Korea: Introduced (Central, South, Jeju; America)

Boberella angulata (L.) E.H.L.Krause, Deutschl. Fl. (Sturm), ed. 2 10: 61 (1903)
Physalis esquirolii H.Lév. & Vaniot, Bull. Soc. Bot. France 55: 208 (1908)
Physalis fauriei H.Lév. & Vaniot, Monde Pl. ser. 2: 10, 37 (1908)
Physalis angulata L. var. *ramosissima* (Mill.) O.E.Schulz, Symb. Antill. 6: 143 (1909)
Physalis repens Nakai, Bot. Mag. (Tokyo) 29: 3 (1915)

Representative specimens; Hwanghae-bukto 10 September 1915 瑞興 *Nakai, T Nakai s.n.* 10 September 1915 Nakai, T *Nakai s.n.*

Scopolia Jacq.
Scopolia japonica Maxim., Bull. Acad. Imp. Sci. Saint-Pétersbourg 18: 57 (1873)

Common name 미치광이풀

Distribution in Korea: North (Hamgyong, P'yongan, Kangwon), Central
Scopolia japonica Maxim. var. *parviflora* Dunn, Bull. Misc. Inform. Kew 1912: 109 (1912)
Scopolia parviflora (Dunn) Nakai, Bot. Mag. (Tokyo) 47: 263 (1933)
Scopolia lutescens Y.N.Lee, Korean J. Pl. Taxon. 23: 264 (1993)
Scopolia kwangdokensis Y.N.Lee, Bull. Korea Pl. Res. 5: 22 (2005)

Representative specimens; Kangwon-do 12 July 1936 金剛山外金剛千佛山 *Nakai, T Nakai s.n.* 12 July 1936 Nakai, T *Nakai s.n.*

Solanum L.
Solanum americanum Mill., Gard. Dict., ed. 8 no. 5 (1768)

Common name 미국까마중

Distribution in Korea: Introduced (North, Central, South; America)
Solanum nigrum L., Sp. Pl. 186 (1753)
Solanum nigrum L. var. *vulgatum* L., Sp. Pl. (ed. 2) 266 (1762)
Solanum oleraceum Dunal, Encycl. (Lamarck) Suppl. 3 750 (1814)
Solanum gollmeri Bitter, Repert. Spec. Nov. Regni Veg. 11: 202 (1912)
Solanum diodontum Bitter, Repert. Spec. Nov. Regni Veg. 12: 552 (1913)

Representative specimens; Chagang-do 4 August 1910 Kang-gei(Kokai 江界) *Mills, RG Mills s.n.* **Hamgyong-bukto** 10 August 1935 羅南 *Saito, T T Saito s.n.* 9 July 1930 鏡城 *Ohwi, J Ohwi s.n.* **Hamgyong-namdo** 1929 Hamhung (咸興) *Seok, JM s.n.* **Hwanghae-namdo** 6 August 1929 長山串 *Nakai, T Nakai s.n.* **Kangwon-do** July 1901 in agris seuis rios abigue communis *Faurie, UJ Faurie512* October 1906 Faurie, UJ·*Faurie512* **P'yongyang** 12 September 1902 P'yongyang (平壤) *Uchiyama, T Uchiyama s.n.*

Solanum japonense Nakai, Fl. Sylv. Kor. 14: 58 (1923)

Common name 산꽈리 (좁은잎배풍등)

Distribution in Korea: Central, South, Jeju, Ulleung
Solanum dulcamara L. var. *heterophyllum* Makino, Bot. Mag. (Tokyo) 24: 19 (1910)
Solanum nipponense Makino, J. Jap. Bot. 3: 20 (1926)
Solanum japonense Nakai var. *takaoyamense* (Makino) H.Hara, Enum. Spermatophytarum Japon. 1: 241 (1948)

Representative specimens; Hwanghae-namdo 29 July 1929 長山串 Nakai, T *Nakai s.n.* 29 July 1929 Nakai, T *Nakai s.n.*

Solanum lyratum Thunb., Syst. Veg., ed. 14 (J. A. Murray) 224 (1784)

Common name 배풍등

Distribution in Korea: North, Central, South, Jeju, Ulleung
Solanum dulcamara L. var. *pubescens* Blume, Bijdr. Fl. Ned. Ind. 13: 698 (1825)
Solanum dulcamara L. var. *lyratum* (Thunb.) Siebold & Zucc., Observ. Bot. (Meyen) 4: 317 (1843)
Solanum dichotomum var. *lyrata* (Thunb.) Siebold & Zucc., Abh. Math.-Phys. Cl. Konigl. Bayer. Akad. Wiss. 4 (3): 147 (1846)
Solanum dulcamara L. var. *chinense* Dunal, Prodr. (DC.) 13: 79 (1852)
Solanum lyratum Thunb. var. *leucanthum* Nakai, Bot. Mag. (Tokyo) 44: 533 (1930)
Solanum megacarpum Koidz., Acta Phytotax. Geobot. 4: 159 (1935)
Solanum cathayanum C.Y.Wu &S.C.Huang, Fl. Reipubl. Popularis Sin. 67: 84, pl. 20, f. 5-7 (1978)

Representative specimens; Rason 9 July 1937 赤島 *Saito, T T Saito s.n.* 9 July 1937 *Saito, T T Saito s.n.*

CONVOLVULACEAE

Calystegia **R.Br.**
Calystegia hederacea Wall., Fl. Ind. (Roxburgh) 2: 94 (1824)
Common name 애기메꽃
Distribution in Korea: North, Central, South, Ulleung, Jeju
    Convolvulus wallichianus Spreng., Syst. Veg. (ed. 16) [Sprengel] 4(2, Cur. Post.): 61 (1827)
    Convolvulus loureiri G.Don, Gen. Hist. 4: 290 (1836)
    Convolvulus acetosifolius Turcz., Bull. Soc. Imp. Naturalistes Moscou 14: 73 (1840)
    Convolvulus calystegioides Choisy, Prodr. (DC.) 9: 413 (1845)
    Volvulus hederaceus (Wall.) Kuntze, Revis. Gen. Pl. 2: 447 (1891)
    Calystegia acetosifolia (Turcz.) Turcz., Fl. Baical.-dahur. 2: 347 (1892)
    Calystegia hederacea Wall. var. *elongata* Liou & Ling, Fl. Ill. Nord Chine 1: 25 (1931)

Representative specimens; Hamgyong-bukto 27 May 1897 富潤洞 *Komarov, VL Komaorv s.n.* 16 June 1938 行營 *Saito, T T Saito s.n.* 15 July 1936 會寧 *Saito, T T Saito s.n.* 16 June 1938 行營 *Saito, T T Saito s.n.* 15 July 1936 會寧 *Saito, T T Saito s.n.* 5 July 1936 豊谷 *Saito, T T Saito s.n.* 5 July 1936 *Saito, T T Saito s.n.* **Hamgyong-namdo** 5 August 1941 Hamhung (咸興) Uyeki, *H Uyeki s.n.* 5 August 1941 Uyeki, *H Uyeki s.n.* 10 June 1909 鎭江 *Nakai, T Nakai s.n.* 10 June 1909 Nakai, T *Nakai s.n.* 10 June 1909 Nakai, T *Nakai s.n.* 10 June 1909 Nakai, T *Nakai s.n.* **Hwanghae-namdo** 29 July 1935 長壽山 *Koidzumi, G Koidzumi s.n.* 29 July 1935 Koidzumi, G Koidzumi s.n. **Kangwon-do** July 1901 in agrie *Faurie, UJ Faurie s.n.* July 1901 *Faurie, UJ Faurie s.n.* **P'yongyang** 3 July 1910 P'yongyang (平壤) *Imai, H Imai s.n.* 28 May 1911 *Imai, H Imai s.n.* 3 July 1910 *Imai, H Imai s.n.* 28 May 1911 *Imai, H Imai s.n.*

Calystegia pellita (Ledeb.) G.Don, Gen. Hist. 4: 296 (1837)
Common name 선메꽃
Distribution in Korea: North, Central
    Convolvulus dahuricus Herb., Bot. Mag. 53: t. 2609 (1826)
    Convolvulus pellitus Ledeb., Fl. Altaic. 1: 223 (1829)
    Calystegia dahurica (Herb.) Choisy, Prodr. (DC.) 9: 433 (1845)
    Calystegia dahurica (Herb.) Choisy var. *pellita* (Ledeb.) Choisy, Prodr. (DC.) 9: 433 (1845)
    Calystegia sepium (L.) R.Br. var. *dahurica* (Herb.) Choisy, Prodr. (DC.) 9: 433 (1845)

Representative specimens; Hamgyong-bukto 24 August 1914 會寧 -行營 *Nakai, T Nakai s.n.* 22 June 1909 會寧 *Nakai, T Nakai s.n.* 24 August 1914 會寧 -行營 *Nakai, T Nakai s.n.* 22 June 1909 會寧 *Nakai, T Nakai s.n.* 5 August 1914 茂山 *Ikuma, Y Ikuma s.n.* 10 August 1918 泗浦 *Nakai, T Nakai s.n.* 10 August 1918 Nakai, T *Nakai s.n.* **Hamgyong-namdo** 31 July 1929 席島 *Nakai, T Nakai s.n.* 31 July 1929 Nakai, T *Nakai s.n.* 4 July 1921 Sorai Beach 九味浦 *Mills, RG Mills s.n.* 4 July 1921 *Mills, RG Mills s.n.* **P'yongan-namdo** 20 July 1912 江西 *Imai, H Imai s.n.* 20 July 1912 *Imai, H Imai s.n.* **Ryanggang** 1 July 1897 五是川雲龍江-崔五峰 *Komarov, VL Komaorv s.n.* August 1913 長白山 *Mori, T Mori s.n.* August 1913 *Mori, T Mori s.n.*

Calystegia pubescens Lindl., J. Hort. Soc. London 1: 70 (1846)
Common name 메꽃
Distribution in Korea: North, Central, South
    Calystegia japonica Choisy, Syst. Verz. (Zollinger) 2: 130 (1854)
    Calystegia sepium (L.) R.Br. var. *japonicum* (Choisy) Makino f. *angustifolia* Nakai, Bot. Mag. (Tokyo) 23: 107 (1909)
    Calystegia sepium (L.) R.Br. var. *japonicum* (Choisy) Makino, Index Pl. Jap. 2 (2): 516 (1912)
    Calystegia japonica Choisy var. *albiflora* Makino, J. Jap. Bot. 3: 1 (1923)
    Calystegia japonica Choisy var. *elongata* Liou & Ling, Contr. Lab. Bot. Natl. Acad. Peiping 1: 25 (1931)
    Calystegia subvolubilis Liou & Ling f. *angustifolia* (Nakai) Makino & Nemoto, Fl. Japan., ed. 2 (Makino & Nemoto) 972 (1931)
    Calystegia subvolubilis Liou & Ling, Fl. Ill. Nord Chine 21: pl. 6 (1931)
    Calystegia subvolubilis Liou & Ling var. *albiflora* Makino & Nemoto ex Nemoto, Fl. Jap. Suppl. 611 (1936)
    Calystegia japonica Choisy f. *angustifolia* Makino ex Hara, Bot. Mag. (Tokyo) 51: 48 (1937)
    Calystegia japonica Choisy f. *albiflora* (Makino) H.Hara, Enum. Spermatophytarum Japon. 1: 160 (1948)

Calystegia sepium (L.) R.Br. var. *japonicum* (Choisy) Makino f. *albiflora* (Makino) T.Yamaz., Fl. Jap. (Iwatsuki et al., eds.) 3a: 199 (1993)

Representative specimens; Hamgyong-bukto 13 August 1935 羅南 *Saito, T T Saito s.n.* 13 August 1935 *Saito, T T Saito s.n.* 28 August 1934 鈴蘭山 *Uozumi, H Uozumi s.n.* 28 August 1934 *Uozumi, H Uozumi s.n.* 3 August 1933 會寧 *Koidzumi, G Koidzumi s.n.* 3 August 1933 *Koidzumi, G Koidzumi s.n.* 6 July 1930 鏡城 *Ohwi, J Ohwi s.n.* 6 July 1930 Ohwi, *J Ohwi s.n.* 2 August 1918 漁大津 *Nakai, T Nakai s.n.* 2 August 1918 Nakai, T *Nakai s.n.* **Hamgyong-namdo** 1928 Hamhung (咸興) *Seok, JM s.n.* 1928 *Seok, JM s.n.* **Hwanghae-namdo** 28 August 1943 海州港海岸 *Furusawa, I Furusawa s.n.* 28 August 1943 *Furusawa, I Furusawa s.n.* 4 July 1921 Sorai Beach 九味浦 *Mills, RG Mills s.n.* 4 July 1921 *Mills, RG Mills s.n.* August 1932 *Smith, RK Smith s.n.* August 1932 *Smith, RK Smith s.n.* **Kangwon-do** 15 August 1932 金剛山外金剛 *Koidzumi, G Koidzumi s.n.* 15 August 1932 *Koidzumi, G Koidzumi s.n.* July 1901 in agrie connurie *Faurie, UJ Faurie s.n.* July 1901 *Faurie, UJ Faurie745* 18 August 1932 安邊郡衛益面三防 *Koidzumi, G Koidzumi s.n.* 18 August 1932 *Koidzumi, G Koidzumi s.n.* **P'yongan-namdo** 17 July 1916 加音嶺 *Mori, T Mori s.n.* 17 July 1916 *Mori, T Mori s.n.* 19 September 1915 成川 *Nakai, T Nakai s.n.* 19 September 1915 Nakai, T *Nakai s.n.* **P'yongyang** 23 August 1943 大同郡大寶山 *Furusawa, I Furusawa s.n.* 23 August 1943 *Furusawa, I Furusawa s.n.* **Ryanggang** 26 July 1914 三水·惠山鎮 *Nakai, T Nakai s.n.* 26 July 1914 Nakai, T *Nakai s.n.*

Calystegia sepium (L.) R.Br., Prodr. Fl. Nov. Holland. 483 (1810)

Common name 큰메꽃

Distribution in Korea: North, Central, Ulleung

    Convolvulus sepium L., Sp. Pl. 153 (1753)
    Convolvulus sepium L. var. *americanus* Sims, Bot. Mag. 19: pl. 732 (1804)
    Convolvulus americanus (Sims) Greene, Pittonia 3: 328 (1900)
    Calystegia americana (Sims) Daniels, Univ. Missouri Stud., Sci. Ser. 1: 337 (1907)
    Calystegia sepium (L.) R.Br. var. *americana* (Sims) Matsuda, Bot. Mag. (Tokyo) 33: 145 (1919)
    Calystegia sepium (L.) R.Br. var. *integrifolia* Liou, Contr. Lab. Bot. Natl. Acad. Peiping 1: 24 (1931)
    Convolvulus sepium L. var. *communis* Tryon, Rhodora 41: 419 (1939)
    Calystegia sepium (L.) R.Br. var. *communis* (Tryon) H.Hara, J. Jap. Bot. 17: 395 (1941)

Representative specimens; Chagang-do 21 June 1914 江界 *Nakai, T Nakai s.n.* 21 June 1914 Nakai, T *Nakai s.n.* 21 July 1914 大興里-山羊 *Nakai, T Nakai s.n.* 18 July 1914 大興里 *Nakai, T Nakai s.n.* 21 July 1914 大興里- 山羊 *Nakai, T Nakai s.n.* 18 July 1914 大興里 *Nakai, T Nakai s.n.* **Hamgyong-bukto** 4 August 1935 羅南支庫 *Saito, T T Saito s.n.* 4 August 1935 *Saito, T T Saito s.n.* July 茂山嶺 *Shou, K s.n.* July *Shou, K s.n.* 5 August 1914 茂山 *Ikuma, Y Ikuma s.n.* **Hamgyong-namdo** 5 August 1941 咸興曙町 *Suzuki, T s.n.* 5 August 1941 *Suzuki, T s.n.* 27 August 1897 小德川 *Komarov, VL Komaorv s.n.* 26 July 1916 下碣隅里 *Mori, T Mori s.n.* 26 July 1916 *Mori, T Mori s.n.* 24 July 1933 東上面大漢垈里 *Koidzumi, G Koidzumi s.n.* 24 July 1933 *Koidzumi, G Koidzumi s.n.* 15 August 1935 東上面漢垈里 *Nakai, T Nakai s.n.* 15 August 1935 Nakai, T *Nakai s.n.* 23 July 1935 弁天島 *Nomura, N Nomura s.n.* 26 July 1935 Donha-myeon Unsan-ri (東下面雲山里) *Nomura, N Nomura s.n.* 23 July 1935 弁天島 *Nomura, N Nomura s.n.* 26 July 1935 Donha-myeon Unsan-ri (東下面雲山里) *Nomura, N Nomura s.n.* 16 August 1940 赴戰高原 Fusenkogen *Okuyama, S Okuyama s.n.* 16 August 1940 *Okuyama, S Okuyama s.n.* **Hwanghae-namdo** 25 July 1921 Sorai Beach 九味浦 *Mills, RG Mills s.n.* 25 July 1921 *Mills, RG Mills s.n.* **Ryanggang** 1 July 1897 五是川雲寵江-崔五峰 *Komarov, VL Komaorv s.n.* 1 August 1897 虛川江 (同仁川) *Komarov, VL Komaorv s.n.* 1 August 1897 蓮坪-厚州川-厚州古邑 *Komarov, VL Komaorv s.n.* 19 August 1897 葡坪 *Komarov, VL Komaorv s.n.* 20 July 1897 惠山鎮(鴨綠江上流長白山脈中高原) *Komarov, VL Komaorv s.n.* 17 July 1897 半載子溝 (鴨綠江上流) *Komarov, VL Komaorv, VL*

Calystegia soldanella (L.) R.Br., Prodr. Fl. Nov. Holland. 484 (1810)

Common name 갯메꽃

Distribution in Korea: North, Central, South, Ulleung

    Convolvulus soldanella L., Sp. Pl. 159 (1753)
    Convolvulus maritimus Lam., Fl. Franc. (Lamarck) 2: 265 (1778)
    Calystegia asarifolius Salisb., Prodr. Stirp. Chap. Allerton 125 (1796)
    Calystegia reniformis R.Br., Prodr. Fl. Nov. Holland. 484 (1810)
    Volvulus soldanella (L.) Junger, Oesterr. Bot. Z. 41: 134 (1891)

Representative specimens; Hamgyong-bukto 9 August 1936 朱乙 *Saito, T T Saito s.n.* 9 August 1936 *Saito, T T Saito s.n.* **Hwanghae-namdo** 31 July 1929 席島 *Nakai, T Nakai s.n.* 31 July 1929 Nakai, T *Nakai s.n.* 1 August 1929 椒島 *Nakai, T Nakai s.n.* 1 August 1929 Nakai, T *Nakai s.n.* 29 June 1921 Sorai Beach 九味浦 *Mills, RG Mills s.n.* 11 July 1921 *Mills, RG Mills s.n.* 29 June 1921 *Mills, RG Mills s.n.* 11 July 1921 *Mills, RG Mills s.n.* 24 July 1929 夢金浦 *Nakai, T Nakai s.n.* 24 July 1929 Nakai, T *Nakai s.n.* **Kangwon-do** 28 July 1916 長箭海岸 *Nakai, T Nakai s.n.* 28 July 1916 Nakai, T *Nakai s.n.* 7 June 1909 元山 *Nakai, T Nakai s.n.* 7 June 1909 Nakai, T *Nakai s.n.* 8 June 1909 Nakai, T *Nakai s.n.* 7 June 1909 Nakai, T *Nakai s.n.* 7 June 1909 Nakai, T *Nakai s.n.* 8 June 1909 Nakai, T *Nakai s.n.* **Rason** 6 June 1930 西水羅 *Ohwi, J Ohwi s.n.* 6 June 1930 Ohwi, *J Ohwi s.n.* 6 June 1930 Ohwi, *J Ohwi s.n.* 6 June 1930 Ohwi, *J Ohwi s.n.* 6 July 1935 獨津 *Saito, T T Saito s.n.* 6 July 1935 *Saito, T T Saito s.n.*

Convolvulus **L.**
Convolvulus arvensis L., Sp. Pl. 153 (1753)
Common name 서양메꽃
Distribution in Korea: Introduced and naturalized [North (P'yongan, Hwanghae), South; Eurasia]
  Convolvulus arvensis L. var. *sagittatus* Ledeb., Fl. Altaic. 1: 225 (1829)
  Convolvulus chinensis Ker Gawl., Edward's Bot. Reg. pl. 0: 322 (1878)
  Convolvulus sagittifolius (Ledeb.) Liou & Ling, Fl. Ill. Nord Chine 1: 17 (1931)

Cuscuta **L.**
Cuscuta australis R.Br., Prodr. Fl. Nov. Holland. 1: 491 (1810)
Common name 실새삼
Distribution in Korea: North, Central, South, Jeju
  Cuscuta millettii Hook. & Arn., Bot. Beechey Voy. 201 (1837)
  Cuscuta rogowitschiana Trautv., Mélanges Biol. Bull. Phys.-Math. Acad. Imp. Sci. Saint-Pétersbourg 2: 285 (1855)
  Cuscuta obtusiflora Kunth var. *australis* (R.Br.) Engelm., Trans. Acad. Sci. St. Louis 1: 492 (1860)
  Cuscuta obtusiflora Kunth var. *breviflora* Engelm., Trans. Acad. Sci. St. Louis 1: 493 (1860)
  Cuscuta hygrophilae Person, Hooker's Icon. Pl. 28 (1901)
  Cuscuta kawakamii Hayata, Icon. Pl. Formosan. 5: 125 (1915)
  Cuscuta sojagena Makino, Ill. Fl. Nippon (Makino) 197 (1940)
  Cuscuta somaxacola Makino, Genshoku yagai shokubutsu zufu 2: 209 (1941)

Representative specimens; Chagang-do 13 July 1914 北上面 *Nakai, T Nakai s.n.* **Hamgyong-bukto** 3 August 1933 會寧 *Koidzumi, G Koidzumi s.n.* **Kangwon-do** 25 August 1916 金剛山新金剛 *Nakai, T Nakai s.n.* **P'yongan-bukto** 27 September 1911 雲山郡古城里甑峯里 *Ishidoya, T Ishidoya s.n.*

Cuscuta chinensis Lam., Encycl. (Lamarck) 2: 229 (1786)
Common name 갯실새삼
Distribution in Korea: North, Central, South
  Cuscuta ciliaris Hohen. ex Boiss., Diagn. Pl. Orient. ser.2, 3: 129 (1856)
  Cuscuta fimbriata Bunge ex Engelm., Trans. Acad. Sci. St. Louis 1: 480 (1859)
  Cuscuta chinensis Lam. var. *carinata* (R.Br.) Engelm., Trans. Acad. Sci. St. Louis 1: 480 (1859)

Representative specimens; Chagang-do 10 August 1911 Kang-gei(Kokai 江界) *Mills, RG Mills s.n.* 10 August 1911 *Mills, RG Mills s.n.* **Kangwon-do** 7 June 1909 元山 *Nakai, T Nakai s.n.* 7 June 1909 Nakai, T *Nakai s.n.*

Cuscuta epilinum Weihe, Not given 8 (3): 51 (1824)
Common name 좀새삼
Distribution in Korea: North, Cental
  Cuscuta major Koch & Ziz, Cat. Pl. (Koch & Ziz) : 5 (1814)
  Cuscuta vulgaris J.Presl & C.Presl, Fl. Cech. : 56 (1819)

Representative specimens; Chagang-do 4 July 1914 江界 *Nakai, T Nakai s.n.* 4 July 1914 *Nakai, T Nakai s.n.* 22 July 1914 山羊 -江口 *Nakai, T Nakai s.n.* 22 July 1914 *Nakai, T Nakai s.n.* **Hamgyong-bukto** 25 August 1914 行營 *Nakai, T Nakai s.n.* 25 August 1914 *Nakai, T Nakai s.n.* 8 August 1930 吉州郡載德 *Ohwi, J Ohwi s.n.* 8 August 1930 *Ohwi, J Ohwi s.n.* 8 August 1930 *Ohwi, J Ohwi s.n.* 8 August 1930 *Ohwi, J Ohwi s.n.* 13 July 1930 Kyonson 鏡城 *Ohwi, J Ohwi s.n.* 13 July 1930 鏡城 *Ohwi, J Ohwi s.n.* 13 July 1930 Kyonson 鏡城 *Ohwi, J Ohwi s.n.* 17 September 1935 梧上洞 *Saito, T T Saito s.n.* 17 September 1935 Saito, T T *Saito s.n.* 18 August 1914 茂山 *Nakai, T Nakai s.n.* 18 August 1914 *Nakai, T Nakai s.n.* **Hwanghae-namdo** 1 August 1929 椒島 *Nakai, T Nakai s.n.* 1 August 1929 *Nakai, T Nakai s.n.* **Kangwon-do** 30 July 1916 金剛山溫井里 *Nakai, T Nakai s.n.* 30 July 1916 *Nakai, T Nakai s.n.* August 1932 Mt. Kumgang (金剛山) *Koidzumi, G Koidzumi s.n.* August 1932 *Koidzumi, G Koidzumi s.n.* **Ryanggang** 18 July 1897 Keizanchin(惠山鎮) *Komarov, VL Komaorv s.n.* 1 July 1897 五是川雲寵江-崔五峰 *Komarov, VL Komaorv s.n.* 1 August 1897 虛川江 (同仁川) *Komarov, VL Komaorv s.n.* 19 August 1897 葡坪 *Komarov, VL Komaorv s.n.* 4 July 1897 上水隅理 *Komarov, VL Komaorv s.n.* 9 August 1897 長津江下流域 *Komarov, VL Komaorv s.n.* 28 July 1897 佳林里 *Komarov, VL Komaorv s.n.*

Cuscuta japonica Choisy, Syst. Verz. (Zollinger) 2: 130 (1854)

Common name 새삼

Distribution in Korea: North, Central, South
    Cuscuta reflexa Roxb. var. *densiflora* Benth., Hooker's J. Bot. Kew Gard. Misc. 5: 57 (1853)
    Cuscuta japonica Choisy var. *thyroidea* Engelm., Trans. Acad. Sci. St. Louis 1: 517 (1859)
    Cuscuta japonica Choisy var. *paniculata* Engelm., Trans. Acad. Sci. St. Louis 1: 517 (1859)
    Cuscuta systyla Maxim., Mem. Acad. Imp. Sci. St.-Petersbourg Divers Savans 9: 200 (1859)
    Cuscuta colorans Maxim., Mem. Acad. Imp. Sci. St.-Petersbourg Divers Savans 9: 201 (1859)
    Monogynella japonica (Choisy) Hada & Chrtek, Folia Geobot. Phytotax. 5: 444 (1970)

Representative specimens; **Chagang-do** 4 July 1914 江界 *Nakai, T Nakai s.n.* 4 July 1914 Nakai, T *Nakai s.n.* 22 July 1914 山羊 -江口 *Nakai, T Nakai s.n.* 22 July 1914 Nakai, T *Nakai s.n.* **Hamgyong-bukto** 25 August 1914 行營 *Nakai, T Nakai s.n.* 25 August 1914 Nakai, T *Nakai s.n.* 8 August 1930 吉州郡載德 *Ohwi, J Ohwi s.n.* 8 August 1930 Ohwi, J *Ohwi s.n.* 8 August 1930 Ohwi, J *Ohwi s.n.* 8 August 1930 Ohwi, J *Ohwi s.n.* 13 July 1930 鏡城 *Ohwi, J Ohwi s.n.* 13 July 1930 Kyonson 鏡城 *Ohwi, J Ohwi s.n.* 13 July 1930 鏡城 *Ohwi, J Ohwi s.n.* 13 July 1930 Kyonson 鏡城 *Ohwi, J Ohwi s.n.* 17 September 1935 梧上洞 *Saito, T T Saito s.n.* 17 September 1935 *Saito, T T Saito s.n.* 18 August 1914 茂山 *Nakai, T Nakai s.n.* 18 August 1914 Nakai, T *Nakai s.n.* **Hwanghae-namdo** 1 August 1929 椒島 *Nakai, T Nakai s.n.* 1 August 1929 Nakai, T *Nakai s.n.* **Kangwon-do** 30 July 1916 金剛山溫井里 *Nakai, T Nakai s.n.* 30 July 1916 Nakai, T *Nakai s.n.* August 1932 Mt. Kumgang (金剛山) *Koidzumi, G Koidzumi s.n.* August 1932 *Koidzumi, G Koidzumi s.n.* **Ryanggang** 18 July 1897 Keizanchin (惠山鎭) *Komarov, VL Komaorv s.n.* 1 July 1897 五是川雲寵江-崔五峰 *Komarov, VL Komaorv s.n.* 1 August 1897 虛川江 (同仁川) *Komarov, VL Komaorv s.n.* 19 August 1897 葡坪 *Komarov, VL Komaorv s.n.* 4 July 1897 上水隅理 *Komarov, VL Komaorv s.n.* 9 August 1897 長津江下流域 *Komarov, VL Komaorv s.n.* 28 July 1897 佳林里 *Komarov, VL Komaorv s.n.*

MENYANTHACEAE

Menyanthes L.
Menyanthes trifoliata L., Sp. Pl. 145 (1753)

Common name 조름나물

Distribution in Korea: North (Gaema, Baekmu, Bujeon, Jangjin)

Representative specimens; **Hamgyong-bukto** 7 June 1918 羅南 *Ishidoya, T Ishidoya s.n.* 7 June 1918 *Ishidoya, T Ishidoya s.n.* **Hamgyong-namdo** 27 July 1933 東上面元豊 *Koidzumi, G Koidzumi s.n.* 27 July 1933 *Koidzumi, G Koidzumi s.n.* 20 June 1932 東上面元豊里 *Ohwi, J Ohwi s.n.* 20 June 1932 Ohwi, J *Ohwi s.n.* **P'yongan-namdo** 27 July 1916 黃草嶺 *Mori, T Mori s.n.* 27 July 1916 *Mori, T Mori s.n.* **Rason** 6 June 1930 西水羅 *Ohwi, J Ohwi s.n.* 6 June 1930 Ohwi, J *Ohwi s.n.* **Ryanggang** 18 July 1897 Keizanchin(惠山鎭) *Komarov, VL Komaorv s.n.* 15 August 1897 蓮坪-厚州川-厚州古邑 *Komarov, VL Komaorv s.n.* 4 August 1939 大澤濕地 *Hozawa, S Hozawa s.n.* 4 August 1939 *Hozawa, S Hozawa s.n.* 24 July 1930 大澤 *Ohwi, J Ohwi s.n.* 24 July 1930 Ohwi, J *Ohwi s.n.* 21 August 1914 崔哥嶺 *Ikuma, Y Ikuma s.n.*

Nymphoides Seg.
Nymphoides coreana (H.Lév.) H.Hara, J. Jap. Bot. 13: 26 (1937)

Common name 좀어리연꽃

Distribution in Korea: North, Central, South
    Limnanthemum coreanum H.Lév., Repert. Spec. Nov. Regni Veg. 8: 284 (1910)

Representative specimens; **Kangwon-do** 30 August 1916 通川街道 *Nakai, T Nakai s.n.* 30 August 1916 Nakai, T *Nakai s.n.* **P'yongan-namdo** 30 September 1910 Sin An Ju(新安州) *Mills, RG Mills s.n.* 30 September 1910 *Mills, RG Mills s.n.*

Nymphoides peltata (S.G.Gmel.) Kuntze, Revis. Gen. Pl. 2: 429 (1891)

Common name 노랑어린연꽃

Distribution in Korea: North, Central, South
    Limnanthemum nymphoides Hoffmanns. & Link, Fl. Portug. 1: 314 (1809)

POLEMONIACEAE

Polemonium L.

Polemonium caeruleum L. var. *acutiflorum* (Willd. ex Roem. & Schult.) Ledeb., Fl. Ross. (Ledeb.) 3: 84 (1847)

Common name 꽃고비

Distribution in Korea: far North (Gaema, Baekmu, Bujeon, Rahnrim)
    Polemonium villosum Rudolph ex Georgi, Beschr. Nation. Russ. Reich 3: 771 (1780)
    Polemonium acutiflorum Willd., Syst. Veg. (ed. 16) [Roemer & Schultes] 4: 792 (1819)
    Polemonium caeruleum L. var. *racemosum* Miyabe & Kudô, Trans. Sapporo Nat. Hist. Soc. 4: 101 (1913)
    Polemonium campanulatum H.Lindb. ex Lindm., Sv. Fanerogamfl. 457 (1918)
    Polemonium racemosum Kitam., Acta Phytotax. Geobot. 10: 180 (1941)

Representative specimens; Chagang-do 22 July 1916 狼林山 *Mori, T Mori s.n.* **Hamgyong-bukto** 3 August 1936 茂山漁下面 *Saito, T T Saito s.n.* 12 June 1897 西溪水 *Komarov, VL Komaorv s.n.* **Hamgyong-namdo** 15 June 1932 下碣隅里 *Ohwi, J Ohwi s.n.* 2 September 1934 東下面蓮花山 *Yamamoto, A Yamamoto s.n.* 23 July 1939 赴戰高原咸地里 *Kitamura, S Kitamura s.n.* 25 July 1933 東上面遮日峯 *Koidzumi, G Koidzumi s.n.*Type of *Polemonium racemosum* Kitam. (Holotype KYO)18 August 1935 遮日峯南側 *Nakai, T Nakai s.n.* 20 June 1932 東上面元豊里 *Ohwi, J Ohwi s.n.* 17 August 1934 東上面內岩洞谷 *Yamamoto, A Yamamoto s.n.* 14 August 1940 赴戰高原雲水嶺 *Yokoyama, H s.n.* **P'yongan-namdo** 20 July 1916 黃玉峯 (黃處嶺?) *Mori, T Mori s.n.* **Ryanggang** 15 August 1935 北水白山 *Hozawa, S Hozawa s.n.* 4 August 1939 大澤濕地 *Hozawa, S Hozawa s.n.* 9 June 1897 屈松川 (西館水河谷) *Komarov, VL Komaorv s.n.* 21 June 1930 天水洞 *Ohwi, J Ohwi s.n.* 24 June 1930 延岩洞-上村 *Ohwi, J Ohwi s.n.* 24 July 1930 大澤 *Ohwi, J Ohwi s.n.* 23 June 1930 倉坪延岩洞間 *Ohwi, J Ohwi s.n.* 22 June 1930 倉坪嶺 *Ohwi, J Ohwi s.n.* 3 August 1930 大澤 *Ohwi, J Ohwi s.n.* 23 June 1930 倉坪延岩洞間 *Ohwi, J Ohwi s.n.* 24 June 1930 延岩洞-上村 *Ohwi, J Ohwi s.n.* 21 June 1930 天水洞 *Ohwi, J Ohwi s.n.* 24 June 1930 延岩洞-上村 *Ohwi, J Ohwi s.n.* 21 June 1930 天水洞 *Ohwi, J Ohwi s.n.* 19 July 1938 延岩 *Saito, T T Saito s.n.* July 1943 *Uchida, H Uchida s.n.* 26 June 1897 內曲里 *Komarov, VL Komaorv s.n.* 22 July 1897 佳林里 *Komarov, VL Komaorv s.n.* August 1914 白頭山 *Ikuma, Y Ikuma s.n.* August 1934 *Kojima, K Kojima s.n.* 20 July 1897 惠山鎭(鴨綠江上流長白山脈中高原) *Komarov, VL Komaorv s.n.* August 1913 長白山 *Mori, T Mori s.n.* 4 August 1914 普天堡- 寶泰洞 *Nakai, T Nakai s.n.*

Polemonium chinense (Brand) Brand, Repert. Spec. Nov. Regni Veg. Beih. 17: 316 (1921)

Common name 가지꽃고비

Distribution in Korea: North
    Polemonium caeruleum L. var. *chinense* Brand, Annuaire Conserv. Jard. Bot. Geneve 15/16: 324 (1913)
    Polemonium laxiflorum Kitam., Acta Phytotax. Geobot. 10: 182 (1941)
    Polemonium racemosum Kitam. var. *laxiflorum* (Kitam.) Nakai, Bull. Natl. Sci. Mus., Tokyo 31: 96 (1952)
    *Polemonium liniflorum*V.N.Vassil., Bot. Mater. Gerb. Bot. Inst. Komarova Akad. Nauk S.S.S.R. 15: 218 (1953)

BORAGINACEAE

Ancistrocarya **Maxim.**
Ancistrocarya japonica Maxim., Bull. Acad. Imp. Sci. Saint-Pétersbourg 3, 17: 444 (1872)
Common name 털꽃마리
Distribution in Korea: North, Central

Bothriospermum **Bunge**
Bothriospermum secundum Maxim., Mem. Acad. Imp. Sci. St.-Petersbourg Divers Savans 9: 202 (1859)
Common name 참꽃받이
Distribution in Korea: North (Gaema, Bujeon, Rahnrim), Central, South, Jeju
    Bothriospermum imaii Nakai, Bot. Mag. (Tokyo) 23: 189 (1909)
    Lithospermum secundum Nakai, Bot. Mag. (Tokyo) 23: 107 (1909)
    Bothriospermum secundum Maxim. f. *albiflorum* Nakai, J. Coll. Sci. Imp. Univ. Tokyo 31: 105 (1911)

Representative specimens; **P'yongyang** 23 August 1943 大同郡大寶山 *Furusawa, I Furusawa s.n.* 25 August 1909 P'yongyang (平壤) *Mills, RG Mills s.n.* 25 August 1909 *Mills, RG Mills s.n.* 13 September 1902 萬景臺 *Uchiyama, T Uchiyama s.n.* Type of *Lithospermum secundum* Nakai (Holotype TI)

Bothriospermum tenellum (Hornem.) Fisch. & C.A.Mey., Index Seminum [St.Petersburg (Petropolitanus)] 1: 24 (1835)

Common name 꽃받이

Distribution in Korea: Central, South, Jeju
> *Anchusa tenella* Hornem., Hort. Bot. Hafn. 1: 176 (1813)
> *Cynoglossum prostratum* Ham. ex D.Don, Prodr. Fl. Nepal. 100 (1825)
> *Bothriospermum perenne* Miq., Ann. Mus. Bot. Lugduno-Batavi 2: 95 (1865)
> *Bothriospermum tenellum* (Hornem.) Fisch. & C.A.Mey. var. *asperugoides* (Siebold & Zucc.) Maxim., Bull. Acad. Imp. Sci. Saint-Pétersbourg 17: 455 (1872)

Representative specimens; Hwanghae-namdo 22 July 1922 Sorai Beach 九味浦 *Mills, RG Mills s.n.*

Brachybotrys Maxim. ex Oliv.
Brachybotrys paridiformis Maxim. ex Oliv., Hooker's Icon. Pl. ser. 2, 13: 43 (1878)
Common name 당개지치

Distribution in Korea: North (Chagang, Ryanggang, Hamgyong, P'yongan), Central(Hwanghae)

Representative specimens; **Chagang-do** 26 August 1897 小德川 (松德水河谷) *Komarov, VL Komaorv s.n.* **Hamgyong-bukto** 19 May 1897 茂山嶺 *Komarov, VL Komaorv s.n.* 18 May 1936 清津漁? 北濱峰 *Saito, T T Saito s.n.* 29 May 1897 釜所哥谷 *Komarov, VL Komaorv s.n.* 23 May 1897 車踰嶺 *Komarov, VL Komaorv s.n.* 7 June 1936 茂山 *Minamoto, M s.n.* 21 June 1909 Musan-ryeong (戊山嶺) Nakai, T Nakai s.n. 12 June 1897 西溪水 *Komarov, VL Komaorv s.n.* 4 June 1897 四芝嶺 *Komarov, VL Komaorv s.n.* 17 June 1930 Ohwi, *J Ohwi s.n.* **Hamgyong-namdo** 30 May 1930 端川郡北斗日面 *Kinosaki, Y s.n.* 12 August 1938 上南面蓮花山 *Jeon, SK Jeon SK s.n.* 15 June 1932 下碣隅里 *Ohwi, J Ohwi s.n.* **Kangwon-do** 28 July 1916 金剛山外金剛千佛山 *Mori, T Mori s.n.* 12 July 1936 Nakai, *T Nakai s.n.* June 1932 Mt. Kumgang (金剛山) Ohwi, *J Ohwi s.n.* 25 May 1938 安邊郡衛益面三防 *Park, MK Park s.n.* **P'yongan-bukto** 17 August 1912 Changsyong (昌城) *Imai, H Imai s.n.* **Ryanggang** 23 August 1914 Keizanchin(惠山鎭) *Ikuma, Y Ikuma s.n.* 25 June 1917 甲山 *Furumi, M Furumi s.n.* 1 August 1897 虛項江 (同仁川) *Komarov, VL Komaorv s.n.* 4 August 1897 十四道溝-白山嶺 *Komarov, VL Komaorv s.n.* 16 August 1897 大葦信洞 *Komarov, VL Komaorv s.n.* 21 August 1897 subdist. Chu-czan, flumen Amnok-gan *Komarov, VL Komaorv s.n.* 23 August 1897 雲洞嶺 *Komarov, VL Komaorv s.n.* 7 August 1897 上巨里水 *Komarov, VL Komaorv s.n.* 6 June 1897 平蒲坪 *Komarov, VL Komaorv s.n.* 8 June 1897 平蒲坪-倉坪 *Komarov, VL Komaorv s.n.* 6 June 1897 平蒲坪 *Komarov, VL Komaorv 1307 s.n.* 27 June 1897 栢德嶺 *Komarov, VL Komaorv s.n.* 20 July 1897 惠山鎭(鴨綠江上流長白山脈中高原) *Komarov, VL Komaorv s.n.* 3 June 1897 四芝坪 *Komarov, VL Komaorv s.n.* 2 June 1897 四芝坪(延面水河谷) 柄安洞 *Komarov, VL Komaorv s.n.* 8 August 1914 農事洞 *Nakai, T Nakai s.n.*

Eritrichium Schrad. ex Gaudin
Eritrichium pectinatum (Pall.) A.DC., Prodr. (A. P. de Candolle) 10: 127 (1846)
Common name 산지치

Distribution in Korea: North

Representative specimens; **Hamgyong-bukto** 28 May 1897 富潤洞 *Komarov, VL Komaorv s.n.* **Ryanggang** 1 July 1897 五是川雲寵江-崔五峰 *Komarov, VL Komaorv s.n.* 2 July 1897 雲寵里三水邑 (虛川江岸懸崖) *Komarov, VL Komaorv s.n.*

Eritrichium sichotense Popov, Fl. URSS 19: 711 (1953)
Common name 산지치

Distribution in Korea: far North (Paekdu, Potae, Kwanmo, Seolryong)
> *Myosotis incana* Turcz., Mem. Soc. Imp. Naturalistes Moscou 11: 97 (1838)
> *Eritrichium incanum* (Turcz.) A.DC. var. *sichotense* (Popov) Starch. & I.G.Gavr., Bot. Zhurn. (Moscow & Leningrad) 65: 1425 (1980)

Hackelia Opiz
Hackelia deflexa (Wahlenb.) Opiz, Oekon.-techn. Fl. Bohm. 2: 147 (1838)
Common name 뚝지치

Distribution in Korea: far North (Paekdu, Potae, Kwanmo, Seolryong, Bujeon, Gaema)

Myosotis deflexa Wahlenb., Kongl. Vetensk. Acad. Nya Handl. 31: 113 (1810)
Echinospermum deflexum (Wahlenb.) Lehm., Pl. Asperif. Nucif. 120 (1818)
Lappula deflexa (Lehm.) Garcke, Fl. N. Mitt.-Deutschland, ed. 6, 275 (1863)
Echinospermum matsudairai Makino, Bot. Mag. (Tokyo) 17: 52 (1903)
Lappula matsudairai (Makino) Drude, Rep. Bot. Exch. Club 1916, suppl. 2: 630 (1917)
Eritrichium deflexum (Wahlenb.) Y.S.Lian & J.Q.Wang, Fl. Reipubl. Popularis Sin. 64: 139 (1989)

Representative specimens; Chagang-do 18 July 1914 大興里 *Nakai, T Nakai s.n.* 18 July 1914 *Nakai, T Nakai s.n.* **Hamgyong-bukto** 18 July 1918 朱乙溫面甫上洞大東水谷 *Nakai, T Nakai s.n.* 17 July 1918 *Nakai, T Nakai s.n.* July 1932 冠帽峰 *Ohwi, J Ohwi s.n.* July 1932 *Ohwi, J Ohwi s.n.* **Hamgyong-namdo** 24 July 1933 東上面大漢垈里 *Koidzumi, G Koidzumi s.n.* 25 July 1935 西於水里 *Nomura, N Nomura s.n.* **Ryanggang** 24 July 1930 大澤 *Ohwi, J Ohwi s.n.* 23 June 1897 大鎮坪 *Komarov, VL Komaorv s.n.* 25 July 1897 佳林里 *Komarov, VL Komaorv s.n.* 30 May 1897 延面水河谷-古倉坪 *Komarov, VL Komaorv s.n.*

Lappula Moench
Lappula heteracantha Borbás
Common name 돌지치
Distribution in Korea: North (Chagang, Hamgyong), Central (Hwanghae)
Echinospermum heteracanthum Ledeb., Index Seminum [Tartu] 1823: 3 (1823)
Lappula echinata (L.) Gilib. var. *heterantha* (Ledeb.) Kuntze, Trudy Imp. S.-Peterburgsk. Bot. Sada 10: 214 (1887)
Lappula heteracantha (Ledeb.) Gürke, Nat. Pflanzenfam. 4(3a): 107 (1893)

Representative specimens; Chagang-do 13 July 1942 龍林面厚地洞部落附近 *Jeon, SK JeonSK s.n.* **Hamgyong-bukto** 12 July 1932 羅南 *Saito, T T Saito s.n.* 30 May 1933 *Saito, T T Saito s.n.* 15 June 1930 茂山面 *Ohwi, J Ohwi s.n.* 15 June 1930 Ohwi, *J Ohwi s.n.* 15 June 1909 Sungjin (城津) Nakai, *T Nakai s.n.* 15 June 1909 Nakai, *T Nakai s.n.* 7 June 1930 鏡城 *Ohwi, J Ohwi s.n.* 3 July 1936 *Saito, T T Saito s.n.* 1 August 1932 茂山 *Komatsu, H s.n.* 21 June 1909 Musan-ryeong (戊山嶺) Nakai, *T Nakai s.n.* 20 June 1909 富寧 *Nakai, T Nakai s.n.* 20 June 1909 Nakai, *T Nakai s.n.* **Hamgyong-namdo** 13 June 1912 北靑 *Shou, K s.n.* **Ryanggang** 22 June 1930 倉坪嶺 *Ohwi, J Ohwi s.n.*

Lappula myosotis Wolf, Gen. Pl. (Wolf) 18 (1776)
Common name 들지치
Distribution in Korea: North
Myosotis lappula L., Sp. Pl. 131 (1753)
Myosotis echinata L., Sp. Pl. 131 (1753)
Lappula echinata (L.) Gilib., Fl. Lit. Inch. 1: 25 (1782)
Echinospermum lappula Lehm., Pl. Asperif. Nucif. 121 (1818)
Lappula echinata (L.) Gilib. var. *heteracantha* Kuntze, Trudy Imp. S.-Peterburgsk. Bot. Sada 10: 214 (1887)

Representative specimens; Hamgyong-bukto 26 May 1897 茂山 *Komarov, VL Komaorv s.n.*

Lithospermum L.
Lithospermum arvense L., Sp. Pl. 132 (1753)
Common name 개지치
Distribution in Korea: North, Central, South, Jeju
Aegonychon arvense (L.) Gray, Nat. Arr. Brit. Pl. 2: 354 (1821)
Rhytispermum arvense (L.) Link, Handbuch [Link] 1: 579 (1829)
Lithospermum sibthoripianum Griseb., Spic. Fl. Rumel. 2: 86 (1844)
Rhytispermum medium Fourr., Ann. Soc. Linn. Lyon 17: 122 (1869)
Buglossoides arvensis (L.) I.M.Johnst., J. Arnold Arbor. 35: 42 (1954)

Representative specimens; Hamgyong-bukto 20 June 1909 富寧 *Nakai, T Nakai s.n.* 20 June 1909 Nakai, T *Nakai s.n.* **Hwanghae-bukto** 29 May 1939 白川邑 *Hozawa, S Hozawa s.n.* **Kangwon-do** 29 May 1938 安邊郡衛益面三防 *Park, MK Park s.n.*

Lithospermum erythrorhizon Siebold & Zucc., Abh. Math.-Phys. Cl. Konigl. Bayer. Akad. Wiss. 4: 149 (1846)
Common name 지치
Distribution in Korea: North, Central, South, Jeju

Lithospermum officinale L. var. *japonicum* Miq., Ann. Mus. Bot. Lugduno-Batavi 2: 94 (1865)
Lithospermum officinale L. var. *erythrorhizon* (Siebold & Zucc.) Maxim., Bull. Acad. Imp. Sci. Saint-Pétersbourg 8: 541 (1872)
Lithospermum officinale L. ssp. *erythrorhizon* (Siebold & Zucc.) Hand.-Mazz., Symb. Sin. 7: 817 (1936)

Representative specimens; Chagang-do 16 July 1916 寧遠 *Mori, T Mori s.n.* 16 July 1916 *Mori, T Mori s.n.* 18 July 1914 大興里 *Nakai, T Nakai s.n.* 18 July 1914 *Nakai, T Nakai s.n.* **Hamgyong-bukto** 30 May 1940 清津 *Higuchigka, S s.n.* 17 June 1909 *Nakai, T Nakai s.n.* 12 June 1930 鏡城 *Ohwi, J Ohwi s.n.* 12 June 1930 *Ohwi, J Ohwi s.n.* 13 July 1930 *Ohwi, J Ohwi s.n.* 21 June 1938 穩城郡甑山 *Saito, T T Saito s.n.* **Hwanghae-namdo** 1 August 1929 椒島 *Nakai, T Nakai s.n.* 15 July 1921 Sorai Beach 九味浦 *Mills, RG Mills s.n.* 12 July 1921 *Mills, RG Mills s.n.* 27 July 1929 長山串 *Nakai, T Nakai s.n.* **Kangwon-do** 7 August 1916 金剛山末輝里方面 *Nakai, T Nakai s.n.* 11 July 1936 金剛山外金剛千佛山 *Nakai, T Nakai s.n.* 7 August 1916 金剛山末輝里方面 *Nakai, T Nakai s.n.* July 1901 Nai Piang *Faurie, UJ Faurie s.n.* 4 September 1916 洗浦-蘭谷 *Nakai, T Nakai s.n.* 4 September 1916 *Nakai, T Nakai s.n.* 9 June 1909 元山 *Nakai, T Nakai s.n.* 9 June 1909 *Nakai, T Nakai s.n.* **P'yongan-bukto** 2 June 1912 白壁山 *Ishidoya, T Ishidoya s.n.* **P'yongan-namdo** 15 June 1928 陽德 *Nakai, T Nakai s.n.*

Mertensia Roth
Mertensia simplicissima G.Don, Gen. Hist. 4: 319 (1837)
Common name 갯지치

Distribution in Korea: far North (Paekdu, Potae, Rangrim), Central
  Mertensia maritima (L.) Gray ssp. *asiatica* Takeda, J. Bot. 49: 222 (1911)
  Mertensia asiatica (Takeda) J.F.Macbr., Contr. Gray Herb. 2: 53 (1916)
  Mertensia maritima (L.) Gray var. *asiatica* (Takeda) Kitag., Neolin. Fl. Manshur. 534 (1979)

Representative specimens; Hamgyong-bukto 25 August 1908 清津 *Shou, K s.n.* 11 August 1930 鏡城元師台 *Ohwi, J Ohwi s.n.* 11 July 1930 鏡城濕地 *Ohwi, J Ohwi s.n.* **Kangwon-do** 29 July 1916 海金剛 *Nakai, T Nakai s.n.* 29 July 1916 Nakai, T *Nakai s.n.* 30 August 1916 通川街道海岸 *Nakai, T Nakai s.n.* 30 August 1916 Nakai, T *Nakai s.n.* **Rason** 18 August 1935 獨津 *Saito, T T Saito s.n.*

Myosotis L.
Myosotis laxa Lehm., Pl. Asperif. Nucif. 1: 83 (1818)
Common name 꽃마리아재비 (개꽃마리)

Distribution in Korea: North, Central, South
  Myosotis caespitosa Schultz var. *laxa* (Lehm.) A.DC., Prodr. (DC.) 10: 105 (1846)
  Myosotis palustris var. *laxa* A.Gray, Manual (Gray), ed. 5 365 (1867)

Representative specimens; Hamgyong-bukto 9 July 1930 鏡城 *Ohwi, J Ohwi s.n.* 5 July 1933 梧村堡 *Saito, T T Saito s.n.* **Hamgyong-namdo** 25 July 1933 東上面遮日峯 *Koidzumi, G Koidzumi s.n.* **Ryanggang** 22 June 1930 倉坪嶺 *Ohwi, J Ohwi s.n.*

Myosotis sylvatica Ehrh. ex Hoffm., Deutschl. Fl. (Hoffm.) 61 (1791)
Common name 왜지치

Distribution in Korea: North
  Myosotis perennis Moench var. *sylvatica* (Ehrh. ex Hoffm.) DC., Fl. Franc. (DC. & Lamarck), ed. 3 p. 629 (1805)

Representative specimens; Chagang-do 11 July 1914 蔥田嶺 *Nakai, T Nakai s.n.* 11 July 1914 Nakai, T *Nakai s.n.* **Hamgyong-bukto** 20 July 1918 冠帽峰 *Nakai, T Nakai s.n.* 9 July 1930 鏡城 *Ohwi, J Ohwi s.n.* 25 June 1930 Ohwi, *J Ohwi s.n.* 25 July 1918 雪嶺 *Nakai, T Nakai s.n.* 25 June 1930 雪嶺山上 *Ohwi, J Ohwi s.n.* **Hamgyong-namdo** 17 June 1932 東白山 *Ohwi, J Ohwi s.n.* 17 June 1932 Ohwi, *J Ohwi s.n.* 21 August 1934 鎭江- 鎭岩峯 *Yamamoto, A Yamamoto s.n.* 15 August 1935 東上面漢岱里 *Nakai, T Nakai s.n.* 16 August 1935 雲仙嶺 *Nakai, T Nakai s.n.* 20 June 1930 東上面元豊里 *Ohwi, J Ohwi s.n.* 15 August 1940 赴戰高原遮日峯 *Okuyama, S Okuyama s.n.* 18 August 1934 東上面新洞上方 2000m *Yamamoto, A Yamamoto s.n.*

Symphytum L.
Symphytum officinale L., Sp. Pl. 136 (1753)
Common name 애국풀 (컴프리)

Distribution in Korea: cultivated and naturalized (Central, South, Ulleung; Europe)

Tournefortia **L.**
Tournefortia sibirica L., Sp. Pl. 141 (1753)

Common name 모래지치

Distribution in Korea: North, Central, South
    Messerschmidia arguzia L., Mant. Pl. 1: 42 (1767)
    Messerschmidia sibirica (L.) L., Mant. alt. 334 (1771)
    Tournefortia arguzia (L.) Roem. & Schult., Syst. Veg. (ed. 16) [Roemer & Schultes] 4: 540 (1819)
    Argusia repens Raf., Sylva Tellur. 167 (1838)
    Tournefortia arguzia (L.) Roem. & Schult. var. *latifolia* A.DC.A.DC., Prodr. (DC.) 9: 514 (1845)
    Messerschmidia sibirica (L.) L. var. *latifolia* (DC.) H.Hara, Enum. Spermatophytarum Japon. 1: 178 (1948)
    Argusia sibirica(L.) Dandy, Bot. J. Linn. Soc. 65: 256 (1972)

Representative specimens; **Hamgyong-namdo** 14 June 1909 新浦 *Nakai, T Nakai s.n.* **Hwanghae-namdo** 31 July 1929 席島 *Nakai, T Nakai s.n.* 11 July 1921 Sorai Beach 九味浦 *Mills, RG Mills s.n.* 1 July 1921 *Mills, RG Mills s.n.* 24 July 1929 夢金浦 *Nakai, T Nakai s.n.* August 1932 Sorai Beach 九味浦 *Smith, RK Smith s.n.* **Kangwon-do** 29 July 1916 海金剛 *Nakai, T Nakai s.n.* 29 July 1916 Nakai, T *Nakai s.n.* **Rason** 6 June 1930 西水羅 *Ohwi, J Ohwi s.n.* 6 July 1935 獨津 *Saito, T T Saito s.n.*

Trigonotis **Steven**
Trigonotis icumae (Maxim.) Makino, Bot. Mag. (Tokyo) 31: 218 (1917)

Common name 덩굴꽃마리

Distribution in Korea: North (Hamgyong, P'yongan), Central, South
    Omphalodes icumae Maxim., Bull. Acad. Imp. Sci. Saint-Pétersbourg 17: 453 (1872)

Trigonotis peduncularis (Trevis.) Benth. ex Baker & S.Moore, J. Linn. Soc., Bot. 17(102): 384 (1879)

Common name 꽃마리

Distribution in Korea: North, Central, South, Ulleung
    Myosotis peduncularis Trevir., Ges. Naturf. Freunde Berlin Mag. Neuesten Entdeck. Gesammten Naturk. 7: 147 (1816)
    Eritrichium pedunculare (Trevir.) A.DC., Prodr. (DC.) 10: 128 (1846)
    Myosotis chinensis A.DC.A.DC., Prodr. (DC.) 10: 106 (1846)
    Eritrichium japonicum Miq., Ann. Mus. Bot. Lugduno-Batavi 2: 96 (1865)

Representative specimens; **Hamgyong-bukto** 20 June 1909 漁遊洞 *Nakai, T Nakai s.n.* 20 June 1909 Nakai, T *Nakai s.n.* 15 May 1934 *Uozumi, H Uozumi s.n.* 18 May 1897 會寧川 *Komarov, VL Komaorv s.n.* 25 May 1930 鏡城 *Ohwi, J Ohwi s.n.* 12 May 1897 五宗洞 *Komarov, VL Komaorv s.n.* **Kangwon-do** 10 June 1932 Mt. Kumgang (金剛山) *Ohwi, J Ohwi s.n.* 6 June 1909 元山 *Nakai, T Nakai s.n.* 6 June 1909 Nakai, T *Nakai s.n.* **Rason** 5 June 1930 西水羅 *Ohwi, J Ohwi s.n.* 5 June 1930 Ohwi, *J Ohwi s.n.* 11 May 1897 豆滿江三角洲-五宗洞 *Komarov, VL Komaorv s.n.* **Ryanggang** 1 July 1897 五是川雲寵江-崔五峰 *Komarov, VL Komaorv s.n.* **Sinuiju** 30 April 1917 新義州 *Furumi, M Furumi s.n.* 30 April 1917 *Furumi, M Furumi s.n.*

Trigonotis radicans (Turcz.) Steven, Bull. Soc. Imp. Naturalistes Moscou 24-1: 603 (1851)

Common name 거친털개지치 (거센털꽃마리)

Distribution in Korea: Central
    Myosotis radicans Turcz., Bull. Soc. Imp. Naturalistes Moscou 13: 258 (1840)
    Eritrichium radicans (Turcz.) A.DC., Prodr. (DC.) 10: 128 (1846)

Representative specimens; **Hamgyong-bukto** 12 June 1897 西溪水 *Komarov, VL Komaorv s.n.* 10 June 1897 *Komarov, VL Komaorv s.n.* 4 June 1897 四芝嶺 *Komarov, VL Komaorv s.n.* **Ryanggang** 5 August 1897 白山嶺 *Komarov, VL Komaorv s.n.* 9 June 1897 屈松川 (西頭水河谷) 倉坪 *Komarov, VL Komaorv s.n.* 6 June 1897 平蒲坪 *Komarov, VL Komaorv s.n.* 21 August 1914 崔哥嶺 *Ikuma, Y Ikuma s.n.* 21 June 1897 阿武山-象背嶺 *Komarov, VL Komaorv s.n.* 1 June 1897 古倉坪-四芝坪 (延面水河谷) *Komarov, VL Komaorv s.n.* 2 June 1897 四芝坪(延面水河谷) 柄安洞 *Komarov, VL Komaorv s.n.*

Trigonotis radicans (Turcz.) Steven var. *sericea* (Maxim.) H.Hara, J. Jap. Bot. 17: 637 (1941)

Common name 참꽃마리

Distribution in Korea: central, South

Omphalodes sericea Maxim., Bull. Acad. Imp. Sci. Saint-Pétersbourg 17: 453 (1872)
Eritrichium brevipes Maxim., Bull. Acad. Imp. Sci. Saint-Pétersbourg 3, 17: 446 (1872)
Trigonotis brevipes (Maxim.) Maxim., Bull. Acad. Imp. Sci. Saint-Pétersbourg 27: 506 (1881)
Omphalodes aquatica Brand, Repert. Spec. Nov. Regni Veg. 13(381-384): 545 (1915)
Trigonotis coreana Nakai, Bot. Mag. (Tokyo) 31: 218 (1917)
Trigonotis sericea Ohwi, J. Jap. Bot. 12: 328 (1936)
Trigonotis nakaii Hara, J. Jap. Bot. 17: 635 (1941)

Representative specimens; Hamgyong-bukto 19 June 1930 茂山嶺-楡坪 *Ohwi, J Ohwi s.n.* 19 June 1930 Ohwi, *J Ohwi s.n.* 6 July 1933 南下石山 *Saito, T T Saito s.n.* 29 May 1934 朱乙溫 *Saito, T T Saito s.n.* **Hamgyong-namdo** 8 May 1939 咸興歸州寺 *Osada, T s.n.* 7 June 1941 *Suzuki, T s.n.* 26 May 1940 *Suzuki, T s.n.* 3 September 1934 蓮花山 *Kojima, K Kojima s.n.* 11 June 1909 鎭岩峯 *Nakai, T Nakai s.n.* 16 August 1935 雲仙嶺 *Nakai, T Nakai s.n.* 20 June 1932 東上面元豊里 *Ohwi, J Ohwi s.n.* May 1935 水洞區竹田里馳馬臺 *Nomura, N Nomura s.n.* **Hwanghae-namdo** 6 August 1929 長山串 *Nakai, T Nakai s.n.* **Kangwon-do** 2 August 1932 金剛山內金剛 *Kobayashi, M Kobayashi s.n.* 12 August 1932 Mt. Kumgang (金剛山) *Koidzumi, G Koidzumi s.n.* 10 June 1932 Ohwi, *J Ohwi s.n.* 7 August 1940 *Okuyama, S Okuyama s.n.* 18 August 1902 *Uchiyama, T Uchiyama s.n.* 29 May 1938 安邊郡衛益面三防 *Jeon, SK Jeon SK s.n.* **P'yongan-bukto** 25 June 1912 白壁山 *Ishidoya, T Ishidoya s.n.* **P'yongyang** 12 September 1902 P'yongyang (平壤) *Uchiyama, T Uchiyama s.n.* **Ryanggang** 19 June 1930 楡坪 *Ohwi, J Ohwi s.n.* 19 June 1930 Ohwi, *J Ohwi s.n.* 22 August 1914 普天堡 *Ikuma, Y Ikuma s.n.* 2 June 1897 古倉坪-四芝坪(延面水河谷) *Komarov, VL Komaorv s.n.* 19 June 1930 四芝坪-楡坪 *Ohwi, J Ohwi s.n.* 19 June 1930 Ohwi, *J Ohwi s.n.* 19 June 1930 Ohwi, *J Ohwi s.n.* **Sinuiju** 20 June 1942 新義州 *Tatsuzawa, S s.n.*

VERBENACEAE

Callicarpa L.
Callicarpa dichotoma (Lour.) Raeusch. ex K.Koch, Dendrologie 2: 336 (1872)
Common name 좀작살나무
Distribution in Korea: Central, South, Jeju
   Porphyra dichotoma Lour., Fl. Cochinch. 1: 70 (1790)
   Callicarpa purpurea Juss., Ann. Mus. Natl. Hist. Nat. 7: 67 (1806)
   Callicarpa gracilis Siebold & Zucc., Abh. Math.-Phys. Cl. Konigl. Bayer. Akad. Wiss. 4: 154 (1846)
   Callicarpa jamamurasaki Siebold & Miq., Ann. Mus. Bot. Lugduno-Batavi 2: 98 (1865)
   Callicarpa sieboldii Zippel ex H.J.Lam, Verbenaceae Malayan Archipel. 85 (1919)
   Callicarpa japonica Thunb. var. *dichotoma* (Lour.) Bakh., Bull. Jard. Bot. Buitenzorg ser.3, 3: 26 (1921)

Representative specimens; Hwanghae-namdo 6 August 1929 長山串 Nakai, T *Nakai13404* **Kangwon-do** 29 August 1916 長箭 *Nakai, T Nakai5789* 26 August 1916 金剛山普賢洞 *Nakai, T Nakai5790*

Callicarpa japonica Thunb., Fl. Jap. (Thunberg) 60 (1784)
Common name 작살나무
Distribution in Korea: North, Central, South, Ulleung
   Amictonis japonica (Thunb.) Raf., Sylva Tellur. 161 (1838)
   Callicarpa longifolia Lam. var. *subglabra* Schauer, Prodr. (DC.) 11: 645 (1847)
   Callicarpa japonica Thunb. f. *parvifolia* Miq., Cat. Mus. Bot. Lugd.-Bat. 70 (1870)
   Callicarpa japonica Thunb. f. *latifolia* Miq., Cat. Mus. Bot. Lugd.-Bat. 70 (1870)
   Callicarpa japonica Thunb. f. *rugosior* Miq., Cat. Mus. Bot. Lugd.-Bat. 70 (1870)
   Callicarpa japonica Thunb. var. *angustifolia* Sav., Livr. Kwa-wi 78 (1873)
   Callicarpa taquetii H.Lév., Repert. Spec. Nov. Regni Veg. 12: 182 (1913)
   Callicarpa japonica Thunb. var. *leucocarpa* Nakai, Trees Shrubs Japan 336 (1922)
   Callicarpa japonica Thunb. var. *taquetii* (H.Lév.) Nakai, Trees Shrubs Japan 1: 336 (1922)
   Callicarpa japonica Thunb. f. *glabra* Nakai, J. Jap. Bot. 13: 872 (1937)
   Callicarpa japonica Thunb. var. *glabra* Nakai, J. Jap. Bot. 14: 640 (1938)
   Callicarpa japonica Thunb. f. *major* Nakai, J. Jap. Bot. 14: 639 (1938)
   Callicarpa japonica Thunb. f. *grossidentata* Nakai, J. Jap. Bot. 14: 640 (1938)

Callicarpa japonica Thunb. f. *taquetii* (H.Lév.) Ohwi, Bull. Natl. Sci. Mus., Tokyo 33: 84 (1953)
Callicarpa japonica Thunb. f. *albiflora* Moldenke, Phytologia 13: 242 (1966)

Representative specimens; **Hwanghae-namdo** 26 August 1943 長壽山 *Furusawa, I Furusawa s.n.* 26 August 1941 *Hurusawa, I Hurusawa s.n.* 12 June 1931 *Smith, RK Smith442* 1 August 1929 椒島 *Nakai, T Nakai13405* 1 August 1929 *Nakai, T Nakai13406* 4 August 1929 長山串 *Nakai, T Nakai12410* 4 August 1929 *Nakai, T Nakai13407* 4 August 1929 *Nakai, T Nakai13411* 4 August 1929 *Nakai, T Nakai13413* Type of *Callicarpa japonica* Thunb. f. *grossidentata* Nakai (Syntype TI) 27 July 1929 *Nakai, T Nakai 13414* 27 July 1929 *Nakai, T Nakai13418* Type of *Callicarpa japonica* Thunb. f. *major* Nakai (Syntype TI)August 1932 Sorai Beach 九味浦 *Smith, RK Smith s.n.* **Kangwon-do** 31 July 1916 金剛山神溪寺附近 *Nakai, T Nakai5787* 2 August 1916 金剛山玉流洞 *Nakai, T Nakai5788* 30 July 1916 金剛山外金剛 (高城郡倉岱里) *Nakai, T Nakai6080* 28 July 1916 高城 *Nakai, T Nakai6081* 7 August 1932 Mt. Kumgang (金剛山) *Fukushima s.n.*14 August 1932 *Koidzumi, G Koidzumi s.n.* 15 August 1932 金剛山外金剛 *Koidzumi, G Koidzumi s.n.* 10 June 1932 Mt. Kumgang (金剛山) Ohwi, *J Ohwi s.n.*

Clerodendrum L.
Clerodendrum trichotomum Thunb., Nova Acta Regiae Soc. Sci. Upsal. 3: 201 (1780)

Common name 누리장나무

Distribution in Korea: Central, South, Ulleung

    Clerodendrum serotinum Carrière, Rev. Hort. 39: 351 (1867)
    Clerodendrum fargesii Dode, Bull. Soc. Dendrol. France 1907: 207 (1907)
    Clerodendrum trichotomum Thunb. var. *fargesii* (Dode) Rehder, Pl. Wilson. 3: 376 (1916)
    Clerodendrum koshunense Hayata, J. Coll. Sci. Imp. Univ. Tokyo 1: 217 (1917)
    Clerodendrum trichotomum Thunb. var. *esculentum* Makino, J. Jap. Bot. 1: 29 (1917)
    Clerodendrum trichotomum Thunb. var. *ferrugineum* Nakai, Bot. Mag. (Tokyo) 31: 109 (1917)
    Siphonanthus trichotomus (Thunb.) Nakai, Bot. Mag. (Tokyo) 36: 24 (1922)
    Siphonanthus trichotomus (Thunb.) Nakai var. *fargesii* Nakai, Trees Shrubs Japan 1: 346 (1922)
    Siphonanthus trichotomus (Thunb.) Nakai var. *esculenta* (Makino) Nakai, Trees Shrubs Japan 1: 346 (1922)
    Siphonanthus trichotomus (Thunb.) Nakai var. *ferrugineum* Nakai, Fl. Sylv. Kor. 14: 35 (1923)
    Clerodendrum trichotomum Thunb. var. *tomentosum* Moldenke, Geogr. Distr. Avicenn. 38 (1939)
    Clerodendrum trichotomum Thunb. f. *ferrugineum* (Nakai) Ohwi, Fl. Jap. (Ohwi) 992 (1953)
    Clerodendrum trichotomum Thunb. var. *villosum* Hus, Observ. Fl. Hwangshan. 168 (1965)

Representative specimens; **Hwanghae-namdo** 1 August 1929 椒島 *Nakai, T Nakai13417* 1 August 1929 *Nakai, T Nakai13419* 3 August 1929 長山串 *Nakai, T Nakai s.n.* 27 July 1929 *Nakai, T Nakai13416* **Kangwon-do** 8 August 1928 金剛山群仙瀑上 *Kondo, T Kondo9303* 28 July 1916 長箭 -高城 *Nakai, T Nakai5786* 29 August 1916 長箭小山 *Nakai, T Nakai5791* Type of *Clerodendrum trichotomum* Thunb. var. *ferrugineum* Nakai (Syntype TI) **Ryanggang** 29 May 1917 江口 *Nakai, T Nakai4517* 29 May 1917 *Nakai, T Nakai4730*

Vitex L.
Vitex negundo L., Sp. Pl. 2: 638 (1753)

Common name 목형

Distribution in Korea: cultivated (Central, South)

    Vitex chinensis Mill., Gard. Dict., ed. 8 0 (1768)
    Vitex incisa Lam., Encycl. (Lamarck) 2: 612 (1788)
    Vitex cannabifolia Siebold & Zucc., Abh. Math.-Phys. Cl. Konigl. Bayer. Akad. Wiss. 4: 152 (1846)
    Vitex incisa Lam. var. *heterophylla* Franch., Nouv. Arch. Mus. Hist. Nat. Paris ser. 2, 6: 112 (1883)
    Vitex negundo L. var. *incisa* (Lam.) C.B.Clarke, Fl. Brit. Ind. 4: 584 (1885)
    Vitex negundo L. f. *intermedia* C.P'ei, Mem. Sci. Soc. China 1: 105 (1932)
    Vitex negundo L. var. *cannabifolia* (Siebold & Zucc.) Hand.-Mazz., Acta Horti Gothob. 9: 67 (1934)
    Vitex negundo L. var. *heterophylla* (Franch.) Rehder, J. Arnold Arbor. 28: 258 (1947)

Representative specimens; **Hamgyong-bukto** 1 August 1914 清津 *Ikuma, Y Ikuma s.n.*

Vitex rotundifolia L.f., Suppl. Pl. 294 (1781)

Common name 순비기나무

Distribution in Korea: Central, South

    Vitex ovata Thunb., Fl. Jap. (Thunberg) 257 (1784)
    Vitex trifolia L. var. *simplicifolia* Cham., Linnaea 7: 107 (1832)

Vitex repens Blanco, Fl. Filip. 513 (1837)
Vitex trifolia L. var. *unifoliolata* Schauer, Prodr. (DC.) 11: 683 (1847)
Vitex trifolia L. var. *obovata* Benth., Fl. Austral. 5: 67 (1870)
Vitex agnuscastus L. var. *ovata* (Thunb.) Kuntze, Revis. Gen. Pl. 2: 511 (1891)
Vitex trifolia L. var. *ovata*(Thunb.) Makino, Bot. Mag. (Tokyo) 17: 92 (1903)
Vitex trifolia L. var. *repens* (Blanco) Ridl., Fl. Malay. Penin. 2: 63 (1923)
Vitex trifolia L. ssp. *litoralis* Steenis, Blumea 8: 516 (1957)

Representative specimens; Hwanghae-namdo 31 July 1929 席島 *Nakai, T Nakai s.n.* 19 July 1921 Sorai Beach 九味浦 *Mills, RG Mills s.n.* 25 July 1914 *Mills, RG Mills s.n.* 5 August 1929 長山串北側 *Nakai, T Nakai s.n.* **Kangwon-do** 通川 *Unknown s.n.*

LAMIACEAE

Agastache **Clayton ex Gronov.**
Agastache rugosa (Fisch. & C.A.Mey.) Kuntze, Revis. Gen. Pl. 2: 511 (1891)
Common name 배초향
Distribution in Korea: North, Central, South, Ulleung
    Lophanthus rugosus Fisch. & C.A.Mey., Index Seminum [St.Petersburg (Petropolitanus)] 1: 31 (1835)
    Cedronella japonica Hassk., Acta Soc. Regiae Sci. Indo-Neerl. 1: 37 (1856)
    Lophanthus rugosus Fisch. & C.A.Mey. var. *hypoleuca* Maxim. ex Herder, Trudy Imp. S.-Peterburgsk. Bot. Sada 10: 4 (1887)
    Agastache lophanthus Kuntze, Revis. Gen. Pl. 2: 511 (1891)
    Elsholtzia monostachya H.Lév. & Vaniot, Repert. Spec. Nov. Regni Veg. 8: 424 (1910)
    Lophanthus argyi H.Lév., Repert. Spec. Nov. Regni Veg. 12: 181 (1913)
    Lophanthus formosanus Hayata, Icon. Pl. Formosan. 8: 87 (1919)
    Agastache rugosa (Fisch. & C.A.Mey.) Kuntze var. *hypoleuca* (Maxim.) Kudô, J. Coll. Sci. Imp. Univ. Tokyo 18-8: 16 (1921)
    Agastache rugosa (Fisch. & C.A.Mey.) Kuntze f. *hypoleuca* (Kudô) H.Hara, Bot. Mag. (Tokyo) 51: 53 (1937)
    Agastache rugosa (Fisch. & C.A.Mey.) Kuntze f. *alba* Y.N.Lee, Bull. Korea Pl. Res. 5: 24 (2005)

Representative specimens; Chagang-do 28 August 1897 慈城邑(松德水河谷) *Komarov, VL Komaorv s.n.* 15 August 1911 Kang-gei(Kokai 江界) *Mills, RG Mills738* 11 August 1910 Seechun dong(時中洞) *Mills, RG Mills377* 13 August 1912 Kosho (渭原) *Imai, H Imai25* **Hamgyong-bukto** 17 July 1918 朱乙溫面甫上洞 *Nakai, T Nakai7414* 18 August 1934 東村海岸 (鏡城街道) *Saito, T T Saito s.n.* **Hamgyong-namdo** 8 August 1939 咸興新中里 *Kim, SK s.n.* 6 July 1914 牙得浦長津 *Nakai, T Nakai2705* 16 August 1934 新角面北山 *Nomura, N Nomura s.n.* 2 September 1934 東下面蓮花山 *Yamamoto, A Yamamoto s.n.* **Kangwon-do** 11 August 1902 草木洞近傍 *Uchiyama, T Uchiyama s.n.* 10 August 1902 草木洞 *Uchiyama, T Uchiyama s.n.* 31 July 1916 金剛山群仙峽 *Nakai, T Nakai5808* 4 August 1932 金剛山內金剛 *Kobayashi, M Kobayashi53* 30 July 1928 金剛山內金剛毘盧峯 *Kondo, K Kondo8789* 7 August 1916 金剛山末輝里 *Nakai, T Nakai5807* 13 August 1902 長淵里近傍 *Uchiyama, T Uchiyama s.n.* 30 August 1916 通川街道 *Nakai, T Nakai6087* **P'yongan-bukto** 13 September 1911 東倉面藥水洞 *Ishidoya, T Ishidoya s.n.* **P'yongan-namdo** 17 July 1916 加音峯 *Mori, T Mori s.n.* **Ryanggang** 23 August 1914 Keizanchin (惠山鎭) *Ikuma, Y Ikuma s.n.* 3 July 1897 五是川雲寵江-崔五峰 *Komarov, VL Komaorv s.n.* 18 August 1897 葡坪 *Komarov, VL Komaorv s.n.* 20 August 1897 內洞-河山嶺 *Komarov, VL Komaorv s.n.* 24 July 1930 大澤 *Ohwi, J Ohwi s.n.* 24 July 1930 Ohwi, *J Ohwi s.n.* 20 July 1897 惠山鎭(鴨綠江上流長白山脈中高原) *Komarov, VL Komaorv s.n.* 1 June 1897 古倉坪-四芝坪 (延面水河谷) *Komarov, VL Komaorv s.n.*

Ajuga **L.**
Ajuga multiflora **Bunge, Enum. Pl. Chin. Bor. 51 (1833)**
Common name 조개나물
Distribution in Korea: North, Central, South
    Ajuga amurica Freyn, Oesterr. Bot. Z. 1902: 408 (1902)
    Ajuga multiflora Bunge var. *leucantha* Nakai, Bull. Forest. Soc. Korea (Chosen Sanrin Kwaiho) 186: 29 (1940)
    Ajuga multiflora Bunge var. *brevispicata* C.Y.Wu & C.Chen, Acta Phytotax. Sin. 12: 26 (1974)
    Ajuga multiflora Bunge f. *rosea* Y.N.Lee, Korean J. Bot. 17: 35 (1974)

Representative specimens; **Hamgyong-namdo** 14 June 1934 咸興城川江西上面 *Nomura, N Nomura s.n.* 12 June 1933 Hamhung (咸興) *Nomura, N Nomura s.n.* **Kangwon-do** 9 June 1909 元山 *Nakai, T Nakai s.n.* **P'yongan-bukto** 23 May 1912 白壁山 *Ishidoya, T Ishidoya s.n.* **P'yongyang** 20 May 1910 平壤西北二里 *Imai, H Imai s.n.* **Ryanggang** August 1913 白頭山 *Mori, T Mori s.n.* **Sinuiju** 30 April 1917 新義州 *Furumi, M Furumi s.n.*

Amethystea L.
Amethystea coerulea L., Sp. Pl. 21 (1753)

Common name 개차즈기

Distribution in Korea: North, Central, South

Amethystea trifida Hill, Veg. Syst. 17: 44 (1770)
Amethystea corymbosa Pers., Syn. Pl. (Persoon) 1: 24 (1805)
Lycopus amethystenus Steven, Mem. Soc. Imp. Naturalistes Moscou 5: 314 (1814)

Representative specimens; Chagang-do 12 August 1910 Chosan(楚山) *Mills, RG Mills381* 17 August 1911 Kang-gei(Kokai 江界) *Mills, RG Mills697* 22 July 1914 山羊 -江口 *Nakai, T Nakai s.n.* **Hamgyong-bukto** 10 August 1933 渡正山門內 *Koidzumi, G Koidzumi s.n.* 24 August 1935 羅南 *Saito, T T Saito s.n.* August 1925 吉州 *Numajiri, K s.n.* 25 September 1933 朱乙溫 *Saito, T T Saito s.n.* 5 August 1914 茂山 *Ikuma, Y Ikuma s.n.* August 1913 *Mori, T Mori s.n.* 2 August 1918 漁大津 *Nakai, T Nakai s.n.* **Hamgyong-namdo** October 1939 咸興盤龍山 *Suzuki, T s.n.* 19 August 1935 道頭里 *Nakai, T Nakai15663* 14 August 1940 赴戰高原 Fusenkogen *Okuyama, S Okuyama s.n.* **Hwanghae-bukto** 10 September 1915 瑞興 *Nakai, T Nakai s.n.* **Hwanghae-namdo** April 1931 載寧 *Smith, RK Smith s.n.* **Kangwon-do** 21 August 1902 干發告嶺 *Uchiyama, T Uchiyama s.n.* 8 August 1902 下仙里 *Uchiyama, T Uchiyama s.n.* **P'yongan-bukto** 25 September 1912 雲山郡南面松峴里 *Ishidoya, T Ishidoya s.n.* **P'yongyang** 12 September 1902 P'yongyang (平壤) *Uchiyama, T Uchiyama s.n.* 25 August 1909 平壤市街附近 *Imai, H Imai s.n.* 6 September 1901 in agris mediae *Faurie, UJ Faurie496* **Ryanggang** 1 August 1897 虛川江 (同仁川) *Komarov, VL Komaorv s.n.* 30 August 1917 厚昌郡東興面南社洞 *Furumi, M Furumi 497* 15 August 1897 蓮坪-厚州川-厚州古邑 *Komarov, VL Komaorv s.n.* 19 August 1897 葡坪 *Komarov, VL Komaorv s.n.* 20 August 1897 內洞-河山嶺 *Komarov, VL Komaorv s.n.* 7 July 1897 犁方嶺 (鴨綠江羅暖堡) *Komarov, VL Komaorv s.n.* 21 August 1914 崔哥嶺 *Ikuma, Y Ikuma s.n.* 3 August 1914 惠山鎭- 普天堡 *Nakai, T Nakai s.n.* 20 August 1933 江口 - 三長 *Koidzumi, G Koidzumi s.n.* 14 August 1914 農事洞- 三下 *Nakai, T Nakai s.n.* 15 August 1914 三下面下面江口間 *Nakai, T Nakai s.n.* 31 May 1897 延面水河谷-古倉坪 *Komarov, VL Komaorv s.n.*

Clinopodium L.
Clinopodium chinense (Benth.) Kuntze, Revis. Gen. Pl. 2: 515 (1891)

Common name 꽃층층이꽃

Distribution in Korea: North, Central, South

Satureja chinensis (Benth.) Briq. var. *megalantha* (Diels) Kudô
Calamintha chinensis Benth. var. *grandiflora* Maxim., Mem. Acad. Imp. Sci. St.-Petersbourg Divers Savans 9: 217 (1859)
Calamintha clinopodium Spenn. var. *urticifolia* Hance, Ann. Sci. Nat., Bot. ser. 5, 5: 235 (1866)
Calamintha coreana H.Lév., Repert. Spec. Nov. Regni Veg. 9: 246 (1911)
Calamintha umbrosa (M.Bieb.) Rchb. var. *shibetchensis* H.Lév., Repert. Spec. Nov. Regni Veg. 9: 322 (1911)
Satureja chinensis (Benth.) Briq. var. *parviflora* Kudô, J. Coll. Sci. Imp. Univ. Tokyo 43: 38 (1921)
Clinopodium japonicum Makino, J. Jap. Bot. 3: 30 (1926)
Clinopodium chinense (Benth.) Kuntze var. *shibetchense* (H.Lév.) Koidz., Bot. Mag. (Tokyo) 43: 387 (1929)
Satureja makinoi Kudô, Mem. Fac. Sci. Taihoku Imp. Univ. 2: 105 (1929)
Satureja ussuriensis Kudô f. *robustior* Nakai, Bot. Mag. (Tokyo) 45: 133 (1931)
Satureja ussuriensis Kudô var. *glabrescens* Nakai, Bot. Mag. (Tokyo) 45: 133 (1931)
Calamintha urticifolia (Hance) Hand.-Mazz., Acta Horti Gothob. 9: 83, 86 (1934)
Clinopodium chinense (Benth.) Kuntze var. *grandiflorum* (Maxim.) H.Hara, J. Jap. Bot. 12: 39 (1936)
Clinopodium chinense (Benth.) Kuntze ssp. *grandiflorum* (Maxim.) H.Hara, J. Jap. Bot. 12: 39 (1936)
Clinopodium chinense (Benth.) Kuntze var. *parviflorum* (Kudô) H.Hara, J. Jap. Bot. 12: 41 (1936)
Clinopodium chinense (Benth.) Kuntze var. *glabrescens* (Nakai) H.Hara, J. Jap. Bot. 12: 43 (1936)
Satureja chinensis ssp. *glabrescens* (Nakai) H.Hara, Bot. Mag. 12: 43 (1936)
Satureja coreana (H.Lév.) Nakai, Bull. Natl. Sci. Mus., Tokyo 31: 99 (1952)
Clinopodium polycephalum (Vaniot) C.Y.Wu & S.J.Hsuan ex P.S.Hsu, Observ. Fl. Hwangshan. 169 (1965)

Clinopodium urticifolium (Hance) C.Y.Wu & S.J.Hsuan ex H.W.Li, Acta Phytotax. Sin. 12: 219 (1974)

Representative specimens; Chagang-do 18 July 1914 大興里 *Nakai, T Nakai s.n.* **Hamgyong-bukto** 15 August 1936 富寧靑岩 - 連川 *Saito, T T Saito s.n.* 13 July 1930 Kyonson 鏡城 *Ohwi, J Ohwi s.n.* 13 July 1930 鏡城 *Ohwi, J Ohwi s.n.* 2 August 1914 車踰嶺 *Ikuma, Y Ikuma s.n.* 5 August 1918 Mt. Chilbo at Myongch'on(七寶山) Nakai, *T Nakai s.n.* 4 August 1933 南陽 *Koidzumi, G Koidzumi s.n.* **Hamgyong-namdo** 17 August 1940 西湖津海岸 *Okuyama, S Okuyama s.n.* 23 July 1933 東上面漢岱里 *Koidzumi, G Koidzumi s.n.* 15 August 1936 赴戰高原 Fusenkogen Nakai, *T Nakai s.n.* 15 August 1935 東上面漢岱里 *Nakai, T Nakai s.n.* **Hwanghae-namdo** 27 July 1929 長淵郡長山串 *Nakai, T Nakai s.n.* 1 August 1929 椒島 *Nakai, T Nakai s.n.* 19 July 1921 Sorai Beach 九味浦 *Mills, RG Mills s.n.* 19 July 1921 *Mills, RG Mills s.n.* **Kangwon-do** 28 July 1916 長箭 -高城 *Nakai, T Nakai s.n.* 12 August 1932 Mt. Kumgang (金剛山) *Koidzumi, G Koidzumi s.n.* 4 August 1916 金剛山萬物相 *Nakai, T Nakai s.n.* 13 August 1916 金剛山表訓寺附近森 *Nakai, T Nakai5803* 9 August 1940 Mt. Kumgang (金剛山) *Okuyama, S Okuyama s.n.* 7 August 1940 *Okuyama, S Okuyama s.n.* 20 August 1902 金剛山 *Uchiyama, T Uchiyama s.n.* 30 August 1916 通川街道 *Nakai, T Nakai s.n.* 5 August 1932 元山 *Kitamura, S Kitamura s.n.* 7 August 1932 元山川崎農園 *Kitamura, S Kitamura s.n.* **P'yongan-bukto** 5 August 1937 妙香山 *Hozawa, S Hozawa s.n.* 3 August 1935 *Koidzumi, G Koidzumi s.n.* **P'yongan-namdo** 29 August 1930 錘峯山 *Uyeki, H Uyeki s.n.* **P'yongyang** 2 August 1910 P'yongyang (平壤) *Imai, H Imai s.n.* 22 August 1943 平壤牡丹臺 *Furusawa, I Furusawa s.n.* **Ryanggang** 24 July 1917 Keizanchin(惠山鎮) *Furumi, M Furumi448* 15 August 1935 北水白山 *Hozawa, S Hozawa s.n.* 3 August 1914 惠山鎮- 普天堡 *Nakai, T Nakai s.n.*

Clinopodium fauriei (H.Lév. & Vaniot) H.Hara, J. Jap. Bot. 11: 106 (1935)

Common name 개탑꽃

Distribution in Korea: North

   Calamintha fauriei H.Lév. & Vaniot, Repert. Spec. Nov. Regni Veg. 8: 259 (1910)

Clinopodium gracile (Benth.) Kuntze, Revis. Gen. Pl. 2: 514 (1891)

Common name 애기탑꽃

Distribution in Korea: North (Gaema, Bujeon), Central, South, Ulleung

   Calamintha gracilis Benth., Prodr. (DC.) 12: 232 (1848)
   Hedeoma micrantha Regel, Gartenflora 13: 357 (1864)
   Calamintha umbrosa (M.Bieb.) Rchb. f. *robustior* Miq., Ann. Mus. Bot. Lugduno-Batavi 2: 106 (1865)
   Calamintha confinis Hance, J. Bot. 6: 331 (1868)
   Calamintha multicaulis Maxim., Bull. Acad. Imp. Sci. Saint-Pétersbourg 20: 466 (1875)
   Calamintha umbrosa (M.Bieb.) Rchb. var. *japonica* Franch. & Sav., Enum. Pl. Jap. 2: 106 (1877)
   Clinopodium confine (Hance) Kuntze, Revis. Gen. Pl. 2: 515 (1891)
   Clinopodium multicaule (Maxim.) Kuntze, Revis. Gen. Pl. 2: 515 (1891)
   Calamintha radicans Vaniot, Bull. Acad. Int. Geogr. Bot. 14: 182 (1904)
   Calamintha taquetii H.Lév. & Vaniot, Repert. Spec. Nov. Regni Veg. 8: 423 (1910)
   Satureja gracilis (Benth.) Nakai, J. Coll. Sci. Imp. Univ. Tokyo 31: 149 (1911)
   Clinopodium umbrosum (M.Bieb.) Kuntze var. *japonica* Matsum., Index Pl. Jap. 2 (2): 538 (1912)
   Satureja ussuriensis Kudô, J. Coll. Sci. Imp. Univ. Tokyo 43: 36 (1921)
   Satureja multicaulis (Maxim.) Nakai, Bot. Mag. (Tokyo) 35: 194 (1921)
   Satureja sachalinensis (F.Schmidt) Kudô var. *japonica* Kudô, J. Coll. Sci. Imp. Univ. Tokyo 19: 35 (1921)
   Satureja umbrosa (M.Bieb.) Rchb. var. *japonica* Matsum. & Kudô ex Kudô, J. Coll. Sci. Imp. Univ. Tokyo 15919: 35 (1921)
   Satureja confinis (Hance) Kudô, Mem. Fac. Sci. Taihoku Imp. Univ. 2: 100 (1929)
   Clinopodium multicaule (Maxim.) Kuntze var. *taquetti* (H.Lév. & Vaniot) H.Hara, J. Jap. Bot. 11: 104 (1935)
   Clinopodium fauriei (H.Lév. & Vaniot) H.Hara var. *japonicum* (Franch. & Sav.) H.Hara, J. Jap. Bot. 11: 106 (1935)
   Clinopodium micranthum (Regel) H.Hara, J. Jap. Bot. 16: 156 (1940)
   Clinopodium fauriei (H.Lév. & Vaniot) H.Hara f. *albiflorum* Honda, Bot. Mag. (Tokyo) 54: 3 (1940)
   Clinopodium micranthum (Regel) H.Hara f. *albiflorum* Honda, Bot. Mag. (Tokyo) 54: 224 (1940)
   Clinopodium omuranum Honda, Bot. Mag. (Tokyo) 54: 224 (1940)
   Satureja multicaulis (Maxim.) Nakai var. *taquetti* (H.Lév. & Vaniot) Nakai, Bull. Natl. Sci. Mus., Tokyo 31: 99 (1952)
   Satureja micrantha (Regel) Nakai, Bull. Natl. Sci. Mus., Tokyo 31: 99 (1952)

Clinopodium gracile (Benth.) Kuntze var. *multicaule* (Maxim.) Ohwi, Fl. Jap., revised ed., [Ohwi] 1438 (1965)

Representative specimens; **Hamgyong-namdo** 15 August 1935 東上面漢岱里 *Nakai, T Nakai s.n.* **Hwanghae-namdo** 29 July 1929 長淵郡長山串 *Nakai, T Nakai s.n.*

Dracocephalum L.
Dracocephalum argunense Fisch. ex Link, Enum. Hort. Berol. Alt. 2: 118 (1822)
Common name 용머리

Distribution in Korea: North, Central, South
  Dracocephalum ruyschiana DC. var. *speciosum* Ledeb., Fl. Ross. (Ledeb.) 3: 390 (1848)
  Dracocephalum ruyschiana DC. var. *japonicum* A.Gray, Proc. Amer. Acad. Arts n.s. 6: 403 (1859)
  Ruyschiana speciosa (Ledeb.) Ledeb., Gartenflora 29: 376 (1880)
  Dracocephalum ruyschiana DC. var. *argunense* (Fisch.) Nakai, J. Coll. Sci. Imp. Univ. Tokyo 31: 150 (1911)
  Dracocephalum japonicum (A.Gray) Kudô, J. Coll. Sci. Imp. Univ. Tokyo 43: 20 (1921)

Representative specimens; **Hamgyong-bukto** 3 October 1932 羅南南側 *Saito, T T Saito s.n.* 16 September 1908 清津 *Shou, K s.n.* 26 July 1916 *Yamada, Y s.n.* 3 August 1933 會寧 *Koidzumi, G Koidzumi s.n.* 24 August 1914 會寧 -行營 *Nakai, T Nakai3305* 13 July 1918 朱乙溫面朱乙 *Nakai, T Nakai7431* 6 July 1930 鏡城 *Ohwi, J Ohwi s.n.* 5 July 1916 *Yamada, Y s.n.* 2 August 1918 漁大津 *Nakai, T Nakai7430* **Hamgyong-namdo** 17 August 1940 西湖津海岸 *Okuyama, S Okuyama s.n.* July 1902 端川龍德里摩天嶺 *Mishima, A s.n.* 21 June 1917 直洞 *Furumi, M Furumi2* **Kangwon-do** 28 July 1916 長箭 *Nakai, T Nakai5792* 28 July 1916 金剛山外金剛千佛山 *Mori, T Mori s.n.* 11 July 1936 Nakai, *T Nakai s.n.* July 1932 Mt. Kumgang (金剛山) *Smith, RK Smith50* 8 June 1909 元山 *Nakai, T Nakai 9334* **P'yongan-bukto** 18 August 1912 Sak-jyu(Sakushu 朔州) *Imai, H Imai216* **Rason** 30 June 1938 松眞山 *Saito, T T Saito s.n.* **Ryanggang** 1 August 1897 虛川江 (同仁川) *Komarov, VL Komaorv s.n.* 4 August 1897 十四道溝-白山嶺 *Komarov, VL Komaorv s.n.* 8 July 1897 羅暖堡 *Komarov, VL Komaorv s.n.* 20 July 1914 李僧嶺 *Nakai, T Nakai3532* 28 July 1897 佳林里 *Komarov, VL Komaorv s.n.*

Dracocephalum rupestre Hance, J. Bot. 7: 166 (1869)
Common name 바위용머리 (벌깨풀)
Distribution in Korea: North

Elsholtzia Willd.
Elsholtzia ciliata (Thunb.) Hyl., Bot. Not. 1941: 129 (1941)
Common name 향유

Distribution in Korea: Central, South, Ulleung
  Sideritis ciliata Thunb., Syst. Veg., ed. 14 (J. A. Murray) 532 (1784)
  Mentha patrini Lepech., Nova Acta Acad. Sci. Imp. Petrop. Hist. Acad. 1: 336 (1787)
  Hyssopus ocymifolius Lam., Encycl. (Lamarck) 3: 187 (1789)
  Elsholtzia cristata Willd., Bot. Mag. (Römer & Usteri) 9: 5 (1790)
  Mentha ovata Cav., Icon. (Cavanilles) 4: 36 (1797)
  Mentha baicalensis Georgi, Beschr. Nation. Russ. Reich 5: 1083 (1800)
  Mentha cristata Buch.-Ham. ex D.Don, Prodr. Fl. Nepal. 115 (1825)
  Perilla polystachya D.Don, Prodr. Fl. Nepal. 115 (1825)
  Elsholtzia patrini (Lepech.) Garcke, Fl. Deutschland, ed. 16 14: 257 (1890)
  Elsholtzia cristata Willd. f. *saxatilis* Kom., Trudy Imp. S.-Peterburgsk. Bot. Sada 25: 390 (1907)
  Elsholtzia pseudocristata H.Lév. & Vaniot, Repert. Spec. Nov. Regni Veg. 8: 424 (1910)
  Sideritis ciliata Thunb. var. *mokpoensis* Vaniot, Repert. Spec. Nov. Regni Veg. 8: 450 (1910)
  Elsholtzia minima Nakai, Bot. Mag. (Tokyo) 29: 1 (1915)
  Elsholtzia cristata Willd. var. *angustifolia* Loes., Beih. Bot. Centralbl. 37 (2): 176 (1919)
  Elsholtzia formosana Hayata, Icon. Pl. Formosan. 8: 106 (1919)
  Elsholtzia cristata Willd. var. *ramosa* Nakai, Bot. Mag. (Tokyo) 35: 172 (1921)
  Elsholtzia cristata Willd. var. *minima* Nakai, Bot. Mag. (Tokyo) 35: 172 (1921)
  Elsholtzia serotina Kom., Izv. Glavn. Bot. Sada SSSR 30: 210 (1932)
  Elsholtzia angustifolia (Loes.) Kitag., Rep. Inst. Sci. Res. Manchoukuo 1: 265 (1937)
  Elsholtzia saxatilis (Kom.) Nakai ex Kitag., Rep. Inst. Sci. Res. Manchoukuo 1: 266 (1937)
  Elsholtzia loeseneri Hand.-Mazz., Acta Horti Gothob. 13: 380 (1939)

Elsholtzia pseudocristata H.Lév. & Vaniot var. *minima* (Nakai) Kitag., J. Jap. Bot. 34: 3 (1959)
Elsholtzia ciliata (Thunb.) Hyl. var. *brevipes* C.Y.Wu & S.C.Huang, Acta Phytotax. Sin. 12: 346 (1974)
Elsholtzia ciliata (Thunb.) Hyl. var. *depauperata* C.Y.Wu & S.C.Huang, Acta Phytotax. Sin. 12: 346 (1974)
Elsholtzia ciliata (Thunb.) Hyl. var. *ramosa* (Nakai) C.Y.Wu & H.W.Li, Acta Phytotax. Sin. 12: 346 (1974)
Elsholtzia ciliata (Thunb.) Hyl. var. *remota* C.Y.Wu & S.C.Huang, Acta Phytotax. Sin. 12: 346 (1974)
Elsholtzia pseudocristata H.Lév. & Vaniot var. *saxatilis* (Kom.) P.Y.Fu, Fl. Pl. Herb. Chin. Bor.-Or. 7: 243 (1981)
Elsholtzia hallasanensis Y.N.Lee f. *albiflora* Y.N.Lee, Bull. Korea Pl. Res. 1: 48 (2000)
Elsholtzia hallasanensis Y.N.Lee, Bull. Korea Pl. Res. 1: 48 (2000)

Representative specimens; Chagang-do 2 September 1897 湖芮(鴨綠江) *Komarov, VL Komaorv s.n.* 15 August 1909 Sensen (前川) *Mills, RG Mills747* **Hamgyong-bukto** 12 October 1935 羅南 *Saito, T T Saito s.n.* August 1933 *Yoshimizu, K s.n.* 15 October 1938 明川 *Saito, T T Saito s.n.* 22 September 1939 富寧 *Furusawa, I Furusawa7459* **Hamgyong-namdo** 22 August 1932 蓋馬高原 *Kitamura, S Kitamura s.n.* 17 August 1934 東上面達阿里 *Kojima, K Kojima s.n.* 16 August 1935 雲仙嶺 *Nakai, T Nakai15670* 15 August 1935 東上面漢岱里 *Nakai, T Nakai15671* 17 August 1934 東上面達阿里上洞 - 龍岩洞 *Yamamoto, A Yamamoto s.n.* 16 August 1934 赴戰嶺 *Yamamoto, A Yamamoto s.n.* 16 August 1934 永古面松興里 *Yamamoto, A Yamamoto s.n.* **Kangwon-do** 1 October 1935 海金剛溫井里 - 九龍淵 *Okamoto, S Okamoto s.n.* 29 September 1935 Mt. Kumgang (金剛山) *Okamoto, S Okamoto s.n.* **P'yongyang** 10 October 1909 平壤普通江岸 *Imai, H Imai s.n.* 6 October 1938 平壤 *Smith, RK Smith100* **Ryanggang** 23 August 1914 Keizanchin(惠山鎭) *Ikuma, Y Ikuma s.n.* 22 June 1917 厚峙嶺 *Furumi, M Furumi s.n.* 16 August 1897 大羅信洞 *Komarov, VL Komaorv s.n.* 21 August 1897 subdist. Chu-czan, flumen Amnok-gan *Komarov, VL Komaorv s.n.* 22 August 1897 雲洞嶺 *Komarov, VL Komaorv s.n.* 18 September 1939 白岩 *Furusawa, I Furusawa s.n.*

Elsholtzia splendens Nakai ex F.Maek., Bot. Mag. (Tokyo) 48: 50 (1934)

Common name 꽃향유

Distribution in Korea: North, Central, South
Elsholtzia pseudocristata H.Lév. & Vaniot var. *splendens* (Nakai) Kitag., J. Jap. Bot. 34: 3 (1959)
Elsholtzia haichowensis Y.Z.Sun, Acta Phytotax. Sin. 11: 47 (1966)
Elsholtzia lungtangensis Y.Z.Sun, Acta Phytotax. Sin. 11: 48 (1966)
Elsholtzia pseudocristata H.Lév. & Vaniot var. *angustifolia* (O.Loes.) P.Y.Fu, Fl. Pl. Herb. Chin. Bor.-Or. 7: 243 (1981)
Elsholtzia splendens Nakai ex F.Maek. var. *fasciflora* N.S.Lee, M.S. Chung & C.S.Lee, Korean J. Pl. Taxon. 40: 263 (2010)
Elsholtzia byeonsanensis M.Kim, Korean J. Pl. Taxon. 42: 198 (2012)

Representative specimens; Chagang-do 8 October 1910 Kang-gei(Kokai 江界) *Mills, RG Mills484* **Hwanghae-namdo** April 1931 Chairyung 載寧 *Smith, RK Smith700*

Galeopsis Moench
Galeopsis bifida Boenn., Prodr. Fl. Monast. Westphal. 178 (1824)

Common name 털향유

Distribution in Korea: North, Central
Galeopsis tetrahit L. ssp. *eutetrahit* var. *bifida* Syme, Engl. Bot., ed. 3B 7: 67 (1867)
Galeopsis tetrahit L. ssp. *bifida* (Boenn.) Nyman, Consp. Fl. Eur. 576 (1881)
Galeopsis pallens Briq., Bull. Herb. Boissier 1: 389 (1893)
Galeopsis bifida Boenn. var. *emarginata* Nakai, Bot. Mag. (Tokyo) 35: 173 (1921)
Galeopsis tetrahit L. var. *parviflora* Benth., Labiat. Gen. Spec. 524 (1932)

Representative specimens; Hamgyong-bukto 2 August 1914 車踰嶺 *Ikuma, Y Ikuma s.n.* **Hamgyong-namdo** August 1938 火田地 *Jeon, SK JeonSK29* 29 July 1916 赴戰高原寒泰嶺 *Mori, T Mori s.n.* 17 August 1934 富盛里 *Nomura, N Nomura s.n.* 14 August 1943 赴戰高原元豊-道安 *Honda, M Honda72* 18 August 1943 赴戰高原咸地院 *Honda, M Honda135* 22 August 1932 蓋馬高原 *Kitamura, S Kitamura s.n.* 15 August 1935 東上面漢岱里 *Nakai, T Nakai15669* 16 August 1934 永古面松興里 *Yamamoto, A Yamamoto s.n.* **Kangwon-do** 12 August 1932 Mt. Kumgang (金剛山) *Koidzumi, G Koidzumi s.n.* 20 August 1916 Nakai, T *Nakai s.n.* 20 August 1902 Uchiyama, T *Uchiyama s.n.* **Ryanggang** 22 June 1917 厚峙嶺 *Furumi, M Furumi s.n.* 3 July 1897 三水邑-上水隅理 *Komarov, VL Komaorv s.n.* 18 September 1939 白岩 *Furusawa, I Furusawa s.n.* 4 August 1939 大澤濕地

Hozawa, S Hozawa s.n. 24 July 1930 大澤 *Ohwi, J Ohwi s.n.* 8 October 1935 白岩 *Okamoto, S Okamoto s.n.* 26 June 1897 內曲里 *Komarov, VL Komaorv s.n.* 15 August 1914 白頭山 *Ikuma, Y Ikuma s.n.* 15 July 1935 小長白山 *Irie, Y s.n.* 31 May 1897 延面水河谷-古倉坪 *Komarov, VL Komaorv s.n.*

Glechoma L.
Glechoma grandis (A.Gray) Kuprian., Bot. Zhurn. S.S.S.R. 33: 237 (1948)

Common name 병꽃풀

Distribution in Korea: North, South

Glechoma longituba (Nakai) Kuprian., Bot. Zhurn. (Moscow & Leningrad) 33: 236 (1948)

Common name 긴병꽃풀 (긴병꽃풀)

Distribution in Korea: North, Central, South
Nepeta glechoma Benth. var. *sinensis* Miq., J. Bot. Néerl. 1: 115 (1861)
Nepeta glechoma Benth. var. *hirsuta* Debeaux, Actes Soc. Linn. Bordeaux 30: 46 (1875)
Glechoma hederacea L. var. *longituba* Nakai, Bot. Mag. (Tokyo) 35: 173 (1921)
Glechoma brevituba Kuprian., Bot. Zhurn. (Moscow & Leningrad) 33: 236 (1948)
Glechoma grandis (A.Gray) Kuprian. var. *longituba* (Nakai) Kitag., Neolin. Fl. Manshur. 543 (1979)

Representative specimens; **Hamgyong-bukto** 15 June 1909 Sungjin (城津) *Nakai, T Nakai s.n.* 15 June 1909 *Nakai, T Nakai9339* 鏡城 *Ohwi, J Ohwi s.n.* 25 May 1930 鏡城 *Ohwi, J Ohwi s.n.* 12 June 1930 Kyonson 鏡城 *Ohwi, J Ohwi s.n.* 25 May 1930 Ohwi, *J Ohwi s.n.* **Hwanghae-namdo** 21 May 1932 長壽山 *Smith, RK Smith s.n.* 14 July 1922 Sorai Beach 九味浦 *Mills, RG Mills s.n.* **P'yongan-namdo** 19 September 1915 成川 *Nakai, T Nakai s.n.* **P'yongyang** 15 May 1912 P'yongyang (平壤) *Imai, H Imai s.n.* 12 September 1902 平壤 *Uchiyama, T Uchiyama s.n.* **Rason** 11 May 1897 豆滿江三角洲-五宗洞 *Komarov, VL Komaorv s.n.*

Isodon (Schrad. ex Benth.) & Spach
Isodon excisus (Maxim.) Kudô, Mem. Fac. Sci. Taihoku Imp. Univ. 2: 133 (1929)

Common name 오리방풀

Distribution in Korea: North, Central, South
Plectranthus excisus Maxim. f. *albiflorus* (Sakata) H.Hara
Rabdosia umbrosa (Maxim.) H.Hara var. *chiisnanensis* (Nakai) Y.N.Lee
Plectranthus excisus Maxim., Mem. Acad. Imp. Sci. St.-Petersbourg Divers Savans 9: 213 (1859)
Stachys polygonatum H.Lév., Repert. Spec. Nov. Regni Veg. 9: 449 (1911)
Plectranthus excisus Maxim. var. *chiisanensis* Nakai,Not given : 15 (1915)
Plectranthus excisus Maxim. var. *coreanus* Nakai ex Mori, Enum. Pl. Corea : 304 (1922)
Amethystanthus excisus (Maxim.) Nakai, Bot. Mag. (Tokyo) 48: 787 (1934)
Amethystanthus excisus (Maxim.) Nakai var. *chiisnanensis* Nakai, Bot. Mag. (Tokyo) 48: 788 (1934)
Amethystanthus excisus (Maxim.) Nakai var. *coreanus* Nakai, Bot. Mag. (Tokyo) 48: 788 (1934)
Amethystanthus excisus (Maxim.) Nakai var. *leucanthus* Murata, Fl. Miyagi-Pref. 108 (1935)
Amethystanthus excisus (Maxim.) Nakai f. *albiflorus* Sakata, Acta Phytotax. Geobot. 7: 16 (1938)
Isodon excisus (Maxim.) Kudô f. *albiflorus* (Sakata) H.Hara, Enum. Spermatophytarum Japon. 1: 205 (1948)
Rabdosia excisa (Maxim.) H.Hara, J. Jap. Bot. 47: 195 (1972)
Rabdosia umbrosa (Maxim.) H.Hara var. *coreanus* Y.N.Lee, Fl. Korea (Lee) 1: 696 (1996)

Representative specimens; **Chagang-do** 25 November 1910 Kang-gei(Kokai 江界) *Mills, RG Mills76* 21 July 1914 大興里-山羊 *Nakai, T Nakai s.n.* 11 August 1910 Seechun dong(時中洞) *Mills, RG Mills407* **Hamgyong-bukto** 11 July 1918 朱乙溫面甫上洞 *Nakai, T Nakai s.n.* 31 July 1914 茂山 *Ikuma, Y Ikuma s.n.* 22 August 1933 車踰嶺 *Koidzumi, G Koidzumi s.n.* 22 August 1933 *Koidzumi, G Koidzumi s.n.* 4 August 1933 朱南面黃雪嶺 *Saito, T T Saito s.n.* Puryong Unknown s.n. **Hamgyong-namdo** 2 September 1934 蓮花山 *Kojima, K Kojima s.n.* 27 August 1897 小德川 *Komarov, VL Komaorv s.n.* 16 August 1934 新角面北山 *Nomura, N Nomura s.n.* 22 August 1932 蓋馬高原 *Kitamura, S Kitamura s.n.* 15 August 1935 東上面漢岱里 *Nakai, T Nakai s.n.* **Hwanghae-namdo** 26 August 1943 長壽山 *Furusawa, I Furusawa s.n.* 26 August 1943 *Furusawa, I Furusawa s.n.* **Kangwon-do** 11 August 1902 草木滿 *Uchiyama, T Uchiyama s.n.* 11 August 1902 *Uchiyama, T Uchiyama s.n.* 30 September 1935 金剛山溫井嶺 *Okamoto, S Okamoto s.n.* 29 July 1938 Mt. Kumgang (金剛山) *Hozawa, S Hozawa s.n.* 7 August 1934 金剛山內金剛 *Kobayashi, M Kobayashi s.n.* 12 August 1932 Mt. Kumgang (金剛山) *Koidzumi, G Koidzumi s.n.* 12 July 1936 金剛山外金剛千佛山 *Nakai, T Nakai s.n.* 30 September 1935 Mt. Kumgang (金剛山) *Okamoto, S Okamoto s.n.* 7 August 1940 *Okuyama, S Okuyama s.n.* 18 August 1902 *Uchiyama, T Uchiyama s.n.* 13 August 1933 安邊郡衛益面三防 *Nomura, N Nomura s.n.* **P'yongan-bukto** 5 August 1937 妙香山

Hozawa, S Hozawa s.n. 5 August 1935 *Koidzumi, G Koidzumi s.n.* 4 August 1912 Unsan (雲山) *Imai, H Imai197* **Rason** 27 August 1914 松眞山 *Nakai, T Nakai s.n.* 7 June 1930 西水羅 *Ohwi, J Ohwi s.n.* **Ryanggang** 23 August 1914 Keizanchin(惠山鎭) *Ikuma, Y Ikuma s.n.* 23 August 1914 *Ikuma, Y Ikuma s.n.* 7 July 1897 犁方嶺 (鴨綠江羅暖堡) *Komarov, VL Komaorv s.n.* 5 August 1897 白山嶺 *Komarov, VL Komaorv s.n.* 16 August 1897 大羅信洞 *Komarov, VL Komaorv s.n.* 23 August 1897 雲洞嶺 *Komarov, VL Komaorv s.n.* 21 August 1897 subdist. Chu-czan, flumen Amnok-gan *Komarov, VL Komaorv s.n.* 7 August 1897 上巨里水 *Komarov, VL Komaorv s.n.* 23 July 1914 李僧嶺 *Nakai, T Nakai s.n.* August 1913 崔哥嶺 *Mori, T Mori s.n.* 20 July 1897 惠山鎭(鴨綠江上流長白山脈中高原) *Komarov, VL Komaorv s.n.*

Isodon inflexus (Thunb.) Kudô, Mem. Fac. Sci. Taihoku Imp. Univ. 2: 127 (1929)

Common name 털산박하

Distribution in Korea: North, Central, South

Isodon inflexus (Thunb.) Kudô var. *transiticus* Matsum. & Kudô
Plectranthus inflexus (Thunb.) Vahl ex Benth. var. *transticus* Matsum. & Kudô
Rabdosia inflexa (Thunb.) H.Hara var. *transticus* (Kudô) Y.N.Lee
Ocimum inflexum Thunb., Fl. Jap. (Thunberg) 249 (1784)
Plectranthus dubius Vahl, Labiat. Gen. Spec. 711 (1835)
Plectranthus inflexus(Thunb.) Vahl ex Benth., Labiat. Gen. Spec. 711 (1835)
Plectranthus inflexus(Thunb.) Vahl ex Benth. var. *macrophyllus* Maxim., Mélanges Biol. Bull. Phys.-Math. Acad. Imp. Sci. Saint-Pétersbourg 9: 425 (1875)
Plectranthus inflexus (Thunb.) Vahl ex Benth. var. *canescens* Nakai, Bot. Mag. (Tokyo) 35: 191 (1921)
Plectranthus inflexus (Thunb.) Vahl var. *microphyllus* Nakai, Bot. Mag. (Tokyo) 35: 183 (1921)
Isodon inflexus (Thunb.) Kudô var. *canescens* (Nakai) Kudô, Mem. Fac. Sci. Taihoku Imp. Univ. 2: 129 (1929)
Amethystanthus inflexus (Thunb.) Nakai, Bot. Mag. (Tokyo) 48: 786 (1934)
Amethystanthus inflexus (Thunb.) Nakai var. *canescens* (Nakai) Nakai, Bot. Mag. (Tokyo) 48: 786 (1934)
Amethystanthus inflexus (Thunb.) Nakai var. *macrophyllus* (Maxim.) Nakai, Bot. Mag. (Tokyo) 48: 787 (1934)
Amethystanthus inflexus (Thunb.) Nakai var. *transticus* (Matsum. & Kudô) Nakai, Bot. Mag. (Tokyo) 48: 787 (1934)
Rabdosia inflexa (Thunb.) H.Hara, J. Jap. Bot. 47: 196 (1972)
Isodon inflexus (Thunb.) Kudô var. *macrophyllus* (Maxim.) Kitag., Neolin. Fl. Manshur. 551 (1979)

Representative specimens; Chagang-do 2 September 1897 湖芮(鴨綠江) *Komarov, VL Komaorv s.n.* **Hwanghae-namdo** 1 August 1929 椒島 *Nakai, T Nakai s.n.* 19 July 1921 Sorai Beach 九味浦 *Mills, RG Mills s.n.* 29 July 1921 *Mills, RG Mills s.n.* 19 July 1921 *Mills, RG Mills s.n.* **Kangwon-do** 31 August 1932 元山 *Kitamura, S Kitamura s.n.* 12 September 1932 Kitamura, *S Kitamura s.n.* 12 September 1932 元山川崎農園 *Kitamura, S Kitamura s.n.* **P'yongan-bukto** 27 July 1912 Nei-hen (Neiyen 寧邊) *Imai, H Imai27* 24 August 1912 Gishut(義州) *Imai, H Imai80* **P'yongyang** 20 August 1909 Botandai (牡丹台) 平壤 *Imai, H Imai s.n.* 26 September 1939 P'yongyang (平壤) Kitamura, *S Kitamura s.n.*

Isodon japonicus (Burm.) H.Hara, Enum. Spermatophytarum Japon. 1: 206 (1948)

Common name 방아풀

Distribution in Korea: North, Central, South

Ocymum rugosum Thunb., Fl. Jap. (Thunberg) 249 (1784)
Plectranthus glaucocalyx Maxim., Prim. Fl. Amur. : 212 (1859)
Plectranthus buergeri Miq., Ann. Mus. Bot. Lugduno-Batavi 2: 101 (1865)
Plectranthus maximowiczii Miq., Ann. Mus. Bot. Lugduno-Batavi 2: 101 (1865)
Plectranthus glaucocalyx Maxim. var. *japonicus* (Burm.) Maxim., Mélanges Biol. Bull. Phys.-Math. Acad. Imp. Sci. Saint-Pétersbourg 9: 426 (1875)
Plectranthus japonicus Koidz., Bot. Mag. (Tokyo) 43: 386 (1929)
Isodon glaucocalyx (Maxim.) Kudô var. *japonicus* (Burm.) Kudô, Mem. Fac. Sci. Taihoku Imp. Univ. 2: 127 (1929)
Amethystanthus japonicus (Burm.) Nakai, Bot. Mag. (Tokyo) 48: 788 (1934)
Rebdesia japonica (Burm.) H.Hara, J. Jap. Bot. 47: 196 (1972)

Representative specimens; Chagang-do 25 August 1897 小德川 (松德水河谷) *Komarov, VL Komaorv s.n.* 2 September 1897 湖芮 (鴨綠江) *Komarov, VL Komaorv s.n.* 29 August 1897 慈城江 *Komarov, VL Komaorv s.n.* 4 March 1911 Kang-gei(Kokai 江界) *Mills, RG*

Mills90 10 August 1912 Kozanchin (高山鎭) Imai, H Imai183 22 July 1914 山羊 -江口 Nakai, T Nakai s.n. **Hamgyong-bukto** 1 August 1914 淸津 Ikuma, Y Ikuma s.n. 1 September 1935 羅南 Saito, T T Saito s.n. 5 October 1942 淸津高抹山西側 Saito, T T Saito s.n. 8 August 1934 雙燕山 Uozumi, H Uozumi s.n. 28 August 1934 鈴蘭山 Uozumi, H Uozumi s.n. 6 August 1933 茂山嶺 Koidzumi, G Koidzumi s.n. 8 August 1930 載德 Ohwi, J Ohwi s.n. 8 August 1930 Ohwi, J Ohwi s.n. 19 August 1933 茂山 Koidzumi, G Koidzumi s.n. **Hamgyong-namdo** 19 August 1935 道頭里 Nakai, T Nakai s.n. **Kangwon-do** 21 August 1902 干發告嶺 Uchiyama, T Uchiyama s.n. **Rason** 27 August 1914 松眞山 Nakai, T Nakai s.n. **Ryanggang** 1 July 1897 五是川雲龍江-崔五峰 Komarov, VL Komarov s.n. 1 August 1897 虛川江 (同仁川) Komarov, VL Komarov s.n. 9 July 1897 十四道溝(鴨綠江) Komarov, VL Komarov s.n. 18 August 1897 葡坪 Komarov, VL Komarov s.n. 21 August 1897 subdist. Chu-czan, flumen Amnok-gan Komarov, VL Komarov s.n. 22 August 1897 雲洞嶺 Komarov, VL Komarov s.n. 16 August 1897 大羅信洞 Komarov, VL Komarov s.n. 6 August 1897 上巨里水 Komarov, VL Komarov s.n. 9 August 1897 長津江下流域 Komarov, VL Komarov s.n. 3 July 1897 三水邑-上水隅理 Komarov, VL Komarov s.n. 3 August 1917 楡坪 Furumi, M Furumi469 26 June 1897 内曲里 Komarov, VL Komarov s.n. 26 July 1897 佳林里/五山里川河谷 Komarov, VL Komarov s.n. 28 July 1897 佳林里 Komarov, VL Komarov s.n. 3 August 1914 惠山鎭- 普天堡 Nakai, T Nakai s.n. 20 July 1897 惠山鎭(鴨綠江上流長白山脈中高原) Komarov, VL Komarov s.n. 17 July 1897 半載子溝 (鴨綠江上流) Komarov, VL Komarov s.n.

Isodon serra (Maxim.) Kudô, Mem. Fac. Sci. Taihoku Imp. Univ. 2: 125 (1929)

Common name 자주방아풀

Distribution in Korea: Central, South

> *Plectranthus serra* Maxim., Mélanges Biol. Bull. Phys.-Math. Acad. Imp. Sci. Saint-Pétersbourg 9: 426 (1875)
> *Amethystanthus serra* (Maxim.) Nemoto, Fl. Jap. Suppl. 630 (1936)
> *Rabdosia serra* (Maxim.) H.Hara, J. Jap. Bot. 47: 200 (1972)

Representative specimens; **Chagang-do** 9 July 1911 Kang-gei(Kokai 江界) Mills, RG Mills64 25 July 1911 Mills, RG Mills81 16 August 1911 Mills, RG Mills95 15 August 1911 Mills, RG Mills137 江界 Yamatsutat, K s.n. **Hamgyong-bukto** 11 August 1907 茂山嶺 Maeda, K s.n. August 1913 鏡城 Mori, T Mori s.n. **Hwanghae-bukto** 7 September 1902 可將去里南川 Uchiyama, T Uchiyama s.n. **Kangwon-do** 8 August 1902 下仙里 Uchiyama, T Uchiyama s.n. **P'yongan-namdo** 10 July 1912 江西 Imai, H Imai s.n. **Ryanggang** 24 July 1897 佳林里 Komarov, VL Komarov s.n.

Lagopsis Bunge
Lagopsis supina (Stephan) Ikonn.-Gal., Bot. Mater. Gerb. Bot. Inst. Komarova Akad. Nauk S.S.S.R. 7: 45 (1937)

Common name 흰꽃광대나물

Distribution in Korea: North, Cental

> *Leonurus supinus* Stephan, Sp. Pl. (ed. 4) 3: 116 (1801)
> *Marrubium incisum* Benth., Labiat. Gen. Spec. 586 (1834)
> *Marrubium supinum* (Steph. ex Willd.) Hu ex C.P'ei, Contr. Biol. Lab. Chin. Assoc. Advancem. Sci., Sect. Bot. 10: 53 (1935)

Representative specimens; **Hamgyong-bukto** 17 May 1932 鶴中面臨濱 Im-myeong-gong-bo-gyo school s.n. 26 June 1937 防洞 Saito, T T Saito s.n. 3 July 1936 鏡城 Saito, T T Saito s.n. 24 May 1938 茂山 Saito, T T Saito s.n. 20 June 1909 富寧 Nakai, T Nakai9357 **Hamgyong-namdo** July 1902 端川龍德里摩天嶺 Mishima, A s.n. **P'yongyang** 14 May 1910 P'yongyang (平壤) Imai, H Imai70 20 August 1909 平壤大同江岸 Imai, H Imai s.n. 22 June 1909 平壤市街附近 Imai, H Imai46

Lamium L.
Lamium album L., Sp. Pl. 2: 579 (1753)

Common name 왜광대수염

Distribution in Korea: North, Central, South

Representative specimens; **Hamgyong-bukto** 20 May 1897 茂山嶺 Komarov, VL Komarov s.n. 15 June 1909 Sungjin (城津) Nakai, T Nakai9340 9 August 1918 雲滿臺 Nakai, T Nakai7672 **Hamgyong-namdo** 14 June 1909 新浦 Nakai, T Nakai9341 **Kangwon-do** 13 August 1902 Mt. Kumgang (金剛山) Uchiyama, T Uchiyama s.n. **Ryanggang** 15 August 1935 北水白山 Hozawa, S Hozawa s.n.

Lamium amplexicaule L., Sp. Pl. 579 (1753)

Common name 광대나물

Distribution in Korea: North, Central, South, Ulleung

> *Pollichia amplexicaulis* (L.) Willd., Fl. Berol. Prodr. 198 (1787)
> *Galeobdolon amplexicaule* (L.) Moench, Methodus (Moench) 394 (1794)
> *Lamiopsis amplexicaulis* (L.) Opiz, Seznam 56 (1852)

Representative specimens; Chagang-do 1 July 1914 從西面 *Nakai, T Nakai5723* 25 June 1914 Nakai, T *Nakai5726* July 1916 狼林山 *Mori, T Nakai6539* 5 July 1914 牙得嶺 *Nakai, T Nakai5725* **Hamgyong-bukto** 10 July 1936 鏡城行營 - 龍山洞 *Saito, T T Saito s.n.* 15 June 1909 Sungjin (城津) Nakai, T *Nakai9340* 15 June 1909 Nakai, T *Nakai9350* 19 July 1918 冠帽峰 *Nakai, T Nakai s.n.* 18 July 1918 朱乙溫面大東水谷 *Nakai, T Nakai7419* 28 May 1930 鏡城 *Ohwi, J Ohwi s.n.* 28 May 1930 Ohwi, *J Ohwi s.n.* 5 July 1933 梧村堡 *Saito, T T Saito s.n.* 21 June 1909 Musan-ryeong (戊山嶺) Nakai, T *Nakai s.n.* 21 June 1909 富寧 *Nakai, T Nakai9349* **Hamgyong-namdo** 18 August 1935 遮日峯南麓森林 *Nakai, T Nakai s.n.* **P'yongan-bukto** 8 June 1914 飛來峯 *Nakai, T Nakai572* 4 **Ryanggang** 27 July 1914 三水- 惠山鎮 *Nakai, T Nakai3406* 26 July 1914 Nakai, T *Naka3559*

Leonurus L.
Leonurus japonicus Houtt., Nat. Hist. (Houttuyn) 9: 366 (1778)
Common name 익모초

Distribution in Korea: North, Central, South, Ulleung
> *Stachys artemisia* Lour., Fl. Cochinch. 365 (1790)
> *Leonurus heterophyllus* Sweet, Brit. Fl. Gard. 1: 197 (1823)
> *Leonurus altissimus* Bunge ex Benth., Labiat. Gen. Spec. 521 (1834)
> *Cardiochilum heterophyllum* (Sweet) Krecz. & Kuprian., Fl. URSS 21: 156 (1954)
> *Leonurus artemisia* (Lour.) S.Y.Hu, J. Chin. Univ. Hong Kong 2: 381 (1974)

Representative specimens; Chagang-do 6 July 1911 Kang-gei(Kokai 江界) *Mills, RG Mills184* **Hamgyong-bukto** 19 September 1932 羅南 Saito, T T Saito s.n. 3 August 1933 會寧 *Koidzumi, G Koidzumi s.n.* **Hwanghae-bukto** 10 September 1915 瑞興 *Nakai, T Nakai2873* **Kangwon-do** 13 August 1902 長淵里近傍 *Uchiyama, T Uchiyama s.n.* 30 August 1916 通川街道 *Nakai, T Nakai6082* 20 August 1932 元山德原 *Kitamura, S Kitamura s.n.* **P'yongan-bukto** 11 August 1935 義州金剛山 *Koidzumi, G Koidzumi s.n.* **P'yongyang** 23 August 1943 大同郡大寶山 *Furusawa, I Furusawa s.n.* 20 August 1909 平壤大同岸 *Imai, H Imai16* **Rason** 7 June 1930 西水羅 *Ohwi, J Ohwi s.n.* **Ryanggang** 23 August 1914 Keizanchin(惠山鎮) *Ikuma, Y Ikuma s.n.* 25 August 1934 豊山郡熊耳面北水白山 *Yamamoto, A Yamamoto s.n.* 5 August 1930 合水 (列結水) Ohwi, *J Ohwi s.n.*

Leonurus macranthus Maxim., Mem. Acad. Imp. Sci. St.-Petersbourg Divers Savans 9: 476 (1859)
Common name 송장풀
Distribution in Korea: North, Central, South

Representative specimens; Chagang-do 10 April 1909 Kang-gei(Kokai 江界) *Mills, RG Mills400* **Hamgyong-bukto** 18 September 1932 羅南 Saito, T T Saito s.n. 5 October 1942 清津高抹山西側 *Saito, T T Saito s.n.* 6 August 1933 茂山嶺 *Koidzumi, G Koidzumi s.n.* 27 August 1914 黃句基 *Nakai, T Nakai s.n.* **Hwanghae-bukto** 7 September 1902 可將去里南川 *Uchiyama, T Uchiyama s.n.* **Hwanghae-namdo** 26 August 1943 長壽山 *Furusawa, I Furusawa s.n.* **Kangwon-do** 28 July 1916 長箭 -高城 *Nakai, T Nakai s.n.* 15 August 1932 金剛山外金剛 *Koidzumi, G Koidzumi s.n.* 9 August 1940 Mt. Kumgang (金剛山) *Okuyama, S Okuyama s.n.* 22 August 1902 北屯地近傍 *Uchiyama, T Uchiyama s.n.* **P'yongan-bukto** 28 September 1912 白璧山 *Ishidoya, T Ishidoya s.n.* **Ryanggang** 2 August 1897 虛川江-五海江 *Komarov, VL Komaorv s.n.* 2 August 1897 *Komarov, VL Komaorv s.n.* 21 July 1897 佳林里(鴨綠江上流) *Komarov, VL Komaorv s.n.* 27 July 1897 佳林里 *Komarov, VL Komaorv s.n.*

Lycopus L.
Lycopus coreanus H.Lév., Repert. Spec. Nov. Regni Veg. 8: 423 (1910)
Common name 개쉽싸리

Distribution in Korea: North, Central
> *Lycopus maackianus* (Maxim. ex Herder) Makino var. *ramosissimus* Makino, Bot. Mag. (Tokyo) 12: 117 (1898)
> *Lycopus cavaleriei* H.Lév., Repert. Spec. Nov. Regni Veg. 8: 423 (1910)
> *Lycopus ramosissimus* (Makino) Makino, J. Jap. Bot. 1: 14 (1917)
> *Lycopus coreanus* H.Lév. var. *ramosissimus* (Makino) Nakai, Bot. Mag. (Tokyo) 35: 176 (1921)
> *Lycopus japonicus* Matsum. & Kudô ex Kudô, J. Coll. Sci. Imp. Univ. Tokyo 43: 46 (1921)
> *Lycopus ramosissimus* (Makino) Makino var. *japonicus* (Kudô) Kitam., Acta Phytotax. Geobot. 17: 10 (1957)
> *Lycopus coreanus* H.Lév. var. *cavaleriei* (H.Lév.) C.Y.Wu & H.W.Li, Fl. Yunnan. 1: 708 (1977)

Representative specimens; Chagang-do 16 July 1911 Kang-gei(Kokai 江界) *Mills, RG Mills54* 15 August 1911 *Mills, RG Mills376* 5 July 1914 牙得嶺 *Nakai, T Nakai8996* **Hamgyong-bukto** 28 August 1934 鈴蘭山 *Uozumi, H Uozumi s.n.* 14 August 1933 朱乙溫泉朱乙山 *Koidzumi, G Koidzumi s.n.* 2 August 1918 漁大津 *Nakai, T Nakai7412* 6 August 1918 寶村 *Nakai, T*

Nakai7668 **Kangwon-do** 9 August 1940 Mt. Kumgang (金剛山) *Okuyama, S Okuyama s.n.* **Ryanggang** August 1913 長白山 *Mori, T Mori131* 14 August 1914 農事洞- 三下 *Nakai, T Nakai3224*

Lycopus lucidus Turcz. ex Benth., Prodr. (DC.) 12: 179 (1848)

Common name 쉽싸리

Distribution in Korea: North, Central, South
  Lycopus lucidus Turcz. ex Benth. var. *hirtus* Regel, Tent. Fl.-Ussur. 115 (1861)
  Lycopus formosanus Sasaki, Trans. Nat. Hist. Soc. Taiwan 18: 171 (1928)
  Lycopus lucidus Turcz. ex Benth. var. *formosanus* Hayata, Icon. Pl. Formosan. 8: 102 (1930)
  Lycopus lucidus Turcz. ex Benth. f. *hirtus* (Regel) Kitag., Neolin. Fl. Manshur. 546 (1979)
  Lycopus charkeviczii Prob., Sosud. Rast. Sovet. Dal'nego Vostoka 7: 351 (1995)

Representative specimens; Chagang-do 14 August 1912 Chosan(楚山) *Imai, H Imai58* 4 July 1914 江界牙得浦 *Nakai, T Nakai8730* **Hamgyong-bukto** 19 May 1897 茂山嶺 *Komarov, VL Komarov s.n.* 24 August 1914 會寧 -行營 *Nakai, T Nakai3275* 17 July 1918 朱乙溫面甫上洞 *Nakai, T Nakai7413* **Hwanghae-namdo** 4 August 1929 長淵郡長山串 *Nakai, T Nakai13436* **Kangwon-do** 28 July 1916 金剛山長箭高城 *Nakai, T Nakai5794* 30 July 1916 溫井里 *Nakai, T Nakai5796* 6 June 1909 元山 *Nakai, T Nakai9355* **Ryanggang** 19 July 1897 Keizanchin(惠山鎭) *Komarov, VL Komarov s.n.* August 1913 厚峙嶺 *Ikuma, Y Ikuma s.n.* 15 August 1897 蓮坪-厚州川-厚州古邑 *Komarov, VL Komarov s.n.* 19 August 1897 葡坪 *Komarov, VL Komarov s.n.* 8 July 1897 羅暖堡 *Komarov, VL Komarov s.n.* 22 July 1897 佳林里 *Komarov, VL Komarov s.n.* 6 August 1914 胞胎山虛項嶺 *Nakai, T Nakai8733* **Sinuiju** 15 September 1915 新義州 *Nakai, T Nakai2933*

Lycopus lucidus Turcz. ex Benth. var. ***maackianus*** Maxim. ex Herder, Bull. Soc. Imp. Naturalistes Moscou 2: 12 (1884)

Common name 애기쉽싸리

Distribution in Korea: North (Hamgyong), Central, South
  Lycopus lucidus Turcz. ex Benth. var. *angustifolius* (Miq.) Franch. & Sav.
  Lycopus lucidus Turcz. ex Benth. f. *angustifolius* Miq., Ann. Mus. Bot. Lugduno-Batavi 2: 105 (1865)
  Lycopus maackianus (Maxim. ex Herder) Makino, Bot. Mag. (Tokyo) 11: 382 (1897)
  Lycopus angustus Makino, Bot. Mag. (Tokyo) 12: 105 (1898)

Representative specimens; Hamgyong-namdo 18 August 1943 赴戰高原咸地院 *Honda, M Honda98* 18 August 1943 *Honda, M Honda126* **Kangwon-do** 28 July 1916 長箭 -高城 *Nakai, T Nakai5795* 6 August 1932 元山川崎農園 *Kitamura, S Kitamura s.n.* **Ryanggang** 18 July 1897 Keizanchin(惠山鎭) *Komarov, VL Komarov s.n.*

Lycopus uniflorus Michx., Fl. Bor.-Amer. (Michaux) 1: 14 (1803)

Common name 털쉽싸리

Distribution in Korea: North (Chagang), Central, South
  Euhemus uniflorus (Michx.) Raf., Autik. Bot. 115 (1840)
  Lycopus parviflorus Maxim., Mem. Acad. Imp. Sci. St.-Petersbourg Divers Savans 9: 216 (1859)
  Lycopus virginicus L. var. *parviflorus*(Maxim.) Makino, Bot. Mag. (Tokyo) 11 11: 382 (1897)
  Lycopus uniflorus Michx. var. *parviflorus* (Maxim.) Kitag., Neolin. Fl. Manshur. 547 (1979)

Representative specimens; Chagang-do 4 July 1914 江界牙得浦 *Nakai, T Nakai8729* **Ryanggang** 23 August 1914 Keizanchin (惠山鎭) *Ikuma, Y Ikuma s.n.* 6 August 1914 胞胎山虛項嶺 *Ikuma, Y Ikuma3342* 6 August 1914 Nakai, *T Nakai9354*

Meehania **Britton**
Meehania urticifolia (Miq.) Makino, Bot. Mag. (Tokyo) 13: 159 (1899)

Common name 벌깨덩굴

Distribution in Korea: North, Central, South
  Dracocephalum urticifolium Miq., Ann. Mus. Bot. Lugduno-Batavi 2: 109 (1865)
  Dracocephalum sinense S.Moore, J. Linn. Soc., Bot. 17: 386 (1879)
  Cedronella urticifolia (Miq.) Maxim., Méanges Biol. Bull. Phys.-Math. Acad. Imp. Sci. Saint-Pétersbourg 12: 528 (1886)
  Nepeta urticifolia (Miq.) H.Lév., Repert. Spec. Nov. Regni Veg. 9: 245 (1911)
  Meehania urticifolia (Miq.) Makino f. *pedunculata* Matsum. & Kudô, Bot. Mag. (Tokyo) 26: 296 (1912)

Glechoma urticifolia (Miq.) Makino, Bot. Mag. (Tokyo) 27: 153 (1913)

Dracocephalum urticifolium Miq. f. *nomalis* Dunn, Notes Roy. Bot. Gard. Edinburgh 6: 170 (1915)

Meehania urticifolia (Miq.) Makino f. *leucantha* H.Hara, J. Jap. Bot. 11: 671 (1935)

Meehania urticifolia (Miq.) Makino f. *normalis* (Dunn) Hand.-Mazz., Symb. Sin. 7: 916 (1936)

Meehania urticifolia (Miq.) Makino f. *rosea* J.Ohara, J. Phytogeogr. Taxon. 33: 72 (1985)

Representative specimens; Chagang-do 25 August 1897 小德川 (松德水河谷) *Komarov, VL Komaorv s.n.* 26 August 1897 *Komarov, VL Komaorv s.n.* 22 July 1916 狼林山 *Mori, T Mori s.n.* **Hamgyong-bukto** 13 May 1933 羅南 *Saito, T T Saito s.n.* May 羅南 *Unknown 14* 15 May 1934 漁遊洞 *Uozumi, H Uozumi s.n.* 21 May 1897 茂山嶺-蕨坪(照日洞) *Komarov, VL Komaorv s.n.* 14 June 1930 鏡城 *Ohwi, J Ohwi s.n.* 27 May 1930 Ohwi, *J Ohwi s.n.* 27 May 1930 Ohwi, *J Ohwi s.n.* 29 May 1897 釜所哥谷 *Komarov, VL Komaorv s.n.* 12 June 1897 西溪水 *Komarov, VL Komaorv s.n.* 13 June 1897 *Komarov, VL Komaorv s.n.* 4 June 1897 四芝嶺 *Komarov, VL Komaorv s.n.* **Hamgyong-namdo** 15 June 1932 下碣隅里 *Ohwi, J Ohwi s.n.* 15 August 1935 東上面漢岱里 *Nakai, T Nakai15666* **Hwanghae-namdo** 21 May 1932 長壽山 *Smith, RK Smith45* **Kangwon-do** 13 July 1936 金剛山外金剛千佛山 *Nakai, T Nakai s.n.* 13 August 1916 金剛山長淵里表訓寺 *Nakai, T Nakai5798* **P'yongan-bukto** 14 May 1912 寧邊藥山 *Ishidoya, T Ishidoya s.n.* **P'yongan-namdo** 9 June 1935 黃草嶺 *Nomura, N Nomura s.n.* 23 July 1916 上南洞 *Mori, T Mori s.n.* **Ryanggang** 23 August 1914 Keizanchin(惠山鎭) *Ikuma, Y Ikuma s.n.* 7 July 1897 犁方嶺 (鴨綠江羅暖堡) *Komarov, VL Komaorv s.n.* 4 August 1897 十四道溝-白山嶺 *Komarov, VL Komaorv s.n.* 16 August 1897 大羅信洞 *Komarov, VL Komaorv s.n.* 19 August 1897 葡坪 *Komarov, VL Komaorv s.n.* 21 August 1897 subdist. Chu-czan, flumen Amnok-gan *Komarov, VL Komaorv s.n.* 23 August 1897 雲洞嶺 *Komarov, VL Komaorv s.n.* 7 August 1897 上巨里水 *Komarov, VL Komaorv s.n.* 13 August 1897 長進江河口(鴨綠江) *Komarov, VL Komaorv s.n.* 22 June 1930 倉坪嶺 *Ohwi, J Ohwi s.n.* 22 June 1930 Ohwi, *J Ohwi s.n.* 22 August 1914 普天堡 *Ikuma, Y Ikuma s.n.* 21 June 1897 阿武山-象背嶺 *Komarov, VL Komaorv s.n.* 27 June 1897 栢德嶺 *Komarov, VL Komaorv s.n.* 21 June 1897 阿武山-象背嶺 *Komarov, VL Komaorv s.n.* August 1913 崔哥嶺 *Mori, T Mori236* 3 June 1897 四芝坪 *Komarov, VL Komaorv s.n.*

Mentha L.

Mentha canadensis L., Sp. Pl. : 577 (1753) (1753)

Common name 박하

Distribution in Korea: North, Central, South

Mentha piperascens (Malinv.) Holmes, Sp. Pl. 577 (1753)

Mentha arvensis L. var. *piperascens* Malinv. ex Holmes, Pharm. J. Trans. III, 13: 381 (1882)

Mentha arvensis L. var. *sachalinensis* Briq., Bull. Herb. Boissier 2: 708 (1894)

Mentha arvensis L. ssp. *haplocalyx* (Briq.) Briq. var. *sachalinensis* (Briq.) Briq., Nat. Pflanzenfam. 4(3a): 319 (1897)

Mentha haplocalyx Briq. var. *barbata* Nakai, Bot. Mag. (Tokyo) 35: 178 (1921)

Mentha cnnadensis var. *sachalinensis* Kudô, J. Coll. Sci. Imp. Univ. Tokyo 43-8: 47 (1921)

Mentha sachalinensis (Briq.) Kudô, J. Coll. Sci. Imp. Univ. Tokyo 43: 47 (1921)

Mentha haplocalyx Briq. var. *sachalinensis* Briq. ex Kudô, Mem. Fac. Sci. Taihoku Imp. Univ. 2: 87 (1929)

Mentha sachalinensis (Briq.) Kudô f. *pilosa* Hara, Bot. Mag. (Tokyo) 51: 90 (1937)

Mentha canadensis L. var. *piperascens* (Malinv. ex Holmes) H.Hara f. *pilosa* (Hara) H.Hara, Enum. Spermatophytarum Japon. 1: 214 (1948)

Mentha canadensis L. var. *piperasces* (Malinv. ex Holmes) H.Hara, Enum. Spermatophytarum Japon. 1: 213 (1948)

Mentha arvensis L. ssp. *piperascens* (Malinv. ex Holmes) H.Hara, J. Fac. Sci. Univ. Tokyo, Sect. 3, Bot. 6: 368 (1956)

Mentha arvensis L. var. *barbata* (Nakai) W.T.Lee, Lineamenta Florae Koreae 955 (1996)

Representative specimens; Chagang-do 7 August 1911 Kang-gei(Kokai 江界) *Mills, RG Mills s.n.* 6 July 1911 *Mills, RG Mills113* 10 August 1911 *Mills, RG Mills456* 17 August 1911 *Mills, RG Mills698* 18 July 1914 大興里 *Nakai, T Nakai3491* **Hamgyong-bukto** 18 August 1935 農圃洞 *Saito, T T Saito s.n.* 2 August 1939 茂山 *Nakai, T Nakai.n* 1 August 1936 延上面九州帝大北鮮演習林 *Saito, T T Saito s.n.* 3 August 1918 明川 *Nakai, T Nakai7420* 4 August 1933 南陽 *Koidzumi, G Koidzumi s.n.* **Hamgyong-namdo** 23 July 1916 赴戰高原寒泰嶺 *Mori, T Mori s.n.* 23 July 1935 弁天島 *Nomura, N Nomura s.n.* **Kangwon-do** 30 July 1916 溫井里 *Nakai, T Nakai5793* 13 August 1902 長淵里 *Uchiyama, T Uchiyama s.n.* 30 August 1916 通川街道 *Nakai, T Nakai6084* 20 August 1932 元山 *Kitamura, S Kitamura s.n.* **Nampo** 1 October 1911 Chinnampo (鎭南浦) *Imai, H Imai s.n.* **P'yongan-namdo** 27 July 1916 黃草嶺 *Mori, T Mori s.n.* **P'yongyang** 25 August 1909 平壤大同江岸 *Imai, H Imai32* **Ryanggang** August 1913 厚峙嶺 *Ikuma, Y Ikuma s.n.* 7 August 1930 合水 (列結水) *Ohwi, J Ohwi s.n.* 3 August 1914 惠山鎭- 普天堡 *Nakai, T Nakai3383* Type of *Mentha haplocalyx* Briq. var. *barbata* Nakai (Holotype TI)3 August 1914 Nakai, *T Nakai3385* 25 July 1914 三水 *Nakai, T Nakai8703*

Mosla **(Benth.) Buch.-Ham. ex Maxim.**
Mosla chinensis Maxim., Bull. Acad. Imp. Sci. Saint-Pétersbourg 29: 177 (1883)
Common name 가는잎산들깨
Distribution in Korea: North, Central, South
  Mosla fordii Maxim., Mélanges Biol. Bull. Phys.-Math. Acad. Imp. Sci. Saint-Pétersbourg 12: 525 (1886)
  Calamintha clipeata Vaniot, Bull. Acad. Int. Geogr. Bot. 14: 184 (1904)
  Mosla japonica (Benth.) Maxim. var. *angustifolia* Makino, Bot. Mag. (Tokyo) 21: 157 (1907)
  Mosla coreana H.Lév., Repert. Spec. Nov. Regni Veg. 10: 248 (1911)
  Mosla angustifolia (Makino) Makino, J. Jap. Bot. 40945: 24 (1922)
  Orthodon chinense (Maxim.) Kudô, Mem. Fac. Sci. Taihoku Imp. Univ. 2: 75 (1929)
  Orthodon japonicum Benth. ex Oliv. var. *angustifolium* (Makino) Kudô, Mem. Fac. Sci. Taihoku Imp. Univ. 2: 76 (1929)
  Orthodon angustifolium (Makino) Masam., Mem. Fac. Sci. Taihoku Imp. Univ. 11 (4): 391 (1934)
  Orthodon fordii (Maxim.) Hand.-Mazz., Acta Horti Gothob. 9: 39 (1934)
  Orthodon coreanum (H.Lév.) Honda, Nom. Pl. Japonic. 297 (1939)

Representative specimens; P'yongan-namdo 22 September 1915 咸從 *Nakai, T Nakai2984*

Mosla dianthera (Buch.-Ham. ex Roxb.) Maxim., Bull. Acad. Imp. Sci. Saint-Pétersbourg 10: 457 (1865)
Common name 쥐깨풀
Distribution in Korea: North, Central, South
  Orthodon hirtus Hara f. *nanus* (Hara) H.Hara
  Mosla grosseserrata Maxim., Bull. Acad. Imp. Sci. Saint-Pétersbourg 20: 458 (1875)
  Orthodon tenuicaule Koidz., Acta Phytotax. Geobot. 5: 47 (1936)
  Orthodon grosseserratus (Maxim.) Kudô var. *nanus* Hara, J. Jap. Bot. 12: 44 (1939)
  Orthodon mayabaranus. Handa, Bot. Mag. (Tokyo) 53: 50 (1939)
  Mosla dianthera (Buch.-Ham. ex Roxb.) Maxim. var. *nana* (Hara) Ohwi, Fl. Jap., revised ed., [Ohwi] 780 (1965)
  Orthodon hirtus Hara, Neolin. Fl. Manshur. 585 (1979)

Representative specimens; Chagang-do 26 August 1897 小德川 (松德水河谷) *Komarov, VL Komaorv s.n.* Kangwon-do 12 September 1932 元山 *Kitamura, S Kitamura s.n.* Ryanggang 9 July 1897 十四道溝(鴨綠江) *Komarov, VL Komaorv s.n.* 15 August 1897 蓮坪-厚州川-厚州古邑 *Komarov, VL Komaorv s.n.* 8 August 1897 上巨里水-院巨里水 *Komaorv s.n.*

Mosla japonica (Benth.) Maxim., Bull. Acad. Imp. Sci. Saint-Pétersbourg 20: 461 (1875)
Common name 산들깨
Distribution in Korea: North, Central, South, Ulleung
  Micromeria perforata Miq., Ann. Mus. Bot. Lugduno-Batavi 2: 106 (1865)
  Orthodon japonicum Benth. ex Oliv., J. Linn. Soc., Bot. 9: 167 (1865)
  Mosla orthodon Nakai, Bot. Mag. (Tokyo) 35: 179 (1921)
  Mosla leucantha Nakai, Bot. Mag. (Tokyo) 35: 179 (1921)
  Mosla leucantha Nakai var. *robusta* Nakai, Bot. Mag. (Tokyo) 35: 180 (1921)
  Mosla thymolifera Makino, J. Jap. Bot. 2: 24 (1922)
  Mosla nakaii Kudô, Mem. Fac. Sci. Taihoku Imp. Univ. 2: 78 (1929)
  Orthodon leucanthum (Nakai) Kudô, Mem. Fac. Sci. Taihoku Imp. Univ. 2: 78 (1929)
  Orthodon thymoliferum (Makino) Kudô, Mem. Fac. Sci. Taihoku Imp. Univ. 2: 77 (1929)
  Mosla perforata (Miq.) Koidz., Fl. Symb. Orient.-Asiat. 15 (1930)
  Orthodon perforatum (Miq.) Ohwi, Acta Phytotax. Geobot. 5: 56 (1936)
  Orthodon nakaii (Kudô) Okuy., J. Jap. Bot. 15: 564 (1939)
  Orthodon japonicum Benth. ex Oliv. var. *thymoliferum* (Makino) Ohwi, Fl. Jap. (Ohwi) 1013 (1953)
  Mosla japonica (Benth.) Maxim. var. *thymolifera* (Makino) Kitam., Acta Phytotax. Geobot. 17: 10 (1957)
  Mosla japonica (Benth.) Maxim. var. *robusta* Ohwi, Fl. Jap., revised ed., [Ohwi] 1164 (1965)

Mosla scabra (Thunb.) C.Y.Wu & H.W.Li, Acta Phytotax. Sin. 12: 230 (1974)

Common name 들깨풀

Distribution in Korea: North, Central, South
  Ocimum punctatum Thunb., Fl. Jap. (Thunberg) 249 (1784)
  Ocimum punctulatum J.F.Gmel., Syst. Nat. ed. 13bis 2: 917 (1791)
  Ocimum scabrum Thunb., Trans. Linn. Soc. London 2: 338 (1794)
  Perilla lanceolata Benth., Prodr. (DC.) 12: 164 (1848)
  Mosla punctata (Thunb.) Maxim., Bull. Acad. Imp. Sci. Saint-Pétersbourg 20: 460 (1875)
  Mosla lanceolata (Benth.) Maxim., Méanges Biol. Bull. Phys.-Math. Acad. Imp. Sci. Saint-Pétersbourg 9: 434 (1879)
  Calamintha argyi H.Lév., Repert. Spec. Nov. Regni Veg. 8: 423 (1910)
  Mosla punctulata (J.F.Gmel.) Nakai, Bot. Mag. (Tokyo) 42: 475 (1928)
  Orthodon punctatum (Thunb.) Kudô, Mem. Fac. Sci. Taihoku Imp. Univ. 2: 80 (1929)
  Orthodon lanceolatus (Benth.) Kudô, Mem. Fac. Sci. Taihoku Imp. Univ. 2: 80 (1929)
  Orthodon scaber (Thunb.) Hand.-Mazz., Symb. Sin. 7: 933 (1933)
  Orthodon punctulatum (J.F.Gmel.) Ohwi, Acta Phytotax. Geobot. 4: 68 (1935)

Representative specimens; Chagang-do 14 August 1912 Chosan(楚山) *Imai, H Imai57* 8 February 1910 Kang-gei(Kokai 江界) *Mills, RG Mills8* 29 April 1911 *Mills, RG Mills8* 8 August 1910 *Mills, RG Mills432* **Hamgyong-namdo** 1929 Hamhung (咸興) *Seok, JM s.n.* 1928 *Seok, JM s.n.* **Hwanghae-namdo** 3 August 1929 長淵郡長山串 *Nakai, T Nakai13435* 31 July 1929 席島 *Nakai, T Nakai13434* **Kangwon-do** 12 September 1932 元山 *Kitamura, S Kitamura s.n.* **P'yongan-bukto** 13 August 1910 Pyok-dong (碧潼) *Mills, RG Mills458* **P'yongyang** 26 September 1939 P'yongyang (平壤) Kitamura, *S Kitamura s.n.* 20 August 1909 平壤牡丹台 *Imai, H Imai17*

***Nepeta* L.**
Nepeta cataria L., Sp. Pl. 570 (1753)

Common name 개박하

Distribution in Korea: North, Central, South
  Nepeta minor Mill., Gard. Dict., ed. 8 , Nep. no. 0 (1768)
  Nepeta vulgaris Lam., Fl. Franc. (Lamarck) 2: 398 (1778)
  Cataria tomentosa Gilib., Fl. Lit. Inch. 1: 78 (1782)
  Cataria vulgaris Moench, Methodus (Moench) 387 (1794)
  Nepeta macrura Ledeb. ex Spreng., Syst. Veg. (ed. 16) [Sprengel] 2: 729 (1825)
  Glechoma cataria Kuntze, Revis. Gen. Pl. 1: 518 (1891)
  Calamintha albiflora Vaniot, Bull. Acad. Int. Geogr. Bot. 14: 181 (1904)
  Nepeta bodinieri Vaniot, Bull. Acad. Int. Geogr. Bot. 14: 172 (1904)

Representative specimens; Hamgyong-bukto 6 September 1903 Sungjin (城津) *Ikuhashi, I s.n.* 2 August 1918 明川 *Nakai, T Nakai7427* **Hamgyong-namdo** 28 July 1933 勝洞里中?地 *Lee, GH s.n.* **Hwanghae-namdo** 31 July 1929 席島 *Nakai, T Nakai13440* 1 August 1929 椒島 *Nakai, T Nakai13428* 4 July 1922 Sorai Beach 九味浦 *Mills, RG Mills4556*

Nepeta multifida L., Sp. Pl. 572 (1753)

Common name 말들깨 (개형개)

Distribution in Korea: North
  Nepeta lavandulacea L.f., Suppl. Pl. 272 (1781)
  Nepeta lobata Rudolph ex Steud., Nomencl. Bot. (Steudel) 552 (1821)
  Lophanthus multifidus (L.) Benth., Bot. Reg. 15: sub. t. 1281 (1829)
  Schizonepeta multifida (L.) Briq., Nat. Pflanzenfam. 4(3a): 235 (1897)

Representative specimens; Hamgyong-bukto 12 June 1897 西溪水 Komarov, *VL Komaorv s.n.*

Nepeta stewartiana Diels, Notes Roy. Bot. Gard. Edinburgh 5: 237 (1912)

Common name 간장풀

Distribution in Korea: North (Ryanggang, Hamgyong)
  Dracocephalum stewartianum (Diels) Dunn, Notes Roy. Bot. Gard. Edinburgh 8: 168, 172 (1915)
  Nepeta koreana Nakai, Bot. Mag. (Tokyo) 31: 105 (1917)

Representative specimens; **Chagang-do** 21 July 1914 大興里- 山羊 *Nakai, T Nakai s.n.* **Hamgyong-namdo** August 1938 長津中庄洞 *Jeon, SK JeonSK s.n.* 23 July 1916 赴戰高原寒泰嶺 *Mori, T Mori s.n.* Type of *Nepeta koreana* Nakai (Holotype TI) **Ryanggang** 23 August 1914 Keizanchin(惠山鎭) *Ikuma, Y Ikuma s.n.* 21 August 1914 崔哥嶺 *Ikuma, Y Ikuma s.n.* 2 August 1917 Moho (茂峯)- 農事洞 *Furumi, M Furumi s.n.*

Phlomis L.
Phlomis koraiensis Nakai, Rep. Veg. Mt. Waigalbon 37 (1916)
Common name 산속단
Distribution in Korea: North
  Phlomoides koraiensis (Nakai) Kamelin & Makhm., Bot. Zhurn. (Moscow & Leningrad) 75: 248 (1990)

Representative specimens; **Chagang-do** 22 July 1919 狼林山上 *Kajiwara, U Kajiwara37* 22 July 1916 狼林山 *Mori, T Mori s.n.* Type of *Phlomis koraiensis* Nakai (Syntype TI) **Hamgyong-bukto** 26 July 1930 頭流山 *Ohwi, J Ohwi s.n.* August 1934 冠帽峰 *Kojima, K Kojima s.n.* 19 July 1918 *Nakai, T Nakai7421* July 1932 *Ohwi, J Ohwi s.n.* 21 July 1933 *Saito, T T Saito s.n.* 1 August 1939 茂山 *Nakai, T Nakai s.n.* **Hamgyong-namdo** 25 July 1933 東上面遮日峯 *Koidzumi, G Koidzumi s.n.* 16 August 1935 遮日峯 2200m *Nakai, T Nakai15658* 18 August 1935 遮日峯南側斜面 1900m *Nakai, T Nakai15660* 17 August 1935 遮日峯 *Nakai, T Nakai15669* 15 August 1940 *Okuyama, S Okuyama s.n.* 15 August 1940 東上面遮日峯 *Okuyama, S Okuyama s.n.* 30 July 1939 遮日峯(頂上) *Unknown s.n.* 30 July 1939 遮日峯 *Unknown s.n.* 18 August 1934 東上面達阿里新洞上方尾根 2000m *Yamamoto, A Yamamoto s.n.* **P'yongan-bukto** 5 August 1935 妙香山 *Koidzumi, G Koidzumi s.n.* **Ryanggang** 21 August 1934 豊山新興郡境北水白山 *Yamamoto, A Yamamoto s.n.* 11 July 1917 胞胎山 *Furumi, M Furumi191* 11 July 1917 *Furumi, M Furumi192* 6 August 1926 白頭山附近 *Ichikawa, J s.n.*

Phlomis maximowiczii Regel, Trudy Imp. S.-Peterburgsk. Bot. Sada 9: 696 (1884)
Common name 속단 (큰속단)
Distribution in Korea: North (Hamgyong), Central (Hwanghae), South
  Phlomis umbrosa Turcz., Bull. Soc. Imp. Naturalistes Moscou 13: 76 (1840)

Representative specimens; **Hamgyong-bukto** 10 August 1933 渡正山門內 *Koidzumi, G Koidzumi s.n.* 19 May 1897 茂山嶺 *Komarov, VL Komaorv s.n.* 21 May 1897 茂山嶺-蕨坪(照日洞) *Komarov, VL Komaorv s.n.* 5 August 1939 頭流山 *Hozawa, S Hozawa s.n.* 18 July 1918 朱乙溫面態谷嶺 *Nakai, T Nakai s.n.* 18 July 1918 朱乙溫面北河瑞 *Nakai, T Nakai7422* 6 July 1933 南下石山 *Saito, T T Saito s.n.* 2 August 1914 車踰嶺 *Ikuma, Y Ikuma s.n.* 10 June 1897 西溪水 *Komarov, VL Komaorv s.n.* **Hwanghae-namdo** 28 July 1929 長淵郡長山串 *Nakai, T Nakai12494* 31 July 1929 椴島 *Nakai, T Nakai13445* 29 July 1921 Sorai Beach 九味浦 *Mills, RG Mills 4447* **Kangwon-do** 9 June 1909 元山 *Nakai, T Nakai9360* **P'yongan-bukto** 5 August 1937 妙香山 *Hozawa, S Hozawa s.n.* **P'yongan-namdo** 16 July 1916 寧遠 *Mori, T Mori27* **P'yongyang** 27 June 1909 Botandai (牡丹台) 平壤 *Imai, H Imai25* **Ryanggang** July 1943 龍眼 *Uchida, H Uchida s.n.* 20 August 1897 內洞-河山嶺 *Komarov, VL Komaorv s.n.* 23 August 1897 雲洞嶺 *Komarov, VL Komaorv s.n.* 13 August 1897 長進江河口(鴨緑江) *Komarov, VL Komaorv s.n.* 7 June 1897 平蒲坪 *Komarov, VL Komaorv s.n.* 14 June 1897 西溪水-延岩 *Komarov, VL Komaorv s.n.* 7 August 1930 合水 (列結水) *Ohwi, J Ohwi s.n.* 22 August 1914 崔哥嶺 *Ikuma, Y Ikuma s.n.* 25 August 1939 北胞胎山 *Akiyama, S Akiyama s.n.* 1 June 1897 古倉坪-四芝坪 (延面水河谷) *Komarov, VL Komaorv s.n.*

Prunella L.
Prunella vulgaris L. ssp. *asiatica* (Nakai) H.Hara, Enum. Spermatophytarum Japon. 1: 220 (1948)
Common name 꿀풀
Distribution in Korea: North, Central, South
  Prunella officinalis Crantz, Stirp. Austr. Fasc. ed. 2, 4: 279 (1763)
  Prunella vulgaris L. var. *elongata* Benth., Labiat. Gen. Spec. : 417 (1834)
  Prunella caerulea Gueldenst. ex Ledeb., Fl. Ross. (Ledeb.) 3: 393 (1849)
  Prunella purpurea Gueldenst. ex Ledeb., Fl. Ross. (Ledeb.) 3: 393 (1849)
  Prunella vulgaris L. var. *lilacina* Nakai, J. Coll. Sci. Imp. Univ. Tokyo 31: 148 (1911)
  Prunella vulgaris L. var. *aleutica* Fernald, Rhodora 15: 185 (1913)
  Prunella japonica Makino, Bot. Mag. (Tokyo) 28: 158 (1914)
  Prunella vulgaris L. var. *albiflora* Koidz., Bot. Mag. (Tokyo) 29: 310 (1915)
  Prunella vulgaris L. f. *albiflora* (Koidz.) Nakai, Bot. Mag. (Tokyo) 35: 192 (1921)
  Prunella vulgaris L. var. *japonica* (Makino) Kudô, J. Coll. Sci. Imp. Univ. Tokyo 43: 23 (1921)
  Prunella vulgaris L. var. *yezoensis* Kudô, J. Coll. Sci. Imp. Univ. Tokyo 43: 23 (1921)
  Prunella vulgaris L. var. *elongata* Benth. f. *lilacina* (Nakai) Nakai, Bot. Mag. (Tokyo) 35: 192 (1921)
  Prunella asiatica Nakai var. *pilosa* Nakai, Bot. Mag. (Tokyo) 44: 21 (1930)
  Prunella asiatica Nakai var. *albiflora* (Koidz.) Nakai, Bot. Mag. (Tokyo) 44: 21 (1930)

Prunella asiatica Nakai, Bot. Mag. (Tokyo) 44: 19 (1930)

Prunella asiatica Nakai var. *albiflora* (Koidz.) Nakai, Bot. Mag. (Tokyo) 44: 21 (1930)

Prunella asiatica Nakai f. *albiflora* (Nakai) Kitag., Lin. Fl. Manshur. 384 (1939)

Prunella vulgaris L. f. *lilacina* (Nakai) Kitag., Lin. Fl. Manshur. 384 (1939)

Prunella vulgaris L. ssp. *asiatica* (Nakai) H.Hara var. *lilacina* (Nakai) H.Hara, Enum. Spermatophytarum Japon. 1: 221 (1948)

Representative specimens; Chagang-do 28 August 1897 慈城邑(松德水河谷) *Komarov, VL Komaorv s.n.* July 1916 寧遠 *Mori, T Mori26* **Hamgyong-bukto** June 1933 羅南 *Saito, T T Saito s.n.* 15 June 1909 Sungjin (城津) *Nakai, T Nakai9345* 12 June 1930 鏡城 *Ohwi, J Ohwi s.n.* 9 July 1930 *Ohwi, J Ohwi s.n.* 6 July 1930 *Ohwi, J Ohwi s.n.* July 1930 *Ohwi, J Ohwi s.n.* 12 June 1930 *Ohwi, J Ohwi s.n.* **Hamgyong-namdo** July 1902 端川龍德里摩天嶺 *Mishima, A s.n.* 2 September 1934 東下面蓮花山 *Yamamoto, A Yamamoto s.n.* 11 June 1909 鎭岩峯 *Nakai, T Nakai9336* Type of *Prunella vulgaris* L. var. *lilacina* Nakai (Holotype TI)23 July 1933 東上面漢岱里 *Koidzumi, G Koidzumi s.n.* 16 August 1935 雲仙嶺 *Nakai, T Nakai15662* **Hwanghae-bukto** 29 May 1939 白川邑 *Hozawa, S Hozawa s.n.* **Hwanghae-namdo** 11 June 1932 Chairyung 載寧 *Smith, RK Smith678* 28 July 1929 長淵郡長山串 *Nakai, T Nakai13431* 31 July 1929 席島 *Nakai, T Nakai13430* 1 August 1929 椒島 *Nakai, T Nakai13429* 29 June 1921 Sorai Beach 九味浦 *Mills, RG Mills4208* **Kangwon-do** 12 August 1928 金剛山三聖庵 *Kondo, K Kondo s.n.* 12 July 1936 金剛山外金剛千佛山 *Nakai, T Nakai17211* 15 July 1936 *Nakai, T Nakai17212* 6 June 1919 元山 *Nakai, T Nakai s.n.* 7 June 1909 *Nakai, T Nakai9335* 6 June 1909 *Nakai, T Nakai9344* 25 May 1935 *Yamagishi, S s.n.* **P'yongan-bukto** 17 May 1912 白壁山 *Ishidoya, T Ishidoya s.n.* 6 June 1912 *Ishidoya, T Ishidoya s.n.* .**P'yongan-namdo** 20 July 1916 黃玉峯 (黃處嶺?) *Mori, T Mori s.n.* **P'yongyang** 11 June 1911 Ryugakusan (龍岳山) 平壤 *Imai, H Imai s.n.* 3 July 1910 P'yongyang (平壤) *Imai, H Imai29* **Ryanggang** 1 July 1897 五是川雲寵江-崔五峰 *Komarov, VL Komaorv s.n.* 1 August 1897 虛川江 (同仁川) *Komarov, VL Komaorv s.n.* 15 August 1935 北水白山 *Hozawa, S Hozawa s.n.* 7 July 1897 犁方嶺 (鴨綠江羅暖堡) *Komarov, VL Komaorv s.n.* 19 August 1897 葡坪 *Komarov, VL Komaorv s.n.* 22 August 1897 雲洞嶺 *Komarov, VL Komaorv s.n.* 28 July 1897 佳林里 *Komarov, VL Komaorv s.n.* 12 August 1913 無頭峯 *Hirai, H Hirai112* 上水隅理 *Komarov, VL Komaorv s.n.* 14 August 1914 *Ikuma, Y Ikuma s.n.* August 1913 長白山 *Mori, T Mori63* 26 July 1942 神武城-無頭峯 *Saito, T T Saito s.n.*

Salvia L.
Salvia plebeia R.Br., Prodr. Fl. Nov. Holland. 501 (1810)

Common name 뱀차즈기 (배암차즈기)

Distribution in Korea: North, Central, South

Ocimum virgatum Thunb., Syst. Veg., ed. 14 (J. A. Murray) 14: 546 (1784)

Salvia brachiata Roxb., Fl. Ind. (Roxburgh) 1: 146 (1820)

Ocimum fastigiatum Roth, Nov. Pl. Sp. 277 (1821)

Lumnitzera fastigiata (Roth) Spreng., Syst. Veg. (ed. 16) [Sprengel] 2: 687 (1825)

Salvia minutiflora Bunge, Enum. Pl. Chin. Bor. 50 (1835)

Salvia plebeia R.Br. var. *latifolia* E.Peter, Acta Horti Gothob. 9: 141 (1934)

Representative specimens; Hamgyong-namdo 11 June 1909 鎭江 *Nakai, T Nakai9366* 20 June 1917 北青 *Furumi, M Furumi43* **Hwanghae-bukto** 29 May 1939 白川邑 *Hozawa, S Hozawa s.n.* **Hwanghae-namdo** 31 July 1929 席島 *Nakai, T Nakai13447* 29 June 1922 Sorai Beach 九味浦 *Mills, RG Mills4042* 26 June 1922 *Mills, RG Mills4530* **Kangwon-do** 8 June 1909 元山 *Nakai, T Nakai9365* **P'yongyang** 20 June 1912 P'yongyang (平壤) *Imai, H Imai86* 22 June 1909 平壤市街附近 *Imai, H Imai s.n.*

Scutellaria L.
Scutellaria asperiflora Nakai, Bot. Mag. (Tokyo) 35: 194 (1921)

Common name 다발골무꽃

Distribution in Korea: North

Representative specimens; Chagang-do 26 August 1897 小德川 (松德水河谷) *Komarov, VL Komaorv s.n.* **Ryanggang** 15 August 1897 蓮坪-厚州川-厚州古邑 *Komarov, VL Komaorv s.n.* 16 August 1897 大羅信洞 *Komarov, VL Komaorv s.n.* 7 August 1897 上巨里水 *Komarov, VL Komaorv s.n.* 21 July 1897 佳林里(鴨綠江上流) *Komarov, VL Komaorv s.n.* 20 July 1897 惠山鎭 (鴨綠江上流長白山脈中高原) *Komarov, VL Komaorv s.n.*

Scutellaria baicalensis Georgi, Reise Russ. Reich. 1: 223 (1775)

Common name 속썩은풀, 황금 (황금)

Distribution in Korea: North (Chagang, Ryanggang, Hamgyong, P'yongan, Kangwon), Central (Hwanghae)

Scutellaria macrantha Fisch. ex Rchb., Iconogr. Bot. Pl. Crit. 5: 52 (1827)

Scutellaria adamsii A.Ham., Monog. Scutell. 34 (1832)

Scutellaria grandiflora Adams ex Bunge, Enum. Pl. Chin. Bor. 52 (1833)
Scutellaria speciosa Fisch. ex Turcz., Bull. Soc. Imp. Naturalistes Moscou 11: 416 (1838)
Scutellaria lanceolaria Miq., Ann. Mus. Bot. Lugduno-Batavi 2: 110 (1865)

Representative specimens; Hamgyong-bukto 3 August 1933 會寧 *Koidzumi, G Koidzumi s.n.* 20 August 1914 鳳儀面會寧 *Nakai, T Nakai3217* August 1925 會寧 -行營 *Numajiri, K s.n.* 5 August 1914 茂山 *Ikuma, Y Ikuma s.n.* 19 August 1933 *Koidzumi, G Koidzumi s.n.* August 1913 *Mori, T Mori322* 6 July 1936 南山面 *Saito, T T Saito s.n.* **Hwanghae-bukto** 8 September 1902 安城 - 瑞興 *Uchiyama, T Uchiyama s.n.* **Hwanghae-namdo** 31 July 1929 席島 *Nakai, T Nakai13451* **P'yongan-namdo** 20 September 1915 龍岡 *Nakai, T Nakai s.n.* **Ryanggang** 15 August 1935 北水白山 *Hozawa, S Hozawa s.n.* 12 July 1917 寶泰洞 *Furumi, M Furumi89*

Scutellaria barbata D.Don, Prodr. Fl. Nepal. 109 (1825)
Common name 키다리골무꽃
Distribution in Korea: North

Scutellaria dependens Maxim., Mem. Acad. Imp. Sci. St.-Petersbourg Divers Savans 9: 217 (1859)
Common name 애기골무꽃
Distribution in Korea: North, Central, South
    Scutellaria oldhamii Miq., Ann. Mus. Bot. Lugduno-Batavi 3: 197 (1867)
    Scutellaria nipponica Franch., Enum. Pl. Jap. 1: 377 (1875)

Representative specimens; Kangwon-do 11 July 1936 金剛山外金剛千佛山 *Nakai, T Nakai17213* 7 June 1909 元山 *Nakai, T Nakai9370* **Ryanggang** 18 August 1897 葡坪 *Komarov, VL Komaorv s.n.* 8 July 1897 羅暖堡 *Komarov, VL Komaorv328* 3 August 1914 惠山鎮- 普天堡 *Nakai, T Nakai3926*

Scutellaria fauriei H.Lév. & Vaniot, Repert. Spec. Nov. Regni Veg. 8: 401 (1910)
Common name 그늘골무꽃
Distribution in Korea: North (Gaema, Baekmu, Bujeon, Rahnrim), Central, South

Representative specimens; Chagang-do 10 July 1914 蔥田嶺 *Nakai, T Nakai3529* 22 July 1914 山羊 -江口 *Nakai, T Nakai3712* 5 July 1914 牙得嶺 *Nakai, T Nakai5735* **Hamgyong-bukto** 18 July 1918 朱乙溫面北河瑞 *Nakai, T Nakai7423* 13 July 1934 朱乙溫面 *Saito, T T Saito s.n.* **Hamgyong-namdo** 29 June 1940 定平郡宣德面 *Kim, SK s.n.* 23 July 1933 東上面漢垈里 *Koidzumi, G Koidzumi s.n.* 15 August 1935 Nakai, T Nakai15696 23 July 1935 弁天島 *Nomura, N Nomura s.n.* 26 July 1935 Donha-myeon Unsan-ri (東下面雲山里) *Nomura, N Nomura s.n.* 19 August 1943 千佛山 *Honda, M Honda36* **Kangwon-do** 2 August 1916 金剛山九龍淵 *Nakai, T Nakai5804* 31 July 1916 金剛山群仙峽 *Nakai, T Nakai5813* 29 July 1938 Mt. Kumgang (金剛山) *Hozawa, S Hozawa s.n.* 12 July 1936 金剛山外金剛千佛山 *Nakai, T Nakai17217* 14 August 1902 Mt. Kumgang (金剛山) *Uchiyama, T Uchiyama s.n.* **P'yongan-namdo** 17 July 1916 加音嶺 *Mori, T Mori s.n.* 23 July 1916 上南洞 *Mori, T Mori s.n.* **Ryanggang** 23 August 1914 Keizanchin(惠山鎮) *Ikuma, Y Ikuma364* 15 August 1935 北水白山 *Hozawa, S Hozawa s.n.* August 1913 崔哥嶺 *Mori, T Mori194*

Scutellaria laeteviolacea Koidz., Fl. Austro-Higoensis 50 (1931)
Common name 들깨잎골무꽃
Distribution in Korea: North, Central, South
    Scutellaria indica L. f. *humilis* Makino, Bot. Mag. (Tokyo) 10: 314 (1896)
    Scutellaria ussuriensis (Regel) Kudô f. *humilis* (Makino) Kudô, Mem. Fac. Sci. Taihoku Imp. Univ. 2: 257 (1929)
    Scutellaria abbreviata H.Hara, J. Jap. Bot. 13: 604 (1937)
    Scutellaria kurokawae H.Hara, J. Jap. Bot. 13: 603 (1937)
    Scutellaria simplex Migo, Bot. Mag. (Tokyo) 51: 230 (1937)
    Scutellaria laeteviolacea Koidz. var. *abbreviata* (H.Hara) H.Hara, J. Jap. Bot. 59: 174 (1984)
    Scutellaria laeteviolacea Koidz. var. *kurokawae* (H.Hara) H.Hara, J. Jap. Bot. 59: 174 (1984)

Scutellaria moniliorhiza Kom., Trudy Imp. S.-Peterburgsk. Bot. Sada 25: 346 (1907)
Common name 구슬골무꽃
Distribution in Korea: North

Representative specimens; Chagang-do 10 July 1914 蔥田嶺 *Nakai, T Nakai1532* 10 July 1914 Nakai, T *Nakai1619* **Hamgyong-bukto** August 1934 冠帽峰 *Kojima, K Kojima s.n.* 19 July 1918 冠帽峯トワヒ帯 *Nakai, T Nakai s.n.* 19 June 1897 西溪水

Komarov, VL Komaorv s.n. Type of *Scutellaria moniliorhiza* Kom. (Syntype LE) **Hamgyong-namdo** 25 July 1933 東上面遮日峯 *Koidzumi, G Koidzumi s.n.* 15 August 1935 東上面漢岱里 *Nakai, T Nakai s.n.* 16 August 1935 雲仙嶺 *Nakai, T Nakai15672* 15 August 1940 赴戰高原雲水嶺 *Okuyama, S Okuyama s.n.* **Ryanggang** 15 August 1935 北水白山 *Hozawa, S Hozawa s.n.* 24 June 1930 延岩洞-上村 *Ohwi, J Ohwi s.n.* 21 June 1930 天水洞 - 倉坪 *Ohwi, J Ohwi s.n.* August 1913 崔哥嶺 *Mori, T Mori207* 4 August 1914 普天堡 -寶泰洞草原 *Nakai, T Nakai3397* 5 August 1914 普天堡- 寶泰洞 *Nakai, T Nakai6432*

Scutellaria pekinensis Maxim., Mem. Acad. Imp. Sci. St.-Petersbourg Divers Savans 9: 476 (1859)

Common name 산골무꽃

Distribution in Korea: North, Central, South

  Scutellaria pekinensis Maxim. var. *maxima* S.T.Kim & S.T.Lee
  Scutellaria japonica Burm. var. *ussuriensis* Regel, Tent. Fl.-Ussur. 118 (1861)
  Scutellaria indica L. var. *pekinensis* (Maxim.) Franch., Pl. David. 1: 240 (1884)
  Scutellaria transitra Makino, Bot. Mag. (Tokyo) 18: 70 (1904)
  Scutellaria indica L. var. *ussuriensis* (Regel) Kom., Trudy Imp. S.-Peterburgsk. Bot. Sada 25: 34 (1907)
  Scutellaria glechomifolia H.Lév. & Vaniot, Repert. Spec. Nov. Regni Veg. 8: 401 (1910)
  Scutellaria multibrachiata H.Lév. & Vaniot, Repert. Spec. Nov. Regni Veg. 8: 401 (1910)
  Scutellaria dentata H.Lév., Repert. Spec. Nov. Regni Veg. 9: 246 (1911)
  Scutellaria ussuriensis (Regel) Kudô, Rep. Veg. Tomakomai Forest 53 (1916)
  Scutellaria dentata H.Lév. var. *alpina* Nakai, Bot. Mag. (Tokyo) 35: 199 (1921)
  Scutellaria ussuriensis (Regel) Kudô var. *transitra* (Makino) Nakai, Bot. Mag. (Tokyo) 35: 199 (1921)
  Scutellaria ussuriensis (Regel) Kudô var. *tomentosa* Koidz., Bot. Mag. (Tokyo) 38: 92 (1924)
  Scutellaria umbrosa Nakai, Rep. Veg. Daisetsu Mts. 13 (1930)
  Scutellaria dentata H.Lév. var. *tomentosa* (Koidz.) Nemoto, Fl. Jap. Suppl. 644 (1936)
  Scutellaria transitra Makino var. *ussuriensis* (Regel) H.Hara, Bot. Mag. (Tokyo) 51: 142 (1937)
  Scutellaria pekinensis Maxim. var. *ussuriensis* (Regel) Hand.-Mazz., Acta Horti Gothob. 13: 339 (1939)
  Scutellaria pekinensis Maxim. var. *transitra* (Makino) H.Hara, Enum. Spermatophytarum Japon. 1: 229 (1948)

Representative specimens; Chagang-do 27 June 1914 從西面 *Nakai, T Nakai3357* **Hamgyong-bukto** 10 August 1933 渡正山門內 *Koidzumi, G Koidzumi s.n.* 6 July 1933 南下石山 *Saito, T T Saito s.n.* 4 August 1933 朱南面黃雪嶺 *Saito, T T Saito s.n.* 18 June 1930 四芝 *Ohwi, J Ohwi s.n.* **Hamgyong-namdo** Hamhung (咸興) *Nomura, N Nomura s.n.* 8 June 1909 *Shou, K 319* 11 June 1909 鎭岩峯 *Nakai, T Nakai9372* 20 June 1932 東上面元豊里 *Ohwi, J Ohwi s.n.* **Hwanghae-namdo** 12 June 1931 長壽山 *Smith, RK Smith683* **Kangwon-do** 15 August 1932 金剛山外金剛 *Koidzumi, G Koidzumi s.n.* 12 August 1932 Mt. Kumgang (金剛山) *Koidzumi, G Koidzumi s.n.* 7 June 1909 元山 *Nakai, T Nakai9371* **P'yongan-bukto** 2 August 1935 妙香山 *Koidzumi, G Koidzumi s.n.* 4 June 1912 白壁山 *Ishidoya, T Ishidoya s.n.* **P'yongyang** 10 June 1912 P'yongyang (平壤) *Imai, H Imai205* **Ryanggang** 20 August 1914 崔哥嶺 *Ikuma, Y Ikuma s.n.* August 1913 *Mori, T Mori235* 12 July 1917 寶泰洞 *Furumi, M Furumi88*

Scutellaria regeliana Nakai, Bot. Mag. (Tokyo) 35: 197 (1921)

Common name 가는잎골무꽃

Distribution in Korea: North

  Scutellaria galericulata L. var. *angustifolia* Regel, Tent. Fl.-Ussur. 118 (1861)
  Scutellaria angustifolia (Regel) Kom., Trudy Imp. S.-Peterburgsk. Bot. Sada 25: 344 (1907)

Representative specimens; Hamgyong-namdo 19 August 1935 道頭里 *Nakai, T Nakai15673* 18 August 1943 赴戰高原咸地院 *Honda, M Honda s.n.* 14 August 1943 赴戰高原元豊-道安 *Honda, M Honda s.n.* 23 July 1933 東上面岱里 *Koidzumi, G Koidzumi s.n.* 25 July 1935 五於水里 *Nomura, N Nomura s.n.* **Ryanggang** 18 July 1897 Keizanchin(惠山鎭) *Komarov, VL Komaorv s.n.* 5 August 1940 高頭山 *Hozawa, S Hozawa s.n.* 16 June 1897 三社面延岩(西溪水河谷-阿武山) *Komarov, VL Komaorv s.n.* 24 July 1930 大澤 *Ohwi, J Ohwi s.n.* 7 July 1917 Jyosuihei (汝水坪) *Furumi, M Furumi s.n.* Type of *Scutellaria regeliana* Nakai (Syntype TI)28 July 1897 佳林里 *Komarov, VL Komaorv s.n.* August 1913 長白山 *Mori, T Mori107* August 1913 *Mori, T Mori107* Type of *Scutellaria regeliana* Nakai (Syntype TI) 4 August 1914 普天堡- 寶泰洞 *Nakai, T Nakai3382* Type of *Scutellaria regeliana* Nakai (Syntype TI)6 August 1914 胞胎山虛項嶺 *Nakai, T Nakai9369* Type of *Scutellaria regeliana* Nakai (Syntype TI)2 August 1917 Moho (茂峯)-農事洞 *Furumi, M Furumi423* Type of *Scutellaria regeliana* Nakai (Syntype TI)15 July 1938 新德 *Saito, T T Saito s.n.*

Scutellaria strigillosa Hemsl., J. Linn. Soc., Bot. 26: 297 (1890)

Common name 참골무꽃

Distribution in Korea: North, Central, South

    Scutellaria taquetii H.Lév. & Vaniot, Repert. Spec. Nov. Regni Veg. 8: 402 (1910)
    Scutellaria scordifolia var. *puberula* Takeda, J. Linn. Soc., Bot. 42: 482 (1914)
    Scutellaria yezoensis Kudô, J. Coll. Sci. Imp. Univ. Tokyo 43: 12 (1921)
    Scutellaria strigillosa Hemsl. var. *yezoensis* (Kudô) Kitam., Acta Phytotax. Geobot. 17: 11 (1957)

Representative specimens; Hamgyong-bukto 30 August 1908 清津海岸 *Shou, K s.n.* 30 August 1908 *Shou, K s.n.* June 1909 清津 *Shou, K 393* July 1932 鏡城勝岩山 *Ito, H s.n.* August 1932 *Ito, H s.n.* 11 July 1930 鏡城海岸 *Ohwi, J Ohwi s.n.* 17 September 1935 梧上洞 *Saito, T T Saito s.n.* 2 August 1918 漁大津 *Nakai, T Nakai7432* **Hamgyong-namdo** 17 August 1940 西湖津海岸 *Okuyama, S Okuyama s.n.* 11 August 1940 咸興錦川寺 *Okuyama, S Okuyama s.n.* 14 August 1943 赴戰高原元豐-道安 *Honda, M Honda54* 18 August 1943 赴戰高原咸地院 *Honda, M Honda99* 18 August 1943 *Honda, M Honda133* 22 August 1932 蓋馬高原 *Kitamura, S Kitamura s.n.* 17 August 1934 東上面達阿里 *Kojima, K Kojima s.n.* 24 July 1935 東下面把田洞 *Nomura, N Nomura s.n.* **Hwanghae-namdo** 31 July 1929 席島 *Nakai, T Nakai13448* 1 July 1921 Sorai Beach 九味浦 *Mills, RG Mills4234* 24 July 1929 夢金浦 *Nakai, T Nakai5805* 29 July 1916 海金剛 *Nakai, T Nakai5814* 28 July 1916 金剛山外金剛千佛山 *Mori, T Mori s.n.* 7 August 1932 元山 *Katsuma Kitamura, S Kitamura s.n.* 8 June 1909 元山 *Nakai, T Nakai s.n.* 8 June 1909 *Nakai, T Nakai9374* **Rason** 18 August 1935 獨津 *Saito, T T Saito s.n.* **Ryanggang** 31 July 1930 島內 *Ohwi, J Ohwi s.n.*

Stachys L.
Stachys oblongifolia Benth., Pl. Asiat. Rar. 1: 64 (1830)

Common name 우단석잠풀

Distribution in Korea: North

    Stachys modica Hance, J. Bot. 20: 292 (1882)
    Stachys martini Vaniot, Bull. Acad. Int. Geogr. Bot. 14: 187 (1904)
    Stachys imaii Nakai, Bot. Mag. (Tokyo) 26: 169 (1912)
    Stachys leptopoda Hayata, Icon. Pl. Formosan. 8: 93 (1919)
    Stachys strbargentea Hayata, Icon. Pl. Formosan. 8: 94 (1919)
    Stachys palustris L. var. *imaii* Nakai, Bot. Mag. (Tokyo) 34: 48 (1920)
    Stachys oblongifolia Benth. f. *leptopoda* (Hayata) Kudô, Mem. Fac. Sci. Taihoku Imp. Univ. 2: 188 (1929)

Representative specimens; Chagang-do 22 June 1914 江界 *Nakai, T Nakai5721* **Hamgyong-bukto** 8 July 1936 鐘城郡鶴浦- 行營 *Saito, T T Saito s.n.* **Hwanghae-namdo** April 1930 載寧 *Smith, RK Smith410* 29 June 1922 Sorai Beach 九味浦 *Mills, RG Mills4543* **P'yongan-namdo** 24 July 1912 江西 *Imai, H Imai81* **P'yongyang** 11 June 1911 Ryugakusan (龍岳山) 平壤 *Imai, H Imai s.n.* 28 May 1912 P'yongyang (平壤) *Imai, H Imai85* 23 June 1912 *Imai, H Imai177* 9 June 1912 Jun-an (順安) *Imai, H Imai59*

Stachys riederi Cham. var. *japonica* (Miq.) H.Hara, Bot. Mag. (Tokyo) 51: 144 (1937)

Common name 석잠풀

Distribution in Korea: North, Central, South, Ulleung

    Stachys baicalensis Fisch. ex Benth., Labiat. Gen. Spec. 543 (1834)
    Stachys japonica Miq., Ann. Mus. Bot. Lugduno-Batavi 2: 111 (1865)
    Stachys aspera Michx. var. *japonica* (Miq.) Maxim., Bull. Soc. Imp. Naturalistes Moscou 54: 45 (1879)
    Stachys baicalensis Fisch. ex Benth. var. *japonica* (Miq.) Kom., Trudy Imp. S.-Peterburgsk. Bot. Sada 25: 371 (1907)
    Stachys aspera Michx. var. *chinensis* Maxim. f. *glabrata* Nakai, J. Coll. Sci. Imp. Univ. Tokyo 31: 147 (1911)
    Stachys baicalensis Fisch. ex Benth. var. *glabra* Matsum. & Kudô, Bot. Mag. (Tokyo) 26: 208 (1912)
    Stachys japonica Miq. f. *glabrata* (Nakai) Matsum. & Kudô, J. Coll. Sci. Imp. Univ. Tokyo 43: 31 (1921)
    Stachys japonica Miq. f. *villosa* Kudô, J. Coll. Sci. Imp. Univ. Tokyo 48: 31 (1921)
    Stachys baicalensis Fisch. ex Benth. var. *angustifolia* Honda, Bot. Mag. (Tokyo) 46: 374 (1932)
    Stachys riederi Cham. var. *hispidula* (Regel) H.Hara, Bot. Mag. (Tokyo) 51: 144 (1937)
    Stachys riederi Cham. var. *hispida* (Ledeb.) H.Hara, Bot. Mag. (Tokyo) 41: 144 (1937)
    Stachys japonica Miq. var. *villosa* (Kudô) Ohwi, Fl. Jap. (Ohwi) 1008 (1953)
    Stachys riederi Cham. var. *villosa* (Kudô) Kitam., Acta Phytotax. Geobot. 17: 10 (1957)

Representative specimens; **Chagang-do** 16 July 1911 Kang-gei(Kokai 江界) *Mills, RG Mills62* 19 June 1914 渭原鳳山面 *Nakai, T Nakai5720* **Hamgyong-bukto** 16 July 1918 朱乙溫面甫上洞 *Nakai, T Nakai7428* 7 July 1930 鏡城 *Ohwi, J Ohwi s.n.* 7 July 1930 Ohwi, *J Ohwi s.n.* 5 July 1933 梧村堡 *Saito, T T Saito s.n.* **Hamgyong-namdo** 29 June 1940 定平郡宣德面 *Kim, SK s.n.* July 1929 Hamhung (咸興) *Seok, JM 7* 24 July 1933 東上面大漢垈里 *Koidzumi, G Koidzumi s.n.* 23 July 1933 東上面漢岱里 *Koidzumi, G Koidzumi s.n.* 15 August 1935 Nakai, T *Nakai15664* 23 July 1935 弁天島 *Nomura, N Nomura s.n.* 16 August 1940 赴戰高原漢垈里 *Okuyama, S Okuyama s.n.* 6 August 1933 北青郡中里 *Buk-cheong-nong-gyo school s.n.* **Hwanghae-namdo** 9 July 1921 Sorai Beach 九味浦 *Mills, RG Mills4279* **Kangwon-do** 8 August 1902 下仙里 *Uchiyama, T Uchiyama7074* Type of *Stachys aspera* Michx. var. *chinensis* Maxim. f. *glabrata* Nakai (Syntype TI)28 July 1916 金剛山長箭- 温井里 *Nakai, T Nakai5811* 14 September 1932 元山 *Kitamura, S Kitamura s.n.* 20 August 1932 元山德原 *Kitamura, S Kitamura s.n.* 20 August 1932 元山 *Kitamura, S Kitamura s.n.*.**P'yongan-bukto** 5 August 1937 妙香山 *Hozawa, S Hozawa s.n.* **P'yongan-namdo** 20 July 1916 黃玉峯 (黃處嶺?) *Mori, T Mori s.n.* **P'yongyang** 25 August 1909 平壤普通江岸 *Imai, H Imai s.n.* 25 August 1911 P'yongyang (平壤) *Imai, H Imai177* **Ryanggang** 18 July 1897 Keizanchin(惠山鎭) *Komarov, VL Komaorv s.n.* 26 July 1914 三水- 惠山鎭 *Nakai, T Nakai3671* 1 August 1897 虛川江 (同仁川) *Komarov, VL Komaorv s.n.* 29 July 1897 安間嶺-同仁川 (同仁浦里?) *Komarov, VL Komaorv s.n.* 15 August 1935 北水白山 *Hozawa, S Hozawa s.n.* 9 July 1914 長津山 *Nakai, T Nakai5722* 25 August 1912 Huch'ang 厚昌 *Imai, H Imai252* August 1913 羅暖堡 *Mori, T Mori360* 29 May 1917 江口 *Nakai, T Nakai4522* 23 June 1930 倉坪延岩洞間 *Ohwi, J Ohwi s.n.* 23 June 1930 Ohwi, *J Ohwi s.n.* 26 July 1897 佳林里/五山里川河谷 *Komarov, VL Komaorv s.n.* August 1913 崔哥嶺 *Mori, T Mori s.n.* August 1913 長白山 *Mori, T Mori108* 6 August 1914 胞胎山虛項嶺 *Nakai, T Nakai3243* 4 August 1914 普天堡- 寶泰洞 *Nakai, T Nakai3396*

Teucrium L.
Teucrium japonicum Houtt., Nat. Hist. (Houttuyn) 9: 282 (1778)
Common name 개곽향
Distribution in Korea: North, Central, South
    Teucrium nepetoides H.Lév., Repert. Spec. Nov. Regni Veg. 8: 450 (1910)
    Teucrium brevispicum Nakai, Bot. Mag. (Tokyo) 34: 48 (1920)

Representative specimens; **Hamgyong-bukto** 3 August 1933 會寧 *Koidzumi, G Koidzumi s.n.* 2 August 1918 漁大津 *Nakai, T Nakai7426* Type of *Teucrium brevispicum* Nakai (Holotype TI) **Hamgyong-namdo** 15 September 1938 咸興歸州寺 *Jeon, SK JeonSK18* 11 August 1940 *Okuyama, S Okuyama s.n.* 28 July 1941 *Suzuki, T s.n.* August 1930 三登面鳳頭山 *Uyeki, H Uyeki5367* **Hwanghae-namdo** 29 July 1935 長壽山 *Koidzumi, G Koidzumi s.n.* 29 July 1921 Sorai Beach 九味浦 *Mills, RG Mills4462* **Kangwon-do** 8 August 1902 草木洞 *Uchiyama, T Uchiyama s.n.* 8 August 1902 下仙里 *Uchiyama, T Uchiyama s.n.* 28 July 1916 長箭 -高城 *Nakai, T Nakai5809* 28 July 1916 Nakai, T *Nakai5810* 20 August 1932 元山德原 *Kitamura, S Kitamura s.n.* **P'yongan-namdo** 16 July 1916 寧遠 *Mori, T Mori s.n.*

Thymus L.
Thymus serphyllum L. ssp. *quinquecostatus* (Celak.) Kitam., Fauna Fl. Nepal Himalaya 216 (1955)
Common name 백리향
Distribution in Korea: North, Central, South, Ulleung
    Thymus quinquecostatus Celak., Oesterr. Bot. Z. 39: 263 (1889)
    Thymus serphyllum L. var. *przewalskii* Kom., Trudy Imp. S.-Peterburgsk. Bot. Sada 25: 379 (1907)
    Thymus prczewalskii (Kom.) Nakai, Bot. Mag. (Tokyo) 35: 202 (1921)
    Thymus prczewalskii (Kom.) Nakai var. *magnus* Nakai, Bot. Mag. (Tokyo) 35: 203 (1921)
    Thymus serphyllum L. var. *ibukiensis* Kudô, J. Coll. Sci. Imp. Univ. Tokyo 15919: 40 (1921)
    Thymus prczewalskii (Kom.) Nakai var. *laxa* Nakai, Trees Shrubs Japan 1: 306 (1922)
    Thymus quinquecostatus Celak. var. *przewalski* (Kom.) Ronniger, Acta Horti Gothob. 9: 100 (1934)
    Thymus quinquecostatus Celak. var. *laxus* (Nakai) H.Hara, Bot. Mag. (Tokyo) 51: 147 (1937)
    Thymus quinquecostatus Celak. var. *japonicus* H.Hara, Bot. Mag. (Tokyo) 51: 145 (1937)
    Thymus quinquecestatus Celak. var. *ibukiensis* (Kudô) H.Hara, Enum. Spermatophytarum Japon. 1: 233 (1948)
    Thymus japonicus (H.Hara) Kitag., J. Jap. Bot. 27: 205 (1952)
    Thymus magnus (Nakai) Nakai, Bull. Natl. Sci. Mus., Tokyo 31: 100 (1952)
    Thymus quinquecostatus Celak. var. *magnus* (Nakai) Kitag., Acta Phytotax. Geobot. 14: 118 (1952) Geobot. 14: 118 (1952)

Representative specimens; **Hamgyong-bukto** 28 May 1897 富潤洞 *Komarov, VL Komaorv s.n.* 19 July 1918 冠帽峰 *Nakai, T Nakai7417* 26 July 1933 *Saito, T T Saito s.n.* 21 July 1933 *Saito, T T Saito s.n.* 6 July 1936 南山面 *Saito, T T Saito2533* 21 June 1938 穩城郡甑山 *Saito, T T Saito8039* 12 June 1897 西溪水 *Komarov, VL Komaorv s.n.* **Hamgyong-namdo** 30 June 1930 瑞川郡北斗日面 *Kinosaki, Y s.n.* **Kangwon-do** 12 August 1932 Mt. Kumgang (金剛山) *Koidzumi, G Koidzumi s.n.* 30 July 1928 金剛山內金剛毘盧峯 *Kondo, K Kondo9355* 16 August 1916 金剛山毘盧峯 *Nakai, T Nakai5797* Type of *Thymus prczewalskii* (Kom.) Nakai var. *magnus* Nakai (Syntype TI) **P'yongan-bukto** 5 August 1937 妙香山 *Hozawa, S Hozawa s.n.* 4 August 1935

Koidzumi, G Koidzumi s.n. **P'yongan-namdo** 8 August 1912 Ryuko(龍岡) *Imai, H Imai10* **Ryanggang** 26 July 1914 三水- 惠山鎮 *Nakai, T Nakai2269* 26 July 1914 Nakai, T *Nakai3552* 2 July 1897 雲寵里三水邑 (虚川江岸懸崖) *Komarov, VL Komaorv s.n.* 1 July 1897 五是川雲寵江-崔五峰 *Komarov, VL Komaorv1957* 9 July 1897 十四道溝(鴨綠江) *Komarov, VL Komaorv s.n.*

Tripora P.D.Cantino
Tripora divaricata (Maxim.) P.D.Cantino, Syst. Bot. 23: 382 (1998)

Common name 누린내풀

Distribution in Korea: North

    Caryopteris divaricate Maxim., Bull. Acad. Imp. Sci. Saint-Pétersbourg 23: 390 (1877)
    Clerodendrum sieboldii Kuntze, Revis. Gen. Pl. 2: 505 (1891)

Representative specimens; Kangwon-do 31 August 1916 庫底 *Nakai, T Nakai6093* 14 September 1932 元山 *Kitamura, S Kitamura s.n.* 14 September 1932 Kitamura, *S Kitamura s.n.* **P'yongyang** August 1937 平壤 *Smith, RK Smith s.n.*

PHRYMACEAE

Phryma L.
Phryma leptostachya L. var. **oblongifolia** (Koidz.) Honda, Bot. Mag. (Tokyo) 50: 608 (1936)

Common name 파리풀

Distribution in Korea: North, Central, South, Ulleung

    Phryma oblongifolia Koidz., Bot. Mag. (Tokyo) 43: 400 (1929)
    Phryma humilis Koidz., Acta Phytotax. Geobot. 8: 192 (1939)
    Phryma nana Koidz., Acta Phytotax. Geobot. 8: 191 (1939)
    Phryma leptostachya L. var. *asiatica* H.Hara, Enum. Spermatophytarum Japon. 1: 297 (1948)
    Phryma leptostachya L. var. *humilis* (Koidz.) H.Hara, Enum. Spermatophytarum Japon. 1: 297 (1948)
    Phryma leptostachya L. var. *nana* (Koidz.) H.Hara, Enum. Spermatophytarum Japon. 1: 297 (1948)
    Phryma leptostachya L. ssp. *asiatica* (H.Hara) Kitam., Acta Phytotax. Geobot. 17: 7 (1957)

Representative specimens; Chagang-do 12 August 1910 Chosan(楚山) *Mills, RG Mills383* 22 July 1914 山羊 -江口 *Nakai, T Nakai s.n.* 18 July 1914 大興里 *Nakai, T Nakai s.n.* **Hamgyong-bukto** 24 May 1897 車踰嶺 - 照日洞 *Komarov, VL Komaorv s.n.* 8 August 1930 吉州郡 *Ohwi, J Ohwi s.n.* 21 August 1934 鏡城 *Bae, MS 957* 18 July 1918 北河瑞 *Nakai, T Nakai s.n.* 21 July 1933 朱乙溫 *Saito, T T Saito s.n.* 23 July 1918 朱南面黃雪嶺 *Nakai, T Nakai s.n.* 31 July 1914 富寧 *Ikuma, Y Ikuma s.n.* 27 August 1914 黃句基 *Nakai, T Nakai s.n.* **Hwanghae-bukto** 10 September 1915 瑞興 *Nakai, T Nakai s.n.* **Hwanghae-namdo** July 1921 Sorai Beach 九味浦 *Mills, RG Mills s.n.* **Kangwon-do** 28 July 1916 長箭 -高城 *Nakai, T Nakai s.n.* 31 July 1916 金剛山群仙峽 *Nakai, T Nakai s.n.* 28 July 1916 金剛山外金剛千佛山 *Mori, T Mori s.n.* 14 July 1936 Nakai, T *Nakai s.n.* 7 August 1916 金剛山末輝里方面 *Nakai, T Nakai s.n.* 9 August 1940 Mt. Kumgang (金剛山) *Okuyama, S Okuyama s.n.* 14 September 1932 元山 *Kitamura, S Kitamura s.n.* 20 August 1932 元山德原 *Kitamura, S Kitamura s.n.* 16 August 1932 元山 *Kitamura, S Kitamura s.n.* **P'yongan-bukto** 5 August 1935 妙香山 *Koidzumi, G Koidzumi s.n.* **P'yongyang** 22 August 1943 平壤牧丹峯 *Furusawa, I Furusawa s.n.* 20 August 1909 平壤大同江岸 *Imai, H Imai s.n.* **Ryanggang** 7 July 1897 犁方嶺 (鴨綠江羅暖堡) *Komarov, VL Komaorv s.n.* 16 August 1897 大羅信洞 *Komarov, VL Komaorv s.n.* 18 August 1897 葡坪 *Komarov, VL Komaorv s.n.* 23 August 1897 雲洞嶺 *Komarov, VL Komaorv s.n.* 24 July 1914 長蛇洞 *Nakai, T Nakai s.n.* 13 August 1897 長進江河口(鴨綠江) *Komarov, VL Komaorv s.n.* 7 August 1897 上巨里水 *Komarov, VL Komaorv s.n.* 20 July 1897 惠山鎮(鴨綠江上流長白山脈中高原) *Komarov, VL Komaorv s.n.*

HIPPURIDACEAE

Hippuris L.
Hippuris vulgaris L., Sp. Pl. 4 (1753)

Common name 쇠뜨기말

Distribution in Korea: North, Central, South

Representative specimens; P'yongan-namdo 27 July 1916 黃草嶺 *Mori, T Mori s.n.* 27 July 1916 *Mori, T Mori s.n.*

PLANTAGINACEAE

Callitriche **L.**
Callitriche japonica Engelm. ex Hegelm., Verh. Bot. Vereins Prov. Brandenburg 10: 113 (1868)
Common name 별이끼
Distribution in Korea: North
    Callitriche nana B.C.Ho & Vo, Floribunda. Sisipan 2: 59 (2003)

Representative specimens; Chagang-do 16 July 1911 Kang-gei(Kokai 江界) *Mills, RG Mills347* **Hamgyong-bukto** 24 July 1918 朱北面金谷 *Nakai, T Nakai s.n.* 18 July 1918 朱乙溫面態谷嶺 *Nakai, T Nakai s.n.* 4 August 1918 Mt. Chilbo at Myongch'on(七寶山) *Nakai, T Nakai s.n.* **Hamgyong-namdo** 19 August 1935 道頭里 *Nakai, T Nakai s.n.* **Ryanggang** 6 August 1914 胞胎山 *Nakai, T Nakai s.n.* 14 August 1914 農事洞- 三下 *Nakai, T Nakai s.n.*

Callitriche palustris **L.**, Sp. Pl. 969 (1753)
Common name 물별이끼
Distribution in Korea: North
    Callitriche verna L., Fl. Suec. (ed. 2) 3 (1755)
    Callitriche dubia Hoffm. ex Roth, Tent. Fl. Germ. 1: 389 (1788)
    Callitriche tenuifolia Thuill. ex Pers., Syn. Pl. (Persoon) 1: 6 (1805)
    Callitriche pallens Goldb., Mem. Soc. Imp. Naturalistes Moscou 5: 118 (1817)
    Callitriche vernalis Kütz., Linnaea 7: 175 (1832)
    Callitriche fallax Petrov, Izv. Glavn. Bot. Sada SSSR 27: 360 (1928)
    Callitriche verna L. var. *fallax* (Petrov) H.Hara, Bot. Mag. (Tokyo) 49: 866 (1935)

Representative specimens; Hamgyong-bukto 4 August 1930 吉州郡 *Ohwi, J Ohwi s.n.* 4 August 1930 *Ohwi, J Ohwi s.n.* 9 July 1930 鏡城 *Ohwi, J Ohwi s.n.* 9 July 1930 Kyonson 鏡城 *Ohwi, J Ohwi s.n.* **Ryanggang** 15 August 1897 蓮坪-厚州川-厚州古邑 *Komarov, VL Komarov s.n.*

Plantago **L.**
Plantago asiatica **L.**, Sp. Pl. 113 (1753)
Common name 질경이
Distribution in Korea: Introduced (North, Central, South, Ulleung; N. America)
    Plantago major L. var. *asiatica* (L.) Decne., Prodr. (DC.) 13: 694 (1852)
    Plantago taquetii H.Lév., Repert. Spec. Nov. Regni Veg. 8: 283 (1910)
    Plantago coreana H.Lév., Repert. Spec. Nov. Regni Veg. 8: 284 (1910)
    Plantago alata Nakai, Saishu-to Kuan-to Shokubutsu Hokoku-sho [Fl. Quelpaert Isl.] 82 (1914)
    Plantago asiatica L. var. *densiuscula* Pilg., Notizbl. Bot. Gart. Berlin-Dahlem 8: 108 (1922)
    Plantago asiatica L. var. *lobulata* Pilg., Notizbl. Bot. Gart. Berlin-Dahlem 8: 109 (1922)
    Plantago yezoensis Pilg., Notizbl. Bot. Gart. Berlin-Dahlem 8: 105 (1922)
    Plantago yakusimensis Masam., Bot. Mag. (Tokyo) 44: 220 (1930)
    Plantago formosana Tateishi & Masam., J. Soc. Trop. Agric. 4: 192 (1932)
    Plantago asiatica L. var. *yezoensis* (Pilg.) H.Hara, Enum. Spermatophytarum Japon. 1: 299 (1948)
    Plantago asiatica L. f. *polystachya* (Makino) Nakai, Bull. Natl. Sci. Mus., Tokyo 31: 105 (1952)

Representative specimens; Hamgyong-bukto 12 June 1930 鏡城 *Ohwi, J Ohwi s.n.* 4 August 1933 南陽 *Koidzumi, G Koidzumi s.n.* **Hamgyong-namdo** 2 September 1934 東下面蓮花山安垈谷 *Yamamoto, A Yamamoto s.n.* 18 August 1943 赴戰高原咸地院 *Honda, M Honda s.n.* 15 August 1935 東上面漢垈里 *Nakai, T Nakai s.n.* 23 July 1935 弁天島 *Nomura, N Nomura s.n.* 18 August 1934 東上面達阿里龍岩洞 *Yamamoto, A Yamamoto s.n.* 30 August 1934 東下面頭雲峯安基里 *Yamamoto, A Yamamoto s.n.* 18 August 1933 北青 Buk-cheong-nong-gyo school s.n. 1933 Buk-cheong-nong-gyo school s.n. 19 August 1943 千佛山 *Honda, M Honda s.n.* **Hwanghae-namdo** 25 August 1943 首陽山 *Furusawa, I Furusawa s.n.* 25 August 1943 *Furusawa, I Furusawa s.n.* 29 July 1921 Sorai Beach 九味浦 *Mills, RG Mills s.n.* **Kangwon-do** 10 August 1932 元山 *Kitamura, S Kitamura s.n.* **P'yongan-bukto** 13 September 1915 Gishu(義州) Nakai, T Nakai s.n. **P'yongyang** 23 August 1943 大同郡大寶山 *Furusawa, I Furusawa s.n.* 22 August 1943 平壤牡丹臺 *Furusawa, I Furusawa s.n.* 22 August 1943 *Furusawa, I Furusawa s.n.* 18 August 1935 *Koidzumi, G Koidzumi s.n.* **Ryanggang** 8 July 1933 龍眼 *Uchida, H Uchida s.n.* 23 August 1914 Keizanchin(惠山鎭) *Ikuma, Y Ikuma s.n.*

Plantago camtschatica Cham. ex Link, Enum. Hort. Berol. Alt. 1: 120 (1821)

Common name 개질경이

Distribution in Korea: North, Central, South, Jeju,
  Plantago kamtschatica Ledeb., Fl. Ross. (Ledeb.) 3: 478 (1849)
  Plantago arctica Decne., Prodr. (DC.) 13: 700 (1852)
  Plantago villifera Franch., Bull. Soc. Bot. France 26: 87 (1879)
  Plantago depressa Willd. ssp. *camtschatica* (Link) Pilg., Repert. Spec. Nov. Regni Veg. 20: 16 (1924)

Representative specimens; Hamgyong-bukto 30 June 1935 羅南神社 *Saito, T T Saito s.n.* 26 May 1930 鏡城 *Ohwi, J Ohwi150* 25 September 1933 朱乙溫 *Saito, T T Saito820* 30 July 1936 延上面九州帝大北鮮演習林 *Saito, T T Saito2687* **Hamgyong-namdo** 14 June 1935 咸興西上面提防 *Nomura, N Nomura s.n.* 11 June 1909 鎭岩峯 *Nakai, T Nakai s.n.* **Hwanghae-namdo** 2 August 1921 Sorai Beach 九味浦 *Mills, RG Mills s.n.* 29 July 1921 *Mills, RG Mills s.n.* **Kangwon-do** 29 July 1916 海金剛 *Nakai, T Nakai s.n.* 30 August 1916 通川街道 *Nakai, T Nakai s.n.* 8 July 1909 元山 *Nakai, T Nakai s.n.* **P'yongyang** 10 June 1912 P'yongyang (平壤) *Imai, H Imai s.n.* **Ryanggang** 29 May 1917 江口 *Nakai, T Nakai s.n.*

Plantago depressa Willd., Enum. Pl. Suppl. (Willdenow) 0: 8 (1814)

Common name 털질경이

Distribution in Korea: North, Central, South, Jeju, Ulleung
  Plantago sibirica Poir., Encycl. (Lamarck) Suppl. 4 433 (1816)
  Plantago leptostachys Ledeb., Fl. Ross. (Ledeb.) 3: 479 (1847)
  Plantago paludosa Turcz. ex Decne., Fl. Ross. (Ledeb.) 3: 478 (1849)
  Plantago asiatica L. var. *decumbens* Turcz., Fl. Baical.-dahur. 2, 1: 12 (1856)
  Plantago depressa Willd. var. *turczaninowii* Ganesch., Trudy Bot. Muz. Imp. Akad. Nauk 13: 193 (1915)

Representative specimens; Chagang-do 10 August 1911 Kang-gei(Kokai 江界) *Mills, RG Mills s.n.* 18 July 1914 大興里 *Nakai, T Nakai s.n.* **Hamgyong-bukto** 17 June 1909 淸津 *Nakai, T Nakai s.n.* 15 June 1930 茂山嶺 *Ohwi, J Ohwi983* 29 May 1897 釜所哥谷 *Komarov, VL Komaorv s.n.* 14 June 1933 黃谷洞 *Myeong-cheon-ah-gan-gong-bo-gyo school s.n.* 4 August 1933 南陽 *Koidzumi, G Koidzumi s.n.* **Hamgyong-namdo** 17 August 1940 西湖津海岸 *Okuyama, S Okuyama s.n.* 11 September 1933 東川面豐陽里牡洞峠 *Nomura, N Nomura s.n.* July 1943 龍眼里 *Uchida, H Uchida s.n.* 22 August 1932 蓋馬高原 *Kitamura, S Kitamura s.n.* 15 August 1935 東上面漢垈里 *Nakai, T Nakai s.n.* 20 June 1932 東上面元豐里 *Ohwi, J Ohwi s.n.* **Kangwon-do** 10 June 1932 Mt. Kumgang (金剛山) *Ohwi, J Ohwi s.n.* 5 August 1932 元山 *Kitamura, S Kitamura s.n.* 6 June 1909 Nakai, *T Nakai s.n.* **P'yongyang** 10 September 1911 P'yongyang (平壤) *Imai, H Imai s.n.* 27 June 1909 Botandai (牡丹台) 平壤 *Imai, H Imai s.n.* **Rason** 9 July 1937 赤島 *Saito, T T Saito6481* **Ryanggang** 19 August 1934 豊山郡/新興郡境 *Kojima, K Kojima s.n.* 5 June 1897 平蒲坪 *Komarov, VL Komaorv s.n.* 22 June 1930 倉坪嶺 *Ohwi, J Ohwi674*

Plantago lanceolata L., Sp. Pl. 113 (1753)

Common name 창질경이

Distribution in Korea: Introduced (North, Central; Eurasia, Africa)
  Plantago altissima L., Sp. Pl. (ed. 2) 1: 164 (1762)
  Plantago lanuginosa Bastard, Essai Fl. Maine-et-Loire 160 (1809)
  Plantago glauca C.A.Mey., Verz. Pfl. Casp. Meer. 115 (1831)
  Plantago fonticurvae Kom., Opred. Rast. Dal'nevost. Kraia 2: 942 (1932)
  Plantago yezomaritima Koidz., Acta Phytotax. Geobot. 10: 142 (1941)
  Plantago glabriflora Sakalo, Bot. Zhurn. (Moscow & Leningrad) 33: 84 (1948)
  Plantago japonica Franch. & Sav. var. *yezomaritima* (Koidz.) H.Hara, Enum. Spermatophytarum Japon. 1: 300 (1948)
  Plantago major L. f. *yezomaritima*(Koidz.) Ohwi, Fl. Jap. (Ohwi) 1077 (1953)

Plantago major L., Sp. Pl. 112 (1753)

Common name 왕질경이

Distribution in Korea: North, Central, South, Ulleung, Jeju
  Plantago japonica Franch. & Sav., Enum. Pl. Jap. 2: 469 (1878)
  Plantago major L. var. *japonica* (Franch. & Sav.) Miyabe, Fl. Kurile Islands 256 (1890)
  Plantago japonica Franch. & Sav. f. *polystachya* Makino, Bot. Mag. (Tokyo) 21: 160 (1907)

Plantago major L. var. *asiatica* (L.) Decne. f. *polystachya* Makino, Somoku Dzusetsu, ed. 3
106 (1907)

Representative specimens; Chagang-do 26 August 1897 小德川 (松德水河谷) *Komarov, VL Komaorv s.n.* **Hamgyong-bukto**
24 May 1897 車踰嶺- 照日洞 *Komarov, VL Komaorv s.n.* **Ryanggang** 1 August 1897 虛川江 (同仁川) *Komarov, VL Komaorv
s.n.* 16 August 1897 大羅信洞 *Komarov, VL Komaorv s.n.* 8 July 1897 羅暖堡 *Komarov, VL Komaorv s.n.*

Plantago virginica L., Sp. Pl. 113 (1753)
Common name 미국질경이
Distribution in Korea: Introduced (Central, South, Jeju; N. America) Sout Korea

Representative specimens; Hamgyong-namdo 20 August 1932 蓋馬高原 *Kitamura, S Kitamura s.n.*

OLEACEAE

Abeliophyllum Nakai
Abeliophyllum distichum Nakai, Bot. Mag. (Tokyo) 33: 153 (1919)
Common name 미선나무
Distribution in Korea: Central, Endemic
  Abeliophyllum distichum Nakai f. *lilacinum* Nakai, Bot. Mag. (Tokyo) 36: 26 (1922)
  Abeliophyllum distichum Nakai f. *albiflorum* Nakai, Bot. Mag. (Tokyo) 36: 26 (1922)

Representative specimens; Hamgyong-bukto 25 August 1933 羅南驛 (裁植) *Koidzumi, G Koidzumi s.n.* 28 September 1932 羅南東側
Saito, T T Saito s.n. 18 February 1933 羅南 *Saito, T T Saito s.n.* 10 July 1932 羅南東側 *Saito, T T Saito s.n.* 19 March 1933 羅南 *Saito, T T
Saito s.n.* 9 May 1933 羅南東南側山地 *Saito, T T Saito s.n.* 9 May 1933 *Saito, T T Saito s.n.* 10 April 1935 羅南 (物産陳?駅) *Saito, T T
Saito s.n.* 22 September 1939 富寧 *Furusawa, I Furusawa s.n.* **Hwanghae-namdo** 29 July 1935 長壽山 *Koidzumi, G Koidzumi s.n.*

Chionanthus L.
Chionanthus retusus Lindl. & Paxton, Paxton's Fl. Gard. 3: 85 (1852)
Common name 이팝나무
Distribution in Korea: Central, South
  Linociera chinensis Fisch. ex Maxim., Mem. Acad. Imp. Sci. St.-Petersbourg Divers Savans 9:
  474 (1859)
  Chionanthus chinensis Maxim., Mélanges Biol. Bull. Phys.-Math. Acad. Imp. Sci. Saint-
  Pétersbourg 9: 393 (1875)
  Chionanthus coreanus H.Lév. & Vaniot, Repert. Spec. Nov. Regni Veg. 8: 280 (1910)
  Chionanthus retusus Lindl. & Paxton var. *fauriei* H.Lév., Repert. Spec. Nov. Regni Veg. 11:
  297 (1912)
  Chionanthus serrulatus Hayata, Icon. Pl. Formosan. 3: 150 (1913)
  Chionanthus duclouxii Hickel, Bull. Soc. Dendrol. France 31: 72 (1914)
  Chionanthus retusus Lindl. & Paxton var. *mairei* H.Lév., Repert. Spec. Nov. Regni Veg. 13:
  175 (1914)
  Chionanthus retusus Lindl. & Paxton var. *coreanus* (H.Lév.) Nakai, Bot. Mag. (Tokyo) 32: 115 (1918)
  Chionanthus retusus Lindl. & Paxton var. *serrulatus* (Hayata) Koidz., Bot. Mag. (Tokyo) 39: 5 (1925)

Representitive specimens;Hwanghae-namdo Ongjin 擁津 *Unknown s.n.*

Forsythia Vahl
Forsythia japonica Makino, Bot. Mag. (Tokyo) 28: 105 t. 4 (1914)
Common Name 만리화
Distribution in Korea: North, Central
  Forsythia ovata Nakai, Bot. Mag. (Tokyo) 31: 104 (1917)
  Forsythia japonica Makino var. *saxatilis* Nakai, Bot. Mag. (Tokyo) 33: 10 (1919)
  Forsythia saxatilis (Nakai) Nakai, Fl. Sylv. Kor. 10: 21 (1921)

Forsythia densiflora Nakai, Bot. Mag. (Tokyo) 44: 28 (1930)

Rangium ovatum (Nakai) Ohwi, Acta Phytotax. Geobot. 1: 140 (1932)

Forsythia japonica Makino f. *saxatilis* (Nakai) Markgr., Repert. Spec. Nov. Regni Veg. 33: 45 (1934)

Forsythia japonica Makino f. *ovata* Markgr., Repert. Spec. Nov. Regni Veg. 33: 45 (1934)

Forsythia japonica Makino f. *densiflora* Markgr., Repert. Spec. Nov. Regni Veg. 35: 45 (1934)

Rangium saxatilis (Nakai) Uyeki, Woody Pl. Distr. Chosen 1: 90 (1940)

Rangium nakaii Uyeki, Woody Pl. Distr. Chosen 1: 90 (1940)

Forsythia velutina Nakai, Iconogr. Pl. Asiae Orient. 4: 385 (1942)

Rangium japonicum (Makino) Ohwi var. *densiflora* (Markgr.) Rehder, Bibliogr. Cult. Trees 364 (1949)

Forsythia nakaii (Uyeki) T.B.Lee, Ill. Woody Pl. Korea 330 (1966)

Forsythia saxatilis (Nakai) Nakai var. *lanceolata* S.T.Lee, Korean J. Pl. Taxon. 14: 91 (1984)

Forsythia saxatilis (Nakai) Nakai var. *pilosa* S.T.Lee, Korean J. Pl. Taxon. 14: 92 (1984)

Representative specimens; Hamgyong-bukto 27 May 1930 鏡城(栽) Ohwi, *J Ohwi s.n.* **Hwanghae-namdo** 25 August 1925 長壽山 Chung, TH Chung s.n. Type of *Forsythia densiflora* Nakai (Holotype TI) 九月山 *Unknown s.n.* **Kangwon-do** 28 July 1916 長箭 *Nakai, T Nakai5757*Type of *Forsythia ovata* Nakai (Syntype TI)5 August 1916 金剛山溫井里 *Nakai, T Nakai5759* Type of *Forsythia ovata* Nakai (Syntype TI)8 August 1940 Mt. Kumgang (金剛山) Okuyama, *S Okuyama s.n.*

Forsythia viridissima Lindl. var. *koreana* Rehder, J. Arnold Arbor. 5: 134 (1924)

Common Name 개나리

Distribution in Korea: North, Endemic

Forsythia koreana (Rehder) Nakai var. *pilosa* (U.C.La & C.Chen) U.C.La

Forsythia koreana (Rehder) Nakai, Bot. Mag. (Tokyo) 40: 471 (1926)

Rangium koreanum (Nakai) Ohwi, Acta Phytotax. Geobot. 1: 140 (1932)

Forsythia koreana (Rehder) Nakai var. *autumnalis* Uyeki, Acta Phytotax. Geobot. 7: 17 (1938)

Rangium koreanum (Nakai) Ohwi var. *autumnalis* Uyeki, Woody Pl. Distr. Chosen 90 (1940)

Forsythia koreana (Rehder) Nakai f. *autumnalis* (Uyeki) Nakai, Iconogr. Pl. Asiae Orient. 4: 388 (1942)

Forsythia koreana (Rehder) Nakai f. *pilosa* Nakai, Iconogr. Pl. Asiae Orient. 4: 388 (1942)

Representative specimens; Hamgyong-bukto 27 May 1930 Kyonson 鏡城 Ohwi, *J Ohwi s.n.* **Hwanghae-bukto** 10 September 1915 瑞興 *Nakai, T Nakai2431* **Hwanghae-namdo** 29 July 1929 長山串 *Nakai, T Nakai s.n.* **Kangwon-do** 18 August 1932 京元線高山驛 Koidzumi, *G Koidzumi s.n.* October 1932 元山 Kitamura, *S Kitamura s.n.* **P'yongan-bukto** 13 September 1915 Gishu(義州) Nakai, *T Nakai2369*

Fraxinus L.
Fraxinus chinensis Roxb. var. *rhynchophylla* (Hance) Hemsl., J. Linn. Soc., Bot. 26: 86 (1889)

Common Name 물푸레나무

Distribution in Korea: North, Central, South, Jeju

Fraxinus rhynchophylla Hance, J. Bot. 7: 164 (1869)

Fraxinus japonica Blume ex K.Koch, Dendrologie 2(1): 239 (1872)

Fraxinus ornus L. var. *bungeana* Hance, J. Bot. 13: 133 (1875)

Fraxinus chinensis Roxb. var. *tomentosa* Lingelsh., Pflanzenr. (Engler) IV, 243(1): 30 (1920)

Fraxinus densata Nakai, Bot. Mag. (Tokyo) 45: 130 (1931)

Fraxinus rhynchophylla Hance var. *mollis* Uyeki, Bull. Forest. Soc. Korea (Chosen Sanrin Kwaiho) 208: 5 (1942)

Fraxinus rhynchophylla Hance var. *lasiorachis* Nakai, Bull. Natl. Sci. Mus., Tokyo 33: 20 (1953)

Fraxinus chinensis Roxb. ssp. *rhynchophylla* (Hance) A.E.Murray, Kalmia 13: 6 (1983)

Representative specimens; Chagang-do 25 August 1897 小德川 (松德水河谷) Komarov, *VL Komaorv s.n.* 2 September 1897 湖芮(鴨綠江) Komarov, *VL Komaorv s.n.* 29 August 1897 慈城江 Komarov, *VL Komaorv s.n.* 20 July 1911 Kang-gei(Kokai 江界) Mills, *RG Mills494* 25 June 1914 從浦鎭 *Nakai, T Nakai220316* July 1916 寧邊 Mori, *T Mori s.n.* Furusawa, *I Furusawa s.n.* **Hamgyong-bukto** 1 August 1914 清津 Ikuma, *Y Ikuma s.n.* 6 August 1933 茂山嶺 Koidzumi, *G Koidzumi s.n.* 20 May 1897 Komarov, *VL Komaorv s.n.* 25 September 1933 朱乙溫 Saito, *T T Saito s.n.* 16 June 1936 甫上 - 城町 Saito, *T T Saito s.n.* 21 July 1933 朱乙溫面將軍臺 Saito, *T T Saito s.n.* 19 June 1938 穩城郡甑山 Saito, *T T Saito s.n.* 23 September 1939 富寧 Furusawa, *I Furusawa s.n.* 27 August 1914 南川洞 *Nakai, T Nakai2201* **Hamgyong-namdo** 27 August 1897 小德川 Komarov, *VL Komaorv s.n.* **Hwanghae-bukto** 10 September 1915 瑞興 *Nakai, T Nakai2437* **Hwanghae-namdo** 27 August 1925 長壽山 Chung, *TH Chung s.n.* 29 July 1935 Koidzumi,

G Koidzumi s.n. 6 May 1932 載寧 *Smith, RK Smith10AB* 31 July 1929 席島 *Nakai, T Nakai s.n.* 1 August 1929 椴島 *Nakai, T Nakai13359* 4 July 1922 Sorai Beach 九味浦 *Mills, RG Mills s.n.* 28 July 1929 長山串 *Nakai, T Nakai s.n.* 27 July 1929 Nakai, T *Nakai13361* **Kangwon-do** 15 August 1932 金剛山外金剛 *Koidzumi, G Koidzumi s.n.* 12 August 1932 Mt. Kumgang (金剛山) *Koidzumi, G Koidzumi s.n.* 15 July 1936 金剛山外金剛千佛山 *Nakai, T Nakai s.n.* 11 July 1936 Nakai, T *Nakai s.n.* 10 June 1932 Mt. Kumgang (金剛山) Ohwi, *J Ohwi s.n.* 7 August 1940 *Okuyama, S Okuyama s.n.* 19 August 1902 *Uchiyama, T Uchiyama s.n.* 4 September 1916 洗浦-蘭谷 *Nakai, T Nakai s.n.* 30 August 1916 通川街道 *Nakai, T Nakai s.n.* 7 June 1909 元山 *Nakai, T Nakai s.n.* 6 June 1909 Nakai, T *Nakai4804* **Nampo** 17 August 1910 鎮南浦飛瀺島 *Imai, H Imai25* 21 September 1915 Chinnampo (鎮南浦) Nakai, T *Nakai2629* **P'yongan-bukto** 10 June 1914 飛來峯 *Nakai, T Nakai s.n.* 1924 妙香山 *Kondo, C Kondo s.n.* 25 August 1911 Sak-jyu(Sakushu 朔州) *Mills, RG Mills607* 8 June 1912 白壁山 *Ishidoya, T Ishidoya s.n.* **P'yongan-namdo** 15 June 1928 陽德 *Nakai, T Nakai s.n.* **P'yongyang** 18 August 1935 P'yongyang (平壤) *Koidzumi, G Koidzumi s.n.* 18 August 1935 平壤牡丹臺 *Koidzumi, G Koidzumi s.n.* **Rason** 7 July 1936 新興 *Saito, T T Saito s.n.* **Ryanggang** 1 July 1897 五是川雲寵江-崔五峰 *Komarov, VL Komarov s.n.* 3 September 1917 五佳山 *Furumi, M Furumi s.n.* 18 August 1897 葡坪 *Komarov, VL Komarov s.n.* 23 August 1897 雲洞嶺 *Komarov, VL Komarov s.n.* 4 July 1897 上水隅理 *Komarov, VL Komarov s.n.* 6 August 1897 上巨里水 *Komarov, VL Komarov s.n.* 8 August 1897 上巨里水-院巨里水 *Komarov, VL Komarov s.n.* 9 August 1897 長津江下流域 *Komarov, VL Komarov s.n.* 17 July 1897 半載子溝 (鴨綠江上流) *Komarov, VL Komarov s.n.*

Fraxinus mandshurica Rupr., Bull. Cl. Phys.-Math. Acad. Imp. Sci. Saint-Pétersbourg 15: 371 (1857)

Common name 들매나무

Distribution in Korea: North, Central

Fraxinus mandshurica Rupr. var. *japonica* Maxim., Mélanges Biol. Bull. Phys.-Math. Acad. Imp. Sci. Saint-Pétersbourg 7: 395 (1874)

Fraxinus elatior Thunb. ex Palib., Trudy Imp. S.-Peterburgsk. Bot. Sada 18: 155 (1901)

Fraxinus nigra Marshall var. *mandshurica* (Rupr.) Lingelsh., Bot. Jahrb. Syst. 40: 223 (1907)

Fraxinus mandshurica Rupr. f. *genuina* Skvortsov, Lingnan Sci. J. 6: 220 (1928)

Fraxinus nigra Marshall ssp. *mandschurica* (Rupr.) S.S.Sun, Bull. Bot. Res., Harbin 5: 60 (1985)

Fraxinus mandshurica Rupr. ssp. *brevipedicellata* S.Z.Qu & T.C.Cui, Acta Bot. Boreal.-Occid. Sin. 8: 130 (1988)

Representative specimens; Chagang-do 30 August 1897 慈城江 *Komarov, VL Komarov s.n.* 15 June 1942 龍林面雲水帖 *Jeon, SK JeonSK104* 9 June 1924 避難德山 *Fukubara, S Fukubara s.n.* 崇積山 *Furusawa, I Furusawa s.n.* **Hamgyong-bukto** 20 May 1897 茂山嶺 *Komarov, VL Komarov s.n.* 18 July 1918 朱乙溫面甫上洞 *Nakai, T Nakai7381* 21 July 1918 Nakai, T *Nakai7382* 13 July 1930 鏡城 Ohwi, *J Ohwi s.n.* 13 July 1930 Ohwi, *J Ohwi s.n.* 6 May 1933 鐘城郡豊城面南夕洞 *Saito, T T Saito s.n.* 19 August 1924 七寶山 *Kondo, C Kondo s.n.* **Hamgyong-namdo** 25 September 1925 泗水山 *Chung, TH Chung s.n.* 27 August 1897 小德川 *Komarov, VL Komarov s.n.* **Hwanghae-bukto** 19 October 1923 平山郡滅惡山 *Muramatsu, T s.n.* May 1924 霞嵐山 *Takaichi, K s.n.* 9 September 1902 鳳山 - 風壽院 *Uchiyama, T Uchiyama s.n.* **Hwanghae-namdo** 5 May 1932 Chairyung 載寧 *Smith, RK Smith673* 8 September 1902 安城 - 南川 *Uchiyama, T Uchiyama s.n.* 26 May 1924 九月山 *Chung, TH Chung s.n.* **Kangwon-do** 12 August 1932 Mt. Kumgang (金剛山) *Koidzumi, G Koidzumi s.n.* 12 August 1932 *Koidzumi, G Koidzumi s.n.* 7 August 1940 *Okuyama, S Okuyama s.n.* 1940 *Uchiyama, T Uchiyama s.n.* 30 August 1916 通川街道 *Nakai, T Nakai5752* **P'yongan-bukto** 10 June 1914 飛來峯 *Nakai, T Nakai2206* 1924 妙香山 *Kondo, C Kondo s.n.* 18 August 1912 Sak-jyu(Sakushu 朔州) *Imai, H Imai219* **P'yongan-namdo** 15 July 1916 葛日嶺 *Mori, T Mori s.n.* 15 June 1928 陽德 *Nakai, T Nakai12433* 15 June 1928 Nakai, T *Nakai2434* **Rason** 13 July 1924 松眞山 *Chung, TH Chung5* **Ryanggang** 17 May 1923 厚峙領 *Ishidoya, T Ishidoya s.n.* 16 August 1897 大羅信洞 *Komarov, VL Komarov s.n.* 21 August 1897 subdist. Chu-czan, flumen Amnok-gan *Komarov, VL Komarov s.n.* 22 August 1897 雲洞嶺 *Komarov, VL Komarov s.n.* 6 August 1897 上巨里水 *Komarov, VL Komarov s.n.* 8 August 1897 上巨里水-院巨里水 *Komarov, VL Komarov s.n.* 20 July 1897 惠山鎮 (鴨綠江上流長白山脈中高原) *Komarov, VL Komarov s.n.*

Ligustrum L.

Ligustrum obtusifolium Siebold & Zucc., Abh. Math.-Phys. Cl. Konigl. Bayer. Akad. Wiss. 4: 168 (1846)

Common name 검정알나무 (쥐똥나무)

Distribution in Korea: Central (Hwanghae, Kangwon), South, Ulleung

Ligustrum vulgare Thunb., Fl. Jap. (Thunberg) 17 (1784)

Ligustrum ibota Siebold, Abh. Math.-Phys. Cl. Konigl. Bayer. Akad. Wiss. 4: 167 (1846)

Ligustrum japonicum Thunb. var. *rotundifolium* Blume, Mus. Bot. 1: 313 (1850)

Ligustrum ciliatum Siebold ex Blume var. *spathulatum* Blume, Mus. Bot. 1: 312 (1850)

Ligustrum ibota Siebold var. *angustifolium* Blume, Mus. Bot. 1: 312 (1850)

Ligustrum ibota Siebold var.*obovatum* Blume, Mus. Bot. 1: 312 (1850)

Phlyarodoxa leucantha S.Moore, J. Bot. 13: 229 (1875)

Ligustrum obtusifolium Siebold & Zucc. var. *regelianum* Rehder, Moller's Deutsche Gartn.-Zeitung 14: 218 (1899)

Ligustrum ibota Siebold var. *regelianum* (Koehne) Siebold ex Beissn., Handb. Laubholzben.

418 (1903)
Ligustrum ibota Siebold var. *tschonoskii* Nakai, J. Coll. Sci. Imp. Univ. Tokyo 31: 89 (1911)
Ligustrum ibota Siebold var. *diabolicum* Koidz., Bot. Mag. (Tokyo) 30: 82 (1916)
Ligustrum ibota Siebold f. *angustifolium* (Blume) Nakai, Bot. Mag. (Tokyo) 32: 123 (1918)
Ligustrum ibota Siebold f. *tschonoskii* Nakai, Bot. Mag. (Tokyo) 32: 124 (1918)
Ligustrum ibota Siebold f. *glabrum* Nakai, Bot. Mag. (Tokyo) 32: 123 (1918)
Ligustrum ibota Siebold subvar. *spathulata* (Blume) Koidz., Bot. Mag. (Tokyo) 40: 343 (1926)
Ligustrum ibota Siebold var. *obtusifolium* (Siebold & Zucc.) Koidz., Bot. Mag. (Tokyo) 40: 342 (1926)
Ligustrum ibota Siebold var. *obtusifolium* (Siebold & Zucc.) Koidz. subvar. *spathulata* (Blume) Koidz., Bot. Mag. (Tokyo) 40: 343 (1926)
Ligustrum ibota Siebold var. *genuinum* Nakai, J. Jap. Bot. 14: 639 (1938)

Representative specimens; **Hwanghae-bukto** 19 October 1923 平山郡滅惡山 *Muramatsu, T s.n.* 10 September 1915 瑞興 *Nakai, T Nakai s.n.* 10 September 1915 Nakai, T *Nakai s.n.* **Hwanghae-namdo** 29 July 1935 長壽山 *Koidzumi, G Koidzumi s.n.* 2 September 1923 首陽山 *Muramatsu, C s.n.* 31 July 1929 席島 *Nakai, T Nakai s.n.* 1 August 1929 椒島 *Nakai, T Nakai s.n.* 1 August 1929 Nakai, T *Nakai s.n.* 29 June 1921 Sorai Beach 九味浦 *Mills, RG Mills s.n.* 29 July 1921 *Mills, RG Mills s.n.* 29 July 1921 *Mills, RG Mills s.n.* 29 June 1921 *Mills, RG Mills s.n.* 3 August 1929 長山串 *Nakai, T Nakai s.n.* 27 July 1929 長山串北側 *Nakai, T Nakai13370* Type of *Ligustrum ibota* Siebold var. *genuinum* Nakai (Syntype TI)6 August 1929 長山串南側 *Nakai, T Nakai13372* Type of *Ligustrum ibota* Siebold var. *genuinum* Nakai (Syntype TI)23 August 1912 Uyeki, *H Uyeki395* Type of *Ligustrum ibota* Siebold var. *genuinum* Nakai (Syntype TI) **P'yongan-bukto** 4 June 1924 飛來峯 *Sawada, T Sawada s.n.* **P'yongan-namdo** 18 September 1915 江東郡 *Nakai, T Nakai s.n.*

Syringa Mill.
Syringa oblata Lindl. ssp. *dilatata* (Rehder) P.S.Green & M.C. Chang, Novon 5: 329 (1995)
Common name 수수꽃다리
Distribution in Korea: North, Cental (cultivated)
Syringa villosa Nakai, Rep. Veg. Chiisan Mts. 43 (1915)
Syringa dilatata Nakai, Bot. Mag. (Tokyo) 32: 128 (1918)
Syringa oblata Lindl. var. *dilatata* (Nakai) Rehder, J. Arnold Arbor. 7: 34 (1926)
Syringa dilatata Nakai var. *alba* W.Wang & Skvortsov, Ill. Fl. Ligneous Pl. N. E. China 566 (1958)
Syringa oblata Lindl. var. *donaldii* J.L.Fiala, Lilacs, Gen. Syringa 62 (1988)

Representative specimens; **Hamgyong-bukto** 21 May 1897 茂山嶺-蕨坪(照日洞) *Komarov, VL Komaorv s.n.* 18 May 1897 會寧川 *Komarov, VL Komaorv s.n.* 22 May 1897 蕨坪(城川水河谷)-車踰嶺 *Komarov, VL Komaorv s.n.* 29 May 1897 釜所哥谷 *Komarov, VL Komaorv s.n.* 12 June 1897 西溪水 *Komarov, VL Komaorv s.n.* 4 June 1897 四芝嶺 *Komarov, VL Komaorv s.n.* **Hamgyong-namdo** 1938 Kankyo - namdo *Tsuya, S s.n.* **Hwanghae-bukto** 26 September 1915 瑞興 *Nakai, T Nakai2602* Type of *Syringa dilatata* Nakai (Syntype TI)8 September 1902 瑞興- 風壽阮 *Uchiyama, T Uchiyama s.n.* Type of *Syringa dilatata* Nakai (Syntype TI) **Hwanghae-namdo** 29 July 1935 長壽山 *Koidzumi, G Koidzumi s.n.* 6 May 1932 載寧 *Smith, RK Smith s.n.* May 1915 岐川面東白洞 *Kamibayashi, K s.n.* Type of *Syringa dilatata* Nakai (Syntype TI) **P'yongan-bukto** 13 June 1914 碧潼豊年山 *Nakai, T Nakai2209* Type of *Syringa dilatata* Nakai (Syntype TI)25 August 1912 龜城長谷 *Kim, UK s.n.* Type of *Syringa dilatata* Nakai (Syntype TI) **Ryanggang** 5 August 1897 白山嶺 *Komarov, VL Komaorv s.n.* 20 August 1897 內河山嶺 *Komarov, VL Komaorv s.n.* 23 August 1897 雲洞嶺 *Komarov, VL Komaorv s.n.* 7 August 1897 上巨里水 *Komarov, VL Komaorv s.n.* 6 June 1897 栢德坪 *Komarov, VL Komaorv s.n.* 9 June 1897 屈松川 (頭頭水河谷) 倉坪 *Komarov, VL Komaorv s.n.* 27 June 1897 栢德嶺 *Komarov, VL Komaorv s.n.* 20 July 1897 惠山鎭(鴨綠江上流長白山脈中高原) *Komarov, Vl. Komaorv s.n.* 30 June 1897 雲寵堡 *Komarov, VL Komaorv s.n.* 31 May 1897 延面水河谷-古倉坪 *Komarov, VL Komaorv s.n.*

Syringa pubescens Turcz. ssp. *patula* (Palib.) M.C.Chang & X.L.Chen, Invest. Stud. Nat. 10: 34 (1990)
Common name 털개회나무
Distribution in Korea: North, Central, Ulleung
Syringa palibiniana Nakai var. *micrantha* Nakai
Ligustrum patulum Palib., Trudy Imp. S.-Peterburgsk. Bot. Sada 18: 156 (1901)
Syringa velutina Kom., Trudy Imp. S.-Peterburgsk. Bot. Sada 18: 428 (1901)
Syringa koehneana C.K.Schneid., Ill. Handb. Laubholzk. 2: 1063 (1912)
Syringa palibiniana Nakai, Bot. Mag. (Tokyo) 27: 32 (1913)
Syringa villosa Nakai var. *lactea* Nakai, Bot. Mag. (Tokyo) 28: 330 (1914)
Syringa micrantha Nakai, Bot. Mag. (Tokyo) 32: 129 (1918)
Syringa kamibayashii Nakai, Bot. Mag. (Tokyo) 32: 130 (1918)
Syringa venosa Nakai var. *lactea* (Nakai) Nakai, Bot. Mag. (Tokyo) 32: 131 (1918)

Syringa venosa Nakai, Bot. Mag. (Tokyo) 32: 130 (1918)

Syringa palibiniana Nakai var. *kamibayashii* Nakai, Fl. Sylv. Kor. 10: 52 (1921)

Syringa palibiniana Nakai var. *lactea* (Nakai) Nakai, Fl. Sylv. Kor. 10: 52 (1921)

Syringa patula (Palib.) Nakai, J. Jap. Bot. 27: 32 (1938)

Syringa velutina Kom. var. *kamibayshii* (Nakai) T.B.Lee, Ill. Woody Pl. Korea 333 (1966)

Syringa velutina Kom. var. *venosa* (Nakai) T.B.Lee, Ill. Woody Pl. Korea 333 (1966)

Syringa velutina Kom. var. *venosa* (Nakai) T.B.Lee f. *lactea* (Nakai) T.B.Lee, Ill. Woody Pl. Korea 333 (1966)

Syringa patula (Palib.) Nakai var. *kamibayshii* (Nakai) M.Kim, Korean Endemic Pl. 152 (2004)

Syringa patula (Palib.) Nakai var. *venosa* (Nakai) M.Kim, Korean Endemic Pl. 152 (2004)

Syringa patula (Palib.) Nakai var. *venosa* (Nakai) M.Kim f. *lactea* (Nakai) M.Kim, Korean Endemic Pl. 152 (2004)

Representative specimens; Chagang-do 26 August 1897 小德川 (松德水河谷) *Komarov, VL Komaorv s.n.* 18 July 1914 大興里 *Nakai, T Nakai s.n.* 21 July 1914 大興里- 山羊 *Nakai, T Nakai s.n.* 9 June 1924 避難德山 *Fukubara, S Fukubara s.n.*崇積山 *Furusawa, I Furusawa s.n.* **Hamgyong-bukto** September 1934 會宇郡令守邑 *Yoshimizu, K s.n.* 11 August 1933 渡正山門內 *Koidzumi, G Koidzumi s.n.* 12 May 1938 鶴西面上德仁 *Saito, T T Saito s.n.* 25 September 1934 朱乙溫大棟桂谷 *Chung, DU s.n.* 25 September 1934 *Chung, DU s.n.* 14 August 1933 朱乙溫泉朱乙山 *Koidzumi, G Koidzumi s.n.* 19 July 1918 冠帽峰 *Nakai, T Nakai s.n.* 15 July 1918 甫上洞 *Nakai, T Nakai s.n.* 17 July 1918 朱乙溫面甫上洞 *Nakai, T Nakai s.n.* 21 July 1918 甫上洞 *Nakai, T Nakai s.n.* 30 May 1930 朱乙溫泉 *Ohwi, J Ohwi s.n.* 3 June 1934 朱乙溫面 *Saito, T T Saito s.n.* 3 June 1934 朱乙溫 *Saito, T T Saito s.n.* 3 June 1934 *Saito, T T Saito s.n.* 14 June 1936 鏡城 *Saito, T T Saito s.n.* 3 June 1934 朱乙溫 *Saito, T T Saito s.n.* 3 June 1934 *Saito, T T Saito s.n.* 23 May 1897 蕨坪(城川水河谷)-車踰嶺 *Komarov, VL Komaorv s.n.* Type of *Syringa velutina* Kom. (Syntype LE)21 August 1924 上古面 *Kondo, T Kondo s.n.* 27 July 1918 朱乙溫面黃雪嶺 *Nakai, T Nakai s.n.* **Hamgyong-namdo** 25 September 1925 泗水山 *Chung, TH Chung s.n.* 16 August 1935 雲仙嶺 *Nakai, T Nakai s.n.* 16 August 1935 Nakai, T *Nakai15642* 20 June 1932 東上面元豊里 *Ohwi, J Ohwi s.n.* **Hwanghae-bukto** 19 October 1923 平山郡滅惡山 *Muramatsu, T s.n.* May 1924 霞嵐山 *Takaichi, K s.n.* **Hwanghae-namdo** 21 May 1932 長壽山 *Smith, RK Smith s.n.* 2 September 1923 首陽山 *Muramatsu, C s.n.* 28 July 1929 長山串 *Nakai, T Nakai13373* 26 May 1924 九月山 *Chung, TH Chung s.n.* **Kangwon-do** 31 July 1916 金剛山神仙峽 *Nakai, T Nakai s.n.* 15 August 1932 金剛山外金剛 *Koidzumi, G Koidzumi s.n.* June 1917 Mt. Kumgang (金剛山) *Maruyama, B s.n.* 12 July 1936 金剛山外金剛千佛山 *Nakai, T Nakai s.n.* 13 July 1936 Nakai, T *Nakai s.n.* 14 July 1936 Nakai, T *Nakai s.n.* 22 August 1916 金剛山大長峯 *Nakai, T Nakai s.n.* 10 June 1932 Mt. Kumgang (金剛山) *Ohwi, J Ohwi s.n.* 7 August 1940 *Okuyama, S Okuyama s.n.* 7 August 1930 金剛山毘盧峯 *Ouchi, J s.n.* Mt. Kumgang (金剛山) *Sakaniwa, S s.n.* **P'yongan-bukto** 4 June 1924 飛來峯 *Sawada, T Sawada s.n.* 5 August 1937 妙香山 *Hozawa, S Hozawa s.n.* 2 August 1935 *Koidzumi, G Koidzumi s.n.* 8 June 1919 義州金剛山 *Ishidoya, T Ishidoya s.n.* **Ryanggang** 1 July 1897 五是川雲寵江-崔五峰 *Komarov, VL Komaorv s.n.* Type of *Syringa velutina* Kom. (Syntype LE)1 July 1897 *Komarov, VL Komaorv s.n.* Type of *Syringa velutina* Kom. (Isosyntype TI)23 June 1917 黃水院 *Furumi, M Furumi65* Type of *Syringa micrantha* Nakai (Holotype TI)23 June 1917 Omi, M s.n. 7 July 1897 犂方嶺 (鴨綠江羅暖堡) *Komarov, VL Komaorv s.n.* 20 August 1897 內洞-河山嶺 *Komarov, VL Komaorv s.n.* 23 August 1897 雲洞嶺 *Komarov, VL Komaorv s.n.* 24 July 1914 三水郡遮川里長蛇洞 *Nakai, T Nakai s.n.* 4 July 1897 上水隅理 *Komarov, VL Komaorv s.n.* 6 August 1897 上巨里水 *Komarov, VL Komaorv s.n.* 14 June 1897 西溪水-延岩 *Komarov, VL Komaorv s.n.* 25 July 1914 三水德山 *Nakai, T Nakai s.n.*

Syringa reticulata (Blume) H.Hara, J. Jap. Bot. 17: 21 (1941)

Common name 개회나무

Distribution in Korea: North, Central

Syringa reticulata (Blume) H.Hara var. *koreana* (Nakai) U.C.La

Ligustrum reticulatum Blume, Mus. Bot. 1: 313 (1851)

Syringa amurensis Rupr., Bull. Cl. Phys.-Math. Acad. Imp. Sci. Saint-Pétersbourg 15: 371 (1857)

Ligustrina amurensis (Rupr.) Rupr., Beitr. Pflanzenk. Russ. Reiches 11: 72 (1859)

Ligustrina amurensis (Rupr.) Rupr. var. *mandshurica* Maxim., Mem. Acad. Imp. Sci. St.-Petersbourg Divers Savans 9: 432 (1859)

Syringa amurensis Rupr. var. *genuina* Maxim., Mem. Acad. Imp. Sci. St.-Petersbourg Divers Savans 9: 193 (1859)

Syringa ligustrina Leroy, Cat. [Leroy] 1: 99 (1868)

Ligustrina amurensis (Rupr.) Rupr. var. *japonica* Maxim., Bull. Acad. Imp. Sci. Saint-Pétersbourg 20: 432 (1875)

Syringa amurensis Rupr. var. *japonica* (Maxim.) Franch. & Sav., Enum. Pl. Jap. 2: 435 (1877)

Syringa rotundifolia Decne., Nouv. Ann. Mus. Hist. Nat. Paris ser. 2, 2: 44 (1878)

Syringa japonica (Maxim.) Decne., Nouv. Arch. Mus. Hist. Nat. 2, 2: 44 (1879)

Syringa amurensis Rupr. var. *mandshurica* (Maxim.) Maxim. ex Korsh., Trudy Imp. S.-Peterburgsk. Bot. Sada 12: 369 (1893)

A Checklist of North Korean Vascular Plants — T.B. Lee Herbarium (SNUA) – 2019 (C.S. Chang, H. Kim, H.T. Shin & C.H. Lee)

- 414 -

Ligustrina japonica (Maxim.) L.Henry, Jardin 8: 102 (1894)
Syringa fauriei H.Lév., Repert. Spec. Nov. Regni Veg. 8: 285 (1910)
Syringa amurensis Rupr. var. *genuina* Maxim. f. *bracteata* Nakai, Bot. Mag. (Tokyo) 32: 126 (1918)
Syringa amurensis Rupr. f. *bracteata* Nakai, Bot. Mag. (Tokyo) 32: 126 (1918)
Syringa fauriei H.Lév. var. *lactea* Nakai, Bot. Mag. (Tokyo) 32: 130 (1918)
Syringa reticulata (Blume) H.Hara var. *mandshurica* (Maxim.) H.Hara, J. Jap. Bot. 17: 22 (1941)
Ligustrina fauriei (H.Lév.) Nakai, Bull. Natl. Sci. Mus., Tokyo 31: 92 (1952)
Ligustrina reticulata (Blume) Nakai, Bull. Natl. Sci. Mus., Tokyo 31: 91 (1952)
Ligustrina reticulata (Blume) Nakai var. *mandshurica* (Maxim.) H.Hara f. *bracteata* (Nakai) Nakai, Bull. Natl. Sci. Mus., Tokyo 31: 91 (1952)
Ligustrina reticulata (Blume) Nakai var. *mandshurica* (Maxim.) Nakai, Bull. Natl. Sci. Mus., Tokyo 31: 91 (1952)
Syringa reticulata (Blume) H.Hara f. *bracteata* (Nakai) T.B.Lee, Ill. Woody Pl. Korea 333 (1966)
Syringa reticulata (Blume) H.Hara var. *amurensis* (Rupr.) J.S.Pringle, Phytologia 52: 67 (1983)

Representative specimens; Chagang-do 2 September 1897 湖芮(鴨綠江) *Komarov, VL Komaorv s.n.* 20 July 1911 Kang-gei(Kokai 江界) *Mills, RG Mills s.n.* 25 June 1914 從浦鎭 *Nakai, T Nakai s.n.* 1 July 1914 公西面江界 *Nakai, T Nakai s.n.* **Hamgyong-bukto** 6 August 1933 茂山嶺 *Koidzumi, G Koidzumi s.n.* 15 June 1930 Ohwi, *J Ohwi s.n.* 8 August 1930 載德 *Ohwi, J Ohwi s.n.* 8 August 1930 吉州郡載德 *Ohwi, J Ohwi s.n.* 15 July 1918 朱乙溫面甫上洞 *Nakai, T Nakai s.n.* 18 July 1918 朱乙溫面甫上洞-北河瑞 *Nakai, T Nakai s.n.* 19 July 1918 冠帽峰 *Nakai, T Nakai s.n.* 19 September 1935 南下石山 *Saito, T T Saito s.n.* 5 July 1933 *Saito, T T Saito s.n.* 3 August 1914 車踰嶺 *Ikuma, Y Ikuma s.n.* 23 May 1897 *Komarov, VL Komaorv s.n.* 29 May 1897 釜所哥谷 *Komarov, VL Komaorv s.n.* 23 June 1909 Musan-ryeong (戊山嶺) Nakai, *T Nakai s.n.* 21 June 1909 Nakai, *T Nakai s.n.* 19 August 1924 七寶山 *Kondo, C Kondo s.n.* 6 July 1936 南山面 *Saito, T T Saito s.n.* 7 August 1914 茂山下面江口 *Ikuma, Y Ikuma s.n.* 18 June 1930 四芝洞 *Ohwi, J Ohwi s.n.* 18 June 1930 Ohwi, *J Ohwi s.n.* **Hamgyong-namdo** 25 September 1925 泗水山 *Chung, TH Chung s.n.* 27 August 1897 小德川 *Komarov, VL Komaorv s.n.* 23 July 1916 赴戰高原寒泰嶺 *Mori, T Mori s.n.* 15 August 1935 東上面漢岱里 *Nakai, T Nakai s.n.* 19 August 1943 千佛山 *Honda, M Honda s.n.* **Hwanghae-bukto** 19 October 1923 平山郡滅惡山 *Muramatsu, S s.n.* May 1924 霞嵐山 *Takaichi, K s.n.* **Hwanghae-namdo** 2 September 1923 首陽山 *Muramatsu, S s.n.* 26 May 1924 九月山 *Chung, TH Chung s.n.* **Kangwon-do** 8 August 1902 下仙里 *Uchiyama, T Uchiyama s.n.* 8 August 1902 *Uchiyama, T Uchiyama s.n.* 31 July 1916 金剛山群仙峽 *Nakai, T Nakai s.n.* 高城 *Unknown s.n.* 11 August 1943 Mt. Kumgang (金剛山) *Honda, M Honda s.n.* 12 August 1943 *Honda, M Honda s.n.* 12 August 1932 *Koidzumi, G Koidzumi s.n.* 12 July 1936 金剛山外金剛千佛山 *Nakai, T Nakai s.n.* Mt. Kumgang (金剛山) *Sakaniwa, S s.n.* July 1932 *Smith, RK Smith s.n.* July 1901 Nai Piang *Faurie, UJ Faurie s.n.* 7 July 1909 元山 *Nakai, T Nakai s.n.* **P'yongan-bukto** 4 June 1924 飛來峯 *Sawada, T Sawada s.n.* 6 June 1914 昌城昌州 *Nakai, T Nakai s.n.* 5 August 1937 妙香山 *Hozawa, S Hozawa s.n.* 1924 *Kondo, C Kondo s.n.* 18 August 1912 Sak-jyu(Sakushu 朔州) *Imai, H Imai217* **P'yongan-namdo** 15 June 1928 陽德 *Nakai, T Nakai s.n.* **Ryanggang** 23 August 1914 Keizanchin(惠山鎭) *Ikuma, Y Ikuma s.n.* 1 August 1897 虛川江 (同仁川) *Komarov, VL Komaorv s.n.* 15 August 1935 北水白山 *Hozawa, S Hozawa s.n.* 17 May 1923 厚峙嶺 *Ishidoya, T Ishidoya s.n.* 4 August 1897 十四道溝-白山嶺 *Komarov, VL Komaorv s.n.* 5 August 1897 白山嶺 *Komarov, VL Komaorv s.n.* 4 August 1897 大羅信洞 *Komarov, VL Komaorv s.n.* 22 August 1897 雲洞嶺 *Komarov, VL Komaorv s.n.* 16 August 1897 大羅信洞 *Komarov, VL Komaorv s.n.* 18 September 1935 坂幕 *Saito, T T Saito s.n.* 4 July 1897 上水隅理 *Komarov, VL Komaorv s.n.* 7 August 1897 上巨里水 *Komarov, VL Komaorv s.n.* 9 August 1897 長津江下流域 *Komarov, VL Komaorv s.n.* 13 August 1897 長進江河口(鴨綠江) *Komarov, VL Komaorv s.n.* 9 June 1897 屈松川 (西頭水河谷) *Komarov, VL Komaorv s.n.* 14 June 1897 西溪水-延岩 *Komarov, VL Komaorv s.n.* 24 July 1930 大澤 *Ohwi, J Ohwi s.n.* 27 June 1897 栢德嶺 *Komarov, VL Komaorv s.n.* 28 June 1897 *Komarov, VL Komaorv s.n.* August 1913 崔哥嶺 *Mori, T Mori s.n.* 3 August 1914 惠山鎭-普天堡 *Nakai, T Nakai s.n.* 20 July 1897 惠山鎭 (鴨綠江上流長白山脈中高原) *Komarov, VL Komaorv s.n.* August 1913 白頭山 *Mori, T Mori s.n.* 30 June 1897 雲寵堡 *Komarov, VL Komaorv s.n.* 3 June 1897 四芝坪 *Komarov, VL Komaorv s.n.* 14 August 1914 農事洞- 三下 *Nakai, T Nakai s.n.*

Syringa wolfii C.K.Schneid., Repert. Spec. Nov. Regni Veg. 9: 81 (1910)
Common name 꽃개회나무
Distribution in Korea: North (Chagang, Ryanggang, Kangwon), Central
Syringa villosa Nakai var. *hirsuta* C.K.Schneid., Repert. Spec. Nov. Regni Veg. 9: 81 (1910)
Syringa formosissima Nakai, Bot. Mag. (Tokyo) 31: 105 (1917)
Syringa hirsuta (C.K.Schneid.) Nakai, Bot. Mag. (Tokyo) 32: 132 (1918)
Syringa hirsuta (C.K.Schneid.) Nakai var. *formosissima* Nakai, Bot. Mag. (Tokyo) 32: 133 (1918)
Syringa formosissima Nakai var. *hirsuta* (C.K.Schneid.) Nakai, Fl. Sylv. Kor. 10: 56 (1921)
Syringa robusta Nakai, Fl. Sylv. Kor. 10: 57 (1921)
Syringa robusta Nakai f. *glabra* Nakai, Fl. Sylv. Kor. 10: 91 (1921)
Syringa wolfii C.K.Schneid. var. *hirsuta* (C.K.Schneid.) Rehder, J. Arnold Arbor. 20: 427 (1939)

Representative specimens; Chagang-do 1 July 1914 公西面江界 *Nakai, T Nakai2195* Type of *Syringa formosissima* Nakai (Syntype TI)9 June 1924 避難德山 *Fukubara, S Fukubara s.n.* **Hamgyong-bukto** 11 August 1933 渡正山門內 *Koidzumi, G Koidzumi s.n.* 5

August 1939 頭流山 *Hozawa, S Hozawa s.n.* 25 September 1934 朱乙溫面大棟桂谷 *Chung, DU s.n.* 18 July 1918 朱乙溫面態谷嶺 *Nakai, T Nakai s.n.* 18 July 1918 Nakai, T *Nakai s.n.* 19 July 1918 冠帽峰 *Nakai, T Nakai s.n.* 30 May 1930 朱乙 *Ohwi, J Ohwi s.n.* 19 September 1935 南下石山 *Saito, T T Saito s.n.* 21 July 1933 冠帽峰 *Saito, T T Saito s.n.* 3 August 1914 車踰嶺 *Ikuma, Y Ikuma s.n.* 19 August 1924 七寶山 *Kondo, C Kondo s.n.* 23 July 1918 朱南面黃雪嶺 *Nakai, T Nakai s.n.* 23 July 1918 Nakai, T *Nakai s.n.* 27 July 1918 Nakai, T *Nakai s.n.* 23 July 1918 Nakai, T *Nakai s.n.* 17 June 1930 四芝嶺 *Ohwi, J Ohwi s.n.* 17 June 1930 Ohwi, *J Ohwi s.n.* **Hamgyong-namdo** 25 September 1925 泗水山 *Chung, TH Chung s.n.* July 1943 龍眼里 *Uchida, H Uchida s.n.* 2 September 1934 東下面蓮花山 *Kojima, S Kojima s.n.* 15 June 1932 下碣隅里 *Ohwi, J Ohwi s.n.* 16 August 1943 赴戰高原漢垈里 *Honda, M Honda s.n.* 14 August 1943 赴戰高原元豐-道安 *Honda, M Honda s.n.* 30 August 1941 赴戰高原 Fusenkogen *Inumaru, M s.n.* 24 July 1933 東上面大漢垈里 *Koidzumi, G Koidzumi s.n.* 25 July 1933 東上面遮日峯 *Koidzumi, G Koidzumi s.n.* 15 August 1935 東上面漢垈里 *Nakai, T Nakai s.n.* 20 June 1932 東上面元豐里 *Ohwi, J Ohwi s.n.* 14 August 1940 赴戰高原 Fusenkogen *Okuyama, S Okuyama s.n.* **Kangwon-do** 12 August 1932 Mt. Kumgang (金剛山) *Koidzumi, G Koidzumi s.n.* 16 August 1916 金剛山毘盧峯 *Nakai, T Nakai s.n.* 20 August 1916 金剛山彌勒峯 *Nakai, T Nakai5753* Type of *Syringa formosissima* Nakai (Syntype TI)10 June 1932 Mt. Kumgang (金剛山) Ohwi, *J Ohwi s.n.* 7 August 1940 *Okuyama, S Okuyama s.n.* . **P'yongan-bukto** 10 June 1914 飛來峯 *Nakai, T Nakai2205* Type of *Syringa formosissima* Nakai (Syntype TI)8 June 1914 Nakai, T *Nakai2208* Type of *Syringa formosissima* Nakai (Syntype TI)8 June 1914 Nakai, T *Nakai5754* Type of *Syringa formosissima* Nakai (Syntype TI)4 August 1935 妙香山 *Koidzumi, G Koidzumi s.n.* **P'yongan-namdo** 15 June 1928 陽德 *Nakai, T Nakai s.n.* 15 June 1928 Nakai, T *Nakai s.n.* **Rason** 30 June 1938 雄基面松眞山 *Saito, T T Saito s.n.* **Ryanggang** 15 August 1935 北水白山 *Hozawa, S Hozawa s.n.* 18 September 1935 坂幕 *Saito, T T Saito s.n.* 24 July 1930 大澤 *Ohwi, J Ohwi s.n.* 24 July 1930 合水-大澤 *Ohwi, J Ohwi s.n.* 24 July 1930 Ohwi, *J Ohwi s.n.* 11 July 1917 胞胎山 *Omi, M s.n.*

SCROPHULARIACEAE

Deinostema T.Yamaz.
Deinostema violacea (Maxim.) T.Yamaz., J. Jap. Bot. 28: 132 (1953)
Common name 진땅고추풀
Distribution in Korea: North, Central, South, Jeju
  Gratiola violacea Maxim. var. *genuina* Franch. & Sav.
  Gratiola violacea Maxim., Bull. Acad. Imp. Sci. Saint-Pétersbourg 3, 20: 440 (1875)
  *Ilysanthes saginoides*Franch. & Sav., Enum. Pl. Jap. 1: 346 (1875)
  Gratiola violacea Maxim. var. *saginoides* Franch. & Sav., Enum. Pl. Jap. 2: 456 (1878)
  Gratiola axillaris Nakai, Bot. Mag. (Tokyo) 23: 190 (1909)
  Gratiola saginoides (Franch. & Sav.) Matsum., Index Pl. Jap. 2 (2): 560 (1912)
  Gratiola saginoides (Franch. & Sav.) Matsum. var. *violaces* (Maxim.) Matsum., Index Pl. Jap. 2 (2): 560 (1912)

Representative specimens; Kangwon-do 29 August 1916 長箭 *Nakai, T Nakai s.n.*

Dopatrium Buch.-Ham. ex Benth. & Lindl.
Dopatrium junceum (Roxb.) Buch.-Ham. ex Benth., Scroph. Ind. 31 (1835)
Common name 등에풀
Distribution in Korea: North, Central, South, Jeju
  Gratiola juncea Roxb., Pl. Coromandel 2: 16 (1799)
  Morgania juncea (Roxb.) Spreng., Syst. Veg. (ed. 16) [Sprengel] 2: 803 (1825)
  Dopatrium aristatum (Blanco) Hassk., Flora 47: 56 (1864)
  Dopatrium japonicum Franch. & Sav., Enum. Pl. Jap. 1: 345 (1875)
  Didymocarpus aristatus (Blanco) Fern.-Vill., Nov. App. 150 (1880)

Euphrasia L.
Euphrasia coreanalpina Nakai ex Y.Kimura, J. Jap. Bot. 17: 530 (1941)
Common name 고려좁쌀풀 (애기좁쌀풀)
Distribution in Korea: North, South
  Euphrasia tatarica Fisch. ex Spreng., Syst. Veg. (ed. 16) [Sprengel] 2: 777 (1825)
  Euphrasia mucronulata Nakai ex Y.Kimura, J. Jap. Bot. 17: 530 (1941)
  Euphrasia tatarica Fisch. ex Spreng. var. *simplex* (Freyn) T.Yamaz., Acta Phytotax. Geobot. 19: 168 (1963)

Representative specimens; **Hamgyong-bukto** 12 August 1933 渡正山 *Koidzumi, G Koidzumi s.n.* 5 August 1939 頭流山 *Hozawa, S Hozawa s.n.* 26 July 1930 *Ohwi, J Ohwi s.n.* 26 July 1930 *Ohwi, J Ohwi2507* **Hamgyong-namdo** 17 August 1934 富盛里 *Nomura, N Nomura s.n.* 16 August 1934 新角面北山 *Nomura, N Nomura s.n.* 22 August 1932 蓋馬高原 *Kitamura, S Kitamura s.n.* 27 July 1933 東上面元豊 *Koidzumi, G Koidzumi s.n.* 25 July 1933 東上面遮日峯 *Koidzumi, G Koidzumi s.n.* 16 August 1935 雲仙嶺草地 *Nakai, T Nakai s.n.* Type of *Euphrasia coreanalpina* Nakai ex Y.Kimura (Holotype TI)15 August 1935 東上面漢岱里 *Nakai, T Nakai s.n.* 15 August 1940 遮日峯 *Okuyama, S Okuyama s.n.* **P'yongan-bukto** 6 August 1935 妙香山 *Koidzumi, G Koidzumi s.n.* **Ryanggang** 26 August 1917 南社水源地周峯頂 *Furumi, M Furumi s.n.* 18 August 1934 東上面北水白山東南尾根 *Yamamoto, A Yamamoto s.n.* 5 August 1940 高頭山 *Hozawa, S Hozawa s.n.* 24 July 1930 含山嶺 *Ohwi, J Ohwi s.n.* 15 July 1935 小長白山脈 *Irie, Y s.n.*

Euphrasia hirtella Jord. ex Reut., Compt.-Rend. Trav. Soc. Hallér. 1854-1856: 120 (1855)

Common name 짧은털좁쌀풀 (큰산좁쌀풀)

Distribution in Korea: North
  Euphrasia nemorosa Wettst. var. *pectinata* Rchb., Fl. Germ. Excurs. 358 (1830)
  Euphrasia brandisii Freyn & Brandis, Verh. K.K. Zool.-Bot. Ges. Wien 38: 622 (1888)
  Euphrasia officinalis L. var. *hirtella* (Jourd.) Krylov, Fl. Altaic. 4: 956 (1904)
  Euphrasia hirtella Jord. ex Reut. var. *paupera* (Nakai) T.Yamaz., Acta Phytotax. Geobot. 19: 167 (1963)
  Euphrasia paupera Nakai,Acta Phytotax. Geobot. 19: 167 (1963)

Representative specimens; **Hamgyong-bukto** 12 August 1933 渡正山 *Koidzumi, G Koidzumi s.n.* August 1934 冠帽峰 *Kojima, K Kojima s.n.* 2 August 1914 車踰嶺 *Ikuma, Y Ikuma s.n.* 25 July 1918 雪嶺 *Nakai, T Nakai s.n.* 26 June 1930 雪嶺東側 *Ohwi, J Ohwi s.n.* **Ryanggang** 24 July 1930 含山嶺 *Ohwi, J Ohwi2410* 29 July 1917 神武城 *Furumi, M Furumi s.n.* 6 August 1914 胞胎山虛項嶺 *Nakai, T Nakai s.n.* July 1925 白頭山 *Shoyama, T 1039*

Euphrasia maximowiczii Wettst. ex Palib., Trudy Imp. S.-Peterburgsk. Bot. Sada 14: 133 (1895)

Common name 선좁쌀풀 (앉은좁쌀풀)

Distribution in Korea: North (Gaema, Baekmu, Rahnrim, Kangwon), Central, South

Representative specimens; **Chagang-do** 14 August 1912 Chosan(楚山) *Imai, H Imai s.n.* 21 July 1914 大興里- 山羊 *Nakai, T Nakai s.n.* **Hamgyong-bukto** 7 September 1908 清津 *Nakai, T Nakai s.n.* 16 September 1903 Sungjin (城津) *Ikuhashi, I s.n.* 15 July 1918 朱乙溫面城町 *Nakai, T Nakai s.n.* 4 August 1918 Mt. Chilbo at Myongch'on(七寶山) Nakai, T Nakai s.n. **Hamgyong-namdo** 19 August 1935 道頭里 *Nakai, T Nakai s.n.* 14 August 1943 赴戰高原元豊-道安 *Honda, M Honda s.n.* 16 August 1935 雲仙嶺 *Nakai, T Nakai s.n.* 16 August 1935 遮日峯 *Nakai, T Nakai s.n.* 15 August 1935 東上面漢岱里 *Nakai, T Nakai s.n.* 14 August 1940 赴戰高原雲水嶺 *Okuyama, S Okuyama s.n.* **Kangwon-do** 4 September 1916 洗浦-蘭谷 *Nakai, T Nakai s.n.* 1938 山林課元山出張所 *Tsuya, S s.n.* **P'yongan-namdo** 22 September 1915 咸從 *Nakai, T Nakai s.n.* **P'yongyang** 3 September 1901 in montibus mediae *Faurie, UJ Faurie378* **Rason** 27 August 1914 松眞山 *Nakai, T Nakai s.n.* **Ryanggang** 24 July 1930 含山嶺 *Ohwi, J Ohwi s.n.*

Euphrasia retroticha Nakai ex T.Yamaz., Acta Phytotax. Geobot. 19: 166 (1963)

Common name 털좁쌀풀 (털좁쌀풀)

Distribution in Korea: North
  Euphrasia multifolia Wettst., Monogr. Euphrasia 126 (1896)

Representative specimens; **Hamgyong-namdo** 16 August 1935 東上面遮日峰 *Nakai, T Nakai s.n.*

Limnophila R.Br.
Limnophila indica (L.) Druce, Rep. Bot. Exch. Club Brit. Isl. 3: 420 (1914)

Common name 좀논구와말 (민구와말)

Distribution in Korea: North, Central
  Hottonia indica L., Sp. Pl. (ed. 2) 1: 208 (1762)
  Gratiola trifida Willd., Sp. Pl. 104 (1797)
  Limnophila gratioloides R.Br., Prodr. Fl. Nov. Holland. 442 (1810)
  Terebinthina indica (L.) Kuntze, Revis. Gen. Pl. 2: 467 (1891)
  Ambuli trichophylla Kom., Trudy Imp. S.-Peterburgsk. Bot. Sada 18: 429 (1901)
  Ambuli indica (L.) W.Wight ex Saff., Contr. U. S. Natl. Herb. 9: 181 (1905)
  Limnophila trichophylla (Kom.) Kom., Trudy Imp. S.-Peterburgsk. Bot. Sada 25: 421 (1907)
  Ambuli stipitata Hayata, Icon. Pl. Formosan. 9: 76 (1920)
  Limnophila stipitata (Hayata) Makino & Nemoto, Fl. Japan., ed. 2 (Makino & Nemoto) 1060 (1931)

Limnophila sessiliflora (Vahl) Blume, Bijdr. Fl. Ned. Ind. 14: 749 (1826)

Common name 구와말

Distribution in Korea: North, Central, South, Jeju
  Hottonia sessiliflora Vahl, Symb. Bot. (Vahl) 2: 36 (1791)
  Ambuli sessiliflora (Vahl) Baill. ex Wettst., Nat. Pflanzenfam. 4-3b: 73 (1891)
  Terebinthina sessiliflora (Vahl) Kuntze, Revis. Gen. Pl. 2: 468 (1891)

Representative specimens; Kangwon-do 30 August 1916 通川街道 *Nakai, T Nakai s.n.* 7 June 1909 元山 *Nakai, T Nakai s.n.* **P'yongan-namdo** 30 September 1910 Sin An Ju(新安州) *Mills, RG Mills s.n.*

Limosella L.
Limosella aquatica L., Sp. Pl. 631 (1753)

Common name 란나풀 (등포풀)

Distribution in Korea: North, Central

Linaria Mill.
Linaria japonica Miq., Ann. Mus. Bot. Lugduno-Batavi 2: 115 (1865)

Common name 해란초

Distribution in Korea: North, Central
  Linaria geminiflora F.Schmidt, Mem. Acad. Imp. Sci. St.-Petersbourg, Ser. 7 12: 161 (1868)
  Linaria japonica Miq. var. *geminiflora* (F.Schmidt) Nakai, J. Coll. Sci. Imp. Univ. Tokyo 31: 117 (1911)

Representative specimens; Hamgyong-bukto 16 September 1908 清津 *Shou, K s.n.* 15 June 1909 Sungjin (城津) Nakai, T *Nakai s.n.* 13 July 1918 朱乙溫面朱乙 *Nakai, T Nakai s.n.* 11 July 1930 鏡城海岸 *Ohwi, J Ohwi s.n.* 11 July 1930 Kyonson 鏡城 *Ohwi, J Ohwi s.n.* 2 August 1918 漁大津 *Nakai, T Nakai s.n.* **Hamgyong-namdo** 29 June 1940 定平郡宣德面 *Kim, SK s.n.* 13 June 1909 西湖津 *Nakai, T Nakai s.n.* 17 August 1940 西湖津海岸 *Okuyama, S Okuyama s.n.* **Kangwon-do** 29 July 1916 海金剛 *Nakai, T Nakai s.n.* 28 July 1916 長箭 *Nakai, T Nakai s.n.* 30 August 1916 通川街道 *Nakai, T Nakai s.n.* 7 June 1909 元山 *Nakai, T Nakai s.n.* **Rason** 5 June 1930 西水羅 *Ohwi, J Ohwi s.n.* 5 June 1930 Ohwi, *J Ohwi s.n.*

Linaria vulgaris Mill., Gard. Dict., ed. 81 (1768)

Common name 풍란초, 가는운란초 (좁은잎해란초)

Distribution in Korea: North, Central
  Antirrhinum linaria L., Sp. Pl. 616 (1753)
  Linaria linaria (L.) H.Karst., Deut. Fl. (Karsten) 0: 947 (1882)

Representative specimens; Chagang-do 15 August 1909 Sensen (前川) *Mills, RG Mills s.n.* **Hamgyong-bukto** 21 August 1934 鏡城 *Bae, MS s.n.* **P'yongan-bukto** 13 September 1915 Gishu(義州) Nakai, T *Nakai s.n.*

Lindernia All.
Lindernia micrantha D.Don, Prodr. Fl. Nepal. 85 (1825)

Common name 논둑외풀

Distribution in Korea: North, Central, South, Jeju
  Tittmannia angustifolia Benth., Numer. List 3951 (1831)
  Vandellia angustifolia (Benth.) Benth., Scroph. Ind. 37 (1835)
  Vandellia cymulosa Miq., Ann. Mus. Bot. Lugduno-Batavi 2: 117 (1865)
  Lindernia angustifolia (Benth.) Wettst., Nat. Pflanzenfam. 4(3b): 79 (1891)
  Pyxidaria cymulosa (Miq.) Kuntze, Revis. Gen. Pl. 2: 464 (1891)
  Lindernia cymulosa (Miq.) Matsum., Index Pl. Jap. 2 (2): 562 (1912)

Lindernia procumbens (Krock.) Philcox, Taxon 14: 30 (1965)

Common name 밭뚝외풀

Distribution in Korea: North, Central, South, Jeju

Lindernia pyxidaria L., Mant. alt. 252 (1771)
Anagalloides procumbens Krock., Fl. Siles. 2: 398 (1790)
Vandellia erecta Benth., Scroph. Ind. 36 (1835)
Torenia quinquenervis Llanos, Fragm. Pl. Filip. 76 (1851)
Vandellia pyxidaria (L.) Maxim., Bull. Acad. Imp. Sci. Saint-Pétersbourg 20: 449 (1875)
Lindernia erecta (Benth.) Bonati, Fl. Gen. Indo-Chine 4: 420 (1927)

Representative specimens; Hamgyong-bukto 24 August 1935 羅南 *Saito, T T Saito s.n.* **Hamgyong-namdo** August 1939 咸興新中里 *Suzuki, T s.n.* **P'yongan-bukto** 27 July 1912 Nei-hen (Neiyen 寧邊) *Imai, H Imai s.n.* **P'yongyang** 17 September 1912 P'yongyang (平壤) *Imai, H Imai s.n.* **Ryanggang** 23 August 1914 Keizanchin(惠山鎭) *Ikuma, Y Ikuma s.n.*

Mazus Lour.
Mazus pumilus (Burm.f.) Steenis, Nova Guinea n.s. 9: 31 (1958)
Common name 주름잎
Distribution in Korea: North, Central, South
Lobelia pumila Burm.f., Fl. Ind. (N. L. Burman) 186 (1768)
Lindernia japonica Thunb., Fl. Jap. (Thunberg) 253 (1786)
Mazus rugosus Lour., Fl. Cochinch. 2: 385 (1790)
Hornemannia bicolor Willd., Enum. Pl. (Willdenow) 654 (1809)
Tittmannia obovata Bunge, Enum. Pl. Chin. Bor. 49 (1833)
Vandellia obovata Walp., Repert. Bot. Syst. (Walpers) 3: 294 (1844)
Mazus vandellioides Hance ex Hemsl., Ann. Bot. Syst. 3: 193 (1852)
Mazus japonicus (Thunb.) Kuntze, Revis. Gen. Pl. 2: 462 (1891)

Representative specimens; Chagang-do 15 August 1909 Sensen (前川) *Mills, RG Mills s.n.* **Hamgyong-bukto** 13 July 1918 鏡城 *Nakai, T Nakai s.n.* 13 July 1930 Kyonson 鏡城 *Ohwi, J Ohwi s.n.* **Hamgyong-namdo** 14 June 1909 新浦 *Nakai, T Nakai s.n.* **Kangwon-do** 16 August 1932 元山 *Kitamura, S Kitamura s.n.* 6 June 1909 *Nakai, T Nakai s.n.*

Mazus stachydifolius (Turcz.) Maxim., Méanges Biol. Bull. Phys.-Math. Acad. Imp. Sci. Saint-Pétersbourg 9: 404 (1875)
Common name 선주름잎
Distribution in Korea: North, Central
Tittmannia stachydifolia Turcz., Bull. Soc. Imp. Naturalistes Moscou 10: 156 (1837)
Vandellia stachydifolia (Turcz.) Walp., Repert. Bot. Syst. (Walpers) 3: 294 (1844)
Mazus villosus Hemsl., J. Bot. 14: 209 (1876)
Mazus simada Matsum., Trans. Nat. Hist. Soc. Taiwan 30: 35 (1940)

Representative specimens; Hamgyong-bukto 8 July 1936 鐘城郡鶴浦- 行營 *Saito, T T Saito s.n.* 17 June 1938 慶源郡龍德面 *Saito, T T Saito s.n.* **Hamgyong-namdo** 1938 咸鏡南道 *Tsuya, S s.n.* **Hwanghae-namdo** 9 July 1921 Sorai Beach 九味浦 *Mills, RG Mills s.n.* **P'yongyang** 28 May 1911 P'yongyang (平壤) *Imai, H Imai s.n.* **Ryanggang** 1 July 1940 白頭山高原 *Atachi, G Atachi s.n.*

Melampyrum L.
Melampyrum roseum Maxim., Mem. Acad. Imp. Sci. St.-Petersbourg Divers Savans 9: 210 (1859)
Common name 꽃새애기풀 (꽃며느리밥풀)
Distribution in Korea: North, Central, South
Melampyrum ciliare Miq., Ann. Mus. Bot. Lugduno-Batavi 2: 122 (1865)
Melampyrum jedoense Miq., Ann. Mus. Bot. Lugduno-Batavi 2: 122 (1866)
Melampyrum jedoense Miq. var. *luxurians* Miq., Prolus. Fl. Jap. 360&383 (1867)
Melampyrum roseum Maxim. var. *japonicum* Franch. & Sav., Enum. Pl. Jap. 2: 461 (1873)
Melampyrum roseum Maxim. var. *japonicum* Franch. & Sav. f. *leucanthum* Nakai, Bot. Mag. (Tokyo) 23: 9 (1909)
Melampyrum roseum Maxim. var. *ciliare* (Miq.) Nakai, Bot. Mag. (Tokyo) 23: 8 (1909)
Melampyrum japonicum (Franch. & Sav.) Nakai ex Matsum., Index Pl. Jap. 2 (2): 564 (1912)
Melampyrum roseum Maxim. ssp. *euroseum* Beauverd, Mem. Soc. Phys. Geneve 29: 546 (1916)
Melampyrum roseum Maxim. var. *hirsutum* Beauverd, Mem. Soc. Phys. Geneve 38: 548 (1916)
Melampyrum roseum Maxim. ssp. *japonicum* (Franch. & Sav.) Nakai var. *sendaiense*

Beauverd, Mem. Soc. Phys. Geneve 39: 548 (1916)

Melampyrum roseum Maxim. f. *albiflorum* Nakai, Bot. Mag. (Tokyo) 31: 108 (1917)

Melampyrum roseum Maxim. ssp. *hirsutum* (Beauverd) Soó, J. Bot. 45: 143 (1927)

Melampyrum roseum Maxim. f. *glabrescens* Tuyama, J. Jap. Bot. 17: 81 (1941)

Melampyrum roseum Maxim. f. *pubescens* Tuyama, J. Jap. Bot. 17: 81 (1941)

Melampyrum ciliare Miq. var. *japonicum* (Franch. & Sav.) Kitam., Acta Phytotax. Geobot. 10: 11 (1941)

Melampyrum koreanum K.J.Kim & S.-M. Yun, Phytotaxa 42: 48 (2012)

Representative specimens; Chagang-do 18 July 1914 大興里 *Nakai, T Nakai s.n.* **Hamgyong-bukto** 8 August 1930 載德 *Ohwi, J Ohwi s.n.* 2 August 1914 車踰嶺 *Ikuma, Y Ikuma s.n.* **Hamgyong-namdo** 19 August 1935 道頭里 *Nakai, T Nakai s.n.* 25 July 1935 西於水里 *Nomura, N Nomura s.n.* 28 July 1935 東上面漢岱里 *Nomura, N Nomura s.n.* **Hwanghae-bukto** 29 May 1939 白川邑 *Hozawa, S Hozawa s.n.* **Hwanghae-namdo** 26 August 1943 長壽山 *Furusawa, I Furusawa s.n.* 25 August 1943 首陽山 *Furusawa, I Furusawa s.n.* 29 July 1921 Sorai Beach 九味浦 *Mills, RG Mills s.n.* **Kangwon-do** 28 July 1916 金剛山長箭 *Nakai, T Nakai5837* 26 August 1916 金剛山新金剛下 *Nakai, T Nakai s.n.* 25 August 1916 新金剛下 *Nakai, T Nakai6123* 7 August 1940 Mt. Kumgang (金剛山) *Okuyama, S Okuyama s.n.* 4 September 1916 洗浦-蘭谷 *Nakai, T Nakai s.n.* 7 June 1909 元山 *Nakai, T Nakai s.n.* **P'yongan-namdo** 21 July 1916 上南洞 *Mori, T Mori s.n.* **P'yongyang** 23 August 1943 大同郡大寶산 *Furusawa, I Furusawa s.n.* **Ryanggang** 24 July 1917 Keizanchin(惠山鎭) *Furumi, M Furumi s.n.* 23 August 1914 *Ikuma, Y Ikuma s.n.* 29 July 1917 三池淵 *Furumi, M Furumi s.n.* 26 July 1942 神武城 *Saito, T T Saito s.n.*

Melampyrum roseum Maxim. var. ***ovalifolium*** (Nakai) Nakai ex Beauverd, Mem. Soc. Phys. Geneve 38: 584 (1916)

Common name 알며느리밥풀

Distribution in Korea: North, Central, South

Melampyrum ovalifolium Nakai, Bot. Mag. (Tokyo) 23: 7 (1909)

Melampyrum laxum Miq. ssp. *aristatum* var. *aristatum* Beauverd, Mem. Soc. Phys. Geneve 39: 542 (1916)

Melampyrum roseum Maxim. ssp. *ovalifolium* (Nakai) Beauverd, Mem. Soc. Phys. Geneve 39: 549 (1916)

Melampyrum roseum Maxim. var. *aristatum* Beauverd, Mem. Soc. Phys. Geneve 39: 548 (1916)

Melampyrum aristatum (Beauverd) Soó, J. Bot. 45: 143&165 (1927)

Melampyrum roseum Maxim. var. *ovalifolium* (Nakai) Nakai ex Beauverd f. *albiflorum* (Nakai) T.B.Lee, Bull. Kwanak Arbor. 4: 43 (1983)

Representative specimens; Hamgyong-bukto 7 July 1935 羅南 *Saito, T T Saito s.n.* 15 August 1932 鏡城勝岩山 *Ito, H s.n.* 29 July 1918 朱乙 *Nakai, T Nakai s.n.* 19 August 1934 茂山 *Uozumi, H Uozumi s.n.* 2 August 1918 漁大津 *Nakai, T Nakai s.n.* 4 August 1918 Mt. Chilbo at Myongch'on(七寶山) *Nakai, T Nakai s.n.* 27 August 1914 南川洞 *Nakai, T Nakai s.n.* **Hamgyong-namdo** 11 August 1940 咸興歸州寺 *Okuyama, S Okuyama s.n.* 18 August 1943 赴戰高原咸地院 *Honda, M Honda s.n.* **Kangwon-do** 15 August 1916 金剛山新金剛 *Nakai, T Nakai s.n.* Type of *Melampyrum ovalifolium* Nakai (Holotype TI)11 August 1916 金剛山長安寺附近 *Nakai, T Nakai5832* 7 August 1940 Mt. Kumgang (金剛山) *Okuyama, S Okuyama s.n.* 15 August 1902 *Uchiyama, T Uchiyama s.n.* 15 August 1902 *Uchiyama, T Uchiyama s.n.* 15 August 1902 *Uchiyama, T Uchiyama s.n.* 6 August 1932 Ganzan 元山 *Kitamura, S Kitamura s.n.* 7 June 1909 元山 *Nakai, T Nakai4018* **P'yongyang** 3 September 1901 mediae in sy Coris *Faurie, UJ Faurie450* **Ryanggang** 2 August 1917 Moho (茂峯)- 農事洞 *Furumi, M Furumi s.n.*

Melampyrum roseum Maxim. var. ***setaceum*** Maxim. ex Palib., Trudy Imp. S.-Peterburgsk. Bot. Sada 18: 168 (1901)

Common name 새며느리밥풀

Distribution in Korea: North, Central, South

Melampyrum setaceum (Maxim. ex Palib.) Nakai, Bot. Mag. (Tokyo) 23: 9 (1909)

Melampyrum setaceum (Maxim. ex Palib.) Nakai var. *genuinum* Nakai, Bot. Mag. (Tokyo) 23: 9 (1909)

Melampyrum setaceum (Maxim. ex Palib.) Nakai var. *latifolium* Nakai, Bot. Mag. (Tokyo) 23: 9 (1909)

Melampyrum setaceum (Maxim. ex Palib.) Nakai var. *congestum* Nakai, Bot. Mag. (Tokyo) 31: 108 (1917)

Melampyrum setaceum (Maxim. ex Palib.) Nakai f. *latifolium* (Nakai) Soó, J. Bot. 45: 143 (1927)

Melampyrum kawasakianum Kitam., Acta Phytotax. Geobot. 10: 14 (1941)

Melampyrum nakaianum Tuyama var. *latifolium* (Nakai) Tuyama, J. Jap. Bot. 17: 85 (1941)

Melampyrum roseum Maxim. var. *alpinum* Kitam., Acta Phytotax. Geobot. 10: 6 (1941)

Melampyrum nakaianum Tuyama, J. Jap. Bot. 17: 85 (1941)

Melampyrum setaceum (Maxim. ex Palib.) Nakai var. *nakaianum* (Tuyama) T.Yamaz., J. Jap. Bot. 29: 105 (1954)

***Mimulus* Adans.**

Mimulus tenellus Bunge, Enum. Pl. Chin. Bor. 49 (1833)

Common name 애기물꽈리아재비

Distribution in Korea: North, Central, South

Representative specimens; Chagang-do 11 August 1910 Seechun dong(時中洞) *Mills, RG Mills403* **Hamgyong-bukto** 30 August 1935 羅南 *Saito, T T Saito s.n.* **Kangwon-do** 29 July 1938 Mt. Kumgang (金剛山) *Hozawa, S Hozawa s.n.* 7 August 1916 金剛山末輝里方面 *Nakai, T Nakai s.n.* 5 August 1932 元山 *Kitamura, S Kitamura s.n.* **P'yongan-namdo** 24 July 1912 Kai-syong (价川) *Imai, H Imai s.n.* **Sinuiju** 13 August 1935 新義州 *Koidzumi, G Koidzumi s.n.*

Mimulus tenellus Bunge var. ***nepalensis*** (Benth.) P.C.Tsoong, Fl. Reipubl. Popularis Sin. 67: 171 (1979)

Common name 물꽈리아재비

Distribution in Korea: North, Central, South, Jeju

Mimulus nepalensis Benth., Scroph. Ind. 29 (1835)
Mimulus nepalensis Benth. var. *japonica* Miq., Ann. Mus. Bot. Lugduno-Batavi 2: 116 (1865)
Torenia inflata Miq., Ann. Mus. Bot. Lugduno-Batavi 3: 192 (1867)
Mimulus inflatus (Miq.) Nakai, Bot. Mag. (Tokyo) 33: 209 (1919)
Mimulus formosana Hayata, Icon. Pl. Formosan. 9: 79 (1920)
Torenia arisanensis Sasaki, Trans. Nat. Hist. Soc. Taiwan 21: 222 (1931)
Mimulus tenellus Bunge var. *japonicus* (Miq.) Hand.-Mazz., Symb. Sin. 7: 833 (1936)
Mimulus tenellus Bunge ssp. *nepalensis* (Benth.) D.Y.Hong, Iconogr. Cormophyt. Sin. 4: 13 (1975)

Representative specimens; P'yongan-bukto 30 July 1937 妙香山 *Park, MK Park s.n.*

***Omphalotrix* Maxim.**

Omphalotrix longipes Maxim., Mem. Acad. Imp. Sci. St.-Petersbourg Divers Savans 9: 209 (1859)

Common name 쌀파도풀

Distribution in Korea: far North, North

Representative specimens; Hamgyong-bukto 24 September 1937 漁遊洞 *Saito, T T Saito s.n.* **Hamgyong-namdo** 29 June 1940 定平郡宣德面 *Kim, SK s.n.*30 June 1940 安平郡富坪 *Suzuki, T s.n.* 5 August 1938 西閑面赤水里 *Jeon, SK JeonSK s.n.* 14 August 1943 赴戰高原元豊-道安 *Honda, M Honda s.n.* 18 August 1943 赴戰高原咸地院 *Honda, M Honda s.n.* **P'yongan-namdo** 27 July 1916 黃草嶺 *Mori, T Mori s.n .* **Ryanggang** August 1913 長白山 *Mori, T Mori s.n.*

***Pedicularis* L.**

Pedicularis ishidoyana Koidz. & Ohwi, Acta Phytotax. Geobot. 6: 291 (1937)

Common name 천마송이풀 (애기송이풀)

Distribution in Korea: North, Central

Pedicularis artselaeri Maxim. var. *koraiensis* Hurus., J. Jap. Bot. 22: 71 (1948)

Pedicularis mandshurica Maxim., Bull. Acad. Imp. Sci. Saint-Pétersbourg 1: 79 (1877)

Common name 만주송이풀

Distribution in Korea: far North, North, Central

Pedicularis coreana Bonati, Bull. Soc. Bot. France 54: 374 (1907)
Pedicularis nigrescens Nakai, Bot. Mag. (Tokyo) 30: 145 (1916)
Pedicularis lunaris Nakai, Bot. Mag. (Tokyo) 34: 49 (1920)
Pedicularis mandshurica Maxim. var. *coreana* (Bonati) Hurus., J. Jap. Bot. 22: 74 (1948)

Representative specimens; Chagang-do 12 July 1914 臥碣峰鷲峯 2200m *Nakai, T Nakai s.n.* Type of *Pedicularis nigrescens* Nakai (Holotype TI)12 July 1914 *Nakai, T Nakai s.n.* Type of *Pedicularis atropurpurea* Nakai [1] (Holotype TI)11 July 1914 臥碣峰鷲峯 *Nakai, T Nakai s.n.* **Hamgyong-bukto** 11 August 1933 渡正山 *Koidzumi, G Koidzumi s.n.* 18 May 1897 會寧川 *Komarov, VL Komaorv s.n.* 28 May 1938 茂山嶺 *Saito, T T Saito s.n.* 5 August 1939 頭流山 *Hozawa, S Hozawa s.n.* August 1934 冠帽峰 *Kojima, K Kojima s.n.* 19 July 1918 *Nakai, T Nakai s.n.* 19 July 1918 *Nakai, T Nakai s.n.* 19 July 1918 *Nakai, T Nakai s.n.* 19 July 1918 *Nakai, T Nakai*

7490 Type of *Pedicularis lunaris* Nakai (Syntype TI)July 1932 *Ohwi, J Ohwi s.n.* 21 July 1933 *Saito, T T Saito s.n.* 25 July 1918 雪嶺 *Nakai, T Nakai7458* Type of *Pedicularis lunaris* Nakai (Syntype TI)25 July 1918 *Nakai, T Nakai7459* Type of *Pedicularis lunaris* Nakai (Syntype TI)26 June 1930 雪嶺東斜面 *Ohwi, J Ohwi s.n.* 26 June 1930 雪嶺 *Ohwi, J Ohwi s.n.* 26 June 1930 *Ohwi, J Ohwi s.n.* 26 June 1930 雪嶺(花クリ-ム色) *Ohwi, J Ohwi s.n.* 26 June 1930 雪嶺東側 *Ohwi, J Ohwi s.n.* 26 June 1930 雪嶺(花クリ-ム色) *Ohwi, J Ohwi s.n.* **Hamgyong-namdo** 30 August 1941 赴戰高原 Fusenkogen *Inumaru, M s.n.* 25 July 1933 東上面遮日峯 *Koidzumi, G Koidzumi s.n.* 17 August 1935 遮日峯 *Nakai, T Nakai s.n.* 23 June 1932 *Ohwi, J Ohwi s.n.* 15 August 1940 *Okuyama, S Okuyama s.n.* 18 August 1934 東上面達河里新洞上方尾根 2000m *Yamamoto, A Yamamoto s.n.* **Kangwon-do** 12 August 1932 Mt. Kumgang (金剛山) *Koidzumi, G Koidzumi s.n.* 1 August 1916 金剛山神仙峯 *Nakai, T Nakai s.n.* 22 August 1916 金剛山大長峯 *Nakai, T Nakai s.n.* **Ryanggang** 23 June 1917 厚峙嶺 *Furumi, M Furumi s.n.* 15 August 1935 北水白山 *Hozawa, S Hozawa s.n.* 30 July 1930 島內 - 合水 *Ohwi, J Ohwi s.n.* 15 July 1935 小長白山脈 *Irie, Y s.n.* 10 August 1914 Moho (茂峯)- 農事洞 *Nakai, T Nakai s.n.*

Pedicularis palustris L., Sp. Pl. 2: 607 (1753)
Common name 부전송이풀
Distribution in Korea: North

Representative specimens; Ryanggang 4 August 1939 大澤濕地 *Hozawa, S Hozawa s.n.* 19 September 1940 醬池 *Nakai, T Nakai s.n.* 18 September 1940 賜社面大澤湖畔 *Nakai, T Nakai s.n.* 24 July 1930 大澤 *Ohwi, J Ohwi s.n.* 24 July 1930 Ohwi, *J Ohwi s.n.*

Pedicularis resupinata L., Sp. Pl. 2: 608 (1753)
Common name 송이풀
Distribution in Korea: North, Central, South
    Pedicularis grandiflora Fisch., Mem. Soc. Imp. Naturalistes Moscou 3: 60 (1812)
    Pedicularis teucriifolia M.Bieb. ex Steven, Mem. Soc. Imp. Naturalistes Moscou 6: 31 (1823)
    Pedicularis resupinata L. var. *oppositifolia* Miq., Ann. Mus. Bot. Lugduno-Batavi 2: 122 (1865)
    Pedicularis resupinata L. var. *pygmaea* Miq., Ann. Mus. Bot. Lugduno-Batavi 2: 122 (1865)
    Pedicularis resupinata L. var. *teucriifolia* (M.Bieb.) Maxim., Bull. Acad. Imp. Sci. Saint-Pétersbourg 1: 71 (1877)
    Pedicularis yezoensis Maxim., Bull. Acad. Imp. Sci. Saint-Pétersbourg 24: 69 (1878)
    Pedicularis leveilleana Bonati, Bull. Acad. Int. Geogr. Bot. 12: 519 (1903)
    Pedicularis vaniotiana Bonati, Bull. Acad. Int. Geogr. Bot. 13: 246 (1904)
    Pedicularis resupinata L. f. *oppositifolia* (Miq.) Kom., Trudy Imp. S.-Peterburgsk. Bot. Sada 25: 449 (1907)
    Pedicularis resupinata L. f. *pubescens* Kom., Trudy Imp. S.-Peterburgsk. Bot. Sada 25: 449 (1907)
    Pedicularis resupinata L. f. *ramosa* Kom., Trudy Imp. S.-Peterburgsk. Bot. Sada 25: 449 (1907)
    Pedicularis resupinata L. f. *umbrosa* Kom., Trudy Imp. S.-Peterburgsk. Bot. Sada 25: 449 (1907)
    Pedicularis resupinata L. f. *gigantea* Nakai, J. Coll. Sci. Imp. Univ. Tokyo 31: 126 (1911)
    Pedicularis resupinata L. f. *spicata* Nakai, J. Coll. Sci. Imp. Univ. Tokyo 31: 126 (1911)
    Pedicularis resupinata L. var. *gigantea* (Nakai) Nakai, Fl. Sylv. Kor. 14: 68 (1923)
    Pedicularis resupinata L. var. *pubescens* Nakai, Fl. Sylv. Kor. 14: 68 (1923)
    Pedicularis resupinata L. var. *spicata* (Nakai) Nakai, Fl. Sylv. Kor. 14: 68 (1923)
    Pedicularis resupinata L. var. *umbrosa* (Kom.) Nakai, Fl. Sylv. Kor. 14: 68 (1923)
    Pedicularis resupinata L. var. *albiflora* Honda, Bot. Mag. (Tokyo) 46: 635 (1932)
    Pedicularis resupinata L. var. *oppositifolia* Miq. f. *albiflora* (Honda) H.Hara, Enum. Spermatophytarum Japon. 1: 267 (1948)
    Pedicularis resupinata L. f. *albiflora* (Honda) W.T.Lee, Lineamenta Florae Koreae 1003 (1996)

Representative specimens; Chagang-do 14 August 1912 Chosan(楚山) *Imai, H Imai s.n.* 18 August 1909 Sensen (前川) *Mills, RG Mills s.n.* 22 July 1916 狼林山 *Mori, T Mori s.n.* 21 July 1914 大興里- 山羊 *Nakai, T Nakai s.n.* 11 July 1914 臥碣峰鷺峯 *Nakai, T Nakai s.n.* **Hamgyong-bukto** 12 August 1933 渡正山 *Koidzumi, G Koidzumi s.n.* 10 August 1933 渡正山門內 *Koidzumi, G Koidzumi s.n.* 11 September 1935 羅南 *Saito, T T Saito s.n.* 2 August 1932 雷島澤 - 晴晴台(渡正山) *Saito, T T Saito376* 7 September 1908 清津 *Shou, K s.n.* 5 August 1939 頭流山 *Hozawa, S Hozawa s.n.* 18 July 1918 朱乙溫面熊谷嶺 *Nakai, T Nakai s.n.* 17 July 1918 朱乙溫面甫上洞 *Nakai, T Nakai s.n.* 21 July 1933 朱乙溫 *Saito, T T Saito707* 3 August 1936 漁下面 *Saito, T T Saito s.n.* 25 July 1918 雪嶺 *Nakai, T Nakai s.n.* 4 September 1919 Mt. Chilbo at Myongch'on(七寶山) *Nakai, T Nakai s.n.* 25 July 1918 雪嶺 *Nakai, T Nakai s.n.* **Hamgyong-namdo** 三巨里溪谷 *Nakazawa, M s.n.* 26 July 1916 下碣隅里 *Mori, T Mori s.n.* 19 August 1935 道頭里 *Nakai, T Nakai s.n.* 19 August 1935 *Nakai, T Nakai s.n.* 16 August 1934 新角面北山 *Nomura, N Nomura s.n.* 14 August 1943 赴戰高原元豊-道安 *Honda, M Honda s.n.* 23 July 1933 東上面漢岱里 *Koidzumi, G Koidzumi s.n.* 25 July 1933 東上面遮日峯 *Koidzumi, G Koidzumi s.n.* 18 August 1935 遮日峯下 *Nakai, T Nakai s.n.* 15 August 1935 東上面漢岱里 *Nakai, T Nakai s.n.* 23 July 1935 弁天島 *Nomura, N Nomura s.n.* 15 August 1940 赴戰高原遮日峯 *Okuyama, S Okuyama s.n.* 16 August 1940 赴戰高原 Fusenkogen *Okuyama, S*

Okuyama s.n. 18 August 1934 東上面新洞 900m *Yamamoto, A Yamamoto s.n.* 19 August 1943 千佛山 *Honda, M Honda s.n.* 16 August 1934 永古面松興里 *Yamamoto, A Yamamoto s.n.* **Kangwon-do** 11 August 1902 草木洞 *Uchiyama, T Uchiyama s.n.* Type of *Pedicularis resupinata* L. f. *spicata* Nakai (Syntype TI)11 August 1902 *Uchiyama, T Uchiyama s.n.* 5 September 1916 蘭谷 *Nakai, T Nakai s.n.* 5 September 1916 *Nakai, T Nakai s.n.* 31 July 1916 金剛山群仙峽 *Nakai, T Nakai s.n.* 11 August 1943 Mt. Kumgang (金剛山) *Honda, M Honda s.n.* 29 July 1938 *Hozawa, S Hozawa s.n.* 29 July 1938 *Hozawa, S Hozawa s.n.* 12 August 1932 金剛山望軍臺 *Kitamura, S Kitamura s.n.* 5 August 1932 金剛山內金剛 *Kobayashi, M Kobayashi s.n.* 4 August 1932 *Kobayashi, M Kobayashi s.n.* 12 August 1932 Mt. Kumgang (金剛山) *Koidzumi, G Koidzumi s.n.* 17 August 1916 金剛山內霧在嶺 *Nakai, T Nakai s.n.* 20 August 1916 金剛山彌勒峯 *Nakai, T Nakai s.n.* 14 August 1916 金剛山望軍臺 *Nakai, T Nakai s.n.* 7 August 1940 金剛山毘盧峯 *Okuyama, S Okuyama s.n.* 18 August 1902 Mt. Kumgang (金剛山) *Uchiyama, T Uchiyama s.n.* Type of *Pedicularis resupinata* L. f. *gigantea* Nakai (Holotype TI)July 1926 *Unknown s.n.* 7 June 1909 元山 *Nakai, T Nakai s.n.* 1938 山林課元山出張所 *Tsuya, S s.n.* 1938 *Tsuya, S s.n.* **P'yongan-bukto** 5 August 1937 妙香山 *Hozawa, S Hozawa s.n.* 2 August 1935 *Koidzumi, G Koidzumi s.n.* **P'yongan-namdo** 22 September 1915 咸從 *Nakai, T Nakai s.n.* 21 July 1916 上南洞 *Mori, T Mori s.n.* **P'yongyang** 12 September 1902 Botandai (牡丹台) 平壤 *Uchiyama, T Uchiyama s.n.* **Ryanggang** 22 August 1914 Keizanchin(惠山鎭) *Ikuma, Y Ikuma s.n.* 23 August 1914 *Ikuma, Y Ikuma s.n.* 15 August 1935 北水白山 *Hozawa, S Hozawa s.n.* 21 July 1914 長蛇洞 *Nakai, T Nakai s.n.* 24 July 1914 *Nakai, T Nakai s.n.* 23 July 1914 李僧嶺 *Nakai, T Nakai s.n.* 5 August 1940 高頭山 *Hozawa, S Hozawa s.n.* 4 August 1939 大澤濕地 *Hozawa, S Hozawa s.n.* 24 July 1930 大澤 *Ohwi, J Ohwi s.n.* 24 July 1930 *Ohwi, J Ohwi s.n.* 19 August 1914 崔哥嶺 *Ikuma, Y Ikuma s.n.* 11 July 1917 胞胎山 *Furumi, M Furumi s.n.* 10 August 1914 白頭山 *Ikuma, Y Ikuma s.n.* 10 August 1914 茂峯 *Ikuma, Y Ikuma s.n.* 15 July 1935 小長白山脈 *Irie, Y s.n.* 1 August 1934 *Kojima, K Kojima s.n.* August 1913 長白山 *Mori, T Mori s.n.* 20 August 1937 白頭山 *Numajiri, K s.n.* 2 August 1932 *Saito, T T Saito375* 2 August 1917 農事洞 *Furumi, M Furumi s.n.* 15 August 1913 谿間里 *Hirai, H Hirai s.n.* 8 August 1914 農事洞 *Ikuma, Y Ikuma s.n.* 13 August 1914 Moho (茂峯)- 農事洞 *Nakai, T Nakai s.n.*

Pedicularis sceptrumcarolinum L., Sp. Pl. 608 (1753)

Common name 대송이풀

Distribution in Korea: far North, North

Pedicularis sceptrumcarolinum var. *pubescens* Bunge, Fl. Ross. (Ledeb.) 3: 303 (1847)
Pedicularis sceptrumcarolinum f. *pubescens* (Bunge) Kitag., Neolin. Fl. Manshur. 568 (1979)

Representative specimens; Hamgyong-bukto 24 July 1918 朱北面金谷 *Nakai, T Nakai s.n.* 7 June 1936 茂山 *Minamoto, M s.n.* 11 July 1917 雪嶺 *Furumi, M Furumi s.n.* 25 June 1930 Ohwi, *J Ohwi s.n.* 25 June 1930 Ohwi, *J Ohwi s.n.* **Ryanggang** 24 July 1930 含山嶺 *Ohwi, J Ohwi s.n.* 24 July 1930 列結水 *Ohwi, J Ohwi s.n.* 24 July 1930 含山嶺 *Ohwi, J Ohwi s.n.* 14 August 1917 普惠面明花洞 *Furumi, M Furumi s.n.* August 1913 長白山 *Mori, T Mori s.n.* 4 August 1914 普天堡- 寶泰洞 *Nakai, T Nakai s.n.* 8 August 1914 農事洞 *Ikuma, Y Ikuma s.n.* 12 August 1914 Moho (茂峯)- 農事洞 *Nakai, T Nakai s.n.* 15 July 1918 新德 *Saito, T T Saito s.n.*

Pedicularis spicata Pall., Reise Russ. Reich. 3: 738 (1776)

Common name 이삭송이풀

Distribution in Korea: far North, North

Pedicularis spicata Pall. var. *sesinowii* Bonati, Bull. Soc. Bot. Genève ser.2, 1: 328 (1912)

Representative specimens; Chagang-do 21 July 1914 大興里- 山羊 *Nakai, T Nakai s.n.* **Hamgyong-bukto** 21 June 1909 茂山嶺 *Nakai, T Nakai s.n.* 26 July 1930 頭流山 *Ohwi, J Ohwi2793* 24 July 1918 朱北面金谷 *Nakai, T Nakai s.n.* 19 July 1918 冠帽峰 *Nakai, T Nakai s.n.* July 1932 Ohwi, *J Ohwi s.n.* 21 July 1933 *Saito, T T Saito717* 7 August 1919 雪嶺 *Saito, T T Saito1060* **Hamgyong-namdo** 23 July 1916 赴戰高原寒泰嶺 *Mori, T Mori s.n.* 17 August 1934 富盛里 *Nomura, N Nomura s.n.* 14 August 1943 赴戰高原元豊-道安 *Honda, M Honda s.n.* 30 August 1941 赴戰高原 Fusenkogen *Inumaru, T s.n.* 15 August 1935 東上面漢岱里 *Nakai, T Nakai s.n.* 15 August 1936 赴戰高原 Fusenkogen Nakai, *T Nakai s.n.* 14 August 1940 赴戰高原雲水嶺 *Okuyama, S Okuyama s.n.* 16 August 1940 *Okuyama, S Okuyama s.n.* 16 August 1934 東上面赴戰嶺 *Yamamoto, A Yamamoto s.n.* 16 August 1934 永古面松興里 *Yamamoto, A Yamamoto s.n.* **Ryanggang** 1933 豊山郡北水白山 Buk-cheong-nong-gyo school *s.n.* 15 August 1935 北水白山 *Hozawa, S Hozawa s.n.* 25 July 1932 豊山南面瓦浦里 *Kim, BJ s.n.* 5 August 1930 合水 (列結水) *Ohwi, J Ohwi s.n.* 28 July 1930 Ohwi, *J Ohwi s.n.* 21 August 1914 崔哥嶺 *Ikuma, Y Ikuma s.n.* 3 August 1914 惠山鎭- 普天堡 *Nakai, T Nakai s.n.* 15 July 1935 小長白山脈 *Irie, Y s.n.* 1 August 1934 *Kojima, K Kojima s.n.* 2 August 1917 Moho (茂峯)- 農事洞 *Furumi, M Furumi s.n.*

Pedicularis sudetica Willd., Sp. Pl. 3: 209 (1800)

Common name 민들송이풀

Distribution in Korea: far North

Pedicularis verticillata L., Sp. Pl. 608 (1753)

Common name 구름송이풀

Distribution in Korea: far North, North

A Checklist of North Korean Vascular Plants T.B. Lee Herbarium (SNUA) – 2019 (C.S. Chang, H. Kim, H.T. Shin & C.H. Lee)

- 423 -

*Pedicularis hallaisanensis*Hurus., Bot. Mag. (Tokyo) 60: 74 (1947)
Pedicularis taquetii P.C.Tsoong, Kew Bull. 9: 447 (1954)
Pediculariopsis verticillata (L.) Á.Löve & D.Löve, Bot. Not. 128: 519 (1975)

Representative specimens; Hamgyong-bukto 12 August 1933 渡正山 *Koidzumi, G Koidzumi s.n.* 20 July 1918 冠帽峰 *Nakai, T Nakai s.n.*
July 1932 *Ohwi, J Ohwi s.n.* 26 June 1930 雪嶺(紅紫花) *Ohwi, J Ohwi s.n.* 26 June 1930 雪嶺 *Ohwi, J Ohwi1878* **Hamgyong-namdo** 25 July
1933 東上面遮日峯 *Koidzumi, G Koidzumi s.n.* 17 August 1935 遮日峯 *Nakai, T Nakai s.n.* 10 September 1942 赴戰高原 Fusenkogen
Numajiri, K s.n. 15 August 1940 遮日峯 *Okuyama, S Okuyama s.n.* 18 August 1934 東上面新洞上流 *Yamamoto, A Yamamoto s.n.*
Ryanggang 15 August 1935 北水白山 *Hozawa, S Hozawa s.n.* 20 August 1934 北水白山附近 *Kojima, K Kojima s.n.* 31 July 1917 白頭山
Furumi, M Furumi s.n. 13 August 1913 *Hirai, H Hirai s.n.* 13 August 1914 *Ikuma, Y Ikuma s.n.* 1 August 1934 小長白脈 *Kojima, K Kojima*
s.n. August 1913 長白山 *Mori, T Mori s.n.* 10 August 1914 白頭山 *Nakai, T Nakai s.n.* 8 August 1914 無頭峯 *Nakai, T Nakai s.n.*

Phtheirospermum Bunge ex Fisch. & C.A.Mey.
Phtheirospermum japonicum (Thunb.) Kanitz, Anthophyta Jap. Legit Emanuel Weiss 12 (1878)
Common name 나도송이풀
Distribution in Korea: North, Central, South, Jeju
Gerardia japonica Thunb., Syst. Veg., ed. 14 (J. A. Murray) 553 (1784)
Phtheirospermum chinense Bunge, Index Seminum [St.Petersburg (Petropolitanus)] 1: 35 (1835)

Representative specimens; Chagang-do 15 August 1909 Sensen (前川) *Mills, RG Mills s.n.* **Hamgyong-bukto** 25 September 1933
朱乙溫 *Saito, T T Saito787* **Hamgyong-namdo** 13 September 1934 咸興興西面 *Nomura, N Nomura s.n.* 2 September 1934 蓮花山
Kojima, K Kojima s.n. **Hwanghae-bukto** 10 September 1915 瑞興 *Nakai, T Nakai s.n.* **Kangwon-do** 22 August 1902 北屯地近傍
Uchiyama, T Uchiyama s.n. 14 September 1932 元山 *Kitamura, S Kitamura2008* **P'yongan-bukto** 13 September 1911 東倉面藥水洞
Ishidoya, T Ishidoya s.n. 28 September 1912 白壁山 *Ishidoya, T Ishidoya s.n.* **P'yongyang** 13 September 1902 萬景臺 *Uchiyama, T*
Uchiyama s.n. **Ryanggang** 23 August 1914 Keizanchin(惠山鎭) *Ikuma, Y Ikuma s.n.*

Pseudolysimachion Opiz
Pseudolysimachion kiusianum (Furumi) Holub, Folia Geobot. Phytotax. 2: 424 (1967)
Common name 여우꼬리풀 (넓은잎꼬리풀)
Distribution in Korea: North, Central, South
Veronica linariifolia Pall. ex Link, Jahrb. Gewachsk. 1: 35 (1820)
Veronica angustifolia Fisch. ex Link, Enum. Pl. (Willdenow) 1: 19 (1821)
Veronica cartilaginea Ledeb., Fl. Altaic. 1: 28 (1829)
Veronica paniculata L. var. *angustifolia* Benth., Prodr. (DC.) 10: 465 (1846)
Veronica longifolia L. var. *ovata* Miq., Ann. Mus. Bot. Lugduno-Batavi 2: 119 (1865)
Veronica paniculata L. f. *angustifolia* Miq., Ann. Mus. Bot. Lugduno-Batavi 2: 119 (1865)
Veronica galactites Hance, Ann. Sci. Nat., Bot. 5-5: 232 (1866)
Veronica grandis Fisch. ex Spreng. var. *holophylla* Nakai, Bot. Mag. (Tokyo) 23: 190 (1909)
Veronica spuria L. var. *maxima* Nakai, Rep. Veg. Chiisan Mts. 44 (1915)
Veronica villosula Nakai, Bot. Mag. (Tokyo) 29: 4 (1915)
Veronica kiusiana Furumi, Bot. Mag. (Tokyo) 30: 122 (1916)
Veronica diamantiaca Nakai, Bot. Mag. (Tokyo) 31: 29 (1917)
Veronica holophylla (Nakai) Nakai, Bot. Mag. (Tokyo) 32: 229 (1918)
Veronica angustifolia Fisch. ex Link var. *dilatata* Nakai & Kitag., Rep. Exped. Manchoukuo
Sect. IV, Pt. 1, Pl. Nov. Jehol. 54 (1934)
Veronica linariifolia Pall. ex Link var. *dilatata* (Nakai & Kitag.) Nakai & Kitag., Rep. Exped.
Manchoukuo Sect. IV, Pt. 4, Index Fl. Jeholensis 45 (1936)
Veronica glabrifolia Kitag., J. Jap. Bot. 17: 238 (1941)
Veronica luxuriana Ledeb. var. *glabrifolia* (Kitag.) Nakai, J. Jap. Bot. 19: 16 (1943)
Veronica kiusiana Furumi var. *diamantiaca* (Nakai) T.Yamaz., J. Fac. Sci. Univ. Tokyo, Sect.
3, Bot. 7: 136 (1957)
Veronica kiusiana Furumi var. *maxima* (Nakai) T.Yamaz., J. Fac. Sci. Univ. Tokyo, Sect. 3,
Bot. 7-2: 135 (1957)
Veronica linariifolia Pall. ex Link f. *dilatata* (Nakai & Kitag.) T.Yamaz., J. Fac. Sci. Univ.
Tokyo, Sect. 3, Bot. 7-2: 140 (1957)
Veronica linariifolia Pall. ex Link f. *villosula* (Nakai) T.Yamaz., J. Fac. Sci. Univ. Tokyo, Sect.
3, Bot. 7: 140 (1957)

Pseudolysimachion linariifolium (Pall.) Holub, Folia Geobot. Phytotax. 2, 4: 422 (1967)

Pseudolysimachion kiusianum (Furumi) Holub var. *diamantiacum* (Nakai) T.Yamaz., J. Jap. Bot. 43: 409 (1968)

Pseudolysimachion kiusianum (Furumi) Holub var. *maxima* (Nakai) T.Yamaz., J. Jap. Bot. 43: 408 (1968)

Veronica kiusiana Furumi var. *glabrifolia* (Kitag.) Kitag., Neolin. Fl. Manshur. 572 (1979)

Veronica linariifolia Pall. ex Link ssp. *dilatata* (Nakai & Kitag.) D.Y.Hong, Fl. Reipubl. Popularis Sin. 67: 265 (1979)

Pseudolysimachion kiusianum (Furumi) Holub var. *glabrifolium* (Kitag.) T.Yamaz., Bull. Kwanak Arbor. 4: 55 (1983)

Pseudolysimachion linariifolium (Pall.) Holub var. *villosulum* (Nakai) T.Yamaz., Bull. Kwanak Arbor. 4: 67 (1983)

Pseudolysimachion linariifolium (Pall.) Holub ssp. *dilatatum* (Nakai & Kitag.) D.Y.Hong, Novon 6: 23 (1996)

Representative specimens; Chagang-do 25 July 1909 Kang-gei(Kokai 江界) *Mills, RG Mills s.n.* 10 August 1911 *Mills, RG Mills775* 21 July 1914 大興里山羊間 *Nakai, T Nakai s.n.* 21 July 1914 大興里- 山羊 *Nakai, T Nakai s.n.* **Hamgyong-bukto** 1 August 1914 清津 *Ikuma, Y Ikuma s.n.* 6 October 1942 清津高抹山東側 *Saito, T T Saito10453* 10 August 1932 鏡城 *Ito, H s.n.* 18 August 1935 農圃洞 *Saito, T T Saito s.n.* 31 July 1914 茂山 *Ikuma, Y Ikuma s.n.* 4 August 1933 南陽 *Koidzumi, G Koidzumi s.n.* 13 August 1936 富寧上峴 - 石幕 *Saito, T T Saito s.n.* **Hamgyong-namdo** 1938 咸鏡南道 *Tsuya, S s.n.* 11 August 1940 咸興歸州寺 *Okuyama, S Okuyama s.n.* 1928 Hamhung (咸興) *Seok, JM 61* August 1934 咸興盤龍山 *Yamamoto, A Yamamoto s.n.* 30 September 1936 Hamhung (咸興) *Yamasuta, T s.n.* **Hwanghae-namdo** 29 July 1935 長壽山 *Koidzumi, G Koidzumi s.n.* 長淵郡金水里 *Yamamoto, J s.n.* 29 July 1921 Sorai Beach 九味浦 *Mills, RG Mills s.n.* August 1932 *Smith, RK Smith s.n.* **Kangwon-do** 8 August 1902 下仙里 *Uchiyama, T Uchiyama s.n.* 31 July 1916 金剛山群仙峽 *Nakai, T Nakai5816* 7 August 1932 Mt. Kumgang (金剛山) *Fukushima, N* 11 August 1943 金剛山 *Honda, M Honda s.n.* 29 July 1938 Mt. Kumgang (金剛山) *Hozawa, S Hozawa s.n.* 15 August 1932 金剛山外金剛 *Koidzumi, G Koidzumi s.n.* 12 August 1932 Mt. Kumgang (金剛山) *Koidzumi, G Koidzumi s.n.* 20 August 1916 金剛山彌勒峯 *Nakai, T Nakai5818* Type of *Veronica diamantiaca* Nakai (Holotype TI)9 July 1940 Mt. Kumgang (金剛山) *Okuyama, S Okuyama s.n.* 7 August 1940 金剛山內金剛毘盧峯 *Okuyama, S Okuyama s.n.* 12 August 1902 墨浦洞 *Uchiyama, T Uchiyama s.n.* 18 August 1932 安邊郡衛益面三防 *Koidzumi, G Koidzumi s.n.* 14 August 1930 劍拂浪 *Nakai, T Nakai13962* 30 August 1916 通川街道 *Nakai, T Nakai6089* 5 August 1932 元山 *Kitamura, S Kitamura s.n.* 20 August 1932 元山德原 *Kitamura, S Kitamura s.n.* **P'yongan-bukto** 13 August 1910 Pyok-dong (碧潼) *Mills, RG Mills480* 2 August 1935 妙香山 *Koidzumi, G Koidzumi s.n.* 25 September 1912 雲山郡南面松峴里 *Ishidoya, T Ishidoya20* **P'yongyang** 23 August 1943 大同郡大寶山 *Furusawa, I Furusawa s.n.* 23 August 1943 *Furusawa, I Furusawa s.n.* 9 October 1911 P'yongyang (平壤) *Imai, H Imai s.n.* 20 September 1909 平壤松羅山 *Imai, H Imai s.n.* 20 September 1909 *Imai, H Imai s.n.* **Rason** 3 August 1939 孔子廟山 *Nakai, T Nakai18017* 1 August 1939 普天郡茂山(三社面) 西方山 *Nakai, T Nakai18018* 31 July 1930 島内 *Ohwi, J Ohwi s.n.* 26 July 1917 普天堡 *Furumi, M Furumi s.n.* 14 August 1917 普天堡 -柏德嶺 *Furumi, M Furumi s.n.* 22 July 1897 佳林里 *Komarov, VL Komaorv s.n.* 4 August 1914 普天堡 -寶泰洞 *Nakai, T Nakai s.n.* 8 August 1914 農事洞 *Ikuma, Y Ikuma s.n.*

Scrophularia L.

Scrophularia alata A.Gray, Mem. Amer. Acad. Arts ser. 2, 6: 401 (1858)

Common name 돌현삼 (개현삼)

Distribution in Korea: North, Central

Scrophularia grayana Maxim. ex Kom., Trudy Imp. S.-Peterburgsk. Bot. Sada 25: 416 (1907)

Scrophularia takesimensis Nakai, J. Jap. Bot. 14: 635 (1938)

Scrophularia borealikoreana Nakai, J. Jap. Bot. 14: 632 (1938)

Scrophularia grayana Maxim. ex Kom. var. *takesimensis* (Nakai) T.Yamaz., J. Jap. Bot. 37: 264 (1962)

Scrophularia grayana Maxim. ex Kom. var. *borealikoreana* (Nakai) T.Yamaz., J. Jap. Bot. 37: 264 (1962)

Scrophularia alata A.Gray var. *borealikoreana* (Nakai) Kitag., Neolin. Fl. Manshur. 570 (1979)

Representative specimens; Hamgyong-bukto 11 August 1933 渡正山門內 *Koidzumi, G Koidzumi s.n.* 19 June 1909 清津 *Nakai, T Nakai s.n.* 21 July 1918 朱乙溫面甫上洞河原 *Nakai, T Nakai7438* 28 May 1930 鏡城 *Ohwi, J Ohwi s.n.* 5 July 1933 南下石山 *Saito, T T Saito s.n.* 27 July 1918 朱南面黃雪嶺 *Nakai, T Nakai s.n.* 23 July 1918 *Nakai, T Nakai s.n.* 29 July 1918 黃雪嶺 *Nakai, T Nakai7437* Type of *Scrophularia borealikoreana* Nakai (Holotype TI)2 August 1918 漁大津 *Nakai, T Nakai7439* **Hamgyong-namdo** 13 June 1909 西湖津 *Nakai, T Nakai s.n.* **Kangwon-do** 29 July 1916 海金剛 *Nakai, T Nakai5823* **Rason** 6 July 1935 獨津 *Saito, T T Saito s.n.*

Scrophularia kakudensis Franch., Bull. Soc. Bot. France 26: 87 (1879)

Common name 큰돌현삼 (큰개현삼)

Distribution in Korea: North, Central, South, Jeju
  Scrophularia erecta Stiefelh., Bot. Jahrb. Syst. 44: 458 (1910)
  Scrophularia latisepala Kitag., Bot. Mag. (Tokyo) 49: 230 (1935)
  Scrophularia kakudensis Franch. var. *microphylla* Nakai, J. Jap. Bot. 14: 637 (1938)
  Scrophularia koraiensis Nakai var. *velutina* Sakata, Acta Phytotax. Geobot. 7: 16 (1938)
  Scrophularia pilosa Nakai, J. Jap. Bot. 14: 633 (1938)
  Scrophularia cephalantha Nakai, J. Jap. Bot. 14: 634 (1938)
  Scrophularia buergeriana Miq. var. *quelpartensis* T.Yamaz., J. Jap. Bot. 23: 85 (1948)
  Scrophularia kakudensis Franch. var. *latisepala* (Kitag.) Kitag., J. Jap. Bot. 25: 44 (1950)
  Scrophularia toyamae Hatus. ex T.Yamaz., J. Jap. Bot. 25: 215 (1950)
  Scrophularia maximowiczii Gorschk., Bot. Mater. Otd. Sporov. Rast. Bot. Inst. Komarova Akad. Nauk SSSR 14: 441 (1951)

Representative specimens; Chagang-do 15 July 1942 大紅山 1700m 附近草地 *Jeon, SK JeonSK s.n.* **Hamgyong-bukto** 14 June 1930 Kyonson 鏡城 *Ohwi, J Ohwi s.n.* **Hamgyong-namdo** 20 June 1932 東上面元豊里 *Ohwi, J Ohwi s.n.* 21 July 1936 新興郡白岩山 *Sakata, T Sakata s.n.* Type of *Scrophularia koraiensis* Nakai var. *velutina* Sakata (Holotype ?) **Hwanghae-namdo** 29 July 1935 長壽山 *Koidzumi, G Koidzumi s.n.* 22 July 1922 Sorai Beach 九味浦 *Mills, RG Mills s.n.* **Kangwon-do** 29 August 1916 長箭 *Nakai, T Nakai6091* **P'yongan-bukto** 14 September 1915 宣川 *Nakai, T Nakai2991* **Rason** 6 June 1930 西水羅 *Ohwi, J Ohwi s.n.* 6 June 1930 *Ohwi, J Ohwi s.n.*

Scrophularia koraiensis Nakai, Bot. Mag. (Tokyo) 23: 189 (1909)

Common name 토현삼

Distribution in Korea: North, Central, South

Representative specimens; Chagang-do 22 July 1916 狼林山 *Mori, T Mori s.n.* **Hamgyong-namdo** 5 August 1938 長津湖畔 *Jeon, SK JeonSK s.n.* **Kangwon-do** 31 July 1916 金剛山三聖庵附近 *Nakai, T Nakai s.n.* 31 July 1916 金剛山三聖庵附近溪流 *Nakai, T Nakai5825* 7 August 1932 Mt. Kumgang (金剛山) *Fukushima s.n.* 12 August 1932 *Koidzumi, G Koidzumi s.n.* 26 August 1916 金剛山新金剛 *Nakai, T Nakai582217* August 1916 金剛山內霧在嶺 *Nakai, T Nakai5824* 18 August 1902 Mt. Kumgang (金剛山) *Uchiyama, T Uchiyama s.n.* Type of *Scrophularia koraiensis* Nakai (Holotype TI)18 August 1902 *Uchiyama, T Uchiyama s.n.* **P'yongan-bukto** 3 August 1935 妙香山 *Koidzumi, G Koidzumi s.n.*

Siphonostegia Benth.
Siphonostegia chinensis Benth., Bot. Beechey Voy. 203 (1837)

Common name 절국대

Distribution in Korea: North, Central, South, Jeju

Representative specimens; Hamgyong-bukto 23 August 1932 羅南 *Saito, T T Saito s.n.* 28 August 1934 鈴蘭山 *Uozumi, H Uozumi s.n.* 3 August 1933 會寧 *Koidzumi, G Koidzumi s.n.* **Hwanghae-bukto** 10 September 1915 瑞興 *Nakai, T Nakai s.n.* **Kangwon-do** 28 July 1916 長箭 *Nakai, T Nakai s.n.* 28 July 1916 金剛山外金剛千佛山 *Mori, T Mori s.n.* 31 August 1932 元山 *Kitamura, S Kitamura s.n.* 7 June 1909 *Nakai, T Nakai s.n.* **P'yongyang** 23 August 1943 大同郡大寶山 *Furusawa, I Furusawa s.n.* **Ryanggang** 26 July 1914 三水- 惠山鎭 *Nakai, T Nakai s.n.* 8 August 1914 農事洞 *Ikuma, Y Ikuma s.n.*

Veronica anagallis-aquatica L., Sp. Pl. 12 (1753)

Common name 물칭개꼬리풀 (큰물칭개나물)

Distribution in Korea: North, Central, South, Jeju
  Veronica anagallis-aquatica L. var. *savatieri* Makino, J. Jap. Bot. 3: 34 (1926)

Representative specimens; Hamgyong-bukto 31 August 1935 羅南 *Saito, T T Saito1629* 12 June 1930 鏡城 *Ohwi, J Ohwi877* 12 July 1936 龍溪 *Saito, T T Saito2580*

Veronica daurica Steven, Mem. Soc. Imp. Naturalistes Moscou 5: 339 (1817)
Common name 구와꼬리풀
Distribution in Korea: North, Central
  Veronica grandis Fisch. ex Spreng., Neue Entdeck. Pflanzenk. 2: 122 (1821)
  Veronica longifolia L. var. *grandis* (Fisch.) Turcz., Mem. Soc. Imp. Naturalistes Moscou 24-2: 312 (1851)
  Veronica grandis Fisch. ex Spreng. var. *pinnata* Nakai, J. Jap. Bot. 19: 159 (1943)

Veronica grandis Fisch. ex Spreng. var. *pubescens* Nakai, J. Jap. Bot. 19: 159 (1943)
Pseudolysimachion dauricum (Steven) Holub, Folia Geobot. Phytotax. 2-4: 424 (1967)

Representative specimens; Hamgyong-bukto 19 June 1909 清津 *Nakai, T Nakai s.n.*漁遊洞 *Nakazawa, M s.n.* 29 June 1935 鏡城 - 羅南 *Saito, T T Saito1194* 7 August 1935 羅南支庫 *Saito, T T Saito1354* 6 August 1933 會寧古豊山 *Koidzumi, G Koidzumi s.n.* 3 August 1933 會寧 *Koidzumi, G Koidzumi s.n.* 16 July 1936 會寧郡大澤洞 *Saito, T T Saito2628* 6 July 1930 鏡城 *Ohwi, J Ohwi2101* 6 July 1930 Kyonson 鏡城 *Ohwi, J Ohwi2102* July 1934 鏡城 *Yoshimizu, K s.n.* 2 August 1914 車踰嶺 *Ikuma, Y Ikuma s.n.* 23 July 1918 朱南面黃雪嶺 *Nakai, T Nakai7450* 13 August 1941 阿間面 *Sai, T s.n.* 3 August 1917 鷹洞 *Furumi, M Furumi411* 21 August 1917 *Furumi, M Furumi463* 17 July 1938 新德 - 楡坪洞 *Saito, T T Saito8742* **Rason** 18 August 1935 獨津 *Saito, T T Saito s.n.* 18 August 1935 *Saito, T T Saito1504* **Ryanggang** 31 June 1930 島內 *Ohwi, J Ohwi2912* 3 August 1914 惠山鎭- 普天堡 *Nakai, T Nakai3947* Type of *Veronica grandis* Fisch. ex Spreng. var. *pubescens* Nakai (Holotype TI)25 July 1914 三水郡遮川里三水間 *Nakai, T Nakai s.n.*

Veronica longifolia L., Sp. Pl. 1: 10 (1753)

Common name 긴산꼬리풀

Distribution in Korea: North, Central, South
Veronica maritima L., Sp. Pl. 10 (1753)
Pseudolysimachion longifolium (L.) Opiz, Seznam 80 (1852)
Veronica pseudolongifolia Printz, Contr. Fl. As. 3: 380 (1921)
Veronica longifolia L. var. *angustata* Nakai, Fl. Sylv. Kor. 14: 70 (1923)
Veronica pseudolongifolia Printz var. *angustata* (Nakai) Nakai, J. Jap. Bot. 19: 17 (1943)
Veronica exortiva Kitag., J. Jap. Bot. 26: 17 (1951)
Veronica longifolia L. ssp. *exortiva* (Kitag.) Kitag., Neolin. Fl. Manshur. 573 (1979)

Representative specimens; Hamgyong-namdo 2 September 1934 東下面蓮花山 *Yamamoto, A Yamamoto s.n.* 23 July 1933 東上面漢岱里 *Koidzumi, G Koidzumi s.n.* **Ryanggang** 27 July 1917 合水 *Furumi, M Furumi371* 24 June 1930 延岩洞 *Ohwi, J Ohwi2409* 31 July 1930 島內 *Ohwi, J Ohwi2912* 4 August 1914 普天堡- 寶泰洞 *Nakai, T Nakai3239* 20 August 1933 三長 *Koidzumi, G Koidzumi s.n.* 13 August 1914 農事洞- 三下 *Nakai, T Nakai3223* 15 July 1938 新德 *Saito, T T Saito8740*

Veronica peregrina L., Sp. Pl. 14 (1753)

Common name 문모초

Distribution in Korea: North, Cental, South, Jeju
Veronica romana L., Sp. Pl. 14 (1753)
Veronica × alapensis Humb., Nov. Gen. Sp. [Kunth] 2: 389 (1817)
Veronica peregrina L. var. *xalapensis* (Knuth) Pennell, Torreya 19: 167 (1919)
Veronica peregrina L. var. *pubescens* Honda, Bot. Mag. (Tokyo) 54: 467 (1940)
Veronica peregrina L. f. *xalapensis* (Knuth) Kitag., Neolin. Fl. Manshur. 573 (1979)

Representative specimens; Sinuiju 新義州 *Miyasiro, S s.n.*

Veronica pyrethrina Nakai, J. Jap. Bot. 19: 160 (1943)

Common name 큰구와꼬리풀

Distribution in Korea: North, Central
Pseudolysimachion pyrethrinum (Nakai) T.Yamaz., J. Jap. Bot. 43: 410 (1968)

Veronica rotunda Nakai, Bot. Mag. (Tokyo) 29: 3 (1915)

Common name 둥근산꼬리풀

Distribution in Korea: North, Central, South
Veronica spuria L. var. *subintegra* Nakai, Bot. Mag. (Tokyo) 25: 62 (1911)
Veronica coreana Nakai, Bot. Mag. (Tokyo) 32: 228 (1918)
Veronica amplectens Nakai, Bot. Mag. (Tokyo) 35: 137 (1921)
Veronica komarovii Monjuschko, Bot. Mater. Gerb. Glavn. Bot. Sada RSFSR 5: 114, pl. 123 (1924)
Veronica subsessilis Furumi var. *subintegra* (Nakai) Nakai, J. Jap. Bot. 19: 86 (1943)
Veronica rotunda Nakai var. *coreana* (Nakai) T.Yamaz., J. Fac. Sci. Univ. Tokyo, Sect. 3, Bot. 7: 142 (1957)
Veronica rotunda Nakai var. *subintegra* (Nakai) T.Yamaz., J. Fac. Sci. Univ. Tokyo, Sect. 3, Bot. 7: 142 (1957)

Pseudolysimachion rotundum (Nakai) Holub, Folia Geobot. Phytotax. 2: 423 (1967)
Pseudolysimachion rotundum (Nakai) Holub var. *coreanum* (Nakai) T.Yamaz., J. Jap. Bot. 43: 411 (1968)
Pseudolysimachion rotundum (Nakai) Holub var. *subintegra* (Nakai) T.Yamaz., J. Jap. Bot. 43: 411 (1968)

Representative specimens; Chagang-do 11 August 1910 Seechun dong(時中洞) *Mills, RG Mills446* **Hamgyong-bukto** July 1932 鏡城 *Ito, H s.n.* **Hamgyong-namdo** 1938 鎮江- 鎮岩峯 *Tsuya, S s.n.* 27 July 1933 東上面元豊 *Koidzumi, G Koidzumi s.n.* 23 July 1933 東上面漢岱里 *Koidzumi, G Koidzumi s.n.* 15 August 1935 *Nakai, T Nakai s.n.* 24 July 1935 東上面大漢垈里 *Nomura, N Nomura s.n.* 23 July 1935 漢垈里(弁天島) *Nomura, N Nomura s.n.* 14 August 1935 新興郡白岩山 *Nakai, T Nakai15692* 1 August 1932 *Nomura, N Nomura s.n.* **Kangwon-do** 14 August 1933 安邊郡衛益面三防 *Nomura, N Nomura s.n.* 20 August 1932 元山德原 *Kitamura, S Kitamura s.n.* **Ryanggang** 15 August 1935 北水白山 *Hozawa, S Hozawa s.n.* 13 August 1914 白頭山 *Ikuma, Y Ikuma s.n.* August 1913 長白山 *Mori, T Mori s.n.* 2 August 1917 Moho (茂峯)-農事洞 *Furumi, M Furumi s.n.* 6 August 1914 三下面江口 *Ikuma, Y Ikuma s.n.*

Veronica serpyllifolia L., Sp. Pl. 12 (1753)
Common name 방패꽃
Distribution in Korea: Introduced (North; Europe)

Veronica stelleri Pall. ex Link var. *longistyla* Kitag., Rep. Inst. Sci. Res. Manchoukuo 6: 127 (1942)
Common name 두메꼬리풀
Distribution in Korea: North
Veronica tenella All., Fl. Pedem. 1: 75, pl. 22, f. 1 (1785)
Veronica humifusa Dicks., Trans. Linn. Soc. London 2: 288 (1795)
Veronica serpyllifolia L. var. *humifusa* (Dicks.) Vahl, Enum. Pl. (Vahl) 1: 65 (1805)
Veronica serpyllifolia L. ssp. *humifusa* (Dicks.) Syme, Engl. Bot., ed. 3B 6: 158 (1866)

Representative specimens; Chagang-do 10 July 1914 蔥田嶺 *Nakai, T Nakai s.n.* **Hamgyong-bukto** 27 May 1930 鏡城 *Ohwi, J Ohwi169* 14 June 1930 *Ohwi, J Ohwi914* 5 June 1936 朱乙 -甫上 *Saito, T T Saito s.n.* **Hamgyong-namdo** 2 September 1934 蓮花山 *Kojima, K Kojima s.n.* 15 June 1932 下碣隅里 *Ohwi, J Ohwi s.n.* 16 August 1935 雲仙嶺 *Nakai, T Nakai s.n.* 16 August 1935 *Nakai, T Nakai s.n.* **P'yongan-namdo** 21 July 1916 上南洞 *Mori, T Mori s.n.* **Ryanggang** August 1913 Keizanchin(惠山鎮) *Mori, T Mori s.n.* 24 June 1917 豊山新豊里 *Furumi, M Furumi s.n.* 15 August 1935 北水白山 *Hozawa, S Hozawa s.n.* 22 June 1930 倉坪嶺 *Ohwi, J Ohwi1621* 22 July 1917 白頭山火口內側 *Furumi, M Furumi s.n.* 13 August 1913 白頭山 *Hirai, H Hirai s.n.* August 1913 長白山 *Mori, T Mori s.n.* 6 August 1914 胞胎山虛項嶺 *Nakai, T Nakai s.n.* 10 August 1914 白頭山 *Nakai, T Nakai s.n.* Type of *Veronica stelleri* Pall. ex Link var. *longistyla* Kitag. (Holotype TI)28 July 1942 白頭山大將峰 *Saito, T T Saito s.n.* 31 July 1942 白頭山天池花桃邑 *Saito, T T Saito s.n.* July 1925 白頭山 *Shoyama, T s.n.*

Veronica undulata Wall., Fl. Ind. (Roxburgh), ed. 1820, 1: 147 (1820)
Common name 물칭개나물
Distribution in Korea: North, Central, South, Ulleung

Representative specimens; Chagang-do 6 July 1911 Kang-gei(Kokai 江界) *Mills, RG Mills422* **Hamgyong-bukto** 13 July 1918 朱乙溫面生氣嶺 *Nakai, T Nakai s.n.* 12 June 1930 Kyonson 鏡城 *Ohwi, J Ohwi s.n.* 20 June 1909 富寧 *Nakai, T Nakai s.n.* **Ryanggang** 26 July 1914 三水- 惠山鎮 *Nakai, T Nakai s.n.* 21 June 1917 項里 *Furumi, M Furumi s.n.*

Veronicastrum Heist. ex Fabr.
Veronicastrum sibiricum (L.) Pennell, Acad. Nat. Sci. Philadelphia Monogr. 1: 321 (1935)
Common name 냉초
Distribution in Korea: North, Central, South
Veronica sibirica L., Sp. Pl. (ed. 2) 12 (1762)
Eustachya japonica Raf., Ann. Gen. Sci. Phys. 6: 97 (1820)
Leptandra japonica Raf., Med. Fl. 2: 21 (1830)
Leptandra sibiricus (L.) Nutt. ex G.Don, Gen. Hist. 4: 579 (1837)
Veronica japonica (Raf.) Steud., Nomencl. Bot., ed. 2 (Steudel) 2: 757 (1841)
Veronica virginica L. var. *japonica* Nakai, Bot. Mag. (Tokyo) 26: 170 (1912)
Veronica virginica L. var. *sibirica* (L.) Nakai, Bot. Mag. (Tokyo) 26: 170 (1912)
Veronica virginica L. var. *zuccarinii* Koidz., Bot. Mag. (Tokyo) 44: 112 (1930)
Veronicastrum sibiricum (L.) Pennell var. *japonicum* (Nakai) H.Hara, J. Jap. Bot. 16: 160 (1940)

Veronicastrum sibiricum (L.) Pennell var. *yezoense* H.Hara, J. Jap. Bot. 16: 161 (1940)
Veronicastrum sibiricum (L.) Pennell var. *zuccarinii* (Koidz.) H.Hara, J. Jap. Bot. 16: 160 (1940)
Veronica sibirica L. var. *glabra* Nakai, J. Jap. Bot. 19: 5 (1943)
Veronica sibirica L. var. *zuccarinii* Nakai, J. Jap. Bot. 19: 9 (1943)

Representative specimens; Chagang-do 10 July 1914 蔥田嶺 *Nakai, T Nakai s.n.* **Hamgyong-bukto** 17 June 1909 清津 *Nakai, T Nakai s.n.* 22 July 1934 羅南 *Yoshimizu, K s.n.* 17 July 1918 朱乙溫面甫上洞 *Nakai, T Nakai s.n.* 6 July 1930 鏡城 *Ohwi, J Ohwi 2048* **Hamgyong-namdo** 1 August 1939 Jyosen Mogan *Nakai, T Nakai s.n.* 24 June 1914 咸興盤龍山 *Nomura, N Nomura s.n.* July 1943 龍眼里 *Uchida, H Uchida s.n.* 23 July 1933 東上面漢岱里 *Koidzumi, G Koidzumi s.n.* 15 August 1935 *Nakai, T Nakai s.n.* 15 August 1940 赴戰高原 Fusenkogen *Okuyama, S Okuyama s.n.* **Hwanghae-namdo** 15 July 1921 Sorai Beach 九味浦 *Mills, RG Mills s.n.* August 1932 *Smith, RK Smith s.n.* **Kangwon-do** 4 September 1916 洗浦-蘭谷 *Nakai, T Nakai s.n.* **P'yongan-namdo** 17 July 1916 加音峯 *Mori, T Mori s.n.* 21 July 1916 上南洞 *Mori, T Mori s.n.* **Ryanggang** 27 August 1934 豊山郡熊面新峯大岩山 -頭里松谷 *Yamamoto, A Yamamoto s.n.* 1 August 1939 普天郡茂山(三社面) 孔子廟山 *Nakai, T Nakai s.n.* August 1913 長白山 *Mori, T Mori s.n.*

Veronicastrum tubiflorum (Fisch. & C.A.Mey.) H.Hara, J. Jap. Bot. 16: 53 (1940)

Common name 버들잎꼬리풀

Distribution in Korea: North
  Paederota angustifolia Turcz. ex Besser, Flora 17 (1 Beibl.): 1 (1834)
  Veronica tubiflora Fisch. & C.A.Mey., Index Seminum [St. Petersburg (Petropolitanus)] 2: 53 (1835)
  Leptandra tubiflora (Fisch. & C.A.Mey.) Fisch. & C.A.Mey., Ann. Sci. Nat., Bot. ser. 2, 5: 301 (1836)
  Leptandra meyeri G.Don, Gen. Hist. 4: 579 (1837)
  Paederota tubiflora (Fisch. & C.A.Mey.) Walp., Ann. Bot. Syst. 3: 370 (1848)

Representative specimens; Hamgyong-namdo 30 June 1940 安平郡富坪 *Suzuki, T s.n.*

OROBANCHACEAE

Boschniakia C.A.Mey. ex Bong.
Boschniakia rossica (Cham. & Schltdl.) B.Fedtsch., Fl. Eur. Ross. 896 (1910)

Common name 오리더부살이 (오리나무더부살이)

Distribution in Korea: North, Central
  Orobanche rossica Cham. & Schltdl., Linnaea 3: 132 (1828)
  Boschniakia glabra C.A.Mey. ex Bong., Mem. Acad. Imp. Sci. St.-Petersbourg, Ser. 6, Sci. Math., Seconde Pt. Sci. Nat. 2: 157 (1833)
  Orobanche glabra (C.A.Mey. ex Bong.) Hook., Fl. Bor.-Amer. (Hooker) 2: 91 (1840)

Representative specimens; Ryanggang 29 July 1922 長白山 *Kamibayashi, K s.n.* 胞胎山 *Unknown s.n.*

Orobanche L.
Orobanche coerulescens Stephan, Sp. Pl. (ed. 4) 3: 349 (1800)

Common name 초종용

Distribution in Korea: North, Central, South, Jeju, Ulleung
  Orobanche ammophila C.A.Mey., Fl. Altaic. 2: 454 (1830)
  Orobanche canescens Bunge, Enum. Pl. Chin. Bor. 50 (1831)
  Orobanche coerulescens Stephan f. *pekinensis* Beck, Monogr. Orobanche 138 (1890)
  Orobanche bodinieri H.Lév., Repert. Spec. Nov. Regni Veg. 9: 451 (1911)
  Orobanche mairei H.Lév., Repert. Spec. Nov. Regni Veg. 12: 285 (1913)
  Orobanche nipponica Makino, J. Jap. Bot. 5: 40 (1928)
  Orobanche japonensis Makino, J. Jap. Bot. 6: 9 (1929)
  Orobanche pycnostachya Hance var. *yunnanensis* Beck, Pflanzenr. (Engler) IV, 261(Heft 96): 118 (1930)
  Orobanche akiana Honda, Bot. Mag. (Tokyo) 46: 676 (1932)
  Orobanche coerulescens Stephan ex Willd. var. *glaberrima* Sakata, Kouyuu Kaihou 91: 32 (1935)
  Orobanche korshinskyi Novopokr., Bot. Mater. Gerb. Bot. Inst. Komarova Akad. Nauk

S.S.S.R. 13: 311 (1950)

Orobanche coerulescens Stephan f. *korshinskyi* (Novopokr.) Ma, Fl. Intramongol. 5: 309 (1980)

Representative specimens; Chagang-do 21 July 1914 大興里 *Nakai, T Nakai s.n.* 18 July 1914 大興里- 山羊 *Nakai, T Nakai s.n.*
Hamgyong-bukto 18 June 1909 清津 *Nakai, T Nakai s.n.* 15 June 1930 茂山嶺 *Ohwi, J Ohwi s.n.* 7 July 1930 Kyonson 鏡城 *Ohwi, J Ohwi2114a* 11 July 1930 鏡城 *Ohwi, J Ohwi2280* **Hamgyong-namdo** 27 July 1941 定平郡宣德面 *Kanemoto, TS s.n.* 29 June 1940 *Kim, SK s.n.* 14 August 1940 赴戰高原 Fusenkogen *Okuyama, S Okuyama s.n.* **Hwanghae-namdo** 9 July 1921 Sorai Beach 九味浦 *Mills, RG Mills s.n.* 9 July 1921 *Mills, RG Mills s.n.* **Kangwon-do** 7 August 1916 金剛山末輝里方面 *Nakai, T Nakai s.n.* 12 August 1902 墨浦洞 *Uchiyama, T Uchiyama s.n.* 14 August 1902 Mt. Kumgang (金剛山) *Uchiyama, T Uchiyama s.n.* 22 August 1902 北屯址附近 *Uchiyama, T Uchiyama s.n.* **P'yongan-bukto** 8 June 1914 飛來峯 *Nakai, T Nakai s.n.* 7 June 1914 昌城- 碧潼 *Nakai, T Nakai s.n.* 4 August 1912 Unsan (雲山) *Imai, H Imai s.n.* 28 September 1912 白壁山 *Ishidoya, T Ishidoya s.n.* **Rason** 7 July 1936 新興 *Saito, T T Saito2495* **Ryanggang** 25 June 1917 甲山 - 上里 *Furumi, M Furumi s.n.* 1 July 1897 五是川雲寵江-崔五峰 *Komarov, VL Komaorv s.n.*

Orobanche pycnostachya Hance, J. Linn. Soc., Bot. 13: 84 (1873)

Common name 노랑갯더부사리 (황종용)

Distribution in Korea: North

Representative specimens; Hamgyong-bukto15 May 1897 江八嶺 *Komarov, VL Komaorv s.n.* **Ryanggang** 30 May 1897 延面水河谷-古倉坪 *Komarov, VL Komaorv s.n.*

Orobanche pycnostachya Hance var. *amurensis* Beck, Monogr. Orobanche 141 (1890)

Common name 압록더부살이

Distribution in Korea: North, Central
    Orobanche amurensis (Beck) Kom., Trudy Imp. S.-Peterburgsk. Bot. Sada 25: 469 (1907)
    Orobanche ussuriensis Novopokr., Bot. Mater. Otd. Sporov. Rast. Bot. Inst. Komarova Akad.
    Nauk SSSR 12: 274 (1950)
    Orobanche filicicola Nakai ex J.O. Hyun, Y.S.Lim & H.Shin, Novon 13: 64 (2003)

Representative specimens; Ryanggang 1 July 1897 五是川雲寵江-崔五峰 *Komarov, VL Komaorv s.n.* 7 July 1897 犁方嶺 (鴨綠江羅暖堡) *Komarov, VL Komaorv s.n.* 19 August 1897 葡坪 *Komarov, VL Komaorv s.n.* 28 July 1897 佳林里 *Komarov, VL Komaorv s.n.* 17 August 1897 九道溝 *Komarov, VL Komaorv s.n.*

Phacellanthus Siebold & Zucc.
Phacellanthus tubiflorus Siebold & Zucc., Abh. Math.-Phys. Cl. Konigl. Bayer. Akad. Wiss. 4: 141 (1846)

Common name 가지더부사리 (가지더부살이)

Distribution in Korea: North, Central, South, Ulleung
    Phacellanthus continentalis Kom., Bull. Acad. Imp. Sci. Saint-Pétersbourg 7: 273 (1930)
    Tienmuia triandra Hu, Bull. Fan Mem. Inst. Biol. Bot. 9: 6 (1939)

ACANTHACEAE

Justicia L.
Justicia procumbens L., Sp. Pl. 15 (1753)

Common name 쥐꼬리망초

Distribution in Korea: North, Central, South, Jeju
    Justicia japonica Thunb., Syst. Veg., ed. 14 (J. A. Murray) 63 (1784)
    Justicia procumbens L. var. *leucantha* Honda, Bot. Mag. (Tokyo) 44: 669 (1930)
    Justicia procumbens L. var. *leucantha* Honda f. *japonica* (Thunb.) H.Hara, Enum.
    Spermatophytarum Japon. 1: 294 (1948)

PEDALIACEAE

Trapella Oliv.
Trapella sinensis Oliv., Hooker's Icon. Pl. 16: t. 1595 (1887)
Common name 수염마름
Distribution in Korea: North, Central, South
 Trapella antennifera (H.Lév.) Glück, Bot. Jahrb. Syst. 70: 149 (1939)
 Trapella sinensis Oliv. var. *antennifera* (H.Lév.) H.Hara, J. Jap. Bot. 7: 380-82 (1941)

Representative specimens; **P'yongan-namdo** 30 September 1910 Sin An Ju(新安州) *Mills, RG Mills339*

BIGNONIACEAE

Campsis Lour.
Campsis grandiflora (Thunb.) K.Schum., Nat. Pflanzenfam. 4 (3b): 230 (1894)
Common name 능소화
Distribution in Korea: cultivated and Introduced (North, Central, South)
 Bignonia glandifolia Thunb., Nova Acta Regiae Soc. Sci. Upsal. 4: 39 (1783)
 Bignonia chinensis Lam., Encycl. (Lamarck) 1: 423 (1785)
 Campsis adrepens Lour., Fl. Cochinch. 377 (1790)
 Tecoma grandiflora (Thunb.) Loisel., Herb. Amat. Amateur 5: 286 (1821)
 Incarvillea grandiflora Spreng., Syst. Veg. (ed. 16) [Sprengel] 2: 836 (1825)
 Incarvillea chinensis Spreng. ex DC., Prodr. (DC.) 9: 237 (1845)
 Tecoma chinensis (Lam.) K.Koch, Dendrologie 3: 307 (1872)
 Campsis chinensis (Lam.) Voss, Vilm. Blumengaertn., ed. 3 1: 801 (1894)

Catalpa Scop.
Catalpa bignonioides Walter, Fl. Carol. 64 (1788)
Common name 꽃개오동
Distribution in Korea: cultivated (North, Central, South)
 Bignonia catalpa L., Sp. Pl. 622 (1753)
 Bignonia spectabilis Salisb., Prodr. Stirp. Chap. Allerton 106 (1796)
 Catalpa arborea Baill., Leçons Fam. Nat. 214 (1872)

Representative specimens; **P'yongyang** 17 June 1911 P'yongyang (平壤) *Imai, H Imai s.n.*

Catalpa ovata G.Don, Gen. Hist. 4: 230 (1837)
Common name 개오동
Distribution in Korea: cultivated (North, Central, South)
 Catalpa bignonioides Walter var. *kaempferi* DC., Prodr. (DC.) 9: 226 (1845)
 Catalpa kaempferi Siebold & Zucc., Abh. Math.-Phys. Cl. Konigl. Bayer. Akad. Wiss. 4 (3): 142 (1846)
 Catalpa henryi Dode, Bull. Soc. Dendrol. France 1907: 199 (1907)

Representative specimens; **Chagang-do** 4 July 1914 江界 *Nakai, T Nakai s.n.* **Hamgyong-bukto** 6 October 1935 羅南 *Saito, T T Saito s.n.* **Hwanghae-namdo** 7 September 1902 安城 - 南川 *Uchiyama, T Uchiyama s.n.* **Kangwon-do** 10 August 1902 草木洞 *Uchiyama, T Uchiyama s.n.* 10 August 1902 *Uchiyama, T Uchiyama s.n.*

LENTIBULARIACEAE

Pinguicula L.
Pinguicula villosa L., Sp. Pl. 17 (1753)

Common name 털잡이제비꽃

Distribution in Korea: North

Representative specimens; Ryanggang 4 August 1939 大澤濕地 *Hozawa, S Hozawa s.n.*

Pinguicula vulgaris L. ssp. ***macroceras*** (Pall. ex Link) Calder & Roy L.Taylor, Canad. J. Bot. 43: 1399 (1965)

Common name 벌레잡이제비꽃

Distribution in Korea: North
Pinguicula macroceras Pall. ex Link, Jahrb. Gewachsk. 1: 54 (1820)
Pinguicula vulgaris L. var. *macroceras* (Pall. ex Link) Herder, Trudy Imp. S.-Peterburgsk. Bot. Sada 1: 380 (1873)

Utricularia L.
Utricularia aurea Lour., Fl. Cochinch. 1: 26 (1790)

Common name 들통발

Distribution in Korea: North, Central, South
Utricularia flexuosa Vahl, Enum. Pl. (Vahl) 1: 198 (1804)
Utricularia fasciculata Roxb., Hort. Bengal. 4 (1814)
Utricularia confervifolia Jacks. & D.Don, Prodr. Fl. Nepal. 84 (1825)
Utricularia macrocarpa Wall., Numer. List 1429 (1829)
Utricularia flexuosa Vahl var. *blumei* A.DC.A.DC., Prodr. (DC.) 8: 24 (1844)
Utricularia inaequalis Benj., Linnaea 20: 304 (1847)
Utricularia calumpitensis Llanos, Fragm. Pl. Filip. 11 (1851)
Utricularia extensa Hance, Ann. Bot. Syst. 3: 3 (1852)
Utricularia reclinata Hassk., Verslagen Meded. Afd. Natuurk. Kon. Akad. Wetensch. 4: 161 (1855)
Utricularia blumei (A.DC.) Miq., Fl. Ned. Ind. 2: 997 (1859)
Utricularia vulgaris Nakai var. *pilosa* Makino, Bot. Mag. (Tokyo) 9: 111 (1895)
Utricularia pilosa Makino, Bot. Mag. (Tokyo) 11: 70 (1897)

Utricularia australis R.Br., Prodr. Fl. Nov. Holland. 430 (1810)

Common name 통발

Distribution in Korea: North, Central, South, Jeju
Utricularia vulgaris Nakai, J. Coll. Sci. Imp. Univ. Tokyo 31: 132 (1911)
Utricularia japonica Makino, Bot. Mag. (Tokyo) 28: 28 (1914)
Utricularia tenuicaulis Miki, Bot. Mag. (Tokyo) 49: 847 (1935)
Utricularia vulgaris Nakai var. *japonica* (Makino) T.Yamanaka, Acta Phytotax. Geobot. 15: 32 (1953)

Utricularia bifida L., Sp. Pl. 18 (1753)

Common name 땅귀개

Distribution in Korea: North, Central, South, Jeju
Utricularia recurva Lour., Fl. Cochinch. 1: 26 (1790)
Utricularia humilis Vahl, Enum. Pl. (Vahl) 1: 203 (1804)
Utricularia antirrhinoides Wall., Numer. List. 1498 (1829)
Utricularia alata Benj., Bot. Zeitung (Berlin) 3: 212 (1845)
Utricularia brevicaulis Benj., Linnaea 2: 303 (1847)
Utricularia sumatrana Miq., Fl. Ned. Ind. 2: 998 (1859)

Utricularia intermedia Hayne, J. Bot. (Schrader) 1: 18 (1800)

Common name 애기통발 (개통발)

Distribution in Korea: North, Central
Utricularia alpina Georgi, Beschr. Nation. Russ. Reich 4: 655 (1800)
Utricularia media Schumach., Enum. Pl. (Schumacher) 1: 9 (1801)
Utricularia millefolium Nutt. ex Tuck., Amer. J. Sci. Arts 14: 28 (1843)

Utricularia grafiana Koch, Flora 30: 265 (1847)
Lentibularia intermedia (Hayne) Nieuwl. & Lunell, Amer. Midl. Naturalist 5: 9 (1917)

Representative specimens; Hamgyong-bukto 4 August 1930 五十里濕原 (大澤) Ohwi, *J Ohwi s.n.* **Rason** 4 June 1930 西水羅 Ohwi, *J Ohwi386* **Ryanggang** 18 July 1897 Keizanchin(惠山鎭) Komarov, *VL Komaorv s.n.* 15 August 1897 蓮坪-厚州川-厚州古邑 Komarov, *VL Komaorv s.n.* 31 July 1930 醬池 Ohwi, *J Ohwi s.n.* 24 July 1930 大澤 Ohwi, *J Ohwi2552* 21 August 1914 崔哥嶺 *Ikuma, Y Ikuma s.n.* August 1913 白頭山車考哀農事洞車南一里火山臺 Mori, *T Mori s.n.*

Utricularia ochroleuca R.W.Hartm., Bot. Not. 1857: 30 (1857)
Common name 북통발
Distribution in Korea: North (Gangwon)

CAMPANULACEAE

Adenophora Fisch.
Adenophora gmelinii (Biehler) Fisch., Mem. Soc. Imp. Naturalistes Moscou 6: 167 (1823)
Common name 솔잎잔대
Distribution in Korea: North, South, Jeju
    Campanula gmelinii Biehler, Pl. Nov. Herb. Spreng. 17 (1807)
    Campanula coronopifolia Fisch. ex Roem. & Schult., Syst. Veg. (ed. 16) [Roemer & Schultes] 5: 157 (1819)
    Campanula erysimoides Vest, Syst. Veg. (ed. 16) [Roemer & Schultes] 5: 102 (1819)
    Campanula rabelaisiana Schult., Syst. Veg. (ed. 16) [Roemer & Schultes] 5: 158 (1819)
    Adenophora coronopifolia (Fisch. ex Schult.) Fisch., Mem. Soc. Imp. Naturalistes Moscou 6: 167 (1823)
    Adenophora pomponiifolia Fisch., Mem. Soc. Imp. Naturalistes Moscou 6: 167 (1823)
    Campanula fischeriana Spreng., Syst. Veg. (ed. 16) [Sprengel] 4(2, Cur. Post.): 77 (1827)
    Adenophora rabelaisiana (Schult.) G.Don, Hort. Brit. (Loudon) 75 (1830)
    Campanula monadelpha Pall. ex A.DC., Monogr. Campan. 363 (1830)
    Campanula salicifolia Juss. ex Ledeb., Fl. Ross. (Ledeb.) 2: 894 (1846)
    Adenophora polymorpha Ledeb. var. *coronopifolia* (Fisch.) Trautv. ex Herder, Trudy Imp. S.-Peterburgsk. Bot. Sada 1: 309 (1872)
    Adenophora communis Fisch. var. *coronopifolia* (Fisch. ex Schult.) Trautv., Trudy Imp. S.-Peterburgsk. Bot. Sada 6: 98 (1879)
    Adenophora taquetii H.Lév., Repert. Spec. Nov. Regni Veg. 12: 22 (1913)
    Adenophora pachyphylla Kitag., Rep. Inst. Sci. Res. Manchoukuo 2: 297 (1938)
    Adenophora erysimoides (Vest) Nakai ex Kitag., Rep. Inst. Sci. Res. Manchoukuo 2: 298 (1938)

Representative specimens; Hamgyong-bukto 12 August 1933 渡正山 Koidzumi, *G Koidzumi s.n.* 7 July 1931 Saito, *T T Saito122B* 26 July 1930 頭流山 Ohwi, *J Ohwi s.n.* 7 August 1933 雪嶺 Saito, *T T Saito1074* **P'yongyang** 25 August 1909 Botandai (牡丹台) Imai, *H Imai s.n.* 26 September 1939 P'yongyang (平壤) Kitamura, *S Kitamura s.n.* **Ryanggang** 31 August 1930 島內 Ohwi, *J Ohwi s.n.* 25 July 1930 合水桃花洞 Ohwi, *J Ohwi2703* 28 July 1942 白頭山森林限界 Saito, *T T Saito10089* 31 July 1943 南雪嶺 Chang, *HD ChangHD3863*

Adenophora grandiflora Nakai, Bot. Mag. (Tokyo) 23: 188 (1909)
Common name 큰잔대 (도라지모시대)
Distribution in Korea: North, Central

Representative specimens; Chagang-do 13 August 1912 Kosho (渭原) Imai, *H Imai s.n.* **Hamgyong-namdo** 25 September 1925 泗水山 Chung, *TH Chung s.n.* 15 August 1935 東上面漢岱里 Nakai, *T Nakai15727* **Kangwon-do** 10 August 1902 草木洞 Uchiyama, *T Uchiyama s.n.* 18 August 1902 金剛山 Uchiyama, *T Uchiyama s.n.* Type of *Adenophora grandiflora* Nakai (Holotype TI)

Adenophora lamarckii Fisch., Mem. Soc. Imp. Naturalistes Moscou 6: 168 (1823)
Common name 두메잔대
Distribution in Korea: North (Gaema, Baekmu, Bujeon)

Adenophora communis Fisch. var. *lamarckii* (Fisch.) Trautv., Trudy Imp. S.-Peterburgsk. Bot. Sada 6: 98 (1879)

Adenophora liliifolia (L.) A.DC. var. *lamarckii* Krylov, Fl. Altai Gov. Tomsk 3: 782 (1904)

Campanula lamarckii (Fisch.) Borbás, Magyar Bot. Lapok 3: 192 (1904)

Adenophora lamarckii Fisch. var. *longifolia* Nakai, Rep. Veg. Daisetsu Mts. 13 (1930)

Adenophora liliifolia (L.) A.DC., Monogr. Campan. 358 (1830)

Common name 가는잎잔대 (나리잔대)

Distribution in Korea: far North (Paekdu, Kwanmo, Seolryong), Jeju

Campanula liliifolia L., Sp. Pl. 165 (1753)

Campanula alpini L., Sp. Pl. (ed. 2) 1669 (1763)

Campanula subuniflora Lam., Tabl. Encycl. 2: 53 (1796)

Campanula fischeri Roem. & Schult., Syst. Veg. (ed. 16) [Roemer & Schultes] 5: 116 (1819)

Campanula spreta Roem. & Schult., Syst. Veg. (ed. 16) [Roemer & Schultes] 5: 123 (1819)

Adenophora communis Fisch., Mem. Soc. Imp. Naturalistes Moscou 6: 168 (1823)

Adenophora stylosa (Lam.) Fisch., Mem. Soc. Imp. Naturalistes Moscou 6: 168 (1823)

Adenophora polymorpha Ledeb., Fl. Altaic. 1: 246 (1829)

Adenophora liliifolia (L.) A.DC. var. *stylosa* (Lam.) Korsh., Mem. Acad. Imp. Sci. St.-Petersbourg, Ser. 7 17: 40 (1879)

Adenophora polymorpha Ledeb. var. *rhombifolia* H.Lév., Repert. Spec. Nov. Regni Veg. 12: 22 (1913)

Adenophora liliifolia (L.) A.DC. f. *alba* (Nakai) W.T.Lee, Lineamenta Florae Koreae 1061 (1996)

Representative specimens; Hamgyong-bukto 7 July 1930 鏡城 *Ohwi, J Ohwi s.n.* 25 June 1930 雪嶺 *Ohwi, J Ohwi s.n.* **Ryanggang** 15 August 1897 蓮坪-厚州川-厚州古邑 *Komarov, VL Komaorv s.n.*

Adenophora palustris Kom., Trudy Imp. S.-Peterburgsk. Bot. Sada 18: 426 (1901)

Common name 진퍼리잔대

Distribution in Korea: North (Hamgyong, P'yongan), Central (Hwanghae)

Adenophora latifolia Fisch., Mem. Soc. Imp. Naturalistes Moscou 6: 168 (1823)

Adenophora palustris Kom. f. *leucantha* Nakai ex Matsum., Nippon Shokubutsumeii, ed. 9 2: 83 (1916)

Adenophora palustris Kom. var. *leucantha* (Nakai ex Matsum.) Nakai ex T. Mori, Enum. Pl. Corea 337 (1922)

Representative specimens; Chagang-do 26 August 1897 小德川 (松德水河谷) *Komarov, VL Komaorv s.n.* **Hamgyong-bukto** 23 May 1897 車踰嶺 *Komarov, VL Komaorv s.n.* 2 August 1939 茂山 *Nakai, T Nakai6224* 2 August 1939 *Nakai, T Nakai6525* 12 June 1897 西溪水 *Komarov, VL Komaorv s.n.* 4 June 1897 四芝嶺 *Komarov, VL Komaorv s.n.* **Kangwon-do** 14 August 1916 淮陽郡蘭谷 *Ishidoya, T Ishidoya s.n.* 19 July 1918 洗浦 *Nakai, T Nakai7530* 1916 *Uyeki, H Uyeki s.n.* **P'yongan-namdo** 15 September 1915 Anjyu (安州) *Nakai, T Nakai2916* **Ryanggang** 1 July 1897 五是川雲寵江-崔五峰 *Komarov, VL Komaorv s.n.* 1 August 1897 虛川江 (同仁川) *Komarov, VL Komaorv s.n.* 1 August 1897 *Komarov, VL Komaorv s.n.* 7 July 1897 犁方嶺 (鴨綠江羅暖堡) *Komarov, VL Komaorv s.n.* 16 August 1897 大羅信洞 *Komarov, VL Komaorv s.n.* 3 July 1897 三水邑-上水隅理 *Komarov, VL Komaorv s.n.* 7 August 1897 上巨里水 *Komarov, VL Komaorv s.n.* 4 July 1897 上水隅理 *Komarov, VL Komaorv s.n.* 8 July 1897 羅暖堡 *Komarov, VL Komaorv s.n.* 7 June 1897 平蒲坪 *Komarov, VL Komaorv s.n.* 26 June 1897 內曲里 *Komarov, VL Komaorv s.n.* 28 July 1897 佳林里 *Komarov, VL Komaorv s.n.* 20 July 1897 惠山鎭(鴨綠江上流長白山脈中高原) *Komarov, VL Komaorv s.n.*

Adenophora pereskiifolia (Fisch. ex Schult.) G.Don, Hort. Brit. (Loudon) 74 (1830)

Common name 톱잔대

Distribution in Korea: North (**Ryanggang** , Hamgyong, Kangwon), Central, South, Jeju

Adenophora pereskiifolia (Fisch. ex Schult.) G.Don var. *cilicalyx* Hurus.

Adenophora pereskiifolia (Fisch. ex Schult.) G.Don var. *coreana*

Adenophora pereskiifolia (Fisch. ex Schult.) G.Don f. *parviflora* Hurus.

Adenophora divaricata Franch. & Sav., Enum. Pl. Jap. 2: 423 (1877)

Adenophora polymorpha Ledeb. var. *divaricata* (Franch. & Sav.) Makino, Bot. Mag. (Tokyo) 12: 57 (1898)

Adenophora curvidens Nakai, Bot. Mag. (Tokyo) 26: 6 (1915)

Adenophora manshurica Nakai,Veg. Apoi 13 (1930)

Adenophora divaricata Franch. & Sav. var. *manshurica* (Nakai) Kitag., Rep. Exped.
Manchoukuo Sect. IV, Pt. 2, Contr. Cogn. Fl. Manshuricae 106 (1935)
Adenophora kayasanensis Kitam., Acta Phytotax. Geobot. 5: 247 (1936)
Adenophora koreana Kitam., Acta Phytotax. Geobot. 5: 205 (1936)
Adenophora pereskiifolia (Fisch. ex Schult.) G.Don var. *curvidens* (Nakai) Kitam., Lin. Fl.
Manshur. 417 (1939)
Adenophora divaricata Franch. & Sav. f. *manshurica* (Nakai) Kitag., Neolin. Fl. Manshur. 600 (1979)
Adenophora racemosa Joongku Lee & S.T.Lee, Korean J. Pl. Taxon. 20: 122 (1990)

Representative specimens; **Chagang-do** 16 June 1914 Chosan(楚山) *Nakai, T Nakai3680* 3 August 1911 Kang-gei(Kokai 江界) *Mills, RG Mills479* 25 June 1914 從西面 *Nakai, T Nakai5678* 22 July 1916 狼林山 *Mori, T Mori s.n.* 18 July 1914 大興里 *Nakai, T Nakai s.n.* 21 July 1914 大興里- 山羊 *Nakai, T Nakai s.n.* 18 July 1914 大興里 *Nakai, T Nakai s.n.* 21 July 1914 大興里- 山羊 *Nakai, T Nakai s.n.* 22 July 1914 山羊 -江口 *Nakai, T Nakai3613* 13 July 1914 長津郡北上面 *Nakai, T Nakai3676* **Hamgyong-bukto** 11 August 1933 渡正山門內 *Koidzumi, G Koidzumi s.n.* 28 August 1934 鈴蘭山 *Uozumi, H Uozumi s.n.* 6 August 1933 全巨里 *Koidzumi, G Koidzumi s.n.* 11 August 1907 茂山嶺 *Maeda, K s.n.* 8 August 1930 載德 *Ohwi, J Ohwi s.n.* 14 August 1933 朱乙溫泉朱乙山 *Koidzumi, G Koidzumi s.n.* 18 July 1918 朱乙溫面北河瑞 *Nakai, T Nakai7531* 2 August 1914 車踰嶺 *Ikuma, Y Ikuma s.n.* 19 August 1933 茂山 *Koidzumi, G Koidzumi s.n.* 4 August 1918 Mt. Chilbo at Myongch'on(七寶山) *Nakai, T Nakai s.n.* 25 July 1918 雪嶺 *Nakai, T Nakai7533* 23 July 1918 朱南面黃雪嶺 *Nakai, T Nakai7535* 25 August 1914 黃句基- 雄基 *Nakai, T Nakai s.n.* 3 August 1917 鷹洞 *Furumi, M Furumi467* **Hamgyong-namdo** 17 August 1934 富盛里 *Nomura, N Nomura s.n.* 16 August 1934 新角面北山 *Nomura, N Nomura s.n.* 24 July 1933 東上面大漢垈里 *Koidzumi, G Koidzumi s.n.* 17 August 1934 東上面達阿里 *Kojima, K Kojima s.n.* 15 August 1935 東上面漢垈里 *Nakai, T Nakai s.n.* 17 August 1935 遮日峯 *Nakai, T Nakai15718* 15 August 1935 東上面漢垈里 *Nakai, T Nakai15729* 24 July 1935 Nomura, N Nomura s.n. 16 August 1940 赴戰高原 Fusenkogen *Okuyama, S Okuyama s.n.* 16 August 1940 *Okuyama, S Okuyama s.n.* **Hwanghae-bukto** 26 September 1915 瑞興 *Nakai, T Nakai s.n.* **Hwanghae-namdo** 31 July 1929 席島 *Nakai, T Nakai s.n.* August 1932 Sorai Beach 九味浦 *Smith, RK Smith s.n.* **Kangwon-do** 8 August 1902 下仙里 *Uchiyama, T Uchiyama s.n.* 8 August 1928 金剛山群仙峽上 *Kondo, K Kondo8976* 29 July 1916 海金剛 *Nakai, T Nakai s.n.* 30 July 1916 金剛山外金剛倉岱 *Nakai, T Nakai s.n.* August 1932 Mt. Kumgang (金剛山) *Koidzumi, G Koidzumi s.n.* August 1932 *Koidzumi, G Koidzumi s.n.* 28 July 1916 金剛山外金剛千佛山 *Mori, T Mori s.n.* 14 July 1936 *Nakai, T Nakai s.n.* 9 August 1940 Mt. Kumgang (金剛山) *Okuyama, S Okuyama s.n.* 15 August 1902 *Uchiyama, T Uchiyama s.n.* **P'yongan-bukto** 30 July 1937 妙香山 *Boku, M s.n.* 4 August 1935 *Koidzumi, G Koidzumi s.n.* 3 August 1935 *Koidzumi, G Koidzumi s.n.* 27 September 1912 雲山郡南面諸 仁里 *Ishidoya, T Ishidoya s.n.* **P'yongan-namdo** August 1930 百雪山[白楊山?] *Uyeki, H Uyeki s.n.* **Ryanggang** 23 August 1914 Keizanchin(惠山鎭) *Ikuma, Y Ikuma s.n.* 15 August 1935 北水白山 *Hozawa, S Hozawa s.n.* 9 July 1914 長津- *Nakai, T Nakai s.n.* 23 July 1914 李僧嶺 *Nakai, T Nakai s.n.* 25 July 1914 遮川里三水 *Nakai, T Nakai s.n.* 5 August 1930 合水 (列結水) *Ohwi, J Ohwi s.n.* 31 August 1930 島內 *Ohwi, J Ohwi s.n.* 30 July 1917 無頭峯 *Furumi, M Furumi377* 30 July 1917 *Furumi, M Furumi378* 30 July 1917 *Furumi, M Furumi379* 11 August 1913 茂峯 *Hirai, H Hirai149* 15 July 1935 小長白山 *Irie, Y s.n.* August 1913 長白山 *Mori, T Mori16* August 1913 *Mori, T Mori130* August 1913 *Mori, T Mori130* Type of *Adenophora curvidens* Nakai (Holotype TI)8 August 1914 農事洞-無頭峯 *Nakai, T Nakai3161* 8 August 1914 *Nakai, T Nakai3688* 5 August 1914 普天堡- 寶泰洞 *Nakai, T Nakai3698* 25 July 1914 三水 *Nakai, T Nakai3700* 2 August 1917 Moho (茂峯)- 農事洞 *Furumi, M Furumi417* 15 August 1913 谿間里 *Hirai, H Hirai7* 8 August 1914 農事洞 *Ikuma, Y Ikuma s.n.* 8 August 1914 *Ikuma, Y Ikuma s.n.* 8 August 1914 *Ikuma, Y Ikuma s.n.* 8 August 1914 *Ikuma, Y Ikuma s.n.* 14 August 1914 農事洞 - 三下 *Nakai, T Nakai3156* 13 August 1914 Moho (茂峯)- 農事洞 *Nakai, T Nakai3162* 13 August 1914 *Nakai, T Nakai3320*

Adenophora polyantha Nakai, Bot. Mag. (Tokyo) 23: 188 (1909)
Common name 껄끔잔대 (수원잔대)
Distribution in Korea: North, Central, South
Adenophora scabridula Nannf., Acta Horti Gothob. 5: 20 (1929)
Adenophora polyantha Nakai var. *media* Nakai & Kitag., Rep. Exped. Manchoukuo Sect. IV,
Pt. 1, Pl. Nov. Jehol. 57 (1934)
Adenophora polyantha Nakai var. *contracta* Kitag., Rep. Exped. Manchoukuo Sect. IV, Pt. 2,
Contr. Cogn. Fl. Manshuricae 112 (1935)
Adenophora polyantha Nakai var. *glabricalyx* Kitag. f. *eriocaulis* Kitag., Rep. Exped.
Manchoukuo Sect. IV, Pt. 2, Contr. Cogn. Fl. Manshuricae 111 (1935)
Adenophora polyantha Nakai var. *glabricalyx* Kitag., Rep. Exped. Manchoukuo Sect. IV, Pt. 2,
Contr. Cogn. Fl. Manshuricae 111 (1935)
Adenophora polyantha Nakai var. *media* Nakai & Kitag. f. *densipila* Kitag., Rep. Exped.
Manchoukuo Sect. IV, Pt. 2, Contr. Cogn. Fl. Manshuricae 112 (1935)
Adenophora polyantha Nakai var. *scabricalyx* Kitag., Rep. Exped. Manchoukuo Sect. IV, Pt. 2,
Contr. Cogn. Fl. Manshuricae 112 (1935)
Adenophora obovata Kitam., Acta Phytotax. Geobot. 5: 247 (1936)

Representative specimens; **Hamgyong-namdo** 16 August 1934 永古面松興里 *Yamamoto, A Yamamoto s.n.* **Hwanghae-bukto** 10 September 1915 瑞興 *Nakai, T Nakai2827* **Hwanghae-namdo** 1 August 1929 椒島 *Nakai, T Nakai13555* August 1932 Sorai Beach

九味浦 *Smith, RK Smith647* **Nampo** 21 September 1915 Chin Nampo (鎭南浦) *Nakai, T Nakai2965* **P'yongan-bukto** 13 September 1915 Gishu(義州) *Nakai, T Nakai2951* **P'yongan-namdo** 15 September 1915 Anjyu (安州) *Nakai, T Nakai2915* 15 September 1915 *Nakai, T Nakai2929* 28 September 1915 咸從 *Nakai, T Nakai2978* 20 September 1915 Ryuko(龍岡) *Nakai, T Nakai3066* **P'yongyang** 20 August 1909 Botandai (牡丹台) 平壤 *Imai, H Imai30* 6 September 1912 P'yongyang (平壤) *Imai, H Imai34* 13 September 1902 平壤牧丹峯 *Uchiyama, T Uchiyama s.n.* Type of *Adenophora polyantha* Nakai (Syntype TI)12 September 1902 *Uchiyama, T Uchiyama s.n.* Type of *Adenophora polyantha* Nakai (Syntype TI)25 September 1915 Jun-an (順安) *Nakai, T Nakai3008* **Ryanggang** 31 August 1930 島内 *Ohwi, J Ohwi2910*

Adenophora remotiflora (Siebold & Zucc.) Miq., Ann. Mus. Bot. Lugduno-Batavi 2: 193 (1866)

Common name 모시잔대, 모시대, 게루기, 몽아지 (모시대)

Distribution in Korea: North, Central, South

Campanula remotiflora Siebold & Zucc., Abh. Math.-Phys, Cl. Konigl. Bayer. Akad. Wiss. 4: 180 (1846)
Adenophora trachelioides Maxim., Mem. Acad. Imp. Sci. St.-Petersbourg Divers Savans 9: 186 (1859)
Adenophora remotiflora (Siebold & Zucc.) Miq. f. *longifolia* Kom., Trudy Imp. S.-Peterburgsk. Bot. Sada 25: 557 (1907)
Adenophora remotiflora (Siebold & Zucc.) Miq. f. *leucantha* Honda, Bot. Mag. (Tokyo) 47: 674 (1943)
Adenophora remotiflora (Siebold & Zucc.) Miq. var. *hirticalycis* S.T.Lee & Y. J. Chung & Joongku Lee, Korean J. Pl. Taxon. 20: 191 (1990)
Adenophora erecta S.T.Lee &Joongku Lee & S.T.Kim, J. Pl. Res. 110: 77 (1997)

Representative specimens; Chagang-do 26 August 1897 小德川 (松德水河谷) *Komarov, VL Komarov s.n.* 3 August 1911 Kang-gei (Kokai 江界) *Mills, RG Mills479* 26 June 1914 從西面 *Nakai, T Nakai s.n.* 1 July 1914 Nakai, T *Nakai3680* 22 July 1914 山羊 -江口 *Nakai, T Nakai s.n.* 21 July 1914 大興里- 山羊 *Nakai, T Nakai3517* **Hamgyong-bukto** 12 August 1933 渡正山 *Koidzumi, G Koidzumi s.n.* 30 July 1932 *Saito, T T Saito106* 24 May 1897 車踰嶺- 照日洞 *Komarov, VL Komaorv s.n.* 26 July 1930 頭流山 *Ohwi, J Ohwi s.n.* 25 July 1918 冠帽山麓 *Nakai, T Nakai s.n.* 24 July 1918 朱南面金谷洞 *Nakai, T Nakai s.n.* 29 May 1897 釜所哥谷 *Komarov, VL Komarov s.n.* 12 June 1897 西溪水 *Komarov, VL Komarov s.n.* 17 July 1938 新德 - 楡坪洞 *Saito, T T Saito8752* **Hamgyong-namdo** 16 August 1934 新角面北山 *Nomura, N Nomura s.n.* 24 July 1933 東上面大漢垈里 *Koidzumi, G Koidzumi s.n.* 25 July 1933 東上面遮日峯 *Koidzumi, G Koidzumi s.n.* 16 August 1935 雲仙嶺 *Nakai, T Nakai s.n.* 16 August 1935 Nakai, T *Nakai s.n.* 16 August 1935 Nakai, T *Nakai s.n.* 15 August 1935 東上面 漢岱里 *Nakai, T Nakai15728* **Hwanghae-namdo** 27 July 1929 長淵郡長山串 *Nakai, T Nakai s.n.* 4 August 1929 Nakai, T *Nakai s.n.* **Kangwon-do** 31 July 1916 金剛山群仙峽 *Nakai, T Nakai s.n.* 4 August 1932 金剛山內金剛 *Kobayashi, M Kobayashi47* 12 July 1936 金剛山外金剛千佛山 *Nakai, T Nakai s.n.* 17 August 1916 金剛山內霧在嶺 *Nakai, T Nakai5890* 7 August 1940 Mt. Kumgang (金剛山) *Okuyama, S Okuyama s.n.* **P'yongan-bukto** 11 August 1935 義州金剛山 *Koidzumi, G Koidzumi s.n.* **P'yongan-namdo** 21 July 1916 上南洞 *Mori, T Mori s.n.* **Ryanggang** 15 August 1935 北水白山 *Hozawa, S Hozawa s.n.* 5 August 1897 白山嶺 *Komarov, VL Komarov s.n.* 16 August 1897 大羅信洞 *Komarov, VL Komarov s.n.* 18 August 1897 葡坪 *Komarov, VL Komarov s.n.* 23 August 1897 雲洞嶺 *Komarov, VL Komaorv s.n.* 15 August 1897 蓮坪-厚州川-厚州古邑 *Komarov, VL Komaorv s.n.* 21 July 1914 長蛇洞 *Nakai, T Nakai s.n.* 9 June 1897 屈松川 (西農水河谷) 倉坪 *Komarov, VL Komaorv s.n.* 22 June 1930 倉坪嶺 *Ohwi, J Ohwi s.n.* 1 August 1930 島内 - 合水 *Ohwi, J Ohwi2935* July 1943 延岩 *Uchida, H Uchida s.n.* 19 August 1914 崔哥嶺 *Ikuma, Y Ikuma s.n.* 25 July 1897 佳林里 *Komarov, VL Komarov s.n.* 21 June 1897 阿武山-象背嶺 *Komarov, VL Komaorv s.n.* 25 July 1897 佳林里 *Komarov, VL Komaorv s.n.* August 1913 崔哥嶺 *Mori, T Mori s.n.* 2 August 1917 Moho (茂峯)- 農事洞 *Furumi, M Furumi s.n.*

Adenophora stricta Miq., Ann. Mus. Bot. Lugduno-Batavi 2: 129 (1866)

Common name 당잔대

Distribution in Korea: Central (Hwanghae)

Adenophora sinensis A.DC.A.DC. var. *pilosa* A.DC.A.DC., Monogr. Campan. 354 (1830)
Adenophora polymorpha Ledeb. var. *stricta* (Miq.) Makino, Bot. Mag. (Tokyo) 12: 57 (1898)
Adenophora axilliflora Borbás, Magyar Bot. Lapok 3: 192 (1904)
Adenophora argyi H.Lév., Bull. Acad. Int. Geogr. Bot. 23: 292 (1914)
Adenophora rotundifolia h.lev H.Lév., Bull. Acad. Int. Geogr. Bot. 23: 292 (1914)
Adenophora stricta Miq. var. *lancifolia* Honda, Bot. Mag. (Tokyo) 50: 608 (1936)

Representative specimens; Hwanghae-bukto 26 September 1915 瑞興 *Nakai, T Nakai3685*

Adenophora triphylla (Thunb.) A.DC., Monogr. Campan. 365 (1830)

Common name 잔대

Distribution in Korea: North, Central

Campanula tetraphylla Thunb., Fl. Jap. (Thunberg) 87 (1784)
Adenophora verticillata Fisch., Mem. Soc. Imp. Naturalistes Moscou 6: 167 (1823)
Adenophora tetraphylla (Thunb.) Fisch., Mem. Soc. Imp. Naturalistes Moscou 6: 167 (1823)

Adenophora verticillata Fisch. var. *angustifolia* Regel, Tent. Fl.-Ussur. 100 (1861)
Adenophora pereskiifolia (Fisch. ex Schult.) G.Don var. *japonica* Regel, Index Seminum [St.Petersburg (Petropolitanus)] 17 (1865)
Adenophora verticillata Fisch. var. *latifolia* Miq., Ann. Mus. Bot. Lugduno-Batavi 2: 192 (1866)
Adenophora polymorpha Ledeb. var. *lamarckii* (Fisch.) Herder, Trudy Imp. S.-Peterburgsk. Bot. Sada 1: 309 (1872)
Adenophora verticillata Fisch. var. *alternifolia* Franch. & Sav., Enum. Pl. Jap. 2: 422 (1879)
Adenophora verticillata Fisch. var. *canescens* Franch. & Sav., Enum. Pl. Jap. 2: 422 (1879)
Adenophora verticillata Fisch. var. *pilosissima* Engl., Bot. Jahrb. Syst. 6: 68 (1885)
Adenophora verticillata Fisch. var. *hirsuta* F.Schmidt, Mem. Acad. Imp. Sci. St.-Petersbourg, Ser. 7 12: 155 (1891)
Adenophora verticillata Fisch. f.*alternifolia* (Franch. & Sav.) Makino, Bot. Mag. (Tokyo) 20: 39 (1906)
Adenophora verticillata Fisch. f. *hirsuta* (F.Schmidt) Makino, Bot. Mag. (Tokyo) 20: 39 (1906)
Adenophora verticillata Fisch. var. *linearis* Hayata, Fl. Mont. Formos. 148 (1908)
Adenophora verticillata Fisch. f. *linearis* (Hayata) Matsum., Index Pl. Jap. 2 (2): 614 (1912)
Adenophora verticillata Fisch. var. *abbreviata* H.Lév., Repert. Spec. Nov. Regni Veg. 12: 22 (1913)
Adenophora thunbergiana Kudô, Medic. Pl. Hokk. 1: 91 (1922)
Adenophora thunbergiana Kudô f. *hirsuta* (F.Schmidt) Kudô, Rep. Veg. N. Saghal. 225 (1924)
Adenophora thunbergiana Kudô var. *lancifolia* H.Hara, J. Jap. Bot. 10: 371 (1934)
Adenophora pulchra Kitam., Acta Phytotax. Geobot. 5: 204 (1936)
Adenophora thunbergiana Kudô f. *lancifolia* (H.Hara) H.Hara, Bot. Mag. (Tokyo) 51: 896 (1937)
Adenophora thunbergiana Kudô f. *angustifolia* (Regel) Makino, Bot. Mag. (Tokyo) 51: 896 (1937)
Adenophora triphylla (Thunb.) A.DC. var. *tetraphylla* (Thunb.) Makino, Ill. Fl. Nippon (Makino) 83 (1940)
Adenophora triphylla (Thunb.) A.DC. var. *hakusanensis* (Nakai) Kitam., Acta Phytotax. Geobot. 10: 311 (1941)
Adenophora triphylla (Thunb.) A.DC. ssp. *aperticampanula* Kitam., Acta Phytotax. Geobot. 10: 309 (1941)
Adenophora triphylla (Thunb.) A.DC. var. *angustifolia* (Regel) Kitam., Acta Phytotax. Geobot. 10: 308 (1941)
Adenophora triphylla (Thunb.) A.DC. f. *lancifolia* (H.Hara) Kitam., Acta Phytotax. Geobot. 10: 310 (1941)
Adenophora triphylla (Thunb.) A.DC. f. *hirsuta* (F.Schmidt) Kitam., Acta Phytotax. Geobot. 10: 308 (1941)
Adenophora triphylla (Thunb.) A.DC. var. *kurilensis* (Nakai) Kitam. f. *pilosissima* (Engl.) Kitam., Acta Phytotax. Geobot. 10: 311 (1941)
Adenophora triphylla (Thunb.) A.DC. f. *linearis* (Hayata) Kitam., Acta Phytotax. Geobot. 10: 308 (1941)
Adenophora triphylla (Thunb.) A.DC. var. *japonica* (Regel) H.Hara, J. Jap. Bot. 26: 281 (1951)
Adenophora radiatifolia Nakai var. *abbreviata* (H.Lév.) Nakai, Bull. Natl. Sci. Mus., Tokyo 31: 110 (1952)
Adenophora radiatifolia Nakai var. *angustifolia* (Regel) Nakai, Bull. Natl. Sci. Mus., Tokyo 31: 110 (1952)
Adenophora radiatifolia Nakai var. *hirsuta* (F.Schmidt) Nakai, Bull. Natl. Sci. Mus., Tokyo 31: 111 (1952)
Adenophora tetraphylla (Thunb.) Fisch. var. *angustifolia* (Korsh.) Bar., Quart. J. Taiwan Mus. 16: 159 (1963)
Adenophora tetraphylla (Thunb.) Fisch. var. *abbreviata* (H.Lév.) D.F.Chamb., Notes Roy. Bot. Gard. Edinburgh 35: 249 (1977)
Adenophora tetraphylla (Thunb.) Fisch. var. *hirsuta* (F.Schmidt) D.F.Chamb., Notes Roy. Bot. Gard. Edinburgh 35: 249 (1977)
Adenophora triphylla (Thunb.) A.DC. var. *japonica* (Regel) H.Hara f. *albiflora* Y.N.Lee, Fl. Korea (Lee) 1161 (1996)

Representative specimens; Chagang-do 25 August 1897 小德川 (松德水河谷) *Komarov, VL Komaorv s.n.* 18 July 1914 大興里 *Nakai, T Nakai3416* **Hamgyong-bukto** 1 August 1914 清津 *Ikuma, Y Ikuma s.n.* 1 August 1914 *Ikuma, Y Ikuma s.n.* 13 August 1935 羅南 *Saito, T T Saito1476* 20 May 1897 茂山嶺 *Komarov, VL Komaorv s.n.* 26 July 1930 頭流山 *Ohwi, J Ohwi s.n.* 29 May 1897 釜所哥谷 *Komarov, VL Komaorv s.n.* **Hamgyong-namdo** 18 August 1934 咸興興西面 *Nomura, N Nomura s.n.* 28 September 1936 Hamhung (咸興) *Yamataka, A s.n.* 26 July 1935 Donha-myeon Unsan-ri (東下面雲山里) *Nomura, N Nomura s.n.* 23 July 1935 弁天島 *Nomura, N Nomura s.n.* **Hwanghae-namdo** 30 August 1916 長淵郡長山串 *Nakai, T Nakai s.n.* August 1932 Sorai Beach 九味浦 *Smith, RK Smith s.n.* August 1937 *Smith, RK Smith6137* **Kangwon-do** 21 August 1902 干發告嶺 *Uchiyama, T Uchiyama s.n.* 26 August 1916 金剛山普賢洞 *Nakai, T Nakai s.n.* 18 August 1932 安邊郡衛益面三防 *Koidzumi, G Koidzumi s.n.* 13 September 1932

元山 *Kitamura, S Kitamura s.n.* 13 September 1932 *Kitamura, S Kitamura s.n.* 12 September 1932 元山 *Kawasakinoyen*(川崎農園) *Kitamura, S Kitamura s.n.* **P'yongan-bukto** 28 September 1912 白壁山 *Ishidoya, T Ishidoya s.n.* **P'yongan-namdo** 15 September 1915 Sin An Ju(新安州) *Nakai, T Nakai s.n.* **P'yongyang** 23 August 1943 大同郡大寶山 *Furusawa, I Furusawa s.n.* 23 August 1943 *Furusawa, I Furusawa s.n.* 23 August 1943 *Furusawa, I Furusawa s.n.* **Ryanggang** 19 July 1897 Keizanchin(惠山鎭)*Komarov, VL Komaorv s.n.* 1 August 1897 虛川江 (同仁川) *Komarov, VL Komaorv s.n.* 1 July 1897 五是川雲寵江-崔五峰 *Komarov, VL Komaorv s.n.* 15 August 1935 北水白山 *Hozawa, S Hozawa s.n.* August 1913 厚峙嶺 *Ikuma, Y Ikuma s.n.* 21 August 1934 北水白山 *Kojima, K Kojima s.n.* 19 August 1897 葡坪 *Komarov, VL Komaorv s.n.* 3 July 1897 三水邑-上水隅理 *Komarov, VL Komaorv s.n.* 25 July 1914 三水- 遮川里 *Nakai, T Nakai3581* 26 July 1915 *Nakai, T Nakai3680* 25 August 1930 桃花洞 *Ohwi, J Ohwi s.n.* 24 July 1897 佳林里 *Komarov, VL Komaorv s.n.* 13 August 1914 白頭山 *Ikuma, Y Ikuma s.n.* August 1913 長白山 *Mori, T Mori s.n.* August 1913 *Mori, T Mori s.n.* 9 August 1914 農事洞 *Ikuma, Y Ikuma s.n.* 13 August 1914 Moho (茂峯)- 農事洞 *Nakai, T Nakai s.n.*

Asyneuma Griseb. & Schenk
Asyneuma japonicum (Miq.) Briq., Candollea 4: 335 (1931)
Common name 염아자, 미나리싹 (영아자)
Distribution in Korea: North, Central, South
    Phyteuma japonicum Miq., Ann. Mus. Bot. Lugduno-Batavi 2: 192 (1866)
    Campanula japonica (Miq.) Vatke, Linnaea 39: 705 (1874)

Representative specimens; Chagang-do 26 August 1897 小德川 (松德水河谷) *Komarov, VL Komaorv s.n.* **Hamgyong-bukto** 14 August 1933 朱乙溫泉朱乙山 *Koidzumi, G Koidzumi s.n.* 22 August 1931 冠帽峰 *Saito, T T Saito s.n.* 21 July 1933 *Saito, T T Saito1027* 4 August 1918 Mt. Chilbo at Myongch'on(七寶山) *Nakai, T Nakai s.n.* 28 August 1914 黃句基- 雄基 *Nakai, T Nakai s.n.* **Hamgyong-namdo** 11 August 1940 咸興歸州寺 *Okuyama, S Okuyama s.n.* 6 July 1914 牙得浦長津 *Nakai, T Nakai s.n.* **Kangwon-do** 10 August 1902 干發告嶺 *Uchiyama, T Uchiyama s.n.* 9 August 1902 昌道 *Uchiyama, T Uchiyama s.n.* 8 August 1902 下仙里 *Uchiyama, T Uchiyama s.n.* 12 August 1932 金剛山 *Kitamura, S Kitamura s.n.* August 1932 Mt. Kumgang (金剛山) *Koidzumi, G Koidzumi s.n.* 7 August 1916 金剛山末輝里 *Nakai, T Nakai s.n.* 7 August 1940 Mt. Kumgang (金剛山) *Okuyama, S Okuyama s.n.* 12 August 1902 墨浦洞 *Uchiyama, T Uchiyama s.n.* **P'yongan-bukto** 2 August 1935 妙香山 *Koidzumi, G Koidzumi s.n.* 11 August 1935 義州金剛山 *Koidzumi, G Koidzumi s.n.* **Ryanggang** 16 August 1897 大羅信洞 *Komarov, VL Komaorv s.n.* 19 August 1897 葡坪 *Komarov, VL Komaorv s.n.* 21 August 1897 subdist. Chu-czan, flumen Amnok-gan *Komarov, VL Komaorv s.n.* 8 August 1897 上巨里水-院巨里水 *Komarov, VL Komaorv s.n.*

Campanula L.
Campanula glomerata L. ssp. *speciosa* (Hornem. ex Spreng.) Domin, Preslia 13-15: 22 (1936)
Common name 자주꽃방망이
Distribution in Korea: North, Central, South
    Campanula speciosa Hornem., Hort. Bot. Hafn. 2: 957 (1815)
    Campanula glomerata L. var. *dahurica* Fisch. ex Ker Gawl., Bot. Reg. 8: t. 620 (1822)
    Campanula cephalotes Fisch. ex Schrank, Denkschr. Köigl.-Baier. Bot. Ges. Regensburg 2: 32 (1822)
    Campanula glomerata L. var. *speciosa* Hornem. ex Spreng., Syst. Veg. (ed. 16) [Sprengel] 1: 731 (1824)
    Campanula cephalotes Fisch. ex Schrank var. *canescens* Maxim. ex Nakai, J. Jap. Bot. 20: 187 (1944)
    Campanula cephalotes Fisch. ex Schrank f. *alba* Nakai, J. Jap. Bot. 20: 187 (1944)

Representative specimens; Chagang-do 22 July 1916 狼林山 *Mori, T Mori s.n.* 11 July 1914 梅田坪 *Nakai, T Nakai1548* 18 July 1914 大興里 *Nakai, T Nakai3497* **Hamgyong-bukto** 8 September 1934 清津燈臺 *Uozumi, H Uozumi s.n.* 6 August 1933 全巨里 *Koidzumi, G Koidzumi s.n.* 14 August 1933 朱乙溫泉朱乙山 *Koidzumi, G Koidzumi s.n.* 16 July 1918 朱乙溫面甫上洞 *Nakai, T Nakai7525* 12 June 1934 延上面九州帝大北鮮演習林 *Hatsushima, S Hatsushima s.n.* 4 August 1918 Mt. Chilbo at Myongch'on(七寶山) *Nakai, T Nakai7527* 1 August 1914 富寧 *Ikuma, Y Ikuma s.n.* **Hamgyong-namdo** July 1943 龍眼里 *Uchida, H Uchida s.n.* 16 August 1934 新角面北山 *Nomura, N Nomura s.n.* 14 August 1943 赴戰高原元豊-道安 *Honda, M Honda s.n.* 24 July 1933 東上面大漢岱里 *Koidzumi, G Koidzumi s.n.* 15 August 1935 東上面漢岱里 *Nakai, T Nakai s.n.* 15 August 1935 *Nakai, T Nakai15721* 16 August 1940 赴戰高原 Fusenkogen *Okuyama, S Okuyama s.n.* 15 August 1940 赴戰高原雲水嶺 *Okuyama, S Okuyama s.n.* **Hwanghae-bukto** 7 September 1902 南川 - 安城 *Uchiyama, T Uchiyama s.n.* 7 September 1902 可將去里南川 *Uchiyama, T Uchiyama s.n.* 8 September 1902 瑞興- 風壽阮 *Uchiyama, T Uchiyama s.n.* **Hwanghae-namdo** 6 August 1929 長淵郡長山串 *Nakai, T Nakai13556* August 1932 Sorai Beach 九味浦 *Smith, RK Smith113* **Kangwon-do** 11 August 1902 草木洞 *Nakai, T Nakai s.n.* 15 August 1935 *Nakai, T Nakai15721* 10 August 1902 干發告嶺 *Uchiyama, T Uchiyama s.n.* 7 August 1916 金剛山末輝里 *Nakai, T Nakai5882* 10 August 1902 墨浦洞 *Uchiyama, T Uchiyama s.n.* 22 August 1902 北屯址 *Uchiyama, T Uchiyama s.n.* 18 August 1932 安邊郡衛益面三防 *Koidzumi, G Koidzumi s.n.* 20 August 1932 元山 *Kitamura, S Kitamura s.n.* **P'yongan-bukto** 2 October 1910 Cheel San 香山普賢寺 *Mills, RG Mills435* **P'yongan-namdo** 15 June 1928 陽德 *Nakai, T Nakai12442* **Ryanggang** 18 July 1897 Keizanchin(惠山鎭) *Komarov, VL Komaorv s.n.* 19 July 1897 *Komarov, VL Komaorv s.n.* 1 July 1897 五是川雲寵江-崔五峰 *Komarov, VL Komaorv s.n.* 1 August 1897 虛川江 (同仁川) *Komarov, VL Komaorv s.n.* 15 August 1935 北水白山 *Hozawa, S Hozawa s.n.* 15 August 1897 蓮坪-厚州川-厚州古邑 *Komarov, VL Komaorv s.n.* 16 August 1897 大羅信洞 *Komarov, VL Komaorv s.n.* 19 August 1897 葡坪 *Komarov, VL Komaorv s.n.* 9 August 1897 長津江下流域 *Komarov, VL Komaorv s.n.* 24 July 1914 魚面堡遮川里 *Nakai, T Nakai3689* 24

June 1930 延岩洞 *Ohwi, J Ohwi s.n.* 24 July 1930 含山嶺 *Ohwi, J Ohwi2425* 22 July 1897 佳林里 *Komarov, VL Komaorv s.n.* 11 July 1917 胞胎山 *Furumi, M Furumi s.n.* 15 July 1935 小長白山 *Irie, Y 3050* 26 July 1942 無頭峯 *Saito, T T Saito10085*

Campanula punctata Lam., Encycl. (Lamarck) 1: 586 (1785)

Common name 초롱꽃

Distribution in Korea: North, Central, South, Ulleung

    Campanula violifolia Lam., Encycl. (Lamarck) 1: 587 (1785)

    Campanula nobilis Lindl., J. Hort. Soc. London 1: 232 (1846)

    Campanula nobilis Pall. ex A.DC. var. *alba* Van Houtte ex Planch., Fl. Serres Jard. Eur. 6: 95 (1850)

    Campanula van-houttei Carrière, Rev. Hort. 50: 420 (1878)

    Campanula punctata Lam. var. *rubriflora* Makino, Bot. Mag. (Tokyo) 22: 156 (1908)

    Campanula takesimana Nakai, Rep. Veg. Ooryongto 42 (1919)

    Campanula punctata Lam. f. *albiflora* T.Shimizu, J. Phytogeogr. Taxon. 37: 120 (1989)

    Campanula punctata Lam. var. *takesimana* (Nakai) Y.N.Lee, Fl. Korea (Lee) 1161 (1996)

    Campanula punctata Lam. var. *maritima* Konta & S.Matsumoto, Bull. Natl. Sci. Mus., Tokyo, B. 31: 138 (2005)

Representative specimens; Chagang-do 22 July 1914 山羊-江口 *Nakai, T Nakai s.n.* **Hamgyong-bukto** 12 August 1933 渡正山 *Koidzumi, G Koidzumi s.n.* 21 June 1909 茂山嶺 *Nakai, T Nakai s.n.* 15 June 1909 Sungjin (城津) *Nakai, T Nakai s.n.* 18 July 1918 朱乙溫面北河瑞 *Nakai, T Nakai s.n.* 21 July 1933 冠帽峰 *Saito, T T Saito s.n.* 23 July 1918 朱南面黃雪嶺 *Nakai, T Nakai s.n.* 25 July 1918 雪嶺 *Nakai, T Nakai s.n.* 13 June 1897 西溪水 *Komarov, VL Komaorv s.n.* 15 May 1897 江八嶺 *Komarov, VL Komaorv s.n.* **Hamgyong-namdo** 13 June 1909 西湖津 *Nakai, T Nakai s.n.* 16 August 1934 新角面北山 *Nomura, N Nomura s.n.* 11 June 1909 鎭岩峯 *Nakai, T Nakai s.n.* 15 August 1935 東上面漢岱里 *Nakai, T Nakai s.n.* 17 August 1934 東上面内岩洞谷 *Yamamoto, A Yamamoto s.n.* **Hwanghae-namdo** 12 June 1931 長壽山 *Smith, RK Smith s.n.* **Kangwon-do** 29 July 1916 海金剛 *Nakai, T Nakai s.n.* 5 August 1932 金剛山内金剛 *Kobayashi, M Kobayashi s.n.* 12 August 1916 金剛山長安寺 *Nakai, T Nakai s.n.* July 1932 Mt. Kumgang (金剛山) *Smith, RK Smith s.n.* 8 June 1909 元山 *Nakai, T Nakai s.n.* 8 June 1909 *Nakai, T Nakai s.n.* **P'yongan-bukto** 5 August 1935 妙香山 *Koidzumi, G Koidzumi s.n.* 17 May 1912 白壁山 *Ishidoya, T Ishidoya s.n.* **P'yongan-namdo** 24 July 1912 Kai-syong (价川) *Imai, H Imai s.n.* 15 July 1916 葛马嶺 *Mori, T Mori s.n.* 15 June 1928 陽德 *Nakai, T Nakai s.n.* **P'yongyang** 12 June 1910 Otsumitsudai (乙密台) 平壤 *Imai, H Imai s.n.* **Ryanggang** 23 August 1914 Keizanchin (惠山鎭) *Ikuma, Y Ikuma s.n.* 7 July 1897 犁方嶺 (鴨綠江麓暖堡) *Komarov, VL Komaorv s.n.* 9 July 1897 十四道溝 (鴨綠江) *Komarov, VL Komaorv s.n.* 22 August 1897 雲洞嶺 *Komarov, VL Komaorv s.n.* 4 July 1897 上水隅理 *Komarov, VL Komaorv s.n.* 9 August 1897 長津江下流域 *Komarov, VL Komaorv s.n.* 24 June 1930 延岩洞 *Ohwi, J Ohwi s.n.* July 1943 延岩 *Uchida, H Uchida s.n.* July 1943 *Uchida, H Uchida s.n.* 26 June 1897 内曲里 *Komarov, VL Komaorv s.n.* 24 July 1897 佳林里 *Komarov, VL Komaorv s.n.* 21 June 1897 阿武山-象背嶺 *Komarov, VL Komaorv s.n.*

Codonopsis DC.

Codonopsis lanceolata (Siebold & Zucc.) Benth. & Hook.f. ex Trautv., Trudy Imp. S.-Peterburgsk. Bot. Sada 4: 46 (1879)

Common name 더덕

Distribution in Korea: North, Central, South, Ulleung

    Campanumoea lanceolata Siebold & Zucc., Fl. Jap. (Siebold) 1: 174 (1841)

    Glosocomia hortensis Rupr., Bull. Cl. Phys.-Math. Acad. Imp. Sci. Saint-Pétersbourg 15: 209 (1857)

    Glosocomia lanceolata (Siebold & Zucc.) Rupr., Bull. Cl. Phys.-Math. Acad. Imp. Sci. Saint-Pétersbourg 15: 223 (1857)

    Campanumoea japonica Siebold & Morren, Belgique Hort. 337 (1863)

    Codonopsis yesoensis Nakai, Rep. Veg. Daisetsu Mts. 57 (1930)

    Codonopsis lanceolata (Siebold & Zucc.) Benth. & Hook.f. ex Hance var. *emaculata* Honda, Bot. Mag. (Tokyo) 50: 436 (1936)

    Codonopsis lanceolata (Siebold & Zucc.) Benth. & Hook.f. ex Hance f. *emaculata* (Honda) H.Hara, Enum. Spermatophytarum Japon. 2: 98 (1952)

    Codonopsis ussuriensis (Rupr. & Maxim.) Hemsl. f. *viridiflora* J.Ohara, J. Phytogeogr. Taxon. 33: 72 (1985)

Representative specimens; Chagang-do 26 June 1914 從西面 *Nakai, T Nakai s.n.* **Hamgyong-bukto** 21 May 1897 茂山嶺-蕨坪(照日洞) *Komarov, VL Komaorv s.n.* 14 August 1933 朱乙溫泉朱乙山 *Koidzumi, G Koidzumi s.n.* 25 May 1897 城川江-茂山 *Komarov, VL Komaorv s.n.* **Hwanghae-namdo** 29 July 1935 長壽山 *Koidzumi, G Koidzumi s.n.* 29 July 1929 長淵郡長山串 *Nakai, T Nakai s.n.* **Kangwon-do** 21 August 1902 干發告嶺 *Uchiyama, T Uchiyama s.n.* 14 July 1936 金剛山外金剛千佛山 *Nakai, T Nakai s.n.* **P'yongan-bukto** 5 August 1912 Unsan (雲山) *Imai, H Imai s.n.* **P'yongan-namdo** 15 July 1916 葛马嶺 *Mori, T Mori s.n.* 26 July 1919 山蒼嶺 *Kajiwara, U Kajiwara s.n.* **Ryanggang** 18 July 1897 Keizanchin(惠山鎭) *Komarov, VL Komaorv s.n.* 19 July 1897 *Komarov, VL Komaorv* *s.n.* 1 August 1897 虛川江 (同仁川) *Komarov, VL Komaorv s.n.* 16 August 1897 大羅信洞 *Komarov, VL Komaorv s.n.* 24 July 1914 長蛇洞 *Nakai, T Nakai s.n.* 4 July 1897 上水隅理 *Komarov, VL Komaorv s.n.* 7 June 1897 平蒲坪 *Komarov, VL Komaorv s.n.* 26 June 1897 內曲里 *Komarov, VL Komaorv s.n.* 28 July 1897 佳林里 *Komarov, VL Komaorv s.n.*

Codonopsis pilosula (Franch.) Nannf., Acta Horti Gothob. 5: 29 (1929)

Common name 만삼

Distribution in Korea: North, Central

Campanumoea pilosula Franch., Pl. David. 1: 192 (1884)
Codonopsis silvestris Kom., Trudy Imp. S.-Peterburgsk. Bot. Sada 18: 425 (1901)
Codonopsis modesta Nannf., Acta Horti Gothob. 5: 26 (1930)
Codonopsis volubilis Nannf., Symb. Sin. 7: 1079 (1936)
Codonopsis handeliana Nannf., Symb. Sin. 7: 1078 (1936)

Representative specimens; Chagang-do 1 July 1914 公西面山 *Nakai, T Nakai s.n.* 23 June 1914 從西面 *Nakai, T Nakai s.n.* 10 July 1914 葱田嶺 *Nakai, T Nakai s.n.* 18 July 1914 大興里 *Nakai, T Nakai s.n.* **Hamgyong-bukto** 3 August 1935 羅南支庫 *Saito, T T Saito1344* 21 May 1897 茂山嶺-蕨坪(照日洞) *Komarov, VL Komaorv s.n.* 23 July 1918 朱南面黃雪嶺 *Nakai, T Nakai s.n.* **Hamgyong-namdo** 15 June 1932 下碣隅里 *Ohwi, J Ohwi s.n.* 25 July 1933 東上面遮日峯 *Koidzumi, G Koidzumi s.n.* 15 August 1935 東上面漢岱里 *Nakai, T Nakai s.n.* **Kangwon-do** 7 August 1932 金剛山 *Fukushima s.n.* 11 August 1943 Mt. Kumgang (金剛山) *Honda, M Honda s.n.* 12 August 1932 *Koidzumi, G Koidzumi s.n.* 11 August 1916 金剛山長安寺附近 *Nakai, T Nakai s.n.* 14 August 1902 Mt. Kumgang (金剛山) *Uchiyama, T Uchiyama s.n.* **P'yongan-bukto** 6 August 1935 妙香山 *Koidzumi, G Koidzumi s.n.* **Rason** 6 June 1930 西水羅 *Ohwi, J Ohwi613* **Ryanggang** 1933 豊山郡北水白山 *Buk-cheong-nong-gyo school s.n.* 29 August 1936 厚昌郡五佳山 *Chung, TH Chung s.n.* 4 August 1897 十四道溝-白山嶺 *Komarov, VL Komaorv s.n.* 16 August 1897 大羅信洞 *Komarov, VL Komaorv s.n.* 20 August 1897 內洞-河山嶺 *Komarov, VL Komaorv s.n.* 22 August 1897 雲洞嶺 *Komarov, VL Komaorv s.n.* 21 July 1914 長蛇洞 *Nakai, T Nakai s.n.* 6 August 1897 上巨里水 *Komarov, VL Komaorv s.n.* 9 August 1897 長津江下流域 *Komarov, VL Komaorv s.n.* 24 July 1930 大澤 *Ohwi, J Ohwi2475* 3 August 1914 惠山鎮- 普天堡 *Nakai, T Nakai s.n.* 3 August 1914 *Nakai, T Nakai s.n.* 8 August 1914 農事洞 *Ikuma, Y Ikuma s.n.*

Codonopsis ussuriensis (Rupr. & Maxim.) Hemsl., J. Linn. Soc., Bot. 26: 6 (1889)

Common name 만삼아재비 (소경불알)

Distribution in Korea: North, Central

Glosocomia lanceolata (Siebold & Zucc.) Rupr. var. *obtusa* Regel, Bull. Cl. Phys.-Math. Acad. Imp. Sci. Saint-Pétersbourg 15: 223 (1857)
Glosocomia ussuriensis Rupr. & Maxim., Bull. Cl. Phys.-Math. Acad. Imp. Sci. Saint-Pétersbourg 15: 209 (1857)
Codonopsis lanceolata (Siebold & Zucc.) Benth. & Hook.f. ex Hance var. *ussuriensis* (Rupr. & Maxim.) Trautv., Trudy Imp. S.-Peterburgsk. Bot. Sada 6: 47 (1879)
Glosocomia lanceolata (Siebold & Zucc.) Rupr. var. *ussuriensis* (Rupr. & Maxim.) Regel, Index Seminum [St.Petersburg (Petropolitanus)] 92 (1886)

Representative specimens; Hamgyong-bukto 茂山嶺 *Unknown s.n.* **Hamgyong-namdo** July 1943 龍眼里 *Uchida, H Uchida s.n.* 2 September 1934 東下面蓮花山 *Yamamoto, A Yamamoto2394* **Kangwon-do** July 1916 江原道 *Nakai, T Nakai s.n.* 9 August 1902 昌道 *Uchiyama, T Uchiyama s.n.* 28 July 1916 長箭 -高城 *Nakai, T Nakai s.n.* 9 June 1909 元山 *Nakai, T Nakai s.n.*

Hanabusaya Nakai
Hanabusaya asiatica (Nakai) Nakai, J. Coll. Sci. Imp. Univ. Tokyo 31: 62 (1911)

Common name 금강초롱, 화방초 (금강초롱꽃)

Distribution in Korea: North, Central, Endemic

Symphyandra asiatica Nakai, Bot. Mag. (Tokyo) 23: 188 (1909)
Hanabusaya latisepala Nakai, Bot. Mag. (Tokyo) 35: 147 (1921)
Hanabusaya asiatica (Nakai) Nakai f. *alba* T.B.Lee, J. Korean Pl. Taxon. 6: 17 (1975)
Keumkangsania asiatica (Nakai) H.S.Kim, Fl. Coreana (Im, R.J.) 6: 94 (1976)
Keumkangsania latisepala (Nakai) H.S.Kim, Fl. Coreana (Im, R.J.) 6: 95 (1976)
Hanabusaya asiatica (Nakai) Nakai var. *latisepala* (Nakai) W.T.Lee, Lineamenta Florae Koreae 1071 (1996)

Representative specimens; Chagang-do 21 July 1914 大興里- 山羊 *Nakai, T Nakai3607* Type of *Hanabusaya latisepala* Nakai (Syntype TI) **Hamgyong-namdo** August 1938 長津中庄洞 *Jeon, SK JeonSK s.n.* 2 September 1934 蓮花山 *Kojima, K Kojima s.n.* 19 August 1943 千佛山 *Honda, M Honda s.n.* 19 August 1943 *Honda, M Honda s.n.* **Hwanghae-bukto** 霞嵐山 *Unknown s.n.* **Kangwon-do** 11 August 1943

Mt. Kumgang (金剛山) *Honda, M Honda s.n.* 2 September 1932 金剛山 *Kitamura, S Kitamura s.n.* 12 August 1932 *Kitamura, S Kitamura s.n.* 5 August 1932 金剛山內金剛 *Kobayashi, M Kobayashi s.n.* August 1932 Mt. Kumgang (金剛山) *Koidzumi, G Koidzumi s.n.* 17 August 1916 金剛山內霧在嶺 *Nakai, T Nakai s.n.* 10 June 1932 Mt. Kumgang (金剛山) *Ohwi, J Ohwi s.n.* 29 September 1935 *Okamoto, S Okamoto s.n.* 7 August 1940 *Okuyama, S Okuyama s.n.* August 1942 *Terazaki, T s.n.* 7 August 1942 *Terazaki, T s.n.* 18 August 1902 *Uchiyama, T Uchiyama s.n.* Type of *Symphyandra asiatica* Nakai (Holotype TI)18 August 1902 *Uchiyama, T Uchiyama s.n.*

Lobelia L.
Lobelia chinensis Lour., Fl. Cochinch. 2: 514 (1790)
Common name 수염가래 (수염가래꽃)
Distribution in Korea: North, Central, South
  Lobelia erinus Thunb., Fl. Jap. (Thunberg) 325 (1784)
  Lobelia radicans Thunb., Trans. Linn. Soc. London 2: 330 (1793)
  Lobelia caespitosa Blume, Bijdr. Fl. Ned. Ind. 729 (1826)
  Rapuntium chinense (Lour.) C.Presl, Prodr. Monogr. Lobel. 13 (1836)
  Isolobus campanuloides (Thunb.) A.DC., Prodr. (DC.) 7: 353 (1839)
  Isolobus kerii A.DC.A.DC., Prodr. (DC.) 7: 353 (1839)
  Isolobus roxburghianus A.DC.A.DC., Prodr. (DC.) 7: 353 (1839)
  Lobelia roxburgiana (A.DC.) Heynh., Nom. Bot. Hort. 1: 471 (1840)

Representative specimens; Kangwon-do 7 June 1909 元山 *Nakai, T Nakai s.n.*

Lobelia sessilifolia Lamb., J. Linn. Soc., Bot. 10: 260 (1811)
Common name 습잔대, 숫잔대 (숫잔대)
Distribution in Korea: North, Central, South
  Lobelia saligna Fisch., Mem. Soc. Imp. Naturalistes Moscou 3: 65 (1812)
  Lobelia camtschatica Pall. ex Roem. & Schult., Syst. Veg. (ed. 16) [Sprengel] 1: 712 (1824)
  Rapuntium kamtschaticum C.Presl, Prodr. Monogr. Lobel. 24 (1836)
  Lobelia salicifolia Fisch. ex Trautv., Trudy Imp. S.-Peterburgsk. Bot. Sada 8: 557 (1883)

Representative specimens; Chagang-do 25 August 1897 小德川 (松德水河谷) *Komarov, VL Komaorv s.n.* 4 July 1914 牙得嶺 (江界) Nakai, T *Nakai s.n.* **Hamgyong-bukto** 18 August 1936 富寧水坪 - 西里 雪 *Saito, T T Saito2817* 9 August 1934 東村 *Uozumi, H Uozumi s.n.* 28 August 1914 黄句基- 雄基 *Nakai, T Nakai s.n.* **Hamgyong-namdo** 3 September 1934 蓮花山 *Kojima, K Kojima s.n.* 27 August 1897 小德川 *Komarov, VL Komaorv s.n.* 18 August 1943 赴戰高原咸地院 *Honda, M Honda s.n.* 27 July 1933 東上面元豊 *Koidzumi, G Koidzumi s.n.* 30 August 1934 東下面安基里谷 *Yamamoto, A Yamamoto s.n.* 16 August 1934 永古面松興里 *Yamamoto, A Yamamoto s.n.* **Kangwon-do** 10 August 1902 干發告嶺 *Uchiyama, T Uchiyama s.n.* 4 September 1916 洗浦-蘭谷 *Nakai, T Nakai s.n.* 13 September 1932 元山 *Kitamura, S Kitamura s.n.* 13 September 1932 Kitamura, *S Kitamura s.n.* 6 June 1909 Nakai, T *Nakai s.n.* **P'yongan-bukto** 27 July 1912 Nei-hen (Neiyen 寧邊) *Imai, H Imai s.n.* 17 August 1912 雲山郡南面諸仁里 *Ishidoya, T Ishidoya s.n.* **P'yongan-namdo** 15 September 1915 Sin An Ju(新安州) Nakai, T *Nakai s.n.* **Ryanggang** 18 July 1897 Keizanchin(惠山鎭) *Komarov, VL Komaorv s.n.* 15 August 1897 蓮坪-厚州川-厚州古邑 *Komarov, VL Komaorv s.n.* 18 August 1897 葡坪 *Komarov, VL Komaorv s.n.* 24 July 1930 大澤 *Ohwi, J Ohwi2610* 28 July 1897 佳林里 *Komarov, VL Komaorv s.n.* 6 August 1914 胞胎山虛項嶺 *Nakai, T Nakai s.n.* 2 August 1917 Moho (茂峯) - 農事洞 *Furumi, M Furumi s.n.* 8 August 1914 農事洞 *Ikuma, Y Ikuma s.n.* 12 August 1914 Moho (茂峯)- 農事洞 *Nakai, T Nakai s.n.*

Platycodon A.DC.
Platycodon grandiflorus (Jacq.) A.DC., Monogr. Campan. 125 (1830)
Common name 도라지
Distribution in Korea: wildely cultivated (North, Central, South)
  Platycodon grandiflorus (Jacq.) A.DC. var. *aphyllum* (Nakai) Kitag.
  Platycodon grandiflorus (Jacq.) A.DC. var. *glaucus* (Thunb.) Siebold & Zucc., Abh. Math.-Phys. Cl. Konigl. Bayer. Akad. Wiss. 4: 179 (1846)
  Platycodon autumnalis Decne., Rev. Hort. ser. 3, 2: 361 (1848)
  Platycodon chinensis Lindl. & Paxton, Paxton's Fl. Gard. 2: 121 (1852)
  Platycodon grandiflorus (Jacq.) A.DC. var. *candolleanus* Franch., Mem. Soc. Sci. Nat. Cherbourg 1: 231 (1882)
  Platycodon grandiflorus (Jacq.) A.DC. var. *albus* Stubenrauch, Cycl. Amer. Hort. 1370 (1901)
  Platycodon grandiflorus (Jacq.) A.DC. var. *duplex* Makino, Bot. Mag. (Tokyo) 22: 157 (1908)
  Platycodon glaucus (Thunb.) Nakai, Bot. Mag. (Tokyo) 38: 301 (1924)
  Platycodon glaucus (Thunb.) Nakai var. *duplex* (Makino) Nakai, Bot. Mag. (Tokyo) 38: 301 (1924)

Platycodon glaucus (Thunb.) Nakai var. *albus* Makino, J. Jap. Bot. 3: 43 (1926)

Platycodon glaucus (Thunb.) Nakai var. *duplex* (Makino) Nakai f. *albus* Makino, J. Jap. Bot. 3: 43 (1926)

Platycodon graucus (Thunb.) Nakai var. *duplex* (Makino) Nakai f. *violaceus* Makino, J. Jap. Bot. 3: 44 (1926)

Platycodon graucus (Thunb.) Nakai f. *albiflorus* Honda, Bot. Mag. (Tokyo) 51: 858 (1937)

Platycodon grandiflorus (Jacq.) A.DC. var. *subasepalus* (Honda) Nakai, J. Jap. Bot. 15: 186 (1939)

Platycodon glaucus (Thunb.) Nakai var. *monanthus* Nakai, J. Jap. Bot. 15: 686 (1939)

Platycodon glaucus (Thunb.) Nakai var. *subaphyllum* Nakai, J. Jap. Bot. 15: 686 (1939)

Platycodon grandiflorus (Jacq.) A.DC. f. *subasepalus* (Honda) H.Hara, Enum. Spermatophytarum Japon. 2: 101 (1952)

Platycodon grandiflorus (Jacq.) A.DC. f. *albiflorus* (Honda) H.Hara, Enum. Spermatophytarum Japon. 2: 101 (1952)

Platycodon grandiflorus (Jacq.) A.DC. var. *duplex* Makino f. *leucanthum* H.Hara, Enum. Spermatophytarum Japon. 2: 102 (1952)

Platycodon grandiflorus (Jacq.) A.DC. f. *monanthus* (Nakai) H.S.Kim, Fl. Coreana (Im, R.J.) 6: 97 (1976)

Representative specimens; Chagang-do 25 August 1897 小德川 (松德水河谷) *Komarov, VL Komaorv s.n.* 28 August 1897 慈城邑 (松德水河谷) *Komarov, VL Komaorv s.n.* **Hamgyong-bukto** 29 August 1908 清津 *Shou, K s.n.* 19 May 1897 茂山嶺 *Komarov, VL Komaorv s.n.* 28 July 1919 鏡城郡 *Kamibayashi, K s.n.* Type of *Platycodon glaucus* (Thunb.) Nakai var. monanthus Nakai (Holotype TI)13 July 1930 Kyonson 鏡城 *Ohwi, J Ohwi2390 Hamgyong-namdo* 1928 Hamhung (咸興) *Seok, JM s.n.* 2 September 1934 東下面蓮花山 *Yamamoto, A Yamamoto s.n.* 28 July 1933 永古面松興里 *Koidzumi, G Koidzumi s.n.* **Hwanghae-namdo** 3 August 1929 長淵郡長山串 *Nakai, T Nakai s.n.* 5 August 1929 *Nakai, T Nakai s.n.* 29 July 1929 *Nakai, T Nakai s.n.* 25 August 1943 首陽山 *Furusawa, I Furusawa s.n.* 31 July 1929 席島 *Nakai, T Nakai s.n.* 1 August 1929 椒島 *Nakai, T Nakai s.n.* 24 July 1929 夢金浦 *Nakai, T Nakai s.n.* **Kangwon-do** 15 August 1932 金剛山外金剛千佛山 *Koidzumi, G Koidzumi s.n.* 30 August 1916 通川街道 *Nakai, T Nakai s.n.* P'yonganbukto 9 June 1914 飛來峯 *Nakai, T Nakai8684* Type of *Platycodon grandiflorus* (Jacq.) A.DC. var. subasepalus (Honda) Nakai (Holotype TI) P'yongyang 23 August 1943 大同郡大寶山 *Furusawa, I Furusawa s.n.* 23 August 1943 *Furusawa, I Furusawa s.n.* **Rason** 11 May 1897 豆滿江三角洲-五宗洞 *Komarov, VL Komaorv s.n.* **Ryanggang** 1 July 1897 五是川雲寵江-崔五峰 *Komarov, VL Komaorv s.n.* 2 July 1897 雲寵里三水邑 (虛川江岸懸崖) *Komarov, VL Komaorv s.n.* 1 August 1897 虛川江 (同仁川) *Komarov, VL Komaorv s.n.* 7 July 1897 犁方嶺 (鴨綠江羅暖堡) *Komarov, VL Komaorv s.n.* 16 August 1897 大羅信洞 *Komarov, VL Komaorv s.n.* 14 July 1897 鴨綠江 (上水隅理-羅暖堡) *Komarov, VL Komaorv s.n.* 31 May 1897 延面水河谷-古倉坪 *Komarov, VL Komaorv s.n.*

RUBIACEAE

Galium L.
Galium aparine L., Sp. Pl. 108 (1753)
Common name 나도갈퀴덩굴

Distribution in Korea: North, Central, South

Galium agreste Wallr. var. *echinospermon* Wallr., Sched. Crit. 59 (1822)

Galium aparine L. var. *vaillantii* (DC.) Koch, Syn. Fl. Germ. Helv. ed. 1: 330 (1837)

Galium aparine L. f. *strigosa* Maxim., Bull. Acad. Imp. Sci. Saint-Pétersbourg 19: 279 (1874)

Galium aparine L. var. *echinospermon* (Wallr.) T.Durand, Prodr. Fl. Belg. 3: 719 (1899)

Representative specimens; Ryanggang 26 June 1897 內曲里 *Komarov, VL Komaorv s.n.*

Galium boreale L., Sp. Pl. 108 (1753)
Common name 꽃갈퀴, 부전꽃갈퀴 (긴잎갈퀴)

Distribution in Korea: North

Galium boreale L. var. *scabrum* DC., Prodr. (DC.) 4: 601 (1830)

Galium boreale L. var. *latifolum* Turcz., Bull. Soc. Imp. Naturalistes Moscou 18: 315 (1845)

Galium boreale L. var. *vulgare* Turcz., Bull. Soc. Imp. Naturalistes Moscou 18: 315 (1845)

Galium boreale L. var. *genuinum* Rchb., Icon. Fl. Germ. Helv. 17: 10 (1855)

Galium boreale L. var. *kamtschaticum* (Maxim.) Nakai, Bot. Mag. (Tokyo) 23: 103 (1909)

Galium boreale L. var. *ciliatum* Nakai, J. Jap. Bot. 15: 340 (1939)

Galium boreale L. var. *koreanum* Nakai, J. Jap. Bot. 15: 340 (1939)

Galium boreale L. var. *lanceolatum* Nakai, J. Jap. Bot. 15: 340 (1939)

Galium boreale L. var. *leiocarpum* Nakai, J. Jap. Bot. 15: 3 (1939)

Galium amurense Pobed., Fl. URSS 23: 350, 716 (1958)

Galium schilkense Popov, Fl. Centr. Sibir. 2: 685 (1959)

Galium boreale L. var. *amurense* (Pobed.) Kitag., Neolin. Fl. Manshur. 581 (1979)

Representative specimens; Chagang-do 18 July 1914 大興里 *Nakai, T Nakai s.n.* 18 July 1914 *Nakai, T Nakai3460* **Hamgyong-bukto** 31 July 1914 清津 *Ikuma, Y Ikuma s.n.* 17 June 1909 *Nakai, T Nakai s.n.* 21 June 1932 羅南 *Saito, T T Saito s.n.* 7 August 1935 羅南支庫 *Saito, T T Saito s.n.* 8 August 1914 冠帽峰 *Ikuma, Y Ikuma s.n.* 7 July 1930 鏡城 *Ohwi, J Ohwi s.n.* 12 June 1930 *Ohwi, J Ohwi s.n.* 12 June 1930 Kyonson 鏡城 *Ohwi, J Ohwi s.n.* 7 July 1930 *Ohwi, J Ohwi s.n.* 22 May 1897 蕨坪(城川水河谷)-車踰嶺 *Komarov, VL Komaorv s.n.* 13 June 1897 西溪水 *Komarov, VL Komaorv s.n.* 4 June 1897 四芝嶺 *Komarov, VL Komaorv s.n.* 18 June 1930 四芝洞 *Ohwi, J Ohwi s.n.* **Hamgyong-namdo** 23 August 1932 蓋馬高原 *Kitamura, S Kitamura s.n.* 27 July 1933 東上面元豊 *Koidzumi, G Koidzumi s.n.* 3 August 1941 東上面廣大里 *Miyamoto, K s.n.* 14 August 1935 赴戰高原 *Nakai, T Nakai15698* Type of *Galium boreale* L. var. *koreanum* Nakai (Holotype TI) **Kangwon-do** July 1901 Nai Piang *Faurie, UJ Faurie s.n.* 5 August 1932 元山 *Kitamura, S Kitamura s.n.* 6 June 1909 *Nakai, T Nakai s.n.* **P'yongan-bukto** 8 June 1912 白壁山 *Ishidoya, T Ishidoya s.n.* **P'yongan-namdo** 17 July 1916 加音峯 *Mori, T Mori s.n.* **Rason** 30 June 1938 松眞山 *Saito, T T Saito s.n.* **Ryanggang** 24 July 1917 Keizanchin(惠山鎭) *Furumi, M Furumi455* 18 July 1897 *Komarov, VL Komaorv s.n.* 15 August 1935 北水白山 *Hozawa, S Hozawa s.n.* 27 July 1917 合水 *Furumi, M Furumi s.n.* 24 July 1930 大澤 *Ohwi, J Ohwi s.n.* July 1943 三社面延岩下博川 *Uchida, H Uchida s.n.* July 1943 延岩 *Uchida, H Uchida s.n.* 21 August 1914 崔哥嶺 *Ikuma, Y Ikuma s.n.* 29 June 1897 栢德嶺 *Komarov, VL Komaorv s.n.* 22 July 1897 佳林里 *Komarov, VL Komaorv s.n.* 20 July 1897 惠山鎭(鴨綠江上流長白山脈中高原) *Komarov, VL Komaorv s.n.* August 1913 長白山 *Mori, T Mori167* 6 August 1914 胞胎山虛項嶺 *Nakai, T Nakai334* 8 August 1914 農事洞 *Ikuma, Y Ikuma s.n.*

Galium dahuricum Turcz. ex Ledeb., Fl. Ross. (Ledeb.) 2: 409 (1844)

Common name 큰잎갈퀴덩굴 (큰잎갈퀴)

Distribution in Korea: North, Central, South, Jeju

Galium asprellum Michx. var. *fructohispidum* Maxim., Mem. Acad. Imp. Sci. St.-Petersbourg Divers Savans 9: 140 (1859)

Galium asprellum Michx. var. *dahuricum* (Turcz. ex Ledeb.) Maxim., Méanges Biol. Bull. Phys.-Math. Acad. Imp. Sci. Saint-Pétersbourg 9: 262 (1873)

Galium tokyoense Makino, Bot. Mag. (Tokyo) 17: 72 (1903)

Galium pseudoasprellum Makino, Bot. Mag. (Tokyo) 17: 110 (1903)

Galium asprellum Michx. var. *lasiocarpum* Makino, Bot. Mag. (Tokyo) 17: 76 (1903)

Galium asprellum Michx. var. *tokyoense* (Makino) Nakai, Bot. Mag. (Tokyo) 23: 105 (1909)

Galium dahuricum Turcz. ex Ledeb. var. *leiocarpum* Nakai, J. Coll. Sci. Imp. Univ. Tokyo 31: 498 (1911)

Galium dahuricum Turcz. ex Ledeb. var. *lasiocarpum* (Makino) Nakai, J. Coll. Sci. Imp. Univ. Tokyo 31: 498 (1911)

Galium tachyspermum var. *hispidum* (Matsuda) Kitag., Bot. Mag. (Tokyo) 48: 617 (1934)

Galium dahuricum Turcz. ex Ledeb. var. *tokyoense* (Makino) Cufod., Oesterr. Bot. Z. 89: 243 (1940)

Galium dahuricum Turcz. ex Ledeb. f. *tokyoense* (Makino) Kitag., Rep. Inst. Sci. Res. Manchoukuo 4: 92 (1940)

Galium pseudoasprellum Makino var. *densiflorum* Cufod., Oesterr. Bot. Z. 89: 237 (1940)

Representative specimens; Chagang-do 21 July 1914 大興里- 山羊 *Nakai, T Nakai s.n.* **Hamgyong-bukto** 10 July 1936 鏡城行營 -龍山洞 *Saito, T T Saito s.n.* 14 August 1933 朱乙溫泉朱乙山 *Koidzumi, G Koidzumi s.n.* 19 July 1918 冠帽山麓 *Nakai, T Nakai s.n.* 16 July 1918 朱乙溫面上洞 *Nakai, T Nakai s.n.* 6 July 1930 鏡城 *Ohwi, J Ohwi s.n.* 6 July 1930 Kyonson 鏡城 *Ohwi, J Ohwi s.n.* 19 June 1938 穩城郡甑山 *Saito, T T Saito s.n.* 12 June 1897 西溪水 *Komarov, VL Komaorv s.n.* 17 June 1930 四芝洞 *Ohwi, J Ohwi s.n.* **Hwanghae-namdo** 26 August 1943 長壽山 *Furusawa, I Furusawa s.n.* 12 June 1931 *Smith, RK Smith s.n.* April 1931 載寧 *Smith, RK Smith s.n.* **Kangwon-do** 31 July 1916 金剛山群仙峽 *Nakai, T Nakai s.n.* 13 August 1916 金剛山表訓寺附近森 *Nakai, T Nakai s.n.* 14 July 1936 金剛山外金剛千佛山 *Nakai, T Nakai s.n.* 7 August 1940 Mt. Kumgang (金剛山) *Okuyama, S Okuyama s.n.* 4 September 1916 洗浦-蘭谷 *Nakai, T Nakai s.n.* 7 June 1909 元山 *Nakai, T Nakai s.n.* **P'yongan-namdo** 25 July 1912 Kai-syong (价川) *Imai, H Imai s.n.* 15 July 1916 葛日嶺 *Mori, T Mori s.n.* 17 July 1916 加音峯 *Mori, T Mori s.n.* **Ryanggang** 18 July 1897 Keizanchin(惠山鎭) *Komarov, VL Komaorv s.n.* 3 July 1917 大興洞 *Furumi, M Furumi s.n.* 15 August 1897 蓮-厚州川 *Komarov, VL Komaorv s.n.* 8 August 1897 上巨里水-院巴里水 *Komarov, VL Komaorv s.n.* 6 August 1917 延岩 *Furumi, M Furumi s.n.* 雲洞嶺 *Komarov, VL Komaorv s.n.* 8 August 1897 蓮坪-厚州古邑 *Komarov, VL Komaorv s.n.* 23 August 1897 *Komarov, VL Komaorv s.n.* 7 July 1917 Jyosuihei (汝水坪) *Furumi, M Furumi s.n.* 26 June 1897 內曲里 *Komarov, VL Komaorv s.n.* 24 July 1897 佳林里 *Komarov, VL Komaorv s.n.* 24 July 1897 *Komarov, VL Komaorv s.n.* August 1913 崔哥嶺 *Mori, T Mori s.n.* August 1913 *Mori, T Mori s.n.* 3 June 1897 四芝坪 *Komarov, VL Komaorv s.n.*

Galium hoffmeisteri (Klotzsch) Ehrend. & Schönb.-Tem. ex R.R.Mill, Edinburgh J. Bot. 53: 95 (1996)

Common name 개선갈퀴

Distribution in Korea: North, Central, South, Ulleung
>*Galium trifloriforme* Kom., Trudy Imp. S.-Peterburgsk. Bot. Sada 18: 428 (1901)
>*Galium trifloriforme* Kom. var. *nipponicum* (Makino) Nakai ex T. Mori, Enum. Pl. Corea 324 (1922)
>*Galium japonicum* (Maxim.) Makino & Nakai var. *trifloriformis* (Kom.) Nakai, Bull. Natl. Sci. Mus., Tokyo 31: 106 (1952)

Representative specimens; Ryanggang 28 June 1897 柏德嶺 *Komarov, VL Komaorv s.n.*

Galium kamtschaticum Steller ex Roem. & Schult., Syst. Veg. (ed. 16) [Roemer & Schultes] 3: Mant. 186 (1827)

Common name 털둥근갈퀴

Distribution in Korea: North
>*Galium rotundifolium* L. var. *kamtschaticum* (Steller ex Schult.) Kuntze, Revis. Gen. Pl. 1: 282 (1891)
>*Galium kamtschaticum* Steller ex Roem. & Schult. f. *intermedium* Takeda, Bot. Mag. (Tokyo) 24: 66 (1910)
>*Galium kamtschaticum* Steller ex Roem. & Schult. var. *acutifolium* Hara, Bot. Mag. (Tokyo) 51: 642(in adnota) (1937)

Representative specimens; Chagang-do 10 August 1914 臥碣峰鷥峯 *Nakai, T Nakai s.n.* **Hamgyong-bukto** 19 July 1918 冠帽峰 *Nakai, T Nakai s.n.* **Kangwon-do** 17 August 1916 金剛山內霧在嶺 *Nakai, T Nakai s.n.* 15 August 1916 金剛山內圓通庵 *Nakai, T Nakai s.n.* 18 August 1902 Mt. Kumgang (金剛山) *Uchiyama, T Uchiyama s.n.*

Galium kinuta Nakai & H.Hara, J. Jap. Bot. 9: 518 (1933)

Common name 민둥갈퀴

Distribution in Korea: North, Central, South
>*Galium boreale* L. var. *japonica* Maxim., Mélanges Biol. Bull. Phys.-Math. Acad. Imp. Sci. Saint- Pétersbourg 9: 264 (1873)
>*Galium japonicum* (Maxim.) Makino & Nakai, Bot. Mag. (Tokyo) 22: 152 (1908)
>*Galium japonicum* (Maxim.) Makino & Nakai var. *viridescens* Makino & Nakai, Bot. Mag. (Tokyo) 22: 152 (1908)
>*Galium japonicum* (Maxim.) Makino & Nakai var. *bracteatum* Nakai, Bot. Mag. (Tokyo) 23: 104 (1909)
>*Galium kinuta* Nakai & H.Hara var. *bracteatum* (Nakai) Nakai & H.Hara, J. Jap. Bot. 9: 520 (1933)
>*Galium kinuta* Nakai & H.Hara var. *viridescens* (Makino & Nakai) Matsum. & Nakai, J. Jap. Bot. 9: 518 (1933)

Galium linearifolium Turcz., Bull. Soc. Imp. Naturalistes Moscou 7: 152 (1837)

Common name 실갈퀴

Distribution in Korea: North (P'yongan)

Representative specimens; Ryanggang 21 July 1897 佳林里(鴨綠江上流) *Komarov, VL Komaorv s.n.*

Galium maximowiczii (Kom.) Pobed., Novosti Sist. Vyssh. Rast. 7: 277 (1970)

Common name 개갈퀴

Distribution in Korea: North, Central, South
>*Asperula maximowiczii* Kom., Trudy Imp. S.-Peterburgsk. Bot. Sada 39: 109 (1923)
>*Asperula maximowiczii* Kom. var. *latifolia* Nakai, J. Jap. Bot. 14: 119 (1938)
>*Asperula maximowiczii* Kom. f. *latifolia* (Nakai) W.T.Lee, Lineamenta Florae Koreae 893 (1996)

Representative specimens; Chagang-do June 1911 Kang-gei(Kokai 江界) *Mills, RG Mills s.n.* **Hamgyong-namdo** 1 August 1941 咸興歸州寺 *Suzuki, T s.n.* 19 August 1943 千佛山 *Honda, M Honda s.n.* **Hwanghae-namdo** 26 August 1943 長壽山 *Furusawa, I Furusawa s.n.* 26 August 1941 *Hurusawa, I Hurusawa s.n.* April 1931 載寧 *Smith, RK Smith439* 24 July 1922 Mukimpo *Mills, RG Mills s.n.* 12 July 1921 Sorai Beach 九味浦 *Mills, RG Mills s.n.* 15 July 1921 *Mills, RG Mills4356* **Kangwon-do** 30 July 1916 金剛山外金剛倉岱 *Nakai, T Nakai s.n.* 12 July 1936 金剛山外金剛千佛山 *Nakai, T Nakai17225* 9 August 1940 Mt. Kumgang (金剛山) *Okuyama, S Okuyama s.n.* 4 September 1916 洗浦-蘭谷 *Nakai, T Nakai s.n.* 6 August 1932 元山 *Kitamura, S Kitamura* s.n. 6 June 1909 *Nakai, T Nakai s.n.* **P'yongan-bukto** 5 August 1937 妙香山 *Hozawa, S Hozawa s.n.* **P'yongan-namdo** 15 July 1916 葛日嶺 *Mori, T Mori s.n.* 17 July 1916 加音峯 *Mori, T Mori s.n.* 29 August 1930 鍾峯山 *Uyeki, H Uyeki5377* **P'yongyang** 11 June 1911 Ryugakusan (龍岳山) 平壤 *Imai, H Imai s.n.* **Ryanggang** 23 August 1914 Keizanchin(惠山鎮) *Ikuma, Y Ikuma s.n.*

Galium odoratum (L.) Scop., Fl. Carniol., ed. 2 1: 105 (1771)

Common name 선갈퀴

Distribution in Korea: North, Central, South, Ulleung

> *Asperula odorata* L., Sp. Pl. 103 (1753)
> *Chlorostemma odoratum* (L.) Fourr., Ann. Soc. Linn. Lyon 16: 398 (1868)
> *Asperula eugeniae* K.Richt., Abh. K.K. Zool.-Bot. Ges. Wien 38: 219 (1888)

Representative specimens; Chagang-do 21 June 1914 江界 *Nakai, T Nakai3657* 21 September 1917 龍林面厚地洞 *Furumi, M Furumi483* **Kangwon-do** 5 August 1932 金剛山內金剛 *Kobayashi, M Kobayashi35* 13 August 1916 金剛山表訓寺附近森 *Nakai, T Nakai5848* 10 June 1932 Mt. Kumgang (金剛山) *Ohwi, J Ohwi*

Galium paradoxum Maxim., Bull. Acad. Imp. Sci. Saint-Pétersbourg 19: 281 (1874)

Common name 두메갈퀴

Distribution in Korea: North, Central, South

> *Galium stellariifolium* Franch. & Sav., Enum. Pl. Jap. 2: 392 (1878)

Representative specimens; Chagang-do 26 August 1897 小德川 (松德水河谷) *Komarov, VL Komaorv s.n.* **Hamgyong-bukto** 24 May 1897 車踰嶺 - 照日洞 *Komarov, VL Komaorv s.n.* July 1932 冠帽峰 *Ohwi, J Ohwi s.n.* **Kangwon-do** 14 July 1936 金剛山外 金剛千佛山 *Nakai, T Nakai s.n.* 14 August 1916 金剛山望軍臺 *Nakai, T Nakai s.n.* **Ryanggang** 16 August 1897 大羅信洞 *Komarov, VL Komaorv s.n.* 23 August 1897 雲洞嶺 *Komarov, VL Komaorv s.n.* 7 August 1897 上巨里水 *Komarov, VL Komaorv s.n.*

Galium platygalium (Maxim.) Pobed., Novosti Sist. Vyssh. Rast. 7: 277 (1970)

Common name 산개갈퀴

Distribution in Korea: North, Central, South

> *Rubia gracilis* Miq., Ann. Mus. Bot. Lugduno-Batavi 3: 111 (1867)
> *Asperula platygalium* Maxim., Bull. Acad. Imp. Sci. Saint-Pétersbourg 19: 284 (1874)
> *Asperula platygalium* Maxim. var. *alpina* Maxim., Neolin. Fl. Manshur. 585 (1979)

Representative specimens; Chagang-do 25 August 1897 小德川 (松德水河谷) *Komarov, VL Komaorv s.n.* **Hamgyong-bukto** 4 August 1935 羅南支庫 *Saito, T T Saito s.n.* 19 May 1897 茂山嶺 *Komarov, VL Komaorv s.n.* 14 August 1933 朱乙溫泉朱乙山 *Koidzumi, G Koidzumi s.n.* 13 July 1930 Kyonson 鏡城 *Ohwi, J Ohwi s.n.* 3 July 1936 鏡城 *Saito, T T Saito s.n.* 5 August 1914 茂山 *Ikuma, Y Ikuma s.n.* 11 July 1914 *Ikuma, Y Ikuma s.n.* August 1913 *Mori, T Mori324* 21 June 1938 穩城郡甑山 *Saito, T T Saito s.n.* **Hamgyong-namdo** 1 June 1939 咸興新中里 *Kim, SK s.n.* 23 August 1932 蓋馬高原 *Kitamura, S Kitamura s.n.* 28 July 1933 永古面松興里 *Koidzumi, G Koidzumi s.n.* **Hwanghae-namdo** 29 July 1935 長壽山 *Koidzumi, G Koidzumi s.n.* **Kangwon-do** 15 August 1932 金剛山外金剛 *Koidzumi, G Koidzumi s.n.* 5 September 1932 元山 *Kitamura, S Kitamura s.n.* **P'yongan-bukto** 5 August 1935 妙香山 *Koidzumi, G Koidzumi s.n.* **Ryanggang** 1 July 1897 五是川雲龍江-崔五峰 *Komarov, VL Komaorv s.n.* 19 August 1897 葡坪 *Komarov, VL Komaorv s.n.* 16 August 1897 大羅信洞 *Komarov, VL Komaorv s.n.* 13 August 1897 長進江河口 (鴨綠江) *Komarov, VL Komaorv s.n.* 22 July 1897 佳林里 *Komarov, VL Komaorv s.n.* 20 July 1897 惠山鎮 (鴨綠江上流長白山脈中高原) *Komarov, VL Komaorv s.n.* 8 August 1914 農事洞 *Ikuma, Y Ikuma s.n.*

Galium spurium L., Sp. Pl. 106 (1753)

Common name 갈퀴덩굴

Distribution in Korea: North, Central, South, Ulleung

> *Galium strigosum* Thunb., Nova Acta Regiae Soc. Sci. Upsal. 7: 141, t. 4 1 (1815)
> *Galium spurium* L. ssp. *vaillantii* (DC.) Gaudin, Fl. Helv. 1: 442 (1828)
> *Galium aparine* L. var. *spurium* (L.) W.D.J.Koch, Syn. Fl. Germ. Helv. 330 (1835)
> *Galium spurium* L. var. *vaillantii* Gren. & Godr., Fl. France (Grenier) 2: 44 (1850)
> *Galium hongnoense* H.Lév., Repert. Spec. Nov. Regni Veg. 10: 438 (1912)
> *Galium spurium* L. f. *strigosum* (Thunb.) Kitag., J. Geobot. 19: 92 (1971)

Representative specimens; Hamgyong-bukto 19 June 1909 清津 *Nakai, T Nakai s.n.* 16 July 1918 朱乙溫面甫上洞 *Nakai, T Nakai s.n.* 6 July 1930 鏡城 *Ohwi, J Ohwi s.n.* 14 July 1930 Ohwi, J Ohwi s.n.* 14 June 1930 Kyonson 鏡城 *Ohwi, J Ohwi s.n.* 13 July 1934 朱乙溫面生氣嶺 *Saito, T T Saito s.n.* 20 June 1909 富寧 *Nakai, T Nakai s.n.* **Hamgyong-namdo** 22 June 1941 Hamhung (咸興) *Osada, T s.n.* 1 August 1941 咸興歸州寺 *Suzuki, T s.n.* **Kangwon-do** 7 June 1909 元山支部街 *Nakai, T Nakai s.n.*

Galium trifidum L., Sp. Pl. 105 (1753)

Common name 가는네잎갈퀴

Distribution in Korea: North, Central, South,

    Galium trifidum L. var. *europaeum* Rupr., Fl. Samejed. Cisural. 38 (1846)

    Galium triflorum Michx. f. *europaeum* F.Schmidt, Mem. Acad. Imp. Sci. St.-Petersbourg, Ser. 7 12: 144 (1868)

    Rubia linnaeana Baill., Hist. Pl. (Baillon) 7: 374 (1880)

    Galium baicalense Pobed., Fl. URSS 23: 714 (1958)

    Galium ruprechtii Pobed., Fl. URSS 23: 713 (1958)

Representative specimens; Ryanggang 18 July 1897 Keizanchin(惠山鎭) *Komarov, VL Komaorv s.n.*

Galium verum L., Sp. Pl. 107 (1753)

Common name 솔나물

Distribution in Korea: North, Central, South, Jeju

    Galium ruthenicum Willd., Sp. Pl. (ed. 5; Willdenow) 597 (1797)

    Galium verum L. var. *trachyphyllum* Wallr., Sched. Crit. 56 (1822)

    Galium verum L. var. *trachycarpum* DC., Prodr. (DC.) 4: 603 (1830)

    Galium verum L. var. *leiocarpum* Ledeb., Fl. Ross. (Ledeb.) 2: 414 (1844)

    Galium verum L. var. *lasiocarpum* Ledeb., Fl. Ross. (Ledeb.) 2: 415 (1844)

    Galium verum L. var. *intermedium* Nakai, Rep. Veg. Diamond Mountains 185 (1918)

    Galium verum L. var. *trachycarpum* DC. f. *intermedium* Nakai, Bot. Mag. (Tokyo) 34: 51 (1920)

    Galium verum L. var. *luteum* Nakai, Bot. Mag. (Tokyo) 34: 49 (1920)

    Galium verum L. var. *ruthenicum* Nakai, Bot. Mag. (Tokyo) 34: 51 (1920)

    Galium verum L. f. *lacteum* (Maxim.) Nakai, Bot. Mag. (Tokyo) 34: 50 (1920)

    Galium verum L. var. *rosmarinifolium* Bunge f. *album* Hara, J. Jap. Bot. 10: 368 (1934)

    Galium verum L. var. *asiaticum* Nakai, J. Jap. Bot. 15: 344 (1939)

    Galium verum L. var. *japonalpinum* Nakai, J. Jap. Bot. 15: 343 (1939)

    Galium verum L. f. *album* Nakai, J. Jap. Bot. 15: 343 (1939)

    Galium verum L. var. *nikkoense* Nakai, J. Jap. Bot. 15: 347 (1939)

    Galium verum L. var. *trachycarpum* DC. f. *nikkoense* (Nakai) Ohwi, Bull. Natl. Sci. Mus., Tokyo 33: 86 (1953)

    Galium lacteum (Maxim.) Pobed., Fl. URSS 23: 363, 718 (1958)

    Galium verum L. var. *lacteum* Maxim., Neolin. Fl. Manshur. 585 (1979)

    Galium verum L. var. *rosmarinifolium* Bunge f. *intermedium* H.Hara, Neolin. Fl. Manshur. 585 (1979)

    Galium verum L. var. *asiaticum* Nakai f. *pusillum* (Nakai) M.K.Park, Lineamenta Florae Koreae 0 (1996)

Representative specimens; Chagang-do 12 July 1910 Kang-gei(Kokai 江界) *Mills, RG Mills358* 18 July 1914 大興里 *Nakai, T Nakai3494* **Hamgyong-bukto** 1 August 1914 淸津 *Ikuma, Y Ikuma s.n.* 26 July 1916 Yamada, *Y s.n.* August 1933 羅南 *Yoshimizu, K s.n.* 19 May 1897 茂山嶺 *Komarov, VL Komaorv s.n.* 13 July 1918 鏡城 *Nakai, T Nakai7487* 13 July 1918 *Nakai, T Nakai7488* Type of *Galium verum* L. f. *album* Nakai (Syntype TI)6 July 1930 Kyonson 鏡城 *Ohwi, J Ohwi s.n.* 13 July 1934 朱乙溫 *Saito, T T Saito s.n.* 2 August 1918 漁大津 *Nakai, T Nakai7490* Type of *Galium verum* L. f. *album* Nakai (Syntype TI)9 August 1918 雲滿臺 *Nakai, T Nakai7658* 10 June 1897 西溪水 *Komarov, VL Komaorv s.n.* **Hamgyong-namdo** 17 August 1940 西湖津海岸 *Okuyama, S Okuyama s.n.* 1928 Hamhung (咸興) *Seok, JM s.n.* 23 July 1916 赴戰高原寒泰嶺 *Mori, T Mori s.n.* 16 August 1935 雲仙嶺 *Nakai, T Nakai s.n.* **Hwanghae-namdo** 29 June 1921 Sorai Beach 九味浦 *Mills, RG Mills s.n.* 29 June 1921 *Mills, RG Mills4201* **Kangwon-do** 30 July 1916 通川 *Nakai, T Nakai6100* 20 August 1932 元山 *Kitamura, S Kitamura s.n.* 7 June 1909 *Nakai, T Nakai s.n.* 27 July 1916 *Nakai, T Nakai5843* 10 July 1918 *Nakai, T Nakai7489* Type of *Galium verum* L. f. *album* Nakai (Syntype TI) **P'yongyang** 29 May 1935 P'yongyang (平壤) *Sakaguchi, S s.n.* 22 June 1909 平壤市街附近 *Imai, H Imai s.n.* **Ryanggang** 23 August 1914 Keizanchin(惠山鎭) *Ikuma, Y Ikuma s.n.* 18 July 1897 *Komarov, VL Komaorv s.n.* 1 August 1897 虛川江 (同仁川) *Komarov, VL Komaorv s.n.* 7 July 1897 犁方嶺 (鴨綠江羅暖堡) *Komarov, VL Komaorv s.n.* 21 July 1914 長蛇洞 *Nakai, T Nakai3526* 23 July 1914 李僧嶺 *Nakai, T Nakai3425* 22 July 1897 佳林里 *Komarov, VL Komaorv s.n.* 20 July 1897 惠山鎭 (鴨綠江上流長白山脈中高原) *Komarov, VL Komaorv s.n.*

Paederia L.

Paederia foetida L., Mant. Pl. 1: 52 (1767)

Common name 계뇨등 (계요등)

Distribution in Korea: Central, South, Jeju, Ulleung

Gentiana scandens Lour., Fl. Cochinch. 1: 171 (1790)
Paederia tomentosa Blume, Bijdr. Fl. Ned. Ind. 968 (1826)
Paederia tomentosa Blume var. *glabra* Kurz, J. Asiat. Soc. Bengal, Pt. 2, Nat. Hist. 47-2: 139 (1877)
Paederia chinensis Hance, J. Bot. 7: 228 (1878)
Paederia dunniana H.Lév., Repert. Spec. Nov. Regni Veg. 10: 146 (1911)
Paederia tomentosa Blume f. *tenuissima* Hayata, J. Coll. Sci. Imp. Univ. Tokyo 30: 145 (1911)
Paederia wilasonii Hesse, Mitt. Deutsch. Dendrol. Ges. 22: 268 (1913)
Paederia mairei H.Lév., Repert. Spec. Nov. Regni Veg. 13: 179 (1914)
Paederia tomentosa Blume var. *mairei* H.Lév., Cat. Pl. Yun-Nan 247 (1917)
Paederia chinensis Hance var. *angustifolia* Nakai, Trees Shrubs Japan 1: 398 (1922)
Paederia chinensis Hance var. *velutina* Nakai, Fl. Sylv. Kor. 14: 92 (1923)
Paederia chinensis Hance f. *microphylla* Honda, Bot. Mag. (Tokyo) 43: 193 (1929)
Paederia scandens (Lour.) Merr., Contr. Arnold Arbor. 8: 163 (1934)
Paederia chinensis Hance f. *tenuissima* Masam., Short Fl. Formos. 205 (1936)
Paederia scandens (Lour.) Merr. f. *mairei* (H.Lév.) Nakai, Bull. Natl. Sci. Mus., Tokyo 22: 28 (1948)
Paederia scandens (Lour.) Merr. var. *velutina* (Nakai) Nakai, Bull. Natl. Sci. Mus., Tokyo 29: 97 (1950)
Paederia scandens (Lour.) Merr. var. *mairei* (H.Lév.) H.Hara, Enum. Spermatophytarum Japon. 2: 24 (1952)
Paederia scandens (Lour.) Merr. var. *mairei* (H.Lév.) H.Hara f. *microphylla* (Honda) H.Hara, Enum. Spermatophytarum Japon. 2: 25 (1952)
Paederia scandens (Lour.) Merr. var. *angustifolia* (Nakai) T.B.Lee, Ill. Woody Pl. Korea 338 (1966)

Representative specimens; Hwanghae-namdo 海州港海岸 *Unknown s.n.*

Rubia L.
Rubia argyi (H.Lév. & Vaniot) H.Hara ex Lauener, Notes Roy. Bot. Gard. Edinburgh 32: 114 (1972)
Common name 꼭두서니
Distribution in Korea: North, Central, South
Galium argyi H.Lév. & Vaniot, Bull. Soc. Bot. France 55: 58 (1908)
Rubia akane Nakai, J. Jap. Bot. 13: 783 (1937)
Rubia akane Nakai var. *erecta* Masam., Trans. Nat. Hist. Soc. Taiwan 9: 63 (1939)
Rubia nankotaizana Masam., Hokuriko J. Bot. 2: 40 (1953)

Representative specimens; Hamgyong-bukto 3 October 1932 羅南南側 *Saito, T T Saito s.n.* **Hamgyong-namdo** 15 August 1935 東上面漢岱里 *Nakai, T Nakai s.n.* **Kangwon-do** 12 August 1932 Mt. Kumgang (金剛山) *Koidzumi, G Koidzumi s.n.* 13 July 1936 金剛山外金剛千佛山 *Nakai, T Nakai s.n.* 20 August 1902 Mt. Kumgang (金剛山) *Uchiyama, T Uchiyama s.n.*

Rubia chinensis Regel & Maack, Tent. Fl.-Ussur.76 (1861)
Common name 큰꼭두선이
Distribution in Korea: North, Central, South
Rubia mitis Miq., Ann. Mus. Bot. Lugduno-Batavi 3: 112 (1867)
Rubia mitis Miq. f. *glabrescens* Nakai, J. Jap. Bot. 14: 115 (1938)
Rubia pedicellata Nakai, J. Jap. Bot. 14: 116 (1938)
Rubia chinensis Regel & Maack var. *glabrescens* (Nakai) Kitag., Lin. Fl. Manshur. 406 (1939)
Rubia chinensis Regel & Maack var. *pedicellata* (Nakai) H.Hara, Enum. Spermatophytarum Japon. 2: 29 (1950)
Rubia chinensis Regel & Maack f. *glabrescens* (Nakai) Kitag., Neolin. Fl. Manshur. 585 (1979)
Rubia chinensis Regel & Maack var. *glabrescens* (Nakai) Kitag. f. *mitis* (Miq.) Kitag., Neolin. Fl. Manshur. 585 (1979)

Representative specimens; Chagang-do 4 August 1910 Kang-gei(Kokai 江界) *Mills, RG Mills365* **Hamgyong-bukto** 17 June 1909 清津 *Nakai, T Nakai s.n.* 17 June 1909 *Nakai, T Nakai s.n.* 2 June 1933 羅南西北側 *Saito, T T Saito s.n.* 20 May 1897 茂山嶺 *Komarov, VL Komaorv s.n.* 24 May 1897 車踰嶺- 照日洞 *Komarov, VL Komaorv s.n.* 20 July 1918 冠帽山 *Nakai, T Nakai7469* 12 June 1930 鏡城 *Ohwi, J Ohwi s.n.* 12 June 1930 Kyonson 鏡城 *Ohwi, J Ohwi s.n.* **Hamgyong-namdo** 7 June 1941 咸興歸州寺 *Suzuki, T s.n.* **Hwanghae-namdo** 26 August 1943 長壽山 *Furusawa, I Furusawa s.n.* **Kangwon-do** 31 July 1916 金剛山群仙峽 *Nakai, T Nakai5842* 12 August 1943 Mt. Kumgang (金剛山) *Honda, M Honda s.n.* 12 August 1932 *Koidzumi, G Koidzumi s.n.* 10 June 1932 *Ohwi, J Ohwi s.n.* 8 August 1940 金剛山毘盧峯 *Okuyama, S Okuyama s.n.* 16 August 1902 Mt. Kumgang (金剛山) *Uchiyama, T Uchiyama s.n.* 16

August 1902 *Uchiyama, T Uchiyama s.n.* 9 June 1909 元山 *Nakai, T Nakai s.n.* **P'yongan-bukto** 5 August 1935 妙香山 *Koidzumi, G Koidzumi s.n.* **Rason** 7 June 1930 西水羅 *Ohwi, J Ohwi s.n.* 7 June 1930 *Ohwi, J Ohwi s.n.* **Ryanggang** 5 August 1897 白山嶺 *Komarov, VL Komaorv s.n.* 23 August 1897 雲洞嶺 *Komarov, VL Komaorv s.n.* 13 August 1897 長進江河口(鴨綠江) *Komarov, VL Komaorv s.n.* 8 August 1897 上巨里水-院巨里水 *Komarov, VL Komaorv s.n.*

Rubia cordifolia L., Syst. Nat. ed. 12 0: 229 (1767)

Common name 갈퀴꼭두선이

Distribution in Korea: North, Central, South

Rubia cordifolia L. var. *pratensis* Maxim., Mem. Acad. Imp. Sci. St.-Petersbourg Divers Savans 9: 139 (1859)

Rubia cordifolia L. var. *sylvatica* Maxim., Mem. Acad. Imp. Sci. St.-Petersbourg Divers Savans 9: 140 (1859)

Rubia pratensis (Maxim.) Nakai, J. Jap. Bot. 13: 783 (1937)

Rubia sylvatica (Maxim.) Nakai, J. Jap. Bot. 13: 783 (1937)

Rubia pubescens Nakai, J. Jap. Bot. 13: 783 (1937)

Rubia cordifolia L. ssp. *pratensis* (Maxim.) Kitag., Acta Phytotax. Geobot. 17: 7 (1957)

Rubia cordifolia L. f. *pratensis* (Maxim.) Kitag., Neolin. Fl. Manshur. 586 (1979)

Representative specimens; Chagang-do 26 August 1897 小德川 (松德水河谷) *Komarov, VL Komaorv s.n.* 2 September 1897 湖芮 (鴨綠江) *Komarov, VL Komaorv s.n.* 11 August 1910 Chosan(楚山) *Mills, RG Mills406* **Hamgyong-bukto** 1 August 1914 清津 *Ikuma, Y Ikuma s.n.* 19 May 1897 茂山嶺 *Komarov, VL Komaorv s.n.* 16 July 1918 朱乙溫面甫上洞 *Nakai, T Nakai s.n.* 19 July 1918 冠帽峰 *Nakai, T Nakai s.n.* 25 May 1897 城川江-茂山 *Komarov, VL Komaorv s.n.* **Hwanghae-namdo** 26 August 1943 長壽山 *Furusawa, I Furusawa s.n.* 28 August 1943 海州港海岸 *Furusawa, I Furusawa s.n.* **Kangwon-do** 7 August 1916 金剛山末輝里方面 *Nakai, T Nakai5850* 8 June 1909 望賊山 *Nakai, T Nakai s.n.* **P'yongyang** 18 June 1911 P'yongyang (平壤) *Imai, H Imai62* **Ryanggang** 1 July 1897 五是川雲寵江-崔五峰 *Komarov, VL Komaorv s.n.* 16 August 1897 大羅信洞 *Komarov, VL Komaorv s.n.* 19 August 1897 葡坪 *Komarov, VL Komaorv s.n.* 20 August 1897 內河-河山嶺 *Komarov, VL Komaorv s.n.* 22 August 1897 雲洞嶺 *Komarov, VL Komaorv s.n.* 4 July 1897 上水隅理 *Komarov, VL Komaorv s.n.* 6 August 1897 上巨里水 *Komarov, VL Komaorv s.n.* 7 August 1897 *Komarov, VL Komaorv s.n.* 14 June 1897 西溪水-延岩 *Komarov, VL Komaorv s.n.* 28 June 1897 栢德嶺 *Komarov, VL Komaorv s.n.* 24 July 1897 佳林里 *Komarov, VL Komaorv s.n.* 28 July 1897 *Komarov, VL Komaorv s.n.* 15 August 1914 白頭山 *Ikuma, Y Ikuma s.n.* 20 July 1897 惠山鎮(鴨綠江上流長白山脈中高原) *Komarov, VL Komaorv s.n.* 5 August 1914 胞胎山寶泰洞 *Nakai, T Nakai s.n.* 3 June 1897 四芝坪 *Komarov, VL Komaorv s.n.*

CAPRIFOLIACEAE

Linnaea L.
Linnaea borealis L., Sp. Pl. 631 (1753)

Common name 린네풀

Distribution in Korea: far North

Linnaea borealis L. f. *arctica* Wittr., Acta Horti Berg. 4: 159 (1907)

Linnaea serpyllifolia Rydb., J. New York Bot. Gard. 8: 135 (1907)

Representative specimens; Chagang-do 10 July 1914 牙得嶺 (江界) - 新院洞 *Nakai, T Nakai s.n.* 11 July 1914 蘆田嶺 *Nakai, T Nakai 1540* **Hamgyong-bukto** 5 August 1939 頭流山 *Hozawa, S Hozawa s.n.* 24 May 1897 城川江-茂山 *Komarov, VL Komaorv s.n.* 26 June 1930 雪嶺西面 *Ohwi, J Ohwi s.n.* 13 June 1897 西溪水 *Komarov, VL Komaorv s.n.* **Hamgyong-namdo** 12 August 1938 上南面蓮花山 *Jeon, SK JeonSK s.n.* 16 August 1943 赴戰高原漢垈里 *Honda, M Honda150* 15 August 1935 東上面漢岱里 *Nakai, T Nakai15709* 15 August 1940 赴戰高原 Fusenkogen *Okuyama, S Okuyama s.n.* **Ryanggang** 15 August 1935 北水白山 *Hozawa, S Hozawa s.n.* 23 August 1934 Kojima, *K Kojima s.n.* 23 July 1914 三水郡李僧嶺 *Nakai, T Nakai s.n.* 22 June 1930 四芝領-倉坪嶺 *Ohwi, J Ohwi s.n.* 21 June 1930 三社面天水洞 *Ohwi, J Ohwi s.n.* 31 July 1930 醬池 *Ohwi, J Ohwi s.n.* 24 July 1930 合水-大澤 (含山嶺) *Ohwi, J Ohwi s.n.* 19 August 1914 崔哥嶺 *Ikuma, Y Ikuma s.n.* 21 June 1897 阿武山-象背嶺 *Komarov, VL Komaorv s.n.* 27 June 1897 栢德嶺 *Komarov, VL Komaorv s.n.* 14 August 1914 無頭峯 *Ikuma, Y Ikuma s.n.* 10 August 1914 茂峯 *Ikuma, Y Ikuma4812* 18 August 1914 神武城 *Ikuma, Y Ikuma109* 18 August 1913 長白山 *Mori, T Mori61* 8 August 1914 無頭峯 *Nakai, T Nakai s.n.* 4 August 1914 普天堡-寶泰洞 *Nakai, T Nakai3389* 4 August 1914 Nakai, *T Nakai3954* 21 August 1934 新興郡/豊山郡境北水白山 *Yamamoto, A Yamamoto s.n.*

Lonicera L.
Lonicera caerulea L., Sp. Pl. 1: 174 (1753)

Common name 개들쭉, 마저지나무, 둥근잎마저지나무 (댕댕이나무)

Distribution in Korea: North, Central, Jeju

Lonicera edulis Turcz. ex Freyn, Fl. Baical.-dahur. 1: 524 (1845)

Lonicera reticulata Champ. ex Benth., Hooker's J. Bot. Kew Gard. Misc. 4: 167 (1852)

Lonicera caerulea L. var. *edulis* Turcz. ex Herder, Bull. Soc. Imp. Naturalistes Moscou 37: 205, 207 (1864)

Lonicera venulosa Maxim., Bull. Acad. Imp. Sci. Saint-Petersbourg 26: 542 (1880)

Caprifolium venulosum (Maxim.) Kuntze, Revis. Gen. Pl. 1: 274 (1891)

Lonicera caerulea L. var. *venulosa* (Maxim.) Rehder, Rep. (Annual) Missouri Bot. Gard. 14: 71 (1903)

Lonicera caerulea L. var. *glabrescens* H.Hara f. *longibracteata* (H.Hara) C.K.Schneid., Ill. Handb. Laubholzk. 2: 693 (1911)

Lonicera caerulea L. var. *emphyllocalyx* (Maxim.) Nakai, Trees Shrubs Japan, Revis. Ed. 2: 665 (1927)

Lonicera caerulea L. ssp. *edulis* (Turcz.) Hultén, Kongl. Svenska Vetensk. Acad. Handl. ser. 3,8: 144 (1930)

Lonicera caerulea L. var. *longibracteata* H.Hara f. *ovata* H.Hara, Bot. Mag. (Tokyo) 51: 843 (1937)

Lonicera caerulea L. var. *longibracteata* H.Hara f. *normalis* H.Hara, Bot. Mag. (Tokyo) 51: 844 (1937)

Lonicera caerulea L. var. *glabrescens* H.Hara, Bot. Mag. (Tokyo) 51: 843 (1937)

Representative specimens; **Chagang-do** 22 July 1916 狼林山*Mori, T Mori s.n.* **Hamgyong-bukto** 12 August 1933 渡正山*Koidzumi, G Koidzumi s.n.* 2 June 1933 羅南*Saito, T T Saito s.n.* 19 July 1918 朱乙溫面冠帽峯*Nakai, T Nakai s.n.* 20 July 1918 朱南面雪嶺 2200m *Nakai, T Nakai s.n.* 23 July 1918 朱南面黃雪嶺*Nakai, T Nakai s.n.* 25 July 1918 雪嶺*Nakai, T Nakai7509* 25 June 1930 雪嶺山頂西側*Ohwi, J Ohwi1967* 13 June 1897 西溪水*Komarov, VL Komarov s.n.* 4 June 1897 四芝嶺*Komarov, VL Komarov s.n.* **Hamgyong-namdo** August 1943 龍眼里*Uchida, H Uchida s.n.* 26 July 1916 下碣隅里*Mori, T Mori s.n.* 16 August 1934 新角面北山 *Nomura, N Nomura s.n.* 17 June 1932 東白山*Ohwi, J Ohwi s.n.* 25 July 1933 東上面遮日峯 *Koidzumi, G Koidzumi s.n.* 24 July 1933 東上面大漢垈里*Koidzumi, G Koidzumi s.n.* 24 July 1935 東上面漢垈里*Nomura, N Nomura s.n.* 20 June 1932 東上面元豊里*Ohwi, J Ohwi s.n.* 14 August 1940 東上面漢垈里赴戰高原*Okuyama, S Okuyama s.n.* **Kangwon-do** 12 August 1932 Mt. Kumgang (金剛山) *Koidzumi, G Koidzumi s.n.* 22 August 1916 金剛山新金剛大長峯*Nakai, T Nakai5859* 16 August 1916 金剛山毘盧峯*Nakai, T Nakai5862* 20 August 1916 金剛山彌勒峯*Nakai, T Nakai5863* 10 June 1932 金剛山*Ohwi, J Ohwi1627* 23 June 1930 倉坪延岩里 *Ohwi, J Ohwi1726* 28 July 1897 佳林里*Komarov, VL Komarov s.n.* 11 July 1917 胞胎山中腹以上*Furumi, M Furumi196* 15 August 1914 白頭山*Ikuma, Y Ikuma s.n.* 14 August 1914 神武城*Ikuma, Y Ikuma18* 14 August 1914 *Ikuma, Y Ikuma41* 8 August 1914 胞胎山虛項嶺 *Nakai, T Nakai2230* 5 August 1914 普天堡- 寶泰洞*Nakai, T Nakai2233* 5 August 1914 *Nakai, T Nakai2243* 5 August 1914 *Nakai, T Nakai2245* 7 August 1914 虛項嶺-神武城*Nakai, T Nakai2266* 2 August 1917 Moho (茂峯)- 農事洞*Furumi, M Furumi 422* 14 August 1914 農事洞- 三下*Nakai, T Nakai s.n.* 25 May 1938 農事洞 *Saito, T T Saito8532*

Lonicera chrysantha Turcz. ex Ledeb., Fl. Ross. (Ledeb.) 2: 388 (1844)

Common name 산괴불나무 (각시괴불나무)

Distribution in Korea: North, Central

Xylosteon gibbiflorum Rupr. & Maxim. Mélanges Bull. Cl. Phys.-Math. Acad. Imp. Sci. Saint-Pétersbourg 15: 136 (1856)

Lonicera xylosteum var. *chrysantha* (Turcz.) Regel, Bull. Cl. Phys.-Math. Acad. Imp. Sci. Saint-Pétersbourg 15: 221 (1857)

Lonicera chrysantha Turcz. ex Ledeb. var. *longipes* Maxim., Bull. Acad. Imp. Sci. Saint-Petersbourg 24: 44 (1878)

Lonicera gibbiflora (Rupr.) Dippel, Handb. Laubholzk. 1: 237 (1889)

Caprifolium chrysanthum (Turcz.) Kuntze, Revis. Gen. Pl. 1: 274 (1891)

Caprifolium gibbiflorum (Rupr.) Kuntze, Revis. Gen. Pl. 1: 274 (1891)

Lonicera chrysantha Turcz. ex Ledeb. f. *villoa* Rehder, Rep. (Annual) Missouri Bot. Gard. 14: 140 (1903)

Lonicera chrysantha Turcz. ex Ledeb. var. *crassipes* Nakai, Trees Shrubs Japan, Revis. Ed. 2: 642 (1927)

Lonicera longipes (Maxim.) Pojark., Fl. URSS 23: 555 (1958)

Lonicera chrysantha Turcz. ex Ledeb. ssp. *gibbipora* (Rupr.) Kitag., Neolin. Fl. Manshur. 587 (1979)

Representative specimens; **Chagang-do** 1 July 1914 江界公西面*Nakai, T Nakai2235* **Hamgyong-bukto** 24 May 1897 車踰嶺-
照日洞*Komarov, VL Komaorv s.n.* 5 August 1939 頭流山*Hozawa, S Hozawa s.n.* 19 July 1918 冠帽峰*Nakai, T Nakai7504* 30
May 1934 朱乙溫(甫上-南河瑞) *Saito, T T Saito s.n.* 6 July 1933 南下石山*Saito, T T Saito s.n.* 19 September 1935 *Saito, T T
Saito1732* August 1913 車踰嶺*Mori, T Mori335* 23 August 1924 上古面*Kondo, T Kondo s.n.* 27 July 1918 黃雪嶺*Nakai, T
Nakai7503* 10 June 1897 西溪水*Komarov, VL Komaorv s.n.* 12 June 1897 *Komarov, VL Komaorv s.n.* 10 June 1897 *Komarov, VL
Komaorv s.n.* 4 June 1897 四芝嶺*Komarov, VL Komaorv s.n.* 17 June 1930 四芝洞*Ohwi, J Ohwi s.n.* **Hamgyong-namdo** August
1943 龍眼里*Uchida, H Uchida s.n.* 23 July 1916 赴戰高原寒泰嶺*Mori, T Mori s.n.* 16 August 1934 新角面北山*Nomura, N
Nomura s.n.* 15 June 1932 下碣隅里*Ohwi, J Ohwi s.n.* 16 August 1943 赴戰高原漢垈里*Honda, M Honda165* 15 August 1935
東上面漢岱里*Nakai, T Nakai15710* **Kangwon-do** 16 August 1902 金剛山*Uchiyama, T Uchiyama s.n.* **P'yongan-bukto** 8 June
1914 飛來峯*Nakai, T Nakai2251* **P'yongan-namdo** 15 June 1928 陽德*Nakai, T Nakai12443* **Ryanggang** 26 July 1914 三水-
惠山鎭*Nakai, T Nakai s.n.* 26 July 1914 *Nakai, T Nakai2228* 7 July 1917 通南面 (南坪里) *Furumi, M Furumi104* 15 August 1935
北水白山*Hozawa, S Hozawa s.n.* 5 August 1897 白山嶺*Komarov, VL Komaorv s.n.* 22 August 1897 雲洞嶺*Komarov, VL
Komaorv s.n.* 19 June 1930 楡坪*Ohwi, J Ohwi s.n.* 5 August 1930 合水*Ohwi, J Ohwi s.n.* 22 August 1914 普天堡*Ikuma, Y Ikuma
s.n.* 21 June 1897 阿武山-象背嶺*Komarov, VL Komaorv s.n.* 28 June 1897 栢德嶺*Komarov, VL Komaorv s.n.* 5 August 1914
寶泰洞-胞胎山*Nakai, T Nakai2232* 6 August 1914 *Nakai, T Nakai2244*

Lonicera harae Makino, Bot. Mag. (Tokyo) 28: 123 (1914)
Common name 길마가지 (길마가지나무)
Distribution in Korea: North (Chagang, **Ryanggang**) Central (Hwanghae, Kangwon), South
    Lonicera coreana Nakai, Bot. Mag. (Tokyo) 29: 6 (1915)
    Lonicera harae Makino var. *tashiroi* Nakai, Fl. Sylv. Kor. 11: 94 (1921)

Representative specimens; **Hwanghae-bukto** 8 September 1902 瑞興*Uchiyama, T Uchiyama s.n.* **Hwanghae-namdo** 27 July
1929 長山串*Nakai, T Nakai13530* **Kangwon-do** 30 July 1928 金剛山內金剛毘盧峯 *Kondo, K Kondo9389*

Lonicera japonica Thunb., Syst. Veg., ed. 14 (J. A. Murray) 216 (1784)
Common name 인동덩굴 (인동)
Distribution in Korea: North, Central, South
    Lonicera flexuosa Thunb., Trans. Linn. Soc. London 2: 330 (1794)
    Caprifolium japonicum (Thunb.) Dum.Cours., Bot. Cult. (ed. 2) 7: 209 (1814)
    Xylosteon flexuosum Dum.Cours., Bot. Cult. (ed. 2) 7: 208 (1814)
    Lonicera chinensis P.Watson, Dendrol. Brit. 2: t. 117 (1825)
    Nintooa japonica (Thunb.) Sweet, Hort. Brit. (Sweet) (ed. 2) 258 (1830)
    Lonicera brachypoda DC., Prodr. (DC.) 4: 335 (1830)
    Lonicera repens Zippel ex Hassk., Cat. Hort. Bot. Bogor. (Hassk.) 1: 116 (1844)
    Lonicera brachypoda DC. var. *repens* Siebold, Jaarb. Kon. Ned. Maatsch. Tuinb. 1844: 34 (1844)
    Lonicera diversifolia Carrière, Rev. Hort. 1866: 99 (1866)
    Lonicera japonica Thunb. var. *chinensis* (P.Watson) Baker, Refug. Bot. 4: pl. 224 (1871)
    Lonicera longiflora Carrière, Rev. Hort. 248 (1873)
    Caprifolium brachypodum Gordon, Garden (London 1871-1927) 11: 88 (1877)
    Lonicera flexuosa Thunb. var. *halleana* Dippel, Handb. Laubholzk. 1: 217 (1889)
    Caprifolium japonicum (Thunb.) D.Don f. *subverticillare* Kuntze, Revis. Gen. Pl. 1: 273 (1891)
    Lonicera japonica Thunb. var. *hallinna* (Dippel) W.A.Nicholson, Hand-list Trees & Shrubs
    Arb. 2: 17 (1896)
    Lonicera japonica Thunb. var. *flexuosa* (Thunb.) W.A.Nicholson, Hand-list Trees & Shrubs
    Arb. 2: 17 (1896)
    Lonicera japonica Thunb. f. *flexuosa* (Thunb.) Zabel, Handb. Laubholzben. 451 (1903)
    Lonicera fauriei H.Lév..& Vaniot, Repert. Spec. Nov. Regni Veg. 5(85-90): 100 (1908)
    Lonicera japonica Thunb. var. *sempervillosa* Hayata, Icon. Pl. Formosan. 9: 48 (1920)
    Lonicera shintenensis Hayata, Icon. Pl. Formosan. 9: 48 (1920)
    Lonicera japonica Thunb. var. *repens* (Siebold) Rehder, J. Arnold Arbor. 7: 36 (1926)
    Lonicera japonica Thunb. var. *brachypoda* Nakai, Trees Shrubs Japan, Revis. Ed. 2: 635
    (1927)
    Lonicera japonica Thunb. f. *purpurella* Honda, J. Jap. Bot. 14: 148 (1938)
    Lonicera japonica Thunb. f. *chinensis* (P.Watson) H.Hara, Enum. Spermatophytarum Japon. 2:
    44 (1952)
    Lonicera japonica Thunb. f. *halleana* (Dippel) H.Hara f. *halleana* (Dippel) H.Hara, Enum.

Spermatophytarum Japon. 2: 44 (1952)

Representative specimens; Hamgyong-namdo 11 June 1909 鎮岩峯*Nakai, T Nakai s.n.* **Hwanghae-bukto** 19 October 1923 平山郡滅惡 山*Muramatsu, T s.n.* May 1924 霞嵐山*Takaichi, K s.n.* **Hwanghae-namdo** 25 August 1925 長壽山*Chung, TH Chung s.n.* 2 September 1923 首陽山*Muramatsu, C s.n.* 31 July 1929 席島 *Nakai, T Nakai13519* 24 July 1929 夢金浦 *Nakai, T Nakai 13521* 26 May 1924 九月山*Chung, TH Chung s.n.* **Kangwon-do** 8 August 1902 金城*Uchiyama, T Uchiyama s.n.* 29 July 1916 金剛山海金剛 *Nakai, T Nakai5858* **P'yongan-namdo** 27 July 1916 黃草嶺 *Mori, T Mori s.n.* **P'yongyang** 12 June 1910 平壤乙密臺 *Imai, H Imai s.n.* **Ryanggang** 29 May 1917 江口*Nakai, T Nakai4574*

Lonicera maackii (Rupr.) Maxim., Mem. Acad. Imp. Sci. St.-Petersbourg Divers Savans 9: 136 (1859)

Common name 괴불나무

Distribution in Korea: North, Central, South

 Xylosteon maackii Rupr., Bull. Cl. Phys.-Math. Acad. Imp. Sci. Saint-Pétersbourg 15: 369 (1857)
 Caprifolium maackii (Rupr.) Kuntze, Revis. Gen. Pl. 1: 274 (1891)
 Lonicera maackii (Rupr.) Maxim. var. *japonica* Nakai, J. Jap. Bot. 14: 366 (1938)

Representative specimens; Chagang-do 2 September 1897 湖芮 (鴨綠江) *Komarov, VL Komaorv s.n.* 4 August 1910 Kang-gei(Kokai 江界) *Mills, RG Mills441* 22 July 1914 山羊 - 江口 (風穴附近) *Nakai, T Nakai2226* 9 June 1924 避難德山*Fukubara, S Fukubara s.n.* **Hamgyong-bukto** 16 June 1936 甫上 - 城町*Saito, T T Saito s.n.* 26 May 1897 茂山*Komarov, VL Komaorv s.n.* 23 May 1897 車踰嶺*Komarov, VL Komaorv s.n.* 26 May 1897 茂山*Komarov, VL Komaorv s.n.* 21 June 1909 Musan-ryeong (戊山嶺) *Nakai, T Nakai s.n.* 15 June 1930 Ohwi, J Ohwi s.n. 15 June 1930 Ohwi, J Ohwi1015 25 August 1938 茂山*Saito, T T Saito s.n.* 31 July 1936 延三面九州帝大北鮮演習林*Saito, T T Saito2740* 19 August 1924 七寶山*Kondo, C Kondo s.n.* **Hamgyong-namdo** 25 September 1925 泗水山*Chung, TH Chung s.n.* 26 May 1940 咸興歸州寺*Suzuki, T s.n.* **Hwanghae-bukto** May 1924 霞嵐山 *Takaichi, K s.n.* **Hwanghae-namdo** 25 August 1925 長壽山*Chung, TH Chung s.n.* 29 July 1929 長淵郡長山串*Nakai, T Nakai13525* 27 July 1929 *Nakai, T Nakai13527* 2 September 1923 首陽山*Muramatsu, C s.n.* 1 August 1929 根島*Nakai, T Nakai13328* 26 May 1924 九月山*Chung, TH Chung s.n.* **Kangwon-do** 12 August 1932 Mt. Kumgang (金剛山) *Koidzumi, G Koidzumi s.n.* 7 August 1916 金剛山末輝里(田畔?) *Nakai, T Nakai5857* 10 June 1932 金剛山*Ohwi, J Ohwi s.n.* 29 September 1935 Mt. Kumgang (金剛山) *Okamoto, S Okamoto s.n.* 7 August 1940 *Okuyama, S Okuyama s.n.* July 1932 *Smith, RK Smith58* 12 August 1902 墨浦洞*Uchiyama, T Uchiyama s.n.* 29 May 1938 安邊郡衛益面三防*Park, MK Park s.n.* **P'yongan-bukto** 4 June 1924 飛來峯*Sawada, T Sawada s.n.* 5 August 1937 妙香山*Hozawa, S Hozawa s.n.* 8 June 1919 義州金剛山*Ishidoya, T Ishidoya s.n.* 27 May 1912 白璧山*Ishidoya, T Ishidoya s.n.* **P'yongan-namdo** 19 September 1915 成川*Nakai, T Nakai2656* 15 June 1928 陽德*Nakai, T Nakai12446* **Rason** 13 July 1924 松眞山*Chung, TH Chung s.n.* 11 May 1897 豆滿江三角洲-五宗洞*Komarov, VL Komaorv s.n.* **Ryanggang** 2 July 1897 雲寵里三水邑 (虚川江岸懸崖) *Komarov, VL Komaorv s.n.* 4 August 1897 十四道溝-白山嶺 *Komarov, VL Komaorv s.n.* 16 August 1897 大羅信洞*Komarov, VL Komaorv s.n.* 4 July 1897 上水隅理*Komarov, VL Komaorv s.n.* 11 June 1940 白頭山*Atachi, G Atachi s.n.* August 1913 長白山*Mori, T Mori184* 7 August 1914 三下面下面江口 *Ikuma, Y Ikuma s.n.* 20 August 1933 戊山郡江口- 三長*Koidzumi, G Koidzumi s.n.* 1 June 1897 古倉坪-四芝坪 (延面水河谷) *Komarov, VL Komaorv s.n.* 25 May 1938 三長附近*Saito, T T Saito8530*

Lonicera maximowiczii (Rupr. ex Maxim.) Rupr. ex Maxim., Gartenflora 6: 107 (1857)

Common name 홍괴불나무

Distribution in Korea: North, Central, South

 Lonicera maximowiczii (Rupr. ex Maxim.) Rupr. ex Maxim. var. *stenophylla* (Nakai) U.C.La
 Xylosteon maximowiczii Rupr., Bull. Cl. Phys.-Math. Acad. Imp. Sci. Saint-Pétersbourg 15: 136 (1856)
 Lonicera maximowiczii (Rupr. ex Maxim.) Rupr. ex Maxim. var. *sachalinensis* F.Schmidt, Mem. Acad. Imp. Sci. St.-Petersbourg, Ser. 7 12: 142 (1868)
 Caprifolium maximowiczii (Rupr.) Kuntze, Revis. Gen. Pl. 1: 274 (1891)
 Lonicera sachalinensis (F.Schmidt) Nakai, J. Coll. Sci. Imp. Univ. Tokyo 42: 160 (1921)
 Lonicera okamotoana Ohwi, J. Jap. Bot. 13: 340 (1937)
 Lonicera okamotoana Ohwi var. *latifolia* Ohwi, J. Jap. Bot. 13: 341 (1937)
 Lonicera sachalinensis (F.Schmidt) Nakai var. *barbinervis* (Kom.) Nakai, J. Jap. Bot. 14: 366 (1938)
 Lonicera sachalinensis (F.Schmidt) Nakai var. *stenophylla* Nakai, J. Jap. Bot. 14: 366 (1938)
 Lonicera maximowiczii (Rupr. ex Maxim.) Rupr. ex Maxim. var. *latifolia* (Ohwi) H.Hara, Ginkgoana 5: 71 (1983)
 Lonicera maximowiczii (Rupr. ex Maxim.) Rupr. ex Maxim. ssp. *sachalinensis* (F.Schmidt) Nedol., Bot. Zhurn. (Moscow & Leningrad) 69: 368 (1984)

Representative specimens; Chagang-do 24 August 1897 大會洞*Komarov, VL Komaorv s.n.* 5 July 1914 牙得嶺 (江界) *Nakai, T Nakai s.n.* 5 July 1914 *Nakai, T Nakai2229* 11 July 1914 蔥田嶺*Nakai, T Nakai s.n.* **Hamgyong-bukto** 24 July 1918 朱北面金谷 *Nakai, T Nakai s.n.* 6 July 1933 南下石山*Saito, T T Saito662* 23 May 1897 車踰嶺*Komarov, VL Komaorv s.n.* 23 July 1918 朱南面黃雪嶺 *Nakai, T Nakai s.n.* 20

A Checklist of North Korean Vascular Plants   T.B. Lee Herbarium (SNUA) – 2019 (C.S. Chang, H. Kim, H.T. Shin & C.H. Lee)

- 451 -

June 1930 雪嶺東面*Ohwi, J Ohwi s.n.* 25 June 1930 雪嶺西側*Ohwi, J Ohwi s.n.* 26 June 1930 雪嶺東側*Ohwi, J Ohwi1836* 12 June 1897 西溪水*Komarov, VL Komaorv s.n.* 4 June 1897 四芝嶺*Komarov, VL Komaorv s.n.* **Hamgyong-namdo** 16 August 1943 赴戰高原寒泰嶺*Honda, M Honda s.n.* 16 August 1943 *Honda, M Honda163* 23 July 1916 *Mori, T Mori s.n.* 19 August 1935 道頭里*Nakai, T Nakai s.n.* 30 August 1941 赴戰高原 Fusenkogen *Inumaru, M s.n.* 23 July 1933 東上面漢岱里*Koidzumi, G Koidzumi s.n.* 24 July 1933 東上面大漢岱里 *Koidzumi, G Koidzumi s.n.* 15 August 1935 東上面漢岱里 *Nakai, T Nakai15704* 24 July 1935 *Nomura, N Nomura s.n.* 21 June 1932 東上面元豊里*Ohwi, J Ohwi s.n.* 20 June 1932 *Ohwi, J Ohwi142* 14 August 1940 赴戰高原 Fusenkogen *Okuyama, S Okuyama s.n.* **Kangwon-do** 31 July 1916 金剛山群仙峽 (群仙坮) *Nakai, T Nakai5856* 12 August 1943 金剛山*Honda, M Honda189* 29 July 1938 *Hozawa, S Hozawa s.n.* 12 August 1932 Mt. Kumgang (金剛山) *Koidzumi, G Koidzumi s.n.* 16 August 1916 金剛山毘盧峯*Nakai, T Nakai5860* 20 August 1916 金剛山彌勒峯*Nakai, T Nakai5864* 10 June 1932 金剛山*Ohwi, J Ohwi s.n.* 7 August 1940 Mt. Kumgang (金剛山) *Okuyama, S Okuyama s.n.* **P'yongan-bukto** 9 June 1914 飛來峯*Nakai, T Nakai s.n.* 6 August 1935 妙香山*Koidzumi, G Koidzumi s.n.* **Rason** 30 June 1938 松眞山*Saito, T T Saito8279* 30 June 1938 *Saito, T T Saito8280* **Ryanggang** 26 July 1914 三水- 惠山鎮*Nakai, T Nakai s.n.* 23 August 1914 Keizanchin (惠山鎮) *Nakai, T Nakai399* 15 August 1935 北水白山*Hozawa, S Hozawa s.n.* 4 August 1897 十四道溝-白山嶺*Komarov, VL Komaorv s.n.* 21 August 1897 subdist. Chu-czan, from Amnok-gan *Komarov, VL Komaorv s.n.* 7 August 1897 上巨里水*Komarov, VL Komaorv s.n.* 8 August 1897 上巨里水-院巨里水*Komarov, VL Komaorv s.n.* 4 August 1939 大澤濕地*Hozawa, S Hozawa s.n.* 8 June 1897 平蒲坪-倉坪 *Komarov, VL Komaorv s.n.* 6 June 1897 平蒲坪*Komarov, VL Komaorv s.n.* 20 June 1930 三社面新坪- 天水洞*Ohwi, J OhwiA1* 22 June 1930 倉坪嶺*Ohwi, J Ohwi s.n.* 24 July 1930 吉州郡含山嶺*Ohwi, J Ohwi s.n.* 20 June 1916 普惠面保興里*Goto, M s.n.* 22 July 1897 佳林里*Komarov, VL Komaorv s.n.* 28 June 1897 栢德嶺*Komarov, VL Komaorv s.n.* August 1913 崔哥嶺*Mori, T Mori s.n.* 3 August 1914 惠山鎮- 普天堡*Nakai, T Nakai s.n.* 11 June 1940 白頭山*Atachi, G Atachi905* 27 July 1917 寶泰洞*Furumi, M Furumi s.n.* 10 August 1914 茂山茂峯*Ikuma, Y Ikuma s.n.* 20 July 1897 惠山鎮(鴨綠江上流長白山脈中高原) *Komarov, VL Komaorv s.n.* 5 August 1914 普天堡-寶泰洞 *Nakai, T Nakai s.n.* 15 August 1914 谿間里*Ikuma, Y Ikuma s.n.* 20 August 1933 戊山郡三長*Koidzumi, G Koidzumi s.n.* 20 June 1930 四芝坪-楡坪*Ohwi, J Ohwi s.n.* 19 June 1930 *Ohwi, J Ohwi1397*

Lonicera praeflorens Batalin, Trudy Imp. S.-Peterburgsk. Bot. Sada 12: 169 (1892)

Common name 올괴불나무

Distribution in Korea: North, Central, South

Lonicera kaiensis Nakai, J. Jap. Bot. 14: 363 (1938)

Representative specimens; Chagang-do 28 August 1897 慈城邑(松德水河谷) *Komarov, VL Komaorv s.n.* 13 May 1911 Kangkai 江界 *Mills, RG Mills428* 9 June 1924 避難德山*Fukubara, S Fukubara s.n.* 崇積山*Furusawa, I Furusawa s.n.* **Hamgyong-bukto** 12 August 1933 渡正山*Koidzumi, G Koidzumi s.n.* 24 May 1897 車踰嶺- 照日洞*Komarov, VL Komaorv s.n.* 14 August 1933 朱乙溫泉朱乙山 *Koidzumi, G Koidzumi s.n.* 13 September 1935 鏡城*Saito, T T Saito s.n.* 29 May 1934 朱乙溫(甫上-南河瑞) *Saito, T T Saito s.n.* 19 August 1924 七寶山 *Kondo, C Kondo s.n.* 12 June 1897 西溪水*Komarov, VL Komaorv s.n.* **Hamgyong-namdo** 25 September 1925 泗水山*Chung, TH Chung s.n.* 13 June 1909 興南西湖津*Nakai, T Nakai s.n.* June 1938 咸興盤龍山*Jeon, SK JeonSK28*州州*Unknown* **Hwanghae-bukto** 19 October 1923 平山郡滅惡山*Muramatsu, T s.n.* **Hwanghae-namdo** 29 July 1929 長淵郡長山串*Nakai, T Nakai13532* 2 September 1923 首陽山 *Muramatsu, C s.n.* 1 August 1929 椒島*Nakai, T Nakai13534* 8 June 1924 長山串*Chung, TH Chung s.n.* 27 July 1929 長山串*Nakai, T Nakai13433* 26 May 1924 九月山*Chung, TH Chung s.n.* **Kangwon-do** 15 August 1930 金剛山外金剛*Koidzumi, G Koidzumi s.n.* 15 July 1936 金剛山外金剛千佛山*Nakai, T Nakai s.n.* 9 August 1916 長淵里近傍*Nakai, T Nakai5854* Type of *Lonicera diamantica* Nakai (Holotype TI) **P'yongan-bukto** 4 June 1924 飛來峯*Sawada, T Sawada s.n.* 5 August 1937 妙香山*Hozawa, S Hozawa s.n.* 5 August 1935 *Koidzumi, G Koidzumi s.n.* 8 June 1919 義州金剛山*Ishidoya, T Ishidoya s.n.* 4 June 1912 白璧山*Ishidoya, T Ishidoya s.n.* **P'yongan-namdo** 15 June 1928 陽德*Nakai, T Nakai12444* **Ryanggang** 5 August 1897 白山嶺*Komarov, VL Komaorv s.n.* 23 August 1897雲洞嶺*Komarov, VL Komaorv s.n.* 8 June 1897 平蒲坪-倉坪*Komarov, VL Komaorv s.n.* 24 July 1897 佳林里*Komarov, VL Komaorv s.n.*

Lonicera ruprechtiana Regel, Gartenflora 19: 68 (1870)

Common name 물괴불나무 (물앵도나무)

Distribution in Korea: North, Central

Xylosteon gibbiflorum Rupr. var. *subtomentosum* Rupr., Bull. Cl. Phys.-Math. Acad. Imp. Sci. Saint-Pétersbourg 15: 369 (1857)

Lonicera chrysantha Turcz. ex Ledeb. var. *subtomentosa* (Rupr.) Maxim., Mem. Acad. Imp. Sci. St.-Petersbourg Divers Savans 9: 136 (1859)

Caprifolium ruprechtianum (Regel) Kuntze, Revis. Gen. Pl. 1: 274 (1891)

Lonicera ghiesbreghtiana Rehder, Rep. (Annual) Missouri Bot. Gard. 14: 136 (1903)

Representative specimens; Chagang-do 16 July 1916 寧遠*Mori, T Mori s.n.* **Hamgyong-bukto** 19 May 1897 茂山嶺*Komarov, VL Komaorv s.n.* 24 May 1897 車踰嶺- 照日洞*Komarov, VL Komaorv s.n.* 2 August 1914 車踰嶺*Ikuma, Y Ikuma s.n.* 25 May 1897 城川江-茂山*Komarov, VL Komaorv s.n.* 22 May 1897 蔾坪(城川水河谷)-車踰嶺*Komarov, VL Komaorv s.n.* 2 August 1918 明川 (漁面堡) *Nakai, T Nakai7510* 9 August 1918 魚津(小德山嶺) *Nakai, T Nakai7677* 10 August 1914 茂山下面江口*Ikuma, Y Ikuma340* 18 June 1930 四芝洞*Ohwi, J Ohwi s.n.* **P'yongan-namdo** 19 September 1915 成川*Nakai, T Nakai2635* 19 September 1915 *Nakai, T Nakai2637* **Ryanggang** 1 August 1897 虛川江 (同仁川) *Komarov, VL Komaorv s.n.* 23 June 1917 豐山郡黃水院里 *Furumi, M Furumi8* 20 August 1897 內洞-河山嶺*Komarov, VL Komaorv s.n.* 7 August 1914 江口*Ikuma, Y Ikuma s.n.* 6 June 1897 平蒲*Komarov, VL Komaorv s.n.* 20 July 1897 惠山鎮(鴨綠江上流長白山脈中高原) *Komarov, VL Komaorv s.n.* 25 July 1914 三水郡三水(白水嶺) *Nakai, T Nakai22231* June 1897

古倉坪-四芝坪 (延面水河谷) *Komarov, VL Komaorv s.n.* 22 May 1918 普惠面大中里*Ishidoya, T Ishidoya2969*

Lonicera subhispida Nakai, J. Coll. Sci. Imp. Univ. Tokyo 42: 92 (1921)

Common name 털괴불나무

Distribution in Korea: North

    Lonicera monantha Nakai, J. Coll. Sci. Imp. Univ. Tokyo 42: 91 (1921)

Representative specimens; Chagang-do 5 July 1914 牙得嶺 (江界) *Nakai, T Nakai2224* Type of *Lonicera monantha* Nakai (Syntype TI)5 July 1914 *Nakai, T Nakai2259* Type of *Lonicera monantha* Nakai (Syntype TI)10 July 1914 蔥田嶺*Nakai, T Nakai1538* Type of *Lonicera monantha* Nakai (Lectotype TI, Isolectotype KYO)11 July 1914 *Nakai, T Nakai1608* Type of *Lonicera monantha* Nakai (Syntype TI) **Hamgyong-bukto** 20 May 1933 羅南西村農園*Saito, T T Saito s.n.* 12 July 1918 冠帽峰*Nakai, T Nakai7541* Type of *Lonicera monantha* Nakai (Syntype TI)27 May 1930 鏡城*Ohwi, J Ohwi s.n.* July 1932 冠帽峰*Ohwi, J Ohwi s.n.* 19 August 1924 七寶山*Kondo, C Kondo s.n.* 23 July 1918 朱南面黃雪嶺*Nakai, T Nakai7511* Type of *Lonicera monantha* Nakai (Syntype TI)26 June 1930 雪嶺東面*Ohwi, J Ohwi s.n.* 17 June 1930 四芝嶺*Ohwi, J Ohwi s.n.* **Hamgyong-namdo** 23 July 1933 東上面漢垈里*Koidzumi, G Koidzumi s.n.* 15 August 1935 *Nakai, T Nakai15708* 20 June 1932 東上面元豐里*Ohwi, J Ohwi s.n.* **P'yongan-namdo** 21 July 1916 上南理*Mori, T Mori s.n.* **Rason** 5 June 1930 西水羅*Ohwi, J Ohwi s.n.* **Ryanggang** 27 April 1917 厚昌郡東興面南社洞*Goto, K s.n.* Type of *Lonicera monantha* Nakai (Syntype TI)22 July 1914 江口*Nakai, T Nakai s.n.* 22 July 1914 *Nakai, T Nakai2222* Type of *Lonicera subhispida* Nakai (Lectotype TI)19 August 1914 崔哥嶺*Ikuma, Y Ikuma s.n.* 19 June 1930 四芝坪-楡坪*Ohwi, J Ohwi s.n.* 23 May 1918 普惠面大中里*Ishidoya, T Ishidoya s.n.* Type of *Lonicera monantha* Nakai (Syntype KYO)23 May 1918 *Ishidoya, T Ishidoya2964* Type of *Lonicera subhispida* Nakai (Syntype TI)

Lonicera subsessilis Rehder, J. Arnold Arbor. 2: 126 (1920)

Common name 청괴불나무

Distribution in Korea: North, Central, South, Endemic

    Lonicera diamantica Nakai, J. Coll. Sci. Imp. Univ. Tokyo 42 (1): 100 (1921)

Representative specimens; Hwanghae-namdo 29 July 1935 長壽山 *Koidzumi, G Koidzumi s.n.* **Kangwon-do** 12 August 1932 Mt. Kumgang (金剛山) *Koidzumi, G Koidzumi s.n.* 11 August 1916 金剛山長安寺附近 *Nakai, T Nakai5861* Type of *Lonicera subsessilis* Rehder (Holotype TI, Isotype KYO) **P'yongan-namdo** 15 June 1928 陽德 *Nakai, T Nakai12447*

Lonicera tatarinowii Maxim., Mem. Acad. Imp. Sci. St.-Petersbourg, Ser. 7 9: 138 (1859)

Common name 흰괴불나무

Distribution in Korea: North,

    Lonicera barbinervis Kom., Trudy Imp. S.-Peterburgsk. Bot. Sada 18: 426 (1901)
    Lonicera leptantha Rehder, Repert. Spec. Nov. Regni Veg. 6: 274 (1909)
    Lonicera hypoleuca Nakai, Bot. Mag. (Tokyo) 29: 6 (1915)
    Lonicera tatarinowii Maxim. var. *leptantha* (Rehder) Nakai, Fl. Sylv. Kor. 11: 81 (1921)
    Lonicera nigra L. var. *barbinervis* (Kom.) Nakai, Fl. Sylv. Kor. 11: 82 (1921)

Representative specimens; Hamgyong-bukto 26 July 1930 頭流山*Ohwi, J Ohwi2754* August 1913 茂山*Mori, T Mori334* 16 June 1897 西溪水*Komarov, VL Komaorv s.n.* **Kangwon-do** 5 June 1940 熊灘面海浪里*Jeon, SK JeonSK54* **P'yongan-bukto** 13 June 1914 Pyok-dong (碧潼) *Nakai, T Nakai2260* **P'yongan-namdo** 7 June 1924 寧遠*Kondo, T Kondo321* 28 August 1930 百雪山[白楊山?] *Uyeki, H Uyeki5347* **Ryanggang** 22 June 1930 倉坪領*Ohwi, J Ohwi1620* 22 August 1914 普天堡*Ikuma, Y Ikuma s.n.*

Lonicera vesicaria Kom., Trudy Imp. S.-Peterburgsk. Bot. Sada 18: 427 (1901)

Common name 구슬댕댕이나무

Distribution in Korea: North (Ryanggang, Hamgyong), Central

Representative specimens; Hamgyong-bukto *J Ohwi935* 24 June 1929 *Saito, T T Saito s.n.* 9 August 1918 雲滿臺 *Nakai, T Nakai7673* 9 June 1930 魚津*Nakai, T Nakai7733* 14 June 1930 雲城觀海亭*Ohwi, J Ohwi s.n.* **P'yongan-namdo** 15 June 1928 陽德 *Nakai, T Nakai12445* **Ryanggang** 29 July 1897 安間嶺-同仁川 (同仁浦里?) *Komarov, VL Komaorv s.n.* 3 July 1897 三水邑-上水隅理 *Komarov, VL Komaorv s.n.* Type of *Lonicera vesicaria* Kom. (Isosyntype TI)3 July 1897 *Komarov, VL Komaorv s.n.* 28 July 1897 佳林里 *Komarov, VL Komaorv s.n.* 26 July 1914 三水郡三水*Nakai, T Nakai2227*

Sambucus L.

Sambucus racemosa L. ssp. *kamtschatica* (E.Wolf) Hultén, Fl. Kamtchatka 4: 139 (1930)

Common name 지렁쿠나무

Distribution in Korea: far North

    Sambucus racemosa L. var. *glabra* Miq., Cat. Mus. Bot. Lugd.-Bat. 56 (1870)

Sambucus racemosa L. ssp. *pubescens* var. *pubescens* Schwer., Mitt. Deutsch. Dendrol. Ges. 18: 47 (1909)

Sambucus racemosa L. var. *miquelii* Nakai, Bot. Mag. (Tokyo) 31: 214 (1917)

Sambucus sieboldiana (Miq.) Blume ex Graebn. var. *coreana* Nakai, Bot. Mag. (Tokyo) 31: 213 (1917)

Sambucus latipinna Nakai var. *miquelii* (Nakai) Nakai, J. Coll. Sci. Imp. Univ. Tokyo 42 (1): 11 (1921)

Sambucus latipinna Nakai var. *coreana* (Nakai) Nakai, J. Coll. Sci. Imp. Univ. Tokyo 42 (1): 11 (1921)

Sambucus kamschatica E.Wolf, Mitt. Deutsch. Dendrol. Ges. 33: 34 (1923)

Sambucus buergeriana (Nakai) Blume ex Nakai, Bot. Mag. (Tokyo) 40: 474 (1926)

Sambucus buergeriana Blume ex Nakai var. *miquelii* (Nakai) Nakai, Bot. Mag. (Tokyo) 40: 474 (1926)

Sambucus velutina Nakai, Bot. Mag. (Tokyo) 40: 478 (1926)

Sambucus williamsii Hance var. *coreana* (Nakai) Nakai, Bot. Mag. (Tokyo) 40: 477 (1926)

Sambucus miquelii (Nakai) Kom., Opred. Rast. Dal'nevost. Kraia 2: 962 (1932)

Sambucus coreana (Nakai) Kom. & Aliss., Opred. Rast. Dal'nevost. Kraia 2: 962 (1932)

Sambucus sieboldiana (Miq.) Blume ex Graebn. var. *miquelii* (Nakai) H.Hara, J. Jap. Bot. 26: 280 (1951)

Sambucus sachalinensis Pojark., Fl. URSS 23: 439 & 726 (1958)

Sambucus williamsii Hance var. *miquelii* (Nakai) Y.C.Tang, Fl. Reipubl. Popularis Sin. 3: 11 (1988)

Sambucus latipinna Nakai f. *velutina* (Nakai) U.C.La, Fl. Coreana (Im, R.J.) 8: 51 (2000)

Representative specimens; Chagang-do 26 August 1897 小德川 (松德水河谷) *Komarov, VL Komaorv s.n.* **Hamgyong-bukto** 12 August 1933 渡正山*Koidzumi, G Koidzumi s.n.* 28 May 1897 富潤洞*Komarov, VL Komaorv s.n.* 12 May 1938 鶴西面上德仁*Saito, T T Saito8437* 17 July 1918 朱乙溫面甫上洞*Nakai, T Nakai7492* 18 July 1918 朱乙溫面甫上洞 -北河瑞*Nakai, T Nakai7493* Type of *Sambucus velutina* Nakai (Holotype TI)30 May 1930 朱乙溫堡*J Ohwi s.n.* 30 May 1930 朱乙溫堡下鹿坡*Ohwi, J Ohwi280* 26 July 1936 南河洞梅岡山*Saito, T T Saito1238* 3 August 1914 車踰嶺*Ikuma, Y Ikuma s.n.* 22 May 1897 蕨坪(城川水河谷)-車踰嶺*Komarov, VL Komaorv s.n.* 29 May 1897 釜所哥谷*Komarov, VL Komaorv s.n.* 13 June 1897 西溪水*Komarov, VL Komaorv s.n.* 4 June 1897 四芝嶺*Komarov, VL Komaorv s.n.* 17 June 1930 *Ohwi, J Ohwi s.n.* **Hamgyong-namdo** July 1902 端川龍德里摩天嶺 *Mishima, A s.n.* August 1943 龍眼里*Uchida, H Uchida s.n.* 15 June 1932 下碣隅里*Ohwi, J Ohwi106* 23 July 1933 東上面漢岱里 *Koidzumi, G Koidzumi s.n.* 15 August 1935 *Nakai, T Nakai s.n.* 20 June 1932 東上面元豊里*Ohwi, J Ohwi238* 3 October 1935 赴戰高原 Fusenkogen *Okamoto, S Okamoto s.n.* 14 August 1940 東上面漢岱里赴戰高原*Okuyama, S Okuyama s.n.* **Kangwon-do** 11 July 1936 外金剛千佛山*Nakai, T Nakai s.n.* 31 July 1916 金剛山群仙峽 (群仙坮) *Nakai, T Nakai5870* Type of *Sambucus sieboldiana* (Miq.) Blume ex Graebn. var. *coreana* Nakai (Syntype TI)7 August 1916 金剛山末輝里方面*Nakai, T Nakai5855* Type of *Sambucus sieboldiana* (Miq.) Blume ex Graebn. var. *coreana* Nakai (Syntype TI)10 June 1932 金剛山*Ohwi, J Ohwi s.n.* **P'yongan-bukto** 10 June 1914 飛來峯*Nakai, T Nakai s.n.* Type of *Sambucus racemosa* L. var. *miquelii* Nakai (Syntype TI)5 June 1914 昌州*Nakai, T Nakai s.n.* 4 June 1914 玉江鎮朔州郡*Nakai, T Nakai2255* Type of *Sambucus racemosa* L. var. *miquelii* Nakai (Isosyntype A, Syntype TI) **P'yongan-namdo** 15 June 1928 陽德*Nakai, T Nakai13448* **Rason** 6 June 1930 西水羅*Ohwi, J Ohwi s.n.* 6 June 1930 *Ohwi, J Ohwi609* 11 May 1897 豆滿江三角洲-五宗洞*Komarov, VL Komaorv s.n.* **Ryanggang** 16 August 1897 大羅信洞*Komarov, VL Komaorv s.n.* 20 August 1897 內洞-河山嶺*Komarov, VL Komaorv s.n.* 22 August 1897 雲寵嶺*Komarov, VL Komaorv s.n.* 4 July 1897 上水隅理 *Komarov, VL Komaorv s.n.* 7 August 1897 上巨里水*Komarov, VL Komaorv s.n.* 9 June 1897 屈松川 (西頭水河谷) 倉坪*Komarov, VL Komaorv s.n.* 6 June 1897 平蒲坪*Komarov, VL Komaorv s.n.* 3 August 1930 大澤*Ohwi, J Ohwi s.n.* 24 July 1897 佳林里*Komarov, VL Komaorv s.n.* 25 May 1938 三長附近*Saito, T T Saito8528* 31 May 1897 延面水河谷-古倉坪*Komarov, VL Komaorv s.n.*

Sambucus williamsii Hance, Ann. Sci. Nat., Bot. ser. 4, 5: 217 (1866)

Common name 딱총나무

Distribution in Korea: North, Central, South

Sambucus latipinna Nakai, Bot. Mag. (Tokyo) 30: 290 (1916)

Sambucus latipinna Nakai var. *miquelii* (Nakai) Nakai f. *latifolia* Nakai, J. Coll. Sci. Imp. Univ. Tokyo 42: 12 (1921)

Sambucus sieboldiana Blume ex Schwer. var. *buergeriana* Nakai, J. Coll. Sci. Imp. Univ. Tokyo 42 (2): 9 (1921)

Sambucus buergeriana Blume var. *lasiocarpa* Nakai, Bot. Mag. (Tokyo) 40: 476 (1926)

Representative specimens; Chagang-do 11 July 1914 蔥田嶺*Nakai, T Nakai1541* Type of *Sambucus racemosa* L. var. *miquelii* Nakai (Holotype TI, Syntype TI) **P'yongyang** 2 August 1910 平壤乙密臺*Imai, H Imai s.n.* **Ryanggang** 8 August 1914 神武城-無頭峯*Nakai, T Nakai2265*

Viburnum L.

Viburnum burejaeticum Regel & Herder, Gartenflora 11: 407, t. 384 (1862)

Common name 산분꽃나무

Distribution in Korea: North, Central

Viburnum davuricum Maxim., Mem. Acad. Imp. Sci. St.-Petersbourg Divers Savans 9: 135 (1859)

Viburnum burejanum Herder, Bull. Soc. Imp. Naturalistes Moscou 53 (1): 11 (1878)

Viburnum arcuatum Kom., Trudy Imp. S.-Peterburgsk. Bot. Sada 18: 427 (1901)

Representative specimens; Chagang-do 7 August 1912 Chosan(楚山) *Imai, H Imai13825* August 1897 小德川 (松德水河谷) *Komarov, VL Komorv s.n.* 6 June 1910 Kang-gei(Kokai 江界) *Mills, RG Mills450* 8 August 1910 *Mills, RG Mills453* 23 June 1914 江界公西面*Nakai, T Nakai2218* 30 June 1914 江界*Nakai, T Nakai2234* **Hamgyong-bukto** 28 May 1897 富潤洞*Komarov, VL Komoarv s.n.* 24 May 1897 車踰嶺- 照日洞*Komarov, VL Komoarv s.n.* 17 June 1930 四芝嶺*Ohwi, J Ohwi1149* **Hamgyong-namdo** 25 September 1925 泗水山*Chung, TH Chung s.n.* 15 June 1932 下碣隅里*Ohwi, J Ohwi14* 1938 鎭江- 鎭岩峯*Tsuya, S s.n.* **Hwanghae-bukto** May 1924 霞嵐山*Takaichi, K s.n.* **P'yongan-bukto** 13 June 1914 碧潼豊年山*Nakai, T Nakai s.n.* 13 June 1914 碧潼*Nakai, T Nakai2248* 4 June 1924 飛來峯*Sawada, T Sawada s.n.* 5 August 1935 妙香山*Koidzumi, G Koidzumi s.n.* 1924 *Kondo, C Kondo s.n.* 5 June 1914 朔州- 昌城*Nakai, T Nakai2248* 8 June 1919 義州金剛山*Ishidoya, T Ishidoya s.n.* **Ryanggang** 9 July 1914 長津山*Nakai, T Nakai2236* 4 August 1897 十四道溝-白山嶺*Komarov, VL Komarov s.n.* 16 August 1897 大羅信洞 *Komarov, VL Komaorv s.n.* 21 August 1897 subdist. Chu-czan, flumen Amnok-gan *Komarov, VL Komorv s.n.* 22 August 1897 雲洞嶺*Komarov, VL Komorv s.n.* 19 August 1897 葡坪*Komarov, VL Komorv s.n.* 24 July 1914 三水郡李僧嶺*Nakai, T Nakai2218* 14 June 1897 西溪水-延岩*Komarov, VL Komaorv s.n.* 28 July 1897 佳林里*Komarov, VL Komaorv s.n.* 7 August 1914 下面江口*Ikuma, Y Ikuma s.n.* 2 June 1918 農事洞*Ishidoya, T Ishidoya s.n.* 20 August 1933 戊山郡三長*Koidzumi, G Koidzumi s.n.* 31 May 1897 延面水河谷-古倉坪*Komarov, VL Komoarv s.n.*

Viburnum carlesii Hemsl., J. Linn. Soc., Bot. 23: 350 (1888)

Common name 분꽃나무

Distribution in Korea: Central, South, Ulleung

Solenolantana carlesii (Hemsl.) Nakai, J. Jap. Bot. 24: 14 (1949)

Representative specimens; Hwanghae-namdo 28 July 1929 長山串 Nakai, T *Nakai13523*

Viburnum carlesii Hemsl. var. *bitchiuense* (Makino) Nakai, Bot. Mag. (Tokyo) 28: 295 (1914)

Common name 섬분꽃나무

Distribution in Korea: Central, South

Viburnum bitchiuense Makino, Bot. Mag. (Tokyo) 16: 156 (1902)

Viburnum carlesii Hemsl. var. *syringiflora* Hutchison, Bull. Misc. Inform. Kew 1919: 454 (1919)

Representative specimens; Hamgyong-namdo 25 September 1925 泗水山*Chung, TH Chung s.n.* **Hwanghae-bukto** May 1924 霞嵐山*Takaichi, K s.n.* **Kangwon-do** 28 July 1916 長箭*Nakai, T Nakai5865* 1931 金剛山*Masumitsu, K s.n.* 8 August 1916 金剛山長安寺附近*Nakai, T Nakai5867* 10 June 1932 金剛山*Ohwi, J Ohwi215* 15 August 1902 *Uchiyama, T Uchiyama s.n.*

Viburnum dilatatum Thunb., Syst. Veg., ed. 14 (J. A. Murray) 295 (1784)

Common name 가막살나무

Distribution in Korea: Central, South, Jeju

Viburnum dilatatum Thunb. var. *radiata* A.Gray, Mem. Amer. Acad. Arts ser. 2 6 (2): 393 (1858)

Viburnum dilatatum Thunb. f. *hispidum* Nakai, J. Coll. Sci. Imp. Univ. Tokyo 42: 35 (1921)

Viburnum dilatatum Thunb. f. *pilosum* Nakai, Trees Shrubs Japan, Revis. Ed. 2: 603 (1927)

Viburnum dilatatum Thunb. var. *macrophyllum* P.S.Hsu, Acta Phytotax. Sin. 11: 78 (1966)

Representative specimens; Kangwon-do 9 June 1909 元山 Nakai, T *Nakai s.n.*

Viburnum erosum Thunb., Syst. Veg., ed. 14 (J. A. Murray) 295 (1784)

Common name 덜꿩나무

Distribution in Korea: Central, South, Jeju

Viburnum erosum Thunb. var. *punctatum* Franch. & Sav., Enum. Pl. Jap. 2: 380 (1876)

Viburnum ichangense Rehder, Trees & Shrubs 2: 150 (1908)

Viburnum taquetii H.Lév., Repert. Spec. Nov. Regni Veg. 9: 443 (1911)

Viburnum erosum Thunb. var. *taquetii* (H.Lév.) Rehder, Pl. Wilson. 1: 311 (1912)

Viburnum erosum Thunb. var. *exstipulatum* Koidz., Bot. Mag. (Tokyo) 29: 158 (1915)

Viburnum matsudai Hayata, Icon. Pl. Formosan. 9: 41 (1920)

Viburnum erosum Thunb. var. *lanceum* Nakai, Trees Shrubs Japan, Revis. Ed. 2: 610 (1927)
Viburnum sikokianum Koidz., Acta Phytotax. Geobot. 1: 176 (1932)
Viburnum erosum Thunb. var. *vegetum* Nakai, J. Jap. Bot. 14: 643 (1938)
Viburnum erosum Thunb. var. *osumianum* Hayata, J. Jap. Bot. 31: 224 (1956)
Viburnum erosum Thunb. var. *punctatum* Franch. & Sav. f. *sikokianum* (Koidz.) H.Hara, Ginkgoana 5: 246 (1983)

Representative specimens; Hwanghae-namdo 29 July 1921 Sorai Beach 九味浦*Mills, RG Mills s.n.* 28 July 1929 長山串*Nakai, T Nakai13538* **Kangwon-do** 14 August 1932 金剛山外金剛*Koidzumi, G Koidzumi s.n.* 30 July 1916 金剛山外金剛 (高城郡倉坌里) *Nakai, T Nakai s.n.* 31 July 1916 金剛山群仙峽 (群仙坮) *Nakai, T Nakai s.n.*

Viburnum koreanum Nakai, J. Coll. Sci. Imp. Univ. Tokyo 42: 42 (1921)
Common name 배암나무
Distribution in Korea: North, Central

Representative specimens; Chagang-do 15 June 1942 狼林山*Jeon, SK JeonSK s.n.* 15 June 1942 狼林山脈 1600-2000m *Jeon, SK Jeon SK116* 22 July 1916 狼林山*Mori, T Mori s.n.* **Hamgyong-bukto** 12 August 1933 渡正山*Koidzumi, G Koidzumi s.n.* 5 August 1939 頭流山 *Hozawa, S Hozawa s.n.* 26 July 1930 *Ohwi, J Ohwi2716* 6 July 1930 南下石山*Saito, T T Saito696* 19 August 1914 曷浦嶺*Nakai, T Nakai 2268* Type of *Viburnum koreanum* Nakai (Syntype TI)12 June 1897 西溪水*Komarov, VL Komaorv s.n.* **Hamgyong-namdo** 17 June 1932 東白山*Ohwi, J Ohwi348* 25 July 1933 東上面遮日峯*Koidzumi, G Koidzumi s.n.* 16 August 1935 雲仙嶺-遮日峯*Nakai, T Nakai15711* 19 August 1935 道頭里遮日峯南斜面*Nakai, T Nakai15712* 20 June 1932 東上面元豊里 *Ohwi, J Ohwi s.n.* 15 August 1940 赴戰高原雲水嶺 *Okuyama, S Okuyama s.n.* 2 August 1935 妙香山*Koidzumi, G Koidzumi s.n.* **Ryanggang** 27 August 1917 南社水源地周 峯頂 *Furumi, M Furumi487* Type of *Viburnum koreanum* Nakai (Syntype TI)5 August 1940 高頭山*Hozawa, S Hozawa s.n.* 22 June 1930 倉坪嶺*Ohwi, J Ohwi1602* 25 August 1939 北胞胎山 *Akiyama, S Akiyama s.n.*

Viburnum opulus L. var. *calvescens* (Rehder) H.Hara, J. Coll. Sci. Imp. Univ. Tokyo 6: 385 (1956)
Common name 백당나무
Distribution in Korea: North, Central, South
Viburnum lobatum Lam., Fl. Franc. (Lamarck) 3: 363 (1778)
Viburnum pubinerve Blume ex Miq., Ann. Mus. Bot. Lugduno-Batavi 2: 265 (1866)
Viburnum sargentii Koehne, Gartenflora 48: 341 (1899)
Viburnum sargentii Koehne var. *clavescens* Rehder, Mitt. Deutsch. Dendrol. Ges. 12: 125 (1903)
Viburnum sargentii Koehne f. *puberula* Kom., Trudy Imp. S.-Peterburgsk. Bot. Sada 25: 511 (1907)
Viburnum sargentii Koehne f. *glabra* Kom., Trudy Imp. S.-Peterburgsk. Bot. Sada 25: 511 (1907)
Viburnum opulus L. var. *sargenti* (Koehne) Takeda, Bot. Mag. (Tokyo) 25: 25 (1911)
Viburnum pubinerve Blume ex Miq. f. *lutescens* Nakai, Bot. Mag. (Tokyo) 33: 123 (1919)
Viburnum pubinerve Blume ex Miq. f. *hydrangeoides* Nakai, Bot. Mag. (Tokyo) 33: 213 (1919)
Viburnum pubinerve Blume ex Miq. f. *puberulum* (Kom.) Nakai, Bot. Mag. (Tokyo) 33: 212 (1919)
Viburnum pubinerve Blume ex Miq. f. *calvescens* (Rehder) Nakai, Bot. Mag. (Tokyo) 33: 213 (1919)
Viburnum pubinerve Blume ex Miq. f. *intermedium* Nakai, J. Coll. Sci. Imp. Univ. Tokyo 42: 42 (1921)
Viburnum opulus L. var. *sterile* Makino, J. Jap. Bot. 5: 24 (1928)
Viburnum sterile (Makino) Honda, Nom. Pl. Japonic. 521 (1939)
Viburnum sargentii Koehne var. *puberulum* (Kom.) Kitag., Lin. Fl. Manshur. 410 (1939)
Viburnum opulus L. var. *pubinerve* Makino f. *sterile* Makino, Ill. Fl. Nippon (Makino) 106 (1940)
Viburnum opulus L. var. *pubinerve* Makino, Ill. Fl. Nippon (Makino) 106 (1940)
Viburnum sargentii Koehne var. *intermedium* (Nakai) Kitag., Rep. Inst. Sci. Res. Manchoukuo 5: 157 (1941)
Viburnum sargentii Koehne f. *hydrangeoides* (Nakai) Uyeki, Woody Pl. Distr. Chosen 376 (1943)
Viburnum sargentii Koehne f. *lutescens* (Nakai) Uyeki, Woody Pl. Distr. Chosen 376 (1943)
Viburnum sargentii Koehne f. *calvescens* (Rehder) Rehder, Bibliogr. Cult. Trees 608 (1949)
Viburnum sargentii Koehne f. *intermdium* (Nakai) H.Hara, Enum. Spermatophytarum Japon. 2: 60 (1952)
Viburnum sargentii Koehne f. *sterile* (Makino) H.Hara, Enum. Spermatophytarum Japon. 2: 261 (1952)
Viburnum sterile (Makino) Honda f. *hydrangeoides* (Nakai) Pojark., Fl. URSS 23: 456 (1958)
Viburnum opulus L. f. *hydrangeoides* (Nakai) H.Hara, Ginkgoana 5: 272 (1983

Representative specimens; **Chagang-do** 25 August 1897 小德川 (松德水河谷) *Komarov, VL Komaorv s.n.* 26 August 1897 *Komarov, VL Komaorv s.n.* 28 August 1897 慈城邑(松德水河谷) *Komarov, VL Komaorv s.n.* 25 June 1914 從浦鎭*Nakai, T Nakai2257* 18 July 1914 大興里*Nakai, T Nakai2216* 21 July 1914 大興里- 山羊*Nakai, T Nakai2217* **Hamgyong-bukto** 10 August 1933 渡正山*Koidzumi, G Koidzumi s.n.* August 1933 羅南*Yoshimizu, K s.n.* 7 July 1930 鏡城*Ohwi, J Ohwi2139* 21 June 1909 Musan-ryeong (戊山嶺) *Nakai, T Nakai s.n.* 19 August 1924 七寶山*Kondo, C Kondo s.n.* 10 June 1897 西溪水*Komarov, VL Komaorv s.n.* 17 June 1930 四芝嶺*Ohwi, J Ohwi1284* **Hamgyong-namdo** 25 September 1925 泗水山*Chung, TH Chung s.n.* 11 August 1940 咸興歸州寺*Okuyama, S Okuyama s.n.* 30 August 1941 赴戰高原 Fusenkogen *Saito, T T Saito s.n.* 19 August 1943 千佛山*Honda, M Honda19* **Hwanghae-namdo** 24 July 1922 Mukimpo Chasen *Mills, RG Mills4588* 29 July 1929 長山串*Nakai, T Nakai13541* 3 August 1929 *Nakai, T Nakai13542* 27 July 1929 *Nakai, T Nakai13543* **Kangwon-do** 15 July 1936 外金剛千佛山 *Nakai, T Nakai17228* 15 July 1936 *Toh, BS s.n.* 25 July 1928 金剛山長安寺明鏡台*Kondo, K Kondo s.n.* 10 June 1932 金剛山 *Ohwi, J Ohwi s.n.* 14 August 1933 安邊郡衛益面三防*Nomura, N Nomura s.n.* **P'yongan-bukto** 5 August 1937 妙香山*Hozawa, S Hozawa s.n.* 5 June 1914 朔州- 昌城*Nakai, T Nakai2249* 12 June 1912 白壁山*Ishidoya, T Ishidoya s.n.* **P'yongan-namdo** 26 July 1916 黃草嶺*Mori, T Mori s.n.* 20 July 1916 黃玉峯 (黃處嶺?) *Mori, T Mori s.n.* 15 June 1928 陽德*Nakai, T Nakai12449* **P'yongyang** 26 May 1912 大聖山*Imai, H Imai32* **Ryanggang** 1 August 1897 虛川江 (同仁川) *Komarov, VL Komaorv s.n.* 16 August 1897 大羅信洞*Komarov, VL Komaorv s.n.* 20 August 1897 內洞-河山嶺*Komarov, VL Komaorv s.n.* 22 August 1897 雲洞嶺*Komarov, VL Komaorv s.n.* 9 August 1897 虛津江下流域*Komarov, VL Komaorv s.n.* 22 July 1897 佳林里*Komarov, VL Komaorv s.n.* 31 May 1897 延面水河谷-古倉坪*Komarov, VL Komaorv s.n.*

Viburnum wrightii Miq., Ann. Mus. Bot. Lugduno-Batavi 2: 267 (1866)

Common name 산가막살나무

Distribution in Korea: North, Central, Ulleung

    Viburnum wrightii Miq. var. *stipellatum* Nakai, J. Coll. Sci. Imp. Univ. Tokyo 26: 287 (1909)
    Viburnum wrightii Miq. var. *sylvestre* Koidz., Bot. Mag. (Tokyo) 29: 159 (1915)
    Viburnum wrightii Miq. var. *eglandulosum* Nakai, J. Coll. Sci. Imp. Univ. Tokyo 42 (2): 36 (1921)
    Viburnum wrightii Miq. var. *minus* Nakai, Trees Shrubs Japan, Revis. Ed. 2: 605 (1927)
    Viburnum wrightii Miq. var. *lucidum* Hatus., Acta Phytotax. Geobot. 4: 207 (1935)
    Viburnum wrightii Miq. var. *pilosum* Hara, Bot. Mag. (Tokyo) 51: 892 (1937)
    Viburnum wrightii Miq. f. *sylvestre* (Koidz.) Hiyama, J. Jap. Bot. 31: 224 (1956)
    Viburnum wrightii Miq. f. *eglandulosum* (Nakai) Hiyama, Neolin. Fl. Manshur. 585 (1979)
    Viburnum wrightii Miq. f. *kaiense* Hiyama, Neolin. Fl. Manshur. 585 (1979)

Representative specimens; **Hamgyong-bukto** 8 August 1918 寶村-上古面雲滿岩*Nakai, T Nakai7674* **Hamgyong-namdo** 25 September 1925 泗水山*Chung, TH Chung s.n.* **Kangwon-do** 31 July 1916 金剛山群仙峽 (群仙加) *Nakai, T Nakai5868* 30 September 1935 金剛山溫 井嶺*Okamoto, S Okamoto s.n.* 2 September 1932 金剛山*Kitamura, S Kitamura s.n.* 10 June 1932 *Ohwi, J Ohwi s.n.* 8 August 1940 Mt. Kumgang (金剛山) *Okuyama, S Okuyama s.n.* 16 August 1902 Diamonts 金剛山*Uchiyama, T Uchiyama s.n.* Type of *Viburnum wrightii* Miq. var. *stipellatum* Nakai (Holotype TI)

Weigela Thunb.

Weigela florida (Bunge) A.DC., Ann. Sci. Nat., Bot. 11: 241 (1839)

Common name 붉은병꽃나무

Distribution in Korea: North, Central

    Calysphyrum floridum Bunge, Enum. Pl. Chin. Bor. 34 (1833)
    Diervilla florida (Bunge) Siebold & Zucc., Fl. Jap. (Siebold) 1: 75 (1837)
    Diervilla pauciflora A.DC.A.DC., Ann. Sci. Nat., Bot. ser. 2, 11: 241 (1839)
    Weigela rosea Lindl., J. Hort. Soc. London 1: 65, 189 (1846)
    Diervilla rosea (Lindl.) Walp., Ann. Bot. Syst. 1: 365 (1848)
    Calysphyrum roseum (Lindl.) C.A.Mey., Bull. Cl. Phys.-Math. Acad. Imp. Sci. Saint-Pétersbourg 13: 220 (1855)
    Diervilla praecox Lemoine, Gartenflora 46: 393 (1897)
    Diervilla florida (Bunge) Siebold & Zucc. var. *venusta* Rehder, J. Arnold Arbor. 1: 24 (1913)
    Diervilla brevicalycina Nakai, Bot. Mag. (Tokyo) 29: 5 (1915)
    Diervilla florida (Bunge) Siebold & Zucc. var. *pilosa* Nakai, Bot. Mag. (Tokyo) 32: 299 (1918)
    Diervilla florida (Bunge) Siebold & Zucc. f. *brevicalycina* Nakai, J. Coll. Sci. Imp. Univ. Tokyo 42: art. 2: 114 (1921)
    Diervilla florida (Bunge) Siebold & Zucc. var. *venusta* Rehder f. *brevicalycina* Nakai, Fl. Sylv. Kor. 11: 88 (1921)
    Diervilla venustn (Rehder) Stapf, Bot. Mag. 151: t. 9080 (1925)

Weigela venusta Bailey, Gentes Herb. 2 fasc. 1: 54 (1929)

Weigela praecox (Lemoine) L.H.Bailey, Gentes Herb. 2-1: 54 (1929)

Weigela florida DC. var. *glabra* Nakai f. *leucantha* Nakai, J. Jap. Bot. 12: 10 (1936)

Weigela florida f. *albida* Nakai, J. Jap. Bot. 12: 10 (1936)

Weigela florida (Bunge) A.DC. f. *leucantha* Nakai, J. Jap. Bot. 12: 10 (1936)

Weigela florida DC. var. *glabra* Nakai, J. Jap. Bot. 12: 9 (1936)

Weigela florida DC. var. *pauciflora* (A.DC.) Nakai, J. Jap. Bot. 12 (1936)

Weigela florida DC. var. *venusta* (Rehder) Nakai, J. Jap. Bot. 12 (1936)

Weigela florida DC. f. *subtricolor* Nakai, J. Jap. Bot. 12: 11 (1936)

Weigela praecox (Lemoine) L.H.Bailey var. *pilosa* (Nakai) Nakai, J. Jap. Bot. 12: 12 (1936)

Diervilla praecox Lemoine var. *tomentosa* Nakai, J. Jap. Bot. 12: 12 (1936)

Weigela toensis Nakai, J. Jap. Bot. 12: 12 (1936)

Weigela florida DC. var. *glabra* Nakai f. *albida* Nakai, J. Jap. Bot. 12: 10 (1936)

Weigela florida DC. var. *glabra* Nakai f. *lineariloba* Nakai, J. Jap. Bot. 12: 10 (1936)

Weigela florida DC. var. *glabra* Nakai f. *subtricolor* Nakai, J. Jap. Bot. 12: 11 (1936)

Weigela praecox Bailey var. *tomentosa* Nakai, J. Jap. Bot. 12: 12 (1936)

Weigela florida DC. f. *alba* (Carrière) Rehder, J. Arnold Arbor. 20: 431 (1939)

Weigela florida DC. f. *candida* (Voss) Rehder, J. Arnold Arbor. 20: 431 (1939)

Representative specimens; **Chagang-do** 26 August 1897 小德川 (松德水河谷) *Komarov, VL Komaorv s.n.* 25 July 1911 Kangkai 江界*Mills, RG Mills78* 19 July 1914 鷺峯-大興里*Nakai, T Nakai s.n.* 11 July 1914 蔥田嶺*Nakai, T Nakai1606* 18 July 1914 大興里 *Nakai, T Nakai2215* 21 July 1914 大興里- 山羊*Nakai, T Nakai2225* Type of *Diervilla florida* (Bunge) Siebold & Zucc. var. *pilosa* Nakai (Syntype TI) **Hamgyong-bukto** 28 May 1897 富潤洞*Komarov, VL Komaorv s.n.* June 1933 羅南 *Yoshimizu, K s.n.* 18 May 1897 會寧川*Komarov, VL Komaorv s.n.* 20 May 1897 茂山嶺*Komarov, VL Komaorv s.n.* 16 July 1918 朱乙溫面甫上洞*Nakai, T Nakai7495* Type of *Weigela praecox* Bailey var. *tomentosa* Nakai (Syntype TI)15 July 1918 *Nakai, T Nakai7496* Type of *Weigela praecox* Bailey var. *tomentosa* Nakai (Syntype TI)19 July 1918 冠帽山麓*Nakai, T Nakai7497* Type of *Weigela praecox* Bailey var. *tomentosa* Nakai (Syntype TI)27 May 1930 鏡城*Ohwi, J Ohwi211* 27 May 1930 *Ohwi, J Ohwi222* July 1932 冠帽峰*Ohwi, J Ohwi1018* 29 May 1933 檜鄕洞*Saito, T T Saito544* 6 June 1936 甫上洞新人谷*Saito, T T Saito2386* 29 May 1897 釜所哥谷*Komarov, VL Komaorv s.n.* 22 May 1897 蕨坪(城川水河谷)-車踰嶺*Komarov, VL Komaorv s.n.* 21 June 1909 Musan-ryeong (戊山嶺) *Nakai, T Nakai s.n.*Type of *Weigela praecox* Bailey var. *tomentosa* Nakai (Syntype TI)19 August 1914 曷浦嶺*Nakai, T Nakai2267* Type of *Diervilla florida* (Bunge) Siebold & Zucc. var. *pilosa* Nakai (Syntype TI)15 June 1930 Musan-ryeong (戊山嶺) *Ohwi, J Ohwi s.n.* 15 June 1930 戊山嶺西麓*Ohwi, J Ohwi1005* 19 August 1924 七寶山*Kondo, C Kondo s.n.* 23 July 1918 朱乙溫面黃雪嶺*Nakai, T Nakai7494* Type of *Weigela praecox* Bailey var. *tomentosa* Nakai (Syntype TI)21 June 1938 穩城郡甑山*Saito, T T Saito s.n.* 12 May 1897 五宗洞*Komarov, VL Komaorv s.n.* 4 June 1897 四芝嶺*Komarov, VL Komaorv s.n.* **Hamgyong-namdo** 25 September 1925 泗水山*Chung, TH Chung s.n.* 11 May 1918 北靑- 直洞里*Ishidoya, T Ishidoya2834* 27 May 1934 咸興盤龍山*Nomura, N Nomura50* 15 June 1932 下碣隅里*Ohwi, J Ohwi109* 24 July 1933 東上面大漢岱里*Koidzumi, G Koidzumi s.n.* 16 August 1935 東上面漢岱里*Nakai, T Nakai15713* **Hwanghae-namdo** 29 July 1935 長壽山*Koidzumi, G Koidzumi s.n.* 21 May 1932 *Smith, RK Smith41* Type of *Weigela florida* DC. var. *glabra* Nakai (Syntype TI)25 August 1943 首陽山*Furusawa, I Furusawa s.n.* 1 August 1929 椒島*Nakai, T Nakai13514* 27 July 1929 長山串*Nakai, T Nakai s.n.* 28 July 1929 *Nakai, T Nakai13815* 26 May 1924 九月山*Chung, TH Chung s.n.* **Kangwon-do** 28 July 1916 長箭*Nakai, T Nakai5850* Type of *Weigela florida* DC. var. *glabra* Nakai (Syntype TI)12 July 1936 外金剛千佛山*Nakai, T Nakai17239* 12 August 1932 Mt. Kumgang (金剛山) *Koidzumi, G Koidzumi s.n.* 14 August 1916 金剛山下望軍庵 (望軍臺) *Nakai, T Nakai5851* 10 June 1932 金剛山*Ohwi, J Ohwi s.n.* 7 June 1909 元山*Nakai, T Nakai s.n.* Type of *Weigela praecox* Bailey var. *tomentosa* Nakai (Syntype TI) **P'yongan-bukto** 9 June 1914 飛來峯*Nakai, T Nakai s.n.* 9 June 1914 *Nakai, T Nakai2253* Type of *Diervilla florida* (Bunge) Siebold & Zucc. var. *pilosa* Nakai (Syntype TI)3 August 1935 妙香山*Koidzumi, G Koidzumi s.n.* 8 June 1919 義州金剛山*Ishidoya, T Ishidoya s.n.* **P'yongan-namdo** 21 July 1916 上南理*Mori, T Mori s.n.* 15 June 1928 陽德*Nakai, T Nakai12442* **P'yongyang** 26 May 1912 大聖山*Imai, H Imai9* Type of *Weigela florida* DC. var. *glabra* Nakai (Syntype TI) **Rason** 27 August 1914 松眞山*Nakai, T Nakai2246* Type of *Weigela praecox* Bailey var. *tomentosa* Nakai (Syntype TI)30 June 1938 *Saito, T T Saito8283* 11 May 1897 豆滿江三角洲-五宗洞*Komarov, VL Komaorv s.n.* **Ryanggang** 7 July 1897 犁方嶺 (鴨綠江羅暖堡) *Komarov, VL Komaorv s.n.* 9 July 1897 十四道溝(鴨綠江) *Komarov, VL Komaorv s.n.* 19 August 1897 葡坪*Komarov, VL Komaorv s.n.* 21 August 1897 subdist. Chu-czan, flumen Amnok-gan *Komarov, VL Komaorv s.n.* 4 July 1897 上水隅理*Komarov, VL Komaorv s.n.* 7 August 1897 上水隅理*Komarov, VL Komaorv s.n.* 9 August 1897 長津江下流域*Komarov, VL Komaorv s.n.* 14 July 1897 鴨綠江 (上水隅理 -羅暖堡) *Komarov, VL Komaorv s.n.* 6 June 1897 平蒲坪*Komarov, VL Komaorv s.n.* 28 June 1897 栢德嶺*Komarov, VL Komaorv s.n.* 24 July 1897 佳林里*Komarov, VL Komaorv s.n.* 20 July 1897 惠山鎭(鴨綠江上流長白山脈中高原) *Komarov, VL Komaorv s.n.* 2 August 1917 農事洞*Furumi, M Furumi421* 2 June 1897 四芝坪(延面水河谷) 柄安洞*Komarov, VL Komaorv s.n.*

Weigela subsessilis (Nakai) L.H.Bailey, Gentes Herb. 2: 51 (1929)

Common name 병꽃나무

Distribution in Korea: North, Central, South, Endemic

Diervilla subsessilis Nakai, Bot. Mag. (Tokyo) 32: 229 (1918)

Diervilla subsessilis Nakai var. *mollis* Uyeki, J. Chosen Nat. Hist. Soc. 17: 54 (1934)

Weigela subsessilis (Nakai) L.H.Bailey var. *mollis* (Uyeki) Uyeki, Woody Pl. Distr. Chosen 100 (1940)

Representative specimens; Chagang-do 9 June 1924 避難德山*Fukubara, S Fukubara s.n.*崇積山*Furusawa, I Furusawa s.n.* **Hamgyong-bukto** 12 August 1933 渡正山*Koidzumi, G Koidzumi s.n.* **Hwanghae-namdo** 25 August 1943 首陽山*Furusawa, I Furusawa s.n.* **Kangwon-do** 1 October 1935 海金剛溫井里 - 九龍淵*Okamoto, S Okamoto s.n.*金剛山表訓寺*Honda, S s.n.* Type of *Diervilla subsessilis* Nakai (Syntype TI) **P'yongan-namdo** 16 July 1916 寧遠*Mori, T Mori30*

Zabelia
Zabelia dielsii (Graebn.) Makino, Makinoa 9: 175 (1948)
Common name 털댕강나무

Distribution in Korea: North, Central
    Linnaea dielsii Graebn., Bot. Jahrb. Syst. 29: 140 (1900)
    Linnaea zanderi Graebn., Bot. Jahrb. Syst. 29: 142 (1900)
    Abelia dielsii (Graebn.) Rehder, Pl. Wilson. 1: 128 (1911)
    Abelia coreana Nakai, Bot. Mag. (Tokyo) 32: 108 (1918)
    Zabelia coreana (Nakai) Hisauti & H.Hara, J. Jap. Bot. 29: 144 (1954)
    Zabelia biflora (Turcz.) Makino var. *coreana* (Nakai) H.Hara, Ginkgoana 5: 132 (1983)

Representative specimens; Hamgyong-bukto 12 August 1933 渡正山 *Koidzumi, G Koidzumi s.n.* 15 July 1936 會寧鳳儀 *Saito, T T Saito2625* 15 July 1936 會寧 *Saito, T T Saito7878* 18 July 1918 朱乙溫面態谷嶺 *Nakai, T Nakai s.n.* 24 July 1918 朱南面金谷洞 *Nakai, T Nakai s.n.* 20 September 1935 南下石山 *Saito, T T Saito1692* 19 August 1914 曷浦嶺 *Nakai, T Nakai2240* Type of *Abelia coreana* Nakai (Holotype TI)1 August 1939 茂山 *Nakai, T Nakai6201* 23 July 1918 朱南面黃雪嶺 *Nakai, T Nakai s.n.* **Hamgyong-namdo** 25 September 1925 泗水山 *Chung, TH Chung s.n.* **Kangwon-do** 17 August 1930 Sachang-ri (社倉里) *Nakai, T Nakai s.n.* 16 August 1930 劍拂浪 *Nakai, T Nakai s.n.* **P'yongan-bukto** 1924 妙香山 *Kondo, C Kondo s.n.* **Rason** 30 June 1938 雄基面松眞山 *Saito, T T Saito8284* **Ryanggang** 北水白山 *Unknown s.n.*

Zabelia mosanensis (T.H.Chung ex Nakai) Hisauti & H.Hara, J. Jap. Bot. 29: 143 (1954)
Common name 주걱댕강나무
Distribution in Korea: North

Zabelia tyaihyonii (Nakai) Hisauti & H.Hara, J. Jap. Bot. 29: 143 (1954)
Common name 줄댕강나무
Distribution in Korea: Central, Endemic
    Abelia tyaihyonii Nakai, J. Coll. Sci. Imp. Univ. Tokyo 42: 58 (1921)
    Abelia mosanensis T.H.Chung ex Nakai, Bot. Mag. (Tokyo) 40: 171 (1926)

Representative specimens; P'yongan-namdo 3 August 1940 Maengsan (孟山) *Chang, HD ChangHD s.n.* 7 June 1925 *Chung, TH Chung2* Type of *Abelia mosanensis* T.H.Chung ex Nakai (Holotype TI)

ADOXACEAE

Adoxa L.
Adoxa moschatellina L., Sp. Pl. 367 (1753)
Common name 련복초 (연복초)
Distribution in Korea: North, Central, South
    Moschatellina fumariifolia Gilib., Fl. Lit. Inch. 1: 61 (1782)
    Moschatellina tetragona Moench, Methodus (Moench) 478 (1794)
    Adoxa tuberosa Gray, Nat. Arr. Brit. Pl. 2: 493 (1821)
    Adoxa moschata Dulac, Fl. Hautes-Pyrénées 462 (1867)
    Adoxa moschatellina L. var. *inodora* Falc. ex C.B.Clarke, Fl. Brit. Ind. 3: 2 (1880)
    Moschatellina generalis E.H.L.Krause, Deutschl. Fl. (Sturm), ed. 2 12: 222 (1904)
    Adoxa moschatellina L. f. *japonica* (Hara) H.Hara, Ginkgoana 5: 305 (1983)
    Adoxa orientalis Nepomn., Bot. Zhurn. (Moscow & Leningrad) 69: 260 (1984)

Adoxa insularis Nepomn., Bot. Zhurn. (Moscow & Leningrad) 70: 524 (1985)

Representative specimens; Hamgyong-bukto 21 May 1897 茂山嶺-蕨坪(照日洞) *Komarov, VL Komaorv s.n.* **Ryanggang** 5 August 1897 白山嶺 *Komarov, VL Komaorv s.n.* 7 August 1897 上巨里水 *Komarov, VL Komaorv s.n.*

VALERIANACEAE

Patrinia Juss.
Patrinia rupestris (Pall.) Juss., Ann. Mus. Natl. Hist. Nat. 10: 311 (1807)
Common name 돌마타리
Distribution in Korea: North, Central, South
   Valeriana rupestris Pall., Reise Russ. Reich. 3: 266 (1776)
   Fedia rupestris (Pall.) Vahl, Enum. Pl. (Vahl) 2: 22 (1805)

Representative specimens; Hamgyong-bukto 1 August 1914 清津 *Ikuma, Y Ikuma s.n.* 8 August 1930 吉州郡載德 *Ohwi, J Ohwi s.n.* 29 July 1918 朱乙溫面生氣嶺 *Nakai, T Nakai7515* 17 September 1935 梧上洞 *Saito, T T Saito1722* 2 August 1914 車踰嶺 *Ikuma, Y Ikuma s.n.* 2 August 1914 *Ikuma, Y Ikuma s.n.* 19 August 1933 茂山 *Koidzumi, G Koidzumi s.n.* 29 May 1897 釜所哥谷 *Komarov, VL Komaorv s.n.* 5 August 1918 Mt. Chilbo at Myongch'on(七寶山) *Nakai, T Nakai s.n.* 15 May 1897 江八嶺 *Komarov, VL Komaorv s.n.* 4 June 1897 四芝嶺 *Komarov, VL Komaorv s.n.* **Hwanghae-bukto** 10 September 1915 瑞興 *Nakai, T Nakai2842* 10 September 1915 Nakai, T *Nakai2850* 26 September 1915 Nakai, T *Nakai3036* 8 September 1902 瑞興- 風壽阮 *Uchiyama, T Uchiyama s.n.* **Kangwon-do** 9 August 1902 昌道 *Uchiyama, T Uchiyama s.n.* **P'yongyang** 5 September 1901 in montibus mediae *Faurie, UJ Faurie321* **Rason** 27 August 1914 松眞山 *Nakai, T Nakai s.n.* 18 August 1935 獨津 *Saito, T T Saito1501* **Ryanggang** 25 June 1917 甲山鷹德峯 *Furumi, M Furumi5* 1 July 1897 五是川雲 寵江-崔五峰 *Komarov, VL Komaorv s.n.* 29 July 1897 安間嶺-同仁川 (同仁浦里?) *Komarov, VL Komaorv s.n.* 30 July 1897 甲山 *Komarov, VL Komaorv s.n.* 12 July 1897 虛川江 (同仁川) *Komarov, VL Komaorv s.n.* 9 July 1897 十四道溝(鴨綠江) *Komarov, VL Komaorv s.n.* 7 July 1897 犁方嶺 (鴨綠江羅暖堡) *Komarov, VL Komaorv s.n.* 24 July 1914 長蛇洞 *Nakai, T Nakai36867* August 1897 上巨里水 *Komarov, VL Komaorv s.n.* 22 August 1914 崔哥嶺 *Ikuma, Y Ikuma s.n.* 26 July 1897 佳林里/五山里川河谷 *Komarov, VL Komaorv s.n.*

Patrinia saniculifolia Hemsl., J. Linn. Soc., Bot. 23: 397 (1888)
Common name 금마타리
Distribution in Korea: North, Central, Endemic
   Fedia saniculifolia (Hemsl.) Kuntze, Revis. Gen. Pl. 1: 302 (1891)

Representative specimens; Hamgyong-bukto 1 August 1914 清津 *Ikuma, Y Ikuma s.n.* July 1932 冠帽峰 *Ohwi, J Ohwi s.n.* 21 July 1933 *Saito, T T Saito s.n.* 9 August 1918 雲滿臺 *Nakai, T Nakai s.n.* **Hamgyong-namdo** July 1902 端川龍德里摩天嶺 *Mishima, A s.n.* 30 May 1930 端川郡北斗日面 *Unknown s.n.* 20 June 1932 東上面元豐里 *Ohwi, J Ohwi s.n.* 1 August 1933 北青郡佳會面中里 *Cho, SK s.n.* 1 August 1932 新興郡白岩山 *Nomura, N Nomura s.n.* **Kangwon-do** 31 July 1916 金剛山群仙峽 *Nakai, T Nakai s.n.* 29 July 1938 Mt. Kumgang (金剛山) *Hozawa, S Hozawa s.n.* 12 August 1932 Kitamura, *S Kitamura s.n.* 2 August 1932 金剛山內金剛 *Kobayashi, M Kobayashi38* August 1932 Mt. Kumgang (金剛山) *Koidzumi, G Koidzumi s.n.* 12 July 1936 金剛山外金剛千佛山 *Nakai, T Nakai s.n.* June 1932 Mt. Kumgang (金剛山) Ohwi, *J Ohwi s.n.* 10 June 1932 Ohwi, *J Ohwi s.n.* 7 August 1940 Okuyama, *S Okuyama s.n.* July 1932 Smith, *RK Smith s.n.* 15 August 1902 *Uchiyama, T Uchiyama s.n.* 9 June 1909 元山 *Nakai, T Nakai s.n.* 9 June 1909 Nakai, *T Nakai s.n.* **P'yongan-namdo** 20 July 1916 黃玉峯 (黃處嶺?) *Mori, T Mori s.n.*

Patrinia scabiosifolia Fisch. ex Trevir., Index Sem. (Breslau) 2: 2 (1820)
Common name 마타리
Distribution in Korea: North, Central, South
   Fedia serratulifolia Trevir., Index Sem. (Breslau) 2 (1820)
   Fedia scabiosifolia (Fisch.) Trevir., Nova Acta Phys.-Med. Acad. Caes. Leop.-Carol. Nat. Cur. 40921: 165 (1826)
   Patrinia serratulifolia (Trevir.) Fisch. ex DC., Prodr. (DC.) 4: 634 (1830)
   Patrinia hispida Bunge, Pl. Mongholico-Chin. 1: 25 (1835)
   Patrinia parviflora Siebold & Zucc., Abh. Math.-Phys. Cl. Konigl. Bayer. Akad. Wiss. 4: 195 (1846)
   Patrinia japonica Miq., Arch. Neerl. Sci. Exact. Nat. 5: 96 (1870)
   Patrinia scabiosifolia Fisch. ex Trevir. var. *hispida* (Bunge) Franch., Nouv. Arch. Mus. Hist. Nat. ser. 2, 5: 38 (1883)
   Patrinia scabiosifolia Fisch. ex Trevir. f. *glabra* Kom., Trudy Imp. S.-Peterburgsk. Bot. Sada 25: 538 (1907)

Patrinia scabiosifolia Fisch. ex Trevir. f. *hispida* (Bunge) Kom., Trudy Imp. S.-Peterburgsk. Bot. Sada 25: 538 (1907)

*Patrinia scabiosifolia*Fisch. ex Trevir. var. *nantcianensis* Pamp., Nuovo Giorn. Bot. Ital. n.s. 17: 729 (1910)

Representative specimens; Chagang-do 28 August 1897 慈城邑(松德水河谷) *Komarov, VL Komaorv s.n.* 2 August 1910 Kang-gei(Kokai 江界) *Mills, RG Mills363* 25 June 1914 從西面 *Nakai, T Nakai s.n.* 18 July 1914 大興里 *Nakai, T Nakai s.n.* **Hamgyong-bukto** 28 May 1897 富潤洞 *Komarov, VL Komaorv s.n.* 19 May 1897 茂山嶺 *Komarov, VL Komaorv s.n.* 8 July 1930 鏡城 *Ohwi, J Ohwi s.n.* 13 July 1930 Ohwi, *J Ohwi s.n.* 29 May 1897 釜所哥谷 *Komarov, VL Komaorv s.n.* 5 August 1918 Mt. Chilbo at Myongch'on(七寶山) Nakai, *T Nakai s.n.* 2 August 1914 富寧武陵臺 *Ikuma, Y Ikuma s.n.* 13 June 1897 西溪水 *Komarov, VL Komaorv s.n.* **Hamgyong-namdo** 1928 Hamhung (咸興) *Seok, JM s.n.* 17 August 1934 富盛里 *Nomura, N Nomura s.n.* 2 September 1934 東下面蓮花山 *Yamamoto, A Yamamoto s.n.* 15 August 1935 東上面漢岱里 *Nakai, T Nakai s.n.* **Hwanghae-namdo** 24 July 1922 Mukimpo *Mills, RG Mills s.n.* 29 June 1921 Sorai Beach 九味浦 *Mills, RG Mills s.n.* 27 July 1929 長山串 Nakai, *T Nakai s.n.* **Kangwon-do** 26 August 1916 金剛山普賢洞 *Nakai, T Nakai s.n.* 12 July 1936 金剛山外金剛千佛山 *Nakai, T Nakai s.n.* 8 August 1940 Mt. Kumgang (金剛山) *Okuyama, S Okuyama s.n.* 10 August 1902 墨浦洞 *Uchiyama, T Uchiyama s.n.* 12 August 1902 *Uchiyama, T Uchiyama s.n.* 30 August 1916 通川街道 *Nakai, T Nakai s.n.* 30 August 1916 通川 *Nakai, T Nakai s.n.* 5 August 1932 元山 *Kitamura, S Kitamura s.n.* 6 August 1932 Kitamura, *S Kitamura s.n.* **P'yongan-namdo** 20 July 1916 黃玉峯 (黃處嶺?) *Mori, T Mori s.n.* **P'yongyang** 12 September 1935 平壤牧丹峯 *Unknown s.n.* 12 September 1902 平壤牡丹台 *Uchiyama, T Uchiyama s.n.* **Ryanggang** 18 July 1897 Keizanchin(惠山鎭) *Komarov, VL Komaorv s.n.* 1 July 1897 五是川雲寵江-崔五峰 *Komarov, VL Komaorv s.n.* 30 July 1897 甲山 *Komarov, VL Komaorv s.n.* 1 August 1897 虛川江 (同仁川) *Komarov, VL Komaorv s.n.* 27 August 1934 豊山郡雄耳面鉢筆大岩山- 頭里秋谷 *Yamamoto, A Yamamoto s.n.* 7 July 1897 犁方嶺 (鴨綠江羅暖堡) *Komarov, VL Komaorv s.n.* 15 August 1897 蓮坪-厚州川-厚州古邑 *Komarov, VL Komaorv s.n.* 16 August 1897 大羅信洞 *Komarov, VL Komaorv s.n.* 19 August 1897 葡坪 *Komarov, VL Komaorv s.n.* 4 July 1897 上水隅理 *Komarov, VL Komaorv s.n.* 9 August 1897 長津江下流域 *Komarov, VL Komaorv s.n.* 13 August 1897 長進江河口(鴨綠江) *Komarov, VL Komaorv s.n.* 26 June 1897 內曲里 *Komarov, VL Komaorv s.n.* 22 July 1897 佳林里 *Komarov, VL Komaorv s.n.* 28 July 1897 *Komarov, VL Komaorv s.n.* 1 June 1897 古倉坪-四芝坪 (延面水河谷) *Komarov, VL Komaorv s.n.* 31 May 1897 延面水河谷-古倉坪 *Komarov, VL Komaorv s.n.*

Patrinia villosa (Thunb.) Dufr., Hist. Nat. Valer. 54 (1811)

Common name 뚝갈

Distribution in Korea: North, Central, South

Valeriana villosa Thunb., Fl. Jap. (Thunberg) 32 (1784)
Patrinia ovata Bunge, Pl. Mongholico-Chin. 1: 23 (1835)
Patrinia graveolens Hance, Ann. Sci. Nat., Bot. ser. 4, 15: 224 (1861)
Patrinia dielsii Graebn., Bot. Jahrb. Syst. 29: 597 (1901)
Patrinia dielsii Graebn. var. *erosa* Graebn., Bot. Jahrb. Syst. 29: 589 (1901)
Patrinia dielsii Graebn. var. *shensiensis* Graebn., Bot. Jahrb. Syst. 29: 589 (1901)
Patrinia dielsii Graebn. var. *palustris* Pamp., Nuovo Giorn. Bot. Ital. n.s. 17: 728 (1910)
Patrinia villosa (Thunb.) Juss. var. *ambigua* Pamp., Nuovo Giorn. Bot. Ital. 17: 728 (1910)
Patrinia villosa (Thunb.) Juss. var. *japonica* H.Lév., Repert. Spec. Nov. Regni Veg. 10: 439 (1912)
Patrinia villosa (Thunb.) Juss. var. *sinensis* H.Lév., Repert. Spec. Nov. Regni Veg. 10: 439 (1912)
Patrinia sinensis (H.Lév.) Koidz., Bot. Mag. (Tokyo) 43: 390 (1929)

Representative specimens; Chagang-do 28 August 1897 慈城邑(松德水河谷) *Komarov, VL Komaorv s.n.* 16 July 1910 Kang-gei(Kokai 江界) *Mills, RG Mills362* 5 July 1914 牙得嶺 (江界) Nakai, *T Nakai s.n.* 21 July 1914 大興里- 山羊 *Nakai, T Nakai s.n.* 17 July 1918 大興里 *Nakai, T Nakai s.n.* **Hamgyong-namdo** 17 August 1940 西湖津海岸 *Okuyama, S Okuyama s.n.* 1928 Hamhung (咸興) *Seok, JM s.n.* 25 September 1936 *Yamatsuta, T s.n.* 26 July 1916 下碣隅里 *Mori, T Mori s.n.* 2 September 1934 東下面蓮花山安垈谷 *Yamamoto, A Yamamoto s.n.* 30 August 1934 東下面安基里谷 *Yamamoto, A Yamamoto s.n.* **Hwanghae-namdo** 長淵郡金水里 *Yamamoto, J s.n.* 27 July 1929 長山串 Nakai, *T Nakai s.n.* August 1932 Sorai Beach 九味浦 *Smith, RK Smith s.n.* **Kangwon-do** 12 July 1936 金剛山外金剛千佛山 *Nakai, T Nakai s.n.* 9 August 1940 Mt. Kumgang (金剛山) *Okuyama, S Okuyama s.n.* 20 August 1902 *Uchiyama, T Uchiyama s.n.* **P'yongan-bukto** 5 August 1937 妙香山 *Hozawa, S Hozawa s.n.* **P'yongyang** 12 September 1902 平壤牧丹峯 *Uchiyama, T Uchiyama s.n.* 12 September 1935 *Unknown s.n.* **Ryanggang** 7 July 1897 三水郡犁方嶺 (鴨綠江羅暖堡) *Komarov, VL Komaorv s.n.* 19 August 1897 葡坪 *Komarov, VL Komaorv s.n.* 22 August 1897 雲寵嶺 *Komarov, VL Komaorv s.n.* 16 August 1897 大羅信洞 *Komarov, VL Komaorv s.n.* 19 August 1897 葡坪 *Komarov, VL Komaorv s.n.* 9 August 1897 長津江下流域 *Komarov, VL Komaorv s.n.* 4 July 1897 上水隅理 *Komarov, VL Komaorv s.n.* 7 August 1897 上巨里水 *Komarov, VL Komaorv s.n.*

Valeriana L.
Valeriana amurensis P.A.Smirn. ex Kom., Izv. Bot. Sada Akad. Nauk S.S.S.R 30: 214 (1932)

Common name 털쥐오줌풀 (설령쥐오줌풀)

Distribution in Korea: North, Central

Valeriana officinalis L. var. *incisa* f. *pubescens* Regel, Tent. Fl.-Ussur. 79 (1861)

Valeriana officinalis L. var. *exaltata* Herder, Bull. Soc. Imp. Naturalistes Moscou 55: 38 (1880)

Valeriana officinalis L. var. *incisa* (Rupr.) Nakai ex T. Mori, Enum. Pl. Corea 333 (1922)

Valeriana amurensis P.A.Smirn. ex Kom. f. *leiocarpa* H.Hara, J. Jap. Bot. 17: 127 (1941)

Valeriana sambucifolia J.C.Mikan ex Pohl ssp. *amurensis* (P.A.Smirn. ex Kom.) H.Hara, J. Fac. Sci. Univ. Tokyo, Sect. 3, Bot. 6: 387 (1956)

Representative specimens; **Chagang-do** 2 September 1897 湖芮(鴨綠江) *Komarov, VL Komaorv s.n.* 20 May 1911 Kang-gei(Kokai 江界) *Mills, RG Mills s.n.* 5 July 1914 牙得嶺 (江界) Nakai, T *Nakai s.n.* 25 June 1914 從西面 *Nakai, T Nakai s.n.* 22 July 1916 狼林山 *Mori, T Mori s.n.* **Hamgyong-bukto** 15 June 1909 Sungjin (城津) Nakai, T *Nakai s.n.* 19 July 1918 冠帽峰 *Nakai, T Nakai s.n.* 23 May 1897 車踰嶺 *Komarov, VL Komaorv s.n.* 25 July 1918 雪嶺 *Nakai, T Nakai s.n.* 25 July 1918 Nakai, T *Nakai s.n.* 25 July 1918 Nakai, T *Nakai7520* Type of *Valeriana amurensis* P.A.Smirn. ex Kom. f. *leiocarpa* H.Hara (Holotype TI)12 June 1897 西溪水 *Komarov, VL Komaorv s.n.* 4 June 1897 四芝嶺 *Komarov, VL Komaorv s.n.* **Hamgyong-namdo** 15 August 1935 東上面漢岱里 *Nakai, T Nakai s.n.* **Ryanggang** 18 July 1897 Keizanchin(惠山鎭) *Komarov, VL Komaorv s.n.* 8 June 1897 平蒲坪-倉坪 *Komarov, VL Komaorv s.n.* 11 July 1917 胞胎山 *Furumi, M Furumi s.n.* 28 July 1940 白頭山 *Kitagawa, M s.n.* 8 August 1914 神武城-無頭峯 *Nakai, T Nakai s.n.* 3 June 1897 四芝坪 *Komarov, VL Komaorv s.n.*

Valeriana fauriei Briq., Annuaire Conserv. Jard. Bot. Geneve 17: 327 (1914)

Common name 쥐오줌풀

Distribution in Korea: North, Central, South, Ulleung

Valeriana coreana Briq., Annuaire Conserv. Jard. Bot. Geneve 17: 326 (1914)

Valeriana pulchra Nakai,Index Sem. (TI) 36 (1940)

Valeriana fauriei Briq. f. *coreana* (Briq.) H.Hara, J. Jap. Bot. 17: 125 (1941)

Valeriana fauriei Briq. var. *dasycarpa* H.Hara, J. Jap. Bot. 17: 126 (1941)

Valeriana sambucifolia J.C.Mikan ex Pohl var. *dasycarpa* (Hara) H.Hara, J. Fac. Sci. Univ. Tokyo, Sect. 3, Bot. 6: 387 (1956)

Valeriana sambucifolia J.C.Mikan ex Pohl var. *fauriei* (Briq.) H.Hara, J. Fac. Sci. Univ. Tokyo, Sect. 3, Bot. 6: 387 (1956)

Representative specimens; **Hamgyong-bukto** 25 May 1930 Kyonson 鏡城 *Ohwi, J Ohwi s.n.* **Hamgyong-namdo** 24 July 1933 東上面大 漢垈里 *Koidzumi, G Koidzumi s.n.* 15 August 1940 赴戰高原雲水嶺 *Okuyama, S Okuyama s.n.* **Kangwon-do** July 1932 Mt. Kumgang (金剛山) *Smith, RK Smith s.n.* 6 June 1909 元山 Nakai, T *Nakai s.n.* 25 May 1935 *Yamagishi, S s.n.* **P'yongan-bukto** August 1935 妙香山 *Koidzumi, G Koidzumi s.n.* 24 May 1912 白壁山 *Ishidoya, T Ishidoya s.n.* **P'yongan-namdo** 15 June 1928 陽德 Nakai, T *Nakai s.n.* **P'yongyang** 26 May 1910 寺洞 (平壤東南二里) *Imai, H Imai s.n.* **Ryanggang** 15 August 1935 北水白山 *Hozawa, S Hozawa s.n.* 20 August 1934 *Yamamoto, A; Kojima, K Kojima s.n.* 31 July 1930 島内 *Ohwi, J Ohwi s.n.* July 1943 延岩 *Uchida, H Uchida s.n.* 11 August 1913 茂峯 *Hirai, H Hirai s.n.* 10 August 1914 無頭峯 *Ikuma, Y Ikuma s.n.* **Sinuiju** June 1942 新義州 *Tatsuzawa, S s.n.*

DIPSACACEAE

Scabiosa L.

Scabiosa comosa Fisch. ex Roem. & Schult., Syst. Veg. (ed. 16) [Roemer & Schultes] 3: 84 (1818)

Common name 솔체꽃

Distribution in Korea: North, Central

Scabiosa fischeri DC., Prodr. (A. P. de Candolle) 4: 658 (1830)

Scabiosa fischeri DC. var. *caerulea* Herder f. *pubescens* Nakai, J. Coll. Sci. Imp. Univ. Tokyo 26: 304 (1909)

Scabiosa fischeri DC. var. *caerulea* Herder f. *glabra* Nakai, J. Coll. Sci. Imp. Univ. Tokyo 26: 304 (1909)

Scabiosa tschiliensis Grüning, Repert. Spec. Nov. Regni Veg. 12: 311 (1913)

Scabiosa fischeri DC. var. *atropurpurea* Nakai ex T. Mori, Enum. Pl. Corea 334 (1922)

Scabiosa japonica Miq. var. *acutiloba* Hara, J. Jap. Bot. 16: 161 (1940)

Scabiosa mansenensis Nakai f. *alpina* Nakai, J. Jap. Bot. 19: 272 (1942)

Scabiosa mansenensis Nakai f. *pinnata* Nakai, J. Jap. Bot. 19: 273 (1942)

Scabiosa mansenensis Nakai, J. Jap. Bot. 19: 270 (1943)

Scabiosa zuikoensis Nakai, J. Jap. Bot. 19: 274 (1943)
Scabiosa japonica Miq. ssp. *tschiliensis* (Grüning) Hurus., J. Jap. Bot. 16: 90 (1951)
Scabiosa japonica Miq. ssp. *tschiliensis* (Grüning) Hurus. var. *mansenensis* (Nakai) Hurus., J. Jap. Bot. 16: 90 (1951)
Scabiosa japonica Miq. ssp. *tschiliensis* (Grüning) Hurus. f. *zuikoensis* (Nakai) Hurus., J. Jap. Bot. 16: 90 (1951)
Scabiosa tschiliensis Grüning f. *alpina* (Nakai) W.T.Lee, Lineamenta Florae Koreae 1057 (1996)
Scabiosa tschiliensis Grüning f. *pinnata* (Nakai) W.T.Lee, Lineamenta Florae Koreae 1058 (1996)
Scabiosa tschiliensis Grüning f. *zuikoensis* (Nakai) W.T.Lee, Lineamenta Florae Koreae 1058 (1996)

Representative specimens; Chagang-do 29 August 1897 慈城江 *Komarov, VL Komaorv s.n.* 22 July 1914 山羊 -江口 *Nakai, T Nakai3719* **Hamgyong-bukto** 1 August 1914 清津 *Ikuma, Y Ikuma s.n.* 3 October 1932 羅南南側 *Saito, T T Saito s.n.* 29 August 1908 清津 *Shou, K s.n.* 9 August 1934 東村 *Uozumi, H Uozumi s.n.* 7 August 1911 茂山嶺 *Kaneishi, D s.n.* 6 August 1933 *Koidzumi, G Koidzumi s.n.* 11 August 1902 *Maeda, K s.n.* Type of *Scabiosa fischeri* DC. var. *caerulea* Herder f. pubescens Nakai (Syntype TI)13 July 1918 朱乙溫面生氣嶺 *Nakai, T Nakai7521* 13 July 1930 鏡城 *Ohwi, J Ohwi2348* 4 August 1932 冠帽峰 *Saito, T T Saito199* 31 July 1914 茂山 *Ikuma, Y Ikuma s.n.* 29 May 1897 釜所哥谷 *Komarov, VL Komaorv s.n.* 23 July 1918 朱南面黃雪嶺 *Nakai, T Nakai7522* 2 August 1913 武陵台 *Hirai, H Hirai168* **Hamgyong-namdo** 25 July 1933 東上面遮日峯 *Koidzumi, G Koidzumi s.n.* 17 August 1935 *Nakai, T Nakai s.n.* 15 August 1935 東上面漢岱里 *Nakai, T Nakai s.n.* 15 August 1935 Kantairi 漢垈里 *Nakai, T Nakai s.n.* 17 August 1935 遮日峯 *Nakai, T Nakai15717* 26 July 1935 西於水里 *Nomura, N Nomura53* 16 August 1940 赴戰高原漢垈里 *Okuyama, S Okuyama s.n.* 18 August 1943 赴戰高原 Fusenkogen *Toh, BS s.n.* 30 August 1934 東下面頭雲峯安基里 *Yamamoto, A Yamamoto3003* **Hwanghae-bukto** 10 September 1915 瑞興 *Nakai, T Nakai 2841* 8 September 1902 瑞興 - 風壽院 *Uchiyama, T Uchiyama s.n.* 8 September 1902 安城 - 瑞興 *Uchiyama, T Uchiyama s.n.* Type of *Scabiosa fischeri* DC. var. *caerulea* Herder f. glabra Nakai (Holotype TI, Syntype NY) **Kangwon-do** 30 July 1916 金剛山外金剛 *Nakai, T Nakai s.n.* 31 July 1916 金剛山群仙峽 *Nakai, T Nakai5877* August 1932 Mt. Kumgang (金剛山) *Koidzumi, G Koidzumi s.n.* 16 August 1916 金剛山毘盧峯 *Nakai, T Nakai5874* 22 August 1916 金剛山大長峯 *Nakai, T Nakai5875* 8 August 1940 Mt. Kumgang (金剛山) *Okuyama, S Okuyama s.n.* 22 August 1902 北屯址 *Uchiyama, T Uchiyama s.n.* 22 August 1902 北屯址近方 *Uchiyama, T Uchiyama s.n.* 22 August 1902 北屯址 *Uchiyama, T Uchiyama s.n.* Type of *Scabiosa fischeri* DC. var. *caerulea* Herder f. glabra Nakai (Syntype TI) **P'yongan-bukto** 3 August 1935 妙香山 *Koidzumi, G Koidzumi s.n.* **P'yongan-namdo** 24 July 1913 Kai-syong (价川) *Imai, H Imai123* **Ryanggang** 26 July 1914 三水 - 惠山鎭 *Nakai, T Nakai3659* Type of *Scabiosa mansenensis* Nakai f. *pinnata* Nakai (Holotype TI)1 July 1897 五是川雲寵江 - 崔五峰 *Komarov, VL Komaorv s.n.* 1 August 1897 虛川江 (同仁川) *Komarov, VL Komaorv s.n.* 15 August 1935 北水白山 *Hozawa, S Hozawa s.n.* 20 August 1934 豊山郡北水白山 *Kojima, K Kojima3000* 15 August 1897 蓮坪 - 厚州川 - 厚州古邑 *Komarov, VL Komaorv s.n.* 3 July 1897 三水邑 - 上水隅理 *Komarov, VL Komaorv s.n.* 9 August 1897 長津江下流域 *Komarov, VL Komaorv s.n.* 26 June 1897 內曲里 *Komarov, VL Komaorv s.n.* 27 July 1897 佳林里 *Komarov, VL Komaorv s.n.* 27 July 1897 *Komarov, VL Komaorv s.n.* 13 August 1914 白頭山 *Ikuma, Y Ikuma s.n.* 15 July 1934 小長白山 *Irie, Y 3002* 20 September 1932 白頭山 *Unknown s.n.* 21 August 1934 新興郡/豊山郡境北水白山 *Yamamoto, A Yamamoto3001* 1 June 1897 古倉坪 - 四芝坪 (延面水河谷) *Komarov, VL Komaorv s.n.* 13 August 1914 Moho (茂峯) - 農事洞 *Nakai, T Nakai s.n.* 31 May 1897 延面水河谷 - 古倉坪 *Komarov, VL Komaorv s.n.*

ASTERACEAE

Achillea L.
Achillea alpina L., Sp. Pl. 2: 899 (1753)
Common name 톱풀
Distribution in Korea: North, Central, South, Jeju
Achillea sibirica Ledeb. subsp. *rhodoptarmica* (Nakai) Kitam.
Achillea cristata Willd., Sp. Pl. (ed. 5; Willdenow) 3: 2192 (1789)
Achillea angustifolia Salisb., Prodr. Stirp. Chap. Allerton 204 (1796)
Achillea sibirica Ledeb., Index Sem. (Dorpat) 0 (1811)
Achillea mongolica Fisch. ex Spreng., Novi Provent. 3 (1818)
Achillea subcartilaginea (Heimerl) Heimerl, Acta Horti Gothob. 12: 254 (1938)

Representative specimens; Chagang-do 26 August 1897 小德川 (松德水河谷) *Komarov, VL Komaorv s.n.* 30 August 1897 慈城江 *Komarov, VL Komaorv s.n.* **Hamgyong-bukto** 6 October 1942 清津高抹山東側 *Saito, T T Saito s.n.* 28 August 1932 羅南 *Saito, T T Saito s.n.* 13 June 1897 西溪水 *Komarov, VL Komaorv s.n.* 19 July 1939 富寧 *Nakai, T Nakai s.n.* **Hamgyong-namdo** 14 August 1935 雪嶺面營垈里 *Nomura, N Nomura s.n.* 23 July 1916 赴戰高原寒泰嶺 *Mori, T Mori s.n.* 16 August 1934 新角面北山 *Nomura, N Nomura s.n.* 14 August 1943 赴戰高原元豊 -道安 *Honda, M Honda64* 22 August 1932 蓋馬高原 *Kitamura, S Kitamura s.n.* 24 July 1934 東上面 *Nomura, N Nomura s.n.* 16 August 1934 永古面松興里 *Yamamoto, A Yamamoto s.n.* **Kangwon-do** 4 September 1916 洗浦 - 蘭谷 *Nakai, T Nakai s.n.* 13 September 1932 元山 *Kitamura, S Kitamura s.n.* 7 June 1909 *Nakai, T Nakai s.n.* **Ryanggang** 23 August 1914 Keizanchin(惠山鎭) *Ikuma, Y Ikuma s.n.* 19 July 1897 *Komarov, VL Komaorv s.n.* 1 August 1897 虛川江 (同仁川)

Komarov, VL Komaorv s.n. 15 August 1897 蓮坪-厚州川-厚州古邑 *Komarov, VL Komaorv s.n.* 18 August 1897 葡坪 *Komarov, VL Komaorv s.n.* 22 July 1897 佳林里 *Komarov, VL Komaorv s.n.* 12 August 1914 神武城- 茂峯 *Nakai, T Nakai3251*

Achillea alpina L. ssp. ***rhodoptarmica*** (Nakai) Kitam., Acta Phytotax. Geobot. 23: 3 (1968)

Common name 붉은톱풀

Distribution in Korea: North

Achillea rhodoptarmica Nakai, Bot. Mag. (Tokyo) 34: 52 (1920)
Achillea rhodoptarmica Nakai var. *rosea* (Nakai) H.S.Pak, Fl. Coreana (Im, R.J.) 7: 140 (1999)

Representative specimens; Hamgyong-bukto 2 August 1918 漁大津 *Nakai, T Nakai7545* Type of *Achillea rhodoptarmica* Nakai (Holotype TI)

Achillea alpina L. var. ***discoidea*** (Regel) Kitam., Acta Phytotax. Geobot. 23: 3 (1968)

Common name 산톱풀

Distribution in Korea: North

Achillea ptarmicoides Maxim., Mem. Acad. Imp. Sci. St.-Petersbourg Divers Savans 9: 154 (1859)
Achillea sibirica Ledeb. var. *discoidea* Regel, Mem. Acad. Imp. Sci. St.-Petersbourg, Ser. 7 4: 87 (1861)
Achillea ptarmicoides Maxim. f. *rosea* Nakai, Bot. Mag. (Tokyo) 34: 52 (1920)

Representative specimens; Chagang-do 21 July 1914 大興里- 山羊 *Nakai, T Nakai s.n.* 21 July 1918 *Nakai, T Nakai6437* **Hamgyong-bukto** 17 September 1932 羅南 *Saito, T T Saito s.n.* 29 September 1937 清津 *Saito, T T Saito s.n.* 13 July 1918 朱乙溫面生氣嶺 *Nakai, T Nakai7543* Type of *Achillea ptarmicoides* Maxim. f. *rosea* Nakai (Syntype TI)29 July 1918 *Nakai, T Nakai7544* Type of *Achillea ptarmicoides* Maxim. f. *rosea* Nakai (Syntype TI, Isosyntype TI)29 July 1918 *Nakai, T Nakai7547* 14 August 1936 富寧石幕 - 靑岩 *Saito, T T Saito s.n.* **Hamgyong-namdo** 11 August 1940 咸興歸州寺 *Okuyama, S Okuyama s.n.* 24 July 1933 東上面大漢垈里 *Koidzumi, G Koidzumi s.n.* **Kangwon-do** 29 July 1916 海金剛 *Nakai, T Nakai5898* 20 August 1932 元山德原 *Kitamura, S Kitamura s.n.* 13 September 1932 *Kitamura, S Kitamura s.n.* 13 September 1932 元山 *Kitamura, S Kitamura s.n.* 20 August 1932 元山德原 *Kitamura, S Kitamura s.n.* **Rason** 18 August 1935 獨津 *Saito, T T Saito s.n.* **Ryanggang** 24 July 1930 含山嶺 *Ohwi, J Ohwi s.n.* 24 July 1930 *Ohwi, J Ohwi s.n.* 15 August 1914 白頭山 *Ikuma, Y Ikuma s.n.* 14 August 1914 無頭峯 *Ikuma, Y Ikuma s.n.* 15 July 1935 小長白山 *Irie, Y s.n.* 7 August 1914 虛項嶺-神武城 *Nakai, T Nakai s.n.* 5 August 1914 普天堡- 寶泰洞 *Nakai, T Nakai2770* 2 August 1942 白頭山 *Saito, T T Saito s.n.*

Achillea ptarmica L. var. ***acuminata*** (Ledeb.) Heimerl, Denkschr. Kaiserl. Akad. Wiss., Wien. Math.-Naturwiss. Kl. 48: 173 (1884)

Common name 잔톱풀 (큰톱풀)

Distribution in Korea: North

Ptarmica speciosa DC., Prodr. (DC.) 6: 23 (1838)
Ptarmica vulgaris DC., Prodr. (DC.) 6: 23 (1838)
Ptarmica acuminata Ledeb., Fl. Ross. (Ledeb.) 2: 529 (1845)
Achillea ptarmica L. ssp. *macrocephala* (Rupr.) Heimerl var. *angustifolia* Heim, Denkschr. Kaiserl. Akad. Wiss., Wien. Math.-Naturwiss. Kl. 2: 176 (1884)
Achillea acuminata (Ledeb.) Sch.Bip., Flora 38: 15 (1885)

Representative specimens; Chagang-do 11 August 1910 Chosan(楚山) *Mills, RG Mills405* 11 August 1938 上南面蓮花里 *Jeon, SK JeonSK8* 18 July 1914 大興里 *Nakai, T Nakai2486* 21 July 1914 大興里- 山羊 *Nakai, T Nakai2806* **Ryanggang** 1 July 1897 五是川雲寵江-崔五峰 *Komarov, VL Komaorv s.n.* 4 July 1897 上水隅理 *Komarov, VL Komaorv s.n.* 14 August 1913 神武城 *Hirai, H Hirai23* 15 August 1914 白頭山 *Ikuma, Y Ikuma s.n.* 8 August 1914 神武城-無頭峯 *Nakai, T Nakai s.n.* 2 August 1917 農事洞 *Furumi, M Furumi399*

Achillea setacea Waldst. & Kit., Descr. Icon. Pl. Hung. 1: 82 (1802)

Common name 털톱풀

Distribution in Korea: North

Achillea capillaris Poir., Encycl. (Lamarck & al.) Suppl. 1 0: 102 (1810)
Achillea millefolium L. var. *setacea* (Waldst. & Kit.) W.D.J.Koch, Syn. Fl. Germ. Helv. 1: 373 (1837)
Achillea salina Schur, Enum. Pl. Transsilv. 328 (1866)
Achillea collina Schur ex Nyman, Consp. Fl. Eur. 2: 367 (1879)
Achillea dolopica Freyn & Sint., Bull. Herb. Boissier 5: 625 (1897)
Achillea kummerleana Prodan, Magyar Bot. Lapok 15: 64 (1916)

***Adenocaulon* Hook.**
Adenocaulon himalaicum Edgew., Trans. Linn. Soc. London 20: 64 (1846)

Common name 멸가치

Distribution in Korea: North, Central, South, Ulleung
    Adenocaulon adhaerescens Maxim., Mem. Acad. Imp. Sci. St.-Petersbourg Divers Savans 9: 152 (1859)

Representative specimens; Chagang-do 7 August 1912 Chosan(楚山) *Imai, H Imai169* 25 August 1897 小德川 (松德水河谷) *Komarov, VL Komaorv s.n.* 26 August 1897 *Komarov, VL Komaorv s.n.* 30 August 1897 慈城江 *Komarov, VL Komaorv s.n.* **Hamgyong-bukto** 24 May 1897 車踰嶺- 照日洞 *Komarov, VL Komaorv s.n.* 14 August 1933 朱乙溫泉朱乙山 *Koidzumi, G Koidzumi s.n.* 29 May 1897 釜所哥谷 *Komarov, VL Komaorv s.n.* 13 June 1897 西溪水 *Komarov, VL Komaorv s.n.* 19 July 1939 富寧 *Nakai, T Nakai s.n.* **Hamgyong-namdo** 19 August 1943 千佛山 *Honda, M Honda26* **Hwanghae-namdo** September 長山串 *Na, HK s.n.* **Kangwon-do** 2 September 1932 金剛山 外金剛 *Kitamura, S Kitamura s.n.* 13 August 1902 長淵里近傍 *Uchiyama, T Uchiyama s.n.* **P'yongan-bukto** 2 October 1910 Han San monastery (香山普賢寺) *Mills, RG Mills394* **P'yongan-namdo** 17 July 1916 加音嶺 *Mori, T Mori s.n.* 20 July 1916 黃玉峯 (黃處嶺?) *Mori, T Mori s.n.* **Ryanggang** 23 August 1914 Keizanchin(惠山鎮) *Ikuma, Y Ikuma s.n.* 5 August 1897 白山嶺 *Komarov, VL Komaorv s.n.* 16 August 1897 大羅信洞 *Komarov, VL Komaorv s.n.* 21 August 1897 subdist. Chu-czan, flumen Amnok-gan *Komarov, VL Komaorv s.n.* 22 August 1897 雲洞嶺 *Komarov, VL Komaorv s.n.* 3 July 1897 三水邑-上水隅理 *Komarov, VL Komaorv s.n.* 9 August 1897 長津江下流域 *Komarov, VL Komaorv s.n.* 27 June 1897 柏德嶺 *Komarov, VL Komaorv s.n.* 20 July 1897 惠山鎮(鴨綠江上流長白山脈中高原) *Komarov, VL Komaorv s.n.* 1 June 1897 古倉坪-四芝坪 (延面水河谷) *Komarov, VL Komaorv s.n.*

***Ageratum* Mill.**
Ageratum conyzoides L., Sp. Pl. 2: 839 (1753)

Common name 등골나물아재비

Distribution in Korea: Introduced (Central; America)
    Ageratum ciliare Lour., Sp. Pl. 2: 839 (1753)
    Ageratum obtusifolium Lam., Encycl. (Lamarck) 1: 54 (1783)
    Ageratum latifolium Cav., Icon. (Cavanilles) 4: 33, tab. 357 (1797)
    Ageratum hirsutum Poir., Encycl. (Lamarck) Suppl. 1 242 (1810)
    Ageratum suffruticosum Regel, Gartenflora 3: 389, t. 108 (1854)
    Ageratum conyzoides L. var. *inaequipaleaceum* Hieron., Bot. Jahrb. Syst. 19: 44 (1894)

Representative specimens; P'yongan-bukto 5 August 1912 雲山郡豊場 *Imai, H Imai s.n.*

***Ainsliaea* DC.**
Ainsliaea acerifolia Sch.Bip., Jahresber. Pollichia 18-19 : 188 (1861)

Common name 단풍취

Distribution in Korea: North, Central, South
    Ainsliaea affinis Miq., Ann. Mus. Bot. Lugduno-Batavi 2: 187 (1866)
    Ainsliaea acerifolia Sch.Bip. var. *subapoda* Nakai, Bot. Mag. (Tokyo) 30: 290 (1916)
    Ainsliaea acerifolia Sch.Bip. var. *affinis* (Miq.) Kitam., J. Jap. Bot. 14: 305 (1938)

Representative specimens; Hamgyong-bukto 14 August 1933 朱乙溫泉朱乙山 *Koidzumi, G Koidzumi s.n.* **Hamgyong-namdo** 19 August 1943 千佛山 *Honda, M Honda s.n.* **Kangwon-do** 2 September 1932 金剛山外金剛 *Kitamura, S Kitamura s.n.* 31 July 1916 金剛山群仙峽 *Nakai, T Nakai s.n.* 28 July 1916 長箭 -高城 *Nakai, T Nakai s.n.* 7 August 1932 Mt. Kumgang (金剛山) *Fukushima s.n.* 13 August 1932 金剛山 *Kitamura, S Kitamura s.n.* 12 July 1936 金剛山外金剛千佛山 *Nakai, T Nakai s.n.* 14 August 1932 Kumgang (金剛山) *Okuyama, S Okuyama s.n.* 21 October 1931 *Takeuchi, T s.n.* 16 August 1902 *Uchiyama, T Uchiyama s.n.* 10 August 1932 元山 *Kitamura, S Kitamura s.n.* 7 June 1909 *Nakai, T Nakai s.n.* **P'yongan-bukto** 5 August 1937 妙香山 *Hozawa, S Hozawa s.n.* 2 August 1935 *Koidzumi, G Koidzumi s.n.* 2 October 1910 Han San monastery (香山普賢寺) *Mills, RG Mills395* 13 September 1911 東倉面藥水洞 *Ishidoya, T; Chung, TH Ishidoya s.n.* Type of *Ainsliaea acerifolia* Sch.Bip. var. *subapoda* Nakai (Holotype TI)

***Ajania* Poljakov**
Ajania pallasiana (Fisch. ex Besser) Poljakov, Bot. Mater. Otd. Sporov. Rast. Bot. Inst. Komarova Akad. Nauk SSSR 17: 420 (1955)

Common name 솔인진

Distribution in Korea: North, Central
    Artemisia pallasiana Fisch. ex Besser, Nouv. Mem. Soc. Imp. Naturalistes Moscou 3: 61 (1834)
    Pyrethrum pallasianum (Fisch. ex Besser) Maxim., Bull. Acad. Imp. Sci. Saint-Petersbourg 17:

423 (1872)

Chrysanthemum pallasianum (Fisch. ex Besser) Kom., Trudy Imp. S.-Peterburgsk. Bot. Sada 3: 645 (1907)

Dendranthema pallasianum (Fisch. ex Besser) Vorosch., Byull. Glavn. Bot. Sada 49: 57 (1963)

Representative specimens; Hamgyong-bukto 4 August 1918 七寶山 *Nakai, T Nakai7601*

Ambrosia L.
Ambrosia artemisiifolia L., Sp. Pl. 988 (1753)
Common name 쑥잎풀, 누더기풀 (돼지풀)

Distribution in Korea: Introduced (North, Central, South, Ulleung, Jeju; N. America)
  Ambrosia glandulosa Scheele, Linnaea 22: 157 (1849)
  Ambrosia monophylla (Walter) Rydb., N. Amer. Fl. 33: 17 (1922)

Anaphalis DC.
Anaphalis margaritacea (L.) Benth. & Hook.f., Gen. Pl. (Bentham & Hooker) 2: 203 (1873)
Common name 산괴쑥 (산떡쑥)

Distribution in Korea: North
  Antennaria plantaginea Sweet, Hort. Brit. (Sweet) 221 (1826)
  Anaphalis japonica Maxim., Bull. Acad. Imp. Sci. Saint-Petersbourg 27: 480 (1881)
  Anaphalis sierrae A.Heller, Muhlenbergia 1: 147 (1906)
  Anaphalis margaritacea (L.) Benth. & Hook.f. var. *angustior* (Miq.) Nakai, Bot. Mag. (Tokyo) 40: 148 (1926)
  Anaphalis margaritacea (L.) Benth. & Hook.f. ssp. *angustior* (Miq.) Kitam., Mem. Coll. Sci. Kyoto Imp. Univ., Ser. B, Biol. 13: 243 (1937)

Representative specimens; Hamgyong-bukto 29 August 1908 清津 *Okada, S s.n.* 23 August 1908 Sungjin (城津) *Shou, K s.n.* **Kangwon-do** 27 July 1916 元山 *Nakai, T Nakai s.n.*

Anaphalis sinica Hance, J. Bot. 12: 261 (1874)
Common name 다북산괴쑥 (다북떡쑥)

Distribution in Korea: North, Central
  Gnaphalium pterocaulon Franch. & Sav., Enum. Pl. Jap. 2: 405 (1878)
  Anaphalis pterocaulon (Franch. & Sav.) Maxim., Bull. Acad. Imp. Sci. Saint-Pétersbourg 27: 478 (1881)
  Anaphalis possietica Kom., Izv. Bot. Sada Akad. Nauk S.S.S.R 30: 218 (1932)
  Anaphalis pterocaulon (Franch. & Sav.) Maxim. var. *sinica* (Hance) Hand.-Mazz., Acta Horti Gothob. 12: 241 (1938)

Representative specimens; Chagang-do 21 July 1914 大興里- 山羊 *Nakai, T Nakai s.n.* **Hamgyong-bukto** 31 July 1914 清津 *Ikuma, Y Ikuma s.n.* 4 August 1934 羅南 *Saito, T T Saito s.n.* 3 October 1932 羅南南側 *Unknown s.n.* 8 August 1930 吉州郡暘社面載德 *Ohwi, J Ohwi s.n.* 8 August 1930 載德 *Ohwi, J Ohwi s.n.* 13 July 1918 鏡城 *Nakai, T Nakai s.n.* 17 July 1918 甫上洞 *Nakai, T Nakai s.n.* 13 July 1930 鏡城 *Ohwi, J Ohwi s.n.* 11 July 1930 鏡城元師台 *Ohwi, J Ohwi s.n.* 15 July 1935 冠帽峰 *Okayama, Y s.n.* 23 July 1935 九德洞 *Saito, T T Saito s.n.* 23 July 1918 朱南面黃雪嶺 *Nakai, T Nakai s.n.* **Hamgyong-namdo** 17 August 1940 西湖津 *Okuyama, S Okuyama s.n.* **Kangwon-do** 3 September 1932 海金剛 *Kitamura, S Kitamura s.n.* 29 July 1916 *Nakai, T Nakai s.n.* 25 August 1936 金剛山新金剛 *Nakai, T Nakai s.n.* 16 August 1916 金剛山毘盧峯 *Nakai, T Nakai s.n.* 29 September 1935 Mt. Kumgang (金剛山) *Okamoto, S Okamoto s.n.*

Antennaria Link ex Fr.
Antennaria dioica (L.) Gaertn., Fruct. Sem. Pl. 2: 410, t. 167. f. 3 (1791)
Common name 괴쑥 (백두산떡쑥)

Distribution in Korea: North
  Gnaphalium dioicum L., Sp. Pl. 2: 850 (1753)
  Antennaria montana Gray, Nat. Arr. Brit. Pl. 2: 458 (1821)
  Gnaphalium boreale Turcz. ex DC., Prodr. (DC.) 6: 270 (1838)
  Gnaphalium hyberboreum Winch ex DC., Prodr. (DC.) 6: 270 (1838)

Antennaria dioica (L.) Gaertn. var. *australis* Gris, Spic. Fl. Rumel. 2: 198 (1845)
Antennaria insularis Greene, Pittonia 3: 276 (1898)
Antennaria hibernica Braun-Blanq., Vegetatio 3: 298 (1952)
Antennaria zosonia H.S.Pak, Fl. Coreana (Im, R.J.) 7: 380 (1999)
Antennaria foenina H.S.Pak, Fl. Coreana (Im, R.J.) 7: 381 (1999)
Antennaria nigritella H.S.Pak, Fl. Coreana (Im, R.J.) 7: 381 (1999)
Antennaria insulensis H.S.Pak, Fl. Coreana (Im, R.J.) 7: 382 (1999)

Antennaria rosea (D.C.Eaton) Green var. **confinis** (Greene) R.J.Bayer, Brittonia 41: 57 (1989)

Common name 들떡쑥

Distribution in Korea: North, Central
Filago leontopodioides Willd., Phytographia 12 (1794)
Gnaphalium leontopodioides (Willd.) Willd., Sp. Pl. (ed. 4) 3: 1893 (1803)
Leontopodium sibiricum Cass., Dict. Sci. Nat., ed. 2 25: 475 (1822)
Antennaria steetziana Turcz., Bull. Soc. Imp. Naturalistes Moscou 1 (Add.): 39 (1857)
Gnaphalium leontopodium Scop. var. *sibiricum* Franch., Bull. Soc. Bot. France 39: 131 (1892)
Leontopodium leontopodioides (Willd.) Beauverd, Bull. Soc. Bot. Genève ser.2, 1: 371 (1909)
Leontopodium alpinum Colom ex Cass. var. *depauperatum* Beauverd, Bull. Soc. Bot. Genève ser.2, 1: 196 (1909)
Leontopodium alpinum Colom ex Cass. f. *gracile* Beauverd, Bull. Soc. Bot. Genève ser.2, 1: 376 (1909)
Leontopodium leontopodioides (Willd.) Beauverd var. *humile* Beauverd, Bull. Soc. Bot. Genève ser.2, 4: 19 (1912)
Antennaria leontopodioides (Willd.) Nakai, Bull. Natl. Sci. Mus., Tokyo 31: 112 (1952)

Anthemis L.
Anthemis arvensis L., Sp. Pl. 2: 894 (1753)

Common name 길뚝개꽃

Distribution in Korea: Introduced (North; Europe)
Anthemis agrestis Wallr., Sched. Crit. 484 (1822)
Anthemis anglica Spreng., Syst. Veg. (ed. 16) [Sprengel] 3: 594 (1826)
Chamaemelum arvense (L.) Hoffmanns. & Link, Fl. Portug. 2: 347 (1828)
Anthemis arvensis L. var. *agrestis* (Wallr.) DC., Prodr. (DC.) 6: 6 (1837)
Anthemis granatensis boiss. Boiss., Elench. Pl. Nov. 60 (1838)
Anthemis sallei Sennen & Elias, Bol. Soc. Iber. Ci. Nat. 1928, 27: 214 (1929)
Anthemis kitenensis Thin, Dokl. Bulg. Akad. Nauk 33: 382 (1980)

Arctium Lam.
Arctium lappa L., Sp. Pl. 816 (1753)

Common name 우엉

Distribution in Korea: North
Arctium bardana Willd., Sp. Pl. (ed. 4) 3: 1632 (1803)
Arctium leiospermum Juz. & Ye.V.Serg., Bot. Mater. Gerb. Bot. Inst. Komarova Akad. Nauk S.S.S.R. 18: 299 (1957)

Representative specimens; **Chagang-do** 2 September 1897 湖芮(鴨綠江) *Komarov, VL Komaorv s.n.* **Hamgyong-bukto**2 August 1939 茂山 *Nakai, T Nakai s.n.* **Kangwon-do** 8 August 1916 金剛山長安寺 *Nakai, T Nakai s.n.* P'yongan-namdo 15 July 1916 葛日嶺 *Mori, T Mori s.n.* **Ryanggang** 3 July 1897 三水邑-上水隅理 *Komarov, VL Komaorv s.n.* 3 August 1939 白岩 *Nakai, T Nakai s.n.* 1 June 1897 古倉坪-四芝坪 (延面水河谷) *Komarov, VL Komaorv s.n.*

Artemisia L.
Artemisia annua L., Sp. Pl. 2: 847 (1753)

Common name 개똥쑥

Distribution in Korea: North, Central, South
Artemisia annua L. f. *genuina* Pamp., Nuovo Giorn. Bot. Ital. n.s. 34: 637 (1927)

Representative specimens; **Hamgyong-bukto** 24 August 1914 會寧 -行營 *Nakai, T Nakai2781* 19 August 1933 茂山 *Koidzumi, G Koidzumi s.n.* 4 August 1933 南陽 *Koidzumi, G Koidzumi s.n.* **Hwanghae-namdo** 26 August 1943 長壽山 *Furusawa, I Furusawa s.n.* 26 August 1941 *Hurusawa, I Hurusawa s.n.* **P'yongyang** 13 August 1910 P'yongyang (平壤) *Imai, H Imai s.n.* 19 August 1933 *Yamaguchi, K s.n.* **Ryanggang** 13 September 1939 島內 *Nakai, T Nakai s.n.*

Artemisia argyi H.Lév. & Vaniot, Repert. Spec. Nov. Regni Veg. 8: 138 (1910)

Common name 황해쑥

Distribution in Korea: North, Central

Artemisia vulgaris L. var. *incana* Maxim., Mem. Acad. Imp. Sci. St.-Petersbourg Divers Savans 9: 160 (1859)

Artemisia vulgaris L. var. *incanescens* Franch., Pl. David. 1: 165 (1884)

Artemisia nutans Nakai, Bot. Mag. (Tokyo) 23: 187 (1923)

Artemisia argyi H.Lév. & Vaniot f. *microcephala* Pamp., Nuovo Giorn. Bot. Ital. ser 2. 36: 453 (1930)

Artemisia argyi H.Lév. & Vaniot var. *incana* (Maxim.) Pamp., Nuovo Giorn. Bot. Ital. ser 2. 36: 453 (1930)

Artemisia argyi H.Lév. & Vaniot var. *gracilis* Pamp., Nuovo Giorn. Bot. Ital. ser 2. 36: 453 (1930)

Representative specimens; **Hamgyong-bukto** 31 July 1939 茂山 *Nakai, T Nakai6196* **Hamgyong-namdo** 10 October 1936 咸興盤龍山 *Nomura, N Nomura s.n.* **Hwanghae-bukto** 10 September 1915 瑞興 *Nakai, T Nakai2871* **Kangwon-do** 14 August 1916 金剛山望軍臺 *Nakai, T Nakai5961* **Nampo** 21 September 1915 鎮南浦飛澇島 *Nakai, T Nakai2966* **P'yongan-namdo** 15 September 1915 Anjyu (安州) *Nakai, T Nakai2938* **P'yongyang** 25 September 1915 Jun-an (順安) *Nakai, T Nakai3014*

Artemisia bargusinensis Spreng., Syst. Veg. (ed. 16) [Sprengel] 3: 493 (1826)

Common name 증산쑥

Distribution in Korea: North

Artemisia borealis Pall. var. *willdenovii* Besser, Linnaea 15: 96 (1841)

Artemisia borealis Pall. var. *bargusinensis* (Spreng.) Vorosch., Florist. issl. v razn. raīonakh SSSR 195 (1985)

Artemisia brachyphylla Kitam., Acta Phytotax. Geobot. 5: 97 (1936)

Common name 금강쑥

Distribution in Korea: North, Central

Artemisia pronutans Kitag., Rep. Inst. Sci. Res. Manchoukuo 6: 126 (1942)

Representative specimens; **Hamgyong-bukto** 18 July 1918 朱乙溫面甫上洞 -北河瑞 *Nakai, T Nakai7552 P'yongan-bukto* 2 August 1935 妙香山 *Koidzumi, G Koidzumi s.n.* **Ryanggang** 25 August 1942 吉州郡白岩 *Nakajima, K Nakajima s.n.* August 1913 長白山 *Mori, T Mori58* 4 August 1914 普天堡- 寶泰洞 *Nakai, T Nakai3958* 26 July 1942 神武城-無頭峯 *Saito, T T Saito s.n.*

Artemisia capillaris Thunb., Fl. Jap. (Thunberg)309 (1784)

Common name 사철쑥

Distribution in Korea: North, Central, South

Artemisia capillaris Thunb. var. *arbuscula* Miq., Ann. Mus. Bot. Lugduno-Batavi 2: 175 (1866)

Artemisia capillaris Thunb. var. *sericea* Nakai, Bot. Mag. (Tokyo) 26: 99 (1912)

Artemisia hallaisanensis Nakai var. *formosana* Pamp., Nuovo Giorn. Bot. Ital. n.s. 34: 658 (1927)

Oligosporus capillaris (Thunb.) Poljakov, Trudy Inst. Bot. Akad. Nauk Kazakhsk. S. S. R. 11: 167 (1961)

Representative specimens; **Hamgyong-bukto** 19 July 1939 富寧 *Nakai, T Nakai s.n.* **Kangwon-do** 20 August 1932 元山德原 *Kitamura, S Kitamura s.n.* **P'yongan-bukto** 5 August 1937 妙香山 *Hozawa, S Hozawa s.n.*

Artemisia carvifolia Buch.-Ham. ex Roxb., Fl. Ind. ed. 1832 (Roxburgh) 3: 422 (1832)

Common name 개사철쑥

Distribution in Korea: North, Central, South, Jeju

Artemisia apiacea Hance, Ann. Bot. Syst. 2: 895 (1852)

Artemisia thunbergiana Maxim., Mélanges Biol. Bull. Phys.-Math. Acad. Imp. Sci. Saint-

Pétersbourg 8: 528 (1872)

Artemisia carvifolia Buch.-Ham. ex Roxb. var. *apiacea* (Hance) Pamp., Nuovo Giorn. Bot. Ital. 34: 648 (1927)

Representative specimens; Ryanggang 23 August 1914 Keizanchin(惠山鎭) *Ikuma, Y Ikuma s.n.*

Artemisia codonocephala Diels, Notes Roy. Bot. Gard. Edinburgh 5: 186 (1912)

Common name 참쑥

Distribution in Korea: North, Central, South, Jeju

Artemisia vulgaris L. var. *umbrosa* Besser, Nouv. Mem. Soc. Imp. Naturalistes Moscou 3: 52 (1834)
Artemisia lavandulifolia DC., Prodr. (DC.) 6: 110 (1838)
Artemisia selengensis Turcz. ex Besser var. *umbrosa* Ledeb., Fl. Ross. (Ledeb.) 2: 584 (1846)
Artemisia umbrosa (Besser) Tucker ex Verl., Index Sem. (Grenoble) : 12 (1875)
Artemisia grisea Pamp., Nuovo Giorn. Bot. Ital. ser 2. 36: 454 (1930)
Artemisia shansiensis Pamp., Nuovo Giorn. Bot. Ital. ser 2. 36: 454 (1930)
Artemisia araneosa Kitam., Acta Phytotax. Geobot. 2: 171 (1933)

Representative specimens; Hamgyong-bukto 1 September 1935 羅南 *Saito, T T Saito s.n.* 5 October 1942 淸津高抹山西側 *Saito, T T Saito s.n.* 18 August 1935 羅北 *Saito, T T Saito s.n.* 19 August 1933 茂山 *Koidzumi, G Koidzumi s.n.* 19 August 1933 *Koidzumi, G Koidzumi s.n.* 17 October 1938 熊店 *Saito, T T Saito s.n.* **Hamgyong-namdo** 10 October 1936 咸興盤龍山 *Nomura, N Nomura s.n.* 1929 Hamhung (咸興) *Seok, JM s.n.* **Hwanghae-bukto** 9 September 1902 瑞興-風壽阮 *Uchiyama, T Uchiyama s.n.* **Kangwon-do** 2 September 1932 金剛山外金剛 *Kitamura, S Kitamura s.n.* 30 August 1916 通川街道 *Nakai, T Nakai s.n.* 6 June 1909 元山 *Nakai, T Nakai s.n.* **P'yongan-bukto** 25 August 1911 Chang Sung(昌城) *Mills, RG Mills s.n.* 25 August 1911 Sak-jyu (Sakushu 朔州) *Mills, RG Mills605* **P'yongyang** 25 September 1939 P'yongyang (平壤) *Kitamura, S Kitamura s.n.* 26 September 1939 *Kitamura, S Kitamura s.n.* **Rason** 11 May 1897 豆滿江三角洲-五宗洞 *Komarov, VL Komaorv s.n.* **Sinuiju** 15 September 1915 新義州 *Nakai, T Nakai2911* 15 September 1915 *Nakai, T Nakai2937*

Artemisia fauriei Nakai, Bot. Mag. (Tokyo) 29: 7 (1915)

Common name 애기비쑥

Distribution in Korea: North, Central

Artemisia nakaii Pamp., Nuovo Giorn. Bot. Ital. 34: 682 (1927)
Artemisia fukudo Makino var. *mokpensis* Pamp., Nuovo Giorn. Bot. Ital. 34: 656 (1927)

Representative specimens; Kangwon-do 12 August 1928 金剛山三聖庵 *Kondo, K Kondo9144*

Artemisia fukudo Makino, Bot. Mag. (Tokyo) 23: 146 (1909)

Common name 바다가쑥 (큰비쑥)

Distribution in Korea: North, Central, South

Representative specimens; Hwanghae-namdo 24 July 1929 夢金浦 *Nakai, T Nakai s.n.* **Ryanggang** 23 August 1914 Keizanchin(惠山鎭) *Ikuma, Y Ikuma s.n.*

Artemisia gmelinii Weber ex Stechm., Artemis. 30 (1775)

Common name 더위지기

Distribution in Korea: North, Central

Artemisia sacrorum Ledeb., Mem. Acad. Imp. Sci. St. Petersbourg Hist. Acad. 5: 571 (1815)
Artemisia sacrorum Ledeb. var. *minor* Ledeb. f. *discolor* Kom., Trudy Imp. S.-Peterburgsk. Bot. Sada 25: 664 (1907)
Artemisia sacrorum Ledeb. var. *minor* Ledeb. f. *vestita* Kom., Trudy Imp. S.-Peterburgsk. Bot. Sada 25: 664 (1907)
Artemisia sacrorum Ledeb. ssp. *manshurica* Kitam., Acta Phytotax. Geobot. 7: 66 (1938)
Artemisia iwayomogi Kitam., Acta Phytotax. Geobot. 7: 64 (1938)
Artemisia vestita Wall. ex Besser var. *discolor* (Kom.) Kitam., Lin. Fl. Manshur. 434 (1939)
Artemisia vestita Wall. ex Besser var. *discolor* (Kom.) Kitam. f. *hololeuca* Kitag., Lin. Fl. Manshur. 434 (1939)
Artemisia freyniana (Pamp.) Krasch., Spisok Rast. Gerb. Fl. S.S.S.R. Bot. Inst. Vsesojuzn. Akad. Nauk 11: 42 (1949)

Artemisia sacrorum Ledeb. ssp. *manshurica* Kitam. var. *vestita* (Kom.) Kitam., Neolin. Fl. Manshur. 585 (1979)

Representative specimens; Chagang-do 4 August 1911 Kang-gei(Kokai 江界)*Mills, RG Mills s.n.* 25 July 1911 *Mills, RG Mills s.n.* **Hamgyong-bukto** 1 August 1914 清津 *Ikuma, Y Ikuma s.n.* 28 May 1897 富潤洞 *Komarov, VL Komaorv s.n.* 11 September 1935 羅南 *Saito, TT Saito s.n.* 24 September 1937 漁遊洞 *Saito, TT Saito s.n.* 3 August 1933 會寧 *Koidzumi, G Koidzumi s.n.* 20 August 1914 *Nakai, T Nakai s.n.* 20 August 1914 *Nakai, T Nakai s.n.* 20 August 1914 *Nakai, T Nakai2272* 20 August 1914 鳳儀面會寧 *Nakai, T Nakai3216* 5 August 1939 頭流山 *Hozawa, S Hozawa s.n.* 23 September 1937 鏡城 *Saito, TT Saito s.n.* 17 September 1935 梧上洞 *Saito, TT Saito s.n.* 31 July 1914 茂山 *Ikuma, Y Ikuma s.n.* 2 August 1914 車踰嶺 *Ikuma, Y Ikuma s.n.* 19 August 1933 茂山 *Koidzumi, G Koidzumi s.n.* 9 October 1937 穩城郡甌山 *Saito, TT Saito s.n.* 6 October 1937 穩城上和洞 *Saito, TT Saito s.n.* 22 August 1933 富寧古茂山 *Koidzumi, G Koidzumi s.n.* 12 June 1897 西溪水 *Komarov, VL Komaorv s.n.* **Hamgyong-namdo** October 1939 咸興盤龍山 *Suzuki, T s.n.* 4 September 1936 下岐川面三巨 *Chung, TH Chung s.n.* 23 August 1932 蓋馬高原 *Kitamura, S Kitamura s.n.* 24 July 1933 東上面大漢垈里 *Koidzumi, G Koidzumi s.n.* 23 July 1933 東上面漢岱里 *Koidzumi, G Koidzumi s.n.* 15 August 1935 *Nakai, T Nakai s.n.* 16 August 1940 赴戰高原漢垈里 *Okuyama, S Okuyama s.n.* **Hwanghae-bukto** 27 September 1915 瑞興 *Nakai, T Nakai s.n.* 10 September 1915 *Nakai, T Nakai s.n.* **Kangwon-do** 12 August 1932 金剛山 *Kitamura, S Kitamura s.n.* 14 July 1936 金剛山外金剛千佛山 *Nakai, T Nakai s.n.* 7 August 1916 金剛山末輝里 *Nakai, T Nakai s.n.* 30 August 1916 通川 *Nakai, T Nakai s.n.* **P'yongan-bukto** 25 August 1911 Sakju(朔州) *Mills, RG Mills s.n.* 29 September 1911 青山面古龍里梨石洞山 *Ishidoya, T Ishidoya s.n.* 3 June 1914 義州 - 王江鎭 *Nakai, T Nakai s.n.* 25 September 1912 雲山郡南面松峴里 *Ishidoya, T Ishidoya s.n.* **P'yongan-namdo** 19 September 1915 成川 *Nakai, T Nakai s.n.* 15 June 1928 陽德 *Nakai, T Nakai s.n.* **P'yongyang** 26 September 1939 P'yongyang (平壤) *Kitamura, S Kitamura s.n.* 20 August 1909 平壤大同江岸 *Imai, H Imai s.n.* **Ryanggang** 26 July 1914 三水- 惠山鎭 *Nakai, T Nakai 2270* 26 July 1914 *Nakai, T Nakai2555* 1 July 1897 五是川雲龍江-崔五峰 *Komarov, VL Komaorv s.n.* 9 July 1897 十四溝(鴨綠江) *Komarov, VL Komaorv s.n.* 16 August 1897 大羅信洞 *Komarov, VL Komaorv s.n.* 22 August 1897 雲洞嶺 *Komarov, VL Komaorv s.n.* 3 July 1897 三水邑-上水隅理 *Komarov, VL Komaorv s.n.* 4 July 1897 上水隅理 *Komarov, VL Komaorv s.n.* 6 August 1897 上巨里水 *Komarov, VL Komaorv s.n.* 7 June 1897 平蒲坪 *Komarov, VL Komaorv s.n.* 26 June 1897 內曲里 *Komarov, VL Komaorv s.n.* 24 July 1897 佳林里 *Komarov, VL Komaorv s.n.* 28 July 1897 *Komarov, VL Komaorv s.n.* 27 July 1897 *Komarov, VL Komaorv s.n.* August 1913 長白山 *Mori, T Mori s.n.* 2 August 1913 白頭山谿間里 - 農事洞 *Mori, T Mori s.n.*

Artemisia indica Willd., Sp. Pl. (ed. 4) 3: 1846 (1803)

Common name 쑥

Distribution in Korea: North, Central, South

Artemisia vulgaris L. var. *parviflora* Maxim., Mem. Acad. Imp. Sci. St.-Petersbourg Divers Savans 9: 160 (1859)

Artemisia vulgaris L. var. *integerrima* Kom., Trudy Imp. S.-Peterburgsk. Bot. Sada 25: 637 (1907)

Artemisia vulgaris L. var. *indica* (Willd.) Hassk. f. *nipponica* Nakai, Bot. Mag. (Tokyo) 26: 104 (1912)

Artemisia vulgaris L. var. *maximowiczii* Nakai, Bot. Mag. (Tokyo) 26: 104 (1912)

Artemisia vulgaris L. var. *maximowiczii* Nakai, Bot. Mag. (Tokyo) 26: 104 (1912)

Artemisia princeps Pamp., Nuovo Giorn. Bot. Ital. ser 2. 36: 444 (1930)

Artemisia lavandulifolia DC. var. *maximowiczii* (Nakai) Pamp., Nuovo Giorn. Bot. Ital. ser 2. 36: 464 (1930)

Artemisia pleiocephala Pamp. var. *maximowiczii* (Nakai) Pamp., Nuovo Giorn. Bot. Ital. ser 2. 36: 464 (1930)

Artemisia asiatica Nakai, Koryo Shikenrin Ippan 61 (1932)

Artemisia vulgaris L. var. *indica*(Willd.) Hassk. subvar. *glabricaulis* (Honda) Nemoto, Fl. Jap. Suppl. 735 (1936)

Artemisia selengensis Turcz. ex Besser f. *subintegra* (Pamp.) Kitag., Neolin. Fl. Manshur. 622 (1979)

Artemisia indica Willd. var. *maximowiczii* (Nakai) H.Hara, J. Jap. Bot. 59: 236 (1984)

Representative specimens; Chagang-do 28 August 1897 慈城邑(松德水河谷) *Komarov, VL Komaorv s.n.* **Hamgyong-bukto** 26 May 1897 茂山 *Komarov, VL Komaorv s.n.* 10 June 1897 西溪水 *Komarov, VL Komaorv s.n.* 11 June 1897 *Komarov, VL Komaorv s.n.* **Hamgyong-namdo** 10 October 1936 咸興盤龍山 *Nomura, N Nomura s.n.* **P'yongan-bukto** 25 August 1911 Chang Sung(昌城) *Mills, RG Mills s.n.* 13 September 1915 Gishu(義州) *Nakai, T Nakai s.n.* **Ryanggang** 18 July 1897 Keizanchin(惠山鎭) *Komarov, VL Komaorv s.n.* 1 July 1897 五是川雲龍江-崔五峰 *Komarov, VL Komaorv s.n.* 30 July 1897 甲山 *Komarov, VL Komaorv s.n.* 1 August 1897 虛川江 (同仁川) *Komarov, VL Komaorv s.n.* 15 August 1897 蓮坪-厚州川-厚州古邑 *Komarov, VL Komaorv s.n.* 19 August 1897 葡坪 *Komarov, VL Komaorv s.n.* 7 June 1897 平蒲坪 *Komarov, VL Komaorv s.n.* 26 June 1897 內曲里 *Komarov, VL Komaorv s.n.* 28 July 1897 佳林里 *Komarov, VL Komaorv s.n.* 25 July 1897 *Komarov, VL Komaorv s.n.*

Artemisia integrifolia L., Sp. Pl. 2: 848 (1753)

Common name 큰외잎쑥

Distribution in Korea: North, Central

Artemisia subulata Nakai, Bot. Mag. (Tokyo) 29: 8 (1915)
Artemisia integrifolia L. var. *subulata* (Nakai) Pamp., Nuovo Giorn. Bot. Ital. ser 2. 36: 480 (1930)
Artemisia stenophylla Kitam., Acta Phytotax. Geobot. 5: 97 (1936)
Artemisia komarovii Poljakov, Bot. Mater. Gerb. Bot. Inst. Komarova Akad. Nauk S.S.S.R. 17: 402 (1955)
Artemisia integrifolia L. f. *subulata* (Nakai) Kitag., Neolin. Fl. Manshur. 616 (1979)

Representative specimens; Hamgyong-bukto 12 June 1897 西溪水 *Komarov, VL Komaorv s.n.* **Hamgyong-namdo** 2 September 1934 東下面蓮花山 *Kojima, K Kojima s.n.* **Hwanghae-namdo** 9 September 1902 安城 - 南川 *Uchiyama, T Uchiyama s.n.* Type of *Artemisia stenophylla* Kitam. (Holotype TI)9 September 1902 *Uchiyama, T Uchiyama s.n.* Type of *Artemisia subulata* Nakai (Holotype TI) **P'yongan-bukto** 25 August 1911 Chang Sung(昌城) *Mills, RG Mills s.n.* **P'yongyang** 25 September 1915 Jun-an (順安) *Nakai, T Nakai s.n.* **Ryanggang** 23 August 1897 雲洞嶺 *Komarov, VL Komaorv s.n.*

Artemisia japonica Thunb., Fl. Jap. (Thunberg) 310 (1784)

Common name 제비쑥

Distribution in Korea: North, Central, South, Ulleung
Chrysanthemum japonicum Thunb., Fl. Jap. (Thunberg) 321 (1784)
Artemisia japonica Thunb. f. *manshurica* Kom., Trudy Imp. S.-Peterburgsk. Bot. Sada 25: 656 (1907)
Artemisia hallaisanensis Nakai, Bot. Mag. (Tokyo) 29: 7 (1915)
Artemisia angustissima Nakai, Bot. Mag. (Tokyo) 29: 8 (1915)
Artemisia desertorum Nakai, Fl. Sylv. Kor. 14: 100 (1923)
Artemisia japonica Thunb. var. *macrocephala* Pamp. f. *sachalinensis* Pamp., Nuovo Giorn. Bot. Ital. n.s. 34: 668 (1927)
Artemisia japonica Thunb. var. *myriocephala* Pamp., Nuovo Giorn. Bot. Ital. 34: 655 (1927)
Artemisia japonica Thunb. var. *macrocephala* Pamp., Nuovo Giorn. Bot. Ital. n.s.34: 668 (1927)
Artemisia manshurica (Kom.) Kom., Opred. Rast. Dal'nevost. Kraia 2: 1035 (1932)
Artemisia subintegra Kitam., Acta Phytotax. Geobot. 3: 173 (1934)
Artemisia littoricola Kitam., Acta Phytotax. Geobot. 5: 94 (1936)
Artemisia takeshimensis Kitag. ex Kitam., Mem. Coll. Sci. Kyoto Imp. Univ., Ser. B, Biol. 15(3): 380 (1940)
Artemisia japonica Thunb. var. *angustissima* (Nakai) Kitam., Mem. Coll. Sci. Kyoto Imp. Univ., Ser. B, Biol. 15(3): 386 (1940)
Artemisia japonica Thunb. var. *hallaisanensis* (Nakai) Kitam., Mem. Coll. Sci. Kyoto Imp. Univ., Ser. B, Biol. 15(3): 386 (1940)
Artemisia japonica Thunb. ssp. *littoricola* Kitam., Acta Phytotax. Geobot. 17: 6 (1957)
Artemisia japonica Thunb. var. *manshurica* (Kom.) Kitag., Neolin. Fl. Manshur. 617 (1979)

Representative specimens; Chagang-do 28 August 1897 慈城邑(松德水河谷) *Komarov, VL Komaorv s.n.* **Hamgyong-bukto** 1 August 1914 清津 *Ikuma, Y Ikuma s.n.* August 1913 *Mori, T Mori s.n.* 17 September 1932 羅南 *Saito, T T Saito2981* September 1935 *Saito, T T Saito1621* 11 August 1935 *Saito, T T Saito1682* 6 October 1942 清津高抹山東側 *Saito, T T Saito10427* 19 May 1897 茂山嶺 *Komarov, VL Komaorv s.n.* 17 September 1935 梧上洞 *Saito, T T Saito1741* 29 May 1897 釜所哥谷 *Komarov, VL Komaorv s.n.* 2 August 1918 漁大津 *Nakai, T Nakai s.n.* 5 August 1918 Mt. Chilbo at Myongch'on(七寶山) *Nakai, T Nakai s.n.* 22 August 1933 富寧古茂山 *Koidzumi, G Koidzumi s.n.* 11 June 1897 西溪水 *Komarov, VL Komaorv s.n.* 4 June 1897 四芝嶺 *Komarov, VL Komaorv s.n.* **Hamgyong-namdo** 1928 Hamhung (咸興) *Seok, JM s.n.* 1928 *Seok, JM s.n.* 23 July 1933 東上面漢岱里 *Koidzumi, G Koidzumi s.n.* 15 August 1935 *Nakai, T Nakai s.n.* 15 August 1935 *Nakai, T Nakai s.n.* 26 July 1935 西於水里 *Nomura, N Nomura s.n.* **Kangwon-do** 30 August 1916 通川 *Nakai, T Nakai s.n.* **P'yongan-bukto** 25 August 1911 Sakju(朔州) *Mills, RG Mills s.n.* **P'yongan-namdo** 10 July 1912 江西 *Imai, H Imai s.n.* **Rason** 18 August 1935 獨津 *Saito, T T Saito1492* 11 May 1897 豆滿江三角洲-五宗洞 *Komarov, VL Komaorv s.n.* **Ryanggang** 1 July 1897 五是川雲龍江-崔五峰 *Komarov, VL Komaorv s.n.* 15 August 1935 北水白山 *Hozawa, S Hozawa s.n.* 9 July 1897 十四道溝(鴨綠江) *Komarov, VL Komaorv s.n.* 4 August 1897 十四道溝-白山嶺 *Komarov, VL Komaorv s.n.* 16 August 1897 大羅信洞 *Komarov, VL Komaorv s.n.* 19 August 1897 葡坪 *Komarov, VL Komaorv s.n.* 7 July 1897 犁方嶺 (鴨綠江羅暖堡) *Komarov, VL Komaorv s.n.* 9 August 1897 長津江下 流域 *Komarov, VL Komaorv s.n.* 7 June 1897 平蒲坪 *Komarov, VL Komaorv s.n.* 26 June 1897 佳林里 *Komarov, VL Komaorv s.n.* 28 July 1897 佳林里 *Komarov, VL Komaorv s.n.* 24 July 1897 佳林里 *Komarov, VL Komaorv s.n.* August 1913 崔哥嶺 *Mori, T Mori s.n.* 6 August 1914 胞胎山虚項嶺 *Nakai, T Nakai s.n.* 7 August 1914 虚項嶺-神武城 *Nakai, T Nakai s.n.* 18 August 1914 Moho (茂峯)- 農事洞 *Nakai, T Nakai s.n.*

Artemisia keiskeana Miq., Ann. Mus. Bot. Lugduno-Batavi 2: 176 (1866)

Common name 맑은대쑥

Distribution in Korea: North, Central, South
Artemisia glabrata Wall. ex Besser, Bull. Soc. Imp. Naturalistes Moscou 8: 20 (1835)

Artemisia cuneifolia DC., Prodr. (DC.) 6: 126 (1838)
Artemisia decaisnei Klatt, Abh. Naturf. Ges. Halle 15: 329 (1882)
Artemisia keiskeana Miq. f. *hirtella* Nakai, Bot. Mag. (Tokyo) 26: 101 (1912)
Artemisia morrisonensis Hayata var. *minima* Pamp., Nuovo Giorn. Bot. Ital. n.s. 34: 682 (1927)
Draconia japonica (Thunb.) Soják, Sborn. Nar. Muz. v Praze, Rada B, Prir. Vedy 152: 20 (1983)

Representative specimens; Chagang-do 21 July 1914 大興里- 山羊 *Nakai, T Nakai s.n.* **Hamgyong-bukto** 11 August 1933 渡正山門內 *Koidzumi, G Koidzumi s.n.* 17 September 1932 羅南 *Saito, T T Saito s.n.* 8 September 1934 清津燈臺 *Uozumi, H Uozumi s.n.* 20 May 1897 茂山嶺 *Komarov, VL Komaorv s.n.* 18 July 1918 朱乙溫面北河瑞 *Nakai, T Nakai s.n.* 17 September 1935 梧上洞 *Saito, T T Saito s.n.* 22 May 1897 蕨坪(城川水河谷)-車踰嶺 *Komarov, VL Komaorv s.n.* 19 August 1914 曷浦嶺 *Nakai, T Nakai s.n.* 5 August 1918 Mt. Chilbo at Myongch'on(七寶山) *Nakai, T Nakai s.n.* **Hamgyong-namdo** 26 July 1916 下碣隅里 *Mori, T Mori s.n.* 28 July 1933 永古面松興里 *Koidzumi, G Koidzumi s.n.* **Kangwon-do** 2 September 1932 金剛山外金剛 *Kitamura, S Kitamura s.n.* 15 August 1932 金剛山外金剛 *Koidzumi, G Koidzumi s.n.* 7 August 1940 Mt. Kumgang (金剛山) *Okuyama, S Okuyama s.n.* 12 September 1932 Gensan *Kitamura, S Kitamura s.n.* 14 September 1932 元山 Kawasakinoyen(川崎農園) *Kitamura, S Kitamura s.n.* 7 June 1909 元山 *Nakai, T Nakai s.n.* **Nampo** 21 September 1915 Chin Nampo (鎮南浦) *Nakai, T Nakai s.n.* **P'yongan-bukto** 5 August 1937 妙香山 *Hozawa, S Hozawa s.n.* **P'yongyang** 18 September 1915 江東 *Nakai, T Nakai s.n.* 26 September 1939 P'yongyang (平壤) *Kitamura, S Kitamura s.n.* 12 September 1902 平壤牧丹峯 *Uchiyama, T Uchiyama s.n.* **Ryanggang** 1 August 1897 虛川江 (同仁川) *Komarov, VL Komaorv s.n.* 15 August 1897 蓮坪-厚州川-厚州古邑 *Komarov, VL Komaorv s.n.* 9 July 1897 十四道溝(鴨綠江) *Komarov, VL Komaorv s.n.* 16 August 1897 大羅信洞 *Komarov, VL Komaorv s.n.* 22 August 1897 雲洞嶺 *Komarov, VL Komaorv s.n.* 7 August 1897 上巨里水 *Komarov, VL Komaorv s.n.* 24 July 1897 佳林里 *Komarov, VL Komaorv s.n.* 20 July 1897 惠山鎭 (鴨綠江上流長白山脈中高原) *Komarov, VL Komaorv s.n.* 3 June 1897 四芝坪 *Komarov, VL Komaorv s.n.*

Artemisia lagocephala (Fisch. ex Besser) DC., Prodr. (DC.) 6: 122 (1837)
Common name 비단쑥
Distribution in Korea: North
Artemisia chinensis Besser, Linnaea 15: 92 (1841)
Artemisia besseriana Ledeb., Fl. Ross. (Ledeb.) 2(2,6): 590 (1845)
Artemisia besseriana Ledeb. var. *triloba* Ledeb., Fl. Ross. (Ledeb.) 2: 582 (1846)
Artemisia lithophila Turcz., Fl. Baical.-dahur. 2, 1: 69 (1856)
Artemisia lagocephala (Fisch. ex Besser) DC. var. *triloba* (Ledeb.) Herder, Bull. Soc. Imp. Naturalistes Moscou 40: 118 (1867)
Artemisia lagocephala (Fisch. ex Besser) DC. f. *triloba* (Ledeb.) Pamp., Nuovo Giorn. Bot. Ital. n.s. 34: 45 (1927)
Artemisia condensata (Korobkov) A.P.Khokhr., Analiz Fl. Kolуmskogo Nagor'ya 76 (1989)

Representative specimens; Hamgyong-bukto 12 August 1933 渡正山 *Koidzumi, G Koidzumi s.n.* 5 August 1939 頭流山 *Hozawa, S Hozawa s.n.* 26 July 1930 Ohwi, *J Ohwi809* 19 July 1918 冠帽峰 *Nakai, T Nakai7602* 22 August 1931 *Saito, T T Saito s.n.* 20 September 1935 南下石山 *Saito, T T Saito1744* 25 July 1918 雪嶺 *Nakai, T Nakai7605* 25 June 1930 Ohwi, *J Ohwi1917* 7 August 1933 *Saito, T T Saito1071* **Ryanggang** 6 August 1926 白頭山 *Ichikawa, J s.n.* 1 August 1934 小長白山脈 *Kojima, K Kojima s.n.*

Artemisia lancea Vaniot, Bull. Acad. Int. Geogr. Bot. 12: 500 (1903)
Common name 빵쑥
Distribution in Korea: North, Central, South
Artemisia santolinifolia Turcz. ex Besser, Nouv. Mem. Soc. Imp. Naturalistes Moscou 3: 87 (1834)
Artemisia feddei H.Lév. & Vaniot, Repert. Spec. Nov. Regni Veg. 8: 138 (1910)
Artemisia minutiflora Nakai, Bot. Mag. (Tokyo) 25: 56 (1911)
Artemisia gmelinii Fisch. ex Besser var. *discolor* (Kom.) Nakai, J. Coll. Sci. Imp. Univ. Tokyo 31: 31 (1911)
Artemisia potentillifolia H.Lév., Repert. Spec. Nov. Regni Veg. 11: 303 (1912)
Artemisia gmelinii Fisch. ex Besser var. *vestita* (Kom.) Nakai ex T. Mori, Enum. Pl. Corea 343 (1922)
Artemisia glabrata Wall. f. *vestita* Pamp., Nuovo Giorn. Bot. Ital. n.s. 34: 669 (1927)
Artemisia lavandulifolia DC. var. *feddei* (H.Lév. & Vaniot) Pamp., Nuovo Giorn. Bot. Ital. ser 2. 36: 467 (1930)
Artemisia parvula Pamp., Nuovo Giorn. Bot. Ital. ser 2. 36: 460 (1930)
Artemisia freyniana (Pamp.) Krasch. f. *discolor* (Kom.) Kitag., J. Jap. Bot. 41: 367 (1966)
Artemisia freyniana (Pamp.) Krasch. f. *vestita* (Kom.) Kitag., J. Jap. Bot. 41: 367 (1966)
Artemisia gmelinii Fisch. ex Besser var. *incana* (Besser) H.C.Fu, Fl. Intramongol. 6: 152 (1982)

Representative specimens; **Chagang-do** 28 April 1910 Kang-gei(Kokai 江界) *Mills, RG Mills s.n.* 16 August 1911 *Mills, RG Mills s.n.* 25 July 1911 *Mills, RG Mills s.n.* **Hamgyong-bukto** 20 June 1909 輸城 *Nakai, T Nakai s.n.* 1 September 1935 羅南 *Saito, T T Saito s.n.* 24 September 1937 漁遊洞 *Saito, T T Saito s.n.* 21 June 1909 會寧古豊山 *Nakai, T Nakai s.n.* 20 August 1914 會寧 -行營 *Nakai, T Nakai2271* 18 August 1914 茂山東下面 *Nakai, T Nakai3267* 31 July 1939 茂山 *Nakai, T Nakai s.n.* 1 August 1939 *Nakai, T Nakai6516* 4 August 1933 南陽 *Koidzumi, G Koidzumi s.n.* 22 August 1933 富寧古茂山 *Koidzumi, G Koidzumi s.n.* 19 July 1939 富寧 *Nakai, T Nakai s.n.* **Hamgyong-namdo** 26 July 1916 下碣隅里 *Mori, T Mori s.n.* **Hwanghae-bukto** 10 September 1915 瑞興 *Nakai, T Nakai 2843* **Hwanghae-namdo** August 1932 Sorai Beach 九味浦 *Smith, RK Smith106* **Kangwon-do** 12 August 1932 金剛山 *Kitamura, S Kitamura s.n.* 29 September 1935 Mt. Kumgang (金剛山) *Okamoto, S Okamoto s.n.* 18 August 1932 安邊郡衛益面三防 *Koidzumi, G Koidzumi s.n.* 30 August 1916 通川街道 *Nakai, T Nakai s.n.* 31 August 1932 元山 Kawasakinoyen(川崎農園) *Kitamura, S Kitamura s.n.* 20 August 1932 元山 *Kitamura, S Kitamura s.n.* 20 August 1932 元山德原 *Kitamura, S Kitamura s.n.* **P'yongan-bukto** 25 August 1911 Sakju(朔州) *Mills, RG Mills620* **P'yongyang** 26 September 1939 P'yongyang (平壤) *Kitamura, S Kitamura s.n.*

Artemisia leucophylla (Turcz. ex Besser) Turcz. ex C.B.Clarke, Compos. Ind. 162 (1876)

Common name 명천쑥

Distribution in Korea: North

Artemisia vulgaris L. var. *leucophylla* Turcz. ex Besser, Nouv. Mem. Soc. Imp. Naturalistes Moscou 3: 54 (1834)

Artemisia saitoana Kitam., Acta Phytotax. Geobot. 7: 63 (1938)

Representative specimens; **Chagang-do** 28 August 1897 慈城邑(松德水河谷) *Komarov, VL Komaorv s.n.* **Hamgyong-bukto** 15 July 1918 朱乙溫面甫上洞 *Nakai, T Nakai s.n.* 8 August 1918 寶村 *Nakai, T Nakai7669* 16 October 1938 熊店 *Saito, T T Saito s.n.* 17 October 1938 梨坪 *Saito, T T Saito s.n.* 11 June 1897 西溪水 *Komarov, VL Komaorv s.n.* **Ryanggang** 19 August 1897 葡坪 *Komarov, VL Komaorv s.n.* 22 August 1897 雲洞嶺 *Komarov, VL Komaorv s.n.* 4 July 1897 上水隅理 *Komarov, VL Komaorv s.n.* 6 August 1897 上巨里水 *Komarov, VL Komaorv s.n.*

Artemisia montana (Nakai) Pamp., Nuovo Giorn. Bot. Ital. ser 2. 36: 461 (1930)

Common name 산쑥

Distribution in Korea: North, Central, Ulleung

Artemisia vulgaris L. var. *indica* (Willd.) Hassk. f. *montana* Nakai, Bot. Mag. (Tokyo) 26: 104 (1912)

Artemisia vulgaris L. var. *yezoana* Kudô, Medic. Pl. Hokk. 0 (1922)

Artemisia montana (Nakai) Pamp. f. *septentrionalis* Pamp., Nuovo Giorn. Bot. Ital. ser 2. 36: 464 (1930)

Artemisia montana (Nakai) Pamp. var. *latiloba* Pamp., Nuovo Giorn. Bot. Ital. ser 2. 36: 461&462 (1930)

Artemisia nipponica (Nakai) Pamp. var. *electa* Pamp., Nuovo Giorn. Bot. Ital. ser 2. 36: 464 (1930)

Artemisia gigantea Kitam., Acta Phytotax. Geobot. 2: 172 (1933)

Artemisia shikotanensis Kitam., Acta Phytotax. Geobot. 3: 128 (1934)

Artemisia gigantea Kitam. f. *electa* (Pamp.) H.Hara, Bot. Mag. (Tokyo) 52: 4 (1938)

Artemisia gigantea Kitam. f. *montana* (Nakai) H.Hara, Bot. Mag. (Tokyo) 52: 4 (1938)

Artemisia gigantea Kitam. f. *shikotanensis* (Kitam.) H.Hara, Bot. Mag. (Tokyo) 52: 4 (1938)

Artemisia gigantea Kitam. var. *shikotanensis*(Kitam.) Tatew., Rep. Veg. Is. Shikotan 21 (1940)

Representative specimens; **Hamgyong-bukto** 1 August 1914 清津 *Ikuma, Y Ikuma s.n.*

Artemisia palustris L., Sp. Pl. 2: 846 (1753)

Common name 금쑥

Distribution in Korea: North

Artemisia aurata Kom., Trudy Imp. S.-Peterburgsk. Bot. Sada 18: 422 (1901)

Artemisia palustris L. var. *aurata* (Kom.) Pamp., Nuovo Giorn. Bot. Ital. n.s. 34: 648 (1927)

Representative specimens; **Hamgyong-bukto** 24 September 1937 漁遊洞 *Saito, T T Saito s.n.* 18 June 1930 Shishido 四芝洞 *Ohwi, J Ohwi s.n.* **Ryanggang** 23 August 1914 Keizanchin(惠山鎭) *Ikuma, Y Ikuma s.n.* 15 August 1897 蓮坪-厚州川-厚州古邑 *Komarov, VL Komaorv s.n.* Type of *Artemisia aurata* Kom. (Syntype LE)August 1913 長白山 *Mori, T Mori s.n.*

Artemisia rubripes Nakai, Bot. Mag. (Tokyo) 31: 112 (1917)

Common name 덤불쑥

Distribution in Korea: North, Central

Artemisia mongolica (Fisch. ex Besser) Fisch. ex Nakai var. *pseudovulgaris* Pamp., Nuovo Giorn. Bot. Ital. ser 2. 36: 413 (1930)

Artemisia nipponica (Nakai) Pamp. var. *rubripes* (Nakai) Pamp., Nuovo Giorn. Bot. Ital. ser 2. 36: 463 (1930)

Artemisia venusta Pamp., Nuovo Giorn. Bot. Ital. ser 2. 36: 470 (1930)

Artemisia nipponica (Nakai) Pamp. var. *glabricaulis* Honda, Bot. Mag. (Tokyo) 45: 43 (1931)

Artemisia mongolica (Fisch. ex Besser) Fisch. ex Nakai ssp. *parviflora* (Maxim.) Kitag., Rep. Inst. Sci. Res. Manchoukuo 4: 108 (1940)

Representative specimens; Hamgyong-bukto 21 August 1935 羅北 *Saito, T T Saito1541* 18 August 1936 **Representative specimens; Hamgyong-bukto** 21 August 1935 羅北 *Saito, T T Saito1541* 18 August 1936 富寧水坪 - 西里洞 *Saito, T T Saito2806* 22 August 1933 車踰嶺 *Koidzumi, G Koidzumi s.n.* 22 August 1933 富寧古茂山 *Koidzumi, G Koidzumi s.n.* 20 June 1909 富寧 *Nakai, T Nakai s.n.* Type of *Artemisia rubripes* Nakai (Syntype TI) **Hamgyong-namdo** 11 August 1940 咸興歸州寺 *Okuyama, S Okuyama s.n.* 2 September 1934 東下面蓮花山 *Yamamoto, A Yamamoto s.n.* 10 June 1909 鎮江 *Nakai, T Nakai s.n.* 14 August 1943 赴戰高原元豊-道安 *Honda, M Honda s.n.* 23 July 1933 東上面漢岱里 *Koidzumi, G Koidzumi s.n.* 15 August 1935 *Nakai, T Nakai s.n.* 26 July 1935 西於水里 *Nomura, N Nomura s.n.* 3 October 1935 赴戰高原 *Fusenkogen Okamoto, S Okamoto s.n.* 16 August 1940 赴戰高原漢垈里 *Okuyama, S Okuyama s.n.* **Kangwon-do** 6 August 1916 金剛山新豊里 *Nakai, T Nakai s.n.* 6 August 1916 *Nakai, T Nakai5960* Type of *Artemisia rubripes* Nakai (Syntype TI)4 September 1916 洗浦-蘭谷 *Nakai, T Nakai s.n.* 26 August 1932 元山 *Kitamura, S Kitamura s.n.* 6 June 1909 *Nakai, T Nakai s.n.* **P'yongan-bukto** 5 August 1937 妙香山 *Hozawa, S Hozawa s.n.* 11 August 1935 義州金剛山 *Koidzumi, G Koidzumi s.n.* **P'yongan-namdo** 15 June 1928 陽德 *Nakai, T Nakai s.n.* **Ryanggang** 15 August 1935 北水白山 *Hozawa, S Hozawa s.n.* 25 August 1942 吉州郡白岩 *Nakajima, K Nakajima33* 21 August 1914 崔哥嶺 *Ikuma, Y Ikuma s.n.* 4 August 1914 普天堡- 寶泰洞 *Nakai, T Nakai2777* Type of *Artemisia rubripes* Nakai (Syntype TI)

Artemisia scoparia Waldst. & Kit., Descr. Icon. Pl. Hung. 1: 66 (1802)

Common name 비쑥

Distribution in Korea: North, Central

Artemisia scoparia Waldst. & Kit. var. *villosa* (Korsh.) A.Fröhl. ex Gams

Oligosporus scoparius (Waldst. & Kit.) Less., Linnaea 9: 191 (1834)

Artemisia scoparia Waldst. & Kit. f. *villosa* Korsh., Trudy Imp. S.-Peterburgsk. Bot. Sada 12: 352 (1893)

Artemisia scoparia Waldst. & Kit. f. *sericea* Kom., Trudy Imp. S.-Peterburgsk. Bot. Sada 25: 653 (1907)

Artemisia scopariiformis Popov, Descr. Pl. Nov. Turkestan. [Korovin, Kultiasow & Popov] 1: 50 (1915)

Artemisia scoparioides Gross, Trudy Geobot. Obsl. Pastb. SSR Azerbajdzana, Ser. A, Zimn. Pastb. 2: 69 (1929)

Representative specimens; Hamgyong-bukto 27 September 1932 羅南 *Saito, T T Saito s.n.* 4 August 1933 南陽 *Koidzumi, G Koidzumi s.n.* 11 June 1897 西溪水 *Komarov, VL Komaorv s.n.* 11 June 1897 *Komarov, VL Komaorv s.n.* **Hamgyong-namdo** 11 August 1940 咸興歸州寺 *Okuyama, S Okuyama s.n.* July 1943 龍眼里 *Uchida, H Uchida s.n.* 17 August 1934 富盛里 *Nomura, N Nomura s.n.* 2 September 1934 東下面蓮花山 *Yamamoto, A Yamamoto s.n.* 23 July 1933 東上面漢岱里 *Koidzumi, G Koidzumi s.n.* **Kangwon-do** 18 August 1932 安邊郡衛益面三防 *Koidzumi, G Koidzumi s.n.* 20 August 1932 元山 *Kitamura, S Kitamura s.n.* 7 August 1932 Kitamura, *S Kitamura s.n.* **Ryanggang** 2 July 1897 雲寵里三水邑 (虛川江岸懸崖) *Komarov, VL Komaorv s.n.* 1 August 1897 虛川江 (同仁川) *Komarov, VL Komaorv s.n.* 9 July 1897 十四道溝(鴨綠江) *Komarov, VL Komaorv s.n.* 15 August 1897 蓮坪-厚州川-厚州古邑 *Komarov, VL Komaorv s.n.* 8 August 1897 上巨里水-院巨里水 *Komarov, VL Komaorv s.n.* 7 June 1897 平蒲坪 *Komarov, VL Komaorv s.n.* 26 July 1897 佳林里/五山里川河谷 *Komarov, VL Komaorv s.n.*

Artemisia selengensis Turcz. ex Besser, Tent. Abrot. 50 (1834)

Common name 물쑥

Distribution in Korea: North, Central

Artemisia vulgaris L. var. *selengensis* (Turcz. ex Besser) Maxim., Bull. Acad. Imp. Sci. Saint-Petersbourg 8: 536 (1872)

Artemisia vulgaris L. var. *selengensis* (Turcz. ex Besser) Maxim. f. *serratifolia* (Regel) Kom., Trudy Imp. S.-Peterburgsk. Bot. Sada 25: 673 (1907)

Artemisia cannabifolia H.Lév. & Vaniot, Repert. Spec. Nov. Regni Veg. 12: 184 (1913)

Artemisia selengensis Turcz. ex Besser var. *simplicifolia* Nakai ex T. Mori, Enum. Pl. Corea 345 (1922)

Artemisia selengensis Turcz. ex Besser f. *serratifolia*(Kom.) Nakai, Fl. Sylv. Kor. 14: 102 (1923)

Artemisia selengensis Turcz. ex Besser var. *cannabifolia* (H.Lév. & Vaniot) Pamp., Nuovo Giorn. Bot. Ital. ser 2. 36: 476 (1930)

Artemisia selengensis Turcz. ex Besser var. *cannabifolia* (H.Lév. & Vaniot) Pamp. f. *integerrima* (Kom.) Pamp., Nuovo Giorn. Bot. Ital. ser 2. 36: 477 (1930)

Artemisia selengensis Turcz. ex Besser var. *cannabifolia* (H.Lév. & Vaniot) Pamp. f. *simplicifolia* (Nakai) Pamp., Nuovo Giorn. Bot. Ital. ser 2. 36: 477 (1930)
Artemisia selengensis Turcz. ex Besser var. *cannabifolia* (H.Lév. & Vaniot) Pamp. f. *subintegra* Pamp., Nuovo Giorn. Bot. Ital. ser 2. 36: 476 (1930)
Artemisia selengensis Turcz. ex Besser f. *integerrima* (Kom.) Kitag., Lin. Fl. Manshur. 432 (1939)

Representative specimens; Chagang-do 16 July 1911 Kang-gei(Kokai 江界) *Mills, RG Mills s.n.* 15 August 1911 *Mills, RG Mills s.n.*
Hamgyong-bukto 20 June 1909 輪城 *Nakai, T Nakai s.n.* 24 August 1914 會寧 -行營 *Nakai, T Nakai s.n.* **Kangwon-do** 11 July 1936
金剛山外金剛千佛山 *Nakai, T Nakai s.n.* 6 June 1909 元山 *Nakai, T Nakai s.n.* **P'yongan-bukto** 15 August 1912 Pyok-dong (碧潼)
Imai, H Imai s.n. 13 September 1915 Gishu(義州) Nakai, T *Nakai s.n.* **Ryanggang** 3 August 1914 惠山鎭- 普天堡 *Nakai, T Nakai s.n.*

Artemisia sieversiana Ehrh. ex Willd., Sp. Pl. (ed. 4) 3: 1845 (1803)

Common name 산흰쑥

Distribution in Korea: North, Central
Absinthium sieversiana (Ehrh.) Ehrh. ex Besser, Bull. Soc. Imp. Naturalistes Moscou 1: 259 (1829)
Artemisia koreana Nakai, Bot. Mag. (Tokyo) 23: 186 (1909)
Artemisia sieversiana Ehrh. ex Willd. var. *grandis* Pamp., Nuovo Giorn. Bot. Ital. n.s. 34: 387 (1927)
Artemisia chrysolepis Kitag., Rep. Exped. Manchoukuo Sect. IV, Pt. 2, Contr. Cogn. Fl. Manshuricae 36 (1935)
Artemisia sparsa Kitag., Rep. Exped. Manchoukuo Sect. IV, Pt. 2, Contr. Cogn. Fl. Manshuricae 37 (1935)
Artemisia sieversiana Ehrh. ex Willd. var. *sparsa* (Kitag.) Nakai, Bull. Natl. Sci. Mus., Tokyo 31: 113 (1952)

Representative specimens; Chagang-do 16 July 1911 Kang-gei(Kokai 江界) *Mills, RG Mills s.n.* **Hamgyong-bukto** August 1913
清津 *Mori, T Mori s.n.* 21 August 1935 羅北 *Saito, T T Saito1540* 11 September 1935 羅南 *Saito, T T Saito1593* 11 September
1935 *Saito, T T Saito1594* 11 September 1935 *Saito, T T Saito1617* 24 September 1937 漁遊洞 *Saito, T T Saito7552* 3 August 1933
會寧 *Koidzumi, G Koidzumi s.n.* 17 September 1935 梧上洞 *Saito, T T Saito1740* 19 August 1933 茂山 *Koidzumi, G Koidzumi s.n.*
1 August 1914 富寧 *Ikuma, Y Ikuma s.n.* 15 August 1914 下面江口-茂山 *Nakai, T Nakai s.n.* **Kangwon-do** 30 July 1916
金剛山外金剛倉岱 *Nakai, T Nakai s.n.* June 1935 Mt. Kumgang (金剛山) *Sakaguchi, S s.n.* 7 June 1909 元山 *Nakai, T Nakai s.n.*
P'yongyang 4 September 1901 in montibus mediae *Faurie, UJ Faurie360* **Ryanggang** 3 July 1897 三水邑-上水隅理 *Komarov,*
VL Komaorv s.n. 14 July 1897 鴨綠江 (上水隅理 -羅暖堡) *Komarov, VL Komaorv s.n.*

Artemisia stelleriana Besser, Nouv. Mem. Soc. Imp. Naturalistes Moscou 3: 79 (1834)

Common name 흰쑥

Distribution in Korea: North
Artemisia stelleriana Besser var. *vesiculosa* Franch. & Sav., Enum. Pl. Jap. 2: 403 (1878)
Artemisia stelleriana Besser var. *sachalinemsis* Nakai, Bot. Mag. (Tokyo) 23: 102 (1912)

Representative specimens; Hamgyong-bukto 22 August 1936 朱乙 *Saito, T T Saito s.n.* **Rason** 17 October 1936 獨津海岸 *Saito,*
T T Saito s.n.

Artemisia stolonifera (Maxim.) Kom., Trudy Imp. S.-Peterburgsk. Bot. Sada 25: 676 (1907)

Common name 넓은외대쑥, 넓은외잎쑥 (넓은잎외잎쑥)

Distribution in Korea: North (Hamgyong), Central, South
Artemisia vulgaris L. var. *stolonifera* Maxim., Mem. Acad. Imp. Sci. St.-Petersbourg Divers Savans 9: 161 (1859)
Artemisia megalobotrys Nakai, Bot. Mag. (Tokyo) 31: 111 (1917)
Artemisia vulgaris L. var. *kiusiana* Makino, J. Jap. Bot. 1: 25 (1917)
Artemisia stolonifera (Maxim.) Kom. var. *laciniata* Nakai, Bot. Mag. (Tokyo) 34: 53 (1920)
Artemisia nipponica (Nakai) Pamp. var. *megalobotrys* (Nakai) Pamp., Nuovo Giorn. Bot. Ital. ser 2. 36: 463 (1930)
Artemisia integrifolia L. var. *stolonifera* (Maxim.) Pamp., Nuovo Giorn. Bot. Ital. ser 2. 36: 481 (1930)
Artemisia koidzumii Nakai var. *mandshurica* Pamp., Nuovo Giorn. Bot. Ital. ser 2. 36: 483 (1930)
Artemisia integrifolia L. var. *stolonifera*(Maxim.) Pamp. subfor. *dissecta* Pamp., Nuovo Giorn. Bot. Ital. ser 2. 36: 482 (1930)

Artemisia stolonifera (Maxim.) Kom. f. *dissecta* (Pamp.) Kitam., Mem. Coll. Sci. Kyoto Imp. Univ., Ser. B, Biol. 15(3): 422 (1940)

Representative specimens; Chagang-do 24 August 1897 大會洞 *Komarov, VL Komaorv s.n.* 30 August 1897 慈城江 *Komarov, VL Komaorv s.n.* 22 July 1914 山羊 -江口 *Nakai, T Nakai s.n.* **Hamgyong-bukto** 10 August 1933 渡正山門內 *Koidzumi, G Koidzumi s.n.* 19 June 1909 清津 *Nakai, T Nakai s.n.* 17 September 1932 羅南 *Saito, T T Saito301* 11 September 1935 *Saito, T T Saito1613* 5 August 1939 頭流山 *Hozawa, S Hozawa s.n.* 15 July 1935 冠帽峰 *Okayama, Y 56* 5 August 1918 Mt. Chilbo at Myongch'on(七寶山) Nakai, T *Nakai s.n.* 9 October 1937 穩城郡甑山 *Saito, T T Saito7894* **Hamgyong-namdo** 11 August 1940 咸興歸州寺 *Okuyama, S Okuyama s.n.* 16 August 1934 富盛里 *Nomura, N Nomura s.n.* 23 July 1933 東上面漢岱里 *Koidzumi, G Koidzumi s.n.* 24 July 1933 東上面大漢垈里 *Koidzumi, G Koidzumi s.n.* 15 August 1935 東上面漢岱里 *Nakai, T Nakai s.n.* 14 August 1940 赴戰高原 Fusenkogen *Okuyama, S Okuyama s.n.* 2 September 1932 金剛山外金剛 *Kitamura, S Kitamura s.n.* 29 July 1938 Mt. Kumgang (金剛山) *Hozawa, S Hozawa s.n.* 7 August 1916 金剛山新豐里 *Nakai, T Nakai s.n.* 8 August 1940 Mt. Kumgang (金剛山) *Okuyama, S Okuyama s.n.* 20 October 1931 *Takeuchi, T s.n.* 20 August 1902 *Uchiyama, T Uchiyama s.n.* 20 June 1909 元山 *Nakai, T Nakai s.n.* **P'yongan-bukto** 5 August 1937 妙香山 *Hozawa, S Hozawa s.n.* 5 August 1935 *Koidzumi, G Koidzumi s.n.* 23 August 1912 Gishu(義州) *Imai, H Imai s.n.* **Rason** 6 June 1930 西水羅 *Ohwi, J Ohwi s.n.* **Ryanggang** 15 August 1930 北水白山 *Hozawa, S Hozawa s.n.* 21 August 1897 subdist. Chu-czan, flumen Amnok-gan *Komarov, VL Komaorv s.n.* 7 August 1897 上巨里水 *Komarov, VL Komaorv s.n.* 6 August 1917 延岩 *Furumi, M Furumi s.n.* 4 August 1939 大澤濕地 *Hozawa, S Hozawa s.n.* 5 August 1930 合水 (列結水) Ohwi, *J Ohwi921* 25 July 1897 佳林里 *Komarov, VL Komaorv s.n.* 15 July 1935 小長白山 *Irie, Y s.n.* 20 July 1897 惠山鎭(鴨綠江上流長白山脈中高原) *Komarov, VL Komaorv s.n.*

Artemisia sylvatica Maxim., Mem. Acad. Imp. Sci. St.-Petersbourg Divers Savans 9: 161 (1859)
Common name 그늘쑥
Distribution in Korea: North, Central, South
Artemisia nutantiflora Nakai ex Pamp., Nuovo Giorn. Bot. Ital. ser 2. 36: 451 (1930)
Artemisia ussuriensis Poljakov, Fl. URSS 26: 446 (1961)

Representative specimens; Hamgyong-bukto 20 May 1897 茂山嶺 *Komarov, VL Komaorv s.n.* 24 May 1897 車踰嶺- 照日洞 *Komarov, VL Komaorv s.n.* **Kangwon-do** 14 August 1916 金剛山望軍臺 *Nakai, T Nakai s.n.* 7 August 1940 Mt. Kumgang (金剛山) *Okuyama, S Okuyama s.n.* **P'yongan-bukto** 5 August 1937 妙香山 *Hozawa, S Hozawa s.n.* 6 August 1935 *Koidzumi, G Koidzumi s.n.* 11 August 1935 義州金剛山 *Koidzumi, G Koidzumi s.n.* **P'yongyang** 18 September 1915 江東 *Nakai, T Nakai s.n.* **Ryanggang** 7 July 1897 犁方嶺 (鴨綠江羅暖堡) *Komarov, VL Komaorv s.n.* 19 August 1897 葡坪 *Komarov, VL Komaorv s.n.* 21 August 1897 subdist. Chu-czan, flumen Amnok-gan *Komarov, VL Komaorv s.n.* 23 August 1897 雲洞嶺 *Komarov, VL Komaorv s.n.* 8 August 1897 上巨里水-院巨里水 *Komarov, VL Komaorv s.n.* 20 July 1897 惠山鎭(鴨綠江上流長白山脈中高原) *Komarov, VL Komaorv s.n.*

Artemisia tanacetifolia L., Sp. Pl. 2: 848 (1753)
Common name 구와쑥
Distribution in Korea: North
Artemisia laciniata Will., Sp. Pl. (ed. 4) 3: 1843 (1803)
Artemisia latifolia Ledeb., Mem. Acad. Imp. Sci. St. Petersbourg Hist. Acad. 5: 569 (1815)
Artemisia punctata Besser var. *stricta* Besser, Nouv. Mem. Soc. Imp. Naturalistes Moscou 3: 43 (1834)
Artemisia laciniata Will. var. *glabriuscula* Ledeb., Fl. Ross. (Ledeb.) 2: 582 (1846)
Artemisia laciniata Will. var. *latifolia* (Ledeb.) Maxim., Méanges Biol. Bull. Phys.-Math. Acad. Imp. Sci. Saint-Pétersbourg 8: 530 (1872)
Artemisia laciniata Will. var. *glabriuscula* Ledeb. f. *dissecta* Pamp., Nuovo Giorn. Bot. Ital. n.s. 34: 672 (1927)
Artemisia laciniata Will. var. *latifolia* (Ledeb.) Maxim. f. *stricta* (Besser) Pamp., Nuovo Giorn. Bot. Ital. n.s. 34: 673 (1927)
Artemisia orthobotrys Kitam., Rep. Inst. Sci. Res. Manchoukuo 6: 123 (1942)
Artemisia tanacetifolia L. var. *glabriuscula* (Ledeb.) Kitam., Acta Phytotax. Geobot. 12: 141 (1943)

Representative specimens; Hamgyong-bukto 21 May 1897 茂山嶺-蕨坪(照日洞) *Komarov, VL Komaorv s.n.* 4 June 1897 四芝嶺 *Komarov, VL Komaorv s.n.* **Ryanggang** 9 July 1897 十四道溝(鴨綠江) *Komarov, VL Komaorv s.n.* 23 August 1897 雲洞嶺 *Komarov, VL Komaorv s.n.* 7 August 1897 上巨里水 *Komarov, VL Komaorv s.n.* 8 June 1897 平蒲坪-倉坪 *Komarov, VL Komaorv s.n.* 7 August 1914 白頭山 *Ikuma, Y Ikuma s.n.* August 1913 長白山 *Mori, T Mori s.n.* 12 August 1914 神武城- 茂峯 *Nakai, T Nakai s.n.* 白頭山 Unknown s.n. 15 August 1914 谿間里 *Ikuma, Y Ikuma s.n.* 2 August 1913 白頭山谿間里 - 農事洞 *Mori, T Mori s.n.* 13 August 1914 Moho (茂峯)- 農事洞 *Nakai, T Nakai s.n.* 13 August 1914 *Nakai, T Nakai3327* Type of *Artemisia orthobotrys* Kitam. (Holotype TI)

Artemisia viridissima (Kom.) Pamp., Nuovo Giorn. Bot. Ital. ser 2. 36: 484 (1930)
Common name 외잎쑥

Distribution in Korea: North

Artemisia vulgaris L. var. *viridissima* Kom., Trudy Imp. S.-Peterburgsk. Bot. Sada 5: 673 (1907)

Representative specimens; Hamgyong-namdo 18 August 1935 遮日峯 *Nakai, T Nakai s.n.* **Ryanggang** 24 July 1914 魚面堡遮川里 *Nakai, T Nakai s.n.* 9 August 1917 延岩 *Furumi, M Furumi s.n.* 4 August 1939 大澤濕地 *Hozawa, S Hozawa s.n.* 10 August 1937 大澤 *Saito, T T Saito s.n.* 4 August 1914 普天堡- 寶泰洞 *Nakai, T Nakai s.n.*

Aster L.

Aster arenarius (Kitam.) Nemoto, Fl. Jap. Suppl. 736 (1936)

Common name 갯구계쑥부장이 (섬갯쑥부쟁이)

Distribution in Korea: North, Central

Heteropappus arenarius Kitam., Acta Phytotax. Geobot. 2: 43 (1933)
Heteropappus hispidus (Thunb.) Less. ssp. *arenarius* (Kitam.) Kitam., Acta Phytotax. Geobot. 17: 6 (1957)
Heteropappus hispidus (Thunb.) Less. var. *arenarius* (Kitam.) Kitam. ex Ohwi, Fl. Jap., revised ed., [Ohwi] 1314 (1965)

Aster fastigiatus Fisch., Mem. Soc. Imp. Naturalistes Moscou 3: 77 (1812)

Common name 웅굿나물

Distribution in Korea: North, Central, South

Turczaninovia fastigiatus (Fisch.) DC., Prodr. (DC.) 5: 238 (1836)
Kalimeris japonicus Sch.Bip., Syst. Verz. (Zollinger) 126 (1854)
Aster micranthus H.Lév. & Vaniot, Bull. Acad. Int. Geogr. Bot. 20: 140 (1909)
Aster micranthus H.Lév. & Vaniot var. *achilleiformis* H.Lév., Repert. Spec. Nov. Regni Veg. 8: 449 (1910)

Representative specimens; Hamgyong-bukto 6 August 1933 會寧 *Koidzumi, G Koidzumi s.n.* 27 August 1914 黃句基 *Nakai, T Nakai s.n.* **Hamgyong-namdo** 1929 Hamhung (咸興) *Seok, JM s.n.* 1928 *Seok, JM s.n.* August 1934 咸興盤龍山 *Yamamoto, A Yamamoto s.n.* **Kangwon-do** 22 August 1902 北屯址 *Uchiyama, T Uchiyama s.n.* 22 August 1902 *Uchiyama, T Uchiyama s.n.* 30 August 1916 通川街道 *Nakai, T Nakai s.n.* 30 August 1916 通川 *Nakai, T Nakai s.n.* **P'yongan-bukto** 25 September 1912 雲山郡南面松峴里 *Ishidoya, T Ishidoya s.n.* **P'yongyang** 5 September 1909 平壤普通江岸 *Imai, H Imai s.n.* **Ryanggang** 29 July 1897 安間嶺-同仁川 (同仁浦里?) *Komarov, VL Komaorv s.n.* 28 July 1897 佳林里 *Komarov, VL Komaorv s.n.* 10 August 1914 茂峯 *Ikuma, Y Ikuma s.n.* 9 August 1914 農事洞 *Ikuma, Y Ikuma s.n.* 7 August 1914 下面江口 *Ikuma, Y Ikuma s.n.* 27 September 1937 三長 *Unknown s.n.*

Aster hispidus Thunb., Fl. Jap. (Thunberg) 315 (1784)

Common name 구계쑥부장이 (갯쑥부쟁이)

Distribution in Korea: North, Central, South

Heteropappus hispidus (Thunb.) Less., Syn. Gen. Compos. 189 (1832)
Calimeris hispida Nees, Gen. Sp. Aster. 227 (1833)
Heteropappus incisus Siebold & Zucc., Abh. Math.-Phys. Cl. Konigl. Bayer. Akad. Wiss. 4: 182 (1846)
Heteropappus rigens Siebold & Zucc., Abh. Math.-Phys. Cl. Konigl. Bayer. Akad. Wiss. 4: 184 (1846)
Heteropappus decipiens Maxim., Mem. Acad. Imp. Sci. St.-Petersbourg Divers Savans 9: 148 (1859)
Heteropappus hispidus (Thunb.) Less. var. *decipiens* (Maxim.) Kom., Trudy Imp. S.-Peterburgsk. Bot. Sada 25: 587 (1907)
Aster fusanensis H.Lév. & Vaniot, Bull. Acad. Int. Geogr. Bot. 20: 139 (1909)
Aster feddei H.Lév. & Vaniot, Repert. Spec. Nov. Regni Veg. 8: 168 (1910)
Aster batakensis Hayata, Icon. Pl. Formosan. 8: 48 (1919)
Aster omerophyllus Hayata, Icon. Pl. Formosan. 8: 48 (1919)
Aster rufopappus Hayata, Icon. Pl. Formosan. 8: 47 (1919)
Heteropappus pinetorum Kom., Izv. Bot. Sada Akad. Nauk S.S.S.R 30: 216 (1932)
Heteropappus saxomarinus Kom., Izv. Bot. Sada Akad. Nauk S.S.S.R 30: 217 (1932)
Heteropappus rupicola (H.Lév. & Vaniot) Kitam., Acta Phytotax. Geobot. 1: 146 (1932)
Heteropappus chejuensis Kitam., Acta Phytotax. Geobot. 3: 172 (1934)
Aster chejuensis (Kitam.) Nakai, Bull. Natl. Sci. Mus., Tokyo 31: 113 (1952)

Representative specimens; **Chagang-do** 24 August 1897 大會洞 *Komarov, VL Komaorv s.n.* 26 August 1897 小德川 (松德水河谷) *Komarov, VL Komaorv s.n.* 16 August 1911 Kang-gei(Kokai 江界) *Mills, RG Mills s.n.* 9 July 1911 *Mills, RG Mills s.n.* 3 August 1910 *Mills, RG Mills445* 22 July 1914 山羊 -江口 *Nakai, T Nakai s.n.* **Hamgyong-bukto** 17 September 1932 羅南 *Saito, T T Saito s.n.* **Hamgyong-namdo** 22 October 1933 西湖津 *Nomura, N Nomura s.n.* 26 September 1936 Hamhung (咸興) *Yamatsuta, T s.n.* 27 August 1897 小德川 *Komarov, VL Komaorv s.n.* 2 September 1934 東下面蓮花山安堡谷 *Yamamoto, A Yamamoto s.n.* 2 September 1934 東下面蓮花山 *Yamamoto, A Yamamoto s.n.* 22 August 1932 蓋馬高原 *Kitamura, S Kitamura s.n.* 16 August 1934 永古面松興里 *Yamamoto, A Yamamoto s.n.* **Hwanghae-namdo** 29 July 1935 長壽山 *Koidzumi, G Koidzumi s.n.* **Kangwon-do** 2 September 1932 金剛山外金剛 *Kitamura, S Kitamura s.n.* 3 September 1932 海金剛 *Kitamura, S Kitamura s.n.* 27 July 1916 *Nakai, T Nakai s.n.* 14 September 1932 元山 Kawasakinoyen(川崎農園) *Kitamura, S Kitamura s.n.* **Nampo** 21 September 1915 Chin Nampo (鎮南浦) *Nakai, T Nakai s.n.* **P'yongan-bukto** 27 September 1912 雲山郡南面諸仁里 *Ishidoya, T Ishidoya s.n.* **P'yongyang** 12 June 1910 P'yongyang (平壤) *Imai, H Imai s.n.* 11 June 1911 Ryugakusan (龍岳山) 平壤 *Imai, H Imai s.n.* 25 September 1939 P'yongyang (平壤) *Kitamura, S Kitamura s.n.* 26 September 1939 *Kitamura, S Kitamura s.n.* 12 September 1902 *Uchiyama, T Uchiyama s.n.* 25 August 1909 平壤市街附近 *Imai, H Imai s.n.* **Rason** 11 May 1897 豆滿江三角洲-五宗洞 *Komarov, VL Komaorv s.n.* **Ryanggang** 1 July 1897 五是川雲寵江-崔五峰 *Komarov, VL Komaorv s.n.* 15 August 1897 蓮坪-厚州川-厚州古邑 *Komarov, VL Komaorv s.n.* 22 August 1897 雲山嶺 *Komarov, VL Komaorv s.n.* 5 August 1897 白山嶺 *Komarov, VL Komaorv s.n.* 16 August 1897 大array信洞 *Komarov, VL Komaorv s.n.* 6 August 1897 上巨里水 *Komarov, VL Komaorv s.n.* 22 July 1897 佳林里 *Komarov, VL Komaorv s.n.* 26 June 1897 內曲里 *Komarov, VL Komaorv s.n.* 27 July 1897 佳林里 *Komarov, VL Komaorv s.n.* 28 July 1897 *Komarov, VL Komaorv s.n.* August 1913 長白山 *Mori, T Mori s.n.* 10 August 1914 白頭山 *Nakai, T Nakai s.n.* 7 August 1914 虛項嶺-神武城 *Nakai, T Nakai s.n.* 9 August 1914 下面江口 *Ikuma, Y Ikuma s.n.* 13 August 1914 Moho (茂峯)- 農事洞 *Nakai, T Nakai s.n.*

Aster iinumae Kitam. ex H.Hara, Enum. Spermatophytarum Japon. 3: 130 (1952)

Common name 버드쟁이나물

Distribution in Korea: North, Central, South, Jeju

    Boltonia indica (L.) Benth. var. *pinnatifida* Matsum., Cat. Pl. Herb. Sci. Coll. Univ. Tokyo 1: 3 (1886)

    Aster pinnatifidus (Matsum.) Makino, Iinuma, Somoku-Dzusetsu, ed. 4 1106 (1913)

    Aster ursinus H.Lév., Repert. Spec. Nov. Regni Veg. 12: 100 (1913)

    Aster incisus Fisch. var. *pinnatifidus* (Matsum.) Nakai, Bot. Mag. (Tokyo) 33: 215 (1919)

    Asteromoea pinnatifida (Maxim.) Koidz., Bot. Mag. (Tokyo) 37: 56 (1923)

    Kalimeris pinnatifida (Matsum.) Kitam., Acta Phytotax. Geobot. 6: 50 (1937)

Representative specimens; **Hamgyong-bukto** August 1913 鏡城 *Mori, T Mori282* **Kangwon-do** 28 July 1916 長箭 - 高城 *Nakai, T Nakai5969* 4 September 1916 洗浦-蘭谷 *Nakai, T Nakai s.n.* **Ryanggang** 29 May 1917 江口 *Nakai, T Nakai s.n.*

Aster incisus Fisch., Mem. Soc. Imp. Naturalistes Moscou 3: 76 (1812)

Common name 가새쑥부장이

Distribution in Korea: North, Central, South, Ulleung, Jeju

    Kalimeris incisa (Fisch.) DC. ssp. *macrodon* (H.Lév.) H.Y. Gu

    Grindelia incisa (Fisch.) Spreng., Syst. Veg. (ed. 16) [Sprengel] 3: 575 (1826)

    Kalimeris platycephala Cass., Dict. Sci. Nat., ed. 2 21: 325 (1826)

    Kalimeris incisa (Fisch.) DC., Prodr. (DC.) 5: 258 (1836)

    Boltonia incisa (Fisch.) Benth., Fl. Hongk. 175 (1861)

    Aster macrodon H.Lév. & Vaniot, Bull. Acad. Int. Geogr. Bot. 20: 141 (1909)

    Aster pinnatifidus (Matsum.) Makino f. *robustus* Makino, Bot. Mag. 27: 115 (1913)

    Asteromoea incisa (Fisch.) Koidz., Bot. Mag. (Tokyo) 37: 56 (1923)

    Kalimeris incisa (Fisch.) DC. var. *robustus* (Makino) Kitag., Neolin. Fl. Manshur. 653 (1979)

Representative specimens; **Chagang-do** 15 August 1911 Kang-gei(Kokai 江界) *Mills, RG Mills s.n.* 6 July 1911 *Mills, RG Mills s.n.* 6 August 1910 *Mills, RG Mills410* 27 August 1942 狼林山 *Suzuki, S s.n.* **Hamgyong-bukto** 24 August 1935 鏡城 *Saito, T T Saito s.n.* 27 August 1914 黃句基 *Nakai, T Nakai2785* **Hamgyong-namdo** 1933 Hamhung (咸興) *Nomura, N Nomura s.n.* 22 September 1936 咸興盤龍山 *Nomura, N Nomura s.n.* 11 August 1940 咸興歸州寺 *Okuyama, S Okuyama s.n.* 17 September 1933 東川面豐西里 *Nomura, N Nomura s.n.* **Hwanghae-namdo** 29 July 1935 長壽山 *Koidzumi, G Koidzumi s.n.* **Kangwon-do** 20 August 1932 元山德原 *Kitamura, S Kitamura s.n.* 26 August 1932 元山 *Kitamura, S Kitamura s.n.* 30 August 1932 元山德原 *Kitamura, S Kitamura s.n.* **P'yongan-bukto** 28 September 1912 白壁山 *Ishidoya, T Ishidoya s.n.* **Ryanggang** 15 August 1897 蓮坪-厚州川-厚州古邑 *Komarov, VL Komaorv s.n.* 25 July 1914 三水- 遮川里 *Nakai, T Nakai s.n.* 22 July 1897 佳林里 *Komarov, VL Komaorv1507* 3 August 1914 惠山鎮- 普天堡 *Nakai, T Nakai2773* 13 August 1914 白頭山 *Ikuma, Y Ikuma s.n.*

Aster koraiensis Nakai, Bot. Mag. (Tokyo) 23: 186 (1909)

Common name 별개미취

Distribution in Korea: Central, South, Endemic

Asteromoea koraiensis (Nakai) Kitam., Acta Phytotax. Geobot. 2: 37 (1933)
Gymnaster koraiensis (Nakai) Kitam., Mem. Coll. Sci. Kyoto Imp. Univ., Ser. B, Biol. 13: 303 (1937)
Miyamayomena koraiensis (Nakai) Kitam., Acta Phytotax. Geobot. 33: 409 (1982)

Representative specimens; **Hwanghae-namdo** 29 July 1921 Sorai Beach 九味浦 *Mills, RG Mills s.n.*

Aster lautureanus (Debeaux) Franch., Pl. David. 1: 160 (1884)
Common name 산쑥부장이
Distribution in Korea: North, Central, South
Kalimeris incisa (Fisch.) DC. var. *holophyllus* Maxim., Mem. Acad. Imp. Sci. St.-Petersbourg
Divers Savans 9: 146 (1859)
Boltonia lautureana Debeaux, Actes Soc. Linn. Bordeaux 31: 215 (1876)
Kalimeris lautureana (Debeaux) Kitam., Acta Phytotax. Geobot. 6: 22 (1937)
Aster associatus Kitag., Rep. Inst. Sci. Res. Manchoukuo 2: 299 (1938)
Asteromoea lautureana (Debeaux) Hand.-Mazz., Acta Horti Gothob. 12: 224 (1938)
Kalimeris associata (Kitag.) Kitag., Neolin. Fl. Manshur. 652 (1979)

Representative specimens; **Chagang-do** 18 August 1909 Sensen (前川) *Mills, RG Mills s.n.* 30 August 1911 *Mills, RG Mills979*
Hamgyong-namdo 1929 Hamhung (咸興) *Seok, JM s.n.* July 1943 龍眼里 *Uchida, H Uchida s.n.***Hwanghae-bukto** 27 September
1915 瑞興 *Nakai, T Nakai s.n.* **Hwanghae-namdo** 29 July 1921 Sorai Beach 九味浦 *Mills, RG Mills s.n.* **Kangwon-do** 11 August
1902 草木洞 *Uchiyama, T Uchiyama s.n.* **P'yongan-bukto** 25 August 1911 Sakju(朔州) *Mills, RG Mills632* **Ryanggang** 15
August 1935 北水白山 *Hozawa, S Hozawa s.n.* 8 August 1914 白頭山 *Ikuma, Y Ikuma s.n.* August 1913 長白山 *Mori, T Mori s.n.*

Aster maackii Regel, Tent. Fl.-Ussur. 81 (1861)
Common name 좀개미취 (좀개미취)
Distribution in Korea: North, Central, South
Aster koidzumizana Makino, Bot. Mag. 21: 16 (1907)
Aster horridifolius H.Lév. & Vaniot, Bull. Acad. Int. Geogr. Bot. 20: 141 (1909)
Aster micromaackii Nakai, Bull. Natl. Sci. Mus., Tokyo 33: 26 (1953)
Aster magnus Y.N.Lee & C.S.Kim f. *albiflorus* Y.N.Lee & C.S.Kim, Korean J. Pl. Taxon. 28:
33 (1998)
Aster magnus Y.N.Lee & C.S.Kim, Korean J. Pl. Taxon. 28: 31 (1998)

Representative specimens; **Chagang-do** 24 August 1897 大會洞 *Komarov, VL Komaorv s.n.* 3 October 1909 Kang-gei(Kokai 江界) *Mills,
RG Mills s.n.* 21 July 1914 大興里- 山羊 *Nakai, T Nakai s.n.* **Hamgyong-bukto** 24 September 1937 漁遊洞 *Saito, T T Saito s.n.* 23 August
1908 Sungjin (城津) *Shou, K s.n.* **Hamgyong-namdo** 17 August 1934 富盛里 *Nomura, N Nomura s.n.* 16 August 1934 新角面北山
Nomura, N Nomura s.n. 14 August 1943 赴城高原元豊-道安 *Honda, M Honda s.n.* 22 August 1932 蓋馬高原 *Kitamura, S Kitamura s.n.* 23
July 1933 東上面漢岱里 *Koidzumi, G Koidzumi s.n.* 16 August 1935 雲仙嶺 *Nakai, T Nakai s.n.* 15 August 1935 東上面漢岱里 *Nakai, T
Nakai s.n.* 15 August 1940 赴戦高原雲水嶺 *Okuyama, S Okuyama s.n.* 16 August 1934 東上面赴戦嶺 *Yamamoto, A Yamamoto s.n.* 16
August 1934 永古面松興里 *Yamamoto, A Yamamoto s.n.* **Kangwon-do** 2 August 1932 Mt. Kumgang (金剛山) *Kobayashi, M Kobayashi s.n.*
7 August 1916 金剛山末輝里 *Nakai, T Nakai s.n.* 15 August 1902 Mt. Kumgang (金剛山) *Uchiyama, T Uchiyama s.n.* **P'yongan-bukto** 13
September 1915 Gishu(義州) *Nakai, T Nakai s.n.* 27 September 1912 雲山郡両面諸仁里 *Ishidoya, T Ishidoya s.n.* **Ryanggang** 18 July 1897
Keizanchin(惠山鎮) *Komarov, VL Komaorv s.n.* 20 August 1897 內洞-河山嶺 *Komarov, VL Komaorv s.n.* 16 August 1897 大羅信洞
Komarov, VL Komaorv s.n. 21 August 1897 subdist. Chu-czan, flumen Amnok-gan *Komarov, VL Komaorv s.n.* 5 August 1930 合水 (列結水)
Ohwi, J Ohwi s.n. 22 July 1897 佳林里 *Komarov, VL Komaorv s.n.* 13 August 1914 白頭山 *Ikuma, Y Ikuma s.n.* 15 July 1915 小長白山 *Irie,
Y s.n.* August 1913 長白山 *Mori, T Mori s.n.* 7 August 1914 虛項嶺-神武城 *Nakai, T Nakai3985* 15 August 1913 谿間里 *Hirai, H Hirai s.n.*
8 August 1914 農事洞 *Ikuma, Y Ikuma s.n.*

Aster meyendorffii (Regel & Maack) Voss, Vilm. Blumengaertn., ed. 3 1: 469 (1894)
Common name 산갯쑥부장이 (개쑥부쟁이)
Distribution in Korea: North, Central, Jeju
Galatella meyendorffii Regel & Maack, Tent. Fl.-Ussur. 81 (1861)
Heteropappus hispidus (Thunb.) Less. var. *longeradiatus* Kom., Trudy Glavn. Bot. Sada 5:
587 (1907)
Aster depauperatus H.Lév. &Vaniot, Bull. Acad. Int. Geogr. Bot. 20: 142 (1909)
Heteropappus meyendorffii (Regel & Maack) Kom. & Aliss., Opred. Rast. Dal'nevost. Kraia 2:
1010 (1932)
Aster ciliosus Kitam., Acta Phytotax. Geobot. 3: 98 (1934)

Aster ciliosus Kitam. f. *albiflorus* Uyeki, Acta Phytotax. Geobot. 7: 17 (1938)

Representative specimens; Hamgyong-bukto 3 August 1914 車踰嶺 *Ikuma, Y Ikuma s.n.* **Hamgyong-namdo** 16 August 1940 東上面漢岱里 *Okuyama, S Okuyama s.n.* 17 August 1934 東上面內岩洞谷 *Yamamoto, A Yamamoto s.n.* 16 August 1934 永古面松興里 *Yamamoto, A Yamamoto s.n.* **Kangwon-do** 29 July 1938 Mt. Kumgang (金剛山) *Hozawa, S Hozawa s.n.* 13 August 1932 金剛山毘盧峯 *Kitamura, S Kitamura s.n.* Type of *Aster ciliosus* Kitam. (Holotype KYO)7 August 1940 Mt. Kumgang (金剛山) *Okuyama, S Okuyama s.n.* **Rason** 25 September 1937 雄基 *Uyeki, H Uyeki s.n.* Type of *Aster ciliosus* Kitam. f. *albiflorus* Uyeki (Holotype ?) **Ryanggang** 24 July 1930 大澤 *Ohwi, J Ohwi s.n.* July 1943 延岩 *Uchida, H Uchida s.n.*

Aster pekinensis (Hance) F.H.Chen, Bull. Fan Mem. Inst. Biol. Bot. 5: 41 (1934)

Common name 가는잎쑥부장이 (가는쑥부쟁이)

Distribution in Korea: North (P'yongan, Kangwon), Central (Hwanghae)
    Kalimeris integrifolia Turcz. ex DC., Prodr. (DC.) 5: 259 (1836)
    Aster integrifolius (Turcz. ex DC.) Franch., Trans. Amer. Philos. Soc. ser. 2, 7: 291 (1840)
    Asteromoea pekinensis Hance, Ann. Sci. Nat., Bot. ser. 4, 15: 225 (1861)
    Boltonia pekinensis Hance, J. Bot. 5: 370 (1867)
    Aster holophyllus Hemsl., J. Linn. Soc., Bot. 23: 412 (1888)
    Aster franchetianus H.Lév., Cat. Pl. Yun-Nan 40 (1915)

Representative specimens; Chagang-do 30 August 1897 慈城江 *Komarov, VL Komaorv s.n.* **Hamgyong-bukto** 3 August 1933 會寧 *Koidzumi, G Koidzumi s.n.* 19 August 1914 東下面鳳儀面 *Nakai, T Nakai s.n.* **Hamgyong-namdo** 11 August 1940 咸興歸州寺 *Okuyama, S Okuyama s.n.* 8 August 1939 咸興新中里 *Kim, SK s.n.* **Hwanghae-bukto** 7 September 1902 可將去里南川 *Uchiyama, T Uchiyama s.n.* 10 September 1915 瑞興 *Nakai, T Nakai s.n.* **Hwanghae-namdo** 29 July 1935 長壽山 *Koidzumi, G Koidzumi s.n.* **P'yongan-bukto** 11 August 1935 義州金剛山 *Koidzumi, G Koidzumi s.n.* **P'yongyang** 10 October 1934 P'yongyang (平壤) *Chang, HD ChangHD s.n.* 25 August 1909 平壤市街附近 *Imai, H Imai s.n.* **Ryanggang** 23 August 1914 Keizanchin(惠山鎭) *Ikuma, Y Ikuma s.n.* 1 July 1897 五是川雲寵江-崔五峰 *Komarov, VL Komaorv s.n.* 1 August 1897 虛川江 (同仁川) *Komarov, VL Komaorv s.n.* 15 August 1897 蓮坪-厚州川-厚州古邑 *Komarov, VL Komaorv s.n.* 19 August 1897 葡洞 *Komarov, VL Komaorv s.n.* 6 August 1897 上巨里水 *Komarov, VL Komaorv s.n.*

Aster scaber Thunb., Fl. Jap. (Thunberg) 316 (1784)

Common name 참취

Distribution in Korea: North, Central, South
    Doellingeria scaber (Thunb.) Nees, Gen. Sp. Aster. 183 (1832)
    Biotia discolor Maxim., Mem. Acad. Imp. Sci. St.-Petersbourg Divers Savans 9: 146 (1859)
    Aster komarovii H.Lév. & Vaniot, Bull. Acad. Int. Geogr. Bot. 20: 142 (1909)

Representative specimens; Chagang-do 24 August 1897 大會洞 *Komarov, VL Komaorv s.n.* 26 August 1897 小德川 (松德水河谷) *Komarov, VL Komaorv s.n.* 21 July 1914 大興里- 山羊 *Nakai, T Nakai281218* July 1914 大興里 *Nakai, T Nakai3464* **Hamgyong-bukto** 1 August 1914 清津 *Ikuma, Y Ikuma s.n.* 27 May 1897 富潤洞 *Komarov, VL Komaorv s.n.* 8 August 1935 羅南支庫 *Saito, T T Saito s.n.* 8 August 1935 *Saito, T T Saito1347* 19 May 1897 茂山嶺 *Komarov, VL Komaorv s.n.* 18 July 1918 朱乙溫面態谷洞 *Nakai, T Nakai7560* 2 August 1914 車踰嶺 *Ikuma, Y Ikuma s.n.* 29 May 1897 釜坪哥谷 *Komarov, VL Komaorv s.n.* 29 July 1936 茂山新站 *Saito, T T Saito s.n.* 5 August 1918 七寶山 *Nakai, T Nakai7558* 20 July 1939 富寧 *Nakai, T Nakai s.n.* **Hamgyong-namdo** 1928 Hamhung (咸興) *Seok, JM 72* 1928 *Seok, JM 114* 2 September 1934 東下面蓮花山安坐谷 *Yamamoto, A Yamamoto s.n.* 15 August 1935 東上面漢岱里 *Nakai, T Nakai15741* 16 August 1940 *Okuyama, S Okuyama s.n.* 30 August 1934 東下面頭雲峯安基里 *Yamamoto, A Yamamoto s.n.* **Kangwon-do** 12 August 1928 金剛山三聖庵 *Kondo, K Kondo s.n.* 7 August 1932 Mt. Kumgang (金剛山) *Fukushima s.n.* 3 August 1928 金剛山彌勒峯 *Kondo, K Kondo s.n.* 30 July 1928 金剛山內金剛毘盧峯 *Kondo, K Kondo s.n.* 8 August 1928 金剛山隱仙台 *Kondo, K Kondo s.n.* 7 August 1940 Mt. Kumgang (金剛山) *Okuyama, S Okuyama s.n.* 7 August 1932 元山 Kawasakinoyen(川崎農園) *Kitamura, S Kitamura s.n.* **P'yongan-bukto** 24 August 1912 Gishu(義州) *Imai, H Imai79* 28 September 1912 白璧山 *Ishidoya, T Ishidoya32* **Rason** 11 May 1897 豆滿江三角浦-五宗洞 *Komarov, VL Komaorv s.n.* **Ryanggang** 18 July 1897 Keizanchin(惠山鎭) *Komarov, VL Komaorv s.n.* 1 July 1897 五是川雲寵江-崔五峰 *Komarov, VL Komaorv s.n.* 1 August 1897 虛川江 (同仁川) *Komarov, VL Komaorv s.n.* 7 July 1897 犁方嶺 (鴨綠江霞暖堡) *Komarov, VL Komaorv s.n.* 9 July 1897 十四道溝 (鴨綠江) *Komarov, VL Komaorv s.n.* 16 August 1897 大羅信洞 *Komarov, VL Komaorv s.n.* 20 August 1897 內洞-河山嶺 *Komarov, VL Komaorv s.n.* 21 August 1897 subdist. Chu-czan, flumen Amnok-gan *Komarov, VL Komaorv s.n.* 7 August 1897 上巨里水 *Komarov, VL Komaorv s.n.* 9 August 1897 長津江下流域 *Komarov, VL Komaorv s.n.* 23 July 1914 李僧嶺 *Nakai, T Nakai2440* 6 June 1897 平蒲坪 *Komarov, VL Komaorv s.n.* 9 June 1897 屈松川 (西頭水河谷) *Komarov, VL Komaorv s.n.* 7 August 1930 合水 *Ohwi, J Ohwi s.n.* 7 August 1930 合水 (列結水) *Ohwi, J Ohwi s.n.* 26 June 1897 內曲里 *Komarov, VL Komaorv s.n.* 26 July 1897 佳林里/五山里川河谷 *Komarov, VL Komaorv s.n.* 24 July 1897 佳林里 *Komarov, VL Komaorv s.n.* 20 July 1897 惠山鎭 (鴨綠江上流長白山脈中高原) *Komarov, VL Komaorv s.n.* 2 June 1897 四芝坪(延面水河谷) *柄安洞 Komarov, VL Komaorv s.n.* 31 May 1897 延面水河谷-古倉坪 *Komarov, VL Komaorv s.n.*

Aster spathulifolius Maxim., Bull. Acad. Imp. Sci. Saint-Petersbourg 16: 216 (1871)

Common name 해국

Distribution in Korea: North, Central, Ulleung
    Aster oharae Nakai, Bot. Mag. (Tokyo) 32: 110 (1918)
    Heteropappus oharae (Nakai) Kitam., Acta Phytotax. Geobot. 2: 44 (1933)
    Erigeron feddei (H.Lév. & Vaniot) Botsch., Bot. Mater. Gerb. Bot. Inst. Komarova Akad. Nauk S.S.S.R. 16: 389 (1954)
    Erigeron oharae (Nakai) Botsch., Bot. Mater. Gerb. Bot. Inst. Komarova Akad. Nauk S.S.S.R. 16: 389 (1954)
    Erigeron spathulifolius (Maxim.) H.S.Pak, Fl. Coreana (Im, R.J.) 7: 297 (1999)
    Erigeron spathulifolius (Maxim.) H.S.Pak var. *oharae* (Nakai) H.S.Pak, Fl. Coreana (Im, R.J.) 7: 298 (1999)
    Aster chusanensis Y.S.Lim & J.O. Hyun & Y.D.Kim & H.Shin, J. Pl. Biol. 48: 479 (2005)

Representative specimens; Hamgyong-bukto 6 October 1942 清津高抹山東側 *Saito, T T Saito s.n.* **Hamgyong-namdo** 13 June 1909 西湖津 *Nakai, T Nakai s.n.* 17 August 1940 西湖津海岸 *Okuyama, S Okuyama s.n.* **Kangwon-do** 3 September 1932 海金剛 *Kitamura, S Kitamura s.n.* **Rason** 17 October 1936 獨津 *Saito, T T Saito s.n.*

Aster tataricus L.f., Suppl. Pl. 373 (1781)

Common name 개미취

Distribution in Korea: North, Central
    Aster trinervius Roxb. var. *longifolia* Franch. & Sav., Enum. Pl. Jap. 1: 222 (1875)
    Aster tataricus L.f. var. *minor* Makino, Bot. Mag. 22: 166 (1908)
    Aster fauriei H.Lév. & Vaniot, Repert. Spec. Nov. Regni Veg. 7: 102 (1909)
    Aster nakaii H.Lév. & Vaniot, Bull. Acad. Int. Geogr. Bot. 20: 140 (1909)
    Aster tataricus L.f. var. *fauriei* (H.Lév. & Vaniot) Kitam., Compos. Nov. Jap. 19 (1931)
    Aster tataricus L.f. var. *nakaii* (H.Lév. & Vaniot) Kitam., Compos. Nov. Jap. 20 (1931)
    Aster tataricus L.f. var. *hortensis* Nakai, J. Jap. Bot. 17: 682 (1941)
    Aster tataricus L.f. var. *robustus* Nakai, J. Jap. Bot. 17: 683 (1941)
    Aster tataricus L.f. var. *vernalis* Nakai, J. Jap. Bot. 17: 682 (1941)

Representative specimens; Chagang-do 12 August 1910 Chosan(楚山) *Mills, RG Mills464* 30 August 1897 慈城江 *Komarov, VL Komarov s.n.* **Hamgyong-bukto** 1 August 1914 清津 *Ikuma, Y Ikuma s.n.* August 1913 *Mori, T Mori s.n.* 16 October 1935 羅南 *Saito, T T Saito1664* 15 September 1941 清津 *Unknown s.n.* 6 August 1933 茂山嶺 *Koidzumi, G Koidzumi s.n.* 8 August 1930 載德 *Ohwi, J Ohwi3094* 12 September 1932 南下石山 *Saito, T T Saito241* **Hamgyong-namdo** August 1931 Hamhung (咸興) *Nomura, N Nomura s.n.* 17 August 1934 富盛里 *Nomura, N Nomura s.n.* 15 August 1935 東上面漢岱里 *Nakai, T Nakai15744* **Kangwon-do** 14 August 1932 金剛山 *Kitamura, S Kitamura s.n.* 7 August 1916 金剛山末輝里 *Nakai, T Nakai5966* 18 August 1902 Mt. Kumgang (金剛山) *Uchiyama, T Uchiyama s.n.* 12 September 1932 元山 *Kawasakinoyen(川崎農園) (Kitamura, S Kitamura s.n.* **P'yongan-bukto** 13 September 1915 Gishu(義州) *Nakai, T Nakai s.n.* 25 September 1912 雲山郡南面松峴里 *Ishidoya, T Ishidoya44* **P'yongyang** 9 October 1911 P'yongyang (平壤) *Imai, H Imai s.n.* **Ryanggang** 23 August 1914 Keizanchin(惠山鎭) *Ikuma, Y Ikuma s.n.* 18 July 1897 *Komarov, VL Komarov s.n.* 19 August 1897 葡坪 *Komarov, VL Komarov s.n.* 22 August 1897 雲洞嶺 *Komarov, VL Komarov s.n.* 4 August 1897 十四道溝-白山嶺 *Komarov, VL Komarov s.n.* 22 August 1897 雲洞嶺 *Komarov, VL Komarov s.n.* 8 August 1897 上巨里水-院巨里水 *Komarov, VL Komarov s.n.* 22 July 1897 佳林里 *Komarov, VL Komarov s.n.* 27 July 1897 *Komarov, VL Komarov s.n.* 13 August 1914 白頭山 *Ikuma, Y Ikuma s.n.* 14 August 1914 農事洞-三下 *Nakai, T Nakai s.n.*

Aster trinervius Roxb. ssp. *ageratoides* (Turcz.) Grierson, Notes Roy. Bot. Gard. Edinburgh 26: 102 (1964)

Common name 까실쑥부쟁이

Distribution in Korea: North, Central, South, Ulleung
    Aster ageratoides Turcz., Bull. Soc. Imp. Naturalistes Moscou 7: 154 (1837)
    Aster leiophyllus Franch. & Sav., Enum. Pl. Jap. 2: 395 (1878)
    Aster quelpaertensis H.Lév. & Vaniot, Bull. Acad. Int. Geogr. Bot. 20: 140 (1909)
    Aster trinervius Roxb. var. *adustus* Maxim., Bot. Mag. 1: 97 (1910)
    Aster trinervius Roxb. var. *holophyllus* Maxim., Index Pl. Jap. 2 (2): 628 (1912)
    Aster trinervius Roxb., Iinuma, Somoku-Dzusetsu, ed. 4 1091 (1913)
    Aster trinervius Roxb. var. *robustus* Koidz., Bot. Mag. 29: 159 (1915)

Aster leiophyllus Franch. & Sav. var. *harae*Makino, J. Jap. Bot. 1: 3 (1916)
Aster ageratoides Turcz. var. *adustus* Nakai f. *leucanthus* Honda, Bot. Mag. 44: 670 (1930)
Aster leiophyllus Franch. & Sav. var. *purpurascens* Honda, Bot. Mag. 44: 668 (1930)
Aster ageratoides Turcz. var. *robustus* (Koidz.) Makino & Nemoto, Fl. Japan., ed. 2 (Makino & Nemoto) 1194 (1931)
Aster ageratoides Turcz. var. *semiamplexicaulis* (Makino) Ohwi, Fl. Japan., ed. 2 (Makino & Nemoto) 1194 (1931)
Aster leiophyllus Franch. & Sav. var. *oligocephalus* Nakai ex Hara, J. Jap. Bot. 10: 431 (1934)
Aster ageratoides Turcz. ssp. *leiophyllus* var. *harae* (Makino) Kitam., J. Jap. Bot. 12: 645 (1936)
Aster ageratoides Turcz. ssp. *megarocephallus* Kitam., J. Jap. Bot. 12: 646 (1936)
Aster ageratoides Turcz. ssp. *ovatus* (Franch. & Sav.) Kitam. f.*leucanthus* Honda, J. Jap. Bot. 12: 648 (1936)
Aster ageratoides Turcz. var. *leiophyllus* (Franch. & Sav.) Kitam., J. Jap. Bot. 12: 644 (1936)
Aster trinervius Roxb. var. *oligocephalus* (Nakai) Nemoto, Fl. Jap. Suppl. 742 (1936)
Aster trinervius Roxb. var. *purpurascens* (Honda) Nemoto, Fl. Jap. Suppl. 742 (1936)
Aster ageratoides Turcz. ssp. *leiophyllus* f. *purpurascens* Kitam., Mem. Coll. Sci. Kyoto Imp. Univ., Ser. B, Biol. 13: 348 (1937)
Aster ageratoides Turcz. ssp. *leiophyllus* var. *stenophyllus* Kitam., Mem. Coll. Sci. Kyoto Imp. Univ., Ser. B, Biol. 13: 348 (1937)
Aster leiophyllus Franch. & Sav. f.*purpurellus* Hara, Enum. Spermatophytarum Japon. 2: 133 (1952)
Aster leiophyllus Franch. & Sav. var. *robustus* (Koidz.) H.Hara, Enum. Spermatophytarum Japon. 2: 133 (1952)
Aster leiophyllus Franch. & Sav. var. *stenophyllus* (Kitam.) H.Hara, Enum. Spermatophytarum Japon. 2: 133 (1952)
Aster ageratoides Turcz. var. *harae* (Makino) Kitam. f. *stenophyllus* (Kitam.) Ohwi, Bull. Natl. Sci. Mus., Tokyo 33: 88 (1953)
Aster trinervius Roxb. ssp. *leiophyllus* (Franch. & Sav.) Kitam., Acta Phytotax. Geobot. 21: 127 (1965)
Aster trinervius Roxb. ssp. *leiophyllus* f.*purpurascens* Kitam., Acta Phytotax. Geobot. 21: 127 (1965)
Aster trinervius Roxb. ssp. *leiophyllus* var. *harae* Makino ex Kitam., Acta Phytotax. Geobot. 21: 127 (1965)
Aster trinervius Roxb. ssp. *leiophyllus* var. *megarocephalus* Kitam., Acta Phytotax. Geobot. 21: 127 (1965)
Aster trinervius Roxb. ssp. *leiophyllus* var. *stenophyllus* Kitam., Acta Phytotax. Geobot. 21: 127 (1965)
Aster ageratoides Turcz. var. *spiraifolius* H.S.Pak, Fl. Coreana (Im, R.J.) 7: 383 (1999)
Aster pseudoglehni Y.S. Lim, J.O. Hyun & H.C.Shin, J. Jap. Bot. 78: 203 (2003)

Aster tripolium L., Sp. Pl. 2: 872 (1753)
Common name 갯개미취
Distribution in Korea: North, Central, South
    Aster pannonicus Jacq., Hort. Bot. Vindob. 1: 3 (1770)
    Aster palustris Lam., Fl. Franc. (Lamarck) 2: 143 (1779)
    Aster maritimus Salisb., Prodr. Stirp. Chap. Allerton 198 (1796)
    Tripolium vulgare Nees, Gen. Sp. Aster. 153 (1832)
    Aster macrolophus H.Lév. & Vaniot, Bull. Acad. Int. Geogr. Bot. 20: 141 (1909)
    Aster papposissimus H.Lév., Repert. Spec. Nov. Regni Veg. 8: 282 (1910)
    Aster tripolium L. var. *integrifolium* Miyabe & Kudô, Fl. Hokkaido 0: 240 (1915)
    Tripolium pannonicum ssp.*tripolium* (L.) Greuter, Willdenowia 33: 47 (2003)

Representative specimens; **Hamgyong-namdo** 11 September 1934 咸興興西面 *Nomura, N Nomura s.n.* **Nampo** 1 October 1911 Chin Nampo (鎭南浦) *Imai, H Imai103* 21 September 1915 Nakai, T *Nakai3000* **P'yongan-namdo** 22 July 1912 中和 *Imai, H Imai41* **Ryanggang** 3 August 1939 白岩 *Nakai, T Nakai s.n.*

Atractylodes DC.
Atractylodes koreana (Nakai) Kitam., Acta Phytotax. Geobot. 4: 178 (1935)
Common name 조선삽주, 작디싹 (당삽주)
Distribution in Korea: North

Atractylis amplexicaylis Nakai ex T. Mori, Enum. Pl. Corea 449 (1922)
Atractylis koreana Nakai, Bot. Mag. (Tokyo) 42: 478 (1928)
Atractylodes lancea (Thunb.) DC. var. *simplicifolia* Kitam., J. Jap. Bot. 20: 196 (1944)
Atractylis chinensis var. *coreana* (Nakai) Y.C.Chu, Fl. Pl. Herb. Chin. Bor.-Or. 2: 193 (1959)

Representative specimens; P'yongan-bukto 5 August 1937 妙香山 *Hozawa, S Hozawa s.n.* 8 June 1919 義州金剛山 *Ishidoya, T Ishidoya3306* 28 September 1912 白壁山 *Ishidoya, T Ishidoya31* **P'yongyang** 23 August 1943 大同郡大寶山 *Furusawa, I Furusawa s.n.*

Atractylodes ovata (Thunb.) DC., Prodr. (DC.) 7: 48 (1838)
Common name 삽주
Distribution in Korea: North, Central, South
Atractylis ovata Thunb., Fl. Jap. (Thunberg) 306 (1784)
Atractylodes lyrata Siebold & Zucc., Abh. Math.-Phys. Cl. Konigl. Bayer. Akad. Wiss. 4(3): 193 (1846)
Atractylodes ovata Thunb. var. *amuensis* Freyn & Kom. f. *pinnatifolia* Kom., Trudy Imp. S.-Peterburgsk. Bot. Sada 25: 716 (1907)
Atractylis lancea Thunb. var. *ovata* f. *lyrata* Makino, Iinuma, Somoku-Dzusetsu, ed. 3 0: 1055 (1912)
Atractylis lyrata (Siebold & Zucc.) Hand.-Mazz. f. *ternata* Nakai, Bot. Mag. (Tokyo) 42: 478 (1928)
Atractylis lyrata (Siebold & Zucc.) Hand.-Mazz. var. *ternata* (Kom.) Koidz., Fl. Symb. Orient.-Asiat. 5 (1930)
Atractylis ovata Thunb. var. *ternata* Kom., Opred. Rast. Dal'nevost. Kraia 2: 105 (1932)
Atractylodes japonica Koidz. ex Kitam., Acta Phytotax. Geobot. 4: 178 (1935)
Atractylis japonica (Koidz. ex Kitam.) Kitag., Lin. Fl. Manshur. 439 (1939)
Atractylodes amurensis (Freyn & Kom.) S.H.Park, Fl. Coreana (Im, R.J.) 7: 54 (1999)

Representative specimens; Chagang-do 3 October 1910 Whee Chun(熙川) *Mills, RG Mills338* **Hamgyong-bukto** 1 August 1914 清津 *Ikuma, Y Ikuma s.n.* 20 May 1897 茂山嶺 *Komarov, VL Komaov s.n.* 14 August 1933 朱乙溫泉朱乙山 *Koidzumi, G Koidzumi s.n.* 5 August 1914 茂山 *Ikuma, Y Ikuma s.n.* 29 May 1897 釜所哥谷 *Komarov, VL Komaov s.n.* 1 August 1939 茂山 *Nakai, T Nakai s.n.* 19 August 1914 曷浦嶺 *Nakai, T Nakai3193* 22 September 1939 富寧 *Furusawa, I Furusawa6168* 19 July 1939 *Nakai, T Nakai s.n.* 12 May 1897 五宗洞 *Komarov, VL Komaov s.n.* 4 June 1897 四芝嶺 *Komarov, VL Komaov s.n.* **Hamgyong-namdo** 11 August 1940 咸興歸州寺 *Okuyama, S Okuyama s.n.* 1928 Hamhung (咸興) *Seok, JM s.n.* 15 October 1936 *Yamatsuta, T Yamatsuta s.n.* **Hwanghae-bukto** 10 September 1915 瑞興 *Nakai, T Nakai2816* 26 September 1915 *Nakai, T Nakai3035* **Hwanghae-namdo** August 1932 Sorai Beach 九味浦 *Smith, RK Smith89* **Kangwon-do** 14 August 1932 金剛山外金剛 *Koidzumi, G Koidzumi s.n.* 14 July 1936 金剛山外金剛千佛山 *Nakai, T Nakai17244* 14 July 1936 *Nakai, T Nakai17245* 4 September 1916 洗浦-蘭谷 *Nakai, T Nakai s.n.* 13 September 1932 元山 Kawasakinoyen(川崎農園) *Kitamura, S Kitamura s.n.* 7 June 1909 元山 *Nakai, T Nakai s.n.* **P'yongan-bukto** 4 August 1935 妙香山 *Koidzumi, G Koidzumi s.n.* **Rason** 11 May 1897 豆滿江三角洲-五宗洞 *Komarov, VL Komaov s.n.* **Ryanggang** 1 July 1897 五是川雲寵江-崔五峰 *Komarov, VL Komaov s.n.* 1 August 1897 虛川江 (同仁川) *Komarov, VL Komaov s.n.* 9 July 1897 十四道溝 (鴨綠江) *Komarov, VL Komaov s.n.* 16 August 1897 大羅信洞 *Komarov, VL Komaov s.n.* 19 August 1897 葡坪 *Komarov, VL Komaov s.n.* 3 July 1897 三水邑-上水隅理 *Komarov, VL Komaov s.n.* 9 August 1897 長津江下流域 *Komarov, VL Komaov s.n.* 23 July 1914 李僧嶺 *Nakai, T Nakai3426* 6 June 1897 平蒲坪 *Komarov, VL Komaov s.n.* 9 June 1897 屈松川 (西頭水河谷) 倉坪 *Komarov, VL Komaov s.n.* 26 June 1897 內曲里 *Komarov, VL Komaov s.n.* 22 July 1897 佳林里 *Komarov, VL Komaov s.n.* 26 July 1897 佳林里/五山里川河谷 *Komarov, VL Komaov s.n.* 28 July 1897 佳林里 *Komarov, VL Komaov s.n.* 24 July 1897 *Komarov, VL Komaov s.n.* 20 July 1897 惠山鎮(鴨綠江上流長白山脈中高原) *Komarov, VL Komaov s.n.* 2 June 1897 四芝坪(延面水河谷) 柄安洞 *Komarov, VL Komaov s.n.* 31 May 1897 延面水河谷-古倉坪 *Komarov, VL Komaov s.n.*

Bidens L.
Bidens bipinnata L., Sp. Pl. 2: 832-833 (1753)
Common name 도깨비바늘
Distribution in Korea: North, Central, South, Ulleung
Bidens elongata Tausch, Flora 19: 395 (1836)
Bidens decomposita Wall. ex DC., Prodr. (DC.) 5: 602 (1836)
Kerneria bipinnata (L.) Gren. & Godr., Fl. France (Grenier) 2: 169 (1850)
Bidens pilosa L. var. *bipinnata* (L.) Hook.f., Fl. Brit. Ind. 3: 309 (1881)
Bidens pilosa L. var. *decomosita* (Wall. ex DC.) Hook.f., Fl. Brit. Ind. 3: 310 (1881)
Bidens myrrhidifolia Tausch, Flora 19: 394 (1936)

Representative specimens; Hamgyong-namdo 1928 Hamhung (咸興) *Seok, JM s.n.* **P'yongyang** 25 September 1939 P'yongyang (平壤) *Kitamura, S Kitamura s.n.* 4 September 1901 in montibus mediae *Faurie, UJ Faurie s.n.*

Bidens biternata (Lour.) Merr. & Sherff ex Sherff, Bot. Gaz. 88: 293 (1929)

Common name 넓은잎털가막사리, 누런도깨비바늘 (털도깨비바늘)

Distribution in Korea: North, Central, South
  Bidens pilosa L. var. *chinensis* L., Mant. Pl. 2: 316 (1771)
  Coreopsis biternata Lour., Fl. Cochinch. 508 (1790)
  Bidens chinensis (L.) Willd., Sp. Pl. (ed. 4) 3: 1719 (1803)
  Bidens kotschyi Sch.Bip., Repert. Bot. Syst. (Walpers) 6: 168 (1846)
  Bidens robertianifolia H.Lév. & Vaniot, Repert. Spec. Nov. Regni Veg. 8: 140 (1910)

Representative specimens; **Chagang-do** 28 July 1910 Kang-gei(Kokai 江界) *Mills, RG Mills485* **Hwanghae-namdo** 25 July 1914 Sorai Beach 九味浦 *Mills, RG Mills891*

Bidens cernua L., Sp. Pl. 832 (1753)

Common name 가는잎가막사리 (좁은잎가막사리)

Distribution in Korea: North
  Coreopsis bidens L., Sp. Pl. 2: 908 (1753)
  Bidens minima Huds., Fl. Angl. (Hudson) 310 (1762)
  Bidens cernua L. var. *radiata* Roth, Tent. Fl. Germ. 1: 351 (1788)
  Bidens macounii Greene, Pittonia 4: 256 (1901)
  Bidens prionophylla Greene, Pittonia 4: 256 (1901)
  Bidens cusickii Greene, Pittonia 4: 259 (1901)
  Bidens filamentosa Rydb., Brittonia 1: 104 (1931)

Representative specimens; **Ryanggang** August 1913 羅暖堡 *Mori, T Mori362*

Bidens parviflora Willd., Enum. Pl. (Willdenow) 848 (1809)

Common name 잔잎가막사리, 가는도깨비바늘 (까치발)

Distribution in Korea: North, Central, South
  Bidens pauciflora Poir., Encycl. (Lamarck) Suppl. 1 630 (1811)
  Bidens messerschmidii Turcz. ex DC., Fl. Ross. (Ledeb.) 2(2,6): 518 (1845)

Representative specimens; **Chagang-do** 15 August 1911 Kang-gei(Kokai 江界) *Mills, RG Mills219* **Hamgyong-bukto** 11 August 1907 茂山嶺 *Maeda, K s.n.* 19 August 1933 茂山 *Koidzumi, G Koidzumi s.n.* **Hamgyong-namdo** 1928 Hamhung (咸興) *Seok, JM 109* **Hwanghae-bukto** 10 September 1915 瑞興 *Nakai, T Nakai2820* 10 September 1915 Nakai, *T Nakai2836* **P'yongan-bukto** 13 September 1911 東倉面藥水洞 *Ishidoya, T Ishidoya s.n.* **P'yongyang** 26 September 1939 P'yongyang (平壤) *Kitamura, S Kitamura s.n.* 25 August 1909 平壤大同江岸 *Imai, H Imai39* **Ryanggang** 23 August 1914 Keizanchin(惠山鎮) *Ikuma, Y Ikuma s.n.* 25 August 1914 甲山郡 *Ikuma, Y Ikuma s.n.* 21 June 1897 阿武山-象背嶺 *Komarov, VL Komaorv s.n.* 24 July 1897 佳林里 *Komarov, VL Komaorv s.n.* 27 July 1897 *Komarov, VL Komarov s.n.*

Bidens pilosa L., Sp. Pl. 2: 832 (1753)

Common name 긴털가막사리, 흰도깨비바늘 (울산도깨비바늘)

Distribution in Korea: Introduced (North, Central, Jeju; America)
  Bidens chilensis DC., Prodr. (DC.) 5: 603 (1836)
  Bidens hirta Jord., Fl. France (Grenier) 2: 168 (1850)
  Bidens arenaria Gand., Fl. Lyon. [Gandoger] 122 (1875)
  Bidens montaubani Phil., Anales Mus. Nac. Santiago de Chile 49 (1891)
  Bidens taquetii H.Lév. & Vaniot, Bull. Acad. Int. Geogr. Bot. 20: 3 (1910)

Bidens radiata Thuill., Fl. Env. Paris, ed. 2: 422 (1799)

Common name 삼잎구와가막사리

Distribution in Korea: North, Central, South

Representative specimens; **Hamgyong-namdo** 19 August 1935 道頭里 *Nakai, T Nakai15788* 15 August 1935 東上面漢岱里 *Nakai, T Nakai15747* **Ryanggang** August 1913 崔哥嶺 *Mori, T Mori205*

Bidens radiata Thuill. var. ***pinnatifida*** (Turcz. ex DC.) Kitam., Mem. Coll. Sci. Kyoto Imp. Univ., Ser. B, Biol. 16: 273 (1942)

Common name 구와가막사리
Distribution in Korea: North
Bidens tripartita L. var. *pinnatifida* Turcz. ex DC., Prodr. (DC.) 5: 594 (1836)
Bidens tripartita L. f. *pinnatifida* (Turcz. ex DC.) Beck, Fl. Nieder-Osterreich 2(2): 1191 (1893)

Representative specimens; Ryanggang 23 August 1914 Keizanchin(惠山鎭) *Ikuma, Y Ikuma s.n.*

Bidens tripartita L., Sp. Pl. 2: 831 (1753)
Common name 가막사리
Distribution in Korea: North, Central, South, Ulleung
Bidens connata Muhl. ex Willd. var. *comosa* A.Gray, Manual (Gray), ed. 5 261 (1867)
Bidens orientalis Velen., Sitzungsber. Böhm. Ges. Wiss. Prag, Math.-Naturwiss. Cl. 1888: 48 (1888)
Bidens acuta (Wiegand) Britton, Man. Fl. N. States (Britton) 1001 (1901)
Bidens tripartita L. var. *hebecarpa* Nakai, J. Jap. Bot. 15: 3 (1939)

Representative specimens; Hamgyong-bukto 13 August 1914 茂山東下面 *Nakai, T Nakai3182* 17 September 1935 梧上洞 *Saito, T T Saito s.n.* 15 October 1938 明川 *Saito, T T Saito s.n.* **Hamgyong-namdo** 16 August 1943 赴戰高原漢垈里 *Honda, M Honda56* 16 August 1943 *Honda, M Honda169* 23 August 1932 蓋馬高原 *Kitamura, S Kitamura s.n.* 23 July 1933 東上面漢岱里 *Koidzumi, G Koidzumi s.n.* 14 August 1940 赴戰高原漢垈里 *Okuyama, S Okuyama s.n.* 16 August 1934 永古面松興里 *Yamamoto, A Yamamoto s.n.* **Kangwon-do** October 1932 元山 *Kitamura, S Kitamura s.n.* **P'yongan-bukto** 13 September 1915 Gishu(義州) Nakai, *T Nakai2952* **Ryanggang** 30 July 1897 甲山 *Komarov, VL Komarov s.n.* 18 August 1897 葡坪 *Komarov, VL Komarov s.n.* 7 July 1897 犁方嶺 (鴨綠江羅暖堡) *Komarov, VL Komaorv s.n.* 16 August 1897 大羅信洞 *Komarov, VL Komaorv s.n.* 18 August 1897 葡坪 *Komarov, VL Komaorv s.n.* 25 August 1942 吉州郡白岩 *Nakajima, K Nakajima s.n.* 15 July 1935 小長白山 *Irie, Y s.n.*

Breea **Less.**
Breea segeta (Bunge) Kitam., Acta Phytotax. Geobot. 18: 79 (1959)
Common name 조뱅이
Distribution in Korea: North, Central, South, Ulleung
Cirsium segetum Bunge, Enum. Pl. Chin. Bor. 36 (1833)
Cnicus segetum (Bunge) Maxim., Bull. Acad. Imp. Sci. Saint-Petersbourg 19: 511 (1874)
Carduus segetum (Bunge) Franch., Pl. David. 1: 178 (1884)
Cirsium segetum Bunge f. *lactiflora* Nakai, Bot. Mag. (Tokyo) 26: 356 (1912)
Cephalonoplos segetum (Bunge) Kitam., Acta Phytotax. Geobot. 3: 8 (1934)
Cephalonoplos segetum (Bunge) Kitam. f. *lactiflora* (Nakai) Kitam., Mem. Coll. Sci. Kyoto Imp. Univ., Ser. B, Biol. 13: 24 (1937)
Breea segeta (Bunge) Kitam. f. *lactiflora* (Nakai) W.T.Lee, Lineamenta Florae Koreae 1110 (1996)

Representative specimens; Hamgyong-bukto 7 August 1935 羅南支庫 *Saito, T T Saito s.n.* 16 September 1908 清津 *Shou, K s.n.* 11 July 1930 鏡城元師台 *Ohwi, J Ohwi s.n.* 9 July 1930 Kyonson 鏡城 *Ohwi, J Ohwi s.n.* 15 May 1897 江八嶺 *Komarov, VL Komaorv s.n.* **Hamgyong-namdo** 17 August 1940 西湖津海岸 *Okuyama, S Okuyama s.n.* July 1902 端川龍德里摩天嶺 *Mishima, A s.n.* 22 September 1936 Hamhung (咸興) *Nomura, N Nomura s.n.* 1929 Seok, *JM 34* **Hwanghae-bukto** 29 May 1939 白川邑 *Hozawa, S Hozawa s.n.* **Kangwon-do** June 1935 Mt. Kumgang (金剛山) *Sakaguchi, S s.n.* 7 August 1932 元山 *Kitamura, S Kitamura s.n.* 7 June 1909 Nakai, *T Nakai s.n.* 5 May 1935 *Yamagishi, S s.n.* **P'yongan-namdo** 16 July 1916 寧遠 *Mori, T Mori s.n.* **P'yongyang** 21 May 1911 P'yongyang (平壤) *Imai, H Imai s.n.* 28 May 1911 *Imai, H Imai s.n.* Type of *Cirsium segetum* Bunge f. *lactiflora* Nakai (Holotype TI)28 May 1911 平壤 *Imai, H Imai s.n.* 22 June 1909 平壤市街附近 *Imai, H Imai38* **Ryanggang** 7 July 1897 犁方嶺 (鴨綠江羅暖堡) *Komarov, VL Komarov s.n.* 25 August 1942 吉州郡白岩 *Nakajima, K Nakajima s.n.*

Breea setosa (Willd.) Kitam., Acta Phytotax. Geobot. 18: 79 (1959)
Common name 센털조뱅이, 개지칭개 (큰조뱅이)
Distribution in Korea: North
Serratula setosa Willd., Sp. Pl. (ed. 5; Willdenow) 3: 1645 (1803)
Cnicus setosus (Willd.) Besser, Prim. Fl. Galiciae Austriac. 2: 172 (1809)
Cirsium setosum (Willd.) M.Bieb., Fl. Taur.-Caucas. 3: 560 (1819)
Cirsium setosum (Willd.) M.Bieb. var. *subulatum* Ledeb., Fl. Altaic. 4: 10 (1833)
Cirsium arvense (L.) Scop. var. *integrifolium* K.Koch, Syn. Pl. Germ. ed. 1: 400 (1837)
Cirsium arguense DC., Prodr. (DC.) 6: 644 (1838)
Cirsium arvense (L.) Scop. var. *setosum* (Willd.) Ledeb., Fl. Ross. (Ledeb.) 2: 735 (1846)

Cnicus arvensis var. *setosus* (Willd.) Maxim., Bull. Acad. Imp. Sci. Saint-Petersbourg 19: 511 (1874)
Carduus arvensis (L.) Robson var. *setosus*(M.Bieb.) Franch., Pl. David. 1: 178 (1884)
Cephalonoplos setosum (Willd.) Kitam., Acta Phytotax. Geobot. 3: 8 (1934)

Representative specimens; Ryanggang 23 August 1914 Keizanchin(惠山鎭) *Ikuma, Y Ikuma s.n.* August 1913 *Mori, T Mori352* 4 August 1914 普天堡- 寶泰洞 *Nakai, T Nakai3210*

Callistephus Cass. & F.Cuvier
Callistephus chinensis (L.) Nees, Gen. Sp. Aster. 222 (1832)

Common name 과꽃

Distribution in Korea: North (Gaema, Baekmu, Bujeon), Central
  Aster chinensis L., Sp. Pl. 2: 877 (1753)
  Amellus speciosus Gaterau, Descr. Pl. Montauban 146 (1789)
  Aster regalis Salisb., Prodr. Stirp. Chap. Allerton 198 (1796)
  Callistephus hortense Cass., Dict. Sci. Nat., ed. 2 6suppl : 45 (1817)
  Aster lacinians Borbás, Magyar Bot. Lapok 3: 50 (1904)

Representative specimens; Chagang-do 22 July 1914 山羊 -江口 *Nakai, T Nakai s.n.* **Hamgyong-bukto** 28 August 1908 清津 *Shou, K s.n.* 23 June 1909 茂山嶺 *Nakai, T Nakai s.n.* 3 August 1930 吉州郡載德 *Ohwi, J Ohwi s.n.* 8 August 1930 載德 *Ohwi, J Ohwi s.n.* 12 September 1932 南下石山 *Saito, T T Saito s.n.* 3 August 1914 車踰嶺 *Ikuma, Y Ikuma s.n.* 3 August 1917 鷹洞 *Furumi, M Furumi s.n.* **Hamgyong-namdo** 19 August 1935 道頭里 *Nakai, T Nakai s.n.* 23 August 1932 蓋馬高原 *Kitamura, S Kitamura s.n.* 23 August 1932 *Kitamura, S Kitamura s.n.* 23 August 1932 *Kitamura, S Kitamura s.n.* 23 August 1932 *Kitamura, S Kitamura s.n.* **Ryanggang** 30 July 1897 甲山 *Komarov, VL Komarov s.n.* 15 August 1935 北水白山 *Hozawa, S Hozawa s.n.* 25 July 1914 遮川里三水 *Nakai, T Nakai s.n.* 21 August 1914 崔哥嶺 *Ikuma, Y Ikuma s.n.* 28 June 1897 栢德嶺 *Komarov, VL Komarov s.n.* 22 July 1897 佳林里 *Komarov, VL Komarov s.n.* 24 July 1897 *Komarov, VL Komarov s.n.* 20 August 1933 江口 - 三長 *Koidzumi, G Koidzumi s.n.* 14 August 1914 農事洞- 三下 *Nakai, T Nakai s.n.*

Carduus L.
Carduus crispus L., Sp. Pl. 821 (1753)

Common name 지느러미엉경퀴

Distribution in Korea: Introduced (North, Central, South, Ulleung; Eurasia)
  Carduus crispus L. var. *integrifolius* Rchb., Fl. Germ. Excurs. 283 (1831)
  Carduus crispus L. f. *albus* (Makino) H.Hara, Enum. Spermatophytarum Japon. 2: 153 (1952)
  Carduus incanus Klokov, Fl. URSS 11: 502 (1962)

Representative specimens; Hamgyong-bukto 21 June 1937 龍台 *Saito, T T Saito s.n.* 11 July 1930 Kyonson 鏡城 *Ohwi, J Ohwi s.n.* 3 August 1936 漁下面 *Saito, T T Saito s.n.* **Hamgyong-namdo** July 1902 端川龍德里摩天嶺 *Mishima, A s.n.* **Hwanghae-namdo** 26 August 1941 長壽山 *Hurusawa, I Hurusawa s.n.* **Kangwon-do** 2 August 1932 金剛山內金剛 *Kobayashi, M Kobayashi s.n.* 7 August 1916 金剛山新豊里 -未輝里 *Nakai, T Nakai5900* 6 June 1909 元山 *Nakai, T Nakai s.n.* **P'yongan-namdo** 15 June 1928 陽德 *Nakai, T Nakai s.n.* **P'yongyang** 22 June 1909 平壤市街附近 *Imai, H Imai12* **Rason** 6 July 1935 獨津 *Saito, T T Saito s.n.* **Ryanggang** 7 August 1897 上巨里水 *Komarov, VL Komarov s.n.* 3 August 1939 白岩 *Nakai, T Nakai s.n.*

Carpesium L.
Carpesium abrotanoides L., Sp. Pl. 2: 860 (1753)

Common name 담배풀

Distribution in Korea: North, Central, South, Ulleung
  Carpesium wulfenianum Schreb. ex DC., Prodr. (DC.) 6: 282 (1838)
  Carpesium thunbergianum Siebold & Zucc., Abh. Math.-Phys. Cl. Konigl. Bayer. Akad. Wiss. 4 (3): 187 (1846)
  Carpesium abrotanoides L. var. *thunbergianum* (Siebold & Zucc.) Makino, J. Jap. Bot. 2: 22 (1922)

Representative specimens; Chagang-do 16 July 1911 Kang-gei(Kokai 江界) *Mills, RG Mills42* **Hwanghae-namdo** 26 August 1943 長壽山 *Furusawa, I Furusawa s.n.*

Carpesium cernuum L., Sp. Pl. 2: 859 (1753)

Common name 좀담배풀

Distribution in Korea: North, Central, South, Ulleung

Carpesium taquetii H.Lév., Repert. Spec. Nov. Regni Veg. 8: 170 (1910)
Carpesium glossophylloides Nakai, Bot. Mag. (Tokyo) 29: 9 (1915)
Carpesium cernuum L. var. *queenslandica* Domin, Biblioth. Bot. 89: 678 (1930)

Representative specimens; Hamgyong-bukto 6 August 1918 溫水坪 *Nakai, T Nakai7665* **Hamgyong-namdo** 11 August 1940 咸興歸州寺 *Okuyama, S Okuyama s.n.* **Hwanghae-bukto** 10 September 1915 瑞興 *Nakai, T Nakai2870* **Hwanghae-namdo** 26 August 1943 長壽山 *Furusawa, I Furusawa s.n.* **Kangwon-do** 2 September 1932 金剛山外金剛 *Kitamura, S Kitamura s.n.* 28 July 1916 長箭 -高城 *Nakai, T Nakai s.n.* 7 August 1932 Mt. Kumgang (金剛山) *Fukushima s.n.* 14 August 1932 金剛山長安寺 *Kitamura, S Kitamura s.n.* 4 August 1916 金剛山萬物相 *Nakai, T Nakai5947* 3 August 1942 金剛山長安寺明鏡台 *Nakajima, K Nakajima s.n.* 31 August 1916 通川邑內叢石亭 *Nakai, T Nakai6110* 26 August 1932 元山 *Kitamura, S Kitamura s.n.* **P'yongan-bukto** 3 August 1935 妙香山 *Koidzumi, G Koidzumi s.n.* **P'yongyang** 18 September 1915 江東 *Nakai, T Nakai2970* **Ryanggang** 3 August 1939 白岩 *Nakai, T Nakai s.n.*

Carpesium divaricatum Siebold & Zucc., Abh. Math.-Phys. Cl. Konigl. Bayer. Akad. Wiss. 4: 187 (1846)

Common name 긴담배풀

Distribution in Korea: North, Central, South
Carpesium divaricatum Siebold & Zucc. var. *pygmaea* Miq., Ann. Mus. Bot. Lugduno-Batavi 2: 179 (1866)
Carpesium atkinsonianum Hemsl., Bull. Misc. Inform. Kew 79: 157 (1893)
Carpesium erythrolepis H.Lév., Repert. Spec. Nov. Regni Veg. 8: 170 (1910)

Representative specimens; Kangwon-do 14 August 1933 安邊郡衛盆面三防 *Nomura, N Nomura s.n.* **P'yongyang** September 1901 in mediae *Faurie, UJ Faurie1149*

Carpesium macrocephalum Franch. & Sav., Enum. Pl. Jap. 2: 408 (1878)

Common name 왕담배풀 (여우오줌)

Distribution in Korea: North, Central
Carpesium eximium C.Winkl., Trudy Imp. S.-Peterburgsk. Bot. Sada 14: 58 (1895)

Representative specimens; Chagang-do 7 August 1912 Chosan(楚山) *Imai, H Imai184* **Kangwon-do** 13 August 1916 金剛山表訓寺方面森 *Nakai, T Nakai5945* 14 August 1902 Mt. Kumgang (金剛山) *Uchiyama, T Uchiyama s.n.* **P'yongan-namdo** 14 July 1916 Kai-syong (价川) *Mori, T Mori s.n.* **Ryanggang** 16 August 1897 大羅信洞 *Komarov, VL Komaorv s.n.*

Carpesium triste Maxim., Bull. Acad. Imp. Sci. Saint-Pétersbourg 14: 479 (1874)

Common name 두메담배풀

Distribution in Korea: North, Central, South, Ulleung
Carpesium manshuricum Kitam., Acta Phytotax. Geobot. 4: 71 (1935)
Carpesium triste Maxim. var. *manshuricum* (Kitam.) Kitam., Mem. Coll. Sci. Kyoto Imp. Univ., Ser. B, Biol. 13: 280 (1937)

Representative specimens; Chagang-do 26 August 1897 小德川 (松德水河谷) *Komarov, VL Komaorv s.n.* **Hamgyong-bukto** 8 August 1918 寶村 *Nakai, T Nakai7670* **Kangwon-do** 7 August 1932 Mt. Kumgang (金剛山) *Fukushima s.n.* 28 July 1916 金剛山外金剛千佛山 *Mori, T Mori s.n.* 14 July 1936 *Nakai, T Nakai s.n.* 7 August 1940 Mt. Kumgang (金剛山) *Okuyama, S Okuyama s.n.* 18 August 1902 *Uchiyama, T Uchiyama s.n.* **P'yongan-bukto** 6 August 1935 妙香山 *Koidzumi, G Koidzumi s.n.* 27 July 1937 *Park, MK Park s.n.* **Ryanggang** 21 August 1897 subdist. Chu-czan, flumen Amnok-gan *Komarov, VL Komaorv s.n.* 5 August 1897 白山嶺 *Komarov, VL Komaorv s.n.* 22 August 1897 雲洞嶺 *Komarov, VL Komaorv s.n.*

Centipeda Lour.
Centipeda minima (L.) A.Braun & Asch., Index Seminum Hort. Bot. Berol. 1867 1: 6 (1867)

Common name 토방풀 (중대가리풀)

Distribution in Korea: North, Central, South
Artemisia minima L., Sp. Pl. 2: 849 (1753)
Cotula minuta G.Forst., Fl. Ins. Austr. 57 (1786)
Centipeda orbicularis Lour., Fl. Cochinch. 2: 602 (1790)
Cotula minima (L.) Willd., Sp. Pl. (ed. 4) 3: 2170 (1803)
Artemisia sternutatoria Roxb., Hort. Bengal. 61 (1814)
Myriogyne minuta (G.Forst.) Less., Linnaea 6: 219 (1831)

Myriogyne minuta (G.Forst.) Less. var. *lanuginosa* DC., Prodr. (DC.) 6: 139 (1838)
Sphaeromorphaea russelliana DC. var. *glabrata* DC., Prodr. (DC.) 6: 140 (1838)
Dichrocephala schmidii Wight, Icon. Pl. Ind. Orient. (Wight) 6: 1610 (1850)
Myriogyne minima (L.) Less. ex Seem., Bonplandia 9: 257 (1861)

Representative specimens; Chagang-do 30 August 1911 Sensen (前川) *Mills, RG Mills s.n.* **Hamgyong-bukto** 24 August 1935 羅南 *Saito, T T Saito s.n.* 22 August 1936 朱乙 *Saito, T T Saito s.n.* **Hwanghae-namdo** 22 July 1922 Sorai Beach 九味浦 *Mills, RG Mills s.n.* **Kangwon-do** 10 August 1932 元山 *Kitamura, S Kitamura s.n.*

Cirsium japonicum Fisch. ex DC., Prodr. (DC.) 6: 640 (1838)
Common name 개엉겅퀴
Distribution in Korea: North, Central, South
Cnicus japonicus (Fisch. ex DC.) Maxim. var. *intermedium* Maxim., Bull. Acad. Imp. Sci. Saint-Petersbourg 19: 505 (1874)
Carduus japonicum(Fisch. ex DC.) Franch., Pl. David. 1: 178 (1884)
Cnicus nakaianus H.Lév. & Vaniot, Repert. Spec. Nov. Regni Veg. 8: 168 (1910)
Cnicus taquetii H.Lév. & Vaniot, Repert. Spec. Nov. Regni Veg. 8: 168 (1910)
Cirsium japonicum Fisch. ex DC. ssp. *genuinum* var. *vulkani* Nakai, Bot. Mag. (Tokyo) 25: 59 (1911)
Cirsium japonicum Fisch. ex DC. var. *horridum* Nakai, Bot. Mag. (Tokyo) 25: 59 (1911)
Cirsium maackii Maxim. var. *nakaianum* (H.Lév. & Vaniot) Nakai, J. Coll. Sci. Imp. Univ. Tokyo 31: 109 (1911)
Cirsium maackii Maxim. var. *taquetii* Nakai, J. Coll. Sci. Imp. Univ. Tokyo 31: 109 (1911)
Cirsium japonicum Fisch. ex DC. var. *intermedium* (Maxim.) Matsum., Index Pl. Jap. 2 (2): 640 (1912)
Cirsium laciniatum Nakai, Bot. Mag. (Tokyo) 26: 376 (1912)
Cirsium maackii Maxim. var. *horridum* (Nakai) Nakai, Bot. Mag. (Tokyo) 26: 375 (1912)
Cirsium maackii Maxim. var. *intermedium* (Maxim.) Nakai, Bot. Mag. (Tokyo) 26: 376 (1912)
Cirsium maackii Maxim. var. *vulkani* Nakai, Bot. Mag. (Tokyo) 26: 376 (1912)
Cirsium taquetii (H.Lév. & Vaniot) Nakai, Bot. Mag. (Tokyo) 26: 373 (1912)
Cirsium japonicum Fisch. ex DC. var. *nakaianum* Kitam., Cirsium Nov. Or.-Asiat. 1: 12 (1931)
Cirsium ibukiense Nakai, Bot. Mag. (Tokyo) 46: 623 (1932)
Cirsium maackii Maxim. var. *kiusianum* Nakai, Bot. Mag. (Tokyo) 46: 624 (1932)
Cirsium senile Nakai, Bot. Mag. (Tokyo) 46: 623 (1932)
Cirsium japonicum Fisch. ex DC. var. *kiusianum* (Nakai) Nemoto, Fl. Jap. Suppl. 761 (1936)
Cirsium japonicum Fisch. ex DC. var. *ibukiense* Nakai ex Kitam., Mem. Coll. Sci. Kyoto Imp. Univ., Ser. B, Biol. 13: 66 (1937)
Cirsium kitagoense Nakai, J. Jap. Bot. 25: 134 (1950)
Cirsium japonicum Fisch. ex DC. f. *nakaianum* (H.Lév. & Vaniot) W.T.Lee, Lineamenta Florae Koreae 1130 (1996)

Cirsium japonicum Fisch. ex DC. var. **maackii** (Maxim.) Matsum., Index Pl. Jap. 2 (2): 641 (1912)
Common name 엉겅퀴
Distribution in Korea: North, Central, South
Cirsium maackii Maxim., Mem. Acad. Imp. Sci. St.-Petersbourg Divers Savans 9: 172 (1859)
Cirsium littorale var. *ussuriense* Regel, Tent. Fl.-Ussur. 102 (1861)
Cnicus japonicus var. *maackii* (Maxim.) Maxim., Bull. Acad. Imp. Sci. Saint-Petersbourg 19: 506 (1874)
Cirsium maackii Maxim. var. *koraiensis* Nakai, Bot. Mag. (Tokyo) 23: 99 (1909)
Cirsium japonicum Fisch. ex DC. ssp. *maackii* (Maxim.) Nakai, Bot. Mag. (Tokyo) 25: 61 (1911)
Cirsium maackii Maxim. f. *koraiensis* (Nakai) Nakai, J. Coll. Sci. Imp. Univ. Tokyo 31: 47 (1911)
Cirsium maackii Maxim. var. *nakaii* (H.Lév.) Nakai ex T. Mori, Enum. Pl. Corea 354 (1922)
Cirsium japonicum Fisch. ex DC. var. *amurense* Kitam., Cirsium Nov. Or.-Asiat. 1: 12 (1931)
Cirsium xanthacanthum Nakai, Bot. Mag. (Tokyo) 46: 619 (1932)
Cirsium asperum Nakai, Bot. Mag. (Tokyo) 46: 618 (1932)
Cirsium maackii Maxim. var. *spinosossimum* Kitam., Mem. Coll. Sci. Kyoto Imp. Univ., Ser. B, Biol. 13: 63 (1937)

Cirsium japonicum Fisch. ex DC. var. *spinossimum* Kitam., J. Jap. Bot. 20: 198 (1944)
Cirsium japonicum Fisch. ex DC. var. *ussuriense* (Regel) Kitam. ex Ohwi, Fl. Jap., revised ed., [Ohwi] 1376 (1965)

Representative specimens; **Hamgyong-namdo** 1 August 1941 咸興歸州寺 *Osada, T s.n.* **Hwanghae-bukto** 29 May 1939 白川邑 *Hozawa, S Hozawa s.n.* **Hwanghae-namdo** 29 July 1935 長壽山 *Koidzumi, G Koidzumi s.n.* 29 June 1921 Sorai Beach 九味浦 *Mills, RG Mills s.n.* **Kangwon-do** 28 July 1916 長箭 -高城 *Nakai, T Nakai5950* 9 June 1909 元山 *Nakai, T Nakai s.n.* **P'yongan-bukto** 5 August 1939 妙香山 *Hozawa, S Hozawa s.n.* 4 August 1935 *Koidzumi, G Koidzumi s.n.* 14 June 1912 白壁山 *Ishidoya, T Ishidoya s.n.* **P'yongyang** 18 June 1911 P'yongyang (平壤) *Imai, H Imai s.n.* **Ryanggang** 29 May 1917 江口 *Nakai, T Nakai4707*

Cirsium lineare (Thunb.) Sch. Bip., Linnaea 19: 335 (1847)

Common name 솜엉겅퀴 (버들잎엉겅퀴)

Distribution in Korea: North (P'yongan), Central (Hwanghae), Jeju
   Carduus linearis Thunb., Fl. Jap. (Thunberg) 305 (1784)
   Spanioptilon lineare Less., Syn. Gen. Compos. 10 (1832)
   Cirsium chinense Gardner & Cham., Hooker's J. Bot. Kew Gard. Misc. 1: 323 (1849)
   Cirsium oreithales Hance, Ann. Bot. Syst. 2: 944 (1852)
   Cnicus chinensis (Gardner & Champ.) Benth., Gen. Pl. (Bentham & Hooker) 2: 468 (1863)
   Cnicus linearis (Thunb.) Benth. & Hook. f. ex Franch. & Sav., Enum. Pl. Jap. 1: 261 (1873)
   Cnicus sinensis Clarke, Compos. Ind. 219 (1876)
   Cnicus uninervius H.Lév. & Vaniot, Repert. Spec. Nov. Regni Veg. 8: 169 (1910)
   Cirsium buergeri Miq. var. *chanroenicum* (Nakai) Nakai, J. Coll. Sci. Imp. Univ. Tokyo 31: 47 (1911)
   Cirsium nakaianum (H.Lév. & Vaniot) Nakai, Bot. Mag. (Tokyo) 26: 378 (1912)
   Cirsium chanroenicum (Nakai) Nakai, Bot. Mag. (Tokyo) 26: 368 (1912)
   Cirsium coreanum Nakai, Bot. Mag. (Tokyo) 26: 372 (1912)
   Cirsium mokchangense Nakai, Bot. Mag. (Tokyo) 29: 9 (1915)
   Cirsium uninerve Nakai ex T. Mori, Enum. Pl. Corea 355 (1922)
   Cnicus chanroenica Nakai, Bot. Mag. (Tokyo) 23: 187 (1923)
   Cirsium uninervium Nakai, Fl. Sylv. Kor. 14: 110 (1923)
   Cirsium lineare (Thunb.) Sch.Bip. var. *discolor* Nakai, Bot. Mag. (Tokyo) 46: 626 (1932)
   Cirsium toraiense Nakai ex Kitam., Acta Phytotax. Geobot. 5: 31 (1936)
   Cirsium chanroenicum (Nakai) Nakai var. *lanceolata* Kitam., Mem. Coll. Sci. Kyoto Imp. Univ., Ser. B, Biol. 13: 90 (1937)
   Cirsium lineare (Thunb.) Sch. Bip. var. *linearifolium* f. *viride* Petr., Repert. Spec. Nov. Regni Veg. 43: 280 (1938)
   Cirsium tsoongianum Ling, Contr. Bot. Surv. North W. China 1: 36 (1939)
   Cirsium lineare (Thunb.) Sch. Bip. var. *franchetii* Kitam. f. *pallidum* Kitam., J. Jap. Bot. 20: 199 (1944)
   Cirsium lineare (Thunb.) Sch. Bip. var. *pallidum* (Kitam.) Ling, Contr. Inst. Bot. Natl. Acad. Peiping 6: 102 (1949)
   Cirsium lineare (Thunb.) Sch. Bip. var. *tsoongianum* (Ling) Ling, Contr. Inst. Bot. Natl. Acad. Peiping 6: 102 (1949)

Representative specimens; **Kangwon-do** 30 September 1936 Mt. Kumgang (金剛山) *Chang, HD ChangHD*

Cirsium pendulum Fisch. ex DC., Prodr. (DC.) 6: 650 (1838)

Common name 큰엉겅퀴

Distribution in Korea: North (Chagang, Ryanggang, Hamgyong, P'yongan), Central
   Cirsium falcatum Turcz. ex DC., Prodr. (DC.) 6: 650 (1838)
   Cnicus pendulus (Fisch. ex DC.) Maxim., Bull. Acad. Imp. Sci. Saint-Petersbourg 19: 510 (1874)
   Cnicus hilgendorfii Fisch. & Sav., Enum. Pl. Jap. 2: 410 (1878)
   Cnicus provostii Franch., J. Bot. (Morot) 11: 23 (1897)
   Cirsium hilgendorfii (Fisch. & Sav.) Makino, Bot. Mag. (Tokyo) 19: 299 (1905)
   Cirsium provostii (Franch.) Petr., Repert. Spec. Nov. Regni Veg. 44: 52 (1938)

Representative specimens; **Chagang-do** 15 August 1911 Kang-gei(Kokai 江界) *Mills, RG Mills s.n.* 20 July 1911 *Mills, RG Mills43* 16 July 1911 *Mills, RG Mills60* 6 July 1911 *Mills, RG Mills104* 15 October 1910 *Mills, RG Mills483* **Hamgyong-bukto** 18

August 1935 羅南 *Saito, T T Saito s.n.* 22 July 1939 富寧 *Nakai, T Nakai s.n.* **Hamgyong-namdo** 24 July 1933 東上面大漢岱里 *Koidzumi, G Koidzumi s.n.* 23 July 1933 東上面漢岱里 *Koidzumi, G Koidzumi s.n.* 16 August 1940 *Okuyama, S Okuyama s.n.* 16 August 1934 永古面松興里 *Yamamoto, A Yamamoto s.n.* **Kangwon-do** 4 August 1914 溫井里 *Nakai, T Nakai s.n.* 29 September 1935 Mt. Kumgang (金剛山) *Okamoto, S Okamoto s.n.* 18 August 1932 安邊郡衛盆面三防 *Koidzumi, G Koidzumi s.n.* **P'yongan-bukto** 26 July 1912 Nei-hen (Neiyen 寧邊) *Imai, H Imai132* **P'yongyang** September 1901 in mediae *Faurie, UJ Faurie1144* **Ryanggang** 2 August 1897 虛川江-五海江 *Komarov, VL Komaorv s.n.* 30 July 1897 甲山 *Komarov, VL Komaorv s.n.* 5 August 1897 白山嶺 *Komarov, VL Komarov s.n.* 25 August 1942 吉州郡白岩 *Nakajima, K Nakajima s.n.* 5 August 1930 合水 *Ohwi, J Ohwi s.n.* 7 October 1935 延岩 *Okamoto, S Okamoto s.n.* 21 July 1897 佳林里(鴨綠江上流) *Komarov, VL Komaorv s.n.* 15 August 1914 白頭山 *Ikuma, Y Ikuma s.n.* August 1913 長白山 *Mori, T Mori197*

Cirsium schantarense Trautv. & C.A.Mey., Fl. Ochot. Phaenog. 58 (1856)

Common name 도깨비엉겅퀴

Distribution in Korea: far North (Paekdu, Potae, Kwanmo, Seolryong, Chail, Wagal, Rangrim), Central

> *Cirsium pendulum* Fisch. ex DC. var. *oligocephalum* Regel & Tiling, Fl. Ajan. 107 (1859)
> *Cnicus japonicus*(Fisch. ex DC.) Maxim. var. *schantarensis* (Trautv. & C.A.Mey.) Maxim., Mélanges Biol. Bull. Phys.-Math. Acad. Imp. Sci. Saint-Pétersbourg 9: 326 (1874)
> *Cnicus diamaticus* Nakai, Bot. Mag. (Tokyo) 23: 99 (1909)
> *Cirsium diamanticum* (Nakai) Nakai, Bot. Mag. (Tokyo) 26: 363 (1912)
> *Cirsium maackii* Maxim. var. *spiniferum* Nakai, Bot. Mag. (Tokyo) 46: 624 (1932)
> *Cirsium fusenense* Nakai, J. Jap. Bot. 16: 70 (1940)
> *Cirsium zenii* Nakai, J. Jap. Bot. 16: 71 (1940)

Representative specimens; Chagang-do 22 July 1916 狼林山 *Mori, T Mori s.n.* 10 July 1914 蔥田嶺 *Nakai, T Nakai1595* **Hamgyong-bukto** 12 August 1933 渡正山 *Koidzumi, G Koidzumi s.n.* 8 August 1934 雙燕山 *Uozumi, H Uozumi s.n.* 7 July 1930 Kyonson 鏡城 *Ohwi, J Ohwi s.n.* July 1932 冠帽峰 *Ohwi, J Ohwi s.n.* **Hamgyong-namdo** 23 July 1916 赴戰高原寒泰嶺 *Mori, T Mori s.n.* 16 August 1934 新角面 北山 *Nomura, N Nomura s.n.* 24 August 1932 蓋馬高原 *Kitamura, S Kitamura s.n.* 22 August 1932 Kitamura, *S Kitamura s.n.* 25 July 1933 東上面遮日峯 *Koidzumi, G Koidzumi s.n.* 15 August 1935 東上面漢岱里 *Nakai, T Nakai15758* 20 June 1932 東上面元豊里 *Ohwi, J Ohwi s.n.* 15 August 1940 遮日峯 *Okuyama, S Okuyama s.n.* 18 August 1934 東上面達阿里新洞 *Yamamoto, A Yamamoto s.n.* **Kangwon-do** 13 August 1932 金剛山 *Kitamura, S Kitamura s.n.* 13 August 1932 Kitamura, *S Kitamura s.n.* 4 August 1932 金剛山內金剛 *Kobayashi, M Kobayashi s.n.* 30 July 1928 金剛山內金剛毘盧峯 *Kondo, K Kondo s.n.* 11 July 1936 金剛山外金剛千佛山 *Nakai, T Nakai s.n.* 14 August 1916 金剛山望軍臺 *Nakai, T Nakai s.n.* 8 August 1940 金剛山內金剛 *Okuyama, S Okuyama s.n.* 18 August 1902 Mt. Kumgang (金剛山) *Uchiyama, T Uchiyama s.n.* **P'yongan-bukto** 3 August 1935 妙香山 *Koidzumi, G Koidzumi s.n.* **P'yongan-namdo** 21 July 1916 上南洞 *Mori, T Mori s.n.* **Rason** 18 August 1935 獨津 *Saito, T T Saito s.n.* **Ryanggang** 15 August 1935 北水白山 *Hozawa, S Hozawa s.n.* 22 August 1934 熊耳面北水白山附近 *Kojima, K Kojima s.n.* 5 August 1940 高頭山 *Hozawa, S Hozawa s.n.* 9 July 1930 含山嶺 *Ohwi, J Ohwi s.n.* 24 July 1930 Ohwi, *J Ohwi s.n.* 24 July 1930 合水 (列結水) Ohwi, *J Ohwi s.n.* 14 August 1913 神武城 *Hirai, H Hirai52* August 1913 長白山 *Mori, T Mori57* 6 August 1914 胞胎山虛項嶺 *Nakai, T Nakai s.n.* 26 July 1942 神武城-無頭峯 *Saito, T T Saito s.n.* 21 August 1934 新興郡 /豊山郡境北水白山 *Yamamoto, A Yamamoto s.n.*

Cirsium setidens (Dunn) Nakai, Bot. Mag. (Tokyo) 34: 54 (1920)

Common name 고려엉겅퀴

Distribution in Korea: North, Central, Endemic

> *Cirsium setidens* Nakai var. *discolor* Nakai
> *Cirsium yoshinoi* Nakai, Fl. Sylv. Kor. 14: 111 (1923)
> *Saussurea setidens* Dunn, J. Bot. 45: 403 (1937)
> *Cirsium setidens* (Dunn) Nakai var. *niveoaraneum* Kitam., Mem. Coll. Sci. Kyoto Imp. Univ., Ser. B, Biol. 13: 109 (1937)
> *Cirsium setidens* (Dunn) Nakai var. *pinnatifolium* Y.N.Lee, Bull. Korea Pl. Res. 4: 8 (2004)

Representative specimens; Kangwon-do 30 July 1916 溫井里 *Nakai, T Nakai s.n.* 15 August 1932 金剛山 *Kitamura, S Kitamura s.n.* Type of *Cirsium setidens* (Dunn) Nakai var. *niveoaraneum* Kitam. (Holotype KYO)21 October 1931 *Takeuchi, K s.n.* 21 October 1931 *Takeuchi, K s.n.*4 September 1916 洗浦-蘭谷 *Nakai, T Nakai s.n.* **P'yongan-bukto** 27 September 1912 雲山郡南面諸仁里 *Ishidoya, T Ishidoya s.n.* **P'yongan-namdo** 15 September 1915 Sin An Ju(新安州) *Nakai, T Nakai2919* 19 September 1915 成川 *Nakai, T Nakai s.n.* 29 August 1930 錘峯山 *Uyeki, H Uyeki s.n.* **P'yongyang** 9 October 1911 P'yongyang (平壤) *Imai, H Imai s.n.* **Rason** 27 August 1914 松眞山 *Nakai, T Nakai s.n.*

Cirsium vlassovianum Fisch. ex DC., Prodr. (DC.) 6: 635 (1837)

Common name 흰잎엉겅퀴

Distribution in Korea: North, Central

Cirsium vlassovianum Fisch. ex DC. var. *bracteatum* Ledeb., Fl. Ross. (Ledeb.) 2: 741 (1845)

Cirsium vlassovianum Fisch. ex DC. var. *genuinum* Herder, Bull. Soc. Imp. Naturalistes Moscou 43: 4 (1870)

Cnicus vlassovianum (Fisch. ex DC.) Maxim., Bull. Acad. Imp. Sci. Saint-Pétersbourg 19: 509 (1874)

Cirsium coryletorum Kom., Izv. Imp. Bot. Sada Petra Velikago 16: 179 (1916)

Cirsium vlassovianum Fisch. ex DC. var. *album* Nakai, Fl. Sylv. Kor. 14: 110 (1923)

Cirsium vlassovianum Fisch. ex DC. var. *salicifolium* Kitag., Bot. Mag. (Tokyo) 48: 112 (1934)

Cirsium vlassovianum Fisch. ex DC. f. *leucanthum* Kitam., Mem. Coll. Sci. Kyoto Imp. Univ., Ser. B, Biol. 13: 88 (1937)

Representative specimens; **Chagang-do** 25 August 1897 小德川 (松德水河谷) *Komarov, VL Komaorv s.n.* 30 August 1897 慈城江 *Komarov, VL Komaorv s.n.* **Hamgyong-bukto** 17 September 1932 羅南 *Saito, T T Saito s.n.* 8 September 1934 清津燈臺 *Uozumi, H Uozumi s.n.* 25 August 1917 雪嶺 *Furumi, M Furumi s.n.* **Hamgyong-namdo** 17 August 1934 富盛里 *Nomura, N Nomura s.n.* 14 August 1943 赴戰高原元豐-道安 *Honda, M Honda67* 22 August 1932 蓋馬高原 *Kitamura, S Kitamura s.n.* 15 August 1935 東上面漢岱里 *Nakai, T Nakai15759* 14 August 1940 赴戰高原 Fusenkogen *Okuyama, S Okuyama s.n.* 16 August 1940 東上面漢岱里 *Okuyama, S Okuyama s.n.* September 1942 赴戰高原 Fusenkogen *Terazaki, T s.n.* 30 August 1934 東下面安基里谷 *Yamamoto, A Yamamoto s.n.* 30 August 1934 東下面頭雲峯安基里 *Yamamoto, A Yamamoto s.n.* 1 August 1932 新興郡白岩山 *Nomura, N Nomura s.n.* 16 August 1934 永古面松興里 *Yamamoto, A Yamamoto s.n.* **Kangwon-do** 30 September 1935 金剛山溫井嶺 *Okamoto, S Okamoto s.n.* 29 August 1916 金剛山鶴巢嶺 *Nakai, T Nakai5951* 4 September 1916 洗浦-蘭谷 *Nakai, T Nakai s.n.* 23 October 1932 元山 *Yamagishi, S s.n.* **P'yongyang** 12 September 1902 平壤牡丹台 *Uchiyama, T Uchiyama s.n.* **Ryanggang** 1 August 1897 虛川江 (同仁川) *Komarov, VL Komaorv s.n.* 7 July 1897 犁方嶺 (鴨綠江羅暖堡) *Komarov, VL Komaorv s.n.* 9 August 1897 長津江下流域 *Komarov, VL Komaorv s.n.* 25 August 1942 吉州郡白岩 *Nakajima, K Nakajima s.n.* 28 August 1930 合水 (列結水) *Ohwi, J Ohwi s.n.* 25 July 1930 *Ohwi, J Ohwi s.n.* 21 August 1914 崔哥嶺 *Ikuma, Y Ikuma s.n.* 22 July 1897 佳林里 *Komarov, VL Komaorv s.n.* August 1913 崔哥嶺 *Mori, T Mori202* 13 August 1914 白頭山 *Ikuma, Y Ikuma s.n.* 15 August 1914 *Ikuma, Y Ikuma10* August 1913 長白山 *Mori, T Mori91* August 1913 *Mori, T Mori140* 5 August 1914 普天堡-寶泰洞 *Nakai, T Nakai3934* 15 August 1913 谿間里 *Hirai, H Hirai s.n.*

Conyza Less.
Conyza bonariensis (L.) Cronquist, Bull. Torrey Bot. Club 70: 632 (1943)

Common name 실망초

Distribution in Korea: Introduced (North, Central, South, Jeju; S. America)

Erigeron bonariensis L., Sp. Pl. 2: 863 (1753)

Conyza hispida Kunth, Nov. Gen. Sp. [Kunth] 4(14): 55 (1818)

Conyza sinuata Elliott, Sketch Bot. S. Carolina 2: 323 (1823)

Conyza chenopodioides DC., Prodr. (DC.) 5: 379 (1836)

Conyza sordescens Cabrera, Man. Fl. Alrededores Buenos Aires 481 (1953)

Conyza canadensis (L.) Cronquist, Bull. Torrey Bot. Club 70: 632 (1943)

Common name 망초

Distribution in Korea: Introduced (North, Central, South, Jeju; N. America)

Erigeron canadensis L., Sp. Pl. 2: 863 (1753)

Senecio ciliatus Walter, Fl. Carol. 208 (1788)

Erigeron strictus DC., Prodr. (DC.) 5: 289 (1836)

Erigeron setiferus Post ex Boiss., Fl. Orient. Suppl. 289 (1888)

Erigeron myriocephalus Rech.f. & Edelb., Biol. Skr. 8: 6 (1955)

Representative specimens; **Hamgyong-bukto** 17 September 1932 羅南 *Saito, T T Saito s.n.* 28 August 1934 鈴蘭山 *Uozumi, H Uozumi s.n.* **Hamgyong-namdo** 1929 Hamhung (咸興) *Seok, JM s.n.* **Hwanghae-namdo** 9 July 1921 Sorai Beach 九味浦 *Mills, RG Mills s.n.* **Ryanggang** 1 July 1897 五是川雲寵江-崔五峰 *Komarov, VL Komaorv s.n.* 7 July 1897 犁方嶺 (鴨綠江羅暖堡) *Komarov, VL Komaorv s.n.*

Crepidiastrum Nakai
Crepidiastrum chelidoniifolium (Makino) Pak & Kawano, Mem. Coll. Sci. Kyoto Imp. Univ., Ser. B, Biol. 15(1-2): 1 (1992)

Common name 까치고들빼기

Distribution in Korea: North, Central, South

Lactuca cardaminifolia Matsum., Bot. Mag. (Tokyo) 11: 441 (1897)

Lactuca chelidoniifolia Makino, Bot. Mag. (Tokyo) 12: 47 (1898)

Lactuca senecio H.Lév. & Vaniot, Repert. Spec. Nov. Regni Veg. 8: 140 (1910)
Paraixeris chelidoniifolium (Makino) Nakai, Bot. Mag. (Tokyo) 34: 156 (1920)
Ixeris chelidoniifolia (Makino) Stebbins, J. Bot. 75: 46 (1937)
Youngia chelidoniifolium (Makino) Kitam., Acta Phytotax. Geobot. 11: 128 (1942)
Youngia koidzumiana Kitam., Acta Phytotax. Geobot. 11: 127 (1942)
Paraixeris koidzumiana (Kitam.) Tzvelev, Fl. URSS 29: 400 (1964)
Crepidiastrum koidzumianum (Kitam.) Pak & Kawano, Mem. Coll. Sci. Kyoto Imp. Univ., Ser. B, Biol. 15(1-2): 57 (1992)

Representative specimens; **Hamgyong-bukto** 12 August 1933 渡正山 *Koidzumi, G Koidzumi s.n.* 19 July 1939 富寧 *Nakai, T Nakai s.n.* **Kangwon-do** 2 September 1932 金剛山外金剛 *Kitamura, S Kitamura s.n.* 20 August 1916 金剛山群仙峽 *Nakai, T Nakai5941* 31 July 1916 *Nakai, T Nakai5942* 11 August 1943 Mt. Kumgang (金剛山) *Honda, M Honda216* 2 September 1932 *Kitamura, S Kitamura s.n.* 2 September 1932 金剛山萬物相 *Kitamura, S Kitamura s.n.* 3 August 1928 金剛山彌勒峯 *Kondo, K Kondo s.n.* 20 August 1916 金剛山彌勒峯 *Nakai, T Nakai s.n.* 14 July 1936 金剛山外金剛千佛山 *Nakai, T Nakai17260* 7 August 1940 Mt. Kumgang (金剛山) *Okuyama, S Okuyama s.n.* **P'yongan-bukto** 28 September 1911 青山面梨石洞山 *Ishidoya, T Ishidoya s.n.* 28 September 1912 白壁山 *Ishidoya, T Ishidoya29* **Ryanggang** 24 August 1934 北水白山北水谷 *Yamamoto, A Yamamoto s.n.* 26 August 1917 南社水源地周峯頂 *Furumi, M Furumi484*

Crepidiastrum denticulatum (Houtt.) Pak & Kawano, Mem. Coll. Sci. Kyoto Imp. Univ., Ser. B, Biol. 15(1-2): 56 (1992)

Common name 이고들빼기

Distribution in Korea: North, Central, South, Ulleung

Prenanthes denticulata Houtt., Nat. Hist. (Houttuyn) 27: 385 (1779)
Prenanthes hastata Thunb., Fl. Jap. (Thunberg) 301 (1784)
Youngia hastata (Thunb.) DC., Prodr. (DC.) 7: 194 (1838)
Dubyaea ramosissima Hance ex Walp., Ann. Bot. Syst. 2: 1028 (1852)
Ixeris ramosissima A.Gray, Mem. Amer. Acad. Arts 6: 397 (1859)
Youngia chrysantha Maxim., Mem. Acad. Imp. Sci. St.-Petersbourg Divers Savans 9: 181 (1859)
Lactuca denticulata (Houtt.) Maxim., Bull. Acad. Imp. Sci. Saint-Pétersbourg 19: 529 (1874)
Lactuca denticulata (Houtt.) Maxim. f. *pinnatipartita* Makino, Bot. Mag. (Tokyo) 12: 48 (1898)
Ixeris denticulata (Houtt.) Nakai, Bot. Mag. (Tokyo) 34: 155 (1920)
Paraixeris denticulata (Houtt.) Nakai, Bot. Mag. (Tokyo) 34: 156 (1920)
Paraixeris denticulata (Houtt.) Nakai f. *pinnatipartita* (Makino) Nakai, Bot. Mag. (Tokyo) 34: 157 (1920)
Ixeris denticulata (Houtt.) Nakai f. *pinnatipartita* (Makino) Stebbins, J. Bot. 75: 47 (1937)
Youngia denticulata (Houtt.) Kitam., Acta Phytotax. Geobot. 11: 128 (1942)
Paraixeris denticulata (Houtt.) Nakai f. *pallescens* Momiy. & Tuyama, J. Jap. Bot. 21: 235 (1948)
Youngia denticulata (Houtt.) Kitam. f. *pallescens* (Momiy. & Tuyama) Kitam., Mem. Coll. Sci. Kyoto Imp. Univ., Ser. B, Biol. 22: 126 (1955)
Youngia denticulata (Houtt.) Kitam. f. *pinnatipartita*(Makino) Kitam., Mem. Coll. Sci. Kyoto Imp. Univ., Ser. B, Biol. 22: 125 (1955)
Paraixeris denticulata (Houtt.) Nakai var. *dilatata* H.S.Pak, Fl. Coreana (Im, R.J.) 7: 383 (1999)

Representative specimens; **Chagang-do** 7 July 1911 Kang-gei(Kokai 江界) *Mills, RG Mills103* 22 July 1919 山羊 -江口 *Nakai, T Nakai2790* 22 July 1914 *Nakai, T Nakai2803* **Hamgyong-bukto** 17 September 1932 羅南 *Saito, T T Saito s.n.* 17 September 1935 梧上洞 *Saito, T T Saito s.n.* 19 July 1939 富寧 *Nakai, T Nakai s.n.* **Hamgyong-namdo** 15 August 1935 東上面漢垈里 *Nakai, T Nakai 15780* **Kangwon-do** 31 July 1916 金剛山群仙峽 *Nakai, T Nakai5940* 29 July 1916 海金剛 *Nakai, T Nakai5943* **P'yongyang** 25 September 1939 P'yongyang (平壤) *Kitamura, S Kitamura s.n.* 19 August 1897 厚峙嶺 *Ikuma, Y Ikuma s.n.* 19 August 1897 葡坪 *Komarov, VL Komaorv s.n.* 21 August 1897 subdist. Chu-czan, flumen Amnok-gan *Komarov, VL Komaorv s.n.* 23 August 1897 雲洞嶺 *Komarov, VL Komaorv s.n.* 7 August 1897 上巨里水 *Komarov, VL Komaorv s.n.*

Crepidiastrum sonchifolium (Maxim.) Pak& Kawano, Mem. Coll. Sci. Kyoto Imp. Univ., Ser. B, Biol. 15(1-2): 58 (1992)

Common name 고들빼기

Distribution in Korea: North, Central, South

Youngia serotina Maxim., Mem. Acad. Imp. Sci. St.-Petersbourg Divers Savans 9: 180 (1859)
Youngia sonchifolia Maxim., Mem. Acad. Imp. Sci. St.-Petersbourg Divers Savans 9: 180 (1859)

A Checklist of North Korean Vascular Plants   T.B. Lee Herbarium (SNUA) – 2019 (C.S. Chang, H. Kim, H.T. Shin & C.H. Lee)

Ixeris sonchifolia Hance, J. Linn. Soc., Bot. 13: 108 (1873)
Lactuca denticulata (Houtt.) Maxim. var. *sonchifolia* Maxim.(Maxim.), Méanges Biol. Bull.
Phys.-Math. Acad. Imp. Sci. Saint-Pétersbourg 9: 360 (1874)
Lactuca sonchifolia (Maxim.) Benth. & Hook. ex Debeaux, Actes Soc. Linn. Bordeaux 31: 229 (1876)
Lactuca bungeana Nakai, J. Coll. Sci. Imp. Univ. Tokyo 31: 56 (1911)
Ixeris serotina (Maxim.) Kitag., Rep. Exped. Manchoukuo Sect. IV, Pt. 4, Index Fl. Jeholensis
95 (1936)
Ixeris denticulata (Houtt.) Nakai ssp. *sonchifolia* (Maxim.) Stebbins, J. Bot. 75: 48 (1937)
Ixeris sonchifolia Hance var. *serotina* (Maxim.) Kitag., Lin. Fl. Manshur. 455 (1939)
Paraixeris serotina (Maxim.) Tzvelev, Fl. URSS 29: 399 (1964)
Paraixeris sonchifolia (Maxim.) Tzvelev, Fl. URSS 29: 399 (1964)
Paraixeris sonchifolia (Maxim.) Tzvelev var. *serotina* (Maxim.) Kitag., Neolin. Fl. Manshur.
664 (1979)

Dendranthema DC. & Des Moul.
Dendranthema indicum (L.) Des Moul., Actes Soc. Linn. Bordeaux 10: 561 (1855)
Common name 감국
Distribution in Korea: North, Central, North, Jeju
Chrysanthemum indicum L., Sp. Pl. 2: 889 (1753)
Chrysanthemum indicum L. var. *procumbens* Nakai, J. Coll. Sci. Imp. Univ. Tokyo 31: 25 (1911)
Chrysanthemum indicum L. var. *coreanum* H.Lév., Repert. Spec. Nov. Regni Veg. 10: 351 (1912)
Chrysanthemum indicum L. var. *acutum* Uyeki, Suigen Gakuho 21: 14 (1928)
Chrysanthemum makinoi Matsum. & Nakai, Bot. Mag. (Tokyo) 42: 462 (1928)
Chrysanthemum indicum L. var. *dlbescens* Makino, J. Jap. Bot. 6: 10 (1929)
Chrysanthemum indicum L. var. *tokschonense* Uyeki, J. Chosen Nat. Hist. Soc. 17: 54 (1934)
Chrysanthemum indicum L. ssp. *albescens* Kitam., Compos. Jap. 130 (1940)
Dendranthema makinoi (Matsum. & Nakai) Y.N.Lee, Fl. Korea (Lee) 0 (1996)

Representative specimens; Chagang-do 15 August 1909 Sensen (前川) *Imai, H Imai754* 15 August 1909 *Mills, RG Mills956*
Hwanghae-bukto 1 October 1943 瑞興 *Chang, HD ChangHD s.n.* 10 September 1915 *Nakai, T Nakai2866* **Nampo** 1 October
1911 Chin Nampo (鎮南浦) *Imai, H Imai120* **P'yongyang** 25 September 1939 P'yongyang (平壤) *Kitamura, S Kitamura s.n.* 24
September 1910 *Mills, RG Mills957* 20 August 1909 平壤牡丹台 *Imai, H Imai28* **Ryanggang** 1 July 1897 五是川雲寵江-崔五峰
Komarov, VL Komaorv s.n. 1 July 1897 *Komarov, VL Komaorv s.n.*

Dendranthema lavandulifolium (Fisch. ex Trautv.) Kitam., Acta Phytotax. Geobot. 29 (6): 167 (1978)
Common name 산국
Distribution in Korea: North, Central, South, Jeju
Chrysanthemum lavandulifolium (Fisch. ex Trautv.) Makino, Bot. Mag. (Tokyo) 23: 20 (1909)
Chrysanthemum indicum L. var. *lavandulifolium* Nakai, J. Coll. Sci. Imp. Univ. Tokyo 31: 25 (1911)
Dendranthema boreale (Makino) Ling ex Kitam., Acta Phytotax. Geobot. 29: 167 (1978)
Chrysanthemum indicum var. *boreale* Makino, Bot. Mag. Tokyo 16: 89 (1902) 89 (1902)

Dendranthema naktongense (Nakai) Tzvelev, Fl. URSS 26: 375 (1961)
Common name 구절초
Distribution in Korea: North, Central
Chrysanthemum sibiricum Turcz. ex DC., Fl. Baical.-dahur. 2: 42 (1856)
Leucanthemum sibiricum DC. var. *latilobum* Maxim., Mem. Acad. Imp. Sci. St.-Petersbourg
Divers Savans 9: 156 (1859)
Chrysanthemum naktongense Nakai, Bot. Mag. (Tokyo) 23: 186 (1909)
Chrysanthemum zawadskii Herbich var. *latilobum* (Maxim.) Kitam., Acta Phytotax. Geobot. 7:
210 (1938)
Chrysanthemum zawadskii Herbich ssp. *latilobum* (Maxim.) Kitag., Lin. Fl. Manshur. 444 (1939)
Dendranthema zawadskii (Herb.) Tzvelev var. *latilobum* (Maxim.) Kitam., Acta Phytotax.
Geobot. 29: 167 (1978)

Representative specimens; **Chagang-do** 29 August 1897 慈城江 *Komarov, VL Komaorv s.n.* 28 June 1911 Kang-gei(Kokai 江界) *Mills, RG Mills s.n.* 6 July 1911 *Mills, RG Mills73* 21 July 1914 大興里- 山羊 *Nakai, T Nakai2810* 22 July 1914 山羊 -江口 *Nakai, T Nakai3699* **Hamgyong-bukto** 17 September 1932 羅南 *Saito, T T Saito s.n.* 8 September 1934 清津燈臺 *Uozumi, H Uozumi s.n.* 13 July 1918 朱乙 *Nakai, T Nakai s.n.* 23 July 1939 富寧 *Nakai, T Nakai s.n.* 28 August 1939 *Nakai, T Nakai s.n.* **Hamgyong-namdo** 1933 Hamhung (咸興) *Nomura, N Nomura s.n.* 1928 *Seok, JM s.n.* 26 July 1916 下碣隅里 *Mori, T Mori s.n.* **Hwanghae-bukto** 10 September 1915 瑞興 *Nakai, T Nakai2851* **Hwanghae-namdo** 26 August 1941 長壽山 *Hurusawa, I Hurusawa s.n.* **Kangwon-do**31 July 1916 金剛山群仙峽 *Nakai, T Nakai5928* 29 July 1916 海金剛 *Nakai, T Nakai5930* 14 August 1916 金剛山望軍臺 *Nakai, T Nakai5926* 7 August 1930 金剛山毘盧峯 *Ouchi, J s.n.* 24 September 1932 金剛山 *Sakai, T Sakai s.n.* 18 August 1902 *Uchiyama, T Uchiyama s.n.* 8 September 1916 洗浦-蘭谷 *Nakai, T Nakai s.n.* October 1932 元山 *Kitamura, S Kitamura s.n.* 23 October 1932 *Yamagishi, S s.n.* **P'yongan-namdo** 20 September 1915 龍岡 *Nakai, T Nakai3059* **P'yongyang** 4 September 1901 in montibus mediae *Faurie, UJ Faurie s.n.* **Ryanggang** 7 July 1897 犁方嶺 (鴨綠江羅暖堡) *Komarov, VL Komaorv s.n.* 21 August 1897 subdist. Chu-czan, flumen Amnok-gan *Komarov, VL Komaorv s.n.* 14 July 1897 鴨綠江 (上水隅理 -羅暖堡) *Komarov, VL Komaorv s.n.* 7 August 1897 上巨里水 *Komarov, VL Komaorv s.n.* August 1913 羅暖堡 *Mori, T Mori359* 22 August 1914 普天堡 *Ikuma, Y Ikuma s.n.*

Dendranthema oreastrum (Hance) Y.Ling, Bull. Bot. Lab. N.E. Forest. Inst., Harbin 6: 4 (1980)
Common name 바위구절초
Distribution in Korea: far North
    Dendranthema littorale (Maek.) Tzvelev ssp. *coreanum* (H.Lév.) Lauener
    Chrysanthemum oreastrum Hance, J. Bot. 16: 108 (1878)
    Matricaria coreana H.Lév. & Vaniot, Repert. Spec. Nov. Regni Veg. 8: 169 (1910)
    Chrysanthemum sibiricum Turcz. ex DC. var. *alpinum* Nakai, Bot. Mag. (Tokyo) 31: 109 (1917)
    Chrysanthemum coreanum (H.Lév. & Vaniot) Nakai ex T. Mori, Enum. Pl. Corea 352 (1922)
    Chrysanthemum sinchangense Uyeki, Suigen Gakuho 21(2): 13 (1928)
    Chrysanthemum zawadskii Herbich var. *alpinum* (Nakai) Kitam., Acta Phytotax. Geobot. 7: 210 (1938)
    Chrysanthemum indicum L. var. *leucanthum* Nakai, Bot. Mag. (Tokyo) 42: 459 (1938)
    Dendranthema sichotense Tzvelev, Fl. URSS 26: 380 (1961)
    Dendranthema coreanum (H.Lév. & Vaniot) Vorosch., Byull. Glavn. Bot. Sada 49: 57 (1963)
    Chrysanthemum zawadskii Herbich var. *acutilobum* (DC.) Sealy f. *alpinum* (Nakai) Kitam., J. Jap. Bot. 41: 190 (1966)
    Dendranthema sinchangense (Uyeki) Kitam., Acta Phytotax. Geobot. 29: 167 (1978)
    Tanacetum sinchangense (Ueki) Kitam., Acta Phytotax. Geobot. 29: 167 (1978)
    Chrysanthemum zawadskii Herbich ssp. *coreanum* (Nakai) Y.N.Lee, Fl. Korea (Lee) 1162 (1996)

Representative specimens; **Chagang-do** 22 July 1916 狼林山 *Mori, T Mori s.n.* **Hamgyong-bukto** 5 August 1939 頭流山 *Hozawa, S Hozawa s.n.* 26 July 1930 *Ohwi, J Ohwi s.n.* 冠帽峰 *Unknown s.n.* 25 July 1918 雪嶺 *Nakai, T Nakai7600* 26 June 1930 雪嶺山上 *Ohwi, J Ohwi s.n.* 19 July 1939 富寧 *Nakai, T Nakai s.n.* **Hamgyong-namdo** 25 July 1933 東上面遮日峯 *Koidzumi, G Koidzumi s.n.* 16 August 1935 遮日峯 *Nakai, T Nakai15756* 17 August 1935 *Nakai, T Nakai15757* 15 August 1940 *Okuyama, S Okuyama s.n.* **Kangwon-do** 12 August 1943 Mt. Kumgang (金剛山) *Honda, M Honda179* 30 July 1928 金剛山內金剛毘盧峯 *Kondo, K Kondo s.n.* 16 August 1916 金剛山毘盧峯 *Nakai, T Nakai5923* Type of *Chrysanthemum sibiricum* Turcz. ex DC. var. *alpinum* Nakai (Syntype TI)22 August 1916 金剛山大長峯 *Nakai, T Nakai5924* Type of *Chrysanthemum sibiricum* Turcz. ex DC. var. *alpinum* Nakai (Syntype TI)1 August 1916 金剛山神仙峯 *Nakai, T Nakai5925* Type of *Chrysanthemum sibiricum* Turcz. ex DC. var. *alpinum* Nakai (Syntype TI)22 August 1902 北屯址 *Uchiyama, T Uchiyama s.n.* **Ryanggang** 15 August 1935 北水白山 *Hozawa, S Hozawa s.n.* 18 August 1934 東上面北水白山東南尾根 *Yamamoto, A Yamamoto s.n.* 22 July 1939 白岩 *Nakai, T Nakai s.n.* 31 July 1917 白頭山 *Furumi, M Furumi385* 12 August 1913 神武城 *Hirai, H Hirai140* 10 August 1914 茂山茂峯 *Ikuma, Y Ikuma s.n.* 15 July 1935 小長白山 *Irie, Y s.n.* August 1913 長白山 *Mori, T Mori55* Type of *Chrysanthemum sibiricum* Turcz. ex DC. var. *alpinum* Nakai (Syntype TI)8 August 1914 虛項嶺-神武城 *Nakai, T Nakai4034* Type of *Chrysanthemum sibiricum* Turcz. ex DC. var. *alpinum* Nakai (Syntype TI)8 August 1914 無頭峯 *Nakai, T Nakai4035* Type of *Chrysanthemum sibiricum* Turcz. ex DC. var. *alpinum* Nakai (Syntype TI)26 July 1942 神武城-無頭峯 *Saito, T T Saito s.n.*

Dendranthema zawadskii (Herb.) Tzvelev, Fl. URSS 26: 376 (1961)
Common name 산구절초
Distribution in Korea: North, Ulleung
    Chrysanthemum zawadskii Herbich, Addit. Fl. Galic. 1: 44 (1831)
    Chrysanthemum sibiricum Turcz. ex DC. var. *acutilobum* (DC.) Kom., Trudy Imp. S.-Peterburgsk. Bot. Sada 25: 642 (1907)
    Chrysanthemum lucidum Nakai, Bot. Mag. (Tokyo) 32: 110 (1918)
    Chrysanthemum leiophyllum Nakai, Bot. Mag. (Tokyo) 35: 147 (1921)
    Chrysanthemum arcticum L. ssp. *maekawanum* Kitam., Acta Phytotax. Geobot. 4: 37 (1935)

Chrysanthemum zawadskii Herbich var. *acutilobum* (DC.) Sealy, J. Roy. Hort. Soc. 43: 269 (1938)
Chrysanthemum zawadskii Herbich ssp. *acutilobum* Kitag., Lin. Fl. Manshur. 444 (1939)
Dendranthema zawadskii (Herb.) Tzvelev var. *tenuisectum* Kitag., Rep. Inst. Sci. Res.
Manchoukuo 6: 129 (1942)
Chrysanthemum zawadskii Herbich ssp. *acutilobum* Kitag. var. *tenuisectum* Kitag., Rep. Inst.
Sci. Res. Manchoukuo 6: 129 (1942)
Chrysanthemum zawadskii Herbich ssp. *latilobum* (Maxim.) Kitag. f. *tenuisectum* (Nakai)
Kitag., J. Jap. Bot. 41: 191 (1966)
Chrysanthemum zawadskii Herbich ssp. *lucidum* (Nakai) Y.N.Lee, Fl. Korea (Lee) 1192 (1996)
Dendranthema zawadskii (Herb.) Tzvelev var. *lucidum* (Nakai) Pak, Gen. Vasc. Pl. Korea
1025 (2007)

Representative specimens; **Chagang-do** 15 August 1909 Sensen (前川) *Mills, RG Mills751* 29 April 1911 Kang-gei(Kokai 江界) *Mills, RG Mills30* 28 April 1911*Mills, RG Mills715* 22 July 1914 山羊 -江口 *Nakai, T Nakai2788* **Hamgyong-bukto** 12 August 1933 渡正山 *Koidzumi, G Koidzumi s.n.* 26 July 1930 頭流山 *Ohwi, J Ohwi s.n.* 20 July 1918 冠帽峰 *Nakai, T Nakai7604* 25 September 1933 *Saito, T T Saito s.n.* 4 August 1932 *Saito, T T Saito s.n.* 22 September 1939 富寧 *Furusawa, I Furusawa6180* 30 July 1939 *Nakai, T Nakai s.n.* 20 July 1939 *Nakai, T Nakai s.n.* **Hamgyong-namdo** 28 September 1936 Hamhung (咸興) *Yamatsuta, T s.n.* 8 August 1939 咸興新中里 *Kim, SK s.n.* 3 September 1934 蓮花山 *Kojima, K Kojima s.n.*15 August 1935 東上面漢岱里 *Nakai, T Nakai15755* 19 August 1943 千佛山 *Honda, M Honda14* **Hwanghae-bukto** 26 September 1915 瑞興 *Nakai, T Nakai3039* Type of *Chrysanthemum leiophyllum* Nakai (Holotype TI) **Hwanghae-namdo** August 1937 Sorai Beach 九味call *Smith, RK Smith s.n.* **Kangwon-do** 2 September 1932 金剛山外金剛 *Kitamura, S Kitamura s.n.* 30 September 1935 金剛山温井嶺 *Okamoto, S Okamoto s.n.* 7 August 1932 Mt. Kumgang (金剛山) *Fukushima s.n.* 2 September 1932 金剛山 *Kitamura, S Kitamura s.n.* 14 August 1932 金剛山外金剛 *Koidzumi, G Koidzumi s.n.* 7 August 1940 Mt. Kumgang (金剛山) *Okuyama, S Okuyama s.n.* 30 August 1916 通川 *Nakai, T Nakai5929* **P'yongan-bukto** 5 August 1935 妙香山 *Koidzumi, G Koidzumi s.n.* 3 August 1935 *Koidzumi, G Koidzumi s.n.* 27 September 1912 雲山郡南面諸仁里 *Ishidoya, T Ishidoya25* **P'yongan-namdo** 22 September 1915 咸從 *Nakai, T Nakai s.n.* **P'yongyang** August 1937 平壌 *Smith, RK Smith s.n.*

Echinops L.
Echinops latifolius Tausch, Flora 11: 486 (1828)
Common name 큰절굿대
Distribution in Korea: North
Echinops dahuricus Fisch. ex DC., Prodr. (DC.) 6: 523 (1837)
Echinops dahuricus Fisch. ex DC. var. *angustilobus* DC., Prodr. (DC.) 6: 523 (1838)
Echinops dahuricus Fisch. ex DC. var. *latilobus* DC., Prodr. (DC.) 6: 523 (1838)
Sphaerocephalus latifolius (Tausch) Kuntze, Revis. Gen. Pl. 1: 366 (1891)

Echinops setifer Iljin, Bot. Mater. Gerb. Glavn. Bot. Sada RSFSR 4: 108 (1923)
Common name 분취아재비 (절굿대)
Distribution in Korea: North, Central, South, Jeju

Representative specimens; **Hamgyong-bukto** 5 October 1942 清津高抹山西側 *Saito, T T Saito s.n.* 29 August 1908 清津 *Shou, K s.n.* 8 August 1934 雙燕山 *Uozumi, H Uozumi s.n.* **P'yongyang** 4 September 1901 in montibus mediae *Faurie, UJ Faurie s.n.*

Eclipta L.
Eclipta prostrata (L.) L., Mant. Pl. 2: 286 (1771)
Common name 한년풀 (한련초)
Distribution in Korea: North, Central, South
Verbesina alba L., Sp. Pl. 902 (1753)
Verbesina pseudoacmella L., Sp. Pl. 901 (1753)
Eclipta alba (L.) Hassk., Pl. Jav. Rar. 528 (1848)

Erigeron L.
Erigeron acris L., Sp. Pl. 2: 863 (1753)
Common name 민망초
Distribution in Korea: North, Central
Erigeron corymbosus Wallr., Erst. Beitr. Fl. Hercyn. 272 (1840)
Erigeron orientalis Boiss., Diagn. Pl. Orient. ser.2, 3: 7 (1856)

Erigeron acris L. var. *kamtschaticus* (DC.) Herder, Bull. Soc. Imp. Naturalistes Moscou 38: 392 (1865)

Erigeron shepardii Post, Bull. Herb. Boissier 1: 22 (1893)

Erigeron nelsonii Greene, Pittonia 3: 294 (1898)

Erigeron crispulus Borbás, Balaton Tavanak Partmellekenek Novenyfoldr. 1: 345 (1900)

Erigeron acris L. var. *mandshuricus* Kom., Trudy Imp. S.-Peterburgsk. Bot. Sada 25: 610 (1907)

Erigeron acris L. ssp. *kamtschaticus* (DC.) H.Hara, J. Jap. Bot. 15: 317 (1939)

Erigeron mandshuricus (Kom.) Vorosch., Byull. Glavn. Bot. Sada 84: 34 (1972)

Erigeron acris L. ssp. *mandshuricus* (Kom.) Vorosch., Florist. Issl. Razn. Raionakh SSSR [A.K.Skvortsov] : 194 (1985)

Erigeron zosonius H.S.Pak, Fl. Coreana (Im, R.J.) 7: 383 (1999)

Representative specimens; Chagang-do 28 August 1897 慈城邑(松德水河谷) *Komarov, VL Komaorv s.n.* 4 July 1911 Kang-gei (Kokai 江界) *Mills, RG Mills s.n.* 22 July 1916 狼林山 *Mori, T Mori s.n.* **Hamgyong-bukto** 12 August 1933 渡正山 *Koidzumi, G Koidzumi s.n.* 20 June 1909 輸城 *Nakai, T Nakai s.n.* 5 August 1939 頭流山 *Hozawa, S Hozawa s.n.* 15 July 1935 冠帽峰 *Okayama, Y s.n.* 6 July 1933 南下石山 *Saito, T T Saito s.n.* **Hamgyong-namdo** 23 July 1916 赴戰高原寒泰嶺 *Mori, T Mori s.n.* 16 August 1934 新角面北山 *Nomura, N Nomura s.n.* 16 August 1935 雲仙嶺 *Nakai, T Nakai15760* 15 August 1935 東上面漢岱里 *Nakai, T Nakai 15764* **Kangwon-do** 15 July 1936 金剛山外金剛千佛山 *Nakai, T Nakai17251* **Ryanggang** 1 July 1897 五是川雲寵江-崔五峰 *Komarov, VL Komaorv s.n.* 15 August 1935 北水白山 *Hozawa, S Hozawa s.n.* 16 August 1897 大羅信洞 *Komarov, VL Komaorv s.n.* 7 August 1897 上巨里水 *Komarov, VL Komaorv s.n.* 6 August 1917 延岩 *Furumi, M Furumi400* 1 August 1930 島内 - 合水 *Ohwi, J Ohwi s.n.* 24 July 1930 含山嶺 *Ohwi, J Ohwi s.n.* 22 July 1897 佳林里 *Komarov, VL Komaorv s.n.* 14 August 1913 神武城 *Hirai, H Hirai16* 11 August 1913 茂峯 *Hirai, H Hirai151* 14 August 1914 無頭峯 *Ikuma, Y Ikuma s.n.* 10 August 1914 茂峯 *Ikuma, Y Ikuma s.n.* 20 July 1897 惠山鎭(鴨綠江上流長白山脈中高原) *Komarov, VL Komaorv s.n.* August 1913 長白山 *Mori, T Mori81* 5 August 1914 普泰堡-寶泰洞 *Nakai, T Nakai3972*

Erigeron acris L. ssp. **politus** (Franch.) H.Lindb., Enum. Pl. Fennoscandia: 56 (1901)

Common name 산민망초

Distribution in Korea: North, Central
Erigeron elongatus Ledeb., Fl. Altaic. 4: 91 (1833)

Erigeron annuus (L.) Pers., Syn. Pl. (Persoon) 2: 431 (1807)

Common name 개망풀

Distribution in Korea: Introduced (North, Central, South, Ulleung, Jeju; N. america)
Aster annuus L., Sp. Pl. 875 (1753)
Stenactis annua (L.) Nees, Gen. Sp. Aster. 273 (1832)
Erigeron annuus (L.) Pers. var. *discoideus* Cronquist, Brittonia 6: 266 (1947)

Representative specimens; Hamgyong-bukto 31 August 1935 羅南 *Saito, T T Saito s.n.*

Erigeron strigosus Muhl. ex Willd., Sp. Pl. (ed. 4) 3: 1956 (1803)

Common name 버들망풀 (주걱개망초)

Distribution in Korea: North
Erigeron ramosus Britton & Sterns & Poggenb., Prelim. Cat. 27 (1888)

Erigeron thunbergii A.Gray ssp. **glabratus** (A.Gray) H.Hara, Enum. Spermatophytarum Japon. 2: 199 (1952)

Common name 구름국화

Distribution in Korea: far North
Erigeron thunbergii A.Gray var. *glabratus* A.Gray, Mem. Amer. Acad. Arts ser. 2 6 (2): 395 (1858)
Erigeron dubius (Thunb.) Makino, Bot. Mag. (Tokyo) 18: 18 (1904)
Erigeron dubius (Thunb.) Makino var. *alpicola* Makino, Alp. Fl. Japan [Miyoshi & Makino] 1: t. 21 (1906)
Erigeron alpicola (Makino) Makino, Bot. Mag. (Tokyo) 28: 339 (1914)
Erigeron komarovii Botsch., Bot. Mater. Gerb. Bot. Inst. Komarova Akad. Nauk S.S.S.R. 16: 390 (1954)
Erigeron thunbergii A.Gray ssp. *komarovii* (Botsch.) Á.Löve & D.Löve, Bot. Not. 128: 521 (1976)
Erigeron komarovii Botsch. f. *albus* (Nakai) H.S.Pak, Fl. Coreana (Im, R.J.) 7: 206 (1999)

Representative specimens; **Chagang-do** 22 July 1919 狼林山上 *Kajiwara, U Kajiwara13* **Hamgyong-bukto** 12 August 1933 渡正山 *Koidzumi, G Koidzumi s.n.* 31 July 1932 *Saito, T T Saito s.n.* July 1932 冠帽峰 *Ohwi, J Ohwi s.n.* 4 August 1932 *Saito, T T Saito s.n.* 25 July 1918 雪嶺 *Nakai, T Nakai7609* 25 June 1930 *Ohwi, J Ohwi s.n.* 25 June 1930 *Ohwi, J Ohwi s.n.* **Hamgyong-namdo** 17 August 1935 遮日峯 *Kishinami, Y s.n.* 25 July 1933 東上面遮日峯 *Koidzumi, G Koidzumi s.n.* 17 August 1935 遮日峯 *Nakai, T Nakai15761* 15 August 1940 *Okuyama, S Okuyama s.n.* 30 August 1934 東下面頭雲峯安基里 *Yamamoto, A Yamamoto s.n.* **Ryanggang** 15 August 1935 北水白山 *Hozawa, S Hozawa s.n.* 11 July 1917 胞胎山 *Furumi, M Furumi189* 13 August 1913 白頭山 *Hirai, H Hirai94* 12 August 1913 神武城 *Hirai, H Hirai136* 13 August 1913 白頭山 *Hirai, K Hirai10415* July 1935 小長白山 *Irie, Y s.n.* August 1913 長白山 *Mori, T Mori25* 8 August 1914 神武城-無頭峯 *Nakai, T Nakai s.n.* 10 August 1914 白頭山 *Nakai, T Nakai s.n.* 12 August 1914 新民屯 *Nakai, T Nakai s.n.* 31 July 1942 白頭山 *Saito, T T Saito s.n.*

Euchiton Cass.
Euchiton japonicus (Thunb.) Holub, Folia Geobot. Phytotax. 9: 271 (1974)
Common name 풀솜나물
Distribution in Korea: North, Central, South, Jeju
  Gnaphalium japonicum Thunb., Fl. Jap. (Thunberg) 311 (1784)
  Gnaphalium asteroides Balb., Cat. Stirp. (1813) 1: 38 (1813)
  Gnaphalium willdenowii DC., Prodr. (DC.) 6: 236 (1838)
  Gnaphalium glomeratum DC., Prodr. (DC.) 6: 236 (1838)

Representative specimens; **Hamgyong-namdo** 11 June 1909 鎭岩峯 *Nakai, T Nakai s.n.*

Eupatorium L.
Eupatorium chinense L., Sp. Pl. 837 (1753)
Common name 벌등골나물
Distribution in Korea: North
  Eupatorium japonicum Thunb. var. *tripartitum* Makino, Bot. Mag. (Tokyo) 23: 90 (1909)
  Eupatorium japonicum Thunb. var. *dissectum* Makino, Bot. Mag. (Tokyo) 23: 90 (1909)
  Eupatorium japonicum Thunb. var. *tripartitum* Makino f. *angustatum* Makino, Bot. Mag. (Tokyo) 27: 80 (1913)
  Eupatorium fortunei Turcz. var. *simplicifolium* Nakai, Bot. Mag. (Tokyo) 41: 511 (1927)
  Eupatorium fortunei Turcz. var. *tripartitum* (Makino) Nakai, Bot. Mag. (Tokyo) 41: 512 (1927)
  Eupatorium fortunei Turcz. var. *angustatum* (Makino) Nakai, Bot. Mag. (Tokyo) 41: 512 (1927)
  Eupatorium fortunei Turcz. var. *dissectum* (Makino) Nakai, Bot. Mag. (Tokyo) 41: 511 (1927)
  Eupatorium fortunei Turcz. var. *glandulosum* Honda, Bot. Mag. (Tokyo) 45: 3 (1931)
  Eupatorium laciniatum Kitam., Acta Phytotax. Geobot. 5: 245 (1936)
  Eupatorium laciniatum Kitam. var. *dissectum* (Makino) Kitam., J. Jap. Bot. 12: 245 (1936)
  Eupatorium japonicum Thunb. var. *angustatum* (Makino) Kitam., J. Jap. Bot. 12: 102 (1943)
  Eupatorium chinense L. var. *simplicifolium* (Makino) Kitam., J. Jap. Bot. 24: 79 (1949)
  Eupatorium chinense L. f. *tripartitum* (Makino) H.Hara, Enum. Spermatophytarum Japon. 2: 201 (1952)
  Eupatorium chinense L. var. *angustatum* (Makino) H.Hara, Enum. Spermatophytarum Japon. 2: 200 (1952)
  Eupatorium chinense L. var. *dissectum* (Makino) H.Hara, Enum. Spermatophytarum Japon. 2: 200 (1952)
  Eupatorium chinense L. var. *oppositifolium* (Koidz.) Murata & H.Koyama, Acta Phytotax. Geobot. 33: 293 (1982)
  Eupatorium tripartitum (Makino) Murata & H.Koyama, Acta Phytotax. Geobot. 33: 297 (1982)
  Eupatorium makinoi Kawah. & Yahara var. *oppositifolium* (Koidz.) Kawah. & Yahara, Fl. Jap. (Iwatsuki et al., eds.) 3a: 113 (1995)

Representative specimens; **Chagang-do** 24 August 1897 大會洞 *Komarov, VL Komaorv s.n.* 26 August 1897 小德川 (松德水河谷) *Komarov, VL Komaorv s.n.* **Hamgyong-bukto** 19 July 1939 富寧 *Nakai, T Nakai s.n.* **Hamgyong-namdo** 11 August 1940 咸興歸州寺 *Okuyama, S Okuyama s.n.* **Hwanghae-namdo** 24 July 1922 Mukimpo *Mills, RG Mills4602* August 1932 Sorai Beach 九味浦 *Smith, RK Smith s.n.* **Kangwon-do** 2 September 1932 金剛山外金剛 *Kitamura, S Kitamura s.n.* 12 August 1928 金剛山三聖庵 *Kondo, K Kondo s.n* 28 July 1916 長箭-高城 *Nakai, T Nakai5910* 13 August 1932 金剛山 *Kitamura, S Kitamura s.n.* 8 August 1928 金剛山隱仙台 *Kondo, K Kondo s.n* 11 July 1936 金剛山外金剛千佛山 *Nakai, T Nakai17252* 9 August 1940 Mt. Kumgang (金剛山) *Okuyama, S Okuyama s.n.*

A Checklist of North Korean Vascular Plants   T.B. Lee Herbarium (SNUA) – 2019 (C.S. Chang, H. Kim, H.T. Shin & C.H. Lee)

- 497 -

Eupatorium japonicum Thunb., Syst. Veg., ed. 14 (J. A. Murray)737 (1784)

Common name 등골나물

Distribution in Korea: North, Central, South, Ulleung, Jeju

Eupatorium lindleyanum DC., Prodr. (DC.) 5: 180 (1836)

Common name 골등골나물

Distribution in Korea: North, Central, South, Jeju

    Eupatorium kirilowii Turcz., Bull. Soc. Imp. Naturalistes Moscou 7: 153 (1837)

    Eupatorium subtetragonum Miq., J. Bot. Neerl. 1: 99 (1861)

    Eupatorium lindleyanum DC. var. *trifoliolatum* Makino, Bot. Mag. (Tokyo) 27: 80 (1913)

    Eupatorium lindleyanum DC. f. *aureoreticulatum* Makino, J. Jap. Bot. 2: 5 (1918)

Representative specimens; Chagang-do 24 August 1897 大會洞 *Komarov, VL Komorv s.n.* 25 August 1897 小德川 (松德大河谷) *Komarov, VL Komorv s.n.* 28 August 1897 慈城邑(松德大河谷) *Komarov, VL Komaorv s.n.* 28 August 1897 *Komarov, VL Komaorv s.n.* **Hamgyong-bukto** 22 July 1934 羅南 *Yoshimizu, K s.n.* 29 July 1918 朱乙溫面生氣嶺 *Nakai, T Nakai7557* 8 August 1918 寶村 *Nakai, T Nakai7662* **Hamgyong-namdo** 17 August 1940 西湖津 *Okuyama, S Okuyama s.n.* 18 October 1936 Hamhung (咸興) *Yamatsuta, T s.n.* 28 July 1933 永古面松興里 *Koidzumi, G Koidzumi s.n.* **Hwanghae-bukto** 10 September 1915 瑞興 *Nakai, T Nakai2860* **Hwanghae-namdo** 29 July 1921 Sorai Beach 九味浦 *Mills, RG Mills s.n.* **Kangwon-do** 30 August 1916 通川 *Nakai, T Nakai6107* 12 September 1932 元山 *Kitamura, S Kitamura s.n.* 26 August 1932 *Kitamura, S Kitamura s.n.* **P'yongan-bukto** 5 August 1937 妙香山 *Hozawa, S Hozawa s.n.* 28 September 1911 青山面梨石洞山 *Ishidoya, T Ishidoya s.n.* 25 September 1912 雲山郡南面帽峴里 *Ishidoya, T Ishidoya42* **P'yongyang** 9 October 1911 P'yongyang (平壤) *Imai, H Imai89* **Ryanggang** 26 July 1914 三水-惠山鎭 *Nakai, T Nakai3571* 1 July 1897 五是川雲寵江-崔五峰 *Komarov, VL Komaorv s.n.* 3 July 1897 三水邑-上水隅理 *Komarov, VL Komaorv s.n.* 20 August 1933 江口 - 三長 *Koidzumi, G Koidzumi s.n.*

Filifolium Kitam.

Filifolium sibiricum (L.) Kitam., Acta Phytotax. Geobot. 9: 157 (1940)

Common name 실쑥

Distribution in Korea: North

    Filifolium koreanum H.S.Pak

    Tanacetum sibiricum L., Sp. Pl. 2: 844 (1753)

    Artemisia sibirica (L.) Maxim., Méanges Biol. Bull. Phys.-Math. Acad. Imp. Sci. Saint-Pétersbourg 8: 524 (1872)

    Chrysanthemum trinioides Hand.-Mazz., Acta Horti Gothob. 12: 273 (1938)

Representative specimens; Hamgyong-bukto 漁遊洞 *Unknown s.n.* 22 June 1909 會寧 *Nakai, T Nakai s.n.* 26 July 1933 Takada, S s.n. 21 June 1938 穩城郡甑山 *Saito, T T Saito s.n.* **Hwanghae-bukto** 18 July 1943 瑞興 *Chang, HD ChangHD s.n.*

Gnaphalium Adans.

Gnaphalium uliginosum L., Sp. Pl. 2: 856 (1753)

Common name 왜떡쑥

Distribution in Korea: North, Central, South

    Gnaphalium ramosum Lam., Fl. Franc. (Lamarck) 2: 65 (1779)

    Gnaphalium uliginosum L. var. *lasiocarpum* Ledeb., Fl. Ross. (Ledeb.) 2: 609 (1845)

    Gnaphalium uliginosum L. var. *leiocarpum* Ledeb., Fl. Ross. (Ledeb.) 2: 609 (1845)

    Gnaphalium wirtgenii Nyman, Consp. Fl. Eur. 2: 382 (1879)

    Gnaphalium tranzschelii Kirp. & Kuprian. ex Kirp., Bot. Mater. Otd. Sporov. Rast. Bot. Inst. Komarova Akad. Nauk SSSR 19: 352 (1959)

    Gnaphalium kasachstanicum Kirp. & Kuprian. ex Kirp., Bot. Mater. Gerb. Bot. Inst. Komarova Akad. Nauk S.S.S.R. 20: 305 (1960)

    Gnaphalium mandshuricum Kirp. & Kuprian. ex Kirp., Bot. Mater. Otd. Sporov. Rast. Bot. Inst. Komarova Akad. Nauk SSSR 20: 298 (1960)

    Gnaphalium ruricolum H.S.Pak, Fl. Coreana (Im, R.J.) 7: 380 (1999)

Representative specimens; Hamgyong-bukto 14 August 1935 羅南 *Saito, T T Saito s.n.* 13 July 1918 鏡城 *Nakai, T Nakai7566* 17 September 1935 梧上洞 *Saito, T T Saito s.n.* **Hamgyong-namdo** 29 June 1940 定平郡宣德面 *Kim, SK s.n.* 5 October 1935 Hamhung (咸興) *Nomura, N Nomura s.n.* 3 August 1941 *Suzuki, T s.n.* 14 August 1943 赴戰高原元豊-道安 *Honda, M Honda70* 16 August 1943

赴戰高原咸地院 *Honda, M Honda105* 16 August 1943 赴戰高原漢垈里 *Honda, M Honda106* **Hwanghae-bukto** 26 September 1915 瑞興 *Nakai, T Nakai3029* **Kangwon-do** 7 August 1916 金剛山末輝里方面 *Nakai, T Nakai5899* 16 August 1902 Mt. Kumgang (金剛山) *Uchiyama, T Uchiyama s.n.* 7 August 1932 Ouensan(元山) *Kitamura, S Kitamura s.n.* **Ryanggang** 26 July 1914 三水- 惠山鎮 *Nakai, T Nakai2797* 15 August 1897 蓮坪-厚州川-厚州古邑 *Komarov, VL Komaorv s.n.* **Sinuiju** 14 September 1915 新義州 *Nakai, T Nakai2927*

Hemisteptia Fisch. & C.A.Mey.
Hemisteptia lyrata (Bunge) Fisch. & C.A.Mey., Index Seminum [St.Petersburg (Petropolitanus)] 2: 38 (1836)
Common name 지칭개
Distribution in Korea: North, Central, South, Ulleung
  Hemistepta carthamoides (DC.) Kuntze, Revis. Gen. Pl. 1: 344 (1891)

Representative specimens; Hamgyong-bukto 16 June 1936 城町 - 朱乙 *Saito, T T Saito s.n.* **Hamgyong-namdo** July 1902 端川龍德里摩天嶺 *Mishima, A s.n.* **Kangwon-do** 7 June 1909 元山 *Nakai, T Nakai s.n.* 25 May 1935 *Yamagishi, S s.n.* **P'yongan-bukto** 16 June 1912 白壁山 *Ishidoya, T Ishidoya s.n.* **P'yongyang**28 May 1911 P'yongyang (平壤) *Imai, H Imai s.n.*

Heteropappus Less.
Heteropappus altaicus (Willd.) Novopokr., Sched. Herb. Fl. Ross. 8: 193 (1922)
Common name 단양쑥부쟁이
Distribution in Korea: North, Central
  Aster altaicus Willd., Enum. Pl. (Willdenow) 2: 881 (1809)
  Kalimeris altaica (Willd.) Nees Fisch. & C.A.Mey. & Avé-Lall., Index Seminum [St.Petersburg (Petropolitanus)] 8: 52 (1841)
  Aster altaicus Willd. var. *uchiyamae* (Nakai) Kitam., Mem. Coll. Sci. Kyoto Imp. Univ., Ser. B, Biol. 13: 347 (1937)
  Aster uchiyamae Nakai, J. Jap. Bot. 17: 684 (1941)

Hieracium L.
Hieracium coreanum Nakai, Bot. Mag. (Tokyo) 29: 9 (1915)
Common name 고려조밥나물 (껄껄이풀)
Distribution in Korea: North (Gaema, Baekmu, Bujeon, Rangrim)
  Crepis coreana (Nakai) H.S.Pak, Fl. Coreana (Im, R.J.) 7: 378 (1999)
  Crepis coreana (Nakai) H.S.Pak f. *glabriuscula* H.S.Pak, Fl. Coreana (Im, R.J.) 7: 384 (1999)

Representative specimens; Hamgyong-bukto 12 August 1933 渡正山 *Koidzumi, G Koidzumi s.n.* 31 July 1932 *Saito, T T Saito s.n.* 26 July 1930 頭流山 *Ohwi, J Ohwi s.n.* July 1932 冠帽峰 *Ohwi, J Ohwi s.n.* 15 July 1935 *Okayama, Y s.n.* **Hamgyong-namdo** 25 July 1933 東上面遮日峯 *Koidzumi, G Koidzumi s.n.* 15 August 1935 東上面漢岱里 *Nakai, T Nakai1567* 17 August 1935 遮日峯 *Nakai, T Nakai1579* 15 August 1940 赴戰高原雲水嶺 *Okuyama, S Okuyama s.n.* 15 August 1940 遮日峯 *Okuyama, S Okuyama s.n.* 18 August 1934 東上面 *Yamamoto, A Yamamoto s.n.* **Ryanggang** 15 August 1935 北水白山 *Hozawa, S Hozawa s.n.* 24 July 1930 含山嶺 *Ohwi, J Ohwi s.n.* 30 July 1917 無頭峯 *Furumi, M Furumi384* 12 August 1913 神武城 *Hirai, H Hirai142* 13 August 1913 白頭山 *Hirai, K Hirai103* 1 August 1934 小長白山脈 *Kojima, K Kojima s.n.* August 1913 白頭山 *Mori, T Mori53* Type of *Hieracium coreanum* Nakai (Syntype TI)8 August 1914 神武城-無頭峯 *Nakai, T Nakai s.n.* Type of *Hieracium coreanum* Nakai (Syntype TI)26 July 1942 *Saito, T T Saito s.n.* 21 August 1934 新興郡/豊山郡境北水白山 *Yamamoto, A Yamamoto s.n.*

Hieracium umbellatum L., Sp. Pl. 804 (1753)
Common name 조밥나물
Distribution in Korea: North, Central, South, Ulleung
  Hieracium kalmii L., Sp. Pl. 804 (1753)
  Hieracium serotinum Host, Fl. Austriac. 2: 419 (1831)
  *Hieracium firmum*Jord., Cat. Graines Jard. Dijon 1: 22 (1848)
  Hieracium umbellatum L. var. *commune* Fr., Nova Acta Regiae Soc. Sci. Upsal. 14: 178 (1850)
  Hieracium arrectum Boreau, Fl. Centre France ed. 3 2: 394 (1857)
  Hieracium pervagum Jord. ex Boreau, Fl. Centre France ed. 3 2: 388 (1857)
  Hieracium columbianum Rydb., Bull. Torrey Bot. Club 28: 513 (1901)
  Hieracium sinense Vaniot, Bull. Acad. Int. Geogr. Bot. 12: 502 (1903)
  Hieracium umbellatum L. var. *serotinum* (DC.) Koidz., Bot. Mag. (Tokyo) 24: 95 (1910)

Hieracium umbellatum L. var. *linearifolium* (DC.) Matsum., Index Pl. Jap. 2 (2): 651 (1912)
Hieracium umbellatum L. var. *japonicum* H.Hara, Bot. Mag. (Tokyo) 52: 72 (1938)

Representative specimens; Chagang-do 28 August 1897 慈城邑(松德水河谷) *Komarov, VL Komaorv s.n.* 3 October 1909 Whee Chun(熙川) *Mills, RG Mills461* 5 June 1911 Kang-gei(Kokai 江界) *Mills, RG Mills38* **Hamgyong-bukto** 3 August 1935 羅南支庫 *Saito, T T Saito s.n.* 17 September 1932 羅南 *Saito, T T Saito s.n.* 2 August 1914 車踰嶺 *Ikuma, Y Ikuma s.n.* 25 August 1917 雪嶺 *Furumi, M Furumi521* 10 June 1897 西溪水 *Komarov, VL Komaorv s.n.* 13 June 1897 *Komarov, VL Komaorv s.n.* 19 July 1939 富寧 *Nakai, T Nakai s.n.* **Hamgyong-namdo** 17 August 1940 西湖津海岸 *Okuyama, S Okuyama s.n.* 28 September 1935 Hamhung (咸興) *Nomura, N Nomura s.n.* 11 August 1940 咸興歸州寺 *Okuyama, S Okuyama s.n.* 1928 Hamhung (咸興) *Seok, JM 121* 16 August 1934 新角面北山 *Nomura, N Nomura s.n.* 22 August 1932 蓋馬高原 *Kitamura, S Kitamura s.n.* 15 August 1935 東上面漢岱里 *Nakai, T Nakai s.n.* 16 August 1935 雲仙嶺 *Nakai, T Nakai15769* **Hwanghae-namdo** August 1937 Sorai Beach 九味浦 *Smith, RK Smith84* **Kangwon-do** 8 August 1928 金剛山群仙峽上 *Kondo, K Kondo8958* 28 July 1916 長箭 -高城 *Nakai, T Nakai5897* 7 August 1932 Mt. Kumgang (金剛山) *Fukushima s.n.* 30 August 1916 通川街道 *Nakai, T Nakai6113* 13 September 1932 元山 *Kitamura, S Kitamura s.n.* 10 August 1932 *Kitamura, S Kitamura s.n.* **P'yongan-bukto** 28 September 1912 白璧山 *Ishidoya, T Ishidoya26* **P'yongan-namdo** 15 September 1915 新安州 *Nakai, T Nakai2909* **Ryanggang** 23 August 1914 Keizanchin (惠山鎭) *Ikuma, Y Ikuma s.n.* 1 July 1897 五是川雲寵江-崔五峰 *Komarov, VL Komaorv s.n.* 1 August 1897 虛川江 (同仁川) *Komarov, VL Komaorv s.n.* 5 July 1897 犁方嶺 (鴨綠江羅暖堡) *Komarov, VL Komaorv s.n.* 15 August 1897 蓮坪-厚州川- 厚州古邑 *Komarov, VL Komaorv s.n.* 19 August 1897 葡坪 *Komarov, VL Komaorv s.n.* 22 August 1897 雲洞嶺 *Komarov, VL Komaorv s.n.* 7 August 1897 上巨里水 *Komarov, VL Komaorv s.n.* 9 August 1897 長津江下流域 *Komarov, VL Komaorv s.n.* 1 August 1930 島內 *Ohwi, J Ohwi s.n.* 9 August 1937 大澤 *Saito, T T Saito s.n.* 26 July 1897 佳林里/五山里川河谷 *Komarov, VL Komaorv s.n.* 28 July 1897 佳林里 *Komarov, VL Komaorv s.n.* 26 June 1897 內曲里 *Komarov, VL Komaorv s.n.* 22 July 1897 佳林里 *Komarov, VL Komaorv s.n.* 10 August 1914 白頭山 *Ikuma, Y Ikuma s.n.* 20 July 1897 惠山鎭(鴨綠江上流長白山脈中高原) *Komarov, VL Komaorv s.n.* 3 August 1914 普天堡- 寶泰洞 *Nakai, T Nakai2767* 7 August 1914 三下面江口 *Ikuma, Y Ikuma s.n.*

Hololeion Kitam.
Hololeion maximowiczii Kitam., Acta Phytotax. Geobot. 10: 303 (1941)

Common name 께묵

Distribution in Korea: North, Central, South
    Prenanthes fauriei H.Lév. & Vaniot, Bull. Acad. Int. Geogr. Bot. 20: 144 (1909)
    Prenanthes graminifolia H.Lév. & Vaniot, Bull. Acad. Int. Geogr. Bot. 20: 144 (1909)
    Hieracium hololeion (Maxim.) Nakai, J. Coll. Sci. Imp. Univ. Tokyo 31: 58 (1911)
    Hieracium sparsum Friv. ssp. *hololeion* (Maxim.) Zahn, Pflanzenr. (Engler) 4: 1019 (1922)
    Hieracium nakaii Kitag., Bot. Mag. (Tokyo) 50: 198, f. 2 (1936)
    Hololeion fauriei (H.Lév. & Vaniot) Kitam., Acta Phytotax. Geobot. 10: 304 (1941)
    Hieracium fauriei (H.Lév. & Vaniot) Kitam., Acta Phytotax. Geobot. 10: 225 (1941)
    Prenanthes hololeion (Maxim.) Kitam., Mem. Coll. Sci. Kyoto Imp. Univ., Ser. B, Biol. 23(1): 159 (1956)
    Hololeion maximowiczii Kitam. var. *fauriei* (H.Lév. & Vaniot) Pak, Gen. Vasc. Pl. Korea 971 (2007)

Representative specimens; Kangwon-do 12 September 1932 元山 Kawasakinoyen(川崎農園) *Kitamura, S Kitamura s.n.* 12 September 1932 元山 *Kitamura, S Kitamura s.n.* **P'yongan-bukto** 28 September 1912 白璧山 *Ishidoya, T Ishidoya s.n.* **P'yongan-namdo** 28 August 1912 Ryuko(龍岡) *Imai, H Imai4* **P'yongyang** 25 September 1915 Jun-an (順安) *Nakai, T Nakai s.n.* **Ryanggang** 15 August 1897 蓮坪-厚州川-厚州古邑 *Komarov, VL Komaorv s.n.*

Hypochaeris L.
Hypochaeris ciliata (Thunb.) Makino, Bot. Mag. (Tokyo) 22: 37 (1908)

Common name 금혼초

Distribution in Korea: Introduced (North, Central, South, Jeju; Europe, N. America)
    Arnica ciliata Thunb., Fl. Jap. (Thunberg) 318 (1784)
    Achyrophorus aurantiacus DC., Prodr. (DC.) 7: 93 (1838)
    Amblachaenium aurantiacum Turcz. ex DC., Prodr. (DC.) 7: 94 (1838)
    Hypochaeris aurantiaca Turcz. ex DC., Prodr. (DC.) 7: 94 (1838)
    Oreophila sibirica C.A.Mey. ex Turcz., Bull. Soc. Imp. Naturalistes Moscou 0: 95 (1838)
    Achyrophorus grandiflorus Ledeb., Fl. Ross. (Ledeb.) 2: 777 (1844)
    Achyrophorus ciliatus (Thunb.) Sch.Bip., Nov. Actorum Acad. Caes. Leop.-Carol. Nat. Cur. 1: 128 (1845)
    Hypochaeris grandiflora (Ledeb.) Ledeb., Fl. Altaic. 4: 164 (1933)
    Trommsdorffia ciliata (Thunb.) Soják, Cas. Nar. Mus., Odd. Prir. 140 (3-4): 131 (1972)

Representative specimens; **Chagang-do** 18 July 1914 大興里 *Nakai, T Nakai3478* **Hamgyong-bukto** 31 July 1914 清津 *Ikuma, Y Ikuma s.n.* 19 June 1909 *Nakai, T Nakai s.n.* 30 June 1935 ラクダ峰羅南 *Saito, T T Saito s.n.* 9 August 1934 東村 *Uozumi, H Uozumi s.n.* 6 July 1930 鏡城 *Ohwi, J Ohwi s.n.* 6 July 1930 Kyonson 鏡城 *Ohwi, J Ohwi s.n.* 4 July 1936 豊谷 *Saito, T T Saito s.n.* 13 July 1930 Kyonson 鏡城 *Saito, T T Saito s.n.* 20 June 1909 富寧 *Nakai, T Nakai s.n.* **Hamgyong-namdo** 1938 鎭江- 鎭岩峯 *Tsuya, S s.n.* **Kangwon-do** 10 August 1902 干發告嶺 *Uchiyama, T Uchiyama s.n.* 4 September 1916 洗浦-蘭谷 *Nakai, T Nakai s.n.* **P'yongan-namdo** 21 July 1916 寧遠 *Mori, T Mori s.n.* **P'yongyang** 18 June 1911 P'yongyang (平壤) *Imai, H Imai156* 20 September 1909 平壤松羅山 *Imai, H Imai44* **Rason** 8 August 1933 獨津 *Mori, A s.n.* **Ryanggang** 1 July 1897 五是川雲寵江-崔五峰 *Komarov, VL Komarov s.n.* 8 July 1897 羅暖堡 *Komarov, VL Komarov s.n.* 20 July 1897 惠山鎭(鴨綠江上流長白山脈中高原) *Komarov, VL Komarov s.n.* 白頭山 *Numajiri, K s.n.* August 1933 三長 *Iyatomi, Y s.n.*

Inula L.
Inula britannica L., Sp. Pl. 2: 882 (1753)
Common name 금불초

Distribution in Korea: North, Central, South, Ulleung
  Inula japonica Thunb., Fl. Jap. (Thunberg) 318 (1784)
  Inula lineariifolia Turcz., Bull. Soc. Imp. Naturalistes Moscou 10-7: 154 (1837)
  Inula chinensis Rupr. ex Maxim., Mem. Acad. Imp. Sci. St.-Petersbourg Divers Savans 9: 149 (1859)
  Inula britannica L. var. *chinensis* Regel, Tent. Fl.-Ussur. 84 (1861)
  Inula britannica L. var. *linariifolia* (Turcz.) Regel, Tent. Fl.-Ussur. 85 (1861)
  Inula britannica L. var. *japonica* (Thunb.) Franch. & Sav., Enum. Pl. Jap. 2 (2): 401 (1878)
  Inula britannica L. var. *ramosa* Kom., Trudy Imp. S.-Peterburgsk. Bot. Sada 25: 626 (1907)
  Inula japonica var. *linariifolia* Makino & Nemoto, Fl. Japan., ed. 2 (Makino & Nemoto) 1240 (1931)
  Inula britannica L. ssp. *japonica* Kitam., Mem. Coll. Sci. Kyoto Imp. Univ., Ser. B, Biol. 13: 263 (1937)
  Inula britannica L. ssp. *linariifolia* (Turcz.) Kitam., Mem. Coll. Sci. Kyoto Imp. Univ., Ser. B, Biol. 13: 265 (1937)

Representative specimens; **Chagang-do** 26 August 1897 小德川 (松德水河谷) *Komarov, VL Komarov s.n.* 28 August 1897 慈城邑 (松德水河谷) *Komarov, VL Komarov s.n.* 30 August 1897 慈城江 *Komarov, VL Komarov s.n.* 15 August 1911 Kang-gei(Kokai 江界) *Mills, RG Mills730* **Hamgyong-bukto** 17 September 1932 羅南 *Saito, T T Saito s.n.* 1933 *Yoshimizu, K s.n.* 3 August 1933 會寧 *Koidzumi, G Koidzumi s.n.* 7 August 1933 *Shimanoe, S s.n.* 21 August 1934 鏡城 *Bae, MS s.n.* **Hamgyong-namdo** 11 August 1940 咸興歸州寺 *Okuyama, S Okuyama s.n.* 1929 Hamhung (咸興) *Seok, JM 23* 15 August 1941 咸興曙町 *Suzuki, T s.n.* August 1934 咸興盤龍山 *Yamamoto, A Yamamoto s.n.* 2 September 1934 東下面蓮花山安垈谷 *Yamamoto, A Yamamoto s.n.* 2 September 1934 *Yamamoto, A Yamamoto s.n.* 18 August 1943 赴戰高原咸地院 *Honda, M Honda127* **Hwanghae-namdo** 29 July 1921 Sorai Beach 九味浦 *Mills, RG Mills4449* **Kangwon-do** 30 July 1916 溫井里 *Nakai, T Nakai5906* 26 August 1916 金剛山普賢洞 *Nakai, T Nakai 5907* 7 August 1916 金剛山未輝里 *Nakai, T Nakai5905* 18 August 1932 安邊郡衛益面三防 *Koidzumi, G Koidzumi s.n.* 7 August 1932 元山 *Kitamura, S Kitamura s.n.* 17 August 1932 元山 *Katsuma Kitamura, S Kitamura s.n.* 5 August 1932 元山 *Kitamura, S Kitamura s.n.* 5 August 1932 元山 *Kawasakinoyen(川崎農園) Kitamura, S Kitamura s.n.* 5 August 1932 元山 *Kitamura, S Kitamura s.n.* 20 August 1932 元山德原 *Kitamura, S Kitamura s.n.* **P'yongan-bukto** 11 August 1935 義州金剛山 *Koidzumi, G Koidzumi s.n.* 27 September 1912 雲山郡南面諸仁里 *Ishidoya, T Ishidoya33* **P'yongyang** 9 October 1917 P'yongyang (平壤) *Imai, H Imai s.n.* **Rason** 3 August 1932 雄基嶺 *Ikuma, Y Ikuma s.n.* **Ryanggang** 23 August 1914 Keizanchin (惠山鎭) *Ikuma, Y Ikuma s.n.* 1 August 1897 虛川江 (同仁川) *Komarov, VL Komarov s.n.* 19 August 1897 葡坪 *Komarov, VL Komarov s.n.* 22 August 1897 雲洞嶺 *Komarov, VL Komarov s.n.* 26 July 1897 佳林里/五山里川河谷 *Komarov, VL Komarov s.n.* 28 July 1897 佳林里 *Komarov, VL Komarov s.n.* 3 August 1914 惠山鎭- 普天堡 *Nakai, T Nakai2768* 3 August 1914 *Nakai, T Nakai2772* 17 July 1897 半載子溝 (鴨綠江上流) *Komarov, VL Komarov s.n.* 17 July 1897 *Komarov, VL Komarov s.n.* 20 August 1933 江口 - 三長 *Koidzumi, G Koidzumi s.n.* 14 August 1914 農事洞- 三下 *Nakai, T Nakai3155*

Inula salicina L., Sp. Pl. 2: 882 (1753)
Common name 버들금불초
Distribution in Korea: North
  Inula involucrata Miq., Ann. Mus. Bot. Lugduno-Batavi 2: 171 (1866)
  Inula salicina L. var. *genuina* Franch. & Sav., Enum. Pl. Jap. 1: 401 (1873)
  Inula salicina L. var. *asiatica* Kitam., Acta Phytotax. Geobot. 2: 44 (1933)
  Inula kitamurana Tatew. ex Honda, Nom. Pl. Japonic. 360 (1939)
  Inula salicina L. ssp. *asiatica* (Kitam.) Kitag., Lin. Fl. Manshur. 253 (1939)

Representative specimens; **Chagang-do** 18 August 1909 Sensen (前川) *Mills, RG Mills364* **Hamgyong-bukto** 3 August 1935 羅南支庫 *Saito, T T Saito s.n.* 8 August 1934 雙燕山 *Uozumi, H Uozumi s.n.* 13 July 1930 Kyonson 鏡城 *Ohwi, J Ohwi s.n.* **Hamgyong-namdo** 17 August 1940 西湖津海岸 *Okuyama, S Okuyama s.n.* July 1902 端川龍德里摩天嶺 *Mishima, A s.n.* 26 June 1932 咸興歸州寺 *Nomura, N Nomura s.n.* 11 August 1940 *Okuyama, S Okuyama s.n.* **Hwanghae-namdo** 25 July 1914 Sorai Beach 九味浦 *Mills, RG Mills893* 19 July

1921 *Mills, RG Mills4422* 2 August 1921 *Mills, RG Mills4497* **P'yongan-namdo** 15 September 1915 Anjyu (安州) *Nakai, T Nakai2914* 12 August 1912 江西 *Imai, H Imai2* 4 August 1912 *Imai, H Imai40* 14 July 1916 Kai-syong (价川) *Mori, T Mori s.n.* **Ryanggang** 18 July 1897 Keizanchin(惠山鎭) *Komarov, VL Komaorv s.n.* 8 July 1897 羅暖堡 *Komarov, VL Komaorv s.n.*

Ixeridium (A.Gray) Tzvelev

Ixeridium dentatum (Thunb.) Tzvelev, Fl. URSS 29: 392 (1964)

Common name 씀바귀아재비 (씀바귀)

Distribution in Korea: North, Central, South

    Prenanthes dentata Thunb., Fl. Jap. (Thunberg) 301 (1784)

    Chondrilla dentata (Thunb.) Poir., Encycl. (Lamarck) Suppl. 2 328 (1811)

    Youngia dentata (Thunb.) DC., Prodr. (DC.) 7: 193 (1838)

    Ixeris thunbergii A.Gray, Narr. Exped. China Japan 2: 397 (1856)

    Ixeris albiflora A.Gray, Mem. Amer. Acad. Arts 6: 397 (1859)

    Lactuca thunbergii (A.Gray) Maxim., Bull. Acad. Imp. Sci. Saint-Pétersbourg 19: 530 (1874)

    Lactuca thunbergii (A.Gray) Maxim. var. *flaviflora* Makino, Bot. Mag. (Tokyo) 12: 48 (1898)

    Lactuca thunbergii (A.Gray) Maxim. var. *albiflora* Makino, Bot. Mag. (Tokyo) 12: 48 (1898)

    Lactuca dentata (Thunb.) C.B.Rob., Philipp. J. Sci., C. 3: 218 (1908)

    Lactuca dentata (Thunb.) C.B.Rob. var. *flaviflora* sub var. *thunbergii* (Maxim.) Makino, Bot. Mag. (Tokyo) 24: 75 (1910)

    Lactuca dentata (Thunb.) C.B.Rob. var. *thunbergii* Makino, Bot. Mag. (Tokyo) 27: 29 (1913)

    Ixeris dentata (Thunb.) Nakai, Fl. Sylv. Kor. 14: 114 (1923)

    Ixeris dentata (Thunb.) Nakai var. *albiflora* (Makino) Nakai, Fl. Sylv. Kor. 14: 114 (1923)

    Ixeris dentata (Thunb.) Nakai var. *lobata* Nakai, Fl. Sylv. Kor. 14: 114 (1923)

    Ixeris dentata (Thunb.) Nakai var. *octoradiata* Nakai, Fl. Sylv. Kor. 14: 114 (1923)

    Ixeris dentata (Thunb.) Nakai var. *atropurpurea* Nakai, Bot. Mag. (Tokyo) 42: 16 (1928)

    Ixeris dentata (Thunb.) Nakai var. *octoradiata* Nakai f. *leucantha* Hara, J. Jap. Bot. 11: 435 (1934)

    Ixeris dentata (Thunb.) Nakai ssp. *nikoensis* Kitam., Bot. Mag. (Tokyo) 49: 286 (1935)

    Ixeris dentata (Thunb.) Nakai var. *amplifolia* Kitam., Bot. Mag. (Tokyo) 49: 285 (1935)

    Ixeris dentata (Thunb.) Nakai var. *stolonifera* Nemoto, Fl. Jap. Suppl. 783 (1936)

    Ixeris dentata (Thunb.) Nakai var. *amplifolia* Kitam. f. *leucantha* (Hara) Kitam., Acta Phytotax. Geobot. 6: 237 (1937)

    Ixeris dentata (Thunb.) Nakai var. *leucantha* H.Hara, Bot. Mag. (Tokyo) 52: 121 (1938)

    Ixeris dentata (Thunb.) Nakai ssp. *stolonifera* Kitam., Acta Phytotax. Geobot. 9: 116 (1940)

    Ixeris dentata (Thunb.) Nakai var. *kiusiana* Nakai, J. Jap. Bot. 5: 135 (1950)

    Ixeris dentata (Thunb.) Nakai f. *albiflora* H.Hara, Enum. Spermatophytarum Japon. 2: 214 (1952)

    Ixeris dentata (Thunb.) Nakai f. *atropurpurea* (Nakai) H.Hara, Enum. Spermatophytarum Japon. 2: 214 (1952)

    Ixeridium dentatum (Thunb.) Tzvelev f. *albiflora* (Makino) H.Hara, Enum. Spermatophytarum Japon. 2: 214 (1952)

    Ixeris dentata (Thunb.) Nakai f. *amplifolia* (Kitam.) Hiyama, J. Jap. Bot. 28: 217 (1953)

Ixeris (Cass.) Cass.

Ixeris chinensis (Thunb.) Nakai, Bot. Mag. (Tokyo) 34: 152 (1920)

Common name 선씀바귀

Distribution in Korea: North, Central, South, Ulleung

    Prenanthes chinensis Thunb., Fl. Jap. (Thunberg) 301 (1784)

    Chondrilla chinensis (Thunb.) Poir., Encycl. (Lamarck) Suppl. 2 331 (1811)

    Prenanthes graminea Fisch., Mem. Soc. Imp. Naturalistes Moscou 3: 67 (1812)

    Crepis graminifolia Ledeb., Mem. Acad. Imp. Sci. St. Petersbourg Hist. Acad. 5: 558 (1814)

    Lagoseris versicolor Fisch. ex Link, Enum. Hort. Berol. Alt. 2: 289 (1822)

    Barkhausia versicolor Spreng., Syst. Veg. (ed. 16) [Sprengel] 3: 651 (1826)

    Prenanthes versicolor Fisch. ex Bunge, Enum. Pl. Chin. Bor. 40 (1833)

    Lactuca chinensis Yamam. f. *graminea* Ling, Contr. Inst. Bot. Natl. Acad. Peiping 3: 192 (1835)

    Youngia chinensis (Thunb.) DC., Prodr. (DC.) 7: 194 (1838)

    Crepis versicolor (Fisch.) DC., Prodr. (DC.) 7: 151 (1838)

Lactuca fischeriana DC., Prodr. (DC.) 7: 135 (1838)
Ixeris versicolor Benth., Fl. Hongk. 198 (1861)
Lactuca versicolor Sch.Bip. ex Herder, Bull. Soc. Imp. Naturalistes Moscou 43: 109 (1870)
Ixeris scaposa Freyn, Oesterr. Bot. Z. 40: 44 (1890)
Lactuca tamagawaensis Makino, Bot. Mag. (Tokyo) 6: 56 (1892)
Lactuca rubrolutea Vaniot, Bull. Acad. Int. Geogr. Bot. 12: 317 (1903)
Lactuca strigosa H.Lév. & Vaniot, Bull. Acad. Int. Geogr. Bot. 20: 144 (1909)
Lactuca srrigosa H.Lév. & Vaniot, Bull. Acad. Int. Geogr. Bot. 20: 114 (1909)
Lactuca hallaisanensis H.Lév., Repert. Spec. Nov. Regni Veg. 12: 100 (1913)
Lactuca taitoensis Hayata, Icon. Pl. Formosan. 8: 76 (1919)
Lactuca flavissima Hayata, Icon. Pl. Formosan. 8: 78 (1919)
Lactuca lacerrima Hayata, Icon. Pl. Formosan. 8: 71 (1919)
Lactuca lacerrima Hayata f. *flavissima* (Hayata) Kitam., Acta Phytotax. Geobot. 1: 152 (1932)
Lactuca lacerrima Hayata var. *saxatilis* Kitam., Acta Phytotax. Geobot. 1: 152 (1932)
Ixeris chinensis (Thunb.) Nakai var. *purpurascens* (Freyn) Kitag., Bot. Mag. (Tokyo) 48: 114 (1934)
Ixeris chinensis (Thunb.) Nakai var. *saxatilis* (Kitam.) Kitam., Bot. Mag. (Tokyo) 49: 283 (1935)
Ixeris chinensis (Thunb.) Nakai ssp. *versicolor* (Fisch.) Kitam., Bot. Mag. (Tokyo) 49: 283 (1935)
Ixeris chinensis (Thunb.) Nakai ssp. *strigosa* (H.Lév. & Vaniot) Kitam., Bot. Mag. (Tokyo) 49: 283 (1935)
Ixeris chinensis (Thunb.) Nakai f. *taitoensis* (Hayata) Yamam., J. Soc. Trop. Agric. 8: 352 (1936)
Ixeris chinensis (Thunb.) Nakai f. *lacerrima* (Hayata) Yamam., J. Soc. Trop. Agric. 8: 351 (1936)
Lactuca chinensis Yamam., J. Soc. Trop. Agric. 8: 351 (1936)
Ixeris graminifolia Kitag., Rep. Exped. Manchoukuo Sect. IV, Pt. 4, Index Fl. Jeholensis 95 (1936)
Ixeris chinensis (Thunb.) Nakai ssp. *chrysantha* (Freyn) Kitag., Lin. Fl. Manshur. 453 (1939)
Ixeris chinensis (Thunb.) Nakai ssp. *graminifolia* Kitag., Lin. Fl. Manshur. 453 (1939)
Ixeris chinensis (Thunb.) Nakai ssp. *versicalor* var. *intermedia* Kitag., Rep. Inst. Sci. Res. Manchoukuo 4: 87 (1940)
Ixeris tamagawaensis Kitam., Acta Phytotax. Geobot. 10: 24 (1941)
Ixeris chinensis (Thunb.) Nakai var. *srrigosa* (H.Lév. & Vaniot) Ohwi, Fl. Jap. (Ohwi) 1246 (1953)
Ixeris lacerrima (Hayata) Kitag., J. Jap. Bot. 36: 277 (1961)
Ixeris chinensis (Thunb.) Nakai ssp. *hallaisanensis* (H.Lév.) Kitag., J. Jap. Bot. 36: 244 (1961)
Ixeris chinensis (Thunb.) Nakai ssp. *versicolor* f. *strigosa* (H.Lév. & Vaniot) Kitag., J. Jap. Bot. 36: 244 (1961)
Ixeridium gramineum (Fisch.) Tzvelev, Fl. URSS 29: 391 (1964)
Ixeridium strigosa (H.Lév. & Vaniot) Tzvelev, Fl. URSS 29: 390 (1964)
Ixeris strigosa (H.Lév. & Vaniot) Pak & Kawano, Mem. Fac. Sci. Kyoto Univ., Ser. Biol. 15: 34 (1992)
Crepidiastrum hallaisanense (H.Lév.) Pak, Korean J. Pl. Taxon. 31 (4): 316 (2001)

Representative specimens; Chagang-do 10 July 1914 梅田坪 *Nakai, T Nakai s.n.* **Hamgyong-bukto** 28 May 1937 輪城 *Saito, T T Saito s.n.* 26 May 1933 羅南 *Saito, T T Saito s.n.* 6 May 1935 *Saito, T T Saito s.n.* 3 August 1935 羅南 *Saito, T T Saito s.n.* 9 May 1938 鶴西面德仁 *Saito, T T Saito s.n.* 25 May 1930 鏡城 *Ohwi, J Ohwi s.n.* 25 May 1930 Kyonson 鏡城 *Ohwi, J Ohwi s.n.* 4 July 1936 豊谷 *Saito, T T Saito s.n.* 12 June 1897 西溪水 *Komarov, VL Komaorv s.n.* **Hamgyong-namdo** July 1902 端川龍德里摩天嶺 *Mishima, A s.n.* 11 August 1940 咸興歸州寺 *Okuyama, S Okuyama s.n.* **Hwanghae-namdo** April 1931 載寧 *Smith, RK Smith s.n.* 28 June 1922 Sorai Beach 九味浦 *Mills, RG Mills s.n.* **Kangwon-do** 14 July 1936 金剛山外金剛千佛山 *Nakai, T Nakai s.n.* 10 June 1932 Mt. Kumgang (金剛山) *Ohwi, J Ohwi s.n.* 7 August 1932 元山 *Kitamura, S Kitamura s.n.* 5 August 1932 *Kitamura, S Kitamura s.n.* 27 April 1935 *Yamagishi, S s.n.* **P'yongan-namdo** 17 July 1916 加音峯 *Mori, T Mori s.n.* **P'yongyang** 15 May 1910 P'yongyang (平壤) *Imai, H Imai s.n.* 7 May 1911 *Imai, H Imai s.n.* **Rason** 6 June 1930 西水羅 *Ohwi, J Ohwi s.n.* 28 May 1930 獨津海岸 *Ohwi, J Ohwi s.n.* 5 June 1930 西水羅 *Ohwi, J Ohwi s.n.* 11 May 1897 豆滿江三角洲-五宗洞 *Komarov, VL Komaorv s.n.* **Ryanggang** 27 May 1936 島內 *Saito, T T Saito s.n.* **Sinuiju** 14 April 1917 新義州 *Furumi, M Furumi s.n.*

Ixeris debilis (Thunb.) A.Gray, Mem. Amer. Acad. Arts 6: 397 (1859)
Common name 뻗은씀바귀(벋음씀바귀)
Distribution in Korea: North, Central, South, Ulleung
Prenanthes debilis Thunb., Fl. Jap. (Thunberg) 300 (1784)
Chondrilla debilis (Thunb.) Poir., Encycl. (Lamarck) Suppl. 2 332 (1811)
Youngia debilis (Thunb.) DC., Prodr. (DC.) 7: 194 (1838)
Lactuca debilis (Thunb.) Benth. ex Maxim. (1874)

T.B. Lee Herbarium (SNUA) – 2019 (C.S. Chang, H. Kim, H.T. Shin & C.H. Lee)

Lactuca debilis (Thunb.) Benth. ex Maxim. f. *sinuata* (Franch. & Sav.) Kuntze, Revis. Gen. Pl. 1: 349 (1891)
Ixeris japonica (Burm.f.) Nakai f. *dissecta* Nakai, Bot. Mag. (Tokyo) 40: 576 (1926)
Ixeris japonica (Burm.f.) Nakai, Bot. Mag. (Tokyo) 40: 575 (1926)

Representative specimens; Hamgyong-namdo 14 June 1934 咸興西上面提防 *Nomura, N Nomura s.n.* **Kangwon-do** 6 June 1909 元山 *Nakai, T Nakai s.n.*

Ixeris polycephala Cass., Dict. Sci. Nat., ed. 2 1: 50 (1822)
Common name 벌씀바귀
Distribution in Korea: North, Central, South
  Lactuca polycephala (Cass.) Benth., Gen. Pl. (Bentham & Hooker) 2: 526 (1873)
  Lactuca matsumurae Makino, Bot. Mag. (Tokyo) 6: 56 (1892)
  Lactuca biauriculata H.Lév. & Vaniot, Bull. Acad. Int. Geogr. Bot. 20: 143 (1909)
  Lactuca matsumurae Makino var. *dissecta* Makino, Bot. Mag. (Tokyo) 24: 252 (1910)
  Ixeris matsumurae (Makino) Nakai, Bot. Mag. (Tokyo) 34: 153 (1920)
  Ixeris polycephala Cass. var. *dissecta* (Makino) Nakai, Bot. Mag. (Tokyo) 34: 265 (1920)
  Crepis bonii Gagnep., Bull. Soc. Bot. France 68: 47 (1921)
  Ixeris polycephala Cass. f. *dissecta* (Makino) Ohwi, Fl. Jap. (Ohwi) 1246 (1953)
  Ixeris dissecta (Makino) C.Shih, Acta Phytotax. Sin. 31: 536 (1993)

Representative specimens; Kangwon-do 11 July 1936 金剛山外金剛千佛山 *Nakai, T Nakai s.n.* 27 April 1935 元山 *Yamagishi, S s.n.* **P'yongyang** 7 May 1911 P'yongyang (平壤) *Imai, H Imai s.n.*

Ixeris repens (L.) A.Gray, Mem. Amer. Acad. Arts 6: 397 (1859)
Common name 갯씀바귀
Distribution in Korea: North, Central, South
  Prenanthes repens L., Sp. Pl. 798 (1753)
  Chorisis repens (L.) DC., Prodr. (DC.) 7: 178 (1838)
  Nabalus repens (L.) Ledeb., Fl. Ross. (Ledeb.) 2: 840 (1846)
  Lactuca repens (L.) Benth. ex Maxim. (1874)

Representative specimens; Hamgyong-bukto 18 August 1934 東村海岸 (鏡城街道) *Saito, T T Saito s.n.* **Hamgyong-namdo** 17 August 1940 西湖津海岸 *Okuyama, S Okuyama s.n.* **Kangwon-do** 5 August 1932 元山 *Kitamura, S Kitamura s.n.* 5 August 1932 *Kitamura, S Kitamura s.n.* **Rason** 6 June 1930 西水羅 *Ohwi, J Ohwi s.n.* 6 June 1930 *Ohwi, J Ohwi s.n.* 18 August 1935 獨津 *Saito, T T Saito s.n.*

Ixeris stolonifera A.Gray, Mem. Amer. Acad. Arts 6: 396 (1859)
Common name 좀씀바귀
Distribution in Korea: North, Central, South, Ulleung
  Ixeris stolonifera A.Gray var. *sinuata* (Makino) Takeda, Kozan-Shokubutsu-Duied. 2, pl. 19, 1937
  Lactuca stolonifera (A.Gray) Benth. ex Maxim. (1874)
  Lactuca nummularifolia H.Lév. & Vaniot, Repert. Spec. Nov. Regni Veg. 8: 421 (1910)
  Lactuca stolonifera (A.Gray) Benth. ex Maxim. var. *sinuata* Makino, J. Jap. Bot. 3: 42 (1926)
  Ixeris capillaris Nakai, Report. Veget. Kamikochi 41 (1928)
  Ixeris stolonifera A.Gray ssp. *capillaris* (Nakai) Kitam., Bot. Mag. (Tokyo) 49: 287 (1935)
  Ixeris stolonifera A.Gray f. *capillaris*(Nakai) Ohwi, Fl. Jap. (Ohwi) 1246 (1953)
  Ixeris stolonifera A.Gray f. *sinuata* (Makino) Ohwi, Fl. Jap. (Ohwi) 1246 (1953)

Representative specimens; Kangwon-do 7 June 1909 元山 *Nakai, T Nakai s.n.*

Klasea F.Cuvier
Klasea centauroides (L.) Cass. ssp. **komarovii** (Iljin) L.Martins, Bot. J. Linn. Soc. 152: 457 (2006)
Common name 잔잎산비장이
Distribution in Korea: North
  Serratula hayatae Nakai, Bot. Mag. (Tokyo) 25: 56 (1911)
  Serratula komarovii Iljin, Izv. Glavn. Bot. Sada SSSR 27: 89 (1928)

Serratula hsinganensis Kitag., Bot. Mag. (Tokyo) 48: 910 (1934)
Klasea hayatae (Nakai) Kitag., J. Jap. Bot. 21: 140 (1947)
Klasea nishimurana (Kitag.) Kitag., Neolin. Fl. Manshur. 655 (1979)
Serratula nishimurana Kitag., Neolin. Fl. Manshur. 655 (1979)

Representative specimens; Kangwon-do 21 August 1902 千發告嶺 *Uchiyama, T Uchiyama s.n.* Type of *Serratula hayatae* Nakai (Holotype K, Isotype TI)

Lactuca L.
Lactuca indica L., Mant. Pl. 2: 278 (1771)
Common name 왕고들빼기
Distribution in Korea: North, Central, South, Ulleung
  Prenanthes laciniata Houtt., Handl. Pl.-Kruidk. 10: 381 (1779)
  Prenanthes squarrosa Thunb., Syst. Veg., ed. 14 (J. A. Murray) 2: 715 (1784)
  Chondrilla squarrosa (Thunb.) Poir., Encycl. (Lamarck) Suppl. 2 232 (1811)
  Lactuca mauritiana Poir., Encycl. (Lamarck) Suppl. 3 292 (1813)
  Lactuca brevirostris Champ. ex Benth., Hooker's J. Bot. Kew Gard. Misc. 4: 237 (1852)
  Lactuca bialata Griff., Not. Pl. Asiat. 4: 246 (1854)
  Lactuca amurensis Regel & Maxim., Index Seminum [St.Petersburg (Petropolitanus)] 42 (1857)
  Lactuca squarrosa (Thunb.) Maxim., Ann. Mus. Bot. Lugduno-Batavi 2: 189 (1866)
  Lactuca laciniata (Houtt.) Makino f. *indivisa* Makino, Bot. Mag. (Tokyo) 17: 88 (1903)
  Lactuca laciniata (Houtt.) Makino, Bot. Mag. (Tokyo) 17: 88 (1903)
  Lactuca cavaleriei H.Lév., Repert. Spec. Nov. Regni Veg. 53: 450 (1910)
  Lactuca kouyangensis H.Lév., Repert. Spec. Nov. Regni Veg. 8: 450 (1910)
  Lactuca hoatiensis H.Lév., Repert. Spec. Nov. Regni Veg. 8: 449 (1910)
  Lactuca dracoglossa Makino, J. Jap. Bot. 7: 23 (1931)
  Lactuca indica L. var. *indivisa* (Makino) Hatus., Exp. Forest. Kyushu Imp. Univ. 5: 201 (1934)
  Lactuca squarrosa (Thunb.) Miq. f. *indivisa* (Makino) Honda, Nom. Pl. Japonic. 509 (1939)
  Lactuca indica L. f. *indivisa* (Maxim.) H.Hara, Enum. Spermatophytarum Japon. 2: 220 (1952)
  Lactuca indica L. var. *laciniata* (Houtt.) H.Hara, Enum. Spermatophytarum Japon. 2: 220 (1952)
  Prenanthes indica (L.) C.Shih, Acta Phytotax. Sin. 26: 387 (1988)
  Pterocypsela indivisa (Makino) H.S.Pak, Fl. Coreana (Im, R.J.) 7: 349 (1999)

Representative specimens; Chagang-do 25 August 1897 小德川 (松德水河谷) *Komarov, VL Komaorv s.n.* 30 August 1897 慈城江 *Komarov, VL Komaorv s.n.* 6 July 1911 Kang-gei(Kokai 江界) *Mills, RG Mills97* 17 August 1913 Kankai *Mills, RG Mills133* 16 August 1911 Kang-gei(Kokai 江界) *Mills, RG Mills135* **Hamgyong-bukto** 19 July 1939 富寧 *Nakai, T Nakai s.n.* **Hamgyong-namdo** 1928 Hamhung (咸興) *Seok, JM 79* **P'yongan-bukto** 25 August 1911 Chang Sung(昌城) *Mills, RG Mills649* 25 August 1911 Sakju(朔州) *Mills, RG Mills600* 28 September 1912 白鶯山 *Ishidoya, T Ishidoya52* **P'yongan-namdo** 28 June 1912 Ryuko(龍岡) *Imai, H Imai s.n.* **P'yongyang** 25 September 1939 P'yongyang (平壤) *Kitamura, S Kitamura s.n.* 25 September 1939 *Kitamura, S Kitamura s.n.* **Ryanggang** 15 August 1897 蓮坪-厚州川-厚州古邑 *Komarov, VL Komaorv s.n.* 20 August 1897 內洞-河山嶺 *Komarov, VL Komaorv s.n.* 8 July 1897 羅暖堡 *Komarov, VL Komaorv s.n.* 3 August 1939 白岩 *Nakai, T Nakai s.n.* 5 August 1914 普天堡- 寶泰洞 *Nakai, T Nakai2766*

Lactuca raddeana Maxim., Bull. Acad. Imp. Sci. Saint-Pétersbourg 19: 526 (1874)
Common name 산왕고들빼기 (산씀바귀)
Distribution in Korea: North, Central
  Lactuca elata Hemsl., J. Linn. Soc., Bot. 23: 481 (1888)
  Lactuca nakaiana H.Lév. & Vaniot, Repert. Spec. Nov. Regni Veg. 8: 141 (1910)
  Lactuca alliariifolia H.Lév. & Vaniot, Repert. Spec. Nov. Regni Veg. 8: 141 (1910)
  Prenanthes hieraciifolia H.Lév., Repert. Spec. Nov. Regni Veg. 11: 305 (1912)
  Lactuca vaniotii H.Lév., Repert. Spec. Nov. Regni Veg. 12: 100 (1913)
  Lactuca raddeana Maxim. var. *elata* (Hemsl.) Kitam., J. Jap. Bot. 21: 52 (1947)
  Pterocypsela raddeana (Maxim.) C.Shih, Acta Phytotax. Sin. 26: 386 (1988)
  Pterocypsela elata (Hemsl.) C.Shih, Acta Phytotax. Sin. 26: 385 (1988)

Representative specimens; Chagang-do 21 July 1914 大興里- 山羊 *Nakai, T Nakai2807* **Hamgyong-bukto** 9 August 1918 雲滿臺 *Nakai, T Nakai7660.* 23 September 1939 富寧 *Furusawa, I Furusawa6170* 19 July 1939 *Nakai, T Nakai s.n.* 23 July 1939 *Nakai, T Nakai s.n.* **Hamgyong-namdo** 15 August 1935 赴戰高原漢垈里 *Nakai, T Nakai15772* 16 August 1940 東上面漢岱里 *Okuyama, S Okuyama*

s.n. **Hwanghae-namdo** 26 August 1941 長壽山 *Furusawa, I Furusawa s.n.* 25 July 1921 Sorai Beach 九味浦 *Mills, RG Mills4435*
Kangwon-do 8 August 1928 金剛山群仙峽上 *Kondo, K Kondo8192* 12 August 1932 金剛山 *Kitamura, S Kitamura s.n.* **Ryanggang**
23 August 1914 Keizanchin(惠山鎭) *Ikuma, Y Ikuma s.n.* 1 August 1897 虛川江 (同仁川) *Komarov, VL Komaorv s.n.* 7 July 1897
梨方嶺 (鴨綠江羅暖堡) *Komarov, VL Komaorv s.n.* 18 August 1897 葡坪 *Komarov, VL Komaorv s.n.* 16 August 1897 大羅信洞
Komarov, VL Komaorv s.n. 6 August 1897 上巨里水 *Komarov, VL Komaorv s.n.* August 1913 羅暖堡 *Mori, T Mori256* 28 July 1897
佳林里 *Komarov, VL Komaorv s.n.* 15 July 1935 小長白山脈 *Irie, Y s.n.* 4 August 1914 普天堡- 寶泰洞 *Nakai, T Nakai2778*

Lactuca sibirica (L.) Benth. ex Maxim., Bull. Acad. Imp. Sci. Saint-Pétersbourg 19: 528 (1874)
Common name 자주방가지똥
Distribution in Korea: North
    Sonchus sibiricus L., Sp. Pl. 2: 795 (1753)
    Mulgedium sibiricum (L.) Less., Syn. Gen. Compos. 142 (1832)
    Mulgedium kamtschaticum Ledeb., Denkschr. Bayer. Bot. Ges. Regensburg 3: 65 (1841)
    Lagedium sibiricum (L.) Soják, Novit. Bot. Delect. Seminum Horti Bot. Univ. Carol. Prag. 34 (1961)

Representative specimens; Hamgyong-namdo 19 August 1935 道頭里 *Nakai, T Nakai5779* 27 July 1933 東上面元豊 *Koidzumi, G
Koidzumi s.n.* **Ryanggang** July 1943 龍眼 *Uchida, H Uchida s.n.* 15 August 1935 北水白山 *Hozawa, S Hozawa s.n.* 9 August 1917 延岩
Furumi, M Furumi410 30 July 1930 島內 *Ohwi, J Ohwi s.n.* August 1934 白頭山 *Kojima, K Kojima s.n.* August 1913 長白山 *Mori, T
Mori s.n.* August 1913 *Mori, T Mori102* 6 August 1914 胞胎山虛項嶺 *Nakai, T Nakai3244* 8 August 1914 農事洞 *Ikuma, Y Ikuma324*

Lactuca triangulata Maxim., Mem. Acad. Imp. Sci. St.-Petersbourg Divers Savans 9: 177 (1859)
Common name 두메왕고들빼기 (두메고들빼기)
Distribution in Korea: North, Central, South, Ulleung
    Pterocypsela triangulata (Maxim.) C.Shih, Acta Phytotax. Sin. 26: 386 (1988)

Representative specimens; Chagang-do 21 July 1914 大興里- 山羊 *Nakai, T Nakai2801* **Hamgyong-bukto** 12 August 1933 渡正山
Koidzumi, G Koidzumi s.n. 19 July 1939 富寧 *Nakai, T Nakai s.n.* **Kangwon-do** 31 July 1916 金剛山群仙峽 *Nakai, T Nakai5744* 12
August 1932 金剛山 *Kitamura, S Kitamura s.n.* 18 August 1932 金剛山望軍臺 *Kitamura, S Kitamura s.n.* 12 September 1932
Kitamura, S Kitamura s.n. **Ryanggang** 22 June 1917 厚峙嶺 *Furumi, M Furumi s.n.* 5 August 1897 白山嶺 *Komarov, VL Komaorv s.n.*
4 August 1897 十四道溝-白山嶺 *Komarov, VL Komaorv s.n.* 22 August 1897 雲洞嶺 *Komarov, VL Komaorv s.n.* 28 July 1930 合水
(列結水) *Ohwi, J Ohwi s.n.* 24 July 1930 含山嶺 *Ohwi, J Ohwi s.n.*

Leibnitzia Cass.
Leibnitzia anandria (L.) Turcz., Ukaz. Otkryt. 8(1, 3): 404 (1831)
Common name 솜나물
Distribution in Korea: North, Central, South
    Tussilago anandria L., Sp. Pl. 2: 865 (1753)
    Perdicium tomentosum Thunb., Syst. Veg., ed. 14 (J. A. Murray) 769 (1784)
    Gerbera anandria (L.) Sch.Bip., Flora 27-2: 782 (1844)

Representative specimens; Chagang-do 25 August 1897 小德川 (松德水河谷) *Komarov, VL Komaorv s.n.* 20 May 1909 Kang-gei
(Kokai 江界) *Mills, RG Mills366* 22 July 1914 山羊 -江口 *Nakai, T Nakai s.n.* **Hamgyong-bukto** 15 May 1934 漁遊洞 *Uozumi, H
Uozumi s.n.* 26 May 1930 Kyonson 鏡城 *Ohwi, J Ohwi s.n.* 3 June 1934 冠帽峰 *Saito, T T Saito s.n.* 19 August 1933 茂山 *Koidzumi, G
Koidzumi s.n.* 29 May 1897 釜所哥谷 *Komarov, VL Komaorv s.n.* 24 July 1918 雲嶺 *Nakai, T Nakai7564* 22 September 1939 富寧
Furusawa, I Furusawa s.n. **Hamgyong-namdo** 15 August 1935 東上面漢垈里 *Nakai, T Nakai5766* **Hwanghae-namdo** 8 May 1932
載寧 *Smith, RK Smith17* **Kangwon-do** 12 August 1928 金剛山三聖庵 *Kondo, K Kondo s.n.* 21 April 1935 元山 *Kitamura, S Kitamura
s.n.* 9 June 1909 *Nakai, T Nakai s.n.* **P'yongan-bukto** 28 September 1911 青山面梨石洞山 *Ishidoya, T Ishidoya s.n.* **P'yongyang** 14
May 1910 Botandai (牡丹台) 平壤 *Imai, H Imai96* 20 August 1909 平壤牡丹台 *Imai, H Imai s.n.* **Rason** 5 June 1930 西水羅 *Ohwi, J
Ohwi s.n.* **Ryanggang** 1 July 1897 五是川豊麗江-崔五峰 *Komarov, VL Komaorv s.n.* 1 August 1897 虛川江 (同仁川) *Komarov, VL
Komaorv s.n.* 16 August 1897 大羅信洞 *Komarov, VL Komaorv s.n.* 19 August 1897 葡坪 *Komarov, VL Komaorv s.n.* 22 August 1897
雲洞嶺 *Komarov, VL Komaorv s.n.* 3 July 1897 三水邑-上水隅理 *Komarov, VL Komaorv s.n.* 7 August 1897 上巨里水 *Komarov, VL
Komaorv s.n.* 9 August 1897 長津江下流域 *Komarov, VL Komaorv s.n.* 3 August 1939 白岩 *Nakai, T Nakai s.n.* 26 June 1897 內曲里
Komarov, VL Komaorv s.n. 11 August 1913 茂峯 *Hirai, H Hirai2* **Sinuiju** 30 April 1917 新義州 *Furumi, M Furumi34* 20 April 1941
Tatsuzawa, S s.n.

Leontopodium R.Br.
Leontopodium coreanum Nakai, Bot. Mag. (Tokyo) 31: 109 (1917)
Common name 솜다리

Distribution in Korea: North (Gaema, Bujeon, Wagal, Rangrim), Jeju
  Leontopodium leiolepis Nakai, Icon. Pl. Koisikav 4: 75, t. 250 (1920)
  Leontopodium hallaisanense Hand.-Mazz., Beih. Bot. Centralbl. 44: 72 (1928)
  Leontopodium leiolepis Nakai var. *curvicollum* H.S.Pak, Fl. Coreana (Im, R.J.) 7: 382 (1999)
  Leontopodium leiolepis Nakai var. *crinulosum* H.S.Pak, Fl. Coreana (Im, R.J.) 7: 382 (1999)
  *Leontopodium seorakensis*Y.S.Lim, J.O. Hyun, Y.D.Kim & H.C.Shin, Korean J. Pl. Taxon. 42: 157 (2012)

Representative specimens; Chagang-do 22 July 1916 狼林山 *Mori, T Mori s.n.* 11 July 1914 臥碣峰鷺峯 *Nakai, T Nakai1542* **Hamgyong-bukto** 26 July 1930 頭流山 *Ohwi, J Ohwi s.n.* 26 July 1930 *Ohwi, J Ohwi s.n.* 20 July 1939 富寧 *Nakai, T Nakai s.n.* **Hamgyong-namdo** 25 July 1933 東上面遮日峯 *Koidzumi, G Koidzumi s.n.* 16 August 1935 遮日峯 *Nakai, T Nakai1573* 17 August 1935 *Nakai, T Nakai1574* 23 June 1932 *Ohwi, J Ohwi s.n.* 15 August 1940 *Okuyama, S Okuyama s.n.* August 1936 *Soto, Y s.n.* 30 July 1939 *Unknown s.n.* **Kangwon-do** 7 August 1932 Mt. Kumgang (金剛山) *Fukushima s.n.* 11 August 1943 *Honda, M Honda s.n.* 29 July 1938 *Hozawa, S Hozawa s.n.* 13 August 1932 金剛山毘盧峯 *Kitamura, S Kitamura s.n.* 13 August 1932 金剛山 *Kitamura, S Kitamura s.n.* 13 August 1932 *Kitamura, S Kitamura s.n.* 13 August 1932 金剛山毘盧峯 *Kitamura, S Kitamura s.n.* 9 August 1916 金剛山望軍臺 *Nakai, T Nakai5914* Type of *Leontopodium coreanum* Nakai (Syntype TI)22 August 1916 金剛山大長峯 *Nakai, T Nakai5915* Type of *Leontopodium coreanum* Nakai (Syntype TI)16 August 1916 金剛山毘盧峯 *Nakai, T Nakai5916* Type of *Leontopodium coreanum* Nakai (Syntype TI)29 September 1935 Mt. Kumgang (金剛山) *Okamoto, S Okamoto s.n.* 7 August 1940 *Okuyama, S Okuyama s.n.* 29 July 1938 金剛山 *Park, MK Park s.n.* 17 August 1930 Sachang-ri (社倉里) *Nakai, T Nakai s.n.* **P'yongan-bukto** 4 August 1935 妙香山 *Koidzumi, G Koidzumi s.n.* **Ryanggang** 15 August 1935 北水白山 *Hozawa, S Hozawa s.n.* 21 August 1934 *Kojima, K Kojima s.n.* 18 August 1934 東上面北水白山東南尾根 *Yamamoto, A Yamamoto s.n.* 18 August 1934 *Yamamoto, A Yamamoto s.n.*

Leontopodium japonicum Miq., Ann. Mus. Bot. Lugduno-Batavi 2: 178 (1866)
Common name 왜솜다리
Distribution in Korea: far North (Paekdu, Potae, Kwanmo, Chail, Rangrim, Wagal)
  Leontopodium japonicum Miq. f. *shiroumense* (Nakai ex Kitam.) Ohwi
  Gnaphalium sieboldianum Franch. & Sav., Enum. Pl. Jap. 1: 241 (1875)

Leucanthemella **Tzvelev**
Leucanthemella linearis (Matsum.) Tzvelev, Fl. URSS 26: 139 (1961)
Common name 키큰산국
Distribution in Korea: far North (Paekdu, Potae, Kwanmo, Rangrim)
  Chrysanthemum lineare Matsum., Bot. Mag. (Tokyo) 13: 83 (1899)
  Chrysanthemum lineare Matsum. var. *manshuricum* Kom., Trudy Imp. S.-Peterburgsk. Bot. Sada 25: 822 (1907)
  Tanacetum lineare (Matsum.) Kitam., Mem. Coll. Sci. Kyoto Imp. Univ., Ser. B, Biol. 15(3): 350 (1940)
  Leucanthemum lineare (Matsum.) Vorosch., Byull. Glavn. Bot. Sada 49: 58 (1963)

Representative specimens; Ryanggang August 1913 長白山 *Mori, T Mori101*

Leucanthemum **Mill.**
Leucanthemum vulgare Lam., Fl. Franc. (Lamarck) 2 (1778)
Common name 불란서국화
Distribution in Korea: Introduced (North, Central, South; Europe)
  Chrysanthemum leucanthemum L., Sp. Pl. 888 (1753)
  Chrysanthemum pratense Salisb., Prodr. Stirp. Chap. Allerton 203 (1796)
  Chrysanthemum lacustre Brot., Fl. Lusit. 1: 379 (1804)
  Chrysanthemum sylvestre Willd., Enum. Pl. Suppl. (Willdenow) 60 (1814)

Ligularia **Cass.**
Ligularia fischeri (Ledeb.) Turcz., Bull. Soc. Imp. Naturalistes Moscou 11: 95 (1838)
Common name 곰취
Distribution in Korea: North, Central, South
  Cineraria fischeri Ledeb., Index Sem. (Dorpat) 17 (1820)
  Cineraria speciosa Schrad. ex Link, Enum. Hort. Berol. Alt. 2: 334 (1822)

Ligularia racemosa DC., Prodr. (DC.) 6: 314 (1838)
Ligularia speciosa (Schrad. ex Link) Fisch. & C.A.Mey., Index Seminum [St.Petersburg (Petropolitanus)] 5: 38 (1839)
Senecio ligularia Hook.f., Fl. Brit. Ind. 3: 349 (1881)
Senecio splendens H.Lév. & Vaniot, Repert. Spec. Nov. Regni Veg. 8: 139 (1910)
Senecillis fischerii (Ledeb.) Kitam., Acta Phytotax. Geobot. 8: 82 (1939)
Ligularia fischeri (Ledeb.) Turcz. var. *spiciformis* Nakai, J. Jap. Bot. 20: 138 (1943)
Ligularia splendens (H.Lév. & Vaniot) Nakai, J. Jap. Bot. 20: 141 (1944)
Ligularia glabrescens Vorosch., Byull. Glavn. Bot. Sada 60: 41 (1965)

Representative specimens; **Chagang-do** 11 July 1914 蒕田嶺 *Nakai, T Nakai3742* **Hamgyong-bukto** 29 May 1897 釜所哥谷 *Komarov, VL Komaorv s.n.* 19 July 1939 富寧 *Nakai, T Nakai s.n.* 4 June 1897 四芝嶺 *Komarov, VL Komaorv s.n.* **Hamgyong-namdo** 16 August 1943 赴戰高原漢岱里 *Honda, M Honda159* 20 August 1932 蓋馬高原 *Kitamura, S Kitamura s.n.* 24 August 1932 *Kitamura, S Kitamura s.n.* 23 July 1933 東上面漢岱里 *Koidzumi, G Koidzumi s.n.* 15 August 1935 赴戰高原漢岱里 *Nakai, T Nakai15777* Type of *Ligularia fischeri* (Ledeb.) Turcz. var. spiciformis Nakai (Holotype TI) **Kangwon-do** 12 August 1928 金剛山三聖庵 *Kondo, K Kondo s.n.* 31 July 1916 金剛山群仙峽 *Nakai, T Nakai5937* 12 August 1932 金剛山 *Kitamura, S Kitamura s.n.* 12 August 1932 金剛山望軍臺 *Kitamura, S Kitamura s.n.* 30 July 1928 金剛山內金剛山盧峯 *Kondo, K Kondo s.n.* 12 July 1936 金剛山外金剛 千佛山 *Nakai, T Nakai s.n.* 14 August 1916 金剛山毘盧峯 *Nakai, T Nakai5936* July 1932 Mt. Kumgang (金剛山) *Smith, RK Smith55* 16 August 1902 *Uchiyama, T Uchiyama s.n.* 18 August 1902 *Uchiyama, T Uchiyama s.n.* **P'yongan-bukto** 3 August 1935 妙香山 *Koidzumi, G Koidzumi s.n.* **P'yonan-namdo** 20 July 1916 黃玉峯 (黃處嶺?) *Mori, T Mori s.n.* 23 June 1935 黃草嶺 *Nomura, N Nomura s.n.* 21 July 1916 上南洞 *Mori, T Mori s.n.* **Ryanggang** 19 July 1897 Keizanchin(惠山鎭) *Komarov, VL Komaorv s.n.* 6 June 1897 平蒲坪 *Komarov, VL Komaorv s.n.* 24 July 1930 含山嶺 *Ohwi, J Ohwi s.n.* 3 August 1930 大澤 *Ohwi, J Ohwi s.n.* 1 August 1930 島內 - 合水 *Ohwi, J Ohwi s.n.* 24 July 1930 大澤 *Ohwi, J Ohwi s.n.* 3 August 1930 *Ohwi, J Ohwi s.n.* 24 July 1930 含山嶺 *Ohwi, J Ohwi s.n.* 25 August 1939 北胞胎山 *Akiyama, S Akiyama s.n.* 5 August 1914 普天堡- 寶泰洞 *Nakai, T Nakai4037*

Ligularia intermedia Nakai, Bot. Mag. (Tokyo) 31: 125 (1917)

Common name 어리곰취 (어리곤달비)

Distribution in Korea: North
Ligularia sibirica (L.) Cass. var. *stenoloba* Diels, Bot. Jahrb. Syst. 29: 621 (1901)
Ligularia intermedia Nakai var. *stenopetala* Nakai, Bot. Mag. (Tokyo) 40: 579 (1926)
Ligularia sinica Kitag., Rep. Exped. Manchoukuo Sect. IV, Pt. 4, Index Fl. Jeholensis 95 (1936)
Senecillis intermedia (Nakai) Kitam., Acta Phytotax. Geobot. 8: 82 (1939)

Representative specimens; **Hamgyong-bukto** 19 July 1918 冠帽峯 *Nakai, T Nakai7598* Type of *Ligularia intermedia* Nakai var. stenopetala Nakai (Holotype TI)15 July 1935 冠帽峰 *Okayama, Y s.n.* 21 July 1933 *Saito, T T Saito s.n.* 25 July 1918 雪嶺 *Nakai, T Nakai7599* **Hamgyong-namdo** 18 August 1935 遮日峯南側斜面 *Nakai, T Nakai15775* **Kangwon-do** 8 August 1940 Mt. Kumgang (金剛山) *Okayama, M Okuyama s.n.* **Ryanggang** July 1943 龍眼 *Uchida, H Uchida s.n.* 15 August 1935 北水白山 *Hozawa, S Hozawa s.n.* 6 June 1897 平蒲坪 *Komarov, VL Komaorv s.n.* 24 July 1930 含山嶺 *Ohwi, J Ohwi s.n.* 1 August 1930 島內 - 合水 *Ohwi, J Ohwi s.n.*

Ligularia jaluensis Kom., Trudy Imp. S.-Peterburgsk. Bot. Sada 18: 420 (1901)

Common name 조선곰취 (긴잎곰취)

Distribution in Korea: North
Ligularia jaluensis Kom. var. *rumicifolia* Kom., Trudy Imp. S.-Peterburgsk. Bot. Sada 25: 696 (1907)
Ligularia deltoidea Nakai, Bot. Mag. (Tokyo) 31: 126 (1917)
Ligularia pulchra Nakai, Bot. Mag. (Tokyo) 31: 126 (1917)
Senecillis jaluensis Kitam., Acta Phytotax. Geobot. 8: 82 (1939)
Ligularia leucocoma Nakai, J. Jap. Bot. 20: 139 (1944)

Representative specimens; **Hamgyong-bukto** 24 July 1918 朱北面金谷 *Nakai, T Nakai7595* **Ryanggang** 19 July 1897 Keizanchin (惠山鎭) *Komarov, VL Komaorv s.n.* Type of *Ligularia jaluensis* Kom. (Syntype LE)3 August 1930 大澤 *Ohwi, J Ohwi s.n.* 19 June 1930 楡洞 *Ohwi, J Ohwi s.n.* 25 July 1930 合水桃花洞 *Ohwi, J Ohwi s.n.* 9 August 1937 大澤 *Saito, T T Saito s.n.* 10 August 1913 茂峯 *Hirai, H Hirai s.n.* Type of *Ligularia deltoidea* Nakai (Holotype TI)4 August 1914 普天堡- 寶泰洞 *Nakai, T Nakai4035* Type of *Ligularia pulchra* Nakai (Holotype TI)

Ligularia jamesii (Hemsl.) Kom., Trudy Imp. S.-Peterburgsk. Bot. Sada 25: 697 (1907)

Common name 화살곰취

Distribution in Korea: far North (Paekdu, Kwanmo, Chail, Gaema, Bujeon, Rangrim)
Senecio jamesii Hemsl., J. Linn. Soc., Bot. 23: 453 (1888)

Senecillis jamesii (Hemsl.) Kitam., Acta Phytotax. Geobot. 8: 82 (1939)

Representative specimens; Chagang-do 22 July 1919 狼林山 *Kajiwara, U Kajiwara s.n.*22 July 1916 *Mori, T Mori s.n.* 11 July 1914 臥碣峰鷲峯 *Nakai, T Nakai s.n.* **Hamgyong-bukto** 26 June 1930 雪嶺東側 *Ohwi, J Ohwi s.n.* **Hamgyong-namdo** 25 July 1933 東上面遮 日峯 *Koidzumi, G Koidzumi s.n.* 16 August 1935 遮日峯 *Nakai, T Nakai s.n.* 20 June 1932 東上面元豊里 *Ohwi, J Ohwi s.n.* 15 August 1940 遮日峯 *Okuyama, S Okuyama s.n.* August 1936 *Soto, Y s.n.* 30 August 1934 長津豊山郡頭雲峯 *Yamamoto, A Yamamoto s.n.* **Ryanggang** 15 August 1935 北水白山 *Hozawa, S Hozawa s.n.* 11 July 1917 胞胎山 *Furumi, M Furumi s.n.* 14 August 1913 神武城 *Hirai, H Hirai s.n.* 10 August 1914 茂峯 *Ikuma, Y Ikuma s.n.* 15 July 1935 小長白山 *Irie, Y s.n.* August 1913 白山 *Mori, T Mori s.n.* 7 August 1914 虛項嶺-神武城 *Nakai, T Nakai s.n.* 26 July 1942 神武城-無頭峯 *Saito, T T Saito s.n.* 30 July 1933 白頭山天池 *Saito, T T Saito s.n.*

Ligularia japonica (Thunb.) Less., Syn. Gen. Compos. 390 (1832)

Common name 살곰취 (무산곰취)

Distribution in Korea: North

    Arnica japonica Thunb., Fl. Jap. (Thunberg) 319 (1784)

    Senecio japonica(Thunb.) Sch.Bip., Flora 28: 50 (1845)

    Erythrochaete palmatifida Siebold & Zucc., Abh. Math.-Phys. Cl. Konigl. Bayer. Akad. Wiss. 4: 188 (1846)

    Senecio macranthus C.B.Clarke, Compos. Ind. 205 (1876)

    Senecio palmatifidus (Siebold & Zucc.) Wittr. & Juel, Acta Horti Berg. 1: 86 (1891)

    Ligularia coreana Nakai, Bot. Mag. (Tokyo) 29: 10 (1915)

    Senecio japonicus Thunb. var. *scaberrimus* Hayata, Icon. Pl. Formosan. 6: 40 (1916)

    Ligularia japonica (Thunb.) Less. var. *scaberrima* (Hayata) Hayata, Icon. Pl. Formosan. 8: 63 (1919)

    Senecillis japonica (Thunb.) Kitam., Acta Phytotax. Geobot. 8: 83 (1939)

Representative specimens; Hamgyong-bukto 9 July 1909 茂山嶺 *Jo, K 400* Type of *Ligularia coreana* Nakai (Holotype TI)15 June 1930 *Ohwi, J Ohwi s.n.* 9 July 1909 *Shou, K s.n.*

Ligularia schmidtii (Maxim.) Makino, Bot. Mag. (Tokyo) 17: 191 (1903)

Common name 산담배풀 (개담배)

Distribution in Korea: North

    Senecillis schmidtii Maxim., Bull. Acad. Imp. Sci. Saint-Petersbourg 16: 222 (1871)

    Senecio schmidtii (Maxim.) Franch. & Sav., Enum. Pl. Jap. 1: 246 (1875)

    Cyathocephalum schmidtii (Maxim.) Nakai, Bot. Mag. (Tokyo) 29: 11 (1915)

Representative specimens; Chagang-do 25 August 1897 小德川 (松德水河谷) *Komarov, VL Komaorv s.n.* **Hamgyong-bukto** 20 May 1897 茂山嶺 *Komarov, VL Komaorv s.n.* 12 June 1897 西溪水 *Komarov, VL Komaorv s.n.* **Ryanggang** 16 August 1897 大羅信洞 *Komarov, VL Komaorv s.n.* 18 August 1897 葡坪 *Komarov, VL Komaorv s.n.* 21 August 1897 subdist. Chu-czan, flumen Amnok-gan *Komarov, VL Komaorv s.n.* 22 August 1897 雲洞嶺 *Komarov, VL Komaorv s.n.* 19 August 1897 葡坪 *Komarov, VL Komaorv s.n.* 7 August 1897 上巨里水 *Komarov, VL Komaorv s.n.* 6 June 1897 平蒲坪 *Komarov, VL Komaorv s.n.* 26 June 1897 內曲里 *Komarov, VL Komaorv s.n.* August 1913 長白山 *Mori, T Mori175* 13 August 1914 Moho (茂峯)- 農事洞 *Nakai, T Nakai3230*

Ligularia stenocephala (Maxim.) Matsum. & Koidz., Bot. Mag. (Tokyo) 24: 149 (1910)

Common name 곤달비

Distribution in Korea: North, Central

    Senecio stenocephala Maxim., Bull. Acad. Imp. Sci. Saint-Petersbourg 16: 218 (1871)

    Ligularia stenocephala (Maxim.) Matsum. & Koidz. f. *quinquebracteata* Yamam., Icon. Pl. Formosan. Suppl. 4: 24 (1928)

Matricaria L.

Matricaria matricarioides (Less.) Porter, Mem. Torrey Bot. Club 5: 341 (1894)

Common name 개가미드레 (족제비쑥)

Distribution in Korea: Introduced (North, Central, South, Jeju; N. Asia and N. America)

    Artemisia matricarioides Less., Linnaea 6: 210 (1831)

    Matricaria discoidea DC., Prodr. (DC.) 6: 50 (1838)

    Matricaria suaveolens Buchenau, Fl. Nordwestdeut. Tiefebene 496 (1894)

Representative specimens; Hamgyong-namdo 3 August 1941 咸興曙町 *Suzuki, T s.n.* 19 August 1935 道頭里 *Nakai, T Nakai*

s.n. 14 August 1943 赴戰高原元豊-道安 *Honda, M Honda s.n.* 14 August 1940 赴戰高原漢垈里 *Okuyama, S Okuyama s.n.*
Ryanggang 2 August 1940 高頭山 *Chang, HD ChangHD s.n.*

Parasenecio W.W.Sm. & J.Small
Parasenecio adenostyloides (Franch. & Sav. ex Maxim.) H.Koyama, Fl. Jap. (Iwatsuki et al., eds.)
3b: 50 (1995)

Common name 계박쥐나물 (게박쥐나물)

Distribution in Korea: far North (Paekdu, Potae, Kwanmo, Rangrim), Central
  Senecio adenostyloides Franch. & Sav. ex Maxim., Bull. Acad. Imp. Sci. Saint-Pétersbourg 19:
  486 (1874)
  Cacalia adenostyloides (Franch. & Sav.) Matsum. & Koidz., Bot. Mag. (Tokyo) 24: 152 (1910)

Representative specimens; Ryanggang 25 August 1939 北胞胎山 *Akiyama, S Akiyama s.n.* 白頭山 *Unknown s.n.*

Parasenecio auriculatus (DC.) J.R.Grant, Novon 3(2): 154 (1993)
Common name 귀박쥐나물

Distribution in Korea: North (Gaema, Baekmu, Bujeon), Central
  Cacalia auriculata DC. var.*decomposita* Nakai
  Parasenecio auriculatus (DC.) J.R.Grant var. *kamtschaticus* (Maxim.) H.Koyama f
  matsumurana (Nakai) C.H.Kim & J.H. Pak
  Cacalia auriculata DC., Prodr. (DC.) 6: 329 (1838)
  Senecio dahuricus Sch.Bip., Flora 28: 499 (1845)
  Senecio dahuricus Sch.Bip. var. *kamtschatica* Maxim., Bull. Acad. Imp. Sci. Saint-Petersbourg
  19: 486 (1874)
  Cacalia auriculata DC. var. *ochotensis* (Maxim.) Kom., Trudy Imp. S.-Peterburgsk. Bot. Sada
  25: 688 (1907)
  Parasenecio auriculatus (DC.) J.R.Grant var. *matsumurana* Nakai, Bot. Mag. (Tokyo) 23: 187 (1909)
  Cacalia auriculata DC. var. *matsumurana* Nakai, Bot. Mag. (Tokyo) 23: 187 (1909)
  Cacalia auriculata DC. var. *kamtschatica* (Maxim.) Koidz., J. Coll. Sci. Imp. Univ. Tokyo
  27(Art.13): 121 (1910)
  Cacalia auriculata DC. var. *alata* Nakai, Rep. Veg. Mt. Waigalbon 73 (1916)
  Cacalia kamtschatica (Maxim.) Kudô, J. Coll. Agric. Hokkaido Imp. Univ. 12: 60 (1923)
  Parasenecio auriculatus (DC.) J.R.Grant var. *kamtschatica* (Maxim.) H.Koyama, Fl. Jap.
  (Iwatsuki et al., eds.) 3b: 50 (1995)

Representative specimens; Chagang-do 21 July 1914 大興里- 山羊 *Nakai, T Nakai1609* 21 July 1914 *Nakai, T Nakai2799*
Hamgyong-bukto 11 August 1933 渡正山門內 *Koidzumi, G Koidzumi s.n.* 20 May 1897 茂山嶺 *Komarov, VL Komarv s.n.* 26 July
1930 頭流山 *Ohwi, J Ohwi s.n.* 23 May 1897 車踰嶺 *Komarov, VL Komaorv s.n.* 29 May 1897 釜所哥谷 *Komarov, VL Komaorv s.n.*
19 August 1914 曷浦嶺 *Nakai, T Nakai s.n.* **Hamgyong-namdo** 16 August 1934 新角面北山 *Nomura, N Nomura s.n.* 2 September
1934 東下面蓮花山 *Yamamoto, A Yamamoto s.n.* 15 August 1935 東上面漢岱里 *Nakai, T Nakai15749* 16 August 1935 雲仙嶺 *Nakai,
T Nakai5752* 16 August 1935 *Nakai, T Nakai15858* 14 August 1940 赴戰高原 Fusenkogen *Okuyama, S Okuyama s.n.* 18 August 1934
東上面新洞上方 *Yamamoto, A Yamamoto s.n.* **Kangwon-do** 31 July 1916 金剛山群仙峽 *Nakai, T Nakai5931* 12 August 1943 Mt.
Kumgang (金剛山) *Honda, M Honda176* 13 August 1932 金剛山望軍臺 *Kitamura, S Kitamura s.n.* 12 August 1932 *Kitamura, S
Kitamura s.n.* 13 August 1932 金剛山 *Kitamura, S Kitamura s.n.* 2 September 1932 金剛山萬物相 *Kitamura, S Kitamura s.n.* 14
August 1916 金剛山望軍臺 *Nakai, T Nakai s.n.* 22 August 1916 新金剛 *Nakai, T Nakai5932* 6 August 1942 金剛山毘盧峯- 內霧在嶺
- 四仙橋 *Nakajima, K Nakajima s.n.* 8 August 1940 Mt. Kumgang (金剛山) *Okuyama, S Okuyama s.n.* **P'yongan-bukto** 2 August 1935
妙香山 *Koidzumi, G Koidzumi s.n.* **P'yongan-namdo** 21 July 1916 上南洞 *Mori, T Mori s.n.* **Ryanggang** 26 July 1914 三水- 惠山鎮
Nakai, T Nakai2798 15 August 1935 北水白山 *Hozawa, S Hozawa s.n.* 5 August 1897 白山嶺 *Komarov, VL Komaorv s.n.* 5 August
1897 *Komarov, VL Komaorv s.n.* 7 August 1917 東溪水 *Furumi, M Furumi405* 5 August 1940 高頭山 *Hozawa, S Hozawa s.n.* 9 June
1897 屈川山 (西興水河谷) 倉坪 *Komarov, VL Komaorv s.n.* 31 July 1930 醬池 *Ohwi, J Ohwi s.n.* 24 July 1930 合山嶺 *Ohwi, J Ohwi
s.n.* 5 August 1930 列結水 *Ohwi, J Ohwi s.n.* 31 July 1930 醬池 *Ohwi, J Ohwi s.n.* 11 August 1937 大澤 *Saito, T T Saito s.n.* 22 August
1914 普天堡 *Ikuma, Y Ikuma s.n.* 21 August 1914 崔哥嶺 *Ikuma, Y Ikuma s.n.* 28 June 1897 栢德嶺 *Komarov, VL Komaorv s.n.* August
1913 崔哥嶺 *Mori, T Mori255* 6 August 1914 胞胎山虛項嶺 *Nakai, T Nakai s.n.* 5 August 1914 胞胎山寶泰洞 *Nakai, T Nakai2774* 2
June 1897 四芝坪(延面水河谷) 柄安洞 *Komarov, VL Komaorv s.n.*

Parasenecio firmus (Kom.) Y.L.Chen, Fl. Reipubl. Popularis Sin. 77: 26 (1999)
Common name 병풍쌈

A Checklist of North Korean Vascular Plants T.B. Lee Herbarium (SNUA) – 2019 (C.S. Chang, H. Kim, H.T. Shin & C.H. Lee)

- 510 -

Distribution in Korea: North (Hamgyong, P'yongan), Central
   Cacalia firma Kom., Trudy Imp. S.-Peterburgsk. Bot. Sada 18: 420 (1901)
   Miricacalia firma (Kom.) Nakai, J. Jap. Bot. 14: 642 (1938)
   Miricacalia pseudotaimingasa (Nakai) Nakai, J. Jap. Bot. 14: 643 (1938)
   Koyamacalia firma (Kom.) Robins & Brettell, Phytologia 27: 272 (1973)
   Parasenecio pseudotaimingasa (Nakai) B.U.Oh, Endemic Vascular Plants in the Korean
   Peninsula 74 (2005)
   Parasenecio firmus (Kom.) Y.L.Chen var. *pseudotamingasa* (Nakai) M.Kim, Korean Endemic
   Pl. : 349 (2017)

Representative specimens; Chagang-do 22 July 1916 狼林山 *Mori, T Mori s.n.* **Hamgyong-bukto** 22 September 1933 冠帽峰 *Saito, T T Saito s.n.* **Hamgyong-namdo** 15 June 1932 下碣隅里 *Ohwi, J Ohwi s.n.* 20 June 1932 東上面元豊里 *Ohwi, J Ohwi s.n.* **Kangwon-do** 22 August 1916 金剛山新金剛 *Nakai, T Nakai4031* 14 July 1936 金剛山外金剛千佛山 *Nakai, T Nakai17246* 14 July 1936 *Nakai, T Nakai17247* 10 June 1932 Mt. Kumgang (金剛山) *Ohwi, J Ohwi s.n.* **P'yongan-bukto** 4 August 1935 妙香山 *Koidzumi, G Koidzumi s.n.* **P'yongan-namdo** 15 June 1928 陽德 *Nakai, T Nakai12456* **Ryanggang** 23 August 1897 雲洞嶺 *Komarov, VL Komaorv s.n.* Type of *Cacalia firma* Kom. (Lectotype LE)

Parasenecio hastatus (L.) H.Koyama, Sp. Pl. 835 (1753)

Common name 털박쥐나물

Distribution in Korea: North, Central, South
   Cacalia hastata L., Sp. Pl. 2: 835 (1753)
   Cacalia hastata L. var. *pubescens* Ledeb., Fl. Altaic. 4: 5 (1833)
   Cacalia hastata L. ssp. *orientalis* Kitam., Acta Phytotax. Geobot. 7: 244 (1938)
   Cacalia hastata L. var. *orientalis* (Kitam.) Ohwi, Fl. Jap. (Ohwi) 1177 (1953)
   Parasenecio hastatus (L.) H.Koyama ssp. *orientalis* (Kitam.) H.Koyama, Fl. Jap. (Iwatsuki et
   al., eds.) 3b: 52 (1995)
   Parasenecio hastatus (L.) H.Koyama var. *ramosa* (Kitam.) H.Koyama, Fl. Jap. (Iwatsuki et al.,
   eds.) 3b: 52 (1995)

Representative specimens; Chagang-do 26 August 1897 小德川 (松德水河谷) *Komarov, VL Komaorv s.n.* 21 July 1914 大興里-山羊 *Nakai, T Nakai2811* 21 August 1911 Seechun dong(時中洞) *Mills, RG Mills621* **Hamgyong-bukto** 10 August 1933 渡正山門內 *Koidzumi, G Koidzumi s.n.* 11 August 1935 羅南 *Saito, T T Saito s.n.* 19 May 1897 茂山嶺 *Komarov, VL Komaorv s.n.* 21 May 1897 茂山嶺-蔥坪(照日洞) *Komarov, VL Komaorv s.n.* 8 August 1930 吉州郡鶴舞山 (Mt. Hakumusan) *Ohwi, J Ohwi s.n.* 3 August 1914 車踰嶺 *Ikuma, Y Ikuma s.n.* 29 May 1897 釜所哥谷 *Komarov, VL Komaorv s.n.* 6 August 1917 西溪水 *Furumi, M Furumi402* 13 June 1897 *Komarov, VL Komaorv s.n.* 4 June 1897 四芝嶺 *Komarov, VL Komaorv s.n.* **Hamgyong-namdo** 23 July 1916 赴戰高原寒泰嶺 *Mori, T Mori s.n.* 25 July 1933 東上面遮日峯 *Koidzumi, G Koidzumi s.n.* 24 July 1933 東上面大漢垈里 *Koidzumi, G Koidzumi s.n.* 15 August 1935 東上面漢垈里 *Nakai, T Nakai15751* 16 August 1935 雲仙嶺 *Nakai, T Nakai15753* **Kangwon-do** 12 August 1928 金剛山三聖庵 *Kondo, K Kondo s.n.* 7 August 1932 Mt. Kumgang (金剛山) *Fukushima s.n.* 29 July 1938 *Hozawa, S Hozawa s.n.* 13 August 1932 金剛山 *Kitamura, S Kitamura s.n.* 30 July 1928 金剛山內金剛毘盧峯 *Kondo, K Kondo8792* 7 August 1916 金剛山末輝里方面 *Nakai, T Nakai5935* 7 August 1940 Mt. Kumgang (金剛山) *Okuyama, S Okuyama s.n.* 12 August 1902 墨浦洞 *Uchiyama, T Uchiyama s.n.* 13 August 1902 *Uchiyama, T Uchiyama s.n.* **P'yongan-bukto** 5 August 1937 妙香山 *Hozawa, S Hozawa s.n.* **P'yongan-namdo** 26 July 1916 黃草嶺 *Mori, T Mori s.n.* 15 June 1928 陽德 *Nakai, T Nakai12358* 15 June 1928 *Nakai, T Nakai12455* **Rason** 11 May 1897 豆滿江三角洲-五宗洞 *Komarov, VL Komaorv s.n.* **Ryanggang** 1 August 1897 虛川江 (同仁川) *Komarov, VL Komaorv s.n.* 16 August 1897 大羅信洞 *Komarov, VL Komaorv s.n.* 18 August 1897 葡坪 *Komarov, VL Komaorv s.n.* 21 August 1897 subdist. Chu-czan, flumen Amnok-gan *Komarov, VL Komaorv s.n.* 9 August 1897 長津江下流域 *Komarov, VL Komaorv s.n.* 6 August 1897 上巨里水 *Komarov, VL Komaorv s.n.* 9 August 1917 延岩 *Furumi, M Furumi409* 5 August 1940 高頭山 *Hozawa, S Hozawa s.n.* 9 June 1897 屈松川 (西頭水河谷) 倉坪 *Komarov, VL Komaorv s.n.* 22 August 1938 *Uchida, H Uchida s.n.* 4 August 1914 普天堡 *Ikuma, Y Ikuma s.n.* 26 June 1897 內曲里 *Komarov, VL Komaorv s.n.* 22 July 1897 佳林里 *Komarov, VL Komaorv s.n.* 15 August 1914 白頭山 *Ikuma, Y Ikuma s.n.* 1 August 1934 小長白山 *Kojima, K Kojima s.n.* 20 July 1897 惠山鎮(鴨綠江上流長白山脈中高原) *Komarov, VL Komaorv s.n.* August 1913 長白山 *Mori, T Mori159* 4 August 1914 普天堡-寶泰洞 *Nakai, T Nakai2766* 4 August 1914 *Nakai, T Nakai2775* 3 June 1897 四芝坪 *Komarov, VL Komaorv s.n.*

Parasenecio komarovianus (Pojark.) Y.L.Chen, Fl. Reipubl. Popularis Sin. 77: 34 (1999)

Common name 큰박쥐나물

Distribution in Korea: North
   Cacalia komaroviana (Pojark.) Pojark., Fl. URSS 26: 691 (1961)

Parasenecio maximowicziana (Nakai & F.Maek. ex H.Hara) H.Koyama, Fl. Jap. (Iwatsuki et al., eds.) 3b: 51 (1995)

Common name 참박쥐나물

Distribution in Korea: North, Central, South

Cacalia farfarifolia Siebold & Zucc., Abh. Math.-Phys. Cl. Konigl. Bayer. Akad. Wiss. 4 (3): 190 (1846)

Cacalia hastata L. ssp. *farfarifolia* (Maxim.) Kitam., Acta Phytotax. Geobot. 7: 247 (1938)

Koyamacalia maximowicziana (Nakai & F.Maek. ex H.Hara) H.Rob. & Brettell, Phytologia 27 (4): 273 (1973)

Cacalia maximowicziana Nakai & Maekawa, J. Jap. Bot. 10: 432 (1934)

Representative specimens; Ryanggang 5 August 1897 白山嶺 *Komarov, VL Komaorv s.n.* 22 August 1897 雲洞嶺 *Komarov, VL Komaorv s.n.* 7 August 1897 上巨里水 *Komarov, VL Komaorv s.n.* 12 August 1914 新民屯 *Nakai, T Nakai s.n.*

Petasites Mill.

Petasites japonicus (Siebold & Zucc.) Maxim., Award 34th Demidovian Prize 1: 212 (1866)

Common name 머위

Distribution in Korea: North, Central, South, Ulleung

Nardosmia japonica Siebold & Zucc., Abh. Math.-Phys. Cl. Konigl. Bayer. Akad. Wiss. 4: 181 (1846)

Petasites albus A.Gray, Narr. Exped. China Japan 2: 314 (1857)

Petasites spurius Miq., Ann. Mus. Bot. Lugduno-Batavi 2: 168 (1866)

Petasites liukiuensis Kitam., Acta Phytotax. Geobot. 2: 178 (1933)

Representative specimens; Hamgyong-bukto 7 August 1918 溫水坪 *Nakai, T Nakai7664* **P'yongan-namdo** 17 July 1916 加音嶺 *Mori, T Mori s.n.* 15 June 1928 陽德 *Nakai, T Nakai12460*

Petasites rubellus (J.F.Gmel.) M.Toman, Folia Geobot. Phytotax. 7: 391 (1972)

Common name 개머위

Distribution in Korea: North (Ryanggang, Hamgyong, P'yongan)

Tussilago rubella J.F.Gmel., Syst. Nat. ed. 13[bis] 2: 1225 (1792)

Nardosmia saxatilis Turcz., Bull. Soc. Imp. Naturalistes Moscou 1: 94 (1838)

Petasites saxatilis (Turcz.) Kom., Trudy Imp. S.-Peterburgsk. Bot. Sada 25: 684 (1907)

Representative specimens; Hamgyong-bukto 12 August 1933 渡正山 *Koidzumi, G Koidzumi s.n.* **Ryanggang** 11 July 1917 胞胎山 *Furumi, M Furumi190* 7 August 1914 虛項嶺-神武城 *Nakai, T Nakai s.n.* 26 July 1942 神武城-無頭峯 *Saito, T T Saito s.n.* July 1941 北胞胎山 *Takenaka, Y s.n.*

Picris L.

Picris hieracioides L. ssp. **japonica** (Thunb.) Hand.-Mazz., Symb. Sin. 7: 1177 (1936)

Common name 쇠서나물

Distribution in Korea: North, Central, South

Picris hieracioides L. var. *kaimaensis* (Kitam.) Kitam.

Picris japonica Thunb., Fl. Jap. (Thunberg) 299 (1784)

Picris davurica Fisch. ex Hornem., Suppl. Hort. Bot. Hafn. 155 (1819)

Prenanthes acerifolia (Maxim.) Matsum., Nippon Shokubutsumeii, ed. 2 234 (1895)

Picris mairei H.Lév., Bull. Acad. Int. Geogr. Bot. 25: 14 (1915)

Picris kaimaensis Kitam., Acta Phytotax. Geobot. 2: 45 (1933)

Picris hieracioides L. var. *koreana* Ohwi, Acta Phytotax. Geobot. 2: 46 (1933)

Picris japonica Thunb. ssp. *dahurica* var. *koreana* (Kitam.) Kitag., Acta Phytotax. Geobot. 2: 46 (1933)

Picris japonica Thunb. var. *koreana* Kitam., Acta Phytotax. Geobot. 2: 46 (1933)

Picris hieracioides L. ssp. *kaimaensis* (Kitam.) Kitam., Acta Phytotax. Geobot. 8: 127 (1939)

Picris koreana (Kitam.) Vorosch., Byull. Glavn. Bot. Sada 49: 58 (1963)

Representative specimens; Chagang-do 28 August 1897 慈城邑(松德水河谷) *Komarov, VL Komaorv s.n.* 6 July 1911 Kang-gei (Kokai 江界) *Mills, RG Mills105* **Hamgyong-bukto** 17 September 1932 羅南 *Saito, T T Saito s.n.* 8 August 1930 載德 *Ohwi, J Ohwi s.n.* 6 August 1933 南陽 *Koidzumi, G Koidzumi s.n.* 29 August 1939 富寧 *Nakai, T Nakai s.n.* **Hamgyong-namdo** 23 July 1916 赴戰高原寒泰嶺 *Mori, T*

Mori s.n. 22 August 1932 蓋馬高原 Kitamura, S Kitamura s.n. 22 August 1932 Kitamura, S Kitamura s.n. Type of Picris kaimaensis Kitam. (Holotype KYO)27 July 1933 東上面廣大里 Koidzumi, G Koidzumi s.n. 15 August 1935 東上面漢 岱里 Nakai, T Nakai5770 16 August 1935 Nakai, T Nakai5771 15 August 1940 赴戰高原雲水嶺 Okuyama, S Okuyama s.n. **Kangwon-do** 21 October 1931 Mt. Kumgang (金剛山) Takeuchi, T s.n. **P'yongan-namdo** 21 July 1916 寧遠 Mori, T Mori s.n. **Ryanggang** 23 August 1914 Keizanchin(惠山鎭) Ikuma, Y Ikuma s.n. 1 August 1897 虛川江 (同仁川) Komarov, VL Komaorv s.n. 16 August 1897 大羅信洞 Komarov, VL Komaorv s.n. 18 August 1897 葡坪 Komarov, VL Komaorv s.n. 19 August 1897 Komarov, VL Komaorv s.n. 9 August 1897 昌津江下流域 Komarov, VL Komaorv s.n. 7 August 1897 上巨里水 Komarov, VL Komaorv s.n. 24 July 1930 含山嶺 Ohwi, J Ohwi s.n. 22 July 1897 佳林里 Komarov, VL Komaorv s.n. 21 July 1897 佳林里(鴨綠江上流) Komarov, VL Komaorv s.n. 27 July 1897 佳林里 Komarov, VL Komaorv s.n. 12 August 1914 新民屯 Nakai, T Nakai s.n. 26 July 1942 白頭山 Saito, T T Saito s.n.

Prenanthes L.
Prenanthes ochroleuca (Maxim.) Hemsl., J. Linn. Soc., Bot. 23: 486 (1888)
Common name 왕씀바귀아재비 (왕씀배)
Distribution in Korea: North, Central
　　Nabalus ochroleuca Maxim., Bull. Acad. Imp. Sci. Saint-Petersbourg 15: 376 (1871)
　　Lactuca ochroleuca (Maxim.) Franch., J. Bot. (Morot) 9: 293 (1895)
　　Lactuca blinii H.Lév., Repert. Spec. Nov. Regni Veg. 12: 100 (1913)
　　Prenanthes maximowiczii Kirp., Fl. URSS 29: 269 (1964)
　　Prenanthes blinii (H.Lév.) Kitag., J. Jap. Bot. 45: 125 (1970)

Prenanthes tatarinowii Maxim., Mem. Acad. Imp. Sci. St.-Petersbourg Divers Savans 9: 474 (1859)
Common name 씀바귀아재비 (개씀배)
Distribution in Korea: North
　　Lactuca tatarinowii (Maxim.) Franch., J. Bot. (Morot) 4: 293 (1895)
　　Nabalus tatarinowii (Maxim.) Nakai, Fl. Sylv. Kor. 14: 116 (1923)
　　Prenanthes pyramidalis C.Shih, Acta Phytotax. Sin. 25: 191 (1987)

Representative specimens; Hamgyong-bukto 21 May 1897 茂山嶺-蕨山(照日洞) Komarov, VL Komaorv s.n. 18 July 1918 朱乙溫面態谷嶺 Nakai, T Nakai7538 August 1913 車踰嶺 Mori, T Mori300 19 August 1914 曷浦嶺 Nakai, T Nakai3257 1 August 1936 延上面九州帝大北鮮演習林 Saito, T T Saito s.n. 22 August 1933 富寧古茂山 Koidzumi, G Koidzumi s.n. **Hamgyong-namdo** 19 August 1943 千佛山 Honda, M Honda223 **Kangwon-do** 14 July 1936 金剛山外金剛千佛山 Nakai, T Nakai17258 **P'yongan-bukto** 6 August 1935 妙香山 Koidzumi, G Koidzumi s.n. **P'yongan-namdo**15 June 1928 陽德 Nakai, T Nakai12461 **Ryanggang** 23 August 1914 Keizanchin(惠山鎭) Ikuma, Y Ikuma s.n. 9 July 1897 十四道溝(鴨綠江) Komarov, VL Komaorv s.n. 5 August 1897 白山嶺 Komarov, VL Komaorv s.n. 6 August 1897 上巨里水 Komarov, VL Komaorv s.n.

Pseudognaphalium Kirp.
Pseudognaphalium affine (D.Don) Anderb., Opera Bot. 104: 146 (1991)
Common name 떡쑥
Distribution in Korea: North, Central, Ulleung
　　Gnaphalium affine D.Don, Prodr. Fl. Nepal. 173 (1825)
　　Gnaphalium multiceps Wall. ex DC., Prodr. (DC.) 6: 222 (1837)
　　Gnaphalium javanicum DC., Prodr. (DC.) 6: 222 (1838)
　　Gnaphalium ramigerum DC., Prodr. (DC.) 6: 222 (1838)
　　Gnaphalium luteoalbum L. var. multiceps (Wall. ex DC.) Hook.f., Fl. Brit. Ind. 3: 288 (1881)
　　Gnaphalium luteoalbum L. var. affine (D.Don) Kuntze, Revis. Gen. Pl. 1: 340 (1891)
　　Gnaphalium luteoalbum L. ssp. affine (D.Don) J.Kost., Blumea 4: 484 (1941)
　　Pseudognaphalium luteoalbum (L.) Hilliard & B.L.Burtt ssp. affine (D.Don) Hilliard & B.L.Burtt, Bot. J. Linn. Soc. 82: 206 (1981)

Representative specimens; Hamgyong-namdo 10 June 1909 鎭江 Nakai, T Nakai s.n.

Pseudognaphalium hypoleucum (DC.) Hilliard & B.L.Burtt, Bot. J. Linn. Soc. 82: 205 (1981)
Common name 금떡쑥
Distribution in Korea: North, Central, South, Jeju
　　Gnaphalium hypoleucum DC., Contr. Bot. India 21 (1834)
　　Gnaphalium confertum Benth., London J. Bot. 1: 488 (1842)

Saussurea DC.
Saussurea amurensis Turcz. ex DC., Prodr. (DC.) 6: 534 (1838)

Common name 버들취

Distribution in Korea: North
  Saussurea denticulata Ledeb., Icon. Pl. (Ledebour) 1: 18 (1829)
  Saussurea odontophylla Freyn, Oesterr. Bot. Z. 52: 282 (1902)
  Saussurea stenophylla Freyn, Oesterr. Bot. Z. 52, 7: 280 (1902)
  Saussurea amurensis Turcz. ex DC. var. *stenophylla* (Freyn) Nakai, Bot. Mag. (Tokyo) 45: 513 (1931)
  Saussurea amurensis Turcz. ex DC. ssp. *stenophylla* (Freyn) Kitam., Acta Phytotax. Geobot. 4: 6 (1935)

Representative specimens; Chagang-do 22 July 1916 狼林山 *Mori, T Mori s.n.* **Hamgyong-namdo** 10 August 1938 西閑面赤水里 *Jeon, SK JeonSK s.n.* 14 August 1943 赴戰高原元豊-道安 *Honda, M Honda56* 16 August 1943 赴戰高原咸地院 *Honda, M Honda97* 22 August 1932 蓋馬高原 *Kitamura, S Kitamura s.n.* 23 July 1933 東上面漢岱里 *Koidzumi, G Koidzumi s.n.* 27 July 1933 東上面元豊 *Koidzumi, G Koidzumi s.n.* 17 August 1935 遮日峯 *Nakai, T Nakai15791* **Ryanggang** 18 September 1939 白岩 *Furusawa, I Furusawa 6352* 25 August 1942 大澤 *Nakajima, K Nakajima s.n.* 9 August 1937 *Saito, T T Saito s.n.* 12 August 1914 神武城- 茂峯 *Nakai, T Nakai s.n.* 13 August 1914 Moho (茂峯)- 農事洞 *Nakai, T Nakai3228*

Saussurea brachycephala Franch., Bull. Herb. Boissier 5: 540 (1897)

Common name 서덜취

Distribution in Korea: North
  Saussurea grandifolia Maxim. var. *brachycephala* Nakai, Bot. Mag. (Tokyo) 29: 204 (1915)

Representative specimens; Kangwon-do 18 August 1902 Mt. Kumgang (金剛山) *Uchiyama, T Uchiyama s.n.* Type of *Saussurea grandifolia* Maxim. var. *brachycephala* Nakai (Holotype KYO)

Saussurea calcicola Nakai, Bot. Mag. (Tokyo) 45: 513 (1931)

Common name 사창분취

Distribution in Korea: North, Central, Endemic

Representative specimens; Kangwon-do 17 August 1930 Sachang-ri (社倉里) Nakai, T *Nakai13973* Type of *Saussurea calcicola* Nakai (Holotype TI)

Saussurea chinnampoensis H.Lév. & Vaniot, Bull. Acad. Int. Geogr. Bot. 20: 145 (1909)

Common name 남포분취

Distribution in Korea: Central
  Saussurea peipingensis F.H.Chen, Bull. Fan Mem. Inst. Biol. Bot. 5: 87 (1934)
  Theodorea chinnampoensis (H.Lév. & Vaniot) Soják, Novit. Bot. Delect. Seminum Horti Bot. Univ. Carol. Prag. 1962: 49 (1962)

Saussurea diamantica Nakai, Bot. Mag. (Tokyo) 23: 185 (1909)

Common name 금강분취

Distribution in Korea: North, Central, Ulleung
  Saussurea diamantica Nakai var. *longifolia* Nakai, Bot. Mag. (Tokyo) 29: 196 (1915)
  Saussurea rorinsanensis Nakai, Bot. Mag. (Tokyo) 36: 72 (1922)
  Saussurea grandicapitula W.T.Lee & Im, Korean J. Pl. Taxon. 37: 389 (1997)

Representative specimens; Chagang-do 1 July 1914 公西面江界 *Nakai, T Nakai s.n.* Type of *Saussurea diamantica* Nakai var. *longifolia* Nakai (Holotype TI) 22 July 1916 狼林山 *Mori, T Mori s.n.* Type of *Saussurea rorinsanensis* Nakai (Holotype TI) 11 July 1914 蔥田嶺 *Nakai, T Nakai1598* **Hamgyong-bukto** 21 July 1933 冠帽峰 *Saito, T T Saito s.n.* **Hamgyong-namdo** 16 August 1934 新角面北山 *Nomura, N Nomura s.n.* 17 August 1934 東上面達阿里 *Yamamoto, A Yamamoto s.n.* **Kangwon-do** 12 August 1943 Mt. Kumgang (金剛山) *Honda, M Honda191* 13 August 1932 金剛山 *Kitamura, S Kitamura s.n.* 13 August 1932 *Kitamura, S Kitamura s.n.* 4 August 1932 金剛山內金剛 *Kobayashi, M Kobayashi54* 30 July 1928 金剛山內金剛毘盧峯 *Kondo, K Kondo s.n.* 17 August 1916 金剛山內霧在嶺 *Nakai, T Nakai5984* 31 July 1916 金剛山神仙峯 *Nakai, T Nakai5983* 31 July 1916 金剛山毘盧峯- 內霧在嶺 - 四仙橋 *Nakajima, K Nakajima s.n.* 29 September 1935 Mt. Kumgang (金剛山) *Okamoto, S Okamoto s.n.* 7 August 1940 *Okuyama, S Okuyama s.n.* 18 August 1902 *Uchiyama, T Uchiyama s.n.* **P'yongan-bukto** 4 August 1935 妙香山 *Koidzumi, G Koidzumi s.n.* **P'yongan-namdo** 15 June 1928 陽德 *Nakai, T Nakai s.n.* **Ryanggang** 20 July 1939 白岩 *Nakai, T Nakai6184*

Saussurea eriophylla Nakai, Bot. Mag. (Tokyo) 27: 35 (1913)

Common name 솜분취

Distribution in Korea: far North (Paekdu, Potae, Kwanmo, Kangwon), Central

Representative specimens; Kangwon-do 2 September 1932 金剛山外金剛 *Kitamura, S Kitamura s.n.* 31 July 1916 金剛山群仙峽 *Nakai, T Nakai s.n.* 30 July 1916 溫井里 *Nakai, T Nakai s.n.* 29 July 1938 Mt. Kumgang (金剛山) *Hozawa, S Hozawa s.n.* 13 August 1932 金剛山 *Kitamura, S Kitamura s.n.* 14 August 1916 金剛山望軍臺 *Nakai, T Nakai s.n.* 7 August 1940 Mt. Kumgang (金剛山) *Okuyama, S Okuyama s.n.* 7 August 1942 *Terazaki, T s.n.*

Saussurea firma (Kitag.) Kitam., Acta Phytotax. Geobot. 9: 112 (1940)

Common name 떡잎분취

Distribution in Korea: North, Central
 Saussurea discolor DC. var. *firma* (Kitag.) Kitag.
 Saussurea discolor DC. f. *sinuata* (Kitag.) Kitag.
 Saussurea ussuriensis Maxim. var. *firma* Kitag., Rep. Exped. Manchoukuo Sect. IV, Pt. 4,
 Index Fl. Jeholensis 97 (1936)
 Saussurea ussuriensis Maxim. f. *sinuata* Kitag., Rep. Inst. Sci. Res. Manchoukuo 1: 297 (1937)
 Saussurea controversa DC. var. *firma* (Kitag.) Kitag., Neolin. Fl. Manshur. : 668 (1979)
 Saussurea controversa DC. f. *sinuata* (Kitag.) Kitag., Neolin. Fl. Manshur. : 668 (1979)

Saussurea gracilis Maxim., Bull. Acad. Imp. Sci. Saint-Petersbourg 19: 518-519 (1874)

Common name 남분취 (은분취)

Distribution in Korea: North (P'yongan), Central (Hwanghae), South
 Saussurea bicolor H.Lév. & Vaniot, Bull. Acad. Int. Geogr. Bot. 20: 145 (1909)
 Saussurea insularis Kitam., Acta Phytotax. Geobot. 4: 75 (1935)

Representative specimens; Kangwon-do 29 July 1938 Mt. Kumgang (金剛山) *Hozawa, S Hozawa s.n.*

Saussurea grandifolia Maxim., Mem. Acad. Imp. Sci. St.-Petersbourg Divers Savans 9: 169 (1859)

Common name 큰서덜취 (서덜취)

Distribution in Korea: North
 Saussurea grandifolia Maxim. var. *asperifolia* Herder, Bull. Soc. Imp. Naturalistes Moscou 41: 16 (1868)
 Saussurea grandifolia Maxim. var. *coarctata* Herder, Bull. Soc. Imp. Naturalistes Moscou 41: 16 (1868)
 Saussurea grandifolia Maxim. var. *genuina* Herder, Bull. Soc. Imp. Naturalistes Moscou 41: 16 (1868)
 Saussurea grandifolia Maxim. var. *tenuior* Herder, Bull. Soc. Imp. Naturalistes Moscou 41 (2): 16 (1869)
 Saussurea grandifolia Maxim. var. *microcephala* Nakai, Bot. Mag. (Tokyo) 29: 204 (1915)
 Saussurea nomurae Kitam., Acta Phytotax. Geobot. 4: 77 (1935)
 Saussurea coarctata (Herder) Kitam., Iconogr. Pl. Asiae Orient. 5, 1: 461, tab. CXLII (1950)

Representative specimens; Chagang-do 26 August 1897 小德川 (松德大河谷) *Komarov, VL Komarov s.n.* 26 June 1914 從西山 *Nakai, T Nakai s.n.* 1 July 1914 公西面江界 *Nakai, T Nakai s.n.* Type of *Saussurea grandifolia* Maxim. var. *tenuior* Herder (Holotype TI)21 July 1914 大興里- 山羊 *Nakai, T Nakai s.n.* 22 July 1914 山羊 -江口 *Nakai, T Nakai s.n.* **Hamgyong-bukto** 10 August 1933 渡正山門內 *Koidzumi, G Koidzumi s.n.* 25 September 1937 羅北 *Saito, T T Saito s.n.* 2 August 1914 車踰嶺 *Ikuma, Y Ikuma s.n.* August 1913 *Mori, T Mori s.n.* 19 August 1914 曷浦嶺 *Nakai, T Nakai s.n.* Type of *Saussurea grandifolia* Maxim. var. *microcephala* Nakai (Holotype TI)12 June 1897 西溪水 *Komarov, VL Komarov s.n.* 12 June 1897 *Komarov, VL Komarov s.n.* 27 August 1914 黃句基 *Nakai, T Nakai s.n.* **Hamgyong-namdo** 23 July 1916 赴戰高原寒泰嶺 *Mori, T Mori s.n.* 16 August 1934 新角面北山 *Nomura, N Nomura s.n.* Type of *Saussurea nomurae* Kitam. (Holotype KYO)15 August 1936 赴戰高原 Fusenkogen *Nakai, T Nakai s.n.* 16 August 1935 雲仙嶺 *Nakai, T Nakai s.n.* 16 August 1935 *Nakai, T Nakai s.n.* **Kangwon-do** 29 July 1938 Mt. Kumgang (金剛山) *Hozawa, S Hozawa s.n.* 13 August 1916 金剛山表訓寺附近森 *Nakai, T Nakai s.n.* 4 September 1916 洗浦-蘭谷 *Nakai, T Nakai s.n.* **P'yongan-bukto** 6 August 1935 妙香山 *Koidzumi, G Koidzumi s.n.* **P'yongan-namdo** 26 July 1916 黃草嶺 *Mori, T Mori s.n.* 28 August 1930 百雪山[白楊山?] *Uyeki, H Uyeki s.n.* **P'yongyang** 4 September 1901 in montibus mediae *Faurie, UJ Faurie368* **Ryanggang** 19 July 1897 Keizanchin(惠山鎮) *Komarov, VL Komarov s.n.* 9 July 1914 長津山 *Nakai, T Nakai s.n.* 16 August 1897 大羅信洞 *Komarov, VL Komarov s.n.* 18 August 1897 雲寵嶺 *Komarov, VL Komarov s.n.* 4 August 1897 十四道溝-白山嶺 *Komarov, VL Komarov s.n.* 8 August 1897 上巨里水-院巨里水 *Komarov, VL Komarov s.n.* 7 August 1897 上巨里水 *Komarov, VL Komarov s.n.* 24 July 1914 魚面堡遮川里 *Nakai, T Nakai s.n.* 5 June 1897 平蒲坪 *Komarov, VL Komarov s.n.* 25 August 1942 吉州郡白岩 *Nakajima, K Nakajima s.n.* 3 August 1930 大澤 *Ohwi, J Ohwi s.n.* 7 August 1930 合水 (列結水) *Ohwi, J Ohwi s.n.* 7 August 1937 合水 *Saito, T T Saito s.n.* 10 August 1937 大澤 *Saito, T T Saito s.n.* 23 July 1897 佳林里 *Komarov, VL Komarov s.n.*

A Checklist of North Korean Vascular Plants   T.B. Lee Herbarium (SNUA) – 2019 (C.S. Chang, H. Kim, H.T. Shin & C.H. Lee)

- 515 -

Saussurea japonica (Thunb.) DC., Ann. Mus. Natl. Hist. Nat. 16: 203, t. 13 (1810)

Common name 큰각시취

Distribution in Korea: North, Central, South

    Serratula japonica Thunb., Fl. Jap. (Thunberg) 305 (1784)

    Saussurea chinensis Sch.Bip., Flora 35, 3: 48 (1852)

    Saussurea linearis Champ. & Benth., Hooker's J. Bot. Kew Gard. Misc. 4: 235 (1852)

    Saussurea pulchella (Fisch.) Fisch. ex Colla var. *japonica* (Thunb.) Herder, Bull. Soc. Imp. Naturalistes Moscou 41: 51 (1868)

    Saussurea intermedia Freyn, Oesterr. Bot. Z. 52, 7: 280 (1902)

    Saussurea japonica (Thunb.) DC. var. *dentata* Kom., Trudy Imp. S.-Peterburgsk. Bot. Sada 25: 729 (1907)

    Saussurea taquetii H.Lév. & Vaniot var. *paniculata* H.Lév. & Vaniot, Bull. Acad. Int. Geogr. Bot. 8: 169 (1910)

    Saussurea taquetii H.Lév. & Vaniot, Bull. Acad. Int. Geogr. Bot. 8: 169 (1910)

    Saussurea pulchella (Fisch.) Fisch. ex Colla var. *albiflora* (Kitam.) Nemoto, Fl. Jap. Suppl. 800 (1936)

    Saussurea pulchella (Fisch.) Fisch. ex Colla f. *albiflora* (Kitam.) Kitam., Mem. Coll. Sci. Kyoto Imp. Univ., Ser. B, Biol. 13: 145 (1937)

    Saussurea japonica (Thunb.) DC. var. *albiflora* Kitam., Mem. Coll. Sci. Kyoto Imp. Univ., Ser. B, Biol. 13: 145 (1937)

    Saussurea japonica (Thunb.) DC. var. *maritima* Kitag., J. Jap. Bot. 25, 3-4: 41 (1950)

Representative specimens; Chagang-do 25 August 1897 小德川 (松德水河谷) *Komarov, VL Komaorv s.n.* 28 August 1897 慈城邑(松德水河谷) *Komarov, VL Komaorv s.n.* **Ryanggang** 1 July 1897 五是川雲寵江-崔五峰 *Komarov, VL Komaorv s.n.* 30 July 1897 甲山 *Komarov, VL Komaorv s.n.* 4 August 1897 十四道溝-白山嶺 *Komarov, VL Komaorv s.n.* 19 August 1897 葡坪 *Komarov, VL Komaorv s.n.* 22 August 1897 雲洞嶺 *Komarov, VL Komaorv s.n.* 16 August 1897 大羅信洞 *Komarov, VL Komaorv s.n.* 4 July 1897 上水隅理 *Komarov, VL Komaorv s.n.* 9 June 1897 屈松川 (西頭水河谷) 倉坪 *Komarov, VL Komaorv s.n.* 26 June 1897 內曲里 *Komarov, VL Komaorv s.n.* 28 June 1897 栢德嶺 *Komarov, VL Komaorv s.n.* 26 July 1897 佳林里/五山里川河谷 *Komarov, VL Komaorv s.n.* 17 July 1897 半載子溝 (鴨綠江上流) *Komarov, VL Komaorv s.n.* 1 June 1897 古倉坪-四芝坪 (延面水河谷) *Komarov, VL Komaorv s.n.*

Saussurea kitamurana Miyabe & Tatew., Trans. Sapporo Nat. Hist. Soc. 14: 267 (1936)

Common name 참분취

Distribution in Korea: North, Central

Saussurea komaroviana Lipsch., Novosti Sist. Vyssh. Rast. 8: 249 (1971)

Common name 비단분취

Distribution in Korea: North

    Saussurea saxatilis Kom., Trudy Imp. S.-Peterburgsk. Bot. Sada 18: 422 (1901)

    Saussurea gigantifolia H.S.Pak & Y.P.Hong, Fl. Coreana (Im, R.J.) 7: 86 (1999)

Saussurea macrolepis (Nakai) Kitam., Acta Phytotax. Geobot. 2: 180 (1933)

Common name 각시서덜취

Distribution in Korea: North (Kwngwon), Central, Ulleung

    Saussurea grandifolia Maxim. var. *nipponica* Nakai, J. Coll. Sci. Imp. Univ. Tokyo 31: 43 (1911)

    Saussurea grandifolia Maxim. var. *macrolepis* Nakai, Bot. Mag. (Tokyo) 29: 204 (1915)

    Saussurea nipponica Miq. var. *macrolepis* (Nakai) Nakai, Bot. Mag. (Tokyo) 45: 517 (1931)

    Saussurea pennata Koidz. ssp. *macrolepis* (Nakai) Kitam., Acta Phytotax. Geobot. 2: 180 (1933)

    Saussurea koidzumiana Kitam., Acta Phytotax. Geobot. 4: 75 (1935)

Representative specimens; Hamgyong-bukto 12 August 1933 渡正山 *Koidzumi, G Koidzumi s.n.* Type of *Saussurea koidzumiana* Kitam. (Holotype KYO) **Kangwon-do** 2 September 1932 金剛山外金剛 *Kitamura, S Kitamura s.n.* 31 July 1916 金剛山群仙峽 *Nakai, T Nakai s.n.* 7 August 1932 Mt. Kumgang (金剛山) *Fukushima s.n.* 7 August 1932 *Kimura, K s.n.* 13 August 1932 金剛山毘盧峯 *Kitamura, S Kitamura s.n.* 13 August 1932 金剛山 *Kitamura, S Kitamura s.n.* 4 August 1932 金剛山內金剛 *Kobayashi, M Kobayashi s.n.* 12 July 1936 金剛山外金剛千佛山 *Nakai, T Nakai s.n.* 16 August 1916 金剛山毘盧峯 *Nakai, T Nakai s.n.* 7 August 1940 Mt. Kumgang (金剛山) *Okuyama, S Okuyama s.n.* 7 August 1930 金剛山毘盧峯 *Ouchi, J s.n.* 18 August 1902 Mt. Kumgang (金剛山) *Uchiyama, T Uchiyama s.n.* 18 August 1902 *Uchiyama, T Uchiyama s.n.*

Saussurea manshurica Kom., Trudy Imp. S.-Peterburgsk. Bot. Sada 18, 3: 424 (1901)

Common name 덤불취

Distribution in Korea: North (Gaema, Baekmu, Bujeon, Rangrim), Jeju
 Saussurea manshurica Kom. var. *pinnatifida* Nakai, Bot. Mag. (Tokyo) 29: 205 (1915)
 Saussurea triangulata Trautv. & C.A.Mey. ssp. *manshurica* (Kom.) Kitam., Mem. Coll. Sci.
 Kyoto Imp. Univ., Ser. B, Biol. 13: 201 (1937)
 Saussurea triangulata Trautv. & C.A.Mey. var. *pinnatifida* (Nakai) Kitam., Mem. Coll. Sci.
 Kyoto Imp. Univ., Ser. B, Biol. 13: 201 (1937)

Representative specimens; Hamgyong-bukto 12 June 1897 西溪水 *Komarov, VL Komaorv s.n.* **Ryanggang** 5 August 1897
白山嶺 *Komarov, VL Komaorv s.n.* Type of *Saussurea manshurica* Kom. (Syntype LE)7 August 1897 上巨里水 *Komarov, VL
Komaorv s.n.* July 1916 普惠面保興里 *Goto, M s.n.* 8 August 1914 農事洞 *Ikuma, Y Ikuma s.n.*

Saussurea maximowiczii Herder, Bull. Soc. Imp. Naturalistes Moscou 41, 3: 14 (1868)

Common name 버들분취

Distribution in Korea: North, Central
 Saussurea triceps H.Lév. & Vaniot, Repert. Spec. Nov. Regni Veg. 8: 169 (1910)
 Saussurea maximowiczii Herder var. *serrata* Nakai, Bot. Mag. (Tokyo) 29: 202 (1915)
 Saussurea maximowiczii Herder f. *serrata* (Nakai) Kitam., Acta Phytotax. Geobot. 4: 199 (1937)
 Saussurea maximowiczii Herder var. *triceps* (H.Lév. & Vaniot) Kitam., Mem. Coll. Sci. Kyoto
 Imp. Univ., Ser. B, Biol. 13: 199 (1937)

Representative specimens; Hamgyong-bukto 17 September 1932 羅南 *Saito, T T Saito s.n.* 8 August 1918 寶村 *Nakai, T Nakai
s.n.* 13 June 1897 西溪水 *Komarov, VL Komaorv s.n.* **Hamgyong-namdo** 10 September 1933 咸興盤龍山 *Nomura, N Nomura s.n.*
Kangwon-do 30 July 1916 金剛山外金剛倉岱 *Nakai, T Nakai s.n.* 18 August 1932 安邊郡衞益面三防 *Koidzumi, G Koidzumi s.n.*
4 September 1916 洗浦-蘭谷 *Nakai, T Nakai s.n.* 14 August 1933 安邊郡衞益面三防 *Nomura, N Nomura s.n.* 26 August 1932
元山 *Kitamura, S Kitamura s.n.* **Ryanggang** 19 July 1897 Keizanchin(惠山鎭) *Komarov, VL Komaorv s.n.* 28 July 1897
佳林里 *Komarov, VL Komaorv s.n.* 22 July 1897 *Komarov, VL Komaorv s.n.* 28 July 1897 *Komarov, VL Komaorv s.n.*

Saussurea mongolica (Franch.) Franch., Bull. Herb. Boissier 5: 539 (1897)

Common name 북분취

Distribution in Korea: North
 Saussurea ussuriensis Maxim. var. *mongolica* Franch., Nouv. Arch. Mus. Hist. Nat. Paris, 2
 ser. 6: 61 (1883)
 Saussurea matsumurae Nakai, Bot. Mag. (Tokyo) 29: 206 (1915)
 Saussurea sinuata Kom. var. *shansiensis* F.H.Chen, Bull. Fan Mem. Inst. Biol. Bot. 5: 84 (1934)
 Saussurea mongolica (Franch.) Franch. f. *shansiensis* (F.H.Chen) Ling, Contr. Inst. Bot. Natl.
 Acad. Peiping 3, 4: 170 (1935)
 Saussurea mongolica (Franch.) Franch. var. *rigidor* Hand.-Mazz., Acta Horti Gothob. 12: 321 (1938)

Representative specimens; Hamgyong-bukto 14 August 1914 羅南 *Nakai, T Nakai s.n.* 27 August 1914 黃句基 *Nakai, T Nakai
s.n.* 27 August 1914 *Nakai, T Nakai s.n.* Type of *Saussurea matsumurae* Nakai (Holotype TI)

Saussurea neopulchella Lipsch., Bot. Mater. Gerb. Bot. Inst. Komarova Akad. Nauk S.S.S.R. 21:
380 (1961)

Common name 나래취

Distribution in Korea: far North (Paekdu, Potae, Kwanmo, Cheolryong, Chail, Rangrim)

Saussurea neoserrata Nakai, Bot. Mag. (Tokyo) 45: 519 (1931)

Common name 산골취

Distribution in Korea: North
 Saussurea serrata DC. var. *amurensis* Herder, Bull. Soc. Imp. Naturalistes Moscou 41, 3: 19 (1868)
 Saussurea parviflora (Poir.) DC. var. *amurensis* (Herd) Hu, Quart. J. Taiwan Mus. 21: 5 (1968)

Representative specimens; Chagang-do 5 July 1914 牙得嶺 (江界) *Nakai, T Nakai s.n.* Type of *Saussurea neoserrata* Nakai (Syntype
TI)10 July 1914 葱田嶺 *Nakai, T Nakai1537* Type of *Saussurea neoserrata* Nakai (Syntype TI) **Hamgyong-bukto** 4 June 1897 四芝嶺
Komarov, VL Komaorv s.n. **Hamgyong-namdo** 5 August 1938 西閑面赤水里 *Jeon, SK JeonSK s.n.* 24 August 1932 蓋馬高原

A Checklist of North Korean Vascular Plants   T.B. Lee Herbarium (SNUA) – 2019 (C.S. Chang, H. Kim, H.T. Shin & C.H. Lee)

- 517 -

Kitamura, S Kitamura s.n. 16 August 1935 雲仙嶺 *Nakai, T Nakai s.n.* 15 August 1935 東上面漢岱里 *Nakai, T Nakai s.n.* 16 August 1935 雲仙嶺 *Nakai, T Nakai s.n.* 24 July 1934 東上面 *Nomura, N Nomura s.n.* 24 July 1934 東上面咸地里 - 赴戰嶺 *Nomura, N Nomura s.n.* 14 August 1940 赴戰高原雲水嶺 *Okuyama, S Okuyama s.n.* 17 August 1934 東上面內岩洞谷 *Yamamoto, A Yamamoto s.n.* **Ryanggang** 15 August 1935 北水白山 *Hozawa, S Hozawa s.n.* 21 August 1897 subdist. Chu-czan, flumen Amnok-gan *Komarov, VL Komaorv s.n.* 4 August 1897 十四道溝-白山嶺 *Komarov, VL Komaorv s.n.* 5 August 1897 白山嶺 *Komarov, VL Komaorv s.n.* 29 August 1943 大澤 *Chang, HD ChangHD s.n.* 8 August 1917 東溪水 *Furumi, M Furumi403* Type of *Saussurea neoserrata* Nakai (Syntype TI)9 August 1917 延岩 *Furumi, M Furumi408* Type of *Saussurea neoserrata* Nakai (Syntype TI)9 June 1897 屈松川 (西頭水河谷) 倉坪 *Komarov, VL Komaorv s.n.* 14 June 1897 西溪水-延岩 *Komarov, VL Komaorv s.n.* 25 August 1942 大澤 *Nakajima, K Nakajima s.n.* 31 July 1930 醬池 *Ohwi, J Ohwi s.n.* 1 August 1930 島內 - 合水 *Ohwi, J Ohwi s.n.* 31 July 1930 醬池 *Ohwi, J Ohwi s.n.* 1 August 1930 島內 - 合水 *Ohwi, J Ohwi s.n.* 28 June 1897 栢德嶺 *Komarov, VL Komaorv s.n.* 22 July 1897 佳林里 *Komarov, VL Komaorv s.n.* August 1913 崔哥嶺 *Mori, T Mori275* Type of *Saussurea neoserrata* Nakai (Syntype TI)15 August 1914 白頭山 *Ikuma, Y Ikuma s.n.* 20 July 1897 惠山鎮(鴨綠江上流長白山脈中高原) *Komarov, VL Komaorv s.n.* August 1913 長白山 *Mori, T Mori103* Type of *Saussurea neoserrata* Nakai (Syntype TI)4 August 1914 普天堡- 寶泰洞 *Nakai, T Nakai3965* Type of *Saussurea neoserrata* Nakai (Syntype TI, Syntype TI)8 August 1914 農事洞 *Ikuma, Y Ikuma s.n.* Type of *Saussurea neoserrata* Nakai (Syntype TI)8 August 1914 *Ikuma, Y Ikuma s.n.*

Saussurea odontolepis (Herder) Sch.Bip. ex Maxim., Bull. Acad. Imp. Sci. Saint-Pétersbourg 29: 176 (1883)

Common name 국화잎각시분취 (빗살서덜취)

Distribution in Korea: North (P'yongan), Central

> *Saussurea pectinata* Korsh. var. *amurensis* Maxim., Mem. Acad. Imp. Sci. St.-Petersbourg Divers Savans 9: 171 (1859)
> *Saussurea ussuriensis* Maxim. var. *odontolepis* Herder, Bull. Soc. Imp. Naturalistes Moscou 41, 3: 13 (1868)
> *Saussurea myokoensis* Kitam., Acta Phytotax. Geobot. 5: 246 (1936)
> *Saussurea aspera* Hand.-Mazz., Acta Horti Gothob. 12: 319 (1938)

Representative specimens; Nampo 21 September 1915 Chin Nampo (鎭南浦) *Nakai, T Nakai s.n.* **P'yongan-bukto** 3 August 1935 妙香山 *Koidzumi, G Koidzumi s.n.* Type of *Saussurea myokoensis* Kitam. (Holotype KYO) **Ryanggang** 19 July 1897 Keizanchin(惠山鎭) *Komarov, VL Komaorv s.n.* 1 July 1897 五是川雲寵江-崔五峰 *Komarov, VL Komaorv s.n.* 1 August 1897 虛川江 (同仁川) *Komarov, VL Komaorv s.n.* 16 August 1897 大羅信洞 *Komarov, VL Komaorv s.n.* 26 June 1897 內曲里 *Komarov, VL Komaorv s.n.* 22 July 1897 佳林里 *Komarov, VL Komaorv s.n.* 28 July 1897 *Komarov, VL Komaorv s.n.*

Saussurea pulchella (Fisch.) Fisch. ex Colla, Herb. Pedem. 3: 234 (1834)

Common name 각시분취 (각시취)

Distribution in Korea: North, Central, South

> *Saussurea pulchella* (Fisch.) Fisch. ex Colla f. *lineariloba* Nakai
> *Heterotrichum pulchellum*Fisch., Mem. Soc. Imp. Naturalistes Moscou 3: 71 (1812)
> *Serratula pulchella* (Fisch.) Sims, Bot. Mag. 52: t. 2589 (1825)
> *Theodorea pulchella* (Fisch.) Cass., Dict. Sci. Nat., ed. 2 53: 465 (1828)
> *Saussurea dissecta* Ledeb., Icon. Pl. (Ledebour) 1: 16 (1829)
> *Saussurea pulchella* (Fisch.) Fisch. ex Colla var. *subintegra* Regel, Tent. Fl.-Ussur. : 93 (1861)
> *Saussurea koraiensis* Nakai, Bot. Mag. (Tokyo) 23: 185 (1909)
> *Saussurea japonica* (Thunb.) DC. var. *lineariloba* Nakai, Bot. Mag. (Tokyo) 25: 58 (1911)
> *Saussurea pulchella* (Fisch.) Fisch. ex Colla var. *koraiensis* (Nakai) Nakai, Bot. Mag. (Tokyo) 46: 617 (1932)
> *Saussurea pulchella* (Fisch.) Fisch. ex Colla var. *lineariloba* (Nakai) Nakai, Bot. Mag. (Tokyo) 46: 616 (1932)
> *Theodorea koraiensis* (Nakai) Soják, Novit. Bot. Delect. Seminum Horti Bot. Univ. Carol. Prag. 1962: 49 (1962)

Representative specimens; Chagang-do 15 August 1909 Sensen (前川) *Mills, RG Mills s.n.* **Hamgyong-bukto** 28 September 1937 清津 *Saito, T T Saito s.n.* 3 August 1914 車踰嶺 *Ikuma, Y Ikuma s.n.* August 1913 *Mori, T Mori297* 19 August 1914 曷浦嶺 *Nakai, T Nakai s.n.* **Hamgyong-namdo** 2 September 1934 蓮花山 *Kojima, K Kojima s.n.* 23 July 1916 赴戰高原寒泰嶺 *Mori, T Mori200* 16 August 1934 新角面北山 *Nomura, N Nomura s.n.* 24 July 1933 東上面大漢垈里 *Koidzumi, G Koidzumi s.n.* 24 July 1933 *Koidzumi, G Koidzumi s.n.* 14 August 1935 東上面漢垈里 *Nakai, T Nakai s.n.* 16 August 1935 雲仙嶺 *Nakai, T Nakai s.n.* 15 August 1936 赴戰高原 Fusenkogen *Nakai, T Nakai s.n.* 16 August 1940 東上面漢垈里 *Okuyama, S Okuyama s.n.* 14 August 1940 赴戰高原雲水嶺 *Okuyama, S Okuyama s.n.* 17 August 1934 東上面內岩洞谷 *Yamamoto, A Yamamoto s.n.* 16 August 1934 永古面秋興里 *Yamamoto, A Yamamoto s.n.***Hwanghae-bukto** 10 September 1915 瑞興 *Nakai, T Nakai2864* 26 September 1915 *Nakai, T Nakai3038* **Kangwon-do** 16 August 1902 Mt. Kumgang (金剛山) *Uchiyama, T Uchiyama s.n.* Type of *Saussurea koraiensis* Nakai (Syntype TI)16 August

1902 *Uchiyama, T Uchiyama s.n.* Type of *Saussurea koraiensis* Nakai (Syntype TI) **P'yongan-bukto** 27 September 1912 雲山郡南面諸仁里 *Ishidoya, T Ishidoya s.n.* 25 September 1912 雲山郡南面松峴里 *Ishidoya, T Ishidoya36* **P'yongan-namdo** 30 September 1910 Kai Aw Gai Pass(筐地, 광지바위) 延?里 *Mills, RG Mills487* 22 September 1915 咸從 *Nakai, T Nakai s.n.* **Ryanggang** July 1943 龍眼 *Uchida, H Uchida s.n.* 25 August 1914 遮川里三水 *Nakai, T Nakai s.n.* 29 August 1943 大澤 *Chang, HD ChangHD s.n.* 3 August 1914 惠山鎮- 普天堡 *Nakai, T Nakai s.n.* 15 July 1935 小長白山脈 *Irie, Y s.n.* 7 August 1914 虛項嶺-神武城 *Nakai, T Nakai s.n.* 6 August 1914 胞胎山虛項嶺 *Nakai, T Nakai s.n.* 15 August 1913 谿間里 *Hirai, H Hirai11*

Saussurea recurvate (Maxim.) Lipsch., Bot. Mater. Otd. Sporov. Rast. Bot. Inst. Komarova Akad. Nauk SSSR 21: 374 (1961)

Common name 긴잎버들분취 (긴분취)

Distribution in Korea: North
Saussurea polypodiifolia DC., Ann. Mus. Natl. Hist. Nat. 14: 201 (1810)
Saussurea elongata DC. var.*polypodiifolia* (DC.) DC., Prodr. (DC.) 6: 534 (1837)
Saussurea elongata DC., Mem. Acad. Imp. Sci. St.-Petersbourg Divers Savans 9: 167 (1859)
Saussurea elongata DC. var. *recurvata* Maxim., Mem. Acad. Imp. Sci. St.-Petersbourg Divers Savans 9: 176 (1859)
Saussurea elongata DC. var. *pectinata* Herder, Bull. Soc. Imp. Naturalistes Moscou 41 (3): 12 (1868)
Saussurea elongata DC. var. *glehniana* Maxim., Bull. Acad. Imp. Sci. Saint-Pétersbourg 19: 514-515 (1874)
Saussurea parasclerolepis A.I.Baranov & Skvortsov, Quart. J. Taiwan Mus. 19: 163 (1966)

Representative specimens; Ryanggang August 1913 長白山 *Mori, T Mori s.n.* 14 August 1914 農事洞- 三下 *Nakai, T Nakai s.n.*

Saussurea salicifolia (L.) DC., Ann. Mus. Natl. Hist. Nat. 26: 200 (1810)

Common name 실비단분취

Distribution in Korea: North
Serratula salicifolia L., Sp. Pl. 2: 817 (1753)

Saussurea seoulensis Nakai, Bot. Mag. (Tokyo) 25: 58 (1911)

Common name 분취

Distribution in Korea: North (Chagang, Hamgyong, P'yongan), Central, Endemic
Saussurea triangulata Trautv. & C.A.Mey. var. *elatior* Nakai, J. Coll. Sci. Imp. Univ. Tokyo 31: 44 (1911)
Saussurea uchiyamana Nakai, Bot. Mag. (Tokyo) 29: 167 (1915)
Saussurea conandrifolia Nakai, Bot. Mag. (Tokyo) 29: 196 (1915)
Saussurea rectinervis Nakai, Bot. Mag. (Tokyo) 46: 618 (1932)
Saussurea spodochroa H.S.Pak & Y.P.Hong, Fragm. Florist. Geobot. 40 (2): 726 (1995)

Representative specimens; Hamgyong-bukto 12 August 1933 渡正山 *Koidzumi, G Koidzumi s.n.* July 1932 冠帽峰 *Ohwi, J Ohwi s.n.* **Kangwon-do** 19 August 1916 金剛山隱仙台 *Nakai, T Nakai s.n.* 16 August 1902 Mt. Kumgang (金剛山) *Uchiyama, T Uchiyama s.n.* 16 August 1902 *Uchiyama, T Uchiyama s.n.* Type of *Saussurea uchiyamana* Nakai (Holotype TI)19 August 1935 *Unknown s.n.* **P'yongan-bukto** 5 August 1935 妙香山 *Koidzumi, G Koidzumi s.n.* 29 July 1937 *Park, MK Park s.n.* **P'yongan-namdo** 28 August 1930 百雪山[白楊山?] *Uyeki, H Uyeki5351* Type of *Saussurea rectinervis* Nakai (Holotype TI)21 July 1916 上南洞 *Mori, T Mori s.n.*

Saussurea sinuata Kom., Trudy Imp. S.-Peterburgsk. Bot. Sada 25: 735 (1907)

Common name 물골취

Distribution in Korea: North
Saussurea stenolepis Nakai, Bot. Mag. (Tokyo) 29: 207 (1915)
Saussurea aristata Lipsch., Bot. Mater. Otd. Sporov. Rast. Bot. Inst. Komarova Akad. Nauk SSSR 21: 363 (1961)

Representative specimens; Hamgyong-bukto 19 August 1914 曷浦嶺 *Nakai, T Nakai s.n.* 19 August 1914 *Nakai, T Nakai s.n.* Type of *Saussurea stenolepis* Nakai (Holotype TI) **Ryanggang** 18 September 1935 坂幕 *Saito, T T Saito s.n.* 7 August 1917 東溪水 *Furumi, M Furumi s.n.*

Saussurea subtriangulata Kom., Bot. Mater. Gerb. Glavn. Bot. Sada SSSR 6 (1): 18 (1926)

Common name 두메서덜취 (꼬리서덜취)

Distribution in Korea: North
Saussurea eriolepis Bunge ex DC. var. *caudata* Herder, Bull. Soc. Imp. Naturalistes Moscou 41, 3: 32 (1868)
Saussurea grandifolia Maxim. var. *caudata* (Herder) Kom., Trudy Imp. S.-Peterburgsk. Bot. Sada 25: 727 (1907)

Saussurea tanakae Franch. & Sav. ex Maxim., Bull. Acad. Imp. Sci. Saint-Pétersbourg 19: 516 (1874)
Common name 당분취
Distribution in Korea: North, Central, Ulleung
Saussurea tanakae Franch. & Sav. ex Maxim. var. *pycnocephalis* Franch., Bull. Herb. Boissier 5, 7: 544 (1897)
Saussurea nutans Nakai, Bot. Mag. (Tokyo) 31: 110 (1917)
Saussurea parvialata H.S.Pak & Y.P.Hong, Fragm. Florist. Geobot. 40: 725 (1995)

Representative specimens; Kangwon-do 5 August 1932 金剛山內金剛 *Kobayashi, M Kobayashi s.n.* 13 August 1916 金剛山表訓寺方面森 *Nakai, T Nakai s.n.* 24 August 1916 金剛山鶴巢嶺 *Nakai, T Nakai5980* Type of *Saussurea nutans* Nakai (Syntype TI)30 July 1938 Mt. Kumgang (金剛山) *Park, MK Park s.n.*

Saussurea tomentosa Kom., Bot. Mater. Gerb. Glavn. Bot. Sada RSFSR 2: 135 (1921)
Common name 두메분취
Distribution in Korea: North
Saussurea eriophylla Nakai var. *alpina* Nakai, Bot. Mag. (Tokyo) 29: 196 (1915)
Saussurea alpicola Kitam., Acta Phytotax. Geobot. 2: 46 (1933)

Representative specimens; Chagang-do 22 July 1919 狼林山上 *Kajiwara, U Kajiwara9* 22 July 1916 狼林山 *Mori, T Mori s.n.* **Hamgyong-bukto** 26 July 1930 頭流山 *Ohwi, J Ohwi s.n.* 26 July 1930 *Ohwi, J Ohwi2764* Type of *Saussurea alpicola* Kitam. (Syntype KYO)July 1932 冠帽峰 *Ohwi, J Ohwi s.n.* 4 August 1932 *Saito, T T Saito s.n.* 26 June 1930 雪嶺山上 *Ohwi, J Ohwi s.n.* Type of *Saussurea alpicola* Kitam. (Holotype KYO) **Hamgyong-namdo** 25 July 1933 東上面遮日峯 *Koidzumi, G Koidzumi s.n.* 25 July 1933 東上面遮日峯 *Koidzumi, G Koidzumi s.n.* 17 August 1935 遮日峯 *Nakai, T Nakai15786* 15 August 1940 *Okuyama, S Okuyama s.n.* August 1936 東上面遮日峰 *Soto, Y s.n.* **Ryanggang** 15 August 1935 北水白山 *Hozawa, S Hozawa s.n.* 18 August 1934 東上面北水白山東南尾根 *Yamamoto, A Yamamoto s.n.* 29 July 1917 白頭山 *Furumi, M Furumi383* 13 August 1913 *Hirai, H Hirai76* 12 August 1913 神武城 *Hirai, H Hirai37* 10 August 1914 茂峯 *Ikuma, Y Ikuma s.n.* 15 July 1935 小長白山脈 *Irie, Y s.n.* 1 August 1934 *Kojima, K Kojima s.n.* August 1913 白頭山 *Mori, T Mori s.n.* August 1913 *Mori, T Mori40* Type of *Saussurea eriophylla* Nakai var. *alpina* Nakai (Syntype TI)8 August 1914 神武城-無頭峯 *Nakai, T Nakai s.n.* 13 August 1914 白頭山 *Nakai, T Nakai s.n.* 10 August 1914 *Nakai, T Nakai s.n.* Type of *Saussurea eriophylla* Nakai var. *alpina* Nakai (Syntype TI)26 July 1942 *Saito, T T Saito s.n.* 26 July 1942 神武城-無頭峯 *Saito, T T Saito s.n.* 15 August 1914 谿間里 *Ikuma, Y Ikuma s.n.*

Saussurea triangulata Trautv. & C.A.Mey., Fl. Ochot. Phaenog. 58 (1856)
Common name 두메취
Distribution in Korea: North
Saussurea derbecki Kom., Izv. Imp. S.-Peterburgsk. Bot. Sada 10: 119 (1910)
Saussurea hoasii Nakai, Bot. Mag. (Tokyo) 29: 10 (1915)
Saussurea triangulata Trautv. & C.A.Mey. var. *alpina* Nakai, Bot. Mag. (Tokyo) 29: 203 (1915)
Saussurea schischkinii Kom., Bot. Mater. Gerb. Glavn. Bot. Sada SSSR 6: 17 (1926)

Representative specimens; Chagang-do 21 July 1914 大興里- 山羊 *Nakai, T Nakai s.n.* 11 July 1914 蔥田嶺 *Nakai, T Nakai s.n.* **Hamgyong-bukto** 26 July 1930 頭流山 *Ohwi, J Ohwi s.n.* July 1932 冠帽峰 *Ohwi, J Ohwi s.n.* 4 August 1932 *Saito, T T Saito s.n.* 25 August 1917 雪嶺 *Goto, S s.n.* 25 June 1930 雪嶺西側 *Ohwi, J Ohwi s.n.* 25 June 1930 雪嶺 *Ohwi, J Ohwi s.n.* **Hamgyong-namdo** 23 August 1932 Kaima, Hakugansan (白岩山) *Kitamura, S Kitamura s.n.* 16 August 1934 新角面北山 *Nomura, N Nomura s.n.* 15 June 1932 下碣隅里 *Ohwi, J Ohwi s.n.* 24 August 1932 蓋馬高原 *Kitamura, S Kitamura s.n.* 24 August 1932 *Kitamura, S Kitamura s.n.* 24 August 1932 *Kitamura, S Kitamura s.n.* 24 July 1933 東上面大漢垈里 *Koidzumi, G Koidzumi s.n.* 25 July 1933 東上面遮日峯 *Koidzumi, G Koidzumi s.n.* 15 August 1935 東上面漢岱里 *Nakai, T Nakai s.n.* 16 August 1935 遮日峯 *Nakai, T Nakai s.n.* 20 June 1932 東上面元豊里 *Ohwi, J Ohwi s.n.* 14 August 1940 赴戰高原 Fusenkogen *Okuyama, S Okuyama s.n.* 14 August 1940 赴戰高原雲水嶺 *Okuyama, S Okuyama s.n.* 18 August 1934 東上面達阿里新洞上方庫根 *Yamamoto, A Yamamoto s.n.* **P'yongan-bukto** 2 August 1935 妙香山 *Koidzumi, G Koidzumi s.n.* **P'yongan-namdo** 21 July 1916 上南洞 *Mori, T Mori s.n.* 15 June 1928 陽德 *Nakai, T Nakai s.n.* **Ryanggang** 24 July 1917 Keizanchin (惠山鎭) *Furumi, M Furumi s.n.* 15 August 1935 北水白山 *Hozawa, S Hozawa s.n.* 21 August 1934 北水白山附近 *Kojima, K Kojima s.n.* 5 August 1897 白山嶺 *Komarov, VL Komarov s.n.* 25 July 1914 遮川里三水 *Nakai, T Nakai s.n.* 4 August 1939 大澤濕地 *Hozawa, S Hozawa s.n.* 31 July 1930 醬池 *Ohwi, J Ohwi s.n.* 3 August 1930 大澤 *Ohwi, J Ohwi s.n.* 31 July 1930 醬池 *Ohwi, J Ohwi s.n.*24 July 1930 含山嶺 *Ohwi, J Ohwi s.n.* 1 August 1930 島內 - 合水 *Ohwi, J Ohwi s.n.* 3 August 1930 大澤 *Ohwi, J Ohwi s.n.* 22 June 1930 倉坪嶺 *Ohwi,*

J Ohwi s.n. 22 August 1914 普天堡 *Ikuma, Y Ikuma s.n.* August 1913 崔哥嶺 *Mori, T Mori s.n.* 11 July 1917 胞胎山 *Furumi, M Furumi s.n.* 12 August 1913 神武城 *Hirai, H Hirai s.n.* August 1913 長白山 *Mori, T Mori54* Type of *Saussurea hoasii* Nakai (Syntype TI) August 1913 *Mori, T Mori56* Type of *Saussurea hoasii* Nakai (Syntype TI)4 August 1914 普天堡 - 寶泰洞 *Nakai, T Nakai s.n.* 4 August 1914 *Nakai, T Nakai s.n.* 26 July 1942 神武城-無頭峯 *Saito, T T Saito s.n.* 21 August 1934 新興郡/豊山郡境北水白山 *Yamamoto, A Yamamoto s.n.* 31 July 1943 南雪嶺 *Chang, HD ChangHD s.n.*

Saussurea umbrosa Kom., Trudy Imp. S.-Peterburgsk. Bot. Sada 18: 423 (1901)

Common name 산각시취

Distribution in Korea: North
Saussurea karoi Freyn, Oesterr. Bot. Z. 52, 7: 279, in clave (1902)
Saussurea umbrosa Kom. var. *herbicola* Nakai, Bot. Mag. (Tokyo) 29: 201 (1915)

Representative specimens; Hamgyong-namdo 16 August 1935 雲仙嶺 *Nakai, T Nakai s.n.*15 August 1935 東上面漢岱里 *Nakai, T Nakai s.n.* **Ryanggang** 25 August 1942 大澤 *Nakajima, K Nakajima s.n.* 1 August 1930 島內 - 合水 *Ohwi, J Ohwi s.n.* 31 July 1930 島內 *Ohwi, J Ohwi s.n.* 1 August 1930 島內 - 合水 *Ohwi, J Ohwi s.n.* 31 July 1930 島內 *Ohwi, J Ohwi s.n.* 10 August 1937 大澤 *Saito, T T Saito s.n.* 4 August 1914 普天堡- 寶泰洞 *Nakai, T Nakai s.n.*

Saussurea ussuriensis Maxim., Mem. Acad. Imp. Sci. St.-Petersbourg Divers Savans 9: 167 (1859)

Common name 구와취

Distribution in Korea: North, Central, South
Saussurea ussuriensis Maxim. var. *genuina* Maxim., Mem. Acad. Imp. Sci. St.-Petersbourg Divers Savans 9: 167 (1859)
Saussurea ussuriensis Maxim. var. *incisa* Maxim., Mem. Acad. Imp. Sci. St.-Petersbourg Divers Savans 9: 167 (1859)
Saussurea ussuriensis Maxim. var. *pinnatifida* Maxim., Mem. Acad. Imp. Sci. St.-Petersbourg Divers Savans 9: 167 (1859)
Saussurea grandifolioides Nakai, Bot. Mag. (Tokyo) 27: 35 (1913)

Representative specimens; Chagang-do 2 September 1897 湖芮(鴨綠江) *Komarov, VL Komaorv s.n.* 15 August 1909 Sensen (前川) *Mills, RG Mills s.n.* 30 August 1897 慈城江 *Komarov, VL Komaorv s.n.* 30 August 1897 *Komarov, VL Komaorv s.n.* **Hamgyong-bukto** 25 August 1914 鏡城行營 - 龍山洞 *Nakai, T Nakai s.n.* 5 August 1914 茂山 *Ikuma, Y Ikuma s.n.* August 1913 *Mori, T Mori s.n.* 7 August 1914 茂山下面江口 *Ikuma, Y Ikuma s.n.* **Hamgyong-namdo** 17 August 1940 西湖津海岸 *Okuyama, S Okuyama s.n.* 24 August 1933 咸興盤龍山 *Nomura, N Nomura s.n.* **Hwanghae-bukto** 26 September 1915 瑞興 *Nakai, T Nakai s.n.* 8 September 1902 瑞興- 風壽阮 *Uchiyama, T Uchiyama s.n.* **Kangwon-do** 28 July 1916 長箭 *Nakai, T Nakai s.n.* 16 August 1902 Mt. Kumgang (金剛山) *Uchiyama, T Uchiyama s.n.* 6 June 1909 元山 *Nakai, T Nakai s.n.* **P'yongan-namdo** 15 September 1915 Sin An Ju(新安州) *Nakai, T Nakai s.n.* **Ryanggang** 18 July 1897 Keizanchin(惠山鎮) *Komarov, VL Komaorv s.n.* 26 June 1897 內曲里 *Komarov, VL Komaorv s.n.* 22 July 1897 佳林里 *Komarov, VL Komaorv s.n.* 25 July 1897 *Komarov, VL Komaorv s.n.* 26 July 1897 佳林里/五山里川河谷 *Komarov, VL Komaorv s.n.* 7 August 1914 下面江口 *Ikuma, Y Ikuma s.n.*

Scorzonera L.
Scorzonera albicaulis Bunge, Enum. Pl. Chin. Bor. 40 (1833)

Common name 쇠채

Distribution in Korea: North, Central, South
Piptopogon macrospermus C.A.Mey. ex Turcz., Bull. Soc. Imp. Naturalistes Moscou 11: 95 (1838)
Scorzonera macrosperma Turcz. ex DC., Prodr. (DC.) 7: 121 (1838)
Achyroseris macrospermum Sch.Bip., Nov. Actorum Acad. Caes. Leop.-Carol. Nat. Cur. 2: 165 (1845)
Scorzonera macrosperma Turcz. ex DC. f. *angustifolia* Debeaux, Actes Soc. Linn. Bordeaux 31: 227 (1876)
Scorzonera radiata (Fisch.) Y.Yabe var. *linearifolia* H.Lév., Fl. Kouy-Tcheou 703 (1914)
Scorzonera albicaulis Bunge var. *macrosperma* (Turcz.) Kitag., Lin. Fl. Manshur. 467 (1939)

Representative specimens; Hamgyong-bukto 10 July 1936 鏡城行營 - 龍山洞 *Saito, T T Saito s.n.* 5 August 1939 頭流山 *Hozawa, S Hozawa s.n.* 15 June 1909 Sungjin (城津) *Nakai, T Nakai s.n.* 4 July 1936 豊谷 *Saito, T T Saito s.n.* 2 August 1914 車踰嶺 *Ikuma, Y Ikuma3328* **Hamgyong-namdo** 11 June 1909 鎮岩峯 *Nakai, T Nakai s.n.* 23 August 1932 蓋馬高原 *Kitamura, S Kitamura s.n.*15 August 1935 東上面漢岱里 *Nakai, T Nakai15795* **Hwanghae-namdo** 2 August 1921 Sorai Beach 九味浦 *Mills, RG Mills4487* **Kangwon-do** 8 June 1909 望賊山 *Nakai, T Nakai s.n.* **P'yongan-namdo** 14 July 1916 Kai-syong (价川) *Mori, T Mori s.n.* 15 June 1928 陽德 *Nakai, T Nakai12465* **P'yongyang** 18 June 1911 P'yongyang (平壤) *Imai, H Imai s.n.* 22 June 1909 平壤附近 *Imai, H*

Imai36 **Ryanggang** 7 June 1897 平蒲坪 *Komarov, VL Komaorv s.n.* 24 July 1930 合水 *Ohwi, J Ohwi s.n.* 24 July 1930 合水 (列結水) *Ohwi, J Ohwi s.n.* 12 August 1914 神武城- 茂峯 *Nakai, T Nakai s.n.* 5 August 1914 普天堡- 寶泰洞 *Nakai, T Nakai3935*

Scorzonera austriaca Willd., Sp. Pl. (ed. 4) 3: 1498 (1803)

Common name 멱쇠채

Distribution in Korea: North (P'yongan, Hamgyong(S), Kangwon, Hwanghae), Central, South
  Scorzonera glabra Rupr., Beitr. Pflanzenk. Russ. Reiches 2: 11 (1845)
  Scorzonera austriaca Willd. var. *glabra* Rupr., Fl. Bor.-Ural. 0: 12&40 (1856)
  Scorzonera austriaca Willd. var. *longifolia* Debeaux, Fl. Tche-fou 227 (1876)
  Scorzonera radiata (Fisch.) Y.Yabe, Enum. Pl. S. Manch. 140 (1912)
  Scorzonera sinensis Lipsch. & Krasch. ex Lipsch. var. *plantaginifolia* Kitag., Rep. Exped.
  Manchoukuo Sect. IV, Pt. 4, Index Fl. Jeholensis 39 (1935)
  Scorzonera austriaca Willd. ssp. *glabra* (Rupr.) Lipsch. & Krasch. ex Lipsch., Fragm. monogr.
  Scorzonera 121 (1935)
  Scorzonera ruprechtiana Lipsch. & Krasch. ex Lipsch., Fragm. monogr. Scorzonera 121 (1935)

Representative specimens; Chagang-do 1 June 1911 Kang-gei(Kokai 江界) *Mills, RG Mills s.n.* **Hamgyong-namdo** 1928 Hamhung (咸興) *Seok, JM s.n.* 9 June 1936 *Yamatsuta, T s.n.* **Hwanghae-namdo** 8 May 1932 載寧 *Smith, RK Smith s.n.* **P'yongan-bukto** 14 September 1915 宣川 *Nakai, T Nakai s.n.* 17 May 1912 白壁山 *Ishidoya, T Ishidoya s.n.* **P'yongan-namdo** 15 June 1928 陽德 *Nakai, T Nakai s.n.* **P'yongyang** 20 May 1910 平壤西北二里 *Imai, H Imai s.n.*

Senecio L.
Senecio ambraceus Turcz. ex DC., Prodr. (DC.) 6: 348 (1838)

Common name 큰쑥방망이

Distribution in Korea: North
  Senecio ambraceus Turcz. ex DC. var. *glabra* Kitam., Acta Phytotax. Geobot. 6: 275 (1937)
  Senecio manshuricus Kitam., J. Jap. Bot. 21: 55 (1947)

Representative specimens; P'yongan-bukto 25 August 1911 Sakju(朔州) *Mills, RG Mills s.n.* 11 August 1935 Gishu(義州) *Koidzumi, G Koidzumi s.n.* Type of *Senecio manshuricus* Kitam. (Holotype KYO)

Senecio argunensis Turcz., Bull. Soc. Imp. Naturalistes Moscou 20: 18 (1847)

Common name 쑥방망이

Distribution in Korea: North
  Senecio jacobaea var. *grandiflora* Turcz. ex DC., Prodr. (DC.) 6: 350 (1838)
  Senecio praealtus Bertol. f. *angustifolius* Kom., Trudy Imp. S.-Peterburgsk. Bot. Sada 25: 706 (1907)
  Senecio praealtus Bertol. f. *latifolius* Kom., Trudy Imp. S.-Peterburgsk. Bot. Sada 25: 706 (1907)
  Senecio argunensis Turcz. f. *angustifolius* Kom., Trudy Imp. S.-Peterburgsk. Bot. Sada 25 (2): 706 (1907)
  Senecio blinii H.Lév., Repert. Spec. Nov. Regni Veg. 8: 138 (1910)
  Senecio argunensis Turcz. var. *blinii* (H.Lév.) Hand.-Mazz., Acta Horti Gothob. 12: 288 (1938)
  Senecio argunensis Turcz. var. *tenuisectus* Nakai, J. Jap. Bot. 18: 607 (1942)
  Senecio argunensis Turcz. var. *pilosa* Kitam., J. Jap. Bot. 21: 5 (1947)
  Senecio argunensis Turcz. f. *pilosa* (Kitam.) Kitag., Neolin. Fl. Manshur. 679 (1979)
  Senecio argunensis Turcz. var. *angustifolius* (Kom.) H.S.Pak, Fl. Coreana (Im, R.J.) 7: 285 (1999)
  Senecio argunensis Turcz. var. *latifolius* (Kom.) H.S.Pak, Fl. Coreana (Im, R.J.) 7: 286 (1999)

Representative specimens; Chagang-do 29 August 1897 慈城江 *Komarov, VL Komaorv s.n.* 3 August 1910 Kang-gei(Kokai 江界) *Mills, RG Mills443* 11 August 1910 Seechun dong(時中洞) *Mills, RG Mills379* **Hamgyong-bukto** 18 September 1932 羅南 *Saito, T T Saito s.n.* 1933 *Yoshimizu, K s.n.* 2 August 1914 會寧 -行營 *Ikuma, Y Ikuma2781* **Hamgyong-namdo** 18 August 1934 咸興興西面 *Nomura, N Nomura s.n.* 10 September 1933 咸興盤龍山 *Nomura, N Nomura s.n.* **Hwanghae-bukto** 10 September 1915 瑞興 *Nakai, T Nakai2868* **Hwanghae-namdo** August 1932 Sorai Beach 九味浦 *Smith, RK Smith644* **Kangwon-do** 7 August 1916 金剛山末輝里方面 *Nakai, T Nakai5917* 14 August 1933 安邊郡衛益面三防 *Nomura, N Nomura s.n.* **P'yongan-bukto** 25 August 1911 Sakju(朔州) *Mills, RG Mills595* 25 August 1911 Sak-jyu (Sakushu 朔州) *Mills, RG Mills641* 25 August 1911 *Mills, RG Mills644* 27 September 1912 雲山郡南面諸仁里 *Ishidoya, T Ishidoya s.n.* 27 September 1911 雲山郡古城里甑峯里 *Ishidoya, T Ishidoya38* **P'yongyang** 10 October 1911 P'yongyang (平壤) *Imai, H Imai s.n.* 27 August 1911 *Imai, H Imai46* **Ryanggang** 1 August 1897 虛川江 (同仁川) *Komarov, VL Komaorv s.n.* 16 August 1897 大羅信洞 *Komarov, VL Komaorv s.n.* 19 August 1897 葡坪 *Komarov, VL Komaorv s.n.* August 1913 羅暖堡 *Mori, T Mori357* 23 July 1914 李僧嶺 *Nakai, T Nakai3432* 20 August 1933 江口 -三長 *Koidzumi, G Koidzumi s.n.* Type of *Senecio argunensis* Turcz. var. *pilosa* Kitam. (Holotype KYO)

Senecio cannabifolius Less., Linnaea 6: 242 (1831)

Common name 삼잎방망이

Distribution in Korea: North

Senecio palmatus Pall. ex Ledeb., Fl. Ross. (Pallas) 2: 636 (1845)

Senecio palmatus Pall. ex Ledeb. f. *davuricus* Herder, Bull. Soc. Imp. Naturalistes Moscou 40: 434 (1867)

Senecio palmatus Pall. ex Ledeb. var. *cannabifolius* (Less.) Kudô, J. Coll. Agric. Hokkaido Imp. Univ. 12 (1): 60 (1923)

Senecio cannabifolius Less. var. *davuricus* (Herder) Kitag., Rep. Inst. Sci. Res. Manchoukuo 3: 3 (1939)

Representative specimens;Chagang-do22 July 1916 狼林山 *Mori, T Mori s.n.* **Hamgyong-namdo** 23 July 1916 赴戰高原寒泰嶺 *Mori, T Mori89* 22 August 1932 蓋馬高原 *Kitamura, S Kitamura s.n.* 15 August 1935 赴戰高原漢岱里 *Nakai, T Nakai15796* 15 August 1940 赴戰高原雲大嶺 *Okuyama, S Okuyama s.n.* 30 August 1934 東下面頭雲峯安基里 *Yamamoto, A Yamamoto s.n.* 16 August 1934 新興郡永古郡松興里 *Yamamoto, A Yamamoto s.n.* **Ryanggang** 24 July 1917 Keizanchin(惠山鎭) *Furumi, M Furumi459* 18 July 1897 *Komarov, VL Komarov s.n.* 15 August 1935 北水白山 *Hozawa, S Hozawa s.n.* 18 September 1939 白岩 *Furusawa, I Furusawa s.n.* 18 September 1939 島內 *Nakai, T Nakai6181* 25 August 1942 吉州郡白岩 *Nakajima, K Nakajima s.n.* 24 July 1930 含山嶺 *Ohwi, J Ohwi s.n.* 24 June 1930 延岩洞 *Ohwi, J Ohwi s.n.* 24 July 1930 含山嶺 *Ohwi, J Ohwi s.n.* 9 August 1937 大澤 *Saito, T T Saito s.n.* 25 August 1939 北胞胎山 *Akiyama, S Akiyama s.n.* 14 August 1913 神武城 *Hirai, H 51* 15 August 1914 白頭山 *Ikuma, Y Ikuma s.n.* 14 August 1914 無頭峯 *Ikuma, Y Ikuma s.n.* 15 July 1935 小長白山 *Irie, Y s.n.* August 1913 長白山 *Mori, T Mori89* 4 August 1914 普天堡- 寶泰洞 *Nakai, T Nakai3976*

Senecio nemorensis L., Sp. Pl. 2: 870 (1753)

Common name 금방망이

Distribution in Korea: far North (Gaema, Baekmu, Bujeon, Wagal, Rangrim), Jeju

Senecio sarracenicus L., Sp. Pl. 2: 871 (1753)

Senecio octoglossus DC., Prodr. (DC.) 6: 354 (1838)

Senecio fluviatilis Wallr., Linnaea 14: 646 (1841)

Senecio kematongensis Vaniot, Bull. Acad. Int. Geogr. Bot. 41: 847 (1902)

Senecio ganpinensis Vaniot, Bull. Acad. Int. Geogr. Bot. 41: 19 (1903)

Senecio nemorensis L. var. *turczaninowii* (DC.) Kom., Trudy Imp. S.-Peterburgsk. Bot. Sada 25: 708 (1907)

Senecio taiwanensis Hayata, J. Coll. Sci. Imp. Univ. Tokyo 30: 157 (1911)

Senecio tozanensis Hayata, J. Coll. Sci. Imp. Univ. Tokyo 30: 158 (1911)

Senecio nemorensis L. var. *grossidens* Nakai, J. Jap. Bot. 22: 154 (1948)

Senecio nemorensis L. var. *intermedius* Nakai, J. Jap. Bot. 22: 154 (1948)

Representative specimens; **Chagang-do** 11 July 1914 梅田坪 *Nakai, T Nakai1549* **Hamgyong-bukto** 22 August 1936 朱乙 *Saito, T T Saito s.n.* **Hamgyong-namdo** 16 August 1934 新角面北山 *Nomura, N Nomura s.n.* 23 August 1932 蓋馬高原 *Kitamura, S Kitamura s.n.* 24 July 1933 東上面大漢岱里 *Koidzumi, G Koidzumi s.n.* 15 August 1935 東上面漢岱里 *Nakai, T Nakai15797* Type of *Senecio nemorensis* L. var. *intermedius* Nakai (Holotype TI)16 August 1935 雲仙嶺 *Nakai, T Nakai15798* 15 August 1940 赴戰高原雲大嶺 *Okuyama, S Okuyama s.n.* **Ryanggang** 24 July 1917 Keizanchin(惠山鎭) *Furumi, M Furumi460* 23 August 1914 *Ikuma, Y Ikuma s.n.* 9 October 1935 大坪里 *Okamoto, S Okamoto s.n.* 21 July 1914 長蛇洞 *Nakai, T Nakai3519* 8 August 1897 上巨里水 *Komarov, VL Komarov s.n.* 25 August 1942 吉州郡白岩 *Nakajima, K Nakajima s.n.* 24 July 1930 含山嶺 *Ohwi, J Ohwi s.n.* 11 August 1937 大澤 *Saito, T T Saito s.n.* July 1943 延岩 *Uchida, H Uchida s.n.* August 1913 崔哥嶺 *Mori, T Mori272* 5 August 1914 普天堡- 寶泰洞 *Nakai, T Nakai3237* 5 August 1914 *Nakai, T Nakai3769* 5 August 1914 *Nakai, T Nakai3939*

Senecio pseudoarnica Less., Linnaea 6: 242 (1831)

Common name 웅기솜나물

Distribution in Korea: North

Arnica maritima L., Sp. Pl. 2: 884 (1753)

Arnica doronicum Pursh, Fl. Amer. Sept. (Pursh) 2: 528 (1813)

Senecio pseudoarnica Less. var. *rollandii* Vict., Proc. & Trans. Roy. Soc. Canada ser. 3, 19: 87, tab. 4 (1925)

Senecio rollandii (Vict.) Vict., Contr. Lab. Bot. Univ. Montreal 13: 26 (1929)

Representative specimens; **Rason** 6 June 1930 西水羅 *Ohwi, J Ohwi s.n.* 18 August 1935 獨津 *Saito, T T Saito s.n.* 21 June 1909 雄基 *Shou, K 436*

Senecio vulgaris L., Sp. Pl. 2: 876 (1753)

Common name 개쑥갓

Distribution in Korea: Introduced (North, Central, South, Ulleung, Jeju; Eurasia, N. America)
Erigeron senecio Sch.Bip. ex Webb & Berthel., Hist. Nat. Iles Canaries 2: 318 (1845)
Senecio vulgari-humilis Batt. & Trab., Fl. Algerie Tunisie 187 (1905)

Serratula L.
Serratula coronata L. var. ***insularis*** (Iljin) Kitam., Acta Phytotax. Geobot. 12: 105 (1943)

Common name 산비장이

Distribution in Korea: North, Central, South
Serratula coronata L. var. *alpina* (L.) Nakai,Saishu-to Kuan-to Shokubutsu Hokoku-sho [Fl. Quelpaert Isl.] 91 (1914)
Serratula koreana Iljin, Izv. Glavn. Bot. Sada SSSR 27: 86 (1928)
Serratula insularis Iljin, Izv. Glavn. Bot. Sada SSSR 27: 86 (1928)
Serratula insularis Iljin var. *koreana* (Iljin) Kitam., Mem. Coll. Sci. Kyoto Imp. Univ., Ser. B, Biol. 13: 29 (1937)
Serratula coronata L. ssp. *insularis* (Iljin) Kitam., Acta Phytotax. Geobot. 12: 105 (1943)
Mastrucium coronata Cass. var. *koreanum* (Iljin) Kitag., J. Jap. Bot. 21: 138 (1947)
Mastrucium insulare (Iljin) Kitag., J. Jap. Bot. 21: 138 (1947)
Serratula coronata L. var. *manshurica* (Kitag.) Kitag., Neolin. Fl. Manshur. 680 (1979)
Serratula coronata L. f. *alpina* (Nakai) W.T.Lee, Lineamenta Florae Koreae 1199 (1996)
Serratula coronata L. var. *koreana* (Iljin) H.S.Pak, Fl. Coreana (Im, R.J.) 7: 125 (1999)
Serratula coronata L. var. *koreana* (Iljin) H.S.Pak, Fl. Coreana (Im, R.J.) 7: 125 (1999)

Representative specimens; **Chagang-do** 28 August 1897 慈城邑(松德水河谷) *Komarov, VL Komaorv s.n.* 25 August 1897 小德川 (松德水河谷) *Komarov, VL Komaorv s.n.* **Hamgyong-bukto** August 1913 清津 *Mori, T Mori284* 11 August 1935 羅南 *Saito, T T Saito s.n.* 31 August 1935 *Saito, T T Saito s.n.* 21 August 1935 羅北 *Saito, T T Saito s.n.* 11 September 1935 羅南 *Saito, T T Saito s.n.* 21 August 1935 羅北 *Saito, T T Saito s.n.* 6 August 1917 西溪水 *Furumi, M Furumi401* 22 September 1939 富寧 *Furusawa, I Furusawa 6169* **Hamgyong-namdo** 15 August 1936 赴戰高原 Fusenkogen *Nakai, T Nakai s.n.* 15 August 1935 東上面漢岱里 *Nakai, T Nakai 15803* **P'yongan-namdo** 10 July 1912 江西 *Imai, H Imai s.n.* **P'yongyang** 4 September 1901 in montibus mediae *Faurie, UJ Faurie s.n.* **Ryanggang** 1 August 1897 虛川江 (同仁川) *Komarov, VL Komaorv s.n.* August 1913 厚峙嶺 *Ikuma, Y Ikuma s.n.* 19 August 1897 上坪 *Komarov, VL Komaorv s.n.* 7 August 1897 上巨里水 *Komarov, VL Komaorv s.n.* 25 July 1914 遮川里三水 *Nakai, T Nakai2793* 25 July 1914 三水- 遮川里 *Nakai, T Nakai3584* 28 July 1897 佳林里 *Komarov, VL Komaorv s.n.* 21 July 1897 佳林里(鴨綠江上流) *Komarov, VL Komaorv s.n.* August 1914 白頭山 *Ikuma, Y Ikuma s.n.* 10 August 1914 茂峯 *Ikuma, Y Ikuma s.n.* 20 July 1897 惠山鎭 (鴨綠江上流長白山脈中高原) *Komarov, VL Komaorv s.n.* August 1913 長白山 *Mori, T Mori100* 13 August 1914 Moho (茂峯)- 農事洞 *Nakai, T Nakai3214* 13 August 1914 *Nakai, T Nakai3325*

Sigesbeckia L.
Sigesbeckia glabrescens (Makino) Makino, J. Jap. Bot. 1: 25 (1917)

Common name 진득찰

Distribution in Korea: North, Central, South
Sigesbeckia orientalis L. f. *glabrescens* Makino, Bot. Mag. (Tokyo) 18: 100 (1904)
Sigesbeckia glabrescens (Makino) Makino var. *leucoclada* Nakai, Bot. Mag. (Tokyo) 45: 137 (1931)
Sigesbeckia formosana Kitam., Acta Phytotax. Geobot. 6: 87 (1937)
Sigesbeckia orientalis L. ssp. *glabrescens* (Makino) Kitam., Mem. Coll. Sci. Kyoto Imp. Univ., Ser. B, Biol. 16: 263 (1942)

Representative specimens; **Kangwon-do** 13 September 1932 元山 *Kitamura, S Kitamura s.n.*

Sigesbeckia orientalis L. ssp. ***pubescens*** (Makino) Kitam., Mem. Coll. Sci. Kyoto Imp. Univ., Ser. B, Biol. 3: 264 (1942)

Common name 털진득찰

Distribution in Korea: North, Central, South
Sigesbeckia orientalis L. f. *pubescens* Makino, Bot. Mag. (Tokyo) 18: 100 (1904)
Sigesbeckia orientalis L. var. *pubescens* (Makino) Makino, Iinuma, Somoku-Dzusetsu, ed. 4 1092 (1913)

Sigesbeckia pubescens (Makino) Makino, J. Jap. Bot. 1: 24 (1917)
Sigesbeckia pubescens (Makino) Makino f. *eglandulosa* Ling & X.L.Huang, Fl. Reipubl. Popularis Sin. 75: 341, 343 (1979)

Representative specimens; Chagang-do 15 August 1909 Sensen (前川) *Mills, RG Mills755* **Hamgyong-bukto** 12 October 1935 羅南 *Saito, T T Saito s.n.* 17 September 1932 *Saito, T T Saito s.n.* 28 August 1934 鈴蘭山 *Uozumi, H Uozumi s.n.* 2 August 1913 武陵台 *Hirai, H Hirai s.n.* **Hamgyong-namdo** 1929 Hamhung (咸興) *Seok, JM 31* 2 September 1934 東下面蓮花山 *Yamamoto, A Yamamoto s.n.* **Kangwon-do** 14 September 1932 元山 *Kitamura, S Kitamura s.n.* **P'yongyang** 25 September 1939 P'yongyang (平壤) *Kitamura, S Kitamura s.n.* **Ryanggang** 23 August 1914 Keizanchin(惠山鎭) *Ikuma, Y Ikuma s.n.* 19 July 1939 白岩 *Nakai, T Nakai s.n.*

***Solidago* L.**
Solidago virgaurea L. ssp. ***asiatica*** Kitam. ex H.Hara, Enum. Spermatophytarum Japon. 2: 260 (1952)
Common name 미역취
Distribution in Korea: North, Central, South
Solidago virgaurea L. var. *taquetii* H.Lév. & Vaniot, Repert. Spec. Nov. Regni Veg. 8: 141 (1910)
Solidago virgaurea L. var. *coreana* Nakai, Bot. Mag. (Tokyo) 31: 110 (1917)
Solidago japonica Kitam., Acta Phytotax. Geobot. 1: 286 (1932)
Solidago dahurica Kitag., Rep. Inst. Sci. Res. Manchoukuo 1: 297 (1937)
Solidago virgaurea L. ssp. *dahurica* (Kitag.) Kitag., Rep. Inst. Sci. Res. Manchoukuo 3(App. 1): 472 (1939)
Solidago coreana (Nakai) H.S.Pak, Fl. Coreana (Im, R.J.) 7: 321 (1999)
Solidago coreana (Nakai) H.S.Pak var. *dahurica*(Kitag.) H.S.Pak, Fl. Coreana (Im, R.J.) 7: 322 (1999)
Solidago coreana (Nakai) H.S.Pak var. *spathulifolia* H.S.Pak, Fl. Coreana (Im, R.J.) 7: 383 (1999)

Representative specimens; Chagang-do 25 August 1897 小德川 (松德水河谷) *Komarov, VL Komaorv s.n.* 26 August 1897 *Komarov, VL Komaorv s.n.* 11 July 1914 蔥田嶺 *Nakai, T Nakai1600* **Hamgyong-bukto** 11 August 1933 渡正山門內 *Koidzumi, G Koidzumi s.n.* 17 September 1932 羅南 *Saito, T T Saito s.n.* 20 May 1897 茂山嶺 *Komarov, VL Komaorv s.n.* 26 July 1930 頭流山 *Ohwi, J Ohwi s.n.* 12 June 1897 西溪水 *Komarov, VL Komaorv s.n.* 4 June 1897 四芝嶺 *Komarov, VL Komaorv s.n.* **Hamgyong-namdo** 2 September 1934 東下面蓮花山安垈谷 *Yamamoto, A Yamamoto s.n.* 22 August 1932 蓋馬高原 *Kitamura, S Kitamura s.n.* 25 July 1933 東上面遮日峯 *Koidzumi, G Koidzumi s.n.* 15 August 1935 東上面漢岱里 *Nakai, T Nakai15804* 16 August 1935 雲仙嶺 *Nakai, T Nakai15805* 15 August 1940 遮日峯 *Okuyama, S Okuyama s.n.* 14 August 1940 赴戰高原雲水嶺 *Okuyama, S Okuyama s.n.* **Kangwon-do** 13 August 1932 金剛山毘盧峯 *Kitamura, S Kitamura s.n.* 13 August 1932 Mt. Kumgang (金剛山) *Kitamura, S Kitamura s.n.* 30 July 1928 金剛山內金剛毘盧峯 *Kondo, K Kondo8795* 14 July 1936 金剛山外金剛千佛山 *Nakai, T Nakai s.n.* 6 August 1916 金剛山毘盧峯 *Nakai, T Nakai5922* Type of *Solidago virgaurea* L. var. *coreana* Nakai (Syntype TI)7 August 1940 Mt. Kumgang (金剛山) *Okuyama, S Okuyama s.n.* 12 September 1932 元山 *Kitamura, S Kitamura s.n.* **P'yongan-bukto** 6 August 1935 妙香山 *Koidzumi, G Koidzumi s.n.* 28 September 1911 青山面梨石洞山 *Ishidoya, T Ishidoya s.n.* 27 September 1912 雲山郡南面諸仁里 *Ishidoya, T Ishidoya39* **P'yongan-namdo** 22 September 1915 咸從 *Nakai, T Nakai2982* **P'yongyang** 25 September 1939 P'yongyang (平壤) *Kitamura, S Kitamura s.n.* 26 April 1939 *Kitamura, S Kitamura s.n.* 25 September 1939 *Kitamura, S Kitamura s.n.* **Ryanggang** 23 August 1914 Keizanchin(惠山鎭) *Ikuma, Y Ikuma s.n.* 15 August 1935 北水白山 *Hozawa, S Hozawa s.n.* 7 July 1897 犁方嶺 (鴨綠江羅暖堡) *Komarov, VL Komaorv s.n.* 16 August 1897 大羅信洞 *Komarov, VL Komaorv s.n.*20 August 1897 內洞-河山嶺 *Komarov, VL Komaorv s.n.* 22 August 1897 雲洞嶺 *Komarov, VL Komaorv s.n.* 4 August 1897 十四道溝-白山嶺 *Komarov, VL Komaorv s.n.* 7 August 1897 上巨里水 *Komarov, VL Komaorv s.n.* 9 August 1897 長津江下流域 *Komarov, VL Komaorv s.n.* 25 July 1914 三水- 遮川里 *Nakai, T Nakai3585* 8 June 1897 平蒲坪-倉坪 *Komarov, VL Komaorv s.n.* 21 July 1939 白岩 *Nakai, T Nakai s.n.* 21 July 1939 *Nakai, T Nakai s.n.* 27 June 1897 栢德嶺 *Komarov, VL Komaorv s.n.* 27 July 1897 佳林里 *Komarov, VL Komaorv s.n.* 29 July 1917 無頭峯 *Furumi, M Furumi382* 1 August 1934 小長白山脈 *Kojima, K Kojima s.n.* 20 July 1897 惠山鎭 (鴨綠江上流長白山脈中高原) *Komarov, VL Komaorv s.n.* 14 August 1914 新民屯 *Nakai, T Nakai s.n.* 15 July 1934 小長白山 *Yamamoto, A Yamamoto s.n.*

***Sonchus* L.**
Sonchus asper (L.) Hill, Herb. Brit. 1: 47 (1769)
Common name 큰방가지풀 (큰방가지똥)
Distribution in Korea: Introduced (North, Central, South, Jeju, Ulleung: N. America)
Sonchus oleraceus L. var. *asper* L., Sp. Pl. 794 (1753)
Sonchus spinosus Lam., Fl. Franc. (Lamarck) 2: 86 (1779)
Sonchus glaber Thunb., Prodr. Pl. Cap. 139 (1800)
Sonchus fallax Wallr., Ann. Bot. (Wallr.) 98 (1815)
Sonchus viridis Zenari, Nuovo Giorn. Bot. Ital. n.s. 31: 14 (1924)
Sonchus tibesticus Quézel, Bull. Soc. Hist. Nat. Afrique N. 1: 31 (1959)

Sonchus brachyotus DC., Prodr. (DC.) 7: 186 (1838)

Common name 사데풀

Distribution in Korea: North, Central, South

Sonchus shzucinianus Turcz. ex Herder, Bull. Soc. Imp. Naturalistes Moscou 43, 1: 189 (1870)
Sonchus fauriei H.Lév. & Vaniot, Repert. Spec. Nov. Regni Veg. 7: 102 (1909)
Sonchus taquetii H.Lév., Repert. Spec. Nov. Regni Veg. 8: 141 (1910)
Sonchus arvensis L. var. *ulginosus* (Trautv.) Matsum., Index Pl. Jap. 2 (2): 667 (1912)
Sonchus arvensis L. ssp. *brachyotus* (DC.) Kitam., Mem. Coll. Sci. Kyoto Imp. Univ., Ser. B, Biol. 23 (1): 148 (1956)
Sonchus arvensis L. f. *brachyotus* (DC.) Kirp., Fl. URSS 29: 253 (1964)

Representative specimens; **Hamgyong-bukto** 18 August 1935 羅南 *Saito, T T Saito s.n.* 18 August 1936 富寧水坪 - 西里洞 *Saito, T T Saito s.n.* 20 August 1936 富寧素清 *Saito, T T Saito s.n.* **Hamgyong-namdo** 2 September 1934 東下面蓮花山 *Kojima, K Kojima s.n.* 30 August 1934 東下面安基里谷 *Yamamoto, A Yamamoto s.n.* 5 October 1935 新興 *Okamoto, S Okamoto s.n.* **Kangwon-do** 28 July 1916 長箭 -高城 *Nakai, T Nakai5895* 29 September 1935 Mt. Kumgang (金剛山) *Okamoto, S Okamoto s.n.* 30 August 1916 通川 *Nakai, T Nakai6108* 21 August 1932 元山 *Kitamura, S Kitamura s.n.* 20 August 1932 *Kitamura, S Kitamura s.n.* **Nampo** 1 October 1911 Chin Nampo (鎮南浦) *Imai, H Imai101* **P'yongan-namdo** 20 July 1912 江西 *Imai, H Imai20* **Ryanggang** 3 August 1914 惠山鎮 - 普天堡 *Nakai, T Nakai2771* 8 August 1914 農事洞 *Ikuma, Y Ikuma s.n.*

Sonchus oleraceus L., Sp. Pl. 794 (1753)

Common name 방가지풀 (방가지똥)

Distribution in Korea: Introduced and naturalized (North, Central, South, Ulleung; Europe)

Sonchus ciliatus Lam., Fl. Franc. (Lamarck) 2: 87 (1779)
Sonchus laevis Vill, Hist. Pl. Dauphine 3: 158 (1788)
Sonchus longifolius Trevir., Index Sem. (Breslau) 6 (1818)
Sonchus sundaicus Blume, Bijdr. Fl. Ned. Ind. 15: 888 (1826)
Sonchus royleanus DC., Prodr. (DC.) 7: 184 (1838)
Sonchus schmidianus K.Koch, Index Seminum Hort. Bot. Berol. 1853 12 (1853)
Sonchus fabrae Sennen, Bol. Soc. Iber. Ci. Nat. 1929, 28: 114 (1930)

Representative specimens; **Hamgyong-bukto** 11 July 1930 鏡城 *Ohwi, J Ohwi s.n.* **Hamgyong-namdo** 15 August 1935 東上面漢垈里 *Nakai, T Nakai15806*

Sonchus palustris L., Sp. Pl. 2: 793 (1753)

Common name 사라구

Distribution in Korea: North, Central

Sonchus paludosus Gueldenst. ex Ledeb., Fl. Ross. (Ledeb.) 2: 836 (1846)
Sonchus inundatus Popov, Trudy Voronezsk. Gosud. Univ. 14: 105 (1941)

Stemmacantha Cass.
Stemmacantha uniflora (L.) Dittrich, Candollea 39: 49 (1984)

Common name 뻐꾹채

Distribution in Korea: North, Central, South, Ulleung

Cnicus uniflorus L., Mant. Pl. 2: 572 (1771)
Centaurea monantha Georgi, Reise Russ. Reich. 1: 231 (1775)
Centaurea grandiflora Pall., Reise Russ. Reich. 3: 237 (1776)
Centaurea membranacea Lam., Encycl. (Lamarck) 1: 666 (1783)
Rhaponticum uniflorum (L.) DC., Diss. Comp. 33: 1890 (1810)
Serratula uniflora (L.) Spreng., Syst. Veg. (ed. 16) [Sprengel] 3: 388 (1826)
Leuzea dahurica Bunge, Enum. Pl. Chin. Bor. 37 (1833)
Rhaponticum dahuricum (Bunge) Turcz., Bull. Soc. Imp. Naturalistes Moscou 11: 95 (1838)
Rhaponticum monanthum (Georgi) Vorosch., Seed List State Bot. Gard. Acad. Sci. URSS 8: 28 (1953)

Representative specimens; **Hamgyong-bukto** 21 May 1897 茂山嶺-蕨坪(照日洞) *Komarov, VL Komaorv s.n.* 31 July 1939 茂山 *Nakai, T Nakai s.n.* 4 August 1933 南陽 *Koidzumi, G Koidzumi s.n.* 6 July 1936 南山面 *Saito, T T Saito s.n.* **Hwanghae-bukto**29 May 1939 白川邑 *Hozawa, S Hozawa s.n.* **Hwanghae-namdo** 29 June 1922 Sorai Beach 九味浦 *Mills, RG Mills4041* 4 July 1922 *Mills, RG Mills4547* **Kangwon-do** 11 June 1909 望賊山 *Nakai, T Nakai s.n.* **P'yongan-bukto** June 1912 白壁山 *Ishidoya, T Ishidoya s.n.* **P'yongyang** 12 June 1910 Otsumitsudai (乙密台) 平壤 *Imai, H Imai s.n.*

Symphyllocarpus Maxim.
Symphyllocarpus exilis Maxim., Mem. Acad. Imp. Sci. St.-Petersbourg Divers Savans 9: 151 (1859)
Common name 개중대가리

Distribution in Korea: North

Representative specimens; **Sinuiju** 新義州 *Miyasiro, S s.n.Miyasiro, S s.n.*

Syneilesis Maxim.
Syneilesis aconitifolia (Bunge) Maxim., Mem. Acad. Imp. Sci. St.-Petersbourg Divers Savans 9: 165 (1859)
Common name 애기우산나물

Distribution in Korea: North, Central, South
   Cacalia aconitifolia Bunge, Enum. Pl. Chin. Bor. 37 (1833)
   Senecio aconitifolius (Bunge) Turcz., Bull. Soc. Imp. Naturalistes Moscou 10: 155 (1837)

Representative specimens; **Hamgyong-bukto** 22 June 1909 會寧 *Nakai, T Nakai s.n.* 4 August 1933 南陽 *Koidzumi, G Koidzumi s.n.* **Hamgyong-namdo** July 1902 端川龍德里摩天嶺 *Mishima, A s.n.* **Hwanghae-namdo** 22 July 1922 Sorai Beach 九味浦 *Mills, RG Mills4069* **P'yongyang** 23 August 1943 大同郡大寶山 *Furusawa, I Furusawa s.n.* 28 May 1911 P'yongyang (平壤) *Imai, H Imai s.n.* 4 September 1901 in montibus mediae *Faurie, UJ Faurie s.n.* **Rason** 6 June 1930 西水羅 *Ohwi, J Ohwi s.n.* **Ryanggang** 26 July 1914 三水- 惠山鎭 *Nakai, T Nakai2796* 26 July 1914 Nakai, T *Nakai3569*

Syneilesis palmata (Thunb.) Maxim., Bull. Acad. Imp. Sci. Saint-Pétersbourg 19: 488 (1874)
Common name 우산나물

Distribution in Korea: North, Central, South
   Arnica palmata Thunb., Fl. Jap. (Thunberg) 319 (1784)
   Syneilesis palmata (Thunb.) Maxim. var. *subconcolor* Nakai, J. Jap. Bot. 14: 462 (1938)

Representative specimens; **Hamgyong-bukto** 19 July 1939 富寧 *Nakai, T Nakai6174* **Hamgyong-namdo** 7 September 1941 咸興盤龍山 *Suzuki, T s.n.* 29 August 1933 上岐川面麥田山 *Nomura, N Nomura s.n.* 26 July 1916 下碣隅里 *Mori, T Mori s.n.* **Hwanghae-namdo** 12 July 1921 Sorai Beach 九味浦 *Mills, RG Mills4379* **Kangwon-do** 8 August 1928 金剛山群仙峽上 *Kondo, K Kondo9308* 28 July 1916 長箭高城 *Nakai, T Nakai5934*2 September 1932 金剛山 *Kitamura, S Kitamura s.n.* 30 July 1928 金剛山內金剛毘盧峯 *Kondo, K Kondo s.n.* 9 August 1940 Mt. Kumgang (金剛山) *Okuyama, S Okuyama s.n.* 12 August 1902 墨浦洞 *Uchiyama, T Uchiyama s.n.* 7 June 1909 元山 *Nakai, T Nakai s.n.* **P'yongan-bukto** 28 September 1911 青山面梨石洞山 *Ishidoya, T Ishidoya s.n.* 11 August 1935 義州金剛山 *Koidzumi, G Koidzumi s.n.* 7 June 1912 白壁山 *Ishidoya, T Ishidoya s.n.* **P'yongan-namdo** 18 July 1916 溫倉 *Mori, T Mori s.n.* 15 June 1928 陽德 *Nakai, T Nakai12456*

Synurus Iljin
Synurus deltoides(Aiton) Nakai, Koryo Shikenrin Ippan 64 (1932)
Common name 수리취

Distribution in Korea: North
   Rhaponticum atriplicifolium (Trevis.) DC. var. *incisolobata* DC.
   Onopordon deltoides Aiton, Hort. Kew. (Hill) ed. 31: 146 (1789)
   Cirsium ficifolium Fisch., Mem. Soc. Imp. Naturalistes Moscou 3: 69 (1812)
   Carduus atriplicifolius Fisch. ex Trevir., Index Sem. (Breslau) 1820(app. 2): 1 (1821)
   Silybum atriplicifolium (Trevir.) Fisch., Ind. Pl. Hort. Petrop. 64 (1824)
   Serratula atriplicifolia (Trevis.) Benth. & Hook., Gen. Pl. (Bentham & Hooker) 2: 475 (1837)
   Rhaponticum atriplicifolium (Trevis.) DC., Prodr. (DC.) 6: 663 (1838)
   Stephanocoma atriplicifolia (Trevis.) Turcz. ex Ledeb., Fl. Ross. (Ledeb.) 2: 751 (1845)
   Centaurea atriplicifolia Matsum., Nippon Shokubutsumeii, ed. 2 72 (1895)
   Serratula deltoides (Aiton) Makino, Bot. Mag. (Tokyo) 24: 247 (1910)
   Serratula deltoides (Aiton) Makino var. *palmatopinnatifida* Makino, Bot. Mag. (Tokyo) 24:

248 (1910)

Serratula atriplicifolia (Trevis.) Benth. & Hook. var. *incisolobata* (DC.) Miyabe & Miyake, Fl. Saghalin 281 (1915)

Synurus atriplicifolius (Trevis.) Iljin, Bot. Mater. Gerb. Glavn. Bot. Sada RSFSR 6: 35 (1926)

Synurus palmatopinnatifidus (Makino) Kitam., Acta Phytotax. Geobot. 2: 48 (1933)

Synurus deltoides (Aiton) Nakai var. *incisolobata* (DC.) Kitam., Mem. Coll. Sci. Kyoto Imp. Univ., Ser. B, Biol. 13: 27 (1937)

Synurus palmatopinnatifidus (Makino) Kitam. var. *indivisus* (Makino) Kitam., Mem. Coll. Sci. Kyoto Imp. Univ., Ser. B, Biol. 13: 24 (1937)

Representative specimens; Chagang-do 11 July 1914 蔥田嶺 *Nakai, T Nakai1593* **Hamgyong-bukto** 31 July 1914 淸津 *Ikuma, Y Ikuma s.n.* 12 August 1933 渡正山 *Koidzumi, G Koidzumi s.n.* July 1932 冠帽峰 *Ohwi, J Ohwi s.n.* 2 August 1914 車踰嶺 *Ikuma, Y Ikuma s.n.* 23 September 1939 富寧 *Furusawa, I Furusawa6171* **Hamgyong-namdo** 22 August 1932 蓋馬高原 *Kitamura, S Kitamura s.n.* 23 July 1933 東上面漢岱里 *Koidzumi, G Koidzumi s.n.* 15 August 1935 Nakai, T *Nakai15807* 16 August 1935 雲仙嶺 *Nakai, T Nakai15808* **Kangwon-do** 13 August 1932 Mt. Kumgang (金剛山) Kitamura, *S Kitamura s.n.* 14 August 1916 金剛山望軍臺 *Nakai, T Nakai5912* 8 August 1916 長淵里 *Nakai, T Nakai5914* **P'yongan-bukto** 4 August 1935 妙香山 *Koidzumi, G Koidzumi s.n.* 23 August 1912 Gishu(義州) *Imai, H Imai29* 14 October 1900 *Imai, H Imai92* 28 September 1912 白壁山 *Ishidoya, T Ishidoya28* **P'yongan-namdo** 21 July 1916 上南洞 *Mori, T Mori s.n.* **Ryanggang** 18 September 1939 白岩 *Furusawa, I Furusawa6179* 21 July 1939 Nakai, T *Nakai s.n.* 25 August 1942 大澤 *Nakajima, K Nakajima s.n.* 15 August 1914 Moho (茂峯)- 農事洞 *Nakai, T Nakai2780*

Synurus excelsus (Makino) Kitam., Acta Phytotax. Geobot. 2: 48 (1933)

Common name 산수리취 (큰수리취)

Distribution in Korea: North (Chagang, **Ryanggang** , Hamgyong, P'yongan), Central, South, Ulleung

Serratula atriplicifolia (Trevis.) Benth. & Hook. var. *excelsa* Makino, Bot. Mag. (Tokyo) 10: 319 (1896)

Serratula excelsa (Makino) Makino, Bot. Mag. (Tokyo) 24: 249 (1910)

Serratula pungens Poir. var. *excelsa* Makino, Bot. Mag. (Tokyo) 24: 249 (1910)

Representative specimens; Kangwon-do 30 July 1928 金剛山內金剛毘盧峯 *Kondo, K Kondo s.n.* **Ryanggang** 24 July 1914 魚面堡遮川里 *Nakai, T Nakai2791*

Tanacetum L.

Tanacetum vulgare L., Sp. Pl. 844 (1753)

Common name 쑥국화

Distribution in Korea: North

Tanacetum officinarum Crantz, Inst. Rei Herb. 1: 273 (1776)

Chrysanthemum vulgare (L.) Bernh., Syst. Verz. (Bernhardi) 114 (1800)

Tanacetum crispum Steud., Nomencl. Bot. (Steudel) 825 (1821)

Tanacetum boreale Fisch. ex DC., Prodr. (DC.) 6: 128 (1838)

Chrysanthemum tanacetum Vis., Fl. Dalmat. 2: 84 (1847)

Tanacetum vulgare L. var. *boreale* (Fisch. & DC.) Trautv. & C.A.Mey., Fl. Ochot. Phaenog. 54 (1856)

Pyrethrum vulgare (L.) Boiss., Fl. Orient. 3: 352 (1875)

Chrysanthemum vulgare (L.) Bernh. var. *boreale* (Fisch. & DC.) Makino ex Makino, Fl. Japan (Makino & Nemoto) 43 (1925)

Chrysanthemum sibiricum Turcz. ex DC. var. *koreanum* Nakai, J. Jap. Bot. 16: 73 (1940)

Representative specimens; Ryanggang 8 July 1897 羅暖堡 *Komarov, VL Komaorv s.n.* 17 July 1897 半載子溝 (鴨綠江上流) *Komarov, VL Komaorv s.n.*

Taraxacum F.H.Wigg.

Taraxacum coreanum Nakai, Bot. Mag. (Tokyo) 46: 62 (1932)

Common name 흰민들레

Distribution in Korea: North, Central

Taraxacum pseudoalbidum Kitag., Bot. Mag. (Tokyo) 47: 831 (1933)

Taraxacum pseudoalbidum Kitag. var. *lutescens* Kitag., Bot. Mag. (Tokyo) 47: 833 (1933)
Taraxacum peninsulae Nakai ex Koidz., Bot. Mag. (Tokyo) 47: 96 (1933)
Taraxacum heterolepis Nakai & Koidz. ex Kitag., Bot. Mag. (Tokyo) 47: 829 (1933)
Taraxacum glabrisquamum Nakai ex Koidz., Bot. Mag. (Tokyo) 50: 87 (1936)
Taraxacum taquetii Koidz., Bot. Mag. (Tokyo) 50: 86 (1936)
Taraxacum dageletense Nakai ex Koidz., Bot. Mag. (Tokyo) 50: 88 (1936)
Taraxacum taquetii Koidz. var. *pinnatipartitum* Koidz., Bot. Mag. (Tokyo) 50: 86 (1936)
*Taraxacum pseudoalbidum*Kitag. f. *lutescens* (Kitag.) Kitag., J. Jap. Bot. 36: 23 (1961)

Representative specimens; Hamgyong-bukto 28 May 1937 輸城 *Saito, T T Saito s.n.* 16 June 1938 行營 *Saito, T T Saito s.n.* 3 May 1932 鶴中面臨濱 *Im-myeong-gong-bo-gyo school s.n.* 27 June 1937 防洞 *Saito, T T Saito s.n.* 10 May 1938 鶴西面德仁 *Saito, T T Saito s.n.* 27 May 1930 Kyonson 鏡城 *Ohwi, J Ohwi s.n.* 10 April 1933 黃谷洞 *Myeong-cheon-ah-gan-gong-bo-gyo school s.n.* **Hamgyong-namdo** 13 May 1934 咸興西上面提防 *Nomura, N Nomura s.n.* 12 June 1933 咸興盤龍山 *Nomura, N Nomura s.n.* 16 August 1941 Sanwa, *T s.n.* **Kangwon-do** 10 May 1934 元山 *Kawasaki, S s.n.* 7 June 1909 Nakai, *T Nakai s.n.* 21 April 1935 Yamagishi, *S s.n.* 28 April 1935 Yamagishi, *S s.n.* **P'yongan-namdo** 15 June 1928 陽德 *Nakai, T Nakai 2465*

Taraxacum leucanthum (Ledeb.) Ledeb., Fl. Ross. (Ledeb.) 2 (2,7): 815 (1846)
Common name 동아민들레
Distribution in Korea: North
    Leontodon leucanthum Ledeb., Icon. Pl. (Ledebour) 2: 12 (1830)
    Taraxacum asiaticum Dahlst., Acta Horti Gothob. 2: 173 (1926)
    Taraxacum asiaticum Dahlst. var. *lonchophyllum* Kitag., Bot. Mag. (Tokyo) 47: 27 (1933)

Taraxacum mongolicum Hand.-Mazz., Monogr. Taraxacum 67 (1907)
Common name 털민들레
Distribution in Korea: North, Central
    Taraxacum liaotungense Kitag., Bot. Mag. (Tokyo) 47: 825 (1933)
    Taraxacum quelpaertense Kitam., Acta Phytotax. Geobot. 2: 184 (1933)
    Taraxacum formosanum Kitam., Acta Phytotax. Geobot. 2: 48 (1933)
    Taraxacum kansuense Nakai ex Koidz., Bot. Mag. (Tokyo) 50: 91 (1936)
    Taraxacum pseudodissectum Nakai & Koidz., Bot. Mag. (Tokyo) 50: 92 (1936)
    Taraxacum paraceratophorum Nakai ex Koidz., Bot. Mag. (Tokyo) 50: 88 (1936)
    Taraxacum mongolicum Hand.-Mazz. var. *formosanum* (Kitam.) Kitam., Mem. Coll. Sci. Kyoto Imp. Univ., Ser. B, Biol. 24: 42 (1957)

Representative specimens; P'yongyang 25 April 1939 P'yongyang (平壤) Kitamura, *S Kitamura s.n.* **Ryanggang** 25 May 1938 三長附近 *Saito, T T Saito s.n.*

Taraxacum officinale F.H.Wigg., Prim. Fl. Holsat. 0: 56 (1780)
Common name 서양민들레
Distribution in Korea: Introduced and naturalized (North, Central, Ulleung, Jeju; Europe)
    Leontodon taraxacum L., Sp. Pl. 798 (1753)
    Leontodon vulgare Lam., Fl. Franc. (Lamarck) 2: 113 (1779)
    Taraxacum sylvanicum R.Doll, Feddes Repert. 88: 73 (1977)

Representative specimens; Hamgyong-bukto 23 May 1897 車踰嶺 Komarov, *VL Komaorv s.n.* 4 June 1897 四芝嶺 Komarov, *VL Komaorv s.n.* **Rason** 11 May 1897 豆滿江三角洲-五宗洞 Komarov, *VL Komaorv s.n.* **Ryanggang** 9 June 1897 屈松川 (西頭水河谷) 倉坪 Komarov, *VL Komaorv s.n.* 31 May 1897 延面水河谷-古倉坪 Komarov, *VL Komaorv s.n.*

Taraxacum ohwianum Kitam., Acta Phytotax. Geobot. 2: 124 (1933)
Common name 산민들레
Distribution in Korea: North, Ulleung
    Taraxacum latifolium Kitam., Acta Phytotax. Geobot. 2: 120 (1933)
    Taraxacum junpeianum Kitam., Acta Phytotax. Geobot. 4: 103 (1935)
    Taraxacum mandshuricum Nakai ex Koidz., Bot. Mag. (Tokyo) 50: 89 (1936)
    Taraxacum variegatum Kitag., Rep. Inst. Sci. Res. Manchoukuo 2: 302 (1938)

Representative specimens; Chagang-do 20 May 1942 狼林山 *Suzuki, S s.n.* **Hamgyong-bukto** 25 April 1933 羅南新社 *Saito, T T Saito s.n.* 4 June 1937 輸城 *Saito, T T Saito s.n.* 12 June 1930 Kyonson 鏡城 *Ohwi, J Ohwi s.n.* 31 May 1934 冠帽峰 *Saito, T T Saito s.n.* 25 June 1930 雪嶺西側 *Ohwi, J Ohwi s.n.* **Hamgyong-namdo** 12 June 1933 咸興盤龍山 *Nomura, N Nomura s.n.* 9 May 1935 咸興歸州寺 *Nomura, N Nomura s.n.* 6 May 1934 咸興盤龍山 *Nomura, N Nomura s.n.* 21 April 1935 咸興西上面提防 *Nomura, N Nomura s.n.* 15 June 1932 下碣隅里 *Ohwi, J Ohwi s.n.* 16 August 1934 永古面松興里 *Yamamoto, A Yamamoto s.n.* **Kangwon-do** 12 August 1932 金剛山 *Kitamura, S Kitamura s.n.* 21 April 1935 元山 *Yamagishi, S s.n.* **Rason** 5 June 1930 西水羅 *Ohwi, J Ohwi s.n.* Type of *Taraxacum ohwianum* Kitam. (Holotype KYO, Isotype TNS)

Taraxacum platycarpum Dahlst., Acta Horti Berg. 4: 14 (1907)

Common name 민들레

Distribution in Korea: North, Central, South, Ulleung
 Taraxacum officinale F.H.Wigg. var. *platycarpum* (Dahlst.) Nakai, J. Coll. Sci. Imp. Univ. Tokyo 31: 52 (1911)
 Taraxacum denticorne Koidz., Bot. Mag. (Tokyo) 48: 673 (1934)
 Taraxacum foliosissimum Koidz., Bot. Mag. (Tokyo) 48: 671 (1934)
 *Taraxacum hisauchii*Koidz., Bot. Mag. (Tokyo) 48: 668 (1934)
 Taraxacum tsurumachii Kitam., Acta Phytotax. Geobot. 3: 107 (1934)
 Taraxacum hitachiense Koidz., J. Jap. Bot. 2: 622 (1936)
 Taraxacum luteopapposum Koidz., J. Jap. Bot. 2: 623 (1936)
 Taraxacum platycarpum Dahlst. var. *ecorniculatum* Koidz., Bot. Mag. (Tokyo) 50: 146 (1936)

Representative specimens; Ryanggang 23 August 1914 Keizanchin(惠山鎭) *Ikuma, Y Ikuma s.n.*

Taraxacum platypecidum Diels, Repert. Spec. Nov. Regni Veg. Beih. 12: 515 (1922)

Common name 흰변두리민들레 (흰털민들레)

Distribution in Korea: North
 Taraxacum officinale F.H.Wigg. var. *lividum* Koch ex A.Gray, Fl. Saghalin 285 (1915)
 Taraxacum imbricatum Koidz., J. Jap. Bot. 9: 358 (1933)
 Taraxacum saxatile Koidz., Bot. Mag. (Tokyo) 48: 594 (1934)
 Taraxacum albomarginatum Kitam., Acta Phytotax. Geobot. 4: 103 (1935)
 Taraxacum multisectum Kitag., Rep. Inst. Sci. Res. Manchoukuo 2: 310 (1938)

Representative specimens; Hamgyong-bukto 10 May 1934 羅南西北側 *Saito, T T Saito s.n.* 26 May 1930 鏡城 *Ohwi, J Ohwi s.n.* 12 July 1930 Ohwi, *J Ohwi s.n.* **Hamgyong-namdo** 18 August 1934 東上面達阿里 *Kojima, K Kojima s.n.* 17 August 1934 東上面內岩洞谷 *Yamamoto, A Yamamoto s.n.* 16 August 1934 永古面松興里 *Yamamoto, A Yamamoto s.n.* **Kangwon-do** 10 June 1932 Mt. Kumgang (金剛山) Ohwi, *J Ohwi s.n.* **P'yongan-namdo** 9 June 1935 黃草嶺 *Nomura, N Nomura s.n.*

Tephroseris (Rchb.) Rchb.
Tephroseris flammea (Turcz. ex DC.) Holub, Folia Geobot. Phytotax. 8: 173 (1973)

Common name 산솜방망이

Distribution in Korea: North, Central, South, Jeju
 Cineraria flammea Turcz. ex DC., Prodr. (DC.) 6: 362 (1838)
 Senecio flammeus Turcz. ex DC., Prodr. (DC.) 6: 362 (1838)
 Senecio longeligulatus H.Lév. & Vaniot, Repert. Spec. Nov. Regni Veg. 8: 139 (1910)
 Senecio flammeus Turcz. ex DC. var. *glabrifolius* Cufod., Repert. Spec. Nov. Regni Veg. Beih. 70: 90 (1933)
 Tephroseris flammea (Turcz. ex DC.) Holub var. *glabrifolia* Cufod., Repert. Spec. Nov. Regni Veg. Beih. 70: 90 (1933)
 Senecio flammeus Turcz. ex DC. f. *glabrescens* H.Hara, J. Jap. Bot. 10: 437 (1934)

Tephroseris kirilowii (Turcz. ex DC.) Holub, Folia Geobot. Phytotax. 12: 429 (1977)

Common name 솜방망이

Distribution in Korea: North, Central, South
 Senecio campestris DC. var. *floribunda* Nakai
 Senecio integrifolius (L.) Clairv., Man. Herbor. Suisse 241 (1811)
 Senecio campestris DC., Prodr. (DC.) 6: 361 (1838)

A Checklist of North Korean Vascular Plants   T.B. Lee Herbarium (SNUA) – 2019 (C.S. Chang, H. Kim, H.T. Shin & C.H. Lee)

- 530 -

Senecio kirilowii Turcz. ex DC., Prodr. (DC.) 6: 361 (1838)
Senecio fauriei H.Lév., Repert. Spec. Nov. Regni Veg. 8: 139 (1910)
Senecio integrifolius (L.) Clairv. ssp. *fauriei* (H.Lév. & Vaniot) Kitam., Acta Phytotax. Geobot.
6: 272 (1937)
Senecio integrifolius(L.) Clairv. ssp. *kirilowii* Kitag., Lin. Fl. Manshur. 469 (1939)
Senecio integrifolius (L.) Clairv. var. *spathulatus* (Miq.) H.Hara, Enum. Spermatophytarum
Japon. 2: 254 (1952)
Tephroseris integrifolia (L.) Holub ssp. *kirilowii* (Turcz.) Nord. ex DC., Opera Bot. 44: 45 (1978)

Tephroseris koreana (Kom.) B.Nord. & Pelser, Compositae Newslett. 49: 5 (2011)
Common name 국화방망이
Distribution in Korea: far North (Bujeon, Gaema, Beakmu, Wagal, Ranrim)
Senecio koreanus Kom., Trudy Imp. S.-Peterburgsk. Bot. Sada 18: 421 (1901)
Sinosenecio koreanus (Kom.) B.Nord., Opera Bot. 44: 50 (1978)

Tephroseris phaeantha (Nakai) C.Jeffrey & Y.L.Chen, Kew Bull. 39: 279 (1984)
Common name 바위솜나물
Distribution in Korea: North, Central
Senecio phaeanthus Nakai, Bot. Mag. (Tokyo) 31: 110 (1917)
Senecio birubonensis Kitam., Acta Phytotax. Geobot. 6: 270 (1937)
Senecio kawakamii Kitam., Acta Phytotax. Geobot. 6: 270 (1937)
Senecio aurantiacus Less. var. *leiocarpus* Boissieu, Mem. Coll. Sci. Kyoto Imp. Univ., Ser. B,
Biol. 16: 238 (1942)
Tephroseris birubonensis (Kitam.) B.Nord., Opera Bot. 44: 44 (1978)

Tephroseris pierotii (Miq.) Holub, Folia Geobot. Phytotax. 8: 174 (1973)
Common name 물방이 (솜쑥방망이)
Distribution in Korea: North, Central
Cineraria subdentata Bunge, Enum. Pl. Chin. Bor. 39 (1833)
Senecio subdentatus (Bunge) Turcz., Enum. Pl. Chin. Bor. 154 (1837)
Senecio pierotii Miq., Ann. Mus. Bot. Lugduno-Batavi 2: 182 (1866)
Senecio campestris DC. var. *subdentatus* (Bunge) Maxim., Méanges Biol. Bull. Phys.-Math. Acad.
Imp. Sci. Saint-Pétersbourg 8: 15 (1871)
Senecio imaii Nakai, Bot. Mag. (Tokyo) 29: 10 (1915)
Senecio subdentatus (Bunge) Turcz. var. *pierotii* (Miq.) Cufod., Repert. Spec. Nov. Regni Veg. Beih.
70: 82 (1933)
Senecio pierotii Miq. ssp. *subdentatus* (Bunge) Kitag., J. Jap. Bot. 21: 140 (1947)

Tripleurospermum Sch.Bip.
Tripleurospermum limosum (Maxim.) Pobed., Fl. URSS 26: 177, t. 6 (1961)
Common name 개꽃
Distribution in Korea: North, Central
Chamaemelum limosum Maxim., Mem. Acad. Imp. Sci. St.-Petersbourg Divers Savans 9: 156 (1859)
Tripleurospermum inodorum (L.) Sch.Bip. var. *limosum* (Maxim.) Regel ex Herder, Bull. Soc. Imp.
Naturalistes Moscou 40: 43 (1867)
Matricaria limosa (Maxim.) Kudô, J. Coll. Agric. Hokkaido Imp. Univ. 12: 58 (1923)
Matricaria maritima L. ssp. *limosa* (Maxim.) Kitam., Mem. Coll. Sci. Kyoto Imp. Univ., Ser. B, Biol.
16: 335 (1940)

Tripleurospermum maritimum (L.) W.D.J.Koch ssp. *inodorum* (L.) Appleq., Taxon 51: 760 (2003)
Common name 꽃족제비쑥
Distribution in Korea: North, Central, South, Jeju
Matricaria inodora L., Fl. Suec. (ed. 2) 297 (1755)
Matricaria perforata Mérat, Nuov. Fl. Env. Paris 332 (1812)
Matricaria pumila Nyman, Syll. Fl. Eur. 12 (1854)

Xanthium L.

Xanthium spinosum L., Sp. Pl. 987 (1753)

Common name 바늘도꼬마리

Distribution in Korea: North, Central, South

    Xanthium catharticum Kunth, Nov. Gen. Sp. [Kunth] 4: 1820 (1818)

    Acanthoxanthium spinosum (L.) Fourr., Ann. Soc. Linn. Lyon, ser. 2, 17: 110 (1869)

Xanthium strumarium L., Sp. Pl. 987 (1753)

Common name 도꼬마리

Distribution in Korea: North, Central, South

    Xanthium occidentale Bertol., Lucubr. Re Herb. 38 (1822)

    Xanthium pungens Wallr., Beitr. Bot. (Wallr.) 1: 231 (1842)

    Xanthium oviforme Wallr., Beitr. Bot. (Wallr.) 1: 240 (1842)

    Xanthium varians Greene, Pittonia 4: 59 (1899)

    Xanthium cylindricum Millsp. & Sherff, Publ. Field Columbian Mus., Bot. Ser. 4: 4, pl. 3, 5 (1918)

    Xanthium curvescens Millsp. & Sherff, Publ. Field Columbian Mus., Bot. Ser. 4: 25, pl. 11 (1919)

Representative specimens; Chagang-do 2 September 1897 湖芮(鴨綠江) *Komarov, VL Komaorv s.n.* **Hamgyong-bukto** 6 August 1933 會寧古豊山 *Koidzumi, G Koidzumi s.n.* **Hamgyong-namdo** 1929 Hamhung (咸興) *Seok, JM 3* 1929 *Seok, JM 37* 4 September 1936 下岐川面三巨 *Chung, TH Chung s.n.* **Hwanghae-bukto** 10 September 1915 瑞興 *Nakai, T Nakai2955* **Kangwon-do** 30 August 1916 通川 *Nakai, T Nakai6106* **Rason** 11 May 1897 豆滿江三角洲-五宗洞 *Komarov, VL Komaorv s.n.* **Ryanggang** 3 July 1897 三水邑-上水隅理 *Komarov, VL Komaorv s.n.*

Xanthium strumarium L. ssp. *sibiricum* (Patrin ex Widder) Greuter, Willdenowia 33 (2): 249 (2003)

Common name 큰도꼬마리

Distribution in Korea: North

    Xanthium sibiricum Patrin ex Widder, Repert. Spec. Nov. Regni Veg. Beih. 20: 32 (1923)

Youngia Cass.

Youngia japonica (L.) DC., Prodr. (DC.) 7: 194 (1838)

Common name 뽀리뱅이

Distribution in Korea: North, Central, South, Ulleung

    Prenanthes japonica L., Mant. Pl. 1: 107 (1767)

    Prenanthes multiflora Thunb., Fl. Jap. (Thunberg) 303 (1784)

    Chondrilla japonica (L.) Lam., Encycl. (Lamarck) 2 (1): 79 (1786)

    Chondrilla lyrata Poir., Encycl. (Lamarck) Suppl. 2 332 (1811)

    Chondrilla multiflora Poir., Encycl. (Lamarck) Suppl. 2 332 (1811)

    Prenanthes striata Blume, Bijdr. Fl. Ned. Ind. 15: 885 (1825)

    *Prenanthes fastigiata*Blume, Bijdr. Fl. Ned. Ind. 14: 836 (1826)

    Youngia integrifolia Cass., Ann. Sci. Nat. (Paris) 23: 89 (1831)

    Lactuca napifolia DC., Contr. Bot. India 27 (1834)

    Youngia ambigua DC., Prodr. (DC.) 7: 193 (1838)

    Youngia fastigiata (Blume) DC., Prodr. (DC.) 7: 193 (1838)

    Youngia mauritiana DC., Prodr. (DC.) 7: 192 (1838)

    Youngia multiflora (Thunb.) DC., Prodr. (DC.) 7: 194 (1838)

    Youngia napifolia DC., Prodr. (DC.) 7: 194 (1838)

    Youngia poosia DC., Prodr. (DC.) 7: 193 (1838)

    Youngia runcinata DC., Prodr. (DC.) 7: 192 (1838)

    Youngia striata (Blume) DC., Prodr. (DC.) 7: 193 (1838)

    Youngia thunbergiana DC., Prodr. (DC.) 7: 192 (1838)

    Crepis japonica (L.) Benth., Fl. Hongk. 194 (1861)

    Ixeris lyrata Miq., Ann. Mus. Bot. Lugduno-Batavi 2: 190 (1866)

    Lactuca taquetii H.Lév. & Vaniot, Repert. Spec. Nov. Regni Veg. 8: 140 (1910)

    Lactuca taraxacum H.Lév. & Vaniot, Repert. Spec. Nov. Regni Veg. 8: 141 (1910)

    Youngia japonica (L.) DC. ssp. *genuina* (Hochr.) Bab. & Stebbins, Publ. Carnegie Inst. Wash. 484: 95 (1937)

    Youngia japonica (L.) DC. ssp. *longiflora* Babc. & Stebbins, Publ. Carnegie Inst. Wash. 484: 96 (1937)

III-2. Magnoliophyta (Angiosperm, flowering Plants) - Monocots

ALISMATACEAE

Alisma L.
Alisma canaliculatum A.Braun & C.D.Bouché, Index Seminum Hort. Bot. Berol. 1867 4 (1867)

Common name 택사

Distribution in Korea: North, Central, South, Jeju
  Alisma plantago-aquatica L. var. *canaliculatum* (A.Braun & C.D. Bouché) Miyabe & Kudô, J. Fac. Agric. Hokkaido Imp. Univ. 26 (2): 101 (1931)
  Alisma rariflorum Sam., Ark. Bot. 24A : 32 (1932)
  Alisma canaliculatum A.Braun & C.D.Bouché var. *azuminoense* Kadono & S.Hamashima, J. Jap. Bot. 63: 411 (1988)

Representative specimens; Nampo 22 July 1912 Chin Nampo (鎭南浦) *Imai, H Imai s.n.*

Alisma plantago-aquatica L. ssp. ***orientale*** (Sam.) Sam., Ark. Bot. 24A : 16 (1932)

Common name 질경이택사

Distribution in Korea: North, Central, South, Ulleung
  Alisma coreanum H.Lév., Repert. Spec. Nov. Regni Veg. 8: 286 (1910)
  Alisma plantago-aquatica L. var. *orientale* Sam., Acta Horti Gothob. 2: 84 (1926)
  Alisma orientale (Sam.) Juz., Fl. URSS 1: 281 (1934)

Representative specimens; Chagang-do 16 July 1911 Kang-gei(Kokai 江界) *Mills, RG Mills352* Hamgyong-bukto 1 August 1936 延上面九州帝大北鮮演習林 *Saito, T T Saito s.n.* Hamgyong-namdo 14 June 1909 西湖津 *Nakai, T Nakai s.n.* Kangwon-do 20 August 1932 元山 *Kitamura, S Kitamura s.n.* Nampo 22 July 1912 Chin Nampo (鎭南浦) *Imai, H Imai s.n.*

Sagittaria L.
Sagittaria aginashi Makino, Bot. Mag. (Tokyo) 15: 104 (1901)

Common name 보풀

Distribution in Korea: North, Central, South

Sagittaria natans Pall., Reise Russ. Reich. 3: 757 (1776)

Common name 대랙쇠기나물 (대택소귀나물)

Distribution in Korea: North
  Sagittaria alpina Willd., Sp. Pl. (ed. 5; Willdenow) 4: 408 (1805)
  Sagittaria sagittifolia L. var. *breviloba* Regel, Mem. Acad. Imp. Sci. St.-Petersbourg, Ser. 7 4: 154 (1861)
  Sagittaria sagittifolia L. f. *linearifolia* Kom., Trudy Imp. S.-Peterburgsk. Bot. Sada 20: 232 (1901)
  Sagittaria sagittifolia L. f. *emersa* Kom., Trudy Imp. S.-Peterburgsk. Bot. Sada 20: 232 (1901)

Representative specimens; Ryanggang 4 August 1939 大澤濕地 *Hozawa, S Hozawa s.n.* 3 August 1939 白岩 *Nakai, T Nakai s.n.* 10 August 1937 大澤 *Saito, T T Saito s.n.*

Sagittaria pygmaea Miq., Ann. Mus. Bot. Lugduno-Batavi 2: 138 (1866)

Common name 올미

Distribution in Korea: North, Central, South, Jeju
  Sagittaria sagittifolia L. var. *oligocarpa* Micheli, Monogr. Phan. 3: 68 (1881)
  Sagittaria sagittifolia L. var. *pygmaea* (Miq.) Makino, Bot. Mag. (Tokyo) 16: 106 (1902)
  Hydrolirion coreanum H.Lév., Repert. Spec. Nov. Regni Veg. 11: 67 (1912)
  Blyxa coreana (H.Lév.) Nakai, J. Jap. Bot. 19: 247 (1943)

Sagittaria trifolia L., Sp. Pl. 993 (1753)

Common name 벗풀

Distribution in Korea: North, Central, South
　Sagittaria sagittifolia L., Sp. Pl. 993 (1753)
　Sagittaria obtusa Thunb., Fl. Jap. (Thunberg) 242 (1784)
　Sagittaria chinensis Sims, Bot. Mag. 39: t. 1631 (1814)
　Sagittaria doniana Sweet, Hort. Brit. (Sweet) 375 (1826)
　Sagittaria edulis Schltdl., Linnaea 18: 432 (1844)
　Sagittaria sagittifolia L. var. *longiloba* Turcz., Bull. Soc. Imp. Naturalistes Moscou 27: 57 (1854)
　Sagittaria trifolia L. f. *longiloba* (Turcz.) Makino, J. Jap. Bot. 1: 37 (1918)
　Sagittaria sagittifolia L. var. *siensis* Makino f. *coerulea* Makino, J. Jap. Bot. 1: 35 (1918)
　Sagittaria sagittifolia L. var. *siensis* Makino, J. Jap. Bot. 1: 37 (1918)
　Sagittaria sagittifolia L. ssp. *leucopetala* (Mig.) Hartog, Fl. Malesiana, Ser. 1, Spermatoph. 5: 332 (1957)
　Sagittaria sagittifolia L. ssp. *leucopetala* var. *edulis* (Schltr.) Rataj, Annot. Zool. Bot. 76: 22 (1972)
　Sagittaria trifolia L. var. *edulis* (Schltdl.) Ohwi ex W.T.Lee, Lineamenta Florae Koreae 1221 (1996)
　Sagittaria trifolia L. ssp. *leucopetala* (Miq.) Q.F.Wang, Fl. China 23: 85 (2010)

Representative specimens; Ryanggang 19 August 1935 農事洞 *Saito, T T Saito s.n.*

HYDROCHARITACEAE

Blyxa Noronha ex Thouars
Blyxa aubertii Rich., Mem. Cl. Sci. Math. Inst. Natl. France 1811 (2): 19 (1814)

Common name 올챙이자리

Distribution in Korea: North, Central, Sotuh, Jeju
　Blyxa oryzetorum (Decne.) Hook.f., Fl. Brit. Ind. 5: 661 (1888)
　Blyxa malayana Ridl., Trans. Linn. Soc. London 3: 358 (1893)
　Blyxa ecaudata Hayata, Icon. Pl. Formosan. 5: 208, f. 77 c-d (1915)
　Blyxa muricata Koidz., Bot. Mag. (Tokyo) 31: 258 (1917)

Blyxa japonica (Miq.) Maxim. ex Asch. & Gürke, Nat. Pflanzenfam. 2: 253 (1889)

Common name 올챙이솔

Distribution in Korea: Central, South, Jeju
　Hydrilla japonica Miq., Ann. Mus. Bot. Lugduno-Batavi 2: 271 (1866)
　Blyxa caulescens Maxim. ex Makino, Bot. Mag. (Tokyo) 4: 173 (1890)
　Blyxa leiocarpa Maxim. ex Makino, Bot. Mag. (Tokyo) 4: 416 (1890)

Representative specimens; Kangwon-do 28 July 1916 高城郡溫井里-高城 (高城郡新北面?) Nakai, T *Nakai5107*

Hydrilla Rich.
Hydrilla verticillata (L.f.) Royle, Ill. Bot. Himal. Mts. 0: 376 (1839)

Common name 검정말

Distribution in Korea: North, Central, South
　Serpicula verticillta L.f., Suppl. Pl. 416 (1782)
　Udora verticillata (L.f.) Spreng., Syst. Veg. (ed. 16) [Sprengel] 1: 170 (1824)
　Vallisneria verticillata (L.f.) Roxb., Fl. Ind. ed. 1832 (Roxburgh) 3: 751 (1832)
　Hydrilla dentata Casp., Bot. Zeitung (Berlin) 12: 56 (1854)
　Elodea verticillata (L.f.) F.Muell., Key Syst. Vict. Pl. 1: 423 (1888)

Representative specimens; P'yongyang 11 September 1902 平壤大同江岸 *Uchiyama, T Uchiyama s.n.*

Hydrocharis **L.**
Hydrocharis dubia (Blume) Backer, Handb. Fl. Java 1: 64 (1925)

Common name 자라풀

Distribution in Korea: North, Jeju
  Pontederia dubia Blume, Enum. Pl. Javae 1: 33 (1827)
  Hydrocharis asiatica Miq., Fl. Ned. Ind. 3: 239 (1855)
  Monochoria dubia (Blume) Miq., Fl. Ned. Ind. 3: 549 (1859)
  Boottia renifolia Merr., Philipp. J. Sci., C. 4: 247 (1909)
  Hydrocharis parvula Hallier f., Nova Guinea 8: 916 (1913)
  Hydrocharis parnassiifolia Hallier f., Nova Guinea 8: 916 (1913)
  Hydrocharis morsus-ranae L. var. *asiatica* (Miq.) Makino, Bot. Mag. (Tokyo) 28: 26 (1914)

Representative specimens; Hamgyong-namdo Hamhung (咸興) *Unknown s.n.*

Ottelia **Pers.**
Ottelia alismoides (L.) Pers., Syn. Pl. (Persoon) 1: 400 (1805)

Common name 물질경이

Distribution in Korea: North, Central, South, Jeju
  Stratiotes alismoides L., Sp. Pl. 535 (1753)
  Ottelia japonica Miq., Ann. Mus. Bot. Lugduno-Batavi 2: 271 (1866)
  Ottelia condorensis Gagnep., Bull. Soc. Bot. France 54: 543 (1907)
  Ottelia alismoides (L.) Pers. f. *oryzetorum* Kom., Izv. Imp. S.-Peterburgsk. Bot. Sada 10: 122 (1910)
  Ottelia alismoides (L.) Pers. var. *oryzetorum* (Kom.) Kitag., Neolin. Fl. Manshur. 63 (1979)
  Ottelia dioecia S.Z.Yan, J. Sci. Med. Jinan Univ. 6: 162 (1982)

Representative specimens; Hamgyong-bukto 29 September 1937 清津 *Saito, T T Saito s.n.* **P'yongan-namdo** 30 September 1910 Sin An Ju(新安州) *Mills, RG Mills s.n.* 20 July 1912 江西 *Imai, H Imai s.n.* **Ryanggang** 15 August 1897 蓮坪-厚州川-厚州古邑 *Komarov, VL Komaorv s.n.*

Vallisneria **L.**
Vallisneria spinulosa S.Z.Yan, J. Sci. Med. Jinan Univ. 6: 161 (1982)

Common name 낙동나사말

Distribution in Korea: North, Central, South, Jeju

SCHEUCHZERIACEAE

Scheuchzeria **L.**
Scheuchzeria palustris L., Sp. Pl. 338 (1753)

Common name 장지채

Distribution in Korea: North
  Scheuchzeria asiatica Miq., Fl. Ned. Ind. 3: 243 (1856)
  Scheuchzeria generalis E.H.L.Krause, Deutschl. Fl. (Sturm), ed. 2 4: 64 (1905)
  Scheuchzeria americana (Fernald) G.N.Jones, Amer. Midl. Naturalist, Monogr. 2: 44 (1945)

Representative specimens; Ryanggang 4 August 1939 大澤濕地 *Hozawa, S Hozawa s.n.* 31 July 1930 醬池 *Ohwi, J Ohwi s.n.*

JUNCAGINACEAE

Triglochin **L.**
Triglochin maritima L., Sp. Pl. 339 (1753)

Common name 지채

Distribution in Korea: North, Central, Jeju
  Juncago maritima (L.) Bubani, Fl. Pyren. 4: 9 (1901)
  Hexaglochin maritima (L.) Nieuwl., Amer. Midl. Naturalist 3: 20 (1913)
  Triglochin maritima L. ssp. *asiaticum* Kitag., Lin. Fl. Manshur. 55 (1939)
  Triglochin maritima L. var. *asiaticum* (Kitag.) Ohwi, Bull. Natl. Sci. Mus., Tokyo 33: 66 (1953)
  Triglochin asiatica (Kitag.) Á.Löve & D.Löve, Naturaliste Canad. 85: 159 (1958)

Representative specimens; Hamgyong-bukto 15 August 1936 富寧靑岩 - 連川 *Saito, T T Saito s.n.* **Rason** 5 June 1930 西水羅 *Ohwi, J Ohwi s.n.* 5 June 1930 Ohwi, *J Ohwi s.n.*

Triglochin palustre L., Sp. Pl. 339 (1753)

Common name 물지채

Distribution in Korea: North
  Junago palustris (L.) Moench, Methodus (Moench) 644 (1794)
  Tristemon palustris (L.) Raf., Amer. Monthly Mag. & Crit. Rev. 1: 192 (1819)
  Abbotia palustris (L.) Raf., New Fl. (Rafinesque) 1: 37 (1836)
  Triglochin komarovii Lipsch. & Pavlov, Byull. Moskovsk. Obshch. Isp. Prir. Otd. Biol. n.s, 45: 152 (1936)

Representative specimens; Hamgyong-bukto 15 August 1936 富寧靑岩 - 連川 *Saito, T T Saito s.n.* 18 August 1935 羅南 *Saito, T T Saito s.n.* 24 August 1914 會寧 *Nakai, T Nakai s.n.* 8 August 1918 寶村 *Nakai, T Nakai s.n.* **Hamgyong-namdo** 18 August 1943 赴戰高原咸地院 *Honda, M Honda s.n.*

POTAMOGETONACEAE

Potamogeton L.
Potamogeton crispus L., Sp. Pl. 126 (1753)

Common name 말즘

Distribution in Korea: North, Central, South
  Potamogeton serrulatus Opiz, Flora 5: 267 (1822)
  Potamogeton crenulatus D.Don, Prodr. Fl. Nepal. 22 (1825)
  Potamogeton tuberosus Roxb., Fl. Ind. ed. 1832 (Roxburgh) 1: 452 (1832)
  Potamogeton lactucaceum Montandon, Syn. Fl. Jura, ed. 2 305 (1868)
  Potamogeton macrorrhynchus Gand., Oesterr. Bot. Z. 31: 44 (1881)

Potamogeton cristatus Regel & Maack, Tent. Fl.-Ussur.139 (1861)

Common name 가는가래

Distribution in Korea: North, Central, South, Jeju
  Potamogeton iwatensis Makino, J. Jap. Bot. 7: 15 (1931)

Potamogeton distinctus A.Benn., J. Bot. 42: 72 (1904)

Common name 가래

Distribution in Korea: North, Central, South
  Potamogeton franchetii A.Benn., J. Bot. 45: 234 (1907)
  Potamogeton longipetiolatus E.G.Camus, Notul. Syst. (Paris) 1: 88 (1909)
  Potamogeton tonkinensis E.G.Camus, Notul. Syst. (Paris) 1: 86 (1909)
  Potamogeton perversus A.Benn., Philipp. J. Sci., C. 9: 343 (1914)
  Potamogeton alatus Koidz., Bot. Mag. (Tokyo) 43: 397 (1929)

Representative specimens; Hamgyong-bukto 11 July 1930 鏡城 *Ohwi, J Ohwi s.n.* 13 July 1934 朱乙溫面生氣嶺 *Saito, T T Saito s.n.*

Potamogeton gramineus L., Sp. Pl. 127 (1753)

Common name 앉은가래

Distribution in Korea: North, Central
  Potamogeton heterophyllus Schreb., Spic. Fl. Lips. 21 (1771)
  Potamogeton gramineus L. var. *heterophyllus* (Schreb.) Fr., Novit. Fl. Suec. Alt. ed. 2, 36 (1828)
  Potamogeton filiformis Pursh ex Tuck., Amer. J. Sci. Arts II 6: 230 (1848)

Potamogeton maackianus A.Benn., J. Bot. 42: 74 (1904)

Common name 새우가래

Distribution in Korea: North, Central
  Potamogeton surrulatus Regel & Maack, Tent. Fl.-Ussur. 139 (1861)
  Potamogeton robbinsii Oakes var. *japonicus* A.Benn., Bull. Herb. Boissier 4: 549 (1896)

Potamogeton natans L., Sp. Pl. 126 (1753)

Common name 큰가래

Distribution in Korea: North, Central, Jeju
  Potamogeton morongii A.Benn., J. Bot. 42: 145 (1904)

Representative specimens; Hamgyong-bukto 11 July 1930 鏡城 *Ohwi, J Ohwi s.n.*

Potamogeton nodosus Poir., Encycl. (Lamarck) Suppl. 4 535 (1816)

Common name 대잎가래 (대가래)

Distribution in Korea: Central (Hawnghae)
  Potamogeton gaudichaudii Cham. & Schltdl., Linnaea 2: 197 (1827)
  Potamogeton malaianus Miq., Ill. Fl. Archip. Ind. 0 (1871)
  Potamogeton japonicus Franch. & Sav., Enum. Pl. Jap. 2: 15 (1877)
  Potamogeton malaianus Miq. var. *latifolius* Nakai ex T. Mori, Enum. Pl. Corea 32 (1922)

Potamogeton octandrus Poir., Encycl. (Lamarck) Suppl. 4 534 (1816)

Common name 애기가래

Distribution in Korea: North, Central, South
  Potamogeton javanicus Hassk., Acta Soc. Regiae Sci. Indo-Neerl. 1: 26 (1856)
  Potamogeton huillensis Welw. ex Schinz, Ber. Schweiz. Bot. Ges. 1: 61 (1891)
  Potamogeton mizuhikimo Makino, Ill. Fl. Japan 1: 9 (1891)
  Potamogeton limosellifolius Maxim. ex Korsh., Trudy Imp. S.-Peterburgsk. Bot. Sada 12: 393 (1892)
  Potamogeton numasakianus A.Benn., Annuaire Conserv. Jard. Bot. Geneve 4: 104 (1905)
  Potamogeton asiaticus A.Benn., Annuaire Conserv. Jard. Bot. Geneve 9: 104 (1905)
  Potamogeton octandrus Poir. var. *mizuhikimo* (Makino) H.Hara, J. Jap. Bot. 20: 331 (1944)

Representative specimens; P'yongan-namdo 25 July 1912 Kai-syong (价川) *Imai, H Imai s.n.*

Potamogeton oxyphyllus Miq., Ann. Mus. Bot. Lugduno-Batavi 3: 161 (1867)

Common name 말

Distribution in Korea: North, Central, Jeju

Potamogeton perfoliatus L., Sp. Pl. 126 (1753)

Common name 넓은잎말즘 (넓은잎말)

Distribution in Korea: North, Central
  Potamogeton loeselii Honck., Verz. Gew. Teutschl. 487 (1782)
  Peltopsis perfoliata (L.) Raf., J. Phys. Chim. Hist. Nat. Arts 89: 103 (1819)
  Potamogeton amplexicaulis Kar., Bull. Soc. Imp. Naturalistes Moscou 12: 173 (1839)
  Buccaferrea amplexicaulis (Kar.) Bubani, Fl. Pyren. 4: 13 (1901)
  Potamogeton perfoliatus L. var. *mandschuriensis* A.Benn., Annuaire Conserv. Jard. Bot.

Geneve 9: 100 (1905)
Potamogeton bupleuroides Fernald, Manual (Gray), ed. 7 15 (1908)

Representative specimens; Ryanggang 10 August 1897 三水郡鴨綠江(長津江下流域) 小德川 *Komarov, VL Komaorv s.n.*

Potamogeton pusillus L., Sp. Pl. 127 (1753)
Common name 실말
Distribution in Korea: North, Central, South
  Potamogeton tenuissimus (Mert. & W.D.J.Koch) Rchb., Icon. Fl. Germ. Helv. 7: 14 (1845)
  Potamogeton panormitanus Biv. var. *major* Fisch., Ber. Bayer. Bot. Ges. 11: 109 (1907)
  Spirillus pusillus (L.) Nieuwl., Amer. Midl. Naturalist 3: 18 (1913)

RUPPIACEAE

Ruppia L.
Ruppia cirrhosa (Petagna) Grande, Bull. Orto Bot. Regia Univ. Napoli 5: 58 (1918)
Common name 나사줄말
Distribution in Korea: North
  Buccaferrea cirrhosa Petagna, Inst. Bot. 5: 1826 (1787)
  Ruppia maritima L. var. *spiralis* (Dumort.) Moris, Stirp. Sard. Elench. 1: 43 (1827)
  Ruppia maritima L. var. *pedunculata* Hartm. ex Ledeb., Fl. Ross. (Ledeb.) 4: 21 (1853)
  Ruppia occidentalis S.Watson, Proc. Amer. Acad. Arts 25: 138 (1890)
  Ruppia maritima L. ssp. *spiralis* (Dumort.) Asch. & Graebn., Syn. Mitteleur. Fl. 1: 356 (1897)

Ruppia maritima L., Sp. Pl. 127 (1753)
Common name 해변줄말 (줄말)
Distribution in Korea: North, Central, South, Jeju
  Ruppia maritima L. var. *rostrata* C.Agardh, Physiogr. Sallsk. Arsberatt. 6: 37 (1823)
  Ruppia rostellata W.D.J.Koch ex Rchb., Iconogr. Bot. Pl. Crit. 2: 66 (1824)
  Dzieduszyckia limnobia Rehman, Oesterr. Bot. Z. 18: 374 (1868)
  Ruppia maritima L. ssp. *rostellata* (W.D.J.Koch ex Rchb.) Asch. & Graebn., Syn. Mitteleur. Fl. 1: 357 (1897)
  Ruppia maritima L. var. *obiqua* (Griseb. & Schenk) Asch. & Graebn., Syn. Mitteleur. Fl. 1: 357 (1897)
  Ruppia maritima L. var. *longipes* Hagstr., Bot. Not. 1911: 138 (1911)
  Ruppia taquetii H.Lév., Repert. Spec. Nov. Regni Veg. 9: 323 (1911)
  Ruppia maritima L. var. *pacifica* H.St.John & Fosberg, Occas. Pap. Bernice Pauahi Bishop Mus. 15: 176 (1939)

NAJADACEAE

Najas L.
Najas graminea Delile, Descr. Egypte, Hist. Nat. 0: 282 (1813)
Common name 가는잎줄기말 (나자스말)
Distribution in Korea: North, Central
  Najas serristipula Maxim., Bull. Acad. Imp. Sci. Saint-Pétersbourg 12: 70 (1868)
  Najas graminea Delile var. *serristipula* (Maxim.) Nakai, J. Coll. Sci. Imp. Univ. Tokyo 31: 275 (1911)
  Najas japonica Nakai, J. Jap. Bot. 13: 853 (1937)
  Caulinia serristipula (Maxim.) Nakai, Bull. Natl. Sci. Mus., Tokyo 31: 123 (1952)

Najas marina L., Sp. Pl. 1015 (1753)
Common name 가시말 (민나자스말)
Distribution in Korea: North, Central, South
  Najas major All., Fl. Pedem. 2: 221 (1785)
  Najas fluviatilis Poir., Encycl. (Lamarck) 4: 416 (1798)

Najas minor All., Fl. Pedem. 2: 221 (1785)
Common name 줄기말 (톱니나자스말)
Distribution in Korea: North, Central
  Caulinia fragilis Willd., Mem. Acad. Roy. Sci. Hist. (Berlin) 1798: 87 (1801)
  Caulinia minor (All.) Coss. & Germ., Fl. Descr. Anal. Paris 575 (1845)

Representative specimens; Kangwon-do 29 August 1916 長箭 *Nakai, T Nakai s.n.* 28 July 1916 長箭-溫井里 *Nakai, T Nakai s.n.*

ZOSTERACEAE

Phyllospadix Hook.
Phyllospadix japonicus Makino, Bot. Mag. (Tokyo) 11: 137 (1897)
Common name 옥해말 (게바다말)
Distribution in Korea: North, Central (East coast)

Zostera L.
Zostera asiatica Miki, Bot. Mag. (Tokyo) 46: 776 (1932)
Common name 왕거머리말
Distribution in Korea: North, Central

Representative specimens; Hamgyong-bukto 31 August 1932 Sungjin (城津) *Miki, S s.n.* **Kangwon-do** 27 July 1916 元山 *Nakai, T Nakai s.n.*

Zostera caulescens Miki, Bot. Mag. (Tokyo) 46: 779 (1932)
Common name 수거머리말
Distribution in Korea: North, Central

Zostera marina L., Sp. Pl. 2: 968 (1753)
Common name 거머리말
Distribution in Korea: North, Central, South, Jeju
  Zostera maritima Gaertn., Fruct. Sem. Pl. 1: 76 (1788)
  Zostera marina L. var. *latifolia* Morong, Mem. Torrey Bot. Club 13: 160 (1886)
  Zostera oregana S.Watson, Proc. Amer. Acad. Arts 26: 131 (1891)
  Zostera pacifica S.Watson, Proc. Amer. Acad. Arts 26: 131 (1891)
  Zostera latifolia (Morong) Morong, Mem. Torrey Bot. Club 3: 63 (1893)

Representative specimens; Kangwon-do 27 July 1916 元山 *Nakai, T Nakai s.n.*

ARACEAE

Acorus L.
Acorus calamus L., Sp. Pl. 324 (1753)
Common name 창포

Distribution in Korea: North, Central, South
 Acorus flexuosus Raf., Fl. Franc. (Lamarck) 3: 299 (1779)
 Acorus odoratus Lam., Fl. Franc. (Lamarck) 3: 299 (1779)
 Acorus terrestris Spreng., Hort. Kew. (Hill) 1: 474 (1789)
 Orontium cochinchinense Lour., Fl. Cochinch. 208 (1790)
 Acorus cochinchinensis (Lour.) Schott, Melet. Bot. 22 (1832)
 Acorus commersonii Schott, Atlantic J. 1: 178 (1833)
 Acorus calamus L. var. *angustatus* Besser, Flora 17 (1 Beibl.): 30 (1834)
 Acorus tatarinowii Schott, Oesterr. Bot. Z. 9: 101 (1859)
 Acorus triqueter Turcz. ex Schott, Prodr. Syst. Aroid. 578 (1860)
 Acorus spurius Schott, Ann. Mus. Bot. Lugduno-Batavi 1: 284 (1863)
 Acorus casia Bertol., Ann. Mus. Bot. Lugduno-Batavi 1: 284 (1864)
 Acorus asiaticus Nakai, Rep. Exped. Manchoukuo Sect. IV, Pt. 4, Index Fl. Jeholensis 105 (1936)

Representative specimens; Hamgyong-bukto 18 July 1918 朱乙溫面甫上洞 *Nakai, T Nakai s.n.* **Rason** 7 June 1930 西水羅 *Ohwi, J Ohwi s.n.* **Ryanggang** 26 July 1914 三水- 惠山鎭 *Nakai, T Nakai s.n.* 24 June 1930 延岩洞 *Ohwi, J Ohwi s.n.*

Arisaema **Mart.**
Arisaema amurense Maxim., Mem. Acad. Imp. Sci. St.-Petersbourg Divers Savans 9: 264 (1859)
Common name 아물천남성 (둥근잎천남성)
Distribution in Korea: North (Hamgyong), Central, South
 *Arisaema amurense*Maxim. var. *robustum* Engl., Monogr. Phan. 2: 550 (1879)
 Arisaema amurense Maxim. f. *denticulatum* Makino, Bot. Mag. (Tokyo) 15: 132 (1901)
 Arisaema amurense Maxim. var. *denticulatum* (Makino) Engl., Pflanzenr. (Engler) 4, 23F: 204 (1920)
 Arisaema amurense Maxim. var. *violaceum* Engl., Pflanzenr. (Engler) 4, 23F: 204 (1920)
 Arisaema robustum (Engl.) Nakai, Bot. Mag. (Tokyo) 43: 531 (1929)
 Arisaema amurense Maxim. var. *purpureum* Nakai, Bot. Mag. (Tokyo) 43: 530 (1929)
 Arisaema amurense Maxim. f. *serratum* (Nakai) Kitag., Lin. Fl. Manshur. 124 (1939)
 Arisaema robustum (Engl.) Nakai var. *purpureum* Nakai, J. Jap. Bot. 16: 3 (1940)
 Arisaema robustum (Engl.) Nakai f. *purpureum* (Nakai) H.Ohashi, Sci. Rep. Tohoku Imp. Univ., Ser. 4, Biol. 29: 433 (1963)
 Arisaema amurense Maxim. ssp. *robustum* (Engl.) H.Ohashi & J.Murata, J. Fac. Sci. Univ. Tokyo, Sect. 3, Bot. 12: 292 (1980)
 Arisaema komarovii Tzvelev, Bot. Zhurn. (Moscow & Leningrad) 70: 997 (1985)
 Arisaema amurense Maxim. f. *violaceum* (Engl.) Y.S.Kim & S.C.Ko, Korean J. Pl. Taxon. 15: 76 (1985)
 Arisaema robustum (Engl.) Nakai f. *variegatum* Y.N.Lee, Bull. Korea Pl. Res. 5: 36 (2005)

Representative specimens; Hamgyong-bukto 30 May 1934 冠帽峰 *Saito, T T Saito829* **Kangwon-do** 10 June 1932 Mt. Kumgang (金剛山) Ohwi, *J Ohwi s.n.* **Ryanggang** 28 June 1897 栢德嶺 *Komarov, VL Komaorv s.n.*

Arisaema heterophyllum Blume, Rumphia 1: 110 (1835)
Common name 두루미천남성
Distribution in Korea: North, Central, South
 Arisaema thunbergii Blume var. *heterophyllum* (Blume) Engl., Monogr. Phan. 2: 546 (1879)
 Arisaema heterophyllum Blume var. *nigropunctatum* Makino, Bot. Mag. (Tokyo) 25: 228 (1910)
 Arisaema koreanum Engl. var. *taquetii* Engl., Pflanzenr. (Engler) IV, 73: 187 (1920)
 Arisaema koreanum Engl., Pflanzenr. (Engler) 4, 23F: 186 (1920)
 Arisaema manshuricum Nakai, Iconogr. Pl. Asiae Orient. 3: 199 (1939)
 Heteroarisaema heterophyllum (Blume) Nakai, J. Jap. Bot. 25: 6 (1950)
 Heteroarisaema koreanum (Engl.) Nakai ,J. Jap. Bot. 25: 6 (1950)
 Heteroarisaema manshuricum Nakai, J. Jap. Bot. 25: 6 (1950)

Representative specimens; P'yongan-bukto 23 May 1912 白璧山 *Ishidoya, T Ishidoya s.n.*

Arisaema ringens (Thunb.) Schott, Melet. Bot. 17 (1832)
Common name 큰천남성

Distribution in Korea: Central (Hwanghae), South, Jeju
Arum ringens Thunb., Trans. Linn. Soc. London 2: 337 (1794)
Arisaema praecox de Vriese ex K.Koch, Allg. Gartenzeitung (Otto & Dietrich)25: 85 (1857)
Arisaema sieboldii de Vriese ex K.Koch, Allg. Gartenzeitung (Otto & Dietrich) 25: 85 (1857)
Arisaema ringens (Thunb.) Schott var. *praecox* (de Vriese ex K.Koch) Engl., Monogr. Phan. 2: 535 (1879)
Arisaema ringens (Thunb.) Schott var. *sieboldii* (de Vriese ex K.Koch) Engl., Monogr. Phan. 3: 534 (1879)
Arisaema ringens (Thunb.) Schott var. *glaucescens* Nakai, Bot. Mag. (Tokyo) 45: 106 (1931)
Arisaema glaucescens (Nakai) Nakai, Iconogr. Pl. Asiae Orient. 3: 202 (1939)
Ringentiarum glaucescens (Nakai) Nakai, J. Jap. Bot. 25: 6 (1950)
Ringentiarum ringens (Thunb.) Nakai, J. Jap. Bot. 25: 6 (1950)
Ringentiarum ringens (Thunb.) Nakai var. *sieboldii* (de Vriese & K.Koch) Nakai, J. Jap. Bot. 25: 6 (1950)

Arisaema serratum (Thunb.) Schott, Melet. Bot. 17 (1832)
Common name 점백이천남성 (점박이천남성)
Distribution in Korea: North, Central, South, Ulleung
Arisaema amurense Maxim. var. *peninsulae* Nakai,Veg. Mt. Dairyong 14, 1975
Arum serratum Thunb., Trans. Linn. Soc. London 2: 338 (1794)
Arisaema japonicum Blume, Rumphia 1: 106 (1835)
Arisaema japonicum Blume var. *serratum* (Thunb.) Engl., Monogr. Phan. 2: 549 (1879)
Arisaema takesimense Nakai, Bot. Mag. (Tokyo) 43: 538 (1929)
Arisaema peninsulae Nakai, Bot. Mag. (Tokyo) 43: 537 (1929)
Arisaema convolutum Nakai, Bot. Mag. (Tokyo) 43: 534 (1929)
Arisaema peninsulae Nakai var. *atropurpureum* Nakai, Bot. Mag. (Tokyo) 43: 538 (1929)
Arisaema peninsulae Nakai var. *caespitosum* Nakai, Bot. Mag. (Tokyo) 43: 538 (1929)
Arisaema peninsulae Nakai f. *variegatum* Nakai, Bot. Mag. (Tokyo) 43: 538 (1929)
Arisaema angustatum Franch. & Sav. var. *peninsulae* (Nakai) Nakai ex Miyabe & Kudô, J. Fac. Agric. Hokkaido Imp. Univ. 26 (3): 283 (1932)
Arisaema peninsulae Nakai var. *attenuatum* Nakai ex F.Maek., Bot. Mag. (Tokyo) 48: 49 (1934)
Arisaema japonicum Blume var. *atropurpureum* (Nakai) Kitag., Acta Phytotax. Geobot. 22: 73 (1966)
Arisaema peninsulae Nakai f. *convolutum* (Nakai) Y.S.Kim & S.C.Ko, Korean J. Pl. Taxon. 15: 80 (1985)

***Calla* L.**
Calla palustris L., Sp. Pl. 2: 968 (1753)
Common name 산부채
Distribution in Korea: North
Calla cordifolia Stokes, Bot. Mat. Med. 4: 326 (1812)
Provenzalia bispatha Raf., New Fl. (Rafinesque) 2: 90 (1837)
Provenzalia heterophyla Raf., New Fl. (Rafinesque) 2: 90 (1837)
Calla generalis E.H.L.Krause, Deutschl. Fl. (Sturm), ed. 2 1: 180 (1906)

Representative specimens; Hamgyong-bukto 17 July 1936 會寧 *Saito, T T Saito s.n.* **Hamgyong-namdo** 14 August 1943 赴戰高原元豊-道安 *Honda, M Honda s.n.*

***Pinellia* Ten.**
Pinellia ternata (Thunb.) Makino, Bot. Mag. (Tokyo) 15: 135 (1901)
Common name 반하
Distribution in Korea: North, Central, South, Ulleung
Arum ternatum Thunb., Fl. Jap. (Thunberg) 233 (1784)
Arum macrourum Bunge, Enum. Pl. Chin. Bor. 67 (1833)
Arisaema loureiroi Blume, Rumphia 1: 108 (1836)
Pinellia tuberifera Ten., Atti Reale Accad. Sci. Napoli 4: 57 (1839)

Typhonium tuberculigerum Schott, Ann. Mus. Bot. Lugduno-Batavi 1: 123 (1863)
Pinellia koreana K.H.Tae & Jong H.Kim, Novon 15: 484 (2005)

Representative specimens; Hamgyong-bukto 14 May 1935 羅南西側 *Saito, T T Saito s.n.* 28 June 1936 朱乙 *Saito, T T Saito s.n.* **Kangwon-do** 16 August 1932 元山 *Kitamura, S Kitamura s.n.* 6 June 1909 Nakai, T *Nakai s.n.*

Symplocarpus Salisb. ex W.P.C.Barton
Symplocarpus nipponicus Makino, J. Jap. Bot. 5: 24 (1928)
Common name 애기앉은부채
Distribution in Korea: North, Central
   Spathyema nipponica (Makino) Makino, J. Jap. Bot. 6: 33 (1929)
   Symplocarpus nipponicus Makino f. *viridispathus* J.Ohara, J. Phytogeogr. Taxon. 33: 81 (1985)

Representative specimens; Hamgyong-bukto 9 May 1935 羅南 *Saito, T T Saito s.n.* April 1935 *Saito, T T Saito s.n.* 17 October 1934 *Saito, T T Saito s.n.* **Kangwon-do** 24 August 1916 金剛山鶴巢嶺 *Nakai, T Nakai4019* **P'yongan-namdo** 15 June 1928 陽德 *Nakai, T Nakai12481*

Symplocarpus renifolius Schott ex Miq., Ann. Mus. Bot. Lugduno-Batavi 2: 202 (1866)
Common name 앉은부채
Distribution in Korea: North, Central
   Symplocarpus foetidus (L.) Salisb. ex W.P.C.Barton var. *latissima* Makino ex H.Hara, J. Jap. Bot. 17: 631 (1941)
   Spathyema foetida (L.) Raf. f. *latissima* (Makino ex H.Hara) Makino, Ill. Fl. Jap. Suppl. 810 (1961)

Representative specimens; P'yongan-namdo 15 June 1928 陽德 *Nakai, T Nakai s.n.*

LEMNACEAE

Spirodela Schleid.
Spirodela polyrhiza (L.) Schleid., Linnaea 13: 392 (1839)
Common name 개구리밥
Distribution in Korea: North, Central, South, Ulleung
   Lemna polyrhiza L., Sp. Pl. 970 (1753)
   Lenticula polyrhiza (L.) Lam., Fl. Franc. (Lamarck) 2: 189 (1779)
   Lemna thermalis P.Beauv., J. Phys. Chim. Hist. Nat. Arts 82: 102 (1816)
   Spirodela maxima (Blatt. & Hallb.) McCann, J. Bombay Nat. Hist. Soc. 43: 158 (1942)

Representative specimens; Hamgyong-bukto 9 August 1935 羅南 *Saito, T T Saito s.n.*

COMMELINACEAE

Commelina L.
Commelina communis L., Sp. Pl. 40 (1753)
Common name 닭의장풀
Distribution in Korea: North, Central, South, Ulleung
   Commelina ludens Miq., J. Bot. Néerl. 1: 88 (1861)
   Commelina communis L. var. *ludens* (Miq.) C.B.Clarke, Monogr. Phan. 3: 171 (1881)
   Commelina communis L. var. *angustifolia* Nakai, Bot. Mag. (Tokyo) 23: 191 (1909)
   Commelina coreana H.Lév., Repert. Spec. Nov. Regni Veg. 8: 284 (1910)
   Commelina communis L. var. *angustifolia* Nakai f. *leucantha* Nakai, Bot. Mag. (Tokyo) 49: 421 (1935)
   Commelina coreana H.Lév. & Vaniot f. *leucantha* (Nakai) Nakai, Bull. Natl. Sci. Mus., Tokyo 31: 127 (1952)

Commelina minor Y.N.Lee & Y.C.Oh, Korean J. Bot. 24: 28 (1981

Representative specimens; Hamgyong-bukto 27 August 1914 黃句基 *Nakai, T Nakai s.n.* **Hamgyong-namdo** May 1928 Hamhung (咸興) *Ishidoya, T Ishidoya s.n.* July 1943 龍眼里 *Uchida, H Uchida s.n.* 27 August 1897 小德川 *Komarov, VL Komaorv s.n.* 16 August 1943 赴戰高原漢垈里 *Honda, M Honda s.n.* 18 August 1943 赴戰高原咸地院 *Honda, M Honda s.n.* **Kangwon-do** 30 August 1916 通川街道 *Nakai, T Nakai s.n.* 13 September 1932 元山 *Kitamura, S Kitamura s.n.* **P'yongan-bukto** 15 August 1912 Pyok-dong (碧潼) *Imai, H Imai s.n.* **Ryanggang** 1 July 1897 五是川雲寵江-崔五峰 *Komarov, VL Komaorv s.n.* 16 August 1897 大羅信洞 *Komarov, VL Komaorv s.n.* 3 July 1897 三水邑-上水隅理 *Komarov, VL Komaorv s.n.* 3 August 1914 惠山鎭- 普天堡 *Nakai, T Nakai s.n.*

Murdannia Royle
Murdannia keisak (Hassk.) Hand.-Mazz., Symb. Sin. 7: 1243 (1936)
Common name 사마귀풀
Distribution in Korea: North, Central, South
  Aneilema keisak Hassk., Commelin. Ind. 31 (1870)
  Aneilema oliganthum Franch. & Sav., Enum. Pl. Jap. 2: 522 (1878)
  Aneilema coreanum H.Lév. & Vaniot, Mem. Soc. Sci. Nat. Cherbourg 35: 390 (1906)
  Aneilema taquetii H.Lév., Repert. Spec. Nov. Regni Veg. 8: 284 (1910)
  Phaeneilema oliganthum (Franch. & Sav.) G.Brückn. Notizbl. Bot. Gart. Berlin-Dahlem 10: 56 (1927)

Streptolirion Edgew.
Streptolirion volubile Edgew., Proc. Linn. Soc. London 1: 254 (1845)
Common name 덩굴닭의장풀
Distribution in Korea: North, Central, South
  Tradescantia cordifolia Griff., J. Trav. 208 (1847)
  Streptolirion cordifolium (Griff.) Kuntze, Revis. Gen. Pl. 2: 722 (1891)

Representative specimens; Chagang-do 28 August 1897 慈城邑(松德水河谷) *Komarov, VL Komaorv s.n.* **Hamgyong-bukto** 23 July 1918 朱南面黃雪嶺 *Nakai, T Nakai s.n.* **Hamgyong-namdo** 19 August 1943 千佛山 *Honda, M Honda s.n.* **P'yongan-bukto** 11 August 1935 義州金剛山 *Koidzumi, G Koidzumi s.n.* **P'yongyang** 18 September 1915 江東 *Nakai, T Nakai s.n.*

ERIOCAULACEAE

Eriocaulon L.
Eriocaulon alpestre Hook.f. & Thomson ex Körn., Ann. Mus. Bot. Lugduno-Batavi 3: 163 (1867)
Common name 넓은잎개수염
Distribution in Korea: North, Central, South, Jeju
  Eriocaulon alpestre Hook.f. & Thomson ex Körn. var. *robustius* Maxim., Diagn. Pl. Nov. Asiat. 9: 25 (1892)
  Eriocaulon kiusianum Maxim., Diagn. Pl. Nov. Asiat. 8: 22 (1893)
  Eriocaulon robustium (Maxim.) Makino, J. Jap. Bot. 3: 26 (1926)
  Eriocaulon nakasimanum Satake, J. Jap. Bot. 15: 143 (1939)
  Eriocaulon nasuense Satake, J. Jap. Bot. 46: 110 (1971)

Representative specimens; Ryanggang 5 August 1897 白山嶺 *Komarov, VL Komarov s.n.* 23 August 1897 雲洞嶺 *Komarov, VL Komaorv s.n.*

Eriocaulon atrum Nakai, Repert. Spec. Nov. Regni Veg. 9: 466 (1911)
Common name 검은곡정초
Distribution in Korea: North

Representative specimens; Hamgyong-bukto 21 September 1935 梧上洞 *Saito, T T Saito s.n.*

Eriocaulon buergerianum Körn., Ann. Mus. Bot. Lugduno-Batavi 3: 163 (1992)
Common name 장흥곡정초
Distribution in Korea: North, Central, South

Eriocaulon pachypetalum Hayata, Icon. Pl. Formosan. 5: 52 (1921)
Eriocaulon whangii Ruhland, Notizbl. Bot. Gart. Berlin-Dahlem 10: 1040 (1930)

Eriocaulon cinereum R.Br., Prodr. Fl. Nov. Holland. 254 (1810)
Common name 고위까람 (곡정초)
Distribution in Korea: North, Central, South, Jeju
    Eriocaulon sieboldianum Siebold & Zucc. ex Steud., Syn. Pl. Glumac. 2: 272 (1855)
    Eriocaulon ciliiflorum F.Muell., Fragm. (Mueller) 1: 95 (1859)
    Eriocaulon heteranthum Benth., Fl. Hongk. 382 (1861)
    Eriocaulon amboense Schinz, Bull. Herb. Boissier 4(App.3): 35 (1896)
    Eriocaulon formosanum Hayata, Icon. Pl. Formosan. 10: 49 (1921)
    Eriocaulon cinereum R.Br. var. *sieboldianum* (Siebold & Zucc. ex Steud.) T.Koyama, Fl. Taiwan 5: 182 (1978)

Eriocaulon decemflorum Maxim., Diagn. Pl. Nov. Asiat. 8: 7 (1893)
Common name 강아지수염 (좀개수염)
Distribution in Korea: North, Central, South, Jeju
    Eriocaulon nipponicum Maxim., Diagn. Pl. Nov. Asiat. 8: 9 (1893)
    Eriocaulon coreanum Lecomte, Notul. Syst. (Paris) 1: 191 (1910)
    Eriocaulon decemflorum Maxim. var. *genuinum* Nakai f. *coreanum* (Lecomte) Nakai, J. Coll. Sci. Imp. Univ. Tokyo 31: 108 (1911)
    Eriocaulon decemflorum Maxim. var. *genuinum* Nakai, Icon. Pl. Koisikav 2: 17 (1914)
    Eriocaulon decemflorum Maxim. var. *nipponicum* (Maxim.) Nakai, Saishu-to Kuan-to Shokubutsu Hokoku-sho [Fl. Quelpaert Isl.] 28 (1914)
    Eriocaulon decemflorum Maxim. var. *coreanum* Nakai ex T. Mori, Enum. Pl. Corea 80 (1922)
    Eriocaulon atrum Nakai var. *platypetalum* Satake, J. Jap. Bot. 15: 623 (1939)
    Eriocaulon glaberrimum Miyabe & Satake var. *platypetalum* (Satake) Satake, Acta Phytotax. Geobot. 13: 281 (1943)
    Eriocaulon glaberrimum Miyabe & Satake, Acta Phytotax. Geobot. 13: 280 (1943)

Representative specimens; **P'yongan-namdo** 15 September 1915 Sin An Ju(新安州) Nakai, T *Nakai s.n.*

Eriocaulon sphagnicolum Ohwi, Bot. Mag. (Tokyo) 45: 196 (1931)
Common name 애기곡정초
Distribution in Korea: North

Eriocaulon tenuissimum Nakai, Bot. Mag. (Tokyo) 31: 97 (1917)
Common name 가는개수염
Distribution in Korea: North, Central
    Eriocaulon miquelianum var. *tenuissimum* (Nakai) Satake, J. Jap. Bot. 27: 267 (1952)

JUNCACEAE

Juncus L.
Juncus alatus Franch. & Sav., Enum. Pl. Jap. 2: 98 (1879)
Common name 날개골풀
Distribution in Korea: North, Central, South, Jeju

Juncus brachyspathus Maxim., Mem. Acad. Imp. Sci. St.-Petersbourg Divers Savans 9: 293 (1859)
Common name 참골풀
Distribution in Korea: North

Juncus filiformis L. var. *brachyspathus* (Maxim.) Regel, Tent. Fl.-Ussur. 157 (1861)
Juncus brachyspathus Maxim. var. *magadanicus* Novikov, Novosti Sist. Vyssh. Rast. 19: 55 (1982)

Representative specimens; Ryanggang 30 June 1897 雲龍堡 *Komarov, VL Komaorv s.n.*

Juncus bufonius L., Sp. Pl. 328 (1753)
Common name 애기비녀골풀 (애기골풀)
Distribution in Korea: North, Central, South
 Juncus divarcatus Gilib., Excerc. Phyt. 2: 506 (1792)
 Juncus prolifer Kunth, Nov. Gen. Sp. [Kunth] 1: 236 (1816)
 Juncus cespifolius Raf., Autik. Bot. 196 (1840)
 Juncus creticus Raf., Autik. Bot. 196 (1840)
 Juncus bilineatus Gand., Contr. Fl. Terr. Slav. Merid. 1: 29 (1883)
 Juncus fasciatus Lojac., Fl. Sicul. 3: 164 (1909)
 Juncus leptocladus Hayata, Icon. Pl. Formosan. 6: 100 (1916)
 Juncus aletaiensis K.F.Wu, Acta Phytotax. Sin. 32: 450 (1994)

Representative specimens; Hamgyong-bukto 20 June 1909 輪城 *Nakai, T Nakai s.n.* 18 August 1935 羅南 *Saito, T T Saito s.n.* 10 July 1936 鏡城行營 - 龍山洞 *Saito, T T Saito s.n.* 5 August 1939 頭流山 *Hozawa, S Hozawa s.n.* 6 June 1930 鏡城 *Ohwi, J Ohwi s.n.* July 1934 延上面九州帝大北鮮演習林 *Hatsushima, S Hatsushima s.n.* 28 July 1936 茂山 *Saito, T T Saito s.n.* Hamgyong-namdo 12 June 1933 咸興盤龍山 *Nomura, N Nomura s.n.* 23 July 1916 赴戰高原寒泰嶺 *Mori, T Mori s.n.* 10 June 1909 鎮江 *Nakai, T Nakai s.n.* 17 August 1934 東上面遙阿里 *Kojima, K Kojima s.n.* 25 July 1935 西於水里 *Nomura, N Nomura s.n.* Kangwon-do 6 June 1909 元山 *Nakai, T Nakai s.n.* P'yongyang 9 June 1912 Jun-an (順安) *Imai, H Imai s.n.* Ryanggang 9 August 1936 農事洞 *Chang, HD ChangHD s.n.*

Juncus castaneus Sm. ssp. **triceps** (Rostk.) Novikov, Novosti Sist. Vyssh. Rast. 15: 92 (1979)
Common name 설령골풀
Distribution in Korea: North
 Juncus triceps Rostk., Junc. 48 (1801)
 Juncus castaneus Sm. var. *koreanus* Ohwi, Bot. Mag. (Tokyo) 45: 189 (1931)
 Juncus triceps Rostk. var. *koreanus* (Ohwi) Satake, Nov. Fl. Jap. 1: 68 (1938)
 Juncus stakei Kitag., J. Jap. Bot. 26: 11 (1951)

Juncus decipiens (Buchenau) Nakai, Report. Veget. Kamikochi 35 (1928)
Common name 골풀
Distribution in Korea: North, Central, South, Ulleung
 Juncus effusus L. var. *decipiens* Buchenau, Bot. Jahrb. Syst. 12: 229 (1890)
 Juncus effusus L. f. *glomeratus* Makino, Bot. Mag. (Tokyo) 12: 163 (1898)
 Juncus effusus L. f. *gracilis* Buchenau ex Matsum., Index Pl. Jap. 2 (1): 184 (1905)
 Juncus decipiens (Buchenau) Nakai var. *gracilis* Nakai, Rep. Veg. Daisetsu Mts. 60 (1930)
 Juncus effusus L. var. *glomeratus* (Makino) Satake, J. Fac. Sci. Univ. Tokyo, Sect. 3, Bot. 4: 178 (1933)
 Juncus effusus L. ssp. *decipiens* (Buchenau) Weim., Svensk Bot. Tidskr. 40: 143 (1946)

Representative specimens; Ryanggang 16 August 1897 大羅信洞 *Komarov, VL Komaorv s.n.*

Juncus diastrophanthus Buchenau, Bot. Jahrb. Syst. 12: 309 (1890)
Common name 넓은잎비녀골풀 (별날개골풀)
Distribution in Korea: North, Central, South, Jeju
 Juncus togakushiensis H.Lév., Repert. Spec. Nov. Regni Veg. 10: 352 (1912)
 Juncus togakushiensis H.Lév. var. *viviparus* Satake, J. Jap. Bot. 12: 90 (1936)

Juncus fauriei H.Lév. & Vaniot, Bull. Soc. Bot. France 51: 292 (1904)
Common name 검정납작골풀
Distribution in Korea: North, Central
 Juncus glaucus Sibth. var. *yokoscensis* Franch. & Sav., Enum. Pl. Jap. 2: 97 (1879)

A Checklist of North Korean Vascular Plants   T.B. Lee Herbarium (SNUA) – 2019 (C.S. Chang, H. Kim, H.T. Shin & C.H. Lee)

- 545 -

Juncus balticus Willd. var. *japonicus* Buchenau, Bot. Jahrb. Syst. 12: 215 (1890)
Juncus yokoscensis (Franch. & Sav.) Satake, Nov. Fl. Jap. 1: 25 (1938)
Juncus yokoscensis (Franch. & Sav.) Satake var. *laxus* Satake, Nov. Fl. Jap. 1: 25 (1938)

Juncus gracillimus (Buchenau) V.I.Krecz. & Gontsch., Fl. URSS 3: 528 (1935)

Common name 물골풀

Distribution in Korea: North, Central, Jeju
Juncus compressus Jacq. var. *gracillimus* Buchenau, Pflanzenr. (Engler) 4, 36: 112 (1906)

Representative specimens; Hamgyong-bukto 11 July 1930 鏡城 *Ohwi, J Ohwi s.n.* 18 August 1935 農圃洞 *Saito, T T Saito s.n.*
Hwanghae-namdo 22 July 1922 Sorai Beach 九味浦 *Mills, RG Mills s.n.*

Juncus haenkei E.Mey., Syn. Junc. 10 (1822)

Common name 갯골풀

Distribution in Korea: North, Central, South
Juncus compressus Jacq. var. *haenkei* (E.Mey.) Laharpe, Essai Monogr. Jonc. 26 (1825)
Juncus arcticus Willd. var. *sitchensis*Engelm., Trans. Acad. Sci. St. Louis 2: 491 (1868)
Juncus balticus Willd. var. *haenkei* (E.Mey.) Buchenau, Bot. Jahrb. Syst. 12: 215 (1890)
Juncus balticus Willd. ssp. *sitchensis* (Engelm.) Hultén, Acta Univ. Lund. n.s. 39: 420 (1943)

Representative specimens; Rason 4 June 1930 西水羅 *Ohwi, J Ohwi s.n.* 4 June 1930 Ohwi, *J Ohwi s.n.*

Juncus krameri Franch. & Sav., Enum. Pl. Jap. 2: 99 (1879)

Common name 비녀골풀

Distribution in Korea: North, Central, South, Jeju

Representative specimens; Chagang-do 11 July 1914 蔥田嶺 *Nakai, T Nakai s.n.* **Hamgyong-bukto** 28 August 1932 羅南東側濕原 *Saito,*
T T Saito s.n. 18 August 1914 茂山東下面 *Nakai, T Nakai s.n.* 3 August 1932 吉州 *Kuhara, K s.n.* 9 July 1930 鏡城 *Ohwi, J Ohwi s.n.* 12
September 1932 南下石山 *Saito, T T Saito s.n.* July 1934 延上面九州帝大北鮮演習林 *Hatsushima, S Hatsushima s.n.* **Hamgyong-namdo**
17 September 1933 豊西里 - 豊陽里 *Nomura, N Nomura s.n.* 21 August 1902 干發告嶺 *Uchiyama, T Uchiyama s.n.* **Kangwon-do**
P'yongan-namdo 14 September 1915 Sin An Ju(新安州) Nakai, *T Nakai s.n.* **Ryanggang** 30 July 1917 無頭峯 *Furumi, M Furumi s.n.*

Juncus maximowiczii Buchenau, Bot. Jahrb. Syst. 12: 394 (1890)

Common name 실골풀 (실비녀골풀)

Distribution in Korea: North, Central
Juncus cupreus H.Lév. & Vaniot, Bull. Soc. Bot. France 51: 292 (1904)
Juncus takasagomontanus Satake, J. Jap. Bot. 14: 256 (1938)

Representative specimens; Hamgyong-bukto 26 July 1930 頭流山 *Ohwi, J Ohwi s.n.* 26 July 1930 Ohwi, *J Ohwi s.n.* July 1932
冠帽峰 *Ohwi, J Ohwi s.n.* July 1932 Ohwi, *J Ohwi s.n.* 6 July 1933 南下石山 *Saito, T T Saito s.n.* **Ryanggang** 15 August 1935
北水白山 *Hozawa, S Hozawa s.n.* 25 July 1930 合水桃花洞 *Ohwi, J Ohwi s.n.* 25 July 1930 Ohwi, *J Ohwi s.n.* 1 August 1934
小長白山 *Kojima, K Kojima s.n.*

Juncus papillosus Franch. & Sav., Enum. Pl. Jap. 2: 98 (1876)

Common name 청비녀골풀

Distribution in Korea: North, Central, South, Jeju
Juncus nipponensis Buchenau, Bot. Jahrb. Syst. 12: 340 (1890)
Juncus umbellifer H.Lév. & Vaniot, Bull. Soc. Bot. France 51: 292 (1904)
Juncus nikkoensis Satake, J. Fac. Sci. Univ. Tokyo, Sect. 3, Bot. 4: 185 (1933)

Representative specimens; Hamgyong-bukto 18 August 1936 富寧水坪 - 西里洞 *Saito, T T Saito s.n.* **Hamgyong-namdo** 17 September 1933
豊西里 - 豊陽里 *Nomura, N Nomura s.n.* 14 August 1943 赴戰高原元豊-道安 *Honda, M Honda s.n.* 26 July 1935 西於水里 *Nomura, N*
Nomura s.n. 14 August 1940 赴戰高原漢垈里 *Okuyama, S Okuyama s.n.* **Kangwon-do** 長淵里附近 *Unknown s.n.* 13 September 1932 元山
Kitamura, S Kitamura s.n. 13 September 1932 Kitamura, *S Kitamura s.n.* 13 September 1932 Kitamura, *S Kitamura s.n.* **Ryanggang** 15 August
1935 北水白山 *Hozawa, S Hozawa s.n.* 5 August 1914 寶泰洞胞胎山 *Nakai, T Nakai s.n.* 20 August 1933 江口 - 三長 *Koidzumi, G Koidzumi s.n.*

Juncus potaninii Buchenau, Bot. Jahrb. Syst. 12: 394 (1890)

Common name 왜실골풀 (백두실골풀)

Distribution in Korea: far North
> *Juncus luzuliformis* Franch. var. *potaninii* (Buchenau) Buchenau ex Diels, Bot. Jahrb. Syst. 37, Beibl. 82: 15 (1905)
> *Juncus effusus* L. var. *gracilis* Nakai, Saishu-to Kuan-to Shokubutsu Hokoku-sho [Fl. Quelpaert Isl.] 29 (1914)

Representative specimens; **Ryanggang** 15 August 1935 北水白山 *Hozawa, S Hozawa s.n.* 1 August 1934 小長白山 *Kojima, K Kojima s.n.*

Juncus prismatocarpus R.Br. ssp. **leschenaultii** (Gay ex Laharpe) Kirschner, Preslia 74: 249 (2002)

Common name 참비녀골풀

Distribution in Korea: North, Central, South, Jeju
> *Juncus leschenaultii* Gay ex Laharpe, Essai Monogr. Jonc. 49 (1825)
> *Juncus sinensis* Gay ex Laharpe, Essai Monogr. Jonc. 49 (1825)
> *Juncus leschenaultii* Gay ex Laharpe var. *radicans* Franch. & Sav., Enum. Pl. Jap. 2(3): 533 (1879)
> *Juncus prismatocarpus* R.Br. var. *leschenaultii* (Gay ex Laharpe) Buchenau, Bot. Jahrb. Syst. 6: 205 (1885)
> *Juncus prismatocarpus* R.Br. var. *leschenaultii* (Gay ex Laharpe) Kirschner subvar. *pluritubulosus* Buchenau, Bot. Jahrb. Syst. 12: 311 (1890)
> *Juncus latior* Satake, J. Jap. Bot. 12: 90 (1936)

Representative specimens; **Ryanggang** 8 July 1897 羅暖堡 *Komarov, VL Komaorv s.n.* 17 July 1897 半載子溝 (鴨綠江上流) *Komarov, VL Komaorv s.n.*

Juncus stygius L., Syst. Nat. ed. 10 2: 987 (1759)

Common name 대택비녀골풀

Distribution in Korea: North
> *Juncus stygius* L. ssp. *grossii* Abrom., Verbr. Pfl. Deutschl. ed. 10 136 (1938)

Representative specimens; **Ryanggang** 4 August 1939 大澤濕地 *Hozawa, S Hozawa s.n.* 24 July 1930 Ohwi, *J Ohwi s.n.* 31 July 1930 醬池 *Ohwi, J Ohwi s.n.* 24 July 1930 大澤 *Ohwi, J Ohwi s.n.*

Juncus tenuis Willd., Sp. Pl. 2: 214 (1799)

Common name 길골풀

Distribution in Korea: North, Central, South
> *Juncus macer* Gray, Nat. Arr. Brit. Pl. 2: 164 (1821)
> *Juncus tenuis* Willd. var. *bicornis* (Michx.) E.Mey., Linnaea 3: 371 (1828)
> *Juncus lucidus* Hochst., Fl. Azor. 24 (1844)
> *Juncus tristanianus* Hemsl., Rep. Voy. Challenger, Bot. 1: 154 (1885)
> *Juncus macer* Gray var. *williamsii* (Fernald) Fernald, J. Bot. 68: 367 (1930)
> *Juncus tenuis* Willd. var. *nakaii* Satake, J. Fac. Sci. Univ. Tokyo, Sect. 3, Bot. 4: 175 (1933)
> *Juncus baekdusanensis* M.Kim, Korean J. Pl. Taxon. 44 (4): 239 (2014)

Representative specimens; **Hamgyong-bukto** 15 June 1930 茂山嶺 *Ohwi, J Ohwi s.n.* 9 July 1930 鏡城 *Ohwi, J Ohwi s.n.*

Juncus triglumis L., Sp. Pl. 328 (1753)

Common name 구름골풀

Distribution in Korea: North, Central, South

Representative specimens; **Hamgyong-bukto** 1 August 1932 渡正山見晴台 *Saito, T T Saito s.n.* 1 August 1932 *Saito, T T Saito s.n.* **Hamgyong-namdo** 25 July 1933 東上面遮日峯 *Koidzumi, G Koidzumi s.n.* **Ryanggang** 13 August 1936 白頭山 *Chang, HD ChangHD s.n.*

Juncus wallichianus J.Gay ex Laharpe, Essai Monogr. Jonc. 0: 51 (1825)

Common name 눈비녀골풀

Distribution in Korea: North, South, Jeju

Juncus indicus Royle ex D.Don, Proc. Linn. Soc. London 1: 10 (1839)

Juncus monticola Steud., Syn. Pl. Glumac. 2(10): 301 (1855)

Juncus koidzumii Satake, J. Jap. Bot. 12: 89 (1936)

Juncus pseudokrameri Satake, Rep. Exped. Manchoukuo Sect. IV, Pt. 4, Index Fl. Jeholensis 107 (1936)

Juncus ohwianus M.T.Kao, Fl. Taiwan 5: 150 (1978)

Representative specimens; Hamgyong-bukto 12 June 1934 延上面九州帝大北鮮演習林 *Hatsushima, S Hatsushima s.n.* **Hwanghae-namdo** August 1932 Sorai Beach 九味浦 *Smith, RK Smith s.n.* **Kangwon-do** 4 August 1932 金剛山內金剛 *Kobayashi, M Kobayashi s.n.* **P'yongan-bukto** 5 August 1937 妙香山 *Hozawa, S Hozawa s.n.* **P'yongan-namdo** 15 September 1915 Sin An Ju (新安州) *Nakai, T Nakai s.n.* **Ryanggang** 5 August 1940 高頭山 *Hozawa, S Hozawa s.n.* 4 August 1939 大澤濕地 *Hozawa, S Hozawa s.n.*

Luzula Lam.
Luzula capitata (Miq. ex Franch. & Sav.) Kom., Fl. Kamtchatka 1: 288 (1927)
Common name 꿩의밥

Distribution in Korea: North, Central, South, Ulleung

 Luzula campestris (L.) DC. var. *capitata* Miq. ex Franch. & Sav., Enum. Pl. Jap. 2: 97 (1879)

Representative specimens; Hamgyong-bukto 31 July 1932 渡正山 *Saito, T T Saito s.n.* 1 August 1932 渡正山雷島 *Saito, T T Saito s.n.* 12 May 1897 五宗洞 *Komarov, VL Komaorv s.n.* **Hamgyong-namdo** 26 July 1934 遮日峯 *Nomura, N Nomura s.n.* **Hwanghae-namdo** 26 June 1922 Sorai Beach 九味浦 *Mills, RG Mills s.n.* **Kangwon-do** 8 June 1909 元山 *Nakai, T Nakai s.n.* **Ryanggang** 8 June 1897 平蒲坪-倉坪 *Komarov, VL Komaorv s.n.* 1 June 1897 古倉坪-四芝坪 (延面水河谷) *Komarov, VL Komaorv s.n.*

Luzula multiflora (Ehrh.) Lej., Fl. Spa. 1: 169 (1811)
Common name 산꿩밥 (산꿩의밥)

Distribution in Korea: North, Central, South, Jeju

 Juncus multiflorus Retz., Fl. Scand. Prodr., ed. 2, 82 (1795)

 Juncus intermedius Thuill., Fl. Env. Paris, ed. 2 178 (1800)

 Luzula campestris (L.) DC. var. *multiflora* Celak., Prodr. Fl. Bohmen 85 (1869)

Representative specimens; Hamgyong-bukto 2 June 1933 羅南西北谷 *Saito, T T Saito s.n.* 1 June 1932 羅南中央公園 *Uno, U s.n.* 12 June 1930 鏡城 *Ohwi, J Ohwi s.n.* 6 July 1930 *Ohwi, J Ohwi s.n.* 12 June 1930 *Ohwi, J Ohwi s.n.* 26 May 1930 Ohwi, *J Ohwi s.n.* July 1934 延上面九州帝大北鮮演習林 *Hatsushima, S Hatsushima s.n.* 25 June 1930 雪嶺西側 *Ohwi, J Ohwi s.n.* **Hamgyong-namdo** 12 June 1933 松興里盤龍山 *Nomura, N Nomura s.n.* 27 May 1934 咸興盤龍山 *Nomura, N Nomura s.n.* **Kangwon-do** 10 June 1932 Mt. Kumgang (金剛山) Ohwi, *J Ohwi s.n.* 22 June 1938 安邊郡衛益面三防 *Park, MK Park s.n.*

Luzula oligantha Sam., Kongl. Svenska Vetensk. Acad. Handl. 3, 5: 227 (1927)
Common name 구름꿩의밥

Distribution in Korea: North

 Luzula campestris (L.) DC. var. *pauciflora* Buchenau, Pflanzenr. (Engler) 4, 36: 88 (1906)

 Luzula sudetica DC. var. *pauciflora* Nakai, Rep. Veg. Daisetsu Mts. 60 (1930)

 Luzula sudetica DC. var. *microstachya* Satake, Nov. Fl. Jap. 1: 40 (1938)

 Luzula sudetica DC. var. *nipponica* Satake, Nov. Fl. Jap. 1: 30 (1938)

Representative specimens; Chagang-do 22 July 1916 狼林山 *Mori, T Mori s.n.* 11 July 1914 蔥田嶺 *Nakai, T Nakai s.n.* 11 July 1914 臥碣峰鷺峯 *Nakai, T Nakai s.n.* **Hamgyong-bukto** 26 July 1930 頭流山 *Ohwi, J Ohwi s.n.* 26 July 1930 Ohwi, *J Ohwi s.n.* 30 July 1936 延上面九州帝大北鮮演習林 *Saito, T T Saito s.n.* 26 July 1918 雪嶺 2200m Nakai, *T Nakai s.n.* **Hamgyong-namdo** 15 August 1940 遮日峯 *Okuyama, S Okuyama s.n.* **Kangwon-do** 1938 山林課元山出張所 *Tsuya, S s.n.* **Ryanggang** 15 August 1935 北水白山 *Hozawa, S Hozawa s.n.* 20 August 1934 北水白山附近 *Kojima, K Kojima s.n.* 5 August 1940 高頭山 *Hozawa, S Hozawa s.n.* 4 August 1939 大澤濕地 *Hozawa, S Hozawa s.n.* 24 July 1930 含山嶺 *Ohwi, J Ohwi s.n.* 24 July 1930 大澤 *Ohwi, J Ohwi s.n.* 13 August 1936 白頭山 *Chang, HD ChangHD s.n.* 13 August 1913 *Hirai, H Hirai s.n.* 1 August 1934 小長白山 *Kojima, K Kojima s.n.* August 1913 長白山 *Mori, T Mori s.n.* 10 August 1914 白頭山 *Nakai, T Nakai s.n.* 20 August 1934 新興郡/豊山郡境北水白山 *Yamamoto, A Yamamoto s.n.*

Luzula pallescens Sw., Summa Veg. Scand. (Swartz) 0: 13 (1814)
Common name 산새밥

Distribution in Korea: North, Central, South, Jeju

 Juncus pallescens Wahlenb., Fl. Lapp. (Wahlenberg) 87 (1812)

A Checklist of North Korean Vascular Plants   T.B. Lee Herbarium (SNUA) – 2019 (C.S. Chang, H. Kim, H.T. Shin & C.H. Lee)

- 548 -

Luzula campestris (L.) DC. var. *pallescens* (Sw.) Wahlenb., Fl. Suec. [Wahlenberg] 1: 218 (1824)
Luzula multiflora (Ehrh.) Lej. var. *pallescens* (Sw.) W.D.J.Koch, Syn. Fl. Germ. Helv., ed. 2, 847 (1844)
Luzula pallidula Kirschner, Taxon 39: 110 (1990)

Representative specimens; Chagang-do 15 June 1911 Kang-gei(Kokai 江界) *Mills, RG Mills506* **Hamgyong-bukto** 14 June 1909 Sungjin (城津) Nakai, T *Nakai s.n.* **Kangwon-do** 9 June 1909 元山 *Nakai, T Nakai s.n.* **Ryanggang** 24 July 1930 大澤 *Ohwi, J Ohwi s.n.* 11 July 1917 胞胎山中腹以上 *Furumi, M Furumi s.n.* 1 June 1897 古倉坪-四芝坪 (延面水河谷) *Komarov, VL Komaorv s.n.*

Luzula rufescens Fisch. ex E.Mey., Linnaea 22: 385 (1849)

Common name 새밥

Distribution in Korea: North
Juncoides rufescens (Fisch. ex E.Mey.) Kuntze, Revis. Gen. Pl. 2: 725 (1891)
Luzula pilosa (L.) Willd. var. *rufescens* (Fisch. ex E.Mey.) B.Boivin, Naturaliste Canad. 94: 526 (1967)

Representative specimens; Hamgyong-bukto 23 May 1897 車踰嶺 *Komarov, VL Komaorv s.n.* **Ryanggang** 1 July 1897 五是川雲寵江-崔五峰 *Komarov, VL Komaorv s.n.* 19 August 1897 葡坪 *Komarov, VL Komaorv s.n.* 6 June 1897 平蒲坪 *Komarov, VL Komaorv s.n.* 22 July 1897 佳林里 *Komarov, VL Komaorv s.n.* 1 June 1897 古倉坪-四芝坪 (延面水河谷) *Komarov, VL Komaorv s.n.*

Luzula rufescens Fisch. ex E.Mey. var. *macrocarpa* Buchenau, Pflanzenr. (Engler) IV, 36: 47 (1906)

Common name 별꿩의밥

Distribution in Korea: North
Luzula macrocarpa (Buchenau) Nakai, Saishu-to Kuan-to Shokubutsu Hokoku-sho [Fl. Quelpaert Isl.] 30 (1914)
Luzula plumosa E.Mey. var. *macrocarpa* (Buchenau) Ohwi, Fl. Jap. (Ohwi) 272 (1953)

Luzula wahlenbergii Rupr., Fl. Samejed. Cisural.58 (1845)

Common name 좀꿩의밥

Distribution in Korea: far North
Luzula borealis Fr., Summa Veg. Scand. (Fries) 219 (1846)
Luzula spadicea DC. var.*kunthii* E.Mey., Linnaea 22: 403 (1849)

Representative specimens; Hamgyong-bukto 25 June 1930 雪嶺 *Ohwi, J Ohwi s.n.* **Ryanggang** 23 August 1914 Keizanchin(惠山鎭) *Ikuma, Y Ikuma s.n.*

CYPERACEAE

Bolboschoenus Palla & Hallier & Brand
Bolboschoenus fluviatilis (Torr.) Soják, Cas. Nar. Mus., Odd. Prir. 141: 62 (1972)

Common name 큰매자기

Distribution in Korea: North, Central, South
Scirpus maritimus L. var. *fluviatilis* Torr., Ann. Lyceum Nat. Hist. New York 3: 324 (1836)
Scirpus fluviatilis (Torr.) A.Gray, Manual (Gray), ed. 2 500 (1856)
Scirpus perviridis V.J.Cook, Trans. & Proc. Roy. Soc. New Zealand 76: 570 (1947)

Bolboschoenus maritimus (L.) Palla, Syn. Deut. Schweiz. Fl. 3: 532 (1905)

Common name 매자기

Distribution in Korea: North
Scirpus maritimus L., Sp. Pl. 51 (1753)
Scirpus compactus Hoffm., Deutschl. Fl. (Hoffm.) ed. 2, 1: t. 25 (1791)
Scirpus yagara Ohwi, Mem. Coll. Sci. Kyoto Imp. Univ., Ser. B, Biol. 18: 110 (1944)

Bolboschoenus planiculmis (F.Schmidt) T.V.Egorova, Trudy Bot. Inst. Akad. Nauk S.S.S.R., Ser. 1, Fl. Sist. Vyssh. Rast. 3: 20 (1967)

Common name 좀매자기

Distribution in Korea: North, Central, South, Jeju
 Scirpus planiculmis F.Schmidt, Reis. Amur-Land., Bot. 190 (1868)
 Scirpus maritimus L. var. *affinis* (Roth) C.B.Clarke, Fl. Brit. Ind. 6(19): 659 (1893)
 Scirpus biconcavus Ohwi, Mem. Coll. Sci. Kyoto Imp. Univ., Ser. B, Biol. 18 (1): 109 (1944)

Bulbostylis Kunth
Bulbostylis barbata (Rottb.) C.B.Clarke, Fl. Brit. Ind. 6: 651 (1893)

Common name 모기골

Distribution in Korea: North (Hamgyong, P'yongan), Central, South
 Scirpus barbatus Rottb., Descr. Icon. Rar. Pl. 1: 52 (1773)
 Isolepis barbata (Rottb.) R.Br., Prodr. Fl. Nov. Holland. 212 (1810)
 Cyperus barbata (Rottb.) Poir., Encycl. (Lamarck) Suppl. 5 186 (1817)
 Isolepis cumingii Steud., Syn. Pl. Glumac. 2: 101 (1855)
 Scirpus fimbriatus (Nees) Boeck, Linnaea 36: 749 (1870)
 Fimbristylis barbata (Rottb.) Benth., Fl. Austral. 7: 321 (1878)

Representative specimens; **Hamgyong-bukto** 6 October 1942 清津高抹山東側 *Saito, T T Saito s.n.* 20 August 1936 富寧素清 *Saito, T T Saito277918* August 1935 農圃洞 *Saito, T T Saito1512* **Hamgyong-namdo** 28 August 1933 下岐川面下東興里 *Nomura, N Nomura s.n.* 30 September 1934 九龍里 *Nomura, N Nomura s.n.* **Hwanghae-bukto** 28 September 1937 白川 *Park, MK Park s.n.* **Kangwon-do** 30 August 1916 通川街道 *Nakai, T Nakai s.n.* **P'yongan-bukto** 17 August 1912 昌城昌州 *Imai, H Imai s.n.*

Bulbostylis densa (Wall.) Hand.-Mazz., Vegetationsbilder 20 (7): 16 (1930)

Common name 꽃하늘지기

Distribution in Korea: North, Central, South
 Scirpus densus Wall., Fl. Ind. (Roxburgh) 1: 231 (1820)
 Isolepis densa (Wall.) Schult., Mant. 2 (Schultes) 2: 70 (1824)
 Isolepis tenuissima Don, Prodr. Fl. Nepal. 40 (1825)
 Isolepis trifida Nees, Contr. Bot. India 108 (1834)
 Bulbostylis trifida Kunth, Enum. Pl. (Kunth) 2: 213 (1837)
 Fimbristylis capillacea Hochst. ex Steud., Syn. Pl. Glumac. 2: 111 (1855)
 Fimbristylis capillacea Hochst. ex Steud. var. *japonica* Miq., Prolus. Fl. Jap. 77 (1867)
 Isolepis capillaris (L.) Roem. & Schult. var. *capitata* Miq., Prolus. Fl. Jap. 75 (1867)
 Isolepis capillaris (L.) Roem. & Schult. var. *trifida* (Kunth) Miq., Prolus. Fl. Jap. 75 (1867)
 Scirpus trifidus (Kunth) Hance, J. Bot. 16: 112 (1878)
 Bulbostylis capillaris (L.) Kunth ex C.B.Clarke, Fl. Brit. Ind. 6: 652 (1893)
 Bulbostylis capillaris (L.) Kunth ex C.B.Clarke var. *trifida* (Nees) C.B.Clarke, Fl. Brit. Ind. 6: 652 (1893)
 Bulbostylis capillaris (L.) Kunth ex C.B.Clarke var. *capitata* (Miq.) Makino, Bot. Mag. (Tokyo) 9: 390 (1895)
 Bulbostylis japonica C.B.Clarke, Bull. Misc. Inform. Kew, Addit. Ser. 8: 27 (1908)
 Stenophyllus capitatus (Miq.) Ohwi, Fl. Austro-Higoensis 83 (1931)
 Bulbostylis densa (Wall.) Hand.-Mazz. var. *caspitata* (Miq.) Ohwi, Mem. Coll. Sci. Kyoto Imp. Univ., Ser. B, Biol. 18(1): 52 (1944)
 Fimbristylis densa (Wall.) T.Koyama & T.I.Chuang, Quart. J. Taiwan Mus. 13: 229 (1960)
 Fimbristylis capillaris (L.) A.Gray var. *trifida* (Nees) T.Koyama, J. Fac. Sci. Univ. Tokyo, Sect. 3, Bot. 8: 103 (1961)

Representative specimens; **Hamgyong-bukto** 6 October 1942 清津高抹山東側 *Saito, T T Saito s.n.* 17 September 1932 羅南新社 *Saito, T T Saito270* 4 August 1934 羅南 *Saito, T T Saito922* 25 August 1936 梧上洞 *Saito, T T Saito2823* 24 August 1936 鏡城駱駝峰 *Saito, T T Saito2827* 28 July 1936 茂山 *Saito, T T Saito2653* **Hamgyong-namdo** 17 September 1933 東川面豊西里 - 豊陽里 *Nomura, N Nomura4* **Kangwon-do** 29 August 1916 長箭 *Nakai, T Nakai s.n.* 30 August 1916 通川 *Nakai, T Nakai s.n.* **Ryanggang** 7 July 1897 犁方嶺 *Komarov, VL Komaorv s.n.*

Carex L.
Carex accrescens Ohwi, Mem. Coll. Sci. Kyoto Imp. Univ., Ser. B, Biol. 6(5): 255 (1931)

Common name 경성사초

Distribution in Korea: North
　　Carex pallida C.A.Mey., Mem. Acad. Imp. Sci. St.-Petersbourg Divers Savans 1: 215 (1831)
　　Carex siccata Dewey ssp. *pallida* (C.A.Mey.) Kük. ex Matsum., Index Pl. Jap. 2 (1): 132 (1905)
　　Carex pallida C.A.Mey. var. *papillosa* Kük., Pflanzenr. (Engler) IV, 20(38): 134 (1909)
　　Carex pallida C.A.Mey. var. *lefuensis* Kom., Opred. Rast. Dal'nevost. Kraia 1: 285 (1931)
　　Carex pallida C.A.Mey. var. *daubichensis* Kom., Opred. Rast. Dal'nevost. Kraia 1: 285 (1931)
　　Carex accrescens Ohwi var. *sylvipaludosa* Luchnik, Vestn. Dal'nevost. Fil. Akad. Nauk SSSR 31: 126 (1938)

Carex albata Boott ex Franch., Nouv. Arch. Mus. Hist. Nat. III, 8: 216 (1896)

Common name 도랭이사초

Distribution in Korea: North
　　Carex argyrolepis Maxim. ex Franch. & Sav., Enum. Pl. Jap. 1: 126 (1873)
　　Carex nubigena D.Don ex Tilloch & Taylor var. *albata* (Boott) Kük. ex Matsum., Index Pl. Jap. 2 (1): 123 (1905)
　　Carex nubigena D.Don ex Tilloch & Taylor var. *planiuscula* Kük., Pflanzenr. (Engler) IV, 20(38) (1909)
　　Carex albata Boott ex Franch. var. *laxiuscula* Sutô, Bull. Coll. Agric. Utsunomiya Univ. s.p. (1932)

Carex alopecuroides D.Don ex Tilloch & Taylor, Philos. Mag. J. 62: 455 (1823)

Common name 흰사초

Distribution in Korea: North (Hamgyong, P'yongan), Central, South, Jeju
　　Carex doniana Spreng., Syst. Veg. (ed. 16) [Sprengel] 3: 825 (1826)
　　Carex consocialis Steud., Syn. Pl. Glumac. 2: 222 (1855)
　　Carex zollingeri Kunze ex Steud., Syn. Pl. Glumac. 2: 221 (1855)
　　Carex alopecuroides D.Don ex Tilloch & Taylor var. *chlorostachya* C.B.Clarke, J. Linn. Soc., Bot. 36: 271 (1903)
　　Carex japonica Thunb. var. *chlorostachys* (C.B.Clarke) Kük., Pflanzenr. (Engler) IV, 20(38): 620 (1909)
　　Carex sasakii Hayata, J. Coll. Sci. Imp. Univ. Tokyo 30: 395 (1911)
　　Carex japonica Thunb. ssp. *chlorostachys* (C.B.Clarke) T.Koyama, Fl. E. Himalaya 382 (1966)

Carex amgunensis F.Schmidt, Reis. Amur-Land., Bot. : 69 (1868)

Common name 좀방울사초

Distribution in Korea: North

Carex angustinowiczii Meinsh. ex Korsh., Trudy Imp. S.-Peterburgsk. Bot. Sada 12: 411 (1892)

Common name 지리사초

Distribution in Korea: North, Central, South

Representative specimens; Hamgyong-bukto 31 July 1932 渡正山 *Saito, T T Saito s.n.* 8 August 1930 吉州郡鶴舞山 (Mt. Hakumusan) Ohwi, *J Ohwi3064* 30 May 1930 朱乙溫堡 *Ohwi, J Ohwi s.n.* 27 May 1930 鏡城梧村川 *Ohwi, J Ohwi s.n.* July 1932 冠帽峰 *Ohwi, J Ohwi s.n.* 30 May 1930 朱乙溫堡 *Ohwi, J Ohwi369* 12 June 1934 延上面九州帝大北鮮演習林 *Hatsushima, S Hatsushima s.n.* 7 June 1936 茂山面 *Minamoto, M s.n.* 20 June 1909 富寧 *Nakai, T Nakai s.n.* **Kangwon-do** 10 June 1932 Mt. Kumgang (金剛山) Ohwi, *J Ohwi s.n.* **P'yongan-namdo** 9 June 1935 黃草嶺 *Nomura, N Nomura s.n.* 15 June 1928 陽德 *Nakai, T Nakai s.n.* **Rason** 30 June 1938 松眞山 *Saito, T T Saito8209* **Ryanggang** August 1939 長白山側森林限界附近 *Takahashi, M s.n.*

Carex aphanolepis Franch. & Sav., Enum. Pl. Jap. 2: 580 (1878)

Common name 골사초

Distribution in Korea: North, Cnetal, South, Jeju, Ulleung
　　Carex japonica Thunb. var. *humilis* Franch., Nouv. Arch. Mus. Hist. Nat. III, 10: 77 (1898)

Carex vernicosa Franch., Kew Bull., Addit. Ser. 8: 85 (1908)
Carex japonica Thunb. var. *aphanolepis* (Franch. & Sav.) Kük., Pflanzenr. (Engler) IV, 20(38): 620 (1909)

Carex aquatilis Wahlenb. var. **minor** Boott, Ill. Gen. Carex pt. 4: 163 (1867)
Common name 갈미사초
Distribution in Korea: far North (Paekdu, Potae, Kwanmo)
  Carex concolor R.Br., Chlor. Melvill. 25-26 (1823)
  Carex stans Drejer, Naturhist. Tidsskr. 3: 462 (1841)
  Carex aquatilis Wahlenb. var. *stans* (Drejer) Boott, Ill. Gen. Carex pt.4: 163 (1867)
  Carex rigida Gooden. var. *concolor* (R.Br.) Kük., Pflanzenr. (Engler) 4,20 (38): 301 (1909)
  Carex uzoni Kom., Repert. Spec. Nov. Regni Veg. 13: 165 (1914)

Carex arenicola F.Schmidt, Mem. Acad. Imp. Sci. St.-Petersbourg, Ser. 7 12: 191 (1868)
Common name 모래사초, 진퍼리사초 (진퍼리사초)
Distribution in Korea: North, Central
  Carex chaetorhiza Franch. & Sav. var. *stenostachys* Franch. & Sav., Reis. Amur-Land., Bot. 191 (1868)
  Carex chaetorhiza Franch. & Sav., Enum. Pl. Jap. 2: 552 (1878)
  Carex yedoensis Boeck., Bot. Jahrb. Syst. 5: 515 (1884)
  Carex spongiosa Ohwi, Mem. Coll. Sci. Kyoto Imp. Univ., Ser. B, Biol. 5: 284 (1930)

Representative specimens; Hamgyong-bukto 20 June 1909 輪城 *Nakai, T Nakai s.n.* 15 June 1909 Sungjin (城津) *Nakai, T Nakai s.n.* **Hamgyong-namdo** 13 May 1934 咸興西上里提防 *Nomura, N Nomura s.n.* 14 June 1909 新浦 *Nakai, T Nakai s.n.* **Kangwon-do** 8 June 1909 元山 *Nakai, T Nakai s.n.* **P'yongyang** 28 May 1911 P'yongyang (平壤) *Imai, H Imai s.n.* **Rason** 4 June 1930 Sosura(西水羅) *N. E. Ohwi, J Ohwi455* **Ryanggang** August 1913 長白山 *Mori, T Mori s.n.*

Carex arnellii Christ ex Scheutz, Kongl. Svenska Vetensk. Acad. Handl. n.s. 22(10): 177 (1888)
Common name 왜사초, 아넬사초 (무산사초)
Distribution in Korea: North
  Carex sylvatica Maxim., Mem. Acad. Imp. Sci. St.-Petersbourg Divers Savans 9: 312 (1859)
  Carex turczaninowiana Meinsh. ex Korsh., Trudy Imp. S.-Peterburgsk. Bot. Sada 12: 411 (1893)
  Carex subconcolor Kitag., Bot. Mag. (Tokyo) 48: 20 (1934)

Representative specimens; Hamgyong-bukto 21 June 1909 茂山嶺 *Nakai, T Nakai s.n.* July 1934 延上面九州帝大北鮮演習林 *Hatsushima, S Hatsushima s.n.* 7 June 1936 茂山面 *Minamoto, M s.n.* 13 June 1897 西溪水 *Komarov, VL Komaorv s.n.* 17 June 1930 四芝嶺 *Ohwi, J Ohwi1163* **P'yongyang** 21 June 1934 P'yongyang (平壤) *Park, MK Park s.n.* **Ryanggang** 21 June 1930 天水洞 - 倉坪 *Ohwi, J Ohwi s.n.* 19 June 1930 楡坪 *Ohwi, J Ohwi1434* 23 June 1930 倉坪延岩洞間 *Ohwi, J Ohwi1758*

Carex atherodes Spreng., Syst. Veg. (ed. 16) [Sprengel] 3: 828 (1826)
Common name 곧은이삭사초
Distribution in Korea: North, Central
  Carex orthostachys C.A.Mey., Fl. Altaic. 4: 231 (1833)

Carex atrata L., Sp. Pl. 976 (1753)
Common name 검등사초 (감둥사초)
Distribution in Korea: North
  Carex polygama Schkuhr, Beschr. Riedgras. 1: 84 (1801)
  Carex buxbaumii Wahlenb., Kongl. Vetensk. Acad. Nya Handl. 1803: 163 (1803)
  Carex aterrima Hoppe, Denkschr. Bayer. Bot. Ges. Regensburg 1: 3 (1815)
  Carex tubulata K.Schum. ex Boott, Ill. Gen. Carex 4: 136 (1867)
  Carex pseudobuxbaumii M.Winkl., Oesterr. Bot. Z. 18: 72 (1868)
  Carex picea Franch., Bull. Soc. Philom. Paris ser.8, 7: 39 (1895)
  Carex aphyllopus Kük., Pflanzenr. (Engler) IV, 20(38): 34 (1909)
  Carex holmiana Mack., Bull. Torrey Bot. Club 36: 481 (1909)

Carex paishanensis Nakai, Bot. Mag. (Tokyo) 28: 301 (1914)
Carex japonoalpina (T.Koyama) T.Koyama, Acta Phytotax. Geobot. 16: 154 (1956)
Carex baranovii Y.L.Chou & Liou, Claves Pl. Chin. Bor.-Or. 524 (1959)
Carex atrata L. var. *japonalpina* T.Koyama, Fl. Jap., revised ed., [Ohwi] 234 (1965)

Carex augustinowiczii Meinsh., Trudy Imp. S.-Peterburgsk. Bot. Sada 12: 411 (1892)
Common Name 북바위사초
Distribution in Korea: North, Central, South
 Carex eleusinoides Turcz. ex Kunth var. *flaccidior* F.Schmidt, Mem. Acad. Imp. Sci. St.-Petersbourg, Ser. 7 12: 196 (1868)
 Carex bidentula Franch., Bull. Soc. Philom. Paris ser.8, 7: 41 (1895)
 Carex soyaeensis Kük., Bull. Herb. Boissier ser.2, 4: 53 (1904)
 Carex curtiglumis C.B.Clarke, Bull. Misc. Inform. Kew, Addit. Ser. 8: 77 (1908)
 Carex infirma C.B.Clarke, Bull. Misc. Inform. Kew, Addit. Ser. 8: 78 (1908)
 Carex flaccidior (F.Schmidt) Miyabe & Kudô, Trans. Sapporo Nat. Hist. Soc. 7: 28 (1918)
 Carex augustinowiczii Meinsh. var. *macrogyna* Ohwi, Mem. Coll. Sci. Kyoto Imp. Univ., Ser. B, Biol. 6(5): 261 (1931)

Carex autumnalis Ohwi, Mem. Coll. Sci. Kyoto Imp. Univ., Ser. B, Biol. 5(3): 251 (1930)
Common name 논두렁사초
Distribution in Korea: North

Carex bigelowii Torr. ex Schwein. ssp. **rigida** (Raf.) W.Schultze-Motel, Willdenowia 4: 326 (1968)
Common name 갈미사초
Distribution in Korea: North (Hamgyong, P'yongan)
 Carex rigida Gooden., Trans. Linn. Soc. London 2: 193 (1794)
 Onkerma rigida Raf., Good Book 27 (1840)
 Carex hyperborea Drejer, Naturhist. Tidsskr. 3: 465 (1841)
 Carex vulgaris Fr. var. *hyperborea* (Drejer) Boott, Ill. Gen. Carex pt. 4: 167 (1867)

Carex bohemica Schreb., Beschr. Gras. 2: 52 (1772)
Common name 냇사초
Distribution in Korea: North
 Carex cyperoides L., Syst. Veg. ed. 13 703 (1774)
 Schelhammeria capitata Moench, Suppl. Meth. (Moench) 119 (1802)
 Carex bohemica Schreb. f. *aggregata* (Domin) Soó, Acta Bot. Acad. Sci. Hung. 16: 369 (1970)
 Vignea bohemica (Schreb.) Soják, Cas. Nar. Mus., Odd. Prir. 148: 194 (1979)

Carex bostrychostigma Maxim., Mélanges Biol. Bull. Phys.-Math. Acad. Imp. Sci. Saint-Pétersbourg 12: 583 (1887)
Common name 길뚝사초
Distribution in Korea: North, Central, South
 Carex explens Kük., Bull. Herb. Boissier ser 2, 2: 1017 (1902)
 Carex stenantha C.B.Clarke, J. Linn. Soc., Bot. 36: 311 (1904)

Representative specimens; Hamgyong-bukto 30 June 1935 羅南新社 *Saito, T T Saito1187* 4 July 1932 鏡城勝岩山 *Ito, H s.n.* 12 June 1930 Kyonson 鏡城 *Ohwi, J Ohwi s.n.* **Hamgyong-namdo** 19 May 1935 Hamhung (咸興) *Nomura, N Nomura s.n.* 16 August 1934 新角面北山 *Nomura, N Nomura s.n.* 21 June 1932 東上面元豊里 *Ohwi, J Ohwi s.n.* **Kangwon-do** 30 July 1916 溫井里 *Nakai, T Nakai s.n.* 4 August 1932 金剛山內金剛 *Kobayashi, M Kobayashi s.n.* 20 August 1916 金剛山彌勒峯 *Nakai, T Nakai s.n.* 15 August 1916 金剛山內圓通庵 *Nakai, T Nakai s.n.* 10 June 1932 Mt. Kumgang (金剛山) *Ohwi, J Ohwi s.n.* 7 June 1909 元山 *Nakai, T Nakai s.n.* **P'yongyang** 12 June 1910 平壤牡丹台 *Imai, H Imai s.n.* **Ryanggang** 11 July 1917 胞胎山中腹以下 *Furumi, M Furumi s.n.* 7 August 1914 虛項嶺-神武城 *Nakai, T Nakai s.n.*

Carex callitrichos V.I.Krecz. var. **nana** (H.Lév. & Vaniot) S.Yun Liang, L.K.Dai & Y.C.Tang, Fl. Reipubl. Popularis Sin. 12: 186 (2000)

A Checklist of North Korean Vascular Plants   T.B. Lee Herbarium (SNUA) – 2019 (C.S. Chang, H. Kim, H.T. Shin & C.H. Lee)

- 553 -

Common name 가는잎그늘사초

Distribution in Korea: North, Central, South

Carex lanceolata Boott var. *nana* H.Lév. & Vaniot, Bull. Acad. Int. Geogr. Bot. 10: 269 (1901)

Carex nanella Ohwi, Mem. Coll. Sci. Kyoto Imp. Univ., Ser. B, Biol. 5(3): 263 (1930)

Carex humilis Leyss. var. *nana* (H.Lév. & Vaniot) Ohwi, Mem. Coll. Sci. Kyoto Imp. Univ., Ser. B, Biol. 11(5): 399 (1936)

Carex scirrobasis Kitag., Rep. Inst. Sci. Res. Manchoukuo 2: 285 (1938)

Carex callitrichos V.I.Krecz. var. *austrohinganica* Y.L.Chang & Y.L.Yang, Fl. Pl. Herb. Chin. Bor.-Or. 11: 205 (1976)

Representative specimens; Chagang-do 11 July 1914 臥碣峰鷺峯 2200m Nakai, T *Nakai s.n.* **Hamgyong-bukto** 15 May 1929 會寧部會 寧面水南洞 Goto, K *s.n.* 25 May 1930 鏡城 Ohwi, J *Ohwi s.n.* 12 June 1934 延上面九州帝大北鮮演習林 Hatsushima, S *Hatsushima s.n.* **Hamgyong-namdo** 16 April 1934 松興里盤龍山 Nomura, N *Nomura s.n.* **Kangwon-do** 12 July 1936 外金剛千佛山 Nakai, T *Nakai s.n.* 13 August 1916 金剛山內圓通庵道 Nakai, T *Nakai s.n.* 1 August 1916 金剛山神仙峯 Nakai, T *Nakai s.n.* 10 June 1932 Mt. Kumgang (金剛山) Ohwi, J *Ohwi s.n.* **P'yongan-namdo** 15 June 1928 陽德 Nakai, T *Nakai s.n.* **Rason** 6 June 1930 西水羅 Ohwi, J *Ohwi s.n.* **Ryanggang** 21 June 1930 天水洞 Ohwi, J *Ohwi s.n.* 11 July 1917 胞胎山中腹以上 Furumi, M *Furumi s.n.*

Carex canescens L., Sp. Pl. 974 (1753)

Common name 산사초

Distribution in Korea: North

Carex cinerea Pollich, Hist. pl. Palat. 2: 571 (1777)

Carex richardii Thuill., Fl. Env. Paris 482 (1790)

Carex curta Gooden., Trans. Linn. Soc. London 2: 145 (1794)

Carex compressa Hosé, Ann. Bot. (Usteri) 21: 33 (1797)

Carex persoonii O.Lang, Flora 25: 748 (1842)

Carex kanitzii Porcius, Magyar Novenyt. Lapok 9: 131 (1885)

Carex subsabulosa Norman, Forh. Vidensk.-Selsk. Kristiania 16: 48 (1893)

Carex hylaea V.I.Krecz., Fl. URSS 3: 594 (1935)

Carex capillacea Boott, Ill. Gen. Carex 1: 44, t. 110 (1858)

Common name 잔솔잎사초, 끈사초 (잔솔잎사초)

Distribution in Korea: North, Central

Carex simplicissima F.Muell., Fragm. (Mueller) 9: 191 (1875)

Carex ontakensis Franch. & Sav., Enum. Pl. Jap. 1: 550 (1875)

Carex wallii Petrie, Trans. & Proc. New Zealand Inst. 53: 371 (1921)

Carex capillacea Boott var. *yunnanensis* Franch., Nouv. Arch. Mus. Hist. Nat. III, 8: 198 (1986)

Representative specimens; Hamgyong-bukto 7 June 1936 甫老川上流民幕谷 Saito, T T *Saito s.n.* **Hamgyong-namdo** 15 June 1932 下碣 隅里 Ohwi, J *Ohwi s.n.* 21 June 1932 東上面元豊里 Ohwi, J *Ohwi s.n.* **Ryanggang** 8 June 1897 平蒲坪-倉坪 Komarov, VL *Komaorv s.n.*

Carex capillacea Boott var. **sachalinensis** (F.Schmidt) Ohwi, Mem. Coll. Sci. Kyoto Imp. Univ., Ser. B, Biol. 11: 442 (1936)

Common name 노끈사초

Distribution in Korea: North

Carex nana Boott, Mem. Amer. Acad. Arts ser. 2, 6: 418 (1858)

Carex uda Maxim. var. *sachalinensis* F.Schmidt, Mem. Acad. Imp. Sci. St.-Petersbourg, Ser. 7 12: 191 (1868)

Carex aomorensis Franch., Nouv. Arch. Mus. Hist. Nat. III, 8: 198 (1896)

Carex rara Boott ssp. *capillacea* var. *nana* (Boott) Kük., Pflanzenr. (Engler) IV, 20(38): 103 (1909)

Carex capillacea Boott var. *aomorensis* (Franch.) Ohwi, Acta Phytotax. Geobot. 2: 272 (1933)

Carex capillaris L., Sp. Pl. 977 (1753)

Common name 뫼풀사초

Distribution in Korea: North

Carex chlorostachys Steven, Mem. Soc. Imp. Naturalistes Moscou 4: 68 (1813)

Carex saskatschewana Boeck., Linnaea 41: 159 (1877)
Carex capillaris L. var. *ledebouriana* C.A.Mey. ex Kük., Sp. Pl. 591 (1909)
Carex capillaris L. ssp. *chlorostachya* (Steven) Á.Löve & D.Löve & Raymond, Canad. J. Bot. 35: 749 (1957)
Carex tiogana D.W.Taylor & J.D.Mastrog., Novon 9: 120 (1999)

Representative specimens; Hamgyong-bukto 26 July 1930 頭流山 *Ohwi, J Ohwi s.n.* August 1934 冠帽峰 *Kojima, K Kojima s.n.*

Carex capricornis Meinsh. ex Maxim., Bull. Acad. Imp. Sci. Saint-Petersbourg 31: 119 (1887)

Common name 산양사초 (양뿔사초)

Distribution in Korea: North (Hamgyong, P'yongan), Central (Hwanghae, Gangwon)
Carex pseudocyperus L. var. *brachystachya* Regel & Maack, Tent. Fl.-Ussur. 165 (1861)
Carex brachystachya (Schrank & K.Moll) Akiyama, J. Fac. Sci. Hokkaido Imp. Univ., Ser. 5, Bot. 2: 219 (1932)

Representative specimens; Hamgyong-bukto 21 June 1935 鏡城元師台 *Saito, T T Saito s.n.* **Hamgyong-namdo** 29 June 1940 定平郡宣德面 *Kim, SK s.n.*

Carex caryophyllea Latourr. var. *microtricha* (Franch.) Kük., Pflanzenr. (Engler) 4, 20(38): 466 (1909)

Common name 갈색사초

Distribution in Korea: North
Carex microtricha Franch., Nouv. Arch. Mus. Hist. Nat. 3, 9: 189 (1897)
Carex squamoidea Akiyama, J. Fac. Sci. Hokkaido Imp. Univ., Ser. 5, Bot. 1: 61 (1931)
Carex verna Lam. var. *microtricha* (Franch.) Ohwi, J. Jap. Bot. 11: 410 (1935)

Representative specimens; Hamgyong-namdo 15 June 1932 下碣隅里 *Ohwi, J Ohwi s.n.* 21 June 1932 東上面元豊里 *Ohwi, J Ohwi s.n.*

Carex cespitosa L., Fl. Jap., revised ed., [Ohwi] 232 (1965)

Common name 포기사초

Distribution in Korea: North
Carex pacifica Drejer, Fl. Excurs. Hafn. 292 (1838)
Carex minuta Franch., Bull. Soc. Philom. Paris ser.8, 7: 41 (1895)
Carex usta Franch., Bull. Soc. Philom. Paris ser.8, 7: 41 (1895)
Carex cespitosa L. var. *minuta* (Franch.) Kük., Pflanzenr. (Engler) IV, 20(38): 328 (1909)
Carex cespitosa L. var. *rubra* (H.Lév. & Vaniot) H.Lév., Repert. Spec. Nov. Regni Veg. 7: 104 (1909)
Carex rubra H.Lév. & Vaniot, Bull. Acad. Int. Geogr. Bot. 19: 33 (1909)
Carex cespitosa L. var. *elongata* Ohwi, Mem. Coll. Sci. Kyoto Imp. Univ., Ser. B, Biol. 6(5): 245 (1931)

Representative specimens; Chagang-do 10 May 1911 Kang-gei(Kokai 江界) *Mills, RG Mills556* **Hamgyong-bukto** 15 June 1930 茂山嶺全巨里驛 *Ohwi, J Ohwi s.n.* 19 June 1930 四芝洞 -楡坪 *Ohwi, J Ohwi1411* **Hamgyong-namdo** 15 June 1932 下碣隅里 *Ohwi, J Ohwi s.n.* 27 July 1933 東上面元豊 *Koidzumi, G Koidzumi s.n.* 21 June 1932 東上面豊里 *Ohwi, J Ohwi s.n.* **Rason** 6 June 1930 Sosura (西水羅) Ohwi, *J Ohwi728* **Ryanggang** 4 August 1939 大澤濕地 *Hozawa, S Hozawa s.n.* 24 June 1930 延岩洞-上村 *Ohwi, J Ohwi s.n.* 20 June 1930 三社面楡坪-天水洞 *Ohwi, J Ohwi728* August 1913 長白山 *Mori, T Mori s.n.*

Carex chordorrhiza L.f., Suppl. Pl. 414 (1782)

Common name 긴뿌리사초 (대암사초)

Distribution in Korea: North, Central (Gangwon)
Carex funiformis Clairv., Man. Herbor. Suisse 287 (1811)
Carex fulvicoma Dewey, Amer. J. Sci. Arts 29: 249 (1836)
Carex fischeriana J.Gay, Ann. Sci. Nat., Bot. II, 10: 286 (1838)
Carex chordorrhiza L.f. var. *sphagnicola* Laest. ex Th.Fr., Bot. Not. 1857: 208 (1857)
Carex chordorrhiza L.f. var. *aestivalis* Asch. & Graebn., Syn. Mitteleur. Fl. 2: 23 (1902)

Representative specimens; Ryanggang 24 July 1930 大澤 *Ohwi, J Ohwi s.n.*

Carex chosenica Ohwi, Acta Phytotax. Geobot. 1: 73 (1932)

Common name 조선사초

Distribution in Korea: North
 Carex dahurica ssp. *chosenica* (Ohwi) T.V.Egorova, Novosti Sist. Vyssh. Rast. 22: 61 (1985)

Carex cinerascens Kük., Bull. Herb. Boissier ser 2, 2: 1017 (1902)

Common name 회색사초

Distribution in Korea: North, Central
 Carex micrantha Kük., Bull. Herb. Boissier ser 2, 2: 1018 (1902)
 Carex ouensanensis Ohwi, Mem. Coll. Sci. Kyoto Imp. Univ., Ser. B, Biol. 6(5): 262 (1931)
 Carex cheilungkiangnica A.I.Baranov & Skvortsov, Quart. J. Taiwan Mus. 18: 225 (1965)

Representative specimens; Hamgyong-bukto 7 July 1929 會寧面金生洞 *Goto, K s.n.* 1 June 1930 鏡城 *Ohwi, J Ohwi s.n.* **Rason** 4 June 1930 西水羅 *Ohwi, J Ohwi s.n.*

Carex dickinsii Franch. & Sav., Enum. Pl. Jap. 5: 153 (1873)

Common name 도깨비사초

Distribution in Korea: North (Hamgyong, P'yongan, Kangwon), Central, South
 Carex coreana L.H.Bailey, Mem. Torrey Bot. Club 8 (1889)

Representative specimens; Chagang-do 1 June 1911 Kang-gei(Kokai 江界) *Mills, RG Mills s.n.* **Hamgyong-bukto** 20 June 1909 富寧 *Nakai, T Nakai s.n.* **Kangwon-do** 28 July 1916 長箭溫井里 *? Nakai, T Nakai s.n.* 4 August 1932 金剛山內金剛 *Kobayashi, M Kobayashi s.n.* 6 June 1909 元山 *Nakai, T Nakai s.n.* 7 June 1909 Nakai, T *Nakai s.n.* **P'yongan-bukto** 23 August 1912 Gishu(義州) *Imai, H Imai s.n.* 1 June 1912 白壁山 *Ishidoya, T Ishidoya s.n.* **P'yongyang** 15 May 1910 平壤普通江岸 *Imai, H Imai s.n.*

Carex dimorpholepis Steud., Syn. Pl. Glumac. 2: 214 (1855)

Common name 이삭사초

Distribution in Korea: North (Kangwon), Central, South
 Carex cernua Boott, Ill. Gen. Carex 4: 171 (1867)
 Carex cernua Boott var. *minor* Boott, Ill. Gen. Carex 4: 171 (1867)
 Carex rubescens Boeck., Flora 65: 60 (1882)
 Carex schkuhriana H.Lév. & Vaniot, Bull. Acad. Int. Geogr. Bot. 11: 59 (1902)

Carex dispalata Boott, Narr. Exped. China Japan 2: 325 (1857)

Common name 삿갓사초

Distribution in Korea: North
 Carex subanceps Boeck., Bot. Jahrb. Syst. 5: 520 (1898)
 Carex pollens C.B.Clarke var. *angustior* C.B.Clarke, J. Linn. Soc., Bot. 36: 305 (1904)
 Carex pollens C.B.Clarke, J. Linn. Soc., Bot. 36: 305 (1904)
 Carex dispalata Boott var. *costata* Kük., Pflanzenr. (Engler) IV, 20(38): 617 (1909)
 Carex coronata H.Lév., Repert. Spec. Nov. Regni Veg. 11: 66 (1913)
 Carex persistens Ohwi, Mem. Coll. Sci. Kyoto Imp. Univ., Ser. B, Biol. 5(3): 249 (1930)

Representative specimens; Chagang-do 11 July 1914 蓮田嶺 *Nakai, T Nakai s.n.* **Hamgyong-bukto** 15 June 1930 茂山嶺 *Ohwi, J Ohwi s.n.* 26 May 1930 鏡城 *Ohwi, J Ohwi97* 1 June 1930 Ohwi, *J Ohwi406* **Kangwon-do** 8 June 1909 元山 *Nakai, T Nakai s.n.* **P'yongyang** 15 May 1910 平壤普通江岸 *Imai, H Imai s.n.* **Rason** 6 June 1930 西水羅 *Ohwi, J Ohwi626*

Carex disperma Dewey, Amer. J. Sci. Arts 8: 266 (1824)

Common name 가는사초

Distribution in Korea: North
 Carex tenella Schkuhr, Beschr. Riedgras. 1: 23 (1801)
 Carex blyttii F.Nyl., Spic. Pl. Fenn. 2: 35 (1844)
 Carex misera Franch., Bull. Soc. Philom. Paris ser.8, 7: 31 (1895)
 Carex tenella Schkuhr var. *misera* Franch., Nouv. Arch. Mus. Hist. Nat. 3, Ser. 8: 224 (1896)
 Carex nakaii H.Lév., Bull. Acad. Int. Geogr. Bot. 19: 33 (1909)

A Checklist of North Korean Vascular Plants   T.B. Lee Herbarium (SNUA) – 2019 (C.S. Chang, H. Kim, H.T. Shin & C.H. Lee)

- 556 -

Carex tenella Schkuhr var. *brachycarpa* Kük., Allg. Bot. Z. Syst. 15: 36 (1909)
Carex tenella Schkuhr var. *nakaii* (H.Lév. & Vaniot) H.Lév., Repert. Spec. Nov. Regni Veg. 7: 130 (1919)

Representative specimens; Ryanggang 23 June 1930 倉坪延岩洞間 *Ohwi, J Ohwi s.n.* 20 June 1930 三社面楡坪- 天水洞 *Ohwi, J Ohwi1703*

Carex drymophila Turcz., Bull. Soc. Imp. Naturalistes Moscou 1838: 104 (1838)
Common name 숲이삭사초
Distribution in Korea: North, Central
  Carex orthostachys C.A.Mey. var. *drymophila*(Turcz.) Maxim., Mem. Acad. Imp. Sci. St.-Petersbourg Divers Savans 9: 316 (1859)
  Carex pseudohirta Meinsh., Trudy Imp. S.-Peterburgsk. Bot. Sada 18: 371 (1901)
  Carex burejana Meinsh., Trudy Imp. S.-Peterburgsk. Bot. Sada 18: 368 (1901)
  Carex drymophila Turcz. var. *reducta* Kük., Pflanzenr. (Engler) IV, 20(38): 755 (1909)

Representative specimens; Chagang-do 10 June 1911 Kang-gei(Kokai 江界) *Mills, RG Mills566* **Hamgyong-bukto** 1 June 1930 鏡城 *Ohwi, J Ohwi s.n.* 27 May 1930 Ohwi, *J Ohwi s.n.* 6 July 1930 Ohwi, *J Ohwi s.n.* 12 June 1934 延上面九州帝大北鮮演習林 *Hatsushima, S Hatsushima s.n.* 7 June 1936 茂山面 *Minamoto, M s.n.* 20 June 1909 富寧 *Nakai, T Nakai s.n.* 18 June 1930 延社面四芝洞 *Ohwi, J Ohwi s.n.* 18 June 1930 四芝洞 *Ohwi, J Ohwi1298* **Kangwon-do** 29 July 1916 海金剛 *Nakai, T Nakai s.n.* 8 June 1909 元山 *Nakai, T Nakai s.n.* **P'yongan-bukto** 2 June 1912 白壁山 *Ishidoya, T Ishidoya s.n.* **P'yongan-namdo** 15 June 1928 陽德 *Nakai, T Nakai s.n.* **Ryanggang** 5 August 1940 高頭山 *Hozawa, S Hozawa s.n.* 6 June 1897 平蒲坪 *Komarov, VL Komaorv s.n.* 24 July 1930 大澤 *Ohwi, J Ohwi s.n.* 21 June 1930 天水洞 - 倉坪 *Ohwi, J Ohwi s.n.* 30 July 1930 島內 - 合水 *Ohwi, J Ohwi2911*

Carex duriuscula C.A.Mey., Mem. Acad. Imp. Sci. St.-Petersbourg Divers Savans 1: 214 (1831)
Common name 들좀사초 (들사초)
Distribution in Korea: North
  Carex stenophylla Wahlenb. var. *duriuscula* (C.A.Mey.) Trautv., Trudy Imp. S.-Peterburgsk. Bot. Sada 10: 537 (1888)

Representative specimens; Hamgyong-bukto 3 May 1936 鏡城 *Chang, HD ChangHD10* 1 June 1930 Kyonson 鏡城 *Ohwi, J Ohwi34* July 1934 延上面九州帝大北鮮演習林 *Hatsushima, S Hatsushima s.n.* 28 July 1936 茂山 *Saito, T T Saito2655* 18 June 1930 四芝洞 *Ohwi, J Ohwi393* **Ryanggang** 28 May 1936 坂幕 *Chang, HD ChangHD9*

Carex duriuscula C.A.Mey. ssp. *rigescens* (Franch.) S.Yun Liang & Y.C.Tang, Acta Phytotax. Sin. 28: 155 (1990)
Common name 진남포사초
Distribution in Korea: North, Central
  Carex stenophylla Wahlenb. var. *rigescens* Franch., Pl. David. 1: 318 (1884)
  Carex rigescens (Franch.) V.I.Krecz., Fl. URSS 3: 592 (1935)

Carex duvaliana Franch. & Sav., Index Pl. Jap. 2 (1): 129 (1905)
Common name 곱슬사초
Distribution in Korea: North (Hamgyong, Kangwon), Central
  Carex hololasius H.Lév. & Vaniot, Bull. Acad. Int. Geogr. Bot. 10: 280 (1901)
  Carex tenuissima Boott var. *duvaliana* (Franch. & Sav.) Kük., Pflanzenr. (Engler) IV, 20 (38): 476 (1909)
  Carex sachalinensis F.Schmidt var. *duvaliana* (Franch. & Sav.) T.Koyama, Bull. Arts Sci. Div. Ryukyu Univ. 3: 72 (1959)
  Carex pisiformis Boott var. *duvaliana* (Franch. & Sav.) T.Koyama, Bot. Mag. (Tokyo) 74: 329 (1961)

Carex echinata Murray, Prodr. Stirp. Gott. 76 (1770)
Common name 함북사초
Distribution in Korea: North
  Carex leersii Willd., Fl. Berol. Prodr. 28 (1787)
  Carex stellulata Gooden., Trans. Linn. Soc. London 2: 144 (1794)
  Carex fasciculata Link ex Schkuhr, Beschr. Riedgras. 1: 119 (1801)

Carex grypos Schkuhr, Beschr. Riedgras. 2: 18 (1806)
Carex hydrophila Dumort., Fl. Belg. (Dumortier) 146 (1827)
Carex retusa Degl., Fl. Gall. (ed. 2) 2: 307 (1828)
Carex soleirolii DC. & Duby, Bot. Gall. 1: 498 (1828)
Carex convexa Kit., Linnaea 32: 317 (1863)
Carex leptophylla Heuff., Linnaea 31: 728 (1863)
Carex caflischii Brügger, Jahresber. Naturf. Ges. Graubündens II, 23, 24: 119 (1880)
Carex angustior Mack., Fl. Rocky Mts. 124: 1060 (1917)
Carex ormantha (Fernald) Mack., Erythea 8: 35 (1922)
Carex basilata Ohwi, Acta Phytotax. Geobot. 11: 258 (1942)
Carex svenonis Skottsb., Acta Horti Gothob. 15: 329 (1944)
Carex perileia S.T.Blake, J. Arnold Arbor. 28: 102 (1947)
Carex gajonum Nelmes, Kew Bull. 7: 84 (1952)

Representative specimens; Hamgyong-namdo 15 June 1932 下碣隅里 *Ohwi, J Ohwi s.n.* 21 June 1932 東上面元豊里 *Ohwi, J Ohwi s.n.* 20 June 1932 Ohwi, *J Ohwi s.n.* **Ryanggang** 4 August 1939 大澤濕地 *Hozawa, S Hozawa s.n.* 31 July 1930 醬池 *Ohwi, J Ohwi s.n.*

Carex eleusinoides Turcz. ex Kunth, Enum. Pl. (Kunth) 2: 407 (1837)
Common name 좀시내사초 (엷은갈미사초)
Distribution in Korea: North
   Carex kokrinensis A.E.Porsild, Rhodora 41: 206 (1939)
   Carex eleusinoides Turcz. ex Kunth var. *subalpina* Y.L.Chou, Bull. Bot. Lab. N.E. Forest. Inst., Harbin 1: 14 (1959)

Representative specimens; Ryanggang 31 July 1942 白頭山 *Saito, T T Saito s.n.*

Carex erythrobasis H.Lév. & Vaniot, Repert. Spec. Nov. Regni Veg. 5: 240 (1908)
Common name 한라사초
Distribution in Korea: North, Central, South, Jeju
   Carex hallaisanensis H.Lév. & Vaniot, Repert. Spec. Nov. Regni Veg. 5: 240 (1908)
   Carex pedunculata Muhl. ex Willd. var. *erythrobasis* (H.Lév. & Vaniot) T.Koyama, J. Fac. Sci. Univ. Tokyo, Sect. 3, Bot. 8: 177 (1962)

Representative specimens; Hamgyong-bukto 12 June 1934 延上面九州帝大北鮮演習林 *Hatsushima, S Hatsushima s.n.* **Hamgyong-namdo** 15 June 1932 下碣隅里 *Ohwi, J Ohwi s.n.* **Hwanghae-bukto** 26 June 1930 Mt. Kosan-pon in Mts. Sorryon (雪嶺) Ohwi, *J Ohwi1854* **Kangwon-do** 10 June 1932 Mt. Kumgang (金剛山) Ohwi, *J Ohwi s.n.*

Carex filipes Franch. & Sav., Enum. Pl. Jap. 2: 576 (1878)
Common Name 낚시사초
Distribution in Korea: North, Central, South
   Carex oligostachys Meinsh. ex Matsum., Bull. Acad. Imp. Sci. Saint-Pétersbourg 31: 117 (1887)
   Carex egena H.Lév. & Vaniot, Repert. Spec. Nov. Regni Veg. 4: 227 (1907)
   Carex filipes Franch. & Sav. var. *oligostachys* Kük., Pflanzenr. (Engler) IV, 20(38): 641 (1909)
   Carex filipes Franch. & Sav. ssp. *oligostachys* (Meinsh.) T.Koyama, J. Jap. Bot. 29: 42 (1954)

Representative specimens; Hamgyong-bukto 29 May 1932 北實峰 *Saito, T T Saito38* 19 June 1930 四芝洞 -楡坪 *Ohwi, J Ohwi s.n.* **Kangwon-do** 30 July 1916 金剛山下溫井里 *Nakai, T Nakai s.n.* June 1932 Mt. Kumgang (金剛山) *Ohwi, J Ohwi s.n.* July 1940 平康郡秋 愛山 *Jeon, SK JeonSK s.n.* **P'yongan-namdo** 15 June 1928 陽德 *Nakai, T Nakai s.n.* **Ryanggang** 22 June 1930 倉坪嶺 *Ohwi, J Ohwi s.n.*

Carex flabellata H.Lév. & Vaniot, Bull. Acad. Int. Geogr. Bot. 11: 111 (1902)
Common name 부채사초
Distribution in Korea: North
   Carex prescottiana Boott var. *flabellata* Ohwi, Mem. Coll. Sci. Kyoto Imp. Univ., Ser. B, Biol. 6(5): 257 (1931)

Carex forficula Franch. & Sav., Enum. Pl. Jap. 2: 557 (1878)

Common name 산꼬랑사초 (산뚝사초)

Distribution in Korea: North (Hamgyong, Kangwon), Central, South
  Carex notha (Kunth) Baker & Moore, J. Linn. Soc., Bot. 17: 389 (1880)
  Carex diamantina H.Lév. & Vaniot, Repert. Spec. Nov. Regni Veg. 4: 226 (1907)
  Carex forficula Franch. & Sav. var. *scabrida* Kük., Pflanzenr. (Engler) IV, 20(38): 342 (1909)
  Carex hassiana Loes., Beih. Bot. Centralbl. 37 (2): 95 (1919)

Representative specimens; Hamgyong-bukto 30 May 1930 朱乙溫堡 *Ohwi, J Ohwi345* **Kangwon-do** 2 June 1915 平康郡洗浦濕地 *Nakai, T Nakai s.n.* 9 June 1909 元山 *Nakai, T Nakai s.n.*

Carex fusanensis Ohwi, Acta Phytotax. Geobot. 1: 74 (1932)

Common Name 부산사초

Distribution in Korea: North, South

Carex gibba Wahlenb., Kongl. Vetensk. Acad. Nya Handl. 1: 148 (1803)

Common name 나도별사초 (나도별사초)

Distribution in Korea: Central, South, Jeju
  Carex pteroloma Kunze ex Steud., Syn. Pl. Glumac. 2: 242 (1855)
  Carex anomala Boott, Narr. Exped. China Japan 2: 327 (1857)
  Carex leucocarpa Boeck., Bot. Jahrb. Syst. 5: 515 (1884)
  Carex alta Boott var. *brevior* H.Lév. & Vaniot, Bull. Acad. Int. Geogr. Bot. 10: 126 (1901)

Representative specimens;Hwanghae-bukto 29 May 1939 白川邑 *Hozawa, S Hozawa s.n.*

Carex gifuensis Franch., Bull. Soc. Philom. Paris ser. 8, 7: 47 (1895)

Common name 애기감둥사초

Distribution in Korea: North, Central, South
  Carex argyrostachys H.Lév. & Vaniot, Bull. Acad. Int. Geogr. Bot. 11: 27 (1902)
  Carex gifuensis Franch. f. *argyrostachys* (H.Lév. & Vaniot) Kük., J. Coll. Sci. Imp. Univ. Tokyo 31: 316 (1911)
  Carex gifuensis Franch. var. *koreana* Nakai, Bot. Mag. (Tokyo) 26: 46 (1912)

Representative specimens; Chagang-do 20 June 1909 Kang-gei(Kokai 江界) *Mills, RG Mills570* Type of *Carex gifuensis* Franch. var. *koreana* Nakai (Holotype TI)

Carex glabrescens (Kük.) Ohwi, Mem. Coll. Sci. Kyoto Imp. Univ., Ser. B, Biol. 6(5): 245 (1931)

Common Name 곱슬사초

Distribution in Korea: North, Central
  Carex drymophila Turcz. var. *pilifera* Kük., Pflanzenr. (Engler) IV, 20(38): 755 (1909)
  Carex wallichiana Spreng. f. *glabrescens* Kük., Pflanzenr. (Engler) IV, 20(38): 749 (1909)
  Carex drymophila Turcz. var. *glabrescens* (Kük.) Kitag., Lin. Fl. Manshur. 100 (1939)
  Carex fedia Nees var. *pilifera* (Kük.) T.Koyama, Bot. Mag. (Tokyo) 72: 305 (1959)

Representative specimens; Hamgyong-bukto 12 June 1930 Kyonson 鏡城 *Ohwi, J Ohwi s.n.* 1 June 1930 鏡城邑 *Ohwi, J Ohwi s.n.* 9 July 1930 鏡城 *Ohwi, J Ohwi s.n.* July 1934 延上面九州帝大北鮮演習林 *Hatsushima, S Hatsushima s.n.* **Hamgyong-namdo** 19 June 1932 松興里盤龍山 *Nomura, N Nomura s.n.* 15 June 1932 下碣隅里 *Ohwi, J Ohwi s.n.* 21 June 1932 東上面元豊里 *Ohwi, J Ohwi s.n.* **Kangwon-do** 10 June 1932 Mt. Kumgang (金剛山) *Ohwi, J Ohwi s.n.*

Carex glauciformis Meinsh., Trudy Imp. S.-Peterburgsk. Bot. Sada 18: 389 (1901)

Common name 쌀삿갓사초 (쌀사초)

Distribution in Korea: North

Representative specimens; Hamgyong-bukto 7 July 1929 會寧面金生洞 *Goto, K s.n.* 7 July 1929 會寧 *Goto, S s.n.* **Rason** 4 June 1930 西水羅 *N.E Ohwi, J Ohwi436*

Carex globularis L., Sp. Pl. 976 (1753)

Common name 진들사초

Distribution in Korea: North

Carex oligogyna Less. ex Kunth, Enum. Pl. (Kunth) 2: 442 (1837)

Carex globularis L. var. *mitsuriokensis* (H.Lév. & Vaniot) H.Lév. &Vaniot, Repert. Spec. Nov. Regni Veg. 7: 104 (1909)

Carex mitsuriokensis H.Lév. & Vaniot, Bull. Acad. Int. Geogr. Bot. 19: 33 (1909)

Representative specimens; Chagang-do 4 July 1909 Kang-gei(Kokai 江界) *Mills, RG Mills s.n.* **Hamgyong-namdo** 20 June 1932 東上面元豊里 *Ohwi, J Ohwi s.n.* 21 June 1932 *Ohwi, J Ohwi s.n.* **Ryanggang** 6 June 1897 平蒲坪 *Komarov, VL Komaorv s.n.* 24 July 1930 合水附近東谷 *Ohwi, J Ohwi s.n.* 15 August 1936 虛項嶺 *Chang, HD ChangHD s.n.* 6 August 1914 胞胎山虛項嶺 *Nakai, T Nakai s.n.* 7 August 1914 虛項嶺-神武城 *Nakai, T Nakai s.n.*

Carex gmelinii Hook. & Arn., Bot. Beechey Voy. 118 (1832)

Common name 그멜린사초 (덕진사초)

Distribution in Korea: North

Carex acrolepis Ledeb., Denkschr. Königl.-Baier. Bot. Ges. Regensburg 3: 56 (1841)

Carex binnensis Kneuck., Allg. Bot. Z. Syst. 5: 195 (1899)

Representative specimens; Hamgyong-bukto 28 May 1930 鏡城 *Ohwi, J Ohwi s.n.* **Rason** 28 May 1930 獨津海岸 *Ohwi, J Ohwi271* 6 June 1930 Sosura (西水羅) *Ohwi, J Ohwi544*

Carex gotoi Ohwi, Mem. Coll. Sci. Kyoto Imp. Univ., Ser. B, Biol. 5(3): 248 (1930)

Common name 회령사초

Distribution in Korea: North

Carex sukaczovii V.I.Krecz., Fl. Transbaical. 2: 136 (1931)

Carex songorica Kar. & Kir. ssp. *gotoi* (Ohwi) Popov, Spisok Rast. Gerb. Fl. SSSR Bot. Inst. Vsesojuzn. Akad. Nauk 13: 6 (1955)

Representative specimens; Hamgyong-bukto 15 June 1909 Sungjin (城津) *Nakai, T Nakai s.n.*

Carex hakonensis Franch. & Sav., Enum. Pl. Jap. 2: 550 (1873)

Common name 애기바늘사초

Distribution in Korea: North, Central, South

Carex krameri Franch. & Sav., Enum. Pl. Jap. 1: 551 (1875)

Carex rhizopoda Maxim., Bull. Acad. Imp. Sci. Saint-Petersbourg 31: 114 (1887)

Carex onoei (Franch. & Sav.) Kük. var. *krameri* (Franch. & Sav.) Kük., Pflanzenr. (Engler) IV, 20(38): 101 (1909)

Carex onoei (Franch. & Sav.) Kük. var. *faurieana* Gorodkov, Trudy Bot. Muz. Rossiisk. Akad. Nauk 20: 216 (1927)

Carex hakonensis Franch. & Sav. var. *microcarpa* Akiyama, Carices far E. Asia 1: 45 (1955)

Representative specimens; Kangwon-do 10 June 1932 Mt. Kumgang (金剛山) *Ohwi, J Ohwi s.n.* **P'yongan-namdo** 9 June 1935 黃草嶺 *Nomura, N Nomura s.n.* **Ryanggang** 22 June 1930 倉坪嶺 *Ohwi, J Ohwi1406*

Carex hancockiana Maxim., Bull. Soc. Imp. Naturalistes Moscou 54: 66 (1879)

Common name 검은것사초, 검피사초 (해산사초)

Distribution in Korea: North

Carex alpina Lilj. var. *longipedunculata* Kük., Russk. Bot. Zhurn. 3-6: 101 (1911)

Carex komaroviana A.I.Baranov & Skvortsov, Quart. J. Taiwan Mus. 18: 229 (1965)

Representative specimens; Chagang-do 11 July 1914 臥碣峰鷺峯 *Nakai, T Nakai s.n.* **Hamgyong-bukto** 21 June 1909 茂山嶺 *Nakai, T Nakai s.n.* 15 June 1930 *Ohwi, J Ohwi1060* July 1932 冠帽峰 *Ohwi, J Ohwi s.n.* 6 July 1933 南下石山 *Saito, T T Saito s.n.* July 1934 延上面九州帝大北鮮演習林 *Hatsushima, S Hatsushima s.n.* 25 July 1918 雪嶺 2200m *Nakai, T Nakai s.n.* 11 June 1897 西溪水 *Komarov, VL Komaorv s.n.* 19 June 1930 四芝洞 -楡坪 *Ohwi, J Ohwi s.n.* **Ryanggang** 23 June 1930 倉坪延岩洞間 *Ohwi, J Ohwi1766* 24 July 1930 含山嶺 *Ohwi, J Ohwi2476* 1940 鳳頭里 *Maisaka, G s.n.*

Carex heterolepis Bunge, Enum. Pl. Chin. Bor. 69 (1833)

Common name 산시내사초 (산비늘사초)

Distribution in Korea: North, Central, South
    Carex trappistarum Franch., J. Bot. (Morot) 4: 320 (1890)
    Carex marginaria Franch., Bull. Soc. Philom. Paris ser.8, 7: 40 (1895)
    Carex latinervia H.Lév. & Vaniot, Bull. Acad. Int. Geogr. Bot. 10: 219 (1901)
    Carex forficula Franch. & Sav. var. *spinulosa* Kük. ex Matsum., Index Pl. Jap. 2 (1): 409 (1905)
    Carex periculosa Honda, Bot. Mag. (Tokyo) 44: 408 (1930)
    Carex tobae Honda, Bot. Mag. (Tokyo) 44: 409 (1930)
    Carex heterolepis Bunge var. *abbreviata* Ohwi, Mem. Coll. Sci. Kyoto Imp. Univ., Ser. B, Biol. 6(5): 244 (1931)
    Carex chamarensis T.V.Egorova, Novosti Sist. Vyssh. Rast. 2: 84 (1965)
    Carex heterolepis Bunge var. *zarubinii* Peschkova, Novosti Sist. Vyssh. Rast. 1966: 258 (1966)

Carex heterostachya Bunge, Enum. Pl. Chin. Bor. 69 (1833)

Common name 평양사초 (인제사초)

Distribution in Korea: North, Central
    Carex bungeana Debeaux, Actes Soc. Linn. Bordeaux 33: 68 (1879)
    Carex haematostachys H.Lév. & Vaniot, Bull. Acad. Int. Geogr. Bot. 11: 305 (1902)

Representative specimens; P'yongyang 8 June 1934 P'yongyang (平壤) *Park, MK Park s.n.* 29 June 1935 *Sakaguchi, S s.n.*

Carex hondoensis Ohwi, Mem. Coll. Sci. Kyoto Imp. Univ., Ser. B, Biol. 5(3): 252 (1930)

Common Name 일본사초

Distribution in Korea: North, Central

Carex humbertiana Ohwi, Acta Phytotax. Geobot. 2: 102 (1933)

Common name 큰뚝사초

Distribution in Korea: North, Central

Carex hypochlora Freyn, Oesterr. Bot. Z. 53: 26 (1903)

Common name 참사초

Distribution in Korea: North, Central

Carex idzuroei Franch. & Sav., Enum. Pl. Jap. 2: 583 (1878)

Common Name 좀도깨비사초

Distribution in Korea: North
    Carex pseudovesicaria H.Lév. & Vaniot, Bull. Acad. Int. Geogr. Bot. 11: 180 (1902)

Carex jaluensis Kom., Trudy Imp. S.-Peterburgsk. Bot. Sada 20: 369 (1901)

Common name 참삿갓사초 (참삿갓사초)

Distribution in Korea: North (Hamgyong, P'yongan, Kangwon), Central, South
    Carex dineuros C.B.Clarke, J. Linn. Soc., Bot. 36: 283 (1903)
    Carex crassibasis H.Lév. & Vaniot, Repert. Spec. Nov. Regni Veg. 5: 194 (1908)

Representative specimens; Hamgyong-bukto 30 May 1930 朱乙溫堡 *Ohwi, J Ohwi368* 6 June 1936 甫上洞大桐樹谷 *Saito, T T Saito s.n.* **Hamgyong-namdo** 9 May 1935 咸興歸州寺 *Nomura, N Nomura s.n.* 13 May 1934 咸興西上里提防 *Nomura, N Nomura s.n.* 21 June 1932 東上面元豐里 *Ohwi, J Ohwi s.n.* **Kangwon-do** 12 July 1936 外金剛千佛山 *Nakai, T Nakai s.n.* 31 July 1916 Mt. Kumgang (金剛山) *Nakai, T Nakai s.n.* 10 June 1932 *Ohwi, J Ohwi s.n.* 18 August 1902 *Uchiyama, T Uchiyama s.n.* July 1901 Nai Piang*Faurie, UJ Faurie s.n.* 15 June 1938 安邊郡衛益面三防 *Park, MK Park s.n.* **P'yongan-namdo** 9 June 1935 黃草嶺 *Nomura, N Nomura s.n.* **Rason** 30 June 1938 松眞山 *Saito, T T Saito8208*

Carex japonica Thunb., Syst. Veg., ed. 14 (J. A. Murray) 845 (1784)

Common name 개찌버리사초

Distribution in Korea: North (Hamgyong, Kangwon), Central, South, Ulleung

   Carex japonica Thunb. var. *minor* Boott, Ill. Gen. Carex 2: 88 (1860)

   Carex motoskei Miq., Ann. Mus. Bot. Lugduno-Batavi 2: 248 (1866)

   Carex trichostyles Franch. & Sav., Enum. Pl. Jap. 2: 581 (1878)

   Carex tokioensis Boeck., Flora 65: 63 (1882)

   Carex japonica Thunb. var. *gracilis* Franch., Nouv. Arch. Mus. Hist. Nat. III, 10: 78 (1898)

   Carex doniana Spreng. var. *minor* Boott, J. Linn. Soc., Bot. 36: 292 (1903)

   Carex japonica Thunb. var. *trichostyles* Franch. & Vaniot, Bull. Acad. Int. Geogr. Bot. 12: 600 (1903)

   Carex japoniciformis Nakai, Report. Veget. Kamikochi 34 (1928)

   Carex albidibasis T.Koyama, J. Jap. Bot. 30: 136 (1955)

Representative specimens; Hamgyong-bukto 7 July 1930 Kyonson 鏡城 *Ohwi, J Ohwi943* 19 September 1935 南下石山 *Saito, T T Saito s.n.* **Kangwon-do** 12 August 1916 金剛山長安寺附近 *Nakai, T Nakai s.n.* 7 August 1940 Mt. Kumgang (金剛山) *Okuyama, S Okuyama s.n.* 7 June 1909 元山 *Nakai, T Nakai s.n.* **P'yongan-namdo** 15 June 1928 陽德 *Nakai, T Nakai s.n.*

Carex kirganica Kom., Repert. Spec. Nov. Regni Veg. 13: 164 (1914)

Common name 가는줄기주름사초 (서수라사초)

Distribution in Korea: North, Central

   Carex rugulosa Kük. var. *graciliculmis* (Ohwi) Kitag., Bot. Mag. (Tokyo) 48: 31 (1934)

Representative specimens; Hamgyong-namdo 15 June 1932 下碣隅里 *Ohwi, J Ohwi s.n.* **Rason** 4 June 1930 西水羅 *Ohwi, J Ohwi s.n.*

Carex kobomugi Ohwi, Mem. Coll. Sci. Kyoto Imp. Univ., Ser. B, Biol. 5(3): 281 (1930)

Common name 보리사초, 통보리사초 (통보리사초)

Distribution in Korea: North, Central

   Carex macrocephala Willd. ex Spreng. & Link var. *longibracteata* Oliv., J. Linn. Soc., Bot. 9: 170 (1866)

   Carex macrocephala Willd. ex Spreng. & Link var. *kobomugi* (Ohwi) Miyabe & Kudô, J. Fac. Agric. Hokkaido Imp. Univ. 26 (2): 221 (1931)

   Carex macrocephala Willd. ex Spreng. & Link f. *kobomugi* (Ohwi) Makino, Ill. Fl. Nippon (Makino) 738 (1940)

   Vignea kobomugi (Ohwi) Soják, Cas. Nar. Mus., Odd. Prir. 148: 195 (1979)

Representative specimens; Hamgyong-bukto 22 July 1934 羅南 *Yoshimizu, K s.n.* 28 May 1930 Kyonson 鏡城 *Ohwi, J Ohwi s.n.* 11 July 1930 鏡城海岸 *Ohwi, J Ohwi s.n.* 4 June 1930 Kyonson 鏡城 *Ohwi, J Ohwi s.n.* 18 August 1934 東村海岸 (鏡城街道) *Saito, T T Saito s.n.* 8 August 1918 實村 *Nakai, T Nakai s.n.* **Hwanghae-namdo** 9 July 1921 Sorai Beach 九味浦 *Mills, RG Mills s.n.* **Kangwon-do** 28 July 1916 長箭 *Nakai, T Nakai s.n.* 8 June 1909 元山 *Nakai, T Nakai s.n.* **Rason** 4 June 1930 西水羅 *Ohwi, J Ohwi s.n.*

Carex korshinskyi Kom., Trudy Imp. S.-Peterburgsk. Bot. Sada 20: 394 (1901)

Common name 양지사초 (유성사초)

Distribution in Korea: North

   Carex costata Turcz. ex Ledeb., Fl. Ross. (Ledeb.) 4: 305 (1852)

   Carex supina Willd. ex Wahlenb. var. *costata* Meinsh., Trudy Imp. S.-Peterburgsk. Bot. Sada 18: 392 (1901)

   Carex supina Willd. ex Wahlenb. var. *korshinskyi* (Kom.) Kük., Pflanzenr. (Engler) IV, 20(38): 457 (1909)

Representative specimens; Chagang-do 6 July 1911 Kang-gei(Kokai 江界) *Mills, RG Mills567* **Hamgyong-bukto** 20 June 1909 輸城 *Nakai, T Nakai s.n.* 29 April 1933 羅南支庫前 *Saito, T T Saito s.n.* 25 May 1930 鏡城 *Ohwi, J Ohwi s.n.* 14 June 1936 甫上洞 *Saito, T T Saito s.n.* July 1934 延上面九州帝大北鮮演習林 *Hatsushima, S Hatsushima s.n.* 20 June 1909 富寧 *Nakai, T Nakai s.n.*

Carex lachenalii Schkuhr, Beschr. Riedgras. 1: 51 (1801)

Common name 산타래사초

Distribution in Korea: North

Carex tripartita All., Fl. Pedem. 2: 265 (1785)
Carex lagopina Wahlenb., Kongl. Vetensk. Acad. Nya Handl. 1: 145 (1803)
Carex cooptanda C.B.Clarke, Fl. Brit. Ind. 6: 707 (1894)
Carex bipartita All. var. *austromontana* F.J.Herm., Leafl. W. Bot. 10: 16 (1963)

Representative specimens; Ryanggang August 1913 長白山 *Mori, T Mori s.n.*

Carex laevissima Nakai, Repert. Spec. Nov. Regni Veg. 13: 245 (1914)

Common name 애괭이사초

Distribution in Korea: North, Central, South

Representative specimens; Hamgyong-bukto 15 May 1929 會寧面水南洞 *Goto, K s.n.* 25 May 1930 鏡城 *Ohwi, J Ohwi s.n.* 25 May 1930 *Ohwi, J Ohwi29* 12 June 1934 延上面九州帝大北鮮演習林 *Hatsushima, S Hatsushima s.n.* 21 June 1938 穩城郡甑山 *Saito, T T Saito s.n.* **Hamgyong-namdo** 15 June 1941 咸興城川江 *Suzuki, T s.n.* 15 June 1932 下碣隅里 *Ohwi, J Ohwi s.n.* 16 August 1934 永古面松興里 *Yamamoto, A Yamamoto s.n.* **Kangwon-do** 10 June 1932 Mt. Kumgang (金剛山) *Ohwi, J Ohwi s.n.* **Ryanggang** 25 August 1934 豊山郡熊耳面北水白山 *Yamamoto, A Yamamoto s.n.* 10 August 1936 白頭山 *Chang, HD ChangHD s.n.*

Carex lanceolata Boott, Narr. Exped. China Japan 2: 326 (1857)

Common name 그늘사초

Distribution in Korea: North, Central, South
Carex longisquamata Meinsh. ex Kom., Trudy Imp. S.-Peterburgsk. Bot. Sada 20: 399 (1901)
Carex delicatula C.B.Clarke, Bull. Misc. Inform. Kew, Addit. Ser. 8: 79 (1908)
Carex yesoensis Koidz., Bot. Mag. (Tokyo) 32: 55 (1918)
Carex lanceolata Boott var. *albomediana* Makino, J. Jap. Bot. 6: 38 (1929)
Carex subpediformis (Kük.) Sutô & Suzuki, Bull. Coll. Agric. Utsunomiya Univ. 8: 11 (1933)
Carex prevernalis Kitag., Bot. Mag. (Tokyo) 48: 15 (1934)
Carex lanceolata Boott var. *laxa* Ohwi, Mem. Coll. Sci. Kyoto Imp. Univ., Ser. B, Biol. 11(5): 402 (1936)
Carex karafutoana Ohwi, Mem. Coll. Sci. Kyoto Imp. Univ., Ser. B, Biol. 18: 170 (1944)
Carex humilis Leyss. ssp. *lanceolata* (Boott) T.Koyama, J. Fac. Sci. Univ. Tokyo, Sect. 3, Bot. 8: 176 (1962)
Carex humilis Leyss. var. *subpediformis* (Kük.) T.Koyama, J. Fac. Sci. Univ. Tokyo, Sect. 3, Bot. 8: 176 (1962)

Representative specimens; Chagang-do 5 April 1911 Kang-gei(Kokai 江界) *Mills, RG Mills520* 9 May 1911 *Mills, RG Mills524* 9 May 1911 *Mills, RG Mills526* **Hamgyong-bukto** 17 June 1909 淸津 *Nakai, T Nakai s.n.* 25 May 1930 Kyonson 鏡城 *Ohwi, J Ohwi43* July 1934 延上面九州帝大北鮮演習林 *Hatsushima, S Hatsushima s.n.* 7 June 1936 茂山面 *Minamoto, M s.n.* 14 May 1897 江八嶺 *Komarov, VL Komaorv s.n.* **Hamgyong-namdo** 6 May 1934 咸興盤龍山 *Nomura, N Nomura s.n.* 28 April 1935 下岐川面保ín - 三巨 *Nomura, N Nomura s.n.* 21 June 1932 東上面元豊里 *Ohwi, J Ohwi s.n.* **P'yongan-bukto** 5 June 1912 白壁山 *Ishidoya, T Ishidoya s.n.* **P'yongyang** 25 April 1910 平壤乙密臺 *Imai, H Imai s.n.* 25 April 1910 *Imai, H Imai s.n.* **Rason** 6 June 1930 Sosura (西水羅) *Ohwi, J Ohwi588* **Ryanggang** 大澤 *Yang, IS s.n.*

Carex lasiocarpa Ehrh., Hannover. Mag. 9: 132 (1784)

Common name 벌사초

Distribution in Korea: North
Carex splendida Willd., Fl. Berol. Prodr. 33 (1787)
Carex filiformis L. var. *australis* L.H.Bailey, Mem. Torrey Bot. Club 1: 56 (1889)
Carex filiformis L. var. *occultans* Franch., Nouv. Arch. Mus. Hist. Nat. III, 10: 89 (1898)
Carex lasiocarpa Ehrh. var. *occultans* (Franch.) Kük., Pflanzenr. (Engler) IV, 20(38): 747 (1909)
Carex stenophylla Wahlenb. f. *pachystylis* (J.Gay) Kük., Pflanzenr. (Engler) IV, 20(38): 121 (1909)
Carex koidzumii Honda, Bot. Mag. (Tokyo) 45: 3 (1931)
Carex occultans (Franch.) V.I.Krecz., Fl. URSS 3: 471 (1935)
Carex koidzumii Honda var. *fuscata* (Ohwi) Ohwi, Mem. Coll. Sci. Kyoto Imp. Univ., Ser. B, Biol. 11(5): 506 (1936)

Representative specimens;Rason 4 June 1930 西水羅 *Ohwi, J Ohwi484* **Ryanggang** 24 July 1930 大澤 *Ohwi, J Ohwi s.n.* 31 July 1930 醬池 *Ohwi, J Ohwi2881*

Carex lasiolepis Franch., Bull. Soc. Philom. Paris ser. 8, 7: 46 (1895)

Common name 난사초

Distribution in Korea: North (Hamgyong, Kangwon), Central
  Carex adumana Makino, Bot. Mag. (Tokyo) 9: 258 (1895)
  Carex lasiolepis Franch. var. *lata* Ohwi, Acta Phytotax. Geobot. 1: 74 (1932)
  Carex holotricha Ohwi, Acta Phytotax. Geobot. 7: 131 (1938)

Representative specimens; Hamgyong-bukto 8 August 1930 漁遊洞 *Ohwi, J Ohwi s.n.* 4 May 1933 羅南西北谷 *Saito, T T Saito473* 8 August 1930 吉州郡鶴舞山 (Mt. Hakumusan) *Ohwi, J Ohwi s.n.* Type of *Carex lasiolepis* Franch. var. *lata* Ohwi (Holotype KYO) **Hamgyong-namdo** 16 April 1934 祥興里磐龍山 *Nomura, N Nomura s.n.* 10 May 1941 咸興定和陵 *Suzuki, T 49* 28 April 1935 下岐川面保庄 - 三巨 *Nomura, N Nomura s.n.* **Kangwon-do** 31 July 1916 金剛山群仙峽 *Nakai, T Nakai s.n.* 10 June 1932 Mt. Kumgang (金剛山) *Ohwi, J Ohwi s.n.* 10 June 1932 *Ohwi, J Ohwi s.n.* Type of *Carex holotricha* Ohwi (Holotype KYO)

Carex latisquamea Kom., Trudy Imp. S.-Peterburgsk. Bot. Sada 18: 447 (1901)

Common name 넓은잎사초 (털잎사초)

Distribution in Korea: North, Central
  Carex villosa Boott, Narr. Exped. China Japan 2: 327 (1857)
  Carex villosa Boott var. *wrightii* Franch. & Sav., Enum. Pl. Jap. 2: 567 (1879)
  Carex villosa Boott var. *latisquamea* (Kom.) Kük., Pflanzenr. (Engler) IV, 20(38): 641 (1909)

Representative specimens;Rason 7 June 1930 Sakurayama Sosura (西水羅) NE *Ohwi, J Ohwi s.n.* 7 June 1930 西水羅 *Ohwi, J Ohwi775*

Carex laxa Wahlenb., Kongl. Vetensk. Acad. Nya Handl. 1803: 156 (1803)

Common name 실이삭사초

Distribution in Korea: North
  Carex macrochlamys Franch., Bull. Soc. Philom. Paris ser.8, 7: 49 (1895)

Representative specimens; Hamgyong-namdo 15 June 1932 下碣隅里 *Ohwi, J Ohwi s.n.* 21 June 1932 東上面元豊里 *Ohwi, J Ohwi s.n.* **Ryanggang** 24 July 1930 大澤 *Ohwi, J Ohwi s.n.*

Carex lehmannii Drejer, Symb. Caricol. 13 (1844)

Common name 송이사초

Distribution in Korea: North

Representative specimens; Hamgyong-bukto 26 June 1930 雪嶺東斜面 *Ohwi, J Ohwi s.n.*

Carex leiorhyncha C.A.Mey., Mem. Acad. Imp. Sci. St.-Petersbourg Divers Savans 1: 217 (1831)

Common name 산괭이사초

Distribution in Korea: North, Central, South
  Carex nemarosa Kunth, Enum. Pl. (Kunth) 2: 388 (1837)
  Carex setariiformis Turcz. ex Boott, Ill. Gen. Carex 4: 189 (1867)
  Vignea leiorhyncha (C.A.Mey.) Soják, Cas. Nar. Mus., Odd. Prir. 148: 196 (1979)

Representative specimens; Chagang-do 15 June 1911 Kang-gei(Kokai 江界) *Mills, RG Mills505* **Hamgyong-bukto** 2 June 1933 羅南西北谷 *Saito, T T Saito s.n.* 19 August 1914 東下面鳳儀面 *Nakai, T Nakai s.n.* 16 June 1938 行營 *Saito, T T Saito s.n.* July 1932 鏡城 *Ito, H s.n.* July 1932 冠帽峰 *Ohwi, J Ohwi s.n.* 14 June 1930 Kyonson 鏡城 *Ohwi, J Ohwi s.n.* 20 June 1909 富寧 *Nakai, T Nakai s.n.* **Hamgyong-namdo** 2 September 1934 蓮花山斗安垈谷 *Yamamoto, A Yamamoto s.n.* 23 July 1933 東上面漢垈里 *Koidzumi, G Koidzumi s.n.* 23 July 1935 蓋馬高原弁天島 *Nomura, N Nomura s.n.* 26 July 1935 Donha-myeon Unsan-ri (東下面雲山里) *Nomura, N Nomura s.n.* 14 August 1940 赴戰高原漢垈里 *Okuyama, S Okuyama s.n.* 16 August 1934 東上面赴戰嶺 *Yamamoto, A Yamamoto s.n.* **Hwanghae-bukto** 29 May 1939 白川邑 *Hozawa, S Hozawa s.n.* **Hwanghae-namdo** 29 July 1935 長壽山 *Koidzumi, G Koidzumi s.n.* **Kangwon-do** 10 June 1932 Mt. Kumgang (金剛山) *Ohwi, J Ohwi s.n.* 14 August 1933 安邊郡衛益面三防 *Nomura, N Nomura s.n.* **P'yongan-bukto** 6 June 1912 Unsan (雲山) *Ishidoya, T Ishidoya s.n.* **P'yongyang** 15 May 1910 平壤普通江岸 *Imai, H Imai s.n.* 22 June 1909 平壤市街附近 *Imai, H Imai s.n.* **Ryanggang** 26 July 1914 三水- 惠山鎭 *Nakai, T Nakai s.n.* 5 August 1914 寶泰洞胞胎山 *Nakai, T Nakai s.n.*

Carex limosa L., Sp. Pl. 977 (1753)

Common name 진펄사초, 싸할사초 (대택사초)

Distribution in Korea: North

Carex elegans Willd., Fl. Berol. Prodr. 34 (1787)
Carex limosa L. var. *fuscocuprea* Kük., Pflanzenr. (Engler) IV, 20(38): 505 (1909)
Carex fuscocuprea (Kük.) V.I.Krecz., Fl. URSS 3: 244 (1935)

Representative specimens; Hamgyong-namdo 15 June 1932 下碣隅里 *Ohwi, J Ohwi s.n.* 21 June 1932 東上面元豊里 *Ohwi, J Ohwi s.n.*
Ryanggang 4 August 1939 大澤濕地 *Hozawa, S Hozawa s.n.* 24 July 1930 大澤 *Ohwi, J Ohwi2561* 31 July 1930 醬池 *Ohwi, J Ohwi2841*

Carex lithophila Turcz., Bull. Soc. Imp. Naturalistes Moscou 1838: 104 (1838)
Common name 바위사초
Distribution in Korea: North
  Carex distichoidea H.Lév. & Vaniot, Bull. Acad. Int. Geogr. Bot. 10: 108 (1901)
  Carex mongolica A.I.Baranov & Skvortsov, Quart. J. Taiwan Mus. 18: 224 (1965)
  Carex disticha Huds. ssp. *lithophila* (Turcz.) Hämet-Ahti, Ann. Bot. Fenn. 7: 272 (1970)
  Vignea lithophila (Turcz.) Soják, Cas. Nar. Mus., Odd. Prir. 148: 196 (1979)

Representative specimens; Hamgyong-bukto 7 July 1929 會寧面金生洞 *Goto, K s.n.* 15 May 1929 會寧部會寧面水南洞 *Goto, K s.n.* 15 June 1930 茂山嶺 *Ohwi, J Ohwi1019* 8 July 1936 鶴浦-行營 *Saito, T T Saito s.n.* **Rason** 4 June 1930 西水羅 *Ohwi, J Ohwi427*

Carex livida (Wahlenb.) Willd., Sp. Pl. (ed. 5; Willdenow) 4: 285 (1805)
Common name 밀사초 (동백사초)
Distribution in Korea: North
  Carex limosa L. var. *livida* Wahlenb., Kongl. Vetensk. Acad. Nya Handl. 1: 162 (1803)
  Carex grayana Dewey, Amer. J. Sci. Arts 25: 141 (1834)
  Carex fujitae Kudô, J. Coll. Agric. Hokkaido Imp. Univ. 11: 82 (1922)
  Carex fujimakii M.Kikuchi, Rep. (Annual) Gakugei Fac. Iwate Univ. 13: 47 (1958)

Representative specimens; Hamgyong-namdo 17 June 1932 東白山 *Ohwi, J Ohwi s.n.*

Carex loliacea L., Sp. Pl. 974 (1753)
Common name 북사초 (호밀사초)
Distribution in Korea: North
  Carex quaternaria Spreng., Syst. Veg. (ed. 16) [Sprengel] 3: 809 (1826)
  Vignea loliacea (L.) Rchb., Handb. Gewachsk., ed. 2, 3: 1610 (1830)
  Carex sibirica Willd. ex Kunth, Enum. Pl. (Kunth) 2: 406 (1837)

Representative specimens; Hamgyong-bukto 31 July 1932 渡正山 *Saito, T T Saito s.n.* 12 June 1934 延上面九州帝大北鮮演習林 *Hatsushima, S Hatsushima s.n.* 22 June 1930 楡坪洞 *Ohwi, J Ohwi s.n.* 17 June 1930 四芝嶺 *Ohwi, J Ohwi s.n.* **Hamgyong-namdo** 2 September 1934 蓮花山 *Kojima, K Kojima s.n.* 21 June 1932 東上面元豊里 *Ohwi, J Ohwi s.n.* **P'yongan-namdo** 9 June 1935 黃草嶺 *Nomura, N Nomura s.n.* **Ryanggang** 19 June 1930 四芝坪-楡坪 *Ohwi, J Ohwi s.n.*

Carex longirostrata C.A.Mey., Mem. Acad. Imp. Sci. St.-Petersbourg Divers Savans 1: 220 (1831)
Common name 피사초
Distribution in Korea: North, Central, Jeju
  Carex bispicata Hook. & Arn., Bot. Beechey Voy. 118 (1832)
  Carex camtschatcense Kunth, Enum. Pl. (Kunth) 2: 477 (1837)
  Carex longirostrata C.A.Mey. var. *recurvifolia* Kük., Pflanzenr. (Engler) IV, 20(38): 636 (1909)
  Carex tenuistachya Nakai, Bot. Mag. (Tokyo) 36: 127 (1922)
  Carex longirostrata C.A.Mey. var. *pallida* (Kitag.) Ohwi, Acta Phytotax. Geobot. 4: 43 (1935)
  Carex nodaeana A.I.Baranov & Skvortsov, Quart. J. Taiwan Mus. 18: 225 (1965)
  Carex pseudolongirostrata Y.L.Chang & Y.L.Yang, Fl. Pl. Herb. Chin. Bor.-Or. 11: 206 (1976)

Representative specimens; Hamgyong-bukto 15 June 1930 茂山嶺 *Ohwi, J Ohwi s.n.* 26 May 1930 鏡城 *Ohwi, J Ohwi s.n.* 26 May 1930 *Ohwi, J Ohwi s.n.* July 1932 冠帽峰 *Ohwi, J Ohwi s.n.* July 1934 延上面九州帝大北鮮演習林 *Hatsushima, S Hatsushima s.n.* **Hamgyong-namdo** 15 June 1932 下碣隅里 *Ohwi, J Ohwi s.n.* **Kangwon-do** 7 June 1909 元山 *Nakai, T Nakai s.n.* **Rason** 6 June 1930 西水羅 *Ohwi, J Ohwi s.n.* **Ryanggang** 19 June 1930 楡坪 *Ohwi, J Ohwi s.n.* 10 August 1914 白頭山 *Nakai, T Nakai s.n.*

Carex lyngbyei Hornem., Fl. Dan. 0: t. 1888 (1827)

Common Name 산이삭사초

Distribution in Korea: North
  Carex cryptocarpa C.A.Mey., Mem. Acad. Imp. Sci. St.-Petersbourg Divers Savans 1: 226 (1831)
  Carex scouleri Torr., Ann. Lyceum Nat. Hist. New York 3: 398 (1836)
  Carex filipendula Drejer, Naturhist. Tidsskr. 3: 468 (1841)
  Carex qualicumensis L.H.Bailey, Bull. Torrey Bot. Club 20: 428 (1893)
  Carex laticuspis Franch., Bull. Soc. Philom. Paris VIII, 7: 58 (1895)
  Carex prionocarpa Franch., Bull. Soc. Philom. Paris ser.8, 7: 87 (1895)
  Carex lyngbyei Hornem. var. *prionocarpa* (Franch.) Kük., Pflanzenr. (Engler) IV, 20(38): 364 (1909)
  Carex pedunculifera Kom., Repert. Spec. Nov. Regni Veg. 13: 163 (1914)
  Carex riabushinskii Kom., Repert. Spec. Nov. Regni Veg. 13: 163 (1914)
  Carex lyngbyei Hornem. ssp. *cryptocarpa* (C.A.Mey.) Hultén, Kongl. Svenska Vetensk. Acad. Handl. 3, 5: 188 (1927)
  Carex lyngbyei Hornem. var. *cryptocarpa* (C.A.Mey.) Hultén, Fl. Kamtchatka 1: 188 (1927)
  Carex lyngbyei Hornem. ssp. *phenocarpa* Akiyama, Bot. Mag. (Tokyo) 47: 69 (1933)

Representative specimens;Rason 6 June 1930 Sosura (西水羅) *Ohwi, J Ohwi709* **Ryanggang** 5 August 1940 高頭山 *Hozawa, S Hozawa s.n.*

Carex maackii Maxim., Mem. Acad. Imp. Sci. St.-Petersbourg Divers Savans 9: 308 (1859)

Common name 타래사초

Distribution in Korea: North (Hamgyong, P'yongan), Central, South
  Carex nipponica Franch., Bull. Soc. Bot. N. France 26: 89 (1879)
  Carex calcitrapa Franch., Bull. Soc. Philom. Paris ser.8, 7: 30 (1895)
  Carex maackii Maxim. var. *nipponica* (Franch.) Ohwi, Mem. Coll. Sci. Kyoto Imp. Univ., Ser. B, Biol. 5(3): 280 (1930)

Representative specimens; Chagang-do 28 June 1911 Kang-gei(Kokai 江界) *Mills, RG Mills565* **Kangwon-do** 8 June 1909 元山 *Nakai, T Nakai s.n.* **P'yongyang** 26 May 1912 大聖山下 *Imai, H Imai s.n.*

Carex mackenziei V.I.Krecz., Fl. URSS 3: 183 (1935)

Common Name 큰산사초

Distribution in Korea: North
  Carex norvegica Retz. var. *isostachya* Norman, Forh. Vidensk.-Selsk. Kristiania 16: 48 (1893)

Carex makinoensis Franch., Bull. Soc. Philom. Paris ser. 8, 7: 47 (1895)

Common Name 바위포기사초

Distribution in Korea: North, Central
  Carex warburgiana Kük., Bull. Herb. Boissier ser 2, 5: 1162 (1905)
  Carex shimadae Hayata, J. Coll. Sci. Imp. Univ. Tokyo 30: 396 (1911)

Carex mandshurica Meinsh., Bot. California 55: 197 (1893)

Common name 만주사초

Distribution in Korea: North

Representative specimens; Hamgyong-namdo 21 June 1932 東上面元豊里 *Ohwi, J Ohwi s.n.*

Carex meyeriana Kunth, Enum. Pl. (Kunth) 2: 438 (1837)

Common name 진들검정사초

Distribution in Korea: North, Central
  Carex crassinervia Franch., Bull. Soc. Philom. Paris ser.8, 7: 37 (1895)
  Carex funicularis Franch., Bull. Soc. Philom. Paris ser.8, 7: 37 (1895)
  Carex meyeriana Kunth var. *scabra* Meinsh., Trudy Imp. S.-Peterburgsk. Bot. Sada 18: 349 (1901)
  Carex putjatini Kom., Izv. Imp. Bot. Sada Petra Velikago 16: 154 (1916)

Representative specimens; Hamgyong-bukto 20 June 1909 富寧 *Nakai, T Nakai s.n.* **Hamgyong-namdo** 15 June 1932 下碣隅里 *Ohwi, J Ohwi s.n.* 21 June 1932 東上面元豊里 *Ohwi, J Ohwi s.n.* **Rason** 4 June 1930 Sosura (西水羅) *Ohwi, J Ohwi458* **Ryanggang** 9 August 1937 大澤 *Saito, T T Saito2672* 15 August 1914 谿間里 *Ikuma, Y Ikuma s.n.*

Carex misandra R.Br., Chlor. Melvill. 25 (1823)

Common Name 얼룩사초

Distribution in Korea: North

    Carex fuliginosa Schkuhr var. *misandra* O.Lang, Linnaea 1: 597 (1851)

Representative specimens; **Ryanggang** 10 August 1914 白頭山 *Nakai, T Nakai s.n.*

Carex miyabei Franch., Bull. Annuel Soc. Philom. Paris ser. 8: 7 (1895)

Common Name 융단사초

Distribution in Korea: North, Central

    Carex wallichiana Prescott ex Nees var. *miyabei* (Franch.) Kük. f. *glabrescens* Kük., Pflanzenr. (Engler) 38: 749 (1909)

    Carex wallichiana Spreng. var. *miyabei* (Franch.) Kük., Pflanzenr. (Engler) IV,20 (38): 749 (1909)

Carex mollicula Boott, Ill. Gen. Carex 4: 192 (1867)

Common name 애기흰사초

Distribution in Korea: North, Central, South, Jeju, Ulleung

    Carex arcuata Franch., Bull. Soc. Philom. Paris ser.7, 10: 106 (1896)

    Carex mollicula Boott f. *lutescens* Kük., Pflanzenr. (Engler) IV, 20(38): 622 (1909)

Representative specimens; **Kangwon-do** July 1932 Mt. Kumgang (金剛山) *Smith, RK Smith s.n.*

Carex mollissima Christ ex Scheutz, Kongl. Svenska Vetensk. Acad. Handl. n.s. 22(10): 181 (1888)

Common Name 염낭사초

Distribution in Korea: North

    Carex vesicaria L. var. *reflexa* Meinsh., Trudy Imp. S.-Peterburgsk. Bot. Sada 18: 373 (1901)

    Carex divaricata Kük., Oefvers. Forh. Finska Vetensk.-Soc. 45: 12 (1902)

    Carex yingkiliensis A.I.Baranov & Skvortsov, Quart. J. Taiwan Mus. 18: 226 (1965)

Representative specimens; **Hamgyong-bukto** 31 July 1932 渡正山 *Saito, T T Saito s.n.*

Carex nervata Franch. & Sav., Enum. Pl. Jap. 2: 566 (1878)

Common name 잔디사초 (양지사초)

Distribution in Korea: North, Cental, South

    Carex homoiolepis Franch. & Sav., Enum. Pl. Jap. 2: 567 (1878)

    Carex vidalii Franch. & Sav., Enum. Pl. Jap. 2: 365 (1878)

    Carex caryophyllea Latourr. ssp. *nervata* (Franch. & Sav.) Kük., Pflanzenr. (Engler) IV, 20(38): 465 (1909)

Representative specimens; **Chagang-do** 21 July 1914 大興里- 山羊 *Nakai, T Nakai s.n.* **Hamgyong-bukto** 1 June 1930 Kyonson 鏡城 *Ohwi, J Ohwi s.n.* **Kangwon-do** 8 June 1909 元山 *Nakai, T Nakai s.n.* **Ryanggang** 6 August 1914 胞胎山虛項嶺 *Nakai, T Nakai s.n.*

Carex neurocarpa Maxim., Mem. Acad. Imp. Sci. St.-Petersbourg Divers Savans 9: 306 (1859)

Common name 괭이사초

Distribution in Korea: North, Central, South

Representative specimens; **Hamgyong-bukto** 13 June 1929 會寧面竹基洞 *Goto, K s.n.* 13 June 1929 *Goto, K s.n.* 15 June 1930 茂山嶺西麓 *Ohwi, J Ohwi985* 13 July 1930 鏡城 *Ohwi, J Ohwi s.n.* 13 July 1930 Kyonson 鏡城 *Ohwi, J Ohwi s.n.* 13 July 1930 鏡城 *Ohwi, J Ohwi2380* 12 July 1936 龍溪 *Saito, T T Saito s.n.* **Hamgyong-namdo** 17 August 1940 西湖津 *Okuyama, S Okuyama s.n.* **Hwanghae-bukto** 10 September 1902 黃州 - 平壤 *Uchiyama, T Uchiyama s.n.* 29 May 1939 白川邑 *Hozawa, S Hozawa s.n.* **Hwanghae-namdo** April 1931 載寧 *Smith, RK Smith s.n.* 9 July 1921 Sorai Beach 九味浦 *Mills, RG Mills s.n.* **Kangwon-do** 6 June 1909 元山 *Nakai, T Nakai s.n.* **P'yongan-bukto** 13 August 1910 Pyok-dong (碧潼) *Mills, RG Mills563* **P'yongyang** 27 June

1909 P'yongyang (平壤) *Imai, H Imai s.n.*

Carex norvegica Retz., Fl. Scand. Prodr. 179 (1779)

Common name 큰산사초 (검정타래사초)

Distribution in Korea: North

    Carex alpina Lilj., Utkast Sv. Fl., ed. 2 26 26 (1798)

    Carex norvegica Retz. var. *inserrulata* (Kalela) Raymond, Naturaliste Canad. 77: 60 (1950)

Representative specimens; Hamgyong-bukto 31 July 1932 渡正山 *Saito, T T Saito s.n.* 17 July 1935 冠帽峰 *Okayama, Y s.n.* 3 August 1932 *Saito, T T Saito s.n.* **Hamgyong-namdo** 15 June 1932 下碣隅里 *Ohwi, J Ohwi s.n.* **Ryanggang** 20 August 1934 北水白山 *Kojima, K Kojima s.n.* 21 June 1930 三社面天水洞 *Ohwi, J Ohwi1569*

Carex ochrochlamys Ohwi, Mem. Coll. Sci. Kyoto Imp. Univ., Ser. B, Biol. 6(5): 240 (1931)

Common name 애기이삭사초

Distribution in Korea: far North (Guanmobong, Chailbong)

    Vignea ochrochlamys (Ohwi) Soják, Cas. Nar. Mus., Odd. Prir. 148: 196 (1979)

Representative specimens; Hamgyong-bukto August 1934 冠帽峰 *Kojima, K Kojima s.n.* 25 June 1930 雪嶺 *Ohwi, J Ohwi s.n.* **Hamgyong-namdo** 25 July 1933 東上面遮日峯 *Koidzumi, G Koidzumi s.n.* 15 August 1940 遮日峯 *Okuyama, S Okuyama s.n.* **Ryanggang** 24 July 1930 含山嶺 *Ohwi, J Ohwi s.n.* 30 July 1930 島内 - 合水 *Ohwi, J Ohwi s.n.*

Carex onoei Franch. & Sav., Enum. Pl. Jap. 1: 511 (1875)

Common name 바늘사초

Distribution in Korea: North, Central, South

    Carex capituliformis Meinsh. ex Maxim., Mélanges Biol. Bull. Phys.-Math. Acad. Imp. Sci. Saint-Pétersbourg 12: 563 (1887)

    Carex heleochariformis H.Lév. & Vaniot, Bull. Soc. Bot. France 51: 202 (1904)

    Carex hakonensis Franch. & Sav. var. *onoei* (Franch. & Sav.) Ohwi, Mem. Coll. Sci. Kyoto Imp. Univ., Ser. B, Biol. 5(3): 285 (1930)

    Carex hakonensis Franch. & Sav. var. *capituliformis* (Meinsh. ex Maxim.) Ohwi, Mem. Coll. Sci. Kyoto Imp. Univ., Ser. B, Biol. 6(5): 242 (1931)

    Carex onoei (Franch. & Sav.) Kük. var. *capituliormis* (Meinsh.) Kitam., Neolin. Fl. Manshur. 133 (1979)

Representative specimens; Hamgyong-bukto 30 May 1930 朱乙溫堡下鹿坡 *Ohwi, J Ohwi321* 29 May 1932 北賓峰 *Saito, T T Saito s.n.* 7 June 1936 茂山面 *Minamoto, M s.n.* 20 June 1909 富寧 *Nakai, T Nakai s.n.* **Hamgyong-namdo** 15 June 1932 下碣隅里 *Ohwi, J Ohwi s.n.* **Ryanggang** 30 August 1930 島内 *Ohwi, J Ohwi s.n.*

Carex orbicularis Boott, Proc. Linn. Soc. London 1: 254 (1845)

Common Name 구슬사초

Distribution in Korea: North, Central

    Carex glauca Scop. var. *brachylepis* Regel, Trudy Imp. S.-Peterburgsk. Bot. Sada 7: 572 (1881)

    Carex melanolepis Boeck., Beitr. Cyper. 1: 47 (1888)

    Carex arcatica Meinsh., Trudy Imp. S.-Peterburgsk. Bot. Sada 18: 336 (1901)

    Carex orbicularis Boott var. *brachylepis* (Regel) Kük., Pflanzenr. (Engler) IV, 20(38): 304 (1909)

    Carex orbicularis Boott var. *taldycola* (Meinsh.) Kük., Pflanzenr. (Engler) IV, 20(38): 304 (1909)

    Carex orbicularis Boott var. *petunnikowii* (Litv.) O.Fedtsch., Trudy Glavn. Bot. Sada 38: 200 (1924)

Representative specimens; Chagang-do 15 June 1911 Kang-gei(Kokai 江界) *Mills, RG Mills513* **P'yongyang** 24 June 1909 平壤大同江岸 *Imai, H Imai s.n.*

Carex papulosa Boott, Mem. Amer. Acad. Arts n. s. 6: 418 (1859)

Common name 쇠낙시사초

Distribution in Korea: North, Central

    Carex flectens Boott, Ill. Gen. Carex 4: 171 (1867)

    Carex grandisquama Franch., Bull. Soc. Philom. Paris ser.8, 7: 51 (1895)

Carex sekimotoi Honda, Bot. Mag. (Tokyo) 43: 543 (1929)

Representative specimens;Rason 4 June 1930 Sosura (西水羅) *Ohwi, J Ohwi s.n.*

Carex pauciflora Lightf., Fl. Scot. 2: 543 (1777)

Common name 산바늘사초

Distribution in Korea: North

    Carex leucoglochin L.f., Suppl. Pl. 413 (1782)

    Trasus pauciflorus (Lightf.) Gray, Nat. Arr. Brit. Pl. 2: 56 (1821)

    Leucgolchin pauciflorus (Lightf.) Heuff., Flora 27: 528 (1844)

    Caricinella pauciflora (Lightf.) St.-Lag., Etude Fl., ed. 8 2: 881 (1889)

Representative specimens; Chagang-do 23 May 1911 Kang-gei(Kokai 江界) *Mills, RG Mills537* **Hamgyong-bukto** 15 May 1934 漁遊洞 *Uozumi, H Uozumi s.n.* 27 May 1930 Kyonson 鏡城 *Ohwi, J Ohwi s.n.* 27 May 1930 *Ohwi, J Ohwi s.n.* 12 June 1934 延上面九州帝大北鮮演習林 *Hatsushima, S Hatsushima s.n.* **Hamgyong-namdo** 14 June 1934 咸興西上里城川江河原 *Nomura, N Nomura s.n.* **Ryanggang** 24 July 1930 大澤 *Ohwi, J Ohwi2546* 31 July 1930 醬池 *Ohwi, J Ohwi2888*

Carex pediformis C.A.Mey., Mem. Acad. Imp. Sci. St.-Petersbourg Divers Savans 1: 219 (1831)

Common name 넓은잎그늘사초

Distribution in Korea: North

    Carex obliqua Turcz., Bull. Soc. Imp. Naturalistes Moscou 1838: 104 (1838)

    Carex kirilowii Turcz., Byull. Moskovsk. Obshch. Isp. Prir. Otd. Biol. 28: 340 (1855)

    Carex pediformis C.A.Mey. var. *pedunculata* Maxim., Mem. Acad. Imp. Sci. St.-Petersbourg Divers Savans 9: 309 (1859)

    Carex pellucida Turcz. ex Boott, Ill. Gen. Carex 4: 196 (1867)

    Carex chamissoi Boeck., Linnaea 41: 145 (1877)

    Carex pediformis C.A.Mey. var. *floribunda* Korsh., Trudy Imp. S.-Peterburgsk. Bot. Sada 12: 409 (1892)

    Carex rhizodes Blytt & Boott var. *abbreviata* Meinsh., Trudy Imp. S.-Peterburgsk. Bot. Sada 18: 404 (1901)

    Carex sutschanensis Kom., Izv. Imp. S.-Peterburgsk. Bot. Sada 16: 155 (1916)

    Carex hankaensis Kitag., J. Jap. Bot. 17: 236 (1941)

    Carex macroura Meinsh. ssp. *kirilovii* (Turcz.) Malyschev, Fl. Sibiriae 3: 123 (1990)

Representative specimens; Hamgyong-bukto 4 May 1933 羅南西北谷 *Saito, T T Saito s.n.* 4 June 1937 輸城 *Saito, T T Saito s.n.* 16 May 1897 會寧 *Komarov, VL Komaorv s.n.* 25 May 1930 Kyonson 鏡城 *Ohwi, J Ohwi108* 12 June 1934 延上面九州帝大北鮮演習林 *Hatsushima, S Hatsushima s.n.* 12 June 1897 西溪水 *Komarov, VL Komaorv s.n.* **Hamgyong-namdo** 28 April 1935 下岐川面保庄 -三巨 *Nomura, N Nomura s.n.* 15 June 1932 下碣隅里 *Ohwi, J Ohwi s.n.* **Kangwon-do** 10 June 1932 Mt. Kumgang (金剛山) *Ohwi, J Ohwi s.n.* **P'yongan-namdo** 15 June 1928 陽德 *Nakai, T Nakai s.n.* **P'yongyang** 5 May 1912 P'yongyang (平壤) *Imai, H Imai s.n.*

Carex peiktusani Kom., Trudy Imp. S.-Peterburgsk. Bot. Sada 18: 445 (1901)

Common Name 백두사초

Distribution in Korea: far North (Paekdu, Potae, Kumgang), Central, South

    Carex hancockiana Maxim. var. *peiktusani* (Kom.) Kük., Pflanzenr. (Engler) IV, 20(38): 395 (1909)

Representative specimens; Hamgyong-bukto 25 July 1930 桃花洞 *Ohwi, J Ohwi2701* 3 August 1936 南下石山 *Chang, HD ChangHD s.n.* July 1932 冠帽峰 *Ohwi, J Ohwi s.n.* **Hamgyong-namdo** 25 August 1938 姑岩 2045m *Jeon, SK JeonSK s.n.* 16 August 1934 新角面北山 *Nomura, N Nomura s.n.* 15 June 1932 下碣隅里 *Ohwi, J Ohwi s.n.* 21 June 1932 東上面元豊里 *Ohwi, J Ohwi s.n.* **Kangwon-do** 20 August 1916 金剛山彌勒峯 *Nakai, T Nakai s.n.* 10 June 1932 Mt. Kumgang (金剛山) *Ohwi, J Ohwi s.n.* **P'yongan-bukto** 5 August 1937 妙香山 *Hozawa, S Hozawa s.n.* **P'yongan-namdo** 15 June 1928 陽德 *Nakai, T Nakai s.n.* **Ryanggang** 6 June 1897 平蒲坪 *Komarov, VL Komaorv s.n.* Type of *Carex peiktusani* Kom. (Isosyntype TI)

Carex phacota Spreng., Syst. Veg. (ed. 16) [Sprengel] 3: 826 (1826)

Common name 비늘사초

Distribution in Korea: Central, South

    Carex lenticularis D.Don ex Tilloch & Taylor, Philos. Mag. J. 62: 455 (1823)

    Carex gracilipes Miq., Ann. Mus. Bot. Lugduno-Batavi 2: 151 (1866)

Carex fauriae Franch., Bull. Soc. Bot. France 26: 89 (1879)
Carex pruinosa Boott var. *aristata* Kuntze, Revis. Gen. Pl. 2: 748 (1891)
Carex cincta Franch., Bull. Soc. Philom. Paris ser.8, 7: 33 (1895)
Carex lepidopristis H.Lév. & Vaniot, Bull. Acad. Int. Geogr. Bot. 10: 198 (1901)
Carex cincta Franch. var. *subphacota* Kük., Pflanzenr. (Engler) IV, 20(38): 353 (1909)
Carex subphacota (Kük.) Nakai, Saishu-to Kuan-to Shokubutsu Hokoku-sho [Fl. Quelpaert Isl.]
24 (1914)
Carex shichiseitensis Hayata, Icon. Pl. Formosan. 10: 58 (1921)
Carex subphacota (Kük.) Nakai var. *glauca* Honda, Bot. Mag. (Tokyo) 43: 542 (1929)
Carex phacota Spreng. var. *shichiseitensis* Ohwi, J. Jap. Bot. 7: 199 (1934)
Carex phacota Spreng. var. *cincta* (Franch.) Ohwi, Mem. Coll. Sci. Kyoto Imp. Univ., Ser. B,
Biol. 11(5): 297 (1936)

Representative specimens; Ryanggang 23 August 1914 Keizanchin(惠山鎮) *Ikuma, Y Ikuma s.n.*

Carex phaeothrix Ohwi, Mem. Coll. Sci. Kyoto Imp. Univ., Ser. B, Biol. 6(5): 239 (1931)
Common Name 조이삭사초
Distribution in Korea: North

Representative specimens; Hamgyong-bukto 8 August 1930 吉州郡鶴舞山 (Mt. Hakumusan) *Ohwi, J Ohwi s.n.*

Carex pilosa Scop., Fl. Carniol., ed. 2 2: 226 (1772)
Common name 털사초
Distribution in Korea: North, Central
Carex nemorensis J.F.Gmel., Syst. Nat. ed. 13[bis] 0: 143 (1791)
Carex prostrata J.F.Gmel., Syst. Nat. ed. 13bis 2: 142 (1791)
Carex pilosa Scop. var. *densiflora* Schur, Enum. Pl. Transsilv. 713 (1866)
Carex auriculata Franch., Bull. Soc. Philom. Paris ser.8, 7: 106 (1895)
Carex foliata F.Schmidt ex Meinsh., Trudy Imp. S.-Peterburgsk. Bot. Sada 18: 385 (1901)
Carex hakodatensis H.Lév. & Vaniot, Bull. Soc. Bot. France 51: 206 (1904)

Representative specimens; Hamgyong-bukto 12 June 1934 延上面九州帝大北鮮演習林 *Hatsushima, S Hatsushima s.n.* 10 June
1897 西溪水 *Komarov, VL Komaorv s.n.* 17 June 1930 四芝嶺 *Ohwi, J Ohwi s.n.* 17 June 1930 *Ohwi, J Ohwi1162* 19 June 1930
四芝洞 -楡坪 *Ohwi, J Ohwi376* **Hamgyong-namdo** 15 June 1932 下碣隅里 *Ohwi, J Ohwi s.n.* **Kangwon-do** 10 June 1940
熊灘面海浪里 *Jeon, SK JeonSK s.n.* 10 June 1932 Mt. Kumgang (金剛山) *Ohwi, J Ohwi s.n.* **Rason** 30 June 1938 松眞山 *Saito, T
T Saito s.n.* **Ryanggang** 26 July 1914 三水-惠山鎮 *Nakai, T Nakai s.n.*

Carex pisiformis Boott, Narr. Exped. China Japan 324 (1857)
Common Name 실사초
Distribution in Korea: North, Central, South
Carex tenuissima Boott, Proc. Linn. Soc. London 1: 288 (1846)
Carex sachalinensis F.Schmidt, Reis. Amur-Land., Bot. 194 (1868)
Carex amphora Franch. & Sav., Enum. Pl. Jap. 2: 566 (1878)
Carex pseudoconica Franch. & Sav., Enum. Pl. Jap. 2: 570 (1878)
Carex alterniflora Franch., Bull. Soc. Philom. Paris ser.8, 7: 51 (1895)
Carex fernaldiana H.Lév. & Vaniot, Bull. Acad. Int. Geogr. Bot. 10: 276 (1901)
Carex pseudostrigosa H.Lév. & Vaniot, Bull. Acad. Int. Geogr. Bot. 11: 109 (1902)
Carex polyschoena H.Lév. & Vaniot, Bull. Acad. Int. Geogr. Bot. 12: 9 (1903)
Carex albomas C.B.Clarke, J. Linn. Soc., Bot. 36: 270 (1903)
Carex breviculmis (R.Br.) H.Lév. & Vaniot, Bull. Acad. Int. Geogr. Bot. 12: 600 (1903)
Carex indistincta H.Lév. & Vaniot, Repert. Spec. Nov. Regni Veg. 5: 194 (1908)
Carex mariesii C.B.Clarke, Bull. Misc. Inform. Kew, Addit. Ser. 8: 80 (1908)
Carex tenuissima Boott var. *sikokiana* Kük., Pflanzenr. (Engler) IV, 20(38): 475 (1909)
Carex pisiformis Boott f. *polyschoena* Kük., Pflanzenr. (Engler) IV, 20(38): 477 (1909)
Carex breviculmis R.Br. ssp. *royleana* (Nees) Kük., Pflanzenr. (Engler) 4,20 (38): 469 (1909)
Carex umbrosa Host var. *coreana* Nakai, Bot. Mag. (Tokyo) 28: 327 (1914)

Carex scabroaristata Akiyama, J. Fac. Sci. Hokkaido Imp. Univ., Ser. 5, Bot. 1: 58 (1931)
Carex pisiformis Boott var. *pallescens* Kük., Mem. Coll. Sci. Kyoto Imp. Univ., Ser. B, Biol. 11(5): 361 (1936)
Carex sachalinensis F.Schmidt var. *alterniflora* (Franch.) Ohwi, Bull. Natl. Sci. Mus., Tokyo 33: 67 (1953)
Carex sachalinensis F.Schmidt var. *musashiensis* Hiyama, J. Jap. Bot. 29: 160 (1954)
Carex ledebouriana C.A.Mey. ex Trevir. var. *tenuiformis* (H.Lév. & Vaniot) T.V.Egorova, Novosti Sist. Vyssh. Rast. 22: 54 (1985)

Representative specimens; **Chagang-do** 1 July 1911 Kang-gei(Kokai 江界) *Mills, RG Mills554* **Hamgyong-bukto** 4 May 1933 羅南西北谷 *Saito, T T Saito s.n.* 17 May 1932 羅南附近 *Saito, T T Saito s.n.* 14 May 1935 羅南西側 *Saito, T T Saito s.n.* 3 May 1932 羅南西北側 *Saito, T T Saito3* 30 June 1935 羅南新社 *Saito, T T Saito1116* 30 June 1930 會寧面八乙川 *Goto, K s.n.* 15 July 1929 會寧面八乙面三城山 *Goto, S s.n.* 15 June 1930 茂山嶺 *Ohwi, J Ohwi997* 15 June 1909 Sungjin (城津) *Nakai, T Nakai s.n.* 23 June 1937 松興 *Saito, T T Saito6949* 9 May 1938 鶴西面德仁 *Saito, T T Saito8429* 12 June 1930 鏡城 *Ohwi, J Ohwi s.n.* 25 May 1930 *Ohwi, J Ohwi s.n.* 25 May 1930 *Ohwi, J Ohwi57* 26 May 1930 Kyonson 鏡城 *Ohwi, J Ohwi99* 30 May 1930 朱乙溫堡 *Ohwi, J Ohwi300* 7 June 1936 甫上洞 *Saito, T T Saito s.n.* 5 June 1936 朱乙溫梅香洞 *Saito, T T Saito s.n.* July 1934 延上面九州帝大北鮮演習林 *Hatsushima, S Hatsushima s.n.* 7 June 1936 茂山面 *Minamoto, M s.n.* 21 June 1938 穩城郡甑山 *Saito, T T Saito s.n.* 20 June 1909 富寧 *Nakai, T Nakai s.n.* 18 June 1930 四芝洞 *Ohwi, J Ohwi s.n.* 17 July 1938 新德 - 楡坪洞 *Saito, T T Saito s.n.* **Hamgyong-namdo** 19 May 1935 Hamhung (咸興) *Nomura, N Nomura s.n.* June 1934 松興里盤龍山 *Nomura, N Nomura s.n.* 13 May 1934 咸興西上面提防 *Nomura, N Nomura s.n.* 28 April 1935 下岐川面保住 - 三巨 *Nomura, N Nomura s.n.* **Kangwon-do** 10 June 1932 Mt. Kumgang (金剛山) *Ohwi, J Ohwi s.n.* 25 April 1935 元山 *Kitamura, S Kitamura s.n.* 6 June 1909 *Nakai, T Nakai s.n.* **P'yongan-bukto** 5 August 1937 妙香山 *Hozawa, S Hozawa s.n.* 6 June 1912 Unsan (雲山) *Ishidoya, T Ishidoya s.n.* **P'yongyang** 1 May 1910 Botandai (牡丹台) 平壤 *Imai, H Imai s.n.* 1 May 1910 平壤普通江岸 *Imai, H Imai s.n.* 1 May 1910 平壤牡丹台 *Imai, H Imai s.n.* **Rason** 6 June 1930 西水羅 *Ohwi, J Ohwi s.n.* 6 June 1930 *Ohwi, J Ohwi721* **Ryanggang** 6 June 1897 平蒲坪 *Komarov, VL Komaorv s.n.* 4 August 1914 普天堡 - 寶泰洞 *Nakai, T Nakai s.n.* **Sinuiju** 25 April 1917 新義州 *Furumi, M Furumi s.n.* 30 April 1917 *Furumi, M Furumi s.n.*

Carex planiculmis Kom., Trudy Glavn. Bot. Sada 18: 448 (1901)

Common name 그늘흰사초

Distribution in Korea: North, Central, South, Ulleung

Carex japonica Thunb. var. *naipiangensis* H.Lév. & Vaniot, Bull. Soc. Bot. France 51: 206 (1904)
Carex paniculigera Nakai, Repert. Spec. Nov. Regni Veg. 13: 244 (1914)
Carex macromollicula Nakai ex Akiyama, J. Fac. Sci. Hokkaido Imp. Univ., Ser. 5, Bot. 2: 198 (1932)

Representative specimens; **Hamgyong-bukto** 12 August 1933 渡正山 *Koidzumi, G Koidzumi s.n.* 15 June 1930 茂山嶺 *Ohwi, J Ohwi s.n.* 30 May 1930 朱乙溫堡 *Ohwi, J Ohwi s.n.* 6 July 1930 南下石山 *Saito, T T Saito s.n.* 26 June 1930 雪嶺南側 *Ohwi, J Ohwi s.n.* **Hamgyong-namdo** 21 June 1932 元豊里附近 *Ohwi, J Ohwi s.n.* **Kangwon-do** 10 June 1932 Mt. Kumgang (金剛山) *Ohwi, J Ohwi s.n.* 29 May 1938 安邊郡衛當面三防 *Park, MK Park s.n.* **P'yongan-namdo** 15 June 1928 陽德 *Nakai, T Nakai s.n.*

Carex pruinosa Boott ssp. **maximowiczii** (Miq.) Kük., Pflanzenr. (Engler) IV, 20(38): 253 (1909)

Common Name 왕비늘사초

Distribution in Korea: North, Central, South

Carex pruinosa Boott, Proc. Linn. Soc. London 1: 255 (1845)
Carex picta (Steud.) Boott, Mem. Amer. Acad. Arts ser. 2 6 (2): 418 (1858)
Carex pruinosa Boott var. *picta* Franch., Nouv. Arch. Mus. Hist. Nat. III, 9: 155 (1897)
Carex maximowiczii Boeck. var. *kinashii* Ohwi, Mem. Coll. Sci. Kyoto Imp. Univ., Ser. B, Biol. 5(3): 277 (1930)
Carex maximowiczii Boeck. var. *levisaccus* Ohwi, Mem. Coll. Sci. Kyoto Imp. Univ., Ser. B, Biol. 5(3): 277 (1930)
Carex maximowiczii Boeck. var. *subssessilis* Ohwi, Mem. Coll. Sci. Kyoto Imp. Univ., Ser. B, Biol. 6(5): 248 (1931)
Carex pruinosa Boott var. *levisaccus* (Ohwi) Makino & Nemoto, Fl. Japan., ed. 2 (Makino & Nemoto) 1446 (1931)
Carex maximowiczii Boeck. var. *pallida* Akiyama, J. Fac. Sci. Hokkaido Imp. Univ., Ser. 5, Bot. 2: 101 (1932)

Carex pseudocuraica F.Schmidt, Mem. Acad. Imp. Sci. St.-Petersbourg, Ser. 7 12: 67 (1868)

Common name 덩굴사초

Distribution in Korea: North

 Carex chordorrhiza L.f. var. *major* Boeck., Linnaea 39: 54 (1875)

 Carex chordorrhiza L.f. var. *pseudocuraica* (F.Schmidt) Trautv., Trudy Imp. S.-Peterburgsk. Bot. Sada 5: 123 (1877)

Representative specimens;Rason 6 June 1930 Sosura (西水羅) *Ohwi, J Ohwi639*

Carex pumila Thunb., Fl. Jap. (Thunberg) 39 (1784)

Common name 좀보리사초

Distribution in Korea: North, Central, South

 Carex littorea Labill., Nov. Holl. Pl. 2: 69 (1806)

 Carex nutans J.F.Gmel. var. *pumila* (Thunb.) Boeck., Linnaea 41: 298 (1877)

 Carex platyrhyncha Franch. & Sav., Enum. Pl. Jap. 2: 582 (1878)

 Carex sepulta Phil., Anales Univ. Chile 93: 494 (1896)

 Carex pumila Thunb. ssp. *littorea* (Labill.) Kük., Bot. Jahrb. Syst. 27: 551 (1899)

 Carex forbesii C.B.Clarke, J. Linn. Soc., Bot. 36: 286 (1903)

 Carex nutans J.F.Gmel. var. *platyrhyncha* (Franch. & Sav.) Kük., Pflanzenr. (Engler) IV, 20(38): 740 (1909)

Representative specimens; Hamgyong-bukto 20 June 1909 輸城 *Nakai, T Nakai s.n.* 27 May 1930 Kyonson 鏡城 *Ohwi, J Ohwi s.n.* July 1932 冠帽峰山麓城町 *Ohwi, J Ohwi s.n.* 27 May 1930 鏡城 *Ohwi, J Ohwi168* 1 July 1935 *Saito, T T Saito s.n.* **Hamgyong-namdo** 14 June 1934 咸興西上面提防 *Nomura, N Nomura s.n.* **Hwanghae-namdo** 9 July 1921 Sorai Beach 九味浦 *Mills, RG Mills s.n.* **Kangwon-do** 8 June 1909 元山 *Nakai, T Nakai s.n.* **P'yongyang** 28 May 1911 P'yongyang (平壤) *Imai, H Imai s.n.* **Rason** 5 June 1930 西水羅 *Ohwi, J Ohwi552*

Carex quadriflora (Kük.) Ohwi, Acta Phytotax. Geobot. 1: 74 (1932)

Common Name 녹빛사초

Distribution in Korea: North, Central

 Carex digitata L. var. *pallida* Meinsh., Trudy Imp. S.-Peterburgsk. Bot. Sada 18: 401 (1901)

 Carex digitata L. ssp. *quadriflora* Kük., Pflanzenr. (Engler) IV, 20(38): 497 (1909)

Representative specimens; Hamgyong-bukto 12 June 1934 延上面九州帝大北鮮演習林 *Hatsushima, S Hatsushima s.n.* 17 June 1930 四芝嶺 *Ohwi, J Ohwi1238* **Hamgyong-namdo** 1940 頭雲里 *Maisaka, G s.n.* **Kangwon-do** 10 June 1932 Mt. Kumgang (金剛山) *Ohwi, J Ohwi s.n.* **P'yongan-namdo** 9 June 1935 黃草嶺 *Nomura, N Nomura s.n.* **Ryanggang** 3 May 1918 普惠面大中里 *Ishidoya, T Ishidoya s.n.*

Carex raddei Kük., Bot. California 77: 67 (1899)

Common Name 화산곱슬사초

Distribution in Korea: North, Central

 Carex aristata Honck. ssp. *raddei* (Kük.) Kük., Pflanzenr. (Engler) IV, 20(38): 755 (1909)

 Carex aristata Honck. ssp. *raddei* (Kük.) Kük. f. *eriophylla* Kük., Pflanzenr. (Engler) 38: 755 (1909)

 Carex eriophylla (Kük.) Kom., Mal. Opred. Rast. Dal'nevost. Kraia 135 (1925)

Representative specimens;Rason 6 June 1930 西水羅 *Ohwi, J Ohwi s.n.* 14 July 1937 赤島 *Saito, T T Saito s.n.*

Carex rara Boott, Proc. Linn. Soc. London 1: 284 (1845)

Common Name 솔잎사초

Distribution in Korea: North (Chagang, Hamgyong, P'yongan, Kangwon), Central, South

 Carex biwensis Franch., Bull. Soc. Philom. Paris VIII, 7: 28 (1895)

 Carex rara Boott ssp. *capillacea* Kük. ex Matsum., Index Pl. Jap. 2 (1): 130 (1905)

 Carex rara Boott var. *biwensis* (Franch.) Kük. ex Matsum., Index Pl. Jap. 2 (1): 130 (1905)

 Carex oldhamii C.B.Clarke, Bull. Misc. Inform. Kew, Addit. Ser. 8: 71 (1908)

 Carex rara Boott ssp. *biwensis* (Franch.) T.Koyama, Col. Ill. Herb. Pl. Jap. 3: 284 (1964)

A Checklist of North Korean Vascular Plants   T.B. Lee Herbarium (SNUA) – 2019 (C.S. Chang, H. Kim, H.T. Shin & C.H. Lee)

- 572 -

Representative specimens; **Chagang-do** 5 June 1911 Kang-gei(Kokai 江界) *Mills, RG Mills523* **Hamgyong-bukto** 26 May 1930 Kyonson 鏡城 *Ohwi, J Ohwi128***Hamgyong-namdo**13 May 1934 咸興西上里 *Nomura, N Nomura24* **P'yongan-bukto** 23 May 1912 白壁山 *Ishidoya, T Ishidoya s.n.* **P'yongan-namdo** 15 June 1928 陽德 *Nakai, T Nakai s.n.*

Carex remotiuscula Wahlenb., Kongl. Vetensk. Acad. Nya Handl. 1: 147 (1803)

Common name 층실사초

Distribution in Korea: North, Central

Carex remotiformis Kom., Trudy Imp. S.-Peterburgsk. Bot. Sada 18: 444 (1901)
Carex remota L. var. *enervulosa* Kük., Bot. Jahrb. Syst. 36(82): 7 (1905)
Carex remota L. var. *remotiformis* (Kom.) Kük., Pflanzenr. (Engler) IV, 20(38): 235 (1909)
Carex rochebrunii Franch. & Sav. var. *remotiformis* (Kom.) Akiyama, J. Fac. Sci. Hokkaido Imp. Univ., Ser. 5, Bot. 2: 82 (1932)

Representative specimens; **Hamgyong-bukto** 3 August 1936 南下石山 *Chang, HD ChangHD s.n.* 12 June 1934 延上面九州帝大北鮮演習林 *Hatsushima, S Hatsushima s.n.* 17 June 1930 四芝嶺 *Ohwi, J Ohwi s.n.* **Kangwon-do** 12 August 1916 金剛山長安寺附近 *Nakai, T Nakai s.n.* June 1932 Mt. Kumgang (金剛山) *Ohwi, J Ohwi s.n.* 10 June 1932 *Ohwi, J Ohwi s.n.* **P'yongan-namdo** 20 July 1916 黃玉峯 (黃處嶺?) *Mori, T Mori s.n.*15 June 1928 陽德 *Nakai, T Nakai s.n.* **Ryanggang** 22 June 1930 倉坪嶺 *Ohwi, J Ohwi s.n.* 22 June 1897 大鎭洞 *Komarov, VL Komaorv s.n.* 1940 鳳頭里 *Maisaka, G s.n.*

Carex rhizina Blytt & Lindblom ssp. *reventa* (V.I.Krecz.) T.V.Egorova, Bot. Zhurn. (Moscow & Leningrad) 70: 1552 (1985)

Common Name 왕그늘사초

Distribution in Korea: North, Central

Carex reventa V.I.Krecz., Fl. URSS 3: 614 (1935)
Carex pediformis C.A.Mey. var. *reventa* (V.I.Krecz.) Vorosch., Florist. Issl. Razn. Raionakh SSSR [A.K.Skvortsov]: 155 (1985)

Carex rhynchophysa Fisch. & C.A.Mey. & Avé-Lall., Index Seminum [St.Petersburg (Petropolitanus)] 9: 9 (1843)

Common Name 왕삿갓사초

Distribution in Korea: North

Carex bullata Willd. var. *laevirostris* Blytt ex Fr., Novit. Fl. Suec. Mant. 2: 59 (1839)
Carex laevirostris (Blytt ex Fr.) Andersson, Pl. Scand. Cyper. 1: 17 (1849)

Representative specimens; **Hamgyong-bukto** 12 June 1934 延上面九州帝大北鮮演習林 *Hatsushima, S Hatsushima s.n.* 30 July 1930 茂山峠 *Ohwi, J Ohwi s.n.* 25 July 1918 雪嶺 *Nakai, T Nakai s.n.* 25 June 1930 Penk-Keijeon cakosan-pon 雪嶺 *Ohwi, J Ohwi s.n.* 25 June 1930 雪嶺西方 *Ohwi, J Ohwi1990* 23 June 1930 西溪水 *Ohwi, J Ohwi s.n.* **Hamgyong-namdo** 15 June 1932 下碣隅里 *Ohwi, J Ohwi s.n.* 21 June 1932 東上面元豊里 *Ohwi, J Ohwi s.n.* 15 August 1940 赴戰高原 Fusenkogen *Okuyama, S Okuyama s.n.* **Ryanggang** 4 August 1939 大澤濕地 *Hozawa, S Hozawa s.n.* 19 June 1930 楡坪 *Ohwi, J Ohwi s.n.* 20 June 1930 三社面楡坪- 天水洞 *Ohwi, J Ohwi s.n.* 21 June 1930 天水洞 *Ohwi, J Ohwi1546* 24 July 1930 大澤 *Ohwi, J Ohwi2670* 15 August 1936 虛項嶺水中 *Chang, HD ChangHD s.n.* 6 August 1914 胞胎山虛項嶺 *Nakai, T Nakai s.n.*

Carex rostrata Stokes, Bot. Arr. Brit. Pl., ed. 2 2: 1059 (1787)

Common Name 큰물삿갓사초

Distribution in Korea: North

Carex inflata Huds., Fl. Angl. (Hudson) 354 (1762)
Carex rostrata Stokes var. *borealis* Kük., Pflanzenr. (Engler) IV, 20(38): 723 (1909)

Representative specimens; **Hamgyong-namdo** 21 June 1932 東上面元豊里 *Ohwi, J Ohwi s.n.* **Ryanggang** 4 August 1939 大澤濕地 *Hozawa, S Hozawa s.n.*

Carex rotundata Wahlenb., Kongl. Vetensk. Acad. Nya Handl. 153 (1803)

Common Name 물사초

Distribution in Korea: North

Carex ruesanensis Kudô, J. Coll. Agric. Hokkaido Imp. Univ. 11: 83 (1922)
Carex melozitnensis A.E.Porsild, Rhodora 41: 209 (1939)

Carex rugulosa Kük., Bull. Herb. Boissier ser. 2, 4: 58 (1904)

Common Name 큰천일사초

Distribution in Korea: North, Central
  Carex riparia Curtis var. *rugulosa* (Kük.) Kük., Pflanzenr. (Engler) IV, 20(38): 736 (1909)
  Carex smirnovii V.I.Krecz., Fl. URSS 3: 619 (1935)

Representative specimens; Kangwon-do 8 June 1909 元山 *Nakai, T Nakai s.n.*

Carex rupestris All., Fl. Pedem. 2: 264 (1785)

Common name 눈사초

Distribution in Korea: North
  Carex petraea Wahlenb., Kongl. Vetensk. Acad. Nya Handl. 1: 139 (1803)
  Carex dufourei Lapeyr., Hist. Pl. Pyrenees Suppl. 140 (1818)
  Carex attenuata R.Br., Bot. App. (Richardson) 750 (1823)
  Carex drummondiana Dewey, Amer. J. Sci. Arts 29: 251 (1836)
  Edritria rupestris (All.) Raf., Good Book 26 (1840)
  Caricinella rupestris (All.) St.-Lag., Etude Fl., ed. 8 2: 882 (1889)

Representative specimens; Hamgyong-bukto July 1932 冠帽峰 *Ohwi, J Ohwi s.n.* 1932 *Ohwi, J Ohwi s.n.* 3 August 1932 冠帽峯頂上 *Saito, T T Saito s.n.* 25 June 1930 雪嶺山上 *Ohwi, J Ohwi s.n.* **Hamgyong-namdo** July 1932 Mt. Kankoho 冠帽峰 *Ohwi, J Ohwi s.n.* **Ryanggang** 13 August 1936 白頭山 *Chang, HD ChangHD s.n.* 29 July 1942 *Saito, T T Saito s.n.*

Carex sabynensis Less. ex Kunth, Enum. Pl. (Kunth) 2: 440 (1837)

Common name 부리사초 (실청사초)

Distribution in Korea: North, Central, South
  Carex pediformis C.A.Mey. var. *obliqua* Turcz., Fl. Baical.-dahur. n. 1252 (1855)
  Carex pediformis C.A.Mey. var. *caespitosa* F.Schmidt, Mem. Acad. Imp. Sci. St.-Petersbourg, Ser. 7 18: 127 (1872)
  Carex brenneri Christ ex Scheutz, Kongl. Svenska Vetensk. Acad. Handl. n.s. 22(10): 178 (1888)
  Carex kamikawensis Franch., Bull. Soc. Philom. Paris ser.8, 7: 48 (1895)
  Carex eriandrolepis H.Lév. & Vaniot, Bull. Acad. Int. Geogr. Bot. 19: 34 (1909)
  Carex umbrosa Host ssp. *sabynensis* Kük., Pflanzenr. (Engler) IV, 20(38): 468 (1909)
  Carex sabynensis Less. ex Kunth var. *leiosperma* Ohwi, Mem. Coll. Sci. Kyoto Imp. Univ., Ser. B, Biol. 11(5): 353 (1936)

Representative specimens; Hamgyong-bukto 26 May 1930 鏡城停車場裏山 *Ohwi, J Ohwi s.n.* 26 May 1930 *Ohwi, J Ohwi s.n.* 1 June 1930 鏡城 *Ohwi, J Ohwi s.n.* 26 May 1930 Kyonson 鏡城 *Ohwi, J Ohwi s.n.* 25 June 1930 雪嶺 *Ohwi, J Ohwi s.n.* **Rason** 4 June 1930 西水羅 *Ohwi, J Ohwi s.n.*

Carex sadoensis Franch., Bull. Soc. Philom. Paris VIII, 7: 42 (1895)

Common Name 민뚝사초

Distribution in Korea: North

Carex scabrifolia Steud., Syn. Pl. Glumac. 2: 237 (1855)

Common name 갯갓사초, 천일사초, 자오락 (천일사초)

Distribution in Korea: North, Central, South
  Carex pierotii Miq., Ann. Mus. Bot. Lugduno-Batavi 2: 148 (1866)
  Carex suberea Boott, Ill. Gen. Carex 4: 165 (1867)
  Carex malinvaldii H.Lév. & Vaniot, Bull. Soc. Bot. France 51: 204 (1904)
  Carex yabei H.Lév. & Vaniot, Bull. Soc. Agric. Sarthe 2.5: 79 (1905)

Representative specimens; Chagang-do 1 June 1911 Kang-gei(Kokai 江界) *Mills, RG Mills521* **Kangwon-do** 30 July 1916 溫井里 *Nakai, T Nakai s.n.* 8 June 1909 元山 *Nakai, T Nakai s.n.*

Carex schmidtii Meinsh., Beitr. Kenntn. Russ. Reiches 26: 224 (1871

Common name 참뚝사초

Distribution in Korea: North, Central, South
   Carex maximowiczii Boeck., Linnaea 41: 237 (1877)
   Carex lineolata Cham. ex Meinsh., Trudy Imp. S.-Peterburgsk. Bot. Sada 18: 338 (1901)
   Carex subvaginata Meinsh. ex C.B.Clarke, Bull. Misc. Inform. Kew, Addit. Ser. 8: 70 (1908)
   Carex vladmiroviensis H.Lév., Bull. Acad. Int. Geogr. Bot. 19: 34 (1909)
   Carex maximowiczii Boeck. var. *suifunensis* (Kom.) Nakai, Saishu-to Kuan-to Shokubutsu
   Hokoku-sho [Fl. Quelpaert Isl.] : 24 (1914)

Representative specimens; Hamgyong-bukto 17 June 1933 羅南東南側山地 *Saito, T T Saito s.n.* 8 July 1936 鏡城鶴浦 - 行營 *Saito, T T Saito s.n.* 20 June 1909 富寧 *Nakai, T Nakai s.n.* **Hamgyong-namdo** 19 May 1935 咸興馳馬台 *Nomura, N Nomura s.n.* **Kangwon-do** 7 June 1909 元山 *Nakai, T Nakai s.n.* 8 June 1909 *Nakai, T Nakai s.n.* 25 May 1935 *Yamagishi, S s.n.* **P'yongan-bukto** 2 June 1912 白壁山 *Ishidoya, T Ishidoya s.n.* **P'yongyang** 11 June 1911 P'yongyang (平壤) *Imai, H Imai s.n.* 1 May 1910 平壤普通江岸 *Imai, H Imai s.n.* **Rason** 4 June 1930 Sosura ad ostium pl Tumingan 西水羅 *Ohwi, J Ohwi s.n.* 4 June 1930 西水羅 *Ohwi, J Ohwi456*

Carex sedakowii C.A.Mey. ex Meinsh., Trudy Imp. S.-Peterburgsk. Bot. Sada 18: 360 (1901)
Common name 난쟁이사초
Distribution in Korea: North

Representative specimens; Hamgyong-bukto 1 August 1932 渡正山雷島 *Saito, T T Saito s.n.* 26 July 1930 頭流山 *Ohwi, J Ohwi s.n.* 26 June 1930 雪嶺東斜面 *Ohwi, J Ohwi s.n.* **Hamgyong-namdo** 21 June 1932 東上面元豊里 *Ohwi, J Ohwi s.n.* **Ryanggang** 21 June 1930 天水洞 *Ohwi, J Ohwi s.n.* 20 June 1930 三社面楡坪- 天水洞 *Ohwi, J Ohwi s.n.* 13 August 1936 白頭山 *Chang, HD ChangHD s.n.*

Carex siderosticta Hance, J. Linn. Soc., Bot. 13: 89 (1873)
Common name 대사초
Distribution in Korea: North, Central, South
   Pseudocarex plantaginea Miq., Ann. Mus. Bot. Lugduno-Batavi 2: 146 (1866)
   Carex platyphylla Franch., Bull. Soc. Philom. Paris VIII, 7: 50 (1895)
   Carex siderosticta Hance var. *bracteosa* Franch., Nouv. Arch. Mus. Hist. Nat. 3, 9: 196 (1897)
   Carex siderosticta Hance var. *pilosa* H.Lév. ex Nakai, Repert. Spec. Nov. Regni Veg. 13: 244 (1914)
   Carex ciliatomarginata Nakai, Repert. Spec. Nov. Regni Veg. 13: 244 (1914)
   Carex siderosticta Hance var. *variegata* Akiyama, J. Fac. Sci. Hokkaido Imp. Univ., Ser. 5,
   Bot. 3: 268 (1935)
   Carex siderosticta Hance var. *glabra* Ohwi, Mem. Coll. Sci. Kyoto Imp. Univ., Ser. B, Biol.
   11(5): 430 (1936)
   Carex siderosticta Hance ssp. *pilosa* (H.Lév. ex Nakai) T.Koyama, J. Fac. Sci. Univ. Tokyo,
   Sect. 3, Bot. 8: 233 (1962)
   Carex siderosticta Hance var. *stenophylla* (Kitag.) Kitag., J. Jap. Bot. 50: 88 (1975)
   Carex siderosticta Hance f. *albomarginata* Y.N.Lee, Bull. Korea Pl. Res. 5: 37 (2005)

Representative specimens; Chagang-do 10 June 1909 Kang-gei(Kokai 江界) *Mills, RG Mills s.n.* 13 May 1911 *Mills, RG Mills527* **Hamgyong-bukto** 17 May 1932 羅南附近 *Saito, T T Saito s.n.* 4 May 1933 羅南西北谷 *Saito, T T Saito s.n.* 26 May 1930 鏡城 *Ohwi, J Ohwi164* 30 May 1930 朱乙溫堡 *Ohwi, J Ohwi297* **Hamgyong-namdo** 5 May 1935 Hamhung (咸興) *Nomura, N Nomura s.n.* 9 May 1935 咸興歸州寺 *Nomura, N Nomura s.n.* 5 May 1935 Hamhung (咸興) *Nomura, N Nomura s.n.* 28 April 1935 下岐川面保庄 - 三巨 *Nomura, N Nomura s.n.* 15 June 1932 下碣隅里 *Ohwi, J Ohwi s.n.* 21 June 1932 東上面元豊里 *Ohwi, J Ohwi s.n.* **Hwanghae-namdo** 25 August 1943 首陽山 *Furusawa, I Furusawa s.n.* **Kangwon-do** 10 June 1932 Mt. Kumgang (金剛山) *Ohwi, J Ohwi s.n.* 6 June 1909 元山 *Nakai, T Nakai s.n.* **P'yongan-bukto** 17 May 1912 白壁山 *Ishidoya, T Ishidoya s.n.* **P'yongyang** 25 April 1910 Mt. Otsuiteudai 平壤 *Imai, H Imai s.n.* 25 April 1910 Otsumitsudai (乙密台) 平壤 *Imai, H Imai s.n.* **Rason** 4 June 1930 西水羅 *Ohwi, J Ohwi494* **Ryanggang** 23 August 1914 Keizanchin(惠山鎭) *Ikuma, Y Ikuma s.n.* 4 August 1939 大澤濕地 *Hozawa, S Hozawa s.n.* 22 June 1930 倉坪嶺 *Ohwi, J Ohwi s.n.* 24 July 1930 大澤 *Ohwi, J Ohwi s.n.*

Carex siroumensis Koidz., Bot. Mag. (Tokyo) 32: 54 (1918)
Common name 포태산사초 (포태사초)
Distribution in Korea: North
   Carex hotaizanensis Akiyama, J. Jap. Bot. 16: 101 (1940)

Representative specimens; Ryanggang 13 August 1936 白頭山 *Chang, HD ChangHD s.n.* **Sinuiju** 5 August 1917 Mt. Baekma(義州白馬山) *Koidzumi, G Koidzumi s.n.*

Carex sordida Van Heurck & Müll.Arg., Observ. Bot. Descript. Pl. Nov. Herb. Van Heurckiani 1: 33 (1870)

Common Name 민숲이삭사초

Distribution in Korea: North, Central

    Carex akanensis Franch., Bull. Soc. Philom. Paris ser.8, 7: 51 (1895)

    Carex amurensis Kük. var. *abbreviata* Kük., Bot. California 77: 94 (1899)

    Carex drymophila Turcz. var. *akanensis* (Franch.) Kük., Pflanzenr. (Engler) IV, 20(38): 756 (1909)

    Carex drymophila Turcz. var. *abbreviata* (Kük.) Ohwi, Acta Phytotax. Geobot. 12: 107 (1943)

Representative specimens; Hamgyong-bukto 15 June 1930 茂山嶺 *Ohwi, J Ohwi1078* 25 June 1930 雪嶺 *Ohwi, J Ohwi s.n.* 19 June 1930 四芝洞 -楡坪 *Ohwi, J Ohwi1412* **Ryanggang** 16 August 1935 北水白山 *Park, MK Park s.n.* 27 August 1934 豊山郡熊耳面鉢峯大岩山 - 頭里松谷 *Yamamoto, A Yamamoto s.n.* 4 August 1939 大澤濕地 *Hozawa, S Hozawa s.n.* 31 July 1930 島內 *Ohwi, J Ohwi s.n.* 23 June 1930 倉坪延岩洞間 *Ohwi, J Ohwi1737*

Carex stenophylla V.I.Krecz. ssp. ***stenophylloides*** (V.I.Krecz.) T.V.Egorova, Fl. Erevana ed. 2.: 339 (1972)

Common Name 짠돌사초

Distribution in Korea: North

    Carex dimorphotheca Stschegl., Bull. Soc. Imp. Naturalistes Moscou 27 (2): 206 (1854)

    Carex stenophylloides V.I.Krecz., Fl. Turkm. 1: 230 (1932)

    Carex duriusculiformis V.I.Krecz., Fl. URSS 3: 592 (1935)

    Carex discessa V.I.Krecz. ex Grubov, Bot. Mater. Gerb. Bot. Inst. Bot. Acad. Nauk Kazakhsk. S.S.R. 17: 7 (1955)

Carex stipata Muhl. ex Willd., Sp. Pl. (ed. 4) 4: 233 (1805)

Common name 큰개구리사초 (양덕사초)

Distribution in Korea: North, Central

    Vignea stipata (Muhl. ex Willd.) Rchb., Handb. Gewachsk., ed. 2 3: 1620 (1830)

    Loncoperis stipata (Muhl. ex Willd.) Raf., Good Book 27 (1840)

Representative specimens; P'yongan-namdo 15 June 1928 陽德 *Nakai, T Nakai s.n.*

Carex subebracteata (Kük.) Ohwi, Mem. Coll. Sci. Kyoto Imp. Univ., Ser. B, Biol. 6(5): 252 (1931)

Common name 부리실청사초

Distribution in Korea: North, Central

    Carex pediformis C.A.Mey. var. *rostrata* Maxim., Mem. Acad. Imp. Sci. St.-Petersbourg Divers Savans 9: 310 (1859)

    Carex pisiformis Boott var. *subebractea* Kük., Pflanzenr. (Engler) IV, 20(38): 477 (1909)

    Carex umbrosa Host var. *stolonifera* Kük., Pflanzenr. (Engler) IV, 20(38): 468 (1909)

    Carex praestabilis Ohwi, Mem. Coll. Sci. Kyoto Imp. Univ., Ser. B, Biol. 6(5): 262 (1931)

    Carex sabynensis Less. ex Kunth var. *rostrata* (Maxim.) Ohwi, Mem. Coll. Sci. Kyoto Imp. Univ., Ser. B, Biol. 11(5): 353 (1936)

Representative specimens; Hamgyong-bukto 15 June 1939 ト ル ダ江上流 *Kitagawa, M s.n.* 15 June 1930 茂山嶺 *Ohwi, J Ohwi s.n.* 1 June 1930 鏡城 *Ohwi, J Ohwi s.n.* July 1934 延上面九州帝大北鮮演習林 *Hatsushima, S Hatsushima s.n.* 25 June 1930 Kosan-pon in 雪嶺 *Ohwi, J Ohwi s.n.* 18 June 1930 Shishido 四芝洞 *Ohwi, J Ohwi s.n.* 19 June 1930 四芝洞 -楡坪 *Ohwi, J Ohwi s.n.* 17 June 1930 四芝嶺 *Ohwi, J Ohwi1150* **Hamgyong-namdo** 21 June 1932 東上面元豊里 *Ohwi, J Ohwi s.n.* **Kangwon-do** 10 June 1932 Mt. Kumgang (金剛山) *Ohwi, J Ohwi s.n.* **Ryanggang** 21 June 1930 天水洞 *Ohwi, J Ohwi s.n.* 23 June 1930 倉坪延岩洞間 *Ohwi, J Ohwi s.n.* 20 June 1930 三社面楡坪- 天水洞 *Ohwi, J Ohwi s.n.*

Carex subspathacea Wormsk. ex Hornem., Fl. Dan. 9: 4, t. 1530 (1816)

Common Name 애기천일사초

Distribution in Korea: North, Central

    Carex aquatilis Wahlenb. var. *nardifolia* Wahlenb., Kongl. Vetensk. Acad. Nya Handl. 24: 165 (1803)

    Carex hoppneri Boott, Fl. Bor.-Amer. (Hooker) 2: 219 (1839)

Carex salina Wahlenb. var. *minor* Boott, Ill. Gen. Carex 4: 160 (1867)

Carex subumbellata Meinsh., Trudy Imp. S.-Peterburgsk. Bot. Sada 18: 395 (1901)
Common name 구름사초
Distribution in Korea: North
  Carex subumbellata Meinsh. var. *koreana* Ohwi, Mem. Coll. Sci. Kyoto Imp. Univ., Ser. B, Biol. 6(5): 261 (1931)
  Carex subumbellata Meinsh. var. *verecunda* Ohwi, Mem. Coll. Sci. Kyoto Imp. Univ., Ser. B, Biol. 6(5): 260 (1931)

Representative specimens; **Hamgyong-bukto** 25 June 1930 雪嶺 *Ohwi, J Ohwi s.n.* 25 June 1930 Kosan-pon in 雪嶺 *Ohwi, J Ohwi s.n.* **Hamgyong-namdo** 23 June 1932 遮日峯 *Ohwi, J Ohwi s.n.*

Carex suifunensis Kom., Trudy Imp. S.-Peterburgsk. Bot. Sada 18: 445 (1901)
Common Name 가는비늘사초
Distribution in Korea: North, Central, Jeju
  Carex pruinosa Boott var. *suifunensis* (Kom.) Kük., Pflanzenr. (Engler) IV, 20(38): 353 (1909)
  Carex maximowiczii Boeck. var. *suifunensis* (Kom.) Nakai, Saishu-to Kuan-to Shokubutsu Hokoku-sho [Fl. Quelpaert Isl.] 18 (1914)
  Carex maximowiczii Boeck. ssp. *suifunensis* (Kom.) Vorosch., Florist. Issl. Razn. Raionakh SSSR [A.K.Skvortsov] 155 (1985)

Carex tarumensis Franch., Bull. Soc. Philom. Paris ser. 8, 7: 37 (1895)
Common Name 검은꼬리사초
Distribution in Korea: North

Carex tenuiflora Wahlenb., Kongl. Vetensk. Acad. Nya Handl. 24: 147 (1803)
Common name 별사초
Distribution in Korea: North
  Carex leucolepis Turcz. ex Steud., Nomencl. Bot., ed. 2 (Steudel) 1: 292 (1840)
  Carex arrhyncha Franch., Bull. Soc. Philom. Paris ser.8, 7: 30 (1895)
  Carex tenuiflora Wahlenb. var. *arrhyncha* (Franch.) Kük., Pflanzenr. (Engler) IV, 20(38): 224 (1909)

Representative specimens; **Hamgyong-bukto** 2 August 1932 渡正山見晴台附近 *Saito, T T Saito s.n.* **Hamgyong-namdo** 20 June 1932 東上面元豊里 *Ohwi, J Ohwi s.n.* **Ryanggang** 3 July 1897 三水邑-上水隅理 *Komarov, VL Komaorv s.n.* 24 July 1930 大澤 *Ohwi, J Ohwi s.n.* 20 June 1930 三社面楡坪- 天水洞 *Ohwi, J Ohwi1776* 24 July 1930 大澤 *Ohwi, J Ohwi2637* 1 August 1934 小長白山 *Kojima, K Kojima s.n.*

Carex tenuiformis H.Lév. & Vaniot, Bull. Acad. Int. Geogr. Bot. 11: 104 (1902)
Common name 나도그늘사초
Distribution in Korea: North
  Carex seiskoensis Freyn, Oesterr. Bot. Z. 53: 27 (1903)
  Carex koreana Kom. f. *paupera* Kük., Pflanzenr. (Engler) IV, 20(38): 571 (1909)
  Carex tenuiformis H.Lév. & Vaniot f. *paupera* (Kük.) Love & Raymond, Pflanzenr. (Engler) IV, 20(38): 571 (1909)
  Carex ichimurae Nakai, Nippon Shokubutsumeii, ed. 9 2: 81 (1916)
  Carex komarovii Koidz., Bot. Mag. (Tokyo) 33: 205 (1919)
  Carex fraudulans Printz, Veg. Siber.-Mongol. Front. 160 (1921)
  Carex tenuiformis H.Lév. & Vaniot var. *elatior* Ohwi, Acta Phytotax. Geobot. 11: 256 (1942)

Representative specimens; **Chagang-do** 11 July 1914 臥碣峰鷲峯 *Nakai, T Nakai s.n.* **Hamgyong-bukto** 1 August 1932 渡正山見晴台 *Saito, T T Saito s.n.* 17 May 1933 渡正山の分 *Saito, T T Saito s.n.* 2 August 1932 渡正山見晴台 *Saito, T T Saito s.n.* 15 June 1930 茂山嶺 *Ohwi, J Ohwi s.n.* 26 July 1930 頭流山 *Ohwi, J Ohwi2752* July 1932 冠帽峰 *Ohwi, J Ohwi s.n.* 12 June 1934 延上面九州帝大北鮮演習林 *Hatsushima, S Hatsushima s.n.* 23 May 1897 車踰嶺 *Komarov, VL Komaorv s.n.* 26 June 1930 Mt. Kosam-pon in 雪嶺 *Ohwi, J Ohwi s.n.* **Hamgyong-namdo** 21 June 1932 東上面元豊里 *Ohwi, J Ohwi s.n.* 23 June 1932

遮日峯 *Ohwi, J Ohwi s.n.* 15 August 1940 *Okuyama, S Okuyama s.n.* **Kangwon-do** 10 June 1932 Mt. Kumgang (金剛山) *Ohwi, J Ohwi s.n.* **Rason** 6 June 1930 Sosura (西水羅) *Ohwi, J Ohwi s.n.* **Ryanggang** 20 August 1934 北水白山 *Kojima, K Kojima s.n.* 16 August 1935 *Park, MK Park s.n.* 11 July 1917 胞胎山中腹以上 *Furumi, M Furumi s.n.*

Carex tenuiformis H.Lév. & Vaniot var. *neofilipes* (Nakai) Ohwi ex Hatus., Exp. Forest. Kyushu Imp. Univ. 5: 223 (1934)

Common name 그늘실사초

Distribution in Korea: North, Central, South
    Carex tenuiformis H.Lév. & Vaniot ssp. *neofilipes* (Nakai) Love
    Carex neofilipes Nakai, Repert. Spec. Nov. Regni Veg. 13: 243 (1914)

Representative specimens; Kangwon-do 10 August 1916 金剛山毘盧峯 *Nakai, T Nakai s.n.*

Carex thunbergii Steud., Flora 29: 23 (1846)

Common name 뚝사초

Distribution in Korea: North, Central
    Carex acuta L. var. *appendiculata* Trautv., Fl. Ochot. Phaenog. 100 (1856)
    Carex brachysandra Franch., Bull. Soc. Philom. Paris ser.8, 7: 40 (1895)
    Carex appendiculata (Trautv. & C.A.Mey.) Kük., Bull. Herb. Boissier ser.2, 4: 54 (1904)
    Carex gaudichaudiana Kunth var. *thunbergii* f. *brachysandra* Kük., Pflanzenr. (Engler) IV, 20(38): 313 (1909)
    Carex micrantha Kük. var. *tenuinervis* Kük., Pflanzenr. (Engler) IV, 20(38): 341 (1909)
    Carex koizumiana Ohwi, Mem. Coll. Sci. Kyoto Imp. Univ., Ser. B, Biol. 6(5): 263 (1931)
    Carex thunbergii Steud. var. *brachysandra* Miyabe & Kudô, J. Fac. Agric. Hokkaido Imp. Univ. 26 (2): 231 (1931)
    Carex thunbergii Steud. var. *appendiculata* (Trautv. & C.A.Mey.) Ohwi, J. Jap. Bot. 11: 409 (1935)

Representative specimens; Hamgyong-bukto 8 July 1936 鶴浦-行營 *Saito, T T Saito s.n.* July 1934 延上面九州帝大北鮮演習林 *Hatsushima, S Hatsushima s.n.* **Hwanghae-namdo** 9 July 1921 Sorai Beach 九味浦 *Mills, RG Mills s.n.* **Ryanggang** 19 June 1930 楡坪 *Ohwi, J Ohwi1445* Type of *Carex sozusensis* Ohwi (Holotype KYO)21 June 1930 天水洞 *Ohwi, J Ohwi1527*

Carex tuminensis Kom., Trudy Imp. S.-Peterburgsk. Bot. Sada 18: 444 (1901)

Common name 줌삿갓사초

Distribution in Korea: far North (Paekdu, Kangae, Hwangsuryong)
    Carex ternaria Meinsh., Trudy Imp. S.-Peterburgsk. Bot. Sada 18: 342 (1901)

Representative specimens; Hamgyong-namdo 15 June 1932 下碣隅里 *Ohwi, J Ohwi s.n.* 24 July 1935 東下面把頭洞 *Nomura, N Nomura s.n.* 14 August 1940 赴戰高原雲水嶺 *Okuyama, S Okuyama s.n.* **Ryanggang** 25 June 1917 甲山德峯 *Furumi, M Furumi s.n.* 27 August 1934 豊山郡熊耳面鉢峯面洞川源流 *Yamamoto, A Yamamoto s.n.* 16 June 1897 延岩(西溪水河谷-阿武山) *Komarov, VL Komaorv s.n.* Type of *Carex tuminensis* Kom. (Isosyntype TI)19 June 1930 楡坪 *Ohwi, J Ohwi1450* August 1913 崔哥嶺 *Mori, T Mori s.n.* 15 August 1936 虛項嶺濕地 *Chang, HD ChangHD s.n.* 15 August 1936 白頭山三池淵 *Chang, HD ChangHD s.n.* 30 July 1917 無頭峯 *Furumi, M Furumi s.n.* 10 August 1914 茂峯 *Ikuma, Y Ikuma s.n.* August 1913 長白山 *Mori, T Mori s.n.* 5 August 1914 胞胎山虛項嶺 *Nakai, T Nakai s.n.* 10 August 1912 Moho (茂峯)- 農事洞 *Mori, T Mori s.n.*

Carex uda Maxim., Mem. Acad. Imp. Sci. St.-Petersbourg Divers Savans 9: 303 (1859)

Common name 개바늘사초

Distribution in Korea: North, Central, South

Representative specimens; Hamgyong-bukto 15 June 1930 茂山嶺 *Ohwi, J Ohwi1069* July 1934 延上面九州帝大北鮮演習林 *Hatsushima, S Hatsushima s.n.* **Ryanggang** 23 June 1930 倉坪延岩洞間 *Ohwi, J Ohwi1762*

Carex ulobasis V.I.Krecz., Fl. URSS 3: 608 (1935)

Common name 산양지사초 (산양지사초)

Distribution in Korea: North, Central
    Carex montana L. var. *manchuriensis* Kom., Mem. Acad. Imp. Sci. St.-Petersbourg Divers Savans 9: 396 (1901)

Carex ussuriensis Kom., Trudy Imp. S.-Peterburgsk. Bot. Sada 18: 443 (1901)

Common name 싸래기사초 (싸라기사초)

Distribution in Korea: North
 Carex alba Scop. ssp. *ussuriensis* (Kom.) Kük., Pflanzenr. (Engler) IV, 20(38): 500 (1909)
 Carex alba Scop. var. *ussuriensis* (Kom.) T.Koyama, J. Fac. Sci. Univ. Tokyo, Sect. 3, Bot. 8: 173 (1962)

Carex vaginata Tausch, Flora 4: 557 (1821)

Common name 집사초

Distribution in Korea: North
 Carex sparsiflora (Wahlenb.) Steud. var. *borealis* Andersson, Pl. Scand. Cyper. 1: 34 (1849)
 Carex falcata Turcz., Fl. Baical.-dahur. n. 1254 (1855)
 Carex petersii C.A.Mey. ex F.Schmidt, Mem. Acad. Imp. Sci. St.-Petersbourg, Ser. 7 12: 194 (1868)
 Carex sparsiflora (Wahlenb.) Steud. var. *petersii* (C.A.Mey. ex Schmidt) Kük., Pflanzenr. (Engler) IV, 20(38): 513 (1909)
 Carex sparsiflora (Wahlenb.) Steud. var. *falcata* (Turcz.) Kük., Russk. Bot. Zhurn. 3-6: 146 (1911)
 Carex vaginata Tausch var. *petersii* (C.A.Mey. ex Schmidt) Akiyama, J. Jap. Bot. 11: 499 (1935)

Representative specimens; Hamgyong-namdo 21 June 1932 東上面元豊里 *Ohwi, J Ohwi s.n.* **Ryanggang** 24 July 1930 合水-大澤 *Ohwi, J Ohwi s.n.* 22 June 1930 倉坪嶺 *Ohwi, J Ohwi2419* 15 August 1936 虛項嶺 *Chang, HD ChangHD s.n.* 1 August 1934 小長白山 *Kojima, K Kojima s.n.*

Carex van-heurckii Müll.Arg., Observ. Bot. (Van Heurck) 30 (1870)

Common name 망사초

Distribution in Korea: North
 Carex amblyolepis Trautv. & C.A.Mey., Fl. Ochot. Phaenog. 99 (1856)
 Carex pensylvanica Lam. var. *amblyolepis* (Trautv. & C.A.Mey.) Kük., Oefvers. Forh. Finska Vetensk.-Soc. 45: 8 (1903)
 Carex pseudowrightii Honda, Bot. Mag. (Tokyo) 18: 291 (1929)

Carex vesicaria L., Sp. Pl. 979 (1753)

Common name 새방울사초

Distribution in Korea: North (Ryanggang, Hamgyong, P'yongan, Kangwon), Central
 Carex furcata Lapeyr., Hist. Pl. Pyrenees 568 (1813)
 Carex vesicaria L. var. *calcifoenum* Laest., Loca Parall. 88 (1831)
 Carex suilla J.Fellm., Bull. Soc. Imp. Naturalistes Moscou 8: 285 (1835)
 Carex monile Tuck., Enum. Meth. Caric. 20 (1843)
 Carex raeana Boott, Arct. Search Exped. 2: 344 (1851)
 Carex vesicaria L. var. *robusta* Sond., Fl. Hamburg. [Sonder] 506 (1851)
 Carex bongardiana C.A.Mey., Fl. Ochot. Phaenog. 101 (1856)
 Carex vaseyi Dewey, Amer. J. Sci. Arts II 29: 347 (1860)
 Carex vesicaria L. var. *monile* (Tuck.) Boeck., Linnaea 41: 320 (1877)
 Carex vesicaria L. var. *tenuistachya* Kük., Bot. California 77: 58 (1899)
 Carex udensis Meinsh., Trudy Imp. S.-Peterburgsk. Bot. Sada 18: 366 (1901)
 Carex vesicata Meinsh., Trudy Glavn. Bot. Sada 18: 367 (1901)
 Carex vesicaria L. ssp. *vesicata* (Meinsh.) T.V.Egorova, Novosti Sist. Vyssh. Rast. 10: 103 (1973)

Representative specimens; Hamgyong-bukto 20 June 1909 輸城 *Nakai, T Nakai s.n.* 6 June 1930 鏡城 *Ohwi, J Ohwi s.n.* 12 June 1930 *Ohwi, J Ohwi847* **P'yongyang** 21 May 1911 P'yongyang (平壤) *Imai, H Imai s.n.* **Rason** 4 June 1930 西水羅 *Ohwi, J Ohwi601* 6 June 1930 *Ohwi, J Ohwi690* **Ryanggang** 8 June 1897 平蒲坪-倉坪 *Komarov, VL Komaorv s.n.* 14 August 1936 白頭山地方三池淵濕地 *Chang, HD ChangHD s.n.*

Carex xiphium Kom., Trudy Imp. S.-Peterburgsk. Bot. Sada 18: 446 (1901)

Common name 넓은잎피사초

Distribution in Korea: North, Central

Representative specimens; **Hamgyong-bukto** 25 June 1930 雪嶺山上 *Ohwi, J Ohwi s.n.* 26 June 1930 雪嶺山頂 *Ohwi, J Ohwi1873* **Hamgyong-namdo** 15 June 1932 下碣隅里 *Ohwi, J Ohwi s.n.* 25 July 1933 東上面遮日峯 *Koidzumi, G Koidzumi s.n.* 21 June 1932 東上面元豊里 *Ohwi, J Ohwi s.n.* 15 August 1940 東上面遮日峰 *Okuyama, S Okuyama s.n.* **Kangwon-do**10 June 1932 Mt. Kumgang (金剛山) *Ohwi, J Ohwi s.n.* **Ryanggang** 20 August 1934 北水白山 *Kojima, K Kojima s.n.* 16 August 1935 *Park, MK Park s.n.* 22 June 1930 Cham-pen-ryon 倉坪嶺 *Ohwi, J Ohwi s.n.* 24 July 1930 含山嶺 *Ohwi, J Ohwi2406* 6 July 1917 Jyosuihei (汝水坪) *Furumi, M Furumi s.n.* 13 August 1936 白頭山 *Chang, HD ChangHD s.n.* 19 August 1934 新興豊山郡境南水峠附近 *Yamamoto, A Yamamoto s.n.*

Cyperus L.
Cyperus amuricus Maxim., Mem. Acad. Imp. Sci. St.-Petersbourg Divers Savans 9: 296 (1859)
Common name 방동사니

Distribution in Korea: North, Central, South
Cyperus krameri Franch. & Sav., Enum. Pl. Jap. 2: 104, 539 (1877)
Cyperus pterygorrhachis C.B.Clarke, Bull. Acad. Int. Geogr. Bot. 14: 202 (1904)
Chlorocyperus franchettii Palla, Oesterr. Bot. Z. 59: 193 (1909)
Cyperus amuricus Maxim. var. *pterygorrachis* (H.Lév.) Ohwi, Bot. Mag. (Tokyo) 45: 184 (1931)

Representative specimens; **Hamgyong-namdo** 17 August 1940 西湖津 *Okuyama, S Okuyama s.n.* 11 August 1940 咸興歸州寺 *Okuyama, S Okuyama s.n.* **Kangwon-do** 30 August 1916 通川街道 *Nakai, T Nakai s.n.* 20 August 1932 元山 *Kitamura, S Kitamura732* **P'yongan-bukto** 25 August 1911 Sakju(朔州) *Mills, RG Mills s.n.* **Ryanggang** 14 August 1914 農事洞-三下 *Nakai, T Nakai s.n.*

Cyperus difformis L., Cent. Pl. II 2: 6 (1756)
Common name 알방동사니

Distribution in Korea: North (Hamgyong, P'yongan), Central, South
Cyperus holoschoenoides Jan ex Schult., Mant. 2 (Schultes) 2: 111 (1824)
Cyperus subrotundus Llanos, Fragm. Pl. Filip. 14 (1851)
Cyperus orizetourum Steud., Syn. Pl. Glumac. 2: 24 (1854)
Cyperus goeringii Steud., Syn. Pl. Glumac. 2: 24 (1854)
Cyperus difformis L. var. *breviglobosus* Kük., Pflanzenr. (Engler) IV, 20(101): 240 (1936)

Representative specimens; **Hamgyong-bukto** 21 August 1935 羅南 *Saito, T T Saito1562* 8 August 1930 吉州 *Ohwi, J Ohwi s.n.* **Hamgyong-namdo** 17 September 1933 豊西里 - 豊隅里 *Nomura, N Nomura s.n.* **Nampo** 1 October 1911 Chin Nampo (鎮南浦) *Imai, H Imai s.n.*

Cyperus flaccidus R.Br., Prodr. Fl. Nov. Holland. : 213 (1810)
Common name 꽃방동사니

Distribution in Korea: North, Central, South
Cyperus trinervis R.Br. var. *flaccidus* (R.Br.) Kük., Pflanzenr. (Engler) IV, 20 (101): 294 (1936)

Cyperus fuscus L., Sp. Pl. : 46 (1753)
Common name 갈방동사니

Distribution in Korea: North
Cyperus virescens Hoffm., Deutschl. Fl. (Hoffm.) 1 (1): 21 (1791)
Cyperus haworthii A.Gray, Nat. Arr. Brit. Pl. 2: 7 (1821)
Cyperus forsskalii A.Dietr., Sp. Pl. 2: 251 (1833)

Cyperus glomeratus L., Cent. Pl. II 2: 5 (1756)
Common name 물방동사니 (물방동사니)

Distribution in Korea: North, Central, South, Ulleung
Cyperus cinnamomeus Retz., Observ. Bot. (Retzius) 4: 10 (1786)
Cyperus aureus Georgi, Beschr. Nation. Russ. Reich 257 (1802)
Cyperus australis Schrad., Fl. Germ. (Schrader) 1: 116 (1806)
Cyperus multumbelliferus Roem. & Schult., Syst. Veg. (ed. 16) [Roemer & Schultes] 2: 200 (1817)
Chlorocyperus glomeratus (L.) Palla, Allg. Bot. Z. Syst. 6: 201 (1900)

Cyperus hakonensis Franch. & Sav., Enum. Pl. Jap. 2: 104, 538 (1877)
Common name 병아리방동사니

Distribution in Korea: North, Central, South

Representative specimens; Hamgyong-namdo 18 September 1934 咸州郡朱北面興祥 *Nomura, N Nomura s.n.* **Kangwon-do** 13 September 1932 元山 *Kitamura, S Kitamura s.n.* **P'yongyang** 25 August 1909 平壤普通江岸 *Imai, H Imai s.n.*

Cyperus iria L., Sp. Pl. 45 (1753)
Common name 참방동사니
Distribution in Korea: North, Central, South, Ulleung
    Cyperus santonici Rottb., Descr. Icon. Rar. Pl. 41 (1773)
    Cyperus chrysomelinus Link, Hort. Berol. [Link] 2: 305 (1833)
    Cyperus paniciformis Franch. & Sav., Enum. Pl. Jap. 2: 537 (1878)
    Cyperus iria L. var. *paniciformis* (Franch. & Sav.) C.B.Clarke, Fl. Brit. Ind. 6: 607 (1893)

Representative specimens; Hamgyong-namdo 1928 Hamhung (咸興) *Seok, JM s.n.* 17 September 1933 豊西里 - 豊陽里 *Nomura, N Nomura7* **Kangwon-do** 30 August 1916 通川 *Nakai, T Nakai s.n.* 6 August 1932 元山 *Kitamura, S Kitamura s.n.*

Cyperus microiria Steud., Syn. Pl. Glumac. 2: 23 (1854)
Common name 금방동사니
Distribution in Korea: North (Hamgyong, P'yongan), Central (Hwanghae), South, Ulleung
    Cyperus textori Miq., Ann. Mus. Bot. Lugduno-Batavi 2: 141 (1865)
    Cyperus amuricus Maxim. var. *textorii* (Miq.) Kük., Sinensia 3: 80 (1933)
    Cyperus amuricus Maxim. var. *japonicus* Kük., Pflanzenr. (Engler) 4(Heft 101): 20 (1936)

Representative specimens; Hamgyong-bukto 24 August 1935 鏡城 *Saito, T T Saito1384* **Hamgyong-namdo** 2 September 1934 蓮花山斗安垈岩 *Yamamoto, A Yamamoto s.n.* **Kangwon-do** 20 August 1932 元山 *Kitamura, S Kitamura728* **P'yongyang** 25 August 1909 P'yongyang (平壤) *Mills, RG Mills539* **Sinuiju** 14 September 1915 新義州 *Nakai, T Nakai s.n.*

Cyperus nipponicus Franch. & Sav., Enum. Pl. Jap. 2: 537 (1878)
Common name 푸른방동사니
Distribution in Korea: North, Central, South, Jeju
    Scirpus stauntonii C.B.Clarke, J. Linn. Soc., Bot. 36: 253 (1903)
    Juncellus nipponicus (Franch. & Sav.) C.B.Clarke, Bull. Acad. Int. Geogr. Bot. 14: 202 (1904)
    Dichostylis nipponica (Franch. & Sav.) Palla, Monde Pl. 12: 40 (1910)
    Cyperus stauntonii (C.B.Clarke) Ohwi, Repert. Spec. Nov. Regni Veg. 36: 43 (1934)
    Cyperus michelianus var. *nipponicus* (Franch. & Sav.) Kük., Pflanzenr. (Engler) IV, 20(101): 314 (1936)

Representative specimens; Hamgyong-bukto 18 August 1935 羅南 *Saito, T T Saito1524* 30 August 1935 鏡城 *Saito, T T Saito1390*

Cyperus orthostachyus Franch. & Sav., Enum. Pl. Jap. 2: 539 (1878)
Common name 쇠방동사니
Distribution in Korea: North, Central, South
    Cyperus truncatus A.Rich., Tent. Fl. Abyss. 2: 487 (1850)
    Cyperus truncatus A.Rich. var. *orthostachyus* (Franch. & Sav.) C.B.Clarke, J. Linn. Soc., Bot. 36: 218 (1903)
    Cyperus truncatus A.Rich. var. *robustus* Nakai, Bot. Mag. (Tokyo) 40: 146 (1926)
    Cyperus orthostachyus Franch. & Sav. var. *dahuricus* H.Hara, J. Jap. Bot. 14: 339 (1938)
    Cyperus orthostachyus Franch. & Sav. var. *robustus* (Nakai) H.Hara, J. Jap. Bot. 14: 339 (1938)
    Cyperus fimriatus Nees, Fl. Jap., revised ed., [Ohwi] 198 (1965)
    Cyperus orthostachyus Franch. & Sav. var. *pinnateformis* Y.C.Oh & Y.B.Lee, Korean Cyperaceae 53 (2000)
    Cyperus orthostachyus Franch. & Sav. var. *umbellus* Y.C.Oh & Y.B.Lee, Korean Cyperaceae 52 (2000)

Representative specimens; Hamgyong-bukto 28 August 1932 羅南東側濕原 *Saito, T T Saito220* 17 September 1932 羅南新社 *Saito, T T Saito388* 17 September 1935 梧上洞 *Saito, T T Saito1785* **Hamgyong-namdo** 17 September 1933 豊西里 - 豊陽里 *Nomura, N Nomura s.n.* 14 August 1943 赴戰高原元豊-道安 *Honda, M Honda s.n.* 31 August 1934 東下面安基里 *Yamamoto, A Yamamoto s.n.* **Kangwon-do** 8

July 1916 金剛山末輝里 *Nakai, T Nakai5178* Type of *Cyperus truncatus* A.Rich. var. *robustus* Nakai (Syntype TI)13 August 1902 長淵里 附近 *Uchiyama, T Uchiyama s.n.* Type of *Cyperus truncatus* A.Rich. var. *robustus* Nakai (Syntype TI)20 August 1902 Mt. Kumgang (金剛山) *Uchiyama, T Uchiyama s.n.* Type of *Cyperus truncatus* A.Rich. var. *robustus* Nakai (Syntype TI)13 September 1932 元山 *Kitamura, S Kitamura1838* **P'yongan-bukto** 8 June 1919 義州金剛山 *Ishidoya, T Ishidoya s.n.* Type of *Cyperus truncatus* A.Rich. var. *robustus* Nakai (Syntype TI) **P'yongyang** 25 August 1909 平壤大同江岸 *Imai, H Imai s.n.* Type of *Cyperus truncatus* A.Rich. var. *robustus* Nakai (Syntype TI) **Ryanggang** August 1913 長白山 *Mori, T Mori s.n.* Type of *Cyperus truncatus* A.Rich. var. *robustus* Nakai (Syntype TI)5 August 1914 普天堡- 寶泰洞 *Nakai, T Nakai3960* Type of *Cyperus truncatus* A.Rich. var. *robustus* Nakai (Syntype TI) **Sinuiju** 14 September 1915 新義州 *Nakai, T Nakai2924* Type of *Cyperus truncatus* A.Rich. var. *robustus* Nakai (Syntype TI)

Cyperus pacificus (Ohwi) Ohwi, Mem. Coll. Sci. Kyoto Imp. Univ., Ser. B, Biol. 18(1): 150 (1944)

Common name 흰방동사니

Distribution in Korea: North, Central, South
    Cyperus michelianus var. *pacificus* Ohwi, Acta Phytotax. Geobot. 7: 137 (1933)
    Dichostylis pacificus (Ohwi) Nakai, Bull. Natl. Sci. Mus., Tokyo 31: 132 (1952)

Cyperus serotinus Rottb., Descr. Icon. Rar. Pl. 18 (1773)

Common name 너도방동사니

Distribution in Korea: North, Central, South
    Cyperus monti L.f., Suppl. Pl. 102 (1781)
    Cyperus krebsii Boeck., Beitr. Cyper. 2: 2 (1890)
    Juncellus serotinus (Rottb.) C.B.Clarke, Fl. Brit. Ind. 6: 594 (1893)
    Chlorocyperus serotinus (Rottb.) Palla, Allg. Bot. Z. Syst. 6: 201 (1900)
    Cyperus japonicus Makino, Bot. Mag. (Tokyo) 18: 53 (1904)
    Duval-jouvea serotina (Rottb.) Palla, Syn. Deut. Schweiz. Fl., ed. 3 3: 2556 (1905)
    Cyperus makinoi Nakai, Bot. Mag. (Tokyo) 26: 187 (1912)

Representative specimens; Hamgyong-bukto 18 August 1936 富寧水坪 - 西里洞 *Saito, T T Saito s.n.* 24 August 1914 會寧 - 行營 *Nakai, T Nakai s.n.* **Hamgyong-namdo** 17 August 1940 西湖津 *Okuyama, S Okuyama s.n.* 1928 Hamhung (咸興) *Seok, JM s.n.* **Kangwon-do** 29 August 1916 長箭 *Nakai, T Nakai s.n.* 30 August 1916 通川 *Nakai, T Nakai s.n.* **Nampo** 1 October 1911 Chin Nampo (鎭南浦) *Imai, H Imai s.n.*

Cyperus tenuispica Steud., Syn. Pl. Glumac. 2: 11 (1854)

Common name 우산방동사니

Distribution in Korea: North, Central, South, Jeju
    Cyperus delicatulatus Steud., Syn. Pl. Glumac. 2: 21 (1854)
    Cyperus fieldingii Steud., Syn. Pl. Glumac. 2: 2 (1854)
    Cyperus pseudohaspan Makino, Bot. Mag. (Tokyo) 6: 47 (1892)

Representative specimens; Kangwon-do 29 August 1916 長箭 *Nakai, T Nakai s.n.*

Eleocharis R.Br.
Eleocharis acicularis (L.) Roem. & Schult. ssp. *yokoscensis* (Franch. & Sav.) T.V.Egorova, Novosti Sist. Vyssh. Rast. 17: 69 (1980)

Common Name 원산쇠털골

Distribution in Korea: North, Central, South
    Scirpus yokoscensis Franch. & Sav., Enum. Pl. Jap. 2: 543 (1878)
    Eleocharis acicularis (L.) Roem. & Schult. var. *longiseta* Svenson, Rhodora 31: 189 (1929)
    Eleocharis svensonii Zinserl., Fl. URSS 3: 71 (1935)
    Eleocharis acicularis (L.) Roem. & Schult. f. *longiseta* (Svenson) T.Koyama, J. Fac. Sci. Univ. Tokyo, Sect. 3, Bot. 8: 88 (1961)
    Eleocharis yokoscensis (Franch. & Sav.) T.Tang, Fl. Reipubl. Popularis Sin. 11: 54 (1961)

Representative specimens; Chagang-do 15 August 1911 Kang-gei(Kokai 江界) *Mills, RG Mills502* **Kangwon-do** 21 August 1902 干發告嶺 *Uchiyama, T Uchiyama s.n.* 7 August 1916 金剛山末輝里 *Nakai, T Nakai s.n.* **P'yongan-namdo** 25 July 1912 Kai-syong (价川) *Imai, H Imai s.n.* **Rason** 28 May 1930 獨津 - 鏡城 *Ohwi, J Ohwi s.n.*

Eleocharis congesta D.Don, Prodr. Fl. Nepal. 41 (1825)

Common name 바늘골

Distribution in Korea: North

    Scirpus congestus (D.Don) Buch.-Ham. ex D.Don, Prodr. Fl. Nepal. 41 (1825)
    Eleocharis subvivipara Boeck., Linnaea 36: 424 (1870)
    Eleocharis purpurascens Boeck., Linnaea 36: 455 (1870)
    Scirpus purpurascens (Boeck.) Kuntze, Revis. Gen. Pl. 2: 758 (1891)
    Scirpus subviviparus (Boeck.) Kuntze, Revis. Gen. Pl. 2: 758 (1891)
    Eleocharis congesta D.Don ssp. *subvivipara* (Boeck.) T.Koyama, Micronesica 1: 78 (1964)

Representative specimens; P'yongan-namdo 15 September 1915 Sin An Ju(新安州) *Nakai, T Nakai s.n.*

Eleocharis equisetiformis (Meinsh.) B.Fedtsch., Rastitel'n. Turkestana 165 (1915)

Common name 까락골

Distribution in Korea: North, Central, Jeju

    Scirpus equisetiformis Meinsh., Trudy Glavn. Bot. Sada 18: 261 (1901)
    Eleocharis valleculosa Ohwi, Acta Phytotax. Geobot. 2: 29 (1933)
    Eleocharis valleculosa Ohwi f. *setosa*(Ohwi) N.Kitag., Lin. Fl. Manshur. 121 (1939)
    Eleocharis truncatovaginata T.Koyama, J. Jap. Bot. 32: 148 (1957)

Representative specimens; Hamgyong-bukto 10 June 1933 羅南 *Saito, T T Saito s.n.* 8 July 1936 鶴浦-行營 *Saito, T T Saito s.n.* 15 June 1909 Sungjin (城津) *Nakai, T Nakai s.n.* July 1934 延上面九州帝大北鮮演習林 *Hatsushima, S Hatsushima s.n.* 20 June 1909 富寧 *Nakai, T Nakai s.n.* Hamgyong-namdo 15 June 1941 咸興城川江場防 *Suzuki, T s.n.* 14 August 1943 赴戰高原元豊-道安 *Honda, M Honda s.n.* Kangwon-do July 1901 Nai Piang *Faurie, UJ Faurie963* 8 June 1909 元山德原 *Nakai, T Nakai s.n.* P'yongyang 11 June 1911 Ryugakusan (龍岳山) 平壤 *Imai, H Imai s.n.*

Eleocharis kamtschatica (C.A.Mey.) Kom., Fl. Kamtschatka 1: 207 (1927)

Common name 검은바늘골 (올방개아재비)

Distribution in Korea: North, Central, South

    Scirpus kamtschaticus C.A.Mey., Mem. Acad. Imp. Sci. St.-Petersbourg Divers Savans 1: 193 (1831)
    Eleocharis pileata A.Gray, Mem. Amer. Acad. Arts ser. 2 6 (2): 417 (1858)
    Scirpus mitratus Franch. & Sav., Enum. Pl. Jap. 2: 544 (1878)
    Eleocharis mitrata Makino, Bot. Mag. (Tokyo) 8: 380 (1894)
    Scirpus sachalinensis Meinsh., Trudy Glavn. Bot. Sada 18: 260 (1900)
    Eleocharis savatieri C.B.Clarke, Bull. Misc. Inform. Kew, Addit. Ser. 8: 21 (1908)
    Eleocharis sachalinensis (Meinsh.) Kom., Opred. Rast. Dal'nevost. Kraia 1: 266 (1931)
    Eleocharis kamtschatica (C.A.Mey.) Kom. var. *reducta* Ohwi, Bot. Mag. (Tokyo) 45: 185 (1931)
    Eleocharis komarovii Zinserl., Fl. URSS 3: 81 (1934)
    Eleocharis kamtschatica (C.A.Mey.) Kom. f. *reducta* (Ohwi) Ohwi, Mem. Coll. Sci. Kyoto Imp. Univ., Ser. B, Biol. 18(1): 45 (1944)

Representative specimens; Hamgyong-bukto 11 July 1930 鏡城 *Ohwi, J Ohwi s.n.* 11 July 1930 鏡城濕地 *Ohwi, J Ohwi s.n.* Kangwon-do 21 August 1902 千發告嶺 *Uchiyama, T Uchiyama s.n.* 8 August 1916 長箭 *Nakai, T Nakai s.n.* 8 June 1909 元山 *Nakai, T Nakai s.n.* Rason 4 June 1930 西水羅 *Ohwi, J Ohwi s.n.* 28 May 1930 獨津 *Ohwi, J Ohwi s.n.*

Eleocharis kuroguwai Ohwi, J. Jap. Bot. 12: 654 (1936)

Common name 올방개, 올메, 올미장대 (올방개)

Distribution in Korea: North, Central, South

Representative specimens; Hamgyong-bukto 29 September 1937 淸津 *Saito, T T Saito s.n.* Kangwon-do 30 July 1916 金剛山溫井里 *Nakai, T Nakai s.n.* 30 August 1916 通川街道 *Nakai, T Nakai s.n.*

Eleocharis ovata (Roth) Roem. & Schult., Syst. Veg. (ed. 16) [Roemer & Schultes] 2: 152 (1817)

Common name 둥근검은바늘골

Distribution in Korea: North

    Scirpus ovatus Roth, Tent. Fl. Germ. 2: 562 (1793)

Scirpus soloniensis Dubois, Meth. Eprouv. 295 (1803)
Scirpus turgidus Pers., Syn. Pl. (Persoon) 1: 66 (1805)
Bulbostylis ovata (Roth) Steven, Mem. Soc. Imp. Naturalistes Moscou 5: 355 (1817)
Eleocharis ovata (Roth) Roem. & Schult. var. *nipponica* H.Hara, J. Jap. Bot. 14: 338 (1938)
Eleocharis soloniensis (Dubois) H.Hara, J. Jap. Bot. 14: 338 (1938)
Eleocharis obtusa (Willd.) Schult. var. *ovata* (Roth) Drapalik & Mohlenbr., Amer. Midl. Naturalist 44 (2): 341 (1960)

Eleocharis palustris (L.) Roem. & Schult., Syst. Veg. (ed. 16) [Roemer & Schultes] 2: 151 (1817)
Common name 물꼴챙이골
Distribution in Korea: North
 Scirpus palustris L., Sp. Pl. : 47 (1753)
 Eleocharis intersita Zinserl., Fl. URSS 3: 581 (1935)

Eleocharis pellucida J.Presl & C.Presl, Reliq. Haenk. 1: 196 (1828)
Common name 원산바늘골
Distribution in Korea: North, Central
 Eleocharis afflata Steud., Syn. Pl. Glumac. 2 (7): 76 (1854)
 Scirpus afflatus (Steud.) Benth., Fl. Hongk. 394 (1861)
 Eleocharis japonica Miq., Ann. Mus. Bot. Lugduno-Batavi 2: 142 (1865)
 Scirpus japonicus (Miq.) Franch. & Sav., Enum. Pl. Jap. 2: 109 (1877)
 Eleocharis afflata Steud. var. *japonica* (Miq.) C.B.Clarke ex H.Lév., Bull. Acad. Int. Geogr. Bot. 14: 203 (1911)
 Eleocharis shimadae Hayata, Icon. Pl. Formosan. 6: 107 (1916)
 Scirpus japonicus (Miq.) Franch. & Sav. var. *thermalis* Hultén, Kongl. Svenska Vetensk. Acad. Handl. ser. 3, 5: 165 (1927)
 Eleocharis maximowiczii Zinserl., Fl. URSS 3: 88, 588 (1935)
 Eleocharis japonica Miq. var. *thermalis* (Hultén) H.Hara, Bot. Mag. (Tokyo) 52: 348 (1938)
 Eleocharis pellucida J.Presl & C.Presl var. *thermalis* (Hultén) H.Hara, J. Jap. Bot. 16: 263 (1940)
 Eleocharis pellucida J.Presl & C.Presl f. *elata* H.Hara, J. Jap. Bot. 19: 152 (1942)
 Eleocharis pellucida J.Presl & C.Presl f. *japonica* (Miq.) Ohwi, Mem. Coll. Sci. Kyoto Imp. Univ., Ser. B, Biol. 18(1): 40 (1944)
 Eleocharis pellucida J.Presl & C.Presl var. *maximiwiczii* (Zinserl.) Ohwi, Mem. Coll. Sci. Kyoto Imp. Univ., Ser. B, Biol. 18(1): 41 (1944)
 Eleocharis congesta D.Don var. *thermalis* (Hultén) T.Koyama, J. Fac. Sci. Univ. Tokyo, Sect. 3, Bot. 8: 90 (1961)
 Eleocharis congesta D.Don ssp. *japonica* (Miq.) T.Koyama, Fl. Taiwan 5: 220 (1978)

Representative specimens; Kangwon-do 14 September 1932 元山 *Kitamura, S Kitamura s.n.*

Eleocharis tetraquetra Nees, Contr. Bot. India 113 (1834)
Common name 네모골
Distribution in Korea: North
 Limnochloa tetraquetra Nees, Contr. Bot. India 113 (1834)
 Eleocharis erythrochlamys Miq., Fl. Ned. Ind. 3: 30 (1855)
 Scirpus yokuhamensis Kuntze, Revis. Gen. Pl. 2: 758 (1891)

Representative specimens; Hamgyong-bukto 3 July 1930 鏡城 *Ohwi, J Ohwi s.n.*

Eleocharis ussuriensis Zinserl., Fl. URSS 3: 581 (1935)
Common name 물꼬챙이골
Distribution in Korea: North, Central, South
 Scirpus margaritaceus Hultén, Kongl. Svenska Vetensk. Acad. Handl. ser. 3, 5: 167 (1927)
 Eleocharis margaritacea (Hultén) Miyabe & Kudô, J. Fac. Agric. Hokkaido Imp. Univ. 26 (2): 210 (1931)

A Checklist of North Korean Vascular Plants T.B. Lee Herbarium (SNUA) – 2019 (C.S. Chang, H. Kim, H.T. Shin & C.H. Lee)

- 584 -

Eleocharis satoi Ohwi, Acta Phytotax. Geobot. 2: 28 (1933)
Eleocharis mamillata (H.Lindb.) H.Lindb. var. *cyclocarpa* Kitag., Lin. Fl. Manshur. 119 (1939)

Representative specimens; Chagang-do 15 June 1911 Kang-gei(Kokai 江界) *Mills, RG Mills s.n.* **Hamgyong-bukto** 20 June 1909 輸城 *Nakai, T Nakai s.n.* 16 June 1936 城町 - 朱乙 *Saito, T T Saito s.n.* 5 July 1933 梧村堡 *Saito, T T Saito687* July 1934 延上面九州 帝大北鮮演習林 *Hatsushima, S Hatsushima s.n.* **Hamgyong-namdo** 13 May 1934 咸興西上里 *Nomura, N Nomura s.n.* 17 August 1934 東上面達阿里 *Kojima, K Kojima s.n.* **Kangwon-do** July 1901 Nai Piang *Faurie, UJ Faurie963* **Nampo** 1 October 1911 Chin Nampo (鎭南浦) *Imai, H Imai s.n.* **P'yongan-bukto** 25 August 1911 Chang Sung(昌城) *Mills, RG Mills s.n.* **P'yongan-namdo** 27 July 1916 黃草嶺 *Mori, T Mori s.n.* **P'yongyang** 17 September 1912 P'yongyang (平壤) *Imai, H Imai s.n.* 24 June 1909 平壤大同江岸 *Imai, H Imai s.n.* **Rason** 28 May 1930 獨津 *Ohwi, J Ohwi s.n.* **Ryanggang** 23 August 1914 Keizanchin (惠山鎭) *Ikuma, Y Ikuma s.n.* 5 August 1940 高頭山 *Hozawa, S Hozawa s.n.* 24 June 1930 延岩洞-上村 *Ohwi, J Ohwi s.n.* **Sinuiju** 14 September 1915 新義州 *Nakai, T Nakai s.n.*

Eleocharis wichurae Boeck., Linnaea 36: 448 (1870)

Common name 좀네모골

Distribution in Korea: North, Central, South
Scirpus hakonensis Franch. & Sav., Enum. Pl. Jap. 2: 110 (1877)
Scirpus onaei Franch. & Sav., Enum. Pl. Jap. 2: 544 (1878)
Scirpus petasatus Maxim., Bull. Soc. Imp. Naturalistes Moscou 54: 64 (1879)
Eleocharis tetraquetra Nees var. *wichurae* (Boeck.) Makino, Bot. Mag. (Tokyo) 19: 16 (1905)
Eleocharis petasata (Maxim.) Zinserl., Fl. URSS 3: 589 (1935)
Eleocharis wichurae Boeck. f. *petasata* (Maxim.) H.Hara, Bot. Mag. (Tokyo) 52: 396 (1938)

Representative specimens; Hamgyong-bukto 21 August 1935 羅北 *Saito, T T Saito s.n.* 24 August 1914 會寧 -行營 *Nakai, T Nakai s.n.* 13 July 1930 鏡城 *Ohwi, J Ohwi s.n.* **Hamgyong-namdo** 8 July 1934 祥興里磐龍山 *Nomura, N Nomura s.n.* 27 July 1933 東上面元豊 *Koidzumi, G Koidzumi s.n.* 18 August 1943 赴戰高原咸地院 *Toh, BS s.n.* **Kangwon-do** 28 August 1916 長箭 *Nakai, T Nakai s.n.* **P'yongan-namdo** 15 September 1915 Sin An Ju(新安州) *Nakai, T Nakai s.n.* **Ryanggang** 26 July 1914 三水- 惠山鎭 *Nakai, T Nakai s.n.* August 1913 長白山 *Mori, T Mori s.n.*

Eriophorum L.
Eriophorum angustifolium Honck., Verz. Gew. Teutschl. 1: 153 (1782)

Common name 참황새풀

Distribution in Korea: North
Eriophorum polystachion L. var. *angustifolium* (Honck.) A.Gray, Manual (Gray), ed. 2 502 (1856)
Eriophorum alpicola Schur, Enum. Pl. Transsilv. 695 (1866)
Scirpus angustifolius (Honck.) T.Koyama, J. Fac. Sci. Univ. Tokyo, Sect. 3, Bot. 7: 356 (1958)

Eriophorum brachyantherum Trautv. & C.A.Mey., Fl. Ochot. Phaenog. 98 (1856)

Common name 설령황새풀

Distribution in Korea: North, Central
Eriophorum vaginatum L. var. *opacum* Björnstr., Grunddr. Piteå Lappm. Växtfys. 35 (1856)
Eriophorum vaginatum L. var. *brachyantherum* (Trautv.) Krylov, Fl. Altai Gov. Tomsk 3: 1437 (1904)
Eriophorum opacum (Bjornstr.) Fernald, Rhodora 7: 85 (1905)
Scirpus brachyantherus (Trautv. & C.A.Mey.) T.Koyama, J. Fac. Sci. Univ. Tokyo, Sect. 3, Bot. 7: 359 (1958)

Representative specimens; Hamgyong-bukto 25 June 1930 雪嶺 *Ohwi, J Ohwi1997* 7 August 1933 *Saito, T T Saito1069*

Eriophorum chamissonis C.A.Mey., Mem. Acad. Imp. Sci. St.-Petersbourg Divers Savans : 204 (1831)

Common name 눈섭황새풀

Distribution in Korea: North
Eriophorum russeolum Fr., Handb. Skand. Fl., ed. 3, 2: 13 (1838)

Representative specimens;Rason 6 June 1930 西水羅 *Ohwi, J Ohwi669* **Ryanggang** 31 July 1930 醬池 *Ohwi, J Ohwi2338*

Eriophorum gracile Koch, Catal. Bot. 2(Add): 259 (1799)

Common name 조선황새풀 (작은황새풀)

Distribution in Korea: North
  Eriophorum coreanum Palla, Oesterr. Bot. Z. 59: 190 (1909)
  Eriophorum gracile Koch ssp. *coreanum*(Palla) Hultén, Kongl. Svensk Vetensk. Acad. Handl.
  ser. 3, 5: 160 (1927)
  Eriophorum gracile Koch var. *coreanum* (Palla) Ohwi, Mem. Coll. Sci. Kyoto Imp. Univ., Ser.
  B, Biol. 18(1): 88 (1944)
  Scirpus ardea T.Koyama, J. Fac. Sci. Univ. Tokyo, Sect. 3, Bot. 7: 354 (1958)
  Scirpus ardea T.Koyama var. *coreanus* (Palla) T.Koyama, J. Fac. Sci. Univ. Tokyo, Sect. 3,
  Bot. 7: 355 (1958)

Representative specimens; Hamgyong-bukto 8 July 1936 鶴浦-行營 *Saito, T T Saito s.n.* **Hamgyong-namdo** 15 June 1932 下碣隅里
Ohwi, J Ohwi s.n. **Kangwon-do** 16 June 1915 平康郡洗浦濕地 *Nakai, T Nakai s.n.* **Rason** 6 June 1930 西水羅 *Ohwi, J Ohwi s.n.*
Ryanggang 4 August 1939 大澤濕地 *Hozawa, S Hozawa s.n.* 31 July 1930 醬池 *Ohwi, J Ohwi s.n.* 24 July 1930 大澤 *Ohwi, J Ohwi s.n.*

Eriophorum latifolium Hoppe, Bot. Taschenb. Anfanger Wiss. Apothekerkunst 11: 108 (1800)
Common name 큰황새풀
Distribution in Korea: North
  Eriophorum vulgare Pers., Syn. Pl. (Persoon) 1: 70 (1805)
  Carex alopecurus Lapeyr., Hist. Pl. Pyrenees Suppl. 141 (1818)
  Eriophorum polystachyon L. var. *latifolium* (Hoppe) A.Gray, Manual (Gray), ed. 2 502 (1856)
  Scirpus angustifolius (Honck.) T.Koyama ssp. *latifolius* (Hoppe) T.Koyama, J. Fac. Sci. Univ.
  Tokyo, Sect. 3, Bot. 7: 356 (1958)

Representative specimens; Hamgyong-bukto 22 May 1930 會寧面料洞 *Goto, S s.n.* 1929 會寧附近 *Goto, S s.n.* 25 June 1930 雪嶺山頂
Ohwi, J Ohwi s.n. 20 June 1909 富寧 *Nakai, T Nakai s.n.* 14 May 1897 江八嶺 *Komarov, VL Komaorv s.n.* **Hamgyong-namdo** 21 June 1932
東上面元豊里 *Ohwi, J Ohwi s.n.* 21 June 1932 *Ohwi, J Ohwi s.n.* 18 August 1934 東上面新洞上方 500m *Yamamoto, A Yamamoto s.n.*
Rason 4 June 1930 西水羅 *Ohwi, J Ohwi s.n.* 4 June 1930 *Ohwi, J Ohwi608* 6 June 1930 *Ohwi, J Ohwi650* **Ryanggang** 23 August 1934
北水白山頭附近 *Yamamoto, A Yamamoto s.n.* 31 July 1930 醬池 *Ohwi, J Ohwi s.n.* 24 July 1930 大澤 *Ohwi, J Ohwi s.n.* 24 July 1930 *Ohwi,*
J Ohwi2645 1 August 1934 小長白山 *Kojima, K Kojima s.n.* 25 May 1938 農事洞 *Saito, T T Saito s.n.*

Eriophorum vaginatum L., Sp. Pl. 52 (1753)
Common name 황새풀
Distribution in Korea: North
  Scirpus vaginatus (L.) Salisb., Prodr. Stirp. Chap. Allerton 31 (1796)
  Eriophorum scheuchzeri Hoppe, Bot. Taschenb. Anfanger Wiss. Apothekerkunst 11: 104 (1800)
  Eriophorum fauriei E.G.Camus, Notul. Syst. (Paris) 1: 249 (1910)
  Eriophorum scabridum Ohwi, Bot. Mag. (Tokyo) 45: 187 (1931)
  Scirpus faurie (E.G.Camus) T.Koyama, J. Fac. Sci. Univ. Tokyo, Sect. 3, Bot. 7: 358 (1958)
  Eriophorum vaginatum L. ssp. *fauriei* (E.G.Camus) Love & Love, Univ. Colorado Stud. Ser.
  Biol. 17: 13 (1965)
  Eriophorum vaginatum L. var. *fauriei* (E.G.Camus) Kitag., Neolin. Fl. Manshur. 150 (1979)

Representative specimens; Hamgyong-bukto 21 June 1909 茂山嶺頂濕地 *Nakai, T Nakai s.n.* **Hamgyong-namdo** 21 June 1932
東上面元豊里 *Ohwi, J Ohwi s.n.* **Kangwon-do** 20 April 1918 洗浦 *Ishidoya, T Ishidoya s.n.* 2 June 1915 洗浦濕地 *Ishidoya, T*
Ishidoya s.n. **P'yongan-namdo** 9 June 1935 黃草嶺 *Nomura, N Nomura s.n.* **Ryanggang** 24 July 1930 大澤 *Ohwi, J Ohwi s.n.* 24
July 1930 *Ohwi, J Ohwi s.n.* 1 August 1934 小長白山 *Kojima, K Kojima s.n.*

Fimbristylis Vahl
Fimbristylis complanata (Retz.) Link, Hort. Berol. [Link] 1: 292 (1827)
Common name 애기하늘지기
Distribution in Korea: North, Central, South, Jeju
  Scirpus autumnalis L. var. *complanata* (Retz.) Kük., Bot. Jahrb. Syst. 59: 50 (1924)
  Fimbristylis complanata (Retz.) Link f. *exalata* T.Koyama, Bull. Arts Sci. Div. Ryukyu Univ.
  3: 70 (1959)

Representative specimens; Hamgyong-namdo 17 September 1933 東川面豊西里 - 豊陽里 *Nomura, N Nomura s.n.*
Kangwon-do 14 September 1932 元山 *Kitamura, S Kitamura1982*

Fimbristylis dichotoma (L.) Vahl, Enum. Pl. (Vahl) 2: 287 (1806)

Common name 하늘지기

Distribution in Korea: North, Central, South
  Scirpus dichotomus L., Sp. Pl. 50 (1753)
  Scirpus annuus All., Fl. Pedem. 2: 277 (1785)
  Scirpus diphyllus Retz., Observ. Bot. (Retzius) 5: 15 (1789)
  Fimbristylis diphylla (Retz.) Vahl, Enum. Pl. (Vahl) 2: 289 (1805)
  Fimbristylis laxa Vahl, Enum. Pl. (Vahl) 2: 292 (1805)
  Fimbristylis tomentosa Vahl, Enum. Pl. (Vahl) 2: 290 (1805)
  Fimbristylis annua (All.) Roem. & Schult., Syst. Veg. (ed. 16) [Roemer & Schultes] 2: 95 (1817)
  Fimbristylis communis Kunth, Enum. Pl. (Kunth) 2: 234 (1837)
  Fimbristylis goeringiana Steud., Syn. Pl. Glumac. 2: 118 (1855)
  Fimbristylis diphylla (Retz.) Vahl var. *tomentosa* (Vahl) Benth., Fl. Hongk. 392 (1861)
  Fimbristylis diphylla (Retz.) Vahl var. *floribunda* Miq., Ann. Mus. Bot. Lugduno-Batavi 2: 144 (1865)
  Fimbristylis polymorpha Boeck., Linnaea 37: 15 (1871)
  Scirpus ochotensis Meinsh., Trudy Imp. S.-Peterburgsk. Bot. Sada 18: 248 (1901)
  Fimbristylis tikushiensis Hayata, Icon. Pl. Formosan. 6: 113 (1916)
  Fimbristylis ochotensis (Meinsh.) Kom., Fl. Kamtchatka 1: 212 (1927)
  Fimbristylis annua (All.) Roem. & Schult. var. *diphylla* (Retz.) Kük., Acta Horti Gothob. 5: 109 (1929)
  Fimbristylis dichotoma (L.) Vahl f. *annua* (All.) Ohwi, J. Jap. Bot. 14: 577 (1938)
  Fimbristylis dichotoma (L.) Vahl f. *depauperata* Ohwi, J. Jap. Bot. 14: 578 (1938)
  Fimbristylis dichotoma (L.) Vahl f. *floribunda* (Miq.) Ohwi, J. Jap. Bot. 14: 577 (1938)
  Fimbristylis dichotoma (L.) Vahl f. *tomentosa* (Vahl) Ohwi, J. Jap. Bot. 14: 577 (1938)
  Fimbristylis dichotoma (L.) Vahl var. *annua* (All.) T.Koyama, J. Fac. Sci. Univ. Tokyo, Sect. 3, Bot. 8: 111 (1961)
  Fimbristylis dichotoma (L.) Vahl var. *floribunda* (Miq.) T.Koyama, J. Jap. Bot. 63: 90 (1988)

Representative specimens; Hamgyong-bukto 10 August 1935 羅南 *Saito, T T Saito1679* **Hamgyong-namdo** 17 September 1933 豊西里 - 豊陽里 *Nomura, N Nomura3* **Hwanghae-namdo** 22 July 1922 Sorai Beach 九味浦 *Mills, RG Mills s.n.* **Kangwon-do** 13 September 1932 元山 Kawasakinoyen(川崎農園) *Kitamura, S Kitamura1818* 13 September 1932 元山 *Kitamura, S Kitamura1981* **P'yongan-bukto** 23 August 1912 Gishu(義州) *Imai, H Imai s.n.*

Fimbristylis littoralis Gaudich., Voy. Uranie, Bot. 413 (1829)

Common name 바람하늘지기

Distribution in Korea: North, Central, South
  Scirpus miliaceus L., Syst. Nat. ed. 10 2: 868 (1759)
  Fimbristylis miliacea (L.) Vahl, Enum. Pl. (Vahl) 2: 287 (1806)
  Fimbristylis emarginata Wight ex Wall., Numer. List 3500 (1831)
  Fimbristylis flaccida Steud., Syn. Pl. Glumac. 2: 113 (1855)
  Fimbristylis quadrangularis A.Dietr. ex Steud., Syn. Pl. Glumac. 2: 114 (1855)
  Irith miliaceae (L.) Kuntze, Revis. Gen. Pl. 2: 752 (1891)
  Fimbristylis hatsusimae Ohwi, Acta Phytotax. Geobot. 8: 68 (1939)

Fimbristylis longispica Steud., Syn. Pl. Glumac. 2: 118 (1855)

Common name 큰하늘지기

Distribution in Korea: North, Central, Jeju
  Fimbristylis buergeri Miq., Ann. Mus. Bot. Lugduno-Batavi 2: 144 (1865)
  Fimbristylis dietrichsenii Boeck., Bot. Jahrb. Syst. 5: 505 (1884)
  Fimbristylis koreensis H.Lév., Bull. Acad. Int. Geogr. Bot. 14: 199 (1904)
  Fimbristylis crassispica Palla, Oesterr. Bot. Z. 59 : 190 (1909)
  Fimbristylis dichotoma (L.) Vahl ssp. *longispica* (Steud.) T.Koyama, J. Fac. Sci. Univ. Tokyo, Sect. 3, Bot. 8: 112 (1961)

Fimbristylis squarrosa Vahl, Enum. Pl. (Vahl) 92: 289 (1806)

Common name 민하늘지기

Distribution in Korea: North, Central, South
   Isolepis hirta Kunth, Nov. Gen. Sp. [Kunth] 1: 224 (1816)
   Scirpus squarrosa (Vahl) Poir., Encycl. (Lamarck) Suppl. 5 100 (1817)
   Fimbristylis nana Roth, Nov. Pl. Sp. 25 (1821)
   Pogonostylis squarrosa (Vahl) Bertol., Fl. Ital. (Bertoloni) 1: 312 (1833)
   Fimbristylis comata Nees, Contr. Bot. India 102 (1834)
   Fimbristylis squarrosa Vahl f. *tenuissima* T.Koyama, J. Jap. Bot. 30: 130 (1955)

Fimbristylis stauntonii Debeaux & Franch. ex Debeaux, Actes Soc. Linn. Bordeaux 31: t. 3 (1877)

Common name 밭하늘지기

Distribution in Korea: North, Central

Representative specimens; **Hamgyong-namdo** 14 August 1935 雪南面營垈里 *Nomura, N Nomura s.n.* **P'yongyang** 7 August 1933 P'yongyang (平壤) *Chang, HD ChangHD s.n.* 18 September 1934 *Chang, HD ChangHD s.n.*

Fimbristylis tristachya R.Br. var. **subbispicata** (Nees & Meyen) T.Koyama, J. Fac. Sci. Univ. Tokyo, Sect. 3, Bot. 8: 114 (1961)

Common name 꼴하늘지기

Distribution in Korea: North, Central, South
   Fimbristylis subbispicata Nees, Nov. Actorum Acad. Caes. Leop.-Carol. Nat. Cur., Suppl. 1, 19: 75 (1843)
   Fimbristylis japonica Siebold & Zucc. ex Steud., Syn. Pl. Glumac. 2: 107 (1855)
   Fimbristylis gynophora C.B.Clarke, Bull. Acad. Int. Geogr. Bot. 16: 60 (1906)
   Fimbristylis crassipes Palla, Oesterr. Bot. Z. 59: 192 (1909)

Representative specimens; **Hamgyong-bukto** 24 August 1936 鏡城駱駝峰 *Saito, T T Saito s.n.* **Hamgyong-namdo** 17 September 1933 東川面豊西里 *Nomura, N Nomura s.n.* **Kangwon-do** 29 July 1916 海金剛 *Nakai, T Nakai s.n.* 13 August 1932 元山 *Kitamura, S Kitamura s.n.* 14 September 1932 *Kitamura, S Kitamura1991*

Kobresia Willd.
Kobresia myosuroides (Vill.) Fiori, Fl. Italia 1: 125 (1896)

Common name 좀바늘사초

Distribution in Korea: North
   Carex myosuroides Vill., Prosp. Hist. Pl. Dauphine 17 (1779)
   Carex bellardii All., Fl. Pedem. 2: 264 (1785)
   Kobresia scirpina Willd., Sp. Pl. (ed. 5; Willdenow) 4: 205 (1805)
   Kobresia bellardii (All.) Degl. ex Loisel., Fl. Gall. 2: 626 (1807)
   Elyna bellardill (All.) C.Koch, Linnaea 21: 616 (1848)
   Elyna myosuroides (Vill.) Fritsch ex Janch., Mitt. Naturwiss. Vereins Univ. Wien 5: 110 (1907)

Representative specimens; **Chagang-do** 11 July 1914 臥碣峰鷲峯 *Nakai, T Nakai s.n.* **Hamgyong-bukto** 1 August 1932 渡正山ハヒマツ岳 *Saito, T T Saito s.n.* 26 July 1930 頭流山 *Ohwi, J Ohwi s.n.* August 1934 冠帽峰 *Kojima, K Kojima s.n.* July 1932 *Ohwi, J Ohwi s.n.* 3 August 1932 *Saito, T T Saito s.n.* August 1932 *Takenaka, Y s.n.* 25 June 1930 雪嶺山上 *Ohwi, J Ohwi s.n.* **Hamgyong-namdo** 23 June 1932 遮日峯 *Ohwi, J Ohwi s.n.* 15 August 1940 *Okuyama, S Okuyama s.n.* 18 August 1934 東上面新洞上方 2000m *Yamamoto, A Yamamoto s.n.* **Ryanggang** 23 August 1934 北水白山附近 *Kojima, K Kojima s.n.* 23 August 1934 北水白山頂上附近 *Yamamoto, A Yamamoto s.n.* 21 August 1934 北水白山附近 *Yamamoto, A Yamamoto s.n.* 13 August 1936 白頭山無頭峯-天池 *Chang, HD ChangHD s.n.* 11 July 1917 胞胎山附近 *Furumi, M Furumi s.n.* 10 August 1914 白頭山 *Nakai, T Nakai s.n.*

Kyllinga Rottb.
Kyllinga brevifolia Rottb., Descr. Icon. Rar. Pl. 13 (1773)

Common name 파대가리

Distribution in Korea: North, Central, South, Ulleung

Cyperus brevifolius (Rottb.) Hassk., Cat. Hort. Bot. Bogor. (Hassk.) 1: 24 (1844)
Kyllinga monocephala var. *leiolepis* Franch. & Sav., Enum. Pl. Jap. 2: 108 (1877)
Kyllinga kamschatica Meinsh., Trudy Imp. S.-Peterburgsk. Bot. Sada 18: 229 (1901)
Kyllinga intermedia R.Br. var. *oligostachya* C.B.Clarke, J. Linn. Soc., Bot. 36: 224 (1903)
Kyllinga brevifolia Rottb. var. *gibbosa* Honda, Bot. Mag. (Tokyo) 47: 296 (1933)

Representative specimens; Hamgyong-bukto 28 August 1932 羅南東側濕原 *Saito, T T Saito218* 18 August 1935 羅南 *Saito, T T Saito153*/**Hamgyong-namdo** 西湖 *Sakata, T Sakata s.n.* 17 September 1933 豊西里 - 豊陽里 *Nomura, N Nomura s.n.* **Hwanghae-namdo** 22 July 1922 Sorai Beach 九味浦 *Mills, RG Mills s.n.* **Kangwon-do** 13 September 1932 元山 *Kitamura, S Kitamura s.n.*

Kyllinga gracillima Miq., Ann. Mus. Bot. Lugduno-Batavi 2: 142 (1905)

Common name 꽃파대가리

Distribution in Korea: North, Central, South
Kyllinga brevifolia Rottb. var. *gracillima* (Miq.) Kük., Acta Horti Gothob. 5: 107 (1930)
Cyperus brevifolius (Rottb.) Hassk. var. *gracillimus* (Miq.) Kük., Pflanzenr. (Engler) IV, 20(101): 603 (1936)
Kyllinga brevifolia Rottb. var. *leiolepis* (Franch. & Sav.) H.Hara, J. Jap. Bot. 14: 339 (1938)
Cyperus brevifolius (Rottb.) Hassk. var. *leiolepis* (Franch. & Sav.) T.Koyama, J. Jap. Bot. 30: 126 (1955)
Cyperus brevifolius (Rottb.) Hassk. ssp. *leiolepis* (Franch. & Sav.) T.Koyama, Fl. E. Himalaya 385 (1966)
Kyllinga brevifolia Rottb. ssp. *leiolepis* (Franch. & Sav.) T.Koyama, Enum. Fl. Pl. Nepal 1: 115 (1978)

Lipocarpha R.Br.
Lipocarpha microcephala (R.Br.) Kunth, Enum. Pl. (Kunth) 2: 268 (1837)

Common name 세대가리

Distribution in Korea: North, Central, South
Hypaelyptum microcephalum R.Br., Prodr. Fl. Nov. Holland. 220 (1810)
Kyllinga squarrosa Steud., Syn. Pl. Glumac. 2: 68 (1854)
Lipocarpha zollingeriana Boeck., Flora 42: 100 (1859)
Scirpus dietrichiae Boeck., Flora 58: 109 (1875)
Cyperus zollngerianus (Boeck.) T.Koyama, Bot. Mag. (Tokyo) 73: 438 (1960)
Isolepis squarrosa Miq. ex T.Koyama, Bot. Mag. (Tokyo) 73: 438 (1960)

Representative specimens; Hamgyong-bukto 18 August 1935 羅南 *Saito, T T Saito1526* **Kangwon-do** 14 September 1932 元山 Kawasakinoyen(川崎農園) *Kitamura, S Kitamura s.n.* **P'yongyang** September 1901 in mediae *Faurie, UJ Faurie952*

Pycreus P.Beauv.
Pycreus diaphanus (Schrad. ex Roem. & Schult.) S.S.Hooper & T.Koyama, J. Jap. Bot. 51: 316 (1976)

Common name 껄끔방동사니

Distribution in Korea: North, Central
Cyperus diaphanus Schrad. ex Roem. & Schult., Mant. 2 (Schultes) 2: 477 (1824)
Cyperus setiformis Korsh., Trudy Imp. S.-Peterburgsk. Bot. Sada 12: 405 (1893)
Cyperus latispicatus Boeck. ex C.B.Clarke, J. Linn. Soc., Bot. 36: 202 (1903)
Pycreus setiformis (Korsh.) Nakai, Bot. Mag. (Tokyo) 26: 201 (1912)
Cyperus gratissimus N.Kitag., Bot. Mag. (Tokyo) 49: 222 (1935)
Cyperus latespicatus var. *setiformis* (Korsh.) T.Koyama, Acta Phytotax. Geobot. 16: 11 (1955)

Representative specimens; Ryanggang 18 July 1897 Keizanchin(惠山鎭) *Komarov, VL Komaorv s.n.*

Pycreus flavidus (Retz.) T.Koyama, J. Jap. Bot. 51: 316 (1976)

Common name 드렁방동사니

Distribution in Korea: North (P'yongan), Central (Hwanghae), South
Cyperus flavidus Retz., Observ. Bot. (Retzius) 5: 13 (1788)
Cyperus globosus All., Auct. Fl. Pedem. 49 (1789)

Pycreus globosus Rchb., Fl. Germ. Excurs. 2: 140 (1830)
Cyperus nilagiricus Hochst. ex Steud., Syn. Pl. Glumac. 2: 2 (1854)
Cyperus trachyrhachis Steud., Syn. Pl. Glumac. 2: 3 (1854)
Cyperus globosus All. var. *nilagiricus* (Steud.) C.B.Clarke, J. Linn. Soc., Bot. 21: 49 (1884)
*Cyperus fuscoater*Meinsh., Trudy Imp. S.-Peterburgsk. Bot. Sada 12: 406 (1893)
Pycreus capillaris (J.Koenig ex Roxb.) Nees ex C.B.Clarke, Fl. Brit. Ind. 6: 591 (1893)
Cyperus complanatus C.Presl, Isis (Oken) 21: 270 (1929)
Cyperus flavidus Retz. var. *nilagiricus* (Hochst. ex Steud.) Korlah., Bull. Bot. Surv. India 9 (1-4): 237 (1968)

Representative specimens; Chagang-do 14 August 1912 Chosan(楚山) *Imai, H Imai s.n.* **Hamgyong-bukto** 31 August 1935 羅南 *Saito, T T Saito s.n.* 28 August 1932 羅南濕原 *Saito, T T Saito217* 18 August 1914 茂山 *Nakai, T Nakai s.n.* **Hamgyong-namdo** 17 September 1933 豊西里 - 豊陽里 *Nomura, N Nomura s.n.* **Ryanggang** 1 August 1897 虛川江 (同仁川) *Komarov, VL Komaorv s.n.*

Pycreus polystachyos (Rottb.) P.Beauv., Fl. Oware 2: 48 (1816)
Common name 갯방동사니
Distribution in Korea: North, Central, Jeju
    Cyperus polystachyos Rottb., Descr. Icon. Rar. Pl. 39 (1773)
    Pycreus paniculatus (Rottb.) Nees, Linnaea 9: 283 (1834)
    Cyperus teretifructus Steud., Syn. Pl. Glumac. 2: 3 (1854)
    Chlorocyperus polystachyus (Rottb.) Rikli, Jahrb. Wiss. Bot. 27: 563 (1895)
    Pycreus odoratus Urb., Symb. Antill. 2: 164 (1900)

Representative specimens; Nampo 1 October 1911 Chin Nampo (鎭南浦) *Imai, H Imai s.n.*

Pycreus sanguinolentus (Vahl) Nees, Linnaea 9: 283 (1834)
Common name 방동사니대가리
Distribution in Korea: North, Central, South
    Cyperus sanguinolentus Vahl, Enum. Pl. (Vahl) 2: 351 (1805)
    Cyperus eragrostis Vahl, Enum. Pl. (Vahl) 322 (1806)
    Cyperus flavescens L. var. *rubromarginatus* Schrenk, Enum. Pl. Nov. 1: 3 (1841)
    Pycreus eragrostis (Vahl) Palla, Ann. K. K. Naturhist. Hofmus. 23: 204 (1909)
    Pycreus rubromarginatus E.G.Camus, Notul. Syst. (Paris) 1: 240 (1910)
    Cyperus sanguinolentus Vahl f. *rubromarginatus* (Schrenk) Kük., Pflanzenr. (Engler) IV, 20(101): 386 (1936)

Representative specimens; Chagang-do 15 August 1911 Kang-gei(Kokai 江界) *Mills, RG Mills s.n.* **Hamgyong-bukto** 29 July 1935 甫上溫泉場 *Saito, T T Saito1239* 18 August 1914 茂山 *Nakai, T Nakai s.n.* 28 July 1936 *Saito, T T Saito2656* 15 October 1938 明川 *Saito, T T Saito8911* **Hamgyong-namdo** 17 September 1933 豊西里 - 豊陽里 *Nomura, N Nomura s.n.* **Kangwon-do** 13 August 1902 長淵里附近 *Uchiyama, T Uchiyama s.n.* **P'yongyang** 5 September 1909 平壤普通江岸 *Imai, H Imai s.n.* **Ryanggang** 5 August 1914 普天堡- 寶泰洞 *Nakai, T Nakai s.n.* 8 August 1914 農事洞 *Ikuma, Y Ikuma s.n.*

Rhynchospora **Vahl**
Rhynchospora alba (L.) Vahl, Enum. Pl. (Vahl) 2: 236 (1806)
Common name 흰고양이수염
Distribution in Korea: North (Daetaek), Jeju
    Schoenus albus L., Sp. Pl. 44 (1753)
    Rhynchospora alba (L.) Vahl var. *kiushiana* Makino, Bot. Mag. (Tokyo) 17: 198 (1903)
    *Rhynchospora luquillensis*Britton, Bull. Torrey Bot. Club 50: 56 (1923)

Representative specimens; Hamgyong-namdo 16 August 1943 赴戰高原咸地院 *Honda, M Honda s.n.* **Ryanggang** 18 September 1940 暘社面大澤湖岸濕地 *Nakai, T Nakai s.n.* 24 July 1930 大澤 *Ohwi, J Ohwi s.n.*

Rhynchospora chinensis Nees &Meyen ex Nees, Nov. Actorum Acad. Caes. Leop.-Carol. Nat. Cur., Suppl. 1, 19: 108 (1843)
Common name 고양이수염

Distribution in Korea: North, Central, South
Rhynchospora laxa Benth., Fl. Hongk. 397 (1861)
Rhynchospora glauca var. *chinensis* (Nees & C.A.Mey. ex Nees) C.B.Clarke, Fl. Brit. Ind. 6: 672 (1893)
Rhynchospora japonica Makino, Bot. Mag. (Tokyo) 17: 184 (1903)
Rhynchospora longisetigera Hayata, Icon. Pl. Formosan. 6: 116 (1916)

Schoenoplectus (Rchb.) Palla
Schoenoplectus hotarui (Ohwi) Holub, Folia Geobot. Phytotax. 11: 83 (1976)

Common Name 올챙이고랭이

Distribution in Korea: North, Central, South
Scirpus juncoides Roxb., Fl. Ind. (Roxburgh) 1: 218 (1820)
Scirpus erectus Nakai, J. Coll. Sci. Imp. Univ. Tokyo 31: 292 (1911)
Scirpus hotarui Ohwi, Repert. Spec. Nov. Regni Veg. 36: 44 (1934)
Scirpus juncoides Roxb. var. *hotarui* (Ohwi) Ohwi, Mem. Coll. Sci. Kyoto Imp. Univ., Ser. B, Biol. 18(1): 114 (1944)
Schoenoplectus juncoides (Roxb.) Ohwi, Mem. Coll. Sci. Kyoto Imp. Univ., Ser. B, Biol. 18(1): 113 (1944)
Hymenochaeta juncoides (Roxb.) Nakai, Bull. Natl. Sci. Mus., Tokyo 31: 133 (1952)

Representative specimens; Hamgyong-bukto 1 August 1914 富寧 *Ikuma, Y Ikuma s.n.* **Hamgyong-namdo** 17 September 1933 豊西里 - 豊陽里 *Nomura, N Nomura s.n.*

Schoenoplectus lacustris (L.) Palla, Bot. Jahrb. Syst. 10: 299 (1888)

Common name 큰골

Distribution in Korea: North, Central, South
Scirpus lacustris L., Sp. Pl. 48 (1753)
Hymenochaeta makinoi Nakai, Bull. Natl. Sci. Mus., Tokyo 31: 133 (1952)

Schoenoplectus mucronatus (L.) Palla, Bot. Jahrb. Syst. 10: 299 (1888)

Common Name 송이고랭이

Distribution in Korea: North, Central, South
Scirpus mucronatus L., Sp. Pl. 50 (1753)
Scirpus triangulatus Roxb., Fl. Ind. (Roxburgh) 1: 219 (1820)
Scirpus cognatus Hance, Ann. Sci. Nat., Bot. ser. 4, 15: 228 (1861)
Scirpus mucronatus L. var. *robustus* Miq., Ann. Mus. Bot. Lugduno-Batavi 2: 143 (1865)
Scirpus mucronatus L. var. *subleiocarpa* Franch. & Sav., Enum. Pl. Jap. 2: 112 (1878)
Scirpus preslii A.Dietr., Sp. Pl. 2: 175 (1883)
Scirpus abactus Ohwi, Bot. Mag. (Tokyo) 45: 186 (1931)
Scirpus mucronatus L. var. *abactus* (Ohwi) Ohwi, Mem. Coll. Sci. Kyoto Imp. Univ., Ser. B, Biol. 18(1): 117 (1944)
Schoenoplectus preslii (A.Dietr.) Ohwi, Mem. Coll. Sci. Kyoto Imp. Univ., Ser. B, Biol. 18(1): 116 (1944)
Hymenochaeta preslii (A.Dietr.) Nakai, Bull. Natl. Sci. Mus., Tokyo 31: 133 (1952)
Scirpus mucronatus L. ssp. *robustus* T.Koyama, Quart. J. Taiwan Mus. 14: 194 (1961)
Schoenoplectus mucronatus (L.) Palla ssp. *robustus* (Miq.) T.Koyama, Fl. Taiwan 5: 214 (1978)

Schoenoplectus nipponicus (Makino) Soják, Cas. Nar. Mus., Odd. Prir. 140: 127 (1972)

Common Name 물고랭이

Distribution in Korea: North (Kangwon), Central, Jeju
Scirpus nipponicus Makino, Bot. Mag. (Tokyo) 9: 311 (1895)
Scirpus depauperatus Kom., Trudy Imp. S.-Peterburgsk. Bot. Sada 20: 345 (1901)
Scirpus etuberculatus ssp. *nipponicus* (Makino) T.Koyama, J. Fac. Sci. Univ. Tokyo, Sect. 3, Bot. 7 (6): 328 (1958)

Schoenoplectus tabernaemontani (C.C.Gmel.) Palla, Bot. Jahrb. Syst. 10: 299 (1888)

Common Name 큰고랭이

Distribution in Korea: North, Central, South
  Scirpus tabernaemontani C.C.Gmel., Fl. Bad. 1: 101 (1805)
  Scirpus glaucus Sm., Engl. Bot. 33: t. 2321 (1811)
  Scirpus validus Vahl, Enum. Pl. (Vahl) 2: 268 (1837)
  Scirpus lacustris L. var. *tabernaemontani* (J.G.Gmel.) Döll, Rhein. Fl. 165 (1843)
  Scirpus lacustris L. ssp. *glaucus* (Sm.) Hartm., Sv. Norsk Exc.-Fl. 10 (1846)
  Scirpus ciliatus Steud., Syn. Pl. Glumac. 2: 86 (1855)
  Scirpus lacustris L. ssp. *tabernaemontani* (J.G.Gmel.) Syme, Engl. Bot., ed. 3B 10: 64 (1870)
  Scirpus validus Vahl var. *creber* Fernald, Rhodora 45: 283 (1943)
  Hymenochaeta tabernaemontani (C.C.Gmel.) Nakai, Bull. Natl. Sci. Mus., Tokyo 31: 133 (1952)
  Scirpus lacustris L. var. *creber* (Fernald) T.Koyama, Fl. Jap., revised ed., [Ohwi] 204 (1965)

Representative specimens; Hamgyong-bukto 11 July 1930 鏡城元師台 *Ohwi, J Ohwi2308***Rason** 4 June 1930 西水羅 *Ohwi, J Ohwi s.n.*

Schoenoplectus triqueter (L.) Palla, Bot. Jahrb. Syst. 10: 299 (1888)

Common Name 세모고랭이

Distribution in Korea: North, Central, South
  Scirpus triqueter L., Mant. Pl. 1: 29 (1767)
  Scirpus trigonus Roth, Neue Beytr. Bot. 1: 90 (1802)
  Scirpus pollichii Godr. &Gren., Fl. France (Grenier) 3: 374 (1856)
  Scirpus pollichii Godr. & Gren. var. *coriacea* Franch. & Sav., Enum. Pl. Jap. 2: 113 (1878)
  Hymenochaeta triqueter (L.) Nakai, Bull. Natl. Sci. Mus., Tokyo 31: 134 (1952)

Representative specimens; Hamgyong-bukto 15 August 1936 富寧靑岩 - 連川 *Saito, T T Saito s.n.* 11 July 1930 鏡城濕地 *Ohwi, J Ohwi2309* 12 July 1936 龍溪 *Saito, T T Saito s.n.*

***Scirpus* L.**
Scirpus fuirenoides Maxim., Bull. Acad. Imp. Sci. Saint-Pétersbourg 42: 109 (1887)

Common Name 좀솔방울고랭이

Distribution in Korea: North

Scirpus karuisawensis Makino, Bot. Mag. (Tokyo) 18: 119 (1904)

Common name 솔방울고랭이

Distribution in Korea: North (Ryanggang, P'yongan, Kangwon), Central (Hwanghae), South
  Scirpus fuirenoides Maxim. var. *jaluanus* Kom., Trudy Imp. S.-Peterburgsk. Bot. Sada 20: 342 (1901)
  Scirpus coreanus Palla, Oesterr. Bot. Z. 59: 188 (1909)
  Scirpus jaluanus (Kom.) Nakai ex T.Mori, Enum. Pl. Corea 77 (1922)
  Scirpus cyperinus (L.) Kunth f. *karuizawensis* (Makino) Makino, Ill. Fl. Nippon (Makino) 812 (1940)

Representative specimens; Hamgyong-bukto 17 September 1932 羅南新社 *Saito, T T Saito263* 17 August 1933 羅南 *Yoshimizu, K s.n.* 5 August 1914 茂山 *Ikuma, Y Ikuma s.n.* Hamgyong-namdo 17 September 1933 豊陽里 - 牡洞峠 *Nomura, N Nomura s.n.* Kangwon-do 21 August 1902 千發告嶺 *Uchiyama, T Uchiyama s.n.* 7 August 1916 金剛山末輝里 *Nakai, T Nakai s.n.* 26 August 1916 金剛山百川里 *Nakai, T Nakai s.n.* P'yongan-bukto 26 July 1912 Nei-hen (Neiyen 寧邊) *Imai, H Imai s.n.* 23 August 1912 Gishu(義州) *Imai, H Imai s.n.* Ryanggang 15 August 1897 蓮坪-厚州川-厚州古邑 *Komarov, VL Komaorv s.n.* Type of *Scirpus fuirenoides* Maxim. var. *jaluanus* Kom. (Lectotype LE)8 July 1897 羅暖堡 *Komarov, VL Komaorv s.n.* Type of *Scirpus fuirenoides* Maxim. var. *jaluanus* Kom. (Isosyntype TI)

Scirpus maximowiczii C.B.Clarke, Bull. Misc. Inform. Kew, Addit. Ser. 8: 30 (1908)

Common name 솜골, 솜황새풀 (황새고랭이)

Distribution in Korea: North, Central
  Eriophorum japonicum Maxim., Bull. Acad. Imp. Sci. Saint-Pétersbourg 31: 111 (1887)
  Eriophorum maximowiczii (C.B.Clarke) Beetle, Amer. J. Bot. 33: 663 (1946)

Representative specimens; **Hamgyong-bukto** 21 August 1931 渡正山鞍部 2130m 濕地, *Ito, H s.n.* 31 July 1932 渡正山雷島 *Saito, T T Saito375* July 1932 冠帽峰 *Ohwi, J Ohwi s.n.* **Hamgyong-namdo** 25 July 1933 東上面遮日峯 *Koidzumi, G Koidzumi s.n.* **Kangwon-do** 10 June 1932 Mt. Kumgang (金剛山) *Ohwi, J Ohwi s.n.* **Ryanggang** 13 August 1913 白頭山 *Hirai, H Hirai s.n.* August 1913 長白山 *Mori, T Mori32* 10 August 1914 白頭山 *Nakai, T Nakai s.n.*

Scirpus orientalis Ohwi, Acta Phytotax. Geobot. 1: 76 (1932)
Common Name 검은도루박이
Distribution in Korea: North, Central
    Scirpus sylvaticus L. var. *maximowiczii* Regel, Tent. Fl.-Ussur. 161 (1861)
    Scirpus fuirenoides Maxim. var. *karuizawensis* (Makino) H.Hara, J. Jap. Bot. 9: 125 (1933)

Representative specimens; **Chagang-do** 15 June 1911 Kang-gei(Kokai 江界) *Mills, RG Mills510* **Hamgyong-bukto** 31 July 1936 南下石山 *Chang, HD ChangHD s.n.* 9 July 1930 Kyonson 鏡城 *Ohwi, J Ohwi s.n.* 6 July 1930 鏡城 *Ohwi, J Ohwi2223* 5 July 1933 梧村堡 *Saito, T T Saito537* July 1934 延上面九州帝大北鮮演習林 *Hatsushima, S Hatsushima s.n.* 20 June 1909 富寧 *Nakai, T Nakai s.n.* 17 July 1938 新德 - 楡坪洞 *Saito, T T Saito s.n.* **Hamgyong-namdo** 29 June 1940 定平郡宣德面 *Kim, SK s.n.* July 1938 咸興附近濕地 *Jeon, SK JeonSK s.n.* 14 June 1934 咸興城川江 *Nomura, N Nomura s.n.* 7 July 1933 東上面廣大里 *Koidzumi, G Koidzumi s.n.* 24 July 1935 東下面把田洞 *Nomura, N Nomura s.n.* 14 August 1940 赴戰高原 Fusenkogen *Okuyama, S Okuyama s.n.* **P'yongan-namdo** 20 July 1916 黃玉峯 (黃處嶺?) *Mori, T Mori s.n.* 15 June 1928 陽德 *Nakai, T Nakai s.n.* **Rason** 7 July 1936 新興 *Saito, T T Saito s.n.* 30 June 1938 松眞山 *Saito, T T Saito s.n.* **Ryanggang** 5 August 1940 高頭山 *Hozawa, S Hozawa s.n.* 1 August 1930 島內 - 合水 *Ohwi, J Ohwi s.n.* 24 July 1930 大澤 *Ohwi, J Ohwi s.n.* 12 July 1917 寶泰洞 *Furumi, M Furumi s.n.* 4 August 1914 普天堡-寶泰洞 *Nakai, T Nakai s.n.* 7 August 1914 下面江口 *Ikuma, Y Ikuma s.n.*

Scirpus radicans Schkuhr, Ann. Bot. (Usteri) 4: 49 (1793)
Common Name 도루박이
Distribution in Korea: North
    Scirpus sylvaticus L. var. *radicans* (Schkuhr) Willd., Sp. Pl. 308 (1798)
    Seidlia radicans (Schkuhr) Opiz, Naturalientausch 11: 349 (1826)
    Nemocharis radicans (Schkuhr) Reuling, Bot. Not. 53 (1853)
    Scirpus hokkaidoensis Beetle, Amer. J. Bot. 33: 662 (1946)

Representative specimens; **Hamgyong-bukto** 14 June 1936 冠帽峯南河端 - 甫上洞 *Saito, T T Saito s.n.* **Hamgyong-namdo** 14 August 1943 赴戰高原元豊-道安 *Honda, M Honda s.n.* **Kangwon-do** 8 June 1909 元山 *Nakai, T Nakai s.n.*

Scirpus wichurae Boeck., Linnaea 36: 729 (1870)
Common name 방울골 (방울고랭이)
Distribution in Korea: North, Central, South
    Scirpus fuirenoides Maxim. f. *minor* C.B.Clarke, Bull. Acad. Int. Geogr. Bot. 14: 200 (1909)
    Scirpus asiaticus Beetle, Amer. J. Bot. 33: 662 (1946)
    Scirpus wichurae Boeck. ssp. *asiaticus* (Beetle) T.Koyama, Col. Ill. Herb. Pl. Jap. 3: 217 (1964)
    Scirpus wichurae Boeck. var. *asiaticus* (Beetle) T.Koyama ex W.T.Lee, Lineamenta Florae Koreae 1532 (1996)

Representative specimens; **Hamgyong-bukto** 28 August 1933 羅南 *Unknown s.n.* 8 August 1918 寶村 *Nakai, T Nakai s.n.* 6 October 1937 穩城上和洞 *Saito, T T Saito s.n.* **Hwanghae-namdo** 24 July 1922 Mukimpo *Mills, RG Mills s.n.* **Kangwon-do** 21 August 1902 干發告嶺 *Uchiyama, T Uchiyama s.n.* 7 August 1916 金剛山末輝里方面 *Nakai, T Nakai s.n.* **P'yongan-bukto** 26 July 1912 Nei-hen (Neiyen 寧邊) *Imai, H Imai s.n.* **Rason** 6 June 1930 西水羅 *Ohwi, J Ohwi s.n.* 15 August 1937 寬谷 *Saito, T T Saito s.n.*

Scleria P.J.Bergius
Scleria parvula Steud., Syn. Pl. Glumac. 2: 174 (1855)
Common name 개율무 (너도고랭이)
Distribution in Korea: North, Central, South
    Scleria uliginosa Hochst. ex Boeck., Linnaea 38: 471 (1874)
    Scleria fenestrata Franch. & Sav., Enum. Pl. Jap. 2: 549 (1878)
    Scleria coreana Palla ex Nakai, Bot. Mag. (Tokyo) 30: 274 (1916)

Trichophorum Pers.
Trichophorum alpinum (L.) Pers., Syn. Pl. (Persoon) 1: 70 (1805)

Common name 애기황새풀
Distribution in Korea: North
  Eriophorum alpinum L., Sp. Pl. 53 (1753)
  Linagrostis alpina (L.) Scop., Fl. Carniol., ed. 2 1: 48 (1771)
  Eriophorum hudsonianum Michx., Fl. Bor.-Amer. (Michaux) 1: 34 (1803)
  Trichophorum hudsonianum(Michx.) Pers., Syn. Pl. (Persoon) 1: 36 (1818)
  Limnochloa alpina (L.) Drejer, Fl. Excurs. Hafn. 18 (1838)
  Scirpus trichophorum Asch. & Graebn., Syn. Mitteleur. Fl. 2: 301 (1904)
  Scirpus hudsonianus (Michx.) Fernald, Rhodora 8: 161 (1906)
  Baeothryon alpinum (L.) T.V.Egorova, Novosti Sist. Vyssh. Rast. 8: 85 (1971)

Representative specimens; Hamgyong-namdo 21 June 1932 東上面元豊里 *Ohwi, J Ohwi s.n.* 21 June 1932 *Ohwi, J Ohwi s.n.* **Ryanggang** 4 August 1939 大澤濕地 *Hozawa, S Hozawa s.n.* 24 July 1930 大澤 *Ohwi, J Ohwi s.n.* 13 August 1936 白頭山 *Chang, HD ChangHD s.n.* 13 August 1914 *Ikuma, Y Ikuma s.n.* August 1913 長白山 *Mori, T Mori s.n.* 7 August 1914 三池淵附近 *Nakai, T Nakai s.n.*

Trichophorum cespitosum (L.) Hartm., Handb. Skand. Fl., ed. 5 5: 259 (1849)
Common name 산애기황새풀
Distribution in Korea: North
  Scirpus cespitosus L., Sp. Pl. : 48 (1753)
  Baeothryon cespitosum (L.) A.Dietr., Sp. Pl. (ed. 2) 2: 89 (1833)

POACEAE

Agrostis L.
Agrostis canina L., Sp. Pl. 62 (1753)
Common name 검은겨이삭
Distribution in Korea: North
  Trichodium caninum (L.) Schrad., Fl. Germ. (Schrader) 1: 198 (1806)
  Agraulus caninus P.Beauv., Ess. Agrostogr. 5 (1812)
  Agrostis canina L. var. *mutica* Gaudin, Fl. Helv. 1: 172 (1828)
  Agrostis wightii Nees ex Steud., Syn. Pl. Glumac. 1: 168 (1854)

Representative specimens; Hamgyong-bukto 30 June 1935 羅南新社 *Saito, T T Saito1115* 6 July 1930 Kyonson 鏡城 *Ohwi, J Ohwi2088* 6 July 1930 *Ohwi, J Ohwi2090* **Hamgyong-namdo** 29 June 1940 定平郡宣德面 *Kim, SK s.n.* 14 June 1934 咸興城川 江西上里堤防 *Nomura, N Nomura s.n.* **P'yongyang** 29 June 1935 P'yongyang (平壤) *Sakaguchi, S s.n.* **Ryanggang** 13 August 1913 白頭山 *Hirai, H Hirai s.n.* 14 August 1913 神武城 *Hirai, H Hirai s.n.* 10 August 1914 茂峯 *Ikuma, Y Ikuma s.n.* August 1913 長白山 *Mori, T Mori s.n.* 6 August 1914 胞胎山虛項嶺 *Nakai, T Nakai s.n.* 15 August 1913 谿間里 *Hirai, H Hirai s.n.*

Agrostis clavata Trin., Neue Entdeck. Pflanzenk. 2: 55 (1821)
Common name 겨이삭 (산겨이삭)
Distribution in Korea: North, Central, South, Ulleung
  Agrostis perennans (Walter) Tuck., Amer. J. Sci. Arts 45: 44 (1843)
  Agrostis valvata Steud., Syn. Pl. Glumac. 1: 171 (1854)
  Agrostis tenuiflora (Willd.) Steud., Syn. Pl. Glumac. 1: 163 (1855)
  Agrostis matsumurae Hack. ex Matsum., Bot. Mag. (Tokyo) 11: 445 (1897)
  Agrostis macrothyrsa Hack., Repert. Spec. Nov. Regni Veg. 7: 318 (1909)
  Agrostis clavata Trin. var. *nukabo* Ohwi, Bot. Mag. (Tokyo) 55: 356 (1941)
  Agrostis formosana Ohwi, Bot. Mag. (Tokyo) 55: 354 (1941)
  Agrostis clavata Trin. ssp. *matsumurae* (Hack.) Tateoka ex Honda, Bull. Natl. Sci. Mus., Tokyo, B. 11: 161 (1968)
  Agrostis exarata Trin. ssp. *clavata* (Trin.) T.Koyama, Grasses Japan Neighb. Reg. 0: 484 (1987)

Representative specimens; **Chagang-do** 15 April 1911 Kang-gei(Kokai 江界) *Mills, RG Mills s.n.* 15 June 1911 *Mills, RG Mills507* 15 June 1911 *Mills, RG Mills509* 25 July 1911 *Mills, RG Mills560* 22 July 1916 狼林山 *Mori, T Mori s.n.* **Hamgyong-bukto** 1 August 1914 清津 *Ikuma, Y Ikuma s.n.* 20 June 1909 輸城 *Nakai, T Nakai s.n.* 31 August 1935 羅南 *Saito, T T Saito s.n.* 7 July 1935 *Saito, T T Saito s.n.* 5 August 1939 頭流山 *Hozawa, S Hozawa s.n.* 3 August 1936 南下石山 *Chang, HD ChangHD49* 6 July 1930 Kyonson 鏡城 *Ohwi, J Ohwi2039* 6 July 1930 鏡城 *Ohwi, J Ohwi2089* 1 June 1930 *Ohwi, J Ohwi2634* 18 August 1935 農圃洞 *Saito, T T Saito s.n.* 28 July 1936 茂山 *Saito, T T Saito s.n.* 28 July 1936 *Saito, T T Saito s.n.* 21 June 1938 鏡城郡甑山 *Saito, T T Saito s.n.* 17 July 1938 新德 - 楡坪洞 *Saito, T T Saito s.n.* **Hamgyong-namdo** 28 September 1935 咸興西上里 *Nomura, N Nomura s.n.* 16 October 1933 富盛里 *Nomura, N Nomura s.n.* 7 July 1935 在院里 *Nomura, N Nomura s.n.* 14 August 1943 赴戰高原元豊-道安 *Honda, M; Toh, BS; Shim, HC Honda s.n.* 25 July 1933 東上面遮日峯 *Koidzumi, G Koidzumi s.n.* 17 August 1934 東上面達阿里 *Kojima, K Kojima s.n.* 14 August 1935 遮日峯 *Nakai, T Nakai s.n.* 26 July 1935 Donha-myeon Unsan-ri (東下面雲山里) *Nomura, N Nomura s.n.* 18 August 1934 東上面新洞上方 2000m *Yamamoto, A Yamamoto s.n.* 17 August 1934 東上面內岩洞谷 *Yamamoto, A Yamamoto s.n.* 16 August 1934 永古面松興里 *Yamamoto, A Yamamoto s.n.* 16 August 1934 *Yamamoto, A Yamamoto s.n.* **Kangwon-do** 12 July 1936 外金剛千佛山 *Nakai, T Nakai s.n.* 29 July 1938 Mt. Kumgang (金剛山) *Hozawa, S Hozawa s.n.* 8 June 1909 元山 *Nakai, T Nakai s.n.* **P'yongan-namdo** 15 June 1928 陽德 *Nakai, T Nakai s.n.* **P'yongyang** 18 September 1915 江東 *Nakai, T Nakai s.n.* 12 June 1910 平壤普通江岸 *Imai, H Imai s.n.* 24 June 1909 平壤大同江岸 *Imai, H Imai s.n.* **Rason** 7 July 1936 新興 *Saito, T T Saito s.n.* **Ryanggang** 23 August 1914 Keizanchin(惠山鎭) *Ikuma, Y Ikuma s.n.* 18 September 1935 坂幕 *Saito, T T Saito s.n.* 24 July 1930 含山嶺 *Ohwi, J Ohwi s.n.* 31 July 1930 島內 *Ohwi, J Ohwi1220* August 1913 崔哥嶺 *Mori, T Mori s.n.* 15 July 1935 小長白山 *Irie, Y s.n.* 15 July 1935 *Irie, Y s.n.* 30 June 1897 雲寵堡 *Komarov, VL Komaorv s.n.* 15 July 1938 新德 *Saito, T T Saito s.n.*

Agrostis divaricatissima Mez, Repert. Spec. Nov. Regni Veg. 18: 4 (1922)
Common name 엉성겨이삭
Distribution in Korea: North
 Agrostis mongolica Roshev., Izv. Glavn. Bot. Sada SSSR 28: 381 (1929)
 Agrostis koreana Ohwi, Repert. Spec. Nov. Regni Veg. 36: 39 (1934)

Representative specimens; **Hamgyong-bukto** 11 July 1930 鏡城濕地 *Ohwi, J Ohwi2300* Type of *Agrostis koreana* Ohwi (Holotype KYO)July 1934 延上面九州帝大北鮮演習林 *Hatsushima, S Hatsushima s.n.*

Agrostis stolonifera L., Sp. Pl. 62 (1753)
Common name 애기겨이삭
Distribution in Korea: Introduced (North, Central, South, Jeju; N. America)
 Agrostis palustris Huds., Fl. Angl. (Hudson) 27 (1762)
 Vilfa stolonifera (L.) P.Beauv., Ess. Agrostogr. 16: 182 (1812)
 Agrostis alba L. var. *stolonifera* (L.) Sm., Engl. Fl. 1: 93 (1824)

Representative specimens; **Chagang-do** 22 July 1916 狼林山 *Mori, T Mori s.n.* **Hamgyong-bukto** August 1913 茂山 *Mori, T Mori s.n.*

Agrostis vinealis Schreb., Spic. Fl. Lips. 47 (1771)
Common name 검정겨이삭
Distribution in Korea: North, Central, South, Jeju
 Agrostis trinii Turcz., Bull. Soc. Imp. Naturalistes Moscou 29: 18 (1856)
 Agrostis flaccida Hack. var. *trinii* (Turcz.) Ohwi, Bot. Mag. (Tokyo) 55: 353 (1941)
 Agrostis flaccida Hack. ssp. *trinii* (Turcz.) T.Koyama ex Litv., Grasses Japan Neighb. Reg. 0: 484 (1987)

Representative specimens; **Hamgyong-bukto** 12 August 1933 渡正山 *Koidzumi, G Koidzumi s.n.* 31 July 1932 *Saito, T T Saito s.n.* 21 July 1933 冠帽峰 *Saito, T T Saito s.n.* **Hamgyong-namdo** 15 August 1940 遮日峯 *Okuyama, S Okuyama s.n.* **Ryanggang** 20 August 1934 豊山新興郡境地水山 *Kojima, K Kojima s.n.* 20 August 1934 *Yamamoto, A Yamamoto s.n.* 11 August 1936 白頭山 *Chang, HD ChangHD s.n.* 13 August 1914 *Ikuma, Y Ikuma s.n.*

Alopecurus L.
Alopecurus aequalis Sobol., Fl. Petrop. 16 (1799)
Common name 둑새풀 (뚝새풀)
Distribution in Korea: North, Central, South, Ulleung
 Alopecurus aristulatus Michx., Fl. Bor.-Amer. (Michaux) 1: 43 (1803)
 Alopecurus fulvus Sm., Engl. Bot. 21: t. 1467 (1805)
 Alopecurus amurensis Kom., Izv. Imp. Bot. Sada Petra Velikago 16: 151 (1916)
 Alopecurus fulvus Sm. var. *amurensis* (Kom.) Roshev., Trudy Glavn. Bot. Sada 39: 193 (1927)

Alopecurus brachytrichus Ohwi, Acta Phytotax. Geobot. 5: 51 (1936)
Alopecurus aequalis Sobol. var. *amurensis* (Kom.) Ohwi, Bot. Mag. (Tokyo) 55: 360 (1941)
Alopecurus aequalis Sobol. ssp. *amurensis* (Kom.) Hultén, Circumpol. Pl. 1: 105 (1954)

Representative specimens; Chagang-do 15 June 1911 Kang-gei(Kokai 江界) *Mills, RG Mills512* **Hamgyong-bukto** 20 June 1909
輸城 *Nakai, T Nakai s.n.* 16 June 1938 行營 *Saito, T T Saito s.n.* 5 August 1939 頭流山 *Hozawa, S Hozawa s.n.* 12 June 1930 鏡城 *Ohwi, J
Ohwi75* 26 June 1930 雪嶺東麓 *Ohwi, J Ohwi s.n.* 20 June 1909 富寧 *Nakai, T Nakai s.n.* 17 July 1938 新德 - 楡坪洞 *Saito, T T Saito8720*
Hamgyong-namdo 2 September 1934 蓮花山 *Kojima, K Kojima s.n.* 11 June 1909 鎭江 *Nakai, T Nakai s.n.* 25 July 1933 東上面遮日峯
Koidzumi, G Koidzumi s.n. 15 August 1935 遮日峯 *Nakai, T Nakai s.n.* 14 August 1940 赴戰高原 Fusenkogen *Okuyama, S Okuyama s.n.*
Kangwon-do July 1932 Mt. Kumgang (金剛山) *Smith, RK Smith s.n.* **Ryanggang** 24 July 1930 含山嶺 *Ohwi, J Ohwi2440* 21 July 1897
佳林里(鴨綠江上流) *Komarov, VL Komaorv s.n.* 1 August 1934 小長白山 *Kojima, K Kojima s.n.* Nakai, J

Anthoxanthum L.
Anthoxanthum odoratum L., Sp. Pl. 28 (1753)
Common name 향기풀
Distribution in Korea: Introduced (North, Central, Jeju; Eurasia)
　　Phalaris ciliata Pourr., Mem. Acad. Toul. 3: 323 (1788)
　　Anthoxanthum aristatum Boiss., Voy. Bot. Espagne 2: 638 (1844)
　　Xanthonanthos odoratum (L.) St.-Lag., Ann. Soc. Bot. Lyon 7: 119 (1880)
　　Anthoxanthum odoratum L. var. *aristatum* (Boiss.) Trab., Fl. Algérie Monocot. 142 (1895)
　　Anthoxanthum nebrodense Lojac., Fl. Sicul. 3: 255 (1909)
　　Anthoxanthum nipponicum Honda var. *aristatum* (Boiss.) Y.N.Lee, Man. Korean Grasses 128 (1966)
　　Anthoxanthum maderense Teppner, Phyton (Horn) 38: 309 (1998)

Anthoxanthum odoratum L. ssp. *furumii* (Honda) T.Koyama, Grasses Japan 486 (1987)
Common name 포태향기풀
Distribution in Korea: North, Central
　　Anthoxanthum odoratum L. var. *furumii* Honda, Bot. Mag. (Tokyo) 40: 318 (1926)

Representative specimens; Hamgyong-bukto 25 June 1930 雪嶺 *Ohwi, J Ohwi s.n.* **Hamgyong-namdo** 23 June 1932 遮日峯 *Ohwi, J Ohwi
s.n.* 23 June 1932 *Ohwi, J Ohwi s.n.* **Ryanggang** 13 August 1936 白頭山 *Chang, HD ChangHD s.n.* 11 July 1917 胞胎山 *Furumi, M Furumi
273* Type of *Anthoxanthum odoratum* L. var. *furumii* Honda (Holotype TI)31 July 1942 白頭山 *Saito, T T Saito s.n.* 26 July 1942 *Saito, T T Saito s.n.*

Arrhenatherum P.Beauv.
Arrhenatherum elatius (L.) P.Beauv. ex J.Presl & C.Presl, Fl. Cech. 17 (1819)
Common name 쇠미기풀 (개나래새)
Distribution in Korea: Introduced (North, Central, South; N. America) South Korea
　　Avena elatior L., Sp. Pl. 79 (1753)
　　Holcus avenaceus Scop., Fl. Carniol., ed. 2 2: 276 (1772)
　　Arrhenatherum avenaceum (Scop.) P.Beauv., Ess. Agrostogr. 55 (1812)
　　Hordeum avenaceum F.H.Wigg. ex P.Beauv., Ess. Agrostogr. 165 (1812)
　　Arrhenatherum murcicum Sennen, Butl. Inst. Catalana Hist. Nat. 32: 105 (1932)

Representative specimens; Hamgyong-bukto 4 August 1935 羅南支庫 *Saito, T T Saito s.n.*

Arrhenatherum elatius (L.) P.Beauv. ex J.Presl & C.Presl ssp. *bulbosum* (Willd.) Schübl. & G.Martens, Fl. Wurtemberg (ed. 1) (1834)
Common name 염주개나래새
Distribution in Korea: Introduced (North, Jeju; Europe)
　　Avena bulbosa Willd., Neue Schriften Ges. Naturf. Freunde Berlin (1799)
　　Arrhenatherum bulbosum (Willd.) C.Presl, Cyper. Gramin. Sicul. : 29 (1820)
　　Arrhenatherum elatius (L.) P.Beauv. ex J.Presl & C.Presl var. *bulbosum* (Willd.) Spenn., Fl.
　　Wurtemberg (ed. 1) : 70 (1834)
　　Poa bulbosa L. ssp. *vivipara* (Koeler) Arcang., Comp. Fl. Ital. (1882)

Arthraxon Tiegh.
Arthraxon hispidus (Thunb.) Makino, Bot. Mag. (Tokyo) 26: 214 (1912)
Common name 조개풀
Distribution in Korea: North, Central, South, Ulleung
  *Phalaris hispida*Thunb., Fl. Jap. (Thunberg) 44 (1784)
  Arthraxon ciliaris P.Beauv., Ess. Agrostogr. 111 (1812)
  Pleuroplitis langsdorfii Trin., Fund. Agrost. 175 (1820)
  Pleuroplitis centrasiatica Griseb., Fl. Ross. (Ledeb.) 4: 477 (1853)
  Arthraxon langsdorffii (Trin.) Hochst., Flora 39: 188 (1856)
  Pleuroplitis langsdorfii Trin. var. *brevisets* Regel, Bull. Acad. Imp. Sci. Saint-Pétersbourg 10: 374 (1866)
  Arthraxon ciliaris P.Beauv. ssp. *langsdorfii* (Trin.) Hack., Monogr. Phan. 6: 355 (1889)
  Arthraxon ciliaris P.Beauv. var. *cryptatherus* Hack., Monogr. Phan. 6: 355 (1889)
  Arthraxon pauciflorus Honda, Bot. Mag. (Tokyo) 39: 276 (1925)
  Arthraxon hispidus (Thunb.) Makino var. *centrasiaticus* (Griseb.) Honda, Bot. Mag. (Tokyo) 39: 278 (1925)
  Arthraxon hispidus (Thunb.) Makino var. *cryptatherus* (Hack.) Honda, Bot. Mag. (Tokyo) 39: 277 (1925)
  Arthraxon cryptatherus (Hack.) Koidz., Bot. Mag. (Tokyo) 39: 301 (1925)
  Arthraxon hispidus (Thunb.) Makino var. *ciliaris* (P.Beauv.) Nakai, Veg. Apoi 73 (1930)
  Arthraxon kobuna Honda, Bot. Mag. (Tokyo) 49: 697 (1935)
  Arthraxon hispidus (Thunb.) Makino var. *brevisetus* (Regel) H.Hara, Bot. Mag. (Tokyo) 52: 186 (1938)
  Arthraxon hispidus (Thunb.) Makino f. *centrasiaticus* (Griseb.) Ohwi, Acta Phytotax. Geobot. 11: 164 (1942)

Representative specimens; **Hamgyong-bukto** 17 September 1932 羅南新社 *Saito, T T Saito s.n.* 19 August 1914 東下面鳳儀面 *Nakai, T Nakai s.n.* 6 September 1936 朱乙 *Saito, T T Saito s.n.* 5 August 1914 茂山 *Ikuma, Y Ikuma s.n.* **Hamgyong-namdo** 10 September 1933 咸興盤龍山 *Nomura, N Nomura s.n.***Hwanghae-bukto** 10 September 1915 瑞興 *Nakai, T Nakai s.n.* 27 September 1915 *Nakai, T Nakai s.n.* **Hwanghae-namdo** 3 August 1929 長淵郡長山串 *Nakai, T Nakai s.n.* 1 August 1929 椒島 *Nakai, T Nakai s.n.* **Kangwon-do** 13 September 1932 元山 *Kitamura, S Kitamura s.n.*

Arundinella **Duboscq**
Arundinella hirta (Thunb.) Tanaka, Bult. Sci. Fak. Terk. Kjusu. Imp. Univ. 1: 208 (1925)
Common name 털새, 야고초 (새)
Distribution in Korea: North, Central, South
  Poa hirta Thunb., Fl. Jap. (Thunberg) 49 (1784)
  Agrostis ciliata Thunb., Syst. Veg., ed. 14 (J. A. Murray) 111 (1784)
  Arundinella anomala Steud., Syn. Pl. Glumac. 1: 116 (1854)
  Agrostis thunbergii Steud., Syn. Pl. Glumac. 1: 163 (1854)
  Panicum mandshuricum Maxim., Mem. Acad. Imp. Sci. St.-Petersbourg Divers Savans 9: 328 (1859)
  Panicum mandshuricum Maxim. var. *pikinense* Maxim., Mem. Acad. Imp. Sci. St.-Petersbourg Divers Savans 9: 329 (1859)
  Panicum williamsii Hance, Ann. Sci. Nat., Bot. V, 5: 250 (1866)
  Arundinella anomala Steud. var. *lasiophylla* Nakai f. *glabra* Honda, Bot. Mag. (Tokyo) 36: 111 (1922)
  Arundinella anomala Steud. var. *lasiophylla* Nakai f. *hirtella* Honda, Bot. Mag. (Tokyo) 36: 111 (1922)
  Arundinella hirta (Thunb.) Tanaka var. *ciliata* Koidz., Bot. Mag. (Tokyo) 39: 303 (1925)
  Arundinella oleagina Honda, Bot. Mag. (Tokyo) 41: 639 (1927)
  Arundinella paniciformis Honda, Bot. Mag. (Tokyo) 41: 638 (1927)
  Arundinella murayamae Honda, J. Fac. Sci. Univ. Tokyo, Sect. 3, Bot. 3: 309 (1930)
  Arundinella taquetii Nakai & Honda, Bot. Mag. (Tokyo) 49: 694 (1935)
  Arundinella hirta (Thunb.) Tanaka f. *koryuensis* (Honda) Kitag., Neolin. Fl. Manshur. 69 (1979)

Representative specimens; **Chagang-do** 29 April 1911 Kang-gei(Kokai 江界) *Mills, RG Mills s.n.* 6 August 1911 *Mills, RG Mills555* 18 July 1914 大興里 *Nakai, T Nakai s.n.* **Hamgyong-bukto** 1 August 1914 清津 *Ikuma, Y Ikuma s.n.* **Hamgyong-namdo** 10 September 1933 咸興盤龍山 *Nomura, N Nomura s.n.* 1928 Hamhung (咸興) *Seok, JM s.n.* 3 September 1934 東下面蓮花山 *Yamamoto, A Yamamoto s.n.* 15 August 1935 遮日峯 *Nakai, T Nakai s.n.* 23 July 1935 弁天島 *Nomura, N Nomura s.n.* 16 August 1940 東上面漢岱里 *Okuyama, S Okuyama s.n.* 16 August 1934 永古面松興里 *Yamamoto, A Yamamoto s.n.* **Hwanghae-namdo** 4 August 1939 長淵郡長山串 *Nakai, T Nakai s.n.* 3 August 1929 *Nakai, T Nakai s.n.* 31 July 1929 席島 *Nakai, T Nakai s.n.* 24 July 1929 夢金浦 *Nakai, T Nakai s.n.* **Kangwon-do** 2 September 1932 金剛山 Sotokongo 外金剛 *Kitamura, S Kitamura s.n.* 14 July 1936 外金剛千佛山 *Nakai, T Nakai s.n.* 28 July 1916 長箭 *Nakai, T Nakai s.n.* 11 August 1943 Mt. Kumgang (金剛山) *Honda, M Honda s.n.* 11 August 1943 *Honda, M Honda s.n.* 29 July 1938 *Hozawa, S Hozawa s.n.* 14 August 1916 金剛山望軍臺 *Nakai, T Nakai5127* Type of *Arundinella paniciformis* Honda (Holotype TI)30 August 1916 通川街道 *Nakai, T Nakai s.n.* 7 August 1932 元山府川崎農園 *Kitamura, S Kitamura281* 7 August 1932 元山葛麻 *Kitamura, S Kitamura377* **P'yongyang** 5 September 1909 平壤普通江岸 *Imai, H Imai s.n.* **Ryanggang** 30 July 1897 甲山 *Komarov, VL Komaorv s.n.* 23 July 1914 江口 -三水郡魚面 *Nakai, T Nakai s.n.*

Avena L.
Avena fatua L., Sp. Pl. 80 (1753)
Common name 메귀리

Distribution in Korea: Introduced (North, Central, South, Ulleung, Jeju; N. America)
    Avena japonica Steud., Syn. Pl. Glumac. 1: 231 (1854)
    Anelytrum avenaceum Hack., Repert. Spec. Nov. Regni Veg. 8: 519 (1910)
    Avena sativa L. var. *fatua* (L.) Fiori, Nuov. Fl. Italia 1: 109 (1923)
    Avena cultiformis (Malzev) Malzev, Sornye Rast. S.S.S.R. 1: 208 (1934)

Representative specimens; **Hamgyong-namdo** 18 August 1935 遮日峯 *Nakai, T Nakai s.n.* 17 August 1934 東上面內岩洞谷 *Yamamoto, A Yamamoto s.n.* **P'yongan-namdo** 17 July 1916 加音峯 *Mori, T Mori s.n.*

Avena sativa L., Sp. Pl. 79 (1753)
Common name 귀리

Distribution in Korea: North, Ulleung
    Avena orientalis Schreb., Spic. Fl. Lips. 52 (1771)
    Avena mutica Krock., Fl. Siles. Suppl. 1: 187 (1823)
    Avena chinensis Link, Handb. Gewachsk., ed. 2 1: 43 (1829)
    Avena distans Schur, Oesterr. Bot. Z. 20: 22 (1870)
    Avena algeriensis Trab., Bull. Soc. Hist. Nat. Afrique N. 2: 151 (1910)

Representative specimens; **Hamgyong-bukto** 17 August 1935 羅南支庫 *Saito, T T Saito s.n.*

Beckmannia Host
Beckmannia syzigachne (Steud.) Fernald, Rhodora 30: 27 (1928)
Common name 개피

Distribution in Korea: North, Central, South, Jeju
    Panicum syzigachne Steud., Flora 29: 19 (1846)
    Beckmannia eruciformis (L.) Host var. *uniflora* Scribn. ex A.Gray, Manual (Gray), ed. 6 628 (1890)
    Beckmannia eruciformis (L.) Host var. *baicalensis* Kusn., Trudy Bjuro Prikl. Bot. 6: 584 (1913)
    Beckmannia baicalensis (Kusn.) Hultén, Kongl. Svenska Vetensk. Acad. Handl. 3, 5: 119 (1927)
    Beckmannia eruciformis (L.) Host ssp. *syzigachne* (Steud.) Breitung, Amer. Midl. Naturalist 58: 10 (1957)
    Beckmannia syzigachne (Steud.) Fernald ssp. *baicalensis* (Kusn.) T.Koyama & Kawano, Canad. J. Bot. 42: 879 (1964)
    Beckmannia syzigachne (Steud.) Fernald var. *uniflora* (Scribn. ex A.Gray) B.Boivin, Naturaliste Canad. 94: 521 (1967)

Representative specimens; **Chagang-do** 15 June 1911 Kang-gei(Kokai 江界) *Mills, RG Mills s.n.* **Hamgyong-bukto** 15 June 1930 茂山嶺 *Ohwi, J Ohwi1088* 5 July 1933 梧村堡 *Saito, T T Saito588* 28 July 1936 茂山 *Saito, T T Saito2663* **Kangwon-do** 8 June 1909 元山 *Nakai, T Nakai s.n.* **P'yongyang** 28 May 1911 P'yongyang (平壤) *Imai, H Imai s.n.*

Bothriochloa Kuntze
Bothriochloa ischaemum (L.) Keng, Contr. Biol. Lab. Chin. Assoc. Advancem. Sci., Sect. Bot. 10:

201 (1936)

Common name 바랭이새

Distribution in Korea: North (P'yongan), Central (Hwanghae), South, Jeju
  Andropogon ischaemum L., Sp. Pl. 2: 1047 (1753)
  Sorghum ischaemum (L.) Kuntze, Revis. Gen. Pl. 2: 792 (1891)

Representative specimens; Hwanghae-namdo 31 July 1929 席島 *Nakai, T Nakai s.n.*

Brachypodium Brid.
Brachypodium sylvaticum (Huds.) P.Beauv., Ess. Agrostogr. 101 (1812)

Common name 숲개밀

Distribution in Korea: North, Central, South
  Festuca sylvatica Huds., Fl. Angl. (Hudson) 38 (1762)
  Bromus sylvaticus (Huds.) Lyons, Fasc. Pl. Cantabr. 15 (1763)
  Triticum sylvaticum (Huds.) Moench, Enum. Pl. Hass. 54 (1777)
  Festuca misera Thunb., Syst. Veg., ed. 14 (J. A. Murray) 119 (1784)
  Polypogon miser (Thunb.) Makino, Bot. Mag. (Tokyo) 26: 214 (1912)
  Brachypodium miserum (Thunb.) Koidz., Bot. Mag. (Tokyo) 39: 303 (1925)
  Brachypodium sylvaticum (Huds.) P.Beauv. var. *miserum* (Thunb.) Koidz., Fl. Symb. Orient.-Asiat. 80 (1930)
  Brachypodium manschuricum Kitag., J. Jap. Bot. 9: 108, 117 (1933)

Representative specimens; Kangwon-do 4 August 1932 金剛山內金剛 *Kobayashi, M Kobayashi s.n.* 15 August 1916 金剛山表訓寺-內圓通庵途上 *Nakai, T Nakai s.n.*

Bromus L.
Bromus ciliatus L., Sp. Pl. 76 (1753)

Common name 새귀리 (빕새귀리)

Distribution in Korea: North
  Bromus yezoensis Ohwi, Acta Phytotax. Geobot. 2: 30 (1933)
  Bromus canadensis Michx. ssp. *yezoensis* (Ohwi) Vorosch., Byull. Moskovsk. Obshch. Isp. Prir. Otd. Biol. n.s, 95: 91 (1990)

Bromus japonicus Thunb., Syst. Veg., ed. 14 (J. A. Murray) 119 (1784)

Common name 참새귀리

Distribution in Korea: North, Central, South, Ulleung
  Bromus patulus Mert. & W.D.J.Koch, Deutschl. Fl. (Mertens & W. D. J. Koch), ed. 3 1: 685 (1823)
  Bromus phrygius Boiss., Diagn. Pl. Orient. II, 4: 140 (1859)
  Bromus subsquarrosus Borbás, Fl. Comit. Temesiensis 0: 21 (1884)
  Bromus abolinii Drobow, Repert. Spec. Nov. Regni Veg. 21: 40 (1925)
  Bromus barobalianus G.Singh, Forest Fl. Srinagar 0: 129 (1976)
  Bromus pseudojaponicus H.Scholz, Bot. Jahrb. Syst. 102: 485 (1981)
  Bromus regnii H.Scholz, Willdenowia 25: 237 (1995)

Representative specimens; Hamgyong-bukto 20 June 1937 龍台 *Saito, T T Saito6896* Hamgyong-namdo 11 June 1909 鎭岩峯 *Nakai, T Nakai s.n.* Hwanghae-namdo 26 June 1922 Sorai Beach 九味浦 *Mills, RG Mills s.n.* 4 July 1921 *Mills, RG Mills s.n.* Kangwon-do June 1932 Mt. Kumgang (金剛山) *Ohwi, J Ohwi s.n.* P'yongyang 28 May 1911 P'yongyang (平壤) *Imai, H Imai s.n.* Ryanggang 19 June 1930 楡坪 *Ohwi, J Ohwi s.n.* 19 June 1930 *Ohwi, J Ohwi s.n.* 31 July 1930 島內 *Ohwi, J Ohwi s.n.*

Bromus remotiflorus (Steud.) Ohwi, Acta Phytotax. Geobot. 4: 58 (1935)

Common name 여우꼬리새 (꼬리새)

Distribution in Korea: North, Central, South, Ulleung
  Festuca pauciflora Thunb., Fl. Jap. (Thunberg) 52 (1784)
  Festuca remotiflora Steud., Syn. Pl. Glumac. 1: 315 (1854)
  Schedonorus remotiflorus (Steud.) Miq., Ann. Mus. Bot. Lugduno-Batavi 2: 283 (1866)

Schedonorus pauciflorus (Thunb.) Miq., Prolus. Fl. Jap. 171 (1866)
Bromus pauciflorus (Thunb.) Hack., Bull. Herb. Boissier 7: 713 (1899)
Stenofestuca pauciflora (Thunb.) Nakai, J. Jap. Bot. 25: 7 (1950)

Representative specimens; Hwanghae-namdo 29 July 1929 長山串 *Nakai, T Nakai s.n.* **Kangwon-do** 31 July 1916 金剛山群仙峽 *Nakai, T Nakai s.n.* 28 July 1916 金剛山長箭- 溫井里 *Nakai, T Nakai s.n.* 18 August 1916 金剛山表訓寺附近森 *Nakai, T Nakai s.n.* July 1901 Nai Piang *Faurie, UJ Faurie s.n.* July 1901 *Faurie, UJ Faurie808*

Bromus richardsonii Link, Hort. Berol. [Link] 2: 281 (1833)
Common name 산새귀리 (개빕새귀리)
Distribution in Korea: North
Zerna richardsonii (Link) Nevski, Trudy Sredne-Aziatsk. Gosud. Univ., Ser. 8b, Bot. 17: 17 (1934)
Bromus ciliatus L. var. *richardsonii* (Link) B.Boivin, Naturaliste Canad. 94: 521 (1967)
Zerna canadensis ssp. *richardsonii* (Link) Tzvelev, Novosti Sist. Vyssh. Rast. 7: 54 (1970)
Bromopsis richardsonii (Link) Holub, Folia Geobot. Phytotax. 8: 168 (1973)
Bromopsis canadensis ssp. *richardsonii* (Link) Tzvelev, Zlaki SSSR 214 (1976)

Representative specimens; Ryanggang 19 June 1930 楡坪 *Ohwi, J Ohwi s.n.* 31 July 1930 島內 *Ohwi, J Ohwi s.n.* 15 August 1936 白頭山 *Chang, HD ChangHD s.n.* 14 August 1913 神武城 *Hirai, H Hirai s.n.* August 1913 長白山 *Mori, T Mori s.n.* 8 August 1914 神武城-無頭峯 *Nakai, T Nakai s.n.* 15 August 1913 谿間里 *Hirai, H Hirai s.n.*

Calamagrostis Adans.
Calamagrostis arundinacea (L.) Roth, Tent. Fl. Germ. 1: 33 (1788)
Common name 실새풀
Distribution in Korea: North, Central, South, Ulleung
Agrostis arundinacea L., Sp. Pl. 61 (1753)
Deyeuxia arundinacea P.Beauv., Ess. Agrostogr. 147: 160 (1812)
Calamagrostis brachytricha Steud., Syn. Pl. Glumac. 1: 189 (1854)
Calamagrostis nipponica Franch. & Sav., Enum. Pl. Jap. 2: 599 (1878)
Calamagrostis robusta Franch. & Sav., Enum. Pl. Jap. 2: 600 (1878)
Calamagrostis sciuroides Franch. & Sav., Enum. Pl. Jap. 2: 600 (1878)
Calamagrostis arundinacea (L.) Roth var. *brachytricha* (Steud.) Hack., Bull. Herb. Boissier 7: 652 (1899)
Deyeuxia sylvatica var. *brachtricha* (Steud.) Hack., Bull. Herb. Boissier 7: 652 (1899)
Calamagrostis arundinacea (L.) Roth var. *nipponica* (Franch. & Sav.) Hack., Bull. Herb. Boissier 7: 652 (1899)
Calamagrostis arundinacea (L.) Roth var. *sciuroides* (Franch. & Sav.) Hack., Bull. Herb. Boissier 7: 652 (1899)
Calamagrostis arundinacea (L.) Roth var. *hirsuta* Hack., Bull. Herb. Boissier ser 2, 2: 502 (1902)
Deyeuxia sylvatica var. *hirsuta* (Hack.) Rendle, J. Linn. Soc., Bot. 36(254): 397 (1904)
Deyeuxia sylvatica var. *sciuroides* (Franch. & Sav.) Rendle, J. Linn. Soc., Bot. 36: 398 (1904)
Calamagrostis turczaninowii Litv., Bot. Mater. Gerb. Glavn. Bot. Sada RSFSR 2: 115 (1921)
Calamagrostis arundinacea (L.) Roth var. *inaequgta* Hack., Bot. Mag. (Tokyo) 40: 441 (1926)
Calamagrostis arundinacea (L.) Roth var. *robusta* Honda, Bot. Mag. (Tokyo) 40: 441 (1926)
Calamagrostis heterogluma (Nakai) Honda, Bot. Mag. (Tokyo) 40: 441 (1926)
Calamagrostis monticola Petrov ex Kom., Izv. Bot. Sada Akad. Nauk S.S.S.R 30: 197 (1932)
Calamagrostis hymenoglossa Ohwi, Acta Phytotax. Geobot. 10: 261 (1941)

Representative specimens; Chagang-do 17 August 1911 Kang-gei(Kokai 江界) *Mills, RG Mills568* 21 August 1911 Seechun dong(時中洞) *Mills, RG Mills s.n.* **Hamgyong-bukto** 17 September 1932 羅南北側 *Saito, T T Saito s.n.* 5 October 1942 清津高抹山西側 *Saito, T T Saito s.n.* 26 July 1930 頭流山 *Ohwi, J Ohwi s.n.* 8 August 1930 吉州郡載德 *Ohwi, J Ohwi3013* 14 August 1933 朱乙溫泉朱乙山 *Koidzumi, G Koidzumi s.n.* 7 July 1930 鏡城 *Ohwi, J Ohwi s.n.* 23 August 1936 朱乙 *Saito, T T Saito s.n.* 17 July 1938 新德 - 楡坪洞 *Saito, T T Saito s.n.* **Hamgyong-namdo** 1928 Hamhung (咸興) *Seok, JM s.n.* 17 September 1933 東川面豊陽里 - 牡洞峠 *Nomura, N Nomura s.n.* 15 August 1935 遮日峯 *Nakai, T Nakai s.n.* **Hwanghae-bukto** 10 September 1915 瑞興 *Nakai, T Nakai s.n.* **Kangwon-do** 12 July 1936 外金剛千佛山 *Nakai, T Nakai s.n.* 29 July 1938 Mt. Kumgang (金剛山) *Hozawa, S Hozawa s.n.* 4 August 1932 金剛山內金剛 *Kobayashi, M Kobayashi s.n.* 12 August 1932 Mt. Kumgang (金剛山) *Koidzumi, G Koidzumi s.n.* 16 August 1916 金剛山外金剛 *Nakai, T Nakai s.n.* 14 August 1916 金剛山望軍臺 *Nakai, T Nakai5153* Type of *Calamagrostis longiseta* Hack. var. *heterogluma* Nakai (Syntype TI) **P'yongan-bukto** 3 August 1935 妙香山 *Koidzumi, G Koidzumi s.n.* 25 August 1911

Sakju(朔州) *Mills, RG Mills s.n.* 23 August 1912 Gishu(義州) *Imai, H Imai s.n.* 11 August 1935 義州金剛山 *Koidzumi, G Koidzumi s.n.* 23 September 1915 Gishu(義州) *Nakai, T Nakai s.n.* **P'yongan-namdo** 20 September 1915 龍岡 *Nakai, T Nakai s.n.* 29 August 1930 錘峯山 *Uyeki, H Uyeki s.n.* **P'yongyang** 17 September 1912 P'yongyang (平壤) *Imai, H Imai s.n.* 25 August 1909 *Mills, RG Mills540* 24 September 1910 *Mills, RG Mills546* **Ryanggang** 20 August 1934 北水白山附近 *Kojima, K Kojima s.n.* 18 September 1935 坂幕 *Saito, T T Saito s.n.* 24 July 1930 大澤 *Ohwi, J Ohwi s.n.* 25 July 1930 合水桃花洞 *Ohwi, J Ohwi s.n.* 28 July 1930 合水 (列結水) *Ohwi, J Ohwi s.n.* 24 July 1930 大澤 *Ohwi, J Ohwi s.n.* 25 August 1930 合水桃花洞 *Ohwi, J Ohwi s.n.* 28 July 1930 合水 (列結水) *Ohwi, J Ohwi s.n.* 24 July 1897 佳林里 *Komarov, VL Komaorv s.n.*

Calamagrostis epigeios (L.) Roth, Tent. Fl. Germ. 1: 34 (1788)

Common name 산조풀

Distribution in Korea: North, Central, South

> *Arundo epigejos* L., Sp. Pl. 81 (1753)
> *Arundo intermedia*C.C.Gmel., Fl. Bad. 1: 266 (1805)
> *Calamagrostis georica* K.Koch, Linnaea 21: 387 (1848)
> *Calamagrostis thrysoidea* K.Koch, Linnaea 21: 388 (1848)
> *Calamagrostis epigeios* (L.) Roth var. *densiflora* Ledeb. ex Griseb., Fl. Ross. (Ledeb.) 4: 433 (1852)
> *Calamagrostis wirtgeniana* Hausskn., Mitth. Thüring. Bot. Vereins 6: 68 (1894)
> *Calamagrostis macrolepis* Litv., Bot. Mater. Gerb. Glavn. Bot. Sada RSFSR 2: 125 (1921)
> *Calamagrostis epigeios* (L.) Roth f. *densiflora* (Ledeb. ex Griseb.) Serb. & Beldie, Fl. Reipubl. Socialist. Romania 12: 180 (1972)

Representative specimens; Chagang-do 12 July 1910 Kang-gei(Kokai 江界) *Mills, RG Mills547* **Hamgyong-bukto** 3 August 1935 羅南支庫 *Saito, T T Saito1286* 15 August 1936 富寧靑岩·連川 *Saito, T T Saito2801* 6 August 1933 會寧古豐山 *Koidzumi, G Koidzumi s.n.* 4 August 1936 南下石山 *Chang, HD ChangHD51* 6 July 1930 鏡城 *Ohwi, J Ohwi2064* 7 July 1930 Kyonson 鏡城 *Ohwi, J Ohwi2192* 28 July 1936 茂山 *Saito, T T Saito2660* 6 July 1936 南山面 *Saito, T T Saito s.n.* **Hwanghae-namdo** 29 July 1929 長淵郡長山串 *Nakai, T Nakai s.n.* 9 July 1921 Sorai Beach 九味浦 *Mills, RG Mills s.n.* 4 July 1922 *Mills, RG Mills s.n.* 24 July 1929 夢金浦 *Nakai, T Nakai s.n.* 31 July 1929 *Nakai, T Nakai s.n.* 12 August 1935 夢金浦海岸 *Sato, TN s.n.* **Kangwon-do** 28 July 1916 長箭 *Nakai, T Nakai s.n.* 12 July 1936 外金剛千佛山 *Nakai, T Nakai s.n.* 7 August 1916 金剛山末輝里 *Nakai, T Nakai s.n.* **P'yongan-bukto** 5 August 1937 妙香山 *Hozawa, S Hozawa s.n.* 26 July 1912 Nei-hen(Neiyen 寧邊) *Imai, H Imai s.n.* 25 August 1911 Sakju (朔州) *Mills, RG Mills s.n.* **P'yongan-namdo** 15 July 1916 葛日嶺 *Mori, T Mori s.n.* **Ryanggang** 2 July 1897 雲寵里三水邑 (虛川江岸懸崖) *Komarov, VL Komaorv s.n.*

Calamagrostis holmii Lange, Novaia-Zemlia's Vegetation 20 (1887)

Common name 붕겐새풀

Distribution in Korea: North

> *Calamagrostis bungeana* Petrov, Fl. Iakut. 1: 209 (1930)

Calamagrostis lapponica (Wahlenb.) Hartm., Gen. Gram. 1: 5 (1819)

Common name 라프랜드새풀

Distribution in Korea: North

Representative specimens; Hamgyong-bukto 1 August 1932 渡正山雷島次 *Saito, T T Saito s.n.* 26 July 1930 頭流山 *Ohwi, J Ohwi s.n.* **Hamgyong-namdo** 26 July 1934 遮日峯 *Nomura, N Nomura s.n.*

Calamagrostis pseudophragmites (Haller f.) Koeler, Descr. Gram. [Koeler] 106 (1802)

Common name 다북산새풀 (갯조풀)

Distribution in Korea: North

> *Arundo pseudophragmites* Haller f., Arch. Bot. (Leipzig) 1: 11 (1796)
> *Arundo littorea* Schrad., Fl. Germ. (Schrader) 212 (1806)
> *Calamagrostis littorea* (Schrad.) P.Beauv., Ess. Agrostogr. 15: 157 (1812)
> *Calamagrostis glauca* (M.Bieb.) Rchb., Fl. Germ. Excurs. 1: 27 (1830)
> *Calamagrostis dubia* Bunge, Beitr. Fl. Russl. 348 (1852)
> *Calamagrostis onaei* Franch. & Sav., Enum. Pl. Jap. 2: 598 (1878)

Representative specimens; Hamgyong-bukto 28 July 1936 茂山 *Saito, T T Saito s.n.*

Calamagrostis purpurea (Trin.) Trin., Gram. Unifl. Sesquifl. [Trinius] 0: 219 (1824)

Common name 산새풀

Distribution in Korea: North (Paekdu, Baekmu, Daetaek, Bocheonbo, Musan, Kangae, Rangrim, Kumkang), Central

 Arundo langsdorfii Link, Enum. Hort. Berol. Alt. 1: 74 (1821)
 Calamagrostis langsdorfii (Link) Trin., Gram. Unifl. Sesquifl. [Trinius] 0: 225 (1824)
 Calamagrostis flexuosa Rupr., Beitr. Pflanzenk. Russ. Reiches 4: 34 (1846)
 Calamagrostis viridula Takeda, Bot. Mag. (Tokyo) 24: 42 (1910)
 Calamagrostis villosa (Chaix) J.F.Gmel. var. ramosa Nakai, Bot. Mag. (Tokyo) 35: 139 (1921)
 Calamagrostis notabilis Litv., Bot. Mater. Gerb. Glavn. Bot. Sada RSFSR 2: 124 (1921)
 Calamagrostis angustifolia Kom., Bot. Mater. Gerb. Glavn. Bot. Sada SSSR 6: 192 (1926)
 Calamagrostis langsdorfii (Link) Trin. var. ramosa (Nakai) Nakai, Bot. Mag. (Tokyo) 40: 490 (1926)
 Calamagrostis paishanensis Nakai, Bot. Mag. (Tokyo) 40: 491 (1926)
 Calamagrostis fusca Kom., Izv. Bot. Sada Akad. Nauk S.S.S.R 30: 197 (1931)
 Calamagrostis canadensis (Michx.) P.Beauv. ssp. langsdorffii (Link) Hultén, Fl. Alaska Yukon 161 (1942)
 Calamagrostis confusa V.N.Vassil., Bot. Mater. Gerb. Bot. Inst. Komarova Akad. Nauk S.S.S.R. 13: 49 (1950)
 Calamagrostis barbata V.N.Vassil., Repert. Spec. Nov. Regni Veg. 68: 216 (1963)
 Calamagrostis amurensis Prob., Bot. Zhurn. (Moscow & Leningrad) 68: 1410 (1983)

Representative specimens; Chagang-do 4 July 1911 Kang-gei(Kokai 江界) Mills, RG Mills569 22 July 1916 狼林山 Mori, T Mori5 22 July 1914 山羊 -江口 Nakai, T Nakai3623 **Hamgyong-bukto** 10 August 1933 渡正山 Koidzumi, G Koidzumi s.n. 31 July 1936 南下石山 Chang, HD ChangHD47 July 1932 冠帽峰 Ohwi, J Ohwi s.n. 7 July 1930 Kyonson 鏡城 Ohwi, J Ohwi s.n. 20 September 1935 南下石山 Saito, T T Saito1794 26 June 1930 雪嶺東側 Ohwi, J Ohwi1833 19 June 1938 穏城郡甑山 Saito, T T Saito s.n. August 1932 慶源郡龍徳面 Takenaka, Y s.n. **Hamgyong-namdo** 2 September 1934 蓮花山 Kojima, K Kojima s.n. 2 September 1934 東下面蓮花山安坌谷 Yamamoto, A Yamamoto s.n. 14 August 1943 赴戰高原元豊-道安 Honda, M; Toh, BS; Shim, HC Honda s.n. 24 August 1932 蓋馬高原 Kitamura, S Kitamura1142 23 July 1933 東上面漢岱里 Koidzumi, G Koidzumi s.n. 24 July 1933 東上面大漢岱里 Koidzumi, G Koidzumi1142 23 July 1935 東上面漢岱里湖畔 Nomura, N Nomura s.n. 24 July 1934 東上面咸地里 - 赴戰嶺 Nomura, N Nomura s.n. 14 August 1940 赴戰高原 Fusenkogen Okuyama, S Okuyama s.n. 30 August 1934 東下面頭雲峯安基里 Yamamoto, A Yamamoto s.n. 17 August 1934 東上面内岩洞谷 Yamamoto, A Yamamoto s.n. 18 August 1934 東上面新洞上方 2000m Yamamoto, A Yamamoto s.n. **Kangwon-do** 31 July 1916 金剛山群仙峽 Nakai, T Nakai5153 Type of Calamagrostis villosa (Chaix) J.F.Gmel. var. ramosa Nakai (Holotype TI)29 July 1938 Mt. Kumgang (金剛山) Hozawa, S Hozawa s.n. 4 August 1932 金剛山内金剛 Kobayashi, M Kobayashi s.n. 15 August 1916 金剛山万瀑洞 Nakai, T Nakai5147 18 August 1902 Mt. Kumgang (金剛山) Uchiyama, T Uchiyama s.n. July 1901 Nai Piang Faurie, UJ Faurie874 **Ryanggang** 20 August 1934 北水白山附近 Kojima, K Kojima s.n. 20 August 1934 Kojima, K Kojima s.n. 20 August 1934 豊山新興郡境北水白山 Yamamoto, A Yamamoto s.n. 25 August 1934 豊山郡北水白山 Yamamoto, A Yamamoto s.n. 27 August 1934 豊山郡熊耳面鉢峯大岩山-頭里松谷 Yamamoto, A Yamamoto s.n. 7 July 1897 犁方嶺 (鴨緑江羅暖堡) Komarov, VL Komaorv156 24 July 1914 長蛇洞 Nakai, T Nakai3520 23 July 1914 李僧嶺 Nakai, T Nakai3431 6 August 1917 延岩 Furumi, M Furumi398 5 August 1930 高頭山 Hozawa, S Hozawa s.n. 4 August 1939 大澤濕地 Hozawa, S Hozawa s.n. 24 July 1930 大澤 Ohwi, J Ohwi s.n. 31 July 1930 醤池 Ohwi, J Ohwi s.n. 23 June 1930 倉坪延岩洞間 Ohwi, J Ohwi1743 20 August 1934 豊山新興郡境南水嶺 Yamamoto, A Yamamoto s.n. 11 July 1917 南胞胎山麓 Furumi, M Furumi271 14 August 1913 神武城 Hirai, H Hirai49 1 August 1934 小長白山 Kojima, K Kojima s.n. August 1913 長白山 Mori, T Mori153 August 1913 Mori, T Mori190 4 August 1914 普天堡- 寶泰洞 Nakai, T Nakai3927 武峯- 新民屯 Unknown s.n.20 August 1934 新興郡/豊山郡境北水白山 Yamamoto, A Yamamoto s.n. 15 August 1913 谿間里 Hirai, H Hirai31 8 August 1914 農事洞 Ikuma, Y Ikuma s.n. 10 August 1912 農事洞 - 茂峯 Mori, T Mori s.n.

Calamagrostis stricta (Timm) Koeler, Descr. Gram. [Koeler] 105 (1802)

Common name 야지피

Distribution in Korea: North

 Calamagrostis neglecta (Ehrh.) P.Gaertn. & B.Mey. & Schreb., Oekon. Fl. Wetterau 1: 94 (1799)
 Calamagrostis stricta (Timm) Koeler var. aculeolata Hack., Bull. Herb. Boissier 7: 652 (1899)
 Calamagrostis neglecta (Ehrh.) P.Gaertn. &B.Mey. & Schreb. var. aculeolata (Hack.) Miyabe & Kudô, J. Fac. Agric. Hokkaido Imp. Univ. 26: 140 (1931)
 Calamagrostis aculeolata (Hack.) Ohwi, Acta Phytotax. Geobot. 2: 278 (1933)
 Calamagrostis robertii A.E.Porsild, Publ. Bot. (Ottawa) 4: 5 (1974)
 Calamagrostis neglecta (Ehrh.) P.Gaertn. & B.Mey. & Schreb. ssp. aculeolata (Hack.) T.Koyama, Grasses Japan 496 (1987)

Representative specimens; Hamgyong-namdo 27 July 1933 東上面元豊 Koidzumi, G Koidzumi s.n. 15 August 1940 遮日峯 Okuyama, S Okuyama s.n. **Ryanggang** 24 August 1934 態耳面北水白山北格 Yamamoto, A Yamamoto s.n. 4 August 1939 大澤濕地 Hozawa, S Hozawa s.n. 24 July 1930 大澤 Ohwi, J Ohwi s.n. 15 August 1914 谿間里 Ikuma, Y Ikuma s.n.

Calamagrostis subacrochaeta Nakai, Bot. Mag. (Tokyo) 40: 490 (1926)

Common name 랑림산새풀 (낭림새풀)

Distribution in Korea: North

Representative specimens; Chagang-do 22 July 1916 狼林山 *Mori, T Mori9* Type of *Calamagrostis subacrochaeta* Nakai (Holotype TI)

Capillipedium Stapf & Prain
Capillipedium parviflorum (R.Br.) Stapf, Fl. Trop. Afr. 9: 169 (1917)

Common name 나도기름새

Distribution in Korea: North, Central, South, Jeju
    Holcus parviflora R.Br., Prodr. Fl. Nov. Holland. 199 (1810)
    Andropogon micranthus Kunth, Revis. Gramin. 1: 165 (1829)
    Chrysopogon parviflorus (R.Br.) Nees, London J. Bot. 2: 411 (1843)
    Andropogon villosulus Nees ex Steud., Syn. Pl. Glumac. 1: 397 (1854)
    Andropogon violascens (Trin.) Nees ex Steud., Syn. Pl. Glumac. 1: 396 (1854)
    Andropogon micranthus Kunth var. *villosulus* (Steud.) Hack., Monogr. Phan. 6: 490 (1889)
    Andropogon micranthus Kunth var. *violascens* (Trin.) Honda, J. Fac. Sci. Univ. Tokyo, Sect. 3,
    Bot. 3: 345 (1930)
    Bothriochloa parviflora (R.Br.) Ohwi f. *villosula* (Steud.) Ohwi, Acta Phytotax. Geobot. 11:
    166 (1941)
    Bothriochoa parviflora (R.Br.) Ohwi, Acta Phytotax. Geobot. 11: 166 (1942)

Representative specimens; Hamgyong-namdo 10 September 1933 咸興盤龍山 *Nomura, N Nomura s.n.* 1928 Hamhung (咸興) *Seok, JM s.n.* Nampo 1 October 1911 Chin Nampo (鎮南浦) *Imai, H Imai s.n.*

Chloris Sw.
Chloris virgata Sw., Fl. Ind. Occid. 1: 203 (1797)

Common name 나도바랭이

Distribution in Korea: Introduced [North (Hamgyong, P'yongan), Central(Hwanghae), South, Jeju]
    Chloris compressa DC., Cat. Pl. Horti Monsp. 94 (1813)
    Chloris elegans Kunth, Nov. Gen. Sp. [Kunth] 1: 166-167 (1815)
    Chloris alba J.Presl, Reliq. Haenk. 1(4-5): 289 (1830)
    Chloris albertii Regel, Trudy Imp. S.-Peterburgsk. Bot. Sada 7: 650 (1880)
    Chloris caudata Trin. ex Bunge, Enum. Pl. Chin. Bor. 70 (1883)

Representative specimens; Hamgyong-bukto 18 September 1936 鏡城 *Saito, T T Saito s.n.* Hamgyong-namdo 5 October 1935 新興 *Okamoto, S Okamoto s.n.* P'yongyang 4 September 1901 in montibus mediae *Faurie, UJ Faurie s.n.*

Cinna L.
Cinna latifolia (Trevir.) Griseb., Fl. Ross. (Ledeb.) 4: 435 (1852)

Common name 나도딸기광이

Distribution in Korea: North (Gaema, Baekmu, Rangrim, Kumgang), Central
    Agrostis latifolia Trevir., Beschr. Bot. Gaert. Breslau 82 (1830)
    Muhlenbergia pendula Trin., Mem. Acad. Imp. Sci. St.-Petersbourg, Ser. 6, Sci. Math. 2: 172 (1832)
    Cinna expansa Link, Hort. Berol. [Link] 2: 236 (1833)
    Cinna kamtschatica Rupr., Beitr. Pflanzenk. Russ. Reiches 4: 228 (1845)
    Cinna pendula (Trin.) Trin., Mem. Acad. Imp. Sci. St.-Petersbourg, Ser. 6, Sci. Math.,
    Seconde Pt. Sci. Nat. 6: 280 (1845)
    Cinna arundinacea L. var. *pendula* (Trin.) A.Gray, Manual (Gray), ed. 2 545 (1856)
    Agrostis alba L. var. *koreensis* Nakai, Bot. Mag. (Tokyo) 33: 1 (1919)

Representative specimens; Hamgyong-bukto 26 July 1930 頭流山 *Ohwi, J Ohwi2757* 3 August 1936 南下石山 *Chang, HD ChangHD28* 19 August 1914 曷浦嶺 *Nakai, T Nakai3195* Type of *Agrostis alba* L. var. *koreensis* Nakai (Holotype TI) Hamgyong-namdo 5 August 1938 西閑面赤水里 *Jeon, SK JeonSK s.n.* 16 August 1943 赴戰高原漢垈里 *Honda, M; Toh, BS; Shim, HC Honda s.n.* 24 August 1932 蓋馬高原 *Kitamura, S Kitamura147* Kangwon-do 11 August 1943 Mt. Kumgang (金剛山) *Honda, M Honda s.n.* 29 July 1938 Hozawa, *S Hozawa s.n.* 17 August 1916 金剛山內霧在嶺 *Nakai, T Nakai s.n.* Ryanggang 23 August 1914 Keizanchin

Cleistogenes Keng
Cleistogenes hackelii (Honda) Honda, Bot. Mag. (Tokyo) 50: 437 (1936)
Common name 대세풀(대새풀)
Distribution in Korea: North (Hamgyong, P'yongan), Central, South
    Cleistogenes serotina (L.) Keng var. *aristata* Hack., Bull. Herb. Boissier 7: 704 (1899)
    Diplachne latifolia Nakai, Bot. Mag. (Tokyo) 35: 139 (1921)
    Diplachne hackelii Honda, J. Fac. Sci. Univ. Tokyo, Sect. 3, Bot. 3: 112 (1930)
    Cleistogenes chinensis (Maxim.) Keng, Sinensia 5: 152 (1934)
    Cleistogenes nakaii (Keng) Honda, Rep. Exped. Manchoukuo Sect. IV, Pt. 4, Index Fl.
    Jeholensis 99 (1936)
    Cleistogenes hackelii (Honda) Honda var. *nakaii* (Keng) Ohwi, Bot. Mag. (Tokyo) 55: 309 (1941)

Representative specimens; Chagang-do 14 August 1912 Chosan(楚山) *Imai, H Imai26* Type of *Diplachne latifolia* Nakai (Syntype TI) **Hamgyong-bukto** 17 September 1935 梧上洞 *Saito, T T Saito1788* 5 August 1914 茂山 *Ikuma, Y Ikuma s.n.* 16 August 1914 下面江口 -茂山 *Nakai, T Nakai s.n.* **Hamgyong-namdo** 10 September 1933 咸興盤龍山 *Nomura, N Nomura s.n.* **Hwanghae-namdo** 31 July 1929 席島 *Nakai, T Nakai s.n.* **P'yongyang** 10 June 1912 P'yongyang (平壤) *Imai, H Imai s.n.* 12 September 1902 *Uchiyama, T Uchiyama s.n.* 12 September 1902 *Uchiyama, T Uchiyama s.n.* 20 August 1909 平壤大同江岸 *Imai, H Imai s.n.* **Ryanggang** 16 August 1914 下面江口 *Nakai, T Nakai s.n.*

Crypsis Aiton
Crypsis aculeata (L.) Aiton, Hortus Kew. 1: 48 (1789)
Common name 은화풀, 은화초 (갯율무)
Distribution in Korea: North (Hamgyong, P'yongan), Central (Hwanghae)
    Schoenus aculeatus L., Sp. Pl. 42 (1753)
    Anthoxanthum aculeatum (L.) L.f., Suppl. Pl. 89 (1782)
    Heleochloa diandra Host, Fl. Austriac. 1: 71 (1827)

Cymbopogon Spreng.
Cymbopogon goeringii (Steud.) A.Camus, Rev. Bot. Appl. Agric. Colon. 1: 286 (1921)
Common name 개솔새
Distribution in Korea: North, Central, South
    Andropogon goeringii Steud., Flora 29: 22 (1846)
    Andropogon nardus L. var. *goeringii* (Steud.) Hack., Monogr. Phan. 6: 607 (1889)
    Cymbopogon goeringii (Steud.) A.Camus var. *viridis* Honda, J. Fac. Sci. Univ. Tokyo, Sect. 3,
    Bot. 3: 339 (1930)
    Cymbopogon tortilis var. *goeringii* (Steud.) Hand.-Mazz., Symb. Sin. 5: 1314 (1936)

Representative specimens; Hamgyong-namdo 1928 Hamhung (咸興) *Seok, JM s.n.* **Kangwon-do** 29 August 1916 長箭 /草地 *Nakai, T Nakai s.n.* August 1901 Nai Piang *Faurie, UJ Faurie s.n.* 10 August 1932 元山 *Kitamura, S Kitamura454* 12 September 1932 Ouensan(元山) *Kitamura, S Kitamura1729*

Dactylis L.
Dactylis glomerata L., Sp. Pl. 71 (1753)
Common name 오리새
Distribution in Korea: Introduced (North, Central, South, Ulleung, Jeju; N. America)
    Bromus glomeratus (L.) Scop., Fl. Carniol., ed. 2 1: 76 (1771)
    Dactylis polygama Horv., Fl. Tyrnav. Indig. 1: 15 (1774)
    Festuca glomerata (L.) All., Fl. Pedem. 2: 252 (1785)
    Dactylis smithii Link, Phys. Beschr. Canar. Ins. 139 (1825)
    Trachypoa vulgaris Bubani, Fl. Pyren. 4: 359 (1901)
    Dactylis woronowii Ovcz., Fl. URSS 2: 362 (1934)

Representative specimens; Hamgyong-bukto 26 May 1930 Kyonson 鏡城 *Ohwi, J Ohwi1214* **Kangwon-do** 7 June 1909

元山 *Nakai, T Nakai s.n.* 25 May 1935 *Yamagishi, S s.n.*

Deschampsia P.Beauv.
Deschampsia cespitosa (L.) P.Beauv., Ess. Agrostogr. 91 (1812)
Common name 좀새풀
Distribution in Korea: North
Aira cespitosa L., Sp. Pl. 64 (1753)
Agrostis cespitosa (L.) Salisb., Prodr. Stirp. Chap. Allerton 25 (1796)
Deschampsia cespitosa (L.) P.Beauv. var. *coreensis* Hack. ex Nakai, Saishu-to Kuan-to Shokubutsu Hokoku-sho [Fl. Quelpaert Isl.] 19 (1914)
Deschampsia cespitosa (L.) P.Beauv. var. *festucifolia* Honda, Bot. Mag. (Tokyo) 41: 635 (1927)

Representative specimens; Ryanggang 13 August 1936 白頭山 *Chang, HD ChangHD s.n.* August 1913 長白山 *Mori, T Mori s.n.* 10 August 1914 白頭山 *Nakai, T Nakai s.n.*

Diarrhena P.Beauv.
Diarrhena fauriei (Hack.) Ohwi, Acta Phytotax. Geobot. 10: 135 (1941)
Common name 넓은잎용수염풀, 넓은잎진퍼리새 (광릉용수염)
Distribution in Korea: North, Central
Molinia fauriei Hack., Bull. Herb. Boissier ser. 2, 3: 504 (1903)
Neomolinia fauriei (Hack.) Honda, J. Fac. Sci. Univ. Tokyo, Sect. 3, Bot. 3: 110 (1930)
Diarrhena koryoensis Honda, Koryo Shikenrin Ippan 79 (1932)
Diarrhena nekka-montana Honda, Rep. Exped. Manchoukuo Sect. IV, Pt. 4, Index Fl. Jeholensis 62 (1936)
Diarrhena yabeana Kitag., Bot. Mag. (Tokyo) 51: 150 (1937)
Neomolinia koryoensis (Honda) Nakai, Bull. Natl. Sci. Mus., Tokyo 31: 140 (1952)
Diarrhena fauriei (Hack.) Ohwi var. *koryoensis* (Honda) I.C.Chung, J. Wash. Acad. Sci. 45: 215 (1955)

Representative specimens; Hamgyong-namdo 11 August 1940 咸興歸州寺 *Okuyama, S Okuyama s.n.* 19 August 1943 千佛山 *Honda, M; Toh, BS; Shim, HC Honda s.n.* **Hwanghae-namdo** 29 July 1935 長壽山 *Koidzumi, G Koidzumi s.n.* 27 July 1929 長淵郡長山串 *Nakai, T Nakai s.n.* 5 August 1929 *Nakai, T Nakai s.n.* **Kangwon-do** 11 August 1943 Mt. Kumgang (金剛山) *Honda, M Honda s.n.* 29 July 1938 *Hozawa, S Hozawa s.n.* 4 August 1932 金剛山內金剛 *Kobayashi, M Kobayashi s.n.* 7 August 1916 末輝里方面樹林下 *Nakai, T Nakai s.n.* 7 August 1940 Mt. Kumgang (金剛山) *Okuyama, S Okuyama s.n.* **P'yongan-bukto** 17 August 1912 昌城昌州 *Imai, H Imai s.n.* 5 August 1937 妙香山 *Hozawa, S Hozawa s.n.* 2 August 1935 *Koidzumi, G Koidzumi s.n.*

Diarrhena japonica (Franch. & Sav.) Franch. & Sav., Enum. Pl. Jap. 2: 603 (1878)
Common name 용수염풀 (용수염)
Distribution in Korea: North, Central, South, Jeju
Onoea japonica Franch. & Sav., Enum. Pl. Jap. 2: 178 (1877)
Neomolinia japonica (Franch. & Sav.) Prob., Sosud. Rast. Sovet. Dal'nego Vostoka 1: 343 (1985)

Representative specimens; Chagang-do 10 July 1942 蔥田嶺 1400m 附近 *Jeon, SK JeonSK s.n.* **Hamgyong-bukto** 19 August 1914 曷浦嶺 *Nakai, T Nakai s.n.* **Hwanghae-namdo** 4 July 1922 Sorai Beach 九味浦 *Mills, RG Mills s.n.* 15 July 1921 *Mills, RG Mills s.n.* **Kangwon-do** 31 July 1916 金剛山群仙峽 *Nakai, T Nakai s.n.* 12 July 1936 外金剛千佛山 *Nakai, T Nakai s.n.*

Diarrhena mandshurica Maxim., Bull. Acad. Imp. Sci. Saint-Pétersbourg (1888)
Common name 만주용수염풀 (껍질용수염)
Distribution in Korea: North, Central
Neomolinia mandshurica (Maxim.) Honda, Bot. Mag. (Tokyo) 46: 2 (1932)

Representative specimens; Kangwon-do 12 August 1932 Mt. Kumgang (金剛山) *Koidzumi, G Koidzumi s.n.* 7 August 1940 *Okuyama, S Okuyama s.n.*

Digitaria Haller
Digitaria ciliaris (Retz.) Koeler, Descr. Gram. [Koeler] 27 (1802)

Common name 바랭이

Distribution in Korea: North, Central, South, Jeju, Ulleung
  Panicum ciliare Retz., Observ. Bot. (Retzius) 4: 16 (1786)
  Paspalum sanguinale (L.) Lam., Tabl. Encycl. 1: 6 (1791)
  Panicum adscendens Kunth, Nov. Gen. Sp. [Kunth] 1: 97 (1816)
  Digitaria marginata Link, Enum. Hort. Berol. Alt. 1: 102 (1821)
  Panicum sanguinale L. var. *ciliare* (Retz.) St.-Amans, Fl. Agen. : 25 (1821)
  Digitaria sanguinalis (L.) Scop. var. *marginata* (Link) Fernald, Rhodora 22: 103 (1920)
  Digitaria adscendens (Kunth) Henrard, Blumea 1: 92 (1934)

Digitaria radicosa (J.Presl) Miq., Fl. Ned. Ind. 3: 437 (1855)

Common name 좀바랭이

Distribution in Korea: North, Central, South
  Digitaria propinqua Gaudich., Voy. Uranie, Bot. 410 (1829)
  Panicum radicosum J.Presl, Reliq. Haenk. 1: 297 (1830)
  Panicum timorense Kunth, Enum. Pl. (Kunth) 1: 83 (1833)
  Digitaria timorensis (Kunth) Balansa, J. Bot. (Morot) 4: 138 (1890)
  Panicum sanguinale L. var. *timorense* (Kunth) Hack., Bot. Tidsskr. 24: 41 (1901)
  Digitaria formosana Rendle, J. Linn. Soc., Bot. 36: 323 (1904)
  Panicum formosanum (Rendle) Makino & Nemoto, Fl. Japan (Makino & Nemoto) 1471 (1925)

Digitaria violascens Link, Hort. Berol. [Link] 1: 229 (1827)

Common name 민바랭이

Distribution in Korea: North, Central, South
  Digitaria chinensis Hornem., Suppl. Hort. Bot. Hafn. 8 (1819)
  Panicum violascens (Link) Kunth, Revis. Gramin. 1: 33 (1829)
  Paspalum chinense Nees ex Hook. & Arn., Bot. Beechey Voy. 231 (1837)
  Syntherisma ischaemum (Schreb.) Nash var. *lasiophylla* Honda, Bot. Mag. (Tokyo) 38: 126 (1924)
  Digitaria ropalotricha Buse var. *villosa*(Keng) Tuyama, J. Jap. Bot. 18: 18 (1942)
  Digitaria ischaemum (Schreb.) Muhl. var. *asiatica* Ohwi, Acta Phytotax. Geobot. 11: 32 (1942)
  Digitaria violascens Link var. *lasiophylla* (Honda) Tuyama, J. Jap. Bot. 18: 15 (1942)
  Digitaria violascens Link var. *intersita* (Ohwi) Ohwi, Fl. Jap. (Ohwi) 67 (1953)

Representative specimens; Hamgyong-namdo 10 September 1933 咸興盤龍山 *Nomura, N Nomura s.n.* 1928 Hamhung (咸興) *Seok, JM s.n.* 2 September 1934 蓮花山 *Kojima, K Kojima s.n.* **Nampo** 1 October 1911 Chin Nampo (鎭南浦) *Imai, H Imai s.n.* **P'yongyang** September 1934 P'yongyang (平壤) *Chang, HD ChangHD s.n.* September 1901 in mediae *Faurie, UJ Faurie s.n.* **Ryanggang** 17 August 1897 九道溝 *Komarov, VL Komaorv s.n.*

***Dimeria* R.Br.**
Dimeria ornithopoda Trin., Fund. Agrost. 167 (1820)

Common name 잔디바랭이

Distribution in Korea: North, Central, South, Jeju
  Andropogon filiformis Roxb., Fl. Ind. (Roxburgh) 1: 260 (1820)
  Dimeria tenera Trin., Mem. Acad. Imp. Sci. St.-Petersbourg, Ser. 6, Sci. Math. 2: 335 (1833)
  Andropogon stipiformis Steud., Syn. Pl. Glumac. 1: 377 (1854)
  Dimeria stipiformis (Steud.) Miq., Prolus. Fl. Jap. 176 (1867)
  Dimeria ornithopoda Trin. var. *genuina* Hack., Monogr. Phan. 6: 81 (1889)
  Dimeria ornithopoda Trin. var. *subrobusta* Hack., Monogr. Phan. 6: 82 (1889)
  Dimeria ornithopoda Trin. var. *tenera* (Trin.) Hack., Monogr. Phan. 6: 80 (1889)
  Dimeria higoensis Honda, Bot. Mag. (Tokyo) 40: 108 (1926)
  Dimeria mikii Honda, Bot. Mag. (Tokyo) 46: 634 (1932)

Representative specimens; Kangwon-do 29 August 1916 長箭 *Nakai, T Nakai s.n.*

***Echinochloa* P.Beauv.**
Echinochloa crus-galli (L.) P.Beauv., Ess. Agrostogr. 32: 161, 169, t. 11 (1812)

Common name 돌피

Distribution in Korea: North, Central, South, Ulleung

Panicum crus-galli L., Sp. Pl. 56 (1753)
Echinochloa crus-galli (L.) P.Beauv. var. *submutica* Neilr., Fl. Nied.-Oesterr 31 (1859)
Echinochloa crus-galli (L.) P.Beauv. var. *longiseta* (Döll) Práce Morav. Prír. Spolecn. 2(10): 475 (1926)
Panicum crus-galli L. var. *echinatum* (Willd.) Döll, Fl. Bras. (Martius) 2: 143 (1877)
Echinochloa crus-galli(L.) P.Beauv. ssp. *submutica* (C.A.Mey.) Honda, Bot. Mag. (Tokyo) 37: 121 (1923)
Echinochloa crus-galli (L.) P.Beauv. var. *echinata* (Willd.) Honda, Bot. Mag. (Tokyo) 37: 120 (1923)
Echinochloa caudata Roshev., Trudy Bot. Inst. Akad. Nauk S.S.S.R., Ser. 1, Fl. Sist. Vyssh. Rast. 2: 91 (1934)
Echinochloa crus-galli (L.) P.Beauv. var. *caudata* (Roshev.) Kitag., Lin. Fl. Manshur. 73 (1939)
Echinochloa crus-galli (L.) P.Beauv. var. *formosensis* Ohwi, Acta Phytotax. Geobot. 11: 37 (1942)
Echinochloa crus-galli (L.) P.Beauv. var. *praticola* Ohwi, Acta Phytotax. Geobot. 11: 37 (1942)
Echinochloa echinata (Willd.) Nakai, Bull. Natl. Sci. Mus., Tokyo 31: 137 (1952)

Representative specimens; **Chagang-do** 15 August 1911 Kang-gei(Kokai 江界) *Mills, RG Mills s.n.* 15 August 1911 *Mills, RG Mills s.n.* 22 August 1911 Wee Won(渭原) Koo Ube *Mills, RG Mills s.n.* **Hamgyong-bukto** 1 September 1935 羅南 *Saito, T T Saito s.n.* 15 October 1938 明川 *Saito, T T Saito s.n.* **Hamgyong-namdo** 1929 Hamhung (咸興) *Seok, JM s.n.* 14 August 1943 赴戰高原元豊-道安 *Honda, M; Toh, BS; Shim, HC Honda s.n.* **Hwanghae-namdo** 31 July 1929 席島 *Nakai, T Nakai s.n.* 24 July 1929 夢金浦 *Nakai, T Nakai s.n.* August 1932 Sorai Beach 九味浦 *Smith, RK Smith s.n.* **Kangwon-do** 20 August 1932 元山 *Kitamura, S Kitamura s.n.* **P'yongan-bukto** 25 August 1911 Sakju(朔州) *Mills, RG Mills s.n.*

Echinochloa esculenta (A.Braun) H.Scholz, Taxon 41: 523 (1992)

Common name 피

Distribution in Korea: North, Central, South

Panicum esculentum A.Braun, Index Seminum Hort. Bot. Hamburg. 1855 3 (1861)
Echinochloa frumentacea Link var. *atherachne* Ohwi, Acta Phytotax. Geobot. 11: 39 (1942)
Echinochloa utilis Ohwi & Yabuno, Acta Phytotax. Geobot. 20: 50 (1962)
Echinochloa crus-galli (L.) P.Beauv. var. *utilis* (Ohwi & Yabuno) Kitag., Acta Phytotax. Geobot. 36: 93 (1985)

Echinochloa oryzicola Vasinger, Fl. URSS 2: 33 (1934)

Common name 논피

Distribution in Korea: Central, South, Jeju

***Eleusine* Gaertn.**
Eleusine indica (L.) Gaertn., Fruct. Sem. Pl. 1: 8 (1788)

Common name 왕바랭이

Distribution in Korea: North, Central, South, Jeju, Ulleung

Cynosurus indicus L., Sp. Pl. 72 (1753)
Cynodon indicus (L.) Raspail, Ann. Sci. Nat. (Paris) 5: 303 (1825)
Eleusine distachya Nees, Fl. Bras. Enum. Pl. 2: 440 (1829)
Eleusine japonica Steud., Syn. Pl. Glumac. 1: 211 (1854)

Representative specimens; **Kangwon-do** 10 August 1932 元山 Gaginsan *Kitamura, S Kitamura s.n.*

***Elymus* J.Mitch.**
Elymus ciliaris (Trin.) Tzvelev, Novosti Sist. Vyssh. Rast. 9: 61 (1972)

Common name 속털개밀

Distribution in Korea: North, Central, South, Jeju, Ulleung

Triticum ciliare Trin. ex Bunge, Enum. Pl. Chin. Bor. 146 (1831)
Brachypodium ciliare Maxim., Bull. Soc. Imp. Naturalistes Moscou 54: 71 (1879)
Agropyron ciliare (Trin.) Franch., Pl. David. 1: 341 (1884)
Agropyron semicostatum Nees ex Steud. var. *ciliare* (Trin.) Hack., Bull. Herb. Boissier 2, 3:

506 (1903)

Agropyron semicostatum Nees ex Steud. var. *hispidum* Hack. ex T.Mori, Enum. Pl. Corea 36 (1922)
Roegneria ciliaris (Trin.) Nevski, Trudy Bot. Inst. Akad. Nauk S.S.S.R., Ser. 1, Fl. Sist. Vyssh. Rast. 1: 14 (1933)
Agropyron ciliare (Trin.) Franch. var. *hackelianum* (Honda) Ohwi, Acta Phytotax. Geobot. 10: 971 (1941)
Roegneria hackeliana (Honda) Nakai, Bull. Natl. Sci. Mus., Tokyo 31: 141 (1952)
Roegneria japonensis (Honda) Keng var. *hackeliana* (Honda) Keng, Clav. Gen. Sp. Gram. Prim. Sin. 71: 186 (1957)
Agropyron ciliare (Trin.) Franch. f. *hackelianum* (Honda) Y.N.Lee, Man. Korean Grasses 100 (1966)
Roegneria racemifera (Steud.) Kitag. var. *hackeliana* (Honda) Kitag., J. Jap. Bot. 42: 221 (1967)
Elymus racemifer (Steud.) Tzvelev, Novosti Sist. Vyssh. Rast. 11: 72 (1974)
Elymus racemifer (Steud.) Tzvelev var. *japonensis* (Honda) Osada, Ill. Grasses Japan 0 (1989)

Representative specimens; Chagang-do 15 June 1911 Kang-gei(Kokai 江界) *Mills, RG Mills134* 1 July 1911 *Mills, RG Mills511* 16 August 1911 *Mills, RG Mills555* 1 July 1911 *Mills, RG Mills555* **Hamgyong-bukto** 15 June 1930 茂山嶺 *Ohwi, J Ohwi1029* July 1932 冠帽峰 *Ohwi, J Ohwi s.n.* 6 July 1930 Kyonson 鏡城 *Ohwi, J Ohwi2080* 6 July 1930 *Ohwi, J Ohwi2083* 7 July 1930 *Ohwi, J Ohwi2120* 26 June 1938 灰岩 *Saito, T T Saito8205* **Hamgyong-namdo** 端川龍德里摩天嶺 *Mishima, A s.n.* 10 June 1909 鎮江 (火田地帯)] *Nakai, T Nakai s.n.* **Hwanghae-namdo** 4 July 1921 Sorai Beach 九味浦 *Mills, RG Mills s.n.* **Kangwon-do** 7 June 1909 元山 *Nakai, T Nakai s.n.* **P'yongan-bukto** 25 August 1911 Chang Sung(昌城) *Mills, RG Mills627* 25 August 1911 Sakju(朔州) *Mills, RG Mills s.n.*

Elymus dahuricus Turcz. ex Griseb., Fl. Ross. (Ledeb.) 4: 331 (1853)

Common name 갯보리

Distribution in Korea: North (Hamgyong, P'yongan), Central

Elymus excelsus Griseb., Fl. Ross. (Ledeb.) 4: 331 (1852)
Elymus dahuricus Turcz. ex Griseb. var. *cylindricus* Franch., Pl. David. 1: 342 (1883)
Elymus dahuricus Turcz. ex Griseb. var. *exselsus* (Griseb.) Roshev., Bot. Mater. Gerb. Glavn. Bot. Sada RSFSR 4: 138 (1923)
Elymus cylindricus(Franch.) Honda, J. Fac. Sci. Univ. Tokyo, Sect. 3, Bot. 3: 17 (1930)
Clinelymus dahuricus (Turcz. ex Griseb.) Nevski ex Griseb., Izv. Bot. Sada Akad. Nauk S.S.S.R 30: 645 (1932)
Clinelymus excelsus (Turcz. ex Griseb.) Nevski, Izv. Bot. Sada Akad. Nauk S.S.S.R 30: 646 (1932)
Clinelymus cylindricus (Franch.) Honda, Rep. Exped. Manchoukuo Sect. IV, Pt. 4, Index Fl. Jeholensis 1 (1936)
Elymus dahuricus Turcz. ex Griseb. var. *villosulus* (Ohwi) Ohwi, Acta Phytotax. Geobot. 10: 101 (1941)
Elymus franchetii Kitag., J. Jap. Bot. 43: 189 (1968)

Representative specimens; Hamgyong-bukto August 1913 清津 *Mori, T Mori s.n.* 15 August 1936 富寧靑岩 - 連川 *Saito, T T Saito s.n.* 11 July 1930 Kyonson 鏡城 *Ohwi, J Ohwi s.n.* 6 August 1918 魚津 *Nakai, T Nakai s.n.* **Hamgyong-namdo** 17 August 1940 西湖津 *Okuyama, S Okuyama s.n.* August 1938 長津高原一帯 *Jeon, SK JeonSK s.n.* 16 August 1943 赴戰高原漢垈里 *Honda, M; Toh, BS; Shim, HC Honda s.n.* 24 July 1933 東上面大漢垈里 *Koidzumi, G Koidzumi s.n.* **Hwanghae-namdo** 31 July 1929 席島 *Nakai, T Nakai s.n.* 2 August 1921 Sorai Beach 九味浦 *Mills, RG Mills s.n.* 4 July 1921 *Mills, RG Mills s.n.* 4 July 1921 *Mills, RG Mills s.n.* 24 July 1929 夢金浦 *Nakai, T Nakai s.n.* **Kangwon-do** 29 July 1916 海金剛 *Nakai, T Nakai s.n.* **Ryanggang** 28 July 1930 合水 (列結水) *Ohwi, J Ohwi s.n.* 24 July 1930 大澤 *Ohwi, J Ohwi s.n.* 21 July 1897 佳林里(鴨綠江上流) *Komarov, VL Komaorv s.n.*

Elymus gmelinii (Ledeb.) Tzvelev, Rast. Tsentral. Azii 4: 216 (1968)

Common name 털개밀

Distribution in Korea: North

Triticum caninum L. var. *gmelinii* Ledeb., Icon. Pl. (Ledebour) 3: 16, t. 248 (1831)
Agropyron gmelinii (Griseb. & Ledeb.) Scribn. & J.G.Sm., Bull. Div. Agrostol., U.S.D.A. 4: 30 (1897)
Agropyron turczaninovii Drobow, Trudy Bot. Muz. Imp. Akad. Nauk 12: 47 (1914)
Roegneria turczaninovii (Drobow) Nevski, Trudy Sredne-Aziatsk. Gosud. Univ., Ser. 8b, Bot. 17: 68 (1934)
Roegneria gmelini (Griseb.) Kitag., Lin. Fl. Manshur. 91 (1939)
Agropyron turczaninovii Drobow var. *tenuisetum* Ohwi, Acta Phytotax. Geobot. 10: 97 (1941)

Roegneria nakaii Kitag., Rep. Inst. Sci. Res. Manchoukuo 5, 6: 151 (1941)
Agropyron nakaii (Kitag.) H.S.Kim, Fl. Coreana (Im, R.J.) 7: 126 (1976)
Elymus nakaii (Kitag.) S.L.Chen, Fl. China 22: 411 (2006)

Representative specimens; Hamgyong-namdo 14 August 1940 赴戰高原 Fusenkogen *Okuyama, S Okuyama s.n.* **Ryanggang** 26 June 1897 內曲里 *Komarov, VL Komaorv s.n.* 8 August 1914 神武城-無頭峯 *Nakai, T Nakai s.n.*

Elymus kamoji (Ohwi) S.L.Chen, Bull. Nanjing Bot. Gard. 1987: 9 (1988)
Common name 개밀
Distribution in Korea: North, Central, South, Ulleung
Agropyron semicostatum Nees ex Steud. var. *transiens* Hack., Bull. Herb. Boissier ser.2, 3: 507 (1903)
Agropyron kamojii Ohwi, Acta Phytotax. Geobot. 11: 179 (1942)
Roegneria kamoji (Ohwi) Ohwi, Bull. Natl. Sci. Mus., Tokyo 11: 179 (1942)
Agropyron tsukushiense (Honda) Ohwi var. *transiens* (Hack.) Ohwi, Bull. Natl. Sci. Mus., Tokyo 33: 67 (1953)
Elymus tsukushiensis Honda var. *transiens* (Hack.) Osada, J. Jap. Bot. 65: 266 (1990)

Representative specimens; Chagang-do 15 August 1911 Kang-gei(Kokai 江界) *Mills, RG Mills s.n.* 15 June 1911 *Mills, RG Mills511* **Hamgyong-bukto** 4 July 1935 羅南川 *Saito, T T Saito s.n.* 6 July 1930 鏡城 *Ohwi, J Ohwi s.n.* July 1932 冠帽峰 *Ohwi, J Ohwi s.n.* 6 July 1930 Kyonson 鏡城 *Ohwi, J Ohwi s.n.* 7 July 1930 鏡城 *Ohwi, J Ohwi2121* **Hamgyong-namdo** 3 July 1939 北青郡德城面 *Kim, PK s.n.* 15 August 1935 遮日峯 *Nakai, T Nakai s.n.* 16 August 1935 *Nakai, T Nakai s.n.* **Hwanghae-bukto** 29 May 1939 白川邑 *Hozawa, S Hozawa s.n.* **Hwanghae-namdo** 4 July 1921 Sorai Beach 九味浦 *Mills, RG Mills s.n.* **Kangwon-do** 28 July 1916 金剛山溫井里附近 *Nakai, T Nakai s.n.* 12 July 1936 外金剛千佛山 *Nakai, T Nakai s.n.* June 1932 Mt. Kumgang (金剛山) *Ohwi, J Ohwi s.n.* **P'yongyang** 3 July 1910 P'yongyang (平壤) *Imai, H Imai s.n.* **Ryanggang** 31 July 1930 醬池 *Ohwi, J Ohwi s.n.*

Elymus nipponicus Jaaska, Izv. Akad. Nauk Estonsk. SSR, Ser. Biol. 23: 6 (1974)
Common name 자주개밀
Distribution in Korea: North
Agropyron yezoense Honda, Bot. Mag. (Tokyo) 43: 292 (1929)
Agropyron koryoense Honda, Koryo Shikenrin Ippan 78 (1932)
Agropyron tashiroi Ohwi, J. Jap. Bot. 13: 333 (1937)
Agropyron yezoense Honda var. *koryoense* (Honda) Ohwi, Acta Phytotax. Geobot. 11: 109 (1942)
Agropyron yezoense Honda var. *tashiroi* (Ohwi) Ohwi, Bull. Natl. Sci. Mus., Tokyo 33: 67 (1953)
Elymus yezoensis (Honda) Osada, Ill. Grasses Japan 0: 738 (1989)

Representative specimens; Hamgyong-bukto 15 June 1930 茂山嶺 *Ohwi, J Ohwi1108* **Hwanghae-namdo** 31 July 1929 席島 *Nakai, T Nakai s.n.* 1 August 1929 椒島 *Nakai, T Nakai s.n.* **Kangwon-do** June 1932 Mt. Kumgang (金剛山) *Ohwi, J Ohwi s.n.* **Ryanggang** 24 July 1930 含山嶺 *Ohwi, J Ohwi2478*

Elymus sibiricus L., Sp. Pl. 83 (1753)
Common name 갯개보리, 나도개밀 (개보리)
Distribution in Korea: North
Clinelymus sibiricus (L.) Nevski, Izv. Bot. Sada Akad. Nauk S.S.S.R 30: 641 (1932)
Elymus krascheninnikovi Roshev., Izv. Bot. Sada Akad. Nauk S.S.S.R 30: 780 (1932)
Elymus pendulosus H.J.Hodgs., Rhodora 58: 144 (1956)

Representative specimens; Hamgyong-bukto 8 July 1936 鶴浦-行營 *Saito, T T Saito2560* 31 July 1936 南下石山 *Chang, HD ChangHD68* July 1932 冠帽峰 *Ohwi, J Ohwi s.n.* 27 June 1930 城町 *Ohwi, J Ohwi s.n.* 5 July 1933 南下石山 *Saito, T T Saito s.n.* August 1913 茂山 *Mori, T Mori s.n.* 28 July 1936 *Saito, T T Saito2661* 18 June 1930 Sadgidon 四芝洞 *Ohwi, J Ohwi s.n.* 17 July 1938 新德 - 楡坪洞 *Saito, T T Saito8724* **Hamgyong-namdo** 5 August 1938 西閑面赤水里 *Jeon, SK JeonSK s.n.* 14 August 1943 赴戰高原元豊-道安 *Honda, M; Toh, BS; Shim, HC Honda s.n.* 14 August 1940 赴戰高原 Fusenkogen *Okuyama, S Okuyama s.n.* 30 August 1934 東下面頭雲峯安基里 *Yamamoto, A Yamamoto s.n.* **Ryanggang** 24 July 1930 含山嶺 *Ohwi, J Ohwi s.n.* 21 July 1930 *Ohwi, J Ohwi s.n.* 24 July 1930 大澤 *Ohwi, J Ohwi2601* 24 June 1897 大鎮坪 *Komarov, VL Komaorv s.n.*

Eragrostis Wolf
Eragrostis cilianensis (All.) Link ex Vignolo, Malpighia 18: 386 (1904)

Common name 참새그령

Distribution in Korea: North, Central, South, Jeju
    Briza eragrostis L., Sp. Pl. 70 (1753)
    Poa cilianensis All., Fl. Pedem. 2: 246 (1785)
    Poa megastachya Koeler, Descr. Gram. [Koeler] 181 (1802)
    Eragrostis major Host, Icon. Descr. Gram. Austriac. 4: t 24 (1809)
    Eragrostis megastachya (Koeler) Link, Hort. Berol. [Link] 1: 187 (1827)

Representative specimens; Hwanghae-namdo 1 August 1929 椴島 *Nakai, T Nakai s.n.* **Kangwon-do** August 1901 Nai Piang *Faurie, UJ Faurie s.n.* **P'yongyang** 20 August 1909 平壤大同江岸 *Imai, H Imai s.n.*

Eragrostis ferruginea (Thunb.) P.Beauv., Ess. Agrostogr. 71 (1812)

Common name 암크령 (그령)

Distribution in Korea: North, Central, South, Ulleung
    Poa barbata Thunb., Fl. Jap. (Thunberg) 50 (1784)
    Poa ferruginea Thunb., Fl. Jap. (Thunberg) 50 (1784)
    Eragrostis pogonia Steud., Syn. Pl. Glumac. 1: 267 (1854)
    Poa orientalis (Trin.) Franch., Mem. Soc. Sci. Nat. Cherbourg 24: 270 (1884)

Representative specimens; Chagang-do 26 August 1897 小德川 (松德水河谷) *Komarov, VL Komaorv s.n.* 29 July 1911 Kang-gei(Kokai 江界) *Mills, RG Mills s.n.* **Hamgyong-bukto** 18 August 1936 富寧水坪 - 西里洞 *Saito, T T Saito2810* 18 August 1936 *Saito, T T Saito2822* 8 August 1930 吉州 *Ohwi, J Ohwi3136* **Hamgyong-namdo** 1928 Hamhung (咸興) *Seok, JM s.n.* **Hwanghae-bukto** 10 September 1915 瑞興 *Nakai, T Nakai s.n.* **Kangwon-do** 30 August 1916 通川街道 *Nakai, T Nakai s.n.* 14 September 1932 元山 *Kitamura, S Kitamura2109* **P'yongyang** 17 September 1912 P'yongyang (平壤) *Imai, H Imai s.n.* 平壤附近 *Unknown s.n.*

Eragrostis minor Host, Fl. Austriac. 1: 135 (1827)

Common name 좀새크령

Distribution in Korea: North, Central, South, Jeju
    Poa eragrostis L., Sp. Pl. 68 (1753)
    Eragrostis poaeoides P.Beauv., Ess. Agrostogr. 162 (1812)
    Eragrostis eragrostis (L.) P.Beauv., Ess. Agrostogr. 71 (1812)
    Eragrostis pappiana (Chiov.) Chiov., Annuario Reale Ist. Bot. Roma 8: 371 (1908)

Representative specimens; Hamgyong-bukto 8 August 1930 吉州 *Ohwi, J Ohwi s.n.* 8 August 1936 茂山 *Chang, HD ChangHD s.n.* 28 July 1936 *Saito, T T Saito s.n.*

Eragrostis multicaulis Steud., Syn. Pl. Glumac. 1: 426 (1854)

Common name 비노리

Distribution in Korea: North, Central, South
    Glyceria airoides Steud., Syn. Pl. Glumac. 1: 287 (1854)
    Eragrostis pilosa (L.) P.Beauv. var. *condensata* Hack., Allg. Bot. Z. Syst. 7: 13 (1901)
    Eragrostis peregrina Wiegand, Rhodora 19: 95 (1917)
    Eragrostis niwahokori Honda, Bot. Mag. (Tokyo) 41: 387 (1927)
    Eragrostis damiensiana (Bonnier) Thell., Repert. Spec. Nov. Regni Veg. 24: 323 (1928)
    Eragrostis pilosa (L.) P.Beauv. f. *multicaulis* (Steud.) I.C.Chung, Korean Grasses 118 (1965)

Representative specimens; Chagang-do 15 August 1911 Kang-gei(Kokai 江界) *Mills, RG Mills s.n.* **Hamgyong-bukto** 3 August 1935 羅南支庫 *Saito, T T Saito s.n.* **Hamgyong-namdo** 1928 Hamhung (咸興) *Seok, JM s.n.* 17 August 1934 東上面達阿里 *Kojima, K Kojima s.n.* 15 August 1935 遮日峯 *Nakai, T Nakai s.n.* **P'yongan-bukto** 25 August 1911 Chang Sung(昌城) *Mills, RG Mills s.n.* **P'yongyang** 11 September 1902 P'yongyang (平壤) *Uchiyama, T Uchiyama s.n.*

Eragrostis pilosa (L.) P.Beauv., Ess. Agrostogr. 71 (1812)

Common name 큰비노리

Distribution in Korea: North, Central, South, Jeju
    Poa pilosa L., Sp. Pl. 68 (1753)
    Poa verticillata Cav., Icon. (Cavanilles) 1: 63 (1791)
    Eragrostis verticillata (Cav.) P.Beauv., Ess. Agrostogr. 71 (1812)

Eragrostis pilosa (L.) P.Beauv. var. *imberbis* Franch., Pl. David. 1: 335 (1884)
Eragrostis jeholensis Honda, Rep. Exped. Manchoukuo Sect. IV, Pt. 2, Contr. Cogn. Fl. Manshuricae 6 (1935)
Eragrostis multispicula Kitag., J. Jap. Bot. 39: 250 (1964)

Representative specimens; Chagang-do 30 August 1911 Sensen (前川) *Mills, RG Mills s.n.* 19 August 1911 Kang-gei(Kokai 江界) *Mills, RG Mills s.n.* **Hamgyong-bukto** 11 September 1935 羅南 *Saito, T T Saito1604* 20 August 1914 鳳儀面會寧 *Nakai, T Nakai s.n.* 18 August 1914 茂山東下面 *Nakai, T Nakai s.n.* 8 August 1930 吉州 *Ohwi, J Ohwi3139* **Hamgyong-namdo** 2 September 1934 蓮花山 *Kojima, K Kojima s.n.* 2 September 1934 蓮花山斗安垈谷 *Yamamoto, A Yamamoto s.n.* 14 August 1940 赴戰高原 Fusenkogen *Okuyama, S Okuyama s.n.* **Hwanghae-namdo** 29 July 1929 長淵郡長山串 *Nakai, T Nakai s.n.* **Kangwon-do** 6 August 1932 元山 Kawasakinoyen(川崎農園) *Kitamura, S Kitamura1406* August 1932 *Kitamura, S Kitamura145* **P'yongan-namdo** 15 September 1915 新安州 *Nakai, T Nakai s.n.* **Ryanggang** August 1913 厚峙嶺 *Ikuma, Y Ikuma s.n.* 1 August 1930 島内 - 合水 *Ohwi, J Ohwi2926* 23 July 1897 佳林里 *Komarov, VL Komaorv s.n.* 20 September 1937 白頭山 *Numajiri, K s.n.*

Eriochloa Kunth & Humb. & Bonpl. & Kunth
Eriochloa villosa (Thunb.) Kunth, Revis. Gramin. 1: 30 (1829)
Common name 나도개피
Distribution in Korea: North, Central, South, Jeju
    Paspalum villosum Thunb., Fl. Jap. (Thunberg) 45 (1784)
    Helopus villosus (Thunb.) Nees ex Steud., Nomencl. Bot., ed. 2 (Steudel) 1: 747 (1840)
    Panicum tuberculiflorum Steud., Syn. Pl. Glumac. 1: 59 (1853)

Representative specimens; Hamgyong-bukto 7 August 1935 羅南支庫 *Saito, T T Saito s.n.* 8 August 1930 載德 *Ohwi, J Ohwi s.n.* 16 August 1914 下面江口-茂山 *Nakai, T Nakai s.n.* **Hamgyong-namdo** 24 August 1933 咸興盤龍山 *Nomura, N Nomura s.n.* **Hwanghae-namdo** 31 July 1929 席島 *Nakai, T Nakai s.n.* 1 August 1929 椒島 *Nakai, T Nakai s.n.* **Kangwon-do** 8 August 1916 金剛山長安寺附近 *Nakai, T Nakai s.n.* **P'yongan-bukto** 25 August 1911 Sakju(朔州) *Mills, RG Mills s.n.*

Festuca L.
Festuca extremiorientalis Ohwi, Bot. Mag. (Tokyo) 45: 194 (1931)
Common name 왕김의털아재비
Distribution in Korea: North (Baekmu, Gaema), Central, South
    Festuca subulata Bong. var. *japonica* Hack., Bull. Herb. Boissier 7: 713 (1899)
    Festuca iwamotoi Honda, Bot. Mag. (Tokyo) 47: 435 (1933)
    Festuca subulata Bong. ssp. *japonica* (Hack.) T.Koyama & Kawano, Canad. J. Bot. 42: 875 (1964)

Representative specimens; Hamgyong-bukto 7 July 1930 鏡城 *Ohwi, J Ohwi s.n.* 6 July 1930 Kyonson 鏡城 *Ohwi, J Ohwi2079* 6 July 1933 南下石山 *Saito, T T Saito650* 12 June 1934 延上面九州帝大北鮮演習林 *Hatsushima, S Hatsushima s.n.* **Ryanggang** 24 July 1930 含山嶺 *Ohwi, J Ohwi2500* Type of *Festuca extremiorientalis* Ohwi (Holotype KYO, Isotype TNS) 21 June 1897 大鎮洞-大鎮坪 *Komarov, VL Komaorv s.n.*

Festuca japonica Makino, Bot. Mag. (Tokyo) 20: 83 (1906)
Common name 산김의털아재비 (산묵새)
Distribution in Korea: North
    Festuca fauriei Hack., Bull. Acad. Int. Geogr. Bot. 18: 348 (1908)

Representative specimens; Kangwon-do June 1932 Mt. Kumgang (金剛山) *Ohwi, J Ohwi s.n.*

Festuca ovina L., Sp. Pl. 73 (1753)
Common name 김의털
Distribution in Korea: North, Central, South
    Festuca ovina L. var. *vulgais* W.D.J.Koch
    Bromus ovinus (L.) Scop., Fl. Carniol., ed. 2 1: 77 (1771)
    Avena ovina (L.) Salisb., Prodr. Stirp. Chap. Allerton 22 (1796)
    Festuca ovina L. var. *duriuscula* (L.) Hack. subvar. *coreana* St.-Yves, Bull. Soc. Bot. France 71: 33 (1924)
    Festuca ovina L. var. *coreana* (St.-Yves) St.-Yves, Candollea 3: 333 (1928)
    Festuca ovina L. var. *chiisanensis* Ohwi, Acta Phytotax. Geobot. 10: 111 (1941)

Festuca ovina L. var. *chosenica* Ohwi, Acta Phytotax. Geobot. 10: 111 (1941)

Festuca ovina L. var. *sulcifera* Ohwi, Acta Phytotax. Geobot. 10: 111 (1941)

Festuca ovina L. var. *koreanoalpina* Ohwi, Acta Phytotax. Geobot. 10: 111 (1941)

Representative specimens; Chagang-do 22 July 1916 狼林山 *Mori, T Mori s.n.* 11 July 1914 臥碣峰鷺峯 *Nakai, T Nakai s.n.* **Hamgyong-bukto** 30 June 1935 羅南新社 *Saito, T T Saito s.n.* 26 July 1930 頭流山 *Ohwi, J Ohwi1826* 17 August 1931 朱乙溫面鳳波洞 *Ito, H s.n.* August 1934 冠帽峰連山 *Kojima, K Kojima s.n.* August 1934 *Kojima, K Kojima s.n.* 25 May 1930 鏡城 *Ohwi, J Ohwi35* July 1932 冠帽峰 *Ohwi, J Ohwi3989* Type of *Festuca ovina* L. var. *chosenica* Ohwi (Holotype KYO)3 August 1932 冠帽峰頂上 *Saito, T T Saito379* August 1932 冠帽峰 *Takenaka, Y s.n.* 7 June 1936 茂山面 *Minamoto, M s.n.* 26 June 1930 雪嶺 *Ohwi, J Ohwi1861* 26 June 1930 *Ohwi, J Ohwi1867* **Hamgyong-namdo** 25 July 1933 東上面遮日峯 *Koidzumi, G Koidzumi s.n.* Type of *Festuca ovina* L. var. *koreanoalpina* Ohwi (Holotype KYO, Isotype KYO)15 August 1935 遮日峯 *Nakai, T Nakai s.n.* 18 August 1935 *Nakai, T Nakai s.n.* 23 June 1932 *Ohwi, J Ohwi s.n.* 15 August 1940 *Okuyama, S Okuyama s.n.* **Hwanghae-namdo** 15 July 1921 Sorai Beach 九味浦 *Mills, RG Mills s.n.* **Kangwon-do** 12 July 1936 外金剛千佛山 *Nakai, T Nakai s.n.* 29 July 1938 Mt. Kumgang (金剛山) *Hozawa, S Hozawa s.n.* 16 August 1916 金剛山外金剛 *Nakai, T Nakai s.n.* 1938 山林課元山出張所 *Tsuya, S s.n.* **P'yongan-bukto** 6 August 1935 妙香山 *Koidzumi, G Koidzumi s.n.* **P'yongyang** 12 June 1910 Otsumitsudai (乙密台) 平壤 *Imai, H Imai s.n.* **Ryanggang** 21 August 1934 豊山新興郡境北水白山 *Yamamoto, A Yamamoto s.n.* 27 August 1934 豊山郡熊耳面鉢峯大岩山-頭里松谷 *Yamamoto, A Yamamoto s.n.* 23 August 1934 北水白山頭附近 *Yamamoto, A; Kojima, K Kojima s.n.* 18 August 1934 新興郡北水白山東南尾根 *Yamamoto, A Yamamoto s.n.* 7 June 1897 平蒲坪 *Komarov, VL Komaorv s.n.* 13 August 1936 白頭山 *Chang, HD ChangHD55* 21 July 1917 *Furumi, M Furumi s.n.* 15 July 1935 小長白山 *Irie, Y s.n.* 1 August 1934 *Kojima, K Kojima s.n.* August 1913 長白山 *Mori, T Mori s.n.* 6 August 1914 胞胎山虛項嶺 *Nakai, T Nakai s.n.* 10 August 1914 白頭山 *Nakai, T Nakai s.n.* 31 July 1942 *Saito, T T Saito10040*

Festuca parvigluma Steud., Syn. Pl. Glumac. 1: 305 (1854)

Common name 김의털아재비

Distribution in Korea: North, Central, South

Saccharum chinense Nees ex Hook. & Arn., Bot. Beechey Voy. 241 (1838)

Festuca parvigluma Steud. var. *breviaristata* Ohwi, Acta Phytotax. Geobot. 3: 163 (1933)

Festuca parvigluma Steud. var. *breviseta* Ohwi, Acta Phytotax. Geobot. 2: 613 (1933)

Festuca parvigluma Steud. var. *hirtipes* Honda, Bot. Mag. (Tokyo) 53: 51 (1939)

Saccharum arenicola Ohwi, Bull. Natl. Sci. Mus., Tokyo 26: 3 (1949)

Saccharum spontaneum L. var. *arenicola* (Ohwi) Ohwi, Fl. Jap., revised ed., [Ohwi] 1440 (1965)

Festuca ohwiana E.B.Alexeev, Byull. Moskovsk. Obshch. Isp. Prir. Otd. Biol. n.s, 83: 94 (1978)

Representative specimens; Hamgyong-bukto 12 June 1930 鏡城 *Ohwi, J Ohwi860* **Kangwon-do** 8 June 1909 元山 *Nakai, T Nakai s.n.* **Rason** 7 June 1930 西水羅 *Ohwi, J Ohwi s.n.* **Ryanggang** 29 May 1917 江口 *Nakai, T Nakai s.n.*

Festuca rubra L., Sp. Pl. 74 (1753)

Common name 왕김의털

Distribution in Korea: North (Hamgyong, P'yongan), Central

Festuca duriuscula L., Sp. Pl. 74 (1753)

Festuca ovina L. var. *duriuscula* (L.) W.D.J.Koch, Syn. Fl. Germ. Helv. 812 (1837)

Festuca rubra L. var. *baicalensis* Griseb., Fl. Ross. (Ledeb.) 4: 352 (1852)

Festuca rubra L. var. *genuina* Hack., Bull. Herb. Boissier 7: 718 (1899)

Festuca rubra L. var. *muramatsui* Ohwi, Acta Phytotax. Geobot. 1: 66 (1932)

Representative specimens; Hamgyong-bukto 10 June 1897 西溪水 *Komarov, VL Komaorv s.n.* **Hamgyong-namdo** 14 June 1909 新浦 *Nakai, T Nakai s.n.* **Kangwon-do** 7 June 1909 元山 *Nakai, T Nakai s.n.* **P'yongyang** 2 July 1910 Otsumitsudai (乙密台) 平壤 *Imai, H Imai s.n.* **Rason** 5 June 1930 西水羅 *Ohwi, J Ohwi s.n.* **Ryanggang** 19 June 1930 楡坪 *Ohwi, J Ohwi s.n.* 21 June 1930 天水洞 *Ohwi, J Ohwi s.n.* 11 July 1917 南胞胎山中腹 *Furumi, M Furumi s.n.* August 1917 南雪嶺 *Goto, M s.n.*

Festuca sibirica Hack. ex Boiss., Fl. Orient. 5: 626 (1884)

Common name

Distribution in Korea: North (Chagang, **Ryanggang** , Hamgyong)

Poa albida Turcz. ex Trin., Mem. Acad. Imp. Sci. St.-Petersbourg, Ser. 6, Sci. Math. 1: 387 (1831)

Leucopoa albida (Turcz.) Krecz. & Bobrov, Fl. URSS 2: 495 (1934)

Leucopoa kreczetoviczii Sobolevsk., Bot. Mater. Gerb. Bot. Inst. Bot. Acad. Nauk Kazakhsk. S.S.R. 14: 75 (1951)

Festuca takedana Ohwi, Acta Phytotax. Geobot. 4: 33 (1935)

Common name 개묵새

Distribution in Korea: North
 Poa nuda Hack., Bot. Mag. (Tokyo) 24: 112 (1910)
 Leiopoa blepharogyna Ohwi, Acta Phytotax. Geobot. 1: 66 (1932)
 Festuca blepharogyna (Ohwi) Ohwi, Acta Phytotax. Geobot. 4: 33 (1935)

Representative specimens; **Hamgyong-bukto** 1 August 1914 清津 *Ikuma, Y Ikuma s.n.* 2 August 1932 渡正山見晴台 *Saito, T T Saito155* 26 July 1930 頭流山 *Ohwi, J Ohwi2724* 22 August 1931 東冠帽 2300m 地 *Ito, H s.n.* August 1934 冠帽峰連山 *Kojima, K Kojima s.n.* July 1932 冠帽峰 *Ohwi, J Ohwi s.n.* 21 July 1933 *Saito, T T Saito750* August 1932 *Takenaka, Y s.n.* 25 June 1930 雪嶺 *Ohwi, J Ohwi s.n.* 26 June 1930 雪嶺高山帯 *Ohwi, J Ohwi1861* Type of *Leiopoa blepharogyna* Ohwi (Holotype KYO) 25 June 1930 雪嶺山頂 *Ohwi, J Ohwi1922* **Hamgyong-namdo** 25 July 1933 東上面遮日峯 *Koidzumi, G Koidzumi s.n.* 15 August 1940 遮日峯 *Okuyama, S Okuyama s.n.* 18 August 1934 東上面新洞上方 2000m *Yamamoto, A Yamamoto s.n.* **Ryanggang** 20 August 1934 北水白山附近 *Kojima, K Kojima s.n.* 21 August 1934 豊山新興郡境北水白山 *Yamamoto, A Yamamoto s.n.* 25 August 1934 豊山郡北水白山 *Yamamoto, A Yamamoto s.n.*

Glyceria R.Br.
Glyceria alnasteretum Kom., Repert. Spec. Nov. Regni Veg. 13: 87 (1914)

Common name 산진들피 (두메미꾸리광이)

Distribution in Korea: North
 Glyceria remota Fr. var. *japonica* Hack., Bull. Herb. Boissier 7: 712 (1899)

Glyceria arundinacea Kunth, Revis. Gramin. 1: 118 (1829)

Common name 긴진들피

Distribution in Korea: North
 Glyceria triflora (Korsh.) Kom., Fl. URSS 2: 758 (1934)
 Glyceria effusa Kitag., Bot. Mag. (Tokyo) 51: 152 (1937)

Representative specimens; **Hamgyong-bukto** 16 August 1936 富寧連川 - 水坪 *Saito, T T Saito2789* 4 August 1936 鏡城池溝中 *Chang, HD ChangHD46* 28 May 1930 Kyonson 鏡城 *Ohwi, J Ohwi234* 11 July 1930 *Ohwi, J Ohwi2259* July 1934 延上面九州帝大北鮮演習林 *Hatsushima, S Hatsushima s.n.* 20 June 1909 富寧 *Nakai, T Nakai s.n.* **Hamgyong-namdo** 23 July 1916 赴戰高原寒泰嶺 *Mori, T Mori s.n.* 18 August 1943 赴戰高原元豊-道安 *Honda, M; Toh, BS; Shim, HC Honda s.n.* **Ryanggang** August 1913 長白山 *Mori, T Mori s.n.* 8 August 1914 農事洞 *Ikuma, Y Ikuma s.n.* 8 August 1914 *Nakai, T Nakai s.n.*

Glyceria ischyroneura Steud., Syn. Pl. Glumac. 1: 427 (1854)

Common name 진들피

Distribution in Korea: North (Ryanggang, Hamgyong), Central, South
 Glyceria tonglensis C.B.Clarke var. *honshuana* Kelso, Rhodora 37: 263 (1935)

Glyceria leptolepis Ohwi, Bot. Mag. (Tokyo) 45: 381 (1931)

Common name 왕진들피 (왕미꾸리광이)

Distribution in Korea: North, Central, South
 Glyceria ussuriensis Kom., Fl. URSS 2: 758 (1934)

Representative specimens; **Chagang-do** 15 August 1911 Kang-gei(Kokai 江界) *Mills, RG Mills s.n.* 16 July 1911 *Mills, RG Mills551* **Hamgyong-bukto** 11 August 1935 羅南 *Saito, T T Saito1686* 6 August 1933 茂山嶺 *Koidzumi, G Koidzumi s.n.* **Hwanghae-namdo** 1 August 1929 夢金浦 *Nakai, T Nakai s.n.* **Kangwon-do** 7 August 1916 金剛山末輝里方面 *Nakai, T Nakai s.n.* **P'yongan-namdo** 25 July 1912 Kai-syong (价川) *Imai, H Imai s.n.*

Glyceria lithuanica (Gorski) Gorski, Icon. Bot. Char. Cyp. Gram. Lith. t. 20 (1849)

Common name 북진들피 (총전광이)

Distribution in Korea: North
 Poa lithuanica Gorski, Skizze 117 (1830)
 Glyceria aquatica (L.) J.Presl & C.Presl var. *debilior* Trin. ex F.Schmidt, Mem. Acad. Imp.
 Sci. St.-Petersbourg, Ser. 7 12: 201 (1868)
 Glyceria aquatica (L.) J.Presl & C.Presl var. *triflora* Korsh., Trudy Imp. S.-Peterburgsk. Bot.

Sada 12: 418 (1893)

Glyceria orientalis Kom., Repert. Spec. Nov. Regni Veg. 13: 162 (1914)

Glyceria debilior (Trin.) Kudô, J. Coll. Agric. Hokkaido Imp. Univ. 11: 74 (1922)

Glyceria arundinacea Kunth ssp. *triflora* (Kom.) Tzvelev, Novosti Sist. Vyssh. Rast. 8: 81 (1971)

Representative specimens; Chagang-do 10 July 1914 蒽田嶺 *Nakai, T Nakai s.n.* **Hamgyong-namdo** 5 August 1938 西閑面赤水里 *Jeon, SK JeonSK s.n.* **Ryanggang** 24 July 1930 含山嶺 *Ohwi, J Ohwi s.n.*

Glyceria spiculosa (J.A.Schmidt) Roshev. ex B.Fedtsch., Fl. Transbaical. 1: 85 (1929)

Common name 대택광이

Distribution in Korea: North

    Scolochloa spiculosa F.Schmidt, Mem. Acad. Imp. Sci. St.-Petersbourg, Ser. 7 12: 201 (1868)

    Glyceria paludificans Kom., Izv. Imp. Bot. Sada Petra Velikago 16: 152 (1916)

    Molinia spiculosa (J.A.Schmidt) Kudô, Kitakarafuto-Shok.-Chosa 57 (1924)

    Fluminia spiculosa (J.A.Schmidt) Honda, J. Fac. Sci. Univ. Tokyo, Sect. 3, Bot. 3: 66 (1930)

    Glyceria spiculosa (J.A.Schmidt) Roshev. ex B.Fedtsch. var. *coreana* Ohwi, Bot. Mag. (Tokyo) 45: 382 (1931)

    Glyceria longiglumis Hand.-Mazz., Oesterr. Bot. Z. 87: 130 (1938)

    Glyceria effusa Kitag. var. *coreana* (Ohwi) Tzvelev, Bot. Zhurn. (Moscow & Leningrad) 91: 259 (2006)

Representative specimens; Hamgyong-bukto1 July 1930 鏡城 *Ohwi, J Ohwi s.n.* 28 May 1930 *Ohwi, J Ohwi s.n.* **Hamgyong-namdo** 24 June 1932 東上面漢岱里 *Ohwi, J Ohwi s.n.* **Ryanggang** 4 August 1939 大澤濕地 *Hozawa, S Hozawa s.n.* 21 June 1930 天水洞 *Ohwi, J Ohwi s.n.*

Hemarthria R.Br.

Hemarthria sibirica (Gand.) Ohwi, Bull. Natl. Sci. Mus., Tokyo 18: 1 (1947)

Common name 쇠치기풀

Distribution in Korea: North, Central, South, Jeju

    Rottboellia compressa L.f. var. *japonica* Hack., Monogr. Phan. 6: 288 (1889)

    Rottboellia sibirica Gand., Bull. Soc. Bot. France 66: 302 (1919)

    Rottboellia japonica (Hack.) Honda, Bot. Mag. (Tokyo) 41: 8 (1927)

    Hemarthria compressa (L.f.) R.Br. var. *japonica* (Hack.) Ohwi, Acta Phytotax. Geobot. 11: 177 (1942)

Representative specimens; Hamgyong-bukto 18 August 1935 農圃洞 *Saito, T T Saito s.n.* **Hwanghae-namdo** 28 July 1929 長淵郡長山串 *Nakai, T Nakai s.n.* 24 July 1929 夢金浦 *Nakai, T Nakai s.n.* **Nampo** 1 October 1911 Chin Nampo (鎭南浦) *Imai, H Imai s.n.* **P'yongan-bukto** 25 August 1911 Chang Sung(昌城) *Mills, RG Mills s.n.* 25 August 1911 Sakju(朔州) *Mills, RG Mills s.n.* **P'yongyang** 25 August 1909 平壤普通江岸 *Imai, H Imai s.n.* **Ryanggang** 20 August 1916 晋賢洞-溫井里途上 *Nakai, T Nakai s.n.*

Hierochloe R.Br.

Hierochloe alpina (Sw. ex Willd.) Roem. & Schult., Syst. Veg. (ed. 16) [Roemer & Schultes] 2: 515 (1817)

Common name 산향모

Distribution in Korea: far North (Paekdu, Potae, Kwanmo, Chail, Rangrim, Wagal)

    Holcus alpinus Sw. ex Willd., Sp. Pl. (ed. 5; Willdenow) 4: 937 (1806)

    Holcus monticola Bigelow, New England J. Med. Surg. 5: 334 (1816)

    Dimesia monticola (Bigelow) Raf., Amer. Monthly Mag. & Crit. Rev. 1: 442 (1817)

    Hierochloe alpina (Sw. ex Willd.) Roem. & Schult. f. *monstruosa* (Koidz.) Ohwi, Bull. Natl. Sci. Mus., Tokyo 33: 67 (1953)

Representative specimens; Chagang-do 10 July 1914 蒽田嶺 *Nakai, T Nakai s.n.* **Hamgyong-bukto** 12 August 1933 渡正山 *Koidzumi, G Koidzumi s.n.* 1 August 1932 *Saito, T T Saito s.n.* 26 July 1930 頭流山 *Ohwi, J Ohwi s.n.* July 1932 冠帽峰 *Ohwi, J Ohwi s.n.* 26 June 1930 雪嶺 *Ohwi, J Ohwi s.n.* 26 June 1930 *Ohwi, J Ohwi s.n.* August 1932 慶源郡龍德面 *Takenaka, Y s.n.* **Hamgyong-namdo**17 June 1932 東白山 *Ohwi, J Ohwi s.n.* 25 July 1933 東上面遮日峯 *Koidzumi, G Koidzumi s.n.* 23 June 1932 遮日峯 *Ohwi, J Ohwi s.n.* **Ryanggang** 11 July 1917 胞胎山中腹 *Furumi, M Furumi s.n.*

Hierochloe odorata (L.) P.Beauv., Ess. Agrostogr. 62: 164 (1812)

Common name 향모

Distribution in Korea: North, Central, South
  Hierochloe borealis (Schrad.) Roem. & Schult.
  Holcus odoratus L., Sp. Pl. 2: 1048 (1753)
  Hierochloe odorata (L.) P.Beauv. var. *pubescens* Krylov, Fl. Altaic. 7: 1553 (1914)
  Hierochloe odorata (L.) P.Beauv. var. *sachalinensis* Printz, Kongel. Norske Vidensk. Selsk.
  Skr. (Trondheim) 3: 8 (1916)
  Anthoxanthum nitens (Weber) Y.Schouten & Veldkamp, Blumea 30: 348 (1985)
  Hierochloe odorata (L.) P.Beauv. ssp. *pubescens* (Krylov) T.Koyama, Grasses Japan 219 (1987)

Representative specimens; **Chagang-do** 28 April 1911 Kang-gei(Kokai 江界) *Mills, RG Mills501* **Hamgyong-bukto** 19 June 1909 清津 *Nakai, T Nakai s.n.* 25 April 1933 羅南新社 *Saito, T T Saito s.n.* 15 May 1934 漁遊洞 *Uozumi, H Uozumi32* 25 May 1930 鏡城 *Ohwi, J Ohwi s.n.* 25 May 1930 Kyonson 鏡城 *Ohwi, J Ohwi70* **Kangwon-do** 21 April 1935 Ouensan(元山) *Kitamura, S Kitamura s.n.* 6 June 1909 元山 *Nakai, T Nakai s.n.* **P'yongyang** 15 May 1910 平壤普通江岸 *Imai, H Imai s.n.* 14 May 1910 Rara Pohtongkang 普通江 *Imai, H Imai s.n.* **Rason** 6 June 1930 西水羅 *Ohwi, J Ohwi568* **Ryanggang** 25 May 1938 農事洞 *Saito, T T Saito s.n.* **Sinuiju** 30 April 1917 新義州 *Furumi, M Furumi s.n.* June 1942 *Tatsuzawa, S s.n.*

Hordeum L.
Hordeum jubatum L., Sp. Pl. 85 (1753)

Common name 까끄라기보리풀 (긴까락보리풀)

Distribution in Korea: North
  Critesion jubatum (L.) Nevski, Fl. URSS 2: 721 (1934)

Hystrix Moench
Hystrix coreana (Honda) Ohwi, J. Jap. Bot. 12: 653 (1936)

Common name 고려개보리

Distribution in Korea: North, Central
  Elymus dasystachys Trin. & Ledeb. var. *maximoviczii* Kom., Trudy Imp. S.-Peterburgsk. Bot.
  Sada 20: 320 (1901)
  Asperella sibirica var. *longiaristata* Hack., Bull. Herb. Boissier ser 2, 4: 525 (1904)
  Elymus coreanus Honda, J. Fac. Sci. Univ. Tokyo, Sect. 3, Bot. 3: 17 (1930)
  Asperella coreana (Honda) Nevski, Fl. URSS 2: 693 (1934)
  Clinelymus coreanus (Honda) Honda, Bot. Mag. (Tokyo) 50: 571 (1936)
  Leymus coreanus (Honda) K.B.Jensen & R.R.-C.Wang, Int. J. Pl. Sci. 158: 872 (1997)

Representative specimens; **Hamgyong-bukto** July 1932 冠帽峰 *Ohwi, J Ohwi s.n.* August 1932 *Takenaka, Y s.n.* 12 June 1934 延上面九州帝大北鮮演習林 *Hatsushima, S Hatsushima s.n.* **Ryanggang** 16 June 1897 延岩(西溪水河谷-阿武山) *Komarov, VL Komaorv s.n.* 16 June 1897 *Komarov, VL Komaorv197* Type of *Elymus coreanus* Honda (Holotype TI)22 June 1930 倉坪嶺 *Ohwi, J Ohwi s.n.* 24 June 1930 延岩洞 *Ohwi, J Ohwi s.n.* 1 July 1917 保興里 *Furumi, M Furumi s.n.*

Hystrix duthiei (Stapf ex Hook.f.) Bor, Indian Forester 66: 544 (1940)

Common name 수염개밀

Distribution in Korea: North (**Ryanggang** , Hamgyong)
  Asperella duthiei Stapf ex Hook.f., Fl. Brit. Ind. 7: 375 (1896)
  Hystrix longearistata (Hack.) Honda, J. Fac. Sci. Univ. Tokyo, Sect. 3, Bot. 3: 14 (1930)
  Asperella longiaristata (Hack.) Ohwi, Acta Phytotax. Geobot. 10: 103 (1941)

Representative specimens; **Hamgyong-bukto** July 1932 冠帽峰 *Ohwi, J Ohwi s.n.* **Kangwon-do** June 1932 Mt. Kumgang (金剛山) *Ohwi, J Ohwi s.n.* **Ryanggang** 23 August 1914 Keizanchin(惠山鎭) *Ikuma, Y Ikuma s.n.*

Imperata Cirillo
Imperata cylindrica (L.) Raeusch., Nomencl. Bot. (Raeusch.) 10 (1797)

Common name 띠

Distribution in Korea: North, Central, South, Ulleung

Saccharum koenigii Retz., Observ. Bot. (Retzius) 5: 16 (1789)
Imperata arundinacea Cirillo, Pl. Rar. Neapol. 2: 26 (1792)
Imperata koenigii (Retz.) P.Beauv., Ess. Agrostogr. 165 (1812)
Imperata pedicellata Steud., Flora 29: 22 (1846)
Imperata arundinacea Cirillo var. *glabrescens* Büse, Pl. Jungh. 366 (1854)
Imperata arundinacea Cirillo var. *koenigii* (Retz.) Benth., Fl. Hongk. 419 (1861)
Imperata cylindrica (L.) Raeusch. var. *koenigii* (Retz.) Pilg., Fragm. Pl. Filip. 137 (1904)
Imperata cylindrica (L.) Raeusch. var. *major* (Nees) C.E.Hubb., Grasses Mauritius 96 (1940)

Representative specimens; Chagang-do 15 April 1911 Kang-gei(Kokai 江界) *Mills, RG Mills517* **Kangwon-do** 8 June 1909 元山 *Nakai, T Nakai s.n.* **P'yongan-bukto** 2 June 1912 白壁山 *Ishidoya, T Ishidoya s.n.* **Rason** 28 May 1930 Jokjin(獨津) ca Kyonson 鏡城 *Ohwi, J Ohwi s.n.*

Isachne R.Br.
Isachne globosa (Thunb.) Kuntze, Revis. Gen. Pl. 2: 778 (1891)
Common name 기장대풀

Distribution in Korea: North (Hamgyong, P'yongan), Central, South, Jeju
Milium globosum Thunb., Fl. Jap. (Thunberg) 49 (1784)
Isachne australis R.Br., Prodr. Fl. Nov. Holland. 196 (1810)
Panicum lepidotum Steud., Flora 29: 19 (1846)

Representative specimens; Hamgyong-bukto 18 May 1933 羅南 *Saito, T T Saito s.n.* 21 August 1935 羅北 *Saito, T T Saito s.n.* **Hwanghae-namdo** 22 July 1922 Sorai Beach 九味浦 *Mills, RG Mills s.n.* 24 July 1929 夢金浦 *Nakai, T Nakai s.n.* **Kangwon-do** 28 July 1916 長箭-溫井里 *Nakai, T Nakai s.n.* 30 July 1938 Mt. Kumgang (金剛山) *Park, MK Park s.n.* **P'yongyang** 2 July 1909 平壤普通江岸 *Imai, H Imai s.n.*

Ischaemum L.
Ischaemum anthephoroides (Steud.) Miq., Ann. Mus. Bot. Lugduno-Batavi 3: 193 (1867)
Common name 갯쇠보리

Distribution in Korea: Central (Hwanghae), South, Jeju
Rottboellia anthephoroides Steud., Flora 29: 22 (1846)
Andropogon anthephoroides (Steud.) Steud., Syn. Pl. Glumac. 1: 375 (1854)
Ischaemum eriostachyum Hack., Monogr. Phan. 6: 281 (1889)
Ischaemum stenopterum (Nakai) Honda, Bot. Mag. (Tokyo) 37: 121 (1923)
Ischaemum coreanum Nakai ex Honda, Bot. Mag. (Tokyo) 38: 52 (1924)
Ischaemum anthephoroides (Steud.) Miq. var. *eriostachyum* (Hack.) Honda, Bot. Mag. (Tokyo) 41: 378 (1927)
Ischaemum anthephoroides (Steud.) Miq. f. *coreanum* (Nakai ex Honda) Y.N.Lee, Man. Korean Grasses 74 (1966)

Representative specimens; Hwanghae-namdo 25 July 1921 Sorai Beach 九味浦 *Mills, RG Mills s.n.* 24 July 1929 夢金浦 *Nakai, T Nakai s.n.* August 1932 Sorai Beach 九味浦 *Smith, RK Smith s.n.*

Ischaemum aristatum L., Sp. Pl. 2: 1049 (1753)
Common name 까락쇠보리

Distribution in Korea: North (Hamgyong, P'yongan, Kangwon), Central, South, Jeju
Andropogon crassipes Steud., Syn. Pl. Glumac. 1: 375 (1854)
Ischaemum sieboldii Miq., Ann. Mus. Bot. Lugduno-Batavi 2: 291 (1866)
Ischaemum crassipes (Steud.) Thell., Repert. Spec. Nov. Regni Veg. 10: 289 (1912)
Ischaemum hondae Matsuda, Bot. Mag. (Tokyo) 27: 106 (1913)
Ischaemum crassipes (Steud.) Thell. var. *hondae* (Matsuda) Nakai, Bot. Mag. (Tokyo) 28: 2 (1918)
Ischaemum crassipes (Steud.) Thell. var. *aristatum* Nakai, Bot. Mag. (Tokyo) 38: 53 (1924)
Ischaemum ikomanum Honda, J. Fac. Sci. Univ. Tokyo, Sect. 3, Bot. 3: 356 (1930)
Ischaemum crassipes (Steud.) Thell. f. *aristatum* (Nakai) Ohwi, Acta Phytotax. Geobot. 11: 173 (1942)
Ischaemum aristatum L. var. *glaucum* (Honda) T.Koyama, J. Jap. Bot. 37: 239 (1962)

Representative specimens; Hwanghae-namdo 29 July 1929 長淵郡長山串 *Nakai, T Nakai s.n.* **Kangwon-do** 7 August 1932 元山葛麻 *Kitamura, S Kitamura333*

Koeleria Pers.
Koeleria macrantha (Ledeb.) Schult., Mant. 2 (Schultes) 2: 345 (1824)

Common name 도랭이피

Distribution in Korea: North, Central, South
Aira cristata L., Sp. Pl. 63 (1753)
Poa cristata (L.) L., Syst. Nat. ed. 12 2: 94 (1767)
Festuca cristata (L.) Vill., Hist. Pl. Dauphine 1: 250 (1786)
Koeleria cristata (L.) Pers., Syn. Pl. (Persoon) 1: 97 (1805)
Dactylis cristata (L.) M.Bieb., Fl. Taur.-Caucas. 1: 67 (1808)
Airochloa cristata (L.) Link, Hort. Berol. [Link] 1: 127 (1827)

Representative specimens; Hamgyong-bukto 17 June 1909 清津 *Nakai, T Nakai s.n.* 22 June 1909 會寧 *Nakai, T Nakai s.n.* 15 June 1930 茂山嶺 *Ohwi, J Ohwi1081* 6 July 1936 南山面 *Saito, T T Saito s.n.* 20 June 1909 富寧 *Nakai, T Nakai s.n.* Hamgyong-namdo 11 June 1909 鎭岩峯 *Nakai, T Nakai s.n.* Hwanghae-bukto 29 May 1939 白川邑 *Hozawa, S Hozawa s.n.* Hwanghae-namdo 26 June 1922 Sorai Beach 九味浦 *Mills, RG Mills s.n.* 9 July 1921 *Mills, RG Mills s.n.* P'yongan-bukto 5 August 1935 妙香山 *Koidzumi, G Koidzumi s.n.* P'yongyang 28 May 1911 P'yongyang (平壤) *Imai, H Imai s.n.* 2 August 1910 *Imai, H Imai s.n.* 29 June 1935 *Sakaguchi, S 16* Rason 5 June 1930 西水羅 *Ohwi, J Ohwi696* Sinuiju 30 April 1917 新義州 *Furumi, M Furumi s.n.*

Leersia Sw.
Leersia japonica (Honda) Honda, J. Fac. Sci. Univ. Tokyo, Sect. 3, Bot. 3: 7 (1930)

Common name 나도겨풀

Distribution in Korea: North, Central, South, Jeju
Homalocenchrus japonicus Makino ex Honda, Bot. Mag. (Tokyo) 39: 37 (1925)
Leersia sinensis K.S.Hao, Repert. Spec. Nov. Regni Veg. 42: 83 (1937)

Leersia oryzoides (L.) Sw., Prodr. (Swartz) 0: 21 (1788)

Common name 참벼겨풀 (좀겨풀)

Distribution in Korea: North, Central, South
Phalaris oryzoides L., Sp. Pl. 55 (1753)
Asprella oryzoides (L.) P.Beauv., Ess. Agrostogr. 153 (1812)
Oryza oryzoides (L.) Brand & W.D.J.Koch, Syn. Deut. Schweiz. Fl., ed. 3 3: 2704 (1905)

Leersia sayanuka Ohwi, Acta Phytotax. Geobot. 7: 36 (1938)

Common name 벼겨풀 (겨풀)

Distribution in Korea: North, Central, South
Leersia oryzoides (L.) Sw. var. *japonica* Hack., Bull. Herb. Boissier 7: 645 (1899)
Homalocenchrus oryzoides Mieg ex Pollich var. *japonicus* (Hack.) Honda, Bot. Mag. (Tokyo) 39: 35 (1925)
Leersia oryzoides (L.) Sw. var. *latifolia* Honda, J. Fac. Sci. Univ. Tokyo, Sect. 3, Bot. 3: 8 (1930)
Leersia sayanuka Ohwi var. *latifolia* (Honda) Ohwi, Acta Phytotax. Geobot. 7: 37 (1938)
Leersia hackelii Keng, Sinensia 11: 412 (1940)

Leptochloa P.Beauv.
Leptochloa chinensis (L.) Nees, Syll. Pl. Nov. 1: 4 (1824)

Common name 드렁새

Distribution in Korea: North, Central, South
Poa chinensis L., Sp. Pl. 69 (1753)
Poa decipiens R.Br., Prodr. Fl. Nov. Holland. 181 (1810)

Leymus Hochst.
Leymus chinensis (Trin.) Tzvelev, Rast. Tsentral. Azii 4: 205 (1968)

Common name 개밀아재비

Distribution in Korea: North

Triticum chinense Trin. ex Bunge, Enum. Pl. Chin. Bor. 146 (1831)

Triticum pseudoagropyrum Griseb., Fl. Ross. (Ledeb.) 4: 343 (1852)

Elymus psedoagropyron Trin., Bull. Soc. Imp. Naturalistes Moscou 29: 63 (1865)

Agropyron pseudoagropyrum (Trin.) Franch., Pl. David. 1: 340 (1884)

Aneurolepidium pseudoagropyrum (Trin.) Nevski, Trudy Bot. Inst. Akad. Nauk S.S.S.R., Ser. 1, Fl. Sist. Vyssh. Rast. 1: 25 (1933)

Agropyron chinense (Trin. ex Bunge) Ohwi, Acta Phytotax. Geobot. 6: 150 (1937)

Aneurolepidium chinense (Trin.) Kita, Rep. Inst. Sci. Res. Manchoukuo 2: 281 (1938)

Elymus chinensis (Trin.) Keng, Sunyatsenia 6: 66 (1941)

Leymus mollis (Trin.) Pilg., Bot. Jahrb. Syst. 74: 6 (1949)

Common name 갯그령

Distribution in Korea: North, Central

Elymus mollis Trin., Neue Entdeck. Pflanzenk. 2: 72 (1821)

Elymus arenarius L. var. *villosus* E.Mey., Pl. Labrador. 20 (1830)

Elymus arenarius L. var. *coreensis* Hack., Bull. Herb. Boissier ser 2, 3: 507 (1903)

Elymus mollis Trin. var. *coreensis* (Hack.) Honda, J. Fac. Sci. Univ. Tokyo, Sect. 3, Bot. 3: 21 (1930)

Leymus mollis (Trin.) Pilg. var. *coreensis* (Hack.) Honda, J. Fac. Sci. Univ. Tokyo, Sect. 3, Bot. 3: 21 (1930)

Representative specimens; Hamgyong-bukto 15 August 1936 富寧靑岩 - 連川 *Saito, T T Saito s.n.* 28 May 1930 Kyonson 鏡城 *Ohwi, J Ohwi s.n.* **Hwanghae-namdo** 4 July 1921 Sorai Beach 九味浦 *Mills, RG Mills s.n.* 4 July 1921 *Mills, RG Mills s.n.* 24 July 1929 夢金浦 *Nakai, T Nakai s.n.* **Kangwon-do** 28 July 1916 長箭海岸 *Nakai, T Nakai s.n.* 7 June 1909 元山北方海岸 *Nakai, T Nakai s.n.* **Rason** August 1913 獨津 *Mori, T Mori s.n.* **Ryanggang** 22 June 1930 倉坪嶺 *Ohwi, J Ohwi s.n.*

Melica L.

Melica nutans L., Sp. Pl. 66 (1753)

Common name 왕쌀새

Distribution in Korea: North, Central, South

Aira nutans (L.) Weber, Prim. Fl. Holsat. 7 (1780)

Melica grandiflora Koidz., Bot. Mag. (Tokyo) 39: 17 (1925)

Melica nutans L. ssp. *grandiflora* (Koidz.) T.Koyama, Grasses Japan 515 (1987)

Representative specimens; Chagang-do 13 May 1911 Kang-gei(Kokai 江界) *Mills, RG Mills534* 18 July 1942 臥碣峰鷲峯 2200m 以上草地 *Jeon, SK JeonSK s.n.* **Hamgyong-bukto** 17 May 1932 羅南附近 *Saito, T T Saito4* 2 June 1933 羅南西北側 *Saito, T T Saito537* July 羅南 *Unknown s.n.Unknown s.n.* 27 May 1930 Kyonson 鏡城 *Ohwi, J Ohwi s.n.* 7 July 1930 *Ohwi, J Ohwi2159* 25 June 1930 雪嶺西面 *Ohwi, J Ohwi s.n.* **Hamgyong-namdo** 15 August 1935 遮日峯 *Nakai, T Nakai s.n.* **Kangwon-do** 29 July 1938 Mt. Kumgang (金剛山) *Hozawa, S Hozawa s.n.* **P'yongan-namdo** 9 June 1935 黃草嶺 *Nomura, N Nomura s.n.* 21 July 1916 上南洞 *Mori, T Mori s.n.* 15 June 1928 陽德 *Nakai, T Nakai s.n.* **Ryanggang** 23 August 1914 Keizanchin(惠山鎭) *Nakai, T Nakai s.n.* 5 August 1940 高頭山 *Hozawa, S Hozawa s.n.* 23 June 1930 倉坪延岩洞間 *Ohwi, J Ohwi s.n.* 19 June 1930 楡坪 *Ohwi, J Ohwi s.n.* 22 June 1930 倉坪嶺 *Ohwi, J Ohwi1672* 1 July 1917 保興里 *Furumi, M Furumi s.n.*

Melica onoei Franch. & Sav., Enum. Pl. Jap. 2: 603 (1878)

Common name 쌀새

Distribution in Korea: North, Central, South, Ulleung

Melica scaberrima var. *micrantha*Hook.f., Fl. Brit. Ind. 7: 331 (1896)

Melica matsumurae Hack., Bull. Herb. Boissier 7: 706 (1899)

Melica kumana Honda, Bot. Mag. (Tokyo) 46: 1 (1932)

Representative specimens; Hamgyong-namdo August 1916 Hamhung (咸興) *Mori, T Mori s.n.* **Kangwon-do** 11 August 1943 Mt. Kumgang (金剛山) *Honda, M Honda s.n.* 13 August 1916 金剛山表訓寺附近森 *Nakai, T Nakai s.n.* 13 August 1902 長淵里 *Uchiyama, T Uchiyama s.n.* **P'yongan-bukto** 2 August 1935 妙香山 *Koidzumi, G Koidzumi s.n.*

Melica scabrosa Trin., Enum. Pl. Chin. Bor. 72 (1833)

Common name 참쌀새

Distribution in Korea: North (P'yongan), South

Melica scabrosa Trin. var. *limprichtii* Papp, Bull. Sect. Sci. Acad. Roumaine 18: 31 (1936)
Melica scabrosa Trin. var. *puberula* Papp, Bull. Sect. Sci. Acad. Roumaine 18: 32 (1936)
*Melica scabrosa*Trin. var. *potaninii* Tzvelev, Rast. Tsentral. Azii 4: 126 (1968)

Representative specimens; P'yongyang 29 June 1935 P'yongyang (平壤) *Sakaguchi, S s.n.* 8 June 1934 平壤牡丹臺 *Chang, HD ChangHD127* 22 June 1909 平壤市街附近 *Imai, H Imai s.n.* **Ryanggang** 29 May 1917 江口 *Nakai, T Nakai s.n.*

Melica turczaninowiana Ohwi, Acta Phytotax. Geobot. 1: 142 (1932)

Common name 큰껍질새

Distribution in Korea: North

Representative specimens; Ryanggang 19 June 1930 楡坪 *Ohwi, J Ohwi s.n.* Type of *Melica turczaninowiana* Ohwi (Syntype TNS)23 June 1930 倉坪延岩洞間 *Ohwi, J Ohwi s.n.* Type of *Melica turczaninowiana* Ohwi (Syntype TNS)

***Microstegium* Nees**

Microstegium vimineum (Trin.) A.Camus, Ann. Soc. Linn. Lyon, ser. 2, 68: 201 (1921)

Common name 대잎바랭이새 (나도바랭이새)

Distribution in Korea: North, Central, South, Jeju, Ulleung

Andropogon vimineus Trin., Mem. Acad. Imp. Sci. St.-Petersbourg, Ser. 6, Sci. Math. 2: 268 (1832)
Microstegium willdenowianum Nees, Intr. Nat. Syst. Bot. (Amer. ed.) 2: 447 (1836)
Pollinia imberbis Nees ex Steud., Syn. Pl. Glumac. 1: 410 (1854)
Pollinia imberbis Nees ex Steud. var. *willdenowiana* (Nees ex Lindl.) Hack., Monogr. Phan. 6: 178 (1889)
Eulalia viminea (Trin.) Kuntze, Revis. Gen. Pl. 2: 775 (1891)
Arthraxon nodosus Kom., Trudy Imp. S.-Peterburgsk. Bot. Sada 18: 448 (1901)
Microstegium vimineum (Trin.) A.Camus var. *willdenowianum* (Nees) A.Camus, Fl. Indo-Chine 7: 260 (1922)
Microstegium vimineum (Trin.) A.Camus var. *imberbe* (Nees ex Steud.) Honda, J. Coll. Sci. Imp. Univ. Tokyo sec. 3, 3: 408 (1930)
Microstegium vimineum (Trin.) A.Camus var. *polystachyum* (Franch. & Sav.) Ohwi, Acta Phytotax. Geobot. 11: 156 (1942)

Representative specimens; Chagang-do 28 August 1897 慈城江 *Komarov, VL Komaorv s.n.* Type of *Arthraxon nodosus* Kom. (Holotype LE)

***Milium* L.**

Milium effusum L., Sp. Pl. 61 (1753)

Common name 나도겨이삭

Distribution in Korea: North, Central, South, Jeju

Milium confertum L., Sp. Pl. 61 (1753)
Agrostis effusa (L.) Lam., Encycl. (Lamarck) 1: 59 (1783)
Melica effusa (L.) Salisb., Prodr. Stirp. Chap. Allerton 20 (1796)
Paspalum effusum (L.) Raspail, Ann. Sci. Nat. (Paris) 5: 301 (1825)
Milium transsilvanicum Schur, Enum. Pl. Transsilv. 741 (1866)

Representative specimens; Chagang-do 22 July 1916 狼林山 *Mori, T Mori s.n.* **Hamgyong-bukto** 2 June 1933 羅南西北側 *Saito, T T Saito539* 12 June 1930 鏡城 *Ohwi, J Ohwi s.n.* 25 May 1930 Kyonson 鏡城 *Ohwi, J Ohwi s.n.* **Hamgyong-namdo** 15 August 1940 東上面遮日峰 *Okuyama, S Okuyama s.n.* **Kangwon-do** June 1932 Mt. Kumgang (金剛山) *Ohwi, J Ohwi s.n.* **Ryanggang** 22 June 1930 倉坪嶺 *Ohwi, J Ohwi s.n.* 22 June 1930 *Ohwi, J Ohwi s.n.* 19 August 1914 崔哥嶺 *Ikuma, Y Ikuma s.n.*

***Miscanthus* Keng**

Miscanthus sacchariflorus (Maxim.) Benth., J. Linn. Soc., Bot. 10: 65 (1881)

Common name 물억새

Distribution in Korea: North (P'yongan, Kangwon), Central (Hwanghae), South, Jeju

    Imperata sacchariflora Maxim., Mem. Acad. Imp. Sci. St.-Petersbourg Divers Savans 9: 331 (1859)

    Imperata eulalioides Miq., Ann. Mus. Bot. Lugduno-Batavi 2: 289 (1866)

    Miscanthus hackelii Nakai, Bot. Mag. (Tokyo) 23: 107 (1909)

    Miscanthus ogiformis Honda, Bot. Mag. (Tokyo) 53: 100 (1939)

    Triarrhena sacchariflora (Maxim.) Nakai, J. Jap. Bot. 25(1-2): 7 (1950)

    Triarrhena hackelii (Nakai) Nakai, J. Jap. Bot. 25: 7 (1950)

    Miscanthus sacchariflorus (Maxim.) Benth. f. *latifolius* Adachi, Bull. Fac. Agr. Mie Univ. 17: 59 (1958)

    Miscanthus sacchariflorus (Maxim.) Benth. var. *gracilis* Y.N.Lee, J. Jap. Bot. 39: 123 (1964)

    Miscanthus sacchariflorus (Maxim.) Benth. f. *purpurascens* Y.N.Lee, J. Korean Pl. Taxon. 3: 18 (1971)

Representative specimens; Kangwon-do 4 September 1916 洗浦-蘭谷 *Nakai, T Nakai s.n.* **P'yongan-bukto** 25 August 1911 Sakju(朔州) *Mills, RG Mills s.n.* **P'yongan-namdo** 29 August 1930 陵中面錘峯山 *Mori, T Mori s.n.* **P'yongyang** 13 September 1902 萬景臺 *Uchiyama, T Uchiyama s.n.* **Ryanggang** August 1913 羅暖堡 *Mori, T Mori s.n.*

Miscanthus sinensis Andersson, Ofvers. Forh. Kongl. Svenska Vetensk.-Akad. 12: 136 (1856)

Common name 참억새

Distribution in Korea: North, Central, South, Ulleung

    Saccharum japonicum Thunb., Trans. Linn. Soc. London 2: 328 (1794)

    Eulalia japonica (Thunb.) Trin., Mem. Acad. Imp. Sci. St.-Petersbourg, Ser. 6, Sci. Math. 2: 333 (1832)

    Miscanthus purpurascens Andersson, Ofvers. Forh. Kongl. Svenska Vetensk.-Akad. 12: 167 (1855)

    Miscanthus sinensis Andersson var. *purpurascens* (Andersson) Matsum., Nippon Shokubutsumeii, ed. 2 189 (1895)

    Miscanthus condensatus Hack., Bull. Herb. Boissier 7: 639 (1899)

    Miscanthus sinensis Andersson var. *gracillimus* Hitchc., Cycl. Amer. Hort. 3: 1021 (1901)

    Miscanthus sinensis Andersson f. *variegatus* Nakai, Bot. Mag. (Tokyo) 31: 15 (1917)

    Miscanthus sinensis Andersson f. *purpurascens* (Andersson) Nakai, Bot. Mag. (Tokyo) 31: 16 (1917)

    Miscanthus sinensis Andersson f. *transiticus* Nakai, Bot. Mag. (Tokyo) 31: 16 (1917)

    Miscanthus ionandros Nakai, Bot. Mag. (Tokyo) 31: 13 (1917)

    Miscanthus sinensis Andersson var. *condensatus* (Hack.) Makino, Bot. Mag. (Tokyo) 31: 14 (1917)

    Miscanthus sinensis Andersson var. *transiticus* (Nakai) T.Mori, Enum. Pl. Corea 46 (1922)

    Miscanthus nakaianus Honda, Bot. Mag. (Tokyo) 42: 130 (1928)

    Miscanthus kokusanensis Nakai & Honda, J. Fac. Sci. Univ. Tokyo, Sect. 3, Bot. 3: 388 (1930)

    Miscanthus hidakanushonda Honda, J. Fac. Sci. Univ. Tokyo, Sect. 3, Bot. 3: 379 (1930)

    Miscanthus neocoreanus Honda, Bot. Mag. (Tokyo) 49: 694 (1935)

    Miscanthus sinensis Andersson f. *gracillimus* (Hitchc.) Ohwi, Acta Phytotax. Geobot. 11: 149 (1942)

    Miscanthus kokusanensis Nakai & Honda var. *variegatus* (Nakai & Honda) Nakai & Honda, Bull. Natl. Sci. Mus., Tokyo 31: 140 (1952)

    Miscanthus sinensis Andersson var. *nakaianus* (Honda) I.C.Chung, J. Wash. Acad. Sci. 45: 215 (1955)

    Miscanthus sinensis Andersson var. *ionandros* (Nakai) Y.N.Lee, J. Jap. Bot. 39: 293 (1964)

    Miscanthus sinensis Andersson var. *keumunensis* Y.N.Lee, J. Jap. Bot. 39: 119 (1964)

    Miscanthus sinensis Andersson var. *sunanensis* Y.N.Lee, J. Jap. Bot. 39: 119 (1964)

    Miscanthus chejuensis Y.N.Lee, Korean J. Bot. 17: 85 (1974)

    Miscanthus sinensis Andersson var. *albiflorus* Y.N.Lee, Bull. Korea Pl. Res. 2: 23 (2002)

Representative specimens; Chagang-do 28 April 1911 Kang-gei(Kokai 江界) *Mills, RG Mills s.n.* **Hamgyong-bukto** 31 August 1935 羅南 *Saito, T T Saito1645* 9 August 1918 雲滿臺 *Nakai, T Nakai s.n.* **Hamgyong-namdo** 10 September 1933 咸興盤龍山 *Nomura, N Nomura s.n.* **Hwanghae-bukto** 27 September 1915 瑞興 *Nakai, T Nakai s.n.* 10 September 1915 *Nakai, T Nakai s.n.* **Hwanghae-namdo** 28 July 1929 長淵郡長山串 *Nakai, T Nakai s.n.* **Kangwon-do** 4 September 1916 洗浦-蘭谷 *Nakai, T Nakai s.n.* 4 September 1916 *Nakai, T Nakai s.n.* 4 September 1916 *Nakai, T Nakai s.n.* Type of *Miscanthus nakaianus* Honda (Holotype TI)13 September 1932 元山 *Kitamura, S Kitamura1944* **P'yongan-namdo** August 1930 落山 *Uyeki, H Uyeki s.n.* **P'yongyang** 24 September 1910 P'yongyang (平壤) *Mills, RG Mills544* 25 September 1915 Jun-an (順安) *Nakai, T Nakai3013* Type of *Miscanthus sinensis* Andersson var. *sunanensis* Y.N.Lee (Holotype TI) **Ryanggang** 15 August 1897 蓮坪-厚州川-厚州古邑 *Komarov, VL Komarov s.n.* 16 August 1897 大羅信洞 *Komarov, VL Komaorv122*

Molinia **Schrank**
Molinia japonica Hack., Bull. Herb. Boissier 7: 704 (1899)
Common name 진퍼리새
Distribution in Korea: North (Hamgyong, Kangwon), Central, South, Jeju
  Moliniopsis japonica (Hack.) Hayata, Bot. Mag. (Tokyo) 36: 258 (1925)
  Moliniopsis nipponica (Honda) Honda, Bot. Mag. (Tokyo) 50: 669 (1936)

Representative specimens; Kangwon-do 5 September 1916 淮陽蘭谷 *Nakai, T Nakai s.n.* 25 August 1916 金剛山新金剛 *Nakai, T Nakai s.n.* 30 July 1916 金剛山溫井里附近原野 *Nakai, T Nakai s.n.*

Muhlenbergia **Schreb.**
Muhlenbergia hakonensis (Hack.) Makino, J. Jap. Bot. 1: 13 (1917)
Common name 선쥐꼬리새
Distribution in Korea: North (Kangwon), Central, Jeju
  Muhlenbergia japonica Steud. var. *hakonensis* Hack., Bull. Herb. Boissier 7: 647 (1899)
  Muhlenbergia frondosa ssp. *hakonensis* (Hack.) T.Koyama & Kawano, Canad. J. Bot. 42: 868 (1964)

Representative specimens; Kangwon-do 22 August 1916 金剛山大長峯 *Nakai, T Nakai s.n.* 17 August 1916 金剛山內霧在嶺 *Nakai, T Nakai s.n.*

Muhlenbergia huegelii Trin., Mem. Acad. Imp. Sci. St.-Petersbourg, Ser. 6, Sci. Math., Seconde Pt. Sci. Nat. 6: 293 (1841)
Common name 큰쥐꼬리새
Distribution in Korea: North (Hamgyong), Central, South, Jeju
  Muhlenbergia geniculata Nees ex Steud., Syn. Pl. Glumac. 1: 178 (1854)
  Muhlenbergia viridissima Nees ex Steud., Syn. Pl. Glumac. 1: 178 (1854)
  Muhlenbergia arisanensis Hayata, Icon. Pl. Formosan. 7: 87 (1918)
  Muhlenbergia tenuicula Ohwi, Bull. Natl. Sci. Mus., Tokyo 18: 9 (1947)
  Muhlenbergia longistolon Ohwi, Bull. Natl. Sci. Mus., Tokyo 26: 3 (1949)

Representative specimens; Hamgyong-namdo 29 August 1933 上岐川面麥田山 *Nomura, N Nomura s.n.*

Muhlenbergia japonica Steud., Syn. Pl. Glumac. 1: 422 (1854)
Common name 쥐꼬리새
Distribution in Korea: North (Kangwon), Central, South, Jeju

Representative specimens; Hamgyong-bukto 5 October 1942 清津高抹山西側 *Saito, T T Saito s.n.* 31 August 1935 阿陽洞 *Saito, T T Saito s.n.* 12 September 1932 南下石山 *Saito, T T Saito s.n.* 15 October 1938 明川 *Saito, T T Saito s.n.* **Kangwon-do** 5 September 1916 淮陽蘭谷 *Nakai, T Nakai s.n.* **P'yongan-namdo** 22 September 1915 咸從 *Nakai, T Nakai s.n.* **Ryanggang** 4 August 1897 十四道溝-白山嶺 *Komarov, VL Komaorv s.n.* 25 July 1914 長蛇洞 *Nakai, T Nakai s.n.* August 1913 羅暖堡 *Mori, T Mori s.n.*

Oplismenus **P.Beauv.**
Oplismenus burmanni (Retz.) P.Beauv., Ess. Agrostogr. 54 (1812)
Common name 민주름조개풀
Distribution in Korea: North, Central, South
  Panicum japonicum Steud., Flora 1: 18 (1846)
  Oplismenus japonicus (Steud.) Honda, Bot. Mag. (Tokyo) 38: 189 (1924)
  Oplismenus undulatifolius (Ard.) P.Beauv. var. *japonicus* (Steud.) Koidz., Bot. Mag. (Tokyo) 39: 302 (1925)

Representative specimens; Hwanghae-namdo 27 July 1929 長淵郡長山串 *Nakai, T Nakai s.n.* **Kangwon-do** 25 August 1916 金剛山新金剛 *Nakai, T Nakai s.n.*

Panicum **L.**
Panicum bisulcatum Thunb., Nova Acta Regiae Soc. Sci. Upsal. 7: 141 (1815)
Common name 개기장

Distribution in Korea: North, Central, South, Jeju, Ulleung
  Panicum acroanthum Steud., Syn. Pl. Glumac. 1: 87 (1854)
  Panicum melananthum F.Muell., Trans. & Proc. Victorian Inst. Advancem. Sci. 1: 47 (1855)
  Panicum coloratum F.Muell., Fragm. (Mueller) 8: 192 (1874)
  Panicum acroanthum Steud. var. *brevipedicellatum* Hack., Bull. Acad. Int. Geogr. Bot. 16: 20 (1906)

Paspalum thunbergii Kunth ex Steud., Nomencl. Bot., ed. 2 (Steudel) 2: 273 (1841)

Common name 참새피

Distribution in Korea: North, Central, South, Jeju, Ulleung
  Paspalum mollipilum Steud., Syn. Pl. Glumac. 1: 20 (1852)
  Paspalum scrobiculatum L. var. *thunbergii* (Kunth) Makino, Bot. Mag. (Tokyo) 10: 60 (1896)

Representative specimens; Kangwon-do 30 August 1916 通川街道 *Nakai, T Nakai s.n.* 13 September 1932 元山 *Kitamura, S Kitamura s.n.* 13 September 1932 *Kitamura, S Kitamura s.n.* 13 September 1932 元山 Kawasakinoyen(川崎農園) *Kitamura, S Kitamura s.n.*

Pennisetum Rich.
Pennisetum alopecuroides (L.) Spreng., Syst. Veg. (ed. 16) [Sprengel] 1: 303 (1824)

Common name 수크령

Distribution in Korea: North, Central, South, Ulleung
  Panicum alopecuroides L., Sp. Pl. 55 (1753)
  Cenchrus purpurascens Thunb., Trans. Linn. Soc. London 2: 329 (1794)
  Pennisetum compressum R.Br., Prodr. Fl. Nov. Holland. 195 (1810)
  Pennisetum purpurascens (Thunb.) Kunth, Nov. Gen. Sp. [Kunth] 1: 113 (1816)
  Pennisetum japonicum Trin. ex Spreng., Neue Entdeck. Pflanzenk. 2: 76 (1821)
  Pennisetum alopecuroides (L.) Spreng. var. *erythrochaetum* Ohwi, Acta Phytotax. Geobot. 4: 59 (1935)
  Pennisetum alopecuroides (L.) Spreng. f. *erythrochaetum* (Ohwi) Ohwi, Acta Phytotax. Geobot. 10: 247 (1941)
  Pennisetum alopecuroides (L.) Spreng. var. *albiflorum* Y.N.Lee, Bull. Korea Pl. Res. 2: 23 (2002)

Representative specimens; Chagang-do 28 August 1897 慈城邑(松德水河谷) *Komarov, VL Komaorv s.n.* 17 August 1911 Kang-gei(Kokai 江界) *Mills, RG Mills574***Hwanghae-bukto** 27 September 1915 瑞興 *Nakai, T Nakai s.n.* **Hwanghae-namdo** 31 July 1929 席島 *Nakai, T Nakai s.n.* **Kangwon-do** 25 August 1916 金剛山百川里 *Nakai, T Nakai s.n.* 30 August 1916 通川街道 *Nakai, T Nakai s.n.* 16 August 1932 元山 *Kitamura, S Kitamura s.n.* **P'yongyang** 25 August 1909 P'yongyang (平壤) *Mills, RG Mills538*

Pennisetum alopecuroides (L.) Spreng. var. **viridescens** (Miq.) Ohwi, Acta Phytotax. Geobot. 4: 59 (1935)

Common name 청수크령

Distribution in Korea: North, Central, South
  Gymnotrix japonica (Spreng.) Kunth var. *viridescens* Miq., Ann. Mus. Bot. Lugduno-Batavi 3: 164 (1867)
  Pennisetum japonicum Trin. var. *viridescens* (Miq.) Palib., Trudy Imp. S.-Peterburgsk. Bot. Sada 19: 128 (1901)
  Pennisetum compressum R.Br. var. *viridescens* (Miq.) Rendle, J. Linn. Soc., Bot. 36: 339 (1904)
  Pennisetum purpurascens (Thunb.) Kunth var. *viridescens* (Miq.) Makino, Bot. Mag. (Tokyo) 26: 294 (1912)
  Pennisetum alopecuroides(L.) Spreng. f. *viridescens* (Miq.) Ohwi, Acta Phytotax. Geobot. 10: 247 (1941)

Representative specimens; Chagang-do 7 August 1912 Chosan(楚山) *Imai, H Imai s.n.* 15 August 1911 Kang-gei(Kokai 江界) *Mills, RG Mills s.n.* 8 August 1910 *Mills, RG Mills548***Hwanghae-bukto** 10 September 1915 瑞興 *Nakai, T Nakai s.n.* **Hwanghae-namdo** 29 July 1929 長淵郡長山串 *Nakai, T Nakai s.n.* 3 August 1929 *Nakai, T Nakai s.n.*

Pennisetum glaucum (L.) R.Br., Prodr. Fl. Nov. Holland. 195 (1810)

Common name 금강아지풀

Distribution in Korea: North, Central, South, Jeju

A Checklist of North Korean Vascular Plants | T.B. Lee Herbarium (SNUA) – 2019 (C.S. Chang, H. Kim, H.T. Shin & C.H. Lee)

- 622 -

Panicum glaucum L., Sp. Pl. 56 (1753)
Panicum lutescens Weigel, Observ. Bot. (Weigel) 20 (1772)
Panicum flavescens Moench, Methodus (Moench) 206 (1794)
Setaria glauca (L.) P.Beauv., Ess. Agrostogr. 51 (1812)
Pennisetum americanum (L.) Leeke, Z. Naturwiss. 79: 52 (1907)
Setaria lutescens (Weigel) F.T.Hubb., Rhodora 18: 232 (1916)
Setaria glauca (L.) P.Beauv. var. *dura* (I.C.Chung) I.C.Chung, Korean Grasses 42 (1965)

Representative specimens; Chagang-do 28 August 1897 慈城邑(松德水河谷) *Komarov, VL Komaorv s.n.* 22 July 1914 山羊 -江口 *Nakai, T Nakai s.n.* **Hamgyong-bukto** 羅南 *Unknown s.n.* 16 August 1914 下面江口-茂山 *Nakai, T Nakai s.n.* **Hamgyong-namdo** 1929 Hamhung (咸興) *Seok, JM s.n.* 16 August 1943 赴戰高原漢垈里 *Honda, M; Toh, BS; Shim, HC Honda s.n.* 14 August 1940 *Okuyama, S Okuyama s.n.* 17 August 1934 東上面內岩洞谷 *Yamamoto, A Yamamoto s.n.* 16 August 1934 永古面松興里 *Yamamoto, A Yamamoto s.n.* **Nampo** 1 October 1911 Chin Nampo (鎭南浦) *Imai, H Imai s.n.* **P'yongan-bukto** 25 August 1911 Chang Sung(昌城) *Mills, RG Mills s.n.* **Ryanggang** 23 August 1914 Keizanchin(惠山鎭) *Ikuma, Y Ikuma s.n.* 28 July 1930 合水 (列結水) *Ohwi, J Ohwi2803*

Phacelurus Griseb.
Phacelurus latifolius (Steud.) Ohwi, Acta Phytotax. Geobot. 4: 59 (1935)
Common name 모새달
Distribution in Korea: North, Central, South, Jeju
  Rottboellia latifolia Steud., Flora 29: 21 (1846)
  Ischaemum latifolium (Steud.) Miq., Ann. Mus. Bot. Lugduno-Batavi 2: 291 (1866)
  Rottboellia latifolia Steud. var. *angustifolia* Debeaux, Actes Soc. Linn. Bordeaux 30: 123 (1875)
  Manisuris latifolia(Steud.) Kuntze, Revis. Gen. Pl. 2: 780 (1891)
  Pseudophacelurus latifolius (Steud.) A.Camus, Bull. Mus. Natl. Hist. Nat. 27: 371 (1921)
  Phacelurus angustifolius (Debeaux) Nakai, Bull. Natl. Sci. Mus., Tokyo 31: 140 (1952)
  Phacelurus latifolius (Steud.) Ohwi f. *angustifolius* (Debeaux) Kitag., J. Jap. Bot. 41: 368 (1966)

Representative specimens; Hwanghae-namdo 24 July 1929 夢金浦 *Nakai, T Nakai s.n.*

Phalaris L.
Phalaris arundinacea L., Sp. Pl. 55 (1753)
Common name 갈풀
Distribution in Korea: North, Central, South
  Arundo colorata Aiton, Hort. Kew. (Hill) 1: 116 (1789)
  Typhoides arundinacea (L.) Moench, Methodus (Moench) 202 (1794)
  Calamagrostis variegata With., Arr. Brit. Pl., ed. 3 2: 124 (1796)
  Digraphis arundinacea (L.) Trin., Fund. Agrost. 127 (1820)
  Baldingera arundinacea (L.) Dumort., Observ. Gramin. Belg. 130 (1824)
  Phalaris caesia Nees, Fl. Afr. Austral. Ill. 3: 6 (1841)
  Phalaris japonica Steud., Syn. Pl. Glumac. 1: 11 (1853)
  Phalaroides rotgesii (Husn.) Holub, Folia Geobot. Phytotax. 12: 428 (1977)

Representative specimens; Hamgyong-bukto 9 July 1930 鏡城 *Ohwi, J Ohwi s.n.* 9 July 1930 Kyonson 鏡城 *Ohwi, J Ohwi s.n.* **Hamgyong-namdo** 26 July 1935 Donha-myeon Unsan-ri (東下面雲山里) *Nomura, N Nomura s.n.* 23 July 1935 東上面漢垈里湖畔 *Nomura, N Nomura s.n.* **Ryanggang** 15 August 1914 谿間里 *Ikuma, Y Ikuma s.n.*

Phleum L.
Phleum alpinum L., Sp. Pl. 59 (1753)
Common name 산조아재비
Distribution in Korea: North
  Phleum pratense L. var. *alpinum* (L.) Schreb., Beschr. Gras. 1: 103 (1769)
  Phleum commutatum Gaudin, Alpina 3: 4 (1808)
  Plantinia alpina (L.) Bubani, Fl. Pyren. 4: 272 (1901)

Representative specimens; Ryanggang 13 August 1913 白頭山 *Hirai, H Hirai s.n.* 12 August 1913 神武城 *Hirai, H Hirai s.n.* 13 August 1914 白頭山 *Ikuma, Y Ikuma s.n.* 12 August 1914 無頭峯 *Ikuma, Y Ikuma s.n.* August 1913 長白山 *Mori, T Mori s.n.* 8 August 1914 神武城-無頭峯 *Nakai, T Nakai s.n.* 31 July 1942 白頭山 *Saito, T T Saito s.n.* 26 July 1942 Saito, *T T Saito s.n.*

Phleum pratense L., Sp. Pl. 59 (1753)

Common name 큰조아재비

Distribution in Korea: Introduced (North, Central, Jeju)
>   *Phleum nodosum* L., Syst. Nat. ed. 10 2: 871 (1759)
>   *Phleum nodosum* L. var. *pratense* (L.) St.-Amans, Fl. Agen. 23 (1821)
>   *Phleum villosum* Opiz, Naturalientausch 10: 211 (1825)
>   *Phleum praecox* Jord., Arch. Fl. France Allemagne 325 (1854)
>   *Plantinia pratensis* (L.) Bubani, Fl. Pyren. 4: 270 (1901)
>   *Stelephuros pratensis* (L.) Lunell, Amer. Midl. Naturalist 4: 216 (1915)

Representative specimens; Chagang-do 1 August 1911 Kang-gei(Kokai 江界) *Mills, RG Mills573* **Hamgyong-bukto** 3 August 1935 羅南支庫 *Saito, T T Saito s.n.* 5 July 1930 鏡城 *Ohwi, J Ohwi s.n.* 6 July 1930 *Ohwi, J Ohwi s.n.* 6 July 1930 Kyonson 鏡城 *Ohwi, J Ohwi s.n.* **Ryanggang** 3 August 1914 惠山鎮- 普天堡 *Nakai, T Nakai s.n.*

Phragmites **Adans.**
Phragmites australis (Cav.) Trin. ex Steud., Nomencl. Bot., ed. 2 (Steudel) 2: 324 (1841)

Common name 갈대

Distribution in Korea: North, Central, South, Ulleung
>   *Arundo phragmites* L., Sp. Pl. 81 (1753)
>   *Arundo australis* Cav., Anales Hist. Nat. 1: 100 (1799)
>   *Xenochloa arundinacea* Licht., Syst. Veg. (ed. 16) [Roemer & Schultes] 2: 501 (1817)
>   *Phragmites communis* Trin., Fund. Agrost. 134 (1820)
>   *Phragmites longivalvis* Steud., Syn. Pl. Glumac. 1: 196 (1854)
>   *Phragmites vulgaris* Britton & Sterns & Poggenb., Prelim. Cat. 0: 69 (1888)
>   *Phragmites nakaianus* Honda, J. Fac. Sci. Univ. Tokyo, Sect. 3, Bot. 3: 118 (1930)

Representative specimens; Hamgyong-bukto 27 August 1914 黃句基 *Nakai, T Nakai s.n.* **Hwanghae-namdo** 24 July 1929 夢金浦 *Nakai, T Nakai s.n.* **Kangwon-do** 15 August 1916 金剛山內圓通庵前 *Nakai, T Nakai s.n.* **P'yongan-bukto** 13 September 1915 Gishu(義州) *Nakai, T Nakai s.n.* **P'yongyang** 12 September 1902 P'yongyang (平壤) *Uchiyama, T Uchiyama s.n.* **Rason** 6 June 1930 西水羅 *Ohwi, J Ohwi s.n.* **Ryanggang** 25 July 1914 遮川里三水 *Nakai, T Nakai s.n.*

Phragmites japonicus Steud., Syn. Pl. Glumac. 1: 196 (1854)

Common name 달뿌리풀

Distribution in Korea: North (P'yongan), Central (Hwanghae), South, Jeju
>   *Phragmites prostratus* Makino, Bot. Mag. (Tokyo) 26: 237 (1912)
>   *Phragmites serotinus*Kom., Fl. URSS 2: 305, 751 (1934)

Representative specimens; Chagang-do 3 October 1910 Whee Chun(熙川) *Mills, RG Mills542* 3 October 1910 Mills, RG Mills564 **Hamgyong-namdo** 10 September 1933 松興里盤龍山 *Nomura, N Nomura s.n.* **Kangwon-do** 15 August 1932 金剛山外金剛 *Koidzumi, G Koidzumi s.n.* 4 September 1916 洗浦-蘭谷 *Nakai, T Nakai s.n.* **P'yongan-bukto** 27 July 1912 Nei-hen (Neiyen 寧邊) *Imai, H Imai s.n.* 25 August 1911 Sakju(朔州) *Mills, RG Mills s.n.* 25 August 1911 *Mills, RG Mills s.n.* **Ryanggang** August 1913 羅暖堡 *Mori, T Mori s.n.* 14 August 1914 農事洞- 三下 *Nakai, T Nakai s.n.*

Poa **L.**
Poa acroleuca Steud., Syn. Pl. Glumac. 1: 256 (1854)

Common name 실꿰미풀 (실포아풀)

Distribution in Korea: North, Central, South, Ulleung
>   *Poa familiaris* Steud., Syn. Pl. Glumac. 1: 426 (1854)
>   *Poa psilocaulis* Steud., Syn. Pl. Glumac. 1: 256 (1854)
>   *Poa acroleuca* Steud. var. *submoniliformis* Makino, Bot. Mag. (Tokyo) 27: 116 (1913)
>   *Poa acroleuca* Steud. f. *submoniliformis* (Makino) T.Koyama, Grasses Japan 0: 523 (1987)

Representative specimens; Chagang-do 5 June 1911 Kang-gei(Kokai 江界) *Mills, RG Mills522* 11 July 1914 臥碣峰鷺峯 *Nakai, T Nakai s.n.* **Ryanggang** 8 August 1914 神武城-無頭峯 *Nakai, T Nakai s.n.*

Poa annua L., Sp. Pl. 68 (1753)

Common name 새꿰미풀 (새포아풀)

Distribution in Korea: North, Central, South, Ulleung
 *Poa hohenackeri*Trin., Bull. Sci. Acad. Imp. Sci. Saint-Pétersbourg 1: 69 (1836)
 Poa meyenii Nees & Meyen, Nova Acta Acad. Caes. Leop.-Carol. German. Nat. Cur. 19: 31 (1841)
 Poa annua L. var. *reptans* Hausskn., Mitt. Geogr. Ges.Jena 9: 7 (1891)
 Poa annua L. f. *reptans* (Hausskn.) T.Koyama, Grasses Japan 0: 523 (1987)

Poa arctica R.Br., Chlor. Melvill. 30 (1823)

Common name 두메포아풀

Distribution in Korea: North
 Poa malacantha Kom. var. *shinanoana* (Ohwi) Ohwi, Sp. Pl. 67 (1753)
 Poa komarovii Roshev., Izv. Glavn. Bot. Sada SSSR 26: 286 (1927)
 Poa deschampsioides Ohwi, Bot. Mag. (Tokyo) 45: 195 (1931)
 Poa shinanoana Ohwi, Acta Phytotax. Geobot. 2: 31 (1933)

Representative specimens; **Hamgyong-bukto** 26 July 1930 頭流山 *Ohwi, J Ohwi2741* Type of *Poa deschampsioides* Ohwi
(Holotype KYO)21 July 1933 冠帽峰 *Saito, T T Saito s.n.* **Ryanggang** 13 August 1914 白頭山 *Ikuma, Y Ikuma s.n.* 10 August
1914 *Nakai, T Nakai s.n.* 10 August 1914 *Nakai, T Nakai s.n.*

Poa glauca Vahl, Fl. Dan. 6 (17): 3, t. 964 (1790)

Common name 구름꿰미풀 (자주포아풀)

Distribution in Korea: North
 Poa caesia Sm., Fl. Brit. 1: 103 (1800)
 Poa nemoralis L. var. *glauca* (Vahl) Gaudich., Agrost. Helv. 1: 182 (1811)
 Poa misera (Thunb.) Koidz. var. *alpina* Koidz., Bot. Mag. (Tokyo) 32: 63 (1918)
 Poa extremiorientalis Ohwi, Acta Phytotax. Geobot. 7: 132 (1928)

Representative specimens; **Hamgyong-bukto** 21 June 1935 穩城郡甑山 *Saito, T T Saito s.n.*

Poa hisauchii Honda, Bot. Mag. (Tokyo) 42: 132 (1928)

Common name 도랑꿰미풀 (구내풀)

Distribution in Korea: North
 Poa acroleuca Steud. var. *spiciformis* Honda, Bot. Mag. (Tokyo) 41: 64 (1927)

Representative specimens; **Hamgyong-bukto** 21 July 1933 冠帽峰 *Saito, T T Saito s.n.*

Poa matsumurae Hack., Bull. Herb. Boissier 7: 709 (1899)

Common name 가는꿰미풀 (가는포아풀)

Distribution in Korea: North, Central, Ulleung
 Poa tomentosa Koidz., Bot. Mag. (Tokyo) 31: 255 (1917)
 Poa takeshimana Honda, Bot. Mag. (Tokyo) 42: 133 (1928)
 Poa chosenensis Ohwi, Acta Phytotax. Geobot. 4: 59 (1935)
 Poa iwateana Ohwi, Acta Phytotax. Geobot. 4: 60 (1935)
 Poa iwayae Honda, Bot. Mag. (Tokyo) 53: 51 (1939)
 Poa matsumurae Hack. var. *takeshimana* (Honda) Ohwi, Bull. Natl. Sci. Mus., Tokyo 33: 67 (1953)
 Poa kyongsongensis I.C.Chung, J. Wash. Acad. Sci. 45: 211 (1955)

Representative specimens; **Hamgyong-bukto** 19 June 1930 四芝洞 -楡坪 *Ohwi, J Ohwi s.n.* **Ryanggang** 24 July 1930 含山嶺 *Ohwi, J Ohwi s.n.*

Poa nemoralis L., Sp. Pl. 69 (1753)

Common name 선꿰미풀 (선포아풀)

Distribution in Korea: North, Central, South
 Agrostis alba L., Sp. Pl. 1: 63 (1753)
 Poa nemoralis L. var. *firmula* Gaudich., Agrost. Helv. 1: 181 (1811)

Poa nemoralis L. var. *rigidula* Mert. & W.D.J.Koch, Deutschl. Fl. (Mertens & W. D. J. Koch), ed. 3 1: 617 (1823)

Poa nemoralis L. var. *glaucantha* (Gaudich.) Rchb., Fl. Germ. Excurs. 1: 47 (1830)

Poa nemoralis L. var. *tenella* Rchb., Icon. Fl. Germ. Helv. 1: t. 86 (1834)

Paneion nemoralis (L.) Lunell, Amer. Midl. Naturalist 4: 222 (1915)

Poa kumgansani Ohwi, Acta Phytotax. Geobot. 4: 62 (1935)

Poa nemoralis L. var. *kumgansani* (Ohwi) H.S.Kim, Fl. Coreana (Im, R.J.) 7: 167 (1976)

Representative specimens; Chagang-do 22 July 1916 狼林山 *Mori, T Mori s.n.* **Hamgyong-bukto** 31 July 1936 南下石山 *Chang, HD ChangHD s.n.* 2 August 1936 *Chang, HD ChangHD s.n.* August 1932 冠帽峰 *Takenaka, Y s.n.* **Hamgyong-namdo** 14 June 1909 新浦 *Nakai, T Nakai s.n.* **Kangwon-do** 12 August 1932 Mt. Kumgang (金剛山) *Koidzumi, G Koidzumi s.n.* 16 August 1916 金剛山毘盧峯上 *Nakai, T Nakai s.n.* June 1932 Mt. Kumgang (金剛山) *Ohwi, J Ohwi s.n.* Type of *Poa kumgansani* Ohwi (Holotype KYO) **P'yongan-namdo** 25 August 1930 紫霞山 *Uyeki, H Uyeki s.n.* **Ryanggang** 4 August 1939 大澤濕地 *Hozawa, S Hozawa s.n.* 5 August 1940 高頭山 *Hozawa, S Hozawa s.n.* 1 July 1917 保興里 *Furumi, M Furumi s.n.* 1 August 1934 小長白山 *Kojima, K Kojima s.n.* 15 August 1913 谿間里 *Hirai, H Hirai s.n.*Sinuiju 25 April 1917 新義州 *Furumi, M Furumi s.n.*

Poa nepalensis (Wall. ex Griseb.) Duthie var. *nipponica* (Koidz.) Soreng & G.Zhu, Fl. China 22: 289 (2006)

Common name 큰꾸러미풀

Distribution in Korea: North

Poa nipponica Koidz., Bot. Mag. (Tokyo) 31: 256 (1917)

Poa annua L. f. *maxima* Hack. ex Honda, J. Fac. Sci. Univ. Tokyo, Sect. 3, Bot. 3: 77 (1930)

Representative specimens; Hamgyong-bukto 28 May 1930 Kyonson 鏡城 *Ohwi, J Ohwi s.n.* 6 July 1939 車踰嶺 *Hiraba, N s.n.* **Hamgyong-namdo** July 1938 咸興附近 *Jeon, SK JeonSK s.n.* 6 June 1935 Hamhung (咸興) *Ohwi, J Ohwi s.n.*

Poa palustris L., Syst. Nat. ed. 10 2: 874 (1759)

Common name 진퍼리꿰미풀 (눈포아풀)

Distribution in Korea: North

Poa serotina Ehrh. ex Hoffm., Deutschl. Fl., Jahrgang 3 (Hoffm.) 3: 42 (1800)

Poa sphondylodes Trin. var. *strictula* (Steud.) Honda, J. Fac. Sci. Univ. Tokyo, Sect. 3, Bot. 3: 83 (1930)

Representative specimens; Ryanggang 23 July 1914 江口- 李僧嶺 *Nakai, T Nakai s.n.* August 1913 長白山 *Mori, T Mori s.n.*

Poa pratensis L., Sp. Pl. 67 (1753)

Common name 왕꿰미풀 (왕포아풀)

Distribution in Korea: North, Central, South, Jeju, Ulleung

*Poa glabra*Ehrh., Beitr. Naturk. (Ehrhart) 6: 82 (1791)

Poa angustifolia Wahlenb. var. *anceps* (Gaudin) K.Richt., Pl. Eur. 1: 87 (1890)

Poa angustiglumis Roshev., Izv. Bot. Sada Akad. Nauk S.S.S.R 30: 773 (1932)

Poa florida N.R.Cui, Acta Bot. Boreal.-Occid. Sin. 7: 91 (1987)

Representative specimens; Chagang-do 1 July 1911 Kang-gei(Kokai 江界) *Mills, RG Mills553* 1 August 1911 *Mills, RG Mills558* 25 July 1911 *Mills, RG Mills559* 21 July 1914 大興里- 山羊 *Nakai, T Nakai s.n.* **Hamgyong-bukto** 20 June 1909 輸城 *Nakai, T Nakai s.n.* 22 June 1909 會寧 *Nakai, T Nakai s.n.* 21 June 1909 茂山嶺 *Nakai, T Nakai s.n.* 1 June 1930 Kyonson 鏡城 *Ohwi, J Ohwi32* 25 May 1930 *Ohwi, J Ohwi56* 26 May 1930 *Ohwi, J Ohwi157* 26 May 1930 *Ohwi, J Ohwi158* 27 May 1930 *Ohwi, J Ohwi171* 30 May 1930 朱乙 *Ohwi, J Ohwi298* 27 May 1930 Kyonson 鏡城 *Ohwi, J Ohwi732* 14 June 1930 *Ohwi, J Ohwi958* 12 June 1934 延上面九州帝大北鮮演習林 *Hatsushima, S Hatsushima s.n.* 20 June 1909 獐項 *Nakai, T Nakai s.n.* 21 June 1938 穩城郡甌山 *Saito, T T Saito8087* 21 June 1938 *Saito, T T Saito8088* 21 June 1938 *Saito, T T Saito8089* 21 June 1938 *Saito, T T Saito8093* 17 June 1930 四芝嶺 *Ohwi, J Ohwi1274* **Hamgyong-namdo** July 1902 端川龍德里摩天嶺 *Mishima, A s.n.* 24 July 1933 東上面大漢垈里 *Koidzumi, G Koidzumi s.n.* 21 June 1932 東上面元豐里 *Ohwi, J Ohwi1571* **Hwanghae-namdo** 26 June 1922 Sorai Beach 九味浦 *Mills, RG Mills s.n.* **Kangwon-do** June 1932 Mt. Kumgang (金剛山) *Ohwi, J Ohwi s.n.* 7 June 1909 元山 *Nakai, T Nakai s.n.* **P'yongan-bukto** 6 June 1912 Unsan (雲山) *Ishidoya, T Ishidoya s.n.* 6 June 1912 *Ishidoya, T Ishidoya s.n.* **P'yongyang** 5 May 1912 P'yongyang (平壤) *Imai, H Imai s.n.* 26 May 1912 大聖山 *Imai, H Imai s.n.* 29 July 1910 平壤普通江岸 *Imai, H Imai s.n.* 29 May 1935 P'yongyang (平壤) *Sakaguchi, S 68* 3 July 1910 Otsumitsudai (乙密台) 平壤 *Imai, H Imai s.n.*Rason 5 June 1930 西水羅 *Ohwi, J Ohwi541* **Ryanggang** 5 August 1940 高頭山 *Hozawa, S Hozawa s.n.* 19 June 1930 楡坪 *Ohwi, J Ohwi1444* 21 June 1930 天水洞 *Ohwi, J Ohwi1571* 24 July 1930 含山嶺 *Ohwi, J Ohwi2463* 12 August 1936 白頭山- 無頭峯 *Chang, HD ChangHD53*Sinuiju 25 April 1917 新義州 *Furumi, M Furumi s.n.*

Poa pratensis L. ssp. *angustifolia* (L.) Lej., Comp. Fl. Belg. 0: 82 (1828)

Common name 긴왕포아풀

Distribution in Korea: North, Central
  Poa pratensis L. var. *angustifolia* (L.) Sm., Fl. Brit. 1: 105 (1800)
  Poa angustifolia Wahlenb., Fl. Upsal. 0: 66 (1820)
  Poa viridula Palib., Trudy Imp. S.-Peterburgsk. Bot. Sada 19: 134 (1902)

Representative specimens; **Chagang-do** 15 June 1911 Kang-gei(Kokai 江界) *Mills, RG Mills508* **Hamgyong-bukto** 7 July 1935 羅南 *Saito, T T Saito s.n.* 30 May 1930 朱乙 *Ohwi, J Ohwi s.n.* 25 May 1930 Kyonson 鏡城 *Ohwi, J Ohwi s.n.* 29 May 1932 北實峰 *Saito, T T Saito s.n.* 7 June 1936 茂山面 *Minamoto, M s.n.* **Hamgyong-namdo** 27 May 1934 咸興盤龍山 *Nomura, N Nomura s.n.* 23 July 1935 東上面漢垈里湖畔 *Nomura, N Nomura s.n.* **Kangwon-do** 10 August 1916 金剛山毘盧峯 *Nakai, T Nakai s.n.* **P'yongan-namdo** 23 June 1935 黃草嶺 *Nomura, N Nomura s.n.* 15 June 1928 陽德 *Nakai, T Nakai s.n.* **Rason** 5 June 1930 西水羅 *Ohwi, J Ohwi s.n.* **Ryanggang** 24 July 1930 含山嶺 *Ohwi, J Ohwi s.n.*

Poa pratensis L. var. *hatusimae* (Ohwi) Ohwi, Acta Phytotax. Geobot. 10: 127 (1941)

Common name 북왕포아풀

Distribution in Korea: North
  Poa hatusimae Ohwi, Exp. Forest. Kyushu Imp. Univ. 10: 135 (1938)

Poa trivialis L., Sp. Pl. 67 (1753)

Common name 큰참새꿰미풀 (큰새포아풀)

Distribution in Korea: North
  Poa peronini Boiss., Fl. Orient. 5: 604 (1884)
  Poa callidarydb. Rydb., Bull. Torrey Bot. Club 36: 533 (1909)
  Poa uda Honda, Bot. Mag. (Tokyo) 51: 859 (1937)

Representative specimens; **Hamgyong-bukto** July 1932 冠帽峰 *Ohwi, J Ohwi s.n.*

Poa urssulensis Trin., Mem. Acad. Imp. Sci. St.-Petersbourg Divers Savans 2: 527 (1835)

Common name 관모포아풀

Distribution in Korea: far North
  Poa kanboensis Ohwi, Acta Phytotax. Geobot. 10: 125 (1941)
  Poa urssulensis Trin. var. *kanboensis* (Ohwi) Olonova & G.Zhu, Fl. China 22: 203 (2006)

Representative specimens; **Hamgyong-bukto** 7 July 1935 羅南 *Saito, T T Saito1203* July 1932 冠帽峰 *Ohwi, J Ohwi s.n.* **Hamgyong-namdo** 24 July 1933 東上面大漢垈里 *Koidzumi, G Koidzumi s.n.*

Poa ussuriensis Roshev., Fl. URSS 2: 754 (1934)

Common name 북꿰미풀 (갑산포아풀)

Distribution in Korea: North
  Poa ussuriensis Roshev. f. *angustifolia* I.C.Chung, J. Wash. Acad. Sci. 45: 214 (1955)
  Poa ussuriensis Roshev. f. *scabra* I.C.Chung, J. Wash. Acad. Sci. 45: 214 (1955)

Representative specimens; **Hamgyong-bukto** 2 June 1933 羅南西北側 *Saito, T T Saito s.n.* 14 June 1930 Kyonson 鏡城 *Ohwi, J Ohwi s.n.* 26 May 1930 *Ohwi, J Ohwi s.n.* 19 June 1930 四芝洞 -楡坪 *Ohwi, J Ohwi s.n.* **Kangwon-do** June 1932 Mt. Kumgang (金剛山) *Ohwi, J Ohwi s.n.* **Ryanggang** 8 June 1897 平蒲里-倉坪 *Komarov, VL Komaorv s.n.* 1 July 1917 保興里 *Furumi, M Furumi s.n.*

Poa versicolor Besser, Enum. Pl. (Besser) 41 (1821)

Common name 포아풀

Distribution in Korea: North, Central, South, Ulleung
  Poa sphondylodes Trin., Enum. Pl. Chin. Bor. 71 (1833)
  Poa linearis Trin., Enum. Pl. Chin. Bor. 71 (1833)
  Poa diantha Steud., Syn. Pl. Glumac. 1: 256 (1854)
  Poa sphondylodes Trin. var. *diantha* (Steud.) Miq., Prolus. Fl. Jap. 168 (1866)
  Poa palustris L. var. *strictula* (Steud.) Hack., Bull. Herb. Boissier 7: 710 (1899)

Poa misera (Thunb.) Koidz. var. *sphondylodes* (Bunge) Koidz., Bot. Mag. (Tokyo) 31: 257 (1917)
Poa kelungensis Ohwi, Acta Phytotax. Geobot. 4: 60 (1935)

Representative specimens; Chagang-do 7 July 1911 Kang-gei(Kokai 江界) *Mills, RG Mills572* 13 July 1942 龍林面厚地洞川岸 *Jeon, SK JeonSK s.n.* **Hamgyong-bukto** 6 October 1942 清津高抹山東側 *Saito, T T Saito s.n.* 15 June 1930 茂山嶺 *Ohwi, J Ohwi s.n.* 17 August 1931 朱乙溫面下凰波洞立岩 *Ito, H 5* 12 June 1930 鏡城 *Ohwi, J Ohwi s.n.* 30 May 1930 朱乙 *Ohwi, J Ohwi s.n.* 12 June 1930 鏡城 *Ohwi, J Ohwi s.n.* 25 May 1930 *Ohwi, J Ohwi s.n.* 30 May 1930 朱乙溫堡 *Ohwi, J Ohwi s.n.* 12 June 1930 Kyonson 鏡城 *Ohwi, J Ohwi s.n.* 26 June 1930 雪嶺東面 *Ohwi, J Ohwi s.n.* 25 June 1930 雪嶺西側 *Ohwi, J Ohwi s.n.* 25 June 1930 *Ohwi, J Ohwi s.n.* July 1932 慶源郡龍德面 *Ohwi, J Ohwi s.n.* 17 June 1930 四芝嶺 *Ohwi, J Ohwi s.n.* **Hamgyong-namdo** 14 June 1934 咸興城川江西上里堤防 *Nomura, N Nomura s.n.* 2 September 1934 蓮花山 *Kojima, K Kojima s.n.* 15 August 1935 遮日峯 *Nakai, T Nakai s.n.* 23 August 1932 *Ohwi, J Ohwi s.n.* 18 August 1934 東上面新洞上方 2000m *Yamamoto, A Yamamoto s.n.* **Kangwon-do** 25 May 1935 元山 *Yamagishi, S s.n.* **P'yongyang** 25 August 1909 平壤大同江岸 *Imai, H Imai s.n.* **Rason** 5 June 1930 西水羅 *Ohwi, J Ohwi s.n.* **Ryanggang** 20 August 1934 北水白山附近 *Kojima, K Kojima s.n.* 20 August 1934 豊山新興郡境北水白山 *Yamamoto, A Yamamoto s.n.* 21 August 1934 *Yamamoto, A Yamamoto s.n.* 29 May 1917 江口 *Nakai, T Nakai s.n.* 24 July 1930 含山嶺 *Ohwi, J Ohwi s.n.* 19 June 1930 榆坪 *Ohwi, J Ohwi s.n.* 21 June 1930 天水洞 *Ohwi, J Ohwi s.n.* 20 August 1934 新興郡境山水白山 *Yamamoto, A Yamamoto s.n.* 19 August 1934 新興豊山郡境南水峠附近 *Yamamoto, A Yamamoto s.n.* 19 June 1930 四芝坪-榆坪 *Ohwi, J Ohwi s.n.* 19 June 1930 *Ohwi, J Ohwi s.n.*

Polypogon Desf.
Polypogon fugax Nees ex Steud., Syn. Pl. Glumac. 1: 184 (1854)
Common name 쇠돌피
Distribution in Korea: North, Central, South, Ulleung
    Polypogon demissus Steud., Syn. Pl. Glumac. 1: 422 (1854)
    Polypogon higegaweri Steud., Syn. Pl. Glumac. 1: 422 (1854)
    Polypogon fugax Nees ex Steud. f. *demissus* (Steud.) Y.N.Lee, Man. Korean Grasses 230 (1966)
    Polypogon fugax Nees ex Steud. f. *muticus* (I.C.Chung) Y.N.Lee, Man. Korean Grasses 230 (1966)

Pseudoraphis Griff. ex Pilg.
Pseudoraphis sordida (Thwaites) S.M.Phillips & S.L.Chen, Novon 13: 469 (2003)
Common name 물잔디
Distribution in Korea: North, Central, South; Nat
    Andropogon squarrosus L.f., Suppl. Pl. 433 (1781)
    Panicum spinescens R.Br., Prodr. Fl. Nov. Holland. 193 (1810)
    Chamaeraphis squarrosa var. *depauperata* (Nees ex Hook.f.) Masamura, Trans. Nat. Hist. Soc. Taiwan 30: 18 (1940)
    Pseudoraphis depauperata (Nees ex Hook.f.) Keng, Sinensia 11: 413 (1940)
    Pseudoraphis ukishiba Ohwi, Acta Phytotax. Geobot. 10: 273 (1941)
    Pseudoraphis squarrosa (L.) Chase var. *depauperata*(Nees ex Hook.f.) H.Hara, J. Jap. Bot. 17: 398 (1941)
    Pseudoraphis spinescens (R.Br.) Vickery, Proc. Roy. Soc. Queensland 62: 69 (1952)

Puccinellia Parl.
Puccinellia chinampoensis Ohwi, Acta Phytotax. Geobot. 4: 31 (1935)
Common name 남포미꾸리꿰미풀 (각시미꾸리광이)
Distribution in Korea: North

Puccinellia nipponica Ohwi, Bot. Mag. (Tokyo) 45: 379 (1931)
Common name 갯미꾸리꿰미풀 (갯꾸러미풀)
Distribution in Korea: North, Central, South
    Puccinellia adpressa Ohwi, Bot. Mag. (Tokyo) 45: 380 (1931)

Representative specimens; Hwanghae-namdo 24 July 1929 夢金浦 *Nakai, T Nakai s.n.* 12 August 1935 夢金浦海岸 *Sato, TN s.n.* **Kangwon-do** 8 June 1909 元山 *Nakai, T Nakai s.n.*

Puccinellia pumila (Vasey) Hitchc., Amer. J. Bot. 21: 129 (1934)

Common name 천도미꾸리광이

Distribution in Korea: North, Central
  Atropis kurilensis Takeda, J. Linn. Soc., Bot. 42: 497 (1914)
  Puccinellia paupercula (Holm) Fernald & Weath., Rhodora 18: 18 (1916)
  Puccinellia kurilensis (Takeda) Honda, J. Fac. Sci. Univ. Tokyo, Sect. 3, Bot. 3: 59 (1930)
  Puccinellia distans (Jacq.) Parl. var. *minor* (S.Watson) B.Boivin, Naturaliste Canad. 94: 527 (1967)

Sacciolepis Nash
Sacciolepis indica (L.) Chase, Proc. Biol. Soc. Wash. 21: 8 (1908)

Common name 좀물뚝새

Distribution in Korea: North, Central, South, Jeju
  Aira indica L., Sp. Pl. 63 (1753)
  Panicum indicum (L.) L., Mant. Pl. 2: 184 (1771)
  Panicum phalaroides Roem. & Schult., Syst. Veg. (ed. 16) [Roemer & Schultes] 2: 452 (1817)
  Panicum indicum (L.) L. var. *oryzetorum* Makino, Bot. Mag. (Tokyo) 27: 28 (1913)
  Sacciolepis oryzetorum (Makino) Honda, Bot. Mag. (Tokyo) 37: 118 (1923)
  Sacciolepis spicata (L.) Honda, J. Fac. Sci. Univ. Tokyo, Sect. 3, Bot. 3: 261 (1930)
  Sacciolepis indica (L.) Chase var. *oryzetorum* (Makino) Ohwi, Fl. Jap. (Ohwi) 144 (1953)

Representative specimens; Hamgyong-namdo 17 September 1933 東川面豊陽里 - 牡洞峠 *Nomura, N Nomura s.n.* **Kangwon-do** 13 September 1932 元山 *Kitamura, S Kitamura1883* **P'yongan-namdo** 30 September 1910 Sin An Ju(新安州) *Mills, RG Mills s.n.* **P'yongyang** 25 August 1909 平壤普通江岸 *Imai, H Imai s.n.* 13 September 1902 萬景臺 *Uchiyama, T Uchiyama s.n.*

Sasa Makino & Shibata
Sasa borealis (Hack.) Makino, Bot. Mag. (Tokyo) 15: 24 (1901)

Common name 조릿대

Distribution in Korea: North, Central, South
  Arundinaria purpurascens Hack., Bull. Herb. Boissier 7: 716 (1899)
  Bambusa borealis Hack., Bull. Herb. Boissier 7: 720 (1899)
  Arundinaria borealis (Hack.) Makino, Bot. Mag. (Tokyo) 14: 20 (1900)
  Bambusa purpurascens (Hack.) Makino, Descr. Prod. Forest. Japon 37 (1900)
  Sasa spiculosa (J.A.Schmidt) Makino, Bot. Mag. (Tokyo) 26: 12 (1912)
  Sasa purpurascens (Hack.) E.G.Camus, Bambusees (Camus) 19 (1913)
  Sasa coreana Nakai, Bot. Mag. (Tokyo) 31: 4 (1917)
  Pseudosasa spiculosa (Makino) Makino, J. Jap. Bot. 2: 16 (1920)
  Pseudosasa spiculosa (Makino) Makino f. *angustior* Makino, J. Jap. Bot. 2: 16 (1920)
  Sasa spiculosa (J.A.Schmidt) Makino f. *angustior* Makino, J. Jap. Bot. 5: 9 (1928)
  Sasa spiculosa (J.A.Schmidt) Makino var. *subpubescens* Makino & Uchida, J. Jap. Bot. 6: 24 (1929)
  Sasamorpha borealis (Hack.) Nakai, J. Fac. Agric. Hokkaido Imp. Univ. 26 (2): 181 (1931)
  Sasamorpha purpurascens (Hack.) Nakai, J. Fac. Agric. Hokkaido Imp. Univ. 26 (2): 181 (1931)
  Sasamorpha amabilis Nakai, Bot. Mag. (Tokyo) 46: 37 (1932)
  Sasamorpha purpurascens (Hack.) Nakai var. *angustior* (Makino) Nakai, Bot. Mag. (Tokyo) 46: 42 (1932)
  Sasamorpha purpurascens (Hack.) Nakai var. *borealis* (Hack.) Nakai, Bot. Mag. (Tokyo) 46: 41 (1932)
  Sasamorpha gracilis Nakai, Bot. Mag. (Tokyo) 46: 38 (1932)
  Sasamorpha chiisanensis Nakai, Bot. Mag. (Tokyo) 46: 37 (1932)
  Sasamorpha purpurascens (Hack.) Nakai var. *macrochaeta* (Nakai) Nakai, J. Jap. Bot. 11: 75 (1935)
  Sasamorpha purpurascens (Hack.) Nakai var. *hidakana* Tatew. & Yoshim., Goryorin 138 (1939)
  Neosasamorpha tobaeana (Makino & Uchida) Tatew., Trans. Hokkaido For. Soc. 38: 10 (1940)
  Pseudosasa purpurascens (Hack.) Makino, Ill. Fl. Nippon (Makino) 876 (1940)
  Sasamorpha purpurascens (Hack.) Nakai var. *borealis* (Hack.) Nakai f. *psilostacys* (Nakai) Tatew. & Yoshim., Bull. Forest. Soc. Hokkaido 38: 131 (1940)
  Sasamorpha tobaeana (Makino & Uchida) Uchida ex Koidz., Acta Phytotax. Geobot. 10: 317 (1941)

Sasamorpha borealis (Hack.) Nakai var. *amabilis* (Makino) Hiyama, J. Jap. Bot. 28: 154 (1953)
Sasamorpha borealis (Hack.) Nakai var. *purpurascens* (Hack.) Hiyama, J. Jap. Bot. 28: 154 (1953)
Sasamorpha borealis (Hack.) Nakai var. *angustior* (Makino) Sad.Suzuki, J. Jap. Bot. 50: 137 (1975)
Sasa chiisanensis (Nakai) Y.N.Lee, Fl. Korea (Lee) 1164 (1996)
Arundinaria munsuensis Y.N.Lee, Korean J. Pl. Taxon. 28: 33 (1998)

Representative specimens; Hamgyong-bukto 吉州東南方 *Unknown s.n.* July 1916 上古面 *Hatta, K s.n.* Type of *Sasa coreana* Nakai (Holotype TI)9 August 1918 上古面雲滿臺 *Nakai, T Nakai s.n.* 8 August 1918 *Nakai, T Nakai s.n.* 1922 七寶山 *Saito, T T Saito s.n.* **Hwanghae-namdo** 25 August 1925 長壽山 *Chung, TH Chung s.n.* **Kangwon-do** 31 July 1916 金剛山群仙峽 *Nakai, T Nakai s.n.* 15 August 1932 金剛山外金剛 *Koidzumi, G Koidzumi s.n.* 4 August 1916 金剛山望軍臺 *Nakai, T Nakai s.n.* 10 June 1932 Mt. Kumgang (金剛山) *Ohwi, J Ohwi s.n.* 9 August 1940 *Okuyama, S Okuyama s.n.* 20 August 1930 安邊郡衞谷面三防 *Nakai, T Nakai s.n.* 20 August 1930 *Nakai, T Nakai s.n.* Sanbo (三防) *Nakai, T Nakai s.n.* 14 August 1933 安邊郡衞谷面三防 *Nomura, N Nomura s.n.* **P'yongan-namdo** 30 October 1924 德川郡太極面竹勝洞 *Kondo, T Kondo s.n.*

Schizachne Hack.
Schizachne purpurascens (Torr.) Swallen, J. Wash. Acad. Sci. 18: 204 (1928)
Common name 호오리새
Distribution in Korea: North
 Avena striata Michx., Fl. Bor.-Amer. (Michaux) 1: 73 (1803)
 Trisetum purpurascens Torr., Fl. N. Middle United States 1: 127 (1823)
 Melica striata Hitchc., Rhodora 8: 211 (1906)
 Schizachne fauriei Hack., Repert. Spec. Nov. Regni Veg. 7: 323 (1909)
 Bromelica striata (Hitchc.) Farw., Rhodora 21: 77 (1919)
 Schizachne callosa (Turcz.) Ohwi ex Griseb., Acta Phytotax. Geobot. 2: 279 (1933)
 Schizachne striata (Hitchc.) Hultén, Svensk Bot. Tidskr. 30: 518 (1936)

Representative specimens; Chagang-do 11 July 1914 臥碣峰鷺峯 *Nakai, T Nakai s.n.* **Hamgyong-bukto** 27 June 1930 甫上洞 - 南下洞 *Ohwi, J Ohwi s.n.* 25 June 1930 雪嶺西側 *Ohwi, J Ohwi2018* 21 June 1938 穩城郡甑山 *Saito, T T Saito8086* 21 June 1938 *Saito, T T Saito8096* 17 June 1930 四芝嶺 *Ohwi, J Ohwi1239* 19 June 1930 *Ohwi, J Ohwi1386* **Kangwon-do** June 1932 Mt. Kumgang (金剛山) *Ohwi, J.Ohwi s.n.* **Ryanggang** 18 June 1897 延岩(西溪水河谷-阿武山) *Komarov, VL Komaorv s.n.* 22 June 1930 倉坪嶺 *Ohwi, J Ohwi s.n.* 22 June 1930 *Ohwi, J Ohwi1709* 19 June 1930 四芝坪-楡坪 *Ohwi, J Ohwi s.n.* 25 May 1938 農事洞 *Saito, T T Saito8542*

Schizachyrium Nees
Schizachyrium brevifolium (Sw.) Nees ex Buse, Pl. Jungh. 3: 359 (1854)
Common name 쇠풀
Distribution in Korea: North, Central, South, Jeju
 Andropogon brevifolius Sw., Prodr. (Swartz) 26 (1788)
 Pollinia brevifolia (Sw.) Spreng., Pl. Min. Cogn. Pug. 2: 13 (1815)
 Sorghum brevifolium (Sw.) Kuntze, Revis. Gen. Pl. 2: 791 (1891)

Representative specimens; Hamgyong-namdo 10 September 1933 咸興盤龍山 *Nomura, N Nomura s.n.* 1928 Hamhung (咸興) *Seok, JM s.n.* **Kangwon-do** 13 September 1932 Ouensan(元山) *Kitamura, S Kitamura1886* **P'yongan-bukto** 17 August 1912 昌城昌州 *Imai, H Imai s.n.*

Secale L.
Secale cereale L., Sp. Pl. 84 (1753)
Common name 호밀
Distribution in Korea: cultivated (North)
 Triticum ramosum Weigel, Diss. Hort. Gryph. 10 (1782)
 Triticum cereale (L.) Salisb., Prodr. Stirp. Chap. Allerton 27 (1796)
 Secale triflorum P.Beauv., Ess. Agrostogr. 105: 178 (1812)
 Secale arundinaceum Trautv., Schilfroggen 1: 2 (1840)

Representative specimens; P'yongan-namdo 21 July 1916 上南洞 *Mori, T Mori s.n.*

Setaria P.Beauv.
Setaria faberi R.A.W.Herrm., Beitr. Biol. Pflanzen 10: 51 (1910)

Common name 가을강아지풀

Distribution in Korea: North, Central
Setaria macrocarpa Luchnik, Trudy Dal'nevost. Fil. Akad. Nauk SSSR, Ser. Bot. 2: 879 (1937)
Setaria autumnalis Ohwi, Acta Phytotax. Geobot. 7: 129 (1938)

Representative specimens; Hamgyong-namdo 2 September 1934 蓮花山 *Kojima, K Kojima s.n.* **Kangwon-do** 21 October 1931 Mt. Kumgang (金剛山) *Takeuchi, T s.n.*

Setaria pumila (Poir.) Roem. & Schult., Syst. Veg. (ed. 16) [Roemer & Schultes] 2: 891 (1817)

Common name 금강아지풀 (가는금강아지풀)

Distribution in Korea: North, Central, South, Ulleung
Panicum pallidefuscum Schumach., Beskr. Guin. Pl. 58 (1827)
Setaria pallidefusca (Schumach.) Stapf & C.E.Hubb., Bull. Misc. Inform. Kew 1930: 259 (1930)
Setaria glauca (L.) P.Beauv. var. *pallidefusca* (Schumach.) T.Koyama, J. Jap. Bot. 37: 237 (1962)

Setaria viridis (L.) P.Beauv., Ess. Agrostogr. 51 (1812)

Common name 강아지풀

Distribution in Korea: North, Central, South, Ulleung
Panicum viride L., Syst. Nat. ed. 10 2: 870 (1759)
Panicum pycnocomum Steud., Syn. Pl. Glumac. 1: 462 (1854)
Panicum pachystachys Franch. & Sav., Enum. Pl. Jap. 2: 594 (1878)
Setaria viridis (L.) P.Beauv. var. *gigantea* Matsum., Cat. Pl. Herb. Sci. Coll. Univ. Tokyo 1: 225 (1886)
Chamaeraphis italica (L.) Kuntze var. *viridis* (L.) Kuntze, Revis. Gen. Pl. 2: 767 (1891)
Setaria pachystachys (Franch. & Sav.) Matsum., Bot. Mag. (Tokyo) 10: 443 (1897)
Chaetochloa viridis var. *pachystachys* (Franch. & Sav.) Honda, Bot. Mag. (Tokyo) 38: 198 (1924)
Chaetochloa gigantea Honda var. *furcata* Honda, Bot. Mag. (Tokyo) 38: 200 (1924)
Chaetochloa gigantea Honda var. *genuina* Honda, Bot. Mag. (Tokyo) 38: 200 (1924)
Setaria pycnocoma (Steud.) Henrard ex Nakai, J. Jap. Bot. 15: 393 (1939)
Setaria viridis (L.) P.Beauv. var. *pachystachys* (Franch. &Sav.) Masamura & Yanagih., Trans. Nat. Hist. Soc. Taiwan 31: 327 (1941)

Representative specimens; Chagang-do 19 August 1911 Kang-gei(Kokai 江界) *Mills, RG Mills s.n.* 15 August 1911 *Mills, RG Mills s.n.* 21 July 1914 大興里- 山羊 *Nakai, T Nakai s.n.* 21 July 1914 大興里山羊間 *Nakai, T Nakai3602* Type of *Chaetochloa gigantea* Honda var. *genuina* Honda (Syntype TI) **Hamgyong-bukto** 24 August 1914 會寧 -行營 *Nakai, T Nakai s.n.* 18 August 1914 茂山東下面 *Nakai, T Nakai3183* Type of *Chaetochloa gigantea* Honda var. *furcata* Honda (Syntype TI)24 August 1914 會寧 -行營 *Nakai, T Nakai3274* Type of *Chaetochloa gigantea* Honda var. *furcata* Honda (Syntype TI)**Hwanghae-bukto** 10 September 1915 瑞興 *Nakai, T Nakai s.n.* **Hwanghae-namdo** 6 August 1929 長淵郡長山串 *Nakai, T Nakai s.n.* 31 July 1929 席島 *Nakai, T Nakai s.n.* 2 August 1921 Sorai Beach 九味浦 *Mills, RG Mills s.n.* 2 August 1921 *Mills, RG Mills s.n.* **Kangwon-do** 27 July 1916 長箭 *Nakai, T Nakai s.n.* 27 July 1916 金剛山海金剛 *Nakai, T Nakai s.n.* 29 July 1916 *Nakai, T Nakai s.n.* 8 August 1916 金剛山長安寺附近 *Nakai, T Nakai s.n.* 31 August 1916 通川邑內叢石亭 *Nakai, T Nakai s.n.* 31 August 1916 通川 *Nakai, T Nakai5164* Type of *Chaetochloa gigantea* Honda var. *genuina* Honda (Syntype TI) **P'yongan-bukto** 5 August 1937 妙香山 *Hozawa, S Hozawa s.n.* 25 August 1911 Sakju(朔州) *Mills, RG Mills s.n.* 25 August 1911 *Mills, RG Mills s.n.* **Ryanggang** 29 July 1897 安間嶺-同仁川 (同仁浦里?) *Komarov, VL Komaorv s.n.*

Spodiopogon Trin.
Spodiopogon cotulifer (Thunb.) Hack., Monogr. Phan. 6: 187 (1889)

Common name 기름새

Distribution in Korea: North, Central, South, Jeju
Andropogon cotuliferum Thunb., Fl. Jap. (Thunberg) 41 (1784)
Eccoilopus andropogonoides Steud., Syn. Pl. Glumac. 1: 124 (1854)
Miscanthus cotulifer (Thunb.) Benth., J. Linn. Soc., Bot. 19(115-116): 65 (1881)
Eccoilopus cotulifer (Thunb.) A.Camus, Ann. Soc. Linn. Lyon 70: 92 (1923)

Representative specimens; Hamgyong-bukto 13 August 1930 鏡城 *Ohwi, J Ohwi s.n.* **Hamgyong-namdo** 15 August 1935 遮日峯 *Nakai, T Nakai s.n.* **Ryanggang** 24 July 1930 含山嶺 *Ohwi, J Ohwi s.n.*

Spodiopogon sibiricus Trin., Fund. Agrost. 192 (1820)

Common name 큰기름새

Distribution in Korea: North (Chagang, Ryanggang, Hamgyong, P'yong), Central, Southan
    Andropogon sibiricus (Trin.) Steud., Syn. Pl. Glumac. 1: 398 (1854)
    Spodiopogon depauperatus Hack. var. *purpurascens* Honda, Bot. Mag. (Tokyo) 39: 267 (1925)
    Spodiopogon tenuis Kitag., Rep. Exped. Manchoukuo Sect. IV, Pt. 2, Contr. Cogn. Fl.
    Manshuricae 122 (1935)
    Spodiopogon sibiricus Trin. f. *purpurascens* (Honda) Ohwi, Acta Phytotax. Geobot. 11: 154 (1942)

Representative specimens; Chagang-do 3 August 1911 Kang-gei(Kokai 江界) *Mills, RG Mills562* **Hamgyong-bukto** 6 August 1933 會寧古豊山 *Koidzumi, G Koidzumi s.n.* 7 August 1930 載德 *Ohwi, J Ohwi s.n.* 7 August 1930 *Ohwi, J Ohwi s.n.* 5 August 1914 茂山 *Ikuma, Y Ikuma s.n.* August 1913 *Mori, T Mori s.n.* **Hamgyong-namdo** 10 September 1933 咸興盤龍山 *Nomura, N Nomura s.n.* 2 September 1934 東下面蓮花山安垈谷 *Yamamoto, A Yamamoto s.n.* 18 August 1935 遮日峯 *Nakai, T Nakai s.n.* **Hwanghae-namdo** 3 August 1929 長淵郡長山串 *Nakai, T Nakai s.n.* August 1932 Sorai Beach 九味浦 *Smith, RK Smith s.n.* **Kangwon-do** 31 July 1916 金剛山群仙峽 *Nakai, T Nakai s.n.* 12 July 1936 外金剛千佛山 *Nakai, T Nakai s.n.* 11 August 1943 Mt. Kumgang (金剛山) *Honda, M Honda s.n.* 14 August 1902 金剛山 *Uchiyama, T Uchiyama s.n.* 30 August 1916 通川街道 *Nakai, T Nakai s.n.* **P'yongan-bukto** 4 August 1935 妙香山 *Koidzumi, G Koidzumi s.n.* 5 August 1912 Unsan (雲山) *Imai, H Imai s.n.* **Ryanggang** 7 August 1914 下面江口 *Ikuma, Y Ikuma s.n.*

Sporobolus R.Br.
Sporobolus piliferus (Trin.) Kunth, Enum. Pl. (Kunth) 1: 211 (1833)

Common name 나도잔디

Distribution in Korea: North, Central, South, Jeju
    Agrostis villosa Vill., Hist. Pl. Dauphine 1: 378 (1786)
    Agrostis japonicus Steud., Syn. Pl. Glumac. 1: 171 (1854)
    Sporobolus ciliatus J.Presl var. *japonicus* (Steud.) Hack., Bull. Herb. Boissier 7: 648 (1899)
    Sporobolus japonicus (Steud.) Maxim. ex Rendle, J. Linn. Soc., Bot. 36: 388 (1904)

Representative specimens; Kangwon-do 13 September 1932 元山 *Kitamura, S Kitamura s.n.* **P'yongan-namdo** 22 September 1915 咸從 *Nakai, T Nakai s.n.*

Stipa L.
Stipa coreana Honda ex Nakai, Koryo Shikenrin Ippan 80 (1932)

Common name 참나래새

Distribution in Korea: North, Central, South
    Achnatherum coreanum (Honda) Ohwi, J. Jap. Bot. 17: 404 (1941)
    Orthoraphium coreanum (Honda) Ohwi, Bull. Natl. Sci. Mus., Tokyo 33: 66 (1953)
    Orthoraphium coreanum (Honda) Ohwi var. *kengii* (Ohwi) Ohwi, Bull. Natl. Sci. Mus., Tokyo 33: 66 (1953)
    Orthoraphium coreanum (Honda) Ohwi ssp. *kengii* (Ohwi) T.Koyama, Grasses Japan 519 (1987)

Stipa mongholica Turcz. ex Trin., Bull. Sci. Acad. Imp. Sci. Saint-Pétersbourg 1: 67 (1836)

Common name 수염풀

Distribution in Korea: North
    Lasiagrostis mongholica (Turcz.) Trin. & Rupr., Sp. Gram. Stipac. 87 (1842)
    Ptilagrostis mongholica (Turcz.) Griseb., Fl. Ross. (Ledeb.) 4: 447 (1852)
    Stipa czekanovskii Petrov, Fl. Iakut. 1: 136 (1930)
    Achnatherum mongholicum (Turcz.) Ohwi, J. Jap. Bot. 17: 403 (1941)
    Patis coreana (Honda) Ohwi ex Nakai, Acta Phytotax. Geobot. 11: 181 (1942)

Representative specimens; Hamgyong-bukto 12 August 1933 渡正山 *Koidzumi, G Koidzumi s.n.* August 1934 冠帽峰連山 *Kojima, K Kojima s.n.* **Hamgyong-namdo** 15 August 1935 遮日峯 *Nakai, T Nakai s.n.* 15 August 1940 Okuyama, *S Okuyama s.n.* **Ryanggang** 15 August 1935 北水白山 *Hozawa, S Hozawa s.n.* 18 August 1934 新興郡北水白山東南尾根 *Yamamoto, A Yamamoto s.n.* 13 August 1914 白頭山 *Ikuma, Y Ikuma101* August 1913 長白山 *Mori, T Mori20* 10 August 1914 白頭山 *Nakai, T Nakai s.n.*

Stipa pekinensis Hance, J. Bot. 15: 268 (1877)

Common name 나래새

Distribution in Korea: North (Ryanggang, Hamgyong, P'yongan, Kangwon), Central (Hwanghae)
    Stipa sibirica (L.) Lam. var. *effusa* Maxim., Mem. Acad. Imp. Sci. St.-Petersbourg Divers
    Savans 9: 326 (1859)
    Stipa sibirica (L.) Lam. var. *japonica* Hack., Bull. Herb. Boissier 7: 647 (1899)
    Stipa effusa (Maxim.) Nakai ex Honda, Bot. Mag. (Tokyo) 40: 319 (1926)
    Stipa extremiorientalis H.Hara, J. Jap. Bot. 15: 459 (1939)
    Stipa extremiorientalis H.Hara var. *prbixalyx* (Ohwi) Ohwi, J. Jap. Bot. 17: 401 (1941)
    Stipa pubicalyx Ohwi, J. Jap. Bot. 17: 401 (1941)
    Stipa sibirica (L.) Lam. var. *pubicalyx* (Ohwi) Kitag., Rep. Inst. Sci. Res. Manchoukuo 6: 116 (1942)
    Achnatherum extremiroientale (H.Hara) Keng, Clav. Gen. Sp. Gram. Prim. Sin. 107: 212 (1957)
    Achnatherum effusum (Maxim.) D.M.Chang, Claves Pl. Chin. Bor.-Or. 486 (1959)
    Stipa sibirica (L.) Lam. f. *pubicalyx* (Ohwi) Kitag., J. Jap. Bot. 34: 5 (1959)
    Stipa coreana Honda ex Nakai var. *japonica* (Matsum.) Y.N.Lee, Man. Korean Grasses 200 (1966)
    Achnatherum pubicalyx (Ohwi) Keng f. ex P.C.Kuo, Fl. Tsinling. 1 (1): 153 (1976)

Representative specimens; Hamgyong-bukto 3 August 1935 羅南支庫 *Saito, T T Saito1271* 8 August 1930 載德 *Ohwi, J Ohwi3103* 10 August 1918 白文浦 *Nakai, T Nakai s.n.* 27 August 1914 黃句基 *Nakai, T Nakai3297* **Hamgyong-namdo** 10 September 1933 咸興盤龍山 *Nomura, N Nomura s.n.* 14 August 1940 赴戰高原 Fusenkogen *Okuyama, S Okuyama s.n.* 19 August 1943 千佛山 *Honda, M; Toh, BS; Shim, HC Honda s.n.* **Kangwon-do**11 August 1943 Mt. Kumgang (金剛山) *Honda, M Honda s.n.* 12 August 1932 *Koidzumi, G Koidzumi s.n.* 29 July 1938 *Park, MK Park s.n.* 14 August 1933 安邊郡衛益面三防 *Nomura, N Nomura s.n.* **P'yongan-bukto** 24 August 1912 Gishu(義州) *Imai, H Imai s.n.* **P'yongyang** 18 September 1915 江東 *Nakai, T Nakai2969* **Ryanggang** 23 July 1914 李僧嶺 *Nakai, T Nakai3439* 28 July 1930 合水 *Ohwi, J Ohwi2801* 22 August 1914 普天堡 *Ikuma, Y Ikuma s.n.* 3 August 1914 惠山鎮- 普天堡 *Nakai, T Nakai3943*

Stipa sibirica (L.) Lam., Tabl. Encycl. 1: 158 (1791)

Common name 가는나래새

Distribution in Korea: North
    Avena sibirica L., Sp. Pl. 79 (1753)
    Achnatherum sibiricum (L.) Keng, Clav. Gen. Sp. Gram. Prim. Sin. 107: 212 (1957)

Representative specimens; Ryanggang 12 August 1936 白頭山- 無頭峯 *Chang, HD ChangHD s.n.* 12 August 1914 神武城 *Nakai, T Nakai s.n.*

Themeda **Forssk.**
Themeda triandra Forssk., Fl. Aegypt.-Arab. 178 (1775)

Common name 솔새

Distribution in Korea: North, Central, South, Jeju, Ulleung
    Anthistiria japonica Willd., Sp. Pl. (ed. 5; Willdenow) 4: 901 (1806)
    Themeda triandra Forssk. var. *japonica* (Willd.) Makino, Bot. Mag. (Tokyo) 26: 213 (1912)
    Themeda japonica (Willd.) Tanaka, Bult. Sci. Fak. Terk. Kjusu. Imp. Univ. 1: 194 (1925)

Representative specimens; Hamgyong-bukto 31 July 1914 清津 *Ikuma, Y Ikuma s.n.* **Hamgyong-namdo** 30 September 1936 Hamhung (咸興) *Yamatsuta, T s.n.***Hwanghae-bukto** 27 September 1915 瑞興 *Nakai, T Nakai s.n.* 10 September 1915 *Nakai, T Nakai s.n.* **Hwanghae-namdo** 31 July 1929 席島 *Nakai, T Nakai s.n.* **Kangwon-do** 7 August 1916 金剛山未輝里方面 *Nakai, T Nakai s.n.* 30 August 1916 通川街道 *Nakai, T Nakai s.n.* 12 September 1932 元山 *Kitamura, S Kitamura1733*

Torreyochloa **G.L.Church**
Torreyochloa pallida (Torr.) Church, Amer. J. Bot. 36: 164 (1949)

Common name 좀미꾸리광이

Distribution in Korea: North

Trisetum **Pers.**
Trisetum bifidum (Thunb.) Ohwi, Bot. Mag. (Tokyo) 45: 191 (1931)

Common name 잠자리피

Distribution in Korea: North, Central, South, Jeju, Ulleung
    Bromus bifidus Thunb., Syst. Veg., ed. 14 (J. A. Murray) 119 (1784)

Avena bifida (Thunb.) P.Beauv., Ess. Agrostogr. 153 (1812)
Trisetum flavescens (L.) P.Beauv. var. *bifidum* (Thunb.) Makino, Bot. Mag. (Tokyo) 26: 215 (1912)
Trisetum taquetii Hack., Repert. Spec. Nov. Regni Veg. 12: 386 (1913)
Trisetum biaristatum Nakai, Bot. Mag. (Tokyo) 35: 150 (1921)

Representative specimens; Hamgyong-bukto 6 June 1930 鏡城 *Ohwi, J Ohwi s.n.* **Hwanghae-bukto** 29 May 1939 白川邑 *Hozawa, S Hozawa, s.n.* **Kangwon-do** June 1932 Mt. Kumgang (金剛山) *Ohwi, J Ohwi s.n.* **Ryanggang** 1 August 1930 島内 - 合水 *Ohwi, J Ohwi s.n.* 24 July 1930 含山嶺 *Ohwi, J Ohwi s.n.*

Trisetum sibiricum Rupr., Beitr. Pflanzenk. Russ. Reiches 2: 65 (1845)
Common name 북잠자리피 (시베리아잠자리피)
Distribution in Korea: North, Central, South, Jeju
Avena rufescens Pancic, Fl. Serbiae Addit.: 238 (1884)
Trisetum homochlamys Honda, Bot. Mag. (Tokyo) 43: 293 (1929)
Trisetum flavescens (L.) P.Beauv. var. *sibiricum* (Rupr.) Ohwi, Bot. Mag. (Tokyo) 45: 192 (1931)
Trisetum sibiricum Rupr. var. *litorale* (Roshev.) Roshev., Fl. URSS 2: 254 (1934)

Representative specimens; Hamgyong-bukto 13 July 1930 Kyonson 鏡城 *Ohwi, J Ohwi s.n.* 6 June 1930 *Ohwi, J Ohwi s.n.* 14 June 1936 南河端- 甫上 *Saito, T T Saito s.n.* **Hamgyong-namdo** 28 July 1935 東上面漢垈里湖畔 *Nomura, N Nomura s.n.* **Kangwon-do** 11 August 1932 金剛山 Umi - Kongo 海金剛 *Kitamura, S Kitamura s.n.* 12 August 1932 Mt. Kumgang (金剛山) *Koidzumi, G Koidzumi s.n.* **Rason** 5 June 1930 西水羅 *Ohwi, J Ohwi s.n.* **Ryanggang** 1 August 1930 島内 - 合水 *Ohwi, J Ohwi s.n.* 1 August 1930 *Ohwi, J Ohwi s.n.* August 1913 長白山 *Mori, T Mori s.n.* August 1913 白頭山谿間里 - 農事洞 *Mori, T Mori s.n.*

Trisetum spicatum (L.) K.Richt., Pl. Eur. 1: 59 (1890)
Common name 두메잠자리피, 산잠자리피 (산잠자리피)
Distribution in Korea: far North (Paekdu, Rangrim)
Aira spicata L., Sp. Pl. 63 (1753)
Avena airoides Koeler, Descr. Gram. [Koeler] 208 (1802)
Avena subspicata (L.) Clairv., Man. Herbor. Suisse 17 (1811)
Trisetum subspicatum (L.) P.Beauv., Ess. Agrostogr. 88 (1812)
Trisetum formosanum Honda, Bot. Mag. (Tokyo) 41: 636 (1927)

Representative specimens; Ryanggang 13 August 1936 白頭山 *Chang, HD ChangHD s.n.* 13 August 1913 *Hirai, H Hirai s.n.* 14 August 1913 神武城 *Hirai, H Hirai s.n.* 13 August 1914 白頭山 *Ikuma, Y Ikuma s.n.* August 1913 長白山 *Mori, T Mori s.n.* 10 August 1914 白頭山 *Nakai, T Nakai s.n.*

Zizania L.
Zizania latifolia (Griseb.) Turcz. ex Stapf, Bull. Misc. Inform. Kew 1909: 385 (1909)
Common name 줄
Distribution in Korea: North, Central, South, Jeju
Limnochloa caduciflora Turcz. ex Trin., Mem. Acad. Imp. Sci. St.-Petersbourg, Ser. 6, Sci. Math. 5: 183 (1840)
Zizania dahurica Turcz. ex Steud., Syn. Pl. Glumac. 1: 4 (1852)
Hydropyrum latifolium Griseb., Fl. Ross. (Ledeb.) 4: 466 (1853)
Zizania mezii Prodoehl, Bot. Arch. 1: 245 (1922)
Zizania caduciflora (Turcz. ex Trin.) Hand.-Mazz., Symb. Sin. 7: 1278 (1936)

Representative specimens; Hamgyong-bukto 18 August 1935 農圃洞 *Saito, T T Saito s.n.* **P'yongyang** 25 September 1915 Junan (順安) *Nakai, T Nakai s.n.*

Zoysia Willd.
Zoysia japonica Steud., Syn. Pl. Glumac. 1: 414 (1854)
Common name 잔디
Distribution in Korea: North, Central, South
Zoysia pungens Willd. var. *japonica* (Steud.) Hack., Bull. Herb. Boissier 7: 642 (1899)
Osterdamia japonica (Steud.) Hitchc., Bull. U.S.D.A. 772: 166 (1920)

Zoysia koreana Mez, Repert. Spec. Nov. Regni Veg. 17: 146 (1921)
Zoysia japonica Steud. var. *pallida* Honda, Koryo Shikenrin Ippan 22 (1932)
Zoysia matrella (L.) Merr. ssp. *japonica* (Steud.) Masamura & Yanagih., Trans. Nat. Hist. Soc.
Taiwan 31: 327 (1941)

Representative specimens; Chagang-do 30 August 1897 慈城江 *Komarov, VL Komaorv s.n.* 15 June 1911 Kang-gei(Kokai 江界) *Mills, RG Mills504* **Hamgyong-bukto** 17 June 1909 清津 *Nakai, T Nakai s.n.* 13 June 1933 羅南 *Saito, T T Saito s.n.* 14 June 1930 鏡城 *Ohwi, J Ohwi s.n.* 14 June 1930 Kyonson 鏡城 *Ohwi, J Ohwi s.n.* **Hamgyong-namdo** July 1902 端川龍德里摩天嶺 *Mishima, A s.n.* 1928 Hamhung (咸興) *Seok, JM s.n.* 2 September 1934 東下面蓮花山安坌谷 *Yamamoto, A Yamamoto s.n.* 14 June 1909 新浦 *Nakai, T Nakai s.n.* **Hwanghae-namdo** 1 August 1929 椒島 *Nakai, T Nakai s.n.* 26 June 1922 Sorai Beach 九味浦 *Mills, RG Mills s.n.* **Kangwon-do** 29 July 1916 金剛山海金剛 *Nakai, T Nakai s.n.* 15 July 1936 外金剛千佛山 *Nakai, T Nakai s.n.* 6 June 1909 元山 *Nakai, T Nakai s.n.* **P'yongan-bukto** 25 August 1911 Chang Sung(昌城) *Mills, RG Mills s.n.* **P'yongan-namdo** 15 June 1928 陽德 *Nakai, T Nakai s.n.*

Zoysia sinica Hance, J. Bot. 7(79): 168 (1869)
Common name 갯잔디
Distribution in Korea: North, Central, South, Jeju
Zoysia tenuifolia Willd. ex Trin., Mem. Acad. Imp. Sci. St.-Petersbourg, Ser. 6, Sci. Math.,
Seconde Pt. Sci. Nat. 4: 96 (1836)
Osterdamia sinica (Hance) Kuntze, Revis. Gen. Pl. 2: 781 (1891)
Osterdamia liukuensis Honda, Bot. Mag. (Tokyo) 36: 114 (1922)
Zoysia liukiuensis (Honda) Honda, Bot. Mag. (Tokyo) 40: 109 (1926)
Zoysia matrella (L.) Merr. var. *macrantha* Honda, J. Fac. Sci. Univ. Tokyo, Sect. 3, Bot. 3:
317 (1930)
Zoysia sinica Hance var. *nipponica* Ohwi, Acta Phytotax. Geobot. 10: 269 (1941)
Zoysia sinica Hance ssp. *nipponica* (Ohwi) T.Koyama, Grasses Japan 534 (1987)

Representative specimens; Hwanghae-namdo 24 July 1929 夢金浦 *Nakai, T Nakai s.n.*

TYPHACEAE

Sparganium L.
Sparganium glomeratum (Beurl. ex Laest.) Neuman., Handb. Skand. Fl. [ed. 12] 111 (1889)
Common name 두메흑삼릉
Distribution in Korea: North, Central
Sparganium erectum L. var. *glomeratum* Laest. ex Beurl., Arsberatt. Bot. Arbeten Upptackter
1850 (Bih.1): 2 (1853)
Sparganium glehnii Meinsh., Bull. Acad. Imp. Sci. Saint-Pétersbourg 36: 34 (1895)
Sparganium glomeratum Laest. ex Beurl. var. *angustifolium* Graebn., Pflanzenr. (Engler) 4
(10): 20 (1900)
Sparganium manshuricum G.D.Yu, Bull. Bot. Res., Harbin 12: 255 (1992)

Representative specimens; Hamgyong-namdo 14 August 1943 赴戰高原元豊-道安 *Honda, M Honda s.n.*

Sparganium hyperboreum Laest. ex Beurl., Ofvers. Forh. Kongl. Svenska Vetensk.-Akad. 9: 192 (1853)
Common name 좁은잎흑삼릉
Distribution in Korea: North, Central, South
Sparganium natans L. var. *submuticum* Hartm., Handb. Skand. Fl., ed. 5 8 (1849)
Sparganium affine Schnizl. var. *zosterifolium* Neuman, Handb. Skand. Fl., ed. 12: 110 (1889)
Sparganium submuticum (Hartm.) Neumann, Handb. Skand. Fl., ed. 12: 108 (1889)
Sparganium hyperboreum Laest. ex Beurl. var. *platyphyllum* Neuman, Handb. Skand. Fl., ed.
12 (Suppl.) : 108 (1889)
Sparganium williamsii Rydb., N. Amer. Fl. 17: 10 (1909)

Representative specimens; Ryanggang 10 August 1937 大澤 *Saito, T T Saito s.n.*

Sparganium japonicum Rothert, Fl. Aziat. Ross. 1: 26 (1913)

Common name 큰애기흑삼릉 (긴흑삼릉)

Distribution in Korea: North, Central

Representative specimens; Hamgyong-bukto 11 June 1930 鏡城 *Ohwi, J Ohwi s.n.* **Kangwon-do** 26 August 1916 金剛山普賢洞 *Nakai, T Nakai s.n.* 7 August 1916 金剛山末輝里 *Nakai, T Nakai s.n.*

Sparganium stoloniferum (Buch.-Ham. ex Graebn.) Buch.-Ham. ex Juz., Fl. URSS 1: 219 (1934)

Common name 흑삼릉

Distribution in Korea: North, Central, South, Jeju
   Sparganium greenei Morong, Bull. Torrey Bot. Club 15: 77 (1888)
   Sparganium asiaticum Graebn., Allg. Bot. Z. Syst. 4: 32 (1898)
   Sparganium eurycarpum Engelm. var. *greenei* (Morong) Graebn., Pflanzenr. (Engler) IV, 10: 13 (1900)
   Sparganium ramosum Huds. ssp. *stoloniferum* Buch.-Ham. ex Graebn., Pflanzenr. (Engler) IV, 10: 14 (1900)
   Sparganium erectum L. ssp. *mazanderanicum* Ponert, Folia Geobot. Phytotax. 7: 309 (1972)
   Sparganium erectum L. ssp. *stoloniferum* (Buch.-Ham. ex Graebn.) H.Hara, J. Jap. Bot. 51: 228 (1976)

Representative specimens; Hamgyong-bukto 11 June 1930 鏡城 *Ohwi, J Ohwi s.n.* 11 June 1930 *Ohwi, J Ohwi s.n.* 28 May 1930 *Ohwi, J Ohwi s.n.*

Typha L.
Typha angustifolia L., Sp. Pl. 2: 971 (1753)

Common name 잘피부들 (애기부들)

Distribution in Korea: North, Central
   Typha elatior Boenn., Prodr. Fl. Monast. Westphal. 274 (1824)
   Massula angustifolia (L.) Dulac, Fl. Hautes-Pyrénées 47 (1867)
   Typha foveolata Pobed., Bot. Mater. Gerb. Bot. Inst. Komarova Akad. Nauk S.S.S.R. 11: 10 (1949)

Typha latifolia L., Sp. Pl. 2: 971 (1753)

Common name 큰부들 (큰잎부들)

Distribution in Korea: North, Central, South
   Typha crassa Raf., Atlantic J. 148 (1833)
   Typha intermedia Schur, Verh. Mitth. Siebenbürg. Vereins Naturwiss. Hermannstadt 2: 206 (1851)
   Massula latifolia (L.) Dulac, Fl. Hautes-Pyrénées 47 (1867)
   Typha ambigua Schur ex Rohrb., Verh. Bot. Vereins Prov. Brandenburg 11: 76 (1869)
   Typha latifolia L. var. *elongata* Dudley, Cornell Univ. Sci. Bull. 2: 102 (1886)
   Typha latifolia L. var. *angustifolia* Hausskn., Italia Ortic. 3566 (1890)

Typha laxmanni Lepech., Nova Acta Acad. Sci. Imp. Petrop. Hist. Acad. 12: 335 (1801)

Common name 꼬마부들

Distribution in Korea: North, Central
   Typha minor Curtis, Fl. Londin. (Curtis) 3: t. 62 (1780)
   Typha nana Avé-Lall., Pl. Ital. Bor. 19 (1829)
   Typha stenophylla Fisch. & C.A.Mey., Bull. Cl. Phys.-Math. Acad. Imp. Sci. Saint-Pétersbourg 3: 209 (1845)
   Typha bungeana C.Presl, Epimel. Bot. 239 (1851)
   Typha angustissima Griff. ex Rohrb., Verh. Bot. Vereins Prov. Brandenburg 11: 92 (1869)
   Typha vereszagini Krylov & Schischk., Sist. Zametki Mater. Gerb. Krylova Tomsk. Gosud. Univ. Kujbyseva 1: 1 (1927)

Typha orientalis C.Presl, Epimel. Bot. 239 (1849)

Common name 부들

Distribution in Korea: North, Central, South, Jeju

> *Typha japonica* Miq., Ann. Mus. Bot. Lugduno-Batavi 2: 160 (1866)
> *Typha latifolia* L. var. *orientalis* (C.Presl) Rohrb., Verh. Bot. Vereins Prov. Brandenburg 11: 80 (1869)
> *Typha muelleri* Rohrb., Verh. Bot. Vereins Prov. Brandenburg 11: 95 (1869)
> *Typha shuttleworthii* (W.D.J.Koch) Sond. ssp. *orientalis* (C.Presl) Graebn., Nat. Pflanzenfam. 4: 10 (1900)

Representative specimens;Rason 4 June 1930 西水羅 *Ohwi, J Ohwi s.n.*

PONTEDERIACEAE

Monochoria **C.Presl**
Monochoria korsakowii Regel & Maack, Reliq. Haenk. 1: 127 (1827)

Common name 물옥잠

Distribution in Korea: North, Central, South, Jeju

> *Monochoria vaginalis* (Burm.f.) C.Presl var. *korsakowii* (Regel & Maack) Solms, Monogr. Phan. 4: 524 (1883)
> *Monochoria korsakowii* Regel & Maack var. *albiflora* Makino, J. Jap. Bot. 6: 8 (1929)

Representative specimens; Hamgyong-bukto 15 August 1936 富寧靑岩 - 連川 *Saito, T T Saito s.n.* **Kangwon-do** July 1932 Mt. Kumgang (金剛山) *Saito, T T Saito s.n.* 30 August 1916 通川街道 *Nakai, T Nakai s.n.* **Ryanggang** 15 August 1897 蓮坪-厚州川-厚州古邑 *Komarov, VL Komaorv s.n.* 19 August 1935 農事洞 *Saito, T T Saito s.n*

Monochoria vaginalis (Burm.f.) C.Presl, Reliq. Haenk. 1: 128 (1827)

Common name 물달개비

Distribution in Korea: North (Hamgyong, Kangwon), Central, South

> *Pontederia pauciflora* Blume, Enum. Pl. Javae 1: 32 (1827)
> *Monochoria plantaginea* Kunth, Enum. Pl. (Kunth) 4: 135 (1834)
> *Monochoria vaginalis* (Burm.f.) C.Presl var. *plantaginea* (Roxb.) Solms, Monogr. Phan. 4: 524 (1883)

Representative specimens; Ryanggang 15 August 1897 蓮坪-厚州川-厚州古邑 *Komarov, VL Komaorv s.n.*

LILIACEAE

Aletris **L.**
Aletris foliata (Maxim.) Makino & Nemoto, Fl. Japan., ed. 2 (Makino & Nemoto) 1534 (1931)

Common name 끈적쥐꼬리풀

Distribution in Korea: North, Central

> *Metanarthecium foliatum* Maxim., Dec. Pl. Nov. 10 (1882)
> *Aletris fauriei* H.Lév. & Vaniot, Repert. Spec. Nov. Regni Veg. 5: 283 (1908)

Aletris glabra Bureau & Franch., J. Bot. (Morot) 5: 156 (1891)

Common name 넓은잎속심풀 (여우꼬리풀)

Distribution in Korea: North, Central

> *Aletris sikkimensis* Hook.f., Fl. Brit. Ind. 6: 265 (1892)
> *Aletris foliosa* (Maxim.) Bureau & Franch. var. *sikkimensis* Franch., J. Bot. (Morot) 10: 198 (1896)

Metanarthecium formosanum Hayata, Icon. Pl. Formosan. 9: 142 (1920)

Aletris formosana (Hayata) Makino & Nemoto, Fl. Japan., ed. 2 (Makino & Nemoto) 1534 (1931)

Aletris foliata (Maxim.) Makino & Nemoto var. *glabra* (Bureau & Fr.) Yamam., J. Soc. Trop. Agric. 10: 121 (1938)

Representative specimens; Kangwon-do 31 July 1916 金剛山三聖庵附近 *Nakai, T Nakai s.n.* July 1939 Mt. Kumgang (金剛山) Jeon, SK JeonSK s.n. 22 August 1916 金剛山大長峯 *Nakai, T Nakai s.n.* 10 June 1932 Mt. Kumgang (金剛山) *Ohwi, J Ohwi s.n.*

Allium L.

Allium anisopodium Ledeb., Fl. Ross. (Ledeb.) 4: 183 (1853)

Common name 쥐달래 (실부추)

Distribution in Korea: North, Central

Allium tenuissimum L. var. *anisopodium* (Ledeb.) Regel, Trudy Imp. S.-Peterburgsk. Bot. Sada 3: 157 (1875)

Allium tchefouense Debeaux, Actes Soc. Linn. Bordeaux 32: 25 (1878)

Allium tenuissimum L. var. *purpureum* Regel, Trudy Imp. S.-Peterburgsk. Bot. Sada 10: 342 (1887)

Allium zimmermannianum Gilg, Bot. Jahrb. Syst. 34 (1): 23 (1904)

Allium anisopodium Ledeb. var. *zimmermannianum* (Gilg) F.T.Wang & T.Tang, Contr. Inst. Bot. Natl. Acad. Peiping 2-8: 260 (1934)

Allium anisopodium Ledeb. ssp. *argunense* Peschkova, Fl. Tsentral'noĭ Sibiri 1: 218 (1979)

Allium tenuissimum L. f. *zimmermannianum* (Gilg) Q.S.Sun, Fl. Liaoningica 2: 717 (1992)

Representative specimens; Hamgyong-bukto 16 July 1936 會寧 *Saito, T T Saito s.n.* **Ryanggang** 2 July 1897 雲寵里三水邑 (虛川江岸懸崖) *Komarov, VL Komaorv s.n.*

Allium condensatum Turcz., Bull. Soc. Imp. Naturalistes Moscou 27: 121 (1854)

Common name 노랑부추

Distribution in Korea: North, Central

Allium jaluanum Nakai, Bot. Mag. (Tokyo) 27: 214 (1913)

Representative specimens; Hamgyong-bukto August 1913 茂山 *Mori, T Mori s.n.* **Ryanggang** 27 July 1914 三水- 惠山鎮 *Nakai, T Nakai s.n.* 1 August 1897 虛川江 (同仁川) *Komarov, VL Komaorv s.n.* 29 July 1897 安間嶺 *Komarov, VL Komaorv380*Type of *Allium jaluanum* Nakai (Holotype TI)26 July 1897 佳林里 *Komarov, VL Komaorv s.n.* 26 July 1897 佳林里/五山里川河谷 *Komarov, VL Komaorv s.n.*

Allium macrostemon Bunge, Enum. Pl. Chin. Bor. 65 (1833)

Common name 들달래 (산달래)

Distribution in Korea: North, Central, South, Ulleung

Allium nereidum Hance, Ann. Sci. Nat., Bot. 5: 244 (1866)

Allium grayi Regel, Trudy Imp. S.-Peterburgsk. Bot. Sada 3: 125 (1875)

Allium nipponicum Franch. & Sav., Enum. Pl. Jap. 2: 527 (1878)

Allium uratense Franch., Pl. David. 1: 304 (1884)

Allium chanetii H.Lév., Repert. Spec. Nov. Regni Veg. 12: 184 (1913)

Allium ouensanense Nakai, Bot. Mag. (Tokyo) 27: 215 (1913)

Allium macrostemon Bunge var. *uratense* (Franch.) Airy Shaw, Notes Roy. Bot. Gard. Edinburgh 16: 136 (1931)

Representative specimens; Chagang-do 16 August 1911 Kang-gei(Kokai 江界) *Mills, RG Mills s.n.* **Hamgyong-bukto** 7 July 1930 Kyonson 鏡城 *Ohwi, J Ohwi s.n.* 10 June 1933 黃谷洞 *Myeong-cheon-ah-gan-gong-bo-gyo school s.n.* **Hamgyong-namdo** 26 June 1932 咸興歸州寺 *Nomura, N Nomura s.n.* **Hwanghae-namdo** 4 July 1921 Sorai Beach 九味浦 *Mills, RG Mills s.n.* **P'yongan-namdo** 15 June 1928 陽德 *Nakai, T Nakai s.n.* **P'yongyang** 12 June 1910 Otsumitsudai (乙密台) 平壤 *Imai, H Imai s.n.* **Ryanggang** 1 July 1897 五生川雲寵江-崔五峰 *Komarov, VL Komaorv s.n.* 29 May 1917 江口 *Nakai, T Nakai s.n.*

Allium maximowiczii Regel, Trudy Imp. S.-Peterburgsk. Bot. Sada 3: 153 (1875)

Common name 산파

Distribution in Korea: North

Allium schoenoprasum L. var. *orientale* Regel, Trudy Imp. S.-Peterburgsk. Bot. Sada 30: 80 (1875)
Allium schoenoprasum L. var. *yezomonticola* H.Hara, Bot. Mag. (Tokyo) 52: 458 (1938)
Allium schoenoprasum L. var. *shibutsuense* Kitam., Bot. Mag. (Tokyo) 59: 35 (1946)
Allium ledebourianum Schult. & Schult.f. var. *maximowiczii* (Regel) Q.S.Sun, Fl. Pl. Herb. Chin. Bor.-Or. 12: 130 (1998)

Representative specimens; Hamgyong-bukto 21 July 1933 冠帽峰 *Saito, T T Saito s.n.* 25 July 1918 雪嶺 *Nakai, T Nakai s.n.* 25 June 1930 *Ohwi, J Ohwi s.n.* **Hamgyong-namdo** 17 August 1935 東上面遮日峰 *Nakai, T Nakai s.n.* 17 August 1934 東上面達阿里上洞 *Yamamoto, A Yamamoto s.n.* **Kangwon-do** 1938 山林課元山出張所 *Tsuya, S s.n.* **Ryanggang** 20 August 1934 北水白山 *Kojima, K Kojima s.n.*

Allium microdictyon Prokh., Trudy Prikl. Bot. 24: 174 (1929)
Common name 산마늘
Distribution in Korea: North, Ulleung
    Allium ulleungense H.J. Choi & Friesen, Korean J. Pl. Taxon. 49 (4): 294 (2019)

Allium monanthum Maxim., Bull. Acad. Imp. Sci. Saint-Pétersbourg 31: 109 (1887)
Common name 애기달래 (달래)
Distribution in Korea: North, Central, South
    Allium biflorum Nakai, Bot. Mag. (Tokyo) 27: 214 (1913)
    Allium monanthum Maxim. var. *floribundum* Z.J.Zhong & X.T.Huang, Bull. Bot. Res., Harbin 17: 53 (1997)

Allium senescens L., Sp. Pl. 299 (1753)
Common name 두메부추
Distribution in Korea: North, Central, South, Ulleung
    Allium baicalense Willd., Enum. Pl. (Willdenow) 360 (1809)
    Allium angulosum L. var. *minum* Ledeb., Fl. Ross. (Ledeb.) 4: 180 (1852)
    Allium senescens L. var. *minor* S.O.Yu & S.T.Lee & W.T.Lee, Korean J. Pl. Taxon. 11: 32 (1981)
    Allium senescens L. f. *albiflora* Q.S.Sun, Bull. Bot. Res., Harbin 15: 332 (1995)

Representative specimens; Chagang-do 28 August 1897 慈城邑(松德水河谷) *Komarov, VL Komarov s.n.* 4 July 1911 Kang-gei(Kokai 江界) *Mills, RG Mills s.n.* **Hamgyong-bukto** 22 August 1933 茂山嶺 *Koidzumi, G Koidzumi s.n.* August 1925 吉州 *Numajiri, K s.n.* 15 June 1909 Sungjin (城津) *Nakai, T Nakai s.n.* 10 September 1932 梧上洞 *Ito, H s.n.* 13 July 1918 朱乙溫面 *Nakai, T Nakai s.n.* August 1913 車踰嶺 *Mori, T Mori s.n.* **Hamgyong-namdo** 17 August 1940 西湖津 *Okuyama, S Okuyama s.n.* **Kangwon-do** 12 August 1932 Mt. Kumgang (金剛山) *Koidzumi, G Koidzumi s.n.* **Ryanggang** 1 August 1897 虛項江 (同仁川) *Komarov, VL Komarov s.n.* 20 April 1926 豊山郡豊山 *Nomura, N Nomura s.n.* 20 August 1934 北水-河山嶺 *Komarov, VL Komarov s.n.* July 1943 延岩 *Uchida, H Uchida s.n.* 22 July 1897 佳林里 *Komarov, VL Komarov s.n.* 26 July 1897 佳林里/五山里川河谷 *Komarov, VL Komarov s.n.* August 1913 長白山 *Mori, T Mori s.n.* 13 August 1914 Moho (茂峯)- 農事洞 *Nakai, T Nakai s.n.* 14 August 1914 農事洞- 三下 *Nakai, T Nakai s.n.*

Allium splendens Willd. ex Schult. & Schult.f., Syst. Veg. ed. 15 bis [Roemer & Schultes] 7(2): 1025 (1830)
Common name 가는산부추
Distribution in Korea: North, South
    Allium koreanum H.J. Choi & B.U.Oh, Korean J. Pl. Taxon. 34: 76 (2004)

Representative specimens; Chagang-do 26 August 1897 小德川 (松德水河谷) *Komarov, VL Komarov s.n.* 28 August 1897 慈城邑(松德水河谷) *Komarov, VL Komarov s.n.* 28 August 1897 *Komarov, VL Komarov s.n.* **Hamgyong-bukto** 26 July 1930 頭流山 *Ohwi, J Ohwi s.n.* **Hamgyong-namdo** 15 June 1932 下碣隅里 *Ohwi, J Ohwi s.n.* **Ryanggang** 1 August 1897 虛項江 (同仁川) *Komarov, VL Komarov s.n.* 20 April 1926 豊山郡豊山 *Nomura, N Nomura s.n.* 22 July 1897 佳林里 *Komarov, VL Komarov s.n.* 11 July 1917 胞胎山中腹以下 *Furumi, M Furumi s.n.* 30 July 1917 無頭峯 *Furumi, M Furumi s.n.* 13 August 1913 白頭山 *Hirai, H Hirai s.n.* 8 August 1914 神武城-無頭峯 *Nakai, T Nakai s.n.* 21 August 1934 新興郡豊山郡境北水白山 *Yamamoto, A Yamamoto s.n.*

Allium thunbergii G.Don, Mem. Wern. Nat. Hist. Soc. 6: 84 (1827)
Common name 산부추
Distribution in Korea: North, Central, South

Allium taquetii H.Lév. & Vaniot var. *deltoides* (S.O.Yu & S.T.Lee & W.T.Lee) B.U.Oh & J.J. Choi
Allium thunbergii G.Don var. *ouensanense* Nakai ex H.S.Kim
Allium odorum Thunb., Fl. Jap. (Thunberg) 132 (1784)
Allium sacculiferum Maxim., Mem. Acad. Imp. Sci. St.-Petersbourg Divers Savans 9: 281 (1859)
Allium japonicum Regel, Trudy Imp. S.-Peterburgsk. Bot. Sada 3: 133 (1875)
Allium taquetii H.Lév. & Vaniot, Repert. Spec. Nov. Regni Veg. 5: 283 (1908)
Allium pseudojaponicum Makino, Bot. Mag. (Tokyo) 24: 30 (1910)
Allium ophiopogon H.Lév., Repert. Spec. Nov. Regni Veg. 12: 184 (1913)
Allium morrisonense Hayata, Icon. Pl. Formosan. 6, Suppl: 84 (1917)
Allium komarovianum Vved., Byull. Sredne-Aziatsk. Gosud. Univ. 19: 119 (1934)
Allium sacculiferum Maxim. var. *viviparum* Sakata, Acta Phytotax. Geobot. 7: 16 (1938)
Allium cyaneum Regel f. *stenodon* (Nakai & Kitag.) Kitag., J. Jap. Bot. 40: 138 (1965)
Allium amamianum Tawada, J. Geobot. 22: 56 (1975)
Allium bakeri Regel var. *morrisonense* (Hayata) T.S.Liu & S.S.Ying, Fl. Taiwan 5: 45 (1978)
Allium cyaneum Regel var. *deltoides* S.O.Yu & W.T.Lee & S.T.Lee, Korean J. Pl. Taxon. 11: 29 (1981)
Allium yuchuanii Y.Z.Zhao & J.Y.Chao, Acta Sci. Nat. Univ. Intramongol. 20: 241 (1989)
Allium thunbergii G.Don var. *deltoides* (S.O.Yu & W.T.Lee & S.T.Lee) H.J. Choi & B.U.Oh, Korean J. Pl. Taxon. 33: 351 (2003)
Allium linearifolium H.J. Choi & B.U.Oh, Korean J. Pl. Taxon. 34: 72 (2004)
Allium thunbergii G.Don var. *teretifolium* H.J. Choi & B.U.Oh, Korean J. Pl. Taxon. 34: 79 (2004)

Representative specimens; Chagang-do 2 September 1897 湖芮(鴨綠江) *Komarov, VL Komaorv s.n.* 30 August 1897 慈城江 *Komarov, VL Komaorv s.n.* 4 August 1911 Kang-gei(Kokai 江界) *Mills, RG Mills s.n.* **Hamgyong-bukto** 11 September 1935 羅南 *Saito, T T Saito s.n.* 1 August 1932 渡正山 *Saito, T T Saito s.n.* 26 July 1930 頭流山 *Ohwi, J Ohwi s.n.* 19 July 1918 冠帽山 *Nakai, T Nakai s.n.* 7 July 1930 鏡城 *Ohwi, J Ohwi s.n.* 21 July 1933 冠帽峰 *Saito, T T Saito s.n.* 4 August 1932 *Saito, T T Saito s.n.* 21 September 1933 *Saito, T T Saito s.n.* 車踰嶺 *Unknown s.n.* 26 June 1930 雪嶺高山帶 *Ohwi, J Ohwi s.n.* 26 June 1930 *Ohwi, J Ohwi s.n.* 22 August 1933 富寧古茂山 *Koidzumi, G Koidzumi s.n.* **Hamgyong-namdo** 10 October 1936 咸興盤龍山 *Nomura, N Nomura s.n.* 2 September 1934 蓮花山 *Kojima, K Kojima s.n.* 18 August 1935 遮日峯 *Nakai, T Nakai s.n.* 15 August 1935 *Nakai, T Nakai s.n.* **Kangwon-do** 29 August 1916 長箭 *Nakai, T Nakai s.n.* 16 August 1916 金剛山毘盧峯 *Nakai, T Nakai s.n.* 22 August 1916 金剛山大長峯 *Nakai, T Nakai s.n.* 1938 山林課元山出張所 *Tsuya, S s.n.* **P'yongan-bukto** 25 August 1911 Sakju(朔州) *Mills, RG Mills s.n.* 25 September 1912 雲山郡南面松峴里 *Ishidoya, T Ishidoya s.n.* 15 June 1912 白壁山 *Ishidoya, T Ishidoya s.n.* **P'yongyang** 28 August 1909 P'yongyang (平壤) *Mills, RG Mills s.n.* 12 September 1902 Botandai (牡丹台) 平壤 *Uchiyama, T Uchiyama s.n.* 12 September 1902 *Uchiyama, T Uchiyama s.n.* 25 September 1915 Jun-an (順安) *Nakai, T Nakai s.n.* **Ryanggang** 18 July 1897 Keizanchin(惠山鎭) *Komarov, VL Komaorv s.n.* 26 July 1914 三水- 惠山鎭 *Nakai, T Nakai s.n.* 24 July 1930 含山嶺 *Ohwi, J Ohwi s.n.* August 1913 長白山 *Mori, T Mori s.n.* 6 August 1914 胞胎山虛項嶺 *Nakai, T Nakai s.n.* 13 August 1914 Moho (茂峯)- 農事洞 *Nakai, T Nakai s.n.*

Allium victorialis L., Sp. Pl. 295 (1753)
Common name 산마늘
Distribution in Korea: North, Central, South (Jiri-san), Ulleung

Representative specimens; Chagang-do 22 July 1919 狼林山中腹 *Kajiwara, U Kajiwara s.n.* 22 July 1916 狼林山 *Mori, T Mori s.n.* **Ryanggang** 22 July 1897 佳林里 *Komarov, VL Komaorv s.n.*

Amana Honda
Amana edulis (Miq.) Honda, Bull. Biogeogr. Soc. Japan 6: 20 (1935)
Common name 산자고
Distribution in Korea: North, Central, South
Orithyia edulis Miq., Ann. Mus. Bot. Lugduno-Batavi 3: 158 (1867)
Tulipa edulis (Miq.) Baker, J. Linn. Soc., Bot. 14: 295 (1874)
Tulipa graminifolia Baker, J. Bot. 13: 230 (1875)
Gagea coreana H.Lév., Repert. Spec. Nov. Regni Veg. 8: 360 (1910)
Amana graminifolia (Baker) A.D.Hall, Gen. Tulipa 145 (1940)

Representative specimens; Hwanghae-bukto 17 April 1937 白川 *Park, MK Park s.n.* **Hwanghae-namdo** 九月山 *Unknown s.n.* **Ryanggang** 普天 *Unknown s.n.*

A Checklist of North Korean Vascular Plants T.B. Lee Herbarium (SNUA) – 2019 (C.S. Chang, H. Kim, H.T. Shin & C.H. Lee)

- 640 -

Anemarrhena **Bunge**
Anemarrhena asphodeloides Bunge, Mem. Acad. Imp. Sci. St.-Petersbourg, Ser. 6, Sci. Math. 4, 2: 140 (1831)

Common name 지모

Distribution in Korea: North (P'yongan), Central (Hwanghae)
  Terauchia anemarrhenifolia Nakai, Bot. Mag. (Tokyo) 27: 443 (1913)

Anticlea **Kunth**
Anticlea sibirica (L.) Kunth, Enum. Pl. (Kunth) 4: 191 (1841)

Common name 나도여로

Distribution in Korea: far North (Paekdu, Potae, Kwanmo, Seolryong, Chail, Wagal, Rangrim)
  Melanthium sibiricum L., Sp. Pl. 339 (1753)
  Anthericum gmelinianum Schult. &Schult.f., Syst. Veg. (ed. 16) [Roemer & Schultes] 7(1): 481 (1829)
  Zigadenus sibiricus (L.) A.Gray, Ann. Lyceum Nat. Hist. New York 4: 112 (1837)
  Zigadenus japonicus Makino, Bot. Mag. (Tokyo) 17: 162 (1903)
  Zigadenus makinoanus Miyabe & Kudô, Trans. Sapporo Nat. Hist. Soc. 5: 39 (1914)
  Anticlea japonica Makino, Bot. Mag. (Tokyo) 28: 108 (1914)

Representative specimens; Hamgyong-bukto 26 July 1930 頭流山 *Ohwi, J Ohwi s.n.* 26 July 1930 *Ohwi, J Ohwi s.n.* July 1932 冠帽峰 *Ohwi, J Ohwi s.n.* 21 July 1933 *Saito, T T Saito s.n.* 25 July 1918 雪嶺 *Nakai, T Nakai s.n.* **Hamgyong-namdo** 25 July 1933 東上面遮日峯 *Koidzumi, G Koidzumi s.n.* 16 August 1935 遮日峯 *Nakai, T Nakai s.n.* 15 August 1940 *Okuyama, S Okuyama s.n.* **Kangwon-do** 1938 山林課元山出張所 *Tsuya, S s.n.* **Ryanggang** 15 August 1935 北水白山 *Hozawa, S Hozawa s.n.* 30 July 1917 無頭峯 *Furumi, M Furumi s.n.* 13 August 1914 白頭山 *Ikuma, Y Ikuma s.n.* 12 August 1914 無頭峯 *Ikuma, Y Ikuma s.n.* August 1913 白頭山 *Mori, T Mori s.n.* 8 August 1914 神武城-無頭峯 *Nakai, T Nakai s.n.* 26 July 1942 *Saito, T T Saito s.n.* 21 August 1934 新興郡/豊山郡境北水白山 *Yamamoto, A; Kojima, K Kojima s.n.*

Asparagus **L.**
Asparagus brachyphyllus Turcz., Bull. Soc. Imp. Naturalistes Moscou 13: 78 (1840)

Common name 갯천문동

Distribution in Korea: North
  Asparagus trichophyllus Bunge var. *trachyphyllus* Bong. &C.A.Mey., Verz. Saisang-nor Pfl. 74 (1841)
  Asparagus trichophyllus Bunge var. *flexuosus* (Ledeb.) Regel, Bull. Soc. Imp. Naturalistes Moscou 41: 270 (1869)
  Asparagus verrucosus Nakai, Bot. Mag. (Tokyo) 37: 69 (1923)

Representative specimens; Hwanghae-namdo 25 July 1921 Sorai Beach 九味浦 *Mills, RG Mills4430* Type of *Asparagus verrucosus* Nakai (Holotype TI)

Asparagus dauricus **Fisch. ex Link, Enum. Hort. Berol. Alt. 1: 348 (1821)**

Common name 망적천문동

Distribution in Korea: North
  Asparagus gibbus Bunge, Enum. Pl. Chin. Bor. 65 (1833)
  Asparagus officinalis L. var. *gracilis* Ledeb., Fl. Altaic. 2: 43 (1841)
  Asparagus glycycarpus Kunth, Enum. Pl. (Kunth) 5: 61 (1850)
  Asparagus tuberculatus Bunge ex Iljin, Fl. URSS 4: 747 (1935)

Representative specimens; Kangwon-do 8 June 1909 望賊山 *Nakai, T Nakai s.n.* 7 June 1909 元山德原 *Nakai, T Nakai s.n.*

Asparagus oligoclonos **Maxim., Mem. Acad. Imp. Sci. St.-Petersbourg Divers Savans 9: 286 (1859)**

Common name 방울비자루 (방울비짜루)

Distribution in Korea: North (Hamgyong, P'yongan), Central, South
  Asparagus tamaboki Yatabe, Bot. Mag. (Tokyo) 7: 61 (1893)
  Asparagus stachyphyllus H.Lév. & Vaniot, Repert. Spec. Nov. Regni Veg. 5: 282 (1908)

Asparagus oligoclonos Maxim. var. *purpurascens* X.J.Xue & H.Yao, Bull. Bot. Res., Harbin 14: 242 (1994)

Representative specimens; Chagang-do 28 August 1897 慈城邑(松德水河谷) *Komarov, VL Komaorv s.n.* 1 June 1911 Kang-gei(Kokai 江界) Mills, *RG Mills318* **Hamgyong-bukto** 27 May 1930 Kyonson 鏡城 *Ohwi, J Ohwi s.n.* **Hamgyong-namdo** July 1902 端川龍德里 摩天嶺 *Mishima, A s.n.* **Kangwon-do** 15 August 1902 Mt. Kumgang (金剛山) *Uchiyama, T Uchiyama s.n.* 8 June 1909 望賊山 *Nakai, T Nakai s.n.* **P'yongyang** 14 May 1910 平壤牡丹台 *Imai, H Imai s.n.* **Ryanggang** 16 August 1897 大羅信洞 *Komarov, VL Komaorv s.n.*

Asparagus schoberioides Kunth, Enum. Pl. (Kunth) 5: 70 (1850)

Common name 비자루 (비짜루)

Distribution in Korea: North, Central, South

Asparagus parviflorus Turcz., Bull. Soc. Imp. Naturalistes Moscou 27: 130 (1854)
Asparagus sieboldii Maxim., Mem. Acad. Imp. Sci. St.-Petersbourg Divers Savans 9: 287 (1859)
Asparagus wrightii A.Gray, Mem. Amer. Acad. Arts n.s. 6: 413 (1859)
Asparagus micranthus Siebold & Zucc. ex Baker, J. Linn. Soc., Bot. 14: 604 (1875)
Asparagus schoberioides Kunth var. *subsetaceus* Franch., Nouv. Arch. Mus. Hist. Nat. 2, 7: 112 (1884)
Asparagus sessiliflorus Oett., Trudy Bot. Sada Imp. Yur'evsk. Univ. 6: 83 (1905)

Representative specimens; Chagang-do 18 July 1914 大興里 *Nakai, T Nakai s.n.* **Hamgyong-bukto** 1 August 1914 清津 *Ikuma, Y Ikuma s.n.* 22 July 1934 羅南 *Yoshimizu, K s.n.* 21 June 1935 元師臺 *Saito, T T Saito s.n.* **Hamgyong-namdo** 13 June 1909 西湖津 *Nakai, T Nakai s.n.* 2 September 1934 蓮花山 *Kojima, K Kojima s.n.* **Hwanghae-namdo** 4 July 1921 Sorai Beach 九味浦 *Mills, RG Mills s.n.* 2 August 1921 *Mills, RG Mills s.n.* **Kangwon-do** 13 August 1916 金剛山表訓寺方面森 *Nakai, T Nakai s.n.* 7 June 1909 元山 *Nakai, T Nakai s.n.* **P'yongyang** 26 May 1912 Taiseizan(大聖山) 平壤 *Imai, H Imai s.n.* **Ryanggang** 16 August 1897 大羅信洞 *Komarov, VL Komaorv s.n.* 4 July 1897 上水隅理 *Komarov, VL Komaorv s.n.* 9 August 1897 長津江下流域 *Komarov, VL Komaorv s.n.* 20 August 1933 江口 - 三長 *Koidzumi, G Koidzumi s.n.*

Barnardia Lindl.

Barnardia japonica (Thunb.) Schult.f., Syst. Veg. (ed. 16) [Roemer & Schultes] 7(1): 555 (1829)

Common name 물구지 (무릇)

Distribution in Korea: North, Central, South

Ornithogalum japonicum Thunb., Nova Acta Regiae Soc. Sci. Upsal. 3: 209 (1780)
Ornithogalum sinense Lour., Fl. Cochinch. 206 (1790)
Barnardia scilloides Lindl., Bot. Reg. 12: t. 1029 (1826)
Scilla japonica Baker, J. Linn. Soc., Bot. 13: 233 (1873)
Scilla scilloides (Lindl.) Druce, Rep. Bot. Exch. Club Brit. Isl. 1916: 646 (1917)
Scilla sinensis (Lour.) Merr., Philipp. J. Sci. 15: 229 (1919)
Scilla sinensis (Lour.) Merr., Philipp. J. Sci. 15: 229 (1919)
Scilla thunbergii Miyabe & Kudô, Trans. Sapporo Nat. Hist. Soc. 8 (1921)
Scilla bispatha Hand.-Mazz., Symb. Sin. 7: 1202 (1936)
Scilla thunbergii Miyabe & Kudô var. *pulchella* Kitag., Rep. Inst. Sci. Res. Manchoukuo 2: 289 (1938)
Scilla scilloides (Lindl.) Druce var. *albiflora* Satake, J. Jap. Bot. 19: 46 (1943)
Scilla scilloides (Lindl.) Druce var. *pulchella* (Kitag.) Kitag., J. Jap. Bot. 26: 16 (1951)
Scilla scilloides (Lindl.) Druce f. *albiflora* (Satake) Satake & Okuy., J. Jap. Bot. 30: 42 (1955)
Scilla scilloides (Lindl.) Druce f. *albifda* Y.N.Lee, Korean J. Bot. 17: 85 (1974)
Scilla sinensis (Lour.) Merr. f. *albiflora* (Satake) W.T.Lee, Lineamenta Florae Koreae 1277 (1996)

Representative specimens; Chagang-do 28 April 1911 Kang-gei(Kokai 江界) *Mills, RG Mills s.n.* **Hamgyong-bukto** 29 August 1908 清津 *Okada, S s.n.* **Hamgyong-namdo** 1928 Hamhung (咸興) *Seok, JM s.n.* **Hwanghae-namdo** 29 July 1935 長壽山 *Koidzumi, G Koidzumi s.n.* 12 June 1931 *Smith, RK Smith s.n.* 2 August 1921 Sorai Beach 九味浦 *Mills, RG Mills s.n.* 12 July 1921 *Mills, RG Mills s.n.* **Kangwon-do** 29 July 1916 海金剛 *Nakai, T Nakai s.n.* 2 August 1932 金剛山内金剛 *Kobayashi, M Kobayashi s.n.* July 1932 Mt. Kumgang (金剛山) *Smith, RK Smith s.n.* 15 August 1902 *Uchiyama, T Uchiyama s.n.* 22 August 1902 北屯址附近 *Uchiyama, T Uchiyama s.n.* 30 August 1916 通川街道 *Nakai, T Nakai s.n.* **P'yongan-namdo** 18 September 1915 江東郡 *Nakai, T Nakai s.n.*

Clintonia Douglas ex Lindl.

Clintonia udensis Trautv. & C.A.Mey., Fl. Ochot. Phaenog. 92: t. 30 (1856)

Common name 두메옥잠화 (나도옥잠화)

Distribution in Korea: North, Central, South

Hylocharis cyanocarpa Tiling, Nouv. Mem. Soc. Imp. Naturalistes Moscou 11: 123 (1859)

Clintonia alpina (Kunth) ex Baker var. *udensis* (Trautv. & C.A.Mey.) J.Macbr., Contr. Gray Herb. n.s. 56: 18 (1918)

Representative specimens; Chagang-do 22 July 1916 狼林山 *Mori, T Mori s.n.* 11 July 1914 蔥田嶺 *Nakai, T Nakai s.n.* **Hamgyong-bukto** 12 August 1933 渡正山 *Koidzumi, G Koidzumi s.n.* 20 May 1897 茂山嶺 *Komarov, VL Komarov s.n.* 24 May 1897 車踰嶺-照日洞 *Komarov, VL Komaorv s.n.* July 1932 冠帽峰 *Ohwi, J Ohwi s.n.* 29 May 1897 釜所哥谷 *Komarov, VL Komaorv s.n.* 10 June 1897 西溪水 *Komarov, VL Komaorv s.n.* 12 June 1897 *Komarov, VL Komaorv s.n.* 10 June 1897 *Komarov, VL Komaorv s.n.* 4 June 1897 四芝嶺 *Komarov, VL Komaorv s.n.* 17 June 1930 *Ohwi, J Ohwi s.n.* **Hamgyong-namdo** 17 June 1932 東白山 *Ohwi, J Ohwi s.n.* 16 August 1943 赴戰高原漢垈里 *Honda, M Honda s.n.* 18 August 1935 遮日峯 *Nakai, T Nakai s.n.* 23 June 1932 *Ohwi, J Ohwi s.n.* 15 August 1940 *Okuyama, S Okuyama s.n.* 18 August 1934 東上面新洞上方 2100m *Yamamoto, A Yamamoto s.n.* **Kangwon-do** 10 June 1932 Mt. Kumgang (金剛山) *Ohwi, J Ohwi s.n.* **P'yongan-bukto** 5 August 1937 妙香山 *Hozawa, S Hozawa s.n.* **Ryanggang** 15 August 1935 北水白山 *Hozawa, S Hozawa s.n.* 5 August 1897 白山嶺 *Komarov, VL Komaorv s.n.* 16 August 1897 大羅信洞 *Komarov, VL Komaorv s.n.* 21 July 1914 長蛇洞 *Nakai, T Nakai s.n.* 7 June 1897 平蒲坪 *Komarov, VL Komaorv s.n.* 21 June 1930 天水洞 *Ohwi, J Ohwi s.n.* 22 July 1897 佳林里 *Komarov, VL Komaorv s.n.* 28 June 1897 栢德嶺 *Komarov, VL Komaorv s.n.* 11 July 1917 胞胎山中腹 *Furumi, M Furumi s.n.* 11 August 1913 茂峯 *Hirai, H Hirai s.n.* 14 August 1914 無頭峯 *Ikuma, Y Ikuma s.n.* August 1913 長白山 *Mori, T Mori s.n.* 2 June 1897 四芝坪(延面水河谷) 柄安洞 *Komarov, VL Komaorv s.n.*

Convallaria **L.**
Convallaria majalis L., Sp. Pl. : 814 (1753)

Common name 은방울꽃

Distribution in Korea: North, Central, South

Polygonatum majale (L.) All., Fl. Pedem. 1: 130 (1785)

Convallaria linnaei Gaertn., Fruct. Sem. Pl. 2: 59 (1790)

Convallaria keiskei Miq., Ann. Mus. Bot. Lugduno-Batavi 3: 148 (1867)

Convallaria majalis L. var. *manshurica* Kom., Mal. Opred. Rast. Dal'nevost. Kraia 385 (1925)

Convallaria manschurica (Kom.) Knorring, Fl. URSS 4: 468 (1935)

Convallaria majalis L. var. *keiskei* (Miq.) Makino, Ill. Fl. Nippon (Makino) 731 (1948)

Representative specimens; Chagang-do 26 August 1897 小德川 (松德水河谷) *Komarov, VL Komaorv s.n.* **Hamgyong-bukto** 13 May 1933 羅南西北谷 *Saito, T T Saito s.n.* 20 May 1897 茂山嶺 *Komarov, VL Komaorv s.n.* 26 May 1930 鏡城 *Ohwi, J Ohwi s.n.* 26 May 1930 Kyonson 鏡城 *Ohwi, J Ohwi s.n.* 2 August 1914 車踰嶺 *Ikuma, Y Ikuma s.n.* 23 May 1897 *Komarov, VL Komaorv s.n.* 29 May 1897 釜所哥谷 *Komarov, VL Komaorv s.n.* **Hamgyong-namdo** 13 June 1909 西湖津薪島 *Nakai, T Nakai s.n.* 15 June 1932 下碣隅里 *Ohwi, J Ohwi s.n.* **Hwanghae-bukto** 29 May 1939 白川邑 *Hozawa, S Hozawa s.n.* **Kangwon-do** 29 July 1916 海金剛 *Nakai, T Nakai s.n.* 1 August 1916 金剛山內金剛 *Nakai, T Nakai s.n.* 10 June 1932 Mt. Kumgang (金剛山) *Ohwi, J Ohwi s.n.* **P'yongan-bukto** 3 August 1935 妙香山 *Koidzumi, G Koidzumi s.n.* 25 May 1912 白璧山 *Ishidoya, T Ishidoya s.n.* **P'yongan-namdo** 20 July 1916 黃玉峯 (黃處嶺?) *Mori, T Mori s.n.* 9 June 1935 黃草嶺 *Nomura, N Nomura s.n.* 15 June 1928 陽德 *Nakai, T Nakai s.n.* **P'yongyang** 26 May 1912 Taiseizan(大聖山) 平壤 *Imai, H Imai s.n.* **Ryanggang** 1 August 1897 虛川江 (同仁川) *Komarov, VL Komaorv s.n.* 7 July 1897 犁方嶺 (鴨綠江羅暖堡) *Komarov, VL Komaorv s.n.* 16 August 1897 大羅信洞 *Komarov, VL Komaorv s.n.* 19 August 1897 葡坪 *Komarov, VL Komaorv s.n.* 7 August 1897 上巨里水 *Komarov, VL Komaorv s.n.* 8 June 1897 平蒲坪-倉坪 *Komarov, VL Komaorv s.n.* 26 June 1897 內曲里 *Komarov, VL Komaorv s.n.* 22 July 1897 佳林里 *Komarov, VL Komaorv s.n.* 7 August 1914 虛項嶺-神武城 *Nakai, T Nakai s.n.* 1 June 1897 古倉坪-四芝坪 (延面水河谷) *Komarov, VL Komaorv s.n.* 1 June 1897 *Komarov, VL Komaorv s.n.* 31 May 1897 延面水河谷-古倉坪 *Komarov, VL Komaorv s.n.*

Disporum **Salisb.**
Disporum smilacinum A.Gray, Narr. Exped. China Japan 2: 231 (1854)

Common name 애기나리

Distribution in Korea: North, Central, South

Disporum smilacinum A.Gray var. *album* Maxim., Bull. Acad. Imp. Sci. Saint-Pétersbourg 29: 215 (1884)

Disporum smilacinum A.Gray var. *ramosum* Nakai, Bot. Mag. (Tokyo) 45: 107 (1931)

Representative specimens; Chagang-do 26 August 1897 小德川 (松德水河谷) *Komarov, VL Komaorv s.n.* **Kangwon-do** 31 July 1916 金剛山神溪寺 -三聖庵 *Nakai, T Nakai s.n.* **Ryanggang** 16 August 1897 大羅信洞 *Komarov, VL Komaorv s.n.*

Disporum viridescens (Maxim.) Nakai, J. Coll. Sci. Imp. Univ. Tokyo 31: 246 (1911)

Common name 큰애기나리

Distribution in Korea: North (Hamgyong, P'yongan), Central, South, Jeju
>*Uvularia viridescens* Maxim., Mem. Acad. Imp. Sci. St.-Petersbourg Divers Savans 9: 273 (1859)
>*Prosartes viridescens* (Maxim.) Regel, Tent. Fl.-Ussur. 148 (1861)
>*Disporum smilacinum* A.Gray var. *viridescens* (Maxim.) Maxim., Bull. Acad. Imp. Sci. Saint-Pétersbourg 29: 215 (1883)

Representative specimens; Hamgyong-bukto 19 June 1932 羅南東南側山地 *Saito, T T Saito s.n.* June 1932 鏡城 *Ito, H s.n.* 14 August 1933 朱乙溫泉朱乙山 *Koidzumi, G Koidzumi s.n.* **Kangwon-do** 13 August 1916 金剛山表訓寺附近森 *Nakai, T Nakai s.n.* 12 August 1902 墨浦洞 *Uchiyama, T Uchiyama s.n.* **P'yongan-bukto** 4 June 1912 白壁山 *Ishidoya, T Ishidoya s.n.* **Rason** 6 June 1930 西水羅 *Ohwi, J Ohwi s.n.* 6 June 1930 *Ohwi, J Ohwi s.n.*

***Erythronium* L.**
Erythronium japonicum Decne., Rev. Hort. 4, 3: 284 (1854)

Common name 얼레지

Distribution in Korea: North, Central, South, Jeju
>*Erythronium dens-canis* L. var. *japonicum* (Decne.) Baker, J. Linn. Soc., Bot. 14: 297 (1874)
>*Erythronium japonicum* Decne. var. *leucanthum* I.Yamam. & Tsukam., Fl. Hakodate 192 (1932)

Representative specimens; Hamgyong-bukto 27 May 1930 鏡城 *Ohwi, J Ohwi s.n.* 26 May 1930 Kyonson 鏡城 *Ohwi, J Ohwi s.n.* **Hamgyong-namdo** 17 June 1932 東白山 *Ohwi, J Ohwi s.n.* **P'yongan-namdo** 15 June 1928 陽德 *Nakai, T Nakai s.n.*

***Fritillaria* L.**
Fritillaria maximowiczii Freyn, Oesterr. Bot. Z. 53: 21 (1903)
Common name
Distribution in Korea: North (**Ryanggang** , Hamgyong)

Representative specimens; Hamgyong-namdo 赴戰高原 *Unknown s.n.*

Fritillaria usuriensis Maxim., Decas. Pl. Nov. [Trautvetter et al.] : 9 (1882)
Common name 패모
Distribution in Korea: far North (Duman, Yalu)

***Gagea* Raddi**
Gagea hiensis Pascher, Lotos 52: 125 (1904)
Common name 애기중의무릇
Distribution in Korea: North, Cental
>*Gagea terracianoana* Pascher, Repert. Spec. Nov. Regni Veg. 2: 58 (1906)

Gagea nakaiana Kitag., Rep. Inst. Sci. Res. Manchoukuo 3(App. 1): 136 (1939)
Common name 중의무릇
Distribution in Korea: North, Central, South
>*Gagea coreanica* Koidz., Acta Phytotax. Geobot. 8: 191 (1939)
>*Gagea lutea* (L.) Ker Gawl. var. *coreana* (Kitag.) Q.S.Sun, Fl. Liaoningica 2: 692 (1992)

Representative specimens; Hwanghae-bukto 17 April 1937 白川 *Park, MK Park s.n.* **P'yongyang** 25 April 1912 P'yongyang (平壤) *Imai, H Imai s.n.* 20 April 1931 *Smith, RK Smith659*

***Heloniopsis* A.Gray**
Heloniopsis koreana Fuse & N.S.Lee & M.N.Tamura, Taxon 53: 956 (2004)
Common name 처녀치마
Distribution in Korea: North, Central, South, Endemic

Representative specimens; Hamgyong-bukto 15 May 1934 漁遊洞 *Uozumi, H Uozumi s.n.* 15 June 1909 Sungjin (城津) *Nakai,*

T Nakai s.n. 26 May 1930 Kyonson 鏡城 *Ohwi, J Ohwi s.n.* **Hamgyong-namdo** 12 June 1933 咸興盤龍山 *Nomura, N Nomura s.n.* **Kangwon-do** 31 July 1916 金剛山三聖庵 *Nakai, T Nakai s.n.* **P'yongan-bukto** 3 June 1912 白壁山 *Ishidoya, T Ishidoya s.n.* **P'yongan-namdo** 15 June 1928 陽德 *Nakai, T Nakai s.n.*

Heloniopsis tubiflora Fuse & N.S.Lee & M.N.Tamura, Taxon 53: 954 (2004)
Common name 숙은처녀치마
Distribution in Korea: North, Central, South,

Hemerocallis L.
Hemerocallis citrina Baroni, Nuovo Giorn. Bot. Ital. n.s. 4: 305 (1897)
Common name 골잎원추리
Distribution in Korea: North, Central, South
   Hemerocallis graminea Andrews, Bot. Repos. 4: t. 244 (1802)
   Hemerocallis graminifolia Schltdl., Abh. Naturf. Ges. Halle 1: 15 (1834)
   Hemerocallis coreana Nakai, Bot. Mag. (Tokyo) 46: 123 (1932)
   Hemerocallis flava (L.) L. var. *coreana* (Nakai) M.Hotta, Acta Phytotax. Geobot. 22: 40 (1966)
   Hemerocallis flava (L.) L. var. *minor* (Mill.) M.Hotta, Acta Phytotax. Geobot. 22: 40 (1966)

Representative specimens; Hamgyong-bukto 4 August 1935 羅南支庫 *Saito, T T Saito s.n.* 7 July 1935 *Saito, T T Saito s.n.* 11 August 1907 茂山嶺 *Maeda, K s.n.* 13 July 1930 鏡城 *Ohwi, J Ohwi s.n.* **Hamgyong-namdo** 28 July 1933 永古面松興里 *Koidzumi, G Koidzumi s.n.* **Hwanghae-namdo** 29 July 1935 長壽山 *Koidzumi, G Koidzumi s.n.* **Ryanggang** 26 July 1914 三水-惠山鎮 *Nakai, T Nakai s.n.*

Hemerocallis dumortieri C.Morren, Hort. Belge 2: 195 (1835)
Common name 각시원추리
Distribution in Korea: North, South
   Hemerocallis rutilans Baker, J. Linn. Soc., Bot. 11: 359 (1870)

Representative specimens; Chagang-do 1 July 1914 北上面 *Nakai, T Nakai s.n.* **Kangwon-do** 7 July 1909 元山 *Nakai, T Nakai s.n.*

Hemerocallis fulva (L.) L., Sp. Pl. (ed. 2) 1: 462 (1762)
Common name 원추리
Distribution in Korea: North, Central, South, Ulleung
   Hemerocallis lilioasphodelus L. var. *fulva* L., Sp. Pl. 324 (1753)
   Hemerocallis fulva (L.) L. var. *maculata* Baroni, Nuovo Giorn. Bot. Ital. 2: 306 (1897)
   Hemerocallis maculata (Baroni) Nakai, Bull. Natl. Sci. Mus., Tokyo 31: 146 (1952)

Representative specimens; Hamgyong-bukto 3 August 1933 會寧 *Koidzumi, G Koidzumi s.n.* 23 June 1935 梧上洞 *Saito, T T Saito s.n.* 5 August 1914 茂山 *Ikuma, Y Ikuma s.n.* **P'yongan-namdo** 15 July 1916 葛日嶺 *Mori, T Mori s.n.*

Hemerocallis hakuunensis Nakai, J. Jap. Bot. 19: 315 (1943)
Common name 백운산원추리
Distribution in Korea: North, Central, South, Endemic
   Hemerocallis micrantha Nakai, J. Jap. Bot. 19: 315 (1943)
   Hemerocallis hongdoensis M.G.Chung & S.S.Kang, Novon 4: 94 (1994)
   Hemerocallis taeanensis S.S.Kang & M.G.Chung, Syst. Bot. 22: 428 (1997)

Hemerocallis lilioasphodelus L., Sp. Pl. 324 (1753)
Common name 노랑원추리
Distribution in Korea: North, Central
   Hemerocallis lilioasphodelus L. var. *nana* L., Sp. Pl. 324 (1753)
   Hemerocallis flava (L.) L., Sp. Pl. (ed. 2) 462 (1762)

Hemerocallis middendorffii Trautv. & C.A.Mey., Fl. Ochot. Phaenog. 94 (1856)

Common name 겹원추리, 겹넘나물 (큰원추리)

Distribution in Korea: North, Central

Hemerocallis dumortieri C.Morren var. *middendorffii* (Trautv. & C.A.Mey.) Kitam., Acta
Phytotax. Geobot. 22: 41 (1966)

Representative specimens; Chagang-do 18 July 1914 大興里 *Nakai, T Nakai s.n.* **Hamgyong-bukto** 17 June 1909 清津 *Nakai, T Nakai s.n.* 15 May 1934 漁遊洞 *Uozumi, H Uozumi s.n.* 1 June 1930 Kyonson 鏡城 *Ohwi, J Ohwi s.n.* 23 June 1935 梧上洞 *Saito, T T Saito s.n.* **Hamgyong-namdo** 16 August 1934 新角面北山 *Nomura, N Nomura s.n.* 7 August 1935 在院里 *Nomura, N Nomura s.n.* 20 June 1932 東上面元豊里 *Ohwi, J Ohwi s.n.* 14 June 1909 新浦 *Nakai, T Nakai s.n.* **P'yongan-bukto** 2 August 1935 妙香山 *Koidzumi, G Koidzumi s.n.* 5 June 1912 白壁山 *Ishidoya, T Ishidoya s.n.* **P'yongan-namdo** 9 June 1935 黃草嶺 *Nomura, N Nomura s.n.* **Ryanggang** 1 August 1897 虛川江 (同仁川) *Komarov, VL Komaorv s.n.* 7 June 1897 平蒲坪 *Komarov, VL Komaorv s.n.* 9 June 1897 屈松川 (西頭水河谷) 倉坪 *Komarov, VL Komaorv s.n.* 14 June 1897 西溪水-延岩 *Komarov, VL Komaorv s.n.* 21 June 1897 阿武山-象背嶺 *Komarov, VL Komaorv s.n.* 26 June 1897 內曲里 *Komarov, VL Komaorv s.n.* 21 June 1897 阿武山-象背嶺 *Komarov, VL Komaorv s.n.* 11 July 1917 胞胎山中腹以下 *Furumi, M Furumi s.n.* 6 August 1914 胞胎山虛項嶺 *Nakai, T Nakai s.n.* 2 June 1897 四芝坪(延面水河谷) 柄安洞 *Komarov, VL Komaorv s.n.*

Hemerocallis minor Mill., Gard. Dict., ed. 8 Hemerocallis no. 2 (1768)

Common name 애기원추리

Distribution in Korea: North, Central, South, Jeju

Representative specimens; Chagang-do 15 June 1911 Kang-gei(Kokai 江界) *Mills, RG Mills s.n.* 25 July 1911 *Mills, RG Mills s.n.* **Hamgyong-bukto** 17 June 1909 清津 *Nakai, T Nakai s.n.* 2 August 1914 車踰嶺 *Ikuma, Y Ikuma s.n.* August 1913 茂山 *Mori, T Mori s.n.* **Hamgyong-namdo** 11 August 1940 咸興歸州寺 *Okuyama, S Okuyama s.n.* **Hwanghae-namdo** 9 July 1921 Sorai Beach 九味浦 *Mills, RG Mills s.n.* **P'yongan-bukto** 5 June 1912 白壁山 *Ishidoya, T Ishidoya s.n.* **P'yongyang** 23 August 1943 大同郡大寶山 *Furusawa, I Furusawa s.n.* 11 June 1911 Ryugakusan (龍岳山) 平壤 *Imai, H Imai s.n.* 2 August 1910 Otsumitsudai(乙密台) 平壤 *Imai, H Imai s.n.* **Rason** 6 June 1930 西水羅 *Ohwi, J Ohwi s.n.* **Ryanggang** 1 July 1897 五是川雲寵江-崔五峰 *Komarov, VL Komaorv s.n.* 27 June 1897 栢德嶺 *Komarov, VL Komaorv s.n.*

Hosta **Tratt.**
Hosta clausa Nakai, Bot. Mag. (Tokyo) 44: 27 (1930)

Common name 주걱비비추

Distribution in Korea: North, Central

Hosta lancifolia (Thunb.) Engl., Nat. Pflanzenfam. 2: 40 (1887)
Hosta japonica (Thunb.) Asch. var. *lancifalia* Nakai, Rep. Veg. Diamond Mountains 167(1918)
Hosta japonica (Thunb.) Asch. var. *normalis* Nakai, Rep. Veg. Diamond Mountains 167 (1918)
Hosta clausa Nakai var. *normalis* F.Maek., J. Jap. Bot. 13: 899 (1937)
Hosta ensata F.Maek., J. Jap. Bot. 28 (1937)
Hosta clausa Nakai var. *ensata* (F.Maek.) W.G.Schmid, Gen. Hosta 316 (1991)
Hosta ensata F.Maek. var. *normalis* (F.Maek.) Q.S.Sun, Fl. Liaoningica 2: 682 (1992)

Representative specimens; Chagang-do 25 August 1897 小德川 (松德水河谷) *Komarov, VL Komaorv s.n.* 28 August 1897 慈城邑(松德水河谷) *Komarov, VL Komaorv s.n.* **Hamgyong-bukto** 25 July 1933 慶源郡檜洞 *Miura, Y s.n.* **Kangwon-do**5 August 1932 金剛山外金剛 *Kobayashi, M Kobayashi s.n.* 20 August 1902 Mt. Kumgang (金剛山) *Uchiyama, T Uchiyama s.n.* 13 August 1933 安邊郡衛益面三防 *Nomura, N Nomura s.n.* **P'yongan-bukto** 5 August 1937 妙香山 *Hozawa, S Hozawa s.n.* 2 August 1935 *Koidzumi, G Koidzumi s.n.* 6 August 1912 Unsan (雲山) *Imai, H Imai s.n.* **Ryanggang** 2 July 1897 雲寵里三水邑 (虛川江岸懸崖) *Komarov, VL Komaorv s.n.* 9 July 1897 十四道溝(鴨綠江) *Komarov, VL Komaorv s.n.* 14 July 1897 鴨綠江 (上水隅理 -羅暖堡) *Komarov, VL Komaorv s.n.* 9 August 1897 長津江下流域 *Komarov, VL Komaorv s.n.* 17 July 1897 半載子溝 (鴨綠江上流) *Komarov, VL Komaorv s.n.*

Hosta minor (Baker) Nakai, J. Coll. Sci. Imp. Univ. Tokyo 31: 251 (1911)

Common name 좀비비추

Distribution in Korea: North, Central, South, Jeju

Funkia ovata Spreng. var. *minor* Baker, J. Linn. Soc., Bot. 11: 368 (1870)
Hosta minor (Baker) Nakai var. *alba* Nakai, Rep. Veg. Diamond Mountains 201 (1918)
Hosta minor (Baker) Nakai f. *alba* (Nakai) F.Maek., J. Fac. Sci. Univ. Tokyo, Sect. 3, Bot. 5:
418 (1940)

Representative specimens; **Hamgyong-namdo** 19 August 1943 千佛山 *Honda, M Honda s.n.* **Kangwon-do** 11 August 1943 Mt. Kumgang (金剛山) *Honda, M Honda s.n.* 15 August 1932 金剛山外金剛 *Koidzumi, G Koidzumi s.n.* 12 August 1932 Mt. Kumgang (金剛山) *Koidzumi, G Koidzumi s.n.* 7 August 1940 *Okuyama, S Okuyama s.n.*

Lilium L.
Lilium amabile Palib., Trudy Imp. S.-Peterburgsk. Bot. Sada 19: 113 (1901)
Common name 털중나리

Distribution in Korea: North (Hamgyong), Central, South
Lilium fauriei H.Lév. & Vaniot, Repert. Spec. Nov. Regni Veg. 5: 282 (1908)
Lilium amabile Palib. var. *immaculatum* T.B.Lee, Bull. Kwanak Arbor. 8: 1 (1987)
Lilium amabile Palib. var. *flavum* Y.N.Lee, Bull. Korea Pl. Res. 2: 9 (2002)

Representative specimens;**Hwanghae-bukto** 29 May 1939 白川邑 *Hozawa, S Hozawa s.n.* 10 September 1915 瑞興 *Nakai, T Nakai s.n.* **Kangwon-do** 22 August 1902 北屯地近傍 *Uchiyama, T Uchiyama s.n.* 10 August 1932 元山 *Kitamura, S Kitamura s.n.* **P'yongan-bukto** 25 August 1911 Sakju(朔州) *Mills, RG Mills s.n.* **P'yongyang** 4 September 1901 in montibus mediae *Faurie, UJ Faurie s.n.*

Lilium cernuum Kom., Trudy Imp. S.-Peterburgsk. Bot. Sada 20: 461 (1901)
Common name 솔나리

Distribution in Korea: North, Central, South
Lilium graminifolium H.Lév. & Vaniot, Repert. Spec. Nov. Regni Veg. 5: 283 (1908)
Lilium palibinianum Y.Yabe, Bot. Mag. (Tokyo) 17: 134 (1908)
Lilium cernuum Kom. var. *atropurpureum* Nakai, Bot. Mag. (Tokyo) 31: 5 (1917)
Lilium cernuum Kom. var. *candidum* Nakai, Bot. Mag. (Tokyo) 31: 5 (1917)

Representative specimens; **Chagang-do** 25 August 1897 小德川 (松德水河谷) *Komarov, VL Komarov s.n.* 28 August 1897 慈城邑(松德水河谷) *Komarov, VL Komarov s.n.* **Hamgyong-bukto** 31 July 1914 清津 *Ikuma, Y Ikuma s.n.* 11 August 1933 渡正山 *Koidzumi, G Koidzumi s.n.* 11 July 1913 羅南 *Ono, I s.n.* 14 August 1933 朱乙溫泉朱乙山 *Koidzumi, G Koidzumi s.n.* 13 July 1930 Kyonson 鏡城 *Ohwi, J Ohwi s.n.* 11 July 1914 茂山 *Ikuma, Y Ikuma s.n.* 5 August 1914 *Ikuma, Y Ikuma s.n.* 2 August 1914 車踰嶺 *Ikuma, Y Ikuma s.n.* 19 August 1914 曷浦嶺 *Nakai, T Nakai s.n.* 17 June 1930 四芝嶺 *Ohwi, J Ohwi s.n.* **Kangwon-do** 31 July 1916 金剛山群仙峽 *Nakai, T Nakai s.n.* 29 July 1938 Mt. Kumgang (金剛山) *Hozawa, S Hozawa s.n.* 7 August 1940*Okuyama, S Okuyama s.n.* 18 August 1902 *Uchiyama, T Uchiyama s.n.* **P'yongan-bukto** 2 August 1935 妙香山 *Koidzumi, G Koidzumi s.n.* **Ryanggang** July 1943 龍眼 *Uchida, H Uchida s.n.* 1 August 1897 虛川江 (同仁川) *Komarov, VL Komarov s.n.* 24 August 1934 態耳面北水白山北水谷 *Yamamoto, A Yamamoto s.n.* 16 August 1897 大羅信洞 *Komarov, VL Komarov s.n.* 19 August 1897 葡坪 *Komarov, VL Komarov s.n.* 8 July 1897 三水羅堡 *Komarov, VL Komarov s.n.* 4 July 1897 上水隅理 *Komarov, VL Komarov s.n.* 14 July 1897 鴨綠江 (上水隅理-羅暖堡) *Komarov, VL Komarov s.n.* 4 July 1897 上水隅理 *Komarov, VL Komarov389* 25 July 1914 三水-遮川里 *Nakai, T Nakai s.n.* 3 August 1917 榆坪 *Furumi, M Furumi s.n.* 24 July 1930 含山嶺 *Ohwi, J Ohwi s.n.* 28 June 1897 栢德嶺 *Komarov, VL Komarov s.n.* 13 August 1914 白頭山 *Ikuma, Y Ikuma s.n.* August 1913 長白山 *Mori, T Mori s.n.*Type of *Lilium cernuum* Kom. var. *atropurpureum* Nakai (Syntype TI)25 July 1914 白水嶺 *Nakai, T Nakai s.n.*

Lilium concolor Salisb., Parad. Lond. 1: t. 47 (1806)
Common name 하늘나리

Distribution in Korea: North, Central, South
Lilium buschianum Lodd., Bot. Cab. 17: t. 1628 (1830)
Lilium pulchellum Fisch., Index Seminum [St.Petersburg (Petropolitanus)] 6: 56 (1840)
Lilium sinicum Lindl. & Paxton, Paxton's Fl. Gard. 2: 115 (1851)
Lilium coridion Siebold & de Vriese, Tuinb.-Fl. 2: 341 cum t. (1855)
Lilium partheneion Siebold & de Vriese, Tuinb.-Fl. 2: 340 cum t. (1855)
Lilium concolor Salisb. var. *coridion* (Siebold & de Vriese) Baker, Gard. Chron. 1871: 1035 (1871)
Lilium concolor Salisb. var. *partheneion* (Siebold & de Vriese) Baker, Gard. Chron. 1871: 1035 (1871)
Lilium concolor Salisb. var. *buschianum* (Lodd.) Baker, J. Linn. Soc., Bot. 14: 236 (1874)
Lilium concolor Salisb. var. *pulchellum* (Fisch.) Baker, J. Linn. Soc., Bot. 14: 236 (1874)
Lilium mairei H.Lév., Repert. Spec. Nov. Regni Veg. 11: 303 (1912)
Lilium concolor Salisb. var. *pulchellum* f. *parthenion* (Siebold & de Vries) Wilson, Lilies East. Asia 58 (1925)
Lilium concolor Salisb. var. *partheneion* f. *cordion* (Siebold & de Vries) Kitag., Lin. Fl. Manshur. 138 (1939)

Lilium concolor Salisb. var. *megalanthum* F.T.Wang & T.Tang, Fl. Reipubl. Popularis Sin. 14: 283 (1980)
  Lilium megalanthum (F.T.Wang & T.Tang) Q.S.Sun, Bull. Bot. Res., Harbin 9: 135 (1989)

Representative specimens; Chagang-do 28 August 1897 慈城邑(松德水河谷) *Komarov, VL Komaorv s.n.* **Hamgyong-bukto**30 June 1935 ラクダ峰羅南 *Saito, T T Saito s.n.* 15 June 1930 茂山嶺 *Ohwi, J Ohwi s.n.* 30 June 1935 鏡城 *Saito, T T Saito s.n.* 5 July 1916 *Yamada, Y s.n.* 20 June 1909 富寧 *Nakai, T Nakai s.n.* **Hamgyong-namdo** 8 June 1909 鎮江- 鎭岩峯 *Nakai, T Nakai s.n.* **Hwanghae-namdo** 12 June 1931 長壽山 *Smith, RK Smith s.n.* 29 June 1921 Sorai Beach 九味浦 *Mills, RG Mills s.n.* 29 June 1921 *Mills, RG Mills s.n.* **Kangwon-do** 30 July 1916 金剛山溫井里 *Nakai, T Nakai s.n.* July 1932 Mt. Kumgang (金剛山) *Smith, RK Smith s.n.* **P'yongan-bukto** 3 June 1912 白壁山 *Ishidoya, T Ishidoya s.n.* **P'yongyang** 18 June 1911 P'yongyang (平壤) *Imai, H Imai s.n.* **Ryanggang** 1 July 1897 五是川雲寵江-崔五峰 *Komarov, VL Komaorv s.n.* 7 July 1897 犁方嶺 (鴨緑江羅暖堡) *Komarov, VL Komaorv s.n.* 18 August 1897 葡坪 *Komarov, VL Komaorv s.n.* 19 August 1897 *Komarov, VL Komaorv s.n.* 27 June 1897 栢德嶺 *Komarov, VL Komaorv s.n.* 22 July 1897 佳林里 *Komarov, VL Komaorv s.n.* 26 July 1897 佳林里/五山里川河谷 *Komarov, VL Komaorv s.n.* 28 July 1897 佳林里 *Komarov, VL Komaorv s.n.* August 1913 長白山 *Mori, T Mori s.n.*

Lilium distichum Nakai ex Kamib., Chosen Yuri Dzukai t. 7 (1916)

Common name 말나리

Distribution in Korea: North, Central, South

Representative specimens; Chagang-do 11 July 1914 蔥田嶺 *Nakai, T Nakai1634* Type of *Lilium distichum* Nakai ex Kamib. (Syntype TI)11 July 1914 *Nakai, T Nakai1639* Type of *Lilium distichum* Nakai ex Kamib. (Syntype TI) **Kangwon-do** 31 July 1916 金剛山群仙峽 *Nakai, T Nakai5257* Type of *Lilium distichum* Nakai ex Kamib. (Syntype TI)16 August 1902 Mt. Kumgang (金剛山) *Uchiyama, T Uchiyama s.n.* Type of *Lilium distichum* Nakai ex Kamib. (Syntype TI)16 August 1902 金剛山 *Uchiyama, T Uchiyama s.n.* Type of *Lilium distichum* Nakai ex Kamib. (Syntype TI) **Ryanggang** August 1913 崔哥嶺 *Mori, T Mori266* Type of *Lilium distichum* Nakai ex Kamib. (Syntype TI)

Lilium hansonii Leichtlin ex D.D.T.Moore, Rural New Yorker 24: 60 (1871)

Common name 섬말나리

Distribution in Korea: North, Central, Ulleung
  Lilium medeoloides A.Gray var. *obovatum* Franch. & Sav., Enum. Pl. Jap. 2: 63 (1876)

Representative specimens; Chagang-do 26 August 1897 小德川 (松德水河谷) *Komarov, VL Komaorv s.n.* **Hamgyong-bukto** 19 May 1897 茂山嶺 *Komarov, VL Komaorv s.n.* 23 May 1897 車踰嶺 *Komarov, VL Komaorv s.n.* 12 June 1897 西溪水 *Komarov, VL Komaorv s.n.* 4 June 1897 四芝嶺 *Komarov, VL Komaorv s.n.* **Kangwon-do** 通川 *Unknown s.n.* **P'yongan-bukto** 23 July 1937 妙香山 *Park, MK Park s.n.***Rason** 11 May 1897 豆滿江三角洲-五宗洞 *Komarov, VL Komaorv s.n.* **Ryanggang** 5 August 1897 白山嶺 *Komarov, VL Komaorv s.n.* 16 August 1897 大羅信洞 *Komarov, VL Komaorv s.n.* 21 August 1897 subdist. Chu-czan, flumen Amnok-gan *Komarov, VL Komaorv s.n.* 23 August 1897 雲洞嶺 *Komarov, VL Komaorv s.n.* 7 August 1897 上巨里水 *Komarov, VL Komaorv s.n.* 9 June 1897 屈松川 (西頭水河谷) 倉坪 *Komarov, VL Komaorv s.n.* 27 June 1897 栢德嶺 *Komarov, VL Komaorv s.n.* 26 July 1897 佳林里/五山里川河谷 *Komarov, VL Komaorv s.n.* 2 June 1897 四芝坪(延面水河谷) 柄安洞 *Komarov, VL Komaorv s.n.*

Lilium lancifolium Thunb., Trans. Linn. Soc. London 2: 333 (1794)

Common name 참나리

Distribution in Korea: North, Central, South, Ulleung
  Lilium tigrinum Ker Gawl., Bot. Mag. 31: t. 1237 (1810)
  Lilium tigrinum Ker Gawl. var. *fortunei* Standish, Gard. Chron. 1866: 972 (1866)
  Lilium tigrinum Ker Gawl. var. *splendens* Van Houtte, Fl. Serres Jard. Eur. 19: t. 1931 (1870)
  Lilium leopoldii Baker, J. Linn. Soc., Bot. 14: 233 (1874)
  Lilium tigrinum Ker Gawl. var. *plenescens* Waugh, Bot. Gaz. 27: 254 (1899)
  Lilium lancifolium Thunb. var. *flaviflorum* Makino, J. Jap. Bot. 8: 43 (1932)
  Lilium lancifolium Thunb. var. *fortunei* (Standish) V.A.Matthews, New Plantsman 7: 126 (1985)
  Lilium lancifolium Thunb. var. *splendens* (Van Houtte) V.A.Matthews, New Plantsman 7: 126 (1985)

Representative specimens; Chagang-do 21 July 1914 大興里- 山羊 *Nakai, T Nakai s.n.* **Hwanghae-namdo** 2 August 1921 Sorai Beach 九味浦 *Mills, RG Mills s.n.* **Kangwon-do** 30 July 1916 金剛山外金剛倉岱 *Nakai, T Nakai s.n.* **Ryanggang** 16 August 1897 大羅信洞 *Komarov, VL Komaorv s.n.*

Lilium medeoloides A.Gray, Mem. Amer. Acad. Arts n.s. 6: 415 (1859)

Common name 개말나리

Distribution in Korea: North, Central, South

Lilium avenaceum Fisch. ex Maxim., Gartenflora 14: 290 (1865)

Lilium sado-insulare Masam. & Satomi, Sci. Rep. Kanazawa Univ., Biol. 2: 119 (1954)

Lilium medeoloides A.Gray f. *atropurpureum* Okuy., J. Jap. Bot. 30: 41 (1955)

Representative specimens; Chagang-do 18 July 1914 大興里 *Nakai, T Nakai s.n.* 21 July 1914 大興里- 山羊 *Nakai, T Nakai s.n.* **Hamgyong-bukto** 18 July 1918 朱乙溫面北河瑞 *Nakai, T Nakai s.n.* 6 July 1930 Kyonson 鏡城 *Ohwi, J Ohwi s.n.* 21 July 1933 冠帽峰 *Saito, T T Saito s.n.* 25 September 1933 *Saito, T T Saito s.n.* 車踰嶺 *Unknown s.n.* **Hamgyong-namdo** 23 July 1933 東上面漢岱里 *Koidzumi, G Koidzumi s.n.* 15 August 1935 遮日峯 *Nakai, T Nakai s.n.* 15 August 1935 *Nakai, T Nakai s.n.* 18 August 1934 東上面新洞上方 2100m *Yamamoto, A Yamamoto s.n.* **Kangwon-do** 7 August 1932 Mt. Kumgang (金剛山) *Fukushima s.n.* 29 July 1938 *Hozawa, S Hozawa s.n.* 12 August 1932 *Koidzumi, G Koidzumi s.n.* 7 August 1940 *Okuyama, S Okuyama s.n.* July 1901 Nai Piang *Faurie, UJ Faurie s.n.* **P'yongan-bukto** 2 August 1935 妙香山 *Koidzumi, G Koidzumi s.n.* **P'yongan-namdo** 27 July 1916 黃草嶺 *Mori, T Mori s.n.* **Ryanggang** July 1943 龍眼 *Uchida, H Uchida s.n.* 22 August 1914 普天堡 *Ikuma, Y Ikuma s.n.* 20 July 1915 白頭山 *Takeuchi, T s.n.* 21 August 1934 新興/豊山郡境北水白山 *Yamamoto, A Yamamoto s.n.* 19 August 1934 新興豊山郡境南水峠附近 *Yamamoto, A Yamamoto s.n.*

Lilium pennsylvanicum Ker Gawl., Bot. Mag. 22: t. 872 (1805)

Common name 날개하늘나리

Distribution in Korea: far North (Paekdu, Kwanmo, Gaema, Rahnrim), Central

Lilium dauricum Ker Gawl., Curtis's Bot. Mag. 30: t. 1210 (1809)

Lilium spectabile Link, Enum. Hort. Berol. Alt. 1: 321 (1821)

Lilium pseudotigrinum Carrière, Rev. Hort. 1867: 411 (1867)

Lilium maximowiczii Regel, Gartenflora 17: 322, t. 596 (1868)

Lilium maximowiczii Regel var. *tigrinum* Regel, Gartenflora 19: 290 (1870)

Lilium bulbiferum L. ssp. *dauricum* (Ker Gawl.) Baker, Gard. Chron. 1871: 1034 (1871)

Lilium leichtlinii Baker var. *maximowiczii* (Regel) Baker, Gard. Chron. 1871: 1422 (1871)

Lilium leichtlinii Baker var. *pseudotigrinum* Baker, J. Hort. Soc. London n.s. 4: 47 (1877)

Lilium maximowiczii Regel var. *bakeri* Elwes, Monogr. Lilium 0 (1880)

Lilium maximowiczii Regel var. *pseudotigrinum* (Carrière) Elwes, Monogr. Lilium 0 (1880)

Lilium maximowiczii Regel var. *regelii* Elwes, Monogr. Lilium 0 (1880)

Lilium leichtlinii Baker var. *tigrinum* G.Nicholson, Ill. Dict. Gard. 2: 271 (1887)

Lilium pseudodahuricum M.Fedoss. & S.Fedoss., Del. Hort. Jur. 45 (1899)

Lilium maculatum Thunb. ssp. *dauricum* (Ker Gawl.) H.Hara, J. Jap. Bot. 38: 249 (1963)

Lilium maculatum Thunb. var. *dauricum* (Ker Gawl.) Ohwi, Fl. Jap., revised ed., [Ohwi] 1438 (1965)

Lilium leichtlinii Baker f. *pseudotigrinum* (Carrière) H.Hara & Kitam., Acta Phytotax. Geobot. 36: 93 (1985)

Representative specimens; Chagang-do 22 July 1919 狼林山中腹 *Kajiwara, U Kajiwara s.n.* **Hamgyong-bukto** 16 August 1936 富寧青岩 - 水坪 *Saito, T T Saito s.n.* 19 May 1897 茂山嶺 *Komarov, VL Komarov s.n.* 21 May 1897 茂山嶺-蕨坪(照日洞) *Komarov, VL Komarov s.n.* 23 June 1909 茂山嶺 *Nakai, T Nakai s.n.* 5 June 1930 *Ohwi, J Ohwi s.n.* August 1925 吉州 *Numajiri, K s.n.* 14 June 1930 鏡城 *Ohwi, J Ohwi s.n.* 14 June 1930 *Ohwi, J Ohwi s.n.* 14 June 1930 Kyonson 鏡城 *Ohwi, J Ohwi s.n.* 1 August 1914 富寧 *Ikuma, Y Ikuma s.n.* 13 June 1897 西溪水 *Komarov, VL Komarov s.n.* 20 June 1909 富寧 *Nakai, T Nakai s.n.* 4 June 1897 四芝嶺 *Komarov, VL Komarov s.n.* 18 June 1930 四芝洞 *Ohwi, J Ohwi s.n.* 19 June 1930 四芝洞 -楡坪 *Ohwi, J Ohwi s.n.* **Hamgyong-namdo** 2 June 1930 端川郡北斗日面 *Kinosaki, Y s.n.* 27 July 1933 東上面元豊 *Koidzumi, G Koidzumi s.n.* 15 August 1935 遮日峯 *Koidzumi, G Koidzumi s.n.* **Kangwon-do** 28 July 1916 長箭 -高城 *Nakai, T Nakai s.n.* 2 August 1932 金剛山外金剛 *Kobayashi, M Kobayashi s.n.* 7 August 1916 金剛山末輝里 *Nakai, T Nakai s.n.* **Ryanggang** 9 June 1897 屈松川 (西頭水河谷) *倉坪 Komarov, VL Komarov s.n.* 22 July 1930 含山嶺 *Ohwi, J Ohwi s.n.* 26 June 1897 內曲里 *Komarov, VL Komarov s.n.* 21 June 1897 阿武山-象背嶺 *Komarov, VL Komarov s.n.*

Lilium pumilum Delile, Liliac. 7: t. 378 (1812)

Common name 큰솔나리

Distribution in Korea: North, Central

Lilium linifolium Hornem., Hort. Bot. Hafn. 1: 326 (1813)

Lilium stenophyllum Baker, J. Linn. Soc., Bot. 14: 251 (1874)

Lilium tenuifolium Fisch. ex Hook.f., Bot. Mag. 126: t. 7715 (1900)

Lilium sinensium Gand., Bull. Soc. Bot. France 66: 292 (1919)

Lilium chrysanthum Nakai& Maek., J. Jap. Bot. 11: 244 (1934)

Lilium tenuifolium Fisch. ex Hook.f. var. *chrysanthum* (Nakai & F.Maek.) Nakai, Bull. Natl. Sci. Mus., Tokyo 31: 147 (1952)

Lilium potaninii Vrishcz, Bot. Zhurn. (Moscow & Leningrad) 53: 1472 (1968)

Representative specimens; **Chagang-do** 29 August 1897 慈城江 *Komarov, VL Komaorv s.n.* 22 July 1914 山羊 -江口 *Nakai, T Nakai s.n.* **Hamgyong-bukto** 28 May 1897 富潤洞 *Komarov, VL Komaorv s.n.* 18 June 1930 鏡城 *Ohwi, J Ohwi s.n.* 7 July 1909 鐘城間島三洞 *Tong-im-gan-pa (Kenzo Maeda) s.n.* 12 June 1897 西溪水 *Komarov, VL Komaorv s.n.* 17 June 1930 四芝嶺 *Ohwi, J Ohwi s.n.* **Ryanggang** 18 July 1897 Keizanchin(惠山鎭) *Komarov, VL Komaorv s.n.* 1 July 1897 五是川雲寵江-崔五峰 *Komarov, VL Komaorv s.n.* 1 August 1897 虛川江 (同仁川) *Komarov, VL Komaorv s.n.* 28 July 1930 合水 *Ohwi, J Ohwi s.n.* 23 June 1897 大鎭坪 *Komarov, VL Komaorv s.n.* 20 July 1897 惠山鎭(鴨綠江上流長白山脈中高原) *Komarov, VL Komaorv s.n.*

Lilium tsingtauense Gilg, Bot. Jahrb. Syst. 34 (1): 24 (1904)

Common name 하늘말나리

Distribution in Korea: North, Central, South

    Lilium tsingtauense Gilg var. *flavum* Makino, Bot. Mag. (Tokyo) 24: 301 (1910)
    Lilium miquelianum Makino var. *flavum* Makino, Bot. Mag. (Tokyo) 24: 301 (1910)
    Lilium miquelianum Makino, Bot. Mag. (Tokyo) 24: 301 (1910)
    Lilium carneum Nakai, Repert. Spec. Nov. Regni Veg. 13: 247 (1914)
    Lilium tsingtauense Gilg var. *carneum* (Nakai) Nakai, Bot. Mag. (Tokyo) 31: 9 (1917)

Representative specimens; **Hamgyong-bukto** 2 August 1914 車踰嶺 *Ikuma, Y Ikuma s.n.* **Hwanghae-namdo** 29 July 1921 Sorai Beach 九味浦 *Mills, RG Mills s.n.* **Kangwon-do** 12 August 1902 墨浦洞 *Uchiyama, T Uchiyama s.n.* 7 June 1909 元山 *Nakai, T Nakai s.n.* **P'yongan-bukto** 26 July 1912 Nei-hen (Neiyen 寧邊) *Imai, H Imai s.n.*

Liriope Lour.
Liriope spicata (Thunb.) Lour., Fl. Cochinch.201 (1790)

Common name 개맥문동

Distribution in Korea: North, Central, South

    Convallaria spicata Thunb., Fl. Jap. (Siebold) 141 (1845)
    Ophiopogon spicatus Gawl. var. *koreanus* Palib., Trudy Imp. S.-Peterburgsk. Bot. Sada 19: 6 (1901)
    Ophiopogon fauriei H.Lév. & Vaniot, Repert. Spec. Nov. Regni Veg. 5: 283 (1908)
    Liriope graminifolia (L.) Baker var. *koreana* (Palib.) Nakai, J. Coll. Sci. Imp. Univ. Tokyo 31: 239 (1911)
    Liriope koreana (Palib.) Nakai, Rep. Veg. Chiisan Mts. 26 (1915)
    Mondo fauriei (H.Lév. & Vaniot) Farw., Amer. Midl. Naturalist 7: 43 (1921)
    Mondo koreanum (Palib.) Hatus., Exp. Forest. Kyushu Imp. Univ. 5: 231 (1934)
    Ophiopogon koreanus (Palib.) Masam., Sci. Rep. Kanazawa Univ., Biol. 5: 111 (1957)
    Liriope spicata (Thunb.) Lour. f. *koreana* (Palib.) H.Hara, J. Jap. Bot. 59: 38 (1984)

Representative specimens; **Hwanghae-namdo** 4 July 1921 Sorai Beach 九味浦 *Mills, RG Mills s.n.* 25 July 1914 *Mills, RG Mills s.n.* **P'yongyang** 22 August 1943 平壤牡丹臺 *Furusawa, I Furusawa s.n.* 29 September 1912 平壤寺洞 *Imai, H Imai s.n.*

Lloydia Salisb. ex Rchb.
Lloydia serotina (L.) Rchb., Fl. Germ. Excurs.102 (1830)

Common name 두메무릇 (개감채)

Distribution in Korea: North

    Bulbocodium serotinum L., Sp. Pl. 294 (1753)
    Ornithogalum altaicum Laxm., Nova Acta Phys.-Med. Acad. Caes. Leop.-Carol. Nat. Cur. 18: 530 (1774)
    Ornithogalum striatum Willd., Sp. Pl. (ed. 5; Willdenow) 2: 112 (1799)
    Lloydia alpina Salisb., Trans. Hort. Soc. London 1: 328 (1812)
    Gagea serotina (L.) Ker Gawl., J. Sci. Arts (London) 1: 180 (1816)
    Gagea bracteata Schult.f., Syst. Veg. (ed. 16) [Roemer & Schultes] 7(1): 542 (1829)
    Nectarobothrium redowskianum Cham., Linnaea 6: 585 (1831)
    Lloydia sicula A.Huet ex Baker, J. Linn. Soc., Bot. 14: 300 (1874)
    Lloydia serotina (L.) Rchb. var. *unifolia* Franch., J. Bot. (Morot) 12: 192 (1898)

Representative specimens; **Hamgyong-bukto** July 1932 冠帽峰 *Ohwi, J Ohwi s.n.* 1 June 1934 *Saito, T T Saito s.n.* 21 July 1933 *Saito, T T Saito s.n.* 13 June 1936 *Saito, T T Saito s.n.* 25 June 1930 雪嶺山上 *Ohwi, J Ohwi s.n.* **Hamgyong-namdo** 17 August 1935 遮日峯 *Nakai, T Nakai s.n.* 23 June 1932 *Ohwi, J Ohwi s.n.* **Ryanggang** 11 July 1917 胞胎山中腹以上 *Furumi, M Furumi s.n.* 13 August 1913 白頭山 *Hirai, H Hirai s.n.* August 1913 長白山 *Mori, T Mori s.n.* 10 August 1914 白頭山 *Nakai, T Nakai s.n.*

Lloydia triflora (Ledeb.) Baker, J. Linn. Soc., Bot. 14: 300 (1874)

Common name 가는잎두메무릇 (나도개감채)

Distribution in Korea: North, Central, South

 Ornithogalum triflorum Ledeb., Mem. Acad. Imp. Sci. St. Petersbourg Hist. Acad. 5: 529 (1812)

 Gagea triflora (Ledeb.) Roem. & Schult., Syst. Veg. (ed. 16) [Roemer & Schultes] 7(1): 542 (1829)

 Tulipa ornithogaloides Fisch. ex Besser, Flora 17 (1 Beibl.): 25 (1834)

 Stellaster triflorus (Ledeb.) Kuntze, Revis. Gen. Pl. 2: 715 (1891)

Representative specimens; Chagang-do 9 May 1911 Kang-gei(Kokai 江界) *Mills, RG Mills327* **Hamgyong-bukto** 7 May 1933 羅南支庫谷 *Saito, T T Saito s.n.* 15 May 1934 漁遊洞 *Uozumi, H Uozumi s.n.* 19 May 1897 茂山嶺 *Komarov, VL Komaorv s.n.* 24 May 1897 車踰嶺- 照日洞 *Komarov, VL Komaorv s.n.* 27 May 1930 鏡城 *Ohwi, J Ohwi s.n.* 7 June 1936 茂山 *Minamoto, M s.n.* 7 June 1936 *Minamoto, M s.n.* 25 June 1930 雪嶺山上 *Ohwi, J Ohwi s.n.* 25 June 1930 雪嶺 *Ohwi, J Ohwi s.n.* **Hamgyong-namdo** 15 June 1932 下碣隅里 *Ohwi, J Ohwi s.n.* 20 June 1932 東上面元豊里 *Ohwi, J Ohwi s.n.* **Rason** 4 June 1930 西水羅オガリ岩 *Ohwi, J Ohwi s.n.* 5 June 1930 *Ohwi, J Ohwi s.n.*

Maianthemum F.H.Wigg.

Maianthemum bicolor (Nakai) Cubey, Plantsman n.s. 4: 219 (2005)

Common name 자주솜대

Distribution in Korea: North, Central, South

 Smilacina bicolor Nakai, Repert. Spec. Nov. Regni Veg. 13: 247 (1914)

 Vagnera bicolor (Nakai) Makino, J. Jap. Bot. 6: 31 (1929)

 Smilacina hondoensis Ohwi, Acta Phytotax. Geobot. 3: 126 (1934)

 Maianthemum hondoense (Ohwi) LaFrankie, Taxon 35: 588 (1986)

 Smilacina bicolor Nakai var. *flavovirens* N.S.Lee & J.Y.Kim, J. Pl. Biol. 41: 56 (1998)

Representative specimens; Hamgyong-namdo 15 June 1932 東白山 *Ohwi, J Ohwi s.n.* 25 July 1933 東上面遮日峯 *Koidzumi, G Koidzumi s.n.* 15 August 1940 東上面遮日峰 *Okuyama, S Okuyama s.n.* **Kangwon-do** June 1932 Mt. Kumgang (金剛山) *Ohwi, J Ohwi s.n.* 7 June 1932 *Ohwi, J Ohwi s.n.* 10 June 1932 *Ohwi, J Ohwi s.n.* **Ryanggang** 20 August 1934 北水白山 *Yamamoto, A; Kojima, K Kojima s.n.*

Maianthemum bifolium (L.) F.W.Schmidt, Fl. Boem. Cent. 4 4: 55 (1794)

Common name 두루미꽃

Distribution in Korea: North, Central, South, Jeju

 Convallaria bifolia L., Sp. Pl. 316 (1753)

 Maianthemum convallaria F.H.Wigg., Prim. Fl. Holsat. 15 (1780)

 Smilacina bifolia (L.) Desf., Ann. Mus. Natl. Hist. Nat. 9: 54 (1807)

Representative specimens; Hamgyong-bukto 20 May 1897 茂山嶺 *Komarov, VL Komaorv s.n.* July 1932 冠帽峰 *Ohwi, J Ohwi s.n.* 23 May 1897 車踰嶺 *Komarov, VL Komaorv s.n.* 29 May 1897 釜所哥谷 *Komarov, VL Komaorv s.n.* 12 June 1897 西溪水 *Komarov, VL Komaorv s.n.* 4 June 1897 四芝嶺 *Komarov, VL Komaorv s.n.* 17 June 1930 *Ohwi, J Ohwi s.n.* 17 June 1930 *Ohwi, J Ohwi s.n.* **Hamgyong-namdo** 16 August 1934 新角面北山 *Nomura, N Nomura s.n.* 15 August 1935 遮日峯 *Nakai, T Nakai s.n.* 21 June 1932 東上面元豊里 *Ohwi, J Ohwi s.n.* 21 June 1932 *Ohwi, J Ohwi s.n.* **Kangwon-do** 29 July 1938 Mt. Kumgang (金剛山) *Hozawa, S Hozawa s.n.* 1938 山林課元山出張所 *Tsuya, S s.n.* **Rason** 11 May 1897 豆滿江三角洲-五宗洞 *Komarov, VL Komaorv s.n.* **Ryanggang** 15 August 1935 北水白山 *Hozawa, S Hozawa s.n.* 7 July 1897 犁方嶺 (鴨綠江羅暖堡) *Komarov, VL Komaorv s.n.* 5 August 1897 白山嶺 *Komarov, VL Komaorv s.n.* 21 August 1897 subdist. Chu-czan, flumen Amnok-gan *Komarov, VL Komaorv s.n.* 23 August 1897 雲洞嶺 *Komarov, VL Komaorv s.n.* 7 June 1897 平蒲坪 *Komarov, VL Komaorv s.n.* 24 July 1897 佳林里 *Komarov, VL Komaorv s.n.*

Maianthemum dahuricum (Turcz. ex Fisch. & C.A.Mey.) LaFrankie, Taxon 35: 588 (1986)

Common name 민솜대

Distribution in Korea: North

 Smilacina dahurica Turcz. ex Fisch. & C.A.Mey., Index Seminum [St.Petersburg (Petropolitanus)] 1: 38 (1835)

 Asteranthemum dahuricum Kunth, Enum. Pl. (Kunth) 5: 153 (1850)

 Tovaria dahurica Baker, J. Linn. Soc., Bot. 14: 567 (1875)

Representative specimens; Hamgyong-bukto 17 June 1930 四芝嶺 *Ohwi, J Ohwi s.n.* **Hamgyong-namdo** 20 June 1932 東上面元豊里 *Ohwi, J Ohwi s.n.* **Ryanggang** 23 August 1914 Keizanchin(惠山鎭) *Ikuma, Y Ikuma s.n.* 6 June 1897 平蒲坪 *Komarov, VL Komaorv s.n.* 9 June 1897 屈松川 (西頭水河谷) *Komarov, VL Komaorv s.n.* 31 July 1930 醬池 *Ohwi, J Ohwi s.n.* 31 July 1930 *Ohwi, J Ohwi s.n.*

A Checklist of North Korean Vascular Plants   T.B. Lee Herbarium (SNUA) – 2019 (C.S. Chang, H. Kim, H.T. Shin & C.H. Lee)

- 651 -

Maianthemum dilatatum (A.W.Wood) A.Nelson & J.F.Macbr., Bot. Gaz. 61: 30 (1916)

Common name 큰두루미꽃

Distribution in Korea: North, Central, South (Jirisan), Ulleung

    Convallaria bifolia L. var. *kamtschatica* J.F.Gmel., Linnaea 6: 587 (1831)

    Smilacina bifolia (L.) Desf. var. *kamtschatica* (J.F.Gmel.) Ledeb., Fl. Ross. (Ledeb.) 4: 127 (1854)

    Maianthemum bifolium (L.) F.W.Schmidt var. *kamtschaticum* (J.F.Gmel.) Trautv. & C.A.Mey., Fl. Ochot. Phaenog. 92 (1856)

    Maianthemum bifolium (L.) F.W.Schmidt var. *dilatatum* A.W.Wood, Proc. Acad. Nat. Sci. Philadelphia 20: 174 (1868)

    Unifolium dilatatum (A.W.Wood) Howell, Fl. N.W. Amer. 1: 657 (1902)

    Maianthemum kamtschaticum (J.F.Gmel.) Nakai, Bot. Mag. (Tokyo) 31: 282 (1917)

Representative specimens; Hamgyong-bukto 6 June 1932 羅南 *Ito, H s.n.* 12 August 1933 渡正山 *Koidzumi, G Koidzumi s.n.* 4 June 1932 羅南東南側山地 *Saito, T T Saito s.n.* 15 June 1909 Sungjin (城津) *Nakai, T Nakai s.n.* 7 July 1930 鏡城 *Ohwi, J Ohwi s.n.* 26 May 1930 Kyonson 鏡城 *Ohwi, J Ohwi s.n.* 7 July 1930 *Ohwi, J Ohwi s.n.* 6 July 1933 南下石山 *Saito, T T Saito s.n.* **Hamgyong-namdo** 21 June 1932 東上面元豊里 *Ohwi, J Ohwi s.n.* **Kangwon-do** 10 June 1932 Mt. Kumgang (金剛山) *Ohwi, J Ohwi s.n.* **P'yongan-bukto** 5 August 1937 妙香山 *Hozawa, S Hozawa s.n.*

Maianthemum japonicum (A.Gray) LaFrankie, Taxon 35: 588 (1986)

Common name 솜대 (풀솜대)

Distribution in Korea: North, Central, South

    Smilacina japonica A.Gray, Narr. Exped. China Japan 2: 321 (1857)

    *Smilacina hirta*Maxim., Mem. Acad. Imp. Sci. St.-Petersbourg Divers Savans 9: 276 (1859)

    Tovaria japonica (A.Gray) Baker, J. Linn. Soc., Bot. 14: 570 (1875)

    Tovaria rossii Baker, J. Linn. Soc., Bot. 17: 387 (1880)

    Smilacina japonica A.Gray var. *mandshurica* Maxim., Mélanges Biol. Bull. Phys.-Math. Acad. Imp. Sci. Saint-Pétersbourg 2: 857 (1883)

    Smilacina trinervis Miyabe & Kudô, J. Fac. Agric. Hokkaido Imp. Univ. 26 (3): 332 (1932)

    Smilacina japonica A.Gray var. *lutecarpa* Y.N.Lee, Korean J. Pl. Taxon. 23: 264 (1993)

Representative specimens; Hamgyong-bukto 19 May 1897 茂山嶺 *Komarov, VL Komaorv s.n.* 30 May 1930 朱乙 *Ohwi, J Ohwi s.n.* 31 July 1914 茂山 *Ikuma, Y Ikuma s.n.* 10 June 1897 西溪水 *Komarov, VL Komaorv s.n.* 12 June 1897 *Komarov, VL Komaorv s.n.* **Kangwon-do** 10 June 1932 Mt. Kumgang (金剛山) *Ohwi, J Ohwi s.n.* **Rason** 6 June 1930 西水羅 *Ohwi, J Ohwi s.n.* **Ryanggang** 6 June 1897 平蒲坪 *Komarov, VL Komaorv s.n.* 2 June 1897 四芝坪(延面水河谷) 柄安洞 *Komarov, VL Komaorv s.n.*

Maianthemum trifolium (L.) Sloboda, Rostlinnictvi 0: 192 (1852)

Common name 벌솜죽대 (세잎솜대)

Distribution in Korea: North

    Convallaria trifolia L., Sp. Pl. 316 (1753)

    Smilacina trifolia (L.) Desf., Ann. Mus. Natl. Hist. Nat. 9: 52 (1807)

    Asteranthemum trifolium (L.) Kunth, Enum. Pl. (Kunth) 5: 153 (1850)

    Tovara trifolia (L.) Neck. ex Baker, J. Linn. Soc., Bot. 14: 565 (1875)

    Unifolium trifolium (L.) Greene, Bull. Torrey Bot. Club 15: 287 (1888)

    Vagnera trifolia (L.) Morong, Mem. Torrey Bot. Club 5: 114 (1894)

Representative specimens; Hamgyong-namdo 20 June 1932 東上面元豊里 *Ohwi, J Ohwi s.n.* **Ryanggang** 24 July 1930 大澤 *Ohwi, J Ohwi s.n.* 31 July 1930 醬池 *Ohwi, J Ohwi s.n.* 24 July 1930 大澤 *Ohwi, J Ohwi s.n.* 31 July 1930 醬池 *Ohwi, J Ohwi s.n.*

***Paris* L.**

Paris verticillata M.Bieb., Fl. Taur.-Caucas. 3: 287 (1819)

Common name 삿갓풀 (삿갓나물)

Distribution in Korea: North, Central, South

    Paris obovata Ledeb., Icon. Pl. (Ledebour) 1: t. 16. (1829)

    Paris hexaphylla Cham., Linnaea 6: 586 (1831)

    Paris dahurica Fisch. ex Turcz., Bull. Soc. Imp. Naturalistes Moscou 27: 105 (1854)

    Paris quadrifolia L. var. *dahurica* (Fisch.) Franch., Nouv. Arch. Mus. Hist. Nat. Paris ser. 2,

10: 96 (1888)

Paris quadrifolia L. var. *obovata* (Ledeb.) Regel & Tiling, Bull. Soc. Philom. Paris 24: 282 (1888)

Paris quadrifolia L. var. *hexaphylla* (Cham.) B.Fedtsch., Trudy Imp. S.-Peterburgsk. Bot. Sada 31: 121 (1912)

Paris manshurica Kom., Opred. Rast. Dal'nevost. Kraia 1: 385 (1931)

Paris hexaphylla Cham. f. *purpurea* Miyabe & Tatew., Trans. Sapporo Nat. Hist. Soc. 15: 137 (1938)

Paris verticillata M.Bieb. var. *manshurica* (Kom.) H.Hara, Bot. Mag. (Tokyo) 52: 514 (1938)

Paris verticillata M.Bieb. f. *purpurea* (Miyabe & Tatew.) Honda, Nom. Pl. Japonic. 512 (1939)

Paris verticillata M.Bieb. ssp. *manshurica* (Kom.) Kitag., Lin. Fl. Manshur. 140 (1939)

Paris verticillata M.Bieb. var. *obovata* (Ledeb.) H.Hara, J. Fac. Sci. Univ. Tokyo, Sect. 3, Bot. 10: 165 (1969)

Representative specimens; Chagang-do 23 May 1911 Kang-gei(Kokai 江界) *Mills, RG Mills319* 10 July 1914 蔥田嶺 *Nakai, T Nakai s.n.* **Hamgyong-bukto** 12 August 1933 渡正山 *Koidzumi, G Koidzumi s.n.* 27 May 1897 富潤洞 *Komarov, VL Komaorv s.n.* 19 May 1897 茂山嶺 *Komarov, VL Komaorv s.n.* 21 May 1897 茂山嶺-蔛坪(照日洞) *Komarov, VL Komaorv s.n.* 14 August 1933 朱乙溫泉朱乙山 *Koidzumi, G Koidzumi s.n.* 6 July 1933 南下石山 *Saito, T T Saito s.n.* 23 May 1897 車踰嶺 *Komarov, VL Komaorv s.n.* 12 June 1897 西溪水 *Komarov, VL Komaorv s.n.* 17 June 1930 四溪嶺 *Ohwi, J Ohwi s.n.* 17 June 1930 *Ohwi, J Ohwi s.n.* **Hamgyong-namdo** 15 June 1932 下碣隅里 *Ohwi, J Ohwi s.n.* 18 August 1935 遮日峯 *Nakai, T Nakai s.n.* 15 August 1940 Okuyama, S Okuyama s.n. **Kangwon-do** 10 June 1932 Mt. Kumgang (金剛山) *Ohwi, J Ohwi s.n.* 18 August 1902 *Uchiyama, T Uchiyama s.n.* **P'yongan-namdo** 20 July 1916 黃玉峯 (黃處嶺?) *Mori, T Mori s.n.* 9 June 1935 黃草嶺 *Nomura, N Nomura s.n.* 21 July 1916 上南洞 *Mori, T Mori s.n.* 15 June 1928 陽德 *Nakai, T Nakai s.n.* **Ryanggang** 23 August 1914 Keizanchin(惠山鎭) *Ikuma, Y Ikuma s.n.* 20 August 1934 北水白山附近 *Kojima, K Kojima s.n.* 5 August 1897 白山嶺 *Komarov, VL Komaorv s.n.* 23 August 1897 雲洞嶺 *Komarov, VL Komaorv s.n.* 17 June 1930 大澤濕地 *Hozawa, S Hozawa s.n.* 6 June 1897 平蒲坪 *Komarov, VL Komaorv s.n.* 9 June 1897 屈松川 (西頭水河谷) 倉坪 *Komarov, VL Komaorv s.n.* 22 June 1930 倉坪嶺 *Ohwi, J Ohwi s.n.* 22 August 1914 普天堡 *Ikuma, Y Ikuma s.n.* 21 August 1914 崔哥嶺 *Ikuma, Y Ikuma s.n.* 28 June 1897 栢德嶺 *Komarov, VL Komaorv s.n.* 11 July 1917 胞胎山中腹以下 *Furumi, M Furumi s.n.* 20 July 1897 惠山鎭(鴨綠江上流長白山脈中高原) *Komarov, VL Komaorv s.n.* August 1913 長白山 *Mori, T Mori s.n.* 3 June 1897 四芝坪 *Komarov, VL Komaorv s.n.*

Polygonatum Mill.

Polygonatum desoulavyi Kom., Opred. Rast. Dal'nevost. Kraia 1: 378 (1931)

Common name 안면용둥굴레

Distribution in Korea: North, Central, South

Polygonatum × *mediobracteatum* Ohwi, J. Jap. Bot. 13: 443 (1937)

Polygonatum × *mediobractarum* Ohwi var. *yesoense* Miyabe & Tatew., Trans. Sapporo Nat. Hist. Soc. 15: 47 (1937)

Polygonatum desoulavyi Kom. var. *mediobractarum* (Ohwi) Satake, J. Jap. Bot. 18: 36 (1942)

Polygonatum desoulavyi Kom. var. *yesoense* (Miyabe & Tatew.) Satake, J. Jap. Bot. 19: 46 (1943)

Representative specimens; Kangwon-do 13 August 1916 金剛山表訓寺附近森 *Nakai, T Nakai s.n.* June 1932 Mt. Kumgang (金剛山) *Ohwi, J Ohwi s.n.* 10 June 1932 *Ohwi, J Ohwi s.n.* Type of *Polygonatum* × *mediobracteatum* Ohwi (Holotype KYO) **P'yongan-namdo** 15 June 1928 陽德 *Nakai, T Nakai s.n.*

Polygonatum humile Fisch. ex Maxim., Mem. Acad. Imp. Sci. St.-Petersbourg Divers Savans 9: 275 (1859)

Common name 각시둥굴레

Distribution in Korea: North, Central

Polygonatum officinale Miq., Ann. Mus. Bot. Lugduno-Batavi 3: 148 (1867)

Polygonatum officinale Miq. var. *humile* (Fisher) Baker, J. Linn. Soc., Bot. 14: 554 (1875)

Polygonatum humillimum Nakai, Repert. Spec. Nov. Regni Veg. 13: 248 (1914)

Representative specimens; Chagang-do 28 August 1897 慈城邑(松德水河谷) *Komarov, VL Komaorv s.n.* 28 August 1897 *Komarov, VL Komaorv s.n.* **Hamgyong-bukto** 13 May 1933 羅南西北谷 *Saito, T T Saito s.n.* 20 May 1897 茂山嶺 *Komarov, VL Komaorv s.n.* 15 June 1909 Sungjin (城津) *Nakai, T Nakai s.n.* 25 May 1930 鏡城 *Ohwi, J Ohwi s.n.* 11 June 1930 *Ohwi, J Ohwi s.n.* 25 May 1930 *Ohwi, J Ohwi s.n.* 30 May 1930 朱乙 *Ohwi, J Ohwi s.n.* 22 May 1897 蔛坪(城川水河谷)-車踰嶺 *Komarov, VL Komaorv s.n.* 22 May 1897 *Komarov, VL Komaorv s.n.* 29 May 1897 釜所哥谷 *Komarov, VL Komaorv s.n.* 22 May 1897 蔛坪(城川水河谷)-車踰嶺 *Komarov, VL Komaorv s.n.* 10 June 1897 西溪水 *Komarov, VL Komaorv s.n.* 4 June 1897 四芝嶺 *Komarov, VL Komaorv s.n.* 4 June 1897 *Komarov, VL Komaorv s.n.* **Hamgyong-namdo** 11 June 1909 鎭江- 鎭岩峯 *Nakai, T Nakai s.n.* 23 July 1935 弁天島 *Nomura, N Nomura s.n.* **Kangwon-do** 10 June 1932 Mt. Kumgang (金剛山) *Ohwi, J Ohwi s.n.* 4 September 1916 洗浦-蘭谷 *Nakai, T Nakai s.n.* **Rason** 4 June 1930 西水羅 *Ohwi, J Ohwi s.n.* **Ryanggang** 19 July 1897 Keizanchin(惠山鎭) *Komarov, VL Komaorv s.n.* 1 July

1897 五是川雲龍江-崔五峰 *Komarov, VL Komaorv s.n.* 1 July 1897 *Komarov, VL Komaorv s.n.* 1 August 1897 虛川江 (同仁川) *Komarov, VL Komaorv s.n.* 15 August 1935 北水白山 *Hozawa, S Hozawa s.n.* 19 August 1897 葡坪 *Komarov, VL Komaorv s.n.* 7 July 1897 犁方嶺 (鴨綠江羅暖堡) *Komarov, VL Komaorv s.n.* 16 August 1897 大羅信洞 *Komarov, VL Komaorv s.n.* 19 August 1897 葡坪 *Komarov, VL Komaorv s.n.* 6 August 1897 上巨里水 *Komarov, VL Komaorv s.n.* 6 June 1897 平蒲坪 *Komarov, VL Komaorv s.n.* 6 June 1897 *Komarov, VL Komaorv s.n.* 22 July 1897 佳林里 *Komarov, VL Komaorv s.n.* 28 July 1897 *Komarov, VL Komaorv s.n.* 26 June 1897 內曲里 *Komarov, VL Komaorv s.n.* 29 July 1917 虛項嶺 *Furumi, M Furumi s.n.* 20 July 1897 惠山鎭(鴨綠江上流長白山脈中高原) *Komarov, VL Komaorv s.n.* 7 August 1914 虛項嶺-神武城 *Nakai, T Nakai s.n.* 1 June 1897 古倉坪-四芝坪 (延面水河谷) *Komarov, VL Komaorv s.n.* 1 June 1897 *Komarov, VL Komaorv s.n.*

Polygonatum inflatum Kom., Trudy Imp. S.-Peterburgsk. Bot. Sada 18: 442 (1901)

Common name 퉁둥굴레

Distribution in Korea: North, Central, South

Polygonatum nipponicum Makino, Bot. Mag. (Tokyo) 17: 51 (1903)
Polygonatum virens Nakai, Repert. Spec. Nov. Regni Veg. 13: 247 (1914)
Polygonatum inflatum Kom. var. *rotundifolium* Hatus., Exp. Forest. Kyushu Imp. Univ. 5: 232 (1934)

Representative specimens; Chagang-do 30 August 1897 慈城江 *Komarov, VL Komaorv s.n.* **Hamgyong-bukto** 30 May 1930 朱乙 *Ohwi, J Ohwi s.n.* **Hamgyong-namdo** 28 April 1935 下岐川面保庄 - 三巨 *Nomura, N Nomura s.n.* **Kangwon-do** 12 August 1916 金剛山長安寺附近 *Nakai, T Nakai s.n.* June 1932 Mt. Kumgang (金剛山) *Ohwi, J Ohwi s.n.* June 1932 *Ohwi, J Ohwi s.n.* 9 June 1909 元山 *Nakai, T Nakai s.n.* **P'yongan-bukto** 3 August 1935 妙香山 *Koidzumi, G Koidzumi s.n.* 11 August 1935 義州金剛山 *Koidzumi, G Koidzumi s.n.* **P'yongan-namdo** 17 July 1916 加音嶺 *Mori, T Mori s.n.* 23 June 1935 黃草嶺 *Nomura, N Nomura s.n.*

Polygonatum involucratum (Franch. & Sav.) Maxim., Bull. Acad. Imp. Sci. Saint-Pétersbourg 29: 205 (1884)

Common name 용둥굴레

Distribution in Korea: North, Central, South

Periballanthus involucratum Franch. & Sav., Enum. Pl. Jap. 2: 524 (1878)
Polygonatum periballanthus Makino, Bot. Mag. (Tokyo) 12: 228 (1898)
Polygonatum periballanthus Makino var. *ibukiense* Makino, Bot. Mag. (Tokyo) 12: 228 (1898)
Polygonatum ibukiense (Makino) Makino, Bot. Mag. (Tokyo) 21: 139 (1907)
Polygonatum miserum Satake, J. Jap. Bot. 18: 37 (1942)
Polygonatum nakaianum Ishid., Claves Pl. Chin. Bor.-Or. 582 (1959)

Representative specimens; Chagang-do 26 August 1897 小德川 (松德水河谷) *Komarov, VL Komaorv s.n.* **Hamgyong-bukto** 14 June 1930 鏡城 *Ohwi, J Ohwi s.n.* 14 June 1930 Kyonson 鏡城 *Ohwi, J Ohwi s.n.* 7 July 1930 *Ohwi, J Ohwi s.n.* **Hwanghae-namdo** 12 June 1931 長壽山 *Smith, RK Smith s.n.* **Kangwon-do** 20 August 1916 金剛山彌勒峯 *Nakai, T Nakai5244* **P'yongan-bukto** 9 June 1912 白壁山 *Ishidoya, T Ishidoya s.n.* **P'yongan-namdo** 15 July 1916 葛日嶺 *Mori, T Mori s.n.* **Ryanggang** 16 August 1897 大羅信洞 *Komarov, VL Komaorv s.n.* 7 August 1897 上巨里水 *Komarov, VL Komaorv s.n.* 20 July 1897 惠山鎭(鴨綠江上流長白山脈中高原) *Komarov, VL Komaorv s.n.*

Polygonatum lasianthum Maxim., Bull. Acad. Imp. Sci. Saint-Pétersbourg 29: 209 (1883)

Common name 죽대

Distribution in Korea: North, Central, South

Polygonatum amabile Yatabe, Bot. Mag. (Tokyo) 6: 279 (1892)
Polygonatum lasianthum Maxim. f. *amabile* (Yatabe) Makino, Bot. Mag. (Tokyo) 17: 115 (1903)
Polygonatum taquetii H.Lév. & Vaniot, Repert. Spec. Nov. Regni Veg. 5: 282 (1908)
Polygonatum petiolatum H.Lév., Repert. Spec. Nov. Regni Veg. 11: 33 (1912)
Polygonatum lasianthum Maxim. var. *coreanum* Nakai, Repert. Spec. Nov. Regni Veg. 13: 247 (1914)
Polygonatum lasianthum Maxim. f. *variegatum* Hara, J. Jap. Bot. 20: 96 (1943)

Polygonatum odoratum (Mill.) Druce, Ann. Scott. Nat. Hist. 0: 226 (1906)

Common name 둥굴레

Distribution in Korea: North, Central, South, Ulleung

Convallaria odorata Mill., Gard. Dict., ed. 8 4 (1768)
Convallaria angulosa Lam., Fl. Franc. (Lamarck) 3: 268 (1779)
Convallaria polygonatum Thunb., Fl. Jap. (Thunberg) 142 (1784)

Polygonatum anceps Moench, Methodus (Moench) 637 (1794)
Convallaria parviflora Poir., Encycl. (Lamarck) Suppl. 4 29 (1816)
Polygonatum thunbergii C.Morren & Decne., Ann. Sci. Nat., Bot. II, 2: 312 (1834)
Polygonatum japonicum C.Morren & Decne., Ann. Sci. Nat., Bot. 2, 2: 311 (1834)
Convallaria compressa Steud., Nomencl. Bot., ed. 2 (Steudel) 1: 406 (1840)
Polygonatum officinale Miq. var. *japonicum* (C.Morren & Decne.) Miq., Prolus. Fl. Jap. 312 (1867)
Polygonatum officinale Miq. var. *pluriflorum* Miq., Ann. Mus. Bot. Lugduno-Batavi 3: 148 (1867)
Polygonatum maximowiczii F.Schmidt, Reis. Amur-Land., Bot. 185 (1868)
Polygonatum angulosum Montandon, Syn. Fl. Jura, ed. 2 311 (1868)
Polygonatum officinale Miq. var. *maximowiczii* (F.Schmidt) Maxim., Mélanges Biol. Bull. Phys.-Math. Acad. Imp. Sci. Saint-Pétersbourg 11: 847 (1883)
Polygonatum officinale Miq. var. *papillosum* Franch., Pl. David. 1: 302 (1884)
Polygonatum officinale Miq. var. *robustum* Korsh., Trudy Imp. S.-Peterburgsk. Bot. Sada 12: 400 (1893)
Polygonatum robustum (Korsh.) Nakai, Bot. Mag. (Tokyo) 31: 282 (1917)
Polygonatum odoratum (Mill.) Druce var. *maximowiczii* (F.Schmidt) Koidz., Bot. Mag. (Tokyo) 33: 111 (1919)
Polygonatum japonicum C.Morren & Decne. var. *variegatum* Nakai, Bot. Mag. (Tokyo) 38: 299 (1924)
Polygonatum hondense Nakai & Koidz., Fl. Symb. Orient.-Asiat. 34 (1930)
Polygonatum thunbergii C.Morren & Decne. var. *maximowiczii* (F.Schmidt) Nakai, Rep. Veg. Daisetsu Mts. 27 (1930)
Polygonatum japonicum C.Morren & Decne. var. *maximowiczii* (F.Schmidt) Makino & Nemoto, Fl. Japan., ed. 2 (Makino & Nemoto) 0 (1931)
Polygonatum quelpaertense Ohwi, J. Jap. Bot. 13: 443 (1937)
Polygonatum odoratum (Mill.) Druce var. *thunbergii* (C.Morren & Decne.) H.Hara, J. Jap. Bot. 20: 98 (1943)
Polygonatum odoratum (Mill.) Druce var. *japonicum* (C.Morren & Decne.) H.Hara, J. Jap. Bot. 20: 98 (1943)
Polygonatum odoratum (Mill.) Druce var. *quelpaertense* (Ohwi) H.Hara, J. Jap. Bot. 20: 99 (1943)
Polygonatum simizui Kitag., J. Jap. Bot. 22: 176 (1948)
Polygonatum odoratum (Mill.) Druce var. *pluriflorum* (Miq.) Ohwi, Bull. Natl. Sci. Mus., Tokyo 26: 7 (1949)
Polygonatum odoratum (Mill.) Druce f. *ovalifolium* Y.C.Chu, Nat. Resources 2: 4 (1979)
Polygonatum grandicaule Y.S.Kim & B.U.Oh & C.G.Jang, Korean J. Pl. Taxon. 28: 41 (1998)
Polygonatum infundiflorum Y.S.Kim & B.U.Oh & C.G.Jang, Korean J. Pl. Taxon. 28: 209 (1998)

Representative specimens; Chagang-do 21 July 1914 大興里-山羊 *Nakai, T Nakai s.n.* **Hamgyong-bukto** 1 August 1914 清津 *Ikuma, Y Ikuma s.n.* 26 May 1933 羅南 *Saito, T T Saito s.n.* 15 June 1930 茂山嶺 *Ohwi, J Ohwi s.n.* 15 June 1930 *Ohwi, J Ohwi s.n.* 26 May 1930 鏡城 *Ohwi, J Ohwi s.n.* 30 May 1930 朱乙 *Ohwi, J Ohwi s.n.* 30 May 1930 *Ohwi, J Ohwi s.n.* 26 May 1930 Kyonson 鏡城 *Ohwi, J Ohwi s.n.* **Hamgyong-namdo** Hamhung (咸興) *Nomura, N Nomura s.n.* 1928 Seok, JM s.n. 23 July 1935 弁天島 *Nomura, N Nomura s.n.* **Hwanghae-bukto** 10 September 1915 瑞興 *Nakai, T Nakai s.n.* **Hwanghae-namdo** 29 June 1921 Sorai Beach 九味浦 *Mills, RG Mills s.n.* 25 July 1921 *Mills, RG Mills s.n.* **Kangwon-do** 30 July 1916 金剛山外金剛倉岱 *Nakai, T Nakai s.n.* **P'yongan-bukto** 11 August 1935 義州金剛山 *Koidzumi, G Koidzumi s.n.* 4 May 1912 白壁山 *Ishidoya, T Ishidoya s.n.* **P'yongan-namdo** 9 June 1935 黃草嶺 *Nomura, N Nomura s.n.* **P'yongyang** 12 June 1910 Otsumitsudai (乙密台) 平壤 *Imai, H Imai s.n.* 12 June 1910 *Imai, H Imai s.n.* **Rason** 6 June 1930 西水羅 *Ohwi, J Ohwi s.n.* 6 June 1930 *Ohwi, J Ohwi s.n.* 6 June 1930 *Ohwi, J Ohwi s.n.* **Ryanggang** 28 July 1930 合水 *Ohwi, J Ohwi s.n.*

Polygonatum sibiricum F. Delaroche, Liliac. 6: t. 315 (1811)
Common name 층층갈고리둥굴레
Distribution in Korea: North
    Convallaria sibirica (F. Delaroche) Ker, J. Sci. Arts (London) 1: 182 (1816)
    Polygonatum chinense Kunth, Enum. Pl. (Kunth) 5: 146 (1850)

Representative specimens; P'yongyang 8 May 1910 Otsumitsudai (乙密台) 平壤 *Imai, H Imai s.n.*

Polygonatum stenophyllum Maxim., Mem. Acad. Imp. Sci. St.-Petersbourg Divers Savans 9: 274 (1859)

Common name 층층둥글레

Distribution in Korea: North, Central

    Polygonatum verticillatum (L.) All., Fl. Pedem. 1: 131 (1785)

    Polygonatum verticillatum (L.) All. var. *stenophyllum* (Maxim.) Baker, J. Linn. Soc., Bot. 14: 561 (1875)

Representative specimens; P'yongan-bukto 6 June 1912 白壁山 *Ishidoya, T Ishidoya s.n.* **Rason** 11 May 1897 豆滿江三角洲-五宗洞 *Komarov, VL Komaorv s.n.* **Ryanggang** 23 August 1897 雲洞嶺 *Komarov, VL Komaorv s.n.*

Smilax L.

Smilax china L., Sp. Pl. 2: 1029 (1753)

Common name 청미래덩굴

Distribution in Korea: North, Central, South

    Coprosmanthus japonicus Kunth, Enum. Pl. (Kunth) 5: 268 (1850)

    Smilax japonica (Kunth) A.Gray, Mem. Amer. Acad. Arts n.s. 6: 412 (1857)

    Smilax pteropus Miq., J. Bot. Néerl. 1: 89 (1861)

    Smilax taquetii H.Lév., Repert. Spec. Nov. Regni Veg. 10: 372 (1912)

    Smilax taiheiensis Hayata, Icon. Pl. Formosan. 9: 134 (1920)

    Smilax china L. var. *microphylla* Nakai, Fl. Sylv. Kor. 22: 105 (1939)

    Smilax china L. var. *taiheiensis* (Hayata) T.Koyama, Quart. J. Taiwan Mus. 10: 9 (1957)

Representative specimens; Hwanghae-namdo 28 July 1929 椵島 *Nakai, T Nakai13913* **Kangwon-do** 28 July 1916 金剛山長箭高城 *Nakai, T Nakai5245*

Smilax nipponica Miq., Verslagen Meded. Afd. Natuurk. Kon. Akad. Wetensch. ser. 2, 2: 87 (1807)

Common name 선밀나물

Distribution in Korea: North, Central, South

    Smilax higoensis Miq., Verslagen Meded. Afd. Natuurk. Kon. Akad. Wetensch. II, 2: 88 (1868)

    Smilax herbacea L. var. *nipponica* (Miq.) Maxim., Bull. Acad. Imp. Sci. Saint-Pétersbourg 17: 174 (1872)

    Smilax herbacea L. var. *intermedia* C.H.Wright, J. Linn. Soc., Bot. 36: 97 (1903)

    Smilax herbacea L. var. *oblonga* C.H.Wright, J. Linn. Soc., Bot. 36: 98 (1903)

    Smilax oblonga (C.H.Wright) Norton ex Bailey, Gentes Herb. 1: 15 (1920)

    Coprosmanthus simadai (Masam.) Masam., Trans. Nat. Hist. Soc. Taiwan 29: 342 (1939)

    Smilax simadai Masam., Trans. Nat. Hist. Soc. Taiwan 29: 270 (1939)

    Smilax nipponica Miq. var. *manshurica* (Kitag.) Kitag., J. Jap. Bot. 25: 45 (1950)

Representative specimens; Chagang-do 9 July 1911 Kang-gei(Kokai 江界) *Mills, RG Mills s.n.* **Hamgyong-namdo** June 1939 咸興新中里 *Suzuki, T s.n.* **Hwanghae-namdo** 21 May 1932 長壽山 *Smith, RK Smith s.n.* **Kangwon-do** 31 July 1916 金剛山神溪寺 - 三聖庵 *Nakai, T Nakai s.n.* 9 August 1940 Mt. Kumgang (金剛山) *Okuyama, S Okuyama s.n.* 8 June 1909 望賊山 *Nakai, T Nakai s.n.* **P'yongan-bukto** 19 May 1912 白壁山 *Ishidoya, T Ishidoya s.n.* **Rason** 6 June 1930 西水羅 *Ohwi, J Ohwi s.n.*

Smilax riparia A.DC.A.DC., Monogr. Phan. 1: 55 (1878)

Common name 밀나물

Distribution in Korea: North, Central, South, Ulleung

    Smilax excelsa L. var. *ussuriensis* Regel, Tent. Fl.-Ussur. 150 (1861)

    Smilax oldhamii Miq. var. *ussuriensis* (Regel) A.DC., Monogr. Phan. 1: 54 (1878)

    Smilax herbacea L. var. *daibuensis* Hayata, Icon. Pl. Formosan. 9: 131 (1920)

    Smilax maximowiczii Koidz., Fl. Symb. Orient.-Asiat. 10 (1930)

    Coprosmanthus oldhamii (Miq.) Masam. var. *daibuensis* (Hayata) Masam., Trans. Nat. Hist. Soc. Taiwan 29: 325 (1939)

    Coprosmanthus pseudochina Masam. var. *daibuensis* (Hayata) Masam., Trans. Nat. Hist. Soc. Taiwan 29: 342 (1939)

    Smilax higoensis Miq. var. *maximowiczii* (Koidz.) Kitag., Rep. Inst. Sci. Res. Manchoukuo 4: 103 (1940)

Smilax higoensis Miq. var. *ussuriensis* (Regel) Kitag., Rep. Inst. Sci. Res. Manchoukuo 4: 103 (1940)
Smilax oldhamii Miq. var. *daibuensis* (Hayata) T.Koyama, Quart. J. Taiwan Mus. 10: 6 (1957)
Smilax ovatorotunda Hayata var. *ussuriensis* (Regel) H.Hara, J. Jap. Bot. 33: 151 (1958)
Smilax ovatorotunda Hayata var. *ussuriensis* (Regel) H.Hara f. *maximowiczii* (Koidz.) H.Hara, J. Jap. Bot. 33: 151 (1958)
Smilax ovatorotunda Hayata var. *ussuriensis* (Regel) H.Hara f. *stenophylla* H.Hara, J. Jap. Bot. 33: 151 (1958)
Smilax riparia A.DC.A.DC. var. *ussuriensis* (Regel) H.Hara & T.Koyama, Quart. J. Taiwan Mus. 13: 41 (1960)
Smilax riparia A.DC.A.DC. var. *ussuriensis* (Regel) Kitag. f. *stenophylla* (H.Hara) T.Koyama, J. Taiwan Mus. 13: 42 (1960)
Smilax riparia A.DC.A.DC. ssp. *ussuriensis* (Regel) Kitag., Neolin. Fl. Manshur. 182 (1979)

Representative specimens; **Chagang-do** 2 September 1897 湖芮(鴨綠江) *Komarov, VL Komaorv s.n.* 14 August 1911 Kang-gei(Kokai 江界) *Mills, RG Mills s.n.* **Hamgyong-bukto** 14 August 1933 朱乙溫泉朱乙山 *Koidzumi, G Koidzumi s.n.* 14 June 1930 Kyonson 鏡城 *Ohwi, J Ohwi s.n.* **Kangwon-do** 8 June 1909 望賊山 *Nakai, T Nakai s.n.* **P'yongyang** 11 June 1911 P'yongyang (平壤) *Imai, H Imai s.n.* 2 August 1910 Otsumitsudai (乙密台) 平壤 *Imai, H Imai s.n.* **Rason** 6 June 1930 西水羅 *Ohwi, J Ohwi s.n.*

Smilax sieboldii Miq., Verslagen Meded. Afd. Natuurk. Kon. Akad. Wetensch. ser. 2, 2: 87 (1868)
Common name 청가시덩굴
Distribution in Korea: North, Central, South
Smilax oldhamii Miq., Verslagen Meded. Afd. Natuurk. Kon. Akad. Wetensch. II, 2: 86 (1868)
Smilax herbacea L. var. *oldhamii* (Miq.) Maxim., Bull. Acad. Imp. Sci. Saint-Pétersbourg 17: 174 (1872)
Smilax nebelii Gilg, Bot. Jahrb. Syst. 34: 26 (1904)
Smilax sieboldii Miq. var. *formosana* Hayata, J. Coll. Sci. Imp. Univ. Tokyo 30: 363 (1911)
Smilax formosana (Hayata) Hayata, Icon. Pl. Formosan. 9: 127 (1920)
Smilax sieboldii Miq. var. *inermis* Nakai ex T.Mori, Fl. Sylv. Kor. 22: 101 (1939)
Smilax sieboldii Miq. f. *intermis* (Nakai ex T.Mori) H.Hara, J. Jap. Bot. 33: 151 (1958)

Representative specimens; **Chagang-do** 30 August 1911 Sensen (前川) *Mills, RG Mills777* 9 June 1924 避難德山 *Fukubara, S Fukubara s.n.* 崇積山 *Furusawa, I Furusawa s.n.* **Hamgyong-namdo** 25 September 1925 泗水山 *Chung, TH Chung s.n.* **Hwanghae-bukto** 19 October 1923 平山郡滅惡山 *Muramatsu, T s.n.* May 1924 霞嵐山 *Takaichi, K s.n.* **Hwanghae-namdo** 25 August 1925 長壽山 *Chung, TH Chung s.n.* 29 July 1935 *Koidzumi, G Koidzumi s.n.* 2 September 1923 首陽山 *Muramatsu, C s.n.* 26 May 1924 九月山 *Chung, TH Chung s.n.* **Kangwon-do** 5 August 1932 金剛山內金剛 *Kobayashi, M Kobayashi s.n.* 10 June 1932 Mt. Kumgang (金剛山) *Ohwi, J Ohwi s.n.* 4 October 1923 安邊郡楸愛山 *Fukubara, S Fukubara s.n.* 8 June 1909 元山 *Nakai, T Nakai s.n.* **P'yongan-bukto** 6 August 1935 妙香山 *Koidzumi, G Koidzumi s.n.* 1924 *Kondo, C Kondo s.n.* 8 June 1919 義州金剛山 *Ishidoya, T Ishidoya s.n.* 11 August 1935 *Koidzumi, G Koidzumi s.n.* 6 June 1912 Unsan (雲山) *Ishidoya, T Ishidoya s.n.* **P'yongan-namdo** 17 July 1916 加音嶺 *Mori, T Mori s.n.* **P'yongyang** 3 May 1911 P'yongyang (平壤) *Imai, H Imai s.n.* **Ryanggang** 16 August 1897 大雞信洞 *Komarov, VL Komaorv s.n.* 19 August 1897 葡坪 *Komarov, VL Komaorv s.n.* 16 August 1897 大羅信洞 *Komarov, VL Komaorv s.n.*

Streptopus Michx.
Streptopus amplexifolius (L.) DC., Fl. Franc. (DC. & Lamarck), ed. 3 3: 174 (1805)
Common name 죽대아재비
Distribution in Korea: North, Central
Uvularia amplexifolia L., Sp. Pl. 304 (1753)
Convallaria amplexifolia (L.) E.H.L.Krause, Deutschl. Fl. (Sturm), ed. 2. 1: 115, pl. 46 (1906)
Streptopus amplexifolius DC. var. *papillatus* Ohwi, Bot. Mag. (Tokyo) 45: 185 (1931)

Representative specimens; **Ryanggang** 22 June 1930 倉坪嶺 *Ohwi, J Ohwi s.n.* 21 August 1914 崔哥嶺 *Ikuma, Y Ikuma s.n.*

Streptopus koreanus (Kom.) Ohwi, Bot. Mag. (Tokyo) 45: 189 (1931)
Common name 죽대아재비, 왕섬죽대아재비 (왕죽대아재비)
Distribution in Korea: North (Chagang, **Ryanggang** , Hamgyong, P'yongan), Central
Kruhsea tilingiana Regel, Nouv. Mem. Soc. Imp. Naturalistes Moscou 11: 122 (1859)
Streptopus ajanensis Tiling ex Maxim., Diagn. Pl. Nov. Asiat. 5: 855 (1883)
Streptopus ajanensis Tiling ex Maxim. var. *koreanus* Kom., Trudy Imp. S.-Peterburgsk. Bot.

Sada 20: 476 (1901)

Streptopus streptopoides (Ledeb.) Frye & Rigg var. *koreanus* (Kom.) Kitam., Acta Phytotax. Geobot. 22: 68 (1966)

Representative specimens; Chagang-do 26 August 1897 小德川 (松德水河谷) *Komarov, VL Komaorv s.n.* 22 July 1916 狼林山 *Mori, T Mori s.n.* 11 July 1914 蔥田嶺 *Nakai, T Nakai s.n.* **Hamgyong-bukto** 5 August 1939 頭流山 *Hozawa, S Hozawa s.n.* July 1932 冠帽峰 *Ohwi, J Ohwi s.n.* 25 June 1930 雪嶺 *Ohwi, J Ohwi s.n.* 10 June 1897 西溪水 *Komarov, VL Komaorv s.n.* **Hamgyong-namdo** 17 June 1932 東白山 *Ohwi, J Ohwi s.n.* 16 August 1935 遮日峯 *Nakai, T Nakai s.n.* 20 June 1932 東上面元豊里 *Ohwi, J Ohwi s.n.* 15 August 1940 遮日峯 *Okuyama, S Okuyama s.n.* 18 August 1934 東上面達阿里新洞上方尾根 2000m *Yamamoto, A Yamamoto s.n.* **P'yongan-bukto** 5 August 1935 妙香山 *Koidzumi, G Koidzumi s.n.* **P'yongan-namdo** 9 June 1935 黃草嶺 *Nomura, N Nomura s.n.* **Ryanggang** 15 August 1935 北水白山 *Hozawa, S Hozawa s.n.* 7 July 1897 犁方嶺 (鴨綠江羅暖堡) *Komarov, VL Komaorv s.n.* 5 August 1897 白山嶺 *Komarov, VL Komaorv s.n.* 24 July 1914 長蛇洞 *Nakai, T Nakai s.n.* 22 June 1930 倉坪嶺 *Ohwi, J Ohwi s.n.* 21 June 1897 阿武山-象背嶺 *Komarov, VL Komaorv s.n.* 22 July 1897 佳林里 *Komarov, VL Komaorv s.n.* 23 July 1897 *Komarov, VL Komaorv s.n.* 21 June 1897 阿武山-象背嶺 *Komarov, VL Komaorv s.n.* 21 June 1897 *Komarov, VL Komaorv407* 8 August 1914 神武城-無頭峯 *Nakai, T Nakai s.n.* 26 July 1942 *Saito, T T Saito s.n.*

Streptopus ovalis (Ohwi) F.T.Wang & Y.C.Tang, Fl. Reipubl. Popularis Sin. 15: 49 (1978)

Common name 금강애기나리

Distribution in Korea: North (Chagang, **Ryanggang** , Kangwon), Central, South

> *Disporum ovale* Ohwi, Bot. Mag. (Tokyo) 45: 385 (1931)
> *Disporum ovale* Ohwi var. *albiflorum* Y.N.Lee & N.S.Lee, Korean J. Pl. Taxon. 9: 79 (1979)
> *Disporum ovale* Ohwi f. *albiflorum* (Y.N.Lee & N.S.Lee) H.Hara, Bull. Univ. Mus. Univ. Tokyo 31: 205 (1988)
> *Streptopus ovalis* (Ohwi) F.T.Wang & Y.C.Tang var. *albus* Y.N.Lee, Fl. Korea (Lee) 927 (1996)
> *Prosartes ovalis* (Ohwi) M.N.Tamura, Fam. & Gen. Vasc. Pl. (ed. K.Kubitzki) 3: 171 (1998)

Representative specimens; Kangwon-do June 1932 Mt. Kumgang (金剛山) *Ohwi, J Ohwi s.n.* 10 June 1932 *Ohwi, J Ohwi s.n.* **P'yongan-bukto** 4 August 1935 妙香山 *Koidzumi, G Koidzumi s.n.* 5 August 1938 *Sato, TN s.n.* **P'yongan-namdo** 9 June 1935 黃草嶺 *Nomura, N Nomura s.n.*

Tofieldia **Huds.**

Tofieldia coccinea Rich., Bot. App. (Richardson) 0: 736 (1823)

Common name 숙은꽃장포

Distribution in Korea: North, Jeju

> *Tofieldia nutans* Willd. ex Schult.f., Syst. Veg. (ed. 16) [Roemer & Schultes] 7(2): 1573 (1830)
> *Tofieldia sordida* Maxim., Bull. Acad. Imp. Sci. Saint-Pétersbourg 11: 437 (1867)
> *Tofieldia gracilis* Franch. & Sav., Enum. Pl. Jap. 2: 531 (1878)
> *Tofieldia stenantha* Franch. & Sav., Enum. Pl. Jap. 2: 530 (1878)
> *Tofieldia fauriei* H.Lév. & Vaniot, Repert. Spec. Nov. Regni Veg. 5: 283 (1908)
> *Tofieldia taquetii* H.Lév. & Vaniot, Repert. Spec. Nov. Regni Veg. 5: 283 (1908)
> *Tofieldia fusca* Miyabe & Kudô, Trans. Sapporo Nat. Hist. Soc. 5: 75 (1913)
> *Tofieldia kondoi* Miyabe & Kudô, Trans. Sapporo Nat. Hist. Soc. 5: 74 (1913)
> *Tofieldia yezoensis* Miyabe & Kudô, Trans. Sapporo Nat. Hist. Soc. 5: 73 (1913)
> *Tofieldia nutans* Willd. ex Schult.f. var. *fusca* (Miyabe & Kudô) Koidz., Bot. Mag. (Tokyo) 31: 138 (1917)
> *Tofieldia nutans* Willd. ex Schult.f. var. *rubescens* (Hoppe) Nakai, Veg. Apoi 27 (1930)
> *Tofieldia fusca* Miyabe & Kudô var. *kondoi* Tatew., Veg. Apoi 120 (1930)
> *Tofieldia coccinea* Rich. var. *kondoi* (Miyabe & Kudô) H.Hara, Bot. Mag. (Tokyo) 52: 559 (1938)
> *Tofieldia nuntans* Willd. ex Schult. & Schult.f. var. *gracilis* (Franch. & Sav.) Ohwi, Bull. Natl. Sci. Mus., Tokyo 33: 67 (1953)
> *Tofieldia nuntans* Willd. ex Schult. & Schult.f. var. *sordida* (Franch. & Sav.) T.Shimizu, Acta Phytotax. Geobot. 17: 153 (1958)
> *Tofieldia coccinea* Rich. var. *fusca* (Miyabe & Kudô) H.Hara, J. Jap. Bot. 36: 392 (1961)
> *Tofieldia coccinea* Rich. f. *pallescens* H.Hara, J. Jap. Bot. 36: 392 (1961)
> *Tofieldia nuntans* Willd. ex Schult. & Schult.f. var. *kondoi* (Miyabe & Kudô) H.Hara, J. Jap. Bot. 36: 393 (1961)
> *Tofieldia yezoensis* Miyabe & Kudô var. *okushirensis* Tatew., J. Jap. Bot. 36: 393 (1961)

Representative specimens; Chagang-do 11 July 1914 臥碣峰鷲峯 *Nakai, T Nakai s.n.* **Hamgyong-bukto** 26 July 1930 頭流山 *Ohwi, J Ohwi s.n.* 26 July 1930 *Ohwi, J Ohwi s.n.* July 1932 冠帽峰 *Ohwi, J Ohwi s.n.* **Hamgyong-namdo** 25 July 1933 東上面遮日峯 *Koidzumi, G Koidzumi s.n.* 16 August 1935 遮日峯 *Nakai, T Nakai s.n.* 15 August 1940 *Okuyama, S Okuyama s.n.* August 1936 赴戰高原遮日峯 *Soto, Y s.n.* **Kangwon-do** 1938 山林課元山出張所 *Tsuya, S s.n.* **Ryanggang** 15 August 1935 北水白山 *Hozawa, S Hozawa s.n.* 25 August 1934 豊山郡熊耳面 *Yamamoto, A Yamamoto s.n.* 31 July 1917 白頭山 *Furumi, M Furumi s.n.* 13 August 1913 *Hirai, H Hirai s.n.* 13 August 1914 *Ikuma, Y Ikuma s.n.* 8 August 1914 無頭峯 *Nakai, T Nakai s.n.* 31 July 1942 白頭山 *Saito, T T Saito s.n.* 26 July 1942 *Saito, T T Saito s.n.*

Tofieldia nuda Maxim., Bull. Acad. Imp. Sci. Saint-Pétersbourg 17: 176 (1872)
Common name 꽃장포
Distribution in Korea: North, Jeju
  Asphodeliris nuda (Maxim.) Kuntze, Revis. Gen. Pl. 2: 706 (1891)
  Tofieldia yoshiiana Makino, Bot. Mag. (Tokyo) 27: 255 (1913)
  Tofieldia nuda Maxim. var. *koreana* Ohwi, Bot. Mag. (Tokyo) 45: 189 (1931)
  Tofieldia nuda Maxim. var. *fursei* Hiyama, J. Jap. Bot. 28: 154 (1953)

Representative specimens; Kangwon-do 9 August 1902 昌道 *Uchiyama, T Uchiyama s.n.* 17 August 1930 Sachang-ri (社倉里) *Nakai, T Nakai s.n.*

Trillium L.
Trillium camschatcense Ker Gawl., Bot. Mag. 22: sub t. 855 (1805)
Common name 큰영령초 (연영초)
Distribution in Korea: North, Central, Ulleung
  Trillium kamtschaticum Pall. ex Pursh, Fl. Amer. Sept. (Pursh) 1: 246 (1814)
  Trillium erectum L. var. *japonicum* A.Gray, Mem. Amer. Acad. Arts n.s. 6: 413 (1859)
  Trillium pallasii Hultén, Kongl. Svenska Vetensk. Acad. Handl. ser. 3, 5: 252 (1927)
  Trillium camschatcense Ker Gawl. var. *soyanum* (J.Samej.) H.Nakai & Koji Ito, J. Jap. Bot. 66: 56 (1991)
  Trillium camschatcense Ker Gawl. var. *kurilense* (Tatew.) H.Nakai & Koji Ito, J. Jap. Bot. 66: 56 (1991)

Representative specimens; Chagang-do 24 August 1897 大會洞 *Komarov, VL Komaorv s.n.* 26 August 1897 小德川 (松德水河谷) *Komarov, VL Komaorv s.n.* **Hamgyong-bukto** 10 August 1933 渡正山門內 *Koidzumi, G Koidzumi s.n.* 13 June 1897 西溪水 *Komarov, VL Komaorv s.n.* **Hamgyong-namdo** July 1902 端川龍德里摩天嶺 *Mishima, A s.n.* 17 June 1932 東白山 *Ohwi, J Ohwi s.n.* **Kangwon-do** June 1932 Mt. Kumgang (金剛山) *Ohwi, J Ohwi s.n.* **Ryanggang** 7 July 1897 犁方嶺 (鴨綠江羅暖堡) *Komarov, VL Komaorv s.n.* 21 August 1914 崔哥嶺 *Ikuma, Y Ikuma s.n.* 21 June 1897 阿武山-象背嶺 *Komarov, VL Komaorv s.n.*

Trillium tschonoskii Maxim., Bull. Acad. Imp. Sci. Saint-Pétersbourg 29: 218 (1884)
Common name 연령초 (큰연령초)
Distribution in Korea: North, Central, Ulleung
  Trillium tschonoskii Maxim. var. *cryptopetalum* Makino, Bot. Mag. (Tokyo) 24: 138 (1910)
  Trillium morii Hayata, Icon. Pl. Formosan. 7: 41 (1918)
  Trillium tschonoskii Maxim. var. *himalaicum* H.Hara, J. Jap. Bot. 44: 373 (1969)
  Trillium camschatcense Ker Gawl. var. *tschonoskii* (Maxim.) Vorosch., Florist. issl. v razn. Florist. Issl. Razn. Raionakh SSSR 159 (1985)

Representative specimens; Hamgyong-bukto 13 June 1897 西溪水 *Komarov, VL Komaorv s.n.* **Kangwon-do** 16 August 1902 Mt. Kumgang (金剛山) *Uchiyama, T Uchiyama s.n.* **P'yongan-namdo** 15 June 1928 陽德 *Nakai, T Nakai s.n.*

Veratrum L.
Veratrum dahuricum (Turcz.) Loes., Verh. Bot. Vereins Prov. Brandenburg 68: 134 (1926)
Common name 관모박새
Distribution in Korea: North
  Veratrum album L. var. *dahuricum* Turcz., Bull. Soc. Imp. Naturalistes Moscou 28: 295 (1855)
  Veratrum alpestre Nakai, Rep. Inst. Sci. Res. Manchoukuo 1: 330 (1937)

Representative specimens; Hamgyong-bukto 19 May 1897 茂山嶺 *Komarov, VL Komaorv s.n.* **Hamgyong-namdo** 25 July 1933 東上面遮日峯 *Koidzumi, G Koidzumi s.n.* 23 July 1933 東上面漢岱里 *Koidzumi, G Koidzumi s.n.* **Ryanggang** 2 June 1897 四芝坪(延面水河谷) 柄安洞 *Komarov, VL Komaorv s.n.*

Veratrum maackii Regel, Mem. Acad. Imp. Sci. St.-Petersbourg, Ser. 7 4: 154 (1861)

Common name 긴잎여로, 털여로 (여로)

Distribution in Korea: North, Central, South

Veratrum maackii Regel var. *parviflorum* (Maxim. ex Miq.) H.Hara f. *koreanum* T.Shimizu

Veratrum album L. var. *grandiflorum* Maxim. ex Miq., Verslagen Meded. Afd. Natuurk. Kon. Akad. Wetensch. 2, 4: 17 (1869)

Veratrum album L. var. *parviflorum*Maxim. ex Miq., Arch. Neerl. Sci. Exact. Nat. 5: 90 (1870)

Veratrum nigrum L. var. *japonicum* Baker, J. Linn. Soc., Bot. 17: 472 (1879)

Veratrum maximowiczii Baker, J. Linn. Soc., Bot. 17: 472 (1879)

Veratrum maximowiczii Baker var. *albidum* Nakai, Bot. Mag. (Tokyo) 23: 191 (1909)

Veratrum album L. var. *oxysepalum* (Turcz.) Miyabe & Kudô, Fl. Saghalin 484 (1915)

Veratrum patulum Loes., Verh. Bot. Vereins Prov. Brandenburg 68: 134 (1926)

Veratrum maackioides Loes., Verh. Bot. Vereins Prov. Brandenburg 68: 144 (1926)

Veratrum mandschuricum Loes., Verh. Bot. Vereins Prov. Brandenburg 68: 140 (1926)

Veratrum japonicum (Baker) Loes., Verh. Bot. Vereins Prov. Brandenburg 68: 141 (1926)

Veratrum nigrum L. var. *reymondianum* O.Loes., Verh. Bot. Vereins Prov. Brandenburg 68: 164 (1926)

Veratrum coreanum Loes., Verh. Bot. Vereins Prov. Brandenburg 68: 143 (1926)

Veratrum angustipetalum Loes., Verh. Bot. Vereins Prov. Brandenburg 68: 141 (1926)

Veratrum oblongum L. var. *macranthum* O.Loes., Repert. Spec. Nov. Regni Veg. 24: 68 (1927)

Veratrum japonicum (Baker) Loes. var. *reymondianum* (O.Loes.) O.Loes., Repert. Spec. Nov. Regni Veg. 24: 70 (1927)

Veratrum bohnhofii O.Loes. var. *latifolium* Nakai, Rep. Inst. Sci. Res. Manchoukuo 1: 336 (1937)

Veratrum maackii Regel var. *macranthum* (O.Loes.) Nakai, Rep. Inst. Sci. Res. Manchoukuo 1: 339 (1937)

Veratrum sadoense Nakai, J. Jap. Bot. 13: 644 (1937)

Veratrum maximowiczii Baker var. *coreamum* (O.Loes.) Nakai, J. Jap. Bot. 13: 644 (1937)

Veratrum maximowiczii Baker var. *angustipetalum* (O.Loes.) Nakai, J. Jap. Bot. 13: 643 (1937)

Veratrum maackii Regel var. *macranthum* (O.Loes.) H.Hara f. *viridiflorum* Nakai, Rep. Inst. Sci. Res. Manchoukuo 1: 340 (1937)

Veratrum maackii Regel var. *reymondianum* (O.Loes.) H.Hara, Sci. Res. Ozegahara Moor 476 (1954)

Veratrum maackii Regel var. *parviflorum* (Maxim. ex Miq.) H.Hara, Sci. Res. Ozegahara Moor 476 (1954)

Veratrum maackii Regel f. *macranthum* (O.Loes.) T.Shimizu, Acta Phytotax. Geobot. 18: 167 (1960)

Veratrum maackii Regel var. *japonicum* (Baker) Shimizu, Acta Phytotax. Geobot. 18: 167 (1960)

Veratrum maackii Regel ssp. *maackioides* (O.Loes.) Zimm., Lloydia 24: 10 (1961)

Veratrum maackii Regel ssp. *japonicum* (Baker) Zimm., Lloydia 24: 10 (1961)

Veratrum maackii Regel ssp. *reymondianum* (O.Loes.) Zimm., Lloydia 24: 10 (1961)

Veratrum maackii Regel ssp. *maximowiczii* (Baker) Zimm., Lloydia 24: 10 (1961)

Veratrum nigrum L. ssp. *maackii* (Regel) Kitam., Acta Phytotax. Geobot. 22: 71 (1966)

Veratrum nigrum L. ssp. *maackii* var. *parviflorum*(Miq.) Kitam., J. Jap. Bot. 13: 71 (1966)

Veratrum maackii Regel var. *maackioides* (O.Loes.) H.Hara, J. Jap. Bot. 59: 231 (1983)

Veratrum maackii Regel var. *parviflorum* (Maxim. ex Miq.) H.Hara f. *japonicum* (Baker) H.Hara, J. Jap. Bot. 59 (8): 229 (1984)

Representative specimens; **Chagang-do** 22 July 1916 狼林山 *Mori, T Mori s.n.* 22 July 1914 山羊 -江口 *Nakai, T Nakai s.n.* **Hamgyong-bukto** 4 August 1933 羅南 *Saito, T T Saito s.n.* 14 August 1933 朱乙溫泉朱乙山 *Koidzumi, G Koidzumi s.n.* 13 June 1897 西滋水 *Komarov, VL Komaorv s.n.* **Hamgyong-namdo** 11 August 1940 咸興歸州寺 *Okuyama, S Okuyama s.n.* 27 July 1933 東上面元豊 *Koidzumi, G Koidzumi s.n.* 23 July 1933 東上面漢岱里 *Koidzumi, G Koidzumi s.n.* 15 August 1935 赴戰高原 Fusenkogen *Nakai, T Nakai s.n.* 15 August 1935 遮日峯 *Nakai, T Nakai s.n.* 15 August 1940 *Okuyama, S Okuyama s.n.* 28 July 1933 永古面松興里 *Koidzumi, G Koidzumi s.n.* **Hwanghae-namdo** 29 July 1935 長壽山 *Koidzumi, G Koidzumi s.n.* 3 August 1932 長淵郡長山串 *Nakai, T Nakai s.n.* 25 August 1943 首陽山 *Furusawa, I Furusawa s.n.* 29 July 1921 Sorai Beach 九味浦 *Mills, RG Mills s.n.* **Kangwon-do** 5 August 1916 金剛山溫井嶺 *Nakai, T Nakai s.n.* 22 August 1916 金剛山大長峯 *Nakai, T Nakai s.n.* July 1901 Nai Piang *Faurie, UJ Faurie664* Type of *Veratrum patulum* Loes. (Isosyntype KYO, Syntype N/A)7 August 1932 元山 Kawasakinoyen(川崎農園) *Kitamura, S Kitamura s.n.* **P'yongan-bukto** 26 July 1912 Nei-hen (Neiyen 寧邊) *Imai, H Imai s.n.* **P'yongan-namdo** 27 July 1916 黃草嶺 *Mori, T Mori s.n.* 15 June 1928 陽德 *Nakai, T Nakai s.n.***Rason** 6 June 1930 西水羅 *Ohwi, J Ohwi s.n.* **Ryanggang** 1 August 1897 虛川江 (同仁川) *Komarov, VL Komaorv s.n.* 1 July 1897 五是川雲寵江-崔五峰 *Komarov, VL*

Komaorv s.n. 1 August 1897 虛川江 (同仁川) *Komarov, VL Komaorv s.n.* 5 August 1897 白山嶺 *Komarov, VL Komaorv s.n.* 19 August 1897 葡坪 *Komarov, VL Komaorv s.n.* 7 August 1897 上巨里水 *Komarov, VL Komaorv s.n.* 9 August 1897 長津江下流域 *Komarov, VL Komaorv s.n.*4 August 1939 大澤濕地 *Hozawa, S Hozawa s.n.* 9 June 1897 屈松川 (西頭水河谷) 倉坪 *Komarov, VL Komaorv s.n.* 24 July 1930 含山嶺 *Ohwi, J Ohwi s.n.* 22 July 1897 佳林里 *Komarov, VL Komaorv s.n.* 28 July 1897 *Komarov, VL Komaorv s.n.* 21 June 1897 阿武山-象背嶺 *Komarov, VL Komaorv s.n.* 28 June 1897 柏德嶺 *Komarov, VL Komaorv s.n.* 13 August 1914 白頭山 *Ikuma, Y Ikuma s.n.* 1 August 1942 白頭山大將峰下 *Saito, T T Saito s.n.* 8 August 1914 農事洞 *Ikuma, Y Ikuma s.n.*

Veratrum nigrum L., Sp. Pl. 1044 (1753)

Common name 참여로

Distribution in Korea: North, Jeju

Veratrum purpureum Salisb., Prodr. Stirp. Chap. Allerton 214 (1796)
Helonias nigra (L.) Ker Gawl., J. Sci. Arts (London) 1: 184 (1816)
Veratrum bracteatum Batalin, Trudy Imp. S.-Peterburgsk. Bot. Sada 13: 106 (1893)
Veratrum nigrum L. var. *ussuriense* O.Loes., Repert. Spec. Nov. Regni Veg. 24: 70 (1927)
Veratrum ussuriense (O.Loes.) Nakai, Rep. Inst. Sci. Res. Manchoukuo 1: 335 (1937)

Representative specimens; Chagang-do 28 August 1897 慈城邑(松德水河谷) *Komarov, VL Komaorv s.n.* 21 July 1914 大興里- 山羊 *Nakai, T Nakai s.n.* 1 July 1914 大興里 *Nakai, T Nakai s.n.* 22 July 1914 山羊 -江口 *Nakai, T Nakai s.n.* 車踰嶺 *Komarov, VL Komaorv s.n.* **Kangwon-do** 16 August 1902 Mt. Kumgang (金剛山) *Uchiyama, T Uchiyama s.n.* **Ryanggang** 23 August 1914 Keizanchin(惠山鎭) *Ikuma, Y Ikuma s.n.* 19 July 1897*Komarov, VL Komaorv s.n.* 4 August 1897 十四道溝-白山嶺 *Komarov, VL Komaorv s.n.* 19 August 1897 葡坪 *Komarov, VL Komaorv s.n.* 28 July 1897 佳林里 *Komarov, VL Komaorv s.n.*

Veratrum oxysepalum Turcz., Bull. Soc. Imp. Naturalistes Moscou 13: 79 (1840)

Common name 박새

Distribution in Korea: North, Central, South

Veratrum dolichopetalum O.Loes., Verh. Bot. Vereins Prov. Brandenburg 68: 134 (1926)
Veratrum album L. ssp. *oxysepalum* (Turcz.) Hultén, Kongl. Svenska Vetensk. Acad. Handl. 3, 5: 233 (1927)
Veratrum sikokianum Nakai, J. Jap. Bot. 13: 638 (1937)

Representative specimens; Hamgyong-namdo 24 July 1933 東上面大漢垈里 *Koidzumi, G Koidzumi s.n.* **Kangwon-do** 12 July 1936 金剛山外金剛千佛山 *Nakai, T Nakai s.n.* 14 July 1932 Mt. Kumgang (金剛山) *Smith, RK Smith s.n.* 16 August 1902 *Uchiyama, T Uchiyama s.n.* **P'yongan-bukto** 3 August 1935 妙香山 *Koidzumi, G Koidzumi s.n.* **P'yongan-namdo** 21 July 1916 上南洞 *Mori, T Mori s.n.* **Rason** 6 June 1930 西水羅 *Ohwi, J Ohwi s.n.* **Ryanggang** 26 July 1914 三水- 惠山鎭 *Nakai, T Nakai s.n.* 24 July 1930 含山嶺 *Ohwi, J Ohwi s.n.* 24 June 1930 延岩洞上村 *Ohwi, J Ohwi s.n.*

Veratrum versicolor Nakai, Rep. Inst. Sci. Res. Manchoukuo 1: 341 (1937)

Common name 흰여로

Distribution in Korea: North, Central, South, Jeju

Veratrum versicolor Nakai f. *brunneum* Nakai, Rep. Inst. Sci. Res. Manchoukuo 1: 341 (1937)
Veratrum versicolor Nakai f. *albidum* Nakai, Rep. Inst. Sci. Res. Manchoukuo 1: 342 (1937)

IRIDACEAE

Iris L.
Iris dichotoma Pall., Reise Russ. Reich. 3: 712 (1776)

Common name 참부채붓꽃 (대청부채)

Distribution in Korea: North, Central (west Islands)

Pardanthus dichotoma (Pall.) Ledeb., Fl. Ross. (Ledeb.) 4: 106 (1853)
Iris pomeridiana Fisch. ex Klatt, Linnaea 34: 612 (1866)
Evansia dichotoma (Pall.) Decne., Bull. Soc. Bot. France 20: 302 (1873)
Evansia vespertina Decne., Bull. Soc. Bot. France 20: 302 (1873)
Pardanthopsis dichotoma (Pall.) L.W.Lenz, Aliso 7: 403 (1972)

Representative specimens; P'yongan-bukto 16 August 1912 Pyok-dong (碧潼) *Imai, H Imai s.n.*

Iris domestica (L.) Goldblatt & Mabb., Novon 15: 129 (2005)

Common name 범부채

Distribution in Korea: North, Central, South
  Epidendrum domesticum L., Sp. Pl. 952 (1753)
  Ixia chinensis L., Sp. Pl. 36 (1753)
  Moraea chinensis (L.) Thunb., Nova Acta Regiae Soc. Sci. Upsal. 4: 39 (1783)
  Belamcanda punctata Moench, Methodus (Moench) 529 (1794)
  Pardanthus chinensis (L.) Ker Gawl., Ann. Bot. (Konig & Sims) 1: 247 (1804)
  Moraea guttata (Stokes) Stokes, Bot. Comm. 1: 229 (1830)
  Gemnigia chinensis (L.) Kuntze, Revis. Gen. Pl. 2: 701 (1891)
  Belamcanda chinensis (L.) DC. var. *curtata* Makino, J. Jap. Bot. 1: 28 (1917)
  Belamcanda chinensis (L.) DC. f. *vulgaris* Makino, J. Jap. Bot. 1: 28 (1917)

Iris ensata Thunb., Trans. Linn. Soc. London 2: 328 (1794)

Common name 꽃창포

Distribution in Korea: North, Central, South
  Iris kaempferi Siebold ex Lem., Ill. Hort. 5: t. 157 (1858)
  Joniris longifolia Klatt, Bot. Zeitung (Berlin) 30: 502 (1872)
  Iris laevigata Fisch. var. *hortensis* Maxim., Bull. Acad. Imp. Sci. Saint-Pétersbourg 26: 522 (1880)
  Iris kaempferi Siebold ex Lem. var. *spontanea* Makino, Bot. Mag. (Tokyo) 23: 94 (1909)
  Iris ensata Thunb. var. *spontanea* (Makino) Nakai, Veg. Apoi 78 (1930)
  Limniris ensata (Thunb.) Rodion., Bot. Zhurn. (Moscow & Leningrad) 92: 552 (2007)

Representative specimens; Chagang-do 25 July 1911 Kang-gei(Kokai 江界) *Mills, RG Mills s.n.* **Hamgyong-bukto** 30 June 1935 ラクダ峰羅南 *Saito, T T Saito s.n.* 8 July 1936 鶴浦-行營 *Saito, T T Saito s.n.* 27 June 1930 城町 *Ohwi, J Ohwi s.n.* 6 July 1930 鏡城 *Ohwi, J Ohwi s.n.* 2 August 1914 車踰嶺 *Ikuma, Y Ikuma s.n.* **Hamgyong-namdo** 23 July 1916 赴戰高原寒泰嶺 *Mori, T Mori s.n.* 23 July 1935 弁天島 *Nomura, N Nomura s.n.* 16 August 1940 赴戰高原漢垈里 *Okuyama, S Okuyama s.n.* **Hwanghae-namdo** 12 July 1921 Sorai Beach 九味浦 *Mills, RG Mills s.n.* **Kangwon-do** 10 August 1902 干發告嶺 *Uchiyama, T Uchiyama s.n.* 29 July 1916 海金剛 *Nakai, T Nakai s.n.* 16 August 1902 Mt. Kumgang (金剛山) *Uchiyama, T Uchiyama s.n.* 18 August 1902 *Uchiyama, T Uchiyama s.n.* **Ryanggang** 3 July 1897 三水邑-上水隅理 *Komarov, VL Komaorv s.n.* 14 July 1897 鴨綠江 (上水隅理 -羅暖堡) *Komarov, VL Komaorv s.n.* 8 August 1914 農事洞 *Ikuma, Y Ikuma s.n.*

Iris koreana Nakai, Repert. Spec. Nov. Regni Veg. 13: 248 (1914)

Common name 노랑붓꽃

Distribution in Korea: North, South, Endemic
  Limniris koreana (Nakai) Rodion., Bot. Zhurn. (Moscow & Leningrad) 92: 553 (2007)

Iris lactea Pall., Reise Russ. Reich. 3: 713 (1776)

Common name 타래붓꽃

Distribution in Korea: North, Central, South
  Iris triflora Balb., Misc. Bot. (Balbis) 6: t. 1 (1803)
  Iris pallasii Fisch. ex Trevir. var. *chinensis* Fisch., Bot. Mag. 49: t. 2331 (1832)
  Iris oxypetala Bunge, Enum. Pl. Chin. Bor. 63 (1833)
  Iris ensata Thunb. var. *chinensis* (Fisch.) Maxim., Gartenflora 161: 1011 (1880)
  Iris lactea Pall. var. *chinensis* (Fisch.) Koidz., Bot. Mag. (Tokyo) 39: 300 (1925)
  Iris lactea Pall. ssp. *chinensis* (Fisch.) Kitag., Rep. Inst. Sci. Res. Manchoukuo 4: 115 (1940)

Representative specimens; Hamgyong-bukto 15 June 1909 Sungjin (城津) *Nakai, T Nakai s.n.* 19 August 1933 茂山 *Koidzumi, G Koidzumi s.n.* 25 May 1897 城川江-茂山 *Komarov, VL Komaorv s.n.* June 1933 茂山 *Unknown s.n.* **Hamgyong-namdo** July 1902 端川龍德里摩天嶺 *Mishima, A s.n.* **Hwanghae-namdo** 4 July 1921 Sorai Beach 九味浦 *Mills, RG Mills s.n.* **P'yongyang** 20 May 1910 P'yongyang (平壤) *Imai, H Imai s.n.*

Iris laevigata Fisch., Index Seminum [St.Petersburg (Petropolitanus)] 5: 36 (1839)

Common name 제부붓꽃, 푸른붓꽃 (제비붓꽃)

Distribution in Korea: North, Central, South

Iris gmelinii Ledeb., Denkschr. -Baier. Bot. Ges. Regensburg 3: 48 (1841)
Iris itsihatsi Hassk., Cat. Hort. Bot. Bogor. (Hassk.) 1: 35 (1844)
Xyridion laevigatum (Fisch.) Klatt, Bot. Zeitung (Berlin) 30: 500 (1872)
Iris maackii Maxim., Bull. Acad. Imp. Sci. Saint-Pétersbourg 26: 542 (1880)
Iris albopurpurea Baker, Bot. Mag. 122: t. 7511 (1896)
Iris phragmitetorum Hand.-Mazz., Anz. Akad. Wiss. Wien, Math.-Naturwiss. Kl. 62: 241 (1925)
Limniris maackii (Maxim.) Rodion., Bot. Zhurn. (Moscow & Leningrad) 92: 552 (2007)

Representative specimens; Hamgyong-namdo 20 June 1932 東上面元豊里 *Ohwi, J Ohwi s.n.* **Kangwon-do** July 1901 Nai Piang *Faurie, UJ Faurie s.n.*

Iris mandshurica Maxim., Bull. Acad. Imp. Sci. Saint-Pétersbourg 10: 724 (1880)
Common name 만주붓꽃
Distribution in Korea: North, Central

Iris minutoaurea Makino, J. Jap. Bot. 5: 17 (1928)
Common name 금붓꽃
Distribution in Korea: North (P'yongan), Central, South
Iris minuta Franch. & Sav., Enum. Pl. Jap. 2: 42 (1877)
Iris odaesanensis Y.N.Lee, Korean J. Bot. 17: 33 (1974)
Iris odaesanensis Y.N.Lee f. *purpurascens* Y.N.Lee, Bull. Korea Pl. Res. 2: 14 (2002)
Limniris minutoaurea (Makino) Rodion., Bot. Zhurn. (Moscow & Leningrad) 92: 553 (2007)

Representative specimens; Ryanggang 21 June 1930 天水洞 *Ohwi, J Ohwi s.n.*

Iris rossii Baker, Gard. Chron. 3: 809 (1877)
Common name 각시붓꽃
Distribution in Korea: North, Central, South
Iris rossii Baker f. *albiflora* Sakata ex Uyeki, Veg. Kwa-san Hill Suigen 14 (1936)
Iris rossii Baker f. *alba* Y.N.Lee, Korean J. Bot. 17: 35 (1974)
Iris rossii Baker var. *album* Y.N.Lee, Ill. Encyl. Fauna & Flora of Korea 18: 165 (1976)
Iris rossii Baker var. *latifolia* J.K.Sim & Y.S.Kim, Korean J. Pl. Taxon. 22 (1): 1 (1992)
Iris rossii Baker var. *purpurascens* Y.N.Lee, Bull. Korea Pl. Res. 5: 35 (2005)

Representative specimens; Hamgyong-bukto 15 May 1897 江八嶺 *Komarov, VL Komaorv s.n.* **Hamgyong-namdo** 9 June 1936 Hamhung (咸興) *Yamatsuta, T s.n.* **Kangwon-do** 31 July 1916 金剛山群仙峽 *Nakai, T Nakai s.n.* **P'yongan-bukto** 19 May 1912 白壁山 *Ishidoya, T Ishidoya s.n.* **Sinuiju** 30 April 1917 新義州 *Furumi, M Furumi s.n.*

Iris ruthenica Ker Gawl., Curtis's Bot. Mag. 27: t. 1123 (1808)
Common name 솔붓꽃
Distribution in Korea: North, Central
Iris alpina Pall. ex Roem. & Schult., Syst. Veg. (ed. 16) [Roemer & Schultes] 1: 476 (1817)
Iris caespitosa Pall. ex Link, Jahrb. Gewachsk. 1: 71 (1820)
Iris ruthenica Ker Gawl. var. *uniglumis* Spach, Hist. Nat. Veg. (Spach) 12: 36 (1846)
Iris ruthenica Ker Gawl. var. *brevituba* Maxim., Bull. Acad. Imp. Sci. Saint-Pétersbourg 26: 516 (1880)
Iris ruthenica Ker Gawl. var. *nana* Maxim., Mélanges Biol. Bull. Phys.-Math. Acad. Imp. Sci. Saint-Pétersbourg 10: 705 (1880)
Iris nana (Maxim.) Nakai ex T.Mori, Enum. Pl. Corea 98 (1922)
Iris brevituba (Maxim.) Vved., Fl. Kirgizsk. SSR 3: 131 (1951)

Representative specimens; Hamgyong-bukto 26 May 1930 鏡城 *Ohwi, J Ohwi s.n.* **Ryanggang** 22 August 1914 普天堡 *Ikuma, Y Ikuma s.n.*

Iris sanguinea Donn ex Horn, Hort. Bot. Hafn. 1: 58 (1813)

Common name 붓꽃

Distribution in Korea: North, Central, South

Iris orientalis Thunb., Trans. Linn. Soc. London 2: 328 (1794)

Iris sibirica L. var. *sanguinea* (Donn ex Horn) Ker Gawl., Curtis's Bot. Mag. 0: t. 1604 (1814)

Iris nertschinskia Lodd., Bot. Cab. 19: t. 1843 (1832)

Iris sibirica L. var. *orientalis* (Schrank) Baker, J. Linn. Soc., Bot. 16: 139 (1877)

Iris extremorientalis Koidz., Bot. Mag. (Tokyo) 40: 330 (1926)

Iris sanguinea Donn ex Horn var. *violacea* Makino, J. Jap. Bot. 6: 32 (1929)

Iris sanguinea Donn ex Horn f. *albiflora* Makino, J. Jap. Bot. 6: 32 (1930)

Representative specimens; Hamgyong-bukto 15 June 1909 Sungjin (城津) *Nakai, T Nakai s.n.* 14 August 1933 朱乙溫泉朱乙山 *Koidzumi, G Koidzumi s.n.* 25 May 1930 鏡城 *Ohwi, J Ohwi s.n.* 12 June 1930 *Ohwi, J Ohwi s.n.* 6 July 1930 *Ohwi, J Ohwi s.n.* 14 June 1930 Kyonson 鏡城 *Ohwi, J Ohwi s.n.* 27 May 1930 *Ohwi, J Ohwi s.n.* 25 May 1930 鏡城 *Ohwi, J Ohwi s.n.* 23 June 1935 梧上洞 *Saito, T T Saito s.n.* **Hamgyong-namdo** 23 July 1916 赴戰高原寒泰嶺 *Mori, T Mori s.n.* 15 June 1932 下碣隅里 *Ohwi, J Ohwi s.n.* 15 August 1935 遮日峯 *Nakai, T Nakai s.n.* 24 July 1935 東上面漢岱里 *Nomura, N Nomura s.n.* **Kangwon-do** 29 July 1916 海金剛 *Nakai, T Nakai s.n.* **P'yongan-bukto** 29 May 1912 白璧山 *Ishidoya, T Ishidoya s.n.* **P'yongan-namdo** 15 June 1928 陽德 *Nakai, T Nakai s.n.* **Rason** 5 June 1930 西水羅 *Ohwi, J Ohwi s.n.* 7 June 1930 *Ohwi, J Ohwi s.n.* **Ryanggang** August 1913 長白山 *Mori, T Mori s.n.* 13 August 1914 Moho (茂峯)- 農事洞 *Nakai, T Nakai s.n.*

Iris setosa Pall. ex Link, Jahrb. Gewachsk. 1: 71 (1820)

Common name 부채붓꽃

Distribution in Korea: North, Central

Iris brachycuspis Fisch. ex Sims, Bot. Mag. 49: 2326 (1824)

Xiphion brachycuspis (Fisch. ex Sims) Alef., Bot. Zeitung (Berlin) 21: 297 (1863)

Xyridion setosum (Pall. ex Link) Klatt, Bot. Zeitung (Berlin) 30: 500 (1872)

Iris yedoensis Franch. & Sav., Enum. Pl. Jap. 2: 522 (1878)

Iris arctica Eastw., Bot. Gaz. 33: 132 (1902)

Iris interior (E.S.Anderson) Czerep., Sosud. Rast. SSSR 263 (1981

Representative specimens; Hamgyong-bukto 27 June 1930 城町 *Ohwi, J Ohwi s.n.* 27 June 1930 *Ohwi, J Ohwi s.n.* 10 June 1897 西溪水 *Komarov, VL Komaorv s.n.* 12 June 1897 *Komarov, VL Komaorv s.n.* **Hamgyong-namdo** 26 July 1916 下碣隅里 *Mori, T Mori s.n.* 23 July 1916 赴戰高原寒泰嶺 *Mori, T Mori s.n.* 13 July 1914 長津中庄洞 *Nakai, T Nakai s.n.* 18 August 1943 赴戰高原咸地院 *Honda, M Honda s.n.* 23 July 1933 東上面漢岱里 *Koidzumi, G Koidzumi s.n.* 27 July 1933 東上面元豊 *Koidzumi, G Koidzumi s.n.* 24 July 1933 東上面大漢岱里 *Koidzumi, G Koidzumi s.n.* 16 August 1935 遮日峯 *Nakai, T Nakai s.n.* 25 July 1935 東下面把田洞 *Nomura, N Nomura s.n.* **Kangwon-do** 7 June 1909 元山德原 *Nakai, T Nakai s.n.* **Rason** 7 June 1930 西水羅 *Ohwi, J Ohwi s.n.* **Ryanggang** 29 July 1897 安間嶺-同仁川 (同仁浦里?) *Komarov, VL Komaorv s.n.* 7 July 1897 犁方嶺 (鴨綠江羅暖堡) *Komarov, VL Komaorv s.n.* 23 June 1930 倉坪延岩洞間 *Ohwi, J Ohwi s.n.* 23 June 1930 *Ohwi, J Ohwi s.n.* 27 July 1897 佳林里 *Komarov, VL Komaorv s.n.* 14 August 1914 無頭峯 *Ikuma, Y Ikuma s.n.* 7 August 1914 虛項嶺-神武城 *Nakai, T Nakai s.n.*

Iris uniflora Pall. ex Link, Jahrb. Gewachsk. 1: 71 (1820)

Common name 난장이붓꽃

Distribution in Korea: North, Central

Iris ruthenica Ker Gawl. var. *uniflora* (Pall. ex Link) Baker, Handb. Irid. 4 (1892)

Iris uniflora Pall. ex Link var. *caricina* Kitag., Bot. Mag. (Tokyo) 49: 232 (1935)

Iris uniflora Pall. ex Link f. *caricina* (Kitag.) P.Y.Fu & Y.A.Chen, Fl. Pl. Herb. Chin. Bor.-Or. 12: 213 (1998)

Representative specimens; Chagang-do 22 July 1914 山羊 -江口 *Nakai, T Nakai s.n.* **Hamgyong-bukto** 4 May 1933 羅南西北谷 *Saito, T T Saito s.n.* 13 May 1933 *Saito, T T Saito s.n.* 15 May 1934 漁遊洞 *Uozumi, H Uozumi s.n.* September 1933 羅南 *Yoshimizu, K s.n.* 20 May 1897 茂山嶺 *Komarov, VL Komaorv s.n.* 15 May 1909 會寧 *Tong-im-gan-pa (Kenzo Maeda) s.n.* July 1932 冠帽峰 *Ohwi, J Ohwi s.n.* 26 May 1930 鏡城 *Ohwi, J Ohwi s.n.* 3 June 1933 檜嶺洞 *Saito, T T Saito s.n.* 6 July 1930 南下石山 *Saito, T T Saito s.n.* 26 May 1897 茂山 *Komarov, VL Komaorv s.n.* Type of *Iris uniflora* Pall. ex Link var. *caricina* Kitag. (Holotype TI)13 June 1897 西溪水 *Komarov, VL Komaorv s.n.* 4 June 1897 四芝嶺 *Komarov, VL Komaorv s.n.* **Hamgyong-namdo** 30 May 1930 端川郡北斗日面 *Kinosaki, Y s.n.* July 1902 端川龍德里摩天嶺 *Mishima, A s.n.* 15 June 1932 下碣隅里 *Ohwi, J Ohwi s.n.* 17 August 1935 遮日峯 *Nakai, T Nakai s.n.* **Kangwon-do** May 1940 伊川郡蔓蕙德山 1600m *Jeon, SK JeonSK s.n.* 31 July 1916 金剛山神仙峯 *Nakai, T Nakai s.n.* 22 August 1916 金剛山大長峯 *Nakai, T Nakai s.n.* 7 June 1909 元山 *Nakai, T Nakai s.n.* **P'yongan-bukto** 19 May 1912 白璧山 *Ishidoya, T Ishidoya s.n.* **Rason** 28 May 1940 Rajin *Higuchigka, S s.n.* 11 May 1897 豆滿江三角洲-五宗洞 *Komarov, VL*

Komaorv s.n. **Ryanggang** 1 August 1897 虛川江 (同仁川) *Komarov, VL Komaorv s.n.* 8 June 1897 平蒲坪-倉坪 *Komarov, VL Komaorv s.n.* 6 June 1897 平蒲坪 *Komaorv s.n.* 28 June 1897 栢德嶺 *Komaorv, VL Komaorv s.n.* August 1913 長白山 *Mori, T Mori s.n.* 2 June 1897 四芝坪(延面水河谷) 柄安洞 *Komarov, VL Komaorv s.n.* 16 August 1914 三下面下面江口 *Nakai, T Nakai s.n.* 30 May 1897 延面水河谷-古倉坪 *Komarov, VL Komaorv s.n*

AMARYLLIDACEAE

Lycoris **Herb.**
Lycoris radiata (L'Hér.) Herb., Bot. Mag. 47: 5 (1819)
Common name 석산
Distribution in Korea: North, Central, South
　Amaryllis radiata L'Hér., Sert. Angl. 15 (1789)
　Nerine japonica Miq., Ann. Mus. Bot. Lugduno-Batavi 2: 139 (1865)
　Lycoris terracianii Dammann, Cat. [Dammann] 44: 4 (1889)
　Nerine radiata (L'Hér.) Sweet, Hort. Brit. (Sweet) (ed. 2) 403 (1930)

Lycoris squamigera Maxim., Bot. Jahrb. Syst. 6: 79 (1885)
Common name 상사화
Distribution in Korea: North, Central, South
　Amaryllis hallii Hovey ex Baker, Bot. Mag. 123: t. 7547 (1897)
　Hippeastrum squamigerum (Maxim.) H.Lév., Liliac. & c. Chine 21 (1905)

Representative specimens; Kangwon-do 14 August 1902 Mt. Kumgang (金剛山) *Uchiyama, T Uchiyama s.n.*

DIOSCOREACEAE

Dioscorea **L.**
Dioscorea nipponica Makino, Ill. Fl. Japan 1: 2 (1891)
Common name 부채마
Distribution in Korea: North, Central, South
　Dioscorea acerifolia Uline ex Prain & Burkill, J. Asiat. Soc. Bengal, Pt. 2, Nat. Hist. 73(2 Suppl.): 7 (1904)
　Dioscorea nipponica Makino var. *jamesii* Prain & Burkill, J. Proc. Asiat. Soc. Bengal 10: 14 (1914)
　Dioscorea villosa L. var. *coreana* Prain & Burkill, J. Proc. Asiat. Soc. Bengal 10: 15 (1914)
　Dioscorea nipponica Makino var. *pubescens* Nakai, Bot. Mag. (Tokyo) 30: 274 (1916)
　Dioscorea giraldii R.Knuth, Pflanzenr. (Engler) 4, 43: 315 (1924)
　Dioscorea coreana (Prain & Burkill) R.Knuth, Pflanzenr. (Engler) 4(43) (Heft 87): 175 (1924)
　Dioscorea nipponica Makino f. *jamesii* (Prain & Burkill) Kitag., J. Jap. Bot. 40: 138 (1965)

Representative specimens; Chagang-do 18 July 1914 大興里 *Nakai, T Nakai s.n.* 22 July 1914 山羊 -江口 *Nakai, T Nakai s.n.* **Hamgyong-bukto** 10 July 1936 鏡城行營 - 龍山洞 *Saito, T T Saito s.n.* 14 August 1933 朱乙溫泉朱乙山 *Koidzumi, G Koidzumi s.n.* 3 July 1936 鏡城 *Saito, T T Saito s.n.* 17 September 1935 梧上洞 *Saito, T T Saito s.n.* 4 August 1918 Mt. Chilbo at Myongch'on(七寶山) *Nakai, T Nakai s.n.* **Hwanghae-namdo** April 1931 載寧 *Smith, RK Smith s.n.* **Kangwon-do** 12 August 1932 Mt. Kumgang (金剛山) *Koidzumi, G Koidzumi s.n.* 8 June 1909 望賊山 *Nakai, T Nakai s.n.* Type of *Dioscorea nipponica* Makino var. *pubescens* Nakai (Syntype TI)July 1901 Nai Piang *Faurie, UJ Faurie s.n.* **P'yongan-bukto** 16 August 1912 Pyok-dong (碧潼) *Imai, H Imai49* Type of *Dioscorea nipponica* Makino var. *pubescens* Nakai (Syntype TI)5 August 1937 妙香山 *Hozawa, S Hozawa s.n.* 3 August 1935 *Koidzumi, G Koidzumi s.n.* **P'yongan-namdo** 15 July 1916 葛日嶺 *Mori, T Mori s.n.* 20 July 1916 黃玉峯 (黃處嶺?) *Mori, T Mori s.n.* 15 June 1928 陽德 *Nakai, T Nakai s.n.* **Rason** 6 June 1930 西水羅 *Ohwi, J Ohwi s.n.*

Dioscorea polystachya Turcz., Bull. Soc. Imp. Naturalistes Moscou 7: 158 (1837)
Common name 마
Distribution in Korea: North, Central, South, Jeju, Ulleung

Dioscorea opposita Thunb., Fl. Jap. (Thunberg) 151 (1784)
Dioscorea batatas Decne., Rev. Hort. ser. 4, 3: 243 (1854)
Dioscorea decaisneana Carrière, Rev. Hort. 1865: 111 (1865)
Dioscorea doryphora Hance, Ann. Sci. Nat., Bot. V, 5: 244 (1866)
Dioscorea rosthornii Diels, Bot. Jahrb. Syst. 29: 261 (1900)
Dioscorea potaninii Prain & Burkill, Bull. Misc. Inform. Kew 1933: 243 (1933)

Representative specimens; **Hamgyong-bukto** 16 August 1936 朱乙 *Saito, T T Saito s.n.* 9 August 1918 雲滿臺 *Nakai, T Nakai s.n.* **Hwanghae-bukto** 27 September 1915 瑞興 *Nakai, T Nakai s.n.* **Hwanghae-namdo** 29 July 1935 長壽山 *Koidzumi, G Koidzumi s.n.* 29 July 1935 *Koidzumi, G Koidzumi s.n.* **Kangwon-do** 31 July 1916 金剛山群仙峽 *Nakai, T Nakai s.n.* 28 July 1916 金剛山長箭高城 *Nakai, T Nakai s.n.* 7 August 1916 金剛山末輝里 *Nakai, T Nakai s.n.* 30 August 1916 通川街道 *Nakai, T Nakai s.n.* **Nampo** 21 September 1915 Chin Nampo (鎭南浦) *Nakai, T Nakai s.n.* **P'yongan-bukto** 4 August 1935 妙香山 *Koidzumi, G Koidzumi s.n.* **P'yongan-namdo** 25 July 1912 Kai-syong (价川) *Imai, H Imai s.n.*

Dioscorea quinquelobata Thunb., Syst. Veg., ed. 14 (J. A. Murray)889 (1784)
Common name 단풍마
Distribution in Korea: North, Central, South, Jeju

Representative specimens; **Chagang-do** 28 August 1897 慈城邑(松德水河谷) *Komarov, VL Komaorv s.n.* **Hamgyong-bukto** 20 May 1897 茂山嶺 *Komarov, VL Komaorv s.n.* **Hwanghae-namdo** 29 July 1935 長壽山 *Koidzumi, G Koidzumi s.n.* **Ryanggang** 19 July 1897 Keizanchin(惠山鎭) *Komarov, VL Komaorv s.n.* 1 July 1897 五是川雲寵江-崔五峰 *Komarov, VL Komaorv s.n.* 1 July 1897 *Komarov, VL Komaorv s.n.* 16 August 1897 大羅信洞 *Komarov, VL Komaorv s.n.* 21 August 1897 subdist. Chu-czan, flumen Amnok-gan *Komarov, VL Komaorv s.n.* 4 July 1897 上水隅理 *Komarov, VL Komaorv s.n.* 6 August 1897 上巨里水 *Komarov, VL Komaorv s.n.* 9 August 1897 長津江下流域 *Komarov, VL Komaorv s.n.* 14 July 1897 鴨綠江 (上水隅理 -羅暖堡) *Komarov, VL Komaorv s.n.* 26 June 1897 內曲里 *Komarov, VL Komaorv s.n.* 24 July 1897 佳林里 *Komarov, VL Komaorv s.n.* 28 July 1897 *Komarov, VL Komaorv s.n.*

Dioscorea septemloba Thunb., Syst. Veg., ed. 14 (J. A. Murray) 889 (1784)
Common name 국화마
Distribution in Korea: North (Kangwon), Central(Hwanghae), South, Jeju
Dioscorea sititoana Honda & Jôtani, J. Jap. Bot. 14: 235 (1938)

Dioscorea tokoro Makino ex Miyabe, Bot. Mag. (Tokyo) 3: 112 (1889)
Common name 큰마 (도꼬로마)
Distribution in Korea: North, Central, South, Jeju
Dioscorea buergeri Uline ex R.Knuth, J. Asiat. Soc. Bengal, Pt. 2, Nat. Hist. 73(Suppl.): 11 (1904)
Dioscorea yokusae Prain & Burkill, J. Asiat. Soc. Bengal, Pt. 2, Nat. Hist. 73(Suppl.): 10 (1904)
Dioscorea saidae R.Knuth, Pflanzenr. (Engler) IV, 43: 317 (1924)
Dioscorea wichurae Uline ex R.Knuth, Pflanzenr. (Engler) IV, 43: 316 (1924)

ORCHIDACEAE

Amitostigma Schltr.
Amitostigma gracile (Blume) Schltr., Repert. Spec. Nov. Regni Veg. Beih. 4: 93 (1919)
Common name 병아리란 (병아리난초)
Distribution in Korea: North, Central, South
Mitostigma gracile Blume, Mus. Bot. 2: 190 (1856)
Gymnadenia gracilis (Blume) Miq., Ann. Mus. Bot. Lugduno-Batavi 2: 207 (1866)
Gymnadenia tryphiiformis Rchb.f., J. Bot. 14: 209 (1876)
Cynorkis gracilis (Blume) Kraenzl., Orchid. Gen. Sp. 1: 488 (1898)
Cynorkis chinensis Rolfe, J. Linn. Soc., Bot. 38: 369 (1908)
Amitostigma chinense (Rolfe) Schltr., Repert. Spec. Nov. Regni Veg. Beih. 4: 92 (1919)
Amitostigma yunkianum Fukuy., Bot. Mag. (Tokyo) 48: 429 (1934)

Representative specimens; **Hwanghae-namdo** 12 July 1921 Sorai Beach 九味浦 *Mills, RG Mills s.n.* **Kangwon-do** 2 August 1916 金剛山九龍淵 *Nakai, T Nakai s.n.* 29 July 1938 Mt. Kumgang (金剛山) *Hozawa, S Hozawa s.n.* 7 August 1940 *Okuyama, S Okuyama s.n.*

Calypso
Calypso bulbosa (L.) Oakes, Cat. Vermont Pl. [Oakes] 0: 28 (1842)

Common name 풍선란 (풍선난초)

Distribution in Korea: North
    Cypripedium bulbosum L., Sp. Pl. 2: 951 (1753)
    Cymbidium boreale Sw., Nova Acta Regiae Soc. Sci. Upsal. 6: 76 (1799)
    Calypso borealis (Sw.) Salisb., Parad. Lond. t. 89 (1806)
    Orchidium boreale (Sw.) Sw., Sv. bot. (Palmstr.) 8: 518 (1816)
    Cytherea bulbosa (L.) House, Bull. Torrey Bot. Club 32: 382 (1905)

Representative specimens; **Hamgyong-bukto** 24 May 1897 車踰嶺- 照日洞 *Komarov, VL Komaorv s.n.* **Ryanggang** 14 June 1897 西溪水-延岩 *Komarov, VL Komaorv s.n.* 21 June 1897 阿武山-象背嶺 *Komarov, VL Komaorv s.n.*

Cephalanthera Rich.
Cephalanthera longibracteata Blume, Coll. Orchid. 188 (1858)

Common name 은대란 (은대난초)

Distribution in Korea: North, Central, South, Ulleung
    Cephalanthera ensifolia Rich. var. *longibracteata* Miq., Ann. Mus. Bot. Lugduno-Batavi 2: 209 (1866)
    Epipactis longibracteata (Blume) Wettst., Bot. Zeitung (Berlin) 39: 424 (1889)
    Limodorum longibracteatum (Blume) Kuntze, Revis. Gen. Pl. 2: 671 (1891)
    Serapias longibracteata (Blume) A.A.Eaton, Proc. Biol. Soc. Wash. 21: 67 (1908)

Representative specimens; **Hamgyong-bukto** 14 June 1930 鏡城 *Ohwi, J Ohwi s.n.* **Kangwon-do** 10 June 1932 Mt. Kumgang (金剛山) *Ohwi, J Ohwi s.n.* **P'yongan-bukto** 10 June 1912 白壁山 *Ishidoya, T Ishidoya s.n.* **P'yongan-namdo** 15 June 1928 陽德 *Nakai, T Nakai s.n.*

Coeloglossum Lindl.
Coeloglossum viride (L.) Hartm. var. *bracteatum* (Willd.) Rich., Pl. Eur. 1: 278 (1890)

Common name 개제비난

Distribution in Korea: far North, South, Jeju

Representative specimens; **Hamgyong-bukto** 6 July 1933 南下石山 *Saito, T T Saito s.n.* 25 June 1930 雪嶺 *Ohwi, J Ohwi s.n.* **Hamgyong-namdo** 16 August 1934 新角面北山 *Nomura, N Nomura s.n.* 17 June 1932 東白山 *Ohwi, J Ohwi s.n.* 20 June 1932 東上面元豊里 *Ohwi, J Ohwi s.n.*

Corallorhiza Gagnebin
Corallorhiza trifida Châtel., Spec. Inaug. Corallorhiza8 (1760)

Common name 산호란

Distribution in Korea: North
    Corallorhiza neottia Scop., Fl. Carniol., ed. 2 2: 207 (1772)
    Orchis corallorhiza L., Fl. Carniol., ed. 2 2: 207 (1772)
    Corallorhiza innata R.Br., Hortus Kew. (ed. 2) 5: 309 (1813)
    Corallorhiza intacta Cham. & Schltdl., Linnaea 3: 35 (1813)

Representative specimens; **Hamgyong-bukto** 6 July 1933 南下石山 *Saito, T T Saito s.n.* **Hamgyong-namdo** 23 June 1932 遮日峯 *Ohwi, J Ohwi s.n.* **P'yongan-bukto** 16 June 1912 白壁山 *Ishidoya, T Ishidoya s.n.*

Cymbidium Sw.
Cypripedium L.
Cypripedium calceolus L., Sp. Pl. 2: 951 (1753)

Common name 큰작란화 (노랑복주머니란)

Distribution in Korea: North

Representative specimens; Hamgyong-bukto 28 May 1897 富潤洞 *Komarov, VL Komaorv s.n.* 28 May 1897 *Komarov, VL Komaorv s.n.*羅南 *Unknown s.n.* 20 May 1897 茂山嶺 *Komarov, VL Komaorv s.n.* August 1934 冠帽峰 *Chang, HD ChangHD s.n.* 7 June 1936 茂山面 *Minamoto, M s.n.* 21 June 1938 穩城郡甑山 *Saito, T T Saito s.n.* 4 June 1897 四芝嶺 *Komarov, VL Komaorv s.n.* 17 June 1930 *Ohwi, J Ohwi s.n.* 17 June 1930 *Ohwi, J Ohwi s.n.* 19 June 1930 四芝洞 -楡坪 *Ohwi, J Ohwi s.n.* **Ryanggang** 7 June 1897 平蒲坪 *Komarov, VL Komaorv s.n.* 20 June 1930 三社面楡坪- 天水洞 *Ohwi, J Ohwi s.n.* 21 June 1897 阿武山-象背嶺 *Komarov, VL Komaorv s.n.* 2 June 1897 四芝坪(延面水河谷) 柄安洞 *Komarov, VL Komaorv s.n.* 31 May 1897 延面水河谷-古倉坪 *Komarov, VL Komaorv s.n.*

Cypripedium guttatum Sw., Kongl. Vetensk. Acad. Nya Handl. 21: 251 (1800)
Common name 애기작란화 (털복주머니란)
Distribution in Korea: North
 Cypripedium calceolus L. var. *variegatum* Falk, Beytr. Topogr. Russ. Reich. 2: 17 (1786)

Representative specimens; Hamgyong-bukto 3 June 1913 羅南 *Ono, I s.n.* 20 May 1897 茂山嶺 *Komarov, VL Komaorv s.n.* 29 May 1897 釜所哥谷 *Komarov, VL Komaorv s.n.* 7 June 1936 茂山面 *Minamoto, M s.n.* 30 July 1936 延上面九州帝大北鮮演習林 *Saito, T T Saito s.n.* 20 June 1938 穩城郡甑山 *Saito, T T Saito s.n.* 4 June 1897 四芝嶺 *Komarov, VL Komaorv s.n.* 17 June 1930 *Ohwi, J Ohwi s.n.* 17 June 1930 *Ohwi, J Ohwi s.n.* **Hamgyong-namdo** 2 June 1930 端川郡北斗日面 *Kinosaki, Y s.n.* 5 August 1938 西閞面赤水里 *Jeon, SK JeonSK s.n.* 15 June 1932 下碣隅里 *Ohwi, J Ohwi s.n.* 18 August 1935 遮日峯 *Nakai, T Nakai s.n.* 20 June 1932 東上面元豊里 *Ohwi, J Ohwi s.n.* **P'yongan-namdo** 9 June 1935 黃草嶺 *Nomura, N Nomura s.n.* **Ryanggang** 25 June 1917 甲山鷹德峯 *Furumi, M Furumi s.n.* 1 August 1897 虛川江 (同仁川) *Komarov, VL Komaorv s.n.* 21 July 1914 長蛇洞 *Nakai, T Nakai s.n.* 7 August 1897 上巨里水 *Komarov, VL Komaorv s.n.* 6 June 1897 平蒲坪 *Komarov, VL Komaorv s.n.* 9 June 1897 屈松川 (西頭水河谷) 倉坪 *Komarov, VL Komaorv s.n.* 20 June 1930 三社面楡坪- 天水洞 *Ohwi, J Ohwi s.n.* 23 June 1930 倉坪延岩洞間 *Ohwi, J Ohwi s.n.* 24 July 1930 含山嶺 *Ohwi, J Ohwi s.n.* 26 June 1897 內曲里 *Komarov, VL Komaorv s.n.* 28 July 1897 佳林里 *Komarov, VL Komaorv s.n.* 11 July 1917 胞胎山中腹以下 *Furumi, M Furumi s.n.* 20 July 1897 惠山鎭 (鴨綠江上流長白山脈中高原) *Komarov, VL Komaorv s.n.* 8 August 1914 農事洞 *Ikuma, Y Ikuma s.n.* 1 June 1897 古倉坪- 四芝坪(延面水河谷) *Komarov, VL Komaorv s.n.* 2 June 1897 四芝坪(延面水河谷) 柄安洞 *Komarov, VL Komaorv s.n.* 31 May 1897 延面水河谷-古倉坪 *Komarov, VL Komaorv s.n.*

Cypripedium macranthos Sw., Kongl. Vetensk. Acad. Nya Handl. 21: 251 (1800)
Common name 복주머니란
Distribution in Korea: North, Central, South
 Sacodon macranthum (Sw.) Raf., Fl. Tellur. 4: 45 (1836)
 Cypripedium atsmori C.Morren, Belgique Hort. 1: 171 (1851)
 Cypripedium thunbergii Blume, Coll. Orchid. 1: 169 (1859)
 Cypripedium speciosum Rolfe, Kew Bull. 1911: 207 (1911)
 Cypripedium rebunense Kudô, J. Jap. Bot. 2: 251 (1925)
 Cypripedium macranthum var. *speciosum* (Rolfe) Koidz., Bot. Mag. (Tokyo) 40: 336 (1926)
 Cypripedium macranthos Sw. f. *albiflorum* (Makino) Ohwi, Bull. Natl. Sci. Mus., Tokyo 33: 69 (1953)

Representative specimens; Chagang-do 22 July 1916 狼林山 *Mori, T Mori s.n.* **Hamgyong-bukto** 7 June 1930 鏡城 *Ohwi, J Ohwi s.n.* June 1930 *Ohwi, J Ohwi s.n.* 21 June 1935 鏡城元師台 *Saito, T T Saito s.n.* 23 June 1935 梧上洞 *Saito, T T Saito s.n.* 7 June 1936 茂山 *Minamoto, M s.n.* 20 June 1938 穩城郡甑山 *Saito, T T Saito s.n.* 17 June 1930 四芝嶺 *Ohwi, J Ohwi s.n.* 19 June 1930 四芝洞 - 楡坪 *Ohwi, J Ohwi s.n.* 17 July 1930 新德 - 楡坪洞 *Saito, T T Saito s.n.* **Hamgyong-namdo** 15 June 1932 下碣隅里 *Ohwi, J Ohwi s.n.* August 1935 遮日峯 *Nakai, T Nakai s.n.* **P'yongan-bukto** 29 May 1912 白壁山 *Ishidoya, T Ishidoya s.n.* **P'yongan-namdo** 15 June 1928 陽德 *Nakai, T Nakai12494* **Ryanggang** 23 June 1930 倉坪延岩洞間 *Ohwi, J Ohwi s.n.* 24 June 1930 延岩洞 -上村 *Ohwi, J Ohwi s.n.* 24 July 1930 含山嶺 *Ohwi, J Ohwi s.n.* 23 June 1930 倉坪延岩洞間 *Ohwi, J Ohwi s.n.* 22 August 1914 普天堡 *Ikuma, Y Ikuma s.n.* 11 July 1917 胞胎山中腹以下 *Furumi, M Furumi253*

Cypripedium × *ventricosum* Sw., Kongl. Vetensk. Acad. Nya Handl. 21: 251 (1800)
Common name 얼치기복주머니란
Distribution in Korea: North
 Cypripedium macranthos Sw. var. *ventricosum* (Sw.) Rchb., Fl. Germ. Excurs. 1: 120 (1830)

Representative specimens; Chagang-do 24 August 1897 大會洞 *Komarov, VL Komaorv s.n.* **Hamgyong-bukto** 28 May 1897 富潤洞 *Komarov, VL Komaorv s.n.* 22 May 1897 蕨坪(城川水河谷)-車踰嶺 *Komarov, VL Komaorv s.n.* 13 June 1897 西溪水 *Komarov, VL Komaorv s.n.* 10 June 1897 *Komarov, VL Komaorv s.n.* 4 June 1897 四芝嶺 *Komarov, VL Komaorv s.n.* **Ryanggang** 7 July 1897 犁方嶺 (鴨綠江羅暖堡) *Komarov, VL Komaorv s.n.* 16 August 1897 大羅信洞 *Komarov, VL Komaorv s.n.* 7 August 1897

A Checklist of North Korean Vascular Plants   T.B. Lee Herbarium (SNUA) – 2019 (C.S. Chang, H. Kim, H.T. Shin & C.H. Lee)

- 668 -

上巨里水 *Komarov, VL Komaorv s.n.* 7 June 1897 平蒲坪 *Komarov, VL Komaorv s.n.* 26 June 1897 内曲里 *Komarov, VL Komaorv s.n.* 24 July 1897 佳林里 *Komarov, VL Komaorv s.n.* 2 June 1897 四芝坪(延面水河谷) 柄安洞 *Komarov, VL Komaorv s.n.*

Dactylorhiza Neck. ex Nevski
Dactylorhiza aristata (Fisch. ex Lindl.) Soó, Nom. Nov. Gen. Dactylorhiza 5 (1962)
Common name 손바닥나비난초

Distribution in Korea: North
  Orchis latifolia L. var. *beeringiana* Cham., Linnaea 3: 26 (1828)
  Orchis aristata Fisch. ex Lindl., Gen. Sp. Orchid. Pl. 262 (1835)
  Orchis beeringiana (Cham.) Kudô, J. Coll. Agric. Hokkaido Imp. Univ. 11: 94 (1922)
  Orchis aristata Fisch. ex Lindl. f. *punctata* Tatew., Trans. Sapporo Nat. Hist. Soc. 9: 10 (1927)
  Orchis aristata Fisch. ex Lindl. var. *maculata* Makino, J. Jap. Bot. 8: 6 (1932)

Dactylorhiza viridis (L.) R.M.Bateman & Pridgeon & M.W.Chase, Lindleyana 12: 129 (1997)
Common name 포태제비난

Distribution in Korea: North
  Satyrium viride L., Sp. Pl. 944 (1753)
  Orchis bracteata Muhl. ex Willd., Sp. Pl. (ed. 5; Willdenow) 4: 34 (1805)
  Sieberia viridis (L.) Spreng., Anleit. Kenntn. Gew., ed. 2 2: 282 (1817)
  Platanthera viridis (L.) Lindl., Syn. Brit. Fl. 261 (1829)
  Peristylis btacteatus (L.) Lindl., Syn. Brit. Fl., ed. 2 261 (1835)
  Platanthera bracteata (Muhl. ex Willd.) Torr., Fl. New York 2: 279 (1843)
  Platanthera viridis (L.) Lindl. var. *bracteata* (Willd.) Rchb.f., Icon. Fl. Germ. Helv. 13-14: 129 (1851)
  Coeloglossum bracteatum (Willd.) Parl., Fl. Ital. 3: 409 (1860)
  Habenaria viridis (L.) R.Br. var. *bracteata* (Muhl. ex Willd.) A.Gray, Manual (Gray), ed. 5 500 (1867)
  Orchis coreana Nakai, Bot. Mag. (Tokyo) 28: 302 (1914)
  Platanthera coreana (Nakai) Nakai, Fl. M't. Paik-Tu-San 57 (1918)
  Coeloglossum coreanum (Nakai) Schltr., Repert. Spec. Nov. Regni Veg. 16: 374 (1920)
  Coeloglossum bracteatum (Willd.) Parl. var. *majus*(Maxim.) Nakai, J. Jap. Bot. 18: 282 (1942)
  Coeloglossum viride (L.) Hartm. ssp. *coreanum* (Nakai) Satomi, J. Jap. Bot. 44: 127 (1969)

Representative specimens; Hamgyong-bukto 12 June 1897 西溪水 *Komarov, VL Komaorv s.n.* 4 June 1897 四芝嶺 *Komarov, VL Komaorv s.n.* **Ryanggang** 6 June 1897 平蒲坪 *Komarov, VL Komaorv s.n.* 9 June 1897 屈松川 (西頭水河谷) 倉坪 *Komarov, VL Komaorv s.n.* 11 July 1917 胞胎山中腹 *Furumi, M Furumi s.n.* August 1913 長白山 *Mori, T Mori68* Type of *Orchis coreana* Nakai (Syntype TI)August 1914 白頭山 *Nakai, T Nakai s.n.* Type of *Orchis coreana* Nakai (Syntype TI)2 June 1897 四芝坪(延面水河谷) 柄安洞 *Komarov, VL Komaorv s.n.*

Epipactis Zinn
Epipactis papillosa Franch. & Sav., Enum. Pl. Jap. 2: 519 (1878)
Common name 파란닭의란 (청닭의난초)

Distribution in Korea: North, Central
  Epipactis latifolia (L.) All. var. *papillosa* (Franch. & Sav.) Maxim. ex Kom., Trudy Imp. S.-Peterburgsk. Bot. Sada 20: 523 (1901)
  Helleborine papillosa (Franch. & Sav.) Druce, Bull. Torrey Bot. Club 36: 547 (1909)
  Epipactis papillosa Franch. & Sav. var. *imkoeensis* Y.N.Lee & K.S.Lee, Bull. Korea Pl. Res. 2: 38 (2002)

Representative specimens; Kangwon-do 14 August 1902 Mt. Kumgang (金剛山) *Uchiyama, T Uchiyama s.n.*

Epipactis thunbergii A.Gray, Narr. Exped. China Japan 2: 319 (1856)
Common name 닭의란 (닭의난초)
Distribution in Korea: North, Central, South

Limodorum thunbergii Kuntze, Revis. Gen. Pl. 2: 671 (1891)
Epipactis gigantea Douglas ex Hook. var. *manshurica* Maxim. ex Kom., Trudy Imp. S.-
Peterburgsk. Bot. Sada 20: 524 (1901)
Helleborine thunbergii (A.Gray) Druce, Bull. Torrey Bot. Club 36: 547 (1909)

Representative specimens; Hamgyong-bukto 13 July 1930 鏡城 *Ohwi, J Ohwi s.n.* **Kangwon-do** 29 August 1916 長箭 *Nakai, T Nakai s.n.* 13 July 1915 平康郡洗浦濕地 *Nakai, T Nakai s.n.* **Ryanggang** 15 August 1897 蓮坪-厚州川-厚州古邑 *Komarov, VL Komaorv s.n.*

Epipogium Borkh.
Epipogium aphyllum Sw., Summa Veg. Scand. (Swartz) 0: 32 (1814)
Common name 유령란
Distribution in Korea: far North, North
　　Satyrium epipogium L., Fl. Carniol., ed. 2 2: 207 (1772)
　　Orchis aphylla F.W.Schmidt, Samml. Phys. Naturgesch. 1: 240 (1791)
　　Limodorum epipogium (L.) Sw., Nova Acta Regiae Soc. Sci. Upsal. 6: 80 (1799)
　　Epipogium aphyllum Sw. f. *albiflorum* Y.N.Lee & K.S.Lee, Bull. Korea Pl. Res. 4: 5 (2004)

Representative specimens; Hamgyong-namdo 12 August 1938 上南面蓮花山 *Jeon, SK JeonSK s.n.* 16 August 1934 新角面北山 *Nomura, N Nomura s.n.* 18 August 1935 遮日峯 *Nakai, T Nakai s.n.* **Ryanggang** 21 August 1914 崔哥嶺 *Ikuma, Y Ikuma s.n.* August 1913 *Mori, T Mori s.n.* 6 August 1914 胞胎山虚項嶺 *Nakai, T Nakai s.n.*

Galearis Raf.
Galearis cyclochila (Franch. & Sav.) Soó, Ann. Univ. Sci. Budapest. Rolando Eotvos, Sect. Biol. 11: 72 (1969)
Common name 나도제비란
Distribution in Korea: North, Central, South, Jeju
　　Habenaria cyclochila Franch. & Sav., Enum. Pl. Jap. 2: 516 (1878)
　　Orchis cyclochila (Franch. & Sav.) Maxim., Bull. Acad. Imp. Sci. Saint-Pétersbourg III, 31: 104 (1887)
　　Gymnadenia cyclochila (Franch. & Sav.) Korsh., Trudy Imp. S.-Peterburgsk. Bot. Sada 12: 396 (1893)

Representative specimens; Hamgyong-bukto July 1932 冠帽峰 *Ohwi, J Ohwi s.n.* 6 July 1933 南下石山 *Saito, T T Saito s.n.* **Kangwon-do** 10 June 1932 Mt. Kumgang (金剛山) *Ohwi, J Ohwi s.n.* **Ryanggang** 21 June 1897 阿武山 *Komarov, VL Komaorv s.n.* 21 June 1897 阿武山-象背嶺 *Komarov, VL Komaorv s.n.*

Gastrodia R.Br.
Gastrodia elata Blume, Mus. Bot. 2: 174 (1856)
Common name 천마
Distribution in Korea: North, Central, South, Jeju, Ulleung
　　Gastrodia viridis Makino, Bot. Mag. (Tokyo) 16: 178 (1902)
　　Gastrodia mairei Schltr., Repert. Spec. Nov. Regni Veg. 12: 105 (1913)
　　Gastrodia elata Blume var. *gracilis* Pamp., Nuovo Giorn. Bot. Ital. n.s. 22: 271 (1915)
　　Gastrodia elata Blume var. *viridis* (Makino) Makino, J. Jap. Bot. 1: 10 (1916)
　　Gastrodia elata Blume var. *pallens* Kitag., Lin. Fl. Manshur. 151 (1939)
　　Gastrodia confusa Honda & Tuyama, J. Jap. Bot. 15: 659 (1939)
　　Gastrodia elata Blume f. *viridis* (Makino) Makino, Ill. Fl. Nippon (Makino) 692 (1940)
　　Gastrodia elata Blume f. *pilifera* Tuyama, J. Jap. Bot. 17: 582 (1941)

Representative specimens; Hwanghae-namdo 29 July 1935 長壽山 *Koidzumi, G Koidzumi s.n.* 5 August 1929 長淵郡長山串 *Nakai, T Nakai s.n.* 5 July 1921 Sorai Beach 九味浦 *Mills, RG Mills s.n.* **Kangwon-do** 18 August 1902 Mt. Kumgang (金剛山) *Uchiyama, T Uchiyama s.n.*

Goodyera R.Br. & W.T.Aiton
Goodyera repens (L.) R.Br., Hort. Kew. (Hill) 5: 198 (1813)
Common name 애기사철란

Distribution in Korea: far North, North, Central, South

Satyrium repens L., Sp. Pl. 945 (1753)

Peramium repens (L.) Salisb., Trans. Hort. Soc. London 1: 301 (1812)

Tussaca repens Raf., Precis Decouv. Somiol. 43 (1819)

Goodyera marginata Lindl., Gen. Sp. Orchid. Pl. 493 (1840)

Orchiodes repens (L.) Kuntze, Revis. Gen. Pl. 2: 674 (1891)

Goodyera nantoensis Hayata, J. Coll. Sci. Imp. Univ. Tokyo 30: 343 (1911)

Goodyera mairei Schltr., Repert. Spec. Nov. Regni Veg. 17: 65 (1921)

*Goodyera brevis*Schltr. ex Limpr., Repert. Spec. Nov. Regni Veg. Beih. 12: 345 (1922)

Goodyera repens (L.) R.Br. var. *marginata* (Lindl.) T.Tang & F.T.Wang, Acta Phytotax. Geobot. 1: 33 & 68 (1951)

Goodyera repens (L.) R.Br. var. *japonica* Nakai, Bull. Natl. Sci. Mus., Tokyo 33: 30 (1953)

Representative specimens; Hamgyong-bukto 5 August 1939 頭流山 *Hozawa, S Hozawa s.n.* 26 July 1930 *Ohwi, J Ohwi s.n.* 30 August 1937 *Saito, T T Saito s.n.* 6 July 1933 南下石山 *Saito, T T Saito s.n.* **Hamgyong-namdo** 2 September 1934 蓮花山 *Kojima, K Kojima s.n.* 16 August 1916 新角面北山 *Nomura, N Nomura s.n.* August 1935 遮日峯 *Nakai, T Nakai s.n.* **Kangwon-do** 15 August 1916 金剛山內圓通庵 - 般庵 *Nakai, T Nakai s.n.* 16 August 1916 金剛山毘盧峯 *Nakai, T Nakai s.n.* 18 August 1902 Mt. Kumgang (金剛山) *Uchiyama, T Uchiyama s.n.* Type of *Goodyera repens* (L.) R.Br. var. *japonica* Nakai (Holotype TI) **P'yongan-bukto** 5 August 1935 妙香山 *Koidzumi, G Koidzumi s.n.* **Ryanggang** 21 July 1914 長蛇洞 *Nakai, T Nakai s.n.* 14 June 1897 西溪水-延岩 *Komarov, VL Komaorv s.n.* 24 July 1930 含山嶺 *Ohwi, J Ohwi s.n.* 12 August 1913 神武城 *Hirai, H Hirai s.n.* 14 August 1914 無頭峯 *Ikuma, Y Ikuma s.n.* August 1913 長白山 *Mori, T Mori s.n.* 8 August 1914 神武城-無頭峯 *Nakai, T Nakai s.n.*

Goodyera velutina Maxim. ex Regel, Gartenflora 16: 38 (1867)

Common name 털사철란

Distribution in Korea: North, Central, South

Orchiodes velutinum (Maxim. ex Regel) Kuntze, Revis. Gen. Pl. 2: 675 (1891)

Epipactis velutinua (Maxim. ex Regel) A.A.Eaton, Proc. Biol. Soc. Wash. 21: 65 (1908)

Goodyera morrisonicola Hayata, J. Coll. Sci. Imp. Univ. Tokyo 30: 343 (1911)

Peramium velutinum (Maxim. ex Regel) Makino, J. Jap. Bot. 6: 37 (1929)

Gymnadenia R.Br. & W.T.Aiton

Gymnadenia conopsea (L.) R.Br., Hort. Kew. (Hill) ed. 2, 5: 191 (1813)

Common name 손바닥란 (손바닥난초)

Distribution in Korea: North, Central, South

Orchis conopsea L., Sp. Pl. 2: 942 (1753)

Gymnadenia sibirica Turcz. ex Lindl., Gen. Sp. Orchid. Pl. 277 (1835)

Gymnadenia conopsea (L.) R.Br. var. *ussuriensis* Regel, Tent. Fl.-Ussur. 474 (1861)

Habenaria conopsea (L.) Benth., J. Linn. Soc., Bot. 18: 354 (1880)

Platanthera conopsea (L.) Schltr. ex Matsum., Index Pl. Jap. 2 (1): 258 (1905)

Gymnadenia ibukiensis Makino, Iinuma, Somoku-Dzusetsu, ed. 3 1215 (1912)

Gymnadenia taquetii Schltr., Repert. Spec. Nov. Regni Veg. 16: 281 (1919)

Gymnadenia conopsea (L.) R.Br. f. *albiflora* Moldenke, Lloydia 13: 222 (1950)

Representative specimens; Chagang-do 22 July 1916 狼林山 *Mori, T Mori s.n.* **Hamgyong-bukto** 30 June 1935 ラクダ峰羅南 *Saito, T T Saito s.n.* 12 June 1930 鏡城 *Ohwi, J Ohwi s.n.* 13 June 1897 西溪水 *Komarov, VL Komaorv s.n.* **Hamgyong-namdo** July 1943 龍眼里 *Uchida, H Uchida s.n.* 24 July 1933 東上面大漢垈里 *Koidzumi, G Koidzumi s.n.* August 1935 遮日峯 *Nakai, T Nakai s.n.* 14 August 1940 赴戰高原雲水嶺 *Okuyama, S Okuyama s.n.* 14 July 1916 上南洞 *Mori, T Mori s.n.* **Ryanggang** 1 August 1897 虛川江 (同仁川) *Komarov, VL Komaorv s.n.* 29 July 1897 安間嶺-同仁川 (同仁浦里?) *Komarov, VL Komaorv s.n.* 15 August 1935 北水白山 *Hozawa, S Hozawa s.n.* 7 July 1897 犁方嶺 (鴨綠江羅暖堡) *Komarov, VL Komaorv s.n.* 7 August 1897 上巨里水 *Komarov, VL Komaorv s.n.* 4 August 1939 大澤濕地 *Hozawa, S Hozawa s.n.* 5 August 1940 高頭山 *Hozawa, S Hozawa s.n.* 8 June 1897 平蒲坪-倉坪 *Komarov, VL Komaorv s.n.* 24 July 1930 含山嶺 *Ohwi, J Ohwi s.n.* 22 July 1897 佳林里 *Komarov, VL Komaorv s.n.* 26 June 1897 內曲里 *Komarov, VL Komaorv s.n.* 11 July 1917 胞胎山麓 *Furumi, M Furumi s.n.* August 1913 長白山 *Mori, T Mori s.n.* 白頭山 *Unknown s.n.* 21 August 1934 新興郡/豊山郡境北水白山 *Yamamoto, A Yamamoto s.n.* 15 July 1938 新德 *Saito, T T Saito s.n.*

Habenaria Willd.

Habenaria linearifolia Maxim., Mem. Acad. Imp. Sci. St.-Petersbourg Divers Savans 9: 269 (1859)

Common name 십자란 (잠자리난초)
Distribution in Korea: North, Central, South, Jeju
Habenaria linearifolia Maxim. ssp. *schindleri* Soó, Ann. Hist.-Nat. Mus. Natl. Hung. 26: 373 (1929)
Habenaria linearifolia Maxim. f. *integrifolia* Ohwi, Acta Phytotax. Geobot. 2: 157 (1933)
Fimbrorchis linearifolia (Maxim.) Szlach., Orchidee (Hamburg) 55: 492 (2004)

Representative specimens; Chagang-do 22 July 1914 山羊 -江口 *Nakai, T Nakai s.n.* **Hamgyong-bukto** 18 August 1936 富寧水坪 - 西里洞 *Saito, T T Saito s.n.* 1933 羅南 *Yoshimizu, K s.n.* 3 August 1933 會寧 *Koidzumi, G Koidzumi s.n.* **Hamgyong-namdo** 27 July 1933 東上面元豐 *Koidzumi, G Koidzumi s.n.* 16 August 1934 永古面松興里 *Yamamoto, A Yamamoto s.n.* **Kangwon-do** 20 August 1902 Mt. Kumgang (金剛山) *Uchiyama, T Uchiyama s.n.* 22 August 1902 北屯地近傍 *Uchiyama, T Uchiyama s.n.* 14 August 1933 安邊郡衛益面三防 *Nomura, N Nomura s.n.* 31 August 1932 元山 *Kitamura, S Kitamura s.n.* **P'yongan-bukto** 6 August 1912 Unsan (雲山) *Imai, H Imai s.n.* **Ryanggang** 18 July 1897 Keizanchin(惠山鎭) *Komarov, VL Komaorv s.n.* 26 July 1914 三水- 惠山鎭 *Nakai, T Nakai s.n.* 8 July 1897 羅暖堡 *Komarov, VL Komaorv s.n.* 22 July 1897 佳林里 *Komarov, VL Komaorv s.n.* August 1914 白頭山 *Ikuma, Y Ikuma s.n.* 4 August 1914 普天堡- 寶泰洞 *Nakai, T Nakai s.n.* 8 August 1914 農事洞 *Ikuma, Y Ikuma s.n.*

Habenaria sagittifera Rchb.f., Bot. Zeitung (Berlin) 3: 334 (1845)
Common name 십자란
Distribution in Korea: North, Central, South
Habenaria oldhamii Kraenzl., Bot. Jahrb. Syst. 16: 205 (138)

Herminium L.
Herminium monorchis (L.) R.Br., Hortus Kew. (ed. 2) 5: 191 (1813)
Common name 나도씨눈란
Distribution in Korea: far North, North, Central, South
Ophrys monorchis L., Sp. Pl. 947 (1753)
Orchis monorchis (L.) Crantz, Stirp. Austr. Fasc. ed. 2, 6: 478 (1769)
Monorchis herminium O.Schwarz, Mitt. Thüring. Bot. Ges. 1: 95 (1949)

Representative specimens; Hamgyong-bukto 21 June 1932 羅南 *Saito, T T Saito s.n.* 24 May 1934 冠帽峰(京大栽培) *Ohwi, J Ohwi s.n.* 25 July 1935 南河洞梅岡山 *Saito, T T Saito s.n.* 7 June 1936 茂山面 *Minamoto, M s.n.* 24 July 1935 黃雪嶺 *Saito, T T Saito s.n.* 12 June 1897 西溪水 *Komarov, VL Komaorv s.n.* 18 June 1930 四芝洞 *Ohwi, J Ohwi s.n.* **Ryanggang** 1 August 1897 虛川江 (同仁川) *Komarov, VL Komaorv s.n.* 7 July 1897 犁方嶺 (鴨綠江羅暖堡) *Komarov, VL Komaorv s.n.* 6 June 1897 平蒲坪 *Komarov, VL Komaorv s.n.* 8 June 1897 平蒲坪-倉坪 *Komarov, VL Komaorv s.n.* 22 June 1930 倉坪嶺 *Ohwi, J Ohwi s.n.* 23 June 1930 倉坪延岩洞間 *Ohwi, J Ohwi s.n.* 20 June 1930 三社面楡坪- 天水洞 *Ohwi, J Ohwi s.n.* 26 June 1897 內曲里 *Komarov, VL Komaorv s.n.* 22 July 1897 佳林里 *Komarov, VL Komaorv s.n.* 28 July 1897 *Komarov, VL Komaorv s.n.* 3 June 1897 四芝坪 *Komarov, VL Komaorv s.n.* 31 May 1897 延面水河谷-古倉坪 *Komarov, VL Komaorv s.n.*

Liparis Rich.
Liparis campylostalix Rchb.f., Linnaea 41: 45 (1876)
Common name 옥잠난초
Distribution in Korea: North, Central, South
Liparis kumokiri F.Maek., J. Jap. Bot. 12: 95 (1936)
Liparis pterosepala N.S.Lee, C.S.Lee & K.S.Lee, J. Pl. Biol. 53 (3): 196 (2010)

Representative specimens; Hamgyong-bukto 30 June 1933 羅南東南側山地 *Saito, T T Saito s.n.* **P'yongan-bukto** 5 August 1937 妙香山 *Hozawa, S Hozawa s.n.* 2 August 1935 *Koidzumi, G Koidzumi s.n.*

Liparis koreana (Nakai) Nakai, Bull. Natl. Sci. Mus., Tokyo 31: 151 (1952)
Common name 참나리란 (참나리난초)
Distribution in Korea: North (Chagang, Kangwon), Central
Liparis makinoana Schltr. var. *koreana* Nakai, Bot. Mag. (Tokyo) 45: 107 (1931)

Representative specimens; P'yongan-bukto 16 August 1912 Pyok-dong (碧潼) *Imai, H Imai s.n.* 16 August 1912 *Imai, H Imai s.n.* Type of *Liparis makinoana* Schltr. var. *koreana* Nakai (Holotype TI)17 August 1912 昌城昌州 *Imai, H Imai s.n.* **Ryanggang** 27 July 1914 三水- 惠山鎭 *Nakai, T Nakai s.n.* 26 September 1914 *Nakai, T Nakai s.n.* 15 August 1914 三下面下面江口 *Nakai, T Nakai s.n.*

Liparis krameri Franch. & Sav., Enum. Pl. Jap. 2: 509 (1873)

Common name 나나리란 (나나벌이난초)

Distribution in Korea: North, Central, South, Jeju

    Leptorchis krameri (Franch. & Sav.) Kuntze, Revis. Gen. Pl. 2: 671 (1891)

    Liparis krameri Franch. & Sav. var. *viridis* Makino, J. Jap. Bot. 3: 21 (1926)

    Liparis nikkoensis Nakai, Bot. Mag. (Tokyo) 45: 108 (1931)

Malaxis Sol. ex Sw.

Malaxis monophyllos (L.) Sw., Kongl. Vetensk. Acad. Nya Handl. 21: 234 (1800)

Common name 큰이삭란 (키다리난초)

Distribution in Korea: North, Central, South, Jeju

    Ophrys monophyllos L., Sp. Pl. 947 (1753)

    Malaxis diphyllos Cham., Linnaea 3: 34 (1828)

    Microstylis monophyllos (L.) Lindl., Gen. Sp. Orchid. Pl. 19 (1830)

    Microstylis diphyllos Lindl., Gen. Sp. Orchid. Pl. 19 (1830)

    Microstylis japonica Miq., Ann. Mus. Bot. Lugduno-Batavi 2: 203 (1865)

    Liparis japonica (Miq.) Maxim., Bull. Acad. Imp. Sci. Saint-Pétersbourg 31: 102 (1887)

    Leptorchis japonica Kuntze, Revis. Gen. Pl. 2: 671 (1891)

    Achroanthes monophyllos (L.) Greene, Pittonia 2: 183 (1891)

    Liparis pauciflora Rolfe, Bull. Misc. Inform. Kew 1896: 193 (1896)

    Liparis inconspicua Makino, Bot. Mag. (Tokyo) 11: 413 (1897)

    Liparis lilifolia Rich., Trudy Imp. S.-Peterburgsk. Bot. Sada 20: 532 (1901)

    Liparis giraldiana Kraenzl. ex Diels, Bot. Jahrb. Syst. 36 Beibl. 82: 27 (1905)

    Achroanthes monophyllos (L.) Greene f. *diphyllos* Koidz. ex Matsum., Icon. Pl. Koisikav 3: 27 (1916)

    Microstylis arisanensis Hayata, Icon. Pl. Formosan. 6: 68 (1916)

    Liparis elongata Fukuy., Rep. (Annual) Taihoku Bot. Gard. 3: 82 (1933)

    Microstylis monophyllos (L.) Lindl. var. *diphylla* (Cham.) Nakai, Bull. Natl. Sci. Mus., Tokyo 31: 151 (1952)

    Malaxis arisanensis(Hayata) Hu, Quart. J. Taiwan Mus. 27: 432 (1974)

Representative specimens; **Chagang-do** 22 July 1916 狼林山 *Mori, T Mori s.n.* 11 July 1914 蔥田嶺 *Nakai, T Nakai s.n.* **Hamgyong-bukto** 12 August 1933 渡正山 *Koidzumi, G Koidzumi s.n.* 20 May 1897 茂山嶺 *Komarov, VL Komaorv s.n.* 14 August 1933 朱乙溫泉朱乙山 *Koidzumi, G Koidzumi s.n.* June 1930 鏡城 *Ohwi, J Ohwi s.n.* 22 August 1931 冠帽峰 *Saito, T T Saito s.n.* 21 July 1933 *Saito, T T Saito s.n.* 26 May 1897 茂山 *Komarov, VL Komaorv s.n.* 9 August 1914 曷浦嶺 *Nakai, T Nakai s.n.* 3 August 1936 漁下面 *Saito, T T Saito s.n.* **Hamgyong-namdo** 16 August 1934 新角面北山 *Nomura, N Nomura s.n.* 16 August 1943 赴戰高原漢垈里 *Honda, M Honda s.n.* August 1935 遮日峯 *Nakai, T Nakai s.n.* **Kangwon-do** 18 August 1902 Mt. Kumgang (金剛山) *Uchiyama, T Uchiyama s.n.* **P'yongan-bukto** 27 July 1937 妙香山 *Park, MK Park s.n.* **P'yongan-namdo** 20 July 1916 黃玉峯 (黃處嶺?) *Mori, T Mori s.n.* **Ryanggang** 23 August 1914 Keizanchin(惠山鎭) *Ikuma, Y Ikuma s.n.* 18 July 1897 *Komarov, VL Komaorv s.n.* 27 July 1914 三水- 惠山鎭 *Nakai, T Nakai s.n.* 23 August 1897 雲洞嶺 *Komarov, VL Komaorv s.n.* 4 August 1897 十四道溝-白山嶺 *Komarov, VL Komaorv s.n.* 7 August 1897 上巨里水 *Komarov, VL Komaorv s.n.* 23 July 1914 李僧嶺 *Nakai, T Nakai s.n.* 21 August 1914 崔哥嶺 *Ikuma, Y Ikuma s.n.* 25 July 1897 佳林里 *Komarov, VL Komaorv s.n.* 26 June 1897 內曲里 *Komarov, VL Komaorv s.n.* 26 June 1897 *Komarov, VL Komaorv s.n.* 25 July 1897 佳林里 *Komarov, VL Komaorv s.n.* August 1913 崔哥嶺 *Mori, T Mori s.n.* 20 July 1897 惠山鎭(鴨綠江上流長白山脈中高原) *Komarov, VL Komaorv s.n.* 6 August 1914 胞胎山虛項嶺 *Nakai, T Nakai s.n.*

Neolindleya Kraenzl.

Neolindleya camtschatica (Cham.) Nevski, Fl. URSS 4: 646 (1935)

Common name 주름제비란

Distribution in Korea: North, Central, Ulleung

    Orchis camtschatica Cham., Linnaea 3: 27 (1828)

    Platanthera decipiens Lindl., Gen. Sp. Orchid. Pl. 290 (1830)

    Gymnadenia vidalii Franch. & Sav., Enum. Pl. Jap. 2: 512 (1878)

    Neolindleya decipiens (Lindl.) Kraenzl., Orchid. Gen. Sp. 1: 651 (1899)

    Gymnadenia camtschatica (Cham.) Miyabe & Kudô, Fl. Saghalin 545 (1915)

Neottia Guett.

Neottia acuminata Schltr., Acta Horti Gothob. 1: 141 (1924)

Common name 애기무엽란

Distribution in Korea: North, Central, South
Neottia micrantha Lindl., Gen. Sp. Orchid. Pl. 438 (1840)
Nidus micranthus Kuntze, Revis. Gen. Pl. 2: 674 (1891)
Neottia subsessilis Ohwi, Bot. Mag. (Tokyo) 45: 385 (1931)
Neottia asiatica Ohwi, Bot. Mag. (Tokyo) 45: 384 (1931)

Representative specimens; Hamgyong-bukto 24 May 1897 車踰嶺 - 照日洞 *Komarov, VL Komaorv s.n.* July 1932 冠帽峰 *Ohwi, J Ohwi s.n.* 24 May 1897 車踰嶺 *Komarov, VL Komaorv s.n.* 10 June 1897 西溪水 *Komarov, VL Komaorv s.n.* **Hamgyong-namdo** 18 August 1935 遮日峯 *Nakai, T Nakai s.n.* **Ryanggang** 22 June 1930 倉坪嶺 *Ohwi, J Ohwi s.n.* Type of *Neottia asiatica* Ohwi (Isotype TNS)22 June 1930 *Ohwi, J Ohwi s.n.* Type of *Neottia asiatica* Ohwi (Holotype KYO)31 July 1930 醬池 *Ohwi, J Ohwi s.n.*

Neottia nipponica (Makino) Szlach., Fragm. Florist. Geobot. Suppl. 3: 118 (1995)

Common name 털쌍잎난초

Distribution in Korea: North
Listera nipponica Makino, Bot. Mag. (Tokyo) 19: 9 (1905)
Ophrys nipponica (Makino) Makino, J. Jap. Bot. 6: 34 (1929)
Listera brevidens Nevski, Trudy Bot. Inst. Akad. Nauk S.S.S.R., Ser. 1, Fl. Sist. Vyssh. Rast. 2: 113 (1936)
Listera cordata (L.) R.Br. var. *nipponica* (Makino) M.Hiroe, Orchid Flowers 2: 66 (1971)

Neottia papilligera Schltr., Repert. Spec. Nov. Regni Veg. 16: 356 (1920)

Common name 새둥지란

Distribution in Korea: North
Neottia nidus-avis (L.) Rich. var. *manshurica* Kom., Trudy Imp. S.-Peterburgsk. Bot. Sada 20: 528 (1901)
Neottia papilligera Schltr. f. *glaberrima* Kitag., J. Jap. Bot. 19: 116 (1943)

Representative specimens; Hwanghae-namdo 25 July 1921 Sorai Beach 九味浦 *Mills, RG Mills s.n.*

Neottia puberula (Maxim.) Szlach., Fragm. Florist. Geobot. Suppl. 3: 118 (1995)

Common name 쌍잎난초

Distribution in Korea: North
Listera pinetorum Lindl., J. Proc. Linn. Soc., Bot. 1: 175 (1857)
Listera puberula Maxim., Bull. Acad. Imp. Sci. Saint-Pétersbourg III 29: 204 (1884)
Listera savatieri Maxim. ex Kom., Trudy Imp. S.-Peterburgsk. Bot. Sada 20: 526 (1901)
Listera yatabei Makino, Bot. Mag. (Tokyo) 19: 8 (1905)
Listera major Nakai, Bot. Mag. (Tokyo) 28: 327 (1914)
Ophrys yatabei (Makino) Makino, J. Jap. Bot. 6: 34 (1929)
Neottia yatabei (Makino) Szlach., Fragm. Florist. Geobot. Suppl. 3: 119 (1995)

Representative specimens; Chagang-do 10 July 1914 蔥田嶺 *Nakai, T Nakai s.n.* **Hamgyong-bukto** 12 August 1933 渡正山 *Koidzumi, G Koidzumi s.n.* 26 July 1930 頭流山 *Ohwi, J Ohwi s.n.* 19 September 1935 南下石山 *Saito, T T Saito s.n.* 6 July 1933 *Saito, T T Saito s.n.* 21 July 1933 冠帽峰 *Saito, T T Saito s.n.* 19 August 1914 曷浦嶺 *Nakai, T Nakai s.n.* 13 June 1897 西溪水 *Komarov, VL Komaorv s.n.* **Hamgyong-namdo** 18 August 1935 遮日峯 *Nakai, T Nakai s.n.* **Ryanggang** 23 August 1897 雲洞嶺 *Komarov, VL Komaorv s.n.* 6 August 1897 上巨里水 *Komarov, VL Komaorv s.n.* 7 August 1897 *Komarov, VL Komaorv s.n.* 22 June 1930 倉坪嶺 *Ohwi, J Ohwi s.n.* 21 August 1914 崔哥嶺 *Ikuma, Y Ikuma s.n.* 27 June 1897 栢德嶺 *Komarov, VL Komaorv s.n.* 21 June 1897 阿武山- 象背嶺 *Komarov, VL Komaorv s.n.* 24 July 1897 佳林里 *Komarov, VL Komaorv s.n.* August 1913 崔哥嶺 *Mori, T Mori238* Type of *Listera major* Nakai (Holotype TI)7 August 1914 下面江口 *Ikuma, Y Ikuma s.n.*

Neottianthe **(Rchb.) Schltr.**
Neottianthe cucullata (L.) Schltr., Repert. Spec. Nov. Regni Veg. 16: 292 (1919)

Common name 구름병아리난초

Distribution in Korea: North, Central, South
Orchis cucullata L., Sp. Pl. 2: 939 (1753)

Gymnadenia cucullata (L.) Rich., De Orchid. Eur. 35 (1817)
Himantoglossum cucullatum (L.) Rchb., Fl. Germ. Excurs. 120 (1830)

Representative specimens; Hamgyong-bukto 21 July 1933 冠帽峰 *Saito, T T Saito s.n.* 25 September 1933 *Saito, T T Saito s.n.* 16 August 1914 下面江口-茂山 *Nakai, T Nakai s.n.* **Hamgyong-namdo** 三巨里溪谷 *Nakazawa, M s.n.* **Ryanggang** 3 August 1897 五海江 *Komarov, VL Komaorv s.n.* 24 August 1934 北水白山北水谷 *Yamamoto, A Yamamoto s.n.* August 1913 崔哥嶺 *Mori, T Mori s.n.* 15 August 1914 三下面下面江口 *Nakai, T Nakai s.n.*

Oreorchis Lindl.
Oreorchis patens (Lindl.) Lindl., J. Linn. Soc., Bot. 3: 27 (1854)
Common name 감자란 (감자난초)
Distribution in Korea: North, Central, Ulleung
　　Oreorchis coreana Finet ssp. *diplolabellum* (Finet) F.Maek.
　　Corallorhiza patens Lindl., Gen. Sp. Orchid. Pl. 535 (1835)
　　Oreorchis lancifolia A.Gray, Mem. Amer. Acad. Arts n.s. 6: 410 (1859)
　　Oreorchis gracilis Franch. & Sav., Enum. Pl. Jap. 2: 27 (1877)
　　Oreorchis coreana Finet, Bull. Soc. Bot. France 55: 337 (1908)
　　Oreorchis wilsonii Rolfe ex Adamson, J. Bot. 51: 130 (1913)
　　Oreorchis patens (Lindl.) Lindl. var. *gracilis* (Franch. & Sav.) Makino ex Schltr., Repert. Spec. Nov. Regni Veg. Beih. 4: 224 (1919)
　　Oreorchis bilamellata Fukuy., Bot. Mag. (Tokyo) 48: 436 (1934)
　　Diplolabellum coreanum (Finet) F.Maek., J. Jap. Bot. 11: 306 (1935)
　　Oreorchis patens (Lindl.) Lindl. ssp. *coreana*(Finet) Y.N.Lee, Fl. Korea (Lee) 1194 (1996)

Representative specimens; Kangwon-do 10 June 1932 Mt. Kumgang (金剛山) *Ohwi, J Ohwi s.n.* **P'yongan-namdo** 15 June 1928 陽德 *Nakai, T Nakai s.n.*

Pecteilis Raf.
Pecteilis radiata (Thunb.) Raf., Fl. Tellur. 2: 38 (1837)
Common name 해오라비난초
Distribution in Korea: North, Central
　　Orchis radiata Thunb., Trans. Linn. Soc. London 2: 326 (1794)
　　Habenaria radiata (Thunb.) Spreng., Syst. Veg. (ed. 16) [Sprengel] 3: 693 (1826)
　　Platanthera radiata (Thunb.) Lindl., Gen. Sp. Orchid. Pl. 296 (1835)
　　Hemihabenaria radiata (Thunb.) Finet, Rev. Gen. Bot. 13: 533 (1902)

Representative specimens; Kangwon-do 28 July 1916 金剛山溫井里 *Nakai, T Nakai s.n.*

Peristylus Blume
Peristylus densus (Lindl.) Santapau & Kapadia, J. Bombay Nat. Hist. Soc. 57: 128 (1960)
Common name 흑십자란 (방울난초)
Distribution in Korea: North, Central, South, Jeju
　　Habenaria flagellifera (Maxim.) Makino, Bot. Mag. (Tokyo) 6: 48 (1892)
　　Coeloglossum flagelliferum (Makino) Maxim. ex Makino, Bot. Mag. (Tokyo) 16: 89 (1902)
　　Peristylus hiugensis Ohwi, J. Jap. Bot. 12: 381 (1936)
　　Peristylus satsumanus Ohwi, J. Jap. Bot. 12: 383 (1936)
　　Peristylus flagellifer (Makino) Ohwi, Fl. Jap. (Ohwi) 344 (1953)
　　Habenaria chejuensis Y.N.Lee & K.S.Lee, Korean J. Pl. Taxon. 28: 34 (1998)

Platanthera Rich.
Platanthera bifolia (L.) Rich., De Orchid. Eur. 35 (1817)
Common name 제비난초
Distribution in Korea: North, Central, South, Ulleung
　　Platanthera densa Freyn, Oesterr. Bot. Z. 46: 96 (1896)
　　Platanthera freynii Kraenzl., Russk. Bot. Zhurn. 37 (1913)

Platanthera chlorantha (Custer) Rchb. var. *orientalis* Schltr., Repert. Spec. Nov. Regni Veg. Beih. 4: 109 (1919)

Platanthera metabifolia F.Maek., J. Jap. Bot. 11: 303 (1935)

Representative specimens; **Hamgyong-bukto** 19 June 1909 清津 *Nakai, T Nakai s.n.* 17 June 1933 羅南東南側山地 *Saito, T T Saito s.n.* 14 June 1934 冠帽峰(京大栽培) *Ohwi, J Ohwi s.n.* 14 June 1930 鏡城 *Ohwi, J Ohwi s.n.* 4 July 1936 豊谷 *Saito, T T Saito s.n.* 12 June 1934 延上面九州帝大北鮮演習林 *Hatsushima, S Hatsushima s.n.* **Ryanggang** 1 July 1897 五是川雲寵江-崔五峰 *Komarov, VL Komaorv s.n.* 3 July 1897 三水邑-上水隅理 *Komarov, VL Komaorv s.n.* 22 July 1897 佳林里 *Komarov, VL Komaorv s.n.*

Platanthera fuscescens (L.) Kraenzl., Orchid. Gen. Sp. 1: 637 (1899)

Common name 넓은잠자리란

Distribution in Korea: North, Central

Orchis fuscescens L., Sp. Pl. 2: 943 (1753)

Perularia fuscescens (L.) Lindl., Gen. Sp. Orchid. Pl. 281 (1835)

Tulotis asiatica H.Hara, J. Jap. Bot. 30: 72 (1955)

Tulotis fuscescens (L.) Raf. ex Czerep., Svod Dopol. Izmen. Fl. SSSR 622 (1973)

Representative specimens; **Hamgyong-bukto** July 1932 冠帽峰 *Ohwi, J Ohwi s.n.* 21 July 1933 *Saito, T T Saito s.n.* 6 July 1933 南下石山 *Saito, T T Saito s.n.* 12 June 1934 延上面九州帝大北鮮演習林 *Hatsushima, S Hatsushima s.n.* 3 August 1936 漁下面 *Saito, T T Saito s.n.* **Kangwon-do** July 1901 Nai Piang *Faurie, UJ Faurie s.n.* **Ryanggang** 4 August 1897 十四道溝-白山嶺 *Komarov, VL Komaorv s.n.* 21 August 1897 subdist. Chu-czan, flumen Amnok-gan *Komarov, VL Komaorv s.n.* 26 June 1897 內曲里 *Komarov, VL Komaorv s.n.* 2 June 1897 四芝坪(延面水河谷) 柄安洞 *Komarov, VL Komaorv s.n.* 30 May 1897 延面水河谷-古倉坪 *Komarov, VL Komaorv s.n.*

Platanthera hologlottis Maxim., Mem. Acad. Imp. Sci. St.-Petersbourg Divers Savans 9: 268 (1859)

Common name 흰잠자리란 (흰제비란)

Distribution in Korea: North, Central, South

Habenaria neuropetala Miq., Ann. Mus. Bot. Lugduno-Batavi 2: 207 (1866)

Platanthera neuropetala (Miq.) Franch. & Sav., Enum. Pl. Jap. 2: 33 (1877)

Limnorchis hologlottis (Maxim.) Nevski, Fl. URSS 4: 666 (1935)

Representative specimens; **Kangwon-do** July 1901 Nai Piang *Faurie, UJ Faurie s.n.* **Ryanggang** 18 July 1897 Keizanchin(惠山鎭) *Komarov, VL Komaorv s.n.* 15 August 1897 蓮坪-厚州川-厚州古邑 *Komarov, VL Komaorv s.n.* 7 July 1897 犁方嶺 (鴨綠江羅暖堡) *Komarov, VL Komaorv s.n.* August 1914 白頭山 *Ikuma, Y Ikuma s.n.*

Platanthera mandarinorum Rchb.f., Linnaea 25: 226 (1852)

Common name 산제비란

Distribution in Korea: far North, North, Central, South, Jeju

Platanthera oreades Franch. & Sav. var. *brachycentron* Franch. & Sav., Enum. Pl. Jap. 2: 514 (1878)

Platanthera neglecta Schltr., Repert. Spec. Nov. Regni Veg. Beih. 4: 43 (1919)

Platanthera mandarinorum Rchb.f. var.*cornu-bovis* (Nevski) Kitag., Neolin. Fl. Manshur. 199 (1979)

Platanthera mandarinorum Rchb.f. var. *brachycentron* (Franch. & Sav.) Koidz. ex K.Inoue, J. Fac. Sci. Univ. Tokyo, Sect. 3, Bot. 13: 183 (1982)

Representative specimens; **Chagang-do** 22 July 1916 狼林山 *Mori, T Mori s.n.* **Hamgyong-bukto** 12 August 1933 渡正山 *Koidzumi, G Koidzumi s.n.* 4 August 1934 羅南 *Saito, T T Saito s.n.* 11 August 1935 *Saito, T T Saito s.n.* 26 July 1930 頭流山 *Ohwi, J Ohwi s.n.* July 1932 冠帽峰 *Ohwi, J Ohwi s.n.* 21 July 1933 *Saito, T T Saito s.n.* 17 July 1938 新德 - 楡坪洞 *Saito, T T Saito s.n.* **Hamgyong-namdo** 17 August 1940 西湖津 *Okuyama, S Okuyama s.n.* August 1935 遮日峯 *Nakai, T Nakai s.n.* 26 July 1935 Donha-myeon Unsan-ri (東下面雲山里) *Nomura, N Nomura s.n.* 29 July 1935 赴戰嶺 *Nomura, N Nomura s.n.* 14 August 1940 赴戰高原雲水嶺 *Okuyama, S Okuyama s.n.* **Ryanggang** 5 August 1940 高頭山 *Hozawa, S Hozawa s.n.* 4 August 1939 大澤濕地 *Hozawa, S Hozawa s.n.* 24 July 1930 大澤 *Ohwi, J Ohwi s.n.* 5 August 1930 列結水 *Ohwi, J Ohwi s.n.* 24 July 1930 含山嶺 *Ohwi, J Ohwi s.n.* 14 August 1914 無頭峯 *Ikuma, Y Ikuma s.n.* August 1913 長白山 *Mori, T Mori s.n.* 8 August 1914 神武城-無頭峯 *Nakai, T Nakai s.n.*

Platanthera maximowicziana Schltr., Repert. Spec. Nov. Regni Veg. Beih. 4: 114 (1919)

Common name 제비란 (애기제비란)

Distribution in Korea: North, Central

Platanthera mandarinorum Rchb.f. var. *maximowicziana* (Schltr.) Ohwi, Bull. Natl. Sci. Mus., Tokyo 33: 69 (1953)

Platanthera mandarinorum Rchb.f. ssp. *maximowicziana* (Schltr.) K.Inoue, J. Fac. Sci. Univ. Tokyo, Sect. 3, Bot. 13: 186 (1982)

Platanthera ophrydioides F.Schmidt, Mem. Acad. Imp. Sci. St.-Petersbourg, Ser. 7 12: 182 (1868)
Common name 구름제비란
Distribution in Korea: North
  Platanthera reinii Franch. & Sav., Enum. Pl. Jap. 2: 513 (1878)
  Platanthera mandarinorum Rchb.f. var. *ophrydioides* (F.Schmidt) Finet, Bull. Soc. Bot. France 47: 282 (1900)
  Platanthera platycorys Schltr., Repert. Spec. Nov. Regni Veg. Beih. 4: 44 (1919)
  Platanthera ophrydioides F.Schmidt var. *monophylla* Honda, Bot. Mag. (Tokyo) 46: 634 (1932)
  Platanthera ophrydioides F.Schmidt var. *australis* Ohwi, J. Jap. Bot. 12: 383 (1936)
  Platanthera mandarinorum Rchb.f. var. *monophylla* (Honda) K.Inoue, J. Fac. Sci. Univ. Tokyo, Sect. 3, Bot. 13: 185 (1982)

Platanthera sachalinensis F.Schmidt, Mem. Acad. Imp. Sci. St.-Petersbourg, Ser. 7 12: 181 (1868)
Common name 큰제비란
Distribution in Korea: North

Platanthera ussuriensis (Regel & Maack) Maxim., Bull. Acad. Imp. Sci. Saint-Pétersbourg 31: 107 (1886)
Common name 나도잠자리란
Distribution in Korea: North, Central, South, Jeju
  Platanthera tipuloides (L.f.) Lindl. var. *ussuriensis* Regel & Maack, Tent. Fl.-Ussur. 157 (1861)
  Habenaria ussurienis (Regel & Maack) Miyabe, Mem. Boston Soc. Nat. Hist. 4-7: 262 (1890)
  Platanthera herbicola Lindl. var. *japonica* Finet, Bull. Soc. Bot. France 48: 281 (1900)
  Perularia ussuriensis (Regel & Maack) Schltr., Repert. Spec. Nov. Regni Veg. Beih. 4: 99 (1919)
  Tulotis ussuriensis (Regel & Maack) H.Hara, J. Jap. Bot. 30: 72 (1955)

Representative specimens; Kangwon-do 30 July 1916 金剛山外金剛倉岱 *Nakai, T Nakai s.n.*

Pogonia Juss.
Pogonia japonica Rchb.f., Linnaea 25: 228 (1852)
Common name 큰방울새란
Distribution in Korea: North, Central, South, Jeju
  Pogonia simils Blume, Coll. Orchid. 148 (1858)
  Pogonia ophioglossoides (L.) Ker Gawl. var. *japonica* (Rchb.f.) Finet, Bull. Soc. Bot. France 47: 273 (1900)
  Pogonia kungii T.Tang & F.T.Wang, Contr. Inst. Bot. Natl. Acad. Peiping 2: 135 (1934)

Representative specimens; Hamgyong-bukto 7 July 1935 羅南 *Saito, T T Saito s.n.* 2 July 1929 *Unknown s.n.* **Hamgyong-namdo** 29 June 1940 定平郡宣德面 *Kim, SK s.n.* **Ryanggang** 18 July 1897 Keizanchin(惠山鎭) *Komarov, VL Komaorv s.n.*

Pogonia minor (Makino) Makino, Bot. Mag. (Tokyo) 23: 137 (1909)
Common name 방울새란
Distribution in Korea: North, Central, South, Jeju
  Pogonia japonica Rchb.f. var. *minor* Makino, Bot. Mag. (Tokyo) 12: 103 (1898)

Representative specimens; Kangwon-do 22 June 1934 金剛山末輝里 *Miyazaki, M s.n.*

Ponerorchis Rchb.f.
Ponerorchis graminifolia Rchb.f., Linnaea 25: 228 (1852)
Common name 나비란초, 나도잠자리난초 (나비난초)
Distribution in Korea: North

Gymnadenia rupestris Miq., Ann. Mus. Bot. Lugduno-Batavi 2: 206 (1866)
Gymnadenia graminifolia (Rchb.f.) Rchb.f., Bot. Zeitung (Berlin) 36: 75 (1878)
Orchis rupestris (Miq.) Schltr., Repert. Spec. Nov. Regni Veg. 4: 90 (1919)
Orchis graminifolia (Rchb.f.) T.Tang & F.T.Wang, Bull. Fan Mem. Inst. Biol. 10: 25 (1940)

Ponerorchis joo-iokiana (Makino) Nakai, Bull. Natl. Sci. Mus., Tokyo 31: 152 (1952)
Common name 너도제비란
Distribution in Korea: North
    Orchis joo-iokiana Makino, Bot. Mag. (Tokyo) 16: 57 (1902)
    Orchis matsumurana Schltr., Repert. Spec. Nov. Regni Veg. Beih. 4: 41 (1919)
    Orchis joo-iokiana Makino var. *coreana* Ohwi, Acta Phytotax. Geobot. 5: 145 (1936)
    Ponerorchis pauciflora (Lindl.) Ohwi var. *jooiokiana(makino)* Ohwi, Acta Phytotax. Geobot. 5: 145 (1936)

Representative specimens; Hamgyong-bukto 6 July 1933 南下石山 *Saito, T T Saito s.n.* 21 July 1933 冠帽峰 *Saito, T T Saito s.n.* 25 June 1930 雪嶺 *Ohwi, J Ohwi s.n.* Hamgyong-namdo 23 July 1916 赴戰高原寒泰嶺 *Mori, T Mori s.n.* 16 August 1934 新角面北山 *Nomura, N Nomura s.n.* 23 July 1935 弁天島 *Nomura, N Nomura s.n.* 26 July 1935 Donha-myeon Unsan-ri (東下面雲山里) *Nomura, N Nomura s.n.* 20 June 1932 東上面元豊里 *Ohwi, J Ohwi s.n.* P'yongan-namdo 21 July 1916 上南洞 *Mori, T Mori s.n.* Ryanggang 23 June 1930 倉坪延岩洞間 *Ohwi, J Ohwi s.n.* 24 July 1930 含山嶺 *Ohwi, J Ohwi s.n.* 24 June 1930 延岩洞 *Ohwi, J Ohwi s.n.* 20 June 1930 三社面楡坪- 天水洞 *Ohwi, J Ohwi s.n.* 23 June 1930 倉坪延岩洞間 *Ohwi, J Ohwi s.n.* 1 August 1934 小長白山脈 *Kojima, K Kojima s.n.*

Spiranthes Rich.
Spiranthes sinensis (Pers.) Ames, Orchidaceae (Ames) 2: 53 (1908)
Common name 타래란 (타래난초)
Distribution in Korea: North, Central, South, Jeju
    Aristotelea spiralis Lour., Fl. Cochinch. 522 (1790)
    Neottia sinensis Pers., Syn. Pl. (Persoon) 2: 511 (1807)
    Neottia australis R.Br., Prodr. Fl. Nov. Holland. 319 (1810)
    Neottia flexuosa Sm., Cycl. (Rees) 24: 9 (1813)
    Neottia amoena M.Bieb., Fl. Taur.-Caucas. 3: 606 (1819)
    Spiranthes pudica Lindl., Coll. Bot. (Lindley) 1: 30 (1821)
    Spiranthes australis Lindl., Bot. Reg. 10: sub. t. 823 (1824)
    Spiranthes congesta Lindl., Bot. Reg. 10: t. 823 (1824)
    Spiranthes amoena (M.Bieb.) Spreng., Syst. Veg. (ed. 16) [Sprengel] 3: 708 (1826)
    Gyrostachys amoena (M.Bieb.) Blume, Coll. Orchid. 129 (1858)
    Gyrostachys australis (R.Br.) Blume var. *amoena* (M.Bieb.) Blume, Coll. Orchid. 129 (1859)
    Gyrostachys australis (R.Br.) Blume var. *flexuosa* (Sm.) Blume, Coll. Orchid. 130 (1859)
    Spiranthes australis Lindl. var. *suishaensis* Hayata, Icon. Pl. Formosan. 6: 86 (1916)
    Spiranthes suishaensis Schltr., Repert. Spec. Nov. Regni Veg. Beih. 4: 161 (1919)
    Spiranthes suishaensis (Hayata) Hayata, Icon. Pl. Formosan. 10: 33 (1921)
    Spiranthes sinensis (Pers.) Ames ssp. *australis* (R.Br.) Kitam., Acta Phytotax. Geobot. 21: 23 (1964)
    Spiranthes lancea (Thunb. ex Sw.) Bakh.f. & Steenis var. *chinensis* (Lindl.) Hatus., J. Geobot. 16: 80 (1968)
    Spiranthes sinensis (Pers.) Ames var. *amoena* (M.Bieb.) H.Hara, J. Jap. Bot. 44: 59 (1969)
    Spiranthes sinensis (Pers.) Ames var. *australis* (R.Br.) H.Hara & Kitam., Acta Phytotax. Geobot. 36: 93 (1985)

Representative specimens; Hamgyong-namdo 17 August 1940 西湖津 *Okuyama, S Okuyama s.n.* Hwanghae-namdo 24 July 1922 Mukimpo *Mills, RG Mills s.n.* Kangwon-do 29 July 1916 海金剛 *Nakai, T Nakai s.n.* P'yongan-bukto 5 August 1937 妙香山 *Hozawa, S Hozawa s.n.* Ryanggang 23 August 1914 Keizanchin(惠山鎭) *Ikuma, Y Ikuma s.n.* 2 August 1897 虛川江-五海江 *Komarov, VL Komaorv s.n.* 26 July 1914 三水- 惠山鎭 *Nakai, T Nakai s.n.* 7 July 1897 犁方嶺 (鴨綠江羅暖堡) *Komarov, VL Komaorv s.n.* 7 August 1897 上巨里水 *Komarov, VL Komaorv s.n.* 22 July 1897 佳林里 *Komarov, VL Komaorv s.n.* 30 July 1917 無頭峯 *Furumi, M Furumi s.n.* August 1914 白頭山 *Ikuma, Y Ikuma s.n.* 15 July 1935 小長白山脈 *Irie, Y s.n.* 4 August 1914 普天堡- 寶泰洞 *Nakai, T Nakai s.n.* August 1914 農事洞- 三下 *Nakai, T Nakai s.n.*

IV. List of the taxa excluded from our checklist: Invalidly published names in Korea

Names of taxa from the North Korean flora were revised with regard to their validity. Invalidly published names were compiled here. The cause of the invalidity of these names were not discussed and simply presented here.

GYMNOSPERMAE

PINACEAE

Abies nephrolepis (Trautv. ex Maxim.) Maxim. f. *nigrocarpa* Y.N.Lee, Fl. Korea (Lee)1186 (1996)

CUPRESSACEAE

Juniperus rigida Siebold & Zucc. var. *seoulensis* Nakai ex Kawamoto, Handb. Kor.& Manch. Forestry 69 (1939)

DICOTYLEDONS

MAGNOLIACEAE

Magnolia sieboldii K.Koch f. *semiplena* T.B.Lee, Ill. Fl. Korea 373 (1980)

LAURACEAE

Benzoin obtusilobum (Blume) Kuntze f. *ovatum* Nakai, Fl. Sylv. Kor. 22: 71 (1939)
Benzoin salicifolium Nakai, Bot. Mag. (Tokyo) 44: 29 (1930)
Lindera glauca (Siebold & Zucc.) Blume var. *salicifolia* (Nakai) T.B.Lee, Ill. Woody Pl. Korea 264 (1966)
Lindera obtusiloba Blume f. *ovata* (Nakai) T.B.Lee, Ill. Woody Pl. Korea 264 (1966)
Lindera salicifolia (Nakai) C.M.Pak, Fl. Coreana (Im, R.J.) 2: 119 (1996)

ARISTOLOCHIACEAE

Asarum chungbuensis (C.S.Yook & J.G.Kim) B.U.Oh, Endemic Vascular Plants in the Korean Peninsula 24 (2005)
Asarum maculatum Nakai f. *viride* Y.N.Lee, Bull. Korea Pl. Res. 1: 16 (2000)
Asarum sieboldii Miq. f. *cornutum* (Y.N.Lee) M.Kim, Korean J. Pl. Taxon. 38: 131 (2008)
Asarum sieboldii Miq. f. *koreanum* (J.G.Kim & C.S.Yook) Y.N.Lee, Bull. Korea Pl. Res. 1: 16 (2000)
Asarum sieboldii Miq. f. *misandrum* (B.U.Oh & J.G.Kim) Y.N.Lee, Bull. Korea Pl. Res. 1: 17 (2000)
Asarum sieboldii Miq. var. *cornutum* Y.N.Lee, Fl. Korea (Lee)1153 (1996)
Asarum versicolor (Yamaki) Y.N.Lee f. *chungbuensis* (C.S.Yook) M.Kim, Korean J. Pl. Taxon. 38: 137 (2008)
Asarum versicolor (Yamaki) Y.N.Lee var. *nonversicolor* Y.N.Lee, Fl. Korea (Lee)1154 (1996)
Asiasarum heterotropoides (F.Schmidt) F.Maek. var. *mandshuricum* (Maxim.) F.Maek. f. *glabratum* C.S.Yook & J.G.Kim, Korean J. Pharmacogn. 27: 344 (1996)
Asiasarum koreanum J.G.Kim & C.S.Yook, Korean J. Pharmacogn. 27: 342 (1996)
Asiasarum sieboldii Miq. f. *chungbuensis* C.S.Yook & J.G.Kim, Korean J. Pharmacogn. 27: 243 (1996)

SCHISANDRACEAE

Schisandra viridicarpa Y.N.Lee, Fl. Korea (Lee) ed. 4: 1150 (2002)

NELUMBONACEAE

Nelumbo nucifera Gaertn. var. *macrorhizomata* Nakai, Bull. Natl. Sci. Mus., Tokyo 31: 25 (1952)

NYMPHAEACEAE

Nuphar coreana Nakai ex T.H.Chung, Nom. Pl. Kor. 1: 47 (1949)

Nymphaea minima Nakai,Enum. Pl. (Willdenow) 0: 38 (1813)
Nymphaea minima (Nakai) Nakai, Bull. Natl. Sci. Mus., Tokyo 31: 25 (1952)

RANUNCULACEAE

Aconitum coreanum (H.Lév.) H.Lév., Repert. Spec. Nov. Regni Veg. 7: 101 (1909)
Aconitum koreanum Nakai, J. Coll. Sci. Imp. Univ. Tokyo 31: 31 (1909)
Aconitum pseudolaeve Nakai var. *erectum* Nakai, Bot. Mag. (Tokyo) 28: 62 (1914)
Aconitum pseudolaeve Nakai var. *flexuosum* Nakai, Bot. Mag. (Tokyo) 28: 63 (1914)
Adonis amurensis Regel & Radde f. *algentatus* Y.N.Lee, Fl. Korea (Lee)1187 (1996)
Adonis amurensis Regel & Radde f. *viridescensicalyx* Y.N.Lee, Fl. Korea (Lee)1187 (1996)
Adonis amurensis Regel & Radde ssp. *nanus* Y.N.Lee, Fl. Korea (Lee)1187 (1996)
Aquilegia buergeriana Siebold & Zucc. var. *oxysepala* (Trautv. & C.A.Mey.) Kitam. f. *pallidiflora* (Nakai ex
T.Mori) Kitag., Neolin. Fl. Manshur. 292 (1979)
Aquilegia oxysepala Trautv. & C.A.Mey. var. *pallidiflora* Nakai, Chosen Shokubutsu : 63 (1914)
Caltha gracilis Nakai,Rep. Veg. Chiisan Mts. 32 (1915)
Clematis dioscoreifolia H.Lév. & Vaniot var. *robusta* (Carrière) Rehder f. *denticulata*(Nakai) T.B.Lee, Ill.
Woody Pl. Korea 259 (1966)
Clematis heracleifolia DC. f. *albiflora* Y.N.Lee, Fl. Korea (Lee)1187 (1996)
Clematis koreana Kom. var. *partita* T.H.Chung, Ill. Encyl. Fauna & Flora of Korea 5: 38 (1965)
Clematis mankiuensis Y.N.Lee, Fl. Korea (Lee)1187 (1996)
Clematis paniculata var. *denticulata* Nakai ex Kawamoto, Handb. Kor. & Manch. Forestry 110 (1939)
Clematis terniflora DC. f. *denticulata* (Nakai ex Kawamoto) W.T.Lee, Lineamenta Florae Koreae 327 (1996)
Clematis terniflora DC. var. *denticulata* (Nakai ex Kawamoto) T.B.Lee, Arbor. Kor. 81 (1947)
Enemion leveilleanum (Nakai) Nakai, Bull. Natl. Sci. Mus., Tokyo 31: 30 (1952)
Enemion leveilleanum Nakai,Enum. Pl. Corea : 158 (1922)
Lycoctonum pseudolaeve (Nakai) Nakai var. *volubile* Nakai, Bot. Mag. (Tokyo) 28: 64 (1914)
Pulsatilla × tongkangensis Y.N.Lee & T.C.Lee f. *longisepala* Y.N.Lee, Fl. Korea (Lee) 1: 1151 (1996)
Ranunculus franchetii H.Boissieu f. *duplopetalus* Y.N.Lee, Fl. Korea (Lee)178 (1996)
Ranunculus japonicus Thunb. f. *albiflorus* Y.N.Lee, Fl. Korea (Lee)1187 (1996)
Ranunculus quelpaertensis (H.Lév.) Nakai var. *albiflorus* Y.N.Lee, Fl. Korea (Lee) 1187 (1996)

MENISPERMACEAE

Cocculus orbiculatus (L.) DC. f. *macrophyllus* (Nakai) S.Y.Oh, Res. Rev. Kyungpook Natl. Univ. 25: 29 (1978)
Cocculus trilobus (Thunb.) DC. f. *macrophyllus* Nakai, Bull. Natl. Sci. Mus., Tokyo 31: 32 (1952)

PAPAVERACEAE

Corydalis turtschaninovii Besser var. *fumariifolia* (Maxim.) T.B.Lee, Seoul Univ. J., Biol. Ser. 20: 129 (1969)

ULMACEAE

Celtis cordifolia Nakai, Bot. Mag. (Tokyo) 40: 168 (1926)

MORACEAE

Morus bombycis Koidz. f. *kase* Uyeki, Woody Pl. Distr. Chosen 26 (1940)
Morus bombycis Koidz. var. *rubricaulis* Uyeki, Woody Pl. Distr. Chosen 26 (1940)

JUGLANDACEAE

Juglans cordiformis Maxim., Bull. Acad. Imp. Sci. Saint-Pétersbourg 18: 62 (1873)
Petrophiloides strobilacea (Siebold & Zucc.) E.Reid & M.Chandler var. *coreana* (Miq.) T.B.Lee, Arbor. Kor.
32 (1947)

FAGACEAE

Quercus aliena Blume var. *velutina* Nakai ex Kawamoto, Handb. Kor. & Manch. Forestry 96 (1939)
Quercus major Nakai var. *maxima* Uyeki, Woody Pl. Distr. Chosen 20 (1940)
Quercus mongolica Fisch. ex Ledeb. var. *funebris* Nakai ex Kawamoto, Handb. Kor. & Manch. Forestry 98
(1939)
Quercus serrata Murray var. *brevipetiola* (A.DC.) Nakai ex Kawamoto, Handb. Kor. & Manch. Forestry 99
(1939)

Quercus serrata Murray var. *crenata* Nakai ex Kawamoto, Handb. Kor. & Manch. Forestry 99 (1939)

BETULACEAE

Alnus hirsuta (Spach) Rupr. f. *glabra* (Callier) T.B.Lee, Ill. Fl. Korea 268 (1980)
Alnus japonica (Thunb.) Steud. var. *intermedia* Nakai ex Kawamoto, Handb. Kor. & Manch. Forestry 89 (1939)
Alnus japonica (Thunb.) Steud. var. *serrata* Nakai ex Kawamoto, Handb. Kor. & Manch. Forestry 89 (1939)
Betula chinensis Maxim. var. *lancifolia* Nakai ex T. Mori, Enum. Pl. Corea 115 (1922)
Carpinus coreana Nakai var. *multiflora* Nakai ex Kawamoto, Handb. Kor. & Manch. Forestry 92 (1939)

CARYOPHYLLACEAE

Alsine verna (L.) Wahlenb. var. *coreana* Nakai, Bot. Mag. (Tokyo) 32: 230 (1918)
Dianthus chinensis L. f. *albiflora* T.B.Lee, Bull. Kwanak Arbor. 3: 35 (1966)
Dianthus superbus L. var. *longicalycinus* (Maxim.) Williams f. *albiflorus* Y.N.Lee, Fl. Korea (Lee) 1186 (1996)
Dianthus superbus-chinensis Y.N.Lee, Fl. Korea (Lee) 1186 (1996)
Lychnis laciniata Nakai ex T.H.Chung, Fl. Kor. [Chung] 1: 212 (1956)
Melandrium oldhamianum (Miq.) Rohrb. f. *album* (Nakai) T.B.Lee, Ill. Fl. Korea 336 (1980)
Minuartia verna (L.) Hiern var. *coreana* (Nakai) H.Hara, J. Fac. Sci. Univ. Tokyo, Sect. 3, Bot. 6: 44 (1952)
Pseudostellaria angustifolia Y.N.Lee, Fl. Korea (Lee)1186 (1996)
Pseudostellaria multiflora Y.N.Lee, Fl. Korea (Lee)1186 (1996)
Pseudostellaria yanginsekiana T.H.Chung, Ill. Encyl. Fauna & Flora of Korea 5: 49 (1965)
Sagina crassicaulis S.Watson f. *longifolia* T.H.Chung, Ill. Encyl. Fauna & Flora of Korea 5: 49 (1965)
Sagina maxima A.Gray f. *longifolia* (T.H.Chung) W.T.Lee, Lineamenta Florae Koreae 266 (1996)

POLYGONACEAE

Aconogonon brachytricum (Ohwi) T.B.Lee, Seoul Univ. J., Biol. Ser. 20: 115 (1969)
Bilderdykia pauciflora (Maxim.) Kitag., Neolin. Fl. Manshur.231 (1979)
Fallopia japonica (Houtt.) Ronse Decr. f. *elata* Y.M.Lee & H.J. Choi, A Synomic List of Vascular Plants in Korea 1: 50 (2007)
Persicaria persicaria (L.) Small, Fl. S.E. U.S. [Small]. 378 (1903)
Persicaria sieboldii (Meisn.) Ohki var. *aestiva* Ohki ex T.B.Lee, Seoul Univ. J., Biol. Ser. 20: 117 (1969)
Polygonum amphibium L. var. *koreensis* (Nakai) M.K.Park, Herb. Pl. Kor. (Dicots) 111 (1974)
Polygonum dumetorum L. f. *pauciglora* (Nakai) M.K.Park, Herb. Pl. Kor. (Dicots) 116 (1974)
Polygonum humifusum Pall. ex Ledeb., Fl. Ross. (Ledeb.) 3: 531 (1851)
Polygonum incana (Nakai) M.K.Park, Herb. Pl. Kor. (Dicots) 107 (1974)
Polygonum microcarpum (Kitag.) M.K.Park, Herb. Pl. Kor. (Dicots) 115 (1974)
Polygonum mollifolium (Kitag.) M.K.Park, Herb. Pl. Kor. (Dicots) 115 (1974)
Polygonum pauciflorum Maxim., Index Seminum [St.Petersburg (Petropolitanus)] 2 (1866)
Reynoutria japonica Houtt. f. *elata* Hiyama, Wild flowers of Japan (Herbacious plants), Heibonsha 2: 24 (1985)

THEACEAE

Camellia chinensis Kuntze, Revis. Gen. Pl. 1: 64 (1891)
Camellia japonica L. f. *longifolia* Uyeki, Woody Pl. Distr. Chosen 76 (1940)
Camellia japonica L. f. *variegata* Uyeki, Woody Pl. Distr. Chosen 76 (1940)

CLUSIACEAE

Hypericum attenuatum Fisch. ex Choisy var. *confertissium* (Nakai) T.B.Lee, Ill. Fl. Korea 546 (1980)

TILIACEAE

Grewia parviflora Bunge var. *angusta* Nakai, Bot. Mag. (Tokyo) 35: 17 (1921)

SALICACEAE

Populus glandulosa (Uyeki) Uyeki, J. Chosen Nat. Hist. Soc. 17: 54 (1934)
Salix pseudolinearis Nasarow var. *brevispica* Nakai, Bull. Natl. Sci. Mus., Tokyo 31: 79 (1952)
Salix pseudolinearis Nasarow var. *linearis* Nakai, Bull. Natl. Sci. Mus., Tokyo 31: 79 (1952)
Salix vagans Andersson, Oefvers. Forh. Finska Vetensk.-Soc. 15: 121 (1858)

BRASSICACEAE

Arabis senanensis (Franch. & Sav.) Nakai ex T. Mori, Enum. Pl. Corea 171 (1922)
Brassica campestris L. var. *akana* (Makino) Kitam., Mem. Coll. Sci. Kyoto Imp. Univ., Ser. B, Biol. 19: 16 (1950)
Cardamine fallax (O.E.Schulz) Nakai var. *glabra* Nakai, Bull. Natl. Sci. Mus., Tokyo 31: 49 (1952)
Cardamine flexuosa With. var. *longifolia* T.H.Chung, Ill. Encyl. Fauna & Flora of Korea 5: 61 (1965)
Cardamine komarovii Nakai f. *macrophylla* (T.H.Chung) W.T.Lee, Lineamenta Florae Koreae 406 (1996)
Cardamine komarovii Nakai var. *macrophylla* T.H.Chung, Fl. Kor. [Chung] 1: 252 (1956)
Cardamine leucantha (Tausch) O.E.Schulz var. *toensis* (Nakai) T.B.Lee, Seoul Univ. J., Biol. Ser. 20: 130 (1969)
Cardamine toensis Nakai, Bull. Natl. Sci. Mus., Tokyo 31: 49 (1952)
Lepidium macrocarpum T.H.Chung, Nom. Pl. Kor. 2: 61 (1949)
Nasturtium montanum, Revis. Gen. Pl. 2: 937 (1891)
Raphanus acanthiformis J.M.Morel ex Sasaki var. *spontaceus* Nakai, Bull. Natl. Sci. Mus., Tokyo 31: 50 (1952)
Rorippa globosa (Turcz.) Vassilcz., Fl. URSS 8: 140 (1939)
Rorippa microsperma (DC.) Vassilcz., Fl. URSS 8: 140 (1939)

ERICACEAE

Andromeda rosmarinifolioa Gilib., Fl. Lit. Inch. 1: 3 (1782)
Rhododendron mucronulatum Turcz. var. *maritimun* Nakai ex Kawamoto, Handb. Kor. & Manch. Forestry 186 (1939)
Rhododendron schlippenbachii Maxim. f. *albiflorum* (Uyeki ex T.B.Lee) T.B.Lee, Ill. Woody Pl. Korea 325 (1966)
Rhododendron schlippenbachii Maxim. var. *albiflorum* Uyeki ex T.B.Lee, Arbor. Kor. 224 (1947)

PRIMULACEAE

Naumburgia thyrsiflora (L.) Duby, Prodr. (DC.) 8: 60 (1844)
Primula sachalinensis Nakai f. *albida* Y.N.Lee, Fl. Korea (Lee)1189 (1996)
Primula sieboldii E.Morren f. *albiflora* Y.N.Lee, Fl. Korea (Lee) 1: 1189 (1996)

HYDRANGEACEAE

Deutzia coreana H.Lév. var. *angustifolia* Nakai ex Kawamoto, Handb. Kor. & Manch. Forestry 117 (1939)
Deutzia parviflora Bunge var. *pilosa* Nakai ex Kawamoto, Handb. Kor. & Manch. Forestry 117 (1939)
Hydrangea hortensis Sm. var. *acuminata* (Siebold & Zucc.) A.Gray, Rev. Hydr. 13 (1867)

GROSSULARIACEAE

Ribes distans Turcz. ex T. Mori, Enum. Pl. Corea 184 (1922)
Ribes maximowiczii Kom., Mélanges Biol. Bull. Phys.-Math. Acad. Imp. Sci. Saint-Pétersbourg 9: 239 (1873)

CRASSULACEAE

Orostachys minuta (Kom.) A.Berger f. *alba* Y.N.Lee, Fl. Korea (Lee)1188 (1996)
Sedum aizoon L. var. *heterodontum* Nakai ex T.H.Chung, Nom. Pl. Kor. 1: 63 (1949)
Sedum kamtschaticum Fisch. & C.A.Mey. var. *takesimense* (Nakai) M.K.Park, Herb. Pl. Kor. (Dicots) 203 (1974)
Sedum kamtschaticum Fisch. & C.A.Mey. var. *zokuriense* (Nakai) M.K.Park, Herb. Pl. Kor. (Dicots) 203 (1974)
Sedum kiusianum Nakai ex T. Mori, Enum. Pl. Corea 179 (1922)
Sedum prostatum Nakai, Bull. Forest. Soc. Korea (Chosen Sanrin Kwaiho) 122: 33 (1935)
Sedum roseum (L.) Scop. var. *oblongum* (Regel & Tiling) H.Hara, Herb. Pl. Kor. (Dicots) 203 (1974)

SAXIFRAGACEAE

Aceriphyllum acanthifolia(Nakai) T.B.Lee, Seoul Univ. J., Biol. Ser. 20: 132 (1969)
Aceriphyllum rossii (Oliv.) Engl., Nat. Pflanzenfam. 3-2a: 52 (1890)
Aceriphyllum rossii (Oliv.) Engl. var. *multilobum* Nakai,Rep. Veg. Diamond Mountains 195 (1918)
Mukdenia rossii (Oliv.) Koidz. var. *simplicifolia* Nakai, Bull. Natl. Sci. Mus., Tokyo 31: 55 (1952)
Rodgersia podophylla A.Gray var. *viridis* Nakai, Bull. Natl. Sci. Mus., Tokyo 31: 55 (1952)

ROSACEAE

Crataegus pinnatifida Bunge f. *betulifolia* Nakai ex Kawamoto, Handb. Kor. & Manch. Forestry 127 (1939)
Crataegus pinnatifida Bunge var. *partita* Nakai ex Kawamoto, Ill. Manual Korean Trees Shrubs 1: 284 (1943)
Crataegus pinnatifida Bunge var. *pubescens* Nakai ex Kawamoto, Ill. Manual Korean Trees Shrubs 1: 285 (1943)
Crataegus tenuifolia Kom. var. *major* Nakai ex Kawamoto, Ill. Manual Korean Trees Shrubs 1: 306 (1943)
Filipendula camtschatica (Pall.) Maxim. var. *glaberrima* Nakai, Bot. Mag. (Tokyo) 27: 129 (1913)
Filipendula koreana (Nakai) Nakai var. *alba* Nakai ex T. Mori, Enum. Pl. Corea 197 (1922)
Filipendula palmata (Pall.) Maxim. var. *rufinervis* (Nakai) T.B.Lee, Ill. Fl. Korea 445 (1980)
Malus sibirica (Maxim.) Kom. & Aliss., Opred. Rast. Dal'nevost. Kraia 2: 638 (1932)
Micromeles alnifolia (Siebold & Zucc.) Koehne var. *oblongifolia* Nakai ex Kawamoto, Handb. Kor. & Manch. Forestry 120 (1939)
Neillia uekii Nakai f. *papilosa* (Nakai ex Kawamoto) W.T.Lee, Lineamenta Florae Koreae 482 (1996)
Neillia uekii Nakai var. *papilosa* Nakai ex Kawamoto, Ill. Manual Korean Trees Shrubs 1: 259 (1943)
Photinia lanata Nakai, Bull. Natl. Sci. Mus., Tokyo 31: 62 (1952)
Potentilla matsumurae Th.Wolf f. *alba* Y.N.Lee, Fl. Korea (Lee)1188 (1996)
Potentilla pseudochinensis Nakai,Rep. Veg. Diamond Mountains 202 (1918)
Pourthiaea brunnea (H.Lév.) Kawamoto, Bull. Forest. Soc. Korea (Chosen Sanrin Kwaiho) 186: 24 (1940)
Pourthiaea villosa (Thunb.) Decne. var. *laevis* (Decne.) T.B.Lee, Arbor. Kor. 120 (1947)
Prunus jamasakura Siebold, Verh. Batav. Genootsch. Kunsten 12: 68 (1830)
Prunus koraiensis Nakai ex Kawamoto, Handb. Kor. & Manch. Forestry 142 (1939)
Prunus leveilleana Koehne f. *semiplena* (Nakai ex T.Mori) T.B.Lee, Ill. Woody Pl. Korea 284 (1966)
Prunus leveilleana Koehne var. *pendula* Nakai ex Kawamoto, Handb. Kor. & Manch. Forestry 142 (1939)
Prunus leveilleana Koehne var. *pilosa* Nakai ex Kawamoto, Ill. Manual Korean Trees Shrubs 1: 356 (1943)
Prunus leveilleana Koehne var. *semiplena* (Nakai ex T.Mori) T.B.Lee, Arbor. Kor. 159 (1947)
Prunus mandshurica (Maxim.) Koehne var. *pubescens*Nakai ex Kawamoto, Handb. Kor. & Manch. Forestry 140 (1939)
Prunus padus L. f. *rufo-ferruginea* (Nakai ex T.Mori) W.T.Lee, Lineamenta Florae Koreae 505 (1996)
Prunus padus L. var. *rufo-ferruginea* Nakai ex T. Mori, Enum. Pl. Corea 209 (1922)
Prunus robusta Nakai ex Kawamoto, Ill. Manual Korean Trees Shrubs 1: 358 (1943)
Prunus serrulata Lindl. var. *semiplena* Nakai ex T. Mori, Enum. Pl. Corea 210 (1922)
Prunus verecunda (Koidz.) Koehne var. *semiplena* (Nakai) W.T.Lee, Lineamenta Florae Koreae 511 (1996)
Pyrus montana Nakai,Rep. Veg. Chiisan Mts. 84 (1915)
Pyrus ussuriensis Maxim. var. *hakunensis* (Nakai) T.B.Lee, Ill. Fl. Korea 461 (1980)
Pyrus ussuriensis Maxim. var. *nankaiensis* (Nakai) T.B.Lee, Ill. Woody Pl. Korea 275 (1966)
Pyrus ussuriensis Maxim. var. *pubescens* Nakai ex Kawamoto, Handb. Kor. & Manch. Forestry 130 (1939)
Pyrus ussuriensis Maxim. var. *seoulensis* (Nakai) T.B.Lee, Ill. Woody Pl. Korea 276 (1966)
Pyrus ussuriensis Maxim. var. *viridis* T.B.Lee, Ill. Fl. Korea 460 (1980)
Rosa acicularis Lindl. var. *polyphylla* Nakai ex T. Mori, Enum. Pl. Corea 201 (1922)
Rosa acicularis Lindl. var. *setacea* Liou, Ill. Fl. Ligneous Pl. N. E. China 316 (1958)
Rosa davurica Pall. var. *ellipsoidea* Nakai ex Kawamoto, Ill. Manual Korean Trees Shrubs 1: 318 (1943)
Rosa multiflora Thunb. var. *pilosissima* (Nakai ex Kawamoto) H.S.Kim, Fl. Coreana (Im, R.J.) 3: 123 (1974)
Rosa polyantha Siebold & Zucc. var. *pilosissima* Nakai ex Kawamoto, Ill. Manual Korean Trees Shrubs 1: 325 (1943)
Rosa suavis Willd. var. *globularis* (Nakai ex T.Mori) Nakai, Bull. Natl. Sci. Mus., Tokyo 31: 59 (1952)
Rosa suavis Willd. var. *gmelini* (Bunge) H.Hara f. *alba* Nakai ex Kawamoto, Ill. Manual Korean Trees Shrubs 1: 316 (1943)
Rosa suavis Willd. var. *polyphylla* (Nakai ex T.Mori) Nakai, Bull. Natl. Sci. Mus., Tokyo 31: 59 (1952)
Rosa suavis Willd. var. *setacea* (Liou) H.S.Kim, Fl. Coreana (Im, R.J.) 3: 130 (1974)
Rosa wichurana Crép. f. *rosiflora* (Nakai) T.B.Lee, Ill. Fl. Korea 448 (1980)
Rubus coreanus Miq. f. *concolor*(Nakai) T.B.Lee, Ill. Woody Pl. Korea 281 (1966)
Rubus coreanus Miq. var. *concolor* Nakai ex Kawamoto, Handb. Kor. & Manch. Forestry 137 (1939)
Rubus crataegifolius Bunge f. *subcuneatus* (Nakai ex Kawamoto) W.T.Lee, Lineamenta Florae Koreae 528 (1996)
Rubus crataegifolius Bunge var. *horridus* Nakai, Bull. Natl. Sci. Mus., Tokyo 31: 59 (1952)
Rubus crataegifolius Bunge var. *subcuneatus* Nakai ex Kawamoto, Handb. Kor. & Manch. Forestry 137 (1939)
Rubus crataegifolius Bunge var. *subcrenatus* Nakai ex Kawamoto, Ill. Manual Korean Trees Shrubs 1: 335 (1943)
Rubus parvifolius L. f. *concolor* (Koidz.) Sugim., New Keys to the woody plants of Japan 199 (1972)
Rubus phoenicolasius Maxim. var. *albiflorus* Nakai ex T. Mori, Enum. Pl. Corea 205 (1922)
Sanguisorba globularis Nakai ex T.H.Chung, Fl. Kor. [Chung] 1: 330 (1956)
Sanguisorba intermedia Nakai ex T. Mori, Enum. Pl. Corea 206 (1922)
Sinomalus tenuifolia (Kom.) Koidz. var. *pilosa* Nakai ex Kawamoto, Ill. Manual Korean Trees Shrubs 1: 307 (1943)
Sorbaria sorbifolia (L.) A.Braun f. *glandulosa* (Nakai ex Kawamoto) H.S.Kim, Fl. Coreana (Im, R.J.) 3: 103 (1974)
Sorbaria stellipila (Maxim.) C.K.Schneid. var. *glabra* (Maxim.) Kawamoto, Ill. Kor. For. Pl. 262 (1942)

Sorbaria stellipila (Maxim.) C.K.Schneid. var. *glandulosa* Nakai ex Kawamoto, Handb. Kor. & Manch. Forestry 123 (1939)
Sorbaria stellipila (Maxim.) C.K.Schneid. var. *rufa* Nakai, Bull. Natl. Sci. Mus., Tokyo 31: 56 (1952)
Sorbus alnifolia (Siebold & Zucc.) K.Koch f. *oblongifolia* (Nakai ex Kawamoto) W.T.Lee, Lineamenta Florae Koreae 541 (1996)
Sorbus alnifolia (Siebold & Zucc.) K.Koch f. *tiliifolia* (Decne.) Sugim., New Keys Jap. Trees 476 (1961)
Sorbus alnifolia (Siebold & Zucc.) K.Koch var. *lasiocarpa* (Nakai) T.B.Lee, Ill. Woody Pl. Korea 276 (1966)
Sorbus alnifolia (Siebold & Zucc.) K.Koch var. *oblongifolia* (Nakai ex Kawamoto) Nakai, Bull. Natl. Sci. Mus., Tokyo 31: 62 (1952)
Sorbus amurensis Koehne var. *rufescens* Nakai ex T. Mori, Enum. Pl. Corea 195 (1922)
Sorbus commixta Hedl. f. *chionophylla* (Nakai) Sugim., New Keys Jap. Trees 234 (1961)
Spiraea fritschiana C.K.Schneid. var. *obtusifolia* Nakai, Bull. Natl. Sci. Mus., Tokyo 31: 57 (1952)
Spiraea obtusa Nakai var. *latifolia* T.H.Chung, Ill. Encyl. Fauna & Flora of Korea 5: 73 (1965)
Spiraea salicifolia L. var. *heterodonta* Nakai, Bull. Natl. Sci. Mus., Tokyo 31: 57 (1952)

FABACEAE

Amblytropis longiscapa (Franch.) T.H.Chung, Ill. Encyl. Fauna & Flora of Korea 5: 615 (1965)
Amblytropis verna (Georgi) Kitag. var. *longiscarpa* (Franch.) W.T.Lee, Lineamenta Florae Koreae 553 (1996)
Caragana koreana Nakai ex Kawamoto, Handb. Kor. & Manch. Forestry 146 (1939)
Cassia mimosoides L. ssp. *nomame* (Makino) H.Ohashi, Fl. E. Himalaya 144 (1966)
Desmodium oldhamii Oliv. f. *alba* T.B.Lee, Bull. Seoul Natl. Univ. Forests 3: 36 (1966)
Hylodesmium oldhamii (Oliv.) H.Ohashi & R.R.Mill f. *album* (T.B.Lee) H.Ohashi & K.Ohashi, J. Jap. Bot. 87: 397 (2012)
Indigofera kirilowii Maxim. ex Palib. f. *albiflora* Uyeki, Woody Pl. Distr. Chosen 59 (1940)
Lathyrus alatus (Maxim.) Kom., Trudy Imp. S.-Peterburgsk. Bot. Sada 22: 628 (904)
Lespedeza bicolor Turcz. var. *intermedia* Maxim., Trudy Imp. S.-Peterburgsk. Bot. Sada 2: 356 (1873)
Lespedeza intermedia Makino var. *alba* Nakai, Bot. Mag. (Tokyo) 37: 77 (1935)
Lespedeza intermedia Nakai var. *retusa* Nakai, J. Jap. Bot. 12: 375 (1943)
Lespedeza japonica L.H.Bailey var. *intermedia* (Nakai) Nakai f. *alba* (Nakai) T.B.Lee, Bull. Seoul Natl. Univ. Forests 2: 16 (1965)
Lespedeza japonica L.H.Bailey var. *intermedia* (Nakai) Nakai f. *retusa* (Nakai) T.B.Lee, Bull. Seoul Natl. Univ. Forests 2: 17 (1965)
Lespedeza maximowiczii C.K.Schneid. f. *friebeana* (Schindl.) , D.P. Jin, J.W. Park & B.H.Choi, Korean J. Pl. Taxon. 49 (4): 313 (2019)
Lespedeza sarmentosa Nakai, Chosen Shinrin Jumoku Kanyo[朝鮮森林樹木鑑要] : 389 (1943)
Lespedeza sericea (Thunb.) Benth., Pl. Jungh. 2: 227 (1852)
Lespedeza thunbergii Nakai var. *intermedia* (Nakai) T.B.Lee, Seoul Univ. J., Biol. Ser. 20: 145 (1969)
Lespedeza thunbergii Nakai var. *intermedia* (Nakai) T.B.Lee f. *alba* (Nakai) T.B.Lee, Seoul Univ. J., Biol. Ser. 20: 145 (1969)
Lespedeza thunbergii Nakai var. *intermedia* (Nakai) T.B.Lee f. *retusa* (Nakai) T.B.Lee, Seoul Univ. J., Biol. Ser. 20: 145 (1969)
Sooja nomame Siebold, Verh. Batav. Genootsch. Kunsten 12: 56 (1830)

HALORAGACEAE

Goniocarpus micranthus (Thunb.) K.D.Koenig, Ann. Bot. (Konig & Sims) 1: 546 (1805)

LYTHRACEAE

Rotala indica (Willd.) Koehne var. *uliginosa* (Miq.) Kitag., Wild Fl. Jap. 2: 260 (1982)

CORNACEAE

Cornus sibirica Lodd., Hort. Brit. (Loudon) 50 (1830)

CELASTRACEAE

Celastrus orbiculatus Thunb. var. *sylvestris* Nakai ex T. Mori, Enum. Pl. Corea 237 (1921)
Euonymus alatus (Thunb.) Siebold var. *pseudostriatus* Nakai ex Kawamoto, Handb. Kor. & Manch. Forestry 158 (1939)
Euonymus alatus (Thunb.) Siebold var. *subtriflorus* Blume f. *microphyllus* (Nakai) T.B.Lee, Arbor. Kor. 193 (1947)
Euonymus flavescens Nakai, J. Jap. Bot. 18: 605 (1942)

BUXACEAE

Buxus koreana (Nakai ex Rehder) T.H.Chung & B.S.Toh & D.B.Lee & F.J.Lee f. *elongata*(Nakai ex Kawamoto) Y.S.Kim & Jong H.Kim, Korean J. Pl. Taxon. 18: 214 (1988)
Buxus koreana (Nakai ex Rehder) T.H.Chung & B.S.Toh & D.B.Lee & F.J.Lee f. *insularis* (Nakai ex Kawamoto) Y.S.Kim & Jong H.Kim, Korean J. Pl. Taxon. 18: 214 (1988)
Buxus koreana (Nakai ex Rehder) T.H.Chung & B.S.Toh & D.B.Lee & F.J.Lee var. *elongata* Nakai ex Kawamoto, Handb. Kor. & Manch. Forestry 155 (1939)
Buxus koreana (Nakai ex Rehder) T.H.Chung & B.S.Toh & D.B.Lee & F.J.Lee var. *insularis* Nakai ex Kawamoto, Handb. Kor. & Manch. Forestry 155 (1939)
Buxus microphylla Siebold & Zucc. var. *koreana* Nakai ex Rehder f. *angustifolia* Uyeki, Woody Pl. Distr. Chosen 1: 63 (1940)
Buxus microphylla Siebold & Zucc. var. *koreana* Nakai ex Rehder f. *elongata* (Nakai ex Kawamoto) T.B.Lee, Ill. Woody Pl. Korea 300 (1966)

EUPHORBIACEAE

Euphorbia pekinensis Rupr. var. *subulatifolius* (Hurus.) T.B.Lee, J. Nation. Acad. Sci. Korea 21: 196 (1982)
Galarhoeus esula (L.) H.Hara, J. Jap. Bot. 11: 384 (1935)
Tithymalus esula (L.) Scop., Fl. Carniol., ed. 2 1: 338 (1772)

RHAMNACEAE

Rhamnus shozyoensis Nakai, Bot. Mag. (Tokyo) 27: 130 (1913)
Ziziphus vulgaris Lam. var. *hoonensis* Kawamoto, Ill. Kor. For. Pl. 486 (1942)
Zizyphus jujuba var. *hoonensis* (Kawamoto) T.B.Lee, Arbor. Kor. 208 (1947)

VITACEAE

Cissus viticifolia Siebold & Zucc. var. *pinnatifida* Siebold & Zucc., Abh. Math.-Phys. Cl. Konigl. Bayer. Akad. Wiss. 4-2: 196 (1845)
Vitis amurensis Rupr. var. *ciliata* Nakai ex Kawamoto, Ill. Manual Korean Trees Shrubs 1: 492 (1943)
Vitis humulifolia var. *bungei* Nakai ex Kawamoto, Ill. Manual Korean Trees Shrubs 1: 490 (1943)

POLYGALACEAE

Polygala japonica Houtt. f. *leucantha* Nakai, Bull. Natl. Sci. Mus., Tokyo 31: 71 (1952)

ACERACEAE

Acer aidzuense Franch. var. *divaricatum* Nakai ex Kawamoto, Handb. Kor. & Manch. Forestry 161 (1939)
Acer ginnala Maxim. f. *divaricatum* (Nakai) T.B.Lee, Ill. Woody Pl. Korea 305 (1966)
Acer ginnala Maxim. var. *divaricatum* Nakai ex T. Mori, Enum. Pl. Corea 240 (1922)
Acer mono Maxim. f. *rubripes* (Nakai) T.B.Lee, Ill. Woody Pl. Korea 306 (1966)
Acer okamotoi Nakai, Chosen Shokubutsu 224 (1914)
Acer pseudosieboldianum (Pax) Kom. var. *pilosum* Nakai ex Kawamoto, Handb. Kor. & Manch. Forestry 164 (1939)

ANACARDIACEAE

Rhus javanica L. var. *intermedia* Nakai, Bull. Natl. Sci. Mus., Tokyo 31: 71 (1952)
RUTACEAE

Phellodendron amurense Rupr. var. *latifoliolatum* Nakai ex Kawamoto, Ill. Manual Korean Trees Shrubs 1: 412 (1943)

OXALIDACEAE

Oxalis acetosella L. var. *diversifolia* Nakai, Bull. Natl. Sci. Mus., Tokyo 31: 35 (1952)

GERANIACEAE

Geranium taebaek S.J.Park & Y.S.Kim, Korean J. Pl. Taxon. 27: 189 (1997)

BALSAMINACEAE

Impatiens violascens B.U.Oh & Y.Y. Kim, Korean J. Pl. Taxon. 40: 59 (2010)

ARALIACEAE

Aralia elata (Miq.) Seem. f. *rotundata* (Nakai) W.T.Lee, Lineamenta Florae Koreae 772 (1996)
Aralia elata (Miq.) Seem. var. *rotundata* Nakai ex Kawamoto, Handb. Kor. & Manch. Forestry 179 (1939)
Aralia mandschurica Seem., J. Bot. 6: 134 (1868)
Kalopanax pictus (Thunb.) Nakai var. *chinense* (Nakai) Nakai ex Kawamoto, Handb. Kor. & Manch. Forestry 180 (1939)

APIACEAE

Angelica purpurifolia T.H.Chung, Fl. Kor. [Chung] 1: 456 (1956)
Cicuta cellulosa Gilbert, Fl. Lit. Inch. 2: 36 (1782)

GENTIANACEAE

Crawfurdia volubilis (Maxim.) Gilg, Nat. Pflanzenfam. 4: 79 (1895)
Crawfurdia volubilis (Maxim.) Makino, Bot. Mag. (Tokyo) 4: 86 (1890)
Gentiana frigida Haenke var. *algida* (Pall.) Griseb., Prodr. (DC.) 9: 111 (1845)
Gentiana scabra Bunge var. *buergeri* f. *alba* Y.N.Lee, Fl. Korea (Lee)1190 (1996)
Gentiana squarrosa Ledeb. f. *microphylla* (Nakai) M.K.Park, Herb. Pl. Kor. (Dicots) 344 (1974)
Halenia corniculata (L.) Druce, Bot. Exch. Club Brit. Isles Rep. 3: 419 (1914)
Swertia pseudochinensis H.Hara f. *alba* Y.N.Lee, Fl. Korea (Lee)1189 (1996)

CONVOLVULACEAE

Calystegia sepium (L.) R.Br. f. *album* Y.N.Lee, Fl. Korea (Lee)1190 (1996)
Calystegia sepium (L.) R.Br. var. *americana* Kitag., Lin. Fl. Manshur. 365 (1939)
Calystegia soldanella (L.) Roem. & Schult., Syst. Veg. (ed. 16) [Roemer & Schultes] 4: 184 (1819)

MENYANTHACEAE

Limnanthemum indicum (L.) Thwaites, Enum. Pl. Zeyl. 205 (1860)

POLEMONIACEAE

Polemonium kiushianum Kitam. f. *albiflorum* Y.N.Lee, Fl. Korea (Lee)1190 (1996)

VERBENACEAE

Callicarpa mimurazakii Hassk., Cat. Hort. Bot. Bogor. 1: 136 (1844)
Callicarpa murasakii Siebold, Jaarb. Kon. Ned. Maatsch. Tuinb. 25 (1844)

LAMIACEAE

Ajuga morii Nakai ex T. Mori, Enum. Pl. Corea 300 (1922)
Ajuga multiflora Bunge f. *leucantha* (Nakai) T.B.Lee, Seoul Univ. J., Biol. Ser. 20: 173 (1969)
Ajuga multiflora Bunge f. *leucantha* (Nakai) M.K.Park, Herb. Pl. Kor. (Dicots) 377 (1974)
Dracocephalum arguense Fisch. ex Link f. *alba* T.B.Lee, Bull. Seoul Natl. Univ. Forests 3: 37 (1966)
Elsholtzia ciliata (Thunb.) Hyl. f. *leucantha*(Nakai) T.B.Lee, Bull. Kwanak Arbor. 1: 84 (1976)
Elsholtzia patrini f. *leucantha* Nakai, Bull. Natl. Sci. Mus., Tokyo 31: 98 (1952)
Elsholtzia splendens Nakai ex F.Maek. f. *albiflora* Y.N.Lee, Fl. Korea (Lee)1146 (1996)
Elsholtzia splendens Nakai ex F.Maek. f. *roseola* Y.N.Lee, Fl. Korea (Lee)1160 (1996)
Isodon excisus (Maxim.) Kudô var. *chiisanensis* (Nakai) T.B.Lee, Seoul Univ. J., Biol. Ser. 20: 174 (1969)
Isodon excisus (Maxim.) Kudô var. *coreanus* (Nakai) T.B.Lee, Seoul Univ. J., Biol. Ser. 20: 174 (1969)
Lamium album L. var. *cuspidatum* (Nakai) M.K.Park, Herb. Pl. Kor. (Dicots) 393 (1974)
Lamium cuspidatum Nakai ex T.H.Chung, Nom. Pl. Kor. 1: 108 (1949)
Meehania urticifolia (Miq.) Makino f. *rubra* T.B.Lee, Bull. Seoul Natl. Univ. Forests 3: 37 (1966)
Phlomis umbrosa Turcz. f. *albiflora* Y.N.Lee, Fl. Korea (Lee) ed. 3: 1146 (1998)
Prunella parviflora Gilib., Fl. Lit. Inch. 1: 88 (1782)
Scutellaria coreana Nakai ex T. Mori, Enum. Pl. Corea 306 (1922)

Scutellaria dentata H.Lév. var. *alpina* Nakai f. *albida* Y.N.Lee, Fl. Korea (Lee)1190 (1996)
Scutellaria strigillosa Hemsl. f. *albiflora* Y.N.Lee, Fl. Korea (Lee)1190 (1996)
Stachys japonica Miq. var. *hispidula* (Hara) Y.M.Lee & H.J. Choi, A Synomic List of Vascular Plants in Korea
1: 252 (2007)

OLEACEAE

Abeliophyllum distichum Nakai f. *eburneum* T.B.Lee, Korean J. Pl. Taxon. 7: 22 (1976)
Abeliophyllum distichum Nakai f. *viridicalycinum* T.B.Lee, Korean J. Pl. Taxon. 7: 22 (1976)
Abeliophyllum distichum Nakai var. *obtusicarpum* T.B.Lee, Korean J. Pl. Taxon. 7: 22 (1976)
Abeliophyllum distichum Nakai var. *rotundicarpum* T.B.Lee, Korean J. Pl. Taxon. 7: 22 (1976)
Forsythia koreana (Rehder) Nakai f. *autumnalis* (Uyeki) T.B.Lee, Ill. Woody Pl. Korea 330 (1966)
Fraxinus mandshurica Rupr. var. *stenocarpa* Nakai, Bull. Natl. Sci. Mus., Tokyo 31: 92 (1952)
Fraxinus rhynchophylla Hance var. *angusticarpa* Nakai ex Kawamoto, Handb. Kor. & Manch. Forestry 192 (1939)
Fraxinus rhynchophylla Hance var. *densata* (Nakai) Y.N.Lee, Fl. Korea (Lee)1189 (1996)
Fraxinus rhynchophylla Hance var. *glabrescens* Nakai,Saishu-to Kuan-to Shokubutsu Hokoku-sho [Fl.
Quelpaert Isl.] 73 (1914)
Ligustrum ibota Siebold var. *microphyllum* Nakai,Saishu-to Kuan-to Shokubutsu Hokoku-sho [Fl. Quelpaert
Isl.] 73 (1914)

SCROPHULARIACEAE

Melampyrum japonicum (Franch. & Sav.) Soó, J. Bot. 65: 144 (1927)
Melampyrum latifolium (Nakai) Nakai, Bot. Mag. (Tokyo) 31: 107 (1918)
Melampyrum roseum Maxim. f. *albiflorum* Nakai ex T.B.Lee, Bull. Kwanak Arbor. 1: 78 (1976)
Pedicularis resupinata L. var. *gigantea* (Nakai) Nakai f. *alba* Nakai, Bull. Natl. Sci. Mus., Tokyo 31: 102 (1952)
Pedicularis resupinata L. var. *oppositifolia* Miq. f. *albiflora* Nakai,Rep. Veg. Diamond Mountains 202 (1918)
Pedicularis resupinata L. var. *oppositifolia* Miq. f. *ramosa* (Kom.) Nakai ex T.H.Chung, Fl. Kor. [Chung] 1:
586 (1956)
Pedicularis sanguinea Nakai ex T. Mori, Enum. Pl. Corea 315 (1922)
Pedicularis songdoensis T.H.Chung, Fl. Kor. [Chung] 1: 588 (1956)

CAMPANULACEAE

Adenophora curvidens Nakai f. *alba* Y.N.Lee, Fl. Korea (Lee)1191 (1996)
Adenophora grandiflora Nakai f. *alba* T.B.Lee, Bull. Seoul Natl. Univ. Coll. Agric. 11: 6 (1986)
Adenophora radiatifolia Nakai, Bull. Natl. Sci. Mus., Tokyo 31: 110 (1952)
Adenophora tyosenensis Nakai ex T.H.Chung, Nom. Pl. Kor. 1: 125 (1949)
Campanula cephalotes Nakai, Bull. Natl. Sci. Mus., Tokyo, B. 31: 111 (1952)
Campanula glomerata L. var. *dahurica* Fisch. ex Ker Gawl. f. *alba* T.B.Lee, Ill. Fl. Korea 723 (1980)
Campanula takesimana Nakai f. *alba* T.B.Lee, Seoul Univ. J., Biol. Ser. 20: 186 (1969)
Campanula takesimana Nakai f. *purpurea* T.B.Lee, Seoul Univ. J., Biol. Ser. 20: 186 (1969)
Hanabusaya asiatica (Nakai) Nakai f. *alba* T.B.Lee, J. Korean Pl. Taxon. 6: 17 (1975)
Keumkangsania asiatica (Nakai) H.S.Kim, Fl. Coreana (Im, R.J.) 6: 94 (1976)
Keumkangsania latisepala (Nakai) H.S.Kim, Fl. Coreana (Im, R.J.) 6: 95 (1976)
Lobelia chinensis Lour. var. *tetrapetala* Y.N.Lee, Fl. Korea (Lee)1191 (1996)

RUBIACEAE

Galium boreale L. var. *leiocarpum* Nakai, J. Jap. Bot. 15: 3 (1939)
Galium pusillum Nakai, Bot. Mag. (Tokyo) 29 : 4 (1915)
Galium trinervium Gilib., Fl. Lit. Inch. 1: 12 (1782)
Galium verum L. var. *asiaticum* Nakai f. *pusillum* (Nakai) M.K.Park, Lineamenta Florae Koreae 0 (1996)
Rubia cordifolia L. var. *pubescens* Nakai ex T. Mori, Enum. Pl. Corea 326 (1922)

CAPRIFOLIACEAE

Caprifolium japonicum (Thunb.) D.Don, Prodr. Fl. Nepal.140 (1825)
Lonicera chrysantha Turcz. ex Ledeb. var. *latifolia* Korsh. ex Uyeki, Woody Pl. Distr. Chosen 101 (1940)
Sambucus sieboldiana(Miq.) Blume ex Graebn. var. *miquelii* (Nakai) H.Hara f. *lasiocarpa* T.B.Lee, Ill. Fl.
Korea 702 (1980)
Sambucus sieboldiana (Miq.) Blume ex Graebn. var. *miquelii* (Nakai) H.Hara f. *velutina* (Nakai) T.B.Lee, Ill.
Fl. Korea 702 (1980)

DIPSACACEAE

Scabiosa fischeri DC. var. *alpina* Nakai,Saishu-to Kuan-to Shokubutsu Hokoku-sho [Fl. Quelpaert Isl.] 84 (1914)

ASTERACEAE

Achillea acuminata Freyn, Oesterr. Bot. Z. 45: 344 (1895)
Artemisia selengensis Turcz. ex Besser f. *serratifolia* (Regel) Pamp., Nuovo Giorn. Bot. Ital. ser 2. 36: 474 (1930)
Aster fauriei H.Lév. & Vaniot, Bull. Acad. Int. Geogr. Bot. 20: 139 (1909)
Aster leiophyllus Franch. & Sav. var. *harae* (Makino) H.Hara, Enum. Spermatophytarum Japon. 2: 133 (1952)
Aster scaber Thunb. var. *minor* Y.Yabe ex Nakai, Bull. Natl. Sci. Mus., Tokyo 31: 114 (1952)
Aster spathulifolius Maxim. f. *alba* Y.N.Lee, Fl. Korea (Lee)112 (1996)
Aster spathulifolius Maxim. var. *oharae* (Nakai) Y.N.Lee, Fl. Korea (Lee)1162 (1996)
Carduus crispus L. f. *albus* (Makino) T.B.Lee, Bull. Kwanak Arbor. 1: 99 (1976)
Chrysanthemum indicum L. f. *albescens* (Makino) T.B.Lee, Seoul Univ. J., Biol. Ser. 20: 190 (1969)
Chrysanthemum koraiense Nakai, Bull. Natl. Sci. Mus., Tokyo 31: 115 (1952)
Chrysanthemum zawadskii Herbich ssp. *naktongense* (Nakai) Y.N.Lee, Fl. Korea (Lee)1162 (1996)
Chrysanthemum zawadskii Herbich ssp. *yezoense* (Maek.) Y.N.Lee, Fl. Korea (Lee)1192 (1996)
Chrysanthemum zawadskii Herbich var. *leiophuyllum* (Nakai) T.B.Lee, Ill. Fl. Korea 755 (1980)
Chrysanthemum zawadskii Herbich var. *lucidum* (Nakai) T.B.Lee, Seoul Univ. J., Biol. Ser. 20: 190 (1969)
Chrysanthemum × *intermedium* Y.N.Lee, Fl. Korea (Lee)1162 (1996)
Cirsium japonicum Fisch. ex DC. var. *spinosissimum* Kitam. f. *alba* T.B.Lee, Ill. Fl. Korea 767 (1980)
Cirsium kaimaense Kitam., Acta Phytotax. Geobot. 3: 6 (1934)
Cirsium schantarense Trautv. & C.A.Mey. f. *albiflorum* Y.N.Lee, Fl. Korea (Lee)1192 (1996)
Cirsium setidens (Dunn) Nakai f. *alba* T.B.Lee, Bull. Kwanak Arbor. 1 (1976)
Dendranthema zawadskii (Herb.) Tzvelev var. *yezoense* (Maek.) Y.M.Lee & H.J. Choi, A Synomic List of Vascular Plants in Korea 1: 296 (2007)
Dendranthema × *intermedium* (Y.N.Lee) Y.N.Lee, Fl. Korea (Lee) 0 (1996)
Erigeron thunbergii A.Gray ssp. *glabratus* (A.Gray) H.Hara f. *albiflorus*Y.N.Lee, Fl. Korea (Lee)1192 (1996)
Heteropappus hispidus (Thunb.) Less. f. *albiflora* Y.N.Lee, Fl. Korea (Lee)1192 (1996)
Inula salicina L. var. *minipetala* Y.N.Lee, Fl. Korea (Lee)1991 (1996)
Lactuca dentata (Thunb.) Makino, Bot. Mag. (Tokyo) 24: 75 (1910)
Ligularia sibirica (L.) Cass. var. *alpestris* Nakai,Rep. Veg. Mt. Waigalbon 72 (1917)
Paraixeris denticulata (Makino) Tzvelev, Fl. URSS 39: 398 (1964)
Prenanthes sonchifolia Bunge, Enum. Pl. Chin. Bor. 40 (1833)
Saussurea saxatilis Kom. var. *macrophylla* T.H.Chung, Fl. Kor. [Chung] 1: 731 (1956)
Serratula manshurica Kitag., Bot. Mag. (Tokyo) 49: 229 (1935)
Sigesbeckia orientalis L. ssp. *pubescens* (Makino) H.Koyama, Fl. Jap. (Iwatsuki et al., eds.) 3b: 32 (1995)
Solidago coreana (Nakai) H.S.Pak var. *nana* (Nakai) H.S.Pak, Fl. Coreana (Im, R.J.) 7: 323 (1999)
Solidago virgaurea L. var. *asiatica* Nakai, Bot. Mag. (Tokyo) 42: 16 (1928)

MONOCOTYLEDONS

ARACEAE

Arisaema amurense Maxim. var. *serratum* (Nakai) Nakai ex T.H.Chung, Fl. Kor. [Chung] 1: 776 (1956)
Arisaema japonicum Blume var. *caespitosum* Nakai,Saishu-to Kuan-to Shokubutsu Hokoku-sho [Fl. Quelpaert Isl.] 28 (1914)
Arisaema robustum (Engl.) Nakai var. *furusei* Sugim., Keys Herb. Pl. Jap. Monoc. 564 (1973)

JUNCACEAE

Juncus hallasanensis T.H.Chung, Fl. Kor. [Chung] 1 (1956)
Juncus ounsanensis T.H.Chung, Fl. Kor. [Chung] 1: (1956)
Luzula odaesanesis Y.N.Lee & Y.Chae, Fl. Korea (Lee)1193 (1996)

CYPERACEAE

Bulbostylis tenuissium Nakai, Bull. Natl. Sci. Mus., Tokyo 31: 129 (1952)
Carex anomala Boott, Narr. Exped. China Japan 2: 327 (1857)
Carex aphanolepis Franch. & Sav. var. *mixta* Nakai
Carex koreana Kom., Trudy Glavn. Bot. Sada 18: 446 (1901)

Carex lenticularis D.Don ex Tilloch & Taylor, Philos. Mag. J. 62: 455 (1823)
Carex lividulla Nakai, Bull. Natl. Sci. Mus., Tokyo 31: 130 (1952)
Carex mollicula Boott ssp. *planiculmis* (Kom.) T.Koyama, Col. Ill. Herb. Pl. Jap. 3: 286 (1964)
Carex shikokiana Makino, Bot. Mag. (Tokyo) 6: 47 (1892)
Cyperus eragrostis Vahl, Enum. Pl. (Vahl)322 (1806)
Cyperus truncatus C.A.Mey. ex Turcz., Fl. Ross. (Ledeb.) 4: 241 (1852)
Eleocharis changchaensis Y.C.Oh & G.Lee, Korean Cyperaceae 98 (2000)
Eleocharis congesta D.Don var. *maximowiczii* (Zinserl.) T.B.Lee, Bull. Kwanak Arbor. 1: 119 (1976)
Eleocharis cyclocarpa (Kitag.) Kitag., Rep. Inst. Sci. Res. Manchoukuo 3(App. 1): 119 (1939)
Fimbristylis annua (All.) Roem. & Schult. var. *tomentosa* (Vahl) Nakai ex T.H.Chung, Fl. Kor. [Chung] 1: 845 (1955)
Kyllinga diflora Y.C.Oh &S.S.Lee, Korean J. Pl. Taxon. 30: 177 (2000)
Scirpus japonicus (Maxim.) Fernald, Rhodora 7: 130 (1905)

POACEAE

Agropyron japonicum Honda var. *hackelianum* Honda, Bot. Mag. (Tokyo) 41: 385 (1927)
Agropyron miserum (Thunb.) Tanaka, Bult. Sci. Fak. Terk. Kjusu. Imp. Univ. 1: 197 (1925)
Alopecurus aequalis Sobol. ssp. *amurensis* (Kom.) T.Koyama, Grasses Japan 485 (1987)
Arundinella hirta (Thunb.) Tanaka var. *aristata* Nakai, Bull. Natl. Sci. Mus., Tokyo 31: 136 (1952)
Calamagrostis langsdorfii (Link) Trin. var. *viridis* Nakai, Bull. Natl. Sci. Mus., Tokyo 31: 136 (1952)
Donax donax (L.) Asch. & Graebn., Fl. Nordostdeut. Flachl. 101 (1898)
Echinochloa macrocorvi Nakai, Bull. Natl. Sci. Mus., Tokyo 31: 137 (1952)
Eriochloa japonica Steud., Syn. Pl. Glumac. 1: 99 (1854)
Miscanthus sinensis Andersson var. *chejuensis* (Y.N.Lee) Y.N.Lee, Fl. Korea (Lee)1033 (1996)
Poa acroleuca Steud. f. *gracillima* Hack. ex Nakai,Saishu-to Kuan-to Shokubutsu Hokoku-sho [Fl. Quelpaert Isl.] 20 (1914)
Poa acroleuca Steud. var.*purpurascens* Nakai,Saishu-to Kuan-to Shokubutsu Hokoku-sho [Fl. Quelpaert Isl.] 20 (1914)
Poa annua L. f. *macerrima* Nakai,Saishu-to Kuan-to Shokubutsu Hokoku-sho [Fl. Quelpaert Isl.] 21 (1914)
Poa sphondylodes Trin. f. *macra* Hack. ex Nakai,Saishu-to Kuan-to Shokubutsu Hokoku-sho [Fl. Quelpaert Isl.] 21 (1914)
Poa sphondylodes Trin. f. *subunifolia* Hack. ex Nakai,Saishu-to Kuan-to Shokubutsu Hokoku-sho [Fl. Quelpaert Isl.] 21 (1914)
Rabdochloa virgata (Sw.) P.Beauv., Ess. Agrostogr. 84: 158 (1812)
Sasa borealis (Hack.) Makino var. *gracilis* (Nakai) T.B.Lee, Ill. Fl. Korea 81 (1980)
Trichodium caninum (L.) P.Beauv., Ess. Agrostogr.5 (1812)

LILIACEAE

Allium anisopodium Ledeb. var. *zimmermannianum* (Gilg) Kitag., Rep. Exped. Manchoukuo Sect. IV, Pt. 2, Contr. Cogn. Fl. Manshuricae 97 (1935)
Allium taquetii H.Lév. & Vaniot f. *albiflorum* Y.N.Lee, Fl. Korea (Lee)1193 (1996)
Erythronium japonicum Decne. f. *album* T.B.Lee, Taebak Pl. 14 (1990)
Lilium amabile Palib. var. *kwangnungensis* Y.S.Kim & W.B.Lee, Syst. Lilium Kor. 97 (1989)
Lilium callosum Siebold & Zucc. var. *flavum* Y.N.Lee, Fl. Korea (Lee)1165 (1996)
Lilium hansonii Leichtlin ex D.D.T.Moore f. *mutatum* Y.N.Lee, Fl. Korea (Lee)1193 (1996)
Lilium tsingtauense Gilg f. *carneum*(Nakai) Y.N.Lee, Fl. Korea (Lee)1163 (1996)
Polygonatum humile Fisch. ex Maxim. var. *humillimum* (Nakai) Y.N.Lee, Fl. Korea (Lee)1163 (1996)
Polygonatum odoratum (Mill.) Druce var. *pluriflorum* (Miq.) Ohwi f. *variegatum* Y.N.Lee, Fl. Korea (Lee)1193 (1996)
Scilla chinensis Benth. var. *mounsel* H.Lév., Repert. Spec. Nov. Regni Veg. 12: 184 (1913)
Scilla scilloides (Lindl.) Druce f. *alba* T.B.Lee, Ill. Fl. Korea 211 (1980)
Smilax sieboldii Miq. f. *intermis* (Nakai ex T.Mori) H.Hara, J. Jap. Bot. 33: 151 (1958)

IRIDACEAE

Iris ensata Thunb. var. *spontanea* (Makino) Nakai f. *alba* Y.N.Lee, Fl. Korea (Lee)1193 (1996)
Iris koreana Nakai f. *albiflora* T.H.Chung & W.T.Lee, Rep. Stud. Irid. Pl. 1: 4 (1964)
Iris koreana Nakai var. *albiflora* T.B.Lee, Korean J. Pl. Taxon. 14: 24 (1984)
Iris odaesanensis Y.N.Lee f. *albiflora* Y.N.Lee, Fl. Korea (Lee)1193 (1996)
Iris savatieri Nakai, Bull. Natl. Sci. Mus., Tokyo 31: 148 (1952)

AMARYLLIDACEAE

Orexis radiata (L'Hér.) Salisb., Gen. Pl. (Salisbury)118 (1866)

ORCHIDACEAE

Cypripedium guttatum Sw. f. *albiflorum* Y.N.Lee, Fl. Korea (Lee) 1: 1194 (1996)
Cypripedium guttatum Sw. var. *koreanum* Nakai, Bull. Natl. Sci. Mus., Tokyo 31: 150 (1952)
Cypripedium macranthos Sw. var. *hoteiatsumorianum* Sadovsky, Orchideen im Eigenen Garten 1: 73 (1965)
Epipactis albiflora T.H.Chung, Fl. Kor. [Chung] 1: 1005 (1956)
Epipactis longifolia (Thunb.) Blume, Coll. Orchid. 185 (1858)
Epipactis puzenensis T.H.Chung, Fl. Kor. [Chung] 1: 1007 (1956)
Epipogium gmelini Rich., De Orchid. Eur. 36 (1817)
Goodyera repens (L.) R.Br. var. *koreana* Nakai, Bull. Natl. Sci. Mus., Tokyo 31: 150 (1952)
Gymnadenia cucullata (L.) Rich. var. *variegata* Y.N.Lee, Fl. Korea (Lee)1194 (1996)
Oreorchis hallasanensis Y.N.Lee & K.S.Lee, Fl. Korea (Lee) 1: 1134 (1996)
Platanthera chloranthella Nakai,Koryo Shikenrin Ippan 28 (1932)
Pogonia japonica Rchb.f. f. *albiflora* Y.N.Lee, Fl. Korea (Lee) 1: 1194 (1996)
Serapias longifolia Thunb., Fl. Jap. (Thunberg)28 (1784)
Spiranthes sinensis (Pers.) Ames f. *albiflora* Y.N.Lee, Fl. Korea (Lee) 1: 1122 (1996)
Spiranthes suishaensis (Hayata) Hayata, Icon. Pl. Formosan. 10: 33 (1921)

Literature Cited

Chang, C.S., Kim, H. and Chang, K.S. 2011. Illustrated Encyclopedia of Fauna & Flora of Korea. Vol. 43. Woody Plants. Ministry of Education, Science and Technology. DESIGNPOST, Pajoo (in Korean).

Chang, C.S., Kim, H., & Kae Sung Chang. 2014. Provisional Checklist of Vascular Plants for the Korea Peninsula Flora. DESIGNPOST, Paju.

eFloras 2020. Published on the Internet http://www.efloras.org [accessed 1st Feb. 2014]. Missouri Botanical Garden, St. Louis, MO & Harvard University Herbaria, Cambridge, MA.

Chamg, K.S., D.C. Son, D.-H. Lee, K. Choi, and S.-H. Oh 2017. Checklist of Vascular Plants in Korea. Korea National Arboretum, Pocheon.

Im, R.J., Kim, H.S., Kwan, J.S. La, UC, Lee Y.J., Lee, K.P. Han, K.S. 1996. Flora Coreana 1(조선식물지 1) . Science and Technology Publishing House, Pyongyang (in Korean).

Im, R.J., Kim, H.S., Kwan, J.S. La, UC, Lee Y.J., Lee, K.P. Han, K.S. 1996. Flora Coreana 2(조선식물지 2) . Science and Technology Publishing House, Pyongyang (in Korean).

Im, R.J., Kim, H.S., Kwan, J.S. La, UC, Lee Y.J., Lee, K.P. Han, K.S. 1997. Flora Coreana 3(조선식물지 3) . Science and Technology Publishing House, Pyongyang (in Korean).

Im, R.J., Kim, H.S., Kwan, J.S. La, UC, Lee Y.J., Lee, K.P. Han, K.S. 1998. Flora Coreana 4(조선식물지 4) . Science and Technology Publishing House, Pyongyang (in Korean).

Im, R.J., Kim, H.S., Kwan, J.S. La, UC, Lee Y.J., Lee, K.P. Han, K.S. 1998. Flora Coreana 5(조선식물지 5) . Science and Technology Publishing House, Pyongyang (in Korean).

Im, R.J., Kim, H.S., Kwan, J.S. La, UC, Lee Y.J., Lee, K.P. Han, K.S. 1996. Flora Coreana 6(조선식물지 6) . Science and Technology Publishing House, Pyongyang (in Korean).

Im, R.J., Kim, H.S., Kwan, J.S. La, UC, Lee Y.J., Lee, K.P. Han, K.S. 1999. Flora Coreana 7(조선식물지 7) . Science and Technology Publishing House, Pyongyang (in Korean).

Im, R.J., Kim, H.S., Kwan, J.S. La, UC, Lee Y.J., Lee, K.P. Han, K.S. 2000. Flora Coreana 8(조선식물지 8) . Science and Technology Publishing House, Pyongyang (in Korean).

Im, R.J., Kim, H.S., Kwan, J.S. La, UC, Lee Y.J., Lee, K.P. Han, K.S. 2000. Flora Coreana 9(조선식물지 9) . Science and Technology Publishing House, Pyongyang (in Korean).

Im, R.J, Kim, H.S., Park, H.S., Joo, I,Y, Im, S.C., Im, S.S. 2000. Colored Illustrated Korean Flora1 (조선식물원색도감 2) . Science Encyclopedia Publisher, Pyongyang (in Korean).

Im, R.J, Kim, H.S., Park, H.S., Joo, I,Y, Im, S.C., Im, S.S. 2001. Colored Illustrated Korean Flora 2 (조선식물원색도감 2) . Science Encyclopedia Publisher, Pyongyang (in Korean).

Im, R.J.. 1999. *Cirsium*. Im, R. J. (ed.) , In Flora Coreana, Vol. 6. Science and Technology Publishing House, Pyongyang. Pp. 154-160 (in Korean).

Im, R.J.. 1972-1976. Flora Coreana. Vols. 1-7. Pedagogical Publishing House, Pyongyang (In Korean).

La, UC, Park, RW, Shin, M.H., Yoon, CN, Rim, HC and Kim, J.S. 2015. Endemic plants in Korea (조선의 특산식물) . Science and Technology Publishing House, Pyongyang (in Korean).

Lee, T. B. 1966. Bibliography Woody Plants in Korea. Forest. Experiment. Station., Seoul (in Korean).

Lee, T. B. 1976a. Vascular plants and their uses in Korea. Bulletin of the Kwanak Arboretum 1:1-137.

Lee, T. B. 1980. *Illustrated Flora of Korea.* Hyangmun Co., Seoul (in Korean).

Lee W.T. 1996. *Lineamenta FloraeKorea.* Seoul:Acamedy Seojeok (in Korea).

Rehder, A. 1940. Manual of Cultivated Trees and Shrubs. 2nd ed. Macmillan Publishing Co., Inc., New York.

The International Plant Names Index. 2019. Published on the Internet http://www.ipni.org [accessed 1st Dec. 2019].

The Plant List. 2019. Published on the Internet; http://www.theplantlist.org/ [accessed 1st Dec. 2019].

Index

Chamaecrista	281	Cyperus	580	Epimedium	83
Chamaedaphne	198	Cypripedium	667	Epipactis	669
Chamaerhodos	237	Cyrtomium	29	Epipogium	670
Cheilanthes	17	Cystopteris	30	Equisetum	11
Chelidonium	85	Dactylis	604	Eragrostis	609
Chenopodium	113	Dactylorhiza	669	Eranthis	71
Chimaphila	198	Daphne	303	Eremogone	122
Chionanthus	410	Datura	374	Erigeron	495
Chloranthus	46	Davallia	29	Eriocaulon	543
Chloris	603	Deinostema	416	Eriochloa	611
Chrysosplenium	229	Delphinium	70	Eriophorum	585
Cicuta	357	Dendranthema	493	Eritrichium	382
Cinna	603	Dennstaedtia	16	Erodium	342
Circaea	304	Deparia	24	Erysimum	192
Cirsium	488	Deschampsia	605	Erythronium	644
Clausia	190	Deutzia	215	Euchiton	497
Cleistogenes	604	Dianthus	120	Euonymus	314
Clematis	64	Diapensia	208	Eupatorium	497
Clerodendrum	387	Diarrhena	605	Euphorbia	320
Clinopodium	389	Diarthron	303	Euphrasia	416
Clintonia	642	Dictamnus	338	Exochorda	240
Cnidium	357	Digitaria	605	Fagopyrum	137
Codonopsis	439	Dimeria	606	Fallopia	138
Coeloglossum	667	Dioscorea	665	Festuca	611
Comarum	237	Diospyros	208	Filifolium	498
Commelina	542	Diplazium	25	Filipendula	240
Coniogramme	18	Disporum	643	Fimbristylis	586
Conioselinum	358	Dontostemon	190	Flueggea	322
Convallaria	643	Dopatrium	416	Forsythia	410
Convolvulus	379	Draba	191	Fraxinus	411
Conyza	491	Dracocephalum	391	Fritillaria	644
Corallorhiza	667	Drosera	161	Gagea	644
Corchoropsis	160	Dryas	239	Galearis	671
Corispermum	115	Dryopteris	30	Galeopsis	392
Cornopteris	24	Duchesnea	239	Galium	442
Cornus	311	Dysphania	115	Gastrodia	670
Corydalis	86	Echinochloa	606	Gentiana	366
Corylus	110	Echinops	495	Gentianopsis	368
Cotoneaster	237	Eclipta	495	Geranium	342
Crassula	221	Elaeagnus	300	Geum	241
Crataegus	238	Elatine	155	Girardinia	96
Crepidiastrum	491	Elatostema	95	Glechoma	393
Crepidomanes	15	Eleocharis	582	Gleditsia	281
Crotalaria	281	Eleusine	607	Glehnia	358
Crypsis	604	Eleutherococcus	348	Glyceria	613
Cryptogramma	18	Elsholtzia	391	Glycine	282
Cryptotaenia	358	Elymus	607	Gnaphalium	498
Cuscuta	379	Empetrum	198	Gonocarpus	301
Cymbopogon	604	Enemion	71	Goodyera	670
Cynanchum	370	Epilobium	306	Grewia	158

Gueldenstaedtia	282	Isopyrum	71	Liriope	650
Gymnadenia	671	Ixeridium	502	Lithospermum	383
Gymnocarpium	26	Ixeris	502	Lloydia	650
Gymnospermium	83	Juglans	98	Lobelia	441
Gypsophila	122	Juncus	544	Lonicera	448
Habenaria	671	Juniperus	41	Loranthus	46
Hackelia	382	Justicia	430	Lotus	290
Halenia	368	Kalopanax	349	Ludwigia	309
Halerpestes	71	Kerria	242	Luzula	548
Halosciastrum	358	Klasea	504	Lychnis	123
Hanabusaya	440	Kobresia	588	Lycium	375
Hedysarum	282	Koeleria	617	Lycopodium	8
Heloniopsis	644	Koelreuteria	330	Lycopus	396
Hemarthria	614	Kummerowia	285	Lycoris	665
Hemerocallis	645	Kyllinga	588	Lysimachia	211
Hemiptelea	91	Lactuca	505	Lythrum	302
Hemisteptia	499	Lagopsis	395	Maackia	291
Heracleum	359	Lamium	395	Magnolia	45
Herminium	672	Lamprocapnos	88	Maianthemum	651
Heteropappus	499	Laportea	96	Malaxis	673
Hibiscus	160	Lappula	383	Malus	242
Hieracium	499	Larix	37	Matricaria	509
Hierochloe	614	Lathyrus	285	Matteuccia	26
Hippuris	407	Leersia	617	Mazus	419
Hololeion	500	Leibnitzia	506	Medicago	219
Honckenya	122	Leontopodium	506	Meehania	397
Hordeum	615	Leonurus	396	Megaleranthis	72
Hosta	646	Lepidium	193	Melampyrum	419
Hovenia	324	Lepisorus	34	Melica	618
Humulus	93	Leptochloa	617	Melilotus	292
Huperzia	8	Leptopyrum	71	Meliosma	85
Hydrilla	534	Leptorumohra	33	Menispermum	84
Hydrocharis	535	Lespedeza	287	Mentha	398
Hylodesmum	283	Leucanthemella	507	Menyanthes	380
Hylomecon	88	Leucanthemum	507	Mertensia	384
Hylotelephium	221	Leymus	617	Metaplexis	373
Hyoscyamus	374	Libanotis	359	Microstegium	619
Hypericum	155	Ligularia	507	Milium	619
Hypochaeris	500	Ligusticum	359	Mimulus	421
Hystrix	615	Ligustrum	412	Minuartia	124
Impatiens	346	Lilium	647	Miscanthus	619
Imperata	615	Limnophila	417	Mitella	231
Indigofera	284	Limosella	418	Moehringia	125
Inula	501	Linaria	418	Molinia	621
Iris	661	Lindera	45	Mollugo	118
Isachne	616	Lindernia	418	Moneses	198
Isatis	192	Linnaea	448	Monochoria	637
Ischaemum	616	Linum	328	Monotropa	199
Isodon	393	Liparis	672	Monotropastrum	199
Isoetes	10	Lipocarpha	589	Morus	94

Mosla	399	Pennisetum	622	Polypodium	34
Muhlenbergia	621	Pentactina	244	Polypogon	628
Mukdenia	231	Penthorum	235	Polystichum	33
Murdannia	543	Periploca	373	Ponerorchis	677
Myosotis	384	Peristylus	675	Populus	171
Myriophyllum	301	Persicaria	140	Portulaca	117
Najas	538	Petasites	512	Potamogeton	536
Neillia	244	Peucedanum	362	Potentilla	245
Nelumbo	49	Phacellanthus	430	Prenanthes	513
Neolindleya	673	Phacelurus	623	Primula	213
Neoshirakia	323	Phalaris	623	Prinsepia	252
Neottia	673	Phaseolus	293	Prunella	401
Neottianthe	674	Phedimus	224	Prunus	252
Nepeta	400	Phegopteris	19	Pseudognaphalium	513
Nuphar	49	Phellodendron	339	Pseudolysimachion	424
Nymphaea	50	Philadelphus	217	Pseudoraphis	628
Nymphoides	380	Phleum	623	Pseudostellaria	125
Oenanthe	360	Phlomis	401	Pteridium	16
Oenothera	310	Photinia	244	Pterygocalyx	369
Omphalotrix	421	Phragmites	624	Puccinellia	628
Onoclea	27	Phryma	407	Pueraria	293
Ophioglossum	14	Phtheirospermum	424	Pulsatilla	72
Oplismenus	621	Phyllanthus	323	Pycreus	590
Oplopanax	350	Phyllodoce	200	Pyrola	200
Oreorchis	675	Phyllospadix	539	Pyrrosia	35
Orobanche	429	Physaliastrum	375	Pyrus	259
Orostachys	222	Physalis	375	Quercus	99
Orthilia	200	Physocarpus	245	Ranunculus	73
Orychophragmus	193	Phytolacca	112	Raphanus	194
Osmorhiza	361	Picea	38	Rhamnus	324
Osmunda	15	Picrasma	338	Rheum	149
Ostericum	361	Picris	512	Rhodiola	225
Ottelia	535	Pilea	97	Rhododendron	202
Oxalis	340	Pimpinella	363	Rhodotypos	260
Oxyria	140	Pinellia	541	Rhus	337
Oxytropis	292	Pinguicula	431	Rhynchospora	590
Paederia	446	Pinus	39	Ribes	281
Paeonia	152	Plagiorhegma	83	Robinia	294
Panax	349	Plantago	408	Rodgersia	232
Panicum	621	Platanthera	675	Rorippa	194
Papaver	89	Platycarya	98	Rosa	260
Parasenecio	510	Platycodon	441	Rotala	302
Parietaria	96	Pleurosoriopsis	34	Rubia	447
Paris	652	Pleurospermum	363	Rubus	265
Parnassia	234	Poa	624	Rumex	149
Parthenocissus	327	Pogonia	677	Ruppia	538
Paspalum	623	Polemonium	380	Sacciolepis	629
Patrinia	460	Polygala	329	Sagina	126
Pecteilis	675	Polygonatum	653	Sagittaria	533
Pedicularis	421	Polygonum	148	Salicornia	115

Salix	173	Spodiopogon	631	Trigonotis	385
Salsola	116	Sporobolus	632	Trillium	659
Salvia	402	Stachys	405	Tripleurospermum	531
Sambucus	453	Staphylea	330	Tripora	407
Sanguisorba	268	Stellaria	131	Tripterygium	319
Sanicula	364	Stellera	303	Trisetum	633
Saposhnikovia	364	Stemmacantha	526	Triumfetta	160
Sasa	629	Stephanandra	277	Trollius	80
Saussurea	514	Stipa	632	Turritis	197
Saxifraga	232	Streptolirion	543	Tylophora	373
Scabiosa	462	Streptopus	657	Typha	636
Scheuchzeria	535	Styrax	208	Ulmus	91
Schisandra	48	Suaeda	116	Urtica	97
Schizachne	630	Swertia	369	Utricularia	432
Schizachyrium	630	Symphyllocarpus	527	Vaccaria	134
Schizopepon	171	Symphytum	384	Vaccinium	206
Schoenoplectus	591	Symplocarpus	542	Valeriana	461
Scirpus	592	Symplocos	209	Vallisneria	535
Scleria	593	Syneilesis	527	Veratrum	659
Scopolia	376	Synurus	527	Veronica	426
Scorzonera	521	Syringa	413	Veronicastrum	428
Scrophularia	425	Tanacetum	528	Viburnum	454
Scutellaria	402	Taraxacum	528	Vicia	296
Secale	630	Taxus	43	Vigna	299
Sedum	225	Tephroseris	530	Vincetoxicum	373
Selaginella	10	Teucrium	406	Viola	161
Selliguea	35	Thalictrum	77	Viscum	313
Senecio	522	Thelypteris	20	Vitex	387
Serratula	524	Themeda	633	Vitis	328
Setaria	630	Thermopsis	294	Waldsteinia	277
Sibbaldia	270	Thesium	312	Weigela	457
Sigesbeckia	524	Thladiantha	171	Woodsia	27
Silene	127	Thlaspi	196	Xanthium	532
Siphonostegia	426	Thuja	43	Youngia	532
Sisymbrium	196	Thymus	406	Zabelia	459
Sium	486	Tilia	158	Zanthoxylum	339
Smilax	657	Tofieldia	658	Zelkova	93
Solanum	376	Torilis	365	Zizania	634
Solidago	525	Torreyochloa	633	Ziziphus	325
Sonchus	525	Tournefortia	385	Zostera	539
Sophora	294	Toxicodendron	337	Zoysia	634
Sorbaria	270	Trapa	304		
Sorbus	271	Trapella	431		
Sparganium	635	Triadenum	157		
Spergula	131	Tribulus	340		
Spergularia	131	Trichophorum	593		
Sphallerocarpus	365	Trientalis	215		
Spiraea	273	Trifolium	295		
Spiranthes	678	Triglochin	535		
Spirodela	542	Trigonella	295